给水排水设计手册
第三版

第11册
常 用 设 备

中国市政工程西北设计研究院有限公司　主编

中国建筑工业出版社

图书在版编目（CIP）数据

给水排水设计手册　第11册　常用设备/中国市政
工程西北设计研究院有限公司主编．—3版．—北京：
中国建筑工业出版社，2013.7（2022.10重印）
ISBN 978-7-112-15335-0

Ⅰ.①给…　Ⅱ.①中…　Ⅲ.①给水工程-设计-手册
②排水工程-设计-手册③给水设备-设计-手册④排水
设备-设计-手册　Ⅳ.①TU991.02-62

中国版本图书馆CIP数据核字（2013）第072338号

　　本书为《给水排水设计手册》（第三版）的第11册，内容包括：泵、
动力设备、水处理设备、起重设备、其他设备。本书可供给水排水专业设
计人员使用，也可供相关专业技术人员及大专院校师生参考。

＊　＊　＊

责任编辑：于　莉　田启铭　魏秉华
责任设计：李志立
责任校对：张　颖　王雪竹

给水排水设计手册
第三版
第11册
常用设备
中国市政工程西北设计研究院有限公司　主编

＊

中国建筑工业出版社出版、发行（北京西郊百万庄）
各地新华书店、建筑书店经销
北京红光制版公司制版
天津翔远印刷有限公司印刷

＊

开本：787×1092毫米　1/16　印张：78¾　字数：1970千字
2014年1月第三版　　2022年10月第十九次印刷
定价：**248.00**元
ISBN 978-7-112-15335-0
（23443）

《给水排水设计手册》第三版编委会

《常用设备》第三版编写组

主　编：史春海　　马小蕾　　王海梅

成　员：雪　宸　曹天鹏　孙　夔　冯　轩　李　建

　　　　孔德阳　李佳沅

主　审：孔令勇

序

  给水排水勘察设计是城市基础设施建设重要的前期性工作，广泛涉及项目规划、技术经济论证、水源选择、给水处理技术、污水处理技术、管网及输配、防洪减灾、固废处理等诸多内容。广大工程设计工作者，肩负着保障人民群众身体健康和环境生存质量的重任，担当着将最新科研成果转化成实际工程应用技术的重要角色。

  改革开放以来，特别是近10年来，我国给水排水等基础设施建设事业蓬勃发展，国外先进水处理技术和工艺的引进，大批面向工程应用的科研成果在实际中的推广，使得给水排水设计从设计内容到设计理念都已发生了重大变化；此间，大量的给水排水工程标准、规范进行了全面或局部的修订，在深度和广度方面拓展了给水排水设计规范的内容。同时，我国给水排水工程设计也面临着新的形势和要求，一方面，水源污染问题十分突出，而饮用水卫生标准又大幅度提升，给水处理技术作为饮用水安全的最后屏障，在相当长的时间内必须应对极其严峻的挑战；另一方面，公众对水环境质量不断提高的期望以及水环境保护及污水排放标准的日益严格，又对排水和污水处理技术提出了更高的要求。在这些背景下，原有的《给水排水设计手册》无论是设计方法还是设计内容，都需要一定程度的补充、调整与更新。为此，住房和城乡建设部与中国建筑工业出版社组织各主编单位进行了《给水排水设计手册》第三版的修订工作，以更好地满足广大工程设计者的需求。

  《给水排水设计手册》第三版修订过程中，保持了整套手册原有的依据工程设计内容而划分的框架结构，重点更新书中的设计理念和设计内容，首次融入"水体污染控制与治理"科技重大专项研究成果，对已经在工程实践中有应用实例的新工艺、新技术在科学筛选的基础上，兼收并蓄，从而为今后给水排水工程设计提供先进适用和较为全面的设计资料和设计指导。相信新修订的《给水排水设计手册》，将在给水排水工程勘察、设计、施工、管理、教学、科研等各个方面发挥重要作用，成为行业内具权威性的大型工具书。

住房和城乡建设部副部长　　　　　　博士

第 三 版 前 言

《给水排水设计手册》系由原城乡建设环境保护部设计局与中国建筑工业出版社共同策划并组织各大设计研究院编写。1986 年、2000 年分别出版了第一版和第二版，并曾于1988 年获得全国科技图书一等奖。

《给水排水设计手册》自出版以来，深受广大读者欢迎，在给水排水工程勘察、设计、施工、管理、教学、科研等各个方面发挥了重要作用，成为行业内最具指导性和权威性的设计手册。

近年来我国给水排水行业技术发展很快，工程设计水平随之提升，作为设计人员必备的《给水排水设计手册》（第二版）已不能满足现今给水排水工程建设和设计工作的需要，设计内容和理念急需更新。为进一步促进我国建筑工程设计事业的发展，推动建筑行业的技术进步，提高给水排水工程的设计水平，应广大读者需求，中国建筑工业出版社组织相关设计研究院对原手册第二版进行修订。

第三版修订的基本原则是：整套手册仍为 12 分册，依据最新颁布的设计规范和标准，更新设计理念和设计内容，遴选收录了已在工程实践中有应用实例的新工艺、新技术，为工程设计提供权威的和全面的设计资料和设计指导。

为了《给水排水设计手册》第三版修订工作的顺利进行，在编委会领导下，各册由主编单位负责具体修编工作。各册的主编单位为：第 1 册《常用资料》为中国市政工程西南设计研究总院；第 2 册《建筑给水排水》为中国核电工程有限公司；第 3 册《城镇给水》为上海市政工程设计研究总院（集团）有限公司；第 4 册《工业给水处理》为华东建筑设计研究院有限公司；第 5 册《城镇排水》、第 6 册《工业排水》为北京市市政工程设计研究总院；第 7 册《城镇防洪》为中国市政工程东北设计研究总院；第 8 册《电气与自控》为中国市政工程中南设计研究总院有限公司；第 9 册《专用机械》、第 10 册《技术经济》为上海市政工程设计研究总院（集团）有限公司；第 11 册《常用设备》为中国市政工程西北设计研究院有限公司；第 12 册《器材与装置》为中国市政工程华北设计研究总院和中国城镇供水排水协会设备材料工作委员会。在各主编单位的大力支持下，修订编写任务圆满完成。在修订过程中，还得到了国内有关科研、设计、大专院校和企业界的大力支持与协助，在此一并致以衷心感谢。

《给水排水设计手册》第三版编委会

编 者 的 话

本次手册修订工作是在第二版手册的框架基础上进行的。均是国内较为成熟的设备产品，对常用的离心清水泵，增补了多个规格，完善了水泵型号。新增了部分新型泵、改进泵、脱水机等，比如转子泵、环碟污泥脱水机等。各设备产品相应的生产厂家以及联系方式，已在手册附录中列出，读者可进行咨询查阅。随着科技的发展，设备产品不断在进行更新换代，如有新型产品出现，读者可直接联系相关生产厂家咨询。

本手册主编单位是中国市政工程西北设计研究院有限公司。由史春海、马小蕾、王海梅主编，孔令勇主审。第1章由雪宸、孔德阳编写。第2章由孙龚编写。第3章由曹天鹏、李建编写。第4章由曹天鹏、李佳沅编写。第5章由冯轩编写。郭萱在文稿整理过程中做了大量工作。

本手册编写过程中，得到有关部门、生产厂家的大力支持，在此表示感谢。

由于编写水平有限，时间仓促，所收集资料也有一定的局限性，难免存在不足或错误，敬请广大读者批评、指正。

目　录

1 泵

1.1 单级离心清水泵

1.1.1 IS型悬臂式单级单吸离心泵

（1）用途：IS型悬臂式单级单吸离心泵是根据国际标准 ISO 2858 所规定的性能和尺寸设计的一系列产品。供吸、送清水及物理化学性质类似清水且不含固体颗粒的液体，广泛适用于工农业及城市消防供水等。

（2）型号意义说明：

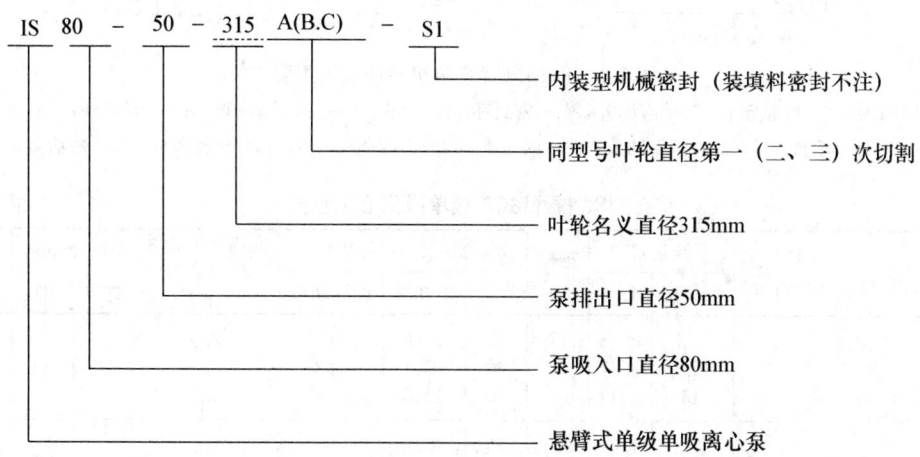

（3）结构：IS型泵为单级单吸悬臂式清水离心泵，由泵体、泵盖、叶轮、轴、密封环、轴套及悬架轴承部件等组成（图1-1）。泵体和泵盖在叶轮背面处剖分，即后开门式结构形式，检修时不动泵体、进水管路、出水管路和电动机，只要拆下联轴器，即可取下整个轴承部件进行检修。泵通过弹性联轴器由电动机直接驱动，由电动机方向看泵为顺时针方向旋转。轴承盖中采用骨架油封。大部分泵的叶轮前后均设有密封环，叶轮后盖板上设有平衡孔。轴向力不大的泵在叶轮背面没有设置密封环和平衡孔。泵的密封形式有软填料密封和机械密封两种形式。

（4）性能：IS型悬臂式单级单吸离心泵性能见图1-2、图1-3和表1-1。

（5）外形及安装尺寸：IS型悬臂式单级单吸离心泵外形及安装尺寸见图1-4～图1-6和表1-2～表1-4。

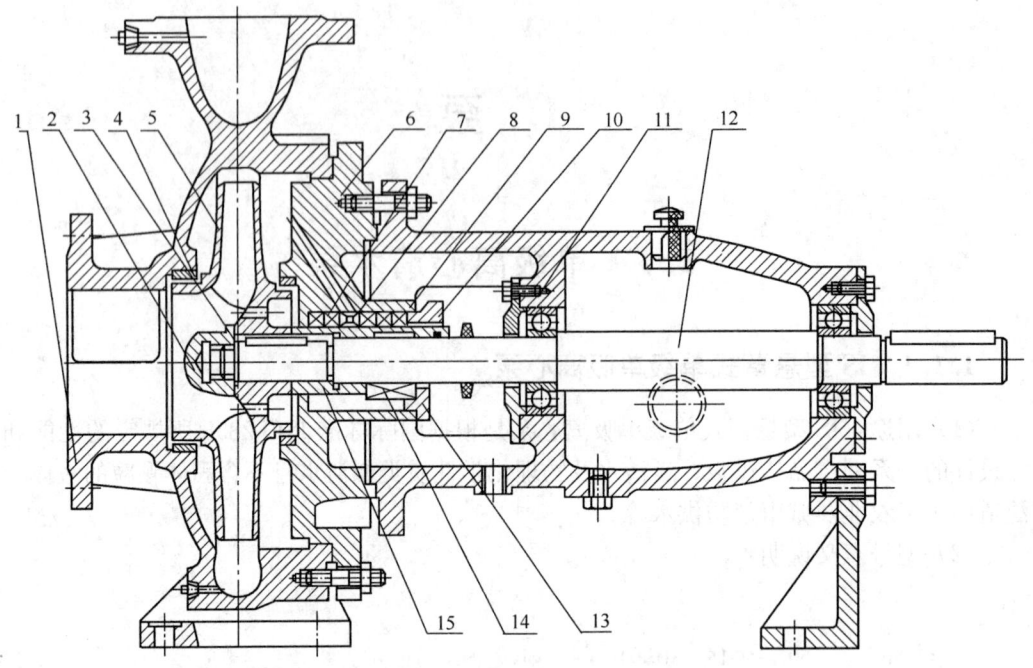

图 1-1   IS 型悬臂式单级单吸离心泵结构

1—泵体；2—叶轮螺母；3—止动垫圈；4—密封环；5—叶轮；6—泵盖；7—填料；8—填料环；9—轴套；
10—填料压盖；11—悬架轴承部件；12—轴；13—机械密封压盖；14—机械密封；15—短轴套

IS 型悬臂式单级单吸离心泵性能   表 1-1

泵型号	转速 (r/min)	流量 Q (m³/h)	流量 Q (L/s)	扬程 (m)	效率 (%)	功率(kW) 轴功率	功率(kW) 配用功率	必需汽蚀余量 (NPSH)r (m)	泵口径(mm) 进口	泵口径(mm) 出口	总质量 (kg)
IS50-32-125	2900	7.5	2.08	22	47	0.96		2.0	50	32	106
		12.5	3.47	20	60	1.13	2.2	2.0			
		15	4.17	18.5	60	1.26		2.5			
	1450	3.75	1.04	5.5	43	0.13		2.0	50	32	90
		6.3	1.75	5.0	54	0.16	0.55	2.0			
		7.5	2.08	4.6	55	0.17		2.5			
IS50-32-125A	2900	7.0	1.94	18	45	0.76		2.0	50	32	98
		11.2	3.11	16	56	0.87	1.5	2.0			
		13.5	3.75	14	56	0.92		2.5			
	1450	3.5	0.97	4.5	41	0.10		2.0	50	32	90
		5.6	1.56	4	50	0.12	0.55	2.0			
		6.75	1.88	3.5	51	0.13		2.5			
IS50-32-125B	2900	6.2	1.72	15.2	44	0.56		2.0	50	32	94
		10.4	2.89	13.5	54	0.72	1.1	2.0			
		12.5	3.47	12.5	54	0.79		2.5			
	1450	3.1	0.86	3.8	40	0.08		2.0	50	32	90
		5.2	1.44	3.4	48	0.10	0.55	2.0			
		6.25	1.74	3.1	49	0.11		2.5			

泵型号	转速(r/min)	流量 Q (m³/h)	(L/s)	扬程(m)	效率(%)	功率(kW) 轴功率	配用功率	必需汽蚀余量(NPSH)r(m)	泵口径(mm) 进口	出口	总质量(kg)
IS50-32-160	2900	7.5	2.08	34.3	44	1.59		2.0			
		12.5	3.47	32	54	2.02	3	2.0	50	32	123
		15	4.17	29.6	46	2.16		2.5			
	1450	3.75	1.04	8.5	35	0.25		2.0			
		6.3	1.75	8	48	0.29	0.55	2.0	50	32	97
		7.5	2.08	7.5	49	0.31		2.5			
IS50-32-160A	2900	7.0	1.94	30.3	42	1.38		2.0			
		11.7	3.25	28.0	52	1.72	2.2	2.0	50	32	114
		14.0	3.89	26.0	53	1.87		2.5			
	1450	3.5	0.97	7.6	33	0.22		2.0			
		5.85	1.63	7.0	46	0.24	0.55	2.0	50	32	97
		7.0	1.94	6.5	47	0.26		2.5			
IS50-32-160B	2900	6.5	1.81	25.8	41	1.11		2.0			
		10.8	3.00	24	51	1.38	2.2	2.0	50	32	114
		13	3.61	22.2	52	1.51		2.5			
	1450	3.25	0.90	6.5	31	0.19		2.0			
		5.4	1.50	6.0	44	0.20	0.55	2.0	50	32	97
		6.5	1.81	5.6	45	0.22		2.5			
IS50-32-200	2900	7.5	2.08	52.5	38	2.82		2.0			
		12.5	3.47	50	48	3.54	5.5	2.0	50	32	174
		15	4.17	48	51	3.95		2.5			
	1450	3.75	1.04	13.1	33	0.41		2.0			
		6.3	1.75	12.5	42	0.51	0.75	2.0	50	32	105
		7.5	2.08	12	44	0.56		2.5			
IS50-32-200A	2900	7.0	1.94	46	37	2.37		2.0			
		11.7	3.25	44	46	3.05	4	2.0	50	32	139
		14	3.89	42	49	3.27		2.5			
	1450	3.5	0.97	11.5	32	0.34		2.0			
		5.9	1.64	11	40.5	0.44	0.55	2.0	50	32	103
		7.0	1.94	10.5	42	0.48		2.5			
IS50-32-200B	2900	6.5	1.81	40	36	1.97		2.0			
		10.8	3.00	38	45	2.48	3	2.0	50	32	103
		13	3.61	36.5	48	2.69		2.5			
	1450	3.25	0.90	10	31	0.29		2.0			
		5.4	1.50	9.5	39.5	0.35	0.55	2.0	50	32	103
		6.5	1.81	9.1	41	0.39		2.5			
IS50-32-250	2900	7.5	2.08	82	28.5	5.87		2.0			
		12.5	3.47	80	38	7.16	11	2.0	50	32	278
		15	4.17	78.5	41	7.83		2.5			
	1450	3.75	1.04	20.5	23	0.91		2.0			
		6.3	1.75	20	32	1.07	1.5	2.0	50	32	143
		7.5	2.08	19.5	35	1.17		2.5			

泵型号	转速 (r/min)	流量 Q		扬程 (m)	效率 (%)	功率(kW)		必需汽蚀余量 (NPSH)r (m)	泵口径(mm)		总质量 (kg)
		(m³/h)	(L/s)			轴功率	配用功率		进口	出口	
IS50-32-250A	2900	7.0	1.94	71.8	27.5	4.98	7.5	2.0	50	32	196
		11.7	3.25	70	36.5	6.11		2.0			
		14	3.89	68.8	39	6.73		2.5			
	1450	3.5	0.97	18	21.5	0.80	1.5	2.0	50	32	138
		5.9	1.64	17.5	30.5	0.92		2.0			
		7.0	1.94	17.2	33.5	0.98		2.5			
IS50-32-250B	2900	6.5	1.81	61.5	27	4.03	7.5	2.0	50	32	196
		10.8	3.00	60	35	5.04		2.0			
		13	3.61	58.5	37.5	5.55		2.5			
	1450	3.25	0.90	15.4	21	0.65	1.1	2.0	50	32	138
		5.4	1.50	15	29.5	0.75		2.0			
		6.5	1.81	14.7	32.5	0.80		2.5			
IS65-50-125	2900	15	4.17	21.8	58	1.54	3	2.0	65	50	115
		25	6.94	20	69	1.97		2.0			
		30	8.33	18.5	68	2.22		2.5			
	1450	7.5	2.08	5.4	53	0.21	0.55	2.0	65	50	91
		12.5	3.47	5.0	64	0.27		2.0			
		15	4.17	4.6	65	0.30		2.5			
IS65-50-125A	2900	13.6	3.78	17	50.5	1.25	2.2	2.0	65	50	107
		22.4	6.22	16	62	1.57		2.0			
		26.8	7.44	14.4	61	1.72		2.5			
	1450	6.8	1.89	4.3	46.5	0.17	0.55	2.0	65	50	91
		11.2	3.11	4.0	57.5	0.21		2.0			
		13.4	3.72	3.6	57	0.23		2.5			
IS65-50-125B	2900	11.4	3.17	12.5	43.5	0.89	1.5	2.0	65	50	105
		19	5.28	11.5	53	1.12		2.0			
		22.7	6.31	10.5	52	1.25		2.5			
	1450	5.7	1.58	3.1	41.5	0.12	0.55	2.0	65	50	91
		9.5	2.64	2.9	48.5	0.15		2.0			
		11.4	3.17	2.6	48	0.17		2.5			
IS65-50-160	2900	15	4.17	35	54	2.65	5.5	2.0	65	50	168
		25	6.94	32	65	3.35		2.0			
		30	8.33	30	66	3.71		2.5			
	1450	7.5	2.08	8.8	50	0.36	0.75	2.0	65	50	104
		12.5	3.47	8.0	60	0.45		2.0			
		15	4.17	7.2	60	0.49		2.5			
IS65-50-160A	2900	14	3.89	30.5	52	2.24	4	2.0	65	50	137
		23.4	6.50	28	63	2.83		2.0			
		28	7.78	26	64	3.10		2.5			
	1450	7.0	1.94	7.6	47	0.31	0.55	2.0	65	50	100
		11.7	3.25	7.0	58	0.38		2.0			
		14	3.89	6.5	58	0.43		2.5			

续表

泵型号	转 速 (r/min)	流量 Q (m³/h)	流量 Q (L/s)	扬程 (m)	效率 (%)	功率(kW) 轴功率	功率(kW) 配用功率	必需汽蚀余量 (NPSH)r (m)	泵口径(mm) 进口	泵口径(mm) 出口	总质量 (kg)
IS65-50-160B	2900	13	3.61	26.3	49	1.90	3	2.0	65	50	127
		21.7	6.03	24	58	2.45		2.0			
		26	7.22	22.5	59	2.70		2.5			
	1450	6.5	1.81	6.6	45	0.26	0.55	2.0	65	50	100
		10.8	3.00	6.0	55	0.32		2.0			
		1.3	3.61	5.6	55	0.36		2.5			
IS65-40-200	2900	15	4.17	53	49	4.42	7.5	2.0	65	40	186
		25	6.94	50	60	5.67		2.0			
		30	8.33	47	61	6.29		2.5			
	1450	7.5	2.08	13.2	43	0.63	1.1	2.0	65	40	118
		12.5	3.47	12.5	55	0.77		2.0			
		15	4.17	11.8	57	0.85		2.5			
IS65-40-200A	2900	14	3.89	46.5	48	3.69	7.5	2.0	65	40	170
		23.4	6.50	44	59	4.75		2.0			
		28	7.78	41	60	5.21		2.5			
	1450	7.0	1.94	11.6	43	0.51	1.1	2.0	65	40	113
		11.7	3.25	11	55	0.64		2.0			
		14	3.89	10	57	0.67		2.5			
IS65-40-200B	2900	13	3.61	39.7	48	2.93	5.5	2.0	65	40	170
		21.7	6.03	38	57	3.94		2.0			
		26	7.22	35.7	59	4.28		2.5			
	1450	6.5	1.81	10	43	0.41	0.75	2.0	65	40	113
		10.8	3.00	9.5	55	0.51		2.0			
		13	3.61	9.0	57	0.56		2.5			
IS65-40-250	2900	15	4.17	82	37	9.05	15	2.0	65	40	313
		25	6.94	80	50	10.89		2.0			
		30	8.33	78	53	12.02		2.5			
	1450	7.5	2.08	21	35	1.23	2.2	2.0	65	40	176
		12.5	3.47	20	46	1.48		2.0			
		15	4.17	19.4	48	1.65		2.5			
IS65-40-250A	2900	14	3.89	72	36.5	7.52	11	2.0	65	40	398
		23.4	6.50	70	49	9.10		2.0			
		28	7.78	68	52	9.97		2.5			
	1450	7.0	1.94	18	35	0.98	1.5	2.0	65	40	170
		11.7	3.25	17.5	45	1.24		2.0			
		14	3.89	17	47	1.38		2.5			
IS65-40-250B	2900	13	3.61	61.5	36	6.05	11	2.0	65	40	213
		21.7	6.03	60	47.5	7.46		2.0			
		26	7.22	58	51	8.05		2.5			
	1450	6.5	1.81	15.4	34	0.80	1.5	2.0	65	40	170
		10.8	3.00	15	44	1.00		2.0			
		13	3.61	14.5	46	1.12		2.5			

泵型号	转速 (r/min)	流量 Q (m³/h)	(L/s)	扬程 (m)	效率 (%)	功率(kW) 轴功率	配用功率	必需汽蚀余量 (NPSH)r (m)	泵口径(mm) 进口	出口	总质量 (kg)
IS65-40-315	2900	15	4.17	127	28	18.5	30	2.5	65	40	498
		25	6.94	125	40	21.3		2.5			
		30	8.33	123	44	22.8		3.0			
	1450	7.5	2.08	32.3	25	2.63	4	2.5	65	40	199
		12.5	3.47	32.0	37	2.94		2.5			
		15	4.17	31.7	41	3.16		3.0			
IS65-40-315A	2900	14.3	3.97	116	28	16.13	30	2.5	65	40	387
		23.9	6.64	114	39.5	18.78		2.5			
		28.6	7.94	111	43.5	19.87		3.0			
	1450	7.2	2.00	29	25	2.27	4	2.5	65	40	187
		11.9	3.31	28.5	37	2.50		2.5			
		14.3	3.97	27.8	41	2.64		3.0			
IS65-40-315B	2900	13.6	3.78	105	27	14.4	22	2.5	65	40	361
		22.7	6.31	103	39	16.3		2.5			
		27.2	7.56	101	43	17.4		3.0			
	1450	6.8	1.89	26.2	25	1.94	3.0	2.5	65	40	187
		11.4	3.17	25.8	36	2.22		2.5			
		13.6	3.78	25.3	41	2.29		3.0			
IS65-40-315C	2900	13	3.61	93	27	12.20	18.5	2.5	65	40	338
		21.4	5.94	92	38.5	13.93		2.5			
		25.7	7.14	89	42.5	14.66		3.0			
	1450	6.5	1.81	23.2	25	1.64	3	2.5	65	40	174
		10.7	2.97	23	36	1.86		2.5			
		12.9	3.58	22.2	40	1.95		3.0			
IS80-65-125	2900	30	8.33	22.5	64	2.87	5.5	2.5	80	65	164
		50	13.9	20	75	3.63		2.5			
		60	16.7	18	74	3.98		3.0			
	1450	15	4.17	5.6	55	0.42	0.75	2.5	80	65	96
		25	6.94	5.0	71	0.48		2.5			
		30	8.33	4.5	72	0.51		3.0			
IS80-65-125A	2900	28	7.78	18	63	2.18	4	2.5	80	65	132
		45	12.5	16	73	2.69		2.5			
		56	15.6	14	72.5	2.94		3.0			
	145	14	3.89	4.5	55	0.31	0.55	2.5	80	65	95
		22.5	6.25	4.0	70	0.35		2.5			
		28	7.78	3.5	71	0.38		3.0			
IS80-65-125B	2900	24	6.67	13.5	60.5	1.46	3	2.5	80	65	129
		42	11.67	12.5	69.5	2.06		2.5			
		50	13.89	11.5	68.5	2.29		3.0			
	1450	12	3.33	3.4	53	0.21	0.55	2.5	80	65	95
		21	5.83	3.1	66	0.27		2.5			
		25	6.94	2.9	67	0.29		3.0			

续表

泵型号	转速 (r/min)	流量 Q (m³/h)	(L/s)	扬程 (m)	效率 (%)	功率(kW) 轴功率	配用功率	必需汽蚀余量 (NPSH)r (m)	泵口径(mm) 进口	出口	总质量 (kg)
IS80-65-160	2900	30	8.33	36	61	4.82		2.5			
		50	13.9	32	73	5.97	7.5	2.5	80	65	179
		60	16.7	29	72	6.59		3.0			
	1450	15	4.17	9.0	55	0.67		2.5			
		25	6.94	8.0	69	0.79	1.5	2.5	80	65	124
		30	8.33	7.2	68	0.86		3.0			
IS80-65-160A	2900	28	7.78	31.4	60	3.99		2.5			
		46.8	13.0	28	71	5.02	7.5	2.5	80	65	179
		56	15.6	25.3	70	5.51		3.0			
	1450	14	3.89	7.8	53.5	0.56		2.5			
		23.4	6.50	7.0	66.5	0.67	1.1	2.5	80	65	118
		28	7.78	6.3	65.5	0.73		3.0			
IS80-65-160B	2900	26	7.22	27.0	59	3.24		2.5			
		43.3	12.03	24.0	67	4.22	5.5	2.5	80	65	163
		52	14.44	21.8	66	4.68		3.0			
	1450	13	3.61	6.8	51	0.47		2.5			
		21.7	6.03	6.0	63	0.56	0.75	2.5	80	65	95
		26	7.22	5.5	62	0.63		3.0			
IS80-50-200	2900	30	8.33	53	55	7.87		2.5			
		50	13.9	50	69	9.87	15	2.5	80	50	247
		60	16.7	47	71	10.8		3.0			
	1450	15	4.17	13.2	51	1.06		2.5			
		25	6.94	12.5	65	1.31	2.2	2.5	80	50	139
		30	8.33	11.8	67	1.44		3.0			
IS80-50-200A	2900	28	7.78	47	54.5	6.58		2.5			
		46.8	13.0	44	67	8.37	11	2.5	80	50	225
		56	15.6	41	69.5	9.00		3.0			
	1450	14	3.89	11.8	50.5	0.89		2.5			
		23.4	6.50	11	63	1.11	1.5	2.5	80	50	134
		28	7.78	10.2	65	1.20		3.0			
IS80-50-200B	2900	26	7.22	40	53.5	5.29		2.5			
		43.3	12.0	38	66	6.79	11	2.5	80	50	225
		52.4	14.6	36	68.5	7.50		3.0			
	1450	13	3.61	10	49	0.72		2.5			
		21.7	6.03	9.5	61.5	0.91	1.5	2.5	80	50	129
		26.2	7.28	9	62.5	1.02		3.0			
IS80-50-250	2900	30	8.33	84	52	13.2		2.5			
		50	13.9	80	63	17.3	22	2.5	80	50	369
		60	16.7	75	64	19.2		3.0			
	1450	15	4.17	21	49	1.75		2.5			
		25	6.94	20	60	2.27	3	2.5	80	50	188
		30	8.33	18.8	61	2.52		3.0			

续表

泵型号	转速 (r/min)	流量 Q		扬程 (m)	效率 (%)	功率(kW)		必需汽蚀余量 (NPSH)r (m)	泵口径(mm)		总质量 (kg)
		(m³/h)	(L/s)			轴功率	配用功率		进口	出口	
IS80-50-250A	2900	28	7.78	73	52	10.7	18.5	2.5	80	50	336
		46.8	13.0	70	63	14.2		2.5			
		56	15.6	65	64	15.5		3.0			
	1450	14	3.89	18.2	49	1.42	3	2.5	80	50	180
		23.4	6.50	17.5	59	1.89		2.5			
		28	7.78	16.2	60	2.06		3.0			
IS80-50-250B	2900	26	7.22	62.7	52	8.54	15	2.5	80	50	321
		43.3	12.03	60	62	11.41		2.5			
		52	14.44	56	63	12.59		3.0			
	1450	13	3.61	15.7	49	1.13	2.2	2.5	80	50	180
		21.7	6.03	15	58	1.52		2.5			
		26	7.22	14	59.5	1.67		3.0			
IS80-50-315	2900	30	8.33	128	41	25.5	37	2.5	80	50	517
		50	13.9	125	54	31.5		2.5			
		60	16.7	123	57	35.3		3.0			
	1450	15	4.17	32.5	39	3.40	5.5	2.5	80	50	252
		25	6.94	32	52	4.19		2.5			
		30	8.33	31.5	56	4.60		3.0			
IS80-50-315A	2900	28.6	7.94	117	41	22.23	37	2.5	80	50	517
		47.7	13.3	114	53.5	27.68		2.5			
		57.5	16.0	112	56.5	31.04		3.0			
	1450	14.3	3.97	29.2	39	2.92	5.5	2.5	80	50	252
		23.9	6.64	28.5	51.5	3.60		2.6			
		28.8	8.00	28.0	55.5	3.96		3.0			
IS80-50-315B	2900	27	7.5	106	41	19.01	30	2.5	80	50	500
		45.4	12.6	103	53	24.02		2.5			
		54.5	15.1	101	56	26.77		3.0			
	1450	13.5	3.75	26.5	39	2.50	4	2.5	80	50	223
		22.7	6.31	25.8	51	3.13		2.5			
		27.2	7.56	25.2	55	3.39		3.0			
IS80-50-315C	2900	25.9	7.19	94	40	16.58	30	2.5	80	50	500
		42.9	11.92	92	52	20.67		2.5			
		50.9	14.14	90	55	22.68		3.0			
	1450	12.9	3.58	23.5	38	2.17	4	2.5	80	50	223
		21.5	5.97	23	50	2.69		2.5			
		25.4	7.06	22.5	54	2.88		2.5			
IS100-80-125	2900	60	16.7	24	67	5.86	11	4.0	100	80	233
		100	27.8	20	78	7.00		4.0			
		120	33.3	16.5	74	7.28		5.0			
	1450	30	8.33	6.0	64	0.77	1.5	2.5	100	80	128
		50	13.9	5.0	75	0.91		2.5			
		60	16.7	4.1	71	0.92		3.0			

泵型号	转速 (r/min)	流量 Q (m³/h)	(L/s)	扬程 (m)	效率 (%)	功率(kW) 轴功率	配用功率	必需汽蚀余量 (NPSH)r (m)	泵口径(mm) 进口	出口	总质量 (kg)
IS100-80-125A	2900	53.7	14.92	19.2	60	4.68	7.5	4.0	100	80	184
		89.4	24.83	16	70	5.56		4.0			
		107.2	29.78	13.2	65	5.93		5.0			
	1450	26.9	7.47	4.8	57	0.62	1.1	2.5	100	80	122
		44.7	12.42	4.0	66	0.74		2.5			
		53.6	14.89	3.3	64	0.75		3.0			
IS100-80-125B	2900	47.5	13.2	15.0	54.5	3.56	5.5	4.0	100	80	170
		79.0	21.94	12.5	64	4.20		4.0			
		95.0	26.4	10	62.5	4.14		5.0			
	1450	23.8	6.61	3.8	48	0.51	0.75	2.0	100	80	112
		39.5	10.97	3.1	60	0.56		2.5			
		47.5	13.19	2.5	59	0.55		3.5			
IS100-80-160	2900	60	16.7	36	70	8.42	15	4.0	100	80	295
		100	27.8	32	78	11.2		4.5			
		120	33.3	28	75	12.2		5.0			
	1450	30	8.33	9.0	67	1.10	2.2	2.5	100	80	164
		50	13.9	8.0	75	1.45		2.5			
		60	16.7	7.0	71	1.61		3.0			
IS100-80-160A	2900	56	15.6	31.5	69	6.99	11	4.0	100	80	286
		93.5	26.0	28.0	77	9.27		4.5			
		114	31.7	24.5	74	10.3		5.0			
	1450	28	7.78	7.9	66.5	0.91	1.5	2.5	100	80	158
		46.8	13.0	7.0	76	1.17		2.5			
		57	15.8	6.1	70	1.35		3.0			
IS100-80-160B	2900	52.4	14.56	26.8	69	5.54	11	4.0	100	80	286
		86.6	24.06	24.0	76	7.45		4.5			
		104.4	29.00	21.1	73.5	8.16		5.0			
	1450	26.2	7.28	6.7	65.5	0.73	1.5	2.5	100	80	158
		43.3	12.03	6.0	73	0.97		2.5			
		52.2	14.50	5.3	68.5	1.10		3.0			
IS100-65-200	2900	60	16.7	54	65	13.6	22	3.0	100	65	339
		100	27.8	50	76	17.9		3.6			
		120	33.3	47	77	19.9		4.8			
	1450	30	8.33	13.5	60	1.84	4	2.0	100	65	183
		50	13.9	12.5	73	2.33		2.0			
		60	16.7	11.8	74	2.61		2.5			
IS100-65-200A	2900	56	15.6	47.5	65	11.27	18.5	3.0	100	65	314
		93.5	26.0	44	76	14.75		3.6			
		114	31.7	41.4	77	16.47		4.8			
	1450	28	7.78	11.9	60	1.52	3	2.0	100	65	174
		46.8	13.0	11	73	1.92		2.0			
		57	15.8	10.4	74	2.16		2.5			

泵型号	转速 (r/min)	流量 Q		扬程 (m)	效率 (%)	功率(kW)		必需汽蚀余量 (NPSH)r (m)	泵口径(mm)		总质量 (kg)
		(m³/h)	(L/s)			轴功率	配用功率		进口	出口	
IS100-65-200B	2900	52.4 86.6 104.4	14.6 24.1 29.0	41 38 36	64 75 76	9.14 12.0 13.5	15	3.0 3.6 4.8	100	65	298
	1450	26.2 43.3 52.2	7.28 12.03 14.50	10.2 9.5 9.0	60 72 73	1.21 1.56 1.75	2.2	2.0 2.0 2.5	100	65	167
IS100-65-250	2900	60 100 120	16.7 27.8 33.3	87 80 74.5	61 72 73	23.4 30.3 33.3	37	3.5 3.8 4.8	100	65	493
	1450	30 50 60	8.33 13.9 16.7	21.3 20 19	55 68 70	3.16 4.0 4.44	5.5	2.0 2.0 2.5	100	65	238
IS100-65-250A	2900	56 93.5 114	15.6 26.0 31.7	76 70 65	61 72 73	19.0 24.76 27.64	30	3.5 3.8 4.8	100	65	477
	1450	28 46.8 57	7.78 13.0 15.8	19 17.5 16.2	55 68 70	2.63 3.28 3.59	4	2.0 2.0 2.5	100	65	218
IS100-65-250B	2900	52.4 86.6 104.4	14.6 24.1 29.0	65 60 56	60 71 72	15.46 19.93 22.11	30	3.5 3.6 4.0	100	65	477
	1450	26.2 43.3 52.2	7.28 12.03 14.50	16.3 15.0 14	51 62 64	2.28 2.85 3.11	4	2.0 2.0 2.5	100	65	218
IS100-65-315	2900	60 100 120	16.7 27.8 33.3	133 125 118	55 66 67	39.6 51.6 57.5	75	3.0 3.6 4.2	100	65	897
	1450	30 50 60	8.33 13.9 16.7	34 32 30	55 63 64	5.44 6.92 7.67	11	2.0 2.0 2.5	100	65	408
IS100-65-315A	2900	57.5 95.5 114.5	16.0 26.5 31.8	121 114 108	55 66 67	34.4 45.0 50.3	55	3.0 3.6 4.2	100	65	755
	1450	26.7 47.7 57.3	7.97 13.3 15.9	31 28.5 27.4	51 63 64	4.74 5.88 6.68	7.5	2.0 2.0 2.5	100	65	369

泵型号	转速 (r/min)	流量 Q (m³/h)	(L/s)	扬程 (m)	效率 (%)	功率(kW) 轴功率	配用功率	必需汽蚀余量 (NPSH)r (m)	泵口径(mm) 进口	出口	总质量 (kg)
IS100-65-315B	2900	54.6	15.2	110	54	30.3	55	3.0	100	65	692
		90.8	25.2	103	65	39.3		3.6			
		108.7	30.2	97	66	43.6		4.2			
	1450	27.3	7.58	28	50	4.16	7.5	2.0	100	65	369
		45.4	12.6	25.8	62	5.27		2.0			
		54.4	15.1	24.7	63	5.81		2.5			
IS100-65-315C	2900	51.6	14.3	98	53	26.0	45	3.0	100	65	590
		85.8	23.8	92	64	33.5		3.6			
		98.2	27.3	87	65	35.8		4.2			
	1450	25.8	7.17	25	50	3.51	5.5	2.0	100	65	345
		42.9	11.9	23.5	61	4.50		2.0			
		49.1	13.6	22	62	4.71		2.5			
IS125-100-200	2900	120	33.3	57.5	67	28.0	45	4.5	125	100	542
		200	55.6	50	81	33.6		4.5			
		240	66.7	44.5	80	36.4		5.0			
	1450	60	16.7	14.5	62	3.83	7.5	2.5	125	100	250
		100	27.8	12.5	76	4.48		2.5			
		120	33.3	11.0	75	4.79		3.0			
IS125-100-200A	2900	112	31.1	50.5	64	24.07	37	4.5	125	100	493
		187	51.9	44	78	28.73		4.5			
		225	62.5	39	77	31.04		4.7			
	1450	56	15.6	12.6	61	3.15	5.5	2.5	125	100	236
		93.5	26.0	11	74	3.79		2.5			
		112.5	31.3	9.8	73	4.11		3.0			
IS125-100-200B	2900	104	28.9	43.5	62	19.87	30	4.5	125	100	380
		173	48.1	38	75	23.87		4.5			
		208	57.8	33.9	74	25.95		5.0			
	1450	52	14.44	10.8	58	2.64	4	2.5	125	100	218
		86.5	24.03	9.5	70	3.20		2.5			
		104	28.89	8.5	69	3.49		3.0			
IS125-100-250	2900	120	33.3	87	66	43.0	75	3.8	125	100	907
		200	55.6	80	78	55.9		4.2			
		240	66.7	72	75	62.8		5.0			
	1450	60	16.7	21.5	63	5.59	11	2.5	125	100	394
		100	27.8	20	76	7.17		2.5			
		120	33.3	18.5	77	7.84		3.0			

泵型号	转速 (r/min)	流量 Q		扬程 (m)	效率 (%)	功率(kW)		必需汽蚀余量 (NPSH)r (m)	泵口径(mm)		总质量 (kg)
		(m³/h)	(L/s)			轴功率	配用功率		进口	出口	
IS125-100-250A	2900	112	31.1	76	66	35.1	55	3.8	125	100	736
		187	51.9	70	78	45.8		4.2			
		225	62.5	63	75	51.4		5.0			
	1450	56	15.6	19	63	4.60	7.5	2.5	125	100	355
		93.5	26.0	17.5	76	5.87		2.5			
		112.5	31.3	15.8	77	6.29		3.0			
IS125-100-250B	2900	104	28.9	65	65	28.3	45	3.8	125	100	673
		173	48.1	60	77	36.8		4.2			
		208	57.8	54	74	41.4		5.0			
	1450	52	14.44	16.2	62	3.70	7.5	2.5	125	100	341
		86.5	24.03	15	75	4.71		2.5			
		104	28.89	13.5	76	5.03		3.0			
IS125-100-250C	2900	96	26.7	53.5	62.5	22.4	37	3.8	125	100	572
		160	44.4	49	73.5	29.0		4.2			
		192	53.3	44	70.5	32.6		5.0			
	1450	48	13.3	13.4	61	2.87	5.5	2.5	125	100	282
		80	22.2	12.3	74	3.62		2.5			
		96	26.7	11	75	3.80		3.0			
IS125-100-315	2900	120	33.3	132.5	60	72.1	110	4.0	125	100	1244
		200	55.6	125	75	90.8		4.5			
		240	66.7	120	77	102.0		5.0			
	1450	60	16.7	33.5	58	9.4	15	2.5	125	100	500
		100	27.8	32	73	11.9		2.5			
		120	33.3	30.5	74	13.5		3.0			
IS125-100-315A	2900	114	31.7	121	59	63.7	110	4.0	125	100	1244
		191	53.1	114	74	80.1		4.5			
		229	63.6	109	76	89.4		5.0			
	1450	57	15.8	30.3	56	8.4	15	2.5	125	100	500
		95.5	26.5	28.5	71.5	10.4		2.5			
		114.5	31.8	27.3	72.5	11.7		3.0			
IS125-100-315B	2900	108.9	30.3	109	58	55.7	90	4.0	125	100	1007
		181.6	50.4	103	73	69.8		4.5			
		218.2	60.6	99	74.5	79.0		5.0			
	1450	54.5	15.1	27.3	54	7.5	11	2.5	125	100	478
		90.8	25.2	25.8	69.5	9.2		2.5			
		109.1	30.3	24.8	70.5	105		3.0			

泵型号	转 速 (r/min)	流量 Q (m³/h)	(L/s)	扬程 (m)	效率 (%)	功率(kW) 轴功率	配用功率	必需汽蚀余量 (NPSH)r (m)	泵口径(mm) 进口	出口	总质量 (kg)
IS125-100-315C	2900	102.9	28.6	98	57	48.2	75	4.0	125	100	949
		171.6	47.7	92	72	59.7		4.5			
		206	57.2	88	73	67.6		5.0			
	1450	51.5	14.3	24.5	53	6.5	11	2.5	125	100	478
		85.8	23.8	23	68	7.9		2.5			
		103	28.6	22	69	8.9		3.0			
IS125-100-400	1450	60	16.7	52	53	16.1	30	2.5	125	100	627
		100	27.8	50	65	21.0		2.5			
		120	33.3	48.5	67	23.6		3.0			
IS125-100-400A	1450	56	15.6	46	53	13.2	22	2.5	125	100	588
		93.5	26.0	44	65	17.2		2.5			
		112.4	31.2	42	67	19.2		3.0			
IS125-100-400B	1450	52	14.44	39.6	53	10.6	18.5	2.5	125	100	570
		86.5	24.03	38	65	13.8		2.5			
		104	28.89	36.8	66.5	15.7		3.0			
IS125-100-400C	1450	48.6	13.5	34.1	53	8.5	15	2.5	125	100	536
		81.0	22.5	32.5	65	11.0		2.5			
		97.2	27.0	31.5	66	12.6		3.0			
IS150-125-250	1450	120	33.3	22.5	71	10.4	18.5	3.0	150	125	427
		200	55.6	20	81	13.5		3.0			
		240	66.7	17.5	78	14.7		3.5			
IS150-125-250A	1450	112	31.1	20.3	68.5	9.0	15	3.0	150	125	393
		187	51.9	17.5	77	11.6		3.0			
		224	62.2	14.9	75	12.1		3.5			
IS150-125-250B	1450	103.8	28.8	17	64.5	7.5	11	3.0	150	125	351
		173	48.1	15	75	9.4		3.0			
		207.6	57.7	13	71	10.4		3.5			
IS150-125-315	1450	120	33.3	34	70	15.86	30	2.5	150	125	603
		200	55.6	32	79	22.08		2.5			
		240	66.7	29	80	23.71		3.0			
IS150-125-315A	1450	112	31.1	30	69	13.3	22	2.5	150	125	565
		187	51.9	28	78.5	18.2		2.5			
		224	62.2	25	79	19.3		3.0			
IS150-125-315B	1450	103.8	28.8	25.5	68	10.6	18.5	2.5	150	125	546
		173	48.1	24	77.5	14.6		2.5			
		207.6	57.7	21.8	78	15.8		3.0			
IS150-125-400	1450	120	33.3	53	62	27.9	45	2.0	150	125	725
		200	55.6	50	75	36.3		2.8			
		240	66.7	46	74	40.6		3.5			

泵型号	转速 (r/min)	流量 Q		扬程 (m)	效率 (%)	功率(kW)		必需汽蚀余量 (NPSH)r (m)	泵口径(mm)		总质量 (kg)
		(m³/h)	(L/s)			轴功率	配用功率		进口	出口	
IS150-125-400A	1450	112 187 224	31.1 51.9 62.2	47 44 40	62 74.5 73	23.1 30.1 33.4	37	2.0 2.8 3.5	150	125	688
IS150-125-400B	1450	103.8 173 207.6	28.8 48.1 57.7	40 38 35	62 74 72.5	18.2 24.2 27.3	30	2.0 2.8 3.5	150	125	649
IS200-150-250	1450	240 400 460	66.7 111.1 127.8	22.6 20 17.2	70 83 79	21.1 26.2 27.3	37	3.6 4.6 4.9	200	150	661
IS200-150-250A	1450	225 374 431	62.5 103.9 119.7	19.4 17.5 15.6	69 82 78	17.2 21.7 23.5	30	3.0 4.6 4.9	200	150	628
IS200-150-250B	1450	208 346 398	57.8 96.1 110.6	16.6 15 13.3	68 81 77	13.8 17.4 18.7	22	3.0 4.6 4.9	200	150	588
IS200-150-315	1450	240 400 460	66.7 111.1 127.8	37 32 28.5	70 82 80	34.6 42.5 44.6	55	3.0 3.5 4.0	200	150	917
IS200-150-315A	1450	225 374 431	62.5 103.9 119.7	33 28 25	68 79 77	29.7 36.1 38.1	45	3.0 3.5 4.0	200	150	823
IS200-150-315B	1450	208 346 398	57.8 96.1 110.6	27.5 24 21.2	66 76 74	23.6 29.8 31.1	37	3.0 3.5 4.0	200	150	788
IS200-150-315C	1450	196 327 376	54.4 90.8 104.4	24 20.7 18.4	64 73 71	20.0 25.3 26.5	30	3.0 3.5 4.0	200	150	731
IS200-150-400	1450	240 400 460	66.7 111.1 127.8	55 50 45	74 81 76	48.6 67.2 74.2	90	3.0 3.8 4.5	200	150	1060
IS200-150-400A	1450	225 374 431	62.5 103.9 119.7	48.2 44 39.6	73 80 74	40.5 56.0 62.8	75	3.0 3.8 4.5	200	150	1045
IS200-150-400B	1450	208 346 398	57.8 96.1 110.6	41.8 38 34.2	72 78.5 72	32.9 45.6 51.5	55	3.0 3.8 4.5	200	150	941
IS200-150-400C	1450	196 327 376	54.4 90.8 104.4	36 32 29	71 77 71	27.1 37.0 41.8	45	3.0 3.8 4.5	200	150	842

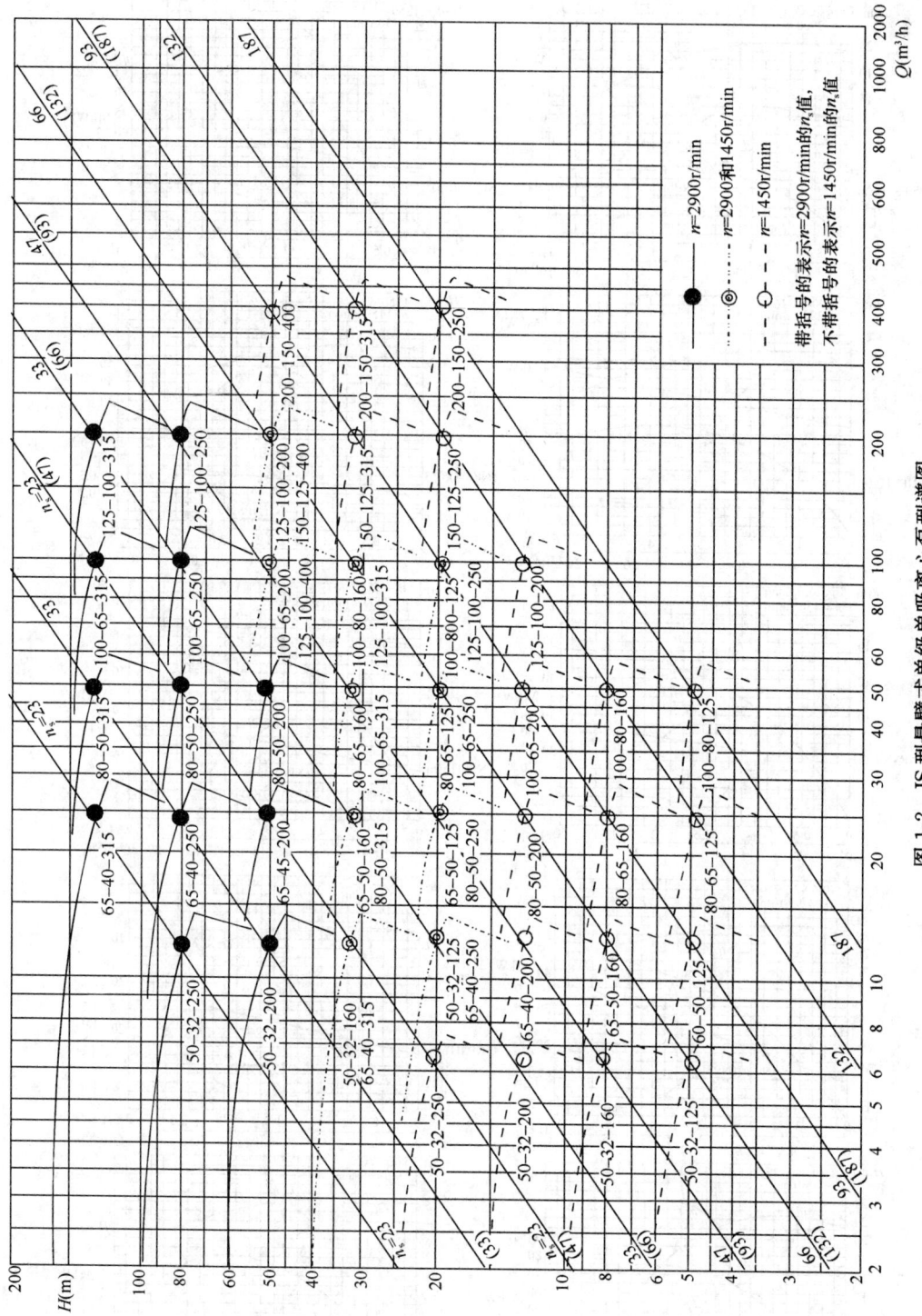

图 1-2　IS 型悬臂式单级单吸离心泵型谱图

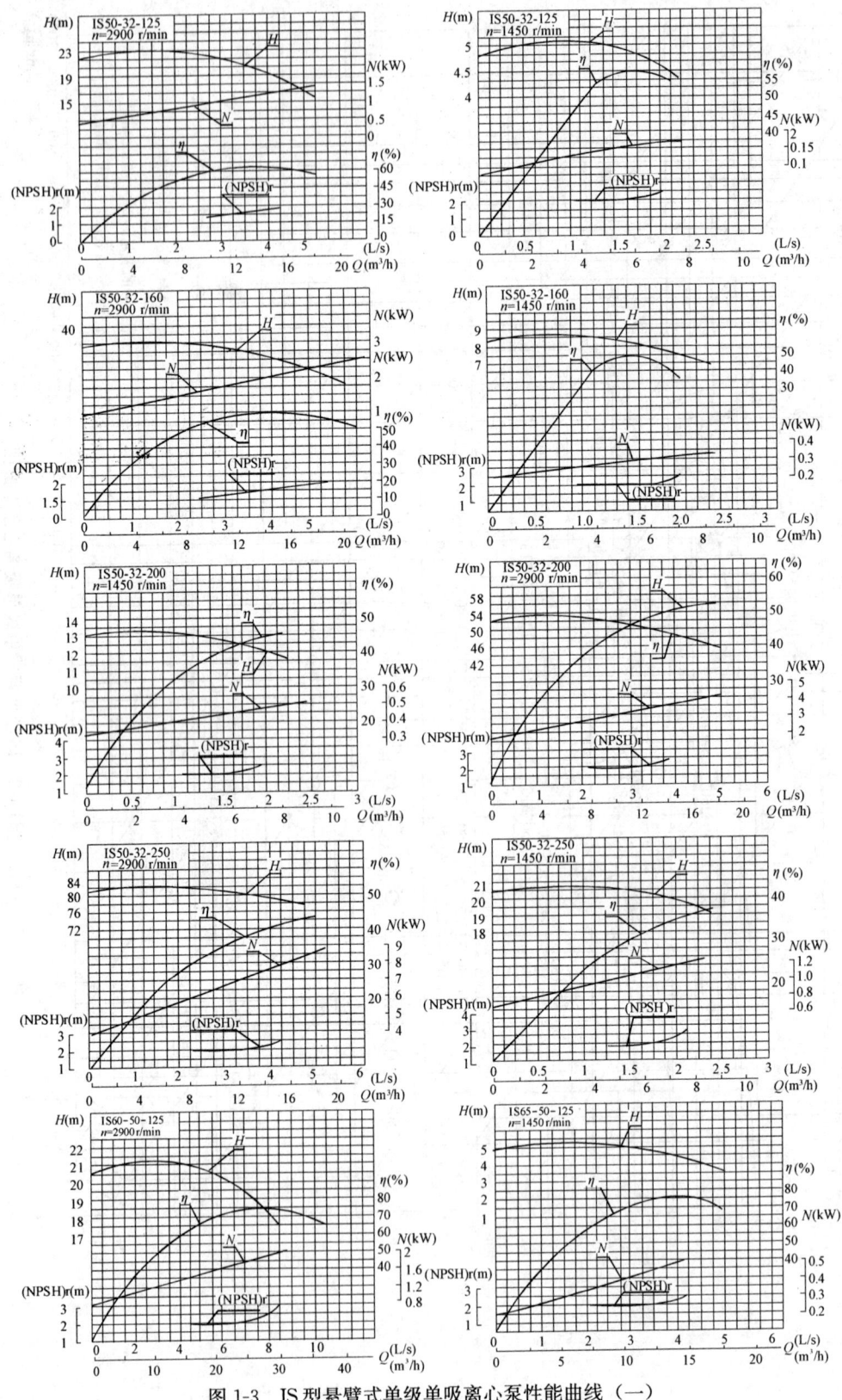

图 1-3 IS型悬臂式单级单吸离心泵性能曲线（一）

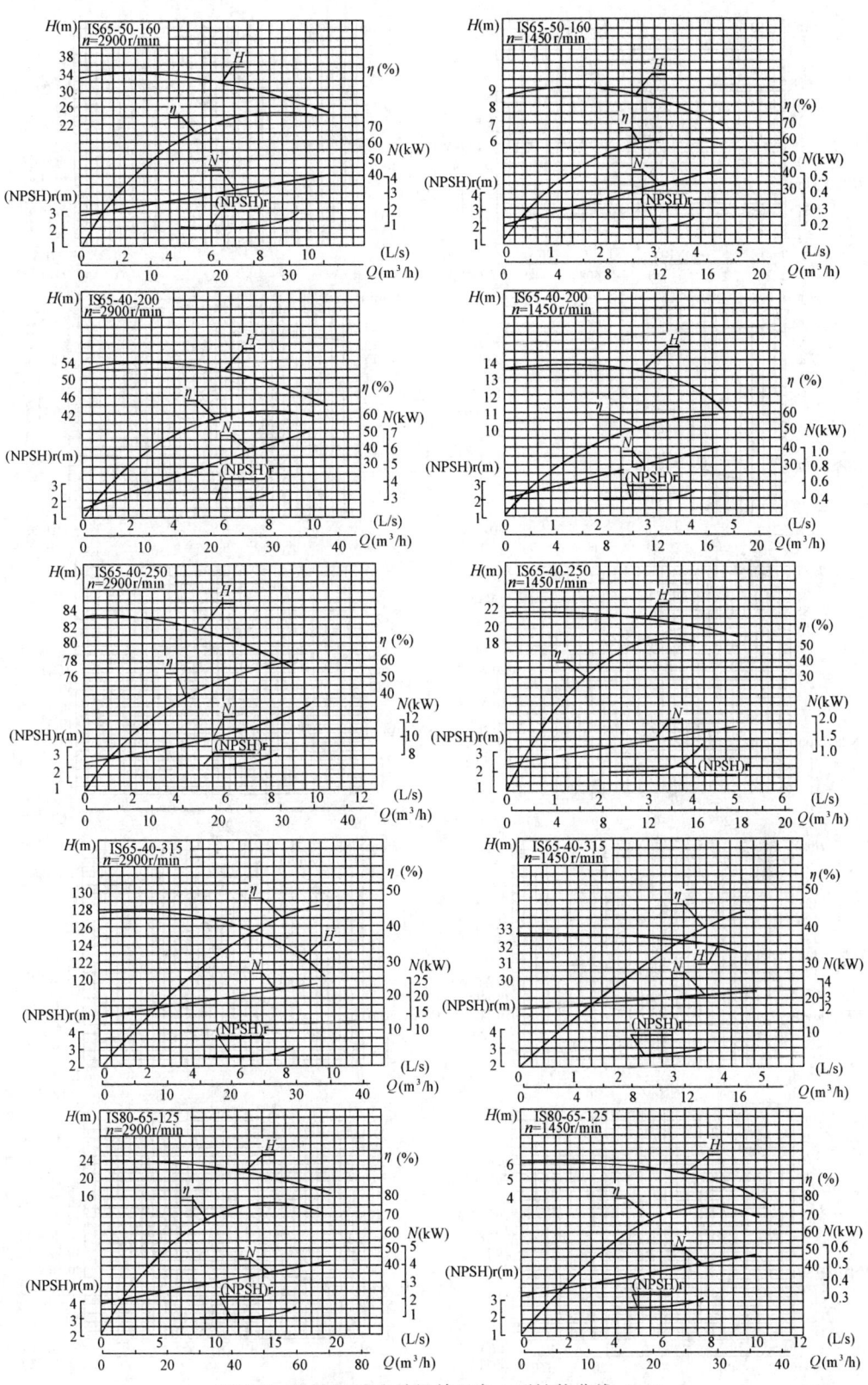

图 1-3　IS 型悬臂式单级单吸离心泵性能曲线（二）

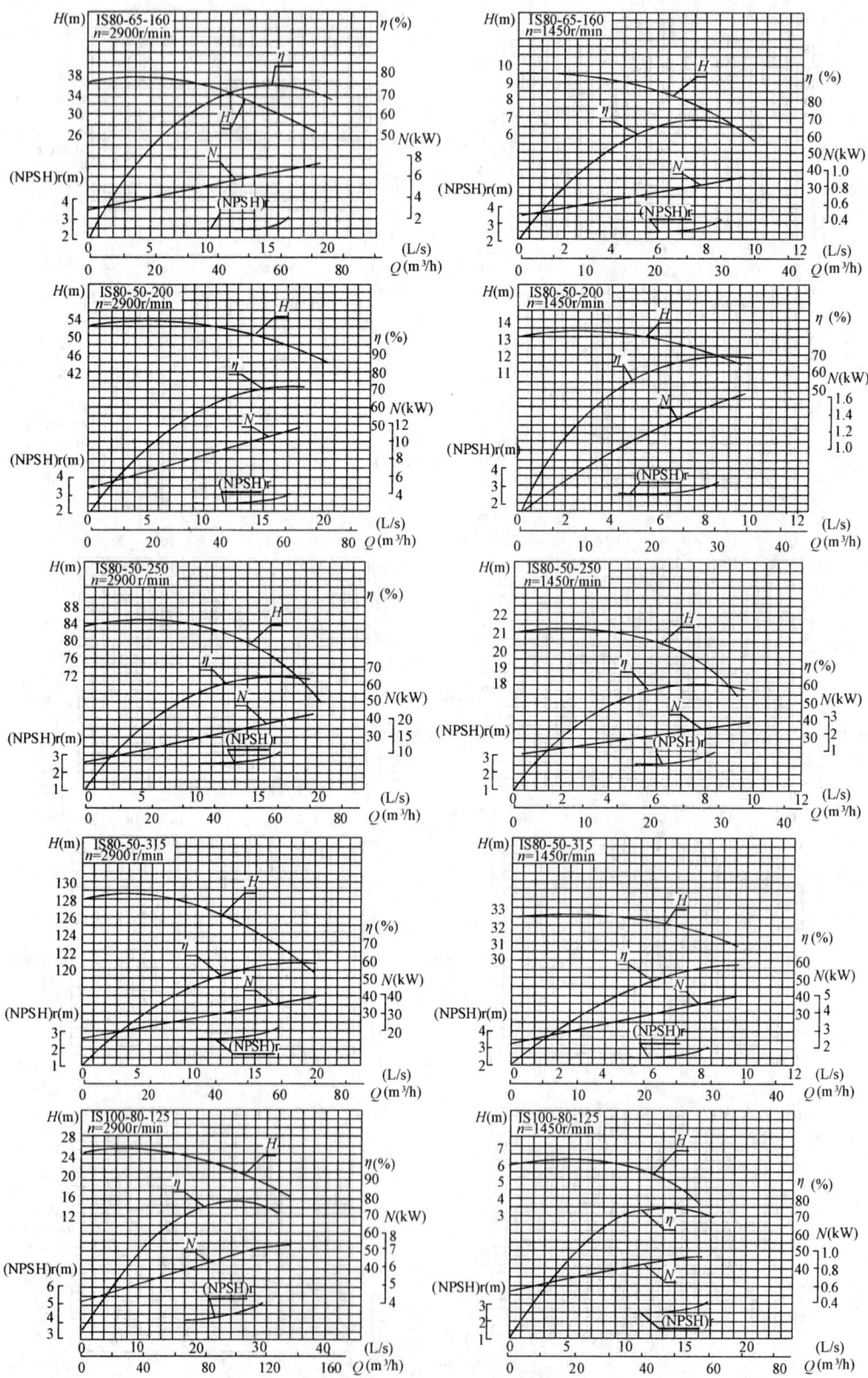

图 1-3　IS 型悬臂式单级单吸离心泵性能曲线（三）

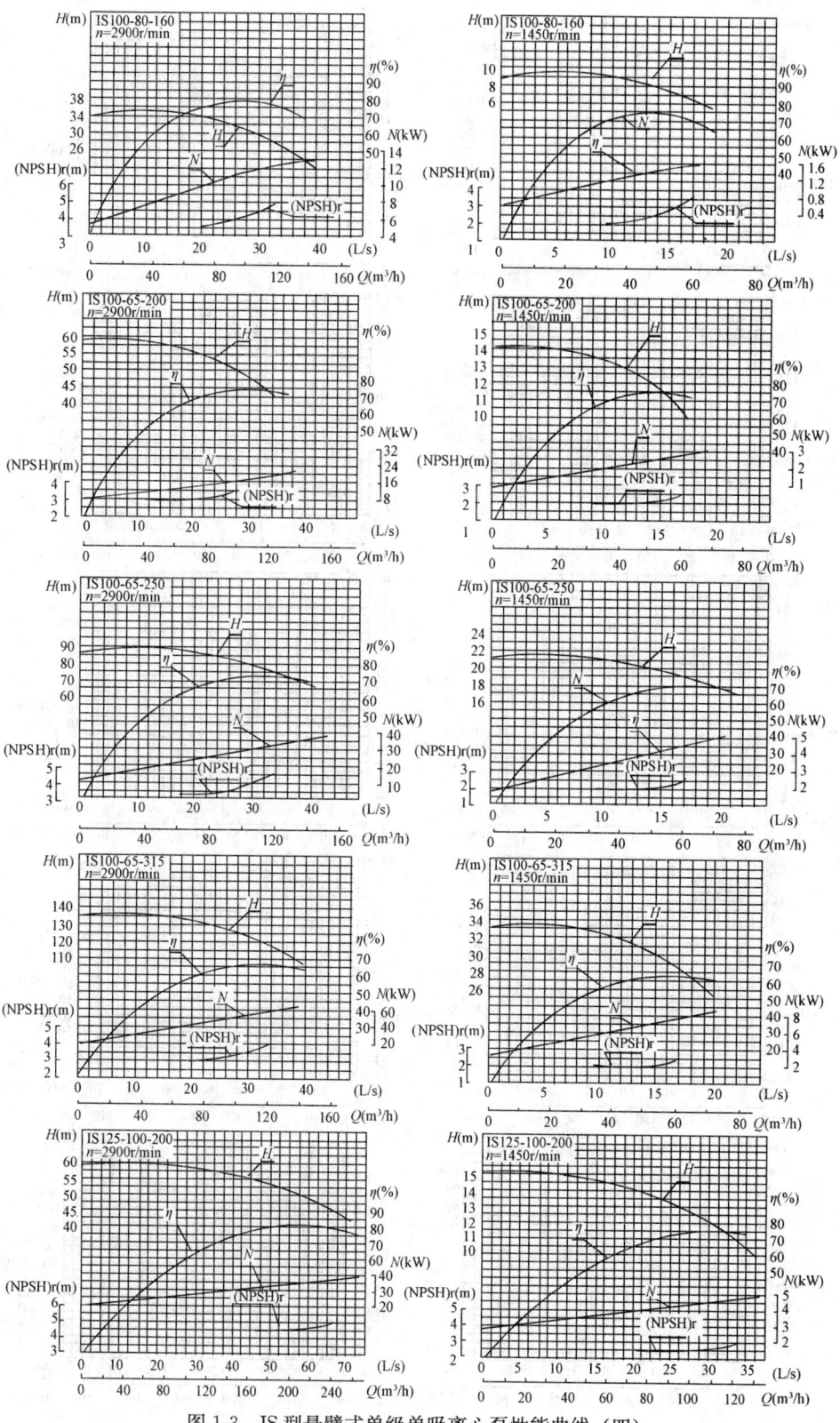

图 1-3 IS 型悬臂式单级单吸离心泵性能曲线（四）

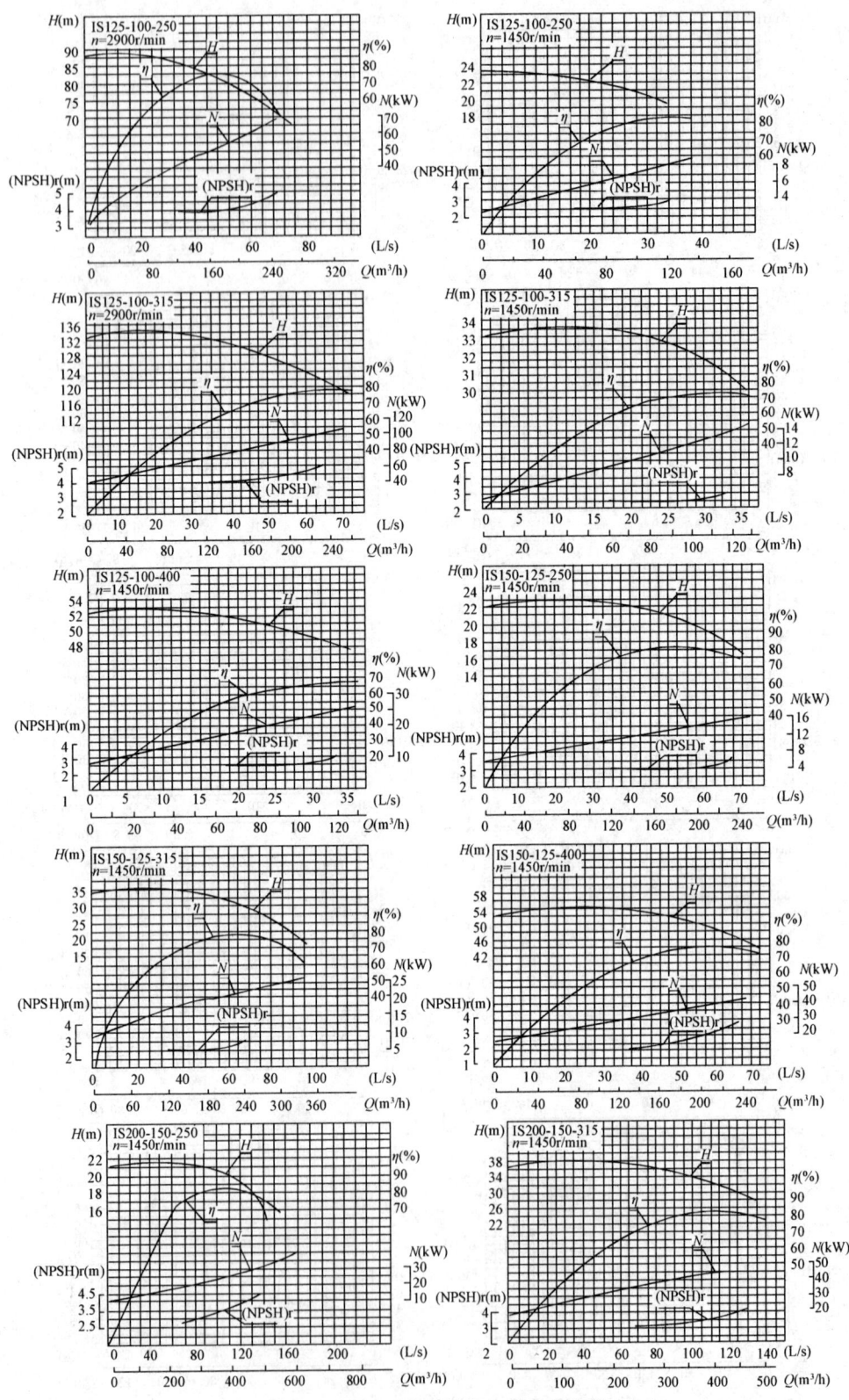

图 1-3 IS 型悬臂式单级单吸离心泵性能曲线（五）

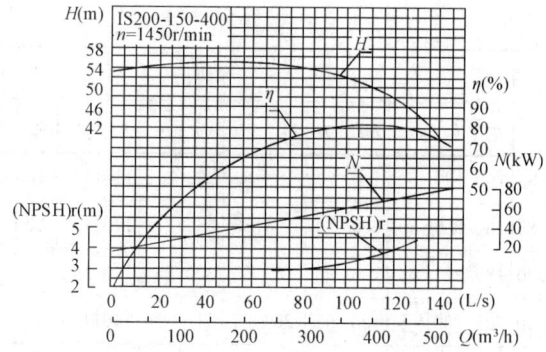

图 1-3　IS 型悬臂式单级单吸离心泵性能曲线（六）

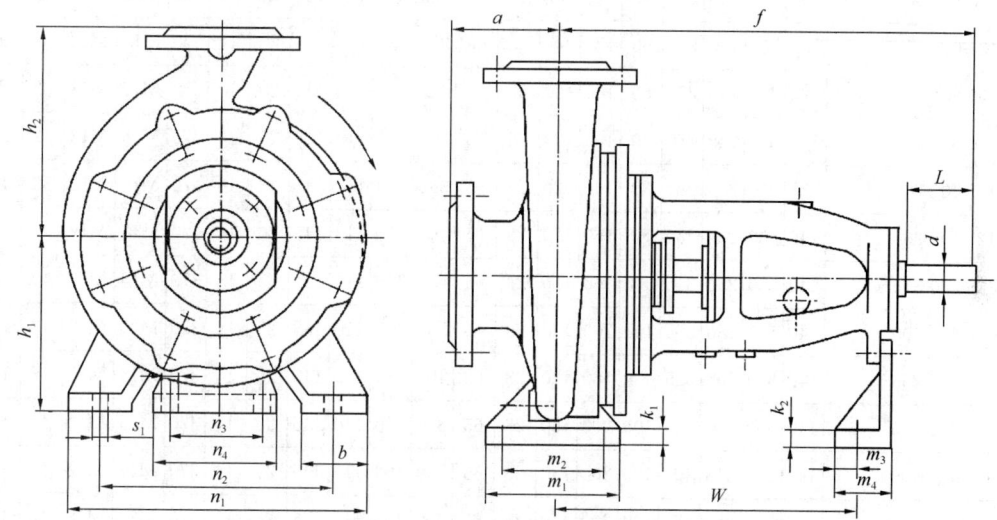

图 1-4　IS 型悬臂式单级单吸离心泵泵脚座尺寸

IS 型悬臂式单级单吸离心泵泵脚座尺寸（mm）　　　　　　　　表 1-2

型　号	泵				泵脚座											W	螺栓孔		轴端	
	a	f	h_1	h_2	b	m_1	m_2	m_3	m_4	n_1	n_2	n_3	n_4	k_1	k_2		s_1	s_2	d	L
IS50-32-125	80	385	112	140	50	100	70	19	60	190	140	110	145	14	10	285	M12	M12	24	50
IS50-32-160	80	385	132	160	50	100	70	19	60	240	190	110	145	14	10	285	M12	M12	24	50
IS50-32-200	80	385	160	180	50	100	70	19	60	240	190	110	145	16	10	285	M12	M12	24	50
IS50-32-250	100	500	180	225	65	125	95	25	65	320	250	110	145	20	14	370	M12	M12	32	80
IS65-50-125	80	385	112	140	50	100	70	19	60	210	160	110	145	14	10	285	M12	M12	24	50
IS65-50-160	80	385	132	160	50	100	70	19	60	240	190	110	145	16	10	285	M12	M12	24	50
IS65-40-200	100	385	160	180	50	100	70	19	60	265	212	110	145	16	10	285	M12	M12	24	50
IS65-40-250	100	500	180	225	65	125	95	25	65	320	250	110	145	20	14	370	M12	M12	32	80
IS65-40-315	125	500	200	250	65	125	95	25	65	345	280	110	145	20	20	370	M12	M12	32	80
IS80-65-125	100	385	132	160	50	100	70	19	60	240	190	110	145	16	10	285	M12	M12	24	50

型　　号	泵				泵脚座											W	螺栓孔		轴端	
	a	f	h_1	h_2	b	m_1	m_2	m_3	m_4	n_1	n_2	n_3	n_4	k_1	k_2		s_1	s_2	d	L
IS80-65-160	100	385	160	180	50	100	70	19	60	265	212	110	145	16	10	285	M12	M12	24	50
IS80-50-200	100	385	160	200	50	100	70	19	60	265	212	110	145	20	14	285	M12	M12	24	50
IS80-50-250	125	500	180	225	65	125	95	25	65	320	250	110	145	20	14	375	M12	M12	32	80
IS80-50-315	125	500	225	280	65	125	95	25	65	345	280	110	145	20	10	375	M12	M12	32	80
IS100-80-125	100	385	160	180	65	125	95	10	60	280	212	110	145	16	10	285	M12	M12	24	50
IS100-80-160	100	500	160	200	65	125	95	24	60	280	212	110	145	20	14	370	M12	M12	32	80
IS100-65-200	100	500	180	225	65	125	95	25	65	320	250	110	145	20	14	370	M12	M12	32	80
IS100-65-250	125	500	200	250	80	160	120	25	65	360	280	110	145	20	14	370	M16	M12	32	80
IS100-65-315	125	530	225	280	80	160	120	28	65	400	315	110	145	25	14	370	M16	M12	42	110
IS125-100-200	125	500	200	280	80	160	120	25	65	360	280	110	145	20	14	370	M16	M12	32	80
IS125-100-250	140	530	225	280	80	160	120	28	65	400	315	110	145	20	14	370	M16	M12	42	110
IS125-100-315	140	530	250	315	80	160	120	28	65	400	315	110	145	25	14	370	M16	M12	42	110
IS125-100-400	140	530	280	355	100	200	150	28	65	500	400	110	145	25	14	370	M20	M12	42	110
IS150-125-250	140	530	250	355	80	160	120	28	65	400	315	110	145	25	14	370	M16	M12	42	110
IS150-125-315	140	530	280	355	100	200	150	28	65	500	400	110	145	25	14	370	M20	M12	42	110
IS150-125-400	140	530	315	400	100	200	150	28	65	500	400	110	145	25	14	370	M20	M12	42	110
IS200-150-250	160	530	280	375	100	200	150	28	65	400	315	110	145	25	14	370	M20	M18	42	110
IS200-150-315	160	670	315	400	100	200	150	38	65	550	450	140	200	30	30	500	M20	M16	48	110
IS200-150-400	160	670	315	450	100	200	150	38	80	550	450	140	200	30	30	500	M20	M16	48	110

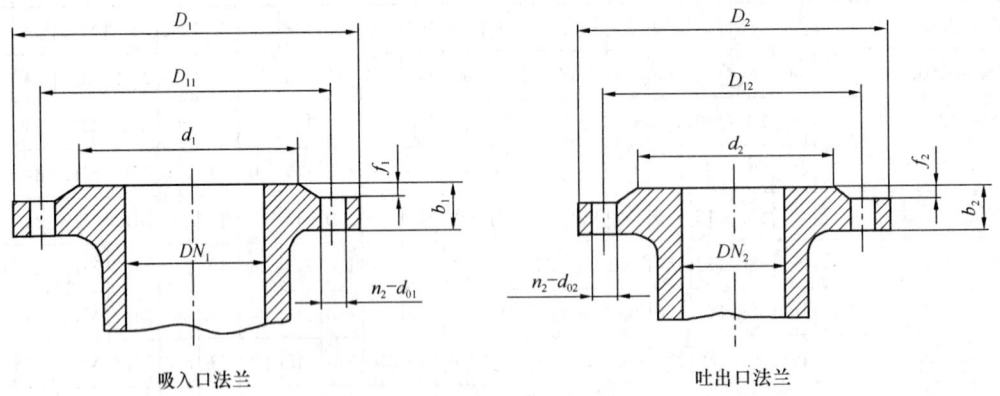

吸入口法兰　　　　　　　　　　　吐出口法兰

图 1-5　IS 型悬臂式单级单吸离心泵法兰尺寸

IS 型悬臂式单级单吸清水离心泵法兰尺寸　　　　　　　表 1-3

型　号	吸入口法兰尺寸(mm)							排出口法兰尺寸(mm)						
	DN_1	D_1	D_{11}	d_1	b_1	f_1	n_1-d_{01}	DN_2	D_2	D_{12}	d_2	b_2	f_2	n_2-d_{02}
IS50-32-125	50	165	125	102	20	3	4-17.5	32	140	100	78	18	3	4-17.5
IS50-32-160														
IS50-32-200														
IS50-32-250														
IS65-50-125	65	185	145	122	20	3	4-17.5	50	165	125	102	20	3	4-17.5
IS65-50-160														
IS65-40-200								40	150	110	88	18	3	4-17.5
IS65-40-250														
IS65-40-315														
IS80-65-125	80	200	160	133	22	3	8-17.5	65	185	145	122	20	3	4-17.5
IS80-65-160														
IS80-50-200								50	165	125	102	20	3	4-17.5
IS80-50-250														
IS80-50-315														
IS100-80-125	100	220	180	158	24	3	8-17.5	80	200	160	133	22	3	8-17.5
IS100-80-160														
IS100-80-200								65	185	145	122	20	3	4-17.5
IS100-65-250														
IS100-65-315														
IS125-100-200	125	250	210	184	26	3	8-17.5	100	220	180	158	24	3	8-17.5
IS125-100-250														
IS125-100-315														
IS125-100-400														
IS150-125-250	150	285	240	212	26	3	8-22	125	250	210	184	26	3	8-17.5
IS150-125-315														
IS150-125-400														
IS200-150-250	200	340	295	268	30	3	12-22	150	285	240	212	26	3	8-22
IS200-150-315														
IS200-150-400														

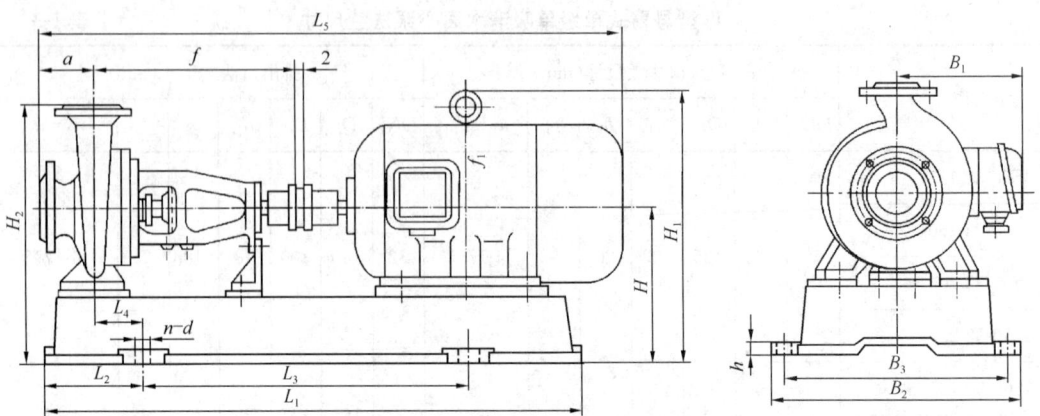

图 1-6 IS 型悬臂式单级单吸离心泵安装尺寸

IS 型悬臂式单级单吸离心泵安装尺寸   表 1-4

型 号	机座号	功率 (kW)	尺寸(mm)														
			L_1	L_2	L_3	L_4	a	f	L_5	B_1	B_2	B_3	h	H	H_1	H_2	$n \cdot d$
IS50-32-125	Y801-4	0.55	820	160	590	90	80	385	750	150	400	350	25	172	262	312	4-ϕ18.5
	Y801-2	1.1	820	160	590	90	80	385	750	150	400	350	25	172	262	312	4-ϕ18.5
	Y90S-2	1.5	820	160	590	90	80	385	775	155	400	350	25	172	272	312	4-ϕ18.5
	Y90L-2	2.2	820	160	590	90	80	385	800	155	400	350	25	172	272	312	4-ϕ18.5
IS50-32-160	Y801-4	0.55	820	160	590	90	80	385	750	150	400	350	25	192	282	352	4-ϕ18.5
	Y90S-2	1.5	820	160	590	90	80	385	775	155	400	350	25	192	292	352	4-ϕ18.5
	Y90L-2	2.2	820	160	590	90	80	385	800	155	400	350	25	192	292	352	4-ϕ18.5
	Y100L-2	3	820	160	590	90	80	385	845	185	400	350	25	192	337	352	4-ϕ18.5
IS50-32-200	Y802-4	0.75	820	160	590	90	80	385	750	150	400	350	25	220	310	400	4-ϕ18.5
	Y100L-2	3	820	160	590	90	80	385	845	180	400	350	25	220	365	400	4-ϕ18.5
	Y112M-2	4	820	160	590	90	80	385	865	190	400	350	25	220	373	400	4-ϕ18.5
	Y132S-2	5.5	930	185	660	110	80	385	940	210	465	400	30	225	408	405	4-ϕ24
IS50-32-250	Y90S-4	1.1	930	100	730	22	100	500	910	155	490	440	30	250	350	475	4-ϕ24
	Y90L-4	1.5	930	100	730	22	100	500	935	155	490	440	30	250	350	475	4-ϕ24
	Y132S-2	7.5	1140	190	740	102	100	500	1075	210	500	450	30	270	453	495	4-ϕ24
	Y160M-2	11	1100	130	835	42	100	500	1200	255	495	440	30	265	490	490	4-ϕ24
IS65-50-125	Y801-4	0.55	820	160	590	90	80	385	750	150	400	350	25	172	262	312	4-ϕ18.5
	Y90S-2	1.5	820	160	590	90	80	385	775	155	400	350	25	172	272	312	4-ϕ18.5
	Y90L-2	2.2	820	160	590	90	80	385	800	155	400	350	25	172	272	312	4-ϕ18.5
	Y100L-2	3	820	160	590	90	80	385	845	180	400	350	25	172	317	312	4-ϕ18.5

型 号	机座号	功率 (kW)	尺寸(mm)														
			L_1	L_2	L_3	L_4	a	f	L_5	B_1	B_2	B_3	h	H	H_1	H_2	n-d
IS65-50-160	Y802-4	0.75	820	160	590	90	80	385	750	150	400	350	25	192	382	352	4-ϕ18.5
	Y100L-2	3	820	160	590	90	80	385	845	180	400	350	25	192	337	352	4-ϕ18.5
	Y112M-2	4	820	160	590	90	80	385	865	190	400	350	25	192	345	352	4-ϕ18.5
	Y132S-2	5.5	930	185	660	110	80	385	940	210	465	400	30	197	375	357	4-ϕ24
IS65-40-200	Y802-4	0.75	820	160	590	90	100	385	770	150	400	350	25	220	310	400	4-ϕ18.5
	Y90S-4	1.1	820	160	590	90	100	385	795	155	400	350	25	220	320	400	4-ϕ18.5
	Y112M-2	4	820	160	590	90	100	385	885	190	400	350	25	220	373	400	4-ϕ18.5
	Y132S-2	7.5	930	185	660	110	100	385	960	210	465	400	30	225	408	405	4-ϕ24
IS65-40-250	Y90S-4	1.1	930	100	730	22	100	500	910	155	490	440	30	250	350	475	4-ϕ24
	Y90L-4	1.5	930	100	730	22	100	500	935	155	490	440	30	250	350	475	4-ϕ24
	Y100L-4	2.2	930	100	730	22	100	500	980	188	490	440	30	250	395	475	4-ϕ24
	Y132S-2	7.5	1140	190	740	102	100	500	1075	210	500	450	30	270	453	495	4-ϕ24
	Y160M-2	15	1100	130	835	42	100	500	1200	255	495	440	30	265	490	490	4-ϕ24
IS65-40-315	Y100L-4	3	930	100	730	22	125	500	1005	180	490	440	30	270	415	520	4-ϕ24
	Y112M-4	4	930	100	730	22	125	500	1025	190	490	440	30	270	423	520	4-ϕ24
	Y160L-2	18.5	1100	130	835	42	125	500	1270	255	495	440	30	285	510	535	4-ϕ24
	Y180M-2	22	1160	180	830	100	125	500	1295	285	540	490	30	293	543	543	4-ϕ24
	Y200L-2	30	1340	240	940	152	125	500	1400	310	625	560	40	330	605	580	4-ϕ28
IS80-65-125	Y802-4	0.75	820	160	590	90	100	385	770	150	400	350	25	192	282	352	4-ϕ18.5
	Y100L-2	3	820	160	590	90	100	385	865	180	400	350	25	192	337	352	4-ϕ18.5
	Y112M-2	4	820	160	590	90	100	385	885	190	400	350	25	192	345	352	4-ϕ18.5
	Y132S-2	5.5	930	185	660	110	100	385	960	210	465	400	30	197	380	357	4-ϕ24
IS80-65-160	Y802-4	0.75	820	160	590	90	100	385	770	150	400	350	25	220	310	400	4-ϕ18.5
	Y90S-4	1.1	820	160	590	90	100	385	795	155	400	350	25	220	320	400	4-ϕ18.5
	Y90L-4	1.5	820	160	590	90	100	385	820	155	400	350	25	220	320	400	4-ϕ18.5
	Y112M-2	4	820	160	590	90	100	385	885	190	400	350	25	220	373	400	4-ϕ18.5
	Y132S-2	7.5	930	185	660	110	100	385	960	210	465	400	30	225	408	405	4-ϕ24
IS80-50-200	Y90S-4	1.1	840	160	590	75	100	385	795	155	390	350	25	240	340	440	4-ϕ18.5
	Y90L-4	1.5	840	160	590	75	100	385	820	155	390	350	25	240	340	440	4-ϕ18.5
	Y100L-4	2.2	840	160	590	75	100	385	865	180	390	350	25	240	385	440	4-ϕ18.5
	Y132S-2	7.5	930	185	660	110	100	385	960	210	465	400	30	225	408	425	4-ϕ24
	Y160M-2	15	1040	130	740	15	100	385	1085	255	490	440	30	240	465	440	4-ϕ24

型　号	机座号	功率 (kW)	尺寸(mm)														
			L_1	L_2	L_3	L_4	a	f	L_5	B_1	B_2	B_3	h	H	H_1	H_2	$n\text{-}d$
IS80-50-250	Y100L-4	3	930	100	730	22	125	500	1005	180	490	440	30	250	395	475	4-ϕ24
	Y160M-2	15	1100	130	835	42	125	500	1225	255	495	440	30	265	490	490	4-ϕ24
	Y160L-2	18.5	1100	130	835	42	125	500	1270	255	495	440	30	265	490	490	4-ϕ24
	Y180M-2	22	1160	180	830	100	125	500	1295	285	540	490	30	273	523	498	4-ϕ24
IS80-50-315	Y112M-2	4	930	100	730	22	125	500	1025	190	490	440	30	295	448	575	4-ϕ24
	Y132S-4	5.5	1140	190	740	102	125	500	1100	210	500	450	30	315	498	595	4-ϕ24
	Y180M-2	22	1160	180	830	100	125	500	1295	285	540	490	30	318	568	598	4-ϕ24
	Y200L-2	37	1340	240	940	152	125	500	1400	310	625	560	40	355	630	635	4-ϕ28
IS100-80-125	Y802-4	0.75	930	185	660	100	100	385	770	150	465	400	30	225	315	405	4-ϕ24
	Y90S-4	1.1	930	185	660	100	100	385	795	155	465	400	30	225	325	405	4-ϕ24
	Y90L-4	1.5	930	185	660	100	100	385	820	155	465	400	30	225	325	405	4-ϕ24
	Y132S-2	7.5	930	185	660	100	100	385	960	210	465	400	30	225	408	405	4-ϕ24
	Y160M-2	11	1040	130	740	0	100	385	1085	255	490	440	30	240	465	420	4-ϕ24
IS100-80-160	Y90L-4	1.5	1100	130	835	42	100	500	935	155	495	440	30	245	345	445	4-ϕ24
	Y100L-4	2.2	1100	130	835	42	100	500	980	180	4985	440	30	245	390	445	4-ϕ24
	Y160M-2	15	1100	130	835	42	100	500	1200	255	495	440	30	245	470	445	4-ϕ24
IS100-65-200	Y100L-4	3	930	100	730	22	100	500	980	180	490	440	30	250	395	475	4-ϕ24
	Y112M-4	4	930	100	730	22	100	500	1000	190	490	440	30	250	403	475	4-ϕ24
	Y160M-2	15	1100	130	835	42	100	500	1200	255	495	440	30	265	490	490	4-ϕ24
	Y160L-2	18.5	1100	130	835	42	100	500	1245	255	495	440	30	265	490	490	4-ϕ24
	Y180M-2	22	1160	180	830	100	100	500	1270	285	540	490	30	273	523	498	4-ϕ24
IS100-65-250	Y100L-4	3	930	100	730	5	125	500	1005	180	490	400	30	270	415	520	4-ϕ24
	Y112M-4	4	930	100	730	5	125	500	1025	190	490	400	30	270	423	520	4-ϕ24
	Y132S-4	5.5	1090	210	740	105	125	500	1100	210	500	450	30	285	468	535	4-ϕ24
	Y180M-2	22	1160	180	830	80	125	500	1295	285	540	490	30	293	543	534	4-ϕ24
	Y200L-2	37	1340	240	940	135	125	500	1400	310	625	560	40	330	605	580	4-ϕ28
IS100-65-315	Y132S-4	5.5	1150	145	840	40	125	530	1130	210	550	490	30	313	496	593	4-ϕ24
	Y132M-4	7.5	1150	145	840	40	125	530	1170	210	550	490	30	313	496	593	4-ϕ24
	Y160M-4	11	1150	145	840	40	125	530	1255	255	550	490	30	313	538	593	4-ϕ24
	Y200L-2	37	1340	240	940	135	125	530	1430	315	625	560	40	355	630	635	4-ϕ28

型　号	机座号	功率(kW)	尺寸(mm)															
			L_1	L_2	L_3	L_4	a	f	L_5	B_1	B_2	B_3	h	H	H_1	H_2	$n\text{-}d$
IS100-65-315	Y225M-2	45	1300	250	930	140	125	530	1470	345	616	550	40	330	635	610	4-ϕ28
	Y250M-2	55	1500	280	1060	165	125	530	1585	385	665	600	40	370	695	650	4-ϕ28
	Y280S-2	75	1640	320	1200	210	125	530	1655	410	730	670	40	370	730	650	4-ϕ28
IS125-100-200	Y112M-4	4	930	100	730	5	125	500	1025	190	490	440	30	270	423	550	4-ϕ24
	Y132S-4	5.5	1090	210	740	105	125	500	1100	210	500	450	30	285	468	565	4-ϕ24
	Y132M-4	7.5	1090	210	740	105	125	500	1140	210	500	450	30	285	468	565	4-ϕ24
	Y180M-2	22	1160	180	830	80	125	500	1295	285	540	490	30	293	543	573	4-ϕ24
	Y200L-2	37	1340	240	940	135	125	500	1400	310	625	560	40	330	605	610	4-ϕ24
	Y225M-2	45	1330	250	940	130	125	500	1440	345	620	550	40	325	630	605	4-ϕ28
IS125-100-250	Y132S-4	5.5	1150	145	840	40	140	530	1145	210	550	490	30	313	496	593	4-ϕ24
	Y132M-4	7.5	1150	145	840	40	140	530	1185	210	550	490	30	313	496	593	4-ϕ24
	Y160M-4	11	1150	145	840	40	140	530	1270	255	550	490	30	313	538	593	4-ϕ24
	Y200L-2	37	1340	240	940	135	140	530	1445	310	625	560	40	355	630	635	4-ϕ28
	Y225M-2	45	1300	250	930	140	140	530	1485	345	616	550	40	330	635	610	4-ϕ28
	Y250M-2	55	500	280	1060	165	140	530	1600	385	665	600	40	370	695	650	4-ϕ28
	Y280S-2	75	1640	320	1200	210	140	530	1670	410	730	670	40	370	730	650	4-ϕ28
IS125-100-315	Y160M-4	11	1150	145	840	40	140	530	1270	225	550	490	30	338	563	653	4-ϕ24
	Y160L-4	15	1150	145	840	40	140	530	1315	225	550	490	30	338	563	653	4-ϕ24
	Y280S-2	75	1640	320	1200	210	140	530	1670	410	730	670	40	395	755	710	4-ϕ28
	Y280M-2	90	1640	320	1200	210	140	530	1720	410	730	670	40	395	755	710	4-ϕ28
	Y315S-2	110	1820	320	1200	210	140	530	1860	460	800	740	40	400	950	715	4-ϕ28
IS125-100-400	Y160L-4	15	1520	1520	270	1060	140	530	1315	255	660	600	40	405	630	760	4-ϕ28
	Y180M-4	18.5	1520	1520	270	1060	140	530	1340	285	660	600	40	405	655	760	4-ϕ28
	Y180L-4	22	1520	270	1060	140	140	530	1380	285	660	600	40	405	665	760	4-ϕ28
	Y200L-4	30	1520	275	1060	150	140	530	1445	310	660	600	40	430	705	785	4-ϕ28
IS150-125-250	Y160M-4	11	1270	220	840	110	140	530	1270	255	550	490	30	360	585	715	4-ϕ24
	Y160L-4	15	1270	220	940	110	140	530	1315	255	550	490	30	360	585	715	4-ϕ24
	Y180M-4	18.5	1310	240	1060	120	140	530	1340	282	615	550	40	364	614	719	4-ϕ28

型　号	机座号	功率(kW)	尺寸(mm)														
			L_1	L_2	L_3	L_4	a	f	L_5	B_1	B_2	B_3	h	H	H_1	H_2	$n \cdot d$
IS150-125-315	Y180M-4	18.5	1520	270	1060	140	140	530	1340	285	660	600	40	405	655	760	4-ϕ28
	Y180L-4	22	1520	270	1060	140	140	530	1380	285	660	600	40	405	655	760	4-ϕ28
	Y200L-4	30	1520	275	1060	150	140	530	1445	310	660	600	40	430	705	785	4-ϕ28
IS150-125-400	Y200L-4	30	1520	275	1060	150	140	530	1445	310	660	600	40	465	740	865	4-ϕ28
	Y225S-4	37	1520	275	1060	150	140	530	1490	345	660	600	40	465	770	865	4-ϕ28
	Y225M-4	45	1520	275	1060	150	140	530	1515	345	660	600	40	465	770	865	4-ϕ28
IS200-150-250	Y180L-4	22	1520	270	1060	140	160	530	1400	285	660	600	40	405	655	780	4-ϕ28
	Y200L-4	30	1520	275	1060	150	160	530	1465	310	660	600	40	430	705	805	4-ϕ28
	Y225S-4	37	1520	275	1060	150	160	530	1510	345	660	600	40	430	735	805	4-ϕ28
IS200-150-315	Y200L-4	30	1540	240	1060	110	160	670	1605	310	740	670	40	460	735	865	4-ϕ28
	Y225S-4	37	1540	240	1060	110	160	670	1650	345	740	670	40	460	765	865	4-ϕ28
	Y225M-4	45	1540	240	1060	110	160	670	1675	345	740	670	40	460	765	865	4-ϕ28
	Y250M-4	55	1540	240	1060	110	160	670	1760	385	740	670	40	460	785	865	4-ϕ28
IS200-150-400	Y225M-4	45	1540	240	1060	110	160	670	1675	345	740	670	40	460	765	910	4-ϕ28
	Y250M-4	55	1540	240	1060	110	160	670	760	385	740	670	40	460	785	910	4-ϕ28
	Y280S-4	75	1690	300	1190	175	160	670	1830	410	750	670	40	460	820	910	4-ϕ28
	Y280M-4	90	1690	300	1190	175	160	670	1880	410	750	670	40	460	820	910	4-ϕ28

1.1.2　XA 型悬臂式单级单吸离心泵

（1）用途：XA 型悬臂式单级单吸离心泵用于吸送清水及物理化学性质类似于水的液体，适用于工厂、矿山、城市给水排水、空调、消防和农田排灌之用。

（2）型号意义说明：

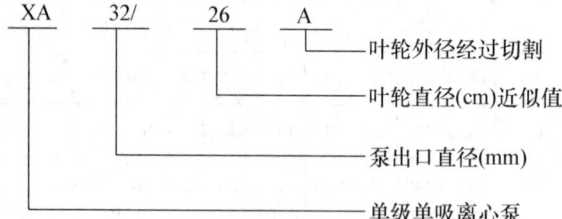

（3）结构：XA 型泵为单级单吸悬臂式清水离心泵，由泵体、泵盖、叶轮、轴、密封环、轴套及悬架轴承部件等组成。泵轴伸出端由两个滚动轴承支承。泵体和泵盖在叶轮背面处剖分，即后开门式结构形式，检修时不动泵体、进水管路、出水管路和电动机，只要拆下联轴器，即可取下整个轴承部件进行检修。泵通过弹性联轴器由电动机直接驱动。轴封可用软填料密封或机械密封。

（4）性能：XA 型悬臂式单级单吸离心泵性能见图 1-7 和表 1-5。

（5）外形及安装尺寸：XA 型悬臂式单级单吸离心泵外形及安装尺寸见图 1-8 和表 1-6。

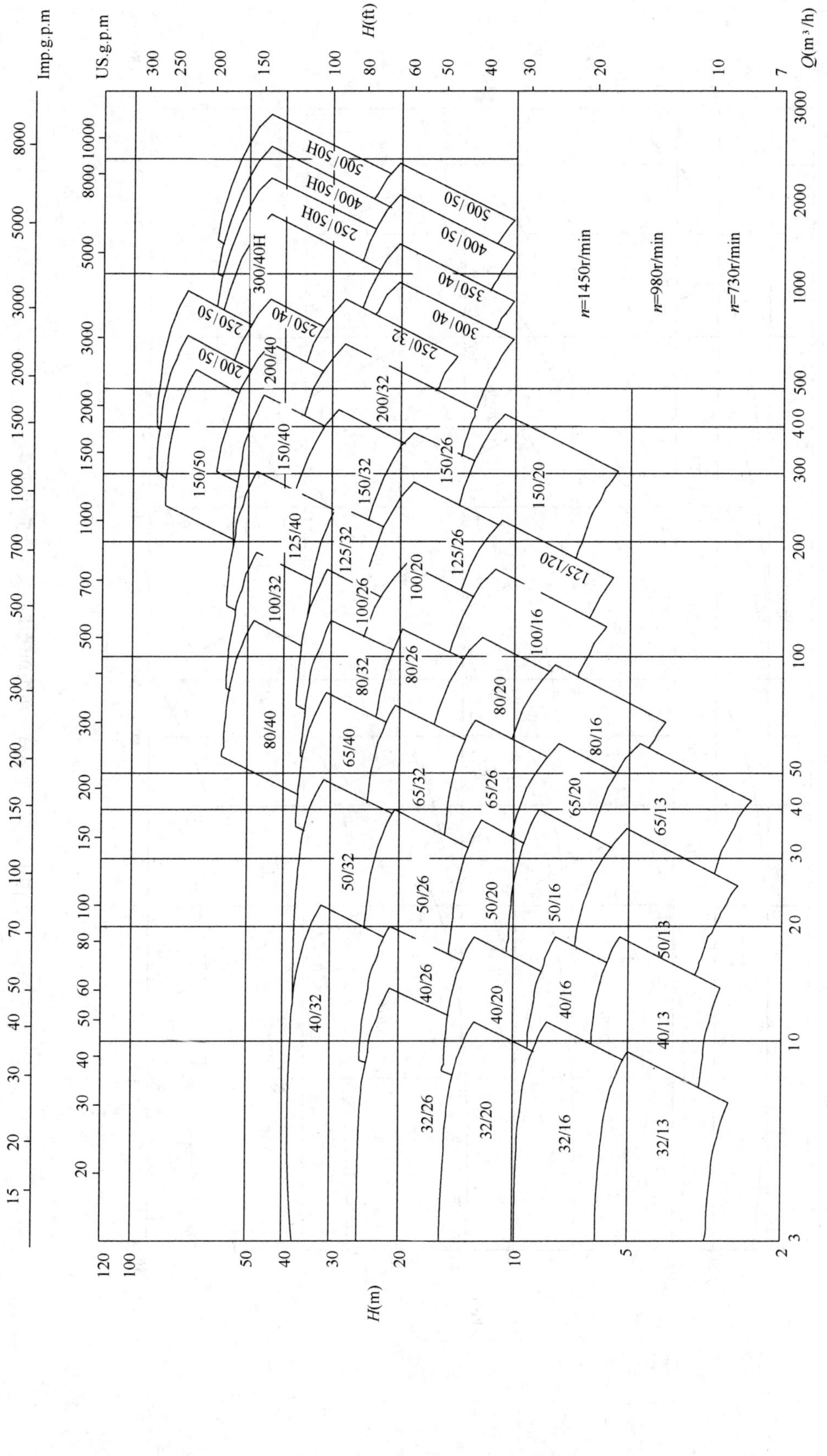

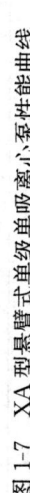

图 1-7　XA 型悬臂式单级单吸离心泵性能曲线

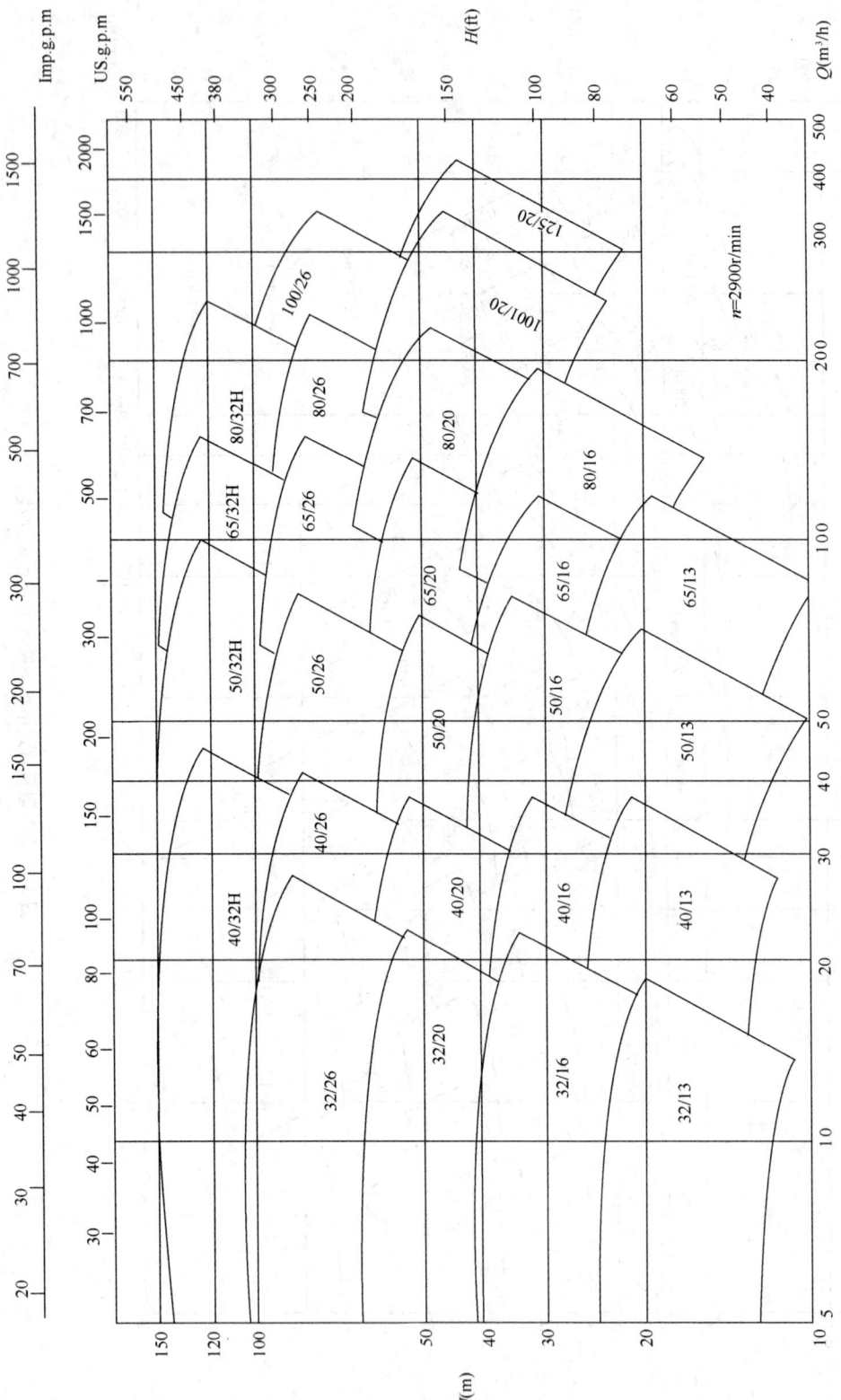

图 1-7　XA 型悬臂式单级单吸离心泵性能曲线（续）

XA 型悬臂式单级单吸离心泵性能

表 1-5

泵型号	流 量		扬程	转速	功率(kW)		配套电机	效率	汽蚀余量 (NPSH)r	泵口径(mm)		质量
	(m³/h)	(L/s)	(m)	(r/min)	轴功率	电机功率		(%)	(m)	吸入	排出	(kg)
XA32/13	9 15 18	2.5 4.17 5	24.5 22 20	2900	1.23 1.47 1.58	1.5 2.2 2.2	Y90L-2 2.2kW	49 61 62	1.8 2 2.5	50	32	27.5
XA32/13A	8.5 14 17	2.36 3.89 4.72	21.2 19 17.2	2900	1.04 1.23 1.31	1.5 1.5 2.2	Y90L-2 2.2kW	47 59 60.5	1.8 1.95 2.3	50	32	27.5
XA32/13B	7.8 13 15.5	2.17 3.61 4.31	18 16.2 14.7	2900	0.89 1.01 1.07	1.1 1.1 1.5	Y90L-2 22kW	43 56.5 58	1.8 1.88 2.08	50	32	27.5
XA32/16	11 18 22	3.06 5.0 6.11	40 37 34	2900	2.49 3.18 3.51	3 4 5.5	Y132S1-2 5.5kW	48 57 58	1.9 2.0 2.6	50	32	35
XA32/16A	10.5 17 21	2.92 4.72 5.83	35.7 33 30	2900	2.22 2.78 3.60	3 3 4	Y112M-2 4kW	46 55 56	1.9 1.95 2.4	50	32	35
XA32/16B	9.8 16 19.5	2.72 4.44 5.42	31.4 29 26.5	2900	1.93 2.38 2.61	2.2 3 4	Y112M-2 4kW	43.5 53 54	1.9 1.95 2.2	50	32	35
XA32/20	11 18 22	3.06 5.0 6.11	63 59 55.5	2900	4.71 5.90 6.52	5.5 7.5 11	Y160M1-2 11kW	40 49 51	1.8 2 2.3	50	32	41
XA32/20A	10.5 17 21	2.92 4.72 5.83	57.2 54 50.2	2900	4.24 5.26 5.79	5.5 7.5 7.5	Y132S2-2 7.5kW	38.6 47.5 49.5	1.8 1.95 2.2	50	32	41
XA32/20B	10 16.5 20	2.78 4.58 5.56	51.5 48 45	2900	3.69 4.50 5.03	5.5 7.5 7.5	Y132S2-2 7.5kW	38 46.8 48.8	1.8 1.9 2.15	50	32	41
XA32/26	14 22 26	3.89 6.11 7.22	99 95.0 92	2900	11.27 13.23 14.47	15 15 18.5	Y160L-2 18.5kW	33.5 43 45	2.1 2.2 2.6	50	32	59
XA32/26A	13.5 21 25	3.75 5.83 6.94	91.8 88 85	2900	10.75 12.58 13.60	15 15 15	Y160M2-2 15kW	31.4 40 42.5	2.1 2.2 2.5	50	32	59

泵型号	流　　量		扬程	转速	功率(kW)		配套电机	效率	汽蚀余量(NPSH)r	泵口径(mm)		质量
	(m³/h)	(L/s)	(m)	(r/min)	轴功率	电机功率		(%)	(m)	吸入	排出	(kg)
XA32/26B	13	3.61	84.5	2900	9.97	15	Y160M2-2 15kW	30	2.15	50	32	59
	20.5	5.69	81		11.74	15		38.5	2.16			
	24	6.67	78.4		12.63	15		40.6	2.38			
XA40/13	18	5	25.5	2900	2.08	2.2	Y112M-2 4kW	60	1.8	65	40	30
	30	8.33	23.5		2.74	3		70	2			
	36	10	21.5		3.03	4		69.5	2.4			
XA40/13A	16.8	4.67	22	2900	1.80	2.2	Y112M-2 4kW	56	18	65	40	30
	28	7.78	20.2		2.30	3		67	2			
	33.6	9.33	18.8		2.56	4		67.2	2.25			
XA40/13B	15.5	4.31	18.5	2900	1.48	2.2	Y100L-2 3kW	53	1.8	65	40	30
	26	7.22	17		1.85	3		65	1.9			
	31	8.61	15.5		2.01	4		65	2.15			
XA40/16	18	5	39.5	2900	3.65	5.5	Y132S2-2 7.5kW	53	2.1	65	40	36
	30	8.33	35		4.47	5.5		64	2.5			
	36	10	31.5		4.90	7.5		63	3.6			
XA40/16A	17	4.72	34.8	2900	3.16	4	Y132S1-2 5.5kW	51	2.1	65	40	36
	28.5	7.92	30.5		3.82	5.5		62	2.5			
	34	9.44	27.6		4.19	5.5		61	3.25			
XA40/16B	16	4.44	30.5	2900	2.77	4	Y112M-2 4kW	48	2.05	65	40	36
	26.5	7.36	27		3.29	4		59.5	2.4			
	32	8.89	24		3.55	4		59	2.9			
XA40/20	18	5.0	63	2900	6.30	7.5	Y160M1-2 11kW	49	1.8	65	40	44
	30	8.33	58		8.17	11		58	2			
	36	10	53		8.96	11		58	2.7			
XA40/20A	17	4.72	57.4	2900	5.72	7.5	Y160M1-2 11kW	46.4	1.8	65	40	44
	29	8.06	52.4		7.46	11		55.5	1.9			
	34.5	9.58	48		8.05	11		56	2.45			
XA40/20B	16.5	4.58	51.8	2900	5.28	5.5	Y160M1-2 11kW	44	1.8	65	40	44
	27.5	7.64	47.5		6.71	7.5		53	1.95			
	33	9.17	43.3		7.24	11		53.8	2.45			
XA40/26	20	5.56	97	2900	13.22	15	Y180M-2 22kW	40	1.8	65	40	61
	33	9.17	91		16.22	18.5		51	2.0			
	40	11.11	87		17.88	22		53	2.5			

续表

泵型号	流 量		扬程	转速	功率(kW)		配套电机	效率	汽蚀余量	泵口径(mm)		质量
	(m³/h)	(L/s)	(m)	(r/min)	轴功率	电机功率		(%)	(NPSH)r (m)	吸入	排出	(kg)
XA40/26A	19.5 32 38.5	5.42 8.89 10.7	89 84 79.5	2900	12.28 15.09 16.35	15 18.5 18.5	Y160L-2 18.5kW	38.5 48.5 51	18 1.95 2.35	65	40	61
XA40/26B	18.5 30.5 37	5.14 8.47 10.28	82 78 73	2900	11.17 13.78 15.02	15 15 18.5	Y160L-2 18.5kW	37 47 49	1.8 1.9 2.2	65	40	61
XA40/32H	21.6 36 42.5	6.0 10 11.81	144.2 136 117	2900	25.3 31.0 33.4	30 37 37	Y200L2-2 37kW	33.5 43 40.5	3.5 2.5 4.3	65	40	95.8
XA40/32HA	20.7 34.5 40.7	5.75 9.58 11.3	134.7 124.7 108.5	2900	23.7 29.3 30.8	30 37 37	Y200L2-2 37kW	32 40 39	3.7 2.5 3.3	65	40	95.8
XA40/32HB	19.7 32.8 39	5.47 9.11 10.83	112 103.7 89.2	2900	19.7 24.1 25.3	30 30 30	Y200L1-2 30kW	30.5 38.5 37.5	4 2.5 3.1	65	40	95.8
XA50/13	36 60 72	10 16.67 20	25.5 23 20.5	2900	3.85 4.98 5.36	5.5 5.5 7.5	Y132S2-2 7.5kW	65 76 75	2.5 3.2 4	65	50	34
XA50/13A	33.5 56 67.5	9.31 15.56 18.75	22 19.5 17.2	2900	3.19 4.02 4.33	4 5.5 5.5	Y132S1-2 5.5kW	63 74 73	2.5 3.1 3.6	65	50	34
XA50/13B	31 52 62	8.61 14.44 17.22	18.5 16.5 14.8	2900	2.56 3.24 3.52	3 4 5.5	Y132S1-2 5.5kW	61 72 71	2.5 2.9 3.3	65	50	34
XA50/16	40 65 78	11.11 18.06 21.67	41.5 38.0 38.0	2900	7.06 9.09 10.05	11 11 11	Y160M1-2 11kW	64 74 74	2.5 3.5 4.2	65	50	38
XA50/16A	38 61.5 74	10.56 17.1 20.6	37 33.8 21.2	2900	6.19 7.90 8.75	7.5 11 11	Y160M1-2 5.5kW	62 72 72	2.5 3.3 3.9	65	50	38
XA50/16B	35.5 58 69.5	9.86 16.11 19.31	32.5 29.5 27	2900	5.24 6.66 7.36	5.5 11 11	Y160M1-2 5.5kW	60 70 69.5	2.35 3.7 3.9	65	50	38

泵型号	流　量		扬程	转速	功率(kW)		配套电机	效率	汽蚀余量(NPSH)r	泵口径(mm)		质量
	(m³/h)	(L/s)	(m)	(r/min)	轴功率	电机功率		(%)	(m)	吸入	排出	(kg)
XA50/20	36	10.0	62	2900	10.48	15	Y160L-2 18.5kW	58	2.5	65	60	46
	60	16.67	56		13.07	15		70.0	3.2			
	72	20	50		14.42	18.5		68	4			
XA50/20A	34.5	9.6	56	2900	9.25	11	Y160M2-2 15kW	57	2.5	65	50	46
	57.5	16	50.5		11.50	15		69	3.1			
	69	19.2	45		12.64	15		67	3.75			
XA50/20B	33	9.2	50.6	2900	8.13	11	Y160M2-2 15kW	55.5	2.5	65	50	46
	54.5	15.1	45.6		10.00	15		67.5	3			
	65.5	18.2	40.5		11.00	15		66	3.5			
XA50/26	40	11.11	100	2900	20.17	30	Y160L2-2 37kW	54	2.5	65	50	63
	65	18.06	91		25.97	30		62	3.5			
	78	21.67	82		29.03	37		60	4.2			
XA50/26A	38.5	10.69	92.5	2900	18.29	22	Y200L1-2 30kW	53	2.4	65	50	63
	63	17.5	84		23.63	30		61	3.3			
	75.5	20.97	75.6		26.34	30		59	3.9			
XA50/26B	37	10.28	85.5	2900	16.57	18.5	Y200L1-2 30kW	52	2.3	65	50	63
	60.5	16.81	77.5		21.29	30		60	3.2			
	72.5	20.14	69.8		23.76	30		58	3.9			
XA50/32H	48	13.3	146.9	2900	39.2	45	Y250M-2 55kW	49	2.5	65	50	101
	80	22.22	136		49.4	55		60	3			
	96	26.67	119.7		51.3	55		61	3.5			
XA50/32HA	46	12.78	134.7	2900	34.4	45	Y250M-2 55kW	49	2	65	50	101
	76.6	21.28	124.7		44.8	55		58	2.4			
	90.4	25.11	109.7		46.1	55		58.5	3			
XA50/32HB	43.7	12.14	112	2900	31.0	37	Y225M-2 45kW	43	2	65	50	101
	72.9	20.25	103.7		36.7	45		56	2.3			
	86.8	24.1	91.3		37.8	45		57	2.8			
XA65/13	60	16.67	25	2900	6.10	7.5	Y160M1-2 11kW	67	3	80	65	39
	100	27.78	22		7.68	11		78	3.5			
	120	33.33	19		8.38	11		74	4.5			
XA65/13A	56	15.56	21.1	2900	5.03	7.5	Y160M1-2 11kW	64	3	80	65	39
	93.5	26	16		5.83	11		70	3.5			
	112.5	31.25	12.5		6.49	11		59	4.1			

续表

泵型号	流量		扬程	转速	功率(kW)		配套电机	效率	汽蚀余量(NPSH)r	泵口径(mm)		质量
	(m³/h)	(L/s)	(m)	(r/min)	轴功率	电机功率		(%)	(m)	吸入	排出	(kg)
XA65/13B	52	14.44	18	2900	4.12	5.5	Y132S2-2 7.5kW	62.5	3	80	65	39
	86.5	24	13.7		4.88	7.5		66	3.3			
	104	28.9	10.6		5.43	7.5		57	3.75			
XA65/16	60	16.67	39	2900	10.28	15	Y160L-2 18.5kW	62	3.6	80	65	43
	100	27.78	35		12.70	15		75	4.2			
	120	33.33	32		13.94	18.5		75	5.2			
XA65/16A	57	15.83	34.5	2900	8.92	11	Y160M2-2 15kW	60	3.6	80	65	43
	95	26.4	31		11.00	15		73	4.1			
	114	31.7	28		11.92	15		73	4.8			
XA65/16B	53.5	14.86	30	2900	7.54	11	Y160M1-2 11kW	58	3.6	80	65	43
	89	24.72	27		9.22	11		71	3.95			
	107	29.72	24.5		10.00	11		71	4.5			
XA65/20	66	18.33	63	2900	17.97	22	Y200L1-2 30kW	63	3	80	65	70
	110	30.56	57		23.07	30		74	3.9			
	132	36.67	52		25.09	30		74.5	5.3			
XA65/20A	63	17.5	57	2900	15.77	18.5	Y200L1-2 30kW	62	3	80	65	70
	105.5	29.31	51		20.08	30		73	3.75			
	126.5	35.14	47		22.03	30		73.5	4.85			
XA65/20B	60	16.67	51.5	2900	13.80	18.5	Y200L1-2 30kW	61	3	80	65	70
	100	27.78	46.5		17.59	22		72	3.6			
	120	33.33	42.5		19.16	30		72.5	4.4			
XA65/26	72	20	97	2900	29.50	37	Y205M-2 55kW	64.5	3.3	80	65	81
	120	33.33	89		39.84	45		73	4.5			
	144	40	83		44.59	55		73	5.4			
XA65/26A	69.5	19.31	90	2900	26.21	37	Y225M-2 45kW	65	3.25	80	65	81
	116	32.22	82.5		36.19	45		72	4.4			
	139	38.61	77		40.48	45		72	4.95			
XA65/26B	67	18.61	83	2900	23.66	30	Y225M-2 45kW	64	3.2	80	65	81
	111.5	31	76		32.53	37		71	4.25			
	133.5	37.1	71		36.61	45		70.5	4.95			
XA65/32H	72	20	146.9	2900	51.4	75	Y280M-2 90kW	56	2.4	80	65	110
	120	33.33	136		68.3	90		65	2.5			
	144	40	119.7		73.3	90		64	3			

泵型号	流 量		扬程	转速	功率(kW)		配套电机	效率	汽蚀余量(NPSH)r	泵口径(mm)		质量
	(m³/h)	(L/s)	(m)	(r/min)	轴功率	电机功率		(%)	(m)	吸入	排出	(kg)
XA65/32HA	68.9	19.14	134.7	2900	48.6	55	Y280S-2 75kW	52	2.4	80	65	110
	114.9	31.92	124.7		61.9	75		63	2.5			
	135.6	37.67	109.7		65.3	75		62	2.8			
XA65/32HB	65.6	18.22	112	2900	40.8	45	Y280S-2 75kW	49	2.4	80	65	110
	109.4	30.39	103.7		50.6	75		61	2.5			
	130.2	36.17	91.3		53.0	75		61	2.6			
XA80/16	100	27.78	39	2900	15.85	18.5	Y200L1-2 30kW	67	3.3	100	80	54
	162	45	35		19.30	22		80	4			
	195	54.17	31.5		21.18	30		79	5			
XA80/16A	95	26.39	34.5	2900	13.73	18.5	Y180M-2 22kW	65	3.3	100	80	54
	153.5	42.64	31		16.61	18.5		78	3.85			
	185	51.39	28		18.32	22		77	4.6			
XA80/16B	89	24.72	30.5	2900	11.73	15	Y160L-2 18.5kW	63	3.25	100	80	54
	144.5	40.14	27.2		14.08	15		76	3.7			
	174	48.33	24.5		15.48	18.5		75	4.3			
XA80/20	115	31.94	61	2900	27.29	37	Y225M-2 45kW	70	4	100	80	70
	190	52.78	55		35.57	37		80	5.1			
	225	62.5	50		38.78	45		79	6.2			
XA80/20A	110	30.56	55.5	2900	24.10	30	Y200L2-2 37kW	69	4	100	80	70
	182	50.56	50		31.37	37		79	4.9			
	215.2	59.86	45.5		34.23	37		78	5.85			
XA80/20B	105	29.17	50	2900	21.03	30	Y200L2-2 37kW	68	4	100	80	70
	173	48.06	45		24.08	30		78	4.7			
	205	56.94	41		29.72	37		77	5.5			
XA80/26	115	31.94	96	2900	45.5	55	Y280S-2 75kW	66	4	100	80	91
	190	52.78	86		57.8	75		77	5.4			
	225	62.5	79		64.5	75		75	6.5			
XA80/26A	111	30.83	89	2900	41.39	55	Y280S-2 75kW	65	3.95	100	80	91
	183.5	50.97	79.8		52.47	75		76	5.2			
	217.5	60.42	73		58.43	75		74	6.25			
XA80/26B	106.5	29.58	82	2900	37.16	45	Y280S-2 75kW	64	3.9	100	80	91
	176.5	49.03	73.5		47.11	55		75	5			
	209	58.06	67.5		52.63	75		73	6			

续表

泵型号	流量 (m³/h)	流量 (L/s)	扬程 (m)	转速 (r/min)	功率(kW) 轴功率	功率(kW) 电机功率	配套电机	效率 (%)	汽蚀余量 (NPSH)r (m)	泵口径(mm) 吸入	泵口径(mm) 排出	质量 (kg)
XA80/32H	120	33.33	142.6	2900	73.9	90	Y315S-2 110kW	63	2.4	100	80	120
	200	55.56	132		98.4	110		73	2.5			
	236	65.56	113.5		101.0	110		72	3			
XA80/32HA	114.9	31.92	130.7	2900	68.1	75	Y315S-2 110kW	60	2.4	100	80	120
	191.5	53.19	121		88.8	110		71	2.5			
	229.8	63.83	106.5		95.2	110		70	2.8			
XA80/32HB	109.4	30.39	108.6	2900	55.8	75	Y280M-2 90kW	58	2.4	100	80	120
	182.4	50.67	100.6		72.4	90		69	2.5			
	218.9	60.81	88.5		77.6	90		68	2.8			
XA100/20	180	50	59	2900	41.32	55	Y280S-2 75kW	70	4	125	100	85
	295	81.94	52		50.14	75		80.5	5.3			
	340	94.44	44		54.68	75		74.5	6.3			
XA100/20A	172.5	47.92	52.5	2900	35.75	45	Y250M-2 55kW	69	3.95	125	100	85
	273	75.83	46		43.02	55		79.5	49			
	325.5	90.42	38		45.83	55		73.5	5.95			
XA100/20B	164	45.56	47	2900	30.87	37	Y225M-2 45kW	68	3.9	125	100	85
	260	72.22	40		36.08	45		78.5	4.8			
	310	86.11	32.5		37.85	45		72.5	5.6			
XA100/26	190	52.78	97	2900	71.70	90	Y315S-2 110kW	70	3.8	125	100	115
	295	81.94	85		87.54	100		78	5.2			
	350	97.22	75		97.93	110		73	6.5			
XA100/26A	183.5	50.97	89	2900	64.56	75	Y315S-2 110kW	69	3.75	125	100	115
	285	79.17	78		78.63	90		77	5			
	338	93.89	68.5		87.57	100		72	6.2			
XA100/26B	177	49.17	82	2900	58.13	75	Y280M-2 90kW	68	3.7	125	110	115
	274	76.11	71.5		70.20	90		76	4.8			
	325	90.28	63		78.54	90		71	5.9			
XA125/20	237.6	66	54.5	2900	59.3	75	Y280M-2 90kW	59.5	7	150	125	106
	360	100	49		66.4	75		72.5	7.2			
	475	132	40		70.9	90		73	7			
XA32/13	4.5	1.25	6	1450	0.156	0.55	Y801-4 0.55kW	47	1.8	50	32	27.5
	7.5	2.08	5.5		0.197	0.55		57	2.0			
	9	2.5	5		0.211	0.55		58	2.3			

泵型号	流量		扬程	转速	功率(kW)		配套电机	效率	汽蚀余量(NPSH)r	泵口径(mm)		质量
	(m³/h)	(L/s)	(m)	(r/min)	轴功率	电机功率		(%)	(m)	吸入	排出	(kg)
XA32/16	6	1.67	9.5		0.353	0.55	Y801-4 0.55kW	44	1.8	50	32	35
	9	2.5	9	1450	0.416	0.55		53	2			
	11	3.06	8.3		0.460	0.55		54	2.4			
XA32/20	6	1.67	15		0.646	0.75	Y90S-4 1.1kW	38	1.8	50	32	41
	9	2.5	14	1450	0.763	1.1		45	2			
	11	3.06	13.2		0.840	1.1		47	2.3			
XA32/26	7	1.94	24.2		1.53	2.2	Y100L2-4 3kW	30	1.8	50	32	59
	11	3.06	23	1450	1.81	2.2		38	2			
	13	3.61	22		1.95	3		40	2.4			
XA40/13	9	2.5	6.3		0.297	0.55	Y801-4 0.55kW	52	1.8	65	40	30
	15	4.17	5.8	1450	0.365	0.55		65	2			
	18	5	5.3		0.406	0.55		64	2.4			
XA40/16	9	2.5	9.7		0.495	0.55	Y90S-4 1.1kW	48	1.8	65	40	36
	15	4.17	8.5	1450	0.579	0.75		60	2			
	18	5	7.6		0.642	1.1		58	2.4			
XA40/20	9	2.5	15.2		0.79	1.1	Y90L-4 1.5kW	47	1.8	65	40	44
	15	4.17	14	1450	1.04	1.5		55	2.0			
	18	5	12.8		1.16	1.5		54	2.4			
XA40/26	10	2.78	24		1.77	2.2	Y100L2-4 3kW	37	1.8	65	40	61
	16	4.44	23	1450	2.18	2.2		46	2			
	20	5.56	21.8		2.38	3		50	2.4			
XA40/32	11	3	38		3.50	5.5	Y132S-4 5.5kW	32	3.1	65	40	95.8
	18	5	35	1450	4.24	5.5		40.5	2.1			
	21.5	6	32		4.83	5.5		39	3.8			
XA40/32A	10.5	2.92	34.5		3.24	4	Y132S-4 5.5kW	30.5	3.3	65	40	95.8
	17	4.72	32	1450	3.85	5.5		38.5	2			
	20.5	5.7	29		4.32	5.5		37.5	2.9			
XA40/32B	10	2.78	31		2.91	4	Y132S-4 5.5kW	29	3.6	65	40	95.8
	16.5	4.58	29	1450	3.52	5.5		37	2			
	20	5.56	26		3.94	5.5		36	2.7			
XA50/13	18	5	6.4		0.514	0.75	Y90S-4 1.1kW	61	2.2	65	50	34
	30	8.33	5.8	1450	0.658	0.75		72	2.4			
	36	10	5.2		0.739	1.1		69	2.8			

续表

泵型号	流 量		扬程	转速	功率(kW)		配套电机	效率	汽蚀余量 (NPSH)r	泵口径(mm)		质量
	(m³/h)	(L/s)	(m)	(r/min)	轴功率	电机功率		(%)	(m)	吸入	排出	(kg)
XA50/16	20	5.56	10.3	1450	0.93	1.1	Y90L-4 1.5kW	60	2.3	65	50	38
	32	8.89	9.5		1.18	1.5		70	2.4			
	38	10.56	8.8		1.30	1.5		70	3			
XA50/20	18	5	15.4	1450	1.37	1.5	Y100L1-4 22kW	55	2.2	65	50	46
	30	8.33	13.5		1.70	2.2		65	2.3			
	36	10	11.6		1.86	2.2		61	2.9			
XA50/26	20	5.56	25	1450	2.62	3	Y132S-4 5.5kW	52	2.3	65	50	63
	32	8.89	225		3.27	4		60	2.4			
	38	10.56	19.8		3.63	5.5		56.5	3			
XA50/32	24	6.67	36	1450	5.00	5.5	Y160M-4 11kW	47	2	65	50	101
	40	11.11	34		6.38	7.5		58	2.5			
	48	13.33	32		7.09	11		59	3.2			
XA50/32A	23	6.39	32.5	1450	4.52	5.5	Y132M-4 7.5kW	45	2	65	50	101
	38.5	10.69	30.6		5.73	7.5		56	2.4			
	46	12.78	28.7		6.36	7.5		56.5	3			
XA50/32B	22	6.11	29.4	1450	4.24	5.5	Y132M-4 7.5kW	41.5	2	65	50	101
	36.5	10.14	27.7		5.10	7.5		54	2.3			
	44	12.22	26		5.66	7.5		55	2.8			
XA65/13	30	8.33	6.2	1450	0.79	1.1	Y90L-4 1.5kW	64	2.2	80	65	39
	50	13.89	5.4		0.98	1.1		75	2.4			
	60	16.67	4.7		1.05	1.5		73	2.8			
XA65/16	30	8.33	9.8	1450	1.33	2.2	Y100L1-4 2.2kW	60	2	80	65	43
	50	13.89	8.8		1.62	2.2		74	2.2			
	60	16.67	7.9		1.75	2.2		73.5	2.5			
XA65/20	35	9.72	15.3	1450	2.31	3	Y112M-4 4kW	63	1.9	80	65	52
	55	15.28	14		2.87	4		73	2			
	66	18.33	13.1		3.20	4		73.5	2.3			
XA65/26	36	10	24.5	1450	4.00	5.5	Y132M-4 7.5kW	60	2	80	65	81
	60	16.67	22.5		5.25	7.5		70	2.3			
	72	20	20.6		5.77	7.5		70	3			
XA65/32	40	11.11	37	1450	7.46	11	Y160L-4 15kW	54	1.9	80	65	110
	65	18.06	34		9.56	11		63	2			
	78	21.67	31		10.62	15		62	2.5			

泵型号	流量		扬程	转速	功率(kW)		配套电机	效率	汽蚀余量(NPSH)r	泵口径(mm)		质量
	(m³/h)	(L/s)	(m)	(r/min)	轴功率	电机功率		(%)	(m)	吸入	排出	(kg)
XA65/32A	37 62 74.5	10.28 17.2 20.69	33.4 30.9 28	1450	6.73 8.54 9.47	11 11 11	Y160M-4 11kW	50 61 60	1.9 2 2.3	80	65	110
XA65/32B	34 56.5 68	9.44 15.69 18.89	30.5 28 25.8	1450	6.0 7.3 8.1	7.5 11 11	Y160M-4 11kW	47 59 59	2 2 2.1	80	65	110
XA80/16	50 80 96	13.89 22.22 26.67	9.9 9 8.3	1450	2.20 2.55 2.75	3 3 3	Y100L2-4 3kW	61 77 79	2.1 2.5 3.2	100	80	54
XA80/20	58 95 112	16.11 26.39 31.11	15.5 14 13	1450	3.77 4.64 5.15	5.5 7.5 7.5	Y132M-4 7.5kW	65 78 77	2.1 2.5 3.2	100	80	70
XA80/26	58 95 112	16.11 26.39 31.11	23.5 21.5 20	1450	5.80 7.52 8.36	7.5 11 11	Y160M-4 11kW	64 74 73	2.1 2.5 3.2	100	80	91
XA80/32	60 100 120	16.67 27.78 33.33	36 33 30	1450	9.65 12.66 14.00	15 15 18.5	Y180M-4 18.5kW	61 71 70	1.9 2.0 2.6	100	80	120
XA80/32A	57.5 95.5 114.5	15.97 26.53 31.81	32.4 29.7 27	1450	8.75 11.20 12.38	11 15 15	Y160L-4 15kW	58 69 68	1.9 2 2.3	100	80	120
XA80/32B	54.5 91 109	15.14 25.28 30.28	29.3 26.8 24.5	1450	7.77 9.91 11.02	11 15 15	Y160L-4 15kW	56 67 66	1.9 2 2.2	100	80	120
XA80/40	60 100 120	16.67 27.78 33.33	58 53 48	1450	18.96 24.06 26.58	22 30 30	Y200L-4 30kW	50 60 59	2.2 2.5 3.4	100	80	161
XA80/40A	58 96.5 116	16.11 26.81 32.22	53.7 48.9 44.4	1450	17.67 22.16 24.60	22 30 30	Y200L-4 30kW	48 58 57	2.2 2.4 3.2	100	80	161
XA80/40B	56 93 111.5	15.56 25.83 30.97	49.4 45 40.9	1450	16.38 20.35 22.58	22 30 30	Y200L-4 30kW	46 56 55	2.2 2.4 3	100	80	161

泵型号	流 量		扬程	转速	功率(kW)		配套电机	效率	汽蚀余量(NPSH)r	泵口径(mm)		质量
	(m³/h)	(L/s)	(m)	(r/min)	轴功率	电机功率		(%)	(m)	吸入	排出	(kg)
XA100/20	90	25	15		5.25	7.5	Y160M-4 11kW	70	2.2	125	100	85
	142	39.44	13	1450	6.36	7.5		79	2.5			
	170	47.22	11.5		6.91	11		77	3.4			
XA100/26	95	26.39	24.5		9.19	11	Y160L-4 15kW	69	2.3	125	100	106
	148	41.11	22	1450	11.37	15		78	2.6			
	175	48.61	20		12.54	15		76	3.5			
XA100/32	81	22.5	37.5		12.73	15	Y180L-4 22kW	65	2	125	100	134
	135	37.5	34	1450	16.70	22		75	2			
	162	45	30		18.38	22		72	2.3			
XA100/32A	77.5	21.53	33.5		11.50	15	Y180L-4 22kW	61.5	2	125	100	134
	130	36.1	30.5	1450	15.20	22		71	2			
	155	43.06	27		16.64	22		68.5	2.18			
XA100/32B	73.5	20.42	30.5		10.44	15	Y180M-4 18.5kW	58.5	2	125	100	134
	123	34.17	27.5	1450	13.55	18.5		68	2			
	147.5	41	24.5		14.92	18.5		66	2.1			
XA100/40	90	25	57		24.90	30	Y225M-4 45kW	58	1.7	125	100	174
	150	41.67	52	1450	31.24	37		68	2			
	180	50	48.5		34.96	45		68	2.7			
XA100/40A	87	24.17	52.5		22.22	30	Y225S-4 37kW	56	1.7	125	100	174
	145	40.28	48.2	1450	28.84	37		66	2			
	174	48.33	44.5		31.75	37		66.4	2.5			
XA100/40B	84	23.33	48.5		20.54	30	Y225S-4 37kW	54	1.7	125	100	174
	139.5	38.75	44.5	1450	26.42	37		64	1.9			
	167.5	46.53	41.2		29.37	37		64	2.4			
XA125/20	115	32	14.2		7.30	11	Y160M-4 11kW	61	2.6	150	125	106
	190	53	12.5	1450	8.55	11		76	3.5			
	230	63.9	11		9.03	11		76	3.0			
XA125/26	144	40	23.5		13.17	18.5	Y180L-4 22kW	70	2.3	150	125	115
	240	66.67	21	1450	16.95	22		81	2.5			
	288	80	18.8		18.90	22		78	3.2			
XA125/32	120	33.3	35.1		17.36	22	Y200L-4 30kW	66	2.1	150	125	163
	200	55.6	32	1450	22.35	30		78	2			
	240	66.7	29.5		24.72	30		78	2.7			

泵型号	流 量		扬程	转速	功率(kW)		配套电机	效率	汽蚀余量 (NPSH)r	泵口径(mm)		质量
	(m³/h)	(L/s)	(m)	(r/min)	轴功率	电机功率		(%)	(m)	吸入	排出	(kg)
XA125/32A	115	31.94	31.5	1450	15.78	18.5	Y200L-4 30kW	62.5	2.15	150	125	163
	191	53.06	29		20.11	30		75	1.95			
	229	63.61	26.5		22.20	30		74.5	2.4			
XA125/32B	109	30.28	28.5	1450	14.10	18.5	Y180L-4 22kW	60	2.2	150	125	163
	182	50.56	26		17.77	22		72.5	2			
	218.5	60.7	24		19.70	22		72.5	2.2			
XA125/40	144	40	58	1450	34.46	45	Y280S-4 75kW	66	2.2	150	125	181
	245	68.06	52		45.65	55		76	2.4			
	300	83.33	46		52.20	75		72	3.2			
XA125/40A	139	38.61	53.5	1450	31.40	37	Y250M-4 55kW	64.5	2.2	150	125	181
	236.5	65.7	48		41.78	55		74	2.4			
	289	80.28	42.5		47.87	55		70	3			
XA125/40B	133.5	37.08	49.5	1450	28.56	37	Y250M-4 55kW	63	2.2	150	125	181
	227.5	63.2	44		37.60	45		72.5	2.3			
	278.5	77.36	39		43.18	55		68.5	2.8			
XA150/20	216	60	14.4	1450	12.10	15	Y180M-4 18.5kW	70	3.0	200	150	156
	360	100	12.2		14.95	18.5		80	3.5			
	424.8	118	10.3		15.47	18.5		77	4.0			
XA150/26	194	54	23	1450	17.14	22	Y200L-4 30kW	71	2.7	200	150	148
	324	90	21		22.87	30		81	3.0			
	414	115	16.8		25.59	30		74	3.3			
XA150/32	230	63.89	36	1450	30.89	37	Y250M-4 55kW	73	2.8	200	150	170
	370	102.78	33		40.55	45		82	3.2			
	445	123.61	30		44.88	55		81	3.6			
XA150/32A	220	61.11	32.5	1450	27.62	37	Y225M-4 45kW	70.5	2.8	200	150	170
	354	98.33	30		36.38	45		79.5	3.1			
	426	118.33	27		39.90	45		78.5	3.5			
XA150/32B	209.5	58.2	29.5	1450	24.40	30	Y225S-4 37kW	60	2.8	200	150	170
	337.5	93.75	27		31.80	37		78	3			
	405.5	112.64	24.5		35.14	37		77	3.3			
XA150/40	240	66.67	54	1450	51.15	75	Y280M-4 90kW	69	2.8	200	150	209
	385	106.94	50		66.36	75		79	3.2			
	460	127.78	46		73.88	90		78	3.6			

续表

泵型号	流量		扬程	转速	功率(kW)		配套电机	效率	汽蚀余量	泵口径(mm)		质量
	(m³/h)	(L/s)	(m)	(r/min)	轴功率	电机功率		(%)	(NPSH)r (m)	吸入	排出	(kg)
XA150/40A	232	64.44	50		46.80	55	Y280S-4 75kW	67.5	2.8	200	150	209
	372	103.33	46	1450	60.50	75		77	3.2			
	444	123.33	42.5		67.62	75		76	3.6			
XA150/40B	223	61.94	46		42.32	55	Y280S-4 75kW	666	2.8	200	150	109
	357.5	99.3	42	1450	54.20	75		75.5	3.1			
	427.5	118.75	39		61.00	75		74.5	3.5			
XA150/50	270	75	82.1		86.2	110	Y1315M-4 132kW	70	2.5	200	150	514
	450	125	76	1450	116	132		80	3.5			
	540	150	65.4		123	132		78	3.9			
XA150/50A	256.4	71.22	71.3		72.1	90	Y315SL-4 110kW	69	2.5	200	150	514
	427.3	118.69	66	1450	98.4	110		78	3.5			
	512.8	142.44	56.8		106	110		75	3.8			
XA150/50B	242.8	67.44	64.8		63.9	90	Y315S-4 110kW	67	2.5	200	150	514
	404.6	112.39	60	1450	87	110		76	3.3			
	485.5	134.86	51.6		91.5	110		74.5	3.6			
XA200/32	330	91.67	34.6		43.8	55	Y128S-4 75kW	71	3	250	200	348
	550	152.78	32	1450	58	75		82	4.2			
	660	183.33	27.5		62.5	75		79	4.5			
XA200/32A	303.6	84.33	30.2		35.2	45	Y250M-4 55kW	71	3	250	200	348
	506	140.56	28	1450	48.2	55		80	4			
	607.2	168.67	24.1		51.1	75		78	4.2			
XA200/32B	279.6	77.67	25.4		28	37	Y220M-4 45kW	69	3	250	200	348
	466	129.44	23.5	1450	38.2	45		78	3.8			
	559.2	155.33	20.2		40.5	45		76	4.2			
XA200/40	330	91.67	54		69.3	90	Y315S-4 110kW	70	3.5	250	200	450
	550	152.78	50	1450	91.3	110		82	4			
	660	183.33	44		100	110		79	5			
XA200/40A	303.6	84.33	48.1		56	75	Y280M-4 90kW	71	3.5	250	200	450
	506	140.56	44.5	1450	78.6	90		78	3.9			
	607.2	168.67	38.3		82.8	90		76.5	4.8			
XA200/40B	279.6	77.67	42.7		48.5	55	Y280S-4 75kW	67	3.5	250	200	450
	466	129.44	39.5	1450	65.9	75		76	3.8			
	559.2	155.33	34		69.5	75		74.5	4			

续表

泵型号	流量 (m³/h)	流量 (L/s)	扬程 (m)	转速 (r/min)	功率(kW) 轴功率	功率(kW) 电机功率	配套电机	效率 (%)	汽蚀余量 (NPSH)r (m)	泵口径(mm) 吸入	泵口径(mm) 排出	质量 (kg)
XA200/50	330	91.67	86.4	1450	113	132	Y315L2-4 200kW	69	2.8	250	200	550
	550	152.78	80		154	200		78	4			
	660	183.33	72		173	200		75	5.5			
XA200/50A	303.6	84.33	76.1	1450	91.2	110	Y315L1-4 160kW	69	2.8	250	200	550
	506	140.56	70.5		126	160		77	3.8			
	607.2	168.67	62		137	160		75	5			
XA200/50B	279.6	77.67	67	1450	76.1	90	Y315M-4 132kW	67	2.8	250	200	550
	466	129.44	62		105	132		75	3.8			
	559.2	155.33	55.8		116	132		73.5	4			
XA250/32	432	120	34.6	1450	55.7	75	Y280M-4 90kW	73	4.4	300	200	510
	720	200	32		74.7	90		84	5.1			
	864	240	27.5		77.9	90		83	5.8			
XA250/32A	397.2	110.33	30.2	1450	46	55	Y280S-4 75kW	71	4.3	300	250	510
	662	183.89	28		61.5	75		82	4.9			
	794.4	220.67	24.1		64.7	75		80.5	5.5			
XA250/32B	357.6	99.33	25.4	1450	35.3	45	Y280S-4 75kW	70	4.3	300	250	510
	596	165.56	23.5		48.3	75		79	4.8			
	715.2	198.67	21.2		53.6	75		77	5.1			
XA250/40	432	120	54	1450	88.2	110	Y315M-4 132kW	72	3.8	300	250	600
	720	200	50		118	132		83	4			
	864	240	43		123	132		82	5			
XA250/40A	397.2	110.33	48.1	1450	72.2	90	Y315S-4 110kW	72	3.6	300	250	600
	662	183.89	44.5		99	110		81	3.8			
	794.4	220.67	38.3		104	110		80	5			
XA250/40B	357.6	99.33	42.7	1450	58.5	75	Y280M-4 90kW	71	3.6	300	250	600
	596	165.56	39.5		81.1	90		79	3.8			
	715.2	198.67	34		84.9	90		78	4			
XA250/50	432	120	86.4	1450	147	160	Y355M-4 220kW	69	3	300	250	680
	720	200	80		196	220		80	4.3			
	864	240	68.6		208	220		78	5			
XA250/50A	397.2	110.33	76.1	1450	127	160	Y315L2-4 200kW	65	3	300	250	690
	662	183.89	70.5		163	200		78	4.2			
	794.4	220.67	60.6		175	200		75	4.4			

续表

泵型号	流 量		扬程	转速	功率(kW)		配套电机	效率	汽蚀余量(NPSH)r	泵口径(mm)		质量
	(m³/h)	(L/s)	(m)	(r/min)	轴功率	电机功率		(%)	(m)	吸入	排出	(kg)
XA250/50B	357.6	99.33	67	1450	100	110	Y315L1-4 160kW	65	3	300	250	680
	596	165.56	62		132	160		76	4			
	715.2	198.67	53.3		140	160		74	4.3			
XA300/40	480	133.33	24.8	980	44.4	55	Y315S-6 75kW	73	4.8	350	300	725
	800	222.22	23		61.1	75		82	5.4			
	960	266.67	19.8		64.3	75		80.5	5.5			
XA300/40A	442.8	123	21.6	980	36.2	45	Y280M-6 55kW	72	4.8	350	300	725
	738	205	20		49	55		82	5.3			
	885.6	246	17.2		51.8	55		80	5.5			
XA300/40B	403.2	112	19.4	980	30	37	Y280S-6 45kW	71	4.6	350	300	725
	672	186.67	18		40.2	45		82	5			
	806.4	224	15.5		42	45		81	5.4			
XA300/40H	720	200	54	1450	141	160	Y355M-4 220kW	75	5.5	350	300	725
	1200	333.33	50		194	220		84	5.8			
	1440	400	44		210	220		82	6			
XA300/40HA	655.2	182	48.1	1450	119	132	Y315L2-4 200kW	72	5.1	350	300	725
	1092	303.33	44.5		163	200		81	5.7			
	1310.4	364.0	40.1		181	200		79	5.9			
XA300/40HB	596.4	165.67	427	1450	96.3	110	Y315L1-4 160kW	72	4.9	350	300	725
	994	276.11	39.5		134	160		80	5.6			
	1192.8	331.33	34		141	160		78.5	5.8			
XA350/40	600	166.67	24.8	980	56.3	75	Y315M-6 90kW	72	5	400	350	756
	1000	277.78	23		77.3	90		81	4			
	1200	333.33	19.8		80.9	90		80	4.1			
XA350/40A	577.8	160.5	21.6	980	47.2	55	Y315S-6 75kW	72	3.5	400	350	756
	963	267.6	20		65.5	75		80	3.8			
	1155.6	321	17.2		68.5	75		79	4.1			
XA350/40B	547.4	152.06	19.4	980	41.3	55	Y315S-6 75kW	70	3.5	400	350	756
	912.4	253.44	18		58.1	75		77	4			
	1094.9	304.14	15.5		61.2	75		75.5	4			

泵型号	流 量		扬程	转速	功率(kW)		配套电机	效率	汽蚀余量 (NPSH)r	泵口径(mm)		质量
	(m³/h)	(L/s)	(m)	(r/min)	轴功率	电机功率		(%)	(m)	吸入	排出	(kg)
XA350/40H	900	250	54	1450	179	200	Y355L-4 280kW	74	4	400	350	756
	1500	416.67	50		243	280		84	5			
	1800	500	43		257	280		82	5.8			
XA350/40HA	855	237.5	48.1	1450	158	185	Y355M-4 250kW	71	4	400	350	756
	1425	395.83	44.5		213	250		81	5			
	1710	475	38.3		229	250		78	5.7			
XA350/40HB	810	225	42.7	1450	135	160	Y315L2-4 200kW	70	4	400	350	756
	1350	375	39.5		179	200		81	4.8			
	1620	450	34		187	200		80	5.5			
XA350/40A	577.8	160.5	21.6	980	47.2	55	Y315S-6 75kW	72	3.5	400	350	756
	963	267.5	20		65.5	75		80	3.8			
	1155.6	321	17.2		68.5	75		79	4.1			
XA350/40B	547.4	152.06	19.4	980	41.3	55	Y315S-6 75kW	70	3.5	400	350	756
	912.4	253.44	18		58.1	75		77	4			
	1094.9	304.14	15.5		61.2	75		75.5	4			
XA350/40H	900	250	54	1450	179	200	Y355L-4 280kW	74	4	400	350	75.6
	1500	416.67	50		243	280		84	5			
	1800	500	43		257	280		82	5.8			
XA350/40HA	855	237.5	48.1	1450	158	185	Y355M-4 250kW	71	4	400	350	756
	1425	395.83	44.5		213	250		81	5			
	1710	475	38.3		229	250		78	5.7			
XA350/40HB	810	225	42.7	1450	135	160	Y315L2-4 200kW	70	4	400	350	756
	1350	375	39.5		179	200		81	4.8			
	1620	450	34		187	200		80	5.5			
XA400/50	804	223.33	24.8	730	74.4	90	Y315L2-4 110kW	73	3.7	450	400	810
	1340	372.22	23		98.7	110		85	4.8			
	1608	446.67	19.8		103	110		84	5.8			
XA400/50A	724	201.11	21.6	730	59.1	75	Y315L1-8 90kW	72	3.6	450	400	810
	1206.7	335.19	20		78.2	90		84	4.4			
	1448	402.22	17.2		81.7	90		83	5			

泵型号	流 量		扬程	转速	功率(kW)		配套电机	效率	汽蚀余量 (NPSH)r	泵口径(mm)		质量
	(m³/h)	(L/s)	(m)	(r/min)	轴功率	电机功率		(%)	(m)	吸入	排出	(kg)
XA400/50B	683.8	189.94	19.4		52.3	75	Y315M-8 90kW	69	3.7	450	400	810
	1139.7	316.58	18	730	71.6	75		78	4.4			
	1367.6	379.89	15.5		75.9	90		76	4.8			
XA400/50H	1080	300	54		215	250	Y400-6 315kW	74	4.4	450	400	810
	1800	500	50	980	288	315		85	6			
	2160	600	43		303	315		83.5	6.3			
XA400/50HA	972	270	48.1		174	200	Y400-6 280kW	73	4.4	450	400	810
	1620	450	44.5	980	239	280		82	5.8			
	1944	540	38.3		253	280		80	6.1			
XA400/50HB	918	255	42.7		152	185	Y355L-6 250kW	70	4.3	450	400	810
	1530	425	39.5	980	206	220		80	5.7			
	1836	510	34		221	250		77	6			
XA500/50	978	271.67	24.8		86.9	110	Y335M-8 132kW	76	3.2	550	500	925
	1630	452.78	23	730	120	132		85	3.4			
	1956	543.33	19.8		125	132		84.5	3.5			
XA500/50A	904.8	251.33	21.6		71.9	90	Y315L2-8 110W	74	3.2	550	500	925
	1508	418.89	20	730	96.6	110		85	3.4			
	1809.6	502.7	17.2		101	110		84	3.8			
XA500/50B	826	229.44	19.4		60.6	75	Y315L1-8 90kW	72	3.2	550	500	925
	1376.6	382.39	18	730	79.8	90		84.5	3.3			
	1651.9	458.86	15.5		83	90		84	3.4			
XA500/50H	1320	366.67	54		266	280	Y400-6 400kW	73	3.5	550	500	925
	2200	611.11	50	980	365	400		82	4.4			
	2640	733.33	43		382	400		81	5.5			
XA500/50HA	1214.4	337.33	48.1		218	250	Y400-6 355kW	73	3.4	550	500	925
	2024	562.22	44.5	980	299	355		82	4			
	2428.8	674.67	38.3		315	355		80.5	5			
XA500/50HB	1108.8	308	42.7		179	200	Y400-6 280kW	72	3.3	550	500	925
	1848	513.33	39.5	980	248	280		80	3.7			
	2217.6	616	34		263	280		78	4.4			

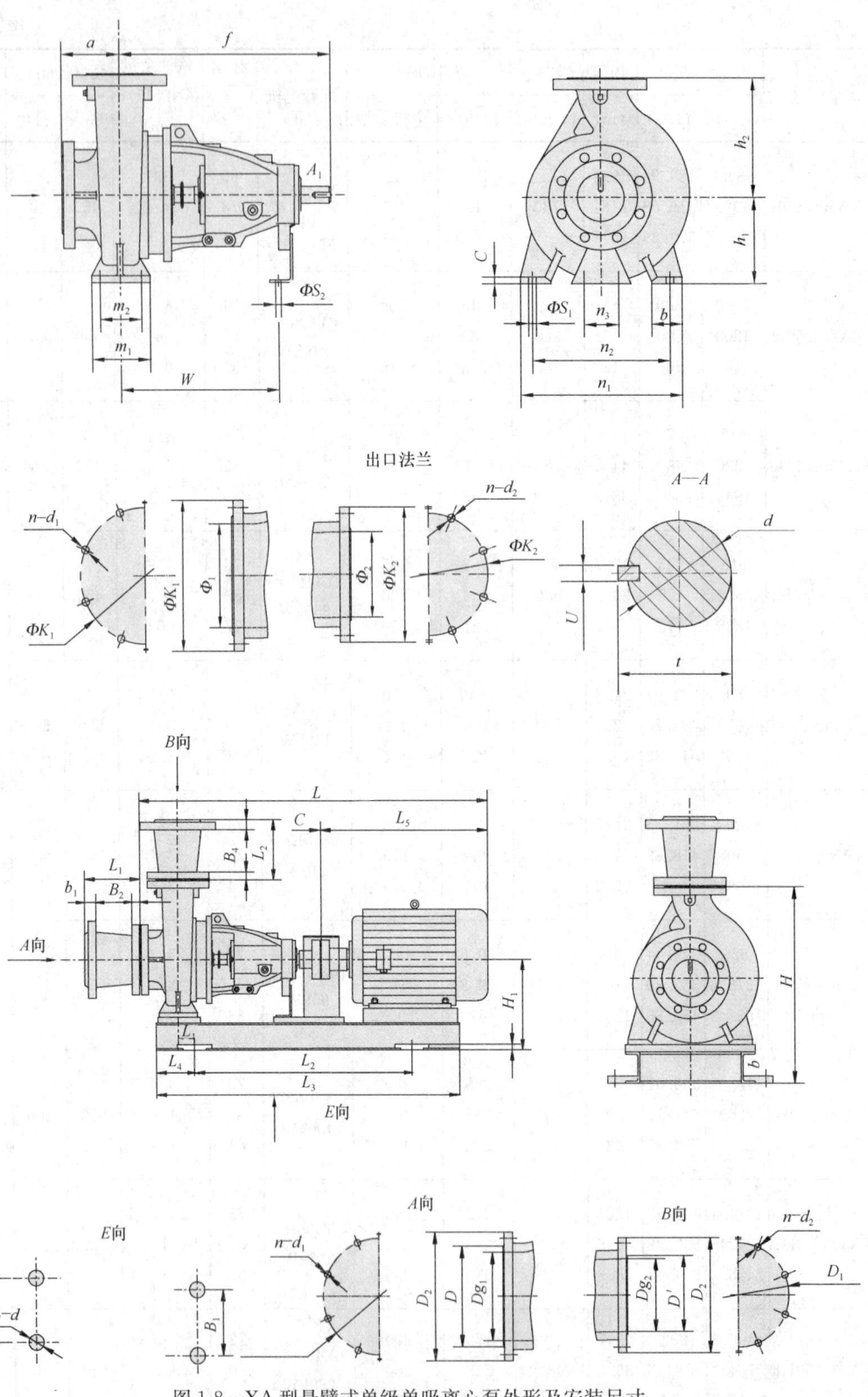

图 1-8　XA 型悬臂式单级单吸离心泵外形及安装尺寸

表 1-6

XA 型悬臂式单级单吸离心泵外形及安装尺寸（mm）

泵型号	轴径	泵尺寸								泵脚尺寸								轴端				法兰连接尺寸					
		ϕ_1	ϕ_2	a	l	h_1	h_2	b	c	m_1	m_2	n_1	n_2	ϕS_1	n_3	ϕS_2	w	d	l	f	u	D_1	D_2	ϕk_1	ϕk_2	$n\text{-}d_1$	$n\text{-}d_2$
XA32/13	25	50	32	80	360	112	140	50	14	100	70	190	140	14	100	14	267	24	50	27	8	165	140	125	100	4-φ18	4-φ18
XA32/16	25	50	32	80	360	132	160	50	14	100	70	240	190	14	100	14	267	24	50	27	8	165	140	125	100	4-φ18	4-φ18
XA32/20	25	50	32	80	360	160	180	50	14	100	70	240	190	14	110	14	267	24	50	27	8	165	140	125	100	4-φ18	4-φ18
XA32/26	25	50	32	100	360	180	225	65	14	125	95	320	250	14	110	14	267	24	50	27	8	165	140	125	100	4-φ18	4-φ18
XA40/13	25	65	40	80	360	112	140	50	14	100	70	210	160	14	100	14	267	24	50	27	8	185	150	145	110	4-φ18	4-φ18
XA40/16	25	65	40	80	360	132	160	50	14	100	70	240	190	14	100	14	267	24	50	27	8	185	150	145	110	4-φ18	4-φ18
XA40/20	25	65	40	100	360	160	185	50	14	100	70	265	212	14	110	14	267	24	50	27	8	185	150	145	110	4-φ18	4-φ18
XA40/26	25	65	40	100	360	180	225	65	14	125	95	320	250	14	110	14	267	24	50	27	8	185	150	145	110	4-φ18	4-φ18
XA40/32	35	65	40	125	470	200	225	65	14	125	95	345	280	14	110	14	342	32	80	35	10	185	165	145	110	4-φ18	4-φ18
XA50/13	25	65	50	100	360	132	160	50	14	100	70	240	190	14	100	14	267	24	50	27	8	185	165	145	125	8-φ18	4-φ18
XA50/16	25	65	50	100	360	160	180	50	14	100	70	265	212	14	110	14	267	24	50	27	8	185	165	145	125	8-φ18	4-φ18
XA50/20	25	65	50	100	360	160	200	50	14	100	70	265	212	14	110	14	267	24	50	27	8	185	165	145	125	8-φ18	4-φ18
XA50/26	25	65	50	100	360	180	225	65	14	125	95	320	250	14	110	14	267	24	50	27	8	185	165	145	125	8-φ18	4-φ18
XA50/32	35	65	50	125	470	225	280	65	16	125	95	345	280	14	110	14	342	32	80	35	10	185	165	145	125	8-φ18	4-φ18
XA65/13	25	80	65	100	360	160	180	65	14	125	95	280	212	14	110	14	267	24	50	27	8	200	185	160	145	8-φ18	4-φ18
XA65/16	25	80	65	100	360	160	200	65	14	125	95	280	212	14	110	14	267	24	50	27	8	200	185	160	145	8-φ18	4-φ18
XA65/20	25	80	65	100	360	160	225	65	14	125	95	320	250	14	110	14	267	24	50	27	8	200	185	160	145	8-φ18	4-φ18
XA65/26	35	80	65	125	470	200	250	80	16	160	120	360	280	17.5	110	14	342	32	80	35	10	200	185	160	145	8-φ18	4-φ18
XA65/32	35	80	80	125	470	225	280	80	16	160	120	400	315	17.5	110	14	342	32	80	35	10	200	185	160	145	8-φ18	4-φ18
XA80/16	25	100	80	125	360	180	225	65	14	95	95	320	250	14	110	14	267	24	50	27	8	220	200	180	160	8-φ18	8-φ18
XA80/20	35	100	80	125	470	180	250	65	14	95	95	345	280	14	110	14	342	32	80	35	10	220	200	180	160	8-φ18	8-φ18
XA80/26	35	100	80	125	470	200	280	80	16	120	120	400	315	17.5	110	14	342	32	80	35	10	220	200	180	160	8-φ18	8-φ18
XA80/32	35	100	80	125	470	250	315	80	16	120	120	400	315	17.5	110	14	342	32	80	35	10	220	200	180	160	8-φ18	8-φ18

续表

泵型号	轴径	泵尺寸												泵脚尺寸				轴端				法兰连接尺寸					
		ϕ_1	ϕ_2	a	l	h_1	h_2	b	c	m_1	m_2	n_1	n_2	ϕS_1	n_3	ϕS_2	w	d	l	f	u	D_1	D_2	ϕk_1	ϕk_2	$n\text{-}d_1$	$n\text{-}d_2$
XA80/40	45	100	80	125	532	280	355	85	16	120	120	440	340	17.5	110	14	368	42	110	45	12	220	200	180	160	8-ϕ18	8-ϕ18
XA100/20	35	125	100	125	470	200	280	80	16	120	120	360	280	17.5	110	14	342	32	80	35	10	250	220	210	180	8-ϕ18	8-ϕ18
XA100/26	35	125	100	140	470	225	280	80	16	120	120	400	315	17.5	110	14	342	32	80	35	10	250	220	210	180	8-ϕ18	8-ϕ18
XA100/32	45	125	100	140	470	250	315	80	16	150	120	400	315	17.5	110	14	342	32	80	35	10	250	220	210	180	8-ϕ18	8-ϕ18
XA100/40	45	125	100	140	530	280	355	100	18	120	150	500	400	23	110	17	370	45	110	45	42	250	220	210	180	8-ϕ18	8-ϕ18
XA125/20	35	150	125	140	470	250	315	80	16	120	120	400	315	17.5	110	14	342	32	80	35	10	285	250	240	210	8-ϕ22	8-ϕ18
XA125/26	35	150	125	140	470	250	355	80	16	150	120	400	315	17.5	110	14	342	32	80	35	10	285	250	240	210	8-ϕ22	8-ϕ18
XA125/32	45	150	125	140	530	280	355	100	18	150	150	500	400	23	110	14	370	42	110	45	12	285	250	240	210	8-ϕ22	8-ϕ18
XA125/40	45	150	125	140	530	315	400	100	18	150	150	500	400	23	110	14	370	42	110	45	12	285	250	240	210	8-ϕ22	8-ϕ18
XA150/20	35G	200	150	160	495	280	400	100	20	150	150	550	450	23	110	14	367	32	80	35	10	340	285	295	240	12-ϕ22	8-ϕ22
XA150/26	45	200	150	160	530	250	355	100	18	150	150	450	350	23	110	14	370	32	110	45	12	340	285	295	240	12-ϕ22	8-ϕ22
XA150/32	45	200	150	160	530	280	400	100	18	150	150	550	450	23	110	14	370	42	110	45	12	340	285	295	240	12-ϕ22	8-ϕ22
XA150/40	45	200	150	160	530	315	450	100	18	150	150	550	450	23	110	14	370	42	110	45	12	340	285	295	240	12-ϕ22	8-ϕ22
XA150/50	60	200	150	180	670	375	500	100	24	200	150	550	450	24	140	15	500	55	110	59	16	340	285	295	240	12-ϕ22	8-ϕ22
XA200/26	45	250	200	180	546	280	400	100	25	200	150	550	450	26	110	15	389	42	110	45	12	405	340	355	295	12-ϕ27	12-ϕ22
XA200/32	55	250	200	200	670	355	450	100	20	200	150	550	450	24	110	15	500	48	110	52	14	405	340	355	295	12-ϕ27	12-ϕ22
XA200/40	55	250	200	200	670	355	500	100	20	200	150	550	450	24	110	15	500	48	110	52	14	405	340	355	295	12-ϕ27	12-ϕ22
XA200/50	75	250	200	240	783	425	545	160	30	300	240	720	600	27	140	23	534	70	140	75	20	405	340	355	295	12-ϕ27	12-ϕ22
XA250/32	75	300	250	240	783	425	545	160	40	300	240	720	600	27	140	23	534	70	140	74.5	20	460	405	410	355	12-ϕ27	12-ϕ27
XA250/40	75	300	250	240	783	425	545	160	40	300	240	720	600	27	140	23	534	70	140	74.5	20	460	405	410	355	12-ϕ27	12-ϕ27
XA250/50	75	300	250	240	783	425	545	160	30	300	240	720	600	27	140	23	534	70	140	75	20	460	405	410	355	12-ϕ27	12-ϕ27
XA300/40	75	350	300	280	783	500	600	150	40	300	200	800	660	27	140	23	550	70	140	74.5	20	520	460	470	410	16-ϕ27	12-ϕ27
XA350/40	100	400	350	300	900	500	650	200	50	350	280	800	660	33	160	27	590	95	170	100	25	580	520	525	470	16-ϕ30	16-ϕ27
XA400/50	100	450	400	350	900	580	700	200	50	350	280	800	660	33	160	27	590	95	170	100	25	640	580	585	525	20-ϕ30	16-ϕ30
XA500/50	100	550	500	400	900	580	750	200	50	350	280	800	660	33	160	27	590	95	170	100	25	775	715	710	650	20-ϕ33	20-ϕ33

续表

泵型号	泵安装尺寸(mm)																	吸入锥管(mm)						吐出锥管(mm)						电动机		总质量(kg)(电机)(底座)
	L	L_1	L_2	L_3	L_4	L_5	B	B_1	H	H_1	b	b_1	b_2	b_3	b_4	c	d	I_1	Dg_1	D	D_1	D_2	$n\text{-}d_1$	I_2	Dg_2	D'	D'_1	D'_2	$n\text{-}d_2$	型号	功率(kW)	
XA32/13	791	57	450	730	140	344	225	225	330	190	7.5	—	—	20	18	2	18.5	—	—	—	—	—	—	100	50	100	125	165	4-φ17.5	Y90L-2	22	79
XA32/13A	791	57	450	730	140	344	225	225	330	190	7.5	—	—	20	18	2	18.5	—	—	—	—	—	—	100	50	100	125	165	4-φ17.5	Y90L-2	22	79
XA32/13B	766	57	450	730	140	319	225	225	330	190	7.5	—	—	20	18	2	18.5	—	—	—	—	—	—	100	50	100	125	165	4-φ17.5	Y90S-2	1.5	76
XA32/16	931	77	500	840	160	484	285	285	370	210	7.5	—	—	20	18	2	18.5	—	—	—	—	—	—	100	50	100	125	165	4-φ17.5	Y132S$_1$-2	5.5	131
XA32/16A	856	67	450	760	150	409	255	255	370	210	7.5	—	—	20	18	2	18.5	—	—	—	—	—	—	100	50	100	125	165	4-φ17.5	Y112M-2	4	108
XA32/16B	856	67	450	760	150	409	225	255	370	210	7.5	—	—	20	18	2	18.5	—	—	—	—	—	—	100	50	100	125	165	4-φ17.5	Y112M-2	4	108
XA32/20	1056	88	580	1000	190	609	325	325	435	255	8	—	—	20	18	2	18.5	—	—	—	—	—	—	100	50	100	125	165	4-φ17.5	Y160M$_1$-2	11	206
XA32/20A	931	61	500	840	160	484	285	325	418	238	7.5	—	—	20	18	2	18.5	—	—	—	—	—	—	100	50	100	125	165	4-φ17.5	Y132S$_2$-2	7.5	145
XA32/20B	931	61	500	840	160	484	285	325	418	238	8	—	—	20	18	2	18.5	—	—	—	—	—	—	100	50	100	125	165	4-φ17.5	Y132S$_2$-2	7.5	145
XA32/26	1125	114	580	970	190	658	325	325	500	275	8	—	—	20	18	2	18.5	—	—	—	—	—	—	100	50	100	125	165	4-φ17.5	Y160L-2	18.5	251
XA32/26A	1080	114	580	970	190	613	325	325	500	275	8	—	—	20	18	2	18.5	—	—	—	—	—	—	100	50	100	125	165	4-φ17.5	Y160M$_2$-2	15	237
XA32/26B	1080	114	580	970	190	613	325	325	500	275	8	—	—	20	18	2	18.5	—	—	—	—	—	—	100	50	100	125	165	4-φ17.5	Y160M$_2$-2	15	237
XA40/13	856	83	450	730	140	409	255	255	330	190	7.5	—	—	22	18	2	18.5	—	—	—	—	—	—	120	65	125	145	185	4-φ17.5	Y112M-2	4	101
XA40/13A	856	83	450	730	140	409	255	255	330	190	7.5	—	—	22	18	2	18.5	—	—	—	—	—	—	120	65	125	145	185	4-φ17.5	Y112M-2	4	101

续表

泵型号	泵安装尺寸(mm)																	吸入锥管(mm)						吐出锥管(mm)						电动机		总质量(kg)(电机)(底座)
	L	L_1	L_2	L_3	L_4	L_5	B	B_1	H	H_1	b	b_1	b_2	b_3	b_4	c	d	I_1	Dg_1	D	D_1	D_2	$n\text{-}d_1$	I_2	Dg_2	D'	D'_1	D'_2	$n\text{-}d_2$	型号	功率(kW)	
XA40/13B	836	67	450	760	150	389	225	225	330	190	7.5	—	—	22	18	2	18.5	—	—	—	—	—	—	120	65	125	145	185	4-φ 17.5	Y100L-2	3	90
XA40/16	931	77	500	840	160	484	285	285	370	210	7.5	—	—	22	18	2	18.5	—	—	—	—	—	—	120	65	125	145	185	4-φ 17.5	Y132S₂-2	7.5	137
XA40/16A	931	77	500	840	160	484	285	285	370	210	7.5	—	—	22	18	2	18.5	—	—	—	—	—	—	120	65	125	145	185	4-φ 17.5	Y132S₁-2	5.5	132
XA40/16B	856	67	450	760	150	409	255	255	370	210	7.5	—	—	22	18	2	18.5	—	—	—	—	—	—	120	65	125	145	185	4-φ 17.5	Y112M-2	4	100
XA40/20	1077	88	580	1000	190	610	325	325	435	255	8	—	—	22	18	2	18.5	—	—	—	—	—	—	120	65	125	145	185	4-φ 17.5	Y160M₁-2	11	210
XA40/20A	1077	88	580	1000	190	610	325	325	435	255	8	—	—	22	18	2	18.5	—	—	—	—	—	—	120	65	125	145	185	4-φ 17.5	Y160M₁-2	11	210
XA40/20B	1077	88	580	1000	190	610	325	325	435	255	8	—	—	22	18	2	18.5	—	—	—	—	—	8-φ 18.5	120	65	125	145	185	4-φ 17.5	Y160M₁-2	11	210
XA40/26	1050	121	580	970	190	683	350	350	500	275	8	—	—	22	18	2	18.5	—	—	—	—	—	8-φ 18.5	120	65	125	145	185	4-φ 17.5	Y180M-2	22	286
XA40/26A	1125	114	580	970	190	658	325	325	500	275	8	—	—	22	18	2	18.5	—	—	—	—	—	8-φ 17.5	120	65	125	145	185	4-φ 17.5	Y160L-2	18.5	253
XA40/26B	1125	114	580	970	190	658	325	325	500	275	8	—	—	22	18	2	18.5	—	—	—	—	—	8-φ 17.5	120	65	125	145	185	4-φ 17.5	Y160L-2	18.5	253
XA40/32H	1390	122.5	765	1195	215	790	395	395	523	298	8	—	—	20	18	2	18.5	—	—	—	—	—	—	120	65	122	145	185	4-φ 17.5	Y200L-37/2	37	440
XA40/32HA	1390	122.5	765	1195	215	790	395	395	523	298	8	—	—	20	18	2	18.5	—	—	—	—	—	—	120	65	122	145	185	4-φ 17.5	Y200L-37/2	37	440
XA40/32HB	1390	122.5	765	1195	215	790	395	395	523	298	8	—	—	20	18	2	18.5	—	—	—	—	—	—	120	65	122	145	185	4-φ 17.5	Y200L-37/2	30	415
XA50/13	951	77	500	840	160	484	285	285	285	210	7.5	22	20	22	20	2	18.5	120	80	133	160	200	—	150	80	133	160	200	8-φ 17.5	Y132S₂-2	7.5	135

续表

泵型号	泵安装尺寸(mm)																	吸入锥管(mm)						吐出锥管(mm)						电动机		总质量(kg)(电机)(底座)
	L	L_1	L_2	L_3	L_4	L_5	B	B_1	H	H_1	b	b_1	b_2	b_3	b_4	c	d	I_1	Dg_1	D	D_1	D_2	$n×d_1$	I_2	Dg_2	D'	D'_1	D'_2	$n×d_2$	型号	功率(kW)	
XA50/13A	951	77	500	840	160	484	285	285	370	210	7.5	22	20	22	20	2	18.5	120	80	133	160	200	—	150	80	133	160	200	8-φ17.5	$Y132S_1$-2	5.5	130
XA50/13B	951	77	500	840	160	484	285	285	370	210	7.5	22	20	22	20	2	18.5	120	80	133	160	200	—	150	80	133	160	200	8-φ17.5	$Y132S_1$-2	5.5	130
XA50/16	1077	88	580	1000	190	610	325	325	435	255	8	22	20	22	20	2	18.5	120	80	133	160	200	—	150	80	133	160	200	8-φ17.5	$Y160M_1$-2	11	204
XA50/16A	1077	88	580	1000	190	610	325	325	435	255	8	22	20	22	20	2	18.5	120	80	133	160	200	8-φ17.5	150	80	133	160	200	8-φ17.5	$Y160M_1$-2	11	204
XA50/16B	1077	88	580	1000	190	610	325	325	435	255	8	22	20	22	20	2	18.5	120	80	133	160	200	8-φ17.5	150	80	133	160	200	8-φ17.5	$Y160M_1$-2	11	204
XA50/20	1122	88	580	1000	190	655	325	325	455	255	8	22	20	22	20	2	18.5	120	80	133	160	200	8-φ17.5	150	80	133	160	200	8-φ17.5	$Y160L$-2	18.5	236
XA50/20A	1077	88	580	1000	190	610	325	325	455	255	8	22	20	22	20	2	18.5	120	80	133	160	200	8-φ17.5	150	80	133	160	200	8-φ17.5	$Y160M_2$-2	15	222
XA50/20B	1077	88	580	1000	190	610	325	325	455	255	8	22	20	22	20	2	18.5	120	80	133	160	200	8-φ17.5	150	80	133	160	200	8-φ17.5	$Y160M_2$-2	15	222
XA50/26	1257	137	630	1060	210	790	395	395	543	318	8.5	22	20	22	20	2	24	120	80	133	160	200	8-φ17.5	150	80	133	160	200	8-φ17.5	$Y200L_2$-2	37	386
XA50/26A	1257	137	630	1060	210	790	395	395	543	318	8.5	22	20	22	20	2	24	120	80	133	160	200	8-φ17.5	150	80	133	160	200	8-φ17.5	$Y200L_1$-2	30	370
XA50/26B	1257	137	630	1060	210	790	395	395	543	318	8.5	22	20	22	20	2	24	120	80	133	160	200	8-φ17.5	150	80	133	160	200	8-φ17.5	$Y200L_1$-2	30	370
XA50/32H	1545	142.5	1325	1795	235	945	495	495	623	343	8.5	22	20	22	20	2	24	120	80	133	160	200	8-φ17.5	120	65	122	145	185	4-φ17.5	Y250M-55/2	55	610
XA50/32HA	1545	142.5	1325	1795	235	945	495	495	623	343	8.5	22	20	22	20	2	24	120	80	133	160	200	8-φ17.5	120	65	122	145	185	4-φ17.5	Y250M-55/2	55	610
XA50/32HB	1430	122.5	745	1215	215	830	430	430	623	343	8.5	22	20	22	20	2	24	120	80	133	160	200	8-φ17.5	120	65	122	145	185	4-φ17.5	Y255M-45/2	45	520

续表

泵型号	泵安装尺寸 (mm)																	吸入锥管 (mm)						吐出锥管 (mm)						电动机		总质量(kg)(电机)(底座)
	L	L_1	L_2	L_3	L_4	L_5	B	B_1	H	H_1	b	b_1	b_2	b_3	b_4	c	d	I_1	Dg_1	D	D_1	D_2	nrd_1	I_2	Dg_2	D'	D'_1	D'_2	nrd_2	型号	功率(kW)	
XA65/13	1077	88	580	1000	190	610	325	325	435	255	8	22	22	22	22	2	18.5	150	100	158	180	220	8-φ17.5	150	100	158	180	220	8-φ17.5	$Y160M_1$-2	11	205
XA65/13A	1077	88	580	1000	190	610	325	325	435	255	8	22	22	22	22	2	18.5	150	100	158	180	220	8-φ17.5	150	100	158	180	220	8-φ17.5	$Y160M_1$-2	11	205
XA65/13B	952	61	500	840	160	485	325	285	418	238	7.5	22	22	22	22	2	18.5	150	100	158	180	220	8-φ17.5	150	100	158	180	220	8-φ17.5	$Y132S_2$-2	7.5	144
XA65/16	1122	88	580	1000	190	655	395	325	455	255	8	22	22	22	22	2	18.5	150	100	158	180	220	8-φ17.5	150	100	158	180	220	8-φ17.5	$Y160L$-2	18.5	233
XA65/16A	1077	88	580	1000	190	610	395	325	455	255	8	22	22	22	22	2	18.5	150	100	158	180	220	8-φ17.5	150	100	158	180	220	8-φ17.5	$Y160M_2$-2	15	219
XA65/16B	1077	88	580	1000	190	610	395	325	455	255	8	22	22	22	22	2	18.5	150	100	158	180	220	8-φ17.5	150	100	158	180	220	8-φ17.5	$Y160M_1$-2	11	219
XA65/20	1255	137	630	1060	210	788	495	395	543	318	8.5	26	22	22	22	2	24	200	125	184	210	250	8-φ17.5	150	100	158	180	220	8-φ17.5	$Y200L_1$-2	30	373
XA65/20A	1255	137	630	1060	210	788	430	395	543	318	8.5	26	22	22	22	2	24	200	125	184	210	250	8-φ17.5	150	100	158	180	220	8-φ17.5	$Y200L_1$-2	30	373
XA65/20B	1255	137	630	1060	210	788	430	395	543	318	8.5	26	22	22	22	2	24	200	125	184	210	250	8-φ17.5	150	100	158	180	220	8-φ17.5	$Y200L_1$-2	30	373
XA65/26	1522	162	800	1300	250	945	395	495	651	401	9	26	22	22	22	2	24	200	125	184	210	250	8-φ17.5	150	100	158	180	220	8-φ17.5	$Y250M$-2	55	584
XA65/26A	1407	140	750	1210	230	830	225	430	593	343	8.5	26	22	22	22	2	24	200	125	184	210	250	8-φ17.5	150	100	158	180	220	8-φ17.5	$Y225M$-2	45	479
XA65/26B	1407	140	750	1210	230	830	255	430	593	343	8.5	26	22	22	22	2	24	200	125	184	210	250	8-φ17.5	150	100	158	180	220	8-φ17.5	$Y225M$-2	45	479
XA65/32H	1665	155	870	1400	265	1065	550	550	623	343	8.5	26	24	22	20	2	24	200	125	184	210	250	8-φ17.5	120	80	133	160	200	8-φ17.5	$Y200L_1$-2	90	840
XA65/32HA	1615	135	870	1360	245	1015	555	555	623	343	8.5	26	22	22	20	2	24	200	125	184	210	250	8-φ22	120	80	133	160	200	8-φ22	$Y180M$-2	75	765

续表

泵型号	泵安装尺寸(mm)																	吸入锥管(mm)						吐出锥管(mm)						电动机		总质量(kg)(电机)(底座)
	L	L_1	L_2	L_3	L_4	L_5	B	B_1	H	H_1	b	b_1	b_2	b_3	b_4	c	d	I_1	Dg_1	D	D_1	D_2	n-d_1	I_2	Dg_2	D'	D'_1	D'_2	n-d_2	型号	功率(kW)	
XA65/32HB	1615	135	870	1360	245	1015	555	555	623	343	8.5	26	22	22	22	2	24	200	125	184	210	250	8-φ22	120	80	133	160	200	8-φ17.5	Y160L-2	75	765
XA80/16	1280	137	630	1060	210	788	285	395	543	318	8.5	28	22	26	22	2	24	220	150	212	240	285	8-φ17.5	150	100	184	210	250	8-φ17.5	Y280M-90/2	30	357
XA80/16A	1175	121	580	970	190	683	350	350	500	275	8	28	24	26	22	2	18.5	220	150	212	240	285	8-φ17.5	200	125	184	210	250	8-φ17.5	Y280S-75/2	22	279
XA80/16B	1150	114	580	970	190	658	325	325	500	275	8	28	24	26	22	2	18.5	220	150	212	240	285	8-φ17.5	200	125	184	210	250	8-φ17.5	Y280S-75/2	18.5	246
XA80/20	1432	158	750	1185	230	830	430	430	343	343	8.5	28	24	26	22	2	24	220	150	212	240	285	8-φ22	200	125	184	210	250	8-φ17.5	Y225M-2	45	462
XA80/20A	1392	144	700	1185	230	790	395	395	568	318	8.5	28	24	26	22	2	24	220	150	212	240	285	8-φ22	200	125	184	210	250	8-φ17.5	Y200L2-2	37	397
XA80/20B	1392	144	700	1185	230	790	395	395	568	318	8.5	28	24	26	22	2	24	220	150	212	240	285	8-φ22	200	125	184	210	250	8-φ17.5	Y200L2-2	37	397
XA80/26	1617	160	850	1390	260	1015	555	555	725	445	9.5	28	24	26	22	2	28	220	150	212	240	285	8-φ22	200	125	184	210	250	8-φ17.5	Y280S-2	75	758
XA80/26A	1617	160	850	1390	260	1015	555	555	725	445	9.5	28	24	26	22	2	28	220	150	212	240	285	8-φ22	200	125	184	210	250	8-φ17.5	Y280S-2	75	758
XA80/26B	1617	160	850	1390	260	1015	555	555	725	445	9.5	28	24	26	22	2	28	220	150	212	240	285	8-φ22	200	125	184	210	250	8-φ17.5	Y280S-2	75	758
XA80/32H	1808	155	895	1425	265	1208	620	620	683	368	8.5	26	24	24	22	2	4-24	150	125	184	210	250	8-φ17.5	150	100	158	180	220	8-φ17.5	Y315S-110/2	110	1225
XA80/32HA	1808	155	895	1425	265	1208	620	620	683	368	8.5	26	24	24	22	2	4-24	150	125	184	210	250	8-φ17.5	150	100	158	180	220	8-φ17.5	Y315S-110/2	110	1225
XA80/32HB	1808	155	870	1400	265	1065	550	550	683	368	8.5	26	24	24	22	2	4-24	150	125	184	210	250	8-φ17.5	150	100	158	180	220	8-φ17.5	Y280M-90/2	90	865
XA100/20	1617	160	850	1390	260	1015	555	555	725	445	9.5	30	26	28	24	2	28	330	200	268	295	340	8-φ22	220	150	212	240	285	8-φ22	Y280S-2	75	752

续表

泵型号	泵安装尺寸 (mm)																	吸入锥管 (mm)						吐出锥管 (mm)						电动机		总质量(kg)(电机)(底座)
	L	L_1	L_2	L_3	L_4	L_5	B	B_1	H	H_1	b	b_1	b_2	b_3	b_4	c	d	I_1	Dg_1	D	D_1	D_2	$n \times d_1$	I_2	Dg_2	D'	D_1'	D_2'	$n \times d_2$	型号	功率(kW)	
XA100/20A	1547	162	800	1300	250	945	495	495	681	401	9	30	26	28	24	2	24	330	200	268	295	340	8-φ22	220	150	212	240	285	8-φ22	Y250M-2	55	588
XA100/20B	1432	140	750	1210	230	830	430	430	623	343	8.5	30	26	28	24	2	24	330	200	268	295	340	8-φ22	220	150	212	240	285	8-φ22	Y225M-2	45	483
XA100/26	1831	190	870	1465	300	1208	410	620	765	485	9.5	30	26	26	24	3	28	330	200	268	295	340	8-φ22	220	150	212	240	285	—	Y315S-2	110	1146
XA100/26A	1831	190	870	1465	300	1208	410	620	765	485	9.5	30	26	26	24	3	28	330	200	268	295	340	8-φ22	220	150	212	240	285	—	Y315S-2	110	1146
XA100/26B	1691	172	880	1485	300	1068	410	550	725	445	9.5	28	26	26	24	3	28	330	200	268	295	340	8-φ22	220	150	212	240	285	—	Y280M-2	90	857
XA125/20	1682	184	880	1485	300	1065	410	550	760	445	9.5	28	26	28	28	2	28	400	250	320	350	395	12-φ22	350	200	268	295	340	8-φ22	Y280M-2	90	865
XA32/13	741	37	430	675	120	294	325	225	330	190	7.5	—	—	—	—	2	18.5	—	—	—	—	—	—	—	—	—	—	—	—	Y80₁/4	0.55	70
XA32/16	741	37	430	675	120	294	325	225	370	210	7.5	—	—	—	—	2	18.5	—	—	—	—	—	—	—	—	—	—	—	—	Y80₁/4	0.55	78
XA32/20	766	51	450	760	150	319	285	285	418	238	7.5	—	—	—	—	2	18.5	—	—	—	—	—	—	—	—	—	—	—	—	Y90S/4	1.1	94
XA32/26	856	73	450	760	150	389	315	315	483	258	7.5	—	—	—	—	2	18.5	—	—	—	—	—	—	—	—	—	—	—	—	Y100L₂/4	3	129
XA40/13	741	37	430	675	120	294	225	225	330	190	7.5	—	—	—	—	2	18.5	—	—	—	—	—	—	—	—	—	—	—	—	Y80₁/4	0.55	72
XA40/16	766	57	450	730	140	319	255	255	370	210	7.5	—	—	—	—	2	18.5	—	—	—	—	—	—	—	—	—	—	—	—	Y90S-4	1.1	85
XA40/20	812	51	450	760	150	345	285	285	418	238	7.5	—	—	—	—	2	18.5	—	—	—	—	—	—	—	—	—	—	—	—	Y90L-4	1.5	103
XA40/26	856	73	450	760	150	389	315	315	483	258	7.5	—	—	20	18	2	18.5	—	—	—	—	—	—	120	65	122	145	185	4-φ17.5	Y100L₁-4	3	131

续表

泵型号	泵安装尺寸(mm)																	吸入锥管(mm)						吐出锥管(mm)						电动机		总质量(kg)(电机)(底座)
	L	L_1	L_2	L_3	L_4	L_5	B	B_1	H	H_1	b	b_1	b_2	b_3	b_4	c	d	I_1	Dg_1	D	D_1	D_2	$n\text{-}d_1$	I_2	Dg_2	D'	D_1'	D_2'	$n\text{-}d_2$	型号	功率(kW)	
XA40/32	1090	105	580	970	190	488	350	350	523	298	8	—	—	20	18	2	18.5	—	—	—	—	—	—	120	65	122	145	185	4-φ17.5	Y132S-4	5.5	214
XA40/32A	1090	105	580	970	190	488	350	350	523	298	8	—	—	20	18	2	18.5	—	—	—	—	—	—	120	65	122	145	185	4-φ17.5	Y132S-4	5.5	214
XA40/32B	1090	105	580	970	190	488	350	350	523	298	8	—	—	20	18	2	18.5	—	—	—	—	—	—	120	65	122	145	185	4-φ17.5	Y132S-4	5.5	214
XA50/13	786	57	450	730	140	319	255	255	370	210	7.5	22	20	20	20	2	18.5	120	80	133	160	200	8-φ17.5	120	65	122	145	185	4-φ17.5	Y90S-4	1.1	83
XA50/16	812	51	450	760	150	345	285	285	418	238	7.5	22	20	20	20	2	18.5	120	80	133	160	200	8-φ17.5	120	65	122	145	185	4-φ17.5	Y90L-4	1.5	97
XA50/20	857	69	450	760	150	390	285	285	438	238	7.5	22	20	20	20	2	18.5	120	80	133	160	200	8-φ17.5	120	65	122	145	185	4-φ17.5	Y100L1-4	2.2	111
XA50/26	952	77	500	800	150	485	315	315	483	258	7.5	22	20	20	20	2	18.5	120	80	133	160	200	8-φ17.5	120	65	122	145	185	4-φ17.5	Y132S-4	5.5	164
XA50/32	1215	94	680	1115	210	613	395	395	623	343	8.5	22	20	20	20	2	24	120	80	133	160	200	8-φ17.5	120	65	122	145	185	4-φ17.5	Y160M-4	11	293
XA50/32A	1130	79	630	1060	210	528	395	395	623	343	8.5	22	20	20	20	2	24	120	80	133	160	200	8-φ17.5	120	65	122	145	185	4-φ17.5	Y132M-4	7.5	246
XA50/32B	1130	79	630	1060	210	528	395	395	623	343	8.5	22	20	20	20	2	24	120	80	133	160	200	8-φ17.5	120	65	122	145	185	4-φ17.5	Y132M-4	7.5	246
XA65/13	812	51	450	760	150	345	285	285	418	238	7.5	24	22	22	20	2	18.5	150	100	158	180	220	8-φ17.5	120	80	133	160	200	8-φ17.5	Y90L-4	1.5	98
XA65/16	857	69	450	760	150	390	285	285	438	238	7.5	24	22	22	20	2	18.5	150	100	158	180	220	8-φ17.5	120	80	133	160	200	8-φ17.5	Y100L1-4	2.2	108
XA65/20	880	73	450	760	150	413	315	315	483	258	7.5	26	22	22	20	2	18.5	200	125	184	210	250	8-φ17.5	120	80	133	160	200	8-φ17.5	Y112M-4	4	137
XA65/26	1105	105	580	970	190	528	350	350	548	298	8	26	24	22	20	2	18.5	200	125	184	210	250	8-φ17.5	120	80	133	160	200	8-φ17.5	Y132M-4	7.5	212

续表

泵型号	泵安装尺寸(mm)																	吸入锥管(mm)						吐出锥管(mm)						电动机		总质量(kg)(电机)(底座)
	L	L_1	L_2	L_3	L_4	L_5	B	B_1	H	H_1	b	b_1	b_2	b_3	b_4	c	d	I_1	Dg_1	D	D_1	D_2	$n×d_1$	I_2	Dg_2	D'	D_1'	D_2'	$n×d_2$	型号	功率(kW)	
XA65/32	1260	94	680	1115	210	658	395	395	623	343	8.5	26	22	22	20	2	24	200	125	184	210	250	8-φ17.5	120	80	133	160	200	8-φ17.5	Y160L-4	15	315
XA65/32A	1215	94	680	1115	210	613	395	395	623	343	8.5	26	22	22	20	2	24	200	125	184	210	250	8-φ17.5	120	80	133	160	200	8-φ17.5	Y160M-4	11	302
XA65/32B	1215	94	680	1115	210	613	395	395	623	343	8.5	26	22	22	20	2	24	200	125	184	210	250	8-φ17.5	120	80	133	160	200	8-φ17.5	Y160M-4	11	302
XA80/16	881	73	450	760	150	389	315	315	483	258	7.5	26	24	24	20	2	24	220	150	212	240	285	8-φ22	150	100	158	180	200	8-φ17.5	Y100L$_2$-4	3	124
XA80/20	1130	113	550	945	185	528	350	350	525	275	8	26	24	24	22	2	24	220	150	212	240	285	8-φ22	150	100	158	180	220	8-φ17.5	Y132M-4	7.5	197
XA80/26	1215	120	630	1060	210	613	395	395	598	318	8.5	26	24	24	22	2	24	220	150	212	240	285	8-φ22	150	100	158	180	220	8-φ17.5	Y160M-4	11	279
XA80/32	1287	104	750	1185	220	685	395	395	683	368	8.5	26	24	24	22	2	24	150	125	184	210	250	8-φ17.5	150	100	158	180	220	8-φ17.5	Y180M-4	18.5	370
XA80/32A	1260	104	750	1185	220	658	395	395	683	368	8.5	26	24	24	22	2	24	150	125	184	210	250	8-φ17.5	150	100	158	180	220	8-φ17.5	Y160L-4	15	327
XA80/32B	1260	104	750	1185	220	685	395	395	683	368	8.5	26	24	24	22	2	24	150	125	184	210	250	8-φ17.5	150	100	158	180	220	8-φ17.5	Y160L-4	15	327
XA80/40	1454	140	780	1230	230	790	420	420	779	424	9	26	24	24	22	2	24	150	125	184	210	250	8-φ17.5	150	100	158	180	220	8-φ17.5	Y200L-4	30	504
XA80/40A	1454	140	780	1230	230	790	420	420	779	424	9	26	24	24	22	2	24	150	125	184	210	250	8-φ17.5	150	100	158	180	220	8-φ17.5	Y200L-4	30	504
XA80/40B	1454	140	780	1230	230	790	420	420	779	424	9	26	24	24	22	2	24	150	125	184	210	250	8-φ17.5	150	100	158	180	220	8-φ17.5	Y200L-4	30	504
XA100/20	1215	120	630	1060	210	613	420	420	598	318	8.5	30	26	26	24	2	24	330	200	286	295	340	8-φ22	150	125	184	210	250	8-φ17.5	Y160M-4	11	273
XA100/26	1275	94	680	1115	210	658	395	395	623	343	8.5	30	26	26	24	2	24	330	200	286	295	340	8-φ22	150	125	184	210	250	8-φ17.5	Y160L-4	15	311

泵型号	泵安装尺寸(mm)																	吸入锥管(mm)						吐出锥管(mm)						电动机		总质量(kg)(电机)(底座)
	L	L_1	L_2	L_3	L_4	L_5	B	B_1	H	H_1	b	b_1	b_2	b_3	b_4	c	d	I_1	Dg_1	D	D_1	D_2	$n×d_1$	I_2	Dg_2	D'	D'_1	D'_2	$n×d_2$	型号	功率(kW)	
XA100/32	1342	104	750	1185	220	725	395	395	683	368	8.5	26	26	26	24	2	24	175	150	212	240	285	8-φ22	150	125	184	210	250	8-φ17.5	Y180L-4	22	402
XA100/32A	1342	104	750	1185	220	725	395	395	683	368	8.5	26	26	26	24	2	24	175	150	212	240	285	8-φ22	150	125	184	210	250	8-φ17.5	Y180L-4	22	402
XA100/32B	1302	104	750	1185	220	685	395	395	683	368	8.5	26	26	26	24	2	28	175	150	212	240	285	8-φ22	150	125	184	210	250	8-φ17.5	Y180M-4	18.5	384
XA100/40	1546	140	820	1320	250	863	540	540	800	445	9.5	26	26	26	24	3	28	175	150	212	240	285	8-φ22	150	125	184	210	250	8-φ17.5	Y225M-4	45	630
XA100/40A	1521	140	820	1320	250	838	540	540	800	445	9.5	26	26	26	24	3	28	175	150	212	240	285	8-φ22	150	125	184	210	250	8-φ17.5	Y225S-4	37	595
XA100/40B	1521	140	820	1320	250	838	540	540	800	445	9.5	26	26	26	24	3	28	175	150	212	240	285	8-φ22	150	125	184	210	250	8-φ17.5	Y225S-4	37	595
XA125/20	1230	104	750	1185	220	613	395	395	683	368	8.5	30	26	26	26	2	24	350	200	268	295	340	8-φ22	175	150	212	240	285	8-φ22	Y160M-4	11	300
XA125/26	1342	104	750	1185	220	725	395	395	723	368	8.5	30	26	26	26	2	24	350	200	268	295	340	8-φ22	175	150	212	240	285	8-φ22	Y180L-4	22	383
XA125/32	1467	119	800	1260	230	790	490	490	786	431	9	30	26	26	26	2	24	350	200	268	295	340	8-φ22	175	150	212	240	285	8-φ22	Y200L-4	30	516
XA125/32A	1467	119	800	1260	230	790	490	490	786	431	9	30	26	26	26	2	24	350	200	268	295	340	8-φ22	175	150	212	240	285	8-φ22	Y200L-4	30	516
XA125/32B	1402	117	780	1230	230	725	365	540	786	431	9	30	26	26	26	2	24	350	200	268	295	340	8-φ22	175	150	212	240	285	8-φ22	Y180L-4	22	449
XA125/40	1701	190	910	1510	300	1018	550	550	880	480	9.5	30	26	26	26	2	28	350	200	268	295	340	8-φ22	175	150	212	240	285	8-φ22	Y280S-4	75	891
XA125/40A	1631	150	870	1390	260	948	490	490	880	480	9.5	30	26	26	26	2	28	350	200	268	295	340	8-φ22	175	150	212	240	285	8-φ22	Y250M-4	55	726
XA125/40B	1631	150	870	1390	260	948	490	490	880	480	9.5	30	26	26	26	2	28	350	200	268	295	340	8-φ22	175	150	212	240	285	8-φ22	Y250M-4	55	726

续表

泵型号	泵安装尺寸(mm)																	吸入锥管(mm)						吐出锥管(mm)						电动机		总质量(kg)(电机)(底座)
	L	L_1	L_2	L_3	L_4	L_5	B	B_1	H	H_1	b	b_1	b_2	b_3	b_4	c	d	I_1	Dg_1	D	D_1	D_2	$n\times d_1$	I_2	Dg_2	D'	D_1'	D_2'	$n\times d_2$	型号	功率(kW)	
XA150/20	1347	114	780	1230	230	685	540	365	831	431	9	32	30	30	26	2	28	350	250	320	355	405	8-φ26	350	200	268	295	340	12-φ22	Y180M-4	18.5	424
XA150/26	1487	119	800	1260	230	790	440	440	756	401	9	32	30	30	26	2	28	350	250	320	355	405	8-φ26	350	200	268	295	340	12-φ22	Y200L-4	30	495
XA150/32	1651	150	870	1390	260	948	540	540	845	445	9.5	32	30	30	26	2	28	350	250	320	355	405	8-φ26	350	200	268	295	340	12-φ22	Y250M-4	55	696
XA150/32A	1566	140	820	1320	250	863	540	540	845	445	9.5	32	30	30	26	2	28	350	250	320	355	405	8-φ26	350	200	268	295	340	12-φ22	Y225M-4	45	626
XA150/32B	1541	140	820	1320	250	838	540	540	845	445	9.5	32	30	30	26	2	28	350	250	320	355	405	8-φ26	350	200	268	295	340	12-φ22	Y225S-4	37	591
XA150/40	1774	190	910	1510	300	1071	550	550	930	480	9.5	32	30	30	26	2	28	350	250	320	355	405	8-φ26	350	200	268	295	340	12-φ22	Y280M-4	90	942
XA150/40A	1724	190	910	1510	300	1021	550	550	930	480	9.5	32	30	30	26	2	28	350	250	320	355	405	8-φ26	350	200	268	295	340	12-φ22	Y280S-4	72	927
XA150/40B	1724	190	910	1510	300	1021	550	550	930	480	9.5	32	30	30	26	2	28	350	250	320	355	405	8-φ26	350	200	268	295	340	12-φ22	Y280S-4	75	927
XA150/50	2220	160	1150	1730	290	1361	565	565	1040	540	9.5	32	30	30	26	6	6-22	350	250	320	355	405	8-φ26	350	200	268	295	340	12-φ22	Y315M1-4	132	1834
XA150/50A	2150	132	1154	1674	260	1291	565	565	1040	540	9.5	32	30	30	26	6	6-22	350	250	320	355	405	8-φ26	350	200	268	295	340	12-φ22	Y315S-4	110	1613
XA150/50B	2150	132	1154	1674	260	1291	565	565	1040	540	9.5	32	30	30	26	6	6-22	350	250	320	355	405	8-φ26	350	200	268	295	340	12-φ22	Y315S-4	110	1613
XA200/32	1899	120	1090	1580	245	1021	545	545	970	520	9.5	32	32	32	30	5	6-22	350	300	370	410	460	12-φ26	350	250	320	355	405	12-φ26	Y280S-4	75	1108
XA200/32A	1826	102	1076	1536	230	948	545	545	970	520	9.5	32	32	32	30	5	6-22	350	300	370	410	460	12-φ26	350	250	320	355	405	12-φ26	Y250M-4	55	838
XA200/32B	1741	90	920	1360	220	863	545	545	970	520	9.5	32	32	32	30	5	6-22	350	300	370	410	460	12-φ26	350	250	320	355	405	12-φ26	Y225M-4	45	730

续表

泵型号	泵安装尺寸(mm)																	吸入锥管(mm)						吐出锥管(mm)						电动机		总质量(kg)(电机)(底座)
	L	L_1	L_2	L_3	L_4	L_5	B	B_1	H	H_1	b	b_1	b_2	b_3	b_4	c	d	I_1	Dg_1	D	D_1	D_2	$n\text{-}\phi d_1$	I_2	Dg_2	D'	D'_1	D'_2	$n\text{-}\phi d_2$	型号	功率(kW)	
XA200/40	2169	132	1154	1674	260	1291	565	565	1020	520	9.5	32	32	32	30	5	6-22	350	300	370	410	460	12-φ26	350	250	320	355	405	12-φ26	Y315S-4	110	1590
XA200/40A	1949	135	1100	1630	265	1071	545	545	1020	520	9.5	32	32	32	30	5	6-22	350	300	370	410	460	12-φ26	350	250	320	355	405	12-φ26	Y280M-4	90	1322
XA200/40B	1899	84	1089	1579	215	1021	545	545	1020	520	9.5	32	32	32	30	5	6-22	350	300	370	410	460	12-φ26	350	250	320	355	405	12-φ26	Y280S-4	75	1250
XA200/50	2395	138	1314	1954	320	1361	705	705	1155	610	10	32	32	32	30	8	6-26	350	300	370	410	460	12-φ26	350	250	320	355	405	12-φ26	Y315L$_1$-4	200	2036
XA200/50A	2395	138	1314	1954	320	1361	705	705	1155	610	10	32	32	32	30	8	6-26	350	300	370	410	460	12-φ26	350	250	320	355	405	12-φ26	Y315L$_1$-4	100	1960
XA200/50B	2395	112	1315	1903	294	1361	705	705	1155	610	10	32	32	32	30	8	6-26	350	300	370	410	460	12-φ26	350	250	320	355	405	12-φ26	Y315M-4	132	1894
XA250/32	2105	88	1264	1800	268	1071	705	705	1155	610	10	36	32	32	32	8	6-26	350	350	430	470	520	16-φ26	350	300	370	410	460	12-φ26	Y280M-4	90	1385
XA250/32A	2055	64	1262	1752	245	1021	705	705	1155	610	10	36	32	32	32	8	6-26	350	350	430	470	520	16-φ26	350	300	370	410	460	12-φ26	Y280S-4	75	1320
XA250/32B	2055	64	1262	1752	245	1021	705	705	1155	610	10	36	32	32	32	8	6-26	350	350	430	470	520	16-φ26	350	300	370	410	460	12-φ26	Y280S-4	75	1320
XA250/40	2395	112	1315	1903	294	1361	705	705	1155	610	10	36	32	32	32	8	6-26	350	350	430	470	520	16-φ26	350	300	370	410	460	16-φ26	Y315M-4	132	1920
XA250/40A	2325	85	1316	1285	265	1291	705	705	1155	610	10	36	32	32	32	8	6-26	350	350	430	470	520	16-φ26	350	300	370	410	460	16-φ26	Y315S-4	110	1705
XA250/40B	2105	88	1264	1800	268	1071	705	705	1155	610	10	36	32	32	32	8	6-26	350	350	430	470	520	16-φ26	350	300	370	410	460	16-φ26	Y280M-4	90	1540
XA250/50	2625	159	1357	2037	340	1591	705	705	1155	610	10	36	32	32	32	8	6-26	350	350	430	470	520	16-φ26	350	300	370	410	460	16-φ26	Y355M-4	220	2685
XA250/50A	2395	138	1314	1954	320	1361	705	705	1155	610	10	36	32	32	32	8	6-26	350	350	430	470	520	16-φ26	350	300	370	410	460	16-φ26	Y315L$_2$-4	200	2302

续表

泵型号	泵安装尺寸(mm)																	吸入锥管(mm)						吐出锥管(mm)						电动机		总质量(kg)(电机)(底座)
	L	L_1	L_2	L_3	L_4	L_5	B	B_1	H	H_1	b	b_1	b_2	b_3	b_4	c	d	I_1	Dg_1	D	D_1	D_2	nd_1	I_2	Dg_2	D'	D_1	D_2'	nd_2	型号	功率(kW)	
XA250/50B	2395	138	1314	1954	320	1361	705	705	1155	610	10	36	32	32	32	8	6-26	350	350	430	470	520	16-ϕ26	350	300	370	410	460	12-ϕ26	Y315L_1-4	160	2080
XA300/40	2365	85	1316	1285	265	1291	735	735	1290	690	10	38	36	36	32	8	6-26	350	400	482	525	580	16-ϕ30	350	350	430	470	520	16-ϕ26	Y315S-4	75	1785
XA300/40A	2145	88	1264	1800	268	1071	735	735	1290	690	10	38	36	36	32	5	6-26	350	400	482	525	580	16-ϕ30	350	350	430	470	520	16-ϕ26	Y280M-4	55	1685
XA300/40B	2095	64	1262	1752	245	1021	735	735	1290	690	10	38	36	36	32	5	6-26	350	400	482	525	580	16-ϕ30	350	350	430	470	520	16-ϕ26	Y280S-4	75	1602
XA300/40H	2665	159	1357	2037	340	1591	735	735	1290	690	10	38	36	36	32	8	6-26	350	400	482	525	580	16-ϕ30	350	350	430	470	520	16-ϕ26	Y355M-4	220	2750
XA300/40HA	2435	138	1314	1954	320	1361	735	735	1290	690	10	38	36	36	32	8	6-26	350	400	482	525	580	16-ϕ30	350	350	430	470	520	16-ϕ26	Y315L_2-4	200	2420
XA300/40HB	2435	138	1314	1954	320	1361	735	735	1290	690	10	38	36	36	32	8	6-26	350	400	482	525	580	16-ϕ30	350	350	430	470	520	16-ϕ26	Y315L_1-4	160	2135
XA350/40	2572	87	1456	2046	295	1361	745	745	1360	710	10.5	40	38	38	36	8	6-30	400	450	532	585	640	20-ϕ30	400	400	482	525	580	16-ϕ30	Y315M-4	90	1995
XA350/40A	2502	61	1457	1995	269	1291	745	745	1360	710	10.5	40	38	38	36	8	6-30	400	450	532	585	640	20-ϕ30	400	400	482	525	580	16-ϕ30	Y315S-4	75	1826
XA350/40B	2502	61	1457	1995	269	1291	745	745	1360	710	10.5	40	38	38	36	8	6-30	400	450	532	585	640	20-ϕ30	400	400	482	525	580	16-ϕ30	Y315S-4	75	1826
XA350/40H	2802	172	1496	2256	380	1591	745	745	1360	710	10.5	40	38	38	36	8	6-30	400	450	532	585	640	20-ϕ30	400	400	482	525	580	16-ϕ30	Y355L-4	280	2820
XA350/40HA	2802	137	1496	2186	345	1591	745	745	1360	710	10.5	40	38	38	36	8	6-30	400	450	532	585	640	20-ϕ30	400	400	482	525	580	16-ϕ30	Y355M-4	250	2788
XA350/40HB	2572	11	1458	2098	320	1361	745	745	1360	710	10.5	40	38	38	36	8	6-30	400	450	532	585	640	20-ϕ30	400	400	482	525	580	16-ϕ30	Y315L_2-4	260	2445

续表

泵型号	泵安装尺寸(mm)																	吸入锥管(mm)						吐出锥管(mm)						电动机		总质量(kg)(电机)(底座)
	L	L_1	L_2	L_3	L_4	L_5	B	B_1	H	H_1	b	b_1	b_2	b_3	b_4	c	d	I_1	Dg_1	D	D_1	D_2	nd_1	I_2	Dg_2	D'	D_1'	D_2'	nd_2	型号	功率(kW)	
XA400/50	2622	111	1458	2098	320	1361	745	745	1490	790	10.5	44	40	40	38	8	6-30	400	500	585	650	715	20-φ33	400	450	532	585	640	20-φ30	Y315L$_2$-8	110	2258
XA400/50A	2622	111	1458	2098	320	1361	745	745	1490	790	10.5	44	40	40	38	8	6-30	400	500	585	650	715	20-φ33	400	450	532	585	640	20-φ30	Y315L$_1$-8	90	2145
XA400/50B	2622	87	1456	2046	295	1361	745	750	1490	790	10.5	44	40	40	38	8	6-30	400	500	585	650	715	20-φ33	400	450	532	585	640	20-φ30	Y315M-8	75	2085
XA400/50H	3262	376	1598	2798	600	2001	780	780	1490	790	10.5	44	40	40	38	8	6-30	400	500	585	650	715	20-φ33	400	450	532	585	640	20-φ30	Y400-6	315	4200
XA400/50HA	3262	376	1598	2798	600	2001	780	780	1490	790	10.5	44	40	40	38	8	6-30	400	500	585	650	715	20-φ33	400	450	532	585	640	20-φ30	Y400-6	280	3800
XA400/50HB	2852	172	1496	2256	380	1591	745	745	1490	790	10.5	44	40	40	38	8	6-30	400	500	585	650	715	20-φ33	400	450	532	585	640	20-φ30	Y400-6	250	3665
XA500/50	2902	137	1496	2186	345	1591	745	745	1540	790	10.5	46	44	44	44	8	6-30	400	600	685	770	840	20-φ36	400	550	635	710	775	20-φ33	Y335M-8	132	2938
XA500/50A	2672	111	1458	2098	320	1361	745	745	1540	790	10.5	46	44	44	44	8	6-30	400	600	685	770	840	20-φ36	400	550	635	710	775	20-φ33	Y315L$_2$-8	110	2450
XA500/50B	2672	111	1458	2098	320	1361	745	745	1540	790	10.5	46	44	44	44	8	6-30	400	600	685	770	840	20-φ36	400	550	635	710	775	20-φ33	Y315L$_1$-8	90	2370
XA500/50H	3312	376	1598	2798	600	2001	780	780	1540	790	10.5	46	44	44	44	8	6-30	400	600	685	770	840	20-φ36	400	550	635	710	775	20-φ33	Y400-6	400	4600
XA500/50HA	3312	376	1598	2798	600	2001	780	780	1540	790	10.5	46	44	44	44	8	6-30	400	600	685	770	840	20-φ36	400	550	635	710	775	20-φ33	Y400-6	355	4480
XA500/50HB	3312	376	1598	2798	600	2001	780	780	1540	790	10.5	46	44	44	44	8	6-30	400	600	685	770	840	20-φ36	400	550	635	710	775	20-φ33	Y400-6	280	3890

注：吸入锥管、吐出锥管只作附件，价格另计。

1.1.3 WDS 型卧式单级单吸离心泵

（1）用途：

1）WDS 型卧式离心泵，供输送清水及物理性质类似清水的其他液体之用。使用介质温度 80℃以下。适用于工业和城市给水排水、高层建筑增压供水、园林喷灌、消防增压、远距离输水、采暖、浴室冷暖水循环增压及设备配套等。

2）WDSR 型卧式热水离心泵，适用于有供热系统的民用及企事业单位的建筑住房采暖及热水增压、循环、输送等生产工艺用热系统，如：电站、热电站、余热利用、冶金、化工、纺织、木材加工、造纸等工业锅炉高温热水，使用温度 120℃以下。

3）WDSH 型卧式化工泵，输送不含固体是颗粒具有腐蚀性且黏度似水的液体：适用于轻纺、石油、化工、冶金、电力、造纸、食品、制药和合成纤维等部门。使用温度－20～120℃。

4）WDSD 型卧式低转速离心泵，供输送清水及物理性质类似清水的其他液体之用。使用介质温度 80℃以下。适用于工业和城市给水排水、高层建筑增压供水、园林喷灌、消防增压、远距离输水、采暖、浴室冷暖水循环增压及设备配套等。

（2）型号意义说明：

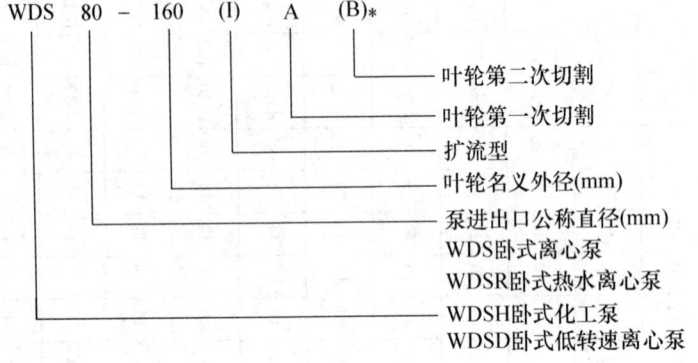

（3）结构：WDS 型泵由泵体、叶轮、轴、挡水圈及端盖组成。结构紧凑、机泵一体，电机和泵直联，简化了中间结构。轴封采用耐磨硬质合金机械密封。泵体和端盖在叶轮背面处剖分，即后开门式结构形式，不需要拆卸管路即可进行检修。其结构如图 1-9 所示。

（4）性能：WDS 型卧式单级单吸离心泵性能见图 1-10 和表 1-7。

（5）外形及安装尺寸：WDS 型卧式单级单吸离心泵外形及安装尺寸见图 1-11 和表 1-8。

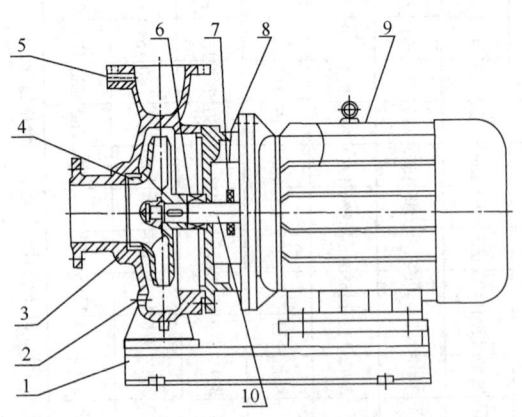

图 1-9 WDS 型卧式单级单吸离心泵结构
1—底座；2—放水孔；3—泵体；4—叶轮；5—取压孔；6—机械密封；7—挡水圈；8—端盖；9—电机；10—轴

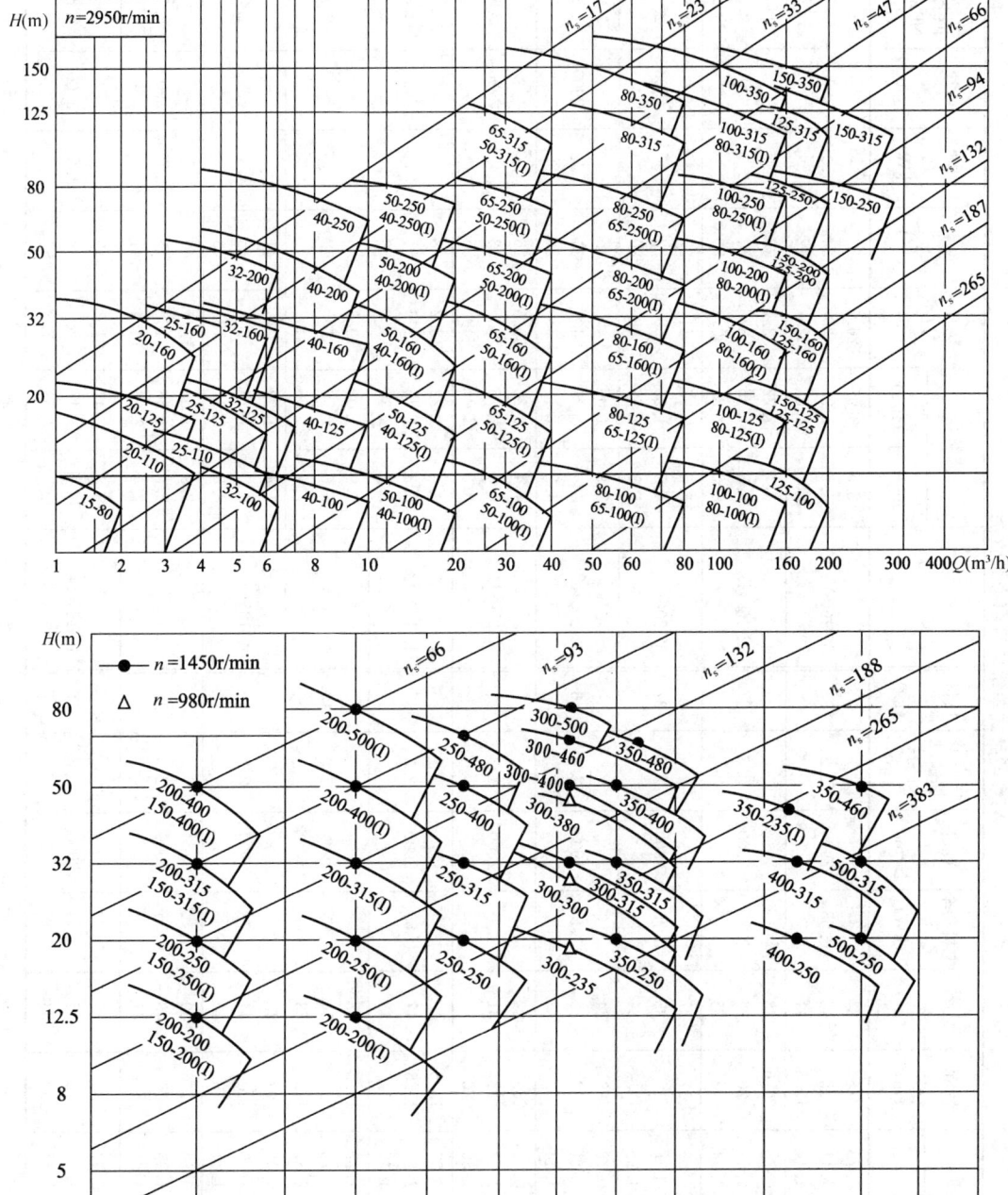

图 1-10　WDS 型卧式单级单吸离心泵性能曲线

表 1-7

WDS型卧式单级单吸离心泵性能

型号	流量 Q (m³/h)	流量 Q (L/s)	扬程 H (m)	效率 η (%)	电机功率 P (kW)	转速 n (r/min)	必需汽蚀余量 (NPSH)r (m)	质量 (kg)
25-110	2.8 4 5.2	0.78 1.11 1.44	16 15 13.5	34 42 41	0.55	2900	2.3	33
25-125	2.8 4 5.2	0.78 1.11 1.44	20.6 20 18	28 36 35	0.75	2900	2.3	37
25-125A	2.5 3.6 4.6	0.69 1.0 1.28	17 16 14.4	27 35 34	0.75	2900	2.3	37
25-160	2.8 4 5.2	0.78 1.11 1.44	33 32 30	24 32 33	1.5	2900	2.3	46
25-160A	2.6 3.7 4.9	0.72 1.03 1.36	28.5 28 26	22 31 29	1.1	2900	2.3	42
32-100	3.5 4.5 5.3	0.97 1.25 1.47	13.5 12.5 11.0	40 47 43	0.55	2900	2.3	37
32-100(I)	4.4 6.3 8.3	1.22 1.75 2.31	13.2 12.5 11.3	48 54 53	0.75	2900	2.0	40
32-125	3.5 5 6.5	0.97 1.39 1.81	22 20 18	40 44 42	0.75	2900	2.3	40
32-125A	3.1 4.5 5.8	0.86 1.25 1.61	17.6 16 14.4	39 43 41	0.75	2900	2.3	39
32-160	3.5 4.5 6	0.97 1.25 1.67	33 32 30	30 35 33	1.5	2900	2.3	51
32-160A	3.5 4.5 6	0.97 1.25 1.67	26.5 25 23	29 34 32	1.1	2900	2.3	45
32-160(I)	4.4 6.3 8.3	1.22 1.75 2.31	33.2 32 30.2	33 32 30	2.2	2900	2.3	55
32-200	3.5 4.5 5.5	0.97 1.25 1.53	51 50 48	27 32 30	3	2900	2.3	71
32-200A	3.9 4 4.2	1.08 1.11 1.17	41 40 38	26 31 29	3	2900	2.3	61
32-200(I)	4.4 6.3 8.3	1.22 1.75 2.31	50.5 50 48	26 33 35	4	2900	2.3	76
40-100	4.4 6.3 8.3	1.22 1.75 2.31	13.2 12.5 11.3	48 54 53	0.55	2900	2.3	34
40-100A	3.9 5.6 7.4	1.08 1.56 2.06	10.6 10 9	52	0.37	2900	2.3	25
40-125	4.4 6.3 8.3	1.22 1.75 2.31	21 20 18	41 46 43	1.1	2900	2.3	35
40-125A	3.9 5.6 7.4	1.08 1.56 2.06	17.6 16 14.4	40 45 41	0.75	2900	2.3	31
40-125(I)	8.8 12.5 16.3	2.44 3.47 4.53	21.2 20 17.8	49 58 57	1.5	2900	2.3	40

续表

型号	流量 Q (m³/h)	流量 Q (L/s)	扬程 H (m)	效率 η (%)	电机功率 P (kW)	转速 n (r/min)	必需汽蚀余量 (NPSH)r (m)	质量 (kg)
50-100	8.8 12.5 16.3	2.44 3.47 4.53	13.6 12.5 11.3	55 62 60	1.1	2900	2.3	38
50-100A	8 11 14.5	2.22 3.06 4.03	11 10 9	54 60 58	0.75	2900	2.3	37
50-125	8.8 12.5 16.3	2.44 3.47 4.53	21.5 20 17.8	49 58 57	1.5	2900	2.3	44
50-125A	8 11 14.5	2.22 3.06 4.03	17 16 14	48 57 56	1.1	2900	2.3	39
50-160	8.8 12.5 16.3	2.44 3.47 4.53	33 32 30	45 52 51	3.0	2900	2.3	60
50-160A	8.2 11.7 15.2	2.28 3.25 4.22	29 28 26	44 51 50	2.2	2900	2.3	52
50-160B	7.3 10.4 13.5	2.03 2.89 3.75	23 22 20.5	43 50 49	1.5	2900	2.3	48
50-200	8.8 12.5 16.3	2.44 3.47 4.53	52 50 48	38 46 46	5.5	2900	2.3	104
40-125A	3.9 5.6 7.4	1.08 1.56 2.06	17.6 16 14.4	40 45 41	0.75	2900	2.3	31
40-160	4.4 6.3 8.3	1.22 1.75 2.31	33 32 30	35 40 40	2.2	2900	2.3	50
40-125(I)A	8 11 14.5	2.22 3.06 4.03	17 16 14	48 57 56	1.1	2900	2.3	35
40-160(I)	8.8 12.5 16.3	2.44 3.47 4.53	33 32 30	45 52 51	3.0	2900	2.3	58
40-160(I)A	8.2 11.7 15.2	2.28 3.25 4.22	29 28 26	44 51 50	2.2	2900	2.3	49
40-160(I)B	7.3 10.4 13.5	2.03 2.89 3.75	23 22 20.5	50	1.5	2900	2.3	44
40-200(I)	8.8 12.5 16.3	2.44 3.47 4.53	51.2 50 48	38 46 46	5.5	2900	2.3	87
40-200(I)A	8.3 11.7 15.3	2.31 3.25 4.25	45 44 42	37 45 45	4.0	2900	2.3	76
40-200(I)B	7.5 10.5 13.8	2.08 2.92 3.83	37 36 34	36 44 44	3.0	2900	2.3	65
40-250(I)	8.8 12.5 16.3	2.44 3.47 4.53	81.2 80 77.5	31 40 38	11	2900	2.3	148
40-250(I)A	8.2 11.6 15.2	2.28 3.22 4.22	71 70 68	30 38 36	7.5	2900	2.3	98
40-250(I)B	7.6 10.8 14	2.11 3.0 3.89	61.4 60 58	29 37 35	7.5	2900	2.3	97

续表

型号	流量 Q (m³/h)	流量 Q (L/s)	扬程 H (m)	效率 η (%)	电机功率 P (kW)	转速 n (r/min)	必需汽蚀余量 (NPSH)r (m)	质量 (kg)
40-160A	4.1 / 5.9 / 7.8	1.14 / 1.64 / 2.17	29 / 28 / 26.3	34 / 39 / 39	1.5	2900	2.3	44
40-160B	3.8 / 5.5 / 7.2	1.06 / 1.53 / 2.0	25.5 / 24 / 22.5	34 / 38 / 37	1.1	2900	2.3	37
40-200	4.4 / 6.3 / 8.3	1.22 / 1.75 / 2.31	51 / 50 / 48	26 / 33 / 32	4.0	2900	2.3	76
40-200A	4.1 / 5.9 / 7.8	1.14 / 1.64 / 2.17	45 / 44 / 42	26 / 31 / 30	3.0	2900	2.3	64
40-200B	3.7 / 5.3 / 7.0	1.03 / 1.47 / 1.94	38 / 36 / 34.5	25 / 29 / 28	2.2	2900	2.3	54
40-250	4.4 / 6.3 / 8.3	1.22 / 1.75 / 2.31	82 / 80 / 74	24 / 28 / 28	7.5	2900	2.3	108
40-250A	4.1 / 5.9 / 7.8	1.14 / 1.64 / 2.17	72 / 70 / 65	24 / 28 / 27	7.5	2900	2.3	100
40-250B	3.8 / 5.5 / 7.0	1.06 / 1.53 / 1.94	61.5 / 60 / 56	23 / 27 / 26	4.0	2900	2.3	80
40-100(I)	8.8 / 12.5 / 16.3	2.44 / 3.47 / 4.53	13.2 / 12.5 / 11.3	55 / 62 / 60	1.1	2900	2.3	36
40-100(I)A	8 / 11 / 14.5	2.22 / 3.06 / 4.03	10.6 / 10 / 9	54 / 60 / 58	0.75	2900	2.3	34
50-160(I)B	15.0 / 21.6 / 28	4.17 / 6.0 / 7.78	26 / 24 / 20.6	51 / 58 / 56	3	2900	2.5	61
50-200(I)	17.5 / 25 / 32.5	4.86 / 6.94 / 9.03	52.7 / 50 / 45.5	53 / 60 / 58	7.5	2900	2.5	113
50-200(I)A	16.4 / 23.5 / 30.5	4.56 / 6.53 / 8.47	46.4 / 44 / 40	49 / 58 / 54	7.5	2900	2.5	111
50-200(I)B	15.2 / 21.8 / 28.3	4.2 / 6.06 / 7.86	40 / 38 / 34.5	47 / 55 / 51	5.5	2900	2.5	104
50-250(I)	17.5 / 25 / 32.5	4.86 / 6.94 / 9.03	82 / 80 / 76.2	49 / 52 / 50	15	2900	2.5	180
50-250(I)A	16.4 / 23.4 / 30.5	4.56 / 6.50 / 8.47	71.5 / 70 / 67	45 / 51 / 47	11	2900	2.5	170
50-250(I)B	15 / 21.6 / 28	4.17 / 6.0 / 7.78	61 / 60 / 57.4	38 / 54 / 49	11	2900	2.5	170
50-315(I)	17.5 / 25 / 32.5	4.86 / 6.94 / 9.03	128 / 125 / 122	38 / 44 / 40	30	2900	2.5	313
50-315(I)A	16.6 / 23.7 / 31	4.61 / 6.58 / 8.61	115 / 113 / 112	37 / 43 / 40	22	2900	2.5	247
50-315(I)B	15.9 / 22.5 / 29.2	4.36 / 6.25 / 8.11	103 / 101 / 98	33 / 39 / 37	18.5	2900	2.5	217

续表

型号	流量 Q (m³/h)	流量 Q (L/s)	扬程 H (m)	效率 η (%)	电机功率 P (kW)	转速 n (r/min)	必需汽蚀余量 (NPSH)r (m)	质量 (kg)
50-200	8.8 / 12.5 / 16.3	2.44 / 3.47 / 4.53	52 / 50 / 48	38 / 46 / 46	5.5	2900	2.3	104
50-200A	8.3 / 11.7 / 15.3	2.31 / 3.25 / 4.25	45.8 / 44 / 42	37 / 45 / 45	4.0	2900	2.3	82
50-200B	7.5 / 10.6 / 13.8	2.08 / 2.94 / 3.83	37 / 36 / 34	38 / 44 / 40	3.0	2900	2.3	69
50-250	8.8 / 12.5 / 16.3	2.44 / 3.47 / 4.53	82 / 80 / 77.5	29 / 40 / 38	11	2900	2.3	163
50-250A	8.2 / 11.6 / 15.2	2.28 / 3.22 / 4.22	71.5 / 70 / 68	28 / 38 / 36	7.5	2900	2.3	116
50-250B	7.6 / 10.8 / 14	2.11 / 3.0 / 3.89	61.4 / 60 / 58	27 / 37 / 35	7.5	2900	2.3	114
50-100(I)	17.5 / 25 / 32.5	4.86 / 6.94 / 9.03	13.7 / 12.5 / 10.5	67 / 69 / 69	1.5	2900	2.5	43
50-100(I)A	15.6 / 22.3 / 29	4.3 / 6.19 / 8.1	11 / 10 / 8.4	65 / 68 / 67	1.1	2900	2.5	38
50-125(I)	17.5 / 25 / 32.5	4.86 / 6.94 / 9.03	21.5 / 20 / 18	60 / 68 / 67	3	2900	2.5	58
50-125(I)A	15.6 / 22.3 / 29	4.33 / 6.19 / 8.1	17 / 16 / 13.6	58 / 66 / 65	2.2	2900	2.5	50
65-100	17.5 / 25 / 32.5	4.86 / 6.94 / 9.03	13.7 / 12.5 / 10.5	67 / 69 / 68	1.5	2900	2.5	48
65-100A	15.6 / 22.3 / 29	4.3 / 6.19 / 8.1	11 / 10 / 8.4	65 / 68 / 67	1.1	2900	2.5	42
62-125	17.6 / 25 / 32.5	4.89 / 6.94 / 9.03	21.5 / 20 / 18	61 / 68 / 66	3	2900	2.5	60
65-125A	15.6 / 22.3 / 29	4.33 / 6.19 / 8.1	17 / 16 / 14.4	58 / 66 / 65	2.2	2900	2.5	51
65-160	17.5 / 25 / 32.5	4.86 / 6.94 / 9.03	34.4 / 32 / 27.5	54 / 63 / 60	4	2900	2.5	77
65-160A	16.4 / 23.4 / 30.4	4.56 / 6.5 / 8.44	30 / 28 / 24	54 / 62 / 59	4	2900	2.5	76
65-160B	15.0 / 21.6 / 28	4.17 / 6.0 / 7.78	26 / 24 / 20.6	51 / 58 / 56	3.0	2900	2.5	63
65-200	17.5 / 25 / 32.5	4.86 / 6.94 / 9.03	52.7 / 50 / 42.5	49 / 60 / 58	7.5	2900	2.5	110
65-200A	16.4 / 23.5 / 30.5	4.56 / 6.53 / 8.47	46.4 / 44 / 40	48 / 58 / 57	7.5	2900	2.5	109
65-200B	15.2 / 21.8 / 28.3	4.22 / 6.06 / 7.86	40 / 38 / 34.5	47 / 55 / 51	5.5	2900	2.5	101

续表

型号	流量 Q (m³/h)	流量 Q (L/s)	扬程 H (m)	效率 η (%)	电机功率 P (kW)	转速 n (r/min)	必需汽蚀余量 (NPSH)r (m)	质量 (kg)
50-160(I)	17.5	4.86	34.4	54	4	2900	2.5	74
	25	6.94	32	65				
	32.5	9.03	27.5	62				
50-160(I)A	16.4	4.56	30	54	4	2900	2.5	72
	23.4	6.5	28	62				
	30.4	8.44	24	59				
65-160(I)	35	9.72	35	63	7.5	2900	3.0	105
	50	13.9	32	73				
	65	18.1	28	70				
65-160(I)A	32.7	9.1	30.6	62	7.5	2900	3.0	105
	46.7	13.9	28	70				
	61	16.9	24	69				
65-160(I)B	30.3	8.4	26	61	5.5	2900	3.0	98
	43.3	12.0	24	69				
	56.3	15.6	21	68				
65-200(I)	35	9.72	53.5	55	15	2900	3.0	179
	50	13.9	50	69				
	65	18.1	46	67				
65-200(I)A	32.8	9.1	47	54	11	2950	3.0	168
	47	13.1	44	67				
	61	16.9	40	66				
65-200(I)B	30.5	8.5	40.6	53	7.5	2900	3.0	115
	43.5	12.1	36	65				
	56.3	15.6	33.4	64				
65-250(I)	35	9.72	83	52	22	2900	3.0	238
	50	13.9	80	62				
	65	18.1	72	59				
65-250(I)A	32.5	9.0	73	58	18.5	2900	3.0	207
	46.7	13.0	70	60				
	61	16.9	63	58				
65-250(I)B	30	8.3	62	56	15	2900	3.0	182
	43.3	12.0	60	58				
	56	15.6	54	57				
65-315(I)	35	9.72	128	44	37	2900	3.0	353
	50	13.9	125	54				
	65	18.1	121	57				
65-315(I)A	32.5	9.0	112.6	43	30	2900	3.0	336
	46.5	12.9	110	54				
	60.5	16.8	106.4	57				
65-315(I)B	31	8.6	102.5		30	2900	3.0	273
	44.5	12.4	100	52				
	58	16.1	98					
80-100	35	9.72	13.8	67	3	2900	3.0	65
	50	13.9	12.5	73				
	65	18.1	10	70				
80-100A	31.3	8.7	11	66	2.2	2900	3.0	55
	44.7	12.4	10	72				
	58	16.1	8	69				
80-125	35	9.72	22	67	5.5	2900	3.0	100
	50	13.9	20	72.5				
	65	18.1	17	70				
80-125A	31.3	8.7	17.5	66	4	2900	3.0	80
	45	12.5	16	71				
	58	16.1	13.6	69				
80-160	35	9.72	35	63	7.5	2900	3.0	107
	50	13.9	32	71				
	65	18.1	28	70				
80-160A	32.7	9.1	30.6	62	7.5	2900	3.0	106
	46.7	13.0	28	70				
	61	16.9	24	69				

续表

型号	流量 Q (m³/h)	流量 Q (L/s)	扬程 H (m)	效率 η (%)	电机功率 P (kW)	转速 n (r/min)	必需汽蚀余量 (NPSH)r (m)	质量 (kg)
80-160B	30.3 / 43.3 / 56.33	8.4 / 12.0 / 15.6	26 / 24 / 21	61 / 69 / 68	5.5	2900	3.0	99
80-200	35 / 50 / 65	9.72 / 13.9 / 18.1	53.5 / 50 / 46	55 / 69 / 67	15	2900	3.0	177
65-250	17.5 / 25 / 32.5	4.86 / 6.94 / 9.03	82 / 80 / 76.5	39 / 52 / 50	15	2900	2.5	185
65-250A	16.4 / 23.5 / 30.5	4.56 / 6.53 / 8.47	75 / 70 / 67	47 / 51 / 48	11	2900	2.5	173
65-250B	15 / 21.6 / 28	4.19 / 6.0 / 7.78	61 / 60 / 57.4	43 / 50 / 46	11	2900	2.5	173
65-315	17.5 / 25 / 32.5	4.86 / 6.94 / 9.03	127 / 125 / 122	32 / 42 / 40	30	2900	2.5	325
65-315A	16.6 / 23.7 / 31	4.61 / 6.58 / 8.6	115 / 113 / 110	31 / 43 / 39	22	2900	2.5	258
65-315B	15.7 / 22.5 / 29.2	4.36 / 6.25 / 8.1	103 / 101 / 98	33 / 39 / 37	18.5	2900	2.5	229
65-100(I)	35 / 50 / 65	9.72 / 13.9 / 18.1	13.8 / 12.5 / 10	67 / 73 / 70	3.0	2900	3.0	65
65-100(I)A	31.3 / 44.7 / 58	8.7 / 12.4 / 16.1	11 / 10 / 8	66 / 72 / 69	2.2	2900	3.0	54
65-125(I)	35 / 50 / 65	9.72 / 13.9 / 18.1	22 / 20 / 17	67 / 72.5 / 70	5.5	2900	3.0	100
65-125(I)A	31.3 / 45 / 58	8.7 / 12.5 / 16.1	17.5 / 16 / 13.6	66 / 71 / 69	4	2900	3.0	79
80-350A	30.8 / 44 / 52.8	8.56 / 12.2 / 14.7	148 / 142 / 135	48 / 51 / 50	45	2900	3.0	441
80-350B	28 / 40 / 46	7.78 / 11.1 / 12.8	142 / 135 / 128	39 / 48 / 46	37	2900	3.0	378
80-100(I)	70 / 100 / 130	19.4 / 27.8 / 36.1	14.0 / 12.5 / 11	66 / 76 / 75	5.5	2900	4.5	110
80-100(I)A	62.6 / 89 / 116	17.4 / 24.7 / 32.2	12 / 10 / 8.8	64 / 74 / 74	4	2900	4.5	88
80-125(I)	70 / 100 / 130	19.4 / 27.8 / 36.1	23.5 / 20 / 14	70 / 76 / 72	11	2900	4.5	164
80-125(I)A	62.6 / 89 / 116	17.4 / 24.7 / 32.2	19 / 16 / 11	68 / 74 / 65	7.5	2900	4.5	114
80-160(I)	70 / 100 / 130	19.4 / 27.8 / 36.1	36.5 / 32 / 24	70 / 76 / 65	15	2900	4.5	187
80-160(I)A	65.4 / 93.5 / 121	18.2 / 26.0 / 33.6	32 / 28 / 21	68 / 74 / 67	11	2900	4.5	175

续表

型号	流量 Q (m³/h)	流量 Q (L/s)	扬程 H (m)	效率 η (%)	电机功率 P (kW)	转速 n (r/min)	必需汽蚀余量 (NPSH)r (m)	质量 (kg)
80-315(I)C	58	16.1	90	56	37	2900	4.0	370
	82	22.8	85	63				
	107	29.7	76	61				
100-100	70	19.4	13.6	66	5.5	2900	4.5	115
	100	27.8	12.5	76				
	130	36.1	11	75				
100-100A	62.6	17.4	11	64	4	2900	4.5	92
	89	24.7	10	74				
	116	32.2	8.8	74				
100-125	70	19.4	23.5	70	11	2900	4.5	173
	100	27.8	20	76				
	130	36.1	14	65				
100-125A	62.6	17.4	19	68	7.5	2900	4.5	120
	89	24.7	16	74				
	116	32.2	11	63				
80-200A	32.8	9.1	47	54	11	2900	3.0	166
	47	13.1	44	67				
	61	16.9	40	66				
80-200B	30.5	8.5	40.6	53	7.5	2900	3.0	116
	43.5	12.1	38	65				
	56.6	15.7	33.4	64				
80-250	35	9.72	83	52	22	2900	3.0	245
	50	13.9	80	62				
	65	18.1	72	59				
80-250A	32.5	9.0	73	51	18.5	2900	3.0	215
	46.7	13.0	70	60				
	61	16.9	63	58				
80-250B	30	8.3	62	50	15	2900	3.0	187
	43.3	12.0	60	58				
	56	15.6	54	57				

型号	流量 Q (m³/h)	流量 Q (L/s)	扬程 H (m)	效率 η (%)	电机功率 P (kW)	转速 n (r/min)	必需汽蚀余量 (NPSH)r (m)	质量 (kg)
80-160(I)B	60.6	16.8	27	66	11	2900	4.5	175
	86.6	24.1	24	72				
	112	31.1	18	65				
80-200(I)	70	19.4	54	65	22	2900	4.0	253
	100	27.8	50	74				
	130	36.1	42	73				
80-200(I)A	65.4	18.2	47.5	64	18.5	2900	4.0	221
	93.5	26.0	44	73				
	121	33.6	37	72				
80-200(I)B	61	16.9	41	62	15	2900	4.0	200
	87	24.2	38	71				
	113	31.4	32	70				
80-250(I)	70	19.4	87	62	37	2900	4.0	333
	100	27.8	80	71				
	130	36.1	68	68				
80-250(I)A	65.4	18.2	76	61	30	2900	4.0	315
	93.5	26.0	70	68				
	121	33.6	59.5	67				
80-250(I)B	61	16.9	65	60	30	2900	4.0	271
	87	24.2	60	66				
	113	31.4	51	66				
80-315(I)	70	19.4	132	55	75	2900	4.0	680
	100	27.8	125	67				
	130	36.1	114	66				
80-315(I)A	66.5	18.5	119	59	55	2900	4.0	537
	95	26.4	113	65				
	123	34.2	103	64				
80-315(I)B	63	17.5	106	58	45	2900	-4.0	425
	90	25.0	101	65				
	117	32.5	92	63				

续表

型号	流量 Q (m³/h)	流量 Q (L/s)	扬程 H (m)	效率 η (%)	电机功率 P (kW)	转速 n (r/min)	必需汽蚀余量 NPSHr (m)	质量 (kg)
80-315	35	9.72	128	44	37	2900	3.0	360
	50	13.9	125	54				
	65	18.1	122	57				
80-315A	32.5	9.0	112	43	30	2900	3.0	342
	46.5	12.9	110	54				
	60.5	16.8	107	57				
80-315B	31	8.6	102	42	30	2900	3.0	342
	44.5	12.4	100	53				
	58	16.1	98	56				
80-315C	29	8.1	87	41	22	2900	3.0	277
	41	11.4	85	51				
	53.6	14.9	83	54				
80-350	35	9.72	156	53	55	2900	3.0	557
	50	13.9	150	54				
	60	16.7	140	52				
100-250A	65.4	18.2	76	61	30	2900	4.0	332
	93.5	26.0	70	68				
	121	33.6	59.5	67				
100-250B	61	16.9	65	59	30	2900	4.0	332
	87	24.2	50	66				
	113	31.4	51	65				
100-315	70	19.4	132	55	75	2900	4.0	695
	100	27.8	125	67				
	130	36.1	114	66				
100-315A	66.5	18.5	119	55	55	2900	4.0	552
	95	26.4	113	65				
	123	34.2	103	64				
100-315B	63	17.5	106	51	45	2900	4.0	442
	90	25.0	101	65				
	117	32.5	92	63				
100-350	60	16.7	153.6	72	90	2900	4.0	777
	100	27.8	150	57				
	120	33.3	142	74				
100-350A	61	16.9	145.6	75	75	2900	4.0	683
	87	24.2	142					
	113	31.4	134					
100-350B	58	16.1	138.6	75	55	2900	4.0	536
	82	22.8	135					
	107	29.7	127					
100-100(I)	96	26.7	14	64	11	2900	4.0	110
	160	44.4	12.5	73				
	192	53.3	10	70				
100-125(I)	96	26.7	24	62	15	2900	4.0	168
	160	44.4	20	74				
	192	53.3	14	69				
100-125(I)A	84	23.3	20	64	11	2900	4.0	160
	140	39.0	17	72				
	168	46.7	12	68				
100-160(I)	96	26.7	36	69	22	2900	4.0	210
	160	44.4	32	79				
	192	53.3	27	75				
100-160(I)A	84	23.3	32	66	18.5	2900	4.0	205
	140	39.0	28	76				
	168	46.7	23.5	72				
100-200(I)	96	26.7	54	65	37	2900	4.0	348
	160	44.4	50	77				
	192	53.3	46	75				
100-200(I)A	84	23.3	47.5	64	30	2900	4.0	332
	140	39.0	44	76				
	168	46.9	40.5	75				

续表

型号	流量Q (m³/h)	流量Q (L/s)	扬程H (m)	效率η (%)	电机功率P (kW)	转速n (r/min)	必需汽蚀余量(NPSH)r (m)	质量 (kg)
100-200(Ⅰ)B	60 / 138 / 170	16.7 / 38.3 / 47.2	40 / 37 / 34	63 / 75 / 75	30	2900	4.0	331
100-250(Ⅰ)	96 / 160 / 192	26.7 / 44.4 / 53.3	83 / 80 / 72	65 / 77 / 74	55	2900	4.0	560
100-250(Ⅰ)A	84 / 140 / 168	23.3 / 39.0 / 46.7	75 / 72 / 65	60 / 72 / 69	45	2900	4.0	540
100-250(Ⅰ)B	60 / 100 / 120	16.7 / 27.8 / 33.3	68 / 65 / 58	70	37	2900	4.0	520
125-100	96 / 160 / 192	26.7 / 44.4 / 53.3	13 / 12.5 / 12	82	11	2900	4.0	185
125-100A	86 / 143 / 172	23.9 / 39.7 / 47.8	10.4 / 10 / 9.6	77	7.5	2900	4.0	130
125-125	96 / 160 / 192	26.7 / 44.4 / 53.3	22.6 / 20 / 17	80	15	2900	4.0	227
125-125A	86 / 143 / 172	23.9 / 39.7 / 47.8	18 / 16 / 13.6	77	11	2900	4.0	215
100-160	70 / 100 / 130	19.4 / 27.8 / 36.1	36.5 / 32 / 24	70 / 76 / 65	15	2900	4.5	194
100-160A	65.4 / 93.5 / 121	18.2 / 26.0 / 33.6	32 / 28 / 21	68 / 74 / 67	11	2900	4.5	182
100-160B	60.6 / 86.6 / 112	16.8 / 24.1 / 31.1	27 / 24 / 18	67 / 72 / 65	11	2900	4.5	182
100-200	70 / 100 / 130	19.4 / 27.8 / 36.1	54 / 50 / 42	65 / 75 / 73	22	2900	4.0	248
100-200A	65.4 / 93.5 / 121	18.2 / 26.0 / 33.6	47.5 / 44 / 37	64 / 73 / 72	18.5	2900	4.0	216
100-200B	61 / 87 / 113	16.9 / 24.2 / 31.4	41 / 38 / 32	63 / 71 / 70	15	2900	4.0	195
100-250	70 / 100 / 130	19.4 / 27.8 / 36.1	87 / 80 / 68	62 / 71 / 68	37	2900	4.0	348
125-250A	90 / 150 / 180	25 / 41.7 / 50	76 / 70 / 64	74	45	2900	4.0	457
125-250B	83 / 138 / 166	23.1 / 38.3 / 46.1	68 / 60 / 55	73	37	2900	4.0	404
125-315	96 / 160 / 192	26.7 / 44.4 / 53.3	133 / 125 / 119	70	90	2900	4.0	756
125-315A	90 / 150 / 180	25 / 41.7 / 50	117 / 110 / 104	70	75	2900	4.0	651
125-315B	86 / 143 / 172	23.9 / 39.7 / 47.8	106 / 100 / 95.2	69	75	2900	4.0	646

续表

型号	流量 Q (m³/h)	流量 Q (L/s)	扬程 H (m)	效率 η (%)	电机功率 P (kW)	转速 n (r/min)	必需汽蚀余量 (NPSH)r (m)	质量 (kg)
150-125	96	26.7	22.6	66	15	2900	4.0	236
	160	44.4	24	76				
	192	53.3	17	76				
150-125A	90	25	18		11	2900	4.0	226
	150	41.7	16	77				
	180	50	13.6					
150-160	96	26.7	35	72	22	2900	4.0	294
	160	44.4	32	78				
	192	53.3	28	76				
150-160A	90	25.0	31.5	71	18.5	2900	4.0	252
	150	41.7	28	76				
	180	50.0	24.5	73				
150-160B	84	23.3	27	67	15	2900	4.0	231
	140	38.9	24	73				
	168	46.7	21	72				
150-200	96	26.7	55		37	2900	4.0	410
	160	44.4	50	77				
	192	53.3	46					
150-200A	90	25	48.4		30	2900	4.0	385
	150	41.7	44	76				
	180	50	40.5					
150-200B	83	23.1	41.3		22	2900	4.0	315
	138	38.3	37.5	75				
	166	46.1	34.5					
150-250(I)	120	33.3	87	65	75	2900	4.0	761
	200	55.6	80	76				
	240	66.7	72	74				
150-250(I)A	112	31.1	76	64	55	2900	4.0	614
	187	51.9	70	75				
	224	62.2	63	73				
150-250(I)B	104	28.9	65	63	45	2900	4.0	509
	173	48.1	60	74				
	208	57.8	54	72				
150-315(I)	120	33.3	133	58	110	2900	4.5	1029
	200	55.6	125	75				
	240	66.7	120	73				
150-315(I)A	112	31.1	116	57	90	2900	4.5	767
	187	51.9	110	74				
	224	62.2	105	72				
150-315(I)B	104	28.9	100	55	75	2900	4.5	746
	173	48.1	95	72				
	208	57.8	91	70				
150-350	96	26.7	153.6	69	110	2900	4.5	1040
	160	44.4	150	70				
	192	53.3	138	67				
150-350A	105	29.2	152	68	90	2900	4.5	777
	150	41.7	142	69				
	180	50	130	65				
150-350B	98	27.2	110	63	75	2900	4.5	756
	140	38.9	101	67				
	168	46.7	90	60				
125-160	96	26.7	36		22	2900	4.0	272
	160	44.4	32	78				
	192	53.3	28					
125-160A	90	25	31.5		18.5	2900	4.0	215
	150	41.7	28	76				
	180	50	24.5					
125-160B	83	23.1	27		15	2900	4.0	182
	138	38.3	24	73				
	166	46.1	21					

续表

型号	流量 Q (m³/h)	流量 Q (L/s)	扬程 H (m)	效率 η (%)	电机功率 P (kW)	转速 n (r/min)	必需汽蚀余量 (NPSH)r (m)	质量 (kg)
125-200	96	26.7	55		37	2900	4.0	386
	160	44.4	50	77				
	192	53.3	46					
125-200A	90	25	48.4		30	2900	4.0	365
	150	41.7	44	76				
	180	50	40.5					
125-200B	83	23.1	41.3		22	2900	4.0	302
	138	38.3	37.5	75				
	166	46.1	34.5					
125-250	96	26.7	87		55	2900	4.0	562
	160	44.4	80	75				
	192	53.3	73					
150-400(I)	140	38.9	53	68	45	1450	3.5	620
	200	55.6	50	75				
	260	72.2	46	71				
150-400(I)A	131	36.4	46.6	67	37	1450	3.5	578
	187	51.9	44	74				
	243	67.5	38.3	70				
150-400(I)B	122	33.9	40	64	30	1450	3.5	546
	174	48.3	38	73				
	226	62.8	33	70				
150-400(I)C	112	31.1	34	66	22	1450	3.0	515
	160	44.4	32	76				
	208	57.8	28	76				
200-200	140	38.9	13.8	67	15	1450	3.0	404
	200	55.6	12.5	78				
	260	72.2	10.6	78				
200-200A	125	34.7	11	66	11	1450	3.0	383
	179	49.7	10	76				
	232	64.4	8.5	76				

型号	流量 Q (m³/h)	流量 Q (L/s)	扬程 H (m)	效率 η (%)	电机功率 P (kW)	转速 n (r/min)	必需汽蚀余量 (NPSH)r (m)	质量 (kg)
200-250	140	38.9	21.8	73	18.5	1450	3.0	450
	200	55.6	20	80				
	260	72.2	17	77				
200-250A	129	35.8	18.5	72	15	1450	3.0	438
	184	51.1	17	78				
	240	66.7	14.4	76				
200-250B	117	32.5	15.2	70	11	1450	3.0	404
	169	46.4	14	76				
	217.5	60.4	12	75				
200-315	140	38.9	33.8	70	30	1450	3.5	578
	200	55.6	32	78				
	260	72.2	28	78				
200-315A	131	36.4	29.5	69	22	1450	3.5	483
	187	51.9	28	77				
	243	67.5	24.5	77				
200-315B	121	33.6	25.5	69	18.5	1450	3.5	462
	173	48.1	24	76				
	225	62.5	20.5	75				
200-400	140	38.9	53	68	45	1450	3.5	620
	200	55.6	50	75				
	260	72.2	46	71				
200-400A	131	36.4	46.6	67	37	1450	3.5	578
	187	51.9	44	74				
	243	67.5	38.3	70				
200-400B	122	33.9	40	64	30	1450	3.5	546
	174	48.3	38	73				
	226	62.8	33	70				
200-400C	112	31.1	34	64	22	1450	3.5	515
	160	44.4	32	71				
	208	57.8	28	69				

续表

型号	流量 Q (m³/h)	流量 Q (L/s)	扬程 H (m)	效率 η (%)	电机功率 P (kW)	转速 n (r/min)	必需汽蚀余量 (NPSHr) (m)	质量 (kg)
200-200(I)	280	77.8	13.4	70	22	1450	4.0	452
	400	111	12.5	80				
	520	144	10.5	79				
200-200(I)A	250	69.4	11.2	68	18.5	1450	4.0	452
	358	99.4	10	78				
	465	129	8.5	77				
200-250(I)	280	77.8	22.2	75	30	1450	4.0	525
	400	111	20	80				
	520	144	14	72				
200-250(I)A	250	69.4	18	73	22	1450	4.0	431
	358	99.4	16	78				
	465	129	11.2	70				
200-250(I)B	226	62.8	14.4	70	18.5	1450	4.0	420
	322	89.4	13	75				
	416	116	9.3	67				
200-315(I)	280	77.8	36	73	55	1450	4.0	756
	400	111	32	80				
	520	144	26	75				
150-200(I)	140	38.9	13.8	68	15	1450	3.0	278
	200	55.6	12.5	78				
	260	72.2	10.6	78				
150-200(I)A	125	34.7	11.5	66	11	1450	3.0	263
	176	48.9	10	76				
	232	64.4	8.5	76				
150-250(I)	140	38.9	21.8	73	18.5	1450	3.0	355
	200	55.6	20	80				
	260	72.2	17	77				
150-250(I)A	129	35.8	18.5	72	15	1450	3.0	315
	184	51.1	17	78				
	240	66.7	14.4	76				

型号	流量 Q (m³/h)	流量 Q (L/s)	扬程 H (m)	效率 η (%)	电机功率 P (kW)	转速 n (r/min)	必需汽蚀余量 (NPSHr) (m)	质量 (kg)
150-250(I)B	117	32.5	15.2	70	11	1450	3.0	294
	167	46.4	14	76				
	217	60.3	12	74				
150-315(I)	140	38.9	33.8	70	30	1450	3.5	462
	200	55.6	32	78				
	260	72.2	28	73				
150-315(I)A	131	36.4	29.5	69	22	1450	3.5	378
	187	51.9	28	77				
	243	67.5	24.5	77				
150-315(I)B	121	33.6	25	69	18.5	1450	3.5	368
	173	48.1	24	76				
	225	62.5	21	75				
200-500(I)B	242	67.2	63.8	74	90	1450	4.0	1088
	346	96.1	60	76				
	450	125	52.5	74				
200-500(I)C	224	62.2	53.2	73	75	1450	4.0	980
	320	88.9	50	75				
	416	115.6	43.8	73				
250-250	350	97.2	22	78	45	1450	5.0	620
	550	152.8	20	82				
	650	180.6	16	81				
250-250A	300	83.3	18.3	76	37	1450	5.0	550
	500	139	17	80				
	600	166.7	14	80				
250-315	300	97.2	34	76	75	1450	5.0	915
	550	152.8	32	80				
	650	180.6	28	79				
250-315A	300	83.3	29.5	74	55	1450	5.0	840
	500	139	28	78				
	600	166.7	24	77				

续表

型号	流量 Q (m³/h)	流量 Q (L/s)	扬程 H (m)	效率 η (%)	电机功率 P (kW)	转速 n (r/min)	必需汽蚀余量 (NPSH)r (m)	质量 (kg)
250-315B	260	72.2	25	70	45	1450	5.0	695
	450	125	24	74				
	520	144.4	20	72				
250-400	400	111.1	54.5	75	110	1450	5.0	1557
	550	152.8	50	78				
	670	186.1	39	80				
250-400A	365	101.4	47	74	90	1450	5.0	1055
	500	138.9	44	77				
	600	166.7	35	79				
250-400B	325	90.3	41.2	73	75	1450	5.0	910
	450	125	38	76				
	530	147.2	34.2	78				
250-480	400	111.1	76	75	160	1450	5.0	1545
	550	152.8	70	76				
	670	186.1	63	78				
250-480A	365	101.4	65	74	132	1450	5.0	1355
	500	138.9	60	75				
	600	166.7	54	77				
250-480B	325	90.3	55	73	90	1450	5.0	1055
	450	125	50	74				
	530	147.2	42	74				
250-500	400	111.1	84	68	200	1450	5.5	1880
	550	152.8	80	76				
	660	183.3	70	71				
250-500A	368	102.2	75	67	160	1450	5.5	1680
	506	140.6	71	75				
	607	168.6	62.5	70				
250-500B	339	94.2	66.5	65	132	1450	5.5	1452
	466	129.4	63.5	73				
	559	155.3	55.5	68				

型号	流量 Q (m³/h)	流量 Q (L/s)	扬程 H (m)	效率 η (%)	电机功率 P (kW)	转速 n (r/min)	必需汽蚀余量 (NPSH)r (m)	质量 (kg)
300-235	540	150	20.5	77	55	1450	5.0	1135
	720	200	18	81				
	900	250	15.0	74				
300-235A	450	125	17.2	74	45	1450	5.0	1040
	600	167	15	79				
	720	200	12.5	77				
300-235B	420	116.7	14.3	73	37	1450	5.0	900
	540	150	12.8	78				
	650	181	10.5	70				
300-250	540	150	22.5	80	55	1450	5.0	1370
	720	200	20	83				
	900	250	17	84				
300-250A	450	175	19.5	81	45	1450	5.0	1190
	600	167	17					
	720	200	14					
300-300	540	150	32	82	75	1480	5.0	1930
	720	200	28					
	900	250	23					
300-300A	450	125	27.5	80	75	1480	5.0	1725
	600	167	24					
	720	200	20					
300-300B	420	116.7	24	78	55	1480	5.0	1550
	540	150	21					
	650	181	17					
200-315(I)A	262	72.8	31.5	72	45	1450	4.0	651
	374	104	28	79				
	486	135	23	74				
200-315(I)B	242	67.2	27	71	37	1450	4.0	599
	346	96.1	24	78				
	450	125	19.5	73				

续表

型号	流量 Q (m³/h)	流量 Q (L/s)	扬程 H (m)	效率 η (%)	电机功率 P (kW)	转速 n (r/min)	必需汽蚀余量 (NPSH)r (m)	质量 (kg)
200-400(I)	280	77.8	54.5	75				
	400	111.1	50	81	75	1450	4.0	1008
	520	144	39	77				
200-400(I)A	262	72.8	48	74				
	374	104	44	80	75	1450	4.0	893
	486	135	34	76				
200-400(I)B	242	67.2	41.4	72				
	346	96.1	38	78	55	1450	5.0	746
	450	125	29.6	74				
200-400(I)C	224	62.2	34.9	70				
	320	88.9	32	76	45	1450	5.0	635
	416	115.6	25	72				
200-500(I)	280	77.8	85	76				
	400	111.1	80	78	132	1450	4.0	1254
	520	144.4	70	76				
200-500(I)A	262	72.8	74.4	75				
	374	103.9	70	77	110	1450	4.0	1184
	486	135	61.2	75				
300-315	540	150	35	76				
	720	200	32	84	90	1450	5.0	1418
	900	250	26	80				
300-315A	460	127.8	31.5	72				
	650	180.6	28	80	75	1450	55.0	1302
	800	222	23.5	77				
300-315B	420	116.7	27	71				
	580	161	24	78	55	1450	5.0	1155
	700	194	20	76				
300-400	500	138.9	54.5					
	720	200	50	80	132	1450	5.5	1760
	900	250	42					
300-400A	420	116.7	47					
	600	166.7	44	78	110	1450	5.5	1550
	780	216.7	87					
300-460	480	133.3	71	75				
	720	200	65	81	185	1450	5.5	2250
	900	250	58	82				
300-460A	444	123.3	60	74				
	666	185	55	80	160	1450	5.5	1780
	833	231.4	49	81				
300-460B	409	113.6	49	73				
	614	170.6	45	79	110	1450	5.5	1680
	767	213.1	35	80				
300-500	540	150	85	78				
	720	200	80	80	250	1450	5.5	1680
	900	250	70	78				
300-500A	506	140.6	74.4	77				
	675	187.5	70	79	200	1450	5.5	1665
	720	200	61.2	77				
300-500B	468	130	63.8	76				
	625	173.6	60	78	160	1450	5.5	1472
	667	185.3	52.5	76				
300-500C	425	118	53.2	75				
	570	158.3	50	77	110	1450	5.5	1345
	605	168	43.8	75				
300-235(I)	718	199.4	44.6					
	1080	300	40	82	160	1450	5.5	1680
	1345	373.6	34.6					
300-235(I)A	642	178.3	35.7					
	965	268.1	32	80	132	1450	5.5	1450
	1203	334.2	27.7					

续表

型号	流量 Q (m³/h)	流量 Q (L/s)	扬程 H (m)	效率 η (%)	电机功率 P (kW)	转速 n (r/min)	必需汽蚀余量 (NPSH)r (m)	质量 (kg)
350-250	480 / 800 / 960	133.3 / 222 / 267	23 / 20 / 17.5	79 / 82 / 81	75	1450	5.0	1292
350-250A	430 / 715 / 860	119.4 / 198.6 / 238.9	18.5 / 16 / 13	81	55	1450	5.0	1230
350-315	480 / 800 / 960	133.3 / 222 / 267	35 / 32 / 27	75 / 81 / 80	90	1450	5.0	1733
350-315A	450 / 748 / 900	125 / 207.8 / 250	30.5 / 28 / 23.5	80	75	1450	5.0	1350
350-315B	416 / 692 / 832	115.6 / 192.2 / 231.1	26 / 24 / 20	78	75	1450	5.0	1350
350-400	480 / 800 / 900	133.3 / 222 / 267	55 / 50 / 45.5	76 / 82 / 80	160	1450	5.0	2048
350-400A	450 / 748 / 900	125 / 207.8 / 250	48 / 44 / 40	80	132	1450	5.0	1950
350-400B	418 / 697 / 836	116.1 / 193.6 / 232.2	42 / 38 / 34.5	78	110	1450	5.0	1920
350-460	1000 / 1200 / 1450	277.8 / 333.3 / 402.8	55 / 50 / 43	74	250	1450	6.0	2350
350-460A	900 / 1080 / 1300	250 / 300 / 361	47 / 44 / 39	72	200	1450	6.0	2100
300-380	480 / 720 / 900	133.3 / 200 / 250	48 / 44 / 34	76 / 84 / 82	132	980	5.0	1930
300-380A	444 / 666 / 833	123.3 / 185 / 231.4	41.4 / 38 / 30	81	110	980	5.0	1725
300-380B	400 / 614 / 767	111.1 / 170.6 / 213.1	35 / 32 / 25	80	90	980	5.0	1550
500-250	1000 / 1200 / 1450	277.8 / 333 / 403	23 / 20 / 16	76 / 80 / 75	110	1450	5.5	1890
500-315	1000 / 1200 / 1450	278 / 333 / 403	34.5 / 32 / 27	76 / 78 / 77	160	1450	5.5	2174

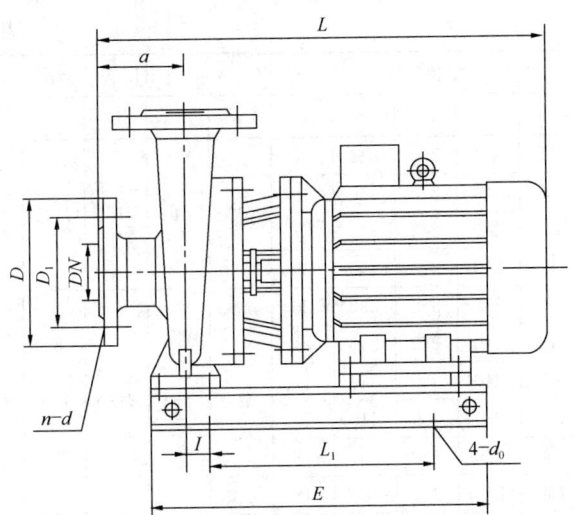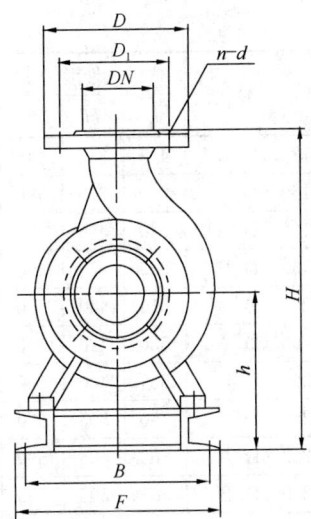

图 1-11 WDS 型卧式单级单吸离心泵外形及安装尺寸

WDS 型卧式单级单吸离心泵外形及安装尺寸（mm）   表 1-8

型　　号	外形尺寸				安装尺寸					进出口法兰尺寸				
	L	H	E	F	a	h	L_1	B	I	$4\text{-}d_0$	DN	D	D_1	$n\text{-}d$
25-110	450	334	440	450	80	194	250	310	8					
25-125	450	334	440	450	80	194	250	310	8					
25-125A	450	334	440	450	80	194	250	310	8	$\phi16$	$\phi25$	$\phi115$	$\phi85$	$4\text{-}\phi14$
25-160	480	355	440	390	85	210	270	340	8					
25-160A	460	355	440	450	85	210	250	310	8					
32-100	420	336	440	450	90	194	250	310	8					
32-125	445	336	440	450	90	194	250	310	8					
32-125A	445	336	440	450	90	194	250	310	8					
32-160	470	370	490	390	95	210	270	340	8					
32-160A	470	370	490	390	95	210	270	340	8	$\phi16$	$\phi32$	$\phi140$	$\phi100$	$4\text{-}\phi14$
32-160（I）	470	336	490	390	85	194	270	340	8					
32-200	540	412	500	390	90	242	285	340	8					
32-200A	455	412	490	390	90	242	270	340	8					
32-200（I）	540	412	490	390	90	285	270	340	8					
40-100	442	306	440	450	80	181	250	310	11					
40-100A	442	306	440	450	80	181	250	310	11					
40-125	442	332	440	450	80	192	250	310	11					
40-125A	442	332	440	450	80	192	250	310	11					
40-160	490	374	490	390	85	214	270	340	7					
40-160A	470	374	490	390	85	214	270	340	15	$\phi16$				
40-160B	440	374	440	450	85	214	250	310	11					
40-200	560	414	500	390	90	242	285	340	19		$\phi40$	$\phi150$	$\phi110$	$4\text{-}\phi18$
40-200A	530	414	500	390	90	242	285	340	15					
40-200B	510	414	490	390	90	242	270	340	7					
40-250	610	486	500	450	90	280	350	390	12					
40-250A	610	486	500	450	90	280	350	390	12	$\phi18$				
40-250B	550	472	500	450	90	260	350	390	5					
40-100（I）	450	322	440	450	80	180	250	310	10					
40-100（I）A	450	322	440	450	80	180	250	310	10	$\phi16$				
40-125（I）	470	345	450	360	80	190	250	310	16					

续表

型 号	外形尺寸				安装尺寸					进出口法兰尺寸				
	L	H	E	F	a	h	L_1	B	I	$4\text{-}d_0$	DN	D	D_1	$n\text{-}d$
40-125 (I) A	445	345	440	450	80	190	250	310	16					
40-160 (I)	540	375	490	390	85	210	270	340	15	$\phi16$	$\phi40$	$\phi150$	$\phi110$	$4\text{-}\phi18$
40-160 (I) A	540	375	490	390	85	210	270	340	7					
40-160 (I) B	525	375	490	390	85	210	270	340	7					
40-200 (I)	610	440	590	450	85	260	350	390	26					
40-200 (I) A	550	420	500	390	85	240	285	340	21					
40-200 (I) B	530	420	500	390	85	240	285	340	17	$\phi18$	$\phi40$	$\phi150$	$\phi110$	$4\text{-}\phi18$
40-250 (I)	750	505	670	460	100	280	400	410	15					
40-250 (I) A	650	505	590	450	100	280	350	390	18					
40-250 (I) B	505	505	590	450	100	280	350	390	18					
50-100	440	332	440	450	80	192	250	310	10					
50-100A	440	332	440	450	80	192	250	310	10	$\phi16$	$\phi50$	$\phi165$	$\phi125$	$4\text{-}\phi18$
50-125	470	340	450	360	80	190	250	310	16					
50-125A	455	340	440	450	80	190	250	310	16					
50-160	525	377	490	390	80	210	270	340	15					
50-160A	485	377	490	390	80	210	270	340	7					
50-160B	460	377	490	390	80	210	270	340	5					
50-200	610	446	550	390	80	265	340	350	26					
50-200A	550	422	500	390	80	245	285	340	21					
50-200B	532	422	500	390	80	245	285	340	17					
50-250	760	501	670	490	100	280	400	430	15					
50-250A	650	501	550	400	100	280	340	350	18					
50-250B	650	501	550	400	100	280	340	350	18					
50-100 (I)	470	352	450	360	80	195	250	310	15					
50-100 (I) A	450	352	440	450	80	195	250	310	11					
50-125 (I)	540	356	480	360	90	188	290	300	18	$\phi18$	$\phi50$	$\phi165$	$\phi125$	$4\text{-}\phi18$
50-125 (I) A	513	362	450	360	90	195	250	310	11					
50-160 (I)	552	400	500	390	100	215	285	340	22					
50-160 (I) A	532	400	500	390	100	215	285	340	17					
50-160 (I) B	502	400	490	390	100	265	270	340	14					
50-200 (I)	630	456	550	390	100	265	340	350	0					
50-200 (I) A	630	456	550	390	100	265	340	350	0					
50-200 (I) B	630	456	550	390	100	265	340	350	0					
50-250 (I)	745	526	670	490	100	286	410	430	14					
50-250 (I) A	745	526	670	490	100	286	410	430	14					
50-250 (I) B	745	526	670	490	100	286	410	430	14					
50-315 (I)	950	592	680	410	105	325	500	370	12					
50-315 (I) A	845	592	610	410	105	325	500	370	12					
50-315 (I) B	825	592	610	410	105	325	500	370	12					

型　号	外形尺寸				安装尺寸					进出口法兰尺寸				
	L	H	E	F	a	h	L_1	B	I	$4-d_0$	DN	D	D_1	$n \cdot d$
65-100	465	352	450	360	85	195	250	310	15					
65-100A	440	352	440	450	85	195	250	310	11					
65-125	523	356	480	360	85	188	290	300	18					
65-125A	493	372	490	390	85	195	270	340	11					
65-160	552	395	500	390	100	214	285	340	22					
65-160A	552	395	500	390	100	214	285	340	17					
65-160B	532	395	490	390	100	214	270	340	14					
65-200	630	456	550	390	100	265	340	350	0					
65-200A	630	456	550	390	100	265	340	350	0					
65-200B	630	456	550	390	100	265	340	350	0					
65-250	745	526	670	490	100	296	400	430	14					
65-250A	745	526	670	490	100	296	400	430	14	$\phi18$	$\phi65$	$\phi185$	$\phi145$	$4-\phi18$
65-250B	745	526	670	490	100	296	400	430	14					
65-315	950	596	700	410	105	325	500	370	12					
65-125 (I)	472	446	330	250	105	248	240	215	27					
65-160 (I)	498	486	345	290	100	276	240	250	10					
65-200 (I)	542	486	370	275	100	276	240	235	24					
65-200 (I) A	525	486	340	275	100	276	240	235	24					
65-250 (I)	630	546	420	335	125	296	280	295	21					
65-250 (I) A	615	546	400	335	125	296	260	295	19					
65-250 (I) B	572	546	375	335	125	296	260	295	19					
65-315 (I)	682	686	500	410	130	371	340	370	5					
65-315 (I) A	682	686	500	410	130	371	340	370	5					
65-315 (I) B	620	686	425	410	130	371	280	370	5					
80-125	472	446	330	250	95	248	240	215	27					
80-160	498	486	345	290	100	276	240	250	10					
80-200	542	486	370	275	100	276	240	235	24					
80-200A	525	486	340	275	100	276	240	235	24					
80-250	630	546	420	335	125	296	280	295	21					
80-250A	615	546	400	335	125	296	260	295	19	$\phi18$	$\phi80$	$\phi200$	$\phi160$	$8-\phi18$
80-250B	572	546	375	335	125	296	260	295	19					
80-315	682	686	500	410	135	371	340	370	5					
80-315A	682	686	500	410	135	371	340	370	5					
80-315B	620	686	425	410	135	371	280	370	5					
80-125 (I)	540	491	400	290	105	276	260	250	15					

型　号	外形尺寸				安装尺寸					进出口法兰尺寸				
	L	H	E	F	a	h	L_1	B	I	$4-d_0$	DN	D	D_1	$n \cdot d$
80-160（I）	552	524	410	290	110	276	260	250	17	$\phi18$	$\phi80$	$\phi200$	$\phi160$	$8-\phi18$
80-160（I）A	526	524	380	290	110	276	260	250	17					
80-200（I）	562	526	425	325	100	296	280	285	23					
80-200（I）A	562	526	425	325	100	296	280	285	23					
80-250（I）	640	616	440	360	125	346	280	320	12					
80-250（I）A	626	616	415	360	125	346	260	320	12					
80-250（I）B	626	616	415	360	125	346	260	320	12					
80-315（I）	780	686	540	410	130	371	400	370	30					
80-315（I）A	746	686	515	410	130	371	360	370	5					
80-315（I）B	746	686	515	410	130	371	360	370	11					
100-125	540	491	400	290	105	276	260	250	15	$\phi18$	$\phi100$	$\phi220$	$\phi180$	$8-\phi18$
100-160	552	524	410	290	110	276	260	250	17					
100-160A	526	524	380	290	110	276	260	250	17					
100-200	562	526	425	325	100	296	280	285	23					
100-200A	562	526	425	325	100	296	280	285	23					
100-250	640	616	440	360	125	346	280	320	12					
100-250A	626	616	415	360	125	346	260	320	12	$\phi18$	$\phi100$	$\phi220$	$\phi180$	$8-\phi18$
100-250B	626	616	415	360	125	346	260	320	12					
100-315	780	686	540	410	130	371	400	370	30					
100-315A	746	686	515	410	130	371	360	370	5					
100-315B	746	686	515	410	130	371	360	370	11					
100-125（I）	587	554	400	330	105	296	260	295	7					
100-160（I）	608	554	420	330	105	296	280	295	21					
100-200（I）	656	616	485	370	125	346	320	330	6					
100-200（I）A	656	616	485	370	125	346	320	330	6					
100-250（I）	802	636	540	370	125	346	400	330	5					
100-250（I）A	756	636	515	376	125	346	360	330	10					
100-250（I）B	756	636	515	330	125	346	360	330	7					
100-315（I）	835	705	580	410	130	375	420	370	25					
100-315（I）A	785	705	530	410	130	375	380	370	30					
100-315（I）B	785	705	530	410	130	375	380	370	30					
100-400（I）	980	776	730	510	125	420	600	470	30					
100-400（I）A	880	756	680	510	125	420	600	470	30					
100-400（I）B	860	756	680	510	125	400	450	470	30					

续表

型 号	外形尺寸				安装尺寸					进出口法兰尺寸				
	L	H	E	F	a	h	L_1	B	I	$4-d_0$	DN	D	D_1	$n \cdot d$
125-160	608	554	420	330	125	296	280	295	21					
125-200	656	616	485	370	125	346	320	330	6					
125-200A	656	616	485	370	125	346	320	330	6					
125-250	802	636	540	370	150	346	400	330	5					
125-250A	756	636	515	370	150	346	360	330	10					
125-250B	756	636	515	330	154	346	360	330	7					
125-315	835	705	640	410	145	375	500	370	25					
125-315A	785	705	610	410	145	375	500	370	30					
125-315B	785	705	610	410	145	375	500	370	30	$\phi19$	$\phi125$	$\phi250$	$\phi210$	$8\text{-}\phi18$
125-250	828	736	570	410	145	396	420	370	20					
125-250A	778	736	540	410	145	396	420	370	5					
125-250B	778	736	540	410	145	396	420	370	21					
125-315	842	824	600	510	135	375	440	470	15					
125-315A	785	806	560	510	135	375	420	470	15					
125-315B	785	806	560	510	135	375	420	470	10					
125-400	980	776	730	510	125	420	600	470	30					
125-400A	880	776	680	510	125	420	600	470	30					
125-400B	860	756	680	510	125	400	600	470	30					

1.1.4 DFG（DFRG）型立式单级单吸管道离心泵

（1）用途：DFG（DFRG）型立式单级单吸管道离心泵适用于工业、城市给水、高层建筑供水；消防管道增压；冷暖空调冷热水循环；远距离输水；生产工艺循环增压输送，并适用于给水排水设备、锅炉等设备的配套使用。

（2）型号意义说明：

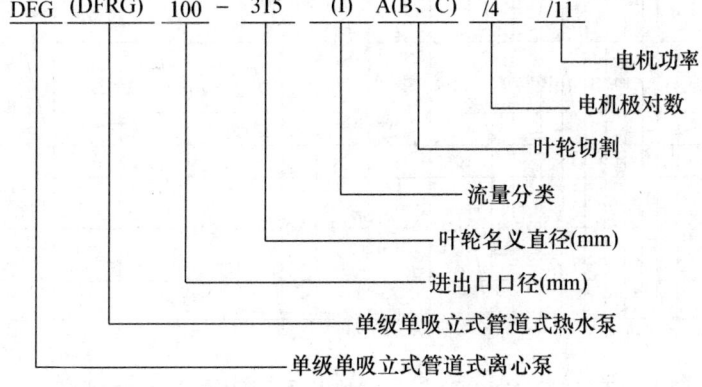

（3）结构：DFG（DFRG）型泵为立式、管道式结构，进出口直径相同，且位于同一中心线上，泵的进出口可以像阀门一样安装在管路的任何位置及任何方向。电机与泵直联，结构紧凑，轴封采用硬质合金机械密封。

泵系统最高工作压力不大于 1.6MPa，介质温度−15～+105℃，介质的固体颗粒体积不超过 0.1%，粒度小于 0.2mm。

（4）性能：DFG（DFRG）型立式单级单吸管道离心泵性能见图 1-12、表 1-9。

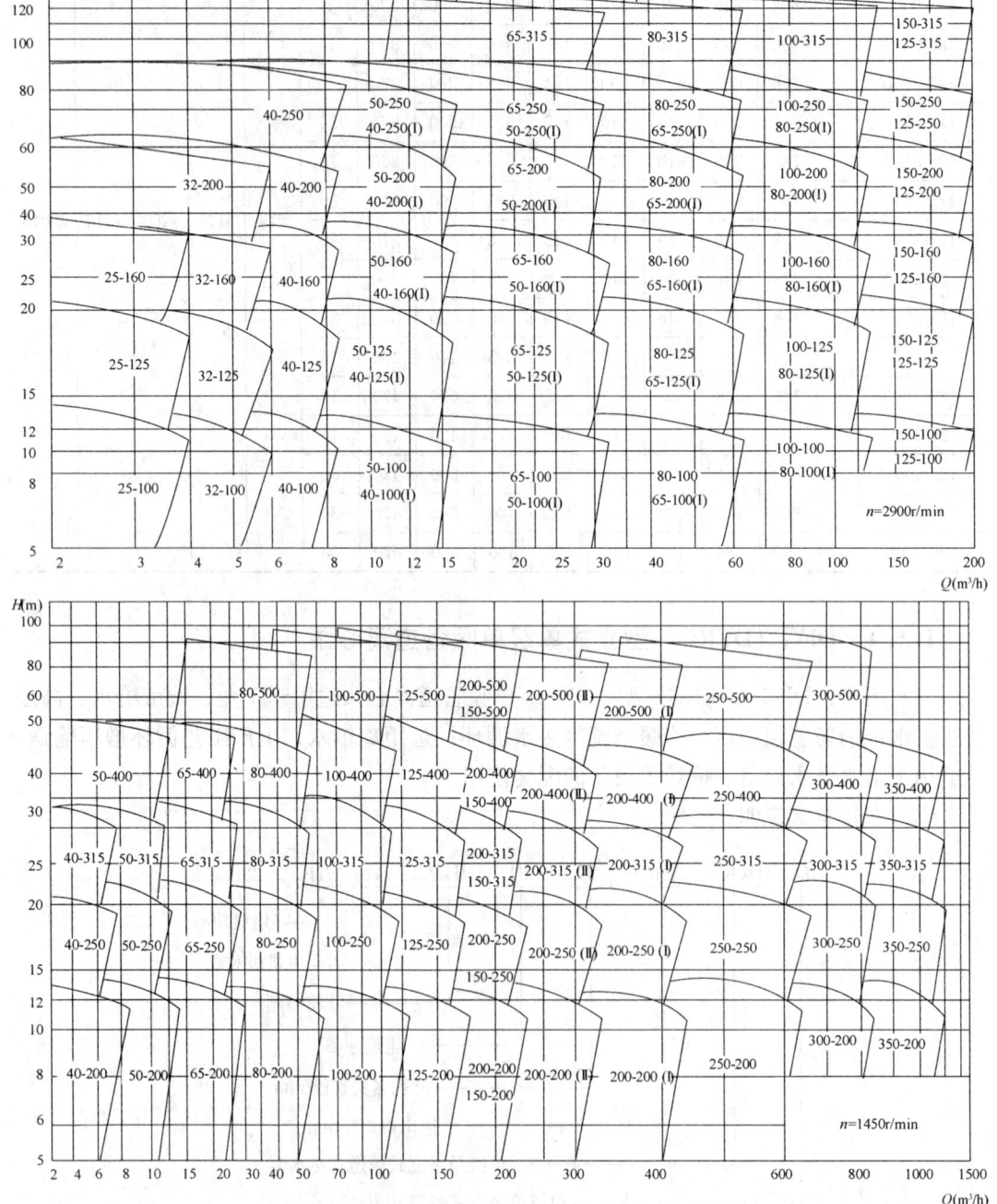

图 1-12　DFG（DFRG）型立式单级单吸管道离心泵性能曲线

（5）外形及安装尺寸：DFG（DFRG）型立式单级单吸管道离心泵外形及安装尺寸见图1-13、表1-9～表1-28。

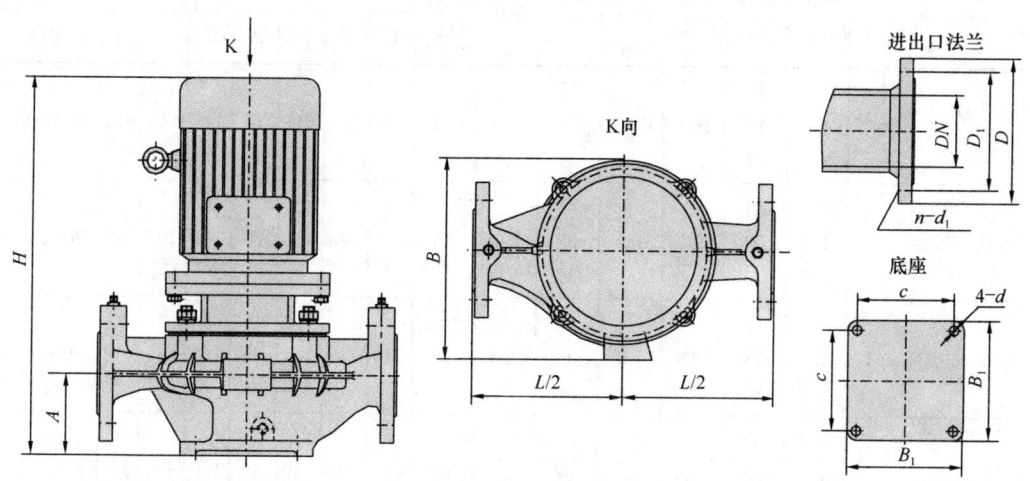

图 1-13 DFG（DFRG）型立式单级单吸管道离心泵外形及安装尺寸

DFG（DFRG）型立式单级单吸管道离心泵性能、外形及安装尺寸（一） 表 1-9

泵型号	流量 (m³/h)	扬程 (m)	转速 (r/min)	电机功率 (kW)	效率 (%)	汽蚀余量 (m)	总质量 (kg)	安装尺寸（mm）							隔振器规格	
								L	B	H	A	B₁	C	d	规格	
DFG25-100/2/0.37	2.1 3.0 4.0	15 12.5 10	2900	0.37	35 42 40	2.5	25	240	275	443	75	140	105	φ12	SD41-0.5	
DFG25-125/2/0.75	2.1 3.0 4.0	21 20 18	2900	0.75	29 36 35	2.5	30	280	275	441	75	140	105	φ12	SD41-0.5	
DFG25-160/2/1.1	2.1 3.0 4.0	34 32 30	2900	1.1	24 32 33	2.5	37	320	275	443	75	140	105	φ12	SD41-0.5	
DFG25-160A/2/0.75	1.8 2.6 3.5	29 28 24	2900	0.75	23 30 31	2.5	25	320	275	443	75	140	105	φ12	SD41-0.5	
DFG32-100/2/0.55	3.3 4.5 5.8	15 12.5 10	2900	0.55	40 44 45	2.5	30	270	275	441	75	140	105	φ12	SD41-0.5	
DFG32-125/2/0.75	3.3 4.5 5.8	20.5 20 18	2900	0.75	34 38 40	2.5	35	290	275	441	75	140	105	φ12	SD61-0.5	

泵型号	流量 (m³/h)	扬程 (m)	转速 (r/min)	电机功率 (kW)	效率 (%)	汽蚀余量 (m)	总质量 (kg)	安装尺寸(mm)							隔振器规格	
								L	B	H	A	B₁	C	d	规格
DFG32-125A/2/0.55	3.0 4.0 5.2	17 16 13	2900	0.55	32 36 35	2.5	30	290	275	441	75	140	105	ϕ12	SD61-0.5
DFG32-160/2/1.5	3.3 4.5 5.8	34 32 30	2900	1.5	32 35 36	2.5	45	310	280	441	75	140	105	ϕ12	SD61-0.5
DFG32-160A/2/1.1	3.0 4.0 5.2	29 28 26	2900	1.1	30 34 36	2.5	40	310	275	441	75	140	105	ϕ12	SD61-0.5
DFG32-200/2/3	3.3 4.5 5.8	52 50 48	2900	3	30 32 31	2.5	60	430	320	540	80	140	105	ϕ12	SD61-0.5
DFG32-200A/2/2.2	3.0 4.0 5.2	45 44 42.5	2900	2.2	28 30 30	2.5	55	430	305	490	80	140	105	ϕ12	SD61-0.5
DFG32-200B/2/1.5	2.45 3.5 4.55	40 38 33	2900	1.5	27 29 28	2.5	50	430	305	460	80	140	105	ϕ12	SD41-0.5
DFG40-100/2/0.55	4.4 6.3 8.3	13.2 12.5 11.3	2900	0.55	48 54 53	2.5	32	260	275	453	85	150	115	ϕ12	SD41-0.5
DFG40-100A/2/0.37	4 5.5 7	10.6 10 9	2900	0.37	45 52 54	2.5	30	260	275	455	85	150	115	ϕ12	SD41-0.5
DFG40-125/2/1.1	4.4 6.3 8.3	20.5 20 18.5	2900	1.1	40.5 46 45	2.5	40	300	275	453	85	150	115	ϕ12	SD41-0.5
DFG40-125A/2/0.75	4 5.5 7	16.3 16 15.6	2900	0.75	40 44 42.5	2.5	35	300	275	453	85	150	115	ϕ12	SD41-0.5

DFG(DFRG)型立式单级单吸管道离心泵性能、外形及安装尺寸(二) 表 1-10

泵型号	流量 (m³/h)	扬程 (m)	转速 (r/min)	电机功率 (kW)	效率 (%)	汽蚀余量 (m)	总质量 (kg)	安装尺寸(mm)							隔振器规格	
								L	B	H	A	B₁	C	d	规格
DFG40-160/2/2.2	4.4 6.3 8.3	33.2 32 30.2	2900	2.2	34 40 42	2.5	50	340	280	490	90	150	115	ϕ12	SD41-0.5

泵型号	流量 (m³/h)	扬程 (m)	转速 (r/min)	电机功率 (kW)	效率 (%)	汽蚀余量 (m)	总质量 (kg)	安装尺寸(mm)							隔振器规格	
								L	B	H	A	B₁	C	d	规格	
DFG40-160A/2/1.5	4 5.5 7	28.5 28 26.6	2900	1.5	33 38 39	2.5	45	340	280	460	90	150	115	ϕ12	SD41-0.5	
DFG40-160B/2/1.1	3.5 5.0 6.5	26 24 20.6	2900	1.1	31 37 38	2.5	40	340	275	460	90	150	115	ϕ12	SD41-0.5	
DFG40-200/2/4	4.4 6.3 8.3	50.5 50 48	2900	4	28 33 35	2.5	75	360	330	569	90	150	115	ϕ12	SD61-0.5	
DFG40-200A/2/3	4 5.5 7	44.6 44 42.7	2900	3	26 31 32	2.5	65	360	320	549	90	150	115	ϕ12	SD61-0.5	
DFG40-200B/2/2.2	3.5 5.0 6.5	40 38 34.5	2900	2.2	25 30 31	2.5	55	360	305	499	90	150	115	ϕ12	SD61-0.5	
DFG40-250/2/7.5	4.4 6.3 8.3	82 80 74	2900	7.5	24 27.5 28	2.5	130	450	410	627	105	165	130	ϕ14	SD61-0.5	
DFG40-250A/2/5.5	4 5.5 7	72.5 70 65	2900	5.5	24 26 26	2.5	110	450	410	627	105	165	130	ϕ14	SD61-0.5	
DFG40-250B/2/4	3.5 5.0 6.5	65 60 53	2900	4	23 25 25	2.5	80	450	355	587	105	165	130	ϕ14	SD61-0.5	
DFG40-100(I)/2/1.1	8.8 12.5 16.3	13.6 12.5 11.3	2900	1.1	55 52 60	2.5	35	320	275	461	95	165	130	ϕ14	SD41-0.5	
DFG40-100(I)A/2/0.75	8 11 14	10.7 10 9	2900	0.75	54 60 58	2.5	32	320	275	461	95	165	130	ϕ14	SD41-0.5	
DFG40-125(I)/2/1.5	8.8 12.5 16.3	21.5 20 17.8	2900	1.5	49 58 58	2.5	45	300	280	461	95	165	130	ϕ14	SD41-0.5	
DFG40-125(I)A/2/1.1	8 11 14	17 16 14.3	2900	1.1	47 56 56	2.5	40	300	275	461	95	165	130	ϕ14	SD41-0.5	
DFG40-160(I)/2/3	8.8 12.5 16.3	33.3 32 29.8	2900	3	45 52 53	2.5	60	320	320	565	105	165	130	ϕ14	SD41-0.5	
DFG40-160(I)A/2/2.2	8 11 14	29 28 26.2	2900	2.2	43 48 47	2.5	50	320	280	515	105	165	130	ϕ14	SD41-0.5	
DFG40-200(I)/2/5.5	8.8 12.5 16.3	51 50 48.5	2900	5.5	38 46 49	2.5	110	380	410	625	100	165	130	ϕ14	SD611-0.5	

DFG(DFRG)型立式单级单吸管道离心泵性能、外形及安装尺寸(三) 表 1-11

泵型号	流量 (m³/h)	扬程 (m)	转速 (r/min)	电机功率 (kW)	效率 (%)	汽蚀余量 (m)	总质量 (kg)	安装尺寸(mm)							隔振器规格
								L	B	H	A	B₁	C	d	规格
DFG40-200(I)A/2/4	8 11 14	44.7 44 43	2900	4	37.5 42.5 43.5	2.5	80	380	410	585	100	165	130	φ14	SD61-0.5
DFG40-250(I)/2/11	8.8 12.5 16.3	81.8 80 77.5	2900	11	29 36 40	2.5	180	450	445	784	105	165	130	φ14	JG2-1
DFG40-250(I)A/2/7.5	8 11 14	71.5 70 68	2900	7.5	30 35 37	2.5	120	450	410	636	105	165	130	φ14	JG2-1
DFG50-100/2/1.1	8.8 12.5 16.3	13.2 12.5 11.3	2900	1.1	55 62 60	2.5	40	320	275	461	95	165	130	φ14	SD41-0.5
DFG50-100A/2/0.75	8 11 14	10.7 10 9	2900	0.75	52 57 57	2.5	35	320	275	461	95	165	130	φ14	SD41-0.5
DFG50-125/2/1.5	8.8 12.5 16.3	21.5 20 17.8	2900	1.5	49 58 58	2.5	40	300	280	461	95	165	130	φ14	SD41-0.5
DFG50-125A/2/1.1	8 11 14	17 16 14.3	2900	1.1	45 52 53	2.5	45	300	275	461	95	165	130	φ14	SD41-0.5
DFG50-160/2/3	8.8 12.5 16.3	33.3 32 29.8	2900	3	45 52 53	2.5	70	320	320	565	105	165	130	φ14	SD61-0.5
DFG50-160A/2/2.2	8 11 14	29 28 26.2	2900	2.2	45 52 53	2.5	60	320	280	515	105	165	130	φ14	SD61-0.5
DFG50-160B/2/1.5	7.1 10 13	24 23 20.5	2900	1.5	40 47 48	2.5	50	320	280	485	105	165	130	φ14	SD61-0.5
DFG50-200/2/5.5	8.8 12.5 16.3	51 50 48.5	2900	5.5	38 46 46	2.5	120	380	410	625	105	165	130	φ14	SD61-0.5
DFG50-200A/2/4	8 11 14	44.7 44 43	2900	4	37 43 43	2.5	90	380	330	585	105	165	130	φ14	SD61-0.5

泵型号	流量 (m³/h)	扬程 (m)	转速 (r/min)	电机功率 (kW)	效率 (%)	汽蚀余量 (m)	总质量 (kg)	安装尺寸(mm)							隔振器规格
								L	B	H	A	B₁	C	d	规格
DFG50-200B/2/3	7.1 10 13	39 38 35	2900	3	35 41 42	2.5	85	380	320	565	105	165	130	φ14	SD61-0.5
DFG50-250/2/11	8.8 12.5 16.3	81.4 80 77.5	2900	11	29 36 40	2.5	190	450	445	784	105	185	150	φ14	JG2-1
DFG50-250A/2/7.5	8 11 14	71.5 70 68	2900	7.5	29 34 37	2.5	125	450	410	636	105	185	150	φ14	JG2-1
DFG50-250B/2/5.5	7.1 10 13	61.5 60 56	2900	5.5	29 37 37	2.5	110	450	410	636	105	185	150	φ14	JG2-1

DFG(DFRG)型立式单级单吸管道离心泵性能、外形及安装尺寸(四) 表 1-12

泵型号	流量 (m³/h)	扬程 (m)	转速 (r/min)	电机功率 (kW)	效率 (%)	汽蚀余量 (m)	总质量 (kg)	安装尺寸(mm)							隔振器规格
								L	B	H	A	B₁	C	d	规格
DFG50-100(I)/2/1.5	17.5 25 32.5	13.5 12.5 10.5	2900	1.5	67 69 70	2.5	45	320	280	466	100	185	150	φ14	SD41-0.5
DFG50-100(I)A/2/1.1	16 22 28	10.8 10 8.7	2900	1.1	65 68 65	2.5	40	320	275	466	100	185	150	φ14	SD41-0.5
DFG50-125(I)/2/3	17.5 25 32.5	22 20 17	2900	3	63 67 65	2.5	55	340	320	570	100	185	150	φ14	SD41-0.5
DFG50-125(I)A/2/2.2	16 22 28	17.5 16 13.5	2900	2.2	62 63 62	2.5	50	340	280	520	100	185	150	φ14	SD41-0.5
DFG50-160(I)/2/4	17.5 25 32.5	34.5 32 27.5	2900	4	50 59 60	2.5	75	380	330	580	100	185	150	φ14	SD61-0.5
DFG50-160(I)A/2/3	16 22 28	30 28 23.5	2900	3	57 59 62	2.5	65	380	320	560	100	185	150	φ14	SD61-0.5

泵型号	流量 (m³/h)	扬程 (m)	转速 (r/min)	电机功率 (kW)	效率 (%)	汽蚀余量 (m)	总质量 (kg)	安装尺寸(mm)							隔振器规格	
								L	B	H	A	B₁	C	d	规格	
DFG50-160(I)B/2/3	14 20 26	26 24 20.6	2900	3	56 58 61	2.5	65	380	320	560	100	185	150	φ14	SD61-0.5	
DFG50-200(I)/2/7.5	17.5 25 32.5	52.7 50 45.5	2900	7.5	49 57 60	2.5	120	400	410	625	105	185	150	φ16	SD61-0.5	
DFG50-200(I)A/2/5.5	16 22 28	46.2 44.2 40	2900	5.5	50 55 57	2.5	110	400	410	625	105	185	150	φ16	SD61-0.5	
DFG50-200(I)B/2/5.5	14 20 26	40 38 34.5	2900	5.5	52 55 57	2.5	110	400	410	625	105	185	150	φ16	SD61-0.5	
DFG50-250(I)/2/15	17.5 25 32.5	81.8 80 76.5	2900	15	45 50 55	2.5	200	460	445	792	110	185	150	φ16	JG2-1	
DFG50-250(I)A/2/11	16 22 28	71.4 70 68	2900	11	42 50 55	2.5	190	460	445	792	110	185	150	φ16	JG2-1	
DFG50-250(I)B/2/7.5	14 20 26	61 60 56	2900	7.5	42 47 52	2.5	120	460	410	644	110	185	150	φ16	JG2-1	
DFG65-100/2/1.5	17.5 25 32.5	13.5 12.5 10	2900	1.5	67 69 70	3	50	320	280	466	100	185	150	φ14	SD41-0.5	
DFG65-100A/2/1.1	16 22 28	10.8 10 8.7	2900	1.1	65 68 65	3	50	320	275	466	100	185	150	φ14	SD41-0.5	
DFG65-125/2/3	17.5 25 32.5	22 20 17	2900	3	63 67 65	3	60	340	320	570	110	185	150	φ14	SD61-0.5	

DFG(DFRG)型立式单级单吸管道离心泵性能、外形及安装尺寸(五)　表 1-13

泵型号	流量 (m³/h)	扬程 (m)	转速 (r/min)	电机功率 (kW)	效率 (%)	汽蚀余量 (m)	总质量 (kg)	安装尺寸(mm)							隔振器规格
								L	B	H	A	B₁	C	d	规格
DFG65-125A/2/2.2	16 22 28	17.5 16 13.5	2900	2.2	60 63 62	3	60	340	280	520	110	185	150	φ14	SD61-0.5
DFG65-160/2/4	17.5 25 32.5	34.4 32 27.5	2900	4	55 63 63	3	85	380	330	580	100	185	150	φ14	SD61-0.5
DFG65-160A/2/3	16 22 28	30 28 23.5	2900	3	57 59 62	3	70	380	320	560	100	185	150	φ14	SD61-0.5
DFG65-160B/2/3	14 20 26	26 24 20.6	2900	3	56 58 61	3	70	380	320	560	100	185	150	φ14	SD61-0.5
DFG65-200/2/7.5	17.5 25 32.5	52.7 50 45.5	2900	7.5	49 57 60	3	125	400	410	625	105	185	150	φ14	SD61-0.5
DFG65-200A/2/5.5	16 22 28	46.2 44.2 40	2900	5.5	50 55 57	3	110	400	410	625	105	185	150	φ14	SD61-0.5
DFG65-200B/2/5.5	14 20 26	40 38 34.5	2900	5.5	52 55 57	3	110	400	410	625	105	185	150	φ14	SD61-0.5
DFG65-250/2/15	17.5 25 32.5	81.8 80 76.5	2900	15	45 50 55	3	220	460	445	792	110	200	165	φ16	JG2-1
DFG65-250A/2/11	16 22 28	71.4 70 68	2900	11	42 47 51	3	190	460	445	792	110	200	165	φ16	JG2-1
DFG65-250B/2/7.5	14 20 26	61 60 56	2900	7.5	42 47 51	3	150	460	410	644	110	200	165	φ16	JG2-1
DFG65-315/2/30	17.5 25 32.5	130 125 118	2900	30	31 40 44	3	350	550	555	957	110	200	165	φ16	JG2-1

泵型号	流量 (m³/h)	扬程 (m)	转速 (r/min)	电机功率 (kW)	效率 (%)	汽蚀余量 (m)	总质量 (kg)	安装尺寸(mm)							隔振器规格	
								L	B	H	A	B₁	C	d	规格
DFG65-315A/2/22	16 22 28	120 110 102	2900	22	31 38 41	3	280	550	490	847	110	200	165	φ16	JG2-1
DFG65-315B/2/18.5	14 20 26	110 100 92	2900	18.5	30 38 41	3	280	550	470	827	110	200	165	φ16	JG2-1
DFG65-315C/2/15	12.6 18.2 23.4	90 85 78	2900	15	30 38 41	3	240	550	470	792	110	200	165	φ16	JG2-1
DFG65-100(I)/2/3	35 50 65	13.8 12.5 10	2900	3	67 73 70	3	60	400	320	580	120	200	165	φ16	SD61-0.5
DFG65-100(I)A/2/2.2	32 44 56	11 10 8.5	2900	2.2	63 72 71	3	55	400	280	530	120	200	165	φ16	SD61-0.5
DFG65-125(I)/2/5.5	35 50 65	22 20 17	2900	5.5	67 72.5 70	3	100	400	410	647	125	200	165	φ16	SD61-0.5
DFG65-125(I)A/2/4	32 44 56	18 16 13.5	2900	4	67 72 68	3	80	400	330	607	125	200	165	φ16	SD61-0.5

DFG(DFRG)型立式单级单吸管道离心泵性能、外形及安装尺寸(六)　　表 1-14

泵型号	流量 (m³/h)	扬程 (m)	转速 (r/min)	电机功率 (kW)	效率 (%)	汽蚀余量 (m)	总质量 (kg)	安装尺寸(mm)							隔振器规格	
								L	B	H	A	B₁	C	d	规格
DFG65-160(I)/2/7.5	35 50 65	35 32 27.5	2900	7.5	63 71 70	3	120	400	410	652	130	200	165	φ16	SD61-0.5
DFG65-160(I)A/2/5.5	32 44 56	30 28 25	2900	5.5	65 70 71	3	100	400	410	652	130	200	165	φ16	SD61-0.5

泵型号	流量 (m³/h)	扬程 (m)	转速 (r/min)	电机 功率 (kW)	效率 (%)	汽蚀 余量 (m)	总质量 (kg)	安装尺寸(mm)							隔振器规格
								L	B	H	A	B₁	C	d	规格
DFG65-160(I)B/2/4	28 40 52	27 24 19	2900	4	64 69 70	3	80	400	330	615	130	200	165	φ16	SD61-0.5
DFG65-200(I)/2/15	35 50 65	53 50 44	2900	15	58 67 68	3	190	450	445	812	130	200	165	φ18	JG2-1
DFG65-200(I)A/2/11	32 44 56	47 44 40	2900	11	47 44 40	3	160	450	445	812	130	200	165	φ18	JG2-1
DFG65-200(I)B/2/7.5	28 40 52	40.5 38 33	2900	7.5	40.5 38 38	3	120	450	410	660	130	200	165	φ18	JG2-1
DFG65-250(I)/2/22	35 50 65	83 80 72	2900	22	83 70 64	3	230	500	465	867	130	200	165	φ18	JSD-85
DFG65-250(I)A/2/18.5	32 44 56	73 70 64	2900	18.5	73 70 64	3	220	500	445	847	130	200	165	φ18	JSD-85
DFG65-250(I)B/2/15	28 40 52	63 60 53	2900	15	63 60 53	3	200	500	445	812	130	200	165	φ18	JSD-85
DFG80-100/2/3	35 50 65	13.8 12.5 10	2900	3	67 73 70	3.5	70	400	320	580	120	200	165	φ16	SD61-0.5
DFG80-100A/2/22	32 44 56	11 10 8.5	2900	2.2	67 72 7	3.5	60	400	280	530	120	200	165	φ16	SD61-0.5
DFG80-125/2/5.5	35 50 65	22 20 17	2900	5.5	67 72.5 70	3.5	110	400	410	647	125	200	165	φ16	SD61-0.5
DFG80-125A/2/4	32 44 56	18 16 13.5	2900	4	67 72 68	3.5	90	400	330	607	125	200	165	φ16	SD61-0.5
DFG80-160/2/7.5	35 50 65	35 32 27.5	2900	7.5	63 71 70	3.5	120	400	410	652	130	200	165	φ16	SD61-0.5
DFG80-160A/2/5.5	32 44 56	30 28 25	2900	5.5	65 70 70	3.5	110	400	410	652	130	200	165	φ16	SD61-0.5
DFG80-160B/2/4	28 40 52	27 24 19	2900	4	64 69 69	3.5	100	400	330	615	130	200	165	φ16	SD61-0.5
DFG80-200/2/15	35 50 65	53 50 44	2900	15	57 67 68	3.5	215	450	445	812	130	200	165	φ16	JG2-1

DFG(DFRG)型立式单级单吸管道离心泵性能、外形及安装尺寸(七)　　　表 1-15

泵型号	流量 (m³/h)	扬程 (m)	转速 (r/min)	电机功率 (kW)	效率 (%)	汽蚀余量 (m)	总质量 (kg)	安装尺寸(mm)							隔振器规格
								L	B	H	A	B₁	C	d	规格
DFG80-200A/2/11	32 44 56	47 44 40	2900	11	57 66 58	3.5	190	450	445	812	130	200	165	φ16	JG2-1
DFG80-200B/2/7.5	28 40 52	40.5 38 33	2900	7.5	56 65 67	3.5	130	450	410	660	130	200	165	φ16	JG2-1
DFG80-250/2/22	35 50 65	83 80 72	2900	22	52 60 62	3.5	280	500	465	867	130	220	185	φ18	JG2-2
DFG80-250A/2/18.5	32 44 56	73 70 64	2900	18.5	53 57 59	3.5	245	500	445	847	130	220	185	φ18	JG2-2
DFG80-250B/2/15	28 40 52	63 60 53	2900	15	52 56 58	3.5	210	500	445	812	130	220	185	φ18	JG2-2
DFG80-315/2/37	35 50 65	135 125 115	2900	37	43 54 57	3.5	370	580	555	980	130	220	185	φ18	JG2-2
DFG80-315A/2/37	32 44 56	117 110 102	2900	37	42 53 56	3.5	370	580	555	980	130	220	185	φ18	JG2-2
DFG80-315B/2/30	28 40 52	106 100 93	2900	30	46 52 55	3.5	340	580	555	980	130	220	185	φ18	JG2-2
DFG80-315C/2/22	25.2 36 46.8	90 85 80	2900	22	45 51 54	3.5	300	580	490	867	130	220	185	φ18	JG2-2
DFG80-100(I)/2/5.5	70 100 130	13.4 12.5 11.3	2900	5.5	66 76 75	4.5	100	460	410	662	140	220	185	φ18	SD61-0.5
DFG80-100(I)A/2/4	64 88 112	11 10 8.5	2900	4	67 75 76	4.5	80	460	330	622	140	220	185	φ18	SD61-0.5
DFG80-125(I)/2/11	70 100 130	22.5 20 16	2900	11	70 76 75	4.5	170	440	445	822	140	220	185	φ18	JG2-2

泵型号	流量 (m³/h)	扬程 (m)	转速 (r/min)	电机功率 (kW)	效率 (%)	汽蚀余量 (m)	总质量 (kg)	安装尺寸(mm)							隔振器规格
								L	B	H	A	B_1	C	d	规格
DFG80-125(I)A/2/7.5	64 88 112	18 16 13	2900	7.5	68 74 63	4.5	120	440	410	662	140	220	185	$\phi18$	JG2-2
DFG80-160(I)/2/15	70 100 130	35.5 32 27	2900	15	70 76 65	4.5	210	500	445	832	150	220	185	$\phi18$	JG2-2
DFG80-160(I)A/2/11	64 88 112	31 28 24	2900	11	68 74 70	4.5	170	500	445	832	150	220	185	$\phi18$	JG2-2
DFG80-160(I)B/2/7.5	56 80 104	27 24 19	2900	7.5	68 74 70	4.5	120	500	410	680	150	220	185	$\phi18$	JG2-2
DFG80-200(I)2/22	70 100 130	54 50 42	2900	22	65 74 73	4.5	240	500	465	872	135	220	185	$\phi20$	JG2-2
DFG80-200(I)A/2/18.5	64 88 112	47 44 39	2900	18.5	65 73 73	4.5	200	500	445	852	135	220	185	$\phi20$	JG2-2

DFG(DFRG)型立式单级单吸管道离心泵性能、外形及安装尺寸(八)　　表1-16

泵型号	流量 (m³/h)	扬程 (m)	转速 (r/min)	电机功率 (kW)	效率 (%)	汽蚀余量 (m)	总质量 (kg)	安装尺寸(mm)							隔振器规格
								L	B	H	A	B_1	C	d	规格
DFG80-200(I)B/2/15	56 80 104	41 38 34	2900	15	64 72 72	4.5	190	500	445	820	135	220	185	$\phi20$	JG2-2
DFG80-250(I)/2/37	70 100 130	87 80 68	2900	37	62 69 68	4.5	320	550	555	1010	160	220	185	$\phi20$	JG3-1
DFG80-250(I)A/2/30	64 88 112	76 70 59	2900	30	62 69 70	4.5	290	550	555	1010	160	220	185	$\phi20$	JG3-1
DFG80-250(I)B/2/22	56 80 104	66 60 50	2900	22	61 68 69	4.5	240	550	465	903	160	220	185	$\phi20$	JG3-1

续表

泵型号	流量 (m³/h)	扬程 (m)	转速 (r/min)	电机功率 (kW)	效率 (%)	汽蚀余量 (m)	总质量 (kg)	安装尺寸(mm)							隔振器规格
								L	B	H	A	B_1	C	d	规格
DFG100-100/2/5.5	70 100 130	13.4 12.5 11.3	2900	5.5	66 76 75	4.5	130	460	410	662	140	220	185	$\phi18$	SD61-0.5
DFG100-100A/2/4	64 88 112	11 10 8.5	2900	4	67 75 74	4.5	100	460	330	622	140	220	185	$\phi18$	SD61-0.5
DFG100-125/2/11	70 100 130	22.5 20 16	2900	11	70 76 75	4.5	180	440	445	822	140	220	185	$\phi18$	JG2-2
DFG100-125A/2/7.5	64 88 112	18 16 13	2900	7.5	66 74 73	4.5	130	440	410	662	140	220	185	$\phi18$	JG2-2
DFG100-160/2/15	70 100 130	35.5 32 27	2900	15	70 76 75	4.5	215	500	445	832	150	220	185	$\phi18$	JG2-2
DFG100-160A/2/11	64 88 112	31 28 24	2900	11	68 74 73	4.5	200	500	445	832	150	220	185	$\phi18$	JG2-2
DFG100-160B/2/7.5	56 80 104	27 24 19	2900	7.5	68 74 73	4.5	140	500	410	680	150	220	185	$\phi18$	JG2-2
DFG100-200/2/22	70 100 130	54 50 42	2900	22	65 74 73	4.5	260	500	465	877	140	220	185	$\phi18$	JG2-2
DFG100-200A/2/18.5	64 88 112	47 44 39	2900	18.5	65 72.5 71	4.5	240	500	445	857	140	220	185	$\phi18$	JG2-2
DFG100-200B/2/15	56 80 104	41 38 34	2900	15	65 72 73	4.5	200	500	445	822	140	220	185	$\phi18$	JG2-2
DFG100-250/2/37	70 100 130	87 80 68	2900	37	62 69 68	4.5	370	550	555	1010	160	250	210	$\phi20$	JG3-1
DFG100-250A/2/30	64 88 112	76 70 59	2900	30	62 69 68	4.5	340	550	555	1010	160	250	210	$\phi20$	JG3-1
DFG100-250B/2/22	56 80 104	66 60 50	2900	22	61 68 69	4.5	280	550	465	903	160	250	210	$\phi20$	JG3-1

DFG(DFRG)型立式单级单吸管道离心泵性能、外形及安装尺寸(九)　表 1-17

泵型号	流量 (m³/h)	扬程 (m)	转速 (r/min)	电机功率 (kW)	效率 (%)	汽蚀余量 (m)	总质量 (kg)	安装尺寸(mm)							隔振器规格 规格
								L	B	H	A	B₁	C	d	
DFG100-315/2/75	70 100 130	135 125 113	2900	75	55 66 67	4.5	680	630	745	1232	160	250	210	φ20	JG3-1
DFG100-315A/2/55	64 88 112	120 110 100	2900	55	55 65 66	4.5	570	630	730	1232	160	250	210	φ20	JG3-1
DFG100-315B/2/45	56 80 104	105 100 95	2900	45	54 64 65	4.5	460	630	595	1081	160	250	210	φ20	JG3-1
DFG100-315C/2/37	50 72 93.6	90 85 80	2900	37	53 63 64	4.5	380	630	555	1008	160	250	210	φ20	JG3-1
DFG125-125/2/15	110 160 200	22 20 17	2900	15	71 76 75	4	235	600	445	842	160	260	220	φ20	JG2-2
DFG125-125A/2/11	105 150 187	18 16 13	2900	11	66 74 73	4	225	600	445	842	160	260	220	φ20	JG2-2
DFG125-160/2/22	110 160 200	36.5 32 26	2900	22	71 75 76	4	280	600	465	897	160	260	220	φ20	JG2-2
DFG125-160A/2/18.5	105 150 187	31 28 24	2900	18.5	67 73 74	4	240	600	445	877	160	260	220	φ20	JG2-2
DFG125-160B/2/15	97 140 176	27 24 19	2900	15	64 70 71	4	230	600	445	842	160	260	220	φ20	JG2-2
DFG125-200/2/37	110 160 200	54 50 42	2900	37	72 77 78	4	380	630	555	988	145	260	220	φ20	JG3-1
DFG125-200A/2/30	105 150 187	47 44 39	2900	30	68 75 76	4	350	630	555	988	145	260	220	φ20	JG3-1

泵型号	流量 (m³/h)	扬程 (m)	转速 (r/min)	电机功率 (kW)	效率 (%)	汽蚀余量 (m)	总质量 (kg)	安装尺寸(mm)							隔振器规格
								L	B	H	A	B₁	C	d	规格
DFG125-200B/2/22	97 140 176	41 38 33	2900	22	67 72 73	4	300	630	465	881	145	260	220	φ20	JG3-1
DFG125-250/2/55	110 160 200	87 80 68	2900	55	70 75 77	4	510	660	730	1224	160	260	220	φ20	JG3-2
DFG125-250A/2/45	105 150 187	76 70 59	2900	45	67 73 74	4	450	660	595	1084	160	260	220	φ20	JG3-2
DFG125-250B/2/37	97 140 176	66 60 50	2900	37	66 72 74	4	400	660	555	1011	160	260	220	φ20	JG3-2
DFG125-315/2/90	110 160 200	135 125 113	2900	90	69 73 74	4	720	750	665	1344	190	260	220	φ20	JG3-2
DFG125-315A/2/75	105 150 187	120 110 104	2900	75	68 72 73	4	680	750	665	1279	190	260	220	φ20	JG3-2
DFG125-315B/2/75	97 140 176	105 100 97	2900	75	67 71 72	4	680	750	665	1279	190	260	220	φ20	JG3-2

DFG(DFRG)型立式单级单吸管道离心泵性能、外形及安装尺寸(十)　　表 1-18

泵型号	流量 (m³/h)	扬程 (m)	转速 (r/min)	电机功率 (kW)	效率 (%)	汽蚀余量 (m)	总质量 (kg)	安装尺寸(mm)							隔振器规格
								L	B	H	A	B₁	C	d	规格
DFG150-125/2/15	110 160 200	22 20 17	2900	15	71 76 75	4	270	600	445	842	160	260	220	φ20	JG2-2
DFG150-125A/2/11	105 150 187	18 16 13	2900	11	66 74 73	4	230	600	445	842	160	260	220	φ20	JG2-2
DFG150-160/2/22	110 160 200	36.5 32 26	2900	22	71 75 76	4	290	600	465	897	160	260	220	φ20	JG2-2

续表

泵型号	流量 (m³/h)	扬程 (m)	转速 (r/min)	电机功率 (kW)	效率 (%)	汽蚀余量 (m)	总质量 (kg)	安装尺寸(mm)						隔振器规格	
								L	B	H	A	B₁	C	d	规格
DFG150-160A/2/18.5	105 150 187	31 28 24	2900	18.5	67 73 74	4	250	600	445	877	160	260	220	φ20	JG2-2
DFG150-160B/2/15	97 140 176	27 24 19	2900	15	64 70 71	4	230	600	445	842	160	260	220	φ20	JG2-2
DFG150-200/2/37	110 160 200	54 50 42	2900	37	72 77 78	4	380	630	555	988	145	260	220	φ20	JG3-1
DFG150-200A/2/30	105 150 187	47 44 39	2900	30	68 75 76	4	350	630	555	988	145	260	220	φ20	JG3-1
DFG150-200B/2/22	97 140 176	41 38 33	2900	22	67 72 73	4	300	630	465	881	145	260	220	φ20	JG3-1
DFG150-250/2/55	110 160 200	87 80 68	2900	55	70 75 77	4	570	660	730	1224	160	260	220	φ20	JG3-2
DFG150-250A/2/45	105 150 187	76 70 59	2900	45	67 73 74	4	460	660	595	1084	160	260	220	φ20	JG3-2
DFG150-250B/2/37	97 140 176	66 60 50	2900	37	66 72 74	4	420	660	555	1011	160	260	220	φ20	JG3-2
DFG150-315/2/90	110 160 200	135 125 113	2900	90	69 73 74	4	750	750	665	1344	190	260	220	φ20	JG3-2
DFG150-315A/2/75	105 150 187	120 110 104	2900	75	68 72 73	4	710	750	665	1279	190	260	220	φ20	JG3-2
DFG150-315B/2/75	97 140 176	105 100 97	2900	75	67 71 72	4	710	750	665	1279	190	260	220	φ20	JG3-2
DFG150-315C/2/55	80.5 134 167	96 86 85	2900	55	66 70 71	4	600	750	660	1207	190	260	220	φ20	JG3-2

DFG(DFRG)型立式单级单吸管道离心泵性能、外形及安装尺寸(十一)   表 1-19

泵型号	流量 (m³/h)	扬程 (m)	转速 (r/min)	电机功率 (kW)	效率 (%)	汽蚀余量 (m)	总质量 (kg)	安装尺寸(mm)							隔振器规格
								L	B	H	A	B_1	C	d	规格
DFG40-200/4/0.75	3.8 6.3 7.5	13.5 12.5 11.3	1450	0.75	34 40 42	2.0	70	380	285	487	100	165	130	$\phi14$	JG2-1
DFG40-200A/4/0.55	3.5 5.8 6.9	11.6 10.8 9.7	1450	0.55	32 39 40	2.0	60	380	285	487	100	165	130	$\phi14$	JG2-1
DFG40-250/4/1.5	3.8 6.3 7.5	21.5 20 18.5	1450	1.5	23 32 33	2.0	85	450	307	530	105	165	130	$\phi14$	JG2-1
DFG40-250A/4/1.1	3.5 5.8 6.9	18.9 17.6 16.3	1450	1.1	22.1 31.2 32	2.0	80	450	307	505	105	165	130	$\phi14$	JG2-1
DFG40-315/4/3	3.8 6.3 7.5	34 32 30	1450	3	15 23 23.5	2.0	135	520	383	592	110	165	130	$\phi14$	JG2-1
DFG40-315A/4/3	3.5 5.8 6.9	30 28.2 26.4	1450	3	14.5 22 22.5	2.0	130	520	383	592	110	165	130	$\phi14$	JG2-1
DFG40-315B/4/2.2	3.2 5.3 6.3	26.3 24.8 23.2	1450	2.2	13.5 21 21.5	2.0	125	520	383	592	110	165	130	$\phi14$	JG2-1
DFG50-200/4/1.1	7.5 12.5 15	13.5 12.5 11.5	1450	1.1	43 55 57	2.0	80	400	290	503	105	185	150	$\phi16$	JG2-1
DFG50-200A/4/0.75	6.8 11.4 13.7	11.6 10.8 9.9	1450	0.75	42 54.5 56.5	2.0	70	400	285	485	105	185	150	$\phi16$	JG2-1
DFG50-250/4/2.2	7.5 12.5 15	21.5 20 19	1450	2.2	35 46 48	2.0	100	460	328	594	110	185	150	$\phi16$	JG2-1

泵型号	流量 (m³/h)	扬程 (m)	转速 (r/min)	电机功率 (kW)	效率 (%)	汽蚀余量 (m)	总质量 (kg)	安装尺寸(mm)							隔振器规格
								L	B	H	A	B₁	C	d	规格
DFG50-250A/4/1.5	6.8 11.4 13.7	18.5 17.2 16.3	1450	1.5	35 44.8 47	2.0	85	460	309	538	110	185	150	φ16	JG2-1
DFG50-315/4/4	7.5 12.5 15	33 32 31	1450	4	28 39 43	2.0	180	550	379	615	110	185	150	φ16	JG2-1
DFG50-315A/4/3	6.8 11.4 13.7	28.4 27.5 26.7	1450	3	26 36.6 40.8	2.0	165	550	379	595	110	185	150	φ16	JG2-1
DFG50-315B/4/2.2	6.2 10.4 12.4	24.4 23.7 22.9	1450	2.2	25 36 40.4	2.0	160	550	379	595	110	185	150	φ16	JG2-1
DFG50-400/4/7.5	7.5 12.5 15	53 50 46	1450	7.5	18 26 27	2.0	180	630	414	724	110	185	150	φ16	JG2-2
DFG50-400A/4/7.5	6.8 11.4 13.7	46.5 44 40.5	1450	7.5	17.5 25.5 26.5	2.0	180	630	414	724	110	185	150	φ16	JG2-1
DFG50-400B/4/5.5	6.2 10.4 12.4	41 39 35.5	1450	5.5	17 25 26	2.0	180	630	414	689	110	185	150	φ16	JG2-1
DFG50-400C/4/4	5.6 9.5 11.3	37.5 32.5 29	1450	4	17 25 26	2.0	170	630	414	614	110	185	150	φ16	JG2-1
DFG65-200/4/1.5	15 25 30	13.5 12.5 11	1450	1.5	51 65 66	2.0	100	450	287.5	558	130	200	165	φ18	JG2-1
DFG65-200A/4/1.1	13.7 22.8 27.3	12 10.7 9.0	1450	1.1	50.5 63 64	2.5	90	450	287.5	533	130	200	165	φ18	JG2-1
DFG65-250/4/3	15 25 30	21.9 20 18.5	1450	3	49 60 61	2.5	120	500	334	614	130	200	165	φ18	JG2-1

DFG(DFRG)型立式单级单吸管道离心泵性能、外形及安装尺寸(十二)　　表 1-20

泵型号	流量 (m³/h)	扬程 (m)	转速 (r/min)	电机功率 (kW)	效率 (%)	汽蚀余量 (m)	总质量 (kg)	安装尺寸(mm)							隔振器规格
								L	B	H	A	B₁	C	d	规格
DFG65-250A/4/2.2	13.7 22.8 27.3	18.5 17.5 15.9	1450	2.2	48.5 58.5 59.5	2.5	110	500	334	614	130	200	165	φ18	JG2-1
DFG65-315/4/5.5	15 25 30	34 32 30	1450	5.5	39 32 56	2.5	180	580	397.5	744	130	200	165	φ18	JG2-2
DFG65-315A/4/4	13.7 22.8 27.3	29.2 27.5 25.8	1450	4	39 51.5 55	2.5	160	580	390	634	130	200	165	φ18	JG2-1
DFG65-315B/4/3	12.5 20.7 24.8	25.1 23.7 22.2	1450	3	39 51 54	2.5	150	580	390	614	130	200	165	φ18	JG2-1
DFG65-400/4/11	15 25 30	52 50 48	1450	11	42 54.5 56.5	2.5	240	630	475	824	130	200	165	φ18	JG2-2
DFG65-400A/4/7.5	13.7 22.8 27.8	45 43.5 42	1450	7.5	33 44 45	2.5	190	630	453	744	130	200	165	φ18	JG2-2
DFG65-400B/4/7.5	12.4 20.7 24.8	39.5 38 36.5	1450	7.5	31 42 43	2.5	190	630	453	744	130	200	165	φ18	JG2-2
DFG65-400C/4/5.5	12.6 18 23.4	33 31 28	1450	5.5	31 42 43	2.5	190	630	453	709	130	200	165	φ18	JG2-2
DFG80-200/4/3	30 50 60	13.5 12.5 11	1450	3	60 73 74	2.5	127	500	328	624	135	220	185	φ18	JG2-2

泵型号	流量 (m³/h)	扬程 (m)	转速 (r/min)	电机 功率 (kW)	效率 (%)	汽蚀 余量 (m)	总质量 (kg)	安装尺寸(mm)							隔振器规格
								L	B	H	A	B₁	C	d	规格
DFG80-200A/4/2.2	27.6 46 55.2	12 10.8 9.5	1450	2.2	59 72 73	2.5	124	500	328	624	135	220	185	φ18	JG2-2
DFG80-250/4/5.5	30 50 60	22 20 18	1450	5.5	55 68 70	2.5	170	550	376	740	160	220	185	φ20	JG2-2
DFG80-250A/4/4	27.6 46 55.2	19 17.2 15.5	1450	4	53 65 67	2.5	140	550	356	665	160	220	185	φ20	JG2-2
DFG80-315/4/11	30 50 60	34 32 29	1450	11	51 63 64	2.5	250	630	442.5	853	160	220	185	φ20	JG2-2
DFG80-315A/4/7.5	27.6 46 55.2	30 27.8 25.2	1450	7.5	50 62 63	2.5	220	630	398	773	160	220	185	φ20	JG2-2
DFG80-315B/4/5.5	25.4 42.3 50.8	25.7 24.2 22	1450	5.5	49 61 62	2.5	210	630	398	738	160	220	185	φ20	JG2-2
DFG80-400/4/15	30 50 60	53 50 46	1450	15	47 57 58	2.5	300	750	490	867	135	220	185	φ20	JG2-2
DFG80-400A/4/11	27.6 46 55.2	46 43.5 40	1450	11	46 56 57	2.5	280	750	490	822	135	220	185	φ20	JG2-2
DFG80-400B/4/11	25.4 42.3 50.8	40 38 35	1450	11	45 55 56	2.5	280	750	490	822	135	220	185	φ20	JG2-2
DFG80-400C/4/7.5	23 38.5 46.8	33 31 28	1450	7.5	45 55 36	2.5	230	750	483	742	135	220	185	φ20	JG2-2

DFG(DFRG)型立式单级单吸管道离心泵性能、外形及安装尺寸(十三)   表 1-21

泵型号	流量 (m³/h)	扬程 (m)	转速 (r/min)	电机功率 (kW)	效率 (%)	汽蚀余量 (m)	总质量 (kg)	安装尺寸(mm)							隔振器规格
								L	B	H	A	B₁	C	d	规格
DFG80-500/4/30	30	84	1450	30	37	2.5	460	850	586	1010	135	250	210	φ20	JG3-1
	50	80			48										
	60	75			47										
DFG80-500A/4/30	27.6	75	1450	30	36	2.5	460	850	586	1010	135	250	210	φ20	JG3-1
	46	71			46.8										
	55.2	67			45.5										
DFG80-500B/4/22	25.4	66.5	1450	22	35	2.5	420	850	567	943	135	250	210	φ20	JG3-1
	42.3	63.5			45.6										
	50.8	59.5			44										
DFG80-500C/4/18.5	23	59	1450	18.5	35	2.5	400	850	567	908	135	250	210	φ20	JG3-1
	38.5	56			45.6										
	46.8	52			44										
DFG100-200/4/5.5	70	13.5	1450	5.5	65	3	180	600	377	728	150	250	210	φ20	JG2-2
	100	12.5			76										
	120	11			75										
DFG100-200A/4/4	63.5	12	1450	4	64	3	160	600	371	653	150	250	210	φ20	JG2-2
	91	10.8			74										
	109	9.5			73										
DFG100-250/4/11	70	22	1450	11	66	3	240	630	427	852	160	250	210	φ20	JG2-2
	100	20			76										
	120	18			77										
DFG100-250A/4/7.5	63.5	19.8	1450	7.5	65	3	190	630	382	772	160	250	210	φ20	JG2-2
	91	18			75										
	109	16.2			76										
DFG100-315/4/15	70	34	1450	15	61	3	270	660	443	898	160	250	210	φ20	JG3-1
	100	32			73										
	120	29			74										

续表

泵型号	流量 (m³/h)	扬程 (m)	转速 (r/min)	电机功率 (kW)	效率 (%)	汽蚀余量 (m)	总质量 (kg)	安装尺寸(mm)							隔振器规格
								L	B	H	A	B_1	C	d	规格
DFG100-315A/4/11	63.5 91 109	30 28 25.5	1450	11	60 71.5 72.5	3	250	660	443	853	160	250	210	φ20	JG2-1
DFG100-315B/4/11	58 83 99.5	26.5 25 22.5	1450	11	58 69.5 70.5	3	250	660	443	853	160	250	210	φ20	JG2-1
DFG100-400/4/22	70 100 120	53 50 46	1450	22	58 66 68	3	380	760	525	951	150	250	210	φ20	JG3-1
DFG100-400A/4/22	63.5 91 109	46.5 44 40.5	1450	22	57 65 66.8	3	380	760	525	951	150	250	210	φ20	JG3-1
DFG100-400B/4/18.5	58 83 99.5	41 38.5 35.5	1450	18.5	57 64.4 66.2	3	370	760	525	916	150	250	210	φ20	JG3-1
DFG100-400C/4/15	66 76 90	33 31 28	1450	15	57 64 66	3	330	760	502	888	150	250	210	φ20	JG3-1
DFG100-500/4/4.5	70 100 120	84 80 75	1450	45	51 60 60	3	560	850	647	1108	150	250	210	φ20	JG3-1
DFG100-500A/4/37	63.5 91 109	75 71 67	1450	37	50 59 59	3	510	850	647	1083	150	250	210	φ20	JG3-1
DFG100-500B/4/30	58 83 99.5	66.5 63.5 59.5	1450	30	49 58 58	3	460	850	632	1023	150	250	210	φ20	JG3-1
DFG100-500C/4/30	66 76 90	59 56 52	1450	30	49 58 58	3	460	850	632	1023	150	250	210	φ20	JG3-1
DFG125-200/4/11	112 160 192	13.5 12.5 11	1450	11	70 79 77	3.5	280	720	430	862	160	260	220	φ20	JG2-2

DFG(DFRG)型立式单级单吸管道离心泵性能、外形及安装尺寸(十四)　　表 1-22

泵型号	流量(m³/h)	扬程(m)	转速(r/min)	电机功率(kW)	效率(%)	汽蚀余量(m)	总质量(kg)	安装尺寸(mm)							隔振器规格
								L	B	H	A	B₁	C	d	规格
DFG125-200A/4/7.5	104 149 178	12 11 9.5	1450	7.5	69.5 78.5 76.5	3.5	180	720	398	782	160	260	220	φ20	JG2-2
DFG125-250/4/15	112 160 192	22 20 18	1450	15	71 78 76	3.5	300	760	451	901	160	260	220	φ20	JG3-1
DFG125-250A/4/11	104 149 178	19 17 15.5	1450	11	70 77 75	3.5	280	760	451	856	160	260	220	φ20	JG3-1
DFG125-315/4/22	112 160 192	33.5 32 30	1450	22	69 76 74	3.5	360	760	500	964	160	260	220	φ20	JG3-1
DFG125-315A/4/22	104 149 178	31 29 27	1450	22	12.7 15.6 17.9	3.5	370	760	500	964	160	260	220	φ20	JG3-1
DFG125-315B/4/18.5	97 138.5 166	27.5 26 24.5	1450	18.5	68 74 72	3.5	350	760	500	929	160	260	220	φ20	JG3-1
DFG125-400/4/37	112 160 192	52 50 46.5	1450	37	65 71 69	3.5	520	800	590	1108	180	260	220	φ20	JG3-1
DFG125-400A/4/37	104 149 178	47 45 42.5	1450	37	64 70 68	3.5	520	800	590	1108	180	260	220	φ20	JG3-1
DFG125-400B/4/30	97 138.5 166	42 40.5 38	1450	30	63 69 67	3.5	470	800	555	1048	180	260	220	φ20	JG3-1

泵型号	流量 (m³/h)	扬程 (m)	转速 (r/min)	电机功率 (kW)	效率 (%)	汽蚀余量 (m)	总质量 (kg)	安装尺寸(mm)						隔振器规格	
								L	B	H	A	B₁	C	d	规格
DFG125-400C/4/22	90 129 154	33 31 28	1450	22	63 69 67	3.5	420	800	530	981	180	260	220	φ20	JG3-1
DFG125-500/4/75	112 160 192	83 80 75	1450	75	61 66 65.5	3.5	830	850	683	1272	180	260	220	φ20	JG3-2
DFG125-500A/4/55	104 149 178	73 70.5 66	1450	55	60 65 64	3.5	670	850	678	1197	180	260	220	φ20	JG3-2
DFG125-500B/4/45	97 138.5 166	64.5 62 58	1450	45	58 63 62	3.5	570	850	638	1137	180	260	220	φ20	JG3-2
DFG125-500C/4/37	90 129 154	59 56 52	1450	37	58 63 62	3.5	520	850	638	1112	180	260	220	φ20	JG3-2
DFG150-200/4/11	140 200 240	13.5 12.5 10.6	1450	11	71 79 81	4.5	280	700	435	887	195	280	240	φ20	JG2-2
DFG150-200A/4/7.5	127 182 218	11.7 10.6 9	1450	7.5	66 76 76	4.5	210	700	422	807	195	280	240	φ20	JG2-2
DFG150-250/4/18.5	140 200 240	22 20 17	1450	18.5	74 80 77	4.5	350	720	477	972	200	280	240	φ20	JG3-1
DFG150-250A/4/15	127 182 218	19.8 18 15.3	1450	15	72 78 75	4.5	320	720	447	944	200	280	240	φ20	JG3-1
DFG150-315/4/30	140 200 240	33.8 32 28.5	1450	30	72 79 79	4.5	450	800	539	1077	200	280	240	φ20	JG3-1

DFG(DFRG)型立式单级单吸管道离心泵性能、外形及安装尺寸(十五) 表 1-23

泵型号	流量 (m³/h)	扬程 (m)	转速 (r/min)	电机功率 (kW)	效率 (%)	汽蚀余量 (m)	总质量 (kg)	安装尺寸(mm)							隔振器规格
								L	B	H	A	B₁	C	d	规格
DFG150-315A/4/22	127	30.4	1450	22	71	4.5	420	800	514	1010	200	280	240	φ20	JG3-1
	182	28.8			78.5										
	218	25.5			78.5										
DFG150-315B/4/18.5	116	27.4	1450	18.5	70	4.5	410	800	514	975	200	280	240	φ20	JG3-1
	166	25.9			77.5										
	199	23			77.5										
DFG150-400/4/45	140	53	1450	45	67	4.5	570	840	588	1168	215	280	240	φ20	JG3-1
	200	50			75										
	240	46			73										
DFG150-400A/4/37	127	47	1450	37	66	4.5	550	840	588	1143	215	280	240	φ20	JG3-2
	182	44.5			74										
	218	41			72										
DFG150-400B/4/30	116	42	1450	30	65	4.5	460	840	553	1083	215	280	240	φ20	JG3-2
	166	39.5			73										
	196	36.5			71										
DFG150-400C/4/30	106	33	1450	30	65	4.5	460	840	553	1083	215	280	240	φ20	JG3-2
	151	31			73										
	178	28			71										
DFG150-500/4/90	140	83	1450	90	61	4.5	1150	900	694	1364	215	280	240	φ20	JG3-2
	200	80			69										
	240	75			67										
DFG150-500A/4/75	127	73	1450	75	59	4.5	1010	900	694	1299	215	280	240	φ20	JG3-2
	182	70.5			67										
	218	66			65										
DFG150-500B/4/55	116	64.5	1450	55	57	4.5	870	900	689	1227	215	280	240	φ20	JG3-2
	166	62			65										
	199	58			63										

泵型号	流量 (m³/h)	扬程 (m)	转速 (r/min)	电机 功率 (kW)	效率 (%)	汽蚀 余量 (m)	总质量 (kg)	安装尺寸(mm)							隔振器规格
								L	B	H	A	B₁	C	d	规格
DFG150-500C/4/55	106 151 178	59 56 52	1450	55	57 65 63	4.5	870	900	649	1172	215	280	240	φ20	JG3-2
DFG200/200/4/11	140 200 240	13.5 12.5 10.6	1450	11	71 79 81	4.5	390	700	435	887	195	320	275	φ24	JG2-2
DFG200-200A/4/7.5	127 182 218	12 10.5 9.3	1450	7.5	66 76 76	4.5	366	700	422	807	195	320	275	φ24	JG2-2
DFG200-250/4/18.5	140 200 240	22 20 17	1450	18.5	74 80 77	4.5	470	720	477	972	200	320	275	φ24	JG3-1
DFG200-250A/4/15	127 182 218	19.8 18 15.3	1450	15	72 78 75	4.5	400	720	447	944	200	320	275	φ24	JG3-1
DFG200-315/4/30	140 200 240	33.8 32 28.5	1450	30	72 79 79	4.5	700	800	539	1077	200	320	275	φ24	JG3-1
DFG200-315A/4/22	127 182 218	30.4 28.8 25	1450	22	71 78.5 78.5	4.5	595	800	514	1010	200	320	275	φ24	JG3-1
DFG200-315B/4/18.5	116 166 199	27.4 25.9 23	1450	18.5	70 77.5 77.5	4.5	567	800	514	975	200	320	275	φ24	JG3-1
DFG200-400/4/45	140 200 240	53 50 46	1450	45	67 75 73	4.5	940	840	588	1168	215	320	275	φ24	JG3-1
DFG200-400A/4/37	127 182 218	47 44.5 41	1450	37	66 74 72	4.5	900	840	588	1143	215	320	275	φ24	JG3-2

DFG(DFRG)型立式单级单吸管道离心泵性能、外形及安装尺寸(十六)   表 1-24

泵型号	流量 (m³/h)	扬程 (m)	转速 (r/min)	电机功率 (kW)	效率 (%)	汽蚀余量 (m)	总质量 (kg)	安装尺寸(mm)							隔振器规格
								L	B	H	A	B_1	C	d	规格
DFG200-400B/4/30	116 166 196	42 39.5 36.5	1450	30	65 73 71	4.5	890	840	553	1083	215	320	275	$\phi24$	JG3-2
DFG200-400C/4/22	106 151 178	33 31 28	1450	22	65 73 71	4.5	810	840	527	1016	215	320	275	$\phi24$	JG3-2
DFG200-500/4/90	140 200 240	83 80 75	1450	90	61 69 67	4.5	1590	900	694	1364	215	280	240	$\phi20$	JG3-2
DFG200-500A/4/75	127 182 218	73 70.5 66	1450	75	59 67 65	4.5	1530	900	694	1299	215	280	240	$\phi20$	JG3-2
DFG200-500B/4/55	116 166 199	64.5 62 58	1450	55	57 65 63	4.5	1430	900	689	1227	215	280	240	$\phi20$	JG3-2
DFG200-200(II)/4/18.5	210 300 360	13.8 12.5 10.8	1450	18.5	78 80 80	4.5	500	840	510	1012	240	320	275	$\phi24$	JG3-2
DFG200-200(II)A/4/15	200 270 343	12 10.5 9.3	1450	15	76 79 78	4.5	450	840	510	984	240	320	275	$\phi24$	JG3-1
DFG200-250(II)/4/30	210 300 360	22 20 15.5	1450	30	70 79 77	4.5	680	900	530	1103	230	320	275	$\phi24$	JG3-1
DFG200-250(II)A/4/22	200 270 343	17.5 16 13.5	1450	22	69 78 76	4.5	600	900	505	1036	230	320	275	$\phi24$	JG3-1

续表

泵型号	流量 (m³/h)	扬程 (m)	转速 (r/min)	电机功率 (kW)	效率 (%)	汽蚀余量 (m)	总质量 (kg)	安装尺寸(mm)							隔振器规格
								L	B	H	A	B_1	C	d	规格
DFG200-315(II)/4/45	210 300 360	33.8 32 26	1450	45	73 78 77	4.5	760	890	605	1195	240	320	275	$\phi24$	JG3-2
DFG200-315(II)A/4/45	200 270 343	30 27.5 24	1450	45	72 74 73	4.5	710	890	605	1195	240	320	275	$\phi24$	JG3-2
DFG200-315(II)B/4/30	180 246 310	26 23.5 20	1450	30	72 72 71	4.5	630	890	570	1115	240	320	275	$\phi24$	JG3-2
DFG200-400(II)/4/75	210 300 360	52.5 50 42	1450	75	75 80 76	4.5	970	900	660	1258	240	320	275	$\phi24$	JG3-2
DFG200-400(II)A/4/55	200 270 343	46.5 44 36	1450	55	76 78 77	4.5	750	900	660	1258	240	320	275	$\phi24$	JG3-2
DFG200-400(II)B/4/45	180 246 310	40.5 38.5 30	1450	45	75 76 76	4.5	640	900	620	1208	240	320	275	$\phi24$	JG3-2
DFG200-500(II)/4/110	210 300 360	83 80 75	1450	110	72 75 74	4.5	1400	950	906	1745	240	400	350	$\phi24$	JG4-1
DFG200-500(II)A/4/90	200 270 343	73 70.5 66	1450	90	72 74 73	4.5	1300	950	702	1399	240	400	350	$\phi24$	JG4-1
DFG200-500(II)B/4/75	180 246 310	64.5 62 58	1450	75	72 73 71	4.5	930	950	702	1337	240	400	350	$\phi24$	JG4-1

DFG(DFRG)型立式单级单吸管道离心泵性能、外形及安装尺寸(十七)   表 1-25

泵型号	流量 (m³/h)	扬程 (m)	转速 (r/min)	电机功率 (kW)	效率 (%)	汽蚀余量 (m)	总质量 (kg)	安装尺寸(mm)							隔振器规格
								L	B	H	A	B₁	C	d	规格
DFG200-200(I)/4/22	280 400 480	13.5 12.5 11	1450	22	71 80 79	4.5	420	840	512	1047	240	320	275	φ24	JG3-2
DFG200-200(I)A/4/18.5	258 368 442	12 10.5 9.3	1450	18.5	68 78 77	4.5	400	840	512	1012	240	320	275	φ24	JG3-2
DFG200-250(I)/4/30	280 400 480	22 20 17	1450	30	78 82 78.5	4.5	460	900	530	1103	230	320	275	φ24	JG3-1
DFG200-250(I)A/4/22	258 368 442	19.5 17 13.5	1450	22	72 81 77.5	4.5	420	900	505	1036	230	320	275	φ24	JG3-1
DFG200-315(I)/4/55	280 400 480	35 32 27.5	1450	55	73 80 76	4.5	760	890	660	1250	240	320	275	φ24	JG3-2
DFG200-315(I)A/4/45	258 368 442	30.5 27.5 23.5	1450	45	68 75 71	4.5	650	890	605	1195	240	320	275	φ24	JG3-2
DFG200-315(I)B/4/37	237 339 406	26.5 23.5 19	1450	37	63 70 66	4.5	600	890	605	1170	240	320	275	φ24	JG3-2
DFG200-400(I)/4/75	280 400 480	54 50 42	1450	75	75 81 77	4.5	980	900	665	1333	240	320	275	φ24	JG3-2
DFG200-400(I)A/4/75	258 368 442	47.5 44 37	1450	75	74 80 76	4.5	980	900	665	1333	240	320	275	φ24	JG3-2

泵型号	流量(m³/h)	扬程(m)	转速(r/min)	电机功率(kW)	效率(%)	汽蚀余量(m)	总质量(kg)	安装尺寸(mm)							隔振器规格
								L	B	H	A	B₁	C	d	规格
DFG200-400(I)B/4/55	237 339 406	42 38.5 33	1450	55	73 79 75	4.5	760	900	660	1258	240	320	275	φ24	JG3-2
DFG200-400(I)C/4/45	213 305 365	33 31 38	1450	45	73 79 75	4.5	650	900	620	1208	240	320	275	φ24	JG3-2
DFG200-500(I)/4/160	280 400 480	83 80 75	1450	160	72 77 75	4.5	1600	950	906	1845	240	400	350	φ24	JG4-1
DFG200-500(I)A/4/132	258 368 442	73 70.5 66	1450	132	70 75 73	4.5	1600	950	906	1845	240	400	350	φ24	JG4-1
DFG200-500(I)B/4/110	237 339 406	64.5 62 58	1450	110	68 73 71	4.5	1450	950	906	1745	240	400	350	φ24	JG4-1
DFG200-500(I)C/4/90	213 305 365	59 56 52	1450	90	68 73 71	4.5	1100	950	702	1399	240	400	350	φ24	JG4-1
DFG250-200/4/30	400 550 660	13.5 12.5 11	1450	30	76 82 78.7	5.5	620	950	555	1140	265	400	350	φ24	JG3-1
DFG250-200A/4/22	368 506 507	11.6 10.8 9.5	1450	22	74 80 76	5.5	570	950	555	1073	265	400	350	φ24	JG3-1
DFG250-250/4/45	400 550 660	22 20 18	1450	45	76 82 78	5.5	750	110	625	1205	240	400	350	φ24	JG3-2
DFG250-250A/4/37	368 506 607	19.4 17.6 15.8	1450	37	74 80 76	5.5	700	1100	625	1180	240	400	350	φ24	JG3-2

DFG(DFRG)型立式单级单吸管道离心泵性能、外形及安装尺寸(十八)　表 1-26

泵型号	流量 (m³/h)	扬程 (m)	转速 (r/min)	电机功率 (kW)	效率 (%)	汽蚀余量 (m)	总质量 (kg)	安装尺寸(mm)							隔振器规格
								L	B	H	A	B₁	C	d	规格
DFG250-315/4/75	400 550 660	34 32 26	1450	75	74 80 75	5.5	1000	1100	645	1369	265	400	350	φ24	JG3-2
DFG250-315A/4/55	368 506 607	30 28 23	1450	55	72 78 73	5.5	850	1100	640	1294	265	400	350	φ24	JG3-2
DFG250-315B/4/45	339 466 559	26.5 25 20	1450	45	68 77.6 71	5.5	750	1100	600	1229	265	400	350	φ24	JG3-2
DFG250-400/4/110	400 550 660	54 50 40	1450	110	69 76 72	5.5	1500	1250	906	1765	265	400	350	φ24	JG4-1
DFG250-400A/4/90	368 506 607	48 44.5 35.5	1450	90	69 70 72	5.5	1150	1250	701	1421	265	400	350	φ24	JG4-1
DFG250-400B/4/75	339 466 559	43 39.5 31.5	1450	75	66 72 68	5.5	1000	1250	701	1359	265	400	350	φ24	JG3-2
DFG250-400C/4/55	312 429 514	33 31 28	1450	55	64 70 65	5.5	850	1250	701	1359	265	400	350	φ24	JG3-2
DFG250-500/4/200	400 550 660	84 80 70	1450	200	68 76 71	5.5	1900	1300	906	1871	265	400	350	φ24	JG4-1
DFG250-500A/4/160	368 506 607	75 71 62.5	1450	160	67 75 70	5.5	1850	1300	906	1866	265	400	350	φ24	JG4-1

泵型号	流量 (m³/h)	扬程 (m)	转速 (r/min)	电机功率 (kW)	效率 (%)	汽蚀余量 (m)	总质量 (kg)	安装尺寸(mm)							隔振器规格
								L	B	H	A	B_1	C	d	规格
DFG250-500B/4/132	339 466 559	66.5 63.5 55.5	1450	132	65 73 68	5.5	1600	1300	906	1866	265	400	350	$\phi24$	JG4-1
DFG250-500C/4/110	312 429 514	59 56 62	1450	110	63 72 46	5.5	1500	1300	906	1766	265	400	350	$\phi24$	JG4-1
DFG300-200/6/37	500 720 860	13.5 12.5 10.5	980	37	78 83 78	6	900	1250	670	1322	300	460	400	$\phi28$	JG3-2
DFG300-200A/6/30	460 662 791	12 11 9.3	980	30	77 82 77	6	800	1250	645	1267	300	460	400	$\phi28$	JG3-2
DFG300-250/4/55	500 720 860	22 20 16	1450	55	78 83 77	6	1100	1200	660	1322	300	460	400	$\phi28$	JG3-2
DFG300-250A/4/45	460 662 791	20.2 17.6 14.1	1450	45	75 84 74	6	1050	1200	620	1282	300	460	400	$\phi28$	JG3-2
DFG300-315/4/90	500 720 860	35 32 27	1450	90	76 82 76	6	1250	1250	675	1469	300	460	400	$\phi28$	JG4-1
DFG300-315A/4/75	460 662 791	30.5 28 23.5	1450	75	74 80 74	6	1050	1250	675	1407	300	460	400	$\phi28$	JG4-1
DFG300-315B/4/55	414 596 712	25.5 23.5 20	1450	55	72 78 72	6	900	1250	670	1332	300	460	400	$\phi28$	JG3-2
DFG300-400/4/132	500 720 860	54 50 42	1450	132	75 80 78	6	1800	1500	906	1895	300	460	400	$\phi28$	JG4-1

DFG(DFRG)型立式单级单吸管道离心泵性能、外形及安装尺寸(十九)   表 1-27

泵型号	流量 (m³/h)	扬程 (m)	转速 (r/min)	电机功率 (kW)	效率 (%)	汽蚀余量 (m)	总质量 (kg)	安装尺寸(mm)							隔振器规格	
								L	B	H	A	B_1	C	d	规格
DFG300-400A/4/110	460 662 791	47 43.5 36.5	1450	110	74 79 77	6	1650	1500	906	1795	300	460	400	φ28	JG4-1
DFG300-400B/4/90	414 596 712	41 38 32	1450	90	72 77 75	6	1300	1500	713	1459	300	460	400	φ28	JG4-1
DFG300-400C/4/75	373 536 641	33 31 28	1450	75	71 76 73	6	1100	1500	713	1397	300	460	400	φ28	JG4-1
DFG300-500/4/250	500 720 860	84 80 72	1450	250	74 80 75	6	2050	1500	1080	2080	300	460	400	φ28	JG4-1
DFG300-500A/4/200	460 662 791	74 70.5 63.5	1450	200	73 79 74	6	2050	1500	906	1895	300	460	400	φ28	JG4-1
DFG300-500B/4/160	414 596 712	65 62 56	1450	160	71 77 72	6	1950	1500	906	1900	300	460	400	φ28	JG4-1
DFG300-500C/4/132	373 536 641	59 56 62	1450	132	70 76 71	6	1650	1500	906	1900	300	460	400	φ28	JG4-1
DFG300-390(I)/4/160	718 1080 1345	44.6 40 34.6	1450	160	75 82 81	6	1650	1250	906	1975	370	450	400	φ27	JG4-1
DFG300-390(I)A/4/132	642 965 1203	35.7 32 27.7	1450	132	73 80 79	6	1600	1250	906	1830	370	450	400	φ27	JG4-1

泵型号	流量 (m³/h)	扬程 (m)	转速 (r/min)	电机功率 (kW)	效率 (%)	汽蚀余量 (m)	总质量 (kg)	安装尺寸(mm)							隔振器规格
								L	B	H	A	B₁	C	d	规格
DFG350-200/6/55	900 1200 1400	13.5 12.5 10.5	980	55	76 80 77	6.5	1300	1500	764	1645	400	510	460	φ28	JG4-1
DFG350-200A/6/45	819 1092 1310	11.5 10.5 9	980	45	74 78 75	6.5	1200	1500	764	1580	400	510	460	φ28	JG4-1
DFG350-250/4/90	900 1200 1400	22 20 16	1450	90	76 80 76	6.5	1400	1500	717	1569	400	510	460	φ28	JG4-1
DFG350-250A/4/75	819 1092 1310	19 17 14	1450	75	73 77 73	6.5	1300	1500	717	1517	400	510	460	φ28	JG4-1
DFG350-315/4/160	900 1200 1400	36 32 26	1450	160	74 78 75	6.5	1930	1500	918	2000	400	510	460	φ28	JG4-1
DFG350-315A/4/132	819 1092 1310	31 28 23	1450	132	72 76 73	6.5	1850	1500	918	2000	400	510	460	φ28	JG4-1
DFG350-315B/4/110	745 994 1192	27 25 20	1450	110	70 74 71	6.5	1750	1500	918	1900	400	510	460	φ28	JG4-1
DFG350-400/4/250	900 1200 1400	54 50 43	1450	250	70 74 72	6.5	2300	1500	1051	2177	400	510	460	φ28	JG4-1
DFG350-400A/4/200	819 1092 1310	47.5 44 38	1450	200	68 72 70	6.5	1950	1500	947	1992	400	510	460	φ28	JG4-1
DFG350-400B/4/250	745 994 1192	42 38.5 34	1450	250	60 70 68	6.5	1950	1500	947	1992	400	510	460	φ28	JG4-1
DFG350-400C/4/160	670 905 1073	33 31 28	1450	160	59 68 66	6.5	1850	1500	947	2007	400	510	460	φ28	JG4-1

DFG（DFRG）型立式单级单吸管道离心泵法兰尺寸   表 1-28

泵 型 号	法兰尺寸（mm）			
	ϕDN	D	D_3	$n\text{-}\phi d_1$
DFG25-×××	$\phi25$	$\phi115$	$\phi85$	$4\text{-}\phi14$
DFG32-×××	$\phi32$	$\phi140$	$\phi100$	$4\text{-}\phi18$
DFG40-×××	$\phi40$	$\phi150$	$\phi110$	$4\text{-}\phi18$
DFG50-×××	$\phi50$	$\phi165$	$\phi125$	$4\text{-}\phi18$
DFG65-×××	$\phi65$	$\phi185$	$\phi145$	$4\text{-}\phi18$
DFG80-×××	$\phi80$	$\phi200$	$\phi160$	$8\text{-}\phi18$
DFG100-×××	$\phi100$	$\phi220$	$\phi180$	$8\text{-}\phi18$
DFG125-×××	$\phi125$	$\phi250$	$\phi210$	$8\text{-}\phi18$
DFG150-×××	$\phi150$	$\phi285$	$\phi240$	$8\text{-}\phi22$
DFG200-×××	$\phi200$	$\phi340$	$\phi295$	$12\text{-}\phi22$
DFG250-×××	$\phi250$	$\phi405$	$\phi355$	$12\text{-}\phi26$
DFG300-×××	$\phi300$	$\phi460$	$\phi410$	$12\text{-}\phi26$
DFG350-×××	$\phi350$	$\phi520$	$\phi470$	$16\text{-}\phi26$

1.1.5 AABD（W）型轴冷节能单级离心泵

（1）用途：AABD（W）型轴冷节能单级离心泵适用于输送水及理化性质类似于水的液体（液体密度大会增加离心泵的消耗功率、降低离心泵的性能和效率）。

该系列轴冷节能单级离心泵主要应用于：工业供水、中央空调系统、建筑业、消防系统、水处理系统、灌溉、喷淋等。改变过流部件的材质也可以输送具有腐蚀性的液体。

（2）型号意义说明：

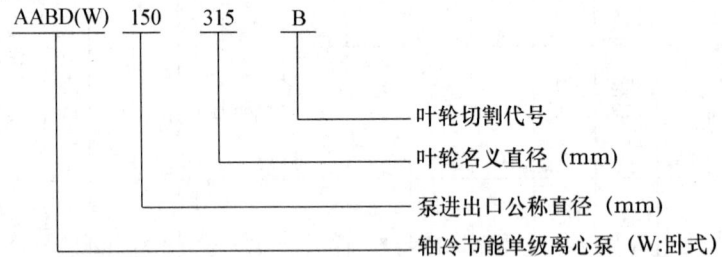

（3）结构：AABD（W）型泵包括立式泵和卧式泵两种，立式泵为管道式结构，进出口直径相同，且位于同一中心线上；卧式泵为后开门式结构。两种形式的泵均与电机直联。在不移动进出水管路的情况下可以进行检修。从电机风叶端看水泵叶轮为顺时针旋转。海拔大于 1000m 时需对标准参数进行修正。

（4）性能：AABD（W）型轴冷节能单级离心泵性能见图 1-14 和表 1-29。

（5）外形及安装尺寸：AABD（W）型轴冷节能单级离心泵外形及安装尺寸见图 1-15、图 1-16、表 1-30、表 1-31。

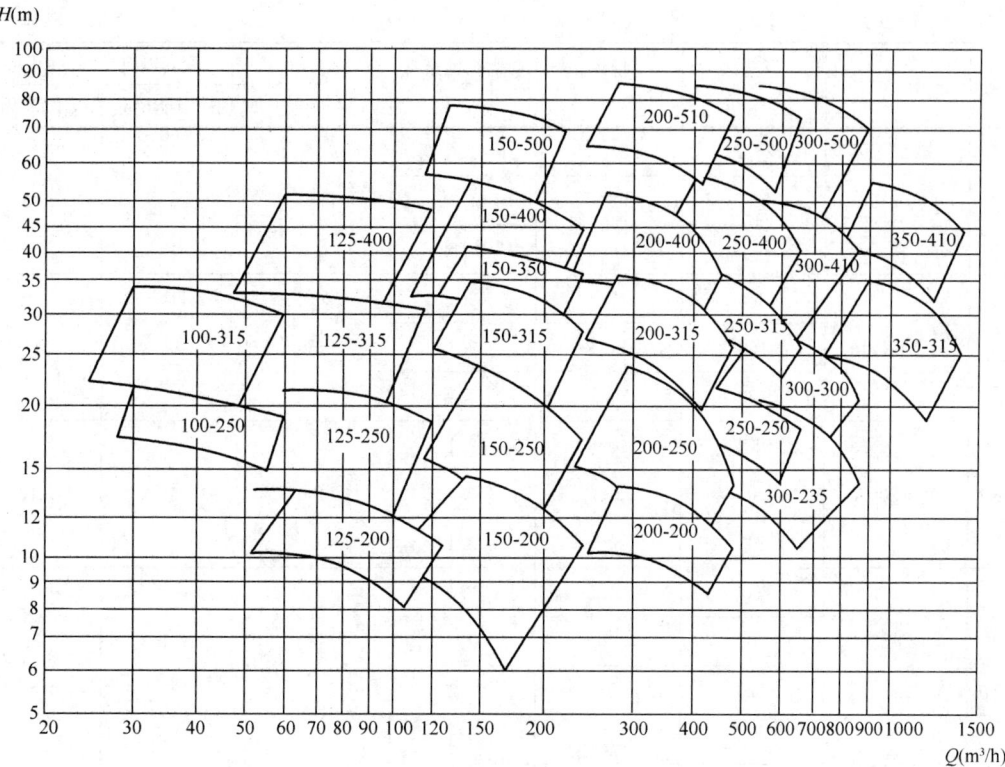

图 1-14 AABD（W）型轴冷节能单级离心泵型谱图

AABD（W）型轴冷节能单级离心泵性能　　　　　　　表 1-29

序号	型　号	流量 （m³/h）	扬程 （m）	必需汽蚀余量 （m）	转　速 （r/min）	配套电机功率（kW）	
						轴冷节能产品	国标产品
1	100-250	30	21.3	1.4	1480	4	5.5
		50	20	1.4			
		60	19	2.5			
2	100-250A	28	16.7	1.4	1480	3	4
		46.6	15.7	1.4			
		56	14.9	2.5			
3	100-315	30	34	1.4	1480	7.5	11
		50	32	1.4			
		60	30	2.5			
4	100-315A	28	28.6	1.4	1480	5.5	7.5
		46.6	26.9	1.4			
		56	25.2	2.5			
5	100-315B	26.2	26.1	1.4	1480	5.5	7.5
		43.7	24.6	1.4			
		52.5	23	2.5			

序号	型号	流量 (m³/h)	扬程 (m)	必需汽蚀余量 (m)	转速 (r/min)	配套电机功率（kW）	
						轴冷节能产品	国标产品
6	100-315C	24.2	22.3	1.4	1480	4	5.5
		40.5	21	1.4			
		48.5	19.7	2.5			
7	125-200	60	12.7	2.1	1480	4	5.5
		100	11.5	2.1			
		120	10	3.1			
8	125-200A	51.7	10.8	2.1	1480	3	4
		86	9.3	2.1			
		103	8.2	3.1			
9	125-250	60	21.5	2.1	1480	7.5	11
		100	20	2.1			
		120	18.5	3.1			
10	125-250A	56	17.7	2.1	1480	5.5	7.5
		93	16.5	2.1			
		112	15.2	3.1			
11	125-250B	52	13.6	2.1	1480	4	5.5
		87	12.8	2.1			
		104	11.9	3.1			
12	125-315	56.7	31.7	2	1480	11	15
		94.6	30.3	2			
		113.5	28.8	3			
13	125-315A	48.4	24.6	2	1480	7.5	11
		80	23.7	2			
		96.7	22.6	3			
14	125-315B	44.3	19.8	2	1480	5.5	7.5
		74.4	18.8	2			
		89.5	17	3			
15	125-400	60	52	2.1	1480	22	30
		100	50	2.1			
		120	48.5	3			

序号	型 号	流量 (m³/h)	扬程 (m)	必需汽蚀余量 (m)	转 速 (r/min)	配套电机功率（kW）	
						轴冷节能产品	国标产品
16	125-400A	56.4	46	2.1	1480	18.5	22
		94	44	2.1			
		113	43	3			
17	125-400B	52.3	39	2.1	1480	15	18.5
		87	38	2.1			
		105	37	3			
18	125-400C	47.3	33.1	2.1	1480	11	15
		78.9	31.9	2.1			
		94.5	31.2	3			
19	150-200	140	13.8	3.2	1480	11	15
		200	12.5	3.2			
		240	10.6	4			
20	150-200A	125	11	3.2	1480	7.5	11
		179	10	3.2			
		215	8.5	4			
21	150-200B	84	10	3.2	1480	5.5	7.5
		140	8	3.2			
		168	6	4			
22	150-250	140	21.8	3.2	1480	15	18.5
		200	20	3.2			
		240	17	4			
23	150-250A	129	18.5	3.2	1480	11	15
		184	17	3.2			
		221	14.4	4			
24	150-250B	110.6	14.4	3.2	1480	7.5	11
		157.8	13.3	3.2			
		189	11.4	4			
25	150-315	140	33.8	3.2	1480	22	30
		200	32	3.2			
		240	28	4			

序号	型号	流量 （m³/h）	扬程 （m）	必需汽蚀余量 （m）	转速 （r/min）	配套电机功率（kW）	
						轴冷节能产品	国标产品
26	150-315A	131	29.5	3.2	1480	18.5	22
		187	28	3.2			
		225	24.5	4			
27	150-315B	121	25.8	3.2	1480	15	18.5
		173	24	3.2			
		208	20.7	4			
28	150-350	140	41	3.2	1480	30	37
		200	38	3.2			
		240	36	4			
29	150-350A	125.2	37.3	3.2	1480	22	30
		178.7	34.4	3.2			
		215	30.6	4			
30	150-350B	124.5	33.3	3.2	1480	18.5	22
		164.3	30.4	3.2			
		197.6	27.6	4			
31	150-400	140	53	3.2	1480	37	45
		200	50	3.2			
		240	44	4			
32	150-400A	131	46.6	3.2	1480	30	37
		187	44	3.2			
		225	38.3	4			
33	150-400B	114.5	37.5	3.2	1480	22	30
		163.3	35.6	3.2			
		196	31	4			
34	150-400C	108	32.8	3.2	1480	18.5	22
		154	30.9	3.2			
		185.1	27	4			
35	150-500	129.1	78.4	3.2	1480	55	75
		184.5	73.8	3.2			
		221.5	69.2	4			
36	150-500A	131	74	3.2	1480	55	75
		187	70	3.2			
		224	65	4			

续表

序号	型　号	流量 (m³/h)	扬程 (m)	必需汽蚀余量 (m)	转　速 (r/min)	配套电机功率（kW）	
						轴冷节能产品	国标产品
37	150-500B	121	64	3.2	1480	45	55
		173	60	3.2			
		208	55.5	4			
38	200-200	280	13.4	4	1480	18.5	22
		400	12.5	4			
		480	10.5	4.6			
39	200-200A	250	10.3	4	1480	15	18.5
		358	10	4			
		430	8.5	4.6			
40	200-250	245	22.2	4	1480	22	30
		350	20	4			
		420	14	4.6			
41	200-250A	250	18	4	1480	18.5	22
		358	16	4			
		430	11.2	4.6			
42	200-250B	226	14.6	4	1480	15	18.5
		322	13	4			
		386	9	4.6			
43	200-315	280	36	4	1480	45	55
		400	32	4			
		480	26	4.6			
44	200-315A	262	31.5	4	1480	37	45
		374	28	4			
		449	23	4.6			
45	200-315B	242	27	4	1480	30	37
		346	24	4			
		415	19.5	4.6			
46	200-400	262	51	4	1480	55	75
		375	46.8	4			
		450	36.5	4.6			
47	200-400A	262	48	4	1480	55	75
		374	44	4			
		449	34	4.6			
48	200-400B	242	41.4	4	1480	45	55
		346	38	4			
		415	29.6	4.6			

序号	型 号	流量 (m³/h)	扬程 (m)	必需汽蚀余量 (m)	转 速 (r/min)	配套电机功率（kW）	
						轴冷节能产品	国标产品
49	200-400C	224	34.9	4	1480	37	45
		320	32	4			
		384	25	4.6			
50	200-510	280	85	4	1480	110	132
		400	80	4			
		480	73	4.6			
51	200-510A	256.8	72.5	4	1480	90	110
		366.5	68.6	4			
		440	62.7	4.6			
52	200-510B	242	64	4	1480	75	110
		346	60	4			
		415	54	4.6			
53	250-250	400	22	5.3	1480	37	45
		550	20	5.3			
		660	18	5.9			
54	250-250A	365	19	5.3	1480	30	37
		500	17	5.3			
		600	14	5.9			
55	250-315	400	34.5	5.3	1480	55	75
		550	32	5.3			
		660	26	5.9			
56	250-315A	365	31.5	5.3	1480	45	55
		500	28	5.3			
		600	23	5.9			
57	250-400	400	54	5.3	1480	90	110
		550	50	5.3			
		660	40	5.9			
58	250-400A	365	47	5.3	1480	75	90
		500	44	5.3			
		600	35	5.9			
59	250-400B	336	40	5.3	1480	55	75
		460	37	5.3			
		552	30	5.9			
60	250-500	400	85	5.3	1480	160	200
		550	80	5.3			
		660	73	5.9			

序号	型 号	流量 (m³/h)	扬程 (m)	必需汽蚀余量 (m)	转 速 (r/min)	配套电机功率（kW）	
						轴冷节能产品	国标产品
61	250-500A	375	74	5.3	1480	132	160
		515	70	5.3			
		620	61.2	5.9			
62	250-500B	350	64	5.3	1480	110	132
		480	60	5.3			
		580	52.5	5.9			
63	300-235	540	20.5	6.2	1480	45	55
		720	18	6.2			
		864	14	6.7			
64	300-235A	450	17.2	6.2	1480	37	45
		600	15	6.2			
		720	12.5	6.7			
65	300-235B	420	14.3	6.2	1480	30	37
		540	12.8	6.2			
		650	10.5	6.7			
66	300-300	540	28.5	6.2	1480	55	75
		720	25.5	6.2			
		864	20.5	6.7			
67	300-300A	450	24.1	6.2	1480	45	55
		600	21.6	6.2			
		720	18.5	6.7			
68	300-300B	420	20.4	6.2	1480	37	45
		540	18.5	6.2			
		650	16	6.7			
69	300-410	500	51.2	6.2	1480	110	132
		720	47	6.2			
		864	41	6.7			
70	300-410A	460	47	6.2	1480	90	110
		660	44	6.2			
		790	36	6.7			
71	300-410B	420	41	6.2	1480	75	90
		600	38	6.2			
		720	32	6.7			

序号	型 号	流量 (m³/h)	扬程 (m)	必需汽蚀余量 (m)	转 速 (r/min)	配套电机功率（kW）	
						轴冷节能产品	国标产品
72	300-410C	371.5	33.4	6.2	1480	55	75
		533.5	30.5	6.2			
		638.3	25.7	6.7			
73	300-500	540	85	6.2	1480	200	250
		720	80	6.2			
		900	70	6.7			
74	300-500A	499.8	73.5	6.2	1480	160	200
		666.7	69.1	6.2			
		833.6	60.4	6.7			
75	300-500B	468	63.8	6.2	1480	132	160
		625	60	6.2			
		780	52.5	6.7			
76	300-500C	403.2	50.5	6.2	1480	90	110
		540.7	47.4	6.2			
		673.6	41.6	6.7			
77	350-315	889.2	34.6	8.5	1480	132	160
		1185.5	31.6	8.5			
		1383	25.7	9			
78	350-315A	793.1	29	8.5	1480	110	132
		1064	27.1	8.5			
		1257.4	22.2	9			
79	350-315B	738.3	25.6	8.5	1480	90	110
		984.4	23.6	8.5			
		1181.2	18.7	9			
80	350-410	900	53	8.5	1480	200	250
		1200	50	8.5			
		1400	44	9			
81	350-410A	850	46.6	8.5	1480	160	200
		1130	44	8.5			
		1320	38	9			
82	350-410B	790	40.3	8.5	1480	132	160
		1050	38	8.5			
		1225	32.7	9			

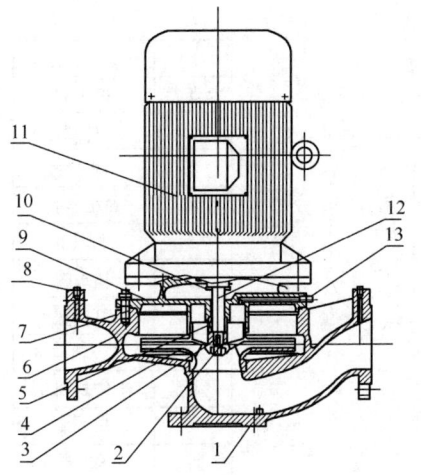

序号	零件名称	序号	零件名称
1	放水孔	8	测压孔
2	叶轮螺母	9	联接盖
3	键	10	挡水圈
4	叶轮	11	电动机
5	机械密封	12	轴
6	泵体	13	排气阀
7	密封圈		

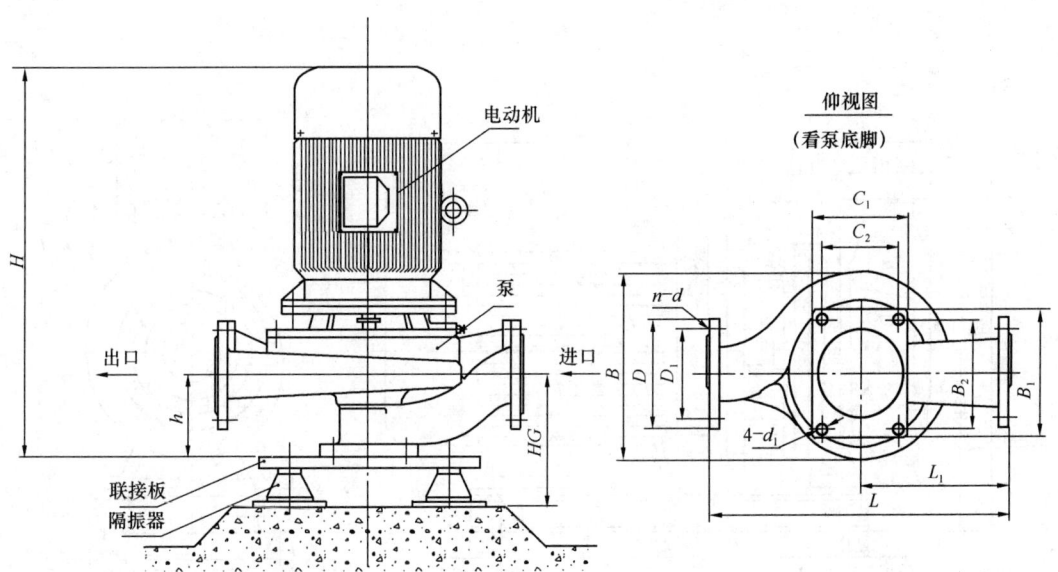

图 1-15　AABD 型轴冷节能单级离心泵外形及安装尺寸

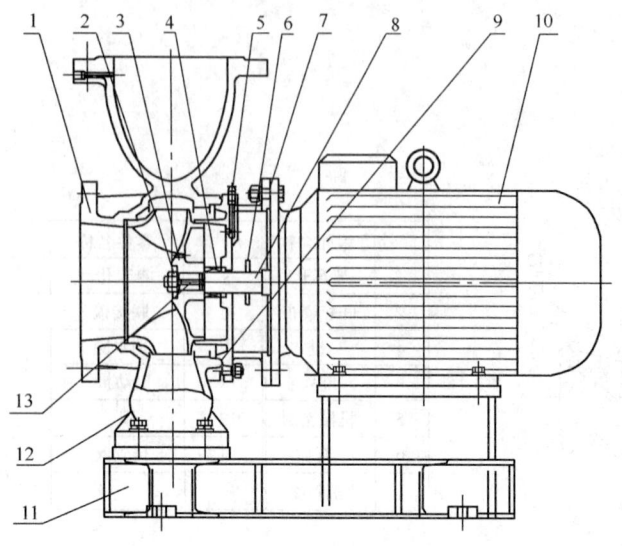

序号	零件名称
1	泵 体
2	叶轮螺母
3	叶 轮
4	机械密封
5	排气阀
6	挡水圈
7	联接盖
8	轴
9	密封圈
10	电 机
11	底 座
12	放水孔
13	键

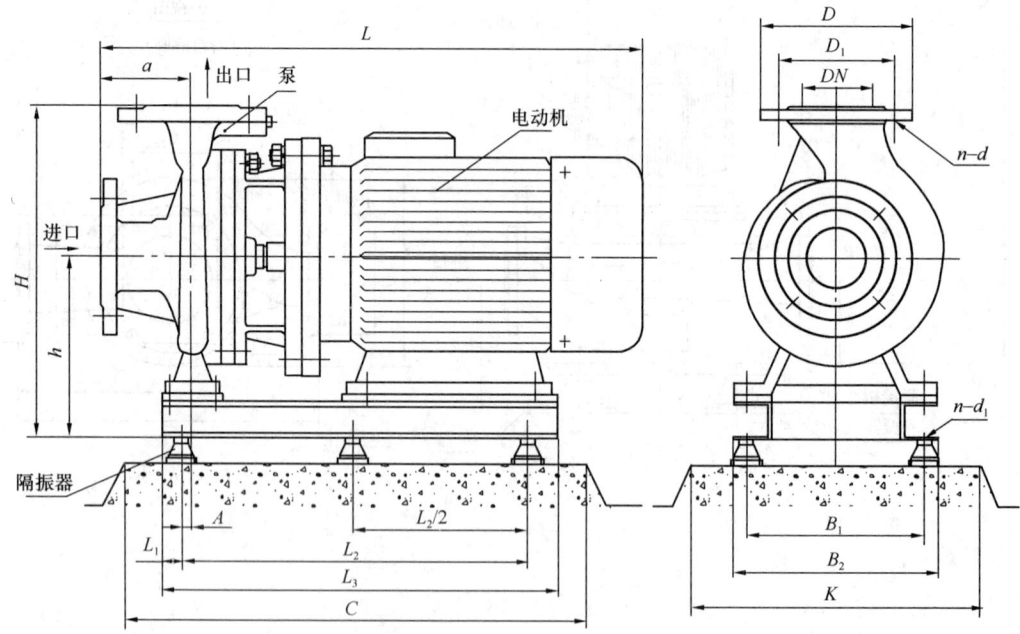

图 1-16 AABDW 型轴冷节能单级离心泵外形及安装尺寸

AABD 型轴冷节能单级离心泵外形及安装尺寸　　表 1-30

序 号	型　号	外形尺寸						安装尺寸		质量 (kg)	进出口法兰			隔振器	
		L	L_1	B	H	$C_1 \times B_1$	h	$C_2 \times B_2$	$4\text{-}d_1$		D	D_1	$n\text{-}d$	规格	HG
1	100-250	550	275	360	605	170×220	140	120×180	4-φ22	120	φ220	φ180	8-φ18	JG2-2	255
2	100-250A									110					
3	100-315	640	320	415	720	250×300	165	150×240		180					280
4	100-315A				680					170					
5	100-315B									168					
6	100-315C				620					140					
7	125-200	570	285	320	615	200×260	150	160×220	4-φ22	130					290
8	125-200A									120					
9	125-250	600	300	390	700		145		4-φ22	180					265
10	125-250A				660					165					
11	125-250B			365	600					140					
12	125-315	670	350	430	920	300×350	195	230×280		220	φ250	φ210		JG3-2	330
13	125-315A				750					185				JG2-2	305
14	125-315B				710					175					
15	125-400	720	360	530	970	250×300	180	210×260	4-φ22	305				JG3-2	320
16	125-400A				930					255					
17	125-400B			520	915					240					
18	125-400C									220					
19	150-200	680	380	450	930	250×300	190	210×260	4-φ22	240	φ285	φ240	8-φ22	JG2-2	305
20	150-200A				785					200					
21	150-200B				745					190					
22	150-250	700	380	450	930		205			280					320
23	150-250A									280					
24	150-250B				800					220					
25	150-315	760	380	500	995		205			340				JG3-2	345
26	150-315A				955					300					
27	150-315B			480	940					260				JG3-2	320
28	150-350	900	500	530	1095	300×260	280	260×210	4-φ22	385				JG3-2	420
29	150-350A				1020					365					
30	150-350B									325					
31	150-400	800	400	550	1040	250×300	210	210×260		455					350
32	150-400A				1025					435					
33	150-400B			530	1000					370					
34	150-400C				970					330					
35	150-500	1050	550	660	1220	370×300	280	320×250		680					420
36	150-500A									660					
37	150-500B			600	1170					630					
38	200-200	810	430	610	1015	300×370	240	250×320		365	φ340	φ295	12-φ22		380
39	200-200A				990					325					
40	200-250	830	430	610	1035		230			415					370
41	200-250A				990					390					

续表

序号	型号	L	L₁	B	H	C₁×B₁	h	C₂×B₂	4-d₁	质量(kg)	D	D₁	n-d	规格	HG
42	200-250B	830	430	610	980	300×370		250×320	4-φ22	340	φ340	φ295	12-φ22		
43	200-315	860	440	610	1135		230			575				JG3-2	370
44	200-315A				1092					535					
45	200-315B				1075					485					
46	200-400	880	440	645	1195		240			720				JG4-2	425
47	200-400A									718					
48	200-400B			585	1145					585				JG3-2	380
49	200-400C				1100					545					
50	200-510	1080	540	860	1550	400×500	270	300×400	4-φ26	1240				JG4-2	455
51	200-510A			700	1400					910					
52	200-510B									820					
53	250-250	1050	600	630	1210	350×400	350	300×350	4-φ26	620	φ405	φ355	12-φ26		525
54	250-250A				1190					550					
55	250-315	1110	605	655	1255		300			800					485
56	250-315A			630	1200					630					
57	250-400	1200	655	665	1425	400×500	330	350×450		1070					515
58	250-400A									1000					
59	250-400B				1280					850					
60	250-500	1360	710	860	1790	410×360	415	350×300		1720					600
61	250-500A									1600					
62	250-500B				1680					1510					
63	300-235	1200	600	670	1285	400×500	330	350×450		800	φ460	φ410			515
64	300-235A				1215					770					
65	300-235B				1200					820					
66	300-300				1315					880					
67	300-300A	1200	600		1265					800					
68	300-300B				1225					770					
69	300-410	1400	700	860	1650	400×500	380			1580					565
70	300-410A			710	1500					1230					
71	300-410B									1130					
72	300-410C				1385					980					
73	300-500	1450	750	880	1790	410×410	400	350×350		1860					585
74	300-500A									1790					
75	300-500B									1710					
76	300-500C			750	1525					1380					
77	350-315	1300	650	860	1630	600×600	360	520×520	4-φ28	1650	φ520	φ470	16-φ26		545
78	350-315A									1300					
79	350-315B			770	1480					1230					
80	350-410	1600	800	880	1775	410×410	485	350×350		2000					670
81	350-410A									1910					
82	350-410B									1810					

AABD（W）型轴冷节能单级离心泵外形及安装尺寸　　　　表 1-31

序号	规格型号	L	L_1	L_2	L_3	H	h	a	A	B_1	B_2	$n-d_1$	D	D_1	$n-d$	型号	数量	C	K
1	100-250	589	100	300	500	500	280	125	0	340	380	$4-\phi16$	$\phi220$	$\phi180$	$8-\phi18$	JG3-1	4	600	520
2	100-250A	589	100	300	500	500	280	125	0	340	380	$4-\phi16$	$\phi220$	$\phi180$	$8-\phi18$	JG3-1	4	600	520
3	100-315	680	100	360	550	665	345	125	0	370	420	$4-\phi16$	$\phi220$	$\phi180$	$8-\phi18$	JG3-1	4	638	620
4	100-315A	640	100	330	510	665	345	125	0	370	420	$4-\phi16$	$\phi220$	$\phi180$	$8-\phi18$	JG3-1	4	638	620
5	100-315B	640	100	330	510	665	345	125	0	370	420	$4-\phi16$	$\phi220$	$\phi180$	$8-\phi18$	JG3-1	4	638	620
6	100-315C	600	100	300	500	630	305	125	0	370	420	$4-\phi16$	$\phi220$	$\phi180$	$8-\phi18$	JG3-1	4	638	620
7	125-200	590	100	300	500	565	280	125	0	340	380	$4-\phi16$	$\phi250$	$\phi210$	$8-\phi18$	JG3-1	4	600	520
8	125-200A	590	100	300	500	565	280	125	0	340	380	$4-\phi16$	$\phi250$	$\phi210$	$8-\phi18$	JG3-1	4	600	520
9	125-250	690	100	340	540	621	321	140	0	380	420	$4-\phi16$	$\phi250$	$\phi210$	$8-\phi18$	JG3-1	4	600	520
10	125-250A	650	100	300	500	621	321	140	0	380	420	$4-\phi16$	$\phi250$	$\phi210$	$8-\phi18$	JG3-1	4	600	520
11	125-250B	610	100	300	500	604	304	140	0	380	420	$4-\phi16$	$\phi250$	$\phi210$	$8-\phi18$	JG3-1	4	600	520
12	125-315	870	110	480	700	700	370	140	0	380	420	$4-\phi16$	$\phi250$	$\phi210$	$8-\phi18$	JG3-2	4	800	630
13	125-315A	695	100	350	550	700	370	140	0	380	420	$4-\phi16$	$\phi250$	$\phi210$	$8-\phi18$	JG3-2	4	650	630
14	125-315B	655	100	300	500	700	370	140	0	380	420	$4-\phi16$	$\phi250$	$\phi210$	$8-\phi18$	JG3-2	4	600	630
15	125-400	930	110	510	730	760	400	140	0	480	520	$4-\phi16$	$\phi250$	$\phi210$	$8-\phi18$	JG3-2	4	830	720
16	125-400A	750	110	480	700	760	400	140	0	480	520	$4-\phi16$	$\phi250$	$\phi210$	$8-\phi18$	JG3-2	4	830	720
17	125-400B	865	110	480	700	760	400	140	0	480	520	$4-\phi16$	$\phi250$	$\phi210$	$8-\phi18$	JG3-2	4	800	720
18	125-400C	725	110	480	700	760	400	140	0	480	520	$4-\phi16$	$\phi250$	$\phi210$	$8-\phi18$	JG3-2	4	800	720
19	150-200	865	100	480	700	690	370	140	0	340	380	$4-\phi16$	$\phi285$	$\phi240$	$8-\phi22$	JG3-2	4	800	630
20	150-200A	730	100	380	580	690	370	140	0	340	380	$4-\phi16$	$\phi285$	$\phi240$	$8-\phi22$	JG3-1	4	680	630
21	150-200B	695	100	340	540	690	370	140	0	340	380	$4-\phi16$	$\phi285$	$\phi240$	$8-\phi22$	JG3-1	4	640	630
22	150-250	875	91	500	670	710	370	140	0	380	420	$4-\phi16$	$\phi285$	$\phi240$	$8-\phi22$	JG3-2	4	800	630
23	150-250A	875	91	500	670	710	370	140	0	380	420	$4-\phi16$	$\phi285$	$\phi240$	$8-\phi22$	JG3-2	4	800	630
24	150-250B	711	92	350	520	710	370	140	0	380	420	$4-\phi16$	$\phi285$	$\phi240$	$8-\phi22$	JG3-2	4	800	630
25	150-315	930	120	530	750	780	400	140	0	480	520	$4-\phi16$	$\phi285$	$\phi240$	$8-\phi22$	JG3-2	4	850	720
26	150-315A	890	120	510	720	780	400	140	0	480	520	$4-\phi16$	$\phi285$	$\phi240$	$8-\phi22$	JG3-2	4	850	720
27	150-315B	890	120	510	720	780	400	140	0	480	520	$4-\phi16$	$\phi285$	$\phi240$	$8-\phi22$	JG3-2	4	850	720
28	150-350	980	115	535	765	800	400	140	0	470	520	$4-\phi20$	$\phi285$	$\phi240$	$8-\phi22$	JG3-2	4	900	770
29	150-350A	950	115	490	720	800	400	140	0	470	520	$4-\phi20$	$\phi285$	$\phi240$	$8-\phi22$	JG3-2	4	850	770
30	150-350B	910	115	450	680	800	400	140	0	470	520	$4-\phi20$	$\phi285$	$\phi240$	$8-\phi22$	JG3-2	4	800	770
31	150-400	1000	100	600	800	861	461	160	20	470	520	$4-\phi20$	$\phi285$	$\phi240$	$8-\phi22$	JG3-2	4	900	770
32	150-400A	980	120	610	800	835	435	160	0	470	520	$4-\phi20$	$\phi285$	$\phi240$	$8-\phi22$	JG3-2	4	900	770
33	150-400B	950	120	510	750	835	435	160	0	470	520	$4-\phi20$	$\phi285$	$\phi240$	$8-\phi22$	JG3-2	4	850	770
34	150-400C	910	120	510	710	835	435	160	0	470	520	$4-\phi20$	$\phi285$	$\phi240$	$8-\phi22$	JG3-2	4	810	770
35	150-500	1090	115	635	865	975	475	180	0	550	600	$4-\phi24$	$\phi285$	$\phi240$	$8-\phi22$	JG4-1	4	1060	820
36	150-500A	1090	115	635	865	975	475	180	0	550	600	$4-\phi24$	$\phi285$	$\phi240$	$8-\phi22$	JG4-1	4	1060	820
37	150-500B	995	115	580	810	975	475	180	0	510	560	$4-\phi24$	$\phi285$	$\phi240$	$8-\phi22$	JG3-2	4	990	820

序号	规格型号	L	L_1	L_2	L_3	H	h	a	A	B_1	B_2	$n-d_1$	D	$D1$	$n-d$	型号	数量	C	K
38	200-200	915	100	530	720	780	400	160	20	480	520	4-ϕ16	ϕ340	ϕ295	12-ϕ22	JG3-2	4	850	630
39	200-200A	910	100	530	730	780	400	160	20	480	520	4-ϕ16	ϕ340	ϕ295	12-ϕ22	JG3-2	4	850	630
40	200-250	950	100	570	760	815	400	160	20	480	520	4-ϕ16	ϕ340	ϕ295	12-ϕ22	JG3-2	4	850	630
41	200-250A	910	100	530	720	815	400	160	20	480	520	4-ϕ16	ϕ340	ϕ295	12-ϕ22	JG3-2	4	800	630
42	200-250B	885	100	530	720	815	400	160	20	480	520	4-ϕ16	ϕ340	ϕ295	12-ϕ22	JG3-2	4	820	630
43	200-315	1015	95	605	800	881	461	160	20	520	570	4-ϕ20	ϕ340	ϕ295	12-ϕ22	JG4-1	4	900	820
44	200-315A	1015	95	605	800	881	461	160	20	520	570	4-ϕ20	ϕ340	ϕ295	12-ϕ22	JG4-1	4	900	820
45	200-315B	995	95	605	800	881	461	160	20	520	570	4-ϕ20	ϕ340	ϕ295	12-ϕ22	JG4-1	4	900	820
46	200-400	1110	120	720	920	911	461	160	0	520	570	4-ϕ20	ϕ340	ϕ295	12-ϕ22	JG4-1	4	1000	820
47	200-400A	1110	120	720	920	911	461	160	0	520	570	4-ϕ20	ϕ340	ϕ295	12-ϕ22	JG4-1	4	1000	820
48	200-400B	1015	95	605	800	911	461	160	20	520	570	4-ϕ20	ϕ340	ϕ295	12-ϕ22	JG4-1	4	910	820
49	200-400C	1015	95	605	800	911	461	160	20	520	570	4-ϕ20	ϕ340	ϕ295	12-ϕ22	JG4-1	4	910	820
50	200-510	1495	110	860	1080	1080	540	200	20	600	650	6-ϕ24	ϕ340	ϕ295	12-ϕ22	JG4-2	6	1380	950
51	200-510A	1307	110	805	1025	1060	520	200	20	570	620	4-ϕ24	ϕ340	ϕ295	12-ϕ22	JG4-1	4	1300	920
52	200-510B	1307	110	805	1025	1060	520	200	20	570	620	4-ϕ24	ϕ340	ϕ295	12-ϕ22	JG4-1	4	1300	920
53	250-250	1060	95	620	810	930	480	200	20	470	520	4-ϕ24	ϕ405	ϕ355	12-ϕ26	JG4-1	4	1100	990
54	250-250A	1040	95	610	800	930	480	200	20	470	520	4-ϕ24	ϕ405	ϕ355	12-ϕ26	JG4-1	4	1100	990
55	250-315	1150	120	720	920	961	461	200	0	520	570	4-ϕ20	ϕ405	ϕ355	12-ϕ26	JG4-1	4	1010	990
56	250-315A	1055	120	570	810	980	475	200	20	520	570	4-ϕ24	ϕ405	ϕ355	12-ϕ26	JG4-1	4	910	990
57	250-400	1292	110	780	1000	1035	495	200	20	520	570	4-ϕ24	ϕ405	ϕ355	12-ϕ26	JG4-1	4	1100	990
58	250-400A	1292	110	780	1000	1035	495	200	20	520	570	4-ϕ24	ϕ405	ϕ355	12-ϕ26	JG4-1	4	1100	910
59	250-400B	1150	110	680	900	1035	495	200	20	520	570	4-ϕ24	ϕ405	ϕ355	12-ϕ26	JG4-1	4	1000	910
60	250-500	1625	110	970	1190	1200	550	250	20	640	690	6-ϕ24	ϕ405	ϕ355	12-ϕ26	JG4-2	6	1530	950
61	250-500A	1625	110	950	1170	1200	550	250	20	640	690	6-ϕ24	ϕ405	ϕ355	12-ϕ26	JG4-2	6	1530	950
62	250-500B	1515	110	860	1080	1200	550	250	20	640	690	6-ϕ24	ϕ405	ϕ355	12-ϕ26	JG4-2	6	1530	950
63	300-235	1145	120	625	865	1090	490	240	30	570	620	4-ϕ24	ϕ460	ϕ410	12-ϕ26	JG4-1	4	1000	920
64	300-235A	1145	120	625	865	1090	490	240	30	570	620	4-ϕ24	ϕ460	ϕ410	12-ϕ26	JG4-1	4	1000	920
65	300-235B	1100	120	610	850	1090	490	240	30	570	620	4-ϕ24	ϕ460	ϕ410	12-ϕ26	JG4-1	4	850	920
66	300-300	1225	120	710	950	1110	510	240	30	600	650	4-ϕ24	ϕ460	ϕ410	12-ϕ26	JG4-2	4	1050	990
67	300-300A	1145	120	625	865	1090	490	240	30	570	620	4-ϕ24	ϕ460	ϕ410	12-ϕ26	JG4-1	4	1000	920
68	300-300B	1145	120	625	865	1090	490	240	30	570	620	4-ϕ24	ϕ460	ϕ410	12-ϕ26	JG4-1	4	1000	920
69	300-410	1585	115	870	1100	1305	605	290	30	670	720	6-ϕ24	ϕ460	ϕ410	12-ϕ26	JG4-2	6	1400	1110
70	300-410A	1397	115	800	1030	1285	585	290	30	670	720	4-ϕ24	ϕ460	ϕ410	12-ϕ26	JG4-2	4	1330	1110
71	300-410B	1397	115	800	1030	1285	585	290	30	670	720	4-ϕ24	ϕ460	ϕ410	12-ϕ26	JG4-2	4	1330	1110
72	300-410C	1285	115	730	960	1285	585	290	30	670	720	4-ϕ24	ϕ460	ϕ410	12-ϕ26	JG4-2	4	1260	1110

续表

序号	规格型号	L	L_1	L_2	L_3	H	h	a	A	B_1	B_2	$n-d_1$	D	D_1	$n-d$	型号	数量	C	K
73	300-500	1775	115	935	1165	1285	585	280	0	610	645	$4-\phi28$	$\phi460$	$\phi410$	$12-\phi26$	JG4-2	4	1530	1110
74	300-500A	1775	115	935	1165	1285	585	280	0	610	645	$4-\phi28$	$\phi460$	$\phi410$	$12-\phi26$	JG4-2	4	1530	1110
75	300-500B	1665	115	910	1140	1285	585	280	0	610	645	$4-\phi28$	$\phi460$	$\phi410$	$12-\phi26$	JG4-2	4	1530	1110
76	300-500C	1405	115	770	1000	1285	585	280	0	550	610	$4-\phi28$	$\phi460$	$\phi410$	$12-\phi26$	JG4-2	4	1360	1110
77	350-315	1575	120	880	1120	1195	575	270	30	670	720	$6-\phi24$	$\phi520$	$\phi470$	$16-\phi26$	JG4-2	6	1420	1110
78	350-315A	1575	120	880	1120	1195	575	270	30	670	720	$6-\phi24$	$\phi520$	$\phi470$	$16-\phi26$	JG4-2	6	1420	1110
79	350-315B	1387	120	820	1060	1175	555	270	0	670	720	$4-\phi24$	$\phi520$	$\phi470$	$16-\phi26$	JG4-2	4	1360	1110
80	350-410	1680	130	960	1220	1385	585	300	50	630	680	$6-\phi24$	$\phi520$	$\phi470$	$16-\phi26$	JG4-2	6	1530	1110
81	350-410A	1680	130	960	1220	1385	585	300	50	630	680	$6-\phi24$	$\phi520$	$\phi470$	$16-\phi26$	JG4-2	6	1530	1110
82	350-410B	1680	130	920	1220	1385	585	300	40	630	680	$6-\phi24$	$\phi520$	$\phi470$	$16-\phi26$	JG4-2	6	1530	1110

1.1.6　KQSN 型中开式单级双吸离心泵

（1）用途：KQSN 型中开式单级双吸离心泵广泛适用于城市给水排水、城镇供水；集中供热系统给水排水；钢铁冶金企业、石化炼油厂、造纸厂、油田、热电厂、机场建设、化纤厂、纺织厂、糖厂、化工厂、电站的给水排水；工厂、矿山的消防系统给水、空调系统供水；农田排涝灌溉及各种水利工程。

（2）型号意义说明：

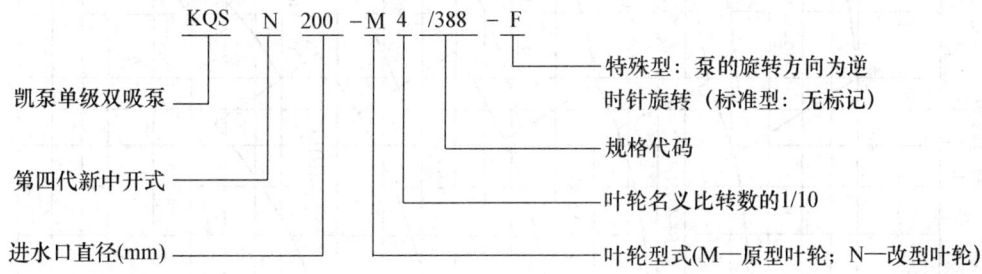

（3）结构：KQSN 型泵由泵体、泵盖、叶轮、密封体、密封环、轴承、轴封及底座等组成。泵体为双蜗壳形式、叶轮为双吸式，减少了径向力及轴向力。轴封方式分为填料密封、注入式软填料密封及机械密封三种，订货不作要求时为填料密封。叶轮可配用原型叶轮和改型叶轮及其切割叶轮水泵，型谱宽广。水泵为卧式安装，从电机传动端向泵看，标准型泵的旋转方向为顺时针旋转。需要改变转向时可选特殊型，需在采购时予以说明。

（4）性能、外形及安装尺寸：KQSN 型中开式单级双吸离心泵性能、外形及安装尺寸见图 1-17～图 1-111、表 1-32～表 1-126。

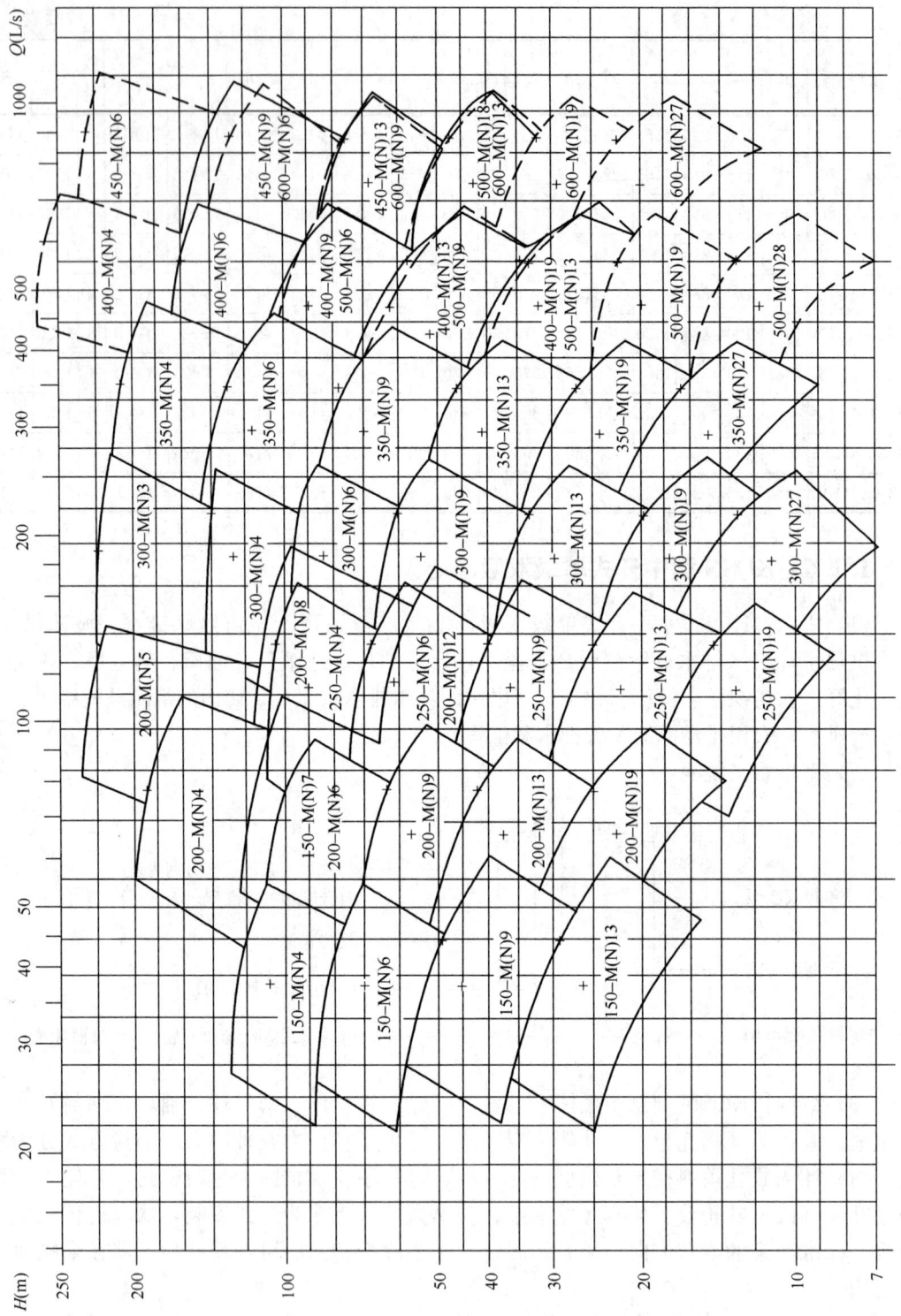

图 1-17　KQSN 型谱图

注：性能参数适用于密度为 1kg/dm³ 和黏度不大于 20mm²/s 的介质。

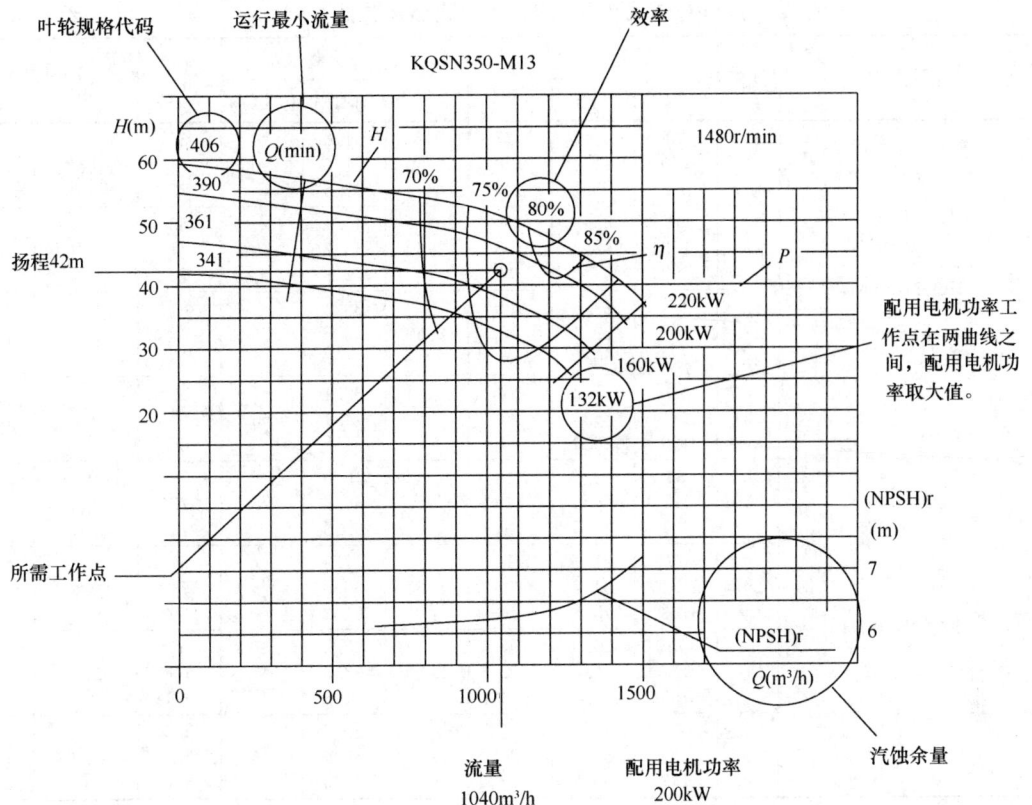

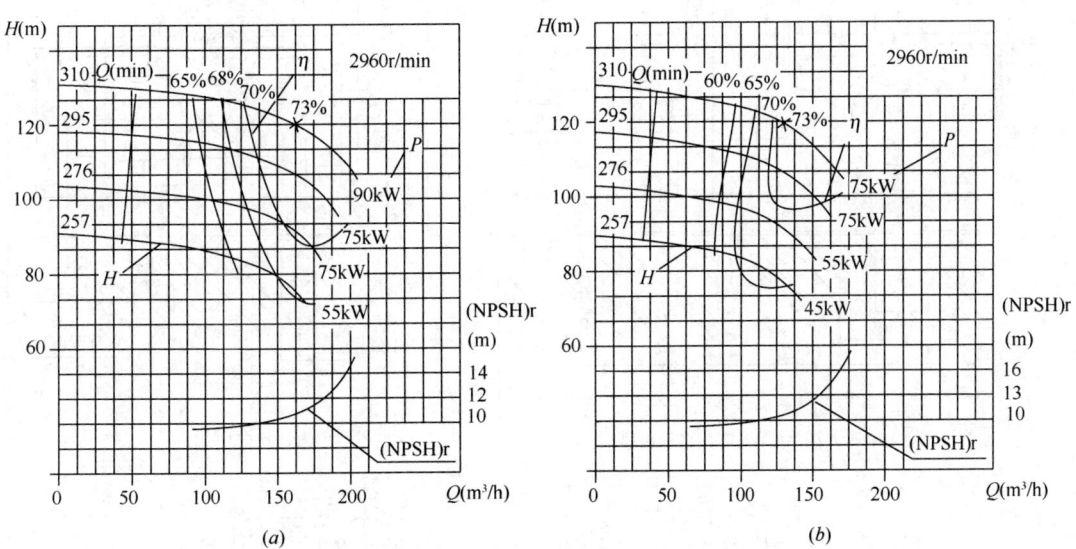

图 1-18 KQSN 型中开式单级双吸离心泵性能曲线 (一)

(*a*) KQSN150-M4; (*b*) KQSN150-N4

KQSN 型中开式单级双吸离心泵性能（一）　　　表 1-32

泵型号	规格	流量		扬程 (m)	转速 (r/min)	功率(kW)		效率 (%)	(NPSH)r (m)	泵重 (kg)
		(m³/h)	(L/s)			轴功率	电机功率			
KQSN150-M4	310	96	26.7	127	2960	51.0	90	65	10.2	168
		160	44.4	120		71.6		73		
		202	56.1	108		82.5		72		
	295	91	25.3	114	2960	45.1	75	63	10.0	167
		152	42.2	108		63.2		71		
		192	53.3	97		72.8		70		
	276	85	23.6	100	2960	38.3	75	61	9.8	165
		142	39.4	95		53.5		69		
		180	50.0	86		61.6		68		
	257	80	22.2	87	2960	32.1	55	59	9.6	163
		131	36.4	83		44.1		67		
		169	46.9	74		51.9		66		
KQSN150-N4	310	81	22.5	123	2960	46.6	75	59	10.2	166
		131	36.4	116		56.8		73		
		171	47.5	106		69.3		71		
	295	77	21.4	111	2960	41.3	75	57	9.9	164
		124	34.4	105		50.0		71		
		163	45.3	96		61.2		69		
	276	72	20.0	97	2960	35.2	55	55	9.6	163
		117	32.5	92		42.3		69		
		153	42.5	84		51.8		67		
	257	68	18.9	85	2960	29.7	45	53	9.4	162
		109	30.3	80		35.4		67		
		142	39.4	73		43.3		65		

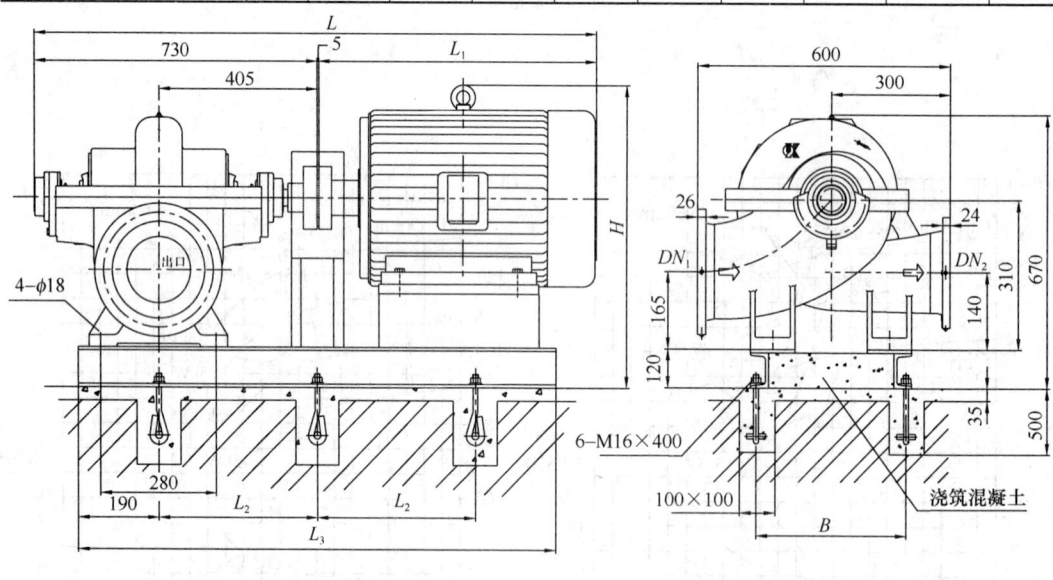

吸入法兰DN_1及吐出锥管出口法兰　　　　　　　　吐出法兰DN_2

吐出锥管长E=300

图 1-19　KQSN 型中开式单级双吸离心泵外形及安装尺寸（一）

KQSN 型中开式单级双吸离心泵安装尺寸（一） 表 1-33

泵 型 号	电动机				尺 寸（mm）						质量（kg）	
	型号	电压（V）	防护式	功率（kW）	L	L_1	L_2	L_3	B	H	电机	底座
KQSN150-M4/N4	Y280M-2	380	Ⅲ/Ⅱ	90	1785	1050	535	1450	500	790	540	192
	Y280S-2	380	Ⅲ/Ⅱ	75	1735	1000	510	1400	500	790	510	190
	Y250M-2	380	Ⅲ/Ⅱ	55	1665	930	475	1330	450	755	380	188
	Y225M-2	380	Ⅲ/Ⅱ	45	1550	815	425	1230	400	735	297	184

注：防护式Ⅰ、Ⅱ、Ⅲ分别代表 IP23、IP44、IP54。

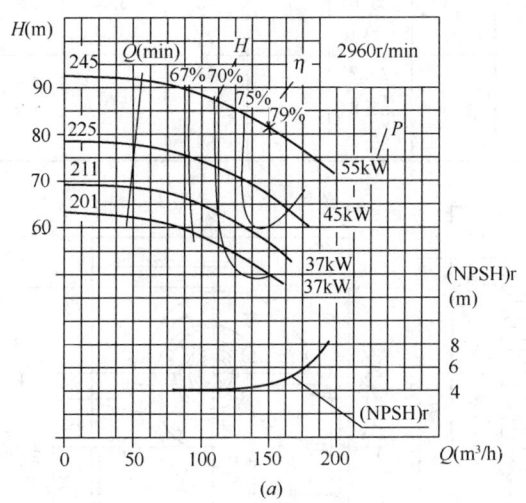
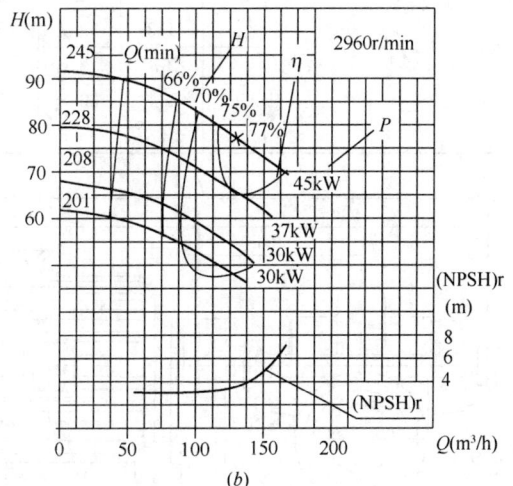

(a)　　　　　　　　　　　(b)

图 1-20　KQSN 型中开式单级双吸离心泵性能曲线（二）

(a) KQSN150-M6；(b) KQSN150-N6

KQSN 型中开式单级双吸离心泵性能（二）　表 1-34

泵型号	规格	流量		扬程（m）	转速（r/min）	功率（kW）		效率（%）	(NPSH)r（m）	泵重（kg）
		(m³/h)	(L/s)			轴功率	电机功率			
KQSN150-M6	245	96	26.7	91	2960	36.0	55	66	4.0	158
		160	44.4	79		43.6		79		
		198	55.0	71		50.4		76		
	225	88	24.4	75	2960	28.2	45	64	3.8	154
		147	40.8	66		34.6		77		
		182	50.6	60		40.0		74		
	211	83	23.1	66	2960	23.8	37	62	3.7	151
		138	38.3	58		29.0		75		
		170	47.2	52		33.6		72		
	201	79	21.9	60	2960	21.3	37	60	3.5	150
		131	36.4	53		25.8		73		
		162	45.0	47		29.9		70		

续表

泵型号	规格	流量		扬程 (m)	转速 (r/min)	功率(kW)		效率 (%)	(NPSH)r (m)	泵重 (kg)
		(m³/h)	(L/s)			轴功率	电机功率			
KQSN150-N6	245	81	22.5	88	2960	32.9	45	59	3.6	145
		136	37.8	76		36.5		77		
		168	46.7	70		42.3		75		
	228	76	21.1	76	2960	27.4	37	57	3.5	142
		126	35.0	66		30.1		75		
		156	43.3	60		35.0		73		
	208	69	19.2	64	2960	21.7	30	55	3.3	140
		115	31.9	55		23.6		73		
		143	39.7	50		27.4		71		
	201	67	18.6	59	2960	20.2	30	53	3.2	138
		111	30.8	51		21.8		71		
		138	38.3	47		25.4		69		

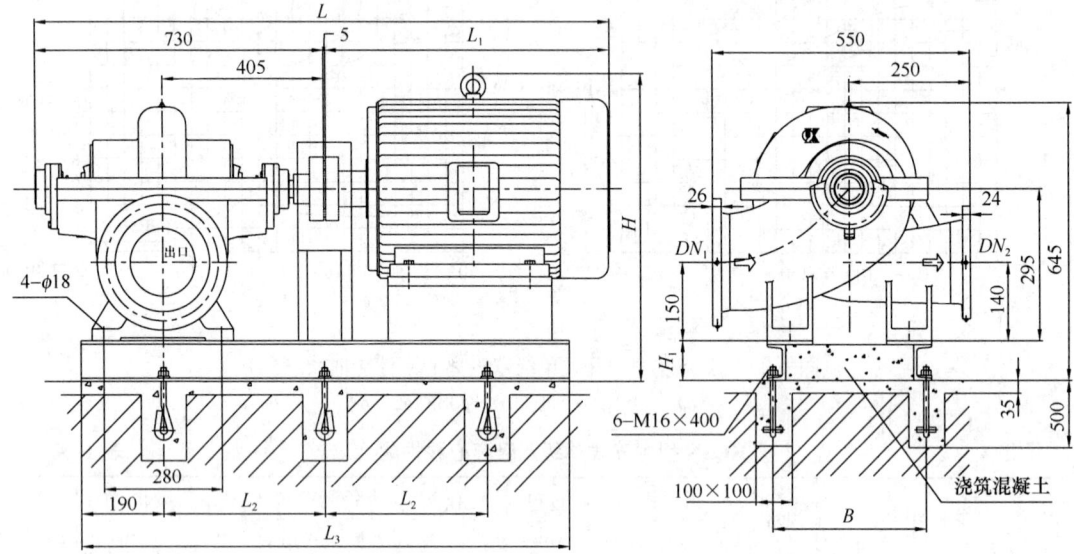

图 1-21　KQSN 型中开式单级双吸离心泵外形及安装尺寸（二）

KQSN 型中开式单级双吸离心泵安装尺寸（二）　　　　　表 1-35

泵型号	电动机				尺寸（mm）							质量（kg）	
	型号	电压 (V)	防护式	功率 (kW)	L	L_1	L_2	L_3	B	H	H_1	电机	底座
KQSN150-M6/N6	Y250M-2	380	Ⅲ/Ⅱ	55	1665	930	475	1330	450	740	120	380	158
	Y225M-2	380	Ⅲ/Ⅱ	45	1550	815	425	1230	400	720	120	297	156
	Y200L_2-2	380	Ⅲ/Ⅱ	37	1510	775	410	1200	350	670	100	239	154
	Y200L_1-2	380	Ⅲ/Ⅱ	30	1510	775	410	1200	350	670	100	220	154

注：防护式Ⅰ、Ⅱ、Ⅲ分别代表 IP23、IP44、IP54。

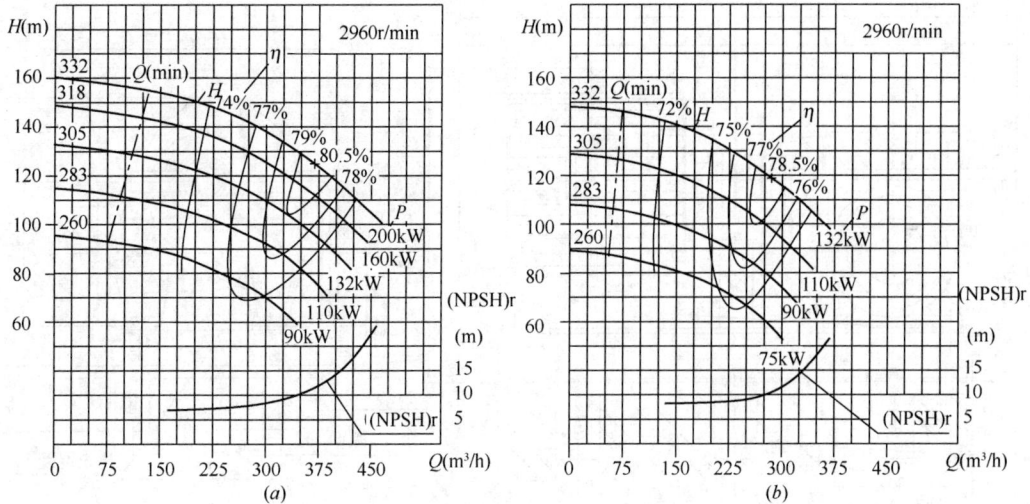

图 1-22　KQSN 型中开式单级双吸离心泵性能曲线（三）

(*a*) KQSN150-M7；(*b*) KQSN150-N7

KQSN 型中开式单级双吸离心泵性能（三）　　　表 1-36

泵型号	规格	流量		扬程 (m)	转速 (r/min)	功率(kW)		效率 (%)	(NPSH)r (m)	泵重 (kg)
		(m³/h)	(L/s)			轴功率	电机功率			
KQSN150-M7	332	221	61.4	146	2960	118.2	200	74.5	11.0	234
		369	102.5	125		156.0		80.5		
		443	123.1	108		169.1		77		
	318	213	59.2	135	2960	105.8	160	74	10.9	233
		356	98.9	115		139.4		80		
		427	118.6	98		149.9		76		
	305	205	56.9	120	2960	91.2	132	73.5	10.8	232
		342	95.0	102		120.3		79		
		410	113.9	85		125.8		75.5		
	283	190	52.8	104	2960	74.1	110	72.5	10.7	231
		316	87.8	90		99.3		78.0		
		379	105.3	74		102.6		75		
	260	166	46.1	88	2960	55.7	90	71.5	10.6	230
		277	76.9	74		72.5		77.0		
		332	92.2	64		78.8		74		
KQSN150-N7	332	171	47.5	137	2960	89.9	132	71	10.5	233
		285	79.2	120		118.6		78.5		
		342	95.0	105		130.4		75		
	305	159	44.2	118	2960	73.0	110	70	10.3	232
		265	73.6	103		95.9		77.5		
		318	88.3	89		104.2		74		
	283	150	41.7	99	2960	58.6	90	69	10.1	231
		250	69.4	84		74.8		76.5		
		300	83.3	74		82.8		73		
	260	140	38.9	81	2960	45.5	75	68	10.0	230
		234	65.0	69		58.2		75.5		
		281	78.1	59		62.7		72		

注：在 20℃ 常温条件下使用，泵进口倒灌压力应不低于 3m。

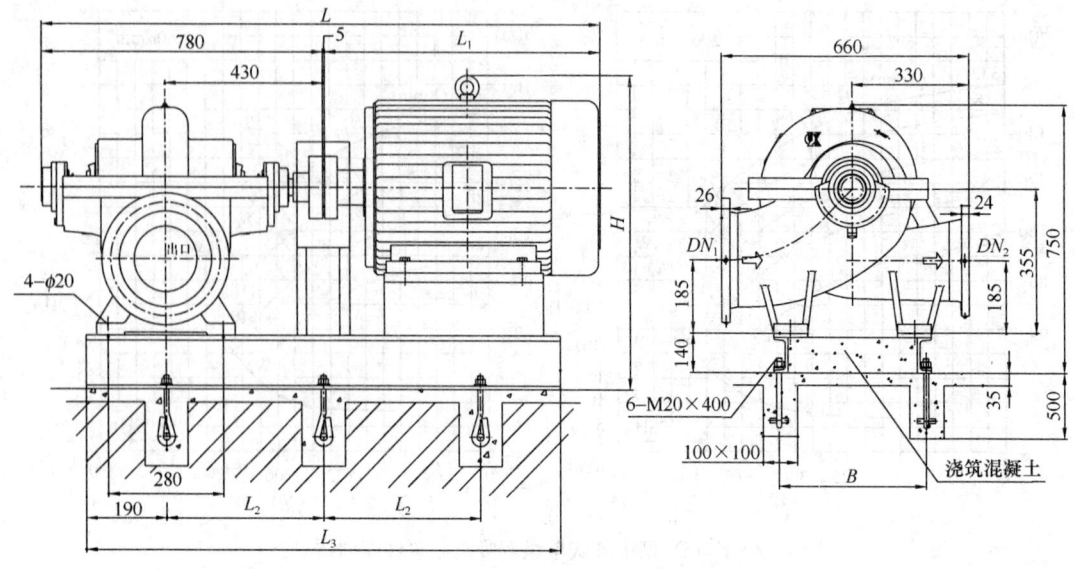

不配底座安装基础尺寸：

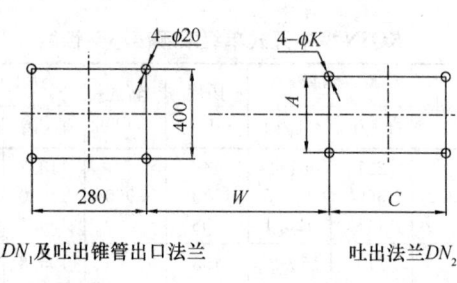

吸入法兰DN_1及吐出锥管出口法兰　　　　　吐出法兰DN_2

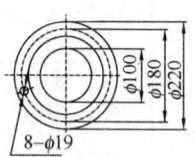

图 1-23　KQSN 型中开式单级双吸离心泵外形及安装尺寸(三)

KQSN 型中开式单级双吸离心泵安装尺寸(三)　　　　　表 1-37

泵 型 号	电动机				尺　寸(mm)										质量(kg)	
	型号	电压(V)	防护式	功率(kW)	L	L_1	L_2	L_3	B	H	W	A	C	K	电机	底座
KQSN150-M7/N7	Y315M-2	380	Ⅰ	200	1985	1200	580	1538	600	1108	651	508	457	28	1050	278
	Y315S-2	380	Ⅰ	160	1985	1200	580	1538	600	1108	651	508	457	28	1050	278
	Y280M-2	380	Ⅰ	132/110	1725	940	550	1465	500	1100	625	457	419	24	820	275
	Y315L-2	380	Ⅲ/Ⅱ	200/160	2075	1290	600	1599	600	1045	651	508	508	28	1170	289
	Y315M-2	380	Ⅲ/Ⅱ	132	2025	1240	580	1548	600	1045	651	508	457	28	970	285
	Y315S-2	380	Ⅲ/Ⅱ	110	1975	1190	550	1497	600	1045	651	508	406	28	920	283
	Y280M-2	380	Ⅲ/Ⅱ	90	1835	1050	550	1465	500	855	625	457	419	24	540	278
	Y280S-2	380	Ⅲ/Ⅱ	75	1785	1000	550	1416	500	855	625	457	368	24	510	275

注：防护式Ⅰ、Ⅱ、Ⅲ分别代表 IP23、IP44、IP54。

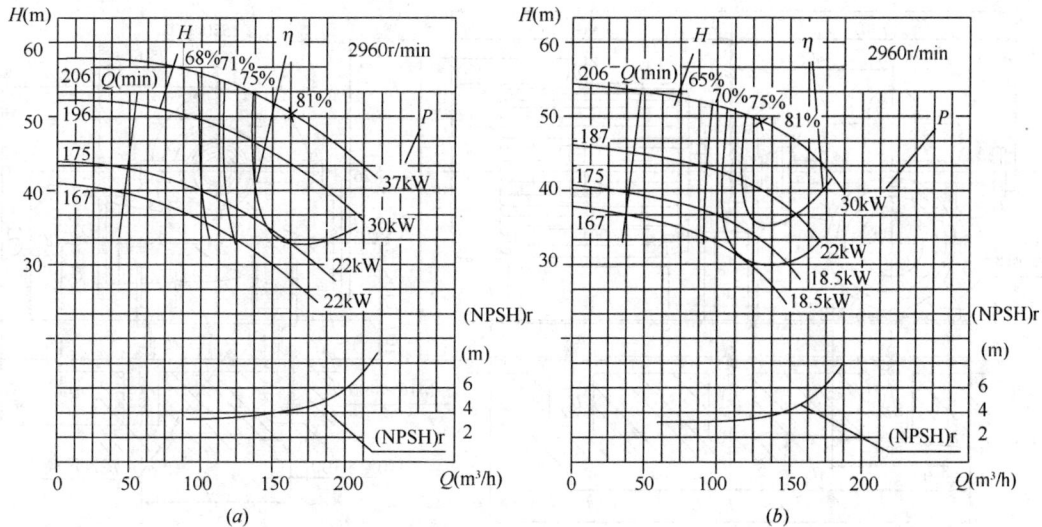

图 1-24 KQSN 型中开式单级双吸离心泵性能曲线(四)

(a)KQSN150-M9;(b)KQSN150-N9

KQSN 型中开式单级双吸离心泵性能(四)　　　　表 1-38

泵型号	规格	流量		扬程 (m)	转速 (r/min)	功率(kW)		效率 (%)	(NPSH)r (m)	泵重 (kg)
		(m³/h)	(L/s)			轴功率	电机功率			
KQSN150-M9	206	96	26.7	53	2960	20.3	37	68	4.0	147
		160	44.4	51		27.4		81		
		220	61.1	41		31.5		78		
	196	91	25.3	48	2960	18.0	30	66	3.9	146
		152	42.2	45		23.8		79		
		209	58.1	36		27.2		76		
	175	82	22.8	38	2960	13.7	22	62	3.6	145
		136	37.8	36		18.0		75		
		187	51.9	29		20.6		72		
	167	78	21.7	35	2960	12.2	22	60	3.5	144
		130	36.1	33		16.0		73		
		178	49.4	26		18.3		70		
KQSN150-N9	206	81	22.5	51	2960	18.5	30	61	3.6	142
		136	37.8	49		22.5		81		
		187	51.9	40		26.5		77		
	187	74	20.6	42	2960	14.4	22	59	3.5	140
		124	34.4	41		17.4		79		
		170	47.2	33		20.5		75		
	175	69	19.2	37	2960	12.2	18.5	57	3.3	139
		115	31.9	36		14.6		77		
		159	44.2	29		17.1		73		
	167	66	18.3	34	2960	10.9	18.5	55	3.1	138
		110	30.6	32		12.9		75		
		151	41.9	26		15.2		71		

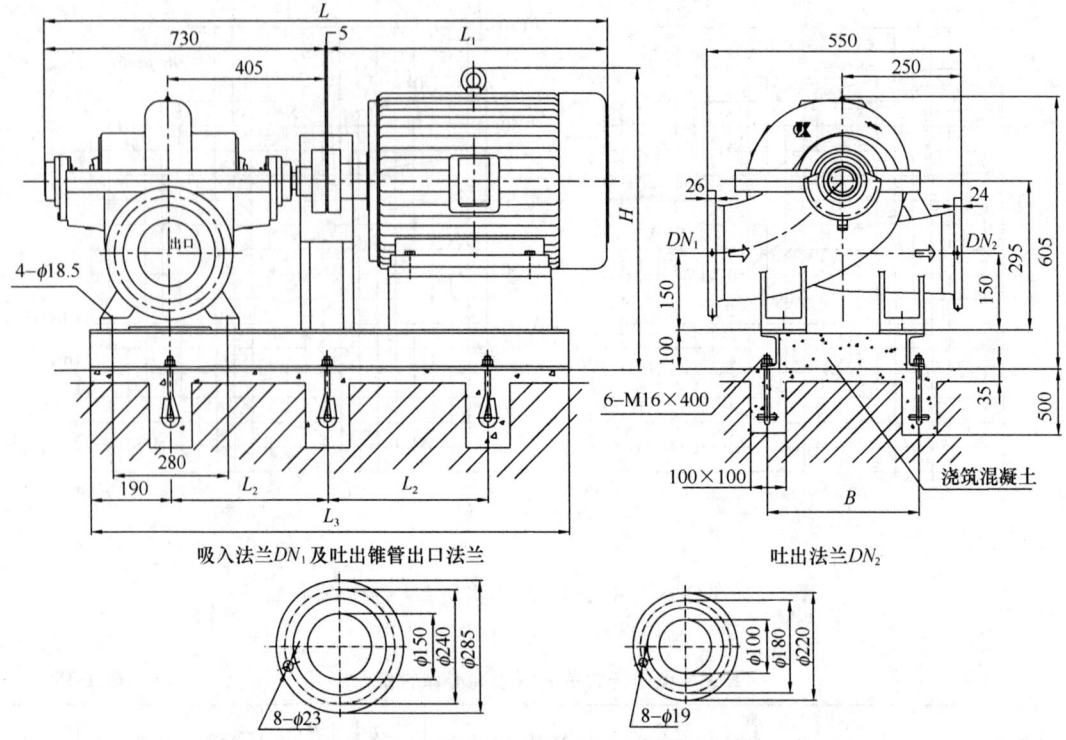

图 1-25　KQSN 型中开式单级双吸离心泵外形及安装尺寸（四）

KQSN 型中开式单级双吸离心泵安装尺寸（四）　　　表 1-39

泵型号	电动机				尺寸(mm)						质量(kg)	
	型号	电压(V)	防护式	功率(kW)	L	L_1	L_2	L_3	B	H	电机	底座
KQSN150-M9/N9	$Y200L_2\text{-}2$	380	Ⅲ/Ⅱ	37	1510	775	410	1200	350	670	239	126
	$Y200L_1\text{-}2$	380	Ⅲ/Ⅱ	30	1510	775	410	1200	350	670	220	126
	Y180M-2	380	Ⅲ/Ⅱ	22	1405	670	390	1160	290	645	169	125
	Y160L-2	380	Ⅲ/Ⅱ	18.5	1385	650	390	1160	290	620	134	125

注：防护式Ⅰ、Ⅱ、Ⅲ分别代表 IP23、IP44、IP54。

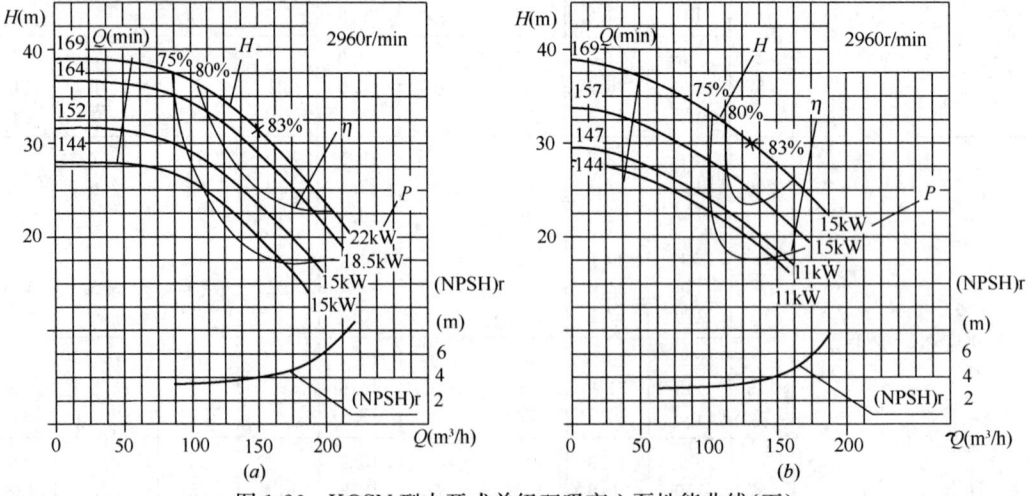

图 1-26　KQSN 型中开式单级双吸离心泵性能曲线（五）

（a）KQSN150-M13；（b）KQSN150-N13

KQSN 型中开式单级双吸离心泵性能（五）　　　　表 1-40

泵型号	规格	流量		扬程 (m)	转速 (r/min)	功率(kW)		效率 (%)	(NPSH)r (m)	泵重 (kg)
		(m³/h)	(L/s)			轴功率	电机功率			
KQSN150-M13	169	96	26.7	37	2960	13.3	22	73	4.0	143
		160	44.4	30		15.7		83		
		220	61.1	20		15.2		79		
	164	93	25.8	34	2960	12.1	18.5	71	4.0	142
		155	43.1	27		14.3		81		
		213	59.2	18		13.6		77		
	152	86	23.9	29	2960	10.0	15	69	3.8	140
		144	40.0	24		11.7		79		
		198	55.0	15		11.1		75		
	144	82	22.8	26	2960	8.7	15	67	3.6	138
		136	37.8	21		10.1		77		
		187	51.9	14		9.6		73		
KQSN150-N13	169	81	22.5	36	2960	12.1	15	66	3.6	141
		136	37.8	29		12.9		83		
		187	51.9	20		12.7		78		
	157	76	21.1	31	2960	10.0	15	64	3.5	140
		126	35.0	25		10.7		81		
		174	48.3	17		10.5		76		
	147	71	19.7	27	2960	8.5	11	62	3.3	139
		118	32.8	22		8.9		79		
		162	45.0	15		8.8		74		
	144	69	19.2	26	2960	8.2	11	60	3.2	138
		115	31.9	21		8.6		77		
		159	44.2	14		8.5		72		

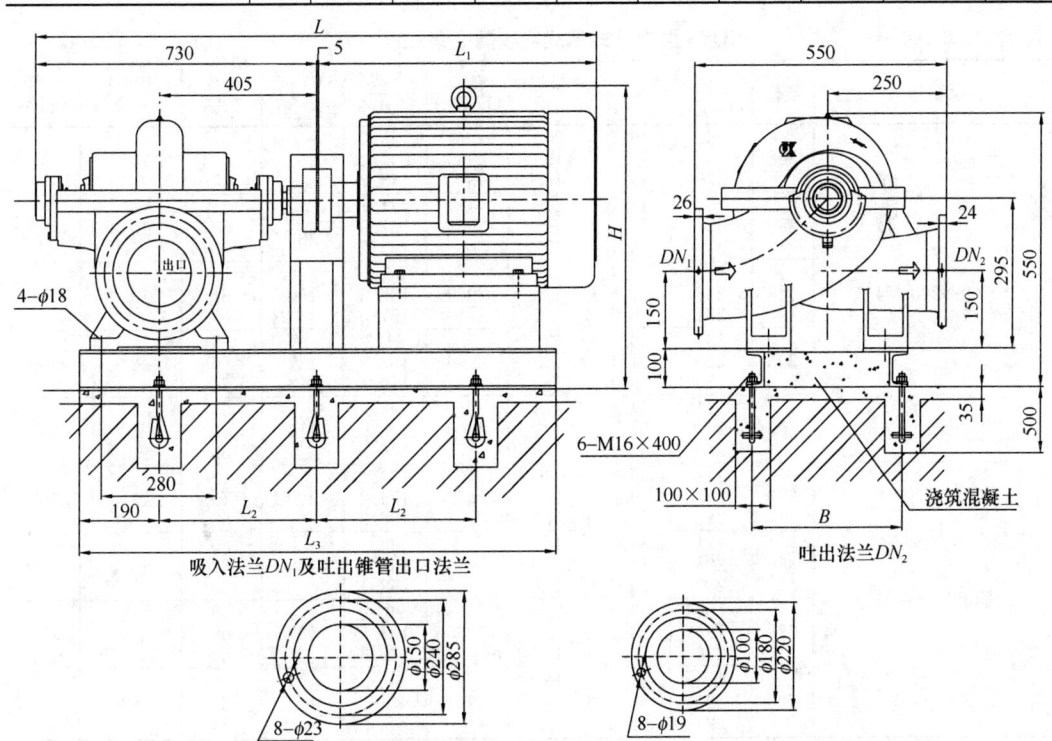

图 1-27　KQSN 型中开式单级双吸离心泵外形及安装尺寸（五）

KQSN 型中开式单级双吸离心泵安装尺寸（五）　　表 1-41

泵型号	电动机				尺寸（mm）						质量（kg）	
	型号	电压(V)	防护式	功率(kW)	L	L_1	L_2	L_3	B	H	电机	底座
KQSN150-M13/N13	Y180M-2	380	Ⅲ/Ⅱ	22	1405	670	390	1120	290	645	169	105
	Y160L-2	380	Ⅲ/Ⅱ	18.5	1385	650	390	1120	290	620	134	106
	Y160M₂-2	380	Ⅲ/Ⅱ	15	1340	605	390	1080	290	620	117	104
	Y160M₁-2	380	Ⅲ/Ⅱ	11	1340	605	390	1080	290	620	107	104

注：防护式Ⅰ、Ⅱ、Ⅲ分别代表 IP23、IP44、IP54。

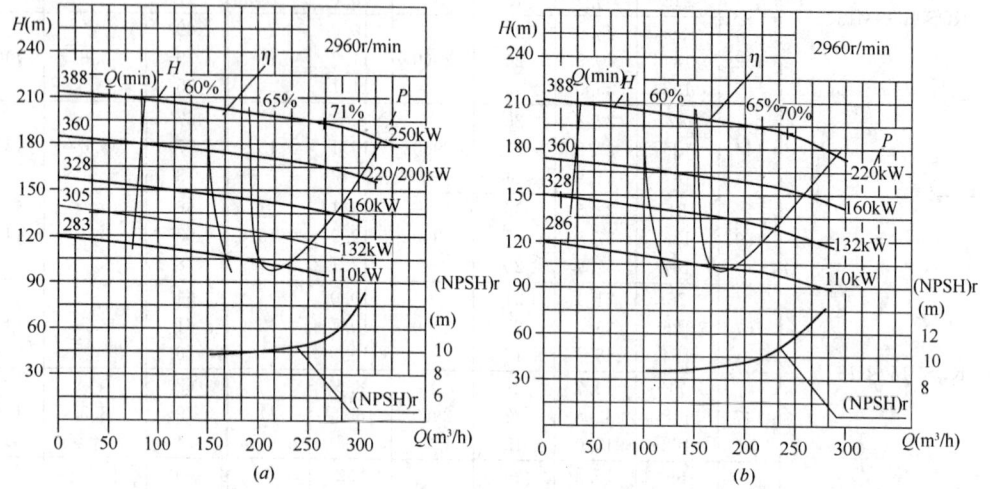

图 1-28　KQSN 型中开式单级双吸离心泵性能曲线（六）

(a) KQSN200-M4；(b) KQSN200-N4

KQSN 型中开式单级双吸离心泵性能（六）　　表 1-42

泵型号	规格	流量		扬程(m)	转速(r/min)	功率(kW)		效率(%)	(NPSH)r(m)	泵重(kg)
		(m³/h)	(L/s)			轴功率	电机功率			
KQSN200-M4	388	168	46.7	200	2960	145.2	250	63	10.5	369
		280	77.8	193		207.2		71		
		336	93.3	180		245.7		67		
	360	155	43.1	176	2960	121.7	*220/200	61	10.3	365
		258	71.7	165		167.9		69		
		310	86.1	155		195.2		67		
	328	142	39.4	146	2960	95.7	160	59	10.1	361
		236	65.6	138		132.3		67		
		284	78.9	132		157.0		65		
	305	132	36.7	131	2960	81.2	132	58	9.9	359
		220	61.1	120		108.9		66		
		250	69.4	112		119.1		64		
	283	124	34.4	113	2960	66.9	110	57	9.7	357
		207	57.5	103		89.3		65		
		245	68.1	101		106.9		63		
KQSN200-N4	388	143	39.7	196	2960	123.1	220	62	10.3	368
		238	66.1	190		175.9		70		
		285	79.2	176		206.9		66		
	360	124	34.4	172	2960	96.8	160	60	10.0	363
		208	57.8	160		133.2		68		
		250	69.4	151		158.1		65		
	328	156	43.3	136	2960	99.6	132	58	9.9	359
		196	54.4	133		107.5		66		
		236	65.6	127		129.5		63		
	286	114	31.7	109	2960	60.4	110	56	9.8	356
		190	52.8	102		83.7		63		
		224	62.2	98		98.0		61		

注：1. 带＊者，一般情况下按大档电机配套，个别用户不在低扬程工况运行，可按小档电机配套；

2. 在20℃常温条件下使用，泵进口倒灌压力应不低于 3m。

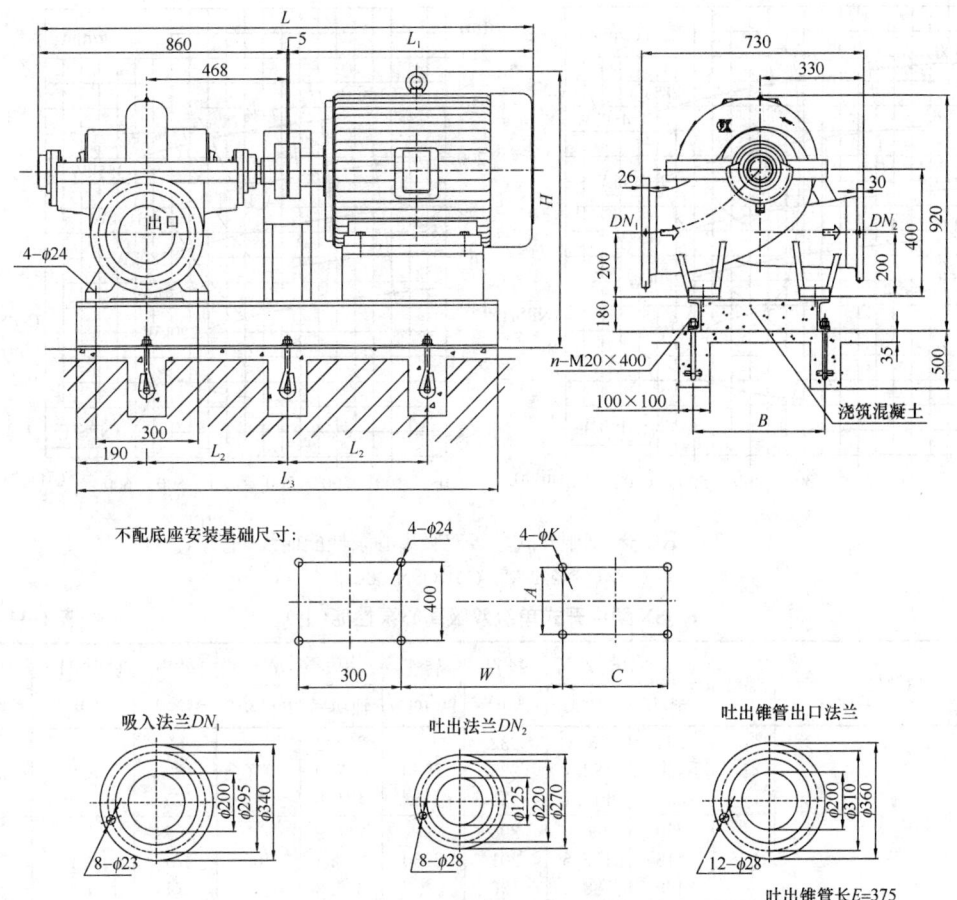

图 1-29 KQSN 型中开式单级双吸离心泵外形及安装尺寸(六)

KQSN 型中开式单级双吸离心泵安装尺寸(六)　　　　表 1-43

泵型号	电动机				尺　寸(mm)										质量(kg)		地脚数量(个)
	型号	电压(V)	防护式	功率(kW)	L	L_1	L_2	L_3	B	H	W	A	C	K	电机	底座	n
KQSN200-M4/N4	Y315M-2	380	Ⅰ	200~250	2485	1620	610	1580	520	1193	679	508	457	28	980	260	6
	Y315S-2	380	Ⅰ	160	2415	1550	570	1530	520	1193	679	508	406	28	870	253	6
	Y280M-2	380	Ⅰ	132/110	2005	1140	550	1500	500	1085	653	457	419	24	750	250	6
	Y355-2	6000	Ⅰ	200~250	2735	1870	650	2325	720	1400	808	630	900	28	2050	280	8
	Y450-2	10000	Ⅰ	200~250	2865	2000	730	2565	920	1500	893	800	1120	35	2950	295	8
	$Y_2$355M-2	380	Ⅲ/Ⅱ	250/220	2365	1500	650	1735	645	1235	717	610	560	28	1690	268	6
	$Y_2$315L_1-2	380	Ⅲ/Ⅱ	160	2055	1190	640	1655	520	1110	679	508	508	28	1080	261	6
	$Y_2$315M-2	380	Ⅲ/Ⅱ	132	2055	1190	610	1580	520	1110	679	508	457	28	970	256	6
	$Y_2$315S-2	380	Ⅲ/Ⅱ	110	2025	1160	570	1530	520	1110	679	508	406	28	920	251	6

注:防护式Ⅰ、Ⅱ、Ⅲ分别代表 IP23、IP44、IP54。

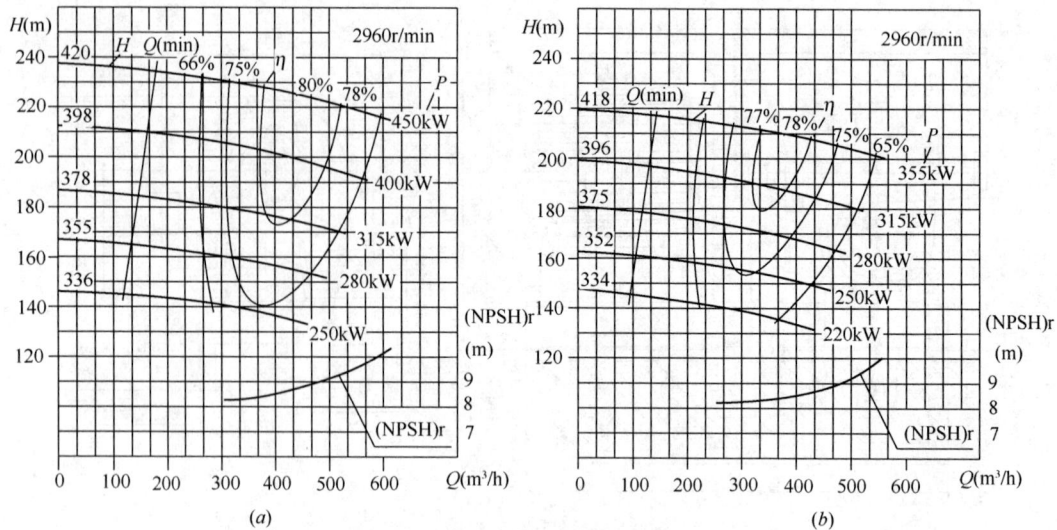

(a)　　　　　　　　　　　　　　(b)

图 1-30　KQSN 型中开式单级双吸离心泵性能曲线(七)

(a)KQSN200-M5；(b)KQSN200-N5

KQSN 型中开式单级双吸离心泵性能(七)　　　　　　　　表 1-44

泵型号	规格	流量		扬程	转速	功率(kW)		效率	(NPSH)r	泵重
		(m³/h)	(L/s)	(m)	(r/min)	轴功率	电机功率	(%)	(m)	(kg)
KQSN200-M5	420	264	73.3	232	2960	252.7	450	66	8.9	395
		440	122.2	225		337.0		80		
		528	146.7	220		421.8		75		
	398	250	69.4	208	2960	217.9	400	65	8.7	390
		416	115.6	201		288.4		79		
		499	138.6	196		360.8		74		
	378	234	65.0	182	2960	181.5	315	64	8.5	385
		390	108.3	177		240.7		78		
		468	130.0	173		301.8		73		
	355	221	61.4	163	2960	130.5	280	75	8.3	380
		368	102.2	157		207.5		76		
		442	122.8	154		254.2		73		
	336	207	57.5	143	2960	127.6	250	63	8.1	375
		345	95.8	138		168.8		77		
		414	115.0	135		211.8		72		
KQSN200-N5	418	225	62.5	216	2960	206.8	355	64	8.7	390
		375	104.2	210		274.9		78		
		450	125.0	206		345.8		73		
	396	214	59.4	195	2960	180.8	315	63	8.5	385
		356	98.9	189		238.3		77		
		427	118.6	185		299.6		72		
	375	203	56.4	176	2960	156.8	280	62	8.3	380
		338	93.9	171		206.6		76		
		406	112.8	168		261.1		71		
	352	193	53.6	159	2960	136.9	250	61	8.1	375
		321	89.2	154		179.4		75		
		385	106.9	151		225.9		70		
	334	183	50.8	143	2960	118.7	220	60	7.9	370
		305	84.7	139		155.9		74		
		366	101.7	136		196.8		69		

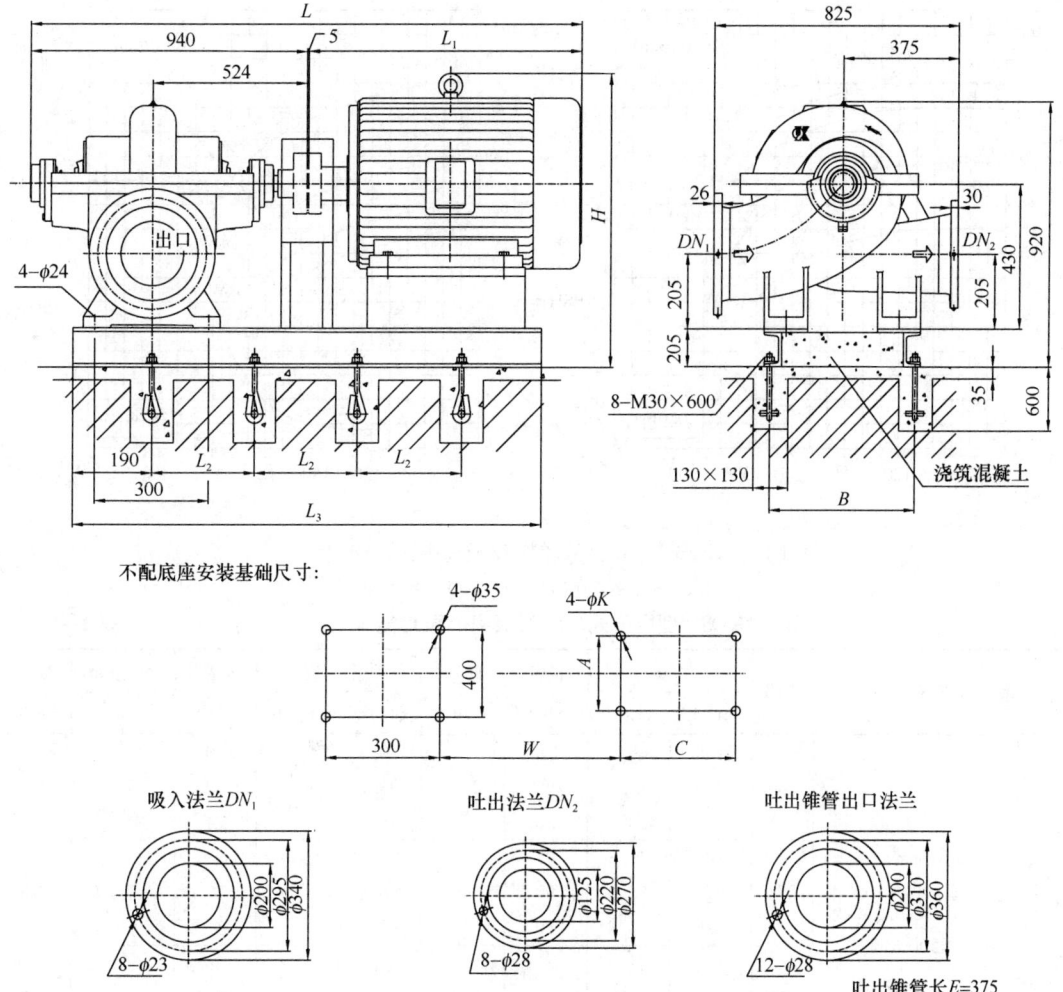

图 1-31 KQSN 型中开式单级双吸离心泵外形及安装尺寸（七）

KQSN 型中开式单级双吸离心泵安装尺寸（七）　　　　　表 1-45

泵型号	电动机				尺　寸（mm）										质量（kg）	
	型号	电压（V）	防护式	功率（kW）	L	L_1	L_2	L_3	B	H	W	A	C	K	电机	底座
KQSN200-M5/N5	Y355L-2	380	Ⅰ	355	2385	1440	520	1950	680	1400	773	610	630	28	1430	302
	Y355M-2	380	Ⅰ	315/280	2315	1370	460	1880	680	1400	773	610	560	28	1350	295
	Y315M-2	380	Ⅰ	250/220	2115	1170	420	1630	520	1250	735	508	457	28	980	280
	Y400-2	6000	Ⅰ	450	2825	1880	700	2530	840	1415	924	710	1000	35	2800	305
	Y355-2	6000	Ⅰ	220~400	2695	1750	660	2400	720	1340	864	630	900	28	2260	298
	Y450-2	10000	Ⅰ	220~450	2945	2000	750	2650	920	1525	949	800	1120	35	3290	315
	Y355L-2	380	Ⅲ/Ⅱ	315/280	2460	1515	500	1870	645	1125	773	610	630	28	2000	298
	Y355M-2	380	Ⅲ/Ⅱ	250/220	2460	1515	500	1870	645	1125	773	610	630	28	1970	298

注：防护式Ⅰ、Ⅱ、Ⅲ分别代表 IP23、IP44、IP54。

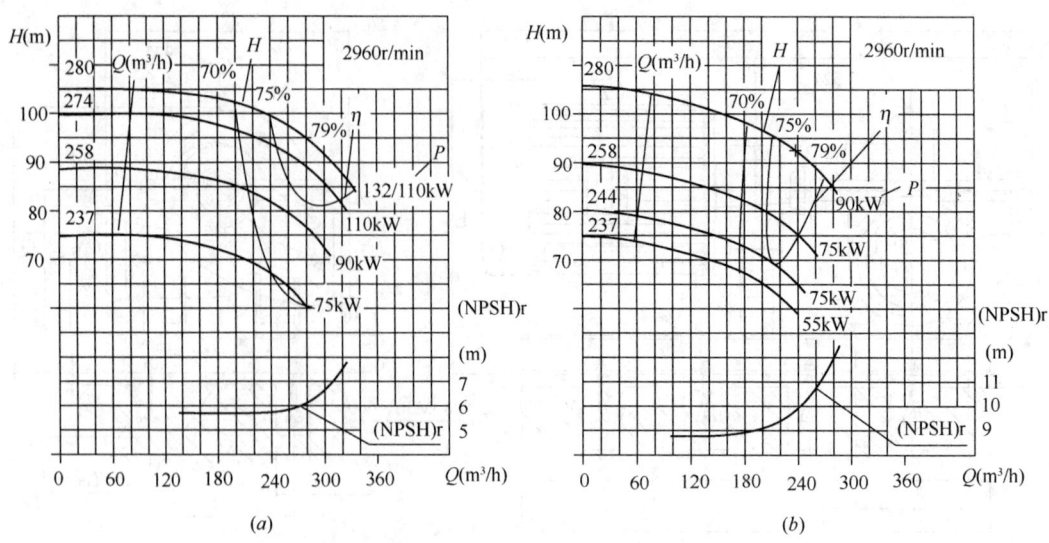

(a)   (b)

图 1-32 KQSN 型中开式单级双吸离心泵性能曲线（八）

（a）KQSN200-M6；（b）KQSN200-N6

KQSN 型中开式单级双吸离心泵性能（八）   表 1-46

泵型号	规格	流量		扬程	转速	功率(kW)		效率	(NPSH)r	泵重
		(m³/h)	(L/s)	(m)	(r/min)	轴功率	电机功率	(%)	(m)	(kg)
KQSN200-M6	280	168	46.7	105		80.1	*132/ 110	60	5.9	240
		280	77.8	95	2960	91.7		79		
		326	90.6	85		101.5		74		
	274	163	45.3	98		75.0	110	58	5.7	239
		272	75.6	90	2960	86.4		77		
		326	90.6	80		98.1		72		
	258	154	42.8	87		65.2	90	56	5.5	237
		256	71.1	80	2960	74.5		75		
		307	85.3	71		84.7		70		
	237	141	39.2	74		52.3	75	54	5.2	235
		235	65.3	67	2960	59.2		73		
		282	78.3	60		67.5		68		
KQSN200-N6	280	143	39.7	102		73.1	90	54	5.8	238
		238	66.1	92	2960	75.3		79		
		285	79.2	83		87.8		73		
	258	131	36.4	86		59.1	75	52	5.6	236
		219	60.8	78	2960	60.2		77		
		262	72.8	70		70.3		71		
	244	124	34.4	77		52.0	75	50	5.4	234
		207	57.5	70	2960	52.2		75		
		248	68.9	63		61.2		69		
	237	120	33.3	72		48.7	55	48	5.2	233
		200	55.6	64	2960	47.6		73		
		235	65.3	57		54.4		67		

注:带 * 者,一般情况下按大档电机配套,个别用户不在低扬程工况运行,可按小档电机配套。

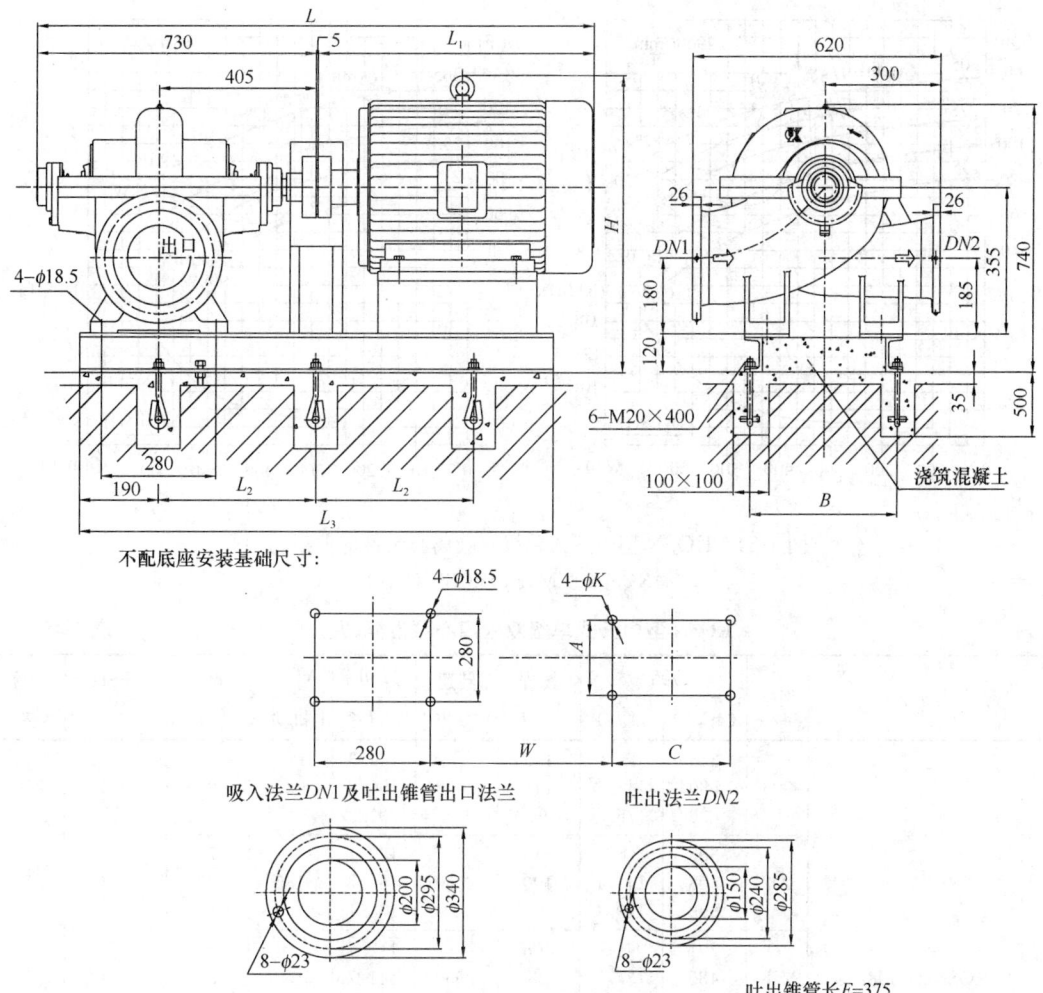

图 1-33　KQSN 型中开式单级双吸离心泵外形及安装尺寸(八)

KQSN 型中开式单级双吸离心泵安装尺寸(八)　　　　　　　　表 1-47

泵型号	电动机				尺　寸(mm)										质量(kg)	
	型号	电压(V)	防护式	功率(kW)	L	L₁	L₂	L₃	B	H	W	A	C	K	电机	底座
KQSN200-M6/N6	Y280M-2	380	Ⅰ	132/110	1875	1140	535	1450	500	980	600	457	419	24	820	210
	Y315M-2	380	Ⅲ / Ⅱ	132	2075	1340	580	1540	600	1040	626	508	457	28	970	211
	Y315S-2	380	Ⅲ / Ⅱ	110	2005	1270	580	1540	600	1040	626	508	406	28	920	211
	Y280M-2	380	Ⅲ / Ⅱ	90	1785	1050	535	1450	500	835	600	457	419	24	540	209
	Y280S-2	380	Ⅲ / Ⅱ	75	1735	1000	510	1400	500	835	600	457	368	24	510	207
	Y250M-2	380	Ⅲ / Ⅱ	55	1665	930	475	1330	450	805	578	406	349	24	380	176

注:防护式Ⅰ、Ⅱ、Ⅲ分别代表 IP23、IP44、IP54。

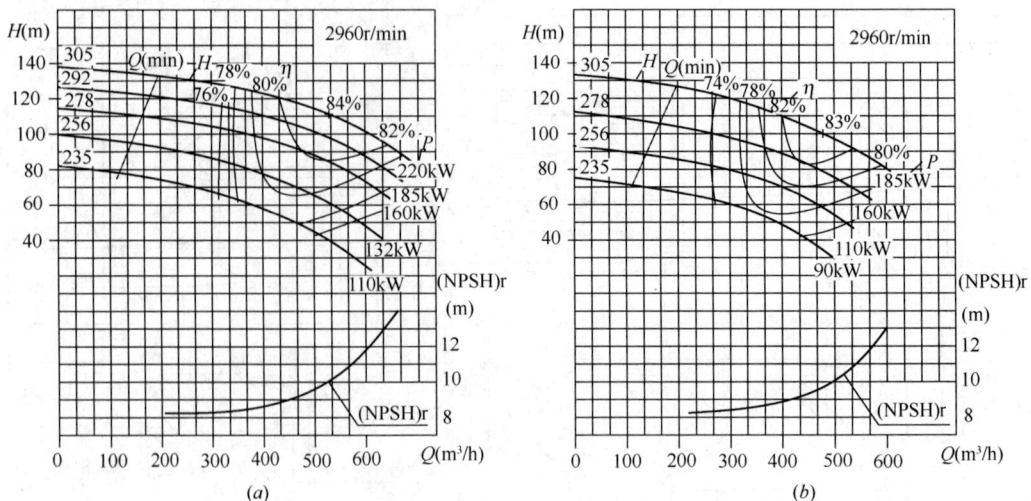

图 1-34 KQSN 型中开式单级双吸离心泵性能曲线（九）

(a)KQSN200-M8；(b)KQSN200-N8

KQSN 型中开式单级双吸离心泵性能（九） 表 1-48

泵型号	规格	流量		扬程	转速	功率(kW)		效率	(NPSH)r	泵重
		(m³/h)	(L/s)	(m)	(r/min)	轴功率	电机功率	(%)	(m)	(kg)
KQSN200-M8	305	318	88.3	125	2960	144.3	220	75	9.6	278
		530	147.2	111		190.7		84		
		636	176.7	95		201.9		81.5		
	292	305	84.7	115	2960	129.1	185	74	9.6	277
		508	141.1	100		166.7		83		
		609	169.2	87		178.1		81		
	278	291	80.8	105	2960	112.4	160	74	9.4	276
		485	134.7	88		141.7		82		
		582	161.7	78		153.6		80.5		
	256	263	73.1	89	2960	87.5	132	73	9.2	275
		439	121.9	72		106.9		80.5		
		527	146.4	63		115.9		78		
	235	235	65.3	73	2960	64.9	110	72	9.0	273
		392	108.9	57		77.0		79		
		470	130.6	50		83.2		77		
KQSN200-N8	305	288	80.0	121	2960	126.5	185	75	9.7	276
		480	133.3	100		157.5		83		
		576	160.0	85		166.7		80		
	278	263	73.1	100	2960	96.9	160	74	9.4	275
		439	121.9	84		121.7		82		
		527	146.4	70		127.1		79		
	256	241	66.9	83	2960	74.5	110	73	9.2	273
		401	111.4	70		95.6		80		
		481	133.6	57		98.3		76		
	235	214	59.4	66	2960	53.3	90	72	9.0	272
		356	98.9	55		68.4		78		
		427	118.6	44		69.2		74		

注：在 20℃ 常温条件下使用，泵进口倒灌压力应不低于 3m。

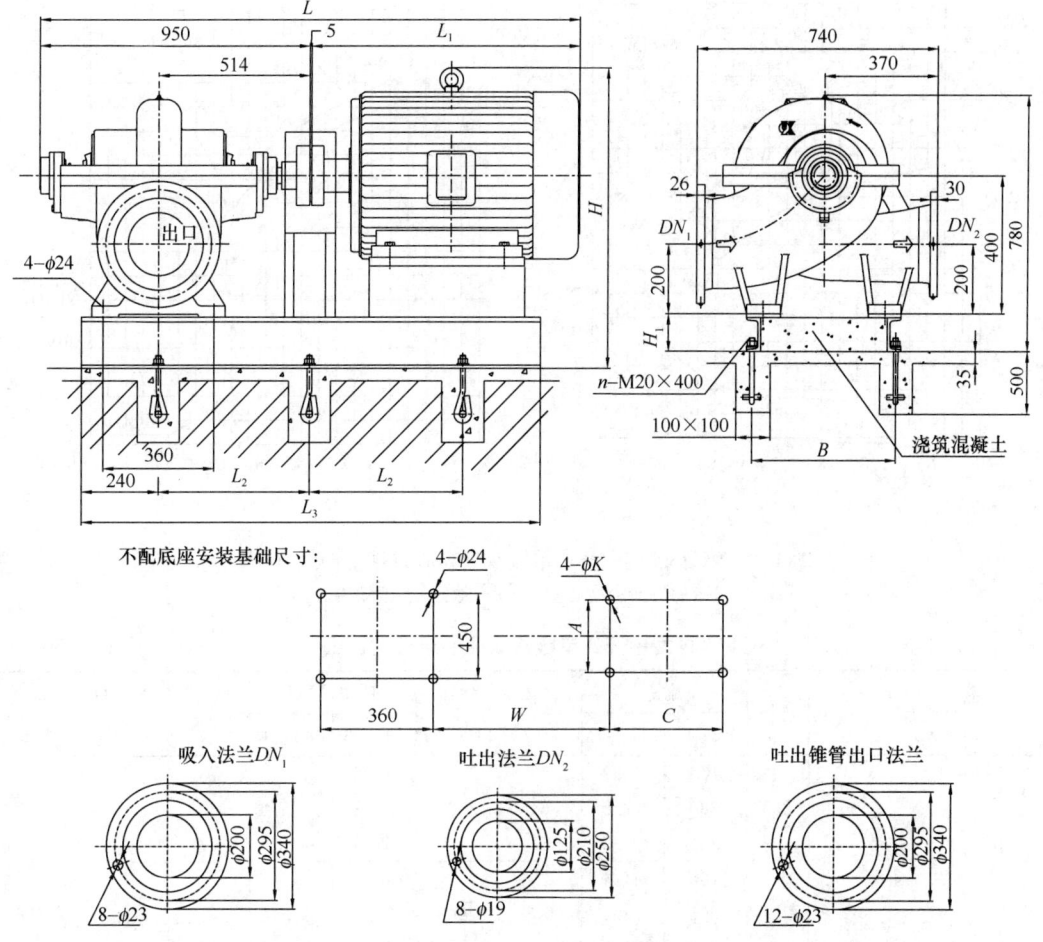

图 1-35 KQSN 型中开式单级双吸离心泵外形及安装尺寸(九)

KQSN 型中开式单级双吸离心泵安装尺寸(九)　　　表 1-49

泵型号	电 动 机				尺寸(mm)												质量(kg)	
	型号	电压(V)	防护式	功率(kW)	L	L₁	L₂	L₃	B	H	W	A	C	K	H₁	n	电机	底座
KQSN200-M8/N8	Y315M-2	380	Ⅰ	220/185	2223	1240	600	1686	640	1153	695	508	457	28	140	6	980	358
	Y315S-2	380	Ⅰ	160	2113	1130	600	1635	640	1153	695	508	406	28	140	6	870	350
	Y280M-2	380	Ⅰ	132/110	1923	940	560	1614	520	1045	669	457	419	24	120	6	750	318
	Y355M-2	380	Ⅲ/Ⅱ	220	2503	1520	720	1917	700	1235	733	610	630	28	160	6	1690	388
	Y315L-2	380	Ⅲ/Ⅱ	220/160	2268	1285	640	1757	580	1090	695	508	508	28	140	6	1080	368
	Y315M-2	380	Ⅲ/Ⅱ	132	2223	1240	600	1696	580	1090	695	508	457	28	140	6	970	358
	Y315S-2	380	Ⅲ/Ⅱ	110	2173	1190	600	1640	580	1090	695	508	406	28	140	6	920	350
	Y280M-2	380	Ⅲ/Ⅱ	90	2033	1050	560	1614	520	900	669	457	419	24	120	6	540	318
	Y355-2	6000	Ⅰ	220/185	2853	1870	640	2438	760	1375	824	630	900	28	160	8	1870	518
	Y450-2	10000	Ⅰ	220/185	2983	2000	720	2673	940	1430	909	800	1120	35	280	8	2935	588

注:防护式Ⅰ、Ⅱ、Ⅲ分别代表 IP23、IP44、IP54。

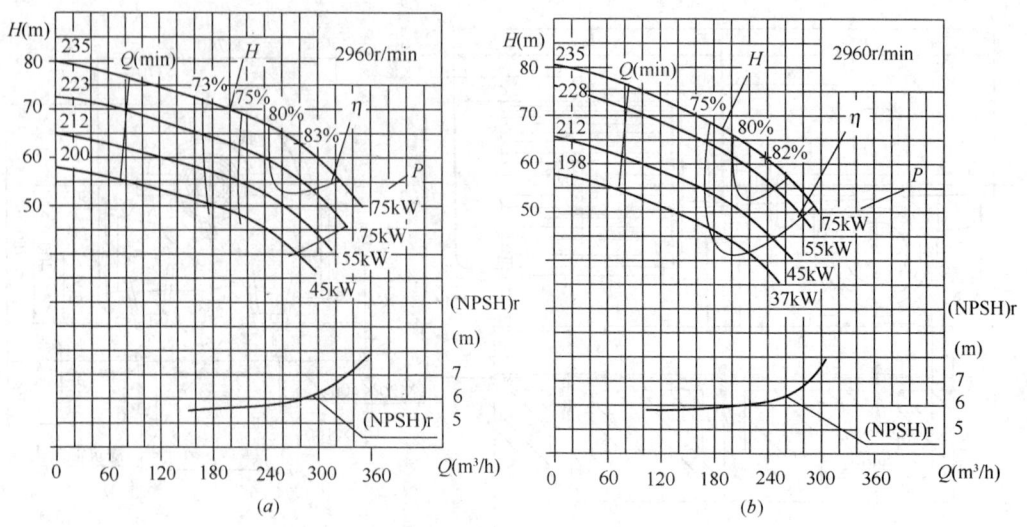

图 1-36　KQSN 型中开式单级双吸离心泵性能曲线（十）

(a) KQSN200-M9；(b) KQSN200-N9

KQSN 型中开式单级双吸离心泵性能（十）　　　　　表 1-50

泵型号	规格	流量		扬程	转速	功率（kW）		效率	(NPSH)r	泵重
		(m³/h)	(L/s)	(m)	(r/min)	轴功率	电机功率	(%)	(m)	(kg)
KQSN200-M9	235	168	46.7	73		45.8		73		
		280	77.8	64	2960	58.8	75	83	5.9	187
		351	97.5	51		63.3		77		
	223	160	44.4	65		40.0		71		
		266	73.9	57	2960	51.2	75	81	5.7	186
		333	92.5	45		55.8		74		
	212	151	41.9	59		35.0		69		
		252	70.0	51	2960	44.6	55	79	5.5	185
		316	87.8	41		48.7		72		
	200	143	39.7	52		30.4		67		
		238	66.1	46	2960	38.6	45	77	5.3	184
		298	82.8	36		42.2		70		
KQSN200-N9	235	143	39.7	71		41.7		66		
		238	66.1	62	2960	48.3	75	83	5.3	184
		298	82.8	50		53.2		76		
	228	138	38.3	66		39.3		64		
		230	63.9	58	2960	45.2	55	81	5.0	183
		289	80.3	47		49.8		74		
	212	128	35.6	57		32.4		62		
		214	59.4	50	2960	37.0	45	79	4.9	181
		268	74.4	40		40.9		72		
	198	121	33.6	51		28.2		60		
		202	56.1	44	2960	31.4	37	77	4.7	179
		240	66.7	32		30.2		70		

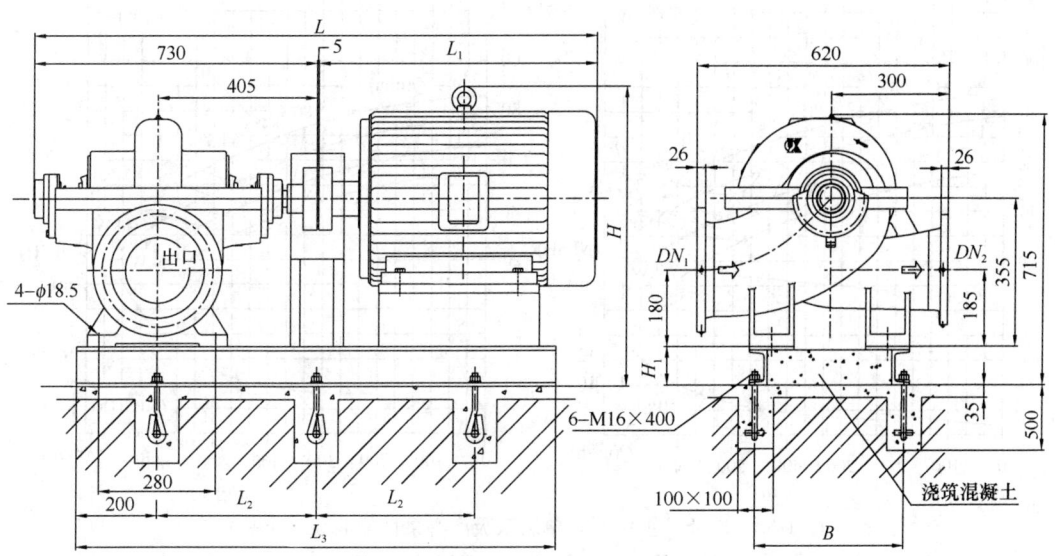

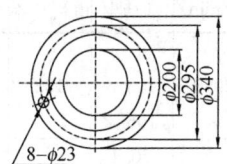

吸入法兰DN_1及吐出锥管出口法兰

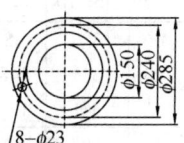

吐出法兰DN_2

吐出锥管长$E=375$

图 1-37 KQSN 型中开式单级双吸离心泵外形及安装尺寸（十）

KQSN 型中开式单级双吸离心泵安装尺寸（十）　　　　表 1-51

泵型号	电动机				尺寸(mm)							质量(kg)	
	型号	电压(V)	防护式	功率(kW)	L	L_1	L_2	L_3	B	H	H_1	电机	底座
KQSN200-M9/N9	Y280S-2	380	Ⅲ/Ⅱ	75	1735	1000	510	1400	500	835	120	510	180
	Y250M-2	380	Ⅲ/Ⅱ	55	1665	930	475	1330	450	805	120	380	176
	Y225M-2	380	Ⅲ/Ⅱ	45	1550	815	425	1230	400	785	120	297	173
	Y200L$_2$-2	380	Ⅲ/Ⅱ	37	1510	775	410	1200	350	730	100	239	170

注：防护式Ⅰ、Ⅱ、Ⅲ分别代表 IP23、IP44、IP54。

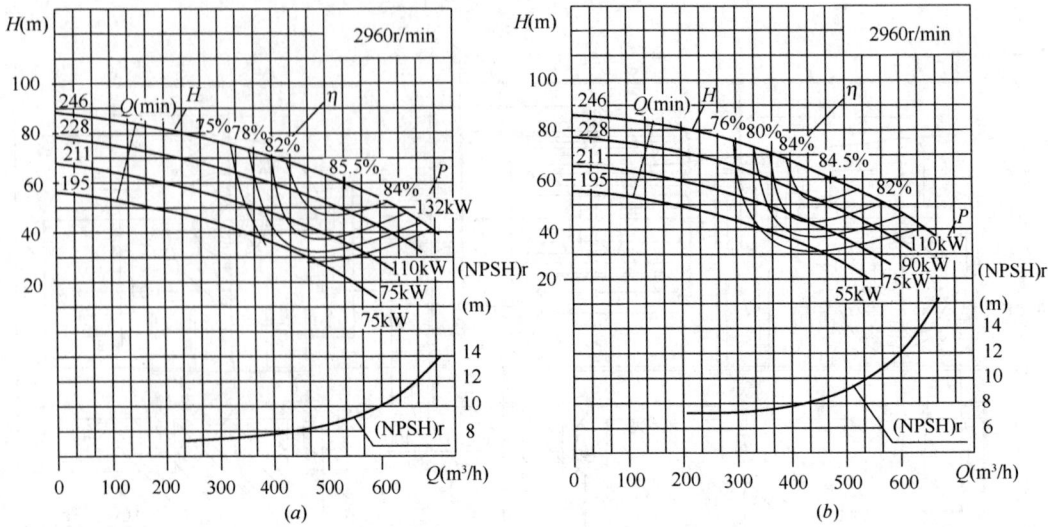

图 1-38　KQSN 型中开式单级双吸离心泵性能曲线（十一）

(a) KQSN200-M12；(b) KQSN200-N12

KQSN 型中开式单级双吸离心泵性能（十一）　　　　　表 1-52

泵型号	规格	流量		扬程	转速	功率(kW)		效率	(NPSH)r	泵重
		(m³/h)	(L/s)	(m)	(r/min)	轴功率	电机功率	(%)	(m)	(kg)
KQSN200-M12	246	320	88.9	75.0	2960	86.1	132	76	8.8	250
		534	148.3	61.0		103.8		85.5		
		641	178.1	50.0		106.4		82		
	228	298	82.8	65.0	2960	70.4	110	75	8.7	249
		497	138.1	53.0		85.4		84		
		596	165.6	43.0		86.2		81		
	211	272	75.6	56.0	2960	56.9	75	73	8.6	248
		454	126.1	44.0		65.9		82.5		
		545	151.4	34.0		64.7		78		
	195	255	70.8	46.0	2960	45.0	75	71	8.5	246
		425	118.1	35.0		53.0		76.5		
		510	141.7	29.0		55.2		73		
KQSN200-N12	246	284	78.9	76.5	2960	77.8	110	76	8.6	250
		473	131.4	61.0		93.0		84.5		
		568	157.8	51.0		96.1		82		
	228	266	73.9	67.0	2960	65.5	90	74	8.5	249
		443	123.1	54.0		77.6		84		
		532	147.8	43.0		76.9		81		
	211	246	68.3	57.0	2960	52.3	75	73	8.4	248
		410	113.9	45.0		61.3		82		
		492	136.7	37.5		63.6		79		
	195	229	63.6	47.5	2960	41.6	55	71	8.3	246
		381	105.8	37.0		49.9		77		
		457	126.9	30.0		50.5		74		

注：在 20℃ 常温条件下使用，泵进口倒灌压力应不低于 3m。

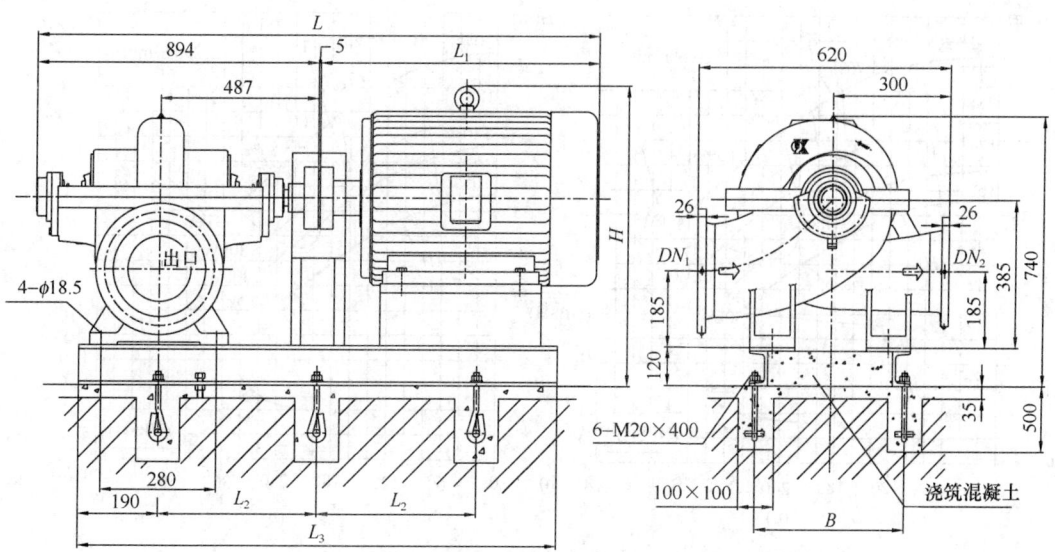

不配底座安装基础尺寸：

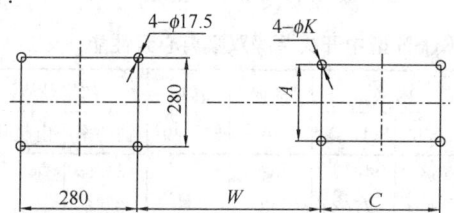

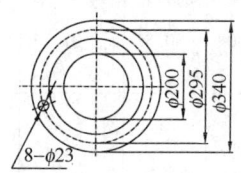

吸入法兰DN_1及吐出锥管出口法兰

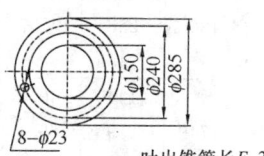

吐出法兰DN_2

吐出锥管长$E=375$

图 1-39　KQSN 型中开式单级双吸离心泵外形及安装尺寸(十一)

KQSN 型中开式单级双吸离心泵安装尺寸(十一)　　　　　　　表 1-53

泵型号	电　动　机				尺　寸(mm)										质量(kg)	
	型号	电压(V)	防护式	功率(kW)	L	L_1	L_2	L_3	B	H	W	A	C	K	电机	底座
KQSN200-M12/N12	Y280M-2	380	Ⅰ	132/110	1839	940	580	1523	520	1010	682	457	419	24	820	275
	Y315M-2	380	Ⅲ/Ⅱ	132	2139	1240	600	1605	580	1055	708	508	457	28	970	285
	Y315S-2	380	Ⅲ/Ⅱ	110	2089	1190	580	1550	580	1055	708	508	406	28	920	283
	Y280M-2	380	Ⅲ/Ⅱ	90	1949	1050	580	1523	520	865	682	457	419	24	540	278
	Y280S-2	380	Ⅲ/Ⅱ	75	1899	1000	550	1475	520	865	682	457	368	24	510	275
	Y250M-2	380	Ⅲ/Ⅱ	55	1899	1000	520	1410	440	830	660	406	349	24	380	275

注：防护式Ⅰ、Ⅱ、Ⅲ分别代表 IP23、IP44、IP54。

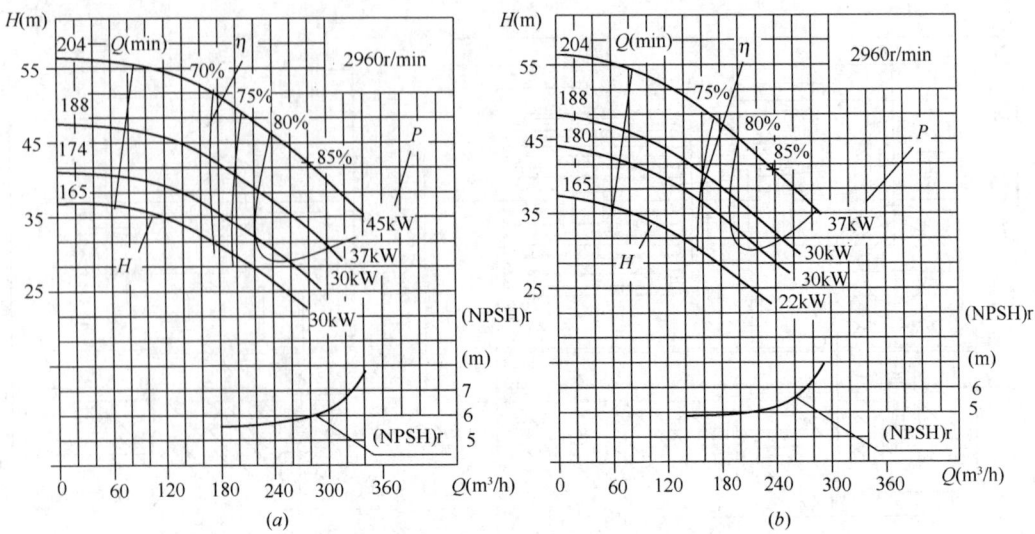

图 1-40 KQSN 型中开式单级双吸离心泵性能曲线(十二)

(a)KQSN200-M13；(b)KQSN200-N13

KQSN 型中开式单级双吸离心泵性能(十二)   表 1-54

泵型号	规格	流量		扬程	转速	功率(kW)		效率	(NPSH)r	泵重
		(m³/h)	(L/s)	(m)	(r/min)	轴功率	电机功率	(%)	(m)	(kg)
KQSN200-M13	204	168	46.7	53	2960	34.6	45	70	5.9	220
		280	77.8	43		38.6		85		
		342	95.0	36		41.4		81		
	188	155	43.1	44	2960	27.4	37	68	5.5	218
		258	71.7	36		30.3		83		
		315	87.5	30		32.3		79		
	174	144	40.0	38	2960	22.7	30	66	5.3	216
		239	66.4	31		24.9		81		
		292	81.1	26		26.6		77		
	165	136	37.8	34	2960	19.9	30	64	5.1	215
		227	63.1	28		21.7		79		
		277	76.9	23		23.3		75		
KQSN200-N13	204	143	39.7	51	2960	31.6	37	63	5.3	218
		238	66.1	42		31.7		85		
		290	80.6	35		34.8		80		
	188	131	36.4	43	2960	25.4	30	61	5.0	217
		219	60.8	35		25.3		83		
		267	74.2	30		27.8		78		
	180	125	34.7	40	2960	23.0	30	59	4.7	216
		209	58.1	32		22.7		81		
		255	70.8	27		24.9		76		
	165	115	31.9	33	2960	18.2	22	57	4.6	215
		192	53.3	26		17.2		79		
		235	65.3	22		19.0		74		

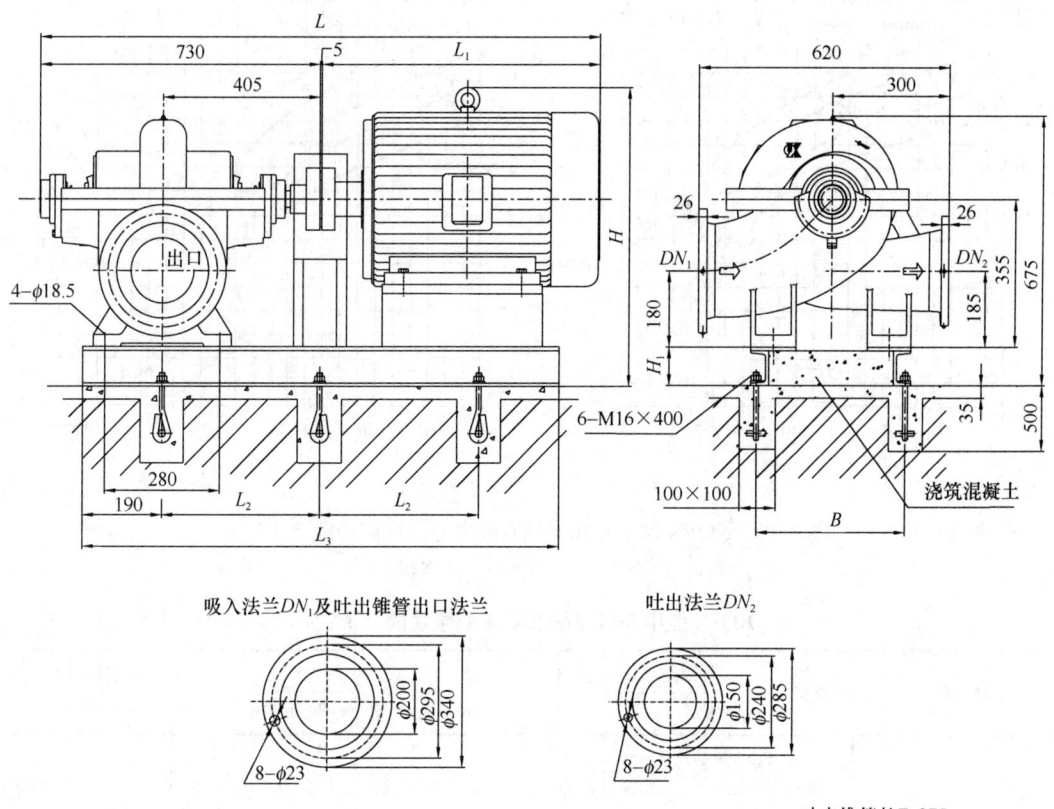

图 1-41 KQSN 型中开式单级双吸离心泵外形及安装尺寸（十二）

KQSN 型中开式单级双吸离心泵安装尺寸（十二）   表 1-55

泵型号	电动机				尺寸（mm）							质量（kg）	
	型号	电压（V）	防护式	功率（kW）	L	L_1	L_2	L_3	B	H	H_1	电机	底座
SQSN200-M13/N13	Y225M-2	380	Ⅲ／Ⅱ	45	1550	815	425	1230	400	780	120	297	162
	Y200L$_2$-2	380	Ⅲ／Ⅱ	37	1510	775	410	1200	350	730	100	239	165
	Y200L$_1$-2	380	Ⅲ／Ⅱ	30	1510	775	410	1200	350	730	100	220	165
	Y180M-2	380	Ⅲ／Ⅱ	22	1405	670	370	1120	290	710	100	169	164

注：防护式Ⅰ、Ⅱ、Ⅲ分别代表 IP23、IP44、IP54。

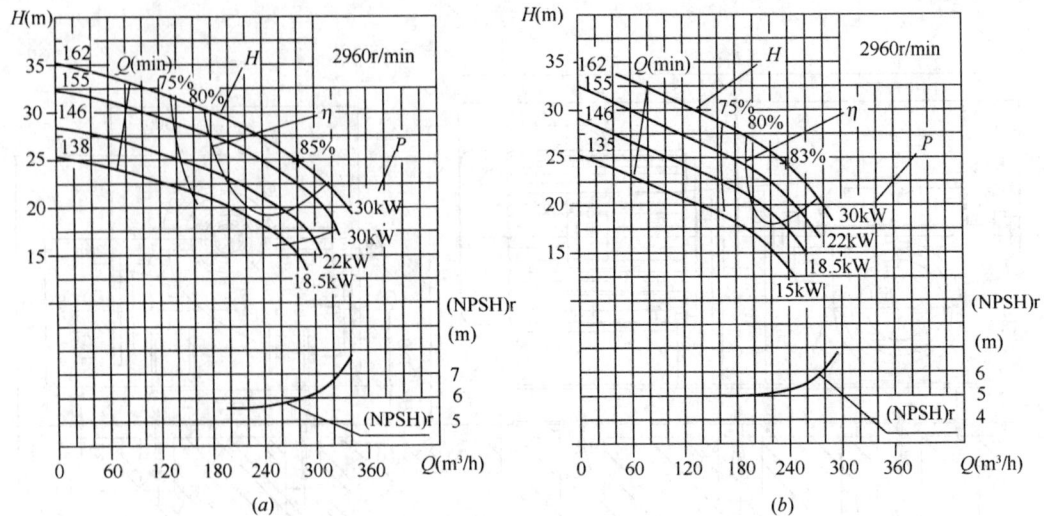

图 1-42 KQSN 型中开式单级双吸离心泵性能曲线（十三）

(a) KQSN200-M19；(b) KQSN200-N19

KQSN 型中开式单级双吸离心泵性能（十三）　　　　　　表 1-56

泵型号	规格	流量		扬程	转速	功率（kW）		效率	(NPSH)r	泵重
		(m³/h)	(L/s)	(m)	(r/min)	轴功率	电机功率	(%)	(m)	(kg)
KQSN200-M19	162	168	46.7	31	2960	17.5	30	80	5.9	220
		280	77.8	26		23.3		85		
		342	95.0	19		23.3		77		
	155	161	44.7	28	2960	15.9	30	78	5.7	219
		269	74.7	23		20.5		83		
		328	91.1	18		21.1		75		
	146	151	41.9	25	2960	13.4	22	76	5.5	218
		252	70.0	20		17.3		81		
		308	85.6	16		17.9		73		
	138	143	39.7	22	2960	11.6	18.5	74	5.3	217
		238	66.1	18		14.9		79		
		291	80.8	14		15.5		71		
KQSN200-N19	162	143	39.7	30	2960	15.9	30	72	5.3	219
		238	66.1	25		19.2		85		
		290	80.6	19		19.5		76		
	155	136	37.8	27	2960	14.3	22	70	5.1	218
		227	63.1	23		17.1		83		
		277	76.9	17		17.5		74		
	146	128	35.6	24	2960	12.3	18.5	68	5.0	217
		214	59.4	20		14.7		81		
		261	72.5	15		15.0		72		
	135	121	33.6	21	2960	10.7	15	66	4.7	216
		202	56.1	17		11.8		79		
		247	68.6	13		12.4		70		

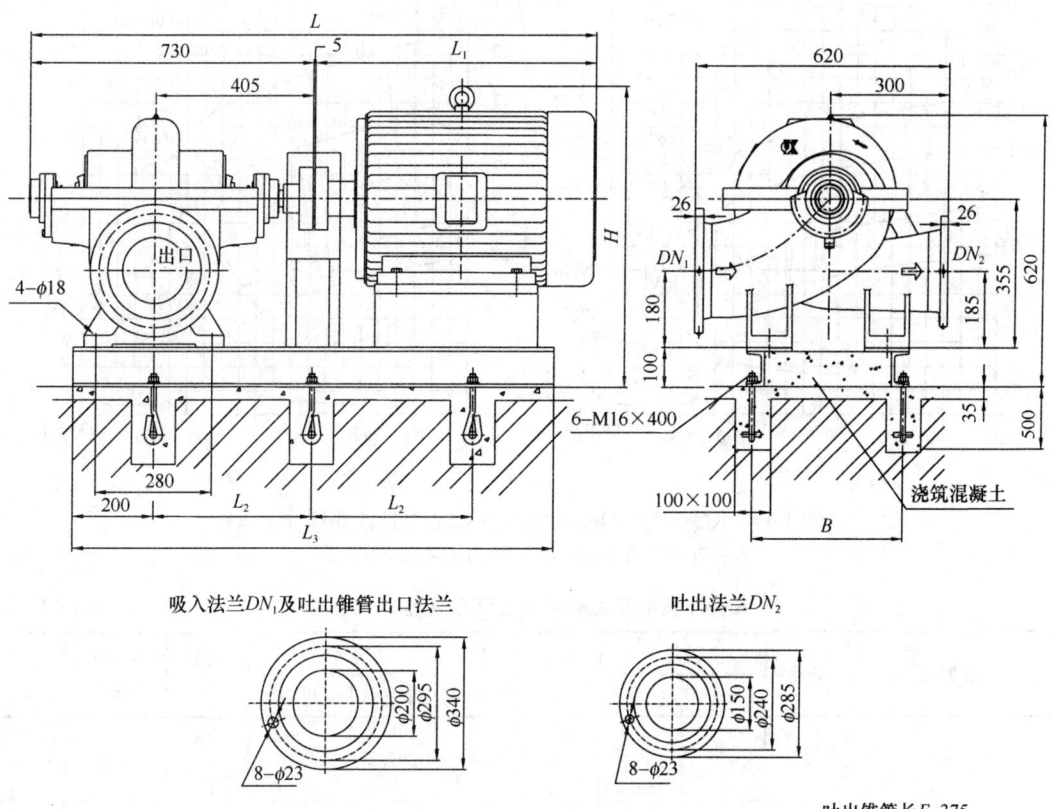

吸入法兰DN_1及吐出锥管出口法兰   吐出法兰DN_2

吐出锥管长E=375

图 1-43 KQSN 型中开式单级双吸离心泵外形及安装尺寸（十三）

KQSN 型中开式单级双吸离心泵安装尺寸（十三）   表 1-57

泵型号	电 动 机				尺 寸（mm）						质量（kg）	
	型号	电压（V）	防护式	功率（kW）	L	L_1	L_2	L_3	B	H	电机	底座
SQSN200-M19/N19	Y200L$_1$-2	380	Ⅲ/Ⅱ	30	1510	775	410	1200	350	730	220	120
	Y180M-2	380	Ⅲ/Ⅱ	22	1405	670	370	1120	290	705	169	122
	Y160L-2	380	Ⅲ/Ⅱ	18.5	1385	650	370	1120	290	680	134	124
	Y160M$_2$-2	380	Ⅲ/Ⅱ	15	1340	605	350	1080	290	680	117	121

注：防护式Ⅰ、Ⅱ、Ⅲ分别代表 IP23、IP44、IP54。

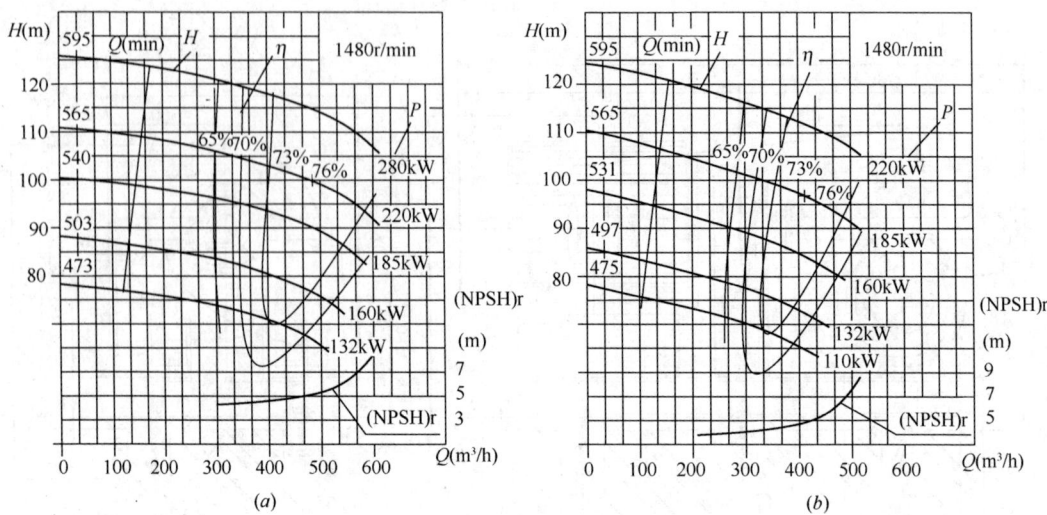

图 1-44　KQSN 型中开式单级双吸离心泵性能曲线（十四）

（a）KQSN250-M4；（b）KQSN250-N4

KQSN 型中开式单级双吸离心泵性能（十四）　　　表 1-58

泵型号	规格	流量		扬程	转速	功率（kW）		效率	(NPSH)r	泵重
		(m³/h)	(L/s)	(m)	(r/min)	轴功率	电机功率	(%)	(m)	(kg)
KQSN250-M4	595	301	83.6	122	1480	156.2	280	64	5.1	599
		491	136.4	115		207.7		74		
		589	163.6	103		232.6		71		
	565	291	80.8	106	1480	131.2	220	64	5.0	597
		485	134.7	100		173.7		76		
		582	161.7	91		199.4		72		
	540	279	77.5	97	1480	118.9	185	62	4.9	594
		466	129.4	91		151.8		76		
		559	155.3	84		179.9		71		
	503	259	71.9	83	1480	97.9	160	60	4.8	591
		432	120.0	79		125.8		74		
		518	143.9	72		146.7		69		
	473	244	67.8	74	1480	85.2	132	58	4.7	589
		407	113.1	70		106.3		73		
		488	135.6	64		124.9		68		
KQSN250-N4	595	258	71.7	118	1480	148.0	220	56	5.0	598
		432	120.0	110		177.2		73		
		518	143.9	100		201.4		70		
	565	247	68.6	103	1480	119.7	185	58	4.9	596
		412	114.4	97		142.7		76		
		494	137.2	89		167.6		71		
	531	232	64.4	91	1480	103.0	160	56	4.8	593
		387	107.5	86		120.1		75		
		464	128.9	78		141.6		70		
	497	217	60.3	79	1480	87.7	132	54	4.7	590
		362	100.6	75		99.9		74		
		434	120.6	69		117.8		69		
	475	207	57.5	72	1480	79.2	110	52	4.6	588
		346	96.1	68		88.0		73		
		415	115.3	63		104.1		68		

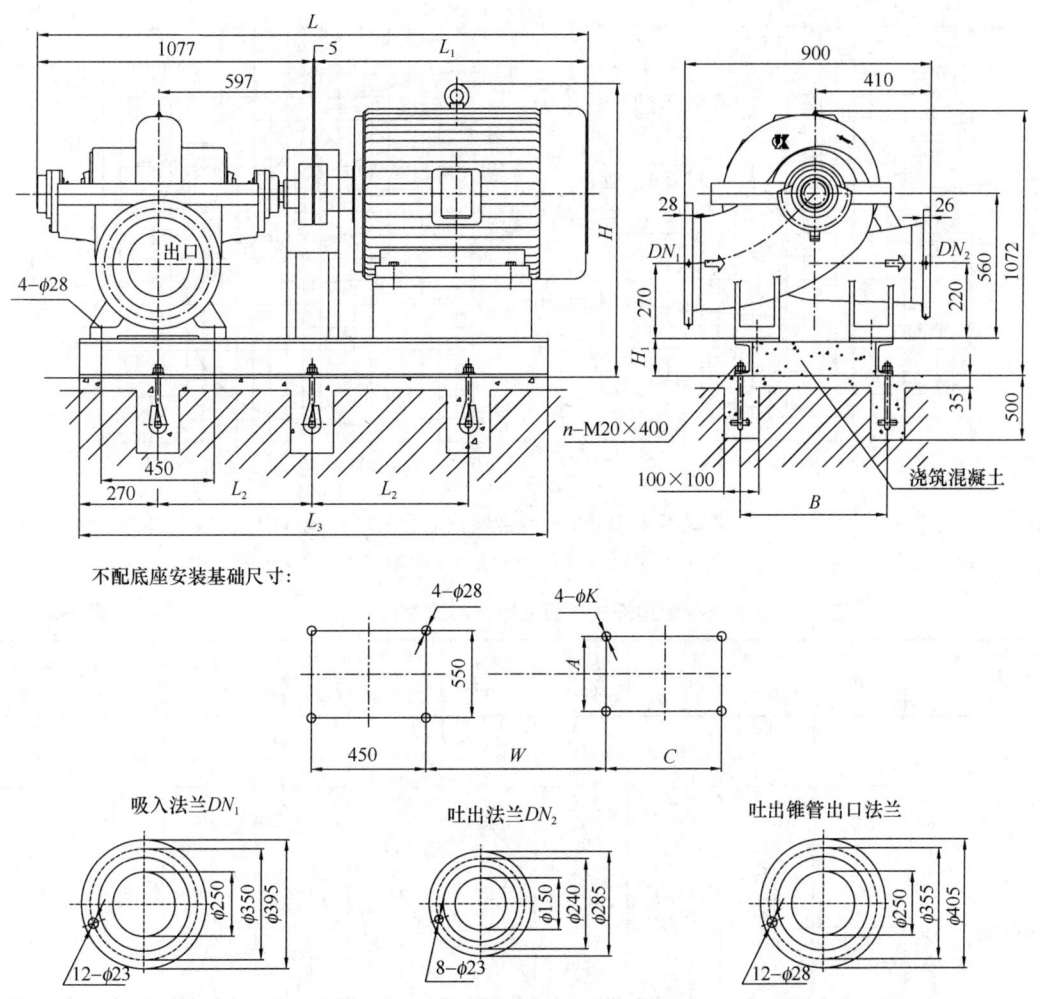

图 1-45 KQSN 型中开式单级双吸离心泵外形及安装尺寸（十四）

KQSN 型中开式单级双吸离心泵安装尺寸（十四） 表 1-59

泵型号	电 动 机				尺寸(mm)												质量(kg)	
	型号	电压(V)	防护式	功率(kW)	L	L_1	L_2	L_3	B	H	H_1	W	A	C	K	n	电机	底座
	Y355M-4	380	Ⅰ	280	2702	1620	730	2000	680	1485	160	841	610	560	28	6	1460	298
	Y315M-4	380	Ⅰ	220	2352	1270	650	1840	560	1335	160	763	508	457	28	6	1075	296
	Y315M-4	380	Ⅰ	185	2352	1270	650	1840	560	1335	160	763	508	457	28	6	985	296
	Y315S-4	380	Ⅰ	160	2242	1160	650	1840	560	1335	160	763	508	406	28	6	870	294
	Y280M-4	380	Ⅰ	132/110	2222	1140	605	1750	560	1205	140	737	457	419	24	6	820	292
KQSN250- M4/N4	Y355-4	6000	Ⅰ	220～280	2952	1870	670	2545	740	1575	160	902	630	900	28	8	1800	350
	Y450-4	10000	Ⅰ	220～280	3082	2000	750	2805	920	1260	160	942	800	1120	35	8	2710	375
	Y355L₁-4	380	Ⅲ/Ⅱ	280	2652	1570	730	2000	680	1395	160	801	610	630	28	6	1870	301
	Y355M-4	380	Ⅲ/Ⅱ	220	2652	1570	730	2000	680	1395	160	801	610	560	28	6	1720	298
	Y315L-4	380	Ⅲ/Ⅱ	185/160	2422	1340	670	1880	560	1270	160	763	508	508	28	6	1170	300
	Y315M-4	380	Ⅲ/Ⅱ	132	2422	1340	650	1840	560	1270	160	763	508	457	28	6	1010	296
	Y315S-4	380	Ⅲ/Ⅱ	110	2352	1270	630	1800	560	1270	160	763	508	406	28	6	930	294

注：防护式Ⅰ、Ⅱ、Ⅲ分别代表 IP23、IP44、IP54。

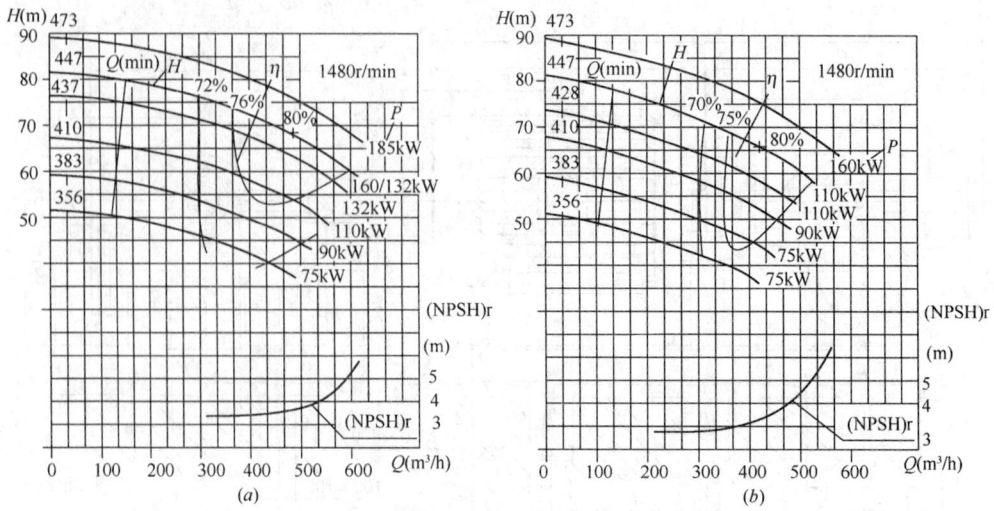

图 1-46 KQSN 型中开式单级双吸离心泵性能曲线（十五）

(a) KQSN250-M6；(b) KQSN250-N6

KQSN 型中开式单级双吸离心泵性能（十五）　　　　表 1-60

泵型号	规格	流量		扬程 (m)	转速 (r/min)	功率 (kW)		效率 (%)	(NPSH)r (m)	泵重 (kg)
		(m³/h)	(L/s)			轴功率	电机功率			
KQSN250-M6	473	302	83.9	84	1480	97.3	185	71	3.5	518
		493	136.9	75		129.0		78		
		631	175.3	67		153.4		75		
	447	291	80.8	77	1480	84.7	*160/132	72	3.4	516
		485	134.7	66		108.9		80		
		612	170.0	59		129.3		76		
	437	282	78.3	72	1480	77.4	132	71	3.3	514
		470	130.6	64		103.3		79		
		594	165.0	55		118.3		75		
	410	265	73.6	63	1480	65.8	110	69	3.2	512
		441	122.5	56		87.5		77		
		550	152.8	48		99.1		73		
	383	247	68.6	55	1480	55.2	90	67	3.0	510
		412	114.4	49		73.2		75		
		520	144.4	42		84.1		71		
	356	230	63.9	47	1480	45.0	75	66	2.9	508
		383	106.4	42		59.6		74		
		483	134.2	36		68.5		70		
KQSN250-N6	473	258	71.7	83	1480	88.3	160	66	3.1	517
		432	120.0	75		114.5		77		
		535	148.6	67		133.7		73		
	447	252	70.0	75	1480	76.3	110	67	3.0	515
		420	116.7	64		91.5		80		
		520	144.4	57		107.2		75		
	428	239	66.4	67	1480	67.1	110	65	3.0	513
		399	110.8	59		82.2		78		
		504	140.0	52		97.7		73		
	410	229	63.6	62	1480	61.4	90	63	2.9	511
		382	106.1	54		73.3		77		
		482	133.9	48		87.3		72		
	383	214	59.4	54	1480	51.6	75	61	2.8	509
		357	99.2	47		60.6		76		
		451	125.3	42		71.9		71		
	356	199	55.3	47	1480	42.9	75	59	2.6	507
		332	92.2	41		49.9		74		
		419	116.4	36		59.4		69		

注：带 * 者，一般情况下按大档电机配套，个别用户不在低扬程工况运行，可按小档电机配套。

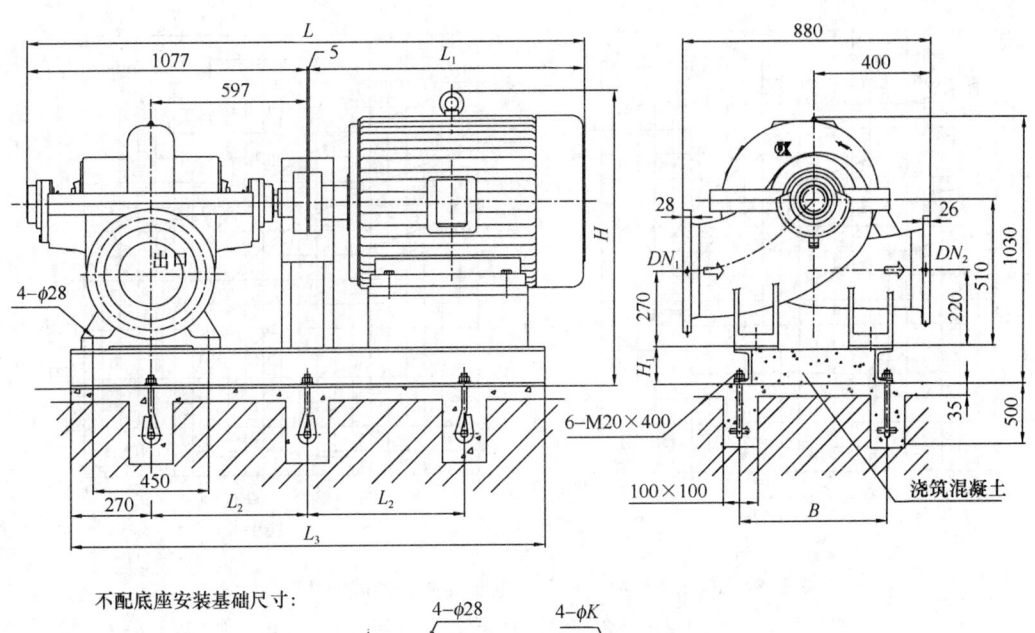

不配底座安装基础尺寸：

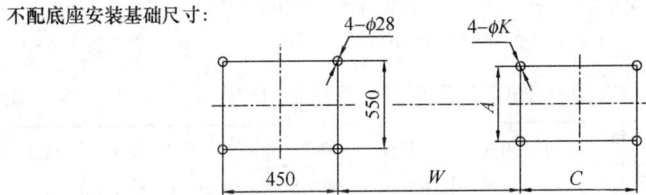

吸入法兰DN_1及吐出锥管出口法兰   吐出法兰DN_2

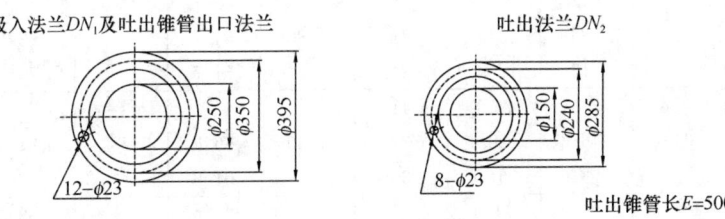

吐出锥管长$E=500$

图 1-47　KQSN 型中开式单级双吸离心泵外形及安装尺寸(十五)

KQSN 型中开式单级双吸离心泵安装尺寸(十五)   表 1-61

泵型号	电动机				尺寸(mm)											质量(kg)	
	型号	电压(V)	防护式	功率(kW)	L	L_1	L_2	L_3	B	H	H_1	W	A	C	K	电机	底座
KQSN250-M6/N6	Y315M$_2$-4	380	I	185	2352	1270	650	1840	560	1285	160	763	508	457	28	985	263
	Y315S-4	380	I	160	2242	1160	650	1790	560	1285	160	763	508	406	28	870	261
	Y280M-4	380	I	132/110	2222	1140	605	1750	560	1141	140	737	457	419	24	820	260
	Y315L$_2$-4	380	III/II	185	2422	1340	650	1860	560	1220	160	763	508	508	28	1170	264
	Y315L$_3$-4	380	III/II	160	2422	1340	650	1860	560	1220	160	763	508	508	28	1070	264
	Y315M-4	380	III/II	132	2422	1340	650	1840	560	1220	160	763	508	457	28	1010	263
	Y315S-4	380	III/II	110	2352	1270	650	1790	560	1220	160	763	508	406	28	930	260
	Y280M-4	380	III/II	90	2132	1050	605	1720	560	1000	140	707	457	419	24	600	259
	Y280S-4	380	III/II	75	2082	1000	605	1670	560	1000	140	707	457	368	24	510	258

注:防护式 I、II、III 分别代表 IP23、IP44、IP54。

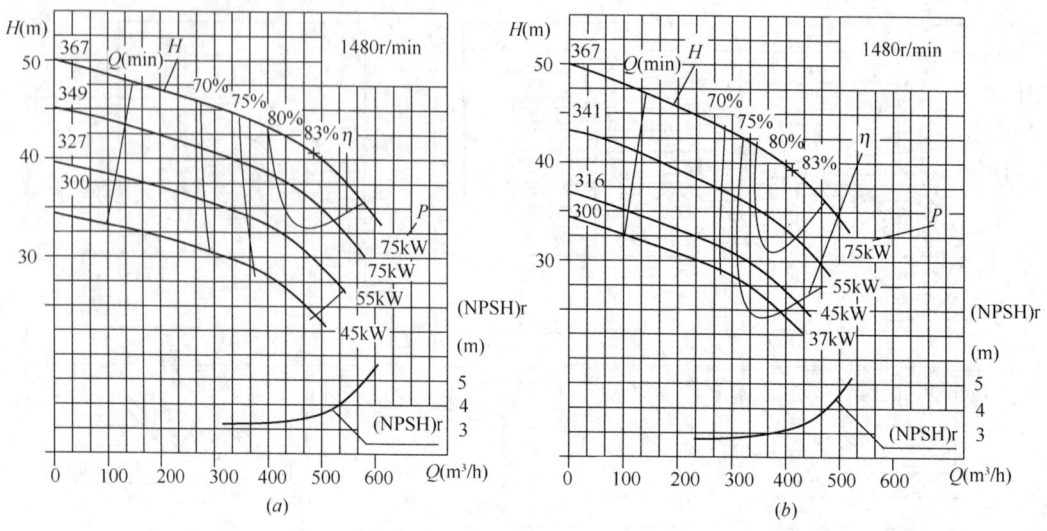

图 1-48　KQSN 型中开式单级双吸离心泵性能曲线(十六)

(a)KQSN250-M9；(b)KQSN250-N9

KQSN 型中开式单级双吸离心泵性能(十六)　　　　表 1-62

泵型号	规格	流　量		扬程	转速	功率(kW)		效率	(NPSH)r	泵重
		(m³/h)	(L/s)	(m)	(r/min)	轴功率	电机功率	(%)	(m)	(kg)
KQSN250-M9	367	291	80.8	46	1480	50.1	75	72	3.4	402
		485	134.7	41		64.7		83		
		612	170.0	34		71.7		79		
	349	276	76.7	41	1480	44.2	75	70	3.2	399
		461	128.1	37		56.8		81		
		581	161.4	30		61.9		77		
	327	259	71.9	36	1480	37.4	55	68	3.1	396
		432	120.0	32		47.9		79		
		545	151.4	26		51.5		76		
	300	242	67.2	31	1480	31.3	45	66	3.0	395
		403	111.9	27		38.4		77		
		490	136.1	23		40.9		75		
KQSN250-N9	367	247	68.6	44	1480	45.7	75	65	3.0	401
		412	114.4	39		53.1		83		
		519	144.2	33		60.3		78		
	341	230	63.9	38	1480	38.0	55	63	2.9	398
		383	106.4	34		43.8		81		
		483	134.2	29		49.7		76		
	316	212	58.9	33	1480	31.0	45	61	2.8	395
		354	98.3	29		35.5		79		
		447	124.2	25		40.4		74		
	300	205	56.9	30	1480	28.8	37	59	2.7	394
		342	95.0	25		30.2		77		
		415	115.3	21		32.9		72		

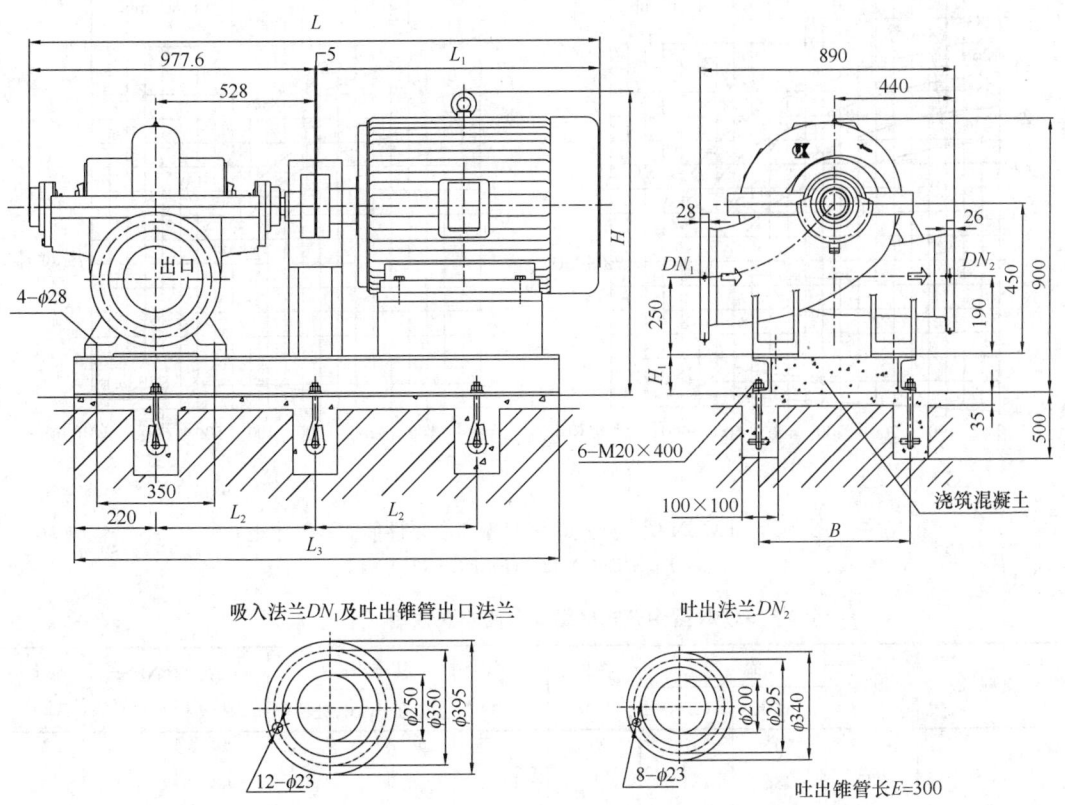

吸入法兰DN_1及吐出锥管出口法兰　　　　吐出法兰DN_2

吐出锥管长$E=300$

图 1-49　KQSN 型中开式单级双吸离心泵外形及安装尺寸(十六)

KQSN 型中开式单级双吸离心泵安装尺寸(十六)　　　　表 1-63

泵型号	电 动 机				尺寸(mm)							质量(kg)	
	型号	电压(V)	防护式	功率(kW)	L	L_1	L_2	L_3	B	H	H_1	电机	底座
KQSN250-M9/N9	Y280S-4	380	Ⅲ/Ⅱ	75	1985	1000	560	1560	500	955	140	510	200
	Y250M-4	380	Ⅲ/Ⅱ	55	1915	930	520	1480	460	890	120	385	198
	Y225M-4	380	Ⅲ/Ⅱ	45	1830	845	485	1410	460	870	120	322	196
	Y225S-4	380	Ⅲ/Ⅱ	37	1800	815	470	1380	460	870	120	287	194

注：防护式Ⅰ、Ⅱ、Ⅲ分别代表 IP23、IP44、IP54。

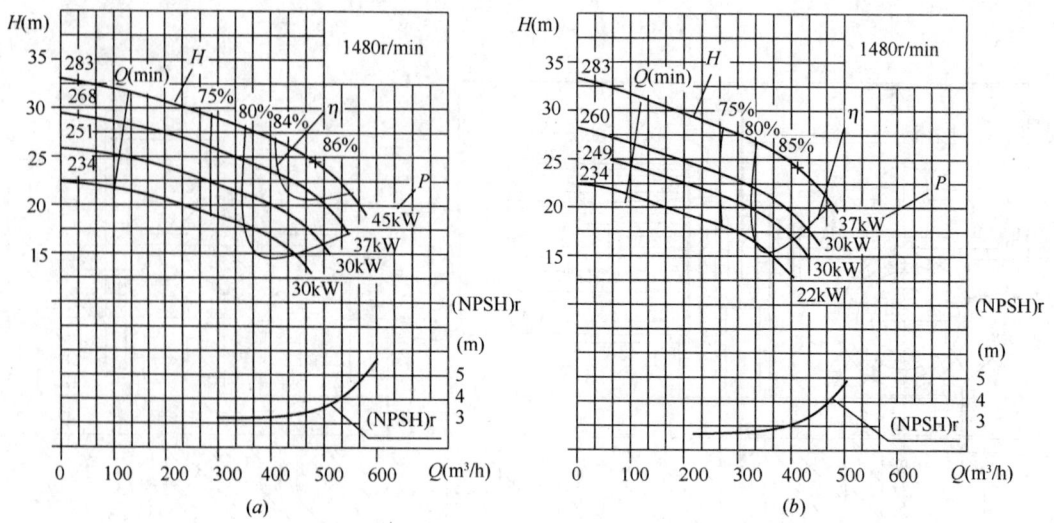

图 1-50　KQSN 型中开式单级双吸离心泵性能曲线（十七）

(a) KQSN250-M13；(b) KQSN250-N13

KQSN 型中开式单级双吸离心泵性能（十七）　　　　　表 1-64

| 泵型号 | 规格 | 流　量 | | 扬程 | 转速 | 功率（kW） | | 效率 | (NPSH)r | 泵重 |
		(m³/h)	(L/s)	(m)	(r/min)	轴功率	电机功率	(%)	(m)	(kg)
KQSN250-M13	283	291	80.8	29	1480	30.6	45	75	3.4	382
		485	134.7	24		36.9		86		
		582	161.7	20		38.7		82		
	268	274	76.1	26	1480	26.8	37	73	3.2	380
		456	126.7	22		32.7		84		
		547	151.9	17		31.7		80		
	251	256	71.1	23	1480	22.3	30	72	3.1	378
		427	118.6	19		27.1		83		
		512	142.2	15		26.4		79		
	234	239	66.4	20	1480	18.5	30	70	2.9	376
		398	110.6	17		22.5		81		
		477	132.5	13		21.9		77		
KQSN250-N13	283	247	68.6	28	1480	28.0	37	68	3.0	381
		412	114.4	23		30.3		86		
		494	137.2	20		32.5		81		
	260	227	63.1	24	1480	22.4	30	66	2.9	379
		379	105.3	20		24.1		84		
		454	126.1	17		25.9		79		
	249	217	60.3	22	1480	20.3	30	64	2.8	377
		362	100.6	18		21.6		82		
		435	120.8	15		23.3		77		
	234	202	56.1	19	1480	16.9	22	62	2.6	375
		337	93.6	16		17.9		80		
		405	112.5	13		19.3		75		

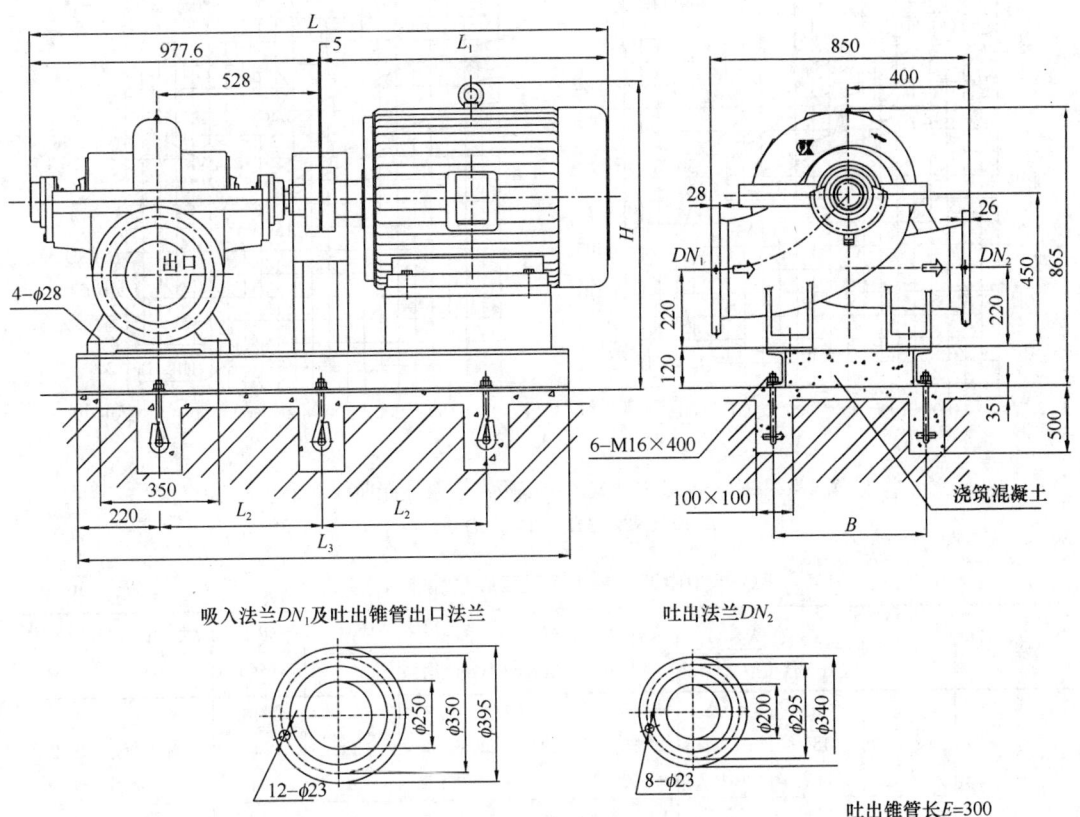

图 1-51　KQSN 型中开式单级双吸离心泵外形及安装尺寸（十七）

KQSN 型中开式单级双吸离心泵安装尺寸（十七）　　　　表 1-65

泵型号	电动机				尺寸（mm）						质量（kg）	
	型号	电压(V)	防护式	功率(kW)	L	L_1	L_2	L_3	B	H	电机	底座
KQSN250-M13/N13	Y225M-4	380	Ⅲ/Ⅱ	45	1830	845	485	1410	460	870	322	190
	Y225S-4	380	Ⅲ/Ⅱ	37	1805	820	470	1390	460	870	287	192
	Y200L-4	380	Ⅲ/Ⅱ	30	1760	775	460	1360	460	840	232	194
	Y180L-4	380	Ⅲ/Ⅱ	22	1695	710	440	1320	460	815	181	195

注：防护式Ⅰ、Ⅱ、Ⅲ分别代表 IP23、IP44、IP54。

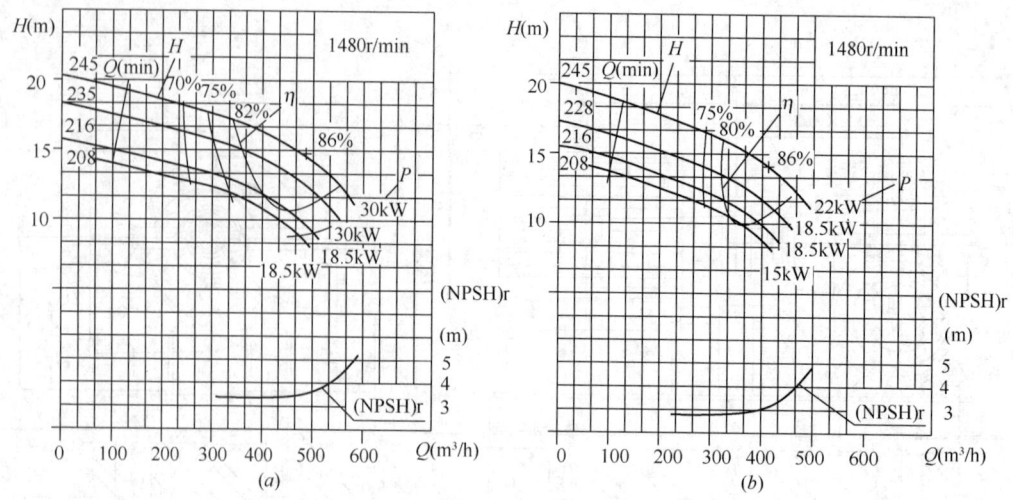

图 1-52　KQSN 型中开式单级双吸离心泵性能曲线（十八）

（a）KQSN250-M19；（b）KQSN250-N19

KQSN 型中开式单级双吸离心泵性能（十八）　　表 1-66

泵型号	规格	流量		扬程	转速	功率（kW）		效率	(NPSH)r	泵重
		(m³/h)	(L/s)	(m)	(r/min)	轴功率	电机功率	(%)	(m)	(kg)
KQSN250- M19	245	291	80.8	18	1480	18.7	30	75	3.4	312
		485	134.7	15		22.4		86		
		582	161.7	12		23.5		81		
	235	276	76.7	17	1480	17.5	30	73	3.2	310
		461	128.1	14		20.9		84		
		553	153.6	11		21.0		79		
	216	256	71.1	14	1480	13.5	18.5	71	3.1	308
		427	118.6	11		16.0		82		
		512	142.2	9		15.6		77		
	208	247	68.6	13	1480	12.5	18.5	69	3.0	307
		412	114.4	11		14.8		80		
		495	137.5	8		14.5		75		
KQSN250- N19	245	247	68.6	17	1480	17.1	22	68	3.0	311
		412	114.4	14		18.4		86		
		494	137.2	12		19.7		80		
	228	230	63.9	15	1480	14.2	18.5	66	2.9	309
		383	106.4	12		15.1		84		
		459	127.5	10		16.3		78		
	216	217	60.3	13	1480	12.4	18.5	64	2.8	307
		362	100.6	11		13.1		82		
		435	120.8	9		14.1		76		
	208	210	58.3	12	1480	11.5	15	62	2.7	306
		350	97.2	10		12.1		80		
		420	116.7	8		13.1		74		

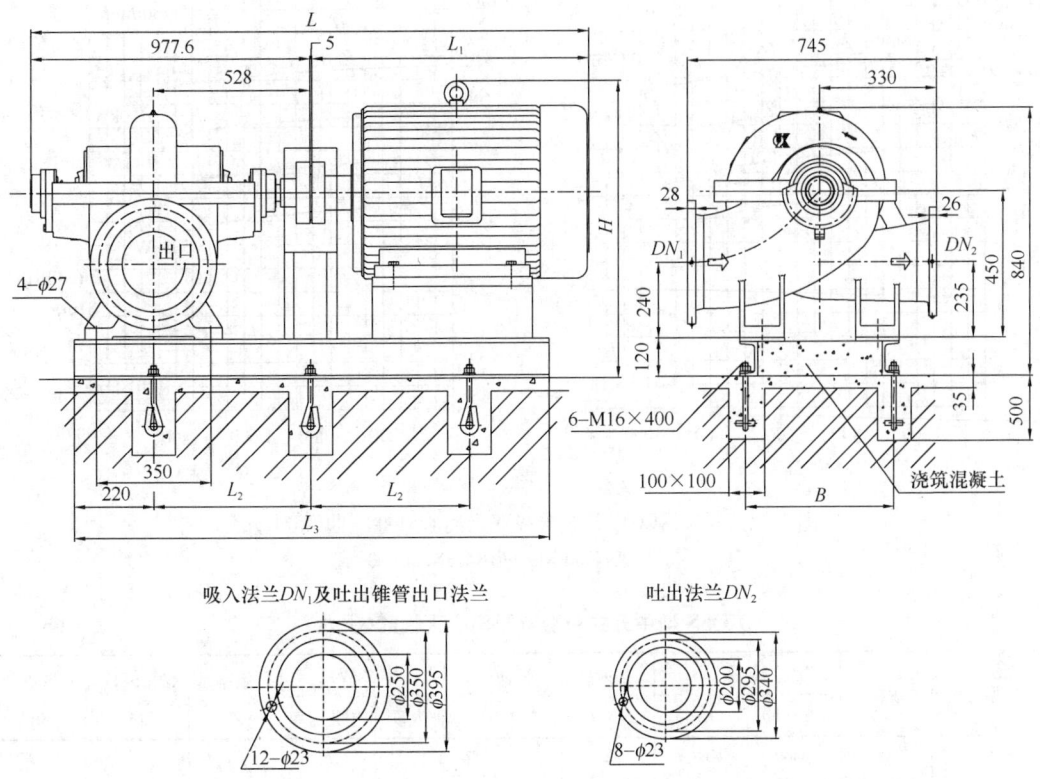

吸入法兰DN_1及吐出锥管出口法兰 吐出法兰DN_2

吐出锥管长$E=300$

图 1-53 KQSN 型中开式单级双吸离心泵外形及安装尺寸(十八)

KQSN 型中开式单级双吸离心泵安装尺寸(十八) 表 1-67

泵型号	电动机				尺寸(mm)						质量(kg)	
	型号	电压(V)	防护式	功率(kW)	L	L_1	L_2	L_3	B	H	电机	底座
KQSN250-M19/N19	Y200L-4	380	Ⅲ / Ⅱ	30	1760	775	460	1360	460	840	232	185
	Y180L-4	380	Ⅲ / Ⅱ	22	1695	710	440	1320	460	815	181	187
	Y180M-4	380	Ⅲ / Ⅱ	18.5	1655	670	420	1280	460	815	167	182
	Y160M-4	380	Ⅲ / Ⅱ	15	1635	650	420	1280	460	790	133	186

注:防护式Ⅰ、Ⅱ、Ⅲ分别代表 IP23、IP44、IP54。

172   1 泵

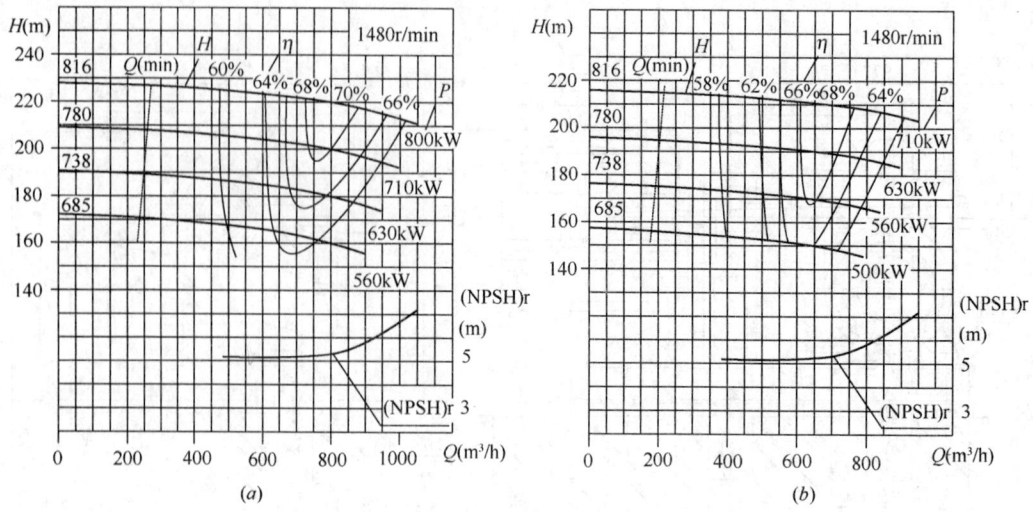

图 1-54　KQSN 型中开式单级双吸离心泵性能曲线(十九)

(a)KQSN300-M3;(b)KQSN300-N3

KQSN 型中开式单级双吸离心泵性能(十九)　　　表 1-68

泵型号	规格	流量		扬程	转速	功率(kW)		效率	(NPSH)r	泵重
		(m³/h)	(L/s)	(m)	(r/min)	轴功率	电机功率	(%)	(m)	(kg)
KQSN300-M3	816	474	131.7	225		476.1		61		
		790	219.4	220	1480	676.2	800	70	5.3	1388
		909	252.5	215		799.9		66.5		
	780	459	127.5	205		427.1		60		
		765	212.5	200	1480	603.9	710	69	5.2	1385
		880	244.4	195		707.9		66		
	738	442	122.8	186		375.9		59.5		
		736	204.4	180	1480	538.5	630	67	5.1	1381
		846	235.0	174		617.0		65		
	685	424	117.8	166		330.6		58		
		707	196.4	160	1480	473.9	560	65	5.0	1376
		813	225.8	153		537.7		63		
KQSN300-N3	816	402	111.7	214		390.5		60		
		670	186.1	210	1480	563.5	710	68	5.3	1387
		777	215.8	205		667.5		65		
	780	388	107.8	194		353.6		58		
		647	179.7	190	1480	499.7	630	67	5.2	1385
		751	208.6	185		590.8		64		
	738	375	104.2	175		308.1		58		
		625	173.6	170	1480	435.1	560	66.5	5.1	1382
		731	203.1	165		517.5		63.5		
	685	361	100.3	156		269.2		57		
		602	167.2	150	1480	378.3	500	65	5.0	1378
		710	197.2	144		449.3		62		

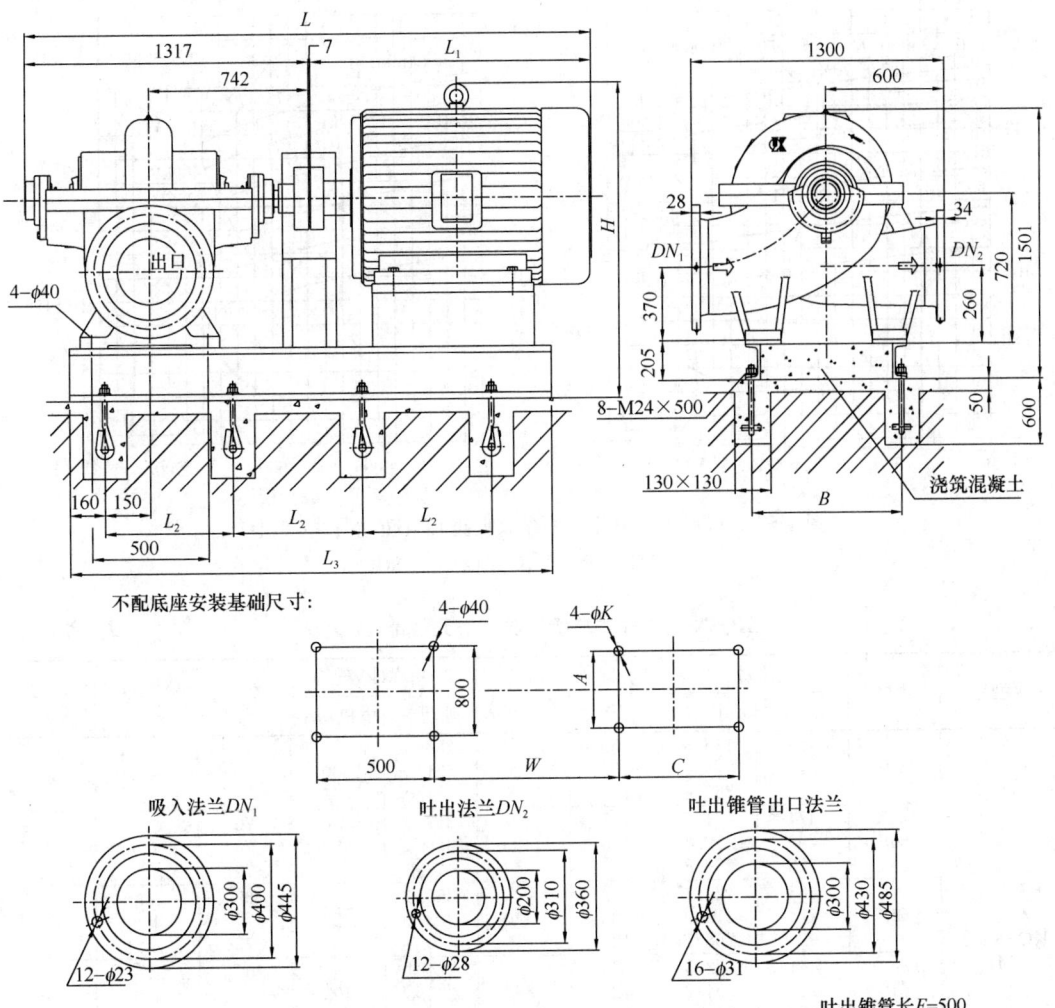

图 1-55 KQSN 型中开式单级双吸离心泵外形及安装尺寸(十九)

KQSN 型中开式单级双吸离心泵安装尺寸(十九) 表 1-69

泵型号	电动机				尺寸(mm)										质量(kg)	
	型号	电压(V)	防护式	功率(kW)	L	L1	L2	L3	B	H	W	A	C	K	电机	底座
KQSN300-M3/N3	Y450-4	6000	I	800	3504	2180	915	3025	950	1950	1064	800	1120	35	3300	898
	Y450-4	6000	I	710	3504	2180	915	3025	950	1950	1064	800	1120	35	3180	898
	Y450-4	6000	I	630	3504	2180	915	3025	950	1950	1064	800	1120	35	3092	898
	Y400-4	6000	I	560	3304	1980	860	2900	920	1855	1044	710	1000	35	2600	918
	Y400-4	6000	I	500	3304	1980	860	2900	920	1855	1044	710	1000	35	2510	918
	Y500-4	10000	I	800	3524	2200	950	3129	1050	1475	1184	900	1250	42	4600	938
	Y500-4	10000	I	710	3524	2200	950	3129	1050	1475	1184	900	1250	42	4550	938
	Y450-4	10000	I	630	3374	2050	915	3025	950	1425	1064	800	1120	35	3461	898
	Y450-4	10000	I	560	3374	2050	915	3025	950	1425	1064	800	1120	35	3380	898
	Y450-4	10000	I	500	3374	2050	915	3025	950	1425	1064	800	1120	35	3315	898

注:防护式 I、II、III 分别代表 IP23、IP44、IP54。

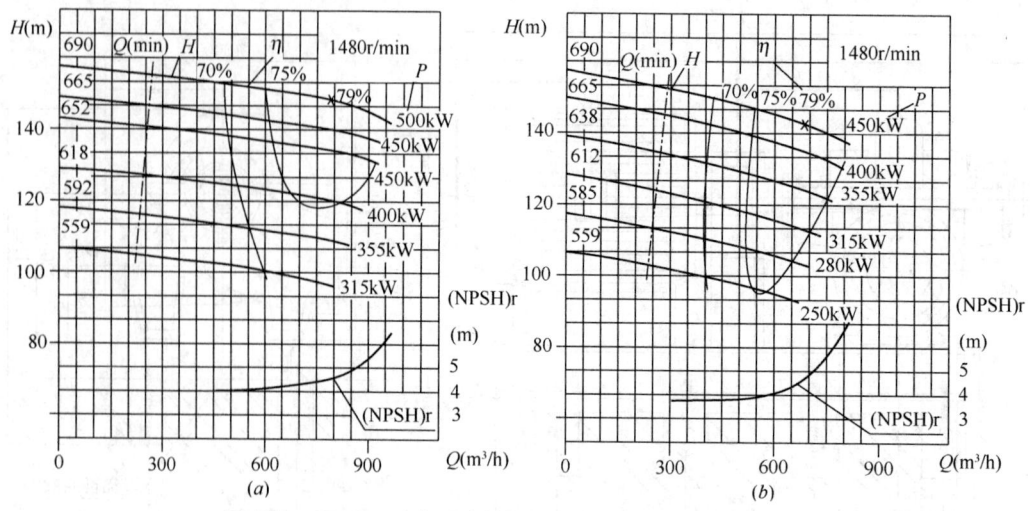

图 1-56 KQSN 型中开式单级双吸离心泵性能曲线(二十)

(a)KQSN300-M4;(b)KQSN300-N4

KQSN 型中开式单级双吸离心泵性能(二十) 表 1-70

泵型号	规格	流量		扬程 (m)	转速 (r/min)	功率(kW)		效率 (%)	(NPSH)r (m)	泵重 (kg)
		(m³/h)	(L/s)			轴功率	电机功率			
KQSN300-M4	690	489	135.8	153	1480	286.9	500	71	4.6	1003
		815	226.4	150		421.3		79		
		970	269.4	142		487.0		77		
	665	474	131.7	145	1480	267.0	450	70	4.6	1000
		790	219.4	140		386.5		78		
		928	257.8	133		442.3		76		
	652	465	129.2	139	1480	255.0	450	69	4.6	998
		774	215.0	135		368.5		77		
		929	258.1	131		440.5		75		
	618	441	122.5	125	1480	224.4	400	67	4.4	995
		735	204.2	121		323.3		75		
		882	245.0	118		386.7		73		
	592	422	117.2	115	1480	202.7	355	65	4.3	993
		703	195.3	111		291.1		73		
		844	234.4	108		348.5		71		
	559	398	110.6	102	1480	175.9	315	63	4.1	990
		664	184.4	99		251.7		71		
		796	221.1	96		301.5		69		
KQSN300-N4	690	411	114.2	146	1480	233.2	450	70	4.2	1001
		685	190.3	143		337.3		79		
		815	226.4	138		402.8		76		
	665	402	111.7	140	1480	225.8	400	68	4.2	999
		670	186.1	136		317.4		78		
		804	223.3	130		379.5		75		
	638	386	107.2	129	1480	199.7	355	68	4.1	997
		644	178.9	125		280.8		78		
		772	214.4	120		335.7		75		
	612	370	102.8	119	1480	178.4	315	67	4.0	994
		617	171.4	115		250.4		77		
		740	205.6	110		299.5		74		
	585	354	98.3	109	1480	158.5	280	66	3.9	992
		590	163.9	105		222.0		76		
		708	196.7	101		265.7		73		
	559	338	93.9	99	1480	140.0	250	65	3.8	989
		563	156.4	96		195.7		75		
		676	187.8	92		234.3		72		

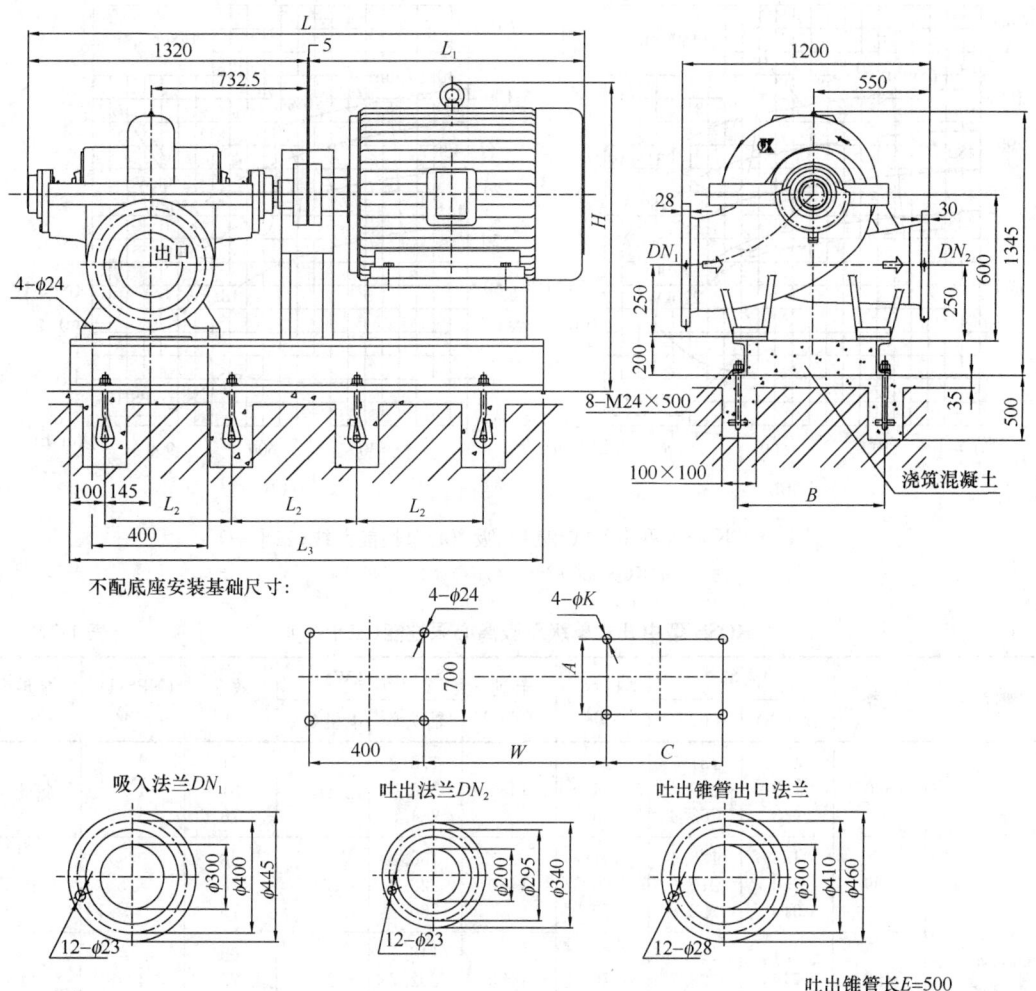

不配底座安装基础尺寸：

吸入法兰DN₁   吐出法兰DN₂   吐出锥管出口法兰

吐出锥管长E=500

图 1-57 KQSN 型中开式单级双吸离心泵外形及安装尺寸(二十)

KQSN 型中开式单级双吸离心泵安装尺寸(二十)　　　　　表 1-71

泵型号	电动机				尺寸(mm)										质量(kg)	
	型号	电压(V)	防护式	功率(kW)	L	L₁	L₂	L₃	B	H	W	A	C	K	电机	底座
KQSN 300-M4/N4	Y355L₁-4	380	Ⅰ	355	3015	1690	595	2157	700	1565	1001.5	610	630	28	1630	588
	Y355M-4	380	Ⅰ	315/280	2945	1620	580	2122	700	1565	1001.5	610	560	28	1530	580
	Y315M-4	380	Ⅰ	250	2595	1270	560	2030	700	1450	923.5	508	457	28	1075	576
	Y400-4	6000	Ⅰ	500~355	3265	1940	810	2788	840	1235	1082.5	710	1000	35	2520	601
	Y355-4	6000	Ⅰ	315~250	3145	1820	810	2660	700	1225	1062.5	630	900	28	1870	590
	Y450-4	10000	Ⅰ	500~250	3375	2050	880	2920	920	1300	1102.5	800	1120	35	3315	630
	Y400L-4	380	Ⅲ/Ⅱ	500	3245	1920	710	2510	700	1590	1027.5	686	710	35	3200	592
	Y400M-4	380	Ⅲ/Ⅱ	450/400	3245	1920	710	2510	700	1590	1027.5	686	630	35	3100	592
	Y400S-4	380	Ⅲ/Ⅱ	355	3245	1920	710	2510	700	1590	1027.5	686	630	35	2900	592
	Y355L-4	380	Ⅲ/Ⅱ	315/280	2858	1530	585	2117	700	1460	961.5	610	630	28	1870	568
	Y355M-4	380	Ⅲ/Ⅱ	250	2858	1530	585	2117	700	1460	961.5	610	560	28	1720	568

注：防护式Ⅰ、Ⅱ、Ⅲ分别代表 IP23、IP44、IP54。

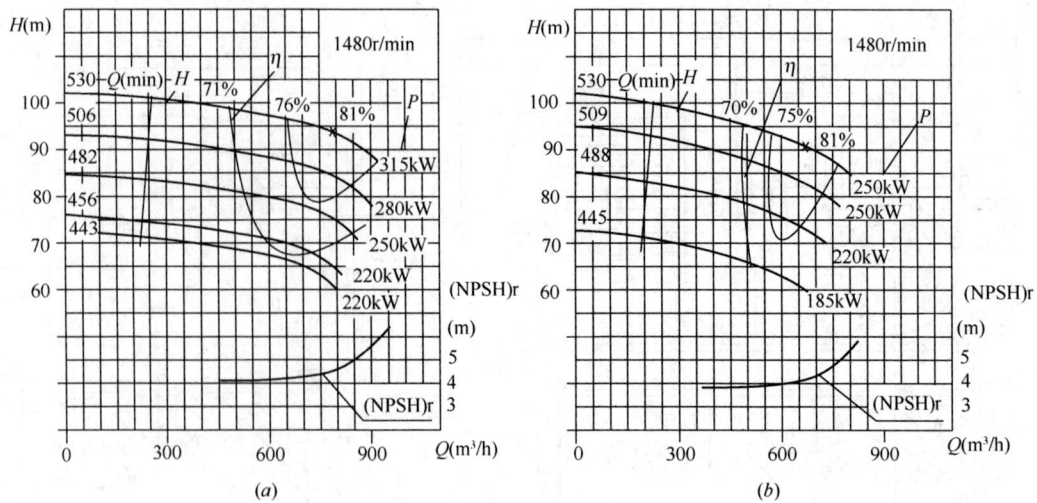

图 1-58   KQSN 型中开式单级双吸离心泵性能曲线(二十一)

(a)KQSN300-M6;(b)KQSN300-N6

KQSN 型中开式单级双吸离心泵性能(二十一)   表 1-72

泵型号	规格	流量		扬程 (m)	转速 (r/min)	功率(kW)		效率 (%)	(NPSH)r (m)	泵重 (kg)
		(m³/h)	(L/s)			轴功率	电机功率			
KQSN300-M6	530	474	131.7	98	1480	178.2	315	71	4.6	848
		790	219.4	94		249.0		81		
		948	263.3	86		284.6		78		
	509	455	126.4	91	1480	166.2	280	68	4.5	846
		758	210.6	86		228.8		78		
		910	252.8	79		260.2		75		
	482	431	119.7	82	1480	148.1	250	65	4.4	844
		719	199.7	78		202.7		75		
		863	239.7	71		230.8		72		
	456	408	113.3	73	1480	130.0	220	63	4.2	842
		679	188.6	69		177.0		73		
		815	226.4	63		201.8		70		
	443	398	110.6	70	1480	126.2	185	60	4.1	840
		664	184.4	65		167.8		70		
		790	219.4	58		183.5		68		
KQSN300-N6	530	402	111.7	95	1480	162.6	250	64	4.2	847
		670	186.1	91		204.5		81		
		804	223.3	83		235.5		77		
	509	386	107.2	87	1480	148.5	250	62	4.1	845
		644	178.9	84		185.5		79		
		772	214.4	76		213.9		75		
	488	370	102.8	80	1480	137.4	220	59	3.9	843
		617	171.4	77		169.7		76		
		740	205.6	70		196.0		72		
	445	338	93.9	67	1480	110.2	160	56	3.7	839
		563	156.4	64		134.5		73		
		676	187.8	59		155.7		69		

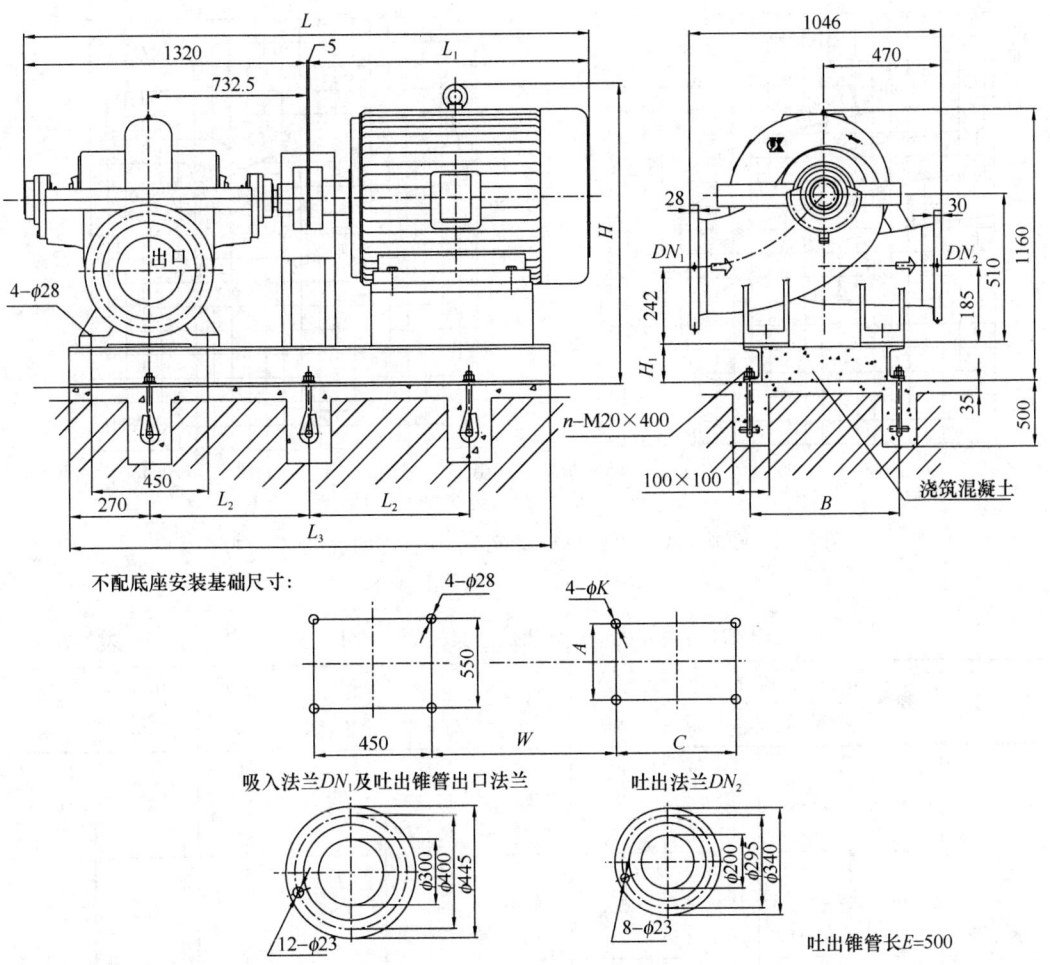

图 1-59　KQSN 型中开式单级双吸离心泵外形及安装尺寸(二十一)

KQSN 型中开式单级双吸离心泵安装尺寸(二十一)　　　　表 1-73

泵型号	电动机				尺寸(mm)											质量(kg)		地脚数量
	型号	电压(V)	防护式	功率(kW)	L	L_1	L_2	L_3	B	H	H_1	W	A	C	K	电机	底座	n(个)
KQSN 300-M6/N6	Y355M-4	380	I	315/280	2945	1620	810	2160	700	1455	180	976.5	610	560	28	1530	514	6
	Y315M-4	380	I	250/200	2595	1270	730	2000	560	1285	160	898.5	508	457	28	1075	509	6
	Y355-4	6000	I	315	3145	1820	730	2660	750	1115	180	1037.5	630	900	28	2100	521	8
	Y355-4	6000	I	280/200	3145	1820	730	2660	750	1115	180	1037.5	630	900	28	2050	521	8
	Y450-4	10000	I	315/200	3375	2050	830	2920	920	1190	180	1077.5	800	1120	35	2790	550	8
	Y355LX-4	380	III/II	315	2895	1570	810	2160	700	1365	180	936.5	610	630	28	1870	514	6
	Y355L₁-4	380	III/II	280	2895	1570	810	2160	700	1365	180	936.5	610	630	28	1870	514	6
	Y355M₂-4	380	III/II	250	2895	1570	810	2160	700	1365	180	936.5	610	560	28	1720	514	6
	Y355M₁-4	380	III/II	220	2895	1570	810	2160	700	1365	180	936.5	610	560	28	1720	514	6
	Y315L₂-4	380	III/II	200/185	2665	1340	730	2000	560	1320	160	898.5	508	508	28	1170	509	6

注：防护式 I、II、III 分别代表 IP23、IP44、IP54。

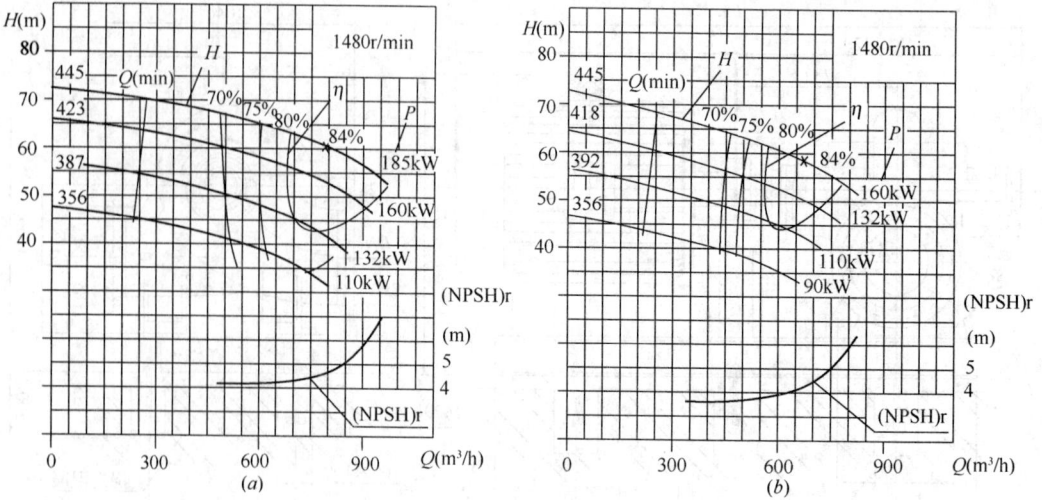

图 1-60　KQSN 型中开式单级双吸离心泵性能曲线（二十二）

(a) KQSN300-M9；(b) KQSN300-N9

KQSN 型中开式单级双吸离心泵性能（二十二）　　　　　　　　　　表 1-74

泵型号	规格	流量		扬程	转速	功率（kW）		效率	(NPSH)r	泵重
		(m³/h)	(L/s)	(m)	(r/min)	轴功率	电机功率	(%)	(m)	(kg)
KQSN300- M9	445	474	131.7	68	1480	124.9	185	70	4.6	606
		790	219.4	60		153.7		84		
		972	270.0	53		175.4		80		
	423	450	125.0	61	1480	110.2	160	68	4.5	604
		751	208.6	55		135.9		82		
		923	256.4	47		151.6		78		
	387	412	114.4	51	1480	87.2	132	66	4.2	602
		687	190.8	46		107.0		80		
		846	235.0	39		119.5		76		
	356	379	105.3	43	1480	69.9	110	64	4.0	600
		632	175.6	39		85.3		78		
		778	216.1	33		95.4		74		
KQSN300- N9	445	402	111.7	66	1480	114.0	160	63	4.2	605
		670	186.1	59		128.3		84		
		825	229.2	52		147.3		79		
	418	378	105.0	58	1480	97.7	132	61	4.1	603
		630	175.0	52		109.2		82		
		775	215.3	46		125.5		77		
	392	354	98.3	51	1480	82.9	110	59	3.9	601
		590	163.9	46		91.8		80		
		726	201.7	40		105.7		75		
	356	322	89.4	42	1480	64.5	90	57	3.6	599
		536	148.9	38		70.7		78		
		660	183.3	33		81.6		73		

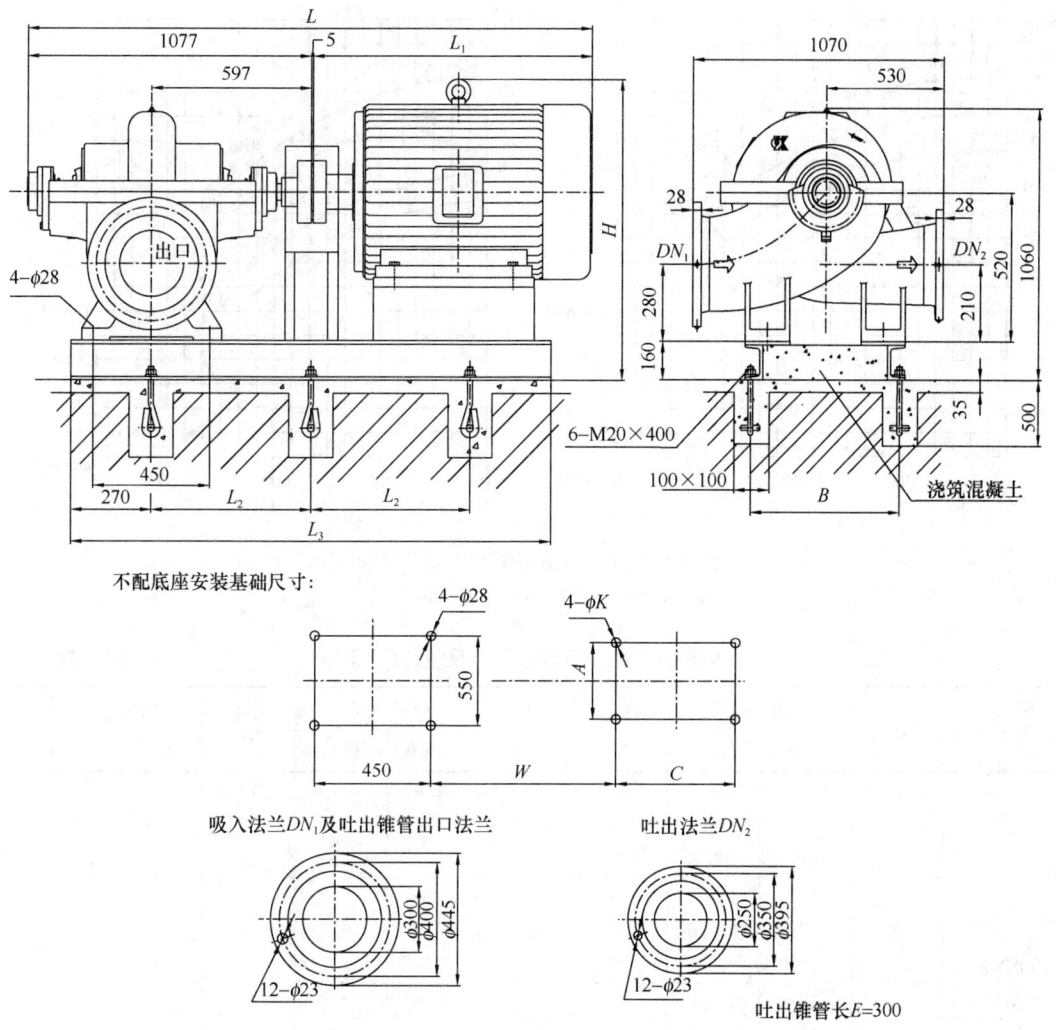

图 1-61　KQSN 型中开式单级双吸离心泵外形及安装尺寸(二十二)

KQSN 型中开式单级双吸离心泵安装尺寸(二十二)　　　　表 1-75

泵型号	电动机				尺寸(mm)										质量(kg)	
	型号	电压(V)	防护式	功率(kW)	L	L_1	L_2	L_3	B	H	W	A	C	K	电机	底座
KQSN300-M9/N9	Y315M-4	380	Ⅰ	185	2352	1270	730	1840	560	1295	763	508	457	28	985	390
	Y315S-4	380	Ⅰ	160	2242	1160	730	1790	560	1295	763	508	406	28	870	387
	Y280M-4	380	Ⅰ	132/110	2222	1140	600	1750	560	1185	737	457	419	24	820	386
	Y315L-4	380	Ⅲ/Ⅱ	185/160	2422	1340	730	1860	560	1220	763	508	508	28	1170	390
	Y315M-4	380	Ⅲ/Ⅱ	132	2422	1340	730	1840	560	1220	763	508	457	28	1010	390
	Y315S-4	380	Ⅲ/Ⅱ	110	2352	1270	730	1790	560	1220	763	508	406	28	930	387
	Y280M-4	380	Ⅲ/Ⅱ	90	2132	1050	600	1720	560	1020	707	457	419	24	600	385

注：防护式Ⅰ、Ⅱ、Ⅲ分别代表 IP23、IP44、IP54。

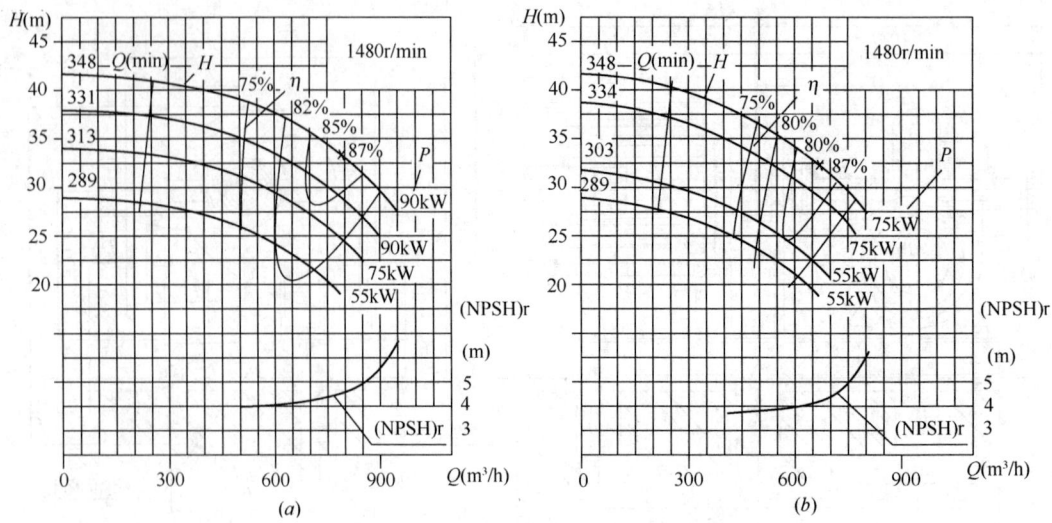

图 1-62　KQSN 型中开式单级双吸离心泵性能曲线(二十三)

(a)KQSN300-M13；(b)KQSN300-N13

KQSN 型中开式单级双吸离心泵性能(二十三)　　　　表 1-76

泵型号	规格	流量		扬程	转速	功率(kW)		效率	(NPSH)r	泵重
		(m³/h)	(L/s)	(m)	(r/min)	轴功率	电机功率	(%)	(m)	(kg)
KQSN300- M13	348	474	131.7	40	1480	72.0	90	71	4.6	716
		790	219.4	34		84.1		87		
		948	263.3	28		85.9		83		
	331	450	125.0	36	1480	62.6	90	70	4.5	714
		751	208.6	30		71.5		86		
		901	250.3	25		74.5		82		
	313	427	118.6	32	1480	54.0	75	69	4.3	712
		711	197.5	27		61.5		85		
		853	236.9	22		64.1		81		
	289	393	109.2	27	1480	43.0	55	68	4.1	710
		656	182.2	23		48.8		84		
		787	218.6	19		50.9		80		
KQSN300- N13	348	402	111.7	38	1480	65.7	75	64	4.2	715
		670	186.1	33		69.0		87		
		804	223.3	27		72.1		82		
	334	386	107.2	35	1480	59.0	75	63	4.0	713
		644	178.9	30		61.8		86		
		772	214.4	25		64.6		81		
	303	350	97.2	29	1480	44.6	55	62	3.8	711
		583	161.9	25		46.5		85		
		700	194.4	20		48.7		80		
	289	334	92.8	26	1480	39.4	55	61	3.7	709
		556	154.4	23		40.9		84		
		668	185.6	19		42.8		79		

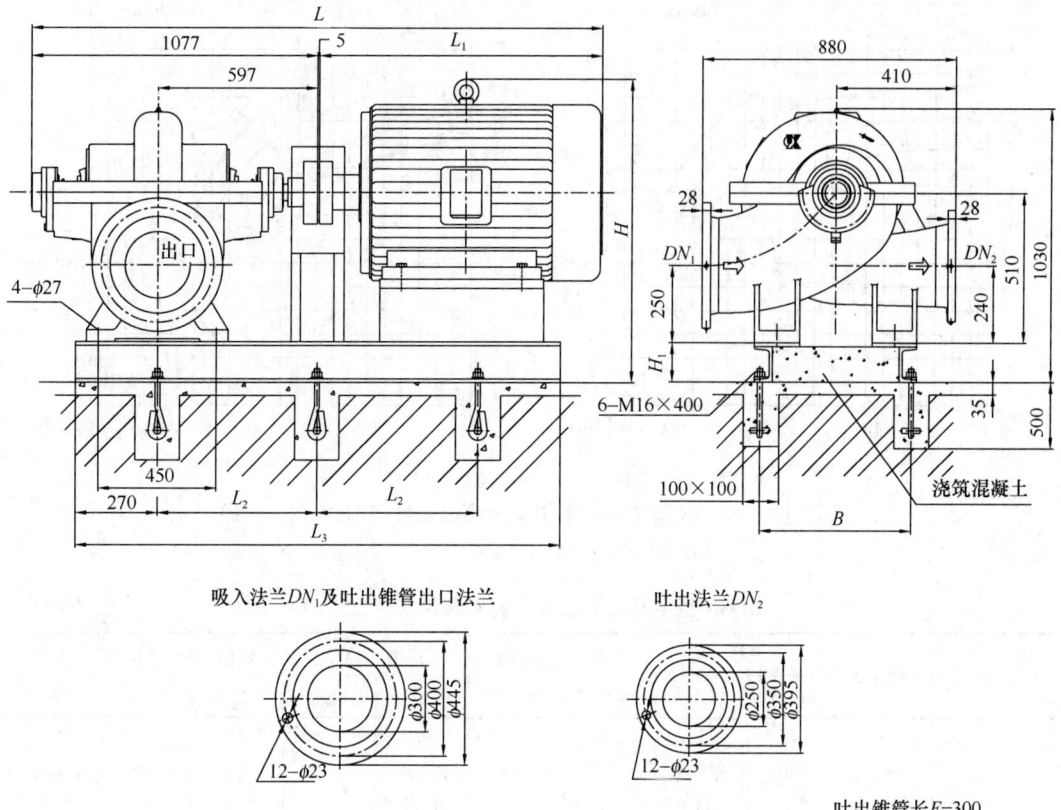

图 1-63 KQSN 型中开式单级双吸离心泵外形及安装尺寸（二十三）

KQSN 型中开式单级双吸离心泵安装尺寸（二十三） 表 1-77

泵型号	电动机				尺寸（mm）							质量（kg）	
	型号	电压（V）	防护式	功率（kW）	L	L_1	L_2	L_3	B	H	H_1	电机	底座
KQSN300-M13/N13	Y280M-4	380	Ⅲ/Ⅱ	90	2132	1050	600	1720	560	1030	160	600	300
	Y280S-4	380	Ⅲ/Ⅱ	75	2082	1000	600	1670	560	1030	160	510	297
	Y250M-4	380	Ⅲ/Ⅱ	55	2012	930	530	1620	560	975	140	385	296

注：防护式Ⅰ、Ⅱ、Ⅲ分别代表 IP23、IP44、IP54。

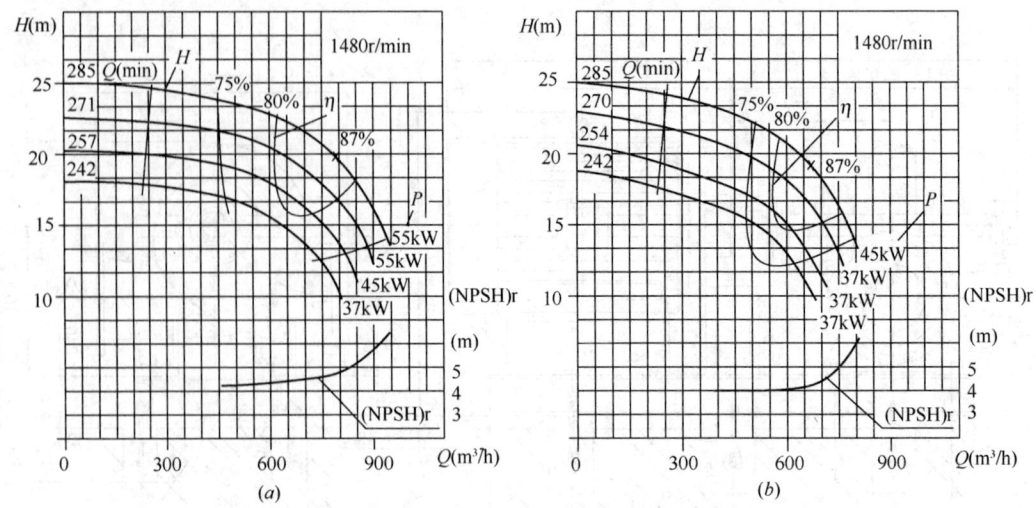

图 1-64　KQSN 型中开式单级双吸离心泵性能曲线（二十四）

(a) KQSN300-M19；(b) KQSN300-N19

KQSN 型中开式单级双吸离心泵性能（二十四）　　　　表 1-78

泵型号	规格	流量		扬程	转速	功率（kW）		效率	(NPSH)r	泵重
		(m³/h)	(L/s)	(m)	(r/min)	轴功率	电机功率	(%)	(m)	(kg)
KQSN300-M19	285	474	131.7	24		40.2		77		
		790	219.4	20	1480	48.9	55	87	4.6	438
		948	263.3	14		43.7		80		
	271	450	125.0	22		35.8		74		
		751	208.6	18	1480	43.5	55	84	4.5	436
		901	250.3	12		38.9		77		
	257	427	118.6	19		31.8		71		
		711	197.5	16	1480	38.3	45	81	4.3	434
		853	236.9	11		34.4		74		
	242	403	111.9	17		27.9		68		
		672	186.7	14	1480	33.5	37	78	4.2	432
		806	223.9	10		30.2		71		
KQSN300-N19	285	402	111.7	23		36.7		69		
		670	186.1	19	1480	40.2	45	87	4.2	437
		804	223.3	13		36.7		79		
	270	382	106.1	20		31.7		66		
		637	176.9	16	1480	33.0	37	84	4.1	435
		764	212.2	12		32.8		76		
	254	358	99.4	18		28.3		63		
		597	165.8	15	1480	30.4	37	81	3.9	433
		716	198.9	11		28.0		73		
	242	342	95.0	17		25.9		60		
		570	158.3	14	1480	27.5	37	78	3.7	431
		684	190.0	10		25.4		70		

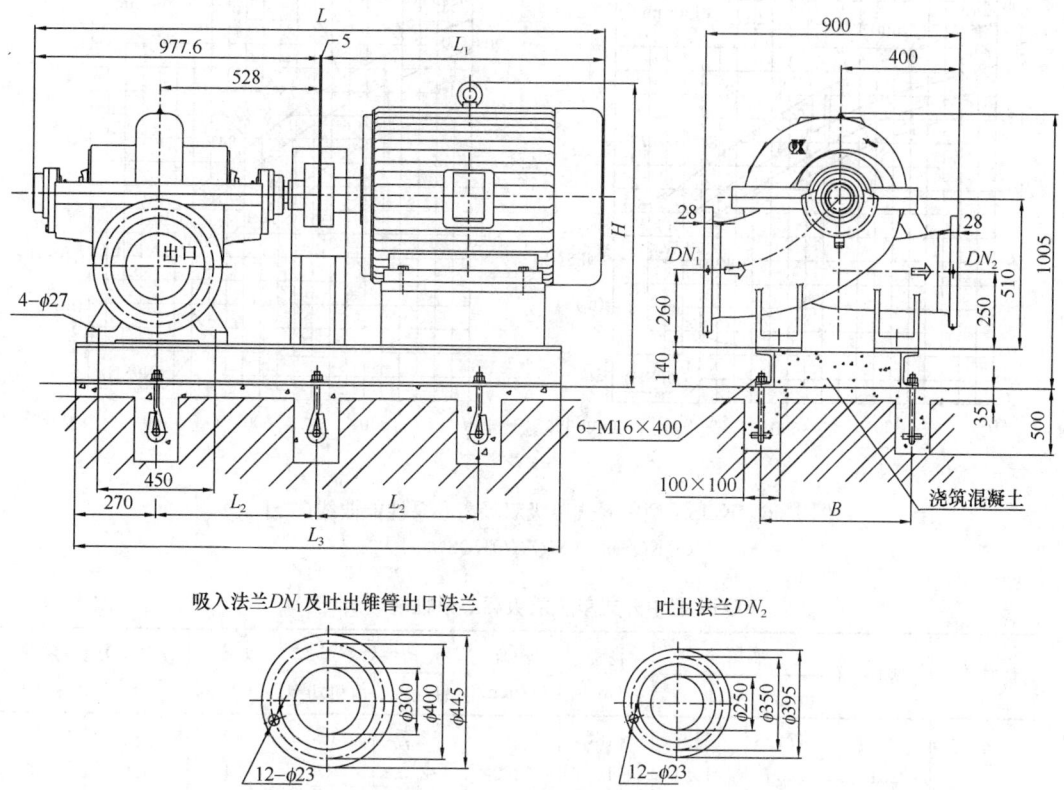

吸入法兰DN_1及吐出锥管出口法兰 吐出法兰DN_2

吐出锥管长$E=300$

图 1-65　KQSN 型中开式单级双吸离心泵外形及安装尺寸(二十四)

KQSN 型中开式单级双吸离心泵安装尺寸(二十四)　　　　表 1-79

泵型号	电动机				尺寸(mm)						质量(kg)	
	型号	电压(V)	防护式	功率(kW)	L	L_1	L_2	L_3	B	H	电机	底座
KQSN300-M19/N19	Y250M-4	380	Ⅲ/Ⅱ	55	1915	930	530	1540	560	975	385	220
	Y225M-4	380	Ⅲ/Ⅱ	45	1830	845	450	1440	560	975	322	215
	Y225S-4	380	Ⅲ/Ⅱ	37	1805	820	450	1440	560	975	287	215

注:防护式Ⅰ、Ⅱ、Ⅲ分别代表 IP23、IP44、IP54。

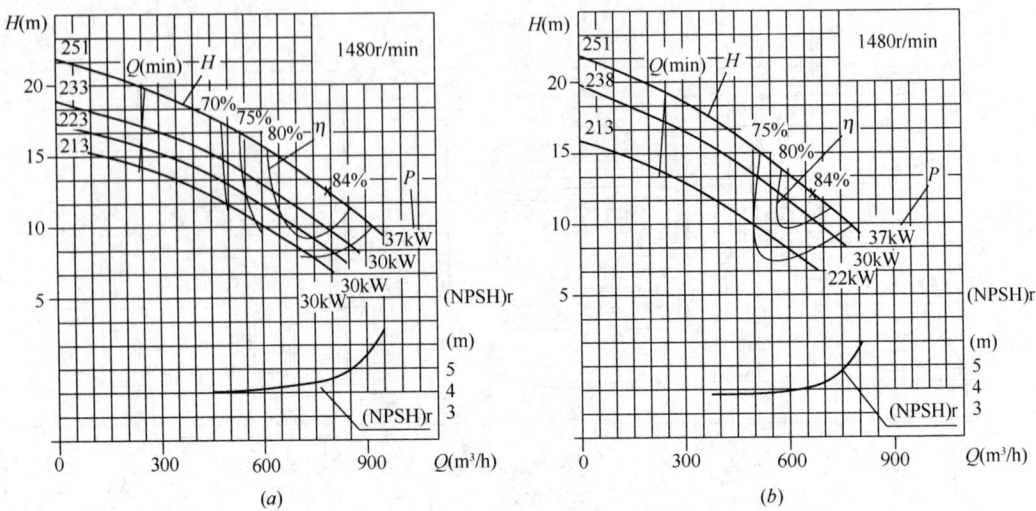

图 1-66 KQSN 型中开式单级双吸离心泵性能曲线(二十五)

(a)KQSN300-M27；(b)KQSN300-N27

KQSN 型中开式单级双吸离心泵性能(二十五)　　　　　　表 1-80

泵型号	规格	流量		扬程 (m)	转速 (r/min)	功率(kW)		效率 (%)	(NPSH)r (m)	泵重 (kg)
		(m³/h)	(L/s)			轴功率	电机功率			
KQSN300-M27	251	474	131.7	18	1480	32.7	37	70	4.6	436
		790	219.4	13		32.0		84		
		948	263.3	10		32.3		80		
	233	441	122.5	15	1480	27.0	30	68	4.4	434
		735	204.2	11		26.4		82		
		882	245.0	8		25.0		78		
	223	422	117.2	14	1480	24.4	30	66	4.3	433
		703	195.3	10		23.7		80		
		844	234.4	7		22.5		76		
	213	403	111.9	13	1480	21.9	30	64	4.2	432
		672	186.7	9		21.2		78		
		806	223.9	7		20.1		74		
KQSN300-N27	251	402	111.7	17	1480	29.8	37	63	4.2	435
		670	186.1	12		26.3		84		
		804	223.3	10		27.1		79		
	238	382	106.1	15	1480	26.4	30	61	4.0	434
		637	176.9	11		23.1		82		
		784	212.2	9		23.8		77		
	213	342	95.0	12	1480	19.5	22	59	3.9	431
		570	158.3	9		17.0		80		
		684	190.0	7		17.5		75		

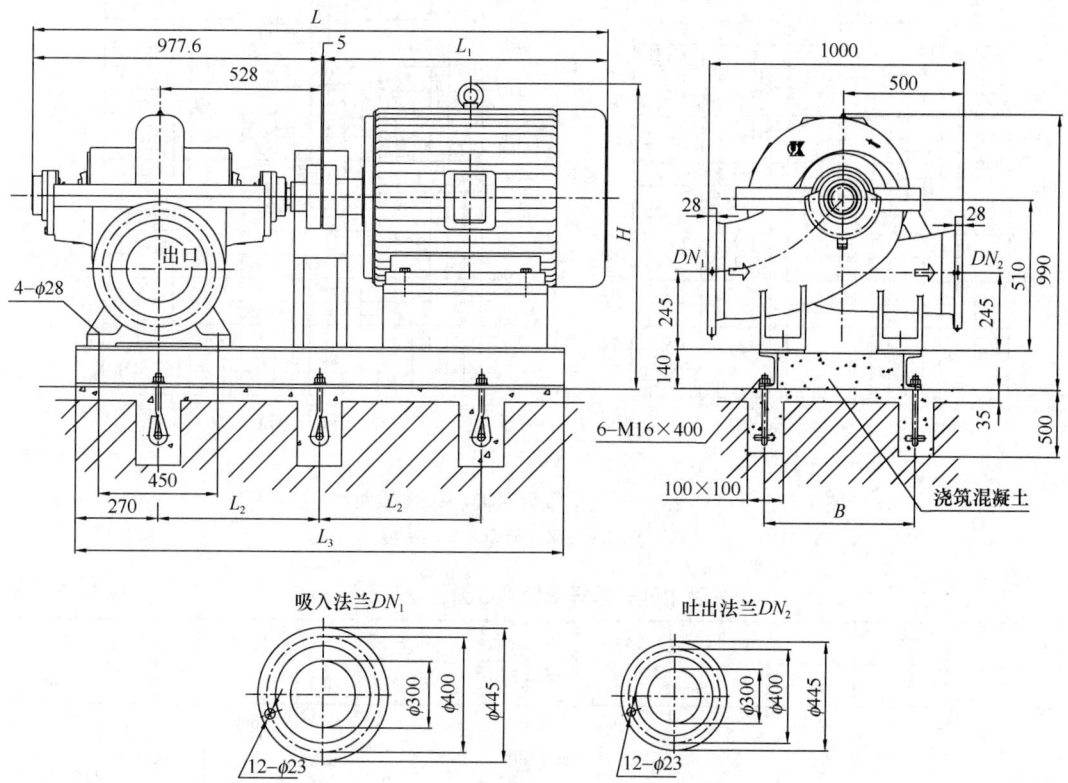

图 1-67 KQSN 型中开式单级双吸离心泵外形及安装尺寸(二十五)

KQSN 型中开式单级双吸离心泵安装尺寸(二十五)　　　　　表 1-81

泵型号	电动机				尺寸(mm)						质量(kg)	
	型号	电压(V)	防护式	功率(kW)	L	L_1	L_2	L_3	B	H	电机	底座
KQSN300-M27/N27	Y225S-4	380	Ⅲ/Ⅱ	37	1802	820	450	1440	560	955	287	210
	Y200L-4	380	Ⅲ/Ⅱ	30	1757	775	450	1410	560	925	232	208
	Y180L-4	380	Ⅲ/Ⅱ	22	1692	710	450	1370	560	900	181	206

注:防护式Ⅰ、Ⅱ、Ⅲ分别代表 IP23、IP44、IP54。

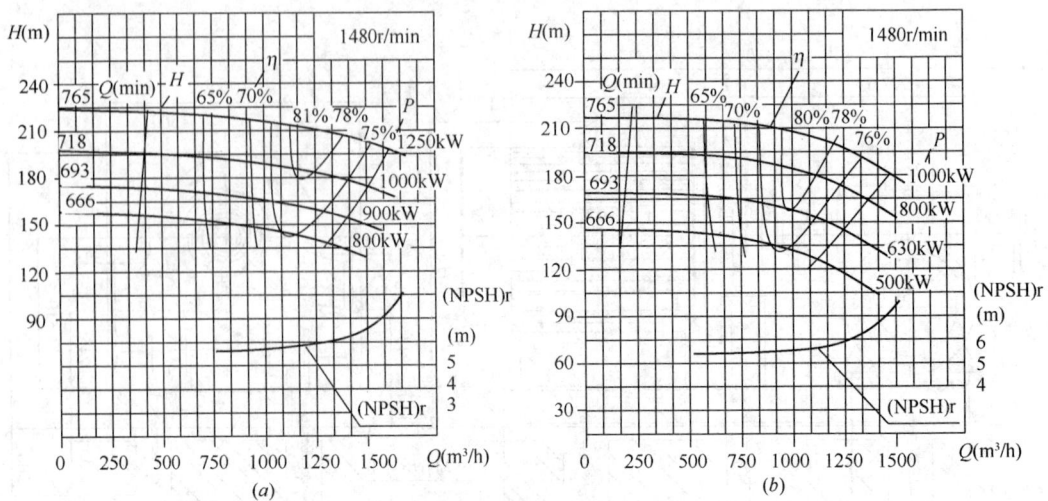

图 1-68　KQSN 型中开式单级双吸离心泵性能曲线(二十六)

(a)KQSN350-M4；(b)KQSN350-N4

KQSN 型中开式单级双吸离心泵性能(二十六)　　表 1-82

泵型号	规格	流量		扬程	转速	功率(kW)		效率	(NPSH)r	泵重
		(m³/h)	(L/s)	(m)	(r/min)	轴功率	电机功率	(%)	(m)	(kg)
KQSN350-M4	765	756	210.0	220	1480	686.3	1250	66	5.9	1998
		1260	350.0	210		889.6		81		
		1660	461.1	192		1157.3		75		
	718	733	203.6	195	1480	599.1	1000	65	5.7	1993
		1222	339.4	185		769.7		80		
		1610	447.2	163		965.9		74		
	693	703	195.3	172	1480	514.6	900	64	5.5	1988
		1172	325.6	163		658.4		79		
		1544	428.9	145		835.1		73		
	666	673	186.9	157	1480	456.6	800	63	5.2	1983
		1121	311.4	147		575.5		78		
		1477	410.3	130		726.5		72		
KQSN350-N4	765	641	178.1	218	1480	577.0	1000	66	5.6	1995
		1069	296.9	207		753.4		80		
		1380	383.3	183		929.4		74		
	718	616	171.1	194	1480	500.5	800	65	5.4	1990
		1026	285.0	182		643.9		79		
		1325	369.1	155		766.0		73		
	693	590	163.9	170	1480	426.9	630	64	5.2	1985
		984	273.3	158		542.6		78		
		1270	352.8	131		629.1		72		
	666	520	144.4	143	1480	321.3	500	63	4.9	1980
		866	240.6	135		413.5		77		
		1141	316.9	110		481.4		71		

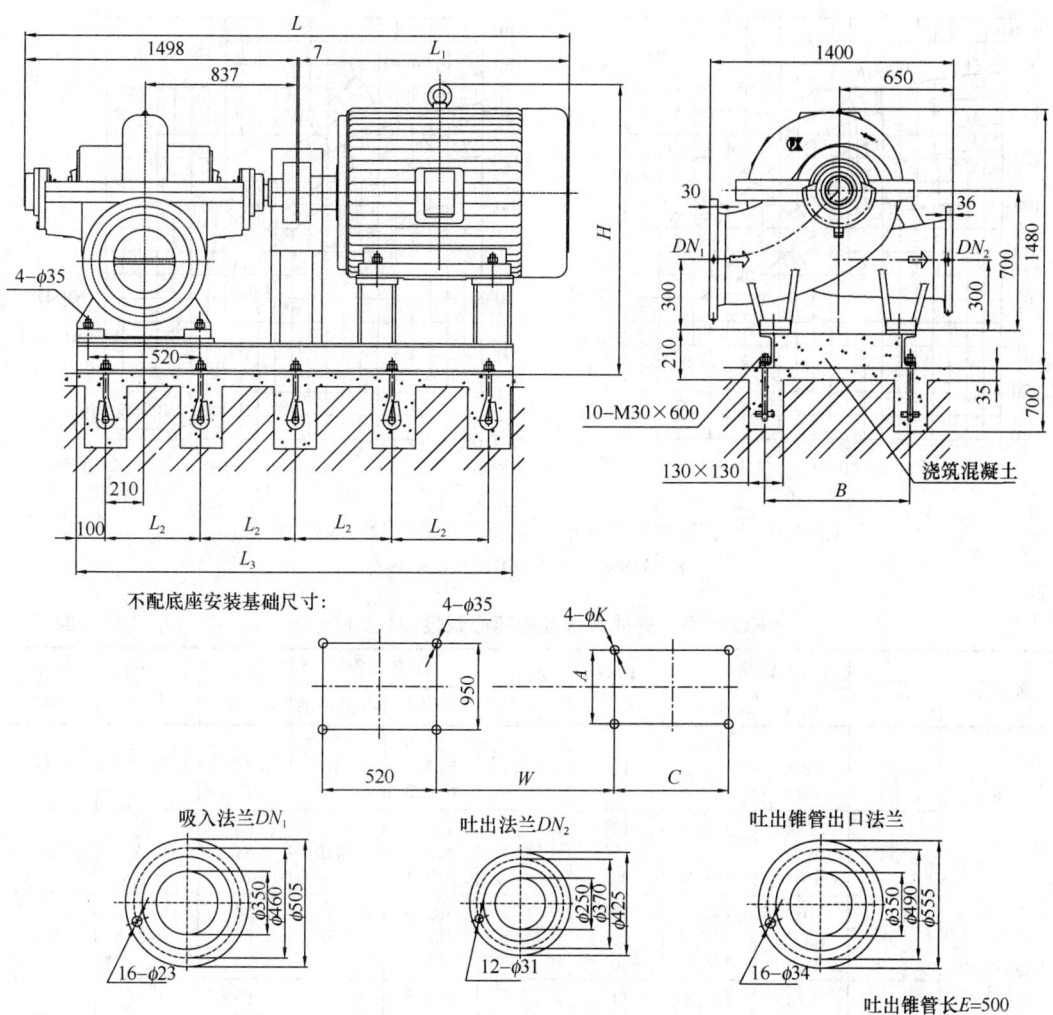

图 1-69　KQSN 型中开式单级双吸离心泵外形及安装尺寸(二十六)

KQSN 型中开式单级双吸离心泵安装尺寸(二十六)　　表 1-83

泵型号	电动机				尺寸(mm)										质量(kg)	
	型号	电压(V)	防护式	功率(kW)	L	L_1	L_2	L_3	B	H	W	A	C	K	电机	底座
KQSN350-M4/N4	Y500-4	6000	I	1250/1000	4055	2550	760	3330	1100	2065	1309	900	1250	42	4600	682
	Y450-4	6000	I	900/800	3685	2180	730	3125	960	1935	1149	800	1120	35	3300	691
	Y450-4	6000	I	630	3685	2180	730	3125	960	1935	1149	800	1120	35	3180	691
	Y400-4	6000	I	500	3485	1980	690	2970	960	1840	1129	710	1000	35	2520	710
	Y560-4	10000	I	1250	3905	2400	780	3425	1150	2100	1334	1000	1400	42	5560	738
	Y500-4	10000	I	1000/900	3725	2220	760	3235	1100	1460	1269	900	1250	42	5250	733
	Y500-4	10000	I	800/710	3725	2220	760	3235	1100	1460	1269	900	1250	42	4500	733
	Y450-4	10000	I	630/500	3555	2050	730	3125	960	1410	1149	800	1120	35	3900	781

注:防护式 I、II、III 分别代表 IP23、IP44、IP54。

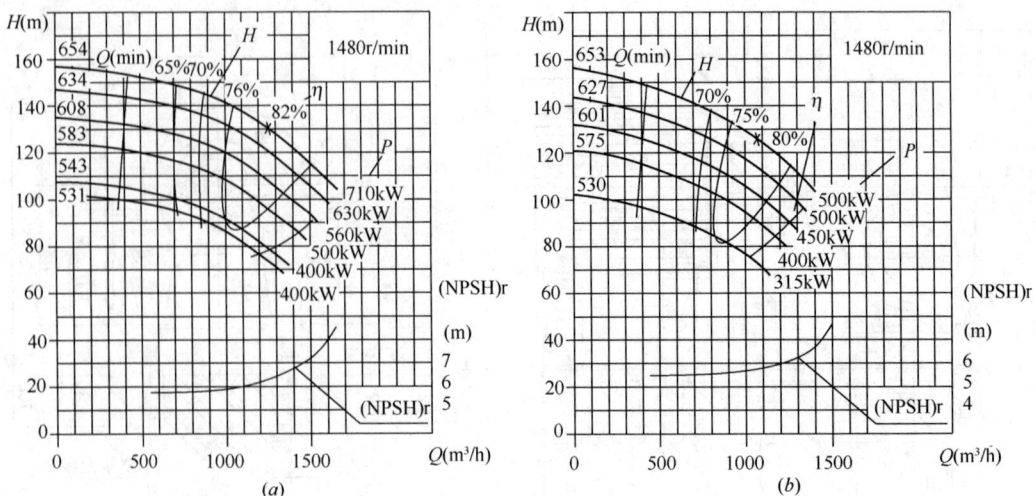

图 1-70   KQSN 型中开式单级双吸离心泵性能曲线(二十七)

(a)KQSN350-M6；(b)KQSN350-N6

KQSN 型中开式单级双吸离心泵性能(二十七)　　　　　表 1-84

泵型号	规格	流量		扬程 (m)	转速 (r/min)	功率(kW)		效率 (%)	(NPSH)r (m)	泵重 (kg)
		(m³/h)	(L/s)			轴功率	电机功率			
KQSN350-M6	654	756	210.0	148	1480	461.5	710	66	6.3	1586
		1260	350.0	126		527.3		82		
		1660	461.1	106		630.5		76		
	634	733	203.6	139	1480	427.7	630	65	6.2	1584
		1222	339.4	120		493.1		81		
		1610	447.2	98		573.1		75		
	608	703	195.3	128	1480	382.8	560	64	6.0	1582
		1172	325.6	110		438.8		80		
		1544	428.9	90		511.9		74		
	583	673	186.9	117	1480	340.8	500	63	5.9	1580
		1121	311.4	103		398.8		79		
		1477	410.3	83		454.8		73		
	543	627	174.2	102	1480	285.5	400	61	5.6	1578
		1046	290.6	88		325.5		77		
		1378	382.8	72		379.3		71		
	531	612	170.0	97	1480	269.8	400	60	5.5	1576
		1021	283.6	85		312.5		76		
		1345	373.6	68		357.6		70		
KQSN350-N6	653	641	178.1	143	1480	421.1	500	59	5.7	1585
		1069	296.9	121		429.6		82		
		1380	383.3	95		474.5		75		
	627	616	171.1	132	1480	385.5	500	57	5.5	1583
		1026	285.0	112		389.6		80		
		1325	368.1	88		431.3		73		
	601	590	163.9	121	1480	345.3	450	56	5.3	1581
		984	273.3	102		347.3		79		
		1270	352.8	80		384.8		72		
	575	565	156.9	111	1480	313.3	400	54	5.1	1579
		941	261.4	94		311.8		77		
		1214	337.2	74		346.4		70		
	530	520	144.4	94	1480	253.7	315	52	4.9	1575
		865	240.3	79		248.4		75		
		1141	316.9	65		295.7		68		

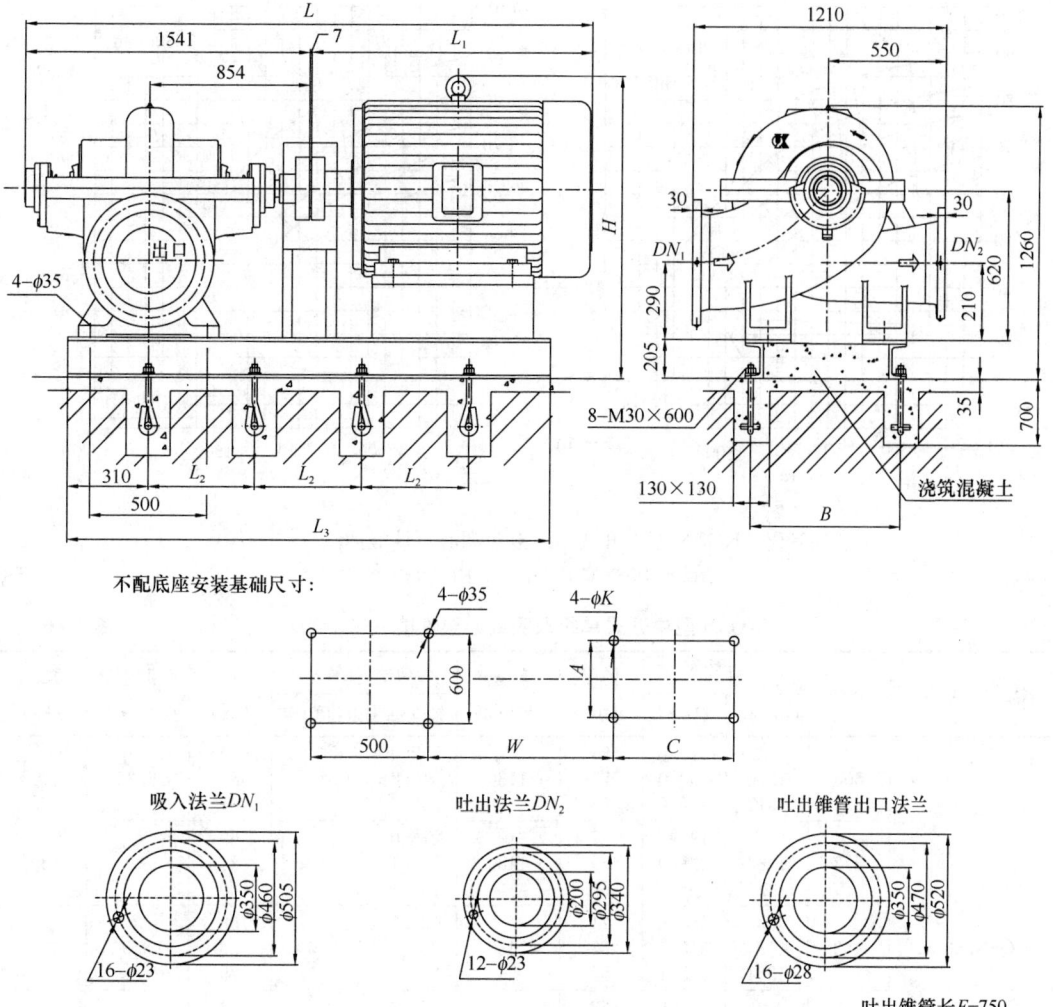

图 1-71　KQSN 型中开式单级双吸离心泵外形及安装尺寸（二十七）

KQSN 型中开式单级双吸离心泵安装尺寸（二十七）　　　　表 1-85

泵型号	电动机				尺寸（mm）										质量（kg）	
	型号	电压(V)	防护式	功率(kW)	L	L₁	L₂	L₃	B	H	W	A	C	K	电机	底座
KQSN350-M6/N6	Y355M-4	380	Ⅰ	315	3168	1620	580	2305	700	1590	1075	610	560	28	1530	626
	Y450-4	6000	Ⅰ	710/630	3628	2080	850	3170	880	1310	1176	800	1120	35	3210	642
	Y400-4	6000	Ⅰ	560~355	3488	1940	800	3000	800	1260	1156	710	1000	35	2620	638
	Y355-4	6000	Ⅰ	315	3438	1890	720	2850	740	1640	1136	630	900	28	1860	625
	Y500-4	10000	Ⅰ	710	3748	2200	900	3250	1050	1375	1296	900	1250	42	4550	650
	Y450-4	10000	Ⅰ	630~315	3598	2050	840	3100	920	1325	1176	800	1120	35	3460	675
	Y400L-4	380	Ⅲ/Ⅱ	500	3438	1890	700	2710	750	1260	1101	686	710	35	3200	632
	Y400M-4	380	Ⅲ/Ⅱ	450/400	3438	1890	700	2710	750	1505	1101	686	630	35	3100	632
	Y400S-4	380	Ⅲ/Ⅱ	355	3438	1890	700	2710	750	1505	1101	686	630	35	2900	628
	Y355L-4	380	Ⅲ/Ⅱ	315	3078	1530	580	2305	700	1480	1035	610	630	28	1870	626

注：防护式Ⅰ、Ⅱ、Ⅲ分别代表 IP23、IP44、IP54。

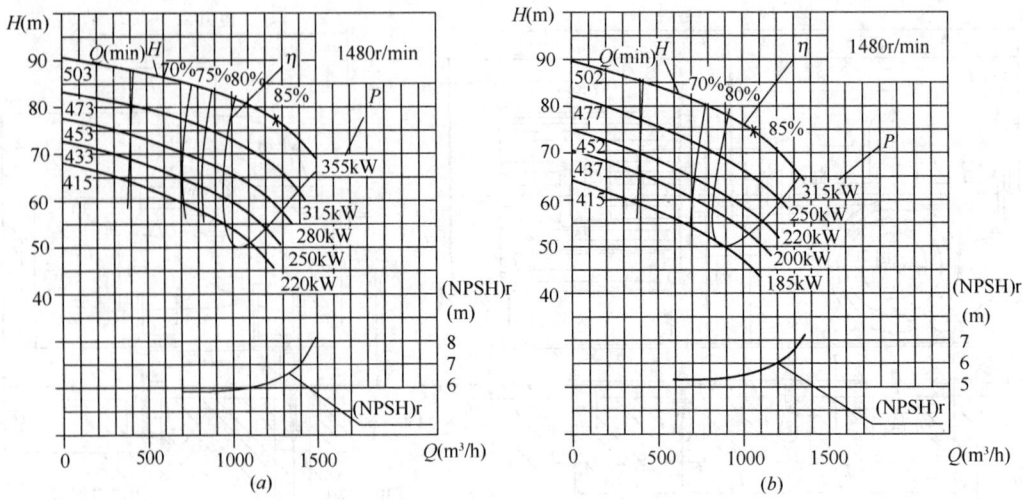

图 1-72 KQSN 型中开式单级双吸离心泵性能曲线（二十八）

（*a*）KQSN350-M9；（*b*）KQSN350-N9

KQSN 型中开式单级双吸离心泵性能（二十八） 表 1-86

泵型号	规格	流量		扬程	转速	功率（kW）		效率	(NPSH)r	泵重
		(m³/h)	(L/s)	(m)	(r/min)	轴功率	电机功率	(%)	(m)	(kg)
KQSN350-M9	503	756	210.0	86	1480	252.9	355	70	6.32	1208
		1260	350.0	77		310.8		85		
		1512	420.0	68		345.7		81		
	473	711	197.5	77	1480	216.0	315	69	6.1	1206
		1184	328.9	69		265.1		84		
		1421	394.7	61		295.1		80		
	453	680	188.9	71	1480	193.5	280	68	5.9	1204
		1134	315.0	63		235.5		83		
		1361	378.1	55		258.0		79		
	433	650	180.6	62	1480	164.9	250	67	5.7	1202
		1084	301.1	58		208.0		82		
		1300	361.1	52		236.1		78		
	415	624	173.3	57	1480	147.8	220	66	5.6	1200
		1040	288.9	53		185.9		81		
		1247	346.4	46		202.9		77		
KQSN350-N9	502	641	178.1	83	1480	230.2	315	63	5.7	1207
		1069	296.9	74		253.5		85		
		1283	356.4	67		291.9		80		
	477	609	169.2	75	1480	203.8	250	61	5.5	1205
		1016	282.2	66		219.9		83		
		1219	338.6	59		249.6		78		
	452	577	160.3	67	1480	176.2	220	60	5.3	1203
		962	267.2	59		188.5		82		
		1155	320.8	53		215.9		77		
	437	558	155.0	63	1480	162.3	200	59	5.2	1201
		940	261.1	56		177.0		81		
		1116	310.0	50		199.5		76		
	415	529	146.9	56	1480	140.4	185	58	5.0	1199
		882	245.0	50		151.2		80		
		1058	293.9	46		174.8		75		

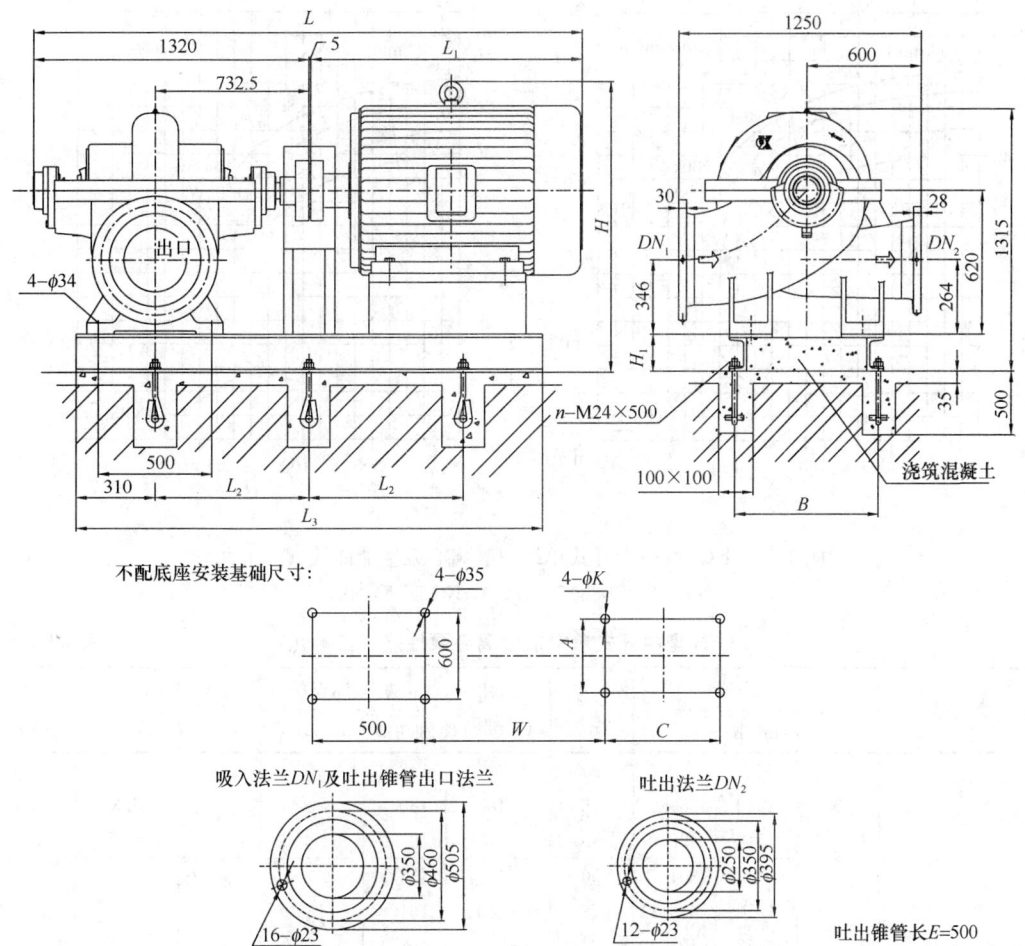

图 1-73　KQSN 型中开式单级双吸离心泵外形及安装尺寸（二十八）

KQSN 型中开式单级双吸离心泵安装尺寸（二十八）　　　　　　　表 1-87

泵型号	电动机				尺寸（mm）											质量（kg）		地脚数量
	型号	电压（V）	防护式	功率（kW）	L	L₁	L₂	L₃	B	H	H₁	W	A	C	K	电机	底座	n（个）
KQSN350-M9/N9	Y355L-4	380	Ⅰ	355	3015	1690	800	2220	700	1590	205	951.5	610	630	28	1630	522	6
	Y355M-4	380	Ⅰ	315/280	2945	1620	800	2220	700	1590	205	951.5	610	560	28	1530	522	6
	Y315M-4	380	Ⅰ	250～185	2595	1270	680	1995	620	1570	185	873.5	508	457	28	1075	520	6
	Y400-4	6000	Ⅰ	355	3305	1980	750	2880	840	1755	205	1032.5	710	1000	35	2280	560	8
	Y355-4	6000	Ⅰ	315	3215	1890	700	2750	740	1640	205	1012.5	630	900	28	1860	550	8
	Y355-4	6000	Ⅰ	280～200	3215	1890	700	2750	740	1640	205	1012.5	630	900	28	1800	550	8
	Y355-4	10000	Ⅰ	355～200	3375	2050	800	3000	920	1325	205	1052.5	800	1120	35	2850	585	8
	Y400S-4	380	Ⅲ/Ⅱ	355	3245	1920	680	2590	750	1624	205	978	686	630	35	2330	530	8
	Y355L-4	380	Ⅲ/Ⅱ	315/280	2895	1570	800	2220	700	1500	205	911.5	610	630	28	1870	522	6
	Y355M-4	380	Ⅲ/Ⅱ	250/220	2895	1570	800	2145	700	1500	205	911.5	610	560	28	1720	518	6
	Y315L-4	380	Ⅲ/Ⅱ	200/185	2665	1340	680	2040	620	1355	185	873.5	508	508	28	1170	521	6

注：防护式Ⅰ、Ⅱ、Ⅲ分别代表 IP23、IP44、IP54。

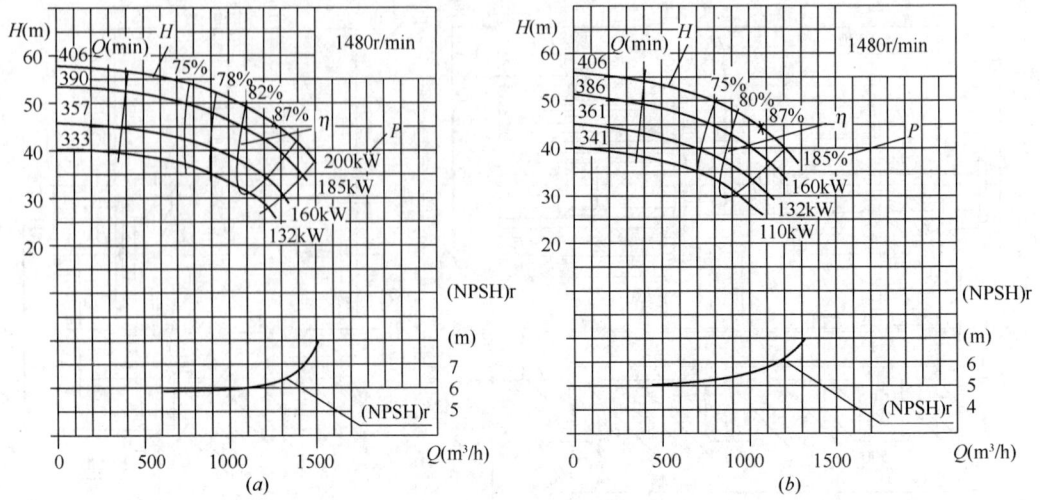

图 1-74 KQSN 型中开式单级双吸离心泵性能曲线（二十九）

(a) KQSN350-M13；(b) KQSN350-N13

KQSN 型中开式单级双吸离心泵性能（二十九）　　　　表 1-88

泵型号	规格	流量		扬程	转速	功率（kW）		效率	(NPSH)r	泵重
		(m³/h)	(L/s)	(m)	(r/min)	轴功率	电机功率	(%)	(m)	(kg)
KQSN350-M13	406	756	210.0	54		148.7		75		
		1260	350.0	46	1480	180.8	200	87	6.3	1110
		1512	420.0	38		197.9		80		
	390	726	201.7	50		133.3		74		
		1210	336.1	42	1480	161.8	185	86	6.2	1108
		1452	403.3	34		168.1		79		
	357	665	184.7	42		105.6		72		
		1109	308.1	35	1480	127.6	160	84	5.8	1106
		1331	369.7	28		132.9		77		
	333	620	172.2	36		87.9		70		
		1033	286.9	31	1480	105.8	132	82	5.6	1105
		1240	344.4	25		110.4		75		
KQSN350-N13	406	641	178.1	52		135.7		68		
		1069	296.9	44	1480	148.5	185	87	5.7	1109
		1283	356.4	38		166.2		79		
	386	609	169.2	47		118.1		67		
		1016	282.2	40	1480	128.8	160	86	56	1107
		1219	338.6	34		144.3		78		
	361	571	158.6	42		100.1		65		
		952	264.4	35	1480	108.4	132	84	5.3	1105
		1142	317.2	30		121.8		76		
	341	539	149.7	37		86.9		63		
		838	249.4	31	1480	93.4	110	82	5.1	1104
		1078	299.4	27		105.1		74		

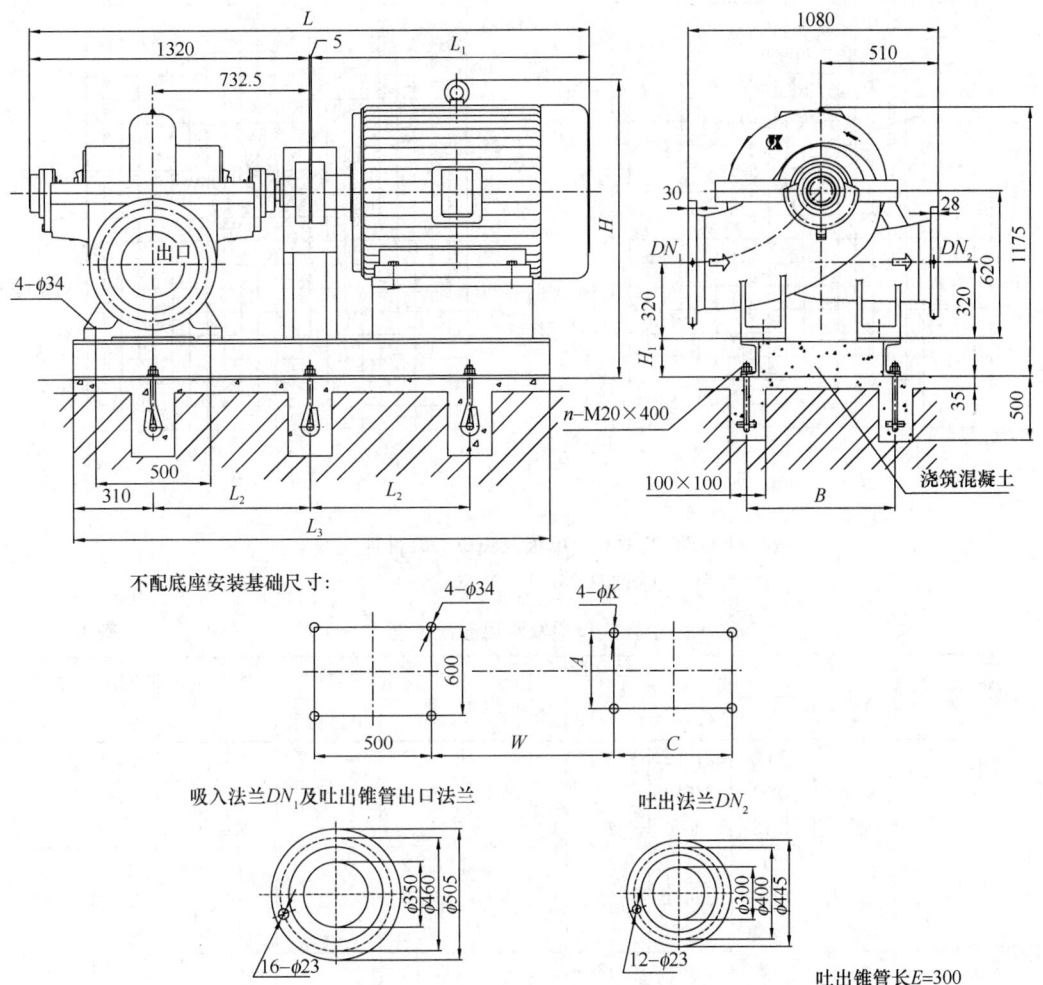

图 1-75　KQSN 型中开式单级双吸离心泵外形及安装尺寸（二十九）

KQSN 型中开式单级双吸离心泵安装尺寸（二十九）　　　　　　表 1-89

泵型号	电动机				尺寸（mm）											质量（kg）		地脚个数
	型号	电压(V)	防护式	功率(kW)	L	L₁	L₂	L₃	B	H	H₁	W	A	C	K	电机	底座	n (个)
KQSN350-M13/N13	Y315M-4	380	Ⅰ	200/185	2595	1270	680	1995	620	1335	185	873.5	508	457	28	990	440	6
	Y315S-4	380	Ⅰ	160	2485	1160	680	1945	620	1335	185	873.5	508	406	28	870	438	6
	Y280M-4	380	Ⅰ	132/110	2645	1140	580	1945	620	1225	165	847.5	457	419	24	820	440	6
	Y355-4	6000	Ⅰ	200	3215	1890	700	2750	740	1620	185	1012.5	630	900	28	1710	548	8
	Y450-4	10000	Ⅰ	200	3375	2050	800	3000	920	1305	185	1052.5	800	1120	35	2550	575	8
	Y315L-4	380	Ⅲ/Ⅱ	200~160	2665	1340	680	2065	620	1270	185	873.5	508	508	28	1170	443	6
	Y315M-4	380	Ⅲ/Ⅱ	132	2665	1340	680	1995	620	1270	185	873.5	508	457	28	1010	441	6
	Y315S-4	380	Ⅲ/Ⅱ	110	2595	1270	680	1945	620	1270	185	873.5	508	406	28	930	439	6

注：防护式Ⅰ、Ⅱ、Ⅲ分别代表 IP23、IP44、IP54。

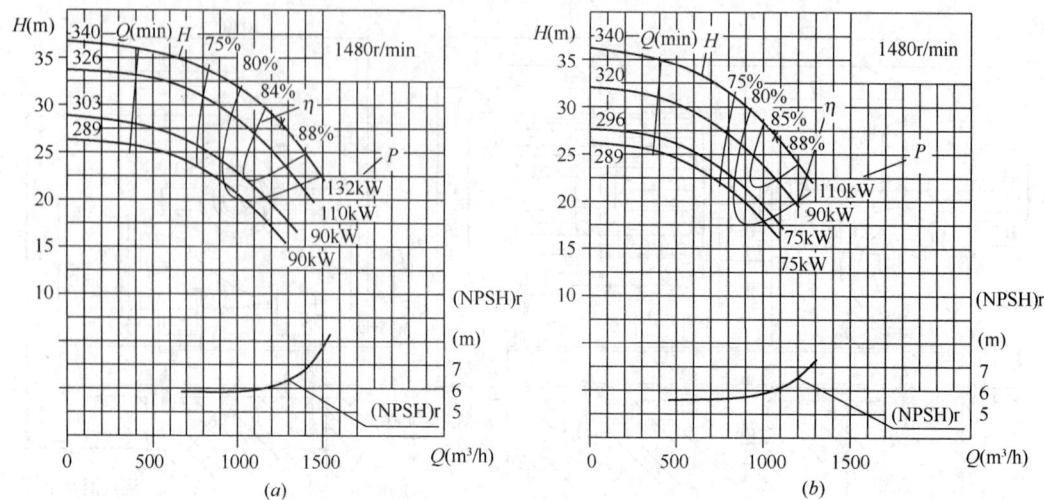

图 1-76 KQSN 型中开式单级双吸离心泵性能曲线（三十）

(a) KQSN350-M19；(b) KQSN350-N19

KQSN 型中开式单级双吸离心泵性能（三十） 表 1-90

泵型号	规格	流量		扬程	转速	功率（kW）		效率	(NPSH)r	泵重
		(m³/h)	(L/s)	(m)	(r/min)	轴功率	电机功率	(%)	(m)	(kg)
KQSN350-M19	340	756	210.0	35	1480	98.7	132	73	6.3	678
		1260	350.0	28		109.2		88		
		1512	420.0	22		111.8		81		
	326	726	201.7	32	1480	88.2	110	71	6.2	676
		1210	336.1	25		95.6		86		
		1452	403.3	20		98.5		79		
	303	673	186.9	27	1480	72.3	90	69	5.9	674
		1121	311.4	21		78.0		84		
		1346	373.9	17		80.5		77		
	289	643	178.6	25	1480	64.9	90	67	5.7	672
		1071	297.5	20		69.6		82		
		1285	356.9	15		72.0		75		
KQSN350-N19	340	641	178.1	34	1480	90.1	110	66	5.7	677
		1069	296.9	27		89.7		88		
		1283	356.4	22		93.9		80		
	320	167.5	169.3	30	1480	77.2	90	64	5.5	675
		279.2	282.1	24		76.2		86		
		335.0	338.6	19		80.0		78		
	296	155.0	160.4	26	1480	63.2	75	62	5.3	673
		258.3	267.3	21		61.9		84		
		310.0	320.7	16		65.1		76		
	289	151.4	151.5	24	1480	60.9	75	60	5.1	671
		252.5	252.4	20		59.1		82		
		303.1	302.9	16		62.4		74		

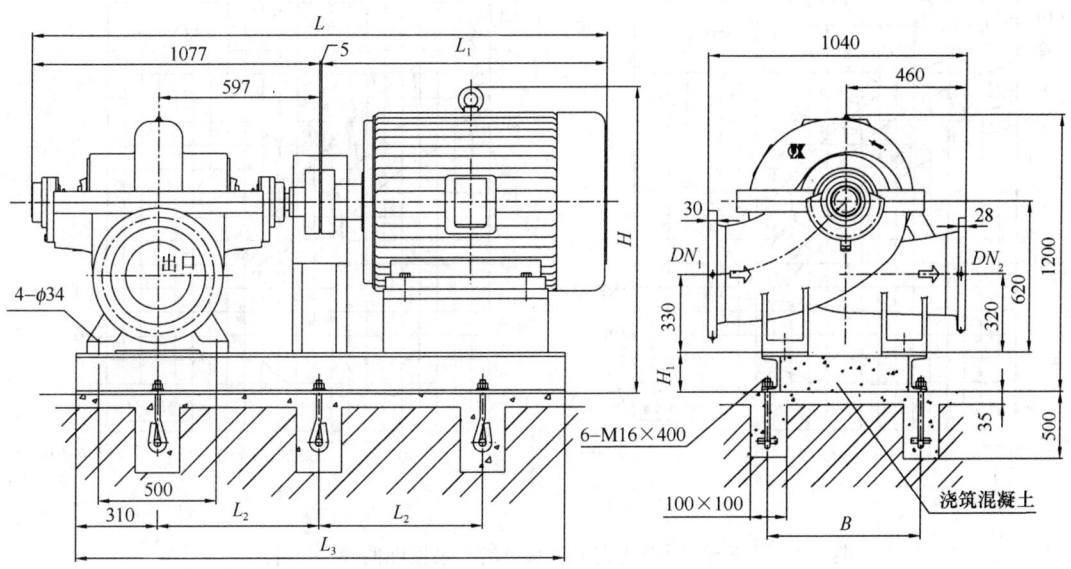

不配底座安装基础尺寸：

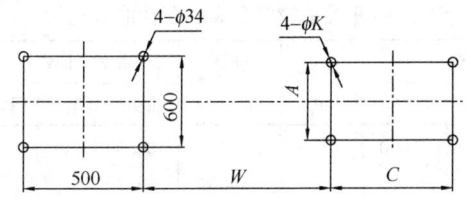

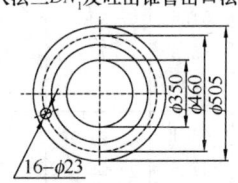

吸入法兰DN₁及吐出锥管出口法兰

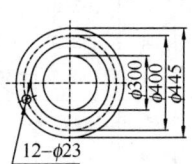

吐出法兰DN₂

吐出锥管长E=300

图 1-77　KQSN 型中开式单级双吸离心泵外形及安装尺寸（三十）

KQSN 型中开式单级双吸离心泵安装尺寸（三十）　　　　　　表 1-91

泵型号	电动机				尺寸（mm）											质量（kg）	
	型号	电压（V）	防护式	功率（kW）	L	L₁	L₂	L₃	B	H	H₁	W	A	C	K	电机	底座
KQSN350-M19/N19	Y280M-4	380	I	132/110	2222	1140	580	1840	620	1290	165	712	457	419	24	820	411
	Y315M-4	380	III/II	132	2380	1290	680	1890	620	1355	185	738	508	457	28	1010	410
	Y315S-4	380	III/II	110	2330	1240	680	1840	620	1355	185	738	508	406	28	930	408
	Y280M-4	380	III/II	90	2140	1050	580	1770	620	1145	165	682	457	419	24	600	403
	Y280S-4	380	III/II	75	2090	1000	580	1720	620	1145	165	682	457	368	24	510	403

注：防护式 I、II、III 分别代表 IP23、IP44、IP54。

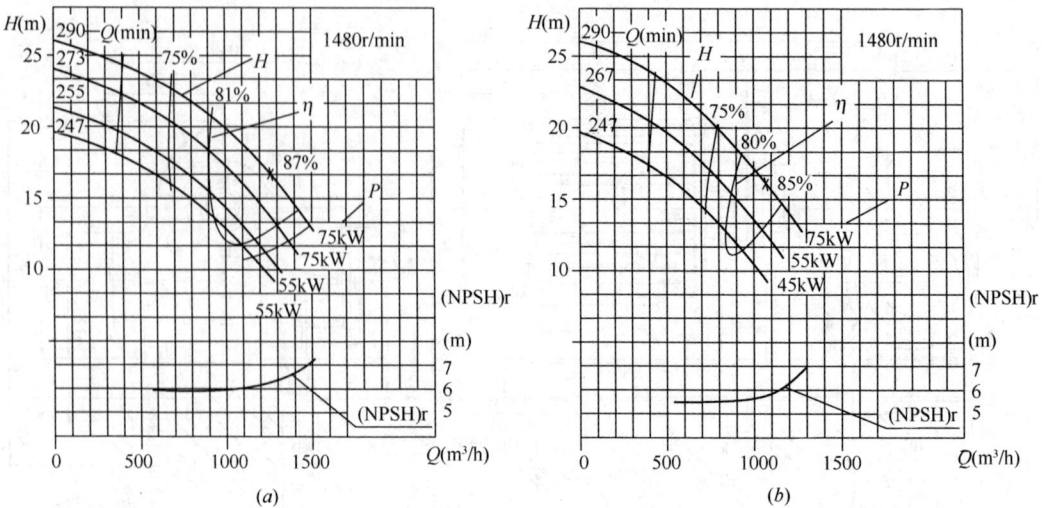

图 1-78 KQSN 型中开式单级双吸离心泵性能曲线（三十一）

（a）KQSN350-M27；（b）KQSN350-N27

KQSN 型中开式单级双吸离心泵性能（三十一）　　　　　表 1-92

泵型号	规格	流量		扬程	转速	功率（kW）		效率	(NPSH)r	泵重
		(m³/h)	(L/s)	(m)	(r/min)	轴功率	电机功率	(%)	(m)	(kg)
KQSN350-M27	290	756	210.0	23	1480	60.5	75	78	6.3	637
		1260	350.0	17		65.7		87		
		1512	420.0	14		74.8		77		
	273	711	197.5	20	1480	51.6	75	76	6.1	635
		1184	328.9	15		55.9		85		
		1421	394.7	11		58.0		75		
	255	665	184.7	18	1480	44.1	55	73	5.8	634
		1109	308.1	13		47.5		82		
		1331	369.7	10		49.5		72		
	247	643	178.6	17	1480	40.2	55	72	5.7	633
		1071	297.5	12		43.4		81		
		1285	356.9	9		45.3		71		
KQSN350-N27	290	641	178.1	22	1480	55.2	75	70	5.7	636
		1069	296.9	16		54.0		87		
		1283	356.4	14		62.9		76		
	267	590	163.9	19	1480	44.2	55	68	5.5	634
		984	273.3	14		43.0		85		
		1180	327.8	12		50.3		74		
	247	545	151.4	16	1480	36.5	45	65	5.2	632
		909	252.5	12		35.2		82		
		1091	303.1	10		41.3		71		

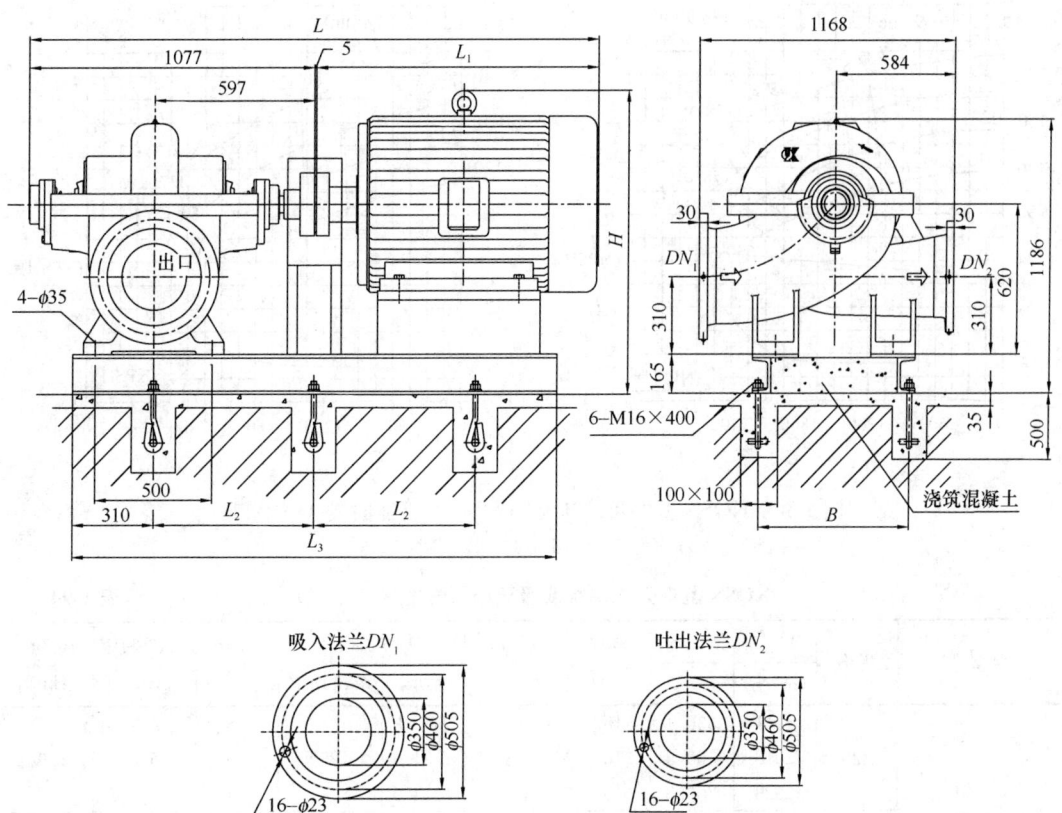

图 1-79　KQSN 型中开式单级双吸离心泵外形及安装尺寸（三十一）

KQSN 型中开式单级双吸离心泵安装尺寸（三十一）　　表 1-93

泵型号	电动机				尺寸（mm）										质量（kg）	
	型号	电压(V)	防护式	功率(kW)	L	L_1	L_2	L_3	B	H	W	A	C	K	电机	底座
KQSN350-M27/N27	Y280S-4	380	Ⅲ/Ⅱ	75	2082	1000	580	1720	620	1073	682	457	368	24	510	390
	Y250M-4	380	Ⅲ/Ⅱ	55	2012	930	510	1640	620	1100	660	406	349	24	385	388
	Y225M-4	380	Ⅲ/Ⅱ	45	1927	845	480	1580	620	1090	641	356	311	19	322	386

注：防护式Ⅰ、Ⅱ、Ⅲ分别代表 IP23、IP44、IP54。

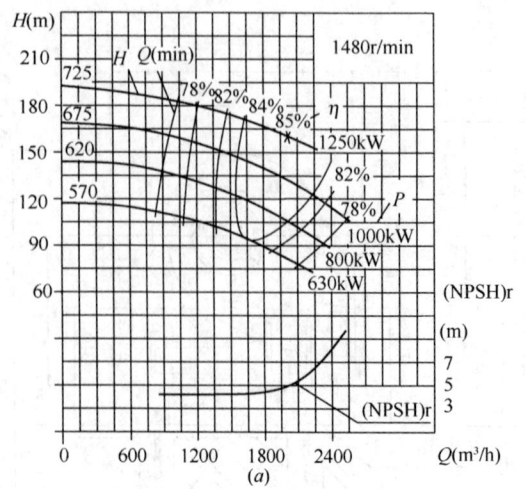
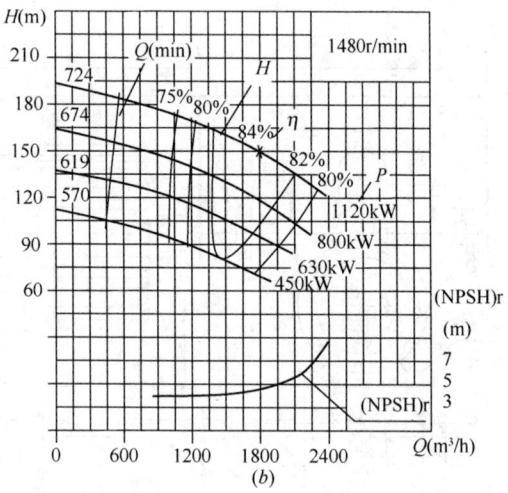

图 1-80 KQSN 型中开式单级双吸离心泵性能曲线 (三十二)

(a) KQSN400-M6; (b) KQSN400-N6

KQSN 型中开式单级双吸离心泵性能 (三十二) 表 1-94

泵型号	规格	流量		扬程	转速	功率 (kW)		效率	(NPSH)r	泵重
		(m³/h)	(L/s)	(m)	(r/min)	轴功率	电机功率	(%)	(m)	(kg)
KQSN400-M6	725	1211	336.4	180	1480	760.9	1250	78	5.0	1954
		2018	560.6	160		1034.5		85		
		2523	700.8	151		1234.9		84		
	675	1151	319.7	157	1480	630.8	1000	78	4.9	1950
		1918	532.8	137		841.9		85		
		2398	666.1	120		944.0		83		
	620	1019	283.1	130	1480	495.1	800	78	4.8	1946
		1818	505.0	111		654.2		84		
		2273	631.4	97		732.1		82		
	570	1025	284.7	108	1480	391.4	630	77	4.7	1943
		1708	474.4	91		503.9		84		
		2135	593.1	76		566.5		78		
KQSN400-N6	724	1079	299.7	176	1480	662.9	1120	78	4.8	1952
		1798	499.4	150		874.4		84		
		2248	624.4	134		1012.6		81		
	674	983	273.1	146	1480	514.2	800	76	4.7	1948
		1638	455.0	125		671.8		83		
		2048	568.9	108		743.5		81		
	619	929	258.1	123	1480	409.4	630	76	4.6	1944
		1548	430.0	105		533.3		83		
		1935	537.5	89		579.0		81		
	570	875	243.1	89	1480	315.5	450	74	4.5	1941
		1458	405.0	81		392.2		82		
		1823	506.4	68		421.9		80		

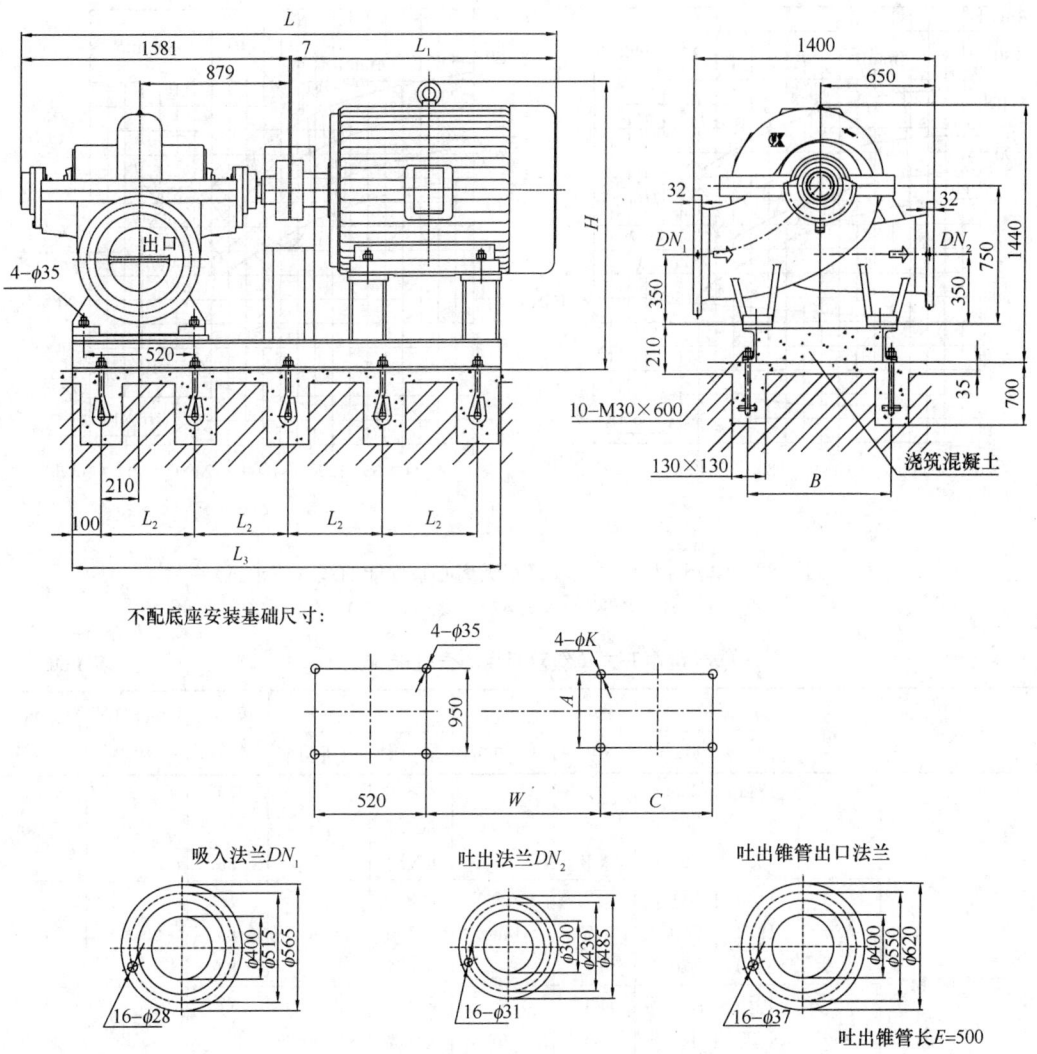

图 1-81　KQSN 型中开式单级双吸离心泵外形及安装尺寸（三十二）

KQSN 型中开式单级双吸离心泵安装尺寸（三十二）　　　　表 1-95

泵型号	电动机				尺寸（mm）											质量（kg）	
	型号	电压（V）	防护式	功率（kW）	L	L_1	L_2	L_3	B	H	W	A	C	K	电机	底座
KQSN400-M6/N6	Y500-4	6000	Ⅰ	1250	3878	2290	760	3415	1050	1545	1351	900	1250	42	4600	728
	Y500-4	6000	Ⅰ	1120/1000	3878	2290	760	3415	1050	1545	1351	900	1250	42	4070	728
	Y450-4	6000	Ⅰ	900～630	3738	2150	730	3210	960	1475	1191	800	1120	35	3300	718
	Y400-4	6000	Ⅰ	450～560	3568	1980	700	3100	960	1490	1171	710	1000	35	2520	712
	Y560-4	10000	Ⅰ	1250	3988	2400	800	3490	1150	2150	1376	1000	1400	42	6225	735
	Y500-4	10000	Ⅰ	1120～800	3788	2200	760	3300	1050	1510	1311	900	1250	42	5150	725
	Y450-4	10000	Ⅰ	630～450	3638	2050	730	3160	960	1460	1191	800	1120	35	3460	715

注：防护式Ⅰ、Ⅱ、Ⅲ分别代表 IP23、IP44、IP54。

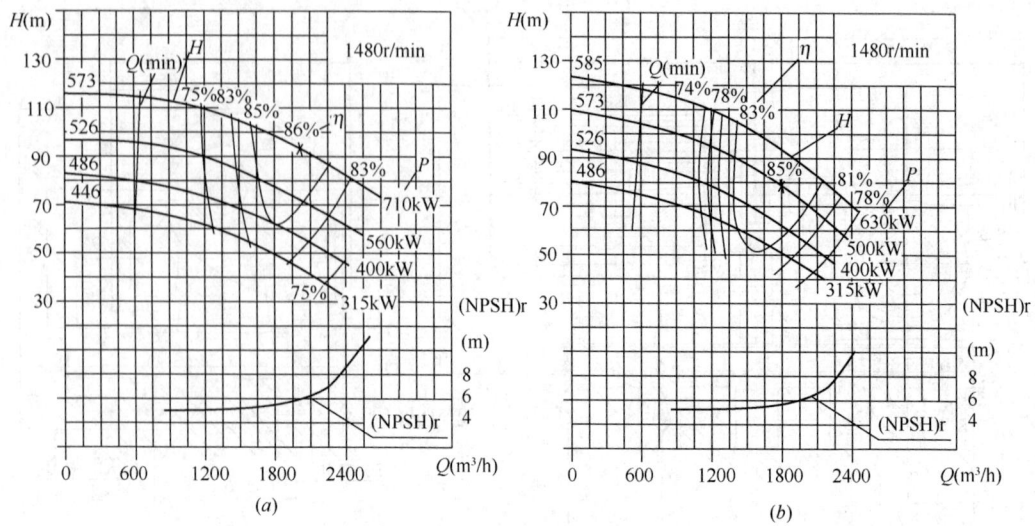

图 1-82 KQSN 型中开式单级双吸离心泵性能曲线（三十三）

(a) KQSN400-M9；(b) KQSN400-N9

KQSN 型中开式单级双吸离心泵性能（三十三） 表 1-96

泵型号	规格	流量		扬程	转速	功率（kW）		效率	(NPSH)r	泵重
		(m³/h)	(L/s)	(m)	(r/min)	轴功率	电机功率	(%)	(m)	(kg)
KQSN400-M9	573	1211	336.4	107	1480	446.6	710	79	6.0	1730
		2018	560.6	94		600.7		86		
		2523	700.8	81		670.4		83		
	526	1123	311.9	89	1480	349.0	560	78	5.9	1728
		1872	520.0	77		461.8		85		
		2340	650.0	66		506.7		83		
	486	1075	298.6	74	1480	281.4	400	77	5.8	1725
		1792	497.8	63		361.7		85		
		2240	622.2	53		394.3		82		
	446	1045	290.3	62	1480	238.5	315	74	5.7	1723
		1742	483.9	51		291.5		83		
		2125	590.3	41		308.2		77		
KQSN400-N9	585	1110	308.3	112	1480	434.1	630	78	5.9	1730
		1850	513.9	92		545.3		85		
		2313	642.5	74		582.5		80		
	573	1039	288.6	96	1480	348.3	500	78	5.8	1728
		1732	481.1	80		443.9		85		
		2165	601.4	67		481.7		82		
	526	943	261.9	82	1480	277.1	400	76	5.7	1726
		1572	436.7	68		342.5		85		
		1965	545.8	58		378.5		82		
	486	901	250.3	70	1480	235.3	315	73	5.6	1724
		1502	417.2	59		290.8		83		
		1878	521.7	49		309.3		81		

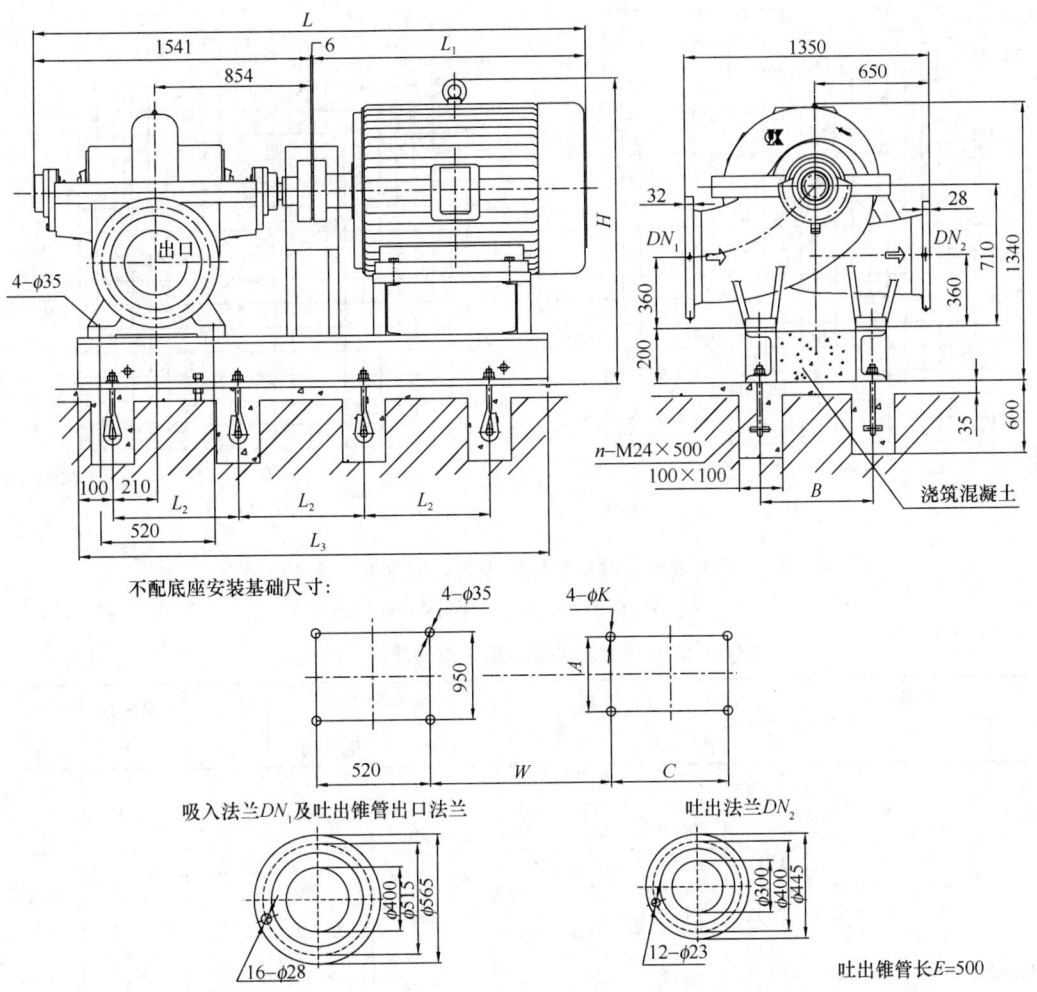

图 1-83 KQSN 型中开式单级双吸离心泵外形及安装尺寸（三十三）

KQSN 型中开式单级双吸离心泵安装尺寸（三十三）　　表 1-97

泵型号	电动机				尺寸（mm）										质量（kg）		地脚数量
	型号	电压(V)	防护式	功率(kW)	L	L_1	L_2	L_3	B	H	W	A	C	K	电机	底座	n(个)
KQSN400-M9/N9	Y315M-4	380	I	250	2817	1270	900	2120	950	1523	986	508	457	28	1075	683	6
	Y355M-4	380	I	315	3167	1620	955	2315	950	1675	1064	610	560	28	1460	688	6
	Y450-4	6000	I	630~710	3697	2150	900	3170	950	1425	1165	800	1120	35	3210	716	8
	Y400-4	6000	I	560~400	3536	1989	860	3050	950	1440	1145	710	1000	35	2620	713	8
	Y355-4	6000	I	315~250	3437	1890	800	2860	950	1725	1125	630	900	28	1860	695	8
	Y500-4	10000	I	710	3747	2200	750	3260	1050	1460	1285	900	1250	42	4550	725	10
	Y450-4	10000	I	630~250	3597	2050	900	3130	950	1410	1165	800	1120	35	3380	715	8
	Y355L-4	380	III/II	315	3077	1530	955	2322	950	1590	1024	610	630	28	1870	689	6
	Y355M-4	380	III/II	250	3077	1530	955	2322	950	1590	1024	610	560	28	1720	687	6

注：防护式 I、II、III 分别代表 IP23、IP44、IP54。

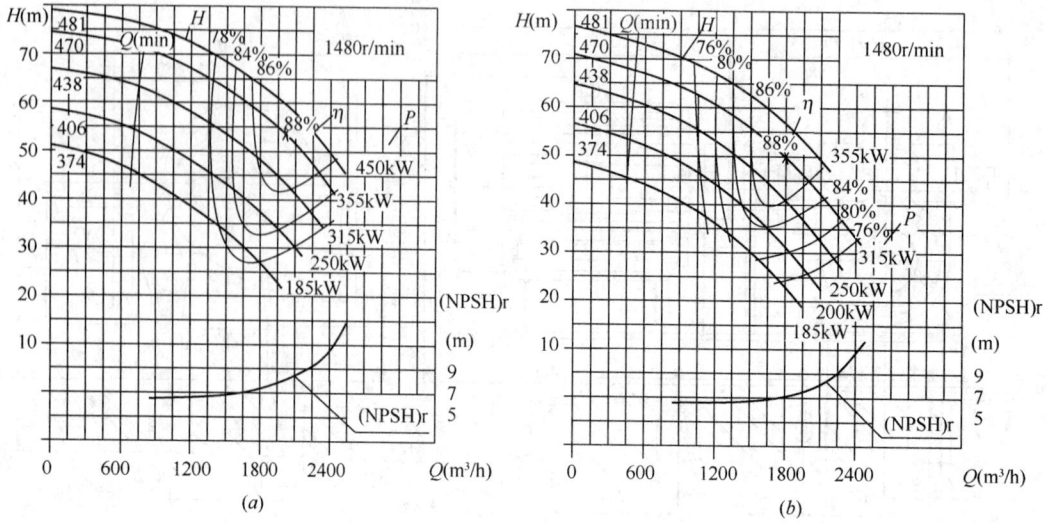

图 1-84 KQSN 型中开式单级双吸离心泵性能曲线（三十四）

(*a*) KQSN400-M13；(*b*) KQSN400-N13

KQSN 型中开式单级双吸离心泵性能（三十四）　　　　表 1-98

泵型号	规格	流量		扬程	转速	功率（kW）		效率	(NPSH)r	泵重
		(m³/h)	(L/s)	(m)	(r/min)	轴功率	电机功率	(%)	(m)	(kg)
KQSN400-M13	481	1215	337.5	71	1480	313.2	450	75	7.3	1652
		2025	562.5	59		374.0		87		
		2520	700.0	51		416.7		84		
	470	1211	336.4	65	1480	282.0	355	76	7.2	1650
		2018	560.6	52		324.7		88		
		2502	695.0	43		344.7		85		
	438	1148	318.9	57	1480	240.9	315	74	7.1	1647
		1914	531.7	45		272.5		86		
		2393	664.7	37		290.5		83		
	406	1082	300.6	47	1480	189.8	250	73	7.0	1642
		1804	501.1	37		216.4		84		
		2255	626.4	27		215.3		77		
	374	1016	282.2	38	1480	146.1	185	72	6.9	1640
		1694	470.6	28		161.5		80		
		2118	588.3	20		155.9		74		
KQSN400-N13	481	1047	290.8	68	1480	255.1	355	76	7.0	1650
		1745	484.7	57		311.3		87		
		2181	605.8	47		340.5		82		
	470	1039	288.6	63	1480	231.6	315	77	7.0	1648
		1732	481.1	52		277.6		88		
		2165	601.4	41		284.4		85		
	438	979	271.9	56	1480	199.1	250	75	6.9	1646
		1632	453.3	45		229.9		87		
		2040	566.7	34		233.2		81		
	406	922	256.1	48	1480	165.1	200	73	6.8	1641
		1537	426.9	38		189.4		84		
		1921	533.6	29		189.7		80		
	374	859	238.6	39	1480	125.0	185	73	6.7	1639
		1432	397.8	31		151.1		80		
		1790	497.2	23		147.5		76		

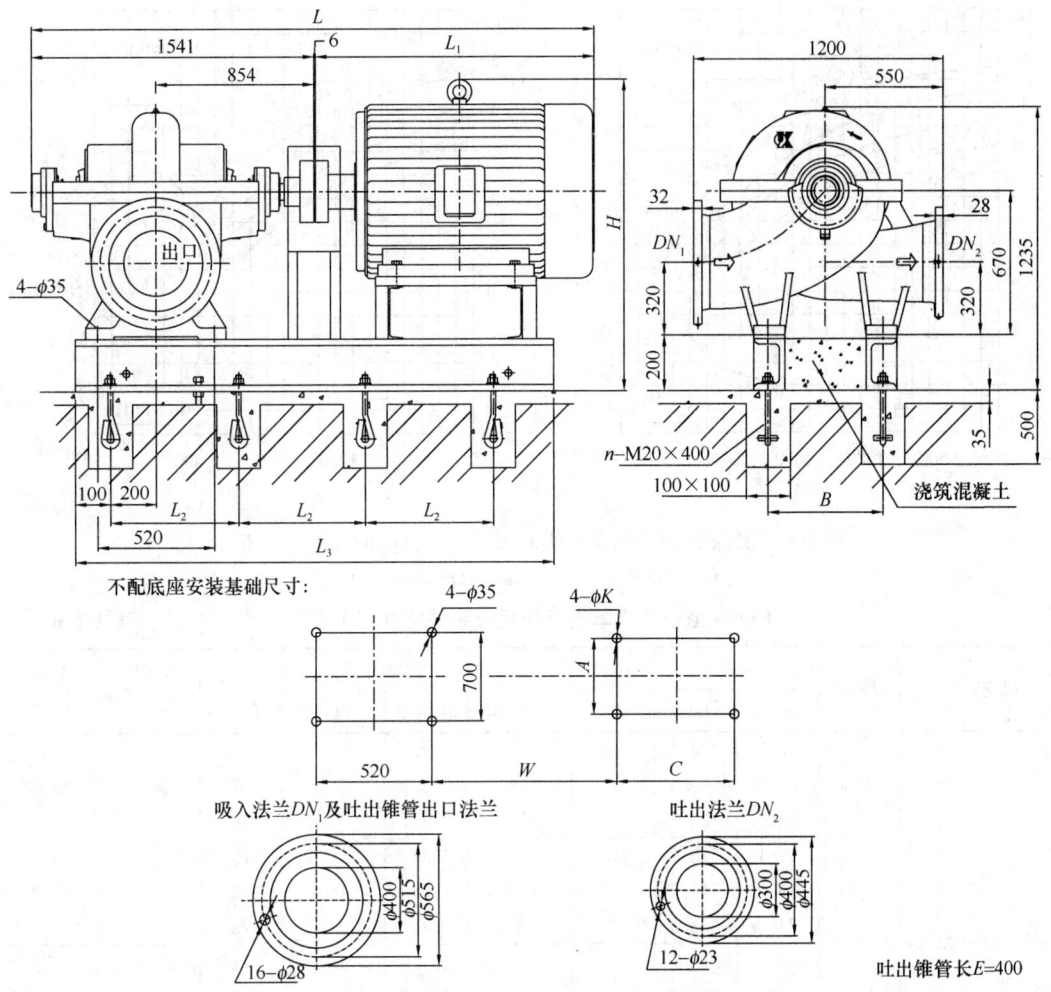

图 1-85 KQSN 型中开式单级双吸离心泵外形及安装尺寸（三十四）

KQSN 型中开式单级双吸离心泵安装尺寸（三十四） 表 1-99

泵型号	电动机				尺寸（mm）										质量（kg）		地脚数量
	型号	电压(V)	防护式	功率(kW)	L	L_1	L_2	L_3	B	H	W	A	C	K	电机	底座	n(个)
KQSN400-M13/N13	Y355L₁-4	380	I	355	3237	1690	955	2460	700	1635	1064	610	630	28	1630	658	6
	Y355M-4	380	I	315	3167	1620	955	2460	700	1635	1064	610	560	28	1530	658	6
	Y315M-4	380	I	250～185	2817	1270	900	2110	700	1485	986	508	457	28	1075	649	6
	Y400-4	6000	I	450/355	3487	1940	860	2970	810	1800	1145	710	1000	35	2380	667	8
	Y355-4	6000	I	315	3367	1820	825	2855	700	1685	1125	630	900	28	2160	664	8
	Y355-4	6000	I	250/200	3367	1820	825	2855	700	1685	1125	630	900	28	1840	664	8
	Y450-4	10000	I	450～200	3597	2050	900	3130	920	1370	1165	800	1120	35	3180	675	8
	Y355L-4	380	III/II	315	3077	1530	955	2315	700	1230	1024	610	630	28	1870	660	6
	Y355M₂-4	380	III/II	250	3077	1530	950	2265	700	1230	1024	610	560	28	1720	656	6
	Y315L₂-4	380	III/II	200/185	2847	1300	950	2185	700	1045	986	508	508	28	1170	650	6

注：防护式 I、II、III 分别代表 IP23、IP44、IP54。

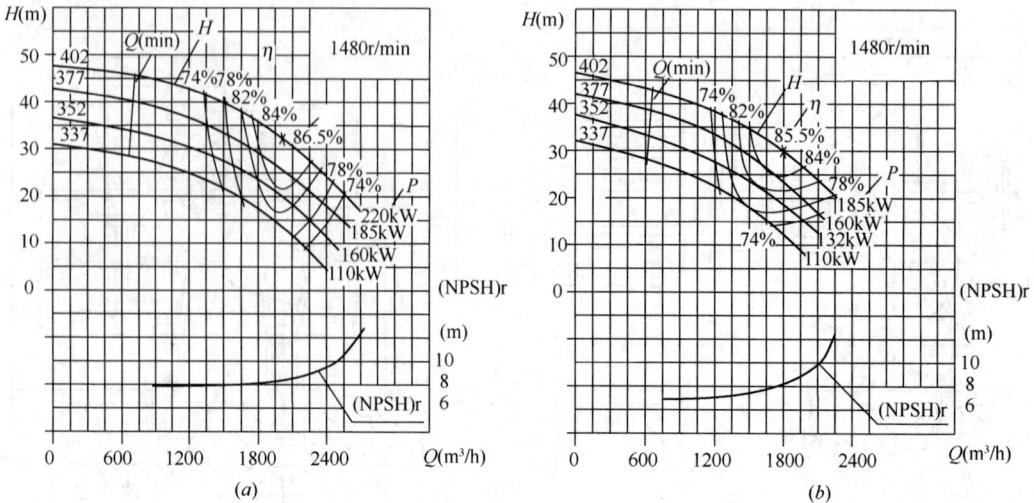

图 1-86　KQSN 型中开式单级双吸离心泵性能曲线（三十五）

(*a*) KQSN400-M19；(*b*) KQSN400-N19

KQSN 型中开式单级双吸离心泵性能（三十五）　　　　　表 1-100

泵型号	规格	流量		扬程	转速	功率（kW）		效率	(NPSH)r	泵重
		（m³/h）	（L/s）	（m）	（r/min）	轴功率	电机功率	（%）	（m）	（kg）
KQSN400-M19	402	1211	336.4	43		194.2		73		
		2018	560.6	32	1480	202.1	220	87	8.5	1195
		2523	700.8	24		208.7		79		
	377	1181	328.1	37		163.0		73		
		1968	546.7	27	1480	170.2	185	85	8.4	1193
		2460	683.3	19		163.2		78		
	352	1151	319.7	31		134.9		72		
		1918	532.8	22	1480	138.4	160	83	8.3	1191
		2398	666.1	13		108.8		78		
	337	1121	311.4	25		107.5		71		
		1868	518.9	16	1480	101.7	110	80	8.2	1191
		2335	648.6	8		69.7		73		
KQSN400-N19	402	1039	288.6	39		149.2		74		
		1732	481.1	31	1480	170.0	185	86	8.0	1194
		2165	601.4	24		170.5		83		
	377	985	273.6	34		125.0		73		
		1642	456.1	27	1480	143.7	160	84	7.9	1192
		2053	570.3	20		141.5		79		
	352	943	261.9	29		103.5		72		
		1572	436.7	23	1480	120.1	132	82	7.8	1190
		1965	545.8	16		109.8		78		
	337	901	250.3	25		86.4		71		
		1502	417.2	18	1480	94.4	110	78	7.7	1189
		1878	521.7	12		82.9		74		

注：在 20℃常温条件下使用，泵进口倒灌压力应不低于 3m。

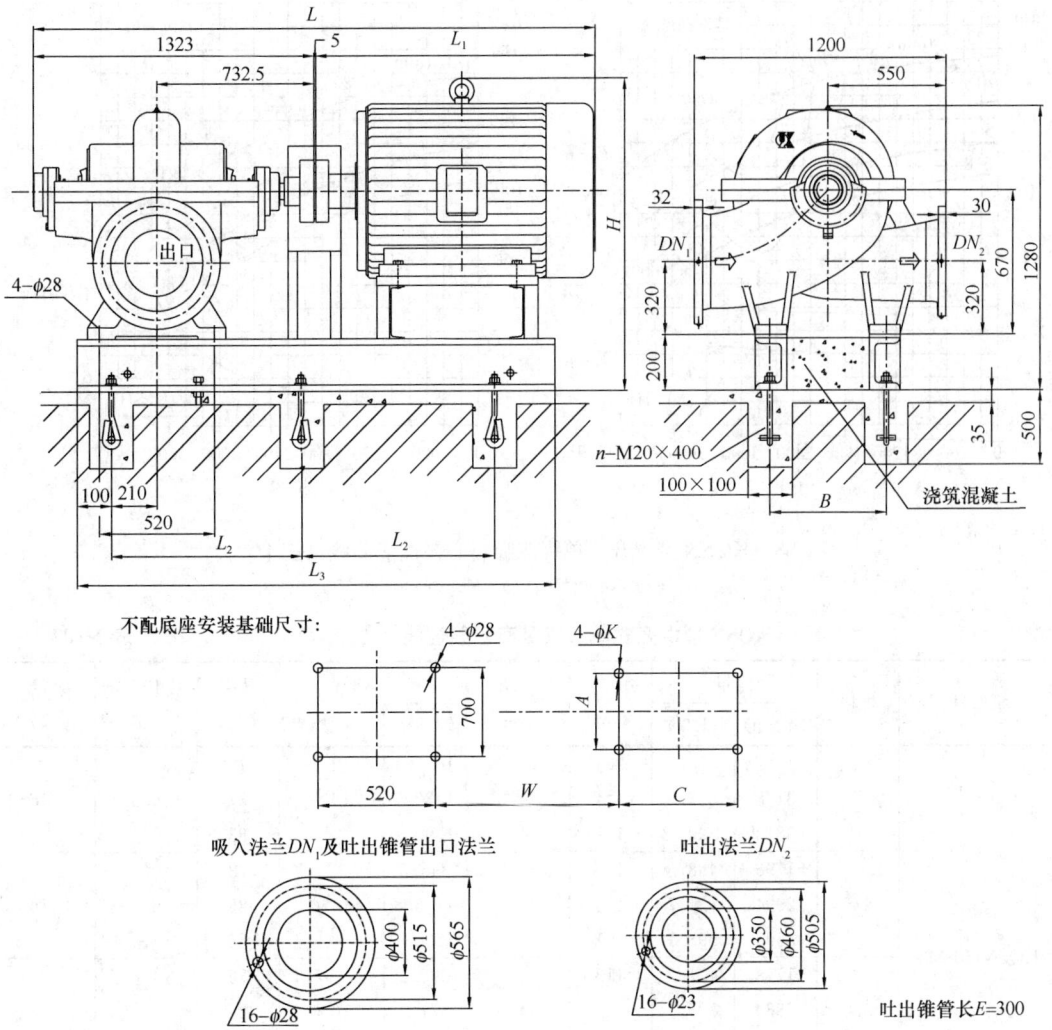

图 1-87　KQSN 型中开式单级双吸离心泵外形及安装尺寸（三十五）

KQSN 型中开式单级双吸离心泵安装尺寸（三十五）　　表 1-101

泵型号	电动机				尺寸（mm）										质量（kg）		地脚数量
	型号	电压(V)	防护式	功率(kW)	L	L₁	L₂	L₃	B	H	W	A	C	K	电机	底座	n(个)
KQSN400-M19/N19	Y315M-4	380	I	220~185	2598	1270	900	2010	700	1485	863.5	508	457	28	1075	628	6
	Y315S-4	380	I	160	2488	1160	875	1960	700	1485	863.5	508	406	28	870	627	6
	Y280M-4	380	I	132/110	2468	1140	875	1960	700	1375	837.5	457	419	24	820	629	6
	Y355-4	6000	I	220/200	3218	1890	820	2750	740	1685	1002.5	630	900	28	1710	645	8
	Y450-4	10000	I	220/200	3378	2050	900	3010	920	1370	1042.5	800	1120	35	2550	655	8
	Y355M₂-4	380	III/II	220	2858	1530	955	2160	700	1525	901.5	610	560	28	1720	630	6
	Y315L-4	380	III/II	200/185	2628	1300	915	2080	700	1400	863.5	508	508	28	1170	629	6
	Y315L-4	380	III/II	160	2628	1300	915	2080	700	1400	863.5	508	508	28	1170	629	6
	Y315M-4	380	III/II	132	2628	1300	900	2010	700	1400	863.5	508	457	28	1010	628	6
	Y315S-4	380	III/II	110	2598	1270	875	1960	700	1400	863.5	508	406	28	930	627	6

注：防护式 I、II、III 分别代表 IP23、IP44、IP54。

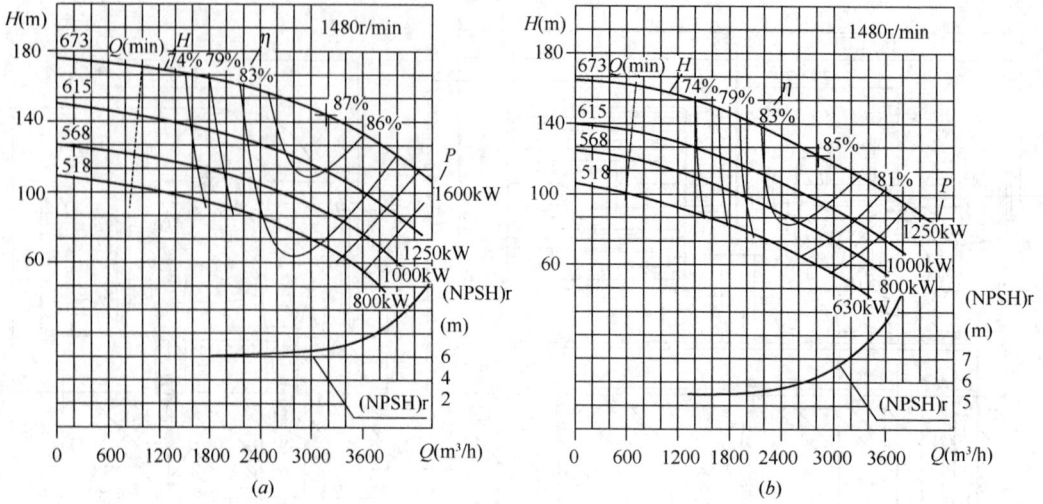

图 1-88   KQSN 型中开式单级双吸离心泵性能曲线（三十六）

(a) KQSN450-M9；(b) KQSN450-N9

KQSN 型中开式单级双吸离心泵性能（三十六）   表 1-102

泵型号	规格	流量		扬程	转速	功率（kW）		效率	(NPSH)r	泵重
		(m³/h)	(L/s)	(m)	(r/min)	轴功率	电机功率	(%)	(m)	(kg)
KQSN450-M9	673	1907	529.7	164	1480	1077.4	1600	79	6.5	2518
		3178	882.8	144		1432.5		87		
		3813	1059.2	127		1590.9		83		
	615	1796	498.9	135	1480	845.5	1250	78	6.4	2516
		2994	831.7	116		1103.8		86		
		3593	998.1	101		1206.4		82		
	568	1718	477.2	113	1480	693.1	1000	76	6.3	2513
		2863	795.3	95		871.2		85		
		3435	954.2	83		955.5		81		
	518	1655	459.7	95	1480	571.0	800	75	6.2	2510
		2759	766.4	77		689.3		84		
		3311	919.7	66		751.9		79		
KQSN450-N9	673	1693	470.3	147	1480	869.1	1250	78	6.3	2518
		2821	783.6	123		1107.7		85		
		3385	940.3	107		1220.5		81		
	615	1583	439.7	123	1480	689.8	1000	77	6.2	2516
		2639	733.1	103		878.2		84		
		3167	879.7	87		941.4		80		
	568	1487	413.1	107	1480	587.0	800	74	6.1	2513
		2479	688.6	87		710.2		83		
		2975	826.4	75		769.8		79		
	518	1401	389.2	89	1480	464.4	630	73	6.0	2510
		2335	648.6	73		564.3		82		
		2802	778.3	63		614.5		78		

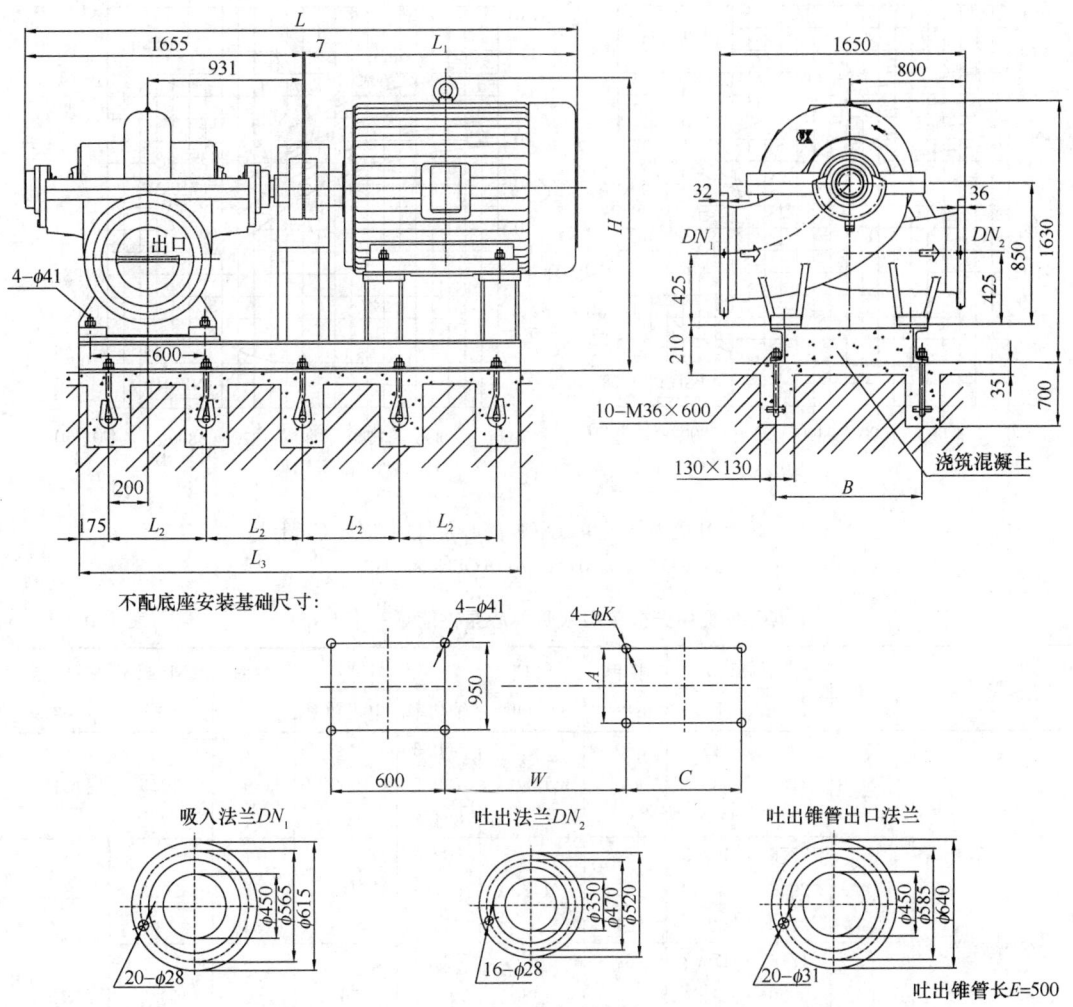

图 1-89　KQSN 型中开式单级双吸离心泵外形及安装尺寸（三十六）

KQSN 型中开式单级双吸离心泵安装尺寸（三十六）　　　表 1-103

泵型号	电动机				尺寸（mm）										质量（kg）	
	型号	电压(V)	防护式	功率(kW)	L	L_1	L_2	L_3	B	H	W	A	C	K	电机	底座
KQSN450-M9/N9	Y560-4	6000	I	1600	4562	2900	800	3646	1150	2350	1388	1000	1400	42	4918	1098
	Y500-4	6000	I	1250	4212	2550	740	3488	1050	2215	1363	900	1250	42	4470	1088
	Y500-4	6000	I	1000	4212	2550	740	3488	1050	2215	1363	900	1250	42	4010	1088
	Y450-4	6000	I	800	3842	2180	710	3283	960	2085	1203	800	1120	35	3300	1058
	Y450-4	6000	I	630	3842	2180	710	3283	960	2085	1203	800	1120	35	3092	1058
	Y560-4	10000	I	1600	4562	2900	800	3646	1150	2260	1388	1000	1400	42	76150	1188
	Y560-4	10000	I	1250	4562	2900	800	3646	1150	2260	1388	1000	1400	42	6225	1188
	Y500-4	10000	I	1000	4212	2550	740	3393	1050	1610	1323	900	1250	42	4850	1158
	Y500-4	10000	I	800	4212	2550	740	3393	1050	1610	1323	900	1250	42	4600	1158
	Y450-4	10000	I	630	3842	2180	710	3256	960	1560	1203	800	1120	35	3461	1138

注：防护式 I、II、III 分别代表 IP23、IP44、IP54。

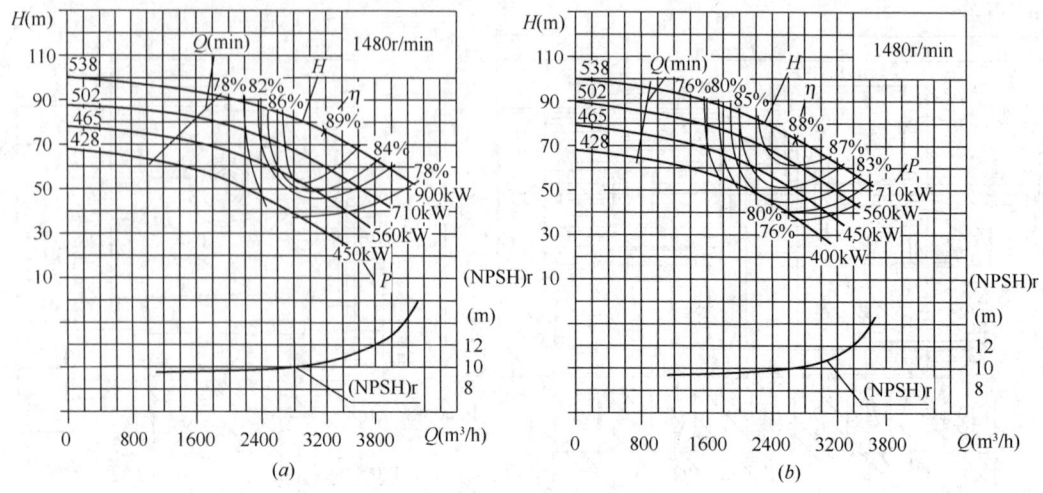

图 1-90 KQSN 型中开式单级双吸离心泵性能曲线（三十七）

（*a*）KQSN450-M13；（*b*）KQSN450-N13

KQSN 型中开式单级双吸离心泵性能（三十七） 表 1-104

泵型号	规格	流量		扬程	转速	功率（kW）		效率	(NPSH)r	泵重
		(m³/h)	(L/s)	(m)	(r/min)	轴功率	电机功率	(%)	(m)	(kg)
KQSN450-M13	538	1908	530.0	89	1480	600.6	900	77	10.5	1840
		3180	883.3	76		739.5		89		
		3975	1104.2	64		824.8		84		
	502	1776	493.3	80	1480	502.5	710	77	10.3	1838
		2960	822.2	66		611.5		87		
		3700	1027.8	54		655.6		83		
	465	1716	476.7	69	1480	424.3	560	76	10.2	1836
		2860	794.4	55		498.1		86		
		3575	993.1	41		518.4		77		
	428	1614	448.3	56	1480	328.2	450	75	10.0	1834
		2690	747.2	44		413.2		78		
		3363	934.2	33		397.6		76		
KQSN450-N13	538	1614	448.3	89	1480	501.5	710	78	10.0	1839
		2690	747.2	73		607.7		88		
		3363	934.2	62		660.2		86		
	502	1494	415.0	80	1480	428.3	560	76	9.8	1837
		2490	691.7	66		514.4		87		
		3113	864.7	51		527.2		82		
	465	1392	386.7	69	1480	348.8	450	75	9.6	1835
		2320	644.4	56		416.3		85		
		2900	805.6	46		443.0		82		
	428	1368	380.0	57	1480	283.1	400	75	9.5	1833
		2280	633.3	46		344.1		83		
		2850	791.7	35		357.4		76		

注：在 20℃ 常温条件下使用，泵进口倒灌压力应不低于 3m。

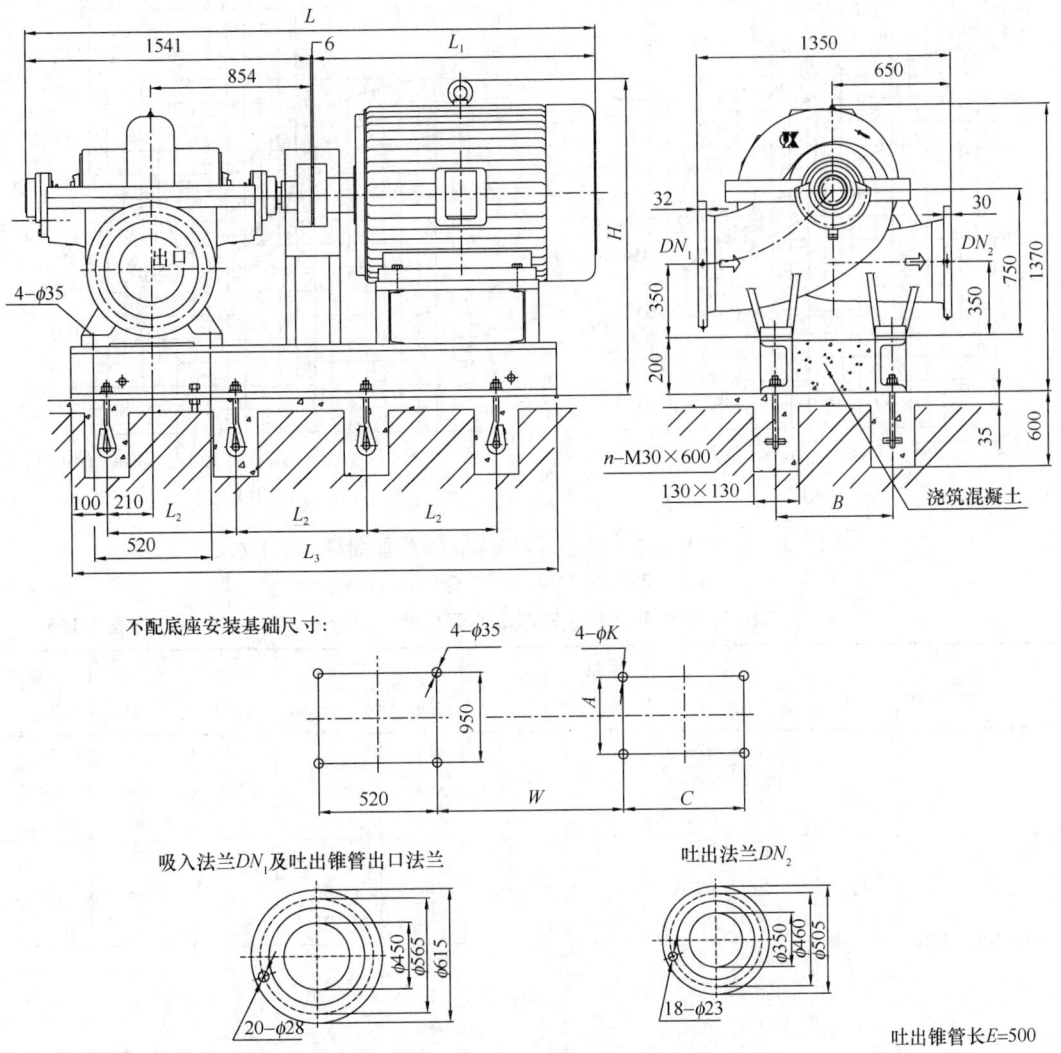

图 1-91 KQSN 型中开式单级双吸离心泵外形及安装尺寸（三十七）

KQSN 型中开式单级双吸离心泵安装尺寸（三十七）　　表 1-105

泵型号	电动机				尺寸（mm）										质量（kg）		地脚数量
	型号	电压（V）	防护式	功率（kW）	L	L_1	L_2	L_3	B	H	W	A	C	K	电机	底座	n（个）
KQSN450-M13/N13	Y450-4	6000	I	900～630	3627	2080	900	3095	950	1450	1165	800	1120	35	3520	788	8
	Y400-4	6000	I	560～400	3487	1940	860	2970	950	1400	1145	710	1000	35	2600	790	8
	Y500-4	10000	I	900～710	3747	2200	750	3260	1050	1500	1285	900	1250	42	4750	815	10
	Y450-4	10000	I	630	3597	2050	900	3130	950	1450	1165	800	1120	35	3460	795	8
	Y400-4	10000	I	560～400	3597	2050	900	3130	950	1400	1165	800	1120	35	33801	795	8

注：防护式 I、II、III 分别代表 IP23、IP44、IP54。

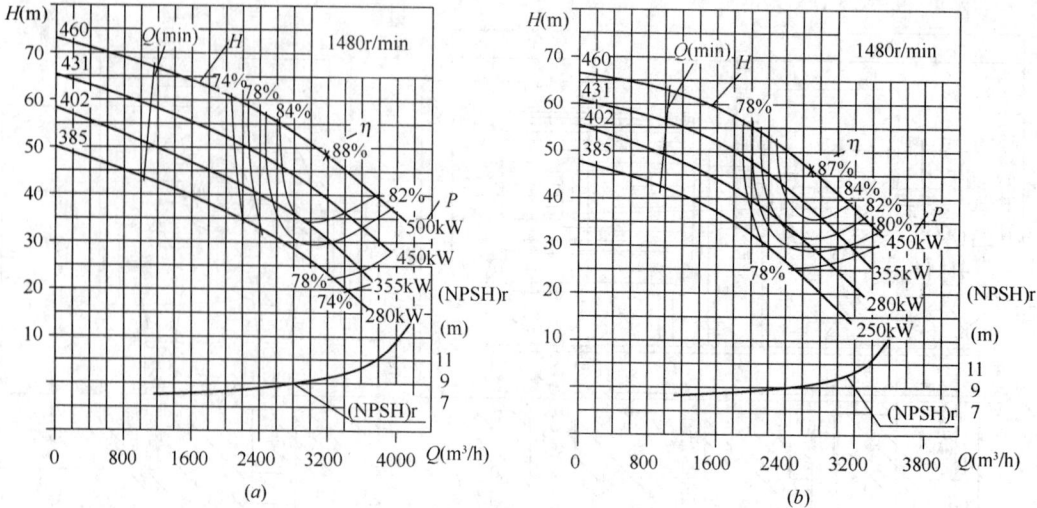

图 1-92　KQSN 型中开式单级双吸离心泵性能曲线（三十八）

(a) KQSN500-M18；(b) KQSN500-N18

KQSN 型中开式单级双吸离心泵性能（三十八）　　　　表 1-106

泵型号	规格	流量		扬程	转速	功率（kW）		效率	(NPSH)r	泵重
		(m³/h)	(L/s)	(m)	(r/min)	轴功率	电机功率	(%)	(m)	(kg)
KQSN500-M18	460	1902	528.3	59		413.0		74		
		3170	880.6	48	1480	470.9	500	88	9.8	1380
		3963	1100.8	36		468.0		83		
	431	1836	510.0	49		335.6		73		
		3060	850.0	39	1480	377.9	450	86	9.6	1378
		3825	1062.5	31		398.7		81		
	402	1794	498.3	42		285.0		72		
		2990	830.6	32	1480	310.2	355	84	9.5	1376
		3738	1038.3	22		279.9		80		
	385	1734	481.7	36		242.9		70		
		2890	802.8	25	1480	242.9	280	81	9.3	1374
		3613	1003.6	17		226.0		74		
KQSN500-N18	460	1614	448.3	57		334.1		75		
		2690	747.2	46	1480	387.3	450	87	9.2	1378
		3363	934.2	36		392.4		84		
	431	1536	426.7	50		286.5		73		
		2560	711.1	40	1480	328.1	355	85	9.0	1376
		3200	888.9	30		318.8		82		
	402	1494	415.0	43		249.9		70		
		2490	691.7	32	1480	264.6	280	82	8.9	1374
		3113	864.7	24		264.2		77		
	385	1386	385.0	37		205.4		68		
		2310	641.7	28	1480	223.0	250	79	8.8	1372
		2888	802.2	20		209.7		75		

注：在 20℃ 常温条件下使用，泵进口倒灌压力应不低于 3m。

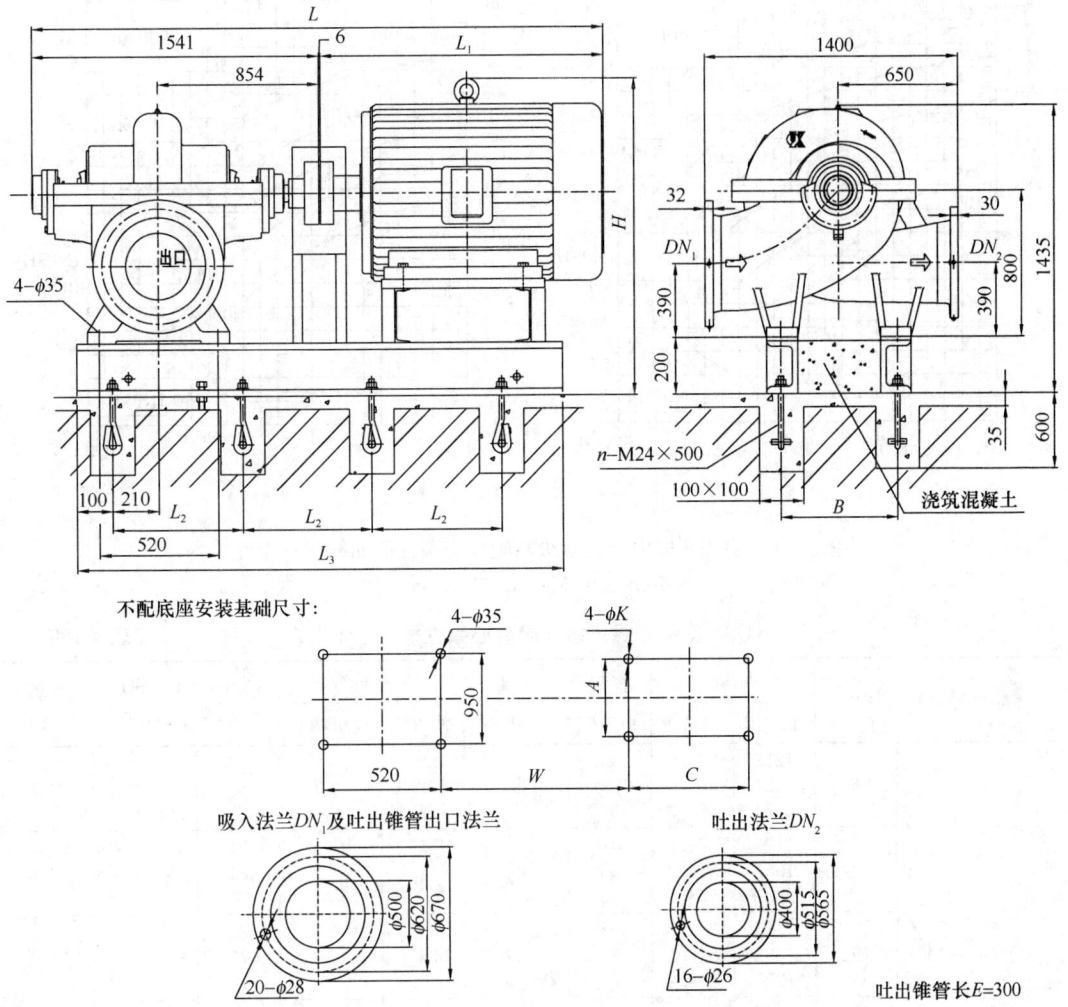

图 1-93 KQSN 型中开式单级双吸离心泵外形及安装尺寸（三十八）

KQSN 型中开式单级双吸离心泵安装尺寸（三十八） 表 1-107

| 泵型号 | 电动机 | | | | 尺寸（mm） | | | | | | | | | | 质量（kg） | | 地脚数量 |
	型号	电压(V)	防护式	功率(kW)	L	L_1	L_2	L_3	B	H	W	A	C	K	电机	底座	n(个)
KQSN500-M18/N18	$Y355L_1$-4	380	I	355	3237	1690	955	2470	950	1715	1064	610	630	28	1630	668	6
	Y355M-4	380	I	315/280	3167	1620	955	2400	950	1715	1064	610	560	28	1530	668	6
	Y315M-4	380	I	250	2817	1270	880	2110	950	1565	986	508	457	28	1075	663	6
	Y400-4	6000	I	500～355	3536	1989	860	3005	950	1480	1145	710	1000	35	2620	680	8
	Y355-4	6000	I	315	3437	1890	860	2885	950	1170	1125	630	900	28	1860	675	8
	Y355-4	6000	I	280/250	3437	1890	860	2885	950	1170	1125	630	900	28	1800	675	8
	Y450-4	10000	I	500～250	3597	2050	950	3135	950	1450	1165	800	1120	35	3315	735	8
	$Y355L_1$-4	380	III/II	280	3087	1530	955	2350	950	1630	1024	610	630	28	1070	665	6
	$Y355M_2$-4	380	III/II	250	3087	1530	955	2350	950	1630	1024	610	560	28	1720	665	6

注：防护式 I、II、III 分别代表 IP23、IP44、IP54。

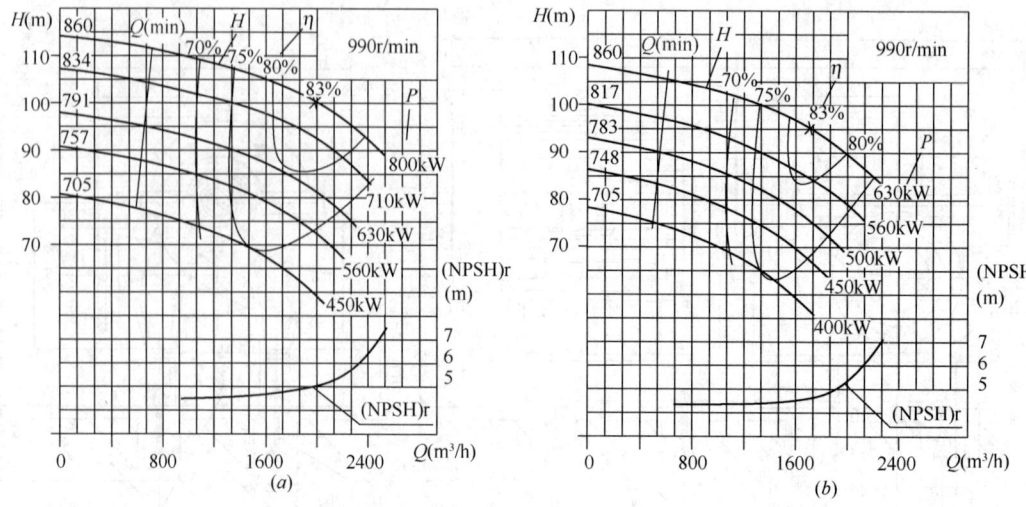

图 1-94　KQSN 型中开式单级双吸离心泵性能曲线（三十九）

(a) KQSN500-M6；(b) KQSN500-N6

KQSN 型中开式单级双吸离心泵性能（三十九）　　　　　　　表 1-108

泵型号	规格	流量		扬程	转速	功率（kW）		效率	(NPSH)r	泵重
		(m³/h)	(L/s)	(m)	(r/min)	轴功率	电机功率	(%)	(m)	(kg)
KQSN500-M6	860	1212	336.7	108	990	488.3	800	73	5.0	2408
		2020	561.1	100		662.8		83		
		2424	673.3	92		778.6		78		
	834	1176	326.7	101	990	455.4	710	71	4.9	2406
		1959	544.2	93		613.7		81		
		2351	653.1	85		706.9		77		
	791	1115	309.7	92	990	404.9	630	69	4.7	2404
		1858	516.1	84		536.9		79		
		2230	619.4	77		615.3		76		
	757	1067	296.4	85	990	368.5	560	67	4.6	2402
		1778	493.9	77		482.1		77		
		2133	592.5	70		542.2		75		
	705	994	276.1	75	990	312.3	450	65	4.4	2400
		1656	460.0	67		400.4		75		
		1988	552.2	60		438.9		74		
KQSN500-N6	860	1028	285.6	103	990	439.1	630	66	4.5	2406
		1714	476.1	95		534.3		83		
		2057	571.4	88		628.4		78		
	817	977	271.4	94	990	392.6	560	64	4.4	2404
		1628	452.2	86		469.4		81		
		1954	542.8	80		552.9		77		
	783	936	260.0	87	990	359.4	500	62	4.3	2402
		1560	433.3	79		423.0		79		
		1872	520.0	72		482.9		76		
	748	895	248.6	80	990	326.5	450	60	4.1	2400
		1491	414.2	72		379.2		77		
		1789	496.9	65		422.3		75		
	705	843	234.2	72	990	286.6	400	58	4.0	2398
		1406	390.6	64		326.0		75		
		1687	468.6	57		353.8		74		

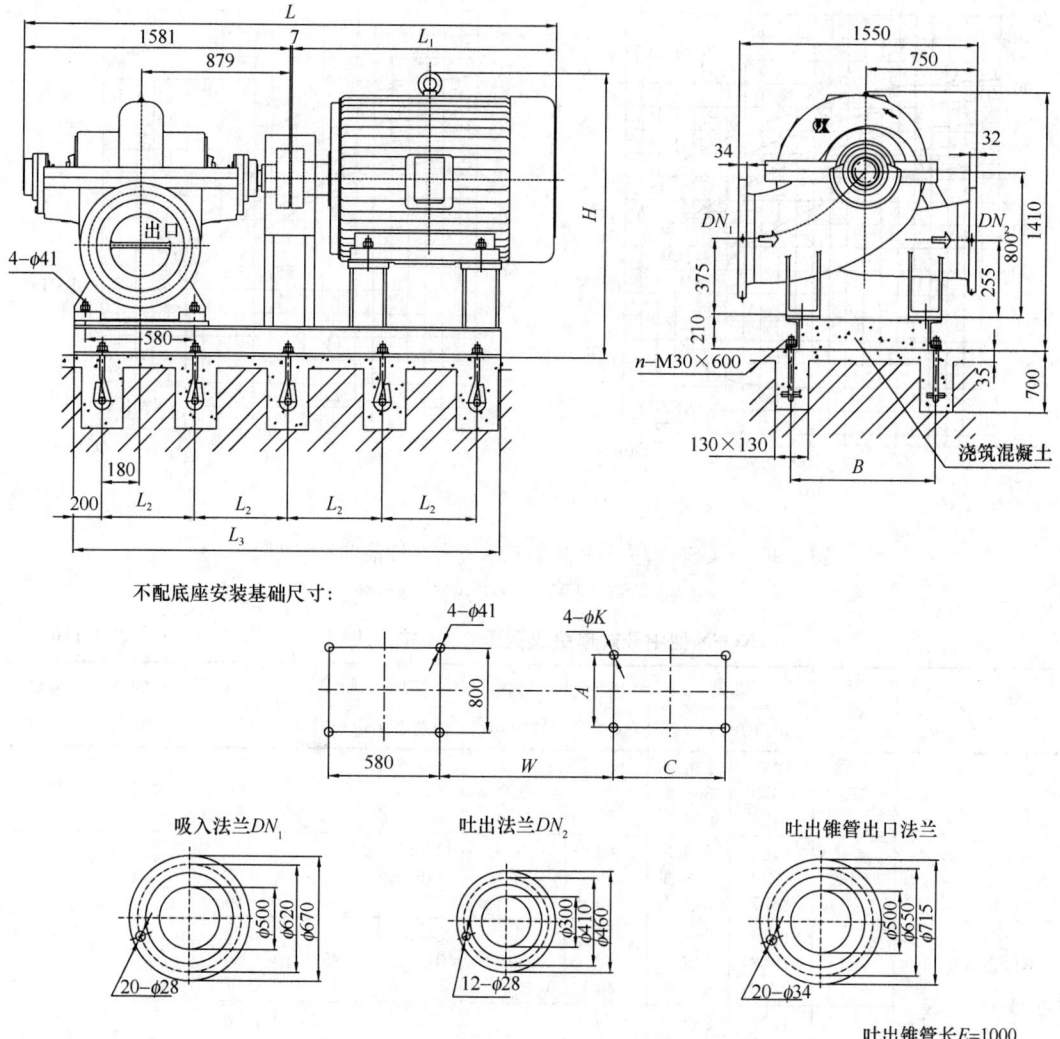

图 1-95　KQSN 型中开式单级双吸离心泵外形及安装尺寸（三十九）

KQSN 型中开式单级双吸离心泵安装尺寸（三十九）　　　表 1-109

泵型号	电动机				尺寸（mm）										质量（kg）		地脚数量
	型号	电压（V）	防护式	功率（kW）	L	L_1	L_2	L_3	B	H	W	A	C	K	电机	底座	n（个）
KQSN500-M6/N6	Y500-6	6000	Ⅰ	800/710	4508	2920	760	3481	1050	1550	1321	900	1250	42	4020	810	10
	Y450-6	6000	Ⅰ	630～450	4198	2610	700	3240	960	1495	1201	800	1120	35	3700	800	10
	Y400-6	6000	Ⅰ	400	3898	2310	870	3066	960	1445	1141	710	1000	35	2590	794	8
	Y500-6	10000	Ⅰ	800～500	3788	2200	750	3400	1050	1560	1321	900	1250	42	5050	915	10
	Y450-6	10000	Ⅰ	450/400	3638	2050	700	3230	960	1510	1161	800	1120	35	3377	800	10
	Y400L-6	380	Ⅲ/Ⅱ	400	3508	1920	760	2788	960	1650	1086	686	710	35	3400	786	8

注：防护式Ⅰ、Ⅱ、Ⅲ分别代表 IP23、IP44、IP54。

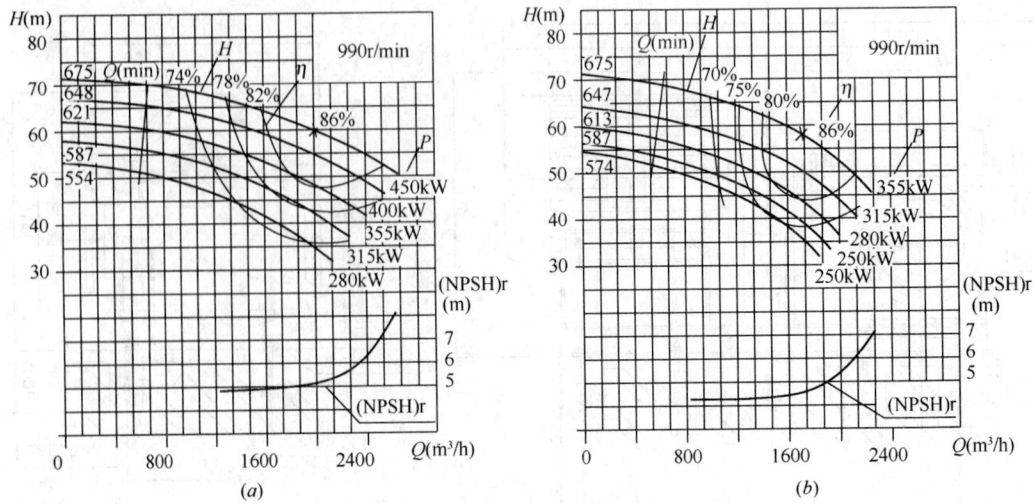

图 1-96　KQSN 型中开式单级双吸离心泵性能曲线（四十）

(a) KQSN500-M9；(b) KQSN500-N9

KQSN 型中开式单级双吸离心泵性能（四十）　　　　表 1-110

泵型号	规格	流量		扬程	转速	功率（kW）		效率	(NPSH)r	泵重
		(m³/h)	(L/s)	(m)	(r/min)	轴功率	电机功率	(%)	(m)	(kg)
KQSN500-M9	675	1212	336.7	68	990	287.7	450	78	5.0	2248
		2020	561.1	60		381.3		86		
		2424	673.3	55		437.4		83		
	648	1164	323.3	63	990	266.2	400	75	4.8	2246
		1939	538.6	55		349.5		83		
		2327	646.4	49		388.2		80		
	621	1115	309.7	58	990	244.6	355	72	4.7	2244
		1858	516.1	50		319.2		80		
		2230	619.4	44		347.0		77		
	587	1054	292.8	53	990	217.4	315	70	4.5	2242
		1757	488.1	45		276.8		78		
		2109	585.8	39		298.6		75		
	554	994	276.1	49	990	195.0	280	68	4.4	2240
		1656	460.0	40		237.9		76		
		1988	552.2	34		252.1		73		
KQSN500-N9	675	1028	285.6	66	990	262.6	355	70	4.5	2246
		1714	476.1	58		313.1		86		
		2057	571.4	52		354.5		82		
	647	987	274.2	60	990	240.1	315	67	4.3	2244
		1645	456.9	52		280.7		83		
		1975	548.6	46		312.4		79		
	613	936	260.0	55	990	216.4	280	64	4.3	2242
		1560	433.3	47		249.6		80		
		1872	520.0	41		274.4		76		
	587	895	248.6	52	990	203.7	250	62	4.2	2240
		1491	414.2	44		227.4		78		
		1789	496.9	38		249.7		74		
	574	874	242.8	50	990	197.7	250	60	4.0	2238
		1457	404.7	42		217.6		76		
		1748	485.6	36		237.5		72		

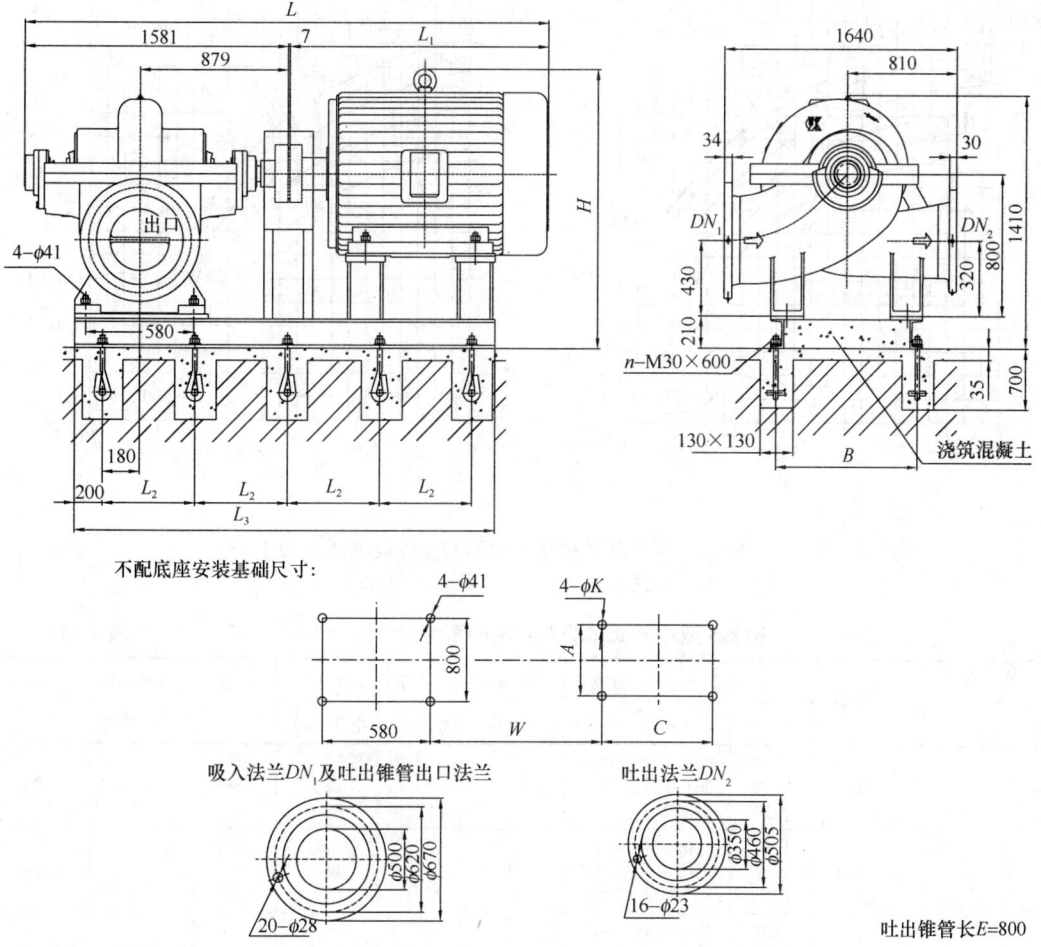

图 1-97　KQSN 型中开式单级双吸离心泵外形及安装尺寸（四十）

KQSN 型中开式单级双吸离心泵安装尺寸（四十）　　表 1-111

| 泵型号 | 电动机 | | | | 尺寸（mm） | | | | | | | | | | 质量（kg） | | 地脚数量 |
	型号	电压(V)	防护式	功率(kW)	L	L_1	L_2	L_3	B	H	W	A	C	K	电机	底座	n(个)
KQSN500-M9/N9	Y355L₁-6	380	I	280	3288	1690	700	2560	960	1775	1060	610	630	28	1710	758	8
	Y355M-6	380	I	250/220	3218	1620	700	2490	960	1775	1060	610	560	28	1610	757	8
	Y450-6	6000	I	450	3708	2120	700	3270	960	1495	1201	800	1120	35	3100	795	10
	Y400-6	6000	I	400~280	3528	1940	700	3120	960	1445	1141	710	1000	35	2590	782	10
	Y355-6	6000	I	250/220	3408	1820	830	2950	960	1435	1121	630	900	28	2290	776	8
	Y450-6	10000	I	450	3638	2050	700	3230	960	1510	1161	800	1120	35	3377	790	10
	Y450-6	10000	I	400~200	3638	2050	700	3230	960	1510	1161	800	1120	35	3295	790	10
	Y400L-6	380	III/II	400	3508	1920	760	2788	960	1700	1086	686	710	35	3400	780	8
	Y400M-6	380	III/II	355~280	3508	1920	760	2788	960	1700	1086	686	630	35	3100	780	8
	Y355L-6	380	III/II	250/220	3158	1570	700	2520	960	1665	1020	610	630	28	1820	762	8

注：防护式 I、II、III 分别代表 IP23、IP44、IP54。

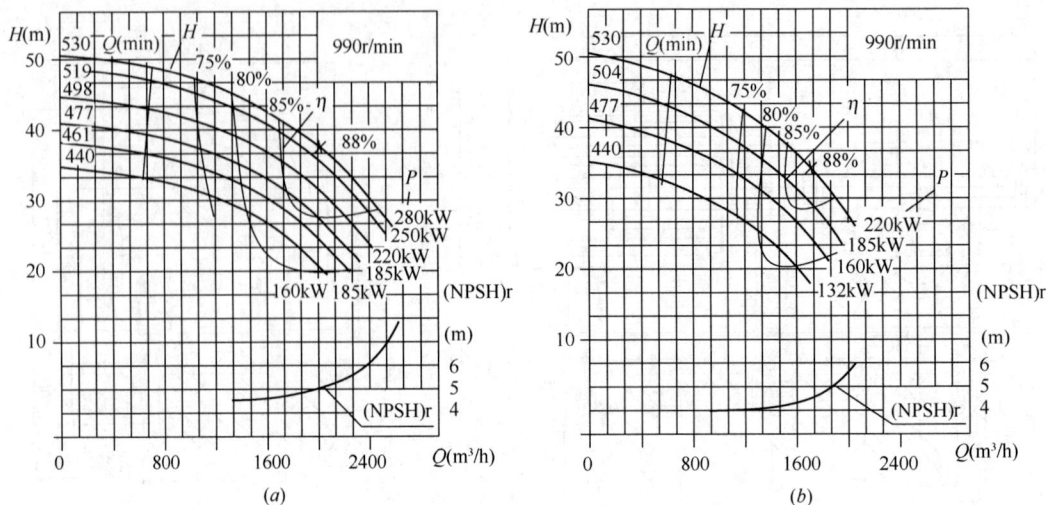

图 1-98　KQSN 型中开式单级双吸离心泵性能曲线（四十一）

(a) KQSN500-M13；(b) KQSN500-N13

KQSN 型中开式单级双吸离心泵性能（四十一）　　　　表 1-112

泵型号	规格	流量		扬程	转速	功率（kW）		效率	(NPSH)r	泵重
		(m³/h)	(L/s)	(m)	(r/min)	轴功率	电机功率	(%)	(m)	(kg)
KQSN500-M13	530	1212	336.7	46	990	194.7	280	78	5.0	2220
		2020	561.1	36		225.0		88		
		2424	673.3	29		227.9		84		
	519	1188	330.0	44	990	183.4	250	77	4.9	2218
		1980	550.0	34		210.4		87		
		2376	660.0	27		210.4		83		
	498	1139	316.4	40	990	164.0	220	76	4.8	2216
		1899	527.5	31		187.9		86		
		2279	633.1	24		181.6		82		
	477	1091	303.1	37	990	145.9	185	75	4.6	2214
		1818	505.0	29		166.8		85		
		2182	606.1	23		168.7		81		
	461	1054	292.8	34	990	133.5	185	74	4.5	2212
		1757	488.1	27		152.5		84		
		2109	585.8	21		150.8		80		
	440	1006	279.4	31	990	117.5	160	73	4.4	2210
		1677	465.8	24		134.0		83		
		2012	558.9	19		131.8		79		
KQSN500-N13	530	1028	285.6	45	990	177.6	220	70	4.5	2218
		1714	476.1	35		184.8		88		
		2057	571.4	28		191.4		83		
	504	977	271.4	40	990	156.8	185	68	4.3	2216
		1628	452.2	31		162.1		86		
		1954	542.8	26		168.2		81		
	477	926	257.2	36	990	137.3	160	66	4.2	2214
		1543	428.6	28		141.1		84		
		1851	514.2	23		146.6		79		
	440	854	237.2	31	990	111.1	132	64	3.9	2212
		1423	395.3	24		113.4		82		
		1707	474.2	20		118.0		77		

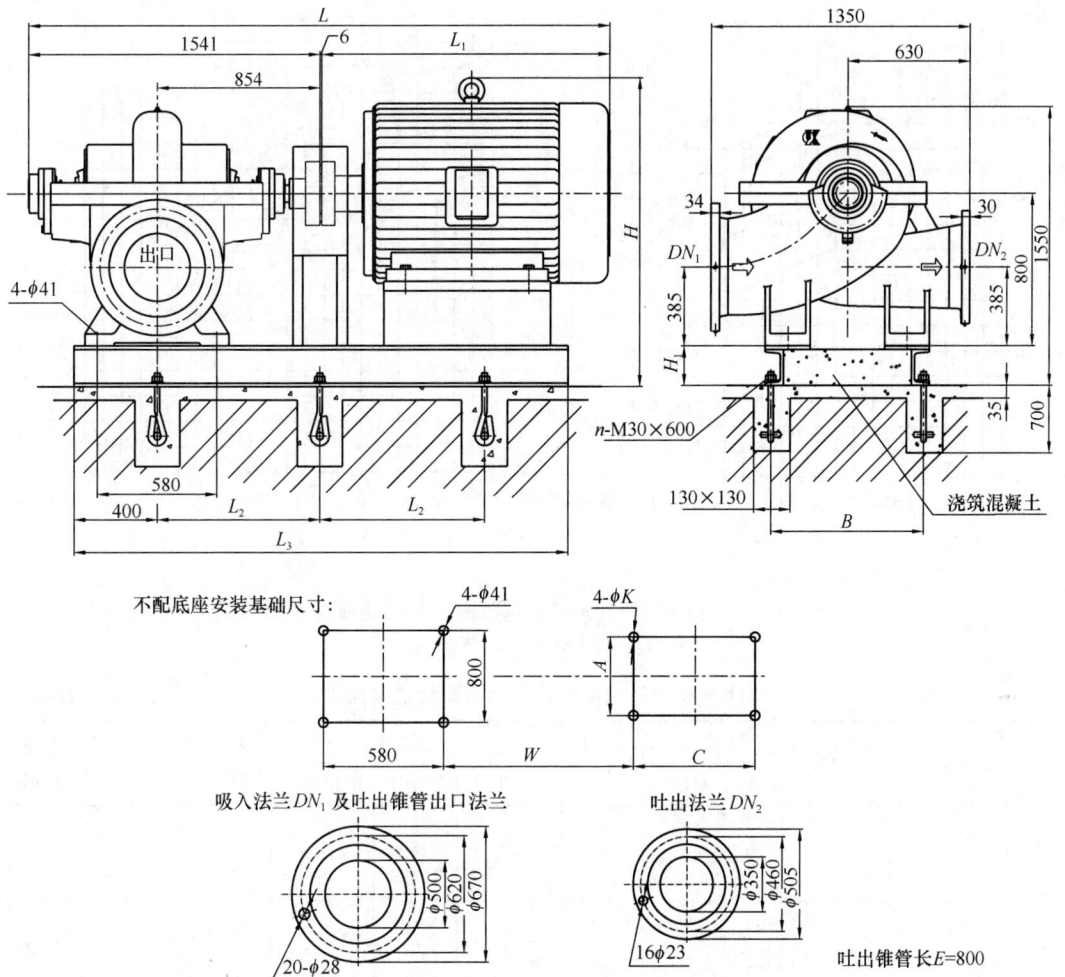

图 1-99 KQSN 型中开式单级双吸离心泵外形及安装尺寸（四十一）

KQSN 型中开式单级双吸离心泵安装尺寸（四十一）　　　　表 1-113

泵型号	电动机				尺寸（mm）											质量（kg）		地脚数量
	型号	电压(V)	防护式	功率(kW)	L	L_1	L_2	L_3	B	H	H_1	W	A	C	K	电机	底座	n（个）
KQSN500-M13/N13	Y355L₁-6	380	Ⅰ	280	3237	1690	800	2400	960	1775	210	1034	610	630	28	1710	598	6
	Y355M-6	380	Ⅰ	250~185	3267	1620	800	2400	960	1775	210	1034	610	560	28	1610	598	6
	Y315M-6	380	Ⅰ	160/132	2817	1270	730	2260	960	1625	190	956	508	457	28	1050	595	6
	Y400-6	6000	Ⅰ	280	3527	1980	800	3100	960	1940	210	1115	710	1000	35	2310	635	8
	Y355-6	6000	Ⅰ	250~200	3437	1890	750	2960	950	1825	210	1095	630	900	28	1930	625	8
	Y450-6	10000	Ⅰ	280~200	3597	2050	850	3230	960	1510	210	1135	800	1120	35	2950	640	8
	Y400M-6	380	Ⅲ/Ⅱ	280	3437	1890	1000	2800	960	1650	210	1060	686	630	35	2100	605	6
	Y355L₂-6	380	Ⅲ/Ⅱ	250/220	3117	1570	800	2400	960	1665	210	994	610	630	28	1820	598	6
	Y355M-6	380	Ⅲ/Ⅱ	185/160	3117	1570	800	2400	960	1665	210	994	610	560	28	1670	598	6
	Y315L₂-6	380	Ⅲ/Ⅱ	132	2887	1340	730	2260	960	1540	190	956	508	508	28	1175	595	6

注：防护式Ⅰ、Ⅱ、Ⅲ分别代表 IP23、IP44、IP54。

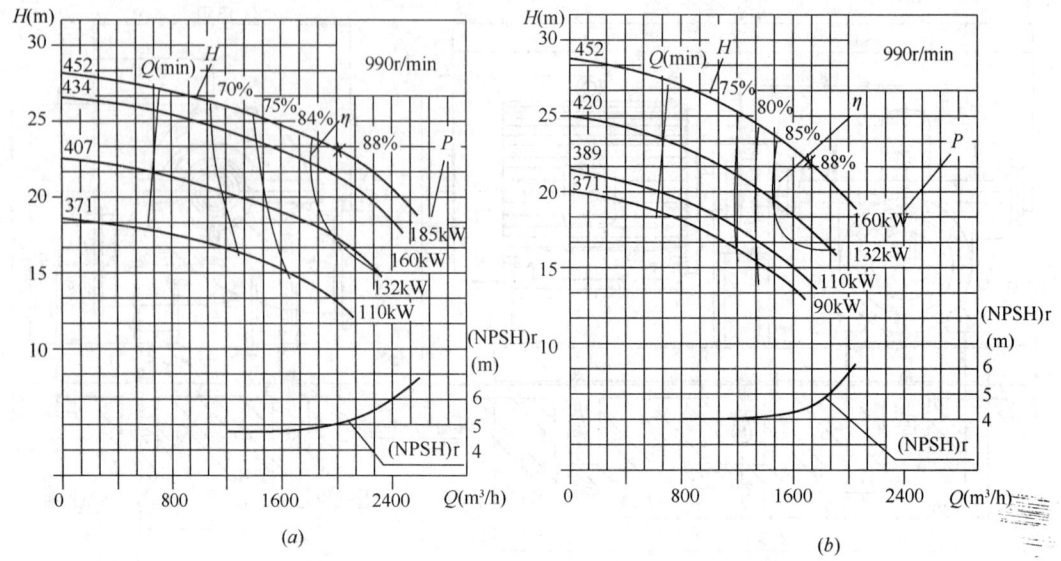

图 1-100 KQSN 型中开式单级双吸离心泵性能曲线（四十二）

(a) KQSN500-M19；(b) KQSN500-N19

KQSN 型中开式单级双吸离心泵性能（四十二）　　　　　表 1-114

泵型号	规格	流量		扬程	转速	功率（kW）		效率	(NPSH)r	泵重
		(m³/h)	(L/s)	(m)	(r/min)	轴功率	电机功率	(%)	(m)	(kg)
KQSN500-M19	452	1212	336.7	26	990	116.5	185	73	5.0	1728
		2020	561.1	23		143.8		88		
		2424	673.3	19		139.5		88		
	434	1164	323.3	24	990	106.0	160	71	4.8	1726
		1939	538.6	20		125.8		86		
		2327	646.4	17		126.2		86		
	407	1091	303.1	21	990	89.8	132	69	4.6	1724
		1818	505.0	18		106.1		84		
		2182	606.1	15		106.5		84		
	371	994	276.1	17	990	70.0	110	67	4.4	1722
		1656	460.0	15		82.2		82		
		1988	552.2	13		82.5		82		
KQSN500-N19	452	1028	285.6	25	990	106.3	160	66	4.5	1726
		1714	476.1	22		118.1		88		
		2057	571.4	18		117.1		87		
	420	956	265.6	22	990	88.2	132	64	4.3	1724
		1594	442.8	19		97.2		86		
		1913	531.4	16		96.4		85		
	389	884	245.6	18	990	72.0	110	62	4.0	1722
		1474	409.4	16		78.7		84		
		1769	491.4	13		78.1		83		
	371	843	234.2	17	990	64.5	90	60	3.9	1720
		1406	390.6	15		69.9		82		
		1687	468.6	12		69.4		81		

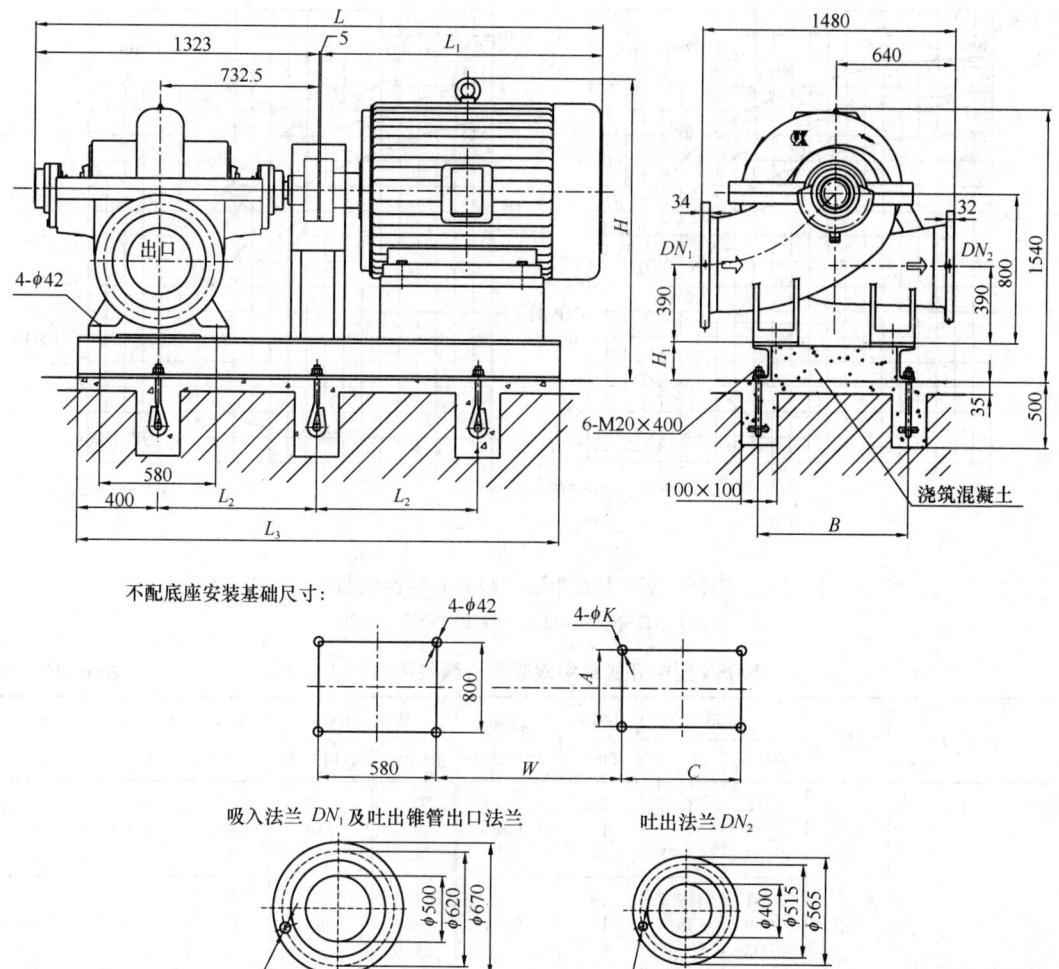

图 1-101 KQSN 型中开式单级双吸离心泵外形及安装尺寸（四十二）

KQSN 型中开式单级双吸离心泵安装尺寸（四十二）　　　　　　表 1-115

泵型号	电动机				尺寸（mm）											质量（kg）	
	型号	电压（V）	防护式	功率（kW）	L	L_1	L_2	L_3	B	H	H_1	W	A	C	K	电机	底座
KQSN500-M19/N19	Y355M$_1$-6	380	Ⅰ	185	2948	1620	800	2250	960	1775	210	911.5	610	560	28	1280	610
	Y315M-6	380	Ⅰ	160/132	2598	1270	700	2090	960	1625	190	833.5	508	457	28	1050	608
	Y315S-6	380	Ⅰ	110	2488	1160	700	2090	960	1605	190	833.5	508	406	28	915	608
	Y355M$_2$-6	380	Ⅲ/Ⅱ	185	2896	1570	800	2250	960	1665	210	871.5	610	560	28	1730	610
	Y355M$_1$-6	380	Ⅲ/Ⅱ	160	2896	1570	800	2250	960	1665	210	871.5	610	560	28	1620	610
	Y315L$_2$-6	380	Ⅲ/Ⅱ	132	2666	1340	700	2160	960	1520	190	833.5	508	508	28	1175	611
	Y315L$_1$-6	380	Ⅲ/Ⅱ	110	2666	1340	700	2160	960	1520	190	833.5	508	508	28	1110	611
	Y315M-6	380	Ⅲ/Ⅱ	90	2666	1340	700	2090	960	1520	190	833.5	508	457	28	940	608

注：防护式Ⅰ、Ⅱ、Ⅲ分别代表 IP23、IP44、IP54。

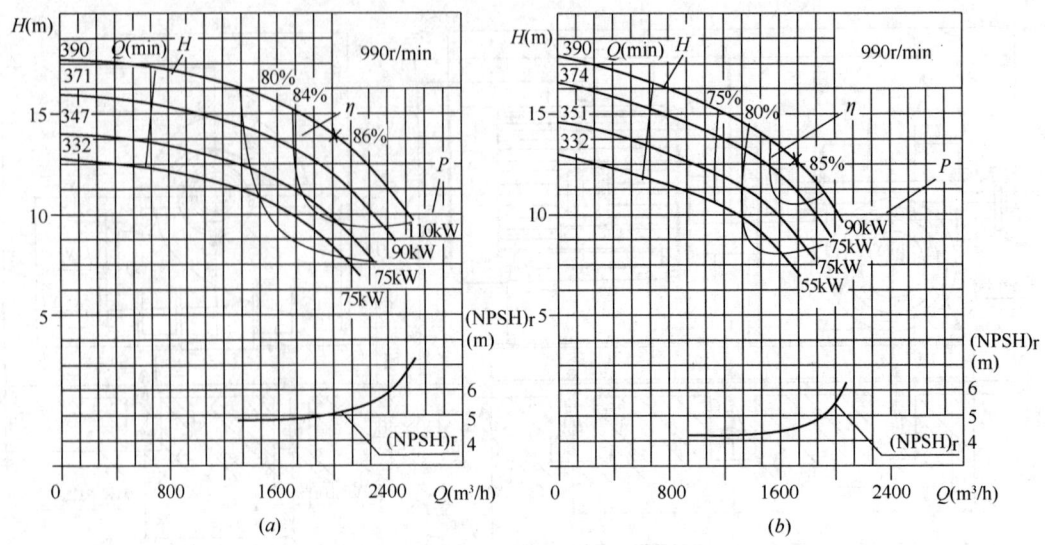

图 1-102　KQSN 型中开式单级双吸离心泵性能曲线（四十三）

(*a*) KQSN500-M28；(*b*) KQSN500-N28

KQSN 型中开式单级双吸离心泵性能（四十三）　　　　　　　　表 1-116

泵型号	规格	流量		扬程	转速	功率（kW）		效率	(NPSH)r	泵重
		(m³/h)	(L/s)	(m)	(r/min)	轴功率	电机功率	(%)	(m)	(kg)
KQSN500-M28	390	1212	336.7	17	990	70.1	110	80	5.0	1265
		2020	561.1	14		89.6		86		
		2424	673.3	10		76.2		84		
	371	1151	319.7	15	990	59.4	90	78	4.8	1264
		1919	533.1	12		73.7		84		
		2303	639.7	9		66.9		82		
	347	1079	299.7	13	990	50.1	75	76	4.6	1263
		1798	499.4	10		62.1		82		
		2157	599.2	8		56.4		80		
	332	1030	286.1	12	990	44.8	75	74	4.5	1262
		1717	476.9	9		55.5		80		
		2060	572.2	7		50.4		78		
KQSN500-N28	390	1028	285.6	16	990	64.0	90	72	4.5	1264
		1714	476.1	14		74.4		85		
		2057	571.4	10		64.0		83		
	374	987	274.2	15	990	58.2	75	70	4.4	1263
		1645	456.9	12		67.4		83		
		1975	548.6	9		58.0		81		
	351	926	257.2	13	990	49.4	75	68	4.2	1262
		1543	428.6	11		56.9		81		
		1851	514.2	8		49.0		79		
	332	874	242.8	12	990	42.9	55	66	4.0	1261
		1457	404.7	10		49.2		79		
		1748	485.6	7		42.4		77		

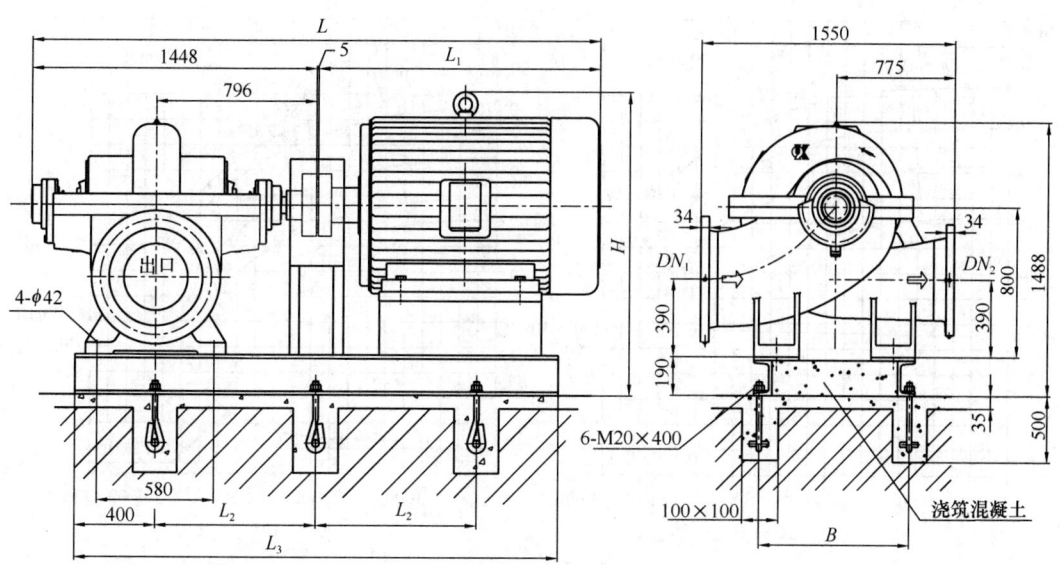

不配底座安装基础尺寸：

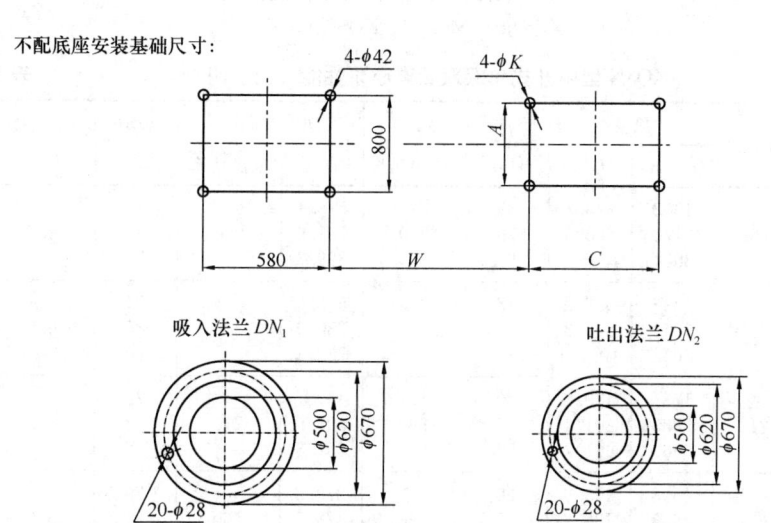

吸入法兰 DN_1　　　　　　吐出法兰 DN_2

图 1-103　KQSN 型中开式单级双吸离心泵外形及安装尺寸（四十三）

KQSN 型中开式单级双吸离心泵安装尺寸（四十三）　　　　表 1-117

泵型号	电动机				尺寸（mm）									质量（kg）	
	型号	电压（V）	防护式	功率（kW）	L	L_1	L_2	L_3	B	H	W	A	C	K	电机	底座
KQSN500-M28/N28	Y315S-6	380	I	110	2613	1160	700	2124	960	1625	897	508	406	28	915	618
	Y315L₁-6	380	III/II	110	2793	1340	700	2224	960	1540	897	508	508	28	1110	621
	Y315M-6	380	III/II	90	2793	1340	700	2154	960	1540	897	508	457	28	940	619
	Y315S-6	380	III/II	75	2723	1270	700	2124	960	1540	897	508	406	28	861	618
	Y280M-6	380	III/II	55	2503	1050	595	2054	960	1410	841	457	419	24	540	617

注：防护式I、II、III分别代表 IP23、IP44、IP54。

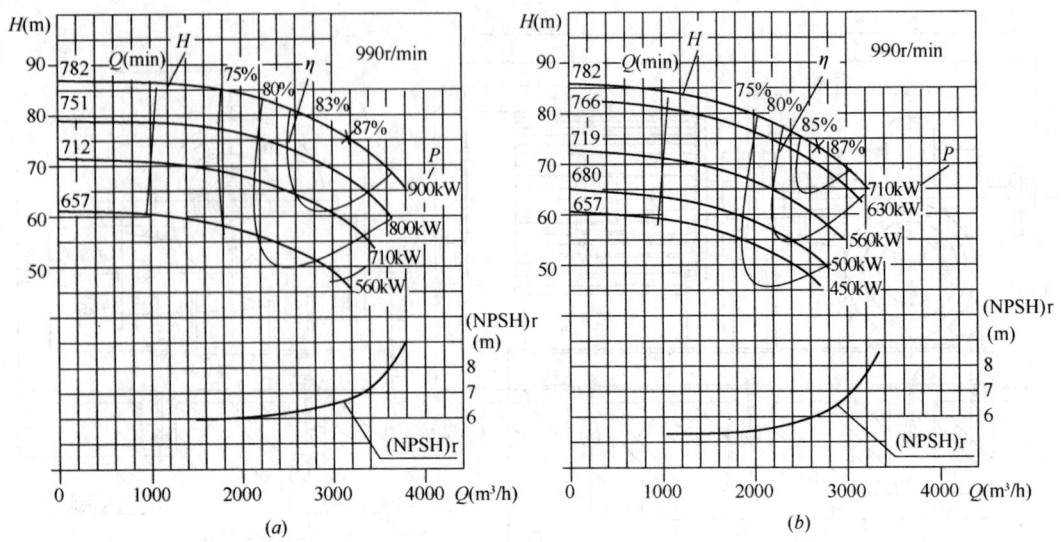

图 1-104　KQSN 型中开式单级双吸离心泵性能曲线（四十四）

（a）KQSN600-M9；（b）KQSN600-N9

KQSN 型中开式单级双吸离心泵性能（四十四）　　表 1-118

泵型号	规格	流量		扬程	转速	功率（kW）		效率	(NPSH)r	泵重
		(m³/h)	(L/s)	(m)	(r/min)	轴功率	电机功率	(%)	(m)	(kg)
KQSN600-M9	782	1902	528.3	85	990	578.4	900	76	6.7	4160
		3170	880.6	76		751.9		87		
		3804	1056.7	66		829.7		82		
	751	1826	507.2	78	990	525.6	800	74	6.5	4158
		3043	845.3	70		680.9		85		
		3652	1014.4	61		752.4		80		
	712	1731	480.8	70	990	460.1	710	72	6.3	4156
		2885	801.4	63		593.9		83		
		3462	961.7	54		657.3		78		
	657	1598	443.9	60	990	372.2	560	70	6.0	4154
		2663	739.7	53		478.7		81		
		3195	887.5	46		530.6		76		
KQSN600-N9	782	1614	448.3	82	990	527.8	710	68	6.0	4158
		2690	747.2	73		617.5		87		
		3228	896.7	64		696.9		81		
	766	1582	439.4	71	990	459.5	630	66	5.9	4157
		2636	732.2	63		534.1		85		
		3163	878.6	55		596.3		79		
	719	1485	412.5	65	990	408.6	560	64	5.7	4154
		2475	687.5	58		471.8		83		
		2970	825.0	50		527.7		77		
	680	1404	390.0	60	990	368.4	500	62	5.6	4152
		2340	650.0	54		422.3		81		
		2808	780.0	47		473.2		75		
	657	1356	376.7	54	990	328.1	450	60	5.4	4150
		2259	627.5	48		373.3		79		
		2711	753.1	42		419.1		73		

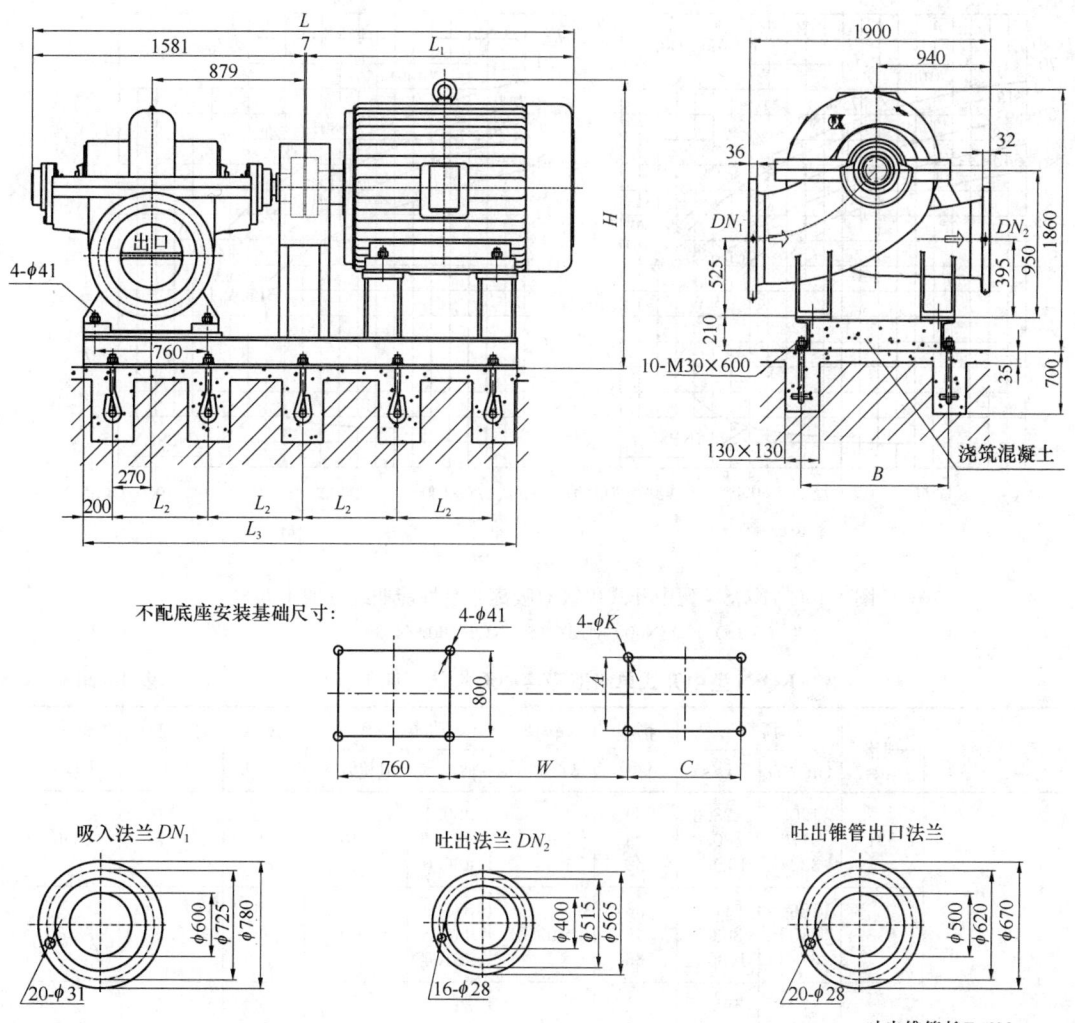

图 1-105 KQSN 型中开式单级双吸离心泵外形及安装尺寸（四十四）

KQSN 型中开式单级双吸离心泵安装尺寸（四十四）　　　　表 1-119

泵型号	电动机				尺寸（mm）											质量（kg）	
	型号	电压(V)	防护式	功率(kW)	L	L₁	L₂	L₃	B	H	W	A	C	K	电机	底座
KQSN600-M9/N9	Y500-6	6000	I	900	4138	2550	780	3571	1050	1700	1231	900	1250	42	4170	826
	Y500-6	6000	I	800/710	4138	2550	780	3571	1050	1700	1231	900	1250	42	4020	826
	Y450-6	6000	I	630~450	3768	2180	720	3330	960	1645	1111	800	1120	35	3700	808
	Y560-6	10000	I	900	4038	2450	830	3760	1150	1780	1306	1000	1400	42	6085	855
	Y500-6	10000	I	800~500	3788	2200	780	3570	1150	1650	1231	900	1250	42	5050	820
	Y450-6	10000	I	450	3638	2050	720	3320	960	1550	1071	800	1120	35	3377	805

注：防护式 I、II、III 分别代表 IP23、IP44、IP54。

表头列中图内标注的文字：
吸入法兰 DN₁
吐出法兰 DN₂
吐出锥管出口法兰
吐出锥管长 E=600

不配底座安装基础尺寸：

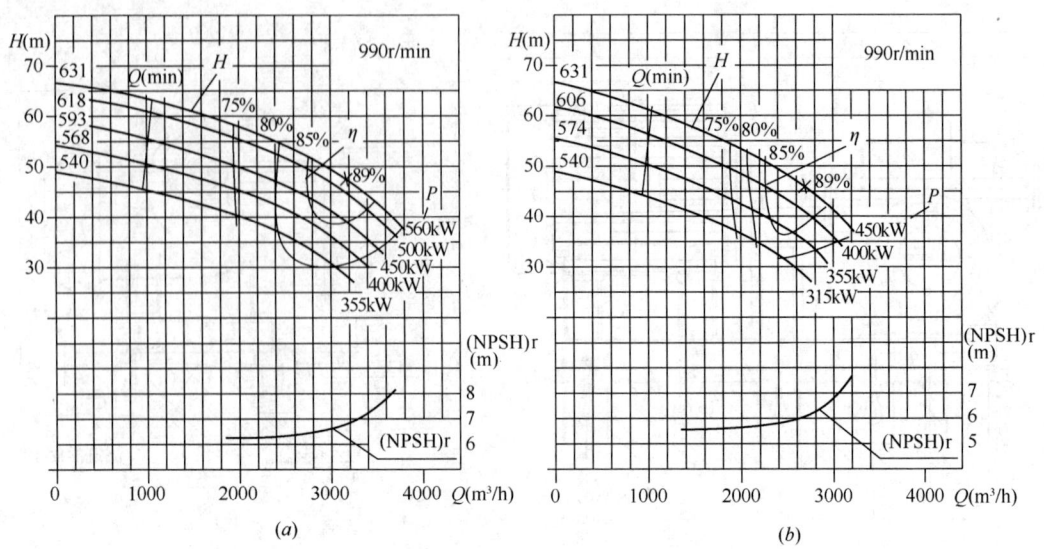

图 1-106　KQSN 型中开式单级双吸离心泵性能曲线（四十五）

(a) KQSN600-M13；(b) KQSN600-N13

KQSN 型中开式单级双吸离心泵性能（四十五）　　　　表 1-120

泵型号	规格	流量		扬程	转速	功率（kW）		效率	(NPSH)r	泵重
		(m³/h)	(L/s)	(m)	(r/min)	轴功率	电机功率	(%)	(m)	(kg)
KQSN600-M13	631	1902	528.3	59	990	389.1	560	78	6.7	3856
		3170	880.6	48		465.6		89		
		3804	1056.7	38		486.0		81		
	618	1864	517.8	56	990	375.9	500	76	6.6	3855
		3107	863.1	46		443.5		87		
		3728	1035.6	36		461.4		79		
	593	1788	496.7	52	990	340.7	450	74	6.5	3853
		2980	827.8	42		400.6		85		
		3576	993.3	33		417.7		77		
	568	1712	475.6	47	990	307.3	400	72	6.3	3851
		2853	792.5	38		360.1		83		
		3424	951.1	30		376.4		75		
	540	1626	451.7	43	990	271.0	355	70	6.1	3849
		2710	752.8	35		361.3		81		
		3252	903.3	27		331.6		73		
KQSN600-N13	631	1614	448.3	57	990	355.1	450	70	6.0	3855
		2690	747.2	46		382.4		89		
		3228	896.7	37		408.2		80		
	606	1549	430.3	52	990	323.4	400	68	5.9	3854
		2582	717.2	43		346.1		87		
		3099	860.8	34		370.4		78		
	574	1469	408.1	47	990	283.8	355	66	5.7	3851
		2448	680.0	38		301.7		85		
		2937	815.8	31		323.8		76		
	540	1380	383.3	41	990	242.7	315	64	5.4	3848
		2300	638.9	34		256.3		83		
		2760	766.7	27		275.8		74		

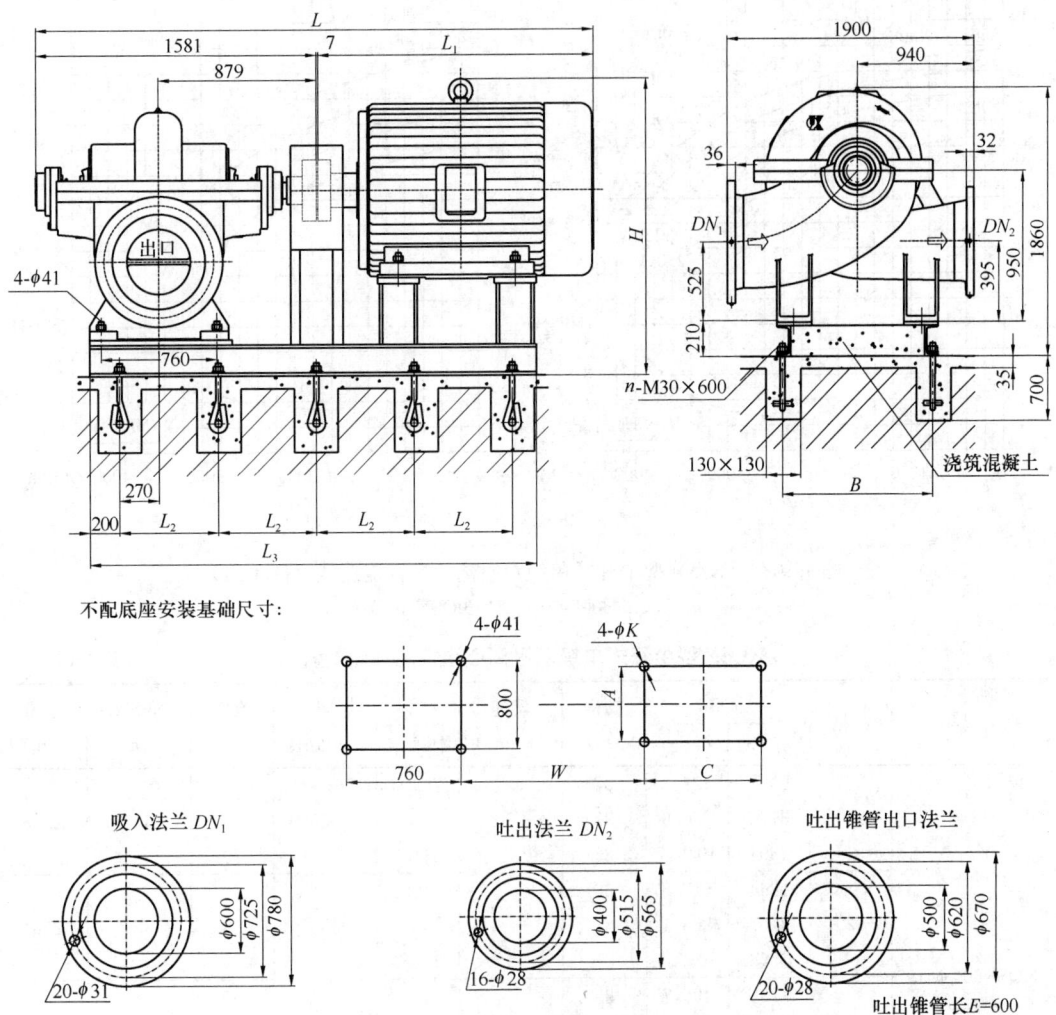

图 1-107 KQSN 型中开式单级双吸离心泵外形及安装尺寸（四十五）

KQSN 型中开式单级双吸离心泵安装尺寸（四十五）　　表 1-121

泵型号	电动机				尺寸（mm）										质量（kg）		地脚数量
	型号	电压（V）	防护式	功率（kW）	L	L_1	L_2	L_3	B	H	W	A	C	K	电机	底座	n（个）
KQSN600-M13/N13	Y450-6	6000	I	560～450	3698	2120	720	3330	960	1645	1111	800	1120	35	3500	795	10
	Y400-6	6000	I	400～315	3528	1940	880	3156	960	1595	1051	710	1000	35	2590	784	8
	Y500-6	10000	I	560～500	3788	2200	780	3570	1050	1710	1231	900	1250	42	4600	820	10
	Y450-6	10000	I	450	3638	2050	720	3320	960	1660	1071	800	1120	35	3377	805	10
	Y450-6	10000	I	400～315	3638	2050	720	3320	960	1660	1071	800	1120	35	3175	805	10
	Y400L-6	380	III/II	400	3468	1890	800	2888	960	1850	996	686	710	35	3400	762	8
	Y400MX-6	380	III/II	355	3468	1890	800	2888	960	1850	996	686	630	35	3100	762	8
	Y400M-6	380	III/II	315	3468	1890	800	2888	960	1850	996	686	630	35	3200	762	8

注：防护式 I、II、III 分别代表 IP23、IP44、IP54。

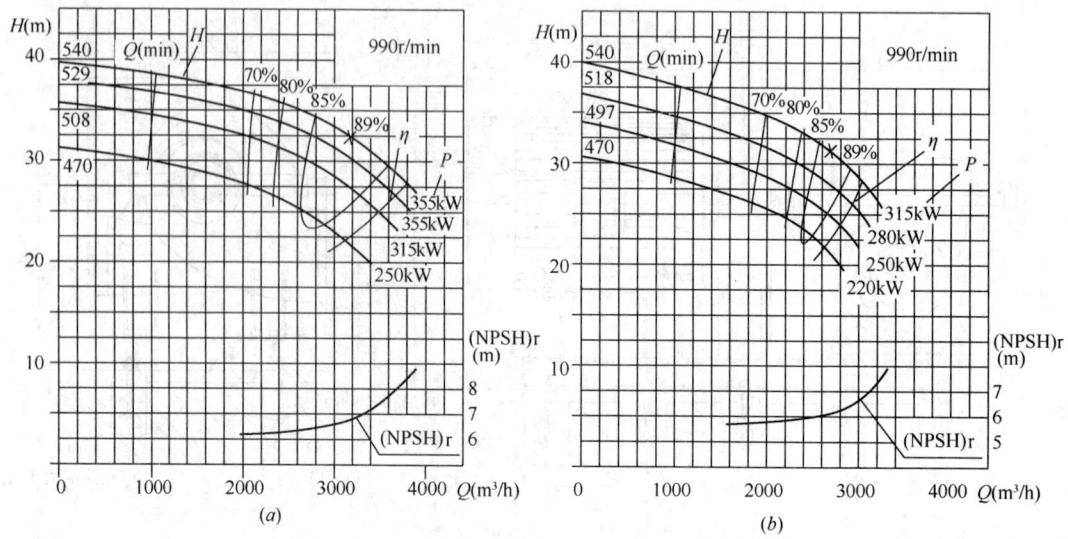

图 1-108　KQSN 型中开式单级双吸离心泵性能曲线（四十六）

(a) KQSN600-M19；(b) KQSN600-N19

KQSN 型中开式单级双吸离心泵性能（四十六）　　　　　　表 1-122

泵型号	规格	流量		扬程	转速	功率（kW）		效率	(NPSH)r	泵重
		（m³/h）	（L/s）	（m）	（r/min）	轴功率	电机功率	（%）	（m）	（kg）
KQSN600-M19	540	1902	528.3	37	990	289.0	355	67	6.7	2555
		3170	880.6	32		313.6		89		
		3804	1056.7	25		344.3		76		
	529	1864	517.8	36	990	276.1	355	66	6.6	2554
		3107	863.1	31		298.5		88		
		3728	1035.6	24		328.4		75		
	508	1788	496.7	33	990	247.4	315	65	6.5	2552
		2980	827.8	29		266.5		87		
		3576	993.3	22		293.7		74		
	470	1655	459.7	28	990	199.2	250	64	6.1	2550
		2758	766.1	24		213.7		86		
		3309	919.2	19		236.0		73		
KQSN600-N19	540	1614	448.3	36	990	263.7	315	60	6.0	2554
		2690	747.2	31		257.5		89		
		3228	896.7	25		289.2		75		
	518	1549	430.3	33	990	237.3	280	59	5.9	2552
		2582	717.2	29		230.5		88		
		3099	860.8	23		259.3		74		
	497	1485	412.5	31	990	212.4	250	58	5.8	2550
		2475	687.5	26		205.2		87		
		2970	825.0	21		231.3		73		
	470	1404	390.0	27	990	182.7	220	57	5.5	2548
		2340	650.0	24		175.5		86		
		2808	780.0	19		198.3		72		

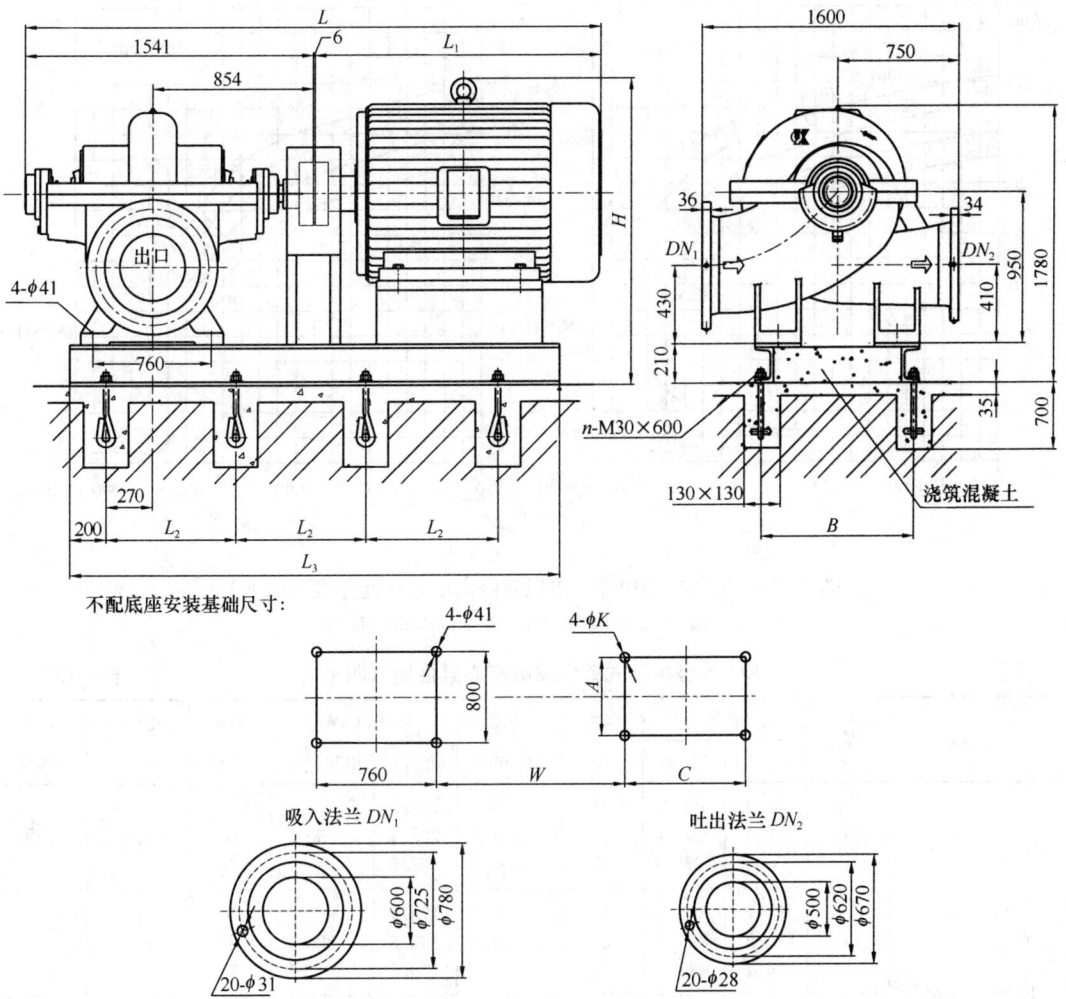

图 1-109 KQSN 型中开式单级双吸离心泵外形及安装尺寸（四十六）

KQSN 型中开式单级双吸离心泵安装尺寸（四十六）　　　　表 1-123

泵型号	电动机				尺寸（mm）										质量（kg）		地脚数量
	型号	电压(V)	防护式	功率(kW)	L	L_1	L_2	L_3	B	H	W	A	C	K	电机	底座	n（个）
KQSN600-M19/N19	Y355L₁-6	380	I	280	3238	1690	700	2650	960	1925	944	610	630	28	1710	620	8
	Y355M-6	380	I	250/220	3168	1620	700	2650	960	1925	944	610	560	28	1610	620	8
	Y400-6	6000	I	400~280	3486	1940	880	3180	960	1595	1025	710	1000	35	2830	635	8
	Y355-6	6000	I	250/220	3437	1890	860	3030	960	1975	1005	630	900	28	1930	630	8
	Y450-6	10000	I	400~220	3597	2050	720	3300	960	1660	1045	800	1120	35	3295	645	10
	Y400L-6	380	III/II	400	3436	1890	800	2890	960	1850	970	686	710	35	3400	625	8
	Y400MX-6	380	III/II	355	3436	1890	800	2890	960	1850	970	686	630	35	3200	625	8
	Y400M-6	380	III/II	315/280	3436	1890	800	2890	960	1850	970	686	630	35	3100	625	8
	Y355L₁-6	380	III/II	250/220	3116	1570	700	2650	960	1850	904	610	630	28	1820	620	8

注：防护式I、II、III分别代表 IP23、IP44、IP54。

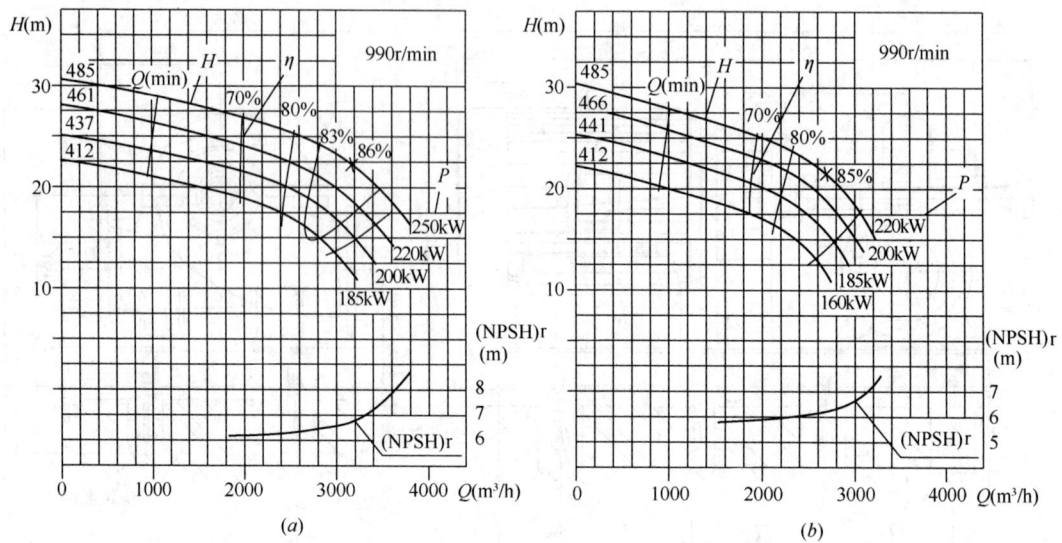

图 1-110 KQSN 型中开式单级双吸离心泵性能曲线（四十七）

(*a*) KQSN600-M27；(*b*) KQSN600-N27

KQSN 型中开式单级双吸离心泵性能（四十七）　　　表 1-124

泵型号	规格	流量		扬程	转速	功率（kW）		效率	(NPSH)r	泵重
		(m³/h)	(L/s)	(m)	(r/min)	轴功率	电机功率	(%)	(m)	(kg)
KQSN600-M27	485	1902	528.3	27	990	199.0	250	71	6.7	2506
		3170	880.6	22		223.1		86		
		3804	1056.7	15		206.6		76		
	461	1807	501.9	25	990	173.1	220	70	6.5	2504
		3012	836.7	20		193.6		85		
		3614	1003.9	14		179.5		75		
	437	1712	475.6	22	990	149.3	200	69	6.3	2502
		2853	792.5	18		166.5		84		
		3424	951.1	12		154.7		74		
	412	1617	449.2	20	990	127.6	185	68	6.0	2500
		2695	748.6	16		142.0		83		
		3233	898.1	11		132.1		73		
KQSN600-N27	485	1614	448.3	26	990	181.6	220	64	6.0	2505
		2690	747.2	22		185.4		85		
		3228	896.7	15		173.5		75		
	466	1549	430.3	24	990	163.2	200	63	5.9	2503
		2582	717.2	20		166.0		84		
		3099	860.8	14		155.6		74		
	441	1469	408.1	22	990	141.3	185	62	5.7	2501
		2448	680.0	18		143.1		83		
		2937	815.8	12		134.3		73		
	412	1372	381.1	19	990	117.0	160	61	5.4	2499
		2286	635.0	16		118.0		82		
		2744	762.2	11		111.0		72		

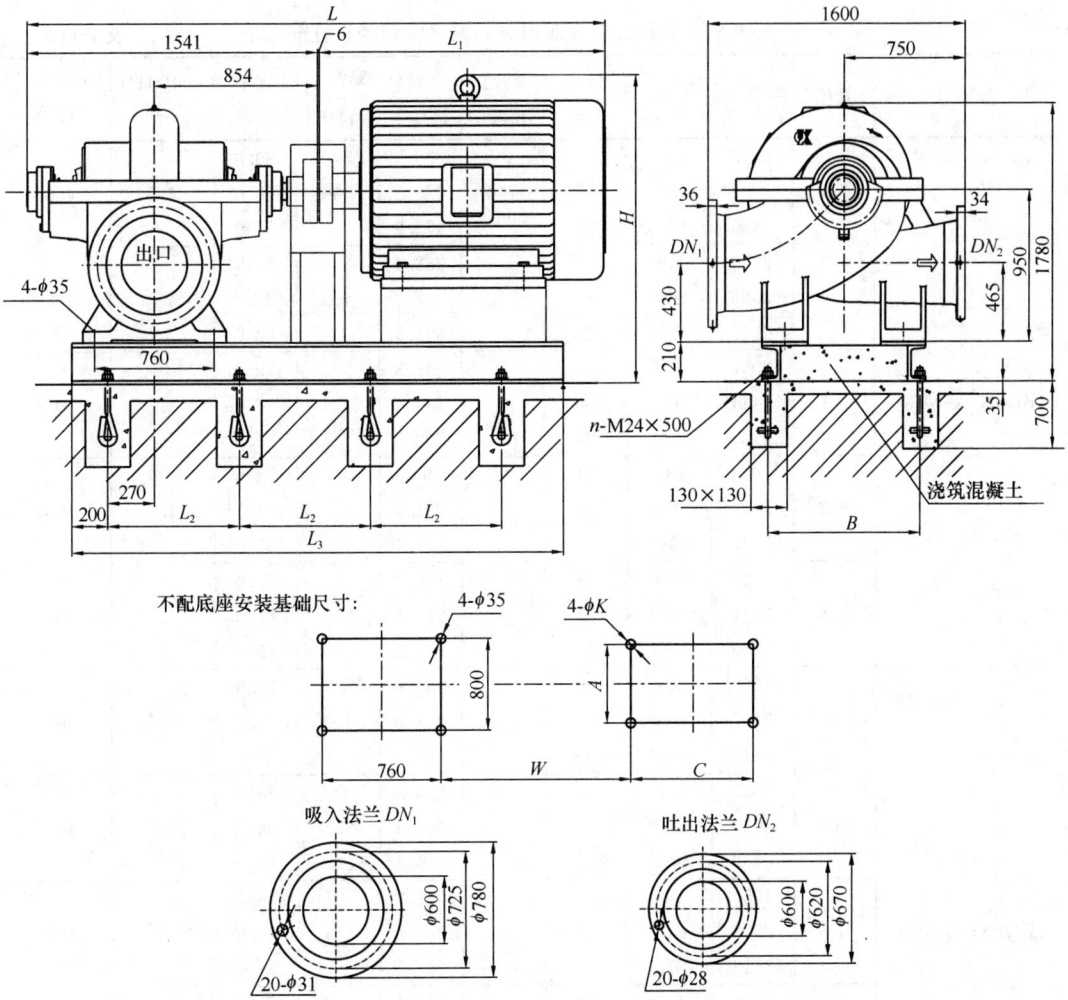

图 1-111　KQSN 型中开式单级双吸离心泵外形及安装尺寸（四十七）

KQSN 型中开式单级双吸离心泵安装尺寸（四十七）　　　　表 1-125

泵型号	电动机				尺寸（mm）										质量（kg）		地脚数量
	型号	电压（V）	防护式	功率（kW）	L	L_1	L_2	L_3	B	H	W	A	C	K	电机	底座	n（个）
KQSN600-M27/N27	Y355M-6	380	I	250/220	3167	1620	700	2650	960	1925	944	610	560	28	1610	600	8
	Y355M-6	380	I	200/185	3167	1620	700	2650	960	1925	944	610	560	28	1450	600	8
	Y315M-6	380	I	160/132	2817	1270	650	2360	960	1775	866	508	457	28	1050	597	8
	Y355-6	6000	I	250~200	3437	1890	860	3030	960	1975	1005	630	900	28	1930	630	8
	Y450-6	10000	I	250~200	3597	2050	720	3300	960	1660	1045	800	1120	35	2850	645	10
	Y355L-6	380	III/II	250/220	3116	1570	700	2650	960	1845	904	610	630	28	1820	600	8
	Y355M₃-6	380	III/II	200	3116	1570	700	2650	960	1845	904	610	560	28	1800	600	8
	Y355M-6	380	III/II	185/160	3116	1570	700	2650	960	1845	904	610	560	28	1730	600	8
	Y315L₂-6	380	III/II	132	2886	1340	650	2360	960	1720	866	508	508	28	1175	597	8

注：防护式I、II、III分别代表 IP23、IP44、IP54。

KQSN 型中开式单级双吸离心泵（大口径）性能　　表 1-126

泵型号	规格	流量		扬程	转速	功率（kW）		效率	（NPSH）r	泵重
		(m³/h)	(L/s)	(m)	(r/min)	轴功率	电机功率	(%)	(m)	(kg)
KQSN700-M13J	751	2242	623	44	740	336.9	500	80.0	4.9	4068
		3737	1038	37		426.5		88.0		
		4485	1246	32		476.9		83.0		
	701	2153	598	39	740	288.4	400	79.5	4.8	4063
		3588	997	32		357.7		87.0		
		4305	1196	27		391.5		82.0		
	639	2067	574	34	740	238.8	355	79.0	4.7	4058
		3444	957	26		286.4		86.0		
		4133	1148	22		302.8		81.0		
	602	1963	545	31	740	210.6	280	78.0	4.6	4051
		3272	909	23		241.6		84.5		
		3927	1091	18		246.4		80.0		
	578	1885	524	28	740	189.9	250	77.0	4.5	4045
		3141	873	21		213.1		83.0		
		3769	1047	17		214.4		79.0		
KQSN700-N13J	750	1906	529	43	740	280.9	400	79.5	4.7	4068
		3177	882	35		348.0		87.5		
		3812	1059	30		373.9		83.0		
	700	1830	508	40	740	250.2	355	79.0	4.6	4063
		3050	847	32		305.8		86.5		
		3660	1017	26		319.2		82.0		
	638	1757	488	36	740	217.9	315	78.5	4.5	4058
		2928	813	28		260.5		85.5		
		3513	976	24		283.5		81.0		
	600	1686	468	32	740	188.7	250	77.5	4.4	4051
		2811	781	23		213.8		84.0		
		3373	937	20		229.6		80.0		
	577	1619	450	29	740	167.4	220	76.5	4.3	4045
		2698	749	21		184.1		82.5		
		3238	899	18		203.5		78.0		
KQSN700-M19	621	2880	800.0	48	990	470.6	710	80.0	7.5	3528
		4800	1333.3	39		569.6		89.5		
		5760	1600.0	33		616.2		84.0		
	590	2765	768.0	44	990	416.7	560	79.5	7.3	3523
		4608	1280.0	35		496.3		88.5		
		5530	1536.0	29		526.2		83.0		
	538	2654	737.3	38	990	347.7	450	79.0	7.1	3518
		4424	1228.8	29		399.3		87.5		
		5308	1474.6	23		405.5		82.0		
	510	2521	700.4	35	990	308.1	400	78.0	6.9	3511
		4202	1167.4	26		346.0		86.0		
		5043	1400.8	20		339.1		81.0		

续表

泵型号	规格	流量 (m³/h)	流量 (L/s)	扬程 (m)	转速 (r/min)	轴功率	电机功率	效率 (%)	(NPSH)r (m)	泵重 (kg)
KQSN700-N19	620	2448	680.0	47	990	394.1	560	79.5	7.2	3528
		4080	1133.3	38		474.4		89.0		
		4896	1360.0	32		514.1		83.0		
	585	2350	652.8	41	990	332.2	450	79.0	7.0	3523
		3917	1088.0	32		387.9		88.0		
		4700	1305.6	26		405.9		82.0		
	559	2256	626.7	38	990	297.4	400	78.5	6.8	3518
		3760	1044.5	29		341.3		87.0		
		4512	1253.4	23		348.9		81.0		
	513	2166	601.6	34	990	258.8	355	77.5	6.7	3511
		3610	1002.7	25		287.4		85.5		
		4332	1203.2	19		280.2		80.0		
KQSN700-M19J	621	2153	598	27	740	196.5	280	80.0	5.3	3528
		3588	997	22		239.2		89.0		
		4305	1196	18		257.4		84.0		
	590	2067	574	25	740	174.0	250	79.5	5.1	3523
		3444	957	20		208.4		88.0		
		4133	1148	16		219.7		83.0		
	538	1984	551	21	740	145.2	200	79.0	4.9	3518
		3307	918	16		167.7		87.0		
		3968	1102	13		169.3		82.0		
	510	1885	524	20	740	128.7	185	78.0	4.7	3511
		3141	873	15		145.3		85.5		
		3769	1047	11		141.6		81.0		
KQSN700-N19J	620	1830	508	26	740	164.6	250	79.5	5.0	3528
		3050	847	21		199.2		88.5		
		3660	1017	18		214.7		83.0		
	585	1757	488	23	740	138.7	200	79.0	4.8	3523
		2928	813	18		162.9		87.5		
		3513	976	15		169.5		82.0		
	559	1686	468	21	740	124.2	185	78.5	4.6	3518
		2811	781	16		143.4		86.5		
		3373	937	13		145.7		81.0		
	513	1619	450	19	740	108.1	160	77.5	4.5	3511
		2698	749	41		120.7		85.0		
		3238	899	11		117.0		80.0		

续表

泵型号	规格	流量		扬程	转速	功率（kW）		效率	(NPSH)r	泵重
		(m³/h)	(L/s)	(m)	(r/min)	轴功率	电机功率	(%)	(m)	(kg)
KQSN700-M9	936	3000	833.3	120		1225.5		80.0		
		5000	1388.9	108	990	1661.7	2000	88.5	6.1	4488
		6000	1666.7	98		1929.3		83.0		
	901	2880	800.0	112		1104.9		79.5		
		4800	1333.3	100	990	1493.9	1800	87.5	6.0	4483
		5760	1600.0	90		1721.7		82.0		
	869	2765	768.0	105		1000.7		79.0		
		4608	1280.0	93	990	1349.2	1600	86.5	5.9	4478
		5530	1536.0	83		1543.1		81.0		
	800	2627	729.6	91		834.5		78.0		
		4378	1216.0	78	990	1094.0	1250	85.0	5.8	4471
		5253	1459.2	67		1198.1		80.0		
	752	2521	700.4	84		749.1		77.0		
		4202	1167.4	71	990	973.1	1120	83.5	5.7	4465
		5043	1400.8	60		1043.1		79.0		
KQSN700-N9	935	2550	708.3	114		995.8		79.5		
		4250	1180.6	104	990	1375.7	1600	87.5	5.8	4488
		5100	1416.7	96		1606.4		83.0		
	900	2448	680.0	105		886.1		79.0		
		4080	1133.3	92	990	1181.8	1400	86.5	5.7	4483
		4896	1360.0	84		1365.9		82.0		
	868	2350	652.8	97		790.8		78.5		
		3917	1088.0	84	990	1048.0	1250	85.5	5.6	4478
		4700	1305.6	76		1201.0		81.0		
	798	2256	626.7	86		681.8		77.5		
		3760	1044.5	72	990	877.7	1000	84.0	5.5	4471
		4512	1253.4	63		967.7		80.0		
	751	2166	601.6	79		609.1		76.5		
		3610	1002.7	65	990	774.5	900	82.5	5.4	4465
		4332	1203.2	56		846.9		78.0		
KQSN700-M9J	935	2242	623	67		511.8		80.0		
		3737	1038	60	740	697.9	800	88.0	4.5	4488
		4485	1246	55		799.9		83.6		
	901	2153	598	63		461.5		79.5		
		3588	997	56	740	627.5	710	87.0	4.4	4483
		4305	1196	50		709.5		83.1		
	869	2067	574	59		417.9		79.0		
		3444	957	52	740	566.7	630	86.0	4.3	4478
		4133	1148	46		628.9		83.0		
	799	1963	545	51		348.5		78.0		
		3272	909	44	740	459.6	560	84.5	4.2	4471
		3927	1091	37		488.2		82.0		
	752	1885	524	47		312.8		77.0		
		3141	873	40	740	408.9	450	83.0	4.1	4465
		3770	1047	34		424.9		81.0		

泵型号	规格	流量		扬程	转速	功率（kW）		效率	(NPSH)r	泵重
		(m³/h)	(L/s)	(m)	(r/min)	轴功率	电机功率	(%)	(m)	(kg)
KQSN700-N9J	935	1906	529	64		415.9		79.5		
		3177	882	58	740	577.8	710	87.0	4.3	4488
		3812	1059	54		670.9		83.0		
	900	1830	508	59		370.1		79.0		
		3050	847	51	740	496.4	630	86.0	4.2	4483
		3660	1017	47		570.4		82.0		
	868	1757	488	54		330.3		78.5		
		2928	813	47	740	440.2	500	85.0	4.1	4478
		3513	976	42		499.7		81.3		
	798	1686	468	48		284.7		77.5		
		2811	781	40	740	368.8	450	83.5	4.0	4471
		3373	937	35		402.6		80.3		
	751	1619	450	44		254.4		76.5		
		2698	749	36	740	325.4	400	82.0	3.9	4465
		3238	899	31		352.3	783			
KQSN700-M13	751	3000	833.3	79		806.8		80.0		
		5000	1388.9	66	990	1009.8	1250	89.0	6.6	4068
		6000	1666.7	58		1135.0		83.5		
	701	2880	800.0	70		690.6		79.5		
		4800	1333.3	57	990	846.7	1000	88.0	6.4	4063
		5760	1600.0	49		931.7		82.5		
	639	2765	768.0	60		571.9		79.0		
		4608	1280.0	47	990	677.9	800	87.0	6.2	4058
		5530	1536.0	39		720.6		81.5		
	602	2627	729.6	55		504.4		78.0		
		4378	1216.0	41	990	571.7	630	85.5	6.0	4051
		5253	1459.2	33		586.5		80.5		
	578	2521	700.4	51		454.8		77.0		
		4202	1167.4	37	990	504.1	560	84.0	5.8	4045
		5043	1400.8	30		518.3		79.5		
KQSN700-N13	750	2550	708.3	77		672.6		79.5		
		4250	1180.6	63	990	828.6	900	88.0	6.1	4068
		5100	1416.7	53.5		895.2		83.0		
	700	2448	680.0	71		599.2		79.0		
		4080	1133.3	57	990	728.0	800	87.0	5.9	4063
		4896	1360.0	47		764.2		82.0		
	638	2350	652.8	64		521.8		78.5		
		3917	1088.0	50	990	620.2	710	86.0	5.7	4058
		4700	1305.6	41		647.9		81.0		
	600	2258	626.7	57		451.9		77.5		
		3760	1044.5	42	990	509.0	560	84.5	5.6	4051
		4512	1253.4	34		522.2		80.0		
	577	2166	601.6	52		400.9		76.5		
		3610	1002.7	37	990	438.2	500	83.0	5.5	4045
		4332	1203.3	29		438.6		78.0		

泵型号	规格	流量		扬程	转速	功率（kW）		效率	(NPSH)r	泵重
		(m³/h)	(L/s)	(m)	(r/min)	轴功率	电机功率	(%)	(m)	(kg)
KQSN800-M13	862	4380	1216.7	98	990	1452.1	2500	80.5	8.5	5168
		7300	2027.8	85		1888.1		89.5		
		8760	2433.3	76		2171.3		83.5		
	818	4205	1168.0	90	990	1288.2	2000	80.0	8.3	5163
		7008	1946.7	77		1660.5		88.5		
		8410	2336.0	68		1887.7		82.5		
	765	4037	1121.3	79	990	1092.4	1600	79.5	8.1	5158
		6728	1868.8	66		1382.0		87.5		
		8073	2242.6	56		1510.7		81.5		
	720	3835	1065.2	73	990	971.2	1400	78.5	7.9	5151
		6391	1775.4	59		1194.1		86.0		
		7670	2130.4	49		1271.4		80.5		
	666	3681	1022.6	64	990	827.9	1120	77.5	7.7	5145
		6136	1704.3	50		988.7		84.5		
		7363	2045.2	40		1008.9		79.5		
KQSN800-N13	860	3723	1034.2	96	990	1216.7	2000	80.0	8.0	5168
		6205	1723.6	83		1584.8		88.5		
		7446	2068.3	74		1807.9		83.0		
	817	3574	992.8	86	990	1052.9	1600	79.5	7.8	5163
		5957	1654.7	73		1353.4		87.5		
		7148	1985.6	64		1519.3		82.0		
	763	3431	953.1	79	990	934.4	1400	79.0	7.6	5158
		5719	1588.5	66		1188.3		86.5		
		6862	1906.2	56		1292.0		81.0		
	718	3294	915.0	72	990	828.0	1250	78.0	7.5	5151
		5490	1524.9	58		1020.1		85.0		
		6588	1829.9	48		1076.4		80.0		
	664	3162	878.4	64	990	715.8	1000	77.0	7.4	5145
		5270	1463.9	50		859.4		83.5		
		6324	1756.7	40		883.2		78.0		
KQSN800-M13J	862	3274	909	55	740	606.4	900	80.5	5.7	5168
		5457	1516	47		792.9		89.0		
		6548	1819	42		899.3		84.2		
	818	3143	873	50	740	538.0	800	80.0	5.5	5163
		5238	1455	43		697.4		88.0		
		6286	1746	38		781.7		83.2		
	765	3017	838	44	740	456.2	710	79.5	5.3	5158
		5029	1397	37		580.5		87.0		
		6034	1676	31		625.5		82.2		
	720	2866	796	41	740	405.6	560	78.5	5.1	5151
		4777	1327	33		501.6		85.5		
		5733	1592	27		526.4		81.2		
	666	2752	764	36	740	345.8	500	77.5	4.9	5145
		4586	1274	28		415.4		84.0		
		5503	1529	22		417.6		80.2		

续表

泵型号	规格	流量		扬程 (m)	转速 (r/min)	功率（kW）		效率 (%)	(NPSH)r (m)	泵重 (kg)
		(m³/h)	(L/s)			轴功率	电机功率			
KQSN800-N13J	860	2783	773	54	740	508.1	800	80.0	5.2	5168
		4638	1288	46		665.6		88.0		
		5566	1546	41		755.0		83.0		
	817	2672	742	48	740	439.7	710	79.5	5.0	5163
		4453	1237	41		568.5		87.0		
		5343	1484	36		634.5		82.0		
	763	2565	712	44	740	390.2	560	79.0	4.8	5158
		4274	1187	37		499.1		86.0		
		5129	1425	31		539.6		81.0		
	718	2462	684	40	740	345.8	500	78.0	4.7	5151
		4103	1140	32		428.6		84.5		
		4924	1368	27		449.5		80.0		
	664	2364	654	36	740	298.9	400	77.0	4.6	5145
		3939	1094	28		361.1		83.0		
		4727	1313	22		368.9		78.0		
KQSN800-M19	736	4020	1116.7	63	990	862.1	1120	80.0	9.7	4888
		6700	1861.1	49		982.5		91.0		
		8040	2233.3	41		1062.4		84.5		
	707	3859	1072.0	59	990	780.0	1000	79.5	9.5	4883
		6432	1786.7	45		875.8		90.0		
		7718	2144.0	38		956.6		83.5		
	673	3705	1029.1	55	990	702.4	900	79.0	9.3	4878
		6175	1715.2	41		774.7		89.0		
		7410	2058.2	34		831.6		82.5		
	633	3520	977.7	50	990	614.4	800	78.0	9.1	4871
		5866	1629.4	36		657.3		87.5		
		7039	1955.3	30		705.6		81.5		
	598	3379	938.6	46	990	549.7	630	77.0	8.9	4865
		5631	1564.3	31		552.8		86.0		
		6758	1877.1	25		571.5		80.5		
KQSN800-N19	735	3420	950.0	62	990	721.8	1000	80.0	9.6	4888
		5700	1583.3	48		827.9		90.0		
		6840	1900.0	41		914.6		83.5		
	706	3283	912.0	56	990	629.8	800	79.5	9.4	4883
		5472	1520.0	42		703.2		89.0		
		6566	1824.0	35		758.6		82.5		
	672	3152	875.5	52	990	565.0	710	79.0	9.2	4878
		5253	1459.2	38		617.8		88.0		
		6304	1751.0	31		653.0		81.5		
	631	3026	840.5	49	990	517.7	630	78.0	9.1	4871
		5043	1400.8	34		539.8		86.5		
		6052	1681.0	27		552.8		80.5		
	597	2905	806.9	45	990	462.3	560	77.0	9.0	4865
		4841	1344.8	30		465.3		85.0		
		5810	1613.8	23		463.5		78.5		

泵型号	规格	流量		扬程 (m)	转速 (r/min)	功率（kW）		效率 (%)	(NPSH)r (m)	泵重 (kg)
		(m³/h)	(L/s)			轴功率	电机功率			
KQSN700-M27	571	2820	783.3	33	990	316.8	400	80.0	8.9	3508
		4700	1305.6	24		347.1		88.5		
		5640	1566.7	20		367.9		83.5		
	547	2707	752.0	31	990	287.5	355	79.5	8.7	3503
		4512	1253.3	22		308.9		87.5		
		5414	1504.0	18		321.7		82.5		
	526	2599	721.9	30	990	268.8	315	79.0	8.5	3498
		4332	1203.2	20		272.7		86.5		
		5198	1443.8	16		277.9		81.5		
	510	2469	685.8	27	990	232.7	250	78.0	8.3	3491
		4115	1143.0	16		210.9		85.0		
		4938	1371.6	12		200.5		80.5		
KQSN700-N27	570	2400	666.7	32	990	263.1	355	79.5	8.8	3508
		4000	1111.1	23		286.3		87.5		
		4800	1333.3	19		299.2		83.0		
	535	2304	640.0	29	990	230.3	280	79.0	8.6	3503
		3840	1066.7	20		241.8		86.5		
		4608	1280.0	16		244.9		82.0		
	513	2212	614.4	28	990	214.9	250	78.5	8.4	3498
		3686	1024.0	18		211.4		85.5		
		4424	1228.8	14		208.2		81.0		
	502	2123	589.8	26	990	194.0	220	77.5	8.3	3491
		3539	983.0	16		183.6		84.0		
		4247	1179.6	12		173.5		80.0		
KQSN700-M27J	571	2108	586	18	740	132.3	185	80.0	6.0	3508
		3513	976	13		146.6		87.5		
		4216	1171	11		154.6		83.0		
	547	2024	562	17	740	120.1	160	79.5	5.8	3503
		3373	937	12		130.5		86.5		
		4047	1124	10		135.2		82.0		
	526	1943	540	17	740	112.2	132	79.0	5.6	3498
		3238	899	11		115.2		85.5		
		3885	1079	9		116.8		81.0		
	510	1845	513	15	740	97.2	110	78.0	5.4	3491
		3076	854	9		89.1		84.0		
		3691	1025	7		84.2		80.0		

泵型号	规格	流量		扬程 (m)	转速 (r/min)	功率 (kW)		效率 (%)	(NPSH)r (m)	泵重 (kg)
		(m³/h)	(L/s)			轴功率	电机功率			
KQSN700-N27J	570	1794	498	18	740	109.9	160	79.5	5.7	3508
		2990	831	13		120.3		87.0		
		3588	997	11		125.7		82.5		
	535	1722	478	16	740	96.2	132	79.0	5.5	3503
		2870	797	11		101.6		86.0		
		3444	957	9		102.9		81.5		
	513	1653	459	16	740	89.7	110	78.5	5.3	3498
		2755	765	10		88.8		85.0		
		3307	918	8		87.5		80.5		
	502	1587	441	15	740	81.0	110	77.5	5.2	3491
		2645	735	9		77.1		83.5		
		3174	882	7		72.9		79.5		
KQSN800-M9	1128	3960	1100.0	96	740	1286.1	2240	80.5	5.8	6868
		6600	1833.3	88		1767.3		89.5		
		7920	2200.0	79		2040.6		83.5		
	1088	3802	1056.0	85	740	1100.0	1800	80.0	5.6	6863
		6336	1760.0	77		1497.9		88.7		
		7603	2112.0	68		1706.7		82.5		
	1038	3650	1013.8	75	740	937.6	1400	79.5	5.4	6858
		6083	1689.6	66		1245.2		87.8		
		7299	2027.5	56		1365.8		81.5		
	998	3467	963.1	68	740	817.9	1250	78.5	5.2	6851
		5778	1605.1	59		1072.1		86.6		
		6934	1926.1	49		1149.4		80.5		
	952	3328	924.5	60	740	701.7	1000	77.5	5.0	6845
		5547	1540.9	50		885.5		85.3		
		6657	1849.1	40		912.1		79.5		
KQSN800-N9	1118	3480	966.7	91	740	1078.0	1800	80.0	5.6	6866
		5800	1611.1	83		1471.4		89.1		
		6960	1933.3	74		1689.9		83.0		
	1058	3341	928.0	84	740	961.3	1600	79.5	5.4	6861
		5568	1546.7	76		1300.7		88.6		
		6682	1856.0	65		1442.4		82.0		
	1028	3207	890.9	75	740	829.2	1250	79.0	5.2	6856
		5345	1484.8	66		1094.3		87.8		
		6414	1781.8	56		1207.7		81.0		
	996	3079	855.2	67	740	720.2	1120	78.0	5.1	6849
		5131	1425.4	58		931.6		87.0		
		6158	1710.5	48		1006.2		80.0		
	951	2956	821.0	60	740	627.2	900	77.0	5.0	6843
		4926	1368.4	50		781.8		85.8		
		5911	1642.1	40		825.6		78.0		

泵型号	规格	流量		扬程	转速	功率（kW）		效率	(NPSH)r	泵重
		(m³/h)	(L/s)	(m)	(r/min)	轴功率	电机功率	(%)	(m)	(kg)
KQSN800-M27J	567	2915	810	22	740	216.2	280	80.0	6.8	4318
		4859	1350	17		249.2		89.0		
		5830	1620	14		267.2		83.0		
	538	2799	777	21	740	201.3	250	79.5	6.6	4313
		4664	1296	15		217.7		88.0		
		5597	1555	12		228.5		82.0		
	508	2687	746	19	740	178.5	220	79.0	6.4	4308
		4478	1244	13		187.9		87.0		
		5373	1493	11		191.8		81.0		
	472	2552	709	18	740	159.3	185	78.0	6.2	4301
		4254	1182	11		151.4		85.5		
		5105	1418	9		155.3		80.0		
	448	2450	681	16	740	140.4	185	77.0	6.0	4295
		4084	1134	9		125.7		84.0		
		4900	1361	7		122.7		79.0		
KQSN800-N27J	566	2480	689	22	740	185.7	250	80.0	6.6	4317
		4134	1148	16		207.3		88.0		
		4960	1378	13		220.9		82.0		
	537	2381	661	21	740	171.3	220	79.5	6.4	4312
		3968	1102	15		180.4		87.0		
		4762	1323	12		187.8		81.0		
	507	2286	635	20	740	157.6	200	79.0	6.2	4307
		3809	1058	13		155.0		86.0		
		4571	1270	10		156.5		80.0		
	471	2194	610	18	740	137.9	185	78.0	6.1	4300
		3657	1016	11		131.7		84.5		
		4388	1219	9		126.8		79.0		
KQSN900-M13	1021	5880	1633.3	83	740	1651.0	2500	80.5	6.6	8118
		9800	2722.2	70		2075.8		90.0		
		11760	3266.7	61		2325.7		84.0		
	970	5645	1568.0	76	740	1460.4	2240	80.0	6.4	8098
		9408	2613.3	63		1813.6		89.0		
		11290	3136.0	54		2000.3		83.0		
	925	5419	1505.3	70	740	1299.4	2000	79.5	6.2	8078
		9032	2508.8	57		1593.2		88.0		
		10838	3010.6	48		1727.7		82.0		
	871	5148	1430.0	63	740	1125.2	1600	78.5	6.0	8058
		8580	2383.4	50		1350.7		86.5		
		10296	2860.0	40		1384.7		81.0		
	818	4942	1372.8	58	740	1007.3	1400	77.5	5.8	8038
		8237	2288.0	44		1161.2		85.0		
		9884	2745.6	34		1144.0		80.0		

续表

泵型号	规格	流量		扬程	转速	功率（kW）		效率	（NPSH)r	泵重
		(m³/h)	(L/s)	(m)	(r/min)	轴功率	电机功率	（%）	(m)	(kg)
KQSN900-N13	1020	4998	1388.3	81		1378.1		80.0		8118
		8330	2313.9	68	740	1733.3	2000	89.0	6.5	
		9996	2776.7	58		1902.3		83.0		
	969	4798	1332.8	74		1216.3		79.5		8098
		7997	2221.3	61	740	1509.6	1800	88.0	6.3	
		9596	2665.6	51		1625.4		82.0		
	924	4606	1279.5	68		1079.7		79.0		8078
		7677	2132.5	55	740	1321.7	1600	87.0	6.1	
		9212	2559.0	45		1393.8		81.0		
	870	4422	1228.3	62		957.2		78.0		8058
		7370	2047.2	48	740	1126.8	1400	85.5	6.0	
		8844	2456.6	38		1144.0		80.0		
	817	4245	1179.2	57		855.8		77.0		8038
		7075	1965.3	43	740	986.3	1120	84.0	5.9	
		8490	2358.4	33		978.2		78.0		
KQSN900-M13J	1021	4645	1290	52		815.2		80.5		8118
		7742	2151	44	585	1030.6	1250	89.5	4.8	
		9290	2581	38		1148.3		84.0		
	970	4459	1239	48		721.1		80.0		8098
		7432	2065	39	585	900.5	1120	88.5	4.6	
		8919	2477	34		987.6		83.0		
	925	4281	1189	44		641.6		79.5		8078
		7135	1982	36	585	791.1	900	87.5	4.4	
		8562	2378	30		853.1		82.0		
	871	4067	1130	39		555.5		78.5		8058
		6778	1883	31	585	670.8	710	86.0	4.2	
		8134	2259	25		683.7		81.0		
	818	3904	1085	36		497.3		77.5		8038
		6507	1808	28	585	576.7	630	84.5	4.0	
		7809	2169	21		564.9		80.0		
KQSN900-N13J	1020	3948	1097	51		680.4		80.0		8118
		6581	1828	43	585	860.6	1000	88.5	4.5	
		7897	2194	36		939.2		83.0		
	969	3790	1053	46		600.5		79.5		8098
		6317	1755	38	585	749.6	900	87.5	4.3	
		7581	2106	32		802.5		82.0		
	924	3639	1011	43		533.1		79.0		8078
		6065	1685	34	585	656.4	710	86.5	4.1	
		7278	2022	28		688.2		81.0		
	870	3493	970	39		472.6		78.0		8058
		5822	1617	30	585	559.6	630	85.0	4.0	
		6987	1941	24		564.9		80.0		
	817	3354	932	36		422.5		77.0		8038
		5589	1553	27	585	489.9	560	83.5	3.9	
		6707	1863	21		483.0		78.0		

续表

泵型号	规格	流量		扬程 (m)	转速 (r/min)	功率（kW）		效率 (%)	(NPSH)r (m)	泵重 (kg)
		(m³/h)	(L/s)			轴功率	电机功率			
KQSN800-M19J	736	3005	835	35	740	360.0	500	80.0	6.3	4888
		5008	1391	27		412.6		90.5		
		6010	1669	23		446.3		84.0		
	707	2885	801	33	740	325.7	450	79.5	6.1	4883
		4808	1335	25		367.8		89.5		
		5769	1603	21		401.9		83.0		
	673	2769	769	31	740	293.4	400	79.0	5.9	4878
		4615	1282	23		325.3		88.5		
		5539	1538	19		349.4		82.0		
	633	2631	731	28	740	256.6	355	78.0	5.7	4871
		4385	1218	20		276.1		87.0		
		5262	1462	17		296.5		81.0		
	598	2526	702	26	740	229.6	280	77.0	5.5	4865
		4209	1169	17		232.2		85.5		
		5051	1403	14		240.2		80.0		
KQSN800-N19J	735	2556	710	35	740	301.4	400	80.0	6.2	4888
		4261	1183	27		347.7		89.5		
		5113	1420	23		384.3		83.0		
	706	2454	682	31	740	263.0	355	79.5	6.0	4883
		4090	1136	23		295.4		88.5		
		4908	1363	20		318.8		82.0		
	672	2356	654	29	740	236.0	315	79.0	5.8	4878
		3927	1091	21		259.5		87.5		
		4712	1309	17		274.4		81.0		
	631	2262	628	27	740	216.2	280	78.0	5.7	4871
		3769	1047	19		226.8		86.0		
		4523	1256	15		232.3		80.0		
	597	2171	603	25	740	193.1	250	77.0	5.6	4865
		3619	1005	17		195.5		84.5		
		4342	1206	13		194.8		78.0		
KQSN800-M24	666	4199	1166.5	30.5	740	436.0	630	80.0	8.8	5858
		6999	1944.2	24.0		511.1		89.5		
		8399	2333.0	18.3		504.3		83.0		
	651	4031	1119.8	28.5	740	393.6	560	79.5	8.6	5853
		6719	1866.4	22.0		454.9		88.5		
		8063	2239.7	16.8		449.9		82.0		
	637	3870	1075.0	26.6	740	354.9	500	79.0	8.4	5848
		6450	1791.7	20.5		411.5		87.5		
		7740	2150.1	15.6		406.0		81.0		
	625	3677	1021.3	25.7	740	329.9	450	78.0	8.2	5841
		6128	1702.2	19.0		368.7		86.0		
		7353	2042.6	14.5		363.0		80.0		
	618	3530	980.4	24.8	740	309.6	400	77.0	8.0	5835
		5883	1634.1	18.0		341.3		84.5		
		7059	1960.9	13.8		335.8		79.0		

续表

泵型号	规格	流量		扬程 (m)	转速 (r/min)	功率 (kW)		效率 (%)	(NPSH)r (m)	泵重 (kg)
		(m³/h)	(L/s)			轴功率	电机功率			
KQSN800-N24	665	3575	993.0	29.8	740	362.6	500	80.0	8.6	5838
		5958	1655.0	22.8		418.0		88.5		
		7150	1986.0	17.5		413.0		82.5		
	650	3432	953.3	28.5	740	335.0	450	79.5	8.4	5833
		5720	1588.8	21.2		377.4		87.5		
		6864	1906.6	16.2		371.5		81.5		
	636	3295	915.1	27.6	740	313.5	400	79.0	8.2	5828
		5491	1525.2	20.0		345.7		86.5		
		6589	1830.2	15.3		341.0		80.5		
	622	3163	878.5	26.5	740	292.6	400	78.0	8.1	5821
		5271	1464.2	18.5		312.4		85.0		
		6326	1757.1	14.3		309.9		79.5		
KQSN800-M27	567	3900	1083.3	39	990	517.8	710	80.0	10.8	4318
		6500	1805.6	30		593.3		89.5		
		7800	2166.7	25		639.8		83.0		
	538	3744	1040.0	37	990	474.5	630	79.5	10.6	4313
		6240	1733.3	27		518.4		88.5		
		7488	2080.0	22		547.1		82.0		
	508	3594	998.4	35	990	427.5	560	79.0	10.4	4308
		5590	1664.0	24		447.5		87.5		
		7188	1996.8	19		459.2		81.0		
	472	3415	948.5	32	990	381.5	450	78.0	10.2	4301
		5691	1580.8	20		360.4		86.0		
		6829	1897.0	16		372.0		80.0		
	448	3278	910.5	29	990	336.2	400	77.0	10.0	4295
		5463	1517.6	17		299.3		84.5		
		6556	1821.1	13		293.8		79.0		
KQSN800-N27	566	3318	921.7	38	990	429.2	560	80.0	10.5	4317
		5530	1536.1	29		493.5		88.5		
		6636	1843.3	24		525.7		82.5		
	537	3185	884.8	36	990	392.8	500	79.5	10.3	4312
		5309	1474.7	26		429.6		87.5		
		6371	1769.6	21		447.0		81.5		
	507	3058	849.4	35	990	368.9	450	79.0	10.1	4307
		5096	1415.7	23		369.0		86.5		
		6116	1698.8	18		372.4		80.5		
	471	2936	815.4	33	990	338.2	400	78.0	10.0	4300
		4893	1359.1	20		313.5		85.0		
		5871	1630.9	15		301.7		79.5		

泵型号	规格	流量		扬程 (m)	转速 (r/min)	功率 (kW)		效率 (%)	(NPSH)r (m)	泵重 (kg)
		(m³/h)	(L/s)			轴功率	电机功率			
KQSN900-M19	888	5760	1600.0	52	740	1013.3	1400	80.5	8.5	7888
		9600	2666.7	42		1206.6		91.0		
		11520	3200.0	36		1336.6		84.5		
	838	5530	1536.0	48	740	903.5	1250	80.0	8.3	7868
		9216	2560.0	38		1059.7		90.0		
		11059	3072.0	32		1154.2		83.5		
	798	5308	1474.6	44	740	800.1	1120	79.5	8.1	7848
		8847	2457.6	34		920.4		89.0		
		10617	2949.1	28		981.3		82.5		
	756	5043	1400.8	40	740	699.8	900	78.5	7.9	7828
		8405	2334.7	30		784.8		87.5		
		10086	2801.7	24		808.9		81.5		
	701	4841	1344.8	36	740	612.4	800	77.5	7.7	7808
		8069	2241.3	26		664.3		86.0		
		9683	2689.6	20		655.1		80.5		
KQSN900-N19	886	4898	1360.0	50	740	833.3	1120	80.0	8.3	7888
		8160	2266.7	40		987.7		90.0		
		9792	2720.0	34		1079.4		84.0		
	837	4700	1305.6	47	740	756.7	1000	79.5	8.1	7868
		7834	2176.0	37		886.9		89.0		
		9400	2611.2	31		956.1		83.0		
	797	4512	1253.4	43	740	668.8	900	79.0	7.9	7848
		7520	2089.0	33		768.0		88.0		
		9024	2506.8	27		809.2		82.0		
	755	4332	1203.2	40	740	604.9	800	78.0	7.8	7828
		7219	2005.4	30		681.9		86.5		
		8663	2406.5	24		699.1		81.0		
	700	4158	1155.1	36	740	529.5	710	77.0	7.7	7808
		6931	1925.2	26		577.3		85.0		
		8317	2310.2	20		573.4		79.0		
KQSN900-M19J	888	4550	1264	33	585	500.3	710	80.5	5.8	7888
		7584	2107	26		599.1		90.5		
		9101	2528	23		663.9		84.0		
	838	4368	1213	30	585	446.1	630	80.0	5.6	7868
		7281	2022	24		526.1		89.5		
		8737	2427	20		573.3		83.0		
	798	4194	1165	28	585	395.1	560	79.5	5.4	7848
		6989	1942	21		457.0		88.5		
		8387	2330	18		487.5		82.0		
	756	3984	1107	25	585	345.5	450	78.5	5.2	7828
		6640	1844	19		389.7		87.0		
		7968	2213	15		401.8		81.0		
	701	3825	1062	23	585	302.4	400	77.5	5.0	7808
		6374	1771	16		329.9		85.5		
		7649	2125	12		312.5		80.0		

泵型号	规格	流量		扬程	转速	功率（kW）		效率	(NPSH)r	泵重
		(m³/h)	(L/s)	(m)	(r/min)	轴功率	电机功率	(%)	(m)	(kg)
KQSN900-N19J	886	3868	1074	31	585	411.5	560	80.0	5.6	7888
		6446	1791	25		490.4		89.5		
		7736	2149	21		532.9		84.0		
	837	3713	1031	29	585	373.6	500	79.5	5.4	7868
		6189	1719	23		440.4		88.5		
		7426	2063	19		472.1		83.0		
	797	3565	990	27	585	330.2	450	79.0	5.2	7848
		5941	1650	21		381.4		87.5		
		7129	1980	17		390.7		82.0		
	755	3422	951	25	585	298.7	400	78.0	5.1	7828
		5703	1584	19		338.6		86.0		
		6844	1901	15		345.2		81.0		
	700	3285	913	23	585	261.4	355	77.0	5.0	7808
		5475	1521	16		286.7		84.5		
		6570	1825	12		271.8		79.0		
KQSN900-M27	813	5616	1560.0	36	740	684.0	900	80.5	9.8	7380
		9360	2600.0	26		740.5		89.5		
		11232	3120.0	22		805.9		83.5		
	781	5391	1497.6	34	740	624.0	800	80.0	9.6	7360
		8986	2496.0	24		663.6		88.5		
		10783	2995.2	20		711.9		82.5		
	750	5176	1437.7	32	740	567.3	710	79.5	9.4	7340
		8626	2396.2	22		590.7		87.5		
		10351	2875.4	18		622.6		81.5		
	718	4917	1365.8	31	740	528.8	630	78.5	9.2	7320
		8195	2276.4	20		519.0		86.0		
		9834	2731.6	15		499.0		80.5		
	685	4720	1311.2	29	740	481.0	560	77.5	9.0	7300
		7867	2185.3	18		456.4		84.5		
		9440	2622.4	13		420.4		79.5		
KQSN900-N27	812	4800	1333.3	35	740	571.9	710	80.0	9.6	7380
		8000	2222.2	25		615.4		88.5		
		9600	2666.7	21		661.5		83.0		
	780	4608	1280.0	33	740	520.9	630	79.5	9.4	7360
		7680	2133.3	23		549.8		87.5		
		9216	2560.0	19		581.5		82.0		
	749	4424	1228.8	31	740	472.7	560	79.0	9.2	7340
		7373	2048.0	21		487.5		86.5		
		8847	2457.6	16		475.9		81.0		
	716	4247	1179.6	30	740	444.8	500	78.0	9.1	7320
		7078	1966.1	19		430.9		85.0		
		8493	2359.3	14		404.8		80.0		
	683	4077	1132.5	28	740	403.7	450	77.0	9.0	7300
		6795	1887.4	17		376.7		83.5		
		8154	2264.9	12		341.6		78.0		

泵型号	规格	流量		扬程	转速	功率（kW）		效率	(NPSH)r	泵重
		(m³/h)	(L/s)	(m)	(r/min)	轴功率	电机功率	(%)	(m)	(kg)
KQSN900-M27J	813	4437	1232	23	585	337.7	450	80.5	6.9	7380
		7394	2054	16		367.7		89.0		
		8873	2465	14		400.3		83.0		
	781	4259	1183	22	585	319.0	400	80.0	6.7	7360
		7099	1972	15		329.5		88.0		
		8518	2366	13		353.6		82.0		
	750	4089	1136	21	585	294.1	355	79.5	6.5	7340
		6815	1893	14		298.5		87.0		
		8178	2272	11		302.6		81.0		
	718	3884	1079	20	585	269.5	315	78.5	6.3	7320
		6474	1798	13		257.8		85.5		
		7769	2158	9		238.0		80.0		
	685	3729	1036	19	585	249.0	280	77.5	6.1	7300
		6215	1726	11		226.7		84.0		
		7458	2072	7		180.0		79.0		
KQSN900-N27J	812	3792	1053	22	585	282.4	355	80.0	6.8	7380
		6320	1756	16		305.6		88.0		
		7584	2107	13		326.6		83.0		
	780	3640	1011	21	585	257.2	315	79.5	6.6	7360
		6067	1685	14		273.0		87.0		
		7281	2022	12		287.1		82.0		
	749	3495	971	19	585	233.4	280	79.0	6.4	7340
		5825	1618	13		242.1		86.0		
		6989	1942	10		235.0		81.0		
	716	3355	932	19	585	219.6	250	78.0	6.3	7320
		5592	1553	12		214.0		84.5		
		6710	1864	8		182.7		80.0		
	683	3221	895	18	585	199.3	250	77.0	6.2	7300
		5368	1491	11		187.1		83.0		
		6441	1789	7		157.4		78.0		
KQSN1000-M19	1038	8111	2253.0	45.0	585	1234.7	1800	80.5	7.5	13998
		13518	3755.0	38.5		1557.5		91.0		
		16222	4506.0	33.5		1751.4		84.5		
	998	7786	2162.9	41.7	585	1105.3	1600	80.0	7.3	13978
		12977	3604.8	35.0		1374.4		90.0		
		15573	4325.8	30.3		1538.9		83.5		
	961	7475	2076.4	38.3	585	980.7	1400	79.5	7.1	13958
		12458	3460.6	31.5		1200.8		89.0		
		14950	4152.7	26.9		1327.5		82.5		
	934	7101	1972.5	34.8	585	857.3	1250	78.5	6.9	13935
		11835	3287.6	28.0		1031.4		87.5		
		14202	3945.1	23.3		1105.7		81.5		
	898	6817	1893.6	31.8	585	761.8	1000	77.5	6.7	13918
		11362	3156.1	25.0		899.5		86.0		
		13634	3787.3	20.3		936.3		80.5		

续表

泵型号	规格	流量		扬程 (m)	转速 (r/min)	功率（kW）		效率 (%)	(NPSH)r (m)	泵重 (kg)
		(m³/h)	(L/s)			轴功率	电机功率			
KQSN1000-N19	1036	6900	1916.7	42.0	585	986.5	1400	80.0	7.3	13998
		11500	3194.4	35.0		1217.9		90.0		
		13800	3833.3	30.1		1346.7		84.0		
	996	6624	1840.0	38.9	585	882.7	1250	79.5	7.1	13978
		11040	3066.7	32.0		1081.0		89.0		
		13248	3680.0	26.8		1164.9		83.0		
	960	6359	1766.4	35.9	585	787.0	1120	79.0	6.9	13958
		10598	2944.0	29.0		951.2		88.0		
		12718	3532.8	23.4		988.4		82.0		
	933	6105	1695.7	33.5	585	714.0	1000	78.0	6.8	13938
		10171	2826.2	26.5		848.9		86.5		
		12209	3391.5	20.9		857.9		81.0		
	897	5860	1627.9	31.5	585	652.9	900	77.0	6.7	13918
		9767	2713.2	24.0		751.1		85.0		
		11721	3255.8	18.7		755.6		79.0		
KQSN1000-M19J	1038	6797	1888	31.6	490	726.4	1120	80.5	5.8	13998
		11328	3147	27.0		921.3		90.5		
		13594	3776	23.5		1036.4		84.0		
	998	6525	1812	29.3	490	650.2	1000	80.0	5.6	13978
		10875	3021	24.6		813.0		89.5		
		13050	3625	21.3		910.8		83.0		
	961	6264	1740	26.9	490	576.9	800	79.5	5.4	13958
		10440	2900	22.1		710.4		88.5		
		12528	3480	18.9		785.7		82.0		
	934	5951	1653	24.4	490	504.3	710	78.5	5.2	13935
		9918	2755	19.7		610.2		87.0		
		11902	3306	16.4		654.5		81.0		
	898	5713	1587	22.3	490	448.1	630	77.5	5.0	13918
		9521	2645	17.6		532.2		85.5		
		11425	3174	14.3		554.3		80.0		
KQSN1000-N19J	1036	5782	1608	29.5	490	580.3	800	80.0	5.6	13998
		9637	2677	24.6		720.5		89.5		
		11564	3212	21.1		792.2		84.0		
	996	5551	1542	27.3	490	519.3	710	79.5	5.4	13978
		9252	2570	22.5		639.5		88.5		
		11102	3084	18.8		685.3		83.0		
	960	5329	1480	25.2	490	463.0	630	79.0	5.2	13958
		8881	2467	20.4		562.7		87.5		
		10658	2960	16.4		581.4		82.0		
	933	5116	1421	23.5	490	420.0	560	78.0	5.1	13938
		8526	2368	18.6		502.3		86.0		
		10231	2842	14.7		504.7		81.0		
	897	4911	1364	22.1	490	384.1	500	77.0	5.0	13918
		8158	2274	16.8		444.4		84.5		
		9822	2728	13.1		444.5		79.0		

泵型号	规格	流量		扬程	转速	功率（kW）		效率	（NPSH）r	泵重
		（m³/h）	（L/s）	（m）	（r/min）	轴功率	电机功率	（％）	（m）	（kg）
KQSN1000-M27	880	6948	1930.0	34.2	585	803.9	1000	80.5	8.5	10838
		11580	3216.7	24.2		852.7		89.5		
		13896	3860.0	19.8		892.0		84.0		
	855	6670	1852.8	32.7	585	742.5	900	80.0	82	10818
		11117	3088.0	22.8		784.4		88.0		
		13340	3705.6	18.4		805.4		83.0		
	828	6480	1800.0	31.6	585	692.7	800	80.5	7.8	10800
		10800	3000.0	21.4		703.3		89.5		
		12960	3600.0	16.8		705.9		84.0		
	792	6221	1728.0	29.8	585	631.1	710	80.0	7.6	10780
		10368	2880.0	19.3		619.3		88.0		
		12442	3456.0	14.5		591.9		83.0		
	756	5972	1658.9	28.1	585	574.8	630	79.5	7.4	10760
		9953	2764.8	17.5		548.4		86.5		
		11944	3317.8	12.5		495.8		82.0		
KQSN1000-N27	818	5508	1530.0	29.0	585	543.8	630	80.0	7.6	10800
		9180	2550.0	19.1		536.5		89.0		
		11016	3060.0	15.3		553.0		83.0		
	788	5288	1468.8	28.0	585	507.2	560	79.5	7.4	10780
		8813	2448.0	17.5		480.0		87.5		
		10575	2937.6	13.6		477.7		82.0		
	738	5076	1410.0	27.0	585	472.5	500	79.0	7.2	10760
		8460	2350.1	16.0		431.2		85.5		
		10152	2820.1	12.1		413.0		81.0		
KQSN1000-M27J	880	5820	1617	24.0	490	472.4	630	80.5	6.8	10838
		9699	2694	17.0		503.9		89.0		
		11639	3233	13.9		530.5		83.0		
	855	5587	1552	22.9	490	436.3	560	80.0	6.6	10818
		9311	2587	16.0		463.6		87.5		
		11174	3104	12.9		479.1		82.0		
	828	5428	1508	22.2	490	407.1	500	80.5	6.3	10800
		9046	2513	15.0		415.6		89.0		
		10855	3015	11.8		419.8		83.0		
	792	5211	1447	20.9	490	370.8	450	80.0	6.1	10780
		8684	2412	13.5		366.0		87.5		
		10421	2895	10.2		352.1		82.0		
	756	5002	1389	19.7	490	337.8	400	79.5	5.9	10760
		8337	2316	12.3		324.1		86.0		
		1004	2779	8.8		295.0		81.0		

续表

| 泵型号 | 规格 | 流量 | | 扬程 | 转速 | 功率（kW） | | 效率 | （NPSH）r | 泵重 |
		(m³/h)	(L/s)	(m)	(r/min)	轴功率	电机功率	(%)	(m)	(kg)
KQSN1000-N27J	818	4614	1282	20.3		319.5		80.0		
		7689	2136	13.4	490	317.1	400	88.5	6.2	10800
		9227	2563	10.7		325.0		83.0		
	788	4429	1230	19.6		298.0		79.5		
		7382	2050	12.3	490	283.7	355	87.0	6.0	10780
		8858	2461	9.5		280.7		82.0		
	738	4252	1181	18.9		277.6		79.0		
		7086	1968	11.2	490	254.9	315	85.0	5.8	10760
		8504	2362	8.5		242.7		81.0		
KQSN1200-M27	998	9611	2669.7	29.5		959.1		80.5		
		16018	4449.4	21.6	490	1052.8	1250	89.5	7.9	15018
		19222	5339.3	16.8		1046.9		84.0		
	963	9130	2536.2	27.5		854.7		80.0		
		15217	4227.0	19.6	490	923.0	1120	88.0	7.7	14998
		18261	5072.4	14.6		874.8		83.0		
	918	8765	2434.7	25.6		768.6		79.5		
		14608	4057.9	17.5	490	804.9	1000	86.5	7.5	14978
		17530	4869.5	12.4		721.9		82.0		
KQSN1200-N27	981	8165	2268.0	28.2		783.8		80.0		
		13608	3780.0	19.3	490	803.6	900	89.0	7.7	15018
		16330	4536.0	14.5		776.9		83.0		
	938	7838	2177.3	26.5		711.5		79.5		
		13064	3628.8	17.5	490	711.5	800	87.5	7.5	14998
		15676	4354.6	12.6		656.0		82.0		
	908	7525	2090.2	24.6		638.1		79.0		
		12541	3483.6	16.0	490	639.1	800	85.5	7.3	14978
		15049	4180.4	11.2		566.7		81.0		

1.1.7 KWFB 型无密封自控自吸泵

(1) 用途：KWFB 型无密封自控自吸泵，具有耐温、耐压、耐磨，"一次引流，终身自吸"等功能。在一定条件下替代长轴泵、液下泵、潜污泵等。在石油、电力、化工、钢铁、医药、焦化、电镀、环保、消防、市政、净水、国防军工、纺织印染、采掘选矿、民用建筑等行业广泛应用。

(2) 型号意义说明：

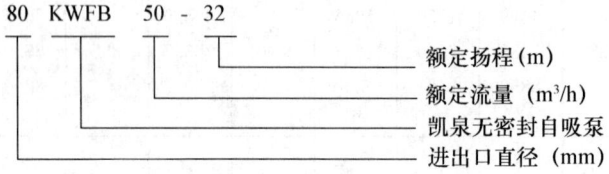

(3) 结构：KWFB 型泵由泵体、泵盖、叶轮、导叶、副叶轮、轴、密封盒、电磁阀等组成。采用泵用连环式多面离心动力密封装置，消除了泄露，增加停机密封装置，可适应频繁启动。特殊导叶设计及配置电动空气控制阀可增强自吸能力，自吸高度 3.5～5.5m。根据介质的不同，可采用不锈钢、铸钢、增强聚丙烯等多种材质。

(4) 性能：KWFB 型无密封自控自吸泵性能见图 1-112 及表 1-127。

(5) 外形及安装尺寸：KWFB 型无密封自控自吸泵外形及安装尺寸见图 1-113 及表 1-128。

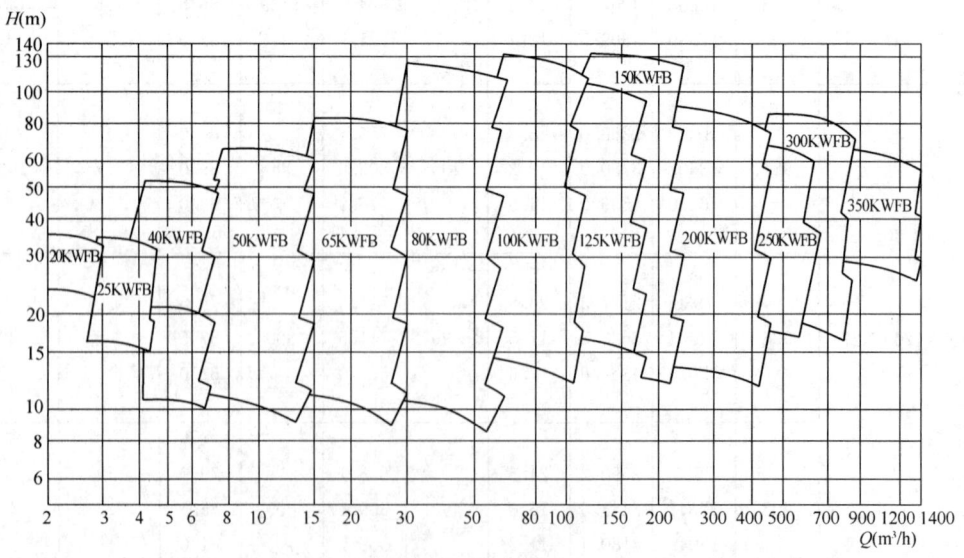

图 1-112　KWFB 型无密封自控自吸泵性能曲线

KWFB 型无密封自控自吸泵性能 表 1-127

泵型号	转速 n (r/min)	流量 Q (m³/h)	扬程 H (m)	配用功率 (kW)	自吸高度 (m)	吸入口径 (mm)	排出口径 (mm)	质量 (kg)
20KWFB2.5-32	2960	1.8	33	1.5	5.5	20	20	145
		2.5	32					
		3	30					
25KWFB3.6-16	2960	2.5	17	1.5	5.5	25	25	150
		3.6	16					
		4.3	14.4					
25KWFB4-20	2960	2.8	20.6	2.2	5.5	25	25	155
		4	20					
		4.8	18					
25KWFB3.7-28	2960	2.6	29	2.2	5.5	25	25	165
		3.7	28					
		4.4	26					
25KWFB4-32	2960	2.8	33	3	5.5	25	25	170
		4	32					
		4.8	30					
40KWFB5.6-10	2960	3.9	10.6	1.5	5.5	40	40	155
		5.6	10					
		6.7	9					
40KWFB6.3-12.5	2960	4.4	13.2	1.5	5.5	40	40	160
		6.3	12.5					
		7.6	11.3					
40KWFB5.6-16	2960	3.9	17.6	2.2	5.5	40	40	170
		5.6	16					
		6.7	14.4					
40KWFB6.3-20	2960	4.4	21	2.2	5.5	40	40	170
		6.3	20					
		7.6	18					
40KWFB6.3-32	2960	4.4	3.3	3	5.5	40	40	180
		6.3	32					
		7.6	30					
40KWFB5.6-40	2960	3.9	42	4	5.5	40	40	190
		5.6	40					
		6.7	38					

泵型号	转速 n (r/min)	流量 Q (m³/h)	扬程 H (m)	配用功率 (kW)	自吸高度 (m)	吸入口径 (mm)	排出口径 (mm)	质量 (kg)
40KWFB6.3-50	2960	4.4	51	5.5	5.5	40	40	200
		6.3	50					
		7.6	48					
50KWFB11.2-10	2960	6.7	10.9	1.5	5.5	50	50	145
		11.2	10					
		13.4	9.3					
50KWFB12.5-12.5	2960	7.5	13.6	2.2	5.5	50	50	150
		12.5	12.5					
		15	11.6					
50KWFB11.2-16	2960	6.7	17.6	2.2	5.5	50	50	160
		11.2	16					
		13.4	14.8					
50KWFB12.5-20	2960	7.5	22	3	5.5	50	50	170
		12.5	20					
		15	18.5					
50KWFB11.2-25	2960	6.7	27.4	4	5.5	50	50	190
		11.2	25					
		13.4	23.7					
50KWFB12.5-32	2960	7.5	34.3	5.5	5.5	50	50	220
		12.5	32					
		15	29.6					
50KWFB11.2-40	2960	6.7	42	5.5	5.5	50	50	250
		11.2	40					
		13.4	38.4					
50KWFB12.5-50	2960	7.5	52.5	7.5	5.5	50	50	260
		12.5	50					
		15	48					
50KWFB12.5-64	2960	7.5	66	11	5.5	50	50	310
		12.5	64					
		15	62					
65KWFB22.5-10	2960	13.5	11.3	2.2	5	65	65	170
		22.5	10					
		27	9					
65KWFB25-12.5	2960	15	14.1	3	5	65	65	180
		25	12.5					
		30	11.3					

泵型号	转速 n (r/min)	流量 Q (m³/h)	扬程 H (m)	配用功率 (kW)	自吸高度 (m)	吸入口径 (mm)	排出口径 (mm)	质量 (kg)
65KWFB22.5-16	2960	13.5 22.5 27	17.4 16 14.8	4	5	65	65	180
65KWFB25-20	2960	15 25 30	21.8 20 18.5	5.5	5	65	65	190
65KWFB22.5-25	2960	13.5 22.5 27	28 25 24	5.5	5	65	65	250
65KWFB25-32	2960	15 25 30	35 32 30	7.5	5	65	65	255
65KWFB22.5-40	2960	13.5 22.5 27	42.4 40 37.6	7.5	5	65	65	260
65KWFB25-50	2960	15 25 30	53 50 47	11	5	65	65	320
65KWFB22.5-64	2960	13.5 22.5 27	65.6 64 62.4	15	5	65	65	360
65KWFB25-80	2960	15 25 30	82 80 78	18.5	5	65	65	385
80KWFB45-10	2960	27 45 54	12 10 8.2	4	5	80	80	240
80KWFB50-12.5	2960	30 50 60	15 12.5 10.3	5.5	5	80	80	260
80KWFB45-16	2960	27 45 54	18 16 14	5.5	5	80	80	260
80KWFB50-20	2960	30 50 60	22.5 20 18	7.5	5	80	80	270

泵型号	转速 n（r/min）	流量 Q（m³/h）	扬程 H（m）	配用功率 （kW）	自吸高度 （m）	吸入口径 （mm）	排出口径 （mm）	质量 （kg）
80KWFB45-25	2960	27	28.8	11	5	80	80	280
		45	25					
		54	23.2					
80KWFB50-32	2960	30	36	15	5	80	80	330
		50	32					
		60	29					
80KWFB45-40	2960	27	42.4	15	5	80	80	340
		45	40					
		54	37.6					
80KWFB50-50	2960	30	53	18.5	5	80	80	370
		50	50					
		60	47					
80KWFB45-64	2960	27	67.2	22	5	80	80	420
		45	64					
		54	60					
80KWFB50-80	2960	30	84	30	5	80	80	485
		50	80					
		60	75					
80KWFB45-100	2960	27	102.4	45	5	80	80	650
		45	100					
		54	98.4					
80KWFB50-125	2960	30	128	55	5	80	80	430
		50	125					
		60	123					
100KWFB100-12.5	2960	60	14.1	11	5	100	100	300
		100	12.5					
		120	10.5					
100KWFB90-16	2960	54	19.2	11	5	100	100	360
		90	16					
		108	13.2					
100KWFB100-20	2960	60	24	15	5	100	100	370
		100	20					
		120	16.5					
100KWFB90-25	2960	54	28.8	18.5	5	100	100	390
		90	25					
		108	22.4					

续表

泵型号	转速 n (r/min)	流量 Q (m³/h)	扬程 H (m)	配用功率 (kW)	自吸高度 (m)	吸入口径 (mm)	排出口径 (mm)	质量 (kg)
100KWFB100-32	2960	60 100 120	36 32 28	22	5	100	100	410
100KWFB90-40	2960	54 90 108	43.2 40 37.6	30	5	100	100	460
100KWFB100-50	2960	60 100 120	54 50 47	37	5	100	100	520
100KWFB90-64	2960	54 90 108	69.6 64 59.6	45	5	100	100	670
100KWFB100-80	2960	60 100 120	87 80 74.5	55	5	100	100	740
100KWFB90-100	2960	54 90 108	106.4 100 94.4	75	5	100	100	890
100KWFB100-125	2960	60 100 120	133 125 118	110	5	100	100	910
125KWFB150-16	2960	90 150 180	18 16 13.5	18.5	5	125	125	410
125KWFB135-20	2960	80 135 160	24 20 16.5	22	5	125	125	440
125KWFB150-25	2960	80 150 180	30 25 20.6	30	5	125	125	470
125KWFB135-32	2960	80 135 160	36 32 28	30	5	125	125	530
125KWFB150-40	2960	90 150 180	45 40 35	45	5	125	125	550

泵型号	转速 n (r/min)	流量 Q (m³/h)	扬程 H (m)	配用功率 (kW)	自吸高度 (m)	吸入口径 (mm)	排出口径 (mm)	质量 (kg)
125KWFB135-50	2960	80 135 160	54 50 47	55	5	125	125	690
125KWFB150-64	2960	90 150 180	69 64 60	75	5	125	125	760
125KWFB135-80	2960	80 135 160	87 80 75	90	5	125	125	950
125KWFB150-100	2960	90 150 180	109 100 93	110	5	125	125	1000
150KWFB180-10	1480	108 180 216	12 10 8.2	15	5	150	150	570
150KWFB200-12.5	1480	120 200 240	15 12.5 10.3	18.5	4.5	150	150	590
150KWFB180-16	1480	108 180 216	18 16 14	22	4.5	150	150	650
150KWFB200-20	1480	120 200 240	22.5 20 17.5	30	4.5	150	150	670
150KWFB180-25	1480	108 180 216	27.2 25 23.2	37	4.5	150	150	820
150KWFB200-32	1480	120 200 240	34 32 29	45	4.5	150	150	870
150KWFB180-40	1480	108 180 216	44.4 40 36.8	55	4.5	150	150	970
150KWFB200-50	1480	120 200 240	55 50 46	75	4.5	150	150	1070

续表

泵型号	转速 n (r/min)	流量 Q (m³/h)	扬程 H (m)	配用功率 (kW)	自吸高度 (m)	吸入口径 (mm)	排出口径 (mm)	质量 (kg)
150KWFB180-64	2960	108 108 216	69.6 64 57.6	90	4.5	150	150	1000
150KWFB200-80	2960	120 200 240	87 80 78	132	4.5	150	150	1050
150KWFB180-100	2960	108 180 216	106 100 96	132	4.5	150	150	1550
150KWFB200-125	2960	120 200 240	132 125 120	200	4.5	150	150	1640
200KWFB270-12.5	1480	162 270 324	15 12.5 10.3	22	4	200	200	810
200KWFB300-16	1480	180 300 360	19 16 13.2	30	4	200	200	830
200KWFB270-20	1480	162 270 324	22.7 20 17.8	37	4	200	200	900
200KWFB300-25	1480	180 300 360	28 25 22	55	4	200	200	950
200KWFB270-32	1480	162 270 324	35.2 32 27.8	55	4	200	200	1080
200KWFB300-40	1480	180 300 360	43.5 40 34.3	90	4	200	200	1180
200KWFB270-50	1480	162 270 324	57 50 47.8	110	4	200	200	1500
200KWFB300-64	1480	180 300 360	70.4 64 59	132	4	200	200	1860

续表

泵型号	转速 n (r/min)	流量 Q (m³/h)	扬程 H (m)	配用功率 (kW)	自吸高度 (m)	吸入口径 (mm)	排出口径 (mm)	质量 (kg)
200KWFB400-12.5	1480	240 400 460	14.1 12.5 10.5	30	4	200	200	830
200KWFB360-16	1480	216 360 414	17.2 16 14	37	4	200	200	900
200KWFB400-20	1480	240 400 460	21.5 20 17.5	55	4	200	200	950
200KWFB360-25	1480	216 360 414	29.6 25 22.8	55	4	200	200	1080
200KWFB400-32	1480	240 400 460	37 32 28.5	90	4	200	200	1280
200KWFB360-40	1480	216 360 414	44 40 36	90	4	200	200	1480
200KWFB400-50	1480	240 400 460	55 50 45	132	4	200	200	1860
200KWFB360-64	1480	216 360 414	70.4 64 59	160	4	200	200	2040
200KWFB400-80	1480	240 400 460	88 80 74	200	4	200	200	2270
250KWFB550-16	1480	330 550 630	18 16 13.4	45	4	250	250	1370
250KWFB500-20	1480	300 500 570	22 20 17.8	55	4	250	250	1460

泵型号	转速 n (r/min)	流量 Q (m³/h)	扬程 H (m)	配用功率 (kW)	自吸高度 (m)	吸入口径 (mm)	排出口径 (mm)	质量 (kg)
250KWFB550-25	1480	330 550 630	27.1 25 22	75	4	250	250	1560
250KWFB500-32	1480	300 500 570	37.3 32 28.5	90	4	250	250	1650
250KWFB550-40	1480	330 550 630	46 40 35.6	110	4	250	250	2000
250KWFB500-50	1480	300 500 570	55 50 48.6	132	4	250	250	2240
250KWFB550-64	1480	330 550 630	68 64 60	200	4	250	250	2470
300KWFB720-17	1480	430 720 830	18.3 17 15	75	4	300	300	2030
300KWFB650-22	1480	390 650 750	25 22 20	75	4	300	300	2130
300KWFB720-28	1480	430 720 830	32 28 25	110	4	300	300	2480
300KWFB650-35	1480	390 650 750	38.2 35 31.8	132	4	300	300	2830
300KWFB720-44	1480	430 720 820	48 44 40	160	4	300	300	3120
300KWFB670-70	1480	465 670 800	75 70 60.4	250	4	300	300	3300

泵型号	转速 n (r/min)	流量 Q (m³/h)	扬程 H (m)	配用功率 (kW)	自吸高度 (m)	吸入口径 (mm)	排出口径 (mm)	质量 (kg)
300KWFB720-80	1480	500	86	280	4	300	300	3450
		720	80					
		860	67					
350KWFB1100-28	1480	820	30	160	3.5	350	350	3250
		1100	28					
		1300	23					
350KWFB1200-32	1480	900	35	200	3.5	350	350	3300
		1200	32					
		1400	26					
350KWFB860-28	1480	602	30	132	3.5	350	350	2980
		860	28					
		1032	23					
350KWFB960-32	1480	672	35	160	3.5	350	350	3200
		960	32					
		1152	26					
350KWFB1130-44	1480	850	46.6	280	3.5	350	350	3350
		1130	44					
		1320	38					
350KWFB1200-50	1480	900	53	315	3.5	350	350	3560
		1200	50					
		1400	44					
350KWFB860-44	1480	602	46.6	200	3.5	350	350	3120
		860	44					
		1032	38					
350KWFB960-50	1480	672	53	280	3.5	350	350	3250
		960	50					
		1152	44					

注：表中性能参数均为标准大气压下常温清水的性能。

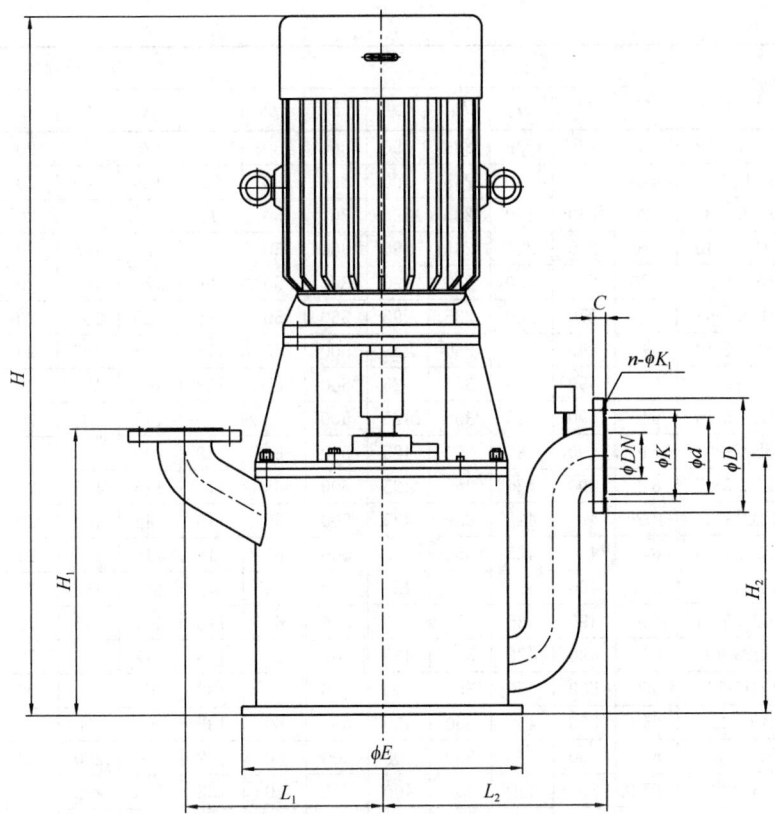

图 1-113　KWFB 型无密封自控自吸泵外形及安装尺寸

KWFB 型无密封自控自吸泵外形及安装尺寸（mm）　　　　表 1-128

序号	泵型号	外形尺寸						法兰尺寸					
		H	H_1	H_2	L_1	L_2	E	DN	d	K	D	C	$n-K_1$
1	20KWFB2.5-32	270	120	112	250	240	420	20	56	75	105	16	4-φ14
2	25KWFB3.6-16	300	150	140	255	250	420	25	65	85	115	16	4-φ14
3	25KWFB4-20	300	150	140	255	250	420	25	65	85	115	16	4-φ14
4	25KWFB3.7-28	300	150	140	255	250	420	25	65	85	115	16	4-φ14
5	25KWFB4-32	300	150	140	255	250	420	25	65	85	115	16	4-φ14
6	40KWFB5.6-10	390	240	224	270	280	420	40	84	110	150	18	4-φ19
7	40KWFB6.3-12.5	390	240	224	270	280	420	40	84	110	150	18	4-φ19
8	40KWFB5.6-16	410	260	230	230	290	360	40	84	110	150	18	4-φ19
9	40KWFB6.3-20	636	260	230	230	290	360	40	84	110	150	18	4-φ19
10	40KWFB6.3-32	410	260	230	230	290	360	40	84	110	150	18	4-φ19
11	40KWFB5.6-40	410	260	230	230	290	360	40	84	110	150	18	4-φ19
12	40KWFB6.3-50	410	260	230	230	290	360	40	84	110	150	18	4-φ19
13	50KWFB11.2-10	420	270	230	235	290	360	50	99	125	165	20	4-φ19
14	50KWFB12.5-12.5	420	270	230	235	290	360	50	99	125	165	20	4-φ19
15	50KWFB11.2-16	420	270	230	235	290	360	50	99	125	165	20	4-φ19

序号	泵型号	外形尺寸						法兰尺寸					
		H	H_1	H_2	L_1	L_2	E	DN	d	K	D	C	$n-K_1$
16	50KWFB12.5-20	671	270	230	235	290	360	50	99	125	165	20	4-ϕ19
17	50KWFB11.2-25	420	270	230	235	290	360	50	99	125	165	20	4-ϕ19
18	50KWFB12.5-32	420	270	230	235	290	360	50	99	125	165	20	4-ϕ19
19	50KWFB11.2-40	420	270	230	235	290	360	50	99	125	165	20	4-ϕ19
20	50KWFB12.5-50	420	270	230	235	290	360	50	99	125	165	20	4-ϕ19
21	50KWFB12.5-64	420	270	230	235	290	360	50	99	125	165	20	4-ϕ19
22	65KWFB22.5-10	640	490	425	350	425	500	65	118	145	185	20	4-ϕ19
23	65KWFB25-12.5	640	490	425	350	425	500	65	118	145	185	20	4-ϕ19
24	65KWFB22.5-16	640	490	425	350	425	500	65	118	145	185	20	4-ϕ19
25	65KWFB25-20	640	490	425	350	425	500	65	118	145	185	20	4-ϕ19
26	65KWFB22.5-25	640	490	425	350	425	500	65	118	145	185	20	4-ϕ19
27	65KWFB25-32	1027	490	425	350	425	500	65	118	145	185	20	4-ϕ19
28	65KWFB22.5-40	640	490	425	350	425	500	65	118	145	185	20	4-ϕ19
29	65KWFB25-50	640	490	425	350	425	500	65	118	145	185	20	4-ϕ19
30	65KWFB22.5-64	640	490	425	350	425	500	65	118	145	185	20	4-ϕ19
31	65KWFB25-80	640	490	425	350	425	500	65	118	145	185	20	4-ϕ19
32	80KWFB45-10	650	500	450	350	400	500	80	132	160	200	22	8-ϕ19
33	80KWFB50-12.5	650	500	450	350	400	500	80	132	160	200	22	8-ϕ19
34	80KWFB45-16	650	500	450	350	400	500	80	132	160	200	22	8-ϕ19
35	80KWFB50-20	650	500	450	350	400	500	80	132	160	200	22	8-ϕ19
36	80KWFB45-25	650	500	450	350	400	500	80	132	160	200	22	8-ϕ19
37	80KWFB50-32	650	500	450	350	400	500	80	132	160	200	22	8-ϕ19
38	80KWFB45-40	650	500	450	350	400	500	80	132	160	200	22	8-ϕ19
39	80KWFB50-50	650	500	450	350	400	500	80	132	160	200	22	8-ϕ19
40	80KWFB45-64	650	500	450	350	400	500	80	132	160	200	22	8-ϕ19
41	80KWFB50-80	650	500	450	350	400	500	80	132	160	200	22	8-ϕ19
42	80KWFB45-100	650	500	450	350	400	500	80	132	160	200	22	8-ϕ19
43	80KWFB50-125	650	500	450	350	400	500	80	132	160	200	22	8-ϕ19
44	100KWFB100-12.5	650	500	524	360	480	500	100	156	180	220	24	8-ϕ19
45	100KWFB90-16	650	500	524	360	480	500	100	156	180	220	24	8-ϕ19
46	100KWFB100-20	650	500	524	360	480	500	100	156	180	220	24	8-ϕ19
47	100KWFB90-25	650	500	524	360	480	500	100	156	180	220	24	8-ϕ19
48	100KWFB100-32	1195	500	524	360	480	500	100	156	180	220	24	8-ϕ19
49	100KWFB90-40	650	500	524	360	480	500	100	156	180	220	24	8-ϕ19
50	100KWFB100-50	650	500	524	360	480	500	100	156	180	220	24	8-ϕ19
51	100KWFB90-64	650	500	524	360	480	500	100	156	180	220	24	8-ϕ19
52	100KWFB100-80	650	500	524	360	480	500	100	156	180	220	24	8-ϕ19
53	100KWFB90-100	910	760	685	510	630	860	100	156	180	220	24	8-ϕ19
54	100KWFB100-125	2220	760	685	510	630	860	100	156	180	220	24	8-ϕ19
55	125KWFB150-16	910	760	725	526	750	860	125	184	210	250	26	8-ϕ19
56	125KWFB135-20	910	760	725	526	750	860	125	184	210	250	26	8-ϕ19
57	125KWFB150-25	910	760	725	526	750	860	125	184	210	250	26	8-ϕ19
58	125KWFB135-32	910	760	725	526	750	860	125	184	210	250	26	8-ϕ19
59	125KWFB150-40	1635	760	725	526	750	860	125	184	210	250	26	8-ϕ19
60	125KWFB135-50	910	760	725	526	750	860	125	184	210	250	26	8-ϕ19

续表

序号	泵型号	外形尺寸						法兰尺寸					
		H	H_1	H_2	L_1	L_2	E	DN	d	K	D	C	$n-K_1$
61	125KWFB150-64	910	760	725	526	750	860	125	184	210	250	26	8-ϕ19
62	125KWFB135-80	910	760	725	526	750	860	125	184	210	250	26	8-ϕ19
63	125KWFB150-100	910	760	725	526	750	860	125	184	210	250	26	8-ϕ19
64	150KWFB180-10	925	775	700	470	590	600	150	211	240	285	26	8-ϕ23
65	150KWFB200-12.5	925	775	700	470	590	600	150	211	240	285	26	8-ϕ23
66	150KWFB180-16	925	775	700	470	590	600	150	211	240	285	26	8-ϕ23
67	150KWFB200-20	925	775	700	470	590	600	150	211	240	285	26	8-ϕ23
68	150KWFB180-25	925	775	700	580	700	820	150	211	240	285	26	8-ϕ23
69	150KWFB200-32	1645	775	700	580	700	820	150	211	240	285	26	8-ϕ23
70	150KWFB180-40	940	775	700	580	700	820	150	211	240	285	26	8-ϕ23
71	150KWFB200-50	940	775	700	580	700	820	150	211	240	285	26	8-ϕ23
72	150KWFB180-64	940	775	700	580	700	820	150	211	240	285	26	8-ϕ23
73	150KWFB200-80	940	775	700	580	700	820	150	211	240	285	26	8-ϕ23
74	150KWFB180-100	940	775	700	580	700	820	150	211	240	285	26	8-ϕ23
75	150KWFB200-125	940	775	700	580	700	820	150	211	240	285	26	8-ϕ23
76	200KWFB270-12.5	1015	850	750	600	900	860	200	266	295	340	26	8-ϕ23
77	200KWFB300-16	1595	850	750	600	900	860	200	266	295	340	26	8-ϕ23
78	200KWFB270-20	1015	850	750	600	900	860	200	266	295	340	26	8-ϕ23
79	200KWFB300-25	1015	850	750	600	900	860	200	266	295	340	26	8-ϕ23
80	200KWFB270-32	1015	850	750	600	900	860	200	266	295	340	26	8-ϕ23
81	200KWFB300-40	1015	850	750	600	900	860	200	266	295	340	26	8-ϕ23
82	200KWFB270-50	1015	850	750	600	900	860	200	266	295	340	26	8-ϕ23
83	200KWFB300-64	1015	850	750	600	900	860	200	266	295	340	26	8-ϕ23
84	200KWFB400-12.5	1015	850	750	600	900	860	200	266	295	340	26	8-ϕ23
85	200KWFB360-16	1015	850	750	600	900	860	200	266	295	340	26	8-ϕ23
86	200KWFB400-20	1015	850	750	600	900	860	200	266	295	340	26	8-ϕ23
87	200KWFB360-25	1015	850	750	600	900	860	200	266	295	340	26	8-ϕ23
88	200KWFB400-32	1015	850	750	600	900	860	200	266	295	340	26	8-ϕ23
89	200KWFB360-40	1015	850	750	600	900	860	200	266	295	340	26	8-ϕ23
90	200KWFB400-50	1015	850	750	600	900	860	200	266	295	340	26	8-ϕ23
91	200KWFB360-64	1015	850	750	600	900	860	200	266	295	340	26	8-ϕ23
92	200KWFB400-80	1015	850	750	600	900	860	200	266	295	340	26	8-ϕ23
93	250KWFB550-16	1259	1094	1000	750	1100	1100	250	319	350	395	28	12-ϕ23
94	250KWFB500-20	1260	1095	1000	750	1100	1100	250	319	350	395	28	12-ϕ23
95	250KWFB550-25	1261	1096	1000	750	1100	1100	250	319	350	395	28	12-ϕ23
96	250KWFB500-32	1262	1097	1000	750	1100	1100	250	319	350	395	28	12-ϕ23
97	250KWFB550-40	1263	1098	1000	750	1100	1100	250	319	350	395	28	12-ϕ23
98	250KWFB500-50	1264	1099	1000	750	1100	1100	250	319	350	395	28	12-ϕ23
99	250KWFB550-64	2590	1100	1000	750	1100	1100	250	319	350	395	28	12-ϕ23
100	300KWFB720-17	1515	1350	1200	730	1000	820	300	370	400	445	28	12-ϕ23
101	300KWFB650-22	1515	1350	1200	730	1000	820	300	370	400	445	28	12-ϕ23

序号	泵型号	外形尺寸						法兰尺寸					
		H	H_1	H_2	L_1	L_2	E	DN	d	K	D	C	$n-K_1$
102	300KWFB720-28	1515	1350	1200	730	1000	820	300	370	400	445	28	12-ϕ23
103	300KWFB650-35	1515	1350	1200	730	1000	820	300	370	400	445	28	12-ϕ23
104	300KWFB720-44	1515	1350	1200	730	1000	820	300	370	400	445	28	12-ϕ23
105	300KWFB670-70	1515	1350	1200	730	1000	820	300	370	400	445	28	12-ϕ23
106	300KWFB720-80	1515	1350	1200	730	1000	820	300	370	400	445	28	12-ϕ23
107	350KWFB1100-28	1740	1575	1400	780	1100	820	350	429	460	505	30	16-ϕ23
108	350KWFB1200-32	1740	1575	1400	780	1100	820	350	429	460	505	30	16-ϕ23
109	350KWFB860-28	1740	1575	1400	780	1100	820	350	429	460	505	30	16-ϕ23
110	350KWFB960-32	1740	1575	1400	780	1100	820	350	429	460	505	30	16-ϕ23
111	350KWFB1130-44	1740	1575	1400	780	1100	820	350	429	460	505	30	16-ϕ23
112	350KWFB1200-50	1740	1575	1400	780	1100	820	350	429	460	505	30	16-ϕ23
113	350KWFB860-44	1740	1575	1400	780	1100	820	350	429	460	505	30	16-ϕ23
114	350KWFB960-50	1740	1575	1400	780	1100	820	350	429	460	505	30	16-ϕ23

1.2　多级离心清水泵

1.2.1　D、MD型卧式多级离心泵

（1）用途：D型卧式多级离心泵主要用于工厂、城市、矿山给水排水；MD型煤矿用耐磨离心水泵主要用于中性矿井水及其他类似的污水。

（2）型号意义说明：

D　(MD)　46　-50　×　6

D型卧式多级离心泵
MD型煤矿用耐磨离心水泵
泵的流量（m³/h）
单级扬程（m）
级数（叶轮个数）

（3）结构：D型泵为卧式多级泵，主要由吸入段、吐出段、中段、叶轮、轴套、密封环、平衡盘、轴、轴封及轴承体等组成。泵进出口方向可270°旋转，吸入口和吐出口可以左、上、右三种方向布置；泵轴可调换方向，电机可安装在吸入端（标准型）或吐出端。从电动机端看，标准型泵为顺时针方向旋转。

MD型为煤矿用耐磨离心泵，介质的固体颗粒体积不超过1.5%，粒度小于0.5mm。D型、MD型泵具有相同的性能参数与安装尺寸，通过改变泵的材质可用于输送含磨料（颗粒）的介质。

（4）性能、外形及安装尺寸：D、MD型卧式多级离心泵性能、外形及安装尺寸见图1-114～图1-129、表1-129～表1-158。

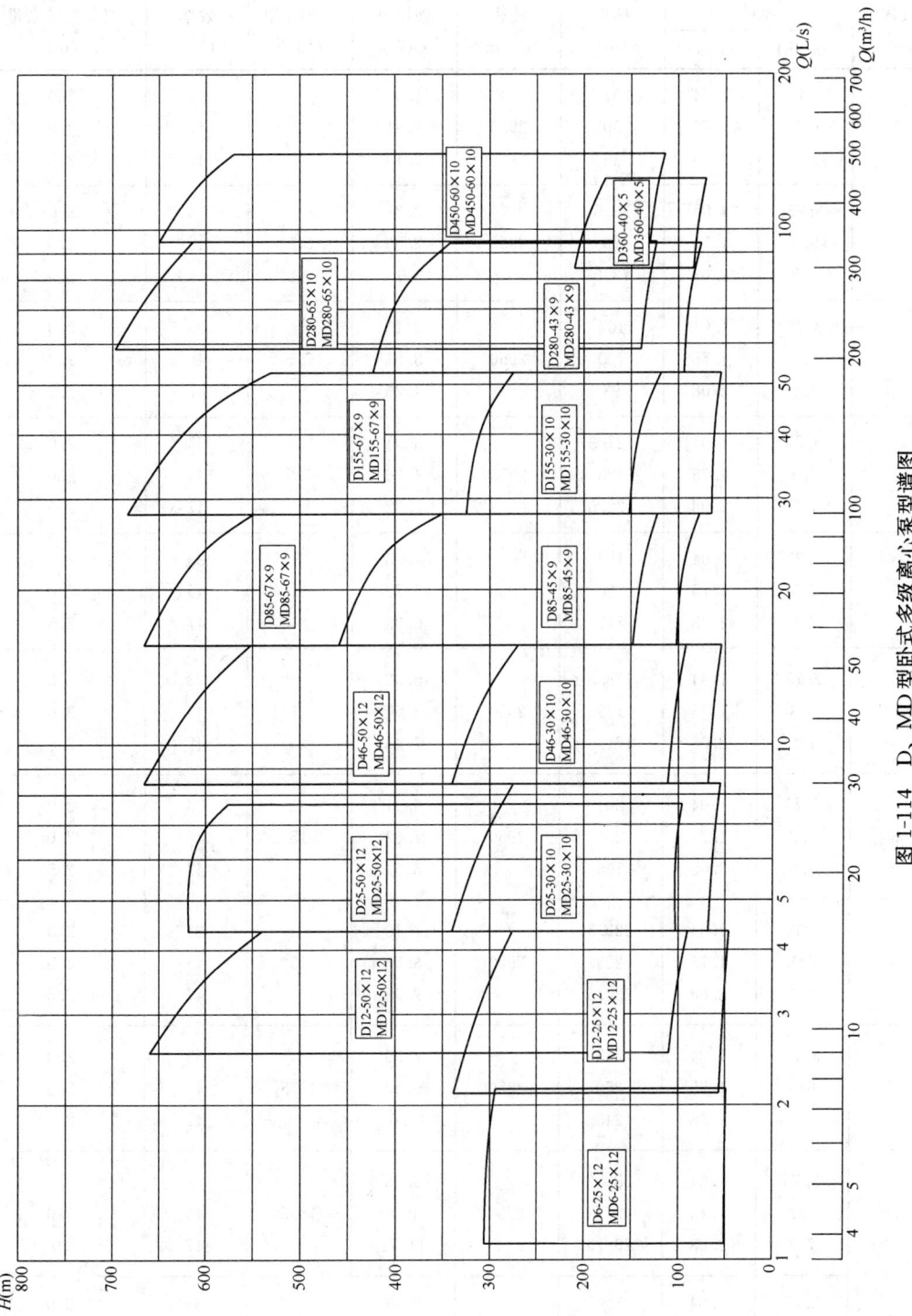

图 1-114 D、MD 型卧式多级离心泵型谱图

D、MD 型卧式多级离心泵性能（一）　　　　表 1-129

D、MD6-25×n

级数	流量		扬程	转速	轴功率	配用功率	效率	必需汽蚀余量
(n)	(m³/h)	(L/s)	(m)	(r/min)	(kW)	(kW)	(%)	(m)
2	3.75	1.04	51		1.58		33	2.0
	6.3	1.75	50	2950	1.91	3	45	2.0
	7.5	2.08	49		2.13		47	2.5
3	3.75	1.04	76.5		2.37		33	2.0
	6.3	1.75	75	2950	2.86	5.5	45	2.0
	7.5	2.08	73.5		3.19		47	2.5
4	3.75	1.04	102		3.16		33	2.0
	6.3	1.75	100	2950	3.81	7.5	45	2.0
	7.5	2.08	98		4.26		47	2.5
5	3.75	1.04	127.5		3.94		33	2.0
	6.3	1.75	125	2950	4.76	7.5	45	2.0
	7.5	2.08	122.5		5.32		47	2.5
6	3.75	1.04	153		4.73		33	2.0
	6.3	1.75	150	2950	5.72	11	45	2.0
	7.5	2.08	147		6.39		47	2.5
7	3.75	1.04	178.5		5.52		33	2.0
	6.3	1.75	175	2950	6.67	11	45	2.0
	7.5	2.08	171.5		7.45		47	2.5
8	3.75	1.04	204		6.31		33	2.0
	6.3	1.75	200	2950	7.62	15	45	2.0
	7.5	2.08	196		8.51		47	2.5
9	3.75	1.04	229.5		7.10		33	2.0
	6.3	1.75	225	2950	8.58	15	45	2.0
	7.5	2.08	220.5		9.58		47	2.5
10	3.75	1.04	255		7.89		33	2.0
	6.3	1.75	250	2950	9.53	18.5	45	2.0
	7.5	2.08	245		10.64		47	2.5
11	3.75	1.04	280.5		8.68		33	2.0
	6.3	1.75	275	2950	10.48	18.5	45	2.0
	7.5	2.08	269.5		11.71		47	2.5
12	3.75	1.04	306		9.47		33	2.0
	6.3	1.75	300	2950	11.43	18.5	45	2.0
	7.5	2.08	294		12.77		47	2.5

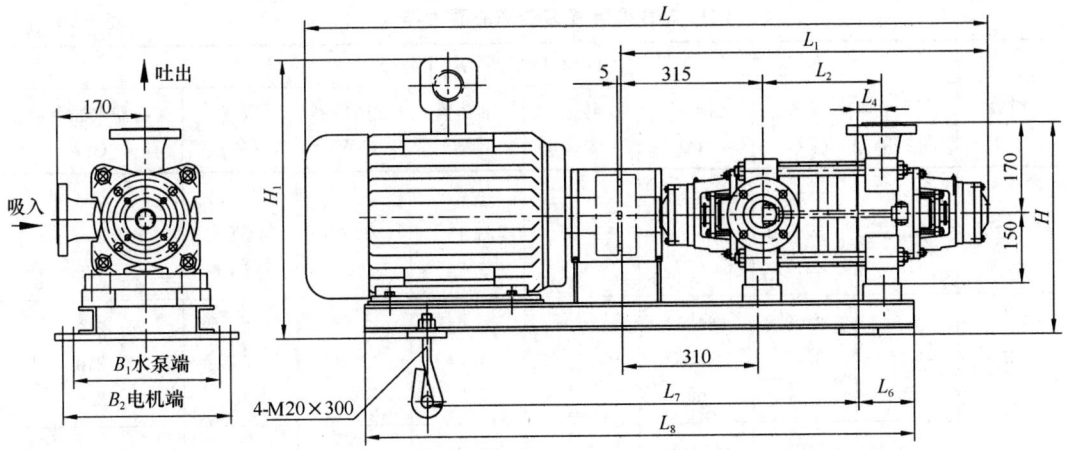

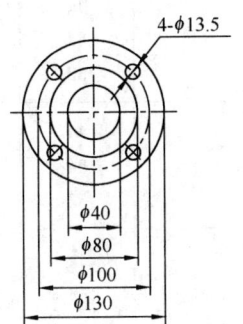

吸入法兰
GB/T 9115-2010 *PN*0.6MPa

4-φ13.5

φ40
φ80
φ100
φ130

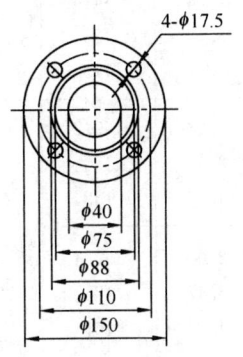

吐出法兰
GB/T 9115-2010 *PN*4MPa

4-φ17.5

φ40
φ75
φ88
φ110
φ150

图 1-115　D、MD 型卧式多级离心泵外形及安装尺寸（一）

D、MD 型卧式多级离心泵安装尺寸（一）　　　　　　　　　　　　　　　表 1-130

泵型号	泵级数	尺寸（mm）											电动机		质量 (kg)
		L	L_1	L_2	L_4	L_6	L_7	L_8	H	H_1	B_1	B_2	型　号	功率 (kW)	
D、MD6-25	2	1178	733	130	77	110	600	770	405	535	390	390	YB$_2$100L-2	3	166
	3	1298	783	180	87	130	600	895	405	553	390	390	YB$_2$132S$_1$-2	5.5	192
	4	1348	833	230	87	140	650	955	405	553	390	390	YB$_2$132S$_2$-2	7.5	219
	5	1398	883	280	137	170	650	985	405	553	390	390	YB$_2$132S$_2$-2	7.5	232
	6	1593	933	330	136	170	785	1150	415	605	435	435	YB$_2$160M$_1$-2	11	285
	7	1643	983	380	186	225	785	1205	415	605	435	435	YB$_2$160M$_1$-2	11	303
	8	1693	1033	430	186	230	835	1260	415	605	435	435	YB$_2$160M$_2$-2	15	324
	9	1743	1083	480	236	270	835	1300	415	605	435	435	YB$_2$160M$_2$-2	15	334
	10	1833	1133	530	211	250	935	1395	415	605	435	435	YB$_2$160L-2	18.5	361
	11	1883	1183	580	261	295	935	1440	415	605	435	435	YB$_2$160L-2	18.5	372
	12	1933	1233	630	311	345	935	1490	415	605	435	435	YB$_2$160L-2	18.5	382

注：D 型泵使用同档次 Y 系列三项异步电动机，IP44，安装尺寸相同。

D、MD 型卧式多级离心泵性能（二）　　表 1-131

D、MD12-25×*n*

级数 (*n*)	流量		扬程 (m)	转速 (r/min)	轴功率 (kW)	配用功率 (kW)	效率 (%)	必需汽蚀余量 (m)
	(m³/h)	(L/s)						
2	7.5	2.08	56.4		2.63		44	2.0
	12.5	3.47	50	2950	3.15	5.5	54	2.0
	15	4.17	46		3.54		53	2.5
3	7.5	2.08	84.6		3.93		44	2.0
	12.5	3.47	75	2950	4.73	7.5	54	2.0
	15	4.17	69		5.32		53	2.5
4	7.5	2.08	112.8		5.23		44	2.0
	12.5	3.47	100	2950	6.30	11	54	2.0
	15	4.17	92		7.09		53	2.5
5	7.5	2.08	141		6.54		44	2.0
	12.5	3.47	125	2950	7.88	11	54	2.0
	15	4.17	115		8.86		53	2.5
6	7.5	2.08	169.2		7.85		44	2.0
	12.5	3.47	150	2950	9.45	15	54	2.0
	15	4.17	138		10.63		53	2.5
7	7.5	2.08	197.4		9.16		44	2.0
	12.5	3.47	175	2950	11.03	15	54	2.0
	15	4.17	161		12.40		53	2.5
8	7.5	2.08	225.6		10.47		44	2.0
	12.5	3.47	200	2950	12.60	18.5	54	2.0
	15	4.17	184		14.18		53	2.5
9	7.5	2.08	253.8		11.78		44	2.0
	12.5	3.47	225	2950	14.18	18.5	54	2.0
	15	4.17	207		15.95		53	2.5
10	7.5	2.08	282		13.09		44	2.0
	12.5	3.47	250	2950	15.75	22	54	2.0
	15	4.17	230		17.72		53	2.5
11	7.5	2.08	310.2		14.39		44	2.0
	12.5	3.47	275	2950	17.33	22	54	2.0
	15	4.17	253		19.49		53	2.5
12	7.5	2.08	338.4		15.70		44	2.0
	12.5	3.47	300	2950	18.90	30	54	2.0
	15	4.17	276		21.26		53	2.5

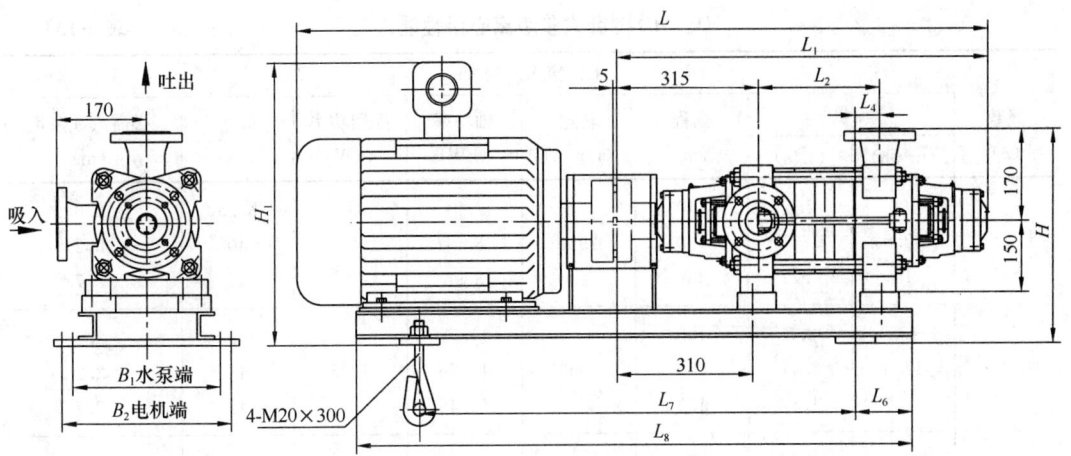

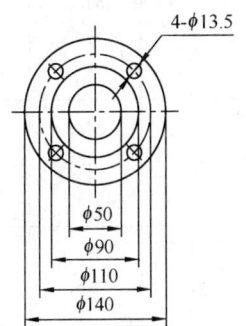

吸入法兰
GB/T 9115-2010 *PN*0.6MPa

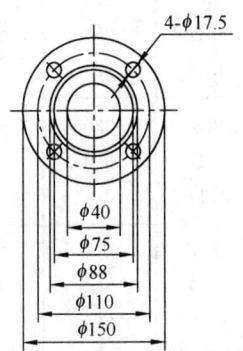

吐出法兰
GB/T 9115-2010 *PN*4MPa

图 1-116 D、MD 型卧式多级离心泵外形及安装尺寸（二）

D、MD 型卧式多级离心泵安装尺寸（二） 表 1-132

泵型号	泵级数	尺寸（mm）											电动机		质量
		L	L_1	L_2	L_4	L_6	L_7	L_8	H	H_1	B_1	B_2	型 号	功率（kW）	（kg）
D、MD12-25	2	1248	733	130	60	95	630	835	405	553	395	395	YB₂132S₁-2	5.5	206
	3	1298	783	180	90	125	650	885	405	553	395	395	YB₂132S₂-2	7.5	228
	4	1493	833	230	115	150	710	1055	415	605	430	430	YB₂160M₁-2	11	290
	5	1543	883	280	142	175	730	1100	415	605	430	430	YB₂160M₁-2	11	303
	6	1593	933	330	182	215	740	1150	415	605	430	430	YB₂160M₂-2	15	330
	7	1643	983	380	192	225	780	1200	415	605	430	430	YB₂160M₂-2	15	347
	8	1733	1033	430	216	250	830	1295	415	605	430	430	YB₂160L-2	18.5	371
	9	1783	1083	480	244	280	850	1345	415	605	430	430	YB₂160L-2	18.5	391
	10	1868	1133	530	275	310	870	1400	435	635	460	460	YB₂180M-2	22	434
	11	1918	1183	580	295	330	900	1450	435	635	460	460	YB₂180M-2	22	448
	12	2043	1233	630	317	350	980	1575	455	730	500	500	YB₂200L₁-2	30	529

注：D 型泵使用同档次 Y 系列三项异步电动机，IP44，安装尺寸相同。

D、MD 型卧式多级离心泵性能（三）   表 1-133

D、MD12-50×n

级数 (n)	流量		扬程 (m)	转速 (r/min)	轴功率 (kW)	配用功率 (kW)	效率 (%)	必需汽蚀余量 (m)
	(m³/h)	(L/s)						
2	9	2.5	110	2950	7.81	15	34.5	2.0
	12.5	3.47	100		8.51		40	2.2
	15	4.17	90		8.96		41	2.7
3	9	2.5	165	2950	11.72	18.5	34.5	2.0
	12.5	3.47	150		12.76		40	2.2
	15	4.17	135		13.45		41	2.7
4	9	2.5	220	2950	15.62	22	34.5	2.0
	12.5	3.47	200		17.01		40	2.2
	15	4.17	180		17.93		41	2.7
5	9	2.5	275	2950	19.53	30	34.5	2.0
	12.5	3.47	250		21.27		40	2.2
	15	4.17	225		22.41		41	2.7
6	9	2.5	330	2950	23.43	30	34.5	2.0
	12.5	3.47	300		25.52		40	2.2
	15	4.17	270		26.89		41	2.7
7	9	2.5	385	2950	27.34	37	34.5	2.0
	12.5	3.47	350		29.77		40	2.2
	15	4.17	315		31.37		41	2.7
8	9	2.5	440	2950	31.25	45	34.5	2.0
	12.5	3.47	400		34.03		40	2.2
	15	4.17	360		35.85		41	2.7
9	9	2.5	495	2950	35.15	45	34.5	2.0
	12.5	3.47	450		38.28		40	2.2
	15	4.17	405		40.34		41	2.7
10	9	2.5	550	2950	39.06	55	34.5	2.0
	12.5	3.47	500		42.53		40	2.2
	15	4.17	450		44.82		41	2.7
11	9	2.5	605	2950	42.96	55	34.5	2.0
	12.5	3.47	550		46.79		40	2.2
	15	4.17	495		49.30		41	2.7
12	9	2.5	660	2950	46.87	75	34.5	2.0
	12.5	3.47	600		51.04		40	2.2
	15	4.17	540		53.78		41	2.7

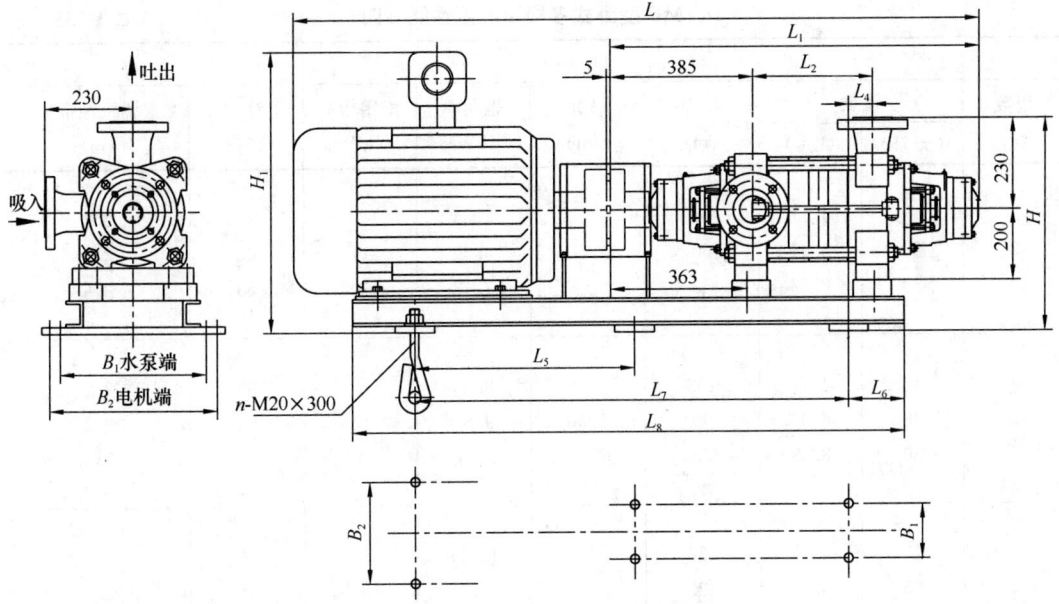

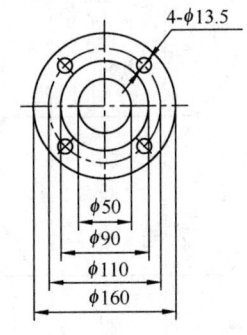

吸入法兰
GB/T 9115-2010 *PN*0.6MPa

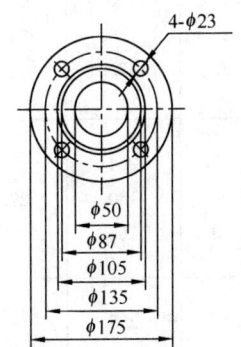

吐出法兰
GB/T 9115-2010 *PN*6.3MPa

图 1-117　D、MD 型卧式多级离心泵外形及安装尺寸（三）

D、MD 型卧式多级离心泵安装尺寸（三）　　　　　表 1-134

泵型号	泵级数	尺寸（mm）											n	电动机		质量（kg）
		L	L_1	L_2	L_4	L_5	L_6	L_7	L_8	H	H_1	B_1	B_2		型　号	功率（kW）	
D,MD12-50	2	1538	878	175	80	—	130	820	1085	530	660	490	490	4	YB$_2$160M$_2$-2	15	435
	3	1638	938	235	110	—	160	870	1190	530	660	490	490	4	YB$_2$160L-2	18.5	473
	4	1733	998	295	150	—	200	900	1255	530	670	490	490	4	YB$_2$180M-2	22	526
	5	1868	1058	355	180	—	230	980	1390	530	745	490	490	4	YB$_2$200L$_1$-2	30	608
	6	1928	1118	415	210	—	260	1010	1450	530	745	490	490	4	YB$_2$200L$_1$-2	30	630
	7	1988	1178	475	240	—	290	1040	1510	530	745	490	490	4	YB$_2$200L$_2$-2	37	669
	8	2103	1238	535	270	—	320	1080	1600	555	790	490	515	4	YB$_2$225M-2	45	756
	9	2163	1298	595	300	—	350	1110	1660	555	790	490	515	4	YB$_2$225M-2	45	778
	10	2308	1358	655	330	600	380	1230	1815	595	835	490	610	6	YB$_2$250M-2	55	879
	11	2368	1418	715	360	630	410	1260	1875	595	835	490	610	6	YB$_2$250M-2	55	901
	12	2493	1478	775	390	650	440	1310	2005	613	893	490	670	6	YB$_2$280S-2	75	1114

注：D 型泵使用同档次 Y 系列三项异步电动机，IP44，安装尺寸相同。

D、MD 型卧式多级离心泵性能（四）　　表 1-135

D、MD25-30×*n*

级数 (*n*)	流量		扬程 (m)	转速 (r/min)	轴功率 (kW)	配用功率 (kW)	效率 (%)	必需汽蚀余量 (m)
	(m³/h)	(L/s)						
2	15	4.17	68		5.55		50	2.2
	25	6.94	60	2950	6.59	11	62	2.2
	30	8.33	55		7.13		63	2.6
3	15	4.17	102		8.33		50	2.2
	25	6.94	90	2950	9.88	15	62	2.2
	30	8.33	82.5		10.69		63	2.6
4	15	4.17	136		11.11		50	2.2
	25	6.94	120	2950	13.17	18.5	62	2.2
	30	8.33	110		14.26		63	2.6
5	15	4.17	170		13.88		50	2.2
	25	6.94	150	2950	16.47	22	62	2.2
	30	8.33	137.5		17.82		63	2.6
6	15	4.17	204		16.66		50	2.2
	25	6.94	180	2950	19.76	30	62	2.2
	30	8.33	165		21.39		63	2.6
7	15	4.17	238		19.44		50	2.2
	25	6.94	210	2950	23.05	30	62	2.2
	30	8.33	192.5		24.95		63	2.6
8	15	4.17	272		22.21		50	2.2
	25	6.94	240	2950	26.34	37	62	2.2
	30	8.33	220		28.52		63	2.6
9	15	4.17	306		24.99		50	2.2
	25	6.94	270	2950	29.64	37	62	2.2
	30	8.33	247.5		32.08		63	2.6
10	15	4.17	340		27.77		50	2.2
	25	6.94	300	2950	32.93	45	62	2.2
	30	8.33	275		35.65		63	2.6

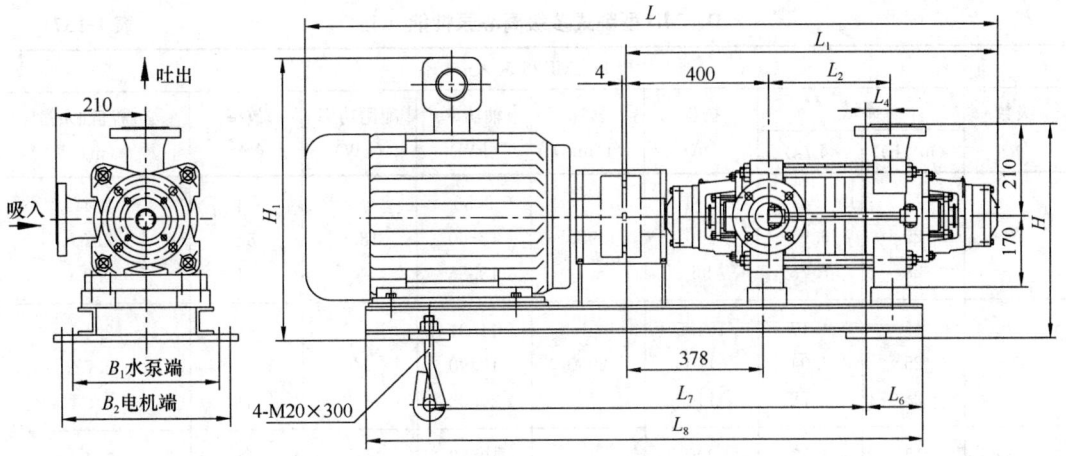

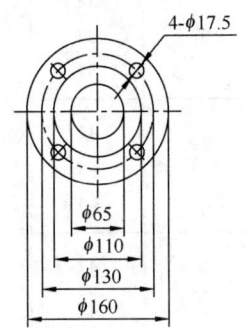

吸入法兰
GB/T 9115-2010 *PN*0.6MPa

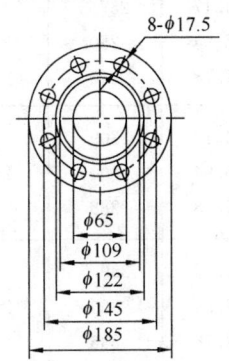

吐出法兰
GB/T 9115-2010 *PN*4MPa

图 1-118 D、MD 型卧式多级离心泵外形及安装尺寸（四）

D、MD 型卧式多级离心泵安装尺寸（四）　　　　　表 1-136

泵型号	泵级数	尺寸（mm）											电动机		质量（kg）
		L	L_1	L_2	L_4	L_6	L_7	L_8	H	H_1	B_1	B_2	型　号	功率（kW）	
D、MD25-30	2	1560	901	165	92	135	800	1085	495	645	460	460	YB$_2$160M$_1$-2	11	276
	3	1625	966	230	128	171	835	1150	495	645	460	460	YB$_2$160M$_2$-2	15	320
	4	1730	1031	295	147	190	895	1259	495	645	460	460	YB$_2$160L-2	18.5	364
	5	1830	1096	360	180	223	935	1339	505	665	460	460	YB$_2$180M-2	22	410
	6	1970	1161	425	222	265	1005	1476	525	760	460	460	YB$_2$200L$_1$-2	30	490
	7	2035	1226	490	237	280	1040	1529	525	760	460	460	YB$_2$200L$_1$-2	30	533
	8	2100	1291	555	272	315	1100	1607	525	760	460	460	YB$_2$200L$_2$-2	37	552
	9	2165	1356	620	287	330	1130	1670	525	760	460	460	YB$_2$200L$_2$-2	37	585
	10	2285	1421	685	338	381	1120	1762	550	805	460	540	YB$_2$225M-2	45	663

注：D 型泵使用同档次 Y 系列三项异步电动机，IP44，安装尺寸相同。

D、MD 型卧式多级离心泵性能（五）

表 1-137

D、MD25-50×*n*

级数 (*n*)	流量 (m³/h)	流量 (L/s)	扬程 (m)	转速 (r/min)	轴功率 (kW)	配用功率 (kW)	效率 (%)	必需汽蚀余量 (m)
2	15	4.17	103		9.56		44	2.4
	25	6.94	100	2950	12.60	18.5	54	2.7
	28	7.78	96		13.55		54	2.8
3	15	4.17	154.5		14.34		44	2.4
	25	6.94	150	2950	18.90	30	54	2.7
	28	7.78	144		20.33		54	2.8
4	15	4.17	206		19.12		44	2.4
	25	6.94	200	2950	25.21	30	54	2.7
	28	7.78	192		27.10		54	2.8
5	15	4.17	257.5		23.90		44	2.4
	25	6.94	250	2950	31.51	37	54	2.7
	28	7.78	240		33.88		54	2.8
6	15	4.17	309		28.68		44	2.4
	25	6.94	300	2950	37.81	45	54	2.7
	28	7.78	288		40.65		54	2.8
7	15	4.17	360.5		33.46		44	2.4
	25	6.94	350	2950	44.11	55	54	2.7
	28	7.78	336		47.43		54	2.8
8	15	4.17	412		38.23		44	2.4
	25	6.94	400	2950	50.41	75	54	2.7
	28	7.78	384		54.20		54	2.8
9	15	4.17	463.5		43.01		44	2.4
	25	6.94	450	2950	56.71	75	54	2.7
	28	7.78	432		60.98		54	2.8
10	15	4.17	515		47.79		44	2.4
	25	6.94	500	2950	63.01	75	54	2.7
	28	7.78	480		67.75		54	2.8
11	15	4.17	566		52.53		44	2.4
	25	6.94	550	2950	69.32	90	54	2.7
	28	7.78	528		74.53		54	2.8
12	15	4.17	618		57.35		44	2.4
	25	6.94	600	2950	75.62	90	54	2.7
	28	7.78	576		81.30		54	2.8

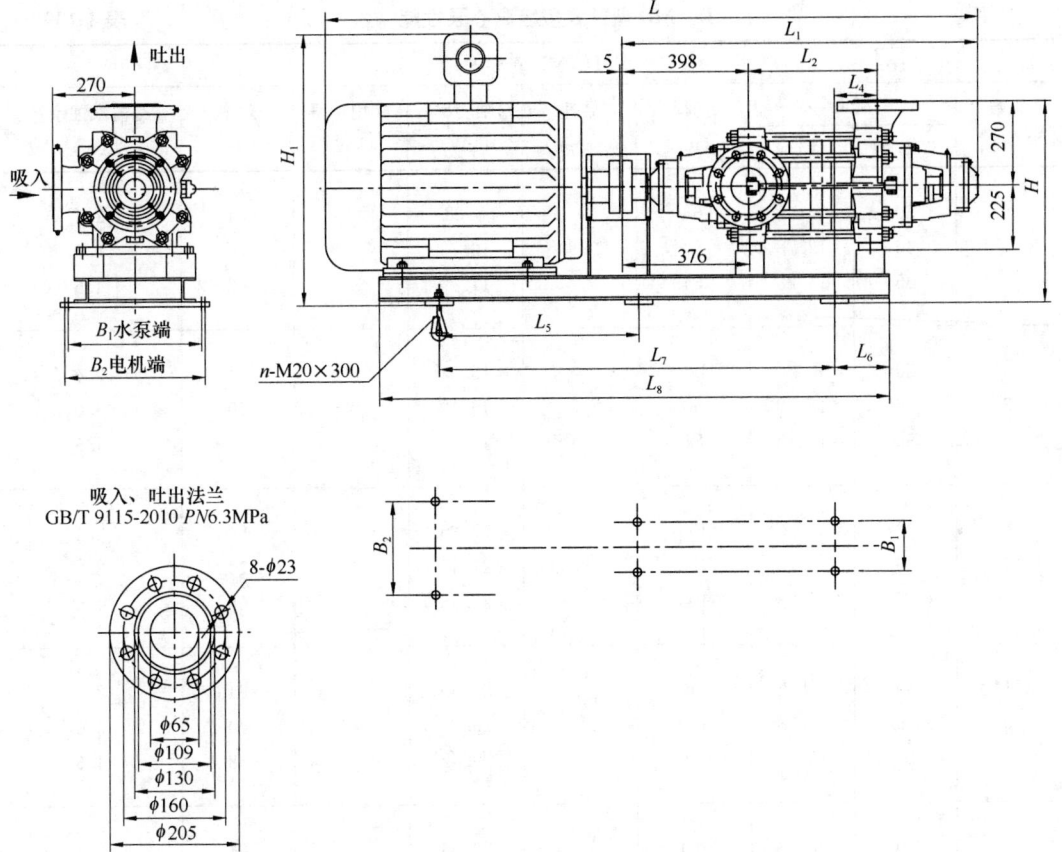

图 1-119　D、MD 型卧式多级离心泵外形及安装尺寸（五）

D、MD 型卧式多级离心泵安装尺寸（五）　　表 1-138

泵型号	泵级数	尺寸（mm）												电动机		质量
		L	L_1	L_2	L_4	L_5	L_6	L_7	L_8	H	H_1	B_1	B_2	型　号	功率（kW）	（kg）
D、MD25-50	2	1615	915	185	100	—	140	750	1135	595	685	480	480	YB₂160L-2	18.5	395
	3	1710	975	245	160	—	200	830	1200	595	695	480	480	YB₂180M-2	22	515
	4	1845	1035	305	187	—	225	935	1340	595	770	480	480	YB₂200L₁-2	30	536
	5	1905	1095	365	247	—	285	935	1400	595	770	480	480	YB₂200L₂-2	37	569
	6	2020	1155	425	303	—	340	985	1480	610	805	480	550	YB₂225M-2	45	644
	7	2165	1215	485	251	555	295	1115	1640	635	835	480	600	YB₂250M-2	55	773
	8	2290	1275	545	284	695	322	1180	1770	665	905	480	650	YB₂280S-2	75	951
	9	2350	1335	605	314	705	350	1205	1840	665	905	480	650	YB₂280S-2	75	972
	10	2410	1395	665	345	750	381	1235	1900	665	905	480	650	YB₂280S-2	75	993
	11	2520	1455	725	374	765	410	1305	2070	665	905	480	650	YB₂280M-2	90	1088
	12	2580	1515	785	404	775	440	1325	2130	665	905	480	650	YB₂280M-2	90	1109

注：D 型泵使用同档次 Y 系列三项异步电动机，IP44，安装尺寸相同。

D、MD型卧式多级离心泵性能（六）　　　　　　　表 1-139

D、MD46-30×n

级数 (n)	流量 (m³/h)	流量 (L/s)	扬程 (m)	转速 (r/min)	轴功率 (kW)	配用功率 (kW)	效率 (%)	必需汽蚀余量 (m)
2	30	8.33	68		8.68		64	2.4
	46	12.78	60	2950	10.73	15	70	3.0
	55	15.28	54		11.89		68	4.6
3	30	8.33	102		13.02		64	2.4
	46	12.78	90	2950	16.10	22	70	3.0
	55	15.28	81		17.83		68	4.6
4	30	8.33	136		17.35		64	2.4
	46	12.78	120	2950	21.47	30	70	3.0
	55	15.28	108		23.78		68	4.6
5	30	8.33	170		21.69		64	2.4
	46	12.78	150	2950	26.83	37	70	3.0
	55	15.28	135		29.72		68	4.6
6	30	8.33	204		26.03		64	2.4
	46	12.78	180	2950	32.20	37	70	3.0
	55	15.28	162		35.67		68	4.6
7	30	8.33	238		30.37		64	2.4
	46	12.78	210	2950	37.57	45	70	3.0
	55	15.28	189		41.61		68	4.6
8	30	8.33	272		34.71		64	2.4
	46	12.78	240	2950	42.93	55	70	3.0
	55	15.28	216		47.56		68	4.6
9	30	8.33	306		39.05		64	2.4
	46	12.78	270	2950	48.30	55	70	3.0
	55	15.28	243		53.50		68	4.6
10	30	8.33	340		43.39		64	2.4
	46	12.78	300	2950	53.67	75	70	3.0
	55	15.28	270		59.45		68	4.6

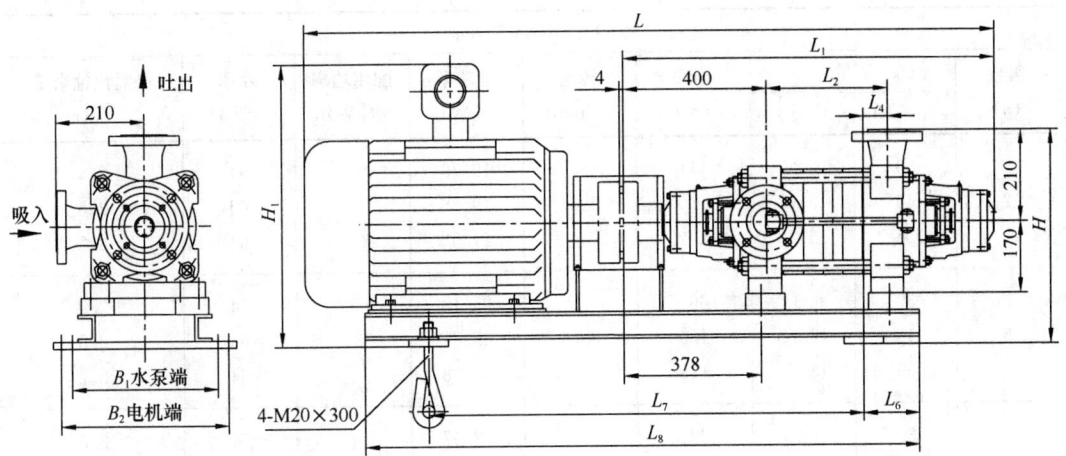

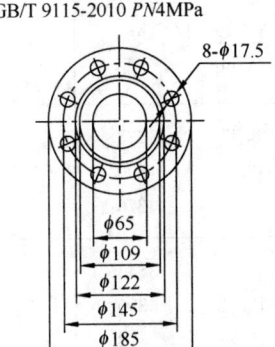

图 1-120 D、MD 型卧式多级离心泵外形及安装尺寸（六）

D、MD 型卧式多级离心泵安装尺寸（六）　　　　　　　　　　　　表 1-140

泵型号	泵级数	尺寸（mm）											电动机		质量（kg）
		L	L_1	L_2	L_4	L_6	L_7	L_8	H	H_1	B_1	B_2	型　号	功率（kW）	
D、MD46-30	2	1560	901	165	50	93	845	1085	495	645	440	440	YB_2160M_2-2	15	355
	3	1700	966	230	122	165	870	1200	505	665	440	440	YB_2180M-2	22	434
	4	1840	1031	295	157	200	945	1346	525	760	440	440	YB_2200L_1-2	30	517
	5	1905	1096	360	187	230	975	1411	525	760	440	440	YB_2200L_2-2	37	548
	6	1970	1161	425	227	270	1000	1476	525	760	440	440	YB_2200L_2-2	37	566
	7	2045	1226	490	240	283	1010	1569	550	645	440	440	YB_2225M-2	45	640
	8	2225	1291	555	285	331	1115	1730	575	690	460	552	YB_2250M-2	55	774
	9	2290	1356	620	325	371	1140	1795	575	690	460	552	YB_2250M-2	55	794
	10	2425	1421	685	336	382	1245	1933	605	755	520	600	YB_2280S-2	75	1001

注：D 型泵使用同档次 Y 系列三项异步电动机，IP44，安装尺寸相同。

D、MD 型卧式多级离心泵性能（七）　　表 1-141

D、MD46-50×n

级数 (n)	流量 (m³/h)	流量 (L/s)	扬程 (m)	转速 (r/min)	轴功率 (kW)	配用功率 (kW)	效率 (%)	必需汽蚀余量 (m)
2	30	8.33	111		16.79		54	2.5
	46	12.78	100	2950	19.88	30	63	2.8
	55	15.28	92		21.52		64	3.2
3	30	8.33	166.5		25.18		54	2.5
	46	12.78	150	2950	29.81	37	63	2.8
	55	15.28	138		32.28		64	3.2
4	30	8.33	222		33.57		54	2.5
	46	12.78	200	2950	39.75	45	63	2.8
	55	15.28	184		43.05		64	3.2
5	30	8.33	277.5		41.97		54	2.5
	46	12.78	250	2950	49.69	55	63	2.8
	55	15.28	230		53.81		64	3.2
6	30	8.33	333		50.36		54	2.5
	46	12.78	300	2950	59.63	75	63	2.8
	55	15.28	276		64.57		64	3.2
7	30	8.33	388.5		58.75		54	2.5
	46	12.78	350	2950	69.57	90	63	2.8
	55	15.28	322		75.33		64	3.2
8	30	8.33	444		67.15		54	2.5
	46	12.78	400	2950	79.51	90	63	2.8
	55	15.28	368		86.09		64	3.2
9	30	8.33	499.5		75.54		54	2.5
	46	12.78	450	2950	89.44	110	63	2.8
	55	15.28	414		96.85		64	3.2
10	30	8.33	555		83.94		54	2.5
	46	12.78	500	2950	99.38	132	63	2.8
	55	15.28	460		107.61		64	3.2
11	30	8.33	610.5		92.33		54	2.5
	46	12.78	550	2950	109.32	132	63	2.8
	55	15.28	506		118.37		64	3.2
12	30	8.33	666		100.72		54	2.5
	46	12.78	600	2950	119.26	132	63	2.8
	55	15.28	552		129.14		64	3.2

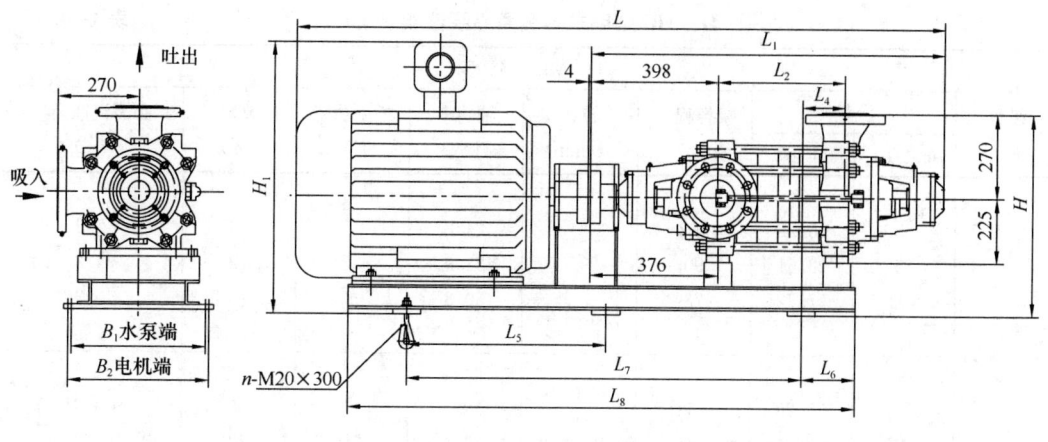

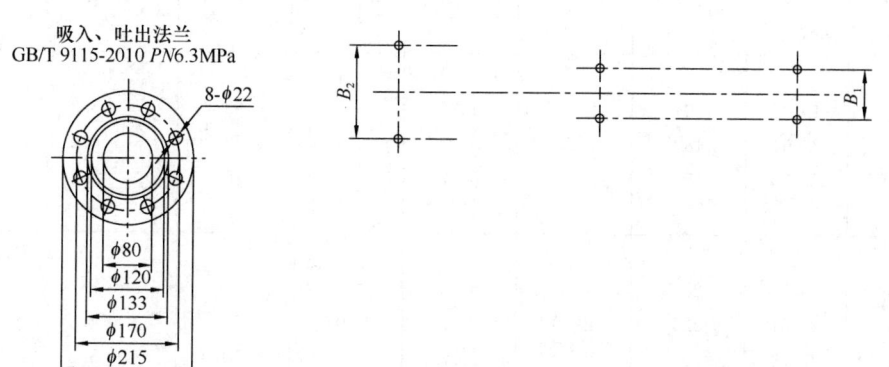

图 1-121 D、MD 型卧式多级离心泵外形及安装尺寸（七）

D、MD 型卧式多级离心泵安装尺寸（七）　　　　　　　　　表 1-142

泵型号	泵级数	尺寸（mm）													电动机			质量
		L	L_1	L_2	L_4	L_5	L_6	L_7	L_8	H	H_1	B_1	B_2	n	型　号	功率（kW）		（kg）
D、MD46-50	2	1724	915	185	97	—	135	850	1225	610	785	500	500	4	YB₂200L₁-2	30		556
	3	1784	975	245	127	—	165	875	1285	610	785	500	500	4	YB₂200L₂-2	37		591
	4	1899	1035	305	162	—	200	965	1375	625	820	500	500	4	YB₂225M-2	45		662
	5	2044	1095	365	187	—	225	1020	1530	635	835	500	600	4	YB₂250M-2	55		884
	6	2169	1155	425	167	565	205	1130	1660	665	905	500	650	6	YB₂280S-2	75		964
	7	2279	1215	485	227	565	265	1130	1770	665	905	500	650	6	YB₂280M-2	90		989
	8	2339	1275	545	237	590	275	1180	1830	665	905	500	650	6	YB₂280M-2	90		1101
	9	2589	1335	605	192	665	230	1330	1930	700	1135	500	750	6	YB₂315S-2	110		1442
	10	2719	1395	665	252	665	290	1330	2040	700	1135	500	750	6	YB₂315M-2	132		1472
	11	2779	1455	725	202	740	240	1480	2100	700	1135	500	750	6	YB₂315M-2	132		1589
	12	2839	1515	785	262	740	300	1480	2160	700	1135	500	750	6	YB₂315M-2	132		1612

注：D 型泵使用同档次 Y 系列三项异步电动机，IP44，安装尺寸相同。

D、MD 型卧式多级离心泵性能（八）　　表 1-143

D、MD85-45×n

级数 (n)	流量		扬程 (m)	转速 (r/min)	轴功率 (kW)	配用功率 (kW)	效率 (%)	必需汽蚀余量 (m)
	(m³/h)	(L/s)						
2	55	15.28	102		24.2		63	3.2
	85	23.61	90	2950	28.9	37	72	4.2
	100	27.78	78		30.3		70	5.2
3	55	15.28	153		36.4		63	3.2
	85	23.61	135	2950	43.4	55	72	4.2
	100	27.78	117		45.5		70	5.2
4	55	15.28	204		48.5		63	3.2
	85	23.61	180	2950	57.8	75	72	4.2
	100	27.78	156		60.7		70	5.2
5	55	15.28	255		60.6		63	3.2
	85	23.61	225	2950	72.3	90	72	4.2
	100	27.78	195		75.8		70	5.2
6	55	15.28	306		72.7		63	3.2
	85	23.61	270	2950	86.8	110	72	4.2
	100	27.78	234		91.0		70	5.2
7	55	15.28	357		84.8		63	3.2
	85	23.61	315	2950	101.2	132	72	4.2
	100	27.78	273		106.2		70	5.2
8	55	15.28	408		97.0		63	3.2
	85	23.61	360	2950	115.7	132	72	4.2
	100	27.78	312		121.3		70	5.2
9	55	15.28	459		109.1		63	3.2
	85	23.61	405	2950	130.2	160	72	4.2
	100	27.78	351		136.5		70	5.2

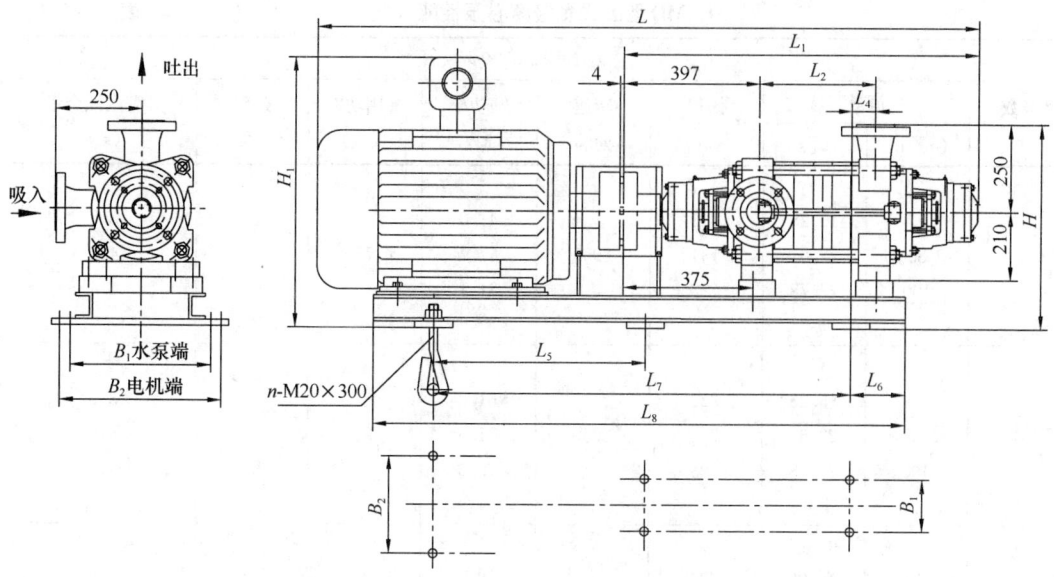

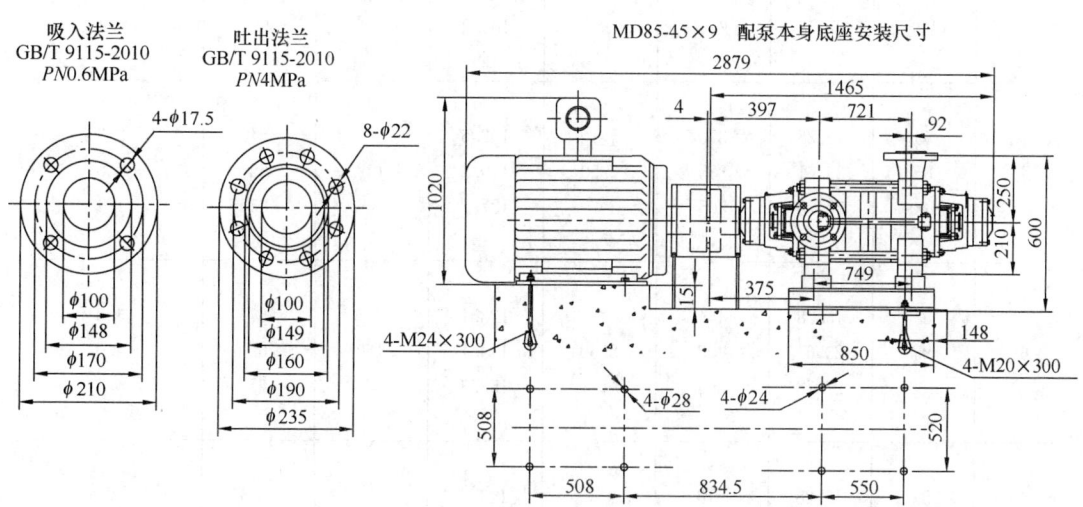

图 1-122 D、MD 型卧式多级离心泵外形及安装尺寸（八）

D、MD 型卧式多级离心泵安装尺寸（八）　　　　表 1-144

泵型号	泵级数	尺寸（mm）												电动机		质量 (kg)
		L	L_1	L_2	L_4	L_5	L_6	L_7	L_8	H	H_1	B_1	B_2	型　号	功率 (kW)	
D、MD85-45	2	1756	947	203	104	—	160	850	1255	595	790	520	520	YB₂200L₂-2	37	522
	3	1970	1021	277	130	—	186	1040	1455	625	845	520	615	YB₂250M-2	55	716
	4	2109	1095	351	172	530	228	1060	1600	655	915	520	670	YB₂280S-2	75	899
	5	2233	1169	425	202	560	258	1120	1725	655	915	520	670	YB₂280M-2	90	1007
	6	2497	1243	499	259	750	315	1200	1830	695	1150	520	760	YB₂315S-2	110	1374
	7	2641	1317	573	304	770	360	1255	1955	695	1150	520	760	YB₂315M-2	132	1493
	8	2715	1391	647	334	800	390	1305	2030	695	1150	520	760	YB₂315M-2	132	1519
	9	2879	1465	721	369	840	425	1365	2155	695	1150	520	760	YB₂315L₁-2	160	1624

注：D 型泵使用同档次 Y 系列三项异步电动机，IP44，安装尺寸相同。

D、MD 型卧式多级离心泵性能（九） 表 1-145

D、MD85-67×n

级数 (n)	流量 (m³/h)	流量 (L/s)	扬程 (m)	转速 (r/min)	轴功率 (kW)	配用功率 (kW)	效率 (%)	必需汽蚀余量 (m)
2	55	15.28	148		41.0		54	3.3
	85	23.61	134	2950	47.7	75	65	4.0
	100	27.78	122		51.1		65	4.4
3	55	15.28	222		61.6		54	3.3
	85	23.61	201	2950	71.6	90	65	4.0
	100	27.78	183		76.6		65	4.4
4	55	15.28	296		82.1		54	3.3
	85	23.61	268	2950	95.4	110	65	4.0
	100	27.78	244		102.2		65	4.4
5	55	15.28	370		102.6		54	3.3
	85	23.61	335	2950	119.3	132	65	4.0
	100	27.78	305		127.7		65	4.4
6	55	15.28	444		123.1		54	3.3
	85	23.61	402	2950	143.1	160	65	4.0
	100	27.78	366		153.3		65	4.4
7	55	15.28	518		143.6		54	3.3
	85	23.61	469	2950	167.0	200	65	4.0
	100	27.78	427		178.8		65	4.4
8	55	15.28	592		164.1		54	3.3
	85	23.61	536	2950	190.8	220	65	4.0
	100	27.78	488		204.4		65	4.4
9	55	15.28	666		184.7		54	3.3
	85	23.61	603	2950	214.7	250	65	4.0
	100	27.78	549		229.9		65	4.4

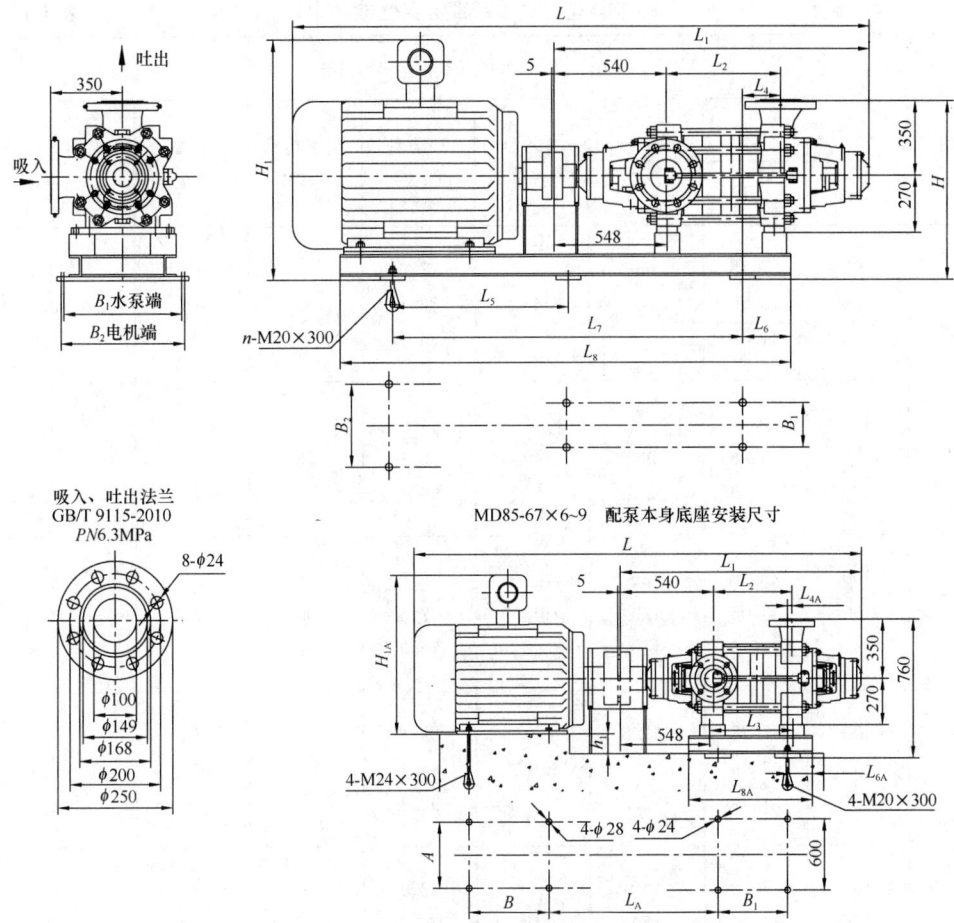

图 1-123　D、MD 型卧式多级离心泵外形及安装尺寸（九）

D、MD 型卧式多级离心泵安装尺寸（九）　　　　　　　　　　　表 1-146

泵型号	泵级数	公用底座安装尺寸（mm）													电动机		质量（kg）
		L	L_1	L_2	L_4	L_5	L_6	L_7	L_8	H	H_1	B_1	B_2	n	型　号	功率（kW）	
D、MD85-67	2	2271	1256	283	140	—	173	1140	1660	765	925	700	700	4	YB$_2$280S-2	75	1498
	3	2409	1344	371	180	—	213	1200	1800	765	925	700	700	4	YB$_2$280M-2	90	1697
	4	2687	1432	459	230	—	263	1300	1930	800	1155	700	700	4	YB$_2$315S-2	110	2177
	5	2845	1520	547	270	—	303	1390	2070	800	1155	700	700	4	YB$_2$315M-2	132	2397
	6	3023	1608	635	320	800	353	1520	2180	800	1155	700	700	6	YB$_2$315L$_1$-2	160	2615
	7	3111	1696	723	360	800	393	1540	2268	800	1155	700	700	6	YB$_2$315L$_2$-2	200	2797
	8	3359	1784	811	400	850	433	1650	2540	840	1215	700	800	6	YB$_2$355M$_1$-2	220	3766
	9	3447	1872	899	450	870	483	1740	2628	840	1215	700	800	6	YB$_2$355M$_2$-2	250	3893

泵型号	泵级数	泵本身底座安装尺寸（mm）													电动机	功率（kW）	质量（kg）
		L	L_1	L_2	L_3	L_{4A}	L_{6A}	L_{8A}	H_{1A}	h_1	A	B	B_1	L_A	型　号		
D、MD85-67	6	3023	1608	635	600	67	100	720	1020	75	508	508	520	949	YB$_2$315L$_1$-2	160	2515
	7	3111	1696	723	688	67	100	808	1020	75	508	508	608	949	YB$_2$315L$_2$-2	200	2697
	8	3359	1784	811	776	67	100	896	1080	35	610	560	696	987	YB$_2$355M$_1$-2	220	3646
	9	3447	1872	899	864	67	100	984	1080	35	610	560	784	987	YB$_2$355M$_2$-2	250	3773

注：D 型泵使用同档次 Y 系列三项异步电动机，IP44，安装尺寸相同。

D、MD型卧式多级离心泵性能（十）

表 1-147

D、MD155-30×n

级数 (n)	流量		扬程 (m)	转速 (r/min)	轴功率 (kW)	配用功率 (kW)	效率 (%)	必需汽蚀余量 (m)
	(m³/h)	(L/s)						
2	100	27.78	65		27.6		64	3.2
	155	43.06	60	1480	33.8	55	75	3.9
	185	51.39	55		36.9		75	4.8
3	100	27.78	97.5		41.5		64	3.2
	155	43.06	90	1480	50.6	75	75	3.9
	185	51.39	82.5		55.4		75	4.8
4	100	27.78	130		55.3		64	3.2
	155	43.06	120	1480	67.5	90	75	3.9
	185	51.39	110		73.9		75	4.8
5	100	27.78	162.5		69.1		64	3.2
	155	43.06	150	1480	84.4	110	75	3.9
	185	51.39	137.5		92.3		75	4.8
6	100	27.78	195		82.9		64	3.2
	155	43.06	180	1480	101.3	132	75	3.9
	185	51.39	165		110.8		75	4.8
7	100	27.78	227.5		96.8		64	3.2
	155	43.06	210	1480	118.1	160	75	3.9
	185	51.39	192.5		129.3		75	4.8
8	100	27.78	260		110.6		64	3.2
	155	43.06	240	1480	135.0	200	75	3.9
	185	51.39	220		147.7		75	4.8
9	100	27.78	292.5		124.4		64	3.2
	155	43.06	270	1480	151.9	200	75	3.9
	185	51.39	247.5		166.2		75	4.8
10	100	27.78	325		138.2		64	3.2
	155	43.06	300	1480	168.8	220	75	3.9
	185	51.39	275		184.7		75	4.8

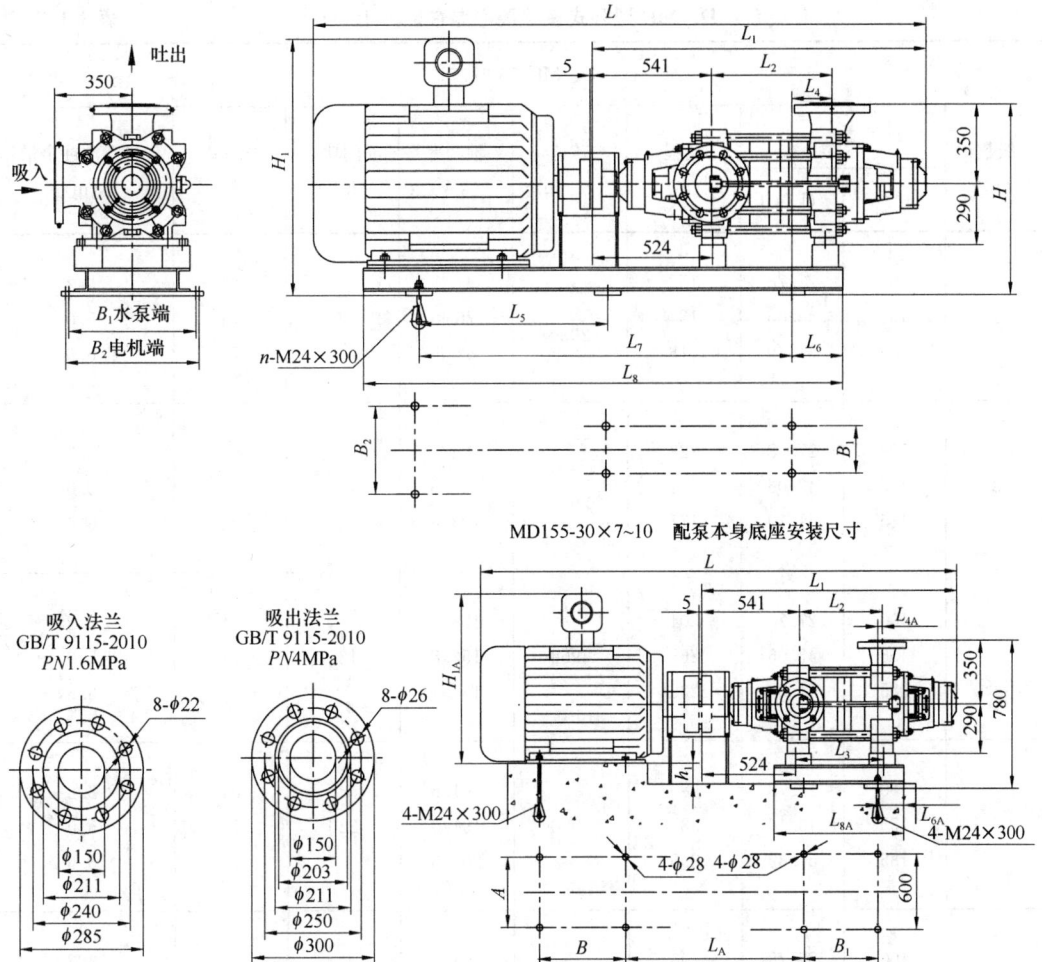

图 1-124　D、MD 型卧式多级离心泵外形及安装尺寸（十）

D、MD 型卧式多级离心泵安装尺寸（十）　　　　　　　表 1-148

泵型号	泵级数	公用底座安装尺寸（mm）													电动机		质量
		L	L_1	L_2	L_4	L_5	L_6	L_7	L_8	H	H_1	B_1	B_2	n	型号	功率 (kW)	(kg)
D、MD 155-30	2	2211	1276	310	172	530	242	1060	1635	775	750	580	580	6	YB₂250M-4	55	1055
	3	2396	1391	425	225	550	295	1100	1825	775	785	580	640	6	YB₂280S-4	75	1246
	4	2561	1506	540	267	630	337	1260	1995	775	785	580	640	6	YB₂280M-4	90	1418
	5	2906	1621	655	317	750	387	1500	2170	810	1165	580	700	6	YB₂315S-4	110	1848
	6	3091	1736	770	377	780	447	1570	2335	810	1165	580	700	6	YB₂315M-4	132	2015
	7	3296	1851	885	427	830	497	1660	2565	810	1165	580	700	6	YB₂315L₁-4	160	2153
	8	3411	1966	1000	487	850	557	1720	2680	810	1165	580	700	6	YB₂315L₂-4	200	2299
	9	3526	2081	1115	537	880	607	1780	2795	810	1165	580	700	6	YB₂315L₂-4	200	2371
	10	3771	2196	1230	597	980	667	1980	3025	850	1225	580	800	6	YB₂355M₁-4	220	3023

泵型号	泵级数	泵本身底座安装尺寸（mm）												电动机		质量
		L	L_1	L_2	L_3	L_{4A}	L_{6A}	L_{8A}	H_{1A}	h_1	A	B	B_1	L_A	型号	功率 (kW)	(kg)
D、MD 155-30	7	3296	1851	885	920	22	100	1040	1020	95	508	508	840	955	YB₂315L₁-4	160	2053
	8	3411	1966	1000	1035	22	100	1155	1020	95	508	508	955	955	YB₂315L₂-4	200	2199
	9	3526	2081	1115	1150	22	100	1270	1020	95	508	508	1070	955	YB₂315L₂-4	200	2271
	10	3771	2196	1230	1265	22	100	1385	1080	55	610	560	1185	993	YB₂355M₁-4	220	2883

注：D 型泵使用同档次 Y 系列三项异步电动机，IP44，安装尺寸相同。

D、MD 型卧式多级离心泵性能（十一） 表 1-149

D、MD155-67×n

级数	流量		扬程	转速	轴功率	配用功率	效率	必需汽蚀余量
(n)	(m³/h)	(L/s)	(m)	(r/min)	(kW)	(kW)	(%)	(m)
2	100	27.78	152		64.7		64	3.2
	155	43.06	134	2950	76.4	90	74	5.0
	185	51.39	118		82.5		72	6.6
3	100	27.78	228		97.0		64	3.2
	155	43.06	201	2950	114.6	132	74	5.0
	185	51.39	177		123.8		72	6.6
4	100	27.78	304		129.3		64	3.2
	155	43.06	268	2950	152.8	185	74	5.0
	185	51.39	236		165.1		72	6.6
5	100	27.78	380		161.6		64	3.2
	155	43.06	335	2950	191.0	220	74	5.0
	185	51.39	295		206.3		72	6.6
6	100	27.78	456		194.0		64	3.2
	155	43.06	402	2950	229.2	280	74	5.0
	185	51.39	354		247.6		72	6.6
7	100	27.78	532		226.3		64	3.2
	155	43.06	469	2950	267.4	315	74	5.0
	185	51.39	413		288.9		72	6.6
8	100	27.78	608		258.6		64	3.2
	155	43.06	536	2950	305.6	355	74	5.0
	185	51.39	472		330.1		72	6.6
9	100	27.78	684		290.9		64	3.2
	155	43.06	603	2950	343.8	450	74	5.0
	185	51.39	531		371.4		72	6.6

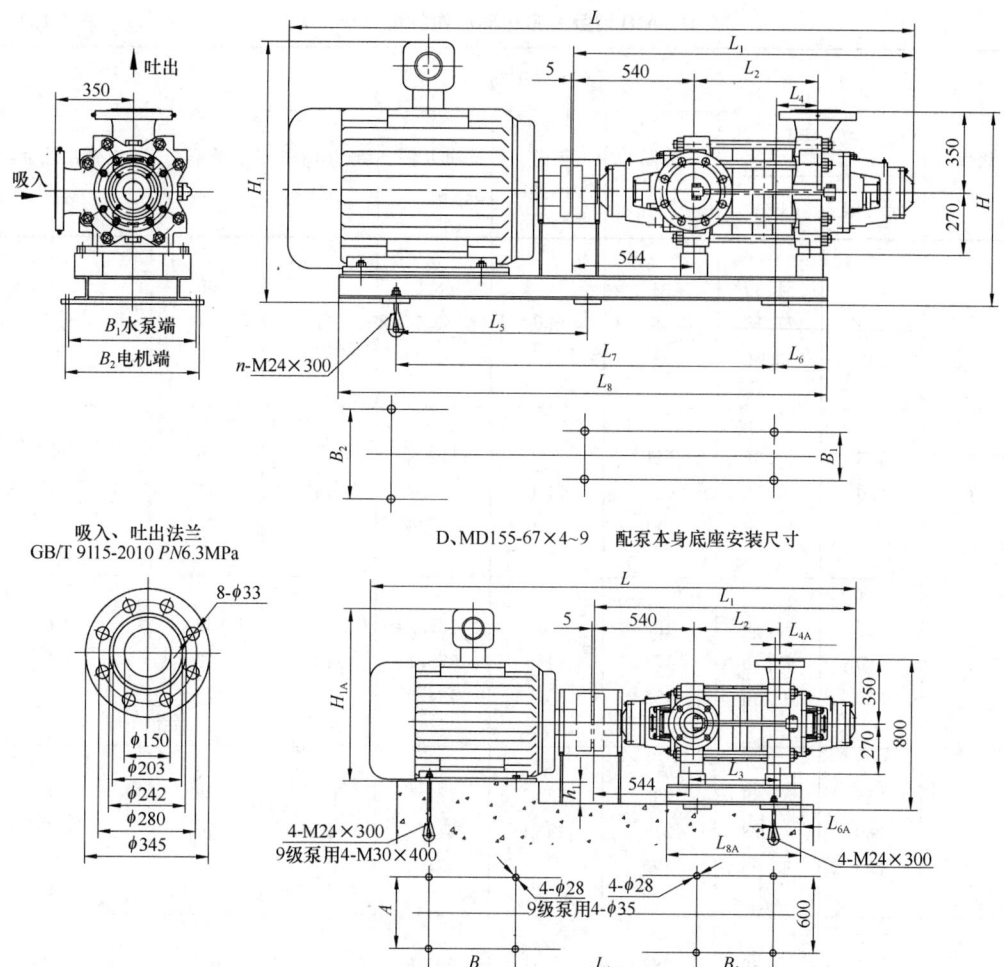

图 1-125　D、MD 型卧式多级离心泵外形及安装尺寸（十一）

D、MD 型卧式多级离心泵安装尺寸（十一）　　　　　表 1-150

泵型号	泵级数	公用底座安装尺寸（mm）												电动机			质量（kg）
		L	L₁	L₂	L₄	L₅	L₆	L₇	L₈	H	H₁	B₁	B₂	n	型号	功率(kW)	

泵型号	泵级数	L	L_1	L_2	L_4	L_5	L_6	L_7	L_8	H	H_1	B_1	B_2	n	型号	功率(kW)	质量(kg)
D、MD 155-67	2	2321	1256	283	140		193	1240	1740	765	925	700	700	4	YB₂280M-2	90	1514
	3	2669	1344	371	180		233	1330	1920	805	1160	700	700	4	YB₂315M-2	132	2143
	4	2947	1432	459	247	650	300	1435	2112	845	1220	800	800	6	YB₂355S₁-2	185	2450
	5	3095	1520	547	270	650	323	1500	2260	845	1220	800	800	6	YB₂355M₁-2	220	3438
	6	3303	1608	635	320	750	373	1572	2412	845	1220	680	800	6	YB₂355L₁-2	280	4008
	7	3391	1696	723	360	750	413	1620	2500	845	1220	680	800	6	YB₂355L₂-2	315	4168
	8	3989	1784	811	413	1365	450	2000	2960	890	1280	740	1000	6	YB₂4002-2-6kV	355	4726
	9	4077	1872	899	450	1365	489	2050	3050	890	1280	740	1000	6	YB₂4004-2-6kV	450	5166

泵型号	泵级数	泵本身底座安装尺寸（mm）												电动机		质量(kg)
		L	L_1	L_2	L_3	L_{4A}	L_{6A}	L_{8A}	H_{1A}	h_1	A	B	B_1	L_A	型号	功率(kW)	

泵型号	泵级数	L	L_1	L_2	L_3	L_{4A}	L_{6A}	L_{8A}	H_{1A}	h_1	A	B	B_1	L_A	型号	功率(kW)	质量(kg)
D、MD 155-67	4	2947	1432	459	424	61	100	564	900	115	508	508	364	935	YB₂315L₂-2	185	2350
	5	3095	1520	547	512	61	100	652	1080	75	610	560	452	973	YB₂355M₁-2	220	3318
	6	3303	1608	635	600	61	100	740	1080	75	610	630	540	973	YB₂355L₁-2	280	3888
	7	3391	1696	723	688	61	100	828	1080	75	610	630	628	973	YB₂355L₂-2	315	4048
	8	3989	1784	811	776	61	100	916	990	75	610	630	716	973	YB₂4002-2-6kV	355	4606
	9	4077	1872	899	864	61	100	1004	1140	30	710	1000	804	1029	YB₂4004-2-6kV	450	5006

注：配低压电机时，D 型泵使用同档次 Y 系列三项异步电动机，IP44，安装尺寸相同。
　　配高压电机时，D 型泵使用同档次 YB₂ 系列三项异步电动机，IP54，安装尺寸相同。

D、MD 型卧式多级离心泵性能（十二）　　　　　表 1-151

D、MD280-43×n

级数 (n)	流量		扬程 (m)	转速 (r/min)	轴功率 (kW)	配用功率 (kW)	效率 (%)	必需汽蚀余量 (m)
	(m³/h)	(L/s)						
2	185	51.39	94		68.6		69	3.0
	280	77.78	86	1480	85.1	110	77	4.7
	335	93.06	76		92.4		75	6
3	185	51.39	141		102.9		69	3.0
	280	77.78	129	1480	127.7	160	77	4.7
	335	93.06	114		138.6		75	6
4	185	51.39	188		137.2		69	3.0
	280	77.78	172	1480	170.3	220	77	4.7
	335	93.06	152		184.8		75	6
5	185	51.39	235		171.5		69	3.0
	280	77.78	215	1480	212.8	250	77	4.7
	335	93.06	190		231.0		75	6
6	185	51.39	282		205.8		69	3.0
	280	77.78	258	1480	255.4	315	77	4.7
	335	93.06	228		277.2		75	6
7	185	51.39	329		240.1		69	3.0
	280	77.78	301	1480	298.0	355	77	4.7
	335	93.06	266		323.4		75	6
8	185	51.39	376		274.4		69	3.0
	280	77.78	344	1480	340.5	400	77	4.7
	335	93.06	304		369.6		75	6
9	185	51.39	423		308.7		69	3.0
	280	77.78	387	1480	383.1	450	77	4.7
	335	93.06	342		415.8		75	6

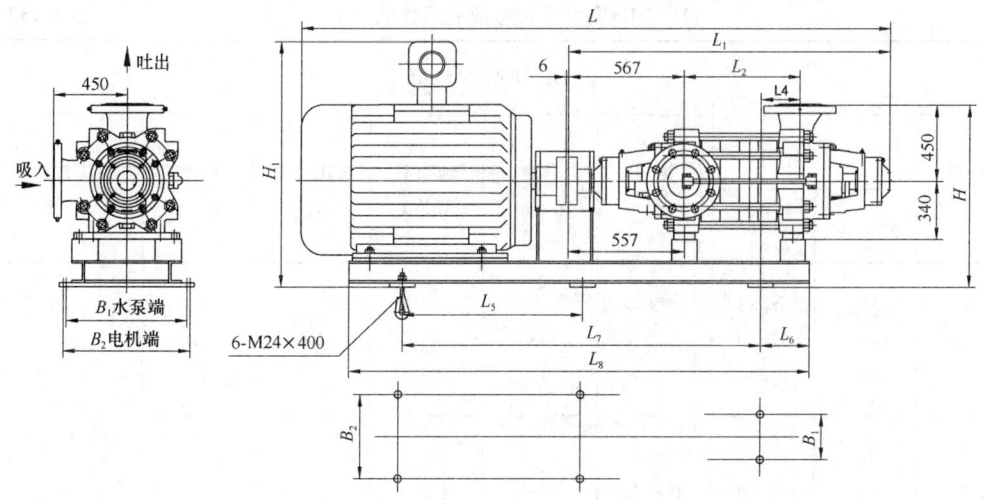

MD280-43×3~9 配泵本身底座安装尺寸

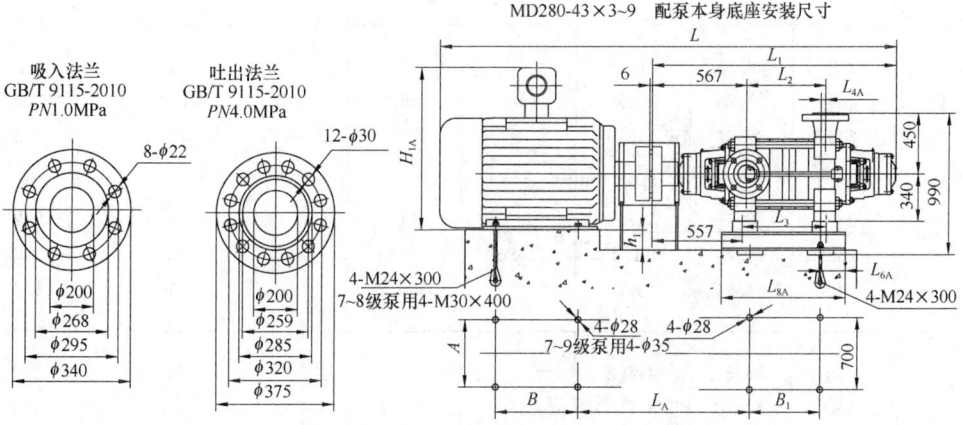

图 1-126 D、MD 型卧式多级离心泵外形及安装尺寸（十二）

D、MD 型卧式多级离心泵安装尺寸（十二） 表 1-152

泵型号	泵级数	公用底座安装尺寸（mm）												电动机		质量 (kg)
		L	L_1	L_2	L_4	L_5	L_6	L_7	L_8	H	H_1	B_1	B_2	型号	功率 (kW)	
D、MD 280-43	2	2715	1429	373	180	600	252	1285	1940	930	1185	720	720	$YB_2315S-4$	110	1815
	3	3005	1559	503	250	650	322	1355	2173	930	1185	720	720	YB_2315L_1-4	160	2090
	4	3265	1689	633	310	700	382	1515	2480	1025	1300	680	820	YB_2355M_1-4	220	2874
	5	3395	1819	763	380	750	452	1575	2610	1025	1300	680	820	YB_2355M_2-4	250	3011
	6	3645	1949	893	450	800	522	1705	2800	1025	1300	680	820	YB_2355L_2-4	315	3348
	7	4285	2079	1023	510	1078	582	2576	3270	1080	1370	780	920	$YB_24002-4-6kV$	355	4451
	8	4409	2209	1153	576	1078	648	2640	3400	1080	1370	780	920	$YB_24003-4-6kV$	400	4661
	9	4545	2339	1283	641	1078	713	2705	3530	1080	1370	780	920	$YB_24004-4-6kV$	450	4897

泵型号	泵级数	泵本身底座安装尺寸（mm）												电动机		质量 (kg)
		L	L_1	L_2	L_3	L_{4A}	L_{6A}	L_{8A}	H_{1A}	h_1	A	B	B_1	L_A	型号	功率 (kW)	质量 (kg)
D、MD 280-43	3	3005	1559	503	530	23	100	650	1020	205	508	508	450	989	YB_2315L_1-4	160	1990
	4	3265	1689	633	660	23	100	780	1080	165	610	560	580	1027	YB_2355M_1-4	220	2754
	5	3395	1819	763	790	23	100	910	1080	165	610	560	710	1027	YB_2355M_2-4	250	2891
	6	3645	1949	893	920	23	100	1040	1080	165	610	630	840	1027	YB_2355L_2-4	315	3228
	7	4285	2079	1023	1050	23	100	1170	1250	120	710	1000	970	1148	$YB_24002-4-6kV$	355	4291
	8	4409	2209	1153	1180	23	100	1300	1250	120	710	1000	1100	1148	$YB_24003-4-6kV$	400	4501
	9	4545	2339	1283	1310	23	100	1430	1250	120	710	1000	1230	1148	$YB_24004-4-6kV$	450	4737

注：配低压电机时，D 型泵使用同档次 Y 系列三项异步电动机，IP44，安装尺寸相同；配高压电机时，D 型泵使用同档次 YB₂ 系列三项异步电动机，IP54，安装尺寸相同。

D、MD 型卧式多级离心泵性能（十三） 表 1-153

D、MD280-65×*n*

级数 (*n*)	流量		扬程 (m)	转速 (r/min)	轴功率 (kW)	配用功率 (kW)	效率 (%)	必需汽蚀余量 (m)
	(m³/h)	(L/s)						
2	210	58.33	139.4	1480	124.5	200	64	2.2
	280	77.78	132.5		143.5		70.4	3.35
	340	94.44	122.8		160.1		71	4.3
3	210	58.33	209.1	1480	186.8	280	64	2.2
	280	77.78	198.75		215.2		70.4	3.35
	340	94.44	184.2		240.1		71	4.3
4	210	58.33	278.8	1480	249.0	355	64	2.2
	280	77.78	265		286.9		70.4	3.35
	340	94.44	245.6		320.2		71	4.3
5	210	58.33	348.5	1480	311.3	450	64	2.2
	280	77.78	331.25		358.6		70.4	3.35
	340	94.44	307		400.2		71	4.3
6	210	58.33	418.2	1480	373.5	500	64	2.2
	280	77.78	397.5		430.4		70.4	3.35
	340	94.44	368.4		480.2		71	4.3
7	210	58.33	487.9	1480	435.8	630	64	2.2
	280	77.78	463.75		502.1		70.4	3.35
	340	94.44	429.8		560.3		71	4.3
8	210	58.33	557.6	1480	498.1	710	64	2.2
	280	77.78	530		573.8		70.4	3.35
	340	94.44	491.2		640.3		71	4.3
9	210	58.33	627.3	1480	560.3	800	64	2.2
	280	77.78	596.25		645.6		70.4	3.35
	340	94.44	552.6		720.4		71	4.3
10	210	58.33	697	1480	622.6	900	64	2.2
	280	77.78	662.5		717.3		70.4	3.35
	340	94.44	614		800.4		71	4.3

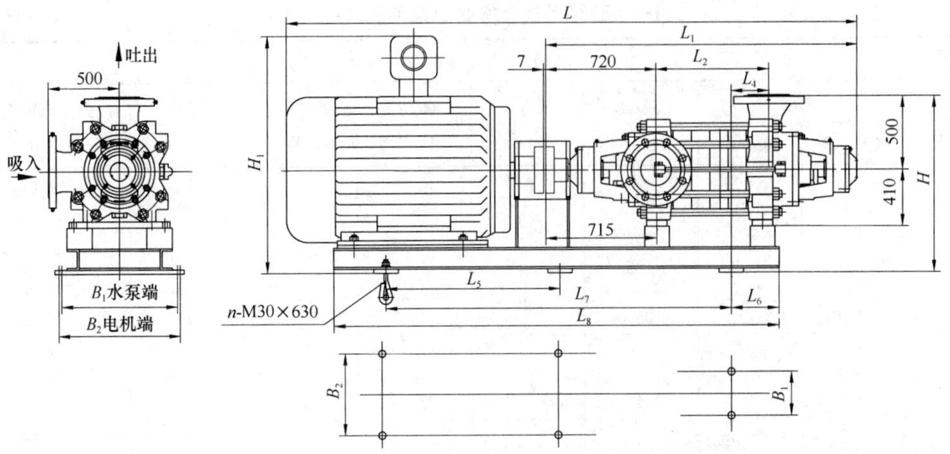

MD280-65 配泵本身底座安装尺寸

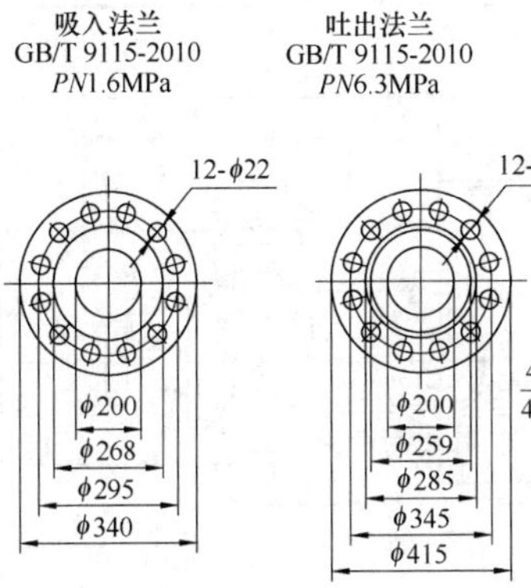

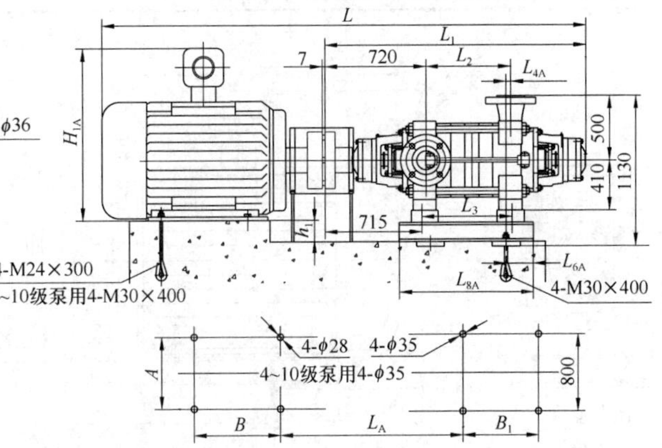

图 1-127 D、MD 型卧式多级离心泵外形及安装尺寸（十三）

D、MD 型卧式多级离心泵安装尺寸（十三） 表 1-154

泵型号	泵级数	公用底座安装尺寸（mm）												n	电动机		质量(kg)
		L	L_1	L_2	L_4	L_5	L_6	L_7	L_8	H	H_1	B_1	B_2		型 号	功率(kW)	
D、MD 280-65	2	3112	1665	345	170	750	245	1540	2150	1100	1305	800	800	6	$YB_2$315L_2-4	200	2614
	3	3492	1795	475	230	800	305	1670	2460	1100	1325	800	800	6	$YB_2$355L_2-4	280	3581
	4	4132	1925	605	300	775	375	2220	3010	1120	1360	800	1000	6	$YB_2$4002-4-6kV	355	4507
	5	4262	2055	735	370	775	445	2280	3140	1120	1360	800	1000	6	$YB_2$4004-4-6kV	450	4877
	6	4502	2185	865	430	800	505	2355	3400	1170	1470	800	1100	6	$YB_2$4501-4-6kV	500	5158
	7	4632	2315	995	490	800	565	2425	3530	1170	1470	800	1100	6	$YB_2$4503-4-6kV	630	5696
	8	4762	2445	1125	570	800	645	2475	3660	1170	1470	800	1100	6	$YB_2$4504-4-6kV	710	6025
	9	4982	2575	1255	630	970	705	2800	4030	1220	1540	900	1100	6	$YB_2$5001-4-6kV	800	6335
	10	5112	2705	1385	700	970	775	2860	4160	1220	1540	900	1100	6	$YB_2$5002-4-6kV	900	6686

泵型号	泵级数	泵本身底座安装尺寸（mm）													电动机		质量(kg)
		L	L_1	L_2	L_3	L_{4A}	L_{6A}	L_{8A}	H_{1A}	h_1	A	B	B_1	L_A	型 号	功率(kW)	
D、MD 280-65	2	3112	1665	345	345	25	90	485	1020	295	508	508	305	1128	$YB_2$315L_2-4	200	2514
	3	3492	1795	475	475	25	90	615	1080	255	610	630	435	1166	$YB_2$355L_2-4	280	2481
	4	4132	1925	605	605	25	90	745	1140	210	710	1000	565	1232	$YB_2$4002-4-6kV	355	4387
	5	4262	2055	735	735	25	90	875	1140	210	710	1000	695	1232	$YB_2$4004-4-6kV	450	4757
	6	4502	2185	865	865	25	90	1005	1250	160	800	1120	825	1232	$YB_2$4501-4-6kV	500	5018
	7	4632	2315	995	995	25	90	1135	1250	160	800	1120	955	1232	$YB_2$4503-4-6kV	630	5556
	8	4762	2445	1125	1125	25	90	1265	1250	160	800	1120	1085	1232	$YB_2$4504-4-6kV	710	5865
	9	4982	2575	1255	1255	25	90	1395	1320	110	900	1250	1215	1307	$YB_2$5001-4-6kV	800	6193
	10	5112	2705	1385	1385	25	90	1525	1320	110	900	1250	1345	1307	$YB_2$5002-4-6kV	900	6506

注：配低压电机时，D型泵使用同档次 Y 系列三项异步电动机，IP44，安装尺寸相同；配高压电机时，D型泵使用同档次 YB_2 系列三项异步电动机，IP54，安装尺寸相同。

D、MD 型卧式多级离心泵性能（十四）   表 1-155

D、MD360-40×n

级数 (n)	流量 (m³/h)	流量 (L/s)	扬程 (m)	转速 (r/min)	轴功率 (kW)	配用功率 (kW)	效率 (%)	必需汽蚀余量 (m)
2	300	83.3	84	1480	89.1	132	77	4.65
	360	100	80		98.1		80	4.7
	440	122.2	71		110.5		77	5.4
3	300	83.3	126	1480	133.7	200	77	4.65
	360	100	120		147.2		80	4.7
	440	122.2	106.5		165.8		77	5.4
4	300	83.3	168	1480	178.2	250	77	4.65
	360	100	160		196.2		80	4.7
	440	122.2	142		221.1		77	5.4
5	300	83.3	210	1480	222.8	315	77	4.65
	360	100	200		245.3		80	4.7
	440	122.2	177.5		276.3		77	5.4

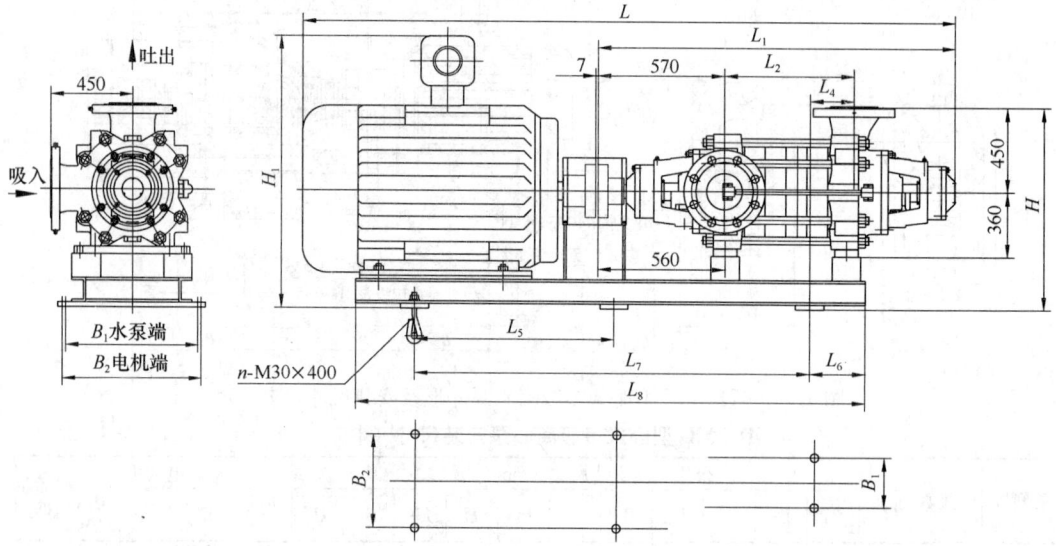

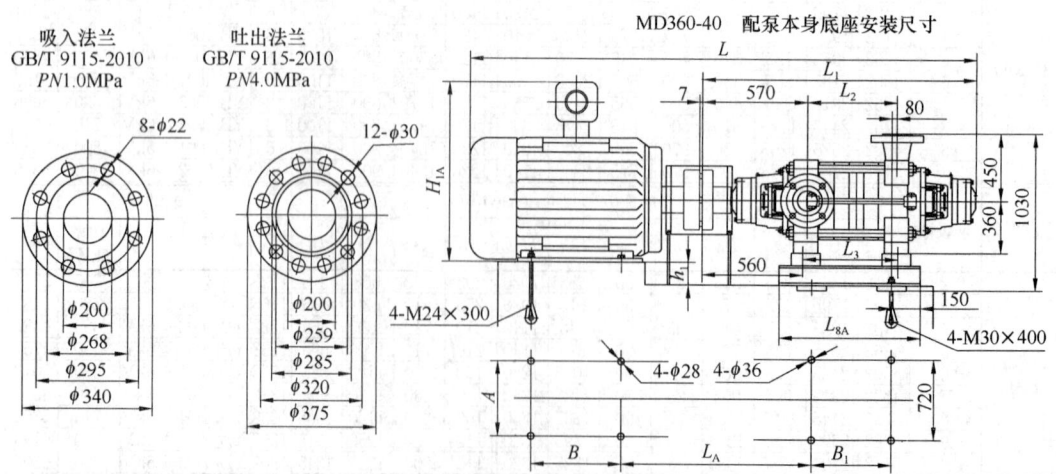

图 1-128 D、MD 型卧式多级离心泵外形及安装尺寸（十四）

D、MD型卧式多级离心泵安装尺寸（十四）　　　　表 1-156

泵型号	泵级数	公用底座安装尺寸（mm）												n	电动机		质量
		L	L_1	L_2	L_4	L_5	L_6	L_7	L_8	H	H_1	B_1	B_2		型　号	功率(kW)	(kg)
D,MD 360-40	2	2807	1450	390	130	800	200	1630	2030	1075	1330	720	720	6	YB₂315M-4	132	1910
	3	3037	1590	530	130	900	200	1820	2220	1075	1330	720	720	6	YB₂315L₂-4	200	2060
	4	3307	1730	670	130	1000	200	2060	2460	1035	1310	800	800	6	YB₂355M₂-4	250	2930
	5	3567	1870	810	130	1100	200	2250	2650	1035	1310	800	800	6	YB₂355L₂-4	315	3210

泵型号	泵级数	泵本身底座安装尺寸（mm）											电动机		质量
		L	L_1	L_2	L_3	L_{8A}	H_{1A}	h_1	A	B	B_1	L_A	型　号	功率(kW)	(kg)
D,MD 360-40	2	2807	1450	390	390	550	1020	245	508	457	250	1023	YB₂315M-4	132	1860
	3	3037	1590	530	530	690	1020	245	508	508	390	1023	YB₂315L₂-4	200	2010
	4	3307	1730	670	670	830	1080	205	610	560	530	1061	YB₂355M₂-4	250	1880
	5	3567	1870	810	810	970	1080	205	610	630	670	1061	YB₂355L₂-4	315	3160

注：配低压电机时，D型泵使用同档次 Y 系列三项异步电动机，IP44，安装尺寸相同。

D、MD型卧式多级离心泵性能（十五）　　　　表 1-157

D、MD450-60×n

级数 (n)	流量		扬程 (m)	转速 (r/min)	轴功率 (kW)	配用功率 (kW)	效率 (%)	必需汽蚀余量 (m)
	(m³/h)	(L/s)						
2	335	93.06	130	1480	164.7	250	72	3.8
	450	125	120		186.1		79	4.90
	500	138.89	114		198.9		78	6.0
3	335	93.06	195	1480	247.0	355	72	3.8
	450	125	180		279.1		79	4.90
	500	138.89	171		298.4		78	6.0
4	335	93.06	260	1480	329.3	500	72	3.8
	450	125	240		372.2		79	4.90
	500	138.89	228		397.9		78	6.0
5	335	93.06	325	1480	411.6	630	72	3.8
	450	125	300		465.2		79	4.90
	500	138.89	285		497.3		78	6.0
6	335	93.06	390	1480	494.0	710	72	3.8
	450	125	360		558.2		79	4.90
	500	138.89	342		596.8		78	6.0
7	335	93.06	455	1480	576.3	800	72	3.8
	450	125	420		651.3		79	4.90
	500	138.89	399		696.3		78	6.0
8	335	93.06	520	1480	658.6	900	72	3.8
	450	125	480		744.3		79	4.90
	500	138.89	456		795.7		78	6.0
9	335	93.06	585	1480	741.0	1000	72	3.8
	450	125	540		837.3		79	4.90
	500	138.89	513		895.2		78	6.0
10	335	93.06	650	1480	823.3	1120	72	3.8
	450	125	600		930.4		79	4.90
	500	138.89	570		994.7		78	6.0

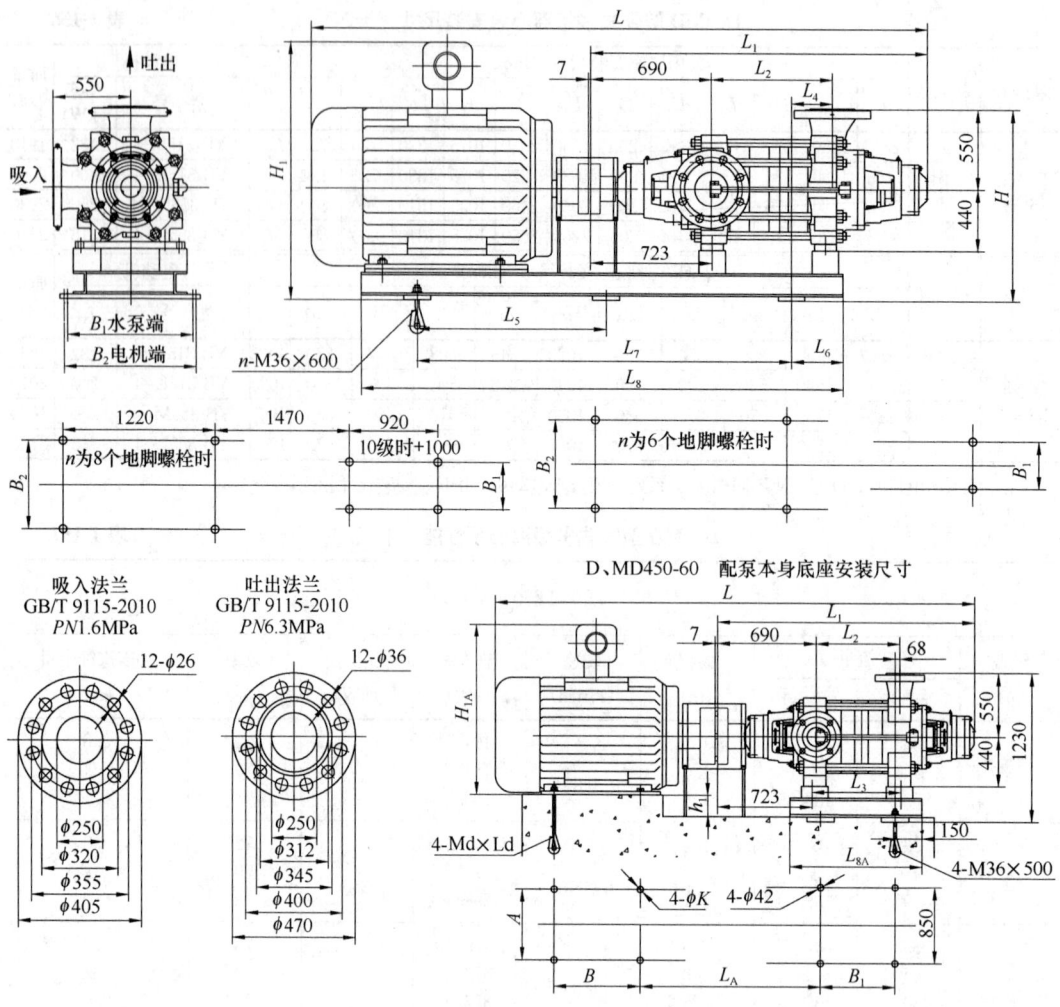

图 1-129　D、MD 型卧式多级离心泵外形及安装尺寸（十五）

D、MD 型卧式多级离心泵安装尺寸（十五）　　　　　　　　　表 1-158

泵型号	泵级数	公用底座安装尺寸（mm）												n	电动机		质量
		L	L_1	L_2	L_4	L_5	L_6	L_7	L_8	H	H_1	B_1	B_2		型　号	功率(kW)	(kg)
D、MD 450-60	2	3703	1696	421	210	728	292	2100	2725	1210	1355	850	900	6	YB₂3554-4-6kV	250	4251
	3	4056	1849	574	280	719	362	2200	2960	1210	1400	850	900	6	YB₂4002-4-6kV	355	5112
	4	4319	2002	727	358	1229	440	2676	3240	1230	1480	850	1050	6	YB₂4501-4-6kV	500	5645
	5	4472	2155	880	437	1229	519	2750	3390	1230	1480	850	1050	6	YB₂4503-4-6kV	630	6060
	6	4625	2308	1033	510	1229	592	2830	3543	1230	1480	850	1050	6	YB₂4504-4-6kV	710	6430
	7	4868	2461	1186	588	1000	670	2775	3935	1280	1550	850	1200	6	YB₂5001-4-6kV	800	6865
	8	5021	2614	1339	611	1000	693	2905	4088	1280	1550	850	1200	6	YB₂5002-4-6kV	900	7266
	9	5174	2767	1492	278	1220+1470	360	1220+1470+920	4250	1280	1550	850	1250	8	YB₂5003-4-6kV	1000	8678
	10	5327	2920	1645	351	1220+1470	433	1220+1470+1000	4403	1280	1550	850	1250	8	YB₂5004-4-6kV	1120	9040

续表

泵型号	泵级数	泵本身底座安装尺寸（mm）													电动机		质量（kg）
		L	L_1	L_2	L_3	L_{8A}	H_{1A}	h_1	A	B	B_1	L_A	K	$d \times L_d$	型号	功率（kW）	
D、MD 450-60	2	3703	1696	421	370	570	1060	305	630	900	270	1244	28	24×300	YB₂3554-4-6kV	250	4151
	3	4056	1849	574	523	723	1140	260	710	1000	423	1270	35	30×400	YB₂4002-4-6kV	355	5012
	4	4319	2002	727	676	876	1250	160	800	1120	576	1270	35	30×400	YB₂4501-4-6kV	500	5525
	5	4472	2155	880	829	1029	1250	210	800	1120	729	1270	35	30×400	YB₂4503-4-6kV	630	5915
	6	4625	2308	1033	982	1182	1250	210	800	1120	882	1270	35	30×400	YB₂4504-4-6kV	710	6313
	7	4868	2461	1186	1135	1335	1320	160	900	1250	1035	1345	42	36×500	YB₂5001-4-6kV	800	6715
	8	5021	2614	1339	1288	1488	1320	160	900	1250	1188	1345	42	36×500	YB₂5002-4-6kV	900	7100
	9	5174	2767	1492	1441	1641	1320	160	900	1250	1344	1345	42	36×500	YB₂5003-4-6kV	1000	8500
	10	5327	2920	1645	1594	1794	1320	160	900	1250	1494	1345	42	36×500	YB₂5004-4-6kV	1120	8850

注：配低压电机时，D型泵使用同档次 Y 系列三项异步电动机，IP44，安装尺寸相同；配高压电机时，D型泵使用同档次 YB₂ 系列三项异步电动机，IP54，安装尺寸相同。

1.2.2　DFL 型立式多级管道式离心泵

（1）用途：DFL 型立式多级管道式离心泵用于建筑生活用水、建筑消防用水、成套供水设备及其他增压系统稳压泵、锅炉给水、工艺循环增压、其他场合清洁液体的输送。

（2）型号意义说明：

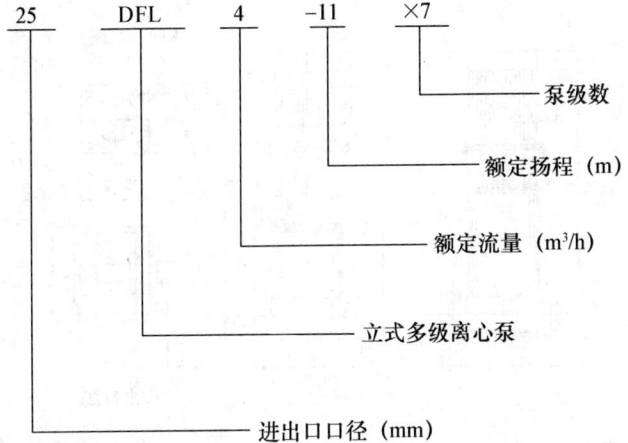

（3）结构：DFL 型泵为立式、多级、节段式结构，泵体采用管道式结构，进出口直径相同，且位于同一中心线上，可以像阀门一样安装在管路的任何位置。电机与泵通过联轴器连接，结构紧凑。轴封采用机械密封，可以选用便拆式。出口可选择上出口型，进出口之间的方向可选择 0°、90°、180°、270°。如需减震，可采用加装联结板及隔震垫或隔振器的安装方式。由电动机方向看，水泵为顺时针旋转。

（4）性能、外形及安装尺寸：DFL 型立式多级管道式离心泵性能、外形及安装尺寸见图 1-130、图 1-131、表 1-159、表 1-160。

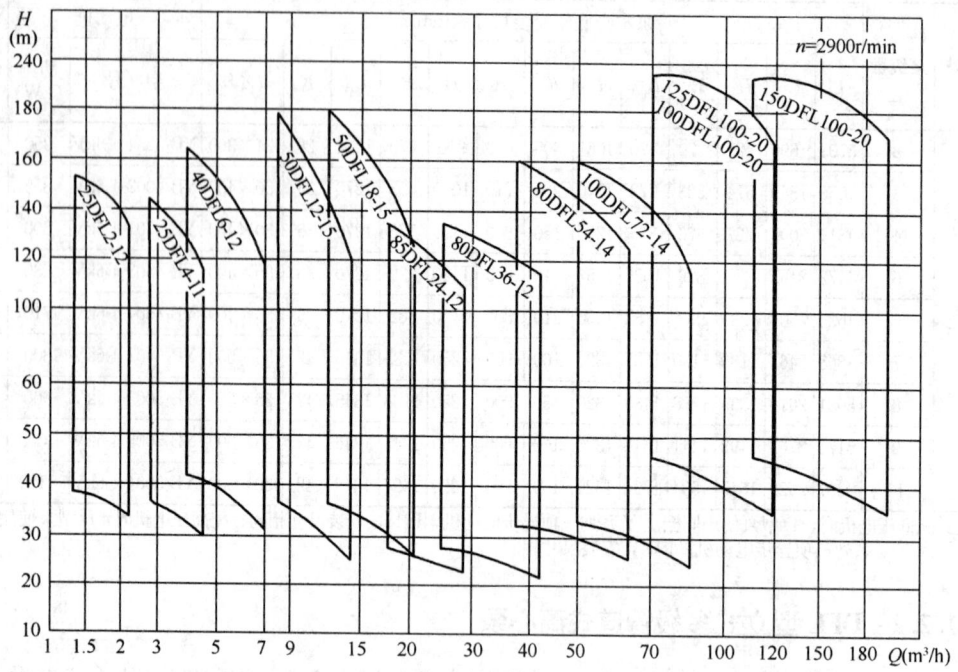

图 1-130   DFL 型立式多级管道式离心泵型谱图

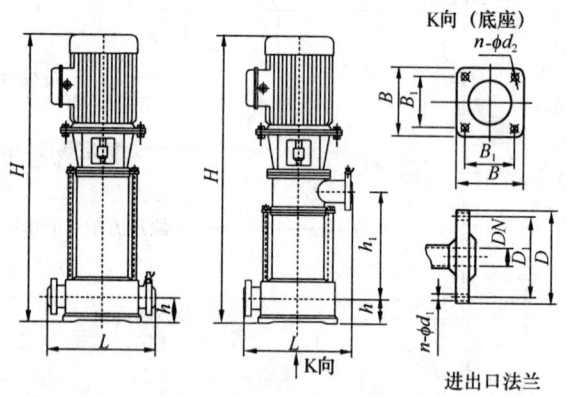

图 1-131   DFL 型立式多级管道式离心泵外形及安装尺寸（一）

DFL 型立式多级管道式离心泵性能 表 1-159

泵型号	级数	流量 Q (m³/h)	流量 Q (L/s)	扬程 H(m)	效率 η (%)	功率(kW) 轴功率	功率(kW) 电机功率	转速 n (r/min)	汽蚀余量 (NPSH)r (m)	高度 H (mm)	高度 h₁ (mm)	质量 (kg)
25DFL2-12	3	1.4	0.39	38	23	0.63		2900	1.4	620	180	51
		2	0.56	36	30	0.65	1.1		1.7			
		2.4	0.67	33	32	0.67			1.8			
	4	1.4	0.39	50	23	0.83		2900	1.4	660	220	55
		2	0.56	48	30	0.87	1.1		1.7			
		2.4	0.67	44	32	0.90			1.8			
	5	1.4	0.39	63	23	1.04		2900	1.4	715	260	64
		2	0.56	60	30	1.09	1.5		1.7			
		2.4	0.67	55	32	1.12			1.8			
	6	1.4	0.39	76	23	1.26		2900	1.4	755	300	68
		2	0.56	72	30	1.30	1.5		1.7			
		2.4	0.67	66	32	1.35			1.8			
	7	1.4	0.39	88	23	1.46		2900	1.4	820	340	79
		2	0.56	84	30	1.52	2.2		1.7			
		2.4	0.67	77	32	1.57			1.8			
	8	1.4	0.39	101	23	1.63		2900	1.4	860	380	83
		2	0.56	96	30	1.74	2.2		1.7			
		2.4	0.67	88	32	1.80			1.8			
	9	1.4	0.39	114	23	1.89		2900	1.4	900	420	87
		2	0.56	108	30	1.96	2.2		1.7			
		2.4	0.67	99	32	2.02			1.8			
	10	1.4	0.39	126	23	2.01		2900	1.4	985	460	101
		2	0.56	120	30	2.17	3		1.7			
		2.4	0.67	110	32	2.24			1.8			
	11	1.4	0.39	139	23	2.31		2900	1.4	1025	500	105
		2	0.56	132	30	2.39	3		1.7			
		2.4	0.67	121	32	2.47			1.8			
	12	1.4	0.39	152	23	2.52		2900	1.4	1065	540	109
		2	0.56	144	30	2.61	3		1.7			
		2.4	0.67	132	32	2.70			1.8			
	13	1.4	0.39	164	23	2.73		2900	1.4	1125	580	121
		2	0.56	156	30	2.83	4		1.7			
		2.4	0.67	143	32	2.92			1.8			
	14	1.4	0.39	177	23	2.94		2900	1.4	1165	620	125
		2	0.56	168	30	3.05	4		1.7			
		2.4	0.67	154	32	3.14			1.8			
	15	1.4	0.39	190	23	3.15		2900	1.4	1205	660	129
		2	0.56	180	30	3.27	4		1.7			
		2.4	0.67	165	32	3.37			1.8			

续表

泵型号	级数	流量 Q		扬程 H(m)	效率 η (%)	功率(kW)		转速 n (r/min)	汽蚀余量 (NPSH)r (m)	高度 H (mm)	高度 h₁ (mm)	质量 (kg)
		(m³/h)	(L/s)			轴功率	电机功率					
25DFL4-11	3	2.8	0.78	36	32	0.86		2900	1.4	620	180	51
		4	1.11	33	42	0.85	1.1		1.7			
		4.8	1.33	28.5	43	0.86			1.8			
	4	2.8	0.78	48	32	1.14		2900	1.4	675	220	60
		4	1.11	44	42	1.14	1.5		1.7			
		4.8	1.33	38	43	1.15			1.8			
	5	2.8	0.78	60	32	1.43		2900	1.4	740	260	67
		4	1.11	55	42	1.42	2.2		1.7			
		4.8	1.33	47.5	43	1.44			1.8			
	6	2.8	0.78	72	32	1.72		2900	1.4	780	300	71
		4	1.11	66	42	1.71	2.2		1.7			
		4.8	1.33	57	43	1.72			1.8			
	7	2.8	0.78	84	32	2.00		2900	1.4	865	340	87
		4	1.11	77	42	2.00	3		1.7			
		4.8	1.33	66.5	43	2.02			1.8			
	8	2.8	0.78	96	32	2.29		2900	1.4	905	380	91
		4	1.11	88	42	2.28	3		1.7			
		4.8	1.33	76	43	2.30			1.8			
	9	2.8	0.78	108	32	2.57		2900	1.4	945	420	95
		4	1.11	99	42	2.56	3		1.7			
		4.8	1.33	85.5	43	2.59			1.8			
	10	2.8	0.78	120	32	2.86		2900	1.4	1005	460	110
		4	1.11	110	42	2.85	4		1.7			
		4.8	1.33	95	43	2.88			1.8			
	11	2.8	0.78	132	32	3.14		2900	1.4	1045	500	114
		4	1.11	121	42	3.13	4		1.7			
		4.8	1.33	104.5	43	3.16			1.8			
	12	2.8	0.78	144	32	3.43		2900	1.4	1085	540	118
		4	1.11	132	42	3.42	4		1.7			
		4.8	1.33	114	43	3.45			1.8			
	13	2.8	0.78	156	32	3.72		2900	1.4	1125	580	122
		4	1.11	143	42	3.70	4		1.7			
		4.8	1.33	123.5	43	3.74			1.8			
	14	2.8	0.78	168	32	4.01		2900	1.4	1240	620	154
		4	1.11	154	42	3.99	5.5		1.7			
		4.8	1.33	133	43	4.03			1.8			
	15	2.8	0.78	180	32	4.29		2900	1.4	1280	660	154
		4	1.11	165	42	4.27	5.5		1.7			
		4.8	1.33	142.5	43	4.32			1.8			

泵型号	级数	流量 Q		扬程 H(m)	效率 η (%)	功率(kW)		转速 n (r/min)	汽蚀余量 (NPSH)r (m)	高度 H (mm)	高度 h₁ (mm)	质量 (kg)
		(m³/h)	(L/s)			轴功率	电机功率					
40DFL6-12	3	4.2 6 7.2	1.17 1.67 2.0	41 36 30.5	43 52 52	1.09 1.13 1.15	1.5	2900	1.4 1.7 1.8	665	195	69
	4	4.2 6 7.2	1.17 1.67 2.0	54 48 40.6	43 52 52	1.45 1.50 1.53	2.2	2900	1.4 1.7 1.8	730	235	76
	5	4.2 6 7.2	1.17 1.67 2.0	68 60 51	43 52 52	1.81 1.88 1.92	2.2	2900	1.4 1.7 1.8	770	275	80
	6	4.2 6 7.2	1.17 1.67 2.0	82 72 61	43 52 52	2.18 2.26 2.30	3	2900	1.4 1.7 1.8	855	315	90
	7	4.2 6 7.2	1.17 1.67 2.0	95 84 71	43 52 52	2.54 2.64 2.69	3	2900	1.4 1.7 1.8	895	355	94
	8	4.2 6 7.2	1.17 1.67 2.0	109 96 81	43 52 52	2.91 3.01 3.07	4	2900	1.4 1.7 1.8	955	395	106
	9	4.2 6 7.2	1.17 1.67 2.0	123 108 91	43 52 52	3.27 3.39 3.45	4	2900	1.4 1.7 1.8	995	435	110
	10	4.2 6 7.2	1.17 1.67 2.0	136 120 102	43 52 52	3.63 3.77 3.84	4	2900	1.4 1.7 1.8	1035	475	114
	11	4.2 6 7.2	1.17 1.67 2.0	150 132 112	43 52 52	4.00 4.15 4.22	5.5	2900	1.4 1.7 1.8	1150	515	138
	12	4.2 6 7.2	1.17 1.67 2.0	164 144 122	43 52 52	4.36 4.52 4.60	5.5	2900	1.4 1.7 1.8	1190	555	142
	13	4.2 6 7.2	1.17 1.67 2.0	177 156 132	43 52 52	4.72 4.90 4.99	7.5	2900	1.4 1.7 1.8	1230	595	152
	14	4.2 6 7.2	1.17 1.67 2.0	191 168 142	43 52 52	5.08 5.28 5.37	7.5	2900	1.4 1.7 1.8	1270	635	156
	15	4.2 6 7.2	1.17 1.67 2.0	205 180 152.5	43 52 52	5.44 5.66 5.75	7.5	2900	1.4 1.7 1.8	1310	675	160

泵型号	级数	流量 Q (m³/h)	(L/s)	扬程 H(m)	效率 η (%)	功率(kW) 轴功率	电机功率	转速 n (r/min)	汽蚀余量 (NPSH)r (m)	高度 H (mm)	高度 h_1 (mm)	质量 (kg)
50DFL12-15	2	8.4 12 14.4	2.33 3.33 4.0	36 30 25	49 57 57	1.68 1.71 1.72	2.2	2900	1.4 1.7 1.8	770	215	108
	3	8.4 12 14.4	2.33 3.33 4.0	54 45 37.5	49 57 57	2.52 2.57 2.58	3	2900	1.4 1.7 1.8	890	290	127
	4	8.4 12 14.4	2.33 3.33 4.0	72 60 50	49 57 57	3.36 3.43 3.44	4	2900	1.4 1.7 1.8	985	365	148
	5	8.4 12 14.4	2.33 3.33 4.0	90 75 62.5	49 57 57	4.20 4.29 4.30	5.5	2900	1.4 1.7 1.8	1135	440	176
	6	8.4 12 14.4	2.33 3.33 4.0	108 90 75	49 57 57	5.04 5.15 5.16	5.5	2900	1.4 1.7 1.8	1210	515	185
	7	8.4 12 14.4	2.33 3.33 4.0	126 105 87.5	49 57 57	5.88 6.00 6.01	7.5	2900	1.4 1.7 1.8	1285	590	200
	8	8.4 12 14.4	2.33 3.33 4.0	144 120 100	49 57 57	6.72 6.86 6.87	7.5	2900	1.4 1.7 1.8	1360	665	209
	9	8.4 12 14.4	2.33 3.33 4.0	162 135 112.5	49 57 57	7.56 7.72 7.73	11	2900	1.4 1.7 1.8	1610	740	272
	10	8.4 12 14.4	2.33 3.33 4.0	180 150 125	49 57 57	8.40 8.59 8.60	11	2900	1.4 1.7 1.8	1685	815	281
50DFL18-15	2	12.6 18 21.6	3.5 5 6	36 30 25	54 63.5 63	2.28 2.31 2.33	3	2900	1.4 1.8 1.8	815	215	114
	3	12.6 18 21.6	3.5 5 6	54 45 37.5	54 63.5 63	3.42 3.47 3.50	4	2900	1.4 1.8 1.8	910	290	135
	4	12.6 18 21.6	3.5 5 6	72 60 50	54 63.5 63	4.57 4.62 4.67	5.5	2900	1.4 1.8 1.8	1060	365	167
	5	12.6 18 21.6	3.5 5 6	90 75 62.5	54 63.5 63	5.71 5.78 5.93	7.5	2900	1.4 1.8 1.8	1135	440	182
	6	12.6 18 21.6	3.5 5 6	108 90 75	54 63.5 63	6.85 6.94 7.00	7.5	2900	1.4 1.8 1.8	1210	515	191
	7	12.6 18 21.6	3.5 5 6	126 105 82.5	54 63.5 63	8.00 8.10 8.16	11	2900	1.4 1.8 1.8	1460	590	254
	8	12.6 18 21.6	3.5 5 6	144 120 100	54 63.5 63	9.04 9.05 9.33	11	2900	1.4 1.8 1.8	1535	665	263
	9	12.6 18 21.6	3.5 5 6	162 135 112.5	54 63.5 63	10.2 10.4 10.5	15	2900	1.4 1.8 1.8	1610	740	280
	10	12.6 18 21.6	3.5 5 6	180 150 125	54 63.5 63	11.4 11.5 11.6	15	2900	1.4 1.8 1.8	1685	815	289

续表

泵型号	级数	流量Q (m³/h)	流量Q (L/s)	扬程 H(m)	效率 η (%)	功率(kW) 轴功率	功率(kW) 电机功率	转速 n (r/min)	汽蚀余量 (NPSH)r (m)	高度 H (mm)	高度 h_1 (mm)	质量 (kg)
65DFL24-12	2	16.8	4.67	27	56	2.21	3	2900	2.9	832	220	119
		24	6.67	24	67	2.34			3			
		28.8	8	20	66.5	2.35			3.1			
	3	16.8	4.67	40.5	56	3.31	4	2900	2.9	927	295	140
		24	6.67	36	67	3.51			3			
		28.8	8	30	66.5	3.53			3.1			
	4	16.8	4.67	54	56	4.41	5.5	2900	2.9	1077	370	172
		24	6.67	48	67	4.68			3			
		28.8	8	40	66.5	4.71			3.1			
	5	16.8	4.67	67.5	56	5.52	7.5	2900	2.9	1152	445	187
		24	6.67	60	67	5.85			3			
		28.8	8	50	66.5	5.89			3.1			
	6	16.8	4.67	81	56	6.62	7.5	2900	2.9	1227	520	197
		24	6.67	72	67	7.02			3			
		28.8	8	60	66.5	7.07			3.1			
	7	16.8	4.67	94.5	56	7.72	11	2900	2.9	1477	595	251
		24	6.67	84	67	8.19			3			
		28.8	8	70	66.5	8.25			3.1			
	8	16.8	4.67	108	56	8.83	11	2900	2.9	1552	670	261
		24	6.67	96	67	9.36			3			
		28.8	8	80	66.5	9.43			3.1			
	9	16.8	4.67	121.5	56	9.93	15	2900	2.9	1627	745	279
		24	6.67	108	67	10.5			3			
		28.8	8	90	66.5	10.6			3.1			
	10	16.8	4.67	135	56	11.0	15	2900	2.9	1702	820	289
		24	6.67	120	67	11.7			3			
		28.8	8	100	66.5	11.8			3.1			
	11	16.8	4.67	148.5	56	12.16	15	2900	2.9	1777	895	299
		24	6.67	132	67	12.87			3			
		28.8	8	110	66.5	12.90			3.1			
	12	16.8	4.67	162	56	13.26	18.5	2900	2.9	1877	970	331
		24	6.67	144	67	14.04			3			
		28.8	8	120	66.5	14.15			3.1			
80DFL36-12	2	25.2	7	27	59	3.14	4	2900	3.5	905	245	173
		36	10	24	71	3.31			4			
		43.2	12	21	71.5	3.45			4.2			
	3	25.2	7	40.5	59	4.71	5.5	2900	3.5	1065	330	199
		36	10	36	71	4.97			4			
		43.2	12	31.5	71.5	5.18			4.2			
	4	25.2	7	54	59	6.29	7.5	2900	3.5	1150	415	218
		36	10	48	71	6.62			4			
		43.2	12	42	71.5	6.90			4.2			
	5	25.2	7	67.5	59	7.86	11	2900	3.5	1410	500	285
		36	10	60	71	8.28			4			
		43.2	12	52.5	71.5	8.63			4.2			
	6	25.2	7	81	59	9.43	11	2900	3.5	1495	585	298
		36	10	72	71	9.93			4			
		43.2	12	63	71.5	10.3			4.2			
	7	25.2	7	94.5	59	11.0	15	2900	3.5	1580	670	319
		36	10	84	71	11.5			4			
		43.2	12	73.5	71.5	12.1			4.2			
	8	25.2	7	108	59	12.58	15	2900	3.5	1665	755	332
		36	10	96	71	13.2			4			
		43.2	12	84	71.5	13.8			4.2			
	9	25.2	7	121.5	59	14.14	18.5	2900	3.5	1795	840	367
		36	10	108	71	14.9			4			
		43.2	12	94.5	71.5	15.5			4.2			
	10	25.2	7	135	59	15.71	18.5	2900	3.5	1880	925	380
		36	10	120	71	16.5			4			
		43.2	12	115	71.5	17.2			4.2			

泵型号	级数	流量 Q		扬程 H(m)	效率 η (%)	功率(kW)		转速 n (r/min)	汽蚀余量 (NPSH)r (m)	高度 H (mm)	高度 h_1 (mm)	质量 (kg)
		(m³/h)	(L/s)			轴功率	电机功率					
80DFL54-14	2	37.8	10.5	32	62	5.32	7.5	2900	3.7	980	245	192
		54	15	28	73	5.63			4			
		64.8	18	25	73.5	6.01			4.2			
	3	37.8	10.5	48	62	7.97	11	2900	3.7	1240	330	259
		54	15	42	73	8.45			4			
		64.8	18	37.5	73.5	9.01			4.2			
	4	37.8	10.5	64	62	10.13	15	2900	3.7	1325	415	280
		54	15	56	73	11.20			4			
		64.8	18	50	73.5	12.01			4.2			
	5	37.8	10.5	80	62	13.3	18.5	2900	3.7	1455	500	315
		54	15	70	73	14.1			4			
		64.8	18	62.5	73.5	15.0			4.2			
	6	37.8	10.5	96	62	15.9	18.5	2900	3.7	1540	585	328
		54	15	84	73	16.9			4			
		64.8	18	75	73.5	18.0			4.2			
	7	37.8	10.5	112	62	18.6	22	2900	3.7	1650	670	374
		54	15	98	73	19.7			4			
		64.8	18	87.5	73.5	21.0			4.2			
	8	37.8	10.5	128	62	21.3	30	2900	3.7	1840	755	457
		54	15	112	73	22.5			4			
		64.8	18	100	73.5	24.0			4.2			
	9	37.8	10.5	144	62	23.9	30	2900	3.7	1925	840	470
		54	15	126	73	25.3			4			
		64.8	18	112.5	73.5	27.0			4.2			
	10	37.8	10.5	160	62	26.6	37	2900	3.7	2010	925	498
		54	15	140	73	28.2			4			
		64.8	18	125	73.5	30.0			4.2			
100DFL72 -14	2	50.4	14	32	64	6.87	11	2900	4.2	1205	275	284
		72	20	28	73	7.53			4.5			
		86.4	24	24	73	7.74			4.7			
	3	50.4	14	48	64	10.3	15	2900	4.2	1295	365	308
		72	20	42	73	11.29			4.5			
		86.4	24	36	73	11.61			4.7			
	4	50.4	14	64	64	13.7	18.5	2900	4.2	1430	455	346
		72	20	56	73	15.05			4.5			
		86.4	24	48	73	15.48			4.7			
	5	50.4	14	80	64	17.17	22	2900	4.2	1540	545	395
		72	20	70	73	18.81			4.5			
		86.4	24	60	73	19.35			4.7			
	6	50.4	14	96	64	20.6	30	2900	4.2	1740	635	481
		72	20	84	73	22.57			4.5			
		86.4	24	72	73	23.22			4.7			
	7	50.4	14	112	64	24.03	30	2900	4.2	1830	725	497
		72	20	98	73	26.34			4.5			
		86.4	24	84	73	27.09			4.7			
	8	50.4	14	128	64	27.4	37	2900	4.2	1920	815	528
		72	20	112	73	30.1			4.5			
		86.4	24	96	73	30.96			4.7			
	9	50.4	14	144	64	30.9	37	2900	4.2	2010	905	544
		72	20	126	73	33.9			4.5			
		86.4	24	108	73	34.83			4.7			
	10	50.4	14	160	64	34.3	45	2900	4.2	2200	995	650
		72	20	140	73	37.6			4.5			
		86.4	24	120	73	38.7			4.7			

泵型号	级数	流量 Q		扬程 H(m)	效率 η (%)	功率(kW)		转速 n (r/min)	汽蚀余量 (NPSH)r (m)	高度 H (mm)	高度 h₁ (mm)	质量 (kg)
		(m³/h)	(L/s)			轴功率	电机功率					
100DFL 100-20	2	70	19.4	46	65	13.5	18.5	2900	4.2	1320	400	377
		100	27.8	40	74	14.7			4.5			
		120	33.3	34	73	15.2			4.7			
	3	70	19.4	69	65	20.2	30	2900	4.2	1550	500	503
		100	27.8	60	74	22.1			4.5			
		120	33.3	51	73	22.8			4.7			
	4	70	19.4	92	65	27.0	37	2900	4.2	1650	600	541
		100	27.8	80	74	29.5			4.5			
		120	33.3	68	73	30.4			4.7			
	5	70	19.4	115	65	33.7	45	2900	4.2	1790	700	658
		100	27.8	100	74	36.8			4.5			
		120	33.3	85	73	38.1			4.7			
	6	70	19.4	138	65	40.5	55	2900	4.2	2000	800	825
		100	27.8	120	74	44.2			4.5			
		120	33.3	102	73	45.7			4.7			
	7	70	19.4	161	65	47.2	75	2900	4.2	2170	900	989
		100	27.8	140	74	51.5			4.5			
		120	33.3	119	73	53.3			4.7			
	8	70	19.4	181	65	54.0	75	2900	4.2	2270	1000	1012
		100	27.8	160	74	58.9			4.5			
		120	33.3	136	73	60.9			4.7			
	9	70	19.4	207	65	60.7	75	2900	4.2	2370	1100	1035
		100	27.8	180	74	66.3			4.5			
		120	33.3	153	73	68.5			4.7			
	10	70	19.4	230	65	67.5	90	2900	4.2	2520	1200	1134
		100	27.8	200	74	73.6			4.5			
		120	33.3	170	73	76.1			4.7			
125DFL 100-20	2	75.6	21	46	65	14.6	81.5	2900	4.2	1383	460	397
		108	30	40	74	15.8			4.5			
		129.6	36	34	73	16.4			4.7			
	3	75.6	21	69	65	21.9	30	2900	4.2	1630	576	530
		108	30	60	74	23.8			4.5			
		129.6	36	51	73	24.6			4.7			
	4	75.6	21	92	65	29.1	37	2900	4.2	1747	693	575
		108	30	80	74	31.7			4.5			
		129.6	36	68	73	32.8			4.7			
	5	75.6	21	115	65	36.4	45	2900	4.2	1964	810	692
		108	30	100	74	39.6			4.5			
		129.6	36	85	73	41.0			4.7			
	6	75.6	21	138	65	43.7	55	2900	4.2	2138	927	816
		108	30	120	74	47.6			4.5			
		129.6	36	102	73	49.2			4.7			
	7	75.6	21	161	65	49.0	75	2900	4.2	2323	1044	987
		108	30	140	74	55.6			4.5			
		129.6	36	119	73	57.4			4.7			
	8	75.6	21	181	65	58.3	75	2900	4.2	2440	1161	1017
		108	30	160	74	63.5			4.5			
		129.6	36	136	73	65.6			4.7			
	9	75.6	21	207	65	65.6	90	2900	4.2	2557	1278	1047
		108	30	180	74	71.4			4.5			
		129.6	36	153	73	73.8			4.7			
	10	75.6	21	230	65	72.9	90	2900	4.2	2724	1395	1153
		108	30	200	74	79.3			4.5			
		129.6	36	170	73	82.1			4.7			

续表

泵型号	级数	流量 Q		扬程 H(m)	效率 η(%)	功率(kW)		转速 n (r/min)	汽蚀余量 (NPSH)r (m)	高度 H (mm)	高度 h_1 (mm)	质量 (kg)
		(m³/h)	(L/s)			轴功率	电机功率					
150DFL 160-20	2	113.4	31.5	46	69	20.5	30	2900	4.4	1513	485	500
		162	45	40	78	22.5			4.5			
		194.4	54	34	77	23.3			4.7			
	3	113.4	31.5	69	69	30.8	37	2900	4.4	1630	602	545
		162	45	60	78	33.8			4.5			
		194.4	54	51	77	35.1			4.7			
	4	113.4	31.5	92	69	41.0	55	2900	4.4	1902	719	759
		162	45	80	78	45.1			4.5			
		194.4	54	68	77	46.7			4.7			
	5	113.4	31.5	115	69	51.3	75	2900	4.4	2089	836	930
		162	45	100	78	56.4			4.5			
		194.4	54	85	77	58.4			4.7			
	6	113.4	31.5	138	69	61.6	75	2900	4.4	2206	953	960
		162	45	120	78	67.6			4.5			
		194.4	54	102	77	70.1			4.7			
	7	113.4	31.5	161	69	71.8	90	2900	4.4	2373	1070	1066
		162	45	140	78	78.9			4.5			
		194.4	54	119	77	81.8			4.7			
	8	113.4	31.5	184	69	82.1	110	2900	4.4	2660	1187	1468
		162	45	160	78	90.2			4.5			
		194.4	54	136	77	93.5			4.7			
	9	113.4	31.5	207	69	92.4	110	2900	4.4	2777	1304	1498
		162	45	180	78	101.5			4.5			
		194.4	54	153	77	105.2			4.7			
	10	113.4	31.5	230	69	102.7	132	2900	4.4	2914	1421	1608
		162	45	200	78	112.8			4.5			
		194.4	54	170	77	116.9			4.7			

DFL 型立式多级管道式离心泵外形及安装尺寸表　　　　表 1-160

泵型号	外形及安装尺寸					进出口法兰			
	h	L	B_1	B	$n\text{-}\phi d_2$	DN	D_1	D	$n\text{-}\phi d_1$
25DFL2-12	75	300	205	230	4-φ14	φ25	φ85	φ115	4-φ14
25DFL4-11	75	300	205	230	4-φ14	φ25	φ85	φ115	4-φ14
40DFL6-12	90	330	215	255	4-φ18	φ40	φ110	φ150	4-φ18
50DFL12-15	100	360	235	300	4-φ18	φ50	φ125	φ160	4-φ18
50DFL18-15	100	360	235	300	4-φ18	φ50	φ125	φ160	4-φ18
65DFL24-12	110	360	235	300	4-φ18	φ65	φ145	φ180	4-φ18
80DFL36-12	130	420	300	340	4-φ18	φ80	φ160	φ200	8-φ18
80DFL54-14	130	420	300	340	4-φ18	φ80	φ160	φ200	8-φ18
100DFL72-14	140	420	300	340	4-φ18	φ100	φ180	φ220	8-φ18
100DFL100-20	140	500	300	340	4-φ18	φ100	φ158	φ220	4-φ18
125DFL100-20	160	500	3500	400	4-φ24	φ125	φ210	φ250	8-φ18
150DFL160-20	180	600	350	400	4-φ24	φ150	φ240	φ285	8-φ22

1.2.3　DL 型立式多级离心泵

（1）用途：DL 型立式多级离心泵用于建筑生活用水、建筑消防用水、远距离输送、空调系统增压输送、锅炉给水、工艺循环增压、其他场合清洁液体的输送。

（2）型号意义说明：

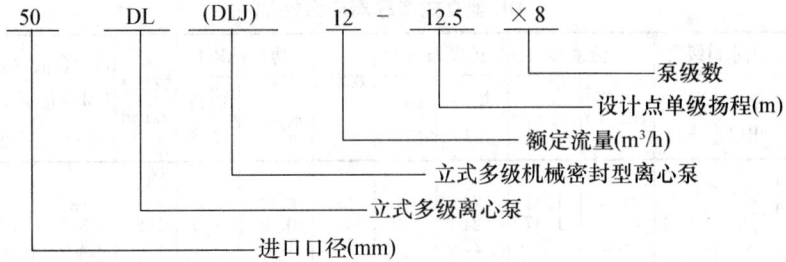

（3）结构：DL 型泵为立式、多级、节段式结构，电机与泵通过联轴器连接，结构紧凑。轴封可以选用机械密封及便拆式结构（DLJ 型为机械密封型）。多出口型可实现高楼分层供水。进出口之间的方向可选择 0°、90°、180°、270°。泵设有灌引水系统和排水系统。采用低速电机，噪声低、振动小。如需进一步隔震，可采用加装联结板及隔震垫或隔振器的安装方式。由电动机方向看，水泵为顺时针旋转。

（4）性能、外形及安装尺寸：DL 型立式多级离心泵性能、外形及安装尺寸见图 1-132、图 1-133、表 1-161、表 1-162。

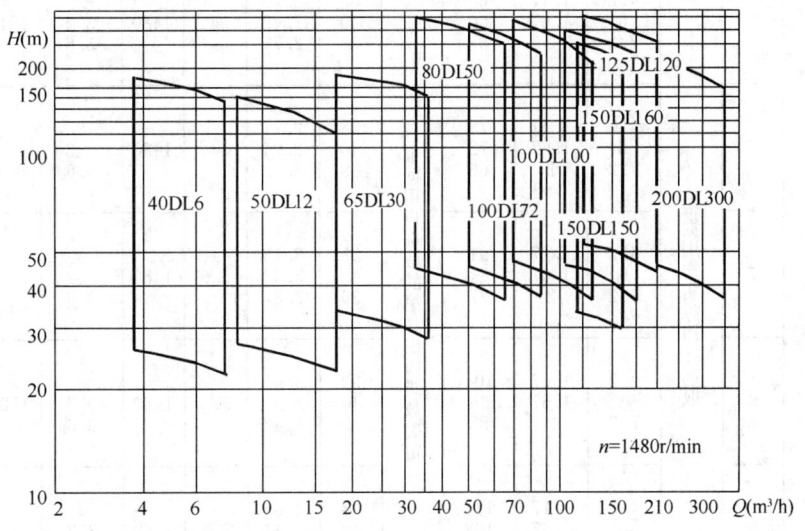

图 1-132 DL 型立式多级离心泵型谱图

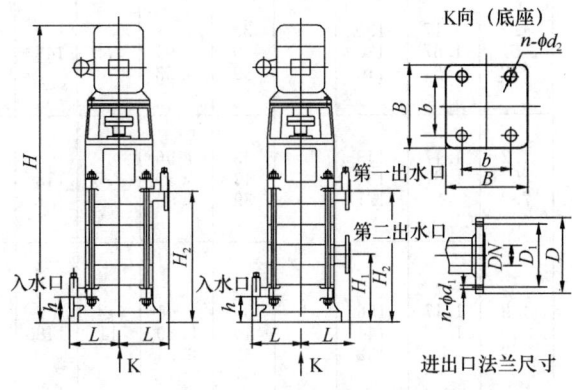

图 1-133 DL 型立式多级离心泵性能及安装尺寸

DL 型立式多级离心泵性能　　　　表 1-161

泵型号	出水口级数		流量 Q		扬程 H(m)		效率 η (%)	功率(kW)		转速 n (r/min)	汽蚀余量 (NPSH)r (m)	高度 H (mm)	高度 H₂ (mm)	质量 (kg)
	第一出口	第二出口	(m³/h)	(L/s)	第一出口	第二出口		轴功率	电机功率					
40DL6-12 DLJ	2	根据用户实际情况选取	4.2 6 7.2	1.17 1.67 2	26 24 22	根据用户选取的第二出口级数确定	33 40 39	0.90 0.98 1.11	1.5	1480	3 3.2 3.6	905	280	160
	3		4.2 6 7.2	1.17 1.67 2	39 36 33		33 40 39	1.35 1.47 1.66	2.2	1480	3 3.2 3.6	1030	360	185
	4		4.2 6 7.2	1.17 1.67 2	52 48 44		33 40 39	1.80 1.96 2.21	3	1480	3 3.2 3.6	1110	440	210
	5		4.2 6 7.2	1.17 1.67 2	65 50 55		33 40 39	2.25 2.45 2.77	4	1480	3 3.2 3.6	1210	520	240
	6		4.2 6 7.2	1.17 1.67 2	78 72 66		33 40 39	2.71 2.94 3.32	4	1480	3 3.2 3.6	1290	600	260
	7		4.2 6 7.2	1.17 1.67 2	91 84 77		33 40 39	3.16 3.43 3.87	5.5	1480	3 3.2 3.6	1445	680	305
	8		4.2 6 7.2	1.17 1.67 2	104 96 88		33 40 39	3.61 3.92 4.42	5.5	1480	3 3.2 3.6	1525	760	330
	9		4.2 6 7.2	1.17 1.67 2	117 108 99		33 40 39	4.06 4.41 4.98	7.5	1480	3 3.2 3.6	1645	840	360
	10		4.2 6 7.2	1.17 1.67 2	130 120 110		33 40 39	4.51 4.91 5.53	7.5	1480	3 3.2 3.6	1725	920	385
	11		4.2 6 7.2	1.17 1.67 2	143 132 121		33 40 39	4.96 5.39 6.09	7.5	1480	3 3.2 3.6	1805	1000	400
	12		4.2 6 7.2	1.17 1.67 2	156 144 132		33 40 39	5.41 5.89 6.64	11	1480	3 3.2 3.6	1995	1080	470

续表

泵型号	出水口级数		流量Q		扬程H(m)		效率η(%)	功率(kW)		转速n(r/min)	汽蚀余量(NPSH)r(m)	高度H(mm)	高度H₂(mm)	质量(kg)
	第一出口	第二出口	(m³/h)	(L/s)	第一出口	第二出口		轴功率	电机功率					
50DL12-12.5 DLJ	2	根据用户实际情况选取	9	2.5	27	根据用户选取的第二出口级数确定	47	1.4	3	1480	2	935	358	160
			12.6	3.5	25		55	1.56			2.2			
			18	5	22		58	1.89			2.6			
	3		9	2.5	40.5		47	2.1	3	1480	2	1015	438	180
			12.6	3.5	37.5		55	2.34			2.2			
			18	5	33		58	2.78			2.6			
	4		9	2.5	54		47	2.8	4	1480	2	1115	518	205
			12.6	3.5	50		55	3.12			2.2			
			18	5	44		58	3.7			2.6			
	5		9	2.5	67.5		47	3.5	5.5	1480	2	1270	598	255
			12.6	3.5	62.5		55	3.9			2.2			
			18	5	55		58	4.6			2.6			
	6		9	2.5	81		47	4.2	7.5	1480	2	1390	678	290
			12.6	3.5	75		55	4.68			2.2			
			18	5	66		58	5.5			2.6			
	7		9	2.5	94.5		47	4.9	7.5	1480	2	1470	758	315
			12.6	3.5	87.5		55	5.46			2.2			
			18	5	77		58	6.5			2.6			
	8		9	2.5	108		47	5.6	7.5	1480	2	1550	838	340
			12.6	3.5	100		55	6.24			2.2			
			18	5	88		58	7.3			2.6			
	9		9	2.5	121.5		47	6.3	11	1480	2	1740	918	400
			12.6	3.5	112.5		55	7.02			2.2			
			18	5	99		58	8.5			2.6			
	10		9	2.5	135		47	7	11	1480	2	1820	998	440
			12.6	3.5	125		55	7.8			2.2			
			18	5	110		58	9.45			2.6			

泵型号	出水口级数 第一出口	出水口级数 第二出口	流量 Q (m³/h)	流量 Q (L/s)	扬程 H(m) 第一出口	扬程 H(m) 第二出口	效率 η (%)	功率(kW) 轴功率	功率(kW) 电机功率	转速 n (r/min)	汽蚀余量 (NPSH)r (m)	高度 H (mm)	高度 H₂ (mm)	质量 (kg)
65DL30-15 DLJ	2	根据用户实际情况选取	18	5	33	根据用户选取的第二出口级数确定	53	3.05			2			
			30	8.3	30		63	3.89	5.5	1480	2.5	1145	330	280
			36	10	26		60	4.25			3			
	3		18	5	49.5		53	4.57			2			
			30	8.3	45		63	5.83	7.5	1480	2.5	1290	434	350
			36	10	39		60	6.37			3			
	4		18	5	66		63	6.1			2			
			30	8.3	60		63	7.78	11	1480	2.5	1500	538	436
			36	10	52		60	8.5			3			
	5		18	5	82.5		53	7.6			2			
			30	8.3	75		63	9.7	11	1480	2.5	1605	642	486
			36	10	65		60	10.6			3			
	6		18	5	99		53	9.1			2			
			30	8.3	90		63	11.7	15	1480	2.5	1755	746	544
			36	10	78		60	12.8			3			
	7		18	5	115.5		53	10.7			2			
			30	8.3	105		63	13.6	15	1480	2.5	1860	850	590
			36	10	91		60	14.9			3			
	8		18	5	132		53	12.2			2			
			30	8.3	120		63	15.6	18.5	1480	2.5	1995	954	694
			36	10	104		60	17			3			
	9		18	5	148		53	13.7			2			
			30	8.3	135		63	17.5	22	1480	2.5	2130	1058	712
			36	10	117		60	19.1			3			
	10		18	5	165		53	15.3			2			
			30	8.3	150		63	19.5	22	1480	2.5	2235	1162	765
			36	10	130		60	21.3			3			
80DL50-20 DLJ	2	根据用户实际情况选取	32.4	9	42	根据用户选取的第二出口级数确定	59	6.28			2.1			
			54	15	40		70	8.4	11	1480	2.2	1380	379	435
			65	18	36		69	9.23			2.8			
	3		32.4	9	63		59	9.42			2.1			
			54	15	60		70	12.6	15	1480	2.2	1520	491	530
			65	18	54		69	13.8			2.8			
	4		32.4	9	84		59	12.6			2.1			
			54	15	80		70	16.8	22	1480	2.2	1725	603	690
			65	18	72		69	18.4			2.8			
	5		32.4	9	105		59	15.7			2.1			
			54	15	100		70	21	30	1480	2.2	1840	715	740
			65	18	90		69	23.1			2.8			
	6		32.4	9	126		59	18.8			2.1			
			54	15	120		70	25.2	30	1480	2.2	2015	827	820
			65	18	108		69	27.7			2.8			
	7		32.4	9	147		59	22			2.1			
			54	15	140		70	29.4	37	1480	2.2	2155	939	940
			65	18	126		69	32.3			2.8			
	8		32.4	9	168		59	25.1			2.1			
			54	15	160		70	33.6	45	1480	2.2	2415	1051	1110
			65	18	144		69	36.9			2.8			
	9		32.4	9	189		59	28.3			2.1			
			54	15	180		70	37.8	45	1480	2.2	2525	1163	1160
			65	18	162		69	41.6			2.8			
	10		32.4	9	210		59	31.4			2.1			
			54	15	200		70	42	55	1480	2.2	2725	1275	1340
			65	18	180		69	46.2			2.8			

续表

泵型号	出水口级数 第一出口	出水口级数 第二出口	流量Q (m³/h)	流量Q (L/s)	扬程H(m) 第一出口	扬程H(m) 第二出口	效率η(%)	功率(kW) 轴功率	功率(kW) 电机功率	转速n(r/min)	汽蚀余量(NPSH)r(m)	高度H(mm)	高度H₂(mm)	质量(kg)
80DL50-25 DLJ	2	根据用户实际情况选取	40	11.1	52.6	根据用户选取的第二出口级数确定	61	9.4				2.1			
			50.4	14	50		70	9.8	15	1480	2.2	1380	379	435
			65	18	45		69	11.5			2.8			
	3		40	11.1	78.8		61	14.1			2.1			
			50.4	14	75		70	14.7	18.5	1480	2.2	1520	491	530
			65	18	67.5		69	17.3			2.8			
	4		40	11.1	105		61	18.8			2.1			
			50.4	14	100		70	19.6	30	1480	2.2	1725	603	690
			65	18	90		69	23			2.8			
	5		40	11.1	131.5		61	23.3			2.1			
			50.4	14	125		70	24.5	30	1480	2.2	1840	715	740
			65	18	112.5		69	28.9			2.8			
	6		40	11.1	157.5		61	28.1			2.1			
			50.4	14	150		70	29.4	37	1480	2.2	2015	827	820
			65	18	135		69	34.6			2.8			
	7		40	11.1	183.8		61	32.8			2.1			
			50.4	14	175		70	34.3	45	1480	2.2	2155	939	940
			65	18	157.5		69	40.4			2.8			
	8		40	11.1	210		61	37.3			2.1			
			50.4	14	200		70	39.2	55	1480	2.2	2415	1051	1110
			65	18	180		69	46.2			2.8			
	9		40	11.1	236.3		61	42.2			2.1			
			50.4	14	225		70	44.1	55	1480	2.2	2525	1163	1160
			65	18	202.5		69	52			2.8			
	10		40	11.1	263		61	47			2.1			
			50.4	14	250		70	49	75	1480	2.2	2725	1275	1340
			65	18	225		69	57.7			2.8			
100DL72-20 DLJ	2	根据用户实际情况选取	50.4	14	46	根据用户选取的第二出口级数确定	62	10.2				2.2			
			72	20	40		70	10.9	15	1480	2.8	1415	410	450
			86.4	24	36		71	11.9			3.1			
	3		50.4	14	69		62	15.3			2.2			
			72	20	60		70	16.4	18.5	1480	2.8	1570	535	530
			86.4	24	54		71	17.9			3.1			
	4		50.4	14	92		62	20.4			2.2			
			72	20	80		70	21.8	30	1480	2.8	1790	660	670
			86.4	24	54		71	23.9			3.1			
	5		50.4	14	115		62	25.5			2.2			
			72	20	100		70	27.3	37	1480	2.8	1980	785	740
			86.4	24	90		71	29.8			3.1			
	6		50.4	14	138		62	30.6			2.2			
			72	20	120		70	32.7	37	1480	2.8	2105	910	800
			86.4	24	108		71	35.8			3.1			
	7		50.4	14	157		62	34.8			2.2			
			72	20	140		70	34.2	45	1480	2.8	2255	1035	900
			86.4	24	126		71	41.8			3.1			
	8		50.4	14	184		62	40.8			2.2			
			72	20	160		70	43.6	55	1480	2.8	2530	1160	1060
			86.4	24	144		71	47.8			3.1			
	9		50.4	14	207		62	45.9			2.2			
			72	20	180		70	49.1	55	1480	2.8	2655	1285	1120
			86.4	24	162		71	53.7			3.1			
	10		50.4	14	230		62	50.9			2.2			
			72	20	200		70	54.5	75	1480	2.8	2865	1410	1320
			86.4	24	180		71	59.7			3.1			

泵型号	出水口级数		流量Q		扬程H(m)		效率η(%)	功率(kW)		转速n(r/min)	汽蚀余量(NPSH)r(m)	高度H(mm)	高度H₂(mm)	质量(kg)
	第一出口	第二出口	(m³/h)	(L/s)	第一出口	第二出口		轴功率	电机功率					
100DL72-25 DLJ	2	根据用户选取的第二出口级数确定	50.4 72 90	14 20 25	53 50 44		62 72 71	11.7 13.6 15.2	18.5	1480	2.2 2.8 3.1	1445	410	410
	3		50.4 72 90	14 20 25	71.5 75 66		62 72 71	17.6 20.4 22.8	30	1480	2.2 2.8 3.1	1665	535	570
	4		50.4 72 90	14 20 25	106 100 88		62 72 71	23.5 27.2 30.4	37	1480	2.2 2.8 3.1	1855	660	650
	5		50.4 72 90	14 20 25	132.5 125 110		62 72 71	29.3 34 38	45	1480	2.2 2.8 3.1	2005	785	750
	6		50.4 72 90	14 20 25	159 150 132		62 72 71	35.2 40.8 45.6	55	1480	2.2 2.8 3.1	2280	910	920
	7		50.4 72 90	14 20 25	185.5 175 154		62 72 71	41.7 47.6 53.2	55	1480	2.2 2.8 3.1	2405	1035	970
	8		50.4 72 90	14 20 25	212 200 176		62 72 71	46.9 54.5 60.7	75	1480	2.2 2.8 3.1	2615	1160	1150
	9		50.4 72 90	14 20 25	238.5 225 198		62 72 71	52.8 61.3 68.3	75	1480	2.2 2.8 3.1	2740	1285	1200
	10		50.4 72 90	14 20 25	265 250 220		62 72 71	58.6 68 75.9	90	1480	2.2 2.8 3.1	2915	1410	1265
100DL100-20 DLJ	2	根据用户选取的第二出口级数确定	72 108 126	20 30 35	46 40 36		62.5 72 73	13.3 16.3 16.9	22	1480	2.2 2.8 4.1	1480	410	500
	3		72 108 126	20 30 35	69 60 54		62.5 72 73	19.9 24.5 254.4	30	1480	2.2 2.8 4.1	1665	535	640
	4		72 108 126	20 30 35	92 80 72		62.5 72 73	26.5 32.7 33.8	37	1480	2.2 2.8 4.1	1855	660	710
	5		72 108 126	20 30 35	115 100 90		62.5 72 73	33.1 40.8 42.3	45	1480	2.2 2.8 4.1	2005	785	810
	6		72 108 126	20 30 35	138 120 108		62.5 72 73	39.8 49 50.8	55	1480	2.2 2.8 4.1	2280	910	980
	7		72 108 126	20 30 35	161 140 126		62.5 72 73	50.5 57.2 59.2	75	1480	2.2 2.8 4.1	2490	1035	1190
	8		72 108 126	20 30 35	184 160 144		62.5 72 73	53 65.4 67.7	75	1480	2.2 2.8 4.1	2615	1160	1250
	9		72 108 126	20 30 35	207 180 162		62.5 72 73	59.7 73.5 76.1	90	1480	2.2 2.8 4.1	2790	1285	1400
	10		72 108 126	20 30 35	230 200 180		62.5 72 73	66.3 81.7 84.6	90	1480	2.2 2.8 4.1	2915	1410	1480

第一出口列（100DL72-25 DLJ、100DL100-20 DLJ）：根据用户实际情况选取

续表

泵型号	出水口级数		流量Q		扬程H(m)		效率η (%)	功率(kW)		转速n (r/min)	汽蚀余量 (NPSH)r (m)	高度H (mm)	高度H₂ (mm)	质量 (kg)
	第一出口	第二出口	(m³/h)	(L/s)	第一出口	第二出口		轴功率	电机功率					
100DL100-25 DLJ	2	根据用户实际情况选取	72	20	53	根据用户选取的第二出口级数确定	62	16.6	22	1480	2.2	1480	410	520
			100	27.8	50		72	18.9			2.8			
			126	35	44		71	21.2			3.1			
	3		72	20	79.5		62	25.1	37	1480	2.2	1730	535	680
			100	27.8	75		72	28.4			2.8			
			126	35	66		71	31.9			3.1			
	4		72	20	106		62	33.5	45	1480	2.2	1880	660	800
			100	27.8	100		72	37.8			2.8			
			126	35	88		71	42.5			3.1			
	5		72	20	132.5		62	41.9	55	1480	2.2	2155	785	960
			100	27.8	125		72	47.3			2.8			
			126	35	110		71	53.2			3.1			
	6		72	20	159		62	50.3	75	1480	2.2	2365	910	1150
			100	27.8	150		72	56.7			2.8			
			126	35	132		71	63.8			3.1			
	7		72	20	185.5		62	58.7	90	1480	2.2	2540	1035	1300
			100	27.8	175		72	66.2			2.8			
			126	35	154		71	74.4			3.1			
	8		72	20	212		62	67	90	1480	2.2	2665	1160	1350
			100	27.8	200		72	75.6			2.8			
			126	35	176		71	85.1			3.1			
	9		72	20	238.5		62	75.4	110	1480	2.2	3010	1285	1560
			100	27.8	225		72	85.1			2.8			
			126	35	198		71	95.7			3.1			
	10		72	20	265		62	83.8	110	1480	2.2	3135	1410	1610
			100	27.8	250		72	94.6			2.8			
			126	35	220		71	106.3			3.1			
125DL120-20 DLJ	2	根据用户实际情况选取	90	25	45	根据用户选取的第二出口级数确定	68	16.2	22	1480	2.2	1480	410	530
			120	33.3	40		72	18.2			2.8			
			140	38.9	36		71	19.3			3.2			
	3		90	25	67.5		68	24.3	30	1480	2.2	1665	535	630
			120	33.3	60		72	27.2			2.8			
			140	38.9	54		71	29			3.2			
	4		90	25	90		68	32.4	45	1480	2.2	1880	660	720
			120	33.3	80		72	36.3			2.8			
			140	38.9	72		71	38.7			3.2			
	5		90	25	112.5		68	40.5	55	1480	2.2	2155	785	900
			120	33.3	100		72	45.4			2.8			
			140	38.9	90		71	48.3			3.2			
	6		90	25	135		68	48.6	75	1480	2.2	2365	910	1100
			120	33.3	120		72	54.5			2.8			
			140	38.9	108		71	58			3.2			
	7		90	25	157.5		68	56.8	75	1480	2.2	2490	1035	1200
			120	33.3	140		72	63.5			2.8			
			140	38.9	126		71	67.7			3.2			
	8		90	25	180		68	64.8	90	1480	2.2	2665	1160	1400
			120	33.3	160		72	72.6			2.8			
			140	38.9	144		71	77.3			3.2			
	9		90	25	202.5		68	73	90	1480	2.2	2790	1285	1480
			120	33.3	180		72	81.7			2.8			
			140	38.9	162		71	83			3.2			
	10		90	25	225		68	81.8	110	1480	2.2	3135	1410	1700
			120	33.3	200		72	90.8			2.8			
			140	38.9	180		71	96.6			3.2			

泵型号	出水口级数		流量 Q		扬程 H(m)		效率 η (%)	功率(kW)		转速 n (r/min)	汽蚀余量 (NPSH)r (m)	高度 H (mm)	高度 H₂ (mm)	质量 (kg)
	第一出口	第二出口	(m³/h)	(L/s)	第一出口	第二出口		轴功率	电机功率					
150DL150-20 DLJ	2	根据用户实际情况选取	108	30	45	根据用户选取的第二出口级数确定	75	17.6	30	1480	2.2	1645	508	660
			150	41.6	40		80	20.4			2.8			
			180	50	34		78	21.3			3.7			
	3		108	30	67.5		75	26.5	37	1480	2.2	1850	651	760
			150	41.6	60		80	30.6			2.8			
			180	50	51		78	33.3			3.7			
	4		108	30	90		75	35.3	45	1480	2.2	2020	794	900
			150	41.6	80		80	40.9			2.8			
			180	50	68		78	42.7			3.7			
	5		108	30	112.5		75	44.1	55	1480	2.2	2310	937	1100
			150	41.6	100		80	51.1			2.8			
			180	50	85		78	53.4			3.7			
	6		108	30	135		75	52.9	75	1480	2.2	2540	1080	1340
			150	41.6	120		80	61.3			2.8			
			180	50	102		78	66.7			3.7			
	7		108	30	157.5		75	61.7	90	1480	2.2	2735	1223	1500
			150	41.6	140		80	71.5			2.8			
			180	50	119		78	74.8			3.7			
	8		108	30	180		75	70.6	90	1480	2.2	2875	1366	1600
			150	41.6	160		80	81.7			2.8			
			180	50	136		78	85.9			3.7			
	9		108	30	200		75	78.5	110	1480	2.2	3240	1509	2000
			150	41.6	180		80	92.0			2.8			
			180	50	156		78	98.1			3.7			
	10		108	30	220		75	86.3	132	1480	2.2	3480	1652	2200
			150	41.6	200		80	102.2			2.8			
			180	50	176		78	111.0			3.7			
150DL160-25 DLJ	2	根据用户实际情况选取	120	33.3	53	根据用户选取的第二出口级数确定	72	24.1	37	1480	2.8	1710	508	680
			160	44.4	50		76	28.7			3.5			
			200	55.6	44		74	32.4			3.8			
	3		120	33.3	79.5		72	36.1	55	1480	2.8	2025	651	920
			160	44.4	75		76	43.0			3.5			
			200	55.6	66		74	48.6			3.8			
	4		120	33.3	106		72	48.2	75	1480	2.8	2255	794	1170
			160	44.4	100		76	57.4			3.5			
			200	55.6	88		74	64.8			3.8			
	5		120	33.3	132.5		72	60.2	90	1480	2.8	2445	937	1370
			160	44.4	125		76	71.7			3.5			
			200	55.6	110		74	81.0			3.8			
	6		120	33.3	159		72	72.2	110	1480	2.8	2810	1080	1800
			160	44.4	150		76	86.0			3.5			
			200	55.6	132		74	97.2			3.8			
	7		120	33.3	185.5		72	84.3	132	1480	2.8	3055	1223	2000
			160	44.4	175		76	100.4			3.5			
			200	55.6	154		74	113.4			3.8			
	8		120	33.3	212		72	96.3	132	1480	2.8	3195	1366	2100
			160	44.4	200		76	114.7			3.5			
			200	55.6	176		74	129.6			3.8			
	9		120	33.3	238.5		72	108.4	160	1480	2.8	3340	1509	2300
			160	44.4	225		76	129.1			3.5			
			200	55.6	198		74	145.8			3.8			

续表

泵型号	出水口级数		流量 Q		扬程 H(m)		效率 η (%)	功率(kW)		转速 n (r/min)	汽蚀余量 (NPSH)r (m)	高度 H (mm)	高度 H₂ (mm)	质量 (kg)
	第一出口	第二出口	(m³/h)	(L/s)	第一出口	第二出口		轴功率	电机功率					
200DL280-30 DLJ	2	根据用户实际情况选取	196 280 336	54.4 77.8 93.3	67.5 60 54	根据用户选取的第二出口级数确定	70 79 78	51.5 57.9 63.3	75	1480	4.2 5 5.5	2115	624	1080
	3		196 280 336	54.4 77.8 93.3	101 90 81		70 79 78	79 86.8 95	110	1480	4.2 5 5.5	2385	808	1340
	4		196 280 336	54.4 77.8 93.3	124 110 99		70 79 78	84.5 106.1 116	132	1480	4.2 5 5.5	2840	992	1900
	5		196 280 336	54.4 77.8 93.3	157.5 140 126		70 79 78	120 135 147.8	160	1480	4.2 5 5.5	3125	1176	2150
	6		196 280 336	54.4 77.8 93.3	191 170 153		70 79 78	145.6 164 179.4	200	1480	4.2 5 5.5	3305	1360	2400
	7		196 280 336	54.4 77.8 93.3	225 200 180		70 79 78	171.5 193 211	250	1480	4.2 5 5.5	3490	1544	2550
	8		196 280 336	54.4 77.8 93.3	259 230 207		70 79 78	197.4 222 242.8	250	1480	4.2 5 5.5	3675	1728	2700
200DL300 20 DLJ	2	根据用户实际情况选取	210 300 360	58.3 83.3 100	45 40 36	根据用户选取的第二出口级数确定	70 79 78	36.7 41.4 45.3	55	1480	4.2 5 5.5	2115	624	1080
	3		210 300 360	58.3 83.3 100	65.5 60 54.5		70 79 78	53.5 62.1 68.5	75	1480	4.2 5 5.5	2385	808	1340
	4		210 300 360	58.3 83.3 100	86 80 74		70 79 78	70.3 82.8 93.1	110	1480	4.2 5 5.5	2840	992	1900
	5		210 300 360	58.3 83.3 100	106 100 95		70 79 78	86.7 103.5 119.5	132	1480	4.2 5 5.5	3125	1176	2150
	6		210 300 360	58.3 83.3 100	127 120 114		70 79 78	103.8 124.2 143.4	160	1480	4.2 5 5.5	3305	1360	2400
	7		210 300 360	58.3 83.3 100	146 140 134		70 79 78	119.4 144.9 168.5	200	1480	4.2 5 5.5	3490	1544	2500
	8		210 300 360	58.3 83.3 100	166.5 160 150		70 79 78	136.1 165.6 188.7	200	1480	4.2 5 5.5	3675	1728	2700

DL 型立式多级离心泵外形及安装尺寸　　　　表 1-162

泵型号	外形及安装尺寸					进口法兰				出口法兰			
	L	H_1	B	b	$n-\phi d_2$	DN	D_1	D	$n-\phi d_1$	DN	D_1	D	$n-\phi d_1$
400DL6-12DLJ	200	102	330	294	4-ϕ18	ϕ40	ϕ110	ϕ150	4-ϕ18	ϕ40	ϕ110	ϕ150	4-ϕ18
50DL12-12.5DLJ	205	100	350	300	4-ϕ18	ϕ50	ϕ125	ϕ165	4-ϕ18	ϕ50	ϕ125	ϕ165	4-ϕ18
65DL30-15DLJ	260	110	400	350	4-ϕ23	ϕ65	ϕ145	ϕ185	4-ϕ18	ϕ50	ϕ125	ϕ165	4-ϕ18
80DL50-20DLJ	280	120	470	400	4-ϕ23	ϕ80	ϕ160	ϕ200	8-ϕ18	ϕ80	ϕ150	ϕ200	8-ϕ18
80DL50-25DLJ	280	120	470	400	4-ϕ23	ϕ80	ϕ160	ϕ200	8-ϕ18	ϕ80	ϕ160	ϕ200	8-ϕ18
100DL72-20DLJ	300	130	470	410	4-ϕ23	ϕ100	ϕ180	ϕ220	8-ϕ18	ϕ80	ϕ160	ϕ200	8-ϕ18
100DL72-25DLJ	300	130	470	410	4-ϕ23	ϕ100	ϕ180	ϕ220	8-ϕ18	ϕ80	ϕ160	ϕ200	8-ϕ18
100DL100-20DLJ	300	130	470	410	4-ϕ23	ϕ100	ϕ185	ϕ220	8-ϕ18	ϕ80	ϕ160	ϕ200	8-ϕ18
100DL100-25DLJ	300	130	470	410	4-ϕ23	ϕ100	ϕ180	ϕ220	8-ϕ18	ϕ80	ϕ160	ϕ200	8-ϕ18
125DL20-20DLJ	300	130	470	410	4-ϕ23	ϕ100	ϕ180	ϕ220	8-ϕ18	ϕ80	ϕ160	ϕ200	8-ϕ18
150DL150-20DLJ	300	145	470	400	4-ϕ23	ϕ150	ϕ240	ϕ285	8-ϕ23	ϕ125	ϕ210	ϕ250	8-ϕ18
150DL160-25DLJ	300	145	470	400	4-ϕ23	ϕ150	ϕ240	ϕ285	8-ϕ23	ϕ125	ϕ210	ϕ250	8-ϕ18
200DL280-30DLJ	350	182	550	480	4-ϕ23	ϕ200	ϕ295	ϕ340	12-ϕ22	ϕ150	ϕ240	ϕ285	8-ϕ22
200DL300-20DLJ	350	182	550	480	4-ϕ23	ϕ200	ϕ295	ϕ340	12-ϕ22	ϕ150	ϕ240	ϕ285	8-ϕ22

1.2.4　DFCL 型立式多级不锈钢冲压泵

（1）用途：DFCL 型立式多级不锈钢冲泵用于医药、食品、饮料等介质输送，锅炉补水，生活水增压，工业循环系统及加工系统，环保水处理，其他用途。

（2）型号意义说明：

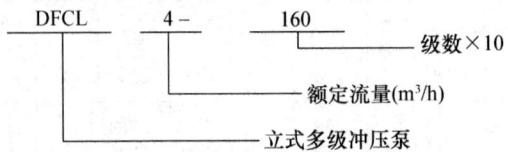

（3）结构：DFCL 型泵为立式、多级、节段式结构，电机与泵通过联轴器连接，结构紧凑。泵内部叶轮、泵体导叶采用不锈钢冲压成形，流道光滑，避免产生二次污染。轴封采用耐磨机械密封，无泄漏。电机采用 Y2 铅外壳，进口轴承。

（4）性能：DFCL 型立式多级不锈钢冲压泵性能见图 1-134。

（5）外形及安装尺寸：DFCL 型立式多级不锈钢冲压泵外形及安装尺寸见图 1-135～图 1-138、表 1-163～表 1-166。

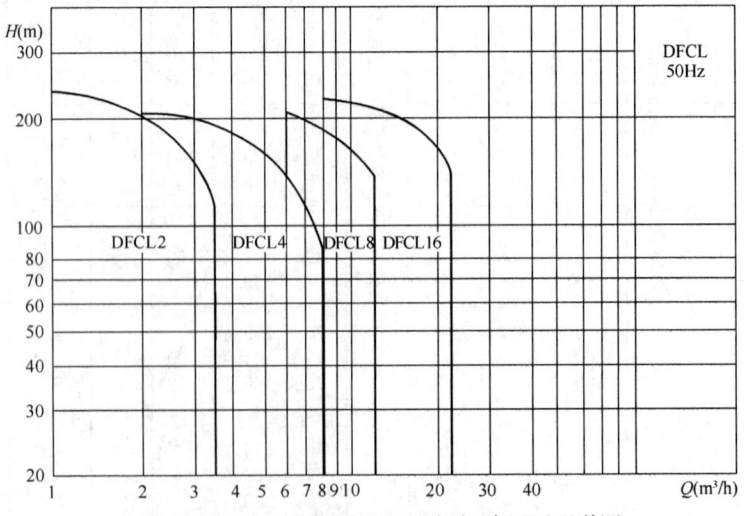

图 1-134　DFCL 型立式多级不锈钢冲压泵型谱图

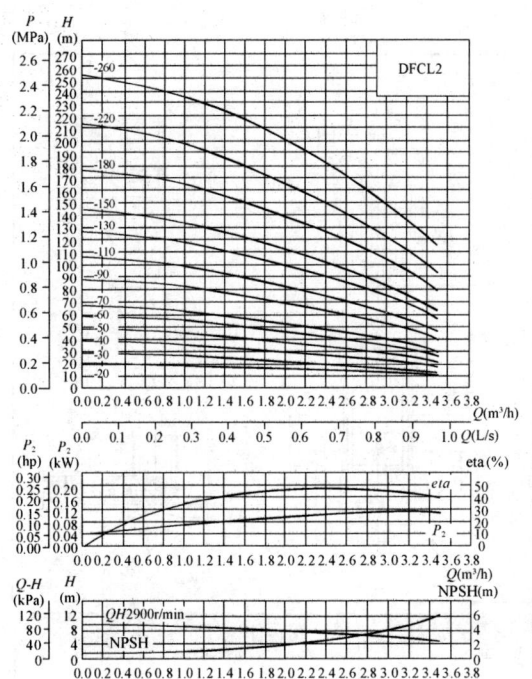

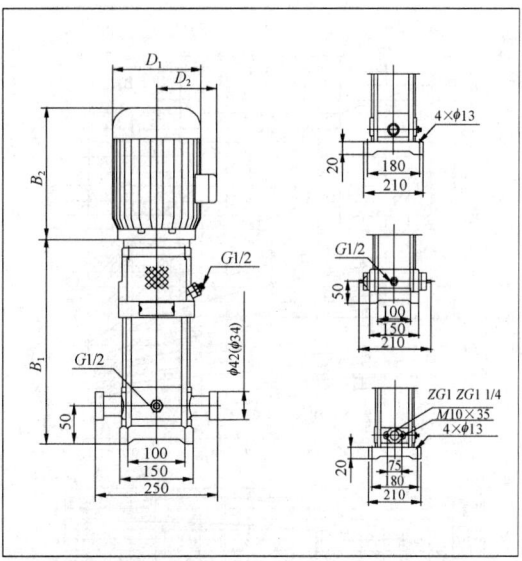

卡套式快装接口	内螺纹	法兰
$DN25mm$ 或 $32mm$	$ZG1$ 或 $ZG1\frac{1}{4}$	$PN25$-$DN25$

图 1-135 DFCL 型立式多级不锈钢冲压泵性能及安装尺寸（一）

DFCL 型立式多级不锈钢冲压泵性能及安装尺寸（一） 表 1-163

泵型号	流量 Q (m³/h)	扬程 H (m)	效率 η (%)	转速 n (r/min)	功率 (kW)	汽蚀余量 (NPSH)r (m)	高度 H (mm)	质量 (kg)	尺寸 (mm)				
									B_1	B_2	B_1+B_2	D_1	D_2
DFCL2-20	2	15	72	2900	0.37	1.8	445	20	220	225	445	145	110
DFCL2-30	2	22	72	2900	0.37	1.8	463	20	238	225	463	145	110
DFCL2-40	2	30	72	2900	0.55	1.8	481	20	256	225	481	145	110
DFCL2-50	2	37	72	2900	0.55	1.8	499	20	274	225	499	145	110
DFCL2-60	2	45	72	2900	0.75	1.8	522	20	297	225	522	145	110
DFCL2-70	2	52	72	2900	0.75	1.8	540	25	315	225	540	145	110
DFCL2-90	2	67	72	2900	1.1	1.8	596	25	351	245	596	170	150
DFCL2-110	2	82	72	2900	1.1	1.8	632	30	387	245	632	170	150
DFCL2-130	2	97	72	2900	1.5	1.8	685	35	440	245	685	170	150
DFCL2-150	2	112	72	2900	1.5	1.8	721	35	476	245	721	170	150
DFCL2-180	2	135	72	2900	2.2	1.8	795	40	530	265	795	180	155
DFCL2-220	2	165	72	2900	2.2	1.8	867	45	602	265	867	180	155
DFCL2-260	2	195	72	2900	3	1.8	972	50	682	290	972	180	155

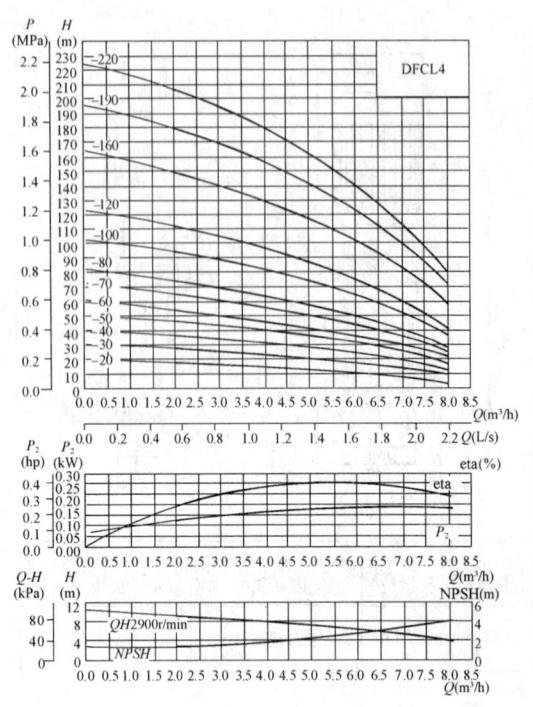

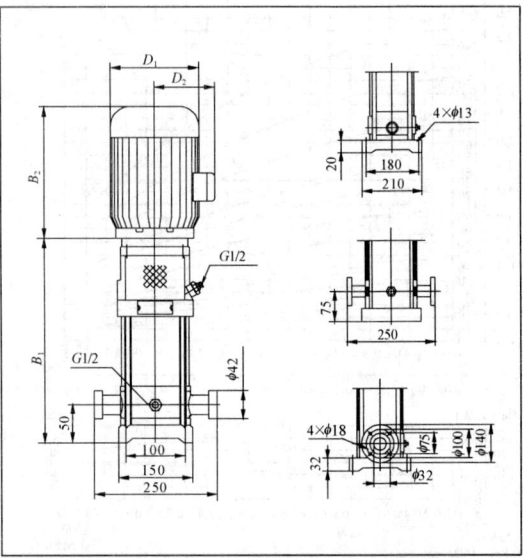

卡套式快装接口	内螺纹	法兰
DN32mm	ZG1或ZG1¼	PN25-DN32

图 1-136 DFCL 型立式多级不锈钢冲压泵性能及安装尺寸（二）

DFCL 型立式多级不锈钢冲压泵性能及安装尺寸（二） 表 1-164

泵型号	流量 Q (m³/h)	扬程 H (m)	效率 η (%)	转速 n (r/min)	功率 (kW)	汽蚀余量 (NPSH)r (m)	高度 H (mm)	质量 (kg)	尺寸（mm）				
									B_1	B_2	B_1+B_2	D_1	D_2
DFCL4-20	4	16	74	2900	0.37	1.8	460	20	235	225	460	145	110
DFCL4-30	4	24	74	2900	0.55	1.8	490	20	265	225	490	145	110
DFCL4-40	4	32	74	2900	0.75	1.8	520	20	295	225	520	145	110
DFCL4-50	4	40	74	2900	1.1	1.8	570	20	325	245	570	170	150
DFCL4-60	4	48	74	2900	1.1	1.8	595	20	350	245	595	170	150
DFCL4-70	4	56	74	2900	1.1	1.8	625	20	380	245	625	170	150
DFCL4-80	4	64	74	2900	1.5	1.8	665	25	420	245	665	170	150
DFCL4-100	4	80	74	2900	2.2	1.8	740	30	475	265	740	170	150
DFCL4-120	4	96	74	2900	2.2	1.8	795	30	530	265	795	180	155
DFCL4-160	4	128	74	2900	3	1.8	935	35	645	290	935	180	155
DFCL4-190	4	152	74	2900	4	1.8	1050	40	725	325	1050	210	180
DFCL4-220	4	176	74	2900	4	1.8	1160	45	805	355	1160	210	180

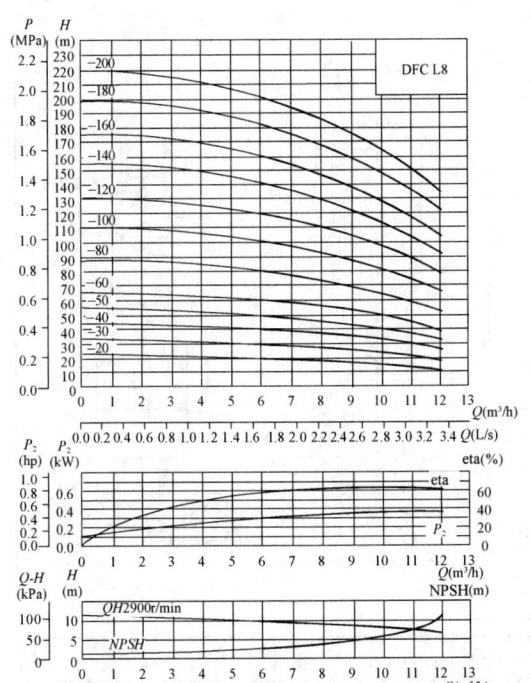

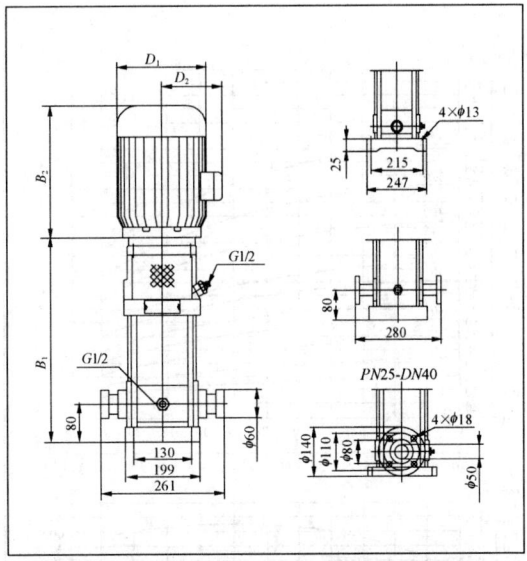

卡套式快装接口	内螺纹	法兰
DN32mm	ZG1或ZG1$\frac{1}{4}$	PN25-DN40

图 1-137 DFCL 型立式多级不锈钢冲压泵性能及安装尺寸（三）

DFCL 型立式多级不锈钢冲压泵性能及安装尺寸（三）   表 1-165

泵型号	流量 Q (m³/h)	扬程 H (m)	效率 η (%)	转速 n (r/min)	功率 (kW)	汽蚀余量 (NPSH)r (m)	高度 H (mm)	质量 (kg)	尺寸（mm）				
									B_1	B_2	B_1+B_2	D_1	D_2
DFCL8-20	8	18	76	2900	0.75	2.3	575	25	350	225	575	145	110
DFCL8-30	8	27	76	2900	1.1	2.3	625	30	380	245	625	170	150
DFCL8-40	8	36	76	2900	1.5	2.3	665	30	420	245	665	170	150
DFCL8-50	8	45	76	2900	2.2	2.3	715	40	450	265	715	180	155
DFCL8-60	8	54	76	2900	2.2	2.3	745	40	480	265	745	180	155
DFCL8-80	8	72	76	2900	3	2.3	840	45	550	290	840	180	155
DFCL8-100	8	90	76	2900	4	2.3	935	55	610	325	935	210	180
DFCL8-120	8	108	76	2900	4	2.3	995	55	670	325	995	210	180
DFCL8-140	8	126	76	2900	5.5	2.3	1130	80	750	380	1130	250	210
DFCL8-160	8	144	76	2900	5.5	2.3	1190	80	810	380	1190	250	210
DFCL8-180	8	162	76	2900	7.5	2.3	1250	90	870	380	1250	250	210
DFCL8-200	8	180	76	2900	7.5	2.3	1310	95	930	380	1310	250	210

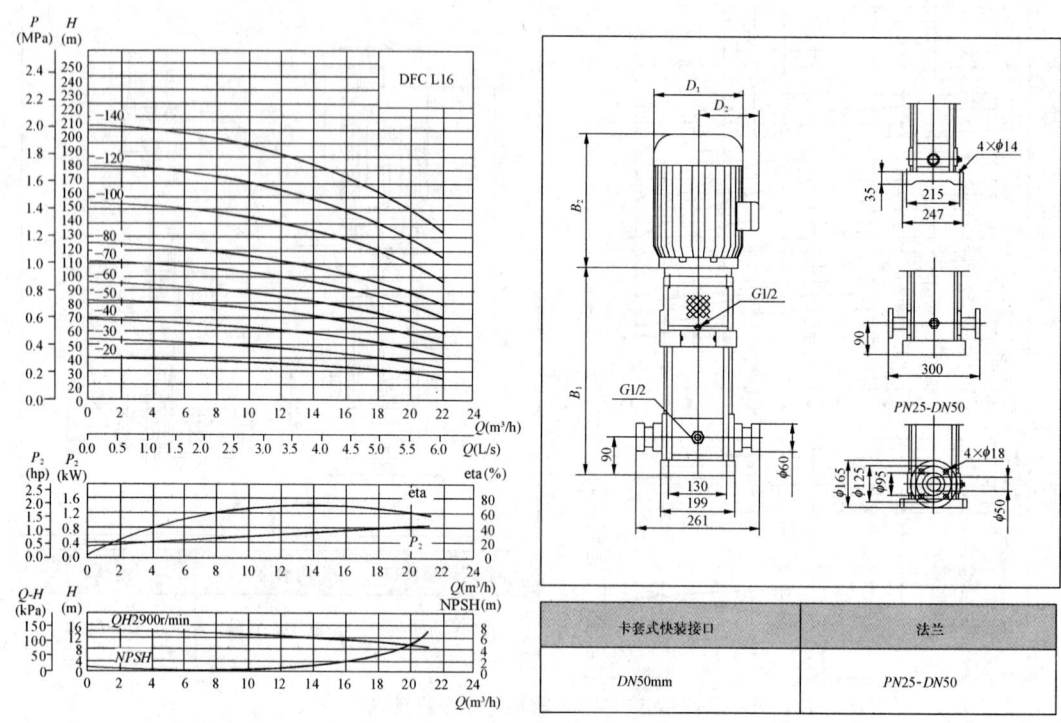

图 1-138   DFCL 型立式多级不锈钢冲压泵性能及安装尺寸（四）

DFCL 型立式多级不锈钢冲压泵性能及安装尺寸（四）   表 1-166

泵型号	流量 Q (m³/h)	扬程 H (m)	效率 η (%)	转速 n (r/min)	功率 (kW)	汽蚀余量 (NPSH)r (m)	高度 H (mm)	质量 (kg)	尺寸（mm）				
									B_1	B_2	B_1+B_2	D_1	D_2
DFCL16-20	16	24	84	2900	2.2	4.6	665	40	400	265	665	180	155
DFCL16-30	16	36	84	2900	3	4.6	745	50	455	290	745	180	155
DFCL16-40	16	48	84	2900	4	4.6	825	55	500	325	825	210	180
DFCL16-50	16	60	84	2900	5.5	4.6	945	70	565	380	945	250	210
DFCL16-60	16	72	84	2900	5.5	4.6	990	75	610	380	990	250	210
DFCL16-70	16	84	84	2900	7.5	4.6	1035	80	655	380	1035	250	210
DFCL16-80	16	96	84	2900	7.5	4.6	1080	80	700	380	1080	250	210
DFCL16-100	16	120	84	2900	11	4.6	1310	140	820	490	1310	330	255
DFCL16-120	16	144	84	2900	11	4.6	1400	145	910	490	1400	330	255
DFCL16-140	16	168	84	2900	15	4.6	1490	165	1000	490	1490	330	255

1.2.5 DG 型中低压锅炉给水泵

(1) 用途：DG 型中低压锅炉给水泵主要用于中低压锅炉给水、冷凝系统、市政供水及增压、工业供水、高层及住宅群的供水、空调采暖系统的冷冻、冷却循环系统供水。

(2) 型号意义说明：

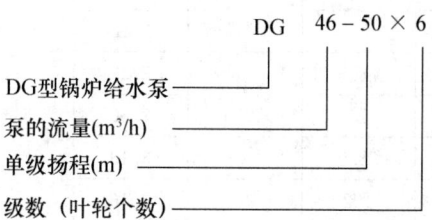

(3) 结构：DG 型泵由吸入段、吐出段、中段、导叶、叶轮、轴套、密封环、平衡盘、轴封及轴承体等组成。标准型由联轴器端看吸入、吐出法兰向上；电机布置在吸入端；由电动机方向看，水泵为顺时针旋转。轴封采用填料密封，密封体处有水冷结构。

(4) 性能、外形及安装尺寸：DG 型中低压锅炉给水泵性能、外形及安装尺寸见图 1-139～图 1-144、表 1-167～表 1-173。

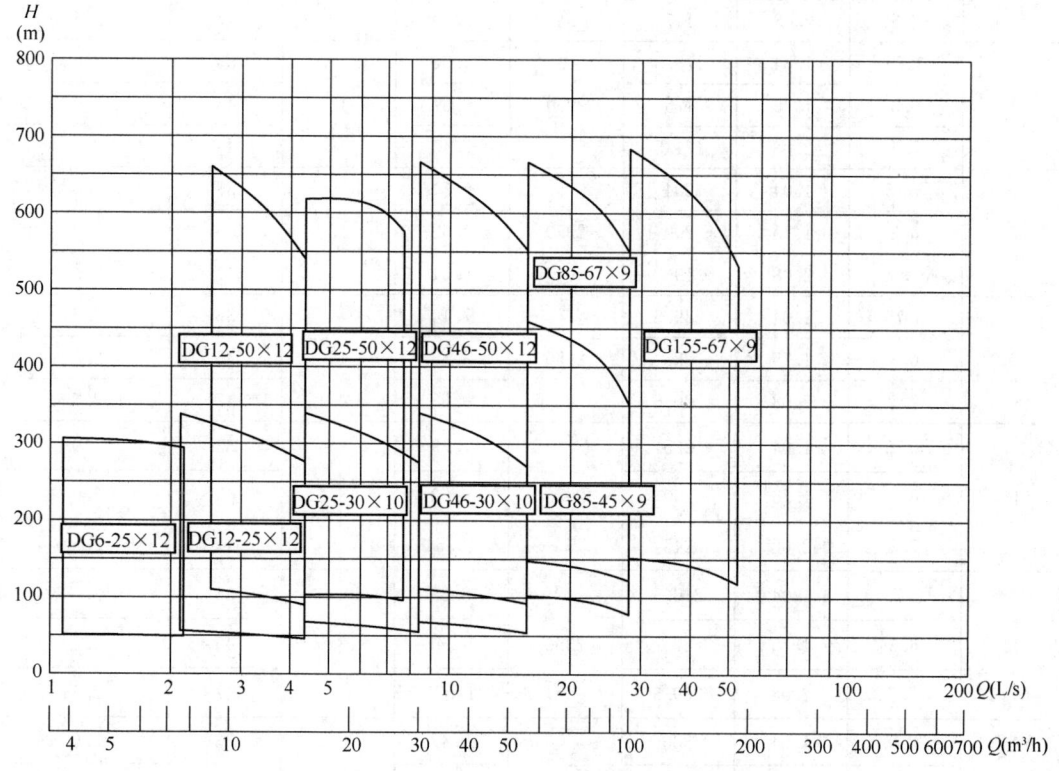

图 1-139　DG 型中低压锅炉给水泵型谱图

DG 型中低压锅炉给水泵性能

表 1-167

级数 (n)	流量 (m³/h)	流量 (L/s)	扬程 (m)	转速 (r/min)	轴功率 (kW)	配用功率 (kW)	效率 (%)	必需汽蚀余量 (m)
DG6-25×n								
2	3.75	1.04	51	2950	1.58	3	33	2.0
	6.3	1.75	50		1.91		45	2.0
	7.5	2.08	49		2.13		47	2.5
3	3.75	1.04	76.5	2950	2.37	5.5	33	2.0
	6.3	1.75	75		2.86		45	2.0
	7.5	2.08	73.5		3.19		47	2.5
4	3.75	1.04	102	2950	3.16	7.5	33	2.0
	6.3	1.75	100		3.81		45	2.0
	7.5	2.08	98		4.26		47	2.5
5	3.75	1.04	127.5	2950	3.94	7.5	33	2.0
	6.3	1.75	125		4.76		45	2.0
	7.5	2.08	122.5		5.32		47	2.5
6	3.75	1.04	153	2950	4.73	11	33	2.0
	6.3	1.75	150		5.72		45	2.0
	7.5	2.08	147		6.39		47	2.5
7	3.75	1.04	178.5	2950	5.52	11	33	2.0
	6.3	1.75	175		6.67		45	2.0
	7.5	2.08	171.5		7.45		47	2.5
8	3.75	1.04	204	2950	6.31	15	33	2.0
	6.3	1.75	200		7.62		45	2.0
	7.5	2.08	196		8.51		47	2.5
9	3.75	1.04	229.5	2950	7.10	15	33	2.0
	6.3	1.75	225		8.58		45	2.0
	7.5	2.08	220.5		9.58		47	2.5
10	3.75	1.04	225	2950	7.89	18.5	33	2.0
	6.3	1.75	250		9.53		45	2.0
	7.5	2.08	245		10.64		47	2.5
11	3.75	1.04	280.5	2950	8.68	18.5	33	2.0
	6.3	1.75	275		10.48		45	2.0
	7.5	2.08	269.5		11.71		47	2.5
12	3.75	1.04	306	2950	9.47	18.5	33	2.0
	6.3	1.75	300		11.43		45	2.0
	7.5	2.08	294		12.17		47	2.5

续表

级数 (*n*)	流量 (m³/h)	流量 (L/s)	扬程 (m)	转速 (r/min)	轴功率 (kW)	配用功率 (kW)	效率 (%)	必需汽蚀余量 (m)
				DG12-25×*n*				
2	7.5	2.08	56.4	2950	2.62	5.5	44	2.0
	12.5	3.47	50		3.15		54	2.0
	15	4.17	46		3.54		53	2.5
3	7.5	2.08	84.6	2950	3.93	7.5	44	2.0
	12.5	3.47	75		4.73		54	2.0
	15	4.17	69		5.32		53	2.5
4	7.5	2.08	112.8	2950	5.23	11	44	2.0
	12.5	3.47	100		6.30		54	2.0
	15	4.17	92		7.09		53	2.5
5	7.5	2.08	141	2950	6.54	11	44	2.0
	12.5	3.47	125		7.88		54	2.0
	15	4.17	115		8.86		53	2.5
6	7.5	2.08	169.2	2950	7.85	15	44	2.0
	12.5	3.47	150		9.45		54	2.0
	15	4.17	138		10.63		53	2.5
7	7.5	2.08	197.4	2950	9.16	15	44	2.0
	12.5	3.47	175		11.03		54	2.0
	15	4.17	161		12.40		53	2.5
8	7.5	2.08	225.6	2950	10.47	18.5	44	2.0
	12.5	3.47	200		12.60		54	2.0
	15	4.17	184		14.18		53	2.5
9	7.5	2.08	253.8	2950	11.78	18.5	44	2.0
	12.5	3.47	225		14.18		54	2.0
	15	4.17	207		15.95		53	2.5
10	7.5	2.08	282	2950	13.09	22	44	2.0
	12.5	3.47	250		15.75		54	2.0
	15	4.17	230		17.72		53	2.5
11	7.5	2.08	310.2	2950	14.39	22	44	2.0
	12.5	3.47	275		17.33		54	2.0
	15	4.17	253		19.49		53	2.5
12	7.5	2.08	338.4	2950	15.70	30	44	2.0
	12.5	3.47	300		18.90		54	2.0
	15	4.17	276		21.26		53	2.5

级数 （n）	流量		扬程 （m）	转速 （r/min）	轴功率 （kW）	配用功率 （kW）	效率 （%）	必需汽蚀余量 （m）
	（m³/h）	（L/s）						
				DG12-50×n				
2	9	2.5	110	2950	7.81	15	34.5	2.0
	12.5	3.47	100		8.51		40	2.2
	15	4.17	90		8.96		41	2.7
3	9	2.5	165	2950	11.72	16.5	34.5	2.0
	12.5	3.47	150		12.76		40	2.2
	15	4.17	135		13.45		41	2.7
4	9	2.5	220	2950	15.62	22	34.5	2.0
	12.5	3.47	200		17.01		40	2.2
	15	4.17	180		17.93		41	2.7
5	9	2.5	275	2950	19.53	30	34.5	2.0
	12.5	3.47	250		21.27		40	2.2
	15	4.17	225		22.41		41	2.7
6	9	2.5	330	2950	23.43	30	34.5	2.0
	12.5	3.47	300		25.52		40	2.2
	15	4.17	270		26.89		41	2.7
7	9	2.5	385	2950	27.34	37	34.5	2.0
	12.5	3.47	350		29.77		40	2.2
	15	4.17	315		31.37		41	2.7
8	9	2.5	440	2950	31.25	45	34.5	2.0
	12.5	3.47	400		34.03		40	2.2
	15	4.17	360		35.85		41	2.7
9	9	2.5	495	2950	35.15	45	34.5	2.0
	12.5	3.47	450		38.28		40	2.2
	15	4.17	405		40.34		41	2.7
10	9	2.5	550	2950	39.06	55	34.5	2.0
	12.5	3.47	500		42.53		40	2.2
	15	4.17	450		44.82		41	2.7
11	9	2.5	605	2950	42.96	55	34.5	2.0
	12.5	3.47	550		46.79		40	2.2
	15	4.17	495		49.30		41	2.7
12	9	2.5	660	2950	46.87	15	34.5	2.0
	12.5	3.47	600		51.04		40	2.2
	15	4.17	540		53.78		41	2.7

级数 (n)	流量 (m³/h)	流量 (L/s)	扬程 (m)	转速 (r/min)	轴功率 (kW)	配用功率 (kW)	效率 (%)	必需汽蚀余量 (m)
DG12-30×n								
2	15	4.17	68		5.55		50	2.2
2	25	6.94	60	2950	5.59	11	62	2.2
2	30	8.33	55		7.13		63	2.6
3	15	4.17	102		8.33		50	2.2
3	25	6.94	90	2950	9.88	15	62	2.2
3	30	8.33	82.5		10.69		63	2.6
4	15	4.17	136		11.11		50	2.2
4	25	6.94	120	2950	13.17	18.5	62	2.2
4	30	8.33	110		14.26		63	2.6
5	15	4.17	170		13.88		50	2.2
5	25	6.94	150	2950	16.47	22	62	2.2
5	30	8.33	137.5		17.82		63	2.6
6	15	4.17	204		16.66		50	2.2
6	25	6.94	180	2950	19.76	30	62	2.2
6	30	8.33	165		21.39		63	2.6
7	15	4.17	238		19.44		50	2.2
7	25	6.94	210	2950	23.05	30	62	2.2
7	30	8.33	192.5		24.95		63	2.6
8	15	4.17	272		22.21		50	2.2
8	25	6.94	240	2950	26.34	37	62	2.2
8	30	8.33	220		28.52		63	2.6
9	15	4.17	306		24.99		50	2.2
9	25	6.94	270	2950	29.64	37	62	2.2
9	30	8.33	247.5		32.08		63	2.6
10	15	4.17	340		27.77		50	2.2
10	25	6.94	300	2950	32.93	45	62	2.2
10	30	8.33	275		35.65		63	2.6

级数 (n)	流量		扬程 (m)	转速 (r/min)	轴功率 (kW)	配用功率 (kW)	效率 (%)	必需汽蚀余量 (m)
	(m³/h)	(L/s)						

DG25-50×n

级数 (n)	流量 (m³/h)	流量 (L/s)	扬程 (m)	转速 (r/min)	轴功率 (kW)	配用功率 (kW)	效率 (%)	必需汽蚀余量 (m)
2	15	4.17	103		9.56		44	2.4
	25	6.94	100	2950	12.60	18.5	54	2.7
	28	7.78	96		13.55		54	2.8
3	15	4.17	154.5		14.34		44	2.4
	25	6.94	150	2950	18.90	22	54	2.7
	28	7.78	144		20.33		54	2.8
4	15	4.17	206		19.12		44	2.4
	25	6.94	200	2950	25.21	30	54	2.7
	28	7.78	192		27.10		54	2.8
5	15	4.17	257.5		23.90		44	2.4
	25	6.94	250	2950	31.51	37	54	2.7
	28	7.78	240		33.88		54	2.8
6	15	4.17	309		28.68		44	2.4
	25	6.94	300	2950	37.81	45	54	2.7
	28	7.78	288		40.65		54	2.8
7	15	4.17	360.5		33.46		44	2.4
	25	6.94	350	2950	44.11	55	54	2.7
	28	7.78	336		47.43		54	2.8
8	15	4.17	412		38.23		44	2.4
	25	6.94	400	2950	50.41	75	54	2.7
	28	7.78	384		54.20		54	2.8
9	15	4.17	463.5		43.01		44	2.4
	25	6.94	450	2950	56.71	75	54	2.7
	28	7.78	432		60.98		54	2.8
10	15	4.17	515		47.79		44	2.4
	25	6.94	500	2950	63.01	75	54	2.7
	28	7.78	480		67.75		54	2.8
11	15	4.17	566		52.53		44	2.4
	25	6.94	550	2950	69.32	90	54	2.7
	28	7.78	528		74.53		54	2.8
12	15	4.17	618		57.35		44	2.4
	25	6.94	600	2950	75.62	90	54	2.7
	28	7.78	576		81.30		54	2.8

续表

级数 (n)	流量 (m³/h)	流量 (L/s)	扬程 (m)	转速 (r/min)	轴功率 (kW)	配用功率 (kW)	效率 (%)	必需汽蚀余量 (m)
				DG46-30×n				
2	30	8.33	68	2950	8.68	15	64	2.4
	46	12.78	60		10.73		70	3.0
	55	15.28	54		11.89		68	4.6
3	30	8.33	102	2950	13.02	22	64	2.4
	46	12.78	90		16.10		70	3.0
	55	15.28	81		17.83		68	4.6
4	30	8.33	136	2950	17.35	30	64	2.4
	46	12.78	120		21.47		70	3.0
	55	15.28	108		23.78		68	4.6
5	30	8.33	170	2950	21.69	37	64	2.4
	46	12.78	150		26.83		70	3.0
	55	15.28	135		29.72		68	4.6
6	30	8.33	204	2950	26.03	37	64	2.4
	46	12.78	180		32.20		70	3.0
	55	15.28	162		35.67		68	4.6
7	30	8.33	238	2950	30.37	45	64	2.4
	46	12.78	210		37.57		70	3.0
	55	15.28	189		41.61		68	4.6
8	30	8.33	272	2950	34.71	55	64	2.4
	46	12.78	240		43.93		70	3.0
	55	15.28	216		47.56		68	4.6
9	30	8.33	306	2950	39.05	55	64	2.4
	46	12.78	270		48.30		70	3.0
	55	15.28	243		53.50		68	4.6
10	30	8.33	340	2950	43.39	75	64	2.4
	46	12.78	300		53.67		70	3.0
	55	15.28	270		59.45		68	4.6

续表

级数 (n)	流量		扬程 (m)	转速 (r/min)	轴功率 (kW)	配用功率 (kW)	效率 (%)	必需汽蚀余量 (m)
	(m³/h)	(L/s)						
				DG46-50×n				
2	30	8.33	111	2950	16.79	30	54	2.5
	46	12.78	100		19.88		63	2.8
	55	15.28	92		21.52		64	3.2
3	30	8.33	166.5	2950	25.18	37	54	2.5
	46	12.78	150		29.81		63	2.8
	55	15.28	138		32.28		64	3.2
4	30	8.33	222	2950	33.57	45	54	2.5
	46	12.78	200		39.75		63	2.8
	55	15.28	184		43.05		64	3.2
5	30	8.33	277.5	2950	41.97	55	54	2.5
	46	12.78	250		49.69		63	2.8
	55	15.28	230		53.81		64	3.2
6	30	8.33	333	2950	50.36	75	54	2.5
	46	12.78	300		59.63		63	2.8
	55	15.28	276		64.57		64	3.2
7	30	8.33	388.5	2950	58.75	90	54	2.5
	46	12.78	350		69.57		63	2.8
	55	15.28	322		75.33		64	3.2
8	30	8.33	444	2950	50.36	75	54	2.5
	46	12.78	400		59.63		63	2.8
	55	15.28	368		64.57		64	3.2
9	30	8.33	499.5	2950	58.75	90	54	2.5
	46	12.78	450		69.57		63	2.8
	55	15.28	414		75.33		64	3.2
10	30	8.33	555	2950	83.94	110	54	2.5
	46	12.78	500		99.38		63	2.8
	55	15.28	460		107.61		64	3.2
11	30	8.33	610.5	2950	92.33	132	54	2.5
	46	12.78	500		109.32		63	2.8
	55	15.28	506		118.37		64	3.2
12	30	8.33	666	2950	100.72	132	54	2.5
	46	12.78	600		119.26		63	2.8
	55	15.28	552		129.14		64	3.2

续表

级数 (n)	流量 (m³/h)	流量 (L/s)	扬程 (m)	转速 (r/min)	轴功率 (kW)	配用功率 (kW)	效率 (%)	必需汽蚀余量 (m)
				DG85-45×n				
2	55	15.28	102	2950	24.2	37	63	3.2
2	85	23.61	90	2950	28.9	37	72	4.2
2	100	27.78	78		30.3		70	5.2
3	55	15.28	153		36.4		63	3.2
3	85	23.61	135	2950	43.4	55	72	4.2
3	100	27.78	117		45.5		70	5.2
4	55	15.28	204		48.5		63	3.2
4	85	23.61	180	2950	57.8	75	72	4.2
4	100	27.78	156		60.7		70	5.2
5	55	15.28	255		60.6		63	3.2
5	85	23.61	225	2950	72.3	90	72	4.2
5	100	27.78	195		75.8		70	5.2
6	55	15.28	306		72.7		63	3.2
6	85	23.61	270	2950	86.8	110	72	4.2
6	100	27.78	234		91.0		70	5.2
7	55	15.28	357		84.8		63	3.2
7	85	23.61	315	2950	101.2	132	72	4.2
7	100	27.78	273		106.2		70	5.2
8	55	15.28	406		97.0		63	3.2
8	85	23.61	360	2950	115.7	132	72	4.2
8	100	27.78	312		121.3		70	5.2
9	55	15.28	459		109.1		63	3.2
9	85	23.61	405	2950	130.2	160	72	4.2
9	100	27.78	351		136.5		70	5.2

级数 (n)	流量		扬程 (m)	转速 (r/min)	轴功率 (kW)	配用功率 (kW)	效率 (%)	必需汽蚀余量 (m)
	(m³/h)	(L/s)						
				DG85-67×n				
2	55	15.28	148		41.0		54	3.3
	85	23.61	134	2950	47.7	75	65	4.0
	100	27.78	122		51.1		65	4.4
3	55	15.28	222		61.6		54	3.3
	85	23.61	201	2950	71.6	90	65	4.0
	100	27.78	183		76.6		65	4.4
4	55	15.28	296		82.1		54	3.3
	85	23.61	268	2950	95.4	110	65	4.0
	100	27.78	244		102.2		65	4.4
5	55	15.28	370		102.6		54	3.3
	85	23.61	335	2950	119.3	132	65	4.0
	100	27.78	305		127.7		65	4.4
6	55	15.28	444		123.1		54	3.3
	85	23.61	402	2950	143.1	160	65	4.0
	100	27.78	366		153.3		65	4.4
7	55	15.28	518		143.6		54	3.3
	85	23.61	469	2950	167.0	200	65	4.0
	100	27.78	427		178.8		65	4.4
8	55	15.28	592		164.1		54	3.3
	85	23.61	536	2950	190.8	220	65	4.0
	100	27.78	488		204.4		65	4.4
9	55	15.28	666		184.7		54	3.3
	85	23.61	603	2950	214.7	250	65	4.0
	100	27.78	549		229.9		65	4.4

续表

级数 (*n*)	流量		扬程 (m)	转速 (r/min)	轴功率 (kW)	配用功率 (kW)	效率 (%)	必需汽蚀余量 (m)
	(m³/h)	(L/s)						
				DG155-67×*n*				
2	100	27.78	152	2950	64.7	90	64	3.2
	155	43.06	134		76.4		74	5.0
	185	51.39	118		82.5		72	6.6
3	100	27.78	228	2950	97.0	132	64	3.2
	155	43.06	201		114.6		74	5.0
	185	51.39	177		123.8		72	6.6
4	100	27.78	304	2950	129.3	185	64	3.2
	155	43.06	268		152.8		74	5.0
	185	51.39	236		165.1		72	6.6
5	100	27.78	380	2950	161.6	220	64	3.2
	155	43.06	335		191.0		74	5.0
	185	51.39	295		206.3		72	6.6
6	100	27.78	456	2950	194.0	280	64	3.2
	155	43.06	402		229.2		74	5.0
	185	51.39	354		247.6		72	6.6
7	100	27.78	532	2950	226.3	315	64	3.2
	155	43.06	469		267.4		74	5.0
	185	51.39	413		288.9		72	6.6
8	100	27.78	608	2950	258.6	355	64	3.2
	155	43.06	536		305.6		74	5.0
	185	51.39	472		330.1		72	6.6
9	100	27.78	684	2950	290.9	450	64	3.2
	155	43.06	603		343.8		74	5.0
	185	51.39	531		371.4		72	6.6

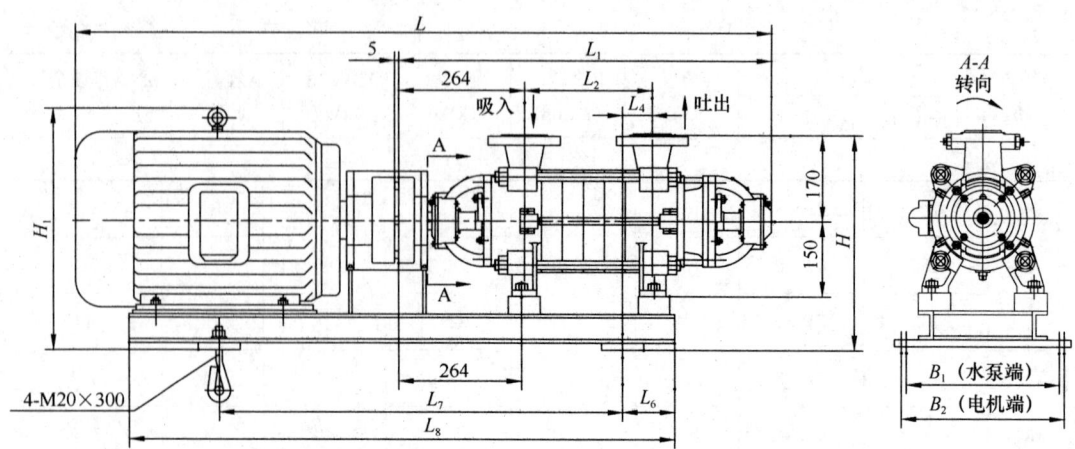

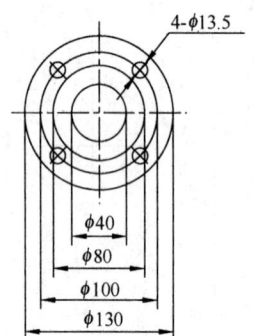

吸入法兰
GB/T 9115—2010 *PN*0.6MPa

4-φ13.5

φ40
φ80
φ100
φ130

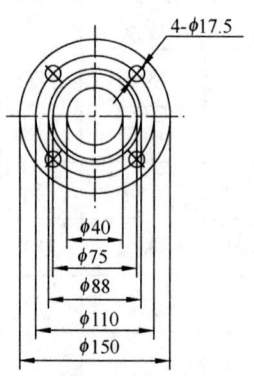

吐出法兰
GB/T 9115—2010 *PN*4MPa

4-φ17.5

φ40
φ75
φ88
φ110
φ150

图 1-140　DG 型中低压锅炉给水泵外形及安装尺寸（一）

DG 型中低压锅炉给水泵安装尺寸（一）　　　　　　　　表 1-168

泵型号	泵级数	尺寸（mm）											电动机		泵重（kg）
		L	L_1	L_2	L_4	L_6	L_7	L_8	H	H_1	B_1	B_2	型号	功率（kW）	
DG6-25	2	1021	636	130	76	110	550	720	405	380	390	390	Y100L-2	3	75
	3	1166	686	180	86	130	550	845	405	418	390	390	Y132S_1-2	5.5	85
	4	1216	736	230	96	140	600	905	405	418	390	390	Y132S_2-2	7.5	95
	5	1266	786	280	136	170	600	935	405	418	390	390	Y132S_2-2	7.5	105
	6	1441	836	330	135	170	735	1100	415	470	435	435	Y160M_1-2	11	115
	7	1491	886	380	185	225	735	1155	415	470	435	435	Y160M_1-2	11	125
	8	1541	936	430	185	230	785	1210	415	470	435	435	Y160M_2-2	15	135
	9	1591	986	480	235	270	785	1250	415	470	435	435	Y160M_2-2	15	145
	10	1686	1036	530	220	250	885	1345	415	470	435	435	Y160L-2	18.5	155
	11	1736	1086	580	265	295	885	1390	415	470	435	435	Y160L-2	18.5	165
	12	1786	1136	630	315	345	885	1440	415	470	435	435	Y160L-2	18.5	175

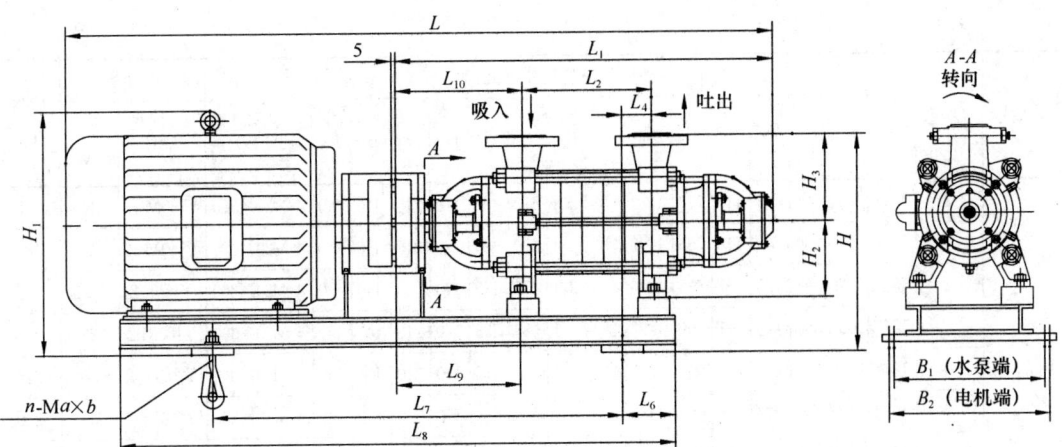

图 1-141 DG 型中低压锅炉给水泵（带公共底座）外形及安装尺寸（一）

DG 型中低压锅炉给水泵（带公共底座）外形及安装尺寸（一）　　　表 1-169

泵型号	泵级数	外形及安装尺寸（mm）															电动机		质量 (kg)
		L	L_1	L_2	L_4	L_6	L_7	L_8	L_9	L_{10}	H	H_1	H_2	H_3	B_1	B_2	$n-\text{M}a\times b$	型号	功率 (kW)	
DG6-25	2	1021	636	130	76	110	550	720	264	264	405	380	150	170	390	390	4-M20×300	Y100L-2	3	75
	3	1166	686	180	86	130	550	845	264	264	405	418	150	170	390	390	4-M20×300	Y132S$_1$-2	5.5	85
	4	1216	736	230	96	140	600	905	264	264	405	418	150	170	390	390	4-M20×300	Y132S$_2$-2	7.5	95
	5	1266	786	280	136	170	600	935	264	264	405	418	150	170	390	390	4-M20×300	Y132S$_2$-2	7.5	105
	6	1441	836	330	135	170	735	1100	264	264	415	470	150	170	435	435	4-M20×300	Y160M$_1$-2	11	115
	7	1491	886	380	185	225	735	1155	264	264	415	470	150	170	435	435	4-M20×300	Y160M$_1$-2	11	125
	8	1541	936	430	185	230	785	1210	264	264	415	470	150	170	435	435	4-M20×300	Y160M$_2$-2	15	135
	9	1591	986	480	235	270	785	1250	264	264	415	470	150	170	435	435	4-M20×300	Y160M$_2$-2	15	145
	10	1686	1036	530	220	250	885	1345	264	264	415	470	150	170	435	435	4-M20×300	Y160L-2	18.5	155
	11	1736	1086	580	265	295	885	1390	264	264	415	470	150	170	435	435	4-M20×300	Y160L-2	18.5	165
	12	1786	1136	630	315	345	885	1440	264	264	415	470	150	170	435	435	4-M20×300	Y160L-2	18.5	175
DG12-25	2	1116	636	130	59	95	580	785	264	264	405	380	150	170	390	390	4-M20×300	Y132S$_1$-2	5.5	125
	3	1166	686	180	89	125	600	835	264	264	405	418	150	170	390	390	4-M20×300	Y132S$_2$-2	7.5	135
	4	1341	736	230	114	150	660	1005	264	264	405	418	150	170	390	390	4-M20×300	Y160M$_1$-2	11	145
	5	1391	786	280	145	175	680	1050	264	264	405	418	150	170	390	390	4-M20×300	Y160M$_2$-2	11	155
	6	1441	836	330	185	215	690	1100	264	264	415	470	150	170	435	435	4-M20×300	Y160M$_1$-2	15	165
	7	1491	886	380	195	225	730	1150	264	264	415	470	150	170	435	435	4-M20×300	Y160M$_2$-2	15	180
	8	1586	936	430	220	250	780	1245	264	264	415	470	150	170	435	435	4-M20×300	Y160L-2	18.5	195
	9	1636	986	480	250	280	800	1295	264	264	415	470	150	170	435	435	4-M20×300	Y160L-2	18.5	210
	10	1711	1036	530	280	310	820	1350	264	264	415	470	150	170	435	435	4-M20×300	Y180M-2	22	225
	11	1761	1086	580	300	330	850	1400	264	264	415	470	150	170	435	435	4-M20×300	Y180M-2	22	240
	12	1916	1136	630	325	355	930	1530	264	264	415	470	150	170	435	435	4-M20×300	Y200L$_1$-2	30	255

续表

泵型号	泵级数	外形及安装尺寸（mm）															电动机		质量（kg）
		L	L_1	L_2	L_4	L_6	L_7	L_8	L_9	L_{10}	H	H_1	H_2	H_3	B_1	B_2	$n-Ma\times b$	型号	功率（kW）	
DG25-30	2	1412	808	165	70	116	770	1032	333	344	470	485	170	210	440	440	4-M20×300	Y160M$_1$-2	11	165
	3	1477	873	230	70	116	835	1097	333	344	470	485	170	210	440	440	4-M20×300	Y160M$_2$-2	15	180
	4	1587	938	295	135	181	835	1206	333	344	470	485	170	210	440	440	4-M20×300	Y160L-2	18.5	195
	5	1677	1003	360	175	221	890	1277	333	344	488	528	170	210	440	440	4-M20×300	Y180M-2	22	210
	6	1847	1068	425	210	256	965	1423	333	344	508	573	170	210	440	440	4-M20×300	Y200L$_1$-2	30	225
	7	1912	1133	490	210	256	1030	1488	333	344	508	573	170	210	440	440	4-M20×300	Y200L$_1$-2	30	240
	8	1977	1198	555	305	351	996	1553	333	344	545	610	170	210	450	450	4-M20×300	Y200L$_2$-2	37	255
	9	2042	1263	620	305	351	1061	1618	333	344	545	610	170	210	450	450	4-M20×300	Y200L$_2$-2	36	270
	10	2147	1328	685	358	404	1031	1711	333	344	570	665	170	210	450	450	4-M20×300	Y225M-2	45	285
DG46-30	2	1412	808	165	70	116	770	1032	333	344	470	485	170	210	440	440	4-M20×300	Y160M-2	15	160
	3	1547	873	230	110	156	825	1147	333	344	488	528	170	210	440	440	4-M20×300	Y180M-2	22	175
	4	1717	938	295	145	191	900	1293	333	344	508	573	170	210	440	440	4-M20×300	Y200L$_1$-2	30	190
	5	1782	1003	360	175	221	931	1358	333	344	545	610	170	210	450	450	4-M20×300	Y200L$_2$-2	37	205
	6	1847	1068	425	240	286	931	1423	333	344	545	610	170	210	450	450	4-M20×300	Y200L$_2$-2	37	220
	7	1952	1133	490	228	274	966	1515	333	344	570	665	170	210	450	450	4-M20×300	Y225M-2	45	235
	8	2132	1198	555	273	322	1070	1677	333	344	600	715	170	210	470	560	4-M20×300	Y250M-2	55	250
	9	2197	1263	620	338	387	1070	1742	333	344	600	715	170	210	470	562	4-M20×300	Y255M-2	55	265
	10	2332	1328	685	324	373	1200	1880	333	344	630	780	170	210	530	615	4-M20×300	Y280S-2	75	280

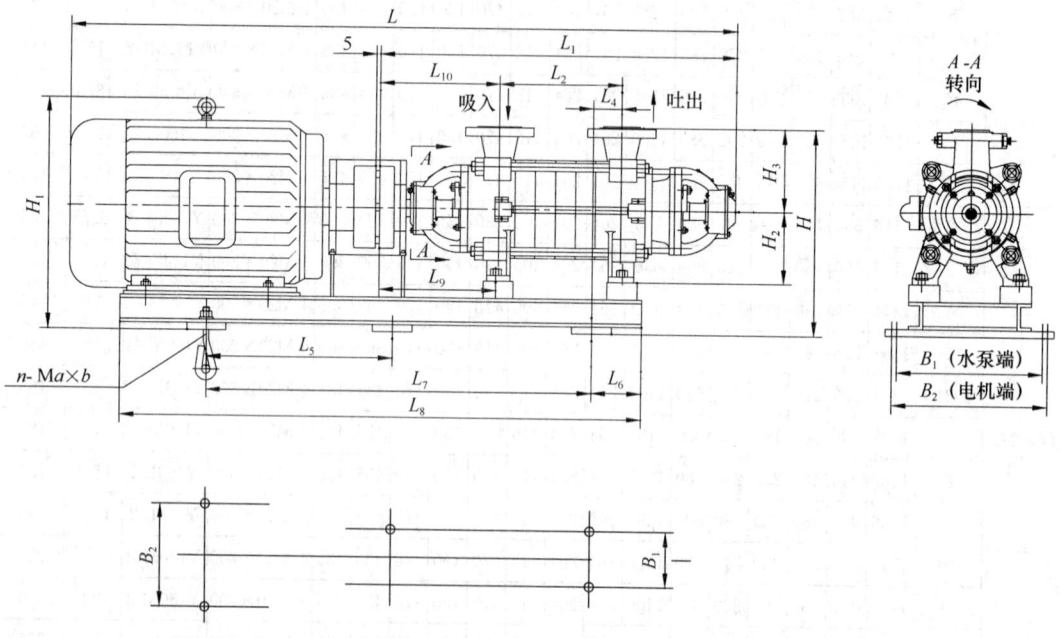

图 1-142　DG 型中低压锅炉给水泵（带公共底座）外形及安装尺寸（二）

DG 型中低压锅炉给水泵（带公共底座）外形及安装尺寸（二）　　表 1-170

泵型号	泵级数	外形及安装尺寸（mm）																	电动机		质量
		L	L_1	L_2	L_4	L_5	L_6	L_7	L_8	L_9	L_{10}	H	H_1	H_2	H_3	B_1	B_2	$n-Ma\times b$	型号	功率 (kW)	(kg)
DG12-50	2	1399	794	160	77	—	125	750	1018	323	335	480	495	170	210	470	470	4-M20×300	Y160M2-2	15	243
	3	1504	854	220	107	—	155	805	1125	323	335	480	495	170	210	470	470	4-M20×300	Y160L-2	18.5	263
	4	1589	914	280	142	—	190	830	1185	323	335	490	530	170	210	470	470	4-M20×300	Y180M-2	22	283
	5	1754	974	340	167	—	215	910	1325	323	335	510	575	170	210	470	470	4-M20×300	Y200L1-2	30	303
	6	1814	1034	400	197	—	245	940	1385	323	335	510	575	170	210	470	470	4-M20×300	Y200L1-2	30	323
	7	1874	1094	460	227	—	275	970	1445	323	335	510	575	170	210	470	470	4-M20×300	Y200L2-2	37	343
	8	1974	1154	520	264	—	310	1020	1530	323	335	575	670	170	210	530	530	4-M20×300	Y225M-2	45	363
	9	2034	1214	580	294	—	340	1050	1590	323	335	575	670	170	210	530	530	4-M20×300	Y250M-2	45	383
	10	2209	1274	640	319	520	370	1145	1755	323	335	605	720	170	210	510	570	4-M20×300	Y250M-2	55	403
	11	2269	1334	700	349	535	400	1175	1815	323	335	605	720	170	210	510	570	4-M20×300	Y250M-2	55	423
	12	2399	1394	760	379	620	435	1235	1950	323	335	625	720	170	210	510	640	4-M20×300	Y280S-2	75	443
DG25-50	2	1531	881	185	162	—	195	745	1085	333	355	580	535	210	270	435	380	4-M20×300	Y160L-2	18.5	200
	3	1616	941	245	117	—	150	840	1150	333	355	580	560	210	270	490	490	4-M20×300	Y180M-2	22	225
	4	1781	1001	305	174	—	207	905	1292	333	355	580	585	210	270	500	500	4-M20×300	Y200L1-2	30	250
	5	1841	1061	365	204	—	237	935	1352	333	355	617	622	210	270	510	510	4-M20×300	Y200L2-2	37	275
	6	1941	1121	425	220	—	253	985	1433	333	355	630	665	210	270	540	540	4-M20×300	Y255M-2	45	300
	7	2116	1181	485	254	540	287	1075	1592	333	355	660	715	210	270	490	550	4-M20×300	Y250M-2	55	325
	8	2246	1241	545	281	675	314	1140	1722	333	355	690	780	210	270	490	650	4-M20×300	Y280S-2	75	350
	9	2306	1301	605	311	690	344	1170	1782	333	355	690	780	210	270	490	650	4-M20×300	Y280S-2	75	375
	10	2366	1361	665	341	705	374	1200	1842	333	355	690	780	210	270	490	650	4-M20×300	Y280S-2	75	400
	11	2476	1421	725	371	750	404	1265	2024	333	355	730	820	210	270	510	650	4-M20×300	Y280M-2	90	425
	12	2536	1481	785	401	765	434	1295	2084	333	355	730	820	210	270	510	650	4-M20×300	Y280M-2	90	450
DG46-50	2	1661	881	185	102	—	135	845	1180	333	355	605	610	210	270	500	500	4-M20×300	Y200L-2	30	237
	3	1721	941	245	132	—	165	875	1240	333	355	605	610	210	270	500	500	4-M20×300	Y200L-2	37	256
	4	1821	1001	305	157	—	190	922	1330	333	355	635	670	210	270	530	530	4-M20×300	Y225M-2	45	275
	5	1996	1061	365	194	—	227	970	1482	333	355	660	715	210	270	510	600	4-M20×300	Y250M-2	55	294
	6	2126	1121	425	224	515	257	1030	1610	333	355	690	780	210	270	510	620	6-M20×300	Y280S-2	75	313
	7	2236	1181	485	254	530	287	1060	1720	333	355	730	820	210	270	530	660	6-M20×300	Y280M-2	90	335
	8	2296	1241	545	284	545	317	1090	1780	333	355	730	820	210	270	530	660	6-M20×300	Y315S-2	90	360
	9	2546	1301	605	314	580	355	1140	1890	333	355	770	1050	210	270	530	720	6-M20×300	Y315M-2	110	390
	10	2676	1361	665	344	620	385	1210	2000	333	355	770	1050	210	270	530	720	6-M20×300	Y315M-2	132	420
	11	2736	1421	725	374	620	415	1240	2060	333	355	770	1050	210	270	530	720	6-M20×300	Y315M-2	132	450
	12	2796	1481	785	404	635	445	1270	2120	333	355	770	1050	210	270	530	720	6-M20×300	Y315M-2	132	480

续表

泵型号	泵级数	外形及安装尺寸（mm）																	电动机		质量（kg）
		L	L_1	L_2	L_4	L_5	L_6	L_7	L_8	L_9	L_{10}	H	H_1	H_2	H_3	B_1	B_2	$n-Ma\times b$	型号	功率（kW）	
DG85-45	2	1695	915	203	98	—	157	860	1215	333	355	600	625	210	250	530	530	4-M20×300	Y200L2-2	37	230
	3	1924	989	277	134	—	190	985	1412	333	355	645	720	210	250	510	600	4-M20×300	Y250M-2	55	248
	4	2068	1063	351	168	600	230	1055	1565	333	355	675	785	210	250	510	630	6-M20×300	Y280S-2	75	265
	5	2192	1137	425	208	600	270	1110	1688	333	355	715	825	210	250	560	670	6-M20×300	Y280M-2	90	285
	6	2456	1211	499	243	720	310	1175	1798	333	355	755	1055	210	250	560	710	6-M20×300	Y315S-2	110	303
	7	2600	1285	573	283	745	350	1235	1923	333	355	755	1055	210	250	560	710	6-M20×300	Y315M-2	132	320
	8	2674	1359	647	322	745	389	1270	1997	333	355	755	1055	210	250	560	710	6-M20×300	Y315M-2	132	340
	9	2748	1433	721	361	770	428	1330	2123	333	355	755	1055	210	250	560	710	6-M20×300	Y315L1-2	160	360

吸入法兰
GB/T 9115-2010 PN0.6MPa

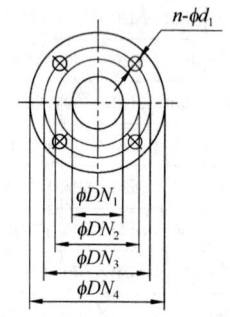

吐出法兰
GB/T 9115-2010 PN6.3MPa

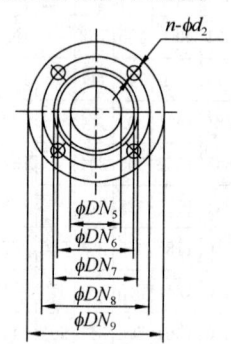

图 1-143　DG 型中低压锅炉给水泵（带公共底座）法兰安装尺寸

DG 型中低压锅炉给水泵（带公共底座）法兰安装尺寸　　　表 1-171

泵型号	进口法兰					出口法兰					
	ϕDN_1	ϕDN_2	ϕDN_3	ϕDN_4	$n-\phi d_1$	ϕDN_5	ϕDN_6	ϕDN_7	ϕDN_8	ϕDN_9	$n-\phi d_2$
DG6-25	ϕ40	ϕ80	ϕ100	ϕ130	4-ϕ13.5	ϕ40	ϕ75	ϕ88	ϕ110	ϕ150	4-ϕ17.5
DG12-25	ϕ50	ϕ90	ϕ110	ϕ140	4-ϕ13.5	ϕ40	ϕ75	ϕ88	ϕ110	ϕ150	4-ϕ17.5
DG25-30	ϕ65	ϕ110	ϕ130	ϕ160	4-ϕ14	ϕ65	ϕ109	ϕ122	ϕ145	ϕ185	8-ϕ17.5
DG12-50	ϕ50	ϕ88	ϕ110	ϕ140	4-ϕ14	ϕ50	ϕ87	ϕ105	ϕ135	ϕ180	4-ϕ22
DG46-30	ϕ80	ϕ128	ϕ150	ϕ190	4-ϕ17.5	ϕ65	ϕ109	ϕ122	ϕ145	ϕ185	8-ϕ17.5
DG85-45	ϕ100	ϕ148	ϕ170	ϕ210	4-ϕ17.5	ϕ100	ϕ149	ϕ160	ϕ190	ϕ235	8-ϕ22

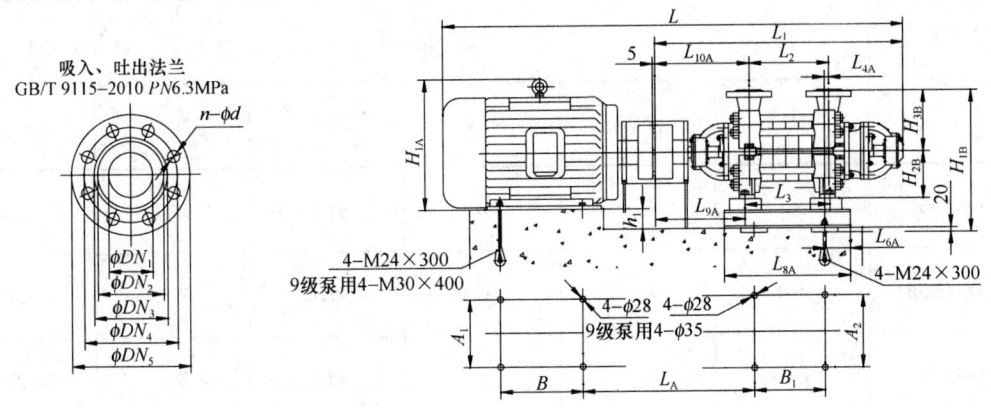

图 1-144 DG 型中低压锅炉给水泵（带单泵座）外形及安装尺寸

DG 型中低压锅炉给水泵（带单泵座）外形及安装尺寸　　　　表 1-172

泵型号	泵级数	外形及安装尺寸（mm）																		电动机		质量（kg）
		L	L_1	L_2	L_3	L_{4A}	L_{6A}	L_{8A}	L_{9A}	L_{10A}	H_{1A}	H_{1B}	H_{2B}	H_{3B}	h_1	A_1	A_2	B	B_1	型号	功率（kW）	
DG85-67	6	2847	1532	635	635	46	100	755	464	470	865	—	270	350	135	508	540	508	555	Y315L1-2	160	740
	7	2935	1620	723	723	46	100	843	464	470	865	—	270	350	135	508	540	508	643	Y315L2-2	200	790
	8	3253	1708	811	811	46	100	931	464	470	1035	—	270	350	95	610	540	560	731	Y355M1-2	220	840
	9	3341	1796	899	899	46	100	1091	464	470	1035	—	270	350	95	610	540	560	819	Y355M2-2	250	890
DG155-67	4	2771	1356	459	459	46	100	579	464	470	1010	820	270	350	95	610	540	500	379	Y2355S1-2	185	650
	5	2989	1444	547	547	46	100	667	464	470	1035	820	270	350	95	610	540	560	467	Y355M1-2	220	700
	6	3077	1532	635	635	46	100	755	464	470	1035	845	270	350	120	610	540	630	555	Y355L1-2	280	750
	7	3165	1620	723	723	46	100	843	464	470	1035	845	270	350	120	610	540	630	643	Y355L2-2	315	800
	8	3253	1708	811	811	46	100	898	464	470	1600	845	270	350	120	630	540	900	698	Y3555-2-6KV	355	850
	9	3891	1796	899	899	46	100	986	464	470	1870	845	270	350	75	710	540	100	786	Y4001-2-6KV	450	900

DG 型中低压锅炉给水泵（带单泵座）法兰安装尺寸   表 1-173

泵型号	进、出口法兰					
	ϕDN_1	ϕDN_2	ϕDN_3	ϕDN_4	ϕDN_{54}	$n\text{-}\phi d$
DG25-50	$\phi 65$	$\phi 109$	$\phi 130$	$\phi 160$	$\phi 205$	$8\text{-}\phi 23$
DG46-50	$\phi 80$	$\phi 120$	$\phi 133$	$\phi 170$	$\phi 215$	$8\text{-}\phi 22$
DG85-67	$\phi 100$	$\phi 149$	$\phi 168$	$\phi 200$	$\phi 250$	$8\text{-}\phi 24$
DG155-67	$\phi 150$	$\phi 203$	$\phi 242$	$\phi 280$	$\phi 345$	$8\text{-}\phi 33$

1.2.6 KQDP、KQDQ 轻型不锈钢多级离心泵

（1）用途：主要分为 KQDP 型、KQDQ 型立式及 KQDPW 型卧式。适用于建筑给水、锅炉供水、空调冷却、热水循环、消防等场合，可输送清水或类似于清水的液体，液体最高温度 105℃，最低温度 −20℃，KQDP 型还可用于饮料、医药等领域。

（2）型号意义说明：

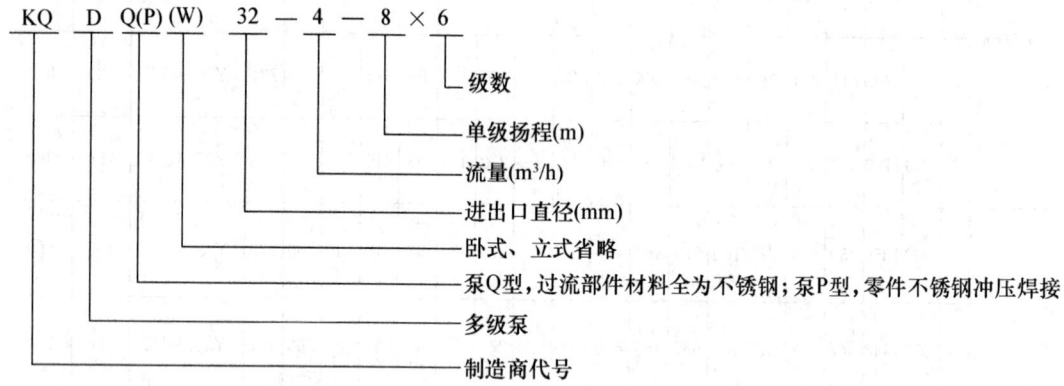

（3）结构：不锈钢多级泵，分为 KQDP、KQDQ 立式泵和 KQDPW 卧式泵。KQDP、KQDPW 型为不锈钢冲压焊接多级泵，叶轮、导叶中段、轴等采用不锈钢制造，部分过流部件的材质为铸铁，刚性联轴器传动。KQDQ 型立式多级泵全部过流部件均为不锈钢制造。KQDP、KQDQ 立式泵的进出口在同一直线上；KQDPW 型卧式泵进水口在端部水平，出水口垂直向上。轴封采用机械密封。KQDP、KQDQ、KQDPW 从电机端看为逆时针旋转。

（4）性能、外形及安装尺寸：KQDP 轻型不锈钢多级离心泵性能、外形及安装尺寸见图 1-145～图 1-167、表 1-174～表 1-182。

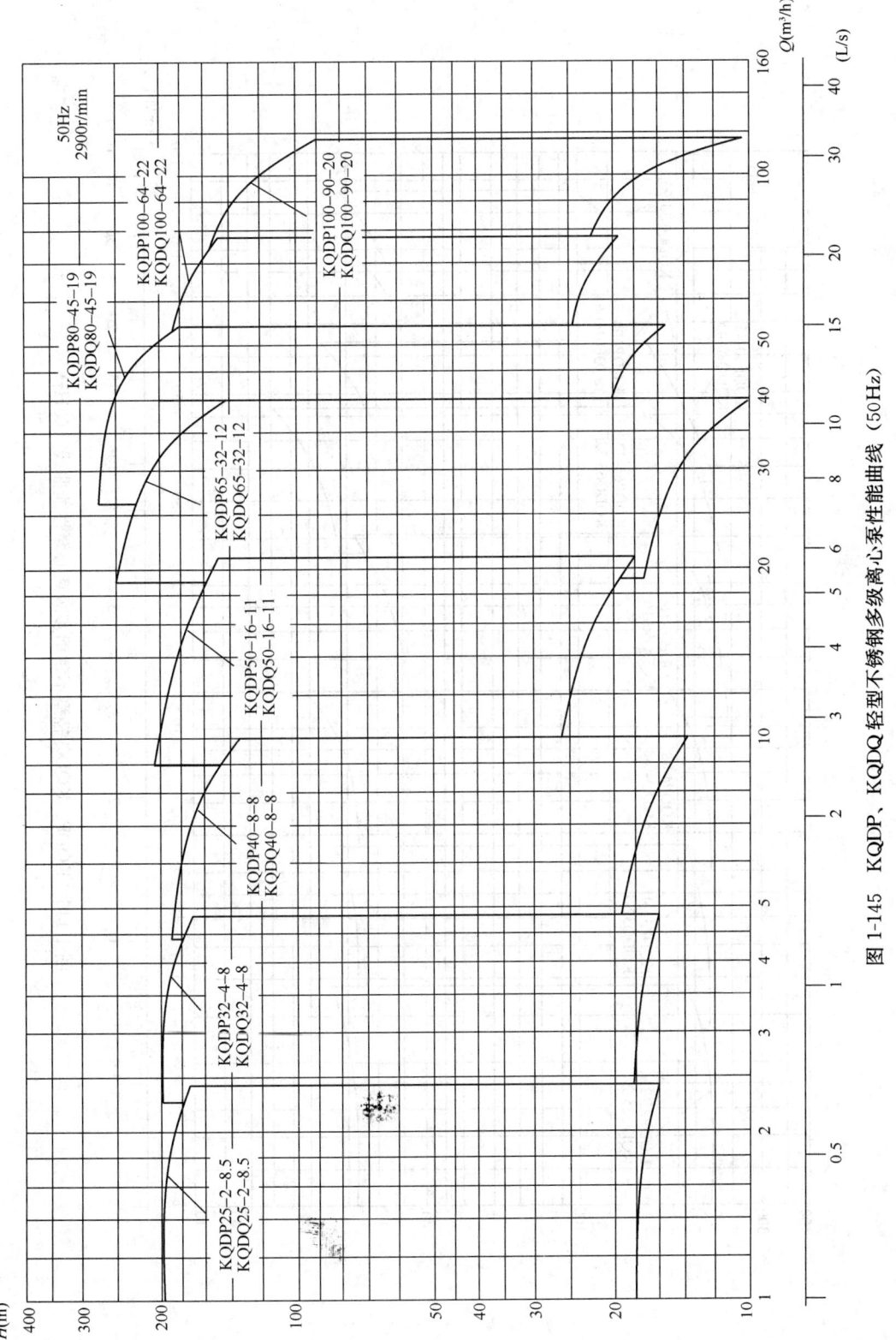

图 1-145 KQDP, KQDQ 轻型不锈钢多级离心泵性能曲线 (50Hz)

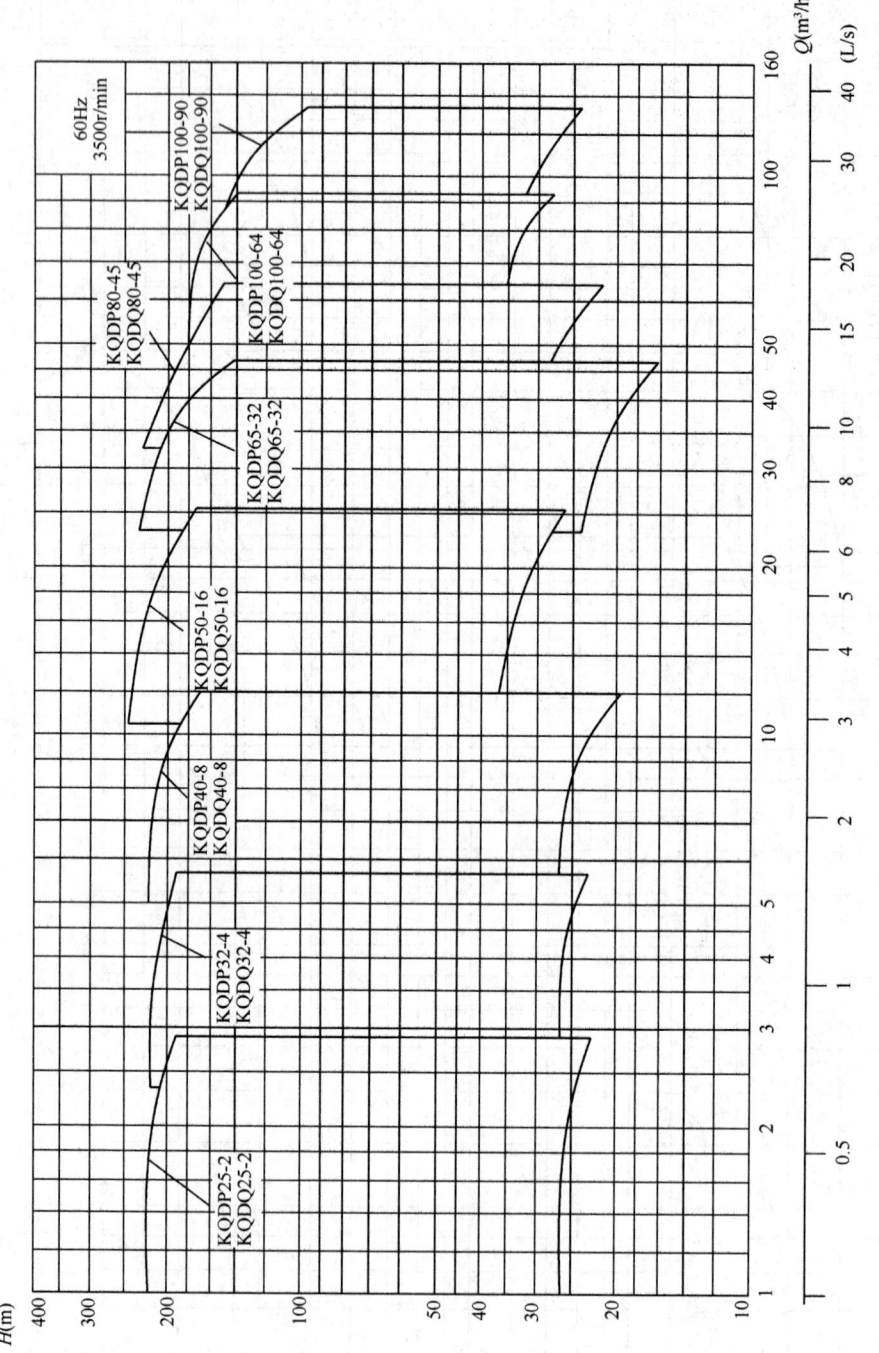

图 1-146　KQDP, KQDQ 轻型不锈钢多级离心泵性能曲线 (60Hz)

KQDP、KQDQ 轻型不锈钢多级离心泵性能曲线图例见图 1-147：

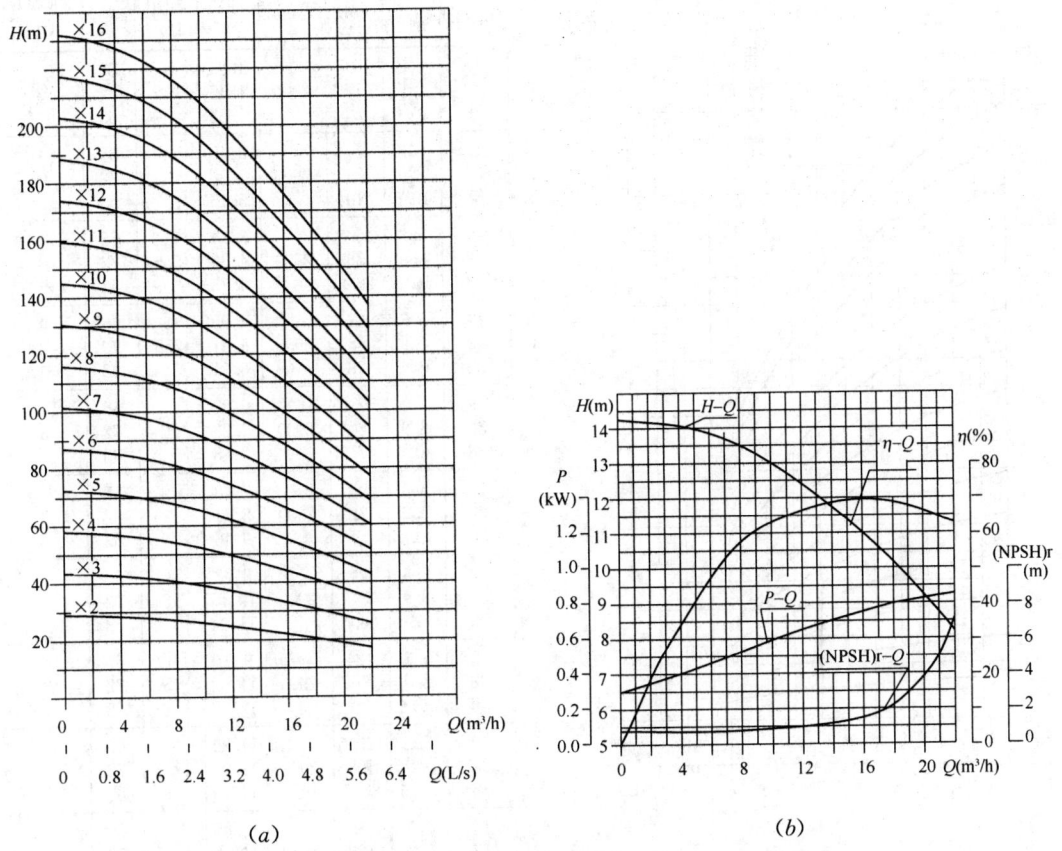

(a)　　　　　　　　　　　(b)

图 1-147　KQDP、KQDQ 轻型不锈钢多级离心泵性能曲线图例

注：1. 曲线代表泵的性能范围。

    泵的流量不能大于曲线区最大流量，以免电机超载。

  2. 所有曲线是基于 3×380V 50Hz，转速为 2900r/min 的换算值。

  3. 测量时水温为 20℃。

  4. 曲线适用于运动黏度 $\upsilon=1mm^2/s$。

   (a) $Q\text{-}H$ 曲线表示各种级数的泵在标准转速下的换算值。

   (b) 是单级性能曲线。

   曲线 H 代表：每级泵的流量扬程关系；

   曲线 P 代表：每级泵的轴功率与流量的关系；

   曲线 η 代表：不考虑电机效率时的泵效率；

   曲线 (NPSH) r 代表：泵必需汽蚀余量。

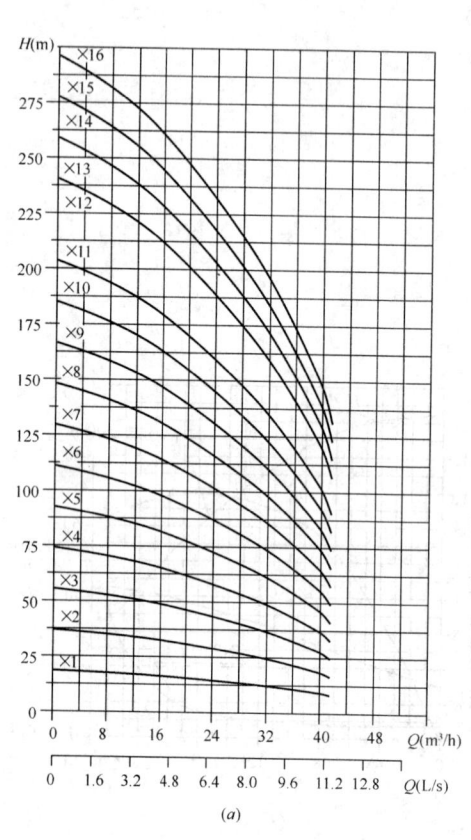

(a)

(b)

级数 n	流量 Q (m³/h)	流量 Q (L/s)	扬程 H (m)	转速 n (r/min)	功率 (kW) 轴功率	功率 (kW) 配用功率	效率 η (%)	必需汽蚀余量 (NPSH)r (m)
1	19	5.3	15.5	2900	1.25	2.2	65	3
	32	8.9	12		1.45		72	
	38	10.6	9.5		1.58		63	
2	19	5.3	31	2900	2.49	4	65	3
	32	8.9	24		2.90		72	
	38	10.6	19		3.15		63	
3	19	5.3	46.5	2900	3.74	5.5	65	3
	32	8.9	36		4.36		72	
	38	10.6	28.5		4.73		63	
4	19	5.3	62	2900	4.99	7.5	65	3
	32	8.9	48		5.81		72	
	38	10.6	38		6.31		63	
5	19	5.3	77.5	2900	6.23	11	65	3
	32	8.9	60		7.26		72	
	38	10.6	47.5		7.88		63	
6	19	5.3	93	2900	7.48	11	65	3
	32	8.9	72		8.71		72	
	38	10.6	57		9.46		63	
7	19	5.3	108.5	2900	8.73	15	65	3
	32	8.9	84		10.17		72	
	38	10.6	66.5		11.04		63	
8	19	5.3	124	2900	9.97	15	65	3
	32	8.9	96		11.62		72	
	38	10.6	76		12.62		63	
9	19	5.3	139.5	2900	11.22	18.5	65	3
	32	8.9	108		13.07		72	
	38	10.6	85.5		14.19		63	
10	19	5.3	155	2900	12.47	18.5	65	3
	32	8.9	120		14.52		72	
	38	10.6	95		15.77		63	
11	19	5.3	170.5	2900	13.72	22	65	3
	32	8.9	132		15.98		72	
	38	10.6	104.5		17.35		63	
12	19	5.3	186	2900	14.96	22	65	3
	32	8.9	144		17.43		72	
	38	10.6	114		18.92		63	
13	19	5.3	201.5	2900	16.21	22	65	3
	32	8.9	156		18.88		72	
	38	10.6	123.5		20.50		63	
14	19	5.3	217	2900	17.46	30	65	3
	32	8.9	168		20.33		72	
	38	10.6	133		22.08		63	
15	19	5.3	233	2900	18.70	30	65	3
	32	8.9	180		21.79		72	
	38	10.6	143		23.05		63	
16	19	5.3	248	2900	19.95	30	65	3
	32	8.9	192		23.24		72	
	38	10.6	152		25.23		63	

图 1-148　KQDP 轻型不锈钢多级离心泵性能图表(一)

(a)KQDP65-32-12×n；(b)KQDP65-32-12 单级

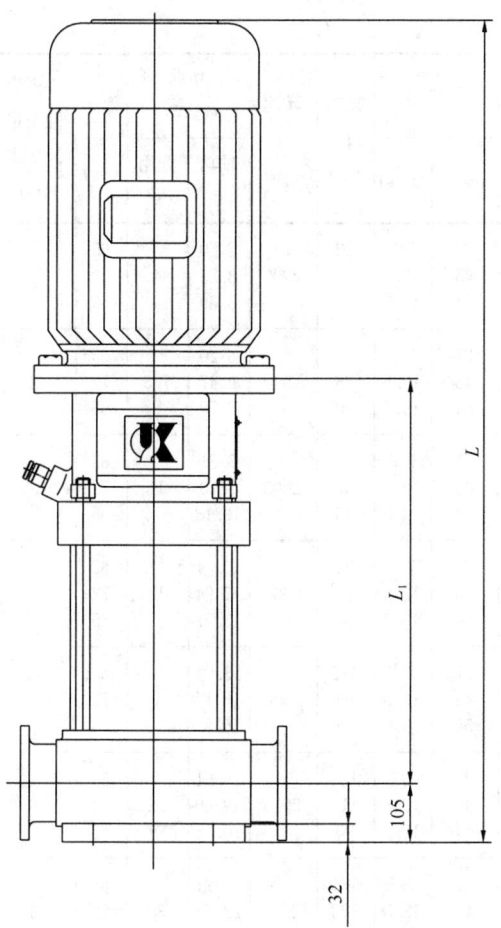

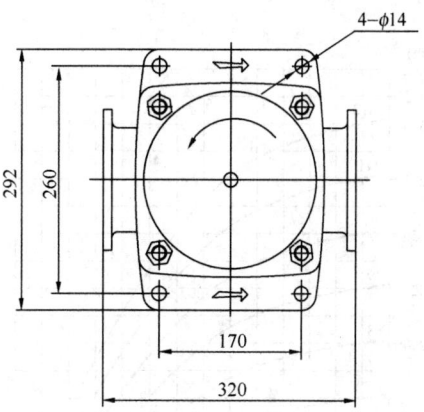

进出口法兰尺寸
GB/T17241.6–2008/XG1–2011*PN*2.5MPa

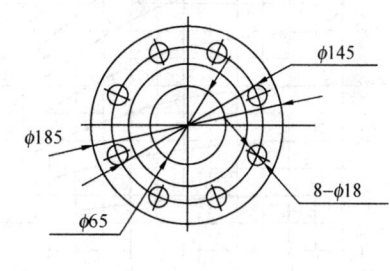

图 1-149　KQDP 轻型不锈钢多级离心泵外形及安装尺寸(一)

KQDP 轻型不锈钢多级离心泵安装尺寸(一)　　　　　　　　　　表 1-174

级数	L_1	L	电动机		质量
(n)	(mm)	(mm)	型号	功率(kW)	(kg)
1	399	693	Y_2A90L-2	2.2	80
2	468	812	Y_2A112M-2	4	99
3	598	996	Y_2A132S$_1$-2	5.5	109
4	656	1049	Y_2A132S$_2$-2	7.5	117
5	740	1248	$Y_2$160M$_1$-2	11	159
6	794	1302	$Y_2$160M$_1$-2	11	165
7	848	1356	$Y_2$160M$_2$-2	15	203
8	902	1410	$Y_2$160M$_2$-2	15	207
9	956	1519	$Y_2$160L-2	18.5	221
10	1010	1573	$Y_2$160L-2	18.5	226
11	1064	1657	$Y_2$180M-2	22	284
12	1118	1711	$Y_2$180M-2	22	289
13	1200	1863	$Y_2$180M-2	22	294
14	1254	1917	$Y_2$200L$_1$-2	30	374
15	1308	1971	$Y_2$200L$_1$-2	30	379
16	1362	2025	$Y_2$200L$_1$-2	30	384

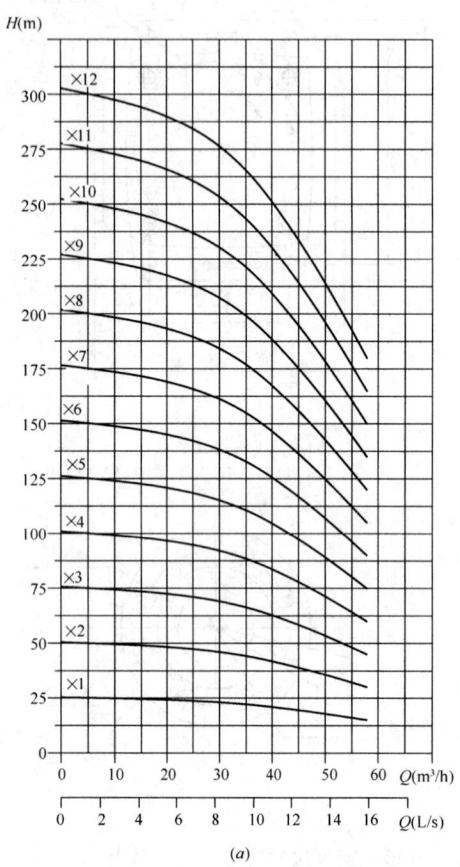

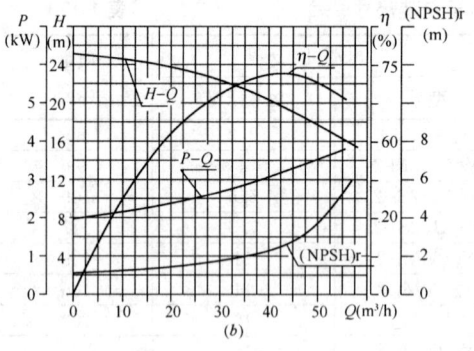

级数 n	流量 Q		扬程 H (m)	转速 n (r/min)	功率 (kW)		效率 η (%)	必需汽蚀余量 (NPSH)r (m)
	(m³/h)	(L/s)			轴功率	配用功率		
1	27	7.5	23		2.60		65	
	45	12.5	19	2900	3.23	4	72	3
	54	15.0	15		3.39		65	
2	27	7.5	46		5.20		65	
	45	12.5	38	2900	6.47	7.5	72	3
	54	15.0	30		6.79		65	
3	27	7.5	69		7.81		65	
	45	12.5	57	2900	9.70	11	72	3
	54	15.0	45		10.18		65	
4	27	7.5	92		10.41		65	
	45	12.5	76	2900	12.94	15	72	3
	54	15.0	60		13.57		65	
5	27	7.5	115		13.01		65	
	45	12.5	95	2900	16.17	18.5	72	3
	54	15.0	75		16.97		65	
6	27	7.5	138		15.51		65	
	45	12.5	114	2900	19.40	22	72	3
	54	15.0	90		20.36		65	
7	27	7.5	161		18.21		65	
	45	12.5	133	2900	22.64	30	72	3
	54	15.0	105		23.76		65	
8	27	7.5	184		20.81		65	
	45	12.5	152	2900	25.87	30	72	3
	54	15.0	120		27.15		65	
9	27	7.5	207		23.42		65	
	45	12.5	171	2900	29.11	37	72	3
	54	15.0	135		30.54		65	
10	27	7.5	230		26.02		65	
	45	12.5	190	2900	32.34	37	72	3
	54	15.0	150		33.94		65	
11	27	7.5	253		28.62		65	
	45	12.5	209	2900	35.57	45	72	3
	54	15.0	165		37.33		65	
12	27	7.5	276		31.22		65	
	45	12.5	228	2900	38.81	45	72	3
	54	15.0	180		40.72		65	

图 1-150　KQDP 轻型不锈钢多级离心泵性能图表（二）

(a) KQDP80-45-19×n；(b) KQDP80-45-19 单级

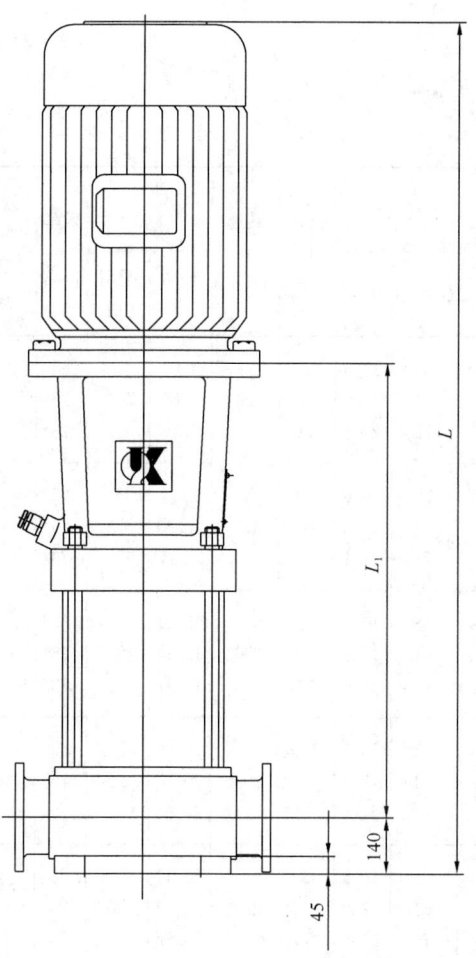

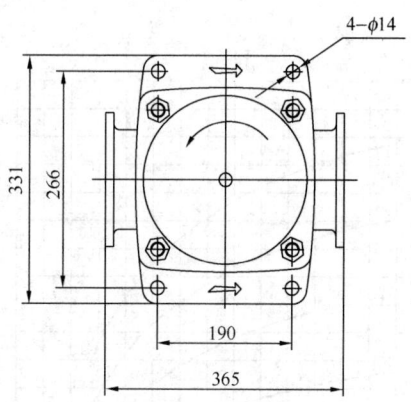

进出口法兰尺寸
GB/T 17241.6—2008/XG1-2011*PN*2.5MPa

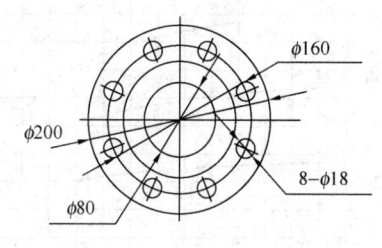

图 1-151 KQDP 轻型不锈钢多级离心泵外形及安装尺寸（二）

KQDP 轻型不锈钢多级离心泵安装尺寸（二）   表 1-175

级数	L_1	L	电动机		质量
n	(mm)	(mm)	型号	功率（kW）	(kg)
1	558	898	Y_2A112M-2	4	104
2	638	1028	Y_2A132S_2-2	7.5	118
3	828	1333	$Y_2$160M_1-2	11	159
4	908	1413	$Y_2$160M_1-2	15	196
5	988	1548	$Y_2$160L-2	18.5	210
6	1068	1658	$Y_2$180M-2	22	267
7	1148	1808	$Y_2$200L_1-2	30	350
8	1228	1858	$Y_2$200L_1-2	30	354
9	1308	1968	$Y_2$200L_2-2	37	358
10	1388	2048	$Y_2$200L_2-2	37	382
11	1468	2178	$Y_2$225M-2	45	447
12	1546	2256	$Y_2$225M-2	45	452

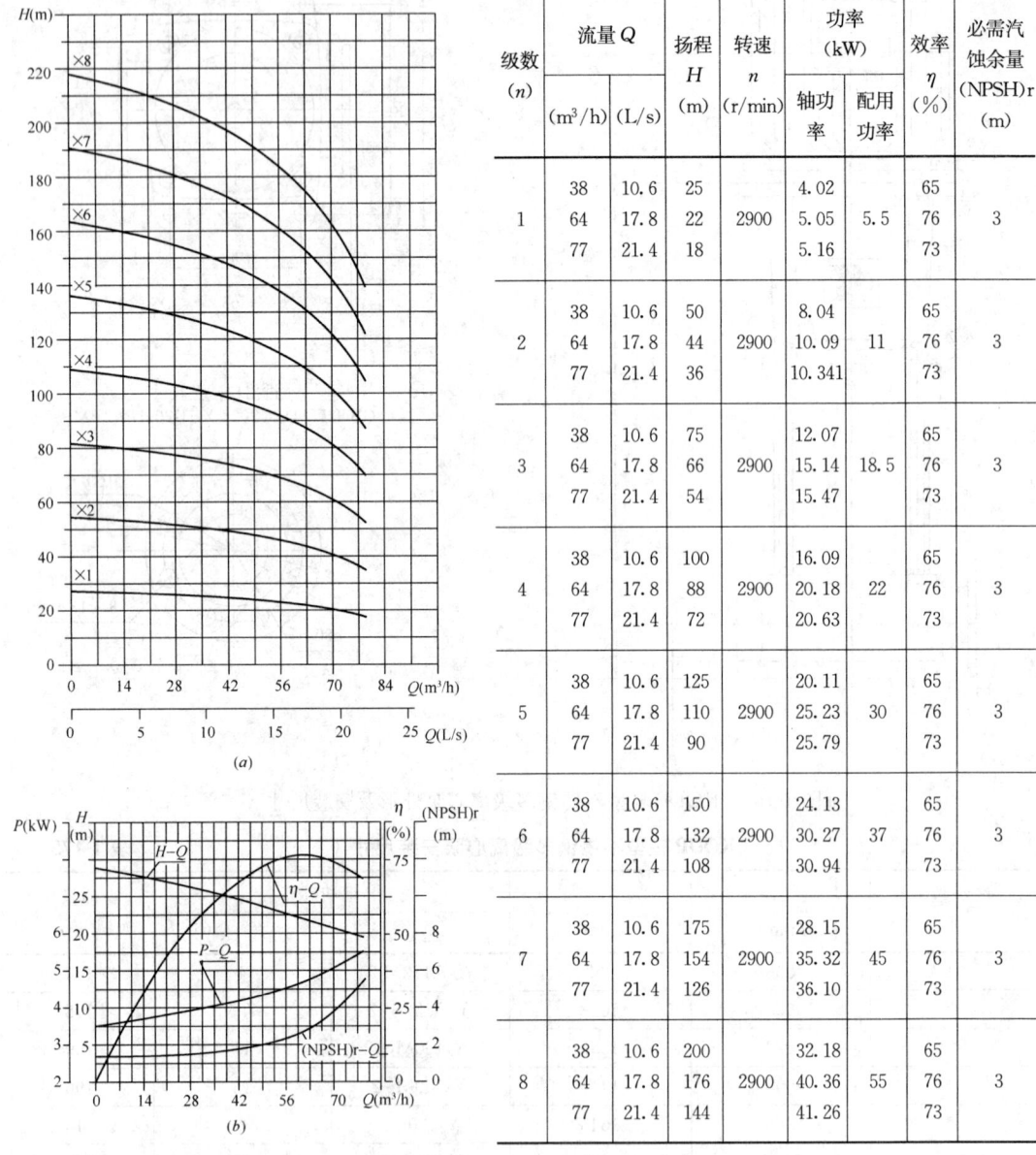

级数 (n)	流量 Q (m³/h)	流量 Q (L/s)	扬程 H (m)	转速 n (r/min)	功率 (kW) 轴功率	功率 (kW) 配用功率	效率 η (%)	必需汽蚀余量 (NPSH)r (m)
1	38	10.6	25		4.02		65	
	64	17.8	22	2900	5.05	5.5	76	3
	77	21.4	18		5.16		73	
2	38	10.6	50		8.04		65	
	64	17.8	44	2900	10.09	11	76	3
	77	21.4	36		10.341		73	
3	38	10.6	75		12.07		65	
	64	17.8	66	2900	15.14	18.5	76	3
	77	21.4	54		15.47		73	
4	38	10.6	100		16.09		65	
	64	17.8	88	2900	20.18	22	76	3
	77	21.4	72		20.63		73	
5	38	10.6	125		20.11		65	
	64	17.8	110	2900	25.23	30	76	3
	77	21.4	90		25.79		73	
6	38	10.6	150		24.13		65	
	64	17.8	132	2900	30.27	37	76	3
	77	21.4	108		30.94		73	
7	38	10.6	175		28.15		65	
	64	17.8	154	2900	35.32	45	76	3
	77	21.4	126		36.10		73	
8	38	10.6	200		32.18		65	
	64	17.8	176	2900	40.36	55	76	3
	77	21.4	144		41.26		73	

图 1-152　KQDP 轻型不锈钢多级离心泵性能图表（三）
(a) KQDP100-64-22×n；(b) KQDP100-64-22 单级

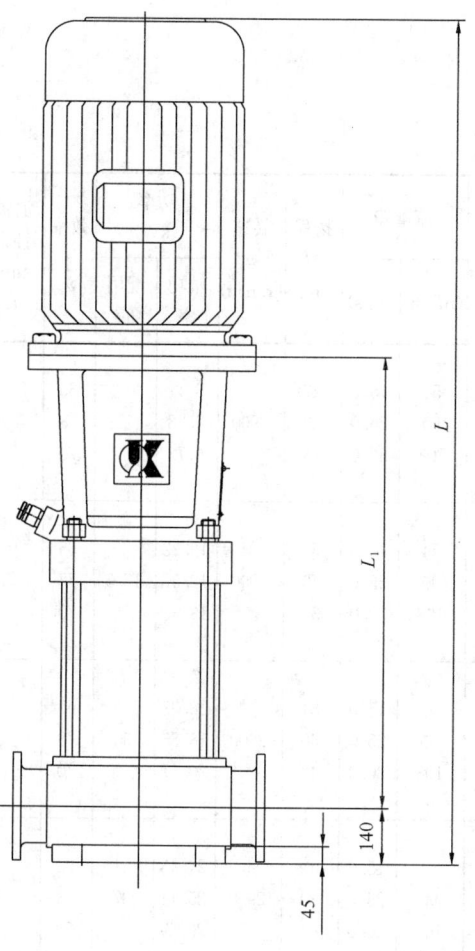

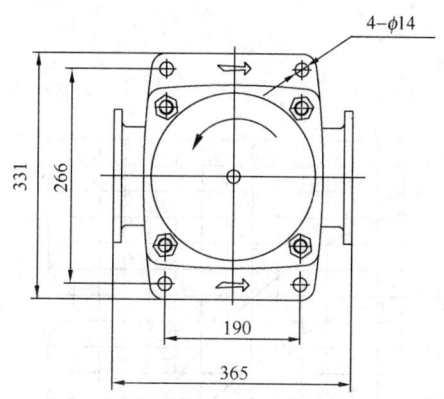

进出法兰口尺寸
GB/T 17241.6-2008/XG1-2011 PN2.5MPa

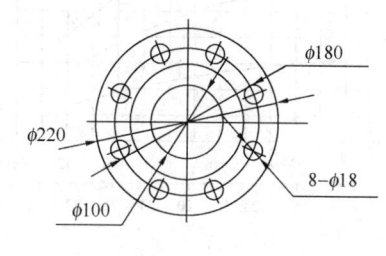

图 1-153　KQDP 轻型不锈钢多级离心泵外形及安装尺寸（三）

KQDP 轻型不锈钢多级离心泵安装尺寸（三）　　　　　表 1-176

级数	L_1	L	电动机		质量
n	（mm）	（mm）	型号	功率（kW）	（kg）
1	582	972	Y_2A132S_1-2	5.5	112
2	754	1259	Y_2160M_1-2	11	158
3	836	1396	Y_2160L-2	18.5	205
4	918	1508	Y_2180M-2	22	262
5	1000	1660	Y_2200L_1-2	30	345
6	1082	1742	Y_2200L_2-2	37	370
7	1164	1824	Y_2255M-2	45	438
8	1246	1986	Y_2255M-2	55	520

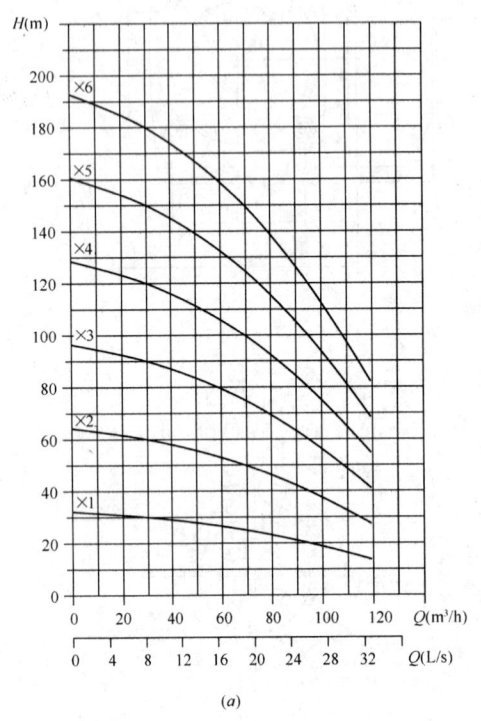

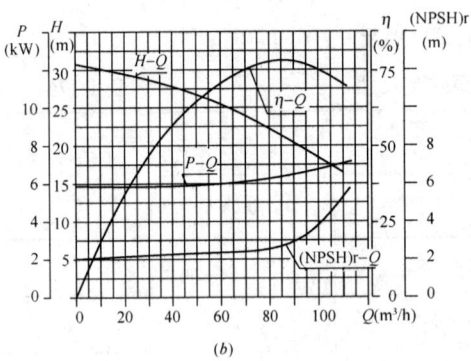

级数 n	流量 Q		扬程 H (m)	转速 n (r/min)	功率 (kW)		效率 η (%)	必需汽蚀余量 (NPSH)r (m)
	(m³/h)	(L/s)			轴功率	配用功率		
1	54	15.0	27		6.11		65	
	90	25.0	20	2900	6.28	11	78	3
	108	30.0	16		6.72		70	
2	54	15.0	54		12.22		65	
	90	25.0	40	2900	12.57	18.5	78	3
	108	30.0	32		13.45		70	
3	54	15.0	81		18.33		65	
	90	25.0	60	2900	18.85	30	78	3
	108	30.0	48		20.17		70	
4	54	15.0	108		24.43		65	
	90	25.0	80	2900	25.14	37	78	3
	108	30.0	64		26.89		70	
5	54	15.0	135		30.54		65	
	90	25.0	100	2900	31.42	45	78	3
	108	30.0	80		33.61		70	
6	54	15.0	162		36.65		65	
	90	25.0	120	2900	37.71	56	78	3
	108	30.0	96		40.34		70	

图 1-154 KQDP 轻型不锈钢多级离心泵性能图表（四）

(a) KQDP100-90-20×n；(b) KQDP100-90-20 单级

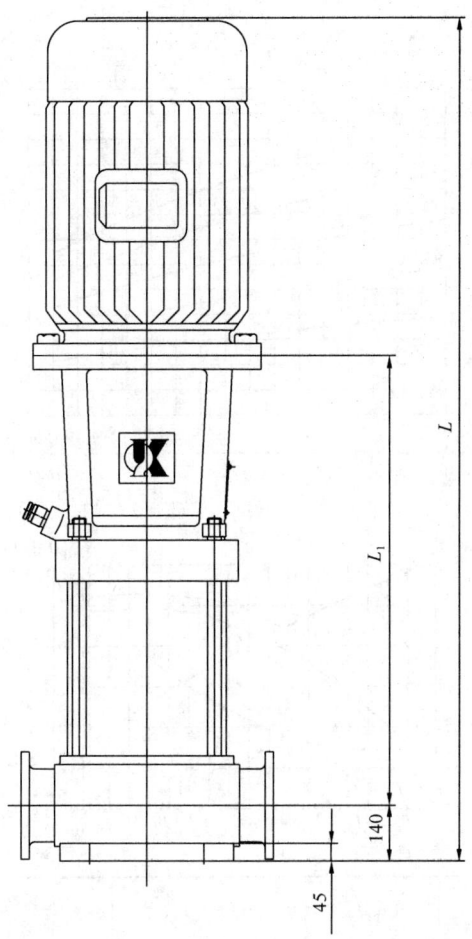

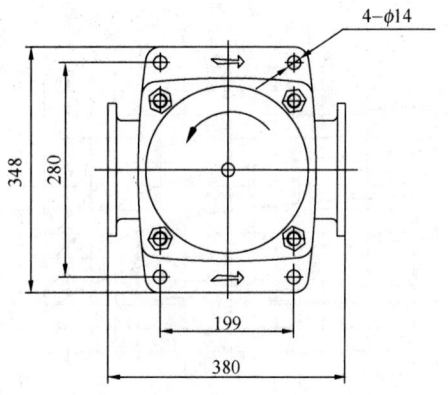

进出口法兰尺寸
GB/T 17241.6–2008/XG1-2011 *PN*2.5MPa

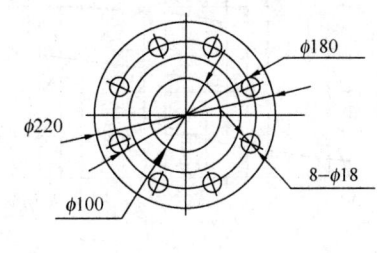

图 1-155 KQDP 轻型不锈钢多级离心泵外形及安装尺寸（四）

KQDP 轻型不锈钢多级离心泵安装尺寸（四）　　　　表 1-177

级数 n	L_1 (mm)	L (mm)	电动机		质量 (kg)
			型号	功率（kW）	
1	681	1186	Y_2160M_1-2	11	220
2	773	1333	Y_2160L-2	18.5	390
3	865	1525	Y_2200L_1-2	30	420
4	957	1617	Y_2200L_2-2	37	425
5	1049	1759	Y_2225M-2	45	450
6	1141	1911	Y_2250M-2	55	540

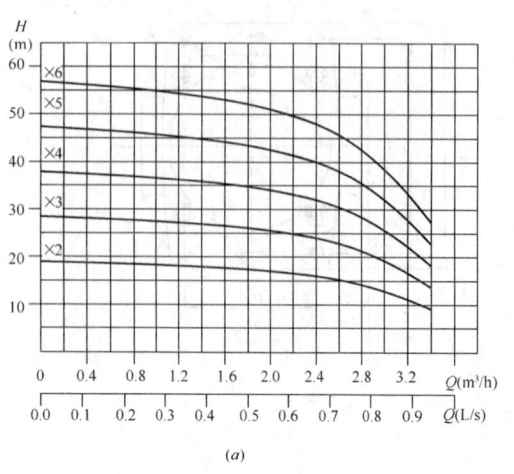

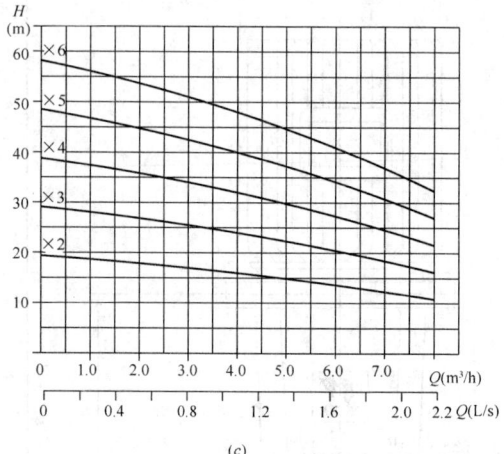

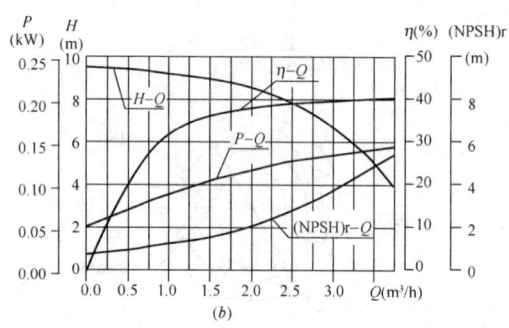

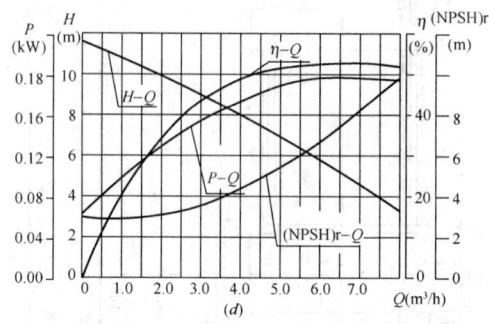

级数 n	流量 Q		扬程 H (m)	转速 n (r/min)	功率 (kW)		效率 η (%)	必需汽蚀余量 (NPSH)r (m)	级数 n	流量 Q		扬程 H (m)	转速 n (r/min)	功率 (kW)		效率 η (%)	必需汽蚀余量 (NPSH)r (m)
	(m³/h)	(L/s)			轴功率	配用功率				(m³/h)	(L/s)			轴功率	配用功率		
2	1	0.28	18		0.15		32		2	3	0.83	17		0.30		46	
	2	0.56	17	2900	0.24	0.75	38	2		4	1.11	16	2900	0.36	0.75	48	2
	2.4	0.67	16		0.27		39			4.8	1.33	15		0.37		53	
3	1	0.28	27		0.23		32		3	3	0.83	25.5		0.45		46	
	2	0.56	25.5	2900	0.37	0.75	38	2		4	1.11	24	2900	0.54	0.75	48	2
	2.4	0.67	24		0.40		39			4.8	1.33	22.5		0.55		53	
4	1	0.28	36		0.34		32		4	3	0.83	34		0.60		46	
	2	0.56	34	2900	0.49	1.1	38	2		4	1.11	32	2900	0.73	1.1	48	2
	2.4	0.67	32		0.54		39			4.8	1.33	30		0.74		53	
5	1	0.28	45		0.38		32		5	3	0.83	42.5		0.75		46	
	2	0.56	42.5	2900	0.61	1.1	38	2		4	1.11	40	2900	0.91	1.1	48	2
	2.4	0.67	40		0.67		39			4.8	1.33	37.5		0.92		53	

图 1-156　KQDP 轻型不锈钢多级离心泵性能图表（五）

(a) KQDPW25-2-8.5×n；(b) KQDPW25-2-8.5 单级；

(c) KQDPW32-4-8×n；(d) KQDPW32-4-8 单级

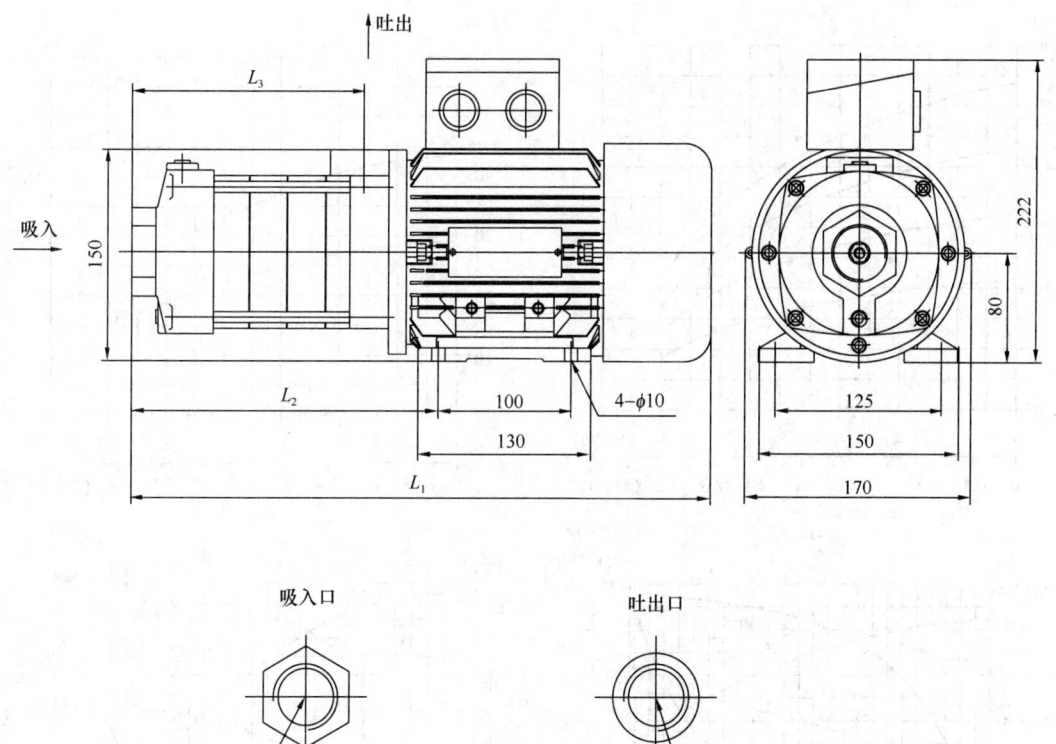

图 1-157 KQDP 轻型不锈钢多级离心泵外形及安装尺寸（五）

KQDP 轻型不锈钢多级离心泵安装尺寸（五） 　　　　　　　　**表 1-178**

型号	L_1 (mm)	L_2 (mm)	L_3 (mm)	电动机		质量 (kg)
				型号	功率（kW）	
KQDPW25-2-8.5×2	380	176	100	$Y_{2A}80K_2$-DPW	0.75	13.8
KQDPW25-2-8.5×3	410	206	130	$Y_{2A}80K_2$-DPW	0.75	14.3
KQDPW25-2-8.5×4	440	236	160	$Y_{2A}80G_2$-DPW	1.1	15.5
KQDPW25-2-8.5×5	470	266	190	$Y_{2A}80G_2$-DPW	1.1	16
KQDPW32-4-8×2	380	176	100	$Y_{2A}80K_2$-DPW	0.75	13.8
KQDPW32-4-8×3	410	206	130	$Y_{2A}80K_2$-DPW	0.75	14.3
KQDPW32-4-8×4	440	236	160	$Y_{2A}80G_2$-DPW	1.1	15.5
KQDPW32-4-8×5	470	266	190	$Y_{2A}80G_2$-DPW	1.1	16

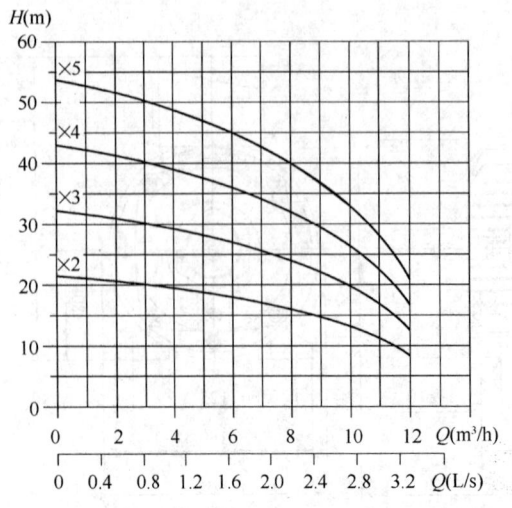

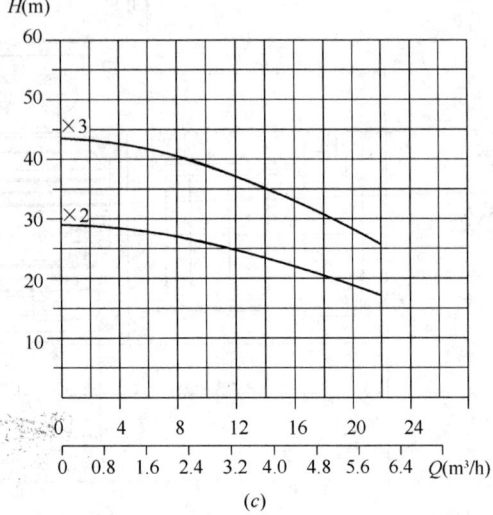

(a)

(c)

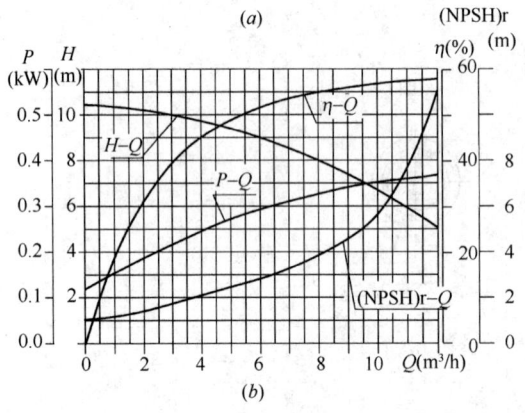

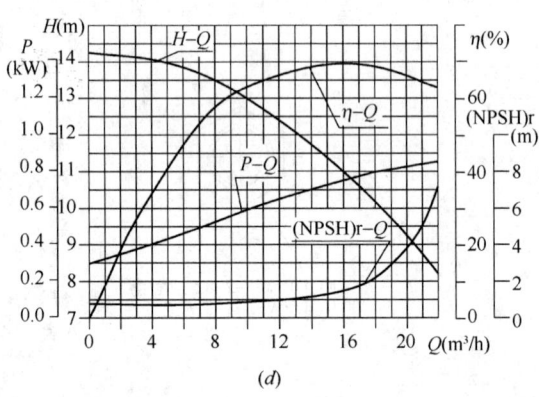

(b)

(d)

级数 n	流量 Q		扬程 H (m)	转速 n (r/min)	功率 (kW)		效率 η (%)	必需汽蚀余量 (NPSH)r (m)
	(m³/h)	(L/s)			轴功率	配用功率		
2	6	1.67	18		0.57		52	
	8	2.22	16	2900	0.63	1.5	55	2
	10	2.78	13.6		0.65		57	
3	6	1.67	27		0.85		52	
	8	2.22	24	2900	0.95	1.5	55	2
	10	2.78	20.4		0.97		57	
4	6	1.67	36		1.13		52	
	8	2.22	32	2900	1.27	2.2	55	2
	10	2.78	27.2		1.30		57	
5	6	1.67	45		1.41		52	
	8	2.22	40	2900	1.58	2.2	55	2
	10	2.78	34		1.62		57	

级数 n	流量 Q		扬程 H (m)	转速 n (r/min)	功率 (kW)		效率 η (%)	必需汽蚀余量 (NPSH)r (m)
	(m³/h)	(L/s)			轴功率	配用功率		
2	10	2.78	26		1.09		65	
	16	4.44	22	2900	1.37	2.2	70	2
	21	5.83	18		1.56		66	
3	10	2.78	39		1.63		65	
	16	4.44	33	2900	2.06	3	70	2
	21	5.83	27		2.34		66	

图 1-158 KQDP 轻型不锈钢多级离心泵性能图表（六）

(a) KQDPW40-8-8×n；(b) KQDPW40-8-8 单级；

(c) KQDPW50-16-11；(d) KQDPW50-16-11 单级

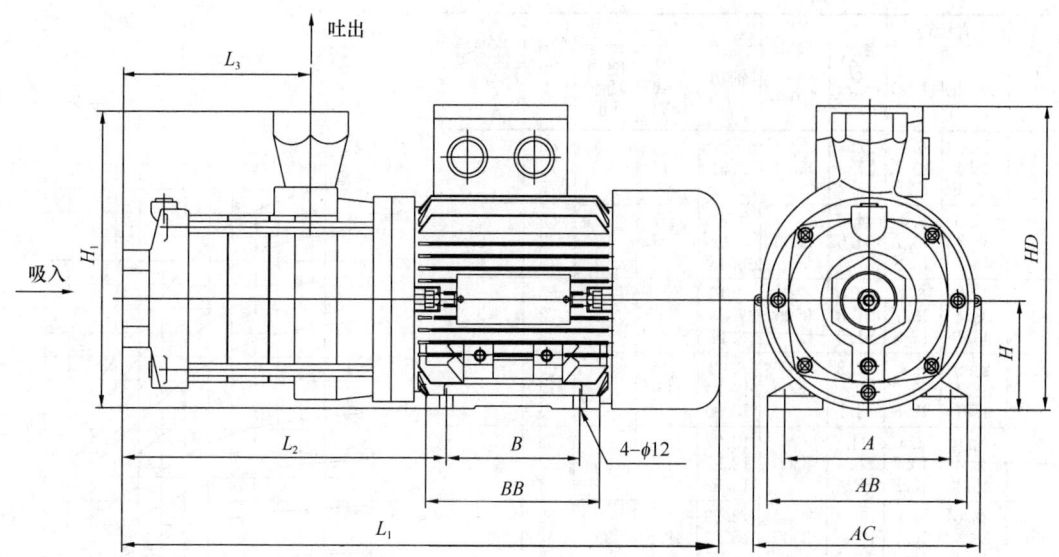

吸入口

KQDPW40-8-8 $R_{p1\frac{1}{2}}$

KQDPW50-18-11R_{p2}

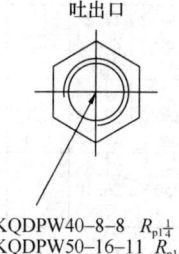

吐出口

KQDPW40-8-8 $R_{p1\frac{1}{4}}$

KQDPW50-16-11 $R_{p1/2}$

图 1-159　KQDP 轻型不锈钢多级离心泵外形及安装尺寸（六）

KQDP 轻型不锈钢多级离心泵安装尺寸（六）　　　　　表 1-179

型号	尺寸（mm）											电动机		质量（kg）
	L_1	L_2	L_3	A	AB	AC	B	BB	H	HD	H_1	型号	功率（kW）	
KQDPW40-8-8×2	450	215	100	140	168	190	100	165	90	250	225	$Y_{2A}90S_2$-DPW	1.5	26.3
KQDPW40-8-8×3	480	245	130	140	168	190	100	165	90	250	225	$Y_{2A}90S_2$-DPW	1.5	27
KQDPW40-8-8×4	510	275	160	140	168	190	125	165	90	250	225	$Y_{2A}90L_2$-DPW	2.2	34.2
KQDPW40-8-8×5	540	305	190	140	168	190	125	165	90	250	225	$Y_{2A}90L_2$-DPW	2.2	34.9
KQDPW50-16-11×2	480	245	130	140	168	190	125	165	90	250	250	$Y_{2A}90L_2$-DPW	2.2	33
KQDPW50-16-11×2	580	297	175	160	190	197	140	176	100	265	260	$Y_{2A}100L_2$-DPW	3	39.5

级数 (n)	流量Q (m³/h)	(L/s)	扬程 H (m)	转速 n (r/min)	轴功率	配用功率 (kW)	配用功率 (HP)	效率 η (%)	必需汽蚀余量 (NPSH)r (m)
1	23.0	6.4	22.3	3500	2.5	4	5.5	65	3
	38.4	10.7	17.3		2.51			72	
	46.1	12.8	13.7		2.72			73	
2	23.0	6.4	44.6	3500	4.31	7.5	10	65	3
	38.4	10.7	34.6		5.02			72	
	46.1	12.8	27.4		5.45			73	
3	23.0	6.4	67.0	3500	6.46	11	15	65	3
	38.4	10.7	51.8		7.53			72	
	46.1	12.8	51.0		8.17			73	
4	23.0	6.4	89.3	3500	8.62	15	15	65	3
	38.4	10.7	69.1		10.04			72	
	46.1	12.8	54.7		10.90			73	
5	23.0	6.4	111.6	3500	10.77	15	20	65	3
	38.4	10.7	86.4		12.55			72	
	46.1	12.8	68.4		13.62			73	
6	23.0	6.4	133.9	3500	12.93	18.5	25	65	3
	38.4	10.7	103.7		15.06			72	
	46.1	12.8	82.1		16.35			73	
7	23.0	6.4	156.2	3500	15.08	22	30	65	3
	38.4	10.7	121.0		17.57			72	
	46.1	12.8	95.8		19.07			73	
8	23.0	6.4	178.6	3500	17.24	22	30	65	3
	38.4	10.7	138.2		20.08			72	
	46.1	12.8	109.4		21.08			73	
9	23.0	6.4	200.9	3500	39.39	30	40	65	3
	38.4	10.7	155.5		22.59			72	
	46.1	12.8	123.1		20.52			73	
10	23.0	6.4	223.2	3500	21.55	30	40	65	3
	38.4	10.7	172.8		25.10			72	
	46.1	12.8	136.8		27.25			73	

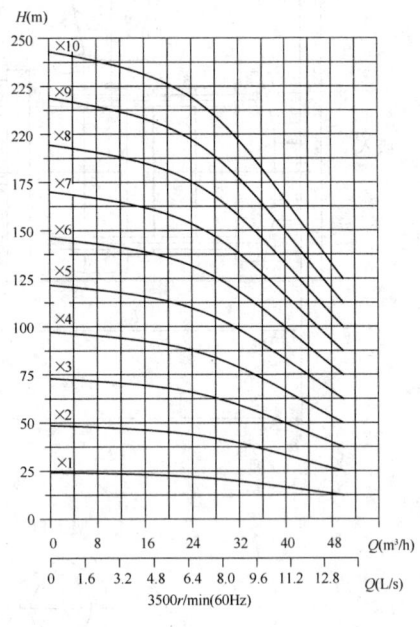

图 1-160   KQDP65-32×n 轻型不锈钢多级离心泵性能图表

级数 (n)	流量Q (m³/h)	(L/s)	扬程 H (m)	转速 n (r/min)	轴功率	配用功率 (kW)	配用功率 (HP)	效率 η (%)	必需汽蚀余量 (NPSH)r (m)
1	32.4	9.0	33.1	3500	4.50	7.5	10	65	3
	54.0	15.0	27.4		5.59			72	
	64.8	18.0	21.6		5.86			65	
2	32.4	9.0	66.2	3500	8.99	15	20	65	3
	54.0	15.0	54.7		11.18			72	
	64.8	18.0	43.2		11.73			65	
3	32.4	9.0	99.4	3500	13.49	18.5	25	65	3
	54.0	15.0	82.1		16.76			72	
	64.8	18.0	64.8		17.59			65	
4	32.4	9.0	132.5	3500	17.98	30	40	65	3
	54.0	15.0	109.4		22.35			72	
	64.8	18.0	86.4		23.46			65	
5	32.4	9.0	165.6	3500	22.48	30	40	65	3
	54.0	15.0	136.8		27.94			72	
	64.8	18.0	108.0		29.32			65	
6	32.4	9.0	198.7	3500	26.98	37	50	65	3
	54.0	15.0	164.2		33.63			72	
	64.8	18.0	129.6		35.19			65	
7	32.4	9.0	231.8	3500	31.47	45	60	65	3
	54.0	15.0	191.5		39.12			72	
	64.8	18.0	151.2		41.05			65	

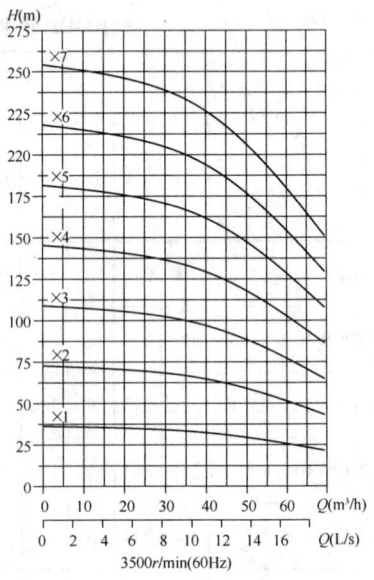

图 1-161   KQDP80-45×n 轻型不锈钢多级离心泵性能图表

级数 (n)	流量 Q (m³/h)	流量 Q (L/s)	扬程 H (m)	转速 n (r/min)	功率 轴功率	功率 配用功率 (kW)	功率 配用功率 (HP)	效率 η (%)	必需汽蚀余量 (NPSH)r (m)
1	46.1	12.8	36.0	3500	6.95	11	15	65	3
	76.8	21.3	31.7		8.72			76	
	92.2	25.6	25.9		8.91			73	
2	46.1	12.8	72.0	3500	13.90	22	30	65	3
	76.8	21.3	63.4		17.44			76	
	92.2	25.6	51.8		17.82			73	
3	46.1	12.8	108.0	3500	20.85	30	40	65	3
	76.8	21.3	95.0		26.25			76	
	92.2	25.6	77.8		26.73			73	
4	46.1	12.8	144.0	3500	27.80	45	60	65	3
	76.8	21.3	126.7		34.87			76	
	92.2	25.6	103.7		35.65			73	
5	46.1	12.8	180.0	3500	34.75	55	75	65	3
	76.8	21.3	158.4		43.59			76	
	92.2	25.6	129.6		44.56			73	

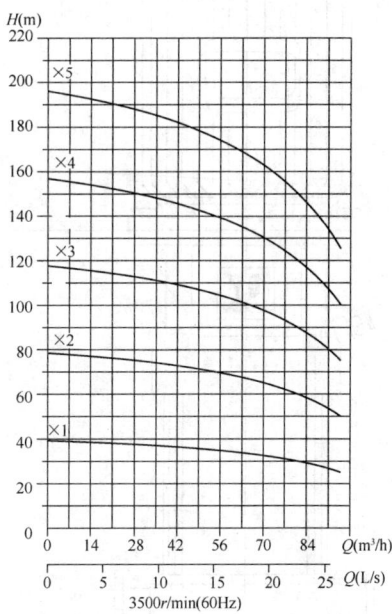

图 1-162　KQDP100-64×n 轻型不锈钢多级离心泵性能图表

级数 (n)	流量 Q (m³/h)	流量 Q (L/s)	扬程 H (m)	转速 n (r/min)	功率 轴功率	功率 配用功率 (kW)	功率 配用功率 (HP)	效率 η (%)	必需汽蚀余量 (NPSH)r (m)
1	65	18.0	38.88	3500	10.56	15	20	65	3
	108	30.0	28.8		10.86			78	
	130	36.0	23.04		11.62			70	
2	65	18.0	78	3500	21.11	30	40	65	3
	108	30.0	58		21.72			78	
	130	36.0	46		23.23			70	
3	65	18.0	117	3500	31.67	45	60	65	3
	108	30.0	86		32.58			78	
	130	36.0	69		34.85			70	
4	65	18.0	156	3500	42.22	55	75	65	3
	108	30.0	115		43.44			78	
	130	36.0	92		46.47			70	

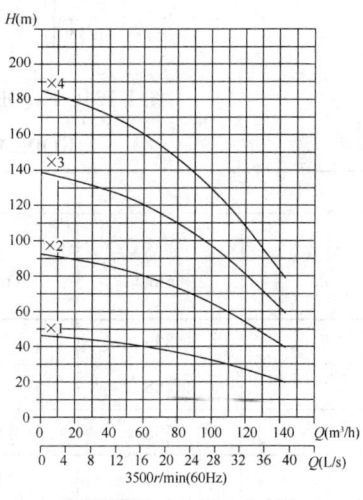

图 1-163　KQDP100-90×n 轻型不锈钢多级离心泵性能图表

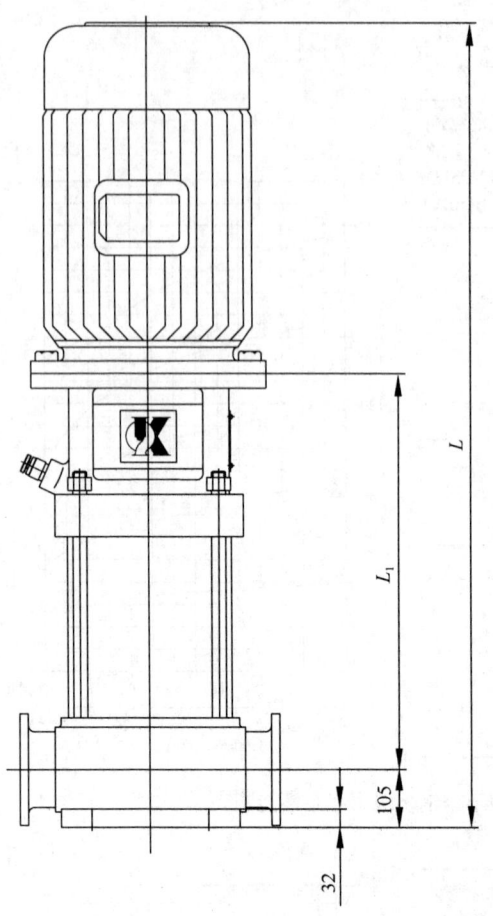

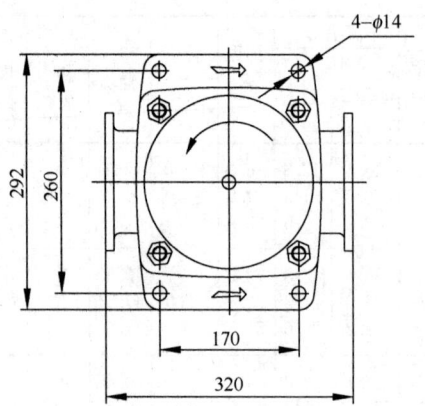

进出口法兰尺寸
GB/T17241.6–2008/XG1–2011 PN2.5MPa

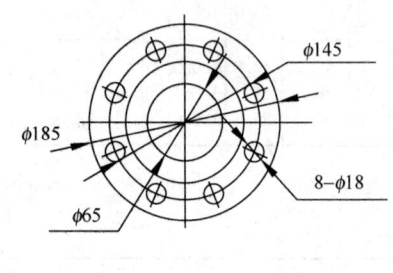

图 1-164　KQDP 轻型不锈钢多级离心泵外形及安装尺寸

KQDP 轻型不锈钢多级离心泵安装尺寸　　　　表 1-180

级数 (n)	L_1 (mm)	L (mm)	电动机		质量 (kg)
			型号	功率 (kW)	
1	399	739	$Y_2$112M-2	4	95
2	468	858	$Y_2$132S_2-2	7.5	121
3	598	1103	$Y_2$160M_1-2	11	157
4	656	1161	$Y_2$160M_2-2	15	172
5	740	1300	$Y_2$160L-2	18.5	186
6	794	1384	$Y_2$180M-2	22	227
7	848	1508	$Y_2$200L_1-2	30	306
8	902	1562	$Y_2$200L_1-2	30	311
9	956	1616	$Y_2$200L_1-2	30	316
10	1010	1670	$Y_2$200L_1-2	30	321

KQDP65-32（60Hz）

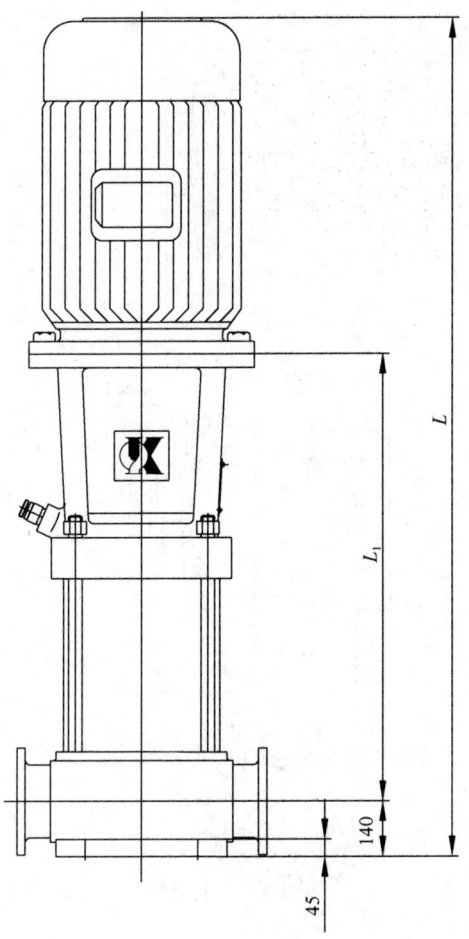

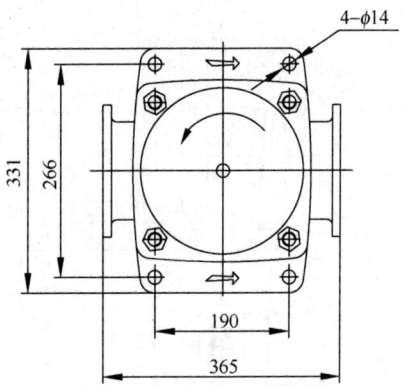

进出口法兰尺寸
GB/T17241.6–2008/XG1–2011PN2.5MPa

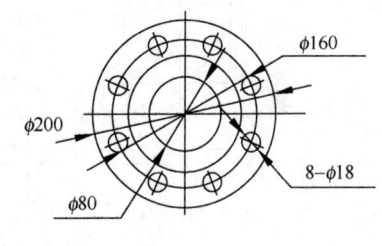

图 1-165 KQDP 轻型不锈钢多级离心泵外形及安装尺寸

KQDP 轻型不锈钢多级离心泵安装尺寸　　　　　　　　　　　　　　表 1-181

KQDP80-45（60Hz）

级数 （n）	L_1 （mm）	L （mm）	电动机		质量 （kg）
			型号	功率 （kW）	
1	558	948	$Y_2$132S_2-2	7.5	126
2	638	1143	$Y_2$160M_2-2	15	173
3	828	1388	$Y_2$160L-2	18.5	186
4	908	1568	$Y_2$200L_1-2	30	299
5	988	1648	$Y_2$200L_1-2	30	303
6	1068	1728	$Y_2$200L_2-2	37	337
7	1148	1858	$Y_2$225M-2	45	427

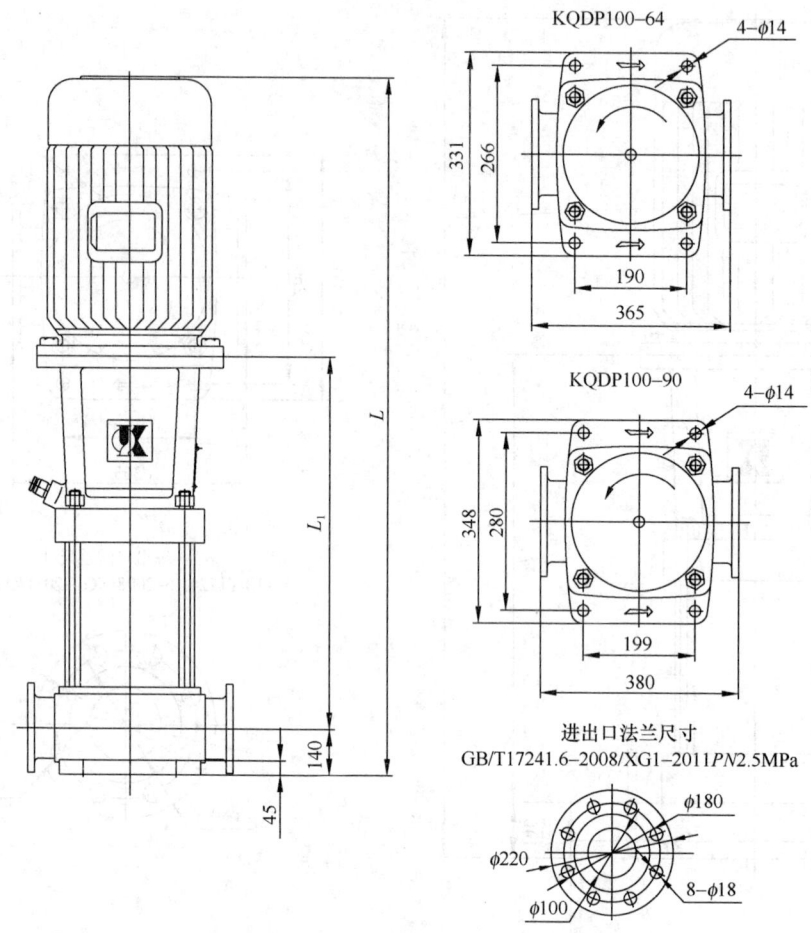

图 1-166   KQDP 轻型不锈钢多级离心泵外形及安装尺寸

KQDP 轻型不锈钢多级离心泵安装尺寸   表 1-182

级数 (n)	L_1 (mm)	L (mm)	电动机		质量 (kg)
			型号	功率 (kW)	
KQDP100-64（60Hz）					
1	582	1087	$Y_2 160M_1$-2	11	160
2	754	1344	$Y_2 180M$-2	22	220
3	836	1496	$Y_2 200L_1$-2	30	291
4	918	1628	$Y_2 225M$-2	45	390
5	1000	1770	$Y_2 250M$-2	55	505
KQDP100-90（60Hz）					
1	570	1076	$Y_2 160M_2$-2	15	230
2	773	1433	$Y_2 200L_1$-2	30	476
3	865	1575	$Y_2 225M$-2	45	497
4	957	1727	$Y_2 250M$-2	55	566

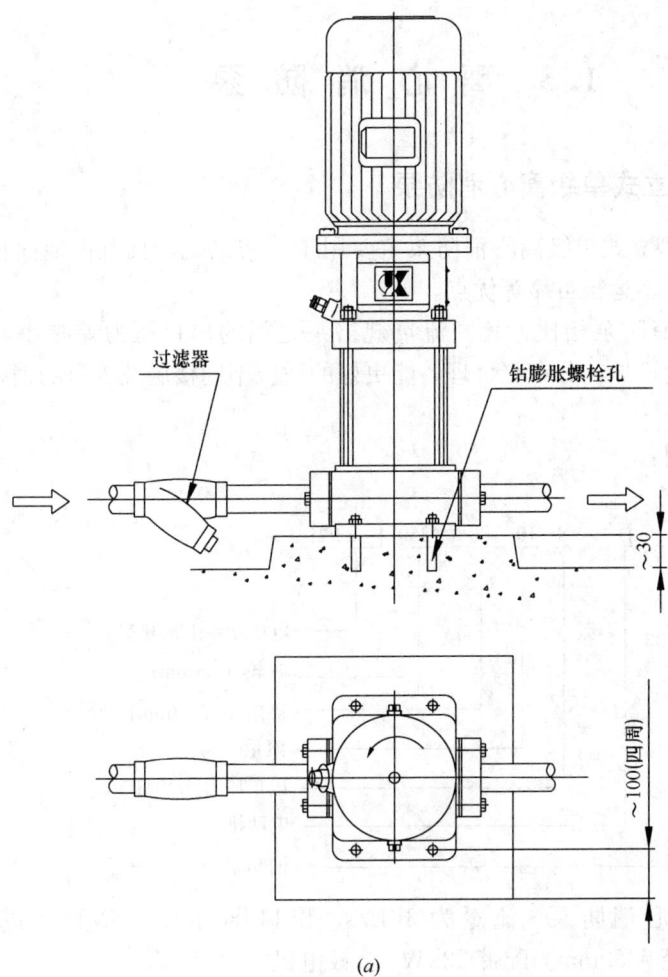

过滤器

钻膨胀螺栓孔

~30

~100(四周)

(a)

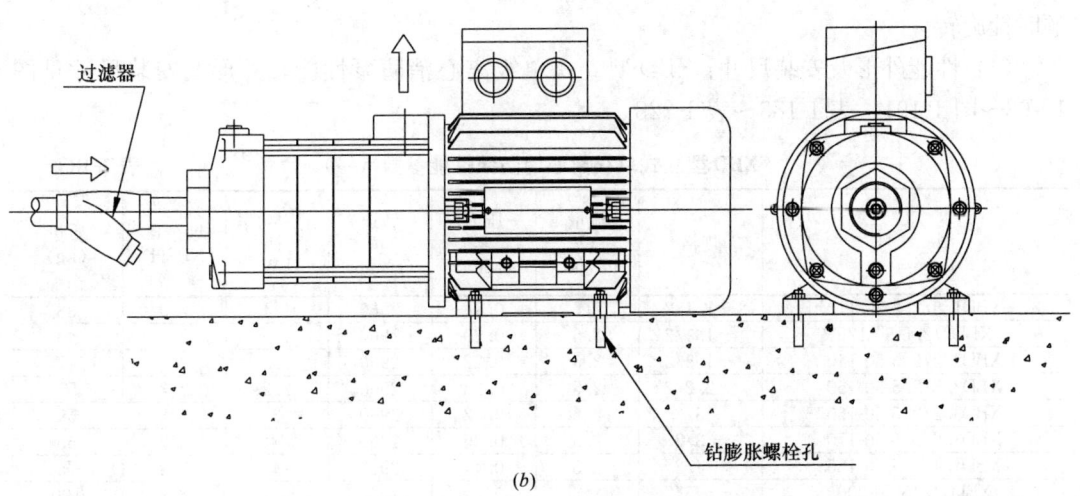

过滤器

钻膨胀螺栓孔

(b)

图 1-167 KQDP、KQDQ、KQDPW 轻型不锈钢多级离心泵安装
(a) KQDP、KQDQ；(b) KQDPW

1.3 离心消防泵

1.3.1 XBD型立式单级离心消防泵

（1）用途：XBD型立式单级离心消防泵主要用于消防系统，具有占地面积小、重量轻、噪声低、性能优良、运行可靠等优点。

XBD系列与以往消防泵相比，其同流量规格泵之间的出口压力差减小，最小只有0.05MPa。其型谱密度增加，分布更合理，能更好的适应不同楼层及管阻的消防需要，满足设计选用。

（2）型号意义说明：

单级消防泵：

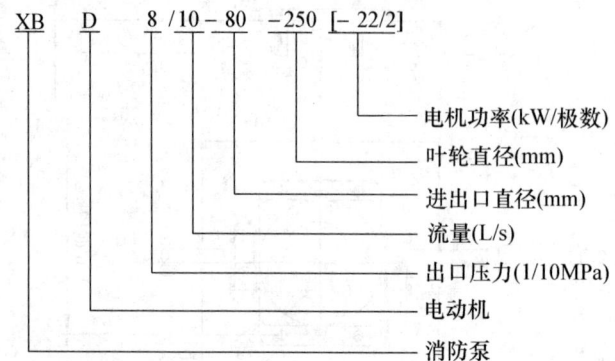

表示立式单级离心消防泵，流量为10L/s，出口压力为0.8MPa，进出口直径φ80mm，叶轮名义直径φ250mm。配带22kW、2极电机。

（3）结构：XBD型泵为立式、管道式结构，进出口直径相同，且位于同一中心线上。电机与泵直联，结构紧凑，轴封采用机械密封。水泵叶轮采用铜合金。由电机端看水泵为顺时针旋转。

（4）性能外形及安装尺寸：XBD型立式单级离心消防泵性能，外形及安装尺寸见图1-168～图1-191、表1-183～表1-228。

XBD型立式单级离心消防泵性能参数（一） 表 1-183

型　号	规格	流量 Q (L/s)	压力 P (MPa)	转速 n (r/min)	配用功率 P (kW)	必需汽蚀余量 (NPSH)r (m)	质量 (kg)
XBD1.6/2.5-50-110	−1.1/2	2.5	0.16	2960	1.1	2.3	38
XBD2/2.5-50-125	−1.5/2	2.5	0.20	2960	1.5	2.3	43
XBD2.2/2.5-50-140	−1.5/2	2.5	0.22	2960	1.5	2.3	47
XBD2.8/2.5-50-150	−2.2/2	2.5	0.28	2960	2.2	2.3	51
XBD3.2/2.5-50-160	−3/2	2.5	0.32	2960	3	2.3	59
XBD3.6/2.5-50-170	−3/2	2.5	0.36	2960	3	2.3	65
XBD4.4/2.5-50-185	−4/2	2.5	0.44	2960	4	2.3	75
XBD5/2.5-50-200	−5.5/2	2.5	0.50	2960	5.5	2.3	100
XBD6/2.5-50-220	−7.5/2	2.5	0.60	2960	7.5	2.3	110
XBD7/2.5-50-235	−7.5/2	2.5	0.70	2960	7.5	2.3	111
XBD8/2.5-50-250	−11/2	2.5	0.80	2960	11	2.3	160

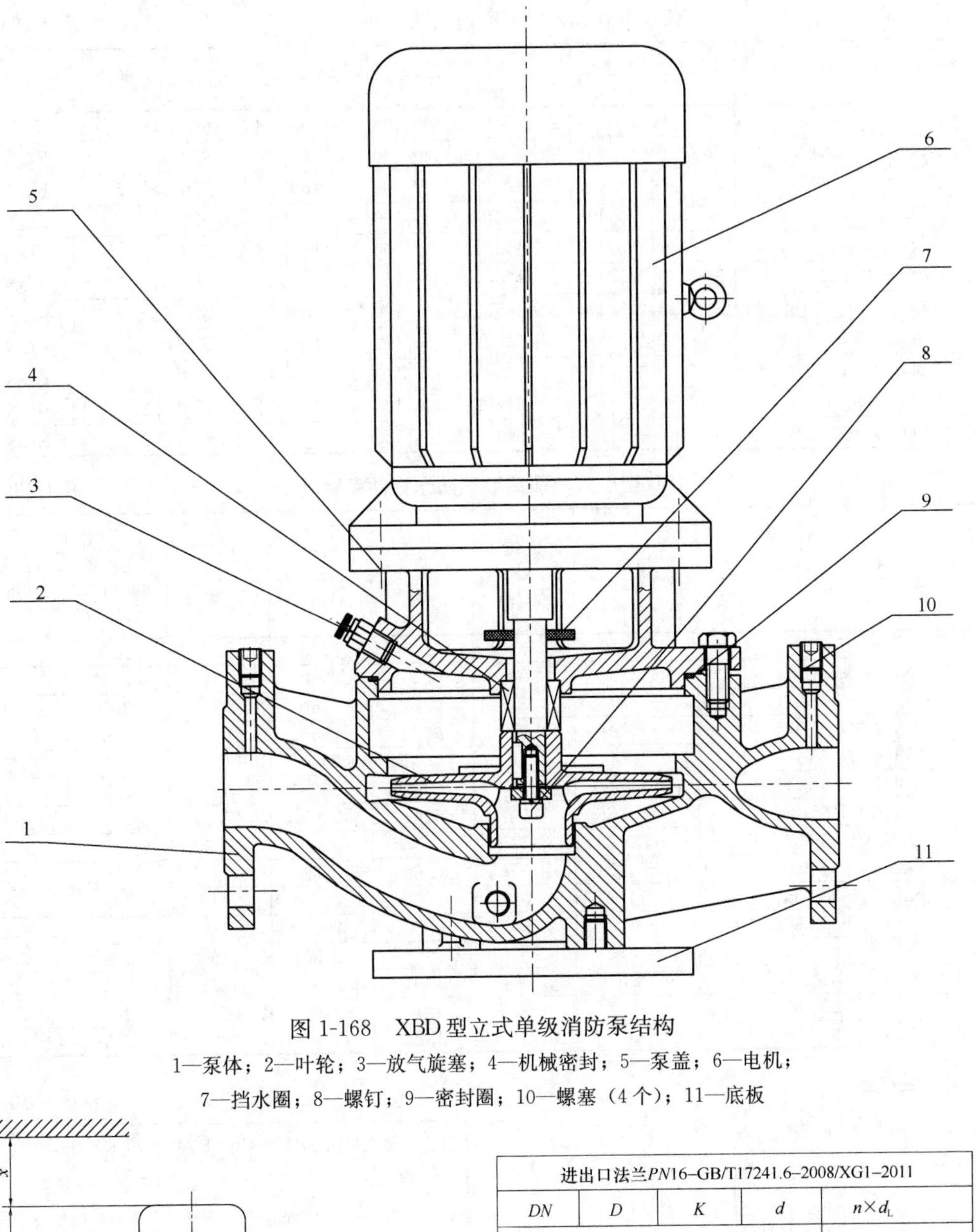

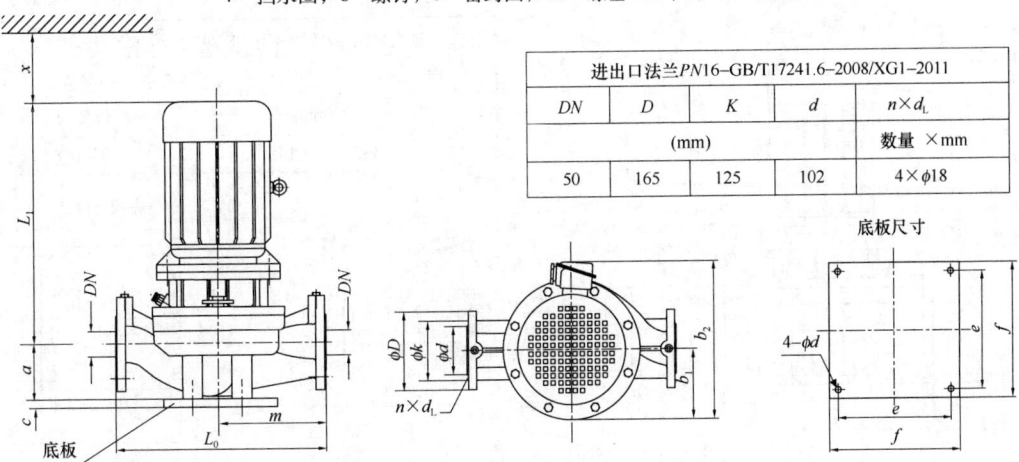

图 1-168　XBD型立式单级消防泵结构

1—泵体；2—叶轮；3—放气旋塞；4—机械密封；5—泵盖；6—电机；
7—挡水圈；8—螺钉；9—密封圈；10—螺塞（4个）；11—底板

进出口法兰PN16–GB/T17241.6–2008/XG1–2011				
DN	D	K	d	$n\times d_{L}$
(mm)				数量　×mm
50	165	125	102	$4\times\phi18$

图 1-169　XBD型立式单级离心消防泵外形及安装尺寸（一）

XBD 型立式单级离心消防泵安装尺寸（一）　　表 1-184

型　号	DN	L_0	m	a	c	L_1	b_1	b_2	x	f	e	d	隔振器（垫）	底板代号
						(mm)								
XBD1.6/2.5-50-110	50	370	185	115	24	390	120	265	100	200	160	14	SD1-41-0.5	KQN-1
XBD2/2.5-50-125	50	370	185	115	24	400	120	280	100	200	160	14	SD1-41-0.5	KQN-1
XBD2.2/2.5-50-140	50	370	185	115	24	400	120	280	100	200	160	14	SD1-61-0.5	KQN-1
XBD2.8/2.5-50-150	50	370	185	115	24	430	120	280	100	200	160	14	SD1-61-0.5	KQN-1
XBD3.2/2.5-50-160	50	370	185	115	24	465	125	295	100	200	160	14	SD1-61-0.5	KQN-1
XBD3.6/2.5-50-170	50	450	225	127	24	470	155	325	120	200	160	14	SD1-61-0.5	KQN-1
XBD4.4/2.5-50-185	50	450	225	127	24	485	155	345	120	200	160	14	SD1-61-0.5	KQN-1
XBD5/2.5-50-200	50	450	225	127	24	545	185	400	120	200	160	14	SD1-61-0.5	KQN-1
XBD6/2.5-50-220	50	450	225	127	24	545	185	400	120	200	160	14	JG2-2	KQN-1
XBD7/2.5-50-235	50	450	225	127	24	545	185	400	120	200	160	14	JG2-2	KQN-1
XBD8/2.5-50-250	50	450	225	127	24	690	225	485	120	200	160	14	JG2-2	KQN-1

XBD 型立式单级离心消防泵性能参数（二）　　表 1-185

型　号	规格	流量 Q (L/s)	压力 P (MPa)	转速 n (r/min)	配用功率 P (kW)	必需汽蚀余量 $(NPSH)r$ (m)	质量 (kg)
XBD1.6/5-65-110	−2.2/2	5	0.16	2960	2.2	2.5	54
XBD2/5-65-125	−3/2	5	0.20	2960	3	2.5	64
XBD2.4/5-65-140	−3/2	5	0.24	2960	3	2.5	64
XBD2.8/5-65-150	−4/2	5	0.28	2960	4	2.5	75
XBD3.2/5-65-160	−4/2	5	0.32	2960	4	2.5	75
XBD3.8/5-65-170	−5.5/2	5	0.38	2960	5.5	2.5	100
XBD4.4/5-65-185	−7.5/2	5	0.44	2960	7.5	2.5	107
XBD5/5-65-200	−7.5/2	5	0.50	2960	7.5	2.5	107
XBD6/5-65-220	−11/2	5	0.60	2960	11	2.5	170
XBD7/5-65-235	−11/2	5	0.70	2960	11	2.5	170
XBD8/5-65-250	−15/2	5	0.80	2960	15	2.5	180
XBD5/5-65-270	−15/2	5	0.85	2960	15	2.5	205
XBD6/5-65-285	−18.5/2	5	1.01	2960	18.5	2.5	225
XBD7/5-65-300	−22/2	5	1.13	2960	22	2.5	255
XBD8/5-65-315	−30/2	5	1.25	2960	30	2.5	320

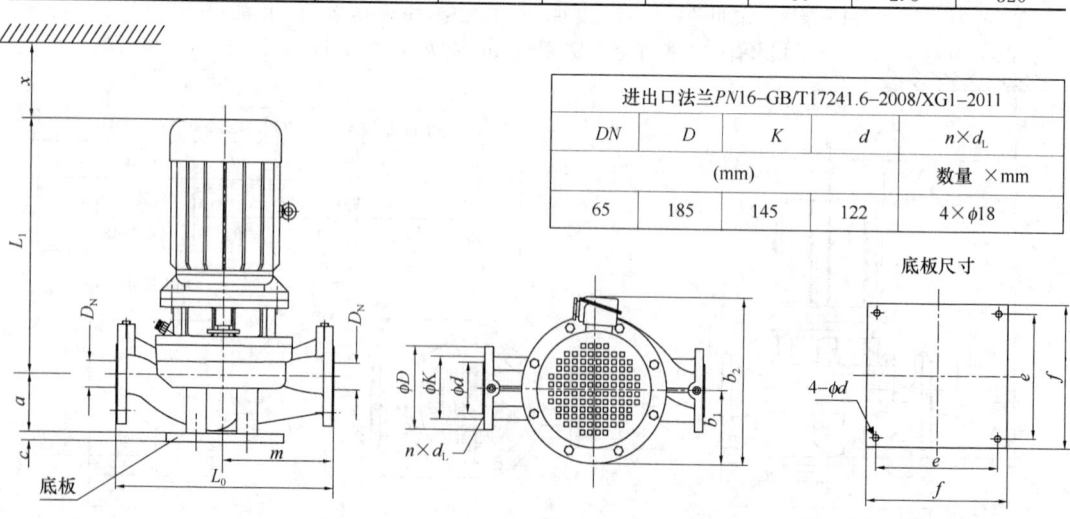

进出口法兰 PN16−GB/T17241.6−2008/XG1−2011				
DN	D	K	d	$n \times d_L$
	(mm)			数量　×mm
65	185	145	122	$4 \times \phi18$

图 1-170　XBD 型立式单级离心消防泵外形及安装尺寸(二)

XBD型立式单级离心消防泵安装尺寸(二)　　　　表 1-186

型　号	DN	L_0	m	a	c	L_1	b_1	b_2	x	f	e	d	隔振器(垫)	底板代号
						(mm)								
XBD1.5/5-85-110	65	420	210	130	30	430	120	280	105	250	210	14	SD1-61-0.5	KQN-2
XBD2/5-65-125	65	420	210	130	30	465	125	295	105	250	210	14	SD1-61-0.5	KQN-2
XBD2.4/5-65-140	65	420	210	130	30	465	125	295	105	250	210	14	SD1-61-0.5	KQN-2
XBD2.8/5-65-150	65	420	210	130	30	480	125	315	105	250	210	14	SD1-61-0.5	KQN-2
XBD3.2/5-65-160	65	420	210	130	30	480	125	315	105	250	210	14	SD1-61-0.5	KQN-2
XBD3.8/5-65-170	65	510	255	150	30	545	185	400	105	250	210	14	SD1-61-0.5	KQN-2
XBD4.4/5-65-185	65	510	255	150	30	545	185	400	105	250	210	14	SD1-61-0.5	KQN-2
XBD5/5-65-200	65	510	255	150	30	545	185	400	105	250	210	14	SD1-61-0.5	KQN-2
XBD6/5-65-220	65	510	255	150	30	690	225	485	105	250	210	14	JG2-2	KQN-2
XBD7/5-65-235	65	510	255	150	30	690	225	485	105	250	210	14	JG2-2	KQN-2
XBD8/5-65-250	65	510	255	150	30	690	225	485	105	250	210	14	JG2-2	KQN-2
XBD8.5/5-65-270	65	560	270	145	30	665	200	455	105	250	210	14	JG2-2	KQN-2
XBD10.1/5-65-285	65	560	270	145	30	720	200	455	105	250	210	14	JG2-2	KQN-2
XBD11.3/5-65-300	65	560	270	145	30	750	200	455	105	250	210	14	JG2-2	KQN-2
XBD12.5/5-65-315	65	560	270	145	30	830	200	545	105	250	210	14	JG2-2	KQN-2

XBD型立式单级离心消防泵性能参数(三)　　　　表 1-187

型　号	规格	流量 Q (L/s)	压力 P (MPa)	转速 n (r/min)	配用功率 P (kW)	必需汽蚀余量 (NPSH)r (m)	质量 (kg)
XBD1.6/10-80-110	—4/2	10	0.16	2960	4	3.0	79
XBD2/10-80-125	—5.5/2	10	0.20	2960	5.5	3.0	105
XBD2.4/10-80-140	—5.5/2	10	0.24	2960	5.5	3.0	105
XBD2.8/10-80-150	—7.5/2	10	0.28	2960	7.5	3.0	112
XBD3.2/10-80-160	—7.5/2	10	0.32	2960	7.5	3.0	112
XBD3.8/10-80-170	—7.5/2	10	0.38	2960	7.5	3.0	115
XBD4.4/10-80-185	—11/2	10	0.44	2960	11	3.0	165
XBD5/10-80-200	—15/2	10	0.50	2960	15	3.0	175
XBD6/10-80-220	—15/2	10	0.60	2960	15	3.0	175
XBD7/10-80-235	—18.5/2	10	0.70	2960	18.5	3.0	203
XBD8/10-80-250	—22/2	10	0.80	2960	22	3.0	235
XBD8.5/10-80-270	—22/2	10	0.85	2960	22	3.0	275
XBD10/10-80-285	—30/2	10	1.00	2960	30	3.0	340
XBD11/10-80-300	—30/2	10	1.10	2960	30	3.0	340
XBD12.5/10-80-315	—37/2	10	1.25	2960	37	3.0	355

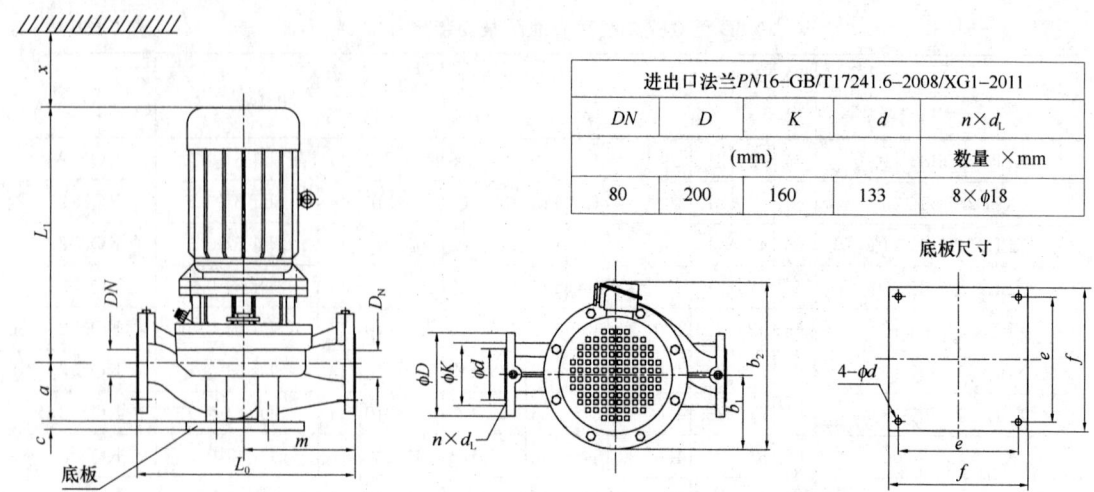

进出口法兰$PN16$–GB/T17241.6–2008/XG1–2011				
DN	D	K	d	$n \times d_L$
(mm)				数量 ×mm
80	200	160	133	$8 \times \phi18$

图 1-171 XBD 型立式单级离心消防泵外形及安装尺寸（三）

XBD 型立式单级离心消防泵安装尺寸（三）　　　　表 1-188

型　号	DN	L_0	m	a	c	L_1	b_1	b_2	x	f	e	d	隔振器（垫）	底板代号
						(mm)								
XBD1.6/10-80-110	80	490	245	145	30	490	125	315	110	250	210	14	SD1-61-0.5	KQN-2
XBD2/10-80-125	80	490	245	145	30	555	185	400	110	250	210	14	SD1-61-0.5	KQN-2
XBD2.4/10-80-140	80	490	245	145	30	555	185	400	110	250	210	14	SD1-61-0.5	KQN-2
XBD2.8/10-80-150	80	490	245	145	30	555	185	400	110	250	210	14	SD1-61-0.5	KQN-2
XBD3.2/10-80-160	80	490	245	145	30	555	185	400	110	250	210	14	SD1-61-0.5	KQN-2
XBD3.8/10-80-170	80	540	270	155	30	540	185	400	120	250	210	14	JG2-2	KQN-2
XBD4.4/10-80-185	80	540	270	155	30	685	225	485	120	250	210	14	JG2-2	KQN-2
XBD5/10-80-200	80	540	270	155	30	685	225	485	120	250	210	14	JG2-2	KQN-2
XBD6/10-80-220	80	540	270	155	30	685	225	485	120	250	210	14	JG2-2	KQN-2
XBD7/10-80-235	80	540	270	155	30	730	225	485	120	250	210	14	JG2-2	KQN-2
XBD8/10-80-250	80	540	270	155	30	775	250	530	120	250	210	14	JG2-2	KQN-2
XBD8.5/10-80-270	80	600	290	175	30	750	200	430	120	330	290	18	JG2-2	KQN-3
XBD10/10-80-285	80	600	290	175	30	830	210	545	120	330	290	18	JG2-2	KQN-3
XBD11/10-80-300	80	600	290	175	30	830	210	545	120	330	290	18	JG2-2	KQN-3
XBD12.5/10-80-315	80	600	290	175	30	830	210	545	120	330	290	18	JG2-2	KQN-3

XBD 型立式单级离心消防泵性能参数（四）　　　　　表 1-189

型　号	规格	流量 Q (L/s)	压力 P (MPa)	转速 n (r/min)	配用功率 P (kW)	必需汽蚀余量 (NPSH)r (m)	质量 (kg)
XBD1.3/15-80-110	-4/2	15	0.13	2960	4	3.0	79
XBD1.8/15-80-125	-5.5/2	15	0.18	2960	5.5	3.0	105
XBD2/15-80-140	-5.5/2	15	0.20	2960	5.5	3.0	105
XBD2.4/15-80-150	-7.5/2	15	0.24	2960	7.5	3.0	112
XBD3/15-80-160	-7.5/2	15	0.30	2960	7.5	3.0	112
XBD3.2/15-80-170	-7.5/2	15	0.32	2960	7.5	3.0	115
XBD3.8/15-80-185	-11/2	15	0.38	2960	11	3.0	165
XBD4.5/15-80-200	-15/2	15	0.45	2960	15	3.0	175
XBD5.2/15-80-220	-15/2	15	0.52	2960	15	3.0	175
XBD6.2/15-80-235	-18.5/2	15	0.62	2960	18.5	3.0	203
XBD7.2/15-80-250	-22/2	15	0.72	2960	22	3.0	235
XBD7.5/15-80-270	-22/2	15	0.75	2960	22	3.0	275
XBD9.7/15-80-285	-30/2	15	0.97	2960	30	3.0	340
XBD10.7/15-80-300	-30/2	15	1.07	2960	30	3.0	340
XBD12.2/15-80-315	-37/2	15	1.22	2960	37	3.0	355

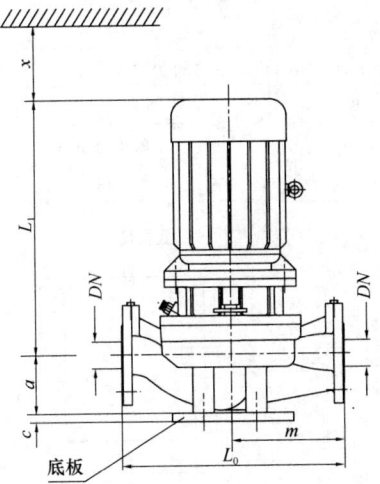

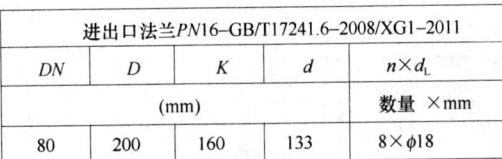

进出口法兰 PN16-GB/T17241.6-2008/XG1-2011

DN	D	K	d	$n \times d_L$
	(mm)			数量 ×mm
80	200	160	133	$8 \times \phi 18$

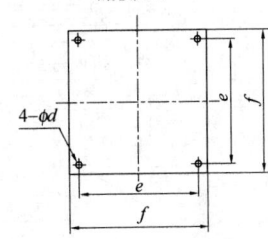

底板尺寸

图 1-172　XBD 型立式单级离心消防泵外形及安装尺寸（四）

XBD 型立式单级离心消防泵安装尺寸（四）　　　　　表 1-190

型　号	DN	L_0	m	a	c	L_1	b_1	b_2	x	f	e	d	隔振器（垫）	底板代号
		(mm)												
XBD1.3/15-80-110	80	490	245	145	30	490	125	315	110	250	210	14	SD1-61-0.5	KQN-2
XBD1.8/15-80-125	80	490	245	145	30	555	185	400	110	250	210	14	SD1-61-0.5	KQN-2
XBD2/15-80-140	80	490	245	145	30	555	185	400	110	250	210	14	SD1-61-0.5	KQN-2
XBD2.4/15-80-150	80	490	245	145	30	555	185	400	110	250	210	14	SD1-61-0.5	KQN-2
XBD3/15-80-160	80	490	245	145	30	555	185	400	110	250	210	14	SD1-61-0.5	KQN-2
XBD3.2/15-80-170	80	540	270	155	30	540	185	400	120	250	210	14	JG2-2	KQN-2
XBD3.8/15-80-185	80	540	270	155	30	685	225	485	120	250	210	14	JG2-2	KQN-2
XBD4.5/15-80-200	80	540	270	155	30	685	225	485	120	250	210	14	JG2-2	KQN-2
XBD5.2/15-80-220	80	540	270	155	30	685	225	485	120	250	210	14	JG2-2	KQN-2
XBD6.2/15-80-235	80	540	270	155	30	730	225	485	120	250	210	14	JG2-2	KQN-2
XBD7.2/15-80-250	80	540	270	155	30	775	250	530	120	250	210	14	JG2-2	KQN-2
XBD8.1/15-80-270	80	600	290	175	30	750	200	430	120	330	290	18	JG2-2	KQN-3
XBD9.7/15-80-285	80	600	290	175	30	830	210	545	120	330	290	18	JG2-2	KQN-3
XBD10.7/15-80-300	80	600	290	175	30	830	210	545	120	330	290	18	JG2-2	KQN-3
XBD12.2/15-80-315	80	600	290	175	30	830	210	545	120	330	290	18	JG2-2	KQN-3

XBD型立式单级离心消防泵性能参数（五）
表 1-191

型 号	规格	流量 Q (L/s)	压力 P (MPa)	转速 n (r/min)	配用功率 P (kW)	必需汽蚀余量 (NPSH)r (m)	质量 (kg)
XBD1.6/20-100-110	—7.5/2	20	0.16	2960	7.5	4.5	132
XBD2/220-100-125	—11/2	20	0.20	2960	11	4.5	177
XBD2.5/20-100-140	—11/2	20	0.25	2960	11	4.5	177
XBD3/20-100-150	—11/2	20	0.30	2960	11	4.5	178
XBD3.5/20-100-160	—15/2	20	0.35	2960	15	4.5	188
XBD3.8/20-100-170	—15/2	20	0.39	2960	15	4.5	189
XBD4.5/20-100-185	—18.5/2	20	0.45	2960	18.5	4.0	218
XBD5.2/20-100-200	—22/2	20	0.52	2960	22	4.0	250
XBD6/20-100-220	—30/2	20	0.60	2960	30	4.0	330
XBD7.2/20-100-235	—30/2	20	0.72	2960	30	4.0	330
XBD8.4/20-100-250	—37/2	20	0.84	2960	37	4.0	345
XBD8.5/20-100-270	—37/2	20	0.85	2960	37	4.0	385
XBD10.2/20-100-285	—45/2	20	1.02	2960	45	4.0	439
XBD11.5/20-100-300	—55/2	20	1.15	2960	55	4.0	549
XBD12.7/20-100-315	—75/2	20	1.27	2960	75	4.0	689

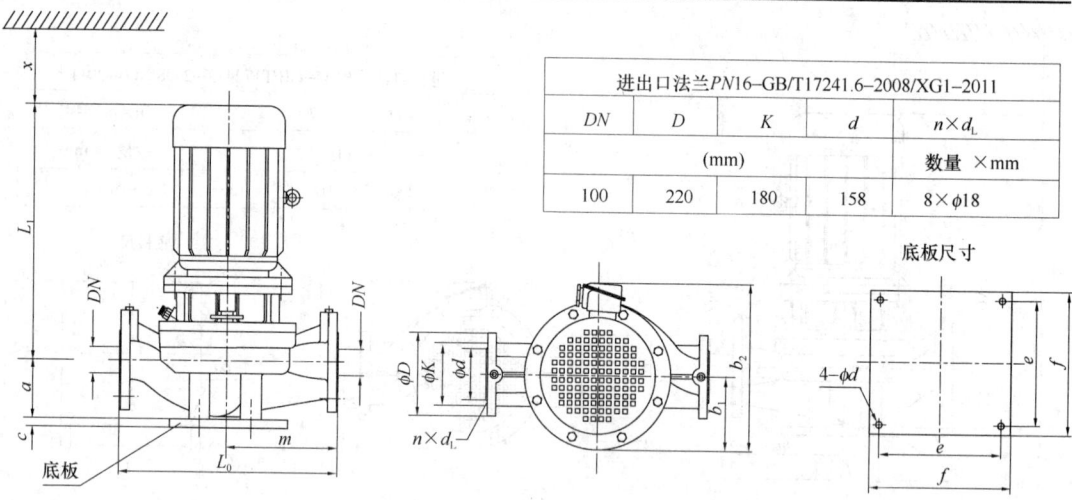

进出口法兰PN16-GB/T17241.6-2008/XG1-2011

DN	D	K	d	$n \times d_L$
	(mm)			数量 ×mm
100	220	180	158	8×ϕ18

图 1-173　XBD型立式单级离心消防泵外形及安装尺寸（五）

XBD型立式单级离心消防泵安装尺寸（五）
表 1-192

型 号	DN	L_0	m	a	c	L_1	b_1	b_2	x	f	e	d	隔振器（垫）	底板代号
		(mm)												
XBD1.6/20-100-110	100	580	280	180	30	545	185	400	130	330	290	18	JG3-1	KQN-3
XBD2/20-100-125	100	580	280	180	30	690	225	485	130	330	290	18	JG3-1	KQN-3
XBD2.5/20-100-140	100	580	280	180	30	690	225	485	130	330	290	18	JG3-1	KQN-3
XBD3/20-100-150	100	580	280	180	30	690	225	485	130	330	290	18	JG3-1	KQN-3
XBD3.5/20-100-160	100	580	280	180	30	690	225	485	130	330	290	18	JG3-1	KQN-3
XBD3.9/20-100-170	100	630	310	180	30	690	225	485	130	330	290	18	JG3-1	KQN-3
XBD4.5/20-100-185	100	630	310	180	30	735	225	485	130	330	290	18	JG3-1	KQN-3
XBD5.2/20-100-200	100	630	310	180	30	780	250	530	130	330	290	18	JG3-1	KQN-3
XBD6/20-100-220	100	630	310	180	30	910	270	575	130	330	290	18	JG3-1	KQN-3
XBD7.2/20-100-235	100	630	310	180	30	910	270	575	130	330	290	18	JG3-1	KQN-3
XBD8.4/20-100-250	100	630	310	180	30	910	270	575	130	330	290	18	JG3-1	KQN-3
XBD8.5/20-100-270	100	640	315	175	30	845	210	525	130	330	290	18	JG3-1	KQN-3
XBD10.2/20-100-285	100	640	315	175	30	885	240	585	130	330	290	18	JG3-1	KQN-3
XBD11.5/20-100-300	100	640	315	175	30	980	275	660	130	330	290	18	JG3-1	KQN-3
XBD12.7/20-100-315	100	640	315	175	30	1050	295	705	130	330	290	18	JG3-1	KQN-3

XBD型立式单级离心消防泵性能参数（六）　　表 1-193

型　号	规格	流量 Q (L/s)	压力 P (MPa)	转速 n (r/min)	配用功率 P (kW)	必需汽蚀余量 (NPSH)r (m)	质量 (kg)
XBD1.5/25-100-110	—75/2	25	0.15	2960	7.5	4.5	132
XBD2/25-100-125	—11/2	25	0.20	2960	11	4.5	177
XBD2.2/25-100-140	—11/2	25	0.22	2960	11	4.5	177
XBD2.8/25-100-150	—11/2	25	0.28	2960	11	4.5	178
XBD3.2/25-100-160	—15/2	25	0.32	2960	15	4.5	188
XBD3.6/25-100-170	—15/2	25	0.36	2960	15	4.0	189
XBD4.4/25-100-185	—18.5/2	25	0.44	2960	18.5	4.0	218
XBD5/25-100-200	—22/2	25	0.50	2960	22	4.0	250
XBD5.6/25-100-220	—30/2	25	0.56	2960	30	4.0	330
XBD7/25-100-235	—30/2	25	0.70	2960	30	4.0	330
XBD8/25-100-250	—37/2	25	0.80	2960	37	4.0	345
XBD10/25-100-285	—45/2	25	1.00	2960	45	4.0	439
XBD11.3/25-100-300	—55/2	25	1.13	2960	55	4.0	549
XBD12.5/25-100-315	—75/2	25	1.25	2960	75	4.0	689

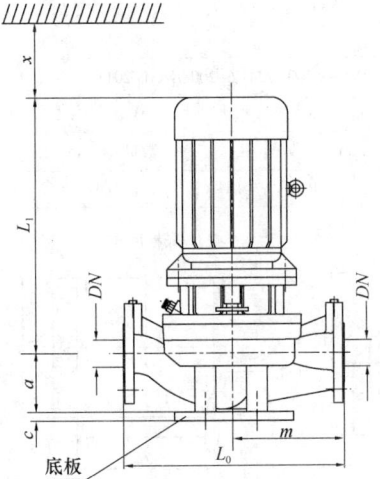

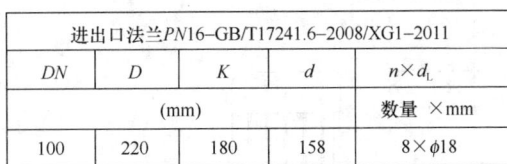

进出口法兰 PN16–GB/T17241.6–2008/XG1–2011				
DN	D	K	d	$n×d_{\text{L}}$
(mm)				数量　×mm
100	220	180	158	8×ϕ18

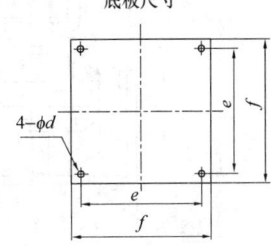

图 1-174　XBD型立式单级离心消防泵外形及安装尺寸（六）

XBD型立式单级离心消防泵安装尺寸（六）　　表 1-194

型　号	DN	L_0	m	a	c	L_1	b_1	b_2	x	f	e	d	隔振器（垫）	底板代号
		(mm)												
XBD1.5/25-100-110	100	580	280	180	30	545	185	400	130	330	290	18	JG3-1	KQN-3
XBD2/25-100-125	100	580	280	180	30	690	225	485	130	330	290	18	JG3-1	KQN-3
XBD2.2/25-100-140	100	580	280	180	30	690	225	485	130	330	290	18	JG3-1	KQN-3
XBD2.8/25-100-150	100	580	280	180	30	690	225	485	130	330	290	18	JG3-1	KQN-3
XBD3.2/25-100-160	100	580	280	180	30	690	225	485	130	330	290	18	JG3-1	KQN-3
XBD3.6/25-100-170	100	630	310	180	30	690	225	485	130	330	290	18	JG3-1	KQN-3
XBD4.4/25-100-185	100	630	310	180	30	735	225	485	130	330	290	18	JG3-1	KQN-3
XBD5/25-100-200	100	630	310	180	30	780	250	530	130	330	290	18	JG3-1	KQN-3
XBD5.6/25-100-220	100	630	310	180	30	910	270	575	130	330	290	18	JG3-1	KQN-3
XBD7/25-100-235	100	630	310	180	30	910	270	575	130	330	290	18	JG3-1	KQN-3
XBD8/25-100-250	100	630	310	180	30	910	270	575	130	330	290	18	JG3-1	KQN-3
XBD10/25-100-285	100	640	315	175	30	885	240	585	130	330	290	18	JG3-1	KQN-3
XBD11.3/25-100-300	100	640	315	175	30	980	275	660	130	330	290	18	JG3-1	KQN-3
XBD12.5/25-100-315	100	640	315	175	30	1050	295	705	130	330	290	18	JG3-1	KQN-3

XBD 型立式单级离心消防泵性能参数（七）　　　表 1-195

型　号	规格	流量 Q (L/s)	压力 P (MPa)	转速 n (r/min)	配用功率 P (kW)	必需汽蚀余量 (NPSH)r (m)	质量 (kg)
XBD1.6/30-125-110	−11/2	30	0.16	2960	11	4.0	180
XBD2.1/30-125-125	−15/2	30	0.21	2960	15	4.0	191
XBD2.4/30-125-140	−15/2	30	0.24	2960	15	4.0	191
XBD2.9/30-125-150	−18.5/2	30	0.29	2960	18.5	4.0	210
XBD3.3/30-125-160	−22/2	30	0.33	2960	22	4.0	255
XBD3.8/30-125-170	−22/2	30	0.38	2960	22	5.5	255
XBD4.5/30-125-185	−30/2	30	0.45	2960	30	5.5	315
XBD5.2/30-125-200	−37/2	30	0.52	2960	37	5.5	330
XBD6/30-125-220	−37/2	30	0.60	2960	37	5.5	340
XBD7.2/30-125-235	−45/2	30	0.72	2960	45	5.0	395
XBD8.4/30-125-250	−55/2	30	0.84	2960	55	5.0	500
XBD9/30-125-270	−55/2	30	0.90	2960	55	5.5	585
XBD10.2/30-125-285	−75/2	30	1.02	2960	75	5.0	705
XBD11.2/30-125-300	−75/2	30	1.12	2960	75	5.0	710
XBD12.9/30-125-315	−90/2	30	1.29	2960	90	5.0	790

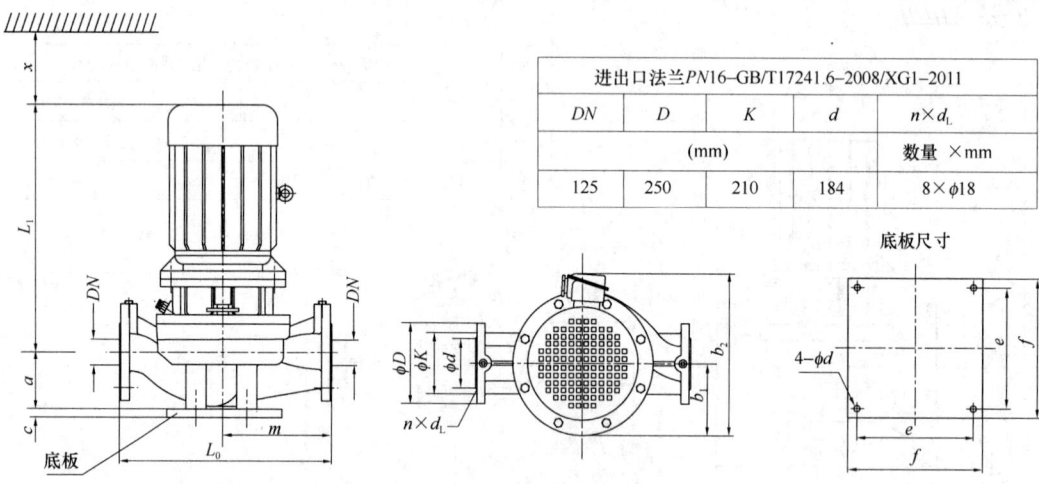

进出口法兰 $PN16$–GB/T17241.6–2008/XG1–2011

DN	D	K	d	$n \times d_L$
	(mm)			数量　$\times$mm
125	250	210	184	$8 \times \phi18$

图 1-175　XBD 型立式单级离心消防泵外形及安装尺寸（七）

XBD 型立式单级离心消防泵安装尺寸（七）　　　表 1-196

型　号	DN	L_0	m	a	c	L_1	b_1	b_2	x	f	e	d	隔振器（垫）	底板代号
						(mm)								
XBD1.6/30-125-110	125	645	320	220	30	685	225	485	130	330	290	18	JG3-1	KQN-3
XBD2.1/30-125-125	125	645	320	220	30	685	225	485	130	330	290	18	JG3-1	KQN-3
XBD2.4/30-125-140	125	645	320	220	30	685	225	485	130	330	290	18	JG3-1	KQN-3
XBD2.9/30-125-150	125	645	320	220	30	730	225	485	130	330	290	18	JG3-1	KQN-3
XBD3.3/30-125-160	125	645	320	220	30	770	250	530	130	330	290	18	JG3-1	KQN-3
XBD3.8/30-125-170	125	700	350	210	30	800	250	530	140	330	290	18	JG3-1	KQN-3
XBD4.5/30-125-185	125	700	350	210	30	920	270	575	140	330	290	18	JG3-2	KQN-3
XBD5.2/30-125-200	125	700	350	210	30	920	270	575	140	330	290	18	JG3-2	KQN-3
XBD6/30-125-220	125	700	350	210	30	920	270	575	140	330	290	18	JG3-2	KQN-3
XBD7.2/30-125-235	125	700	350	210	30	975	295	625	140	330	290	18	JG3-2	KQN-3
XBD8.4/30-125-250	125	700	350	210	30	1075	315	680	140	330	290	18	JG3-2	KQN-3
XBD9/30-125-270	125	650	320	175	30	970	275	660	140	330	290	18	JG3-2	KQN-3
XBD10.2/30-125-285	125	650	320	175	30	1040	295	705	140	330	290	18	JG3-2	KQN-3
XBD11.2/30-125-300	125	650	320	175	30	1040	295	705	140	330	290	18	JG3-2	KQN-3
XBD12.9/30-125-315	125	650	320	175	30	1090	295	705	140	330	290	18	JG3-2	KQN-3

XBD型立式单级离心消防泵性能参数（八）　　　表 1-197

型　号	规格	流量 Q (L/s)	压力 P (MPa)	转速 n (r/min)	配用功率 P (kW)	必需汽蚀余量 (NPSH)r (m)	质量 (kg)
XBD1.6/35-125-110	−11/2	35	0.16	2960	11	4.0	180
XBD2/35-125-125	−15/2	35	0.20	2960	15	4.0	191
XBD2.4/35-125-140	−15/2	35	0.24	2960	15	4.0	191
XBD2.8/35-125-150	−18.5/2	35	0.28	2960	18.5	4.0	210
XBD3.2/35-125-160	−22/2	35	0.32	2960	22	4.0	255
XBD3.8/35-125-170	−22/2	35	0.38	2960	22	5.5	255
XBD4.5/35-125-185	−30/2	35	0.45	2960	30	5.5	315
XBD5/35-125-200	−37/2	35	0.50	2960	37	5.5	330
XBD6/35-125-220	−37/2	35	0.60	2960	37	5.0	340
XBD7/35-125-235	−45/2	35	0.70	2960	45	5.0	395
XBD8/35-125-250	−55/2	35	0.80	2960	55	5.0	500
XBD8.8/35-125-270	−55/2	35	0.88	2960	55	5.5	585
XBD10.1/35-125-285	−75/2	35	1.01	2960	75	5.0	705
XBD11.1/35-125-300	−75/2	35	1.11	2960	75	5.0	710
XBD12.8/35-125-315	−90/2	35	1.28	2960	90	5.0	790

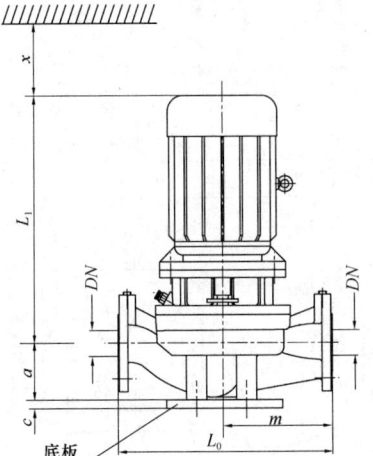

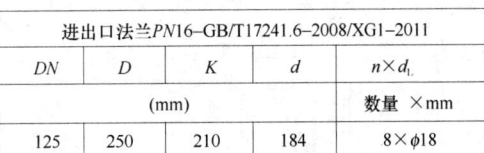

进出口法兰 $PN16$–GB/T17241.6–2008/XG1–2011				
DN	D	K	d	$n×d_1$
	(mm)			数量　×mm
125	250	210	184	8×ϕ18

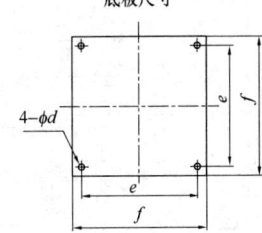

图 1-176　XBD 型立式单级离心消防泵外形及安装尺寸（八）

XBD型立式单级离心消防泵安装尺寸（八）　　　表 1-198

型　号	DN	L_0	m	a	c	L_1	b_1	b_2	x	f	e	d	隔振器（垫）	底板代号
						(mm)								
XBD1.6/35-125-110	125	645	320	220	30	685	225	485	130	330	290	18	JG3-1	KQN-3
XBD2/35-125-125	125	645	320	220	30	685	225	485	130	330	290	18	JG3-1	KQN-3
XBD2.4/35-125-140	125	645	320	220	30	685	225	485	130	330	290	18	JG3-1	KQN-3
XBD2.8/35-125-150	125	645	320	220	30	730	225	485	130	330	290	18	JG3-1	KQN-3
XBD3.2/35-125-160	125	645	320	220	30	770	250	530	130	330	290	18	JG3-1	KQN-3
XBD3.8/35-125-170	125	700	350	210	30	800	250	530	140	330	290	18	JG3-1	KQN-3
XBD4.5/35-125-185	125	700	350	210	30	920	270	575	140	330	290	18	JG3-2	KQN-3
XBD5/35-125-200	125	700	350	210	30	920	270	575	140	330	290	18	JG3-2	KQN-3
XBD6/35-125-220	125	700	350	210	30	920	270	575	140	330	290	18	JG3-2	KQN-3
XBD7/35-125-235	125	700	350	210	30	975	295	625	140	330	290	18	JG3-2	KQN-3
XBD8/35-125-250	125	700	350	210	30	1075	315	680	140	330	290	18	JG3-2	KQN-3
XBD8.8/35-125-270	125	650	320	175	30	970	275	660	140	330	290	18	JG3-2	KQN-3
XBD10.1/35-125-285	125	650	320	175	30	1040	295	705	140	330	290	18	JG3-2	KQN-3
XBD11.1/35-125-300	125	650	320	175	30	1040	295	705	140	330	290	18	JG3-2	KQN-3
XBD12.8/35-125-315	125	650	320	175	30	1090	295	705	140	330	290	18	JG3-2	KQN-3

XBD型立式单级离心消防泵性能参数（九）　表 1-199

型　号	规格	流量 Q (L/s)	压力 P (MPa)	转速 n (r/min)	配用功率 P (kW)	必需汽蚀余量 (NPSH)r (m)	质量 (kg)
XBD1.4/40-125-110	—11/2	40	0.14	2960	11	4.0	180
XBD2/40-125-125	—15/2	40	0.20	2960	15	4.0	191
XBD2.3/40-125-140	—15/2	40	0.23	2960	15	4.0	191
XBD2.8/40-125-150	—18.5/2	40	0.28	2960	18.5	4.0	210
XBD3.2/40-125-160	—22/2	40	0.32	2960	22	4.0	255
XBD3.5/40-125-170	—22/2	40	0.35	2960	22	5.5	255
XBD4.4/40-125-185	—30/2	40	0.44	2960	30	5.5	315
XBD5/40-125-200	—37/2	40	0.50	2960	37	5.5	330
XBD5.6/40-125-220	—37/2	40	0.56	2960	37	5.0	340
XBD6.8/40-125-235	—45/2	40	0.68	2960	45	5.0	395
XBD8/40-125-250	—55/2	40	0.80	2960	55	5.0	500
XBD8.6/40-125-270	—55/2	40	0.86	2960	65	5.5	585
XBD9.8/40-125-285	—75/2	40	0.98	2960	75	5.0	705
XBD10.9/40-125-300	—75/2	40	1.09	2960	75	5.0	710
XBD12.5/40-125-315	—90/2	40	1.25	2960	90	5.0	790

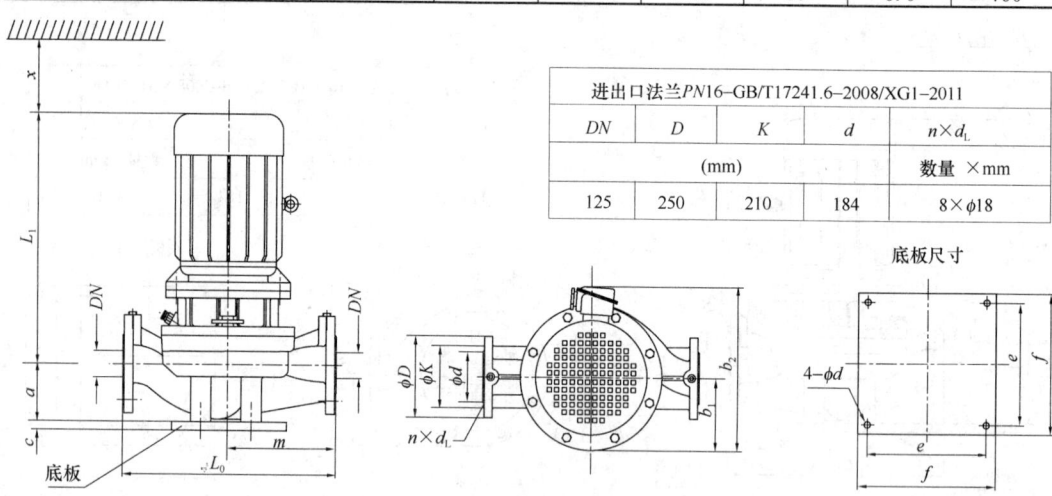

进出口法兰 PN16-GB/T17241.6-2008/XG1-2011

DN	D	K	d	n×d_L
	(mm)			数量 ×mm
125	250	210	184	8×φ18

图 1-177　XBD型立式单级离心消防泵外形及安装尺寸（九）

XBD型立式单级离心消防泵安装尺寸（九）　表 1-200

型　号	DN	L_0	m	a	c	L_1	b_1	b_2	x	f	e	d	隔振器（垫）	底板代号
						(mm)								
XBD1.4/40-125-110	125	645	320	220	30	685	225	485	130	330	290	18	JG3-1	KQN-3
XBD2/40-125-125	125	645	320	220	30	685	225	485	130	330	290	18	JG3-1	KQN-3
XBD2.3/40-125-140	125	645	320	220	30	685	225	485	130	330	290	18	JG3-1	KQN-3
XBD2.8/40-125-150	125	645	320	220	30	730	225	485	130	330	290	18	JG3-1	KQN-3
XBD3.2/40-125-160	125	645	320	220	30	770	250	530	130	330	290	18	JG3-1	KQN-3
XBD3.5/40-125-170	125	700	350	210	30	800	250	530	140	330	290	18	JG3-1	KQN-3
XBD4.4/40-125-185	125	700	350	210	30	920	270	575	140	330	290	18	JG3-2	KQN-3
XBD5/40-125-200	125	700	350	210	30	920	270	575	140	330	290	18	JG3-2	KQN-3
XBD5.6/40-125-220	125	700	350	210	30	920	270	575	140	330	290	18	JG3-2	KQN-3
XBD6.8/40-125-235	125	700	350	210	30	975	295	625	140	330	290	18	JG3-2	KQN-3
XBD8/40-125-250	125	700	350	210	30	1075	315	680	140	330	290	18	JG3-2	KQN-3
XBD8.6/40-125-270	125	650	320	175	30	970	275	660	140	330	290	18	JG3-2	KQN-3
XBD9.8/40-125-285	125	650	320	175	30	1040	295	705	140	330	290	18	JG3-2	KQN-3
XBD10.9/40-125-300	125	650	320	175	30	1040	295	705	140	330	290	18	JG3-2	KQN-3
XBD12.5/40-125-315	125	650	320	175	30	1090	295	705	140	330	290	18	JG3-2	KQN-3

XBD型立式单级离心消防泵性能参数（十）　　　　表 1-201

型　号	规格	流量 Q (L/s)	压力 P (MPa)	转速 n (r/min)	配用功率 P (kW)	必需汽蚀余量 (NPSH)r (m)	质量 (kg)
XBD1.2/50-150-220	−11/4	50	0.12	1480	11	3.0	261
XBD1.6/50-150-235	−15/4	50	0.16	1480	15	3.0	278
XBD2/50-150-250	−18.5/4	50	0.20	1480	18.5	3.0	315
XBD2.2/50-150-285	−18.5/4	50	0.22	1480	18.5	3.5	330
XBD2.8/50-150-300	−22/4	50	0.28	1480	22	3.5	350
XBD3.2/50-150-315	−30/4	50	0.32	1480	30	3.5	420
XBD3.5/50-150-345	−30/4	50	0.35	1480	30	3.5	423
XBD4.4/50-150-370	−37/4	50	0.44	1480	37	3.5	440
XBD5/50-150-400	−45/4	50	0.50	1480	45	3.5	490
XBD5.8/50-150-410	−55/4	50	0.58	1480	55	3.5	630
XBD7/50-150-435	−75/4	50	0.70	1480	75	3.5	674
XBD8.1/50-150-460	−75/4	50	0.81	1480	75	3.5	680

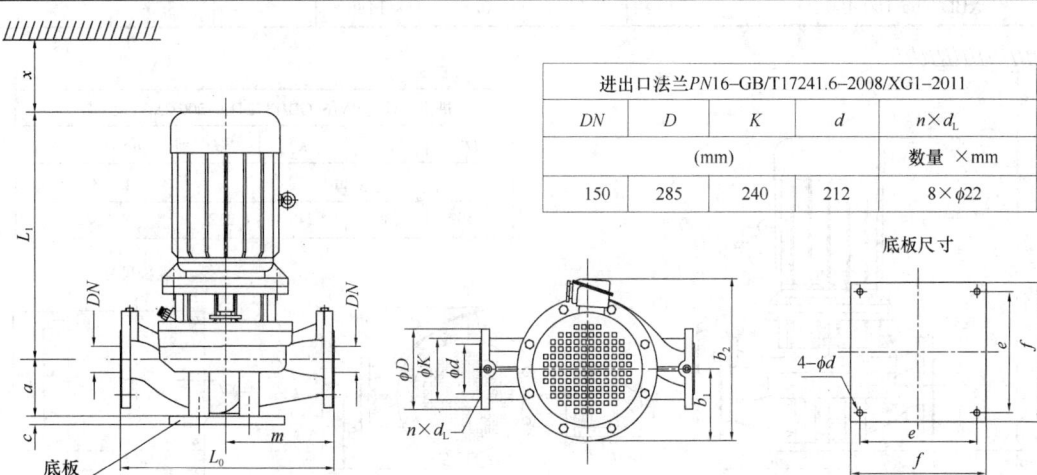

进出口法兰PN16–GB/T17241.6–2008/XG1–2011				
DN	D	K	d	n×d_L
	(mm)			数量　×mm
150	285	240	212	8×φ22

图 1-178　XBD型立式单级离心消防泵外形及安装尺寸（十）

XBD型立式单级离心消防泵安装尺寸（十）　　　　表 1-202

型　号	DN	L_0	m	a	c	L_1	b_1	b_2	x	f	e	d	隔振器（垫）	底板代号
						(mm)								
XBD1.2/50-150-220	150	880	430	265	37	705	225	485	150	400	360	18	JG3-1	KQN-4
XBD1.6/50-150-235	150	880	430	265	37	750	225	485	150	400	360	18	JG3-1	KQN-4
XBD2/50-150-250	150	880	430	265	37	795	250	530	150	400	360	18	JG3-1	KQN-4
XBD2.2/50-150-285	150	880	430	274	37	785	250	530	155	400	360	18	JG3-2	KQN-4
XBD2.8/50-150-300	150	880	430	274	37	825	250	530	155	400	360	18	JG3-2	KQN-4
XBD3.2/50-150-315	150	880	430	274	37	915	270	575	155	400	360	18	JG3-2	KQN-4
XBD3.6/50-150-345	150	970	480	280	37	915	270	575	155	400	360	18	JG3-2	KQN-4
XBD4.4/50-150-370	150	970	480	280	37	945	295	625	155	400	360	18	JG3-2	KQN-4
XBD5/50-150-400	150	970	480	280	37	970	295	625	155	400	360	18	JG3-2	KQN-4
XBD5.8/50-150-410	150	1050	500	280	37	960	310	675	155	400	360	18	JG3-2	KQN-4
XBD7/50-150-435	150	1050	500	280	37	1035	310	710	155	400	360	18	JG3-2	KQN-4
XBD8.1/50-150-460	150	1050	500	280	37	1035	310	710	155	400	360	18	JG3-2	KQN-4

XBD 型立式单级离心消防泵性能参数（十一）   表 1-203

型　号	规格	流量 Q (L/s)	压力 P (MPa)	转速 n (r/min)	配用功率 P (kW)	必需汽蚀余量 (NPSH)r (m)	质量 (kg)
XBD1.1/55-150-220	−11/4	55	0.11	1480	11	3.0	261
XBD1.5/55-150-235	−15/4	55	0.15	1480	15	3.0	278
XBD2/55-150-250	−18.5/4	55	0.20	1480	18.5	3.0	315
XBD2.5/55-150-300	−22/4	55	0.25	1480	22	3.5	350
XBD3.2/55-150-315	−30/4	55	0.32	1480	30	3.5	420
XBD3.4/55-150-345	−30/4	55	0.34	1480	30	3.5	423
XBD4.2/55-150-370	−37/4	55	0.42	1480	37	3.5	440
XBD5/55-150-400	−45/4	55	0.50	1480	45	3.5	490
XBD5.5/55-150-410	−55/4	55	0.55	1480	55	3.5	630
XBD6.7/55-150-435	−75/4	55	0.67	1480	75	3.5	674
XBD8/55-150-460	−75/4	55	0.80	1480	75	3.5	680

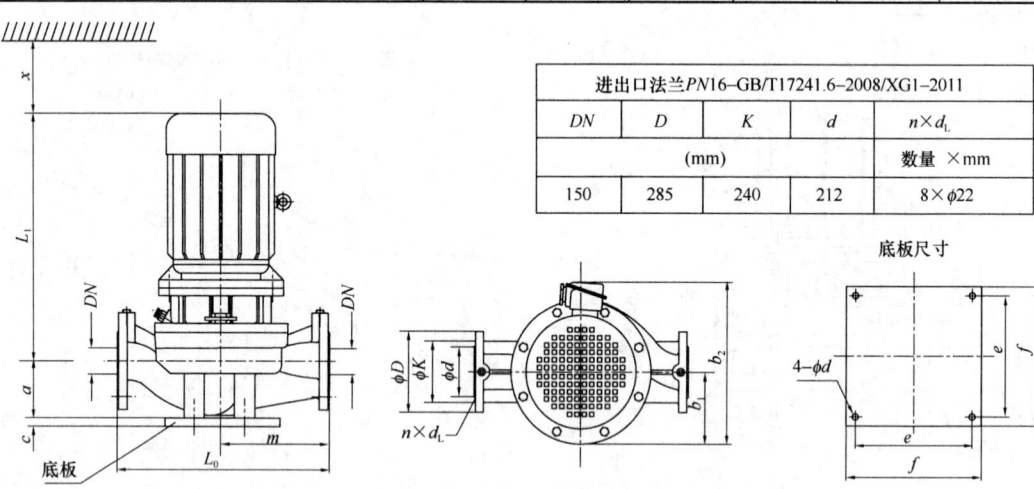

进出口法兰 $PN16$–GB/T17241.6–2008/XG1–2011				
DN	D	K	d	$n \times d_L$
	(mm)			数量 ×mm
150	285	240	212	$8 \times \phi 22$

图 1-179　XBD 型立式单级离心消防泵外形及安装尺寸（十一）

XBD 型立式单级离心消防泵安装尺寸（十一）   表 1-204

型　号	DN	L_0	m	a	c	L_1	b_1	b_2	x	f	e	d	隔振器（垫）	底板代号
		(mm)												
XBD1.1/55-150-220	150	880	430	265	37	705	225	485	150	400	360	18	JG3-1	KQN-4
XBD1.5/55-150-235	150	880	430	265	37	750	225	485	150	400	360	18	JG3-1	KQN-4
XBD2/55-150-250	150	880	430	265	37	795	250	530	150	400	360	18	JG3-1	KQN-4
XBD2.5/55-150-300	150	880	430	274	37	825	250	530	155	400	360	18	JG3-2	KQN-4
XBD3.2/55-150-315	150	880	430	274	37	862	270	575	155	400	360	18	JG3-2	KQN-4
XBD3.4/55-150-345	150	970	480	284	37	915	270	575	155	400	360	18	JG3-2	KQN-4
XBD4.2/55-150-370	150	970	480	280	37	945	295	625	155	400	360	18	JG3-2	KQN-4
XBD5/55-150-400	150	970	480	280	37	970	295	625	155	400	360	18	JG3-2	KQN-4
XBD5.5/55-150-410	150	1050	500	280	37	960	310	675	155	400	360	18	JG3-2	KQN-4
XBD6.7/55-150-435	150	1050	500	280	37	1035	310	710	155	400	360	18	JG3-2	KQN-4
XBD8/55-150-460	150	1050	500	280	37	1035	310	710	155	400	360	18	JG3-2	KQN-4

XBD型立式单级离心消防泵性能参数（十二） 表 1-205

型 号	规格	流量 Q (L/s)	压力 P (MPa)	转速 n (r/min)	配用功率 P (kW)	必需汽蚀余量 (NPSH)r (m)	质量 (kg)
XBD1.4/60-150-235	−15/4	60	0.14	1480	15	3.0	278
XBD1.7/60-150-250	−18.5/4	60	0.17	1480	18.5	3.0	315
XBD2.4/60-150-300	−22/4	60	0.24	1480	22	3.5	350
XBD2.8/60-150-315	−30/4	60	0.28	1480	30	3.5	420
XBD3.2/60-150-345	−30/4	60	0.32	1480	30	3.5	423
XBD3.8/60-150-370	−37/4	60	0.38	1480	37	3.5	440
XBD4.4/60-150-400	−45/4	60	0.44	1480	45	3.5	490
XBD5.4/60-150-410	−55/4	60	0.54	1480	55	4.0	630
XBD6.5/60-150-435	−75/4	60	0.65	1480	75	4.0	674
XBD7.6/60-150-460	−75/4	60	0.76	1480	75	4.0	680

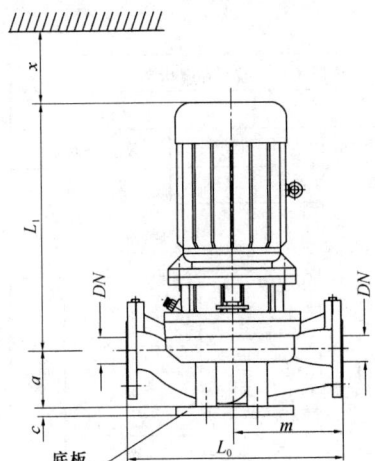

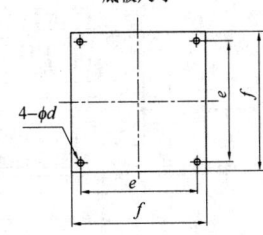

进出口法兰 PN16-GB/T17241.6-2008/XG1-2011				
DN	D	K	d	$n \times d_L$
	(mm)			数量 ×mm
150	285	240	212	$8 \times \phi22$

图 1-180 XBD型立式单级离心消防泵外形及安装尺寸（十二）

XBD型立式单级离心消防泵安装尺寸（十二） 表 1-206

型 号	DN	L_0	m	a	c	L_1	b_1	b_2	x	f	e	d	隔振器（垫）	底板代号
						(mm)								
XBD1.4/60-150-235	150	880	430	265	37	750	225	485	150	400	360	18	JG3-1	KQN-4
XBD1.7/60-150-250	150	880	430	265	37	795	250	530	150	400	360	18	JG3-1	KQN-4
XBD2.4/60-150-300	150	880	430	274	37	825	250	530	155	400	360	18	JG3-2	KQN-4
XBD2.8/60-150-315	150	880	430	274	37	862	270	575	155	400	360	18	JG3-2	KQN-4
XBD3.2/60-150-345	150	970	480	280	37	915	270	575	155	400	360	18	JG3-2	KQN-4
XBD3.8/60-150-370	150	970	480	280	37	945	295	625	155	400	360	18	JG3-2	KQN-4
XBD4.4/60-150-400	150	970	480	280	37	970	295	625	155	400	360	18	JG3-2	KQN-4
XBD5.4/60-150-410	150	1050	500	280	37	960	310	675	155	400	360	18	JG3-2	KQN-4
XBD6.5/60-150-435	150	1050	500	280	37	1035	310	710	155	400	360	18	JG3-2	KQN-4
XBD7.6/60-150-460	150	1050	500	280	37	1035	310	710	155	400	360	18	JG3-2	KQN-4

XBD型立式单级离心消防泵性能参数（十三）　　　　表 1-207

型　号	规格	流量 Q (L/s)	压力 P (MPa)	转速 n (r/min)	配用功率 P (kW)	必需汽蚀余量 (NPSH)r (m)	质量 (kg)
XBD1.3/70-200-220	−18.5/4	70	0.13	1480	18.5	4.0	380
XBD1.7/70-200-235	−22/4	70	0.17	1480	22	4.0	402
XBD2.2/70-200-250	−30/4	70	0.22	1480	30	4.0	475
XBD2.5/70-200-285	−37/4	70	0.25	1480	37	4.0	560
XBD3.1/70-200-300	−45/4	70	0.31	1480	45	4.0	600
XBD3.6/70-200-315	−55/4	70	0.36	1480	55	4.0	708
XBD3.9/70-200-345	−55/4	70	0.39	1480	55	4.0	708
XBD4.8/70-200-370	−75/4	70	0.48	1480	75	4.0	850
XBD5.4/70-200-400	−75/4	70	0.54	1480	75	4.0	865
XBD6.2/70-200-410	−90/4	70	0.62	1480	90	4.5	906
XBD7.4/70-200-435	−110/4	70	0.74	1480	110	4.6	1230
XBD8.5/70-200-460	−132/4	70	0.85	1480	132	4.5	1430

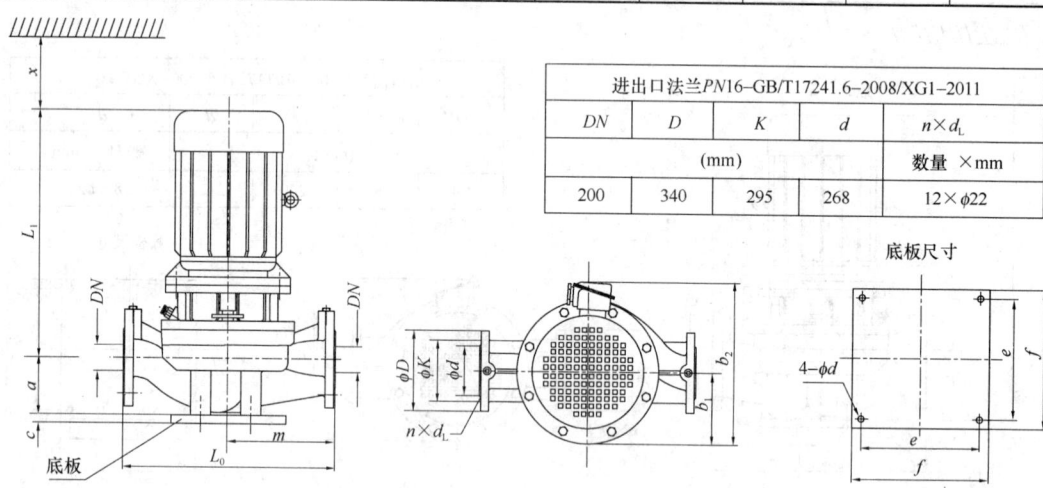

进出口法兰 PN16–GB/T17241.6–2008/XG1–2011				
DN	D	K	d	$n \times d_L$
	(mm)			数量 ×mm
200	340	295	268	12×φ22

图 1-181　XBD型立式单级离心消防泵外形及安装尺寸（十三）

XBD型立式单级离心消防泵安装尺寸（十三）　　　　表 1-208

型　号	DN	L_0	m	a	c	L_1	b_1	b_2	x	f	e	d	隔振器（垫）	底板代号
						(mm)								
XBD1.3/70-200-220	200	990	480	275	37	800	250	530	150	450	400	22	JG3-2	KQN-5
XBD1.7/70-200-235	200	990	480	275	37	840	250	530	150	450	400	22	JG3-2	KQN-5
XBD2.2/70-200-250	200	990	480	275	37	930	270	575	150	450	400	22	JG3-2	KQN-5
XBD2.5/70-200-285	200	1000	500	295	37	800	295	625	155	450	400	22	JG3-2	KQN-5
XBD3.1/70-200-300	200	1000	500	295	37	900	295	625	155	450	400	22	JG3-2	KQN-5
XBD3.6/70-200-315	200	1000	500	295	37	985	315	680	155	450	400	22	JG3-2	KQN-5
XBD3.9/70-200-345	200	1070	535	280	37	985	315	680	155	450	400	22	JG3-2	KQN-5
XBD4.8/70-200-370	200	1070	535	280	37	1065	360	760	155	450	400	22	JG3-2	KQN-5
XBD5.4/70-200-400	200	1070	535	280	37	1065	360	760	155	450	400	22	JG3-2	KQN-5
XBD6.2/70-200-410	200	1170	560	320	37	1085	320	720	155	450	400	22	JG3-2	KQN-5
XBD7.4/70-200-435	200	1170	560	320	37	1330	340	870	155	450	400	22	JG3-2	KQN-5
XBD8.5/70-200-460	200	1170	560	320	37	1360	340	870	155	450	400	22	JG3-2	KQN-5

XBD型立式单级离心消防泵性能参数（十四）　表 1-209

型　号	规格	流量 Q (L/s)	压力 P (MPa)	转速 n (r/min)	配用功率 P (kW)	必需汽蚀余量 (NPSH)r (m)	质量 (kg)
XBD1.3/80-200-220	−18.5/4	80	0.13	1480	18.5	4.0	380
XBD1.6/80-200-235	−22/4	80	0.16	1480	22	4.0	402
XBD2.2/80-200-250	−30/4	80	0.22	1480	30	4.0	475
XBD2.8/80-200-300	−45/4	80	0.28	1480	45	4.0	600
XBD3.2/80-200-320	−45/4	80	0.32	1480	45	4.0	600
XBD3.8/80-200-345	−55/4	80	0.38	1480	55	4.0	708
XBD4.5/80-200-370	−75/4	80	0.45	1480	75	4.0	850
XBD5.2/80-200-400	−75/4	80	0.52	1480	75	4.0	850
XBD6.1/80-200-410	−90/4	80	0.61	1480	90	4.5	906
XBD7.4/80-200-430	−110/4	80	0.74	1480	110	4.5	1230
XBD8.5/80-200-460	−132/4	80	0.85	1480	132	4.5	1430

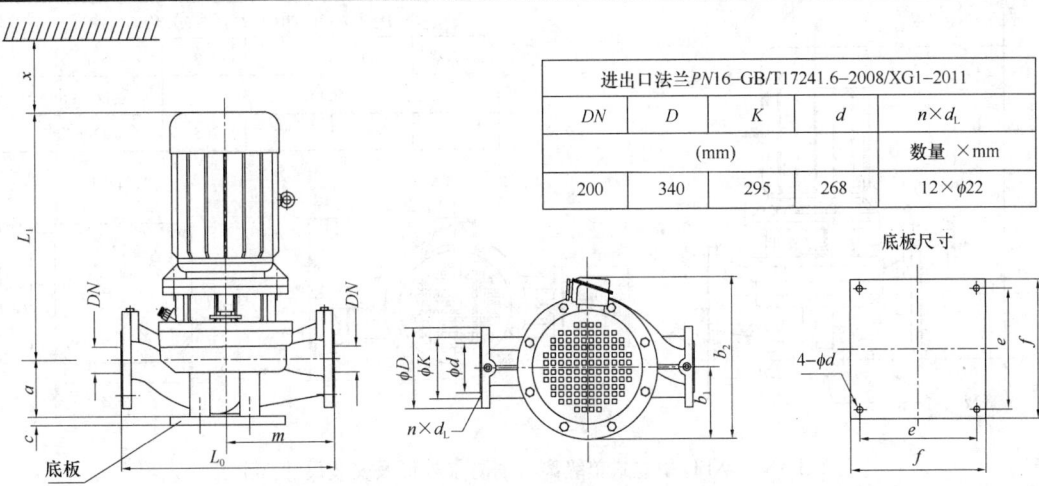

进出口法兰 PN16-GB/T17241.6-2008/XG1-2011				
DN	D	K	d	n×d_L
	(mm)			数量 ×mm
200	340	295	268	12×ϕ22

图 1-182　XBD型立式单级离心消防泵外形及安装尺寸（十四）

XBD型立式单级离心消防泵安装尺寸（十四）　表 1-210

型　号	DN	L_0	m	a	c	L_1	b_1	b_2	x	f	e	d	隔振器（垫）	底板代号
						(mm)								
XBD1.3/80-200-220	200	990	480	275	37	800	250	530	150	450	400	22	JG3-2	KQN-5
XBD1.6/80-200-235	200	990	480	275	37	840	250	530	150	450	400	22	JG3-2	KQN-5
XBD2.2/80-200-250	200	990	480	275	37	830	270	575	150	450	400	22	JG3-2	KQN-5
XBD2.8/80-200-300	200	1000	500	295	37	800	295	625	155	450	400	22	JG3-2	KQN-5
XBD3.2/80-200-320	200	1070	535	280	37	800	295	625	155	450	400	22	JG3-2	KQN-5
XBD3.8/80-200-345	200	1070	535	280	37	985	315	680	155	450	400	22	JG3-2	KQN-5
XBD4.5/80-200-370	200	1070	535	280	37	1065	360	760	155	450	400	22	JG3-2	KQN-5
XBD5.2/80-200-400	200	1070	535	280	37	1065	360	760	155	450	400	22	JG3-2	KQN-5
XBD6.1/80-200-410	200	1170	560	320	37	1085	320	720	155	450	400	22	JG3-2	KQN-5
XBD7.4/80-200-435	200	1170	560	320	37	1330	340	870	155	450	400	22	JG3-2	KQN-5
XBD8.5/80-200-460	200	1170	560	320	37	1360	340	870	155	450	400	22	JG3-2	KQN-5

XBD型立式单级离心消防泵性能参数（十五）　　表 1-211

型　号	规格	流量 Q (L/s)	压力 P (MPa)	转速 n (r/min)	配用功率 P (kW)	必需汽蚀余量 $(NPSH)r$ (m)	质量 (kg)
XBD1.2/90-200-220	−18.5/4	90	0.12	1480	18.5	4.0	380
XBD1.6/90-200-235	−22/4	90	0.16	1480	22	4.0	402
XBD2.0/90-200-250	−30/4	90	0.20	1480	30	4.0	475
XBD2.4/90-200-285	−37/4	90	0.24	1480	37	4.0	560
XBD2.8/90-200-300	−45/4	90	0.28	1480	45	4.0	600
XBD3.0/90-200-320	−45/4	90	0.30	1480	45	4.0	600
XBD3.3/90-200-315	−55/4	90	0.33	1480	55	4.0	708
XBD3.8/90-200-345	−55/4	90	0.38	1480	55	4.0	708
XBD4.5/90-200-370	−75/4	90	0.45	1480	75	4.0	850
XBD5.1/90-200-400	−75/4	90	0.51	1480	75	4.0	850
XBD6/90-200-410	−90/4	90	0.60	1480	90	4.5	906
XBD7.2/90-200-435	−110/4	90	0.72	1480	110	4.5	1230
XBD8.4/90-200-460	−132/4	90	0.84	1480	132	4.5	1430

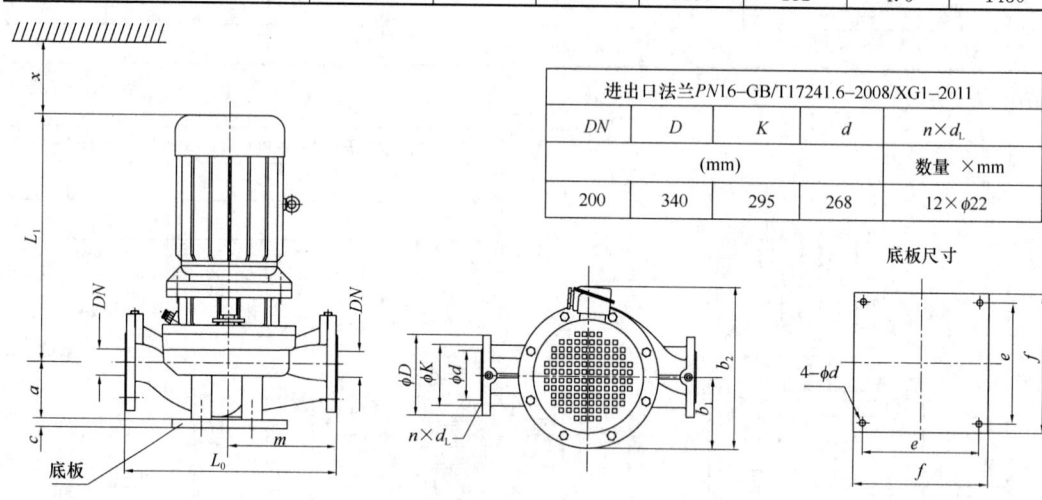

进出口法兰 $PN16$–GB/T17241.6–2008/XG1–2011

DN	D	K	d	$n \times d_L$
	(mm)			数量 $\times$ mm
200	340	295	268	$12 \times \phi22$

图 1-183　XBD型立式单级离心消防泵外形及安装尺寸（十五）

XBD型立式单级离心消防泵安装尺寸（十五）　　表 1-212

型　号	DN	L_0	m	a	c	L_1	b_1	b_2	x	f	e	d	隔振器（垫）	底板代号
						(mm)								
XBD1.2/90-200-220	200	990	480	275	37	800	250	530	150	450	400	22	JG3-2	KQN-5
XBD1.6/90-200-235	200	990	480	275	37	840	250	530	150	450	400	22	JG3-2	KQN-5
XBD2/90-200-250	200	990	480	275	37	930	270	575	150	450	400	22	JG3-2	KQN-5
XBD2.4/90-200-285	200	1000	500	295	37	800	295	625	155	450	400	22	JG3-2	KQN-5
XBD2.8/90-200-300	200	1000	500	295	37	900	295	625	155	450	400	22	JG3-2	KQN-5
XBD3/90-200-320	200	1070	535	280	37	900	295	625	155	450	400	22	JG3-2	KQN-5
XBD3.3/90-200-315	200	1000	500	295	37	985	315	680	155	450	400	22	JG3-2	KQN-5
XBD3.8/90-200-345	200	1070	535	280	37	985	315	680	155	450	400	22	JG3-2	KQN-5
XBD4.5/90-200-370	200	1070	535	280	37	1065	360	760	155	450	400	22	JG3-2	KQN-5
XBD5.1/90-200-400	200	1070	535	280	37	1065	360	760	155	450	400	22	JG3-2	KQN-5
XBD6/90-200-410	200	1170	560	320	37	1085	320	720	155	450	400	22	JG3-2	KQN-5
XBD7.2/90-200-435	200	1170	560	320	37	1330	340	870	155	450	400	22	JG3-2	KQN-5
XBD8.4/90-200-460	200	1170	560	320	37	1360	340	870	155	450	400	22	JG3-2	KQN-5

XBD型立式单级离心消防泵性能参数（十六）　　表 1-213

型　号	规格	流量 Q (L/s)	压力 P (MPa)	转速 n (r/min)	配用功率 P (kW)	必需汽蚀余量 (NPSH)r (m)	质量 (kg)
XBD1.4/100-200-235	−22/4	100	0.14	1480	22	4.0	402
XBD2/100-200-250	−30/4	100	0.20	1480	30	4.0	475
XBD2.2/100-200-285	−37/4	100	0.22	1480	37	4.0	560
XBD2.8/100-200-300	−45/4	100	0.28	1480	45	4.0	600
XBD3.2/100-200-315	−55/4	100	0.32	1480	55	4.0	708
XBD3.6/100-200-345	−55/4	100	0.36	1480	55	4.0	708
XBD4.4/100-200-370	−75/4	100	0.44	1480	75	4.0	850
XBD5/100-200-400	−75/4	100	0.50	1480	75	4.0	850
XBD5.8/100-200-410	−90/4	100	0.58	1480	90	4.5	906
XBD7/100-200-435	−110/4	100	0.70	1480	110	4.5	1230
XBD8.1/100-200-460	−132/4	100	0.81	1480	132	4.5	1430

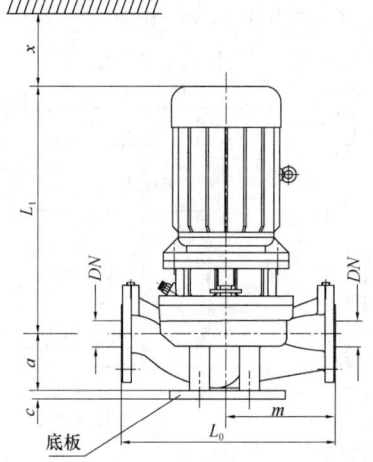

进出口法兰 $PN16$–GB/T17241.6–2008/XG1–2011				
DN	D	K	d	$n \times d_L$
	(mm)			数量　×mm
200	340	295	268	$12 \times \phi22$

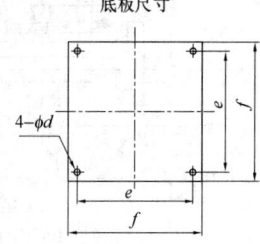

底板尺寸

图 1-184　XBD 型立式单级离心消防泵外形及安装尺寸（十六）

XBD型立式单级离心消防泵安装尺寸（十六）　　表 1-214

型　号	DN	L_0	m	a	c	L_1	b_1	b_2	x	f	e	d	隔振器（垫）	底板代号
						(mm)								
XBD1.4/100-200-235	200	990	480	275	37	840	250	530	150	450	400	22	JG3-2	KQN-5
XBD2/100-200-250	200	990	480	275	37	930	270	575	150	450	400	22	JG3-2	KQN-5
XBD2.2/100-200-285	200	1000	500	295	37	800	295	625	155	450	400	22	JG3-2	KQN-5
XBD2.8/100-200-300	200	1000	500	295	37	900	295	625	155	450	400	22	JG3-2	KQN-5
XBD3.2/100-200-315	200	1000	500	295	37	985	315	680	155	450	400	22	JG3-2	KQN-5
XBD3.6/100-200-345	200	1070	535	280	37	985	315	680	155	450	400	22	JG3-2	KQN-5
XBD4.4/100-200-370	200	1070	535	280	37	1065	360	760	155	450	400	22	JG3-2	KQN-5
XBD5/100-200-400	200	1070	535	280	37	1065	360	760	155	450	400	22	JG3-2	KQN-5
XBD5.8/100-200-410	200	1170	560	320	37	1085	320	720	155	450	400	22	JG3-2	KQN-5
XBD7/100-200-435	200	1170	560	320	37	1330	340	870	155	450	400	22	JG3-2	KQN-5
XBD8.1/100-200-460	200	1170	560	320	37	1360	340	870	155	450	400	22	JG3-2	KQN-5

XBD 型立式单级离心消防泵性能参数（十七）　　　　表 1-215

型　号	规格	流量 Q (L/s)	压力 P (MPa)	转速 n (r/min)	配用功率 P (kW)	必需汽蚀余量 $(NPSH)r$ (m)	质量 (kg)
XBD1.1/110-200-235	$-22/4$	110	0.11	1480	22	4.0	402
XBD2/110-200-250	$-30/4$	110	0.20	1480	30	4.0	475
XBD2.4/110-200-300	$-45/4$	110	0.24	1480	45	4.0	600
XBD3.2/110-200-315	$-55/4$	110	0.32	1480	55	4.0	708
XBD3.6/110-200-370	$-75/4$	110	0.36	1480	75	4.0	850
XBD5/110-200-400	$-75/4$	110	0.50	1480	75	4.0	850
XBD5.4/110-200-410	$-90/4$	110	0.54	1480	90	4.5	906
XBD6.6/110-200-435	$-110/4$	110	0.66	1480	110	4.5	1230
XBD8/110-200-460	$-132/4$	110	0.80	1480	132	4.5	1430

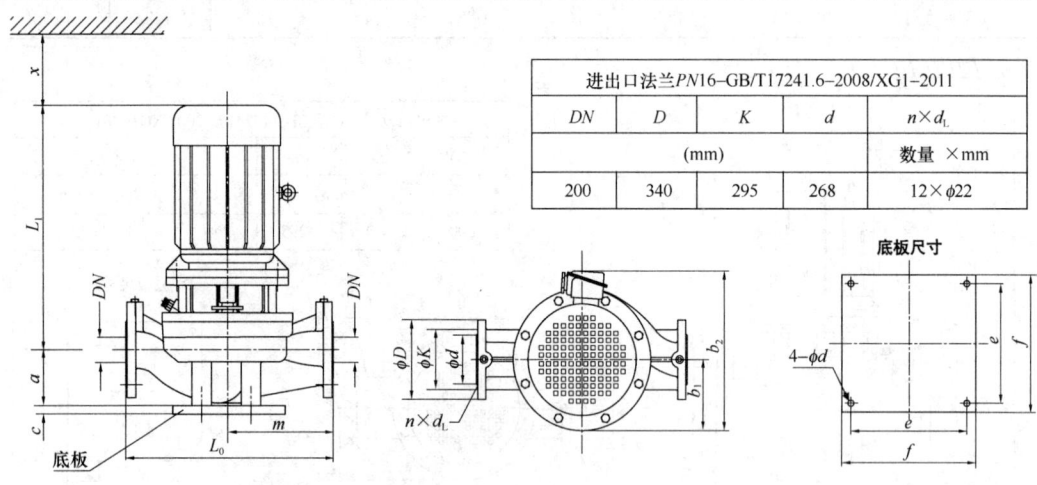

进出口法兰 $PN16$–GB/T17241.6–2008/XG1–2011

DN	D	K	d	$n \times d_{\mathrm{L}}$
	(mm)			数量 ×mm
200	340	295	268	$12 \times \phi22$

图 1-185　XBD 型立式单级离心消防泵外形及安装尺寸（十七）

XBD 型立式单级离心消防泵安装尺寸（十七）　　　　表 1-216

型　号	DN	L_0	m	a	c	L_1	b_1	b_2	x	f	e	d	隔振器（垫）	底板代号
						(mm)								
XBD1.1/110-200-235	200	990	480	275	37	840	250	530	150	450	400	22	JG3-2	KQN-5
XBD2/110-200-250	200	990	480	275	37	930	270	575	150	450	400	22	JG3-2	KQN-5
XBD2.4/110-200-300	200	1000	500	295	37	900	295	625	155	450	400	22	JG3-2	KQN-5
XBD3.2/110-200-315	200	1000	500	295	37	985	315	680	155	450	400	22	JG3-2	KQN-5
XBD3.6/110-200-370	200	1070	535	280	37	1065	360	760	155	450	400	22	JG3-2	KQN-5
XBD5/110-200-400	200	1070	535	280	37	1065	360	760	155	450	400	22	JG3-2	KQN-5
XBD5.4/110-200-410	200	1170	560	320	37	1085	320	720	155	450	400	22	JG3-2	KQN-5
XBD6.6/110-200-435	200	1170	560	320	37	1330	340	870	155	450	400	22	JG3-2	KQN-5
XBD8/110-200-460	200	1170	560	320	37	1360	340	870	155	450	400	22	JG3-2	KQN-5

XBD 型立式单级离心消防泵性能参数（十八） 表 1-217

型　号	规格	流量 Q (L/s)	压力 P (MPa)	转速 n (r/min)	配用功率 P (kW)	必需汽蚀余量 $(NPSH)r$ (m)	质量 (kg)
XBD1.8/120-250-235	−37/4	120	0.18	1480	37	5.5	630
XBD2.1/120-250-250	−45/4	120	0.21	1480	45	5.5	670
XBD2.8/120-250-300	−55/4	120	0.28	1480	55	5.5	780
XBD3.3/120-250-315	−75/4	120	0.33	1480	75	5.5	920
XBD3.7/120-250-345	−75/4	120	0.37	1480	75	5.5	925
XBD4.5/120-250-370	−90/4	120	0.45	1480	90	5.5	1030
XBD5.1/120-250-400	−110/4	120	0.51	1480	110	5.5	1450
XBD6.1/120-250-410	−132/4	120	0.61	1480	132	4.5	1500
XBD7.2/120-250-435	−160/4	120	0.72	1480	160	4.5	1600
XBD8.3/120-250-460	−200/4	120	0.83	1480	200	4.5	1720

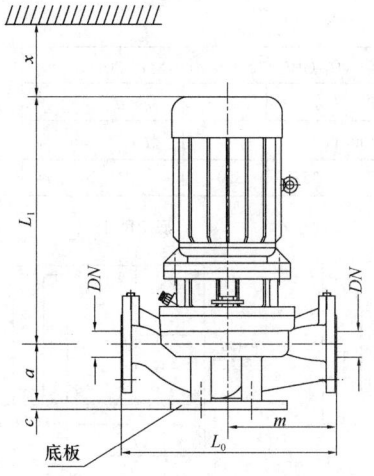

进出口法兰 $PN16$–GB/T17241.6–2008/XG1–2011				
DN	D	K	d	$n \times d_L$
	(mm)			数量　×mm
250	405	355	320	$12 \times \phi26$

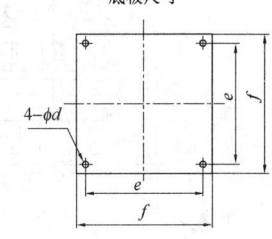

图 1-186　XBD 型立式单级离心消防泵外形及安装尺寸（十八）

XBD 型立式单级离心消防泵安装尺寸（十八） 表 1-218

型　号	DN	L_0	m	a	c	L_1	b_1	b_2	x	f	e	d	隔振器（垫）	底板代号
						(mm)								
XBD1.8/120-250-235	250	1100	550	335	40	890	295	635	180	500	450	22	JG4-1	KQN-6
XBD2.1/120-250-250	250	1100	550	335	40	915	295	635	180	500	450	22	JG4-1	KQN-6
XBD2.8/120-250-300	250	1100	550	335	40	985	360	680	180	500	450	22	JG4-1	KQN-6
XBD3.3/120-250-315	250	1100	550	335	40	1065	360	760	180	500	450	22	JG4-1	KQN-6
XBD3.7/120-250-345	250	1200	600	335	40	1065	360	760	205	500	450	22	JG4-1	KQN-6
XBD4.5/120-250-370	250	1200	600	335	40	1115	360	760	205	500	450	22	JG4-1	KQN-6
XBD5.1/120-250-400	250	1200	600	335	40	1360	450	980	205	500	450	22	JG4-1	KQN-6
XBD6.1/120-250-410	250	1360	650	380	40	1490	350	880	205	500	450	22	JG4-1	KQN-6
XBD7.2/120-250-435	250	1360	650	380	40	1490	350	880	205	500	450	22	JG4-1	KQN-6
XBD8.3/120-250-460	250	1360	650	380	40	1490	350	880	205	500	450	22	JG4-1	KQN-6

XBD 型立式单级离心消防泵性能参数（十九）　　表 1-219

型　　号	规格	流量 Q (L/s)	压力 P (MPa)	转速 n (r/min)	配用功率 P (kW)	必需汽蚀余量 (NPSH)r (m)	质量 (kg)
XBD1.7/130-250-235	−37/4	130	0.17	1480	37	5.5	630
XBD2.1/130-250-250	−45/4	130	0.21	1480	45	5.5	670
XBD2.8/130-250-300	−55/4	130	0.28	1480	55	5.5	780
XBD3.2/130-250-315	−75/4	130	0.32	1480	75	5.5	920
XBD3.5/130-250-345	−75/4	130	0.35	1480	75	5.5	925
XBD4.4/130-250-370	−90/4	130	0.44	1480	90	5.5	1030
XBD5/130-250-400	−110/4	130	0.50	1480	110	5.5	1450
XBD6/130-250-410	−132/4	130	0.60	1480	132	4.5	1500
XBD7.1/130-250-435	−160/4	130	0.71	1480	160	4.5	1600
XBD8.2/130-250-460	−200/4	130	0.82	1480	200	4.5	1720

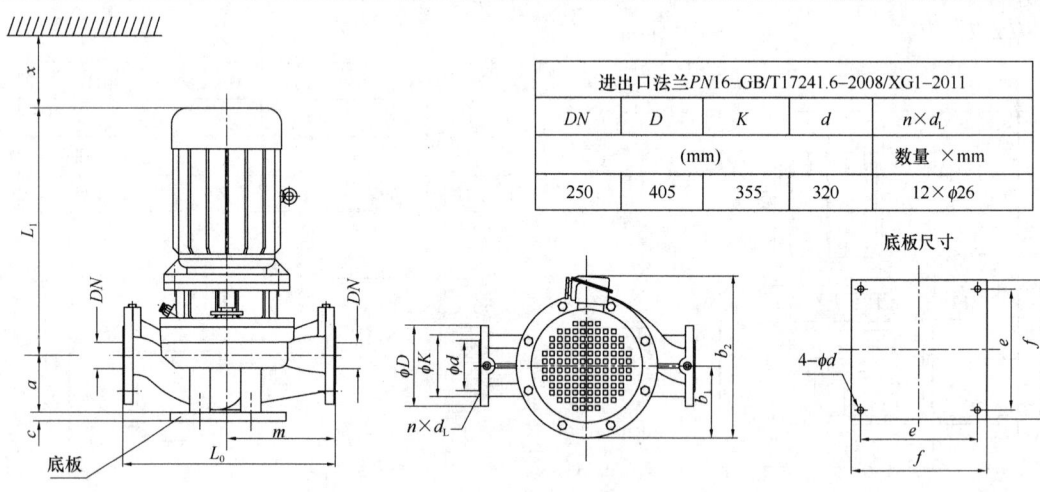

进出口法兰 $PN16$–GB/T17241.6–2008/XG1–2011				
DN	D	K	d	$n \times d_L$
	(mm)			数量 $\times$ mm
250	405	355	320	$12 \times \phi26$

图 1-187　XBD 型立式单级离心消防泵外形及安装尺寸（十九）

XBD 型立式单级离心消防泵安装尺寸（十九）　　表 1-220

型　　号	DN	L_0	m	a	c	L_1	b_1	b_2	x	f	e	d	隔振器（垫）	底板代号
		(mm)												
XBD1.7/130-250-235	250	1100	550	335	40	890	295	635	180	500	450	22	JG4-1	KQN-6
XBD2.1/130-250-250	250	1100	550	335	40	915	295	635	180	500	450	22	JG4-1	KQN-6
XBD2.8/130-250-300	250	1100	550	335	40	985	360	680	180	500	450	22	JG4-1	KQN-6
XBD3.2/130-250-315	250	1100	550	335	40	1065	360	760	180	500	450	22	JG4-1	KQN-6
XBD3.5/130-250-345	250	1200	600	335	40	1065	360	760	205	500	450	22	JG4-1	KQN-6
XBD4.4/130-250-370	250	1200	600	335	40	1115	360	760	205	500	450	22	JG4-1	KQN-6
XBD5/130-250-400	250	1200	600	335	40	1360	450	980	205	500	450	22	JG4-1	KQN-6
XBD6/130-250-410	250	1360	650	380	40	1490	350	880	205	500	450	22	JG4-1	KQN-6
XBD7.1/130-250-435	250	1360	650	380	40	1490	350	880	205	500	450	22	JG4-1	KQN-6
XBD8.2/130-250-460	250	1360	650	380	40	1490	350	880	205	500	450	22	JG4-1	KQN-6

XBD型立式单级离心消防泵性能参数（二十）　　表 1-221

型　　号	规格	流量 Q (L/s)	压力 P (MPa)	转速 n (r/min)	配用功率 P (kW)	必需汽蚀余量 $(NPSH)r$ (m)	质量 (kg)
XBD1.5/145-250-235	−37/4	145	0.15	1480	37	5.5	630
XBD2/145-250-250	−45/4	145	0.20	1480	45	5.5	670
XBD2.4/145-250-300	−55/4	145	0.24	1480	55	5.5	780
XBD3.2/145-250-315	−75/4	145	0.32	1480	75	5.5	920
XBD3.8/145-250-370	−90/4	145	0.38	1480	90	5.5	1030
XBD5/145-250-400	−110/4	145	0.50	1480	110	5.5	1450
XBD5.5/145-250-410	−132/4	145	0.55	1480	132	4.5	1500
XBD6.8/145-250-435	−160/4	145	0.66	1480	160	4.5	1600
XBD8/145-250-460	-200/4	145	0.80	1480	200	4.5	1720

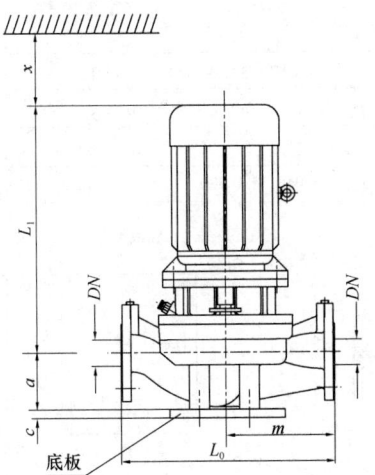

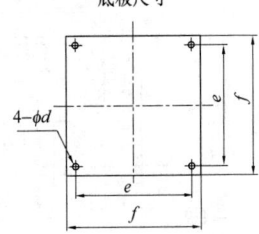

进出口法兰 $PN16$–GB/T17241.6–2008/XG1–2011				
DN	D	K	d	$n×d_L$
(mm)				数量 ×mm
250	405	355	320	$12×\phi26$

图 1-188　XBD型立式单级离心消防泵外形及安装尺寸（二十）

XBD型立式单级离心消防泵安装尺寸（二十）　　表 1-222

型　　号	DN	L_0	m	a	c	L_1	b_1	b_2	x	f	e	d	隔振器（垫）	底板代号
		(mm)												
XBD1.5/145-250-235	250	1100	550	335	40	890	295	635	180	500	450	22	JG4-1	KQN-6
XBD2/145-250-250	250	1100	550	335	40	915	295	635	180	500	450	22	JG4-1	KQN-6
XBD2.4/145-250-300	250	1100	550	335	40	985	360	680	180	500	450	22	JG4-1	KQN-6
XBD3.2/145-250-315	250	1100	550	335	40	1065	360	760	180	500	450	22	JG4-1	KQN-6
XBD3.8/145-250-370	250	1200	600	335	40	1115	360	760	205	500	450	22	JG4-1	KQN-6
XBD5/145-250-400	250	1200	600	335	40	1360	450	980	205	500	450	22	JG4-1	KQN-6
XBD5.5/145-250-410	250	1360	650	380	40	1490	350	880	205	500	450	22	JG4-1	KQN-6
XBD6.8/145-250-435	250	1360	650	380	40	1490	350	880	205	500	450	22	JG4-1	KQN-6
XBD8/145-250-460	250	1360	650	380	40	1490	350	880	205	500	450	22	JG4-1	KQN-6

XBD 型立式单级离心消防泵性能参数（二十一）   表 1-223

型　号	规格	流量 Q (L/s)	压力 P (MPa)	转速 n (r/min)	配用功率 P (kW)	必需汽蚀余量 (NPSH)r (m)	质量 (kg)
XBD1.8/160-300-375	−45/6	160	0.18	980	45	5.5	815
XBD2.1/160-300-410	−55/6	160	0.21	980	55	5.5	920
XBD2.4/160-300-425	−55/6	160	0.24	980	55	5.5	920
XBD2.8/160-300-450	−75/6	160	0.28	980	75	5.5	1065
XBD3/160-300-490	−75/6	160	0.30	980	75	5.5	1150
XBD3.3/160-300-485	−90/6	160	0.33	980	90	5.5	1170
XBD3.8/160-300-525	−90/6	160	0.38	980	90	5.5	1250
XBD4.4/160-300-550	−110/6	160	0.44	980	110	5.5	1600
XBD5.2/160-300-585	−132/6	160	0.52	980	132	5.5	1700
XBD6/160-300-650	−160/6	160	0.60	980	160	6.0	2600
XBD7.1/160-300-680	−200/6	160	0.71	980	200	6.0	2700
XBD8.2/160-300-710	−250/6	160	0.82	980	250	6.0	2820

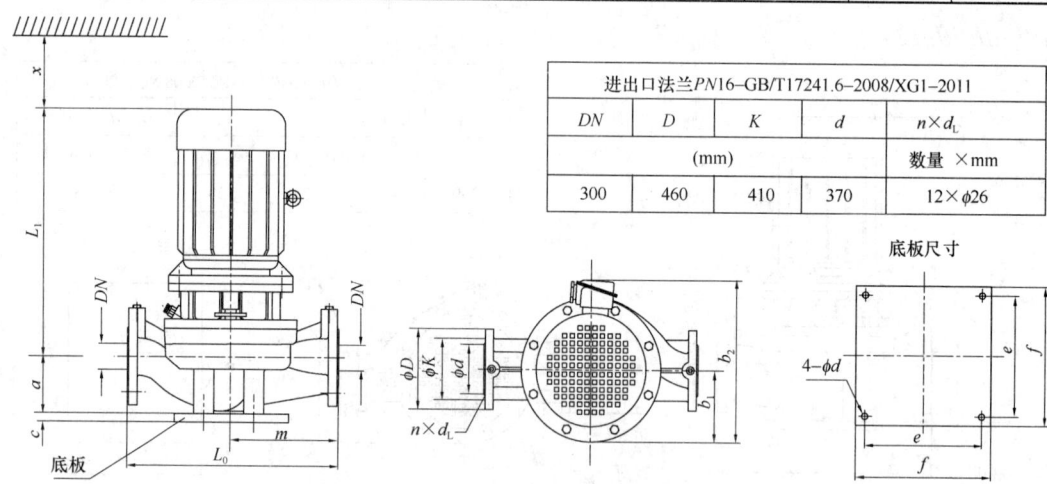

进出口法兰 PN16−GB/T17241.6−2008/XG1−2011				
DN	D	K	d	n×d_L
	(mm)			数量 ×mm
300	460	410	370	12×φ26

图 1-189 XBD 型立式单级离心消防泵外形及安装尺寸（二十一）

XBD 型立式单级离心消防泵安装尺寸（二十一）   表 1-224

型　号	DN	L_0	m	a	c	L_1	b_1	b_2	x	f	e	d	隔振器（垫）	底板代号
		(mm)												
XBD1.8/160-300-375	300	1500	750	420	45	1190	385	835	230	700	550	22	JG4-2	KQN-7
XBD2.1/160-300-410	300	1500	750	420	45	1240	385	835	230	700	550	22	JG4-2	KQN-7
XBD2.4/160-300-425	300	1500	750	420	45	1240	385	835	230	700	550	22	JG4-2	KQN-7
XBD2.8/160-300-450	300	1500	750	420	45	1400	450	980	230	700	550	22	JG4-2	KQN-7
XBD3/160-300-485	300	1500	750	420	45	1450	450	980	230	700	550	22	JG4-2	KQN-7
XBD3.3/160-300-490	300	1500	750	420	45	1450	450	980	230	700	550	22	JG4-2	KQN-7
XBD3.8/160-300-525	300	1500	750	420	45	1490	450	980	230	700	550	22	JG4-2	KQN-7
XBD4.4/160-300-550	300	1500	750	420	45	1490	450	980	230	700	550	22	JG4-2	KQN-7
XBD5.2/160-300-585	300	1500	750	420	45	1490	450	980	230	700	550	22	JG4-2	KQN-7
XBD6/160-300-650	300	1760	850	460	45	1755	455	1110	230	700	550	22	JG4-2	KQN-7
XBD7.1/160-300-680	300	1760	850	460	45	1755	455	1110	230	700	550	22	JG4-2	KQN-7
XBD8.2/160-300-710	300	1760	850	460	45	1755	455	1110	230	700	550	22	JG4-2	KQN-7

XBD型立式单级离心消防泵性能参数（二十二）　　　　表 1-225

型　号	规格	流量 Q (L/s)	压力 P (MPa)	转速 n (r/min)	配用功率 P (kW)	必需汽蚀余量 (NPSH)r (m)	质量 (kg)
XBD1.7/175-300-375	−45/6	175	0.17	980	45	5.5	815
XBD2.1/175-300-410	−55/6	175	0.21	980	55	5.5	920
XBD2.2/175-300-425	−55/6	175	0.22	980	55	5.5	920
XBD2.8/175-300-450	−75/6	175	0.28	980	75	5.5	1065
XBD3.3/175-300-485	−90/6	175	0.33	980	90	5.5	1170
XBD3.5/175-300-525	−90/6	175	0.35	980	90	5.5	1250
XBD4.4/175-300-550	−110/6	175	0.44	980	110	5.5	1600
XBD5.1/175-300-585	−132/6	175	0.51	980	132	5.5	1700
XBD5.8/175-300-650	−160/6	175	0.58	980	160	6.0	2600
XBD7/175-300-680	−200/6	175	0.70	980	200	6.0	2700
XBD8.1/175-300-710	−250/6	175	0.81	980	250	6.0	2820

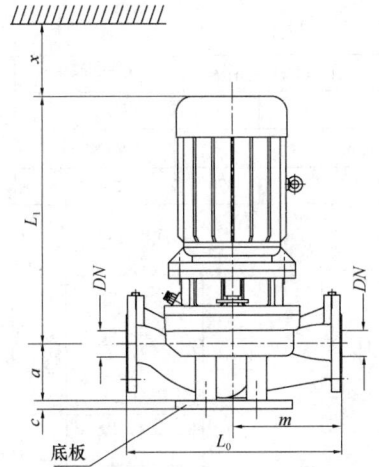

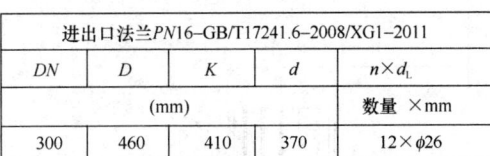

进出口法兰 PN16−GB/T17241.6−2008/XG1−2011

DN	D	K	d	n×d_L
	(mm)			数量 ×mm
300	460	410	370	12×φ26

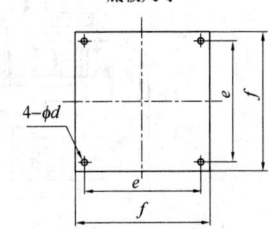

图 1-190　XBD型立式单级离心消防泵外形及安装尺寸（二十二）

XBD型立式单级离心消防泵安装尺寸（二十二）　　　　表 1-226

型　号	DN	L_0	m	a	c	L_1	b_1	b_2	x	f	e	d	隔振器（垫）	底板代号
						(mm)								
XBD1.7/175-300-375	300	1500	750	420	45	1190	385	835	230	700	550	22	JG4-2	KQN-7
XBD2.1/175-300-410	300	1500	750	420	45	1240	385	835	230	700	550	22	JG4-2	KQN-7
XBD2.2/175-300-425	300	1500	750	420	45	1240	385	835	230	700	550	22	JG4-2	KQN-7
XBD2.8/175-300-450	300	1500	750	420	45	1400	450	980	230	700	550	22	JG4-2	KQN-7
XBD3.3/175-300-485	300	1500	750	420	45	1450	450	980	230	700	550	22	JG4-2	KQN-7
XBD3.5/175-300-525	300	1500	750	420	45	1490	450	980	230	700	550	22	JG4-2	KQN-7
XBD4.4/175-300-550	300	1500	750	420	45	1490	450	980	230	700	550	22	JG4-2	KQN-7
XBD5.1/175-300-585	300	1500	750	420	45	1490	450	980	230	700	550	22	JG4-2	KQN-7
XBD5.8/175-300-650	300	1760	850	460	45	1755	455	1110	230	700	550	22	JG4-2	KQN-7
XBD7/175-300-680	300	1760	850	460	45	1755	455	1110	230	700	550	22	JG4-2	KQN-7
XBD8.1/175-300-710	300	1760	850	460	45	1755	455	1110	230	700	550	22	JG4-2	KQN-7

XBD型立式单级离心消防泵性能参数（二十三）　　表 1-227

型　号	规格	流量 Q (L/s)	压力 P (MPa)	转速 n (r/min)	配用功率 P (kW)	必需汽蚀余量 (NPSH)r (m)	质量 (kg)
XBD2/200-300-410	−55/6	200	0.20	980	55	5.5	920
XBD2.3/200-300-450	−75/6	200	0.23	980	75	5.5	1065
XBD3.2/200-300-485	−90/6	200	0.32	980	90	5.5	1170
XBD3.6/200-300-550	−110/6	200	0.36	980	110	5.5	1600
XBD5/200-300-585	−132/6	200	0.50	980	132	5.5	1700
XBD5.2/200-300-650	−160/6	200	0.52	980	160	6.0	2600
XBD6.4/200-300-680	−200/6	200	0.64	980	200	6.0	2700
XBD8/200-300-710	−250/6	200	0.80	980	250	6.0	2820

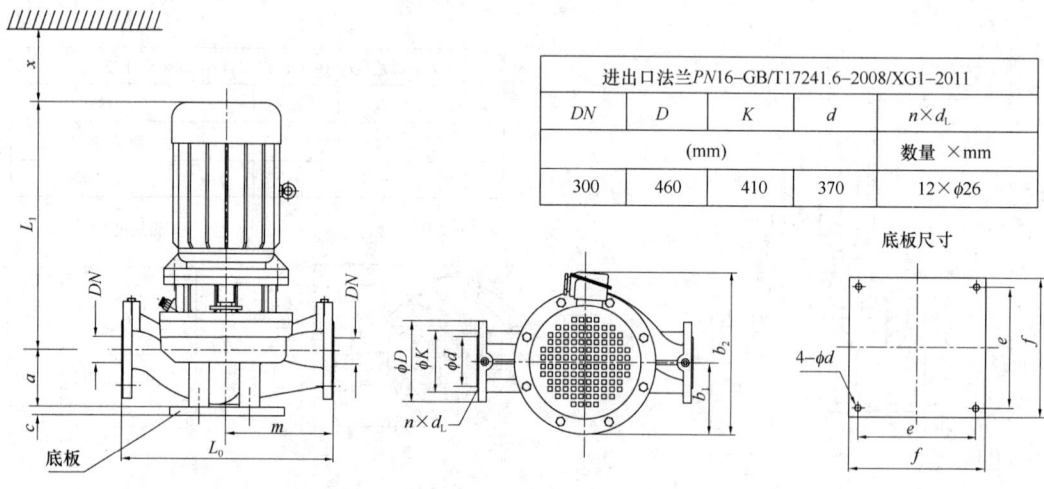

进出口法兰 PN16–GB/T17241.6–2008/XG1–2011				
DN	D	K	d	n×d_L
	(mm)			数量　×mm
300	460	410	370	12×ϕ26

图 1-191　XBD型立式单级离心消防泵外形及安装尺寸（二十三）

XBD型立式单级离心消防泵安装尺寸（二十三）　　表 1-228

型　号	DN	L_0	m	a	c	L_1	b_1	b_2	x	f	e	d	隔振器（垫）	底板代号
						(mm)								
XBD2/200-300-410	300	1500	750	420	45	1240	385	835	230	700	550	22	JG4-2	KQN-7
XBD2.3/200-300-450	300	1500	750	420	45	1400	450	980	230	700	550	22	JG4-2	KQN-7
XBD3.2/200-300-485	300	1500	750	420	45	1450	450	980	230	700	550	22	JG4-2	KQN-7
XBD3.6/200-300-550	300	1500	750	420	45	1490	450	980	230	700	550	22	JG4-2	KQN-7
XBD5/200-300-585	300	1500	750	420	45	1490	450	980	230	700	550	22	JG4-2	KQN-7
XBD5.2/200-300-650	300	1760	850	460	45	1755	455	1110	230	700	550	22	JG4-2	KQN-7
XBD6.4/200-300-680	300	1760	850	460	45	1755	455	1110	230	700	550	22	JG4-2	KQN-7
XBD8/200-300-710	300	1760	850	460	45	1755	455	1110	230	700	550	22	JG4-2	KQN-7

1.3.2　XBD型多级离心消防泵

（1）用途：XBD型多级离心消防泵产品已达到国内领先水平，具有占地面积小，重量轻，噪声低，性能优良，运行可靠等优点。

XBD型多级离心泵与以往消防泵相比，其同流量规格泵之间的出口压力差减少，最小只有0.05MPa。其型谱密度增加，分布更合理，能更好的适应不同楼层及管阻的消防需要，满足设计选用。

XBD型多级离心消防泵分立式和卧式两种。

多级离心消防泵可根据用户要求加装中间出口，以满足高层建筑分区分压消防喷淋的需要。

立式多级离心消防泵其末级和中间出口的方向，还可按需分别相对于吸入口方向成0°，90°，180°，270°。

本产品符合《离心泵技术条件（Ⅲ类）》GB/T 5657—1995标准。

（2）型号意义说明：

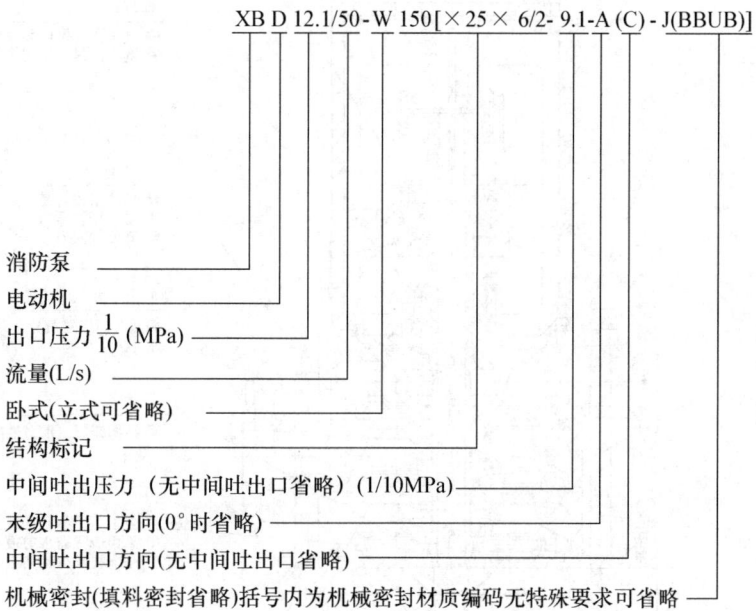

表示立式多级离心消防泵，流量为50L/s，末级出口压力为1.21MPa，中间出口压力为0.91MPa卧式多级泵进出口直径为ϕ150mm。末级吐出口方向为0°，中间吐出口方向为180°，采用机械密封。

〔　〕内为附加标注。

（3）结构：XBD型泵为多级、节段式结构，电机与泵通过弹性联轴器连接，结构紧凑。轴封有机械密封及填料密封两种形式。可根据用户要求加装中间出口，满足高层建筑分区分压消防喷淋的需要。立式泵的末级及中间出口的方向相对于进口方向可选择0°、

90°、180°、270°（部分级别的泵出口方向有限制）。由电动机端看，立式泵为逆时针旋转，卧式泵为顺时针旋转。

（4）性能、外形及安装尺寸：XBD 型多级离心消防泵性能、外形及安装尺寸见图 1-192～图 1-209、表 1-229～表 1-254。

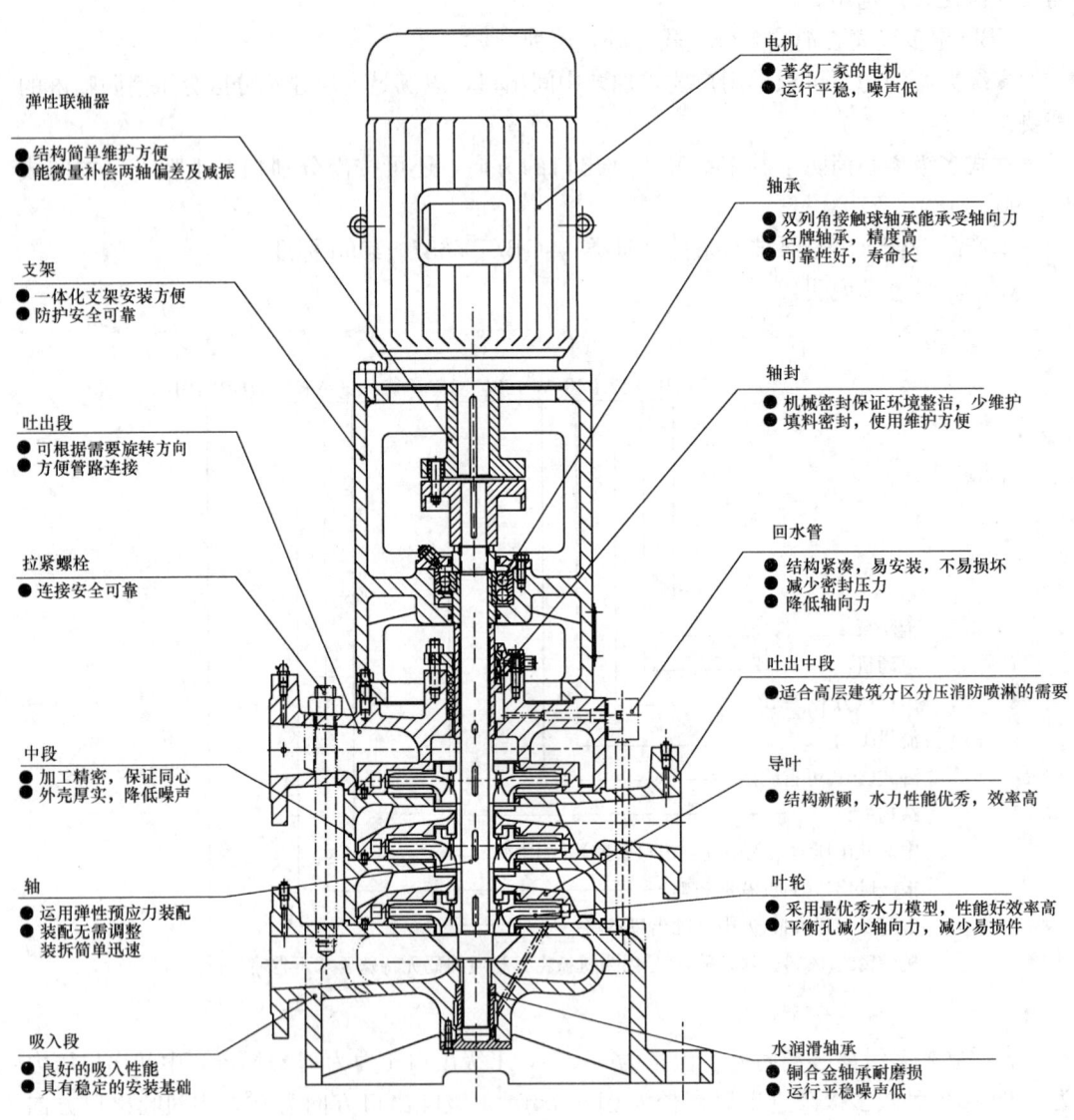

弹性联轴器
● 结构简单维护方便
● 能微量补偿两轴偏差及减振

支架
● 一体化支架安装方便
● 防护安全可靠

吐出段
● 可根据需要旋转方向
● 方便管路连接

拉紧螺栓
● 连接安全可靠

中段
● 加工精密，保证同心
● 外壳厚实，降低噪声

轴
● 运用弹性预应力装配
● 装配无需调整
  装拆简单迅速

吸入段
● 良好的吸入性能
● 具有稳定的安装基础

电机
● 著名厂家的电机
● 运行平稳，噪声低

轴承
● 双列角接触球轴承能承受轴向力
● 名牌轴承，精度高
● 可靠性好，寿命长

轴封
● 机械密封保证环境整洁，少维护
● 填料密封，使用维护方便

回水管
● 结构紧凑，易安装，不易损坏
● 减少密封压力
● 降低轴向力

吐出中段
● 适合高层建筑分区分压消防喷淋的需要

导叶
● 结构新颖，水力性能优秀，效率高

叶轮
● 采用最优秀水力模型，性能好效率高
● 平衡孔减少轴向力，减少易损件

水润滑轴承
● 铜合金轴承耐磨损
● 运行平稳噪声低

图 1-192　XBD 型立式多级消防泵结构

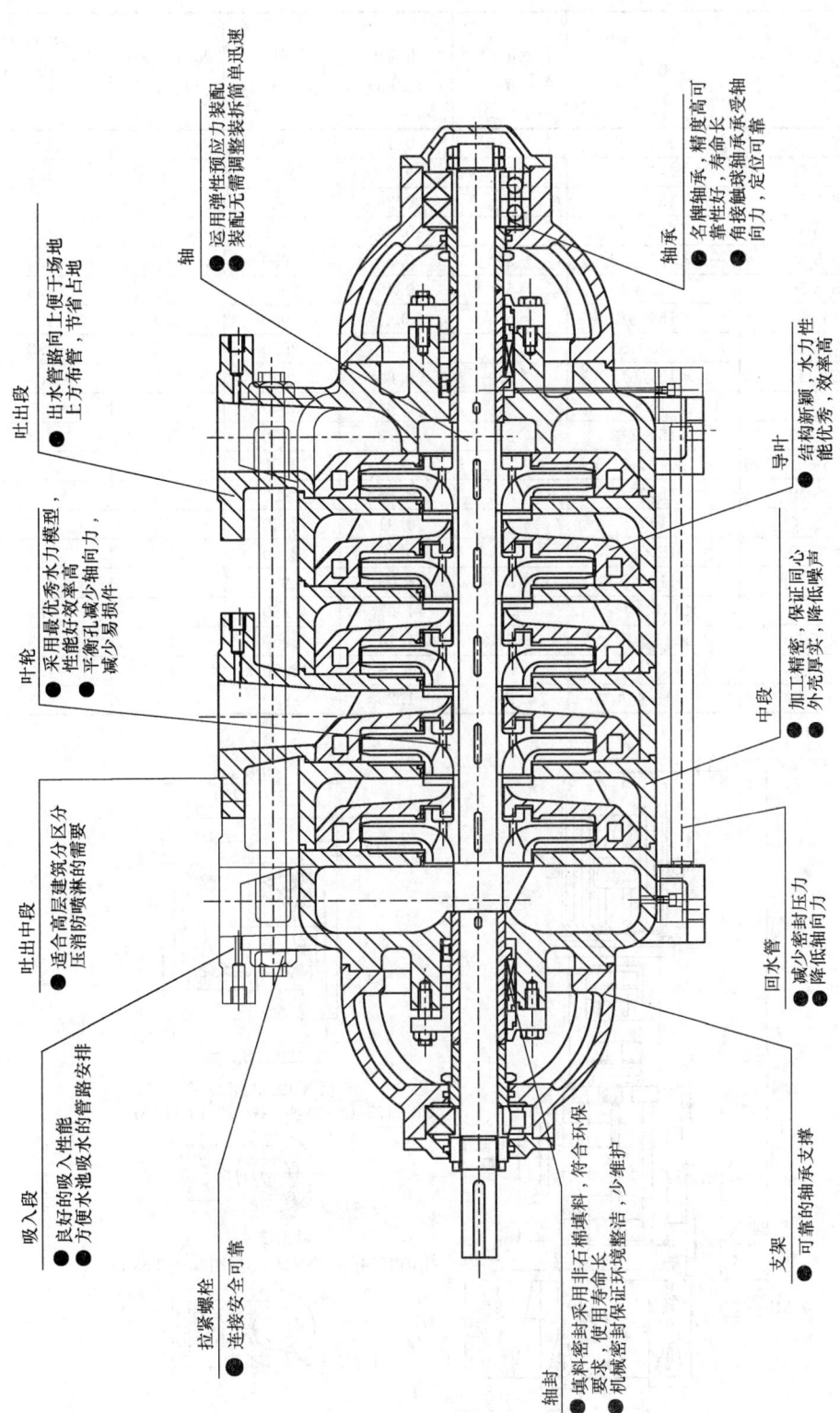

吐出段
● 出水管路向上便于场地，上方布管，节省占地

轴
● 运用弹性预应力装配装置无需调整装拆简单迅速

轴承
● 名牌轴承，精度高可靠性好，寿命高
● 角接触球轴承受轴向力，定位可靠

叶轮
● 采用最优秀水力模型性能好效率高
● 平衡孔减少轴向力，减少易损件

吐出中段
● 适合高层建筑分区压消防喷淋的需要

导叶
● 结构新颖，水力性能优秀，效率高

中段
● 加工精密，保证同心外壳厚实，降低噪声

吸入段
● 良好的吸入性能
● 方便水池吸水的管路安排

拉紧螺栓
● 连接安全可靠

回水管
● 减少密封压力降低轴向力

支架
● 可靠的轴承支撑

轴封
● 填料密封采用非石棉填料，符合环保要求，使用寿命长
● 机械密封保证环境整洁，少维护

图 1-193　XBD 型卧式多级消防泵结构

XBD 型立式多级离心消防泵性能（一）   表 1-229

型 号	规 格	流量 Q (L/s)	压力 P (MPa)	转速 n (r/min)	配用功率 P (kW)	必需汽蚀余量 (NPSH)r (m)
XBD1.6/5-50	×15×2/2	5	0.16	2950	1.5	4.3
XBD2.3/5-50	×15×2	5	0.23	2950	3	4.3
XBD2.8/5-50	×15×3/2	5	0.28	2950	3	4.3
XBD3.4/5-50	×15×3	5	0.34	2950	3	4.3
XBD3.9/5-50	×15×4/2	5	0.39	2950	4	4.3
XBD4.6/5-50	×15×4	5	0.46	2950	4	4.3
XBD5/5-50	×15×5/2	5	0.5	2950	5.5	4.3
XBD5.7/5-50	×15×5	5	0.57	2950	5.5	4.3
XBD6.2/5-50	×15×6/2	5	0.62	2950	5.5	4.3
XBD6.8/5-50	×15×6	5	0.68	2950	5.5	4.3
XBD7.3/5-50	×15×7/2	5	0.73	2950	7.5	4.3
XBD8/5-50	×15×7	5	0.8	2950	7.5	4.3
XBD8.5/5-50	×15×8/2	5	0.85	2950	7.5	4.3
XBD9.1/5-50	×15×8	5	0.91	2950	7.5	4.3
XBD9.6/5-50	×15×9/2	5	0.96	2950	11	4.3
XBD10.3/5-50	×15×9	5	1.03	2950	11	4.3
XBD10.7/5-50	×15×10/2	5	1.07	2950	11	4.3
XBD11.4/5-50	×15×10	5	1.14	2950	11	4.3
XBD11.9/5-50	×15×11/2	5	1.19	2950	11	4.3
XBD12.5/5-50	×15×11	5	1.25	2950	11	4.3

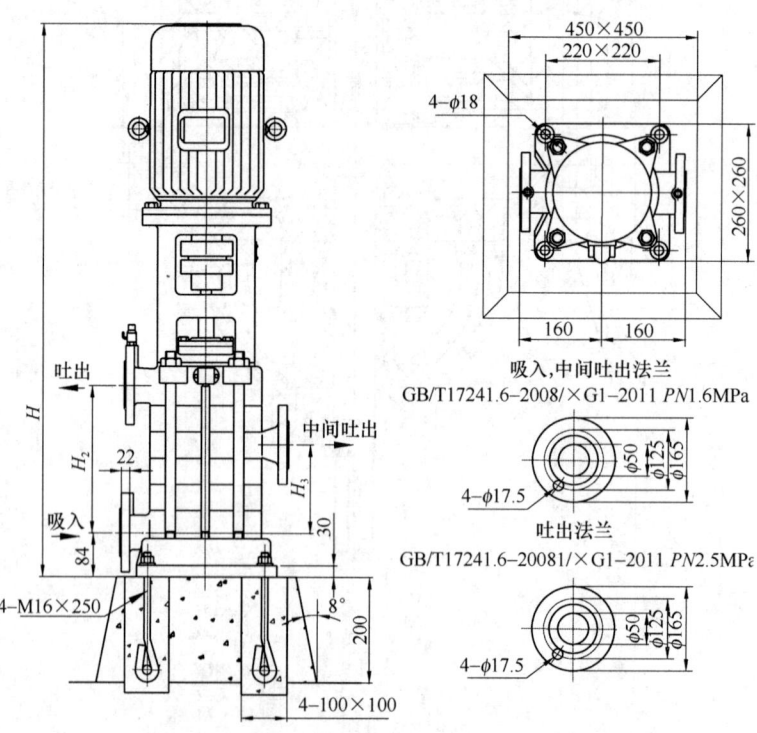

图 1-194　XBD 型多级离心消防泵外形及安装尺寸（一）

XBD 型立式多级离心消防泵安装尺寸（一）　　表 1-230

泵型号	级数 (n)	尺寸（mm）			电动机		质量 (kg)
		H	H_2	H_3	型号	功率 (kW)	
XBD1.6/5-50	2	731	106	45.5+56×($N-1$)	Y90S-2	1.5	102
XBD2.3/5-50		801			Y100L-2	3	115
XBD2.8/5-50	3	867	162		Y100L-2	3	127
XBD3.4/5-50							
XBD3.9/5-50	4	943	218		Y112M-2	4	145
XBD4.6/5-50							
XBD5/5-50	5	1074	274		Y132S$_1$-2	5.5	178
XBD5.7/5-50							
XBD6.2/5-50	6	1130	330		Y132S$_1$-2	5.5	186
XBD6.8/5-50							
XBD7.3/5-50	7	1186	386		Y132S$_2$-2	7.5	202
XBD8/5-50							
XBD8.5/5-50	8	1242	442		Y132S$_2$-2	7.5	219
XBD9.1/5-50							
XBD9.6/5-50	9	1423	498		Y160M$_1$-2	11	272
XBD10.3/5-50							
XBD10.7/5-50	10	1479	554		Y160M$_1$-2	11	281
XBD11.4/5-50							
XBD11.9/5-50	11	1535	610		Y160M$_1$-2	11	287
XBD12.5/5-50							

注：N 为中间吐出段级数。

XBD 型（立式、卧式）多级离心消防泵性能（二）　　表 1-231

型 号	规格	流量 Q (L/s)	压力 P (MPa)	转速 n (r/min)	配用功率 P (kW)	必需汽蚀余量 (NPSH)r (m)
XBD1.7/10-65	×16×2/2	10	0.17	1480	4	3
XBD2.2/10-65	×16×2/1	10	0.22	1480	5.5	3
XBD2.7/10-65	×16×2	10	0.27	1480	5.5	3
XBD3/10-65	×16×3/2	10	0.3	1480	5.5	3
XBD3.5/10-65	×16×3/1	10	0.35	1480	7.5	3
XBD4/10-65	×16×3	10	0.4	1480	7.5	3
XBD4.3/10-65	×16×4/2	10	0.43	1480	11	3
XBD4.8/10-65	×16×4/1	10	0.48	1480	11	3
XBD5.3/10-65	×16×4	10	0.53	1480	11	3
XBD5.7/10-65	×16×5/2	10	0.57	1480	11	3
XBD6.2/10-65	×16×5/1	10	0.62	1480	15	3
XBD6.7/10-65	×16×5	10	0.67	1480	15	3
XBD7/10-65	×16×6/2	10	0.7	1480	15	3
XBD7.5/10-65	×16×6/1	10	0.75	1480	15	3
XBD8/10-65	×16×6	10	0.8	1480	15	3
XBD8.3/10-65	×16×7/2	10	0.83	1480	15	3

型　号	规格	流量 Q (L/s)	压力 P (MPa)	转速 n (r/min)	配用功率 P (kW)	必需汽蚀余量 (NPSH)r (m)
XBD8.8/10-65	×16×7/1	10	0.88	1480	18.5	3
XBD9.3/10-65	×16×7	10	0.93	1480	18.5	3
XBD9.7/10-65	×16×8/2	10	0.97	1480	18.5	3
XBD10.1/10-65	×16×8/1	10	1.01	1480	18.5	3
XBD10.6/10-65	×16×8	10	1.06	1480	22	3
XBD11/10-65	×16×9/2	10	1.1	1480	22	3
XBD11.5/10-65	×16×9/1	10	1.15	1480	22	3
XBD12/10-65	×16×9	10	1.2	1480	22	3
XBD12.3/10-65	×16×10/2	10	1.23	1480	22	3
XBD12.8/10-65	×16×10/1	10	1.28	1480	30	3
XBD13.3/10-65	×16×10	10	1.33	1480	30	3
XBD13.6/10-65	×16×11/2	10	1.36	1480	30	3
XBD14.1/10-65	×16×11/1	10	1.41	1480	30	3
XBD14.6/10-65	×16×11	10	1.46	1480	30	3
XBD15/10-65	×16×12/2	10	1.5	1480	30	3
XBD15.5/10-65	×16×12/1	10	1.55	1480	30	3
XBD16/10-65	×16×12	10	1.6	1480	30	3

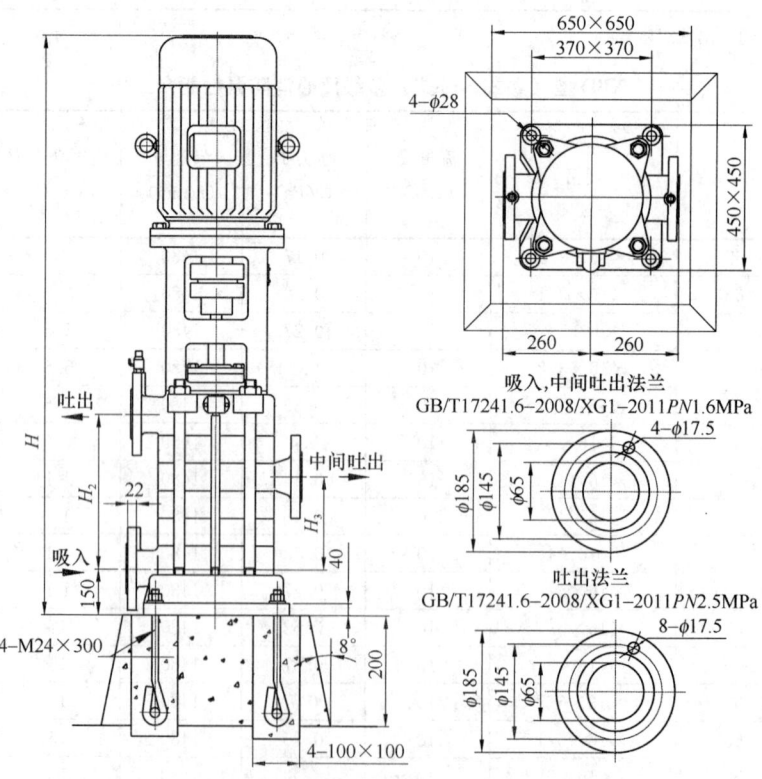

图 1-195　XBD 型多级离心消防泵外形及安装尺寸（二）

XBD型立式多级离心消防泵安装尺寸（二） 表 1-232

| 泵型号 | 级数 (n) | 尺寸（mm） | | | 电动机 | | 质量 (kg) |
		H	H_2	H_3	型号	功率 (kW)	
XDB1.7/10-65	2	1049	181		Y100L2-4	4	283
XBD2.2/10-65		1124			Y112M-4	5.5	310
XBD2.7/10-65		1144			Y132S-4	5.5	310
XBD3/10-65	3	1224	261		Y132S-4	5.5	342
XBD3.5/10-65		1264			Y132M-4	7.5	354
XBD4/10-65							
XBD4.3/10-65	4	1344	341		Y132M-4	11	447
XBD4.8/10-65		1429			Y160M-4	11	447
XBD5.3/10-65							
XBD5.7/10-65	5	1509	421	89.5+80× (N−1)	Y160M-4	11	464
XBD6.2/10-65						15	479
XBD6.7/10-65		1554			Y160L-4	15	479
XBD7/10-65	6	1634	501		Y160L-4	15	527
XBD7.5/10-65							
XBD8/10-65							
XBD8.3/10-65	7	1774	581		Y160L-4	15	559
XBD8.8/10-65						18.5	594
XBD9.3/10-65		1799			Y180M-4	18.5	594
XBD9.7/10-65	8	1879	661		Y180M-4	18.5	626
XBD10.1/10-65							
XBD10.6/10-65		1919			Y180L-4	22	646
XBD11/10-65	9	1999	741		Y180L-4	22	678
XBD11.5/10-65							
XBD12/10-65							

续表

泵型号	级数(n)	尺寸（mm）			电动机		质量(kg)
		H	H_2	H_3	型号	功率(kW)	
XBD12.3/10-65		2094	821		Y180L-4	22	726
XBD12.8/10-65	10	2094	821		Y180L-4	30	796
XBD13.3/10-65		2159	821		Y200L-4	30	796
XBD13.6/10-65		2239	901		Y200L-4	30	828
XBD14.1/10-65	11	2239	901	$89.5+80\times(N-1)$	Y200L-4	30	828
XBD14.6/10-65		2239	901		Y200L-4	30	828
XBD15/10-65		2319	981		Y200L-4	30	860
XBD15.5/10-65	12	2319	981		Y200L-4	30	860
XBD16/10-65		2319	981		Y200L-4	30	860

注：N 为中间吐出段级数。

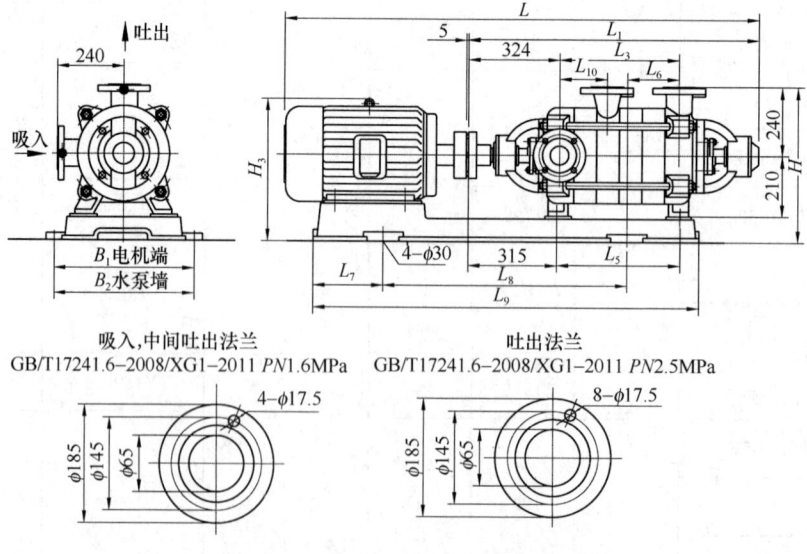

图 1-196　XBD 型多级离心消防泵外形及安装尺寸（三）

XBD型卧式多级离心消防泵安装尺寸（三）   表 1-233

泵型号	尺寸（mm）														电动机		质量（kg）
	L	L_1	L_3	L_5	L_6	L_7	L_8	L_9	L_{10}	H	H_3	B_1	B_2	C	型号	功率（kW）	
XBD1.7/10-W65	1191				60	105	650	860	$90+80\times(N-1)$		478	485		4	Y122M-4	4	223
XBD2.2/10-W65	1266	787	181	195	85	130		910							Y132S-4	5.5	250
XBD2.7/10-W65																	
XBD3/10-W65	1346				75	120	750	990			508						273
XBD3.5/10-W65	1386	867	261	275	102	133		1030							Y132M-4	7.5	287
XBD4/10-W65																	
XBD4.3/10-W65	1562	947	341	355	100	145	900	1190						5	Y160M-4	11	344
XBD4.8/10-W65																	
XBD5.3/10-W65																	
XBD5.7/10-W65	1642	1027	421	435	85	140	1000	1270			550						363
XBD6.2/10-W65	1682							1315							Y160L-4	15	379
XBD6.7/10-W65																	
XBD7/10-W65	1762	1107	501	515	110	160	1080	1395									401
XBD7.5/10-W65																	
XBD8/10-W65																	
XBD8.3/10-W65	1842	1187	581	595	140	160	1130	1475			565				Y180M-4	18.5	424
XBD8.8/10-W65	1862				128	172											468
XBD9.3/10-W65																	
XBD9.7/10-W65	1942	1267	661	675	125	145	1240	1555							Y180L-4	18.5	491
XBD10.1/10-W65																	
XBD10.6/10-W65	1982							1600			575					22	513
XBD11/10-W65	2062	1347	741	755	131	184	1320	1680									536
XBD11.5/10-W65																	
XBD12/10-W65																	
XBD12.3/10-W65	2142	1427	821	835	180	190	1400	1760				520					558
XBD12.8/10-W65	2207						1430	1880									638
XBD13.3/10-W65																	
XBD13.6/10-W65	2287	1507	901	915	135		1510	1880			600				Y200L-4	30	660
XBD14.1/10-W65																	
XBD14.6/10-W65																	
XBD15/10-W65	2367	1587	981	995			1590	1960									682
XBD15.5/10-W65																	
XBD16/10-W65																	

注：N 为中间吐出段级数。

XBD 型（立式、卧式）多级离心消防泵性能（四）　　表 1-234

型　号	规格	流量 Q （L/s）	压力 P （MPa）	转速 n （r/min）	配用功率 P （kW）	必需汽蚀余量 （NPSH）r （m）
XBD2.4/15-80	×20×2/2	15	0.24	1480	7.5	2.5
XBD3.1/15-80	×20×2/1	15	0.31	1480	7.5	2.5
XBD3.7/15-80	×20×2	15	0.37	1480	11	2.5
XBD4.3/15-80	×20×3/2	15	0.43	1480	11	2.5
XBD4.9/15-80	×20×3/1	15	0.49	1480	15	2.5
XBD5.5/15-80	×20×3	15	0.55	1480	15	2.5
XBD6.1/15-80	×20×4/2	15	0.61	1480	15	2.5
XBD6.8/15-80	×20×4/1	15	0.68	1480	18.5	2.5
XBD7.4/15-80	×20×4	15	0.74	1480	22	2.5
XBD8/15-80	×20×5/2	15	0.8	1480	22	2.5
XBD8.6/15-80	×20×5/1	15	0.86	1480	22	2.5
XBD9.2/15-80	×20×5	15	0.92	1480	30	2.5
XBD9.8/15-80	×20×6/2	15	0.98	1480	30	2.5
XBD10.5/15-80	×20×6/1	15	1.05	1480	30	2.5
XBD11.1/15-80	×20×6	15	1.11	1480	30	2.5
XBD11.7/15-80	×20×7/2	15	1.17	1480	30	2.5
XBD12.3/15-80	×20×7/1	15	1.23	1480	30	2.5
XBD13/15-80	×20×7	15	1.3	1480	37	2.5
XBD13.5/15-80	×20×8/2	15	1.35	1480	37	2.5
XBD14.2/15-80	×20×8/1	15	1.42	1480	37	2.5
XBD14.8/15-80	×20×8	15	1.48	1480	45	2.5
XBD15.4/15-80	×20×9/2	15	1.54	1480	45	2.5
XBD16/15-80	×20×9/1	15	1.6	1480	45	2.5
XBD16.7/15-80	×20×9	15	1.67	1480	45	2.5
XBD17.3/15-80	×20×10/2	15	1.73	1480	45	2.5

型 号	规格	流量 Q (L/s)	压力 P (MPa)	转速 n (r/min)	配用功率 P (kW)	必需汽蚀余量 (NPSH)r (m)
XBD17.9/15-80	×20×10/1	15	1.79	1480	45	2.5
XBD18.5/15-80	×20×10	15	1.85	1480	45	2.5
XBD19.1/15-80	×20×11/2	15	1.91	1480	45	2.5
XBD19.8/15-80	×20×11/1	15	1.98	1480	55	2.5
XBD20.4/15-80	×20×11	15	2.04	1480	55	2.5
XBD21/15-80	×20×12/2	15	2.1	1480	55	2.5
XBD21.6/15-80	×20×12/1	15	2.16	1480	55	2.5
XBD22.3/15-80	×20×12	15	2.23	1480	55	2.5

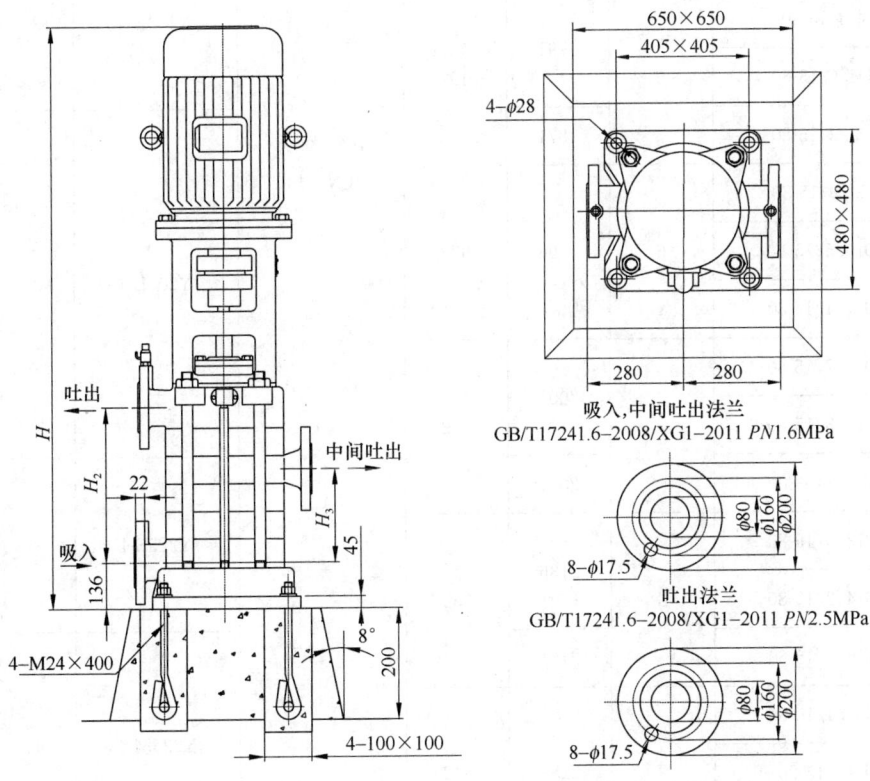

图 1-197 XBD 型多级离心消防泵外形及安装尺寸(四)

XBD型立式多级离心消防泵安装尺寸（四）　　　　表1-235

泵型号	级数 (n)	尺寸（mm）			电动机		质量 (kg)
		H	H₂	H₃	型号	功率 (kW)	
XBD2.4/15-80	2	1201	212	107+90× (N−1)	Y132M-4	7.5	409
XBD3.1/15-80							
XBD3.7/15-80	3	1286	302		Y160M-4	11	455
XBD4.3/15-80		1376					495
XBD4.9/15-80		1421			Y160L-4	15	510
XBD5.5/15-80							549
XBD6.1/15-80	4	1611	392		Y180M-4	18.5	584
XBD6.8/15-80		1636					
XBD7.4/15-80		1676			Y180L-4	22	604
XBD8/15-80	5	1791	482				
XBD8.6/15-80							647
XBD9.2/15-80		1871			Y200L-4	30	717
XBD9.8/15-80	6	1896	572				
XBD10.5/15-80							757
XBD11.1/15-80							
XBD11.7/15-80	7	2001	662				
XBD12.3/15-80							821
XBD13/15-80		2061			Y225S-4	37	835
XBD13.5/15-80	8	2136	752				
XBD14.2/15-80							875
XBD14.8/15-80		2161					911
XBD15.4/15-80	9	2251	842		Y225M-4	45	951
XBD16/15-80							
XBD16.7/15-80							1005

续表

泵型号	级数 (n)	尺寸（mm）			电动机		质量 (kg)
		H	H_2	H_3	型号	功率 (kW)	
XBD17.3/15-80							
XBD17.9/15-80	10	2336	932		Y225M-4	45	1005
XBD18.5/15-80							
XBD19.1/15-80		2426					1045
XBD19.8/15-80	11		1022	$107+90\times$ $(N-1)$			1152
XBD20.4/15-80		2526					
XBD21/15-80					Y250M-4	55	
XBD21.6/15-80	12	2616	1112				1199
XBD22.3/15-80							

注：N 为中间吐出段级数。

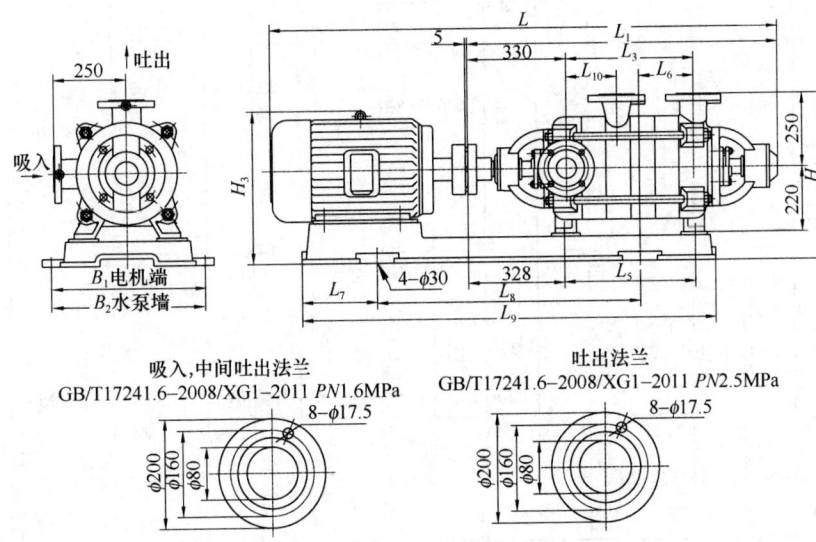

图 1-198　XBD 型多级离心消防泵外形及安装尺寸（五）

XBD型卧式多级离心消防泵安装尺寸（五）　　表 1-236

泵型号	尺寸（mm）													电动机		质量(kg)
	L	L1	L3	L5	L6	L7	L8	L9	L10	H	H3	B1	B2	型号	功率(kW)	
XBD2.4/15-W80	1344	824	212	217	102	135	700	980			518			Y132M-4	7.5	363
XBD3.1/15-W80																
XBD3.7/15-W80	1429					115	800	1060			560			Y160M-4	11	403
XBD4.3/15-W80	1519				142		850	1150								445
XBD4.9/15-W80	1564	914	302	307	97	140	920	1200				505		Y160L-4	15	465
XBD5.5/15-W80																
XBD6.1/15-W80	1679						980	1290		585	585			Y180M-4	18.5	540
XBD6.8/15-W80		1004	392	397	127											
XBD7.4/15-W80	1719					180		1330						Y180L-4	22	560
XBD8/15-W80	1809				117	160	1100	1420								639
XBD8.6/15-W80		1094	482	487												
XBD9.2/15-W80	1874							1460								689
XBD9.8/15-W80	1964	1184	572	577	137	180	1190	1550			610	525		Y200L-4	30	736
XBD10.5/15-W80																
XBD11.1/15-W80																
XBD11.7/15-W80	2054				127			1640	170+90×(N-1)							754
XBD12.3/15-W80	2099	1274	662	667	147	190	1290	1670		590	645			Y225S-4	37	804
XBD13/15-W80																
XBD13.5/15-W80	2189	1364	752	757	137	180	1400	1760								855
XBD14.2/15-W80																
XBD14.8/15-W80	2214							1790				565				905
XBD15.4/15-W80	2304	1454	842	847	152	195	1490	1880		590	645			Y225M-4	45	950
XBD16/15-W80																
XBD16.7/15-W80																
XBD17.3/15-W80	2394	1544	932	937			1580	1970								990
XBD17.9/15-W80																
XBD18.5/15-W80	2479							2040								1050
XBD19.1/15-W80	2569	1634	1022	1027			1670	2130		615	690	585		Y250M-4	55	1095
XBD19.8/15-W80																
XBD20.4/15-W80					182	235										
XBD21/15-W80	2659	1724	1112	1117			1760	2220								1140
XBD21.6/15-W80																
XBD22.3/15-W80																

注：N 为中间吐出段级数。

XBD型（立式、卧式）多级离心消防泵性能（六）　　表 1-237

型　号	规格	流量 Q (L/s)	压力 P (MPa)	转速 n (r/min)	配用功率 P (kW)	必需汽蚀余量 (NPSH)r (m)
XBD2.5/20-100X	×20×2/2	20	0.25	1480	11	2.8
XBD3.2/20-100X	×20×2/1	20	0.32	1480	15	2.8
XBD3.8/20-100X	×20×2	20	0.38	1480	15	2.8
XBD4.4/20-100X	×20×3/2	20	0.44	1480	18.5	2.8
XBD5.1/20-100X	×20×3/1	20	0.51	1480	18.5	2.8
XBD5.7/20-100X	×20×3	20	0.57	1480	22	2.8
XBD6.3/20-100X	×20×4/2	20	0.63	1480	22	2.8
XBD7/20-100X	×20×4/1	20	0.70	1480	30	2.8
XBD7.6/20-100X	×20×4	20	0.76	1480	30	2.8
XBD8.2/20-100X	×20×5/2	20	0.82	1480	30	2.8
XBD8.9/20-100X	×20×5/1	20	0.89	1480	37	2.8
XBD9.5/20-100X	×20×5	20	0.95	1480	37	2.8
XBD10.1/20-100X	×20×6/2	20	1.01	1480	37	2.8
XBD10.8/20-100X	×20×6/1	20	1.08	1480	45	2.8
XBD11.4/20-100X	×20×6	20	1.14	1480	45	2.8
XBD12/20-100X	×20×7/2	20	1.20	1480	45	2.8
XBD12.7/20-100X	×20×7/1	20	1.27	1480	45	2.8
XBD13.3/20-100X	×20×7	20	1.33	1480	55	2.8
XBD13.9/20-100X	×20×8/2	20	1.39	1480	55	2.8
XBD14.6/20-100X	×20×8/1	20	1.46	1480	55	2.8
XBD15.2/20-100X	×20×8	20	1.52	1480	55	2.8
XBD15.8/20-100X	×20×9/2	20	1.58	1480	55	2.8

型　　号	规格	流量 Q (L/s)	压力 P (MPa)	转速 n (r/min)	配用功率 P (kW)	必需汽蚀余量 (NPSH)r (m)
XBD16.5/20-100X	×20×9/1	20	1.65	1480	75	2.8
XBD17.1/20-100X	×20×9	20	1.71	1480	75	2.8
XBD17.7/20-100X	×20×10/2	20	1.77	1480	75	2.8
XBD18.4/20-100X	×20×10/1	20	1.84	1480	75	2.8
XBD19/20-100X	×20×10	20	1.90	1480	75	2.8
XBD19.6/20-100X	×20×11/2	20	1.96	1480	75	2.8
XBD20.3/20-100X	×20×11/1	20	2.03	1480	75	2.8
XBD20.9/20-100X	×20×11	20	2.09	1480	75	2.8

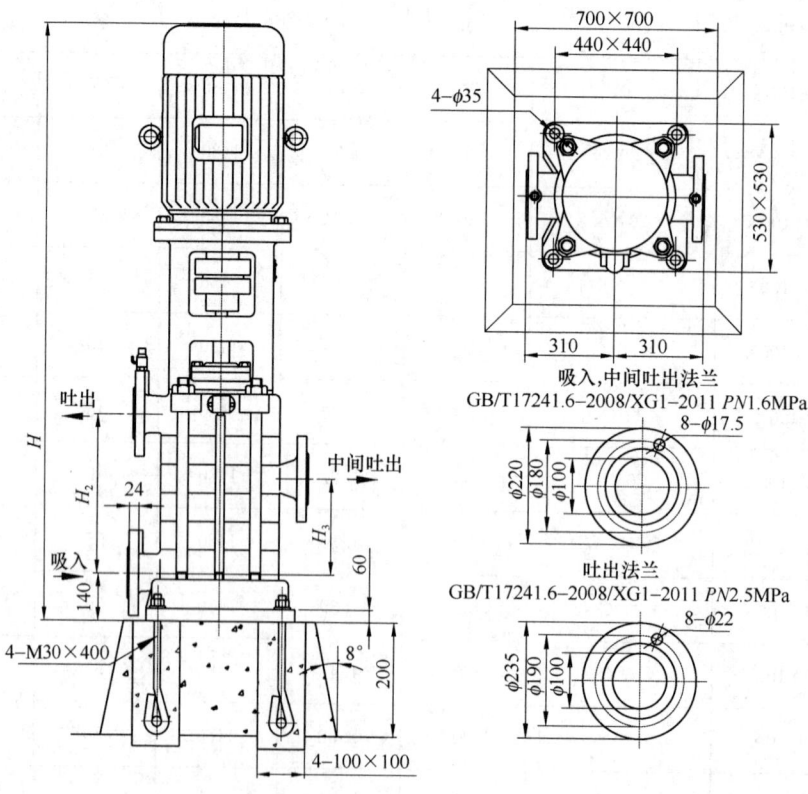

图 1-199　XBD 型多级离心消防泵外形及安装尺寸（六）

XBD 型立式多级离心消防泵安装尺寸（六） 表 1-238

泵型号	级数 (n)	尺寸（mm）			电动机		质量 (kg)
		H	H_2	H_3	型号	功率 (kW)	
XBD2.5/20-100X	2	1429	275		Y160M-4	11	566
XBD3.2/20-100X		1474			Y160L-4	15	571
XBD3.8/20-100X							
XBD4.4/20-100X	3	1609	385		Y180M-4	18.5	665
XBD5.1/20-100X							
XBD5.7/20-100X		1649			Y180L-4	22	685
XBD6.3/20-100X		1759			Y180L-4	22	750
XBD7/20-100X	4	1839	495		Y200L-4	30	820
XBD7.6/20-100X							
XBD8.2/20-100X		1949			Y200L-4	30	876
XBD8.9/20-100X	5	2009	605		Y225S-4	37	890
XBD9.5/20-100X							
XBD10.1/20-100X		2119			Y225S-4	37	961
XBD10.8/20-100X	6	2144	715	$127+110 \times (N-1)$	Y225M-4	45	997
XBD11.4/20-100X							
XBD12/20-100X	7	2254	825		Y225M-4	45	1061
XBD12.7/20-100X							
XBD13.3/20-100X		2354			Y250M-4	55	1168
XBD13.9/20-100X	8	2464	935		Y225M-4	55	1224
XBD14.6/20-100X							
XBD15.2/20-100X							
XBD15.8/20-100X		2574			Y225M-4	55	1280
XBD16.5/20-100X	9	2659	1045		Y280S-4	75	1415
XBD17.1/20-100X							
XBD17.7/20-100X							
XBD18.4/20-100X	10	2769	1155		Y280S-4	75	1470
XBD19/20-100X							
XBD19.6/20-100X							
XBD20.3/20-100X	11	2879	1265		Y280S-4	75	1584
XBD20.9/20-100X							

注：N 为中间吐出段级数。

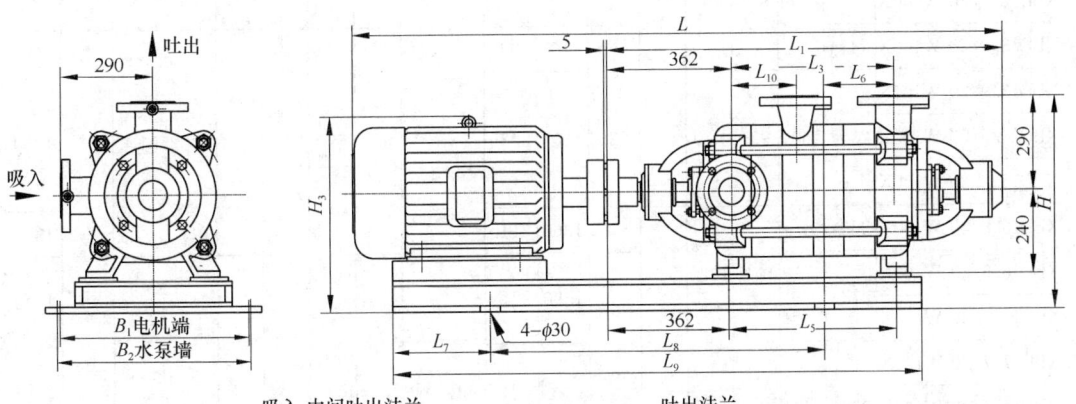

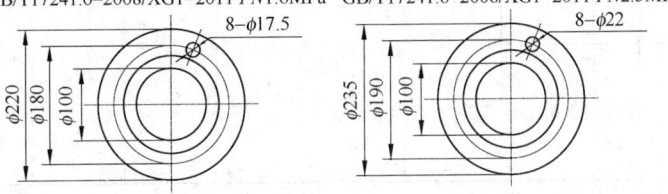

吸入，中间吐出法兰
GB/T17241.6—2008/XG1—2011 PN1.6MPa　　吐出法兰
GB/T17241.6—2008/XG1—2011 PN2.5MPa

图 1-200　XBD 型多级离心消防泵外形及安装尺寸（七）

XBD型卧式多级离心消防泵安装尺寸（七）　　表 1-239

泵型号	尺寸（mm）													电动机		质量(kg)
	L	L_1	L_3	L_5	L_6	L_7	L_8	L_9	L_{10}	H	H_3	B_1	B_2	型号	功率(kW)	
XBD2.5/20-W100X	1544						816	1126						Y160M-4	11	545
XBD3.2/20-W100X	1599	949	275	250	150	145					580					
XBD3.8/20-W100X							860	1170						Y160L-4	15	560
XBD4.4/20-W100X	1734					162	898	1280						Y180M-4	18.5	
XBD5.1/20-W100X		1059	385	360	205						605					666
XBD5.7/20-W100X	1774					185	915	1320						Y180L-4	22	686
XBD6.3/20-W100X	1884						970	1430								703
XBD7/20-W100X	1949															
XBD7.6/20-W100X		1169	498	470	260	200	995	1470		645	630	550		Y200L-4	30	775
XBD8.2/20-W100X	2059						1050	1580								782
XBD8.9/20-W100X	2104						1085	1610								800
XBD9.5/20-W100X		1279	605	580	315	195								Y225S-4	37	
XBD10.1/20-W100X	2214						1140	1720								970
XBD10.8/20-W100X	2239	1389	715	690	370		1155	1750			660					1006
XBD11.4/20-W100X						210			127+110×(N-1)				550	Y225M-4	45	
XBD12/20-W100X	2319															
XBD12.7/20-W100X		1499	825	800	425		1210	1860								1074
XBD13.3/20-W100X	2434						1250	1925								1195
XBD13.9/20-W100X																
XBD14.6/20-W100X	2544	1609	935	910	480	235	1305	2035		655	690	615		Y225M-4	55	1250
XBD15.2/20-W100X																
XBD15.8/20-W100X	2654						1360	2145								1348
XBD16.5/20-W100X	2724	1719	1045	1020	535		1390	2210								1410
XBD17.1/20-W100X																
XBD17.7/20-W100X																
XBD18.4/20-W100X	2834	1829	1155	1130	590	270	1445	2320		685	755	675	550	Y280S-4	75	2027
XBD19/20-W100X																
XBD19.6/20-W100X																
XBD20.3/20-W100X	2942	1939	1265	1240	645		1500	2430								2082
XBD20.9/20-W100X																

注：N 为中间吐出段级数。

XBD 型（立式、卧式）多级离心消防泵性能（八）　　　表 1-240

型　号	规格	流量 Q (L/s)	压力 P (MPa)	转速 n (r/min)	配用功率 P (kW)	必需汽蚀余量 (NPSH)r (m)
XBD2.7/25-100	×20×2/2	25	0.27	1480	11	2.6
XBD3.3/25-100	×20×2/1	25	0.33	1480	15	2.6
XBD4/25-100	×20×2	25	0.4	1480	18.5	2.6
XBD4.7/25-100	×20×3/2	25	0.47	1480	22	2.6
XBD5.3/25-100	×20×3/1	25	0.53	1480	30	2.6
XBD6/25-100	×20×3	25	0.6	1480	30	2.6
XBD6.7/25-100	×20×4/2	25	0.67	1480	30	2.6
XBD7.3/25-100	×20×4/1	25	0.73	1480	37	2.6
XBD8/25-100	×20×4	25	0.8	1480	37	2.6
XBD8.7/25-100	×20×5/2	25	0.87	1480	37	2.6
XBD9.3/25-100	×20×5/1	25	0.93	1480	45	2.6
XBD10/25-100	×20×5	25	1	1480	45	2.6
XBD10.7/25-100	×20×6/2	25	1.07	1480	55	2.6
XBD11.3/25-100	×20×6/1	25	1.13	1480	55	2.6
XBD12/25-100	×20×6	25	1.2	1480	55	2.6
XBD12.6/25-100	×20×7/2	25	1.26	1480	75	2.6
XBD13.3/25-100	×20×7/1	25	1.33	1480	75	2.6
XBD14/25-100	×20×7	25	1.4	1480	75	2.6
XBD14.7/25-100	×20×8/2	25	1.47	1480	75	2.6
XBD15.3/25-100	×20×8/1	25	1.53	1480	75	2.6
XBD16/25-100	×20×8	25	1.6	1480	75	2.6
XBD16.7/25-100	×20×9/2	25	1.67	1480	75	2.6
XBD17.3/25-100	×20×9/1	25	1.73	1480	90	2.6
XBD18/25-100	×20×9	25	1.8	1480	90	2.6
XBD18.7/25-100	×20×10/2	25	1.87	1480	90	2.6
XBD19.3/25-100	×20×10/1	25	1.93	1480	90	2.6
XBD20/25-100	×20×10	25	2	1480	90	2.6
XBD20.7/25-100	×20×11/2	25	2.07	1480	110	2.6
XBD21.4/25-100	×20×11/1	25	2.14	1480	110	2.6
XBD22.1/25-100	×20×11	25	2.21	1480	110	2.6

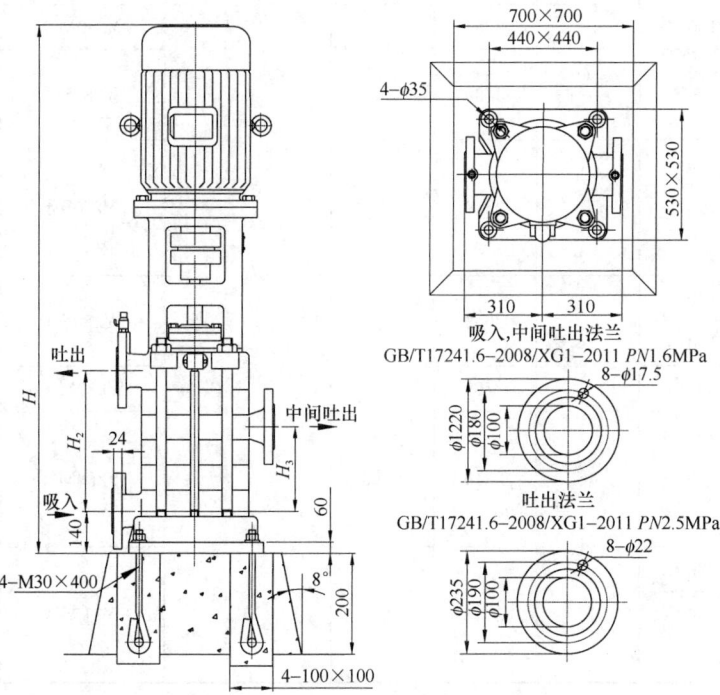

图 1-201　XBD 型多级离心消防泵外形及安装尺寸（八）

XBD 型立式多级离心消防泵安装尺寸（八）　　表 1-241

泵型号	级数 (n)	尺寸（mm）			电动机		质量 (kg)
		H	H₂	H₃	型号	功率 (kW)	
XBD2.7/25-100	2	1429	275	127+110× (N-1)	Y160M-4	11	556
XBD3.3/25-100		1474			Y160L-4	15	571
XBD4/25-100		1499			Y180M-4	18.5	616
XBD4.7/25-100	3	1649	385		Y180L-4	22	675
XBD5.3/25-100		1729			Y200L-4	30	755
XBD6/25-100							
XBD6.7/25-100	4	1839	495		Y200L-4	30	820
XBD7.3/25-100		1899			Y225S-4	37	834
XBD8/25-100							
XBD8.7/25-100	5	2009	605		Y225S-4	37	890
XBD9.3/25-100		2034			Y225M-4	45	926
XBD10/25-100							
XBD10.7/25-100	6	2244	715		Y225M-4	55	1104
XBD11.3/25-100							
XBD12/25-100							
XBD12.6/25-100	7	2354	825		Y250M-4	55	1168
XBD13.3/25-100		2439			Y280S-4	75	1303
XBD14/25-100							
XBD14.7/25-100	8	2549	935		Y280S-4	75	1359
XBD15.3/25-100							
XBD16/25-100							
XBD16.7/25-100	9	2659	1045		Y280S-4	75	1415
XBD17.3/25-100							
XBD18/25-100		2709			Y280M-4	90	1520
XBD18.7/25-100	10	2819	1155		Y280M-4	90	1575
XBD19.3/25-100							
XBD20/25-100							
XBD20.7/25-100	11	3149	1265		Y315S-4	110	2022
XBD21.4/25-100							
XBD22.1/25-100							

注：N 为中间吐出段级数。

XBD型卧式多级离心消防泵安装尺寸（九）　表 1-242

泵型号	尺寸（mm）													电动机		质量（kg）
	L	L_1	L_3	L_5	L_6	L_7	L_8	L_9	L_{10}	H	H_3	B_1	B_2	型号	功率（kW）	
XBD2.7/25-W100	1599	949	275	250	150	185	820	1170		640	575	550		Y160L-4	15	720
XBD3.3/25-W100																
XBD4/25-W100	1624						960	1210			600			Y180M-4	18.5	800
XBD4.7/25-W100	1774	1059	385	360	205	200	900	1320						Y180L-4	22	890
XBD5.3/25-W100	1839						940	1360			625			Y200L-4	30	995
XBD6/25-W100																
XBD6.7/25-W100	1949	1169	495	470	260	195	1030	1500						Y200L-4	30	1045
XBD7.3/25-W100	1994										665			Y225S-4	37	1085
XBD8/25-W100																
XBD8.7/25-W100	2129	1279	605	580	315	210	1100	1640						Y225M-4	45	1172
XBD9.3/25-W100																
XBD10/25-W100																
XBD10.7/25-W100	2324	1389	715	690	370	235	1195	1815	$127+110\times(N-1)$	650	685	615		Y250M-4	55	1495
XBD11.3/25-W100																
XBD12/25-W100																
XBD12.6/25-W100	2504	1499	825	800	425	270	1280	1990		680	750	675	550	Y280S-4	75	1850
XBD13.3/25-W100																
XBD14/25-W100																
XBD14.7/25-W100	2614	1609	935	910	480		1335	2100								1905
XBD15.3/25-W100																
XBD16/25-W100																
XBD16.7/25-W100	2724	1719	1045	1020	535	250	1415	2215						Y280M-4	90	2110
XBD17.3/25-W100	2771							2265								2170
XBD18/25-W100																
XBD18.7/25-W100	2884	1829	1155	1130		300	1525	2375								2220
XBD19.3/25-W100																
XBD20/25-W100																
XBD20.7/25-W100	3214	1939	1265	1240	645	375	1525	2560		715	975	770	600	Y315S-4	110	2420
XBD21.4/25-W100																
XBD22.1/25-W100																

注：N 为中间吐出段级数。

XBD 型（立式、卧式）多级离心消防泵性能（十）　　表 1-243

型　号	规格	流量 Q （L/s）	压力 P （MPa）	转速 n （r/min）	配用功率 P （kW）	必需汽蚀余量 （NPSH）r （m）
XBD2.3/30-100	×20×2/2	30	0.23	1480	11	3
XBD3/30-100	×20×2/1	30	0.3	1480	15	3
XBD3.6/30-100	×20×2	30	0.36	1480	18.5	3
XBD4.1/30-100	×20×3/2	30	0.41	1480	22	3
XBD4.8/30-100	×20×3/1	30	0.48	1480	30	3
XBD5.4/30-100	×20×3	30	0.54	1480	30	3
XBD6/30-100	×20×4/2	30	0.6	1480	30	3
XBD6.6/30-100	×20×4/1	30	0.66	1480	37	3
XBD7.3/30-100	×20×4	30	0.73	1480	37	3
XBD7.8/30-100	×20×5/2	30	0.78	1480	37	3
XBD8.4/30-100	×20×5/1	30	0.84	1480	45	3
XBD9.1/30-100	×20×5	30	0.91	1480	45	3
XBD9.6/30-100	×20×6/2	30	0.96	1480	55	3
XBD10.2/30-100	×20×6/1	30	1.02	1480	55	3
XBD10.9/30-100	×20×6	30	1.09	1480	55	3
XBD11.4/30-100	×20×7/2	30	1.14	1480	55	3
XBD12.1/30-100	×20×7/1	30	1.21	1480	75	3
XBD12.7/30-100	×20×7	30	1.27	1480	75	3
XBD13.2/30-100	×20×8/2	30	1.32	1480	75	3
XBD13.9/30-100	×20×8/1	30	1.39	1480	75	3
XBD14.5/30-100	×20×8	30	1.45	1480	75	3
XBD15/30-100	×20×9/2	30	1.5	1480	75	3

型　号	规格	流量 Q (L/s)	压力 P (MPa)	转速 n (r/min)	配用功率 P (kW)	必需汽蚀余量 (NPSH)r (m)
XBD15.7/30-100	×20×9/1	30	1.57	1480	75	3
XBD16.3/30-100	×20×9	30	1.63	1480	90	3
XBD16.8/30-100	×20×10/2	30	1.68	1480	90	3
XBD17.5/30-100	×20×10/1	30	1.75	1480	90	3
XBD18.1/30-100	×20×10	30	1.81	1480	90	3
XBD18.7/30-100	×20×11/2	30	1.87	1480	110	3
XBD19.3/30-100	×20×11/1	30	1.93	1480	110	3
XBD20/30-100	×20×11	30	2	1480	110	3

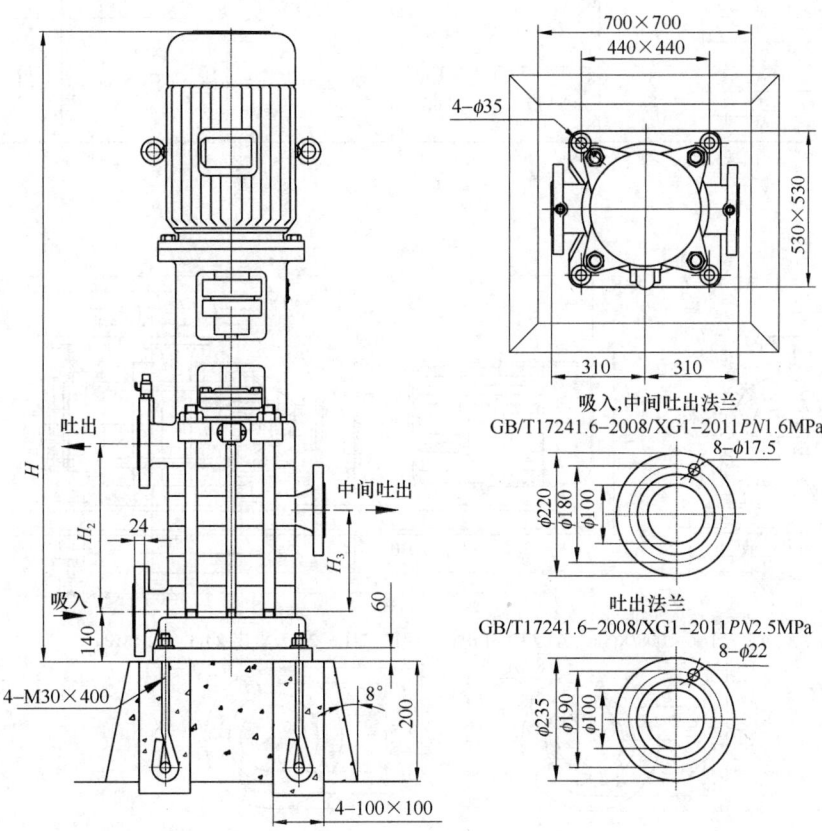

图 1-202　XBD 型多级离心消防泵外形及安装尺寸（十）

<h3 style="text-align:center">XBD型立式多级离心消防泵安装尺寸（十）</h3>

表 1-244

泵型号	级数 (n)	尺寸（mm）			电动机		质量 (kg)
		H	H_2	H_3	型号	功率 (kW)	
XBD2.3/30-100	2	1429	275		Y160M-4	11	556
XBD3/30-100		1474			Y160L-4	15	571
XBD3.6/30-100		1499			Y180M-4	18.5	616
XBD4.1/30-100	3	1649	385		Y180L-4	22	675
XBD4.8/30-100		1729			Y200L-4	30	755
XBD5.4/30-100							
XBD6/30-100	4	1839	495		Y200L-4	30	820
XBD6.6/30-100		1899			Y225S-4	37	834
XBD7.3/30-100							
XBD7.8/30-100	5	2009	605		Y225S-4	37	890
XBD8.4/30-100		2034			Y225M-4	45	926
XBD9.1/30-100							
XBD9.6/30-100	6	2244	715	$127+110 \times (N-1)$	Y2250M-4	55	1104
XBD10.2/30-100							
XBD10.9/30-100							
XBD11.4/30-100	7	2354	825		Y250M-4	55	1168
XBD12.1/30-100		2439			Y280S-4	75	1303
XBD12.7/30-100							
XBD13.2/30-100	8	2549	935		Y280S-4	75	1359
XBD13.9/30-100					Y280S-4	75	1415
XBD14.5/30-100							
XBD15/30-100	9	2659	1045		Y280M-4	90	1520
XBD15.8/30-100							
XBD16.3/30-100		2709			Y280M-4	90	1575
XBD16.8/30-100	10	2819	1155				
XBD17.5/30-100							
XBD18.1/30-100					Y315S-4	110	2022
XBD18.7/30-100	11	3149	1265				
XBD19.3/30-100							
XBD20/30-100							

注：N 为中间吐出段级数。

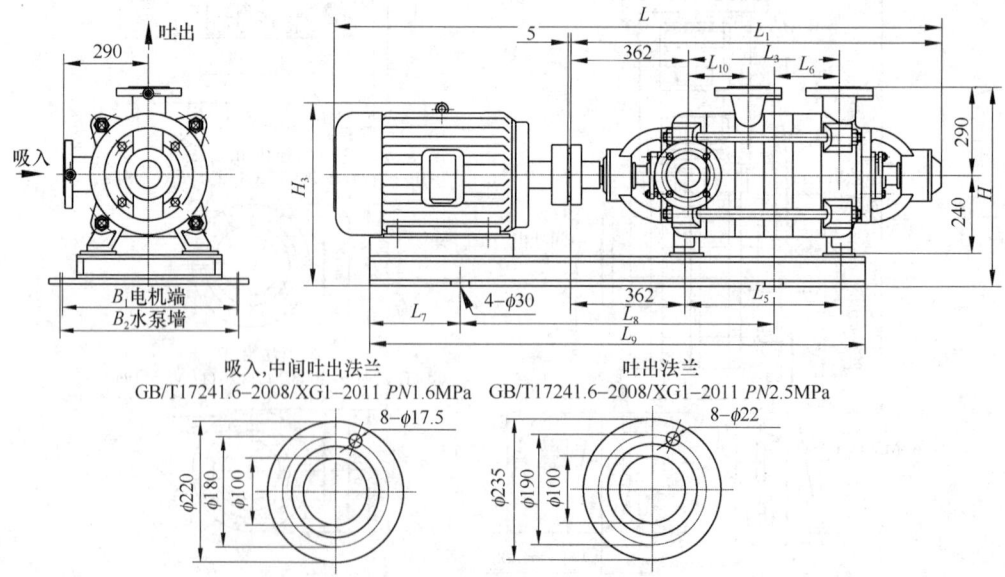

吸入，中间吐出法兰　　　　　　　　　吐出法兰
GB/T17241.6—2008/XG1—2011 PN1.6MPa　　GB/T17241.6—2008/XG1—2011 PN2.5MPa

图 1-203　XBD型多级离心消防泵外形及安装尺寸（十一）

XBD 型卧式多级离心消防泵安装尺寸（十一）　　　表 1-245

泵型号	尺寸（mm）													电动机		质量（kg）
	L	L_1	L_3	L_5	L_6	L_7	L_8	L_9	L_{10}	H	H_3	B_1	B_2	型号	功率（kW）	
XBD2.3/30-W100	1599						820	1170			575			Y160L-4	15	720
XBD3/30-W100		949	275	250	150	185										
XBD3.6/30-W100	1624						960	1210			600			Y180M-4	18.5	800
XBD4.1/30-W100	1774						900	1320						Y180L-4	22	890
XBD4.8/30-W100	1839	1059	385	360	205	200								Y200L-4	30	995
XBD5.4/30-W100							940	1360			625					
XBD6/30-W100	1949									640		550				1045
XBD6.6/30-W100	1994	1169	495	470	260	195	1030	1500						Y225S-4	37	1085
XBD7.3/30-W100																
XBD7.8/30-W100											655					
XBD8.4/30-W100	2129	1279	605	580	315	210	1100	1640						Y225M-4	45	1172
XBD9.1/30-W100																
XBD9.6/30-W100																
XBD10.2/30-W100	2324	1389	715	690	370	235	1195	1815		650	685	615		Y250M-4	55	1495
XBD10.9/30-W100									$127+$							
XBD11.4/30-W100									$10\times$							
XBD12.1/30-W100	2504	1499	825	800	425		1280	1990	$(N-$							1850
XBD12.7/30-W100						270			1)							
XBD13.2/30-W100														Y280S-4	75	
XBD13.9/30-W100	2614	1609	935	910	480		1335	2100								1905
XBD14.5/30-W100										680	750	675	550			
XBD15/30-W100	2724					250		2215								2110
XBD15.7/30-W100	2774	1719	1045	1020			1415	2265								2170
XBD16.3/30-W100					535											
XBD16.8/30-W100						300								Y280M-4	90	
XBD17.5/30-W100	2884	1829	1155	1130			1525	2375								2220
XBD18.1/30-W100																
XBD18.7/30-W100																
XBD19.3/30-W100	3214	1939	1265	1240	645	375	1525	2560		715	975	770	600	Y315S-4	110	2420
XBD20/30-W100																

注：N 为中间吐出段级数。

XBD 型（立式、卧式）多级离心消防泵性能（十二）　　　表 1-246

型　号	规格	流量 Q (L/s)	压力 P (MPa)	转速 n (r/min)	配用功率 P (kW)	必需汽蚀余量 (NPSH)r (m)
XBD2.6/40-150	×20×2/2	40	0.26	1480	18.5	2.8
XBD3.2/40-150	×20×2/1	40	0.32	1480	22	2.8
XBD3.9/40-150	×20×2	40	0.39	1480	30	2.8
XBD4.5/40-150	×20×3/2	40	0.45	1480	30	2.8
XBD5.2/40-150	×20×3/1	40	0.52	1480	30	2.8
XBD5.8/40-150	×20×3	40	0.58	1480	37	2.8
XBD6.5/40-150	×20×4/2	40	0.65	1480	37	2.8
XBD7.1/40-150	×20×4/1	40	0.71	1480	45	2.8
XBD7.8/40-150	×20×4	40	0.78	1480	45	2.8
XBD8.4/40-150	×20×5/2	40	0.84	1480	55	2.8
XBD9.1/40-150	×20×5/1	40	0.91	1480	55	2.8
XBD9.7/40-150	×20×5	40	0.97	1480	55	2.8
XBD10.4/40-150	×20×6/2	40	1.04	1480	75	2.8
XBD11/40-150	×20×6/1	40	1.1	1480	75	2.8
XBD11.7/40-150	×20×6	40	1.17	1480	75	2.8
XBD12.3/40-150	×20×7/2	40	1.23	1480	75	2.8
XBD13/40-150	×20×7/1	40	1.3	1480	75	2.8
XBD13.6/40-150	×20×7	40	1.36	1480	75	2.8
XBD14.3/40-150	×20×8/2	40	1.43	1480	90	2.8
XBD14.9/40-150	×20×8/1	40	1.49	1480	90	2.8
XBD15.6/40-150	×20×8	40	1.56	1480	90	2.8

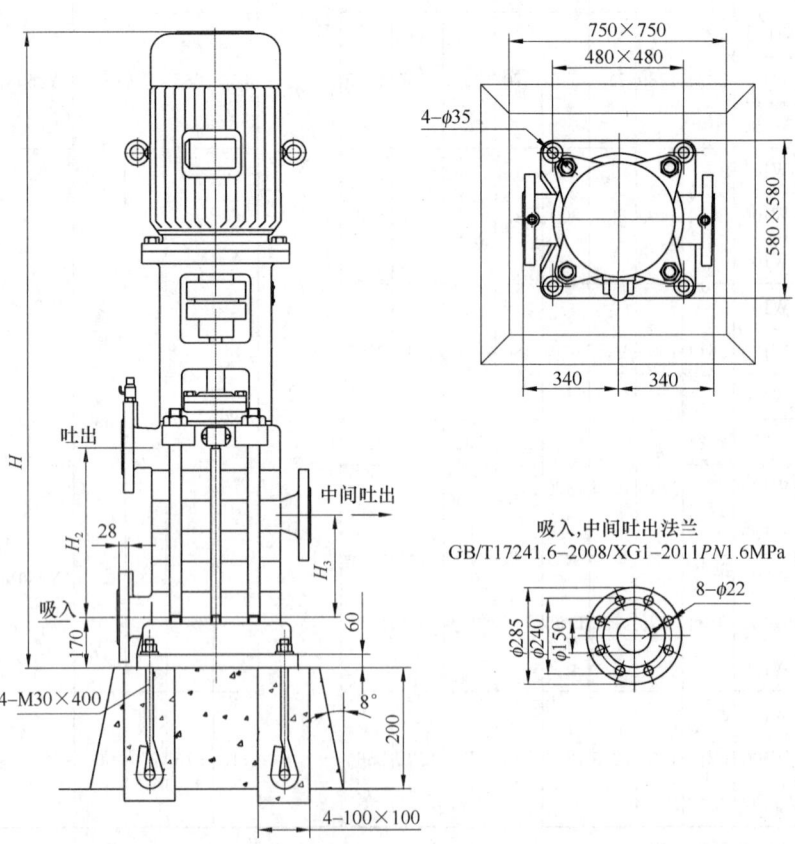

图 1-204　XBD 型多级离心消防泵外形及安装尺寸（十二）

XBD 型（立式）多级离心消防泵安装尺寸（十二）　　表 1-247

泵型号	级数 (n)	尺寸（mm）			电动机		质量 (kg)
		H	H₂	H₃	型号	功率 (kW)	
XBD2.6/40-150		1608			Y180M-4	18.5	729
XBD3.2/40-150	2	1648	320		Y180L-4	22	749
XBD3.9/40-150		1713			Y200L-4	30	819
XBD4.5/40-150		1848	455		Y200L-4	30	911
XBD5.2/40-150	3						
XBD5.8/40-150		1908			Y225S-4	37	925
XBD6.5/40-150		2043			Y225S-4	37	984
XBD7.1/40-150	4	2068	590	159+135× (N−1)	Y225M-4	45	1020
XBD7.8/40-150							
XBD8.4/40-150							
XBD9.1/40-150	5	2303	725		Y250M-4	55	1255
XBD9.7/40-150							
XBD10.4/40-150							
XBD11/40-150	6	2523	860		Y280S-4	75	1475
XBD11.7/40-150							
XBD12.3/40-150							
XBD13/40-150	7	2658	995		Y280S-4	75	1558
XBD13.6/40-150							
XBD14.3/40-150							
XBD14.9/40-150	8	2843	1130		Y280S-4	90	1745
XBD15.6/40-150							

注：N 为中间吐出段级数。

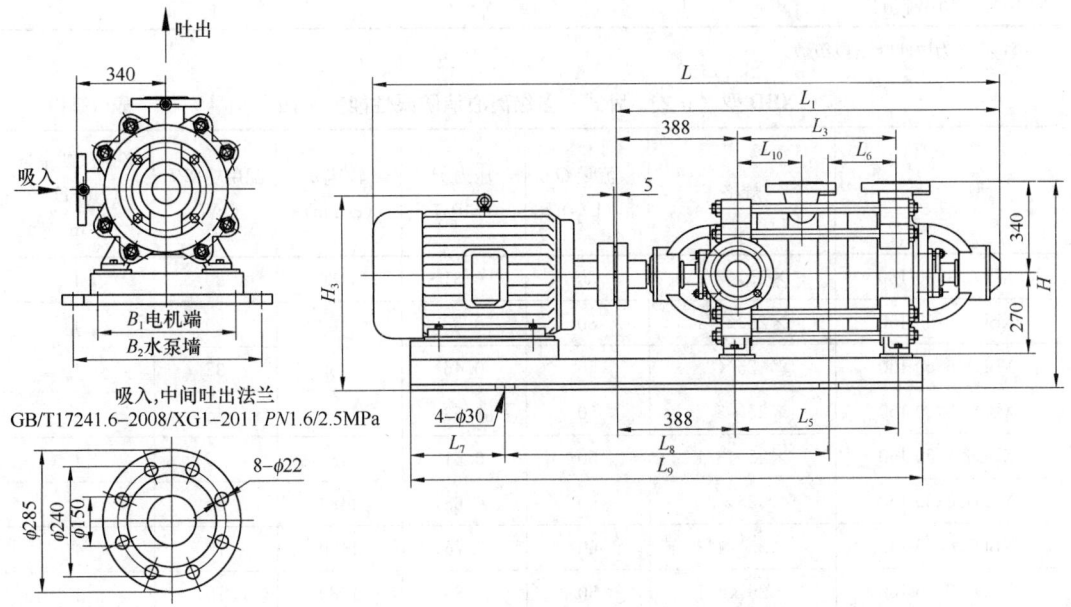

吐出

340

吸入

B_1电机端
B_2水泵墙

吸入、中间吐出法兰
GB/T17241.6−2008/XG1−2011 PN1.6/2.5MPa

8−ϕ22

ϕ285
ϕ240
ϕ150

L
L_1
388
L_3
L_{10}
L_6
5
340
H
270
H_3

4−ϕ30
L_7
388
L_5
L_8
L_9

图 1-205　XBD 型多级离心消防泵外形及安装尺寸（十三）

XBD型卧式多级离心消防泵安装尺寸（十三）　　　表 1-248

泵型号	尺寸（mm）													电动机		质量（kg）
	L	L_1	L_3	L_5	L_6	L_7	L_8	L_9	L_{10}	H	H_3	B_1	B_2	型号	功率（kW）	
XDB2.6/40-W150	1714					163	900	1258			635			Y180M-4	18.5	780
XDB3.2/40-W150	1754	1039	320	306	164	178	920	1293		725				Y180L-4	22	830
XDB3.9/40-W150	1819					196	940	1331			660			Y200L-4	30	950
XDB4.5/40-W150	1954						1005	1466								990
XDB5.2/40-W150	1908	1174	455	441	234	190	1045	1500				550		Y225S-4	37	1130
XDB5.8/40-W150																
XDB6.5/40-W150											685					
XDB7.1/40-W150	2129	1309	590	576	299	215	1125	1655						Y225M-4	45	1290
XDB7.8/40-W150									159+							
XDB8.4/40-W150									135×							
XDB9.1/40-W150	2379	1444	725	711	369	230	1235	1865	(N−		705	615	550	Y250M-4	55	1470
XDB9.7/40-W150									1)							
XDB10.4/40-W150										735						
XDB11/40-W150	2584	1579	860	846	437		1330	2068						Y280S-4	75	1680
XDB11.7/40-W150						270										
XDB12.3/40-W150																
XDB13/40-W150	2719	1714	995	981	504		1398	2203			755	675		Y280S-4	75	1760
XDB13.6/40-W150																
XDB14.3/40-W150																
XDB14.9/40-W150	2904	1849	1130	1116	574	295	1490	2390						Y280M-4	90	1980
XDB15.6/40-W150																

注：N 为中间吐出段级数。

XBD型（立式、卧式）多级离心消防泵性能（十四）　　　表 1-249

型　　号	规格	流量 Q（L/s）	压力 P（MPa）	转速 n（r/min）	配用功率 P（kW）	必需汽蚀余量（NPSH）r（m）
XBD3.1/50-150	×25×2/2	50	0.31	1480	30	4
XBD3.8/50-150	×25×2/1	50	0.38	1480	30	4
XBD4.6/50-150	×25×2	50	0.46	1480	37	4
XBD5.3/50-150	×25×3/2	50	0.53	1480	45	4
XBD6.1/50-150	×25×3/1	50	0.61	1480	55	4
XBD6.8/50-150	×25×3	50	0.68	1480	55	4
XBD7.6/50-150	×25×4/2	50	0.76	1480	75	4
XBD8.3/50-150	×25×4/1	50	0.83	1480	75	4
XBD9.1/50-150	×25×4	50	0.91	1480	75	4

续表

型　　号	规格	流量 Q (L/s)	压力 P (MPa)	转速 n (r/min)	配用功率 P (kW)	必需汽蚀余量 (NPSH)r (m)
XBD9.9/50-150	×25×5/2	50	0.99	1480	75	4
XBD10.6/50-150	×25×5/1	50	1.06	1480	90	4
XBD11.3/50-150	×25×5	50	1.13	1480	90	4
XBD12.1/50-150	×25×6/2	50	1.21	1480	90	4
XBD12.9/50-150	×25×6/1	50	1.29	1480	110	4
XBD13.6/50-150	×25×6	50	1.36	1480	110	4
XBD14.4/50-150	×25×7/2	50	1.44	1480	110	4
XBD15.1/50-150	×25×7/1	50	1.51	1480	132	4
XBD15.9/50-150	×25×7	50	1.59	1480	132	4
XBD16.6/50-150	×25×8/2	50	1.66	1480	132	4
XBD17.4/50-150	×25×8/1	50	1.74	1480	132	4
XBD18.1/50-150	×25×8	50	1.81	1480	160	4
XBD18.9/50-150	×25×9/2	50	1.89	1480	160	4
XBD19.6/50-150	×25×9/1	50	1.96	1480	160	4
XBD20.4/50-1150	×25×9	50	2.04	1480	160	4

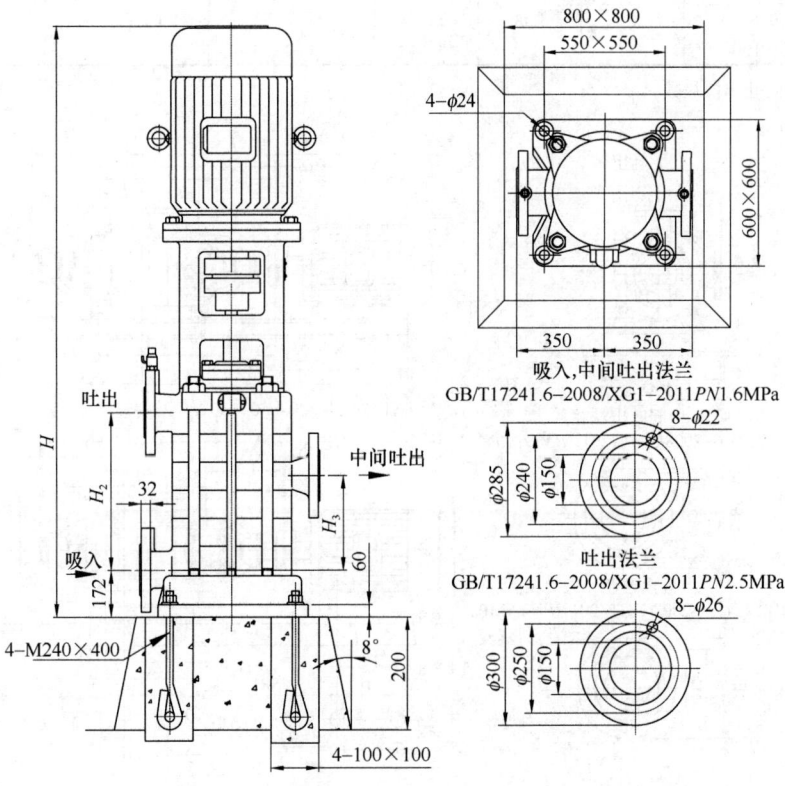

图 1-206　XBD 型多级离心消防泵外形及安装尺寸（十四）

XBD 型立式多级离心消防泵安装尺寸（十四）

表 1-250

泵型号	级数 (n)	尺寸（mm）			电动机		质量 (kg)
		H	H_2	H_3	型号	功率 (kW)	
XBD3.1/50-150	2	1769	321		Y200L-4	30	956
XBD3.8/50-150							
XBD4.6/50-150		1829			Y225S-4	37	970
XBD5.3/50-150	3	1975	442		Y225M-4	45	1107
XBD6.1/50-150						55	
XBD6.8/50-150		2075			Y250M-4	55	1217
XBD7.6/50-150	4	2281	563		Y280S-4	75	1448
XBD8.3/50-150							
XBD9.1/50-150							
XBD9.9/50-150	5	2402	684	$145+121\times(N-1)$	Y280S-4		1537
XBD10.6/50-150		2452			Y280M-4	90	1642
XBD11.3/50-150							
XBD12.1/50-150	6	2573	805		Y280M-4		1784
XBD12.9/50-150		2793			Y315S-4	110	2117
XBD13.6/50-150							
XBD14.4/50-150	7	2914	926		Y315S-4		2205
XBD15.1/50-150		3014			Y315M-4	132	2305
XBD15.9/50-150							
XBD16.6/50-150	8	3135	1047		Y315M-4		2393
XBD17.4/50-150					Y315L1-4		2452
XBD18.1/50-150						160	
XBD18.9/50-150	9	3256	1168		Y315L1-4		2541
XBD19.6/50-150							
XBD20.4/50-150							

注：N 为中间吐出段级数。

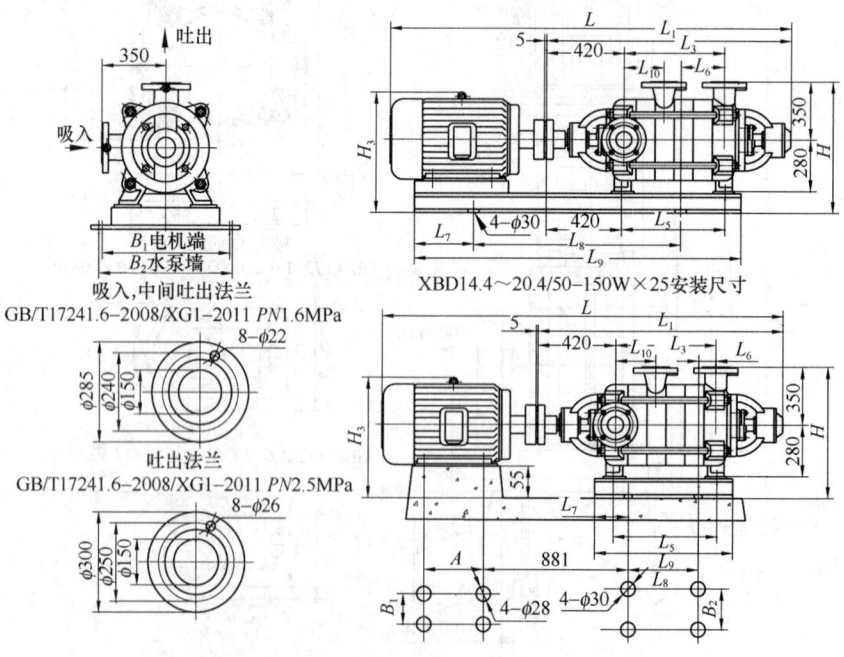

图 1-207　XBD 型多级离心消防泵外形及安装尺寸（十五）

XBD型卧式多级离心消防泵安装尺寸（十五）　　　　表 1-251

泵型号	尺寸（mm）														电动机		质量（kg）
	L	L_1	L_3	L_5	L_6	L_7	L_8	L_9	L_{10}	H	H_3	A	B_1	B_2	型号	功率（kW）	
XBD3.1/50-W150	1829	1049	321	301	170	172	995	1377		765	690			610	Y200L-4	30	910
XBD3.8/50-W150																	
XBD4.6/50-W150	1847					178	1022	1410			720				Y225S-4	37	940
XBD5.3/50-W150	1990					190	1100	1560							Y225M-4	45	1050
XBD6.1/50-W150	2105	1170	442	422	230	238	1127	1635			740	—			Y250M-4	55	1150
XBD6.8/50-W150																	
XBD7.6/50-W150	2296	1291	563	543	290	278	1217	1825			775			675	Y280S-4	75	1400
XBD8.3/50-W150																	
XBD9.1/50-W150																	
XBD9.9/50-W150	2417						1276	1946									1480
XBD10.6/50-W150	2467	1412	684	664	352	306	1302	2000							Y280M-4	90	1590
XBD11.3/50-W150																	
XBD12.1/50-W150	2808	1533	805	785	401	356	1423	2220	145+121×(N−1)	800	1000	406	860	610	Y315S-4	110	2040
XBD12.9/50-W150																	
XBD13.6/50-W150																	
XBD14.4/50-W150	2929											406					2120
XBD15.1/50-W150	2999	1654	926	906			766	1006				457			Y315M-4	132	2180
XBD15.9/50-W150																	
XBD16.6/50-W150	3120	1775	1047	1027			887	1127									2260
XBD17.4/50-W150																	
XBD18.1/50-W150																	2350
XBD18.9/50-W150	3241	1896	1168	1148	90	120	1008	1248		765	965		508	590	Y315L1-4	160	2430
XBD19.6/50-W150																	
XBD20.4/50-W150																	
XBD21.2/50-W150	3362	2017	1289	1269			1129	1369				508					2560
XBD21.9/50-W150															Y315L2-4	200	
XBD22.7/50-W150																	
XBD23.5/50-W150	3482	2138	1410	1390			1250	1490									2650
XBD24.2/50-W150																	
XBD25/50-W150																	

注：N 为中间吐出段级数。

XBD 型（立式、卧式）多级离心消防泵性能（十六）   表 1-252

型　　号	规格	流量 Q (L/s)	压力 P (MPa)	转速 n (r/min)	配用功率 P_e (kW)	必需汽蚀余量 (NPSH)r (m)
XBD3.7/75-200	×30×2/2	75	0.37	1480	55	2.6
XBD4.7/75-200	×30×2/1	75	0.47	1480	55	2.6
XBD5.7/75-200	×30×2	75	0.57	1480	75	2.6
XBD6.6/75-200	×30×3/2	75	0.66	1480	75	2.6
XBD7.6/75-200	×30×3/1	75	0.76	1480	90	2.6
XBD8.6/75-200	×30×3	75	0.86	1480	110	2.6
XBD9.5/75-200	×30×4/2	75	0.95	1480	110	2.6
XBD10.5/75-200	×30×4/1	75	1.05	1480	132	2.6
XBD11.5/75-200	×30×4	75	1.15	1480	132	2.6
XBD12.4/75-200	×30×5/2	75	1.24	1480	160	2.6
XBD13.4/75-200	×30×5/1	75	1.34	1480	160	2.6
XBD14.4/75-200	×30×5	75	1.44	1480	160	2.6
XBD15.3/75-200	×30×6/2	75	1.53	1480	200	2.6
XBD16.3/75-200	×30×6/1	75	1.63	1480	200	2.6
XBD17.3/75-200	×30×6	75	1.73	1480	200	2.6
XBD18.2/75-200	×30×7/2	75	1.82	1480	250	2.6
XBD19.2/75-200	×30×7/1	75	1.92	1480	250	2.6
XBD20.2/75-200	×30×7	75	2.02	1480	250	2.6
XBD21.1/75-200	×30×8/2	75	2.11	1480	250	2.6
XBD22.1/75-200	×30×8/1	75	2.21	1480	280	2.6
XBD23.1/75-200	×30×8	75	2.31	1480	280	2.6

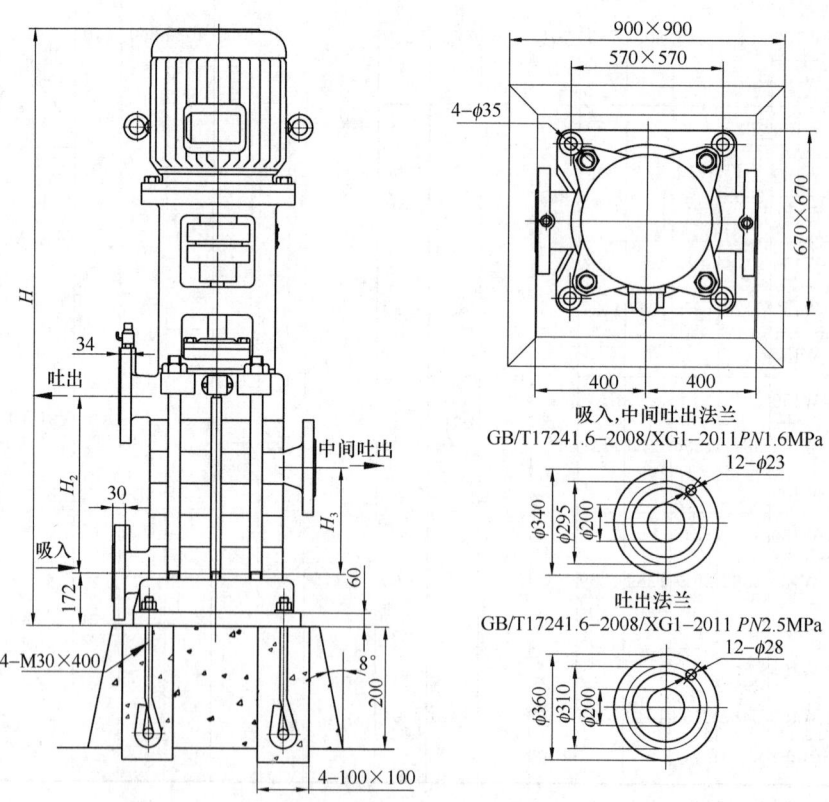

图 1-208　XBD 型多级离心消防泵外形及安装尺寸（十六）

XBD 型立式多级离心消防泵安装尺寸（十六）　表 1-253

泵型号	级数 (n)	尺寸（mm）			电动机		质量 (kg)
		H	H_2	H_3	型号	功率 (kW)	
XBD3.7/75-200	2	2098.5	379		Y250M-4	55	1270
XBD4.7/75-200							
XBD5.7/75-200		2183.5			Y280S-4	75	1600
XBD6.6/75-200	3	2318.5	514				2050
XBD7.6/75-200		2368.5			Y280M-4	90	2050
XBD8.6/75-200		2588.5			Y315S-4	110	2100
XBD9.5/75-200	4	2723.5	649				2365
XBD10.5/75-200		2823.5			Y315M-4	132	2410
XBD11.5/75-200				75+50× (N−1)			
XBD12.4/75-200	5	2958.5	784		Y315L1-4	160	2610
XBD13.4/75-200							
XBD14.4/75-200							
XBD15.3/75-200	6	3093.5	919		Y315L2-4	200	3020
XBD16.3/75-200							
XBD17.3/75-200							
XBD18.2/75-200	7	3413.5	1054		Y355M2-4	250	3650
XBD19.2/75-200							
XBD20.2/75-200							3810
XBD21.1/75-200	8	3548.5	1189		Y355L1-4	280	3980
XBD22.1/75-200							
XBD23.1/75-200							

注：N 为中间吐出段级数。

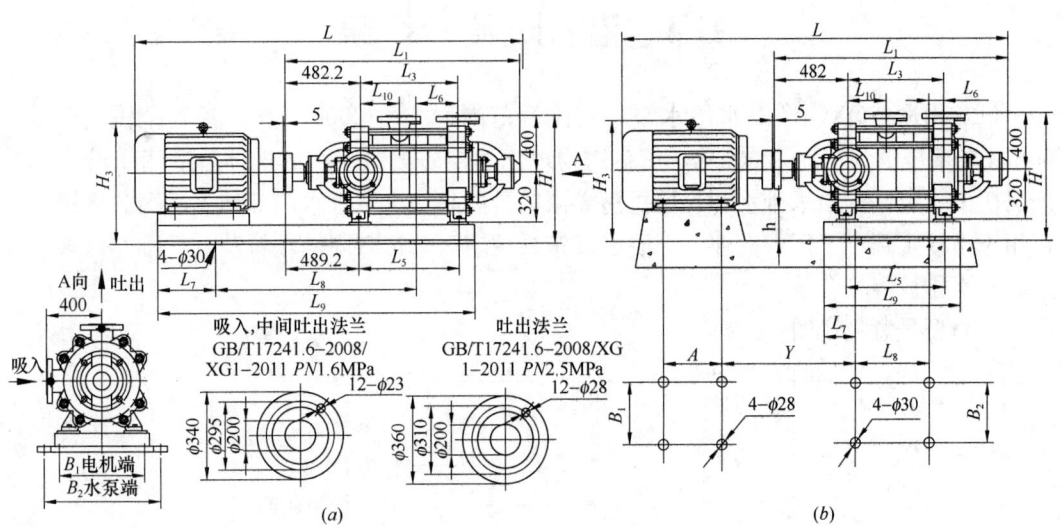

图 1-209　XBD 型多级离心消防泵外形及安装尺寸（十七）

XBD 型卧式多级离心消防泵安装尺寸（十七）　　　表 1-254

型号	尺寸（mm）																电动机		质量(kg)
	L	L_1	L_3	L_5	L_6	L_7	L_8	L_9	L_{10}	H	H_3	h	A	B_1	B_2	Y	型号	功率(kW)	
XBD8.7/75-W200	2188	1253	379	335	217	240	1130	1610			820						Y250M-4	55	1490
XBD4.7/75-W200																			
XBD5.7/75-W200	2258					280	1160	1680								690	Y280S-4	75	1600
XBD6.6/75-W200	2393					280	1240	1815			855								1680
XBD7.6/75-W200	2443	1388	514	470	272	300	1270	1865				—					Y280M-4	90	1770
XBD8.6/75-W200	2663					315	1320	1930						730			Y315S-4	110	2100
XBD9.5/75-W200	2798											406							2330
XBD10.5/75-W200	2868	1523	649	605			325	725				457					Y315M-4	132	2410
XBD11.5/75-W200																			
XBD12.4/75-W200									169+135×(N−1)	895	1045	180	508			1020			
XBD13.4/75-W200	3003	1658	784	740			460	860									Y315L-4	160	2610
XBD14.4/75-W200													508						
XBD15.3/75-W200																			
XBD16.3/75-W200	3138	1793	919	875	177	200	595	995								630	Y315L2-4	200	3020
XBD17.3/75-W200																			
XBD18.2/75-W200																			
XBD19.2/75-W200	3503	1928	1054	1010			730	1130						560			Y355M2-4	250	3650
XBD20.2/75-W200											1175	140		610		1058			3880
XBD21.1/75-W200																			
XBD22.1/75-W200	3638	2063	1189	1145			865	1265						630			Y355L1-4	280	3980
XBD23.1/75-W200																			

注：N 为中间吐出段级数。

1.4　潜　水　给　水　泵

（1）用途：QXG 型潜水给水泵，其流量范围为 $50 \sim 3000 m^3/h$，扬程范围为 $5.5 \sim 65m$，功率范围为 $7.5 \sim 250kW$，可输送物理化学性质类似于水的液体，适用于城市、工厂、矿山、电站的给水排水和农田排涝灌溉等。如果在水泵进水前部加上适当的格栅，还可用于市政工程、工厂、商业、医院、宾馆、住宅区等带有固体颗粒及长纤维的污水、废水、雨水排放等场合。

（2）型号意义说明：

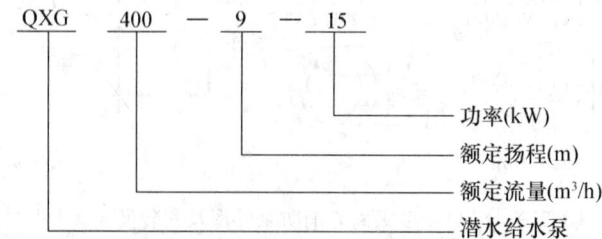

```
QXG    400  —  9  —  15
                        └─ 功率(kW)
                    └───── 额定扬程(m)
              └─────────── 额定流量(m³/h)
     └────────────────── 潜水给水泵
```

具体含义为：额定流量为 $400\text{m}^3/\text{h}$，额定扬程为 9m，额定功率为 15kW，输送介质可为一般常温清水，污水、废水（前部加格栅）。

（3）结构：QXG 型潜水给水泵为机泵同轴一体化结构，大通道叶轮可保证一定大小的颗粒无堵塞通过，电动机转轴为不锈钢材质，轴封采用两道串联式机械密封。电动机定子绝缘等级 F 级，有防凝露装置，通过高低压力管实现自流水冷却。电动机与泵盖之间油室设有传感器进行密封监视。安装方式有两种，固定湿式安装采用自动耦合系统，泵沿导杆下滑到达底座与出水口自动连接并密封；固定干式安装将泵与支撑底座安装在水池外侧的水泵基础上，连接进、出水管，进水管另一端伸入水池。

QXG 型潜水给水泵结构如图 1-210 所示。

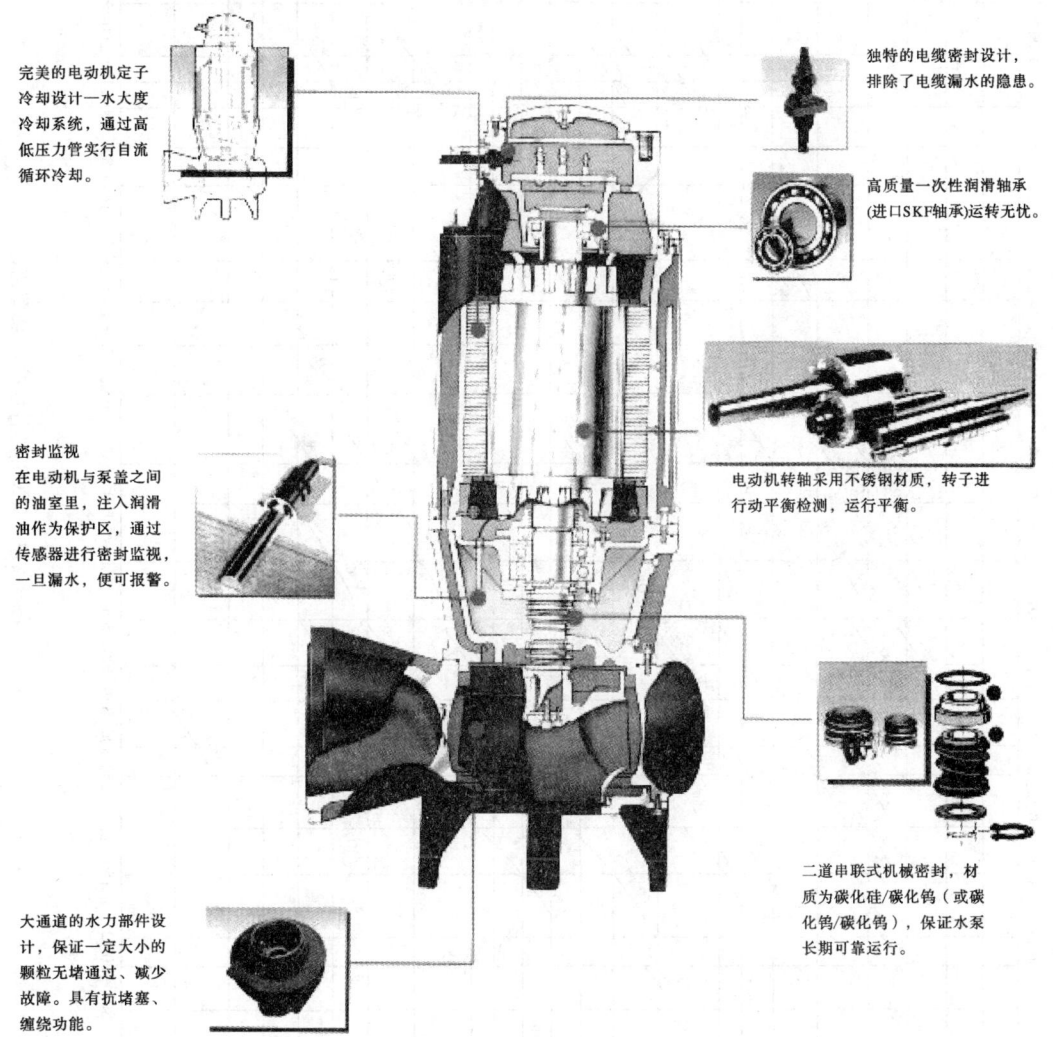

完美的电动机定子冷却设计—水大度冷却系统，通过高低压力管实行自流循环冷却。

独特的电缆密封设计，排除了电缆漏水的隐患。

高质量一次性润滑轴承(进口SKF轴承)运转无忧。

密封监视
在电动机与泵盖之间的油室里，注入润滑油作为保护区，通过传感器进行密封监视，一旦漏水，便可报警。

电动机转轴采用不锈钢材质，转子进行动平衡检测，运行平衡。

大通道的水力部件设计，保证一定大小的颗粒无堵通过、减少故障。具有抗堵塞、缠绕功能。

二道串联式机械密封，材质为碳化硅/碳化钨（或碳化钨/碳化钨），保证水泵长期可靠运行。

图 1-210　QXG 型潜水给水泵结构

（4）性能：QXG 型潜水给水泵性能见图 1-211 及表 1-255。

（5）外形及安装尺寸：QXG 型潜水给水泵外形及安装尺寸见图 1-212～图 1-215 及表 1-256～表 1-259。

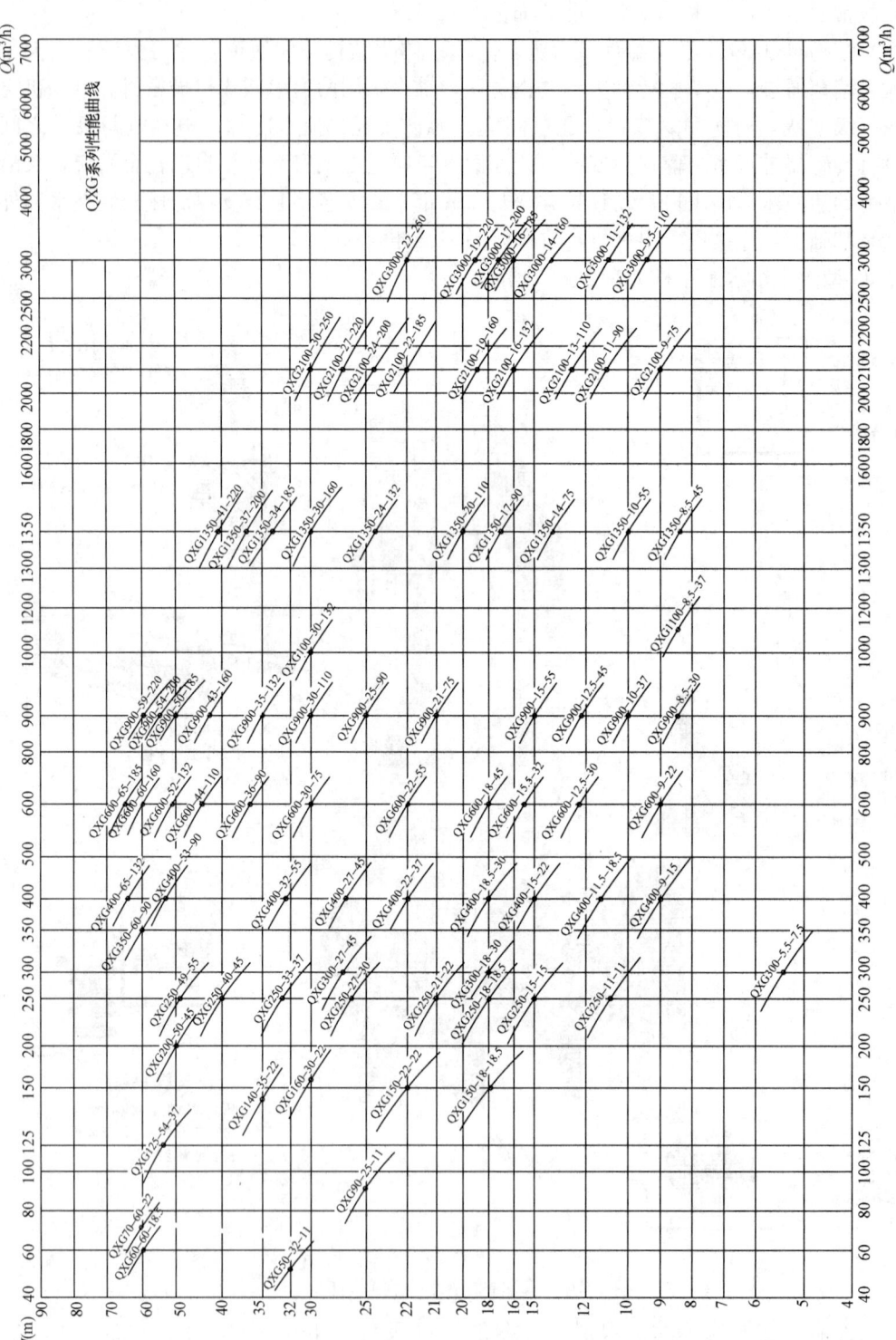

图 1-211 QXG 型潜水给水泵型谱图

QXG 型潜水给水泵性能   表 1-255

规格型号	流量 (m³/h)	扬程 (m)	转速 (r/min)	效率 (%)	配套功率 (kW)	出水口径 (mm)	对应机 座号	自动耦合 型号	质量 (kg)
QXG300-5.5-7.5	300	5.5	980	70	7.50	150	M160	150GAK	280
QXG50-32-11	50	32	1470	75	11	100	M160	100GAK	280
QXG90-25-11	90	25	1470	78	11	100	M160	100GAK	280
QXG250-11-11	250	11	980	80.5	11	150	M160	150GAK	280
QXG250-15-15	250	15	1470	80.5	15	150	M160	150GAK	280
QXG400-9-15	400	9	1470	80	15	200	M160	200GAK	280
QXG60-60-18.5	60	60	2900	74.5	18.5	100	M160	100GAK	280
QXG250-18-18.5	250	18	1470	80	18.5	150	M180	150GAK	450
QXG400-11.5-18.5	400	11.5	1470	80.5	18.5	200	M180	200GAK	450
QXG70-60-22	70	60	2900	75	22	100	M180	100GAK	500
QXG140-35-22	140	35	1470	80	22	150	M180	150GAK	500
QXG160-30-22	160	30	1470	80	22	150	M180	150GAK	500
QXG250-21-22	250	21	1470	79.5	22	150	M180	150GAK	500
QXG400-15-22	400	15	1470	80	22	200	M180	200GAK	500
QXG600-9-22	600	9	1470	82	22	250	M180	250GAK	600
QXG250-27-30	250	27	980	76	30	150	M225	150GAK	800
QXG400-18.5-30	400	18.5	980	80.5	30	200	M225	200GAK	800
QXG600-12.5-30	600	12.5	980	82	30	250	M225	250GAK	800
QXG900-8.5-30	900	8.5	980	83	30	300	M225	300GAK	800
QXG125-54-37	125	54	1470	71	37	150	M225	150GAK	800
QXG250-33-37	250	33	1470	75	37	150	M225	150GAK	800
QXG400-22-37	400	22	1470	80	37	200	M225	200GAK	800
QXG600-15.5-37	600	15.5	1470	80	37	250	M225	250GAK	800
QXG900-10-37	900	10	980	82	37	300	M225	300GAK	800
QXG1100-8.5-37	1100	8.5	980	82	37	300	M225	300GAK	800
QXG200-50-45	200	50	1470	79	45	150	M225	150GAK	1000
QXG250-40-45	250	40	1470	76	45	200	M225	200GAK	1000
QXG400-27-45	400	27	1470	79	45	200	M225	200GAK	1000
QXG600-18-45	600	18	1470	80	45	250	M225	250GAK	1000
QXG900-12.5-45	900	12.5	1470	82	45	300	M225	300GAK	1000
QXG1350-8.5-45	1350	8.5	740	83	45	400	M280	400GAK	1500
QXG250-49-55	250	49	1470	73	55	200	M250	200GAK	1200
QXG400-32.5-55	400	32.5	1470	78	55	200	M250	200GAK	1200
QXG600-22-55	600	22	1470	80	55	250	M250	250GAK	1200
QXG900-15-55	900	15	1470	82	55	300	M250	300GAK	1300

规格型号	流量 (m³/h)	扬程 (m)	转速 (r/min)	效率 (%)	配套功率 (kW)	出水口径 (mm)	对应机座号	自动耦合型号	质量 (kg)
QXG1350-10-55	1350	10	980	83	55	400	M280	400GAK	1600
QXG400-44-75	400	44	1470	77.5	75	200	M280	200GAK	1500
QXG600-30-75	600	30	1470	80	75	250	M280	250GAK	1500
QXG900-21-75	900	21	1470	82	75	300	M280	300GAK	1500
QXG1350-14-75	1350	14	980	83	75	400	M315	400GAK	2300
QXG2100-9-75	2100	9	740	84	75	500	M315	500GAK	2500
QKG350-60-90	350	60	1470	80	90	200	M280	200GAK	1500
QXG400-53-90	400	53	1470	77	90	200	M280	200GAK	1500
QXG600-36-90	600	36	1470	79	90	250	M280	250GAK	1500
QXG900-25-90	900	25	1470	82	90	300	M280	300GAK	1500
QXG1350-17-90	1350	17	980	83	90	400	M315	400GAK	2300
QXG2100-11-90	2100	11	980	84	90	400	M315	400GAK	2300
QXG600-44-110	600	44	1470	79	110	250	M315	250GAK	2100
QXG900-30-110	900	30	1470	82	110	250	M315	250GAK	2100
QXG1350-20-110	1350	20	980	83	110	400	M315	400GAK	2300
QXG2100-13-110	2100	13	980	84	110	400	M315	400GAK	2300
QXG3000-9.5-110	3000	9.5	740	85	110	500	M315	500GAK	2500
QXG400-65-132	400	65	1470	75	132	250	M315	250GAK	2100
QXG600-52-132	600	52	1470	78.5	132	250	M315	250GAK	2100
QXG900-35-132	900	35	1470	81	132	300	M315	300GAK	2100
QXG1350-24-132	1350	24	980	83	132	400	M315	400GAK	2300
QXG2100-16-132	2100	16	980	84	132	400	M315	400GAK	2300
QXG3000-11-132	3000	11	740	85	132	500	M315	500GAK	2500
QXG600-60-160	600	60	1470	80.5	160	250	M315	250GAK	2100
QXG900-43-160	900	43	1470	80.5	160	300	M315	300GAK	2200
QXG1350-30-160	1350	30	1470	83	160	400	M315	400GAK	2300
QXG2100-19-160	2100	19	980	84	160	500	M315	500GAK	2500
QXG3000-14-160	3000	14	740	85	160	500	M355	500GAK	3800
QXG600-65-185	600	65	1470	80	185	250	M355	250GAK	3500
QXG900-50-185	900	50	980	80	185	300	M355	300GAK	3750
QXG1350-34-185	1350	34	980	82.5	185	400	M355	400GAK	3950
QXG2100-22-185	2100	22	980	84	185	500	M355	500GAK	3950
QXG3000-16-185	3000	16	980	85	185	500	M355	500GAK	3950
QXG900-54-200	900	54	980	82	200	300	M355	300GAK	3950
QXG1350-37-200	1350	37	980	82	200	400	M355	400GAK	3950

续表

规格型号	流量 (m³/h)	扬程 (m)	转速 (r/min)	效率 (%)	配套功率 (kW)	出水口径 (mm)	对应机座号	自动耦合型号	质量 (kg)
QXG2100-24-200	2100	24	980	84	200	500	M355	500GAK	3950
QXG3000-17-200	3000	17	980	85	200	500	M355	500GAK	3950
QXG900-59-220	900	59	980	82	220	300	M355	300GAK	4100
QXG1350-41-220	1350	41	980	82	220	400	M355	400GAK	4100
QXG2100-27-220	2100	27	980	84	220	500	M355	500GAK	4100
QXG3000-19-220	3000	19	980	85	220	500	M355	500GAK	4100
QXG2100-30-250	2100	30	980	83.5	250	500	M355	500GAK	4250
QXG3000-22-250	3000	22	980	85	250	500	M355	500GAK	4250

QXG 型潜水给水泵（无冷却水套）M160～M225 外形及安装尺寸（mm）（一）　　表 1-256

口径	DN100		DN150			DN200			DN250		DN300
机座号	M160	M180	M160	M180	M225	M160	M180	M225	M180	M225	M225
自耦	100GAK		150GAK			200GAK			250GAK		300GAK
最小池口尺寸	1150×900	1350×900	1200×900	1350×900	1400×900	1300×950	1300×950	1400×1000	1500×1150	1500×1150	1600×1200
DN	100	100	150	150	150	200	200	200	250	250	300
A	160	160	160	160	160	160	160	160	230	230	230
B	2-12	2-12	2-12	2-12	2-12	2-12	2-12	2-12	2-14	2-14	2-12
C	80	80	80	80	80	80	80	80	80	125	140
E	215	215	245	245	245	275	275	275	385	385	440
F_{max}	1470	1500	1470	1500	1800	1500	1500	2000	1500	2000	2000
L_{max}	479	485	498	570	570	570	570	540	680	680	720
a_{max}	260	260	225	245	305	270	270	310	310	310	375
b_{max}	280	280	273	245	305	300	300	330	360	360	425
d_{max}	225	250	225	245	305	250	250	310	310	310	315
G	385	385	435	435	435	535	535	535	675	675	720
H	1280	1270	1400	1300	1470	1300	1350	1550	1000	1550	1640
I	120	120	120	230	230	180	180	230	230	230	250
J	205	205	235	235	235	305	305	305	352	352	386
K	$\phi48$	$\phi48$	$\phi48$	$\phi48$	$\phi48$	$\phi48$	$\phi48$	$\phi48$	$\phi60$	$\phi60$	$\phi60$
M	4-18	4-18	4-20	4-20	4-20	4-20	4-20	4-20	4-26	4-26	6-28
N	47	47	57	57	57	42	42	42	85	85	75
Q_1	220	220	250	250	250	370	370	370	500	500	500
Q_2	190	190	200	200	200	330	330	330	500	500	500
R_1	—	—	—	—	—	—	—	—	—	—	140
R_2	237	237	270	270	270	330	330	330	470	470	450
S	450	450	650	650	650	680	680	680	800	800	880
T	550	550	850	850	850	900	900	900	1200	1200	1300
n	8-$\phi18$	8-$\phi18$	8-$\phi22$	8-$\phi22$	8-$\phi22$	8-$\phi22$	8-$\phi22$	8-$\phi22$	12-$\phi22$	12-$\phi22$	12-$\phi22$
ϕd	$\phi180$	$\phi180$	$\phi240$	$\phi240$	$\phi240$	$\phi295$	$\phi295$	$\phi295$	$\phi350$	$\phi350$	$\phi400$

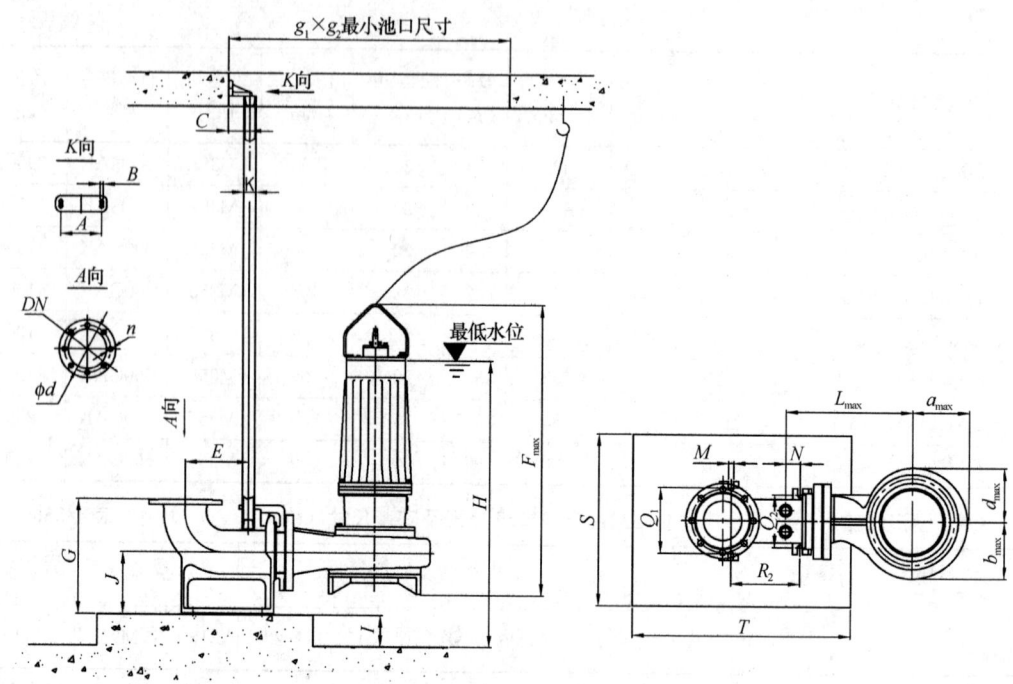

图 1-212 QXG 型潜水给水泵（无冷却水套）M160～M225 外形及安装尺寸（一）

QXG 型潜水给水泵 M225～M280 安装尺寸（mm）（二） 表 1-257

口径	DN150	DN200			DN250			DN300			DN400
机座号	M225	M225	M250	M280	M225	M250	M280	M225	M250	M280	M280
自耦	150GAK	200GAK		200GAK (A)	250GAK			300GAK			400GAK
最小池口尺寸	1400×900	1400×1000	1500×1000	1500×1000	1500×1150	1500×1150	1500×1150	1600×1200	1600×1200	1600×1200	1900×1400
DN	150	200	200	200	250	250	250	300	300	300	400
A	160	160	160	230	230	230	230	230	230	230	280
B	2-12	2-12	2-12	2-14	2-14	2-14	2-14	2-12	2-12	2-12	2-14
C	80	80	80	140	125	125	125	140	140	140	155
E	245	275	275	343	385	385	385	440	440	440	700
F_{max}	1800	2000	2250	2100	2000	2000	2000	2000	2100	2250	2200
L_{max}	570	540	610	560	680	680	680	720	720	720	740
a_{max}	305	310	280	340	310	310	320	375	375	375	450
b_{max}	305	330	280	355	360	360	360	425	425	425	510
d_{max}	305	310	280	330	310	310	320	315	315	375	355
G	435	535	535	535	675	675	675	720	720	720	855
H	690	100	1000	950	1000	1000	1000	1050	1050	1050	1150
I	230	230	230	230	230	230	230	250	250	250	400
J	235	305	305	305	352	352	352	386	386	386	455
K	φ48	φ48	φ48	φ60	φ60	φ60	φ60	φ60	φ60	φ60	φ89
M	4-20	4-20	4-20	4-20	4-26	4-26	4-26	6-28	6-28	6-28	6-28
N	57	42	42	16	85	85	85	75	75	75	67
Q_1	250	370	370	410	500	500	500	500	500	500	640
Q_2	200	330	330	410	500	500	500	500	500	500	640
R_1	—	—	—	—	—	—	—	140	140	140	265
R_2	270	330	330	420	470	470	470	450	450	450	550
S	650	680	680	680	800	800	800	880	880	880	900
T	850	900	900	00	1200	1200	1200	1300	1300	1300	1400
n	8-φ22	8-φ22	8-φ22	8-φ22	12-φ22	12-φ22	12-φ22	12-φ22	12-φ22	12-φ22	16-φ26
$φd$	φ240	φ240	φ295	φ295	φ350	φ350	φ350	φ400	φ400	φ400	φ515

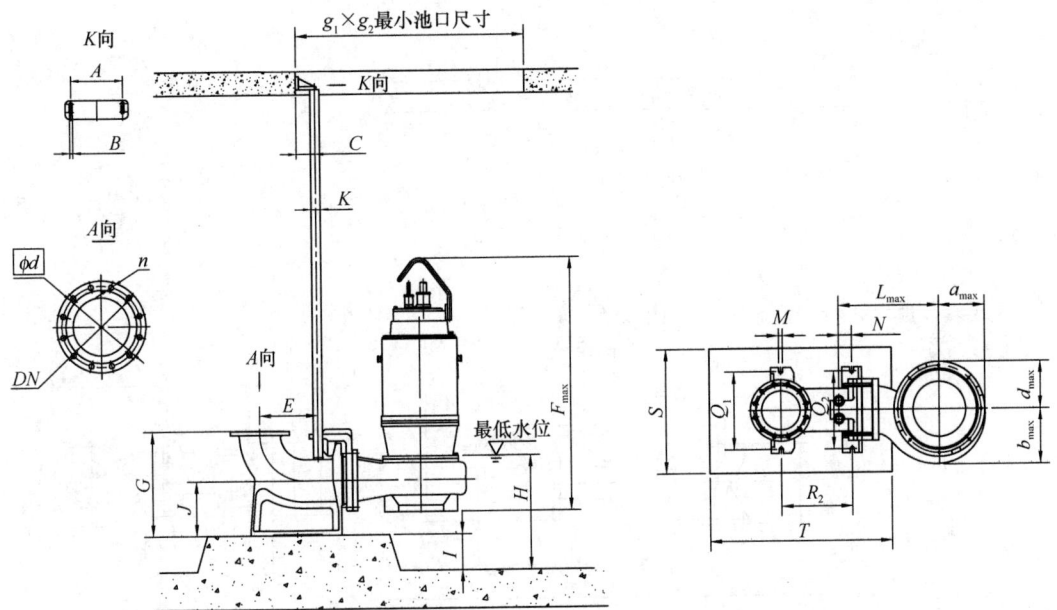

图 1-213 QXG 型潜水给水泵 M225～M280 外形及安装尺寸（二）

QXG 型潜水给水泵 M315～M355 安装尺寸（mm）（三）　　　　表 1-258

口径	DN250	DN300	DN400		DN500	
机座号	M315	M315	M315	M355	M315	M355
自耦	250GAK（A）	300GAK（A）	400GAK		500GAK	
最小池口尺寸	1700×1300	1600×1200	1900×1400	1900×1400	2250×1700	2250×1700
DN	250	300	400	400	500	500
A	270	280	280	280	280	280
B	2-14	2-14	2-14	2-14	2-14	2-14
C	155	155	155	155	155	155
E	400	552	700	700	739	739
F_{max}	2900	3000	3100	3200	3100	3200
L_{max}	650	700	850	1035	955	916
a_{max}	370	400	450	640	650	555
b_{max}	450	430	560	705	690	630
d_{max}	310	340	355	525	650	480
G	680	720	855	855	920	920
H	1200	1100	1200	1200	1300	1300
I	400	250	400	450	450	500
J	357	388	455	455	455	455
K	$\phi76$	$\phi89$	$\phi89$	$\phi89$	$\phi89$	$\phi89$
M	4-26	6-28	6-28	6-28	6-28	6-28
N	22	58	67	67	94	94
Q_1	500	500	640	640	640	640
Q_2	500	500	640	640	640	640
R_1	—	180	265	265	265	265
R_2	470	420	550	550	550	550
S	800	880	900	900	1000	1000
T	1200	1300	1400	1400	1400	1400
n	12-$\phi22$	12-$\phi22$	16-$\phi26$	16-$\phi26$	20-$\phi26$	20-$\phi26$
ϕd	$\phi350$	$\phi400$	$\phi515$	$\phi515$	$\phi620$	$\phi620$

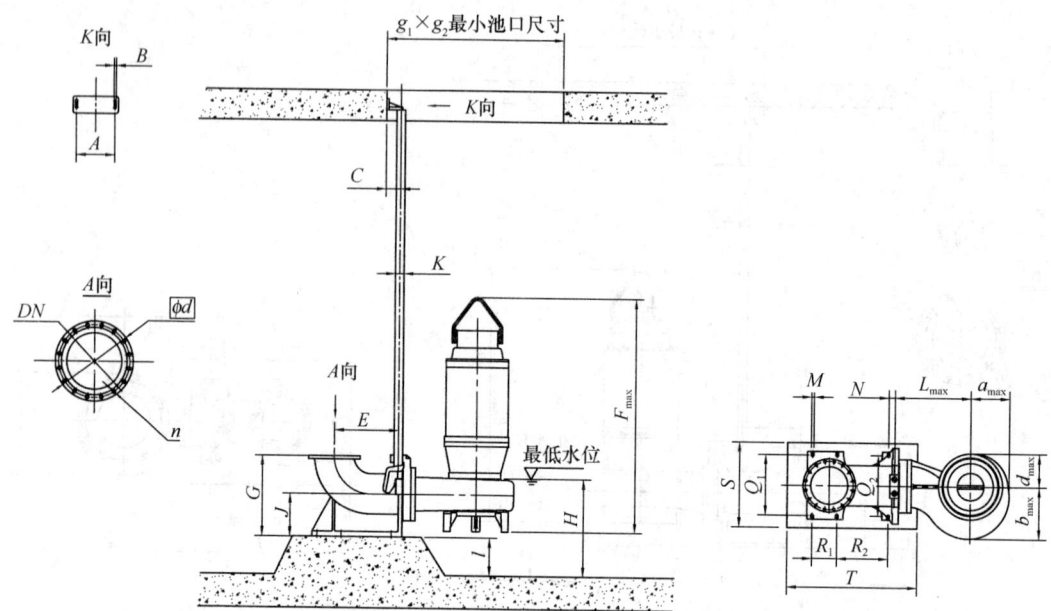

图 1-214 QXG 型潜水给水泵 M315～M355 外形及安装尺寸（三）

QXG 型潜水给水泵（固定干式安装）外形及安装尺寸（mm）（四） 表 1-259

口径	DN150	DN200			DN250				DN300				DN400			DN500	
机座号	M225	M225	M250	M280	M225	M250	M280	M315	M225	M250	M280	M315	M280	M315	M355	M315	M355
最小池口尺寸	1350×1000	1350×1050	1400×1000	1450×1000	1500×1150	1500×1150	1600×1200	1700×1300	1600×1200	1600×1200	1600×1200	1700×1300	1900×1400	1900×1400	2250×1700	2150×1700	2250×1700
O^*	390	686	741	760	762	762	800	853	880	880	880	835	950	1050	1100	1100	1100
H^*	806	818	847	860	904	904	1000	1057	1150	1150	1150	998	1100	1225	1350	1350	1350
P^*	2175	2185	2435	2505	2270	2390	2500	3220	2670	2670	2895	3180	2900	3410	3680	3590	3680
U^*	230	230	245	245	245	245	275	295	295	295	295	295	320	350	450	450	450
V^*	418	374	450	460	445	445	490	523	481	481	525	570	650	700	870	800	750
W^*	303	303	333	333	333	333	350	360	468	468	458	520	478	600	650	650	650
X^*	400	400	500	500	500	500	630	680	680	680	680	680	680	900	1200	1200	1200
Y^*	500	500	600	600	600	600	700	800	800	800	800	800	800	1000	1400	1400	1400
r^*	0	0	0	0	0	0	0	0	0	0	0	0	240	300	400	400	400
e^*	4-$\phi26$	4-$\phi26$	4-$\phi28$	4-$\phi28$	4-$\phi28$	4-$\phi28$	4-$\phi32$	4-$\phi32$	4-$\phi32$	4-$\phi32$	4-$\phi32$	4-$\phi32$	8-$\phi32$	8-$\phi32$	8-$\phi34$	8-$\phi34$	8-$\phi34$
DN1	150	200	200	200	250	250	250	250	300	300	300	300	400	400	400	500	500
DN2	150	200	200	200	250	250	250	250	300	300	300	300	400	400	400	500	500

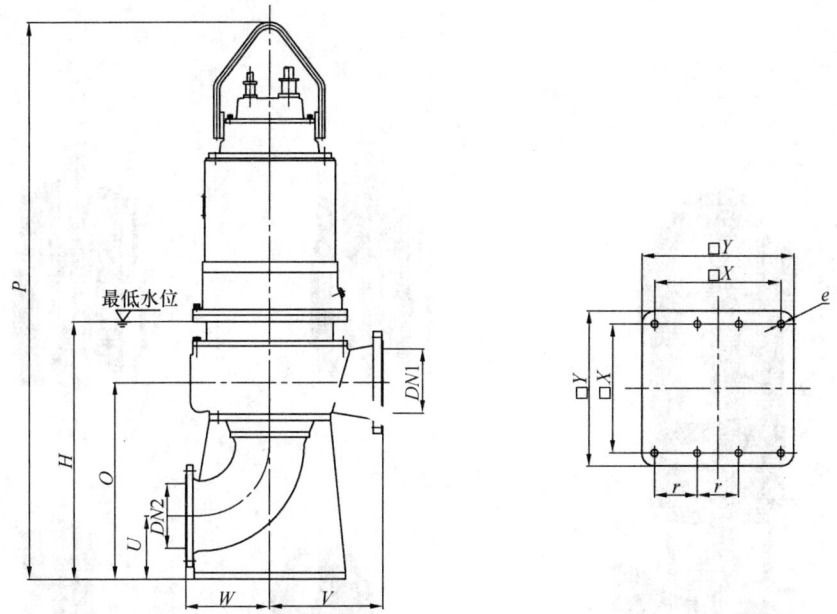

图 1-215　QXG 型潜水给水泵（固定干式安装）外形及安装尺寸（四）

1.5 井 泵

1.5.1 RJC 型长轴深井泵

（1）用途：RJC 型长轴深井泵效率高，比国内 J、JD、JC 型水泵高 $2\% \sim 8\%$，效率曲线平缓，高效区域宽广，工作范围高 $10\% \sim 20\%$，节能效果显著。采用甩砂装置，迷宫式结构使砂料无法进入轴承。叶轮轴、电机轴均采用铜轴承支承，轴的径向跳动控制在美国标准 0.13mm 以内，泵运行平稳、噪声低。泵座造型美观，窗口大，便于维修、更换填料。与国产同流量水泵相比，工作部件外径小 1 英寸左右，可明显节省用户的成本费用以及适合老井用的更新改造。可采用油润滑的闭式传动系统的特殊结构设计；以及可选用球墨铸铁 ASTM304、316、416 等各种牌号的不锈钢材料，以满足用户的各种特殊使用工况和技术要求。

（2）型号意义说明

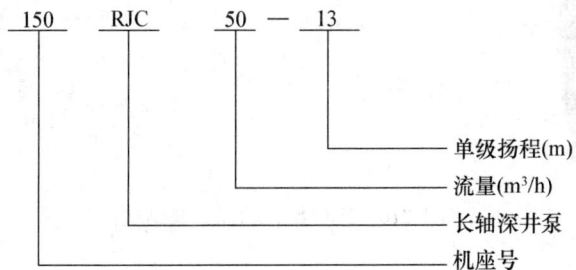

150 RJC 50 — 13

单级扬程(m)
流量(m³/h)
长轴深井泵
机座号

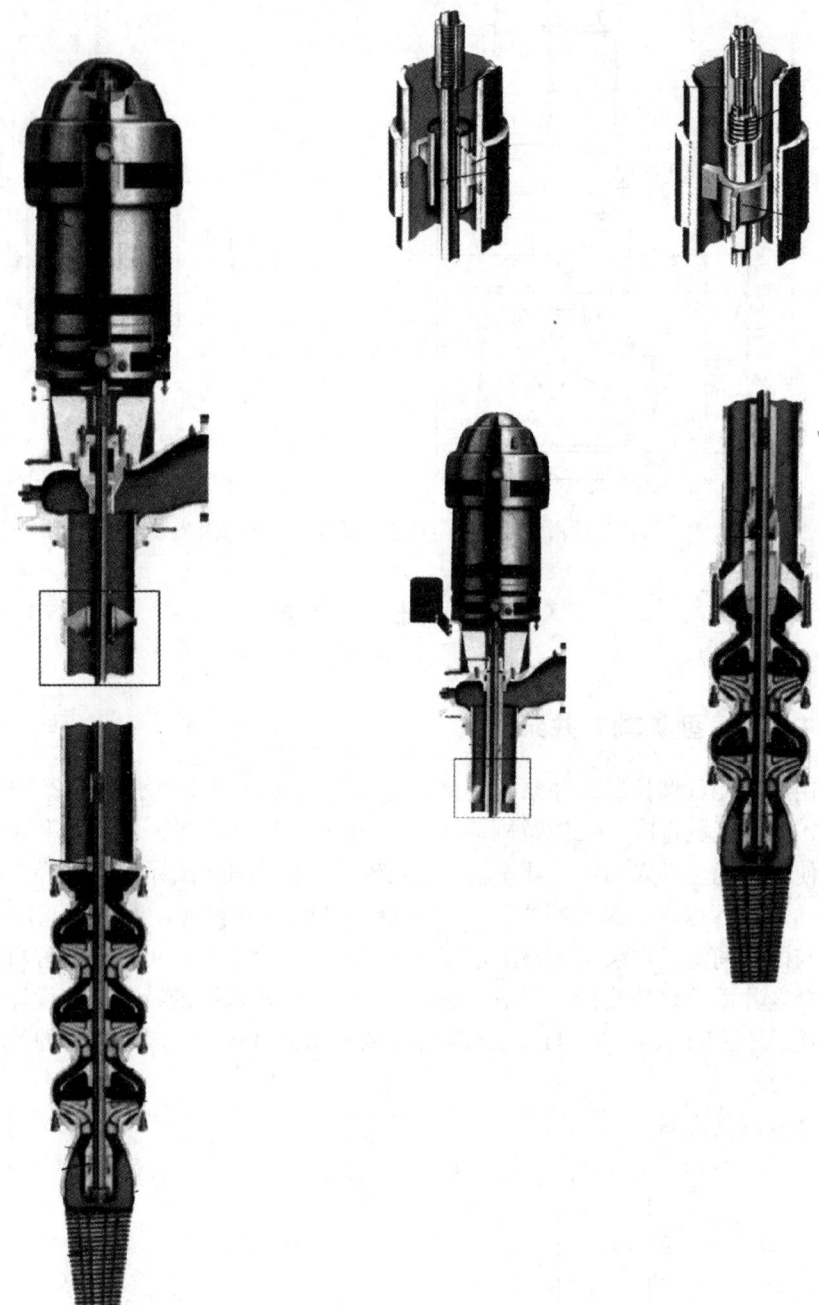

图 1-216 RJC 型长轴深井泵结构

（3）结构：RJC 型井泵（图 1-216）由电机、泵座、上短管、泵壳、轴承系统、叶轮、叶轮轴、扬水管部件、工作部件、滤水管（滤水网）组成。叶片流道部位环氧涂覆。采用迷宫式结构甩砂，避免砂料进入轴承。叶轮轴、电机轴采用铜轴承支承。

（4）性能：RJC 型长轴深井泵性能见表 1-260。

RJC 型长轴深井泵性能　　　　　　　　　　　　　表 1-260

国内型号	流量 Q (m³/h)	扬程 H (m)			级数 (Ⅰ)	总串量 (mm)	转速 n (r/min)	配套功率 (kW)	效率 (%)	井下部分最大外径 (mm)	质量 (kg)
100RJC10-4	6.5 10 12	44	40	32	10	8	2940	5.5	62	92	580
		52.5	44	35	11			5.5			612
		53	48	38	12			5.5			645
		58	52	41.5	13			5.5			685
		61.5	56	44.5	14			5.5			720
		66	60	48	15			5.5			755
		70	64	51	16			5.5			790
		74.5	68	54	17			5.5			825
		79	72	57.5	18			5.5			860
		83.5	76	60.5	19			5.5			900
		88	80	64	20			5.5			942
		92	84	67	21			5.5			985
		96.5	88	70	22			5.5			1020
		102	92	73.5	23			5.5			1065
		105.5	96	76.5	24			5.5			1100
		110	100	80	25			5.5			1135
		115	104	83	26			5.5			1175
150RJC10-9	8 10 16	74.5	72	54	8	12	2940	5.5	62	138	1040
		84	80	61	9			5.5			1170
		93	89	67.5	10			5.5			1200
		102.5	98	74	11			7.5			1388
		112	108	81	12			7.5			1570
		121	117	87.5	13			7.5			1677
		130	126	94.5	14			7.5			1784
		139.5	135	101	15			11			1983
		149	144	108	16			11			2090
		158	153	114.5	17			11			2198
		167	162	121.5	18			11			2306
		176.5	171	128	19			11			2415
		186	180	135	20			11			2525

国内型号	流量 Q （m³/h）	扬程 H （m）			级数 （Ⅰ）	总串量 （mm）	转速 n （r/min）	配套 功率 （kW）	效率 （%）	井下部 分最大 外径 （mm）	质量 （kg）
150RJC20-11	15 20 24	48	44	39.4	4	12	2940	5.5	67	150	940
		60	55	49.3	5			5.5			1050
		72	66	59	6			7.5			1160
		84	77	69	7			7.5			1270
		96	88	78.7	8			11			1566
		108	99	88.6	9			11			1770
		120	110	98.4	10			11			1900
		132	121	108.2	11			15			2035
		144	132	118	12			15			2170
		156	143	128	13			15			2280
		168	154	134	14			15			2390
		180	165	147.5	15			18.5			2557
		192	176	157.5	16			18.5			2667
		204	187	167	17			18.5			2780
150RJC30-12.5	21 30 36	69	62.5	51	5	8	2940	11	70	150	1125
		82.5	75	61	6			11			1260
		96.2	87.5	71.8	7			15			1640
		110.4	100	82	8			15			1780
		124	112.5	92.2	9			15			1915
		138	125	102.5	10			18.5			2140
		151.6	137.5	112.8	11			18.5			2275
		165	150	123	12			22			2468
		179.4	162.5	133.3	13			22			2602
150RJC40-13.5	30 40 46	62	54	50	4	8	2940	11	72	150	1260
		77.5	67.5	62.5	5			15			1480
		93	81	75	6			15			1600
		108.5	94.5	87.5	7			18.5			1780
		124	108	100	8			18.5			1900
		139	121.5	112.5	9			22			2020
		155	135	125	10			30			2230
		170.5	148.5	137.5	11			30			2350
		186	162	150	12			30			2470

续表

国内型号	流量 Q (m³/h)	扬程 H (m)			级数 (I)	总串量 (mm)	转速 n (r/min)	配套功率 (kW)	效率 (%)	井下部分最大外径 (mm)	质量 (kg)
150RJC50-13	30 50 55	66	52	46	4	8	2940	11	74	150	1260
		82.5	65	57.5	5			15			1400
		99	78	69	6			18.5			1600
		115.5	91	80.5	7			22			1750
		132	104	92	8			22			1900
		148.5	117	103.5	9			30			2140
200RJC60-20	40 60 76	44	40	30	2	9	2940	11	75	150	1840
		66	60	45	3			18.5			2222
		88	80	60	4			22			2659
		110	100	75	5			30			3046
		132	120	90	6			37			3916
		154	140	105	7			37			4720
200RJC80-22.5	60 80 100	49	45	38	2	9	2940	15	75	181	1840
		73.5	67.5	57	3			22			2222
		98	90	76	4			30			2659
		122.5	112.5	95	5			37			3220
200RJC90-20	67 90 119	45	40	28	2	10	2940	15	75	181	1645
		68	60	43	3			22			2085
		91	800	57	4			30			2525
		114	100	72	5			37			2975
200RJC125-18	89 125 142	21.5	18	15	1	10	2940	11	76	190	650
		43	36	30	2			18.5			1050
		64.5	54	45	3			30			1700
		86	72	60	4			37			2400
250RJC130-8.5	89 130 150	39	34	28	4	10	1460	18.5	78	190	1380
		49	42.5	35	5			22			1680
		59	51	42	6			30			1980
		69	59.5	49	7			37			2215
		79	68	56	8			37			2470
		89	76.5	63	9			45			2705
		99	85	70	10			45			2960
		109	93.5	77	11			55			3305
		119	102	84	12			55			3650

续表

国内型号	流量Q (m³/h)	扬程H (m)			级数 (Ⅰ)	总串量 (mm)	转速n (r/min)	配套功率 (kW)	效率 (%)	井下部分最大外径 (mm)	质量 (kg)
300RJC160-11.5	125 160 200	39	34.5	28.5	3	14	1460	22	80	242	2050
		52	46	38	4			30			2840
		65	57.5	47.5	5			37			3610
		78	69	57	6			45			4120
		91	80.5	66.5	7			55			4770
		104	92	76	8			75			5520
		117	103.5	85.5	9			75			6270
		130	115	95	10			75			7020
		143	126.5	104.5	11			90			7770
		156	138	114	12			90			8500
300RJC185-12	130 185 235	27	24	18.9	2	14	1460	18.5	80	295	1470
		40	36	28.4	3			30			2050
		54	48	37.8	4			37			2840
		67	60	47.2	5			45			3610
		81	72	56.7	6			55			4120
		84	84	66	7			75			4770
		108	96	75.6	8			75			5520
		121	108	85	9			90			6270
		135	120	94.5	10			90			7020
300RJC220-13.5	154 220 264	29	27	22	2	12	1460	22	80	295	1470
		44	40.5	34	3			37			2050
		59	54	45	4			45			2840
		74	67.5	57	5			55			3610
		89	81	68	6			75			4130
		104	94.5	79	7			90			4795
		119	108	91	8			90			5815
350RJC300-15	230 300 370	35	30	23	2	12	1460	37	80	346	2262
		52.5	45	34.5	3			55			2810
		70	60	46	4			75			3507
		87.5	75	57.5	5			90			4332
		105	90	69	6			110			5235
		122.5	105	80.5	7			132			6135

国内型号	流量 Q （m³/h）	扬程 H （m）			级数 （I）	总串量 （mm）	转速 n （r/min）	配套 功率 （kW）	效率 （%）	井下部 分最大 外径 （mm）	质量 （kg）
350RJC370-16	270 370 460	19	16	11.5	1	12	1460	30	80	346	1400
		38	32	23	2			55			2262
		57	48	34.5	3			75			2810
		76	64	46	4			90			3507
		95	80	57.5	5			110			4332
		114	96	69	6			132			5235
350RJC400-18	280 400 480	20.8	18	14	1	12	1460	37	80	346	1400
		41	36	29	2			55			2262
		62	54	43	3			90			2930
		83	72	58	4			110			3507
		104	90	73	5			132			4452
400RJC450-30	290 450 540	35	30	25	1	22	1475	55	80	430	3000
		70	60	50	2			110			5470
		105	90	75	3			150			7900
		140	120	100	4			200			10100
		175	150	125	5			250			12770
400RJC550-27	400 550 850	29	27	17.5	1	20	1475	55	81	430	2768
		58	54	35	2			110			5080
		87	81	52.5	3			180			7384
		116	108	70	4			225			9292
		145	135	87.5	5			280*			14940
450RJC650-32	520 650 850	35	32	22	1	20	1475	90	80	520	4427
		70	64	44	2			180			7825
		105	96	66	3			250			10644
		140	128	88	4			350*			15535
		175	160	110	5			400*			18380
450RJC900-30	600 900 1100	34	30	24	1	20	1475	110	82	520	4782
		68	60	48	2			225			7618
		102	90	72	3			315*			12355
		136	120	96	4			400*			14865
		170	150	120	5			520*			17980
500RJC1000-29	790 1000 1300	33	29	21	1	20	1475	110	83	600	3772
		66	58	42	2			225			7538
		99	87	63	3			350*			11880
		132	116	84	4			450*			15020

国内型号	流量 Q (m³/h)	扬程 H (m)			级数 (I)	总串量 (mm)	转速 n (r/min)	配套功率 (kW)	效率 (%)	井下部分最大外径 (mm)	质量 (kg)
500RJC1250-30	800 1250 1750	36	30	18.5	1	17	1475	150	84	600	3932
		72	60	37	2			280*			9875
		108	90	55.5	3			400*			12400
		144	120	74	4			560*			15605
500RJC2000-31	1500 2000 2400	36	31	25	1	22	1475	250	80	670	6350
		72	62	50	2			500*			12430
		—	—	—				—			—
		—	—	—				—			—

＊者配 6kV 或者 10kV 高压电机。

（5）外形及安装尺寸：RJC 型长轴深井泵外形及安装尺寸见图 1-217 及表 1-261。

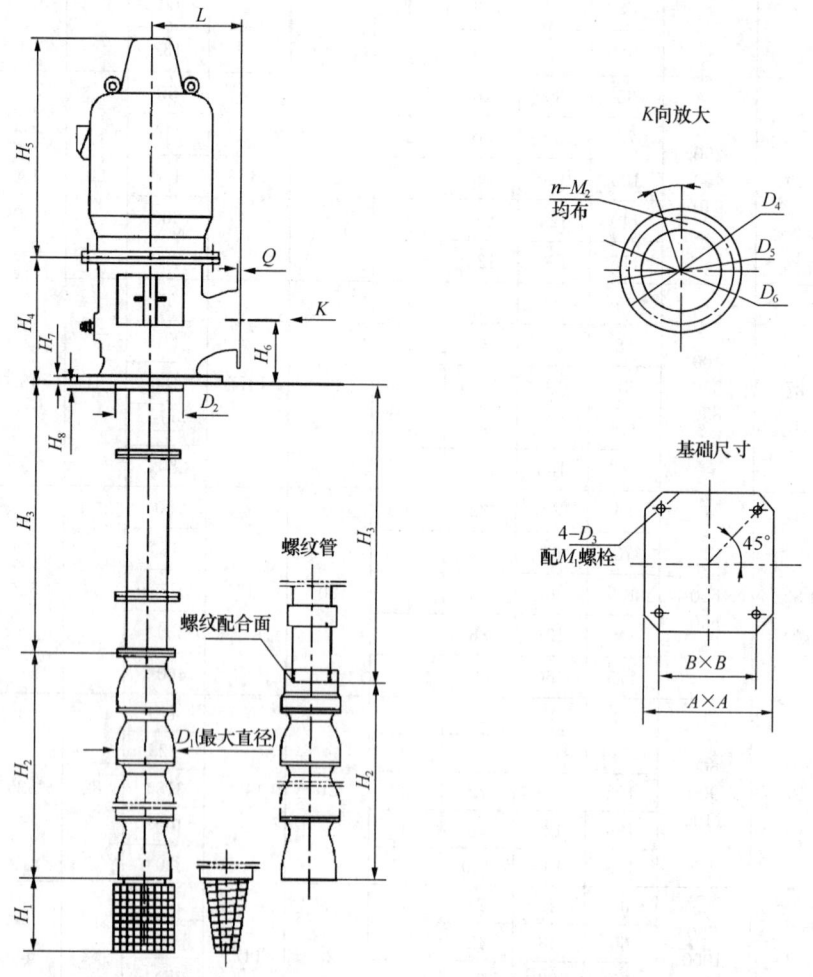

图 1-217　RJC 型长轴深井泵外形及安装尺寸

表 1-261

RJC 型长轴深井泵外形及安装尺寸 (mm)

泵型号	级数(I)	A	B	D_1	D_2	D_3	D_4	D_5	D_6	H_1	H_2	H_3	H_4	H_5	H_6	H_7	H_8	L	M_1	M_2	n	Q	a	A_1	A_2	A_3	A_4
100RJC10-4	10	335	251.4	92	200	19	102	186	228	306	1175	25944	343	573	127	14	16	228	M16×300	M12	6	19.3	30°	260	610	710	200
	13										1460	33444															
	18										1935	45944															
	23										2410	60944															
	26										2885	68444															
150RJC10-955N13	12	335	251.4	150	190	19	102	186	228	306	1665	75946	343	573	127	14	16	228	M16×300	M12	6	19.3	30°	260	610	710	200
	16	508	382		280		155	235	280		2105	100939	394	807	171.5	25.4	20	305		M16	8	25	22.5°	380	760	860	260
	20										2545	125939															
150RJC20-116CLC	5	335	251.4	150	190	19	102	186	228	200	822	33446	343	573	127	14	16	228	M16×300	M12	6	19.3	30°	260	610	710	200
	7										1082	45939															
	9	508	382		280		155	235	280		1342	60939	394	807	171.5	25.4	20	305		M16	8	25	22.5°	380	760	860	260
	12										1732	80939															
	13										1862	85939															
150RJC30-12.56CLC	6	508	382	150	280	19	155	235	280	200	952	45946	394	807	171.5	25.4	20	305	M16×300	M16	8	25	22.5°	380	760	860	260
	8										1212	60946															
	10										1472	75929		850													
	12										1732	90929															
150RJC40-13.5	4	508	382	150	280	19	155	235	280	200	692	33435	394	807	171.5	25.4	20	305	M16×300	M16	8	25	22.5°	380	760	860	260
	6										952	47595															
	8										1212	65935		850													
	9										1342	73435															
	10										1472	80935	454	955													
150RJC50-136CHC	4	508	382	150	280	19	155	235	280	200	662	30935	394	807	171.5	25.4	20	305	M16×300	M16	8	25	22.5°	380	760	860	260
	5										792	38435															
	6										922	45935		850													
	7										1052	53435															
	8										1182	63435															
	9										1312	70935	453.7	955													

基础尺寸: A_1、A_2、A_3、A_4

续表

泵型号	级数(I)	A	B	D_1	D_2	D_3	D_4	D_5	D_6	H_1	H_2	H_3	H_4	H_5	H_6	H_7	H_8	L	M_1	M_2	n	Q	a	A_1	A_2	A_3	A_4
200RJC60-207ClC	2	508	382	181	280	19	155	235	280	365	534	23435	394	807	171.5	25.4	20	305	M16×300	M16	8	25	22.5°	380	760	860	260
	3										696	35935		850													
	4										858	48435	454	955													
	5										1020	60935															
	6										1182	70935															
	7										1344	83435															
200RJC80-22.57ClC	2	508	382	181	280	19	155	235	280	365	534	25935	394	807	171.5	25.4	20	305	M16×300	M16	8	25	22.5°	380	760	860	260
	3										696	40935		850													
	4										858	53435	454	955													
	5										1020	68435															
200RJC90-208RJlC	2	508	382	190.5	280	19	155	235	280	426	549	23435	394	807	171.5	25.4	20	305	M16×300	M16	8	25	22.5°	380	760	860	260
	3										714	35935		850													
	4										879	48435	454	955													
	5										1044	60935															
200RJC125-188RJlC	1	508	382	190.5	280	19	155	235	280	426	384	10935	394	807	171.5	25.4	20	305	M16×300	M16	8	25	22.5°	380	760	860	260
	2										549	20935		850													
	3										714	33435	454	955													
	4										879	43435															
250RJC130-8.510RJlC	4	508	382	242	292	19	155	235	280	426	1176	20935	454	850	171.5	25.4	20	305	M16×300	M16	8	25	22.5°	380	760	860	260
	6										1603	30935		955													
	8										2029	40935															
	10				320		206.5	298.5	343	540	2456	50935	564.5	1084	190.5	38		330									
	12										2883	60935															
300RJC160-11.512RJlC	4	508	382	295	292	19	155	235	280	540	1293	28440	454	955	171.5	25.4	20	305	M16×300	M16	8	25	22.5°	380	760	860	260
	6										1781	40940															
	8				320		206.5	298.5	343		2269	55945	565	1084	190.5	38		330									
	10										2757	70945															
	12										3245	83445															

续表

注：A_1、A_2、A_3、A_4 为基础尺寸。

泵型号	级数(I)	A	B	D_1	D_2	D_3	D_4	D_5	D_6	H_1	H_2	H_3	H_4	H_5	H_6	H_7	H_8	L	M_1	M_2	n	Q	a	A_1	A_2	A_3	A_4
300RJC185-1212RJMC	2	508	382	295	292	19	155	235	280	540	805	15940	454	850	171.5	25.4	20	305	M16×300	M16	8	25	22.5°	380	760	860	260
	3	508	382	295	292	19	155	235	280	540	1049	23440	454	955	171.5	25.4	20	305	M16×300	M16	8	25	22.5°	380	760	860	260
	5	508	382	295	292	19	155	235	280	540	1537	35940	454	955	171.5	25.4	20	305	M16×300	M16	8	25	22.5°	380	760	860	260
	6	508	382	295	292	19	206.5	298.5	343	540	1781	43445	565	1084	190.5	38	20	330	M16×300	M16	8	25	22.5°	380	760	860	260
	8	508	382	295	292	19	206.5	298.5	343	540	2269	58445	565	1084	190.5	38	20	330	M16×300	M16	8	25	22.5°	380	760	860	260
	10	508	382	295	292	19	206.5	298.5	343	540	2757	73445	565	1084	190.5	38	20	330	M16×300	M16	8	25	22.5°	380	760	860	260
300RJC220-13.512RJHC	2	506	382	295	292	19	155	235	280	540	805	15940	454	850	171.5	25.4	20	305	M16×300	M16	8	25	22.5°	380	760	860	260
	4	506	382	295	292	19	155	235	280	540	1293	33440	454	955	171.5	25.4	20	305	M16×300	M16	8	25	22.5°	380	760	860	260
	5	506	382	295	292	19	155	235	280	540	1537	40945	454	955	171.5	25.4	20	305	M16×300	M16	8	25	22.5°	380	760	860	260
	6	506	382	295	292	19	206.5	298.5	343	540	1781	48445	565	1084	190.5	38	20	330	M16×300	M16	8	25	22.5°	380	760	860	260
	8	506	382	295	292	19	206.5	298.5	343	540	2269	65945	565	1084	190.5	38	20	330	M16×300	M16	8	25	22.5°	380	760	860	260
350RJC300-1514RJLC	2	560	408	346	405	19	257	350	395	479	851	15960	470	955	245	40	25.4	355	M16×300	M20	12	28	15°				
	3	560	408	346	405	19	257	350	395	479	1143	23460	470	1049	245	40	25.4	355	M16×300	M20	12	28	15°				
	5	560	408	346	405	19	257	350	395	479	1727	30960	470	1049	245	40	25.4	355	M16×300	M20	12	28	15°				
	7	560	408	346	405	19	257	350	395	479	2311	38460	470	1140	245	40	25.4	355	M16×300	M20	12	28	15°				
350RJC370-1614RJMC	1	560	408	346	405	19	257	350	395	479	559	8460	470	955	245	40	25.4	355	M16×300	M20	12	28	15°	500	1000	1140	260
	2	560	408	346	405	19	257	350	395	479	851	18460	470	955	245	40	25.4	355	M16×300	M20	12	28	15°	500	1000	1140	260
	3	560	408	346	405	19	257	350	395	479	1143	28460	470	1049	245	40	25.4	355	M16×300	M20	12	28	15°	500	1000	1140	260
	4	560	408	346	405	19	257	350	395	479	1435	38460	470	1049	245	40	25.4	355	M16×300	M20	12	28	15°	500	1000	1140	260
	5	560	408	346	405	19	257	350	395	479	1727	48460	470	1140	245	40	25.4	355	M16×300	M20	12	28	15°	500	1000	1140	260
	6	560	408	346	405	19	257	350	395	479	2019	58460	470	1140	245	40	25.4	355	M16×300	M20	12	28	15°	500	1000	1140	260
350RJC400-184RJHC	1	560	408	346	405	19	257	350	395	479	559	8460	470	955	245	40	25.4	355	M16×300	M20	12	28	15°	—	—	—	—
	2	560	408	346	405	19	257	350	395	479	851	18460	470	955	245	40	25.4	355	M16×300	M20	12	28	15°	—	—	—	—
	3	560	408	346	405	19	257	350	395	479	1143	25960	470	1049	245	40	25.4	355	M16×300	M20	12	28	15°	—	—	—	—
	4	560	408	346	405	19	257	350	395	479	1435	35960	470	1140	245	40	25.4	355	M16×300	M20	12	28	15°	—	—	—	—
	5	560	408	346	405	19	257	350	395	479	1727	45960	470	1140	245	40	25.4	355	M16×300	M20	12	28	15°	—	—	—	—
400RJC450-3016BHC	1	560	408	430	410	28	250	355	405	427	616	16000	470	1049	245	40	28	355	M16×300	M20	12	28	15°	—	—	—	—
	2	560	408	430	410	28	250	355	405	427	971	36000	470	1200	245	40	28	355	M16×300	M20	12	28	15°	—	—	—	—
	3	560	408	430	410	28	250	355	405	427	1326.8	53500	470	1350	245	40	28	355	M16×300	M20	12	28	15°	—	—	—	—
	4	560	408	430	410	28	250	355	405	427	1682.4	71000	800	1455	245	40	28	500	M24×400	M24	12	28	15°	—	—	—	—
	5	800	650	430	410	28	250	355	405	427	2308	88500	800	1455	245	40	28	500	M24×400	M24	12	28	15°	—	—	—	—

续表

泵型号	级数(Ⅰ)	A	B	D₁	D₂	D₃	D₄	D₅	D₆	H₁	H₂	H₃	H₄	H₅	H₆	H₇	H₈	L	M₁	M₂	n	Q	a	基础尺寸			
																								A₁	A₂	A₃	A₄
400RJC550-2716DMC	1	560	408	430	410	19	257	350	395	427	661	16000	470	1049	245	40	28	355	M16×300	M20	12	28	15°	500	1000	1140	260
	2										1048	33500		1200							20	42	9°				
	3	800	650			28	250	355	405		1436	48500	800	1350				500	M24×400	M24							
	4										1823	66000		1455													
	5	1050	940			46	457	585	640		2211	81000	1400	2390	395			610	M42×630	M27				—	—	—	—
450RJC650-3218BHC	1	1050	940	520	495	46	457	550	595	500	548.5	18500	1110	1049	395	40	26	610	M42×630	M20	16	28	11.25°	—	—	—	—
	2										879	38500		1200						M27	20	42	9°				
	3										1209.5	56000		1455													
	4							585	640		1541	76000	1400														
	5										1870	96000		2390													
450RJC900-3018DMC	1	1050	940	520	495	46	457	550	595	500	730	43500	1110	1200	395	40	26	610	M42×630	M20	16	28	11.25°	—	—	—	—
	2										1156	36000								M27	20	42	9°				
	3										1581	53500		1455													
	4							585	640		2007	71000	1400														
	5										2432.5	88500		2390													
500RJC1000-2920ELC	1	1050	940	600	495	46	457	550	595	500	774.7	16000	1110	1200	395	40	26	610	M42×630	M20	16	28	11.25°	—	—	—	—
	2										1231.9	33500								M27	20	42	9°				
	3										1689.1	51000		1455													
	4							585	640		2146.3	68500	1400	2390													
500RJC1250-3020EHC	1	1050	940	600	495	46	457	550	595	500	774.7	16000	1110	1200	395	40	26	610	M42×630	M20	16	28	11.25°	—	—	—	—
	2										1231.9	36000								M27	20	42	9°				
	3										1689.1	56000															
	4							585	640		2146.3	76000	1400	2390													
500RJC2000-3120GHX	1	1050	940	670	615	46	457	550	595	500	858	18500	1110	1455	395	40	30	610	M42×630	M20	16	28	11.25°	—	—	—	—
	2							585	640		1404	37000	1400	2390						M27	20	42	9°				

注：水泵型号上面为国内型号，下面为美国型号。带"*"的电机采用高压（6kV或10kV）电机。

1.5.2 LC 型立式长轴泵

（1）用途：LC 型立式长轴泵类似于长轴深井泵，但其流量范围更大，输送介质不仅仅限于清水，主要适用抽送介质为含较小固体颗粒的污水，腐蚀性工业废水或相似的液体。可广泛应用于冶金、采矿、化工、造纸、自来水、热电站锅炉循环水、城市给水排水、淡、海水或相似液体的取水工程。

（2）型号意义说明：

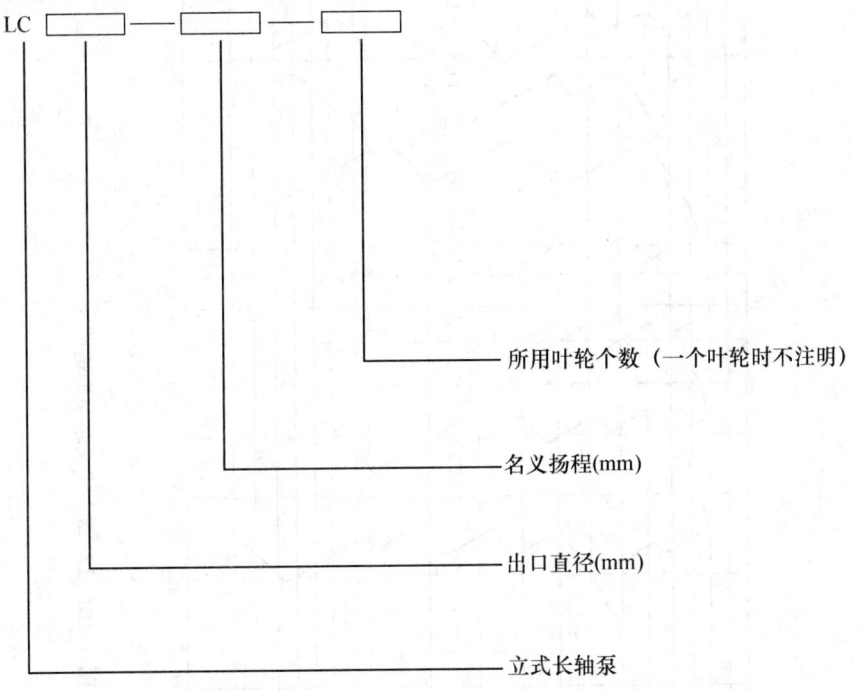

所用叶轮个数（一个叶轮时不注明）

名义扬程(mm)

出口直径(mm)

立式长轴泵

（3）结构：LC 型长轴泵由电机、泵座、上短管、泵壳、轴承系统、叶轮、叶轮轴、扬水管部件、工作部件、滤水管（滤水网）组成。采用普通立式电机，泵轴和外管、护轴套管分为多节，中间轴采用联轴节连接，井中长度可选择，导轴承采用护套结构、清水润滑冲洗。

（4）性能、外形及安装尺寸：LC 型立式长轴泵性能、外形及安装尺寸见图 1-218～图 1-230、表 1-262。

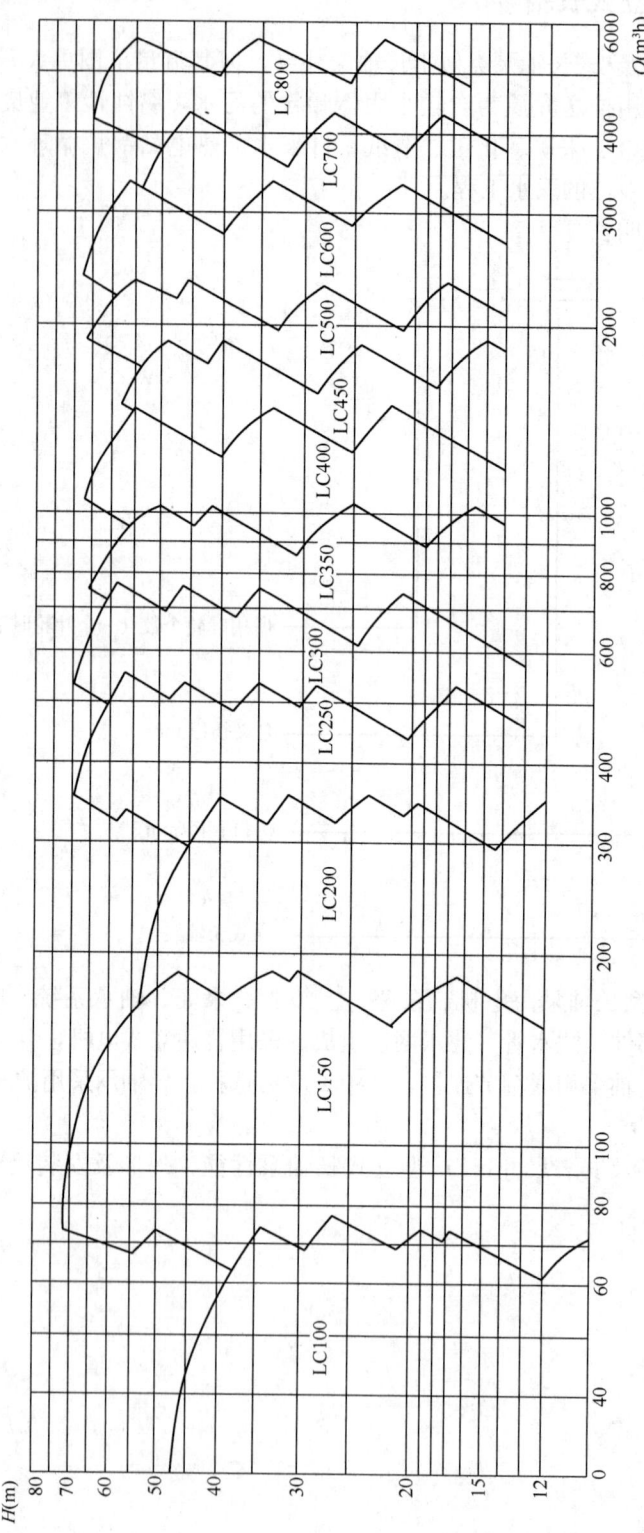

图 1-218 LC 型立式长轴泵型谱图

LC 型立式长轴泵性能参数 表 1-262

泵型号	流量 Q (m³/h)	扬程 H (m)	转速 n (r/mm)	电机功率 (kW)	叶轮名义直径 (mm)	质量 (kg)
LC100-13	30 60 75	15.6 13 9.7	2950	4	124.5	1000+100N
LC100-20	30 60 75	24 20 16.7	2950	5.5	133.5	1050+100N
LC100-20A	27.3 54.6 68.3	19.9 16.5 13.8	2950	5.5	121.5	1050+100N
LC100-26-2	30 60 75	31.2 26 19.4	2950	7.5	124.5	1200+100N
LC100-33-2	30 60 75	39.6 33 26.4	2950	11	124.5	1250+100N
LC100-40-2	30 60 75	48 40 33.4	2950	15	133.5	1300+100N
LC100-60-3	30 60 75	69 60 50	2950	18.5	133.5	1550+100N
LC150-24	75 150 190	27.5 24 16.5	2950	18.5	169	1400+140N
LC150-24A	68.3 136.5 172.9	22.8 19.8 13.7	2950	15	154	1400+140N
LC150-38	75 150 190	43.7 38 30.3	2950	30	186	1450+140N
LC150-38A	68.3 136.5 172.9	36.2 31 25.1	2950	22	169.3	1450+140N

泵型号	流量 Q (m³/h)	扬程 H (m)	转速 n (r/mm)	电机功率 (kW)	叶轮名义直径 (mm)	质量 (kg)
LC150-48-2	75 150 190	55 48 33	2950	37	169	1600＋140N
LC150-62-2	75 150 190	71.2 62 46.8	2950	45	186	1650＋140N
LC150-76-2	75 150 190	85.2 76 52	2950	55	186	1700＋140N
LC200-15	190 300 360	17.4 15 11.9	1475	22	268	1500＋160N
LC200-24	190 300 360	26.8 24 20.2	1475	37	296	1550＋160N
LC200-24A	172.9 273 327.6	22.2 19.5 16.7	1475	30	269.4	1550＋160N
LC200-30-2	190 300 360	34.8 30 23.8	1475	45	268	1700＋160N
LC200-39-2	190 300 360	44.2 39 32.1	1475	55	296	1800＋160N
LC200-48-2	190 300 360	53.6 48 40.4	1475	75	296	1850＋160N
LC250-20	360 480 540	22.8 20 17.8	1475	45	314	1540＋180N
LC250-20A	327.6 436.8 491.4	18.9 16.5 14.7	1475	37	286	1540＋180N
LC250-32	360 480 540	35.5 32 29.1	1475	75	346	1600＋180N

泵型号	流量 Q (m³/h)	扬程 H (m)	转速 n (r/mm)	电机功率 (kW)	叶轮名义直径 (mm)	质量 (kg)
LC250-32A	327.6 436.8 491.4	29.4 26.1 24.1	1475	55	315	1600+180N
LC250-40-2	360 480 540	45.6 40 35.6	1475	90	314	1600+180N
LC250-52-2	360 480 540	58.3 52 46.9	1475	132	314	1800+180N
LC250-64-2	360 480 540	71 64 58.2	1475	160	346	1850+180N
LC300-25	540 660 750	27.5 25 21.6	1475	90	348	1800+300N
LC300-25A	491.4 600.6 682.5	22.8 20.4 17.9	1475	75	316.7	1800+300N
LC300-40	540 660 750	42.7 40 35.6	1475	132	385	1850+300N
LC300-40A	491.4 600.6 682.5	35.4 32.3 29.5	1475	110	350.4	1850+300N
LC300-50-2	540 660 750	55 50 43.2	1475	160	348	2150+300N
LC300-65-2	540 660 750	70.2 65 57.2	1475	200	348	2250+300N
LC350-19	750 900 1050	22.2 19 16.1	1475	90	334	2300+600N
LC350-19A	713 855 998	20 17.4 14.5	1475	75	317	2300+600N

泵型号	流量 Q (m³/h)	扬程 H (m)	转速 n (r/mm)	电机功率 (kW)	叶轮名义直径 (mm)	质量 (kg)
LC350-31	750 900 1050	33.5 31 25.5	1475	160	387	2600+650N
LC350-31A	713 855 998	30.2 27.5 23	1475	132	367	2600+650N
LC350-31B	675 810 945	27.1 24.5 20.7	1475	110	348	2600+650N
LC350-48	750 900 1050	51.8 48 42.5	1475	220	426	2700+650N
LC350-48A	713 855 998	46.7 43.2 38.4	1475	200	405	2700+650N
LC350-48B	675 810 945	42 38.8 34.4	1475	185	384	2700+650N
LC350-62-2	750 900 1050	67 62 51	1475	280	387	3250+650N
LC350-62A-2	713 855 998	60.5 55 46	1475	250	367	3250+650N
LC400-25	1050 1320 1500	28.3 25 22	1475	160	380	2700+700N
LC400-25A	998 1254 1425	25.5 22.6 19.9	1475	132	361	2700+700N
LC400-40	1050 1320 1500	44.3 40 34.3	1475	250	440	3100+700N
LC400-40A	998 1254 1425	40 36 31	1475	200	418	3100+700N

泵型号	流量 Q (m³/h)	扬程 H (m)	转速 n (r/mm)	电机功率 (kW)	叶轮名义直径 (mm)	质量 (kg)
LC400-40B	945 1188 1350	35.9 32 27.8	1475	185	396	3100+700N
LC400-62	1050 1320 1500	68.5 62 56.6	1475	355	484	3300+700N
LC400-62A	998 1254 1425	61.8 55.9 51.1	1475	315	460	3300+700N
LC400-62B	945 1188 1350	55.5 50.1 45.8	1475	280	436	3300+700N
LC450-18	1500 1740 1920	19.7 18 15.7	980	160	477	3280+650N
LC450-18A	1425 1653 1824	17.8 16.2 14.2	980	132	453	3280+650N
LC450-28	1500 1740 1920	29.8 28 25	980	220	552	3430+750N
LC450-28A	1425 1653 1824	26.9 25.2 22.6	980	185	524	3430+750N
LC450-28B	1350 1566 1728	24.1 22.5 20.3	980	160	497	3430+750N
LC450-43	1500 1740 1920	46.2 43 40.5	980	315	609	3680+750N
LC450-43A	1425 1653 1824	41.7 38.9 36.6	980	280	578	3680+750N
LC450-43B	1350 1566 1728	37.4 34.9 32.8	980	250	548	3680+750N

续表

泵型号	流量 Q (m³/h)	扬程 H (m)	转速 n (r/mm)	电机功率 (kW)	叶轮名义直径 (mm)	质量 (kg)
LC450-56-2	1500 1740 1920	59.6 56 50	980	400	552	3800+750N
LC450-56A-2	1425 1653 1824	53.8 50 45.1	980	355	524	3800+750N
LC500-20	1920 2160 2400	21 20 17.8	980	200	513	3800+830N
LC500-20A	1824 2052 2280	19 18.1 16.1	980	185	487	3800+830N
LC500-32	1920 2160 2400	34 32 28.5	980	315	593	4100+830N
LC500-32A	1824 2052 2280	30.7 28.8 25.7	980	280	564	4100+830N
LC500-32B	1728 1944 2160	27.5 25.5 23.1	980	250	534	4100+830N
LC500-50	1920 2160 2400	52.8 50 46.1	980	500	654	4300+830N
LC500-50A	1824 2052 2280	47.7 44.9 41.6	980	450	622	4300+830N
LC500-50B	1728 1944 2160	42.8 40.3 37.3	980	355	589	4300+830N
LC500-64-2	1920 2160 2400	68 64 57	980	560	593	4700+830N
LC500-64A-2	1824 2052 2280	61.4 57 51.4	980	500	564	4700+830N

泵型号	流量 Q (m³/h)	扬程 H (m)	转速 n (r/mm)	电机功率 (kW)	叶轮名义直径 (mm)	质量 (kg)
LC600-25	2400 3000 3420	29.7 25 21.6	980	315	572	4800+965N
LC600-25A	2280 2850 3249	26.8 22.6 19.5	980	280	543	4800+965N
LC600-40	2400 3000 3420	43.9 40 34.3	980	500	662	5340+965N
LC600-40A	2280 2850 3249	39.6 36 31	980	450	629	5340+965N
LC600-40B	2160 2700 3078	35.6 32 27.8	980	355	596	5340+965N
LC600-62	2400 3000 3420	68.2 62 56.7	980	710	730	5440+965N
LC600-62A	2280 2850 3249	61.6 56 51.1	980	630	694	5440+965N
LC600-62B	2160 2700 3078	55.3 50.2 45.9	980	560	657	5440+965N
LC700-20	3420 3900 4380	22.6 20 17.9	735	400	825	
LC700-20A	3249 3705 4161	20.4 18 16.2	735	315	784	
LC700-32	3420 3900 4380	33.4 32 27.3	735	500	795	
LC700-32A	3249 3705 4161	30.1 28.8 24.6	735	450	755	

泵型号	流量 Q (m³/h)	扬程 H (m)	转速 n (r/mm)	电机功率 (kW)	叶轮名义直径 (mm)	质量 (kg)
LC700-32B	3078 3510 3942	27.1 26 22.1	735	400	716	
LC700-50	3420 3900 4380	53.6 50 46.3	735	800	877	
LC700-50A	3249 3705 4161	48.4 45.1 41.8	735	710	833	
LC700-50B	3078 3510 3942	43.4 40.1 37.5	735	560	789	
LC800-24	4380 5100 5600	27.4 24 22	735	500	751	
LC800-24A	4161 4845 5320	24.7 21.7 19.9	735	450	714	
LC800-38	4380 5100 5600	41.4 38 34.8	735	800	870	
LC800-38A	4161 4845 5320	37.4 34.3 31.4	735	710	826	
LC800-38B	3942 4590 5040	33.5 30.7 28.2	735	560	783	
LC800-60	4380 5100 5600	64.8 60 56.7	735	1400	959	
LC800-60A	4161 4845 5320	58.5 54.1 51.2	735	1250	911	
LC800-60B	3942 4590 5040	52.5 48.6 45.9	735	1120	863	

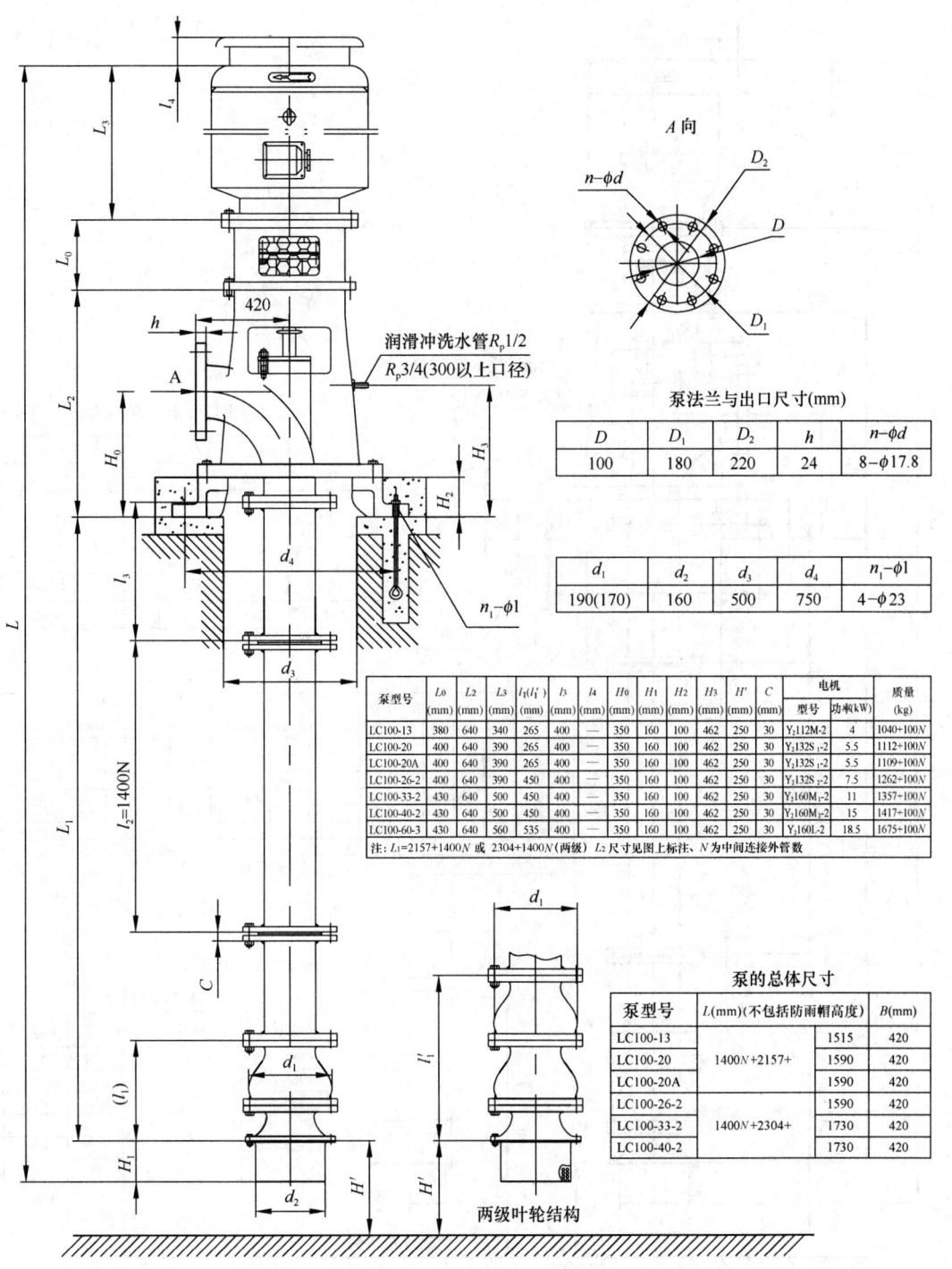

A 向

泵法兰与出口尺寸(mm)

D	D_1	D_2	h	$n-\phi d$
100	180	220	24	$8-\phi17.8$

d_1	d_2	d_3	d_4	$n_1-\phi1$
190(170)	160	500	750	$4-\phi23$

泵型号	L_0 (mm)	L_2 (mm)	L_3 (mm)	$l_1(l_1')$ (mm)	l_3 (mm)	l_4 (mm)	H_0 (mm)	H_1 (mm)	H_2 (mm)	H_3 (mm)	H' (mm)	C (mm)	电机 型号	电机 功率(kW)	质量 (kg)
LC100-13	380	640	340	265	400	—	350	160	100	462	250	30	$Y_2112M-2$	4	1040+100N
LC100-20	400	640	390	265	400	—	350	160	100	462	250	30	Y_2132S_1-2	5.5	1112+100N
LC100-20A	400	640	390	265	400	—	350	160	100	462	250	30	Y_2132S_1-2	5.5	1109+100N
LC100-26-2	400	640	390	450	400	—	350	160	100	462	250	30	$Y_2132S-2$	7.5	1262+100N
LC100-33-2	430	640	500	450	400	—	350	160	100	462	250	30	Y_2160M_1-2	11	1357+100N
LC100-40-2	430	640	500	450	400	—	350	160	100	462	250	30	Y_2160M_2-2	15	1417+100N
LC100-60-3	430	640	560	535	400	—	350	160	100	462	250	30	$Y_2160L-2$	18.5	1675+100N

注: $L_1=2157+1400N$ 或 $2304+1400N$(两级) L_2 尺寸见图上标注、N 为中间连接外管数

泵的总体尺寸

泵型号	L(mm)(不包括防雨帽高度)	B(mm)
LC100-13		1515	420
LC100-20	$1400N+2157+$	1590	420
LC100-20A		1590	420
LC100-26-2		1590	420
LC100-33-2	$1400N+2304+$	1730	420
LC100-40-2		1730	420

两级叶轮结构

图 1-219　LC 型立式长轴泵外形及安装尺寸（一）

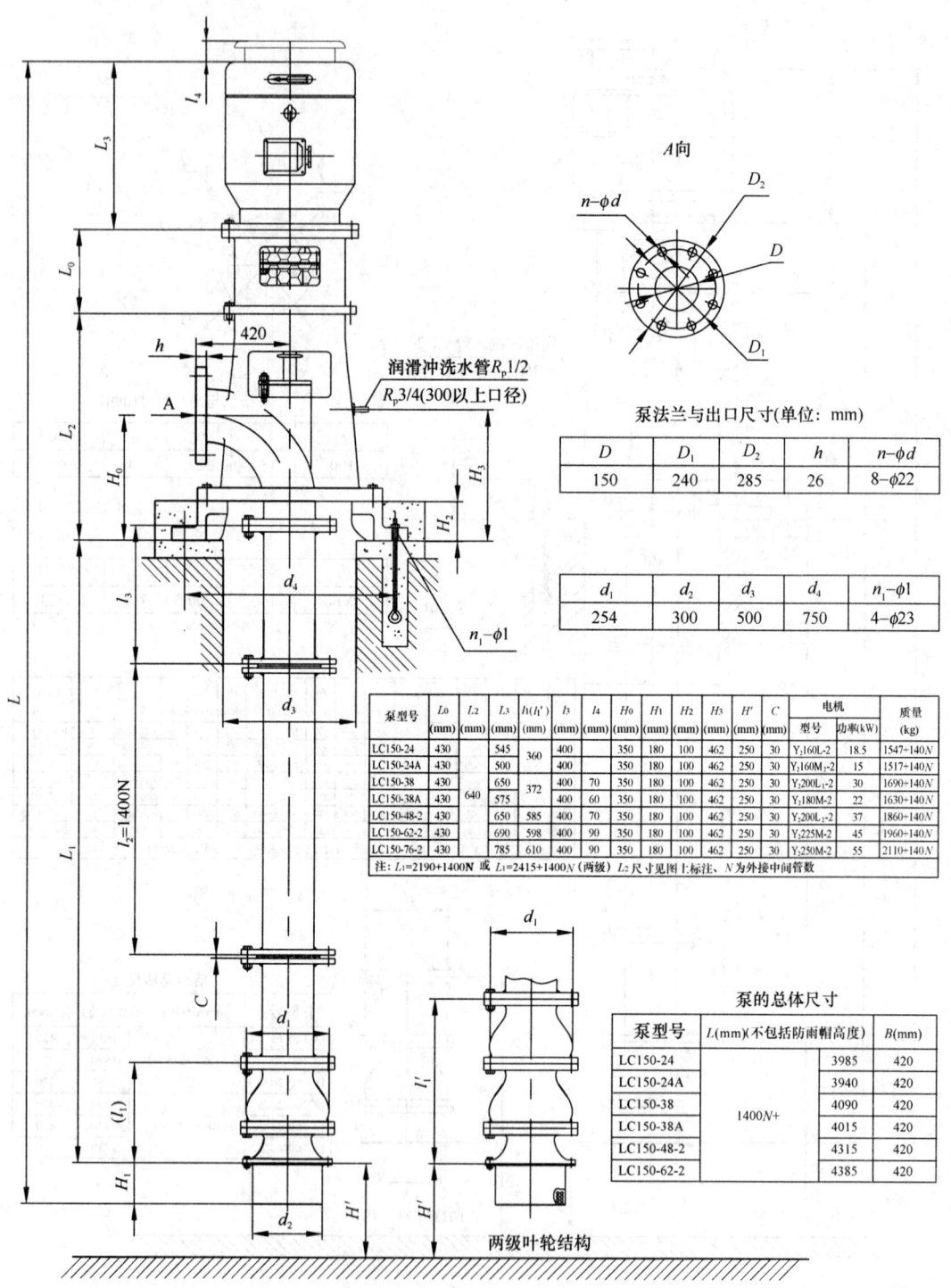

A向

泵法兰与出口尺寸(单位: mm)

D	D_1	D_2	h	$n-\phi d$
150	240	285	26	$8-\phi 22$

d_1	d_2	d_3	d_4	$n_1-\phi 1$
254	300	500	750	$4-\phi 23$

润滑冲洗水管$R_p1/2$
$R_p3/4$(300以上口径)

泵型号	L_0 (mm)	L_2 (mm)	L_3 (mm)	$h(h')$ (mm)	l_3 (mm)	l_4 (mm)	H_0 (mm)	H_1 (mm)	H_2 (mm)	H_3 (mm)	H' (mm)	C (mm)	电机 型号	功率(kW)	质量 (kg)
LC150-24	430		545	360	400		350	180	100	462	250	30	$Y_2160L-2$	18.5	1547+140N
LC150-24A	430		500	360	400		350	180	100	462	250	30	Y_2160M_2-2	15	1517+140N
LC150-38	430		650	372	400	70	350	180	100	462	250	30	Y_2200L_1-2	30	1690+140N
LC150-38A	430	640	575	372	400	60	350	180	100	462	250	30	$Y_2180M-2$	22	1630+140N
LC150-48-2	430		650	585	400	70	350	180	100	462	250	30	Y_2200L_2-2	37	1860+140N
LC150-62-2	430		690	598	400	90	350	180	100	462	250	30	$Y_2225M-2$	45	1960+140N
LC150-76-2	430		785	610	400	90	350	180	100	462	250	30	$Y_2250M-2$	55	2110+140N

注: L_1=2190+1400N 或 L_1=2415+1400N（两级）L_2尺寸见图上标注、N为外接中间管数

泵的总体尺寸

泵型号	L(mm)(不包括防雨帽高度)	B(mm)
LC150-24		3985	420
LC150-24A		3940	420
LC150-38		4090	420
LC150-38A	1400N+	4015	420
LC150-48-2		4315	420
LC150-62-2		4385	420

两级叶轮结构

图 1-220 LC型立式长轴泵外形及安装尺寸（二）

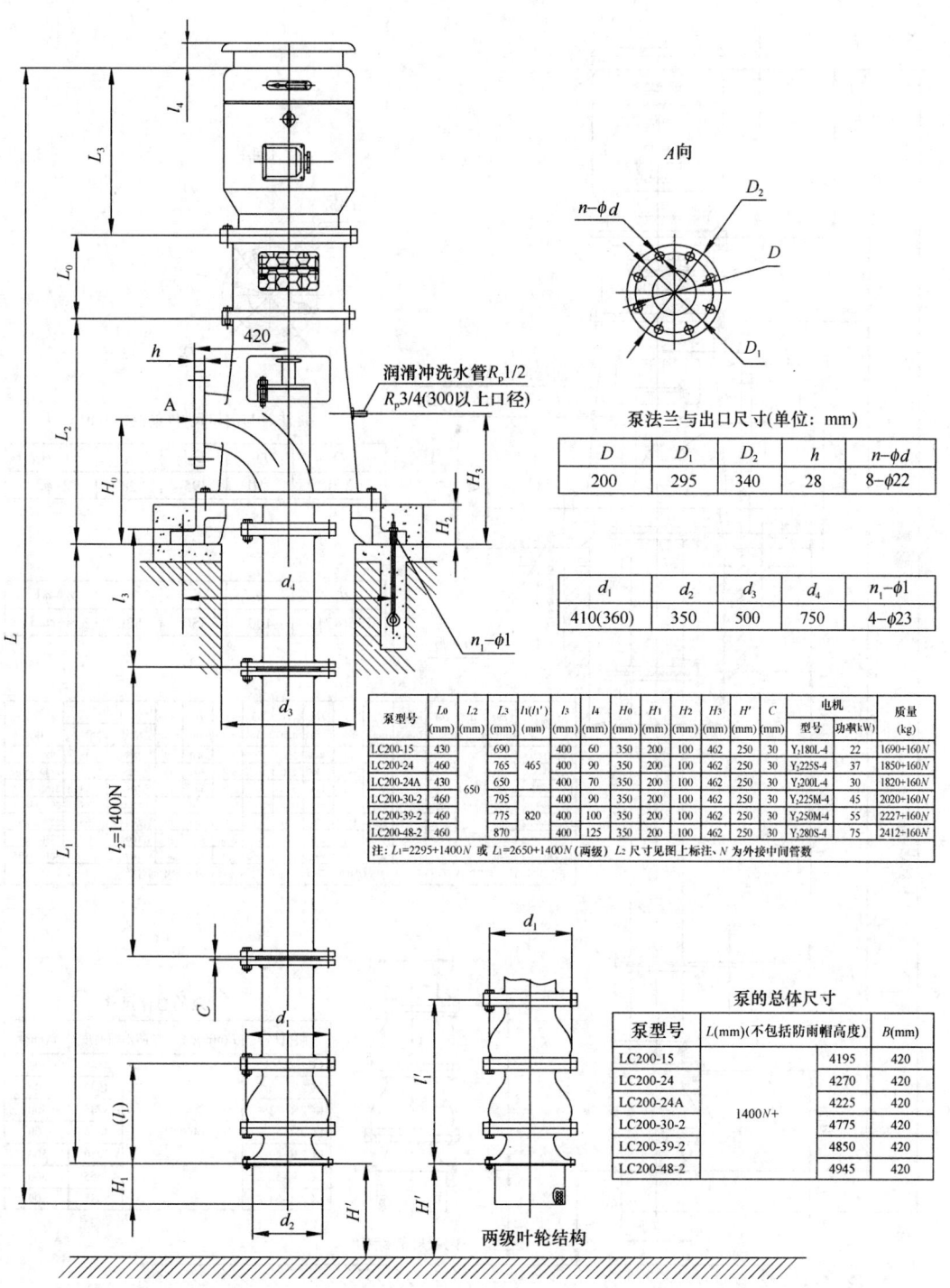

*A*向

泵法兰与出口尺寸(单位: mm)

D	D_1	D_2	h	$n-\phi d$
200	295	340	28	$8-\phi 22$

d_1	d_2	d_3	d_4	$n_1-\phi 1$
410(360)	350	500	750	$4-\phi 23$

润滑冲洗水管$R_p 1/2$
$R_p 3/4$(300以上口径)

两级叶轮结构

泵型号	L_0 (mm)	L_2 (mm)	L_3 (mm)	$l_1(h')$ (mm)	l_3 (mm)	l_4 (mm)	H_0 (mm)	H_1 (mm)	H_2 (mm)	H_3 (mm)	H' (mm)	C (mm)	电机 型号	功率(kW)	质量 (kg)
LC200-15	430		690		400	60	350	200	100	462	250	30	Y₁180L-4	22	1690+160N
LC200-24	460		765	465	400	90	350	200	100	462	250	30	Y₁225S-4	37	1850+160N
LC200-24A	430	650	650		400	70	350	200	100	462	250	30	Y₁200L-4	30	1820+160N
LC200-30-2	460		795		400	90	350	200	100	462	250	30	Y₁225M-4	45	2020+160N
LC200-39-2	460		775	820	400	100	350	200	100	462	250	30	Y₁250M-4	55	2227+160N
LC200-48-2	460		870		400	125	350	200	100	462	250	30	Y₁280S-4	75	2412+160N

注: $L_1=2295+1400N$ 或 $L_1=2650+1400N$ (两级) L_2 尺寸见图上标注、N 为外接中间管数

泵的总体尺寸

泵型号	L(mm)(不包括防雨帽高度)	B(mm)
LC200-15		4195	420
LC200-24		4270	420
LC200-24A	1400N+	4225	420
LC200-30-2		4775	420
LC200-39-2		4850	420
LC200-48-2		4945	420

图 1-221 LC 型立式长轴泵外形及安装尺寸(三)

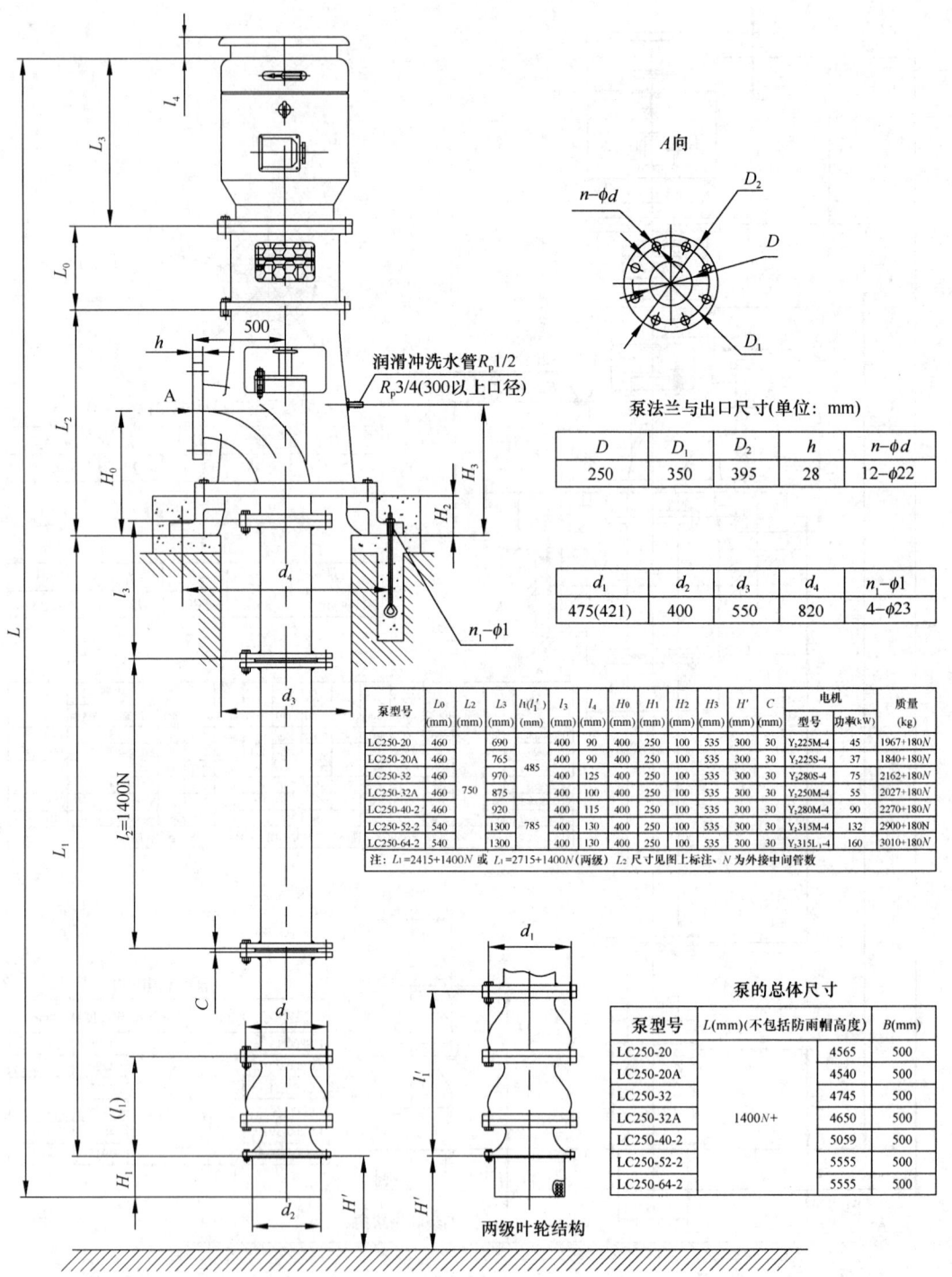

A向

泵法兰与出口尺寸(单位: mm)

D	D_1	D_2	h	$n-\phi d$
250	350	395	28	$12-\phi22$

d_1	d_2	d_3	d_4	$n_1-\phi1$
475(421)	400	550	820	$4-\phi23$

泵型号	L_0 (mm)	L_2 (mm)	L_3 (mm)	$h(l_1')$ (mm)	l_3 (mm)	l_4 (mm)	H_0 (mm)	H_1 (mm)	H_2 (mm)	H_3 (mm)	H' (mm)	C (mm)	电机 型号	电机 功率(kW)	质量 (kg)
LC250-20	460		690		400	90	400	250	100	535	300	30	Y$_2$225M-4	45	1967+180N
LC250-20A	460		765	485	400	90	400	250	100	535	300	30	Y$_2$225S-4	37	1840+180N
LC250-32	460		970		400	125	400	250	100	535	300	30	Y$_2$280S-4	75	2162+180N
LC250-32A	460	750	875		400	100	400	250	100	535	300	30	Y$_2$250M-4	55	2027+180N
LC250-40-2	460		920		400	115	400	250	100	535	300	30	Y$_2$280M-4	90	2270+180N
LC250-52-2	540		1300	785	400	130	400	250	100	535	300	30	Y$_3$315M-4	132	2900+180N
LC250-64-2	540		1300		400	130	400	250	100	535	300	30	Y$_3$315L$_1$-4	160	3010+180N

注: L_1=2415+1400N 或 L_1=2715+1400N(两级) L_2尺寸见图上标注、N 为外接中间管数

两级叶轮结构

泵的总体尺寸

泵型号	L(mm)(不包括防雨帽高度)		B(mm)
LC250-20		4565	500
LC250-20A		4540	500
LC250-32		4745	500
LC250-32A	1400N+	4650	500
LC250-40-2		5059	500
LC250-52-2		5555	500
LC250-64-2		5555	500

图 1-222 LC 型立式长轴泵外形及安装尺寸（四）

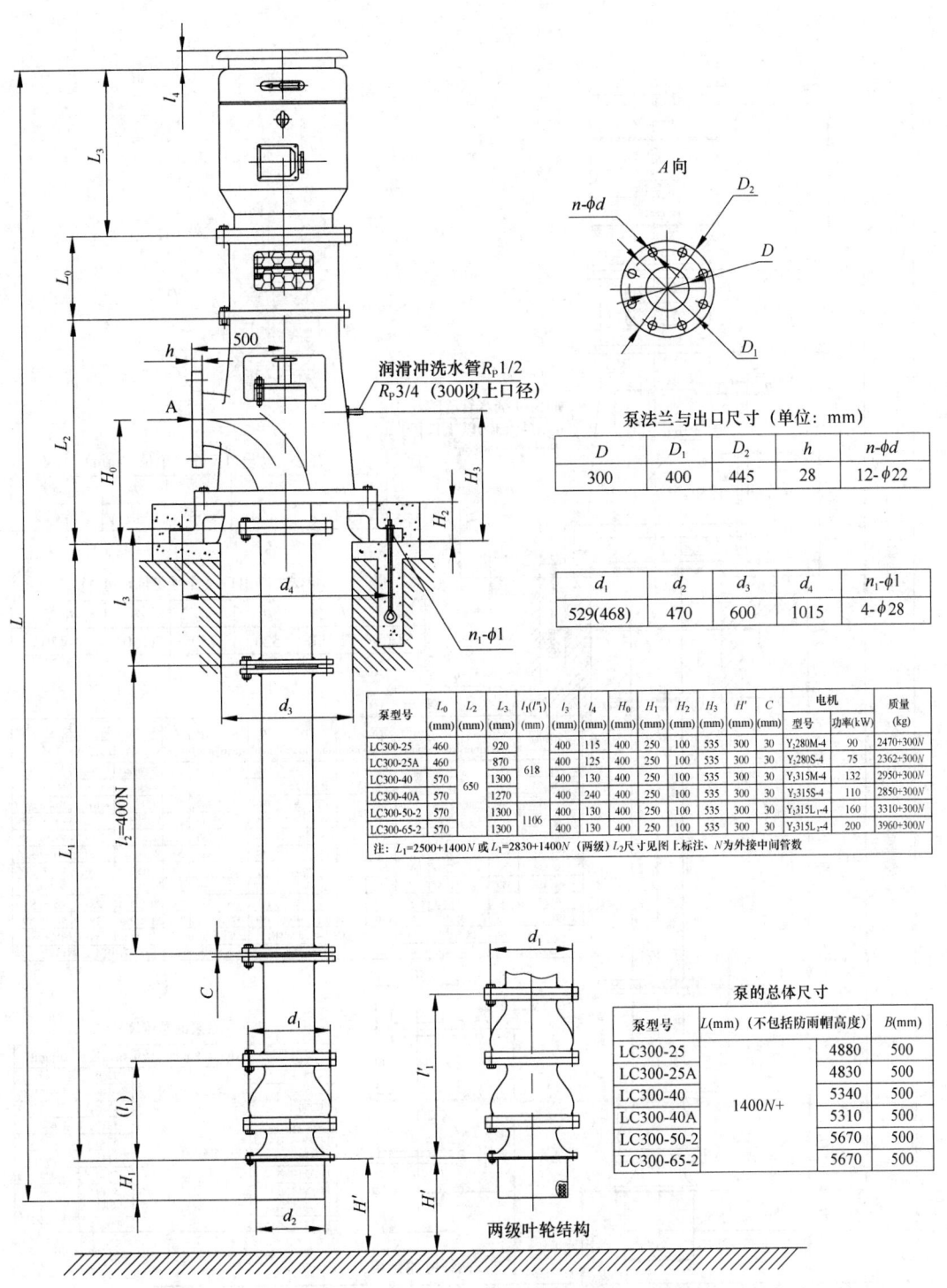

泵法兰与出口尺寸（单位：mm）

D	D_1	D_2	h	n-φd
300	400	445	28	12-φ22

d_1	d_2	d_3	d_4	n_1-φ1
529(468)	470	600	1015	4-φ28

泵型号	L_0 (mm)	L_2 (mm)	L_3 (mm)	l_1(l'_1) (mm)	l_3 (mm)	l_4 (mm)	H_0 (mm)	H_1 (mm)	H_2 (mm)	H_3 (mm)	H' (mm)	C (mm)	电机 型号	电机 功率(kW)	质量 (kg)
LC300-25	460	920		400	115	400	250	100	535	300	30	Y₂280M-4	90	2470+300N
LC300-25A	460	870	618	400	125	400	250	100	535	300	30	Y₂280S-4	75	2362+300N
LC300-40	570	1300		400	130	400	250	100	535	300	30	Y₃315M-4	132	2950+300N
LC300-40A	570	1270		400	240	400	250	100	535	300	30	Y₃315S-4	110	2850+300N
LC300-50-2	570	1300	1106	400	130	400	250	100	535	300	30	Y₃315L₁-4	160	3310+300N
LC300-65-2	570	1300		400	130	400	250	100	535	300	30	Y₃315L₂-4	200	3960+300N

注：L_1=2500+1400N 或 L_1=2830+1400N（两级）L_2尺寸见图上标注、N为外接中间管数

泵的总体尺寸

泵型号	L(mm)（不包括防雨帽高度）	B(mm)
LC300-25		4880	500
LC300-25A		4830	500
LC300-40	1400N+	5340	500
LC300-40A		5310	500
LC300-50-2		5670	500
LC300-65-2		5670	500

图 1-223 LC 型立式长轴泵外形及安装尺寸（五）

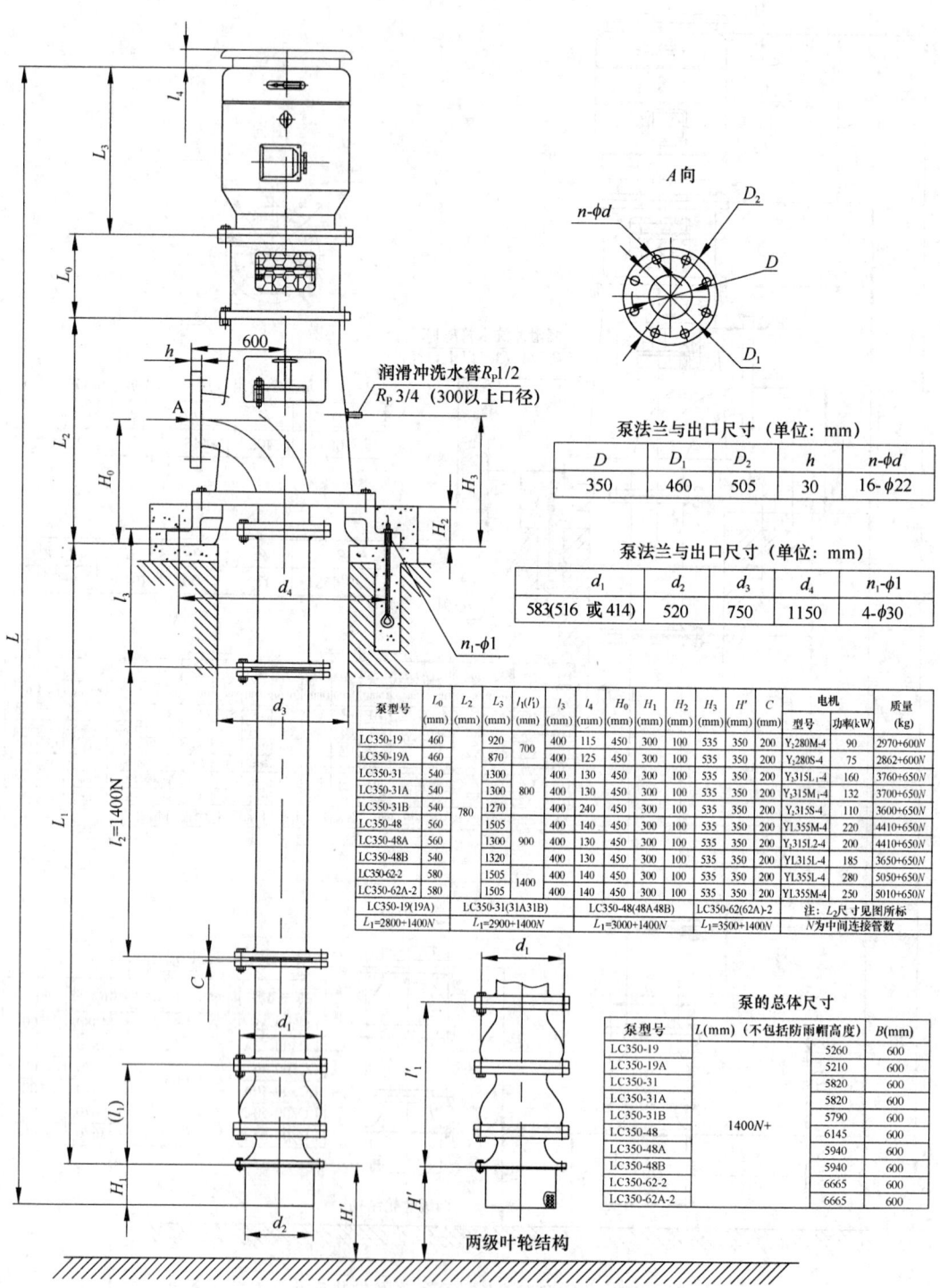

泵法兰与出口尺寸（单位：mm）

D	D_1	D_2	h	n-ϕd
350	460	505	30	16-$\phi 22$

泵法兰与出口尺寸（单位：mm）

d_1	d_2	d_3	d_4	n_1-$\phi 1$
583(516 或 414)	520	750	1150	4-$\phi 30$

泵型号	L_0 (mm)	L_2 (mm)	L_3 (mm)	$l_1(l_1')$ (mm)	l_3 (mm)	l_4 (mm)	H_0 (mm)	H_1 (mm)	H_2 (mm)	H_3 (mm)	H' (mm)	C (mm)	电机 型号	电机 功率(kW)	质量 (kg)
LC350-19	460	920		400	115	450	300	100	535	350	200	$Y_2$280M-4	90	2970+600N
LC350-19A	460	870	700	400	125	450	300	100	535	350	200	$Y_2$280S-4	75	2862+600N
LC350-31	540	1300		400	130	450	300	100	535	350	200	$Y_3$315L_1-4	160	3760+650N
LC350-31A	540	1300	800	400	130	450	300	100	535	350	200	$Y_3$315M-4	132	3700+650N
LC350-31B	540	1270		400	240	450	300	100	535	350	200	$Y_3$315S-4	110	3600+650N
LC350-48	560	1505	780	400	140	450	300	100	535	350	200	YL355M-4	220	4410+650N
LC350-48A	560	1300	900	400	130	450	300	100	535	350	200	$Y_3$315L2-4	200	4410+650N
LC350-48B	540	1320		400	130	450	300	100	535	350	200	YL315L-4	185	3650+650N
LC350-62-2	580	1505	1400	400	140	450	300	100	535	350	200	YL355L-4	280	5050+650N
LC350-62A-2	580	1505		400	140	450	300	100	535	350	200	YL355M-4	250	5010+650N

LC350-19(19A)	LC350-31(31A31B)	LC350-48(48A48B)	LC350-62(62A)-2	注：L_2尺寸见图所标
L_1=2800+1400N	L_1=2900+1400N	L_1=3000+1400N	L_1=3500+1400N	N为中间连接管数

泵的总体尺寸

泵型号	L(mm)（不包括防雨帽高度）	B(mm)
LC350-19		5260	600
LC350-19A		5210	600
LC350-31		5820	600
LC350-31A		5820	600
LC350-31B	1400N+	5790	600
LC350-48		6145	600
LC350-48A		5940	600
LC350-48B		5940	600
LC350-62-2		6665	600
LC350-62A-2		6665	600

两级叶轮结构

图 1-224 LC 型立式长轴泵外形及安装尺寸（六）

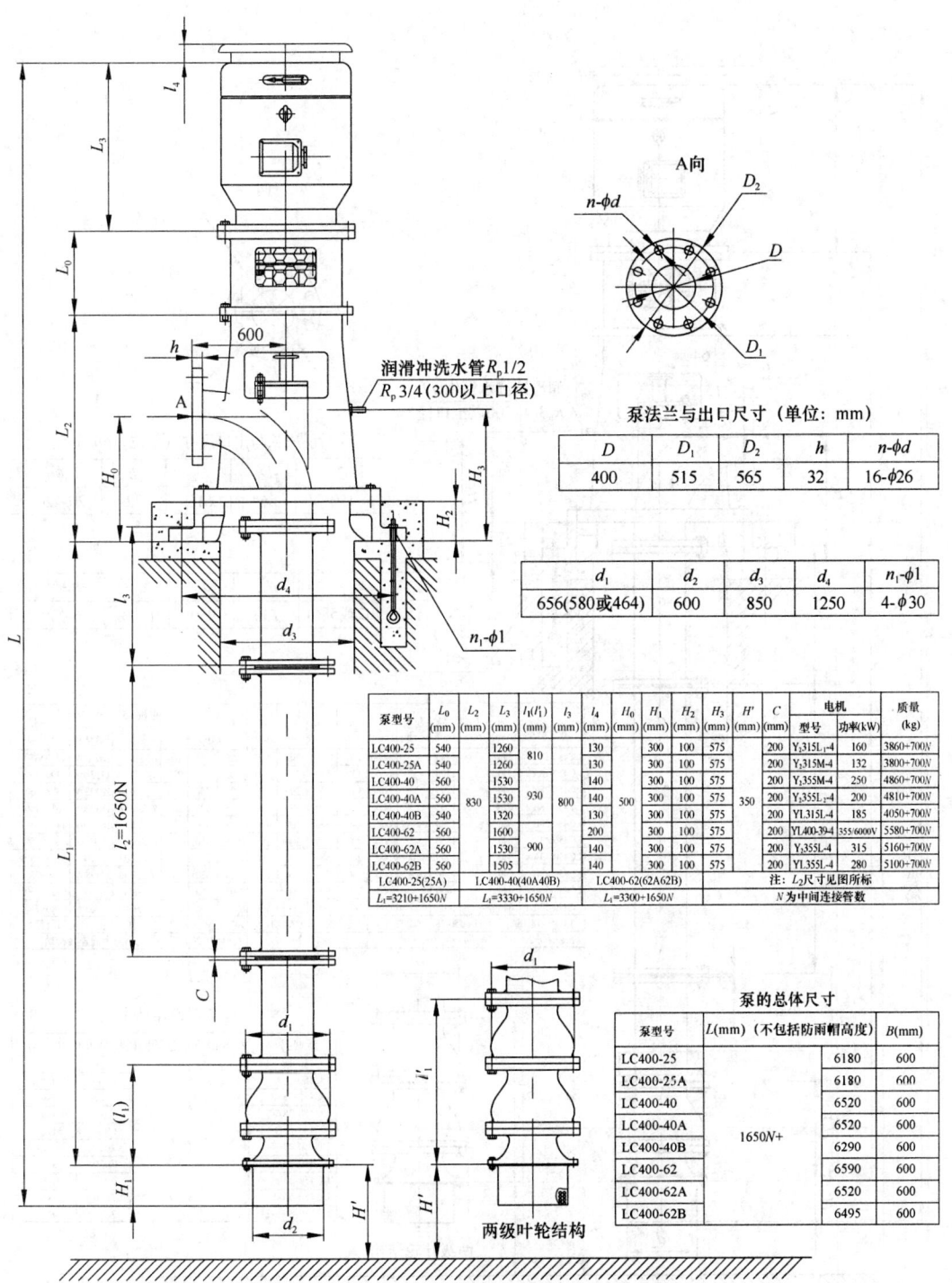

A向

泵法兰与出口尺寸（单位: mm）

D	D_1	D_2	h	$n\text{-}\phi d$
400	515	565	32	$16\text{-}\phi 26$

d_1	d_2	d_3	d_4	$n_1\text{-}\phi 1$
656(580或464)	600	850	1250	$4\text{-}\phi 30$

润滑冲洗水管$R_p 1/2$
$R_p 3/4$（300以上口径）

泵型号	L_0 (mm)	L_2 (mm)	L_3 (mm)	$l_1(l_1')$ (mm)	l_3 (mm)	l_4 (mm)	H_0 (mm)	H_1 (mm)	H_2 (mm)	H_3 (mm)	H' (mm)	C (mm)	电机 型号	功率(kW)	质量 (kg)
LC400-25	540		1260		130		300	100	575		200	$Y_3315L_1\text{-}4$	160	3860+700N
LC400-25A	540		1260	810	130		300	100	575		200	$Y_3315M\text{-}4$	132	3800+700N
LC400-40	560		1530		140		300	100	575		200	$Y_3355M\text{-}4$	250	4860+700N
LC400-40A	560	830	1530	930	140	500	300	100	575	350	200	$Y_3355L_2\text{-}4$	200	4810+700N
LC400-40B	540		1320		130		300	100	575		200	YL315L-4	185	4050+700N
LC400-62	560		1600		200		300	100	575		200	YL400-39-4 355/6000V		5580+700N
LC400-62A	560		1530	900	140		300	100	575		200	$Y_3355L\text{-}4$	315	5160+700N
LC400-62B	560		1505		140		300	100	575		200	YL355L-4	280	5100+700N

LC400-25(25A)	LC400-40(40A40B)	LC400-62(62A62B)	注: L_2尺寸见图所标
L_1=3210+1650N	L_1=3330+1650N	L_1=3300+1650N	N为中间连接管数

两级叶轮结构

泵的总体尺寸

泵型号	L(mm)（不包括防雨帽高度）	B(mm)
LC400-25		6180	600
LC400-25A		6180	600
LC400-40		6520	600
LC400-40A	1650N+	6520	600
LC400-40B		6290	600
LC400-62		6590	600
LC400-62A		6520	600
LC400-62B		6495	600

图 1-225 LC型立式长轴泵外形及安装尺寸（七）

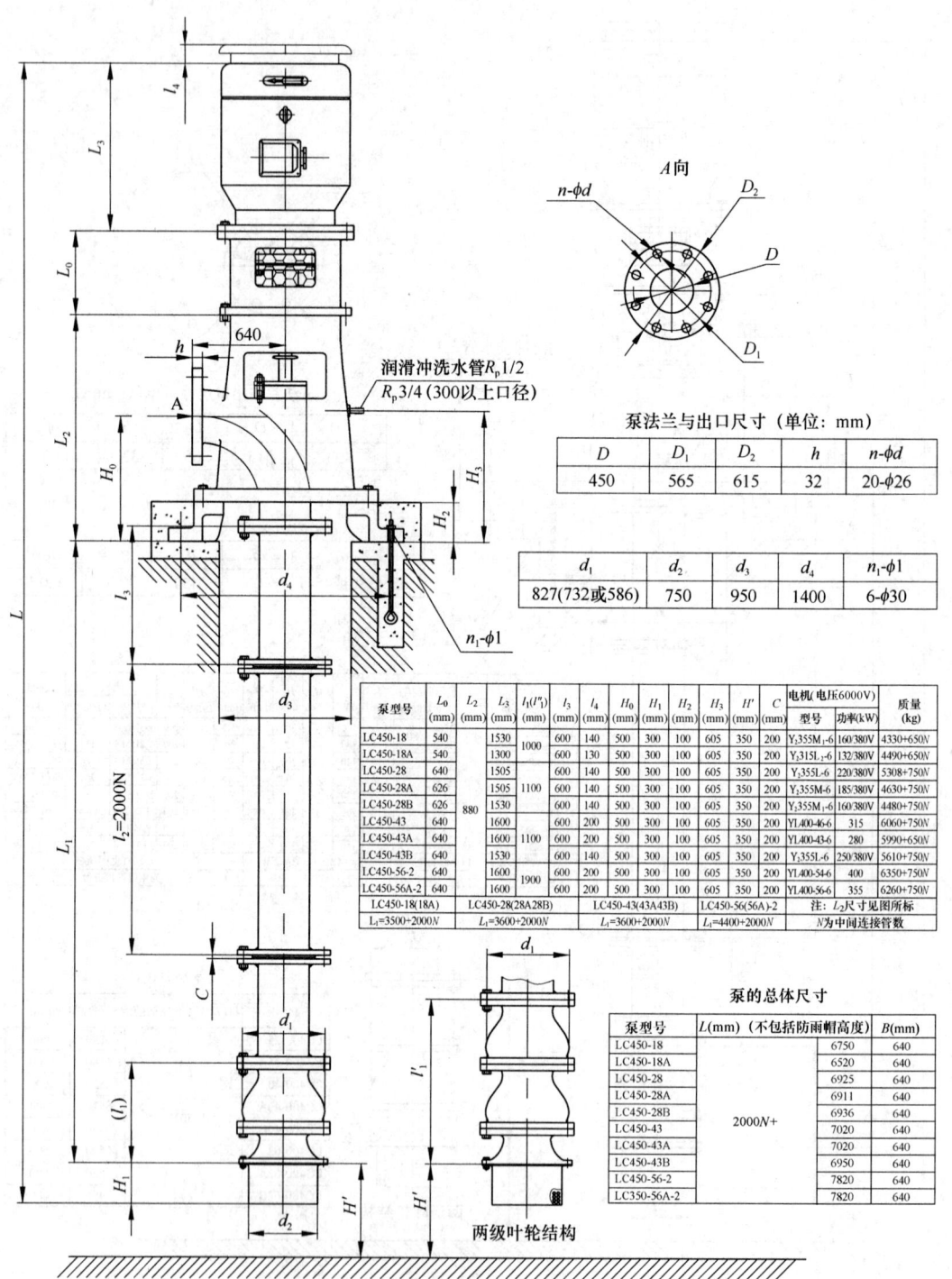

泵法兰与出口尺寸（单位: mm）

D	D_1	D_2	h	n-ϕd
450	565	615	32	20-ϕ26

d_1	d_2	d_3	d_4	n_1-$\phi 1$
827(732或586)	750	950	1400	6-ϕ30

泵型号	L_0 (mm)	L_2 (mm)	L_3 (mm)	$l_1(l''_1)$ (mm)	l_3 (mm)	l_4 (mm)	H_0 (mm)	H_1 (mm)	H_2 (mm)	H_3 (mm)	H' (mm)	C (mm)	电机(电压6000V) 型号	功率(kW)	质量 (kg)
LC450-18	540		1530	1000	600	140	500	300	100	605	350	200	Y_3355M_1-6	160/380V	4330+650N
LC450-18A	540		1300	1000	600	130	500	300	100	605	350	200	Y_3315L_1-6	132/380V	4490+650N
LC450-28	640		1505		600	140	500	300	100	605	350	200	Y_3355L-6	220/380V	5308+750N
LC450-28A	626		1505	1100	600	140	500	300	100	605	350	200	Y_3355M-6	185/380V	4630+750N
LC450-28B	626	880	1530		600	140	500	300	100	605	350	200	Y_3355M_1-6	160/380V	4480+750N
LC450-43	640		1600		600	200	500	300	100	605	350	200	YL400-46-6	315	6060+750N
LC450-43A	640		1600	1100	600	200	500	300	100	605	350	200	YL400-43-6	280	5990+650N
LC450-43B	640		1530		600	140	500	300	100	605	350	200	Y_3355L-6	250/380V	5610+750N
LC450-56-2	640		1600	1900	600	200	500	300	100	605	350	200	YL400-54-6	400	6350+750N
LC450-56A-2	640		1600		600	200	500	300	100	605	350	200	YL400-56-6	355	6260+750N

LC450-18(18A)	LC450-28(28A28B)	LC450-43(43A43B)	LC450-56(56A)-2	注: L_2尺寸见图所标
L_1=3500+2000N	L_1=3600+2000N	L_1=3600+2000N	L_1=4400+2000N	N为中间连接管数

泵的总体尺寸

泵型号	L(mm)（不包括防雨帽高度）	B(mm)
LC450-18		6750	640
LC450-18A		6520	640
LC450-28		6925	640
LC450-28A		6911	640
LC450-28B	2000N+	6936	640
LC450-43		7020	640
LC450-43A		7020	640
LC450-43B		6950	640
LC450-56-2		7820	640
LC350-56A-2		7820	640

图 1-226 LC 型立式长轴泵外形及安装尺寸（八）

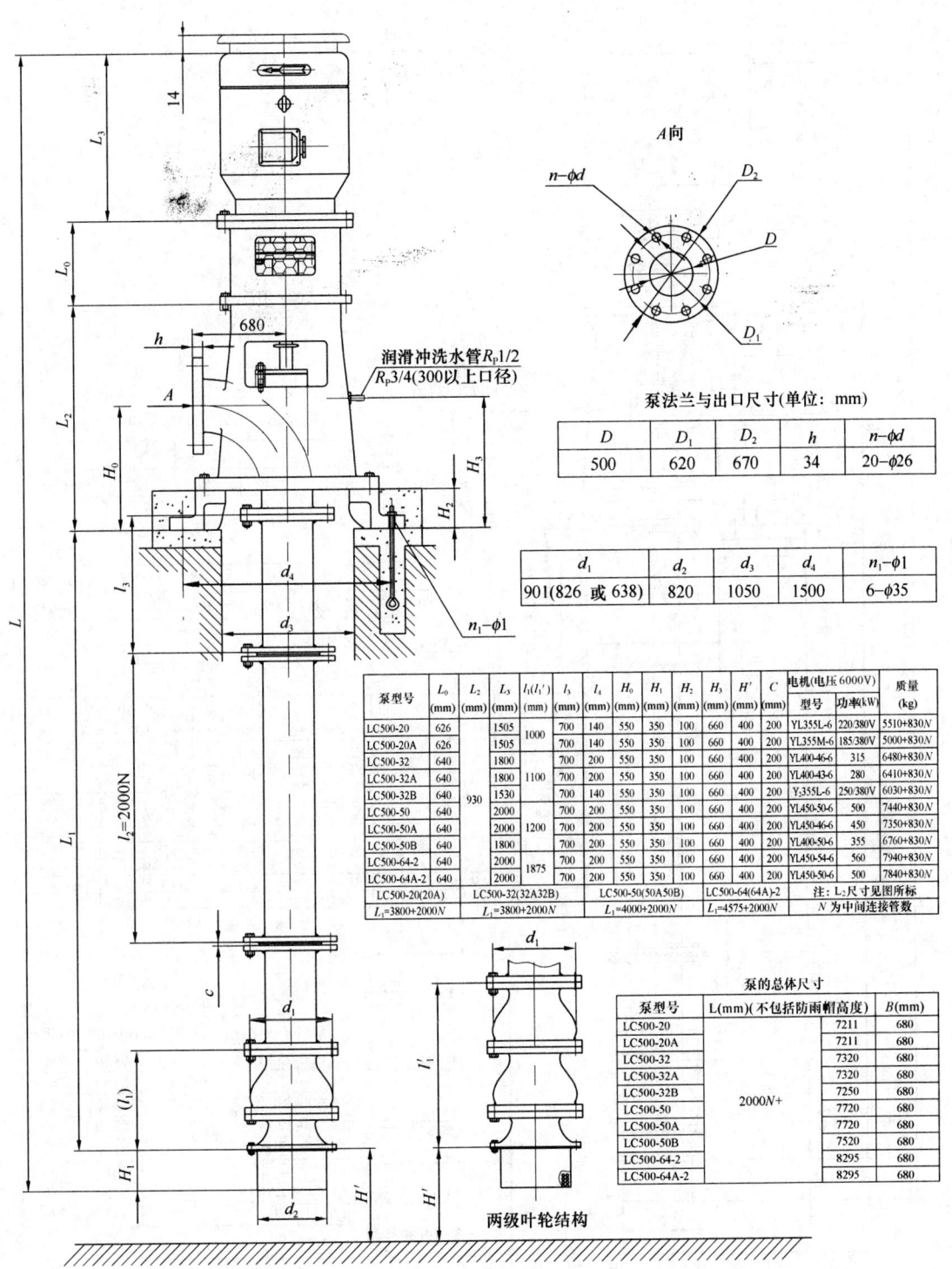

A向

泵法兰与出口尺寸(单位：mm)

D	D_1	D_2	h	$n-\phi d$
500	620	670	34	$20-\phi 26$

d_1	d_2	d_3	d_4	$n_1-\phi 1$
901(826 或 638)	820	1050	1500	$6-\phi 35$

润滑冲洗水管$R_p1/2$
$R_p3/4$(300以上口径)

泵型号	L_0 (mm)	L_2 (mm)	L_3 (mm)	$l_1(l_1')$ (mm)	l_3 (mm)	l_4 (mm)	H_0 (mm)	H_1 (mm)	H_2 (mm)	H_3 (mm)	H' (mm)	C (mm)	电机(电压6000V)		质量 (kg)
													型号	功率(kW)	
LC500-20	626		1505		700	140	550	350	100	660	400	200	YL355L-6	220/380V	5510+830N
LC500-20A	626		1505	1000	700	140	550	350	100	660	400	200	YL355M-6	185/380V	5000+830N
LC500-32	640		1800		700	200	550	350	100	660	400	200	YL400-46-6	315	6480+830N
LC500-32A	640		1800	1100	700	200	550	350	100	660	400	200	YL400-43-6	280	6410+830N
LC500-32B	640	930	1530		700	140	550	350	100	660	400	200	Y3355L-6	250/380V	6030+830N
LC500-50	640		2000		700	200	550	350	100	660	400	200	YL450-50-6	500	7440+830N
LC500-50A	640		2000	1200	700	200	550	350	100	660	400	200	YL450-46-6	450	7350+830N
LC500-50B	640		1800		700	200	550	350	100	660	400	200	YL450-50-6	355	6760+830N
LC500-64-2	640		2000	1875	700	200	550	350	100	660	400	200	YL450-54-6	560	7940+830N
LC500-64A-2	640		2000		700	200	550	350	100	660	400	200	YL450-50-6	500	7840+830N
LC500-20(20A)		LC500-32(32A32B)			LC500-50(50A50B)			LC500-64(64A)-2					注：L_2尺寸见图所标		
L_1=3800+2000N		L_1=3800+2000N			L_1=4000+2000N			L_1=4575+2000N					N 为中间连接管数		

泵的总体尺寸

泵型号	L(mm)(不包括防雨帽高度)	B(mm)
LC500-20		7211	680
LC500-20A		7211	680
LC500-32		7320	680
LC500-32A		7320	680
LC500-32B	2000N+	7250	680
LC500-50		7720	680
LC500-50A		7720	680
LC500-50B		7520	680
LC500-64-2		8295	680
LC500-64A-2		8295	680

两级叶轮结构

图 1-227 LC 型立式长轴泵外形及安装尺寸（九）

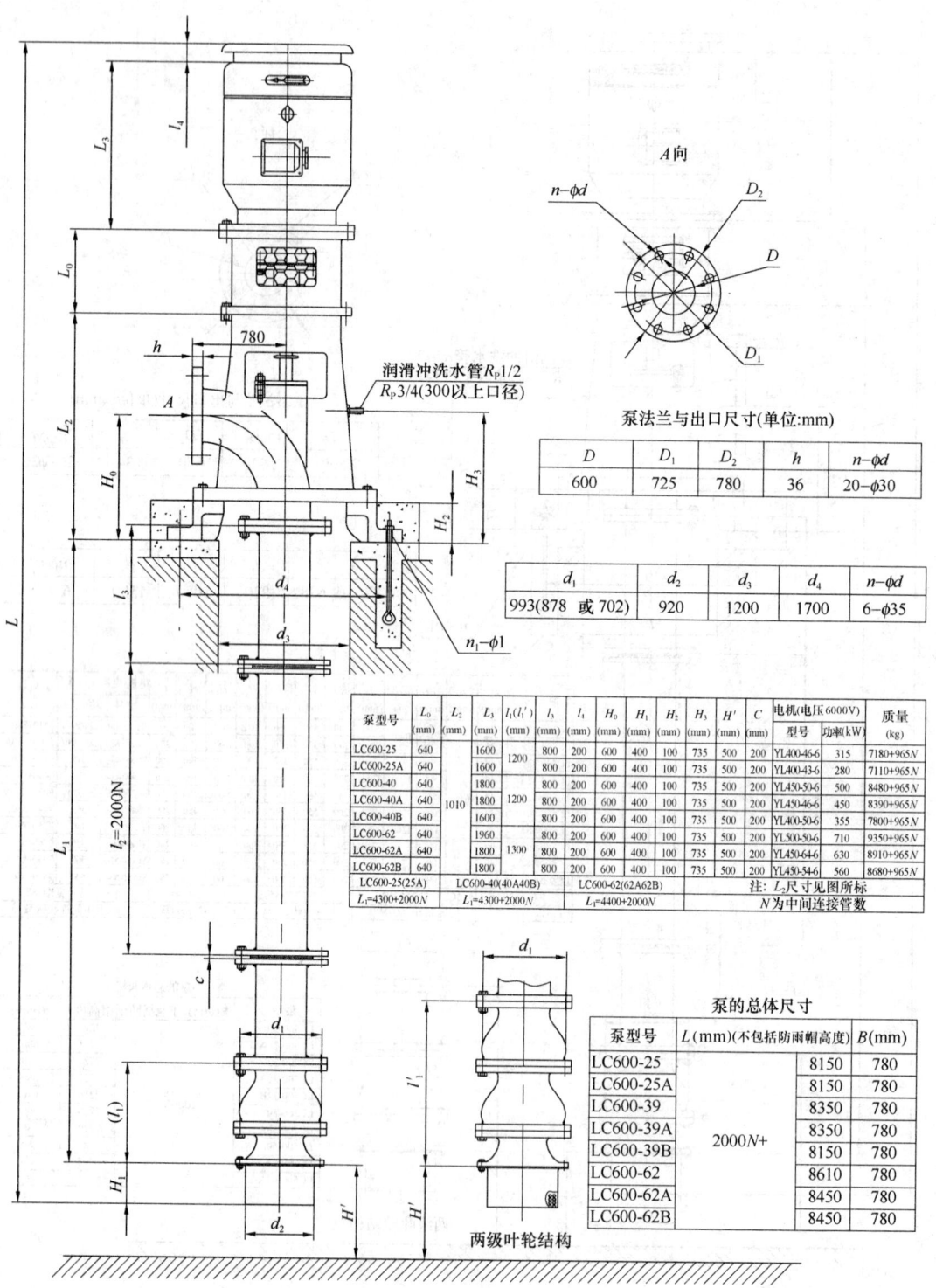

泵法兰与出口尺寸(单位:mm)

D	D_1	D_2	h	$n-\phi d$
600	725	780	36	$20-\phi30$

d_1	d_2	d_3	d_4	$n-\phi d$
993(878 或 702)	920	1200	1700	$6-\phi35$

泵型号	L_0 (mm)	L_2 (mm)	L_3 (mm)	$l_1(l_1')$ (mm)	l_3 (mm)	l_4 (mm)	H_0 (mm)	H_1 (mm)	H_2 (mm)	H_3 (mm)	H' (mm)	C	电机(电压6000V) 型号	功率(kW)	质量 (kg)
LC600-25	640	1600	1200	800	200	600	400	100	735	500	200	YL400-46-6	315	7180+965N
LC600-25A	640	1600	1200	800	200	600	400	100	735	500	200	YL400-43-6	280	7110+965N
LC600-40	640	1800	1200	800	200	600	400	100	735	500	200	YL450-50-6	500	8480+965N
LC600-40A	640	1800	1200	800	200	600	400	100	735	500	200	YL450-46-6	450	8390+965N
LC600-40B	640	1600	1200	800	200	600	400	100	735	500	200	YL400-50-6	355	7800+965N
LC600-62	640	1960	1300	800	200	600	400	100	735	500	200	YL500-50-6	710	9350+965N
LC600-62A	640	1800	1300	800	200	600	400	100	735	500	200	YL450-64-6	630	8910+965N
LC600-62B	640	1800	1300	800	200	600	400	100	735	500	200	YL450-54-6	560	8680+965N

LC600-25(25A)	LC600-40(40A40B)	LC600-62(62A62B)	注: L_2尺寸见图所标
L_1=4300+2000N	L_1=4300+2000N	L_1=4400+2000N	N为中间连接管数

润滑冲洗水管$R_P1/2$
$R_P3/4$(300以上口径)

泵的总体尺寸

泵型号	L(mm)(不包括防雨帽高度)	B(mm)
LC600-25		8150	780
LC600-25A		8150	780
LC600-39		8350	780
LC600-39A		8350	780
LC600-39B	2000N+	8150	780
LC600-62		8610	780
LC600-62A		8450	780
LC600-62B		8450	780

两级叶轮结构

图 1-228   LC型立式长轴泵外形及安装尺寸(十)

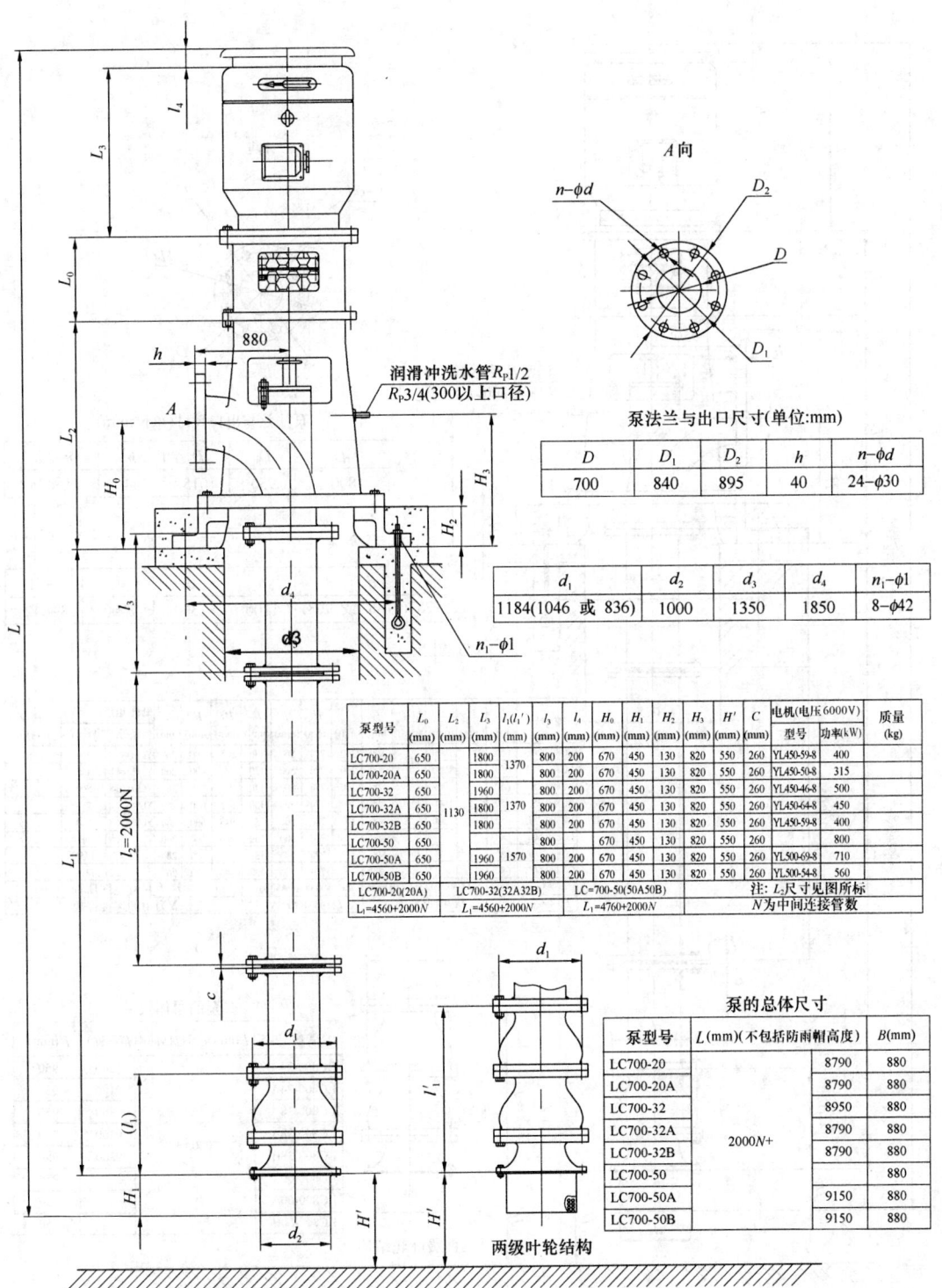

A 向

泵法兰与出口尺寸(单位:mm)

D	D_1	D_2	h	$n-\phi d$
700	840	895	40	24-ϕ30

d_1	d_2	d_3	d_4	$n_1-\phi 1$
1184(1046 或 836)	1000	1350	1850	8-ϕ42

润滑冲洗水管R_P1/2
R_P3/4(300以上口径)

880

泵型号	L_0 (mm)	L_2 (mm)	L_3 (mm)	$l_1(l_1')$ (mm)	l_3 (mm)	l_4 (mm)	H_0 (mm)	H_1 (mm)	H_2 (mm)	H_3 (mm)	H' (mm)	C (mm)	电机(电压6000V) 型号	功率(kW)	质量 (kg)
LC700-20	650	1800	1370	800	200	670	450	130	820	550	260	YL450-59-8	400	
LC700-20A	650	1800		800	200	670	450	130	820	550	260	YL450-50-8	315	
LC700-32	650	1960		800	200	670	450	130	820	550	260	YL450-46-8	500	
LC700-32A	650	1130 1800	1370	800	200	670	450	130	820	550	260	YL450-64-8	450	
LC700-32B	650	1800		800	200	670	450	130	820	550	260	YL450-59-8	400	
LC700-50	650			800		670	450	130	820	550	260			800
LC700-50A	650	1960	1570	800	200	670	450	130	820	550	260	YL500-69-8	710	
LC700-50B	650	1960		800	200	670	450	130	820	550	260	YL500-54-8	560	

LC700-20(20A)	LC700-32(32A32B)	LC=700-50(50A50B)	注:L_2尺寸见图所标
L_1=4560+2000N	L_1=4560+2000N	L_1=4760+2000N	N为中间连接管数

泵的总体尺寸

泵型号	L(mm)(不包括防雨帽高度)	B(mm)
LC700-20		8790	880
LC700-20A		8790	880
LC700-32		8950	880
LC700-32A	2000N+	8790	880
LC700-32B		8790	880
LC700-50			880
LC700-50A		9150	880
LC700-50B		9150	880

两级叶轮结构

图 1-229 LC型立式长轴泵外形及安装尺寸(十一)

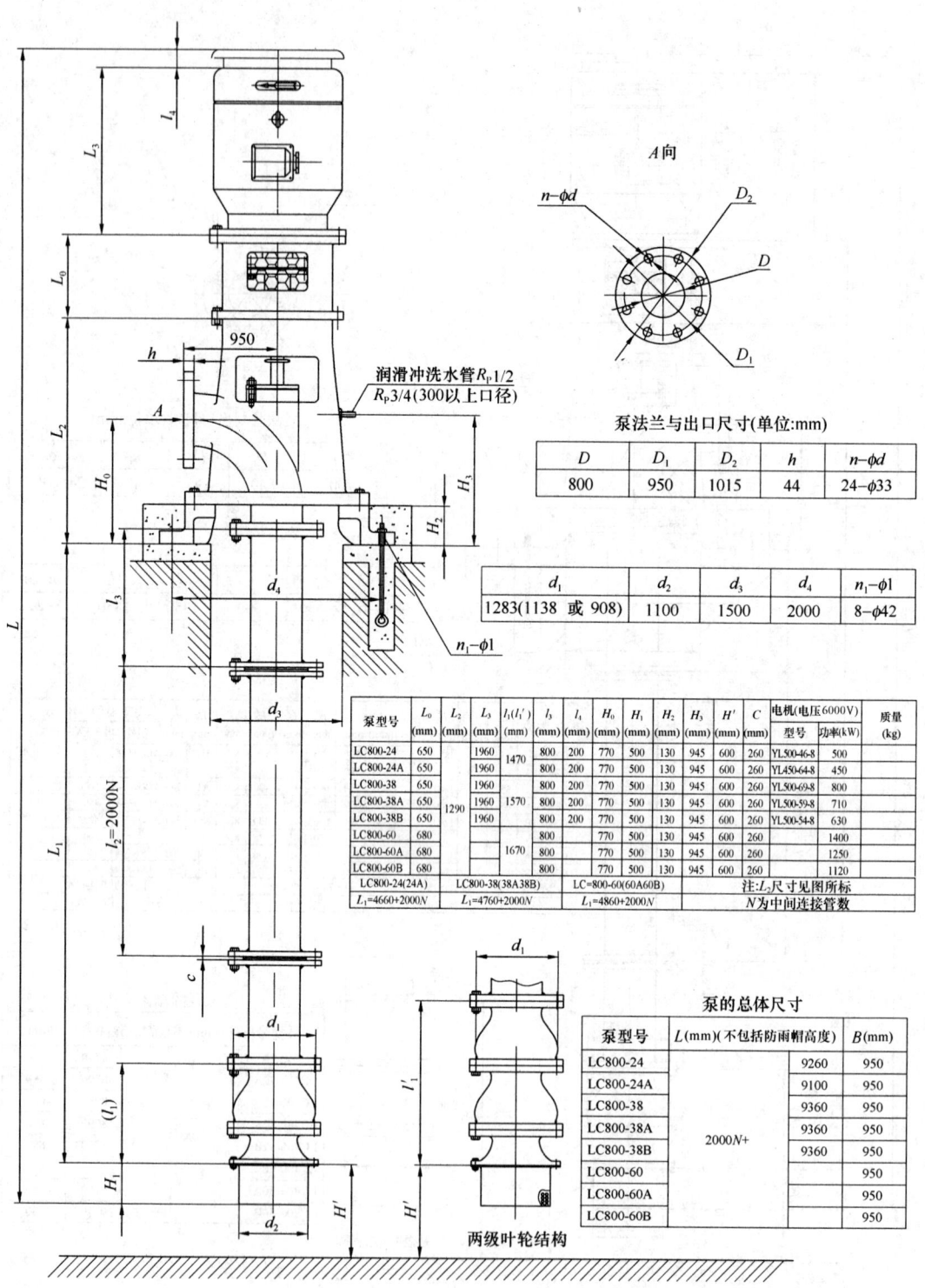

泵法兰与出口尺寸(单位:mm)

D	D_1	D_2	h	$n-\phi d$
800	950	1015	44	$24-\phi33$

d_1	d_2	d_3	d_4	$n_1-\phi1$
1283(1138 或 908)	1100	1500	2000	$8-\phi42$

泵型号	L_0 (mm)	L_2 (mm)	L_3 (mm)	$l_1(l_1')$ (mm)	l_3 (mm)	l_4 (mm)	H_0 (mm)	H_1 (mm)	H_2 (mm)	H_3 (mm)	H' (mm)	C (mm)	电机(电压6000V)		质量 (kg)
													型号	功率(kW)	
LC800-24	650		1960	1470	800	200	770	500	130	945	600	260	YL500-46-8	500	
LC800-24A	650		1960		800	200	770	500	130	945	600	260	YL450-64-8	450	
LC800-38	650		1960		800	200	770	500	130	945	600	260	YL500-69-8	800	
LC800-38A	650	1290	1960	1570	800	200	770	500	130	945	600	260	YL500-59-8	710	
LC800-38B	650		1960		800	200	770	500	130	945	600	260	YL500-54-8	630	
LC800-60	680			1670	800		770	500	130	945	600	260		1400	
LC800-60A	680				800		770	500	130	945	600	260		1250	
LC800-60B	680				800		770	500	130	945	600	260		1120	
LC800-24(24A)		LC800-38(38A38B)			LC=800-60(60A60B)				注:L_2尺寸见图所标						
$L_1=4660+2000N$		$L_1=4760+2000N$			$L_1=4860+2000N$				N为中间连接管数						

泵的总体尺寸

泵型号	L(mm)(不包括防雨帽高度)	B(mm)
LC800-24		9260	950
LC800-24A		9100	950
LC800-38		9360	950
LC800-38A	2000N+	9360	950
LC800-38B		9360	950
LC800-60			950
LC800-60A			950
LC800-60B			950

两级叶轮结构

图 1-230　LC 型立式长轴泵外形及安装尺寸(十二)

1.5.3 QRJ 型井用潜水泵

(1) 用途：QRJ 型井用潜水泵选用的水力模型结构设计，采用亚什兰工艺制芯、叶片流道部位涂覆、火焰校直叶轮轴、CNC 机床加工各种零件等多种新工艺，选材合理，产品性能优良，使用寿命长，效率高，比国内 QJ 型水泵高 2%～8%，效率曲线平坦，高效区域宽，工作范围增加 10%～20%，节能效果显著。对含砂量大的井，可采用防砂结构和装置。叶轮轴向跳动控制在美国标准 0.13mm 以内，并用铜轴承支撑，水泵运行平稳。防水橡套电缆，可配高轴向力型和耐温型不锈钢潜水电机。

(2) 型号意义说明：

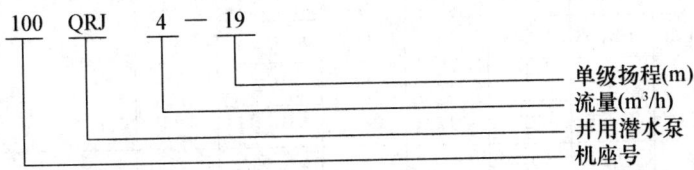

```
100  QRJ  4 — 19
                    单级扬程(m)
                    流量(m³/h)
                    井用潜水泵
                    机座号
```

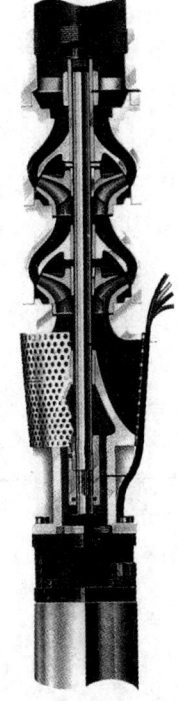

(3) 结构：QRJ 型潜水泵机组由潜水电机、潜水泵、输水管和电缆及控制开关（或电控柜）四部分组成。水泵为单级或多级导叶式离心泵。叶片流道部位涂覆。含砂量大的井可选用防砂结构和装置。叶轮轴向跳动控制在美国标准 0.13mm 之内，并用铜轴承支承，水泵运行平稳。采用防水橡套电缆；可选配高轴向力型和耐温型不锈钢潜水电机。其结构如图 1-231 所示。

图 1-231 QRJ 型井用潜水泵结构

(4) 性能：QRJ 型井用潜水泵性能见表 1-263。

QRJ 型井用潜水泵性能　　　　表 1-263

国内型号	流量 Q (m³/h)	扬程 H (m)			级数 (I)	转速 n (r/min)	配套功率 (kW)	效率 (%)	井下部分最大外径 (mm)
100QRJ4-19	2.8 4 6.2	84.5	76	68.4	4	2875	2.2	62	100
		104.6	95	82.3	5		3		
		126.7	114	103.6	6		3		
		146.5	133	118.8	7		4		
		168.4	154	136.2	8		4		
100QRJ10-3.8	6.3 10 11.7	48.4	41.8	35.2	11	2875	2.2	62	100
		52.8	45.6	38.4	12		3		
		66	57	48	15		3		
		70.4	60.8	51.2	16		4		
		88	76	64	20		4		
		92.4	79.8	67.2	21		5.5		
		123.2	106.4	89.6	28		5.5		

国内型号	流量 Q (m³/h)	扬程 H (m)			级数 （I）	转速 n (r/min)	配套功率 (kW)	效率 （%）	井下部分最大外径 (mm)
150QRJ12-8.5	10 12 16	54	51	45	6	2850	4	65	143
		63	59.5	52.5	7		4		
		72	68	60	8		5.5		
		81	76.5	67.5	9		5.5		
		90	85	75	10		5.5		
		99	93.5	82.5	11		7.5		
		108	102	90	12		7.5		
		117	110.5	97.5	13		7.5		
		126	119	105	14		7.5		
		135	127.5	112.5	15		9.2		
		144	136	120	16		9.2		
		153	144.5	127	17		9.2		
150QRJ20-8.5	15 20 29	38	34	23	4	2850	4	70	143
		48	42.5	29	5		4		
		58	51	35	6		5.5		
		67	59.5	41	7		5.5		
		77	68	47	8		7.5		
		87	76.5	53	9		7.5		
		96.5	85	58.5	10		9.2		
		106	93.5	64	11		9.2		
		116	102	70	12		11		
		125.5	110.5	76	13		11		
		135	119	82	14		11		
		145	127.5	88	15		13		
		155	136	94	16		13		
		164	144.5	100	17		15		
150QRJ30-9	25 30 35	20	18	15	2	2850	3	71	143
		30	27	22.5	3		4		
		40	36	30	4		5.5		
		50	45	37.5	5		7.5		
		60	54	45	6		7.5		
		70	63	52.5	7		9.2		
		80	72	60	8		11		
		90	81	67.5	9		11		
		100	90	75	10		13		
		110	99	82.5	11		15		
		120	108	90	12		15		

续表

国内型号	流量 Q (m³/h)	扬程 H (m)			级数 (Ⅰ)	转速 n (r/min)	配套功率 (kW)	效率 (%)	井下部分最大外径 (mm)
150QRJ45-8	35 45 52.5	18.6	16	14	2	2850	3	73	143
		27.9	24	21	3		5.5		
		37.2	32	28	4		7.5		
		46.5	40	35	5		7.5		
		55.8	48	42	6		9.2		
		65.1	56	49	7		11		
		74.4	64	56	8		13		
		83.7	72	63	9		15		
		93	80	70	10		15		
175QRJ20-11	15 20 24	48	44	39	4	2850	4	70	168
		60	55	49	5		5.5		
		72	66	58.6	6		5.5		
		84	77	68	7		7.5		
		96	88	78	8		7.5		
		108	99	88	9		9.2		
		120	110	97.7	10		9.2		
		132	121	108	11		11		
		144	132	117.3	12		11		
		156	143	127	13		13		
		168	154	137	14		13		
		180	165	147	15		15		
		192	176	157	16		15		
175QRJ30-12	21 30 36	29	24	20	2	2850	4	74	168
		43	36	30	3		5.5		
		58	48	40	4		7.5		
		72.5	60	50	5		9.2		
		87	72	61	6		11		
		101	84	71	7		11		
		116	96	80	8		13		
		130	108	90	9		15		
175QRJ40-12	30 40 46	25	—	21	2	2850	5	75	168
		38	36	32	3		7.5		
		51	—	43	4		—		
		64	60	54	5		11		
		77	—	65	6		—		
		90	84	76	7		15		

续表

国内型号	流量 Q (m³/h)	扬程 H (m)			级数 (Ⅰ)	转速 n (r/min)	配套功率 (kW)	效率 (%)	井下部分最大外径 (mm)
225QCJ60-18	42 60 72	20.5	—	15	1	2850	—	75	200
		41	36	30	2		9.2		
		61.5	—	45	3		—		
		82	72	60	4		18.5		
		102.5	—	75	5		—		
		123	108	90	6		30		
		140	—	105	7		—		
		164	144	120	8		37		
225QTJ100-12.5	75 100 120	—	—	18	2	2850	—	75	200
		49	37.5	27	3		15		
		65	50	36	4		22		
		82	62.5	45	5		30		
		98	75	54	6		30		
		114	87.5	63	7		37		
		130	100	72	8		45		
225QTJ130-13.5	92 130 140	33	27	26	2	2880	15	75	200
		49	40.5	39	3		22		
		65	54	52	4		30		
		82	67.5	65	5		37		
		98	81	78	6		45		
250QRJ90-18	67 90 118	41	36	26	2	2880	15	75	220
		62	54	39	3		22		
		83	72	52	4		30		
		104	90	65	5		37		
		125	108	78	6		45		
250QRJ125-16	89 125 142	39	32	26	2	2880	18.5	76	233
		58	48	39	—		30		
		78	64	52	4		37		
		98	80	66	—		45		
300QCJ120-28	84 120 144	32.8	28	23	1	2900	13	76	250
		65.6	56	46	—		30		
		98.4	84	69	3		45		
		131.2	112	92	—		55		
		164	140	115	5		75		

续表

国内型号	流量 Q (m³/h)	扬程 H (m)			级数 (Ⅰ)	转速 n (r/min)	配套功率 (kW)	效率 (%)	井下部分最大外径 (mm)
300QCJ170-34	119 170 204	38	34	29	—	2900	30	76	250
		76	68	58	2		55		
		114	102	87	—		75		
		152	136	116	4		100		
300QTJ200-24	130 200 245	31	24	18.5	—	2900	18.5	76	250
		62	48	37	2		37		
		93	72	55.5	—		55		
		124	96	74	4		75		
		155	120	92.5	—		100		
300QTJ250-22	165 250 280	29	22	18.5	1	2900	22	75	250
		58	44	37	—		45		
		87	66	55.5	3		75		
		116	—	74	—		90		
350QCJ250-46	200 250 330	52	46	33	1	2900	55	80	330
		104	—	66	—		100		
		156	138	99	3		140		
		208	—	132			185		
350QCJ290-50	220 290 360	56	50	41	1	2900	63	80	330
		112	—	82	—		120		
		168	150	123	3		185		
350QCJ320-53	245 320 400	59.5	—	44	—	2900	75	80	330
		119	106	88	2		140		
		—	—	—	—		—		
350QRJ370-47	258 370 466	53	47	37	1	2900	75	80	330
		—	—	—	—		140		
		—	—	—	—		—		
350QRJ450-50	305 450 524	—	—	—	—	2900	—	80	330
		114	100	86	2		180		
		—	—	—	—		—		
500QRJ550-27	400 550 850	29	27	17.5	1	1475	55	81	480
		58	54	35	2		110		
		87	81	52.5	3		180		
		116	108	70	4		220		
550QRJ900-30	600 900 1100	34	30	24	1	1475	110	82	530
		68	60	48	2		220		
		—	—	—	—		—		

（5）外形及安装尺寸：QRJ 型井用潜水泵外形及安装尺寸见图 1-232 和表 1-264。

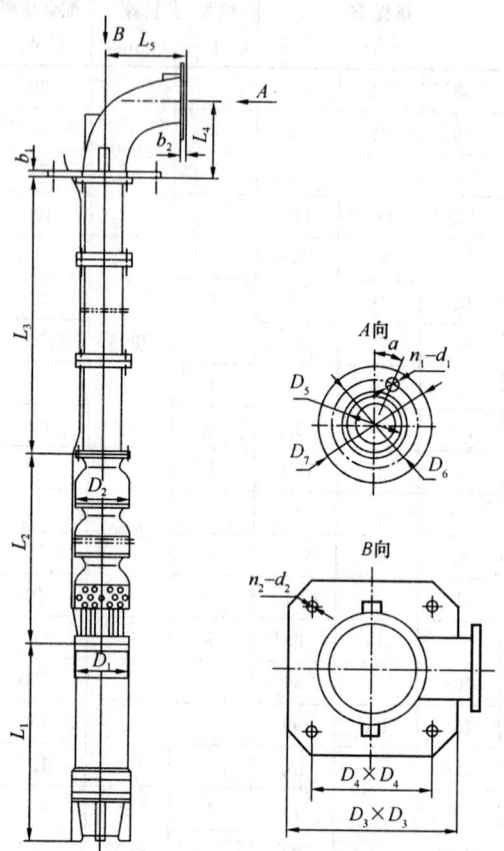

图 1-232　QRJ 型井用潜水泵外形及安装尺寸

QRJ 型井用潜水泵外形及安装尺寸　　　　　　　　　　　　表 1-264

泵型号	级数(I)	D_1	D_2	D_3	D_4	D_5	D_6	D_7	L_1	L_2	L_3	L_4	L_5	B_1	B_2	a	n_1-d_1	n_2-d_2
100QRJ4 -19	4	$\phi95$	98	350× 350	251.4× 251.4	$\phi100$	$\phi180$	$\phi220$	524	390	7000	180	178	20	24	22.5°	8— $\phi18$	4$\phi18$
	5								600	495	12000							
	6								600	600	16000							
	7								752	705	19000							
	8								752	810	22000							
100QRJ10	11	$\phi95$	98	350× 350	251.4× 251.4	$\phi100$	$\phi180$	$\phi220$	524	1310	31000	180	178	20	24	22.5°	8— $\phi17.5$	4— $\phi18$
	12								600	1405	33500							
	15								600	1690	43500							
	16								600	1785	46000							
	20								600	2165	56000							
	21								752	2260	58500							
	28								752	2925	78500							

泵型号	级数(I)	D_1	D_2	D_3	D_4	D_5	D_6	D_7	L_1	L_2	L_3	L_4	L_5	B_1	B_2	a	n_1—d_1	n_2—d_2
150QRJ12	6	φ143	143	350×350	251.4×251.4	φ100	φ180	φ220	905	1098	37000	180	178	20	24	22.5°	8—φ17.5	4—φ18
	7								905	1216	46000							
	8								940	1334	52000							
	9								940	1425	58000							
	10								940	1570	64000							
	11								975	1688	70000							
	12								975	1806	76000							
	13								975	1924	82000							
	14								975	2042	88000							
	15								985	2160	97000							
	16								985	2278	103000							
	17								985	2396	109000							
150QRJ20	4	φ14.3	14.3	350×350	251.4×251.4	φ100	φ180	φ220	905	862	25000	180	178	20	24	22.5°	8—φ17.5	4—φ18
	5								905	980	31000							
	6								940	1098	37000							
	7								940	1216	43000							
	8								975	1334	49000							
	9								975	1425	58000							
	10								985	1570	64000							
	11								985	1688	70000							
	12								1060	1806	76000							
	13								1060	1924	82000							
	14								1060	2042	88000							
	15								1170	2160	94000							
	16								1170	2278	100000							
	17								1210	2396	106000							
150QRJ30	2	φ14.3	14.3	350×350	251.4×251.4	φ100	φ180	φ220	845	626	13000	180	178	20	24	22.5°	8—φ17.5	4—φ18
	3								905	744	19000							
	4								940	862	28000							
	5								975	980	34000							
	6								975	1098	40000							
	7								985	1216	46000							
	8								1060	1334	55000							
	9								1060	1452	61000							
	10								1170	1570	67000							
	11								1210	1688	73000							
	12								1210	1806	82000							

泵型号	级数 (I)	D_1	D_2	D_3	D_4	D_5	D_6	D_7	L_1	L_2	L_3	L_4	L_5	B_1	B_2	a	n_1-d_1	n_2-d_2
150QRJ45	2	$\phi143$	143	350×350	251.4×251.4	$\phi100$	$\phi180$	$\phi220$	845	634	13000	180	178	20	24	22.5°	8—$\phi17.5$	4—$\phi18$
	3								940	756	19000							
	4								975	878	25000							
	5								975	1000	28000							
	6								985	1122	34000							
	7								1060	1244	40000							
	8								1170	1366	46000							
	9								1210	1488	52000							
	10								1210	1619	58000							
175QRJ20	4	$\phi143$	168	350×350	251.4×251.4	$\phi100$	$\phi180$	$\phi220$	905	918	28000	180	178	20	24	22.5°	8—$\phi17.5$	4—$\phi18$
	5								940	1048	37000							
	6								940	1178	43000							
	7								975	1308	52000							
	8								975	1438	58000							
	9								985	1568	67000							
	10								985	1698	73000							
	11								1060	1828	82000							
	12								1060	1958	85000							
	13								1170	2088	91000							
	14								1170	2218	97000							
	15								1210	2348	106000							
	16								1210	2478	112000							
175QRJ30	2	$\phi143$	168	350×350	251.4×251.4	$\phi100$	$\phi180$	$\phi220$	905	658	16000	180	178	20	24	22.5°	8—$\phi17.5$	4—$\phi18$
	3								940	788	25000							
	4								975	918	34000							
	5								985	1048	43000							
	6								1060	1178	49000							
	7								1060	1308	58000							
	8								1170	1438	67000							
	9								1210	1568	76000							
175QRJ40	2	$\phi143$	168	350×350	251.4×251.4	$\phi100$	$\phi180$	$\phi220$	905	658	19000	180	178	20	24	22.5°	8—$\phi17.5$	4—$\phi18$
	3								940	788	28000							
	4								975	918	34000							
	5								985	1048	43000							
	6								1060	1178	55000							
	7								1170	1308	61000							

泵型号	级数(I)	D_1	D_2	D_3	D_4	D_5	D_6	D_7	L_1	L_2	L_3	L_4	L_5	B_1	B_2	a	n_1-d_1	m_2-d_2
225QRJ60	1	$\phi184$	200	350×350	251.4×251.4	$\phi100$	$\phi180$	$\phi220$	845	712	13000	180	178	20	24	22.5°	8—$\phi17.5$	4—$\phi18$
	2								905	874	28000							
	3								955	1036	43000							
	4								1060	1192	55000							
	5								1135	1360	67000							
	6								1270	1522	82000							
	7								1270	1984	94000							
	8								1365	1864	109000							
225QTJ100	2	$\phi184$	200	350×350	251.4×251.4	$\phi100$	$\phi180$	$\phi220$	955	910	19000	180	178	20	24	22.5°	8—$\phi17.5$	4—$\phi18$
	3								985	1090	28000							
	4								1135	1270	37000							
	5								1270	1450	46000							
	6								1270	1630	55000							
	7								1365	1810	67000							
	8								1425	1990	76000							
225QTJ130	2	$\phi184$	200	350×350	251.4×251.4	$\phi100$	$\phi180$	$\phi220$	985	910	19000	180	178	20	24	22.5°	8—$\phi17.5$	4—$\phi18$
	3								1135	1090	31000							
	4								1270	1270	40000							
	5								1365	1450	52000							
	6								1425	1630	61000							
225QRJ90	2	$\phi184$	200	350×350	251.4×251.4	$\phi100$	$\phi180$	$\phi220$	985	889	28000	180	178	20	24	22.5°	8—$\phi17.5$	4—$\phi18$
	3								1135	1054	40000							
	4								1270	1219	55000							
	5								1365	1384	67000							
	6								1425	1549	82000							
225QRJ125	2	$\phi184$	240	500×500	381.8×381.8	$\phi150$	$\phi240$	$\phi285$	1055	889	25000	180	305	37	26	22.5°	8—$\phi22$	4—$\phi19$
	3								1270	1054	37000							
	4								1365	1219	46000							
	5								1425	1384	61000							
300QRJ120	1	$\phi184$ $\phi233$	250	500×500	381.8×381.8	$\phi150$	$\phi240$	$\phi285$	955	618	22000	180	305	37	26	22.5°	8—$\phi22$	4—$\phi19$
	2								1270	821	43000							
	3								1425	1225	64000							
	4								1335	1428	85000							
	5								1525	1631	106000							

泵型号	级数(I)	D_1	D_2	D_3	D_4	D_5	D_6	D_7	L_1	L_2	L_3	L_4	L_5	B_1	B_2	a	n_1-d_1	n_2-d_2
300QCJ170	1	$\phi184$ $\phi233$	250	500× 500	381.8× 381.8	$\phi150$	$\phi240$	$\phi285$	1270	618	25000	180	305	37	26	22.5°	8— $\phi22$	4— $\phi19$
	2								1335	1021	52000							
	3								1525	1225	76000							
	4								1740	1428	103000							
300QTJ200	1	$\phi184$ $\phi233$	250	500× 500	381.8× 381.8	$\phi150$	$\phi240$	$\phi285$	1055	643	19000	180	305	37	26	22.5°	8— $\phi22$	4— $\phi19$
	2								165	871	37000							
	3								1335	1299	55000							
	4								1525	1527	73000							
	5								1740	1755	91000							
300QTJ250	1	$\phi184$ $\phi233$	250	500× 500	381.8× 381.8	$\phi150$	$\phi240$	$\phi285$	1135	643	16000	180	305	37	26	22.5°	8— $\phi22$	4— $\phi19$
	2								1425	871	34000							
	3								1525	1299	49000							
	4								1670	1527	67000							
350QCJ250	1	$\phi233$ $\phi278$	330	540× 540	381.8× 381.8	$\phi200$	$\phi295$	$\phi340$	1335	973	34000	245	270	45	26	15°	12— $\phi23$	4— $\phi19$
	2								1740	1224	70000							
	3								2003	1475	103000							
	4								2134	1726	139000							
350QCJ290	1	$\phi233$ $\phi278$	330	540× 540	381.8× 381.8	$\phi200$	$\phi295$	$\phi340$	1428	973	37000	245	270	45	26	15°	12— $\phi23$	4— $\phi19$
	2								1903	1224	76000							
	3								2134	1475	112000							
350QCJ320	1	$\phi233$	330	540× 540	381.8× 381.8	$\phi200$	$\phi295$	$\phi340$	1525	973	40000	245	270	45	26	15°	12— $\phi23$	4— $\phi19$
	2								2003	1224	79000							
	3								2134									
350QRJ370	1	$\phi233$	330	540× 540	381.8× 381.8	$\phi200$	$\phi295$	$\phi340$	1525	724	34000	245	270	45	26	15°	12— $\phi23$	4— $\phi19$
	2								2003	968	70000							
350QRJ450	1	$\phi233$	330	540× 540	381.8× 381.8	$\phi200$	$\phi295$	$\phi340$	1670	724	37000	245	270	45	26	15°	12— $\phi23$	4— $\phi19$
	2								2134	968	76000							

1.6 容 积 泵

1.6.1 单螺杆泵

(1) 用途：单螺杆泵可用于输送中性或腐蚀性的液体，洁净的或具有磨损性的液体，含有气体或易产生气泡的液体，高黏度或低黏度液体（包括含有纤维物或固体物质的液体）。

环境保护：工业污水、生活污水、含有固体颗粒及短纤维的污泥浊水的输送，特别适用于油水分离器，板压滤机等设备；

船舶工业：用于输送渣油、扫舱和污水、海水等；

石化工业：用于多种油类的输送，特别是原油；

纺织工业：用于输送合成纤维液、黏胶液、染料、尼龙粉液等；

医药、日化：各种黏稠浆、乳化液、各种软膏类化妆品等的输送；

食品罐头工业：各种黏稠淀粉、食油、蜂蜜、糖浆、果酱、奶油、鱼糜以及下脚料的输送；

酿造业：各种发酵黏稠液，浓酒糟、粮食制品渣、各种酱类、浆和含有块状固态物的黏液等；

建筑工业：水泥浆、石灰浆、涂料及其他糊状体的喷涂与输送；

冶金与矿山工业：用于输送氧化物和废水、矿井排水和液体炸药等；

化工工业：各种悬浮液、油脂、各种胶体浆、各种胶粘剂、造纸、印刷业、高黏度油墨、纸浆黑液、墙纸的 PVC 高分子塑料糊和各种浓度的纸浆，短纤维浆料等的输送。

(2) 型号意义说明：

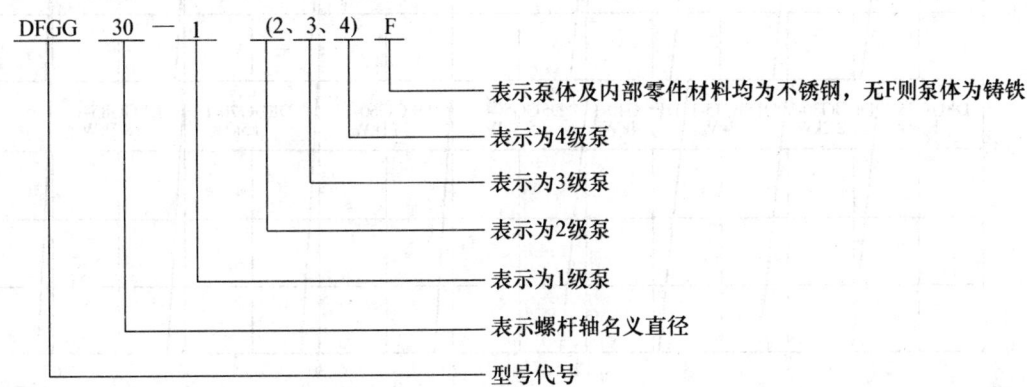

(3) 结构：DFGG 型单螺杆泵为偏心螺旋转子泵，是一种内啮合的密闭式螺杆泵。泵的主要工作部件由具有双头螺旋空腔的定子和在定子孔内与其啮合的单头螺旋螺杆（螺杆轴）组成。当传动轴通过万向节驱动螺杆轴绕定子作行星回转时，定子—螺杆轴就连续地啮合而形成密闭腔，这些密闭腔容积不变作匀速轴向运动，把介质从吸入端输送至压出端，介质通过定子时不会被搅动。电机安装在吸入端，可反向输送介质。驱动方式可选择由弹性联轴器与变频调速电机连接，或者由弹性联轴器与无级变速电机连接。根据输送介质特性应选择不同的橡胶衬套。

(4) 机组转速选择（表 1-265、表 1-266）：

根据介质黏度选择机组转速　　　　　　　　　　　表 1-265

黏度（cst）	1~1000	1000~10000	10000~100000	100000~1000000
转速（r/min）	400~1000	200~400	<200	<100

根据介质的磨损性选择转速　　　　　　　　　　　表 1-266

磨损性	介 质 名 称	转速（r/min）
无	淡水、促凝剂、油、酱汁、肉沫、肥皂水、血液、甘油等	800~1000
一般	泥浆、悬浮液、工业废水、油漆颜料、废丝水（糖）、灰浆、麦麸、菜籽油过滤后的沉积物	600~800
严重	石灰浆、黏土、灰泥、陶土等	200~400

泵的规格越大时，转速应选得低一些；转速改变后泵流量会发生改变。

(5) 性能：单螺杆泵性能见图 1-233 及表 1-267。

(6) 外形及安装尺寸：单螺杆泵外形及安装尺寸见图 1-234 及表 1-268。

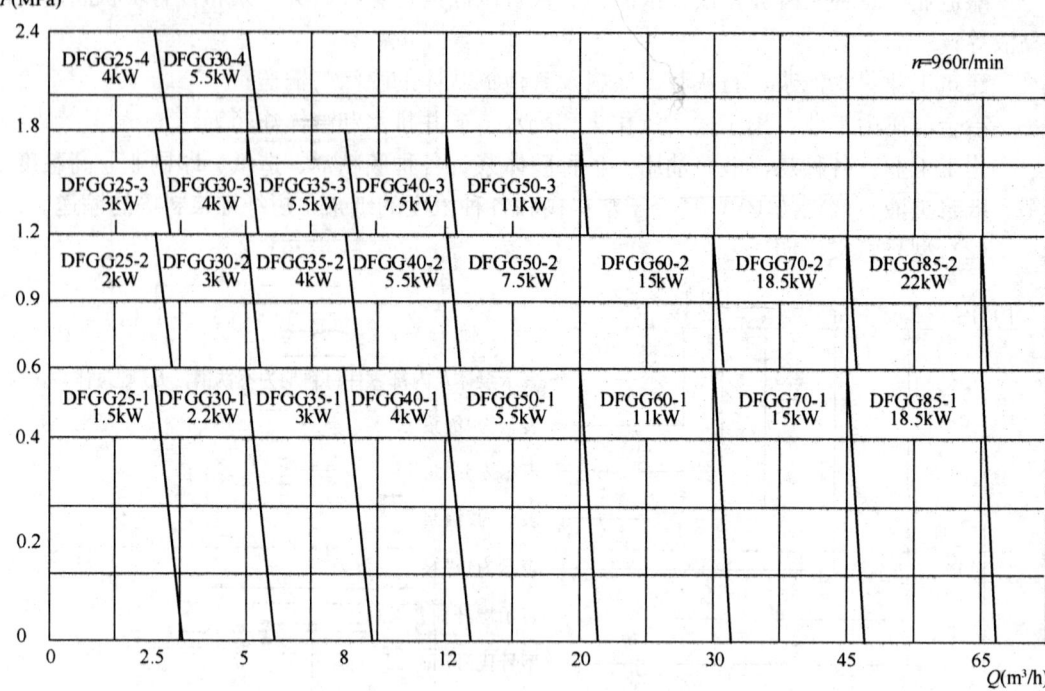

图 1-233 单螺杆泵性能曲线

注：当转速改变时，流量 Q 随之而改变，但压力 P 保持不变（即曲线向右平移）。

单螺杆泵性能参数   表 1-267

泵型号	级数	流量		压力	转速	功率	进口口径	出口口径
		(m³/h)	(L/s)	(MPa)	(r/min)	(kW)	(mm)	(mm)
DFGG25-1	1	2.6	0.72	0.6	960	1.5	ϕ32	ϕ25
DFGG25-2	2	2.6	0.72	1.2	960	2.2	ϕ32	ϕ25
DFGG25-3	3	2.6	0.72	1.8	960	3	ϕ32	ϕ25
DFGG25-4	4	2.6	0.72	2.4	960	4	ϕ32	ϕ25
DFGG30-1	1	5	1.39	0.6	960	2.2	ϕ50	ϕ40
DFGG30-2	2	5	1.39	1.2	960	3	ϕ50	ϕ40
DFGG30-3	3	5	1.39	1.8	960	4	ϕ50	ϕ40
DFGG30-4	4	5	1.39	2.4	960	5.5	ϕ50	ϕ40
DFGG35-1	1	8	2.22	0.6	960	3	ϕ65	ϕ50
DFGG35-2	2	8	2.22	1.2	960	4	ϕ65	ϕ50
DFGG35-3	3	8	2.22	1.8	960	5.5	ϕ65	ϕ50
DFGG40-1	1	12	3.33	0.6	960	4	ϕ80	ϕ65
DFGG40-2	2	12	3.33	1.2	960	5.5	ϕ80	ϕ65
DFGG40-3	3	12	3.33	1.8	960	7.5	ϕ80	ϕ65
DFGG50-1	1	20	5.56	0.6	960	5.5	ϕ100	ϕ80

续表

泵型号	级数	流 量		压力 (MPa)	转速 (r/min)	功率 (kW)	进口口径 (mm)	出口口径 (mm)
		(m³/h)	(L/s)					
DFGG50-2	2	20	5.56	1.2	960	7.5	$\phi100$	$\phi80$
DFGG50-3	3	20	5.56	1.8	960	11	$\phi100$	$\phi80$
DFGG60-1	1	30	8.33	0.6	960	11	$\phi125$	$\phi100$
DFGG60-2	2	30	8.33	1.2	960	15	$\phi125$	$\phi100$
DFGG70-1	1	45	12.5	0.6	960	15	$\phi150$	$\phi125$
DFGG70-2	2	45	12.5	1.2	960	18.5	$\phi150$	$\phi125$
DFGG85-1	1	65	18.1	0.6	960	18.5	$\phi150$	$\phi150$
DFGG85-2	2	65	18.1	1.2	960	22	$\phi150$	$\phi150$

注：1. 设计时以20℃的清水为介质其黏度 $\upsilon=1mm^2/s$；

2. 对于不同黏度及磨损特性的介质应选择不同的运转速度（见选泵指南），本表所列转速为参考转速；

3. 输出流量的变化规律同转速及压差有关。

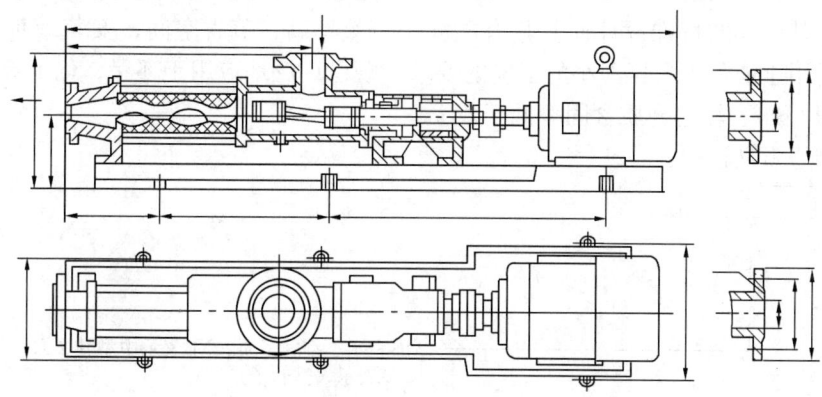

图 1-234　单螺杆泵外形及安装尺寸

单螺杆泵外形及安装尺寸　　　　　　　　　　　　表 1-268

泵型号	尺　寸(mm)																
	L_1	L_2	L_3	L_4	L_5	H	H_1	B	B_1	DN_1	DO_1	D_1	$n-\phi d_1$	DN_2	DO_2	D_2	$n-\phi d_2$
G25-1	135	400	400	325	1150	145	260	160	180	$\phi32$	$\phi100$	$\phi140$	$4-\phi18$	$\phi25$	$\phi85$	$\phi115$	$4-\phi14$
G25-2	130	455	485	460	1300	160	275	160	180	$\phi32$	$\phi100$	$\phi140$	$4-\phi18$	$\phi25$	$\phi85$	$\phi115$	$4-\phi14$
G25-3	130	500	515	585	1565	170	285	160	200	$\phi32$	$\phi100$	$\phi140$	$4-\phi18$	$\phi25$	$\phi85$	$\phi115$	$4-\phi14$
G25-4	130	525	540	715	1680	175	290	170	200	$\phi32$	$\phi100$	$\phi140$	$4-\phi18$	$\phi25$	$\phi85$	$\phi115$	$4-\phi14$
G30-1	145	540	545	415	1300	180	315	195	200	$\phi50$	$\phi125$	$\phi165$	$4-\phi18$	$\phi40$	$\phi110$	$\phi150$	$4-\phi18$
G30-2	135	560	570	560	1550	200	335	195	240	$\phi50$	$\phi125$	$\phi165$	$4-\phi18$	$\phi40$	$\phi110$	$\phi150$	$4-\phi18$
G30-3	135	640	640	755	1750	210	345	200	245	$\phi50$	$\phi125$	$\phi165$	$4-\phi18$	$\phi40$	$\phi110$	$\phi150$	$4-\phi18$
G30-4	135	710	710	905	1895	215	350	200	245	$\phi50$	$\phi125$	$\phi165$	$4-\phi18$	$\phi40$	$\phi110$	$\phi150$	$4-\phi18$
G35-1	140	475	525	440	1400	210	335	200	240	$\phi65$	$\phi145$	$\phi185$	$4-\phi18$	$\phi50$	$\phi125$	$\phi165$	$4-\phi18$
G35-2	140	580	640	620	1620	215	340	200	240	$\phi65$	$\phi145$	$\phi185$	$4-\phi18$	$\phi50$	$\phi125$	$\phi165$	$4-\phi18$
G35-3	160	640	720	765	1795	220	345	200	245	$\phi65$	$\phi145$	$\phi185$	$4-\phi18$	$\phi50$	$\phi125$	$\phi165$	$4-\phi18$
G40-1	140	615	685	450	1470	220	340	210	240	$\phi80$	$\phi160$	$\phi200$	$8-\phi18$	$\phi65$	$\phi145$	$\phi185$	$4-\phi18$
G40-2	160	665	620	660	1700	210	330	210	245	$\phi80$	$\phi160$	$\phi200$	$8-\phi18$	$\phi65$	$\phi145$	$\phi185$	$4-\phi18$
G40-3	170	735	790	925	2082	250	370	220	295	$\phi80$	$\phi160$	$\phi200$	$8-\phi18$	$\phi65$	$\phi145$	$\phi185$	$4-\phi18$
G50-1	150	620	634	545	1650	230	370	220	240	$\phi100$	$\phi180$	$\phi220$	$8-\phi18$	$\phi80$	$\phi160$	$\phi200$	$8-\phi18$

泵型号	尺　寸(mm)																
	L_1	L_2	L_3	L_4	L_5	H	H_1	B	B_1	DN_1	DO_1	D_1	$n-\phi d_1$	DN_2	DO_2	D_2	$n-\phi d_2$
G50-2	150	690	690	735	1885	240	380	230	295	$\phi100$	$\phi180$	$\phi220$	$8-\phi18$	$\phi80$	$\phi160$	$\phi200$	$8-\phi18$
G50-3	180	790	790	860	2180	240	380	250	300	$\phi100$	$\phi180$	$\phi220$	$8-\phi18$	$\phi80$	$\phi160$	$\phi200$	$8-\phi18$
G60-1	165	690	690	690	1850	250	400	230	295	$\phi125$	$\phi210$	$\phi250$	$8-\phi22$	$\phi100$	$\phi180$	$\phi220$	$8-\phi18$
G60-2	165	810	820	940	2180	250	400	240	295	$\phi125$	$\phi210$	$\phi250$	$8-\phi22$	$\phi100$	$\phi180$	$\phi220$	$8-\phi18$
G70-1	165	720	730	780	1995	270	450	280	320	$\phi150$	$\phi245$	$\phi285$	$12-\phi22$	$\phi125$	$\phi210$	$\phi250$	$8-\phi22$
G70-2	195	670	880	1140	2745	300	480	300	350	$\phi150$	$\phi245$	$\phi285$	$12-\phi22$	$\phi125$	$\phi210$	$\phi250$	$8-\phi22$
G85-1	195	730	750	1180	2050	290	460	290	350	$\phi150$	$\phi245$	$\phi285$	$12-\phi22$	$\phi150$	$\phi245$	$\phi285$	$12-\phi22$
G85-2	195	1150	1250	1545	2415	310	480	320	380	$\phi150$	$\phi245$	$\phi285$	$12-\phi22$	$\phi150$	$\phi245$	$\phi285$	$12-\phi22$

1.6.2　转子泵

（1）用途：转子泵属于旋转式容积泵，可以连续、无脉动地输送含有固体颗粒和高黏稠的介质。其内部的特殊设计使其具有能耗小、效率高、节省空间、安装维护方便的特点，特别适用于流量大、压力小的工况的要求，现已广泛地应用于环保、化工等行业。输送压力小于6Bar、输送介质含固率低于6%。

（2）型号意义说明：

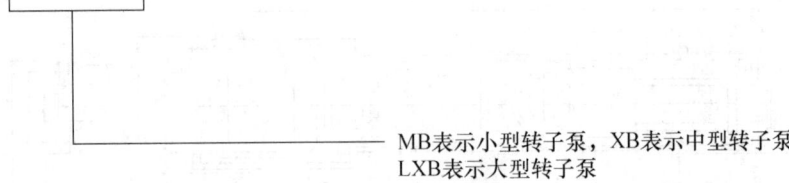

MB表示小型转子泵，XB表示中型转子泵
LXB表示大型转子泵

（3）结构：转子泵由泵齿轮箱、防磨板、吸入室、转子、前端盖等组成。转子泵分为MB、XB、XLB三个系列，每个系列的同步齿轮箱一样。大流量的转子泵在前端盖有轴承组，避免传动轴加长出现弯曲变形。泵腔体和齿轮箱是分体结构组装而成，确保齿轮箱不受泄漏影响。吸入室是两片轴瓦式结构，可只打开半片检修。维修时也可打开前端盖检查或更换转子。转子泵可正、反转运行，采用双向平衡性机械密封。其结构如图1-235所示。

（4）性能：转子泵性能见图1-236、图1-237和表1-269。

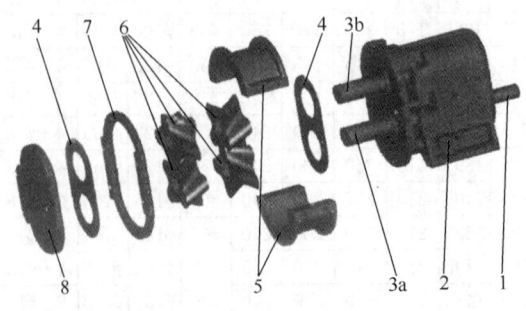

图1-235　转子泵结构

1—传动轴；2—泵齿轮箱；3a、3b—轴；4—防磨板；
5—半圆吸入室；6—转子；7—夹环；8—前端盖

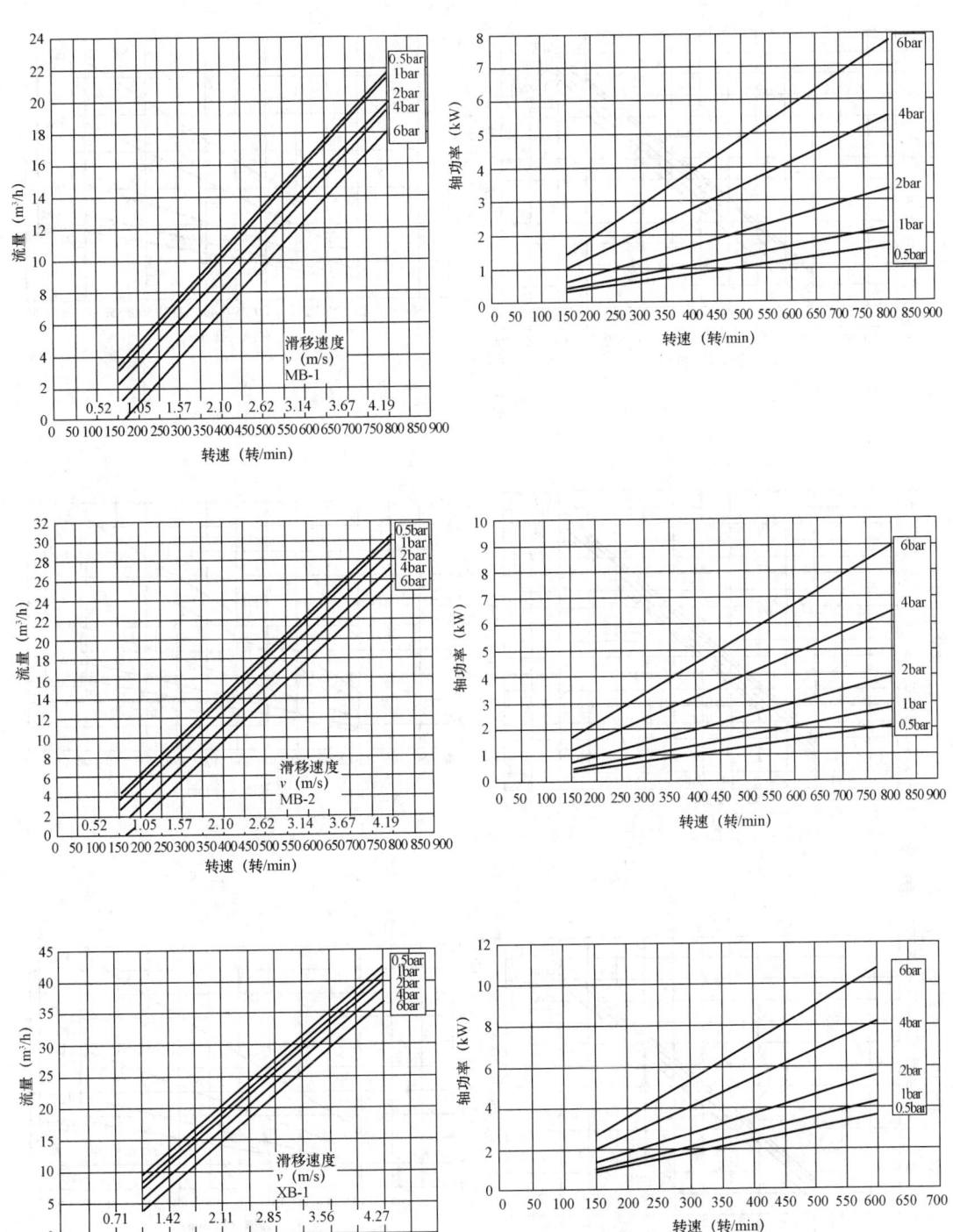

图 1-236 转子泵性能曲线

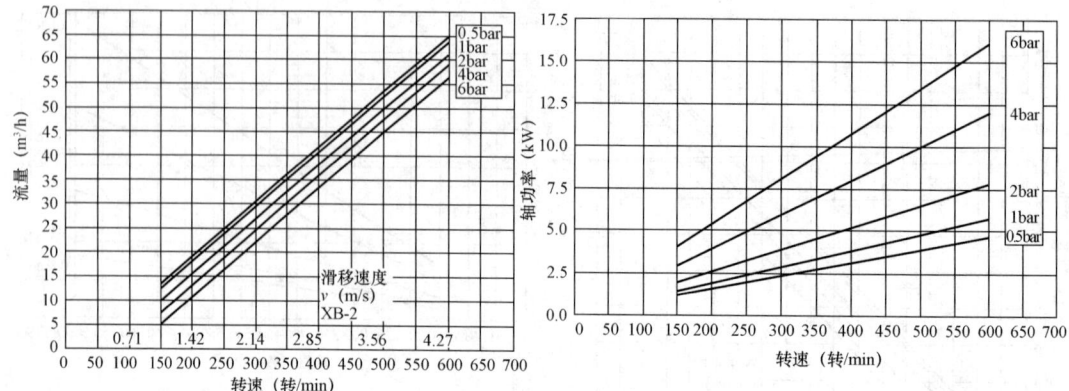

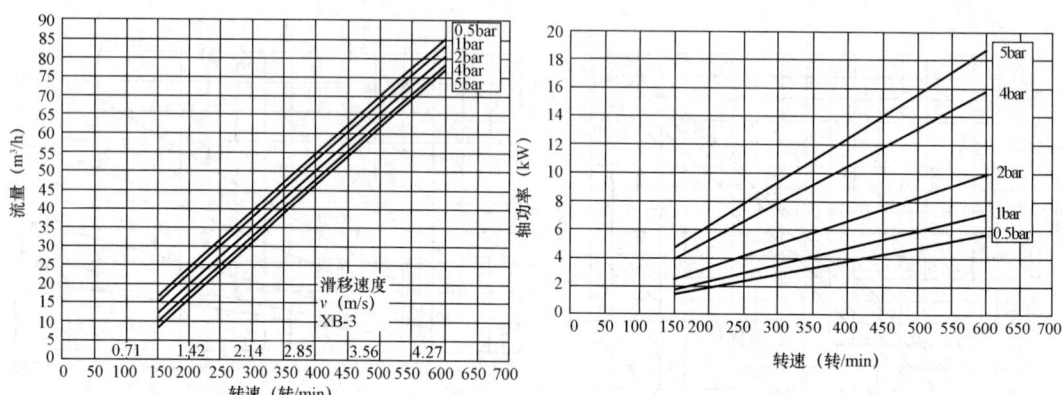

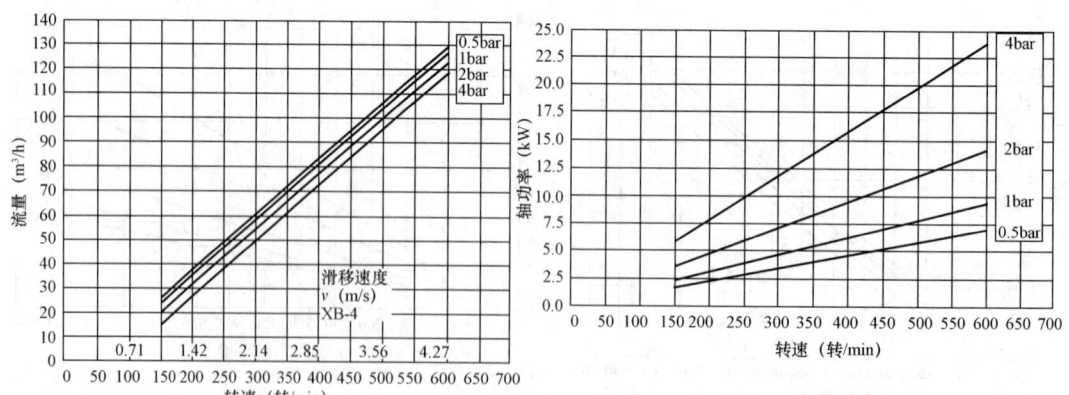

图 1-236 转子泵性能曲线（续）

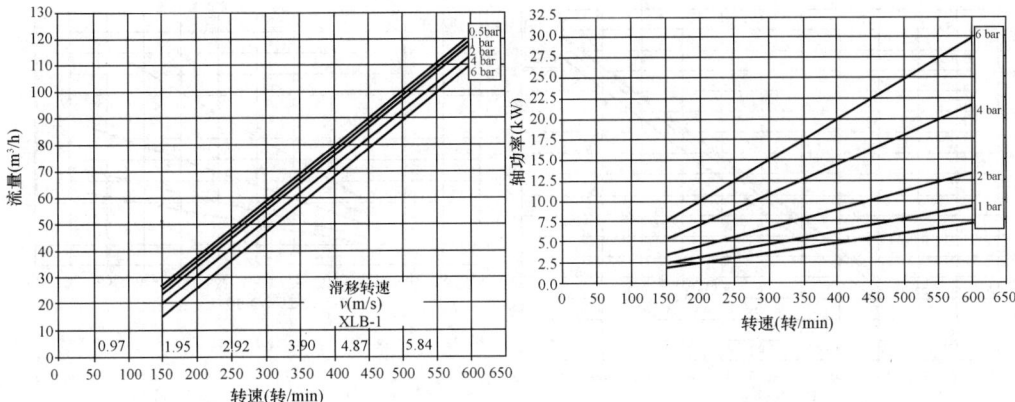

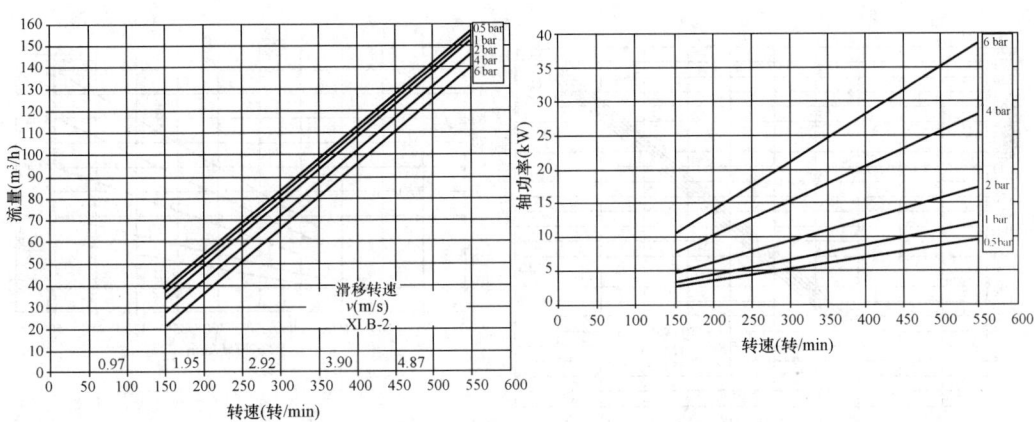

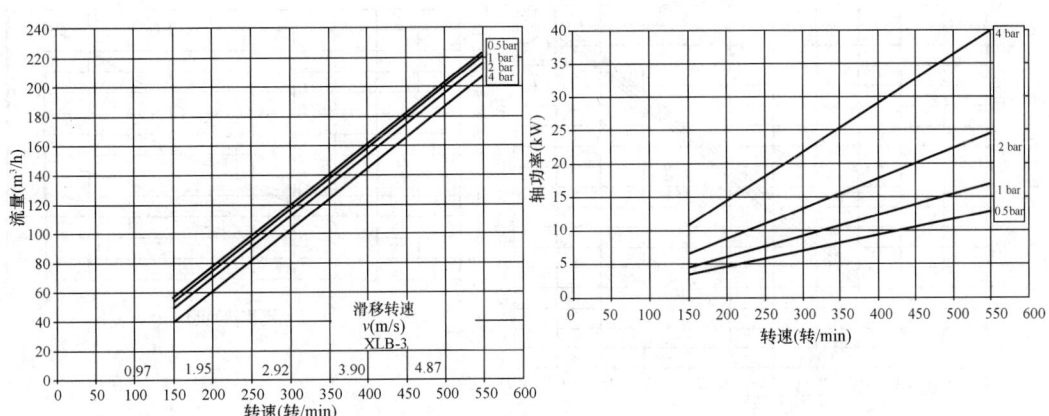

图 1-236　转子泵性能曲线（续）

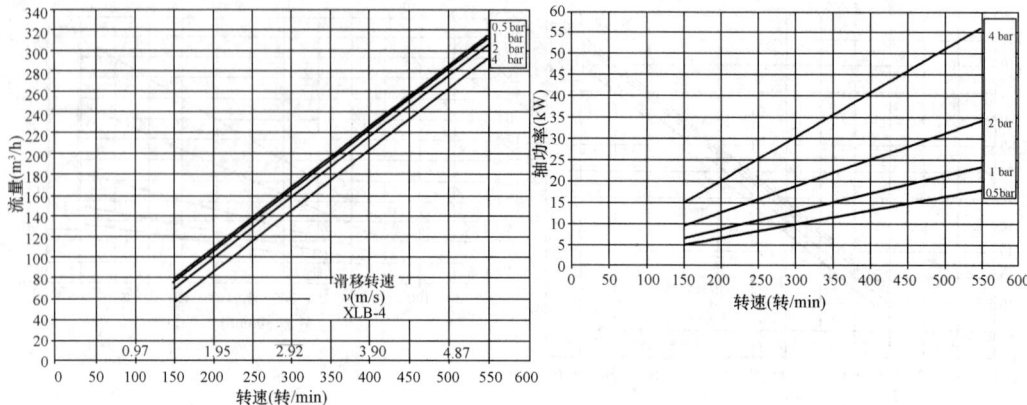

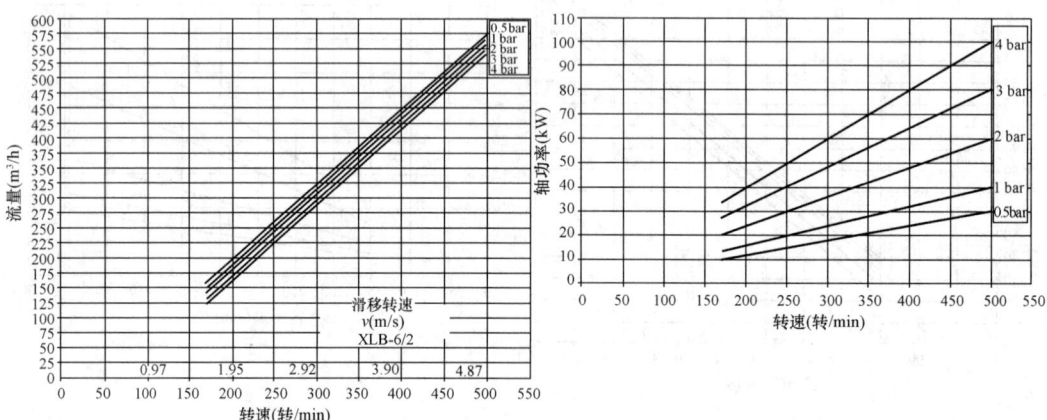

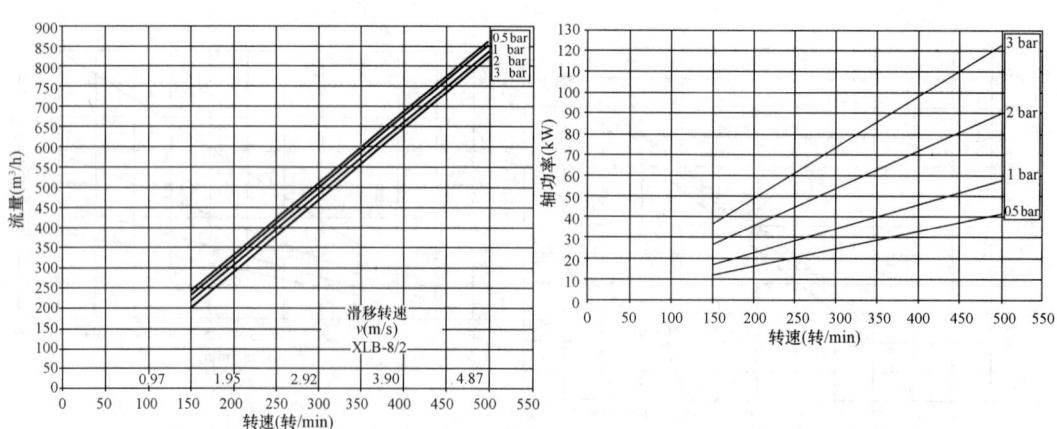

图 1-236 转子泵性能曲线（续）

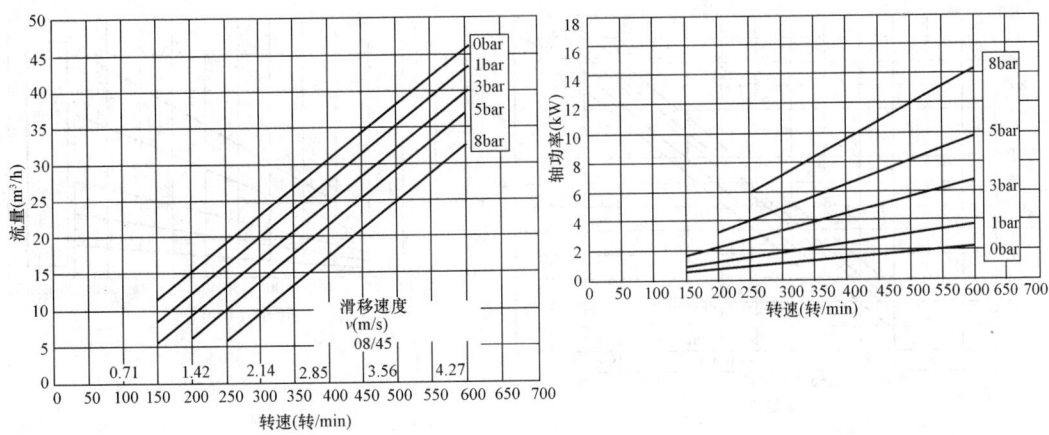

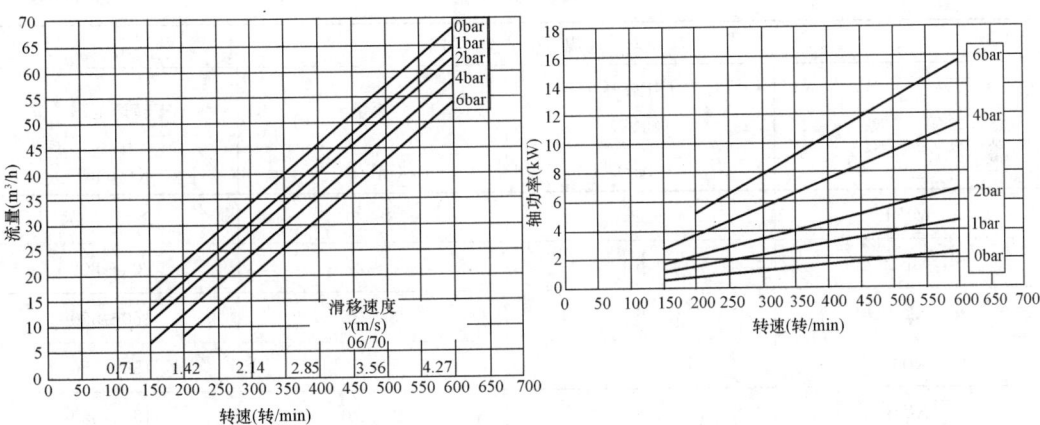

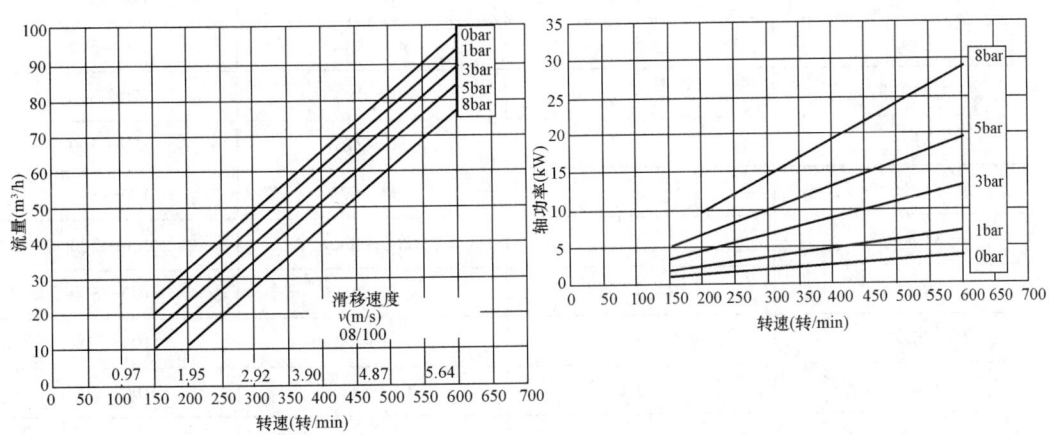

图 1-237　转子泵（新型全金属结构）性能曲线

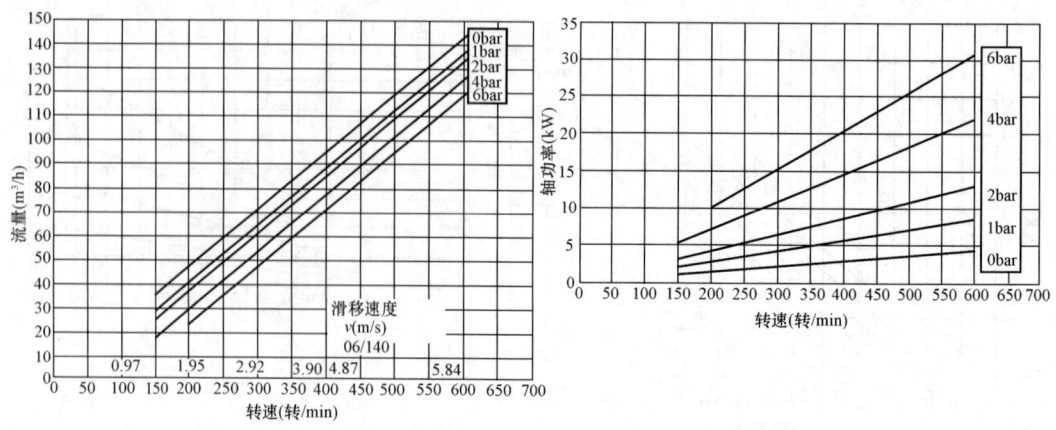

图 1-237 转子泵（新型全金属结构）性能曲线（续）

转子泵性能   表 1-269

规 格 型 号			
泵　型	最大工作压力（铸铁）（bar）	流量（m³/h）	转速范围（r/min）
MB-1	6	3～20	200～800
MB-2	6	5～27	200～800
XB-1	6	10～35	150～550
XB-2	6	15～50	150～550
XB-3	6	20～70	150～550
XB-4	5	30～105	150～550
XLB-1	6	30～95	170～500
XLB-2	6	40～135	170～500
XLB-3	5	50～195	170～500
XLB-4	5	80～275	170～500
XLB-6/2	5	150～575	170～500
XLB-8/2	5	250～850	150～500
08/45	6	8～39	100～500
06/70	6	12～58	100～500
08/100	6	16～82	100～500
06/140	6	24～119	100～500

（5）外形及安装尺寸：转子泵外形及安装尺寸见图 1-238、图 1-239 和表 1-270、表 1-271。

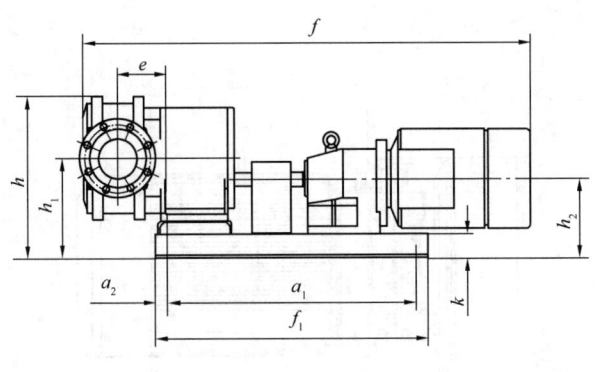
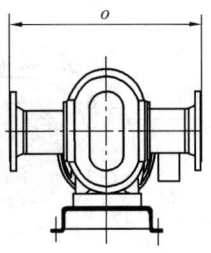
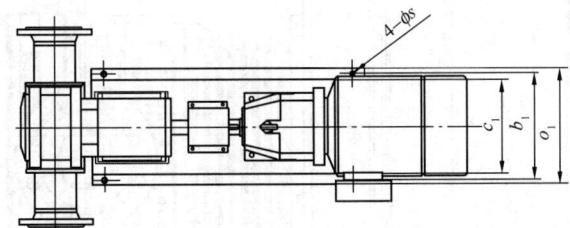
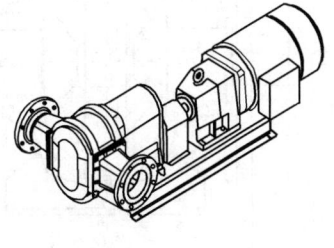

进出口法兰

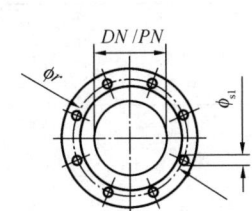

参考地基尺寸

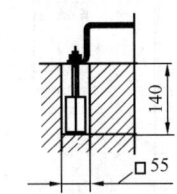

地脚螺栓规格 M12×160 GB799—88
M12×160 GB799—88

图 1-238 转子泵 (Ⅰ型) 外形及安装尺寸

转子泵 (Ⅰ型) 外形及安装尺寸   表 1-270

型号	GM	a_1	a_2	b_1	c_1	e	f	f_1	h	h_1	h_2	k	o	o_1	s	DN	ϕ_r	ϕ_{s1}
MB-1	SK25-100	520	40	290	250	89	994	600	409	260	205	80	469	320	$\phi14$	DN100/PN16	$\phi180$	$\phi18$
MB-2	SK25-100	520	40	290	250	98	1003	600	409	260	210	80	469	320	$\phi14$	DN100/PN16	$\phi180$	$\phi18$
XB-1	SK25-112	620	40	290	250	146	1162	700	478	280	212	80	630	320	$\phi14$	DN100/PN16	$\phi180$	$\phi18$
XB-2	SK33-132	620	40	340	300	151	1291	700	521	323	255	80	636	370	$\phi14$	DN125/PN16	$\phi210$	$\phi18$
XB-3	SK42-160	820	40	340	300	163	1489	900	521	323	255	80	636	370	$\phi14$	DN125/PN16	$\phi210$	$\phi18$
XB-4	SK42-160	800	100	310	254	210	1551	1000	589	391	323	100	630	350	$\phi18$	DN150/PN16	$\phi240$	$\phi22$
XLB-1	SK42-180	900	100	450	380	142	1563	1100	671	418	325	140	750	500	$\phi18$	DN125/PN16	$\phi210$	$\phi18$
XLB-2	SK52-180	1000	100	350	280	181	1835	1200	746	493	400	140	740	400	$\phi18$	DN150/PN16	$\phi240$	$\phi22$
XLB-3	SK52-180	1000	100	450	380	198	1862	1200	713	459	367	140	750	500	$\phi18$	DN150/PN16	$\phi240$	$\phi22$
XLB-4	SK62-225	1100	100	450	380	205	2073	1300	751	498	405	140	754	500	$\phi18$	DN200/PN16	$\phi295$	$\phi22$
XLB-6/2	SK82-250	1920	40	510	450		2540	2000	750	357	450	100	1170	550	$\phi18$	DN250/PN16	$\phi355$	$\phi26$
XLB-8/2	SK92-280	2300	100	650	580		3048	2500	943	456	550	140	1190	700	$\phi18$	DN300/PN16	$\phi410$	$\phi26$

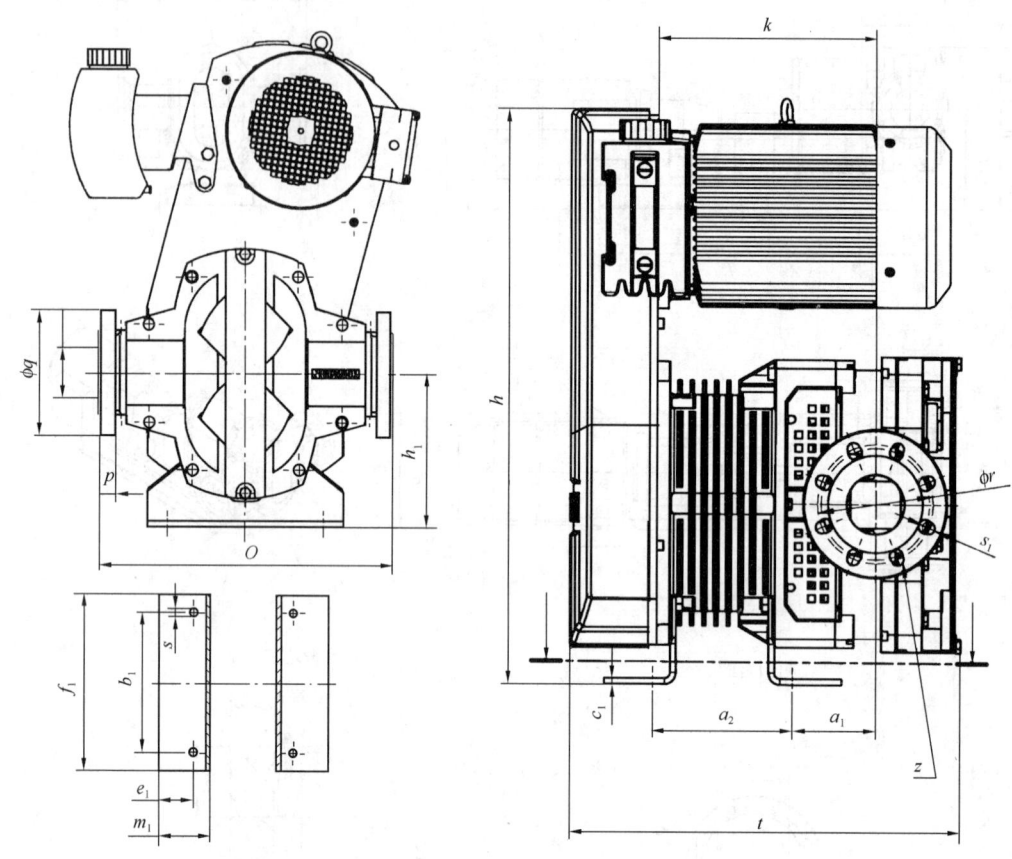

图 1-239 转子泵（Ⅱ型）外形及安装尺寸

转子泵（Ⅱ型）外形及安装尺寸   表 1-271

型号	a_1	a_2	b_1	c_1	e_1	f_1	h	h_1	k	m_1	o	s	t	DN	p	DN/PN16				Ansi CL150				IEC	NEMA
																q	r	s_1	z	q	r	s_1	z		
08/45-E	113.5	195	258	8	67	325	770	243	301	100	486	$\phi14$	537	80-3"	24	$\phi200$	$\phi160$	$\phi17$-M16	8	$\phi200$	$\phi152$	$\phi19$-M16	4	250 B5/B14	FC-184
06/70-E	123	195	258	8	67	325	770	243	310.5	100	494	$\phi14$	570	100-4"	27	$\phi229$	$\phi180$	$\phi17$-M16	8	$\phi229$	$\phi190.5$	$\phi19$-M16	8	250 B5/B14	FC-184
08/100-E	139	248	300	8	86	400	975	313	373	130	596	$\phi17.5$	702	125-6"	29	$\phi250$	$\phi210$	$\phi17$-M16	8	$\phi290$	$\phi241.3$	$\phi22.4$-M20	8	350 B5/B14	FC-184 FC-228
06/140-E	159	248	300	8	86	400	975	313	393	130	596	$\phi17.5$	765	125-6"	29	$\phi250$	$\phi210$	$\phi17$-M16	8	$\phi290$	$\phi241.3$	$\phi22.4$-M20	8	350 B5/B14	FC-184 FC-228

1.7 真 空 泵

（1）用途：真空泵广泛适用于造纸、卷烟、制药、制糖、轻纺、食品、冶金、选矿、采矿、洗煤、化肥、炼油、化工、电力及电子等工业部门。用于真空蒸发、真空浓缩、真空回潮、真空浸渍、真空干燥、真空冶炼、真空吸尘、真空搬运、真空模拟、气体回收、减压蒸馏等工艺过程，用来抽吸不溶于水、不含有固体颗粒的气体，使被抽系统形成真空。由于在工作过程中，气体的抽吸是等温的，泵内又没有互相摩擦的金属表面，因此非常适合抽送易燃、易爆或遇温升易分解的气体。

（2）型号意义说明：

1）单泵型号表示方法

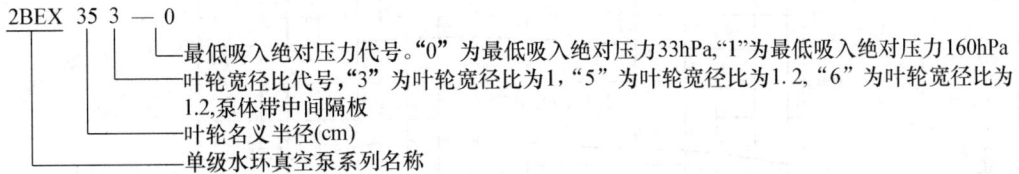

最低吸入绝对压力代号。"0"为最低吸入绝对压力33hPa，"1"为最低吸入绝对压力160hPa
叶轮宽径比代号，"3"为叶轮宽径比为1，"5"为叶轮宽径比为1.2，"6"为叶轮宽径比为1.2，泵体带中间隔板
叶轮名义半径(cm)
单级水环真空泵系列名称

2）成套型号表示方法

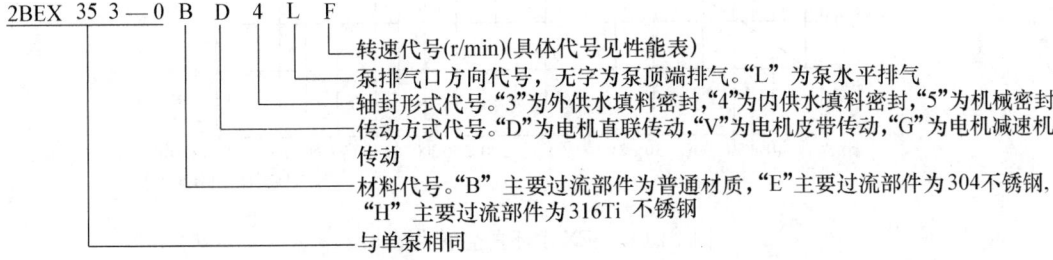

转速代号(r/min)(具体代号见性能表)
泵排气口方向代号，无字为泵顶端排气。"L"为泵水平排气
轴封形式代号。"3"为外供水填料密封，"4"为内供水填料密封，"5"为机械密封
传动方式代号。"D"为电机直联传动，"V"为电机皮带传动，"G"为电机减速机传动
材料代号。"B"主要过流部件为普通材质，"E"主要过流部件为304不锈钢，"H"主要过流部件为316Ti 不锈钢
与单泵相同

（3）结构：2BEX系列真空泵为单级单作用轴向进排气结构形式。叶轮与泵体呈偏心配置，首次启动前在泵内注入适量工作液（常用的是水），叶轮旋转时泵体内壁厚度接近相等的旋转液体内表面、叶轮轮毂表面和分配器端面构成多个大小不等月牙形空腔。在吸气侧小空腔容积逐渐扩大、压力降低，吸入空气，在排气侧空腔容积逐渐减小，气体被压缩至大于大气压时由排出口排出。一部分工作液会随气体排出，需要连续不断地向泵内补充一定工作液。配有自动排水阀避免过载启动。真空泵标准旋转方向由电机端看为顺时针旋转。轴封采用填料密封，可更换为机械密封。采用带隔板的泵体结构，可适应两种不同工况的使用要求。过流部件可喷涂特种材质或更换其他材质零部件。传动方式有直联驱动、皮带轮传动和减速机传动形式可供选择。

（4）性能、外形及安装尺寸：真空泵性能、外形及安装尺寸见图1-240～图1-247和表1-272～表1-279。

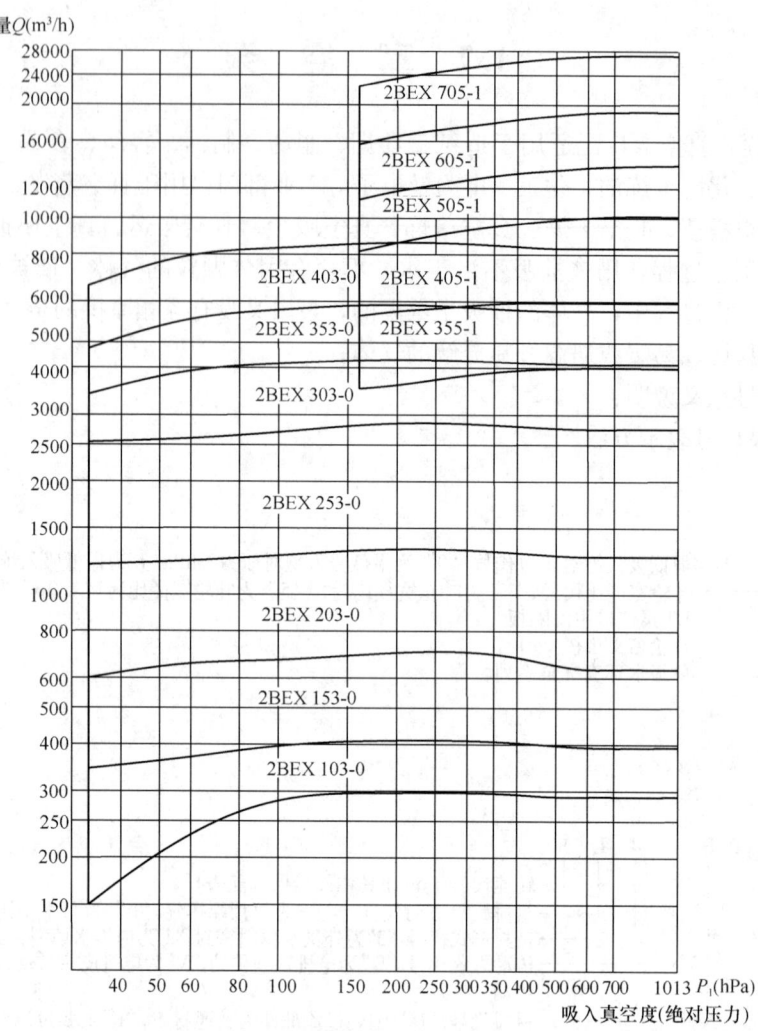

气量Q(m³/h)

图 1-240　BEX 水环真空泵性能曲线

注：上列性能基于被吸入气体为饱和空气，吸气温度 20℃，工作液温度 15℃，排气压力为一个标准大气压 1013.25hPa。

BEX 水环真空泵性能　　　　　　　　　　　　　表 1-272

泵型号	气量（饱和空气）（m³/h）				最低吸入绝压	转速	转速代号	功率		吸入排出口径	质量
	吸入绝压	吸入绝压	吸入绝压	吸入绝压				最大轴功率	电机功率		
	60hPa	100hPa	200hPa	400hPa	(hPa)	(r/min)		(kW)	(kW)	(mm)	(kg)
2BEX 103-0	230	283	297	294	33	1300	A	7	11	50	125
	270	320	340	330		1450	B	8.2	11		
	330	362	380	375		1625	C	10	15		
	370	396	410	404		1750	D	11.2	15		
2BEX 153-0	350	400	410	395	33	980	E	9.3	11	65	190
	460	500	540	520		1300	A	13.5	18.5		
	540	570	600	590		1450	B	16.5	18.5		
	615	630	660	645		1625	C	19.5	22		
	655	670	700	680		1750	D	22.3	30		

泵型号	气量（饱和空气）（m³/h）				最低吸入绝压	转速	转速代号	功率		吸入排出口径	质量
	吸入绝压 60hPa	吸入绝压 100hPa	吸入绝压 200hPa	吸入绝压 400hPa	(hPa)	(r/min)		最大轴功率 (kW)	电机功率 (kW)	(mm)	(kg)
2BEX 203-0	680	820	840	870	33	790	E	21	30	100	410
	820	920	1000	990		880	A	25	30		
	980	1035	1120	1100		980	B	29.5	37		
	1150	1200	1240	1240		1100	C	35	45		
	1230	1270	1320	1290		1170	D	39	45		
2BEX 253-0	1200	1435	1700	1730	33	565	E	38	45	125	890
	1260	1480	1775	1800		590	F	40.8	45		
	1675	1900	2100	2100		660	A	45	55		
	2070	2200	2400	2375		740	B	54	75		
	2400	2500	2660	2600		820	C	65	75		
	2600	2700	2850	2800		880	D	75	90		
2BEX 303-0	2040	2310	2560	2500	33	472	A	50	75	150	1400
	2320	2490	2670	2620		500	B	53	75		
	2580	2700	2850	2800		530	C	57.5	75		
	3000	3100	3200	3100		590	D	65	75		
	2450	3550	3600	3500		660	E	79	90		
	3630	3770	3830	3720		710	F	90	110		
	3740	3900	4000	3900		740	G	99	132		
	3920	4100	4200	4130		790	H	115	132		
2BEX 353-0	2380	2930	3370	3460	33	372	A	63	75	150	2000
	3200	3470	3700	3680		420	B	74	90		
	3900	4040	4200	4100		472	C	84	110		
	4160	4320	4480	4380		500	D	90	110		
	4420	4600	4720	4600		530	E	100	132		
	5050	5200	5300	5170		590	F	120	160		
	5380	5700	5880	5700		660	G	154	185		
2BEX 403-0	4000	4600	5100	5070	33	330	A	98	110	250	3300
	5120	5400	5680	5600		372	B	110	132		
	6000	6240	6280	6280		420	C	130	160		
	7020	7250	7350	7100		472	D	160	185		
	7260	7540	7680	7320		490	G	169	220		
	7580	7920	8120	7950		530	E	203	220		

| 泵型号 | 气量（饱和空气）(m³/h) | | | | 最低吸入绝压 | 转速 | 转速代号 | 功率 | | 吸入排出口径 | 质量 |
| | 吸入绝压 | 吸入绝压 | 吸入绝压 | 吸入绝压 | | | | 最大轴功率 | 电机功率 | | |
	60hPa	100hPa	200hPa	400hPa	(hPa)	(r/min)		(kW)	(kW)	(mm)	(kg)
2BEX 355-1	3600	3720	3890	3920	160	372	A	69	90	200	2200
	4400	4440	4500	4500		420	B	78	90		
	4820	4950	5040	5050		472	C	90	110		
	5060	5200	5280	5300		500	D	100	132		
	5280	5400	5540	5600		530	E	109	132		
	5600	5800	6000	6080		590	F	130	160		
	6200	6260	6600	6680		660	G	160	185		
2BEX 405-1	5650	5750	5900	5950	160	330	A	100	132	250	3400
	6500	6650	6750	6750		372	B	118	160		
	7200	7300	7500	7550		420	C	140	185		
	7700	7900	8200	8300		472	D	170	200		
	7950	8260	8650	8800		490	G	198	250		
	8250	8550	8900	9100		530	E	208	250		
	8600	9000	9500	9650		565	F	236	280		
2BEX 505-1	7200	7350	7650	7700	160	266	A	130	160	300	5100
	8500	8650	8750	8800		298	B	150	185		
	9400	9550	9700	9750		330	C	172	220		
	10240	10450	10700	10750		372	D	205	250		
	11000	11300	11750	11820		420	E	250	280		
	11800	12250	12750	13150		472	F	310	355		
2BEX 605-1	10800	11000	11400	11500	160	236	A	188	220	350	7900
	12600	12800	13000	13000		266	B	220	280		
	13800	13600	14400	14900		298	C	262	315		
	14700	15100	15500	15700		330	D	310	355		
	15750	16300	17000	17250		372	E	380	450		
	16500	17100	17900	18250		398	F	428	500		
2BEX 705-1	16800	17150	17500	17500	160	210	A	285	400	400	11500
	19000	19300	19600	19700		236	B	335	450		
	20600	21000	21600	21700		266	C	405	500		
	22000	22750	23600	23800		298	D	490	630		
	23500	24400	25600	26000		330	E	590	710		

注：上列性能基于被吸入气体为饱和空气，吸气温度 20℃，工作液温度 15℃，排气压力为一个标准大气压 1013.25hPa。

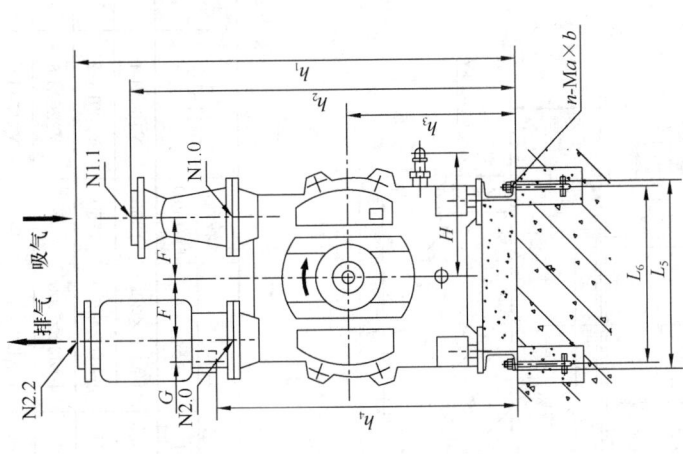

图 1-241 BEX 水环真空泵（直联驱动）外形及安装尺寸

BEX 水环真空泵（直联驱动）外形及安装尺寸

外形及安装尺寸（mm）　　　　表 1-273

泵型号	L_1	L_2	L_3	L_4	L_5	L_6	h_1	h_2	h_3	h_4	A	B	C	D	E	F	G	H	n-M$a\times b$	转速 (r/min)	电机型号	成套质量 (kg)
2BEX 103-0	1400	1175	738	207	412	472	765	615	300	514	385.5	318		78	120	105	40	262	4-M16×300	1450	Y160M-4	385
2BEX 153-0	1605	1320	830	228	450	510	865	720	345	587	431	318		100	120	125	50	290	4-M16×300	1450	Y180M-4	535
2BEX 203-0	2030	1615	1060	274	600	660	1110	965	440	754	528.5	477	34	135	125	155	50	400	4-M20×400	980	Y250M-6	1185
2BEX 253-0	2650	2125	910	155	780	880	1400	1185	555	954	690	477	276	155	155	185	80	380	6-M20×400	740	Y315M1-8	2400

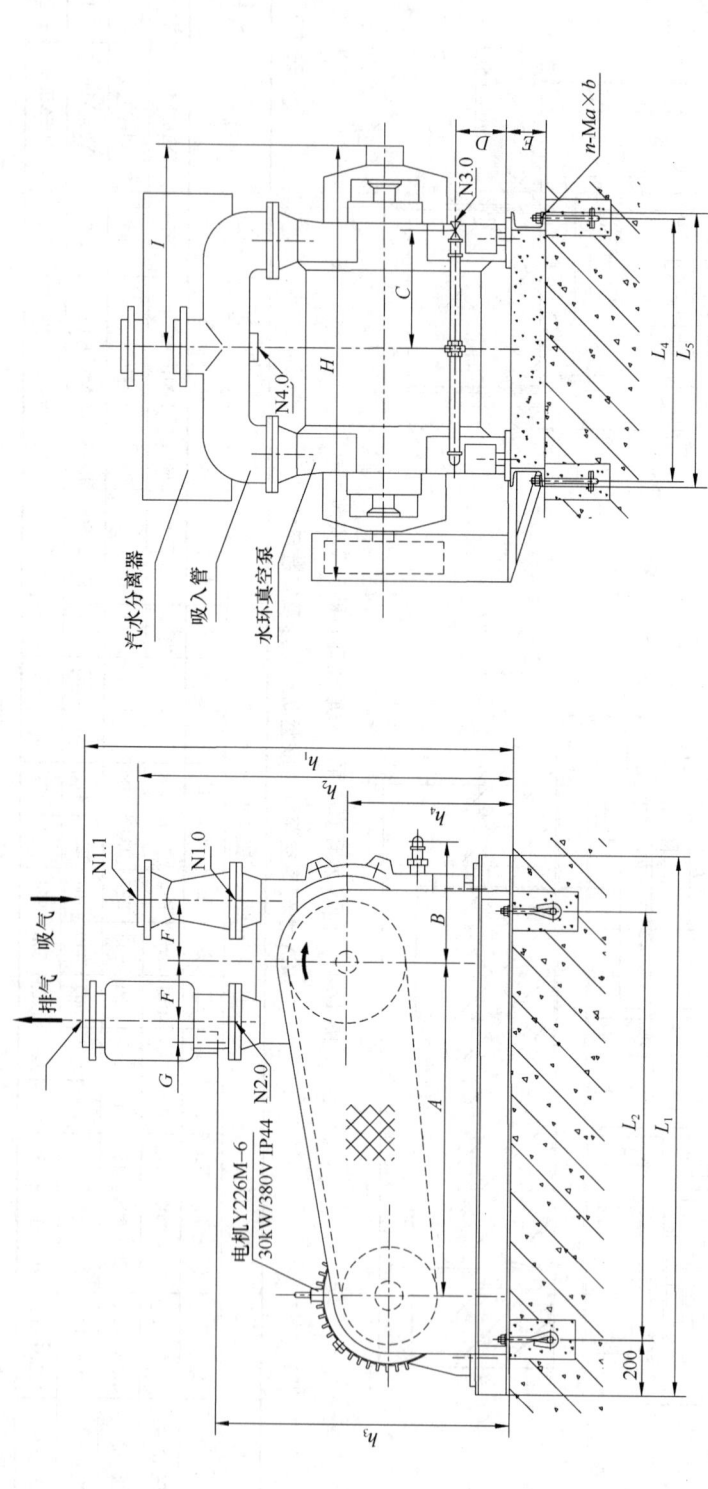

图 1-242　BEX 水环真空泵（皮带驱动）外形及安装尺寸

标注：汽水分离器　吸入管　水环真空泵　N3.0　N4.0　N1.1　N1.0　N2.0　排气　吸气　电机Y226M-6 30kW/380V IP44

BEX 水环真空泵（皮带驱动）外形及安装尺寸

表 1-274

泵型号	外形及安装尺寸 (mm)																		$n\text{-}Ma\times b$	转速 (r/min)	电机型号	成套质量 (kg)
	L_1	L_2	L_3	L_4	L_5	h_1	h_2	h_3	h_4	A	B	C	D	E	F	G	H	I				
2BEX 103-0	1150	850	150	635	700	830	680	579	525	628	262	318	78	185	105	40	910	385.5	4-M16×300	1300	Y160M-4	450
2BEX 153-0	1185	1000	95	700	760	935	790	415	657	731	290	318	100	190	125	50	930	431	4-M16×300	1750	Y200L$_1$-2	640
2BEX 203-0	1700	1300	200	730	800	1195	1050	839	525	945	400	477	135	210	155	50	1543	528.5	4-M20×400	880	Y226M-6	1400
2BEX 253-0	2100	850	200	980	1050	1475	1260	630	1029	1210	380	495	155	230	185	80	1700	690	6-M20×40	880	Y315M-6	3200

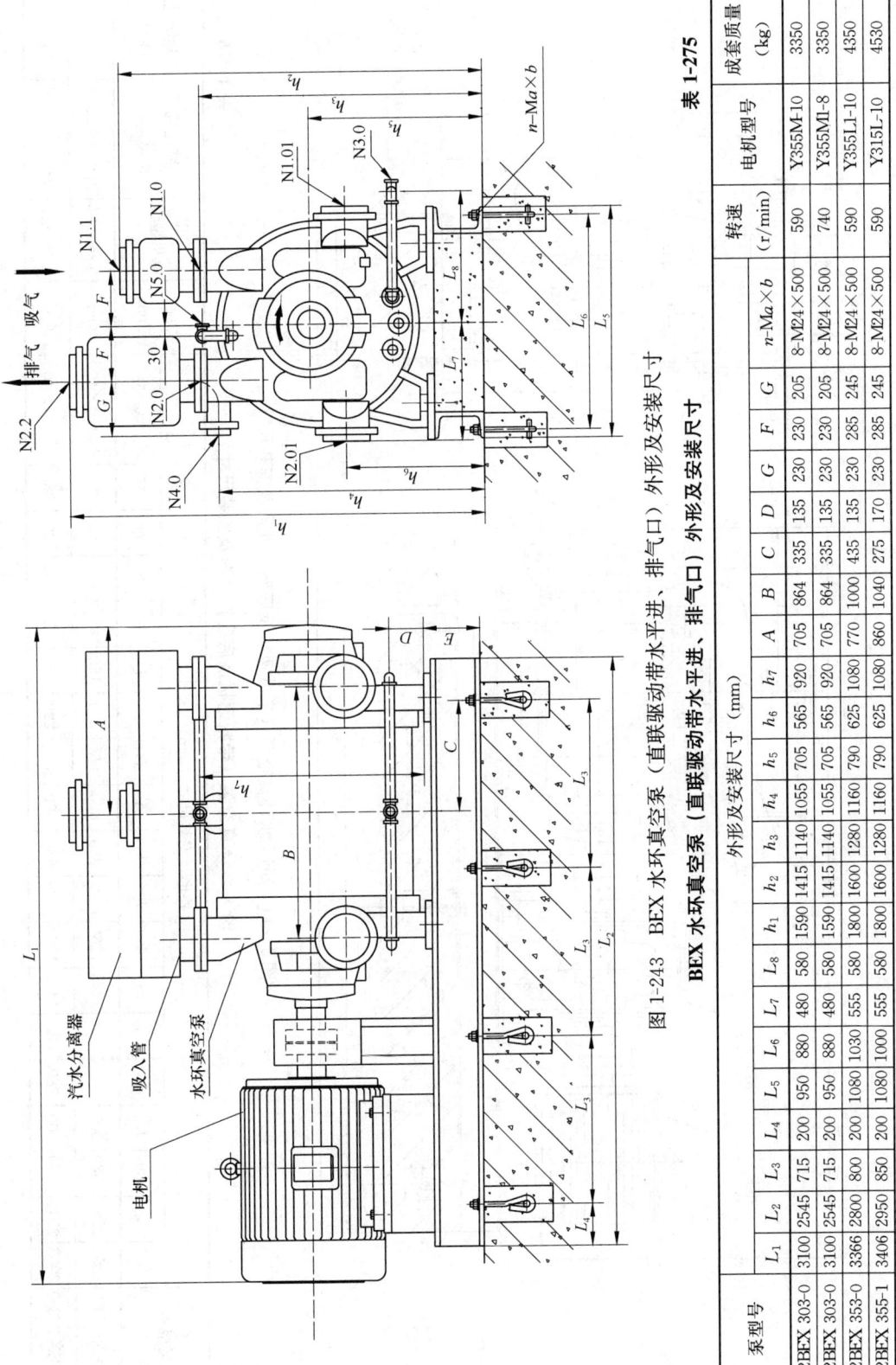

图 1-243　BEX 水环真空泵（直联驱动带水平进、排气口）外形及安装尺寸

BEX 水环真空泵（直联驱动带水平进、排气口）外形及安装尺寸

表 1-275

外形及安装尺寸（mm）

泵型号	L_1	L_2	L_3	L_4	L_5	L_6	L_7	L_8	h_1	h_2	h_3	h_4	h_5	h_6	h_7	A	B	C	D	G	F	G	$n-Ma \times b$	转速 (r/min)	电机型号	成套质量 (kg)
2BEX 303-0	3100	2545	715	200	950	880	480	580	1590	1415	1140	1055	705	565	920	705	864	335	135	230	230	205	8-M24×500	590	Y355M-10	3350
2BEX 303-0	3100	2545	715	200	950	880	480	580	1590	1415	1140	1055	705	565	920	705	864	335	135	230	230	205	8-M24×500	740	Y355M1-8	3350
2BEX 353-0	3366	2800	800	200	1080	1030	555	580	1800	1600	1280	1160	790	625	1080	770	1000	435	135	230	285	245	8-M24×500	590	Y355L1-10	4350
2BEX 355-1	3406	2950	850	200	1080	1000	555	580	1800	1600	1280	1160	790	625	1080	860	1040	275	170	230	285	245	8-M24×500	590	Y315L-10	4530

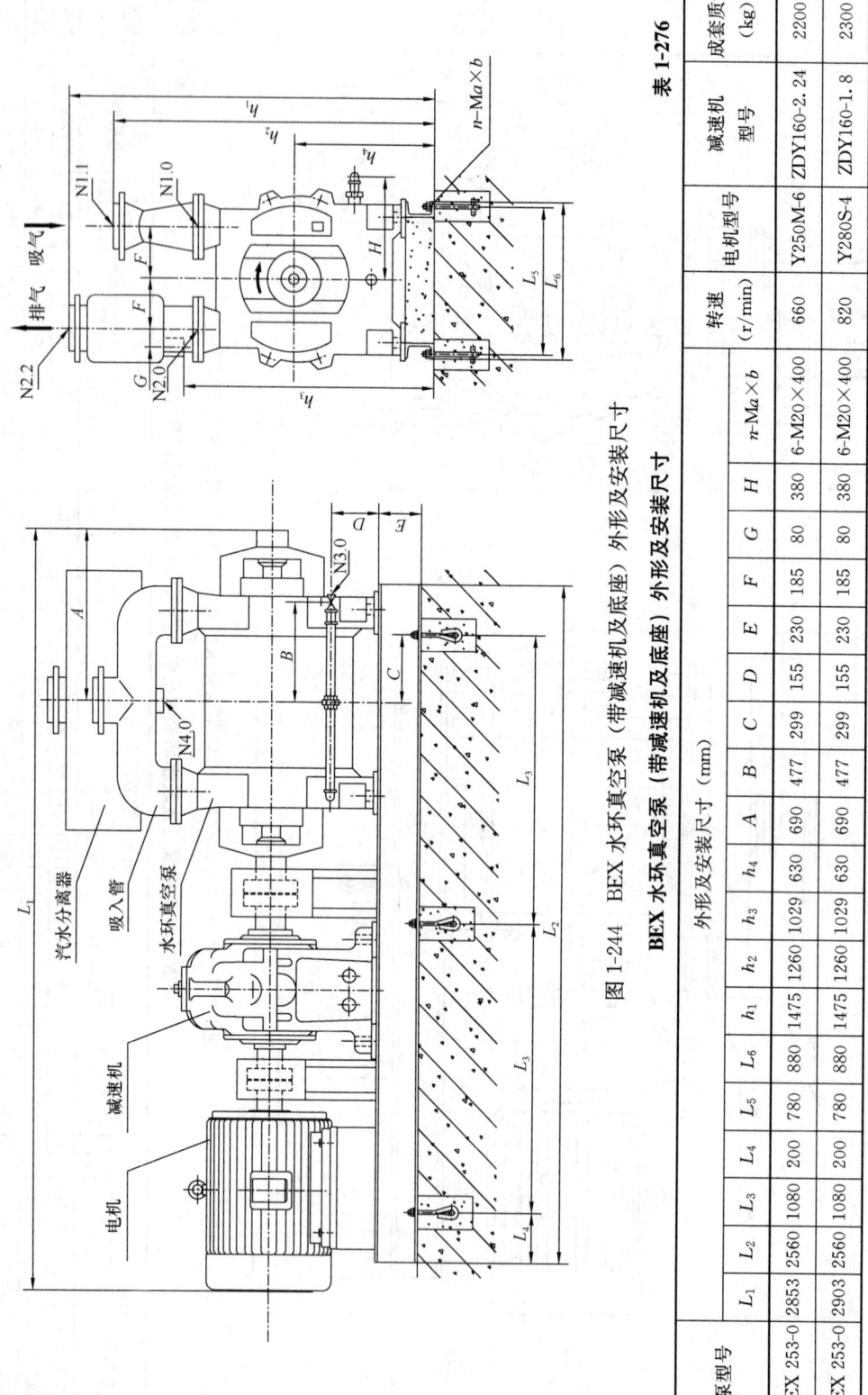

图 1-244　BEX 水环真空泵（带减速机及底座）外形及安装尺寸

BEX 水环真空泵（带减速机及底座）外形及安装尺寸

表 1-276

外形及安装尺寸（mm）

泵型号	L_1	L_2	L_3	L_4	L_5	L_6	h_1	h_2	h_3	h_4	A	B	C	D	E	F	G	H	$n-Ma \times b$
2BEX 253-0	2853	2560	1080	200	780	880	1475	1260	1029	630	690	477	299	155	230	185	80	380	6-M20×400
2BEX 253-0	2903	2560	1080	200	780	880	1475	1260	1029	630	690	477	299	155	230	185	80	380	6-M20×400

转速 (r/min)	电机型号	减速机型号	成套质量 (kg)
660	Y250M-6	ZDY160-2.24	2200
820	Y280S-4	ZDY160-1.8	2300

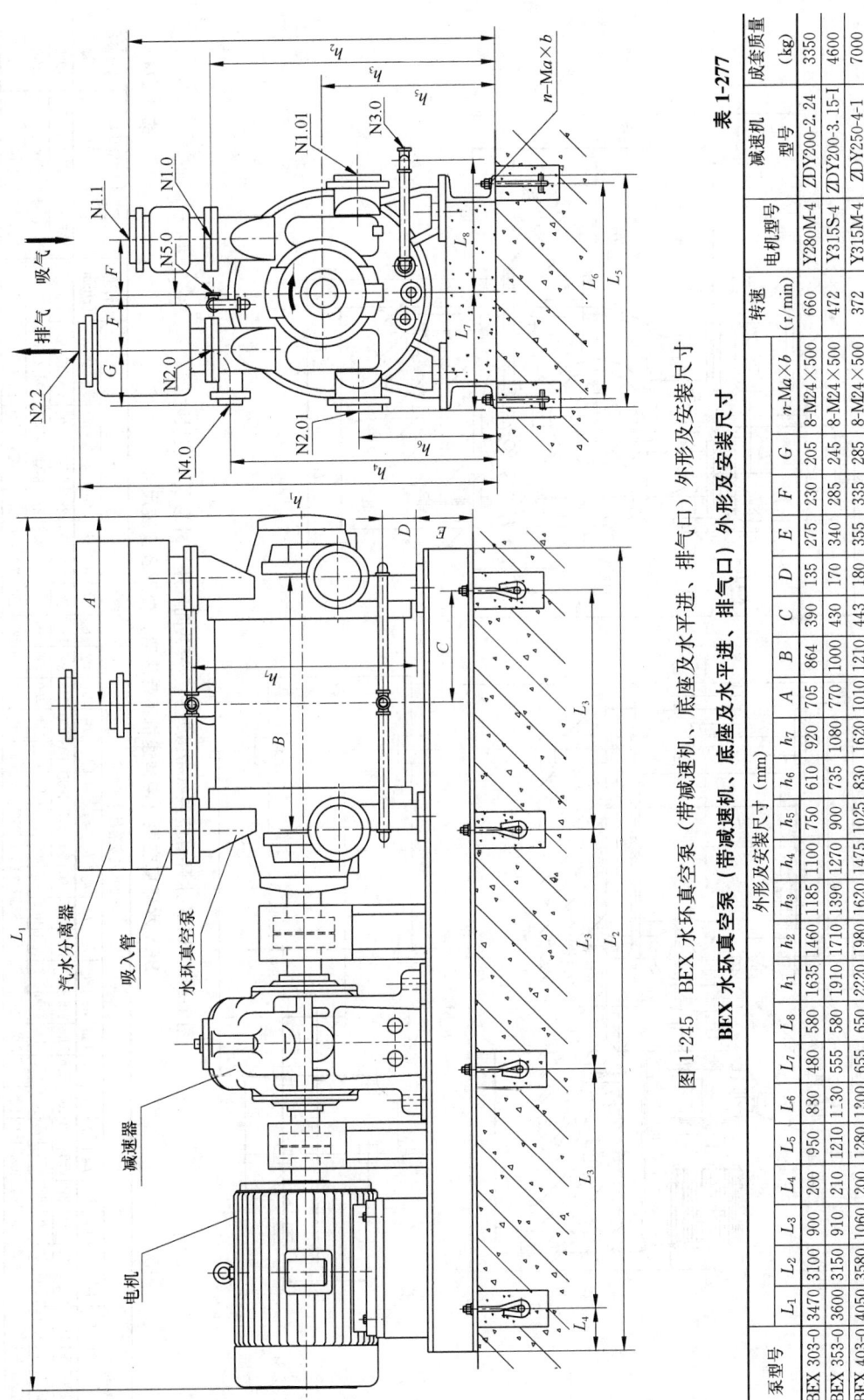

图 1-245　BEX 水环真空泵（带减速机、底座及水平进、排气口）外形及安装尺寸

BEX 水环真空泵（带减速机、底座及水平进、排气口）外形及安装尺寸

外形及安装尺寸 (mm)

泵型号	L_1	L_2	L_3	L_4	L_5	L_6	L_7	L_8	h_1	h_2	h_3	h_4	h_5	h_6	h_7	A	B	C	D	E	F	G	n-$Ma\times b$
2BEX 303-0	3470	3100	900	200	950	830	480	580	1635	1460	1185	1100	750	610	920	705	864	390	135	275	230	205	8-M24×500
2BEX 353-0	3600	3150	910	210	1210	1·30	555	580	1910	1710	1390	1270	900	735	1080	770	1000	430	170	340	285	245	8-M24×500
2BEX 403-0	4050	3580	1060	200	1280	1200	655	650	2220	1980	1620	1475	1025	830	1620	1010	1210	443	180	355	335	285	8-M24×500
2BEX 355-1	3590	3510	960	310	1105	1325	555	580	1930	1730	1410	1290	920	755	1080	860	1140	430	170	360	285	245	8-M24×500
2BEX 405-1	4466	4305	1180	310	1510	1430	655	650	2220	1890	1530	1475	935	840	1635	985	1360	518	180	355	335	285	8-M24×500

表 1-277

泵型号	转速 (r/min)	电机型号	减速机型号	成套质量 (kg)
2BEX 303-0	660	Y280M-4	ZDY200-2.24	3350
2BEX 353-0	472	Y315S-4	ZDY200-3.15-I	4600
2BEX 403-0	372	Y315M-4	ZDY250-4-1	7000
2BEX 355-1	372	Y280M-4	ZDY200-4-1	4800
2BEX 405-1	372	Y315L1-4	ZDY280-4-1	7000

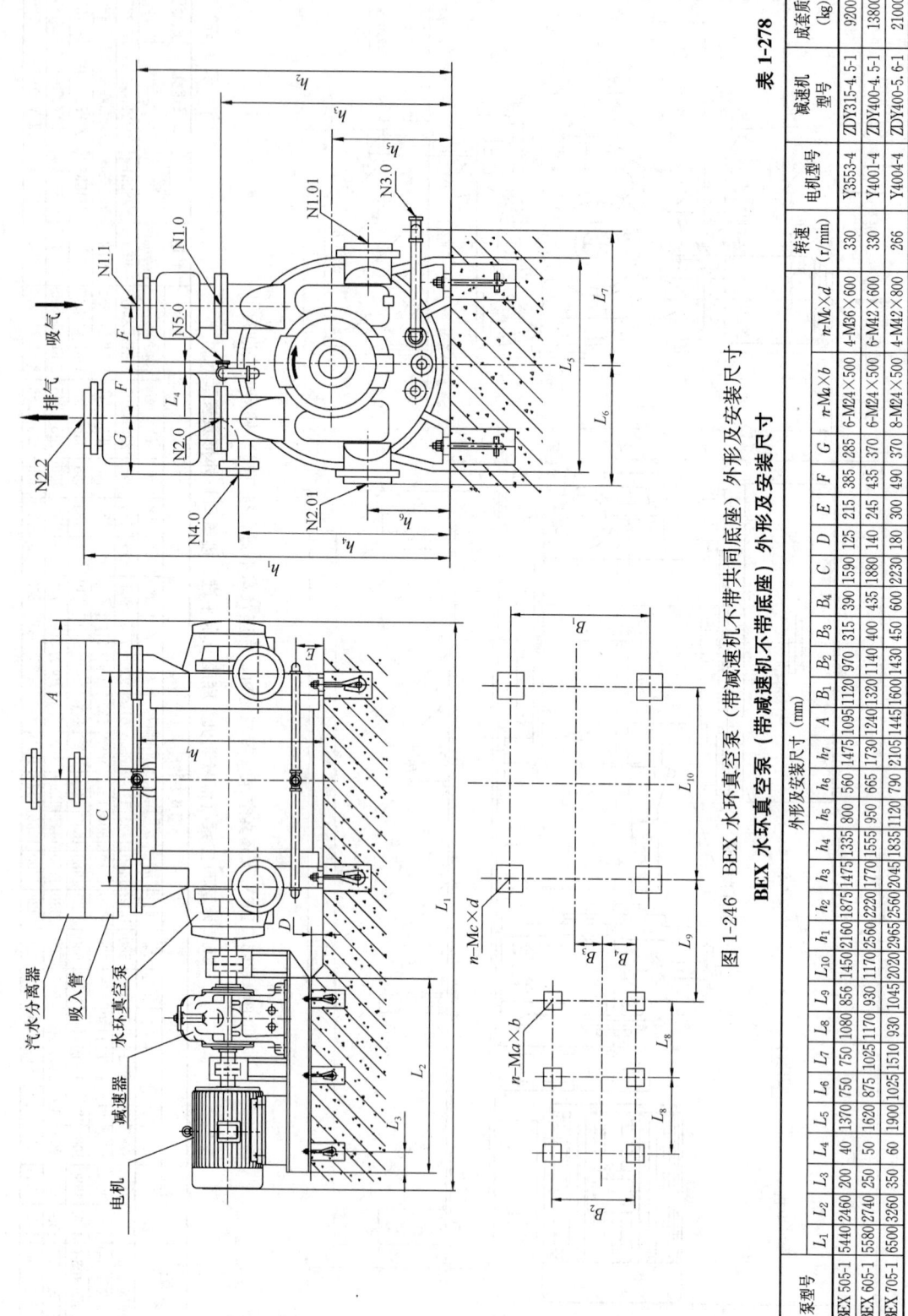

图 1-246 BEX 水环真空泵（带减速机不带共同底座）外形及安装尺寸

BEX 水环真空泵（带减速机不带底座）外形及安装尺寸

表 1-278

外形及安装尺寸 (mm)

泵型号	L_1	L_2	L_3	L_4	L_5	L_6	L_7	L_8	L_9	L_{10}	h_1	h_2	h_3	h_4	h_5	h_6	h_7	A	B_1	B_2	B_3	B_4	C	D	E	F	G	n-$Ma \times b$	n-$Ma \times b$	n-$Mc \times d$
2BEX 505-1	5440	2460	200	40	1370	750	750	1080	856	1450	2160	1875	1475	1335	800	560	1475	1095	1120	970	315	390	1590	125	215	385	285	6-M24×500	4-M36×600
2BEX 605-1	5580	2740	250	50	1620	875	1025	1170	930	1170	2560	2220	1770	1555	950	665	1730	1240	1320	1140	400	435	1880	140	245	435	370	6-M24×500	6-M42×600
2BEX 705-1	6500	3260	350	60	1900	1025	1510	930	1045	2020	2965	2560	2045	1835	1120	790	2105	1445	1600	1430	450	600	2230	180	300	490	370	8-M24×500	4-M42×800

泵型号	电机型号	转速 (r/min)	减速机型号	成套质量 (kg)
	Y3553-4	330	ZDY315-4.5-1	9200
	Y4001-4	330	ZDY400-4.5-1	13800
	Y4004-4	266	ZDY400-5.6-1	21000

接口尺寸图

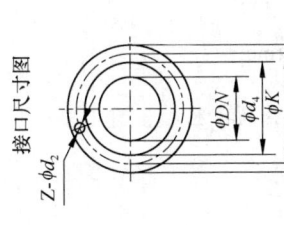

图 1-247 BEX水环真空泵接口尺寸

BEX水环真空泵接口尺寸

表 1-279

泵型号	泵进气口 (N1.0)、排气口 (N2.0)						吸入管进气口 (N1.1)、分离器排气口 (N2.2)						泵水平进气口 (N1.01)、泵水平排气口 (N2.01)						泵进水口 (N3.0)	分离器排水口 (N4.0)						辅封进水口 (N5.0)
	DN	d_4	D	K	d_2	Z	DN	d_4	D	K	d_2	Z	DN	d_4	D	K	d_2	Z		DN	d_4	D	K	d_2	Z	
2BEX 103-0	50	99	165	125	18	4	65	118	185	145	18	4	—	—	—	—	—	—	R_p			R_p				—
2BEX 153-0	65	118	185	145	18	4	100	156	220	180	18	8	—	—	—	—	—	—	R_{p1}			R_{p2}				—
2BEX 203-0	100	156	220	180	18	8	125	184	250	210	18	8	—	—	—	—	—	—	R_{p1}			R_{p3}				—
2BEX 253-0	125	184	250	210	18	8	150	211	285	240	22	8	—	—	—	—	—	—	$R_p1\frac{1}{4}$			R_{p3}				—
2BEX 253-0	150	211	280	240	22	8	125	184	250	210	18	8	200	266	340	295	22	8	$R_p1\frac{1}{2}$	100	156	220	180	18	8	$R_p\frac{3}{4}$
2BEX 353-0	200	266	340	295	22	8	150	211	285	240	22	8	250	319	395	350	22	12	R_{p2}	125	184	250	210	18	8	$R_p\frac{3}{4}$
2BEX 403-0	250	319	395	350	22	12	200	266	340	295	22	12	300	370	445	400	22	12	R_{p2}	150	211	285	240	22	8	R_{p1}
2BEX 355-1	200	266	340	295	22	8	150	211	285	240	22	8	250	319	395	350	22	12	R_{p2}	125	184	250	210	18	8	$R_p\frac{3}{4}$
2BEX 405-1	250	319	395	350	22	12	200	266	340	295	22	8	300	370	445	400	22	12	R_{p2}	150	211	285	240	22	8	R_{p1}
2BEX 505-1	300	370	445	400	22	12	250	319	395	350	22	12	350	429	505	460	22	16	$R_{p2}\frac{1}{2}$	150	211	285	240	22	8	R_{p1}
2BEX 605-1	350	429	505	460	26	16	300	370	445	400	22	12	400	480	565	515	26	16	$R_{p2}\frac{1}{2}$	200	266	340	295	22	8	R_{p1}
2BEX 705-1	400	480	565	515	26	16	350	429	505	460	22	16	500	582	670	620	26	20	R_{p3}	250	319	395	350	22	12	R_{p1}

1.8　离心式耐腐蚀泵

1.8.1　KQWH 卧式、KQH 立式单级化工泵

（1）用途：KQWH 卧式、KQH 立式单级化工泵根据用户的具体使用条件，可一定程度适用于化工、油品输送、食品、饮料、医药、水处理、环保和部分酸、碱、盐等应用领域，用来输送有一定腐蚀性、不含固体颗粒或少量颗粒、黏度类似于水的介质。不推荐应用于有毒、易燃、易爆、强腐蚀场合。在不同化工工艺流程中应用时需要注意介质浓度、温度、杂质含量、结晶现象、进口压力以及对洁净程度的要求等。

（2）型号意义说明：

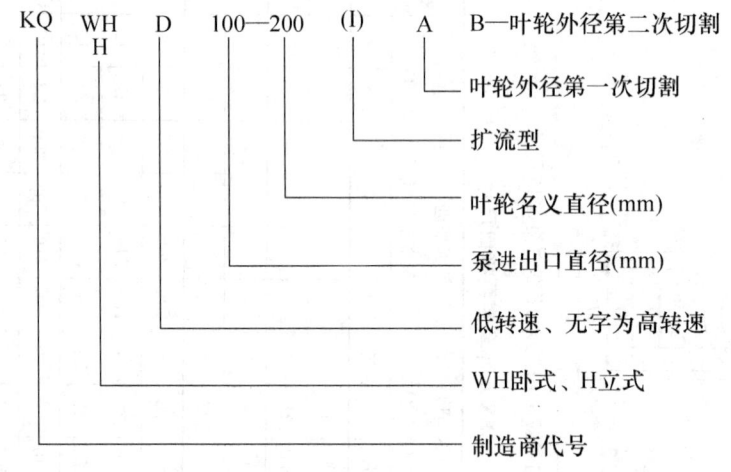

（3）结构：KQWH、KQH 型泵由泵体、泵盖、叶轮、轴、联接架、密封部件、底座等组成。泵机泵轴采用分段式设计，避免了对电机轴的腐蚀破坏。卧式泵可选用 B35 型标准电机、立式泵可选用 B5 型电机直接驱动，泵轴和电机轴采用刚性连接。泵盖和联接架为两个独立的零件；该系列泵的泵盖、轴和联接架等零件通用性强。轴封采用机械密封。介质黏度$\geqslant 20mm^2/s$ 时性能参数必须换算；介质相对密度不同于水时，配套电机功率需重新核算。过流部件铸件常规材质为 ZG1Cr13 或 ZG1Cr18Ni9 等，可选材质为 ZG1Cr18Ni9Ti、ZG0Cr18Ni9、ZG0Cr18Ni12Mo2Ti、ZG1Cr18Ni12Mo2Ti 等。泵轴常规材质为 2Cr13 或 1Cr18Ni9 等，可选材质为 1Cr18Ni9Ti、1Cr18Ni12Mo2Ti 等。

（4）性能：KQWH 卧式、KQH 立式单级化工泵性能见图 1-248、图 1-249 及表 1-280。

（5）外形及安装尺寸：KQWH 卧式、KQH 立式单级化工泵外形及安装尺寸见图 1-250、图 1-251 及表 1-281、表 1-282。

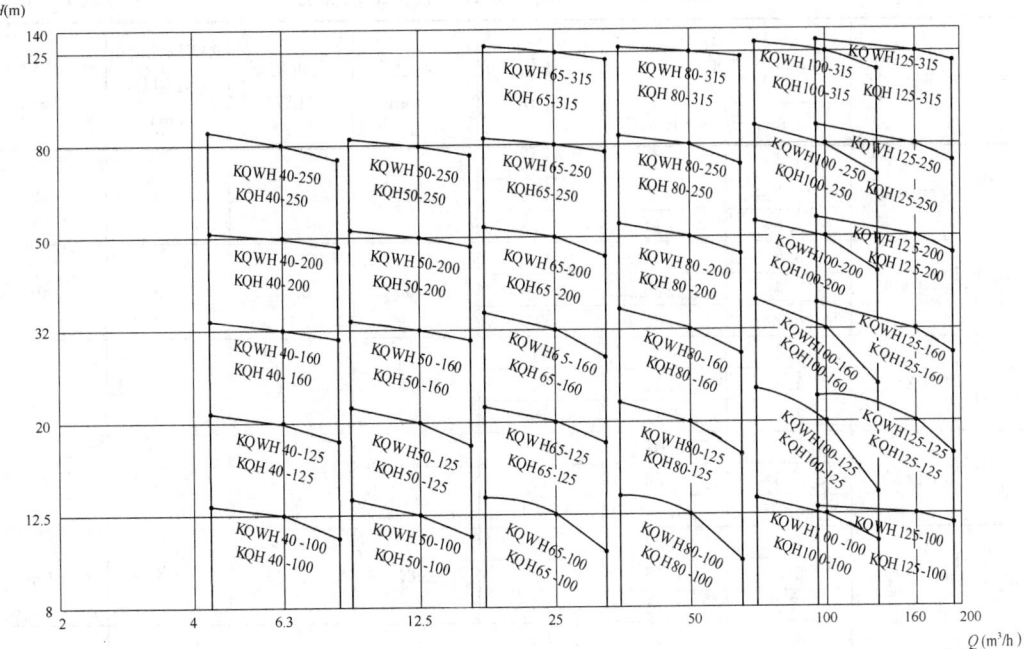

图 1-248 KQWH 卧式、KQH 立式单级化工泵型谱图（转速 2960r/min）（一）

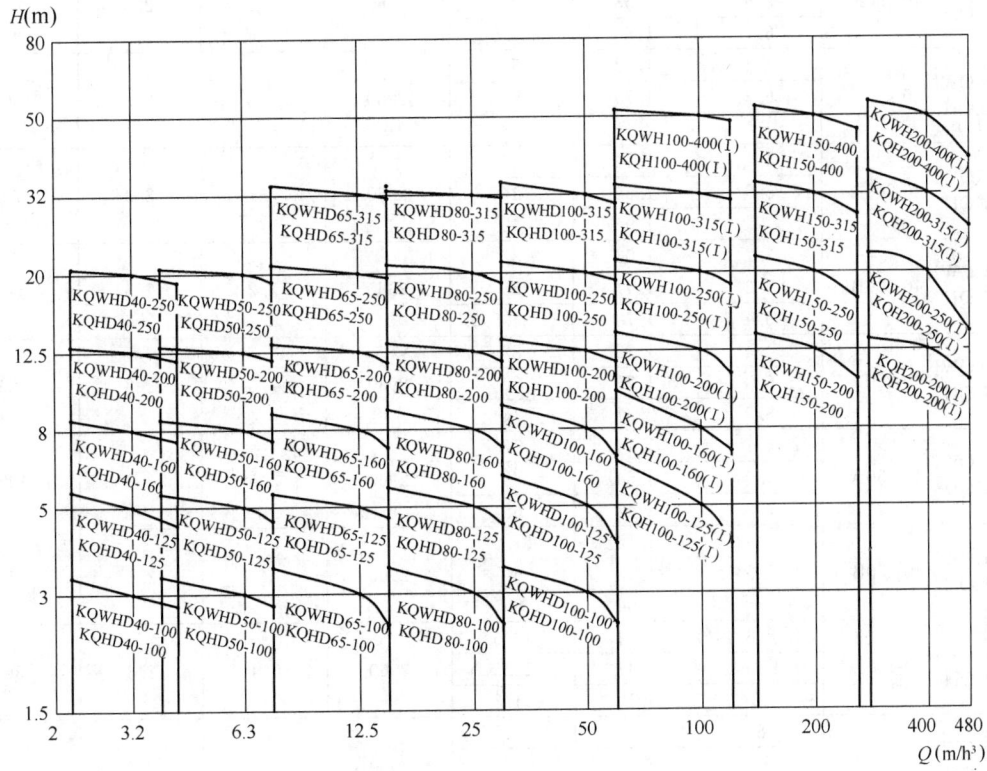

图 1-249 KQWH 卧式、KQH 立式单级化工泵型谱图（转速 1480r/min）（二）

KQWH 卧式、KQH 立式单级化工泵性能　　　　表 1-280

型　号	流量		扬程 （m）	转速 （r/min）	电机功率 （kW）	必需汽蚀余量 （NPSH）r （m）	质量 （kg）
	（m³/h）	（L/s）					
KQWH KQH 40-100	4.4	1.22	13.2	2960	0.55	2.3	42
	6.3	1.75	12.5				
	7.6	2.11	11.3				
KQWH KQH 40-100A	3.9	1.08	10.6	2960	0.55	2.3	40
	5.6	1.56	10				
	6.7	1.86	9				
KQWH KQH 40-125	4.4	1.22	21	2960	1.1	2.3	46
	6.3	1.75	20				
	7.6	2.11	18				
KQWH KQH 40-125A	3.9	1.08	17.6	2960	0.75	2.3	45
	5.6	1.56	16				
	6.7	1.86	14.4				
KQWH KQH 40-160	4.4	1.22	33	2960	2.2	2.3	56
	6.3	1.75	32				
	7.6	2.11	30				
KQWH KQH 40-160A	4.1	1.14	29	2960	1.5	2.3	52
	5.9	1.64	28				
	7	1.94	26.3				
KQWH KQH 40-160B	3.8	1.06	25.5	2960	1.1	2.3	47
	5.5	1.53	24				
	6.7	1.86	22.5				
KQWH KQH 40-200	4.4	1.22	51	2960	4	2.3	80
	6.3	1.75	50				
	7.6	2.11	48				
KQWH KQH 40-200A	4.1	1.14	45	2960	3	2.3	70
	5.9	1.64	44				
	7	1.94	42				
KQWH KQH 40-200B	3.7	1.03	37	2960	2.2	2.3	60
	5.3	1.47	36				
	6.4	1.78	34.5				
KQWH KQH 40-250	4.4	1.22	82	2960	7.5	2.3	125
	6.3	1.75	80				
	8.3	2.31	74				
KQWH KQH 40-250A	4.1	1.14	72	2960	5.5	2.3	108
	5.9	1.64	70				
	7.8	2.17	65				
KQWH KQH 40-250B	3.8	1.06	61.5	2960	4	2.3	85
	5.5	1.53	60				
	7	1.94	56				
KQWH KQH 50-100	8.8	2.44	13.6	2960	1.1	2.3	36
	12.5	3.47	12.5				
	15	4.17	11.3				
KQWH KQH 50-100A	8	2.22	11	2960	0.75	2.3	35
	11	3.05	10				
	13.2	3.67	9				

续表

型 号	流量		扬程 (m)	转速 (r/min)	电机功率 (kW)	必需汽蚀余量 (NPSH)r (m)	质量 (kg)
	(m³/h)	(L/s)					
KQWH$_{50-125}$ KQH	8.8	2.44	21.5	2960	1.5	2.3	43
	12.5	3.47	20				
	15	4.17	17.8				
KQWH$_{50-125A}$ KQH	8	2.22	17	2960	1.1	2.3	38
	11	3.06	16				
	13.2	3.67	14				
KQWH$_{50-160}$ KQH	8.8	2.44	33	2960	3	2.3	59
	12.5	3.47	32				
	15	4.17	30				
KQWH$_{50-160A}$ KQH	8.2	2.28	29	2960	2.2	2.3	51
	11.7	3.25	28				
	14	3.89	26				
KQWH$_{50-160B}$ KQH	7.3	2.03	23	2960	1.5	2.3	47
	10.4	2.89	22				
	12.5	3.47	20				
KQWH$_{50-200}$ KQH	8.8	2.44	52	2960	5.5	2.3	100
	12.5	3.47	50				
	15	4.17	48				
KQWH$_{50-200A}$ KQH	8.3	2.31	45.8	2960	4	2.3	75
	11.7	3.25	44				
	14	3.89	42				
KQWH$_{50-200B}$ KQH	7.3	2.03	37	2960	3	2.3	65
	10.4	2.89	36				
	12.5	3.47	34				
KQWH$_{50-250}$ KQH	8.8	2.44	82	2960	11	2.3	170
	12.5	3.47	80				
	16.3	4.53	77.5				
KQWH$_{50-250A}$ KQH	8.2	2.28	71.5	2960	7.5	2.3	126
	11.6	3.22	70				
	15.2	4.22	68				
KQWH$_{50-250B}$ KQH	7.6	2.11	61.4	2960	7.5	2.3	125
	10.8	3.00	60				
	14	3.89	58				

续表

型　号	流量		扬程 (m)	转速 (r/min)	电机功率 (kW)	必需汽蚀余量 (NPSH)r (m)	质量 (kg)
	(m³/h)	(L/s)					
KQWH KQH 65-100	17.5	4.86	13.7	2960	1.5	2.5	49
	25	6.94	12.5				
	30	8.33	10.5				
KQWH KQH 65-100A	15.6	4.33	11	2960	1.1	2.5	45
	22.3	6.19	10				
	27	7.50	8.4				
KQWH KQH 65-125	17.5	4.86	21.5	2960	3	2.5	64
	25	6.94	20				
	30	8.33	18				
KQWH KQH 65-125A	15.6	4.33	17	2960	2.2	2.5	54
	22.3	6.19	16				
	27	7.50	14.4				
KQWH KQH 65-160	17.5	4.86	34.3	2960	4	2.5	75
	25	6.94	32				
	30	8.33	27.5				
KQWH KQH 65-160A	16.4	4.56	30	2960	4	2.5	75
	23.4	6.50	28				
	28	7.78	24				
KQWH KQH 65-160B	15	4.17	26	2960	3	2.5	64
	21.6	6.00	24				
	26	7.22	20.6				
KQWH KQH 65-200	17.5	4.86	52.7	2960	7.5	2.5	107
	25	6.94	50				
	30	8.33	45.5				
KQWH KQH 65-200A	16.4	4.56	46.4	2960	7.5	2.5	107
	23.4	6.50	44				
	28	7.78	40				
KQWH KQH 65-200B	15.2	4.22	40	2960	5.5	2.5	100
	21.8	6.06	38				
	26.2	7.28	34.5				
KQWH KQH 65-250	17.5	4.86	82	2960	15	2.5	180
	25	6.94	80				
	30	8.33	76.5				

续表

型　号	流量		扬程 (m)	转速 (r/min)	电机功率 (kW)	必需汽蚀余量 (NPSH)r (m)	质量 (kg)
	(m³/h)	(L/s)					
KQWH₆₅₋₂₅₀ₐ KQH	16.4	4.56	71.5	2960	11	2.5	170
	23.4	6.50	70				
	28	7.78	67				
KQWH₆₅₋₂₅₀B KQH	15	4.17	61.5	2960	11	2.5	170
	21.6	6.00	60				
	26	7.22	57.4				
KQWH₆₅₋₃₁₅ KQH	17.5	4.86	127	2960	30	2.5	330
	25	6.94	125				
	32.5	9.03	122				
KQWH₆₅₋₃₁₅ₐ KQH	16.6	4.61	115	2960	22	2.5	265
	23.7	6.58	113				
	31	8.61	110				
KQWH₆₅₋₃₁₅B KQH	15.7	4.36	103	2960	18.5	2.5	225
	22.5	6.25	101				
	29.2	8.11	98				
KQWH₆₅₋₃₁₅C KQH	14.4	4.00	86	2960	15	2.5	215
	20.6	5.72	85				
	26.8	7.44	83				
KQWH₈₀₋₁₀₀ KQH	35	9.72	13.8	2960	3	3	63
	50	13.90	12.5				
	60	16.70	10				
KQWH₈₀₋₁₀₀ₐ KQH	31.3	8.70	11	2960	2.2	3	54
	44.7	12.42	10				
	53.6	14.90	8				
KQWH₈₀₋₁₂₅ KQH	35	9.72	22	2960	5.5	3	105
	50	13.9	20				
	60	16.7	17				
KQWH₈₀₋₁₂₅ₐ KQH	31.3	8.70	17.5	2960	4	3	79
	45	12.50	16				
	54	15.00	13.6				
KQWH₈₀₋₁₆₀ KQH	35	9.72	35	2960	7.5	3	112
	50	13.9	32				
	60	16.7	28				

型 号	流量		扬程 (m)	转速 (r/min)	电机功率 (kW)	必需汽蚀余量 (NPSH)r (m)	质量 (kg)
	(m³/h)	(L/s)					
KQWH KQH 80-160A	32.7	9.1	30.6	2960	7.5	3	112
	46.7	13	28				
	56	15.6	24				
KQWH KQH 80-160B	30.3	8.4	26	2960	5.5	3	105
	43.3	12	24				
	52	14.4	21				
KQWH KQH 80-200	35	9.72	53.5	2960	15	3	175
	50	13.9	50				
	60	16.7	46				
KQWH KQH 80-200A	32.8	9.11	47	2960	11	3	165
	47	13.1	44				
	56.4	15.7	40				
KQWH KQH 80-200B	30.5	8.47	40.6	2960	7.5	3	115
	43.5	12.1	38				
	52	14.4	33.4				
KQWH KQH 80-250	35	9.72	83	2960	22	3	235
	50	13.9	80				
	60	16.7	72				
KQWH KQH 80-250A	32.5	9.03	73	2960	18.5	3	203
	46.7	13.0	70				
	56	15.6	63				
KQWH KQH 80-250B	30	8.33	62	2960	15	3	175
	43.3	12.0	60				
	52	14.4	54				
KQWH KQH 80-315	35	9.72	129	2960	37	3	355
	50	13.9	125				
	60	16.7	118				
KQWH KQH 80-315A	32.5	9.03	117	2960	30	3	340
	46.7	13.0	113				
	56	15.6	106				
KQWH KQH 80-315B	30	8.33	105	2960	30	3	340
	43.3	12.0	101				
	52	14.4	94				

型　号	流量		扬程 (m)	转速 (r/min)	电机功率 (kW)	必需汽蚀余量 (NPSH)r (m)	质量 (kg)
	(m³/h)	(L/s)					
KQWH_{80-315C} KQH	28	7.78	88	2960	22	3	275
	40	11.1	85				
	48	13.3	78				
KQWH₁₀₀₋₁₀₀ KQH	70	19.4	13.6	2960	5.5	4.5	113
	100	27.8	12.5				
	120	33.3	11				
KQWH_{100-100A} KQH	62.6	17.4	11	2960	4	4.5	91
	89	24.7	10				
	107	29.7	8.8				
KQWH₁₀₀₋₁₂₅ KQH	70	19.4	23.5	2960	11	4.5	177
	100	27.8	20				
	120	33.3	14				
KQWH_{100-125A} KQH	62.6	17.4	19	2960	7.5	4.5	132
	89	24.7	16				
	107	29.7	11				
KQWH₁₀₀₋₁₆₀ KQH	70	19.4	36.5	2960	15	4.5	188
	100	27.8	32				
	120	33.3	24				
KQWH_{100-160A} KQH	65.4	18.2	32	2960	11	4.5	178
	93.5	26.0	28				
	112	31.1	21				
KQWH_{100-160B} KQH	60.6	16.8	27	2960	11	4.5	177
	86.6	24.1	24				
	104	28.9	18				
KQWH₁₀₀₋₂₀₀ KQH	70	19.4	54	2960	22	4	250
	100	27.8	50				
	120	33.3	42				
KQWH_{100-200A} KQH	65.4	18.2	47.5	2960	18.5	4	218
	93.5	26.0	44				
	112	31.1	37				
KQWH_{100-200B} KQH	61	16.9	41	2960	15	4	189
	87	24.2	38				
	104	28.9	32				

型　号	流量		扬程 (m)	转速 (r/min)	电机功率 (kW)	必需汽蚀余量 (NPSH)r (m)	质量 (kg)
	(m³/h)	(L/s)					
KQWH KQH 100-250	70	19.4	87	2960	37	4	345
	100	27.8	80				
	120	33.3	68				
KQWH KQH 100-250A	65.4	18.2	76	2960	30	4	330
	93.5	26	70				
	112	31.1	59				
KQWH KQH 100-250B	61	16.9	65	2960	30	4	330
	87	24.2	60				
	104	28.9	50				
KQWH KQH 100-315	70	19.4	129	2960	75	4	690
	100	27.8	125				
	120	33.3	118				
KQWH KQH 100-315A	66	18.3	117	2960	55	4	550
	95	26.4	113				
	114	31.7	106				
KQWH KQH 100-315B	63	17.5	105	2960	45	4	440
	90	25.0	101				
	108	30.0	94				
KQWH KQH 100-315C	58	16.1	88	2960	37	4	440
	82	22.8	85				
	98.5	27.4	78				
KQWH KQH 100-125 (I)	60	16.7	6.5	1480	2.2	3	100
	100	27.8	5				
	200	33.3	4				
KQWH KQH 100-160 (I)	60	16.7	10	1480	4	3	120
	100	27.8	8				
	120	33.3	7				
KQWH KQH 100-160 (I)A	52	14.5	73	1480	3	3	109
	87	24.2	63				
	104	28.9	54				
KQWH KQH 100-200 (I)	60	16.7	14	1480	5.5	3	145
	100	27.8	12.5				
	120	33.3	11				

续表

型 号		流量		扬程 (m)	转速 (r/min)	电机功率 (kW)	必需汽蚀余量 (NPSH)r (m)	质量 (kg)
		(m³/h)	(L/s)					
KQWH KQH (I)A	100-200	51.7	14.4	10.8	1480	4	3	120
		86	23.89	93				
		103	28.6	82				
KQWH KQH (I)	100-250	60	16.7	21.5	1480	11	3	212
		100	27.8	20				
		120	33.3	18.5				
KQWH KQH (I)A	100-250	56	15.6	18.7	1480	7.5	3	163
		93	25.8	17.4				
		112	31.1	16				
KQWH KQH (I)B	100-250	52	14.4	16	1480	5.5	3	155
		87	24.2	15				
		104	28.9	14				
KQWH KQH (I)	100-315	60	16.7	33.5	1480	15	3	228
		100	27.8	32				
		120	33.3	30.5				
KQWH KQH (I)A	100-315	55	15.3	28	1480	11	3	214
		91	25.3	27				
		110	30.6	25.7				
KQWH KQH (I)B	100-315	47	13.1	21	1480	7.5	3	165
		79	21.9	20				
		95	26.4	19				
KQWH KQH (I)	100-400	60	16.7	52	1480	30	3	375
		100	27.8	50				
		120	33.3	48.5				
KQWH KQH (I)A	100-400	56.4	15.7	46	1480	22	3	295
		94	26.1	44				
		113	31.40	43				
KQWH KQH (I)B	100-400	52.3	14.5	39	1480	18.5	3	247
		87	24.2	38				
		105	29.2	37				
KQWH KQH (I)C	100-400	48.6	13.5	34	1480	15	3	239
		81	22.5	32.8				
		97	26.9	32				

续表

型　号	流量		扬程 (m)	转速 (r/min)	电机功率 (kW)	必需汽蚀余量 (NPSH)r (m)	质量 (kg)
	(m³/h)	(L/s)					
KQWH KQH 125-100	96	26.7	13	2960	11	4	180
	160	44.4	12.5				
	192	53.3	12				
KQWH KQH 125-100A	86	23.9	10.4	2960	7.5	4	125
	143	39.7	10				
	172	47.8	9.6				
KQWH KQH 125-125	96	26.7	22.6	2960	15	4	191
	160	44.4	20				
	192	53.3	17				
KQWH KQH 125-125A	86	23.9	18	2960	11	4	180
	143	39.7	16				
	172	47.8	13.6				
KQWH KQH 125-160	96	26.7	36	2960	22	4	255
	160	44.4	32				
	192	53.3	28				
KQWH KQH 125-160A	90	25.0	31.5	2960	18.5	4	210
	150	41.7	28				
	180	50.0	24.5				
KQWH KQH 125-160B	83	23.1	27.5	2960	15	4	191
	138	38.3	24				
	166	46.1	21				
KQWH KQH 125-200	96	26.7	55	2960	37	5.5	330
	160	44.4	50				
	192	53.3	46				
KQWH KQH 125-200A	90	25.0	48.4	2960	30	5.5	315
	150	41.7	44				
	180	50.0	40.5				
KQWH KQH 125-200B	83	23.1	41.3	2960	22	5.5	255
	138	38.3	37.5				
	166	46.1	34.5				
KQWH KQH 125-250	96	26.7	87	2960	55	5	500
	160	44.4	80				
	192	53.3	73				

型　号	流量		扬程 （m）	转速 （r/min）	电机功率 （kW）	必需汽蚀余量 （NPSH)r （m）	质量 （kg）
	（m³/h）	（L/s）					
KQWH KQH 125-250A	90	25.0	76	2960	45	5	395
	150	41.7	70				
	180	50.0	64				
KQWH KQH 125-250B	83	23.1	65	2960	37	5	340
	138	38.3	60				
	166	46.1	55				
KQWH KQH 125-315	96	26.7	129	2960	90	5	790
	160	44.4	125				
	192	53.3	118				
KQWH KQH 125-315A	90	25.0	115	2960	75	5	706
	150	41.7	110				
	180	50.0	105				
KQWH KQH 125-315B	86	23.9	105	2960	75	5	705
	143	39.7	100				
	172	47.8	94				
KQWH KQH 125-315C	80.5	22.4	96	2960	55	5	580
	134	37.2	88				
	161	44.7	81				
KQWH KQH 150-200	140	38.9	13.8	1480	15	3	276
	200	55.6	12.5				
	240	66.7	10.6				
KQWH KQH 150-200A	125	34.7	11	1480	11	3	260
	179	49.7	10				
	215	59.7	8.5				
KQWH KQH 150-250	140	39.9	21.8	1480	18.5	3	315
	200	55.6	20				
	240	66.7	17				
KQWH KQH 150-250A	129	35.8	18.5	1480	15	3	278
	184	51.1	17				
	221	61.0	14.4				
KQWH KQH 150-250B	117	32.5	15.2	1480	11	3	261
	167	46.4	14				
	200	55.6	12				

型 号	流量		扬程 (m)	转速 (r/min)	电机功率 (kW)	必需汽蚀余量 (NPSH)r (m)	质量 (kg)
	(m³/h)	(L/s)					
KQWH KQH 150-315	140	38.9	33.8	1480	30	3.5	420
	200	55.6	32				
	240	66.7	28				
KQWH KQH 150-315A	131	36.4	29.5	1480	22	3.5	350
	187	51.9	28				
	225	62.5	24.5				
KQWH KQH 150-315B	121	33.6	25.8	1480	18.5	3.5	330
	173	48.1	24				
	208	57.8	20.7				
KQWH KQH 150-400	140	39.9	53	1480	45	3.5	490
	200	55.6	50				
	240	66.7	44				
KQWH KQH 150-400A	131	36.0	46.6	1480	37	3.5	440
	187	51.9	44				
	225	62.5	38.3				
KQWH KQH 150-400B	122	33.9	40	1480	30	3.5	423
	174	48.3	38				
	209	59.1	33				
KQWH KQH 150-400C	112	31.1	34	1480	22	3.5	352
	160	44.4	32				
	192	53.3	28				
KQWH KQH 200-200 (I)	280	77.8	13.4	1480	22	4	402
	400	111.1	12.5				
	480	133.3	10.5				
KQWH KQH 200-200 (I)A	250	69.4	10.7	1480	18.5	4	380
	358	99.4	10				
	430	119.4	8.5				
KQWH KQH 200-250 (I)	280	77.8	22.2	1480	30	4	475
	400	111.1	20				
	480	133.3	14				
KQWH KQH 200-250 (I)A	250	69.4	18	1480	22	4	402
	358	99.4	16				
	430	119.4	11.2				

续表

型 号		流量		扬程 (m)	转速 (r/min)	电机功率 (kW)	必需汽蚀余量 (NPSH)r (m)	质量 (kg)
		(m³/h)	(L/s)					
KQWH KQH (I)B	200-250	226	62.8	14.6	1480	18.5	4	380
		322	89.4	13				
		386	107.2	9				
KQWH KQH (I)B	200-315	280	77.8	36	1480	55	4	708
		400	111.1	32				
		480	133.3	26				
KQWH KQH (I)A	200-315	262	72.8	31.5	1480	45	4	600
		374	103.9	28				
		449	124.7	23				
KQWH KQH (I)B	200-315	242	67.2	27	1480	37	4	560
		346	96.1	24				
		415	115.3	19.5				
KQWH KQH (I)	200-400	280	77.8	54.5	1480	75	4	850
		400	111.1	50				
		480	133.3	39				
KQWH KQH (I)A	200-400	262	72.8	48	1480	75	4	850
		374	103.9	44				
		449	124.7	34				
KQWH KQH (I)B	200-400	242	67.2	41.4	1480	55	4	708
		346	96.1	38				
		415	115.3	29.6				
KQWH KQH (I)C	200-400	224	62.2	34.9	1480	45	4	600
		320	88.9	32				
		384	106.7	25				
KQWHD KQHD	40-100	2.2	0.61	3.3	1480	0.55	2.5	17
		3.2	0.89	3				
		3.9	1.08	2.8				
KQWHD KQHD	40-125	2.2	0.61	5.5	1480	0.55	2.5	23
		3.2	0.89	5				
		3.9	1.08	4.5				
KQWHD KQHD	40-125A	2	0.56	4.4	1480	0.55	2.5	19
		2.8	0.78	4				
		3.4	0.94	3.6				

型 号	流量		扬程 (m)	转速 (r/min)	电机功率 (kW)	必需汽蚀余量 (NPSH)r (m)	质量 (kg)
	(m³/h)	(L/s)					
KQWHD KQHD 40-160	2.2	0.61	8.5	1480	0.55	2.5	25
	3.2	0.89	8				
	3.9	1.08	7.5				
KQWHD KQHD 40-160A	2	0.56	6.8	1480	0.55	2.5	23
	2.8	0.78	6.4				
	3.4	0.94	6				
KQWHD KQHD 40-200	2.2	0.61	13	1480	0.55	2.5	40
	3.2	0.89	12.5				
	3.9	1.08	12				
KQWHD KQHD 40-200A	2	0.56	10.4	1480	0.55	2.5	38
	2.8	0.78	10				
	3.4	0.94	9.6				
KQWHD KQHD 40-250	2.2	0.61	20.5	1480	1.1	2.5	60
	3.2	0.89	20				
	4.2	1.17	18.5				
KQWHD KQHD 40-250A	2	0.56	16.4	1480	0.75	2.5	55
	2.8	0.78	16				
	3.7	1.03	15				
KQWHD KQHD 40-250B	1.6	0.44	13.2	1480	0.55	2.5	48
	2.3	0.64	13				
	3.4	0.94	12				
KQWHD KQHD 50-100	3.8	1.06	3.4	1480	0.55	2.5	19
	6.3	1.75	3				
	7.5	2.08	2.8				
KQWHD KQHD 50-125	3.8	1.06	5.4	1480	0.55	2.5	30
	6.3	1.75	5				
	7.5	2.08	4.6				
KQWHD KQHD 50-125A	3.4	0.94	4.3	1480	0.55	2.5	19
	5.6	1.56	4				
	6.7	1.86	3.7				
KQWHD KQHD 50-160	3.8	1.06	8.5	1480	0.55	2.5	40
	6.3	1.75	8				
	7.5	2.08	7.5				

型 号	流量		扬程 (m)	转速 (r/min)	电机功率 (kW)	必需汽蚀余量 (NPSH)r (m)	质量 (kg)
	(m³/h)	(L/s)					
KQWHD 50-160A KQHD	3	0.83	5.6	1480	0.55	2.5	30
	5.1	1.42	5.3				
	6.1	1.69	4.9				
KQWHD 50-200 KQHD	3.8	1.06	13.1	1480	0.75	2.5	50
	6.3	1.75	12.5				
	7.5	2.08	12				
KQWHD 50-200A KQHD	3.3	0.92	10	1480	0.55	2.5	50
	5.5	1.53	9.5				
	6.6	1.83	9				
KQWHD 50-250 KQHD	3.8	1.06	20.5	1480	1.5	2.5	66
	6.3	1.75	20				
	7.5	2.08	19.5				
KQWHD 50-250A KQHD	3.4	0.94	16.4	1480	1.1	2.5	59
	5.6	1.56	16				
	6.7	1.86	15.6				
KQWHD 50-250B KQHD	3.1	0.86	13.2	1480	0.75	2.5	55
	5.1	1.42	13				
	6.1	1.69	12.5				
KQWHD 65-100 KQHD	7.5	2.08	3.5	1480	0.55	2.8	29
	12.5	3.47	3				
	15	4.17	2.5				
KQWHD 65-125 KQHD	7.5	2.08	5.4	1480	0.55	2.8	35
	12.5	3.47	5				
	15	4.17	4.7				
KQWHD 65-125A KQHD	6.6	1.83	4.1	1480	0.55	2.8	27
	11	3.06	3.8				
	13.2	3.67	3.6				
KQWHD 65-160 KQHD	7.5	2.08	8.8	1480	0.55	2.8	46
	12.5	3.47	8				
	15	4.17	7.2				
KQWHD 65-160A KQHD	6.5	1.81	6.6	1480	0.55	2.8	35
	10.8	3.00	6				
	13	3.61	5.4				

型 号	流量		扬程 (m)	转速 (r/min)	电机功率 (kW)	必需汽蚀余量 (NPSH)r (m)	质量 (kg)
	(m³/h)	(L/s)					
KQWHD KQHD 65-200	7.5	2.08	13.2	1480	1.1	2.8	52
	12.5	3.47	12.5				
	15	4.17	11.8				
KQWHD KQHD 65-200A	6.8	1.89	10.7	1480	0.75	2.8	48
	11.3	3.14	10.1				
	13.5	3.75	9				
KQWHD KQHD 65-250	7.5	2.08	21	1480	2.2	2.8	74
	12.5	3.47	20				
	15	4.17	19.4				
KQWHD KQHD 65-250A	7	1.94	18.4	1480	1.5	2.8	70
	11.7	3.25	17.6				
	14.1	3.92	17				
KQWHD KQHD 65-250B	6.1	1.69	14.1	1480	1.1	2.8	65
	10.2	2.83	13.4				
	12.3	3.42	12.7				
KQWHD KQHD 65-315	7.5	2.08	32.3	1480	4	2.8	97
	12.5	3.47	32				
	15	4.17	31.7				
KQWHD KQHD 65-315A	7	1.94	28.1	1480	3	2.8	92
	11.7	3.25	28				
	14.1	3.92	27.6				
KQWHD KQHD 65-315B	6.1	1.69	21.1	1480	3	2.8	90
	10.1	2.81	21				
	12.1	3.36	20.8				
KQWHD KQHD 80-100	15	4.17	3.5	1480	0.55	2.8	33
	25	6.94	3				
	30	8.33	2.5				
KQWHD KQHD 80-125	15	4.17	5.6	1480	0.75	2.8	52
	25	6.94	5				
	30	8.33	4.5				
KQWHD KQHD 80-125A	13.1	3.64	4.3	1480	0.55	2.8	48
	21.8	6.06	3.8				
	26.2	7.28	3.4				

型　号	流量		扬程 (m)	转速 (r/min)	电机功率 (kW)	必需汽蚀余量 (NPSH)r (m)	质量 (kg)
	(m³/h)	(L/s)					
KQWHD₈₀₋₁₆₀ KQHD	15	4.17	9	1480	1.1	2.8	53
	25	6.94	8				
	30	8.33	7.2				
KQWHD_{80-160A} KQHD	13	3.61	6.7	1480	0.75	2.8	52
	21.6	6.00	6				
	25.9	7.19	5.4				
KQWHD₈₀₋₂₀₀ KQHD	15	4.17	13.2	1480	2.2	2.8	61
	25	6.94	12.5				
	30	8.33	11.8				
KQWHD_{80-200A} KQHD	14	3.89	11.5	1480	1.5	2.8	57
	23.3	6.47	10.9				
	27.9	7.75	10.2				
KQWHD₈₀₋₂₅₀ KQHD	15	4.17	21	1480	3	2.8	78
	25	6.94	20				
	30	8.33	18.8				
KQWHD_{80-250A} KQHD	13.3	3.69	16.6	1480	2.2	2.8	68
	22.2	6.17	15.8				
	26.6	7.39	14.8				
KQWHD_{80-250B} KQHD	11.9	3.31	13.5	1480	1.5	2.8	63
	19.8	5.50	12.6				
	23.8	6.61	11.8				
KQWHD₈₀₋₃₁₅ KQHD	15	4.17	32.5	1480	5.5	2.8	130
	25	6.94	32				
	30	8.33	31.5				
KQWHD_{80-315A} KQHD	14	3.89	28.3	1480	4	2.8	102
	23	6.39	27.9				
	28	7.78	27.4				
KQWHD_{80-315B} KQHD	12.1	3.36	21.3	1480	3	2.8	97
	20.2	5.61	21				
	24.3	6.75	20.6				
KQWHD₁₀₀₋₁₀₀ KQHD	30	8.33	3.5	1480	0.75	3	62
	50	13.89	3				
	60	16.67	2.5				

型　号	流量		扬程 (m)	转速 (r/min)	电机功率 (kW)	必需汽蚀余量 (NPSH)r (m)	质量 (kg)
	(m³/h)	(L/s)					
KQWHD KQHD 100-125	30	8.33	6	1480	1.1	3	71
	50	13.89	5				
	60	16.67	4				
KQWHD KQHD 100-125A	26.8	7.44	4.8	1480	1.1	3	68
	44.6	12.40	4				
	53.5	14.86	3.2				
KQWHD KQHD 100-160	30	8.33	9.2	1480	2.2	3	80
	50	13.89	8				
	60	16.67	6.8				
KQWHD KQHD 100-160A	26.8	7.44	7.3	1480	1.5	3	75
	44.6	12.40	6.3				
	53.5	14.86	5.4				
KQWHD KQHD 100-200	30	8.33	13.5	1480	3	3	90
	50	13.89	12.5				
	60	16.67	11.8				
KQWHD KQHD 100-200A	26.8	7.44	10.7	1480	2.2	3	80
	44.6	12.40	9.9				
	53.5	14.86	9.4				
KQWHD KQHD 100-250	30	8.33	21.3	1480	5.5	3	140
	50	13.89	20				
	60	16.67	19				
KQWHD KQHD 100-250A	28	7.78	18.6	1480	4	3	115
	46.7	12.97	17.4				
	56	15.56	16.6				
KQWHD KQHD 100-250B	24.2	6.72	14	1480	3	3	105
	40.4	11.22	13				
	48.5	13.47	12.4				
KQWHD KQHD 100-315	30	8.33	34	1480	11	3	223
	50	13.89	32				
	60	16.67	30				
KQWHD KQHD 100-315A	28	7.78	29.6	1480	7.5	3	176
	46.7	12.97	27.9				
	56	15.56	26.1				
KQWHD KQHD 100-315B	24.2	6.72	22.3	1480	5.5	3	163
	40.4	11.22	21				
	48.5	13.47	19.1				

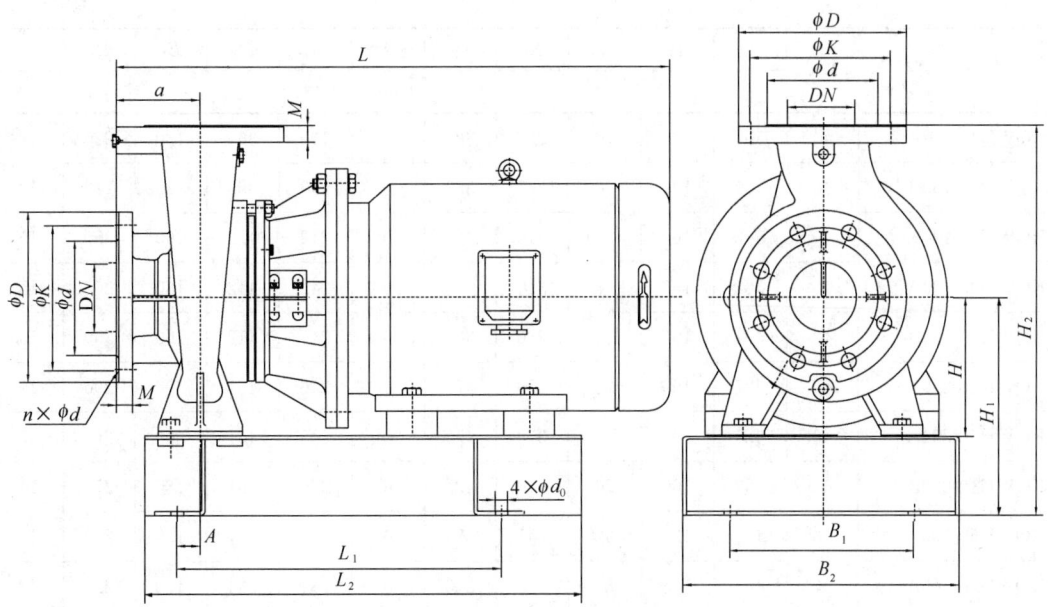

进出口法兰尺寸(mm)					
DN	ϕD	ϕK	ϕd	M	$n \times \phi d_L$
40	150	110	88	18	$4 \times \phi 18$
50	165	125	102	20	$4 \times \phi 18$
65	185	145	122	20	$4 \times \phi 18$
80	200	160	133	20	$8 \times \phi 18$
100	220	180	158	22	$8 \times \phi 18$
125	250	210	184	22	$8 \times \phi 18$
150	285	240	212	24	$8 \times \phi 22$
200	340	295	268	24	$12 \times \phi 22$

图 1-250　KQWH 卧式、KQH 立式单级化工泵外形及安装尺寸(一)

KQWH 卧式、KQH 立式单级化工泵安装尺寸(一)　　　　　　表 1-281

型　　号	DN	L	H	a	L_1	L_2	A	H_1	H_2	B_1	B_2	ϕd_0
						(mm)						
KQWH40-100	40	444	100	70	245	350	0	179	309	130	220	12
KQWH40-100A	40	444	100	70	245	350	0	179	309	130	220	12
KQWH40-125	40	444	110	70	245	350	0	189	339	130	220	12
KQWH40-125A	40	444	110	70	245	350	0	189	339	130	220	12
KQWH40-160	40	504	120	70	280	385	0	199	369	130	220	12

型　号	DN	L	H	a	L₁	L₂	A	H₁	H₂	B₁	B₂	ϕd_0
							(mm)					
KQWH40-160A	40	504	120	70	255	385	0	199	369	130	220	12
KQWH40-160B	40	469	120	70	245	350	0	199	369	130	220	12
KQWH40-200	40	562	160	70	310	425	0	242	412	160	250	15
KQWH40-200A	40	562	160	70	310	425	0	242	412	160	250	15
KQWH40-200B	40	494	160	70	280	385	0	242	412	160	250	15
KQWH40-250	40	627	160	70	375	475	0	246	461	200	290	15
KQWH40-250A	40	627	160	70	375	475	0	246	461	200	290	15
KQWH40-250B	40	552	160	70	310	425	0	246	461	180	270	15
KQWH50-100	50	444	105	80	245	320	0	184	334	130	220	12
KQWH50-100A	50	444	105	80	245	320	0	184	334	130	220	12
KQWH50-125	50	474	110	80	255	355	0	189	339	130	220	12
KQWH50-125A	50	454	110	80	245	320	0	189	339	130	220	12
KQWH50-160	50	542	132	80	310	415	0	212	374	160	250	15
KQWH50-160A	50	514	132	80	280	380	0	212	374	160	250	15
KQWH50-160B	50	449	132	80	255	355	0	212	374	160	250	15
KQWH50-200	50	657	160	100	370	470	12.5	242	432	200	290	15
KQWH50-200A	50	582	160	100	310	425	12.5	242	432	160	250	15
KQWH50-200B	50	562	160	100	325	415	12.5	242	432	160	250	15
KQWH50-250	50	793	180	100	515	616	12.5	272	497	220	330	15
KQWH50-250A	50	665	180	100	395	495	12.5	272	497	220	330	15
KQWH50-250B	50	665	180	100	395	495	12.5	272	497	220	330	15
KQWH65-100	65	474	110	80	255	350	0	189	349	130	220	12
KQWH65-100A	65	454	110	80	245	330	0	189	349	130	220	12
KQWH65-125	65	542	120	80	315	415	0	199	379	130	220	12
KQWH65-125A	65	504	120	80	280	370	0	199	379	130	220	12
KQWH65-160	65	562	132	80	310	425	0	212	404	160	250	15
KQWH65-160A	65	562	132	80	310	425	0	212	404	160	250	15
KQWH65-160B	65	562	132	80	310	415	0	212	404	160	250	15
KQWH65-200	65	652	160	100	370	460	12.5	246	446	200	290	15
KQWH65-200A	65	652	160	100	370	460	12.5	246	446	200	290	15

续表

型　号	DN	L	H	a	L_1	L_2	A	H_1	H_2	B_1	B_2	ϕd_0
							(mm)					
KQWH65-200B	65	652	160	100	370	460	12.5	246	446	200	290	15
KQWH65-250	65	824	180	100	515	610	12.5	272	502	220	330	15
KQWH65-250A	65	824	180	100	515	610	12.5	272	502	220	330	15
KQWH65-250B	65	824	180	100	515	610	12.5	272	502	220	330	15
KQWH65-315	65	965	200	100	645	745	12.5	304	574	300	410	15
KQWH65-315A	65	887	200	100	565	670	12.5	300	570	260	355	15
KQWH65-315B	65	871	200	100	560	665	12.5	300	570	260	355	15
KQWH65-315C	65	826	200	100	515	621	12.5	300	570	260	355	15
KQWH80-100	80	562	120	100	315	405	0	199	379	130	220	12
KQWH80-100A	80	524	120	100	280	365	0	199	379	130	220	12
KQWH80-125	80	657	132	100	370	470	0	218	418	200	290	15
KQWH80-125A	80	582	132	100	340	415	0	214	414	160	250	12
KQWH80-160	80	657	160	100	370	470	0	244	444	200	290	15
KQWH80-160A	80	657	160	100	370	470	0	244	444	200	290	15
KQWH80-160B	80	657	160	100	370	470	0	244	444	200	290	15
KQWH80-200	80	815	160	125	500	600	12.5	252	477	240	330	15
KQWH80-200A	80	815	160	125	500	600	12.5	252	477	240	330	15
KQWH80-200B	80	687	160	125	370	470	12.5	246	471	200	290	15
KQWH80-250	80	885	180	125	560	660	12.5	280	430	265	355	15
KQWH80-250A	80	860	180	125	550	650	12.5	272	522	240	330	15
KQWH80-250B	80	815	180	125	510	610	12.5	272	522	240	330	15
KQWH80-315	80	995	225	125	635	740	12.5	329	619	310	410	15
KQWH80-315A	80	995	225	125	635	740	12.5	329	619	310	410	15
KQWH80-315B	80	995	225	125	635	740	12.5	329	619	310	410	15
KQWH80-315C	80	890	225	125	565	665	12.5	325	615	265	355	15
KQWH100-100	100	657	160	100	365	465	12.5	246	446	200	290	15
KQWH100-100A	100	582	160	100	345	425	12.5	246	452	160	290	15
KQWH100-125	100	816	160	100	500	590	12.5	252	452	240	330	15
KQWH100-125A	100	657	160	100	365	465	12.5	246	444	200	290	15
KQWH100-160	100	826	160	100	505	615	12.5	252	502	240	330	15
KQWH100-160A	100	826	160	100	505	615	12.5	252	502	240	330	15
KQWH100-160B	100	826	160	100	505	615	12.5	252	502	240	330	15
KQWH100-200	100	887	180	100	560	665	12.5	280	530	265	355	15
KQWH100-200A	100	871	180	100	550	655	12.5	272	522	240	330	15
KQWH100-200B	100	871	180	100	505	615	12.5	272	522	240	330	15

型　　号	DN	L	H	a	L_1	L_2	A	H_1	H_2	B_1	B_2	ϕd_0
							（mm）					
KQWH100-250	100	1031	200	125	650	750	12.5	304	579	310	410	15
KQWH100-250A	100	1031	200	125	650	750	12.5	304	579	310	410	15
KQWH100-250B	100	1031	200	125	650	750	12.5	304	579	310	410	15
KQWH100-315	100	1305	225	125	880	990	30	381	696	450	560	20
KQWH100-315A	100	1229	225	125	835	935	30	377	692	370	500	20
KQWH100-315B	100	1097	225	125	720	820	30	319	634	310	440	20
KQWH100-315C	100	1041	225	125	675	775	30	329	644	300	410	15
KQWH100-125(I)	100	629	180	160	340	450	12.5	280	530	265	355	15
KQWH100-160(I)	100	649	180	160	350	460	12.5	280	530	265	355	15
KQWH100-160(I)A	100	629	180	160	340	450	12.5	280	530	265	355	15
KQWH100-200(I)	100	724	250	160	410	515	30	354	654	310	410	15
KQWH100-200(I)A	100	649	250	160	370	475	30	354	654	310	410	15
KQWH100-250(I)	100	893	250	160	540	645	30	354	654	310	410	15
KQWH100-250(I)A	100	777	250	160	460	565	30	354	654	310	410	15
KQWH100-250(I)B	100	737	250	160	430	535	30	354	654	310	410	15
KQWH100-315(I)	100	931	250	160	575	685	30	354	669	310	410	15
KQWH100-315(I)A	100	886	250	160	540	645	30	354	669	310	410	20
KQWH100-315(I)B	100	730	250	160	460	565	30	354	669	310	410	20
KQWH100-400(I)	100	1093	315	160	720	830	50	412	767	370	510	20
KQWH100-400(I)A	100	1024	315	160	680	790	50	412	767	370	510	20
KQWH100-400(I)B	100	984	315	160	650	760	50	412	767	370	510	20
KQWH100-400(I)C	100	929	315	160	630	730	50	412	767	370	510	20
KQWH125-100	125	820	160	125	525	615	30	252	492	240	330	15
KQWH125-100A	125	692	160	125	400	490	30	246	486	200	290	15
KQWH125-125	125	820	160	125	525	615	30	252	502	240	330	15
KQWH125-125A	125	820	160	125	525	615	30	252	502	240	330	15
KQWH125-160	125	885	180	125	580	680	30	280	540	265	355	15
KQWH125-160A	125	860	180	125	580	680	30	272	532	240	330	15
KQWH125-160B	125	815	180	125	535	635	30	272	532	240	330	15
KQWH125-200	125	990	200	125	650	750	30	304	589	310	410	15
KQWH125-200A	125	990	200	125	650	750	30	304	589	310	410	15
KQWH125-200B	125	885	200	125	580	680	30	300	585	265	355	15
KQWH125-250	125	1200	200	125	835	935	30	377	697	370	500	20
KQWH125-250A	125	1070	200	125	720	820	30	319	639	310	440	20
KQWH125-250B	125	1015	200	125	675	775	30	304	604	310	410	15

型 号	DN	L	H	a	L₁	L₂	A	H₁	H₂	B₁	B₂	φd₀
							(mm)					
KQWH125-315	125	1320	225	125	935	1035	30	381	701	430	560	20
KQWH125-315A	125	1270	225	125	885	985	30	381	701	430	560	20
KQWH125-315B	125	1270	225	125	885	985	30	381	701	430	560	20
KQWH125-315C	125	1200	225	125	835	935	30	372	692	370	500	20
KQWH150-200	150	918	250	140	580	680	30	354	714	310	410	15
KQWH150-200A	150	873	250	140	535	635	30	354	714	310	410	15
KQWH150-250	150	930	250	140	600	710	30	354	714	310	410	15
KQWH150-250A	150	892	250	140	585	685	30	354	714	310	410	15
KQWH150-250B	150	847	250	140	540	650	30	354	714	310	410	15
KQWH150-315	150	1032	315	140	690	800	50	412	812	370	500	20
KQWH150-315A	150	967	315	140	660	765	50	412	812	370	500	20
KQWH150-315B	150	927	315	140	620	730	50	412	812	370	500	20
KQWH150-400	150	1110	315	140	760	865	50	412	822	370	500	20
KQWH150-400A	150	1085	315	140	760	865	50	412	822	370	500	20
KQWH150-400B	150	1000	315	140	700	810	50	412	822	370	500	20
KQWH150-400C	150	975	315	140	670	770	50	412	822	370	500	20
KQWH200-200(I)	200	985	280	160	660	760	50	377	857	370	500	20
KQWH200-200(I)A	200	945	280	160	620	725	50	377	857	370	500	20
KQWH200-250(I)	200	1063	280	160	700	810	50 ·	377	857	370	560	20
KQWH200-250(I)A	200	998	280	160	670	775	50	377	857	370	500	20
KQWH200-250(I)B	200	858	280	160	635	735	50	377	857	370	500	20
KQWH200-315(I)	200	1250	315	160	860	970	50	416	876	430	560	20
KQWH200-315(I)A	200	1150	315	160	785	885	50	416	876	430	560	20
KQWH200-315(I)B	200	1125	315	160	760	860	50	416	876	430	560	20
KQWH200-400(I)	200	1315	315	160	905	1015	50	416	876	430	560	20
KQWH200-400(I)A	200	1315	315	160	905	1015	50	416	876	430	560	20
KQWH200-400(I)B	200	1245	315	160	860	970	50	416	876	430	560	20
KQWH200-400(I)C	200	1145	315	160	780	880	50	416	876	430	560	20
KQWHD40-100	40	444	100	70	245	350	0	179	309	130	220	12
KQWHD40-125	40	444	110	70	245	350	0	189	309	130	220	12
KQWHD40-125A	40	444	110	70	245	350	0	189	309	130	220	12
KQWHD40-160	40	431	120	70	245	345	0	199	369	130	220	12
KQWHD40-160A	40	431	120	70	245	345	0	199	369	130	220	12
KQWHD40-200	40	447	160	70	250	360	0	242	422	160	250	15
KQWHD40-200A	40	447	160	70	250	360	0	242	422	160	250	15

续表

型　号	DN	L	H	a	L₁	L₂	A	H₁	H₂	B₁	B₂	φd₀
							(mm)					
KQWHD40-250	40	484	160	70	280	385	0	246	461	200	290	15
KQWHD40-250A	40	447	160	70	260	375	0	246	461	180	270	15
KQWHD40-250B	40	447	160	70	260	375	0	246	461	180	270	15
KQWHD50-100	50	444	105	80	245	350	0	184	334	130	220	12
KQWHD50-125	50	454	110	80	245	350	0	189	339	130	220	12
KQWHD50-125A	50	454	110	80	245	350	0	189	339	130	220	12
KQWHD50-160	50	460	132	80	255	355	0	212	374	160	250	15
KQWHD50-160A	50	460	132	80	255	355	0	212	374	160	250	15
KQWHD50-200	50	467	160	100	280	360	0	246	436	200	290	15
KQWHD50-200A	50	467	160	100	280	360	0	246	436	200	290	15
KQWHD50-250	50	528	180	100	335	435	12.5	272	497	220	330	15
KQWHD50-250A	50	522	180	100	305	405	12.5	272	497	220	330	15
KQWHD50-250B	50	485	180	100	305	405	12.5	272	497	220	330	15
KQWHD65-100	65	454	110	80	245	330	0	189	349	130	220	12
KQWHD65-125	65	454	120	80	245	330	0	199	379	130	220	12
KQWHD65-125A	65	454	120	80	245	330	0	199	379	130	220	12
KQWHD65-160	65	447	132	80	260	370	0	214	404	160	250	12
KQWHD65-160A	65	447	132	80	260	370	0	214	404	160	250	12
KQWHD65-200	65	489	160	100	280	385	0	246	446	200	290	15
KQWHD65-200A	65	472	160	100	260	365	0	246	446	200	290	15
KQWHD65-250	65	573	180	100	365	470	12.5	272	502	220	330	15
KQWHD65-250A	65	528	180	100	335	435	12.5	272	502	220	330	15
KQWHD65-250B	65	528	180	100	335	435	12.5	272	502	220	330	15
KQWHD65-315	65	595	200	100	390	500	12.5	304	574	310	410	15
KQWHD65-315A	65	595	200	100	390	500	12.5	304	574	310	410	15
KQWHD65-315B	65	595	200	100	390	500	12.5	304	574	310	410	15
KQWHD80-100	80	483	120	100	245	350	0	199	379	130	220	12
KQWHD80-125	80	490	132	100	245	350	0	214	414	160	250	12
KQWHD80-125A	80	490	132	100	245	350	0	214	414	160	250	12
KQWHD80-160	80	494	160	100	265	365	0	246	446	200	290	15
KQWHD80-160A	80	477	160	100	260	365	0	246	446	200	290	15
KQWHD80-200	80	592	160	125	340	445	0	246	471	200	290	15
KQWHD80-200A	80	554	160	125	310	415	0	246	471	200	290	15
KQWHD80-250	80	595	180	125	350	450	12.5	280	530	265	355	15
KQWHD80-250A	80	595	180	125	350	450	12.5	280	530	265	355	15
KQWHD80-250B	80	560	180	125	330	430	12.5	272	522	240	330	15
KQWHD80-315	80	695	225	125	390	500	12.5	329	619	310	410	15
KQWHD80-315A	80	620	225	125	390	500	12.5	329	619	310	410	15
KQWHD80-315B	80	620	225	125	390	500	12.5	329	619	310	410	15
KQWHD100-100	100	510	160	100	290	400	12.5	246	446	200	290	12

型 号	DN	L	H	a	L_1	L_2	A	H_1	H_2	B_1	B_2	ϕd_0
							（mm）					
KQWHD100-125	100	530	160	100	330	430	12.5	246	446	200	290	12
KQWHD100-125A	100	530	160	100	330	430	12.5	246	446	200	290	12
KQWHD100-160	100	575	160	100	355	465	12.5	252	502	240	330	15
KQWHD100-160A	100	540	160	100	325	435	12.5	252	502	240	330	15
KQWHD100-200	100	575	180	100	360	465	12.5	280	530	265	355	15
KQWHD100-200A	100	575	180	100	360	465	12.5	280	530	265	355	15
KQWHD100-250	100	705	200	125	410	530	12.5	300	575	265	355	15
KQWHD100-250A	100	630	200	125	390	490	12.5	300	575	265	355	15
KQWHD100-250B	100	630	200	125	390	490	12.5	300	575	265	355	15
KQWHD100-315	100	840	225	125	550	660	30	329	644	300	400	15
KQWHD100-315A	100	746	225	125	500	605	30	339	654	310	410	20
KQWHD100-315B	100	706	225	125	460	565	30	339	654	310	410	20

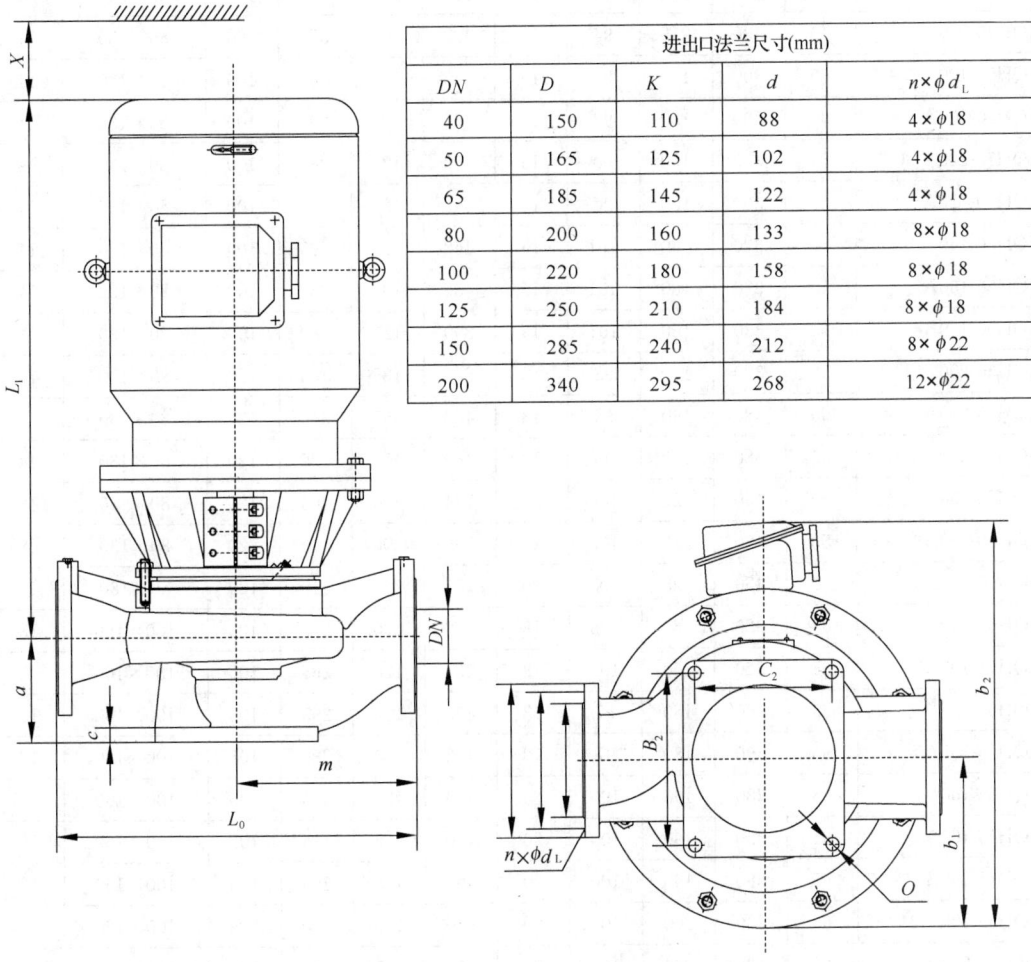

进出口法兰尺寸(mm)				
DN	D	K	d	$n \times \phi d_L$
40	150	110	88	$4 \times \phi18$
50	165	125	102	$4 \times \phi18$
65	185	145	122	$4 \times \phi18$
80	200	160	133	$8 \times \phi18$
100	220	180	158	$8 \times \phi18$
125	250	210	184	$8 \times \phi18$
150	285	240	212	$8 \times \phi22$
200	340	295	268	$12 \times \phi22$

图 1-251 KQWH 卧式、KQH 立式单级化工泵外形及安装尺寸（二）

KQWH 卧式、KQH 立式单级化工泵安装尺寸（二）   表 1-282

型　号	DN	L_c	m	a	c	L_1	b_1	b_2	x	$C_2 \times B_2$	d_0
		(mm)									
KQH40-100	40	260	130	85	15	365	120	235	100	70×120	14
KQH40-100A	40	260	130	85	15	365	120	235	100	70×120	14
KQH40-125	40	300	150	85	15	365	120	265	100	70×120	14
KQH40-125A	40	300	150	85	15	365	120	265	100	70×120	14
KQH40-160	40	340	170	90	15	435	120	280	100	70×120	14
KQH40-160A	40	340	170	90	15	390	120	280	100	70×120	14
KQH40-160B	40	340	170	90	15	365	120	265	100	70×120	14
KQH40-200	40	360	180	93	15	480	155	345	100	80×130	14
KQH40-200A	40	360	180	93	15	460	155	325	100	80×130	14
KQH40-200B	40	360	180	93	15	435	155	315	100	80×130	14
KQH40-250	40	430	215	94	17	557	160	370	100	80×130	14
KQH40-250A	40	430	215	94	17	557	160	370	100	80×130	14
KQH40-250B	40	430	215	94	17	482	160	350	100	80×130	14
KQH50-100	50	300	150	93	15	365	120	265	100	80×130	14
KQH50-100A	50	300	150	93	15	365	120	265	100	80×130	14
KQH50-125	50	300	150	90	15	390	120	280	100	80×130	14
KQH50-125A	50	300	150	90	15	365	120	265	100	80×130	14
KQH50-160	50	320	160	101	15	460	125	295	100	80×130	14
KQH50-160A	50	320	160	101	15	435	120	280	100	80×130	14
KQH50-160B	50	320	160	101	15	390	120	280	100	80×130	14
KQH50-200	50	380	190	98	18	555	185	400	120	80×130	14
KQH50-200A	50	380	190	98	18	480	155	345	120	80×130	14
KQH50-200B	50	380	190	98	18	460	155	325	120	80×130	14
KQH50-250	50	450	225	105	20	724	200	465	120	80×130	18
KQH50-250A	50	450	225	105	20	565	200	410	120	80×130	18
KQH50-250B	50	450	225	105	20	565	200	410	120	80×130	18
KQH65-100	65	320	160	105	18	386	120	280	105	100×160	18
KQH65-100A	65	320	160	105	18	361	120	265	105	100×160	18
KQH65-125	65	360	180	97	18	460	125	295	105	100×160	18
KQH65-125A	65	360	180	97	18	432	120	280	105	100×160	18
KQH65-160	65	380	190	100	20	480	125	315	105	100×160	18
KQH65-160A	65	380	190	100	20	480	125	315	105	100×160	18
KQH65-160B	65	380	190	100	20	465	125	295	105	100×160	18
KQH65-200	65	400	200	105	20	550	185	400	105	100×160	18
KQH65-200A	65	400	200	105	20	550	185	400	105	100×160	18

型　号	DN	L_c	m	a	c	L_1	b_1	b_2	x	$C_2 \times B_2$	d_0
										(mm)	
KQH65-200B	65	400	200	105	20	550	185	400	105	100×160	18
KQH65-250	65	460	230	110	24	692	225	485	105	120×180	18
KQH65-250A	65	460	230	110	24	692	225	485	105	120×180	18
KQH65-250B	65	460	230	110	24	692	225	485	105	120×180	18
KQH65-315	65	540	270	120	20	896	270	580	110	150×240	22
KQH65-315A	65	540	270	120	20	787	270	555	110	150×240	22
KQH65-315B	65	540	270	120	20	771	270	525	110	150×240	22
KQH65-315C	65	540	270	120	20	771	270	525	110	150×240	22
KQH80-100	80	370	190	118	18	460	125	295	110	100×160	18
KQH80-100A	80	370	190	118	18	432	120	180	110	100×160	18
KQH80-125	80	400	200	122	15	555	185	400	110	100×160	18
KQH80-125A	80	400	200	122	15	480	125	315	110	100×160	18
KQH80-160	80	400	200	126	20	555	185	400	110	100×160	18
KQH80-160A	80	400	200	126	20	555	185	400	110	100×160	18
KQH80-160B	80	400	200	126	20	555	185	400	110	100×160	18
KQH80-200	80	450	225	125	20	690	225	485	120	100×160	18
KQH80-200A	80	450	225	125	20	690	225	485	120	100×160	18
KQH80-200B	80	450	225	125	20	560	185	400	120	100×160	18
KQH80-250	80	500	250	132	23	760	250	530	120	120×180	18
KQH80-250A	80	500	250	132	23	735	225	485	120	120×180	18
KQH80-250B	80	500	250	132	23	690	225	485	120	120×180	18
KQH80-315	80	580	290	140	25	870	210	545	120	150×240	22
KQH80-315A	80	580	290	140	25	870	210	545	120	150×240	22
KQH80-315B	80	580	290	140	25	870	210	545	120	150×240	22
KQH80-315C	80	580	290	140	25	765	200	430	120	150×240	22
KQH100-100	100	438	228	140	20	555	185	400	130	120×180	18
KQH100-100A	100	438	228	140	20	480	125	315	130	120×180	18
KQH100-125	100	450	225	140	22	685	225	485	130	120×180	18
KQH100-125A	100	450	225	140	22	555	185	400	130	120×180	18
KQH100-160	100	500	250	157	22	695	225	485	130	120×180	18
KQH100-160A	100	500	250	157	22	695	225	485	130	120×180	18
KQH100-160B	100	500	250	157	22	695	225	485	130	120×180	18
KQH100-200	100	500	250	137	22	765	250	530	130	120×180	18
KQH100-200A	100	500	250	137	22	740	225	485	130	120×180	18
KQH100-200B	100	500	250	137	22	695	225	485	130	120×180	18

型 号	DN	L_c	m	a	c	L_1	b_1	b_2	x	$C_2 \times B_2$	d_0
						(mm)					
KQH100-250	100	550	275	155	30	870	270	575	130	150×240	22
KQH100-250A	100	550	275	155	30	870	270	575	130	150×240	22
KQH100-250B	100	550	275	155	30	870	270	575	130	150×240	22
KQH100-315	100	630	315	165	30	1120	295	705	130	210×260	22
KQH100-315A	100	630	315	165	30	1050	275	660	130	210×260	22
KQH100-315B	100	630	315	165	30	935	240	585	130	210×260	22
KQH100-315C	100	630	315	165	30	880	210	525	130	210×260	22
KQH100-125(1)	100	500	250	103	18	467	145	335	130	120×180	18
KQH100-160(1)	100	510	255	113	15	487	145	335	130	150×240	22
KQH100-160(1)A	100	510	255	113	15	467	145	335	130	150×240	22
KQH100 200(1)	100	560	280	165	25	562	185	395	130	120×180	18
KQH100-200(1)A	100	560	280	165	25	487	180	395	130	120×180	18
KQH100-250(1)	100	600	300	175	25	685	225	485	130	150×240	22
KQH100-250(1)A	100	600	300	175	25	602	185	395	130	150×240	22
KQH100-250(1)B	100	600	300	175	25	562	185	395	130	150×240	22
KQH100-315(1)	100	630	315	185	20	730	240	515	130	210×260	22
KQH100-315(1)A	100	630	315	185	20	685	240	515	130	210×260	22
KQH100-315(1)B	100	630	315	185	20	602	240	515	130	210×260	22
KQH100-400(1)	100	710	355	160	20	892	270	575	130	210×260	22
KQH100-400(1)A	100	710	355	160	20	827	250	530	130	210×260	22
KQH100-400(1)B	100	710	355	160	20	787	250	530	130	210×260	22
KQH100-400(1)C	100	710	355	160	20	745	240	515	130	210×260	22
KQH125-100	125	480	240	165	25	693	225	485	130	150×240	22
KQH125-100A	125	480	240	165	25	563	185	400	130	150×240	22
KQH125-125	125	500	250	170	27	693	225	485	130	150×240	22
KQH125-125A	125	500	250	170	27	693	225	485	130	150×240	22
KQH125-160	125	520	260	175	30	763	250	530	130	150×240	22
KQH125-160A	125	520	260	175	30	738	225	485	130	150×240	22
KQH125-160B	125	520	260	175	30	693	225	485	130	150×240	22
KQH125-200	125	570	285	175	30	880	270	575	140	210×260	22
KQH125-200A	125	570	285	175	30	880	270	575	140	210×260	22
KQH125-200B	125	570	285	175	30	800	250	530	140	210×260	22
KQH125-250	125	600	300	170	35	1050	315	680	140	230×280	22
KQH125-250A	125	600	300	170	35	930	295	625	140	230×280	22
KQH125-250B	125	600	300	170	35	880	270	575	140	230×280	22

续表

型　号	DN	L_c	m	a	c	L_1	b_1	b_2	x	$C_2 \times B_2$	d_0
						(mm)					
KQH125-315	125	640	320	180	35	1170	295	705	140	230×280	22
KQH125-315A	125	640	320	180	35	1120	295	705	140	230×280	22
KQH125-315B	125	640	320	180	35	1120	295	705	140	230×280	22
KQH125-315C	125	640	320	180	35	1050	275	660	140	230×280	22
KQH150-200	150	680	360	200	30	740	225	485	150	210×260	22
KQH150-200A	150	680	360	200	30	695	225	485	150	210×260	22
KQH150-250	150	720	360	205	30	787	250	530	150	210×260	22
KQH150-250A	150	720	360	205	30	745	225	485	150	210×260	22
KQH150-250B	150	720	360	205	30	700	225	485	150	210×260	22
KQH150-315	150	800	400	205	30	889	270	575	155	210×260	22
KQH150-315A	150	800	400	205	30	824	250	530	155	210×260	22
KQH150-315B	150	800	400	205	30	784	250	530	155	210×260	22
KQH150-400	150	820	410	210	35	955	295	625	155	230×280	22
KQH150-400A	150	820	410	210	35	930	295	625	155	230×280	22
KQH150-400B	150	820	410	210	35	885	270	575	155	230×280	22
KQH150-400C	150	820	410	210	35	820	250	530	155	230×280	22
KQH200-200(1)	200	800	430	240	32	822	250	530	150	230×280	22
KQH200-200(1)A	200	800	430	240	32	782	250	530	150	230×280	22
KQH200-250(1)A	200	900	450	240	32	835	250	530	150	230×280	22
KQH200-250(1)	200	900	450	240	32	900	270	575	150	230×280	22
KQH200-250(1)B	200	900	450	240	32	795	250	530	150	230×280	22
KQH200-315(1)	200	920	460	280	35	1065	315	680	155	300×400	22
KQH200-315(1)A	200	920	460	280	35	975	295	625	155	300×400	22
KQH200-315(1)B	200	920	460	280	35	950	295	625	155	300×400	22
KQH200-400(1)	200	920	460	260	35	1130	360	760	155	300×400	22
KQH200-400(1)A	200	920	460	260	35	1130	360	760	155	300×400	22
KQH200-400(1)B	200	920	460	260	35	1060	315	680	155	300×400	22
KQH200-400(1)C	200	920	460	260	35	970	295	625	155	300×400	22
KQHD40-100	40	260	130	85	15	350	120	235	100	70×120	14
KQHD40-125	40	300	150	85	15	350	120	235	100	70×120	14
KQHD40-125A	40	300	150	85	15	350	120	235	100	70×120	14
KQHD40-160	40	340	170	90	15	365	120	240	100	70×120	14
KQHD40-160A	40	340	170	90	15	350	120	235	100	70×120	14
KQHD40-200	40	360	180	93	18	365	155	315	100	80×130	14
KQHD40-200A	40	360	180	93	18	365	155	315	100	80×130	14

型 号	DN	L_c	m	a	c	L_1	b_1	b_2	x	$C_2 \times B_2$	d_0
						(mm)					
KQHD40-250	40	430	215	94	17	440	160	320	100	80×130	14
KQHD40-250A	40	430	215	94	17	400	160	320	100	80×130	14
KQHD40-250B	40	430	215	94	17	400	160	320	100	80×130	14
KQHD50-100	50	300	150	93	15	355	120	235	100	80×130	14
KQHD50-125	50	300	150	90	15	365	120	240	100	80×130	14
KQHD50-125A	50	300	150	90	15	355	120	235	100	80×130	14
KQHD50-160	50	320	160	101	15	365	120	265	100	80×130	14
KQHD50-160A	50	320	160	101	15	340	120	240	100	80×130	14
KQHD50-200	50	380	190	98	18	370	155	310	120	80×130	14
KQHD50-200A	50	380	190	98	18	370	155	310	120	80×130	14
KQHD50-250	50	450	225	105	20	430	200	365	120	100×160	18
KQHD50-250A	50	450	225	105	20	410	200	365	120	100×160	18
KQHD50-250B	50	450	225	105	20	390	200	355	120	100×160	18
KQHD65-100	65	320	160	105	18	340	120	240	105	100×160	18
KQHD65-125	65	360	180	97	18	340	120	240	105	100×160	18
KQHD65-125A	65	360	180	97	18	340	120	240	105	100×160	18
KQHD65-160	65	380	190	100	20	362	120	270	105	100×160	18
KQHD65-160A	65	380	190	100	20	340	120	240	105	100×160	18
KQHD65-200	65	400	200	105	20	397	155	320	105	100×160	18
KQHD65-200A	65	400	200	105	20	372	155	320	105	100×160	18
KQHD65-250	65	460	230	110	24	470	155	335	105	120×180	18
KQHD65-250A	65	460	230	110	24	442	155	320	105	120×180	18
KQHD65-250B	65	460	230	110	24	397	155	320	105	120×180	18
KQHD65-315	65	540	270	120	20	515	270	510	105	150×240	22
KQHD65-315A	65	540	270	120	20	505	270	510	105	150×240	22
KQHD65-315B	65	540	270	120	20	505	270	490	105	150×240	22
KQHDD65-315C	65	540	270	120	20	485	270	490	105	150×240	22
KQHD80-100	80	370	190	118	18	350	120	240	110	100×160	18
KQHD80-125	80	400	200	122	15	362	120	270	110	100×160	18
KQHD80-125A	80	400	200	122	15	362	120	270	110	100×160	18
KQHD80-160	80	400	200	126	20	387	120	280	110	100×160	18
KQHD80-160A	80	400	200	126	20	362	120	270	110	100×160	18
KQHD80-200	80	450	225	125	20	470	155	335	120	100×160	18
KQHD80-200A	80	450	225	125	20	432	155	315	120	100×160	18
KQHD80-250	80	500	250	132	25	470	155	335	120	120×180	18

型 号	DN	L_c	m	a	c	L_1	b_1	b_2	x	$C_2 \times B_2$	d_0
						(mm)					
KQHD80-250A	80	500	250	132	25	470	155	335	120	120×180	18
KQHD80-250B	80	500	250	132	25	432	155	315	120	120×180	18
KQHD80-315	80	580	290	140	25	565	210	545	120	150×240	22
KQHD80-315A	80	580	290	140	25	490	210	545	120	150×240	22
KQHD80-315B	80	580	290	140	25	470	210	545	120	150×240	22
KQHD100-100	100	438	228	140	20	385	120	270	130	120×180	18
KQHD100-125	100	450	225	140	22	405	130	290	130	120×180	18
KQHD100-125A	100	450	225	140	22	405	130	290	130	120×180	18
KQHD100-160	100	500	250	157	22	465	130	310	130	120×180	18
KQHD100-160A	100	500	250	157	22	430	130	290	130	120×180	18
KQHD100-200	100	500	250	137	22	470	170	360	130	120×180	18
KQHD100-200A	100	500	250	137	22	470	170	350	130	120×180	18
KQHD100-250	100	550	275	155	30	565	170	380	130	150×240	22
KQHD100-250A	100	550	275	155	30	490	170	360	130	150×240	22
KQHD100-250B	100	550	275	155	30	470	170	350	130	150×240	22
KQHD100-315	100	630	315	165	30	698	205	470	130	210×260	22
KQHD100-315A	100	630	315	65	30	580	205	415	130	210×260	22
KQHD100-315B	100	630	315	165	30	540	205	415	130	210×260	22

1.8.2 CQ不锈钢磁力驱动离心泵

（1）用途：CQ不锈钢磁力驱动离心泵适用于石油、化工、制药、冶炼、电镀、环保、食品、影视洗印、国防等行业，可输送易燃、易爆、挥发、有毒、稀有贵重液体和各种腐蚀性液体。

（2）型号意义说明：

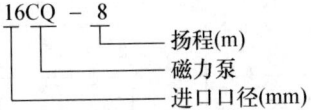

（3）结构：CQ型泵组由电动机、磁力偶和耐腐蚀离心泵组成。泵内外磁性联轴器采用高性能永磁材料。当电动机带动磁力偶合器的外磁钢旋转时，磁力线穿过间隙和隔离套作用于内磁钢上，使泵转子和电动机同步旋转，无机械接触地传递扭矩。泵轴的动力输入

端无泄漏。磁力泵应水平安装，塑料泵体不得承受管路重量。输送介质含有固体颗粒时，泵入口需加装过滤器，如含有铁磁微粒，需加装磁性过滤器。泵的过流部件根据需要选用不同材质，主要有聚丙烯、ABS、不锈钢和陶瓷等。其结构如图 1-252 所示。

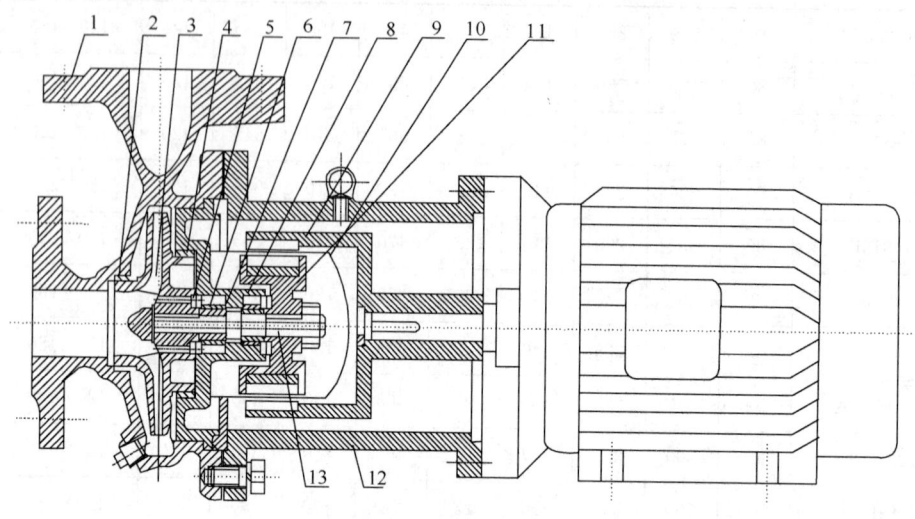

图 1-252 CQ 不锈钢磁力驱动离心泵结构

1—泵体；2—静环；3—叶轮；4—后密封环；5—前后止推环；6—轴承；7—轴套；8—轴承体；9—外磁钢总成；10—隔离套；11—内磁钢总成；12—联接架；13—联结体

（4）性能：CQ 不锈钢磁力驱动离心泵性能见表 1-283。

CQ 不锈钢磁力驱动离心泵性能   表 1-283

型　号	流　量 (L/min)	扬程 (m)	电机功率 (kW)	电　压 (V)	质　量 (kg)	材　料
8CQ-2	15	2	0.025	220	1.8	
10CQ-3	15	3	0.025	220	1.8	
14CQ-5	20	5	0.037	220	2.5	
16CQ-8	25	8	0.12	220	10	
20CQ-12	50	12	0.37	220	12	
20CQ-12	50	12	0.37	380	12	
32CQ-15	110	15	1.1	380	25	工程塑料
32CQ-25	110	25	1.1	380	35	
40CQ-20	180	20	2.2	380	50	
50CQ-25	240	25	4	380	75	
50CQ-32	240	32	4	380	75	
65CQ-35	450	35	7.5	380	75	

续表

型 号	流 量 (L/min)	扬程 (m)	电机功率 (kW)	电 压 (V)	质 量 (kg)	材 料
16CQ-8	25	8	0.18	380	10	
20CQ-12	50	12	0.37	380	12	
32CQ-15	110	15	1.1	380	25	
32CQ-25	110	25	1.1	380	35	
40CQ-20	180	20	2.2	380	50	
50CQ-25	240	25	4	380	75	
50CQ-40	220	40	4	380	75	
50CQ-50	220	50	5.5	380	110	
65CQ-25	280	25	5.5	380	125	不锈钢
65CQ-35	450	35	7.5	380	200	
65CQ-50	25m³/h	50	11	380	200	
80CQ-32	50m³/h	32	11	380	200	
80CQ-50	50m³/h	50	15	380	250	
80CQ-80	50m³/h	80	30	380	300	
100CQ-32	100m³/h	32	22	380	280	
100CQ-50	100m³/h	50	30	380	320	
100CQ-80	100m³/h	80	45	380	350	

1.8.3 CQB-F 氟塑料磁力驱动离心泵

（1）用途：CQB-F 氟塑料磁力驱动离心泵是引进国外先进技术开发的化工泵。泵过流部件采用填充聚偏二氟乙烯材料。用该材料生产的泵具有使用范围广、耐腐蚀性能强、机械强度高、不老化、无毒无分解等优点。广泛用于化工、制药、电镀、石油、环保、稀土分离、冶炼、汽车制造中的酸洗等领域。

（2）型号意义说明：

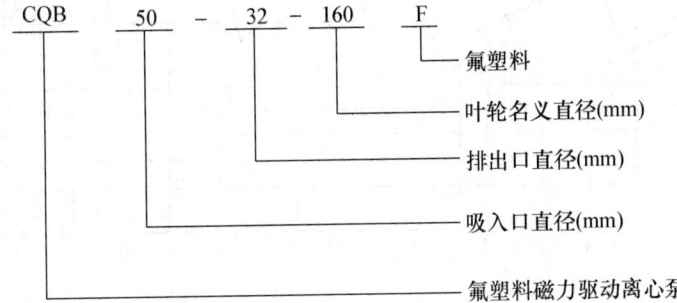

（3）结构：CQB-F 型泵组由电动机、磁力偶和耐腐蚀离心泵组成。泵内外磁性联轴

器采用高性能永磁材料。当电动机带动磁力偶合器的外磁钢旋转时,磁力线穿过间隙和隔离套作用于内磁钢上,使泵转子和电动机同步旋转,无机械接触地传递扭矩。泵轴的动力输入端无泄漏。磁力泵应水平安装,塑料泵体不得承受管路重量。输送介质含有固体颗粒时,泵入口需加装过滤器,如含有铁磁微粒,需加装磁性过滤器。泵的过流部件采用填充聚偏二氟乙烯材料,该材料耐腐蚀性能优异。其结构如图 1-253 所示。

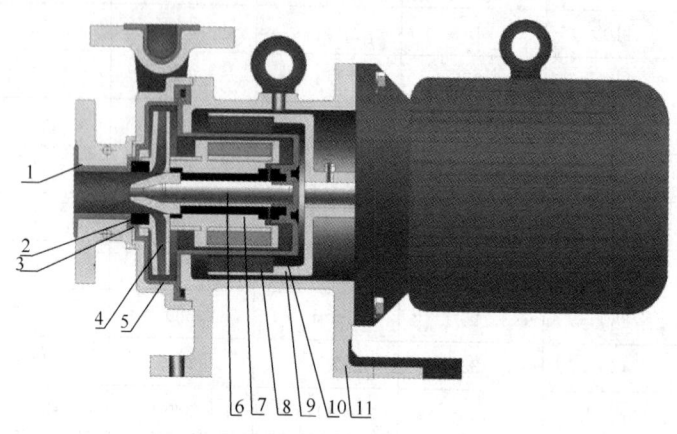

图 1-253　CQB-F 氟塑料磁力驱动离心泵结构

1—泵体;2—静环;3—动环;4—叶轮;5—隔离套;6—泵轴;7—轴套;
8—内磁钢总成;9—外磁钢总成;10—止推环;11—联接架

(4) 性能:CQB-F 氟塑料磁力驱动离心泵性能见图 1-254 及表 1-284。

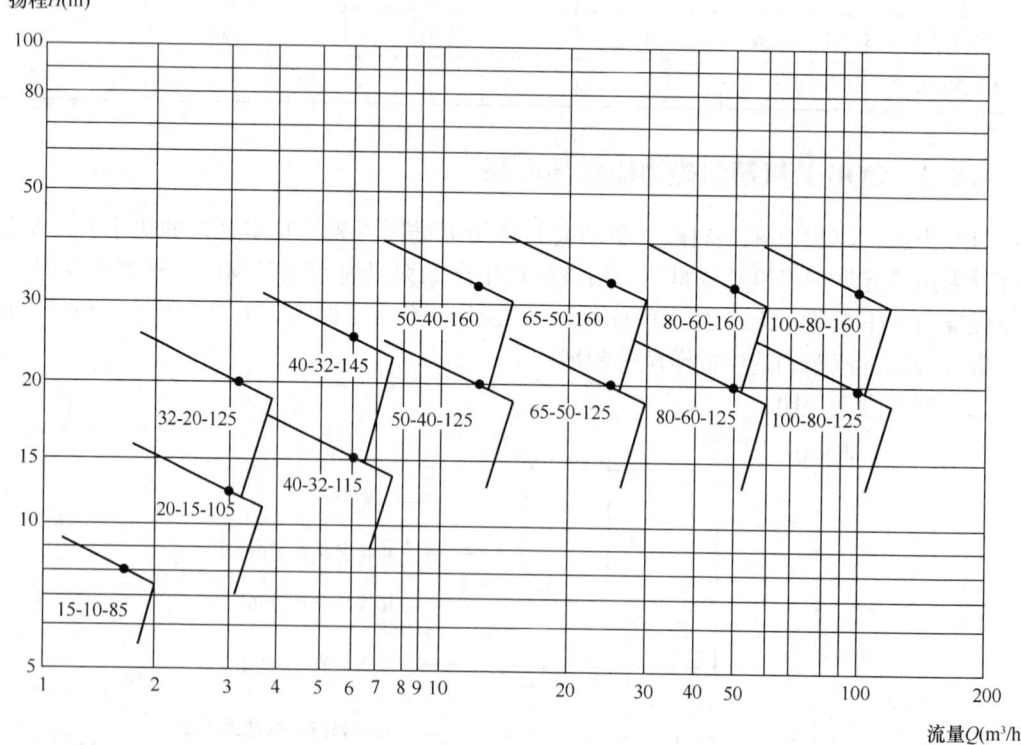

图 1-254　CQB-F 氟塑料磁力驱动离心泵性能曲线

CQB-F氟塑料磁力驱动离心泵性能 表 1-284

泵型号	流量 Q (m³/h)	扬程 H (m)	汽蚀余量 (NPSH)r (m)	转速 (r/min)	轴功率 (kW)	效率 η (%)	配用电机功率(kW) 介质密度(g/cm²)		
							<1	<1.3	<1.84
CQB15-10-85F	1.0 1.8 2.2	8.5 8 7.0	—	2800	0.11 0.12 0.12	22 33 34	JW5612 0.12	JW5622 0.18	JW6322 0.37
CQB20-15-105F	1.8 3.0 3.6	12.5 12 10.5	—	2800	0.28 0.30 0.30	22 33 34	JW6322 0.37	JW6322 0.37	JW7122 0.55
CQB32-25-125F	1.9 3.2 3.8	20.8 20 19		2900	0.46 0.50 0.52	23 35 38	Y YB801-2 0.75	Y YB802-2 1.1	Y YB905-2 1.5
CQB40-32-115F	3.8 6.3 7.5	16 15 13	—	2900	0.48 0.57 0.58	34 45 46	Y YB801-2 0.75	Y YB802-2 1.1	Y YB905-2 1.5
CQB40-32-145F	3.8 6.3 7.5	26 12 22.5		2900	0.87 1.02 1.04	31 42 44	Y YB905-2 1.5	Y YB905-2 1.5	Y YB901-2 2.2
CQB50-40-125F	7.5 12.5 15	22 20 18.5	3.5 3.5 4.0	2900	1.28 1.45 1.64	36 47 46	Y YB901-2 2.2	Y YB901-2 2.2	Y YB1001-2 3.0
CQB50-40-160F	7.5 12.5 15	34 32 29	3.5 3.5 4.0	2900	1.98 2.37 2.63	35 46 45	Y YB100L-2 3.0	Y YB112M-2 4.0	Y YB132S1-2 5.5
CQB65-50-125F	15 25 30	22 20 18.5	4.0 4.0 4.5	2900	2.09 2.35 2.65	43 58 57	Y YB100L-2 3.0	Y YB112M-2 4.0	Y YB132S1-2 5.5
CQB65-50-160F	15 25 30	34 32 29.5	4.0 4.0 4.5	2900	3.08 3.89 4.38	45 56 55	Y YB132S1-2 5.5	Y YB132S1-2 5.5	Y YB132S2-2 7.5
CQB80-65-125F	30 50 60	22.5 20 18	4.0 4.0 4.5	2900	3.68 4.13 4.33	50 66 68	Y YB132S1-2 5.5	Y YB132S2-2 7.5	Y YB160M1-2 11
CQB80-65-160F	30 50 60	34 32 29	4.0 4.0 4.5	2900	6.04 6.81 7.64	46 64 62	Y YB132S2-2 7.5	Y YB160M1-2 11	Y YB160M2-2 15
CQB100-80-125F	60 100 120	23 20 16.5	4.0 4.0 4.5	2900	6.48 7.56 7.59	58 72 71	Y YB132S2-2 7.5	Y YB160M1-2 11	Y YB160M2-2 15
CQB100-80-160F	60 100 120	35 32 28	4.0 4.0 4.5	2900	10.21 12.45 13.46	56 70 68	Y YB160M2-2 15	Y YB160L-2 18.5	Y YB180M-2 22

（5）外形及安装尺寸：CQB-F 氟塑料磁力驱动离心泵外形及安装尺寸见图 1-255。

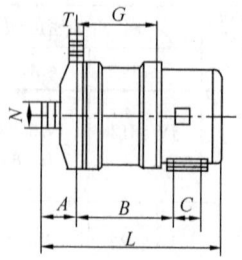
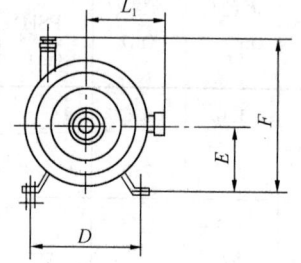

泵型号	A	B	C	D	E	F	G	L_1	L	N	T
CQB15-10-85F	56.5	93.5	80	100	63	144	87.5	75	304	22	18
CQB20-15-105F	54.5	125.5	90	112	71	165	111.5	85	340	26	18

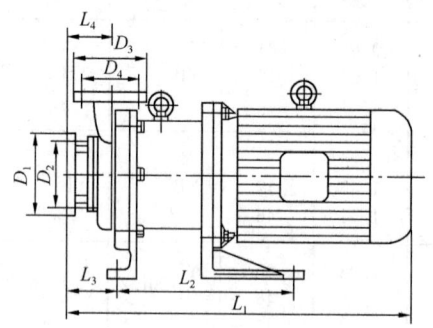
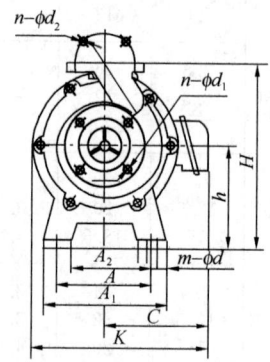

泵型号	D_1	D_2	$n\text{-}\phi d_1$	D_3	D_4	$n\text{-}\phi d_2$	L_4	L_3	L_2	L_1	A	A_1	A_2	h	H	$m\text{-}\phi d$	K	C
CQB32-25-125F	140	100	4-ϕ17.5	115	85	4-ϕ13.5	69	80	200	500	140	180	100	140	254	4-ϕ13.5	238	135
CQB40-32-115F	150	110	4-ϕ17.5	140	100	4-ϕ17.5	73	86	200	406	160	200	120	150	280	4-ϕ13.5	204	85
CQB40-32-145F	150	110	4-ϕ17.5	140	100	4-ϕ17.5	73	86	200	506	160	200	120	150	280	4-ϕ13.5	264	145
CQB50-40-125F	165	125	4-ϕ17.5	150	110	4-ϕ17.5	83	80	250	528	190	240	140	165	310	4-ϕ13.5	279	145
CQB50-40-160F	165	125	4-ϕ17.5	150	110	4-ϕ17.5	83	80	250	583	190	240	140	165	310	4-ϕ13.5	309	175
CQB65-50-125F	185	145	4-ϕ17.5	165	125	4-ϕ17.5	81	83	258	600	194	250	138	200	380	4-ϕ17.5	319	175
CQB65-50-160F	185	145	4-ϕ17.5	165	125	4-ϕ17.5	81	83	258	600	194	250	138	200	380	4-ϕ17.5	319	175
CQB80-65-125F	200	160	8-ϕ17.5	185	145	4-ϕ17.5	101	102	342	740	230	300	160	250	450	4-ϕ25	364	195
CQB80-65-160F	200	160	8-ϕ17.5	185	145	4-ϕ17.5	101	102	342	900	230	300	160	250	450	4-ϕ25	417	250
CQB100-80-125F	220	180	8-ϕ17.5	200	160	8-ϕ17.5	116	124	348	951	280	360	200	250	470	4-ϕ25	458	250
CQB100-80-160F	220	180	8-ϕ17.5	200	160	8-ϕ17.5	116	124	348	951	280	360	200	250	470	4-ϕ25	458	250

图 1-255   CQB-F 氟塑料磁力驱动离心泵外形及安装尺寸

1.8.4　IHH、IHK 悬臂式单级单吸化工离心泵

(1)用途:IHH、IHK 悬臂式单级单吸化工离心泵是取代 IH 型化工流程泵的更新换代产品。供输送化工流程中有腐蚀性、黏度类似于水的液体,介质温度在 -20~+105℃。广泛用于石油、化工、合成纤维、电站、冶金、食品及医药等行业。介质不含悬浮颗粒。

(2)型号意义说明:

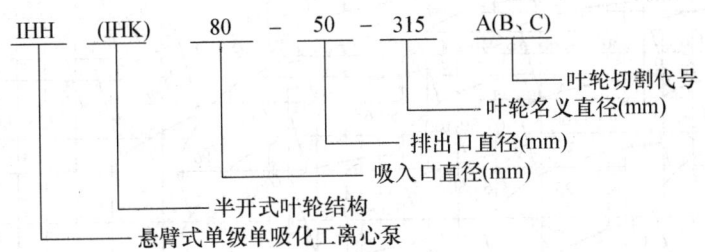

(3)结构:IHH 型泵采用 XA 型泵悬架的外形并在泵体上增加了加强筋。后开门形式便于检修。轴封形式可根据需要分别选用:填料密封、单端面平衡(非平衡)密封、双端面平衡(非平衡)密封。联轴器为直联式,可根据特殊需求加长。IHK 型泵在 IHH 型泵基础上改进而成,采用半开式叶轮,加强了对含固体颗粒的介质的输送能力。从电动机端看水泵为顺时针旋转。其结构分别如图 1-256、图 1-257 所示。

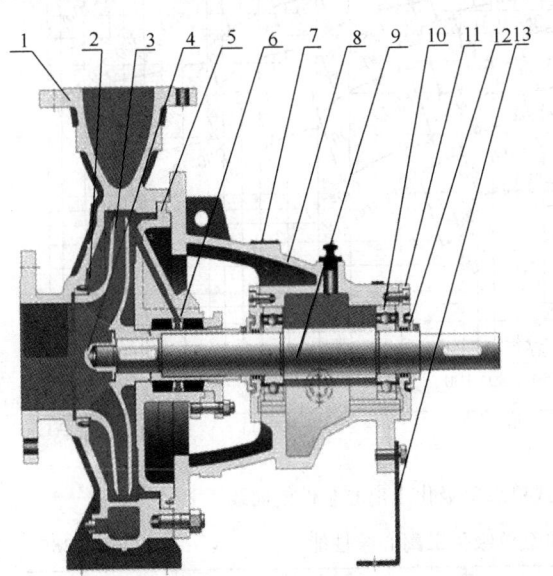

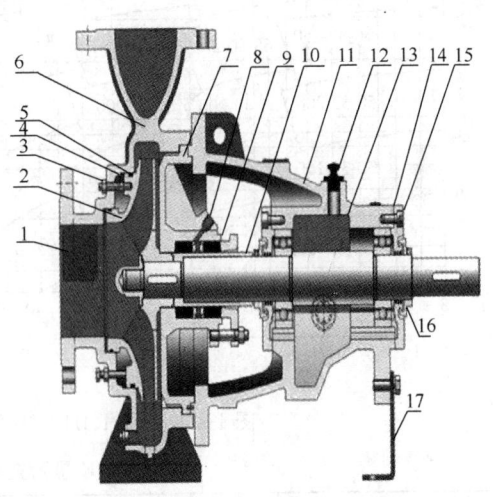

图 1-256　IHH 悬臂式单级单吸化工离心泵结构
1—泵体;2—密封环;3—叶轮;4—叶轮螺母;5—泵盖;
6—冲洗管接口;7—标牌;8—悬梁;9—轴;10—轴承;
11—轴承压盖;12—防尘盘;13—支脚

图 1-257　IHK 悬臂式单级单吸化工离心泵结构
1—叶轮螺母;2—叶轮;3—调整螺栓;4—承磨板;
5—密封圈;6—泵体;7—泵盖;8—冲洗管接口;
9—轴封;10—轴套;11—悬架;12—轴;13—油标;
14—轴承;15—轴承压盖;16—防尘盘;17—支架

(4)性能:IHH、IHK 悬臂式单级单吸化工离心泵性能见图 1-258 和表 1-285。

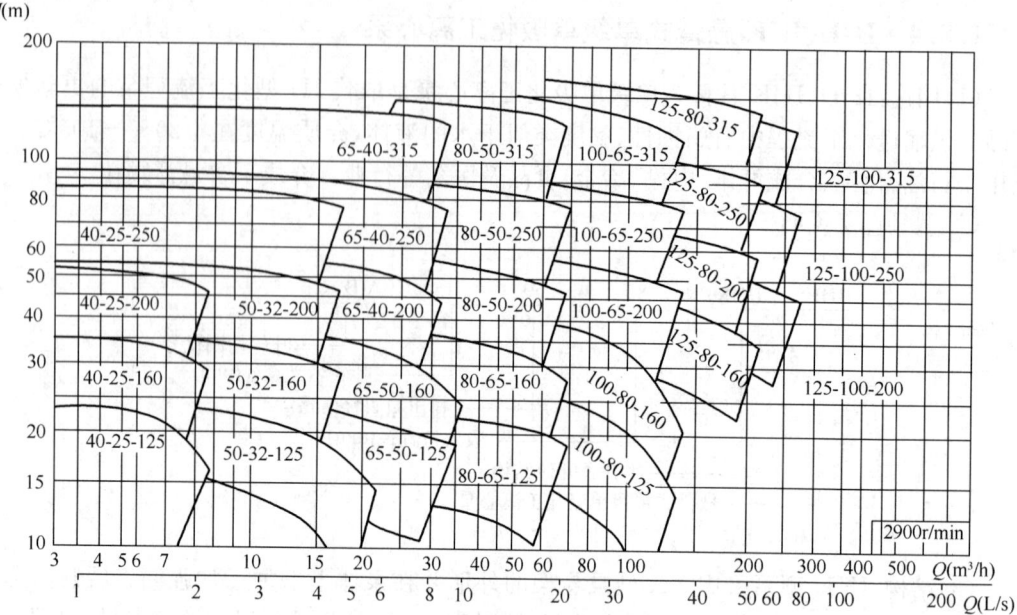

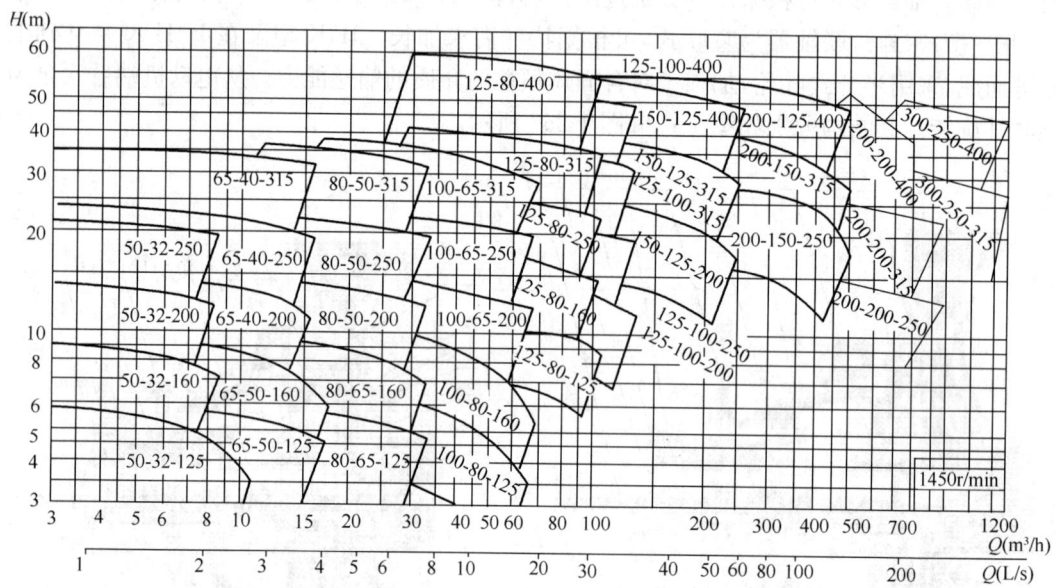

图 1-258　IHH、IHK 悬臂式单级单吸化工离心泵性能曲线

IHH、IHK 悬臂式单级单吸化工离心泵性能　　　　　　表 1-285

泵型号	转速 (r/min)	流量		扬程 H (m)	效率 η (％)	轴功率 (kW)	配用电机功率(kW)			汽蚀余量 (NPSH)r (m)	质量 (kg)
		(m³/h)	(L/s)				介质密度(g/cm²)				
							1.0	1.35	1.85		
IHH、IHK40-25-125	2900	6.3	1.75	20	40	0.86	1.5	2.2	3	2.0 2.0 2.5	45

泵型号	转速 (r/min)	流量 (m³/h)	流量 (L/s)	扬程 H (m)	效率 η (%)	轴功率 (kW)	配用电机功率(kW) 介质密度(g/cm²) 1.0	1.35	1.85	汽蚀余量 (NPSH)r (m)	质量 (kg)
IHH、IHK40-25-160	2900	6.3	1.75	32	34	1.61	2.2	3	4	2.0 2.0 2.5	45
IHH、IHK40-25-200	2900	6.3	1.75	50	25	3.43	4	5.5	7.5	2.0 2.0 2.5	45
IHH、IHK40-25-250	2900	6.3	1.75	80	20	6.86	11	15	18.5	2.0 2.0 2.5	45
IHH、IHK50-32-125	2900	7.5 12.5 15	2.08 3.47 4.17	23 20 18	43 51 49	1.09 1.33 1.50	2.2	3	4	2.0 2.0 2.5	45
	1450	3.75 6.3 7.5	1.04 1.75 2.08	5.75 5.0 4.5	36 45 44	0.16 0.19 0.21	0.55	0.55	0.55	2.0 2.0 2.5	45
IHH、IHK50-32-125A	2900	6.8 11.3 13.6	1.89 3.14 3.78	18.8 16.4 14.7	40 50 47	0.87 1.01 1.16	1.5	2.2	3	2.0 2.0 2.5	45
	1450	3.4 5.7 6.8	0.94 1.58 1.89	4.7 4.1 3.7	34 43 42	0.13 0.15 0.16	0.55	0.55	0.55	2.0 2.0 2.5	45
IHH、IHK50-32-160	2900	7.5 12.5 15.0	2.08 3.47 4.17	34.5 32 30	33 46 50	2.13 2.37 2.45	3	4	5.5	2.0 2.0 2.5	49
	1450	3.75 6.3 7.5	1.04 1.75 2.08	8.6 8.0 7.5	29 40 43	0.30 0.34 0.36	0.55	0.75	1.1	2.0 2.0 2.5	49
IHH、IHK50-32-160A	2900	6.8 11.3 13.6	1.89 3.14 3.78	28.5 26.4 24.8	32 44 47	1.65 1.85 1.95	3	4	5.5	2.0 2.0 2.5	49
	1450	3.4 5.7 6.8	0.94 1.58 1.89	7.1 6.6 6.2	28 39 42	0.23 0.26 0.27	0.55	0.55	0.75	2.0 2.0 2.5	49

续表

泵型号	转速 (r/min)	流量		扬程 H (m)	效率 η (%)	轴功率 (kW)	配用电机功率(kW)			汽蚀余量 (NPSH)r (m)	质量 (kg)
		(m³/h)	(L/s)				介质密度(g/cm²)				
							1.0	1.35	1.85		
IHH、IHK50-32-160B	2900	6.3	1.75	24	30	1.37				2.0	49
		10.5	2.92	22	42	1.50	2.2	3.0	4.0	2.0	
		12.6	3.5	21	45	1.60				2.5	
	1450	3.15	0.88	6.0	27	0.19				2.0	49
		5.25	1.46	5.5	38	0.21	0.55	0.55	0.55	2.0	
		6.3	1.75	5.0	41	0.21				2.5	
IHH、IHK50-32-200	2900	7.5	2.08	51.8	28	3.78				2.0	59
		12.5	3.47	50	39	4.36	5.5	7.5	11	2.0	
		15.0	4.17	48	43	4.56				2.5	
	1450	3.75	1.04	12.9	23	0.57				2.0	59
		6.3	1.75	12.5	33	0.65	1.1	1.1	1.5	2.0	
		7.5	2.08	12.0	36	0.68				2.5	
IHH、IHK50-32-200A	2900	6.8	1.89	42.5	27	2.91				2.0	59
		11.3	3.14	41	38	3.32	4	5.5	7.5	2.0	
		13.6	3.78	39.5	42	3.48				2.5	
	1450	3.4	0.94	10.6	22	0.44				2.0	59
		5.7	1.58	10.3	32	0.50	0.75	1.1	1.5	2.0	
		6.8	1.89	9.9 ·	35	0.52				2.5	
IHH、IHK50-32-200B	2900	6.3	1.75	37	26	2.44				2.0	59
		10.5	2.92	35.5	37	2.75	4	5.5	7.5	2.0	
		12.6	3.5	34	41	2.85				2.5	
	1450	3.15	0.88	9.5	21	0.39				2.0	59
		5.25	1.46	9.0	31	0.42	0.55	0.75	1.1	2.0	
		6.3	1.75	8.5	34.5	0.43				2.5	
IHH、IHK50-32-250	2900	7.5	2.08	82	23	7.28				2.0	93
		12.5	3.47	80	33	8.25	11	15	18.5	2.0	
		15.0	4.17	78.5	36.5	8.79				2.5	
	1450	3.75	1.04	20.5	17	1.23				2.0	93
		6.3	1.75	20	27	1.27	2.2	2.2	3.0	2.0	
		7.5	2.08	19.6	31	1.29				2.5	
IHH、IHK50-32-250A	2900	7.0	1.94	72	22	6.24				2.0	93
		11.7	3.25	70	32	7.0	11	15	18.5	2.0	
		14.0	3.89	68.5	35.5	7.36				2.5	
	1450	3.5	0.97	18	16	1.07				2.0	93
		5.9	1.64	17.5	26	1.08	1.5	2.2	3.0	2.0	
		7.0	1.94	17	30	1.09				2.5	

泵型号	转速 (r/min)	流量 (m³/h)	流量 (L/s)	扬程 H (m)	效率 η (%)	轴功率 (kW)	配用电机功率(kW) 介质密度(g/cm²) 1.0	配用电机功率(kW) 介质密度(g/cm²) 1.35	配用电机功率(kW) 介质密度(g/cm²) 1.85	汽蚀余量 (NPSH)r (m)	质量 (kg)
IHH、IHK50-32-250B	2900	6.6	1.83	63.5	20	5.71	7.5	11	15	2.0	93
		11	3.06	62	30	6.19				2.0	
		13	3.61	61	34	6.35				2.5	
	1450	3.3	0.92	15.9	15	0.95	1.5	2.2	2.2	2.0	93
		5.5	1.53	15.5	25	0.93				2.0	
		6.5	1.81	15.2	29	0.93				2.5	
IHH、IHK65-50-125	2900	15	4.17	21.3	47	1.85	3.0	4.0	5.5	2.0	47
		25	6.94	20	62	2.2				2.0	
		30	8.33	18.6	63	2.4				2.5	
	1450	7.5	2.08	5.4	44	0.25	0.55	0.55	0.75	2.0	47
		12.5	3.47	5.0	55	0.31				2.0	
		15.0	4.17	4.5	56	0.33				2.5	
IHH、IHK65-50-125A	2900	13.6	3.78	17.6	45	1.45	2.2	3	4	2.0	47
		22.7	6.31	16.5	60	1.70				2.0	
		27.3	7.58	15.4	61	1.88				2.5	
	1450	6.8	1.89	4.4	42	0.19	0.55	0.55	0.55	2.0	47
		11.3	3.14	4.1	53	0.24				2.0	
		13.6	3.78	3.8	54	0.26				2.5	
IHH、IHK65-50-125B	2900	12	3.33	14	44	1.04	1.5	2.2	3.0	2.0	47
		20	5.56	13	59	1.20				2.0	
		24	6.67	12	60	1.31				2.5	
	1450	6.0	1.67	3.5	41.5	0.14	0.55	0.55	0.55	2.0	47
		10	2.78	3.2	48.5	0.18				2.0	
		12	3.33	3.0	48	0.20				2.5	
IHH、IHK65-50-160	2900	15	4.17	34.2	44	3.18	5.5	7.5	11	2.0	53
		25	6.94	32	57	3.82				2.0	
		30	8.33	30	59	4.15				2.5	
	1450	7.5	2.08	8.55	39	0.45	0.75	1.1	1.5	2.0	53
		12.5	3.47	8.0	51	0.53				2.0	
		15.0	4.17	7.5	52.5	0.58				2.5	
IHH、IHK65-50-160A	2900	13.6	3.78	28.4	43	2.45	4	5.5	7.5	2.0	53
		22.7	6.31	26.5	56	2.93				2.0	
		27.3	7.58	24.8	58	3.18				2.5	
	1450	6.8	1.89	7.1	37	0.36	0.55	0.75	1.1	2.0	53
		11.3	3.14	6.6	49	0.41				2.0	
		13.6	3.78	6.2	51	0.45				2.5	

续表

泵型号	转速 (r/min)	流量 (m³/h)	流量 (L/s)	扬程 H (m)	效率 η (%)	轴功率 (kW)	配用电机功率(kW) 介质密度(g/cm²) 1.0	1.35	1.85	汽蚀余量 (NPSH)r (m)	质量 (kg)
IHH、IHK65-50-160B	2900	12.6	3.5	24	42	1.96	3	4	5.5	2.0	53
		21.0	5.83	22.5	55	2.34				2.0	
		25.0	7.0	21	57	2.53				2.5	
	1450	6.3	1.75	6.0	36	0.29	0.55	0.75	1.1	2.0	53
		10.5	2.92	5.6	48	0.33				2.0	
		12.6	3.5	5.2	50	0.36				2.5	
IHH、IHK65-40-200	2900	15	4.17	53.2	41	5.30	11	11	15	2.0	63
		25	6.94	50	52	6.55				2.0	
		30	8.33	47.6	53.5	7.27				2.5	
	1450	7.5	2.08	13.3	35	0.78	1.5	2.2	2.2	2.0	63
		12.5	3.47	12.5	46	0.93				2.0	
		15.0	4.17	11.9	47.5	1.02				2.5	
IHH、IHK65-40-200A	2900	14	3.89	46.5	39	4.55	7.5	11	15	2.0	63
		23.4	6.5	44	50	5.60				2.0	
		28	7.78	42	52	6.16				2.5	
	1450	7.0	1.94	11.6	34	0.65	1.1	1.5	2.2	2.0	63
		11.7	3.25	11	45	0.78				2.0	
		14.0	3.89	10.5	46	0.87				2.5	
IHH、IHK65-40-200B	2900	12.6	3.5	38	38	3.43	5.5	7.5	11	2.0	63
		21.0	5.83	36	49	4.20				2.0	
		25.2	7.0	34	51	4.58				2.5	
	1450	6.3	1.75	9.5	33	0.49	0.75	1.1	1.5	2.0	63
		10.5	2.92	9.0	44	0.58				2.0	
		12.6	3.5	8.5	45	0.65				2.5	
IHH、IHK65-40-250	2900	15	4.17	81.2	34	9.76	15	22	30	2.0	99
		25	6.94	80	46	11.8				2.0	
		30	8.33	78.4	50	12.8				2.5	
	1450	7.5	2.08	20.3	28	1.48	2.2	3	4	2.0	99
		12.5	3.47	20	39	1.75				2.0	
		15.0	4.17	19.6	43	1.86				2.5	

泵型号	转速 (r/min)	流量 (m³/h)	流量 (L/s)	扬程 H (m)	效率 η (%)	轴功率 (kW)	配用电机功率(kW) 介质密度(g/cm²) 1.0	1.35	1.85	汽蚀余量 (NPSH)r (m)	质量 (kg)
IHH、IHK65-40-250A	2900	14	3.89	71	32	8.5	15	18.5	30	2.0	99
		23.4	6.5	70	44	10.1				2.0	
		28	7.78	68.5	47.5	11				2.5	
	1450	7.0	1.94	17.8	27	1.26	2.2	3	4	2.0	99
		11.7	3.25	17.5	28	1.47				2.0	
		14	3.89	17.2	42	1.56				2.5	
IHH、IHK65-40-250B	2900	13.2	3.67	62.8	31	7.28	11	15	22	2.0	99
		22	6.11	61.8	43	8.61				2.0	
		26.4	7.33	60	47	9.18				2.5	
	1450	6.6	1.83	15.7	26	1.09	1.5	2.2	3	2.0	99
		11	3.06	15.5	37	1.25				2.0	
		13.2	3.67	14.5	41	1.27				2.5	
IHH、IHK65-40-315	2900	15	4.17	126.8	28	18.5	30	37	55	2.0	116
		25	6.94	125	39	21.8				2.0	
		30	8.33	124	42.5	23.8				2.5	
	1450	7.5	2.08	32.4	22	3.0	5.5	5.5	7.5	2.0	116
		12.5	3.47	32.0	33	3.3				2.0	
		15.0	4.17	31.7	37	3.5				2.5	
IHH、IHK65-40-315A	2900	14	3.89	111.5	27	15.74	30	37	45	2.0	116
		23.4	6.5	109.5	38	18.36				2.0	
		28	7.78	108.5	41	20.2				2.5	
	1450	7.0	1.94	27.9	21	2.53	4	5.5	7.5	2.0	116
		11.7	3.25	27.4	32	2.73				2.0	
		14.0	3.89	27.1	36	2.87				2.5	
IHH、IHK65-40-315B	2900	13.2	3.67	98	26	13.55	22	30	37	2.0	116
		22	6.11	96.5	37	15.63				2.0	
		26.4	7.33	95.9	40	17.24				2.5	
	1450	6.6	1.83	24.5	20	2.2	3	4	5.5	2.0	116
		11	3.06	24.1	31	2.33				2.0	
		13.2	3.67	24	35	2.46				2.5	
IHH、IHK65-40-315C	2900	12.3	3.42	85.3	25	11.43	18.5	22	30	2.0	116
		20.5	5.69	84.1	36	13.04				2.0	
		24.6	6.83	83	39	14.26				2.5	
	1450	6.2	1.72	21.3	19	1.89	3.0	4.0	5.5	2.0	116
		10.3	2.86	21	30	1.96				2.0	
		12.3	3.42	20.8	34	2.05				2.5	

泵型号	转速 (r/min)	流量		扬程 H (m)	效率 η (%)	轴功率 (kW)	配用电机功率(kW) 介质密度(g/cm²)			汽蚀余量 (NPSH)r (m)	质量 (kg)
		(m³/h)	(L/s)				1.0	1.35	1.85		
IHH、IHK80-65-125	2900	30	8.33	23.2	60	3.16	5.5	7.5	11	3.0	52
		50	13.9	20	69	3.95				3.0	
		60	16.7	17.6	67	4.30				4.0	
	1450	15	4.17	5.8	54	0.44	0.75	1.1	1.5	2.5	52
		25	6.94	5.0	64	0.53				2.5	
		30	8.33	4.4	62	0.58				3.0	
IHH、IHK80-65-125A	2900	27.2	7.56	19.1	58	2.44	4	5.5	7.5	3.0	52
		45.3	12.6	16.5	67	3.04				3.0	
		54.4	15.11	14.5	65	3.30				4.0	
	1450	13.6	3.78	4.8	52	0.34	0.55	0.75	1.1	2.5	52
		22.6	6.28	4.1	62	0.41				2.5	
		27.2	7.56	3.6	60	0.44				3.0	
IHH、IHK80-65-125B	2900	25	6.94	16.5	57	1.97	3	4	5.5	3.0	52
		42	11.67	14.5	66	2.51				3.0	
		50	13.89	12.5	64	2.66				4.0	
	1450	12.5	3.47	4.1	51	0.27	0.55	0.75	1.1	2.5	52
		21	5.83	3.6	61	0.34				2.5	
		25	6.94	3.1	59	0.36				3.0	
IHH、IHK80-65-160	2900	30	8.33	36	57	5.16	11	11	15	2.0	57
		50	13.9	32	67	6.5				2.3	
		60	16.7	28.4	65	7.15				3.3	
	1450	15	4.17	9.0	50	0.74	1.5	1.5	2.2	2.0	57
		25	6.94	8.0	62	0.88				2.3	
		30	8.33	7.2	62	0.95				3.3	
IHH、IHK80-65-160A	2900	27.2	7.56	29.5	55	3.97	7.5	11	15	2.0	57
		45.4	12.6	26.4	65	5.02				2.3	
		54.4	15.11	23.4	63	5.5				3.3	
	1450	13.6	3.78	7.4	48	0.57	1.1	1.5	2.2	2.0	57
		22.7	6.31	6.6	60	0.68				2.3	
		27.2	7.56	5.9	60	0.73				3.3	
IHH、IHK80-65-160B	2900	24.3	6.75	24.0	54	2.94	5.5	7.5	11	2.0	57
		40.5	11.25	21.5	64	3.71				2.3	
		48.6	13.5	19	62	4.1				3.3	
	1450	12.2	3.39	6.0	47	0.42	0.75	1.1	1.5	2.0	57
		20.3	5.64	5.4	59	0.51				2.3	
		24.33	6.75	4.8	59	0.54				3.3	

续表

泵型号	转速 (r/min)	流量 (m³/h)	流量 (L/s)	扬程 H (m)	效率 η (%)	轴功率 (kW)	配用电机功率(kW) 介质密度(g/cm²) 1.0	1.35	1.85	汽蚀余量 (NPSH)r (m)	质量 (kg)
IHH、IHK80-50-200	2900	30	8.33	55.2	53	8.5	15	18.5	30	2.0	65
		50	13.9	50	63	10.8				2.5	
		60	16.7	45.2	62	11.9				3.2	
	1450	15	4.17	13.5	44	1.25	2.2	3	4	2.0	65
		25	6.94	12.5	57	1.49				2.0	
		30	8.33	11.5	58	1.62				2.5	
IHH、IHK80-50-200A	2900	27.2	7.56	45.4	51	6.59	11	15	18.5	2.0	65
		45.4	12.6	41	61	8.31				2.5	
		54.4	15.11	37.2	60	9.19				3.2	
	1450	13.6	3.78	11.1	42	0.98	1.5	2.2	3.0	2.0	65
		22.7	6.31	10.3	55	1.16				2.0	
		27.2	7.56	9.5	56	1.26				2.5	
IHH、IHK80-50-200B	2900	24.3	6.75	36	50	4.76	7.5	11	15	2.0	64
		40.5	11.25	32.5	60	5.97				2.5	
		48.6	13.5	29	59	6.51				3.2	
	1450	12.2	3.39	9.0	41	0.73	1.1	1.5	2.2	2.0	65
		20.3	5.64	8.1	54	0.83				2.0	
		24.3	6.75	7.3	55	0.88				2.5	
IHH、IHK80-50-250	2900	30	8.33	83.5	46	14.8	30	37	45	2.5	103
		50	13.9	80	58	18.8				2.5	
		60	16.7	76	60	20.7				3.0	
	1450	15	4.17	21	43	1.99	4	5.5	7.5	2.0	103
		25	6.94	20	52	2.62				2.0	
		30	8.33	19	54	2.87				2.5	
IHH、IHK80-50-250A	2900	28.14	7.82	73.6	43	13.12	22	30	37	2.5	103
		46.9	13.03	70.5	56	16.08				2.5	
		56.28	15.63	67.4	58	17.81				3.0	
	1450	14.07	3.91	18.4	42	1.68	3	4	5.5	2.0	103
		23.45	6.51	17.6	50	2.25				2.0	
		28.14	7.82	16.9	49	2.64				2.5	
IHH、IHK80-50-250B	2900	26.4	7.33	64.8	41	11.36	18.5	30	37	2.5	103
		44	12.22	62.2	54	13.8				2.5	
		52.8	14.67	60	57	15.14				3.0	
	1450	13.2	3.67	16.2	41	1.42	3	40	5.5	2.0	103
		22	6.11	15.6	48	1.95				2.0	
		26.4	7.33	15	47	2.29				2.5	

续表

泵型号	转速 (r/min)	流量		扬程 H (m)	效率 η (%)	轴功率 (kW)	配用电机功率(kW) 介质密度(g/cm²)			汽蚀余量 (NPSH)r (m)	质量 (kg)
		(m³/h)	(L/s)				1.0	1.35	1.85		
IHH、IHK80-50-315	2900	30	8.33	128	40	26.13	45	55	75	2.0	121
		50	13.9	125	52	32.73				2.0	
		60	16.7	123	55	36.61				2.5	
	1450	15	4.17	32.5	38	3.5	7.5	7.5	11	2.0	121
		25	6.94	32	48	4.54				2.0	
		30	8.33	31.5	52	4.95				2.5	
IHH、IHK80-50-315A	2900	28.14	7.82	112	38	22.59	37	55	75	2.0	121
		46.9	13.03	110	50	28.10				2.0	
		56.28	15.63	108	53	31.23				2.5	
	1450	14.07	3.91	28.5	36	3.03	5.5	7.5	11	2.0	121
		23.45	6.51	28	46	3.89				2.0	
		28.14	7.82	27.5	50	4.21				2.5	
IHH、IHK80-50-315B	2900	26.4	7.33	99	36	19.77	30	45	55	2.0	121
		44	12.22	97	48	24.21				2.0	
		52.8	14.67	95	51	26.78				2.5	
	1450	13.2	3.67	25	35	2.57	4.0	5.5	7.5	2.0	121
		22	6.11	24.5	45	3.26				2.0	
		26.4	7.33	24	49	3.52				2.5	
IHH、IHK80-50-315C	2900	23.4	6.5	79	35	14.4	22	30	45	2.0	121
		39	10.8	77	47	17.35				2.0	
		46.8	13	75.5	50	19.25				2.5	
	1450	11.7	3.25	20	34	1.87	3	4	5.5	2.0	121
		19.5	5.42	19.5	44.5	2.33				2.0	
		23.4	6.5	19	48	2.52				2.5	
IHH、IHK100-80-125	2900	60	16.7	24.7	65	6.21	11	15	18.5	3.0	57
		100	27.8	20	73	7.47				4.5	
		120	33.3	16.1	69	7.63				5.5	
	1450	30	8.33	6.18	60	0.84	1.5	2.2	3	3.0	57
		50	13.9	5.0	68	1.0				3.5	
		60	16.7	4.03	62	1.06				3.8	
IHH、IHK100-80-125A	2900	55.1	15.31	20.7	62	5.01	7.5	11	15	3.0	57
		91.8	25.5	16.8	70	6.0				4.5	
		110.2	30.6	13.4	66	6.09				5.5	
	1450	27.5	7.64	5.18	58	0.67	1.1	1.5	2.2	3.0	57
		45.9	12.75	4.2	66	0.80				3.5	
		55	15.28	3.35	60	0.84				3.8	

泵型号	转速 (r/min)	流量 (m³/h)	流量 (L/s)	扬程 H (m)	效率 η (%)	轴功率 (kW)	配用电机功率(kW) 介质密度(g/cm²) 1.0	1.35	1.85	汽蚀余量 (NPSH)r (m)	质量 (kg)
IHH、IHK100-80-160	2900	60	16.7	37	60	10.1	15	22	30	3.8	87
		100	27.8	32	73	11.9				4.3	
		120	33.3	28	73	12.5				5.0	
	1450	30	8.33	9.25	58	1.3	2.2	3	4	3.0	87
		50	13.9	8.0	59	1.58				3.4	
		60	16.7	7.0	68	1.68				3.7	
IHH、IHK100-80-160A	2900	54.6	15.17	30.6	58	7.84	15	18.5	22	3.8	87
		91	25.28	26.5	71	9.25				4.3	
		109	30.28	23.2	71	9.7				5.0	
	1450	27.3	7.58	7.65	56	1.02	1.5	2.2	3.0	3.0	87
		45.5	12.64	6.6	67	1.22				3.4	
		54.5	15.14	5.8	66	1.3				3.7	
IHH、IHK100-80-160B	2900	47	13.1	22.5	56	5.16	7.5	11	15	3.8	87
		48.5	21.8	19.5	59	6.04				4.3	
		94	26.1	17	69	6.3				5.0	
	1450	23.5	6.53	5.6	55	0.65	1.1	1.5	2.2	3.0	87
		37.3	10.36	4.9	66	0.79				3.4	
		47	13.06	4.3	65	0.85				3.7	
IHH、IHK100-65-200	2900	60	16.7	56	63	14.5	30	37	45	3.4	96
		100	27.8	50	72	18.9				3.9	
		120	33.3	44	71	20.3				5.2	
	1450	30	8.33	14.0	60	1.91	3	4	5.5	2.5	96
		50	13.9	12.5	68	2.5				2.5	
		60	16.7	11.0	63	2.85				3.0	
IHH、IHK100-65-200A	2900	54.6	15.17	46.5	61	11.33	18.5	30	37	3.4	96
		91	25.28	41.5	70	14.69				3.9	
		109	30.28	36.51	69	15.7				5.2	
	1450	27.3	7.58	11.6	58	1.49	3	4	5.5	2.5	96
		45.5	12.64	10.4	66	1.95				2.5	
		54.5	15.14	9.1	61	2.21				3.0	
IHH、IHK100-65-200B	2900	52	14.4	38	60	8.94	15	22	30	3.4	96
		86.5	24	35	69	11.9				3.9	
		104	28.9	30	68	12.5				5.2	
	1450	26	7.22	9.5	57	1.18	2.2	3	4	2.5	96
		43.3	12.03	8.8	65	1.6				2.5	
		52	14.44	7.5	60	1.77				3.0	

泵型号	转速 (r/min)	流量 (m³/h)	(L/s)	扬程 H (m)	效率 η (%)	轴功率 (kW)	配用电机功率(kW) 介质密度(g/cm²) 1.0	1.35	1.85	汽蚀余量 (NPSH)r (m)	质量 (kg)
IHH、IHK100-65-250	2900	60	16.7	88	57	25.2	45	55	75	3.0	115
		100	27.8	80	68	32.0				3.6	
		120	33.3	74	67	36.1				4.5	
	1450	30	8.33	22	50	3.6	5.5	7.5	11	2.5	115
		50	13.9	20	63	4.3				2.5	
		60	16.7	18.5	64	4.7				3.0	
IHH、IHK100-65-250A	2900	56	15.6	77	54	21.8	37	45	75	3.0	115
		93.5	26	70	65	27.5				3.6	
		112	31.1	64.5	64	30.7				4.5	
	1450	28	7.78	19.2	48	3.05	5.5	7.5	11	2.5	115
		46.8	13	17.5	61	3.66				2.5	
		56	15.56	16.1	62	3.96				3.0	
IHH、IHK100-65-250B	2900	52.7	14.64	67.9	52	18.74	30	45	55	3.0	115
		87.8	24.39	61.7	63	23.42				3.6	
		105.4	29.28	57	62	26.39				4.5	
	1450	26.4	7.33	17	47	2.6	4.0	5.5	7.5	2.5	115
		43.9	12.19	15.4	60	3.07				2.5	
		52.7	14.64	14.3	61	3.36				3.0	
IHH、IHK100-65-315	2900	60	16.7	132	48	44.9	75	90	132	2.8	166
		100	27.8	125	62	54.9				3.2	
		120	33.3	119	64	60.9				4.2	
	1450	30	8.33	33.5	44	6.2	11	15	18.5	2.0	166
		50	13.9	32	58	7.5				2.0	
		60	16.7	30.5	60	8.3				2.5	
IHH、IHK100-65-315A	2900	56	15.6	115.5	47	37.48	55	75	110	2.8	166
		93.5	26	109	61	45.5				3.2	
		112	31.1	104	63	50.35				4.2	
	1450	28	7.78	29	42	5.27	11	11	15	2.0	166
		46.8	13	28	56	6.37				2.0	
		56	15.56	26.5	58	6.97				2.5	
IHH、IHK100-65-315B	2900	52.7	14.64	102	46	31.82	55	75	90	2.8	166
		87.8	24.39	97	60	38.74				3.2	
		105.4	29.28	92	62	42.59				4.2	
	1450	26.4	7.33	25.5	41	4.47	7.5	11	15	2.0	166
		43.9	12.19	24.3	55	5.29				2.0	
		52.7	14.64	23	57	5.79				2.5	

续表

泵型号	转速 (r/min)	流量 (m³/h)	(L/s)	扬程 H (m)	效率 η (%)	轴功率 (kW)	配用电机功率(kW) 介质密度(g/cm²) 1.0	1.35	1.85	汽蚀余量 (NPSH)r (m)	质量 (kg)
IHH、IHK100-65-315C	2900	49.8	13.83	90.9	45	27.4	45	55	75	2.8 3.2 4.2	166
		83	23.06	86.1	59	32.99					
		99.6	27.67	82	61	36.46					
	1450	24.9	6.92	22.7	40	3.85	5.5	7.5	11	2.0 2.0 2.5	166
		41.5	11.53	21.5	54	4.5					
		49.8	13.83	20.5	56	4.96					
IHH、IHK125-100-200	2900	120	33.3	61	68	29.3	45	55	90	4.5 5.0 5.8	99
		200	55.6	50	77	35.4					
		240	66.7	41	70	38.3					
	1450	60	16.7	15.25	64	3.89	7.5	11	15	2.5 2.9 3.6	99
		100	27.8	12.5	73	4.66					
		120	33.3	10.25	66	5.08					
IHH、IHK125-100-200A	2900	110	30.56	50.5	66	22.92	37	45	75	4.5 5.0 5.8	99
		182	50.56	41.4	75	27.36					
		218	60.56	34	68	29.7					
	1450	55	15.28	12.6	62	3.04	5.5	7.5	11	2.5 2.9 3.6	99
		91	25.3	10.4	71	3.63					
		109	30.3	8.5	64	3.95					
IHH、IHK125-100-200B	2900	99.6	27.67	41.5	65	17.32	30	37	55	4.5 5.0 5.8	99
		166	46.1	34	74	20.77					
		199	55.28	28	67	22.65					
	1450	49.8	13.83	10.5	61	2.33	4	5.5	7.5	2.5 2.9 3.6	99
		83	23.1	8.5	70	2.74					
		99.5	27.64	7.0	63	3.01					
IHH、IHK125-100-250	2900	120	33.3	90	62	47.4	75	110	132	3.7 4.5 5.5	151
		200	55.6	80	75	58.1					
		240	66.7	73	74	64.5					
	1450	60	16.7	22.5	59	6.23	11	15	18.5	2.0 2.3 3.0	151
		100	27.8	20	72	7.56					
		120	33.3	18.25	71	8.4					
IHH、IHK125-100-250A	2900	112	31.11	78	60	39.65	75	90	110	3.7 4.5 5.5	151
		186.5	51.81	69.5	73	48.35					
		224	62.22	63.5	72	53.8					
	1450	56	15.6	19.5	57	5.22	11	11	15	2.0 2.3 3.0	151
		93.5	26	17.5	70	6.37					
		112	31.11	16	69	7.07					

续表

泵型号	转速 (r/min)	流量 (m³/h)	流量 (L/s)	扬程 H (m)	效率 η (%)	轴功率 (kW)	配用电机功率(kW) 介质密度(g/cm²) 1.0	1.35	1.85	汽蚀余量 (NPSH)r (m)	质量 (kg)
IHH、IHK125-100-250B	2900	105.5	29.3	69.0	58	34.18	55	75	110	3.7	151
		175.5	48.75	61.5	71	41.4				4.5	
		211	58.6	56	70	45.97				5.5	
	1450	52.75	14.65	17.25	55	4.51	7.5	11	15	2.0	151
		87.8	24.39	15.4	58	5.41				2.3	
		105.5	29.31	14	67	6.0				3.0	
IHH、IHK125-100-250C	2900	95.4	26.5	57	56	16.44	45	55	75	3.7	151
		159	44.17	50.5	69	31.7				4.5	
		190.8	53	46	68	35.15				5.5	
	1450	47.7	13.25	14.25	53	3.49	5.5	7.5	11	2.0	151
		79.5	22.1	12.6	66	4.13				2.3	
		95.4	26.5	11.5	65	4.6				3.0	
IHH、IHK125-100-315	2900	120	33.3	132.5	52.5	82.48	132	160	220	4.0	166
		200	55.6	125	72	94.56				4.5	
		240	66.7	120	75	104.6				5.0	
	1450	60	16.7	33.5	53	10.3	18.5	22	30	2.5	166
		100	27.8	32	65	13.41				2.8	
		120	33.3	30.5	66	15.1				3.8	
IHH、IHK125-100-315A	2900	112	31.11	117	49	72.83	110	132	—	4.0	166
		186.5	51.81	110	68	82.38				4.5	
		224	62.22	106	71	91.28				5.0	
	1450	56	15.6	29.5	54	8.33	15	18.5	—	2.5	166
		93.5	26	27.5	64	10.94				2.8	
		112	31.11	26.5	65	12.47				3.8	
IHH、IHK125-100-315B	2900	105.5	29.3	103	47	62.95	90	132	—	4.0	166
		175.5	48.75	97	66	70.44				4.5	
		211	58.6	93	69	77.45				5.0	
	1450	52.75	14.65	25.8	53	6.99	15	18.5	—	2.5	166
		87.8	24.39	24.5	63	9.32				2.8	
		105.5	29.31	23.5	64	10.54				3.8	
IHH、IHK125-100-315C	2900	98.7	27.42	90	46	52.6	75	110	—	4.0	166
		164.5	45.7	84.5	65	58.24				4.5	
		197.4	54.83	81	68	64.04				5.0	
	1450	49.4	13.72	22.5	52	5.82	11	15	—	2.5	166
		82.3	22.86	21.5	62	7.77				2.8	
		98.7	27.42	20.5	63	8.75				3.8	

续表

泵型号	转速 (r/min)	流量 (m³/h)	流量 (L/s)	扬程 H (m)	效率 η (%)	轴功率 (kW)	配用电机功率(kW) 介质密度(g/cm²) 1.0	配用电机功率(kW) 介质密度(g/cm²) 1.35	配用电机功率(kW) 介质密度(g/cm²) 1.85	汽蚀余量 (NPSH)r (m)	质量 (kg)
IHH、IHK125-100-400	1450	60 100 120	16.7 27.8 33.3	52 50 48.5	48 55 62	17.7 24.8 25.5	30	45	—	2.5 2.5 3.0	211
IHH、IHK125-100-400A	1450	56 93 112	15.6 25.83 31.1	45 43.2 41.9	45 52 60	14.9 21.04 21.3	30	37	—	2.5 2.5 3.0	211
IHH、IHK125-100-400B	1450	52.8 87.8 105.5	14.67 24.39 29.31	40.1 38.5 37.4	45 51 58	12.81 18.05 18.5	22	30	—	2.5 2.5 3.0	211
IHH、IHK125-100-400C	1450	48.9 81.5 97.8	13.6 22.6 27.2	34.5 33.2 32.2	43 50 56	10.68 14.74 15.3	18.5	30	—	2.5 2.5 3.0	211
IHH、IHK150-125-250	1450	120 200 240	33.3 55.6 66.7	24.8 20 15	66 77 68	12.3 14.1 14.4	18.5	30	—	2.5 2.8 3.5	165
IHH、IHK150-125-250A	1450	109.1 182 218.2	30.31 50.56 60.61	20.5 16.5 12.5	64 75 66	9.52 10.91 11.27	15	18.5	—	2.5 2.8 3.5	165
IHH、IHK150-125-250B	1450	102 170 204	28.33 47.22 56.67	17.9 14.5 10.8	62 73 64	8.02 9.2 9.38	11	15	22	2.5 2.8 3.5	165
IHH、IHK150-125-315	1450	120 200 240	33.3 55.6 66.7	36.3 32 28.5	63 75 72	18.8 23.2 25.9	30	37	55	2.5 2.8 3.8	196
IHH、IHK150-125-315A	1450	109.1 182 218.2	30.31 50.56 60.61	30 25.5 23.5	60 73 69	14.85 17.32 20.23	22	30	45	2.5 2.8 3.8	196
IHH、IHK150-125-315B	1450	102 170 204	28.33 47.22 56.67	26.2 23.1 20.6	58 71 66	11.55 15.06 17.34	18.5	30	37	2.5 2.8 3.8	196
IHH、IHK150-125-400	1450	120 200 240	33.3 55.6 66.7	57.5 50 44	61 70 63	30.8 38.9 45.6	55	75	90	2.0 2.5 3.0	238

续表

泵型号	转速 (r/min)	流量 (m³/h)	流量 (L/s)	扬程 H (m)	效率 η (%)	轴功率 (kW)	配用电机功率(kW) 介质密度(g/cm²) 1.0	1.35	1.85	汽蚀余量 (NPSH)r (m)	质量 (kg)
IHH、IHK150-125-400A	1450	109.1	30.31	47.5	58	24.33	37	55	75	2.0	238
		182	50.56	41	68	29.88				2.5	
		218.2	60.61	36.5	60	36.15				3.0	
IHH、IHK150-125-400B	1450	102	28.33	41.5	55	20.96	37	45	75	2.0	238
		170	47.22	36.1	66	25.32				2.5	
		204	56.67	31.8	58	30.46				3.0	
IHH、IHK150-125-400C	1450	96	26.67	37	53	18.25	30	37	55	2.0	238
		160	44.44	32	64	21.79				2.5	
		192	53.33	28	56	26.14				3.0	
IHH、IHK200-150-250	1450	240	66.7	23	65	23.14	37	55	75	3.5	195
		400	111.1	20	77	28.3				4.0	
		460	127.8	18	74	30.5				4.5	
IHH、IHK200-150-250A	1450	218	60.56	19	64	17.63	30	37	55	3.5	195
		363.5	101	16.5	76	21.5				4.0	
		418	116.1	15	73	23.4				4.5	
IHH、IHK200-150-250B	1450	204	56.7	16.6	62	14.87	22	30	45	3.5	195
		340	94.4	14.5	74	18.14				4.0	
		391	108.6	13	71	19.5				4.5	
IHH、IHK200-150-315	1450	240	66.7	35.6	67	34.7	55	75	110	3.0	269
		400	111.1	32	79	44.1				3.5	
		460	127.8	29.4	77	47.8				4.0	
IHH、IHK200-150-315A	1450	218	60.56	20.4	64	29.7	45	55	75	3.0	269
		363.5	101	25.5	77	32.7				3.5	
		418	116.1	24.3	74	37.4				4.0	
IHH、IHK200-150-315B	1450	204	56.7	25.7	61	23.41	37	55	75	3.0	269
		340	94.4	23.1	74	28.9				3.5	
		391	108.6	21.2	71	31.79				4.0	
IHH、IHK200-150-400	1450	240	66.7	55.8	67	54.4	90	132	160	3.0	290
		400	111.1	50	78	69.8				3.5	
		460	127.8	47	75	78.5				4.0	
IHH、IHK200-150-400A	1450	218	60.56	46	64	42.7	75	90	132	3.0	290
		363.5	101	41	76	53.3				3.5	
		418	116.1	38.8	72	61.3				4.0	

续表

泵型号	转速 (r/min)	流量 (m³/h)	流量 (L/s)	扬程 H (m)	效率 η (%)	轴功率 (kW)	配用电机功率(kW) 介质密度(g/cm²) 1.0	1.35	1.85	汽蚀余量 (NPSH)r (m)	质量 (kg)
IHH、IHK200-150-400B	1450	204	56.7	40.3	61	36.7	55	75	110	3.0	290
		340	94.4	36.1	74	45.17				3.5	
		391	108.6	31.7	69	52.47				4.0	
IHH、IHK200-150-400C	1450	192	53.3	35.7	59	31.64	55	75	90	3.0	290
		320	88.9	32	77	38.73				3.5	
		368	102.2	30.1	67	45.02				4.0	
IHH、IHK200-200-250	1450	600	166.67	12	81	24.21	30	45	55	3.5	290
IHH、IHK200-200-250A	1450	540	150.00	11	81	19.97	30	37	45	3.5	290
IHH、IHK200-200-250B	1450	500	138.89	10	80	17.02	22	30	37	3.5	290
IHH、IHK250-200-315	1450	650	180.56	24	81	52.45	75	90	110	3.5	290
IHH、IHK250-200-315A	1450	600	166.67	20	81	40.35	45	75	90	3.5	290
IHH、IHK250-200-315B	1450	550	152.78	16	81	29.59	37	55	75	3.5	290
IHH、IHK250-200-315C	1450	500	138.89	13	79	22.41	30	37	55	3.5	290
IHH、IHK250-200-400	1450	650	180.56	52	78	118.01	132	160	250	3.5	290
IHH、IHK250-200-400A	1450	550	152.78	50	81	83.21	90	132	160	3.5	290
IHH、IHK250-200-400B	1450	500	138.89	40	81	67.24	75	110	132	3.5	290
IHH、IHK250-200-400C	1450	450	125.00	30	80	45.96	55	75	90	3.5	290
IHH、IHK300-250-315	1450	950	263.89	22	81	70.27	75	110	160	3.5	290
IHH、IHK300-250-315A	1450	900	250.00	20	80	61.27	75	90	132	3.5	290
IHH、IHK300-250-315B	1450	800	222.22	16	82	42.51	55	75	90	3.5	290
IHH、IHK300-250-400	1450	1000	277.78	44	82.5	145.24	160	250	315	3.5	290
IHH、IHK300-250-400A	1450	900	250.00	38	82	112.89	132	200	250	3.5	290
IHH、IHK300-250-400B	1450	850	236.11	30	82	84.69	90	130	200	3.5	290
IHH、IHK300-250-400C	1450	800	222.22	24	81	63.77	75	110	132	3.5	290

(5) 外形及安装尺寸：IHH、IHK 悬臂式单级单吸化工离心泵外形及安装尺寸见图

1-259～图 1-261 及表 1-286～表 1-288。

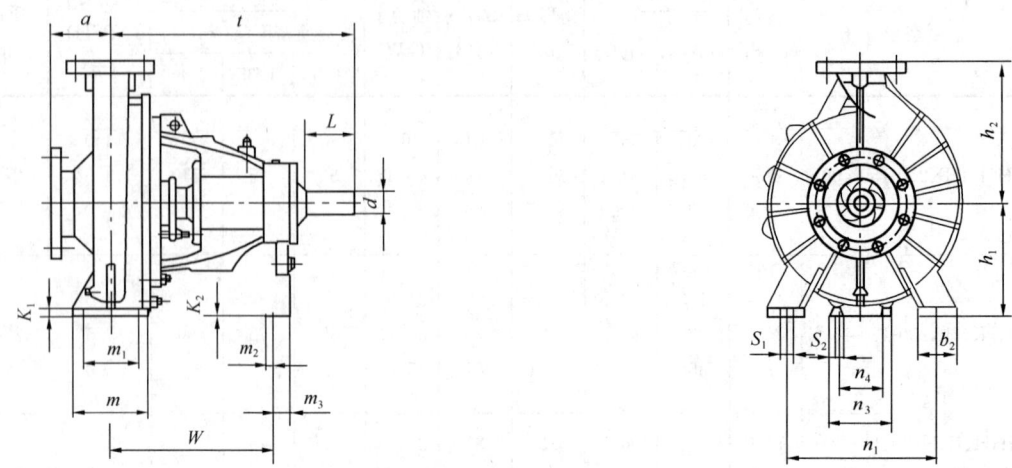

图 1-259　IHH、IHK 悬臂式单级单吸化工离心泵外形及安装尺寸（一）

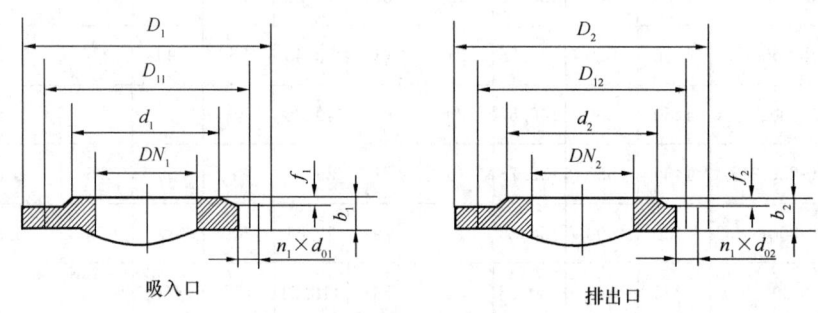

图 1-260　IHH、IHK 悬臂式单级单吸化工离心泵外形及安装尺寸（二）

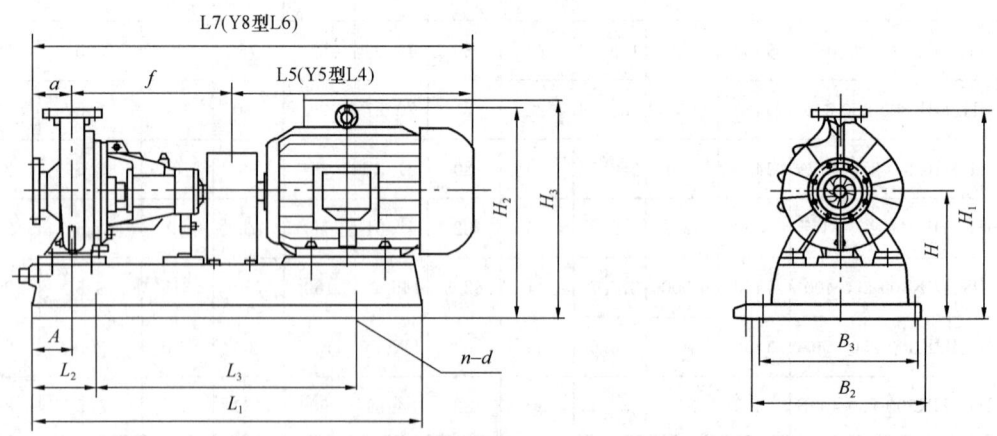

图 1-261　IHH、IHK 悬臂式单级单吸化工离心泵外形及安装尺寸（三）

IHH、IHK 悬臂式单级单吸化工离心泵外形及安装尺寸 (一)

表 1-286
(mm)

泵型号	泵						泵座							W	螺栓孔		轴头		间隔	支脚	悬架
	a	l	h	h_1	b	m	m_1	m_2	m_3	n_1	n_2	n_3	n_4		l_1	l_2	d	l	x		
IHH,IHK40-25-125	80	385	112	140	50	100	70	16	24	190	140	105	70	365	$\phi14$	$\phi15$	$\phi24$	50	100	XA04-37	25
IHH,IHK40-25-160	80	385	132	160	50	100	70	15	30	240	190	105	70	360	$\phi14$	$\phi15$	$\phi24$	50	100	XA04-57	25
IHH,IHK40-25-200	80	385	160	180	50	100	70	15	35	240	190	130	90	355	$\phi14$	$\phi15$	$\phi24$	50	100	XA04-85	25
IHH,IHK40-25-250	100	500	180	225	65	125	95	15	35	320	250	130	90	352	$\phi14$	$\phi15$	$\phi32$	80	100	XA04-85	35
IHH,IHK50-32-125	80	385	112	140	50	100	70	16	24	190	140	105	70	280.5	$\phi14$	$\phi15$	$\phi24$	50	100	XA04-37	25
IHH,IHK50-32-160	80	385	132	160	50	100	70	15	30	240	190	105	70	274.5	$\phi14$	$\phi15$	$\phi24$	50	100	XA04-57	25
IHH,IHK50-32-200	80	385	160	180	50	100	70	15	35	240	190	130	90	269.5	$\phi14$	$\phi15$	$\phi24$	50	100	XA04-85	25
IHH,IHK50-32-250	100	500	180	225	65	125	95	15	35	320	250	130	90	353	$\phi14$	$\phi15$	$\phi32$	80	100	XA04-85	35
IHH,IHK65-50-125	80	385	112	140	50	100	70	16	24	210	160	105	70	280.5	$\phi14$	$\phi15$	$\phi24$	50	100	XA04-37	25
IHH,IHK65-50-160	80	385	132	160	50	100	70	15	30	240	190	105	70	274.5	$\phi14$	$\phi15$	$\phi24$	50	100	XA04-57	25
IHH,IHK65-50-200	100	385	160	180	50	100	70	15	35	265	212	130	90	269.5	$\phi14$	$\phi15$	$\phi24$	50	100	XA04-85	25
IHH,IHK65-40-250	100	500	180	225	65	125	95	15	35	320	250	130	90	353	$\phi14$	$\phi15$	$\phi32$	80	100	XA04-85	35
IHH,IHK65-40-315	125	500	200	250	65	125	95	15	35	345	280	130	90	353	$\phi14$	$\phi15$	$\phi32$	80	100	XA04-105	35
IHH,IHK80-65-125	100	385	132	160	50	100	70	15	30	240	190	105	70	274.5	$\phi14$	$\phi15$	$\phi24$	50	100	XA04-57	25
IHH,IHK80-65-160	100	385	160	180	50	100	70	15	35	265	212	130	90	269.5	$\phi14$	$\phi14$	$\phi24$	50	100	XA04-85	25
IHH,IHK80-50-200	100	385	160	200	50	100	70	15	35	265	212	130	90	269.5	$\phi14$	$\phi14$	$\phi24$	50	100	XA04-85	25
IHH,IHK80-50-250	125	500	180	225	65	125	95	15	35	320	250	130	90	353	$\phi14$	$\phi14$	$\phi32$	50	100	XA04-85	35
IHH,IHK80-50-315	125	500	225	280	65	125	95	25	35	345	280	150	110	353	$\phi14$	$\phi14$	$\phi32$	80	100	XA04-130	35
IHH,IHK100-80-125	100	385	160	180	65	125	95	15	35	280	212	130	90	269.5	$\phi14$	$\phi14$	$\phi24$	50	100	XA04-85	25

续表

泵型号	泵					泵座								W	螺栓孔		轴载		间隔	支脚	悬架
	a	l	h	h_1	b	m	m_1	m_2	m_3	n_1	n_2	n_3	n_4		l_1	l_2	d	l	x		
IHH,IHK100-80-160	100	500	160	200	65	125	95	15	30	280	212	105	70	358	$\phi14$	$\phi14$	$\phi32$	80	100	IHH04-65	35
IHH,IHK100-65-200	100	500	180	225	65	125	95	15	35	320	250	130	90	353	$\phi14$	$\phi15$	$\phi32$	80	140	XA04-85	35
IHH,IHK100-65-250	125	500	200	250	80	160	120	15	35	360	280	130	90	353	$\phi18$	$\phi15$	$\phi32$	80	140	XA04-105	35
IHH,IHK100-65-315	125	530	225	280	80	160	120	15	35	400	315	130	90	353	$\phi18$	$\phi15$	$\phi42$	110	140	XA04-105	50
IHH,IHK125-100-200	125	500	200	280	80	160	120	15	35	360	280	130	90	353	$\phi18$	$\phi15$	$\phi32$	80	140	XA04-105	35
IHH,IHK125-100-250	140	530	225	280	80	160	120	15	35	400	315	130	90	353	$\phi18$	$\phi15$	$\phi42$	110	140	XA04-105	50
IHH,IHK125-100-315	140	530	250	315	80	160	120	25	35	400	315	150	110	353	$\phi18$	$\phi15$	$\phi42$	110	140	XA04-130	50
IHH,IHK125-100-400	140	530	280	355	100	200	150	22	38	500	400	150	110	353	$\phi24$	$\phi15$	$\phi42$	110	140	XA04-160	50
IHH,IHK125-125-250	140	530	250	335	80	160	120	25	35	400	315	150	110	353	$\phi18$	$\phi15$	$\phi42$	110	140	XA04-130	50
IHH,IHK150-125-315	140	530	280	335	100	200	150	22	38	500	400	150	110	353	$\phi24$	$\phi15$	$\phi42$	110	140	XA04-160	50
IHH,IHK150-125-400	140	530	315	400	100	200	150	32	33	500	400	200	140	358	$\phi24$	$\phi15$	$\phi42$	110	140	XA04-195	50
IHH,IHK200-150-250	140	530	280	375	100	200	150	22	38	500	400	150	110	353	$\phi24$	$\phi15$	$\phi42$	110	140	XA04-160	50
IHH,IHK200-150-315	160	670	315	400	100	200	150	27	33	550	450	200	140	507	$\phi24$	$\phi15$	$\phi48$	110	180	XA04-185	55
IHH,IHK200-150-400	160	670	315	450	100	200	150	27	33	550	450	200	140	507	$\phi24$	$\phi15$	$\phi48$	110	180	XA04-185	55
IHH,IHK200-200-250	180	530	315	425	100	200	150	32	33	550	450	200	140	355	$\phi24$	$\phi15$	$\phi42$	110	180	XA04-195	50
IHH,IHK200-200-315	200	670	355	450	100	200	150	22	38	550	450	200	140	502	$\phi24$	$\phi15$	$\phi48$	110	200	XA04-225	55
IHH,IHK250-200-400	180	783	355	500	100	200	150	32	33	550	450	200	140	618	$\phi24$	$\phi15$	$\phi60$	100	200	XA04-195	75
IHH,IHK300-250-315	250	783	400	560	130	260	190	32	33	690	560	200	140	618	$\phi28$	$\phi15$	$\phi60$	100	220	IHH04-240	75
IHH,IHK300-250-400	200	783	385	600	130	260	190	22	38	800	670	200	140	613	$\phi28$	$\phi15$	$\phi60$	100	220	XA04-225	75

IHH,IHK悬臂式单级单吸化工离心泵外形及安装尺寸(二)

表 1-287
(mm)

泵型号	吸入口法兰尺寸							排出口法兰尺寸						
	DN_1	D_1	D_{11}	d_1	b_1	f_1	$n_1 \times d_{01}$	DN_2	D_2	D_{12}	d_2	b_2	f_2	$n_1 \times d_{02}$
IHH,IHK40-25-125,160,200,250	40	150	110	84	18	2	4×φ18	25	115	85	65	16	2	4×φ14
IHH,IHK50-32-125,160,200,250	50	165	125	99	20	2	4×φ18	32	140	100	76	18	2	4×φ18
IHH,IHK65-50-125,160	65	185	145	118	20	2	4×φ18	50	165	125	99	20	2	4×φ18
IHH,IHK65-40-200,250,315								40	150	110	84	18	2	4×φ18
IHH,IHK80-65-125,160	80	200	160	132	20	2	8×φ18	65	185	145	118	20	2	4×φ18
IHH,IHK80-50-200,250,315								50	165	125	99	20	2	4×φ18
IHH,IHK100-80-125,160	100	220	180	156	22	2	8×φ18	80	200	160	132	20	2	8×φ18
IHH,IHK100-65-200,250,315								65	185	145	118	20	2	4×φ18
IHH,IHK125-100-200,250,315,400	125	250	210	184	22	2	8×φ18	100	220	180	156	22	2	8×φ18
IHH,IHK150-125-250,315,400	150	285	240	211	24	2	8×φ22	125	250	210	184	22	2	8×φ18
IHH,IHK200-150-250,315,400	200	340	295	266	24	2	12×φ22	150	285	240	211	24	2	8×φ22
IHH,IHK200-200-250								200	340	295	266	24	2	12×φ22
IHH,IHK200-200-315,400	250	405	355	319	26	2	12×φ26							
IHH,IHK300-250-315,400	300	460	410	370	28	2	12×φ26	250	405	355	319	26	2	12×φ26

IHH, IHK 悬臂式单级单吸化工离心泵外形及安装尺寸 (三)

表 1-288

泵型号	配套电机		尺寸(mm)																		底座号
	机座号	功率(kW)	A	L_1	L_2	L_3	L_4	L_5	a	f	L_6	L_7	B_2	B_3	H_2	H_3	n	H	H_1	$n \times d$	
IHH,IHK40-25-125	90S-2	1.5	80	820	150	540	360	320	80	385	825	785	360	320	294.5	357	25	197	337	4×φ19	1
	90L-2	2.2	80	920	170	600	385	345	80	385	850	810	390	352	294.5	357	30	197	337	4×φ19	2
	100L-2	3	80	920	170	600	430	385	80	385	895	850	390	350	304.5	367	30	197	337	4×φ19	2
IHH,IHK40-25-160	90L-2	2.2	80	920	170	600	385	345	80	385	850	810	390	350	314.5	377	30	217	377	4×φ19	2
	100L-2	3	80	920	170	600	430	385	80	385	895	850	390	350	324.5	387	30	217	377	4×φ19	2
	112M-2	4	80	920	170	600	460	400	80	385	925	865	390	350	337	405	30	217	377	4×φ19	2
IHH,IHK40-25-200	112M-2	4	80	920	170	600	460	400	80	385	925	865	390	350	365	433	30	245	425	4×φ19	2
	132S1-2	5.5	80	1020	190	660	510	475	80	385	975	940	450	400	382.5	458	30	245	425	4×φ24	3
	132S2-2	7.5	80	1020	190	660	510	475	80	385	975	940	450	400	382.5	458	30	245	425	4×φ24	3
IHH,IHK40-25-250	160M1-1	11	95	1270	225	840	655	615	100	100	1255	1215	540	490	465	560	40	300	525	4×φ24	5
	160M2-2	15	95	1270	225	840	655	615	100	100	1255	1215	540	490	465	560	40	300	525	4×φ24	5
	160L-2	18.5	95	1270	225	840	695	670	100	100	1295	1270	540	490	465	560	40	300	525	4×φ24	5
IHH,IHK50-32-125	801-4	0.55	80	820	150	540	330	295	80	385	795	760	360	320	284.5	331	25	197	337	4×φ19	1
	802-2	1.1	80	820	150	540	330	295	80	385	795	760	360	320	284.5	331	25	197	337	4×φ19	1
	90S-2	1.5	80	820	150	540	360	320	80	385	825	785	360	320	294.5	357	25	197	337	4×φ19	1
	90L-2	2.2	80	920	170	600	385	345	80	385	850	810	390	350	294.5	357	30	197	337	4×φ19	2
	100L-2	3	80	920	170	600	430	385	80	385	895	850	390	350	304.5	367	30	197	337	4×φ19	1
IHH,IHK50-32-160	801-4	0.55	80	820	150	540	330	295	80	385	795	760	360	320	304.5	351	25	217	377	4×φ19	1
	802-4	0.75	80	820	150	540	330	295	80	385	795	760	360	320	304.5	351	25	217	377	4×φ19	1
	90S-4	1.1	80	820	150	540	360	320	80	385	825	785	360	320	314.5	377	25	217	377	4×φ19	1
	90L-2	2.2	80	920	170	600	385	345	80	385	850	810	390	350	314.5	377	30	217	377	4×φ19	2
	100L-2	3	80	920	170	600	430	385	80	385	895	850	390	350	324.5	387	30	217	377	4×φ19	2
	112M-2	4	80	920	170	600	460	400	80	385	925	865	390	350	337	405	30	217	377	4×φ19	2
	132S1-2	5.5	80	1020	190	660	510	475	80	385	975	940	450	400	354.5	430	30	217	377	4×φ19	3

续表

泵型号	配套电机		尺寸(mm)																		底座号
	机座号	功率(kW)	A	L_1	L_2	L_3	L_4	L_5	a	f	L_6	L_7	B_2	B_3	H_2	H_3	n	H	H_1	$n×d$	
IHH,IHK50-32-200	801-4	0.55	80	820	150	540	330	295	80	385	795	760	360	320	332.5	379	25	245	425	4×φ19	1
	802-4	0.75	80	820	150	540	330	295	80	385	795	760	360	320	332.5	379	25	245	425	4×φ19	1
	90S-4	1.1	80	820	150	540	360	320	80	385	825	785	360	320	342.5	405	25	245	425	4×φ19	1
	90L-4	1.5	80	920	170	600	385	345	80	385	850	810	390	350	342.5	405	30	245	425	4×φ19	2
	112M-2	4	80	920	170	600	460	400	80	385	925	865	390	350	365	433	30	245	425	4×φ19	2
	132S1-2	5.5	80	1020	190	660	510	475	80	385	975	940	450	400	382.5	458	30	245	425	4×φ24	3
	132S2-2	7.5	80	1020	190	660	510	475	80	385	975	940	450	400	382.5	458	30	245	425	4×φ24	3
	160M1-2	11	95	1140	210	740	655	615	80	385	1120	1080	490	440	425	520	30	260	440	4×φ24	4
IHH,IHK50-32-250	90S-4	1.1	95	1020	190	660	360	320	100	500	960	920	450	400	362.5	425	30	265	490	4×φ24	3
	90L-4	1.5	95	1020	190	660	385	345	100	500	985	945	450	400	362.5	425	30	265	490	4×φ24	3
	100L1-4	2.2	95	1020	190	660	430	385	100	500	1030	985	450	400	372.5	435	30	265	490	4×φ24	3
	100L2-4	3	95	1020	190	660	430	385	100	500	1030	985	450	400	372.5	435	30	265	490	4×φ24	3
	132S2-2	7.5	95	1140	210	740	510	475	100	500	1110	1075	490	440	417.5	493	30	280	505	4×φ24	4
	160M1-2	11	95	1270	225	840	655	615	100	500	1255	1215	540	490	465	560	30	300	525	4×φ24	5
	160M2-2	15	95	1270	225	840	655	615	100	500	1255	1215	540	490	465	560	30	300	525	4×φ24	5
	160L-2	18.5	95	1270	225	840	695	670	100	500	1295	1270	540	490	465	560	30	300	525	4×φ24	5
	180M-2	22	95	1270	225	840	730	700	100	500	1330	1300	540	490	490	575	30	300	525	4×φ24	5
IHH,IHK65-50-125	801-4	0.55	80	820	150	540	330	295	80	385	795	760	360	320	284.5	331	25	197	337	4×φ19	1
	802-4	0.75	80	820	150	540	330	295	80	385	795	760	360	320	284.5	331	25	197	337	4×φ19	1
	90L-2	2.2	80	920	170	600	385	345	80	385	850	810	390	350	294.5	357	30	197	337	4×φ19	2
	100L-2	3	80	920	170	600	430	385	80	385	895	850	390	350	304.5	367	30	197	337	4×φ19	2
	112M-2	4	80	920	170	600	460	400	80	385	925	865	390	350	317	385	30	197	337	4×φ19	2
	132S1-2	5.5	80	1020	190	660	510	475	80	385	975	940	450	400	334.5	410	30	197	337	4×φ24	3

续表

泵型号	机座号	功率(kW)	A	L_1	L_2	L_3	L_4	L_5	a	f	L_6	L_7	B_2	B_3	H_2	H_3	n	H	H_1	$n\times d$	底座号
IHH,IHK65-50-160	801-4	0.55	80	820	150	540	330	295	80	385	795	760	360	320	304.5	351	25	217	377	4×φ19	1
	802-4	0.75	80	820	150	540	330	295	80	385	795	760	360	320	304.5	351	25	217	377	4×φ19	1
	90S-4	1.1	80	820	150	540	360	320	80	385	825	785	360	320	314.5	377	25	217	377	4×φ19	1
	90L-4	1.5	80	920	170	600	385	345	80	385	850	810	390	350	314.5	377	30	217	377	4×φ19	2
	100L2-2	3	80	920	170	600	430	385	80	385	895	850	390	350	324.5	387	30	217	377	4×φ19	2
	112M-2	4	80	920	170	600	460	400	80	385	925	865	390	350	337	405	30	217	377	4×φ19	2
	132S1-2	5.5	80	1020	190	660	510	475	80	385	975	940	450	400	354.5	430	30	217	377	4×φ24	3
	132S2-2	7.5	80	1020	190	660	510	475	80	385	975	940	450	400	354.5	430	30	217	377	4×φ24	3
	160M-2	11	80	1140	210	740	655	615	80	385	1120	1080	490	440	397	492	30	232	392	4×φ24	4
IHH,IHK65-40-200	802-4	0.75	80	920	170	600	330	295	100	385	815	780	390	350	332.5	379	30	245	425	4×φ19	2
	90S-4	1.1	80	920	170	600	360	320	100	385	845	805	390	350	342.5	405	30	245	425	4×φ19	2
	90L-4	1.5	80	920	170	600	385	345	100	385	870	830	390	350	342.5	405	30	245	425	4×φ19	2
	100L-4	2.2	80	920	170	600	430	385	100	385	915	870	390	350	352.5	415	30	245	425	4×φ19	2
	132S1-2	5.5	80	1020	190	660	510	475	100	385	995	960	450	400	382.5	458	30	245	425	4×φ24	3
	132S2-2	7.5	80	1020	190	660	510	475	100	385	995	960	450	400	382.5	458	30	245	425	4×φ24	3
	160M1-2	11	95	1140	210	740	655	615	100	385	1140	1100	490	440	425	520	0	260	440	4×φ24	4
	160M2-2	15	95	1140	210	740	655	615	100	385	1140	1100	490	440	425	520	30	260	440	4×φ24	4
IHH,IHK65-40-250	90S-4	1.1	95	1020	190	660	360	320	100	500	960	920	450	400	362.5	425	30	265	490	4×φ24	3
	90L-4	1.5	95	1020	190	660	385	345	100	500	985	945	450	400	362.5	425	30	265	490	4×φ24	3
	100L1-4	2.2	95	1020	190	660	430	385	100	500	1030	985	450	400	372.5	435	30	265	490	4×φ24	3
	100L2-4	3	95	1020	190	660	430	385	100	500	1030	985	450	400	372.5	435	30	265	490	4×φ24	3
	112M-4	4	95	1020	190	660	460	400	100	500	1060	1000	450	400	385	453	30	265	490	4×φ24	3
	160M1-2	11	95	1270	225	840	655	615	100	500	1255	1215	540	490	465	560	30	300	525	4×φ24	5
	160M2-2	15	95	1270	225	840	655	615	100	500	1255	1215	540	490	465	560	30	300	525	4×φ24	5
	160L-2	18.5	95	1270	225	840	695	670	100	500	1295	1270	540	490	465	560	30	300	525	4×φ24	5
	180M-2	22	95	1270	225	840	730	700	100	500	1330	1300	540	490	490	575	30	300	525	4×φ24	5
	200L-2	30	95	1420	250	940	805	770	100	500	1405	1370	610	550	530	625	40	320	545	4×φ28	6

续表

泵型号	配套电机机座号	功率(kW)	A	L₁	L₂	L₃	L₄	L₅	a	f	L₆	L₇	B₂	B₃	H₂	H₃	n	H	H₁	n×d	底座号
IHH,IHK65-40-315	100L-4	3	95	1140	210	740	430	385	125	500	1055	1010	490	440	407.5	470	30	300	550	4×φ24	4
	112M-4	4	95	1140	210	740	460	400	125	500	1085	1025	490	440	420	488	30	300	550	4×φ24	4
	132S-4	5.5	95	1140	210	740	510	475	125	500	1135	1100	490	440	437.5	513	30	300	550	4×φ24	4
	132M-4	7.5	95	1140	210	740	550	515	125	500	1175	1140	490	440	437.5	513	30	300	550	4×φ24	4
	160M1-2	11	95	1270	225	840	655	615	125	500	1280	1240	540	490	485	580	30	320	570	4×φ24	5
	160M2-2	15	95	1270	225	840	655	615	125	500	1280	1240	540	490	485	580	30	320	570	4×φ24	5
	160L-2	18.5	95	1270	225	840	695	670	125	500	1320	1295	540	490	485	580	30	320	570	4×φ24	5
	180M-2	22	95	1270	225	840	730	700	125	500	1355	1325	540	490	510	595	30	320	570	4×φ24	5
	200L1-2	30	95	1420	250	940	805	770	125	500	1430	1395	610	550	550	645	40	340	590	4×φ28	6
	200L2-2	37	95	1420	250	940	805	770	125	500	1430	1395	610	550	550	645	40	340	590	4×φ28	6
	225M-2	45	95	1420	250	940	840	820	125	500	1465	1445	610	550	575	675	40	340	590	4×φ28	6
IHH,IHK80-65-125	801-4	0.55	80	820	150	540	330	295	100	385	815	780	360	320	304.5	351	25	217	377	4×φ19	1
	802-4	0.75	80	820	150	540	330	295	100	385	815	780	360	320	304.5	351	25	217	377	4×φ19	1
	90S-4	1.1	80	820	150	540	360	320	100	385	845	805	360	320	314.5	377	25	217	377	4×φ19	1
	90L-4	1.5	80	920	170	600	385	345	100	385	870	830	390	350	314.5	377	30	217	377	4×φ19	2
	100L1-2	3	80	920	170	600	430	385	100	385	915	870	390	350	324.5	387	30	217	377	4×φ19	2
	112M-2	4	80	920	170	600	460	400	100	385	945	885	390	350	337	405	30	217	377	4×φ19	2
	132S1-2	5.5	80	1020	190	660	510	475	100	385	995	960	450	400	354.5	430	30	217	377	4×φ24	3
	132S2-2	7.5	80	1020	190	660	510	475	100	385	995	960	450	400	354.5	430	30	217	377	4×φ24	3
	160M1-2	11	95	1140	210	740	655	615	100	385	1140	1100	490	440	397	492	30	232	392	4×φ24	4

续表

泵型号	配套电机		尺寸(mm)																		底座号
	机座号	功率(kW)	A	L_1	L_2	L_3	L_4	L_5	a	f	L_6	L_7	B_2	B_3	H_2	H_3	n	H	H_1	$n×d$	
IHH,IHK80-65-160	802-4	0.75	80	920	170	600	330	295	100	385	815	780	390	350	332.5	379	30	245	425	4×φ19	2
	90S-4	1.1	80	920	170	600	360	320	100	385	845	805	390	350	342.5	405	30	245	425	4×φ19	2
	90L-4	1.5	80	920	170	600	385	345	100	385	870	830	390	350	342.5	405	30	245	425	4×φ19	2
	100L1-4	2.2	80	920	170	600	430	385	100	385	915	870	390	350	352.5	415	30	245	425	4×φ19	2
	132S1-2	5.5	80	1020	190	660	510	475	100	385	995	960	450	400	382.5	458	30	245	425	4×φ24	3
	132S2-2	7.5	80	1020	190	660	510	475	100	385	995	960	450	400	382.5	458	30	245	425	4×φ24	3
	160M1-2	11	95	1140	210	740	655	615	100	385	1140	1100	490	440	425	520	30	260	440	4×φ24	4
	160M2-2	15	95	1140	210	740	655	615	100	385	1140	1100	490	440	425	520	30	260	440	4×φ24	4
IHH,IHK80-50-200	90S-4	1.1	80	920	170	600	360	320	100	385	845	805	390	350	342.5	405	30	245	445	4×φ19	2
	90L-4	1.5	80	920	170	600	385	345	100	385	870	830	390	350	342.5	405	30	245	445	4×φ19	2
	100L1-4	2.2	80	920	170	600	430	385	100	385	915	870	390	350	352.5	415	30	245	445	4×φ19	2
	100L2-4	3	80	920	170	600	430	385	100	385	915	870	390	350	352.5	415	30	245	445	4×φ19	2
	112M-4	4	80	920	170	600	460	400	100	385	945	885	390	350	365	433	30	245	445	4×φ19	2
	132S2-2	7.5	80	1020	190	660	510	475	100	385	995	960	450	400	382.5	458	30	245	445	4×φ24	3
	160M1-2	11	80	1140	210	740	655	615	100	385	1140	1100	490	440	425	520	30	260	460	4×φ24	4
	160M2-2	15	80	1140	210	740	655	615	100	385	1140	1100	490	440	425	520	30	260	460	4×φ24	4
	160L-2	18.5	80	1140	210	740	695	670	100	385	1180	1155	490	440	425	520	30	260	460	4×φ24	4
	180M-2	22	80	1140	210	740	730	700	100	385	1215	1185	490	440	450	535	30	260	460	4×φ24	4

续表

泵型号	配套电机		尺寸(mm)																		底座号
	机座号	功率(kW)	A	L_1	L_2	L_3	L_4	L_5	a	f	L_6	L_7	B_2	B_3	H_2	H_3	n	H	H_1	$n \times d$	
IHH,IHK80-50-250	100L1-4	2.2	95	1020	190	660	430	385	125	500	1055	1010	450	400	372.5	435	30	265	490	4×φ24	3
	100L2-4	3	95	1020	190	660	430	385	125	500	1055	1010	450	400	372.5	435	30	265	490	4×φ24	3
	112M-4	4	95	1020	190	660	460	400	125	500	1085	1025	450	400	385	453	30	265	490	4×φ24	3
	132S-4	5.5	95	1140	210	740	510	475	125	500	1135	1100	490	440	417.5	493	30	280	505	4×φ24	4
	132M-4	7.5	95	1140	210	740	550	515	125	500	1175	1140	490	440	417.5	493	30	280	505	4×φ24	4
	160M2-2	15	95	1270	225	840	655	615	125	500	1280	1240	540	490	465	560	30	300	525	4×φ24	5
	160L-2	18.5	95	1270	225	840	695	670	125	500	1320	1295	540	490	465	560	30	300	525	4×φ24	5
	180M-2	22	95	1270	225	840	730	700	125	500	1355	1325	540	490	490	575	30	300	525	4×φ24	5
	200L1-2	30	95	1420	250	940	805	770	125	500	1430	1395	610	550	530	625	40	320	545	4×φ28	6
	200L2-2	37	95	1420	250	940	805	770	125	500	1430	1395	610	550	530	625	40	320	545	4×φ28	6
	225M-2	45	95	1420	250	940	840	820	125	500	1465	1445	610	550	555	655	40	320	545	4×φ28	6
IHH,IHK80-50-315	112M-4	4	95	1140	210	740	460	400	125	500	1085	1025	490	440	445	513	30	325	605	4×φ24	4
	132S-4	5.5	95	1140	210	740	510	475	125	500	1135	1100	490	440	462.5	538	30	325	605	4×φ24	4
	132M-4	7.5	95	1140	210	740	550	515	125	500	1175	1140	490	440	462.5	538	30	325	605	4×φ24	4
	160M-4	11	95	1270	225	840	655	615	125	500	1280	1240	540	490	510	605	30	345	625	4×φ24	5
	160L-4	15	95	1270	225	840	695	670	125	500	1320	1295	540	490	510	605	30	345	625	4×φ24	5
	200L1-2	30	95	1420	250	940	805	770	125	500	1430	1395	610	550	575	670	40	365	645	4×φ28	6
	200L2-2	37	95	1420	250	940	805	770	125	500	1430	1395	610	550	575	670	40	365	645	4×φ28	6
	225M-2	45	95	1420	250	940	840	820	125	500	1465	1445	610	550	600	700	40	365	645	4×φ28	6
	250M-2	55	95	1620	290	1060	935	910	125	500	1560	1535	660	600	640	750	40	385	665	4×φ18	7
	280S-2	75	95	1820	320	1200	1010	985	125	500	1635	1610	730	670	675	785	40	385	665	4×φ28	8

续表

泵型号	配套电机		尺寸(mm)																	底座号
	机座号	功率(kW)	A	L_1	L_2	L_3	L_4	L_5	a	f	L_6	L_7	B_2	B_3	H_2	H_3	n	H	H_1	$n×d$	
IHH,IHK100-80-125	802-4	0.75	95	920	170	600	330	295	100	385	815	780	390	350	332.5	397	30	245	425	4×φ19	2
	90S-4	1.1	95	920	170	600	360	320	100	385	845	805	390	350	342.5	405	30	245	425	4×φ19	2
	90L-4	1.5	95	920	170	600	385	345	100	385	870	830	390	350	342.5	405	30	245	425	4×φ19	2
	100L1-4	2.2	95	920	170	600	430	385	100	385	915	870	390	350	352.5	415	30	245	425	4×φ19	2
	100L2-4	3	95	920	170	600	430	385	100	385	915	870	390	350	352.5	415	30	245	425	4×φ19	2
	112M-4	4	95	920	170	600	460	400	100	385	945	885	390	350	365	433	30	245	425	4×φ19	2
	132S1-2	5.5	95	1020	190	660	510	475	100	385	995	960	450	400	382.5	458	30	245	425	4×φ24	3
	132S2-2	7.5	95	1020	190	660	510	475	100	385	995	960	450	400	382.5	458	30	245	425	4×φ24	3
	160M1-2	11	95	1140	210	740	655	615	100	385	1140	1100	490	440	425	520	30	260	440	4×φ24	4
	160M2-2	15	95	1140	210	740	655	615	100	385	1140	1100	490	440	425	520	30	260	440	4×φ24	4
IHH,IHK100-80-160	90L-4	1.5	95	1020	190	660	385	345	100	500	985	945	450	400	342.5	405	30	245	445	4×φ24	3
	100L1-4	2.2	95	1020	190	660	430	385	100	500	1030	985	450	400	352.5	415	30	245	445	4×φ24	3
	100L2-4	3	95	1020	190	660	430	385	100	500	1030	985	450	400	352.5	415	30	245	445	4×φ24	3
	112M-4	4	95	1020	190	660	460	400	100	500	1060	1000	450	400	365	433	30	245	445	4×φ24	3
	132S2-2	7.5	95	1140	210	740	510	475	100	500	1110	1075	490	440	397.5	473	30	260	460	4×φ24	4
	160M1-2	11	95	1270	225	840	655	615	100	500	1255	1215	540	490	445	540	30	280	480	4×φ24	5
	160M2-2	15	95	1270	225	840	655	615	100	500	1255	1215	540	490	445	540	30	280	480	4×φ24	5
	160L-2	18.5	95	1270	225	840	695	670	100	500	1295	1270	540	490	445	540	30	280	480	4×φ24	5
	180M-2	22	95	1270	225	840	730	700	100	500	1330	1300	540	490	470	555	30	280	480	4×φ24	5
	200L1-2	30	95	1420	250	940	805	770	100	500	1405	1370	610	550	510	605	30	300	500	4×φ28	6

续表

泵型号	配套电机 机座号	配套电机 功率(kW)	A	L₁	L₂	L₃	L₄	L₅	a	f	L₆	L₇	B₂	B₃	H₂	H₃	n	H	H₁	n×d	底座号
IHH,IHK100-65-200	100L1-4	2.2	95	1140	210	740	430	385	100	500	1030	985	490	440	387.5	450	30	280	505	4×φ24	4
	100L2-4	3	95	1140	210	740	430	385	100	500	1030	985	490	440	387.5	450	30	380	505	4×φ24	4
	112M-4	4	95	1140	210	740	460	400	100	500	1060	1000	490	440	400	468	30	280	505	4×φ24	4
	132S-4	5.5	95	1140	210	740	510	475	100	500	1110	1075	490	440	417.5	493	30	280	505	4×φ24	4
	132M-4	7.5	95	1140	210	740	550	515	100	500	1150	1115	490	440	417.5	493	30	280	505	4×φ24	4
	160M1-2	15	95	1270	225	840	655	615	100	500	1255	1215	540	490	465	560	30	300	525	4×φ24	5
	160M2-2	18.5	95	1270	225	840	655	615	100	500	1255	1215	540	490	465	560	30	300	525	4×φ24	5
	160L-2	22	95	1270	225	840	695	670	100	500	1295	1270	540	490	465	560	30	300	525	4×φ24	5
	200L1-2	30	95	1420	250	940	805	770	100	500	1405	1370	610	550	530	625	30	320	545	4×φ28	6
	200L2-2	37	95	1420	250	940	805	770	100	500	1405	1370	610	550	530	625	40	320	545	4×φ28	6
	225M-2	45	95	1420	250	940	840	820	100	500	1440	1420	610	550	555	625	40	320	545	4×φ28	6
IHH,IHK100-65-250	100L1-4	3	110	1140	210	740	430	385	125	500	1055	1010	490	440	407.5	470	40	300	550	4×φ24	4
	112M-4	4	110	1140	210	740	460	400	125	500	1085	1025	490	440	420	488	30	300	550	4×φ24	4
	132S-4	5.5	110	1140	210	740	510	475	125	500	1135	1100	490	440	437.5	513	30	300	550	4×φ24	4
	132M-4	7.5	110	1140	210	740	550	515	125	500	1175	1140	490	440	437.5	513	30	300	550	4×φ24	4
	160M-4	11	110	1270	225	840	655	615	125	500	1280	1240	540	490	485	580	30	320	570	4×φ24	5
	160L-4	15	110	1270	225	840	695	670	125	500	1320	1295	540	490	485	580	30	320	570	4×φ24	5
	180M-4	22	110	1270	225	840	730	700	125	500	1355	1325	540	490	510	595	30	320	570	4×φ24	5
	100L1-2	30	110	1270	225	840	430	385	125	500	1055	1010	540	490	427.5	490	30	320	570	4×φ24	5
	100L2-2	37	110	1270	225	840	430	385	125	500	1055	1010	540	490	427.5	490	30	320	570	4×φ24	5
	225M-2	45	110	1420	250	940	840	820	125	500	1465	1445	610	550	575	675	40	340	590	4×φ28	6
	250M-2	55	110	1620	290	1060	935	910	125	500	1560	1535	660	600	415	525	40	160	410	4×φ28	7
	280S-2	75	110	1820	320	1200	1010	985	125	500	1635	1610	730	670	650	760	40	360	610	4×φ28	8

尺寸(mm)

续表

泵型号	机座号	功率(kW)	A	L₁	L₂	L₃	L₄	L₅	a	f	L₆	L₁	B₂	B₃	H₂	H₃	n	H	H₁	n×d	底座号
IHH,IHK100-65-315	132S-4	5.5	110	1270	225	840	510	475	125	530	1165	1130	540	490	482.5	558	30	345	625	4×φ24	5
	132M-4	7.5	110	1270	225	840	550	515	125	530	1205	1170	540	490	482.5	558	30	345	625	4×φ24	5
	160M-4	11	110	1270	225	840	655	615	125	530	1310	1270	540	490	510	605	30	345	625	4×φ24	5
	160L-4	15	110	1420	250	940	695	670	125	530	1350	1325	610	550	530	625	40	365	645	4×φ28	6
	180M-4	18.5	110	1420	250	940	730	700	125	530	1385	1355	610	550	555	640	40	365	645	4×φ28	6
	220L2-4	37	110	1420	250	940	805	770	125	530	1460	1425	610	550	575	670	40	365	645	4×φ28	6
	225M-2	45	110	1620	290	1060	840	820	125	530	1495	1475	660	600	620	720	40	385	665	4×φ28	7
	250M-2	55	110	1620	290	1060	935	910	125	530	1590	1565	660	600	640	750	40	385	665	4×φ28	7
	280S-2	75	110	1820	320	1200	1010	985	125	530	1665	1640	730	670	675	785	40	385	665	4×φ28	8
	280M-2	90	110	1820	320	1200	1060	1035	125	530	1715	1690	730	670	675	785	40	385	665	4×φ28	8
IHH,IHK125-100-200	112M-4	4	110	1140	210	740	460	400	125	500	1085	1025	490	440	420	488	30	300	580	4×φ28	4
	132S-4	5.5	110	1140	210	740	510	475	125	500	1135	1100	490	440	437.5	513	30	300	580	4×φ24	4
	132M-4	7.5	110	1140	210	740	550	515	125	500	1175	1140	490	440	437.5	513	30	300	580	4×φ24	4
	160M-4	11	110	1270	225	840	655	615	125	500	1280	1240	540	490	485	580	30	320	600	4×φ24	5
	200L1-2	30	110	1420	250	940	805	770	125	500	1430	1395	610	550	550	645	40	340	620	4×φ24	6
	200L2-2	37	110	1420	250	940	805	770	125	500	1430	1395	610	550	550	645	40	340	620	4×φ28	6
	225M-2	45	110	1420	250	940	840	820	125	500	1465	1445	610	550	575	675	40	340	620	4×φ28	6
	250M-2	55	110	1620	290	1060	935	910	125	500	1560	1535	660	600	615	725	40	360	640	4×φ28	7
	280S-2	75	110	1820	320	1200	1010	985	125	500	1635	1610	730	670	650	760	40	360	640	4×φ28	8

续表

泵型号	配套电机		尺寸(mm)																		底座号
	机座号	功率(kW)	A	L_1	L_2	L_3	L_4	L_5	a	f	L_6	L_7	B_2	B_3	H_2	H_3	n	H	H_1	$n \times d$	
IHH,IHK125-100-250	132S-4	5.5	110	1270	225	840	510	475	140	530	1180	1145	540	490	4825	558	30	345	625	4×φ28	5
	132M-4	7.5	110	1270	225	840	550	515	140	530	1220	1185	540	490	482.5	558	30	345	625	4×φ24	5
	160M-4	11	110	1270	225	840	655	615	140	530	1325	1285	540	490	510	605	30	345	625	4×φ24	5
	160L-4	15	110	1420	250	940	695	670	140	530	1365	1340	610	550	530	625	40	365	645	4×φ24	6
	180M-4	18.5	110	1420	250	940	730	700	140	530	1400	1370	610	550	555	640	40	365	645	4×φ28	6
	225M-2	45	110	1620	290	1060	840	820	140	530	1510	1490	660	600	620	720	40	385	665	4×φ28	7
	250M-2	55	110	1620	290	1060	935	910	140	530	1605	1580	660	600	640	750	40	385	665	4×φ28	7
	280S-2	75	110	1820	320	1200	1010	985	140	530	1685	1655	730	670	675	785	40	385	665	4×φ28	8
	280M-2	90	110	1820	320	1200	1060	1035	140	530	1730	1705	730	670	675	785	40	385	665	4×φ28	8
IHH,IHK125-100-315	160M-4	11	110	1270	225	840	655	615	140	530	1325	1285	540	490	535	630	40	370	685	4×φ24	5
	160L-4	15	110	1420	250	940	695	670	140	530	1365	1340	610	550	555	650	40	390	705	4×φ28	6
	180M-4	18.5	110	1420	250	940	730	700	140	530	1400	1370	610	550	580	665	40	390	705	4×φ28	6
	180L-4	22	110	1420	250	940	750	740	140	530	1420	1410	610	550	580	665	40	390	7057	4×φ28	6
	200L-4	30	110	1420	250	940	805	770	140	530	1475	1440	610	550	600	695	40	390	705	4×φ28	6
	225S-2	37	110	1420	250	940	845	815	140	530	1515	1485	610	550	625	725	40	390	705	4×φ28	6
	280S-2	75	110	1820	320	1200	1010	985	140	530	1680	1655	730	670	700	810	40	410	725	4×φ28	8
	280M-2	90	110	1820	320	1200	1060	1035	140	530	1730	1705	730	670	700	810	40	410	725	4×φ28	8
IHH,IHK125-100-400	160L-4	15	130	1620	290	1060	695	670	140	530	1365	1340	660	600	605	700	40	440	795	4×φ28	7
	180M-4	18.5	130	1620	290	1060	730	700	140	530	1400	1370	660	600	630	715	40	440	795	4×φ28	7
	180L-4	22	130	1620	290	1060	750	740	140	530	1420	1410	660	600	630	715	40	440	795	4×φ28	7
	200L-4	30	130	1620	290	1060	805	770	140	530	1475	1440	660	600	650	745	40	440	795	4×φ28	7
	225S-4	37	130	1620	290	1060	845	815	140	530	1515	1485	660	600	675	775	40	440	795	4×φ28	7
	225M-4	45	130	1620	290	1060	870	845	140	530	1540	1515	660	600	675	775	40	440	795	4×φ28	7
	250M-4	55	130	1620	290	1060	935	910	140	530	1605	1580	660	600	695	805	40	440	795	4×φ28	7

续表

泵型号	配套电机		尺寸(mm)																		底座号
	机座号	功率(kW)	A	L_1	L_2	L_3	L_4	L_5	a	f	L_6	L_7	B_2	B_3	H_2	H_3	n	H	H_1	$n \times d$	
IHH,IHK150-125-250	160M-4	11	110	1270	225	840	655	615	140	530	1325	1285	540	490	535	630	40	370	705	4×φ28	5
	160L-4	15	110	1420	250	940	695	670	140	530	1365	1340	610	550	555	650	40	390	725	4×φ28	6
	180M-4	18.5	110	1420	250	940	730	700	140	530	1400	1370	610	550	580	665	40	390	725	4×φ28	6
	180L-4	22	110	1420	250	940	750	740	140	530	1420	1410	610	550	580	665	40	390	725	4×φ28	6
	200L-4	30	110	1420	250	940	805	770	140	530	1475	1440	610	550	600	695	40	390	775	4×φ28	6
	225S-4	37	110	1420	250	940	845	815	140	530	1515	1485	610	550	625	725	40	390	775	4×φ28	6
IHH,IHK150-125-315	180M-4	18.5	130	1620	290	1060	730	700	140	530	1400	1370	660	600	630	715	40	440	775	4×φ28	7
	180L-4	22	130	1620	290	1060	750	740	140	530	1420	1410	660	600	630	715	40	440	775	4×φ28	7
	200L-4	30	130	1620	290	1060	805	770	140	530	1475	1440	660	600	660	745	40	440	775	4×φ28	7
	225S-4	37	130	1620	290	1060	845	815	140	530	1515	1485	660	600	675	775	40	440	775	4×φ28	7
	225M-4	45	130	1620	290	1060	870	845	140	530	1540	1515	660	600	675	775	40	440	875	4×φ28	7
	250M-4	55	130	1620	290	1060	935	910	140	530	1605	1580	660	600	695	805	40	440	875	4×φ28	7
IHH,IHK150-125-400	200L-4	30	110	1620	290	1060	805	770	140	530	1475	1440	660	600	685	780	40	475	875	4×φ28	7
	225S-4	37	110	1620	290	1060	845	815	140	530	1515	1485	660	600	710	810	40	475	875	4×φ28	7
	225M-4	45	110	1620	290	1060	870	845	140	530	1540	1515	660	600	710	810	40	475	875	4×φ28	7
	250M-4	55	110	1620	290	1060	935	910	140	530	1605	1580	660	600	730	840	40	475	875	4×φ28	7
	280S-4	75	110	1820	320	1200	1010	985	140	530	1680	1655	730	670	765	875	40	475	815	4×φ28	8
	280M-4	90	110	1820	320	1200	1060	1035	140	530	1730	1705	730	670	765	875	40	475	815	4×φ28	8
IHH,IHK200-150-250	180L-4	22	130	1620	290	1060	750	740	160	530	1440	1430	660	600	630	715	40	440	815	4×φ28	7
	200L-4	30	130	1620	290	1060	805	770	160	530	1495	1460	660	600	650	745	40	440	815	4×φ28	7
	225S-4	37	130	1620	290	1060	845	815	160	530	1535	1505	660	600	675	775	40	440	815	4×φ28	7
	225M-4	45	130	1620	290	1060	870	845	160	530	1560	1535	660	600	675	775	40	440	815	4×φ28	7
	250M-4	55	130	1620	290	1060	935	910	160	530	1625	1600	660	600	695	805	40	440	875	4×φ28	7
	280S-5	75	130	1820	320	1200	1010	985	160	530	1700	1675	730	670	730	840	40	440	875	4×φ28	8

续表

泵型号	配套电机 机座号	功率(kW)	尺寸(mm) A	L_1	L_2	L_3	L_4	L_5	a	f	L_6	L_7	B_2	B_3	H_2	H_3	n	H	H_1	$n \times d$	底座号
IHH,IHK200-150-315	200L-4	30	130	1820	320	1200	805	770	160	670	1635	1600	730	670	685	780	40	475	875	4×φ28	8
	225S-4	37	130	1820	320	1200	845	815	160	670	1675	1645	730	670	710	810	40	475	875	4×φ28	8
	225M-4	45	130	1820	320	1200	870	845	160	670	1700	1675	730	670	710	810	40	475	875	4×φ28	8
	250M-4	55	130	1820	320	1200	935	910	160	670	1765	1740	730	670	730	840	40	475	875	4×φ28	8
	280S-4	75	130	1820	320	1200	1010	985	160	670	1840	1815	730	670	765	875	40	475	875	4×φ28	8
	280M-4	90	130	1820	320	1200	1060	1035	160	670	1890	1865	730	670	765	875	40	475	875	4×φ28	8
IHH,IHK200-150-400	250M-4	55	130	1820	320	1200	935	910	160	670	1765	1740	730	670	730	840	40	475	925	4×φ28	8
	280S-4	75	130	1820	320	1200	1010	985	160	670	1840	1815	730	670	765	875	40	475	925	4×φ28	8
	280M-4	90	130	1820	320	1200	1060	1035	160	670	1890	1865	730	670	765	875	40	475	925	4×φ28	8
IHH,IHK200-200-250	180L-4	22	130	1820	320	1200	750	740	180	530	1460	1450	730	670	665	750	40	475	900	4×φ28	8
	200L-4	30	130	1820	320	1200	805	770	180	530	1515	1480	730	670	685	780	40	475	900	4×φ28	8
	225M-4	45	130	1820	320	1200	870	845	180	530	1580	1555	730	670	710	810	40	475	900	4×φ28	8
	250M-4	55	130	1820	320	1200	935	910	180	530	1645	1620	730	670	730	840	40	475	900	4×φ28	8
IHH,IHK250-200-315	200L-4	30	130	1820	320	1200	805	770	200	670	1675	1640	730	670	725	820	40	515	965	4×φ28	8
	225S-4	37	130	1820	320	1200	845	815	200	670	1715	1685	730	670	750	850	40	515	965	4×φ28	8
	225M-4	45	130	1820	320	1200	870	845	200	670	1745	1715	730	670	750	850	40	515	965	4×φ28	8
	250M-4	55	130	1820	320	1200	935	910	200	670	1805	1780	730	670	770	880	40	515	965	4×φ28	8
	280S-4	75	130	1820	320	1200	1010	985	200	670	1880	1855	730	670	805	915	40	515	965	4×φ28	8

1.8.5 KQYH 立式单级单吸液下化工泵

（1）用途。KQYH 型液下化工泵是立式单级单吸液下泵，适用于输送清水、污水以及部分酸、碱、盐类和其他有一定腐蚀性的有机或无机化工介质。主要应用于热电厂、制药厂、化工厂、造纸厂、食品厂、水泥厂、炼钢厂、废水、污水处理厂。

（2）型号意义说明：

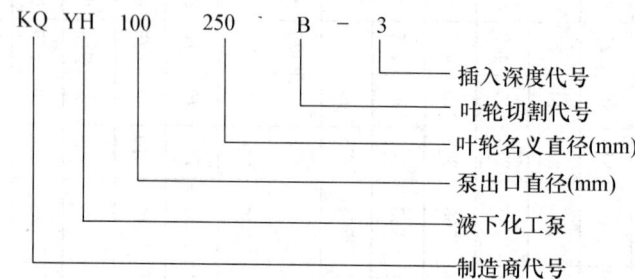

```
KQ  YH  100  250  B - 3
                        └── 插入深度代号
                    └────── 叶轮切割代号
               └─────────── 叶轮名义直径(mm)
          └──────────────── 泵出口直径(mm)
      └──────────────────── 液下化工泵
  └──────────────────────── 制造商代号
```

（3）结构：KQYH 型泵由泵体、泵盖、滑动轴承组、中间支撑、轴承、联轴器、电机、出液管和润滑水管等组成。电机安装在容器顶板以上，无动密封设计。泵体、叶轮、泵盖浸没在介质中，启动容易。转子部件采用多点支撑、接轴安全，可轴向调整。滑动轴承根据工作介质可采用外润滑或自润滑方式。部分型号泵体采用双蜗壳壳体，减小转子部件承受的径向力和轴挠度。泵体、泵盖和叶轮等可选用多种规格不锈钢。

（4）性能：KQYH 立式单级单吸液下化工泵性能见图 1-262 及表 1-289。

（5）外形及安装尺寸：KQYH 立式单级单吸液下化工泵外形及安装尺寸见图 1-263 及表 1-290。

KQYH 立式单级单吸液下化工泵性能　　　　表 1-289

型号	叶轮代号	电机转速 n＝2950r/min						电机转速 n＝1475r/min					
		流量 Q (m³/h)	扬程 H (m)	相对密度 $Y=1.00$		相对密度 $Y=1.35$		流量 Q (m³/h)	扬程 H (m)	相对密度 $Y=1.00$		相对密度 $Y=1.35$	
				配套电机						配套电机			
				功率 (kW)	型号	功率 (kW)	型号			功率 (kW)	型号	功率 (kW)	型号
KQYH25-200	A	11.5	47	5.5	$132S_1$-2	7.5	$132S_2$-2	5.8	11	1.1	90S-4	1.1	90S-4
	B	10.5	40	4	112M-2	5.5	$132S_1$-2	5.4	10	1.1	90S-4	1.1	90S-4
	C	9	34	3	100L-2	4	112M-2	4.6	7.5	1.1	90S-4	1.1	90S-4
	D	7.5	28	2.2	90L-2	3	100L-2	4	5.5	1.1	90S-4	1.1	90S-4
	E	5.5	14	1.5	90S-2	1.5	90S-2	3	3	1.1	90S-4	1.1	90S-4
KQYH40-160	A	28	31	5.5	$132S_1$-2	7.5	$132S_2$-2	14	7	1.1	90S-4	1.1	90S-4
	B	25.6	27	5.5	$132S_1$-2	7.5	$132S_2$-2	13	6	1.1	90S-4	1.1	90S-4
	C	22	20	4	112M-2	5.5	$132S_1$-2	11	4.5	1.1	90S-4	1.1	90S-4
	D	20	14	2.2	90L-2	3	100L-2	9.5	3.5	1.1	90S-4	1.1	90S-4
KQYH40-200	A	29	51	11	$160M_1$-2	15	$160M_2$-2	14.5	12	1.5	90L-4	2.2	$100L_1$-4
	B	26	45	7.5	$132S_2$-2	11	$160M_1$-2	13	11	1.1	90S-4	1.5	90L-4
	C	22	37	5.5	$132S_1$-2	7.5	$132S_2$-2	11.5	8	1.1	90S-4	1.1	90S-4
	D	18	18	4	112M-2	5.5	$132S_1$-2	9.5	6	1.1	90S-4	1.1	90S-4

续表

型号	叶轮代号	电机转速 n=2950r/min						电机转速 n=1475r/min					
		流量 Q (m³/h)	扬程 H (m)	相对密度 $Y=1.00$		相对密度 $Y=1.35$		流量 Q (m³/h)	扬程 H (m)	相对密度 $Y=1.00$		相对密度 $Y=1.35$	
				配套电机						配套电机			
				功率 (kW)	型号	功率 (kW)	型号			功率 (kW)	型号	功率 (kW)	型号
KQYH40-250	A	32	76	18.5	160L-2	22	180M-2	16	19	3	100L₂-4	4	112M-4
	B	30	70	15	160M₂-2	18.5	160L-2	15	17	2.2	100L₁-4	3	100L₂-4
	C	24	58	11	180M₁-2	15	160M₂-2	12.5	13	1.5	90L-4	2.2	100L₁-4
	D	21	45	7.5	132S₂-2	11	160M₁-2	10.5	10	1.1	90S-4	1.5	90L-4
KQYH40-315	A	—	—	—	—	—	—	21	28	5.5	132S-4	7.5	132M-4
	B	—	—	—	—	—	—	20	26.5	5.5	132S-4	7.5	132M-4
	C	—	—	—	—	—	—	17.5	19	4	112M-4	5.5	132S-4
	D	—	—	—	—	—	—	15	14	3	100L₂-4	3	100L₂-4
KQYH50-160	A	50	32	11	160M₁-2	15	160M₂-2	25	7.5	1.5	90L-4	2.2	100L₁-4
	B	45	27	7.5	132S₂-2	11	160M₁-2	22.5	6	1.5	90L-4	1.5	90L-4
	C	38	20	5.5	132S₁-2	7.5	132S₂-2	19	4.5	1.1	90S-4	1.1	90S-4
	D	31	15	3	100L-2	4	112M-2	16.5	3	1.1	90S-4	1.1	90S-4
KQYH50-200	A	52	50	18.5	160L-2	22	180M-2	31	12	3	100L₂-4	3	100L₂-4
	B	56	44	16	160M₂-2	18.6	160L-2	28.5	11	2.2	100L₁-4	3	100L₂-4
	C	48	35	11	160M₁-2	15	160M₂-2	25	8	1.5	80L-4	2.2	100L₁-4
	D	43	26	7.5	132S₂-2	11	160M₁-2	22	6	1.1	90S-4	1.5	90L-4
KQYH50-250	A	70	80	30	200L₁-2	37	200L₂-2	35	19	4	112M-4	5.5	1328-4
	B	66	73	30	200L₁-2	37	200L₂-2	33	17.5	4	112M-4	5.5	132S-4
	C	60	58	22	180M-2	30	200L₁-2	30	14	3	100L₂-4	4	112M-4
	D	50	43	15	160M₂-2	18.5	160L-2	26	10	2.2	100L₁-4	3	100L₂-4
KQYH50-315	A	—	—	—	—	—	—	44	27	11	160M-4	11	160M-4
	B	—	—	—	—	—	—	40	23	7.5	132M-4	11	160M-4
	C	—	—	—	—	—	—	35	18	5.5	132S-4	7.5	132M-4
	D	—	—	—	—	—	—	30	13	3	100L₂-4	4	112M-4
KQYH80-180	A	94	30	15	160M₂-2	18.5	160L-2	47	7	2.2	100L₁-4	3	100L₂-4
	B	85	28	11	180M₁-2	15	160M₂-2	42	8	2.2	100L₁-4	2.2	100L₁-4
	C	76	21	11	160M₁-2	11	160M₁-2	38	4.5	1.5	90L-4	2.2	100L₁-4
	D	66	15	5.5	132S₁-2	7.6	132S₂-2	34	3	1.1	90S-4	1.1	90S-4
KQYH80-200	A	103	52	30	200L₁-2	37	200L₂-2	51	12.5	4	112M-4	5.5	1328-4
	B	95	46	22	180M-2	30	200L₁-2	47	11	3	100L₂-4	4	112M-4
	C	84	36	15	160M₂-2	22	180M-2	40	8.5	2.2	100L₁-4	3	100L₂-4
	D	70	28	11	160M₁-2	15	160M₂-2	36	6.5	1.5	90L-4	2.2	100L₁-4
KQYH80-250	A	127	80	45	225M-2	75	280S-2	64	19	7.5	132M-4	11	160M-4
	B	120	74	45	225M-2	55	250M-2	60	18	7.5	132M-4	7.5	132M-4
	C	105	57	30	200L₁-2	45	225M-2	52	13.5	4	112M-4	5.5	132S-4
	D	67	43	22	180M-2	30	200L₁-2	46	10	3	100L₂-4	4	112M-4

型号	叶轮代号	电机转速 n=2950r/min						电机转速 n=1475r/min					
		流量Q(m³/h)	扬程H(m)	相对密度Y=1.00		相对密度Y=1.35		流量Q(m³/h)	扬程H(m)	相对密度Y=1.00		相对密度Y=1.35	
				功率(kW)	型号	功率(kW)	型号			功率(kW)	型号	功率(kW)	型号
KQYH80-315	A	—	—	—	—	—	—	70	32	15	180L-4	18.5	180M-4
	B	—	—	—	—	—	—	66	29	11	150M-4	15	160L-4
	C	—	—	—	—	—	—	56	23	11	160M-4	11	160M-4
	D	—	—	—	—	—	—	45	17	5.5	132S-4	7.5	132M-4
KQYH100-160	A	162	27	22	1680M-2	30	200L₁-2	81	8.2	3	100L₂-4	4	112M-4
	B	150	22	15	160M₂-2	22	180M-2	73	5	2.2	100L₁-4	3	100L₂-4
	C	130	15	11	160M₁-2	15	160M₂-2	63	3.3	1.5	90L-4	2.2	100L₁-4
	D	110	10	7.5	132S₂-2	11	160M₁-2	66	2	1.1	90S-4	1.5	90L-4
KQYH100-200	A	193	48	45	225M-2	55	250M-2	95	11.5	5.5	132S-4	7.5	132M-4
	B	180	42	37	200L₂-2	45	225M-2	90	9.5	5.5	132S-4	7.5	132M-4
	C	155	33	30	200L₁-2	37	200L₂-2	80	7.5	4	112M-4	5.5	132S-4
	D	135	24	18.5	160L-2	30	200L₁-2	70	5	3	100L₂-4	3	100L₂-4
KQYH100-250	A	230	77	75	280S-2	90	180M-2	115	19	11	160M-4	15	180L-4
	B	218	71	75	280S-2	90	180M-2	110	17	11	160M-4	11	160M-4
	C	190	56	45	225M-2	75	280S-2	100	13	7.5	132M-4	11	160M-4
	D	170	42	37	200L₂-2	45	225M-2	90	9	5.5	132S-4	7.5	132M-4
KQYH100-315	A	—	—	—	—	—	—	125	30	18.5	180M-4	30	200L-4
	B	—	—	—	—	—	—	119	28	18.5	180M-4	22	180L-4
	C	—	—	—	—	—	—	104	23	15	160L-4	18.5	180M-4
	D	—	—	—	—	—	—	86	16.5	11	160M-4	11	160M-4
KQYH150-20	A	—	—	—	—	—	—	160	10	7.5	132M-4	11	160M-4
	B	—	—	—	—	—	—	152	8.5	7.5	132M-4	11	160M-4
	C	—	—	—	—	—	—	140	6	5.5	132S-4	7.5	132M-4
	D	—	—	—	—	—	—	123	4	3	100L₂-4	4	112M-4
KQYH150-250	A	—	—	—	—	—	—	195	17.5	15	180L-4	22	180L-4
	B	—	—	—	—	—	—	180	15	15	160L-4	18.5	180M-4
	C	—	—	—	—	—	—	160	10.5	11	160M-4	11	180M-4
	D	—	—	—	—	—	—	—	—	—	—	—	—
KQYH150-315	A	—	—	—	—	—	—	220	31.5	30	200L-4	45	225M-4
	B	—	—	—	—	—	—	210	29	30	200L-4	37	225S-4
	C	—	—	—	—	—	—	180	23	22	180L-4	30	200L-4
	D	—	—	—	—	—	—	150	16	15	160L-4	18.6	180M-4
KQYH200-250	A	—	—	—	—	—	—	305	16.5	22	180L-4	30	200L-4
	B	—	—	—	—	—	—	290	15	18.5	180M-4	30	200L-4
	C	—	—	—	—	—	—	260	11	15	160L-4	18.5	180M-4
	D	—	—	—	—	—	—	240	7	11	160M-4	15	160L-4
KQYH200-315	A	—	—	—	—	—	—	350	29	45	225M-4	55	250M-4
	B	—	—	—	—	—	—	340	28	37	225S-4	55	250M-4
	C	—	—	—	—	—	—	300	21	30	200L-4	37	225S-4
	D	—	—	—	—	—	—	250	14	18.5	180M-4	22	180L-4

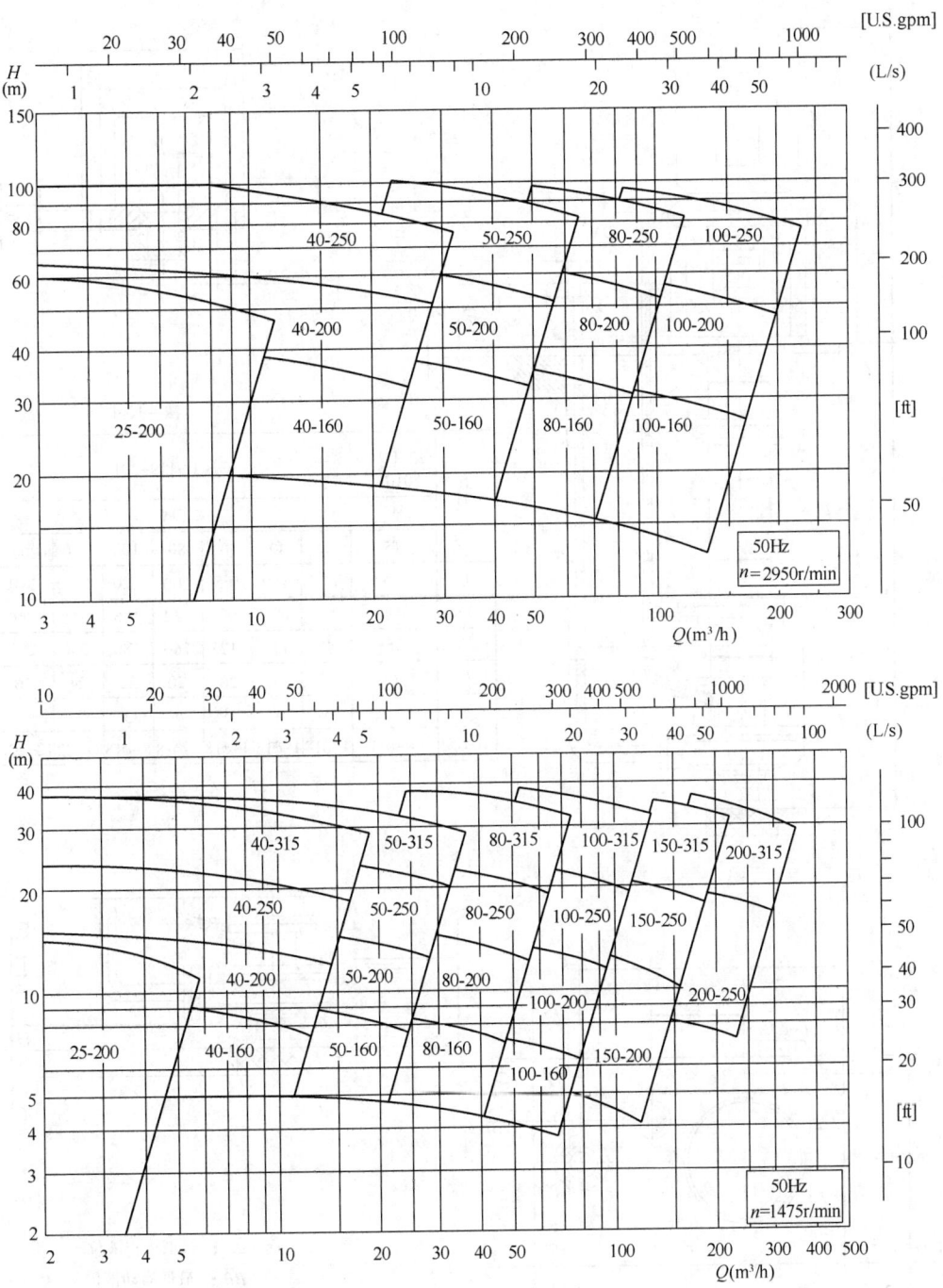

图 1-262 KQYH立式单级单吸液下化工泵性能曲线

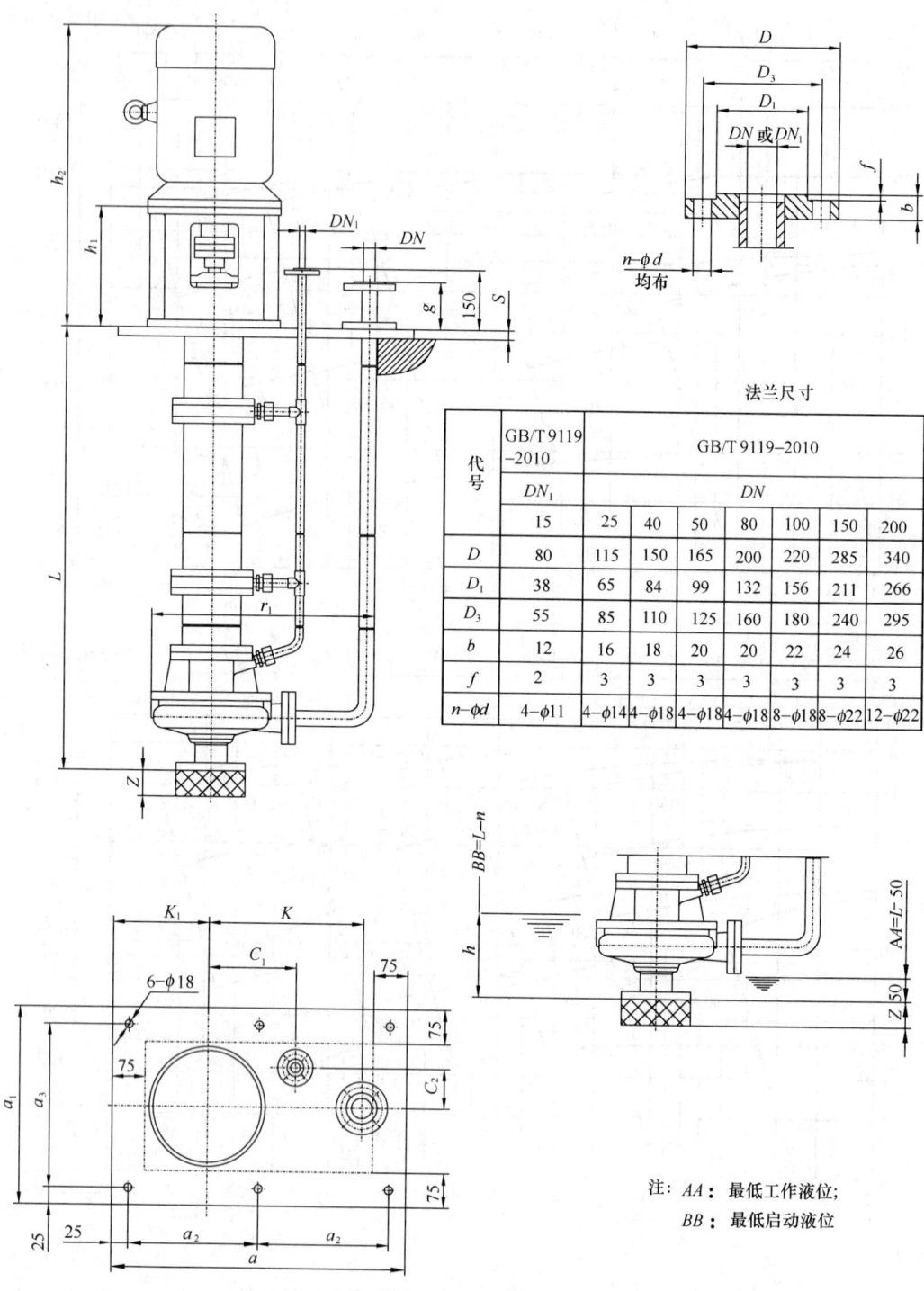

法兰尺寸

代号	GB/T 9119 –2010	GB/T 9119–2010							
	DN_1	DN							
	15	25	40	50	80	100	150	200
D	80	115	150	165	200	220	285	340
D_1	38	65	84	99	132	156	211	266
D_3	55	85	110	125	160	180	240	295
b	12	16	18	20	20	22	24	26
f	2	3	3	3	3	3	3	3
$n-\phi d$	$4-\phi11$	$4-\phi14$	$4-\phi18$	$4-\phi18$	$4-\phi18$	$8-\phi18$	$8-\phi22$	$12-\phi22$

注: AA：最低工作液位；
BB：最低启动液位

图 1-263 KQYH立式单级单吸液下化工泵外形及安装尺寸

KQYH 立式单级单吸液下化工泵外形及安装尺寸（mm）　　　　表 1-290

型号	轴承架*	DN	a	a1	a2	a3	K	K1	r1	g	Z	S	h	p	C1	C2
KQYH25-200		25					265	290	416	100				255		
KQYH40-160		40					290		449					285		
KQYH40-200	LK35		730	500	340	450	310	270	484	120	40	25	200		220	125
KQYH50-160		50					295		460							
KQYH50-200							310		490					305		
KQYH40-250		40	860	580	405	530	335	335	529					300		
KQYH40-315			900	630	425	580	390	350	634							
KQYH50-250		50	860	580	405	530	350	325	550							
KQYH50-315	LK45		900	630	425	580	370	350	635	100	40		220	335		
KQYH80-160			860	580	405	530	390	310	555							
KQYH80-200		80					350		580			25				
KQYH80-250							370	325	615						280	140
KQYH100-160			900	630	425	580	390	305	622	135			240	340		
KQYH100-200		100					400		637		50			330		
KQYH100-250			970	630	460	580	410	340	687				260			
KQYH150-200		150	1050	630	500	580	530	325	804	75						
KQYH80-315		80	970	630	460	580	430	360	690		40			380		
KQYH100-315		100	1050	660	500	610	460	375	737		50			390		
KQYH150-250	LK55	150	1100	660	525	610	525	360	824	100	75		260			
KQYH150-315			1200	720	575	670	580	385	894			30			320	140
KQYH200-250		200					650	340	980		95		300	430		
KQYH200-315			1300	760	625	710	680	385	1030	105				440		

*　对应下表：

轴承架	电机机座号	90S	90L	100L	112M	132S	132M	160M	160L	180M	180L	200L	225S	225M4P	225M2P	225M	280S	280M
LK35	h1	389		399		419			449									
	h2	649	674	719	739	814	854	939	984	1009								
LK45	h1	413		423		443			473				503	473	503			
	h2	673	698	743	763	838	878	963	1008	1033	1073	1138	1183	/	1178	1398	1483	1533
LK5	h1					556		586				616		616		616		
	h2					951	991	1076	1121	1146	1186	1251	1296	1321		1511	1596	1646

1.9　螺　旋　泵

（1）用途：螺旋泵是一种低扬程、低转速、大流量、效率稳定的提水设备。适用于农业排灌、城市排涝以及污水厂提升污泥。

（2）型号意义说明：

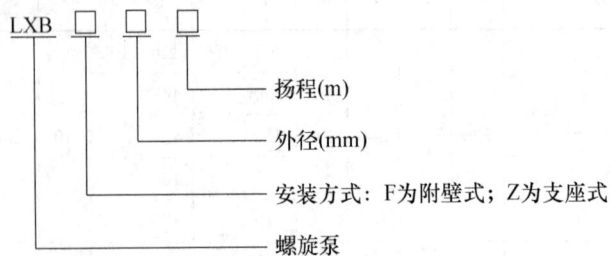

LXB □ □ □

- 扬程(m)
- 外径(mm)
- 安装方式：F为附壁式；Z为支座式
- 螺旋泵

（3）性能：LXB螺旋泵性能见表1-291。

LXB 螺旋泵性能　　　　　　　　　　表 1-291

外径 D (mm)	转速 (r/min)	流量 (m³/h)	扬程 H 与功率对照	计算扬程 (m)	基础受力 (kN) 径向 R	基础受力 (kN) 轴向 T	生产厂
300	110	40		2	2	3	
400	84	75		2.5	3	4	
500	73	125	1.5kW	3	5	8.5	
600	63	185	2.2kW	3	6.5	11.5	
700	63	300	2.2kW 3kW	3	8	15.8	
800	55	385	3kW 4kW 5.5kW 7.5kW	3	10.5	20	
900	48	480	3kW 5.5kW 11kW	3	13	25	扬州天雨给排水设备(集团)有限公司
1000	48	660	5.5kW 7.5kW 11kW 15kW	3	15	30.6	
1100	48	880	7.5kW 15kW 18.5kW 22kW	3	17.5	35.5	
1200	42	1000	11kW 18.5kW 22kW 30kW	2.5	18.5	37	
1300	42	1200	15kW 18.5kW 45kW	2.5	23	45	
1400	42	1600	18.5kW 30kW 45kW 55kW	2.5	27	53	
1500	36	2200	22kW 30kW 45kW 55kW	2.5	34	71	
1800	34	3600	37kW 45kW 55kW　—	2.5	52	120	
2000	32	4300	110kW	4.5	115	200	

注：扬程 H 每 250mm 为 1 个级差，"|"粗实线为最大扬程，超出"|"流量相应减少，特殊订货。

（4）外形及安装尺寸：LXB$_Z$、LXB$_F$ 型螺旋泵外形及安装尺寸见图 1-264、图 1-265 及表 1-292、表 1-293。

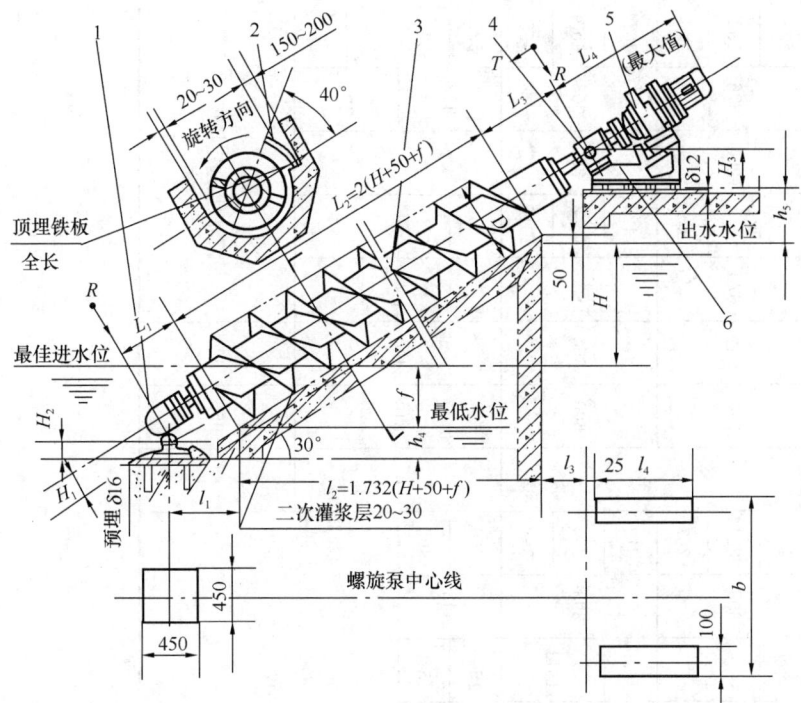

图 1-264 LXB$_Z$ 型螺旋泵外形及安装尺寸（一）

1—下支座；2—挡水板；3—泵体；4—上支座；5—传动机构；6—机座

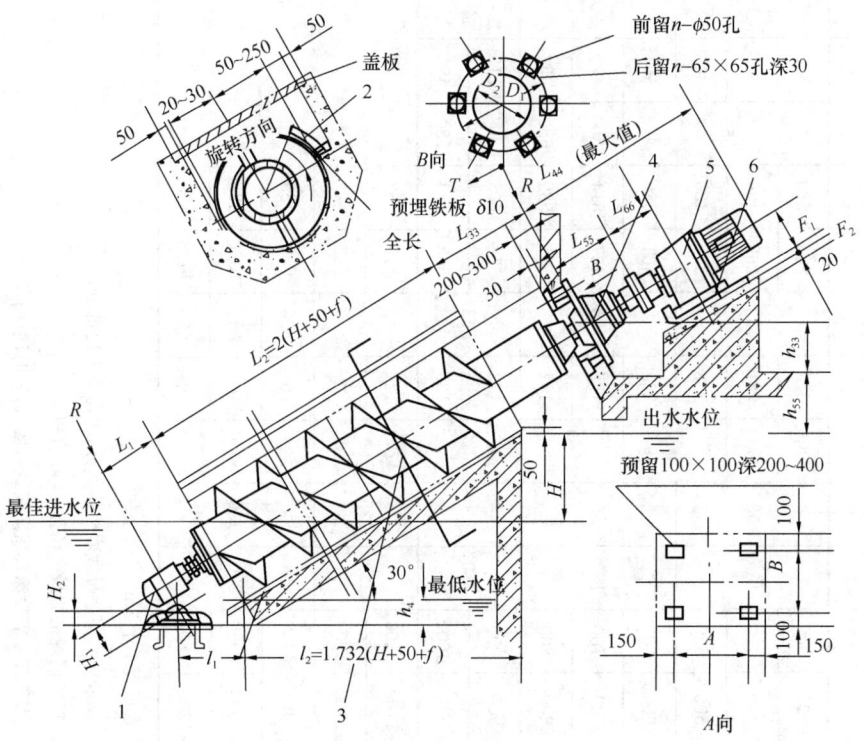

图 1-265 LXB$_F$ 型螺旋泵外形及安装尺寸（二）

1—下支座；2—挡水板；3—泵体；4—上支座；5—传动机构；6—机座

表 1-292

LXB$_Z$、LXB$_F$ 型螺旋泵外形及安装尺寸（mm）

型号	外径 D	H_1	H_2	H_{max}	h_4	L_1	f	l_1	b	l_3	l_4	L_3	L_4	H_3	h_5	n	D_1	D_2	L_{33}	L_{44}	L_{55}	h_{33}	h_{55}
										LXB$_Z$ 型						LXB$_F$ 型							
LXB$_{Z-F}$300	300			2000	324		203	380		390					181								
LXB$_{Z-F}$400	400	160	90	2500	281	453	268	405		365			809		224					850			239
LXB$_{Z-F}$500	500			3000	238		335	430	550	340	800	618	1021	308	267		340	240	670		250	276	282
LXB$_{Z-F}$600	600				238		401	489		504			1096		312	4				935			325
LXB$_{Z-F}$700	700	180	95	3500	195	495	467	514	550①	479	900	790	1311	393	355					1125		303	407
LXB$_{Z-F}$800	800				152		531	539	680	454					398		500	350	800	1242	380		450
LXB$_{Z-F}$900	900	210	100	4000	173	563	598	608	680①	515	1100	906	1500	443	450					1315		413	493
LXB$_{Z-F}$1000	1000				130		663	633	730	490			1540		493	6				1640			527
LXB$_{Z-F}$1100	1100	220	125	4250	121	563	719	658									610	460	1000	1716	580	494	570
LXB$_{Z-F}$1200	1200			4500	77		797	683												—			532
LXB$_{Z-F}$1400	1400		107		0	600	909	755															
LXB$_{Z-F}$1500	1500	230	125	5000	0	650	1000	823								8	950	620					570
LXB$_{Z-F}$1800	1800		256		0	650	1176	898															

注：LXB$_Z$ 型（l_3、l_4、L_3、L_4、H_3、h_5）及 LXB$_F$ 型下部各栏对应较大规格均为"根据选定扬程"。

① 代表扬程小于 2m。

注：1. 图表中大写字母代表机体部分，小写为土建部分；

2. 对于同规格非最大扬程，实际值稍小；

3. 水下部分如需喷涂环氧防腐或衬胶，订货时注明；

4. LXB$_F$ 型订货时需注明供货范围；

5. 介质温度 −5～+35℃，冰厚 ≤4mm；

6. 介质含砂订货时应注明。

LXB_F 型螺旋泵机座基础尺寸（mm）   表 1-293

功率 (kW)	CYJ 型减速机						备 注
	型 号	L_{66}	F_1	F_2	A	B	
1.5	132S	183	132			205	
2.2	160S	215	160			240	
3	180S	263	180	65	445	270	其他各类型减速机特殊商定
4	200S	275	200			300	
5.5	200S	275	200			300	
7.5	225S	293	225			335	
11	250S	330	250	85	530	380	
15	280S	353	280			430	

注：如需支座式底座，参照图 1-265 预埋铁板，订货时注明。

1.10 KZJ 型卧式单级离心渣浆泵

（1）用途：KZJ 型渣浆泵属于卧式单级离心式渣浆泵。根据煤炭、电力、冶金、化工、建材等基础工业对渣浆泵与日俱增的实际需要，针对其应用工况的复杂性和特殊性而研发的新型抗磨耐腐型渣浆泵。本产品的技术条件符合《离心式渣浆泵》JB/T 8096—2013 标准。可用于矿山：黑色、有色矿浆入料泵及各种精矿、尾矿的输送；冶金：铝厂各种料浆和钢厂各种渣浆的输送；煤炭：煤炭的开采、洗选，各种粗、细煤浆的输送；电力：电厂除灰、冲灰，各种灰渣、灰浆的输送；建材：各种含泥沙浆（如水泥厂料浆）的输送；化工：磷肥、钾肥厂各种磨蚀性料浆的输送；水利：湖泊、河道疏浚，泥砂、砂砾、高塑黏土的抽吸排送等。输送介质温度一般≤80℃，固液混合物重量浓度：灰浆浓度≤45%，矿浆浓度≤60%。

（2）型号意义说明：

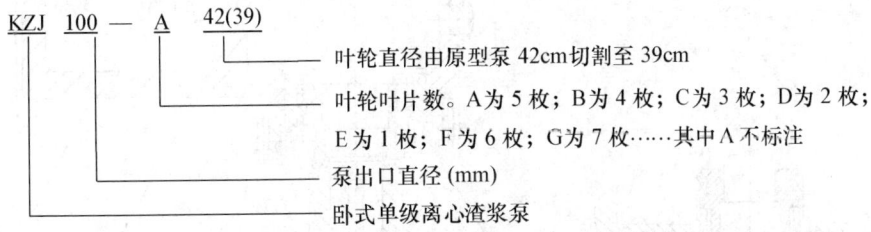

KZJ 100 — A 42(39)
- 叶轮直径由原型泵 42cm 切割至 39cm
- 叶轮叶片数。A 为 5 枚；B 为 4 枚；C 为 3 枚；D 为 2 枚；E 为 1 枚；F 为 6 枚；G 为 7 枚……其中 A 不标注
- 泵出口直径 (mm)
- 卧式单级离心渣浆泵

（3）结构：KZJ 型渣浆泵为双泵壳结构，弹性联轴器直联传动（160kW 以下也可采用皮带轮变速传动），泵出口向上，也可根据需要按 90°间隔旋转 4 个方向，轴封有填料密封、副叶轮＋填料的组合密封以及机械密封三种形式。填料密封需要高压水密封（泵工作压力＋0.05MPa）、水量为工作流量的 3%。副叶轮＋填料密封需要在填料处加清水或油脂润滑。从电机端看泵为顺时针旋转。根据需要 KZJ 型泵可串联使用。其结构如图 1-266 所示。

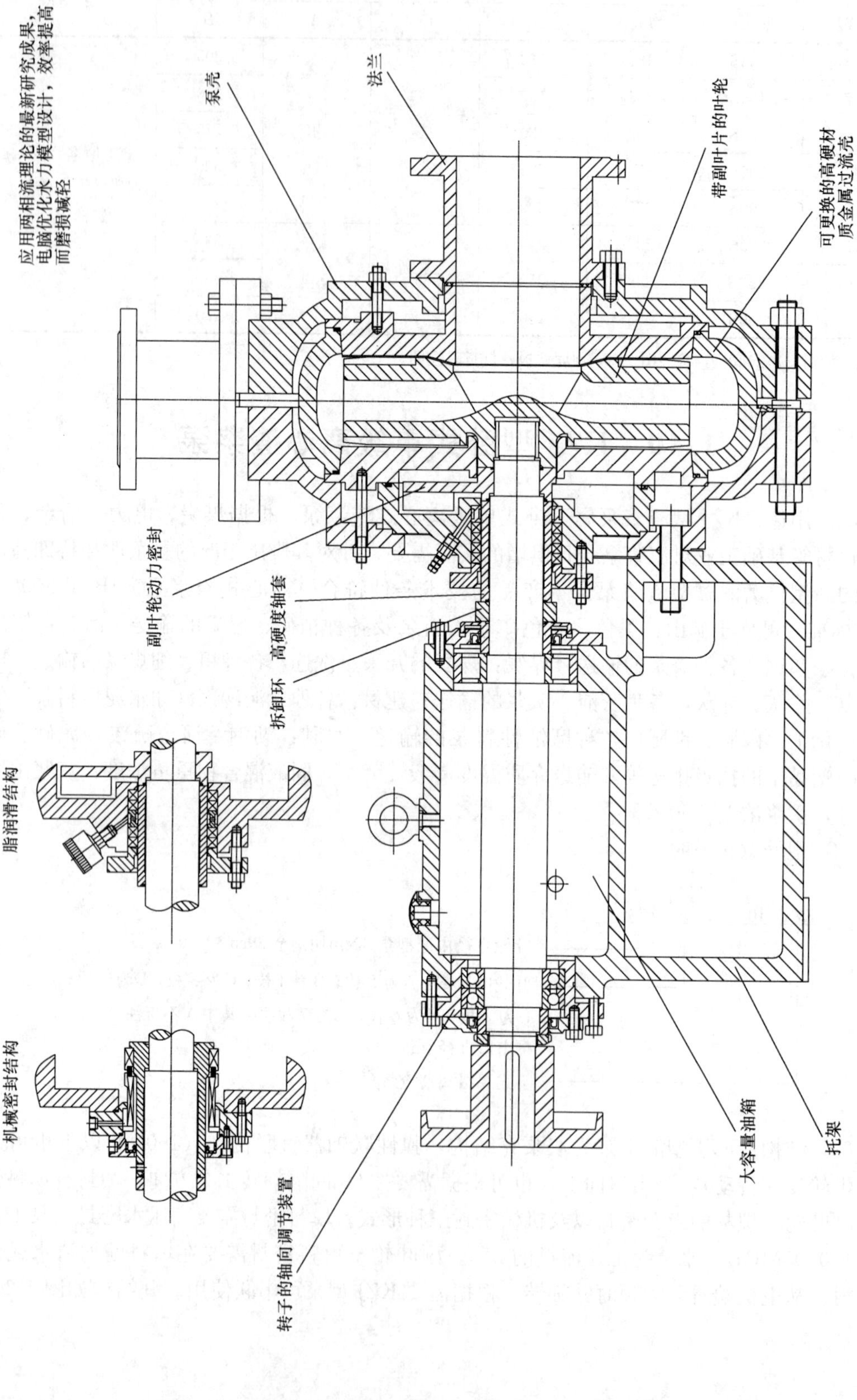

应用两相流理论的最新研究成果，电脑优化水力模型设计，效率提高而磨损减轻

泵壳

法兰

带副叶片的叶轮

可更换的高硬材质金属过流壳

副叶轮动力密封

拆卸环　高硬度轴套

脂润滑结构

机械密封结构

转子的轴向调节装置

大容量油箱

托架

图 1-266　KZJ 型渣浆泵结构

(4) 性能：KZJ 型渣浆泵性能见表 1-294、表 1-295 及图 1-267；

(5) 外形及安装尺寸：KZJ 型渣浆泵外形及安装尺寸见表 1-296～表 1-299 及图 1-268、图 1-269。

KZJ 型渣浆泵性能　　　　表 1-294

型　号	允许配带最大功率 (kW)	清 水 性 能					间断通过最大粒度 (mm)	质量 (kg)
		流量 (m³/h)	扬程 (m)	转速 (r/min)	最高效率 (%)	汽蚀余量 (NPSH) r (m)		
KZJ40-17	7.5	4～23	9.0～44.5	1400～2900	52.4	2.5	11	230
KZJ50-33	18.5	12～54	7.7～42.5	700～1480	41.4	2.9	13	680
KZJ50-46	55	23～94	17.9～85.8	700～1480	44.7	1.4	13	690
KZJ50-50	90	27～111	22.3～110.7	700～1480	45.1	3.0	13	1070
KZJ65-27	11	20～72	6.0～29.0	700～1480	62.5	1.8	19	790
KZJ65-30	15	23～80	7.4～35.8	700～1480	63.5	2.0	19	820
KZJ80-33	37	43～174	8.8～43.3	700～1480	67.7	2.3	24	860
KZJ80-36	45	46～190	9.6～51.5	700～1480	68.2	2.5	24	880
KZJ80-39	55	57～189	12.4～60.9	700～1480	66.0	2.5	24	940
KZJ80-42	75	61～204	14.4～70.6	700～1480	67.8	2.5	24	970
KZJ80-52	160	51～242	22.1～109.8	700～1480	56.3	2.1	21	1080
KZJ100-33	45	56～225	8.2～41.6	700～1480	69.6	1.8	32	870
KZJ100-36	55	61～245	9.7～48.6	700～1480	72.6	2.0	32	890
KZJ100-39	75	61～255	12.6～61.2	700～1480	71.0	2.4	35	1060
KZJ100-42	90	66～275	14.7～71.0	700～1480	71.0	2.5	35	1070
KZJ100-46	132	79～311	17.3～86.0	700～1480	68.9	2.6	34	1310
KZJ100-50	160	85～360	20.5～101.6	700～1480	71.3	2.5	34	1440
KZJ150-42	132	142～550	12.1～64.0	700～1480	76.4	2.2	69	1550
KZJ150-48	75	111～442	8.7～39.7	490～980	78.0	2.5	48	1610
KZJ150-50	75	115～460	9.5～43.1	490～980	78.0	2.5	48	1630
KZJ150-55	110	124～504	12.3～54.2	490～980	74.5	2.3	48	1760
KZJ150-58	132	131～532	13.7～60.3	490～980	77.5	2.5	48	1780
KZJ150-60	160	135～550	14.7～64.5	490～980	77.5	2.5	48	1800
KZJ150-63	185	146～582	16.3～73.7	490～980	75.0	2.5	48	2050
KZJ150-65	200	150～600	17.4～78.5	490～980	72.0	2.5	48	2100
KZJ150-70	185	93～400	20.0～91.2	490～980	62.3	2.0	37	2980

型　号	允许配带最大功率(kW)	清　水　性　能					间断通过最大粒度(mm)	质量(kg)
		流量(m³/h)	扬程(m)	转速(r/min)	最高效率(%)	汽蚀余量(NPSH)r(m)		
KZJ200-58	185	211～841	13.0～59.8	490～980	81.7	2.5	62	2380
KZJ200-60	200	218～870	13.9～64.0	490～980	82.7	2.5	62	2400
KZJ200-63	250	228～921	15.4～67.6	490～980	79.3	2.5	62	2430
KZJ200-65	250	235～950	16.4～72.0	490～980	80.0	2.5	62	2450
KZJ200-68	315	199～948	18.3～81.5	490～980	74.6	2.8	56	3140
KZJ200-70	315	205～976	19.4～86.4	490～980	75.6	2.8	56	3160
KZJ200-73	355	219～876	21.6～98.2	490～980	74.5	3.0	56	3190
KZJ200-75	355	225～900	22.8～103.0	490～980	74.5	3.0	56	3210
KZJ200-85	560	221～907	32.0～133.7	490～980	70.5	2.8	54	4150
KZJ250-60	280	276～1152	13.1～58.4	490～980	73.9	2.8	72	3530
KZJ250-63	315	290～1211	14.4～64.3	490～980	76.5	3.0	72	3540
KZJ250-65	315	299～1249	15.4～69.0	490～980	77.5	3.0	72	3550
KZJ250-68	450	272～1341	17.1～80.9	490～980	72.5	2.7	72	3560
KZJ250-70	450	280～1380	18.1～85.7	490～980	74.0	2.9	72	3570
KZJ250-73	500	292～1441	19.7～93.2	490～980	76.0	3.0	72	3590
KZJ250-75	560	300～1480	20.8～98.4	490～980	76.0	3.0	72	3600
KZJ250-78	630	345～1380	25.4～109.3	490～980	70.8	3.2	76	4620
KZJ250-80	710	354～1415	26.7～115.0	490～980	72.6	3.4	76	4630
KZJ250-83	800	367～1468	28.7～123.8	490～980	74.6	3.5	76	4660
KZJ250～85	800	376～1504	30.1～129.8	490～980	75.6	3.5	76	4680
KZJ250-90	450	378～1374	22.3～82.4	400～730	73.8	3.4	69	5150
KZJ300-56	250	395～1568	9.7～46.0	490～980	81.3	3.5	96	2950
KZJ300-65	500	589～2166	13.8～66.2	490～980	78.4	3.7	92	4000
KZJ300-70	630	635～2333	16.0～76.8	490～980	80.4	3.9	92	4150
KZJ300-85	450	477～1742	18.9～69.6	400～730	78.7	3.8	85	4850
KZJ300-90	560	505～1844	21.2～80.0	400～730	81.5	3.8	85	5000
KZJ300-95	400	441～1735	13.8～58.8	300～590	77.8	3.0	88	5600

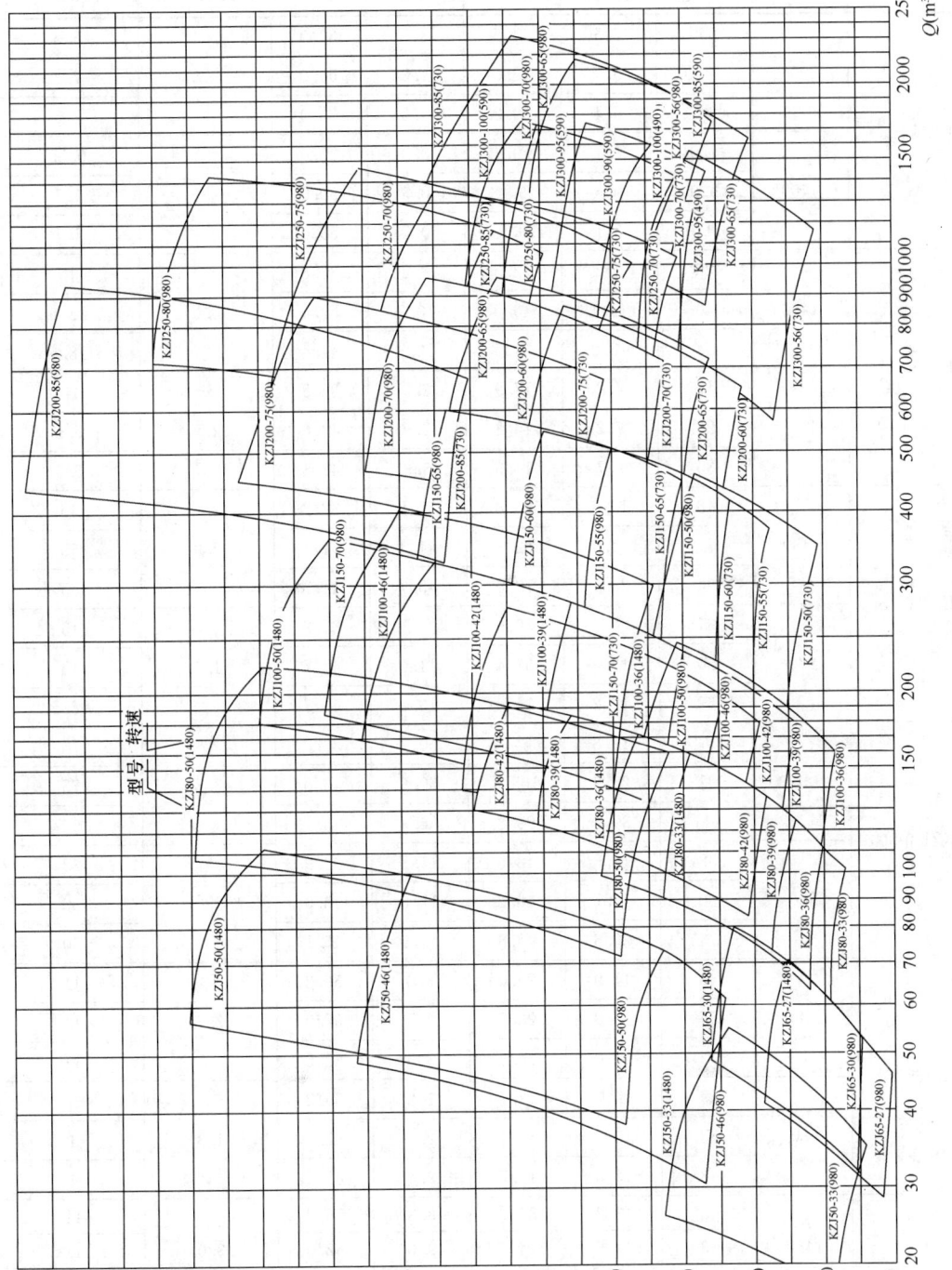

图 1-267 KZJ 型渣浆泵型谱图

KLZ 型卧式单级离心渣浆泵性能

表 1-295

型 号	转速 (r/min)	流量 Q (m³/h)	流量 Q (L/s)	扬程 H (m)	轴功率 P (kW)	效率 η (%)	必需汽蚀余量 (NPSH)r(m)	配套电机功率 (kW)
KZJ40-17	2900	9.0	2.5	44.5	3.3	33.0	4.5	5.5
		18.0	5.0	42.5	4.2	50.0		7.5
		23.0	6.4	39.2	4.6	53.0		7.5
	1400	4.0	1.1	10.4	0.3	33.0	2.5	0.55
		9.0	2.5	9.8	0.5	50.0		1.1
		11.0	3.1	9.0	0.5	53.0		1.1
KZJ50-33	1480	26	7.2	42.5	9.2	32.8	6.0	15
		40	11.1	40.0	10.7	40.6		18.5
		54	15.0	34.5	12.3	41.4		18.5
	960	17	4.7	17.9	2.5	32.8	2.9	4
		26	7.2	16.8	2.9	40.6		5.5
		35	9.7	14.5	3.3	41.4		5.5
KZJ50-46	1480	48	13.3	85.8	34.8	32.2	2.9	45
		77	21.4	82.3	41.4	41.7		55
		94	26.1	79.9	45.7	44.7		55
	970	31	8.6	36.9	9.7	32.2	1.4	15
		50	13.9	35.4	11.6	41.7		15
		62	17.2	34.3	13.0	44.7		18.5
KZJ50-50	1480	57	15.8	110.7	50.7	33.9	3.8	75
		91	25.3	105.5	60.8	43.0		75
		111	30.8	99.8	66.9	45.1		90
	980	38	10.6	48.5	14.8	33.9	3.0	22
		60	16.7	46.3	17.6	43.0		30
		74	20.6	43.8	19.6	45.1		30
KZJ65-27	1480	43	11.9	29.0	6.0	56.2	2.7	11
		57	15.8	28.2	7.1	62.0		11
		72	20.0	26.6	8.3	62.5		11
	980	29	8.1	12.7	1.8	56.2	1.8	3
		38	10.6	12.4	2.1	62.0		4
		48	13.3	11.7	2.4	62.5		4
KZJ65-30	1480	48	13.3	35.8	8.3	56.2	3.0	11
		63	17.5	34.8	9.6	62.0		11
		80	22.2	32.9	11.3	63.5		15
	980	32	8.9	15.7	2.4	56.2	2.0	4
		42	11.7	15.3	2.8	62.0		5.5
		53	14.7	14.4	3.3	63.5		5.5

续表

型 号	转速 (r/min)	流量 Q (m³/h)	(L/s)	扬程 H (m)	轴功率 P (kW)	效率 η (%)	必需汽蚀余量 (NPSH)r(m)	配套电机功率 (kW)
KZJ80-33	1480	87	24.2	43.3	18.0	57.1	2.8	7.5
		133	36.9	40.8	22.4	65.9		11
		174	48.3	37.6	16.3	67.7		15
	980	58	16.1	19.0	5.3	57.1	2.8	7.5
		88	24.4	17.9	6.5	65.9		11
		116	32.2	16.5	7.7	67.7		15
KZJ80-36	1480	98	27.2	51.5	23.6	58.2	3.5	30
		145	40.3	48.6	29.0	66.2		37
		190	52.8	44.7	33.9	68.2		45
	980	63	17.5	22.6	6.7	58.2	2.5	11
		26	26.7	21.3	8.4	66.2		11
		126	35.0	19.6	9.9	68.2		15
KZJ80-39	1480	121	33.6	60.9	34.6	58.0	3.8	45
		158	43.9	57.9	38.9	64.1		55
		189	52.5	55.4	43.2	66.0		55
	980	80	22.2	26.7	10.0	58.0	2.5	15
		104	28.9	25.4	11.2	64.1		18.5
		125	34.7	24.3	12.5	66.0		18.5
KZJ80-42	1480	130	36.1	70.6	40.5	61.7	4.1	55
		170	47.2	67.2	47.0	66.1		75
		204	56.7	64.2	52.6	67.8		75
	980	85	23.6	31	11.6	61.7	2.5	18.5
		112	31.1	29.6	13.7	66.1		22
		135	37.5	28.1	15.2	67.8		22
KZJ80-52	1480	107	29.7	109.8	82.4	38.8	4.3	110
		182	50.6	105.5	100.5	52.0		132
		242	67.2	99	115.8	56.3		160
	980	71	19.7	48.1	24.0	38.8	2.1	30
		121	33.6	46.3	29.3	52.0		37
		160	44.4	43.4	33.6	56.3		45
KZJ100-33	1480	119	33.1	41.6	23.0	58.7	3.2	30
		202	56.1	37.8	30.1	69.0		37
		225	62.5	36.5	32.1	69.6		45
	980	79	21.9	18.2	6.7	58.7	1.8	11
		134	37.2	16.2	8.8	69.0		15
		149	36.5	16	9.3	69.6		15

型　号	转速 (r/min)	流量 Q		扬程 H (m)	轴功率 P (kW)	效率 η (%)	必需汽蚀余量 (NPSH)r(m)	配套电机功率 (kW)
		(m³/h)	(L/s)					
KZJ100-36	1480	130	36.1	48.6	27.1	63.4	3.0	37
		210	56.3	43.3	34.6	71.6		45
		245	68.1	40.6	37.3	72.6		55
	980	85	23.6	21.3	7.8	63.4	2.0	15
		140	38.9	19	10.1	71.6		15
		160	44.4	17.8	10.7	72.6		18.5
KZJ100-39	1480	130	36.1	61.2	39.4	55.0	3.8	55
		228	63.3	57.8	51.2	70.0		75
		255	70.8	56.5	55.2	71.0		75
	980	88	24.4	26.7	11.6	55.0	2.4	18.5
		149	41.4	25.3	14.7	70.0		22
		167	46.4	24.7	15.8	71.0		30
KZJ100-42	1480	140	38.9	71.0	49.2	55.0	3.9	75
		245	68.1	67.0	63.8	70.0		90
		275	76.4	65.5	69.1	71.0		90
	980	95	26.4	31.0	14.6	55.0	2.5	22
		160	44.4	29.4	18.3	70.0		30
		180	50.0	28.7	19.8	71.0		30
KZJ100-46	1480	166	46.1	86.0	67.2	57.8	4.1	90
		276	76.7	80.1	87.3	68.9		110
		311	86.4	76.3	94.3	68.5		132
	980	110	30.6	37.7	19.5	57.8	2.6	30
		179	49.7	35.1	24.8	68.9		37
		221	61.4	33.5	29.4	68.5		45
KZJ100-50	1480	180	50.0	101.6	86.1	57.8	4.1	110
		300	83.3	95.0	112.6	68.9		132
		360	100.0	90.2	124.0	71.3		160
	980	120	33.3	86.1	25.2	57.8	2.5	30
		195	54.2	112.6	32.0	68.9		45
		240	66.7	124.0	36.3	71.3		55
KZJ150-42	1480	300	83.3	64.0	70.2	66.0	4.5	110
		450	125.0	58.0	96.0	74.0		132
		550	152.8	54.0	105.8	76.4		132
	980	199	55.3	28.0	23.0	66.0	2.2	30
		298	82.8	25.4	27.8	74.0		37
		364	101.1	23.7	30.7	76.4		45

续表

型 号	转速 (r/min)	流量 Q (m³/h)	(L/s)	扬程 H (m)	轴功率 P (kW)	效率 η (%)	必需汽蚀余量 (NPSH)r(m)	配套电机功率 (kW)
KZJ150-48	980	221	61.4	39.7	36.7	65.0	3.0	55
		365	101.4	47.6	47.6	77.0		75
		442	122.8	54.0	54.0	78.0		75
	730	164	45.6	15.1	15.1	65.0	2.5	22
		272	75.6	19.7	19.7	77.0		30
		329	91.4	22.3	22.3	78.0		30
KZJ150-50	980	230	63.9	43.1	41.5	65.0	3.2	55
		380	105.6	40.5	54.4	77.0		75
		460	127.8	37.0	59.4	78.0		75
	730	171	47.5	23.9	17.1	65.0	2.5	30
		280	77.8	22.0	21.8	77.0		30
		343	95.3	21.1	25.3	78.0		37
KZJ150-55	980	248	68.9	54.2	64.2	57.0	3.5	90
		431	119.7	51.8	84.4	72.0		110
		504	140.0	49.7	91.5	74.5		110
	730	183	50.8	30.1	26.3	57.0	2.3	37
		321	89.2	28.7	34.8	72.0		45
		376	104.4	27.6	37.9	74.5		55
KZJ150-58	980	261	72.5	60.3	71.4	60.0	3.8	90
		454	126.1	57.7	95.1	75.0		132
		532	147.8	55.3	103.3	77.5		132
	730	193	53.6	33.5	29.3	60.0	2.5	37
		338	93.9	32	39.3	75.0		55
		396	110.0	30.7	42.7	77.5		55
KZJ150-60	980	270	75.0	64.5	79.0	60.0	3.8	110
		470	130.6	61.7	105.3	75.0		132
		550	152.8	59.2	114.4	77.5		160
	730	200	55.6	35.5	32.2	60.0	2.5	45
		350	97.2	34.2	43.4	75.0		55
		410	113.9	32.9	47.4	77.5		75
KZJ50-63	980	291	80.8	73.7	99.0	59.0	3.9	132
		485	134.7	70.5	129.3	72.0		160
		582	161.7	68.1	143.9	75.0		185
	730	218	60.6	40.9	41.1	59.0	2.5	55
		359	99.7	39.1	53.1	72.0		75
		436	121.1	37.8	59.8	75.0		75

型　号	转速 (r/min)	流量 Q		扬程 H (m)	轴功率 P (kW)	效率 η (%)	必需汽蚀余量 (NPSH)r(m)	配套电机功率 (kW)
		(m³/h)	(L/s)					
KZJ150-65	980	300	83.3	78.5	114.5	56.0	3.9	132
		500	138.9	75.0	147.9	69.0		185
		600	166.7	72.5	164.5	72.0		200
	730	225	62.5	43.5	47.6	56.0	2.5	75
		370	102.8	41.6	60.7	69.0		75
		450	125.0	40.2	68.4	72.0		90
KZJ150-70	980	186	51.7	91.2	95.4	48.4	3.0	132
		285	79.2	87.1	115.7	58.4		160
		400	111.1	80.0	139.8	62.3		185
	730	140	38.9	50.6	39.8	48.4	2.0	55
		212	58.9	48.3	47.7	58.4		75
		300	83.3	44.3	58.1	62.3		75
KZ200-58	980	421	116.9	59.8	102.0	67.2	4.0	132
		735	204.2	55.1	137.5	80.2		160
		841	233.6	52.6	147.4	81.7		185
	730	314	87.2	33.2	42.2	67.2	2.5	55
		546	151.7	30.6	56.7	80.2		75
		628	174.4	29.2	61.1	81.7		75
KZJ200-60	980	435	120.8	64.0	112.8	67.2	4.0	132
		760	211.1	59.0	152.2	80.2		185
		870	241.7	56.3	161.2	82.7		200
	730	325	90.3	35.5	46.7	67.2	2.5	75
		565	156.9	32.7	62.7	80.2		90
		650	180.6	31.2	66.8	82.7		90
KZJ200-63	980	495	126.7	67.6	125.2	67.0	4.3	160
		795	220.8	64.0	179.9	77.0		220
		921	255.3	62.0	196.0	79.3		250
	730	339	94.2	37.5	51.7	67.0	2.5	75
		591	164.2	35.5	74.2	77.0		110
		683	189.7	34.4	80.7	79.3		110
KZJ200-65	980	470	130.6	72.0	141.7	65.0	4.3	185
		820	227.8	68.0	197.1	77.0		250
		950	263.9	66.0	213.4	80.0		250
	730	350	97.2	40.0	58.6	65.0	2.5	75
		610	169.4	37.8	81.5	77.0		110
		705	195.8	36.6	87.8	80.0		110

型　号	转速 (r/min)	流量 Q		扬程 H (m)	轴功率 P (kW)	效率 η (%)	必需汽蚀余量 (NPSH)r(m)	配套电机功率 (kW)
		(m³/h)	(L/s)					
KZJ200-68	980	397	110.3	81.5	160.7	54.8	3.8	200
		717	199.2	77.7	214.5	70.7		250
		948	263.3	73.2	253.2	74.6		315
	730	296	82.2	45.2	66.5	54.8	2.8	90
		534	148.3	43.1	88.6	70.7		110
		706	196.1	40.7	104.9	74.6		132
KZJ200-70	980	409	113.6	86.4	172.4	55.8	3.8	200
		738	205.0	82.3	230.6	71.7		280
		976	271.1	77.6	272.7	75.6		315
	730	305	84.7	47.9	71.3	55.8	2.8	90
		550	152.8	45.7	95.4	71.7		132
		727	201.9	43.1	112.8	75.6		132
KZJ200-73	980	438	121.7	98.2	191.9	61.0	4.5	250
		730	202.8	90.7	250.3	72.0		315
		876	243.3	87.2	279.1	74.5		355
	730	326	90.6	54.5	79.3	61.0	3.0	110
		545	151.4	50.3	103.6	72.0		132
		652	181.1	48.4	115.3	74.5		160
KZJ200-75	980	450	125.0	103.0	206.8	61.0	4.5	250
		750	208.3	95.7	271.4	72.0		355
		900	250.0	91.0	299.3	74.5		355
	730	335	93.1	57.5	86.0	61.0	3.0	110
		560	155.6	53.1	112.4	72.0		132
		670	186.1	51.1	125.1	74.5		160
KZJ200-85	980	441	122.5	133.7	321.0	50.0	5.0	400
		858	238.3	128.2	437.8	68.4		560
		907	251.9	127.9	447.9	70.5		560
	730	329	91.4	74.2	132.9	50.0	2.8	160
		639	177.5	71.1	180.8	68.4		220
		676	187.8	71.0	185.3	70.5		220
KZJ250-60	980	551	153.1	58.4	141.7	61.8	4.2	185
		873	242.5	55.0	181.5	72.0		250
		1152	320.0	50.5	214.3	73.9		280
	730	410	113.9	32.4	52.8	61.8	2.8	75
		650	180.6	30.5	69.2	72.0		110
		858	238.3	28.0	82.3	73.9		110

续表

型　号	转速 (r/min)	流量 Q		扬程 H (m)	轴功率 P (kW)	效率 η (%)	必需汽蚀余量 (NPSH)r(m)	配套电机功率 (kW)
		(m³/h)	(L/s)					
KZJ250-63	980	579	160.8	64.3	158.4	64.0	4.5	200
		917	254.7	60.6	201.4	75.1		250
		1211	336.4	55.7	240.0	76.5		315
	730	431	119.7	35.7	65.4	64.0	3.0	90
		683	189.7	33.6	83.2	75.1		110
		901	250.3	30.9	99.1	76.5		132
KZJ250-65	980	597	165.8	69.0	168.6	66.5	4.5	220
		946	262.8	64.5	218.6	76.0		280
		1249	346.9	59.3	260.6	77.5		315
	730	445	123.6	38.0	69.2	66.5	3.0	90
		705	195.8	35.8	90.4	76.0		132
		930	258.3	32.9	107.5	77.5		132
KZJ250-68	980	544	151.1	80.9	199.7	60.0	3.7	250
		1001	278.1	75.5	278.0	74.0		355
		1341	372.5	68.4	344.4	72.5		450
	730	408	113.3	44.9	83.1	60.0	2.7	110
		743	206.4	41.9	114.5	74.0		160
		1001	278.1	38	143.8	72.5		185
KZJ250-70	980	560	155.6	85.7	217.7	60.0	3.9	280
		1030	286.1	80	303.1	74.0		400
		1380	383.3	72.5	375.1	72.6		450
	730	420	116.7	47.6	90.7	60.0	2.9	110
		765	212.5	44.4	125.0	74.0		160
		1030	286.1	40.3	155.6	72.6		185
KZJ250-73	980	584	162.2	93.2	239.0	62.0	4.1	280
		1071	297.5	87.1	334.1	76.0		400
		1441	400.3	79.0	413.2	75.0		500
	730	428	118.9	51.6	97.0	62.0	3.0	132
		798	221.7	48.3	138.1	76.0		185
		1071	297.5	44.7	173.8	75.0		200
KZJ250-75	980	600	166.7	98.4	255.1	63.0	4.1	315
		1100	305.6	91.9	362.1	76.0		450
		1480	411.1	84.0	447.7	75.6		560
	730	440	122.2	54.5	103.6	63.0	3.0	132
		820	227.8	51.0	149.8	76.0		185
		1100	305.6	46.2	183.0	75.6		220

续表

型　号	转速 (r/min)	流量 Q (m³/h)	(L/s)	扬程 H (m)	轴功率 P (kW)	效率 η (%)	必需汽蚀余量 (NPSH)r(m)	配套电机功率 (kW)
KZJ250-78	980	690	191.7	109.3	372.6	55.1	5.0	450
		1158	321.7	106.3	492.8	68.0		630
		1380	383.3	101.6	539.1	70.8		630
	730	514	142.8	60.0	153.9	55.1	3.2	185
		863	239.7	58.9	203.5	68.0		250
		1028	285.6	56.4	222.9	70.8		280
KZJ250-80	980	708	196.7	115.0	388.8	57.0	5.3	500
		1188	330.0	111.8	516.5	70.0		630
		1415	393.1	106.9	567.2	72.6		710
	730	527	146.4	63.8	160.6	57.0	3.4	200
		885	245.8	62.0	213.4	70.0		280
		1054	292.8	59.3	234.4	72.6		280
KZJ250-83	980	734	203.9	123.8	419.3	59.0	5.5	500
		1232	342.2	120.3	560.4	72.0		710
		1468	407.8	115.1	616.6	74.6		800
	730	547	151.9	68.7	173.4	59.0	3.5	220
		918	255.0	66.7	231.5	72.0		280
		1094	303.9	63.9	255.1	74.6		315
KZJ250-85	980	752	208.9	129.8	449.6	59.1	5.5	560
		1262	350.6	126.2	585.9	74.0		710
		1504	417.8	120.7	653.7	75.6		800
	730	560	155.6	72.0	185.7	59.1	3.5	220
		940	261.1	70.0	242.1	74.0		315
		1120	311.1	67.0	270.2	75.6		315
KZJ250-90	980	690	191.7	82.4	255.4	60.6	5.3	315
		1009	280.3	79.1	310.4	70.0		400
		1374	381.7	74.3	376.4	73.8		450
	730	558	155.0	53.8	134.9	60.6	3.4	160
		816	226.7	51.7	164.1	70.0		200
		1111	308.6	48.5	198.8	73.8		250
KZJ300-56	980	789	219.2	46.0	147.2	67.1	5.5	185
		1415	393.1	40.8	195.5	80.4		250
		1568	435.6	38.5	202.1	81.3		250
	730	588	163.3	26.6	63.5	67.1	3.5	75
		1054	292.8	22.6	80.7	80.4		110
		1168	324.4	21.4	83.7	81.3		110

型 号	转速 (r/min)	流量 Q		扬程 H (m)	轴功率 P (kW)	效率 η (%)	必需汽蚀余量 (NPSH)r(m)	配套电机功率 (kW)
		(m³/h)	(L/s)					
KZJ300-65	980	1177	326.9	66.2	305.2	69.5	6.6	400
		1966	546.1	57.5	394.5	78.0		500
		2166	601.7	55.2	415.2	78.4		500
	730	877	243.6	36.7	126.1	69.5	3.7	160
		1465	406.9	31.9	163.1	78.0		200
		1614	448.3	30.6	171.5	78.4		220
KZJ300-70	980	1268	352.2	76.8	368.2	72.0	7.0	450
		2118	588.3	66.7	480.7	80.0		630
		2333	648.1	64.0	505.5	80.4		630
	730	945	262.5	42.6	152.2	72.0	3.9	185
		1578	438.3	37.0	198.7	80.0		250
		1738	482.8	35.5	208.9	80.4		250
KZJ300-85	730	870	241.7	69.6	249.0	66.2	5.6	315
		1556	432.2	65.7	256.8	78.0		450
		1742	483.9	63.6	383.2	78.7		450
	590	704	195.6	45.5	131.7	66.2	3.8	160
		1258	349.4	42.9	188.4	78.0		220
		1480	411.1	41.6	213.0	78.7		250
KZJ300-90	730	922	256.1	80.0	290.2	69.2	5.6	355
		1648	457.8	73.5	409.6	80.5		500
		1844	512.2	70.5	434.2	81.5		500
	590	745	206.9	52.0	152.4	69.2	3.8	185
		1332	370.0	48.0	216.2	80.5		280
		1491	414.2	46.1	229.6	81.5		280
KZJ300-95	590	867	240.8	58.8	217.5	63.8	4.1	280
		1696	471.1	54.0	321.7	77.5		400
		1735	481.9	53.5	324.8	77.8		400
	490	720	200.0	40.6	124.7	63.8	3.0	185
		1408	391.1	37.2	184.0	77.5		220
		1441	400.3	36.8	185.5	77.8		220

表 1-296

KZJ 渣浆泵(带底座)外形及安装尺寸

泵型号	外形及安装尺寸(mm)																	配套电机	
	L	L_1	L_2	L_3	A	B	C	D	E	F	G	H	I	J	K	$n-\phi d_1$	$n-Ma \times b$	型号	功率(kW)/电压(V)
KZJ40-17	1066	740	591	95	30	200	340	340	146	200	100	185	230	19	19	6-φ14	6-M12×300	Y132S1-2	5.5/380
KZJ40-17	1066	740	591	95	30	200	340	340	146	200	100	185	230	19	19	6-φ14	6-M12×300	Y132S2-2	7.5/380
KZJ40-17	876	600	591	95	30	200	270	270	146	200	100	185	230	19	19	6-φ14	6-M12×300	Y801-4	0.55/380
KZJ40-17	901	600	591	95	30	200	270	270	146	200	100	185	230	19	19	6-φ14	6-M12×300	Y90S-4	1.1/380
KZJ50-33	1613	1140	968	259	100	580	470	470	196	580	200	428	365	21	23	6-φ27	6-M20×500	Y160L-4	15/380
KZJ50-33	1638	1140	968	259	100	580	470	470	196	580	200	428	365	21	23	6-φ27	6-M20×500	Y180M-4	18.5/380
KZJ50-33	1438	1140	968	259	100	580	470	470	196	580	200	428	365	21	23	6-φ27	6-M20×500	Y132M1-6	4/380
KZJ50-33	1438	1140	968	259	100	580	470	470	196	580	200	428	365	21	23	6-φ27	6-M20×500	Y132M2-6	5.5/380
KZJ50-46	1986	1450	1171	295	101	680	625	625	238	680	258	503	490	22	22	6-φ30	6-M24×630	Y225M-4	45/380
KZJ50-46	2081	1555	1171	295	128	680	650	650	232	680	258	503	490	22	22	6-φ30	6-M24×630	Y250M-4	55/380
KZJ50-46	1816	1355	1171	295	102	680	575	575	243	680	258	503	490	22	22	6-φ30	6-M24×630	Y180L-6	15/380
KZJ50-46	1946	1385	1171	295	103	680	590	590	239	680	258	503	490	22	22	6-φ30	6-M24×630	Y200L1-6	18.5/380
KZJ50-50	2223	1780	1223	245	180	820	710	710	330	730(680)	273	475	540	20	20	6-φ30	6-M24×630	Y280S-4	75/380
KZJ50-50	2273	1780	1223	245	180	820	710	710	330	730(680)	273	475	540	20	20	6-φ30	6-M24×630	Y280M-4	90/380
KZJ50-50	1998	1675	1223	245	110	742	712	712	330	730(680)	273	475	540	20	20	6-φ30	6-M24×630	Y200L2-6	22/380
KZJ50-50	2038	1675	1223	245	110	742	712	712	330	730(680)	273	475	540	20	20	6-φ30	6-M24×630	Y225M-6	30/380
KZJ65-27	1576	1140	976	267	100	580	470	470	196	580	160	452	365	21	20	6-φ17	6-M20×500	Y160M-4	11/380
KZJ65-27	1451	1140	976	267	100	580	470	470	196	580	160	452	365	21	20	6-φ17	6-M20×500	Y132S-6	3/380
KZJ65-27	2316	1140	976	267	100	580	470	470	196	580	160	452	365	21	20	6-φ17	6-M20×500	Y315M1-6	4/380
KZJ65-30	1576	1140	976	267	100	580	470	470	196	580	160	452	365	21	23	6-φ27	6-M20×500	Y160M-4	11/380
KZJ65-30	1620	1140	976	267	100	580	470	470	196	580	160	452	365	21	23	6-φ27	6-M20×500	Y160L-4	15/380
KZJ65-30	1491	1140	976	267	100	580	470	470	196	580	160	452	365	21	23	6-φ27	6-M20×500	Y132M1-6	4/380

续表

泵型号	外形及安装尺寸(mm)																	配套电机	
	L	L_1	L_2	L_3	A	B	C	D	E	F	G	H	I	J	K	n-ϕd_1	n-$Ma \times b$	型号	功率(kW)/电压(V)
KZJ65-30	1491	1140	976	267	100	580	470	470	196	580	160	452	365	21	23	6-ϕ27	6-M20×500	Y132M2-6	5.5/380
KZJ80-33	1931	1385	1156	283	103	680	590	590	236	680	215	468	490	20	20	6-ϕ30	6-M24×630	Y200L-4	30/380
KZJ80-33	1976	1452	1156	283	101	680	625	625	235	680	215	468	490	20	20	6-ϕ30	6-M24×630	Y225S-4	37/380
KZJ80-33	1756	1355	1156	283	102	680	575	575	240	680	215	468	490	20	20	6-ϕ30	6-M24×630	Y160M-6	7.5/380
KZJ80-33	1801	1355	1156	283	102	680	575	575	240	680	215	468	490	20	20	6-ϕ30	6-M24×630	Y160L-6	11/380
KZJ80-33	1866	1355	1156	283	102	680	575	575	240	680	215	468	490	20	20	6-ϕ30	6-M24×630	Y180L-6	15/380
KZJ80-36	1931	1385	1156	283	103	680	590	590	236	680	215	468	490	20	20	6-ϕ30	6-M24×630	Y200L-4	30/380
KZJ80-36	1976	1452	1156	283	101	680	625	625	235	680	215	468	490	20	20	6-ϕ30	6-M24×630	Y225S-4	37/380
KZJ80-36	1756	1452	1156	283	101	680	625	625	235	680	215	468	490	20	20	6-ϕ30	6-M24×630	Y225M-4	45/380
KZJ80-36	1801	1355	1156	283	102	680	575	575	240	680	215	468	490	20	20	6-ϕ30	6-M24×630	Y160L-6	11/380
KZJ80-36	1866	1355	1156	283	102	680	575	575	240	680	215	468	490	20	20	6-ϕ30	6-M24×630	Y180L-6	15/380
KZJ80-39	1972	1452	1157	284	101	680	625	625	235	680	240	488	490	20	20	6-ϕ30	6-M24×630	Y225M-4	45/380
KZJ80-39	2087	1452	1157	284	101	680	625	625	235	680	240	488	490	20	20	6-ϕ30	6-M24×630	Y250M-4	55/380
KZJ80-39	1867	1355	1157	284	102	680	575	575	240	680	240	488	490	20	20	6-ϕ30	6-M24×630	Y180L-6	15/380
KZJ80-39	1932	1355	1157	284	103	680	590	590	236	680	240	488	490	20	20	6-ϕ30	6-M24×630	Y200L1-6	18.5/380
KZJ80-42	2087	1555	1157	284	128	680	650	650	229	680	240	488	490	20	20	6-ϕ30	6-M24×630	Y250M-4	55/380
KZJ80-42	2157	1626	1157	284	135	680	700	700	222	680	240	488	490	20	20	6-ϕ30	6-M24×630	Y280S-4	75/380
KZJ80-42	1932	1385	1157	284	103	680	590	590	236	680	240	488	490	20	20	6-ϕ30	6-M24×630	Y200L1-6	18.5/380
KZJ80-42	1932	1385	1157	284	103	680	590	590	236	680	240	488	490	20	20	6-ϕ30	6-M24×630	Y200L2-6	22/380
KZJ80-52	2607	1832	1337	358	150	817	766	766	301	680	300	548	540	20	20	6-ϕ30	6-M24×630	Y315S-4	110/380
KZJ80-52	2647	1832	1337	358	150	817	766	766	301	680	300	548	540	20	20	6-ϕ30	6-M24×630	Y315M-4	132/380
KZJ80-52	2678	1932	1337	358	200	817	766	766	351	680	300	548	540	20	20	6-ϕ30	6-M24×630	Y315L1-4	160/380

续表

泵型号	外形及安装尺寸(mm) L	L_1	L_2	L_3	A	B	C	D	E	F	G	H	I	J	K	n-ϕd_1	n-Ma×b	配套电机 型号	功率(kW)/电压(V)
KZJ80-52	2152	1675	1337	358	110	742	712	712	301	680	300	548	540	20	20	6-ϕ30	6-M24×630	Y225M-6	30/380
KZJ80-52	2267	1675	1337	358	110	742	712	712	301	680	300	548	540	20	20	6-ϕ30	6-M24×630	Y250M-6	37/380
KZJ80-52	2337	1675	1337	358	110.	742	712	712	301	680	300	548	540	20	20	6-ϕ30	6-M24×630	Y280S-6	45/380
KZJ100-33	1945	1385	1170	290	103	680	590	590	243	680	220	468	490	23	20	6-ϕ30	6-M24×630	Y200L-4	30/380
KZJ100-33	1900	1452	1170	290	101	680	625	625	242	680	220	468	490	23	20	6-ϕ30	6-M24×630	Y225S-4	37/380
KZJ100-33	1985	1452	1170	290	101	680	625	625	242	680	220	468	490	23	20	6-ϕ30	6-M24×630	Y225M-4	45/380
KZJ100-33	1815	1355	1170	290	102	680	575	575	247	680	220	468	490	23	20	6-ϕ30	6-M24×630	Y160L-6	11/380
KZJ100-33	1880	1355	1170	290	102	680	575	575	247	680	220	468	490	23	20	6-ϕ30	6-M24×630	Y180L-6	15/380
KZJ100-36	1990	1452	1170	290	101	680	625	625	242	680	220	468	490	23	20	6-ϕ30	6-M24×630	Y225S-4	37/380
KZJ100-36	1985	1452	1170	290	101	680	625	625	242	680	220	468	490	23	20	6-ϕ30	6-M24×630	Y225M-4	45/380
KZJ100-36	2100	1555	1170	290	128	680	650	650	236	680	220	468	490	23	20	6-ϕ30	6-M24×630	Y250M-4	55/380
KZJ100-36	1815	1355	1170	290	102	680	575	575	247	680	220	468	490	23	20	6-ϕ30	6-M24×630	Y180L-6	15/380
KZJ100-36	1945	1385	1170	290	103	680	590	590	243	680	220	468	490	23	20	6-ϕ30	6-M24×630	Y200L1-6	18.5/380
KZJ100-39	2109	1555	1179	295	128	680	650	650	240	680	250	488	490	23	20	6-ϕ30	6-M24×630	Y250M-4	55/380
KZJ100-39	2179	1626	1179	295	135	680	700	700	233	680	250	488	490	23	20	6-ϕ30	6-M24×630	Y280S-4	75/380
KZJ100-39	1954	1385	1179	295	103	680	590	590	247	680	250	488	490	23	20	6-ϕ30	6-M24×630	Y200L1-6	18.5/380
KZJ100-39	1954	1385	1179	295	103	680	590	590	247	680	250	488	490	23	20	6-ϕ30	6-M24×630	Y200L2-6	22/380
KZJ100-39	1994	1452	1179	295	101	680	625	625	246	680	250	488	490	23	20	6-ϕ30	6-M24×630	Y225M-6	30/380
KZJ100-42	2179	1626	1179	295	135	680	700	700	233	680	250	488	490	23	20	6-ϕ30	6-M24×630	Y280S-4	75/380
KZJ100-42	2229	1626	1179	295	135	680	700	700	233	680	250	488	490	23	20	6-ϕ30	6-M24×630	Y280M-4	90/380
KZJ100-42	1954	1385	1179	295	103	680	590	590	247	680	250	488	490	23	20	6-ϕ30	6-M24×630	Y200L2-6	22/380
KZJ100-42	1994	1452	1179	295	101	680	625	625	246	680	250	488	490	23	20	6-ϕ30	6-M24×630	Y225M-6	30/380
KZJ100-46	2399	1675	1349	371	110	742	712	712	300	680	280	548	540	23	20	6-ϕ30	6-M24×630	Y280M-6	90/380
KZJ100-46	2619	1832	1349	371	150	817	766	766	300	680	280	548	540	23	20	6-ϕ30	6-M24×630	Y315S-4	110/380
KZJ100-46	2689	1832	1349	371	150	817	766	766	300	680	280	548	540	23	20	6-ϕ30	6-M24×630	Y315M-4	132/380

续表

泵型号	L	L_1	L_2	L_3	A	B	C	D	E	F	G	H	I	J	K	n-ϕd_1	n-M$a\times b$	配套电机 型号	配套电机 功率(kW)/电压(V)
KZJ100-46	2164	1675	1349	371	110	742	712	712	300	680	280	548	540	23	20	6-φ30	6-M24×630	Y255M-6	30/380
KZJ100-46	2279	1675	1349	371	110	742	712	712	300	680	280	548	540	23	20	6-φ30	6-M24×630	Y250M-6	37/380
KZJ100-46	2349	1675	1349	371	110	742	650	650	300	680	280	548	540	23	20	6-φ30	6-M24×630	Y280S-6	45/380
KZJ100-50	2619	1832	1349	371	150	817	766	766	300	680	280	548	540	23	20	6-φ30	6-M24×630	Y315S-4	110/380
KZJ100-50	2689	1832	1349	371	150	817	766	766	300	680	280	548	540	23	20	6-φ30	6-M24×630	Y315M-4	132/380
KZJ100-50	2689	1885	1349	371	203	817	766	766	300	680	280	548	540	23	20	6-φ30	6-M24×630	Y315L1-4	160/380
KZJ100-50	2164	1675	1349	371	110	742	712	712	300	680	280	548	540	23	20	6-φ30	6-M24×630	Y255M-6	30/380
KZJ100-50	2349	1675	1349	371	110	742	712	712	300	680	280	548	540	23	20	6-φ30	6-M24×630	Y280S-6	45/380
KZJ100-50	2399	1675	1349	371	110	742	712	712	300	680	280	548	540	23	20	6-φ30	6-M24×630	Y280M-6	55/380
KZJ150-42	2615	1832	1345	330	150	817	766	766	337	680	300	578	540	26	30	6-φ30	6-M24×630	Y315S-4	110/380
KZJ150-42	2915	1832	1345	330	150	817	766	766	337	680	300	578	540	26	30	6-φ30	6-M24×630	Y315M-4	132/380
KZJ150-42	2610	1675	1345	330	110	742	712	712	337	680	300	578	540	26	30	6-φ30	6-M24×630	Y255M-6	30/380
KZJ150-42	2275	1675	1345	330	110	742	712	712	337	680	300	578	540	26	30	6-φ30	6-M24×630	Y250M-6	37/380
KZJ150-42	2345	1675	1345	330	110	742	712	712	337	680	300	578	540	26	30	6-φ30	6-M24×630	Y280S-6	45/380
KZJ150-48	2401	1675	1351	338	110	742	712	712	335	680	300	598	540	26	30	6-φ30	6-M24×630	Y280M-4	55/380
KZJ150-48	2621	1832	1351	338	150	817	766	766	335	680	300	598	540	26	30	6-φ30	6-M24×630	Y315S-6	75/380
KZJ150-48	2166	1675	1351	338	110	742	712	712	335	680	300	598	540	26	30	6-φ30	6-M24×630	Y225M-8	22/380
KZJ150-48	2281	1675	1351	338	110	742	712	712	335	680	300	598	540	26	30	6-φ30	6-M24×630	Y250M-8	30/380
KZJ150-50	2401	1675	1351	338	110	742	712	712	335	680	300	598	540	26	30	6-φ30	6-M24×630	Y80M-6	55/380
KZJ150-50	2621	1832	1351	338	150	817	766	766	335	680	300	598	540	26	30	6-φ30	6-M24×630	Y315S-6	75/380
KZJ150-50	2281	1675	1351	338	110	742	712	712	335	680	300	598	540	26	30	6-φ30	6-M24×630	Y250M-8	30/380
KZJ150-50	2351	1675	1351	338	110	742	712	712	335	680	300	598	540	26	30	6-φ30	6-M24×630	Y280S-8	37/380

外形及安装尺寸(mm)

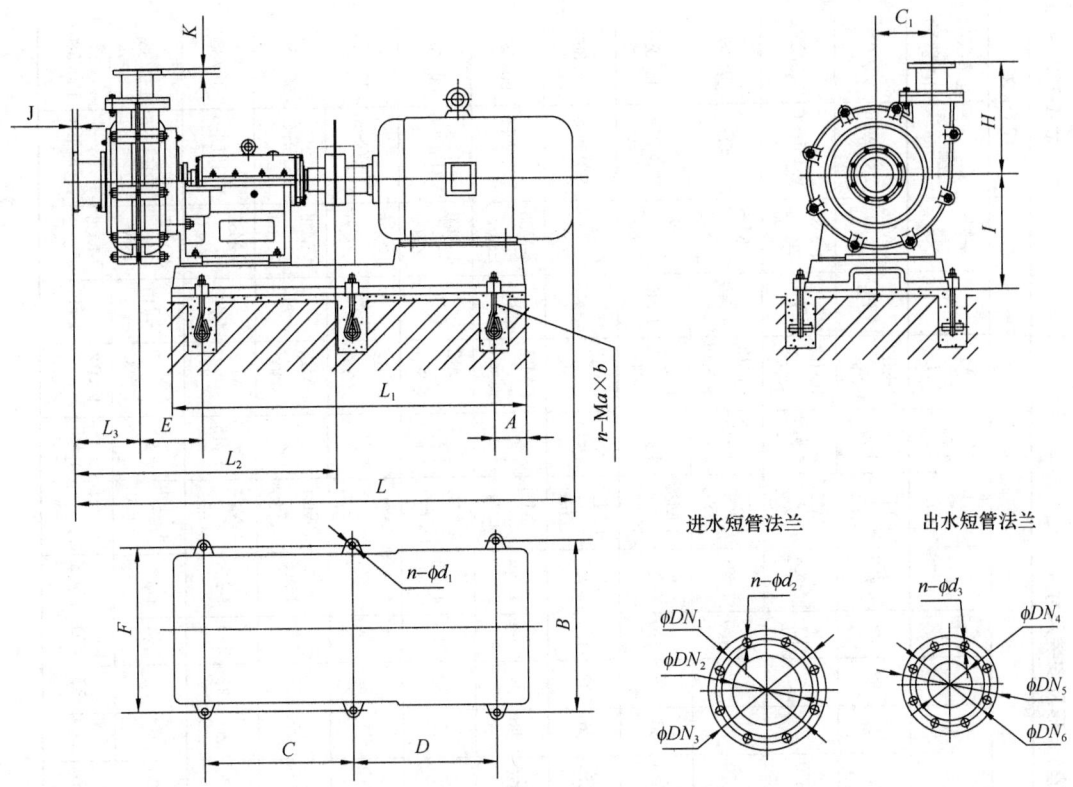

图 1-268 KZJ 型渣浆泵(带共同底座)外形及安装尺寸

KZJ 渣浆泵(带底座)进出水短管法兰安装尺寸 表 1-297

泵型号	进水短管法兰				出水短管法兰			
	ϕDN_1	ϕDN_2	ϕDN_3	$n\text{-}\phi d_2$	ϕDN_4	ϕDN_5	ϕDN_6	$n\text{-}\phi d_3$
KZJ40-17	$\phi 295$	$\phi 200$	$\phi 335$	$8\text{-}\phi 22$	$\phi 200$	$\phi 335$	$\phi 295$	$8\text{-}\phi 22$
KZJ50-33	$\phi 155$	$\phi 80$	$\phi 190$	$4\text{-}\phi 18$	$\phi 50$	$\phi 180$	$\phi 145$	$4\text{-}\phi 18$
KZJ50-46	$\phi 155$	$\phi 80$	$\phi 200$	$8\text{-}\phi 18$	$\phi 50$	$\phi 180$	$\phi 145$	$8\text{-}\phi 18$
KZJ50-50	$\phi 169$	$\phi 80$	$\phi 200$	$8\text{-}\phi 18$	$\phi 50$	$\phi 165$	$\phi 125$	$4\text{-}\phi 18$
KZJ65-27	$\phi 170$	$\phi 100$	$\phi 205$	$4\text{-}\phi 18$	$\phi 65$	$\phi 180$	$\phi 145$	$4\text{-}\phi 18$
KZJ65-30	$\phi 170$	$\phi 100$	$\phi 205$	$4\text{-}\phi 18$	$\phi 65$	$\phi 180$	$\phi 145$	$4\text{-}\phi 18$
KZJ80-33	$\phi 200$	$\phi 125$	$\phi 235$	$8\text{-}\phi 18$	$\phi 80$	$\phi 195$	$\phi 160$	$8\text{-}\phi 18$
KZJ80-36	$\phi 200$	$\phi 125$	$\phi 235$	$8\text{-}\phi 18$	$\phi 80$	$\phi 195$	$\phi 160$	$8\text{-}\phi 18$
KZJ80-39	$\phi 200$	$\phi 125$	$\phi 235$	$8\text{-}\phi 18$	$\phi 80$	$\phi 195$	$\phi 160$	$8\text{-}\phi 18$
KZJ80-42	$\phi 200$	$\phi 125$	$\phi 235$	$8\text{-}\phi 18$	$\phi 80$	$\phi 195$	$\phi 160$	$8\text{-}\phi 18$
KZJ80-52	$\phi 200$	$\phi 125$	$\phi 235$	$8\text{-}\phi 18$	$\phi 80$	$\phi 195$	$\phi 160$	$8\text{-}\phi 18$
KZJ100-33	$\phi 225$	$\phi 150$	$\phi 260$	$8\text{-}\phi 18$	$\phi 100$	$\phi 215$	$\phi 180$	$8\text{-}\phi 18$
KZJ100-36	$\phi 225$	$\phi 150$	$\phi 260$	$8\text{-}\phi 18$	$\phi 100$	$\phi 215$	$\phi 180$	$8\text{-}\phi 18$
KZJ100-39	$\phi 225$	$\phi 150$	$\phi 260$	$8\text{-}\phi 18$	$\phi 100$	$\phi 215$	$\phi 180$	$8\text{-}\phi 18$
KZJ100-42	$\phi 225$	$\phi 150$	$\phi 260$	$8\text{-}\phi 18$	$\phi 100$	$\phi 215$	$\phi 180$	$8\text{-}\phi 18$
KZJ100-46	$\phi 225$	$\phi 150$	$\phi 260$	$8\text{-}\phi 18$	$\phi 100$	$\phi 215$	$\phi 180$	$8\text{-}\phi 18$
KZJ100-50	$\phi 225$	$\phi 150$	$\phi 260$	$8\text{-}\phi 18$	$\phi 100$	$\phi 215$	$\phi 180$	$8\text{-}\phi 18$
KZJ150-42	$\phi 295$	$\phi 200$	$\phi 335$	$8\text{-}\phi 22$	$\phi 200$	$\phi 335$	$\phi 295$	$8\text{-}\phi 22$
KZJ150-48	$\phi 295$	$\phi 200$	$\phi 335$	$8\text{-}\phi 22$	$\phi 200$	$\phi 335$	$\phi 295$	$8\text{-}\phi 22$
KZJ50-50	$\phi 295$	$\phi 200$	$\phi 335$	$8\text{-}\phi 22$	$\phi 200$	$\phi 335$	$\phi 295$	$8\text{-}\phi 22$

表 1-298

KZJ 渣浆泵（只带水泵底座）外形及安装尺寸

外形及安装尺寸(mm)

泵型号	L	L_1	L_2	L_3	L_4	A	B	C	D	E	F	G	H	I	J	K	M	N	P	$n-\phi d_1$	$n-M_1 \times L_1$	$n-\phi d_2$	$n-M_2 \times L_2$	$n-\phi d_3$	$n-M_3 \times L_3$	配套电机 型号	配套电机 功率(kW)/电压(V)
KZJ150-55	2911	1571	360	510	355	508	457	386	900	160	160	200	315	660	658	370	26	32	420	4-ϕ28	4-M24 ×630	4-ϕ15	4-M12 ×300	4-ϕ40	4-M36 ×800	Y315M-6	90/380
KZJ150-55	2911	1571	360	510	355	508	508	386	900	160	160	200	315	660	658	370	26	32	420	4-ϕ28	4-M24 ×630	4-ϕ15	4-M12 ×300	4-ϕ40	4-M36 ×800	Y315L1-6	110/380
KZJ150-55	2571	1571	360	510	355	457	368	330	900	160	160	200	280	660	658	370	26	32	420	4-ϕ24	4-M24 ×500	4-ϕ15	4-M12 ×300	4-ϕ40	4-M36 ×800	Y280S-8	37/380
KZJ150-55	2621	1571	360	510	355	457	419	330	900	160	160	200	280	660	658	370	26	32	420	4-ϕ24	4-M24 ×500	4-ϕ15	4-M12 ×300	4-ϕ40	4-M36 ×800	Y280M-8	45/380
KZJ150-55	2841	1571	360	510	355	508	406	386	900	160	160	200	315	660	658	370	26	32	420	4-ϕ28	4-M24 ×630	4-ϕ15	4-M12 ×300	4-ϕ40	4-M36 ×800	Y315S-8	55/380
KZJ150-58	2911	1571	360	510	355	508	457	386	900	160	260	200	315	660	658	370	26	32	420	4-ϕ28	4-M24 ×630	4-ϕ15	4-M12 ×300	4-ϕ40	4-M36 ×800	Y315M-6	90/380
KZJ150-58	2911	1571	360	510	355	508	508	386	900	160	260	200	315	660	658	370	26	32	420	4-ϕ28	4-M24 ×630	4-ϕ15	4-M12 ×300	4-ϕ40	4-M36 ×800	Y315L2-6	132/380
KZJ150-58	2571	1571	360	510	355	457	368	330	900	160	260	200	280	660	658	370	26	32	420	4-ϕ24	4-M24 ×500	4-ϕ15	4-M12 ×300	4-ϕ40	4-M36 ×800	Y280S-8	37/380
KZJ150-58	2841	1571	360	510	355	508	406	386	900	160	260	200	315	660	658	370	26	32	420	4-ϕ28	4-M24 ×630	4-ϕ15	4-M12 ×300	4-ϕ40	4-M36 ×800	Y315S-8	55/380
KZJ150-60	2911	1571	360	510	355	508	508	386	900	160	260	200	315	660	658	370	26	32	420	4-ϕ28	4-M24 ×630	4-ϕ15	4-M12 ×300	4-ϕ40	4-M36 ×800	Y315L1-6	110/380
KZJ150-60	2911	1571	360	510	355	508	508	386	900	160	260	200	315	660	658	370	26	32	420	4-ϕ28	4-M24 ×630	4-ϕ15	4-M12 ×300	4-ϕ40	4-M36 ×800	Y315L2-6	132/380
KZJ150-60	3141	1571	360	510	355	610	560	424	900	160	260	200	355	660	658	370	26	32	420	4-ϕ28	4-M24 ×630	4-ϕ15	4-M12 ×300	4-ϕ40	4-M36 ×800	Y355M1-6	160/380

续表

泵型号	L	L_1	L_2	L_3	L_4	A	B	C	D	E	F	G	H	I	J	K	M	N	P	$n\text{-}\phi d_1$	$n\text{-}M_1\times L_1$	$n\text{-}\phi d_2$	$n\text{-}M_2\times L_2$	$n\text{-}\phi d_3$	$n\text{-}M_3\times L_3$	配套电机 型号	功率(kW)/电压(V)
KZJ150-60	2621	1571	360	510	355	457	419	330	900	160	260	200	280	660	658	370	26	32	420	4-ϕ24	4-M24×500	4-ϕ15	4-M12×300	4-ϕ40	4-M36×800	Y280M-8	45/380
KZJ150-60	2841	1571	360	510	355	508	406	386	900	160	260	200	315	660	658	370	26	32	420	4-ϕ28	4-M24×630	4-ϕ15	4-M12×300	4-ϕ40	4-M36×800	Y315S-8	55/380
KZJ150-60	2911	1571	360	510	355	508	457	386	900	160	260	200	315	660	658	370	26	32	420	4-ϕ28	4-M24×630	4-ϕ15	4-M12×300	4-ϕ40	4-M36×800	Y315M-8	75/380
KZJ150-63	2910	1570	343	510	368	508	508	386	900	160	270	200	315	660	678	380	26	32	420	4-ϕ28	4-M24×630	4-ϕ15	4-M12×300	4-ϕ40	4-M36×800	Y315L2-6	132/380
KZJ150-63	3140	1570	343	510	368	610	560	424	900	160	270	200	355	660	678	380	26	32	420	4-ϕ28	4-M24×630	4-ϕ15	4-M12×300	4-ϕ40	4-M36×800	Y355M1-6	160/380
KZJ150-63	3140	1570	343	510	368	610	560	424	900	160	270	200	355	660	678	380	26	32	420	4-ϕ28	4-M24×630	4-ϕ15	4-M12×300	4-ϕ40	4-M36×800	Y355M2-6	185/380
KZJ150-63	2840	1570	343	510	368	508	406	386	900	160	270	200	315	660	678	380	26	32	420	4-ϕ28	4-M24×630	4-ϕ15	4-M12×300	4-ϕ40	4-M36×800	Y315S-8	55/380
KZJ150-63	2910	1570	343	510	368	508	457	386	900	160	270	200	315	660	678	380	26	32	420	4-ϕ28	4-M24×630	4-ϕ15	4-M12×300	4-ϕ40	4-M36×800	Y315M-8	75/380
KZJ150-65	2910	1570	343	510	368	508	508	386	900	160	270	200	315	660	678	380	26	32	420	4-ϕ28	4-M24×630	4-ϕ15	4-M12×300	4-ϕ40	4-M36×800	Y315L2-6	132/380
KZJ150-65	3140	1570	343	510	368	610	560	424	900	160	270	200	355	660	678	380	26	32	420	4-ϕ28	4-M24×630	4-ϕ15	4-M12×300	4-ϕ40	4-M36×800	Y355M2-6	185/380
KZJ150-65	3140	1570	343	510	368	610	560	242	900	160	270	200	355	660	678	380	26	32	420	4-ϕ28	4-M24×630	4-ϕ15	4-M12×300	4-ϕ40	4-M36×800	Y315M3-6	200/380
KZJ150-65	2910	1570	343	510	368	508	457	386	900	160	270	200	315	660	678	380	26	32	420	4-ϕ28	4-M24×630	4-ϕ15	4-M12×300	4-ϕ40	4-M36×800	Y315M-8	75/380

续表

泵型号	L	L_1	L_2	L_3	L_4	A	B	C	D	E	F	G	H	I	J	K	M	N	P	$n\text{-}\phi d_1$	$n\text{-}M_1 \times L_1$	$n\text{-}\phi d_2$	$n\text{-}M_2 \times L_2$	$n\text{-}\phi d_3$	$n\text{-}M_3 \times L_3$	型号	功率(kW)/电压(V)
	外形及安装尺寸(mm)																									配套电机	
KZJ150-65	2910	1570	343	510	368	508	508	386	900	160	270	200	315	660	678	380	26	32	420	4-ϕ28	4-M24×630	4-ϕ15	4-M12×300	4-ϕ40	4-M36×800	Y315L1-8	90/380
KZJ150-70	2942	1600	331	510	368	508	508	386	900	160	270	200	315	660	748	410	26	32	420	4-ϕ28	4-M24×630	4-ϕ15	4-M12×300	4-ϕ40	4-M36×800	Y315L2-6	132/380
KZJ150-70	3172	1600	331	510	368	610	560	424	900	160	270	200	355	660	748	410	26	32	420	4-ϕ28	4-M24×630	4-ϕ15	4-M12×300	4-ϕ40	4-M36×800	Y355M1-6	160/380
KZJ150-70	3172	1600	331	510	368	610	560	424	900	160	270	200	355	660	748	410	26	32	420	4-ϕ28	4-M24×630	4-ϕ15	4-M12×300	4-ϕ40	4-M36×800	Y315M2-6	185/380
KZJ150-70	3172	1600	331	510	368	508	406	386	900	160	270	200	315	660	748	410	26	32	420	4-ϕ28	4-M24×630	4-ϕ15	4-M12×300	4-ϕ40	4-M36×800	Y315S-8	55/380
KZJ150-70	2872	1600	331	510	368	508	457	386	900	160	270	200	315	660	748	410	26	32	420	4-ϕ28	4-M24×630	4-ϕ15	4-M12×300	4-ϕ40	4-M36×800	Y315M-8	75/380
KZJ200-58	2942	1590	371	510	355	508	508	386	900	160	260	200	315	660	658	380	24	36	420	4-ϕ28	4-M24×630	4-ϕ15	4-M12×300	4-ϕ40	4-M36×800	Y315L2-6	132/380
KZJ200-58	2940	1590	371	510	355	610	560	424	900	160	260	200	355	660	658	380	24	36	420	4-ϕ28	4-M24×630	4-ϕ15	4-M12×300	4-ϕ40	4-M36×800	Y355M1-6	160/380
KZJ200-58	3170	1590	371	510	355	610	560	424	900	160	260	200	355	660	658	380	24	36	420	4-ϕ28	4-M24×630	4-ϕ15	4-M12×300	4-ϕ40	4-M36×800	Y315M2-6	185/380
KZJ200-58	3170	1590	371	510	355	508	406	386	900	160	260	200	315	660	658	380	24	36	420	4-ϕ28	4-M24×630	4-ϕ15	4-M12×300	4-ϕ40	4-M36×800	Y315S-8	55/380
KZJ200-58	2870	1590	371	510	355	508	457	386	900	160	260	200	315	660	658	380	24	36	420	4-ϕ28	4-M24×630	4-ϕ15	4-M12×300	4-ϕ40	4-M36×800	Y315M-8	75/380
KZJ200-60	2940	1590	371	510	355	508	508	386	900	160	260	200	315	660	658	380	24	36	420	4-ϕ28	4-M24×630	4-ϕ15	4-M12×300	4-ϕ40	4-M36×800	Y315L2-6	132/380

续表

泵型号	L	L_1	L_2	L_3	L_4	A	B	C	D	E	F	G	H	I	J	K	M	N	P	$n\text{-}\phi d_1$	$n\text{-}M_1\times L_1$	$n\text{-}\phi d_2$	$n\text{-}M_2\times L_2$	$n\text{-}\phi d_3$	$n\text{-}M_3\times L_3$	配套电机 型号	功率(kW)/电压(V)
KZJ200-60	3170	1590	371	510	355	610	560	424	900	160	260	200	355	660	658	380	24	36	420	4-φ28	4-M24×630	4-φ15	4-M12×300	4-φ40	4-M36×800	Y355M2-6	185/380
KZJ200-60	3170	1590	371	510	355	610	560	424	900	160	260	200	355	660	658	380	24	36	420	4-φ28	4-M24×630	4-φ15	4-M12×300	4-φ40	4-M36×800	Y355M3-6	200/380
KZJ200-60	2940	1590	371	510	355	508	457	386	900	160	260	200	315	660	658	380	24	36	420	4-φ28	4-M24×630	4-φ15	4-M12×300	4-φ40	4-M36×800	Y315M-8	75/380
KZJ200-60	2940	1590	371	510	355	508	508	386	900	160	260	200	315	660	658	380	24	36	420	4-φ28	4-M24×630	4-φ15	4-M12×300	4-φ40	4-M36×800	Y315L1-8	90/380
KZJ200-63	3160	1590	355	510	368	610	560	424	900	160	270	200	355	660	678	400	24	36	420	4-φ28	4-M24×630	4-φ15	4-M12×300	4-φ40	4-M36×800	Y355M1-6	160/380
KZJ200-63	3160	1590	355	510	368	610	530	424	900	160	270	200	355	660	678	400	24	36	420	4-φ28	4-M24×630	4-φ15	4-M12×300	4-φ40	4-M36×800	Y355L1-6	220/380
KZJ200-63	3410	1590	355	510	368	630	900	525	900	160	270	200	355	660	678	400	24	36	420	4-φ28	4-M24×630	4-φ15	4-M12×300	4-φ40	4-M36×800	Y355-6	220/6000
KZJ200-63	3160	1590	355	510	368	610	630	424	900	160	270	200	355	660	678	400	24	36	420	4-φ28	4-M24×630	4-φ15	4-M12×300	4-φ40	4-M36×800	Y355L2-6	250/380
KZJ200-63	3410	1590	355	510	368	630	900	525	900	160	270	200	355	660	678	400	24	36	420	4-φ28	4-M24×630	4-φ15	4-M12×300	4-φ40	4-M36×800	Y355-6	250/6000
KZJ200-63	2930	1590	355	510	368	508	457	386	900	160	270	200	315	660	678	400	24	36	420	4-φ28	4-M24×630	4-φ15	4-M12×300	4-φ40	4-M36×800	Y315M-8	75/380
KZJ200-63	2930	1590	355	510	368	508	508	386	900	160	270	200	315	660	678	400	24	36	420	4-φ28	4-M24×630	4-φ15	4-M12×300	4-φ40	4-M36×800	Y315L2-8	110/380
KZJ200-65	3160	1590	355	510	368	610	560	424	900	160	270	200	355	660	678	400	24	36	420	4-φ28	4-M24×630	4-φ15	4-M12×300	4-φ40	4-M36×800	Y355M2-8	185/380

外形及安装尺寸(mm)

续表

泵型号	外形及安装尺寸(mm)																										配套电机	
	L	L_1	L_2	L_3	L_4	A	B	C	D	E	F	G	H	I	J	K	M	N	P	n-ϕd_1	n-M_1 $\times L_1$	n-ϕd_2	n-M_2 $\times L_2$	n-ϕd_3	n-M_3 $\times L_3$	型号	功率(kW)/电压(V)
KZJ200-65	3160	1590	355	510	368	610	630	424	900	160	270	200	355	660	678	400	24	36	420	4-ϕ28	4-M24×630	4-ϕ15	4-M12×300	4-ϕ40	4-M36×800	Y355L2-8	250/380
KZJ200-65	3410	1590	355	510	368	630	900	525	900	160	270	200	355	660	678	400	24	36	420	4-ϕ28	4-M24×630	4-ϕ15	4-M12×300	4-ϕ40	4-M36×800	Y355-6	250/380
KZJ200-65	2930	1590	355	510	368	508	457	386	900	160	270	200	315	660	678	400	24	36	420	4-ϕ28	4-M24×630	4-ϕ15	4-M12×300	4-ϕ40	4-M36×800	Y315M-8	75/380
KZJ200-65	2930	1590	355	510	368	508	508	386	900	160	270	200	315	660	678	400	24	36	420	4-ϕ28	4-M24×630	4-ϕ15	4-M12×300	4-ϕ40	4-M36×800	Y315L2-8	110/380
KZJ200-68	3160	1590	355	510	368	610	560	424	900	160	270	200	355	710	730	420	24	36	420	4-ϕ28	4-M24×630	4-ϕ15	4-M12×300	4-ϕ40	4-M36×800	Y355M3-6	200/380
KZJ200-68	3160	1590	355	510	368	610	630	424	900	160	270	200	355	710	730	420	24	36	420	4-ϕ28	4-M24×630	4-ϕ15	4-M12×300	4-ϕ40	4-M36×800	Y355L2-6	250/380
KZJ200-68	3410	1590	355	510	368	630	900	525	900	160	270	200	355	710	730	420	24	36	420	4-ϕ28	4-M24×630	4-ϕ15	4-M12×300	4-ϕ40	4-M36×800	Y400-6	250/6000
KZJ200-68	3530	1590	355	510	368	710	1000	545	900	160	270	200	400	710	730	420	24	36	420	4-ϕ28	4-M24×630	4-ϕ15	4-M12×300	4-ϕ40	4-M36×800	Y355L1-6	315/6000
KZJ200-68	2930	1590	355	510	368	508	508	386	900	160	270	200	315	710	730	420	24	36	420	4-ϕ28	4-M24×630	4-ϕ15	4-M12×300	4-ϕ40	4-M36×800	Y315L2-8	90/380
KZJ200-68	2930	1590	355	510	368	508	508	386	900	160	270	200	315	710	730	420	24	36	420	4-ϕ28	4-M24×630	4-ϕ15	4-M12×300	4-ϕ40	4-M36×800	Y315M1-8	110/380
KZJ200-68	3160	1590	355	510	368	560	560	424	900	160	270	200	355	710	730	420	24	36	420	4-ϕ28	4-M24×630	4-ϕ15	4-M12×300	4-ϕ40	4-M36×800	Y315L2-8	132/380
KZJ200-70	2160	1590	355	510	368	610	560	424	1020	160	270	200	355	710	730	420	24	36	420	4-ϕ28	4-M24×630	4-ϕ15	4-M12×300	4-ϕ40	4-M36×800	Y355M3-8	200/380

续表

泵型号	外形及安装尺寸(mm)																										配套电机	
	L	L₁	L₂	L₃	L₄	A	B	C	D	E	F	G	H	I	J	K	M	N	P	n-ϕd_1	n-M₁×L₁	n-ϕd_2	n-M₂×L₂	n-ϕd_3	n-M₃×L₃	型号	功率(kW)/电压(V)
KZJ200-70	3530	1590	355	510	368	710	1000	545	1020	160	270	200	400	710	730	420	24	36	420	4-φ35	4-M30×630	4-φ15	4-M12×300	4-φ40	4-M36×800	Y400-6	280/6000
KZJ200-70	3530	1590	355	510	368	710	1000	545	1020	160	270	200	400	710	730	420	24	36	420	4-φ35	4-M30×630	4-φ15	4-M12×300	4-φ40	4-M36×800	Y400-6	315/6000
KZJ200-70	2930	1590	355	510	368	508	508	386	1020	160	270	200	315	710	730	420	24	36	420	4-φ28	4-M24×630	4-φ15	4-M12×300	4-φ40	4-M36×800	Y315L1-8	90/380
KZJ200-70	2930	1590	355	510	368	610	560	424	1020	160	270	200	355	710	730	420	24	36	420	4-φ28	4-M24×630	4-φ15	4-M12×300	4-φ40	4-M36×800	Y355M1-8	132/380
KZJ200-73	3323	1753	323	640	374	610	630	424	1020	130	260	240	355	650	783	440	30	32	500	4-φ28	4-M24×630	4-φ15	4-M12×300	4-φ40	4-M36×800	Y355L2-6	250/380
KZJ200-73	3410	1753	323	640	374	630	900	525	1020	130	260	240	355	650	783	440	30	32	500	4-φ28	4-M24×630	4-φ15	4-M12×300	4-φ40	4-M36×800	T355-6	250/6000
KZJ200-73	3530	1753	323	640	374	710	1000	545	1020	130	260	240	400	650	783	440	30	32	500	4-φ35	4-M30×700	4-φ15	4-M12×300	4-φ40	4-M36×800	Y400-6	315/6000
KZJ200-73	3530	1753	323	640	374	710	1000	545	1020	130	260	240	400	650	783	440	30	32	500	4-φ35	4-M30×700	4-φ15	4-M12×300	4-φ40	4-M36×800	Y400-6	355/380
KZJ200-73	2930	1753	323	640	374	508	508	386	1020	130	260	240	315	650	783	440	30	32	500	4-φ28	4-M24×630	4-φ15	4-M12×300	4-φ40	4-M36×800	Y315L2-8	110/380
KZJ200-73	3160	1753	323	640	374	610	560	424	1020	130	260	240	355	650	783	440	30	32	500	4-φ28	4-M24×630	4-φ15	4-M12×300	4-φ40	4-M36×800	Y355M1-8	132/380
KZJ200-73	3160	1753	323	640	374	610	560	424	1020	130	260	240	355	650	783	440	30	32	500	4-φ28	4-M24×630	4-φ15	4-M12×300	4-φ40	4-M36×800	Y355M2-8	160/380
KZJ200-75	3143	1753	323	640	374	610	630	424	1020	130	260	240	355	650	783	440	30	32	500	4-φ28	4-M24×630	4-φ15	4-M12×300	4-φ40	4-M36×800	Y355L2-6	250/380

续表

泵型号	外形及安装尺寸(mm)																									配套电机	
	L	L_1	L_2	L_3	L_4	A	B	C	D	E	F	G	H	I	J	K	M	N	P	$n\text{-}\phi d_1$	$n\text{-}M_1 \times L_1$	$n\text{-}\phi d_2$	$n\text{-}M_2 \times L_2$	$n\text{-}\phi d_3$	$n\text{-}M_3 \times L_3$	型号	功率(kW)/电压(V)
KZJ200-75	3573	1753	323	640	374	630	900	525	1020	130	260	240	355	650	783	440	30	32	500	4-ϕ28	4-M24×630	4-ϕ15	4-M12×300	4-ϕ40	4-M36×800	Y355-6	250/6000
KZJ200-75	3693	1753	323	640	374	710	1000	545	1020	130	260	240	100	650	783	440	30	32	500	4-ϕ35	4-M30×700	4-ϕ15	4-M12×300	4-ϕ40	4-M36×800	Y400-6	355/6000
KZJ200-75	3093	1753	323	640	374	508	508	386	1020	130	260	240	315	650	783	440	30	32	500	4-ϕ28	4-M24×630	4-ϕ15	4-M12×300	4-ϕ40	4-M36×800	Y355L2-8	110/380
KZJ200-75	3323	1753	323	640	374	610	560	424	1020	130	260	240	355	650	783	440	30	32	500	4-ϕ28	4-M24×630	4-ϕ15	4-M12×300	4-ϕ40	4-M36×800	Y355M1-8	132/380
KZJ200-75	3323	1753	323	640	374	610	560	424	1020	130	260	240	355	650	783	440	30	32	500	4-ϕ28	4-M24×630	4-ϕ15	4-M12×300	4-ϕ40	4-M36×800	Y355M2-8	160/380
KZJ200-85	4021	2081	447	630	582	710	1000	545	1110	230	465	240	400	900	868	505	30	32	500	4-ϕ35	4-M30×700	4-ϕ15	4-M12×300	4-ϕ40	4-M36×800	Y400-6	400/6000
KZJ200-85	4201	2081	447	630	582	800	1120	605	1110	230	465	240	450	900	868	505	30	32	500	4-ϕ35	4-M30×700	4-ϕ15	4-M12×300	4-ϕ40	4-M36×800	Y450-6	560/6000
KZJ200-85	3651	2081	447	630	582	610	560	424	1110	230	465	240	355	900	868	505	30	32	500	4-ϕ28	4-M24×630	4-ϕ15	4-M12×300	4-ϕ40	4-M36×800	Y355M2-8	160/380
KZJ200-85	4021	2081	447	630	582	710	1000	545	1110	230	465	240	400	900	868	505	30	32	500	4-ϕ35	4-M30×700	4-ϕ15	4-M12×300	4-ϕ40	4-M36×800	Y400-8	220/6000
KZJ250-60	3483	1913	392	630	454	610	560	424	1110	200	340	240	355	810	748	410	34	32	500	4-ϕ28	4-M24×630	4-ϕ15	4-M12×300	4-ϕ40	4-M36×800	Y355M2-6	185/380
KZJ250-60	3483	1913	392	630	454	610	630	424	1110	200	340	240	355	810	748	410	34	32	500	4-ϕ28	4-M24×630	4-ϕ15	4-M12×300	4-ϕ40	4-M36×800	Y355L2-6	250/380
KZJ250-60	3730	1913	392	630	454	630	900	525	1110	200	340	240	355	810	748	410	34	32	500	4-ϕ35	4-M24×630	4-ϕ15	4-M12×300	4-ϕ40	4-M36×800	Y355-6	250/6000

续表

泵型号	外形及安装尺寸(mm)																										配套电机	
	L	L_1	L_2	L_3	L_4	A	B	C	D	E	F	G	H	I	J	K	M	N	P	$n\text{-}\phi d_1$	$n\text{-}M_1 \times L_1$	$n\text{-}\phi d_2$	$n\text{-}M_2 \times L_2$	$n\text{-}\phi d_3$	$n\text{-}M_3 \times L_3$	型号	功率(kW)/电压(V)
KZJ250-60	3853	1913	392	630	454	7140	1000	545	1110	200	340	240	400	810	748	410	34	32	500	4-φ28	4-M30×700	4-φ15	4-M12×300	4-φ40	4-M36×800	Y400-6	280/6000
KZJ250-60	3253	1913	392	630	454	508	457	386	1110	200	340	240	315	810	748	410	34	32	500	4-φ28	4-M24×630	4-φ15	4-M12×300	4-φ40	4-M36×800	Y315M-8	75/380
KZJ250-60	3253	1913	392	630	454	508	508	386	1110	200	340	240	315	810	748	410	34	32	500	4-φ35	4-M24×630	4-φ15	4-M12×300	4-φ40	4-M36×800	Y315L2-8	110/380
KZJ250-63	3480	1913	392	630	454	610	560	424	1110	200	340	240	355	810	748	410	34	32	500	4-φ28	4-M24×630	4-φ15	4-M12×300	4-φ40	4-M36×800	Y355M3-8	200/380
KZJ250-63	3480	1913	392	630	454	610	630	424	1110	200	340	240	355	810	748	410	34	32	500	4-φ28	4-M24×630	4-φ15	4-M12×300	4-φ40	4-M36×800	Y355L2-6	250/380
KZJ250-63	3733	1913	392	630	454	630	900	525	1110	200	340	240	355	810	748	410	34	32	500	4-φ28	4-M24×630	4-φ15	4-M12×300	4-φ40	4-M36×800	Y355-6	250/6000
KZJ250-63	3853	1913	392	630	454	710	1000	545	1110	200	340	240	400	810	748	410	34	32	500	4-φ35	4-M30×700	4-φ15	4-M12×300	4-φ40	4-M36×800	Y400-6	315/6000
KZJ250-63	3253	1913	392	630	454	508	508	386	1110	200	340	240	315	810	748	410	34	32	500	4-φ28	4-M24×630	4-φ15	4-M12×300	4-φ40	4-M36×800	Y315L1-8	90/380
KZJ250-63	3253	1913	392	630	454	508	508	386	1110	200	340	240	315	810	748	410	34	32	500	4-φ28	4-M24×630	4-φ15	4-M12×300	4-φ40	4-M36×800	Y315L2-8	110/380
KZJ250-63	3483	1913	392	630	454	610	560	424	1110	200	340	240	355	810	748	410	34	32	500	4-φ28	4-M24×630	4-φ15	4-M12×300	4-φ40	4-M36×800	Y355M1-8	132/380
KZJ250-65	3483	1913	392	630	454	610	630	424	1110	200	340	240	355	810	748	410	34	32	500	4-φ28	4-M24×630	4-φ15	4-M12×300	4-φ40	4-M36×800	Y355L1-8	220/380
KZJ250-65	3733	1913	392	630	454	630	900	525	1110	200	340	240	355	810	748	410	34	32	500	4-φ28	4-M24×630	4-φ15	4-M12×300	4-φ40	4-M36×800	Y400-6	220/6000

续表

泵型号	外形及安装尺寸(mm)																									配套电机	
	L	L_1	L_2	L_3	L_4	A	B	C	D	E	F	G	H	I	J	K	M	N	P	n-ϕd_1	n-M_1×L_1	n-ϕd_2	n-M_2×L_2	n-ϕd_3	n-M_3×L_3	型号	功率(kW)/电压(V)
KZJ250-65	3853	1913	392	630	454	710	1000	545	1110	200	340	240	400	810	748	410	34	32	500	4-ϕ35	4-M35×700	4-ϕ15	4-M12×300	4-ϕ40	4-M36×800	Y400-6	280/6000
KZJ250-65	3853	1913	392	630	454	710	1000	545	1110	200	340	240	400	810	748	410	34	32	500	4-ϕ35	4-M35×700	4-ϕ15	4-M12×300	4-ϕ40	4-M36×800	Y315L1-8	315/6000
KZJ250-65	3253	1913	392	630	454	508	508	386	1110	200	340	240	315	810	748	410	34	32	500	4-ϕ28	4-M24×630	4-ϕ15	4-M12×300	4-ϕ40	4-M36×800	Y355M1-8	90/380
KZJ250-65	3483	1913	392	630	454	610	610	424	1110	200	340	240	355	810	748	410	34	32	500	4-ϕ28	4-M24×630	4-ϕ15	4-M12×300	4-ϕ40	4-M36×800	Y355M1-8	132/380
KZJ250-68	3483	1913	392	630	454	610	630	424	1110	200	340	240	355	810	818	460	34	32	500	4-ϕ28	4-M24×630	4-ϕ15	4-M12×300	4-ϕ40	4-M36×800	Y355L2-6	250/380
KZJ250-68	3733	1913	392	630	454	630	900	525	1110	200	340	240	355	810	818	460	34	32	500	4-ϕ28	4-M24×630	4-ϕ15	4-M12×300	4-ϕ40	4-M36×800	Y355-6	250/6000
KZJ250-68	3853	1913	392	630	454	710	1000	545	1110	200	340	240	400	810	818	460	34	32	500	4-ϕ35	4-M30×700	4-ϕ15	4-M12×300	4-ϕ40	4-M36×800	Y400-6	355/6000
KZJ250-68	4033	1913	392	630	454	800	1120	605	1110	200	340	240	450	810	818	460	34	32	500	4-ϕ35	4-M30×700	4-ϕ15	4-M12×300	4-ϕ40	4-M36×800	Y450-6	450/6000
KZJ250-68	3253	1913	392	630	454	508	508	386	1110	200	340	240	315	810	818	460	34	32	500	4-ϕ28	4-M24×630	4-ϕ15	4-M12×300	4-ϕ40	4-M36×800	Y355L2-8	110/380
KZJ250-68	3483	1913	392	630	454	610	560	424	1110	200	340	240	355	810	818	460	34	32	500	4-ϕ28	4-M24×630	4-ϕ15	4-M12×300	4-ϕ40	4-M36×800	Y355M2-8	160/380
KZJ250-68	3483	1913	392	630	454	610	530	242	1110	200	340	240	355	810	818	460	34	32	500	4-ϕ28	4-M24×630	4-ϕ15	4-M12×300	4-ϕ40	4-M36×800	Y355L1-8	185/380
KZJ250-70	3853	1913	392	630	454	710	1000	545	1110	200	340	240	400	810	818	460	34	32	500	4-ϕ35	4-M30×700	4-ϕ15	4-M12×300	4-ϕ40	4-M36×800	Y400-6	280/6000

续表

外形及安装尺寸 (mm) ／ 配套电机

泵型号	L	L_1	L_2	L_3	L_4	A	B	C	D	E	F	G	H	I	J	K	M	N	P	$n\text{-}\phi d_1$	$n\text{-}M_1 \times L_1$	$n\text{-}\phi d_2$	$n\text{-}M_2 \times L_2$	$n\text{-}\phi d_3$	$n\text{-}M_3 \times L_3$	型号	功率(kW)/电压(V)
KZJ250-70	3853	1913	392	630	454	710	1000	545	1110	200	340	240	400	810	818	460	34	32	500	4-ϕ35	4-M30×700	4-ϕ15	4-M12×300	4-ϕ40	4-M36×800	Y400-6	400/6000
KZJ250-70	4033	1913	392	630	454	800	1120	605	1110	200	340	240	450	810	818	460	34	32	500	4-ϕ35	4-M30×700	4-ϕ15	4-M12×300	4-ϕ40	4-M36×800	Y450-6	450/6000
KZJ250-70	3253	1913	392	630	454	508	508	386	1110	200	340	240	315	810	818	460	34	32	500	4-ϕ28	4-M24×630	4-ϕ15	4-M12×300	4-ϕ40	4-M36×800	Y315L2-8	110/380
KZJ250-70	3483	1913	392	630	454	560	560	424	1110	200	340	240	355	810	818	460	34	32	500	4-ϕ28	4-M24×630	4-ϕ15	4-M12×300	4-ϕ40	4-M36×800	Y355M2-8	160/380
KZJ250-70	3483	1913	392	630	454	530	530	424	1110	200	340	240	355	810	818	460	34	32	500	4-ϕ28	4-M24×630	4-ϕ15	4-M12×300	4-ϕ40	4-M36×800	Y355L1-8	185/380
KZJ250-73	3853	1913	392	630	454	710	1000	545	1110	200	340	240	400	810	818	460	34	32	500	4-ϕ35	4-M35×700	4-ϕ15	4-M12×300	4-ϕ40	4-M36×800	Y400-6	280/6000
KZJ250-73	3853	1913	392	630	454	710	1000	545	1110	200	340	240	400	810	818	460	34	32	500	4-ϕ35	4-M35×700	4-ϕ15	4-M12×300	4-ϕ40	4-M36×800	Y400-6	400/6000
KZJ250-73	4033	1913	392	630	454	800	1120	605	1110	200	340	240	450	810	818	460	34	32	500	4-ϕ35	4-M35×700	4-ϕ15	4-M12×300	4-ϕ40	4-M36×800	Y450-6	500/6000
KZJ250-73	3483	1913	392	630	454	610	560	424	1110	200	340	240	355	810	818	460	34	32	500	4-ϕ35	4-M24×630	4-ϕ15	4-M12×300	4-ϕ40	4-M36×800	Y355M1-8	132/380
KZJ250-73	3483	1913	392	630	454	610	630	424	1110	200	340	240	355	810	818	460	34	32	500	4-ϕ35	4-M24×630	4-ϕ15	4-M12×300	4-ϕ40	4-M36×800	Y355L1-8	185/380
KZJ250-73	3483	1913	392	630	454	610	630	424	1110	200	340	240	355	810	818	460	34	32	500	4-ϕ28	4-M24×630	4-ϕ15	4-M12×300	4-ϕ40	4-M36×800	Y355L2-8	200/380
KZJ250-75	3853	1913	392	630	454	710	1000	545	1110	200	340	240	400	810	818	460	34	32	500	4-ϕ35	4-M30×700	4-ϕ15	4-M12×300	4-ϕ40	4-M36×800	Y400-6	315/6000

续表

泵型号	外形及安装尺寸(mm)																									配套电机	
	L	L_1	L_2	L_3	L_4	A	B	C	D	E	F	G	H	I	J	K	M	N	P	n-ϕd_1	n-$M_1 \times L_1$	n-ϕd_2	n-$M_2 \times L_2$	n-ϕd_3	n-$M_3 \times L_3$	型号	功率(kW)/电压(V)
KZJ250-75	4033	1913	392	630	454	800	1000	605	1110	200	340	240	450	810	818	460	34	32	500	4-ϕ35	4-M30×700	4-ϕ15	4-M12×300	4-ϕ10	4-M36×800	Y450-6	450/6000
KZJ250-75	4033	1913	392	630	454	800	1120	605	1110	200	340	240	450	810	818	460	34	32	500	4-ϕ35	4-M30×700	4-ϕ15	4-M12×300	4-ϕ10	4-M36×800	Y450-6	560/6000
KZJ250-75	3483	1913	392	630	454	610	560	424	1110	200	340	240	355	810	818	460	34	32	500	4-ϕ28	4-M24×630	4-ϕ15	4-M12×300	4-ϕ10	4-M36×800	Y355M1-8	132/380
KZJ250-75	3483	1913	392	630	454	610	630	424	1110	200	340	240	355	810	818	460	34	32	500	4-ϕ28	4-M24×630	4-ϕ15	4-M12×300	4-ϕ10	4-M36×800	Y355L1-8	185/380
KZJ250-75	3853	1913	392	630	454	710	1000	545	1110	200	340	240	400	810	818	460	34	32	500	4-ϕ35	4-M30×700	4-ϕ15	4-M12×300	4-ϕ10	4-M36×800	Y400-8	220/380
KZJ250-78	4255	2135	465	630	582	800	1120	605	1110	230	465	240	450	900	900	520	42	34	500	4-ϕ35	4-M30×700	4-ϕ15	4-M12×300	4-ϕ10	4-M36×800	Y450-6	450/6000
KZJ250-78	4255	2135	465	630	582	800	1120	605	1110	230	465	240	450	900	900	520	42	34	500	4-ϕ35	4-M30×700	4-ϕ15	4-M12×300	4-ϕ10	4-M36×800	Y450-6	630/6000
KZJ250-78	3475	2135	465	630	582	610	630	424	1110	230	465	240	450	900	900	520	42	34	500	4-ϕ28	4-M24×630	4-ϕ15	4-M12×300	4-ϕ10	4-M36×800	Y355L1-8	185/380
KZJ250-78	4075	2135	465	630	582	710	1000	545	1110	230	465	240	450	900	900	520	42	34	500	4-ϕ35	4-M30×700	4-ϕ15	4-M12×300	4-ϕ10	4-M36×800	Y400-8	250/6000
KZJ250-78	4075	2135	465	630	582	710	1000	545	1110	230	465	240	450	900	900	520	42	34	500	4-ϕ35	4-M30×700	4-ϕ15	4-M12×300	4-ϕ10	4-M36×800	Y400-8	280/6000
KZJ250-80	4255	2135	465	630	582	800	1120	605	1110	230	465	240	450	900	900	520	42	34	500	4-ϕ35	4-M30×700	4-ϕ15	4-M12×300	4-ϕ10	4-M36×800	Y450-6	500/6000
KZJ250-80	4255	2135	465	630	582	800	1120	605	1110	230	465	240	450	900	900	520	42	34	500	4-ϕ35	4-M30×700	4-ϕ15	4-M12×300	4-ϕ10	4-M36×800	Y450-6	630/6000

续表

泵型号	外形及安装尺寸(mm)																										配套电机	
	L	L_1	L_2	L_3	L_4	A	B	C	D	E	F	G	H	I	J	K	M	N	P	$n\text{-}\phi d_1$	$n\text{-}M_1 \times L_1$	$n\text{-}\phi d_2$	$n\text{-}M_2 \times L_2$	$n\text{-}\phi d_3$	$n\text{-}M_3 \times L_3$	型号	功率(kW)/电压(V)
KZJ250-80	4685	2135	465	630	582	900	1250	725	1110	230	465	240	500	900	900	520	42	34	500	4-φ42	4-M36×800	4-φ15	4-M12×300	4-φ40	4-M36×800	Y500-6	710/6000
KZJ250-80	3705	2135	465	630	582	610	630	424	1110	230	465	240	355	900	900	520	42	34	500	4-φ28	4-M24×630	4-φ15	4-M12×300	4-φ40	4-M36×800	Y355L2-8	200/380
KZJ250-80	4075	2135	465	630	582	710	1000	545	1110	230	465	240	400	900	900	520	42	34	500	4-φ35	4-M30×700	4-φ15	4-M12×300	4-φ40	4-M36×800	Y400-8	200/380
KZJ250-80	4075	2135	465	630	582	710	1000	545	1110	230	465	240	400	900	900	520	42	34	500	4-φ35	4-M30×700	4-φ15	4-M12×300	4-φ40	4-M36×800	Y400-8	280/380
KZJ250-83	4255	2135	465	630	582	800	1120	605	1110	230	465	240	450	900	900	520	42	34	500	4-φ35	4-M30×700	4-φ15	4-M12×300	4-φ40	4-M36×800	Y450-6	500/6000
KZJ250-83	4685	2135	465	630	582	900	1250	725	1110	230	465	240	500	900	900	520	42	34	500	4-φ42	4-M36×800	4-φ15	4-M12×300	4-φ40	4-M36×800	Y500-6	710/6000
KZJ250-83	4785	2135	465	630	582	900	1250	725	1110	230	465	240	500	900	900	520	42	34	500	4-φ42	4-M36×800	4-φ15	4-M12×300	4-φ40	4-M36×800	Y500-6	800/6000
KZJ250-83	4075	2135	465	630	582	710	1000	545	1110	230	465	240	400	900	900	520	42	34	500	4-φ35	4-M30×700	4-φ15	4-M12×300	4-φ40	4-M36×800	Y400-8	220/6000
KZJ250-83	4075	2135	465	630	582	710	1000	545	1110	230	465	240	400	900	900	520	42	34	500	4-φ35	4-M30×700	4-φ15	4-M12×300	4-φ40	4-M36×800	Y400-8	280/6000
KZJ250-83	4255	2135	465	630	582	800	1120	605	1110	230	465	240	450	900	900	520	42	34	500	4-φ35	4-M30×700	4-φ15	4-M12×300	4-φ40	4-M36×800	Y450-8	315/6000
KZJ250-85	4255	2135	465	630	582	800	1120	605	1110	230	465	240	450	900	900	520	42	34	500	4-φ35	4-M30×700	4-φ15	4-M12×300	4-φ40	4-M36×800	Y450-6	560/6000
KZJ250-85	4685	2135	465	630	582	900	1250	725	1110	230	465	240	500	900	900	520	42	34	500	4-φ42	4-M36×800	4-φ15	4-M12×300	4-φ40	4-M36×800	Y500-6	710/6000

续表

泵型号																											配套电机	
	外形及安装尺寸(mm)																											
	L	L_1	L_2	L_3	L_4	A	B	C	D	E	F	G	H	I	J	K	M	N	P	$n\text{-}\phi d_1$	$n\text{-}M_1 \times L_1$	$n\text{-}\phi d_2$	$n\text{-}M_2 \times L_2$	$n\text{-}\phi d_3$	$n\text{-}M_3 \times L_3$	型号	功率(kW)/电压(V)
KZJ250-85	4685	2135	465	630	582	900	1250	725	1110	230	465	240	500	900	900	520	42	34	500	4-φ42	4-M36×800	4-φ15	4-M12×300	4-φ40	4-M36×800	Y500-6	800/6000
KZJ250-85	4075	2135	465	630	582	710	1000	545	1110	230	465	240	400	900	900	520	42	34	500	4-φ35	4-M30×700	4-φ15	4-M12×300	4-φ40	4-M36×800	Y400-8	220/6000
KZJ250-85	4255	2135	465	630	582	800	1120	605	1110	230	465	240	450	900	900	520	42	34	500	4-φ35	4-M30×700	4-φ15	4-M12×300	4-φ40	4-M36×800	Y450-8	315/6000
KZJ250-90	4255	2135	594	630	450	800	1120	605	1110	370	330	240	450	1060	948	565	42	34	500	4-φ35	4-M30×700	4-φ15	4-M12×300	4-φ40	4-M36×800	Y450-8	315/6000
KZJ250-90	4255	2135	594	630	450	800	1120	606	1110	370	330	240	450	1060	948	565	42	34	500	4-φ35	4-M30×700	4-φ15	4-M12×300	4-φ40	4-M36×800	Y450-8	400/6000
KZJ250-90	4255	2135	594	630	450	800	1120	606	1110	370	330	240	450	1060	948	565	42	34	500	4-φ35	4-M30×700	4-φ15	4-M12×300	4-φ40	4-M36×800	Y450-8	450/6000
KZJ250-90	3705	2135	594	630	450	610	630	424	1110	370	330	240	355	1060	948	565	42	34	500	4-φ28	4-M24×630	4-φ15	4-M12×300	4-φ40	4-M36×800	Y355L2-10	160/6000
KZJ250-90	4255	2135	594	630	450	800	1120	605	1110	370	330	240	450	1060	948	565	42	34	500	4-φ35	4-M30×700	4-φ15	4-M12×300	4-φ40	4-M36×800	Y450-10	200/6000
KZJ250-90	4255	2135	594	630	450	800	1120	605	1110	370	330	240	450	1060	948	565	42	34	500	4-φ35	4-M30×700	4-φ15	4-M12×300	4-φ40	4-M36×800	Y450-10	250/6000
KZJ300-56	3506	1936	409	630	453	610	560	424	1110	200	340	240	355	810	748	400	30	34	500	4-φ28	4-M24×630	4-φ15	4-M12×300	4-φ40	4-M36×800	Y355M2-6	185/380
KZJ300-56	3506	1936	409	630	453	610	630	424	1110	200	340	240	355	810	748	400	30	34	500	4-φ28	4-M24×630	4-φ15	4-M12×300	4-φ40	4-M36×800	Y355L2-6	250/380
KZJ300-56	3756	1936	409	630	453	630	900	525	1110	200	340	240	355	810	748	400	30	34	500	4-φ28	4-M24×630	4-φ15	4-M12×300	4-φ40	4-M36×800	Y355L2-10	250/6000

续表

泵型号	外形及安装尺寸(mm)																										配套电机	
	L	L_1	L_2	L_3	L_4	A	B	C	D	E	F	G	H	I	J	K	M	N	P	n-ϕd_1	n-M_1×L_1	n-ϕd_2	n-M_2×L_2	n-ϕd_3	n-M_3×L_3	型号	功率(kW)/电压(V)
KZJ300-56	3276	1936	409	630	453	508	457	386	1110	200	340	240	315	810	748	400	30	34	500	4-φ28	4-M24×630	4-φ15	4-M12×300	4-φ40	4-M36×800	Y355M-8	75/380
KZJ300-56	3276	1936	409	630	453	508	508	386	1110	200	340	240	315	810	748	400	30	34	500	4-φ28	4-M24×630	4-φ15	4-M12×300	4-φ40	4-M36×800	Y355L2-8	110/380
KZJ300-65	4051	1931	415	630	437	800	1120	605	1110	200	320	240	450	810	748	400	30	34	500	4-φ35	4-M30×700	4-φ15	4-M12×300	4-φ40	4-M36×800	Y450-6	400/6000
KZJ300-65	4051	1931	415	630	437	800	1120	605	1110	200	320	240	450	810	748	400	30	34	500	4-φ35	4-M30×700	4-φ15	4-M12×300	4-φ40	4-M36×800	Y450-6	500/6000
KZJ300-65	3501	1931	415	630	437	610	560	424	1110	200	320	240	355	810	748	400	30	34	500	4-φ28	4-M24×630	4-φ15	4-M12×300	4-φ40	4-M36×800	Y355M2-8	160/380
KZJ300-65	3501	1931	415	630	437	610	630	424	1110	200	320	240	355	810	748	400	30	34	500	4-φ28	4-M24×630	4-φ15	4-M12×300	4-φ40	4-M36×800	Y355L2-8	200/380
KZJ300-65	3871	1931	415	630	437	710	1000	545	1110	200	320	240	400	810	748	400	30	34	500	4-φ35	4-M30×700	4-φ15	4-M12×300	4-φ40	4-M36×800	Y400-8	220/380
KZJ300-70	4050	1931	415	630	437	800	1120	605	1110	200	320	240	450	810	758	470	30	34	500	4-φ35	4-M30×700	4-φ15	4-M12×300	4-φ40	4-M36×800	Y450-6	450/6000
KZJ300-70	4050	1931	415	630	437	800	1120	605	1110	200	320	240	450	810	758	470	30	34	500	4-φ35	4-M30×700	4-φ15	4-M12×300	4-φ40	4-M36×800	Y450-6	630/6000
KZJ300-70	3501	1931	415	630	437	610	630	424	1110	200	320	240	355	810	758	470	30	34	500	4-φ28	4-M24×630	4-φ15	4-M12×300	4-φ40	4-M36×800	Y355L1-8	185/380
KZJ300-70	3871	1931	415	630	437	710	1000	545	1110	200	320	240	400	810	758	470	30	34	500	4-φ35	4-M30×700	4-φ15	4-M12×300	4-φ40	4-M36×800	Y400-8	250/6000
KZJ300-85	4271	2151	605	630	450	800	1120	605	1110	370	330	240	450	1060	928	560	24	34	500	4-φ35	4-M30×700	4-φ15	4-M12×300	4-φ40	4-M36×800	Y450-8	315/6000

泵型号	L	L_1	L_2	L_3	L_4	A	B	C	D	E	F	G	H	I	J	K	M	N	P	$n\text{-}\phi d_1$	$n\text{-}M_1 \times L_1$	$n\text{-}\phi d_2$	$n\text{-}M_2 \times L_2$	$n\text{-}\phi d_3$	$n\text{-}M_3 \times L_3$	型号	功率(kW)/电压(V)
KZJ300-85	4271	2151	605	630	450	800	1120	605	1110	370	330	240	450	1060	928	560	24	34	500	4-φ35	4-M30×700	4-φ15	4-M12×300	4-φ40	4-M36×800	Y450-8	450/6000
KZJ300-85	3721	2151	605	630	450	610	630	424	1110	370	330	240	355	1060	928	560	24	34	500	4-φ35	4-M30×700	4-φ15	4-M12×300	4-φ40	4-M36×800	Y355L2-10	160/380
KZJ300-85	4271	2151	605	630	450	800	1120	605	1110	370	330	240	450	1060	928	560	24	34	500	4-φ35	4-M30×700	4-φ15	4-M12×300	4-φ40	4-M36×800	Y450-10	220/6000
KZJ300-85	4271	2151	605	630	450	800	1120	605	1110	370	330	240	450	1060	928	560	24	34	500	4-φ35	4-M30×700	4-φ15	4-M12×300	4-φ40	4-M36×800	Y450-10	250/6000
KZJ300-90	4271	2151	605	630	450	800	1120	605	1110	370	330	240	450	1060	928	560	34	34	500	4-φ35	4-M30×700	4-φ15	4-M12×300	4-φ40	4-M36×800	Y450-10	355/6000
KZJ300-90	4701	2151	605	630	450	900	1250	725	1110	370	330	240	500	1060	928	560	34	34	500	4-φ42	4-M36×800	4-φ15	4-M12×300	4-φ40	4-M36×800	Y500-8	500/6000
KZJ300-90	4271	2151	605	630	450	800	1120	605	1110	370	330	240	450	1060	928	560	34	34	500	4-φ35	4-M30×700	4-φ15	4-M12×300	4-φ40	4-M36×800	Y450-10	185/6000
KZJ300-90	4271	2151	605	630	450	800	1120	605	1110	370	330	240	450	1060	928	560	34	34	500	4-φ35	4-M30×700	4-φ15	4-M12×300	4-φ40	4-M36×800	Y450-10	280/6000
KZJ300-95	4328	2208	470	630	635	800	1120	605	1100	240	520	240	450	1080	978	610	36	34	500	4-φ35	4-M30×700	4-φ15	4-M12×300	4-φ40	4-M36×800	Y450-10	280/6000
KZJ300-95	4758	2208	470	630	635	900	1250	725	1100	240	520	240	500	1080	978	610	36	34	500	4-φ42	4-M42×800	4-φ15	4-M12×300	4-φ40	4-M36×800	Y500-10	400/6000
KZJ300-95	4328	2208	470	630	635	800	1120	605	1100	240	520	240	450	1080	978	610	36	34	500	4-φ35	4-M30×700	4-φ15	4-M12×300	4-φ40	4-M36×800	Y450-12	185/6000
KZJ300-95	4328	2208	470	630	635	800	1120	605	1100	240	520	240	450	1080	978	610	36	34	500	4-φ35	4-M30×700	4-φ15	4-M12×300	4-φ40	4-M36×800	Y450-12	220/6000

外形及安装尺寸(mm)　　配套电机

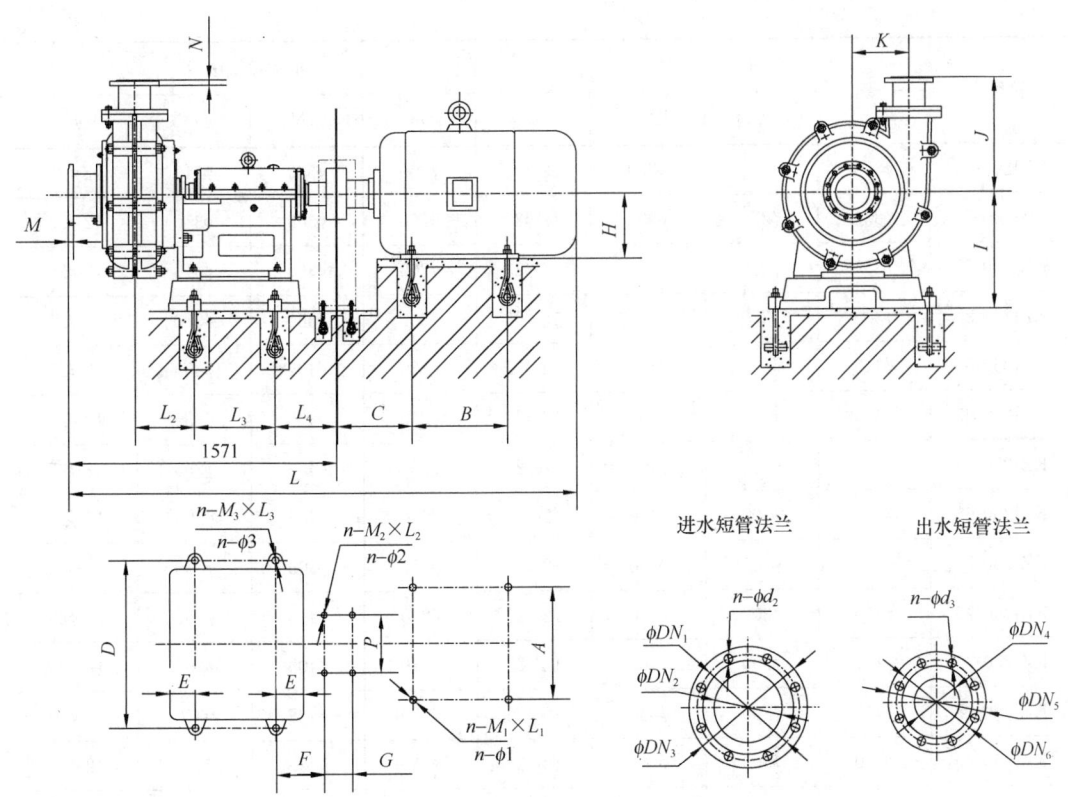

图 1-269　KZJ 型渣浆泵(只带水泵底座)外形及安装尺寸

KZJ 渣浆泵(不带底座)进出水短管法兰安装尺寸　　　　　　表 1-299

泵型号	进水短管法兰				出水短管法兰			
	ϕDN_1	ϕDN_2	ϕDN_3	$n\text{-}\phi d_2$	ϕDN_4	ϕDN_5	ϕDN_6	$n\text{-}\phi d_3$
KZJ150-55	$\phi295$	$\phi200$	$\phi335$	$8\text{-}\phi23$	$\phi150$	$\phi300$	$\phi250$	$8\text{-}\phi25$
KZJ150-58	$\phi295$	$\phi200$	$\phi335$	$8\text{-}\phi23$	$\phi150$	$\phi300$	$\phi250$	$8\text{-}\phi25$
KZJ150-60	$\phi295$	$\phi200$	$\phi335$	$8\text{-}\phi23$	$\phi150$	$\phi300$	$\phi250$	$8\text{-}\phi25$
KZJ150-63	$\phi295$	$\phi200$	$\phi335$	$8\text{-}\phi23$	$\phi150$	$\phi300$	$\phi250$	$8\text{-}\phi26$
KZJ150-65	$\phi295$	$\phi200$	$\phi335$	$8\text{-}\phi23$	$\phi150$	$\phi300$	$\phi250$	$8\text{-}\phi26$
KZJ150-70	$\phi295$	$\phi200$	$\phi335$	$8\text{-}\phi23$	$\phi150$	$\phi300$	$\phi250$	$8\text{-}\phi26$
KZJ200-58	$\phi350$	$\phi250$	$\phi390$	$12\text{-}\phi23$	$\phi200$	$\phi360$	$\phi310$	$12\text{-}\phi25$
KZJ200-60	$\phi350$	$\phi250$	$\phi390$	$12\text{-}\phi23$	$\phi200$	$\phi360$	$\phi310$	$12\text{-}\phi26$
KZJ200-63	$\phi350$	$\phi250$	$\phi390$	$12\text{-}\phi23$	$\phi200$	$\phi360$	$\phi310$	$12\text{-}\phi26$
KZJ200-65	$\phi350$	$\phi250$	$\phi390$	$12\text{-}\phi23$	$\phi200$	$\phi360$	$\phi310$	$12\text{-}\phi26$
KZJ200-68	$\phi350$	$\phi250$	$\phi390$	$12\text{-}\phi23$	$\phi200$	$\phi360$	$\phi310$	$12\text{-}\phi26$

泵型号	进水短管法兰				出水短管法兰			
	ϕDN_1	ϕDN_2	ϕDN_3	$n\text{-}\phi d_2$	ϕDN_4	ϕDN_5	ϕDN_6	$n\text{-}\phi d_3$
KZJ200-70	$\phi 350$	$\phi 250$	$\phi 390$	$12\text{-}\phi 23$	$\phi 200$	$\phi 360$	$\phi 310$	$12\text{-}\phi 26$
KZJ200-73	$\phi 355$	$\phi 250$	$\phi 405$	$12\text{-}\phi 23$	$\phi 200$	$\phi 360$	$\phi 310$	$12\text{-}\phi 25$
KZJ200-75	$\phi 355$	$\phi 250$	$\phi 405$	$12\text{-}\phi 23$	$\phi 200$	$\phi 360$	$\phi 310$	$12\text{-}\phi 25$
KZJ200-80	$\phi 355$	$\phi 250$	$\phi 405$	$12\text{-}\phi 23$	$\phi 200$	$\phi 360$	$\phi 310$	$12\text{-}\phi 25$
KZJ250-60	$\phi 410$	$\phi 300$	$\phi 460$	$12\text{-}\phi 23$	$\phi 250$	$\phi 405$	$\phi 355$	$12\text{-}\phi 25$
KZJ250-63	$\phi 410$	$\phi 300$	$\phi 460$	$12\text{-}\phi 23$	$\phi 250$	$\phi 405$	$\phi 355$	$12\text{-}\phi 25$
KZJ250-65	$\phi 410$	$\phi 300$	$\phi 460$	$12\text{-}\phi 23$	$\phi 250$	$\phi 405$	$\phi 355$	$12\text{-}\phi 25$
KZJ250-68	$\phi 410$	$\phi 300$	$\phi 460$	$12\text{-}\phi 23$	$\phi 250$	$\phi 405$	$\phi 355$	$12\text{-}\phi 25$
KZJ250-70	$\phi 410$	$\phi 300$	$\phi 460$	$12\text{-}\phi 23$	$\phi 250$	$\phi 405$	$\phi 355$	$12\text{-}\phi 25$
KZJ250-73	$\phi 410$	$\phi 300$	$\phi 460$	$12\text{-}\phi 23$	$\phi 250$	$\phi 405$	$\phi 355$	$12\text{-}\phi 25$
KZJ250-75	$\phi 410$	$\phi 300$	$\phi 460$	$12\text{-}\phi 23$	$\phi 250$	$\phi 405$	$\phi 355$	$12\text{-}\phi 25$
KZJ250-78	$\phi 410$	$\phi 300$	$\phi 460$	$12\text{-}\phi 26$	$\phi 250$	$\phi 425$	$\phi 370$	$12\text{-}\phi 30$
KZJ250-80	$\phi 410$	$\phi 300$	$\phi 460$	$12\text{-}\phi 26$	$\phi 250$	$\phi 425$	$\phi 370$	$12\text{-}\phi 30$
KZJ250-83	$\phi 410$	$\phi 300$	$\phi 460$	$12\text{-}\phi 26$	$\phi 250$	$\phi 425$	$\phi 370$	$12\text{-}\phi 30$
KZJ250-85	$\phi 410$	$\phi 300$	$\phi 460$	$12\text{-}\phi 26$	$\phi 250$	$\phi 425$	$\phi 370$	$12\text{-}\phi 30$
KZJ250-90	$\phi 410$	$\phi 300$	$\phi 460$	$12\text{-}\phi 26$	$\phi 250$	$\phi 425$	$\phi 370$	$12\text{-}\phi 30$
KZJ300-56	$\phi 445$	$\phi 350$	$\phi 485$	$16\text{-}\phi 23$	$\phi 300$	$\phi 460$	$\phi 410$	$12\text{-}\phi 25$
KZJ300-65	$\phi 460$	$\phi 350$	$\phi 500$	$16\text{-}\phi 23$	$\phi 300$	$\phi 460$	$\phi 410$	$12\text{-}\phi 25$
KZJ300-70	$\phi 460$	$\phi 350$	$\phi 500$	$16\text{-}\phi 23$	$\phi 300$	$\phi 460$	$\phi 410$	$12\text{-}\phi 25$
KZJ300-85	$\phi 460$	$\phi 350$	$\phi 500$	$16\text{-}\phi 23$	$\phi 300$	$\phi 460$	$\phi 410$	$12\text{-}\phi 25$
KZJ300-90	$\phi 460$	$\phi 350$	$\phi 500$	$16\text{-}\phi 23$	$\phi 300$	$\phi 460$	$\phi 410$	$12\text{-}\phi 25$
KZJ300-95	$\phi 515$	$\phi 400$	$\phi 565$	$16\text{-}\phi 25$	$\phi 300$	$\phi 460$	$\phi 410$	$12\text{-}\phi 26$

1.11　离 心 式 杂 质 泵

1.11.1　ZWⅡ自吸式无堵塞排污泵

(1)用途:ZWⅡ自吸式无堵塞排污泵集自吸和无堵塞排污于一体,采用轴向回流外混式,既可像一般自吸清水泵那样不需要安装底阀和灌引水,又可吸排含有大颗粒固体和长纤维杂质的液体,可用于市政排污工程、河塘养殖、轻工、造纸、纺织、食品、化工、电业、纤维、浆料和混合悬浮等化工介质。

（2）型号意义说明：

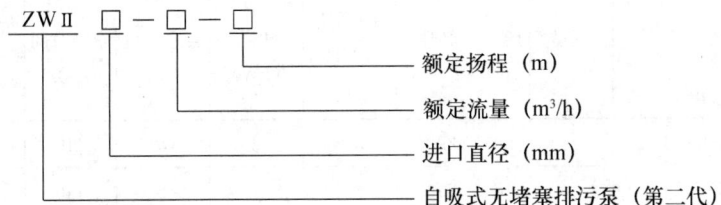

- 额定扬程（m）
- 额定流量（m³/h）
- 进口直径（mm）
- 自吸式无堵塞排污泵（第二代）

（3）结构：ZWⅡ型泵主要由泵体、叶轮、泵盖、机械密封、进口阀（单向逆止阀）、气液分离管、吸入管及排出管等组成。泵体内设有储液腔，通过回流孔与泵工作腔相同，构成泵的轴向回流外混式系统，启动时可在泵内形成一定的真空度，达到自吸的目的。首次使用或长时间停用后再次启动前，通过加水塞加水不少于泵体容积三分之二，以后开机不需要再灌引水。从电机端看水泵顺时针旋转，严禁逆转。输送介质密度不超过 1050kg/m³，吸入管总长度不大于 10m（20℃、标准大气压）。

（4）性能：ZWⅡ自吸式无堵塞排污泵性能见图 1-270、图 1-271 及表 1-300。

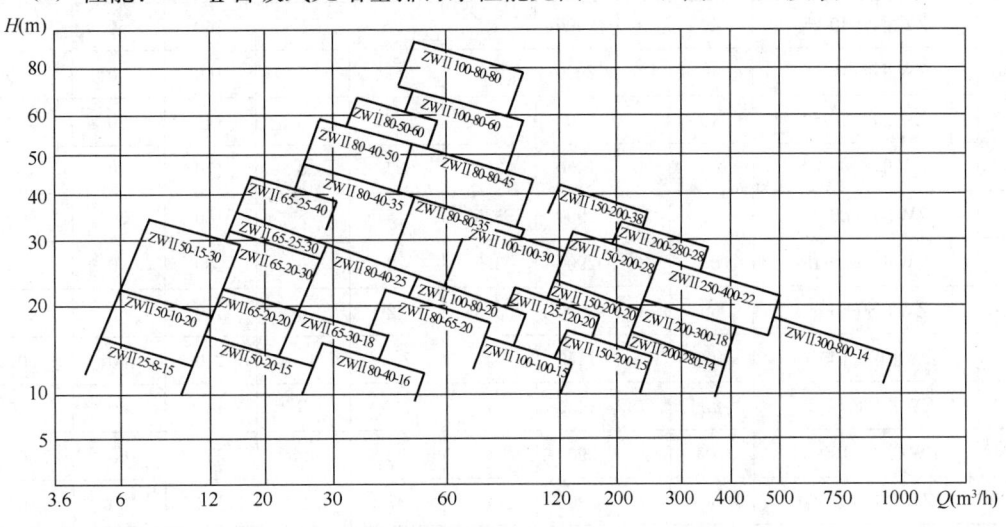

图 1-270　ZWⅡ自吸式无堵塞排污泵型谱图

ZWⅡ自吸式无堵塞排污泵性能　　　　　　　　　　　　表 1-300

序号	型号	流量（m³/h）	扬程（m）	转速（r/min）	汽蚀余量（NPSH)r（m）	电机功率（kW）	自吸高度（m）	自吸时间（s）	允许通过异物（mm）颗粒直径	允许通过异物（mm）纤维长度
1	ZWⅡ25-8-15	8	15	2900	3.5	1.5	4.5	110	15	120
2	ZWⅡ32-10-20	10	20	2900	3.5	2.2	4.5	110	20	150
3	ZWⅡ40-20-15	20	15	2900	3.5	2.2	5	110	25	230
4	ZWⅡ40-15-30	15	30	2900	3.5	3	5	110	25	230
5	ZWⅡ50-10-20	10	20	2900	3.5	2.2	4	150	30	250
6	ZWⅡ50-20-15	20	15	2900	3.5	2.2	4	150	30	250

序号	型号	流量 (m³/h)	扬程 (m)	转速 (r/min)	汽蚀余量 (NPSH)r (m)	电机功率 (kW)	自吸高度 (m)	自吸时间 (s)	允许通过异物 (mm)	
									颗粒直径	纤维长度
7	ZWⅡ50-15-30	15	30	2900	3.5	3	5	110	30	250
8	ZWⅡ65-30-18	30	18	2900	3.5	4	5	140	40	380
9	ZWⅡ65-20-20	20	20	2900	3.5	3	5	140	40	380
10	ZWⅡ65-20-30	20	30	2900	3.5	5.5	5	140	40	380
11	ZWⅡ65-25-30	25	30	2900	3.5	5.5	5	140	40	380
12	ZWⅡ65-25-40	25	40	2900	3.5	7.5	5	120	40	380
13	ZWⅡ80-40-16（2）	40	16	2900	3.5	4	5	160	50	400
14	ZWⅡ80-40-16（4）	40	16	1450	3.5	4	5	160	50	400
15	ZWⅡ80-40-25	40	25	2900	3.5	7.5	5	160	50	400
16	ZWⅡ80-40-35	40	35	2900	3.5	11	5	160	50	400
17	ZWⅡ80-40-50	40	50	2900	3.5	18.5	5	140	50	400
18	ZWⅡ80-65-20	65	20	1450	3.5	7.5	5	170	50	400
19	ZWⅡ80-80-35	80	35	2900	3.5	15	5	180	50	400
20	ZWⅡ80-80-45	80	45	2900	3.5	22	5	180	50	400
21	ZWⅡ80-50-60	50	60	2900	3.5	22	5	150	50	400
22	ZWⅡ100-100-15	100	15	1450	4	7.5	4.5	210	60	500
23	ZWⅡ100-80-20	80	20	1450	4	7.5	5	180	60	500
24	ZWⅡ100-100-30	100	30	2900	4	22	4.5	210	60	500
25	ZWⅡ100-80-60	80	60	2900	4	37	5	180	60	500
26	ZWⅡ100-80-80	80	80	2900	4	45	5	180	60	500
27	ZWⅡ125-120-20	120	20	1450	4	15	3.5	190	80	750
28	ZWⅡ150-200-15	200	15	1450	4	15	3	250	80	750
29	ZWⅡ150-200-20	200	20	1450	4	22	3	250	80	750
30	ZWⅡ150-200-28	200	28	1450	4	30	3	250	80	750
31	ZWⅡ150-200-38	200	38	1450	4	55	3	250	80	750
32	ZWⅡ200-280-14	280	14	1450	4	22	3	250	120	1000
33	ZWⅡ200-300-18	300	18	1450	4	37	3	250	120	1000
34	ZWⅡ200-280-28	280	28	1450	4	45	3	250	120	1000
35	ZWⅡ250-400-22	400	22	1450	4	55	3	250	150	1600
36	ZWⅡ300-800-14	800	14	1450	4	55	3	250	170	2000

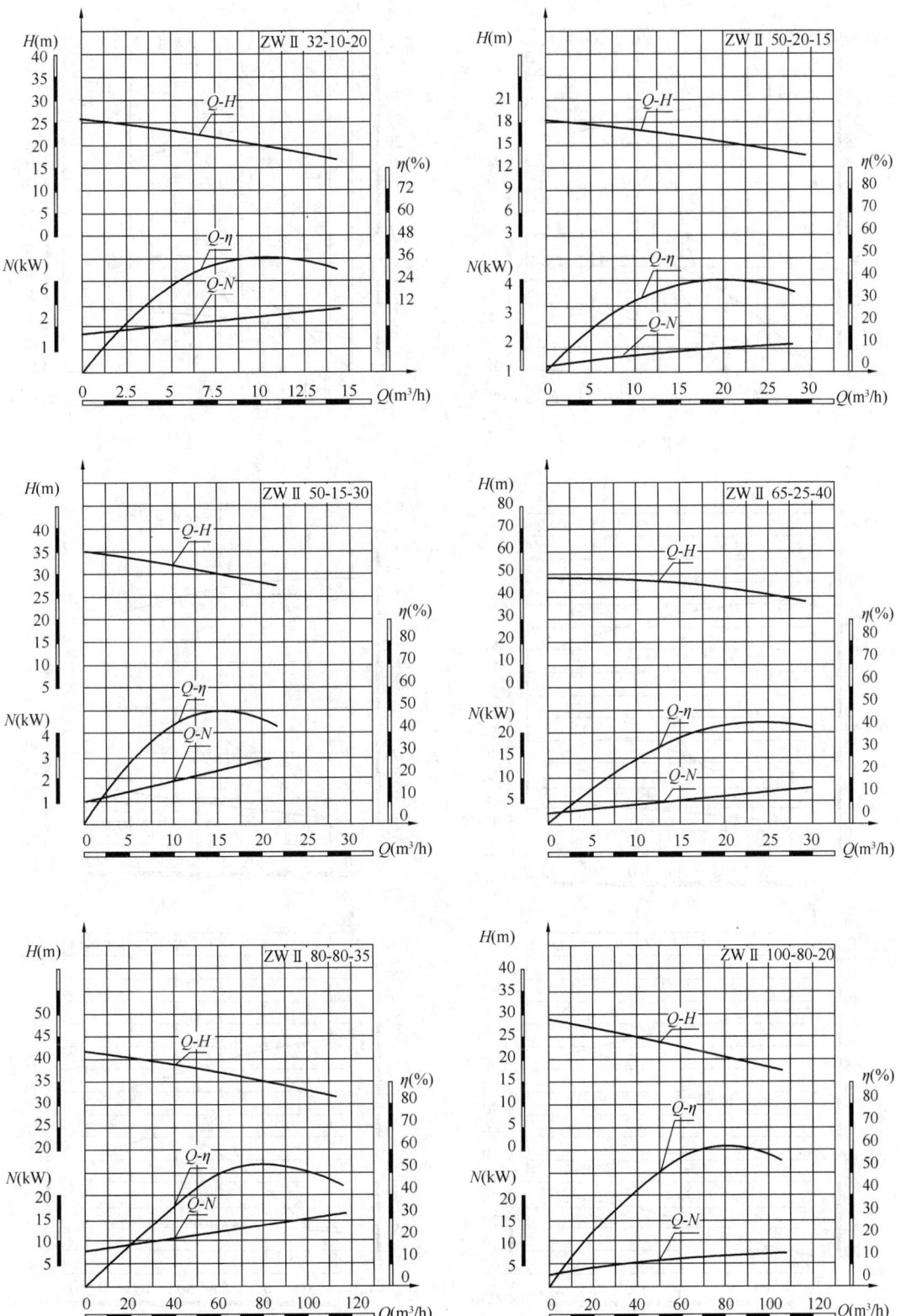

图 1-271 ZWⅡ自吸式无堵塞排污泵性能曲线

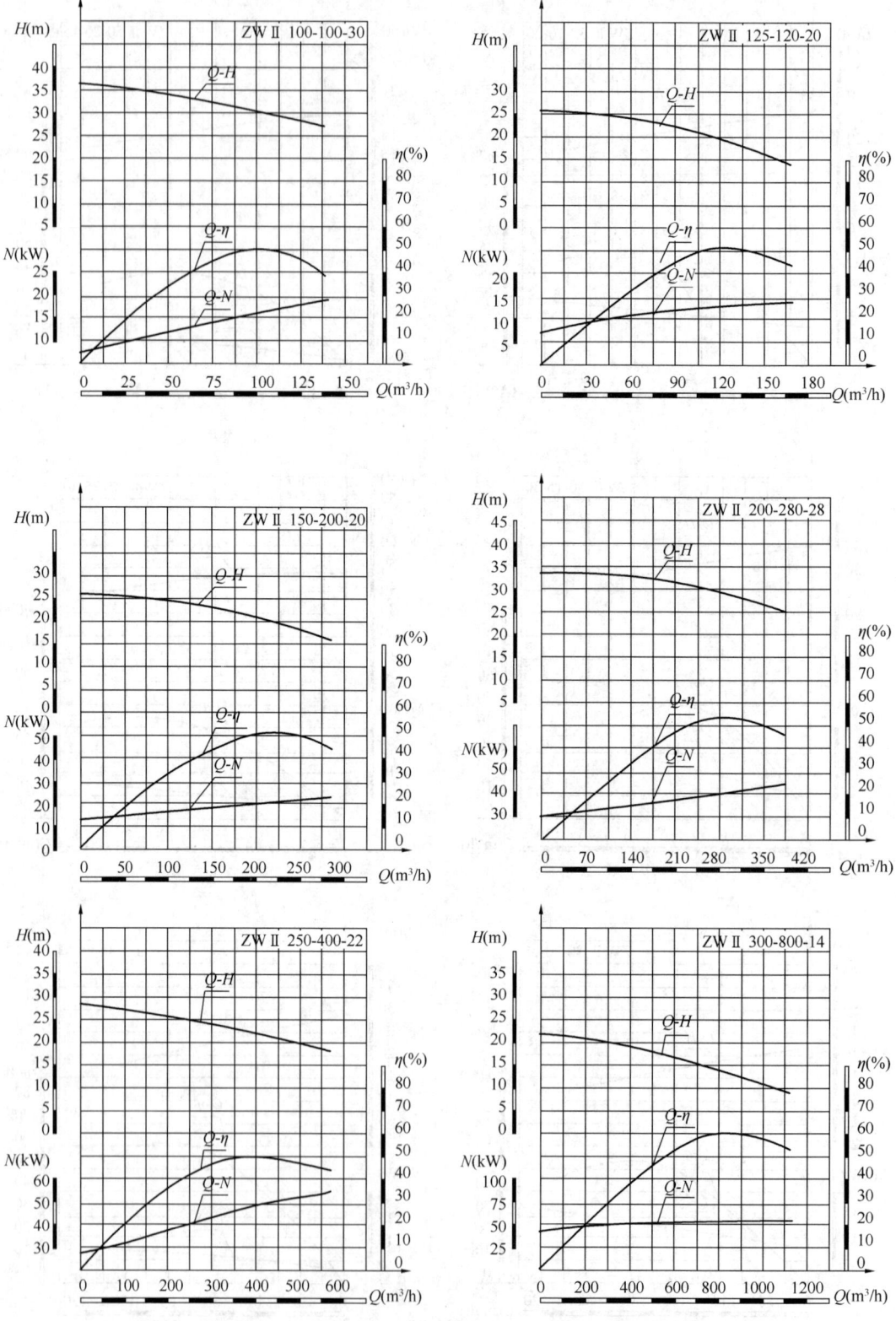

图 1-271 ZWⅡ自吸式无堵塞排污泵性能曲线（续）

（5）外形及安装尺寸：ZWⅡ自吸式无堵塞排污泵外形及安装尺寸见图 1-272 及表 1-301。

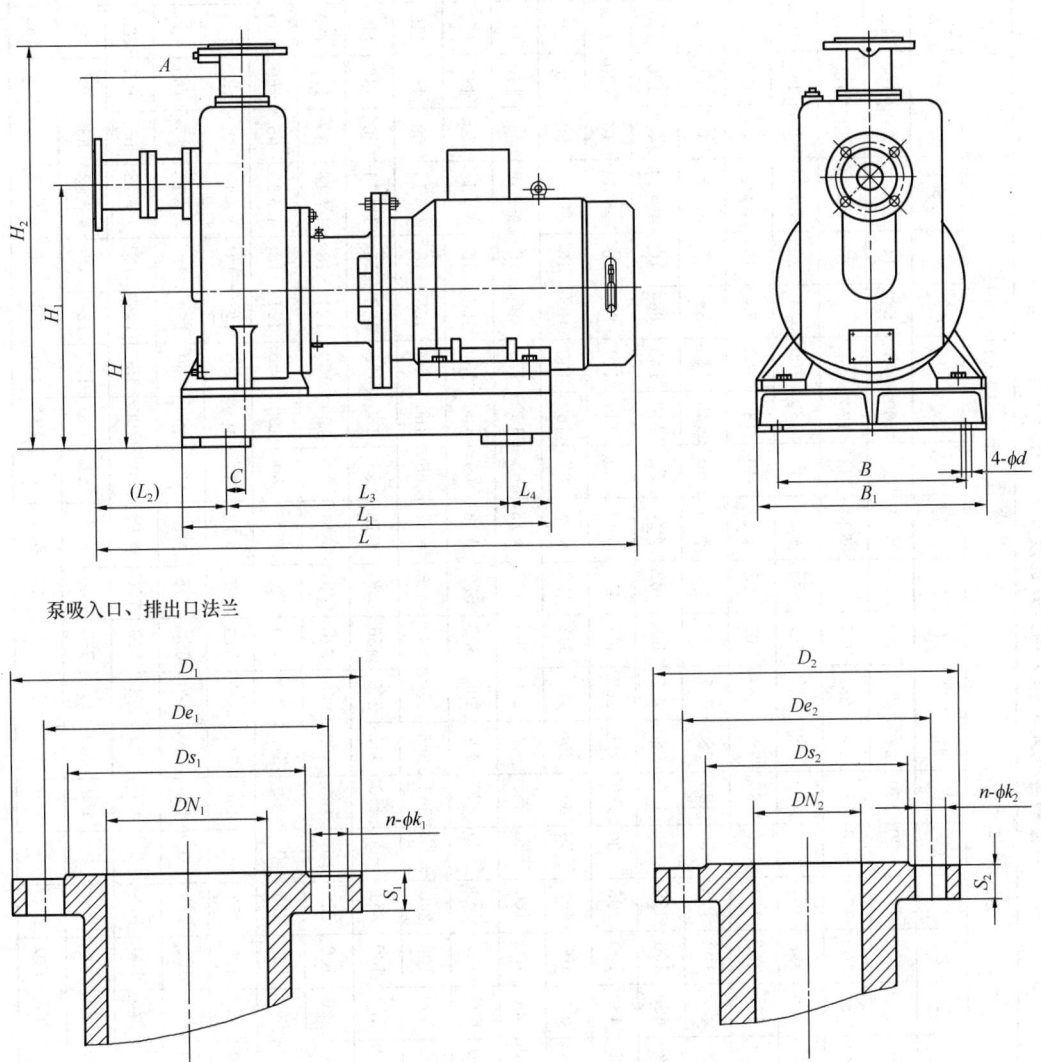

泵吸入口、排出口法兰

图 1-272 ZWⅡ自吸式无堵塞排污泵外形及安装尺寸

表 1-301

ZW Ⅱ 自吸式无堵塞排污泵外形及安装尺寸 (mm)

序号	型号	外形安装尺寸													吸入口法兰尺寸						排出口法兰尺寸					
		L	L_1	L_2	L_3	L_4	A	C	B	B_1	H	H_1	H_2	$4\text{-}\phi d$	DN_1	D_1	De_1	Ds_1	S_1	$n\text{-}\phi k_1$	DN_2	D_2	De_2	Ds_2	S_2	$n\text{-}\phi k_2$
1	ZW Ⅱ 25-8-15	788	680	120	480	100	171	-30	180	280	267	407	473	$\phi 14$	25	100	75	58	14	$4\text{-}\phi 12$	25	100	75	58	14	$4\text{-}\phi 14$
2	ZW Ⅱ 32-10-20	817	680	120	480	100	171	-30	180	280	267	407	473	$\phi 14$	32	120	90	69	16	$4\text{-}\phi 14$	32	120	90	69	16	$4\text{-}\phi 14$
3	ZW Ⅱ 40-20-15	829	680	120	480	100	183	-30	180	280	267	407	485	$\phi 14$	40	130	100	78	16	$4\text{-}\phi 14$	40	130	100	78	16	$4\text{-}\phi 14$
4	ZW Ⅱ 40-15-30	844	680	120	480	100	195	-30	180	280	267	407	537	$\phi 14$	40	130	100	78	16	$4\text{-}\phi 14$	40	130	100	78	16	$4\text{-}\phi 14$
5	ZW Ⅱ 50-10-20	822	680	120	480	100	176	-30	180	280	267	407	478	$\phi 14$	50	140	110	88	16	$4\text{-}\phi 14$	40	130	100	78	16	$4\text{-}\phi 14$
6	ZW Ⅱ 50-20-15	822	680	120	480	100	176	-30	180	280	267	407	482	$\phi 14$	50	140	110	88	16	$4\text{-}\phi 14$	40	130	100	78	16	$4\text{-}\phi 14$
7	ZW Ⅱ 50-15-30	844	680	120	480	100	195	-30	180	280	267	407	537	$\phi 14$	50	140	110	88	16	$4\text{-}\phi 14$	40	130	100	78	16	$4\text{-}\phi 14$
8	ZW Ⅱ 65-30-18	935	770	135	570	100	188	-20	355	365	192	342	492	$\phi 18$	65	160	130	108	16	$4\text{-}\phi 14$	50	140	110	88	16	$4\text{-}\phi 14$
9	ZW Ⅱ 65-20-20	1020	800	150	600	100	180	-20	355	400	200	360	530	$\phi 18$	65	160	130	108	16	$4\text{-}\phi 14$	50	140	110	88	16	$4\text{-}\phi 14$
10	ZW Ⅱ 65-20-30	1020	800	150	600	100	180	-20	320	400	200	360	530	$\phi 18$	65	160	130	108	16	$4\text{-}\phi 14$	50	140	110	88	16	$4\text{-}\phi 14$
11	ZW Ⅱ 65-25-30	985	760	130	560	100	240	-20	365	365	230	380	525	$\phi 18$	65	160	130	108	16	$4\text{-}\phi 14$	50	140	110	88	16	$4\text{-}\phi 15$
12	ZW Ⅱ 65-25-40	1087	770	140	570	100	361	-20	450	415	245	456	730	$\phi 18$	65	160	130	108	16	$4\text{-}\phi 14$	50	140	110	88	16	$4\text{-}\phi 16$
13	ZW Ⅱ 80-40-16 (2)	1187	920	150	720	100	268	0	460	480	300	530	740	$\phi 18$	80	190	150	124	18	$4\text{-}\phi 18$	65	160	130	108	16	$4\text{-}\phi 14$
14	ZW Ⅱ 80-40-16 (4)	1262	1060	200	860	100	258	0	460	510	300	480	705	$\phi 18$	80	190	150	124	18	$4\text{-}\phi 18$	65	160	130	108	16	$4\text{-}\phi 14$
15	ZW Ⅱ 80-40-25	1332	1060	200	860	100	258	0	460	510	320	510	725	$\phi 18$	80	190	150	124	18	$4\text{-}\phi 18$	65	160	130	108	16	$4\text{-}\phi 14$
16	ZW Ⅱ 80-40-35	1365	1060	200	860	100	276	0	450	510	320	550	775	$\phi 18$	80	190	150	124	18	$4\text{-}\phi 18$	65	160	130	108	16	$4\text{-}\phi 14$
17	ZW Ⅱ 80-40-50	1259	920	150	720	100	318	0	450	480	300	520	770	$\phi 18$	80	190	150	124	18	$4\text{-}\phi 18$	65	160	130	108	16	$4\text{-}\phi 14$
18	ZW Ⅱ 80-65-20	1200	920	150	720	100	268	0	460	480	300	530	740	$\phi 18$	80	190	150	124	18	$4\text{-}\phi 18$	65	160	130	108	16	$4\text{-}\phi 14$
19	ZW Ⅱ 80-80-35	1347	1060	200	860	100	273	0	546	510	320	530	740	$\phi 18$	80	190	150	124	18	$4\text{-}\phi 18$	65	160	130	108	16	$4\text{-}\phi 14$

续表

序号	型号	外形安装尺寸													吸入口法兰尺寸						排出口法兰尺寸					
		L	L_1	L_2	L_3	L_4	A	C	B	B_1	H	H_1	H_2	$4\text{-}\phi d$	DN_1	D_1	De_1	Ds_1	S_1	$n\text{-}\phi k_1$	DN_2	D_2	De_2	Ds_2	S_2	$n\text{-}\phi k_2$
20	ZWII80-80-45	1575	1320	220	1120	100	318	0	560	610	292	512	762	$\phi18$	80	190	150	124	18	$4\text{-}\phi18$	65	160	130	108	16	$4\text{-}\phi14$
21	ZWII80-50-60	1616	1450	250	1250	100	292	0	480	620	365	625	875	$\phi18$	80	200	160	132	22	$8\text{-}\phi18$	65	185	145	118	20	$4\text{-}\phi14$
22	ZWII100-100-15	1496	1130	215	930	100	382	5	480	540	340	620	860	$\phi23$	100	210	170	144	18	$4\text{-}\phi18$	80	190	150	124	18	$4\text{-}\phi18$
23	ZWII100-80-20	1496	1130	215	930	100	382	5	560	540	340	620	860	$\phi23$	100	210	170	144	18	$4\text{-}\phi18$	80	190	150	124	18	$4\text{-}\phi18$
24	ZWII100-100-30	1591	1280	250	1080	100	356	5	560	600	350	650	910	$\phi23$	100	210	170	144	18	$4\text{-}\phi18$	80	190	150	124	18	$4\text{-}\phi18$
25	ZWII100-80-60	1656	1280	250	1080	100	356	5	546	600	350	650	910	$\phi23$	100	220	180	156	24	$8\text{-}\phi18$	80	200	160	132	22	$8\text{-}\phi18$
26	ZWII100-80-80	1717	1320	270	1120	100	462	5	560	610	350	630	930	$\phi23$	100	220	180	156	24	$8\text{-}\phi18$	80	200	160	132	22	$8\text{-}\phi18$
27	ZWII125-120-20	1827	1450	250	1250	100	462	20	600	620	380	660	960	$\phi23$	125	240	200	174	20	$8\text{-}\phi18$	100	210	170	144	18	$4\text{-}\phi18$
28	ZWII150-200-15	2063	1576	338	1376	100	505	20	600	650	400	720	1070	$\phi23$	150	265	225	199	20	$8\text{-}\phi18$	125	240	200	174	20	$8\text{-}\phi18$
29	ZWII150-200-20	2104	1576	338	1376	100	532	20	760	650	400	725	1096	$\phi23$	150	265	225	199	20	$8\text{-}\phi18$	125	240	200	174	20	$8\text{-}\phi18$
30	ZWII150-200-28	2326	1860	420	1660	100	668	20	760	840	495	875	1295	$\phi23$	150	265	225	199	20	$8\text{-}\phi18$	125	240	200	174	20	$8\text{-}\phi18$
31	ZWII150-200-38	1827	1450	250	1250	100	462	20	600	620	380	660	960	$\phi23$	150	265	225	199	20	$8\text{-}\phi18$	125	240	200	174	20	$8\text{-}\phi18$
32	ZWII200-280-14	2063	1576	338	1376	100	505	20	600	650	400	720	1070	$\phi23$	200	320	280	254	22	$8\text{-}\phi18$	150	265	225	199	20	$8\text{-}\phi18$
33	ZWII200-300-18	1827	1450	250	1250	100	462	20	600	620	380	660	960	$\phi23$	200	320	280	254	22	$8\text{-}\phi18$	150	265	225	199	20	$8\text{-}\phi18$
34	ZWII200-280-28	2063	1576	338	1376	100	505	20	600	650	400	720	1070	$\phi23$	200	320	280	254	22	$8\text{-}\phi18$	150	265	225	199	20	$8\text{-}\phi18$
35	ZWII250-400-22	2104	1576	338	1376	100	532	20	760	650	400	725	1096	$\phi23$	250	375	335	309	24	$12\text{-}\phi18$	200	320	280	255	22	$8\text{-}\phi18$
36	ZWII300-800-14	2326	1860	420	1660	100	668	20	760	840	495	875	1295	$\phi23$	300	440	395	363	24	$12\text{-}\phi23$	250	375	335	310	24	$12\text{-}\phi18$

注：泵吸入口按0.6MPa国家标准尺寸制造（除个别1.0MPa）。

1.11.2　WL 立式排污泵

（1）用途：WL 立式排污泵主要用于市政工程、楼宇建筑、工业排污处理方面，可用于排送含固体颗粒及各种长纤维的污水、废水、雨水和城市污水。WL 立式排污泵采用无阻塞泵体，叶轮配置立式电机，泵与电机直联。适于安装在干式泵房使用，具有结构简单、便于维修、高效、安全、可靠、寿命长等优点，在排送含固形物和长纤维的污水方面，具有独特的优越性。

（2）型号意义说明：

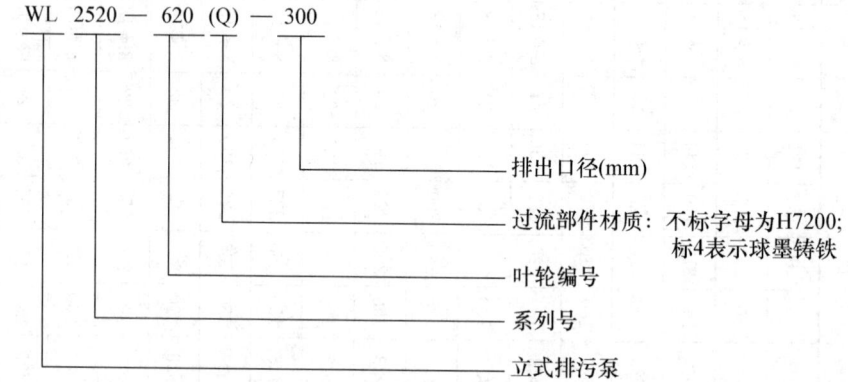

（3）结构：WL 系列立式泵采用无堵塞泵体、双流道叶轮，固形物易通过、纤维不易缠绕。配套立式电机，泵与电机直联，叶轮装在电机轴上。轴封采用机械密封。安装方式一般为侧向吸入。泵体、泵盖、叶轮采用铸铁或球墨铸铁，不能用于抽送强腐蚀液体或含有强腐蚀固体颗粒的介质。

（4）性能、外形及安装尺寸：WL 立式排污泵性能、外形及安装尺寸见图 1-273、图 1-274 及表 1-302、表 1-303。

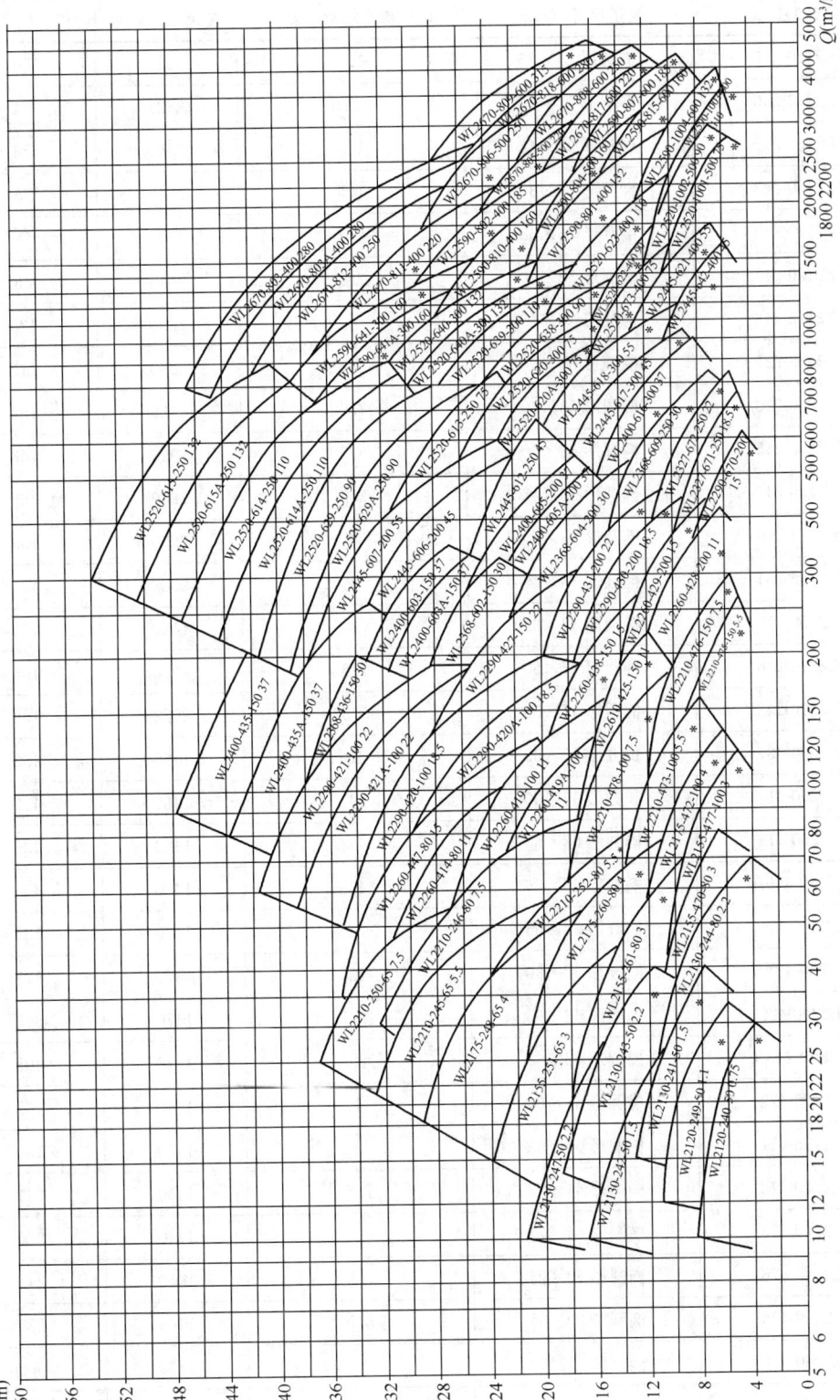

图 1-273 WL 立式排污泵型谱图

WL 立式排污泵性能

表 1-302

泵型号	流道尺寸（mm）	电机额定功率（kW）	转速（r/min）	机组重（kg）
WL2120-249	椭圆形 27×36	1.1	2825	56
WL2120-240	椭圆形 27×36	0.75	2825	54
WL2130-241	椭圆形 32×43	1.5	2840	78
WL2130-242	椭圆形 31×39	1.5	2840	76
WL2130-243	椭圆形 36×38	2.2	2840	88
WL2130-247	椭圆形 33×40	2.2	2840	86
WL2175-248	椭圆形 33×40	4	2890	125
WL2155-251	椭圆形 33×40	3	2880	113
WL2210-250	椭圆形 33×40	7.5	2920	150
WL2210-245	椭圆形 33×40	5.5	2920	143
WL2130-244	椭圆形 36×48	2.2	2840	99
WL2175-260	椭圆形 33×40	4	2890	133
WL2155-261	椭圆形 33×40	3	2880	121
WL2155-470	椭圆形 58×62	3	1420	154
WL2210-246	椭圆形 47×50	7.5	2920	165
WL2210-252	椭圆形 47×50	5.5	2920	158
WL2260-437	长方形 35×60	15	1460	432
WL2260-414	长方形 35×60	11	1460	412
WL2260-419	椭圆形 62×66	11	1460	435
WL2260-419A	椭圆形 62×66	11	1460	435
WL2290-421	椭圆形 62×66	22	1470	525
WL2290-421A	椭圆形 62×66	22	1470	523
WL2290-420	椭圆形 62×66	18.5	1470	500
WL2290-420A	椭圆形 62×66	18.5	1470	498
WL2175-472	椭圆形 61×63	4	1440	165
WL2155-477	椭圆形 61×63	3	1420	155
WL2210-478	椭圆形 64×72	7.5	1440	231
WL2210-473	椭圆形 64×72	5.5	1440	220
WL2210-476	椭圆形 70×95	7.5	1460	249
WL2210-475	椭圆形 70×95	5.5	1460	239
WL2260-438	椭圆形 77×79	15	1460	500
WL2260-425	椭圆形 77×79	11	1460	480

泵型号	流道尺寸（mm）	电机额定功率（kW）	转速（r/min）	机组重（kg）
WL2290-427	椭圆形 72×90	22	1470	562
WL2400-435	椭圆形 112×131	37	1480	985
WL2400-435A	椭圆形 112×131	37	1480	980
WL2368-436	椭圆形 112×131	30	1480	950
WL2400-603	椭圆形 90×116	37	980	924
WL2400-603A	椭圆形 90×116	37	980	819
WL2368-602	椭圆形 90×116	30	980	890
WL2260-429	椭圆形 90×103	15	1460	565
WL2260-428	椭圆形 90×103	11	1460	540
WL2290-670	椭圆形 104×104	15	980	558
WL2290-431	椭圆形 85×93	22	1470	616
WL2290-430	椭圆形 85×93	18.5	1470	596
WL2400-605	椭圆形 112×131	37	980	1035
WL2400-605A	椭圆形 112×131	37	980	1030
WL2366-604	椭圆形 112×131	30	980	1020
WL2445-607	椭圆形 111×120	55	980	1408
WL2445-606	椭圆形 111×120	45	980	1228
WL2327-672	椭圆形 132×150	22	980	860
WL2327-671	椭圆形 132×150	18.5	980	810
WL2368-609	椭圆形 130×152	30	980	1052
WL2445-612	椭圆形 122×133	45	980	1327
WL2520-613	椭圆形 136×152	75	990	2300
WL2520-615	椭圆形 138×145	132	990	2800
WL2520-615A	椭圆形 138×145	132	990	2790
WL2520-614	椭圆形 138×145	110	990	2680
WL2520-614A	椭圆形 138×145	110	990	2670
WL2520-629	椭圆形 138×145	90	990	2580
WL2520-629A	椭圆形 138×145	90	990	2570
WL2400-616	椭圆形 135×172	37	980	1085
WL2445-618	椭圆形 149×136	55	980	1590
WL2445-617	椭圆形 149×136	45	980	1530
WL2520-620	椭圆形 157×162	75	990	2335

泵型号	流道尺寸（mm）	电机额定功率（kW）	转速（r/min）	机组重（kg）
WL2520-620A	椭圆形 157×162	75	990	2235
WL2520-640	椭圆形 175×160	132	990	2750
WL2520-640A	椭圆形 175×160	132	990	2740
WL2520-639	椭圆形 175×160	110	990	2620
WL2520-638	椭圆形 175×160	90	990	2530
WL2590-641	椭圆形 165×170	160	990	3170
WL2590-641A	椭圆形 165×170	160	990	3160
WL2445-621	椭圆形 194×217	55	990	1730
WL2445-642	椭圆形 194×217	45	990	1670
WL2520-673	圆形 φ216	75	980	3270
WL2520-623	椭圆形 189×219	110	990	2850
WL2520-622	椭圆形 189×219	90	990	2685
WL2590-801	椭圆形 288×253	132	745	3480
WL2590-802	椭圆形 225×235	185	745	4000
WL2590-810	椭圆形 225×235	160	745	3850
WL2670-803	椭圆形 212×230	280	745	6180
WL2670-803A	椭圆形 212×230	280	745	5170
WL2670-812	椭圆形 212×230	250	745	5940
WL2670-811	椭圆形 212×230	220	745	5700
WL2520-1002	椭圆形 282×260	90	580	3620
WL2520-1001	椭圆形 282×260	75	580	3500
WL2590-804	椭圆形 290×250	160	745	4655
WL2670-806	椭圆形 238×268	250	745	5705
WL2670-805	椭圆形 238×268	220	745	5465
WL2590-1004	椭圆形 332×292	132	590	4800
WL2590-1003	椭圆形 332×292	100	590	4700
WL2590-807	圆形 φ315	185	745	4960
WL2590-815	圆形 φ315	315	745	4810
WL2670-808	椭圆形 302×274	250	745	5980
WL2670-817	椭圆形 302×274	250	745	5840
WL2670-809	椭圆形 317×272	315	745	6590
WL2670-818	椭圆形 317×272	280	745	6280

表 1-303

WL 立式排污泵外形及安装尺寸

泵型号	外形及安装尺寸 (mm)														进出口法兰尺寸 (mm)			
	L_1	L_2	L_3	L_4	L_5	L_6	$A \times B$	$C \times D$	$E \times F$	h_1	h_2	h_3	h_4	h_5	ϕDN_1	ϕDN_2	ϕDN_3	$n\text{-}\phi d_1$
WL2120-249	140	92	100	102	82	220	350×350	220×220	280×280	430	171	246	380	150	φ50	φ100	φ140	4-φ13.5
WL2120-240	140	92	100	102	82	220	350×350	220×220	280×280	430	171	246	380	150	φ50	φ100	φ140	4-φ13.5
WL2130-241	160	112	100	124	100	220	350×350	220×220	280×280	450	180	405	380	150	φ50	φ110	φ140	4-φ13.5
WL2130-242	150	101	100	107	94	220	350×350	220×220	280×280	450	169	244	340	150	φ50	φ110	φ140	4-φ13.5
WL2130-243	150	105	100	113	96	220	350×350	220×220	280×280	500	178	403	350	150	φ50	φ110	φ140	4-φ13.5
WL2130-247	150	105	100	113	96	220	350×350	220×220	280×280	500	173	248	350	150	φ50	φ110	φ140	4-φ13.5
WL2175-248	180	111	120	120	105	260	400×400	260×260	350×350	560	207	437	600	150	φ65	φ130	φ160	4-φ13.5
WL2155-251	180	111	120	120	105	260	400×400	260×260	350×350	560	207	437	600	150	φ65	φ130	φ160	4-φ13.5
WL2210-250	200	125	120	130	110	260	400×400	260×260	350×350	650	200	430	530	150	φ65	φ130	φ160	4-φ13.5
WL2210-245	200	125	120	130	110	260	400×400	260×260	350×350	650	200	430	530	150	φ65	φ130	φ160	4-φ13.5
WL2130-244	180	117	180	126	104	350	450×450	320×320	400×400	500	210	520	650	180	φ80	φ150	φ190	4-φ17.5
WL2175-260	180	120	180	130	106	350	450×450	320×320	400×400	580	208	518	710	180	φ85	φ150	φ190	4-φ17.5
WL2155-261	180	120	180	130	106	350	450×450	320×320	400×400	580	208	518	710	180	φ85	φ150	φ190	4-φ17.5
WL2155-470	235	157	180	170	146	350	450×450	320×320	400×400	600	215	525	650	180	φ80	φ150	φ190	4-φ17.5
WL2210-246	200	130	180	140	120	350	480×480	320×320	400×400	650	203	513	650	180	φ80	φ150	φ190	4-φ17.5
WL2210-252	200	130	180	140	120	350	480×480	320×320	400×400	650	203	513	650	180	φ80	φ150	φ190	4-φ17.5
WL2260-437	350	212	220	219	205	330	570×570	420×420	500×500	880	300	450	660	120	φ80	φ150	φ190	4-φ17.5
WL2260-414	350	212	220	219	205	330	570×570	420×420	500×500	880	300	450	660	120	φ80	φ150	φ190	4-φ17.5
WL2260-419	350	205	220	216	194	350	570×570	420×420	500×500	890	300	450	670	150	φ100	φ170	φ210	4-φ17.5
WL2260-419A	350	205	220	216	194	350	570×570	420×420	500×500	890	300	450	670	150	φ100	φ170	φ210	4-φ17.5
WL2290-421	360	236	240	245	227	380	670×670	520×520	600×600	1310	310	490	730	150	φ100	φ170	φ210	4-φ17.5
WL2290-421A	360	236	240	245	227	380	670×670	520×520	600×600	1310	310	490	730	150	φ100	φ170	φ210	4-φ17.5
WL2290-420	360	236	240	245	227	380	670×670	520×520	600×600	1310	310	490	730	150	φ100	φ170	φ210	4-φ17.5

泵型号	外形及安装尺寸（mm）														进出口法兰尺寸（mm）			
	L_1	L_2	L_3	L_4	L_5	L_6	$A \times B$	$C \times D$	$E \times F$	h_1	h_2	h_3	h_4	h_5	ϕDN_1	ϕDN_2	ϕDN_3	$n\text{-}\phi d_1$
WL2290-420A	360	236	240	245	227	380	670×670	520×520	600×600	1310	310	490	730	150	φ100	φ170	φ210	4-φ17.5
WL2175-472	250	171	220	186	155	350	480×480	350×350	420×420	600	240	430	560	200	φ100	φ170	φ210	4-φ17.5
WL2155-477	250	171	220	186	155	350	480×480	350×350	420×420	600	240	430	560	200	φ100	φ170	φ210	4-φ17.5
WL2210-478	275	180	220	200	160	350	480×480	350×350	420×420	890	252	452	620	200	φ100	φ170	φ210	4-φ17.5
WL2210-473	275	180	220	200	160	350	480×480	350×350	420×420	890	252	452	620	200	φ100	φ170	φ210	4-φ17.5
WL2210-476	350	212	300	242	176	380	670×670	520×520	600×600	670	330	482	720	200	φ150	φ225	φ265	8-φ17.5
WL2210-475	350	212	300	242	176	380	670×670	520×520	600×600	670	330	482	720	200	φ150	φ225	φ265	8-φ17.5
WL2260-438	365	244	300	252	197	380	670×670	520×520	600×600	900	300	475	700	200	φ150	φ225	φ265	8-φ17.5
WL2260-425	365	244	300	252	197	380	670×670	520×520	600×600	900	300	475	700	200	φ150	φ225	φ265	8-φ17.5
WL2290-427	440	243	300	262	224	380	670×670	520×520	600×600	1310	300	490	740	200	φ150	φ225	φ265	8-φ17.5
WL2400-435	470	305	300	320	287	380	670×670	520×520	600×600	1390	300	548	700	200	φ150	φ225	φ265	8-φ17.5
WL2400-435A	470	305	300	320	287	380	670×670	520×520	600×600	1390	300	548	700	200	φ150	φ225	φ265	8-φ17.5
WL2368-436	470	305	300	320	287	380	670×670	520×520	600×600	1390	300	548	700	200	φ150	φ225	φ265	8-φ17.5
WL2400-603	500	328	300	343	310	380	670×670	520×520	600×600	1465	330	555	730	200	φ150	φ225	φ265	8-φ17.5
WL2400-603A	500	328	300	343	310	380	670×670	520×520	600×600	1465	330	555	730	200	φ150	φ225	φ265	8-φ17.5
WL2368-602	500	328	300	343	310	380	670×670	520×520	600×600	1465	330	555	730	200	φ150	φ225	φ265	8-φ17.5
WL2260-429	400	254	360	295	212	380	670×670	520×520	600×600	920	330	540	790	280	φ200	φ280	φ320	8-φ17.5
WL2260-428	400	254	360	295	212	380	670×670	520×520	600×600	920	330	540	790	280	φ200	φ280	φ320	8-φ17.5
WL2290-670	400	302	360	340	256	500	670×670	520×520	600×600	920	360	635	950	280	φ200	φ280	φ320	8-φ17.5
WL2290-431	420	267	360	300	320	380	670×670	520×520	600×600	1320	320	540	800	280	φ200	φ280	φ320	8-φ17.5
WL2290-430	420	267	360	300	320	380	670×670	520×520	600×600	1320	320	540	800	280	φ200	φ280	φ320	8-φ17.5
WL2400-605	550	345	420	375	316	500	850×850	700×700	800×800	1475	410	655	860	280	φ200	φ280	φ320	8-φ17.5
WL2400-605A	550	345	420	375	316	500	850×850	700×700	800×800	1475	410	655	860	280	φ200	φ280	φ320	8-φ17.5

续表

泵型号	外形及安装尺寸 (mm)														进出口法兰尺寸 (mm)			
	L_1	L_2	L_3	L_4	L_5	L_6	$A\times B$	$C\times D$	$E\times F$	h_1	h_2	h_3	h_4	h_5	ϕDN_1	ϕDN_2	ϕDN_3	$n\text{-}\phi d_1$
WL2366-604	550	345	420	375	316	500	850×850	700×700	800×800	1475	410	655	860	280	φ200	φ280	φ320	8-φ17.5
WL2445-607	600	380	420	402	359	500	850×850	700×700	800×800	1535	420	685	915	280	φ200	φ280	φ320	8-φ17.5
WL2445-606	600	380	420	402	359	500	850×850	700×700	800×800	1535	420	685	915	280	φ200	φ280	φ320	8-φ17.5
WL2327-672	500	340	350	405	282	680	670×670	520×520	600×600	1450	350	660	950	325	φ250	φ335	φ375	12-φ17.5
WL2327-671	500	340	350	405	282	680	670×670	520×520	600×600	1450	350	660	950	325	φ250	φ335	φ375	12-φ17.5
WL2368-609	520	347	420	390	300	685	850×850	700×700	800×800	1500	425	685	895	325	φ250	φ335	φ375	12-φ17.5
WL2445-612	525	384	420	427	335	680	850×850	700×700	800×800	1557	423	673	900	325	φ250	φ335	φ375	12-φ17.5
WL2520-613	650	400	420	430	365	680	1000×1000	700×700	800×800	2090	460	700	940	325	φ250	φ335	φ375	12-φ17.5
WL2520-615	750	440	500	470	415	680	1200×1200	1000×1000	1100×1100	2070	520	770	1000	325	φ250	φ335	φ375	12-φ17.5
WL2520-615A	750	440	500	470	415	680	1200×1200	1000×1000	1100×1100	2070	520	770	1000	325	φ250	φ335	φ375	12-φ17.5
WL2520-614	750	440	500	470	415	680	1200×1200	1000×1000	1100×1100	2070	520	770	1000	325	φ250	φ335	φ375	12-φ17.5
WL2520-614A	750	440	500	470	415	680	1200×1200	1000×1000	1100×1100	2070	520	770	1000	325	φ250	φ335	φ375	12-φ17.5
WL2520-629	750	440	500	470	415	680	1200×1200	1000×1000	1100×1100	2070	520	770	1000	325	φ250	φ335	φ375	12-φ17.5
WL2520-629A	750	440	50C	470	415	680	1200×1200	1000×1000	1100×1100	2070	520	770	1000	325	φ250	φ335	φ375	12-φ17.5
WL2400-616	550	378	480	430	327	500	850×850	700×700	800×800	1510	430	685	950	400	φ300	φ395	φ440	12-φ22
WL2445-618	550	397	480	454	344	500	850×850	700×700	800×800	1570	430	670	925	400	φ300	φ395	φ440	12-φ22
WL2445-617	550	397	480	454	344	500	850×850	700×700	800×800	1570	430	670	925	400	φ300	φ395	φ440	12-φ22
WL2520-620	650	400	480	448	355	500	850×850	700×700	800×800	2100	425	695	950	400	φ300	φ395	φ440	12-φ22
WL2520-620A	650	400	480	448	355	500	850×850	700×700	800×800	2100	425	695	950	400	φ300	φ395	φ440	12-φ22
WL2520-640	650	435	480	485	385	500	1000×1000	800×800	900×900	2110	465	695	950	400	φ300	φ395	φ440	12-φ22
WL2520-640A	650	435	480	485	385	500	1000×1000	800×800	900×900	2110	465	695	950	400	φ300	φ395	φ440	12-φ22
WL2520-639	650	435	480	485	385	500	1000×1000	800×800	900×900	2110	465	695	950	400	φ300	φ395	φ440	12-φ22
WL2520-638	650	435	480	485	385	500	1000×1000	800×800	900×900	2110	465	695	950	400	φ300	φ395	φ440	12-φ22

泵型号	外形及安装尺寸 (mm)														进出口法兰尺寸 (mm)			
	L_1	L_2	L_3	L_4	L_5	L_6	$A \times B$	$C \times D$	$E \times F$	h_1	h_2	h_3	h_4	h_5	ϕDN_1	ϕDN_2	ϕDN_3	n-ϕd_1
WL2590-641	700	445	480	485	405	500	1000×1000	800×800	900×900	2500	475	695	1000	400	$\phi300$	$\phi395$	$\phi440$	12-$\phi22$
WL2590-641A	700	445	480	485	405	500	1000×1000	800×800	900×900	2500	475	695	1000	400	$\phi300$	$\phi395$	$\phi440$	12-$\phi22$
WL2445-621	680	475	610	555	393	650	1000×1000	800×800	900×900	1610	517	900	1160	500	$\phi300$	$\phi395$	$\phi440$	12-$\phi22$
WL2445-642	680	475	610	555	393	650	1000×1000	800×800	900×900	1610	517	900	1160	500	$\phi300$	$\phi395$	$\phi440$	12-$\phi22$
WL2520-573	650	465	610	540	388	650	1000×1000	800×800	900×900	2100	535	940	1360	500	$\phi400$	$\phi515$	$\phi565$	16-$\phi26$
WL2520-623	700	503	610	588	417	650	1000×1000	800×800	900×900	2140	535	910	1200	500	$\phi400$	$\phi515$	$\phi565$	16-$\phi26$
WL2520-622	700	503	610	588	417	650	1000×1000	800×800	900×900	2140	535	910	1200	500	$\phi400$	$\phi515$	$\phi565$	16-$\phi26$
WL2590-801	780	580	720	655	495	720	1300×1300	1100×1100	1200×1200	2550	660	980	1370	500	$\phi400$	$\phi515$	$\phi565$	16-$\phi26$
WL2590-802	850	560	720	630	500	720	1300×1300	1100×1100	1200×1200	2550	635	980	1400	500	$\phi400$	$\phi515$	$\phi565$	16-$\phi26$
WL2590-810	850	560	720	630	500	720	1300×1300	1100×1100	1200×1200	2550	635	980	1400	500	$\phi400$	$\phi515$	$\phi565$	16-$\phi26$
WL2670-803	850	590	720	650	540	720	1300×1300	1100×1100	1200×1200	2670	665	985	1300	500	$\phi400$	$\phi515$	$\phi565$	16-$\phi26$
WL2670-803A	850	590	720	650	540	720	1300×1300	1100×1100	1200×1200	2670	665	985	1300	500	$\phi400$	$\phi515$	$\phi565$	16-$\phi26$
WL2670-812	850	590	720	650	540	720	1300×1300	1100×1100	1200×1200	2670	665	985	1300	500	$\phi400$	$\phi515$	$\phi565$	16-$\phi26$
WL2670-811	850	590	720	650	540	720	1300×1300	1100×1100	1200×1200	2670	665	985	1300	500	$\phi400$	$\phi515$	$\phi565$	16-$\phi26$
WL2520-1002	880	615	720	705	520	720	1300×1300	1100×1100	1200×1200	2160	700	695	1260	650	$\phi500$	$\phi620$	$\phi670$	20-$\phi26$
WL2520-1001	880	615	720	705	520	720	1300×1300	1100×1100	1200×1200	2160	700	695	1260	650	$\phi500$	$\phi620$	$\phi670$	20-$\phi26$
WL2590-804	850	590	720	670	500	720	1300×1300	1100×1100	1200×1200	2560	665	975	1400	650	$\phi500$	$\phi620$	$\phi670$	20-$\phi26$
WL2670-806	980	650	720	720	575	545	1300×1300	1100×1100	1200×1200	2670	660	955	1300	650	$\phi500$	$\phi620$	$\phi670$	20-$\phi26$
WL2670-805	980	650	720	720	575	545	1300×1300	1100×1100	1200×1200	2670	660	955	1300	650	$\phi500$	$\phi620$	$\phi670$	20-$\phi26$
WL2590-1004	1000	690	830	815	560	720	1300×1300	1100×1100	1200×1200	2620	720	1075	1600	780	$\phi600$	$\phi725$	$\phi780$	20-$\phi30$
WL2590-1003	1000	690	830	815	560	720	1300×1300	1100×1100	1200×1200	2620	720	1075	1600	780	$\phi600$	$\phi725$	$\phi780$	20-$\phi30$
WL2590-807	1000	705	830	815	575	720	1300×1300	1100×1100	1200×1200	2600	720	1095	1550	780	$\phi600$	$\phi725$	$\phi780$	20-$\phi30$
WL2590-815	1000	705	830	815	575	720	1300×1300	1100×1100	1200×1200	2600	720	1095	1550	780	$\phi600$	$\phi725$	$\phi780$	20-$\phi30$
WL2670-808	920	645	830	720	740	545	1300×1300	1100×1100	1200×1200	2780	700	1050	1400	780	$\phi600$	$\phi725$	$\phi780$	20-$\phi30$
WL2670-817	920	645	830	720	740	545	1300×1300	1100×1100	1200×1200	2780	700	1050	1400	780	$\phi600$	$\phi725$	$\phi780$	20-$\phi30$
WL2670-809	1000	645	830	740	555	720	1300×1300	1100×1100	1200×1200	2690	700	1050	1400	780	$\phi600$	$\phi725$	$\phi780$	20-$\phi30$
WL2670-818	1000	645	830	740	555	720	1300×1300	1100×1100	1200×1200	2690	700	1050	1400	780	$\phi600$	$\phi725$	$\phi780$	20-$\phi30$

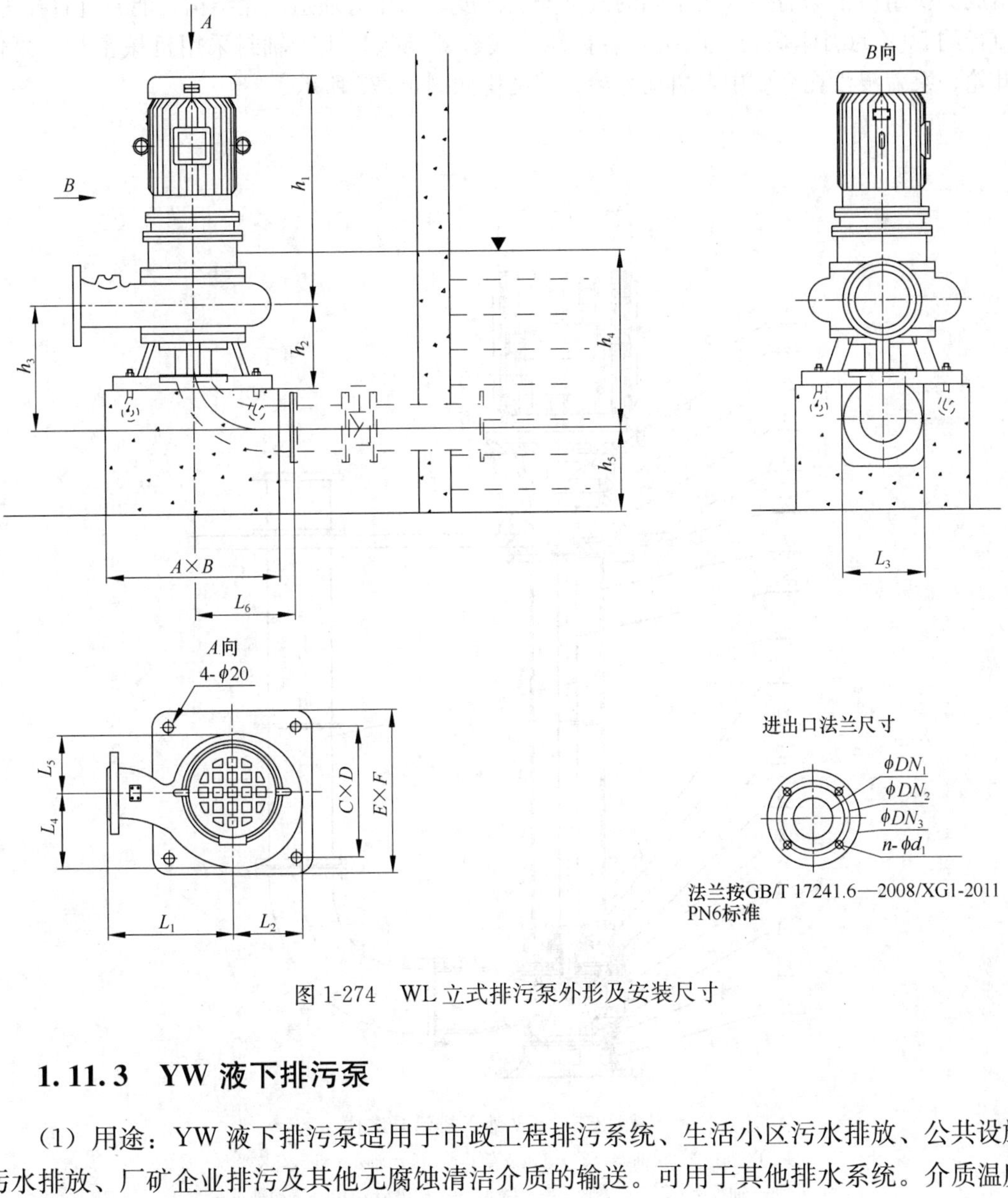

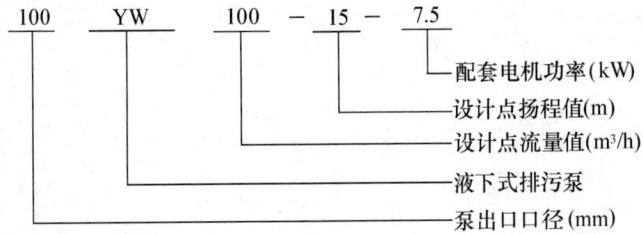

图 1-274 WL 立式排污泵外形及安装尺寸

1.11.3 YW 液下排污泵

(1) 用途：YW 液下排污泵适用于市政工程排污系统、生活小区污水排放、公共设施污水排放、厂矿企业排污及其他无腐蚀清洁介质的输送。可用于其他排水系统。介质温度 $-15\sim60℃$；介质密度 $\leqslant1.3\times10^3\,kg/m^3$。

(2) 型号意义说明：

```
100    YW    100  -  15  -  7.5
 │      │     │      │      │
 │      │     │      │      └── 配套电机功率(kW)
 │      │     │      └───────── 设计点扬程值(m)
 │      │     └──────────────── 设计点流量值(m³/h)
 │      └────────────────────── 液下式排污泵
 └───────────────────────────── 泵出口口径(mm)
```

(3) 结构：YW 型泵由泵体、泵盖、主轴、支撑管、轴承、联轴器、电机和出液管等组成。机组可根据需要采用不同的液下安装深度。采用大通道叶轮结构，能通过直径为泵口径约 50％的固体颗粒。电机安装在池体或容器顶板以上，轴封采用机械密封。泵体、叶轮、泵盖浸没在介质中，启动容易。其结构如图 1-275 所示。

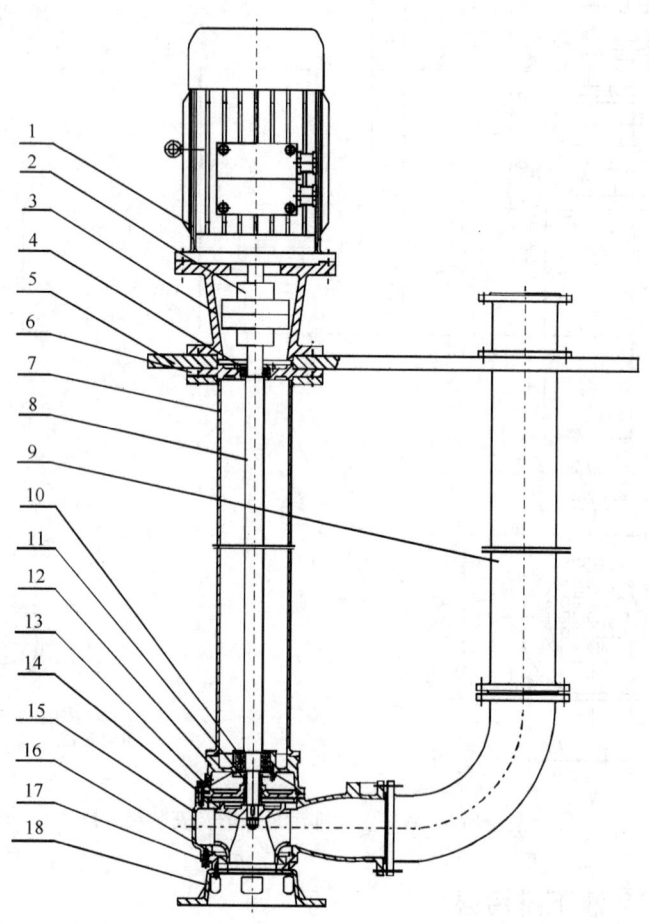

图 1-275　YW 液下排污泵结构
1—电机；2—联轴器；3—电机支架；4—滚动轴承；5—安装平盘；
6—轴承座；7—支撑管；8—主轴；9—出液管；10—滚动轴承；
11—机械密封；12—油室；13—油室平板；14—叶轮；15—泵体；
16—密封环；17—泵体下盖；18—底座

（4）性能、外形及安装尺寸：YW 液下排污泵性能、外形及安装尺寸见图 1-276～图 1-298、表 1-304～表 1-314。

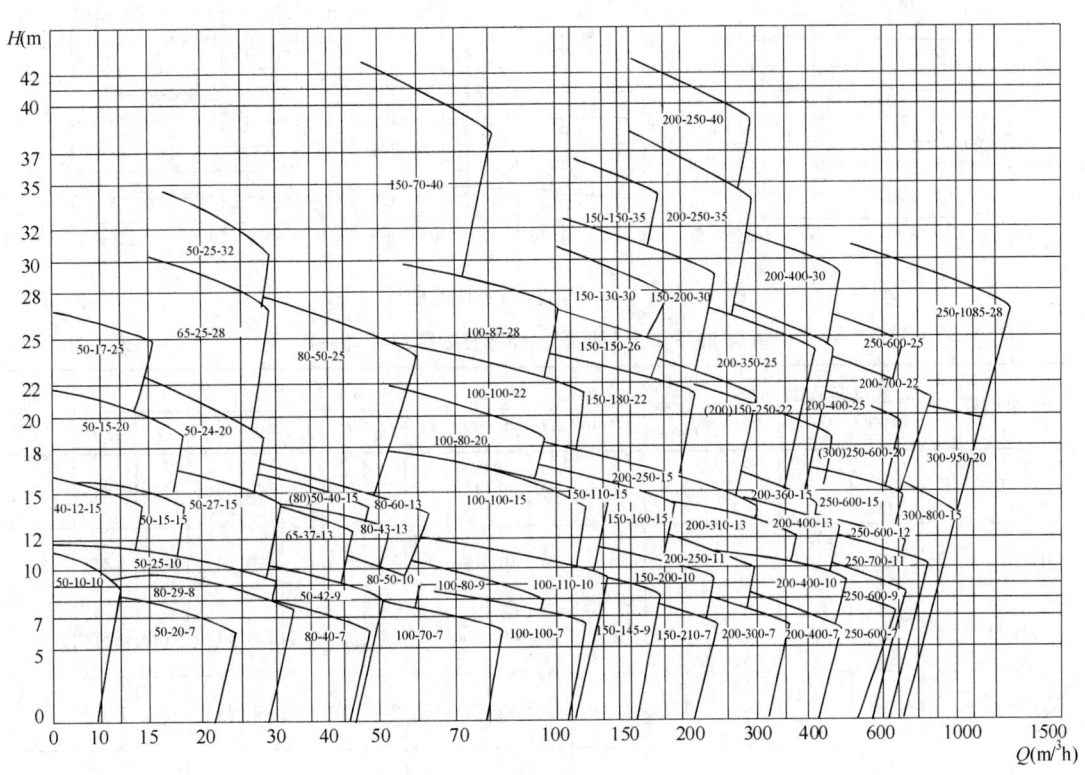

图 1-276 YW 液下排污泵型谱图

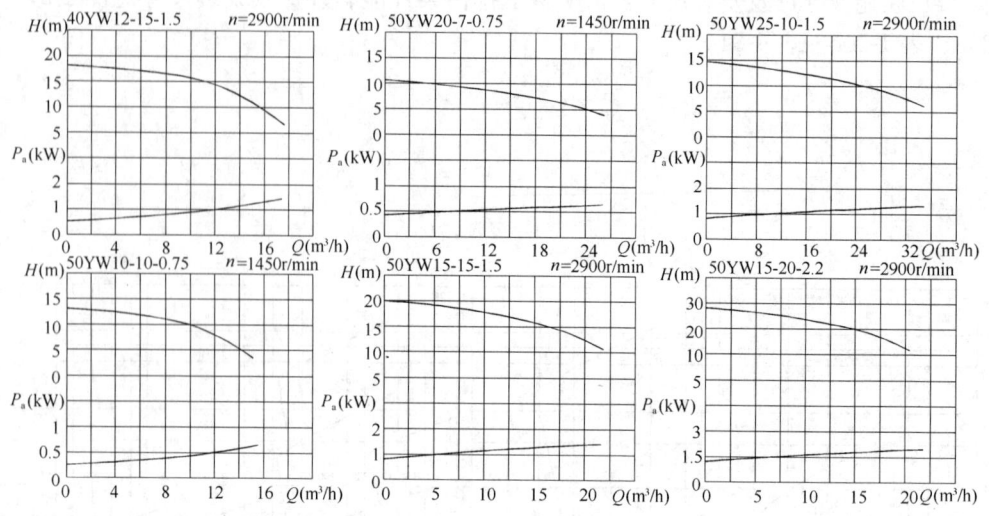

图 1-277 YW 液下排污泵性能曲线（一）

YW 液下排污泵性能、外形及安装尺寸（一） 表 1-304

泵型号	流量 Q (m³/h)	扬程 H (m)	效率 η (%)	电机功率 (kW)	转速 (r/min)	尺寸（mm）											泵重 (kg)
						H	H_1	H_2	H_3	H_4	L_1	L_2	DN	D_1	D_2	n-d	
40YW12-15-1.5	8.4 12 14.4	16 15 14	41 48 47	1.5	2900	350	80	118	345	217	200	160	φ40	φ100	φ130	4-φ14	60
50W10-10-0.75	7 10 12	11.5 10 8	48 54 52	0.75	1450	340	80	150	400	245	240	160	φ50	φ110	φ140	4-φ14	50
50YW20-7-0.75	14 20 24	7.8 7 6.2	53 62 61	0.75	1450	340	80	150	400	245	250	160	φ50	φ110	φ140	4-φ14	50
50YW15-15-1.5	10.5 15 18	16.5 15 14	42 51 50	1.5	2900	350	80	118	350	217	210	160	φ50	φ110	φ140	4-φ14	60
50YW25-10-1.5	17.5 25 30	11.5 10 8	55 67 65	1.5	2900	350	80	118	350	217	225	160	φ50	φ110	φ140	4-φ14	60
50YW15-20-2.2	10.5 15 18	22.5 20 17.3	47 51 51	2.2	2900	375	80	144	410	250	225	160	φ50	φ110	φ140	4-φ14	60

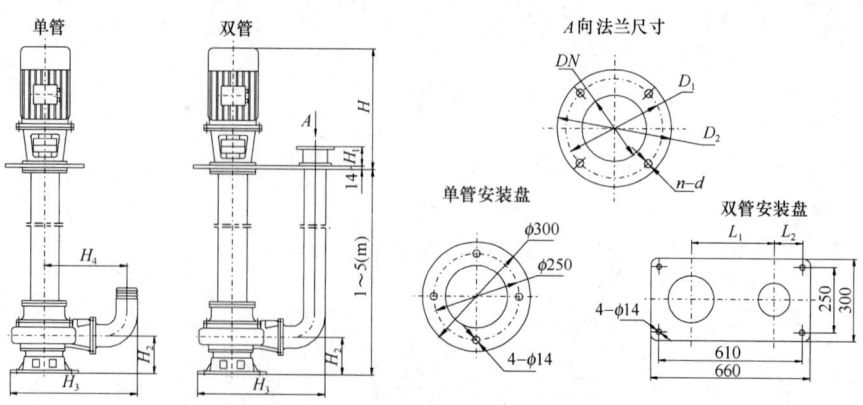

图 1-278 YW 液下排污泵外形及安装尺寸（一）

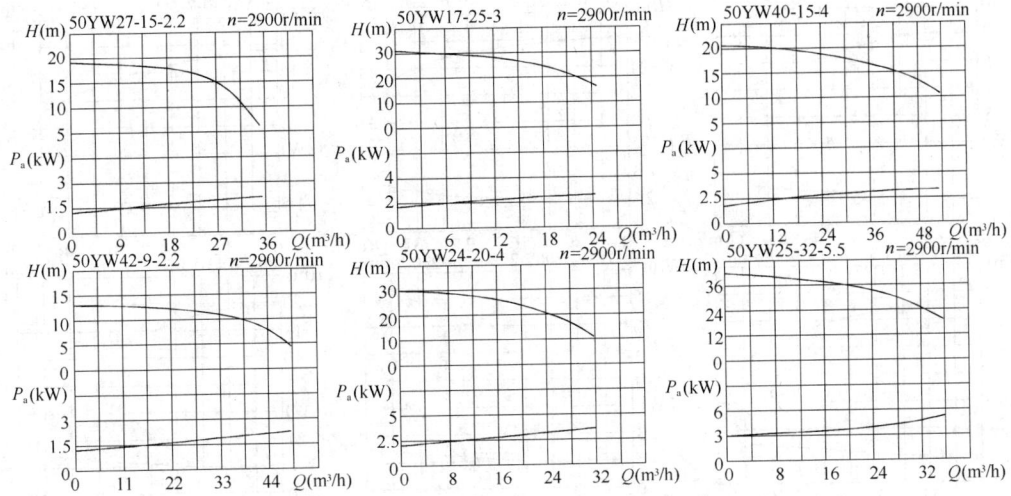

图 1-279 YW 液下排污泵性能曲线（二）

YW 液下排污泵性能、外形及安装尺寸（二）　　　　　　　　　　表 1-305

泵型号	流量 Q (m³/h)	扬程 H (m)	效率 η (%)	电机功率 (kW)	转速 (r/min)	尺寸（mm）											泵重 (kg)
						H	H₁	H₂	H₃	H₄	L₁	L₂	DN	D₁	D₂	n-d	
50YW27-15-2.2	18.9	16.5	61	22	2900	375	80	144	410	250	225	160	φ50	φ110	φ140	4-φ14	65
	27	15	70														
	32.4	14	68														
50YW42-9-22	38	10	54	22	2900	375	80	126	410	254	225	160	φ50	φ110	φ140	4-φ14	70
	42	9	58														
	44	7	56														
50YW17-25-3	11.9	26	44	3	2900	430	80	150	410	245	250	160	φ50	φ110	φ140	4-φ14	75
	17	25	53														
	20.4	23.8	61														
50YW24-20-4	22	23	56	4	2900	450	80	157	440	245	250	160	φ50	φ110	φ140	4-φ14	90
	24	20	67														
	28	17	61														
50YW40-15-4	28	16.5	56	4	2900	450	80	157	440	245	250	160	φ50	φ110	φ140	4-φ14	90
	40	15	67														
	48	14	64														
50YW25-32-5.5	17.5	36	42	5.5	2900	540	80	179	450	260	250	160	φ50	φ110	φ140	4-φ14	90
	25	32	49														
	30	27.5	51														

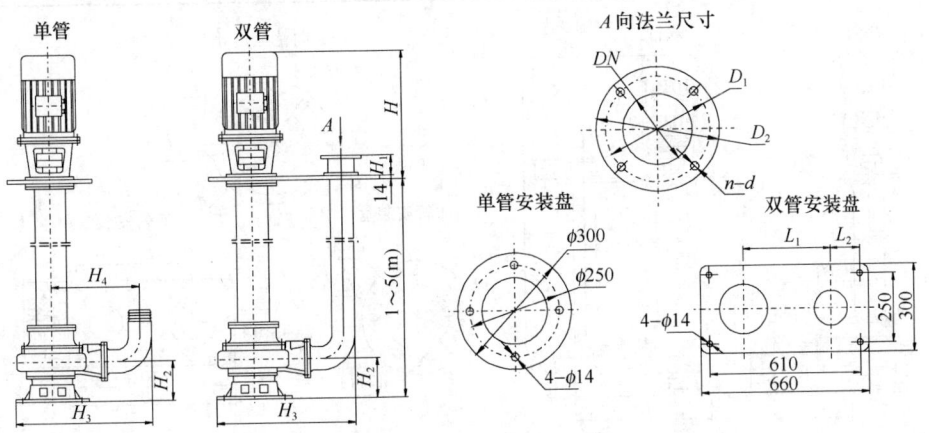

图 1-280 YW 液下排污泵外形及安装尺寸（二）

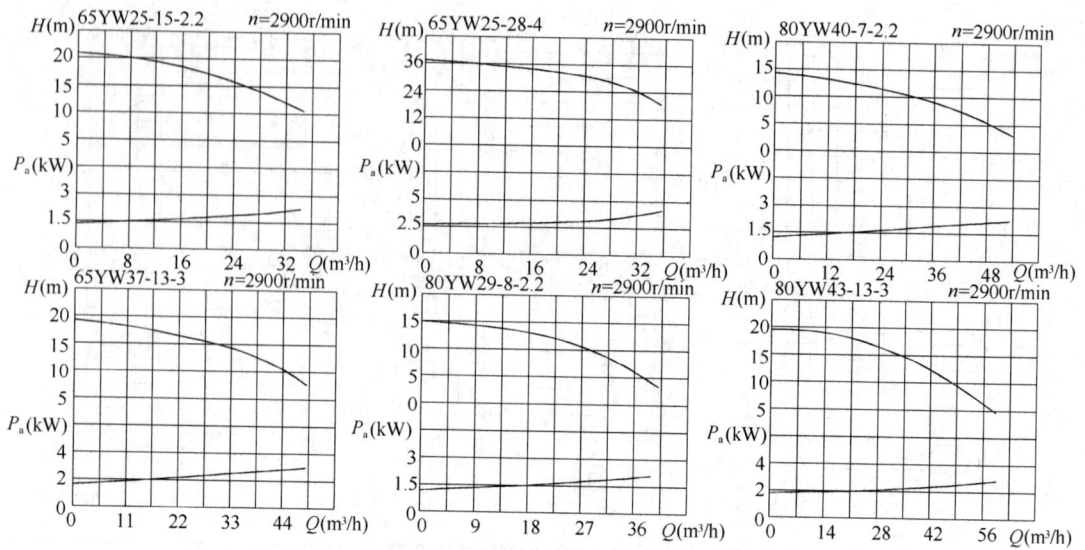

图 1-281　YW 液下排污泵性能曲线（三）

YW 液下排污泵性能、外形及安装尺寸（三）　　　　表 1-306

泵型号	流量 Q (m³/h)	扬程 H (m)	效率 η (%)	电机功率 (kW)	转速 (r/min)	H	H₁	H₂	H₃	H₄	L₁	L₂	DN	D₁	D₂	n-d	泵重 (kg)
65YW25-15-2.2	17.5 25 30	17.2 15 13	46 52 54	2.2	2900	375	80	140	420	250	250	160	φ65	φ130	φ160	4-φ14	65
65YW37-13-3	25.9 37 44.4	14.5 13 11	52 60 58	3	2900	430	80	144	430	263	275	160	φ65	φ130	φ160	4-φ14	75
65YW25-28-4	17.5 25 30	30.2 28 26	47 58 62	4	2900	450	80	154	465	260	275	160	φ65	φ130	φ160	4-φ14	90
80YW29-8-22	20.3 29 34.8	9.5 8 6.5	39 45 43	2.2	2900	375	100	141	500	323	275	160	φ80	φ150	φ190	4-φ18	70
80YW40-7-22	28 40 48	9.5 7 5.7	49 50 47	2.2	2900	375	100	141	500	323	275	160	φ80	φ150	φ190	4-φ18	70
80YW43-13-3	30.1 43 51.6	15.2 13 9	58 65 53	3	2900	430	100	141	500	323	275	160	φ80	φ150	φ190	4-φ18	90

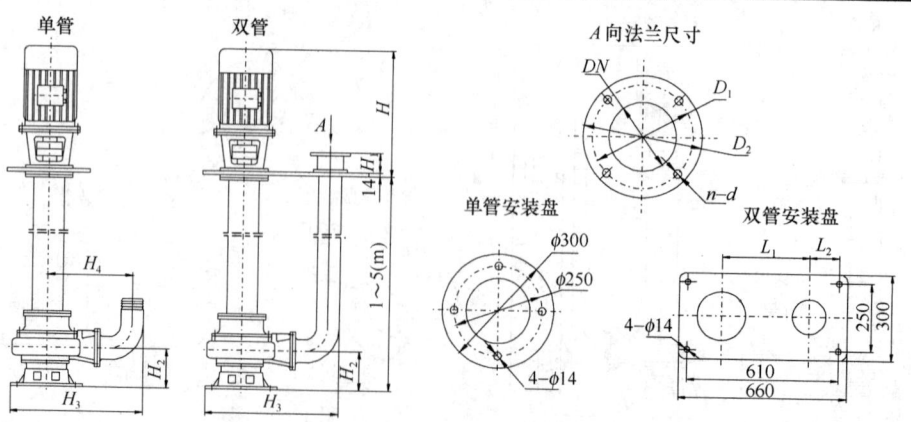

图 1-282　YW 液下排污泵外形及安装尺寸（三）

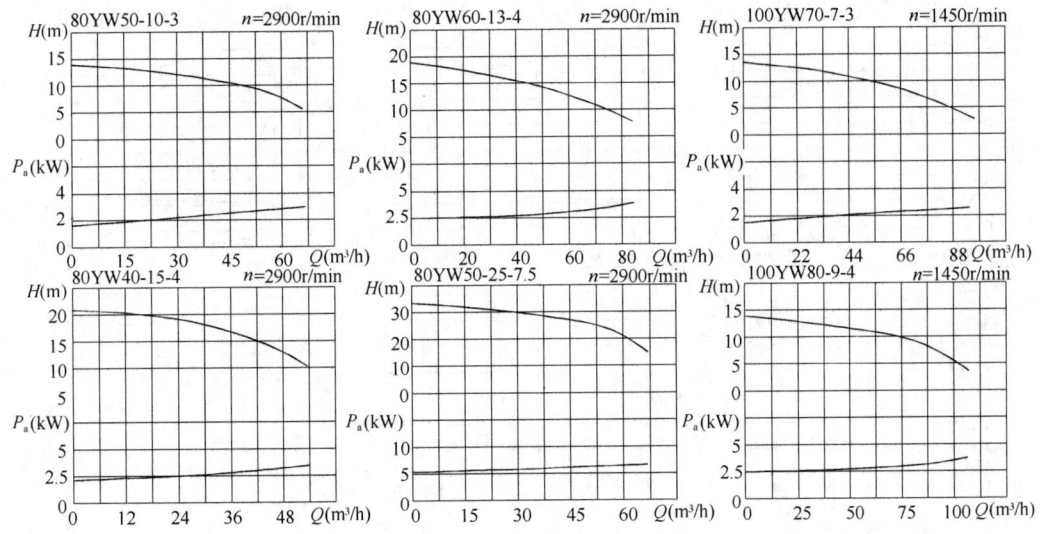

图 1-283 YW 液下排污泵性能曲线（四）

YW 液下排污泵性能、外形及安装尺寸（四）　　　　表 1-307

泵型号	流量 Q (m³/h)	扬程 H (m)	效率 η (%)	电机功率 (kW)	转速 (r/min)	尺寸（mm）											泵重 (kg)
						H	H_1	H_2	H_3	H_4	L_1	L_2	DN	D_1	D_2	n-d	
80YW50-10-3	35	11.5	58	3	2900	430	100	141	500	323	275	160	φ80	φ150	φ190	4-φ18	75
	50	10	65														
	60	8	53														
80YW40-15-4	28	17	52	4	2900	450	100	148	500	325	275	160	φ80	φ150	φ190	4-φ18	90
	40	15	57														
	48	13.3	60														
80YW60-13-4	42	14.5	64	4	2900	450	100	148	500	325	275	160	φ80	φ150	φ190	4-φ18	90
	60	13	72														
	72	11	70														
80YW50-25-7.5	35	27.5	45	7.5	2900	540	100	186	560	347	295	160	φ80	φ150	φ210	4-φ18	160
	50	25	56														
	60	22.5	61														
100YW70-7-3	49	9.5	64	3	1450	430	100	213	680	410	365	155	φ100	φ170	φ210	4-φ18	110
	70	7	75														
	84	5.7	73														
100YW80-9-4	56	11	55	4	1450	450	100	213	680	410	420	155	φ100	φ170	φ210	4-φ18	110
	80	9	62														
	96	7	57														

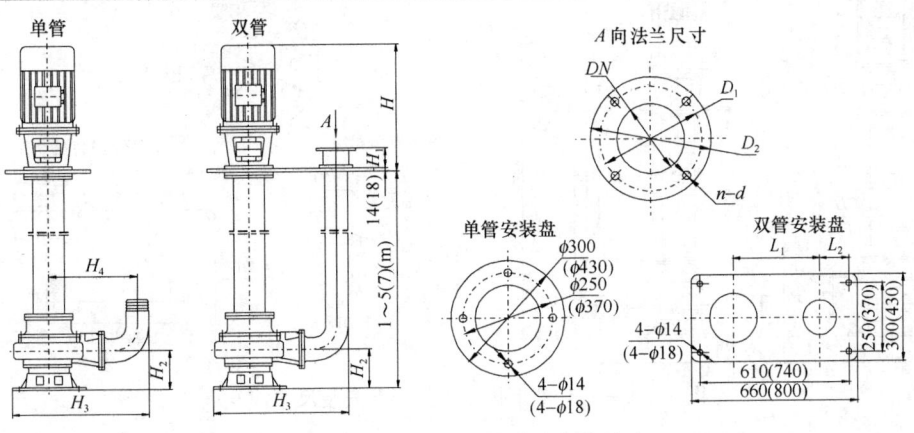

图 1-284 YW 液下排污泵外形及安装尺寸（四）

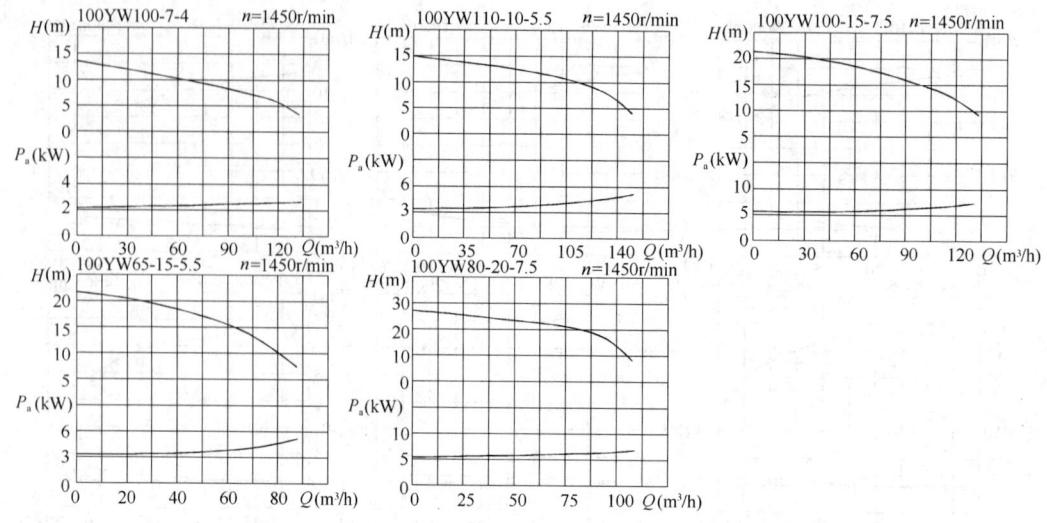

图 1-285　YW 液下排污泵性能曲线（五）

YW 液下排污泵性能、外形及安装尺寸（五）　　　　表 1-308

泵型号	流量 Q (m³/h)	扬程 H (m)	效率 η (%)	电机功率 (kW)	转速 (r/min)	尺寸（mm）											泵重 (kg)
						H	H_1	H_2	H_3	H_4	L_1	L_2	DN	D_1	D_2	n-d	
100YW100-7-4	70	9.4	66	4	1450	450	100	213	680	410	365	155	φ100	φ170	φ210	4-φ18	110
	100	7	75														
	120	5.6	72														
100YW65-15-5.5	45.5	17.5	51	5.5	1450	540	100	220	690	420	420	155	φ100	φ170	φ210	4-φ18	140
	65	15	59														
	78	12	58														
100YW110-10-5.5	77	11.5	60	5.5	1450	540	100	220	690	420	420	155	φ100	φ170	φ210	4-φ18	140
	110	10	67														
	132	7	65														
100YW80-20-7.5	56	22.5	64	7.5	1450	580	100	215	690	420	420	155	φ100	φ170	φ210	4-φ18	165
	80	20	71														
	96	17	70														
100YW100-15-7.5	70	17.5	59	7.5	1450	580	100	215	690	420	420	155	φ100	φ170	φ210	4-φ18	165
	100	15	70														
	120	12.5	68														

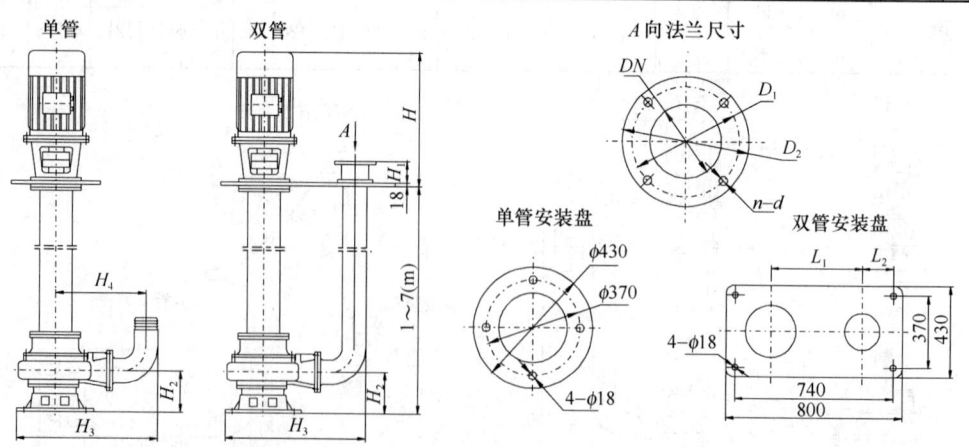

图 1-286　YW 液下排污泵外形及安装尺寸（五）

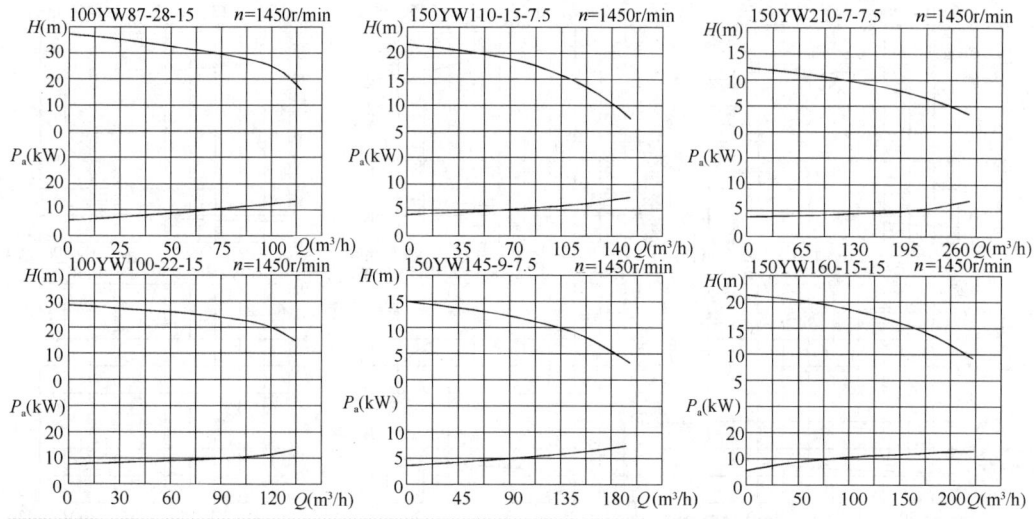

图 1-287　YW 液下排污泵性能曲线（六）

YW 液下排污泵性能、外形及安装尺寸（六）　　　　　　　　　　　　　表 1-309

泵型号	流量Q (m³/h)	扬程H (m)	效率η (%)	电机功率 (kW)	转速 (r/min)	尺寸（mm）											泵重 (kg)
						H	H_1	H_2	H_3	H_4	L_1	L_2	DN	D_1	D_2	n-d	
100YW87-28-15	60.9	31	59	15	1450	745	100	249	820	500	490	185	φ100	φ170	φ210	4-φ18	250
	87	28	69														
	104.4	25.3	67														
100YW100-22-15	70	23.3	49	15	1450	745	100	249	820	500	490	185	φ100	φ170	φ210	4-φ18	250
	100	22	61														
	120	20.5	63														
150YW110-15-7.5	77	17.5	64	7.5	1450	580	140	235	820	535	530	230	φ150	φ225	φ265	8-φ18	165
	100	15	75														
	132	12.5	72														
150YW145-9-7.5	101.5	11	57	7.5	1450	580	140	235	820	535	530	230	φ150	φ225	φ265	8-φ18	165
	145	9	63														
	174	6.6	64														
150YW210-7-7.5	147	8.3	72	7.5	1450	580	140	235	820	535	530	230	φ150	φ225	φ265	8-φ18	165
	210	7	80														
	252	5.5	78														
150YW160-15-15	112	18	64	15	1450	745	140	269	935	600	570	230	φ150	φ225	φ265	8-φ18	300
	160	15	67														
	192	12.5	66														

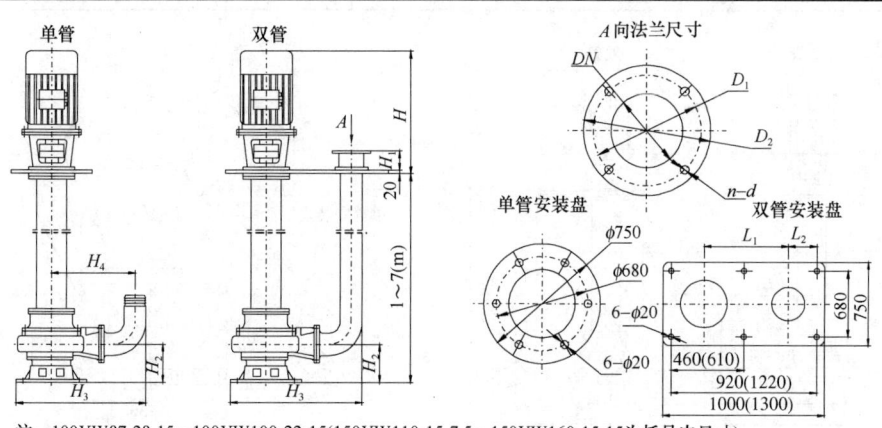

注：100YW87-28-15～100YW100-22-15(150YW110-15-7.5～150YW160-15-15为括号内尺寸)

图 1-288　YW 液下排污泵外形及安装尺寸（六）

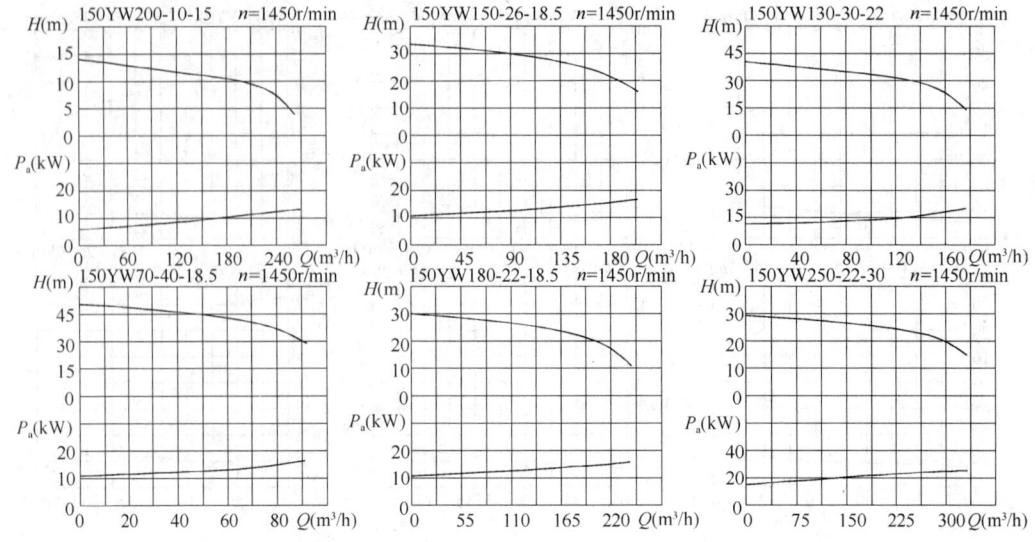

图 1-289　YW 液下排污泵性能曲线（七）

YW 液下排污泵性能、外形及安装尺寸（七）　　　　　表 1-310

泵型号	流量Q (m³/h)	扬程H (m)	效率η (%)	电机功率 (kW)	转速 (r/min)	尺寸（mm）											泵重 (kg)
						H	H₁	H₂	H₃	H₄	L₁	L₂	DN	D₁	D₂	n-d	
150YW200-10-15	140	11.5	56	15	1450	745	140	269	935	600	570	230	φ150	φ225	φ265	8-φ18	300
	200	10	64														
	240	7	62														
150YW70-40-18.5	49	44.5	46	18.5	1450	830	140	281	865	605	570	230	φ150	φ225	φ265	8-φ18	400
	70	40	54														
	84	36	52														
150YW150-26-18.5	105	28.5	60	18.5	1450	830	140	281	865	605	570	230	φ150	φ225	φ265	8-φ18	400
	150	26	72														
	180	23.7	70														
150YW180-22-18.5	126	25	68	18.5	1450	830	140	281	865	605	570	230	φ150	φ225	φ265	8-φ18	400
	180	22	74														
	216	17	72														
150YW130-30-22	91	35	63	22	1450	865	140	285	940	605	570	230	φ150	φ225	φ265	8-φ18	420
	130	30	69														
	156	24	63														
150YW250-22-30	175	23.5	64.7	30	1450	925	140	427	1045	653	570	230	φ150	φ225	φ265	8-φ18	480
	250	22	73.5														
	300	19.8	71														

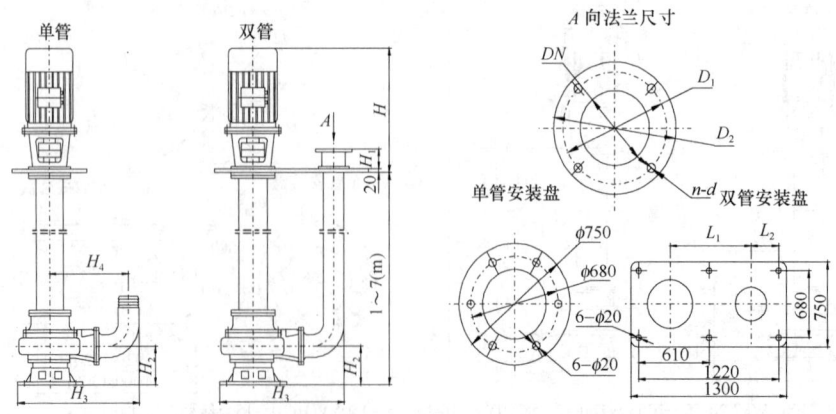

图 1-290　YW 液下排污泵外形及安装尺寸（七）

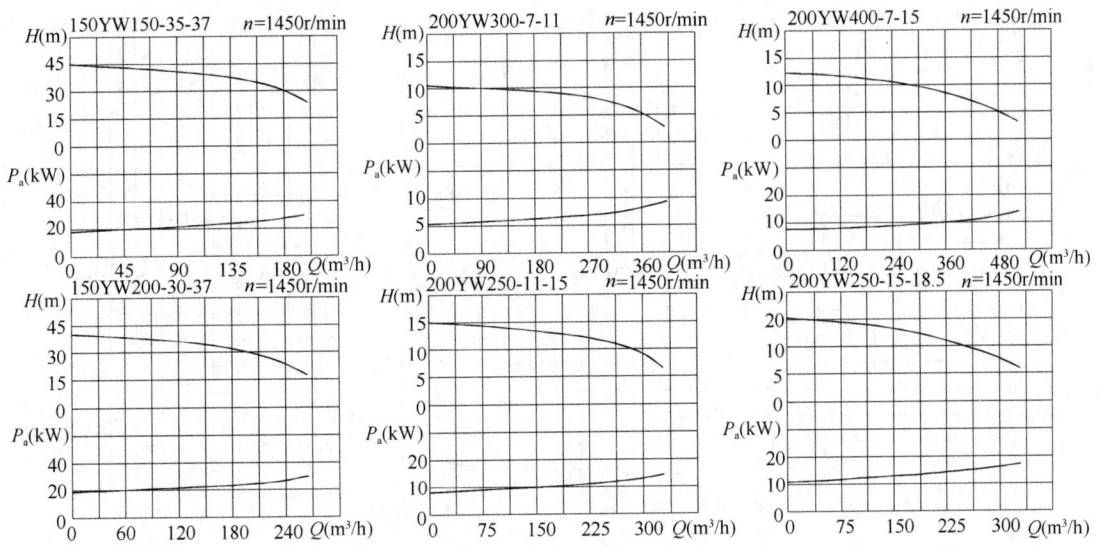

图 1-291 YW 液下排污泵性能曲线（八）

YW 液下排污泵性能、外形及安装尺寸（八）　　　　表 1-311

泵型号	流量 Q (m³/h)	扬程 H (m)	效率 η (%)	电机功率 (kW)	转速 (r/min)	尺寸（mm）											泵重 (kg)
						H	H_1	H_2	H_3	H_4	L_1	L_2	DN	D_1	D_2	$n\text{-}d$	
150YW150-35-37	105	40	57	37	1450	990	140	427	1045	653	570	230	φ150	φ225	φ265	8-φ18	750
	150	35	63														
	180	30	64														
150YW200-30-37	140	35	60	37	1450	990	140	427	1045	653	570	230	φ150	φ225	φ265	8-φ18	750
	200	30	65														
	240	24	62														
200YW300-7-11	210	8.2	68	11	1450	700	200	258	905	537	530	260	φ200	φ280	φ320	8-φ18	370
	300	7	75														
	360	5.9	72														
200YW250-11-15	175	13.2	68	15	1450	745	200	258	905	537	570	260	φ200	φ280	φ320	8-φ18	420
	250	11	73														
	300	9	68														
200YW400-7-15	280	9	68	15	1450	745	200	275	1025	620	570	260	φ200	φ280	φ320	8-φ18	420
	400	7	70														
	480	5.5	63														
200YW250-15-18.5	175	17.7	60	18.5	1450	830	200	265	1065	700	570	260	φ200	φ280	φ320	8-φ18	420
	250	15	72														
	300	13	71														

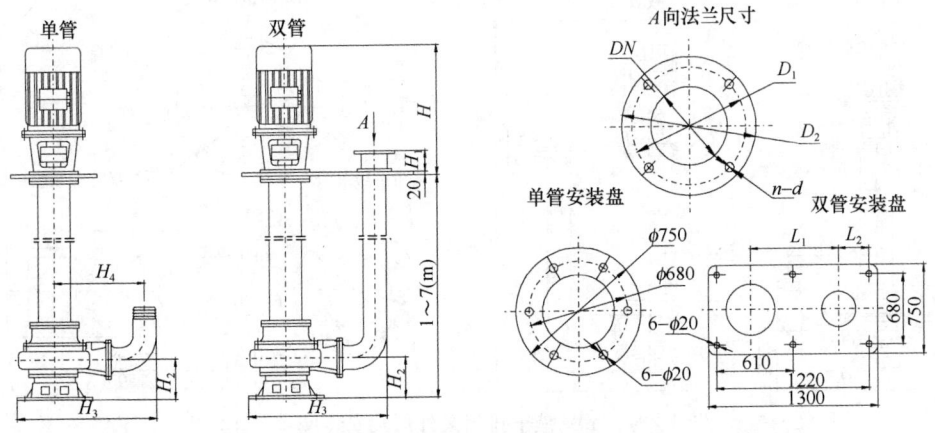

图 1-292 YW 液下排污泵外形及安装尺寸（八）

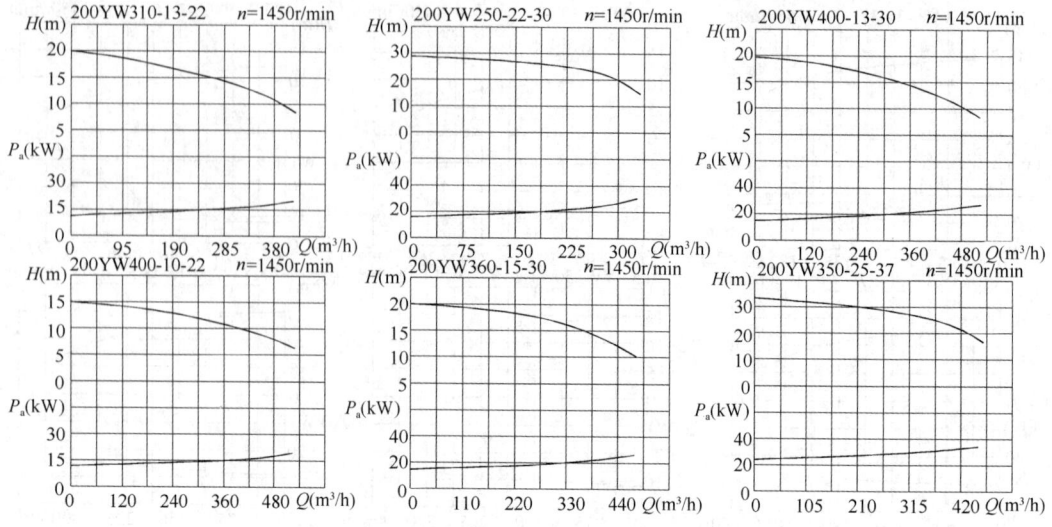

图 1-293 YW 液下排污泵性能曲线（九）

YW 液下排污泵性能、外形及安装尺寸（九） 表 1-312

泵型号	流量 Q (m³/h)	扬程 H (m)	效率 η (%)	电机功率 (kW)	转速 (r/min)	尺寸（mm）											泵重 (kg)
						H	H_1	H_2	H_3	H_4	L_1	L_2	DN	D_1	D_2	n-d	
200YW310-13-22	217	16	64	22	1450	865	200	265	1065	700	720	260	φ200	φ280	φ320	8-φ18	450
	310	13	71														
	372	11	67														
200YW400-10-22	280	12.6	68	22	1450	865	200	265	1065	700	720	260	φ200	φ280	φ320	8-φ18	450
	400	10	75														
	480	8	69														
200YW250-22-30	175	24.8	62	30	1450	925	200	265	1065	700	720	260	φ200	φ280	φ320	8-φ18	720
	250	22	71														
	300	19.5	72														
200YW360-15-30	250	17.5	65	30	1450	925	200	265	1065	700	720	260	φ200	φ280	φ320	8-φ18	650
	360	15	78														
	432	12.6	75														
200YW400-13-30	280	16	69	30	1450	925	200	265	1065	700	720	260	φ200	φ280	φ320	8-φ18	650
	400	13	76														
	480	11	72														
200YW350-25-37	245	27.8	63	37	1450	990	200	407	1110	690	720	260	φ200	φ280	φ320	8-φ18	850
	350	25	73														
	420	22.7	76														

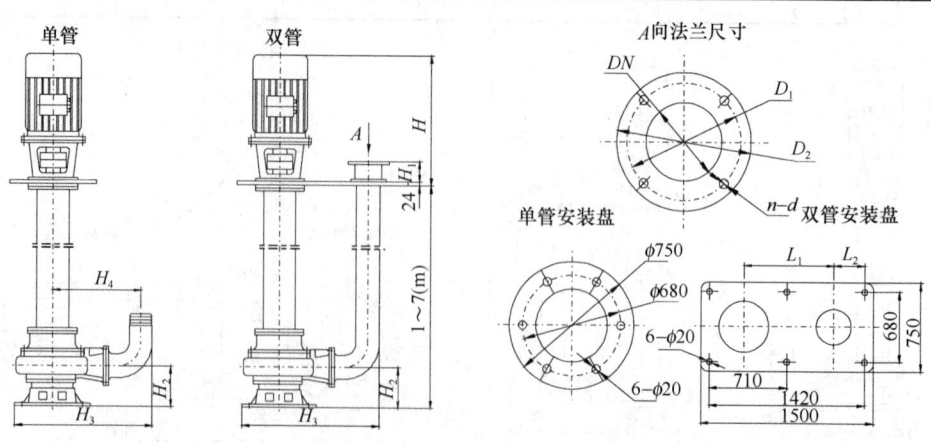

图 1-294 YW 液下排污泵外形及安装尺寸（九）

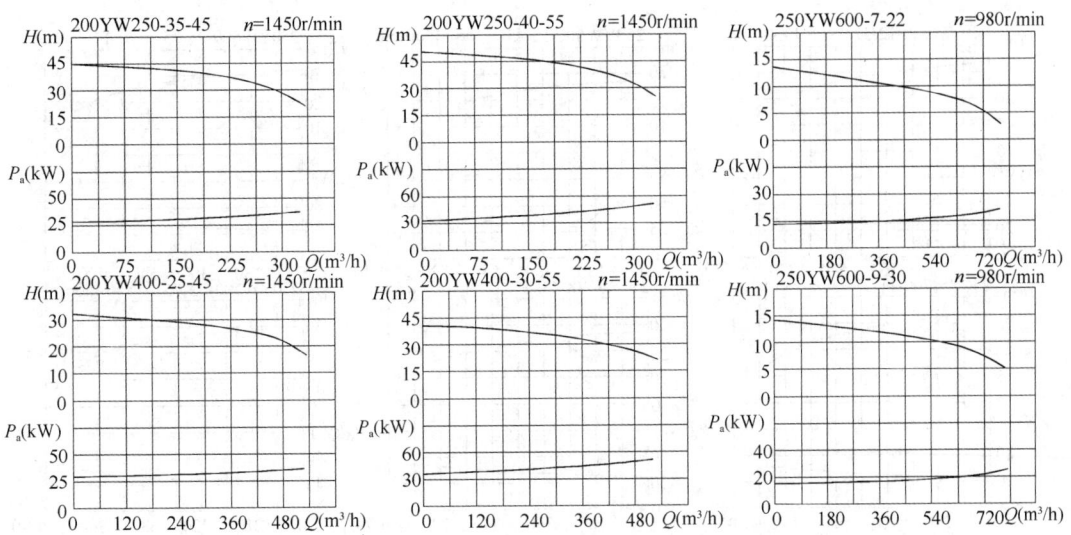

图 1-295　YW 液下排污泵性能曲线（十）

YW 液下排污泵性能、外形及安装尺寸（十）　　　　表 1-313

泵型号	流量 Q (m³/h)	扬程 H (m)	效率 η (%)	电机功率 (kW)	转速 (r/min)	H	H₁	H₂	H₃	H₄	L₁	L₂	DN	D₁	D₂	n-d	泵重 (kg)
200YW250-35-45	175	41	59	45	1450	1015	200	407	1110	690	720	260	φ200	φ280	φ320	8-φ18	950
	250	35	69														
	300	29.5	69														
200YW400-25-45	280	28	67	45	1450	1015	200	407	1110	690	720	260	φ200	φ280	φ320	8-φ18	950
	400	25	77.5														
	480	22	75														
200YW250-40-55	175	44.5	58	55	1450	1165	200	325	1115	690	720	260	φ200	φ280	φ320	8-φ18	950
	250	40	71														
	300	35.7	70														
200YW400-30-55	280	35	59	55	1450	1165	200	325	1115	690	720	260	φ200	φ280	φ320	8-φ18	1300
	400	30	72														
	480	27	75														
250YW600-7-22	420	9	68	22	980	925	200	440	1105	710	760	300	φ250	φ335	φ375	12-φ18	850
	600	7	72														
	720	5.5	68														
250YW600-9-30	420	10.5	70	30	980	1015	200	440	1105	710	760	300	φ250	φ335	φ375	12-φ18	850
	600	9	78														
	720	7	75														

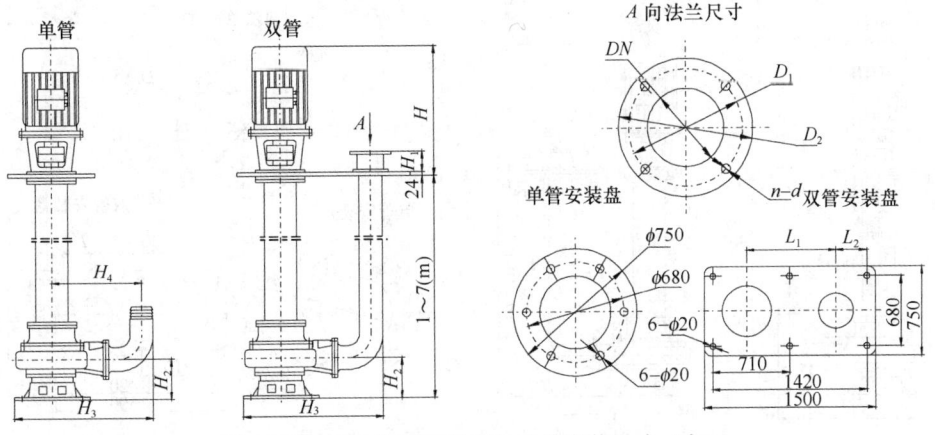

图 1-296　YW 液下排污泵外形及安装尺寸（十）

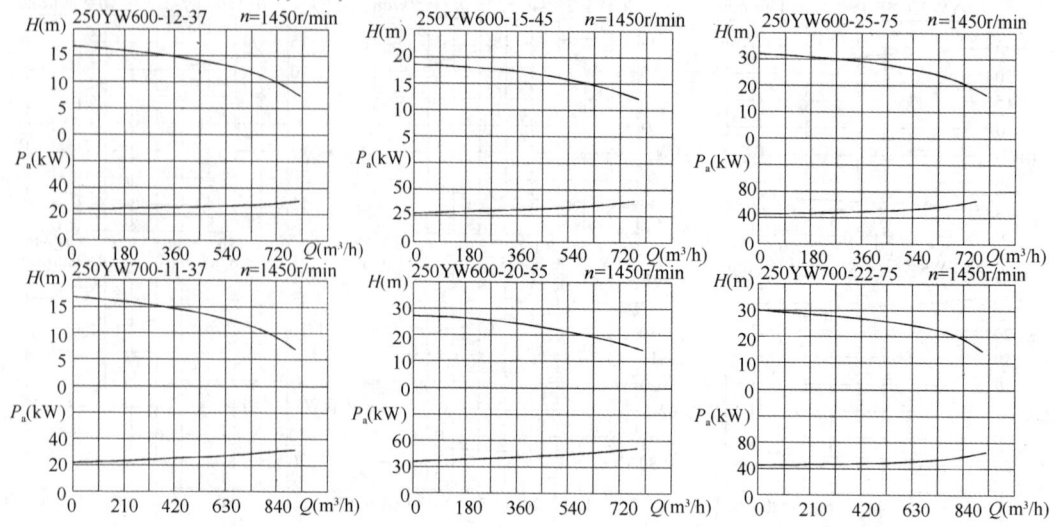

图 1-297 YW 液下排污泵性能曲线（十一）

YW 液下排污泵性能、外形及安装尺寸（十一） 表 1-314

泵型号	流量 Q (m³/h)	扬程 H (m)	效率 η (%)	电机功率 (kW)	转速 (r/min)	尺寸（mm）												泵重 (kg)
						H	H₁	H₂	H₃	H₄	L₁	L₂	DN	D₁	D₂	n-d	
250YW600-12-37	420	14	66	37	1450	990	200	440	1105	710	760	300	φ250	φ335	φ375	12-φ18	850
	600	12	76														
	720	10	71														
250YW700-11-37	490	13	72	37	1450	990	200	440	1105	710	760	300	φ250	φ335	φ375	12-φ18	850
	700	11	83														
	840	9	81														
250YW600-15-45	420	17.5	64	45	1450	1015	200	440	1105	710	760	300	φ250	φ335	φ375	12-φ18	950
	600	15	73														
	720	13	67														
250YW600-20-55	420	22.5	64	55	1450	1165	200	440	1150	750	720	300	φ250	φ335	φ375	12-φ18	1300
	600	20	73														
	720	17	67														
250YW600-25-75	420	27.5	63	75	1450	1250	200	440	1190	750	730	300	φ250	φ335	φ375	12-φ18	1550
	600	25	71														
	720	21	67														
250YW700-22-75	490	25	69	75	1450	1250	200	440	1190	750	730	300	φ250	φ335	φ375	12-φ18	1550
	700	22	81														
	840	19	79														

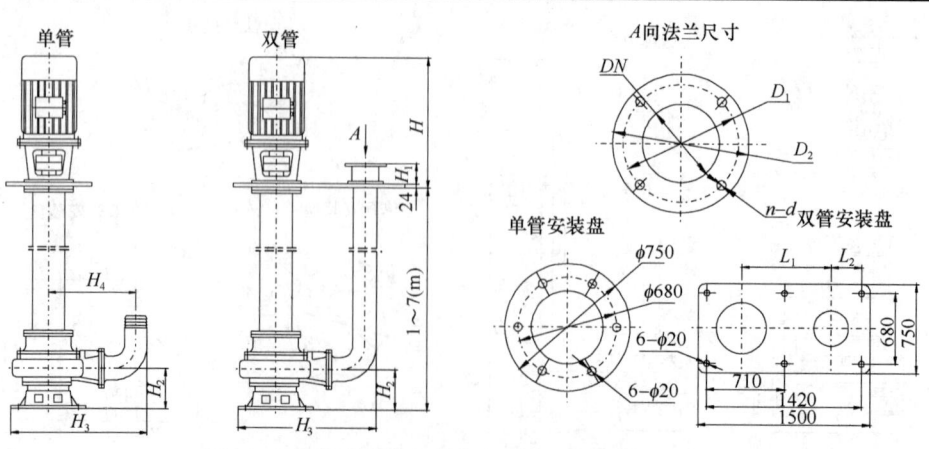

图 1-298 YW 液下排污泵外形及安装尺寸（十一）

1.12 潜 污 泵

1.12.1 WQ型潜水排污泵

(1) 用途：WQ型潜水排污泵适用于市政工程排污系统、公共设施污水排放、厂矿企业排污、生活污水排放、临时排涝、其他无腐蚀小黏度介质的输送、其他各种排水系统。

(2) 型号意义说明：

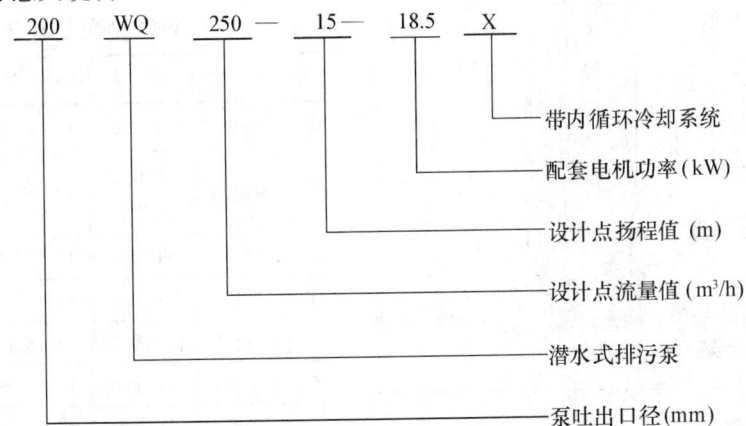

200 WQ 250—15—18.5 X

- 带内循环冷却系统
- 配套电机功率(kW)
- 设计点扬程值 (m)
- 设计点流量值 (m³/h)
- 潜水式排污泵
- 泵吐出口径(mm)

(3) 结构：WQ型潜污泵由潜水电动机和泵头组成，二者之间由油室隔开，采用设有骨架油封和机械密封双重密封。采用大通道叶轮结构，可通过直径为泵口径约50%的固体颗粒。电动机功率超过20kW的潜污泵可采用内自流冷却循环系统。可选用定子绕组温升保护、轴承温升保护、油室漏水保护等保护措施。采用双导轨自动耦合安装装置。其结构如图1-299、图1-300所示。

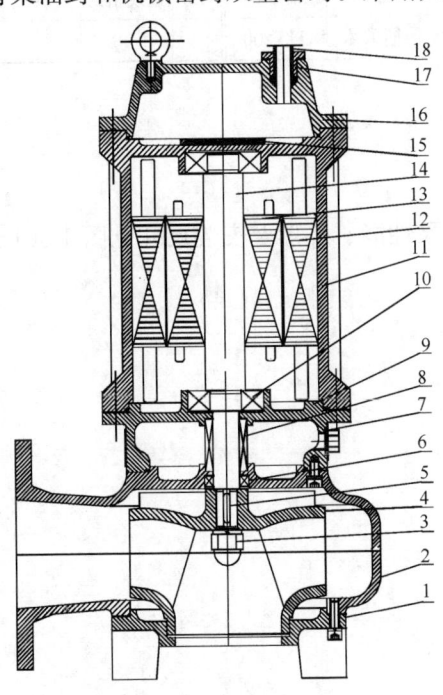

图 1-299　WQ型潜水排污泵结构（不带内循环冷却系统，0.75～30kW）

AS型泵材料表

序号	名　称	材　料	序号	名　称	材　料
1	底座	HT200	10	轴承	轴承钢
2	泵体	HT200	11	电机壳体	HT200
3	叶轮螺母	优质碳钢	12	定子总成	DR510
4	叶轮	HT200	13	转子总成	DR510
5	键	优质碳钢	14	主轴	不锈钢
6	骨架油封	复合材料	15	接线板	陶瓷
7	注油螺塞	碳钢	16	上端盖	HT200
8	机械密封	碳化硅等	17	密封压盖	HT200
9	油室	HT200	18	进线密封	橡胶

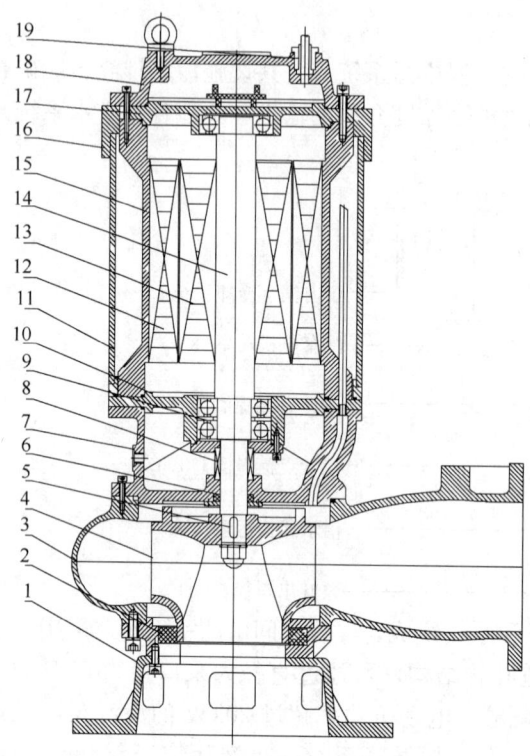

19
18
17
16
15
14
13
12
11
10
9
8
7
6
5
4
3
2
1

WQ 型泵材料表

序号	名　称	材　料	序号	名　称	材　料
1	底座	HT200	11	外套	
2	密封环	HT200 或铜合金	12	定子总成	DR510
3	泵体	HT200	13	转子总成	DR510
4	叶轮	HT200	14	主轴	不锈钢
5	键	优质碳钢	15	电机壳体	HT200
6	骨架油封	复合材料	16	护套	HT200
7	油室	HT200	17	上端盖	HT200
8	机械密封	碳化硅等	18	密封盖	HT200
9	轴承	轴承钢	19	进线密封	橡胶
10	轴承体	HT200			

图 1-300　WQ 型潜水排污泵结构
（带内循环结构，15～200kW）

（4）性能、外形及安装尺寸：WQ 型潜水排污泵性能、外形及安装尺寸见图 1-301～图 1-329、表 1-315～表 1-328。

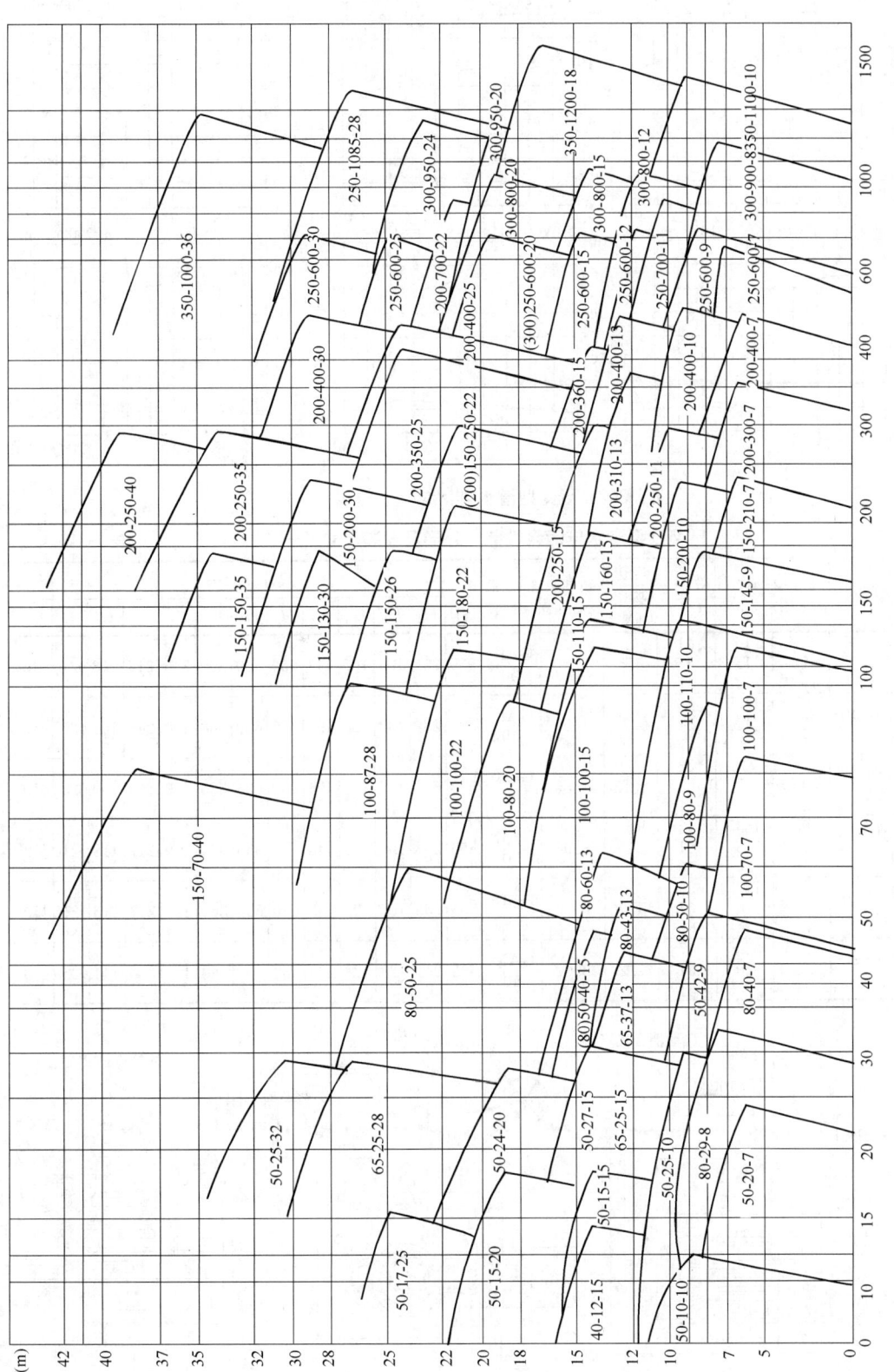

图 1-301　WQ 型潜水排污泵型谱图

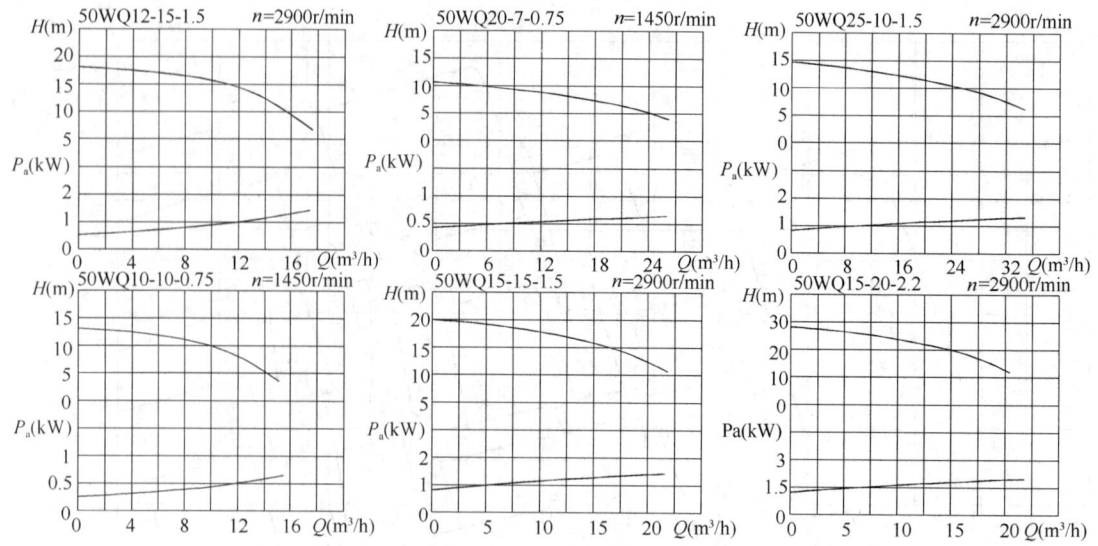

图 1-302　WQ 型潜水排污泵性能曲线（一）

WQ 型潜水排污泵性能、外形及安装尺寸（一）　　　　　　　**表 1-315**

泵型号	流量 Q (m³/h)	扬程 H (m)	效率 η (%)	电机功率 (kW)	转速 n (r/min)	耦合器型号	尺寸（mm）								L	L₁	L₂	D	D₁
							H	H₁	H₂	H₃	H₄	H₅	H₆	H₇	L	L₁	L₂	D	D₁
50WQ12-15-1.5	8.4 12 14.4	16 15 14	41 48 47	1.5	2900	GAK-50	555	258	105	105	443	550	550	360	345	217	118	φ210	φ45
50WQ10-10-0.75	7 10 12	11.5 10 8	48 54 52	0.75	1450	GAK-50	570	286	132	128	494	650	600	360	400	245	150	φ255	φ50
50WQ20-7-0.75	14 20 24	7.8 7 6.2	53 62 61	0.75	1450	GAK-50	570	286	132	128	494	650	600	360	400	245	150	φ255	φ50
50WQ15-15-1.5	10.5 15 18	16.5 15 14	42 51 50	1.5	2900	GAK-50	555	258	105	105	443	550	550	360	350	217	118	φ210	φ50
50WQ25-10-1.5	17.5 25 30	11.5 10 8	55 67 65	1.5	2900	GAK-50	555	258	105	105	443	550	550	360	350	217	118	φ210	φ50
50WQ15-20-2.2	10.5 15 18	22.5 20 17.3	47 .51 51	2.2	2900	GAK-50	605	291	128	128	499	650	600	380	410	250	144	φ255	φ50

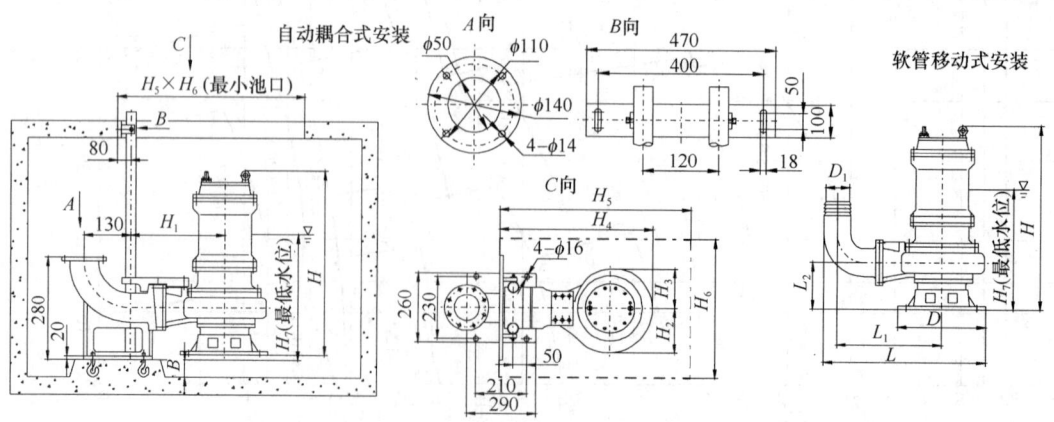

图 1-303　WQ 型潜水排污泵外形及安装尺寸（一）

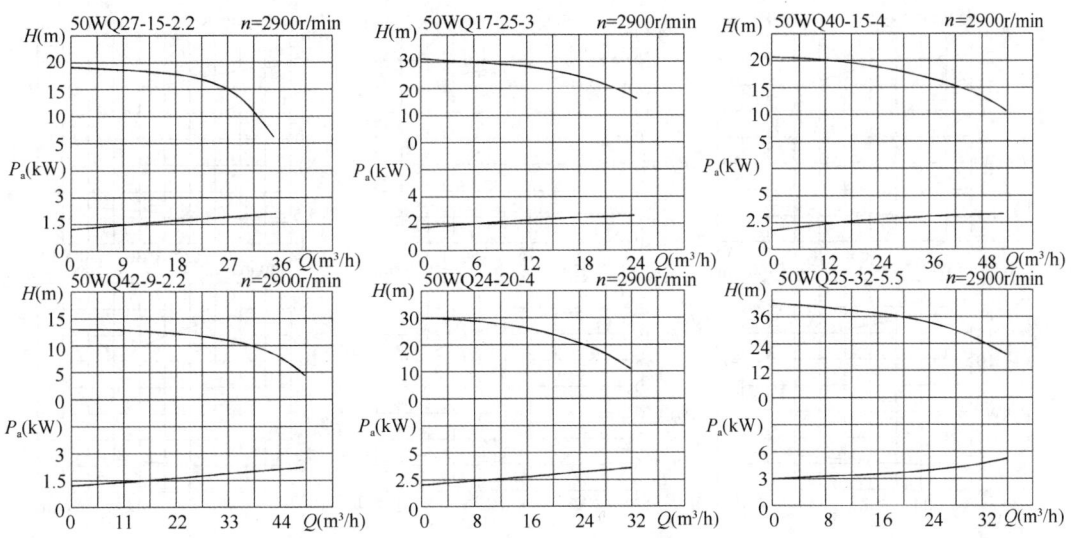

图 1-304 WQ 型潜水排污泵性能曲线（二）

WQ 型潜水排污泵性能、外形及安装尺寸（二）　　　　　　　表 1-316

泵型号	流量 Q (m³/h)	扬程 H (m)	效率 η (%)	电机功率 (kW)	转速 n (r/min)	耦合器型号	尺寸（mm）											
							H	H₁	H₂	H₃	H₄	H₅	H₆	H₇	L	L₁	L₂	D
50WQ27-15-2.2	18.9	16.5	61	2.2	2900	GAK-50	605	291	128	128	499	650	600	380	410	250	144	φ255
	27	15	70															
	32.4	14	68															
50WQ42-9-2.2	38	10	54	2.2	2900	GAK-50	590	295	131	115	495	650	600	365	410	254	126	φ230
	42	9	58															
	44	7	56															
50WQ17-25-3	11.9	26	44	3	2900	GAK-50	615	258	132	128	466	650	600	3690	410	245	150	φ255
	17	25	53															
	20.4	23.8	61															
50WQ24-20-4	22	23	56	4	2900	GAK-50	670	258	163	163	501	650	600	420	440	245	157	φ325
	24	20	67															
	28	17	61															
50WQ40-15-4	28	16.5	56	4	2900	GAK-50	670	258	163	163	501	650	600	420	440	245	157	φ325
	40	15	67															
	48	14	64															
50WQ25-32-5.5	17.5	36	42	5.5	2900	GAK-50	790	301	163	163	544	750	600	495	450	260	179	φ325
	25	32	49															
	30	27.5	51															

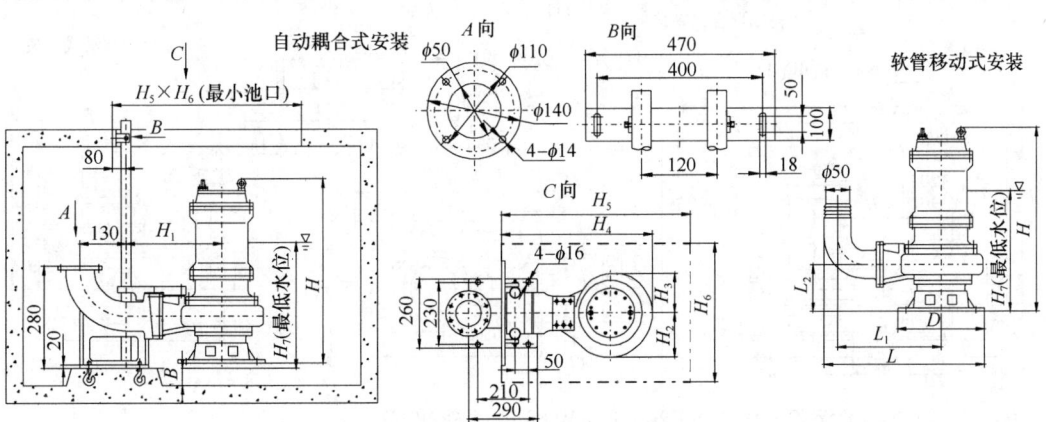

图 1-305 WQ 型潜水排污泵外形及安装尺寸（二）

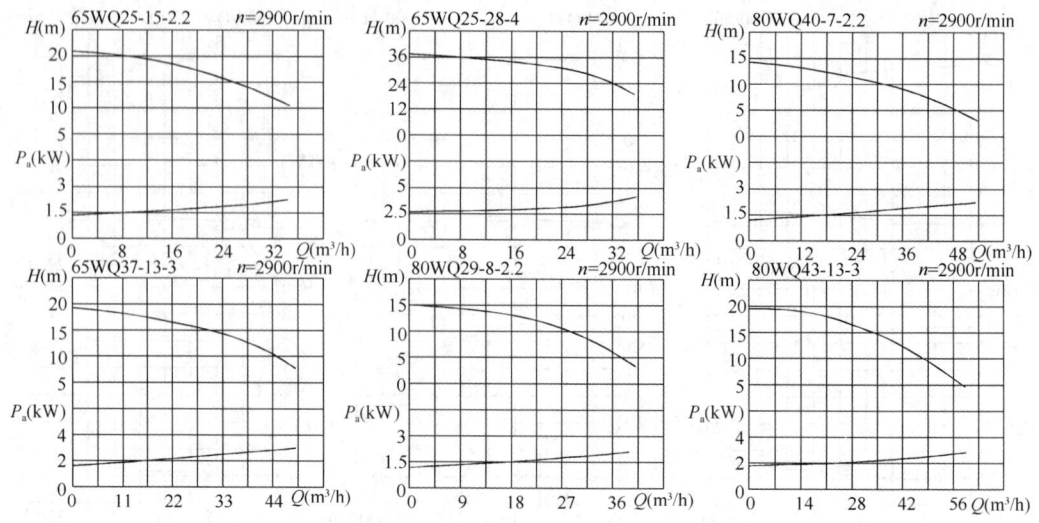

图 1-306 WQ 型潜水排污泵性能曲线（三）

WQ 型潜水排污泵性能、外形及安装尺寸（三） 表 1-317

泵型号	流量Q (m³/h)	扬程H (m)	效率η (%)	电机功率 (kW)	转速n (r/min)	耦合器型号	尺寸（mm）											
							H	H₁	H₂	H₃	H₄	H₅	H₆	H₇	L	L₁	L₂	D
65WQ25-15-2.2	17.5 25 30	17.2 15 13	46 52 54	2.2	2900	GAK-65	590	303	128	128	511	750	600	375	420	250	140	φ255
65WQ37-13-3	25.9 37 44.4	14.5 13 11	52 60 58	3	2900	GAK-65	620	316	136	128	524	750	600	395	430	263	144	φ255
65WQ25-28-4	17.5 25 30	30.2 28 26	47 58 62	4	2900	GAK-65	675	313	163	163	556	750	600	425	465	260	154	φ325
80WQ29-8-2.2	20.3 29 34.8	9.5 8 6.5	39 45 43	2.2	2900	GAK-80	600	344	130	128	52	750	600	385	500	323	141	φ255
80WQ40-7-2.2	28 40 48	9.5 7 5.7	49 50 47	2.2	2900	GAK-80	600	344	130	128	552	750	600	385	500	323	141	φ255
80WQ43-13-3	30.1 43 51.6	15.2 13 9	58 65 53	3	2900	GAK-80	620	344	130	128	552	750	600	395	500	323	141	φ255

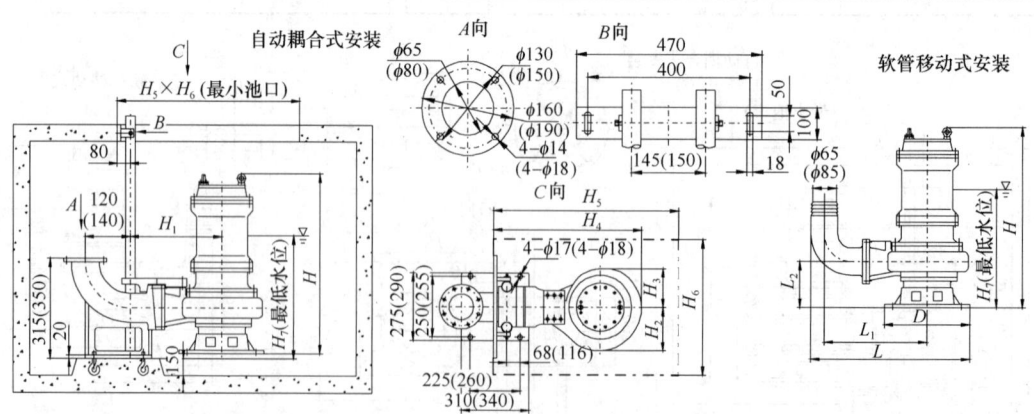

注：65WQ25-15-2.2～65WQ25-28-4(80WQ29-8-2.2～80WQ43-13-3为括号内尺寸)

图 1-307 WQ 型潜水排污泵外形及安装尺寸（三）

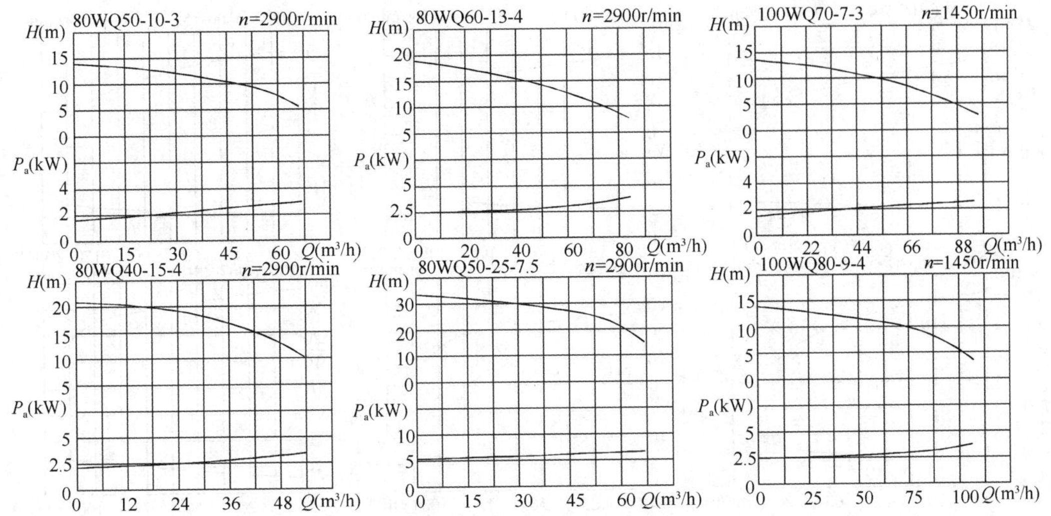

图 1-308 WQ 型潜水排污泵性能曲线（四）

WQ 型潜水排污泵性能、外形及安装尺寸（四） **表 1-318**

泵型号	流量 Q (m³/h)	扬程 H (m)	效率 η (%)	电机功率 (kW)	转速 n (r/min)	耦合器型号	尺寸（mm）											
							H	H_1	H_2	H_3	H_4	H_5	H_6	H_7	L	L_1	L_2	D
80WQ50-10-3	35 50 60	11.5 10 8	58 65 53	3	2900	GAK-80	620	344	130	128	552	750	600	395	500	323	141	ϕ255
80WQ40-15-4	28 40 48	17 15 12.3	52 57 60	4	2900	GAK-80	675	346	140	128	554	750	600	425	500	325	148	ϕ255
80WQ60-13-4	42 60 72	14.5 13 11	64 72 70	4	2900	GAK-80	675	346	140	128	554	750	600	425	500	325	148	ϕ255
80WQ50-25-7.5	35 50 60	27.5 25 22.5	45 56 61	7.5	2900	GAK-80	800	368	163	163	611	750	600	505	560	347	186	ϕ325
100WQ70-7-3	49 70 84	9.5 7 5.7	64 75 73	3	1450	GAK-100	710	416	210	210	706	900	750	485	680	410	213	ϕ420
100WQ80-9-4	56 80 96	11 9 7	55 62 57	4	1450	GAK-100	755	416	210	210	706	900	750	505	680	410	213	ϕ420

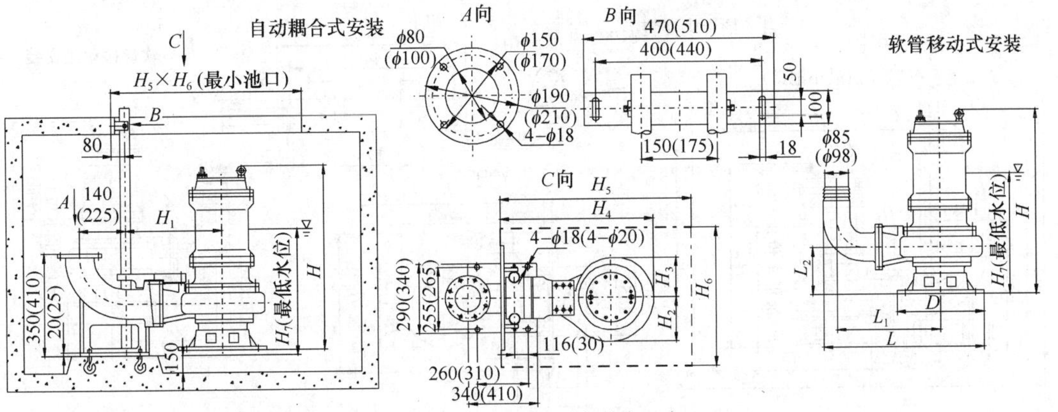

注：80WQ50-10-3～80WQ50-25-7.5(100WQ70-7-3～100WQ80-9-4为括号内尺寸)

图 1-309 WQ 型潜水排污泵外形及安装尺寸（四）

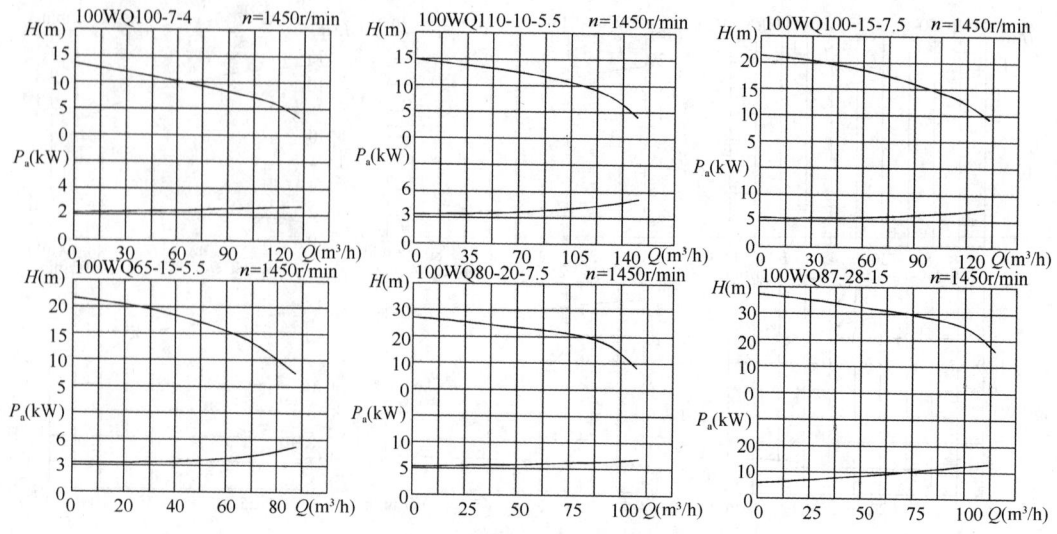

图 1-310 WQ型潜水排污泵性能曲线（五）

WQ型潜水排污泵性能、外形及安装尺寸（五）　　　　　表 1-319

泵型号	流量 Q (m³/h)	扬程 H (m)	效率 η (%)	电机功率 (kW)	转速 n (r/min)	耦合器型号	尺寸（mm）											
							H	H_1	H_2	H_3	H_4	H_5	H_6	H_7	L	L_1	L_2	D
100WQ100-7-4	70 100 120	9.4 7 5.6	66 75 72	4	1450	GAK-100	755	416	210	210	706	900	750	505	680	410	213	φ420
100WQ65-15-5.5	45.5 65 78	17.5 15 12	51 59 58	5.5	1450	GAK-100	840	426	210	210	726	900	750	545	690	420	220	φ420
100WQ110-10-5.5	77 110 132	11.5 10 7	60 67 65	5.5	1450	GAK-100	840	426	210	210	726	900	750	545	690	420	220	φ420
100WQ80-20-7.5	56 80 96	22.5 20 17	64 71 70	7.5	1450	GAK-100	835	426	210	210	726	900	750	545	690	420	215	φ420
100WQ100-15-7.5	70 100 120	17.5 15 12.5	59 70 68	7.5	1450	GAK-100	835	426	210	210	726	900	750	545	690	420	215	φ420
100WQ87-28-15	60.9 87 104.4	31 28 25.3	59 69 67	15	1450	GAK-100	1015	506	260	260	846	1000	800	670	690	420	215	φ420

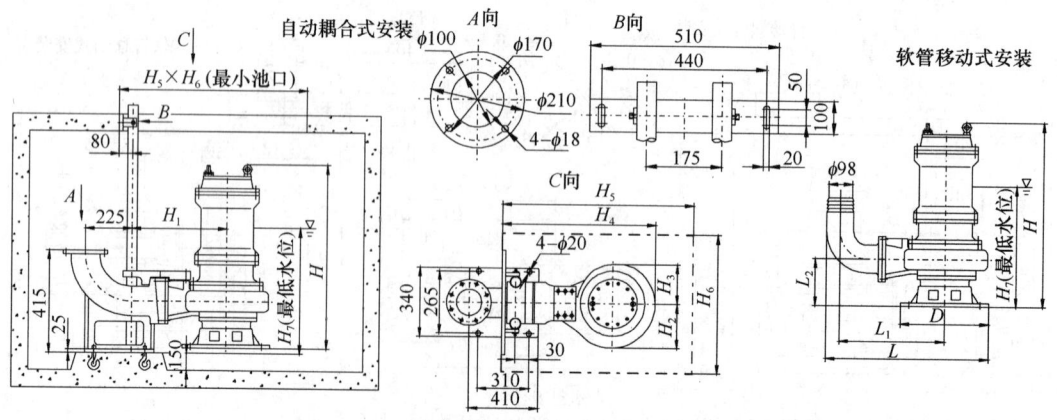

图 1-311 WQ型潜水排污泵外形及安装尺寸（五）

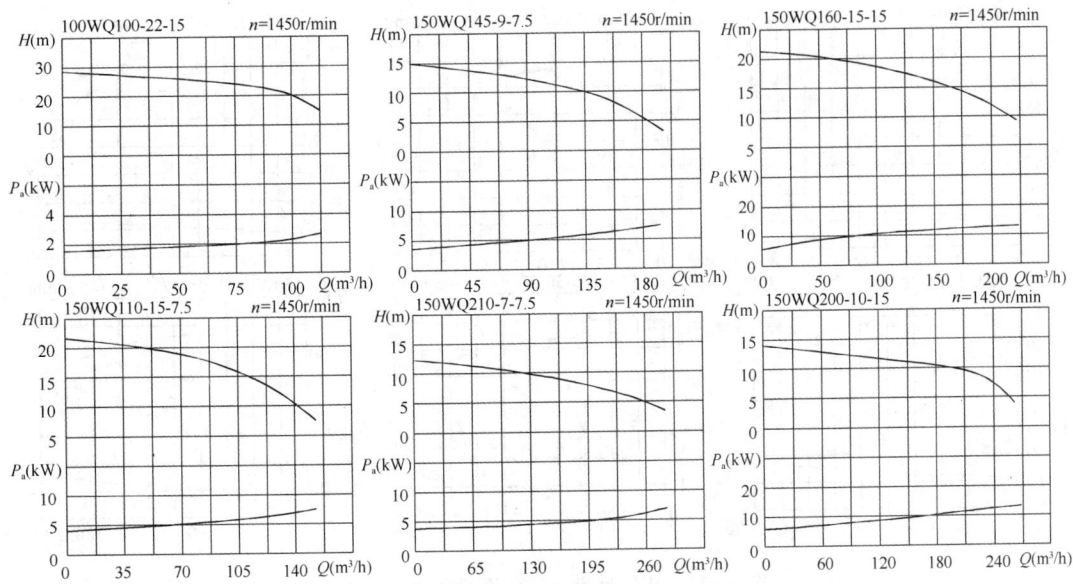

图 1-312　WQ 型潜水排污泵性能曲线（六）

WQ 型潜水排污泵性能、外形及安装尺寸（六）　　　　表 1-320

泵型号	流量 Q (m³/h)	扬程 H (m)	效率 η (%)	电机功率 (kW)	转速 n (r/min)	耦合器型号	尺寸（mm）										
							H	H₁	H₂	H₃	H₄	H₅	H₆	H₇	L	L₁	L₂	D
100WQ100-22-15	70	23.3	49	15	1450	GAK-100	1015	506	260	260	846	1000	800	670	690	420	215	φ420
	100	22	61															
	120	20.5	63															
150WQ110-15-7.5	77	17.5	64	7.5	1450	GAK-150	855	495	210	210	785	1000	800	565	820	535	235	φ420
	110	15	75															
	132	12.5	72															
150WQ145-9-7.5	101.5	11	57	7.5	1450	GAK-150	855	495	210	210	785	1000	800	565	820	535	235	φ420
	145	9	63															
	174	6.6	64															
150WQ210-7-7.5	147	8.3	72	7.5	1450	GAK-150	855	495	210	210	785	1000	800	565	820	535	235	φ420
	210	7	80															
	252	5.5	78															
150WQ160-15-15	112	18	64	15	1450	GAK-150	985	560	260	260	900	1300	900	650	935	600	269	φ520
	160	15	67															
	192	12.6	66															
150WQ200-10-15	140	11.5	56	15	1450	GAK-150	985	560	260	260	900	1300	900	650	935	600	269	φ520
	200	10	64															
	240	7	62															

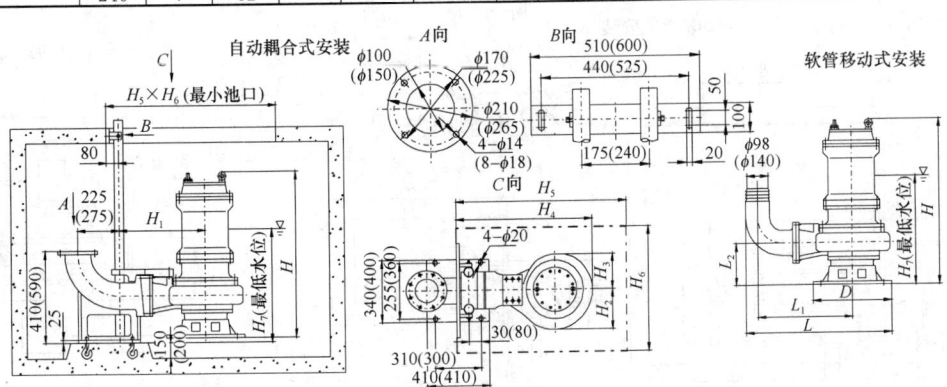

注：100WQ100-22-15(150WQ110-15-7.5～150WQ200-10-15为括号内尺寸)

图 1-313　WQ 型潜水排污泵外形及安装尺寸（六）

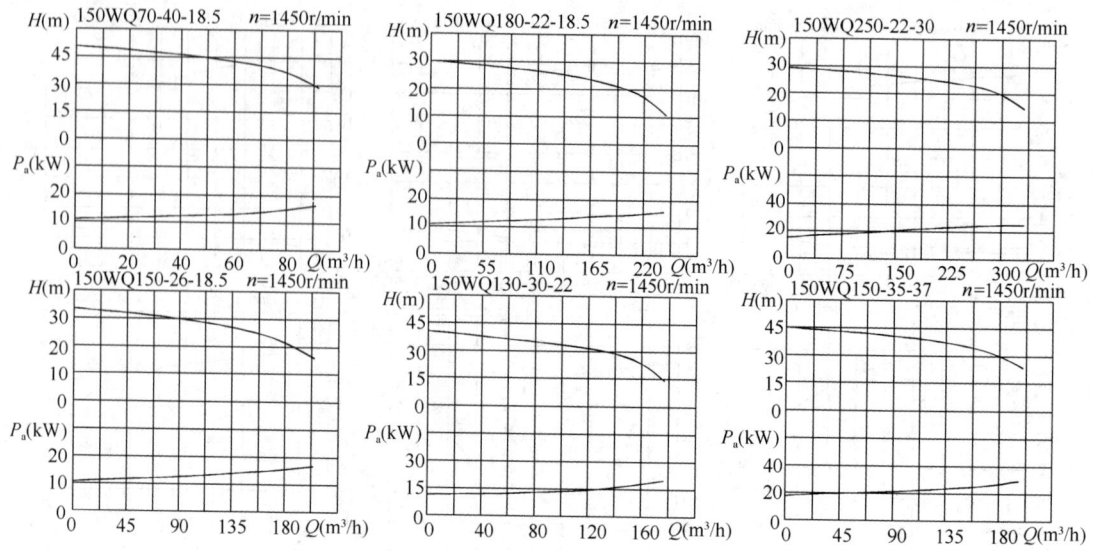

图 1-314 WQ 型潜水排污泵性能曲线（七）

WQ 型潜水排污泵性能、外形及安装尺寸（七）   表 1-321

泵型号	流量 Q (m³/h)	扬程 H (m)	效率 η (%)	电机功率 (kW)	转速 n (r/min)	耦合器型号	尺寸（mm）											
							H	H_1	H_2	H_3	H_4	H_5	H_6	H_7	L	L_1	L_2	D
150WQ70-40-18.5	49 70 84	44.5 40 36	46 54 52	18.5	1450	GAK-150	1075	565	182	182	827	1000	800	705	865	605	281	$\phi364$
150WQ150-26-18.5	105 150 180	28.5 26 23.7	60 72 70	18.5	1450	GAK-150	1075	565	182	182	827	1000	800	705	865	605	281	$\phi364$
150WQ180-22-18.5	126 180 216	25 22 17	68 74 72	18.5	1450	GAK-150	1075	565	182	182	827	1000	800	705	865	605	281	$\phi364$
150WQ130-30-22	91 130 156	35 30 24	63 69 63	22	1450	GAK-150	1330	565	260	260	905	1300	900	710	940	605	285	$\phi520$
150WQ250-22-30	175 250 300	23.5 22 19.8	64.7 73.5 71	30	1450	GAK-150	1330	613	315	315	1008	1500	1000	910	1045	653	427	$\phi630$
150WQ150-35-37	105 150 180	40 35 30	57 63 64	37	1450	GAK-150	1500	613	315	315	1008	1500	1000	1035	1045	653	427	$\phi630$

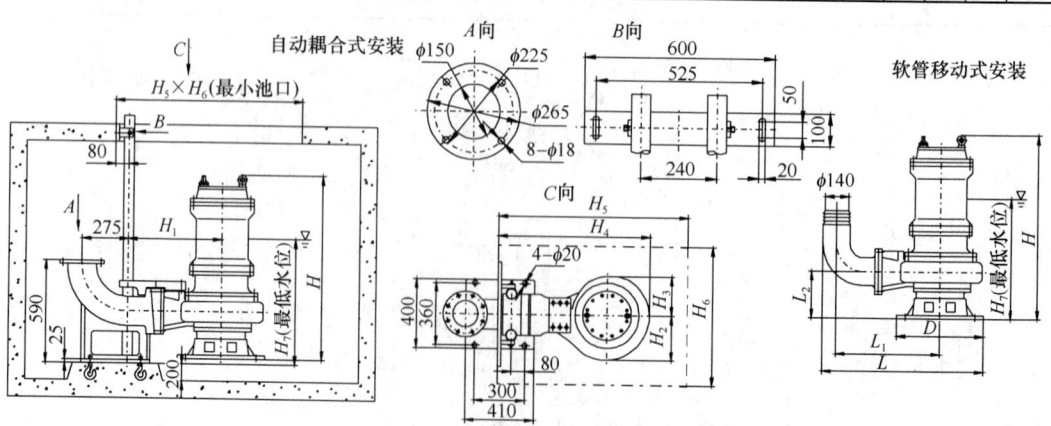

图 1-315 WQ 型潜水排污泵外形及安装尺寸（七）

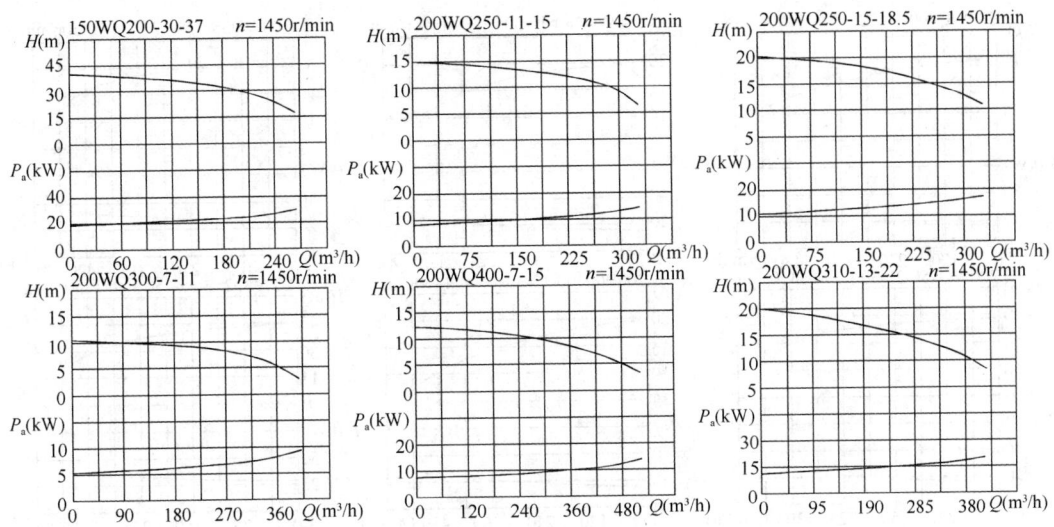

图 1-316　WQ 型潜水排污泵性能曲线（八）

WQ 型潜水排污泵性能、外形及安装尺寸（八）　　　　表 1-322

泵型号	流量 Q (m³/h)	扬程 H (m)	效率 η (%)	电机功率 (kW)	转速 n (r/min)	耦合器型号	尺寸（mm） H	H₁	H₂	H₃	H₄	H₅	H₆	H₇	L	L₁	L₂	D
150WQ200-30-37	140/200/240	35/30/24	60/65/62	37	1450	GAK-150	1500	613	315	315	1008	1500	1000	1035	1045	653	427	φ630
200WQ300-7-11	210/300/360	8.2/7/5.9	68/75/72	11	1450	GAK-200	1005	553	260	260	893	1300	900	660	905	537	258	φ520
200WQ250-11-15	175/250/300	13.2/11/9	68/73/68	15	1450	GAK-200	1005	553	260	260	893	1300	900	660	905	537	258	φ520
200WQ400-7-15	280/400/480	9/7/5.5	68/70/63	15	1450	GAK-200	1040	636	328	275	1016	1500	1000	680	1025	620	275	φ550
200WQ250-15-18.5	175/250/300	17.7/15/13	60/72/71	18.5	1450	GAK-200	1070	716	258	258	1054	1500	1000	700	1065	700	265	φ515
200WQ310-13-22	217/310/372	16/13/11	64/71/67	22	1450	GAK-200	1070	716	258	258	1054	1500	1000	700	1065	700	265	φ515

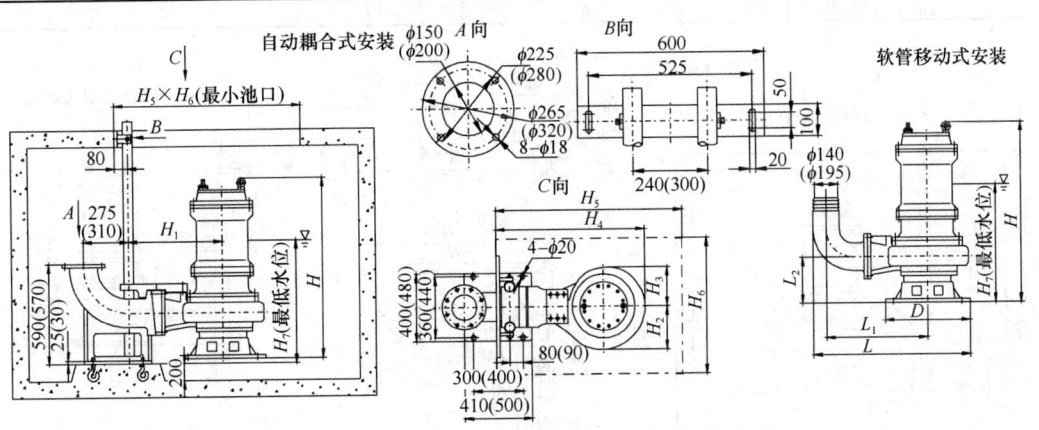

注：150WQ200-30-37(200WQ300-7-11～200WQ310-13-22为括号内尺寸)

图 1-317　WQ 型潜水排污泵外形及安装尺寸（八）

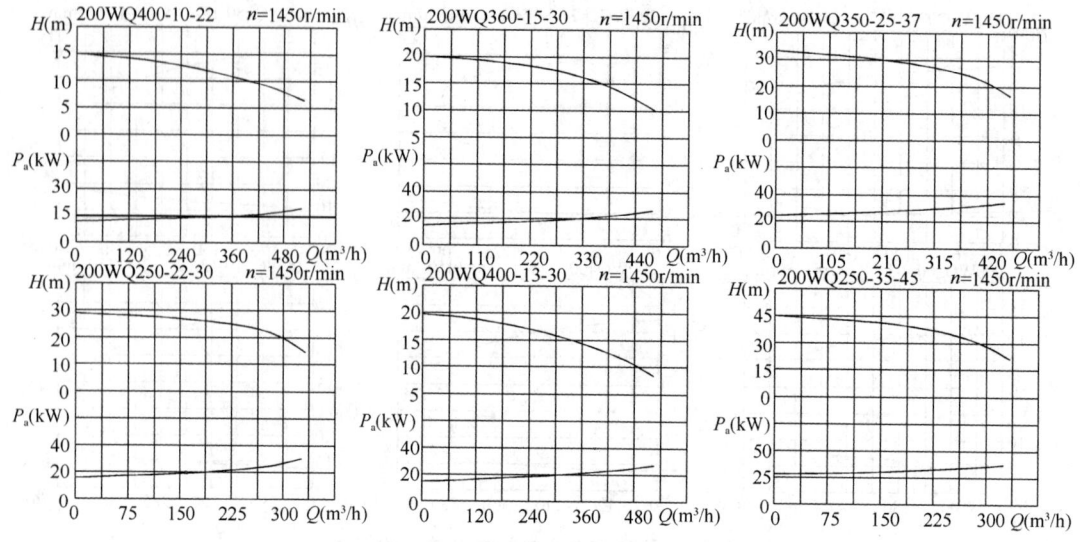

图 1-318 WQ型潜水排污泵性能曲线（九）

WQ型潜水排污泵性能、外形及安装尺寸（九） 表 1-323

泵型号	流量 Q (m³/h)	扬程 H (m)	效率 η (%)	电机功率 (kW)	转速 n (r/min)	耦合器型号	尺寸（mm）											
							H	H₁	H₂	H₃	H₄	H₅	H₆	H₇	L	L₁	L₂	D
200WQ400-10-22	280	12.6	68	22	1450	GAK-200	1070	716	258	258	1054	1500	1000	700	1065	700	265	φ515
	400	10	75															
	480	8	69															
200WQ250-22-30	175	24.8	62	30	1450	GAK-200	1120	716	258	258	1054	1500	1000	730	1065	700	265	φ515
	250	22	71															
	300	19.5	72															
200WQ360-15-30	250	17.5	65	30	1450	GAK-200	1120	716	258	258	1054	1500	1000	730	1065	700	265	φ515
	360	15	78															
	432	12.6	75															
200WQ400-13-30	280	16	69	30	1450	GAK-200	1120	716	258	258	1054	1500	1000	730	1065	700	265	φ515
	400	13	76															
	480	11	72															
200WQ350-25-37	245	27.8	63	37	1450	GAK-200	1490	706	315	315	1101	1500	1000	950	1110	690	407	φ630
	350	25	73															
	420	22.7	76															
200WQ250-35-45	175	41	59	45	1450	GAK-200	1490	706	315	315	1101	1500	1000	950	1110	690	407	φ630
	250	35	69															
	300	29.5	69															

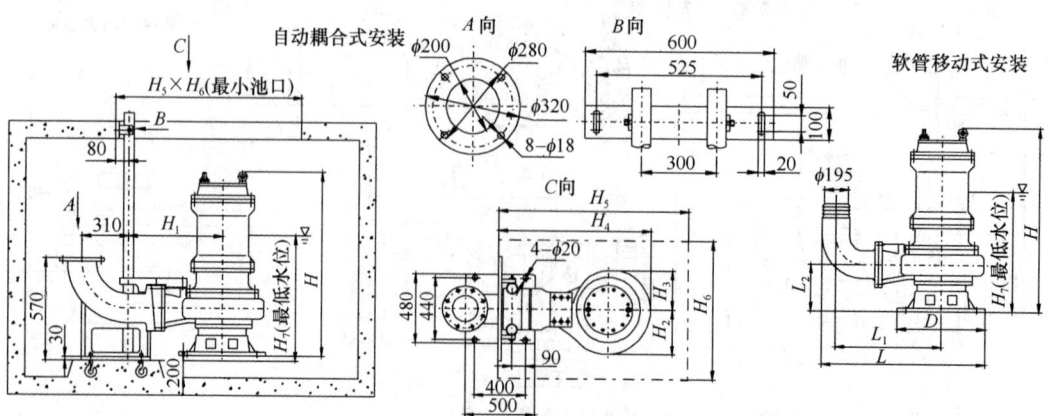

图 1-319 WQ型潜水排污泵外形及安装尺寸（九）

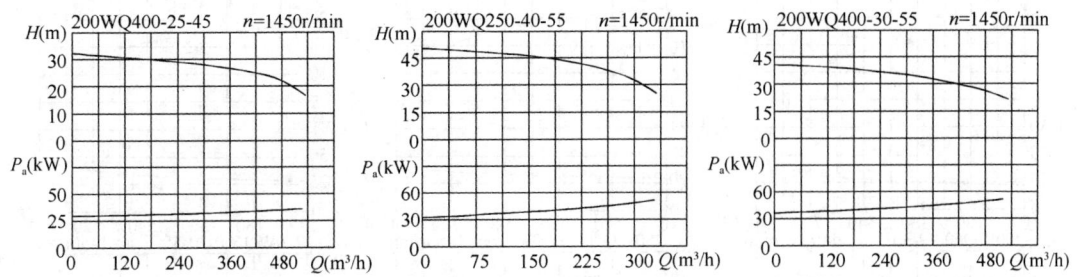

图 1-320　WQ 型潜水排污泵性能曲线（十）

WQ 型潜水排污泵性能、外形及安装尺寸（十）　　　　　　表 1-324

泵型号	流量 Q (m³/h)	扬程 H (m)	效率 η (%)	电机功率 (kW)	转速 n (r/min)	耦合器型号	尺寸（mm）											
							H	H_1	H_2	H_3	H_4	H_5	H_6	H_7	L	L_1	L_2	D
200WQ400-25-45	280	28	67	45	1450	GAK-200	1490	706	258	315	1101	1500	1000	950	1110	690	407	φ630
	400	25	77.5															
	480	22	75															
200WQ250-40-55	175	44.5	58	55	1450	GAK-200	1465	706	258	320	1106	1500	1000	950	1115	690	325	φ640
	250	40	71															
	300	35.7	70															
200WQ400-30-55	280	35	59	55	1450	GAK-200	1465	706	258	320	1106	1500	1000	950	1115	690	325	φ640
	400	30	72															
	480	27	75															

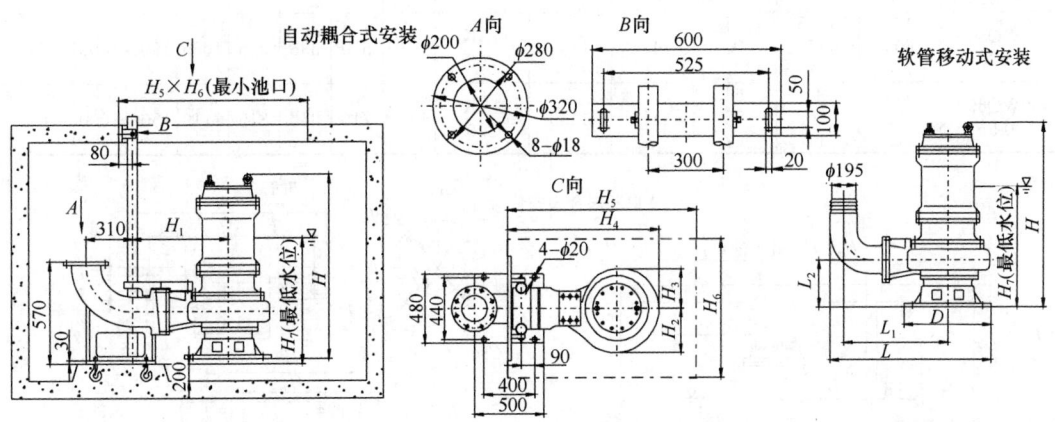

图 1-321　WQ 型潜水排污泵外形及安装尺寸（十）

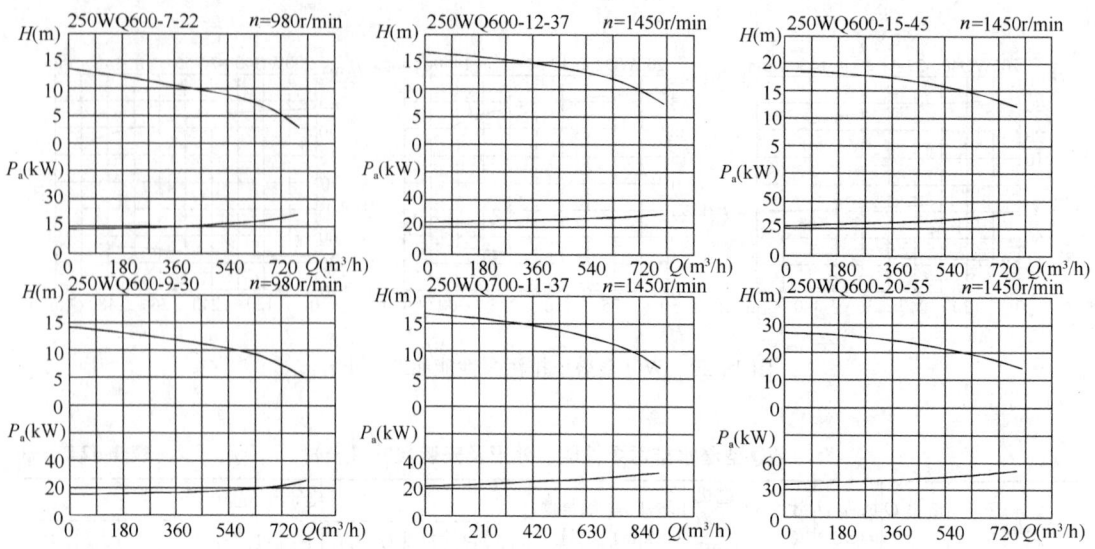

图 1-322　WQ 型潜水排污泵性能曲线（十一）

WQ 型潜水排污泵性能、外形及安装尺寸（十一）　　　　　表 1-325

泵型号	流量 Q (m³/h)	扬程 H (m)	效率 η (%)	电机功率 (kW)	转速 n (r/min)	耦合器型号	尺寸（mm）							
							H	H_1	H_2	H_3	H_4	H_5	H_6	H_7
250WQ600-7-22	420	9	68	22	980	GAK-250	1360	670	337	315	1065	1500	1000	950
	600	7	72											
	720	5.5	68											
250WQ600-9-30	420	10.5	70	30	980	GAK-250	1530	670	336	315	1065	1500	1000	950
	600	9	78											
	720	7	75											
250WQ600-12-37	420	14	66	37	1450	GAK-250	1530	670	336	315	1065	1500	1000	950
	600	12	76											
	720	10	71											
250WQ700-11-37	490	13	72	37	1450	GAK-250	1530	670	336	315	1065	1500	100	950
	700	11	83											
	840	9	81											
250WQ600-15-45	420	17.5	64	45	1450	GAK-250	1530	670	336	315	1065	1500	1000	950
	600	15	73											
	720	13	67											
250WQ600-20-55	420	22.5	64	55	1450	GAK-250	1600	710	350	315	1110	1500	1000	950
	600	20	73											
	720	17	67											

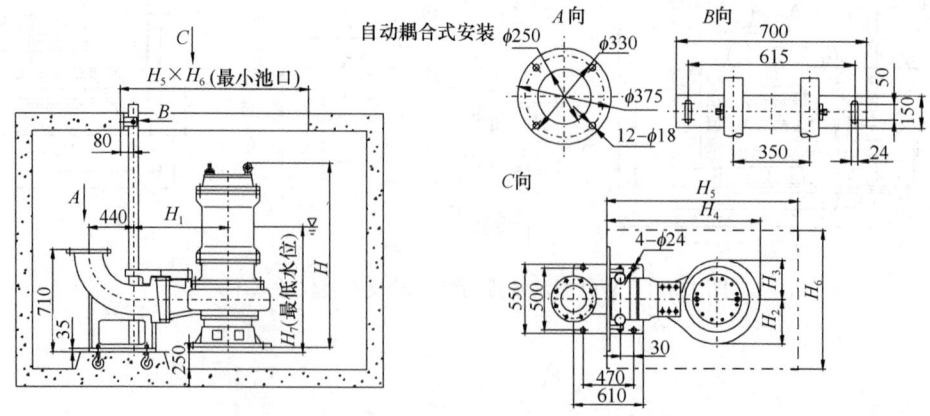

图 1-323　WQ 型潜水排污泵外形及安装尺寸（十一）

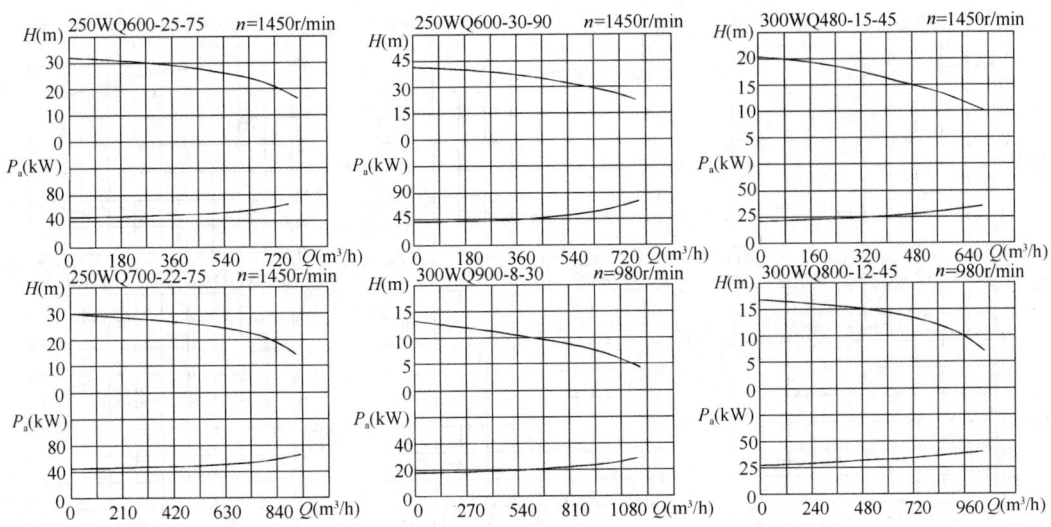

图 1-324　WQ 型潜水排污泵性能曲线（十二）

WQ 型潜水排污泵性能、外形及安装尺寸（十二）　　　　　表 1-326

泵型号	流量 Q (m³/h)	扬程 H (m)	效率 η (%)	电机功率 (kW)	转速 n (r/min)	耦合器型号	尺寸（mm）							
							H	H₁	H₂	H₃	H₄	H₅	H₆	H₇
250WQ600-25-75	420	27.5	63	75	1450	GAK-250	1700	710	350	325	1150	1600	1200	950
	600	25	71											
	720	21	67											
250WQ700-22-75	490	25	69	75	1450	GAK-250	1700	710	350	325	1150	1600	1200	950
	700	22	81											
	840	19	79											
250WQ600-30-90	420	35	67	90	1450	GAK-250	1835	710	390	325	1150	1600	1200	950
	600	30	78											
	720	27	76											
300WQ900-8-30	630	10	75	30	980	GAK-300	1565	800	385	315	1200	1600	1200	950
	900	8	84.5											
	1080	6.7	81											
300WQ480-15-45	326	17.5	66	45	1450	GAK-300	1565	800	385	315	1200	1600	1200	950
	480	15	76											
	620	13	74											
300WQ800-12-45	560	14	66	45	980	GAK-300	1725	905	405	370	1355	1800	1400	950
	800	12	74											
	960	10	71											

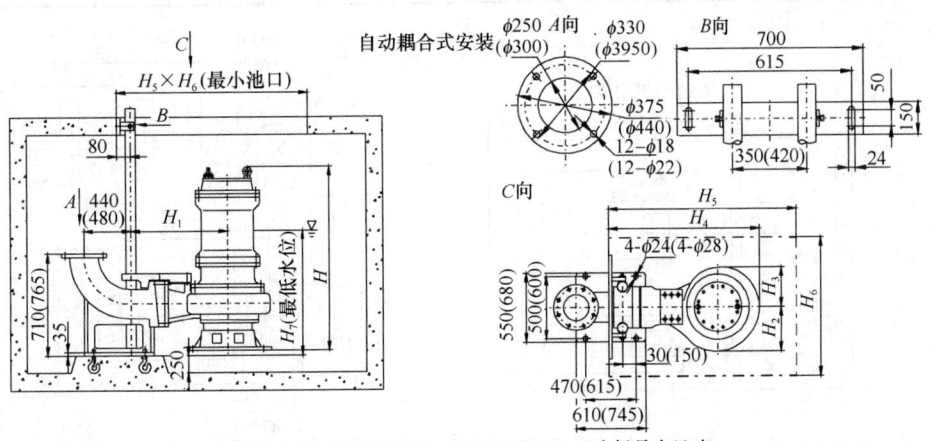

注：250WQ600-25-75～200WQ600-30-90(300WQ900-8-30～300WQ600-12-45)为括号内尺寸)

图 1-325　WQ 型潜水排污泵外形及安装尺寸（十二）

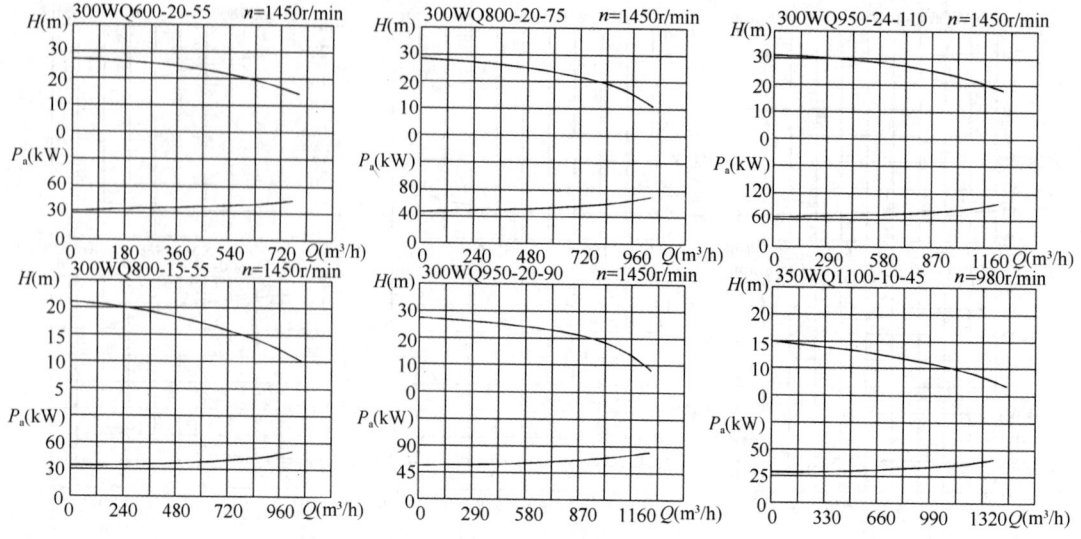

图 1-326　WQ 型潜水排污泵性能曲线（十三）

WQ 型潜水排污泵性能、外形及安装尺寸（十三）　　　　　表 1-327

泵型号	流量 Q (m³/h)	扬程 H (m)	效率 η (%)	电机功率 (kW)	转速 n (r/min)	耦合器型号	尺寸（mm）							
							H	H_1	H_2	H_3	H_4	H_5	H_6	H_7
300WQ600-20-55	420	22.5	63	55	1450	GAK-300	1615	800	385	315	1200	1600	1200	950
	600	20	73											
	720	17	70											
300WQ800-15-55	560	17.5	72	55	1450	GAK-300	1615	800	385	315	1200	1200	1200	950
	800	15	83											
	960	13	81											
300WQ800-20-75	560	22.5	67	75	1450	GAK-300	1725	905	405	370	1355	1400	1400	950
	800	20	75											
	960	17	73											
300WQ950-20-90	665	22.5	68	90	1450	GAK-300	1725	905	405	370	1355	1400	1400	950
	950	20	76											
	1140	17	75											
300WQ950-24-110	665	27	68	110	1450	GAK-300	2100	905	405	370	1355	1400	1400	950
	950	24	76											
	1140	21	75											
350WQ1100-10-45	770	11.5	74	45	980	GAK-350	1870	910	410	380	1400	1800	1400	950
	1100	10	85											
	1320	8	82											

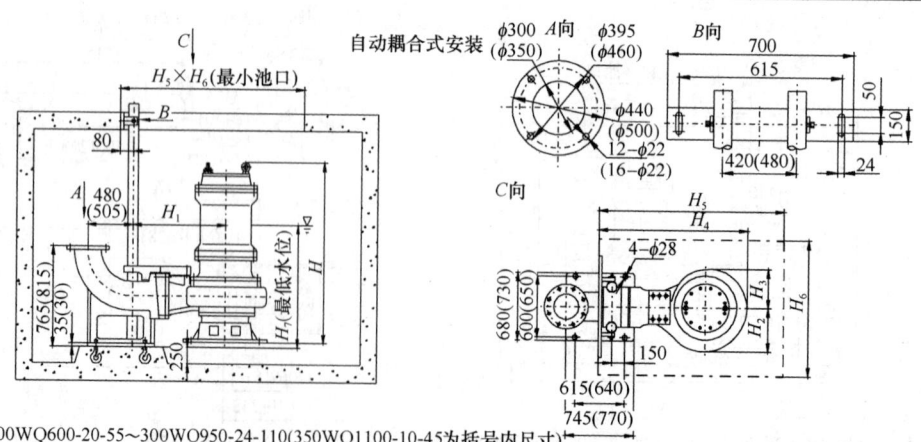

注：300WQ600-20-55～300WQ950-24-110（350WQ1100-10-45为括号内尺寸）

图 1-327　WQ 型潜水排污泵外形及安装尺寸（十三）

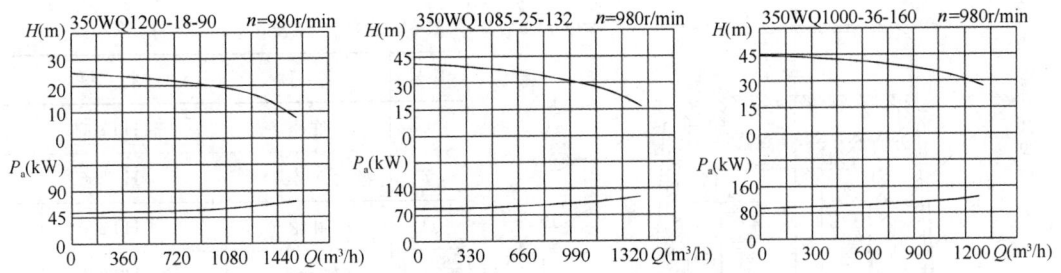

图 1-328 WQ 型潜水排污泵性能曲线（十四）

WQ 型潜水排污泵性能、外形及安装尺寸（十四）　　表 1-328

泵型号	流量 Q (m³/h)	扬程 H (m)	效率 η (%)	电机功率 (kW)	转速 n (r/min)	耦合器型号	尺寸 (mm)							
							H	H_1	H_2	H_3	H_4	H_5	H_6	H_7
350WQ1200-18-90	840 1200 1440	21 18 15	71 82.5 80	90	980	GAK-350	1900	920	410	380	1400	1800	1400	950
350WQ1085-25-132	760 1085 1302	31.5 25 25	74 83 81	132	980	GAK-350	2300	950	450	390	1500	1900	1500	950
350WQ1000-36-160	700 1000 1200	40 36 31	68 79 71	160	980	GAK-350	2400	950	450	390	1500	1900	1500	950

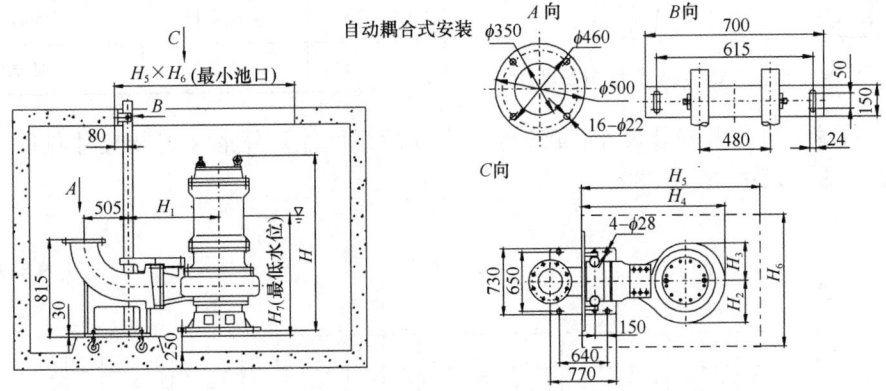

图 1-329 WQ 型潜水排污泵外形及安装尺寸（十四）

1.12.2 AS 潜水式排污泵

（1）用途：AS 潜水式排污泵适用于市政工程排污系统、生活污水排放、公共设施污水排放、厂矿企业排污，特别适用于抽送含有长纤维物质污水污物、其他排水系统。

（2）型号意义说明：

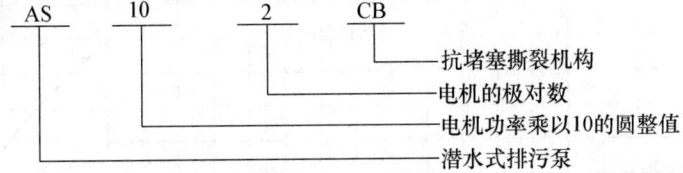

（3）结构：AS 型潜污泵在普通潜污泵的基础上设计了一种撕裂机构，能够将纤维物质撕裂、切断后排放。安装方式可采用移动式安装、固定式硬管安装或双导轨自动耦合装置安装。其结构如图 1-330 所示。

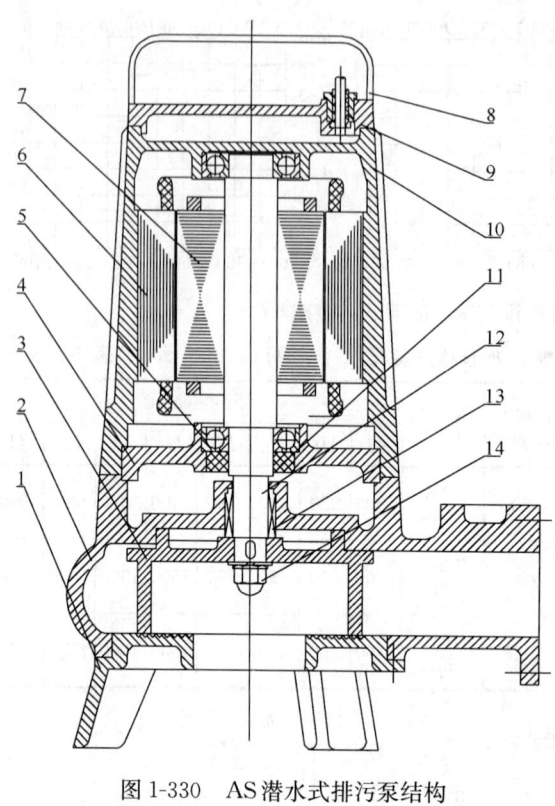

图 1-330 AS潜水式排污泵结构

S型泵材料表

序号	名　称	材　料
1	底座	HT200
2	泵体	HT200
3	叶轮	HT200
4	轴承座	HT200
5	滚动轴承	轴承钢
6	定子铁心	DR510
7	转子铁心	DR510
8	提手	型钢
9	上盖	HT200
10	电机壳体	HT200
11	油封	复合材料
12	主轴	不锈钢
13	机械密封	组件
14	叶轮螺母	优质碳钢

（4）性能、外形及安装尺寸：AS潜水式排污泵性能、外形及安装尺寸见图 1-331～图 1-335 和表 1-329、表 1-330。

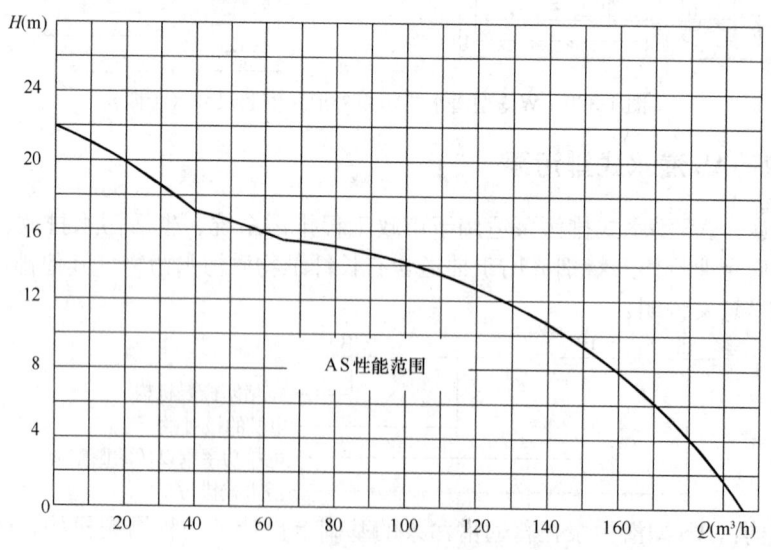

图 1-331 AS潜水式排污泵性能曲线

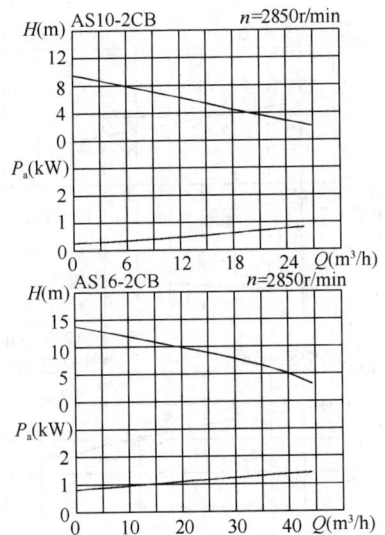

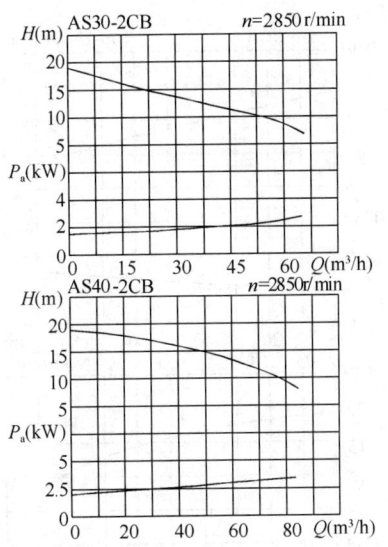

图 1-332　AS 潜水式排污泵性能曲线（一）

AS 潜水式排污泵性能、外形及安装尺寸（一）　　　　表 1-329

泵型号	流量 Q (m³/h)	扬程 H (m)	效率 η (%)	电机功率 (kW)	转速 (r/min)	耦合器型号	尺　寸　(mm)											泵质量 (kg)
							H	H_1	H_2	H_3	H_4	H_5	H_6	H_7	L	L_1	L_2	
AS10-2CB	6	6	21	1.1	2850	GAK-80	475	290	105	105	500	750	600	270	420	270	105	30
	17.3	4	30															
	24	3	28.4															
AS16-2CB	20	9.5	45	1.5	2850	GAK-80	475	290	105	105	500	750	600	270	420	270	105	33
	29	7.6	50															
	40	5	48															
AS30-2CB	20	15	48	3	2850	GAK-80	530	325	118	118	523	750	600	285	470	305	105	40
	42	11	54															
	60	8.2	50															
AS40-2CB	28	17	52	4	2850	GAK-80	595	340	140	140	560	750	600	350	505	320	105	60
	50	13	55															
	70	10	50															

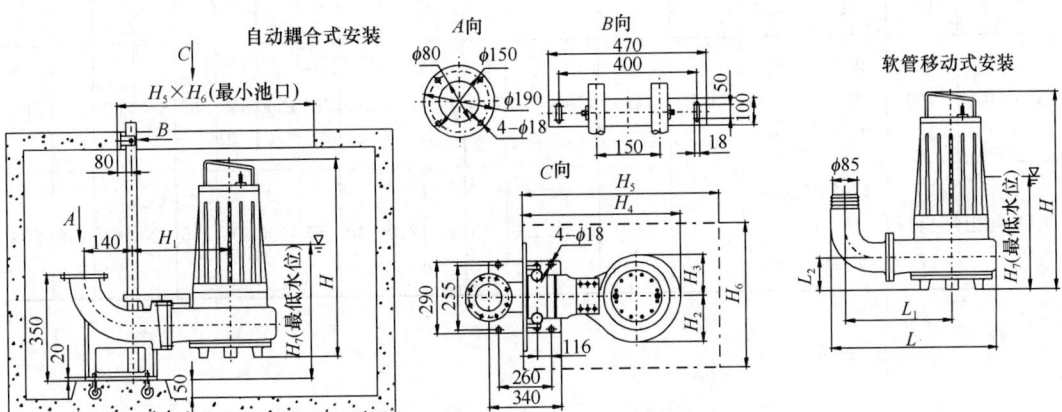

图 1-333　AS 潜水式排污泵外形及安装尺寸（一）

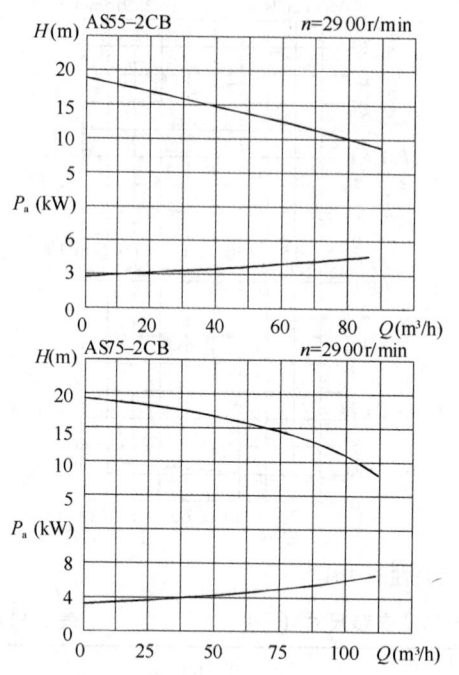 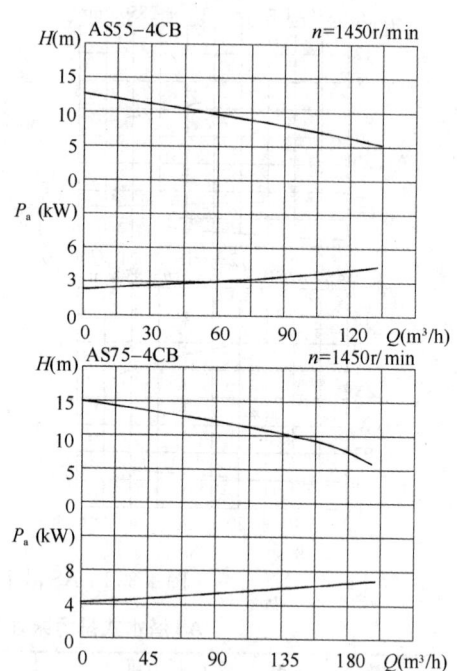

图 1-334 AS潜水式排污泵性能曲线（二）

AS潜水式排污泵性能、外形及安装尺寸（二） 表 1-330

泵型号	流量 Q (m³/h)	扬程 H (m)	效率 η (%)	电机功率 (kW)	转速 (r/min)	耦合器型号	尺 寸 (mm)											泵质量 (kg)
							H	H_1	H_2	H_3	H_4	H_5	H_6	H_7	L	L_1	L_2	
AS55-2CB	40 65 80	14.4 12 10.6	38 45 43	5.5	2900	GAK-100	710	396	175	175	600	750	600	440	620	390	120	165
AS75-2CB	50 85 100	16.5 13 11	41 50 48	7.5	2900	GAK-100	730	396	175	175	600	750	600	440	620	390	120	185
AS55-4CB	60 100 120	9.2 7.5 6.8	42 50.5 49	5.5	1450	GAK-150	830	495	210	210	785	1000	800	565	820	535	235	180
AS75-4CB	87 145 174	12.2 10 8.4	45 56 55	7.5	1450	GAK-150	855	495	210	210	785	1000	800	565	820	535	235	200

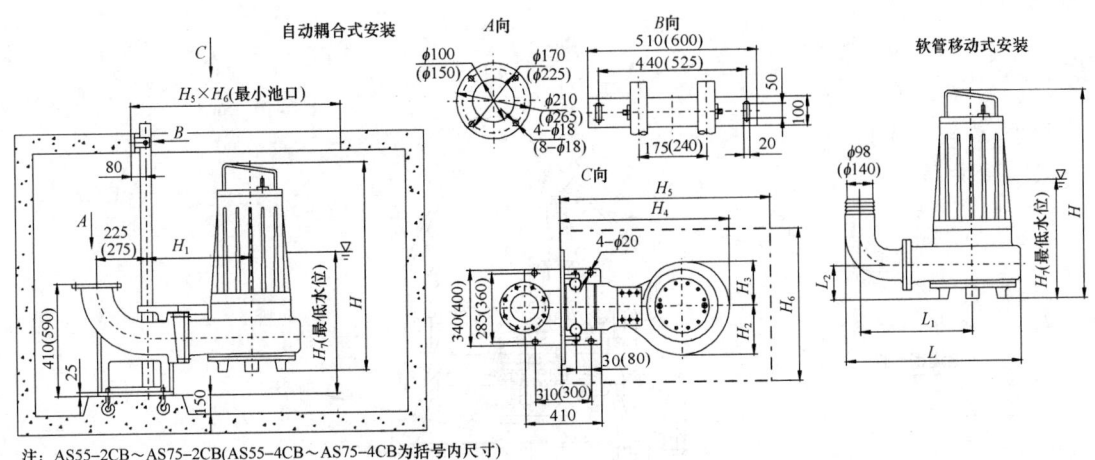

注: AS55-2CB～AS75-2CB(AS55-4CB～AS75-4CB为括号内尺寸)

图 1-335　AS 潜水式排污泵外形及安装尺寸（二）

1.12.3　WQ-C 小型潜水排污泵

（1）用途：WQ-C 小型潜水排污泵适用于建筑楼宇、医院、住宅小区、市政工程、道路交通及其施工，工厂排污、小型污水处理厂等场合排送含有固体颗粒、长纤维的废水、雨水、污水。

（2）型号意义说明：

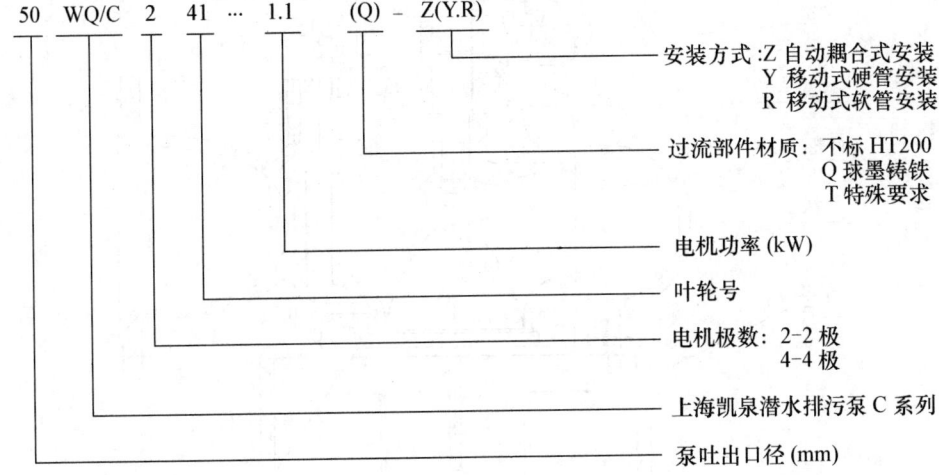

（3）结构：WQ-C 型潜污泵为小型潜污泵，电机功率不大于 7.5kW。叶轮采用双通道叶轮，轴封采用两个独立串联的机械密封。油室内设有油水探头可对油室进水报警，电机腔内设有浮子开关当油进入电机时报警并停泵，电机定子绕组内设热敏元件在电机超温时报警并停泵。安装方式可采用移动式安装、固定式硬管安装和双导轨自动耦合装置安装。其结构如图 1-336 所示。

（4）性能、外形及安装尺寸：WQ-C 小型潜水排污泵性能、外形及安装尺寸见图 1-337～图 1-363、表 1-331～表 1-343。

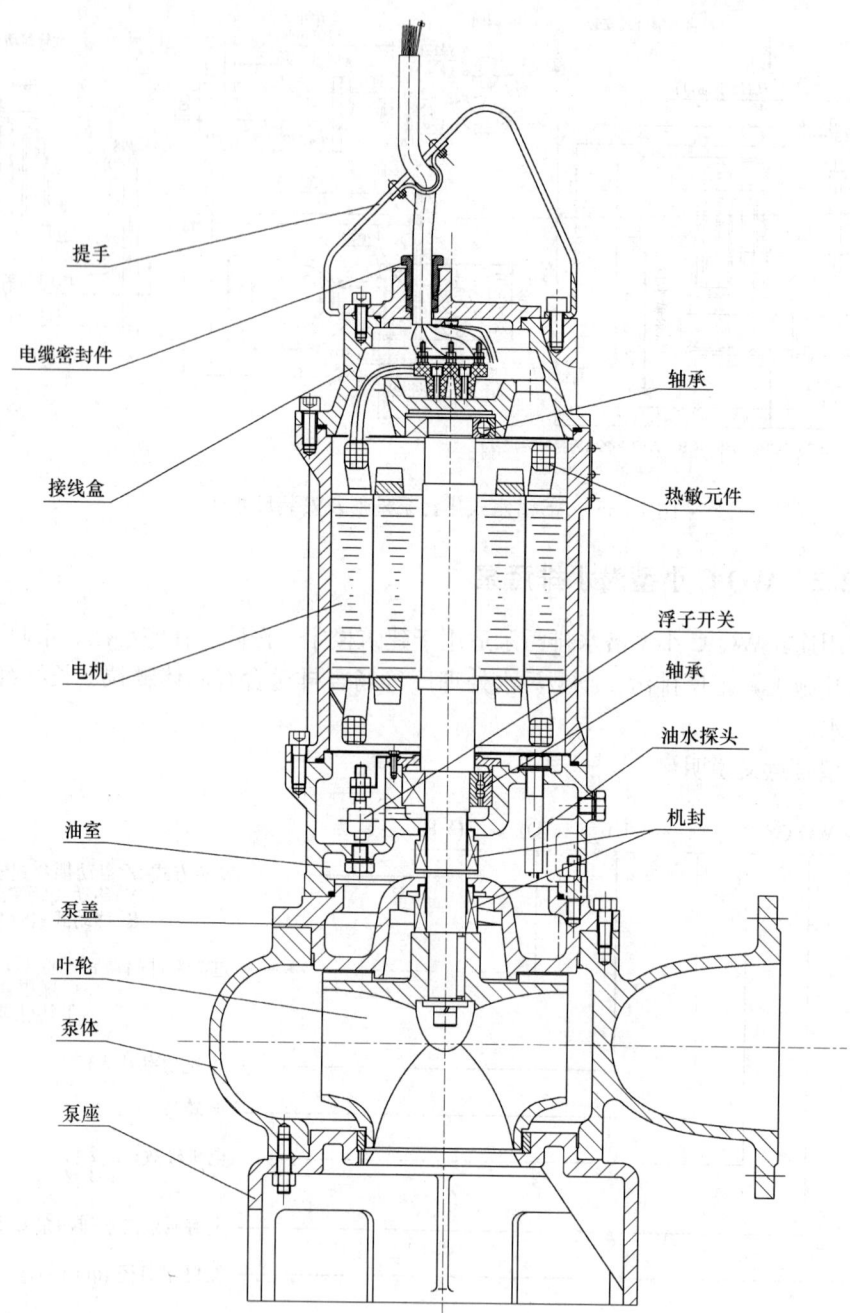

提手

电缆密封件

接线盒

电机

油室

泵盖

叶轮

泵体

泵座

轴承

热敏元件

浮子开关

轴承

油水探头

机封

图 1-336　WQ-C 小型潜水排污泵结构

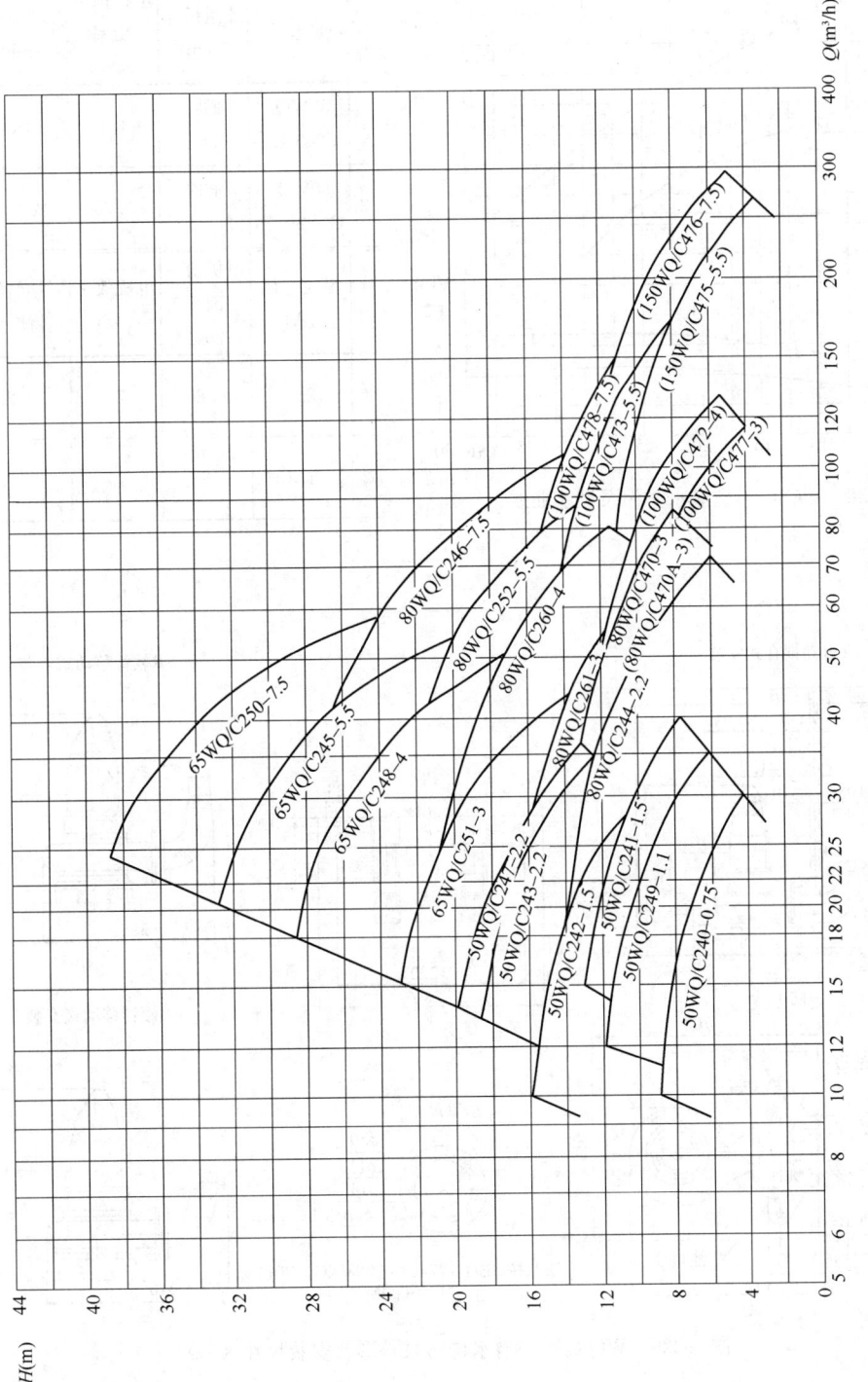

图 1-337　WQ-C 小型潜水排污泵型谱图

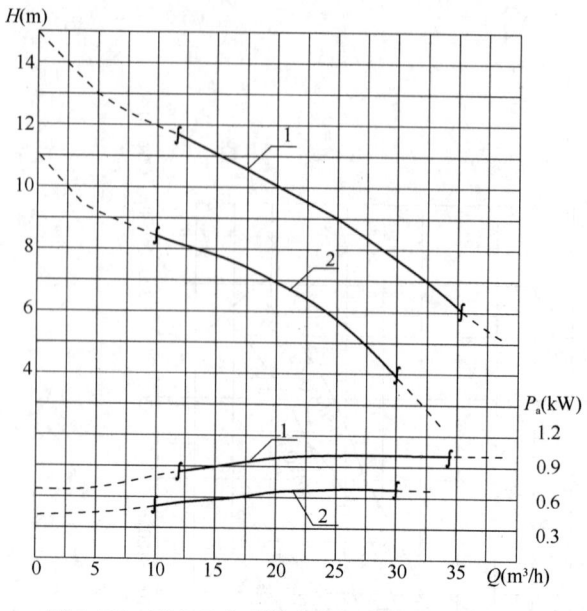

图 1-338 WQ-C 小型潜水排污泵性能曲线（一）

WQ-C 小型潜水排污泵
性能（一） 表 1-331

序号	泵型号	流道尺寸（mm）	电机额定功率（kW）	转速（r/min）	泵重（kg）
1	50WQ/C249-1.1	椭圆 36×27	1.1	2825	50
2	50WQ/C240-0.75	椭圆 36×27	0.75	2825	42

序号	额定电流（A）	电机功率因数 $\cos\varphi$	电机效率（%）	堵转转矩/额定转矩
1	2.5	0.86	77	2.2
2	1.8	—	75	2.2

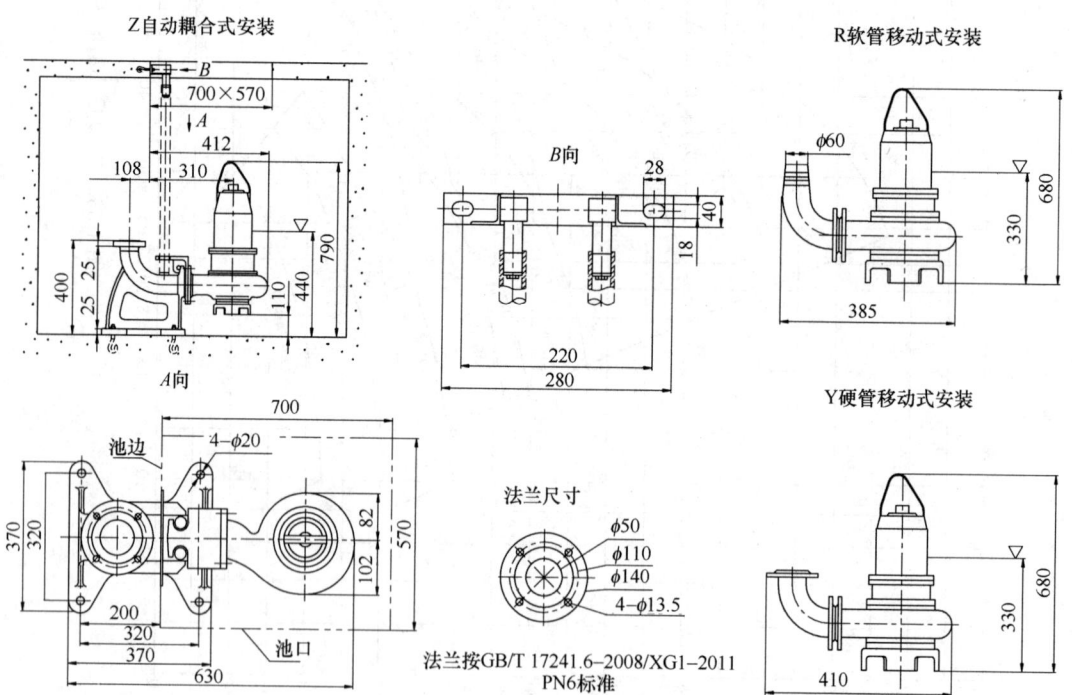

图 1-339 WQ-C 小型潜水排污泵外形及安装尺寸（一）

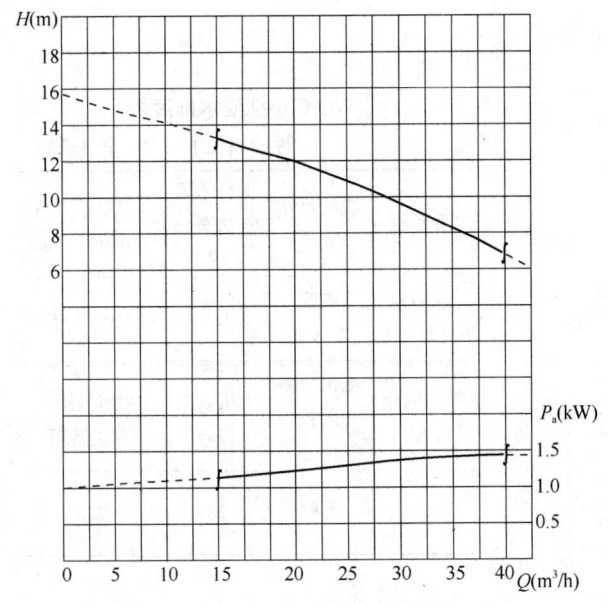

图 1-340　WQ-C 小型潜水排污泵性能曲线（二）

WQ-C 小型潜水排污泵性能（二）　表 1-332

泵型号	流道尺寸（mm）	电机额定功率（kW）	转速（r/min）	泵重（kg）
50WQ/C241-1.5	椭圆 43×32	1.5	2840	63

额定电流（A）	电机功率因数 cosφ	电机效率（%）	堵转转矩/额定转矩
3.4	0.85	78	2.2

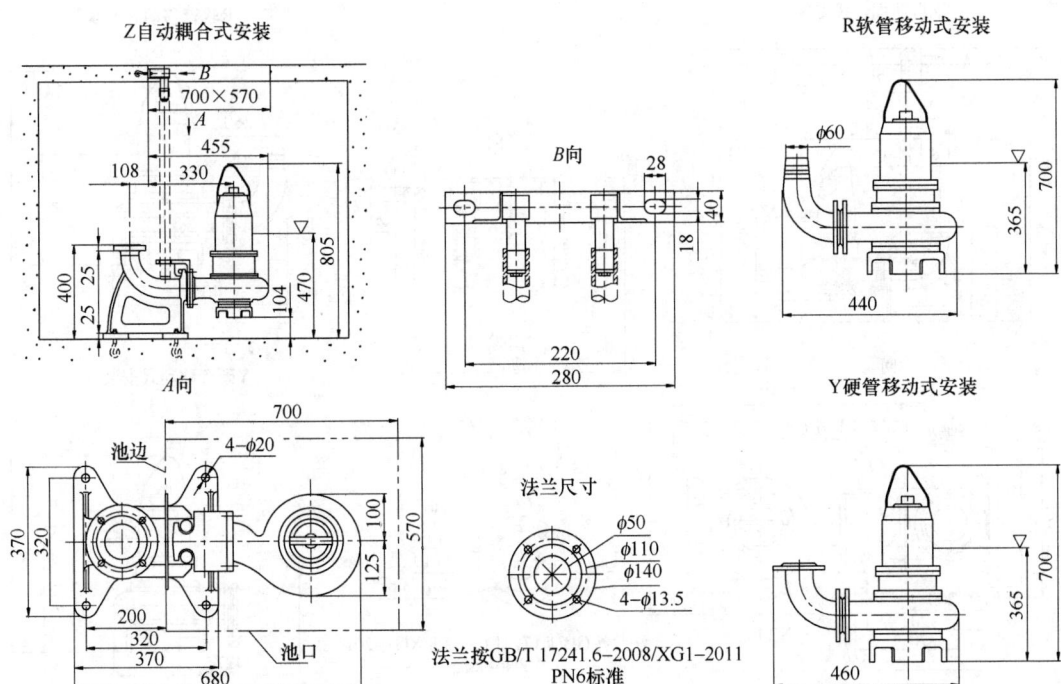

图 1-341　WQ-C 小型潜水排污泵外形及安装尺寸（二）

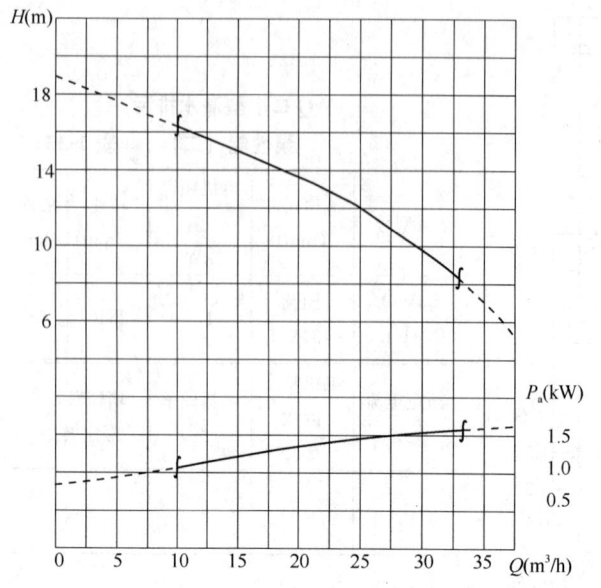

图 1-342　WQ-C 小型潜水排污泵性能曲线（三）

WQ-C 小型潜水排污泵性能（三）　表 1-333

泵型号	流道尺寸（mm）	电机额定功率（kW）	转速（r/min）	泵重（kg）
50WQ/C242-1.5	椭圆 31×39	1.5	2840	61

额定电流（A）	电机功率因数 cosφ	电机效率（%）	堵转转矩/额定转矩
3.4	0.85	78	2.2

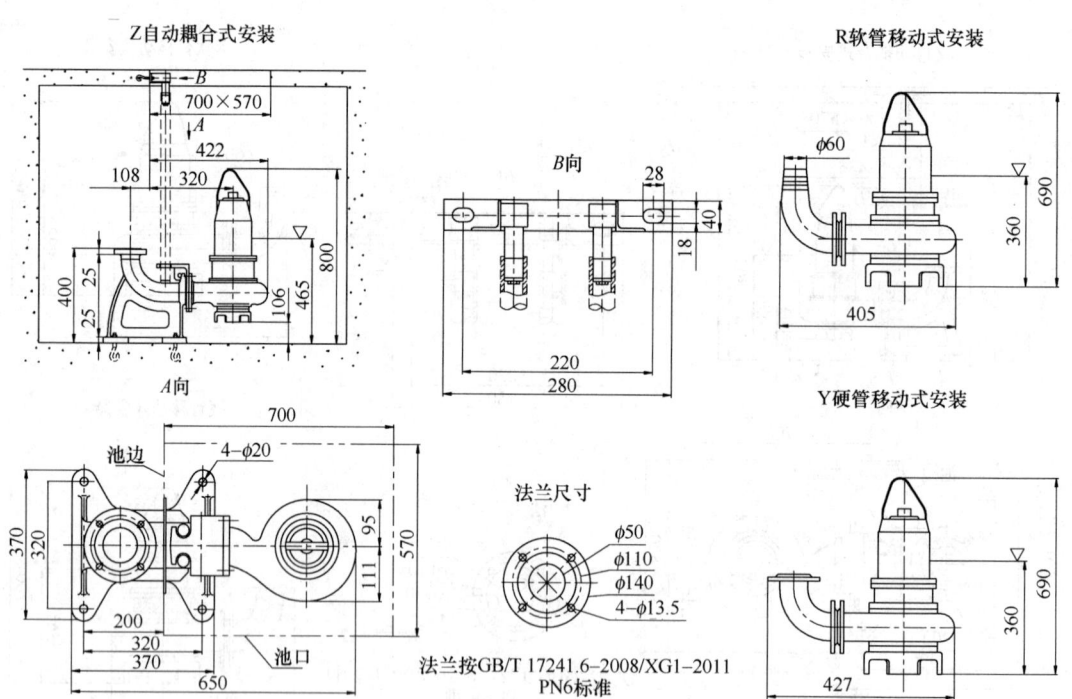

图 1-343　WQ-C 小型潜水排污泵外形及安装尺寸（三）

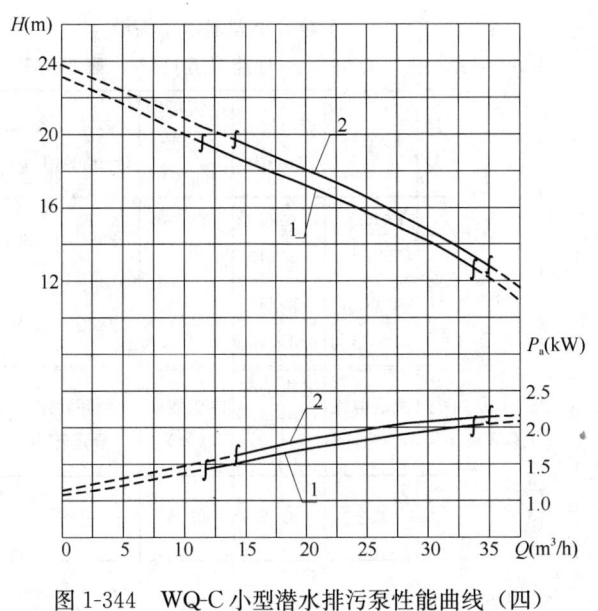

图 1-344　WQ-C 小型潜水排污泵性能曲线（四）

WQ-C 小型潜水排污泵性能（四）　表 1-334

序号	泵型号	流道尺寸（mm）	电机额定功率（kW）	转速（r/min）	泵重（kg）
1	50WQ/C243-2.2	椭圆 36×38	—	2840	71
2	50WQ/C247-2.2	椭圆 33×40	—	2840	73

序号	额定电流（A）	电机功率因数 $\cos\varphi$	电机效率（%）	堵转转矩/额定转矩
1	4.7	0.86	82	2.2
2	4.7	0.86	82	2.2

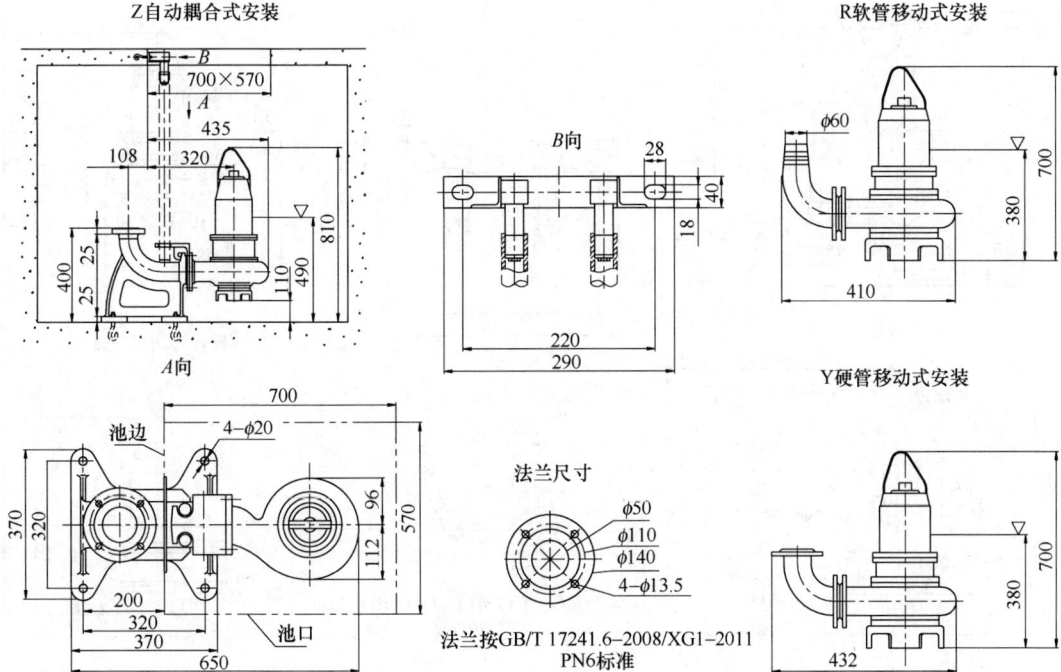

图 1-345　WQ-C 小型潜水排污泵外形及安装尺寸（四）

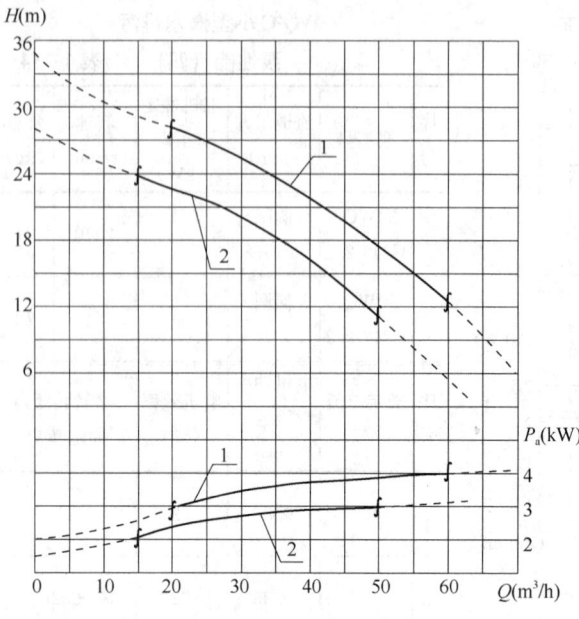

图 1-346　WQ-C 小型潜水排污泵性能曲线（五）

WQ-C 小型潜水排污泵

性能（五）　　表 1-335

序号	泵型号	流道尺寸（mm）	电机额定功率（kW）	转速（r/min）	泵重（kg）
1	65WQ/C248-4.0	椭圆33×40	—	2890	120
2	65WQ/C251-3.0	椭圆33×40	3.0	2880	110

序号	额定电流（A）	电机功率因数 cosφ	电机效率（%）	堵转转矩/额定转矩
1	8.2	0.87	85.5	2.2
2	6.4	0.87	82	2.2

Z自动耦合式安装

700×570
480
108　370
400　25
25
855
135　480

A向

700
池边
4-φ20
370
320
96
570
112
200
320
370
670
池口

B向
28
40
18
250
310

法兰尺寸
φ65
φ130
φ160
4-φ13.5
法兰按GB/T 17241.6-2008/XG1-2011
PN6标准

R软管移动式安装
φ74
860
445
485

Y硬管移动式安装
860
445
515

图 1-347　WQ-C 小型潜水排污泵外形及安装尺寸（五）

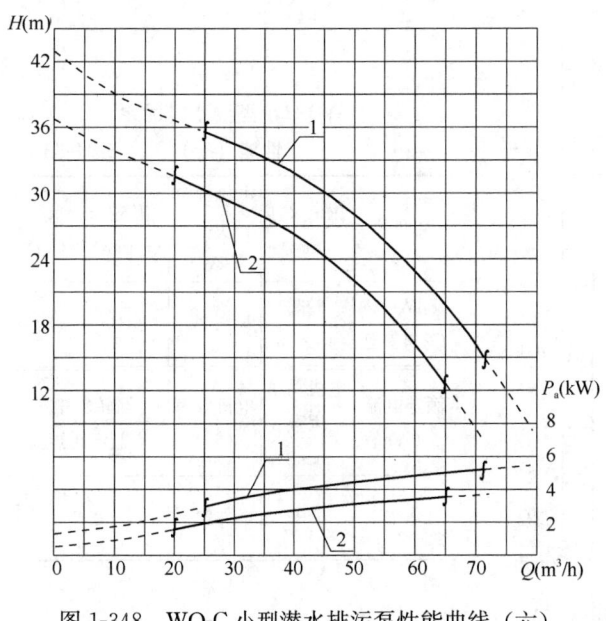

图 1-348　WQ-C 小型潜水排污泵性能曲线（六）

WQ-C 小型潜水排污泵
性能（六）　　表 1-336

序号	泵型号	流道尺寸（mm）	电机额定功率（kW）	转速（r/min）	泵重（kg）
1	65WQ/C250-7.5	椭圆33×40	7.5	2920	150
2	65WQ/C245-5.5	椭圆33×40	5.5	2920	142

序号	额定电流（A）	电机功率因数 cosφ	电机效率（%）	堵转转矩/额定转矩
1	15	0.88	86.2	2.0
2	11.1	0.88	85.5	2.0

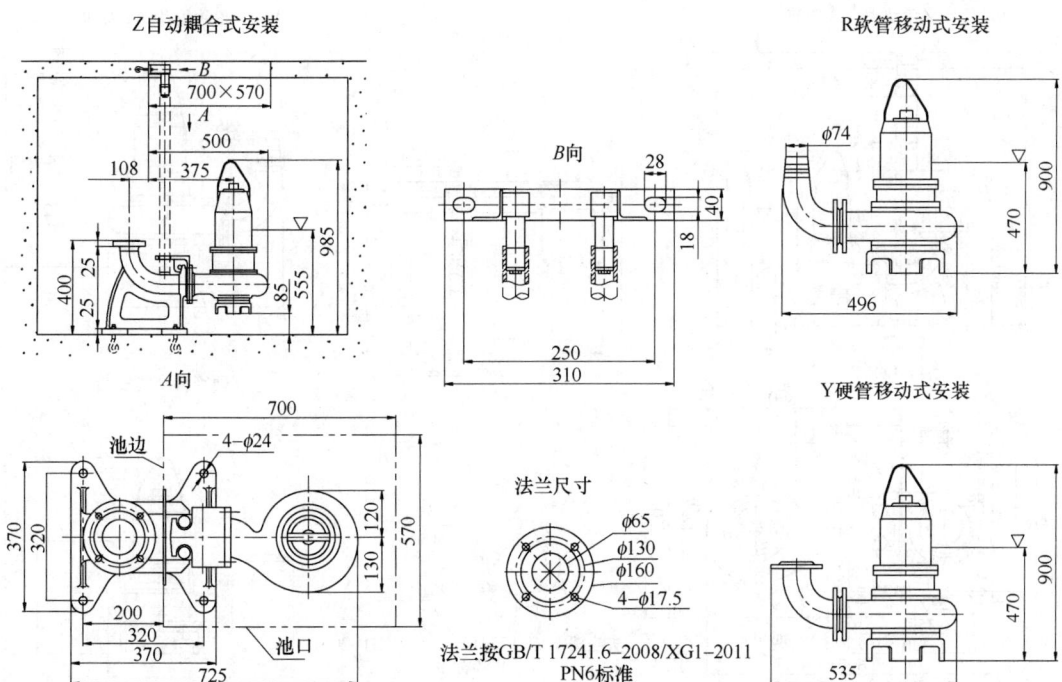

图 1-349　WQ-C 小型潜水排污泵外形及安装尺寸（六）

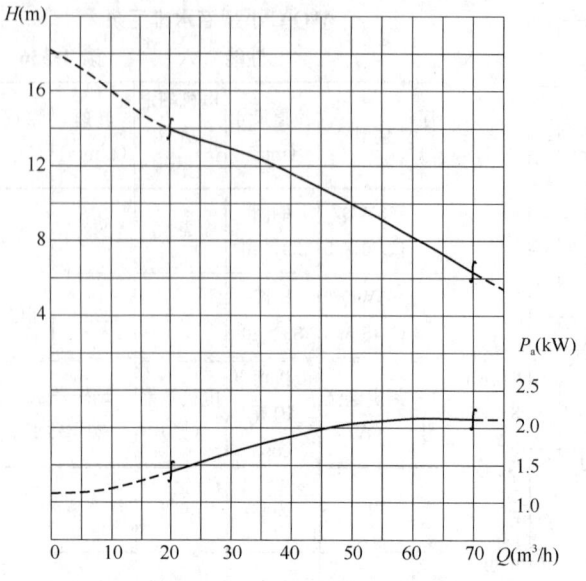

图 1-350 WQ-C 小型潜水排污泵性能曲线（七）

WQ-C 小型潜水排污泵
性能（七）   表 1-337

泵型号	流道尺寸（mm）	电机额定功率（kW）	转速（r/min）	泵重（kg）
80WQ/C244-2.2	椭圆 48×36	2.2	2840	72

额定电流（A）	电机功率因数 cosφ	电机效率（%）	堵转转矩/额定转矩
4.7	0.86	82	2.2

Z自动耦合式安装

800×650
475
108 360
935
480 25 25 215
25 25 560

A向

800
池边
4-φ24
430 360
650
103
125
200
350
420
690
池口

B向
28
40
18
250
310

R软管移动式安装

φ86
720
345
476

Y硬管移动式安装

法兰尺寸
φ80
φ150
φ190
4-φ17.5
法兰按GB/T 17241.6-2008/XG1-2011
PN6标准

720
345
545

图 1-351   WQ-C 小型潜水排污泵外形及安装尺寸（七）

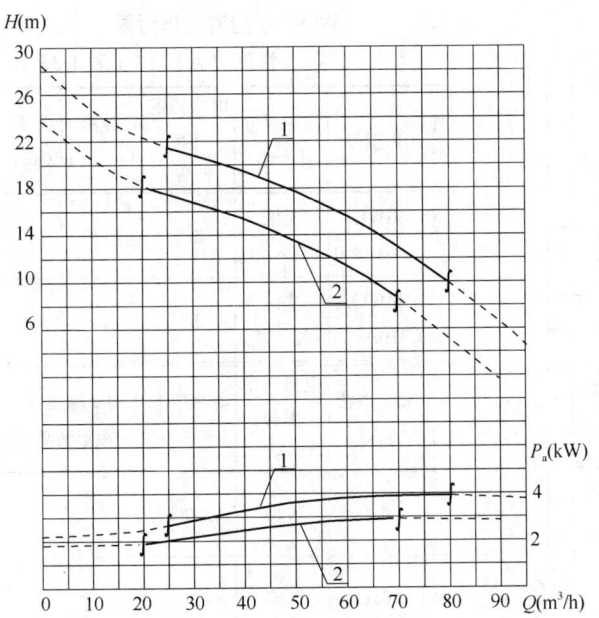

图 1-352 WQ-C 小型潜水排污泵性能曲线（八）

WQ-C 小型潜水排污泵性能（八）

表 1-338

序号	泵型号	流道尺寸（mm）	电机额定功率（kW）	转速（r/min）	泵重（kg）
1	80WQ/C260-4.0	椭圆 45×40	4.0	2890	120
2	80WQ/C261-3.0	椭圆 45×40	3.0	2880	110

序号	额定电流（A）	电机功率因数 cosφ	电机效率（%）	堵转转矩/额定转矩
1	8.2	0.87	85.2	2.2
2	6.4	0.87	82	2.2

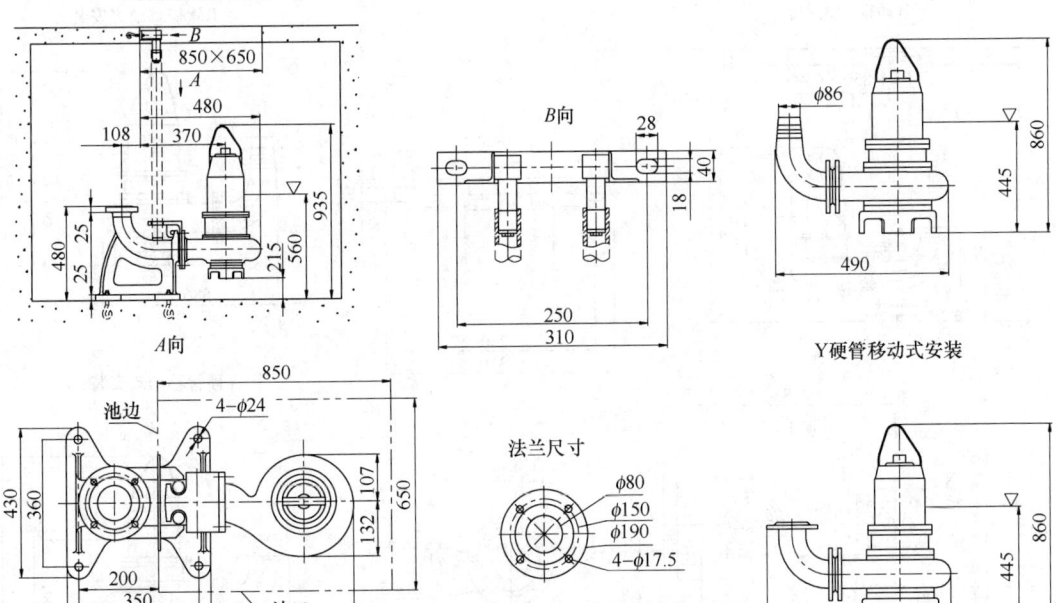

法兰按GB/T 17241.6–2008/XG1–2011 PN6标准

图 1-353 WQ-C 小型潜水排污泵外形及安装尺寸（八）

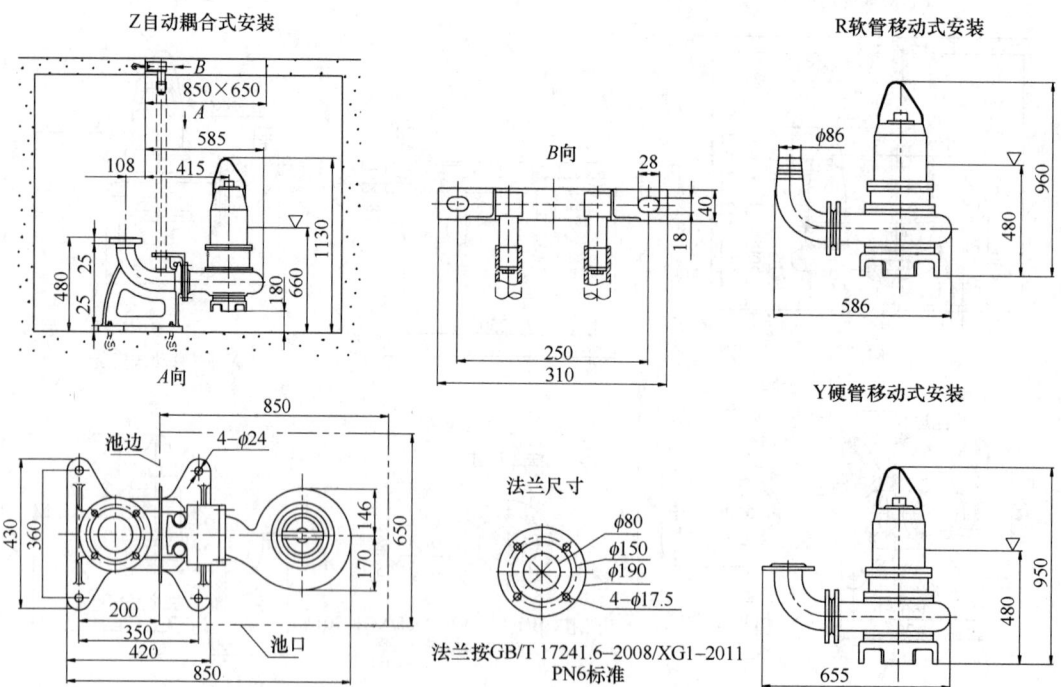

图 1-354 WQ-C 小型潜水排污泵性能曲线（九）

WQ-C 小型潜水排污泵
性能（九）　　表 1-339

序号	泵型号	流道尺寸 (mm)	电机额定功率 (kW)	转速 (r/min)	泵重 (kg)
1	80WQ/C470-3.0	椭圆 62×58	3.0	1420	126
2	80WQ/C470A-3.0	椭圆 62×58	3.0	1420	126

序号	额定电流 (A)	电机功率因数 cosφ	电机效率 (%)	堵转转矩/额定转矩
1	6.8	0.81	82.5	2.2
2	6.8	0.81	82.5	2.2

图 1-355　WQ-C 小型潜水排污泵外形及安装尺寸（九）

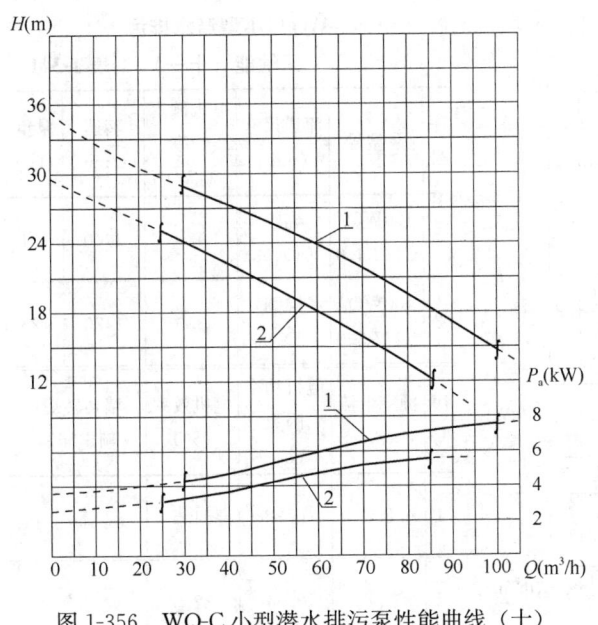

图 1-356 WQ-C 小型潜水排污泵性能曲线（十）

WQ-C 小型潜水排污泵
性能（十）　　表 1-340

序号	泵型号	流道尺寸（mm）	电机额定功率（kW）	转速（r/min）	泵重（kg）
1	80WQ/C246-7.5	椭圆50×47	7.5	2920	150
2	80WQ/C252-5.5	椭圆50×47	5.5	2920	142

序号	额定电流（A）	电机功率因数 cosφ	电机效率（%）	堵转转矩/额定转矩
1	15	0.88	86.2	2.0
2	11.1	0.88	85.5	2.0

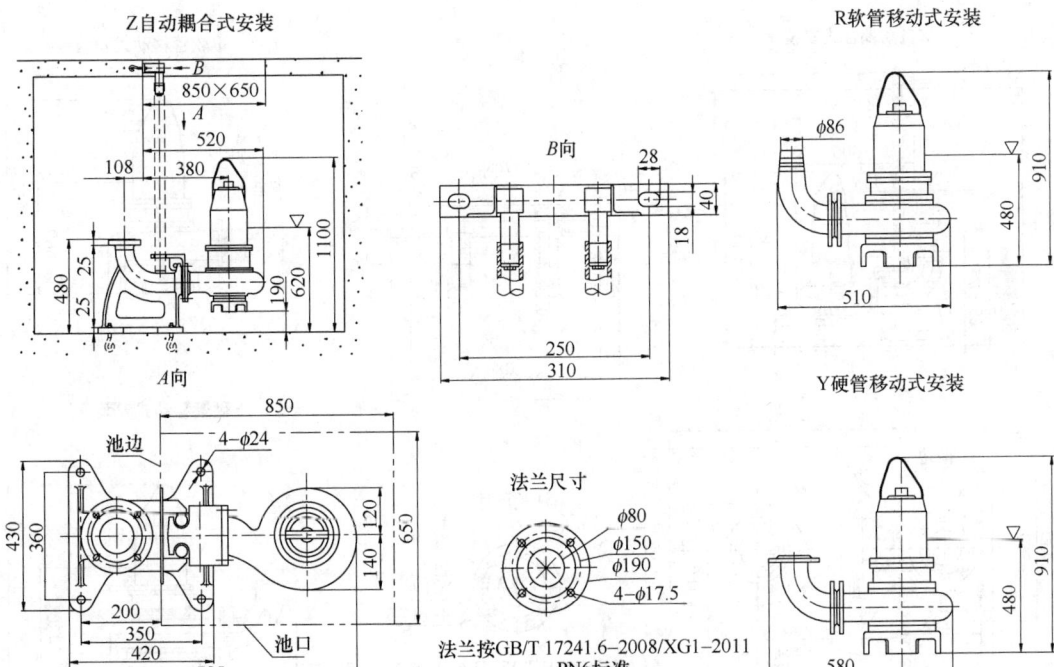

图 1-357　WQ-C 小型潜水排污泵外形及安装尺寸（十）

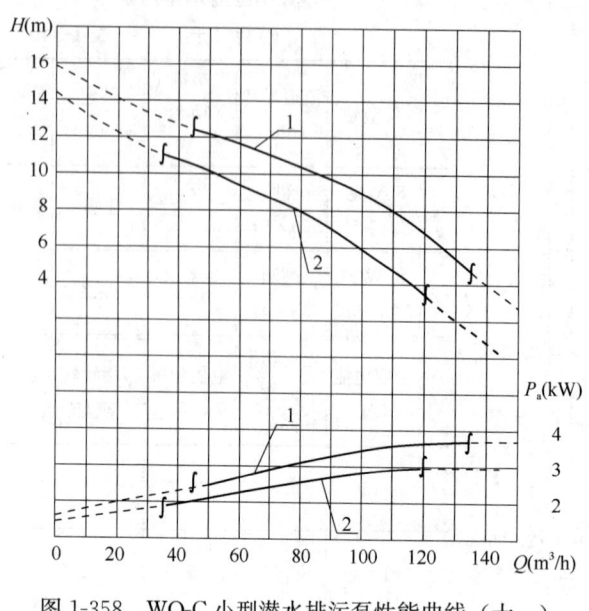

图 1-358　WQ-C 小型潜水排污泵性能曲线（十一）

WQ-C 小型潜水排污泵性能（十一）　表 1-341

序号	泵型号	流道尺寸 (mm)	电机额定功率 (kW)	转速 (r/min)	泵重 (kg)
1	100WQ/C472-4.0	椭圆 61×63	4.0	1440	131
2	100WQ/C477-3.0	椭圆 61×63	3.0	1420	126

序号	额定电流 (A)	电机功率因数 $\cos\varphi$	电机效率 (%)	堵转转矩/额定转矩
1	8.8	0.82	84.5	2.2
2	6.8	0.81	82.5	2.2

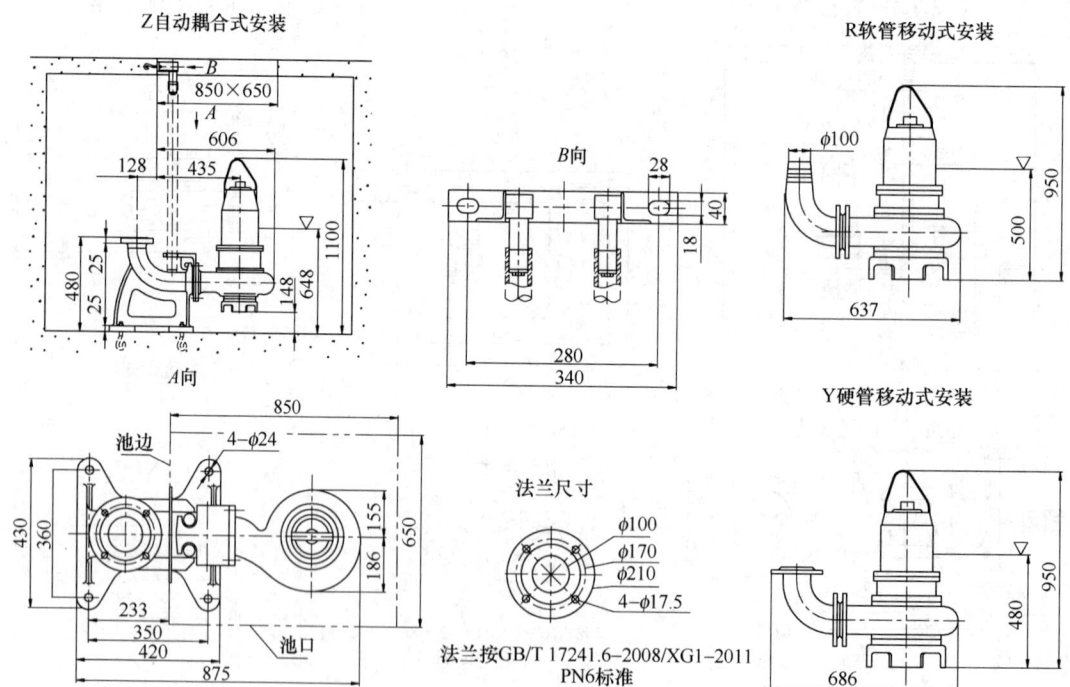

图 1-359　WQ-C 小型潜水排污泵外形及安装尺寸（十一）

WQ-C 小型潜水排污泵性能（十二）

表 1-342

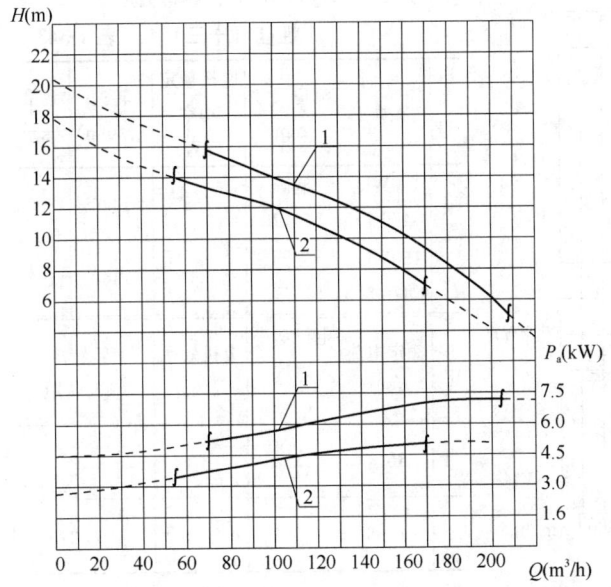

图 1-360 WQ-C 小型潜水排污泵性能曲线（十二）

序号	泵型号	流道尺寸（mm）	电机额定功率（kW）	转速（r/min）	泵重（kg）
1	100WQ/C478-7.5	—	7.5	1440	180
2	100WQ/C473-5.5	椭圆 72×64	5.5	1440	172

序号	额定电流（A）	电机功率因数 $\cos\varphi$	电机效率（%）	堵转转矩/额定转矩
1	15.4	0.85	87	2.2
2	11.6	0.84	85.5	2.2

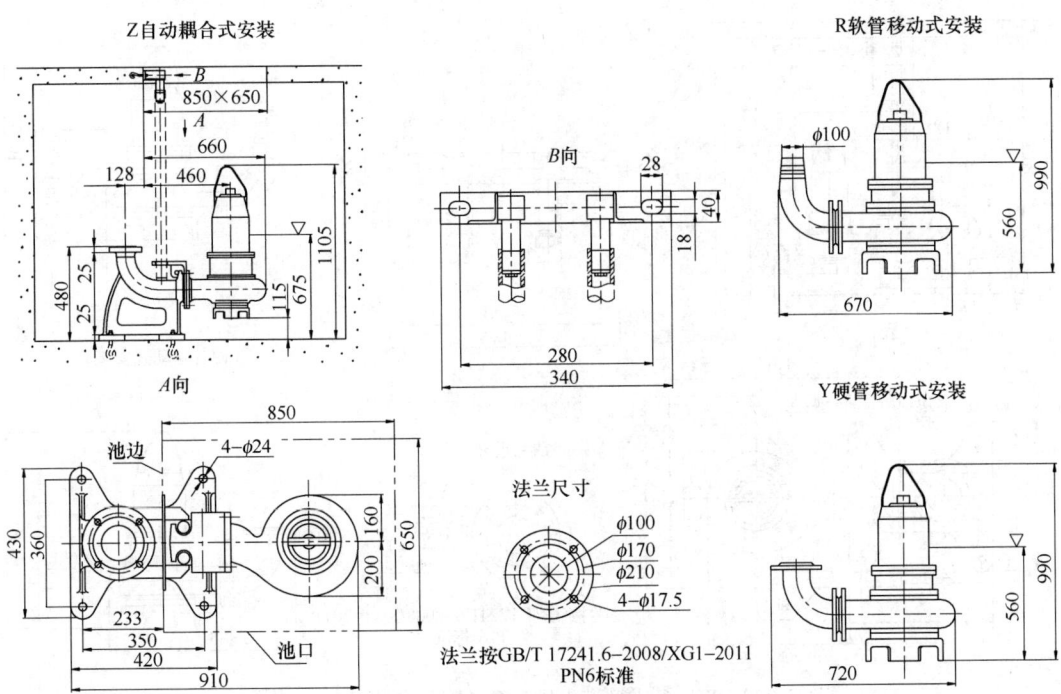

图 1-361 WQ-C 小型潜水排污泵外形及安装尺寸（十二）

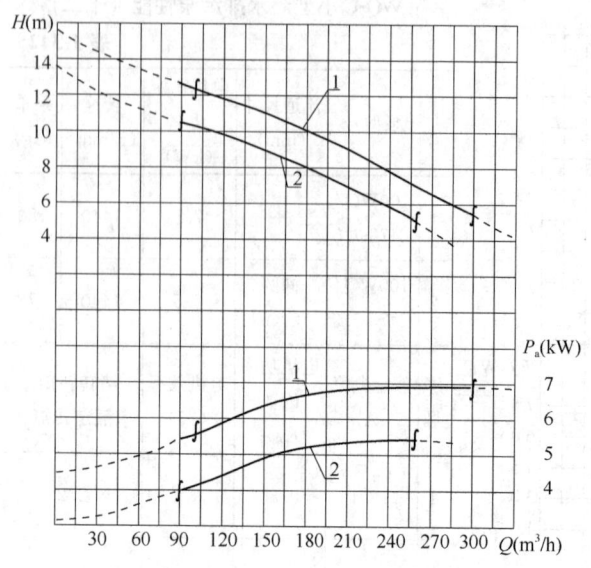

图 1-362　WQ-C 小型潜水排污泵性能曲线（十三）

WQ-C 小型潜水排污泵
性能（十三）　表 1-343

序号	泵型号	流道尺寸（mm）	电机额定功率（kW）	转速（r/min）	泵重（kg）
1	150WQ/C476-7.5	椭圆 95×70	7.5	1440	200
2	150WQ/C475-5.5	椭圆 95×70	5.5	1440	192

序号	额定电流（A）	电机功率因数 $\cos\varphi$	电机效率（%）	堵转转矩/额定转矩
1	15.4	0.85	87	2.2
2	11.6	0.84	85.5	2.2

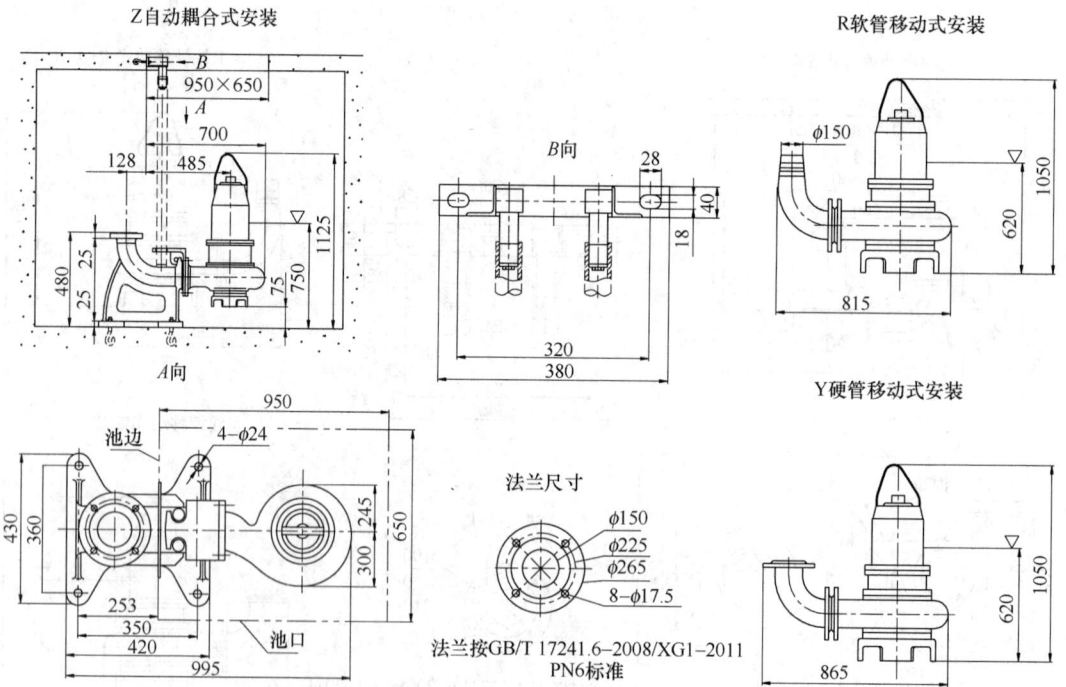

图 1-363　WQ-C 小型潜水排污泵外形及安装尺寸（十三）

1.12.4　QJB-W 回流污泥泵

（1）用途：QJB-W 回流污泥泵是在引用德国潜水电机生产技术上自行研发的产品，该泵为二级污水处理厂混合液回流、反硝化脱氮的专用设备。亦可用于地面排水、灌溉和废水处理过程中再循环等需要微扬程、大流量场所。

（2）型号意义说明：

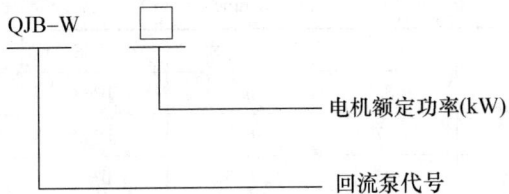

QJB-W □

电机额定功率(kW)

回流泵代号

（3）结构：QJB-W泵按照微扬程大流量设计，主要由主机、导流筒、安装系统、穿墙管、拍门组成。安装在需要提升液体的两池之间，主机停止运行时能阻断两池间的连通。主机冲压成型结构，体积小、精度高。设有漏电、漏水及电机过载等保护及报警装置。采用导轨自动耦合装置固定安装。安装深度不超过10m。

（4）性能：QJB-W回流污泥泵性能见图1-364及表1-344。

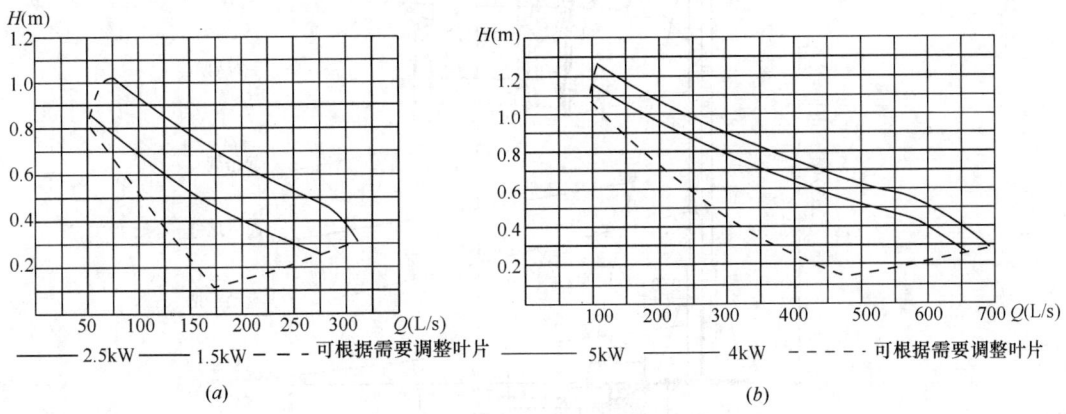

（a）

（b）

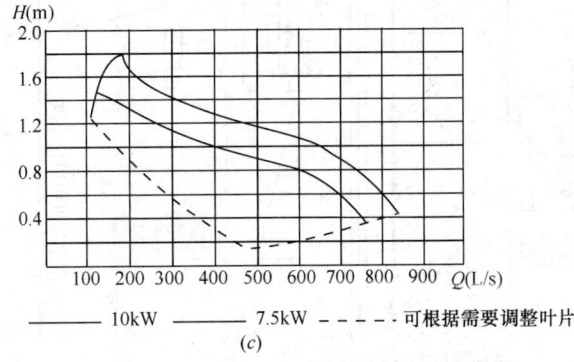

（c）

图 1-364　QJB-W回流污泥泵性能曲线

（a）QJB-W1.5，QJB-W2.5；（b）QJB-W4，QJB-W5；（c）QJB-W7.5，QJB-W10

QJB-W 回流污泥泵性能参数　　　　　　　　　　　　　表 1-344

型　号	电机功率 （kW）	额定电流 （A）	叶轮直径 （mm）	防护等级	绝缘等级	公称直径 （mm）
QJB-W1.5	1.5	5.4	400	IP68	F	400
QJB-W2.5	2.5	9.0	400	IP68	F	400

型 号	电机功率 （kW）	额定电流 （A）	叶轮直径 （mm）	防护等级	绝缘等级	公称直径 （mm）
QJB-W4	4.0	14	615	IP68	F	600
QJB-W5	5.0	18.2	615	IP68	F	600
QJB-W7.5	7.5	27	615	IP68	F	600
QJB-W10	10.0	32	615	IP68	F	600

（5）外形及安装尺寸：QJB-W 回流污泥泵外形及安装尺寸见图 1-365 和表 1-345。

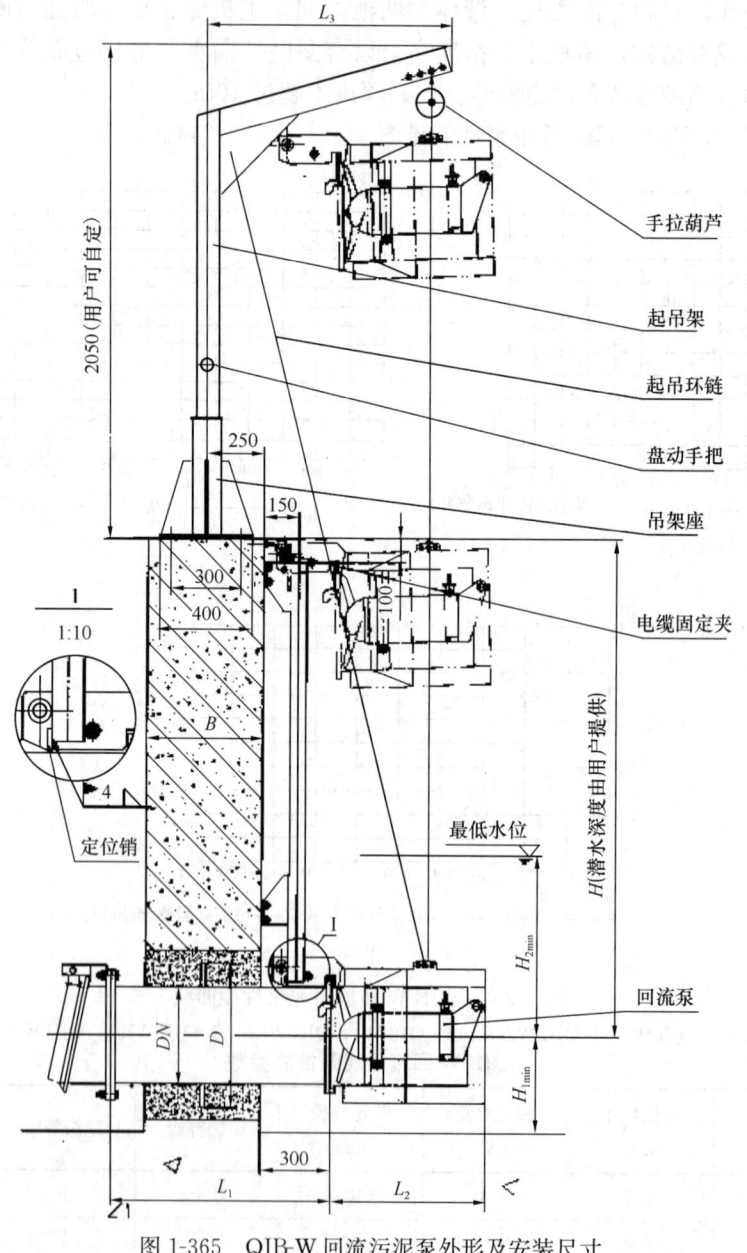

图 1-365　QJB-W 回流污泥泵外形及安装尺寸

QJB-W 回流污泥泵外形及安装尺寸表 表 1-345

序号	型号	DN	D	H_1	H_2	L_1	L_2	L_3	B
1	QJB-W1.5	400	600	350	750		705	1050	
2	QJB-W2.5	400	600	350	750		705	1050	
3	QJB-W4	600	800	550	1200	由用户	930	1050	由用户
4	QJB-W5	600	800	550	1200	确定	930	1050	确定
5	QJB-W7.5	600	800	550	1200		1010	1050	
6	QJB-W10	600	800	550	1200		1010	1050	

1.12.5 JYWQ、JPWQ 自动搅匀排污泵

（1）用途：JYWQ、JPWQ 自动搅匀排污泵在普通型排污泵的基础上采用自动搅拌装置，该装置随电机轴旋转，产生极强的搅拌力，将污水池内的沉积物搅拌成悬浮物，吸入泵内排出，提高了泵的防堵、排污能力，一次性完成了排水、清污、除淤，节约了运行成本，是具有明显的先进性和实用性的环保产品。适用于工厂、商业严重污染废水的排放；城市污水处理厂、医院、宾馆的排水系统；住宅区的污水排水站；人防系统排水站、自来水厂的给水装置；市政工程、建筑工地；勘探、矿山、发电厂配套附机；农村沼气池、农田灌溉、河塘清淤。

（2）型号意义说明：

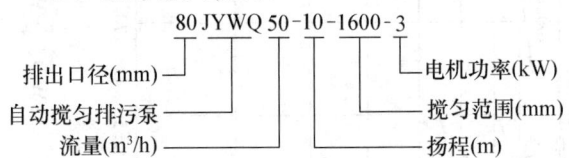

80 JYWQ 50-10-1600-3

排出口径(mm) —— 电机功率(kW)
自动搅匀排污泵 —— 搅匀范围(mm)
流量(m³/h) —— 扬程(m)

注：JYWQ 为普通型自动搅匀排污泵；
JPWQ 为带不锈钢外套内循环冷却系统的自动搅匀排污泵。

（3）结构：JYWQ、JPWQ 自动搅匀型排污泵在普通潜污泵基础上采用自动搅拌装置，该装置随电机轴旋转，将污水池内沉积物搅拌成悬浮状吸入泵内排出。底部隔板把底座分为两个部分，搅拌和进水互不影响。轴封采用双端面机械密封，副叶轮结构的流体动力密封既可以辅助密封又可平衡轴向力。水泵设有漏水报警保护装置。JYWQ 为普通型自动搅匀排污泵，JPWQ 为带不锈钢外套内循环冷却系统的泵。其结构如图 1-366 所示。

（4）性能：JYWQ、JPWQ 自动搅匀排污泵性能见图 1-367 和表 1-346。

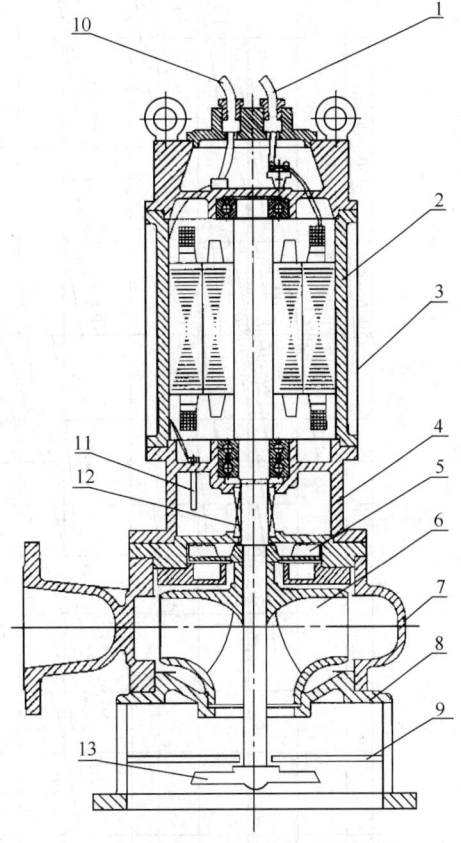

图 1-366 JYWQ、JPWQ 自动搅匀排污泵结构
1—主电缆；2—机壳；3—内循环套；4—油箱；5—副叶轮；6—叶轮；7—泵体；8—底座；9—隔板；10—控制电缆；11—油水探头；12—机械密封；13—搅拌件

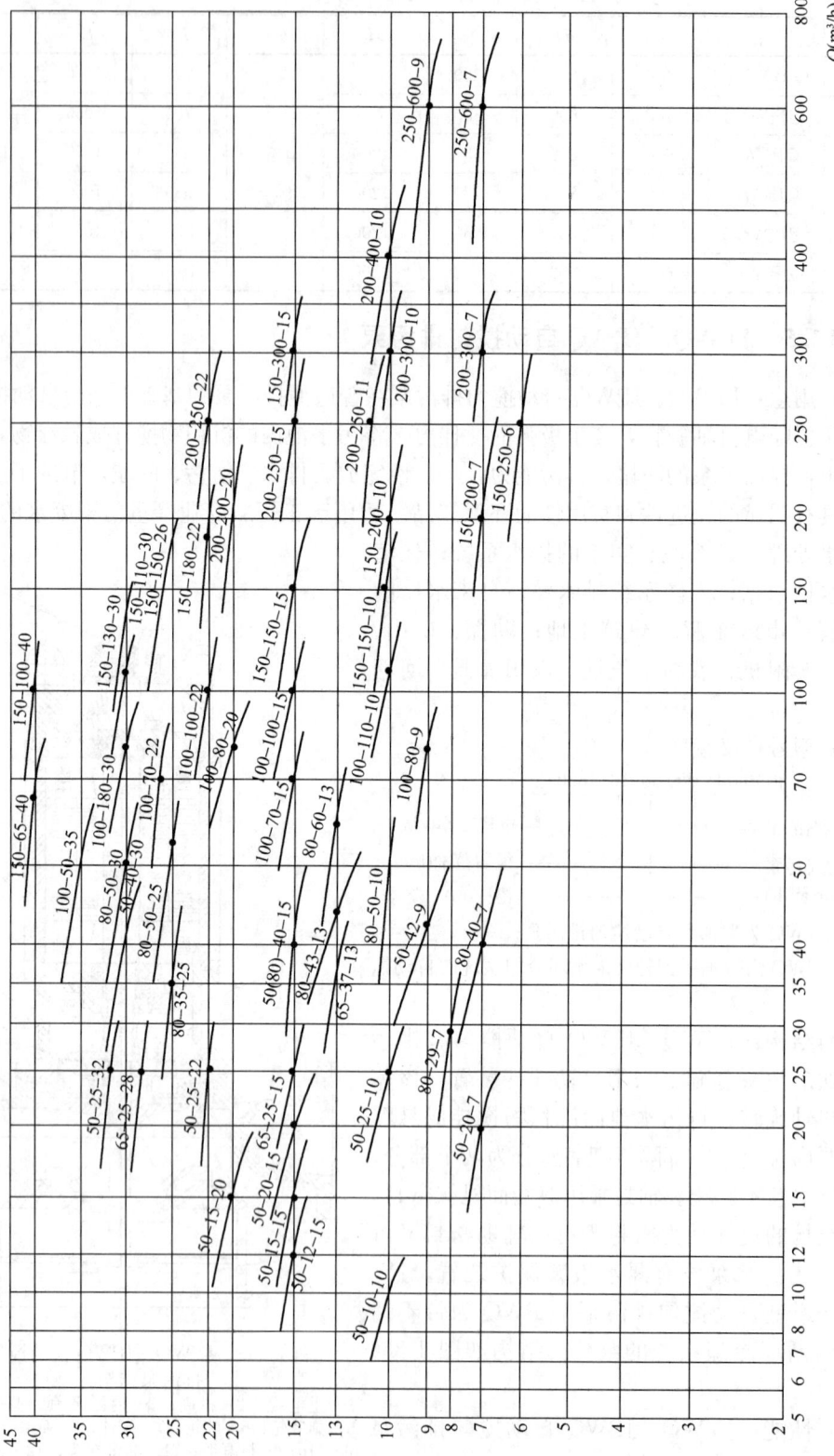

图 1-367　JYWQ、JPWQ 自动搅匀排污泵性能曲线

JYWQ、JPWQ自动搅匀排污泵性能　　表1-346

序号	型　　号	排出口径 (mm)	额定流量 (m³/h)	额定扬程 (m)	搅拌直径 (mm)	转速 (r/min)	功率 (kW)	效率 (%)	自动 耦合器
1	50-12-15-1200-1.5	50	12	15	1200	2900	1.5	48	GAK-50
2	50-20-7-1200-1.1	50	20	7	1200	2900	1.1	62	GAK-50
3	50-10-10-1200-1.1	50	10	10	1200	2900	1.1	56	GAK-50
4	50-15-15-1200-2.2	50	15	15	1200	2900	2.2	51	GAK-50
5	50-25-10-1200-2.2	50	25	10	1200	2900	2.2	65	GAK-50
6	50-15-20-1200-2.2	50	15	20	1200	2900	2.2	56	GAK-50
7	50-20-15-1200-2.2	50	20	15	1200	2900	2.2	56	GAK-50
8	50-42-9-1200-3	50	42	9	1200	2900	3	56	GAK-50
9	50-17-25-1200-3	50	17	25	1200	2900	3	56	GA-50
10	50-25-22-1200-4	50	25	22	1200	2900	4	62	GAK-50
11	50-40-15-1400-4	50	40	15	1400	2900	4	70	GAK-50
12	50-25-32-1600-5.5	50	25	32	1600	2900	5.5	52	GAK-50
13	50-40-30-1600-7.5	50	40	30	1600	2900	7.5	68	GAK-50
14	65-25-15-1400-3	65	25	15	1400	2900	3	65	GAK-65
15	65-37-13-1400-3	65	37	13	1400	2900	3	62	GAK-65
16	65-25-28-1400-4	65	25	28	1400	2900	4	60	GAK-65
17	80-40-7-1600-2.2	80	40	7	1600	2900	2.2	54	GAK-80
18	80-29-8-1600-2.2	80	29	8	1600	2900	2.2	54	GAK-80
19	80-43-13-1600-4	80	43	13	1600	2000	4	63	GAK-80
20	80-50-10-1600-3	80	50	10	1600	1450	3	76	GAK-80
21	80-40-15-1600-4	80	40	15	1600	2900	4	70	GAK-80
22	80-60-13-1600-4	80	60	13	1600	2900	4	70	GAK-00
23	80-35-25-1600-5.5	80	35	25	1600	2900	5.5	64	GAK-80
24	80-50-25-1600-7.5	80	50	25	1600	2900	7.5	70	GAK-80
25	80-50-30-1600-7.5	80	50	30	1600	2900	7.5	70	GAK-80
26	100-80-9-2000-4	100	80	9	2000	1450	4	62	GAK-100
27	100-110-10-2000-5.5	100	110	10	2000	1450	5.5	71	GAK-100
28	100-70-15-2000-5.5	100	70	15	2000	1450	5.5	71	GAK-100
29	100-100-15-2000-7.5	100	100	15	2000	1450	7.5	73	GAK-100
30	100-80-20-2000-7.5	100	80	20	2000	2900	7.5	71	GAK-100
31	100-50-35-2000-11	100	50	35	2000	2900	11	68	GAK-100
32	100-70-22-2000-7.5	100	70	22	2000	2900	7.5	70	GAK-100
33	100-100-22-2000-15	100	100	22	2000	1450	15	61	GAK-100
34	100-80-30-2000-15	100	80	30	2000	1450	15	67	CAK-100
35	150-150-10-2000-7.5	150	150	10	2000	1450	7.5	75	GAK-150
36	150-210-7-2500-7.5	150	210	7	2500	1450	7.5	78	GAK-150
37	150-250-6-2500-7.5	150	250	6	2500	1450	7.5	79	GAK-150
38	150-150-15-2500-11	150	150	15	2500	1450	11	79	GAK-150
39	150-200-10-2500-15	150	200	10	2500	1450	15	73	GAK-150

序号	型　号	排出口径 (mm)	额定流量 (m³/h)	额定扬程 (m)	搅拌直径 (mm)	转速 (r/min)	功率 (kW)	效率 (%)	自动耦合器
40	150-65-40-3200-18.5	150	65	40	3200	1450	18.5	58	GAK-150
41	150-180-22-2600-18.5	150	180	22	2600	1450	18.5	75	GAK-150
42	150-150-26-2600-18.5	150	150	26	2600	1450	18.5	72	GAK-150
43	150-110-30-2600-18.5	150	110	30	2600	1450	18.5	72	GAK-150
44	150-300-15-2600-22	150	300	15	2600	1450	22	76	GAK-150
45	150-130-30-2600-22	150	130	30	2600	1450	22	70	GAK-150
46	150-100-40-3000-30	150	100	40	3000	1450	30	64	GAK-150
47	200-300-7-3000-11	200	300	7	3000	1450	11	75	GAK-200
48	200-250-11-3000-15	200	250	11	3000	1450	15	72	GAK-200
49	200-300-10-3000-15	200	300	10	3000	1450	15	75	GAK-200
50	200-250-15-3000-18.5	200	250	15	3000	1450	18.5	72	GAK-200
51	200-400-10-3000-22	200	400	10	3000	1450	22	75	GAK-200
52	200-200-20-3000-22	200	200	20	3000	1450	22	73	GAK-200
53	200-250-22-3000-30	200	250	22	3000	1450	30	73	GAK-200
54	250-600-7-3000-22	250	600	7	3000	1450	22	78	GAK-250
55	250-600-9-3000-30	250	600	9	3000	1450	30	78	GAK-250

（5）外形及安装尺寸：JYWQ、JPWQ 自动搅匀排污泵外形及安装尺寸见图 1-368～图 1-371 及表 1-347、表 1-348。

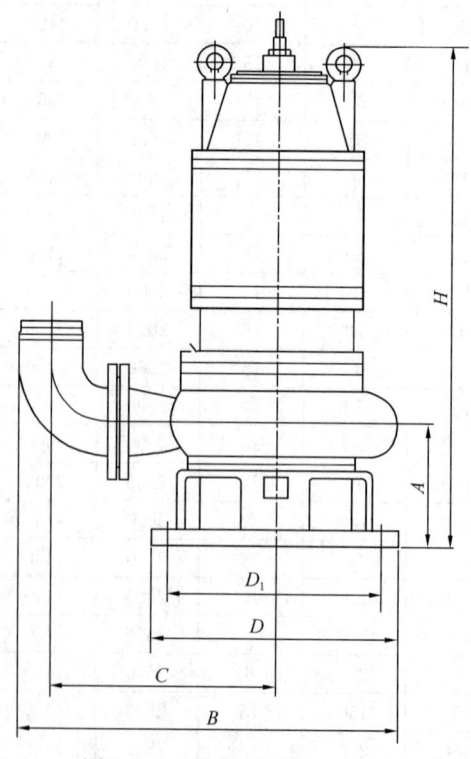

图 1-368　移动式安装尺寸示意

移动式安装尺寸 表 1-347

序号	型　号	A	B	C	D_1	D	H
1	50-12-15-1200-1.5	135	400	245	225	255	670
2	50-20-7-1200-1.1	132	343	225	150	180	610
3	50-10-10-1200-1.1	132	343	225	150	180	610
4	50-15-15-1200-2.2	135	400	245	225	255	670
5	50-25-10-1200-2.2	135	400	245	225	255	670
6	50-15-20-1200-2.2	135	400	245	225	255	670
7	50-20-15-1200-2.2	135	400	245	225	255	670
8	50-42-9-1200-3	143	420	265	225	255	750
9	50-17-25-1200-3	130	433	265	240	285	750
10	50-25-22-1200-4	135	400	245	225	255	735
11	50-40-15-1400-4	143	420	265	225	255	750
12	50-25-32-1600-5.5	180	480	295	270	320	820
13	50-40-30-1600-7.5	180	480	295	270	320	820
14	65-25-15-1400-3	143	435	270	225	255	750
15	65-37-13-1400-3	143	435	270	225	255	750
16	65-25-28-1400-4	180	515	317	270	320	800
17	80-40-7-1600-2.2	143	465	295	225	255	685
18	80-29-8-1600-2.2	143	465	295	225	255	685
19	80-43-13-1600-4	143	465	295	225	255	750
20	80-50-10-1600-3	180	570	325	280	320	790
21	80-40-15-1600-4	143	465	295	225	255	750
22	80-60-13-1600-4	143	465	295	225	255	750
23	80-35-25-1600-5.5	180	550	305	270	320	820
24	80-50-25-1600-7.5	180	550	305	270	320	820
25	80-50-30-1600-7.5	180	550	305	270	320	820
26	100-80-9-2000-4	180	600	386	280	320	790
27	100-110-10-2000-5.5	200	700	440	370	410	900
28	100-70-15-2000-5.5	200	690	430	370	410	900
29	100-100-15-2000-7.5	200	700	440	370	410	900
30	100-80-20-2000-7.5	180	585	370	270	320	900
31	100-50-35-2000-11	180	585	370	270	320	940
32	100-70-22-2000-7.5	180	585	370	270	320	900
33	100-100-22-2000-15	230	815	515	455	495	970
34	100-80-30-2000-15	230	815	515	455	495	970
35	150-150-10-2000-7.5	213	775	495	360	405	920
36	150-210-7-2500-7.5	242	830	540	365	410	950
37	150-250-6-2500-7.5	242	830	540	365	410	950
38	150-150-15-2500-11	220	770	495	345	395	990
39	150-200-10-2500-15	220	770	495	345	395	990
40	150-65-40-3200-18.5	250	930	595	440	495	1206
41	150-180-22-2600-18.5	270	930	595	440	495	1226
42	150-150-26-2600-18.5	270	930	595	440	495	1226
43	150-110-30-2600-18.5	270	930	595	440	495	1226
44	150-300-15-2600-22	300	900	575	440	495	1265
45	150-130-30-2600-22	270	930	595	440	495	1226
46	150-100-40-3000-30	270	930	595	440	495	1200
47	200-300-7-3000-11	270	945	605	400	445	1130
48	200-250-11-3000-15	270	945	605	400	445	1130
49	200-300-10-3000-15	270	945	605	400	445	1130
50	200-250-15-3000-18.5	270	945	605	400	445	1226
51	200-400-10-3000-22	270	945	605	400	445	1226
52	200-200-20-3000-22	297	980	630	440	495	1236
53	200-250-22-3000-30	297	980	630	440	495	1236

固定式自动耦合安装尺寸

表 1-348

序号	型号	φA	φB	φC	N₁-φd	H	K	G	H₁	H₂	H₃	h	g	p	f	y	N₂-φK	J	R	T₁	T₂	L	M	m	n	e	E
1	5012-15-1200-1.5	50	110	140	4-φ14	670	265	165	280	450	50	20	260	230	310	210	4-φ6	185	115	125	100	470	400	100	50	18	550×550
2	50-20-7-1200-1.1	50	110	140	4-φ14	610	245	165	280	400	50	20	260	230	310	210	4-φ16	185	85	90	80	470	400	100	50	18	550×550
3	50-10-10-1200-1.1	50	110	140	4-φ14	610	245	165	280	400	50	20	260	230	310	210	4-φ16	185	85	90	80	470	400	100	50	18	550×550
4	50-15-15-1200-2.2	50	110	140	4-φ14	670	265	165	280	450	50	20	260	230	310	210	4-φ16	185	115	125	100	470	400	100	50	18	550×550
5	50-25-10-1200-2.2	50	110	140	4-φ14	670	265	165	280	450	50	20	260	230	310	210	4-φ16	185	115	125	100	470	400	100	50	18	550×550
6	50-15-20-1200-2.2	50	110	140	4-φ14	670	265	165	280	450	50	20	260	230	310	210	4-φ16	185	115	125	100	470	400	100	50	18	550×550
7	50-20-15-1200-2.2	50	110	140	4-φ14	670	265	165	280	450	50	20	260	230	310	210	4-φ16	185	115	125	100	470	400	100	50	18	550×550
8	50-42-9-1200-3	50	110	140	4-φ14	750	285	165	280	520	50	20	260	230	310	210	4-φ16	185	115	125	100	470	400	100	50	18	550×550
9	50-17-25-1200-3	50	110	140	4-φ14	750	285	165	280	520	50	20	260	230	310	210	4-φ16	185	115	130	130	470	400	100	50	18	550×550
10	50-25-22-1200-4	50	110	140	4-φ14	735	265	165	280	500	50	20	260	230	310	210	4-φ16	185	115	125	100	470	400	100	50	18	500×550
11	50-40-15-1400-4	50	110	140	4-φ14	750	285	165	280	510	50	20	260	230	310	210	4-φ16	185	115	125	100	470	400	100	50	18	550×550
12	50-25-32-1600-5.5	50	110	140	4-φ14	820	315	165	280	570	50	20	260	230	310	210	4-φ16	185	135	145	125	470	400	100	50	18	600×550
13	50-40-30-1600-7.5	50	110	140	4-φ14	820	315	165	280	570	50	20	260	230	310	210	4-φ16	185	135	145	125	470	400	100	50	18	600×550
14	65-25-15-1400-3	65	130	160	4-φ14	750	290	145	330	500	65	25	275	255	310	225	4-φ18	190	115	125	100	470	400	100	50	18	550×550
15	65-37-13-1400-3	65	130	160	4-φ14	750	290	145	330	500	65	25	275	255	310	225	4-φ18	190	115	125	100	470	400	100	50	18	550×550
16	65-25-28-1400-4	65	130	160	4-φ14	800	340	145	330	550	65	25	275	255	310	225	4-φ18	190	135	145	125	470	400	100	50	18	600×550
17	80-40-7-1600-2.2	80	150	190	4-φ18	685	285	150	360	470	80	25	285	260	335	255	4-φ18	225	115	125	100	470	400	100	50	18	650×600
18	80-29-8-1600-2.2	80	150	190	4-φ18	685	285	150	360	470	80	25	285	260	335	255	4-φ18	225	115	125	100	470	400	100	50	18	650×600
19	80-43-13-1600-4	80	150	190	4-φ18	750	285	150	360	510	80	25	285	260	335	255	4-φ18	225	115	125	100	470	400	100	50	18	650×600

续表

序号	型　号	φA	φB	φC	N₁-φd	H	K	G	H₁	H₂	H₃	h	g	p	f	y	N₂-φK	J	R	T₁	T₂	L	M	m	n	e	E
20	80-50-10-1600-3	80	150	190	4-φ18	790	360	150	360	540	80	25	285	260	335	255	4-φ18	225	165	178	150	470	400	100	50	18	700×600
21	80-40-15-1600-4	80	150	190	4-φ18	750	285	150	360	510	80	25	285	260	335	255	4-φ18	225	115	125	100	470	400	100	50	18	650×600
22	80-60-13-1600-4	80	150	190	4-φ18	750	285	150	360	510	80	25	285	260	335	255	4-φ18	225	115	125	100	470	400	100	50	18	650×600
23	80-35-25-1600-5.5	80	150	190	4-φ18	820	345	150	360	570	80	25	285	260	335	255	4-φ18	225	135	145	125	470	400	100	50	18	650×600
24	80-50-25-1600-7.5	80	150	190	4-φ18	820	345	150	360	570	80	25	285	260	335	255	4-φ18	225	135	145	125	470	400	100	50	18	650×600
25	80-50-30-1600-7.5	80	150	190	4-φ18	820	345	150	360	570	80	25	285	260	335	255	4-φ18	225	135	145	125	470	400	100	50	18	650×650
26	100-80-9-2000-4	100	170	210	4-φ18	790	390	200	420	550	100	25	340	310	400	305	4-φ20	250	165	178	150	510	440	100	50	18	750×650
27	100-110-10-2000-5.5	100	170	210	4-φ18	900	445	200	420	600	100	25	340	310	400	305	4-φ20	250	195	210	180	510	440	100	50	18	750×650
28	100-70-15-2000-5.5	100	170	210	4-φ18	900	435	200	420	600	100	25	340	310	400	305	4-φ20	250	195	205	178	510	440	100	50	18	750×650
29	100-100-15-2000-7.5	100	170	210	4-φ18	900	445	200	420	600	100	25	340	310	400	305	4-φ20	250	195	210	180	510	440	100	50	18	750×650
30	100-80-20-2000-7.5	100	170	210	4-φ18	900	345	200	420	570	100	25	340	310	400	305	4-φ20	250	240	250	230	510	440	100	50	18	750×650
31	100-50-35-2000-11	100	170	210	4-φ18	940	345	200	420	650	100	25	340	310	400	305	4-φ20	250	135	145	125	510	440	100	50	18	650×600
32	100-70-22-2000-7.5	100	170	210	4-φ18	900	345	200	420	570	100	25	340	310	400	305	4-φ20	250	135	145	125	510	440	100	50	18	750×650
33	100-100-22-2000-15	100	170	210	4-φ18	970	515	200	420	680	100	25	340	310	400	305	4-φ20	250	240	250	230	510	440	100	50	18	900×750
34	100-80-30-2000-15	100	170	210	4-φ18	970	515	200	420	680	100	25	340	310	400	305	4-φ20	250	240	250	230	510	440	100	50	18	900×750
35	150-150-10-2000-7.5	150	225	265	8-φ18	920	465	270	520	620	150	25	400	370	500	405	4-φ20	335	205	225	180	600	525	100	60	20	750×650
36	150-210-7-2500-7.5	150	225	265	8-φ18	950	515	270	520	650	150	25	400	370	500	405	4-φ20	335	230	265	200	600	525	100	60	20	750×650
37	150-250-6-2500-7.5	150	225	265	8-φ18	950	515	270	520	650	150	25	400	370	500	405	4-φ20	335	230	265	200	600	525	100	60	20	750×650

续表

序号	型号	ϕA	ϕB	ϕC	N_1-ϕd	H	K	G	H_1	H_2	H_3	h	g	p	f	y	N_2-ϕK	J	R	T_1	T_2	L	M	m	n	e	E
38	150-150-15-2500-11	150	225	265	8-ϕ18	990	465	270	520	690	150	25	400	370	500	405	4-ϕ20	335	225	250	200	600	525	100	60	20	1000×800
39	150-200-10-2500-15	150	225	265	8-ϕ18	990	465	270	520	690	150	25	400	370	500	405	4-ϕ20	335	225	250	200	600	525	100	60	20	1000×800
40	150-65-40-3200-18.5	150	225	265	8-ϕ18	1206	565	270	520	850	150	25	400	370	500	405	4-ϕ20	335	250	250	250	600	525	100	60	20	1000×800
41	150-180-22-2600-18.5	150	225	265	8-ϕ18	1226	565	270	520	850	150	25	400	370	500	405	4-ϕ20	335	250	260	238	600	525	100	60	20	1000×800
42	150-150-26-2600-18.5	150	225	265	8-ϕ18	1226	565	270	520	850	150	25	400	370	500	405	4-ϕ20	335	250	260	238	600	525	100	60	20	1000×800
43	150-110-30-2600-18.5	150	225	265	8-ϕ18	1226	565	270	520	850	150	25	400	370	500	405	4-ϕ20	335	250	260	238	600	525	100	60	20	1000×800
44	150-300-15-2600-22	150	225	265	8-ϕ18	1265	545	270	520	880	150	25	400	370	500	405	4-ϕ20	335	280	300	250	600	525	100	60	20	1000×800
45	150-130-30-2600-22	150	225	265	8-ϕ18	1226	565	270	520	850	150	25	400	370	500	405	4-ϕ20	335	250	260	238	600	525	100	60	20	1000×800
46	150-100-40-3000-30	150	225	265	8-ϕ18	1200	565	270	520	950	150	25	400	370	500	405	4-ϕ20	335	250	250	250	600	525	100	60	20	1000×800
47	200-300-7-3000-11	200	280	320	8-ϕ18	1130	600	275	580	800	200	30	480	450	570	400	4-ϕ20	330	265	295	240	600	525	100	60	20	1000×800
48	200-250-11-3000-15	200	280	320	8-ϕ18	1130	600	275	580	800	200	30	480	450	570	400	4-ϕ20	330	265	295	240	600	525	100	60	20	1000×800
49	200-300-10-3000-15	200	280	320	8-ϕ18	1130	600	275	580	800	200	30	480	450	570	400	4-ϕ20	330	265	295	240	600	525	100	60	20	1000×800
50	200-250-15-3000-18.5	200	280	320	8-ϕ18	1226	600	275	580	850	200	30	480	450	570	400	4-ϕ20	330	280	300	250	600	525	100	60	20	1000×800
51	200-400-10-300-22	200	280	320	8-ϕ18	1226	600	275	580	850	200	30	480	450	570	400	4-ϕ20	330	265	295	240	600	525	100	60	20	1000×800
52	200-200-20-300-22	200	280	320	8-ϕ18	1226	610	275	580	860	200	30	480	450	570	400	4-ϕ20	330	270	300	240	600	525	100	60	20	1000×800
53	200-250-22-3000-30	200	280	320	8-ϕ18	1236	610	275	580	860	200	30	480	450	570	400	4-ϕ20	330	270	300	240	600	525	100	60	20	1300×900
54	250-600-7-3000-22	250	335	375	12-ϕ18	1236	600	352	710	800	200	35	550	500	610	500	4-ϕ28	425	265	295	240	700	580	120	46	24	1300×900
55	250-600-9-3000-30	250	335	375	12-ϕ18	1236	600	352	710	950	200	35	550	500	610	500	4-ϕ28	425	265	295	240	700	580	120	46	24	1300×900

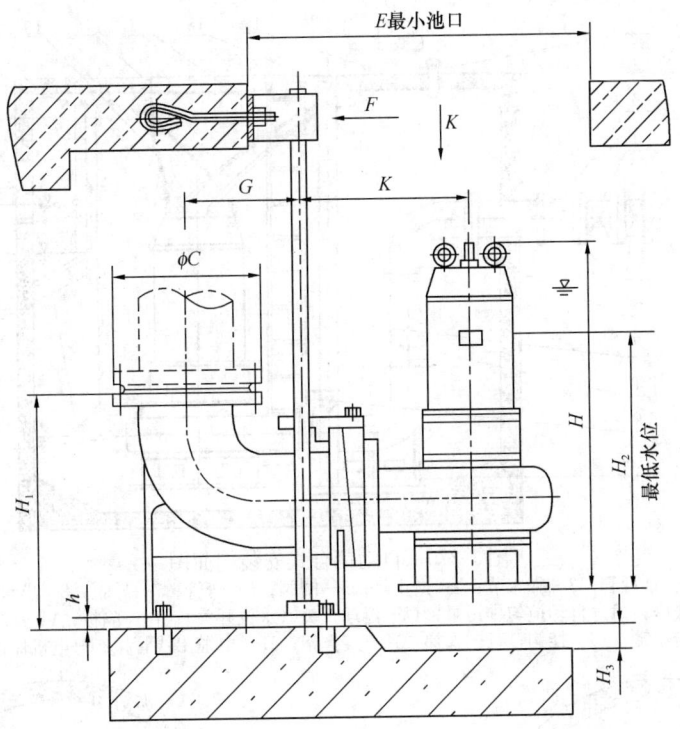

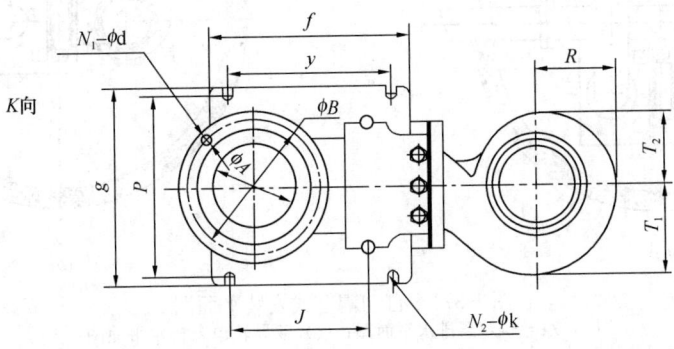

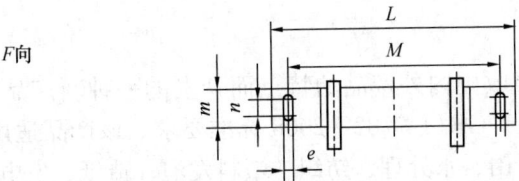

图 1-369 固定式自动耦合安装尺寸示意

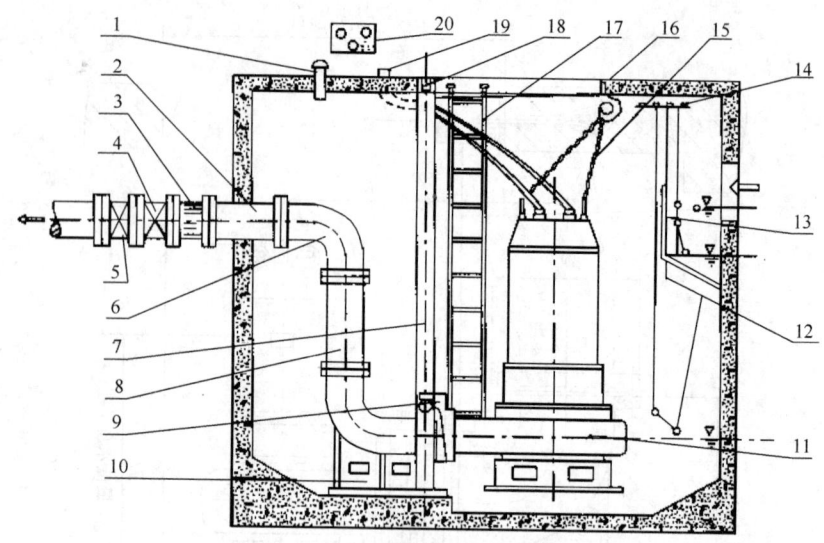

图 1-370 自动耦合式安装剖面图

1—通风节；2—预埋管；3—膨胀节；4—逆止阀；5—闸阀；6—弯管；7—导轨；8—出水管；9—支架；
10—耦合底座；11—自动搅匀排污泵；12—浮球开关（水位开关）；13—隔板；14—浮球固定架；
15—小链；16—挂钩；17—人梯；18—支撑架；19—电缆出线管；20—电机保护器

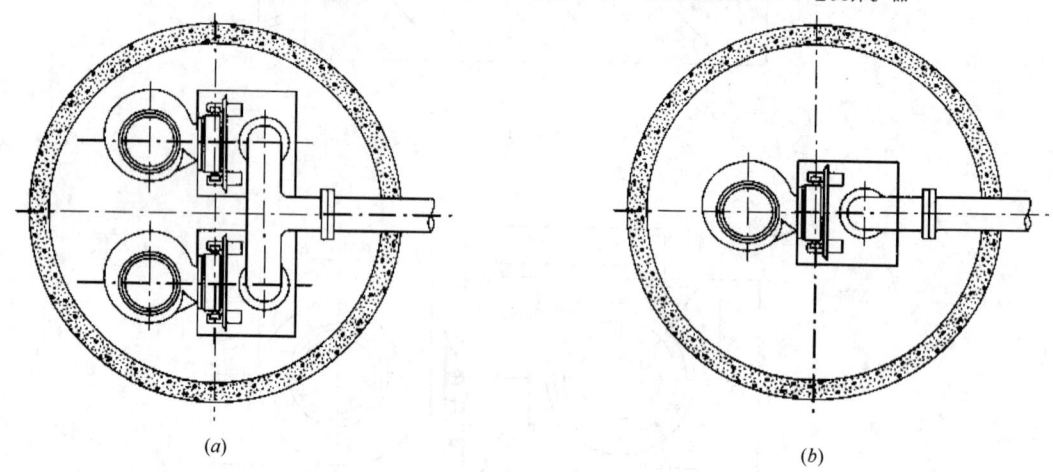

(a)   (b)

图 1-371 自动耦合式安装平面图

(a) 双导轨双泵排水平面图；(b) 双导轨单泵排水平面图

注：在选型时，请注明泵的型号、安装方式、池深、泵控制保护方式，以便提供优质的系统。

1.13 计 量 泵

（1）用途：

KQJ（M）型计量泵，是吸收国内外产品的特点而开发的一种新产品，其形式与基本
参数、技术条件符合《计量泵》GB/T 7782—2008 标准要求。该产品适用于石油、化工、
炼油、电力、食品、环保、矿山、水处理、纺织、塑料发泡、造纸、发电厂、医药、国防
以及科研院所等部门。

KQJ 型柱塞计量泵适用于输送流量范围为 0.8～16000L/h，排出压力为 0.2～
50MPa，温度为 -30～400℃，运动黏度为 0.3～800mm²/s，不含固状颗粒的腐蚀性和非

腐蚀性液体及所含颗粒粒度小于 0.01mm 的悬浮液。KQJ 系列柱塞计量泵结构简单，计量精度高，可靠性好，调节范围宽，适于输送无腐蚀或腐蚀性很小的液体，更适于输送高温、高压、高黏度液体介质。

KQJM 型液压隔膜计量泵适用于输送流量范围为 0.8～10000L/h，排出压力为 0.2～16MPa，温度为 −30～120℃，运动黏度为 0.3～800mm²/s，不含固状颗粒的腐蚀性和非腐蚀性液体及所含颗粒粒度小于 0.01mm 的悬浮液。KQJM 系列液压隔膜计量泵通过隔膜片将液压腔与输送介质隔开，具有无泄漏的特点，更适于输送腐蚀性较强，易燃、易爆、有毒、危险、放射性和有刺激性气味，对人体有害的液体。

(2) 型号意义说明：

1) 单缸或同参数的多缸串联

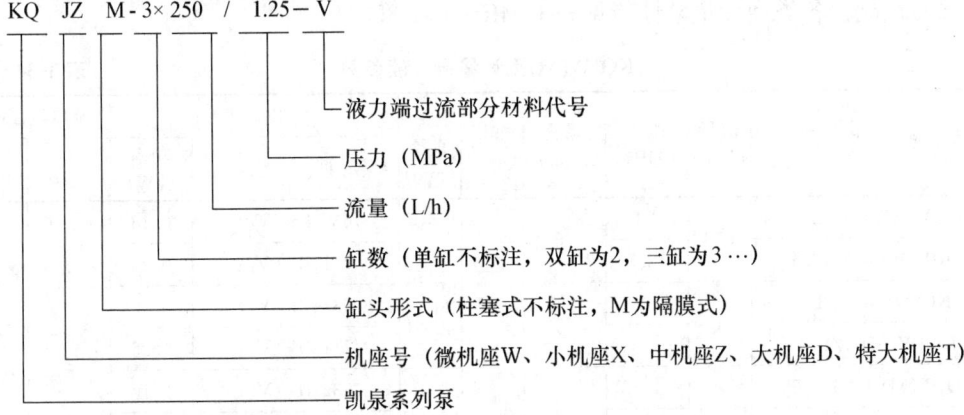

2) 不同参数的多缸串联

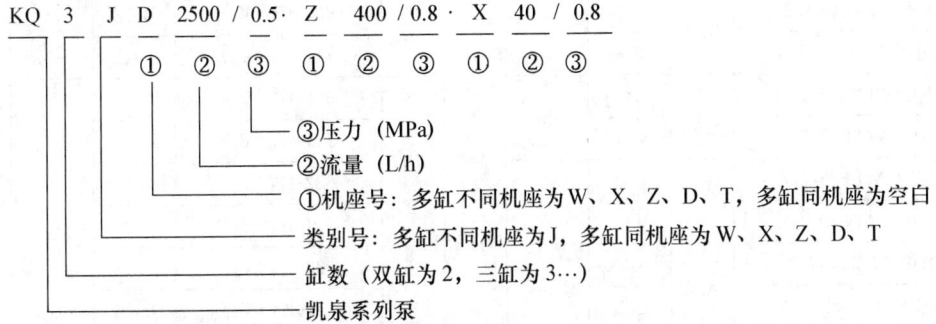

(3) 结构：KQJ（M）计量泵按等推力、等功率进行系列化设计。共分五个机座，分别为：微机座（W）、小机座（X）、中机座（Z）、大机座（D）、特大机座（T）五种机座。每种机座又分为柱塞式和隔膜式两种类型，KQJ（M）系列计量泵整机由电动机、传动部分和过流部分三部分组成。

传动部分：传动部分通过蜗轮、蜗杆减速，以曲柄连杆机构将电机端的圆周运动转变成十字头的直线往复运动；行程调节采用调节带斜槽的滑轴的直线位移，改变偏心轮的旋转半径进而调节柱塞（或活塞）的行程长度。柱塞（或活塞）行程调节机构由滑轴、滑轴销、偏心轮、调节螺母、调节杆、手轮、指针和标尺构成，可以直接调节柱塞（或活塞）的相对行程。

过流部分：按过流部分的泵头形式可分为柱塞式和隔膜式两大类。柱塞式计量泵是柱塞作直线往复运动，与液缸一起形成容积腔变化，借助阀的启闭达到吸排液体目的。柱塞计量泵的柱塞密封采用填料密封或 V 型圈密封。隔膜式计量泵是借柱塞在液压腔内往复运动，使腔内油液产生周期性脉冲力，推动隔膜来回鼓动，通过进排阀的启闭达到吸排液体的目的。隔膜计量泵的活塞密封采用活塞环形式。液压腔设有新型的放气安全阀、限位阀、自动补油阀。隔膜采用多向轧制聚四氟乙烯膜片或聚全氟乙丙烯膜片。

泵流量可在 0～100%（最佳范围为 30%～100%）范围内无级调节，定量输送各种液体，计量精度在 ±1% 以内。流量调节采用百分比示值显示，停机和运行时均可进行流量调节。可配套电控装置，实现远距离操作或自动化控制。可根据输送液体物理、化学特性的不同，采用不同的液力端（柱塞式或隔膜式），采用不同的过流部件材料。

KQJ 计量泵每个基座按电机安装形式分为立式和卧式两种形式，立式计量泵一般为单台安装，不可串联；卧式计量泵可实现相同机座，不同机座串联。

（4）性能：各类型计量泵性能见表 1-349～表 1-353。

KQJW(M)型计量泵性能参数 表 1-349

型　号	流量 (L/h)	压力 (MPa)	泵速 (r/min)	行程 (mm)	柱塞直径 (mm)	电动机		泵口径(mm)	
						型　号	功率 (kW)	入口	出口
KQJW(M)-0.8/2.5	0.8	2.5	45	12.5	6.5	632-4B₅(V₁)	0.18	5	5
KQJW(M)-0.8/12.5	0.8	12.5	45		6.5	711-4B₅(V₁)	0.25		
KQJW(M)-1/2	1	2	56		6.5	632-4B₅(V₁)	0.18		
KQJW(M)-1/10	1	10	56		6.5	711-4B₅(V₁)	0.25		
KQJW(M)-1.25/1.6	1.25	1.6	45		8	632-4B₅(V₁)	0.18		
KQJW(M)-1.25/8	1.25	8	45		8	711-4B₅(V₁)	0.25		
KQJW(M)-1.6/1.25	1.6	1.25	56		8	632-4B₅(V₁)	0.18		
KQJW(M)-1.6/6.3	1.6	6.3	56		8	711-4B₅(V₁)	0.25		
KQJW(M)-2/1	2	1	45		10	632-4B₅(V₁)	0.18		
KQJW(M)-2/5	2	5	45		10	711-4B₅(V₁)	0.25		
KQJW(M)-2.5/0.8	2.5	0.8	56		10	632-4B₅(V₁)	0.18		
KQJW(M)-2.5/4	2.5	4	56		10	711-4B₅(V₁)	0.25		
KQJW(M)-3.2/0.63	3.2	0.63	45		13	632-4B₅(V₁)	0.18	6	6
KQJW(M)-3.2/3.2	3.2	3.2	45		13	711-4B₅(V₁)	0.25		
KQJW(M)-4/0.5	4	0.5	56		13	632-4B₅(V₁)	0.18		
KQJW(M)-4/2.5	4	2.5	56		13	711-4B₅(V₁)	0.25		
KQJW(M)-5/0.4	5	0.4	45		16	632-4B₅(V₁)	0.18		
KQJW(M)-5/2	5	2	45		16	711-4B₅(V₁)	0.25		
KQJW(M)-6.3/0.32	6.3	0.32	56		16	632-4B₅(V₁)	0.18		
KQJW(M)-6.3/1.6	6.3	1.6	56		16	711-4B₅(V₁)	0.25		
KQJW(M)-8/0.25	8	0.25	45		20	632-4B₅(V₁)	0.18		
KQJW(M)-8/1.25	8	1.25	45		20	711-4B₅(V₁)	0.25		
KQJW(M)-10/0.2	10	0.2	56		20	632-4B₅(V₁)	0.18		
KQJW(M)-10/1	10	1	56		20	711-4B₅(V₁)	0.25		

KQJX(M)型计量泵性能参数　　　　　　　　　　表 1-350

型　号	流量 (L/h)	压力 (MPa)	泵速 (r/min)	行程 (mm)	柱塞直径 (mm)	电动机 型　号	电动机 功率 (kW)	泵口径(mm) 入口	泵口径(mm) 出口
KQJX(M)-3.2/10	3.2	10	101		6.5	712-4B$_5$(V$_1$)	0.37	5	5
KQJX-3.2/40	3.2	40				801-4B$_5$(V$_1$)	0.55		
KQJX(M)-4/8	4	8	128			712-4B$_5$(V$_1$)	0.37		
KQJX-4/32	4	32				801-4B$_5$(V$_1$)	0.55		
KQJX(M)-5/6.3	5	6.3	101		8	712-4B$_5$(V$_1$)	0.37		
KQJX-5/25	5	25				801-4B$_5$(V$_1$)	0.55		
KQJX(M)-6.3/5	6.3	5	128			712-4B$_5$(V$_1$)	0.37		
KQJX-6.3/20	6.3	20				801-4B$_5$(V$_1$)	0.55		
KQJX(M)-8/4	8	4	101		10	712-4B$_5$(V$_1$)	0.37	6	6
KQJX(M)-8/16		16				801-4B$_5$(V$_1$)	0.55		
KQJX(M)-10/3.2	10	3.2	128			712-4B$_5$(V$_1$)	0.37		
KQJX(M)-10/12.5		12.5				801-4B$_5$(V$_1$)	0.55		
KQJX(M)-12.5/2.5	12.5	2.5	101		13	712-4B$_5$(V$_1$)	0.37		
KQJX(M)-12.5/10		10				801-4B$_5$(V$_1$)	0.55		
KQJX(M)-16/2	16	2	128			712-4B$_5$(V$_1$)	0.37		
KQJX(M)-16/8		8				801-4B$_5$(V$_1$)	0.55		
KQJX(M)-20/1.6	20	1.6	101	20	16	712-4B$_5$(V$_1$)	0.37	10	10
KQJX(M)-20/6.3		6.3				801-4B$_5$(V$_1$)	0.55		
KQJX(M)-25/1.25	25	1.25	128			712-4B$_5$(V$_1$)	0.37		
KQJX(M)-25/5		5				801-4B$_5$(V$_1$)	0.55		
KQJX(M)-32/1	32	1	101		20	712-4B$_5$(V$_1$)	0.37		
KQJX(M)-32/4		4				801-4B$_5$(V$_1$)	0.55		
KQJX(M)-40/0.8	40	0.8	128			712-4B$_5$(V$_1$)	0.37		
KQJX(M)-40/3.2		3.2				801-4B$_5$(V$_1$)	0.55		
KQJX(M)-50/0.63	50	0.63	101		25	712-4B$_5$(V$_1$)	0.37		
KQJX(M)-50/2.5		2.5				801-4B$_5$(V$_1$)	0.55		
KQJX(M)-63/0.5	63	0.5	128			712-4B$_5$(V$_1$)	0.37		
KQJX(M)-63/2		2				801-4B$_5$(V$_1$)	0.55		
KQJX(M)-80/0.4	80	0.4	101		32	712-4B$_5$(V$_1$)	0.37	15	15
KQJX(M)-80/1.6		1.6				801-4B$_5$(V$_1$)	0.55		
KQJX(M)-100/0.32	100	0.32	128			712-4B$_5$(V$_1$)	0.37		
KQJX(M)-100/1.25		1.25				801-4B$_5$(V$_1$)	0.55		
KQJX(M)-125/0.25	125	0.25	101		40	712-4B$_5$(V$_1$)	0.37		
KQJX(M)-125/1		1				801-4B$_5$(V$_1$)	0.55		
KQJX(M)-160/0.2	160	0.2	128			712-4B$_5$(V$_1$)	0.37		
KQJX(M)-160/0.8		0.8				801-4B$_5$(V$_1$)	0.55		
KQJX(M)-200/0.63	200	0.63	101		50	712-4B$_5$(V$_1$)	0.37		
KQJX(M)-250/0.5	250	0.5	128			801-4B$_5$(V$_1$)	0.55		

KQJZ(M)型计量泵性能参数   表 1-351

型　　号	流量 (L/h)	压力 (MPa)	泵速 (r/min)	行程 (mm)	柱塞直径 (mm)	电动机 型　号	功率 (kW)	泵口径(mm) 入口	出口
KQJZ-8/40	8	40	100		8	802-4B₅(V₁)	0.75		
KQJZ-8/50		50				90L-4B₅(V₁)	1.5		
KQJZ-10/32	10	32	123			802-4B₅(V₁)	0.75		
KQJZ-10/50		50				90L-4B₅(V₁)	1.5		
KQJZ-12.5/25	12.5	25	100		10	802-4B₅(V₁)	0.75	6	6
KQJZ-12.5/40		40				90S-4B₅(V₁)	1.1		
KQJZ-12.5/50		50				90L-4B₅(V₁)	1.5		
KQJZ-16/20	16	20	123			802-4B₅(V₁)	0.75		
KQJZ-16/32		32				90S-4B₅(V₁)	1.1		
KQJZ-16/50		50				90L-4B₅(V₁)	1.5		
KQJZ-20/50	20	50	155			100L₁-4B₅(V₁)	2.2		
KQJZ-20/16	20	16	100	32	13	802-4B₅(V₁)	0.75		
KQJZ-20/25		25				90S-4B₅(V₁)	1.1		
KQJZ-20/40		40				90L-4B₅(V₁)	1.5		
KQJZ-25/12.5	25	12.5	123			802-4B₅(V₁)	0.75		
KQJZ-25/20		20				90S-4B₅(V₁)	1.1		
KQJZ-25/32		32				90L-4B₅(V₁)	1.5		
KQJZ-25/40		40				100L₁-4B₅(V₁)	2.2		
KQJZ-32/40	32	40	155			100L₁-4B₅(V₁)	2.2		
KQJZ(M)-32/10	32	10	100		16	802-4B₅(V₁)	0.75	10	10
KQJZ(M)-32/16		16				90S-4B₅(V₁)	1.1		
KQJZ-32/25	32	25	100			90L-4B₅(V₁)	1.5		
KQJZ(M)-40/8	40	8	123			802-4B₅(V₁)	0.75		
KQJZ(M)-40/12.5		12.5				90S-4B₅(V₁)	1.1		
KQJZ-40/20	40	20	123			90L-4B₅(V₁)	1.5		
KQJZ-40/25		25				100L₁-4B₅(V₁)	2.2		
KQJZ-50/25	50	25	155			100L₁-4B₅(V₁)	2.2		
KQJZ(M)-50/6.3	50	6.3	100		20	802-4B₅(V₁)	0.75		
KQJZ(M)-50/10		10				90S-4B₅(V₁)	1.1		
KQJZ(M)-50/16		16				90L-4B₅(V₁)	1.5		
KQJZ(M)-63/5	63	5	123			802-4B₅(V₁)	0.75		
KQJZ(M)-63/8		8				90S-4B₅(V₁)	1.1		
KQJZ(M)-63/12.5		12.5				90L-4B₅(V₁)	1.5		
KQJZ(M)-63/16	63	16	123			100L₁-4B₅(V₁)	2.2		
KQJZ-80/16	80	16	155			100L₁-4B₅(V₁)	2.2	15	15

续表

型 号	流量 (L/h)	压力 (MPa)	泵速 (r/min)	行程 (mm)	柱塞 直径 (mm)	电动机 型 号	电动机 功率 (kW)	泵口径(mm) 入口	泵口径(mm) 出口
KQJZ(M)-80/4	80	4	100		25	802-4B$_5$(V$_1$)	0.75	15	15
KQJZ(M)-80/6.3	80	6.3	100		25	90S-4B$_5$(V$_1$)	1.1	15	15
KQJZ(M)-80/10		10			25	90L-4B$_5$(V$_1$)	1.5		
KQJZ(M)-100/3.2		3.2			25	802-4B$_5$(V$_1$)	0.75		
KQJZ(M)-100/5	100	5	123		25	90S-4B$_5$(V$_1$)	1.1		
KQJZ(M)-100/8	100	8			25	90L-4B$_5$(V$_1$)	1.5		
KQJZ(M)-100/10		10			25	100L$_1$-4B$_5$(V$_1$)	2.2		
KQJZ-125/10	125	10	155			100L$_1$-4B$_5$(V$_1$)	2.2		
KQJZ(M)-125/2.5		2.5			32	802-4B$_5$(V$_1$)	0.75		
KQJZ(M)-125/4	125	4	100		32	90S-4B$_5$(V$_1$)	1.1		
KQJZ(M)-125/6.3		6.3			32	90L-4B$_5$(V$_1$)	1.5		
KQJZ(M)-160/2		2			32	802-4B$_5$(V$_1$)	0.75		
KQJZ(M)-160/3.2	160	3.2	123		32	90S-4B$_5$(V$_1$)	1.1		
KQJZ(M)-160/5	160	5			32	90L-4B$_5$(V$_1$)	1.5		
KQJZ(M)-160/6.3		6.3		32		100L$_1$-4B$_5$(V$_1$)	2.2		
KQJZ-200/6.3	200	6.3	155			100L$_1$-4B$_5$(V$_1$)	2.2	15	15
KQJZ(M)-200/1.6		1.6			40	802-4B$_5$(V$_1$)	0.75		
KQJZ(M)-200/2.5	200	2.5	100		40	90S-4B$_5$(V$_1$)	1.1		
KQJZ(M)-200/2.5		4			40	90L-4B$_5$(V$_1$)	1.5		
KQJZ(M)-250/1.25		1.25			40	802-4B$_5$(V$_1$)	0.75		
KQJZ(M)-250/2	250	2	123		40	90S-4B$_5$(V$_1$)	1.1		
KQJZ(M)-250/3.2	250	3.2			40	90L-4B$_5$(V$_1$)	1.5		
KQJZ(M)-250/4		4			40	100L$_1$-4B$_5$(V$_1$)	2.2		
KQJZ-320/4	320	4	155			100L$_1$-4B$_5$(V$_1$)	2.2		
KQJZ(M)-320/1		1			50	802-4B$_5$(V$_1$)	0.75		
KQJZ(M)-320/1.6	320	1.6	100		50	90S-4B$_5$(V$_1$)	1.1		
KQJZ(M)-320/2.5		2.5			50	90L-4B$_5$(V$_1$)	1.5		
KQJZ(M)-400/0.8		0.8			50	802-4B$_5$(V$_1$)	0.75		
KQJZ(M)-400/1.25	400	1.25	123		50	90S-4B$_5$(V$_1$)	1.1		
KQJZ(M)-400/2	400	2			50	90L-4B$_5$(V$_1$)	1.5		
KQJZ(M)-400/2.5		2.5			50	100L$_1$-4B$_5$(V$_1$)	2.2		
KQJZ-500/2.5	500	2.5	155			100L$_1$-4B$_5$(V$_1$)	2.2	20	20
KQJZ(M)-500/0.63		0.63			63	802-4B$_5$(V$_1$)	0.75		
KQJZ(M)-500/1	500	1	100		63	90S-4B$_5$(V$_1$)	1.1		
KQJZ(M)-500/1.6		1.6			63	90L-4B$_5$(V$_1$)	1.5		

行程(mm)列: 32

续表

型　号	流量(L/h)	压力(MPa)	泵速(r/min)	行程(mm)	柱塞直径(mm)	电动机型号	功率(kW)	泵口径入口(mm)	泵口径出口(mm)
KQJZ(M)-630/0.5	630	0.5	123		63	$802\text{-}4B_5(V_1)$	0.75	20	20
KQJZ(M)-630/0.8		0.8				$90S\text{-}4B_5(V_1)$	1.1		
KQJZ(M)-630/1.25		1.25				$90L\text{-}4B_5(V_1)$	1.5		
KQJZ(M)-630/1.6		1.6				$100L_1\text{-}4B_5(V_1)$	2.2		
KQJZ-800/1.6	800	1.6	155			$100L_1\text{-}4B_5(V_1)$	2.2	25	25
KQJZ(M)-800/0.4	800	0.4	100		80	$802\text{-}4B_5(V_1)$	0.75		
KQJZ(M)-800/0.63		0.63				$90S\text{-}4B_5(V_1)$	1.1		
KQJZ(M)-800/1		1				$90L\text{-}4B_5(V_1)$	1.5		
KQJZ(M)-1000/0.32	1000	0.32	123	32		$802\text{-}4B_5(V_1)$	0.75		
KQJZ(M)-1000/0.5		0.5				$90S\text{-}4B_5(V_1)$	1.1		
KQJZ(M)-1000/0.8		0.8				$90L\text{-}4B_5(V_1)$	1.5		
KQJZ(M)-1000/1		1				$100L_1\text{-}4B_5(V_1)$	2.2		
KQJZ-1250/1	1250	1	155			$100L_1\text{-}4B_5(V_1)$	2.2	35	35
KQJZ(M)-1250/0.25	1250	0.25	100			$802\text{-}4B_5(V_1)$	0.75		
KQJZ(M)-1250/0.4		0.4				$90S\text{-}4B_5(V_1)$	1.1		
KQJZ(M)-1250/0.63		0.63			100	$90L\text{-}4B_5(V_1)$	1.5		
KQJZ(M)-1600/0.2	1600	0.2	123			$802\text{-}4B_5(V_1)$	0.75		
KQJZ(M)-1600/0.32		0.32				$90S\text{-}4B_5(V_1)$	1.1		
KQJZ(M)-1600/0.5		0.5				$90L\text{-}4B_5(V_1)$	1.5		
KQJZ(M)-1600/0.63		0.63				$100L_1\text{-}4B_5(V_1)$	2.2		
KQJZ-2000/0.63	2000	0.63	155			$100L_1\text{-}4B_5(V_1)$	2.2	40	40

KQJD(M)型计量泵性能参数　　　　　表 1-352

型　号	流量(L/h)	压力(MPa)	泵速(r/min)	行程(mm)	柱塞直径(mm)	电动机型号	功率(kW)	泵口径入口(mm)	泵口径出口(mm)
KQJD-32/40	32	40	91		13	$100L_1\text{-}4B_5(V_1)$	2.2	10	10
KQJD-32/50		50				$112M\text{-}4B_5(V_1)$	4		
KQJD-40/32	40	32	115			$100L_1\text{-}4B_5(V_1)$	2.2		
KQJD-40/50		50				$112M\text{-}4B_5(V_1)$	4		
KQJD-50/25	50	25	91	50		$100L_1\text{-}4B_5(V_1)$	2.2		
KQJD-50/32		32			16	$100L_2\text{-}4B_5(V_1)$	3		
KQJD-50/50		50				$112M\text{-}4B_5(V_1)$	4		
KQJD-63/20	63	20	115			$100L_1\text{-}4B_5(V_1)$	2.2		
KQJD-63/25		25				$100L_2\text{-}4B_5(V_1)$	3		
KQJD-63/40		40				$112M\text{-}4B_5(V_1)$	4		
KQJD-63/50		50				$132S\text{-}4B_5(V_1)$	5.5		

续表

型　号	流量 (L/h)	压力 (MPa)	泵速 (r/min)	行程 (mm)	柱塞直径 (mm)	电动机型号	功率 (kW)	泵口径(mm)入口	出口
KQJD(M)-80/16	80	16	91		20	$100L_1$-$4B_5$(V_1)	2.2		
KQJD-80/20		20				$100L_2$-$4B_5$(V_1)	3		
KQJD-80/32		32				112M-$4B_5$(V_1)	4		
KQJD-80/40		40				132S-$4B_5$(V_1)	5.5		
KQJD(M)-100/12.5	100	2.5	115			$100L_1$-$4B_5$(V_1)	2.2		
KQJD(M)-100/16		16				$100L_2$-$4B_5$(V_1)	3		
KQJD-100/25	100	25	115			112M-$4B_5$(V_1)	4		
KQJD-100/32		32				132S-$4B_5$(V_1)	5.5		
KQJD-125/32	125	32	145			132S-$4B_5$(V_1)	5.5		
KQJD-160/25	160	25	180			132S-$4B_5$(V_1)	5.5		
KQJD(M)-125/10	125	10	91	50	25	$100L_1$-$4B_5$(V_1)	2.2	15	15
KQJD(M)-125/12.5		12.5				$100L_2$-$4B_5$(V_1)	3		
KQJD-125/20	125	20	91			112M-$4B_5$(V_1)	4		
KQJD-125/25		25				132S-$4B_5$(V_1)	5.5		
KQJD(M)-160/8	160	8	115			$100L_1$-$4B_5$(V_1)	2.2		
KQJD(M)-160/10		10				$100L_2$-$4B_5$(V_1)	3		
KQJD(M)-160/16		16				112M-$4B_5$(V_1)	4		
KQJD-160/20	160	20	115			132S-$4B_5$(V_1)	5.5		
KQJD-200/20	200	20	145			132S-$4B_5$(V_1)	5.5		
KQJD-250/16	250	16	180			132S-$4B_5$(V_1)	5.5		
KQJD(M)-200/6.3	200	6.3	91		32	$100L_1$-$4B_5$(V_1)	2.2		
KQJD(M)-200/8		8				$100L_2$-$4B_5$(V_1)	3		
KQJD(M)-200/12.5		12.5				112M-$4B_5$(V_1)	4		
KQJD(M)-200/16		16				132S-$4B_5$(V_1)	5.5		
KQJD(M)-250/5	250	5	115			$100L_1$-$4B_5$(V_1)	2.2		
KQJD(M)-250/6.3		6.3				$100L_2$-$4B_5$(V_1)	3		
KQJD(M)-250/10		10				112M-$4B_5$(V_1)	4		
KQJD(M)-250/12.5		12.5				132S-$4B_5$(V_1)	5.5		
KQJD-320/12.5	320	12.5	145			132S-$4B_5$(V_1)	5.5		
KQJD-400/10	400	10	180			132S-$4B_5$(V_1)	5.5		
KQJD(M)-320/4	320	4	91		40	$100L_1$-$4B_5$(V_1)	2.2	15	15
KQJD(M)-320/5		5				$100L_2$-$4B_5$(V_1)	3		
KQJD(M)-320/8		8				12M-$4B_5$(V_1)	4		
KQJD(M)-320/10		10				132S-$4B_5$(V_1)	5.5		

续表

型号	流量(L/h)	压力(MPa)	泵速(r/min)	行程(mm)	柱塞直径(mm)	电动机 型号	功率(kW)	泵口径(mm) 入口	出口
KQJD(M)-400/3.2	400	3.2	115		40	100L$_1$-4B$_5$(V$_1$)	2.2	15	15
KQJD(M)-400/4		4				100L$_2$-4B$_5$(V$_1$)	3		
KQJD(M)-400/6.3		6.3				112M-4B$_5$(V$_1$)	4		
KQJD(M)-400/8		8				132S-4B$_5$(V$_1$)	5.5		
KQJD-500/8	500	8	145			132S-4B$_5$(V$_1$)	5.5	20	20
KQJD-630/6.3	630	6.3	180			132S-4B$_5$(V$_1$)	5.5		
KQJD(M)-500/2.5	500	2.5	91		50	100L$_1$-4B$_5$(V$_1$)	2.2		
KQJD(M)-500/3.2		3.2				100L$_2$-4B$_5$(V$_1$)	3		
KQJD(M)-500/5		5				112M-4B$_5$(V$_1$)	4		
KQJD(M)-500/6.3		6.3				132S-4B$_5$(V$_1$)	5.5		
KQJD(M)-630/2	630	2	115			100L$_1$-4B$_5$(V$_1$)	2.2		
KQJD(M)-630/2.5		2.5				100L$_2$-4B$_5$(V$_1$)	3		
KQJD(M)-630/4		4		50		112M-4B$_5$(V$_1$)	4		
KQJD(M)-630/5		5				132S-4B$_5$(V$_1$)	5.5		
KQJD-800/5	800	5	145			132S-4B$_5$(V$_1$)	5.5	25	25
KQJD-1000/4	1000	4	180			132S-4B$_5$(V$_1$)	5.5		
KQJD(M)-800/1.6	800	1.6	91		63	100L$_1$-4B$_5$(V$_1$)	2.2		
KQJD(M)-800/2		2				100L$_2$-4B$_5$(V$_1$)	3		
KQJD(M)-800/3.2		3.2				112M-4B$_5$(V$_1$)	4		
KQJD(M)-800/4		4				132S-4B$_5$(V$_1$)	5.5		
KQJD(M)-1000/1.25	1000	1.25	115			100L$_1$-4B$_5$(V$_1$)	2.2		
KQJD(M)-1000/1.6		1.6				100L$_2$-4B$_5$(V$_1$)	3		
KQJD(M)-1000/2.5		2.5				112M-4B$_5$(V$_1$)	4		
KQJD(M)-1000/3.2		3.2				132S-4B$_5$(V$_1$)	5.5		
KQJD-1250/3.2	1250	3.2	145			132S-4B$_5$(V$_1$)	5.5	35	35
KQJD-1600/2.5	1600	2.5	180			132S-4B$_5$(V$_1$)	5.5		
KQJD(M)-1250/1	1250	1	91		80	100L$_1$-4B$_5$(V$_1$)	2.2		
KQJD(M)-1250/1.25		1.25				100L$_2$-4B$_5$(V$_1$)	3		
KQJD(M)-1250/2		2				112M-4B$_5$(V$_1$)	4		
KQJD(M)-1250/2.5		2.5				132S-4B$_5$(V$_1$)	5.5		
KQJD(M)-1600/0.8	1600	0.8	115			100L$_1$-4B$_5$(V$_1$)	2.2		
KQJD(M)-1600/1		1				100L$_2$-4B$_5$(V$_1$)	3		
KQJD(M)-1600/1.6		1.6				112M-4B$_5$(V$_1$)	4		
KQJD(M)-1600/2		2				132S-4B$_5$(V$_1$)	5.5		
KQJD-2000/2	2000	2	145			132S-4B$_5$(V$_1$)	5.5	40	40

续表

型号	流量(L/h)	压力(MPa)	泵速(r/min)	行程(mm)	柱塞直径(mm)	电动机 型号	功率(kW)	泵口径(mm) 入口	出口
KQJD-2500/1.6	2500	1.6	180		80	132S-4B₅(V₁)	5.5	40	40
KQJD(M)-2000/0.63	2000	0.63	91			100L₁-4B₅(V₁)	2.2		
KQJD(M)-2000/0.8		0.8				100L₂-4B₅(V₁)	3		
KQJD(M)-2000/1.25		1.25				112M-4B₅(V₁)	4		
KQJD(M)-2000/1.6		1.6			100	132S-4B₅(V₁)	5.5	40	40
KQJD(M)-2500/0.5	2500	0.5	115			100L₁-4B₅(V₁)	2.2		
KQJD(M)-2500/0.63		0.63				100L₂-4B₅(V₁)	3		
KQJD(M)-2500/1		1				112M-4B₅(V₁)	4		
KQJD(M)-2500/1.25		1.25		50		132S-4B₅(V₁)	5.5		
KQJD-3200/1.25	3200	1.25	145			132S-4B₅(V₁)	5.5		
KQJD-4000/1	4000	1	180			132S-4B₅(V₁)	5.5		
KQJD(M)-3200/0.4	3200	0.4	91			100L₁-4B₅(V₁)	2.2	50	50
KQJD(M)-3200/0.5		0.5				100L₂-4B₅(V₁)	3		
KQJD(M)-3200/0.8		0.8				112M-4B₅(V₁)	4		
KQJD(M)-3200/1		1			125	132S-4B₅(V₁)	5.5		
KQJD(M)-4000/0.32	400	0.32	115			100L₁-4B₅(V₁)	2.2		
KQJD(M)-4000/0.4		0.4				100L₂-4B₅(V₁)	3		
KQJD(M)-4000/0.63		0.63				112M-4B₅(V₁)	4		
KQJD(M)-4000/0.8		0.8				132S-4B₅(V₁)	5.5		
KQJD-5000/0.8	5000	0.8	145			132S-4B₅(V₁)	5.5	65	65
KQJD-6300/0.63	6300	0.63	180			132S-4B₅(V₁)	5.5		

KQJT(M)型计量泵性能参数　　表1-353

型号	流量(L/h)	压力(MPa)	泵速(r/min)	行程(mm)	柱塞直径(mm)	电动机 型号	功率(kW)	泵口径(mm) 入口	出口
KQJT-80/50	80	50	92		16	132S-4B₅(V₁)	5.5		
KQJT-100/40	125	40	119			132S-4B₅(V₁)	5.5		
KQJT-100/50		50				132M-4B₅(V₁)	7.5		
KQJT-125/32	125	32	92			132S-4B₅(V₁)	5.5		
KQJT-125/50		50		80	20	132M-4B₅(V₁)	7.5	15	15
KQJT-160/25	160	25	119			132S-4B₅(V₁)	5.5		
KQJT-160/50		50				132M-4B₅(V₁)	7.5		
KQJT-200/20	200	20	92			132S-4B₅(V₁)	5.5		
KQJT-200/40		40			25	132M-4B₅(V₁)	7.5		
KQJT-200/50		50				160M-4B₅(V₁)	11		

续表

型　　号	流量 (L/h)	压力 (MPa)	泵速 (r/min)	行程 (mm)	柱塞直径 (mm)	电动机 型　号	电动机 功率 (kW)	泵口径 入口 (mm)	泵口径 出口 (mm)
KQJT(M)-250/16	250	16	119			132S-4B$_5$(V$_1$)	5.5		
KQJT-250/32	250	32	119			132M-4B$_5$(V$_1$)	7.5		
KQJT-250/50		50			25	160M-4B$_5$(V$_1$)	11		
KQJT-320/50	320	50	145			160L-4B$_5$(V$_1$)	15		
KQJT-400/40	400	40	180			160L-4B$_5$(V$_1$)	15	15	15
KQJT(M)-320/12.5	320	12.5	92			132S-4B$_5$(V$_1$)	5.5		
KQJT-320/25	320	25	92			132M-4B$_5$(V$_1$)	7.5		
KQJT-320/32		32				160M-4B$_5$(V$_1$)	11		
KQJT(M)-400/10	400	10	119		32	132S-4B$_5$(V$_1$)	5.5		
KQJT-400/20	400	20	119			132M-4B$_5$(V$_1$)	7.5		
KQJT-400/32		32				160M-4B$_5$(V$_1$)	11		
KQJT-500/32	500	32	145			160L-4B$_5$(V$_1$)	15		
KQJT-630/25	630	25	180			160L-4B$_5$(V$_1$)	15		
KQJT(M)-500/5	500	5	92	80		132S-4B$_5$(V$_1$)	5.5		
KQJT(M)-500/16		16				132M-4B$_5$(V$_1$)	7.5	20	20
KQJT-500/20	500	20	92			160M-4B$_5$(V$_1$)	11		
KQJT(M)-630/6.3	630	6.3	119		40	132S-4B$_5$(V$_1$)	5.5		
KQJT(M)-630/12.5		12.5				132M-4B$_5$(V$_1$)	7.5		
KQJT-630/20	630	20	119			160M-4B$_5$(V$_1$)	11		
KQJT-800/20	800	20	145			160L-4B$_5$(V$_1$)	15		
KQJT-1000/16	1000	16	180			160L-4B$_5$(V$_1$)	15		
KQJT(M)-800/5		5				132S-4B$_5$(V$_1$)	5.5		
KQJT(M)-800/10	800	10	92			132M-4B$_5$(V$_1$)	7.5		
KQJT(M)-800/12.5		12.5				160M-4B$_5$(V$_1$)	11		
KQJT(M)-1000/4		4			50	132S-4B$_5$(V$_1$)	5.5	25	25
KQJT(M)-1000/8	1000	8	119			132M-4B$_5$(V$_1$)	7.5		
KQJT(M)-1000/12.5		12.5				160M-4B$_5$(V$_1$)	11		
KQJT-1250/12.5	1250	12.5	145			160L-4B$_5$(V$_1$)	15		
KQJT-1600/12.5	1600	12.5	180			160L-4B$_5$(V$_1$)	15		
KQJT(M)-1250/3.2		3.2				132S-4B$_5$(V$_1$)	5.5		
KQJT(M)-1250/6.3	1250	6.3	92			132M-4B$_5$(V$_1$)	7.5		
KQJT(M)-1250/8		8			63	160M-4B$_5$(V$_1$)	11	35	35
KQJT(M)-1600/2.5		2.5				132S-4B$_5$(V$_1$)	5.5		
KQJT(M)-1600/5	1600	5	119			132M-4B$_5$(V$_1$)	7.5		
KQJT(M)-1600/8		8				160M-4B$_5$(V$_1$)	11		

型　号	流量(L/h)	压力(MPa)	泵速(r/min)	行程(mm)	柱塞直径(mm)	电动机 型号	电动机 功率(kW)	泵口径(mm) 入口	泵口径(mm) 出口
KQJT-2000/8	2000	8	145		63	160L-4B$_5$(V$_1$)	15		
KQJT-2500/6.3	2500	6.3	180		63	160L-4B$_5$(V$_1$)	15		
KQJT(M)-2000/2	2000	2	92			132S-4B$_5$(V$_1$)	5.5	40	40
KQJT(M)-2000/4		4	92			132M-4B$_5$(V$_1$)	7.5		
KQJT(M)-2000/5		5	92			160M-4B$_5$(V$_1$)	11		
KQJT(M)-2500/1.6	2500	1.6	119		80	132S-4B$_5$(V$_1$)	5.5		
KQJT(M)-2500/3.2		3.2	119			132M-4B$_5$(V$_1$)	7.5		
KQJT(M)-2500/5		5	119			160M-4B$_5$(V$_1$)	11		
KQJT-3200/5	3200	5	145			160L-4B$_5$(V$_1$)	15		
KQJT-4000/4	4000	4	180			160L-4B$_5$(V$_1$)	15		
KQJT(M)-3200/1.25	3200	1.25	92			132S-4B$_5$(V$_1$)	5.5		
KQJT(M)-3200/2.5		2.5	92			132M-4B$_5$(V$_1$)	7.5	50	50
KQJT(M)-3200/3.2		3.2	92			160M-4B$_5$(V$_1$)	11		
KQJT(M)-4000/1	4000	1	119		1000	132S-4B$_5$(V$_1$)	5.5		
KQJT(M)-4000/2		2	119			132M-4B$_5$(V$_1$)	7.5		
KQJT(M)-4000/3.2		3.2	119			160M-4B$_5$(V$_1$)	11		
KQJT-5000/3.2	5000	3.2	145	80		160L-4B$_5$(V$_1$)	15		
KQJT-6300/2.5	6300	2.5	180			160L-4B$_5$(V$_1$)	15		
KQJT(M)-5000/0.8	5000	0.8	92			132S-4B$_5$(V$_1$)	5.5		
KQJT(M)-5000/1.6		1.6	92			132M-4B$_5$(V$_1$)	7.5	65	75
KQJT(M)-5000/2		2	92			160M-4B$_5$(V$_1$)	11		
KQJT(M)-6300/0.63	6300	0.63	119		125	132S-4B$_5$(V$_1$)	5.5		
KQJT(M)-6300/1.25		1.25	119			132M-4B$_5$(V$_1$)	7.5		
KQJT(M)-6300/2		2	119			160M-4B$_5$(V$_1$)	11		
KQJT-8000/2	8000	2	145			160L-4B$_5$(V$_1$)	15		
KQJT-10000/1.6	10000	1.6	180			160L-4B$_5$(V$_1$)	15		
KQJT(M)-8000/0.5	8000	0.5	92			132S-4B$_5$(V$_1$)	5.5		
KQJT(M)-8000/1		1	92			132M-4B$_5$(V$_1$)	7.5	80	80
KQJT(M)-8000/1.25		1.25	92			160M-4B$_5$(V$_1$)	11		
KQJT(M)-10000/0.4	10000	0.4	119		160	132S-4B$_5$(V$_1$)	5.5		
KQJT(M)-10000/0.8		0.8	119			132M-4B$_5$(V$_1$)	7.5		
KQJT(M)-10000/1.25		1.25	119			160M-4B$_5$(V$_1$)	11		
KQJT-12500/1.25	12500	1.25	145			160L-4B$_5$(V$_1$)	15	100	100
KQJT-16000/1	16000	1	180			160L-4B$_5$(V$_1$)	15		

（5）外形及安装尺寸：计量泵外形及安装尺寸见图 1-372～图 1-381、表 1-354～表 1-363。

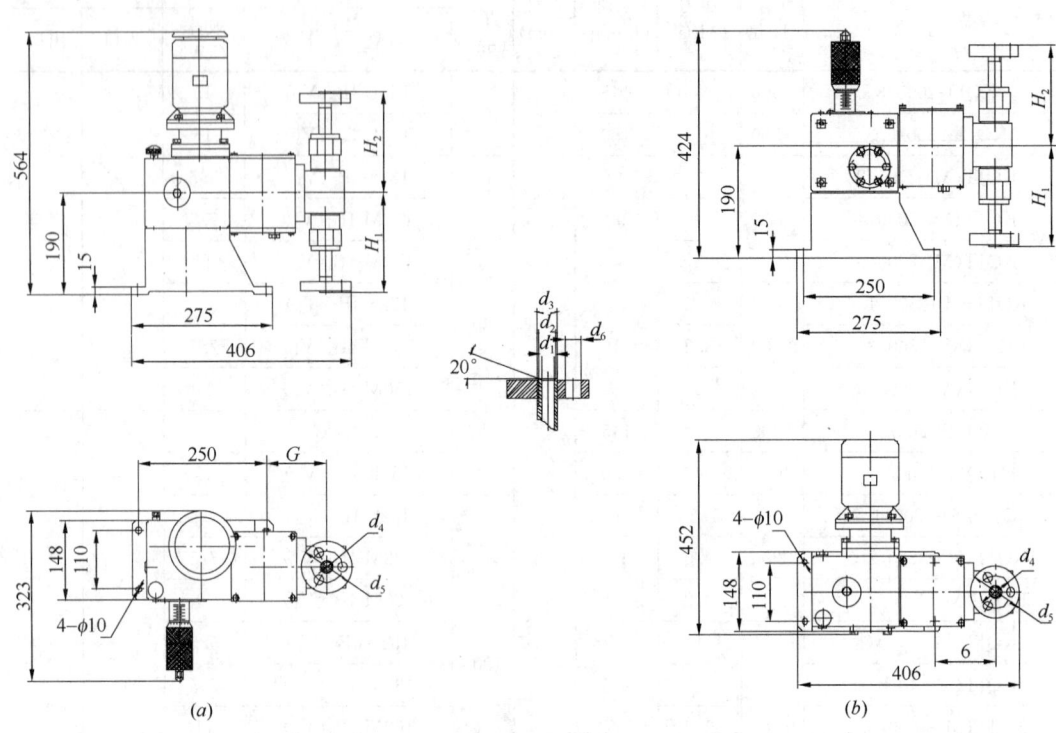

图 1-372　KQJW 型柱塞计量泵外形及安装尺寸

（*a*）KQJW 型柱塞立式计量泵；（*b*）KQTW 型柱塞卧式计量泵

KQJW 型柱塞计量泵外形及安装尺寸　　　　　　　　　　表 1-354

| 型　　号 | 安装尺寸（mm） | | | | | | | | | | 泵重（kg） |
	G	H_1 H_2	L	d_1	d_2	d_3	d_4	d_5	d_6	b	
KQJW-0.8/12.5	108	102	406	$\phi5$	$\phi10$	M14×1.5	$\phi42$	$\phi70$	3-$\phi14$	15	
KQJW-1/2	108	102	406	$\phi5$	$\phi10$	M14×1.5	$\phi42$	$\phi70$	3-$\phi14$	15	
KQJW-1/10	108	102	406	$\phi5$	$\phi10$	M14×1.5	$\phi42$	$\phi70$	3-$\phi14$	15	
KQJW-1.25/1.6	108	102	406	$\phi5$	$\phi10$	M14×1.5	$\phi42$	$\phi70$	3-$\phi14$	15	
KQJW-1.25/8	108	102	406	$\phi5$	$\phi10$	M14×1.5	$\phi42$	$\phi70$	3-$\phi14$	15	≈60
KQJW-1.6/1.25	108	102	406	$\phi5$	$\phi10$	M14×1.5	$\phi42$	$\phi70$	3-$\phi14$	15	
KQJW-1.6/6.3	108	102	406	$\phi5$	$\phi10$	M14×1.5	$\phi42$	$\phi70$	3-$\phi14$	15	
KQJW-2/1	108	106	406	$\phi6$	$\phi10$	M14×1.5	$\phi42$	$\phi70$	3-$\phi14$	15	
KQJW-2/5	108	106	406	$\phi6$	$\phi10$	M14×1.5	$\phi42$	$\phi70$	3-$\phi14$	15	
KQJW-2.5/0.8	108	106	406	$\phi6$	$\phi10$	M14×1.5	$\phi42$	$\phi70$	3-$\phi14$	15	

型　号	安装尺寸（mm）										泵重 (kg)
	G	H_1 H_2	L	d_1	d_2	d_3	d_4	d_5	d_6	b	
KQJW-2.5/4	108	106	406	$\phi6$	$\phi10$	M14×1.5	$\phi42$	$\phi70$	3-$\phi14$	15	
KQJW-3.2/0.63	108	106	406	$\phi6$	$\phi10$	M14×1.5	$\phi42$	$\phi70$	3-$\phi14$	15	
KQJW-3.2/3.2	108	106	406	$\phi6$	$\phi10$	M14×1.5	$\phi42$	$\phi70$	3-$\phi14$	15	
KQJW-4/0.5	108	106	406	$\phi6$	$\phi10$	M14×1.5	$\phi42$	$\phi70$	3-$\phi14$	15	
KQJW-4/2.5	108	106	406	$\phi6$	$\phi10$	M14×1.5	$\phi42$	$\phi70$	3-$\phi14$	15	
KQJW-5/0.4	108	146	406	$\phi6$	$\phi10$	M14×1.5	$\phi42$	$\phi70$	3-$\phi14$	15	
KQJW-5/2	108	146	406	$\phi6$	$\phi10$	M14×1.5	$\phi42$	$\phi70$	3-$\phi14$	15	≈60
KQJW-6.3/0.32	108	146	406	$\phi6$	$\phi10$	M14×1.5	$\phi42$	$\phi70$	3-$\phi14$	15	
KQJW-6.3/1.6	108	146	406	$\phi6$	$\phi10$	M14×1.5	$\phi42$	$\phi70$	3-$\phi14$	15	
KQJW-8/0.25	108	146	406	$\phi6$	$\phi10$	M14×1.5	$\phi42$	$\phi70$	3-$\phi14$	15	
KQJW-8/1.25	108	146	406	$\phi6$	$\phi10$	M14×1.5	$\phi42$	$\phi70$	3-$\phi14$	15	
KQJW-10/0.2	108	146	406	$\phi6$	$\phi10$	M14×1.5	$\phi42$	$\phi70$	3-$\phi14$	15	
KQJW-10/1	108	146	406	$\phi6$	$\phi10$	M14×1.5	$\phi42$	$\phi70$	3-$\phi14$	15	

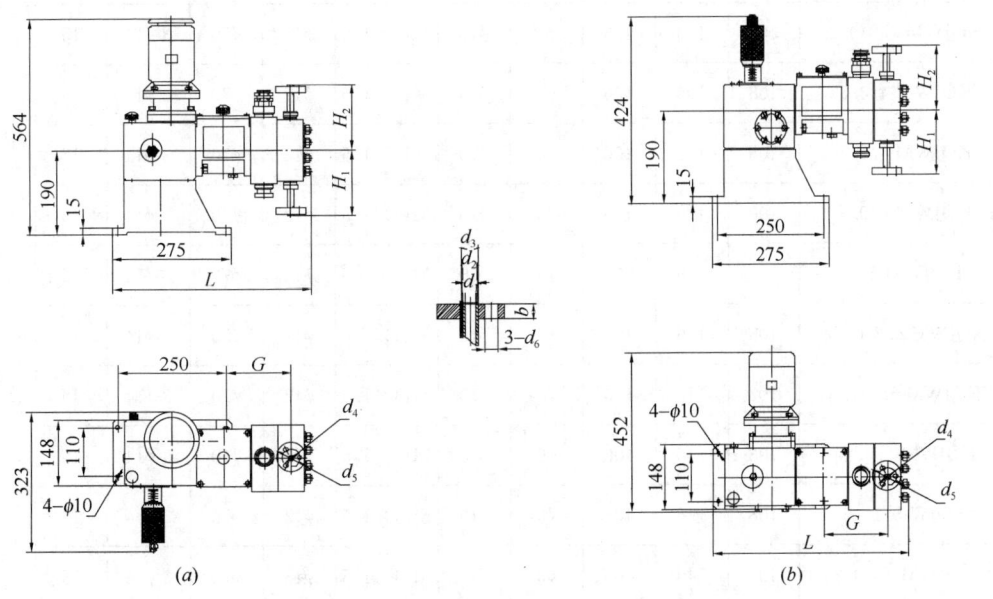

图 1-373　KQJWM 型隔膜计量泵外形及安装尺寸

(a) KQJWM 型隔膜立式计量泵；(b) KQJWM 型隔膜卧式计量泵

KQJWM 型隔膜计量泵外形及安装尺寸

表 1-355

型 号	安装尺寸（mm）										泵重（kg）
	G	H_1 H_2	L	d_1	d_2	d_3	d_4	d_5	d_6	b	
KQJWM-0.8/2.5	108	102	406	$\phi5$	$\phi10$	M14×1.5	$\phi42$	$\phi70$	3-$\phi14$	15	
KQJWM-0.8/12.5	108	102	406	$\phi5$	$\phi10$	M14×1.5	$\phi42$	$\phi70$	3-$\phi14$	15	
KQJWM-1/2	108	102	406	$\phi5$	$\phi10$	M14×1.5	$\phi42$	$\phi70$	3-$\phi14$	15	
KQJWM-1/10	108	102	406	$\phi5$	$\phi10$	M14×1.5	$\phi42$	$\phi70$	3-$\phi14$	15	
KQJWM-1.25/1.6	108	102	406	$\phi5$	$\phi10$	M14×1.5	$\phi42$	$\phi70$	3-$\phi14$	15	
KQJWM-1.25/8	108	102	406	$\phi5$	$\phi10$	M14×1.5	$\phi42$	$\phi70$	3-$\phi14$	15	
KQJWM-1.6/1.25	108	102	406	$\phi5$	$\phi10$	M14×1.5	$\phi42$	$\phi70$	3-$\phi14$	15	
KQJWM-1.6/6.3	108	102	406	$\phi5$	$\phi10$	M14×1.5	$\phi42$	$\phi70$	3-$\phi14$	15	
KQJWM-2/1	108	106	406	$\phi6$	$\phi10$	M14×1.5	$\phi42$	$\phi70$	3-$\phi14$	15	
KQJWM-2/5	108	106	406	$\phi6$	$\phi10$	M14×1.5	$\phi42$	$\phi70$	3-$\phi14$	15	
KQJWM-2.5/0.8	108	106	406	$\phi6$	$\phi10$	M14×1.5	$\phi42$	$\phi70$	3-$\phi14$	15	
KQJWM-2.5/4	108	106	406	$\phi6$	$\phi10$	M14×1.5	$\phi42$	$\phi70$	3-$\phi14$	15	≈70
KQJWM-3.2/0.63	108	106	406	$\phi6$	$\phi10$	M14×1.5	$\phi42$	$\phi70$	3-$\phi14$	15	
KQJWM-3.2/3.2	108	106	406	$\phi6$	$\phi10$	M14×1.5	$\phi42$	$\phi70$	3-$\phi14$	15	
KQJWM-4/0.5	108	106	406	$\phi6$	$\phi10$	M14×1.5	$\phi42$	$\phi70$	3-$\phi14$	15	
KQJWM-4/2.5	108	106	406	$\phi6$	$\phi10$	M14×1.5	$\phi42$	$\phi70$	3-$\phi14$	15	
KQJWM-5/0.4	108	146	406	$\phi6$	$\phi10$	M14×1.5	$\phi42$	$\phi70$	3-$\phi14$	15	
KQJWM-5/2	108	146	406	$\phi6$	$\phi10$	M14×1.5	$\phi42$	$\phi70$	3-$\phi14$	15	
KQJWM-6.3/0.32	108	146	406	$\phi6$	$\phi10$	M14×1.5	$\phi42$	$\phi70$	3-$\phi14$	15	
KQJWM-6.3/1.6	108	146	406	$\phi6$	$\phi10$	M14×1.5	$\phi42$	$\phi70$	3-$\phi14$	15	
KQJWM-8/0.25	108	146	406	$\phi6$	$\phi10$	M14×1.5	$\phi42$	$\phi70$	3-$\phi14$	15	
KQJW-8/1.25	108	146	406	$\phi6$	$\phi10$	M14×1.5	$\phi42$	$\phi70$	3-$\phi14$	15	
KQJWM-10/0.2	108	146	406	$\phi6$	$\phi10$	M14×1.5	$\phi42$	$\phi70$	3-$\phi14$	15	
KQJWM-10/1	108	146	406	$\phi6$	$\phi10$	M14×1.5	$\phi42$	$\phi70$	3-$\phi14$	15	

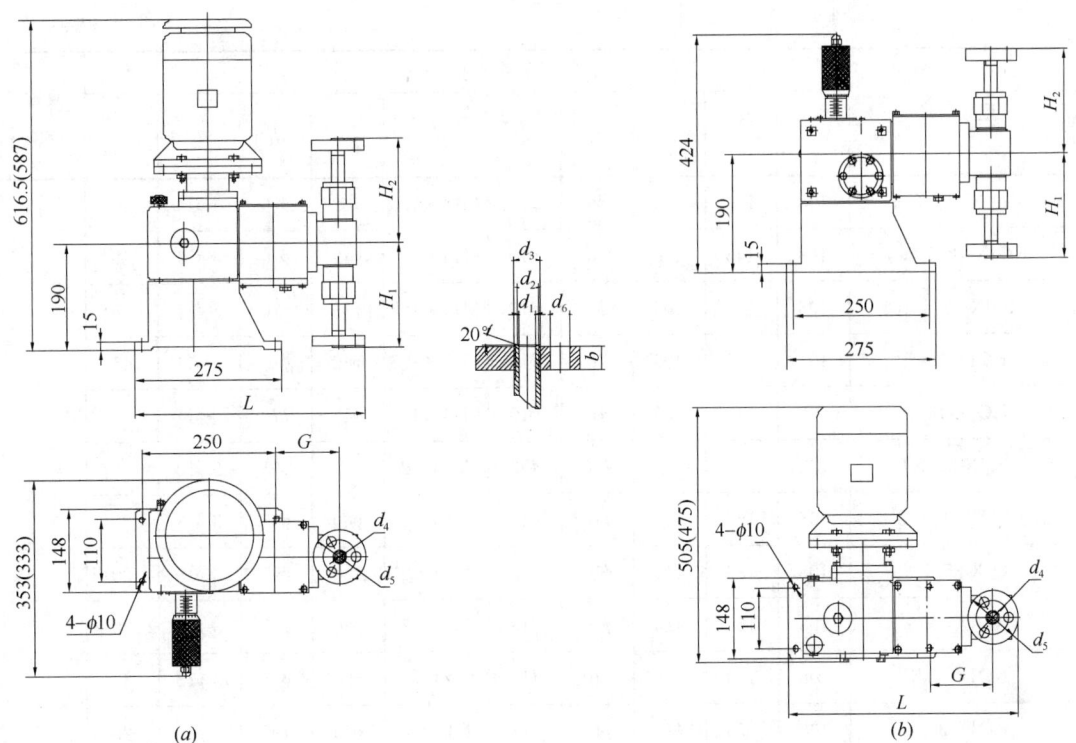

图 1-374　KQJX 型柱塞计量泵外形及安装尺寸

（a）KQJX 型柱塞立式计量泵；（b）KQJX 型柱塞卧式计量泵

KQJX 型柱塞计量泵外形及安装尺寸　　　　　　　表 1-356

型　　号	安装尺寸（mm）										泵重（kg）
	G	H_1 H_2	L	d_1	d_2	d_3	d_4	d_5	d_6	b	
KQJX-3.2/10	108	102	406	$\phi 5$	$\phi 10$	M14×1.5	$\phi 42$	$\phi 70$	3-$\phi 14$	15	
KQJX-3.2/40	108	102	406	$\phi 5$	$\phi 10$	M14×1.5	$\phi 42$	$\phi 70$	3-$\phi 14$	15	
KQJX-4/8	108	102	406	$\phi 5$	$\phi 10$	M14×1.5	$\phi 42$	$\phi 70$	3-$\phi 14$	15	
KQJX-4/32	108	102	406	$\phi 5$	$\phi 10$	M14×1.5	$\phi 42$	$\phi 70$	3-$\phi 14$	15	
KQJX-5/6.3	108	102	406	$\phi 5$	$\phi 10$	M14×1.5	$\phi 42$	$\phi 70$	3-$\phi 14$	15	
KQJX-5/25	108	102	406	$\phi 5$	$\phi 10$	M14×1.5	$\phi 42$	$\phi 70$	3-$\phi 14$	15	≈60
KQJX-6.3/5	108	102	406	$\phi 5$	$\phi 10$	M14×1.5	$\phi 42$	$\phi 70$	3-$\phi 14$	15	
KQJX-6.3/20	108	102	406	$\phi 5$	$\phi 10$	M14×1.5	$\phi 42$	$\phi 70$	3-$\phi 14$	15	
KQJX-8/4	108	143	406	$\phi 6$	$\phi 10$	M14×1.5	$\phi 42$	$\phi 70$	3-$\phi 14$	15	
KQJX-8/16	108	143	406	$\phi 6$	$\phi 10$	M14×1.5	$\phi 42$	$\phi 70$	3-$\phi 14$	15	
KQJX-10/3.2	108	143	406	$\phi 6$	$\phi 10$	M14×1.5	$\phi 42$	$\phi 70$	3-$\phi 14$	15	

型 号	安装尺寸（mm）										泵重（kg）
	G	H_1 H_2	L	d_1	d_2	d_3	d_4	d_5	d_6	b	
KQJX-10/12.5	108	143	406	$\phi6$	$\phi10$	M14×1.5	$\phi42$	$\phi70$	3-$\phi14$	15	
KQJX-12.5/2.5	108	143	406	$\phi6$	$\phi10$	M14×1.5	$\phi42$	$\phi70$	3-$\phi14$	15	
KQJX-12.5/10	108	143	406	$\phi6$	$\phi10$	M14×1.5	$\phi42$	$\phi70$	3-$\phi14$	15	
KQJX-16/2	108	143	406	$\phi6$	$\phi10$	M14×1.5	$\phi42$	$\phi70$	3-$\phi14$	15	
KQJX-16/8	108	143	406	$\phi6$	$\phi10$	M14×1.5	$\phi42$	$\phi70$	3-$\phi14$	15	
KQJX-20/1.6	108	153	416	$\phi10$	$\phi18$	M24×2	$\phi60$	$\phi95$	3-$\phi18$	20	
KQJX-20/6.3	108	153	416	$\phi10$	$\phi18$	M24×2	$\phi60$	$\phi95$	3-$\phi18$	20	≈60
KQJX-25/1.25	108	153	416	$\phi10$	$\phi18$	M24×2	$\phi60$	$\phi95$	3-$\phi18$	20	
KQJX-25/5	108	153	416	$\phi10$	$\phi18$	M24×2	$\phi60$	$\phi95$	3-$\phi18$	20	
KQJX-32/1	108	153	416	$\phi10$	$\phi18$	M24×2	$\phi60$	$\phi95$	3-$\phi18$	20	
KQJX-32/4	108	153	416	$\phi10$	$\phi18$	M24×2	$\phi60$	$\phi95$	3-$\phi18$	20	
KQJX-40/0.8	108	153	416	$\phi10$	$\phi18$	M24×2	$\phi60$	$\phi95$	3-$\phi18$	20	
KQJX-40/3.2	108	153	416	$\phi10$	$\phi18$	M24×2	$\phi60$	$\phi95$	3-$\phi18$	20	
KQJX-50/0.63	116	187	426	$\phi15$	$\phi20$	M24×2	$\phi60$	$\phi95$	3-$\phi18$	20	
KQJX-50/2.5	116	187	426	$\phi15$	$\phi20$	M24×2	$\phi60$	$\phi95$	3-$\phi18$	20	
KQJX-63/0.5	116	187	426	$\phi15$	$\phi20$	M24×2	$\phi60$	$\phi95$	3-$\phi18$	20	
KQJX-63/2	116	187	426	$\phi15$	$\phi20$	M24×2	$\phi60$	$\phi95$	3-$\phi18$	20	
KQJX-80/0.4	116	187	426	$\phi15$	$\phi20$	M24×2	$\phi60$	$\phi95$	3-$\phi18$	20	
KQJX-80/1.6	116	187	426	$\phi15$	$\phi20$	M24×2	$\phi60$	$\phi95$	3-$\phi18$	20	
KQJX-100/0.32	116	187	426	$\phi15$	$\phi20$	M24×2	$\phi60$	$\phi95$	3-$\phi18$	20	
KQJX-100/1.25	116	187	426	$\phi15$	$\phi20$	M24×2	$\phi60$	$\phi95$	3-$\phi18$	20	≈65
KQJX-125/0.25	122	209	432	$\phi15$	$\phi20$	M24×2	$\phi60$	$\phi95$	3-$\phi18$	20	
KQJX-125/1	122	209	432	$\phi15$	$\phi20$	M24×2	$\phi60$	$\phi95$	3-$\phi18$	20	
KQJX-160/0.2	122	209	432	$\phi15$	$\phi20$	M24×2	$\phi60$	$\phi95$	3-$\phi18$	20	
KQJX-160/0.8	122	209	432	$\phi15$	$\phi20$	M24×2	$\phi60$	$\phi95$	3-$\phi18$	20	
KQJX-200/0.63	122	209	432	$\phi15$	$\phi20$	M24×2	$\phi60$	$\phi95$	3-$\phi18$	20	
KQJX-250/0.5	122	209	432	$\phi15$	$\phi20$	M24×2	$\phi60$	$\phi95$	3-$\phi18$	20	

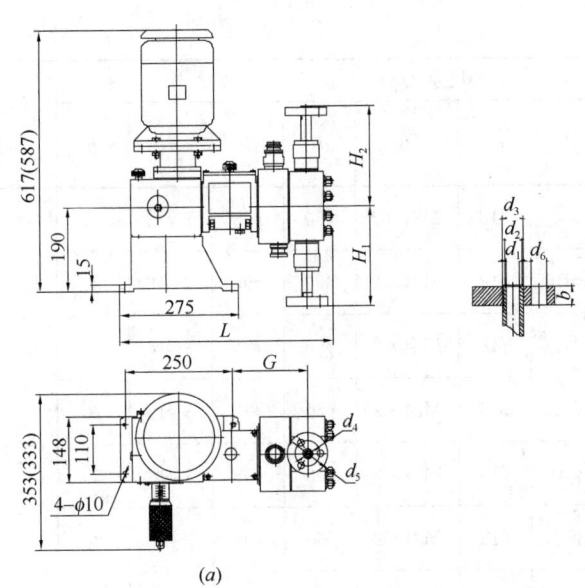
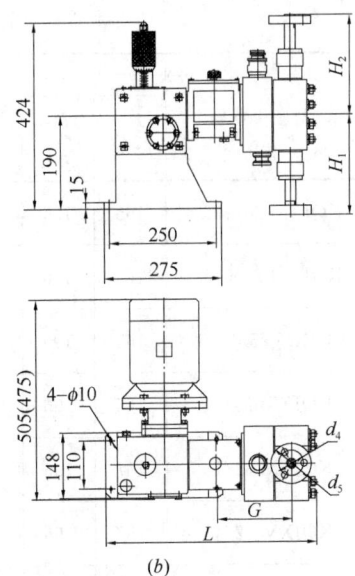

(a) (b)

图 1-375 KQJXM 型隔膜计量泵外形及安装尺寸

(a) KQJXM 型隔膜立式计量泵；(b) KQJXM 型隔膜卧式计量泵

KQJXM 型隔膜计量泵外形及安装尺寸　　　　表 1-357

型　　号	安装尺寸（mm）										泵重（kg）
	G	H_1 H_2	L	d_1	d_2	d_3	d_4	d_5	d_6	b	
KQJXM-3. 2/10	150	147	461	$\phi5$	$\phi10$	M14×1. 5	$\phi42$	$\phi70$	3-$\phi14$	15	
KQJXM-4/8	150	147	461	$\phi5$	$\phi10$	M14×1. 5	$\phi42$	$\phi70$	3-$\phi14$	15	
KQJXM-5/6. 3	150	147	461	$\phi5$	$\phi10$	M14×1. 5	$\phi42$	$\phi70$	3-$\phi14$	15	
KQJXM-6. 3/5	150	147	461	$\phi5$	$\phi10$	M14×1. 5	$\phi42$	$\phi70$	3-$\phi14$	15	
KQJXM-8/4	150	184	461	$\phi6$	$\phi10$	M14×1. 5	$\phi42$	$\phi70$	3-$\phi14$	15	
KQJXM-8/16	150	184	461	$\phi6$	$\phi10$	M14×1. 5	$\phi42$	$\phi70$	3-$\phi14$	15	≈70
KQJXM-10/3. 2	150	184	461	$\phi6$	$\phi10$	M14×1. 5	$\phi42$	$\phi70$	3-$\phi14$	15	
KQJXM-10/12. 5	150	184	461	$\phi6$	$\phi10$	M14×1. 5	$\phi42$	$\phi70$	3-$\phi14$	15	
KQJXM-12. 5/2. 5	150	184	461	$\phi6$	$\phi10$	M14×1. 5	$\phi42$	$\phi70$	3-$\phi14$	15	
KQJXM-12. 5/10	150	184	461	$\phi6$	$\phi10$	M14×1. 5	$\phi42$	$\phi70$	3-$\phi14$	15	
KQJXM-16/2	150	184	461	$\phi6$	$\phi10$	M14×1. 5	$\phi42$	$\phi70$	3-$\phi14$	15	
KQJXM-16/8	150	184	461	$\phi6$	$\phi10$	M14×1. 5	$\phi42$	$\phi70$	3-$\phi14$	15	

型　号	安装尺寸（mm）										泵重（kg）
	G	H_1 H_2	L	d_1	d_2	d_3	d_4	d_5	d_6	b	
KQJXM-20/1.6	165	196	476	$\phi10$	$\phi18$	M24×2	$\phi60$	$\phi95$	3-$\phi18$	20	≈70
KQJXM-20/6.3	165	196	476	$\phi10$	$\phi18$	M24×2	$\phi60$	$\phi95$	3-$\phi18$	20	
KQJXM-25/1.25	165	196	476	$\phi10$	$\phi18$	M24×2	$\phi60$	$\phi95$	3-$\phi18$	20	
KQJXM-25/5	165	196	476	$\phi10$	$\phi18$	M24×2	$\phi60$	$\phi95$	3-$\phi18$	20	
KQJXM-32/1	167	196	478	$\phi10$	$\phi18$	M24×2	$\phi60$	$\phi95$	3-$\phi18$	20	
KQJXM-32/4	167	196	478	$\phi10$	$\phi18$	M24×2	$\phi60$	$\phi95$	3-$\phi18$	20	
KQJXM-40/0.8	167	196	478	$\phi10$	$\phi18$	M24×2	$\phi60$	$\phi95$	3-$\phi18$	20	
KQJXM-40/3.2	167	196	478	$\phi10$	$\phi18$	M24×2	$\phi60$	$\phi95$	3-$\phi18$	20	
KQJXM-50/0.63	175	223	496	$\phi15$	$\phi20$	M24×2	$\phi60$	$\phi95$	3-$\phi18$	20	≈75
KQJXM-50/2.5	175	223	496	$\phi15$	$\phi20$	M24×2	$\phi60$	$\phi95$	3-$\phi18$	20	
KQJXM-63/0.5	175	223	496	$\phi15$	$\phi20$	M24×2	$\phi60$	$\phi95$	3-$\phi18$	20	
KQJXM-63/2	175	223	496	$\phi15$	$\phi20$	M24×2	$\phi60$	$\phi95$	3-$\phi18$	20	
KQJXM-80/0.4	175	228	496	$\phi15$	$\phi20$	M24×2	$\phi60$	$\phi95$	3-$\phi18$	20	
KQJXM-80/1.6	175	228	496	$\phi15$	$\phi20$	M24×2	$\phi60$	$\phi95$	3-$\phi18$	20	
KQJXM-100/0.32	175	228	496	$\phi15$	$\phi20$	M24×2	$\phi60$	$\phi95$	3-$\phi18$	20	
KQJXM-100/1.25	175	228	496	$\phi15$	$\phi20$	M24×2	$\phi60$	$\phi95$	3-$\phi18$	20	
KQJXM-125/0.25	175	244	496	$\phi15$	$\phi20$	M24×2	$\phi60$	$\phi95$	3-$\phi18$	20	
KQJXM-125/1	175	244	496	$\phi15$	$\phi20$	M24×2	$\phi60$	$\phi95$	3-$\phi18$	20	
KQJXM-160/0.2	175	244	496	$\phi15$	$\phi20$	M24×2	$\phi60$	$\phi95$	3-$\phi18$	20	
KQJXM-160/0.8	175	244	496	$\phi15$	$\phi20$	M24×2	$\phi60$	$\phi95$	3-$\phi18$	20	
KQJXM-200/0.63	177	252	505	$\phi15$	$\phi20$	M24×2	$\phi60$	$\phi95$	3-$\phi18$	20	
KQJXM-250/0.5	177	252	505	$\phi15$	$\phi20$	M24×2	$\phi60$	$\phi95$	3-$\phi18$	20	

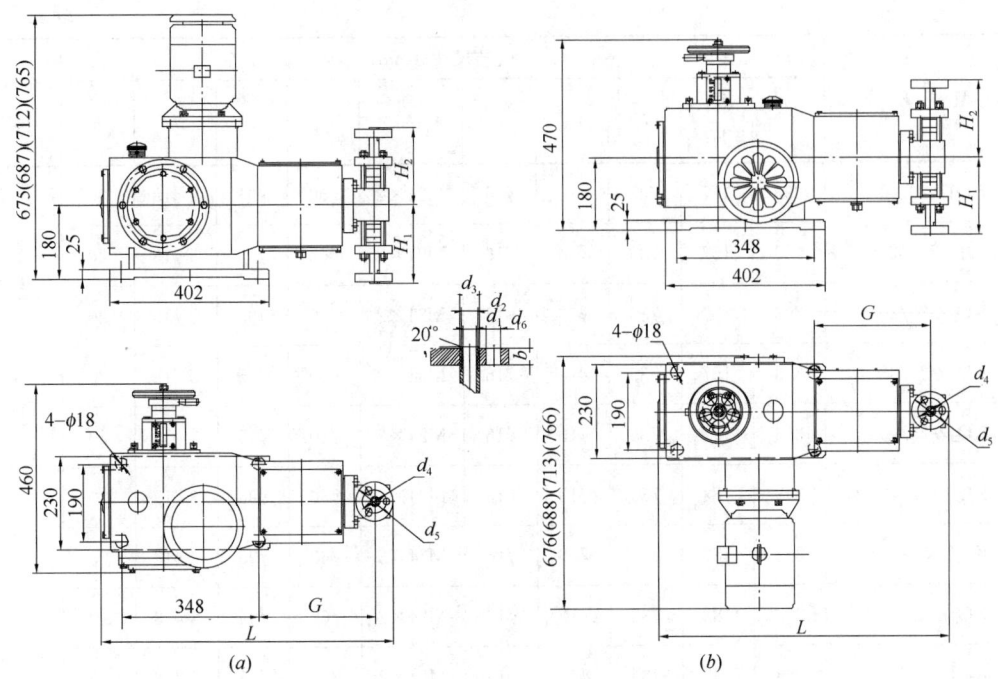

图 1-376 KQJZ 型柱塞计量泵外形及安装尺寸

(a) KQJZ 型柱塞立式计量泵；(b) KQJZ 型柱塞卧式计量泵

KQJZ 型柱塞计量泵外形及安装尺寸   表 1-358

型　号	安装尺寸（mm）										泵重（kg）
	G	H_1 H_2	L	d_1	d_2	d_3	d_4	d_5	d_6	b	
KQJZ-8/40	293	150	725	$\phi6$	$\phi10$	M14×1.5	$\phi42$	$\phi70$	3-$\phi14$	15	
KQJZ-8/50	293	150	725	$\phi6$	$\phi10$	M14×1.5	$\phi42$	$\phi70$	3-$\phi14$	15	
KQJZ-10/32	293	150	725	$\phi6$	$\phi10$	M14×1.5	$\phi42$	$\phi70$	3-$\phi14$	15	
KQJZ-10/50	293	150	725	$\phi6$	$\phi10$	M14×1.5	$\phi42$	$\phi70$	3-$\phi14$	15	
KQJZ-12.5/25	293	150	725	$\phi6$	$\phi10$	M14×1.5	$\phi42$	$\phi70$	3-$\phi14$	15	
KQJZ-12.5/40	293	150	725	$\phi6$	$\phi10$	M14×1.5	$\phi42$	$\phi70$	3-$\phi14$	15	
KQJZ-12.5/50	293	150	725	$\phi6$	$\phi10$	M14×1.5	$\phi42$	$\phi70$	3-$\phi14$	15	≈185
KQJZ-16/20	293	150	725	$\phi6$	$\phi10$	M14×1.5	$\phi42$	$\phi70$	3-$\phi14$	15	
KQJZ-16/32	293	150	725	$\phi6$	$\phi10$	M14×1.5	$\phi42$	$\phi70$	3-$\phi14$	15	
KQJZ-16/50	293	150	725	$\phi6$	$\phi10$	M14×1.5	$\phi42$	$\phi70$	3-$\phi14$	15	
KQJZ-20/50	293	157	735	$\phi10$	$\phi16$	M24×2	$\phi60$	$\phi95$	3-$\phi18$	20	
KQJZ-20/16	293	157	735	$\phi10$	$\phi16$	M24×2	$\phi60$	$\phi95$	3-$\phi18$	20	
KQJZ-20/25	293	157	735	$\phi10$	$\phi16$	M24×2	$\phi60$	$\phi95$	3-$\phi18$	20	

续表

型　号	安装尺寸（mm）										泵重（kg）
	G	H_1 H_2	L	d_1	d_2	d_3	d_4	d_5	d_6	b	
KQJZ-20/40	293	157	735	$\phi10$	$\phi16$	M24×2	$\phi60$	$\phi95$	3-$\phi18$	20	
KQJZ-25/12.5	293	157	735	$\phi10$	$\phi16$	M24×2	$\phi60$	$\phi95$	3-$\phi18$	20	
KQJZ-25/20	293	157	735	$\phi10$	$\phi16$	M24×2	$\phi60$	$\phi95$	3-$\phi18$	20	
KQJZ-25/32	293	157	735	$\phi10$	$\phi16$	M24×2	$\phi60$	$\phi95$	3-$\phi18$	20	
KQJZ-25/40	293	157	735	$\phi10$	$\phi16$	M24×2	$\phi60$	$\phi95$	3-$\phi18$	20	
KQJZ-32/40	293	182	735	$\phi10$	$\phi16$	M24×2	$\phi60$	$\phi95$	3-$\phi18$	20	
KQJZ-32/10	293	182	735	$\phi10$	$\phi16$	M24×2	$\phi60$	$\phi95$	3-$\phi18$	20	
KQJZ-32/16	293	182	735	$\phi10$	$\phi16$	M24×2	$\phi60$	$\phi95$	3-$\phi18$	20	
KQJZ-32/25	293	182	735	$\phi10$	$\phi16$	M24×2	$\phi60$	$\phi95$	3-$\phi18$	20	
KQJZ-40/8	293	182	735	$\phi10$	$\phi16$	M24×2	$\phi60$	$\phi95$	3-$\phi18$	20	
KQJZ-40/12.5	293	182	735	$\phi10$	$\phi16$	M24×2	$\phi60$	$\phi95$	3-$\phi18$	20	≈185
KQJZ-40/20	293	182	735	$\phi10$	$\phi16$	M24×2	$\phi60$	$\phi95$	3-$\phi18$	20	
KQJZ-40/25	293	182	735	$\phi10$	$\phi16$	M24×2	$\phi60$	$\phi95$	3-$\phi18$	20	
KQJZ-50/25	293	182	735	$\phi10$	$\phi16$	M24×2	$\phi60$	$\phi95$	3-$\phi18$	20	
KQJZ-50/6.3	293	182	735	$\phi10$	$\phi16$	M24×2	$\phi60$	$\phi95$	3-$\phi18$	20	
KQJZ-50/10	293	182	735	$\phi10$	$\phi16$	M24×2	$\phi60$	$\phi95$	3-$\phi18$	20	
KQJZ-50/16	293	182	735	$\phi10$	$\phi16$	M24×2	$\phi60$	$\phi95$	3-$\phi18$	20	
KQJZ-63/5	293	182	735	$\phi10$	$\phi16$	M24×2	$\phi60$	$\phi95$	3-$\phi18$	20	
KQJZ-63/8	293	182	735	$\phi10$	$\phi16$	M24×2	$\phi60$	$\phi95$	3-$\phi18$	20	
KQJZ-63/12.5	293	182	735	$\phi10$	$\phi16$	M24×2	$\phi60$	$\phi95$	3-$\phi18$	20	
KQJZ-63/16	293	182	735	$\phi10$	$\phi16$	M24×2	$\phi60$	$\phi95$	3-$\phi18$	20	
KQJZ-80/16	293	190	737	$\phi15$	$\phi20$	M24×2	$\phi60$	$\phi95$	3-$\phi18$	20	
KQJZ-80/4	293	190	737	$\phi15$	$\phi20$	M24×2	$\phi60$	$\phi95$	3-$\phi18$	20	≈190
KQJZ-80/6.3	293	190	737	$\phi15$	$\phi20$	M24×2	$\phi60$	$\phi95$	3-$\phi18$	20	

续表

型　号	安装尺寸（mm）										泵重(kg)
	G	H_1 H_2	L	d_1	d_2	d_3	d_4	d_5	d_6	b	
KQJZ-80/10	293	190	737	$\phi15$	$\phi20$	M24×2	$\phi60$	$\phi95$	3-$\phi18$	20	≈190
KQJZ-100/3.2	293	190	737	$\phi15$	$\phi20$	M24×2	$\phi60$	$\phi95$	3-$\phi18$	20	
KQJZ-100/5	293	190	737	$\phi15$	$\phi20$	M24×2	$\phi60$	$\phi95$	3-$\phi18$	20	
KQJZ-100/8	293	190	737	$\phi15$	$\phi20$	M24×2	$\phi60$	$\phi95$	3-$\phi18$	20	
KQJZ-100/10	293	190	737	$\phi15$	$\phi20$	M24×2	$\phi60$	$\phi95$	3-$\phi18$	20	
KQJZ-125/10	293	190	737	$\phi15$	$\phi20$	M24×2	$\phi60$	$\phi95$	3-$\phi18$	20	
KQJZ-125/2.5	293	190	737	$\phi15$	$\phi20$	M24×2	$\phi60$	$\phi95$	3-$\phi18$	20	
KQJZ-125/4	293	190	737	$\phi15$	$\phi20$	M24×2	$\phi60$	$\phi95$	3-$\phi18$	20	
KQJZ-125/6.3	293	190	737	$\phi15$	$\phi20$	M24×2	$\phi60$	$\phi95$	3-$\phi18$	20	
KQJZ-160/2	293	190	737	$\phi15$	$\phi20$	M24×2	$\phi60$	$\phi95$	3-$\phi18$	20	
KQJZ-160/3.2	293	190	737	$\phi15$	$\phi20$	M24×2	$\phi60$	$\phi95$	3-$\phi18$	20	
KQJZ-160/5	293	190	737	$\phi15$	$\phi20$	M24×2	$\phi60$	$\phi95$	3-$\phi18$	20	
KQJZ-160/6.3	293	190	737	$\phi15$	$\phi20$	M24×2	$\phi60$	$\phi95$	3-$\phi18$	20	
KQJZ-200/6.3	293	207	737	$\phi15$	$\phi20$	M24×2	$\phi60$	$\phi95$	3-$\phi18$	20	
KQJZ-200/1.6	293	207	737	$\phi15$	$\phi20$	M24×2	$\phi60$	$\phi95$	3-$\phi18$	20	≈190
KQJZ-200/2.5	293	207	737	$\phi15$	$\phi20$	M24×2	$\phi60$	$\phi95$	3-$\phi18$	20	
KQJZ-200/4	293	207	737	$\phi15$	$\phi20$	M24×2	$\phi60$	$\phi95$	3-$\phi18$	20	
KQJZ-250/1.25	293	207	737	$\phi15$	$\phi20$	M24×2	$\phi60$	$\phi95$	3-$\phi18$	20	
KQJZ-250/2	293	207	737	$\phi15$	$\phi20$	M24×2	$\phi60$	$\phi95$	3-$\phi18$	20	
KQJZ-250/3.2	293	207	737	$\phi15$	$\phi20$	M24×2	$\phi60$	$\phi95$	3-$\phi18$	20	
KQJZ-250/4	293	207	737	$\phi15$	$\phi20$	M24×2	$\phi60$	$\phi95$	3-$\phi18$	20	
KQJZ-320/4	293	212	737	$\phi15$	$\phi20$	M24×2	$\phi60$	$\phi95$	3-$\phi18$	20	
KQJZ-320/1	293	212	737	$\phi15$	$\phi20$	M24×2	$\phi60$	$\phi95$	3-$\phi18$	20	
KQJZ-320/1.6	293	212	737	$\phi15$	$\phi20$	M24×2	$\phi60$	$\phi95$	3-$\phi18$	20	
KQJZ-320/2.5	293	212	737	$\phi15$	$\phi20$	M24×2	$\phi60$	$\phi95$	3-$\phi18$	20	
KQJZ-400/0.8	293	212	737	$\phi15$	$\phi20$	M24×2	$\phi60$	$\phi95$	3-$\phi18$	20	
KQJZ-400/1.25	293	212	737	$\phi15$	$\phi20$	M24×2	$\phi60$	$\phi95$	3-$\phi18$	20	
KQJZ-400/2	293	212	737	$\phi15$	$\phi20$	M24×2	$\phi60$	$\phi95$	3-$\phi18$	20	

型 号	安装尺寸（mm）										泵重（kg）
	G	H_1 H_2	L	d_1	d_2	d_3	d_4	d_5	d_6	b	
KQJZ-400/2.5	293	212	737	$\phi15$	$\phi20$	M24×2	$\phi60$	$\phi95$	3-$\phi18$	20	
KQJZ-500/2.5	293	246	742	$\phi20$	$\phi27$	M33×2	$\phi68$	$\phi105$	3-$\phi18$	20	≈190
KQJZ-500/0.63	293	246	742	$\phi20$	$\phi27$	M33×2	$\phi68$	$\phi105$	3-$\phi18$	20	
KQJZ-500/1	293	246	742	$\phi20$	$\phi27$	M33×2	$\phi68$	$\phi105$	3-$\phi18$	20	
KQJZ-500/1.6	293	246	742	$\phi20$	$\phi27$	M33×2	$\phi68$	$\phi105$	3-$\phi18$	20	
KQJZ-630/0.5	293	246	742	$\phi20$	$\phi27$	M33×2	$\phi68$	$\phi105$	3-$\phi18$	20	
KQJZ-630/0.8	293	246	742	$\phi20$	$\phi27$	M33×2	$\phi68$	$\phi105$	3-$\phi18$	20	
KQJZ-630/1.25	293	246	742	$\phi20$	$\phi27$	M33×2	$\phi68$	$\phi105$	3-$\phi18$	20	
KQJZ-630/1.6	293	246	742	$\phi20$	$\phi27$	M33×2	$\phi68$	$\phi105$	3-$\phi18$	20	
KQJZ-800/1.6	293	264	742	$\phi25$	$\phi31$	M36×2	$\phi70$	$\phi105$	3-$\phi18$	20	
KQJZ-800/0.4	293	264	742	$\phi25$	$\phi31$	M36×2	$\phi70$	$\phi105$	3-$\phi18$	20	
KQJZ-800/0.63	293	264	742	$\phi25$	$\phi31$	M36×2	$\phi70$	$\phi105$	3-$\phi18$	20	
KQJZ-800/1	293	264	742	$\phi25$	$\phi31$	M36×2	$\phi70$	$\phi105$	3-$\phi18$	20	
KQJZ-1000/0.32	293	264	742	$\phi25$	$\phi31$	M36×2	$\phi70$	$\phi105$	3-$\phi18$	20	≈200
KQJZ-1000/0.5	293	264	742	$\phi25$	$\phi31$	M36×2	$\phi70$	$\phi105$	3-$\phi18$	20	
KQJZ-1000/0.8	293	264	742	$\phi25$	$\phi31$	M36×2	$\phi70$	$\phi105$	3-$\phi18$	20	
KQJZ-1000/1	293	264	742	$\phi25$	$\phi31$	M36×2	$\phi70$	$\phi105$	3-$\phi18$	20	
KQJZ-1250/1	302	288	756	$\phi35$	$\phi41$	M45×2	$\phi80$	$\phi115$	3-$\phi18$	20	
KQJZ-1250/0.25	302	288	756	$\phi35$	$\phi41$	M45×2	$\phi80$	$\phi115$	3-$\phi18$	20	
KQJZ-1250/0.4	302	288	756	$\phi35$	$\phi41$	M45×2	$\phi80$	$\phi115$	3-$\phi18$	20	
KQJZ-1250/0.63	302	288	756	$\phi35$	$\phi41$	M45×2	$\phi80$	$\phi115$	3-$\phi18$	20	
KQJZ-1600/0.2	302	288	756	$\phi35$	$\phi41$	M45×2	$\phi80$	$\phi115$	3-$\phi18$	20	
KQJZ-1600/0.32	302	288	756	$\phi35$	$\phi41$	M45×2	$\phi80$	$\phi115$	3-$\phi18$	20	
KQJZ-1600/0.5	302	288	756	$\phi35$	$\phi41$	M45×2	$\phi80$	$\phi115$	3-$\phi18$	20	
KQJZ-1600/0.63	302	288	756	$\phi35$	$\phi41$	M45×2	$\phi80$	$\phi115$	3-$\phi18$	20	
KQJZ-2000/0.63	317	364	782	$\phi40$	$\phi46$	M52×2	$\phi95$	$\phi135$	4-$\phi22$	25	≈210

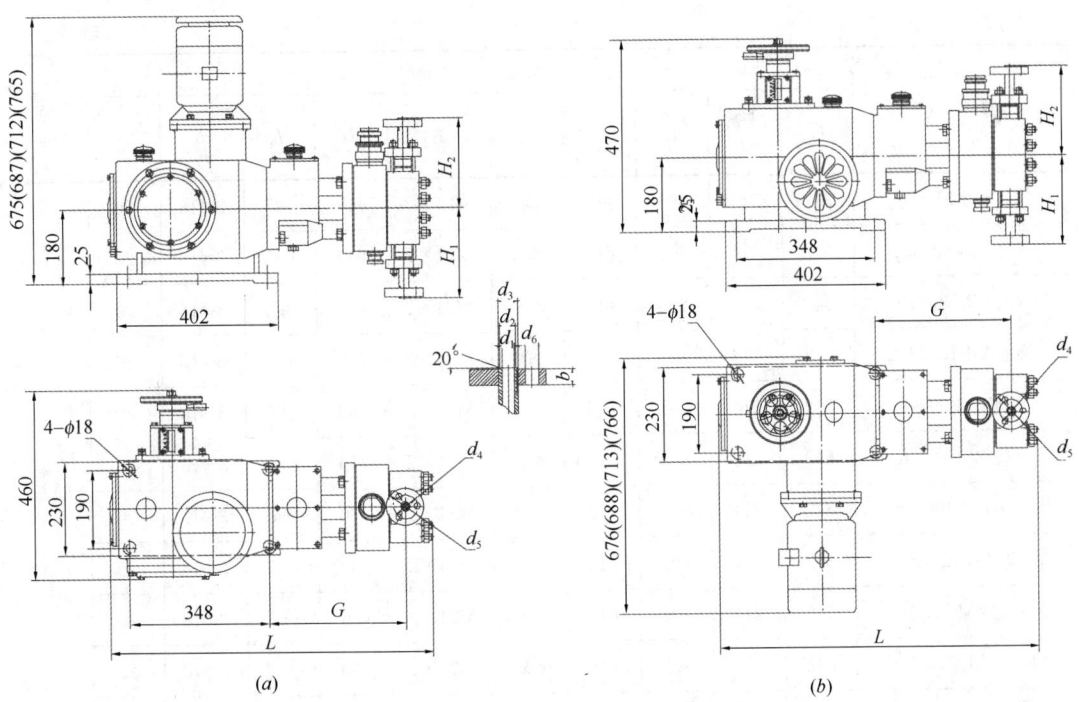

图 1-377　KQJZM 型隔膜计量泵外形及安装尺寸

(*a*) KQJZM 型隔膜立式计量泵；(*b*) KQJZM 型隔膜卧式计量泵

KQJZM 型隔膜计量泵外形及安装尺寸　　　　　　　　　　　　表 1-359

型　　号	安装尺寸（mm）										泵重（kg）
	G	H_1 H_2	L	d_1	d_2	d_3	d_4	d_5	d_6	b	
KQJZM-32/10	342	197	805	$\phi10$	$\phi16$	M24×2	$\phi60$	$\phi95$	3-$\phi18$	20	
KQJZM-32/16	342	197	805	$\phi10$	$\phi16$	M24×2	$\phi60$	$\phi95$	3-$\phi18$	20	
KQJZM-40/8	342	197	805	$\phi10$	$\phi16$	M24×2	$\phi60$	$\phi95$	3-$\phi18$	20	
KQJZM-40/12.5	342	197	805	$\phi10$	$\phi16$	M24×2	$\phi60$	$\phi95$	3-$\phi18$	20	
KQJZM-50/6.3	342	200	805	$\phi10$	$\phi16$	M24×2	$\phi60$	$\phi95$	3-$\phi18$	20	
KQJZM-50/10	342	200	805	$\phi10$	$\phi16$	M24×2	$\phi60$	$\phi95$	3-$\phi18$	20	≈200
KQJZM-50/16	342	200	805	$\phi10$	$\phi16$	M24×2	$\phi60$	$\phi95$	3-$\phi18$	20	
KQJZM-63/5	342	200	805	$\phi10$	$\phi16$	M24×2	$\phi60$	$\phi95$	3-$\phi18$	20	
KQJZM-63/8	342	200	805	$\phi10$	$\phi16$	M24×2	$\phi60$	$\phi95$	3-$\phi18$	20	
KQJZM-63/12.5	342	200	805	$\phi10$	$\phi16$	M24×2	$\phi60$	$\phi95$	3-$\phi18$	20	
KQJZM-63/16	342	200	805	$\phi10$	$\phi16$	M24×2	$\phi60$	$\phi95$	3-$\phi18$	20	

续表

型　号	安装尺寸（mm）										泵重（kg）
	G	H_1 H_2	L	d_1	d_2	d_3	d_4	d_5	d_6	b	
KQJZM-80/4	342	214	805	$\phi15$	$\phi20$	M24×2	$\phi60$	$\phi95$	3-$\phi18$	20	
KQJZM-80/6.3	342	214	805	$\phi15$	$\phi20$	M24×2	$\phi60$	$\phi95$	3-$\phi18$	20	
KQJZM-80/10	342	214	805	$\phi15$	$\phi20$	M24×2	$\phi60$	$\phi95$	3-$\phi18$	20	
KQJZM-100/3.2	342	214	805	$\phi15$	$\phi20$	M24×2	$\phi60$	$\phi95$	3-$\phi18$	20	
KQJZM-100/5	342	214	805	$\phi15$	$\phi20$	M24×2	$\phi60$	$\phi95$	3-$\phi18$	20	
KQJZM-100/8	342	214	805	$\phi15$	$\phi20$	M24×2	$\phi60$	$\phi95$	3-$\phi18$	20	
KQJZM-100/10	342	214	805	$\phi15$	$\phi20$	M24×2	$\phi60$	$\phi95$	3-$\phi18$	20	
KQJZM-125/2.5	342	219	805	$\phi15$	$\phi20$	M24×2	$\phi60$	$\phi95$	3-$\phi18$	20	
KQJZM-125/4	342	219	805	$\phi15$	$\phi20$	M24×2	$\phi60$	$\phi95$	3-$\phi18$	20	
KQJZM-125/6.3	342	219	805	$\phi15$	$\phi20$	M24×2	$\phi60$	$\phi95$	3-$\phi18$	20	
KQJZM-160/2	342	219	805	$\phi15$	$\phi20$	M24×2	$\phi60$	$\phi95$	3-$\phi18$	20	
KQJZM-160/3.2	342	219	805	$\phi15$	$\phi20$	M24×2	$\phi60$	$\phi95$	3-$\phi18$	20	
KQJZM-160/5	342	219	805	$\phi15$	$\phi20$	M24×2	$\phi60$	$\phi95$	3-$\phi18$	20	
KQJZM-160/6.3	342	219	805	$\phi15$	$\phi20$	M24×2	$\phi60$	$\phi95$	3-$\phi18$	20	
KQJZM-200/1.6	342	239	805	$\phi15$	$\phi20$	M24×2	$\phi60$	$\phi95$	3-$\phi18$	20	≈210
KQJZM-200/2.5	342	239	805	$\phi15$	$\phi20$	M24×2	$\phi60$	$\phi95$	3-$\phi18$	20	
KQJZM-200/4	342	239	805	$\phi15$	$\phi20$	M24×2	$\phi60$	$\phi95$	3-$\phi18$	20	
KQJZM-250/1.25	342	239	805	$\phi15$	$\phi20$	M24×2	$\phi60$	$\phi95$	3-$\phi18$	20	
KQJZM-250/2	342	239	805	$\phi15$	$\phi20$	M24×2	$\phi60$	$\phi95$	3-$\phi18$	20	
KQJZM-250/3.2	342	239	805	$\phi15$	$\phi20$	M24×2	$\phi60$	$\phi95$	3-$\phi18$	20	
KQJZM-250/4	342	239	805	$\phi15$	$\phi20$	M24×2	$\phi60$	$\phi95$	3-$\phi18$	20	
KQJZM-320/1	342	245	805	$\phi15$	$\phi20$	M24×2	$\phi60$	$\phi95$	3-$\phi18$	20	
KQJZM-320/1.6	342	245	805	$\phi15$	$\phi20$	M24×2	$\phi60$	$\phi95$	3-$\phi18$	20	
KQJZM-320/2.5	342	245	805	$\phi15$	$\phi20$	M24×2	$\phi60$	$\phi95$	3-$\phi18$	20	
KQJZM-400/0.8	342	245	805	$\phi15$	$\phi20$	M24×2	$\phi60$	$\phi95$	3-$\phi18$	20	
KQJZM-400/1.25	342	245	805	$\phi15$	$\phi20$	M24×2	$\phi60$	$\phi95$	3-$\phi18$	20	
KQJZM-400/2	342	245	805	$\phi15$	$\phi20$	M24×2	$\phi60$	$\phi95$	3-$\phi18$	20	
KQJZM-400/2.5	342	245	805	$\phi15$	$\phi20$	M24×2	$\phi60$	$\phi95$	3-$\phi18$	20	

续表

型 号	安装尺寸（mm）										泵重（kg）
	G	H_1 H_2	L	d_1	d_2	d_3	d_4	d_5	d_6	b	
KQJZM-500/0.63	348	284	815	$\phi20$	$\phi27$	M33×2	$\phi68$	$\phi105$	3-$\phi18$	20	
KQJZM-500/1	348	284	815	$\phi20$	$\phi27$	M33×2	$\phi68$	$\phi105$	3-$\phi18$	20	
KQJZM-500/1.6	348	284	815	$\phi20$	$\phi27$	M33×2	$\phi68$	$\phi105$	3-$\phi18$	20	
KQJZM-630/0.5	348	284	815	$\phi20$	$\phi27$	M33×2	$\phi68$	$\phi105$	3-$\phi18$	20	
KQJZM-630/0.8	348	284	815	$\phi20$	$\phi27$	M33×2	$\phi68$	$\phi105$	3-$\phi18$	20	
KQJZM-630/1.25	348	284	815	$\phi20$	$\phi27$	M33×2	$\phi68$	$\phi105$	3-$\phi18$	20	
KQJZM-630/1.6	348	284	815	$\phi20$	$\phi27$	M33×2	$\phi68$	$\phi105$	3-$\phi18$	20	
KQJZM-800/0.4	356	302	820	$\phi25$	$\phi31$	M36×2	$\phi70$	$\phi105$	3-$\phi18$	20	
KQJZM-800/0.63	356	302	820	$\phi25$	$\phi31$	M36×2	$\phi70$	$\phi105$	3-$\phi18$	20	
KQJZM-800/1	356	302	820	$\phi25$	$\phi31$	M36×2	$\phi70$	$\phi105$	3-$\phi18$	20	
KQJZM-1000/0.32	356	302	820	$\phi25$	$\phi31$	M36×2	$\phi70$	$\phi105$	3-$\phi18$	20	≈230
KQJZM-1000/0.5	356	302	820	$\phi25$	$\phi31$	M36×2	$\phi70$	$\phi105$	3-$\phi18$	20	
KQJZM-1000/0.8	356	302	820	$\phi25$	$\phi31$	M36×2	$\phi70$	$\phi105$	3-$\phi18$	20	
KQJZM-1000/1	356	302	820	$\phi25$	$\phi31$	M36×2	$\phi70$	$\phi105$	3-$\phi18$	20	
KQJZM-1250/0.25	356	331	820	$\phi35$	$\phi41$	M45×2	$\phi80$	$\phi115$	3-$\phi18$	22	
KQJZM-1250/0.4	356	331	820	$\phi35$	$\phi41$	M45×2	$\phi80$	$\phi115$	3-$\phi18$	22	
KQJZM-1250/0.63	356	331	820	$\phi35$	$\phi41$	M45×2	$\phi80$	$\phi115$	3-$\phi18$	22	
KQJZM-1600/0.2	356	331	820	$\phi35$	$\phi41$	M45×2	$\phi80$	$\phi115$	3-$\phi18$	22	
KQJZM-1600/0.32	356	331	820	$\phi35$	$\phi41$	M45×2	$\phi80$	$\phi115$	3-$\phi18$	22	
KQJZM-1600/0.5	356	331	820	$\phi35$	$\phi41$	M45×2	$\phi80$	$\phi115$	3-$\phi18$	22	
KQJZM-1600/0.63	356	331	820	$\phi35$	$\phi41$	M45×2	$\phi80$	$\phi115$	3-$\phi18$	22	

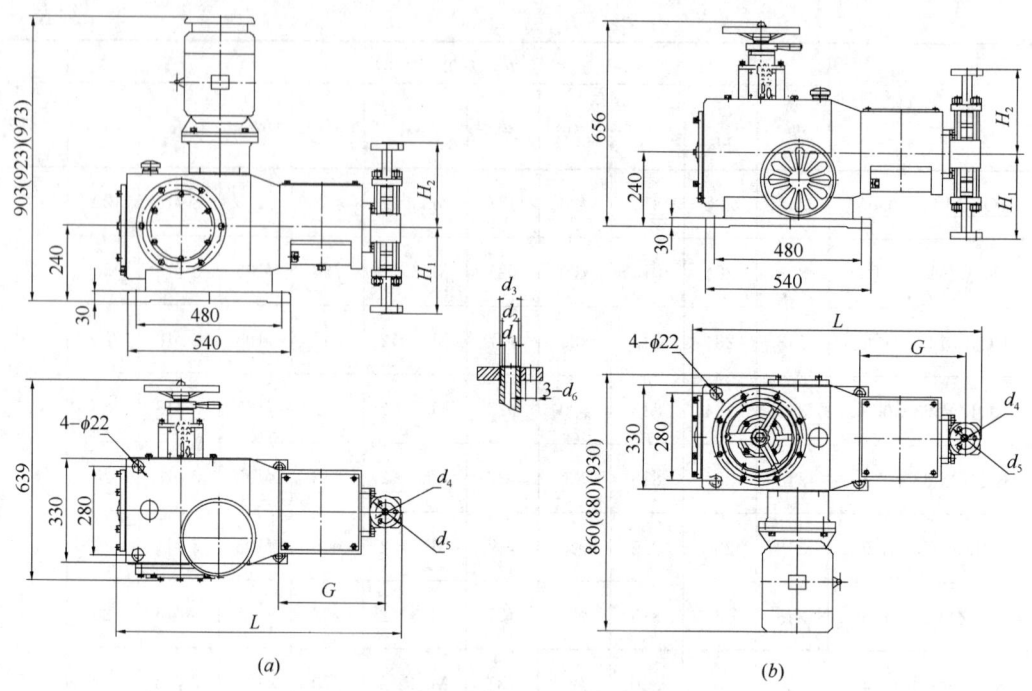

图 1-378 KQJD 型柱塞计量泵外形及安装尺寸

（a）KQJD 型柱塞立式计量泵；（b）KQJD 型柱塞卧式计量泵

KQJD 型柱塞计量泵外形及安装尺寸　　　　　　　　　　表 1-360

型　　号	安装尺寸（mm）										泵重（kg）
	G	H_1 H_2	L	d_1	d_2	d_3	d_4	d_5	d_6	b	
KQJD-32/40	346	208	938	$\phi10$	$\phi16$	M24×2	$\phi60$	$\phi95$	3-$\phi18$	20	
KQJD-32/50	346	208	938	$\phi10$	$\phi16$	M24×2	$\phi60$	$\phi95$	3-$\phi18$	20	
KQJD-40/32	346	208	938	$\phi10$	$\phi16$	M24×2	$\phi60$	$\phi95$	3-$\phi18$	20	
KQJD-40/50	346	208	938	$\phi10$	$\phi16$	M24×2	$\phi60$	$\phi95$	3-$\phi18$	20	
KQJD-50/25	342	213	937	$\phi10$	$\phi16$	M24×2	$\phi60$	$\phi95$	3-$\phi18$	20	
KQJD-50/32	342	213	937	$\phi10$	$\phi16$	M24×2	$\phi60$	$\phi95$	3-$\phi18$	20	≈390
KQJD-50/50	342	213	937	$\phi10$	$\phi16$	M24×2	$\phi60$	$\phi95$	3-$\phi18$	20	
KQJD-63/20	342	213	937	$\phi10$	$\phi16$	M24×2	$\phi60$	$\phi95$	3-$\phi18$	20	
KQJD-63/25	342	213	937	$\phi10$	$\phi16$	M24×2	$\phi60$	$\phi95$	3-$\phi18$	20	
KQJD-63/40	342	213	937	$\phi10$	$\phi16$	M24×2	$\phi60$	$\phi95$	3-$\phi18$	20	
KQJD-63/50	342	213	937	$\phi10$	$\phi16$	M24×2	$\phi60$	$\phi95$	3-$\phi18$	20	

续表

型 号	安装尺寸（mm）										泵重（kg）
	G	H_1 H_2	L	d_1	d_2	d_3	d_4	d_5	d_6	b	
KQJD-80/16	345	221	940	$\phi15$	$\phi21$	M24×2	$\phi60$	$\phi95$	3-$\phi18$	20	
KQJD-80/20	345	221	940	$\phi15$	$\phi21$	M24×2	$\phi60$	$\phi95$	3-$\phi18$	20	
KQJD-80/32	345	221	940	$\phi15$	$\phi21$	M24×2	$\phi60$	$\phi95$	3-$\phi18$	20	
KQJD-80/40	345	221	940	$\phi15$	$\phi21$	M24×2	$\phi60$	$\phi95$	3-$\phi18$	20	
KQJD-100/12.5	345	221	940	$\phi15$	$\phi21$	M24×2	$\phi60$	$\phi95$	3-$\phi18$	20	
KQJD-100/16	345	221	940	$\phi15$	$\phi21$	M24×2	$\phi60$	$\phi95$	3-$\phi18$	20	
KQJD-100/25	345	221	940	$\phi15$	$\phi21$	M24×2	$\phi60$	$\phi95$	3-$\phi18$	20	
KQJD-100/32	345	221	940	$\phi15$	$\phi21$	M24×2	$\phi60$	$\phi95$	3-$\phi18$	20	
KQJD-125/32	342	221	937	$\phi15$	$\phi21$	M24×2	$\phi60$	$\phi95$	3-$\phi18$	20	
KQJD-160/25	342	221	937	$\phi15$	$\phi21$	M24×2	$\phi60$	$\phi95$	3-$\phi18$	20	
KQJD-125/10	342	221	937	$\phi15$	$\phi21$	M24×2	$\phi60$	$\phi95$	3-$\phi18$	20	
KQJD-125/12.5	342	221	937	$\phi15$	$\phi21$	M24×2	$\phi60$	$\phi95$	3-$\phi18$	20	
KQJD-125/20	342	221	937	$\phi15$	$\phi21$	M24×2	$\phi60$	$\phi95$	3-$\phi18$	20	
KQJD-125/25	342	221	937	$\phi15$	$\phi21$	M24×2	$\phi60$	$\phi95$	3-$\phi18$	20	≈390
KQJD-160/8	342	221	937	$\phi15$	$\phi21$	M24×2	$\phi60$	$\phi95$	3-$\phi18$	20	
KQJD-160/10	342	221	937	$\phi15$	$\phi21$	M24×2	$\phi60$	$\phi95$	3-$\phi18$	20	
KQJD-160/16	342	221	937	$\phi15$	$\phi21$	M24×2	$\phi60$	$\phi95$	3-$\phi18$	20	
KQJD-160/20	342	221	937	$\phi15$	$\phi21$	M24×2	$\phi60$	$\phi95$	3-$\phi18$	20	
KQJD-200/20	345	237	940	$\phi15$	$\phi21$	M24×2	$\phi60$	$\phi95$	3-$\phi18$	20	
KQJD-250/16	345	237	940	$\phi15$	$\phi21$	M24×2	$\phi60$	$\phi95$	3-$\phi18$	20	
KQJD-200/6.3	345	237	940	$\phi15$	$\phi21$	M24×2	$\phi60$	$\phi95$	3-$\phi18$	20	
KQJD-200/8	345	237	940	$\phi15$	$\phi21$	M24×2	$\phi60$	$\phi95$	3-$\phi18$	20	
KQJD-200/12.5	345	237	940	$\phi15$	$\phi21$	M24×2	$\phi60$	$\phi95$	3-$\phi18$	20	
KQJD-200/16	345	237	940	$\phi15$	$\phi21$	M24×2	$\phi60$	$\phi95$	3-$\phi18$	20	
KQJD-250/5	345	237	940	$\phi15$	$\phi21$	M24×2	$\phi60$	$\phi95$	3-$\phi18$	20	
KQJD-250/6.3	345	237	940	$\phi15$	$\phi21$	M24×2	$\phi60$	$\phi95$	3-$\phi18$	20	
KQJD-250/10	345	237	940	$\phi15$	$\phi21$	M24×2	$\phi60$	$\phi95$	3-$\phi18$	20	
KQJD-250/12.5	345	237	940	$\phi15$	$\phi21$	M24×2	$\phi60$	$\phi95$	3-$\phi18$	20	

续表

型　　号	安装尺寸（mm）										泵重（kg）
	G	H_1 H_2	L	d_1	d_2	d_3	d_4	d_5	d_6	b	
KQJD-320/12.5	342	242	937	$\phi15$	$\phi21$	M24×2	$\phi60$	$\phi95$	3-$\phi18$	20	
KQJD-400/10	342	242	937	$\phi15$	$\phi21$	M24×2	$\phi60$	$\phi95$	3-$\phi18$	20	
KQJD-320/4	342	242	937	$\phi15$	$\phi21$	M24×2	$\phi60$	$\phi95$	3-$\phi18$	20	
KQJD-320/5	342	242	937	$\phi15$	$\phi21$	M24×2	$\phi60$	$\phi95$	3-$\phi18$	20	
KQJD-320/8	342	242	937	$\phi15$	$\phi21$	M24×2	$\phi60$	$\phi95$	3-$\phi18$	20	
KQJD-320/10	342	242	937	$\phi15$	$\phi21$	M24×2	$\phi60$	$\phi95$	3-$\phi18$	20	
KQJD-400/3.2	342	242	937	$\phi15$	$\phi21$	M24×2	$\phi60$	$\phi95$	3-$\phi18$	20	
KQJD-400/4	342	242	937	$\phi15$	$\phi21$	M24×2	$\phi60$	$\phi95$	3-$\phi18$	20	
KQJD-400/6.3	342	242	937	$\phi15$	$\phi21$	M24×2	$\phi60$	$\phi95$	3-$\phi18$	20	
KQJD-400/8	342	242	937	$\phi15$	$\phi21$	M24×2	$\phi60$	$\phi95$	3-$\phi18$	20	
KQJD-500/8	345	272	945	$\phi20$	$\phi27$	M33×2	$\phi68$	$\phi105$	3-$\phi18$	20	
KQJD-630/6.3	345	272	945	$\phi20$	$\phi27$	M33×2	$\phi68$	$\phi105$	3-$\phi18$	20	
KQJD-500/2.5	345	272	945	$\phi20$	$\phi27$	M33×2	$\phi68$	$\phi105$	3-$\phi18$	20	
KQJD-500/3.2	345	272	945	$\phi20$	$\phi27$	M33×2	$\phi68$	$\phi105$	3-$\phi18$	20	
KQJD-500/5	345	272	945	$\phi20$	$\phi27$	M33×2	$\phi68$	$\phi105$	3-$\phi18$	20	
KQJD-500/6.3	345	272	945	$\phi20$	$\phi27$	M33×2	$\phi68$	$\phi105$	3-$\phi18$	20	≈410
KQJD-630/2	345	272	945	$\phi20$	$\phi27$	M33×2	$\phi68$	$\phi105$	3-$\phi18$	20	
KQJD-630/2.5	345	272	945	$\phi20$	$\phi27$	M33×2	$\phi68$	$\phi105$	3-$\phi18$	20	
KQJD-630/4	345	272	945	$\phi20$	$\phi27$	M33×2	$\phi68$	$\phi105$	3-$\phi18$	20	
KQJD-630/5	345	272	945	$\phi20$	$\phi27$	M33×2	$\phi68$	$\phi105$	3-$\phi18$	20	
KQJD-800/5	342	284	942	$\phi25$	$\phi31$	M36×2	$\phi70$	$\phi105$	3-$\phi18$	20	
KQJD-1000/4	342	284	942	$\phi25$	$\phi31$	M36×2	$\phi70$	$\phi105$	3-$\phi18$	20	
KQJD-800/1.6	342	284	942	$\phi25$	$\phi31$	M36×2	$\phi70$	$\phi105$	3-$\phi18$	20	
KQJD-800/2	342	284	942	$\phi25$	$\phi31$	M36×2	$\phi70$	$\phi105$	3-$\phi18$	20	
KQJD-800/3.2	342	284	942	$\phi25$	$\phi31$	M36×2	$\phi70$	$\phi105$	3-$\phi18$	20	
KQJD-800/4	342	284	942	$\phi25$	$\phi31$	M36×2	$\phi70$	$\phi105$	3-$\phi18$	20	
KQJD-1000/1.25	342	284	942	$\phi25$	$\phi31$	M36×2	$\phi70$	$\phi105$	3-$\phi18$	20	
KQJD-1000/1.6	342	284	942	$\phi25$	$\phi31$	M36×2	$\phi70$	$\phi105$	3-$\phi18$	20	
KQJD-1000/2.5	342	284	942	$\phi25$	$\phi31$	M36×2	$\phi70$	$\phi105$	3-$\phi18$	20	
KQJD-1000/3.2	342	284	942	$\phi25$	$\phi31$	M36×2	$\phi70$	$\phi105$	3-$\phi18$	20	

型　号	安装尺寸（mm）										泵重（kg）
	G	H_1 H_2	L	d_1	d_2	d_3	d_4	d_5	d_6	b	
KQJD-1250/3.2	352	286	957	$\phi35$	$\phi41$	M45×2	$\phi80$	$\phi115$	3-$\phi18$	20	
KQJD-1600/2.5	352	286	957	$\phi35$	$\phi41$	M45×2	$\phi80$	$\phi115$	3-$\phi18$	20	
KQJD-1250/1	352	286	957	$\phi35$	$\phi41$	M45×2	$\phi80$	$\phi115$	3-$\phi18$	20	
KQJD-1250/1.25	352	286	957	$\phi35$	$\phi41$	M45×2	$\phi80$	$\phi115$	3-$\phi18$	20	
KQJD-1250/2	352	286	957	$\phi35$	$\phi41$	M45×2	$\phi80$	$\phi115$	3-$\phi18$	20	≈410
KQJD-1250/2.5	352	286	957	$\phi35$	$\phi41$	M45×2	$\phi80$	$\phi115$	3-$\phi18$	20	
KQJD-1600/0.8	352	286	957	$\phi35$	$\phi41$	M45×2	$\phi80$	$\phi115$	3-$\phi18$	20	
KQJD-1600/1	352	286	957	$\phi35$	$\phi41$	M45×2	$\phi80$	$\phi115$	3-$\phi18$	20	
KQJD-1600/1.6	352	286	957	$\phi35$	$\phi41$	M45×2	$\phi80$	$\phi115$	3-$\phi18$	20	
KQJD-1600/2	352	286	957	$\phi35$	$\phi41$	M45×2	$\phi80$	$\phi115$	3-$\phi18$	20	
KQJD-2000/2	366	363	978	$\phi40$	$\phi46$	M52×2	$\phi95$	$\phi135$	4-$\phi22$	25	
KQJD-2500/1.6	366	363	978	$\phi40$	$\phi46$	M52×2	$\phi95$	$\phi135$	4-$\phi22$	25	
KQJD-2000/0.63	366	363	978	$\phi40$	$\phi46$	M52×2	$\phi95$	$\phi135$	4-$\phi22$	25	
KQJD-2000/0.8	366	363	978	$\phi40$	$\phi46$	M52×2	$\phi95$	$\phi135$	4-$\phi22$	25	
KQJD-2000/1.25	366	363	978	$\phi40$	$\phi46$	M52×2	$\phi95$	$\phi135$	4-$\phi22$	25	
KQJD-2000/1.6	366	363	978	$\phi40$	$\phi46$	M52×2	$\phi95$	$\phi135$	4-$\phi22$	25	
KQJD-2500/0.5	366	363	978	$\phi40$	$\phi46$	M52×2	$\phi95$	$\phi135$	4-$\phi22$	25	
KQJD-2500/0.63	366	363	978	$\phi40$	$\phi46$	M52×2	$\phi95$	$\phi135$	4-$\phi22$	25	
KQJD-2500/1	366	363	978	$\phi40$	$\phi46$	M52×2	$\phi95$	$\phi135$	4-$\phi22$	25	
KQJD-2500/1.25	366	363	978	$\phi40$	$\phi46$	M52×2	$\phi95$	$\phi135$	4-$\phi22$	25	
KQJD-3200/1.25	412	456	985	$\phi50$	$\phi58$	M64×3	$\phi115$	$\phi165$	3-$\phi26$	32	
KQJD-4000/1	412	456	985	$\phi50$	$\phi58$	M64×3	$\phi115$	$\phi165$	3-$\phi26$	32	≈450
KQJD-3200/0.4	412	456	985	$\phi50$	$\phi58$	M64×3	$\phi115$	$\phi165$	3-$\phi26$	32	
KQJD-3200/0.5	412	456	985	$\phi50$	$\phi58$	M64×3	$\phi115$	$\phi165$	3-$\phi26$	32	
KQJD-3200/0.8	412	456	985	$\phi50$	$\phi58$	M64×3	$\phi115$	$\phi165$	3-$\phi26$	32	
KQJD-3200/1	412	456	985	$\phi50$	$\phi58$	M64×3	$\phi115$	$\phi165$	3-$\phi26$	32	
KQJD-4000/0.32	412	456	985	$\phi50$	$\phi58$	M64×3	$\phi115$	$\phi165$	3-$\phi26$	32	
KQJD-4000/0.4	412	456	985	$\phi50$	$\phi58$	M64×3	$\phi115$	$\phi165$	3-$\phi26$	32	
KQJD-4000/0.63	412	456	985	$\phi50$	$\phi58$	M64×3	$\phi115$	$\phi165$	3-$\phi26$	32	
KQJD-4000/0.8	412	456	985	$\phi50$	$\phi58$	M64×3	$\phi115$	$\phi165$	3-$\phi26$	32	
KQJD-5000/0.8	425	523	1068	$\phi80$	$\phi87$	M100×3	$\phi170$	$\phi125$	3-$\phi26$	32	
KQJD-6300/0.63	425	523	1068	$\phi80$	$\phi87$	M100×3	$\phi170$	$\phi125$	3-$\phi26$	32	

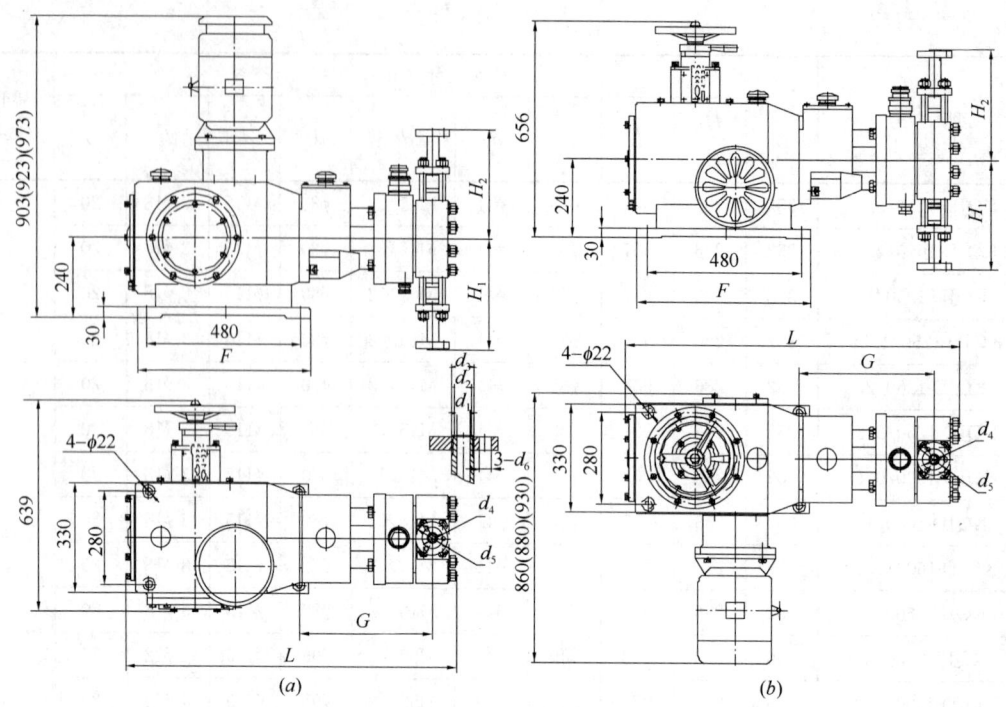

图 1-379 KQJDM 型隔膜计量泵外形及安装尺寸

(a) KQJDM 型隔膜立式计量泵；(b) KQJDM 型隔膜卧式计量泵

KQJDM 型隔膜计量泵外形及安装尺寸　　　　　　表 1-361

型　　号	安装尺寸（mm）										泵重（kg）
	G	H_1 H_2	L	d_1	d_2	d_3	d_4	d_5	d_6	b	
KQJDM-80/16	400	246	1019	$\phi15$	$\phi21$	M24×2	$\phi60$	$\phi95$	3-$\phi18$	20	
KQJDM-100/12.5	400	246	1019	$\phi15$	$\phi21$	M24×2	$\phi60$	$\phi95$	3-$\phi18$	20	
KQJDM-100/16	400	246	1019	$\phi15$	$\phi21$	M24×2	$\phi60$	$\phi95$	3-$\phi18$	20	
KQJDM-125/10	402	249	1024	$\phi15$	$\phi21$	M24×2	$\phi60$	$\phi95$	3-$\phi18$	20	
KQJDM-125/12.5	402	249	1024	$\phi15$	$\phi21$	M24×2	$\phi60$	$\phi95$	3-$\phi18$	20	≈420
KQJDM-160/8	402	249	1024	$\phi15$	$\phi21$	M24×2	$\phi60$	$\phi95$	3-$\phi18$	20	
KQJDM-160/10	402	249	1024	$\phi15$	$\phi21$	M24×2	$\phi60$	$\phi95$	3-$\phi18$	20	
KQJDM-160/16	402	249	1024	$\phi15$	$\phi21$	M24×2	$\phi60$	$\phi95$	3-$\phi18$	20	
KQJDM-200/6.3	402	269	1024	$\phi15$	$\phi21$	M24×2	$\phi60$	$\phi95$	3-$\phi18$	20	
KQJDM-200/8	402	269	1024	$\phi15$	$\phi21$	M24×2	$\phi60$	$\phi95$	3-$\phi18$	20	

型 号	安装尺寸（mm）										泵重（kg）
	G	H_1 H_2	L	d_1	d_2	d_3	d_4	d_5	d_6	b	
KQJDM-200/12.5	402	269	1024	$\phi15$	$\phi21$	M24×2	$\phi60$	$\phi95$	3-$\phi18$	20	
KQJDM-200/16	402	269	1024	$\phi15$	$\phi21$	M24×2	$\phi60$	$\phi95$	3-$\phi18$	20	
KQJDM-250/5	402	269	1024	$\phi15$	$\phi21$	M24×2	$\phi60$	$\phi95$	3-$\phi18$	20	≈420
KQJDM-250/6.3	402	269	1024	$\phi15$	$\phi21$	M24×2	$\phi60$	$\phi95$	3-$\phi18$	20	
KQJDM-250/10	402	269	1024	$\phi15$	$\phi21$	M24×2	$\phi60$	$\phi95$	3-$\phi18$	20	
KQJDM-250/12.5	402	269	1024	$\phi15$	$\phi21$	M24×2	$\phi60$	$\phi95$	3-$\phi18$	20	
KQJDM-320/4	402	276	1024	$\phi15$	$\phi21$	M24×2	$\phi60$	$\phi95$	3-$\phi18$	20	
KQJDM-320/5	402	276	1024	$\phi15$	$\phi21$	M24×2	$\phi60$	$\phi95$	3-$\phi18$	20	
KQJDM-320/8	402	276	1024	$\phi15$	$\phi21$	M24×2	$\phi60$	$\phi95$	3-$\phi18$	20	
KQJDM-320/10	402	276	1024	$\phi15$	$\phi21$	M24×2	$\phi60$	$\phi95$	3-$\phi18$	20	
KQJDM-400/3.2	402	276	1024	$\phi15$	$\phi21$	M24×2	$\phi60$	$\phi95$	3-$\phi18$	20	
KQJDM-400/4	402	276	1024	$\phi15$	$\phi21$	M24×2	$\phi60$	$\phi95$	3-$\phi18$	20	
KQJDM-400/6.3	402	276	1024	$\phi15$	$\phi21$	M24×2	$\phi60$	$\phi95$	3-$\phi18$	20	
KQJDM-400/8	402	276	1024	$\phi15$	$\phi21$	M24×2	$\phi60$	$\phi95$	3-$\phi18$	20	
KQJDM-500/2.5	407	314	1034	$\phi20$	$\phi27$	M33×2	$\phi68$	$\phi105$	3-$\phi18$	20	
KQJDM-500/3.2	407	314	1034	$\phi20$	$\phi27$	M33×2	$\phi68$	$\phi105$	3-$\phi18$	20	
KQJDM-500/5	407	314	1034	$\phi20$	$\phi27$	M33×2	$\phi68$	$\phi105$	3-$\phi18$	20	≈430
KQJDM-500/6.3	407	314	1034	$\phi20$	$\phi27$	M33×2	$\phi68$	$\phi105$	3-$\phi18$	20	
KQJDM-630/2	407	314	1034	$\phi20$	$\phi27$	M33×2	$\phi68$	$\phi105$	3-$\phi18$	20	
KQJDM-630/2.5	407	314	1034	$\phi20$	$\phi27$	M33×2	$\phi68$	$\phi105$	3-$\phi18$	20	
KQJDM-630/4	407	314	1034	$\phi20$	$\phi27$	M33×2	$\phi68$	$\phi105$	3-$\phi18$	20	
KQJDM-630/5	407	314	1034	$\phi20$	$\phi27$	M33×2	$\phi68$	$\phi105$	3-$\phi18$	20	
KQJDM-800/1.6	414	333	1037	$\phi25$	$\phi31$	M36×2	$\phi70$	$\phi105$	3-$\phi18$	20	
KQJDM-800/2	414	333	1037	$\phi25$	$\phi31$	M36×2	$\phi70$	$\phi105$	3-$\phi18$	20	
KQJDM-800/3.2	414	333	1037	$\phi25$	$\phi31$	M36×2	$\phi70$	$\phi105$	3-$\phi18$	20	
KQJDM-800/4	414	333	1037	$\phi25$	$\phi31$	M36×2	$\phi70$	$\phi105$	3-$\phi18$	20	
KQJDM-1000/1.25	414	333	1037	$\phi25$	$\phi31$	M36×2	$\phi70$	$\phi105$	3-$\phi18$	20	

续表

型　号	安装尺寸（mm）										泵重（kg）
	G	H_1 H_2	L	d_1	d_2	d_3	d_4	d_5	d_6	b	
KQJDM-1000/1.6	414	333	1037	$\phi25$	$\phi31$	M36×2	$\phi70$	$\phi105$	3-$\phi18$	20	
KQJDM-1000/2.5	414	333	1037	$\phi25$	$\phi31$	M36×2	$\phi70$	$\phi105$	3-$\phi18$	20	
KQJDM-1000/3.2	414	333	1037	$\phi25$	$\phi31$	M36×2	$\phi70$	$\phi105$	3-$\phi18$	20	
KQJDM-1250/1	449	361	1073	$\phi35$	$\phi41$	M45×2	$\phi80$	$\phi115$	3-$\phi18$	20	
KQJDM-1250/1.25	449	361	1073	$\phi35$	$\phi41$	M45×2	$\phi80$	$\phi115$	3-$\phi18$	20	
KQJDM-1250/2	449	361	1073	$\phi35$	$\phi41$	M45×2	$\phi80$	$\phi115$	3-$\phi18$	20	≈430
KQJDM-1250/2.5	449	361	1073	$\phi35$	$\phi41$	M45×2	$\phi80$	$\phi115$	3-$\phi18$	20	
KQJDM-1600/0.8	449	361	1073	$\phi35$	$\phi41$	M45×2	$\phi80$	$\phi115$	3-$\phi18$	20	
KQJDM-1600/1	449	361	1073	$\phi35$	$\phi41$	M45×2	$\phi80$	$\phi115$	3-$\phi18$	20	
KQJDM-1600/1.6	449	361	1073	$\phi35$	$\phi41$	M45×2	$\phi80$	$\phi115$	3-$\phi18$	20	
KQJDM-1600/2	449	361	1073	$\phi35$	$\phi41$	M45×2	$\phi80$	$\phi115$	3-$\phi18$	20	
KQJDM-2000/0.63	466	415	1104	$\phi40$	$\phi46$	M52×2	$\phi95$	$\phi135$	4-$\phi22$	25	
KQJDM-2000/0.8	466	415	1104	$\phi40$	$\phi46$	M52×2	$\phi95$	$\phi135$	4-$\phi22$	25	
KQJDM-2000/1.25	466	415	1104	$\phi40$	$\phi46$	M52×2	$\phi95$	$\phi135$	4-$\phi22$	25	
KQJDM-2000/1.6	466	415	1104	$\phi40$	$\phi46$	M52×2	$\phi95$	$\phi135$	4-$\phi22$	25	
KQJDM-2500/0.5	466	415	1104	$\phi40$	$\phi46$	M52×2	$\phi95$	$\phi135$	4-$\phi22$	25	
KQJDM-2500/0.63	466	415	1104	$\phi40$	$\phi46$	M52×2	$\phi95$	$\phi135$	4-$\phi22$	25	
KQJDM-2500/1	466	415	1104	$\phi40$	$\phi46$	M52×2	$\phi95$	$\phi135$	4-$\phi22$	25	
KQJDM-2500/1.25	466	415	1104	$\phi40$	$\phi46$	M52×2	$\phi95$	$\phi135$	4-$\phi22$	25	≈470
KQJDM-3200/0.4	498	521	1158	$\phi50$	$\phi58$	M64×3	$\phi115$	$\phi165$	3-$\phi26$	32	
KQJDM-3200/0.5	498	521	1158	$\phi50$	$\phi58$	M64×3	$\phi115$	$\phi165$	3-$\phi26$	32	
KQJDM-3200/0.8	498	521	1158	$\phi50$	$\phi58$	M64×3	$\phi115$	$\phi165$	3-$\phi26$	32	
KQJDM-3200/1	498	521	1158	$\phi50$	$\phi58$	M64×3	$\phi115$	$\phi165$	3-$\phi26$	32	
KQJDM-4000/0.32	498	521	1158	$\phi50$	$\phi58$	M64×3	$\phi115$	$\phi165$	3-$\phi26$	32	
KQJDM-4000/0.4	498	521	1158	$\phi50$	$\phi58$	M64×3	$\phi115$	$\phi165$	3-$\phi26$	32	
KQJDM-4000/0.63	498	521	1158	$\phi50$	$\phi58$	M64×3	$\phi115$	$\phi165$	3-$\phi26$	32	
KQJDM-4000/0.8	498	521	1158	$\phi50$	$\phi58$	M64×3	$\phi115$	$\phi165$	3-$\phi26$	32	

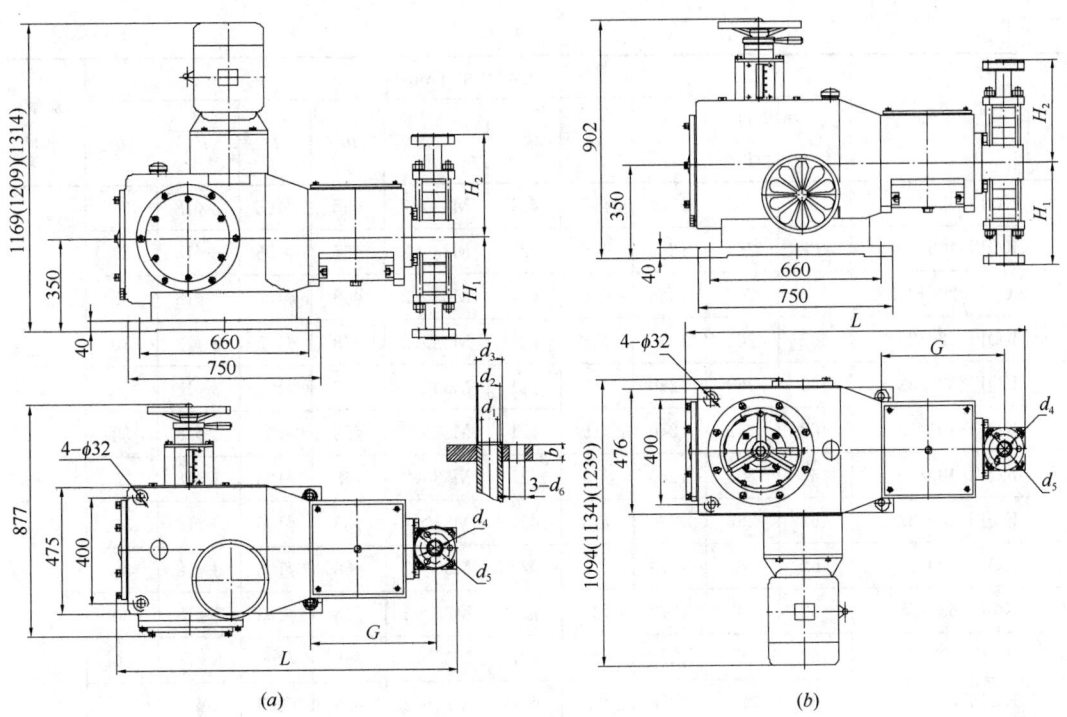

图 1-380　KQJT 型柱塞计量泵外形及安装尺寸
(a) KQJT 型柱塞立式计量泵；(b) KQJT 型柱塞卧式计量泵

KQJT 型柱塞计量泵外形及安装尺寸　　　　　　　　　表 1-362

型　号	安装尺寸（mm）										泵重 (kg)
	G	H_1 H_2	L	d_1	d_2	d_3	d_4	d_5	d_6	b	
KQJT-80/50	462	248	1273	$\phi15$	$\phi21$	M33×2	$\phi68$	$\phi105$	3-$\phi18$	30	
KQJT-100/40	462	248	1273	$\phi15$	$\phi21$	M33×2	$\phi68$	$\phi105$	3-$\phi18$	30	
KQJT-100/50	462	248	1273	$\phi15$	$\phi21$	M33×2	$\phi68$	$\phi105$	3-$\phi18$	30	
KQJT-125/32	462	246	1275	$\phi15$	$\phi21$	M33×2	$\phi68$	$\phi105$	3-$\phi18$	30	
KQJT-125/50	462	246	1275	$\phi15$	$\phi21$	M33×2	$\phi68$	$\phi105$	3-$\phi18$	30	
KQJT-160/25	462	246	1275	$\phi15$	$\phi21$	M33×2	$\phi68$	$\phi105$	3-$\phi18$	30	
KQJT-160/50	462	246	1275	$\phi15$	$\phi21$	M33×2	$\phi68$	$\phi105$	3-$\phi18$	30	≈890
KQJT-200/20	462	265	1273	$\phi15$	$\phi21$	M33×2	$\phi68$	$\phi105$	3-$\phi18$	30	
KQJT-200/40	462	265	1273	$\phi15$	$\phi21$	M33×2	$\phi68$	$\phi105$	3-$\phi18$	30	
KQJT-200/50	462	265	1273	$\phi15$	$\phi21$	M33×2	$\phi68$	$\phi105$	3-$\phi18$	30	
KQJT-250/16	462	265	1273	$\phi15$	$\phi21$	M33×2	$\phi68$	$\phi105$	3-$\phi18$	30	
KQJT-250/32	462	265	1273	$\phi15$	$\phi21$	M33×2	$\phi68$	$\phi105$	3-$\phi18$	30	
KQJT-250/50	462	265	1273	$\phi15$	$\phi21$	M33×2	$\phi68$	$\phi105$	3-$\phi18$	30	

续表

型　　号	安装尺寸（mm）										泵重 (kg)
	G	H_1 H_2	L	d_1	d_2	d_3	d_4	d_5	d_6	b	
KQJT-320/50	462	263	1280	$\phi15$	$\phi21$	M33×2	$\phi68$	$\phi105$	3-$\phi18$	30	
KQJT-400/40	462	263	1280	$\phi15$	$\phi21$	M33×2	$\phi68$	$\phi105$	3-$\phi18$	30	
KQJT-320/12.5	462	263	1280	$\phi15$	$\phi21$	M33×2	$\phi68$	$\phi105$	3-$\phi18$	30	
KQJT-320/25	462	263	1280	$\phi15$	$\phi21$	M33×2	$\phi68$	$\phi105$	3-$\phi18$	30	
KQJT-320/32	462	263	1280	$\phi15$	$\phi21$	M33×2	$\phi68$	$\phi105$	3-$\phi18$	30	
KQJT-400/10	462	263	1280	$\phi15$	$\phi21$	M33×2	$\phi68$	$\phi105$	3-$\phi18$	30	
KQJT-400/20	462	263	1280	$\phi15$	$\phi21$	M33×2	$\phi68$	$\phi105$	3-$\phi18$	30	
KQJT-400/32	462	263	1280	$\phi15$	$\phi21$	M33×2	$\phi68$	$\phi105$	3-$\phi18$	30	
KQJT-500/32	462	287	1278	$\phi20$	$\phi27$	M33×2	$\phi68$	$\phi105$	3-$\phi18$	30	
KQJT-630/25	462	287	1278	$\phi20$	$\phi27$	M33×2	$\phi68$	$\phi105$	3-$\phi18$	30	
KQJT-500/5	462	287	1278	$\phi20$	$\phi27$	M33×2	$\phi68$	$\phi105$	3-$\phi18$	30	
KQJT-500/16	462	287	1278	$\phi20$	$\phi27$	M33×2	$\phi68$	$\phi105$	3-$\phi18$	30	
KQJT-500/20	462	287	1278	$\phi20$	$\phi27$	M33×2	$\phi68$	$\phi105$	3-$\phi18$	30	≈910
KQJT-630/6.3	462	287	1278	$\phi20$	$\phi27$	M33×2	$\phi68$	$\phi105$	3-$\phi18$	30	
KQJT-630/12.5	462	287	1278	$\phi20$	$\phi27$	M33×2	$\phi68$	$\phi105$	3-$\phi18$	30	
KQJT-630/20	462	287	1278	$\phi20$	$\phi27$	M33×2	$\phi68$	$\phi105$	3-$\phi18$	30	
KQJT-800/20	462	305	1287	$\phi25$	$\phi31$	M36×2	$\phi70$	$\phi105$	3-$\phi18$	30	
KQJT-1000/16	462	305	1287	$\phi25$	$\phi31$	M36×2	$\phi70$	$\phi105$	3-$\phi18$	30	
KQJT-800/5	462	305	1287	$\phi25$	$\phi31$	M36×2	$\phi70$	$\phi105$	3-$\phi18$	30	
KQJT-800/10	462	305	1287	$\phi25$	$\phi31$	M36×2	$\phi70$	$\phi105$	3-$\phi18$	30	
KQJT-800/12.5	462	305	1287	$\phi25$	$\phi31$	M36×2	$\phi70$	$\phi105$	3-$\phi18$	30	
KQJT-1000/4	462	305	1287	$\phi25$	$\phi31$	M36×2	$\phi70$	$\phi105$	3-$\phi18$	30	
KQJT-1000/8	462	305	1287	$\phi25$	$\phi31$	M36×2	$\phi70$	$\phi105$	3-$\phi18$	30	
KQJT-1000/12.5	462	305	1287	$\phi25$	$\phi31$	M36×2	$\phi70$	$\phi105$	3-$\phi18$	30	
KQJT-1250/12.5	462	321	1287	$\phi32$	$\phi37$	M42×2	$\phi80$	$\phi115$	3-$\phi18$	30	
KQJT-1600/12.5	462	321	1287	$\phi32$	$\phi37$	M42×2	$\phi80$	$\phi115$	3-$\phi18$	30	
KQJT-1250/3.2	462	321	1287	$\phi32$	$\phi37$	M42×2	$\phi80$	$\phi115$	3-$\phi18$	30	
KQJT-1250/6.3	462	321	1287	$\phi32$	$\phi37$	M42×2	$\phi80$	$\phi115$	3-$\phi18$	30	
KQJT-1250/8	462	321	1287	$\phi32$	$\phi37$	M42×2	$\phi80$	$\phi115$	3-$\phi18$	30	
KQJT-1600/2.5	462	321	1287	$\phi32$	$\phi37$	M42×2	$\phi80$	$\phi115$	3-$\phi18$	30	≈920
KQJT-1600/5	462	321	1287	$\phi32$	$\phi37$	M42×2	$\phi80$	$\phi115$	3-$\phi18$	30	
KQJT-1600/8	462	321	1287	$\phi32$	$\phi37$	M42×2	$\phi80$	$\phi115$	3-$\phi18$	30	

续表

型 号	安装尺寸（mm）										泵重（kg）
	G	H_1 H_2	L	d_1	d_2	d_3	d_4	d_5	d_6	b	
KQJT-2000/8	472	388	1323	$\phi40$	$\phi46$	M52×2	$\phi95$	$\phi135$	4-$\phi22$	30	
KQJT-2500/6.3	472	388	1323	$\phi40$	$\phi46$	M52×2	$\phi95$	$\phi135$	4-$\phi22$	30	
KQJT-2000/2	472	388	1323	$\phi40$	$\phi46$	M52×2	$\phi95$	$\phi135$	4-$\phi22$	30	
KQJT-2000/4	472	388	1323	$\phi40$	$\phi46$	M52×2	$\phi95$	$\phi135$	4-$\phi22$	30	
KQJT-2000/5	472	388	1323	$\phi40$	$\phi46$	M52×2	$\phi95$	$\phi135$	4-$\phi22$	30	
KQJT-2500/1.6	472	388	1323	$\phi40$	$\phi46$	M52×2	$\phi95$	$\phi135$	4-$\phi22$	30	
KQJT-2500/3.2	472	388	1323	$\phi40$	$\phi46$	M52×2	$\phi95$	$\phi135$	4-$\phi22$	30	940
KQJT-2500/5	472	388	1323	$\phi40$	$\phi46$	M52×2	$\phi95$	$\phi135$	4-$\phi22$	30	
KQJT-3200/5	503	466	1353	$\phi50$	$\phi58$	M64×3	$\phi115$	$\phi165$	4-$\phi26$	30	
KQJT-4000/4	503	466	1353	$\phi50$	$\phi58$	M64×3	$\phi115$	$\phi165$	4-$\phi26$	30	
KQJT-3200/1.25	503	466	1353	$\phi50$	$\phi58$	M64×3	$\phi115$	$\phi165$	4-$\phi26$	30	
KQJT-3200/2.5	503	466	1353	$\phi50$	$\phi58$	M64×3	$\phi115$	$\phi165$	4-$\phi26$	30	
KQJT-3200/3.2	503	466	1353	$\phi50$	$\phi58$	M64×3	$\phi115$	$\phi165$	4-$\phi26$	30	
KQJT-4000/1	503	466	1353	$\phi50$	$\phi58$	M64×3	$\phi115$	$\phi165$	4-$\phi26$	30	
KQJT-4000/2	503	466	1353	$\phi50$	$\phi58$	M64×3	$\phi115$	$\phi165$	4-$\phi26$	30	
KQJT-4000/3.2	503	466	1353	$\phi50$	$\phi58$	M64×3	$\phi115$	$\phi165$	4-$\phi26$	30	
KQJT-5000/3.2	522	522	1390	$\phi65$	$\phi72$	M80×3	$\phi145$	$\phi200$	4-$\phi26$	30	
KQJT-6300/2.5	522	522	1390	$\phi65$	$\phi72$	M80×3	$\phi145$	$\phi200$	4-$\phi26$	30	
KQJT-5000/0.8	522	522	1390	$\phi65$	$\phi72$	M80×3	$\phi145$	$\phi200$	4-$\phi26$	30	
KQJT-5000/1.6	522	522	1390	$\phi65$	$\phi72$	M80×3	$\phi145$	$\phi200$	4-$\phi26$	30	
KQJT-5000/2	522	522	1390	$\phi65$	$\phi72$	M80×3	$\phi145$	$\phi200$	4-$\phi26$	30	
KQJT-6300/0.63	522	522	1390	$\phi65$	$\phi72$	M80×3	$\phi145$	$\phi200$	4-$\phi26$	30	
KQJT-6300/1.25	522	522	1390	$\phi65$	$\phi72$	M80×3	$\phi145$	$\phi200$	4-$\phi26$	30	
KQJT-6300/2	522	522	1390	$\phi65$	$\phi72$	M80×3	$\phi145$	$\phi200$	4-$\phi26$	30	
KQJT-8000/2	535	608	1418	$\phi80$	$\phi87$	M100×3	$\phi170$	$\phi225$	4-$\phi26$	30	
KQJT-10000/1.6	535	608	1418	$\phi80$	$\phi87$	M100×3	$\phi170$	$\phi225$	4-$\phi26$	30	≈970
KQJT-8000/0.5	535	608	1418	$\phi80$	$\phi87$	M100×3	$\phi170$	$\phi225$	4-$\phi26$	30	
KQJT-8000/1	535	608	1418	$\phi80$	$\phi87$	M100×3	$\phi170$	$\phi225$	4-$\phi26$	30	
KQJT-8000/1.25	535	608	1418	$\phi80$	$\phi87$	M100×3	$\phi170$	$\phi225$	4-$\phi26$	30	
KQJT-10000/0.4	535	608	1418	$\phi80$	$\phi87$	M100×3	$\phi170$	$\phi225$	4-$\phi26$	30	
KQJT-10000/0.8	535	608	1418	$\phi80$	$\phi87$	M100×3	$\phi170$	$\phi225$	4-$\phi26$	30	
KQJT-10000/1.25	535	608	1418	$\phi80$	$\phi87$	M100×3	$\phi170$	$\phi225$	4-$\phi26$	30	
KQJT-12500/1.25	576	719	1517	$\phi100$	$\phi110$	M125×4	$\phi195$	$\phi260$	4-$\phi26$	30	
KQJT-16000/1	576	719	1517	$\phi100$	$\phi110$	M125×4	$\phi195$	$\phi260$	4-$\phi26$	30	

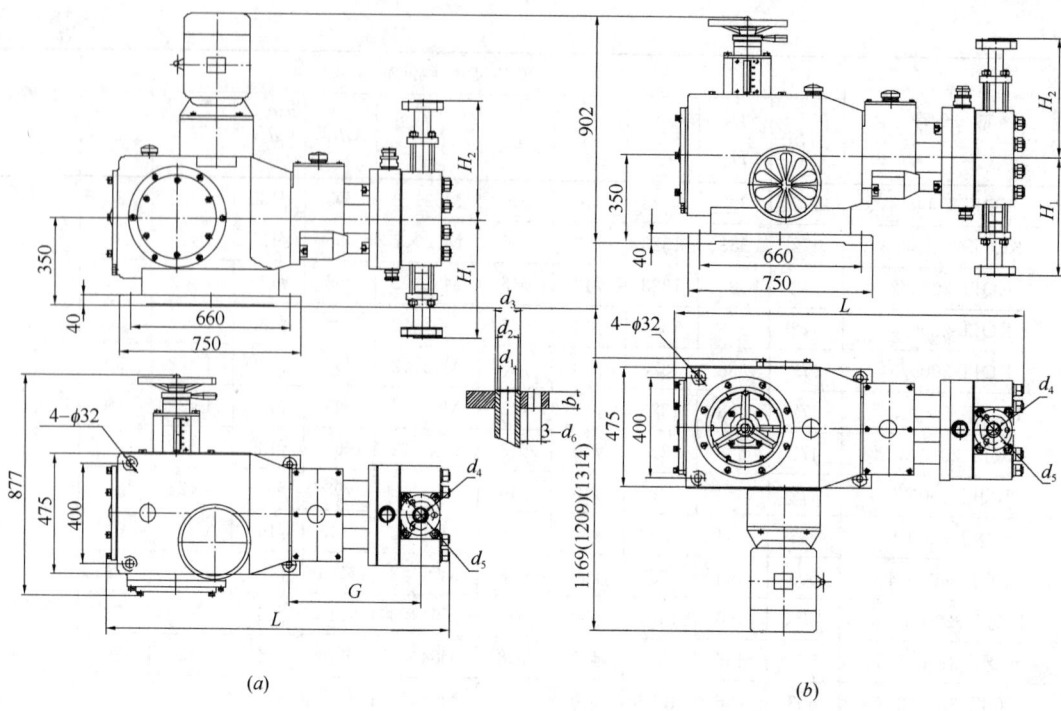

(a)　　　　　　　　　　　　　　　(b)

图 1-381　KQJTM 型隔膜计量泵外形及安装尺寸

(a) KQJTM 型隔膜立式计量泵；(b) KQJTM 型隔膜卧式计量泵

KQJTM 型隔膜计量泵外形及安装尺寸　　　　　　　　　表 1-363

型　号	安装尺寸（mm）										泵重(kg)
	G	H_1 H_2	L	d_1	d_2	d_3	d_4	d_5	d_6	b	
KQJTM-250/16	515	328	1370	$\phi15$	$\phi21$	M33×2	$\phi68$	$\phi105$	3-$\phi18$	30	
KQJTM-320/12.5	515	328	1370	$\phi15$	$\phi21$	M33×2	$\phi68$	$\phi105$	3-$\phi18$	30	
KQJTM-400/10	515	328	1370	$\phi15$	$\phi21$	M33×2	$\phi68$	$\phi105$	3-$\phi18$	30	
KQJTM-500/5	515	337	1370	$\phi20$	$\phi27$	M33×2	$\phi68$	$\phi105$	3-$\phi18$	30	
KQJTM-500/16	515	337	1370	$\phi20$	$\phi27$	M33×2	$\phi68$	$\phi105$	3-$\phi18$	30	
KQJTM-630/6.3	515	337	1370	$\phi20$	$\phi27$	M33×2	$\phi68$	$\phi105$	3-$\phi18$	30	≈920
KQJTM-630/12.5	515	337	1370	$\phi20$	$\phi27$	M33×2	$\phi68$	$\phi105$	3-$\phi18$	30	
KQJTM-800/5	525	370	1385	$\phi25$	$\phi31$	M36×2	$\phi70$	$\phi105$	3-$\phi18$	30	
KQJTM-800/10	525	370	1385	$\phi25$	$\phi31$	M36×2	$\phi70$	$\phi105$	3-$\phi18$	30	
KQJTM-800/12.5	525	370	1385	$\phi25$	$\phi31$	M36×2	$\phi70$	$\phi105$	3-$\phi18$	30	
KQJTM-1000/4	525	370	1385	$\phi25$	$\phi31$	M36×2	$\phi70$	$\phi105$	3-$\phi18$	30	
KQJTM-1000/8	525	370	1385	$\phi25$	$\phi31$	M36×2	$\phi70$	$\phi105$	3-$\phi18$	30	

续表

型　号	安装尺寸（mm）										泵重（kg）
	G	H_1 H_2	L	d_1	d_2	d_3	d_4	d_5	d_6	b	
KQJTM-1000/12.5	525	370	1385	$\phi25$	$\phi31$	M36×2	$\phi70$	$\phi105$	3-$\phi18$	30	
KQJTM-1250/3.2	520	392	1375	$\phi32$	$\phi37$	M42×2	$\phi80$	$\phi115$	3-$\phi18$	30	
KQJTM-1250/6.3	520	392	1375	$\phi32$	$\phi37$	M42×2	$\phi80$	$\phi115$	3-$\phi18$	30	
KQJTM-1250/8	520	392	1375	$\phi32$	$\phi37$	M42×2	$\phi80$	$\phi115$	3-$\phi18$	30	≈920
KQJTM-1600/2.5	520	392	1375	$\phi32$	$\phi37$	M42×2	$\phi80$	$\phi115$	3-$\phi18$	30	
KQJTM-1600/5	520	392	1375	$\phi32$	$\phi37$	M42×2	$\phi80$	$\phi115$	3-$\phi18$	30	
KQJTM-1600/8	520	392	1375	$\phi32$	$\phi37$	M42×2	$\phi80$	$\phi115$	3-$\phi18$	30	
KQJTM-2000/2	542	472	1419	$\phi40$	$\phi46$	M52×2	$\phi95$	$\phi135$	4-$\phi22$	30	
KQJTM-2000/4	542	472	1419	$\phi40$	$\phi46$	M52×2	$\phi95$	$\phi135$	4-$\phi22$	30	
KQJTM-2000/5	542	472	1419	$\phi40$	$\phi46$	M52×2	$\phi95$	$\phi135$	4-$\phi22$	30	
KQJTM-2500/1.6	542	472	1419	$\phi40$	$\phi46$	M52×2	$\phi95$	$\phi135$	4-$\phi22$	30	
KQJTM-2500/3.2	542	472	1419	$\phi40$	$\phi46$	M52×2	$\phi95$	$\phi135$	4-$\phi22$	30	
KQJTM-2500/5	542	472	1419	$\phi40$	$\phi46$	M52×2	$\phi95$	$\phi135$	4-$\phi22$	30	≈950
KQJTM-3200/1.25	542	568	1419	$\phi50$	$\phi58$	M64×3	$\phi115$	$\phi165$	4-$\phi26$	30	
KQJTM-3200/2.5	542	568	1419	$\phi50$	$\phi58$	M64×3	$\phi115$	$\phi165$	4-$\phi26$	30	
KQJTM-3200/3.2	542	568	1419	$\phi50$	$\phi58$	M64×3	$\phi115$	$\phi165$	4-$\phi26$	30	
KQJTM-4000/1	542	568	1419	$\phi50$	$\phi58$	M64×3	$\phi115$	$\phi165$	4-$\phi26$	30	
KQJTM-4000/2	542	568	1419	$\phi50$	$\phi58$	M64×3	$\phi115$	$\phi165$	4-$\phi26$	30	
KQJTM-4000/3.2	542	568	1419	$\phi50$	$\phi58$	M64×3	$\phi115$	$\phi165$	4-$\phi26$	30	
KQJTM-5000/0.8	592	648	1489	$\phi65$	$\phi72$	M80×3	$\phi145$	$\phi200$	4-$\phi26$	30	
KQJTM-5000/1.6	592	648	1489	$\phi65$	$\phi72$	M80×3	$\phi145$	$\phi200$	4-$\phi26$	30	
KQJTM-5000/2	592	648	1489	$\phi65$	$\phi72$	M80×3	$\phi145$	$\phi200$	4-$\phi26$	30	
KQJTM-6300/0.63	592	648	1489	$\phi65$	$\phi72$	M80×3	$\phi145$	$\phi200$	4-$\phi26$	30	
KQJTM-6300/1.25	592	648	1489	$\phi65$	$\phi72$	M80×3	$\phi145$	$\phi200$	4-$\phi26$	30	
KQJTM-6300/2	592	648	1489	$\phi65$	$\phi72$	M80×3	$\phi145$	$\phi200$	4-$\phi26$	30	
KQJTM-8000/0.5	617	752	1534	$\phi80$	$\phi87$	M100×3	$\phi170$	$\phi225$	4-$\phi26$	30	≈990
KQJTM-8000/1	617	752	1534	$\phi80$	$\phi87$	M100×3	$\phi170$	$\phi225$	4-$\phi26$	30	
KQJTM-8000/1.25	617	752	1534	$\phi80$	$\phi87$	M100×3	$\phi170$	$\phi225$	4-$\phi26$	30	
KQJTM-10000/0.4	617	752	1534	$\phi80$	$\phi87$	M100×3	$\phi170$	$\phi225$	4-$\phi26$	30	
KQJTM-10000/0.8	617	752	1534	$\phi80$	$\phi87$	M100×3	$\phi170$	$\phi225$	4-$\phi26$	30	
KQJTM-10000/1.25	617	752	1534	$\phi80$	$\phi87$	M100×3	$\phi170$	$\phi225$	4-$\phi26$	30	

1.14 轴流泵、混流泵

1.14.1 ZQB 型潜水轴流泵、HQB 型潜水混流泵

（1）用途：ZQB 型潜水轴流泵和 HQB 型潜水混流泵是传统的水泵—电动机组的更新换代产品，机泵一体可长期潜入水中运行，具有一系列突出的优点。

1）由于泵潜入水中运行，大大简化了泵站的土工及建筑结构工程，减少安装面积，可节省工程总价的 30%～40%。

2）由于水泵和电机一体，无须在现场进行轴对中心的装配工序，安装方便、快速。

3）噪声低、泵站内无高温，改善工作条件，也可按要求建成全地下泵站，保持地面的环境风貌。

4）操作方便，无须在开机前润滑水泵的橡胶轴承，而且可实现遥控和自动控制。

5）可解决在水位涨落大的沿江、湖泊地区建泵站的电机防洪问题。

6）ZQB、HQB 型潜水电泵可供农田排灌、工矿船坞、城市建议、电站给水排水用。ZQB 型潜水轴流泵适用于低扬程，大流量场合；HQB 型潜水混流泵效率高、汽蚀性能好，适用于水位变动较大及扬程要求较高的场合。输送介质为水或物理化学性质类似于水的其他液体，其最高被输送液体温度为 40℃。

（2）型号意义说明：

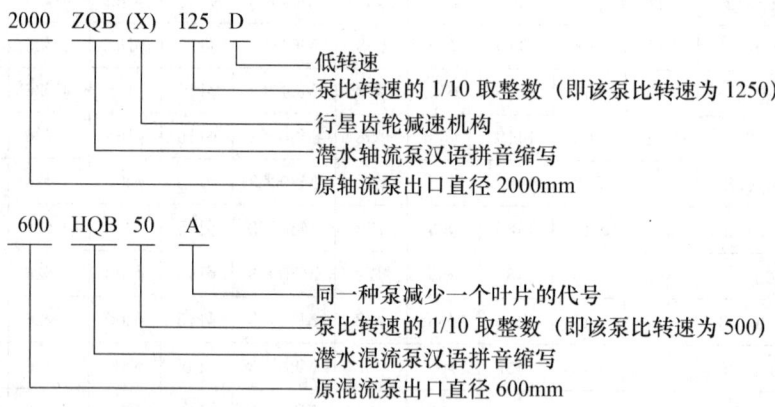

（3）结构：ZQB、HQB 型潜水轴流泵、混流泵由水力部件、自动对中耦合结构、潜水电机、防水接线室等组成。水力部件带有导流扩散器，进水侧间隙可调节。轴封采用机械密封。井筒分为钢制井筒和混凝土井筒。钢制井筒安装方式有井筒悬吊式、井筒落地式、井筒弯管式和井筒敞开式安装，安装配件包括钢制井筒、井筒盖、电缆密封装置、井筒支架、浮箱拍门等。ZQB 潜水轴流泵适合于低扬程大流量的场合；HQB 潜水混流泵效率高抗汽蚀性能好，适合于水位变动较大及扬程要求较高的场合。其结构如图 1-382 所示。

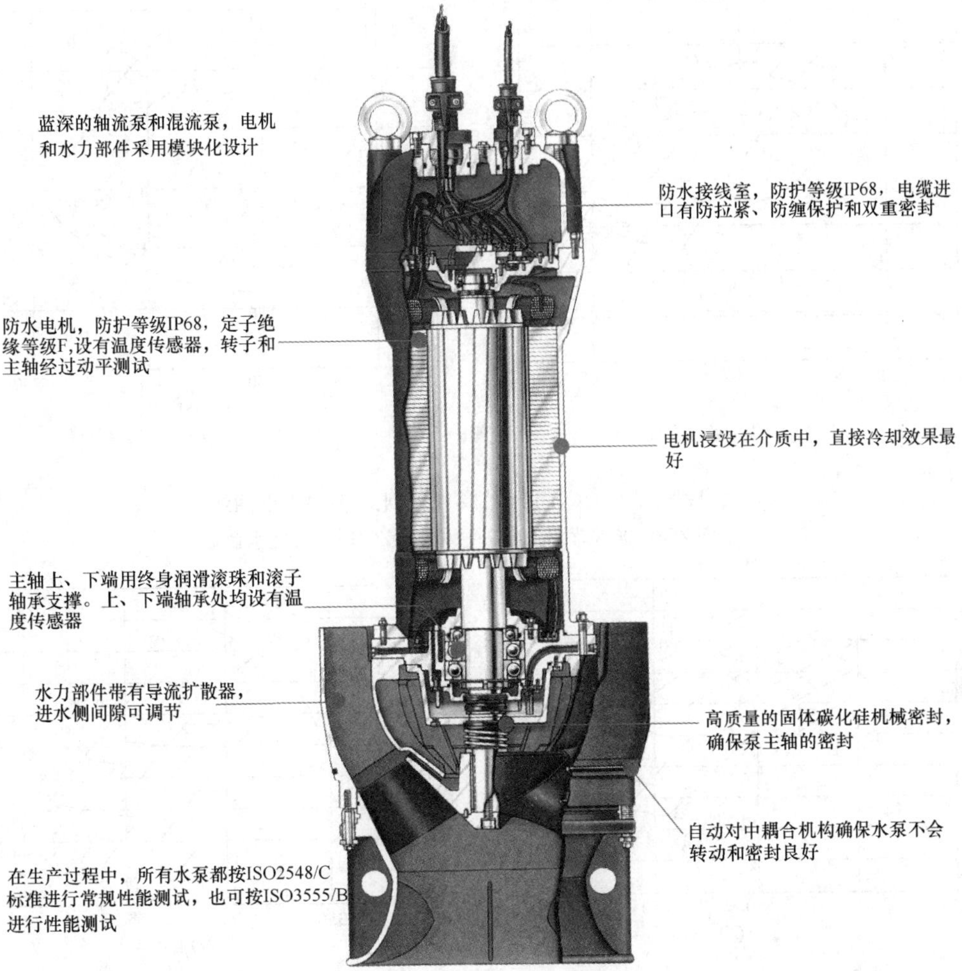

蓝深的轴流泵和混流泵，电机
和水力部件采用模块化设计

防水接线室，防护等级IP68，电缆进
口有防拉紧、防缠保护和双重密封

防水电机，防护等级IP68，定子绝
缘等级F，设有温度传感器，转子和
主轴经过动平衡测试

电机浸没在介质中，直接冷却效果最
好

主轴上、下端用终身润滑滚珠和滚子
轴承支撑。上、下端轴承处均设有温
度传感器

水力部件带有导流扩散器，
进水侧间隙可调节

高质量的固体碳化硅机械密封，
确保泵主轴的密封

自动对中耦合机构确保水泵不会
转动和密封良好

在生产过程中，所有水泵都按ISO2548/C
标准进行常规性能测试，也可按ISO3555/B
进行性能测试

图 1-382 ZQB 型潜水轴流泵及 HQB 型潜水混流泵结构

（4）性能：ZQB 型潜水轴流泵及 HQB 型潜水混流泵性能见图 1-383～图 1-416 及表
1-364～表 1-397。

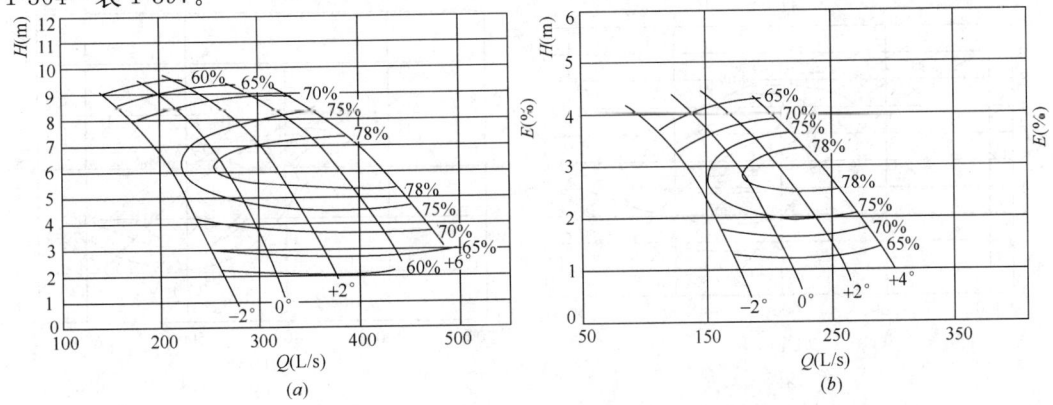

(a) 350ZQB-70 型潜水轴流泵； (b) 350ZQB-70D 型潜水轴流泵

图 1-383 350ZQB-70（D)型潜水轴流泵性能曲线

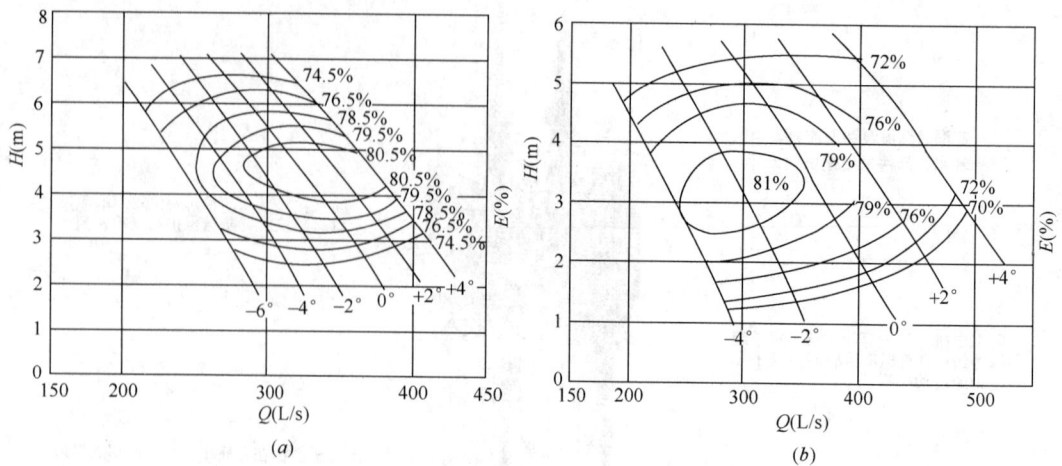

图 1-384　350ZQB-100（125）型潜水轴流泵性能曲线

（a）350ZQB-100 型潜水轴流泵；（b）350ZQB-125 型潜水轴流泵

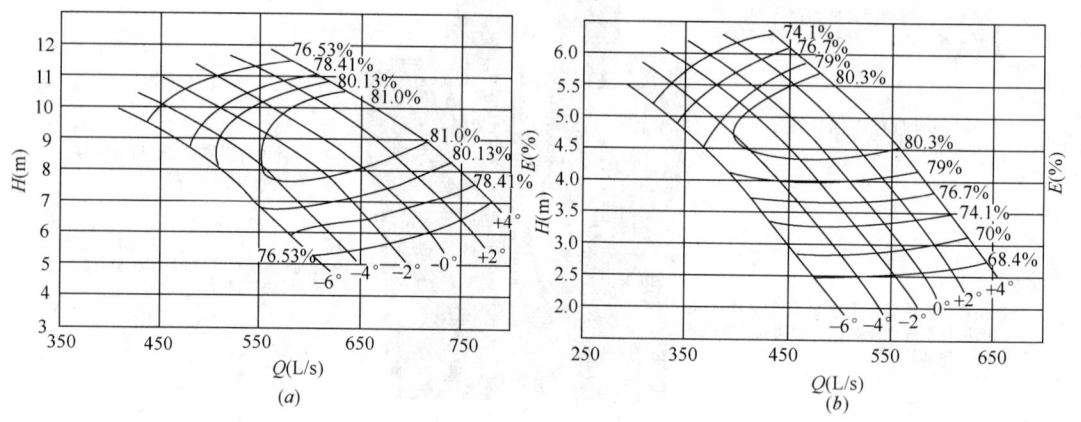

图 1-385　500ZQB-50（D)型潜水轴流泵性能曲线

（a）500ZQB-50 型潜水轴流泵；（b）500ZQB-50D 型潜水轴流泵

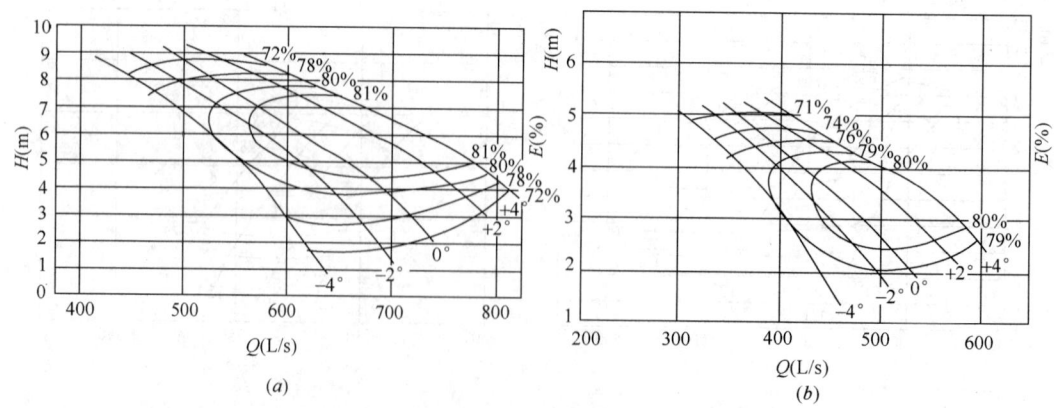

图 1-386　500ZQB-70（D)型潜水轴流泵性能曲线

（a）500ZQB-70 型潜水轴流泵；（b）500ZQB-70D 型潜水轴流泵

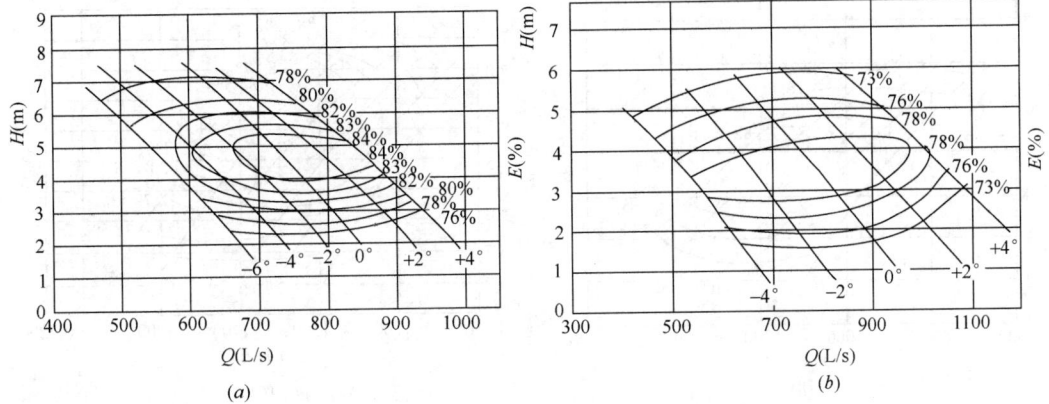

图 1-387　500ZQB-100（125）型潜水轴流泵性能曲线

（a）500ZQB-100 型潜水轴流泵；（b）500ZQB-125 型潜水轴流泵

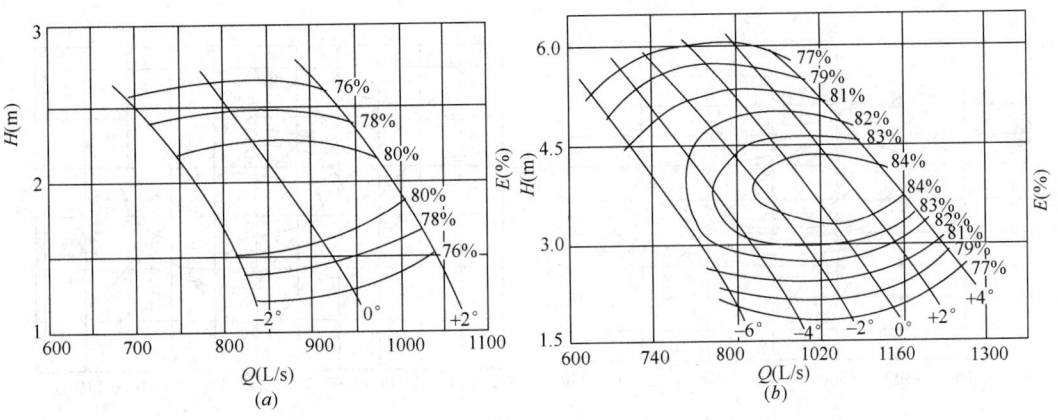

图 1-388　500ZQB-160 及 600ZQB-100 型潜水轴流泵性能曲线

（a）500ZQB-160 型潜水轴流泵；（b）600ZQB-100 型潜水轴流泵

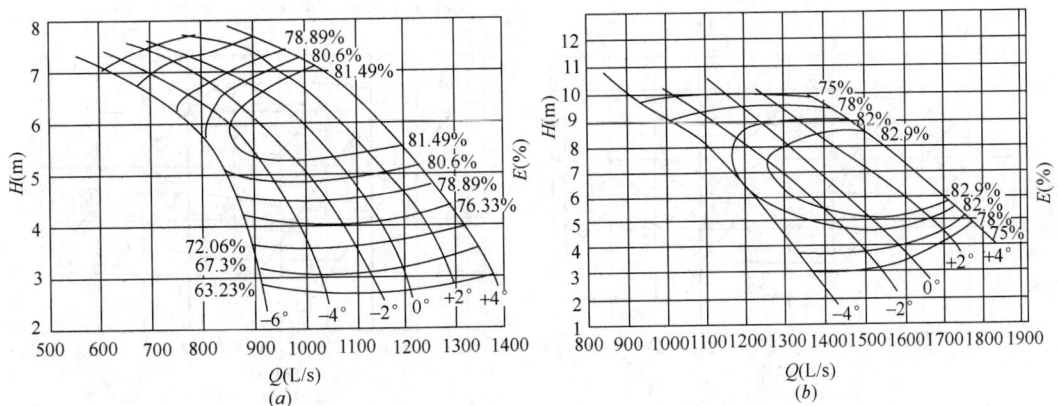

图 1-389　700ZQB-50D（70）型潜水轴流泵性能曲线

（a）700ZQB-50D 型潜水轴流泵；（b）700ZQB-70 型潜水轴流泵

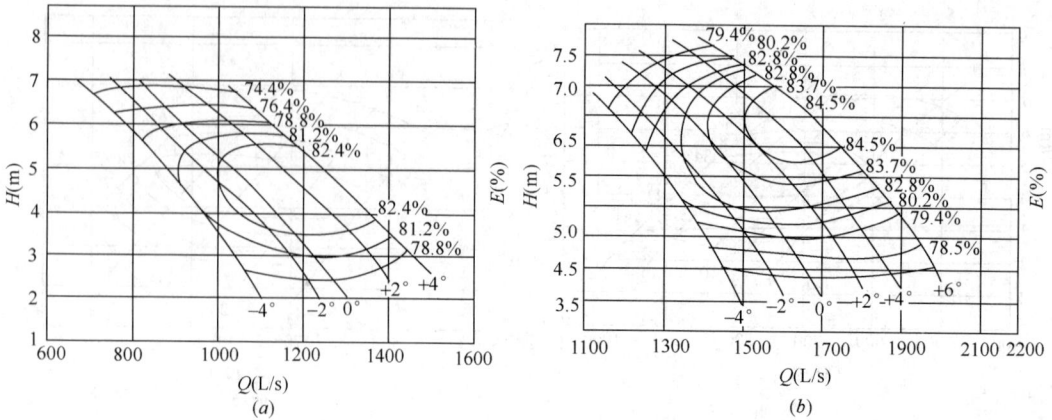

图 1-390   700ZQB-70D（70﹡）型潜水轴流泵性能曲线

（a）700ZQB-70D 型潜水轴流泵；（b）700ZQB-70﹡型潜水轴流泵

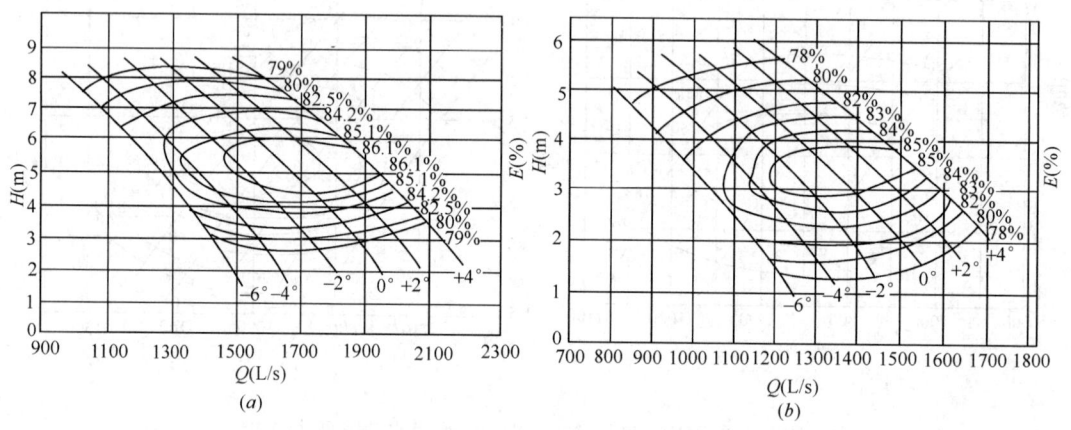

图 1-391   700ZQB-100（D）型潜水轴流泵性能曲线

（a）700ZQB-100 型潜水轴流泵；（b）700ZQB-100D 型潜水轴流泵

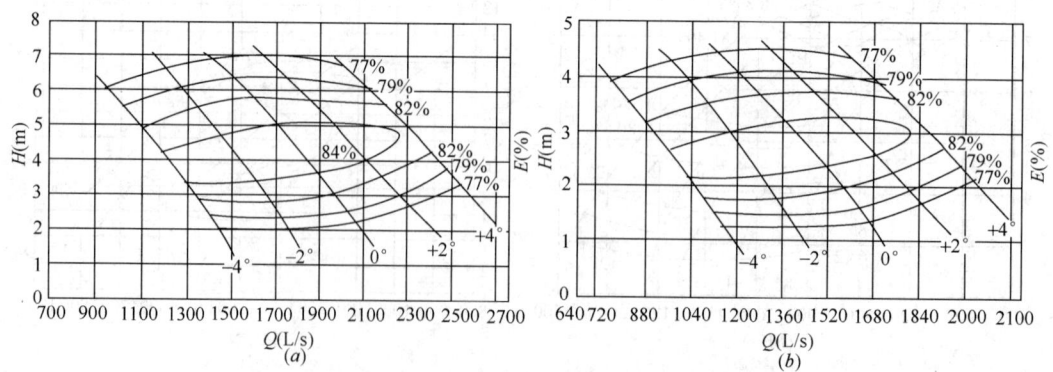

图 1-392   700ZQB-125（D）型潜水轴流泵性能曲线

（a）700ZQB-125 型潜水轴流泵；（b）700ZQB-125D 型潜水轴流泵

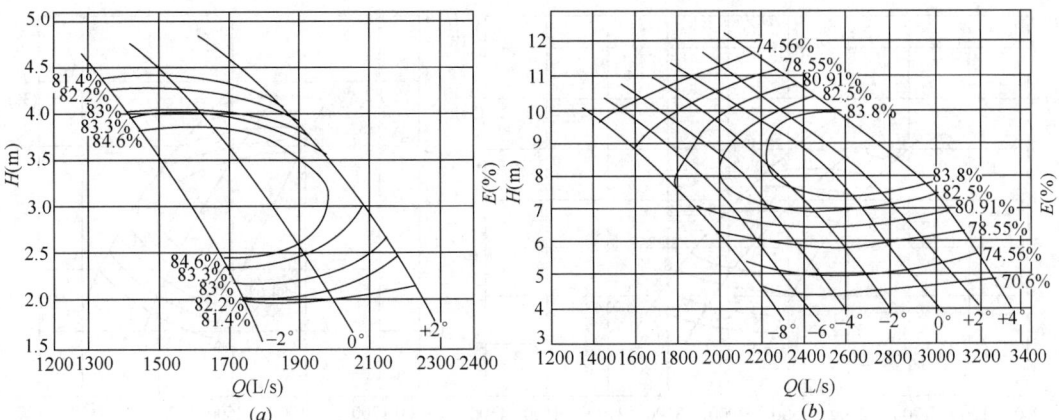

图 1-393 700ZQB-160 型及 900ZQB-50 型潜水轴流泵性能曲线

（a）700ZQB-160 型潜水轴流泵；（b）900ZQB-50 型潜水轴流泵

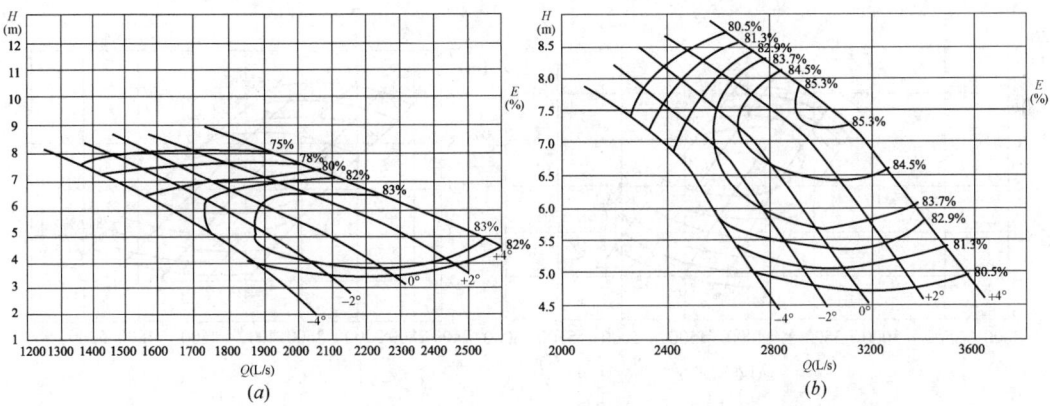

图 1-394 900ZQB-70（＊）型潜水轴流泵性能曲线

（a）900ZQB-70 型潜水轴流泵；（b）900ZQB-70＊型潜水轴流泵

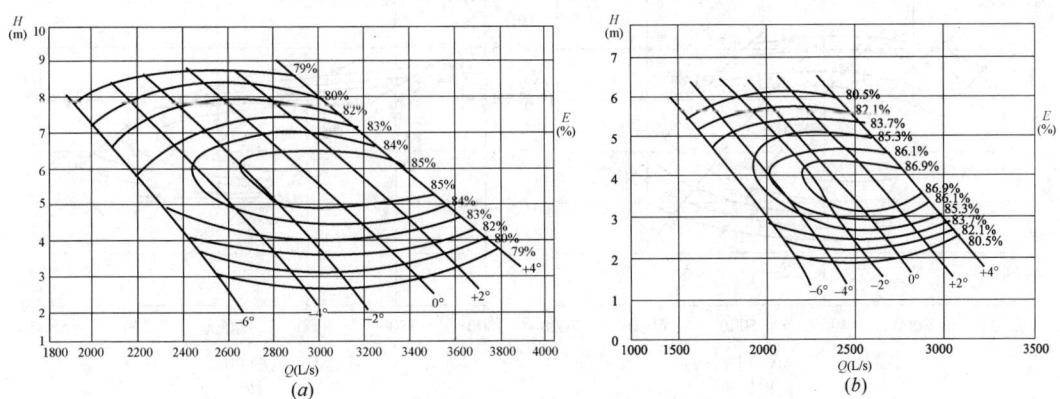

图 1-395 900ZQB-100（D）型潜水轴流泵性能曲线

（a）900ZQB-100 型潜水轴流泵；（b）900ZQB-100D 型潜水轴流泵

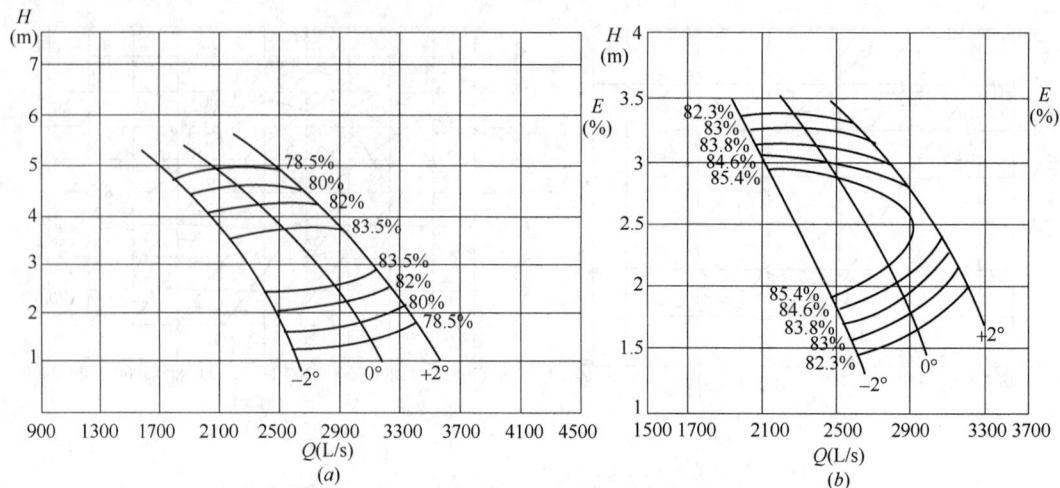

图 1-396 900ZQB-125（160）型潜水轴流泵性能曲线

（a）900ZQB-125 型潜水轴流泵；（b）900ZQB-160 型潜水轴流泵

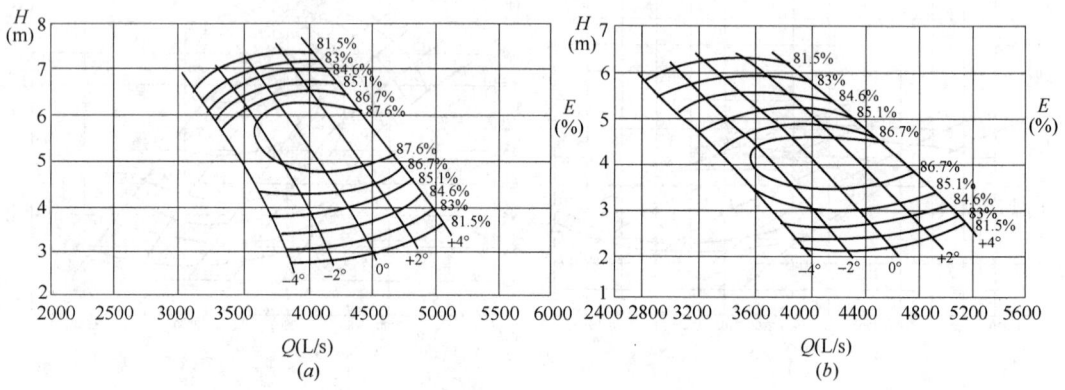

图 1-397 1200ZQB-100（＊）型潜水轴流泵性能曲线

（a）1200ZQB-100 型潜水轴流泵；（b）1200ZQB-100＊型潜水轴流泵

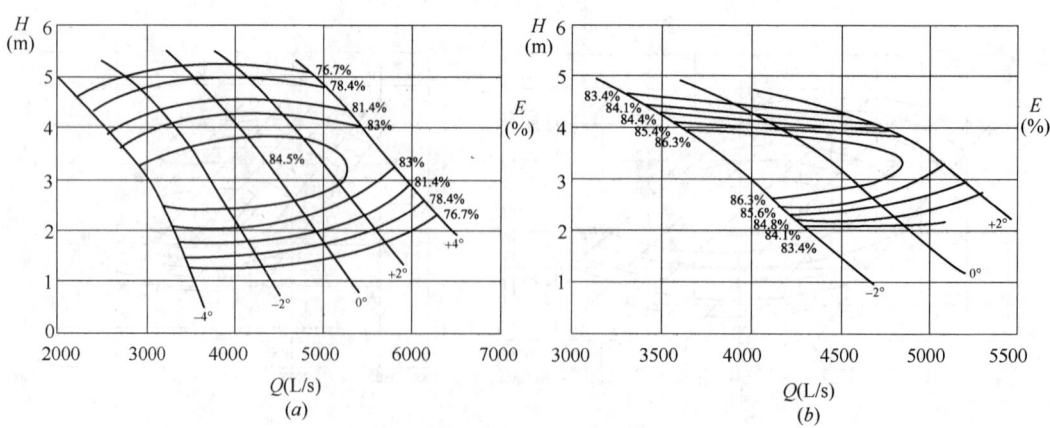

图 1-398 1200ZQB-125（160）型潜水轴流泵性能曲线

（a）1200ZQB-125 型潜水轴流泵；（b）1200ZQB-160 型潜水轴流泵

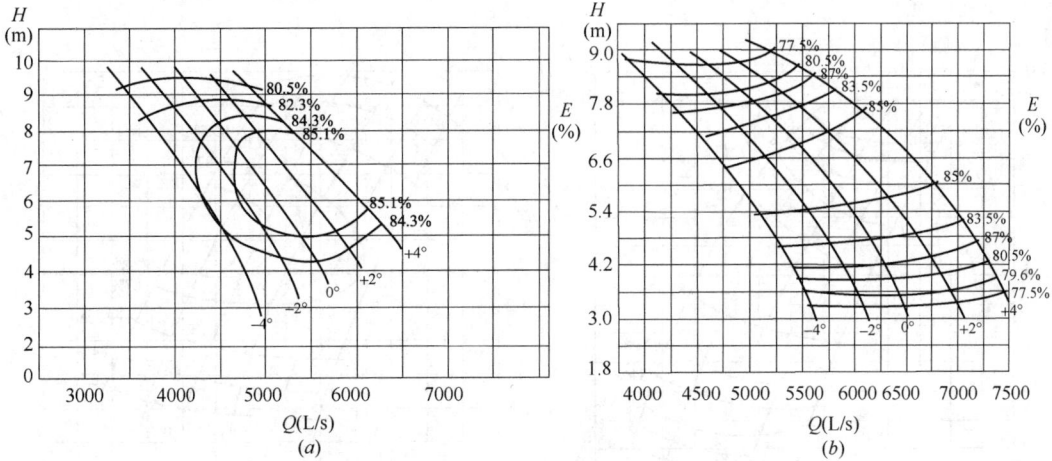

图 1-399　1400ZQB-70（85）型潜水轴流泵性能曲线

（a）1400ZQB-70 型潜水轴流泵；（b）1400ZQB-85 型潜水轴流泵

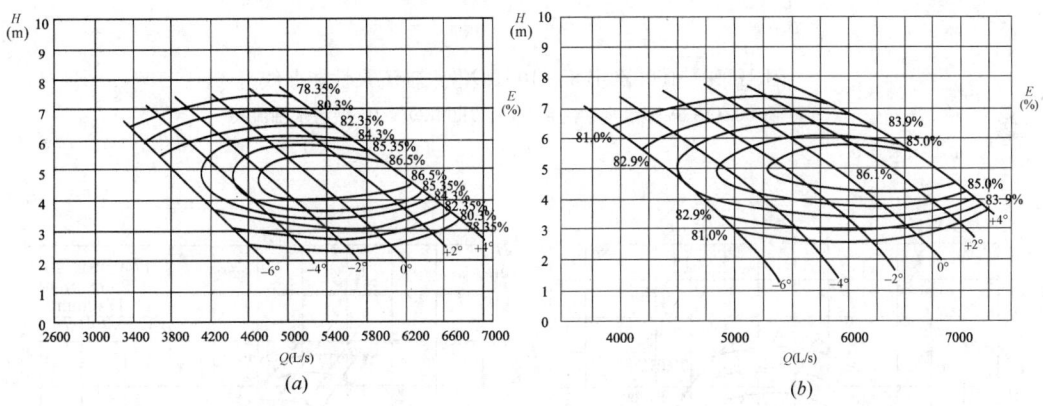

图 1-400　1400ZQB-100（＊）型潜水轴流泵性能曲线

（a）1400ZQB-100 型潜水轴流泵；（b）1400ZQB-100＊型潜水轴流泵

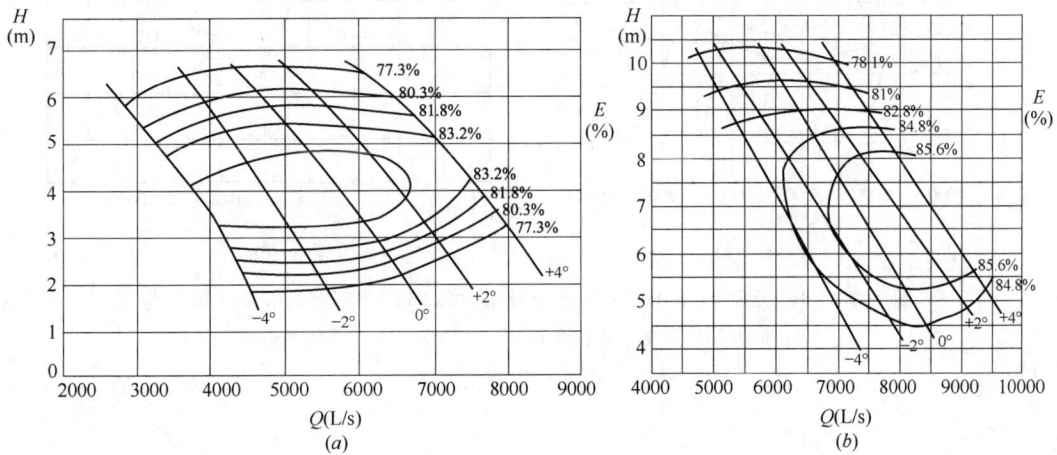

图 1-401　1400ZQB-125 型及 1600ZQB-70 型潜水轴流泵性能曲线

（a）1400ZQB-125 型潜水轴流泵；（b）1600ZQB-70 型潜水轴流泵

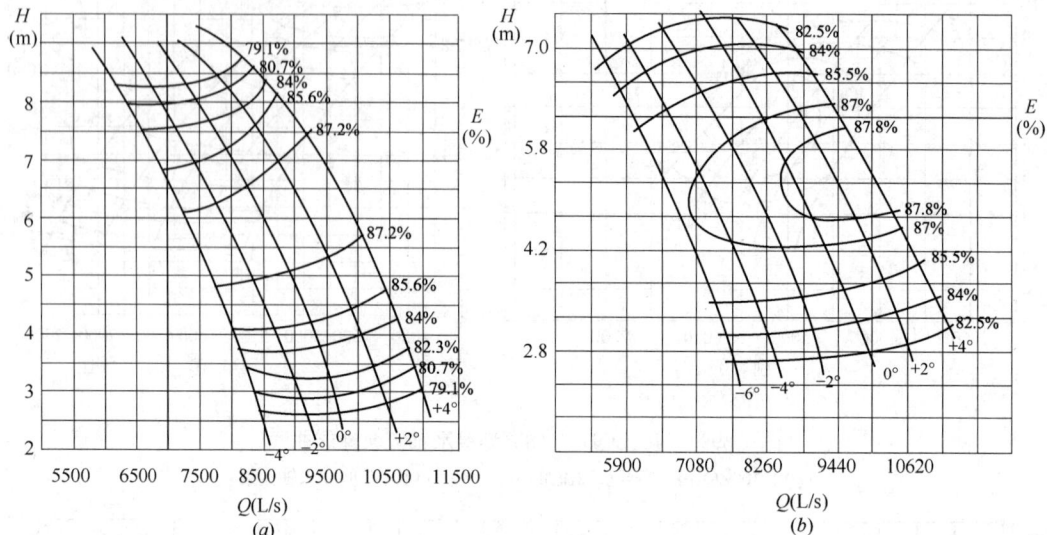

图 1-402   1600ZQB-85（100）型潜水轴流泵性能曲线

（a）1600ZQB-85 型潜水轴流泵；（b）1600ZQB-100 型潜水轴流泵

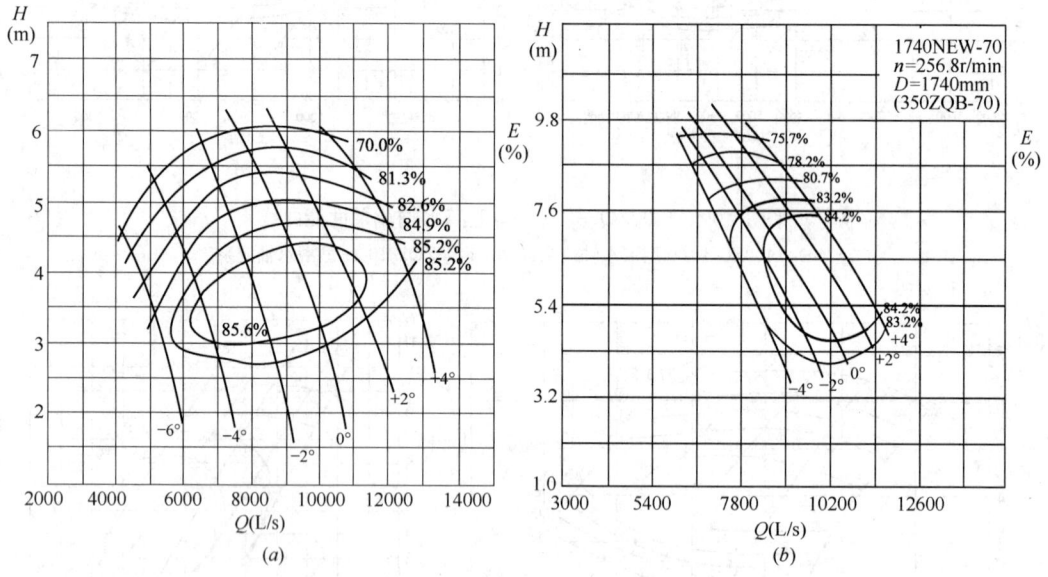

图 1-403   1600ZQB-125 型潜水轴流泵及 1800ZQBX-70 型潜水电泵性能曲线

（a）1600ZQB-125 型潜水轴流泵；（b）1800ZQBX-70 型潜水电泵

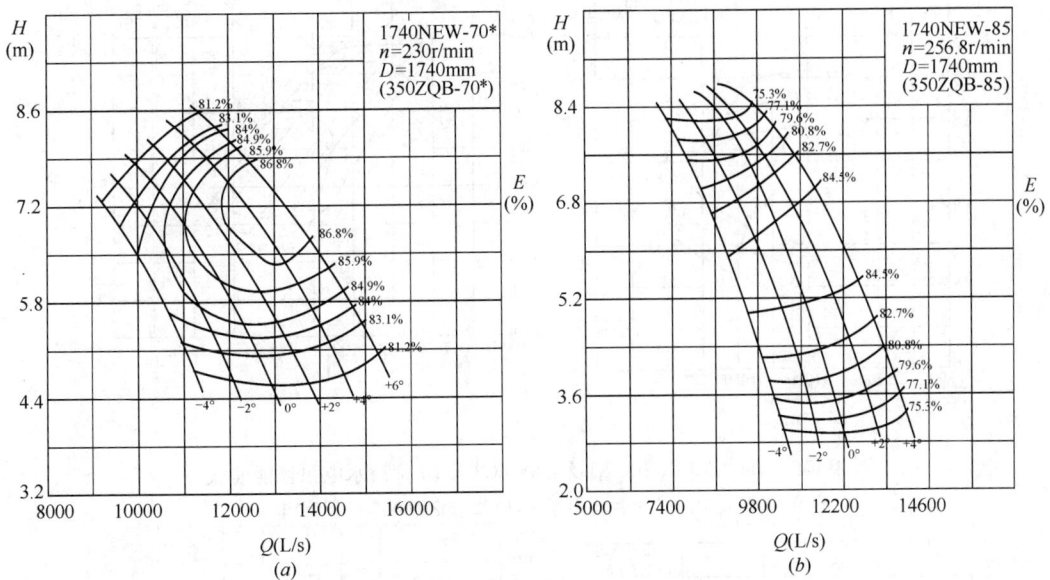

图 1-404　1800ZQBX-70 * (85)型潜水电泵性能曲线

(a) 1800ZQBX-70 * 型潜水电泵；(b) 1800ZQBX-85 型潜水电泵

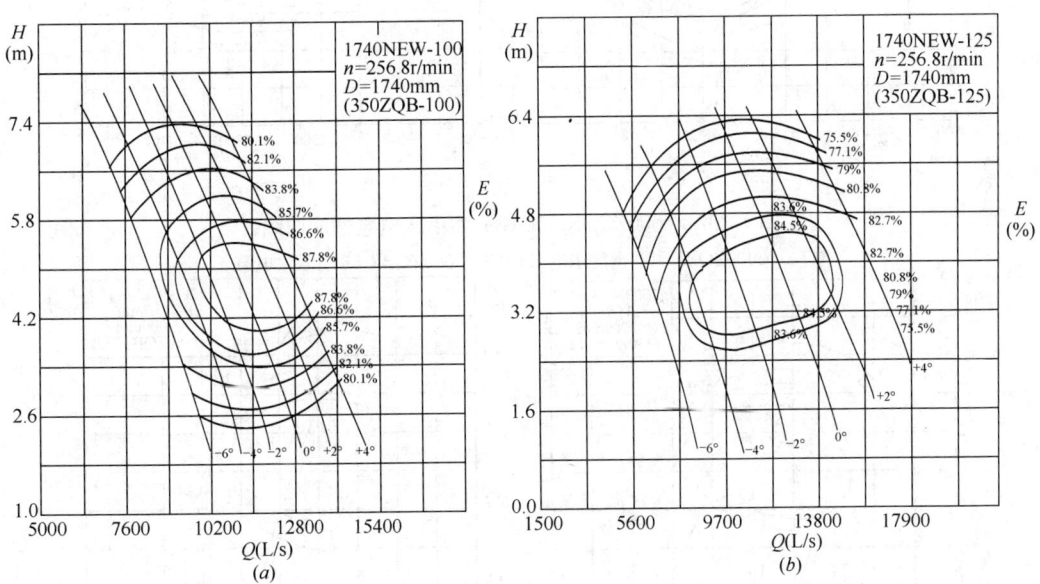

图 1-405　1800ZQBX-100 (125)型潜水电泵性能曲线

(a) 1800ZQBX-100 型潜水电泵；(b) 1800ZQBX-125 型潜水电泵

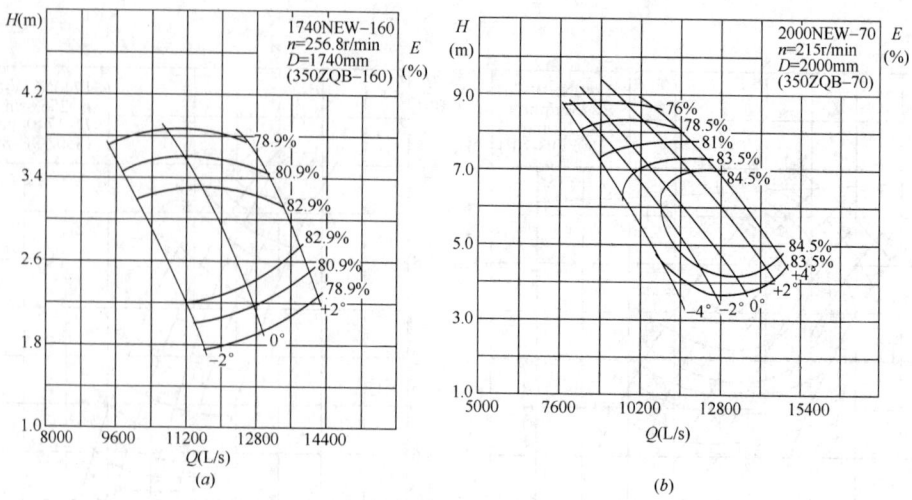

图 1-406 1800ZQBX-160 型及 2000ZQBX-70 型潜水电泵性能曲线

（a）1800ZQBX-160 型潜水电泵；（b）2000ZQBX-70 型潜水电泵

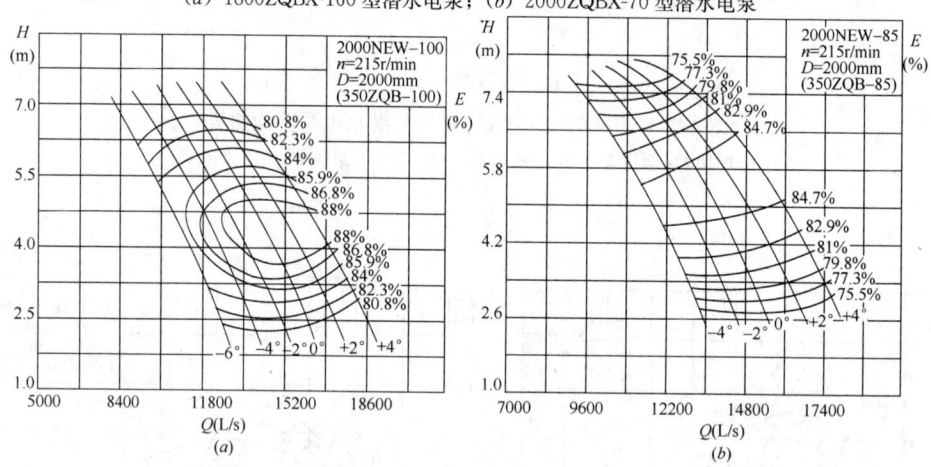

图 1-407 2000ZQBX-100（85）型潜水电泵性能曲线

（a）2000ZQBX-100 型潜水电泵；（b）2000ZQBX-85 型潜水电泵

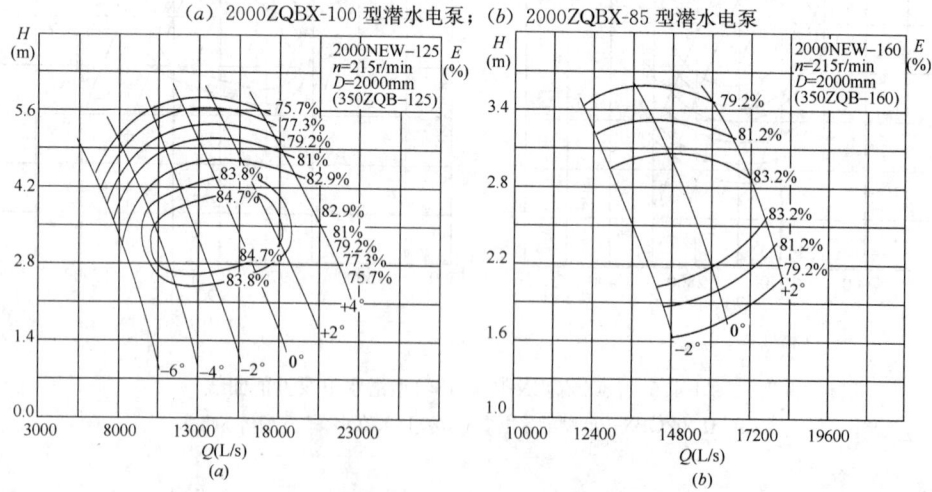

图 1-408 2000ZQBX-125（160）型潜水电泵性能曲线

（a）2000ZQBX-125 型潜水电泵；（b）2000ZQBX-160 型潜水电泵

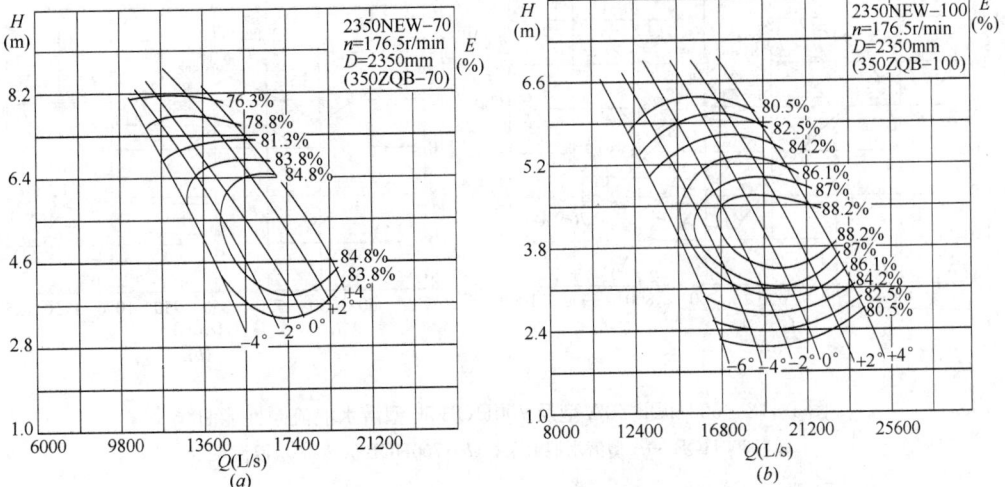

图 1-409　2400ZQBX-70（100）型潜水电泵性能曲线

（a）2400ZQBX-70 型潜水电泵；（b）2400ZQBX-100 型潜水电泵

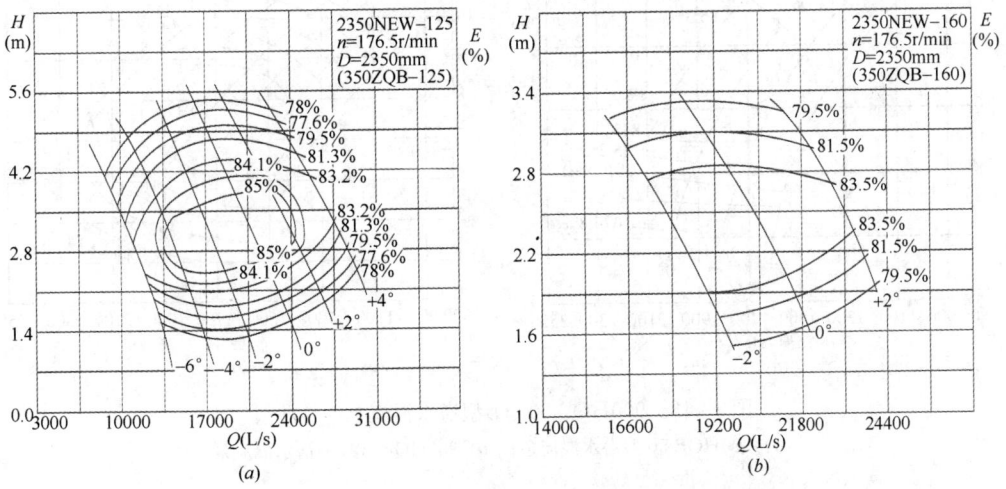

图 1-410　2400ZQBX-125（160）型潜水电泵性能曲线

（a）2400ZQBX-125 型潜水电泵；（b）2400ZQBX-160 型潜水电泵

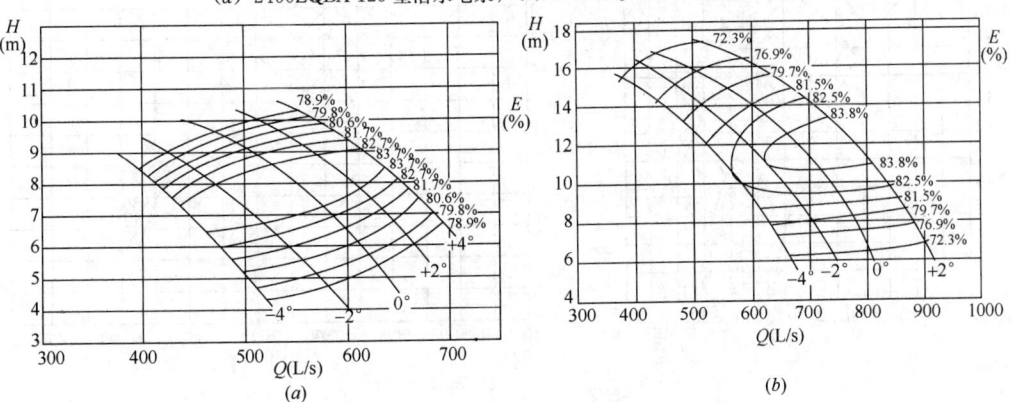

图 1-411　500HQB-50A 型及 600HQB-50 型潜水混流泵性能曲线

（a）500HQB-50A 型潜水混流泵；（b）600HQB-50 型潜水混流泵

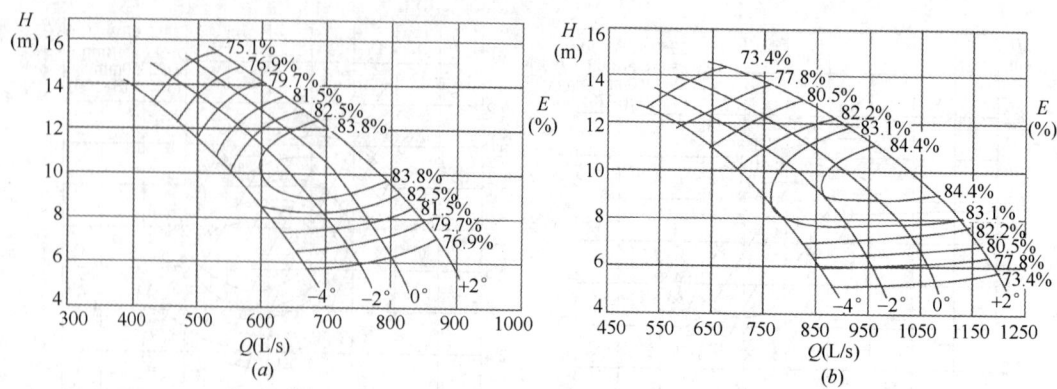

图 1-412 600HQB-50A 型及 700HQB-50 型潜水混流泵性能曲线

(a) 600HQB-50A 型潜水混流泵；(b) 700HQB-50 型潜水混流泵

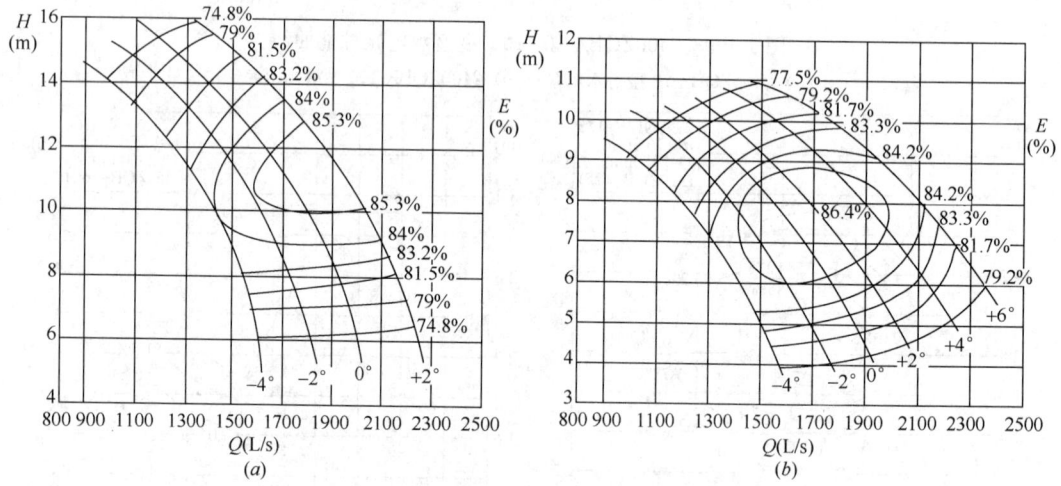

图 1-413 900HQB-50 (D)型潜水混流泵性能曲线

(a) 900HQB-50 型潜水混流泵；(b) 900HQB-50D 型潜水混流泵

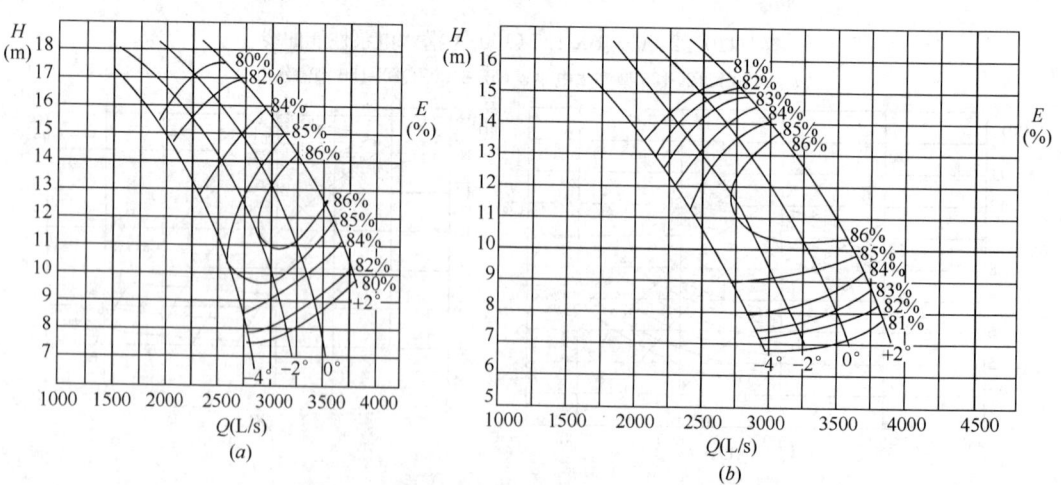

图 1-414 1200HQB-50 (A)型潜水混流泵性能曲线

(a) 1200HQB-50 型潜水混流泵；(b) 1200HQB-50A 型潜水混流泵

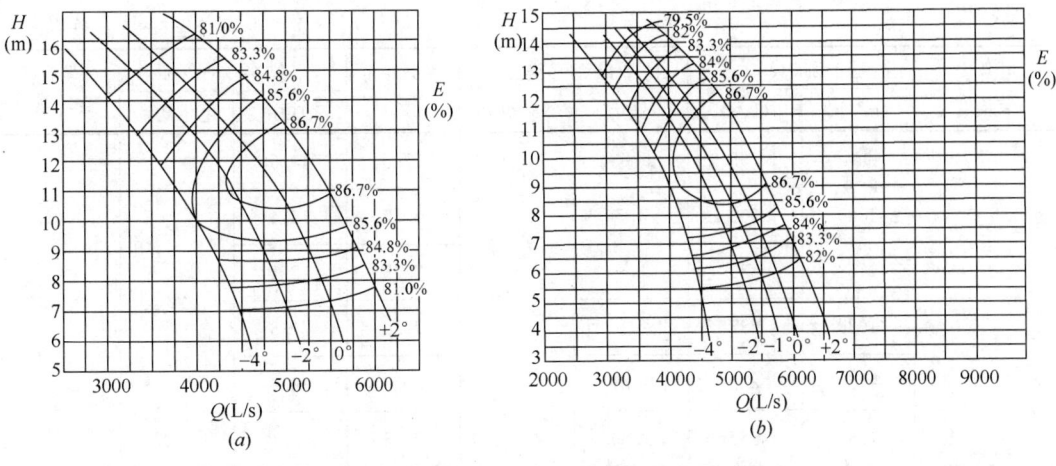

图 1-415　1400HQB-50（A）型潜水混流泵性能曲线

（a）1400HQB-50 型潜水混流泵；（b）1400HQB-50A 型潜水混流泵

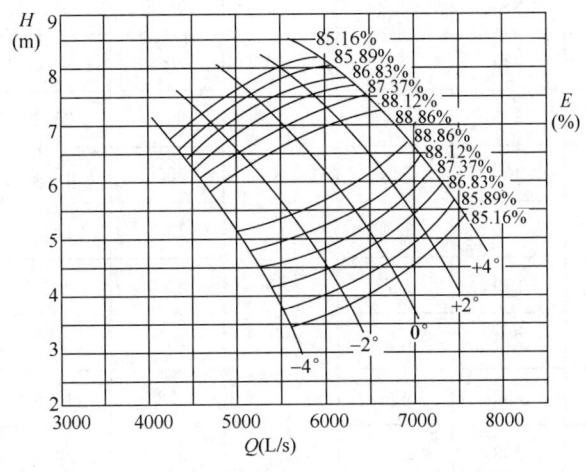

图 1-416　1600HQB-50A 型潜水混流泵性能曲线

350ZQB-70（D)型潜水轴流泵性能　　　　　　　　　　　　　　　　　表 1-364

叶片安装角度	流量 Q		扬程 H （m）	转速 n （r/min）	泵效率 η （%）	功率（kW）		叶轮直径 （mm）
	（m³/h）	（L/s）				轴功率	电机功率	
−6°	810	225	5.4	1450	76.5	15.6	18.5	300
	900	250	4.03		78.4	12.6		
	972	270	3.2		76.5	11.1		
−4°	878	244	5.8		76.5	18.1		
	1008	280	4.1		79.6	14.1		
	1080	300	3.2		76.5	12.3		

叶片安装角度	流量 Q		扬程 H	转速 n	泵效率 η	功率（kW）		叶轮直径
	(m³/h)	(L/s)	(m)	(r/min)	(%)	轴功率	电机功率	(mm)
−2°	954	265	5.83		77.5	19.6		
	1080	300	4.5		80.2	15.4		
	1188	330	2.9		77.5	12.1	22	
0°	1033	287	6.0		77.5	21.8		
	1188	330	4.21		80.5	16.9		
	1285	357	2.89		77.5	13.1		
+2°	1091	303	6.0		79.7	23.3		
	1260	350	4.43		81	18.8		
	1368	380	3.2		76.5	15.6	30	
+4°	1170	325	6.4		75.5	27.0		
	1350	375	4.45		80.7	20.3		
	1440	400	3.4		76.5	17.4		
−4°	791	220	3.78	1450	79.1	10.3		300
	896	249	2.72		81.1	8.2	11	
	1005	279	1.39		70.2	5.4		
−2°	900	250	4.6		78	14.5		
	1113	309	2.84		81.7	10.5	15	
	1262	351	1.18		65.3	6.2		
0°	1111	309	5.02		75.6	20.1		
	1304	362	3.35		80.1	14.9	22	
	1534	426	1.22		64.6	7.9		
+2°	1163	323	5.89		70	26.7		
	1453	404	3.8		78.6	19.1		
	1649	458	2.05		70.3	13.1		
+4°	1440	400	5.35		72	29.2	30	
	1651	459	3.91		72.9	24.1		
	1782	495	2.84		70.9	19.5		

350ZQB-100（125）型潜水轴流泵性能 表 1-365

叶片安装角度	流量 Q		扬程 H	转速 n	泵效率 η	功率（kW）		叶轮直径
	（m³/h）	（L/s）	（m）	（r/min）	（%）	轴功率	电机功率	（mm）
−6°	810	225	5.4		76.5	15.6		
	900	250	4.03		78.4	12.6		
	972	270	3.2		76.5	11.1	18.5	
−4°	878	244	5.8		76.5	18.1		
	1008	280	4.1		79.6	14.1		
	1080	300	3.2		76.5	12.3		
−2°	954	265	5.83		77.5	19.6		
	1080	300	4.5		80.2	15.4		
	1188	330	2.9		77.5	12.1	22	
0°	1033	287	6.0		77.5	21.8		
	1188	330	4.21		80.5	16.9		
	1285	357	2.89		77.5	13.1		
+2°	1091	303	6.0		79.7	23.3		
	1260	350	4.43		81	18.8		
	1368	380	3.2		76.5	15.6	30	
+4°	1170	325	6.4	1450	75.5	27.0		300
	1350	375	4.45		80.7	20.3		
	1440	400	3.4		76.5	17.4		
−4°	791	220	3.78		79.1	10.3		
	896	249	2.72		81.1	8.2	11	
	1005	279	1.39		70.2	5.4		
−2°	900	250	4.6		78	14.5		
	1113	309	2.84		81.7	10.5	15	
	1262	351	1.18		65.3	6.2		
0°	1111	309	5.02		75.6	20.1		
	1304	362	3.35		80.1	14.9	22	
	1534	426	1.22		64.6	7.9		
+2°	1163	323	5.89		70	26.7		
	1453	404	3.8		78.6	19.1		
	1649	458	2.05		70.3	13.1	30	
+4°	1440	400	5.35		72	29.2		
	1651	459	3.91		72.9	24.1		
	1782	495	2.84		70.9	19.5		

500ZQB-50（D）型潜水轴流泵性能

表 1-366

叶片安装角度	流量 Q		扬程 H	转速 n	泵效率 η	功率（kW）		叶轮直径
	（m³/h）	（L/s）	（m）	（r/min）	（%）	轴功率	电机功率	（mm）
−6°	1522	423	9.78		75.6	53.7		
	1843	512	8		80.2	50.1	55	
	1981	550	6.85		78.3	47.2		
−4°	1600	444	10.12		75.6	58.4		
	1987	552	8.25		81	55.1	65	
	2183	606	6.65		78.3	50.5		
−2°	1698	472	10.48		75.6	64.1		
	2131	592	8.5		81	60.9		
	2368	658	6.61		78.3	54.5	75	
0°	1801	500	10.82	980	75.6	70.2		
	2300	639	8.54		81	66.1		
	2536	704	6.67		78.3	58.9		
+2°	2212	614	10.02		81	74.6		
	2430	675	8.7		81.5	70.7		
	2683	745	6.8		78.3	63.5	90	450
+4°	2170	603	11.06		75.6	86.5		
	2556	710	9		81.5	76.9		
	2826	785	7.04		78.3	69.2		
−6°	1115	310	5.32		74.7	21.6		
	1373	381	4.44		79.4	20.9	22	
	1476	410	3.8		77.5	19.7		
−4°	1192	331	5.62		74.7	24.4		
	1480	411	4.58		80.3	23.0		
	1626	452	3.69		77.5	21.1		
−2°	1265	351	5.82		74.7	26.9		
	1588	441	4.72		80.3	25.4	30	
	1764	490	3.68		77.5	22.8		
0°	1342	373	6	730	74.7	29.4		
	1716	477	4.74		80.3	27.6		
	1889	525	3.7		77.5	24.6		
+2°	1675	465	5.56		80.3	31.1		
	1810	503	4.83		80.7	29.5		
	1999	555	3.77		77.5	26.5		
+4°	1617	449	6.15		74.7	36.2	37	
	1904	529	4.99		80.7	32.1		
	2105	585	3.9		77.5	28.9		

500ZQB-70 (D)型潜水轴流泵性能　　　　　表 1-367

叶片安装角度	流量 Q		扬程 H	转速 n	泵效率 η	功率（kW）		叶轮直径
	(m³/h)	(L/s)	(m)	(r/min)	(%)	轴功率	电机功率	(mm)
−4°	1370	381	9.44		70	50.3		
	1760	489	7		79.6	42.2		
	2050	569	4.35		78.5	31.0		
−2°	1720	478	8.2		74.5	51.6		
	2010	558	6.43		80	44.0		
	2250	625	4.9		73.5	40.9		
0°	2099	583	7	980	79.9	50.1	55	
	2160	600	6.3		81.2	45.7		
	2510	697	3.9		77	34.6		
+2°	2340	650	6.6		81.5	51.6		
	2560	711	5.6		82	47.6		
	2660	739	4.67		81.5	41.5		
+4°	2556	710	6.2		82.2	52.5		450
	2700	750	5.6		83	49.6		
	2858	794	4.4		79	43.4		
−4°	1020	283	5.32		68.2	21.7		
	1310	364	3.95		78.4	18.0		
	1530	425	2.45		77.2	13.2		
−2°	1170	325	5.16		73	22.5		
	1500	417	3.62		78.8	18.8		
	1675	465	2.76		71.9	17.5		
0°	1480	411	4.16	730	77.8	21.6	30	
	1610	447	3.56		80.1	19.5		
	1870	519	2.16		75.6	14.6		
+2°	1710	475	3.95		80.4	22.9		
	1910	531	3.1		80.9	19.9		
	1990	553	2.63		80.4	17.7		
+4°	1640	456	4.44		75.4	26.3		
	1860	517	3.52		82	21.8		
	2100	583	2.82		81.5	19.8		

500ZQB-100（125）型潜水轴流泵性能 表 1-368

| 叶片安装角度 | 流量 Q | | 扬程 H（m） | 转速 n（r/min） | 泵效率 η（%） | 功率（kW） | | 叶轮直径（mm） |
	(m³/h)	(L/s)				轴功率	电机功率	
−6°	1764	490	6.05		79.7	36.5		
	2160	600	3.7		82	26.6		
	2275	632	2.9		79.7	22.6		
−4°	1980	550	6		81.6	39.7	45	
	2340	650	4		84.3	30.3		
	2466	685	3.15		81.6	25.9		
−2°	2160	600	6.18		81.6	44.6		
	2513	698	4.2		85.2	33.8		
	2700	750	3.1		81.6	28.0		
0°	2322	645	6.4		81.6	49.6	55	
	2700	750	4.3		85.2	37.1		
	2916	810	3.05		81.6	29.7		
+2°	2498	694	6.4		81.6	53.4		
	2844	790	4.68		85.2	42.6		
	3114	865	3.25		81.6	33.8	65	
+4°	2736	760	6.2		81.6	56.6		450
	2995	832	5	980	85.2	47.9		
	3276	910	3.6		81.6	39.4		
−4°	1620	450	4.55		75	26.8		
	1962	545	3.2		80.5	21.3	30	
	2196	610	2		75	16.0		
−2°	2070	575	4.75		78	34.4		
	2394	665	3.3		81.5	26.4	37	
	2700	750	1.9		75	18.6		
0°	2484	690	4.8		78.5	41.4		
	2844	790	3.5		82.5	32.9	45	
	3204	890	2		73.5	23.8		
+2°	2808	780	5.1		76.5	51.0		
	3240	900	3.6		82	38.8		
	3510	975	2.5		75	31.9	55	
+4°	3366	935	4.4		78.6	51.3		
	3636	1010	4		79.5	49.9		
	3834	1065	3.6		76.5	49.2		

500ZQB-160 及 600ZQB-100 型潜水轴流泵性能　　表 1-369

叶片安装角度	流量 Q		扬程 H (m)	转速 n (r/min)	泵效率 η (%)	功率 (kW)		叶轮直径 (mm)
	(m³/h)	(L/s)				轴功率	电机功率	
−2°	2192	609	3.72	980	79.3	28.0	37	450
	2545	707	2.56		84.2	21.2		
	2804	779	1.71		79.3	16.5		
0°	2569	714	3.57		79.3	31.5	45	
	2956	821	2.57		84.2	24.6		
	3158	877	1.79		79.3	19.4		
+2°	2989	830	3.41		79.3	35.0		
	3194	887	3.02		82.0	32.1		
	3474	965	2.13		80.2	25.1		
−6°	2556	710	4.45	730	81.1	38.2	45	550
	2808	780	3.49		81.6	32.7		
	3132	870	2.43		77.0	26.9		
−4°	3024	840	4.00		83.1	39.7		
	3132	870	3.54		83.4	36.2		
	3348	930	2.66		81.3	29.8		
−2°	3132	870	4.45		83.0	45.8	55	
	3420	950	3.49		84.0	38.7		
	3672	1020	2.52		81.2	31.1		
0°	3348	930	4.47		82.7	49.3		
	3672	1020	3.59		84.2	42.7		
	3850	1069	2.95		83.0	37.3		
+2°	3924	1090	3.73		84.0	47.5		
	4104	1140	3.37		84.2	44.8		
	4176	1160	2.90		81.7	40.4		
+4°	4176	1160	3.79		84.2	51.2		
	4284	1190	3.41		83.3	47.8		
	4482	1245	3.00		81.0	45.2		

700ZQB-50D (70)型潜水轴流泵性能　　　　　表 1-370

叶片安装角度	流量Q (m³/h)	流量Q (L/s)	扬程H (m)	转速n (r/min)	泵效率η (%)	轴功率	电机功率	叶轮直径 (mm)
-6°	2246	624	6.99	590	71.9	59.5	75	600
	2952	820	5.52		80.9	54.9		
	3285	913	2.68		64.0	37.5		
-4°	3093	859	5.93		81.4	61.4		
	3186	885	5.68		81.8	60.3		
	3733	1037	3.54		71.9	50.1		
-2°	2465	685	7.39		71.9	69.0		
	3444	957	5.68		81.9	65.1		
	4062	1128	3.31		70.0	52.3		
0°	2730	758	7.15		76.2	69.8		
	3697	1027	5.83		81.5	72.1		
	4124	1146	3.04		71.9	47.5		
+2°	3082	856	7.61		76.2	83.9	90	
	3890	1081	6.00		82.4	77.5		
	4559	1266	3.69		71.9	63.8		
+4°	3773	1048	6.99		81.4	88.3		
	4102	1139	6.15		82.4	83.4		
	4781	1328	3.88		71.9	70.3		
-4°	3038	844	10.80	730	72.1	124.0	132	650
	3908	1086	8.04		82.0	104.1		
	4563	1268	4.99		81.0	76.6		
-2°	3828	1063	9.41		76.5	128.3		
	4467	1241	7.58		81.4	113.4		
	4995	1388	5.63		75.4	101.6		
0°	4595	1276	8.04		81.3	123.8		
	4795	1332	7.25		82.5	114.8		
	5562	1545	4.48		78.6	86.4		
+2°	5195	1443	7.58		82.6	129.9		
	5682	1578	6.31		83.5	117.0		
	5922	1645	5.36		82.8	104.5		
+4°	5760	1600	7.20		83.2	135.8	160	
	5994	1665	6.43		84.2	124.7		
	6340	1761	5.05		80.3	108.7		

700ZQB-70D（70＊）型潜水轴流泵性能

表 1-371

叶片安装角度	流量 Q		扬程 H	转速 n	泵效率 η	功率（kW）		叶轮直径
	（m³/h）	（L/s）	（m）	（r/min）	（%）	轴功率	电机功率	（mm）
−4°	2410	669	6.96		70.5	64.8		
	3110	864	5.17		80.0	54.8		
	3660	1017	3.20		78.8	40.5		
−2°	2786	774	6.75		75.0	68.3		
	3557	988	4.74		80.5	57.1		
	3974	1104	3.61		75.9	51.5		
0°	3506	974	5.44		79.4	65.5	75	
	3820	1061	4.66		81.5	59.5		
	4446	1235	2.85		77.4	44.6		
+2°	4060	1128	5.17		81.8	69.9		
	4529	1258	4.00		82.3	60.0		
	4720	1311	3.44		81.8	54.1		
+4°	4658	1294	4.60		83.3	70.1		
	4975	1382	3.68		82.8	60.4		
	5120	1422	3.20		79.3	56.3		
−4°	4356	1210	6.45	590	79.4	96.4		650
	4860	1350	5.5		82.0	88.8		
	5256	1460	4.25		79.4	76.7		
−2°	4572	1270	6.65		80.0	103.6		
	5184	1440	5.5		82.8	93.8	110	
	5688	1580	4.15		79.4	81.0		
0°	4780	1328	6.7		80.8	108.0		
	5436	1510	5.7		83.7	100.9		
	6084	1690	4.05		76.4	87.9		
+2°	5040	1400	7		81.1	118.5		
	5652	1570	6		84.0	110.0		
	6480	1800	4.1		79.4	91.2	132	
+4°	5256	1460	7.25		81.1	128.0		
	6012	1670	6.2		84.5	120.2		
	6840	1900	4.17		79.4	97.9		
+6°	5544	1540	7.45		81.1	138.8		
	6228	1730	6.45		84.5	129.5	160	
	7200	2000	4.47		79.4	110.5		

700ZQB-100 (D)型潜水轴流泵性能　　　　　　表 1-372

叶片安装角度	流量 Q		扬程 H (m)	转速 n (r/min)	泵效率 η (%)	功率（kW）		叶轮直径 (mm)
	(m³/h)	(L/s)				轴功率	电机功率	
−6°	3888	1080	7.00		79.0	93.9		
	4572	1270	5.00		81.0	76.9		
	5040	1400	3.30		79.0	57.4	110	
−4°	4176	1160	7.20		79.0	103.7		
	4860	1350	5.30		82.5	85.1		
	5472	1520	3.00		79.0	56.6		
−2°	4572	1270	7.50		79.0	118.3		
	5329	1480	5.50		83.0	96.2		
	5976	1660	3.35		79.0	69.1	132	
0°	4968	1380	7.60	730	79.0	130.2		
	5850	1625	5.50		83.4	105.1		
	6516	1810	3.45		79.0	77.5		
+2°	5400	1500	7.65		79.0	142.5		
	6300	1750	5.50		83.4	113.2		
	6948	1930	3.55		79.0	85.1	160	
+4°	5760	1600	7.60		79.0	151.0		
	6660	1850	5.70		83.4	124.0		650
	7380	2050	3.70		79.0	94.2		
−6°	3021	839	4.76		78.0	50.2		
	3693	1026	3.20		82.0	39.3	55	
	4166	1157	1.89		78.0	27.5		
−4°	3230	897	5.13		80.0	56.4		
	4172	1159	3.14		84.0	42.5		
	4572	1270	1.98		78.0	31.6	65	
−2°	3390	942	5.45		78.0	64.5		
	4506	1252	3.17		85.0	45.8		
	4979	1383	1.94		80.0	32.9		
0°	3981	1106	5.09	590	80.0	68.0		
	4875	1354	3.20		85.0	50.0	75	
	5363	1490	2.02		80.0	36.9		
+2°	4173	1159	5.34		78.0	77.9		
	5171	1436	3.40		85.0	56.4		
	5769	1603	2.03		78.0	40.9		
+4°	4196	1166	5.88		78.0	86.2	90	
	5540	1539	3.40		85.0	60.4		
	6079	1689	2.29		78.0	48.6		

700ZQB-125（D)型潜水轴流泵性能 表 1-373

叶片安装角度	流量 Q		扬程 H	转速 n	泵效率 η	功率（kW）		叶轮直径
	（m³/h)	（L/s)	（m）	（r/min)	（%)	轴功率	电机功率	（mm）
−4°	3398	944	6.10		77.0	73.4		
	4572	1270	3.61		84.0	53.5	90	
	5141	1428	2.12		78.0	38.1		
−2°	4799	1333	5.80		79.0	96.0		
	5533	1537	4.05		82.5	74.0	110	
	6048	1680	2.57		79.0	53.6		
0°	5825	1618	5.67		81.0	111.1		
	6635	1843	4.05	730	82.5	88.8	132	
	7222	2006	2.70		79.0	67.3		
+2°	6487	1802	6.08		79.0	136.0		
	7441	2067	4.32		82.5	106.2		
	7956	2210	3.24		79.0	88.9	160	
+4°	8352	2320	4.81		83.0	131.9		
	8402	2334	4.17		82.0	116.4		
	8910	2475	3.73		79.0	114.6		650
−4°	2725	757	3.92		76.0	38.3		
	3668	1019	2.32		83.3	27.8	45	
	4104	1140	1.36		77.2	19.7		
−2°	3636	1010	3.98		78.5	50.2		
	4511	1253	2.40		83.8	35.2	55	
	5051	1403	1.24		75.5	22.6		
0°	4392	1220	4.00		79.5	60.2		
	5314	1476	2.57	590	83.8	44.4	75	
	5922	1645	1.51		76.5	31.9		
+2°	5069	1408	4.04		79.0	70.6		
	5951	1653	2.74		83.3	53.3		
	6400	1778	2.02		80.0	44.0	90	
+4°	5995	1665	4.00		78.8	82.9		
	6682	1856	3.10		82.5	68.4		
	6732	1870	3.03		82.5	67.4		

700ZQB-160 型及 900ZQB-50 型潜水轴流泵性能　　表 1-374

叶片安装角度	流量 Q		扬程 H	转速 n	泵效率 η	功率（kW）		叶轮直径
	(m³/h)	(L/s)	(m)	(r/min)	(%)	轴功率	电机功率	(mm)
−2°	4922	1367	4.30		81.4	70.9		
	5715	1588	2.96		85.0	54.2	75	
	6295	1749	1.98		81.4	41.7		
0°	5766	1602	4.13		81.4	79.7		650
	6637	1844	2.97	730	85.6	62.8		
	7086	1968	2.07		81.4	49.1		
+2°	6710	1864	3.95		81.4	88.7	90	
	7171	1992	3.50		83.8	81.6		
	7798	2166	2.46		82.2	63.6		
−8°	5161	1434	9.65		74.6	181.9		
	6472	1798	7.82		81.0	170.6	185	
	7596	2110	4.58		70.6	134.3		
−6°	5659	1572	9.77		75.0	200.9		
	7139	1983	7.82		82.8	183.7		
	8578	2383	3.83		66.6	134.4	220	
−4°	5638	1566	10.31		74.6	212.3		
	7761	2156	8.06		84.0	202.9		
	9187	2552	4.37		70.6	155.0		
−2°	6558	1822	10.24		78.5	233.1		850
	7995	2221	8.3	490	84.0	215.3		
	10038	2788	3.91		67.0	159.6	250	
0°	7470	2075	9.89		80.9	248.8		
	8882	2467	8.34		84.2	239.7		
	10570	2936	4.42		70.6	180.3		
+2°	7402	2056	10.85		78.5	278.8		
	9350	2597	8.55		84.0	259.3	280	
	11357	3155	4.02		66.6	186.8		
+4°	7859	2183	11.2		78.5	305.5		
	9830	2731	8.79		84.0	280.3	315	
	11774	3271	4.88		70.6	221.8		

900ZQB-70（＊）型潜水轴流泵性能 表 1-375

叶片安装角度	流量 Q		扬程 H	转速 n	泵效率 η	功率（kW）		叶轮直径
	（m³/h）	（L/s）	（m）	（r/min）	（%）	轴功率	电机功率	（mm）
−4°	4500	1250	8.06		74.0	133.6		
	5800	1611	5.98		82.3	114.8		
	6770	1881	3.72		81.4	84.3		
−2°	5190	1442	7.82		77.5	142.7		
	6620	1839	5.49		82.7	119.8		
	7410	2058	4.19		77.0	109.9	160	
0°	6510	1808	6.41		81.8	139.0		
	7200	2000	5.40		83.6	126.7		
	8250	2292	3.33		80.1	93.5		
+2°	7560	2100	5.99		84.0	146.9		
	8420	2339	4.70		84.4	127.8		
	8790	2442	4.00		84.0	114.1		
+4°	7740	2150	6.50		82.7	165.8		
	8650	2403	5.33		85.6	147.3	185	
	9300	2583	4.27	490	84.8	127.6		850
−4°	8748	2430	6.80		83.0	95.3		
	9288	2580	6.00		83.0	183.0	220	
	9839	2733	5.00		80.5	166.5		
−2°	8350	2319	7.73		80.5	218.5		
	9648	2680	6.50		83.8	203.9		
	10620	2950	4.87		80.5	175.1	250	
0°	8640	2400	8.17		80.5	238.9		
	10080	2800	6.70		84.5	217.8		
	11268	3130	4.77		80.5	181.9		
+2°	8964	2490	8.40		80.5	254.9		
	10656	2960	7.00		84.5	240.5	280	
	11988	3330	4.77		80.5	193.6		
+4°	9720	2700	8.50		82.1	274.2		
	11124	3090	7.33		85.3	260.5	300	
	12816	3560	4.93		80.5	213.9		

900ZQB-100（D)型潜水轴流泵性能　　　　表 1-376

叶片安装角度	流量 Q		扬程 H	转速 n	泵效率 η	功率（kW）		叶轮直径
	（m³/h）	（L/s）	（m）	（r/min）	（%）	轴功率	电机功率	（mm）
−6°	7416	2060	6.75		81.5	167.4		
	8316	2310	5.50		84.0	148.4		
	8856	2460	4.00		82.0	117.7	158	
−4°	8208	2280	6.85		83.0	184.6		
	9306	2585	5.50		84.5	165.1		
	9792	2720	4.00		81.5	131.0		
−2°	8686	2413	7.50		82.5	215.0		
	9756	2710	5.75		85.0	179.8	220	
	10650	2958	4.00		82.0	141.6		
0°	9720	2700	7.25	590	83.5	230.0		
	10728	2980	5.50		85.0	189.2		
	11448	3180	4.50		83.5	168.1		
+2°	10818	3005	6.80		84.5	237.2		
	11412	3170	5.75		85.0	210.4	250	
	12168	3380	4.50		83.5	178.7		
+4°	12168	3380	5.90		85.0	230.2		850
	12870	3575	4.80		83.5	201.3		
	13835	3843	3.50		82.0	160.9		
−6°	5868	1630	5.00		80.0	99.9		
	6894	1915	3.50		82.5	79.7	110	
	7596	2110	2.25		79.0	59.0		
−4°	6660	1850	5.00		80.5	112.7		
	7488	2080	3.75		84.0	91.1		
	8388	2330	2.55		80.0	64.3	132	
−2°	7578	2105	4.60		83.5	113.8		
	8028	2230	3.90		85.0	100.4		
	9072	2520	2.25	490	80.0	69.5		
0°	7560	2100	5.50		80.5	140.8		
	8658	2405	4.00		85.0	111.0		
	9684	2690	2.50		80.9	81.5		
+2°	8460	2350	5.20		82.0	146.2		
	9378	2605	4.00		85.0	120.3	160	
	10244	2846	2.80		81.5	95.9		
+4°	9468	2630	4.75		84.0	145.9		
	10080	2800	4.00		85.0	129.3		
	10818	3005	3.00		81.8	108.1		

900ZQB-125（160）型潜水轴流泵性能 表 1-377

叶片安装角度	流量 Q		扬程 H	转速 n	泵效率 η	功率（kW）		叶轮直径
	（m³/h）	（L/s）	（m）	（r/min）	（%）	轴功率	电机功率	（mm）
−2°	7056	1960	4.30		80.0	103.3		
	8136	2260	3.00		83.5	79.7	110	
	8892	2470	1.90		80.0	57.5		
0°	8568	2380	4.20		82.0	119.6		
	9756	2710	3.00		83.5	95.5	132	
	10620	2950	2.00		80.0	72.3		
+2°	9540	2650	4.50		80.0	146.2		
	10944	3040	3.20		83.5	114.3	160	
	11700	3250	2.40	490	80.0	95.6		850
−2°	7315	2032	3.25		82.3	78.8		
	8492	2359	2.24		85.7	60.5		
	9234	2565	1.57		83.0	47.6	90	
0°	8568	2380	3.12		82.3	88.5		
	9850	2736	2.25		86.5	69.8		
	10476	2910	1.63		83.0	56.1		
+2°	9968	2769	3.00		82.3	99.0		
	10656	2960	2.64		84.5	90.7	110	
	11462	3184	2.01		83.0	75.6		

1200ZQB-100（*）型潜水轴流泵性能

表 1-378

叶片安装角度	流量 Q		扬程 H (m)	转速 n (r/min)	泵效率 η (%)	功率（kW）		叶轮直径 (mm)
	(m³/h)	(L/s)				轴功率	电机功率	
-4°	11304	3140	6.43		84.7	233.8		
	12514	3476	5.00		85.4	199.7	90	
	13644	3790	3.17		81.7	144.3		
-2°	12456	3460	6.48		84.7	259.7		
	13460	3739	5.11		86.2	218.4		
	14904	4140	3.07		81.7	152.6	280	
0°	13865	3851	6.00		86.1	263.3		
	14565	4046	5.11	490	86.2	235.3		1000
	16020	4450	3.23		81.7	172.6		
+2°	13824	3840	7.21		84.7	320.7		
	15448	4291	5.43		86.2	265.2		
	17028	4730	3.53		81.7	200.5	335	
+4°	15624	4340	6.45		85.4	321.6		
	16552	4598	5.42		86.2	283.6		
	17964	4990	3.89		81.7	233.1		
-4°	10584	2940	5.40		83.0	187.6		
	12312	3420	4.00		86.9	154.4	220	
	13752	3820	2.60		84.7	115.0		
-2°	11340	3150	5.70		83.0	212.2		
	14220	3950	4.00		87.6	177.0	250	
	14940	4150	2.58		84.6	124.2		
0°	11808	3280	6.10		81.5	240.8		
	14400	4000	4.15	370	87.6	185.9	280	1100
	16056	4460	2.58		84.6	133.5		
+2°	13176	3660	5.90		82.2	257.7		
	15840	4400	3.87		87.6	190.7		
	17100	4750	2.75		84.6	151.5	300	
+4°	14688	4080	5.60		83.0	269.9		
	16848	4680	4.00		87.6	209.6		
	18000	5000	3.00		84.6	174.0		

1200ZQB-125（160）型潜水轴流泵性能　　　　　　表 1-379

叶片安装角度	流量 Q		扬程 H	转速 n	泵效率 η	功率（kW）		叶轮直径
	(m³/h)	(L/s)	(m)	(r/min)	(%)	轴功率	电机功率	(mm)
-4°	8820	2450	4.20		79.9	126.3		
	11160	3100	2.80		84.6	100.7	132	
	12240	3400	1.66		79.9	69.3		
-2°	12240	3400	4.62		79.9	192.9		
	13788	3830	2.80		84.6	124.4		
	15300	4250	1.60		79.9	83.5	220	
0°	13176	3660	4.80		79.9	215.7		
	16200	4500	3.00	370	84.6	156.6		1100
	18000	5000	1.85		79.9	113.6		
+2°	15228	4230	4.75		79.9	246.7		
	18000	5000	3.30		84.6	191.4	250	
	19800	5500	2.20		79.9	148.6		
+4°	18360	5100	4.66		79.9	291.8		
	21096	5860	3.16		83.1	218.7	300	
	22320	6200	2.48		78.4	192.4		
-2°	12031	3342	4.59		83.4	180.4		
	13968	3880	3.29		86.6	144.6	185	
	15386	4274	2.11		83.4	106.1		
0°	14440	4011	4.26		84.1	199.3		
	16222	4506	3.17	490	86.6	161.8	200	1000
	17323	4812	2.21		83.4	125.1		
+2°	16402	4556	4.21		83.4	225.6		
	18112	5031	3.43		85.6	197.8	250	
	19058	5294	2.63		84.1	162.4		

1400ZQB-70 (85)型潜水轴流泵性能   表 1-380

叶片安装角度	流量 Q		扬程 H	转速 n	泵效率 η	功率 (kW)		叶轮直径
	(m³/h)	(L/s)	(m)	(r/min)	(%)	轴功率	电机功率	(mm)
−4°	12210	3392	9.50		80.5	392.7		
	14649	4069	7.06		82.9	340.0	450	
	16681	4634	4.85		82.3	267.9		
−2°	13132	3648	9.66		80.5	429.4		
	16912	4698	6.35		85.1	343.9	480	
	18660	5183	4.59		81.3	287.1		
0°	14375	3993	9.83		80.5	478.3		
	18056	5016	6.56	365	85.1	379.3	530	
	20159	5600	4.44		81.3	300.0		
+2°	15554	4321	9.75		80.5	513.4		
	19532	5426	6.16		85.1	385.3	580	
	21657	6016	4.84		84.3	338.8		
+4°	17279	4800	9.50		80.5	555.7		1250
	20616	5727	6.96		85.1	459.5	630	
	22348	6208	5.35		84.3	386.5		
−4°	16416	4560	6.9		83.5	369.7		
	17906	4974	5.7		85	327.2	400	
	19012	5281	4.6		83.5	285.4		
−2°	17777	4938	7.2		83.5	417.7		
	19336	5371	6		85	371.9	450	
	20765	5768	4.7		83.5	318.5		
0°	18817	5227	7.4		83.5	454.4		
	20632	5731	6.2	370	85	410.1	475	
	22126	6146	4.8		83.5	346.6		
+2°	19530	5425	7.8		83.5	497.1		
	22061	6128	6.4		85	452.6	530	
	23746	6596	5		83.5	387.5		
+4°	20874	5804	8.1		83.5	552.3		
	23555	6543	6.7		85	505.9	600	
	25240	7011	5.2		83.5	428.3		

1400ZQB-100（＊）型潜水轴流泵性能 表 1-381

叶片安装角度	流量 Q		扬程 H (m)	转速 n (r/min)	泵效率 η (%)	功率（kW）		叶轮直径 (mm)
	(m³/h)	(L/s)				轴功率	电机功率	
−6°	12636	3510	6.04		80.3	259.0		
	14688	4080	4.20		84.3	199.4		
	16560	4600	2.60		78.3	149.8	280	
−4°	14976	4160	5.51		84.3	266.7		
	16776	4660	4.04		85.3	216.5		
	18180	5050	2.71		80.3	167.2		
−2°	15300	4250	6.34		82.3	321.2		
	17064	4740	5.00		86.3	269.4	335	
	19800	5500	2.64		80.3	177.4		1200
0°	17714	4921	5.71		82.3	334.9		
	19440	5400	4.40		86.3	270.1	355	
	21600	6000	2.50		78.3	187.9		
+2°	17784	4940	6.56		82.3	386.3		
	21384	5940	4.07		86.3	274.8		
	22968	6380	2.77		78.3	221.4	400	
+4°	20340	5650	5.85		84.3	384.6		
	22428	6230	4.41		86.3	312.3		
	24192	6720	3.13	370	78.3	263.5		
−6°	14627	4063	5.85		82.5	282.6		
	15889	4414	4.87		84.0	251.0	300	
	17696	4916	3.23		81.8	190.4		
−4°	15746	4374	6.11		82.5	317.8		
	17496	4860	4.75		85.3	265.5	335	
	19302	5362	3.23		82.8	205.2		
−2°	17352	4820	6.17		84.0	347.3		
	19216	5338	4.91		86.2	298.3	355	
	21195	5888	3.23		83.2	224.2		1250
0°	18671	5186	6.46		84.3	389.9		
	20880	5800	5.06		86.3	333.6	400	
	23031	6398	3.36		83.2	253.5		
+2°	19962	5545	6.59		83.7	428.3		
	22090	6136	5.34		86.8	370.3	450	
	24551	6820	3.49		80.5	290.0		
+4°	21367	5935	6.59		83.0	462.3		
	23748	6597	5.19		86.3	389.2	475	
	26043	7234	3.66		82.5	314.8		

752 1 泵

1400ZQB-125 型及 1600ZQB-70 型潜水轴流泵性能　　　　表 1-382

叶片安装角度	流量 Q (m³/h)	流量 Q (L/s)	扬程 H (m)	转速 n (r/min)	泵效率 η (%)	功率（kW）轴功率	功率（kW）电机功率	叶轮直径 (mm)
−4°	11448	3180	5.00		80.3	194.3		
	14400	4000	3.40		84.5	157.9	200	
	16200	4500	1.90		80.3	104.5		
−2°	14400	4000	5.60		80.3	273.7		
	18000	5000	3.20		84.8	185.1	280	
	19800	5500	1.90		80.3	127.7		
0°	17100	4750	5.70		80.3	330.8		
	20520	5700	3.90	370	84.8	257.2	335	1200
	23400	6500	2.20		80.3	174.7		
+2°	19800	5500	5.70		80.3	383.0		
	23400	6500	3.90		84.8	293.3	400	
	25776	7160	2.50		80.3	218.7		
+4°	24732	6870	5.15		81.8	424.3		
	27000	7500	4.05		83.7	356.0	450	
	28440	7900	3.20		80.3	308.8		
−4°	18454	5126	9.42		81	584.8		
	22140	6150	7		83.4	506.4	600	
	25211	7003	4.81		82.8	399.1		
−2°	19847	5513	9.58		81	639.6		
	25560	7100	6.3		85.6	512.6	670	
	28202	7834	4.55		81.8	427.5		
0°	21726	6035	9.75		81	712.6		
	27288	7580	6.5	295	85.6	564.6	750	1540
	30467	8463	4.4		81.8	446.6		
+2°	23508	6530	9.67		81	764.8		
	29520	8200	6.55		85.6	615.5	800	
	32731	9092	4.8		84.8	504.9		
+4°	26114	7254	9.42		81	827.6		
	31158	8655	6.9		85.6	684.4	850	
	33775	9382	5.3		84.8	575.2		

1600ZQB-85 (100)型潜水轴流泵性能 表 1-383

叶片安装角度	流量 Q		扬程 H (m)	转速 n (r/min)	泵效率 η (%)	功率（kW）		叶轮直径 (mm)
	(m³/h)	(L/s)				轴功率	电机功率	
−4°	23421	6506	7.4		82.7	571.7		
	26316	7310	5.8		85.2	488.2	600	
	28948	8041	4		82.7	381.5		
−2°	25000	6944	7.5		82.7	617.8		
	27895	7749	6.2		85.2	553.2	630	
	31579	8772	4		82.7	416.2		
0°	27369	7603	7.7		82.7	694.4		
	30528	8480	6.2		85.9	600.4	750	
	33948	9430	4.2		82.7	469.8		
+2°	28948	8041	7.9		82.7	753.5		
	32893	9137	6.2		85.9	646.9	800	
	36184	10051	4.3		82.7	512.7		
+4°	31579	8772	8.1		84.2	827.8		
	35000	9722	6.6		85.9	732.8	850	
	38421	10673	4.6		82.7	582.4		
−6°	22104	6140	5.6	295	85.5	394.5		1540
	24012	6670	4.8		86	365.2	425	
	26748	7430	3.2		84.8	275.1		
−4°	23796	6610	6		85.5	455.0		
	26424	7340	4.7		87	389.0	475	
	29160	8100	3.2		84.5	300.9		
−2°	26244	7290	6.1		85.6	509.6		
	29052	8070	4.9		87	445.9	530	
	32040	8900	3.2		84.2	331.8		
0°	28224	7840	6.4		85.6	575.0		
	31572	8770	5		87.8	489.9	600	
	34848	9680	3.35		84.2	377.8		
+2°	30168	8380	6.5		85.5	625.0		
	33624	9340	5.2		87.8	542.7	670	
	37152	10320	3.5		84.5	419.3		
+4°	31762	8823	6.5		85.5	658.0		
	35892	9970	5.2		87.8	579.3	710	
	39348	10930	3.5		84.5	444.1		

1600ZQB-125 型潜水轴流泵及 1800ZQBX-70 型潜水电泵性能　　　表 1-384

叶片安装角度	流量 Q		扬程 H	转速 n	泵效率 η	功率 (kW)		叶轮直径
	(m³/h)	(L/s)	(m)	(r/min)	(%)	轴功率	电机功率	(mm)
−6°	17464	4851	3.7		82.6	213.2		
	19145	5318	3		84.6	185.7	250	
	20308	5641	2.4		81	164.0		
−4°	19220	5339	5.03		81.3	323.9		
	23929	6647	3.35		85.6	255.0	355	
	26129	7258	2.28		82.6	196.4		
−2°	25351	7042	5.15		82.6	430.5		
	29232	8120	3.6		85.6	343.3	450	
	31950	8875	2.28	295	82.6	240.2		1540
0°	30784	8551	5.03		84.3	500.3		
	35053	9737	3.6		85.6	401.5	530	
	38156	10599	2.4		82	304.1		
+2°	34279	9522	5.4		82.6	610.3		
	39355	10932	3.6		85.6	450.4	630	
	42037	11677	2.88		82.6	399.2		
+4°	41004	11390	5.15		82.6	696.2		
	44755	12432	4.31		85.2	616.6	750	
	46307	12863	3.6		82.6	549.6		
−4°	25612	7114	7.56		82.36	646.8		
	28963	8045	5.77		84.47	544.4	710	
	32009	8891	3.98		82.49	425.5		
−2°	27628	7674	7.68		83.58	698.7		
	31573	8770	5.95		85.04	608.2		
	34986	9718	4.22		84.50	480.2	800	
0°	29276	8132	7.79		83.59	750.8		
	33532	9314	6.10	256.8	85.04	661.9		1740
	37359	10378	4.41		85.01	533.8		
+2°	31937	8871	7.98		83.45	840.3		
	36304	10084	6.32		85.04	743.0	900	
	40195	11165	4.67		84.87	608.5		
+4°	32531	9036	8.31		82.59	920.8		
	38323	10645	6.50		85.04	806.0	1000	
	41999	11666	4.84		84.14	864.8		

1800ZQBX-70 ＊ （85） 型潜水电泵性能 表 1-385

叶片安装角度	流量 Q		扬程 H	转速 n	泵效率 η	功率（kW）		叶轮直径
	（m³/h）	（L/s）	（m）	（r/min）	（%）	轴功率	电机功率	（mm）
−4°	33132	9203	7.32		78.36	816.2		
	36588	10163	6.36		84.56	752.1	900	
	40581	11273	4.68		76.14.	642.3		
−2°	35159	9766	7.46		82.62	869.3		
	38654	10737	6.52		85.54	805.8		
	42928	11924	4.88		79.82	695.1	1000	
0°	35944	9984	7.81		83.91	941.4		
	40805	11335	6.70		85.54	864.7		
	45379	12605	5.10	230	82.79	754.8		
+2°	38024	10562	7.97		83.59	1002.4		
	42827	11896	6.87		85.54	923.2		
	47691	13248	5.31		83.00	822.1	1100	
+4°	40274	11187	8.15		82.93	1075.1		1740
	45300	12583	7.09		85.54	1008.0		
	50157	13933	5.56		82.12	901.3		
+6°	42478	11799	8.34		79.54	1154.3		
	47539	13205	7.30		84.70	1089.4	1200	
	52600	14611	5.82		79.90	987.8		
−4°	29658	8238	6.99		81.93	695.8		
	33514	9309	5.26		85.34	568.2	800	
	36667	10185	3.51		79.23	446.6		
−2°	32236	8954	7.16		82.09	774.2		
	36279	10078	5.48		85.34	640.5		
	39536	10982	3.75		81.60	500.2		
0°	34489	9580	7.33		81.39	855.0	900	
	38665	10740	5.68	256.8	85.34	707.6		
	41927	11646	3.97		81.85	559.6		
+2°	36268	10074	7.47		82.22	906.3		
	41005	11390	5.88		85.34	778.0	1000	
	44746	12429	4.24		82.13	636.2		
+4°	38604	10723	7.67		83.06	981.0		
	43619	12116	6.13		85.34	862.5	1100	
	47462	13184	4.52		82.14	719.8		

1800ZQBX-100（125）型潜水电泵性能　　　　表 1-386

叶片安装角度	流量 Q		扬程 H	转速 n	泵效率 η	功率（kW）		叶轮直径
	（m³/h）	（L/s）	（m）	（r/min）	（%）	轴功率	电机功率	（mm）
−6°	38693	10748	5.55		85.52	512.1		
	32423	9006	3.95		86.20	409.2	560	
	35238	9788	2.63		80.31	317.1		
−4°	31853	8848	5.71		86.23	576.7		
	35504	9862	4.14		88.05	459.7	630	
	38356	10654	2.83		83.75	357.2		
−2°	34133	9481	5.86		86.65	634.8		
	38104	10584	4.32		88.68	810.4	710	
	41146	11429	3.04		84.47	406.9		
0°	36729	10203	6.02		86.85	701.0		
	40775	11326	4.51		88.68	570.4		
	43803	12168	3.24		85.35	457.6	800	
+2°	39184	10884	6.19		86.55	771.5		
	43571	12103	4.74		88.68	635.9		
	46671	12964	3.47		85.48	521.9		
+4°	41592	11553	6.37		84.36	864.2		
	46063	12795	4.92	256.8	88.68	703.9	900	1740
	49451	13736	3.72		85.62	590.9		
−6°	21681	6023	3.93		81.29	288.1		
	24982	6939	2.82		83.10	232.9	330	
	27657	7683	1.79		75.98	179.6		
−4°	27898	7749	4.21		84.24	383.2		
	31840	8844	2.92		85.34	299.7	425	
	33917	9421	2.14		80.82	247.5		
−2°	33939	9428	4.54		84.53	502.0		
	37870	10519	3.30		85.34	403.0	560	
	40789	11330	2.31		83.10	311.9		
0°	39421	10950	4.91		83.92	634.7		
	43781	12161	3.74		85.34	527.7	710	
	47046	13068	2.81		84.04	432.6		
+2°	43849	12180	5.24		82.84	763.8		
	48544	13484	4.14		85.34	647.6	900	
	52086	14468	3.26		84.26	554.3		
+4°	49653	13793	5.74		78.49	998.4		
	54552	15153	4.70		83.93	840.5	1100	
	58084	16134	3.86		83.39	739.8		

1800ZQBX-160 型及 2000ZQBX-70 型潜水电泵性能　　　　　表 1-387

叶片安装角度	流量 Q		扬程 H (m)	转速 n (r/min)	泵效率 η (%)	功率 (kW)		叶轮直径 (mm)
	(m³/h)	(L/s)				轴功率	电机功率	
−2°	36181	10050	3.26		82.60	392.3		
	39612	11003	2.39		83.72	311.5	450	
	41301	11473	1.91		81.71	266.5		
0°	41218	11449	3.41		82.85	466.6		
	44008	12224	2.72	256.8	83.72	393.3	500	1740
	45603	12668	2.25		83.07	339.3		
+2°	46639	12955	3.53		81.04	558.0		
	48555	13488	3.09		83.72	493.6	630	
	50103	13918	2.63		83.20	435.6		
−4°	32509	9030	7.02		82.59	759.8		
	37719	10478	4.97		84.64	609.2	800	
	40739	11316	3.67		82.75	496.9		
−2°	35155	9765	7.11		83.92	819.1		
	41409	11503	5.06		85.34	676.2	900	
	44497	12360	3.89		84.89	562.4		
0°	37330	10369	7.18		84.02	878.2		
	44253	12293	5.14	215	85.34	734.1	1000	2000
	47503	13195	4.09		85.31	626.6		
+2°	40872	11353	7.32		84.06	979.2		
	48144	13373	5.26		85.34	817.0	1100	
	51078	14188	4.34		85.20	715.5		
+4°	43637	12121	7.43		83.53	1068.4		
	50855	14126	5.35		85.34	877.5	1200	
	53335	14815	4.50		84.55	781.7		

2000ZQBX-100 (85)型潜水电泵性能　　　表 1-388

叶片安装角度	流量 Q		扬程 H (m)	转速 n (r/min)	泵效率 η (%)	功率（kW）		叶轮直径 (mm)
	(m³/h)	(L/s)				轴功率	电机功率	
−4°	36347	10096	6.83		80.87	845.2		
	42186	11718	5.02		85.54	681.2	900	
	46758	12988	3.18		78.87	519.5		
−2°	39781	11050	6.94		80.69	941.5		
	45894	12748	5.15		85.54	760.7	1000	
	50592	14053	3.34		81.22	571.7		
0°	42733	11870	7.84		79.79	1037.3		
	49098	13638	5.28		85.54	833.2	1100	
	53793	14943	3.47		81.96	626.8		
+2°	45055	12515	7.12		81.04	1089.6		
	52299	14528	5.41		85.54	909.0		
	57688	16024	3.65		81.42	710.9	1200	
+4°	48292	13414	7.24		82.30	1169.6		
	55899	15528	5.56		85.54	1000.5		
	61403	17056	3.83		81.40	794.0		
−6°	34705	9640	5.64		83.57	645.1		
	40293	11193	3.96	215	86.95	505.6	710	2000
	44425	12340	2.57		81.61	384.3		
−4°	38593	10720	5.73		85.21	749.8		
	44415	12338	4.07		88.68	560.2	800	
	48627	13508	2.68		84.16	425.7		
−2°	41959	11655	5.80		85.59	783.0		
	47896	13304	4.16		88.88	616.5		
	52385	14551	2.79		84.55	475.0		
0°	45448	12624	5.89		86.05	856.3	900	
	54546	15152	4.26		88.88	680.1		
	56021	15561	2.90		84.77	527.1		
+2°	48749	13541	5.98		85.39	939.6		
	55247	15346	4.37		88.88	748.2	1000	
	59970	16658	3.03		84.45	592.2		
+4°	52068	14463	6.08		83.85	1038.4		
	58847	16346	4.49		88.88	818.5	1100	
	63894	17748	3.17		84.19	661.9		

2000ZQBX-125（160）型潜水电泵性能 表 1-389

叶片安装角度	流量 Q		扬程 H	转速 n	泵效率 η	功率（kW）		叶轮直径
	(m³/h)	(L/s)	(m)	(r/min)	(%)	轴功率	电机功率	(mm)
−6°	25061	6961	4.18		78.36	367.8		
	31138	8649	2.78		84.56	281.4	400	
	35191	9775	1.65		76.14	210.4		
−4°	33401	9278	4.32		82.62	480.5		
	35915	9976	2.95		85.54	374.6	560	
	43601	12111	1.84		79.82	277.3		
−2°	41790	11608	4.50		83.91	616.8		
	47727	13258	3.15		85.54	484.0	710	
	52093	14470	2.08		82.97	358.9		
0°	49343	13706	4.70		83.59	763.1		
	55996	15554	3.40		85.54	612.1	800	
	60941	16928	2.36		83.00	477.5		
+2°	55618	15449	4.89		82.93	901.8		
	62875	17465	3.63	215	85.54	734.7	1000	2000
	68297	18971	2.64		82.12	603.3		
+4°	64045	17790	5.17		79.54	1146.5		
	71605	19890	3.97		84.70	923.2	1000	
	76948	21374	3.00		79.90	794.1		
−2°	45189	12553	3.15		81.94	478.6		
	50027	13896	2.28		84.03	373.3	560	
	52590	14608	1.75		81.86	309.4		
0°	51348	14263	3.32		81.95	571.7		
	56219	15616	2.46		84.03	452.4	630	
	58599	16278	1.93		81.84	380.6		
+2°	38145	10596	3.42		80.47	679.4		
	62699	17416	2.67		84.03	547.5	710	
	64852	18014	2.14		81.48	468.8		

2400ZQBX-70（100）型潜水电泵性能   表 1-390

叶片安装角度	流量 Q (m³/h)	(L/s)	扬程 H (m)	转速 n (r/min)	泵效率 η (%)	功率（kW）轴功率	电机功率	叶轮直径 (mm)
−4°	46891	13025	5.57		84.80	847.3		
	50232	13953	4.62		84.95	752.2	900	
	54009	15003	3.49		83.24	623.0		
−2°	52083	14468	5.45		85.64	912.8		
	55877	15521	4.52		85.64	812.1	1000	
	59376	16493	3.59		85.05	689.9		
0°	55549	15430	5.52		85.64	984.8		
	59790	16608	4.60		85.64	883.6	1100	
	63783	17718	3.68		85.32	757.5		
+2°	60672	16853	5.62		85.64	1095.1		
	64996	18054	4.71		85.64	983.3	1200	
	69046	19179	3.80		84.67	852.5		
+4°	64427	17896	5.70		85.64	1179.2		
	68542	19039	4.79		85.64	1054.4	1300	
	72293	20081	3.88		83.08	928.2		
−6°	49395	13721	4.57	176.5	86.60	720.6		2350
	54703	15195	3.45		86.70	599.6	800	
	58624	16284	2.52		82.86	490.9		
−4°	54941	15261	4.66		87.40	805.7		
	60215	16726	3.55		88.39	665.5	900	
	64204	17834	2.63		84.91	546.3		
−2°	59416	16504	4.74		88.12	878.7		
	64895	18026	3.64		89.08	729.5		
	69161	19211	2.73		85.50	606.6		
0°	64218	17838	4.83		88.46	964.0	1000	
	69777	19383	3.74		89.08	805.8		
	74014	20559	2.83		86.02	670.3		
+2°	68837	19121	4.92		88.36	1054.5		
	74737	20760	3.85		89.08	888.3	1100	
	79219	22005	2.95		85.42	753.4		
+4°	73413	20393	5.02		87.04	1164.6		
	79615	22115	3.96		89.08	974.4	1300	
	84407	23446	3.08		85.12	840.7		

2400ZQBX-125（160）型潜水电泵性能 表 1-391

叶片安装角度	流量 Q		扬程 H (m)	转速 n (r/min)	泵效率 η (%)	功率（kW）		叶轮直径 (mm)
	(m³/h)	(L/s)				轴功率	电机功率	
-6°	32884	9134	3.96		78.18	458.3		
	41099	11416	2.65		85.07	352.4	500	
	46006	12779	1.71		77.49	280.0		
-4°	43979	12216	4.09		82.47	599.8		
	52252	14514	2.81		85.85	469.9	630	
	57202	15889	1.89		81.84	362.7		
-2°	55236	15343	4.25		84.05	769.7		
	63210	17558	2.99		85.85	606.5	800	
	68452	19014	2.10		84.04	469.7		
0°	65223	18118	4.43		83.57	951.7		
	74169	20603	3.22	176.5	85.85	764.7	1000	2350
	80112	22253	2.35		84.16	616.3		
+2°	73553	20431	4.60		82.89	1124.0		
	83323	23145	3.43		85.85	916.3	1200	
	89847	24958	2.60		83.58	768.5		
-2°	61752	17153	2.75		83.92	556.9		
	65849	18291	2.23		84.33	478.2	630	
	69561	19323	1.70		82.86	392.3		
0°	70055	19460	2.91		83.68	669.9		
	74154	20598	2.39		84.33	579.2	710	
	77610	21558	1.87		82.91	481.5		
+2°	78445	21790	3.09		81.46	818.3		
	82729	22980	2.59		84.33	698.5	900	
	85951	23875	2.07		82.30	593.8		

500HQB-50A 型及 600HQB-50 型潜水混流泵性能　　　　表 1-392

叶片安装角度	流量 Q		扬程 H	转速 n	泵效率 η	功率（kW）		叶轮直径
	(m³/h)	(L/s)	(m)	(r/min)	(%)	轴功率	电机功率	(mm)
-4°	1494	415	8.00		80.6	40.4		
	1620	450	6.80		83.7	35.9		
	1800	500	5.20		80.6	31.6	55	
-2°	1620	450	8.50		81.7	45.9		
	1800	500	7.30		83.7	42.8		
	1958	544	6.00		81.7	39.2		
0°	1728	480	9.50		79.8	56.1		424.5
	1980	550	8.00		83.7	51.6		
	2196	610	6.0		80.6	44.5		
+2°	1958	544	9.50		81.7	62.0		
	2160	600	8.20		83.7	57.7	75	
	2318	644	6.80		80.6	53.3		
+4°	2052	570	10.00	980	80.0	69.9		
	2268	630	8.70		83.7	64.2		
	2466	685	7.00		79.8	58.9		
-4°	1602	445	14.30		77.0	81.1		
	2088	580	10.20		82.5	70.3	90	
	2304	640	7.42		77.0	60.5		
-2°	1710	475	15.20		77.0	92.0		
	2322	645	11.00		83.0	83.9	110	
	2574	715	7.50		77.0	68.3		471
0°	1847	513	15.90		77.0	103.9		
	2459	683	12.00		83.9	95.8		
	2844	790	7.65		77.0	77.0		
+2°	2052	570	16.80		77.0	122.0	132	
	2808	780	12.00		83.9	109.4		
	3186	885	7.90		77.0	89.1		

600HQB-50A 型及 700HQB-50 型潜水混流泵性能　　　　　　表 1-393

叶片安装角度	流量 Q		扬程 H	转速 n	泵效率 η	功率 (kW)		叶轮直径
	(m³/h)	(L/s)	(m)	(r/min)	(%)	轴功率	电机功率	(mm)
−4°	1602	445	12.90		77.0	73.1		
	2106	585	9.00		82.5	62.6	75	
	2412	670	5.80		77.0	49.5		
−2°	1782	495	13.65		77.0	86.1		
	2322	645	10.00		83.9	75.4	90	
	2718	755	5.90	980	77.0	56.8		471
0°	1926	535	14.20		77.0	96.8		
	2520	700	10.50		83.9	85.9		
	2952	820	6.25		77.0	65.3		
+2°	2070	575	14.70		77.0	107.7		
	2700	750	11.00		83.9	96.5		
	3118	866	6.70		77.0	73.9		
−4°	2340	650	11.00		80.0	87.8		
	2844	790	8.00		83.0	74.7	90	
	3024	840	6.60		80.5	67.6		
−2°	2736	760	10.80		82.3	97.8		
	3114	865	9.00		84.5	90.4		
	3395	943	6.50	730	80.0	75.2	110	571.5
0°	2645	735	12.20		80.5	109.25		
	3240	900	10.00		84.5	104.5		
	3701	1028	7.00		81.0	87.2		
+2°	2970	825	13.00		80.2	131.2		
	3492	970	11.00		84.5	123.9	132	
	4122	1145	7.60		82.0	104.1		

900HQB-50（D)型潜水混流泵性能　　　　表 1-394

叶片安装角度	流量 Q		扬程 H (m)	转速 n (r/min)	泵效率 η (%)	功率（kW）		叶轮直径 (mm)
	(m³/h)	(L/s)				轴功率	电机功率	
-4°	4068	1130	13.10		80.0	181.5	220	
	5303	1473	9.20		84.2	157.9		
	5724	1590	6.80		80.0	132.6		
-2°	4828	1341	13.00		82.0	208.6	250	
	5688	1580	10.50		84.8	191.9		
	6336	1760	7.40		81.0	157.7		
0°	5220	1450	13.70	590	82.7	235.6	280	
	6495	1804	10.00		85.0	208.2		
	6948	1930	7.93		80.5	186.5		
+2°	5447	1513	15.00		80.7	275.9	300	
	6732	1870	12.00		85.5	257.5		
	7632	2120	9.00		81.0	231.1		
-4°	3790	1053	8.80		79.2	114.8	132	755.5
	5097	1416	6.00		84.2	99.0		
	5587	1552	4.30		81.7	80.1		
-2°	4500	1250	9.00		81.7	135.1	160	
	5400	1500	7.00		85.4	120.6		
	6300	1750	4.20		80.4	89.7		
0°	4500	1250	9.80		79.2	151.7	160	
	6016	1671	7.00		85.4	134.4		
	6687	1858	5.00		82.5	110.4		
+2°	4831	1342	10.10		79.4	167.5	185	
	6300	1750	7.50	490	85.4	150.8		
	7200	2000	5.10		81.7	122.5		
+4°	5587	1552	10.00		81.7	186.3	200	
	6861	1906	8.00		84.2	177.6		
	7756	2154	5.80		81.7	150.0		
+6°	6393	1776	10.00		84.0	207.4	220	
	7200	2000	8.80		84.2	205.4		
	8100	2250	6.90		81.7	186.4		

1200HQB-50 (A)型潜水混流泵性能 表 1-395

叶片安装角度	流量 Q		扬程 H	转速 n	泵效率 η	功率（kW）		叶轮直径
	(m³/h)	(L/s)	(m)	(r/min)	(%)	轴功率	电机功率	(mm)
−4°	7236	2010	15.00		81.0	365.2		
	8701	2417	12.00		84.5	336.7	400	
	9918	2755	9.20		84.2	295.3		
−2°	8305	2307	15.20		81.8	420.5		
	10440	2900	11.30		86.2	372.9	450	
	11318	3144	8.40	978.6	82.2	315.2		
0°	9720	2700	15.00		83.7	474.7		
	11326	3146	12.00		86.4	428.7	500	
	12420	3450	9.00		81.5	373.7		
+2°	10780	2994	15.70		85.0	542.6		978.6
	11912	3309	14.20		87.2	528.6	560	
	12874	3576	12.20		86.9	492.5		
−4°	6976	1938	13.4		79.8	298.3		
	9014	2504	9.8		85.4	290.0	315	
	10421	2895	6.9		83.0	236.1		
−2°	8106	2252	13.8		81.0	355.3		
	10446	2902	9.8		85.8	339.4	400	
	11668	3241	6.9	480	82.2	266.9		
0°	9891	2748	13		85.2	407.4		
	11668	3241	9.8		86.0	384.7	425	
	12826	3563	6.9		81.0	297.7		
+2°	10557	2933	13.5		85.2	455.8		
	12737	3538	9.8		86.0	395.5	475	
	14020	3894	6.9		81.0	325.4		

1400HQB-50（A）型潜水混流泵性能　　　表 1-396

叶片安装角度	流量 Q		扬程 H (m)	转速 n (r/min)	泵效率 η (%)	功率（kW）		叶轮直径 (mm)
	(m³/h)	(L/s)				轴功率	电机功率	
−4°	10980	3050	14.00		81.0	517.1		
	14400	4000	10.00		85.6	458.4	560	
	15840	4400	7.20		81.0	383.7		
−2°	12060	3350	14.80		81.0	600.5		
	16200	4500	10.80		86.7	549.9	630	
	17820	4950	7.30	370	81.0	437.6		
0°	12960	3600	15.40		81.0	671.4		
	17280	4800	11.50		86.7	624.6	710	
	19620	5450	7.40		81.0	488.4		
+2°	14220	3950	16.30		81.0	779.8		1247
	19080	5300	12.00		86.7	719.6	850	
	21600	6000	7.70		81.0	559.5		
−4°	11660	3239	12.50		81.0	490.3		
	14400	4000	9.00		85.6	412.6	530	
	16560	4600	3.50		81.0	195.0		
−2°	12240	3400	13.25		81.0	545.6		
	16200	4500	9.50		86.7	483.7	600	
	18720	5200	5.80	365	81.0	365.3		
0°	13320	3700	13.80		81.0	618.4		
	17460	4850	10.00		86.7	548.8	670	
	20520	5700	6.05		81.0	417.7		
+2°	14400	4000	14.30		81.0	692.8		
	18360	5100	11.00		86.7	634.8	750	
	21960	6100	6.40		81.0	472.8		

1600HQB-50A 型潜水混流泵性能   表 1-397

叶片安装角度	流量 Q		扬程 H (m)	转速 n (r/min)	泵效率 η (%)	功率（kW）		叶轮直径 (mm)
	(m³/h)	(L/s)				轴功率	电机功率	
-4°	19872	5520	3.71		86.1	233.3	355	
	18936	5260	4.47		87.2	264.5		
	18036	5010	5.08		88.5	282.1		
	16596	4610	6.04		87.9	310.8		
	15408	4280	6.71		85.3	330.3		
-2°	22104	6140	4.09		85.6	287.8	400	
	21240	5900	4.73		87.5	312.9		
	20196	5610	5.37		88.8	332.8		
	18108	5030	6.52		87.9	366.0		
	16632	4620	7.18		85.7	379.7		
0°	24048	6680	4.55	245	86.1	346.3	475	1480
	23220	6450	5.17		87.3	374.7		
	22248	6180	5.81		88.9	396.2		
	19980	5550	6.96		88.9	426.3		
	18252	5070	7.68		84.5	452.0		
+2°	25560	7100	5.08		85.8	412.4	530	
	24696	6860	5.67		86.9	439.1		
	23760	6600	6.25		88.9	455.2		
	21708	6030	7.27		88.0	488.7		
	19728	5480	8.00		84.9	506.6		
+4°	26784	7440	5.57		86.1	472.2	600	
	25884	7190	6.14		87.1	497.2		
	24948	6930	6.65		88.9	508.5		
	23184	6440	7.47		88.1	535.7		
	21168	5880	8.17		85.7	549.9		

（5）外形及安装尺寸：ZQB 潜水轴流泵、HQB 潜水混流泵安装形式见图 1-417，外形及安装尺寸见表 1-398～表 1-401。

混凝土井筒安装示意见图 1-418～图 1-420，尺寸见表 1-402～表 1-405。

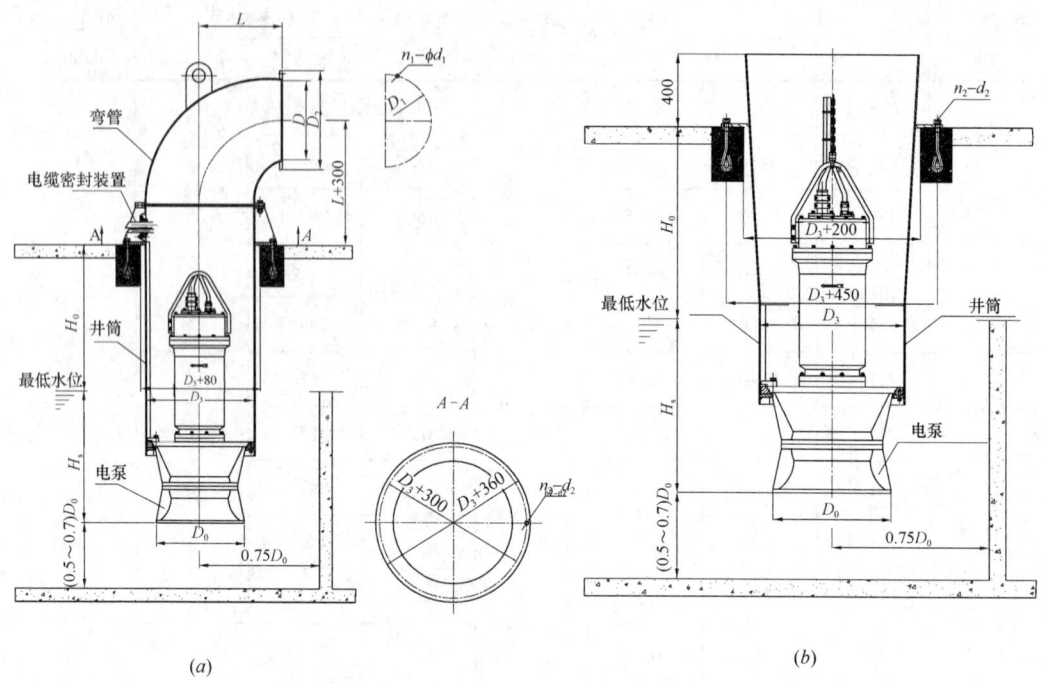

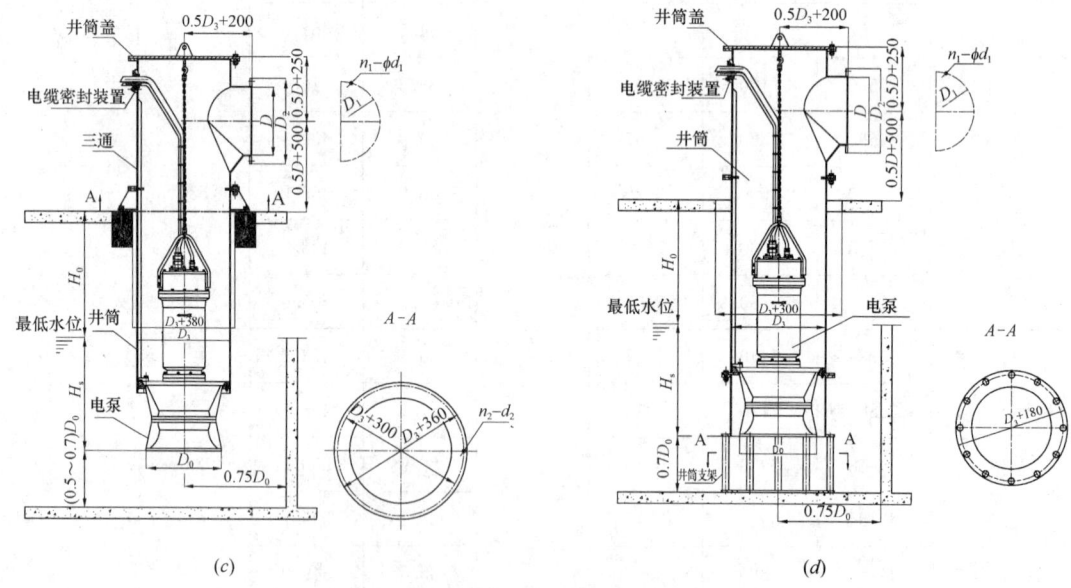

图 1-417   ZQB 潜水轴流泵、HQB 潜水混流泵安装形式

(a) 井筒弯管式安装；(b) 井筒敞开式安装；(c) 井筒悬吊式安装；(d) 井筒落地式安装

井筒悬吊式安装外形尺寸表　　　　　　　　表 1-398

序号	电泵型号	尺寸 (mm)										电泵质量 (kg)	井筒质量 (kg)	泵高 (mm)
		H_s	H_0	D_0	D_3	n_2-d_2	D	D_1	D_2	b	n_1-d_1			
1	350ZQB-70	800		500	600	6-ϕ22	400			20		500	120	1730
2	350ZQB-70D	800		500	600	6-ϕ22	400			20		500	120	1730
3	350ZQB-100	800		500	600	6-ϕ22	400			20		500	120	1730
4	350ZQB-125	800		500	600	6-ϕ22	400			20		500	120	1730
5	350HQB-50	600		500	650	6-ϕ22	400			20		640	120	1830
6	500ZQB-50	1000		700	800	8-ϕ26	600			20		1100	160	2000
7	500ZQB-50D	1000		700	800	8-ϕ26	600			20		1100	160	2000
8	500ZQB-70	1000		700	850	8-ϕ26	600			20		1100	160	1930
9	500ZQB-70D	1000		700	850	8-ϕ26	600			20		1100	160	1740
10	500ZQB-100	1000		700	800	8-ϕ26	600			20		1100	160	2000
11	500ZQB-125	1000		700	850	8-ϕ26	600			20		1100	160	1930
12	500ZQB-160	1000		700	850	8-ϕ26	600			20		1100	160	1930
13	600ZQB-100	1000		700	850	8-ϕ26	600			20		1100	160	2090
14	600ZQB-160	1000		700	850	8-ϕ26	600			20		1100	160	2090
15	500HQB-50	900		700	850	8-ϕ26	600			20		1200	160	2220
16	500HQB-50A	900	由用户根据布置并在合同中指明 H_0 值	700	850	8-ϕ26	600	同PN1.0MPa标准法兰	同PN1.0MPa标准法兰	20	同PN1.0MPa标准法兰	1200	160	2220
17	600HQB-50	900		830	1000	8-ϕ26	800			25		1800	200	2600
18	600HQB-50A	900		830	1000	8-ϕ26	800			25		1800	200	2600
19	700HQB-50	1000		920	1100	8-ϕ30	800			25		2500	220	2650
20	700ZQB-50	1700		920	1100	8-ϕ30	800			25		2500	220	2900
21	700ZQB-50D	1700		920	1100	8-ϕ30	800			25		2500	220	2900
22	700ZQB-70	1700		920	1100	8-ϕ30	800			25		2500	220	2500
23	700ZQB-70D	1700		920	1100	8-ϕ30	800			25		2500	220	2500
24	700ZQB-70*	1700		920	1100	8-ϕ30	800			25		2500	220	2500
25	700ZQB-100	1700		920	1100	8-ϕ30	800			25		2500	220	2500
26	700ZQB-100D	1700		920	1100	8-ϕ30	800			25		2500	220	2500
27	700ZQB-125	1700		920	1100	8-ϕ30	800			25		2500	220	2500
28	700ZQB-160	1700		920	1100	8-ϕ30	800			25		2500	220	2500
29	900ZQB-50	1250		1200	1380	8-ϕ30	1200			32		4500	340	3700
30	900ZQB-70	1250		1200	1380	8-ϕ30	1200			32		4500	340	3600
31	900ZQB-70*	1250		1200	1380	8-ϕ30	1200			32		4500	340	3700
32	900ZQB-100D	1250		1200	1380	8-ϕ30	1200			32		4500	340	3670
33	900ZQB-100	2300		1200	1380	8-ϕ30	1200			32		5100	340	3670
34	900ZQB-125	1250		1200	1380	8-ϕ30	1200			32		5100	340	3670
35	900ZQB-160	1250		1200	1380	8-ϕ30	1200			32		5100	340	3670
36	900HQB-50	1000		1200	1380	8-ϕ30	1200			32		5100	340	3670
37	900HQB-50D	1000		1200	1380	8-ϕ30	1200			32		5100	340	3670
38	1200ZQB-100	2500		1400	1600	8-ϕ40	1400			32		6000	480	3740
39	1200ZQB-160	2500		1400	1600	8-ϕ40	1400			32		6000	480	3800
40	1200HQB-50	2200		1470	1750	8-ϕ40	1400			32		10000	610	4670
41	1200HQB-50A	2200		1470	1750	8-ϕ40	1400			32		10000	610	4670

注　1. 轴向水推力 P_z 以最大扬程乘以井筒截面积估算而得，计算公式 $P_z = 1000 \cdot H_{max} \cdot \pi D_3^2/4$；

　　2. 井筒基础承载力为电泵质量、井筒质量与轴向水推力三者之和；

　　3. 用户自配的出墙管法兰孔应与井筒的三通、浮箱拍门法兰孔相配。

井筒落地式安装外形尺寸　　　　　　表 1-399

序号	电泵型号	尺　寸（mm）									电泵质量 (kg)	井筒质量 (kg)	泵高 (mm)
		H_s	H_0	D_0	D_3	D	D_1	D_2	b	$n_1\text{-}d_1$			
1	350ZQB-70	800		500	600	400				20		500	120	1730
2	350ZQB-70D	800		500	600	400				20	500	120	1730
3	350ZQB-100	800		500	600	400				20	500	120	1730
4	350ZQB-125	800		500	600	400				20	500	120	1730
5	350HQB-50	600		500	600	400				20	640	120	1830
6	500ZQB-50	1000		700	800	600				20	1100	160	2000
7	500ZQB-50D	1000		700	800	600				20	1100	160	2000
8	500ZQB-70	1000		700	850	600				20	1100	160	1930
9	500ZQB-70D	1000		700	850	600				20	1100	160	1740
10	500ZQB-100	1000		700	850	600				20	1100	160	2000
11	500ZQB-125	1000		700	850	600				20	1100	160	1930
12	500ZQB-160	1000		700	850	600				20	1100	160	1930
13	600ZQB-100	1000		700	850	600				20	1100	160	2090
14	600ZQB-160	1000		700	850	600				20	1100	160	2090
15	500HQB-50	900		700	850	600				20	1200	160	2220
16	500HQB-50A	900	由用户根据布置并在合同中指明 H_0 值	700	850	600	同 PN1.0MPa 标准法兰	同 PN1.0MPa 标准法兰	同 PN1.0MPa 标准法兰	20	1200	160	2220
17	600HQB-50	900		830	1000	800				25	1800	200	2600
18	600HQB-50A	900		830	1000	800				25	1800	200	2600
19	700HQB-50	1000		920	1100	800				25	2500	220	2650
20	700ZQB-50	1700		920	1100	800				25	2500	20	2900
21	700ZQB-50D	1700		920	1100	800				25	2500	20	2900
22	700ZQB-70	1700		920	1100	800				25	2500	220	2500
23	700ZQB-70D	1700		920	1100	800				25	2500	220	2500
24	700ZQB-70*	1700		920	1100	800				25	2500	220	2500
25	700ZQB-100	1700		920	1100	800				25	2500	220	2500
26	700ZQB-100D	1700		920	1100	800				25	2500	220	2500
27	700ZQB-125	1700		920	1100	800				25	2500	220	2500
28	700ZQB-160	1700		920	1100	800				25	2500	220	2500
29	900ZQB-50	1250		1200	1380	1200				32	4500	340	3700
30	900ZQB-70	1250		1200	1380	1200				32	4500	340	3600
31	900ZQB-70*	1250		1200	1380	1200				32	4500	340	3700
32	900ZQB-100D	1250		1200	1380	1200				32	4500	340	3670
33	900ZQB-100	2300		1200	1380	1200				32	5100	340	3670
34	900ZQB-125	1250		1200	1380	1200				32	5100	340	3670
35	900ZQB-160	1250		1200	1380	1200				32	5100	340	3670
36	900HQB-50	1000		1200	1380	1200				32	5100	340	3670
37	900HQB-50D	1000		1200	1380	1200				32	5100	340	3670
38	1200ZQB-100	2500		1400	1600	1400				32	6000	480	3740
39	1200ZQB-160	2500		1400	1600	1400				32	6000	480	3800
40	1200HQB-50	2200		1470	1750	1400				32	10000	610	4670
41	1200HQB-50A	2200		1470	1750	1400				32	10000	610	4670

注：1. 轴向水推力 P_z 以最大扬程乘以井筒截面积估算而得，计算公式 $P_z=1000 \cdot H_{max} \cdot \pi D_3^2/4$；

　　2. 井筒基础承载力电泵质量，井筒质量与轴向水推力三者之和；

　　3. 用户自配的出墙管法兰孔应与井筒的三通，浮箱拍门法兰孔相配。

井筒弯管式安装外形尺寸 表 1-400

序号	电泵型号	尺 寸（mm）											电泵质量（kg）	井筒质量（kg）	泵高（mm）
		H_s	H_0	D_0	L_3	n_2-d_2	D	D_1	D_2	b	n_1-d_1	L			
1	350ZQB-70	800		500	600	6-ϕ22	400			20		500	500	120	1730
2	350ZQB-70D	800		500	600	6-ϕ22	400			20		500	500	120	1730
3	350ZQB-100	800		500	600	6-ϕ22	400			20		500	500	120	1730
4	350ZQB-125	800		500	600	6-ϕ22	400			20		500	500	120	1730
5	350HQB-50	600		500	650	6-ϕ22	400			20		500	640	120	1830
6	500ZQB-50	1000		700	850	8-ϕ26	600			20		650	1100	160	2000
7	500ZQB-50D	1000		700	850	8-ϕ26	600			20		650	1100	160	2000
8	500ZQB-70	1000		700	850	8-ϕ26	600			20		650	1100	160	1930
9	500ZQB-70D	1000		700	850	8-ϕ26	600			20		650	1100	160	1740
10	500ZQB-100	1000		700	850	8-ϕ26	600			20		650	1100	160	2000
11	500ZQB-125	1000		700	850	8-ϕ26	600			20		650	1100	160	1930
12	500ZQB-160	1000	由用户根据布置并在合同中指明 H_0 值	700	850	8-ϕ26	600	同PN1.0MPa标准法兰	同PN1.0MPa标准法兰	20	同PN1.0MPa标准法兰	650	1100	160	1930
13	600ZQB-100	1000		700	850	8-ϕ26	600			20		650	1100	160	2090
14	600ZQB-160	1000		700	850	8-ϕ26	600			20		650	1100	160	2090
15	500HQB-50	900		700	850	8-ϕ26	600			20		650	1200	160	2220
16	500HQB-50A	900		700	850	8-ϕ26	600			20		650	1200	160	2220
17	600HQB-50	900		830	1000	8-ϕ26	800			25		700	1800	200	2600
18	600HQB-50A	900		830	1000	8-ϕ30	800			25		700	1800	200	2600
19	700HQB-50	1000		920	1100	8-ϕ30	800			25		736	2500	220	2650
20	700ZQB-50	1700		920	1100	8-ϕ30	800			25		736	2500	220	2900
21	700ZQB-50D	1700		920	1100	8-ϕ30	800			25		736	2500	220	2900
22	700ZQB-70	1700		920	1100	8-ϕ30	800			25		736	2500	220	2500
23	700ZQB-70D	1700		920	1100	8-ϕ30	800			25		736	2500	220	2500
24	700ZQB-70*	1700		920	1100	8-ϕ30	800			25		736	2500	220	2500
25	700ZQB-100	1700		920	1100	8-ϕ30	800			25		736	2500	220	2500
26	700ZQB-100D	1700		920	1100	8-ϕ30	800			25		736	2500	220	2500
27	700ZQB-125	1700		920	1100	8-ϕ30	800			25		736	2500	220	2500
28	700ZQB-160	1700		920	1100	8-ϕ30	800			25		736	2500	220	2500
29	900ZQB-50	1250		1200	1380	8-ϕ30	1200			32		900	4500	340	3700
30	900ZQB-70	1250		1200	1380	8-ϕ30	1200			32		900	4500	340	3600
31	900ZQB-70*	1250		1200	1380	8-ϕ30	1200			32		900	4500	340	3700
32	900ZQB-100D	1250		1200	1380	8-ϕ30	1200			32		900	4500	340	3670
33	900ZQB-100	2300		1200	1380	8-ϕ30	1200			32		900	5100	340	3670
34	900ZQB-125	1250		1200	1380	8-ϕ30	1200			32		900	5100	340	3670
35	900ZQB-160	1250		1200	1380	8-ϕ30	1200			32		900	5100	340	3670
36	900HQB-50	1000		1200	1380	8-ϕ30	1200			32		900	5100	340	3670
37	900HQB-50D	1000		1200	1380	8-ϕ30	1200			32		900	5100	340	3670
38	1200ZQB-100	2500		1400	1600	8-ϕ40	1400			32		1120	6000	480	3740
39	1200ZQB-160	2500		1400	1600	8-ϕ40	1400			32		1120	6000	480	3800
40	1200HQB-50	2200		1470	1750	8-ϕ40	1400			32		1120	10000	610	4670
41	1200HQB-50A	2200		1470	1750	8-ϕ40	1400			32		1120	10000	610	4670

注：1. 轴向水推力 P_z 以最大扬程乘以井筒截面积估算而得，计算公式 $P_z = 1000 \cdot H_{max} \cdot \pi D_3^2 / 4$；

2. 井筒基础承载力为电泵质量，井筒质量与轴向水推力三者之和；

3. 用户自配的出墙管法兰孔应与井筒的三通，浮箱拍门法兰孔相配。

井筒敞开式安装外形尺寸　　　　　　　　表 1-401

序号	电泵型号	尺寸（mm）					电泵质量（kg）	井筒质量（kg）	泵高（mm）
		H_s	H_0	D_0	D_3	$n_2\text{-}d_2$			
1	350ZQB-70	800		500	600	6-ϕ22	500	120	1730
2	350ZQB-70D	800		500	600	6-ϕ22	500	120	1730
3	350ZQB-100	800		500	600	6-ϕ22	500	120	1730
4	350ZQB-125	800		500	600	6-ϕ22	500	120	1730
5	350HQB-50	600		500	650	6-ϕ22	640	120	1830
6	500ZQB-50	1000		700	800	8-ϕ26	1100	160	200
7	500ZQB-50D	1000		700	800	8-ϕ26	1100	160	200
8	500ZQB-70	1000		700	850	8-ϕ26	1100	160	1930
9	500ZQB-70D	1000		700	850	8-ϕ26	1100	160	1740
10	500ZQB-100	1000		700	800	8-ϕ26	1100	160	2000
11	500ZQB-125	1000		700	850	8-ϕ26	1100	160	1930
12	500ZQB-160	1000		700	850	8-ϕ26	1100	160	1930
13	600ZQB-100	1000		700	850	8-ϕ26	1100	160	2090
14	600ZQB-160	1000		700	850	8-ϕ26	1100	160	2090
15	500HQB-50	900	由用户根据布置并在合同中指明 H_0 值	700	850	8-ϕ26	1200	160	2220
16	500HQB-50A	900		700	850	8-ϕ26	1200	160	2220
17	600HQB-50	900		830	1000	8-ϕ26	1800	200	2600
18	600HQB-50A	900		830	1000	8-ϕ30	1800	200	2600
19	700HQB-50	1000		920	1100	8-ϕ30	2500	220	2650
20	700ZQB-50	1700		920	1100	8-ϕ30	250	220	2900
21	700ZQB-50D	1700		920	1100	8-ϕ30	250	220	2900
22	700ZQB-70	1700		920	1100	8-ϕ30	2500	220	2500
23	700ZQB-70D	1700		920	1100	8-ϕ30	2500	220	2500
24	700ZQB-70*	1700		920	1100	8-ϕ30	2500	220	2500
25	700ZQB-100	1700		920	1100	8-ϕ30	2500	220	2500
26	700ZQB-100D	1700		920	1100	8-ϕ30	2500	220	2500
27	700ZQB-125	1700		920	1100	8-ϕ30	2500	220	2500
28	700ZQB-160	1700		920	1100	8-ϕ30	2500	220	2500
29	900ZQB-50	1250		1200	1380	8-ϕ30	4500	340	3700
30	900ZQB-70	1250		1200	1380	8-ϕ30	4500	340	3600
31	900ZQB-70*	1250		1200	1380	8-ϕ30	4500	340	3700
32	900ZQB-100D	1250		1200	1380	8-ϕ30	4500	340	3670
33	900ZQB-100	2300		1200	1380	8-ϕ30	5100	340	3670
34	900ZQB-125	1250		1200	1380	8-ϕ30	5100	340	3670
35	900ZQB-160	1250		1200	1380	8-ϕ30	5100	340	3670
36	900HQB-50	1000		1200	1380	8-ϕ30	5100	340	3670
37	900HQB-50D	1000		1200	1380	8-ϕ30	5100	340	3670
38	1200ZQB-100	2500		1400	1600	8-ϕ40	6000	480	3740
39	1200ZQB-160	2500		1400	1600	8-ϕ40	6000	480	3800
40	1200HQB-50	2200		1470	1750	8-ϕ40	10000	610	4670
41	1200HQB-50A	2200		1470	1750	8-ϕ40	10000	610	4670

注：1. 轴向水推力 P_z 以最大扬程乘以井筒截面积估算而得，计算公式 $P_z = 1000 \cdot H_{max} \cdot \pi D_3^2 / 4$；

2. 井筒基础承载力为电泵质量，井筒质量与轴向水推力三者之和。

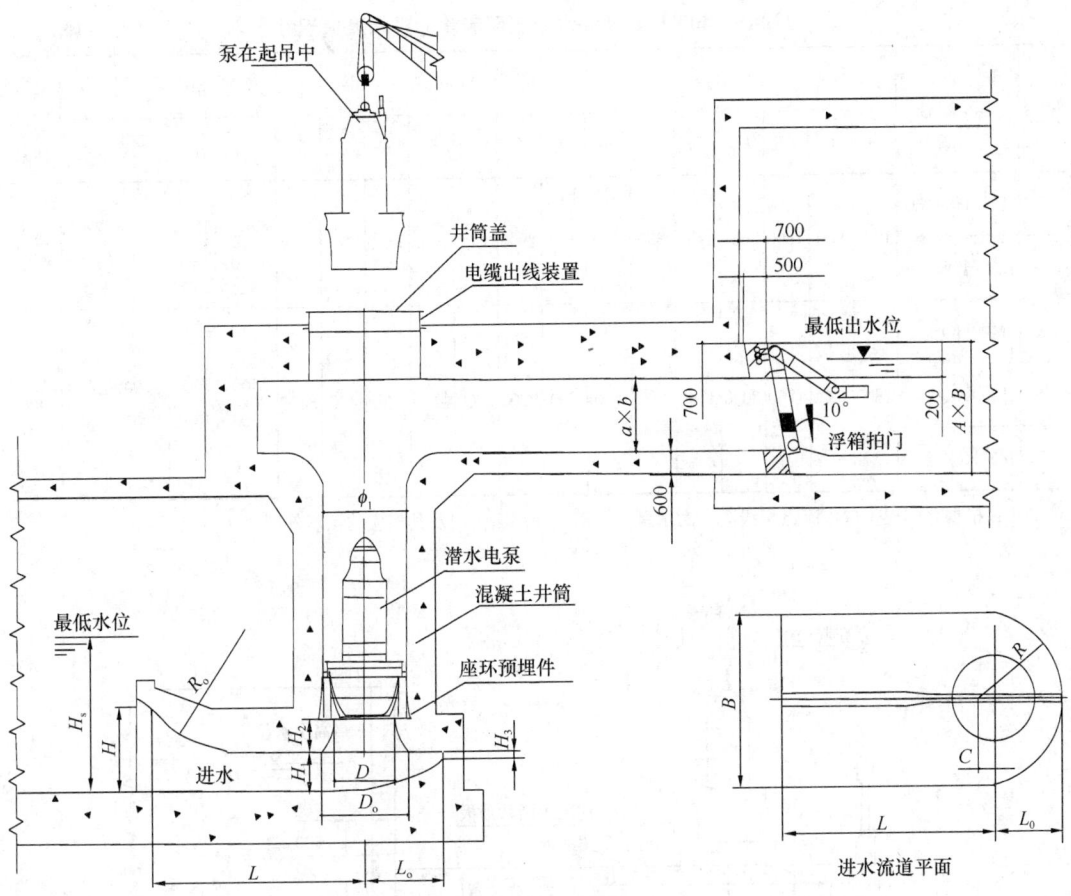

图 1-418 混凝土井筒安装示意（一）

1200～1600ZQB 型潜水轴流泵簸箕形进水流道尺寸 表 1-402

序号	电泵型号	尺　寸（mm）																电泵质量（kg）
		ϕ_1	D	D_0	H_s	H	H_1	H_2	H_3	B	L	L_0	R	C	R_0	$a\times b$	$A\times B$	
1	1200ZQB-100	1650	1080	1620	3200	1750	880	780	180	2940	3300	1100	1490	370	3120	1200×1200	2500×2200	6000
2	1200ZQB-125															1400×1400	2700×2400	
3	1400ZQB-70	1800	1200	1760	3400	1790	980	780	200	3200	3600	1200	1600	400	3400	1660×1600	2900×2600	1300
4	1400ZQB-85																	
5	1400ZQB-100															1800×1800	2700×2600	
6	1400ZQB-125																	
7	1600ZQB-70	2100	1520	2260	3800	2290	1230	980	260	4100	4620	1540	2050	510	4360	200×2000	3300×3000	15000
8	1600ZQB-85																	
9	1600ZQB-100															2200×2200	3500×3200	
10	1600ZQB-125																	

注：根据合同提供进水流道型线图、潜水泵、井筒盖和浮箱拍门及其相应的预埋件图。

1200～1400HQB 型潜水混流泵簸箕形进水流道迟寸

表 1-403

序号	电泵型号	尺 寸 (mm)																电泵质量 (kg)
		ϕ_1	D	D_0	H_s	H	H_1	H_2	H_3	B	L	L_0	R	C	R_0	$a \times b$	$A \times B$	
1	1200HQB-50	1750	900	1600	2600	1750	880	700	180	2900	3300	1100	1480	370	3120	1200×1200	2500×2200	10000
2	1200HQB-50A															1400×1400	2700×2400	
3	1400HQB-40																	
4	1400HQB-50	1800	1060	1760	3000	1790	960	760	200	3200	3600	1200	1600	400	3400	1400×1600	2700×2600	14000
5	1400HQB-50A															1600×1600	2900×2600	

注：根据合同提供进水流道型线图、潜水泵、井筒盖和浮箱拍门及其相应的预埋件图。

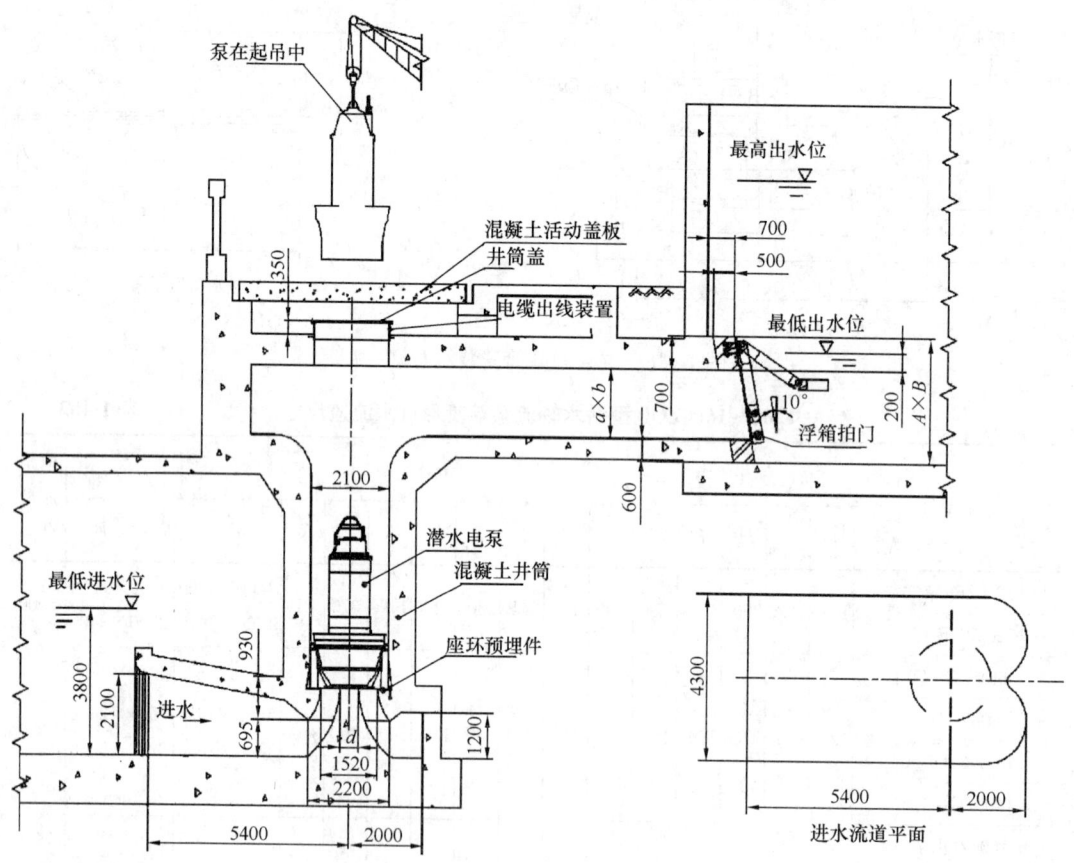

图 1-419　混凝土井筒安装示意（二）

1600ZQB 型潜水轴流泵钟形进水流道尺寸　　表 1-404

序　号	电泵型号	尺　寸（mm）			电泵质量（kg）
		d	$a\times b$	$A\times B$	
1	1600ZQB-70	740			
2	1600ZQB-85	648	2000×2000	3300×3000	15000
3	1600ZQB-100	616	2200×2200	3500×3200	
4	1600ZQB-125	487			

注：根据合同提供进水流道型线图、潜水泵、井筒盖和浮箱拍门及其相应的预埋件图。

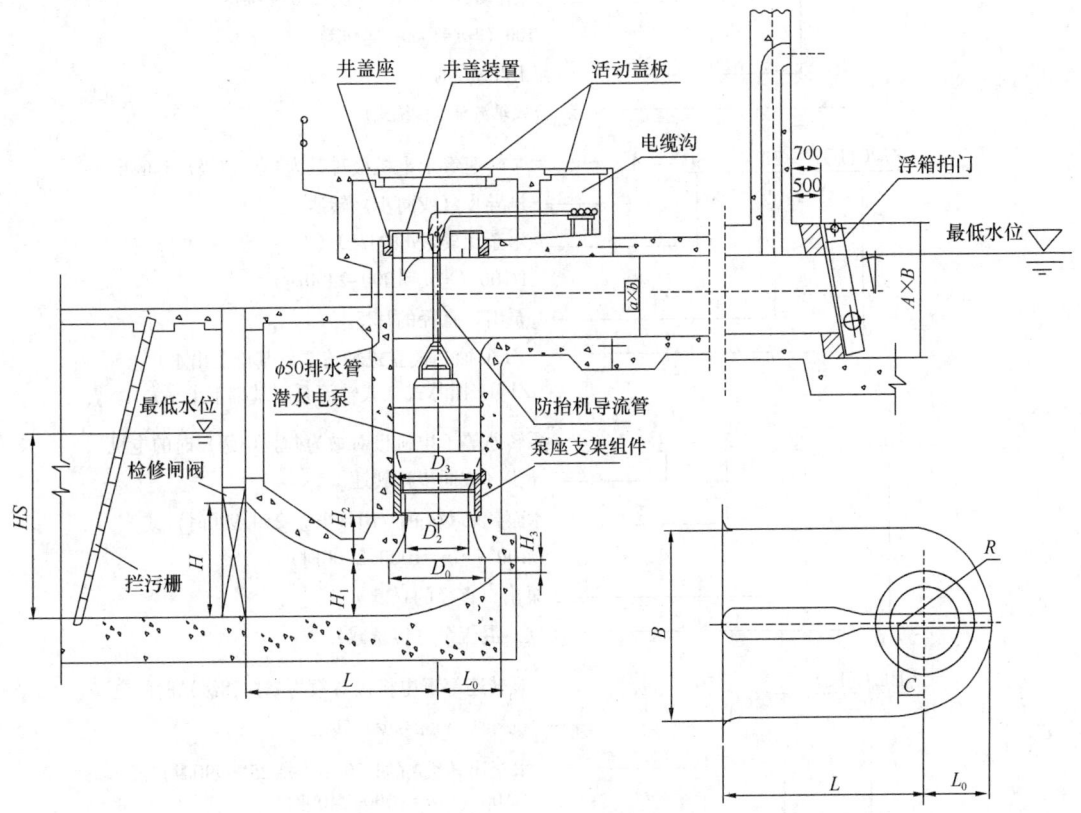

图 1-420　混凝土井筒安装示意（三）

1600～2400ZQBX 行星齿轮减速电泵簸箕形进水流道水泥进筒安装尺寸　　表 1-405

电泵型号	转速 n (r/min)	尺寸（mm）													
		H_s	D_3	D_2	D_0	H	H_1	H_2	H_3	B	L	L_0	R	C	$a\times b$	$A\times B$
1600ZQBX	245	3560	2150	1540	2259	2594	1232	1063	262	4096	4620	1540	2048	513	1800×2400	3200×3800
1800ZQBX	256.8	5000	2400	1740	2553	2930	1392	1201	236	4628	5222	1740	2314	579	2200×2800	3600×5200
2000ZQBX	215	5800	2750	2000	2934	3368	1500	1380	340	5320	6600	2000	2660	666	2400×3000	3800×4400
2400ZQBX	176.5	6500	3200	2350	3447	3957	1880	1621	400	6251	7050	2400	3125.5	783	2800×3400	4200×4800

注：1. 过栅流速≤0.3m/s；
　　2. 两泵中心距为 B+池壁厚。

1.14.2　ZL 立式（抽芯式）轴流泵、HL 立式（抽芯式）混流泵

(1) 用途：ZL 立式（抽芯式）轴流泵、HL 立式（抽芯式）混流泵用于吸送清水、江河水、废水、雨水、污水或物理化学性质同水类似的其他流体。适用于城市工况给水排水、市政工程、污水处理、钢铁、冶金、造船、提升水管水利工程。

(2) 型号意义说明：

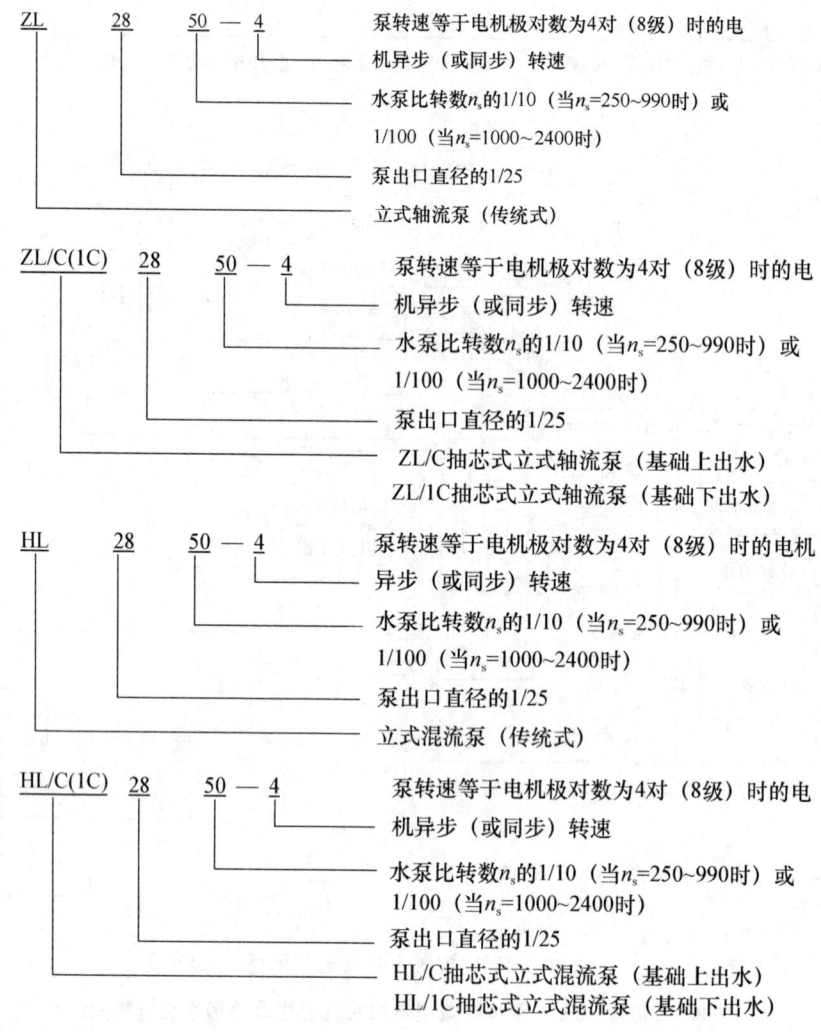

(3) 结构：

ZL 型轴流泵、HL 型混流泵结构分为传统式结构（ZL、HL）和抽芯式结构（ZL/C、HL/C）两种，抽芯式结构是在传统的基础上开发的新型结构。传统式泵站为双层结构，电机和传动部分安装在上层的电机层、泵体安装于下层的水泵层，由专有传动轴将电机与水泵连接起来。传动轴过长时配有中间支承部件，泵站设相应的支承基础。抽芯式结构除电机外，主泵由泵壳和抽芯部件两大部分组成，喇叭、转轮室、泵出水口、泵管等连成泵壳（泵外筒），与泵站基础固定，是抽芯部件的机架。泵站厂房可为单层结构，泵组可为单基础安装。抽芯部件由叶轮、导叶、泵轴、水轴承、导流体、轴承部件上盖、支承件等

组成,是泵的核心部分,插入泵壳后组成水泵。电机由泵壳支承,电机与泵轴由弹性联轴器连接。泵壳长度及抽芯部件可适应不同安装高度。

抽芯式水泵及比转数为 300 的传统式水泵出厂时叶轮已调整好角度,在现场不宜调节。其他产品叶轮为可调式结构,叶轮部件卸下后调节叶片的安放角度。出水口径大于 1200mm 的泵组,在电机顶部或电机与泵之间设有机械调节机,协同叶轮、泵轴等内部机构,实现水泵叶片全调节。

抽芯式结构泵组分为基础上出水(ZL/C、HL/C)泵和基础下出水(ZL/1C、HL/1C)泵。

传统式双基础安装如图 1-421 所示;抽芯式泵典型结构如图 1-422 所示。

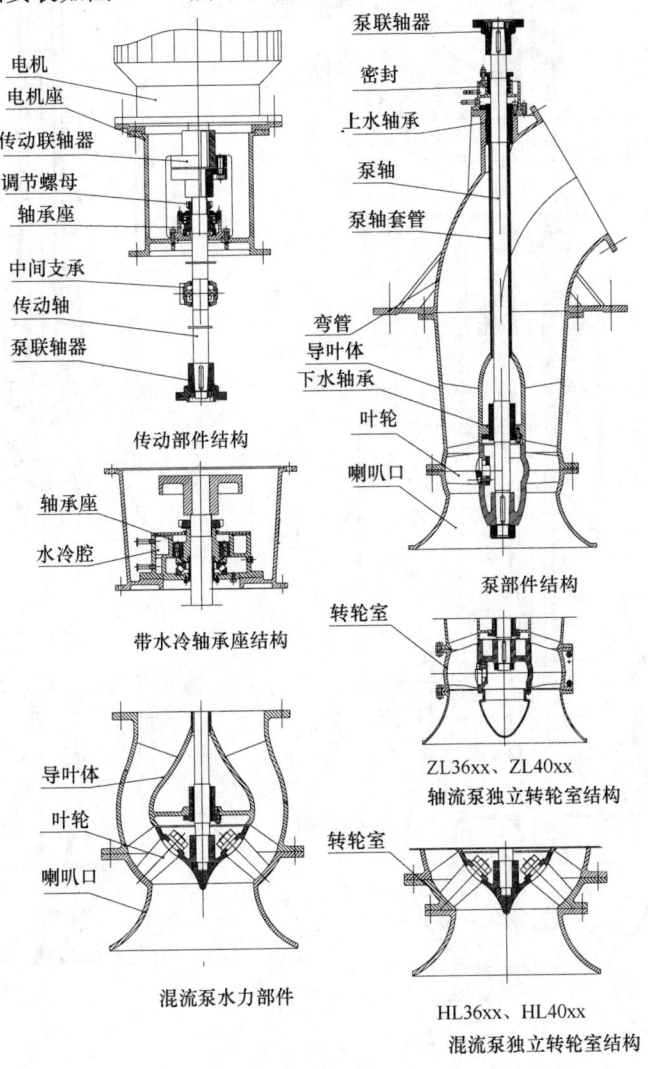

图 1-421 双基础安装—传统式
注:泵部件结构图中水力部件替换后将成为相应产品。

(4)ZL、HL 立式轴流、混流系列泵型谱图见图 1-423。其性能曲线及参数见图 1-424、表 1-406、表 1-407。

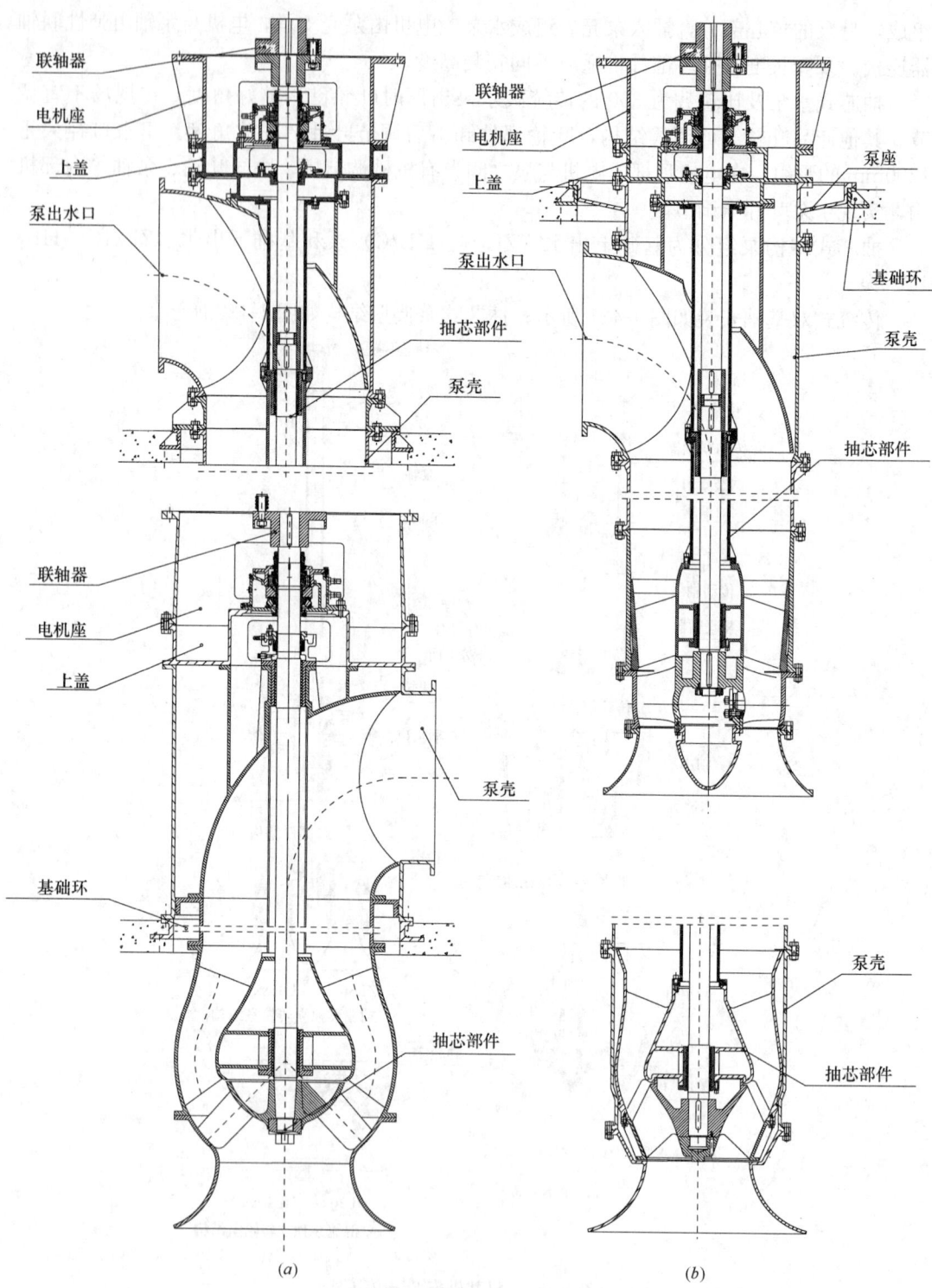

联轴器

电机座

上盖

泵出水口

抽芯部件

泵壳

联轴器

电机座

上盖

泵座

基础环

泵壳

泵出水口

抽芯部件

联轴器

电机座

上盖

泵壳

基础环

抽芯部件

泵壳

抽芯部件

(a)

(b)

图 1-422　抽芯式泵典型结构

(a) Z(H)L/C 上出水型；(b) Z(H)L/1C 下出水型

注：本形式产品可为双基础安装，也可为单基础安装。

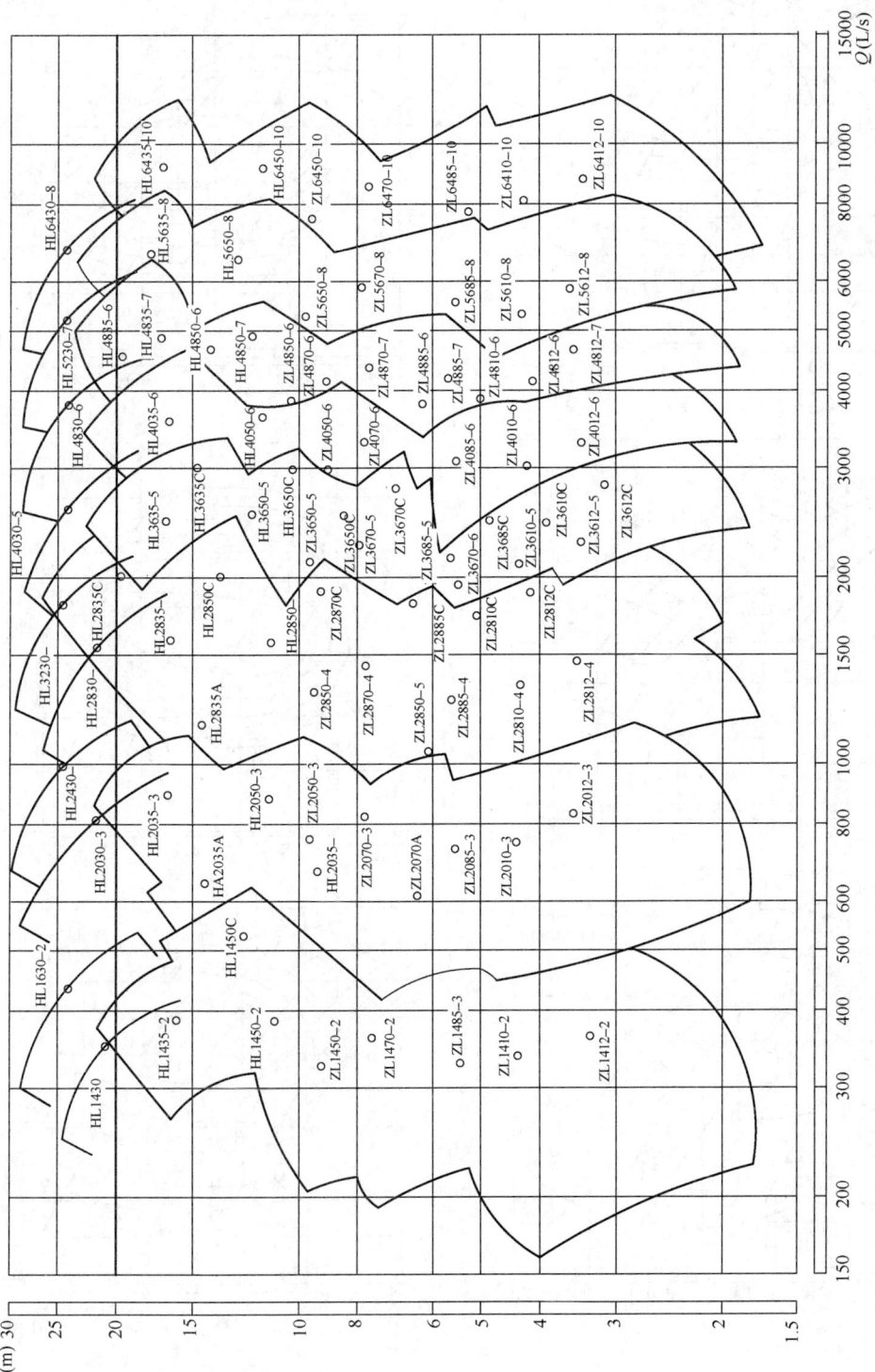

图 1-423 ZL、HL 立式轴流、混流泵型谱图

注：ZL/C、HL/C、ZL/1C、HL/1C 的性能参数曲线与相应规格的 ZL、HL 性能曲线相同。

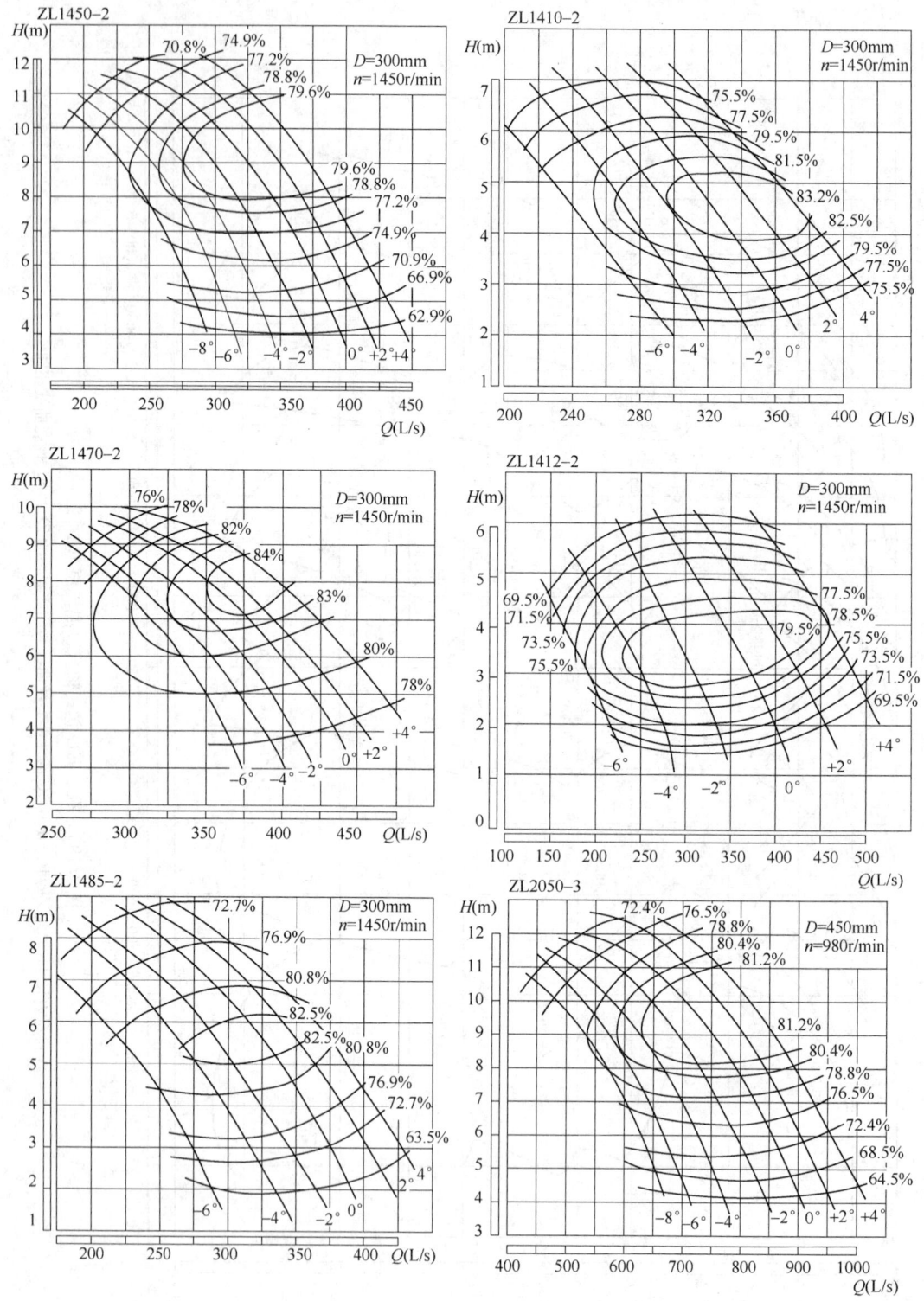

图 1-424　ZL、HL 立式轴流、混流泵性能曲线

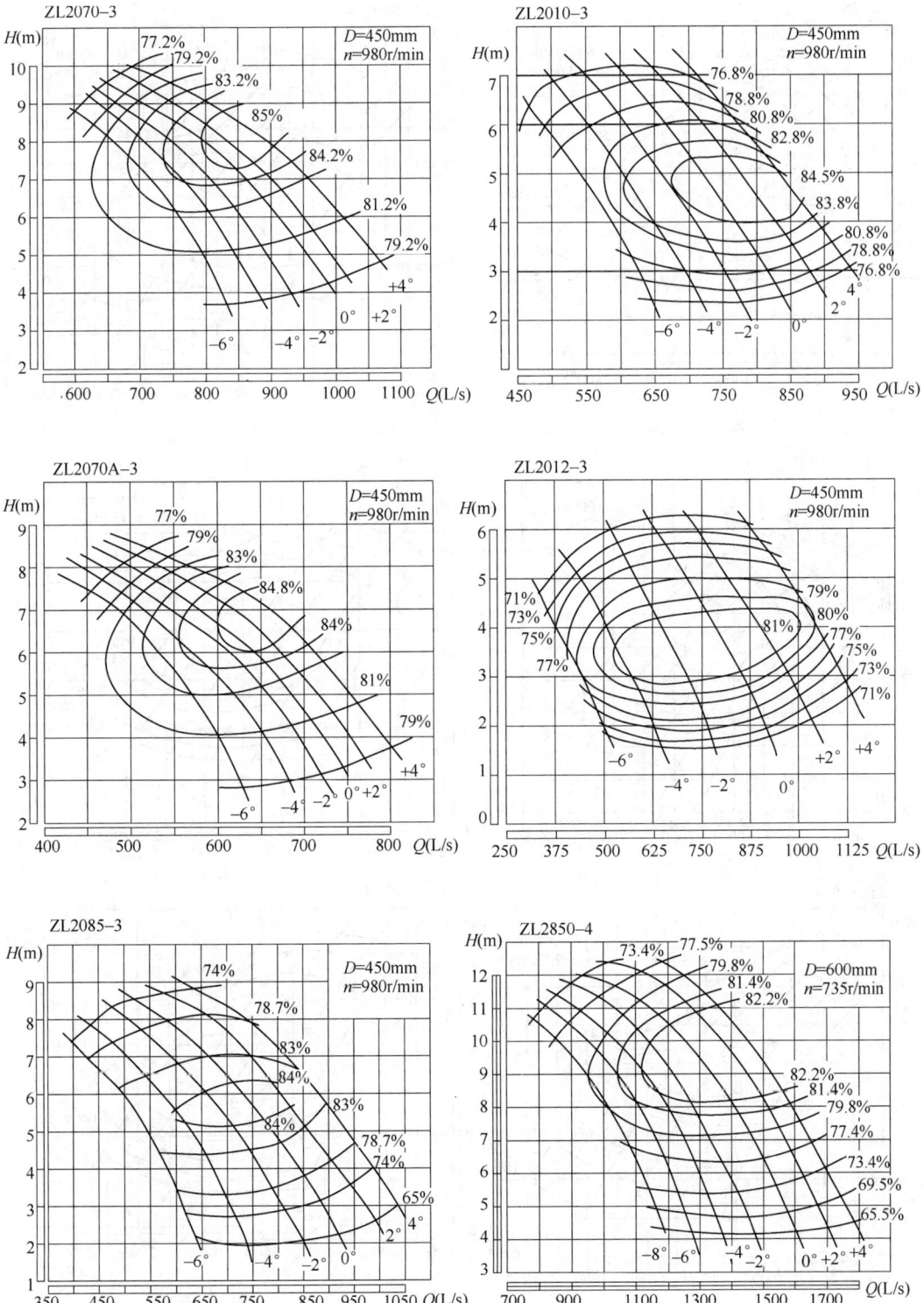

图 1-424　ZL、HL 立式轴流、混流泵性能曲线（续）

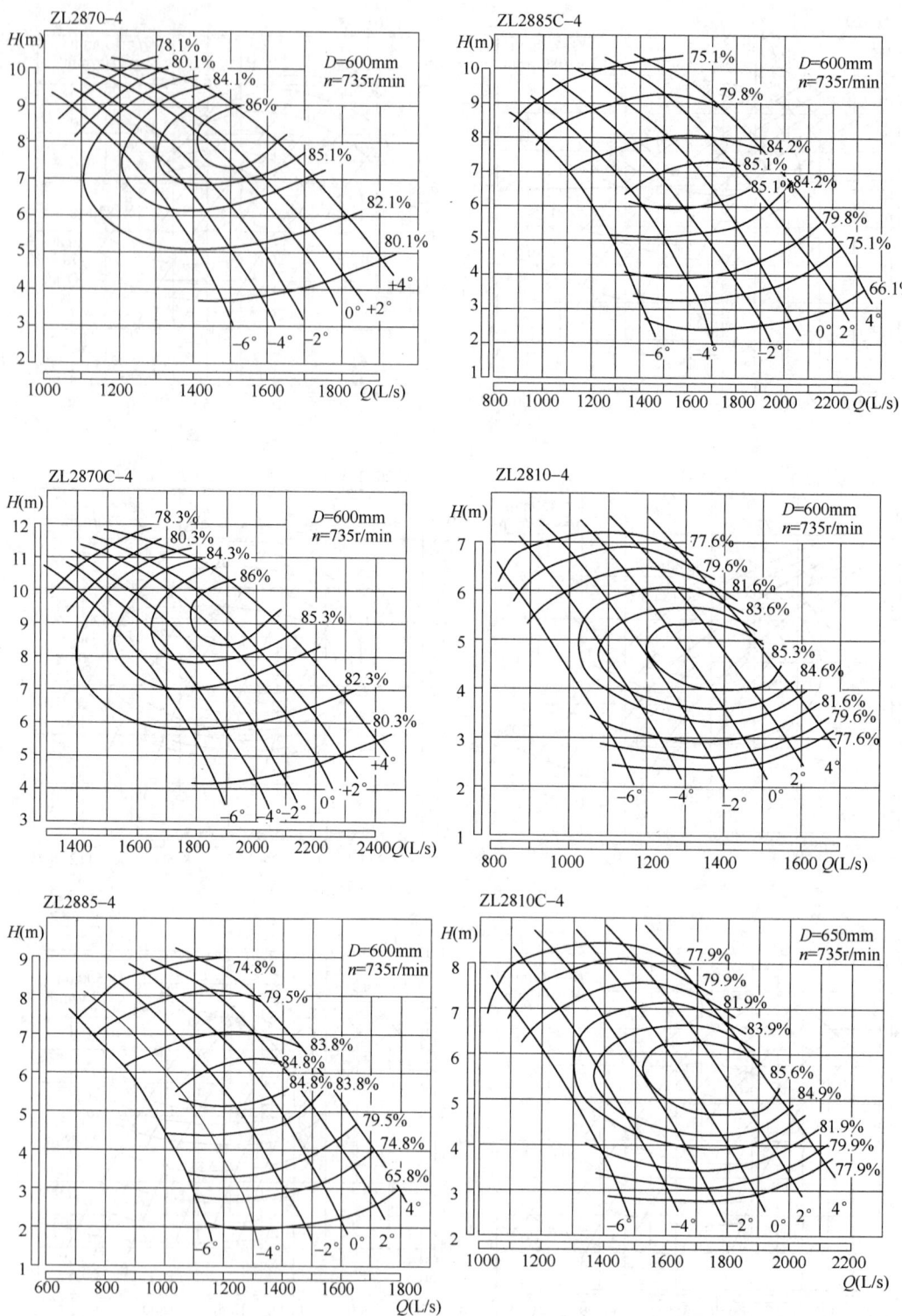

图 1-424   ZL、HL 立式轴流、混流泵性能曲线（续）

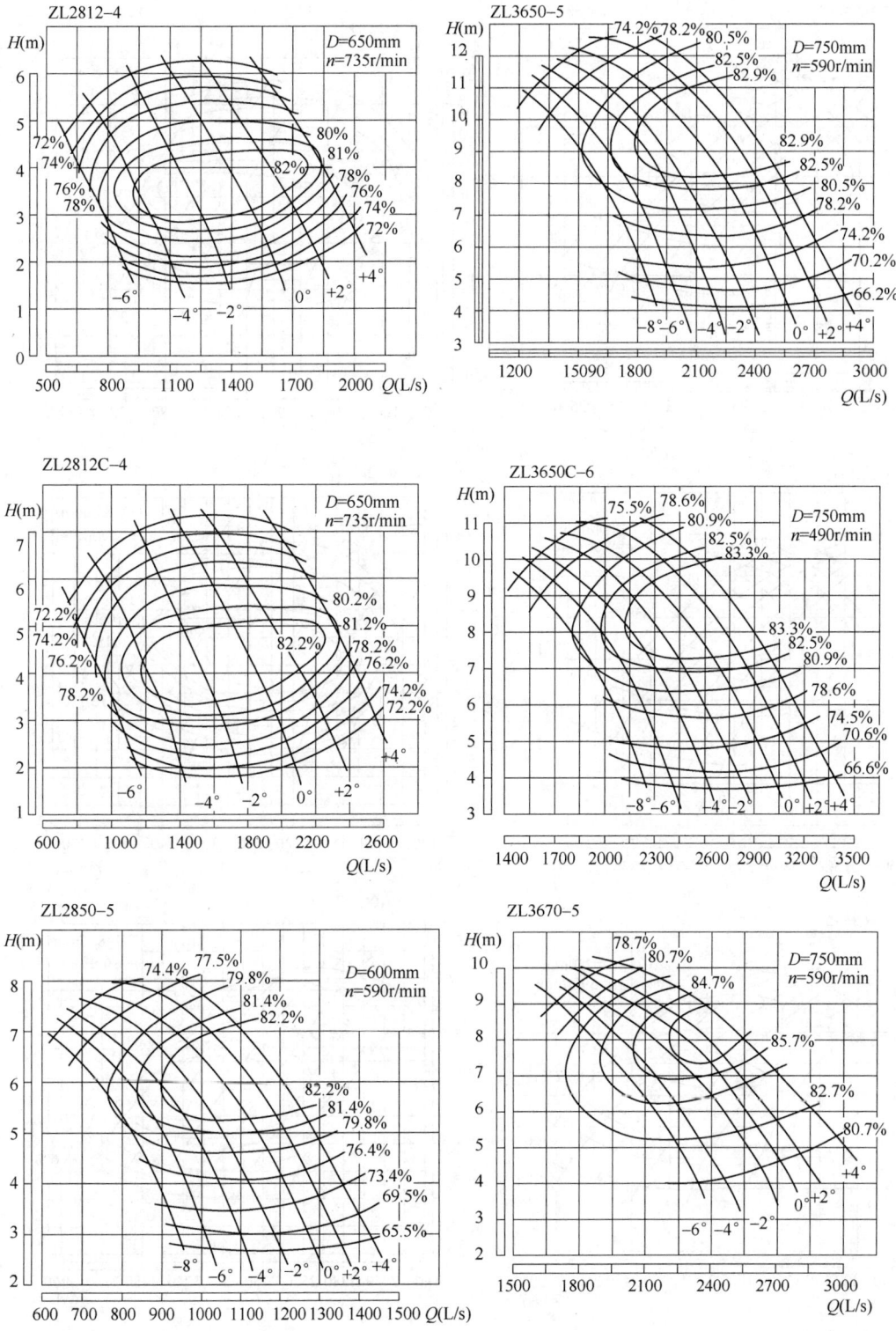

图 1-424 ZL、HL 立式轴流、混流泵性能曲线（续）

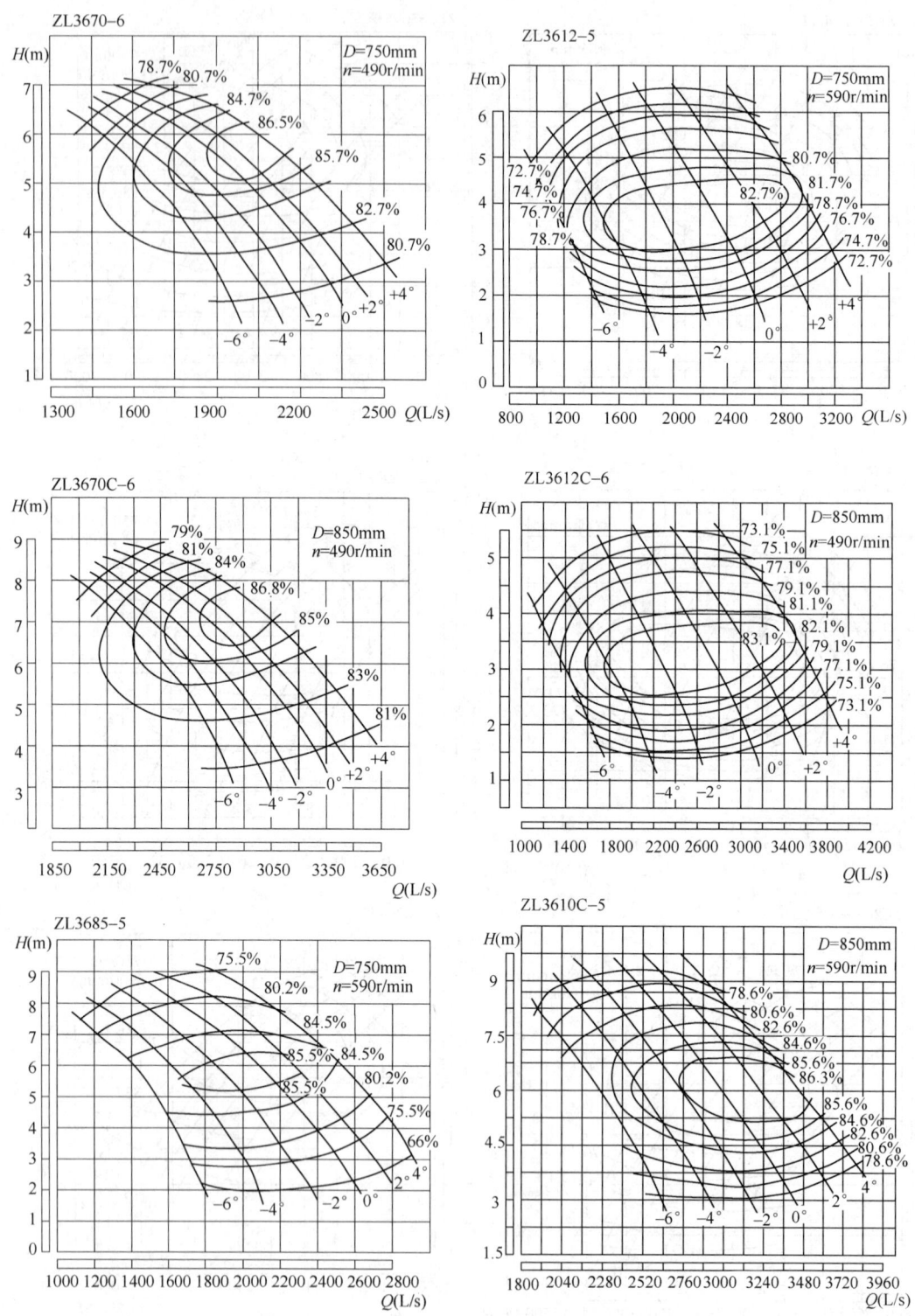

图 1-424 ZL、HL 立式轴流、混流泵性能曲线（续）

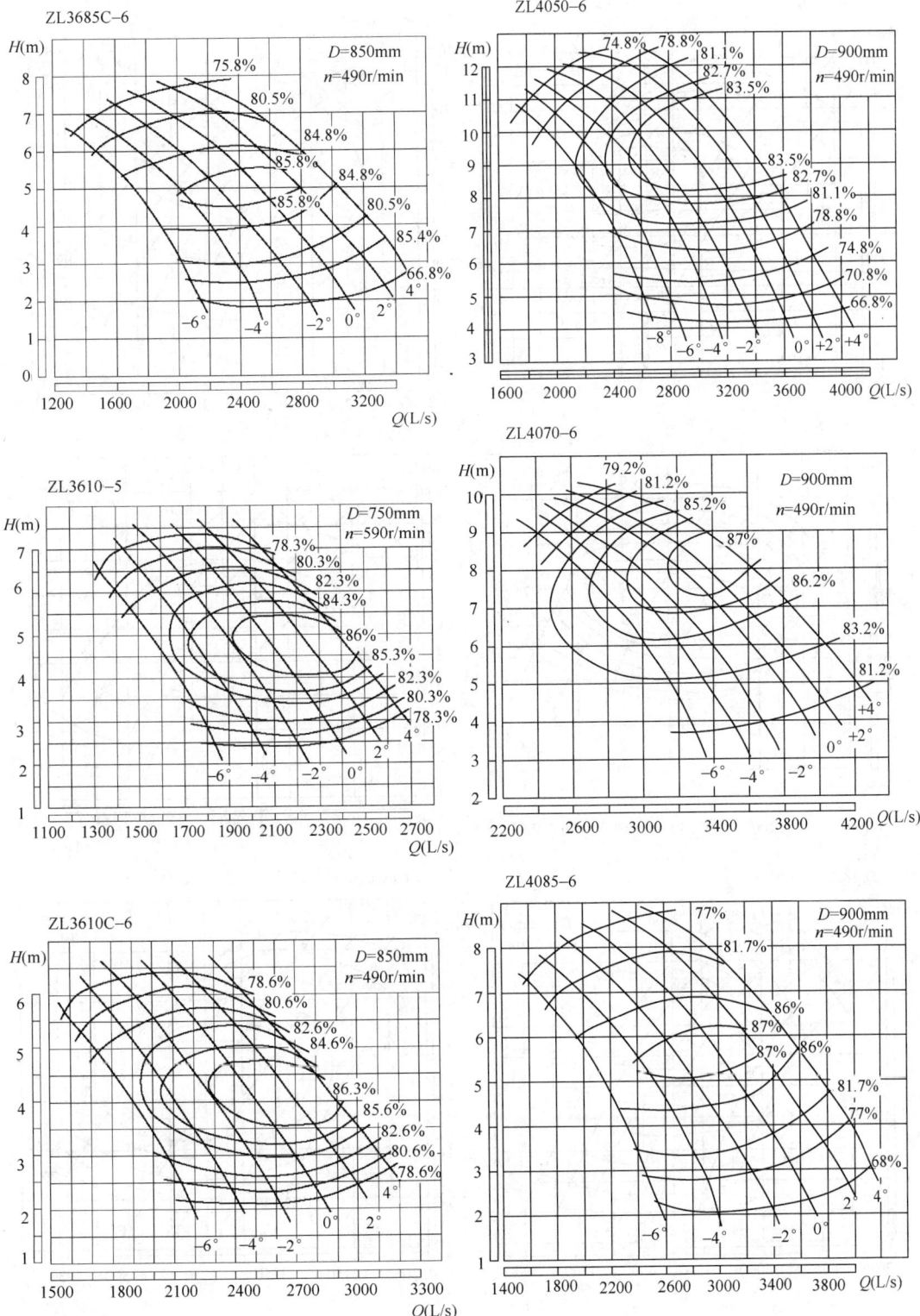

图 1-424 ZL、HL 立式轴流、混流泵性能曲线（续）

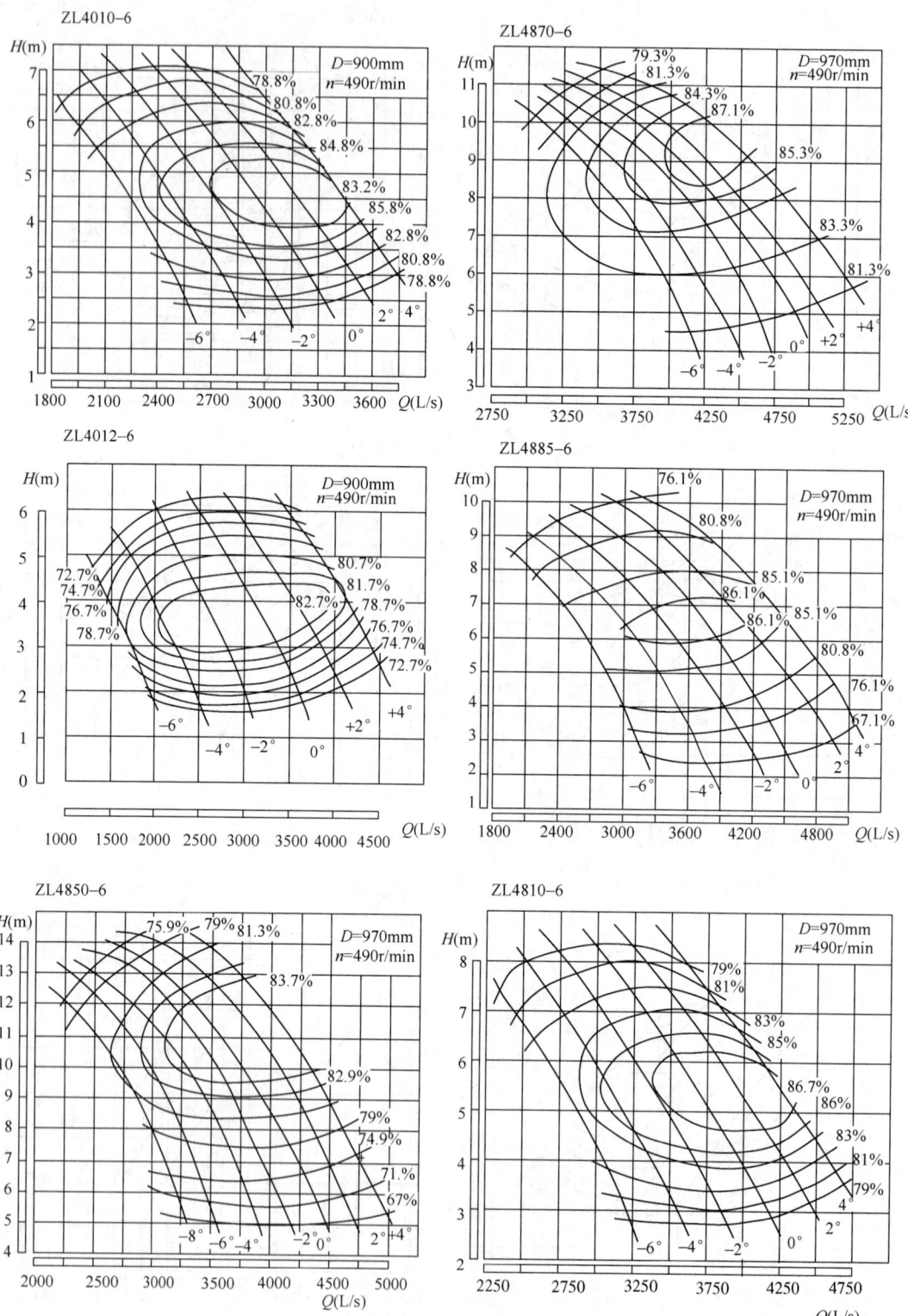

图 1-424 ZL、HL立式轴流、混流泵性能曲线（续）

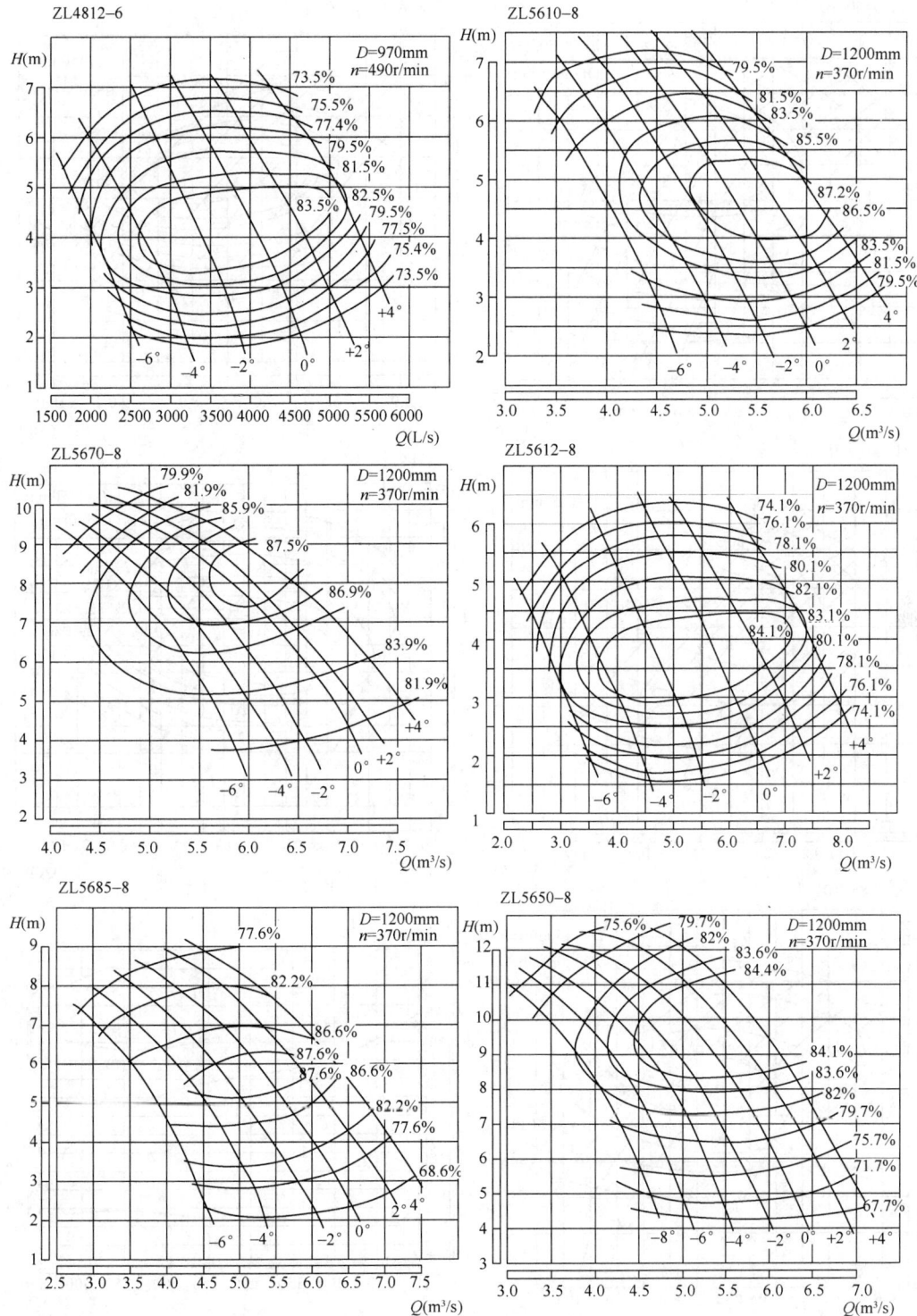

图 1-424　ZL、HL 立式轴流、混流泵性能曲线（续）

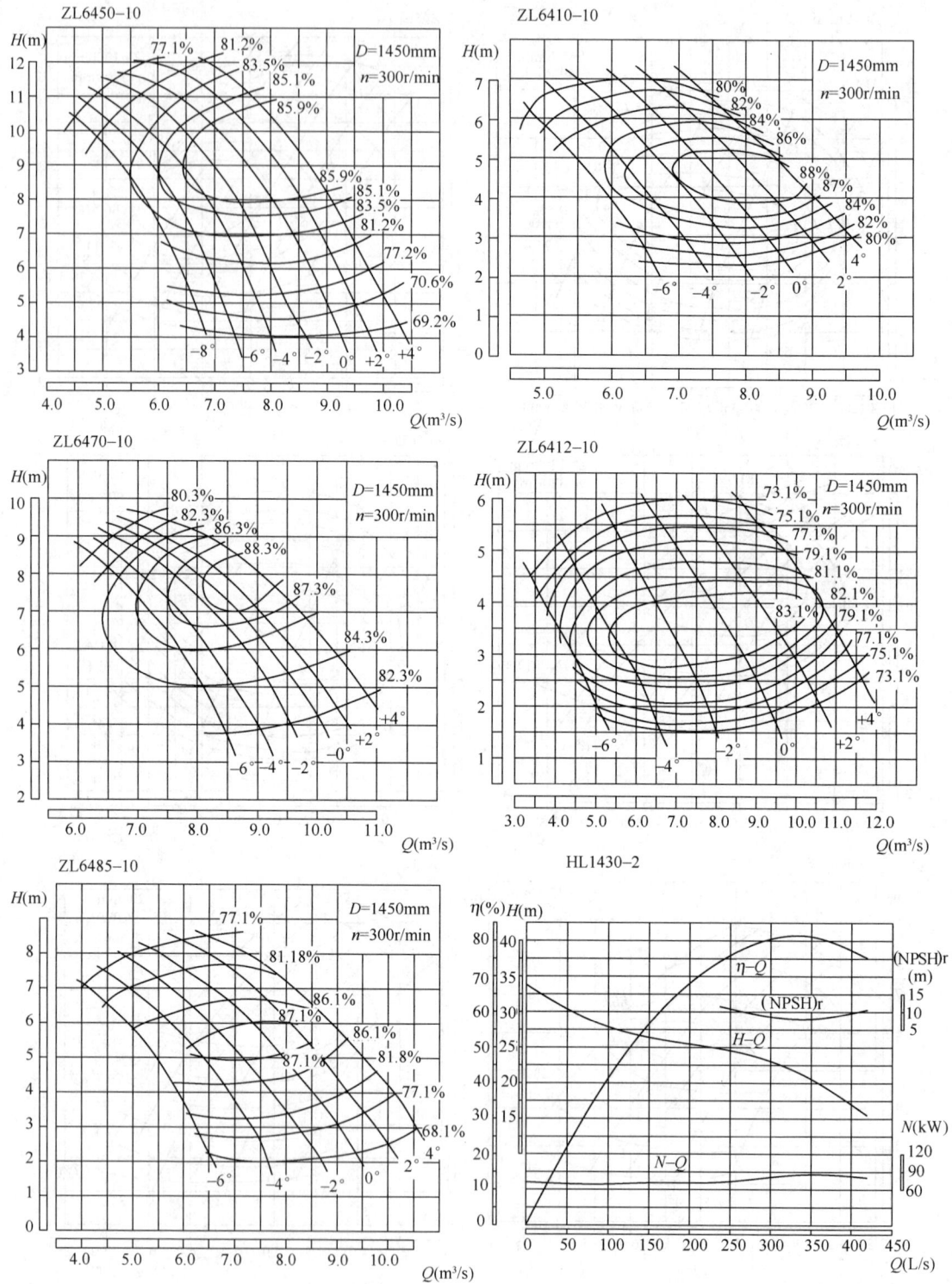

图 1-424 ZL、HL 立式轴流、混流泵性能曲线（续）

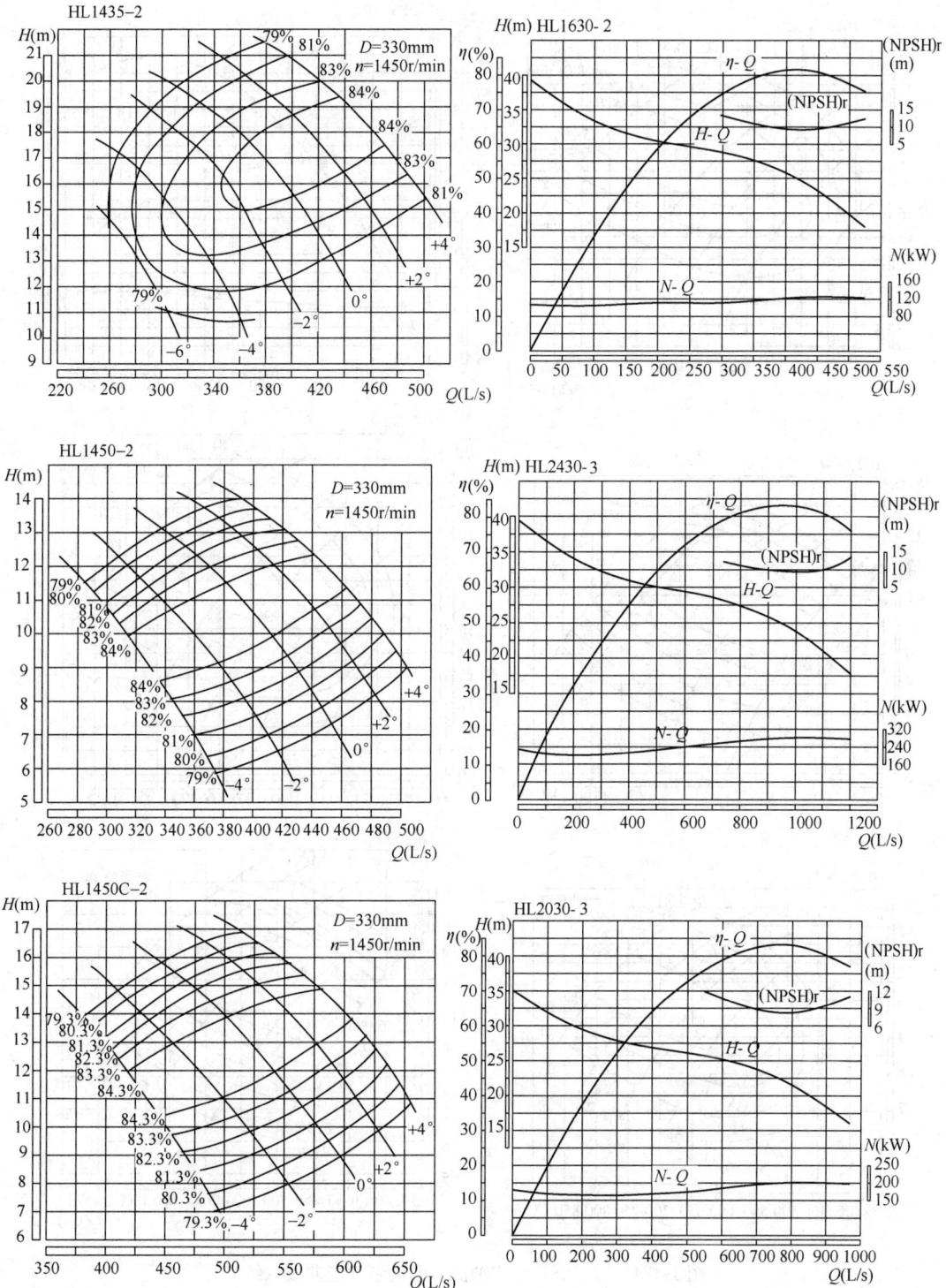

图 1-424 ZL、HL 立式轴流、混流泵性能曲线（续）

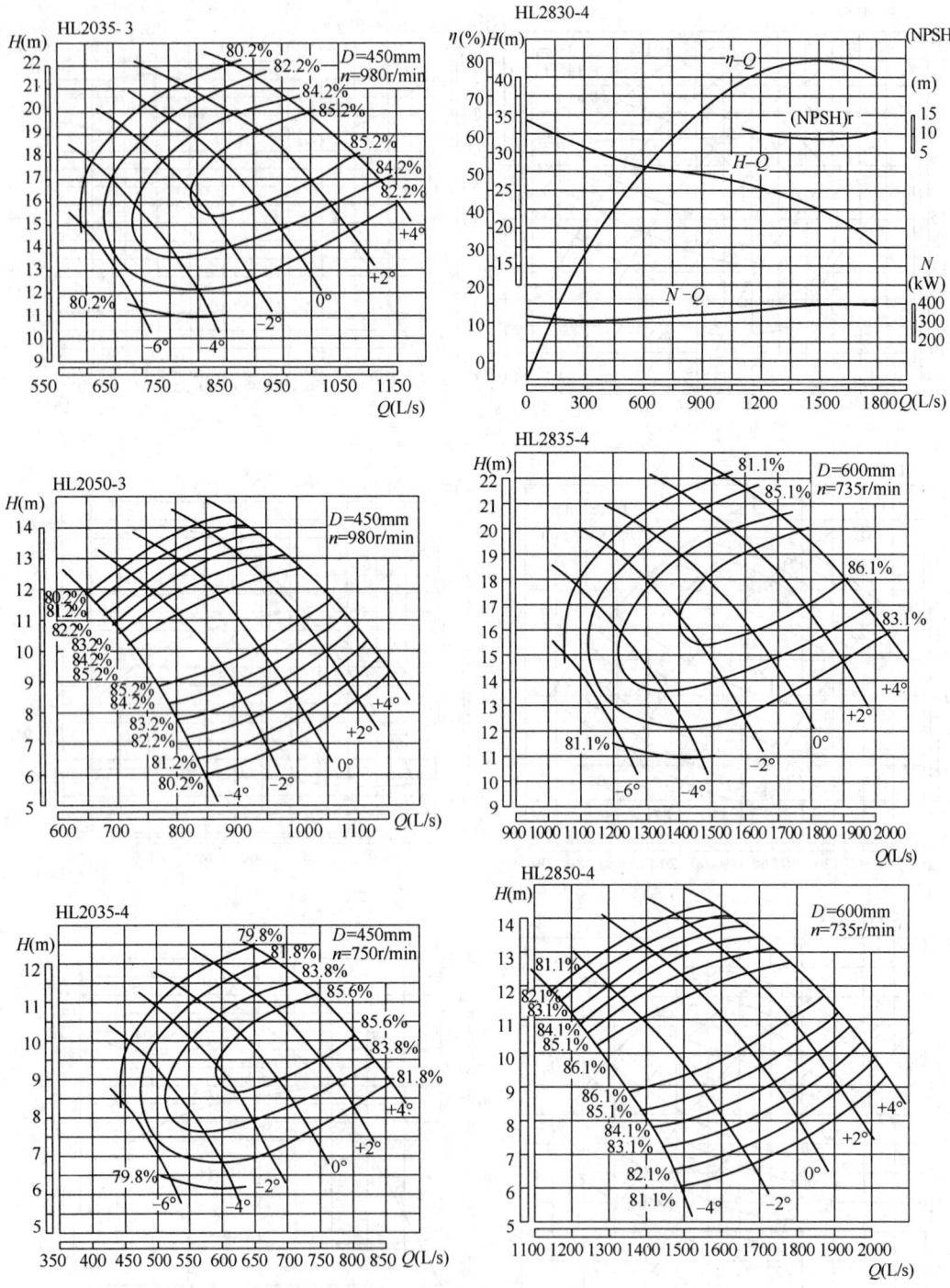

图 1-424　ZL、HL 立式轴流、混流泵性能曲线（续）

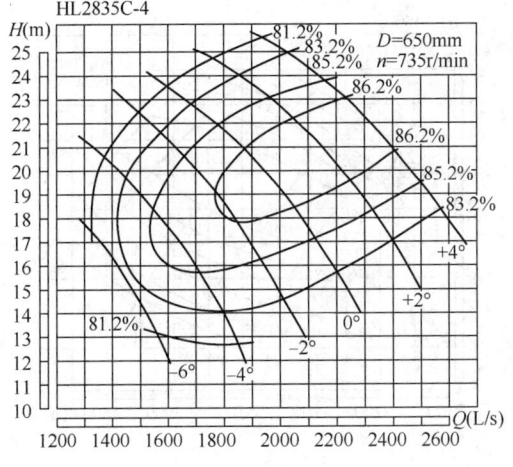

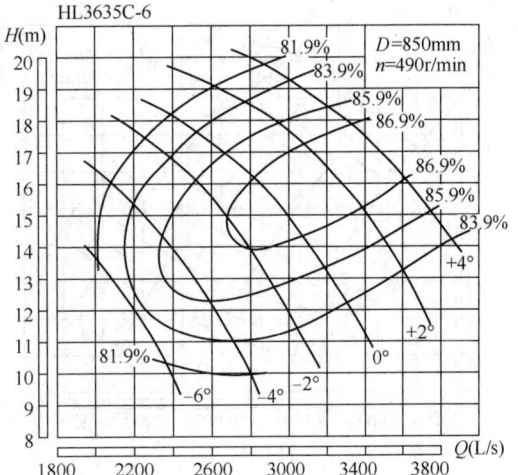

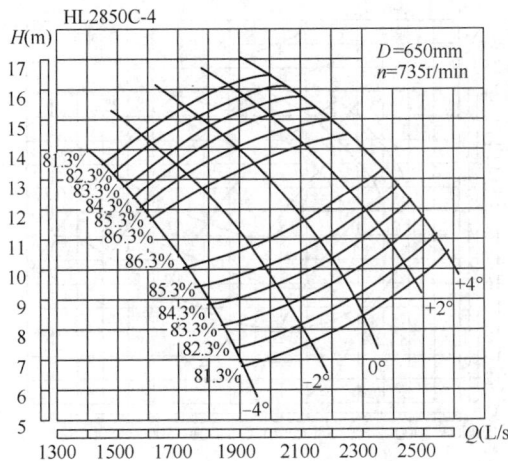

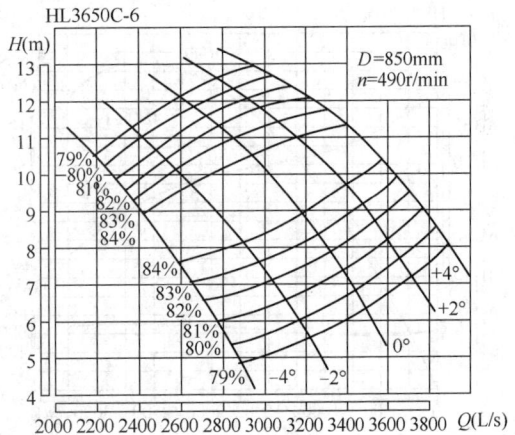

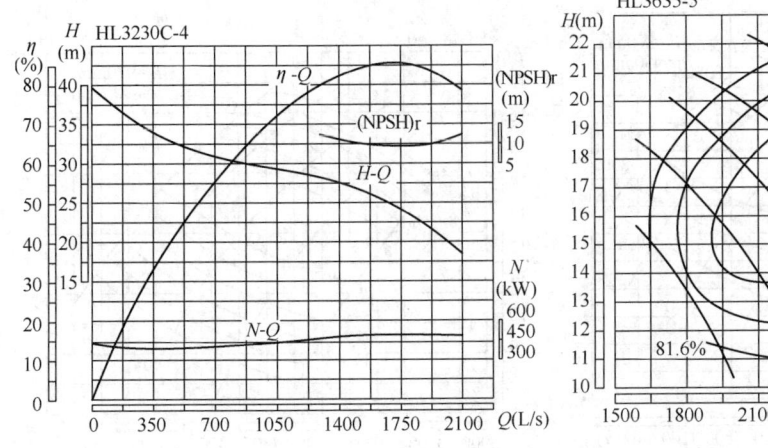

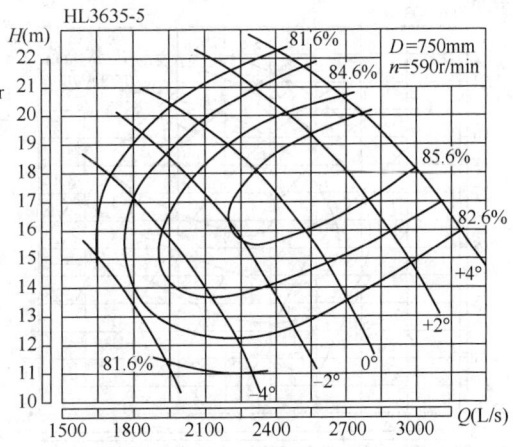

图 1-424 ZL、HL 立式轴流、混流泵性能曲线（续）

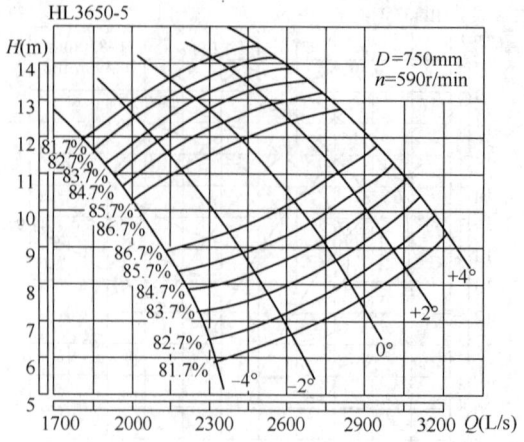

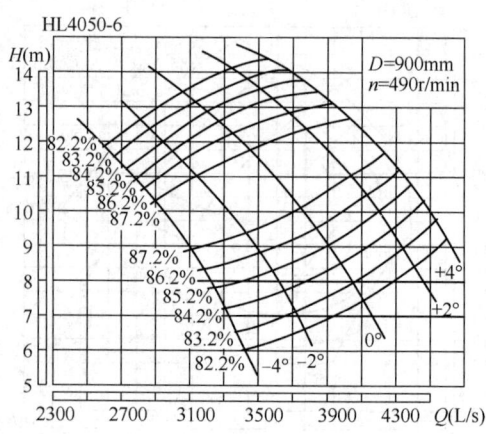

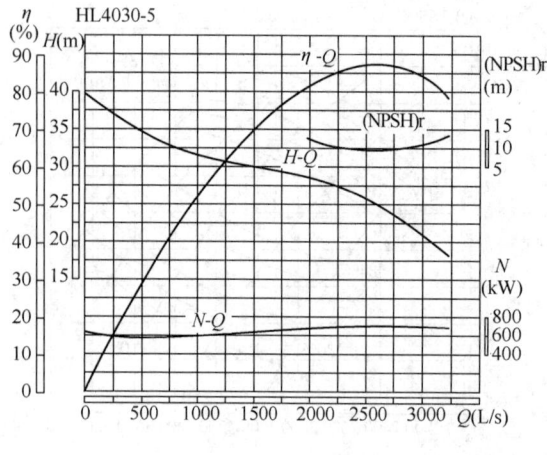

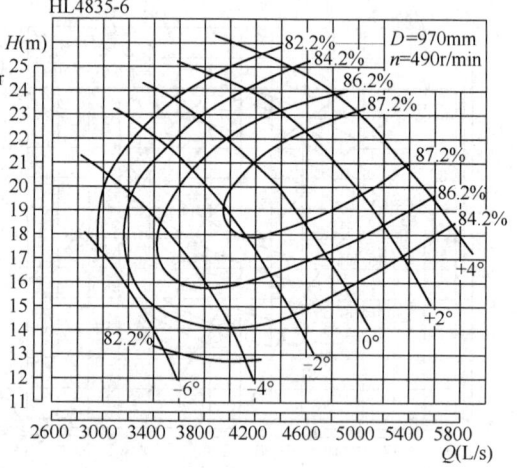

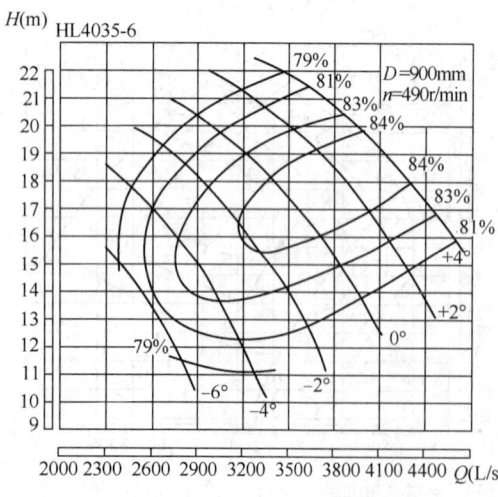

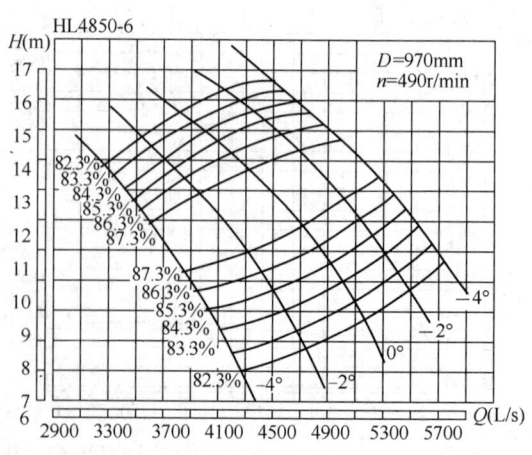

图 1-424　ZL、HL 立式轴流、混流泵性能曲线（续）

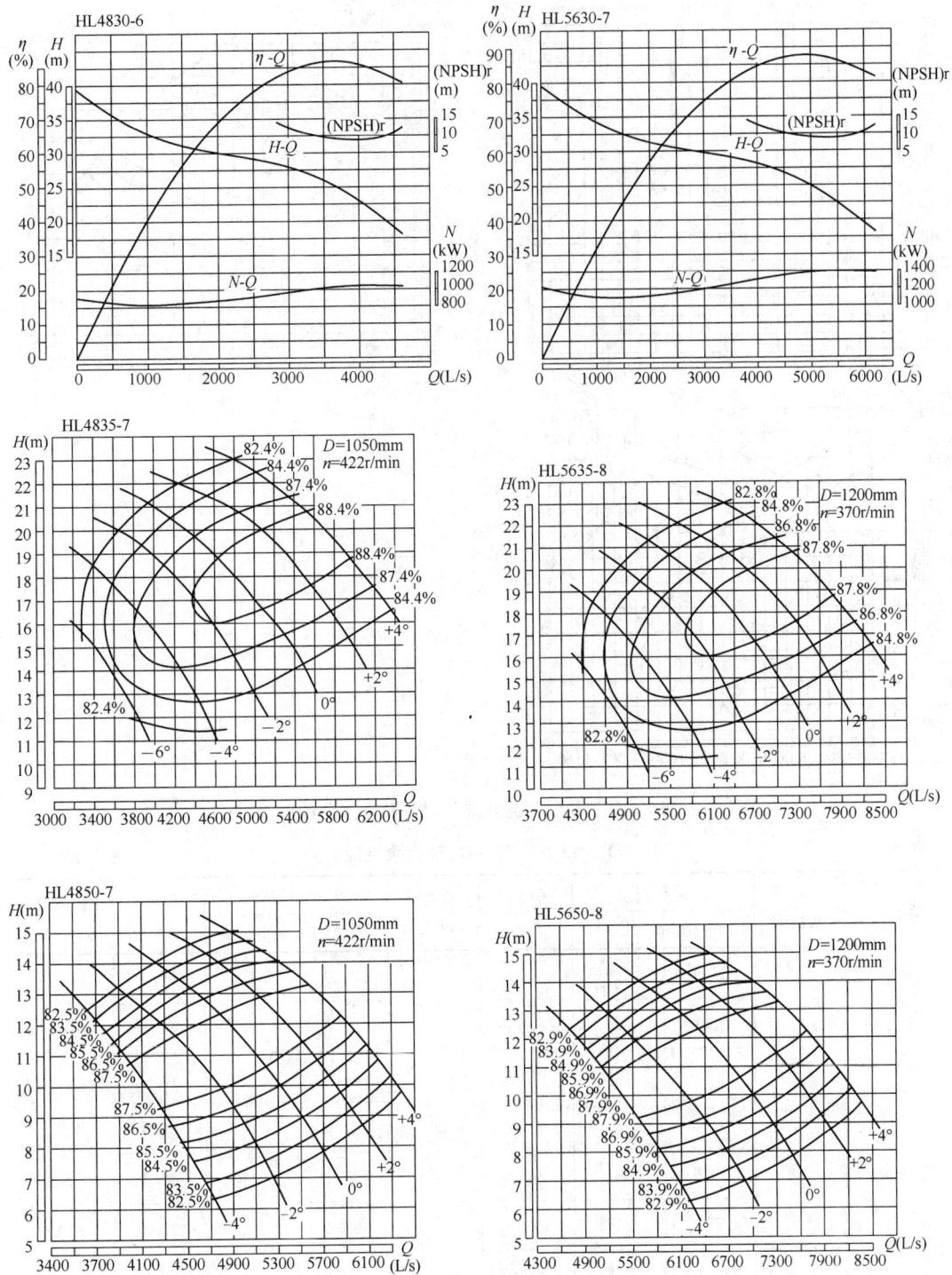

图 1-424 ZL、HL 立式轴流、混流泵性能曲线（续）

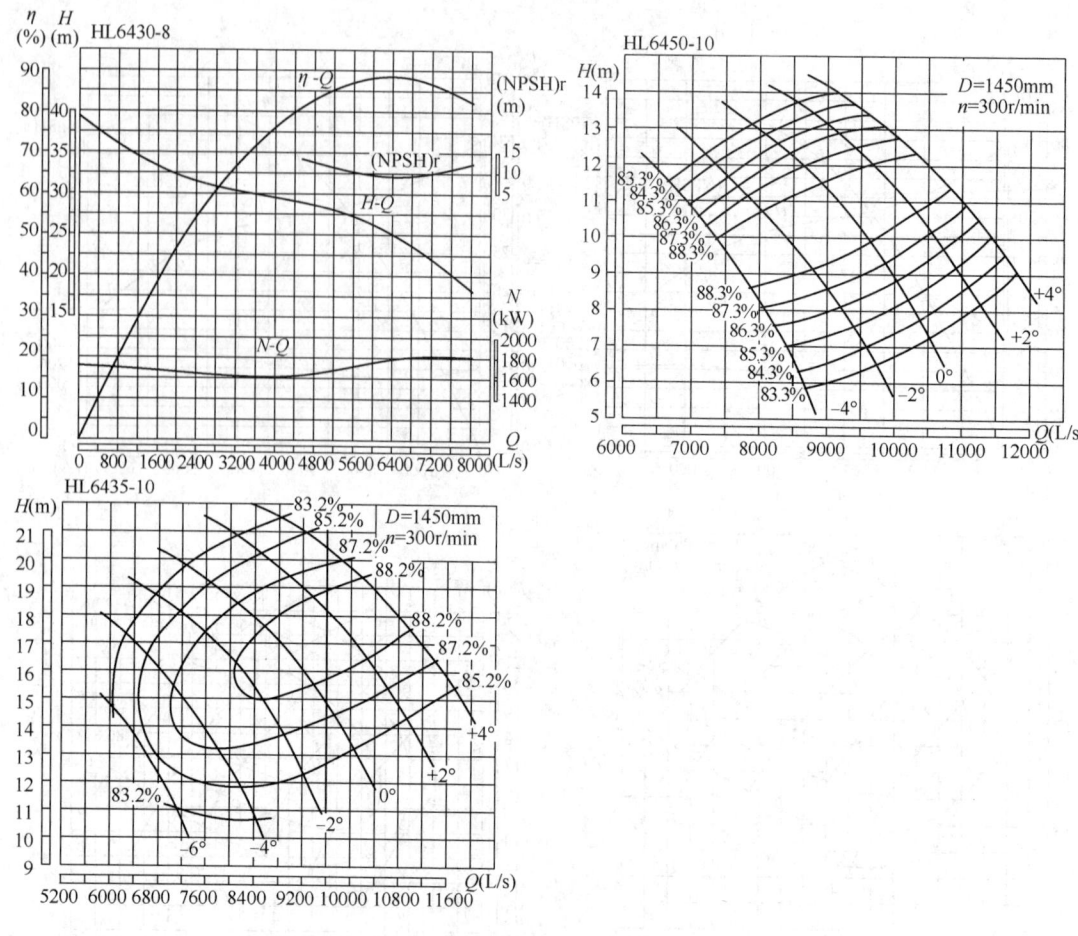

图 1-424   ZL、HL 立式轴流、混流泵性能曲线（续）

ZL、ZL/C、ZL/1C 轴流泵性能   表 1-406

型　号	叶片安装角度	流量 Q		扬程 H	转速 n	功率（kW）		效率 η	叶轮直径 D
		（m³/h）	（L/s）	（m）	（r/min）	轴功率	配用功率	（%）	（mm）
ZL1450-2	-6°	1101	306	4.67	1450	20.9	30	66.9	300
		929	258	8.53		27.0		79.1	
		735	204	10.74		30.0		71.8	
	-4°	1195	332	4.58		22.3	37	66.9	
		1010	281	8.79		30.1		80.3	
		759	211	11.25		32.4		71.8	
	-2°	1290	358	4.58		24.1		66.9	
		1040	289	9.05		31.9		80.3	
		796	221	11.56		34.9		71.8	

续表

| 型　号 | 叶片安装角度 | 流量 Q | | 扬程 H | 转速 n | 功率（kW） | | 效率 η | 叶轮直径 D |
		(m³/h)	(L/s)	(m)	(r/min)	轴功率	配用功率	(%)	(mm)
ZL1450-2	0°	1393	387	4.80	1450	27.2	45	66.9	300
		1156	321	9.10		35.5		80.5	
		923	256	11.40		38.2		74.9	
	+2°	1478	411	4.91		29.5		66.9	
		1216	338	9.33		38.5		80.3	
		993	276	11.78		42.5		74.9	
	+4°	1534	426	5.32		33.2	55	66.9	
		1279	355	9.59		41.6		80.3	
		1040	289	12		45.3		74.9	
ZL1470-2	-6°	1296	360	3.75	1450	17.0	37	78.0	300
		1152	320	6.60		25.2		82.0	
		954	265	8.50		29.0		76.0	
	-4°	1386	385	3.85		18.6		78.0	
		1181	328	7.00		27.0		83.2	
		990	275	8.88		31.5		76.0	
	-2°	1458	405	4.00		20.4		78.0	
		1242	345	7.30		29.6		83.4	
		1012	281	9.00		32.6		76.0	
	0°	1530	425	4.30		23.0		78.0	
		1292	359	7.62		31.7		84.5	
		1037	288	9.30		34.5		76.0	
	+2°	1584	440	4.50		24.9		78.0	
		1325	368	7.70		32.7		84.9	
		1048	291	9.40		35.3		76.0	
	+4°	1663	462	4.90		28.4	45	78.0	
		1375	382	8.20		36.5		84.0	
		1112	309	9.60		38.3		76.0	

型 号	叶片安装角度	流量 Q (m³/h)	流量 Q (L/s)	扬程 H (m)	转速 n (r/min)	功率 (kW) 轴功率	功率 (kW) 配用功率	效率 η (%)	叶轮直径 D (mm)
ZL1485-2	−6°	975	271	2.79	1450	10.2	18.5	72.7	300
		892	248	4.24		12.6		81.7	
		630	175	7.15		16.9		72.7	
	−4°	1130	314	2.70		11.4	22	72.7	
		964	268	5.20		16.5		82.7	
		690	192	7.59		19.6		72.7	
	−2°	1270	353	2.79		13.3		72.7	
		1097	305	5.10		18.4		82.7	
		759	211	7.95		22.6		72.7	
	0°	1367	380	3.05		15.6	30	72.7	
		1203	334	5.29		20.7		83.7	
		835	232	8.25		25.8		72.7	
	+2°	1461	406	3.50		19.2		72.7	
		1285	357	5.65		23.9		82.7	
		911	253	8.49		29.0		72.7	
	+4°	1555	432	3.93		22.9	37	72.7	
		1313	365	6.39		28.0		81.7	
		994	276	8.48		31.6		72.7	
ZL1410-2	−6°	997	277	2.75	1450	9.6	18.5	77.5	300
		900	250	4.03		12.1		81.5	
		774	215	5.80		15.8		77.5	
	−4°	1116	310	2.60		10.2	22	77.5	
		1008	280	4.10		13.6		82.6	
		835	232	6.30		18.5		77.5	
	−2°	1213	337	2.55		10.9		77.5	
		1098	305	4.20		15.1		83.2	
		900	250	6.50		20.5		77.5	
	0°	1300	361	2.62		12.0		77.5	
		1188	330	4.21		16.3		83.5	
		972	270	6.65		22.7		77.5	
	+2°	1386	385	2.90		14.1	30	77.5	
		1260	350	4.43		18.1		84.0	
		1051	292	6.68		24.7		77.5	
	+4°	1462	406	3.20		16.4		77.5	
		1350	375	4.45		19.5		83.7	
		1170	325	6.35		26.1		77.5	

型　号	叶片安装角度	流量 Q		扬程 H	转速 n	功率（kW）		效率 η	叶轮直径 D
		(m³/h)	(L/s)	(m)	(r/min)	轴功率	配用功率	（%）	(mm)
ZL1412-2	−4°	990	275	1.65	1450	6.2	15	71.5	300
		893	248	3.03		9.2		80.0	
		655	182	5.00		12.5		71.5	
	−2°	1231	342	1.60		7.5	18.5	71.5	
		1105	307	3.14		11.8		80.4	
		828	230	5.60		17.7		71.5	
	0°	1440	400	1.90		10.4	22	71.5	
		1303	362	3.42		15.0		81.0	
		990	275	5.80		21.9		71.5	
	+2°	1602	445	2.15		13.1	30.0	71.5	
		1447	402	3.58		17.5		80.4	
		1152	320	580		25.4		71.5	
	+4°	1746	485	2.80		18.6		71.5	
		1642	456	4.20		23.7		79.2	
		1397	388	5.65		30.0		71.5	
ZL2050-3	−6°	2511	698	4.80	980	47.9	75	68.5	450
		2119	589	8.77		62.7		80.7	
		1677	466	11.04		68.7		73.4	
	−4°	2726	757	4.71		51.0		68.5	
		2303	640	9.04		69.2		81.9	
		1731	481	11.56		74.2		73.4	
	−2°	2959	822	4.71		55.4	90	68.5	
		2372	659	9.31		73.4		81.9	
		1816	504	11.88		80.0		73.4	
	0°	3178	883	4.93		62.3		68.5	
		2636	732	9.35		81.8		82.1	
		2105	585	11.72		87.7		76.5	
	+2°	3370	936	5.04		67.6	110	68.5	
		2775	771	9.59		88.4		81.9	
		2265	629	12.11		103.1		72.4	
	+4°	3499	972	5.47		76.1		68.5	
		2917	810	9.85		95.6		81.9	
		2372	659	12.33		104.1		76.5	

型　号	叶片安装角度	流量Q (m³/h)	流量Q (L/s)	扬程H (m)	转速n (r/min)	功率(kW) 轴功率	功率(kW) 配用功率	效率η (%)	叶轮直径D (mm)
ZL2070-3	−6°	2956	821	3.85		39.2		79.2	
		2628	730	6.78		58.4		83.2	
		2176	604	8.74		67.1	75	77.2	
	−4°	3162	878	3.96		43.0		79.2	
		2693	748	7.19		62.7		84.2	
		2258	627	9.13		72.7		77.2	
	−2°	3326	924	4.11		47.0		79.2	
		2833	787	7.50		68.8		84.2	
		2307	641	9.25	980	75.3		77.2	450
	0°	3490	969	4.42		53.1		79.2	
		2948	819	7.83		73.8	90	85.2	
		2365	657	9.56		79.8		77.2	
	+2°	3613	1004	4.62		57.5		79.2	
		3022	839	7.91		76.0		85.7	
		2390	664	9.66		81.5		77.2	
	+4°	3794	1054	5.04		65.7		79.2	
		3137	871	8.43		84.6	110	85.2	
		2537	705	9.87		88.4		77.2	
ZL2070A-3	−6°	2236	621	3.20		24.7		79.0	
		1987	552	5.63		36.7		83.0	
		1620	450	7.50		43.0		77.0	
	−4°	2391	664	3.28		27.1		79.0	
		2037	566	5.97		39.5		84.0	
		1708	474	7.58		45.8		77.0	
	−2°	2515	699	3.41		29.6		79.0	
		2143	595	6.23		43.3	55	84.0	
		1745	485	7.68		47.4		77.0	
	0°	2640	733	3.67	980	33.4		79.0	450
		2230	619	6.50		46.5		84.0	
		1789	497	7.93		50.2		77.0	
	+2°	2733	759	3.84		36.2		79.0	
		2286	635	6.57		47.9		85.5	
		1807	502	8.02		51.3		77.0	
	+4°	2880	800	3.80		37.7		79.0	
		2628	730	5.70		48.0	75	85.0	
		2430	675	6.50		55.9		77.0	

型　号	叶片安装角度	流量 Q		扬程 H	转速 n	功率（kW）		效率 η	叶轮直径 D
		(m³/h)	(L/s)	(m)	(r/min)	轴功率	配用功率	(%)	(mm)
ZL2085-3	−6°	2225	618	2.87	980	23.5	45	74.0	450
		2034	565	4.36		29.1		83.0	
		1436	399	7.35		38.9		74.0	
	−4°	2578	716	2.77		26.3	55	74.0	
		2200	611	5.34		38.1		84.0	
		1573	437	7.80		45.2		74.0	
	−2°	2898	805	2.87		30.6		74.0	
		2502	695	5.24		42.5		84.0	
		1732	481	8.17		52.1		74.0	
	0°	3118	866	3.13		35.9	75	74.0	
		2743	762	5.44		47.8		85.0	
		1904	529	8.48		59.5		74.0	
	+2°	3334	926	3.60		44.2		74.0	
		2930	814	5.81		55.2		84.0	
		2077	577	8.73		66.8		74.0	
	+4°	3546	985	4.04		52.8	90	74.0	
		2995	832	6.57		64.6		83.0	
		2268	630	8.72		72.8		74.0	
ZL2010-3	−6°	2275	632	2.83	980	22.2	37	78.8	450
		2053	570	4.14		28.0		82.9	
		1766	491	5.96		36.4		78.8	
	−4°	2546	707	2.67		23.5	45	78.8	
		2299	639	4.21		31.5		83.9	
		1905	529	6.47		42.7		78.8	
	−2°	2767	769	2.62		25.1		78.8	
		2505	696	4.32		34.9		84.5	
		2053	570	6.68		47.4	55	78.8	
	0°	2964	823	2.69		27.6		78.8	
		2710	753	4.33		37.7		84.8	
		2217	616	6.83		52.4		78.8	
	+2°	3162	878	2.98		32.6		78.8	
		2874	798	4.55		41.8		85.3	
		2398	666	6.87		56.9	75	78.8	
	+4°	3334	926	3.29		37.9		78.8	
		3079	855	4.57		45.2		85.0	
		2669	741	6.53		60.2		78.8	

型 号	叶片安装角度	流量 Q (m³/h)	流量 Q (L/s)	扬程 H (m)	转速 n (r/min)	功率 (kW) 轴功率	功率 (kW) 配用功率	效率 η (%)	叶轮直径 D (mm)
ZL2012-3	−4°	2258	627	1.70	980	14.3	30	73.0	450
		2037	566	3.11		21.2		81.5	
		1495	415	5.14		28.6		73.0	
	−2°	2808	780	1.64		17.2	45	73.0	
		2521	700	3.23		27.0		81.9	
		1889	525	5.76		40.5		73.0	
	0°	3285	913	1.95		23.9	55	73.0	
		2973	826	3.51		34.5		82.5	
		2258	627	5.96		50.2		73.0	
	+2°	3654	1015	2.21		30.1	75	73.0	
		3301	917	3.68		40.4		81.9	
		2628	730	5.96		58.4		73.0	
	+4°	3983	1106	2.88		42.7		73.0	
		3745	1040	4.32		54.5		80.7	
		3186	885	5.81		69.0		73.0	
ZL2850-4	−6°	4463	1240	4.80	735	89.9	132	69.5	600
		3767	1046	8.77		110.0		81.7	
		2982	828	11.04		120.5		74.4	
	−4°	4847	1346	4.71		89.4		69.5	
		4094	1137	9.04		121.5		82.9	
		3077	855	11.56		130.1		74.4	
	−2°	5185	1440	4.71		95.6	160	69.5	
		4218	1172	9.31		128.9		82.9	
		3229	897	11.88		140.4		74.4	
	0°	5650	1569	4.93		109.2		69.5	
		4686	1302	9.35		143.6		83.1	
		3742	1039	11.72		154.0		77.5	
	+2°	5992	1664	5.04		118.4	185	69.5	
		4933	1370	9.59		155.3		82.9	
		4026	1118	12.11		171.2		77.5	
	+4°	6220	1728	5.47		133.3		69.5	
		5186	1441	9.85		167.8		82.9	
		4216	1171	12.33		182.6		77.5	

型　号	叶片安装角度	流量 Q		扬程 H	转速 n	功率（kW）		效率 η	叶轮直径 D
		（m³/h）	（L/s）	（m）	（r/min）	轴功率	配用功率	（%）	（mm）
ZL2870-4	−6°	5256	1460	3.85	735	68.9	132	80.1	600
		4672	1298	6.78		102.7		84.1	
		3869	1075	8.74		117.9		78.1	
	−4°	5620	1561	3.96		75.7		80.1	
		4788	1330	7.19		110.3		85.1	
		4015	1115	9.13		127.8		78.1	
	−2°	5912	1642	4.11		82.7		80.1	
		5037	1399	7.50		121.0		85.1	
		4102	1139	9.25		132.4		78.1	
	0°	6204	1723	4.42		93.3	160	80.1	
		5241	1456	7.83		129.9		86.0	
		4204	1168	9.56		140.2		78.1	
	+2°	6423	1784	4.62		101.1		80.1	
		5372	1492	7.91		133.8		86.6	
		4248	1180	9.66		143.2		78.1	
	+4°	6745	1874	5.04		115.6	185	80.1	
		5577	1549	8.43		148.7		86.1	
		4511	1253	9.87		155.3		78.1	
ZL2870C-4	−6°	6682	1856	4.52	735	102.6	185	80.3	600
		5939	1650	7.96		152.8		84.3	
		4919	1366	10.25		175.5		78.3	
	−4°	7146	1985	4.64		112.6	200	80.3	
		6088	1691	8.44		164.2		85.3	
		5104	1418	10.71		190.3		78.3	
	−2°	7517	2088	4.82		123.1		80.3	
		6403	1779	8.81		180.1		85.3	
		5216	1449	10.86		197.0	220	78.3	
	0°	7888	2191	5.19		138.8		80.3	
		6663	1851	9.19		193.4		86.3	
		5346	1485	11.22		208.7		78.3	
	+2°	8167	2269	5.43		150.4		80.3	
		6830	1897	9.29		199.2		86.8	
		5401	1500	11.34		213.1	250	78.3	
	+4°	8575	2382	5.91		172.0		80.3	
		7090	1969	9.89		221.4		86.3	
		5735	1593	11.58		231.1		78.3	

续表

型　号	叶片安装角度	流量 Q		扬程 H	转速 n	功率（kW）		效率 η	叶轮直径 D
		（m³/h）	（L/s）	（m）	（r/min）	轴功率	配用功率	（%）	（mm）
ZL2885-4	−6°	3995	1110	2.87	735	41.4	75	74.8	600
		3616	1004	4.36		51.3		83.8	
		2554	709	7.35		68.4		74.8	
	−4°	4582	1273	2.77		46.2	90	74.8	
		3910	1086	5.34		67.1		84.8	
		2797	777	7.80		79.5		74.8	
	−2°	5152	1431	2.87		53.9	110	74.8	
		4448	1236	5.24		74.9		84.8	
		3078	855	8.17		91.6		74.8	
	0°	5542	1539	3.13		63.2		74.8	
		4877	1355	5.44		84.2		85.8	
		3386	941	8.48		104.6		74.8	
	+2°	5926	1646	3.60		77.7	132	74.8	
		5210	1447	5.81		97.3		84.8	
		3693	1026	8.73		117.4		74.8	
	+4°	6304	1751	4.04		92.8		74.8	
		5325	1479	6.57		113.8		83.8	
		4032	1120	8.72		128.1		74.8	
ZL2885C-4	−6°	5029	1397	3.37	735	61.5	110	75.1	600
		4597	1277	5.12		76.2		84.1	
		3247	902	8.63		101.6		75.1	
	−4°	5826	1618	3.25		68.7	132	75.1	
		4972	1381	6.27		99.8		85.1	
		3556	988	9.15		118.1		75.1	
	−2°	6550	1819	3.37		80.1	160	75.1	
		5655	1571	6.15		111.4		85.1	
		3914	1087	9.59		136.2		75.1	
	0°	7047	1958	3.67		93.9		75.1	
		6200	1722	6.38		125.3		86.1	
		4304	1196	9.95		155.4		75.1	
	+2°	7535	2093	4.23		115.5	185	75.1	
		6624	1840	6.82		144.6		85.1	
		4695	1304	10.25		174.5		75.1	
	+4°	8015	2226	4.74		137.9	200	75.1	
		6770	1881	7.71		169.1		84.1	
		5126	1424	10.23		190.4		75.1	

续表

型　号	叶片安装角度	流量 Q (m³/h)	(L/s)	扬程 H (m)	转速 n (r/min)	功率（kW）轴功率	配用功率	效率 η (%)	叶轮直径 D (mm)
ZL2810-4	−6°	4044	1123	2.83	735	39.1	75	79.6	600
		3650	1014	4.14		49.3		83.6	
		3139	872	5.96		64.1		79.6	
	−4°	4526	1257	2.67		41.4	90	79.6	
		4088	1136	4.21		55.4		84.7	
		3387	941	6.47		75.1		79.6	
	−2°	4920	1367	2.62		44.1		79.6	
		4453	1237	4.32		61.4		85.3	
		3650	1014	6.68		83.5		79.6	
	0°	5270	1464	2.69		48.6		79.6	
		4818	1338	4.33		66.3		85.6	
		3942	1095	6.83		92.2		79.6	
	+2°	5620	1561	2.98		57.3	110	79.6	
		5110	1419	4.55		73.6		86.1	
		4263	1184	6.87		100.2		79.6	
	+4°	5927	1646	3.29		66.7		79.6	
		5474	1521	4.57		79.5		85.8	
		4745	1318	6.53		106.0		79.6	
ZL2810C-4	−6°	5141	1428	3.32	735	58.1	110	79.9	650
		4640	1289	4.86		73.2		83.9	
		3991	1109	7.00		95.1		79.9	
	−4°	5754	1598	3.14		61.5	132	79.9	
		5197	1444	4.95		82.3		85.0	
		4306	1196	7.60		111.5		79.9	
	−2°	6255	1738	3.08		65.5		79.9	
		5661	1573	5.07		91.2		85.6	
		4640	1289	7.84		124.0		79.9	
	0°	6700	1861	3.16		72.1		79.9	
		6125	1701	5.08		98.6		85.9	
		5011	1392	8.02		137.0		79.9	
	+2°	7146	1985	3.50		85.2	160	79.9	
		6496	1804	5.34		109.4		86.4	
		5420	1506	8.06		148.8		79.9	
	+4°	7536	2093	3.86		99.1		79.9	
		6960	1933	5.37		118.1		86.1	
		6032	1676	7.66		157.4		79.9	

型 号	叶片安装角度	流量 Q		扬程 H	转速 n	功率（kW）		效率 η	叶轮直径 D
		(m³/h)	(L/s)	(m)	(r/min)	轴功率	配用功率	(%)	(mm)
ZL2812-4	−4°	4015	1115	1.70	735	25.0	55	74.0	650
		3620	1006	3.11		37.2		82.5	
		2657	738	5.14		50.2		74.0	
	−2°	4993	1387	1.64		30.2	75	74.0	
		4482	1245	3.23		47.5		82.9	
		3358	933	5.76		71.1		74.0	
	0°	5839	1622	1.95		41.9	90	74.0	
		5285	1468	3.51		60.6		83.5	
		4015	1115	5.96		88.0		74.0	
	+2°	6496	1804	2.21		52.8	110	74.0	
		5869	1630	3.68		70.79		82.9	
		4672	1298	5.96		102.4		74.0	
	+4°	7080	1967	2.88		75.0	132	74.0	
		6657	1849	4.32		95.7		81.7	
		5664	1573	5.81		121.0		74.0	
ZL2812C-4	−4°	5070	1408	1.96	735	36.5	75	74.2	650
		4572	1270	3.61		54.3		82.7	
		3355	932	5.95		73.2		74.2	
	−2°	6305	1751	1.9		44.0	110	74.2	
		5659	1572	3.74		69.3		83.1	
		4240	1178	6.66		103.6		74.2	
	0°	7374	2048	2.26		61.2	132	74.2	
		6673	1854	4.07		88.3		83.7	
		5070	1408	6.90		128.4		74.2	
	+2°	8203	2279	2.56		77.0	160	74.2	
		7411	2059	4.26		103.4		83.1	
		5899	1639	6.90		149.4		74.2	
	+4°	8941	2484	3.33		109.3	185	74.2	
		8406	2335	5.00		139.6		81.9	
		7153	1987	6.72		176.4		74.2	

型　号	叶片安装角度	流量 Q		扬程 H	转速 n	功率（kW）		效率 η	叶轮直径 D
		(m³/h)	(L/s)	(m)	(r/min)	轴功率	配用功率	（%）	(mm)
ZL2850-5	−6°	3583	995	3.09	590	43.4	75	69.5	600
		3024	840	5.65		56.9		81.7	
		2394	665	7.12		62.3		74.4	
	−4°	3891	1081	3.03		46.2		69.5	
		3287	913	5.82		62.8		82.9	
		2470	686	7.45		67.3		74.7	
	−2°	4162	1156	3.03		49.5		69.5	
		3386	941	6.00		66.7		82.9	
		2592	720	7.66		72.6		74.4	
	0°	4536	1260	3.18		56.5	90	69.5	
		3762	1045	6.02		74.3		83.1	
		3003	834	7.55		79.6		77.5	
	+2°	4810	1336	3.25		61.2		69.5	
		3960	1100	6.18		80.3		82.9	
		3232	898	7.80		88.6		77.5	
	+4°	4993	1387	3.53		68.9	110	69.5	
		4163	1156	6.35		86.89		82.9	
		3385	940	7.95		94.5		77.5	
ZL3650-5	−6°	7139	1983	4.90	590	135.5	200	70.2	750
		6024	1673	8.94		178.0		82.4	
		4769	1325	11.27		194.8		75.1	
	−4°	7752	2153	4.80		144.4	220	70.2	
		6549	1819	9.22		196.6		83.6	
		4921	1367	11.79		210.4		75.1	
	−2°	8293	2304	4.80		154.5	250	70.2	
		6746	1874	9.49		208.5		83.6	
		5164	1434	12.12		227.0		75.1	
	0°	9037	2510	5.03		176.4		70.2	
		7495	2082	9.54		232.2		83.8	
		5984	1662	11.95		249.0		78.2	
	+2°	9583	2662	5.15		191.3	280	70.2	
		7890	2192	9.78		251.3		83.6	
		6440	1789	12.35		276.9		78.2	
	+4°	9948	2763	5.58		215.3	315	70.2	
		8294	2304	10.05		271.6		83.6	
		6744	1873	12.58		295.4		78.2	

续表

型 号	叶片安装角度	流量 Q		扬程 H (m)	转速 n (r/min)	功率 (kW)		效率 η (%)	叶轮直径 D (mm)
		(m³/h)	(L/s)			轴功率	配用功率		
ZL3650C-6	−6°	8460	2350	4.28	490	139.6	220	70.6	750
		7140	1983	7.82		183.6		82.8	
		5652	1570	9.85		200.7		75.5	
	−4°	9187	2552	4.20		148.8		70.6	
		7761	2156	8.06		202.7		84.0	
		5832	1620	10.31		216.8		75.5	
	−2°	9918	2755	4.20		160.6	250	70.6	
		7995	2221	8.30		215.0		84.0	
		6120	1700	10.60		233.9		75.5	
	0°	10710	2975	4.40		181.7	280	70.6	
		8882	2467	8.34		239.5		84.2	
		7092	1970	10.45		256.7		78.6	
	+2°	11357	3155	4.50		197.1	315	70.6	
		9350	2597	8.55		259.1		84.0	
		7632	2120	10.80		285.5		78.6	
	+4°	11790	3275	4.88		221.8		70.6	
		9830	2731	8.79		280.0		84.0	
		7992	2220	11.00		304.5		78.6	
ZL3670-5	−6°	8240	2289	3.88	590	108.0	200	80.7	750
		7324	2034	6.83		160.9		84.7	
		6065	1685	8.80		184.7		78.7	
	−4°	8812	2448	3.98		118.5	220	80.7	
		7507	2085	7.24		172.9		85.7	
		6294	1748	9.19		200.3		78.7	
	−2°	9270	2575	4.14		129.6		80.7	
		7896	2193	7.55		189.7		85.7	
		6432	1787	9.31		207.4		78.7	
	0°	9727	2702	4.45		146.2		80.7	
		8217	2283	7.89		203.7		86.7	
		6592	1831	9.62		219.6		78.7	
	+2°	10071	2798	4.66		158.3	250	80.7	
		8423	2340	7.97		209.7		87.2	
		6660	1850	9.73		224.3		78.7	
	+4°	10574	2937	5.07		181.0		80.7	
		8743	2429	8.49		233.2		86.7	
		7072	1964	9.93		243.3		78.7	

型 号	叶片安装角度	流量 Q (m³/h)	流量 Q (L/s)	扬程 H (m)	转速 n (r/min)	功率（kW）轴功率	功率（kW）配用功率	效率 η (%)	叶轮直径 D (mm)
ZL3670-6	-6°	6981	1939	2.71		63.9		80.7	
		6205	1724	4.77		95.3		84.7	
		5139	1428	6.15		109.4		78.7	
	-4°	7466	2074	2.78		70.2	132	80.7	
		6360	1767	5.06		102.4		85.7	
		5333	1481	6.42		118.6		78.7	
	-2°	7853	2181	2.89	490	76.7		80.7	750
		6690	1858	5.28		112.3		85.7	
		5449	1514	6.51		122.8		78.7	
	0°	8241	2289	3.11		86.5		80.7	
		6961	1934	5.51		120.6		86.7	
		5585	1551	6.73		130.1		78.7	
	+2°	8532	2370	3.25		93.8	160	80.7	
		7136	1982	5.57		124.2		87.2	
		5643	1568	6.80		132.8		78.7	
	+4°	8959	2489	3.54		107.2		80.7	
		7407	2058	5.93		138.1		86.7	
		5992	1664	6.94		144.1		78.7	
ZL3670C-6	-6°	9962	2767	3.44		115.2		81.0	
		8855	2460	6.05		171.8		85.0	
		7333	2037	7.79		197.1	220	79.0	
	-4°	10653	2959	3.53		126.5		81.0	
		9076	2521	6.42		184.6		86.0	
		7610	2114	8.14		213.7		79.0	
	-2°	11207	3113	3.67		138.3		81.0	
		9546	2652	6.69		202.4		86.0	
		7776	2160	8.25	490	221.3	250	79.0	850
	0°	11760	3267	3.94		156.0		81.0	
		9934	2759	6.99		217.3		87.0	
		7969	2214	8.53		234.4		79.0	
	+2°	12175	3382	4.13		169.0		81.0	
		10183	2829	7.06		223.9		87.5	
		8052	2237	8.62		239.4	280	79.0	
	+4°	12784	3551	4.49		193.2		81.0	
		10570	2936	7.52		248.9		87.0	
		8550	2375	8.80		259.6		79.0	

型　号	叶片安装角度	流量 Q		扬程 H (m)	转速 n (r/min)	功率（kW）		效率 η (%)	叶轮直径 D (mm)
		(m³/h)	(L/s)			轴功率	配用功率		
ZL3685-5	−6°	6326	1757	2.93	590	66.9	132	75.5	750
		5783	1606	4.45		83.0		84.5	
		4084	1134	7.50		110.5		75.5	
	−4°	7329	2036	2.83		74.8		75.5	
		6254	1737	5.45		108.6		85.5	
		4473	1243	7.96		128.5		75.5	
	−2°	8240	2289	2.93		87.1	160	75.5	
		7114	1976	5.35		121.2		85.5	
		4924	1368	8.34		148.1		75.5	
	0°	8864	2462	3.19		102.2	185	75.5	
		7800	2167	5.55		136.4		86.5	
		5415	1504	8.65		169.1		75.5	
	+2°	9479	2633	3.67		125.7	200	75.5	
		8332	2314	5.93		157.4		85.5	
		5906	1641	8.91		189.9		75.5	
	+4°	10082	2801	4.12		150.0	220	75.5	
		8516	2366	6.70		184.1		84.5	
		6449	1791	8.90		207.1		75.5	
ZL3685C-6	−6°	7497	2083	2.56	490	69.0	132	75.8	850
		6854	1904	3.89		85.7		84.8	
		4840	1344	6.56		114.1		75.8	
	−4°	8686	2413	2.47		77.1	160	75.8	
		7412	2059	4.76		112.1		85.8	
		5301	1473	6.96		132.6		75.8	
	−2°	9765	2713	2.56		89.9		75.8	
		8431	2342	4.67		125.2		85.8	
		5835	1621	7.29		152.9		75.8	
	0°	10505	2918	2.79		105.4	185	75.8	
		9244	2568	4.85		140.8		86.8	
		6417	1783	7.56		174.5		75.8	
	+2°	11233	3120	3.21		129.7	200	75.8	
		9875	2743	5.18		162.5		85.8	
		7000	1944	7.79		195.9		75.8	
	+4°	11949	3319	3.60		154.8	220	75.8	
		10093	2804	5.86		190.1		84.8	
		7642	2123	7.78		213.7		75.8	

型　号	叶片安装角度	流量 Q (m³/h)	流量 Q (L/s)	扬程 H (m)	转速 n (r/min)	功率（kW）轴功率	功率（kW）配用功率	效率 η (%)	叶轮直径 D (mm)
ZL3610-5	−6°	6468	1797	2.88	590	63.3	110	80.3	750
		5837	1621	4.23		79.7		84.3	
		5020	1394	6.08		103.6		80.3	
	−4°	7238	2011	2.73		67.0	132	80.3	
		6538	1816	4.30		89.7		85.4	
		5417	1505	6.61		121.4		80.3	
	−2°	7869	2186	2.67		71.4	160	80.3	
		7121	1978	4.40		99.4		86.0	
		5837	1621	6.82		135.0		80.3	
	0°	8429	2341	2.75		78.6		80.3	
		7705	2140	4.41		107.4		86.3	
		6304	1751	6.97		149.2		80.3	
	+2°	8989	2497	3.04		92.8	185	80.3	
		8172	2270	4.65		119.2		86.8	
		6818	1894	7.00		162.1		80.3	
	+4°	9480	2633	3.36		107.9		80.3	
		8756	2432	4.67		128.7		86.5	
		7588	2108	6.66		171.5		80.3	
ZL3610C-6	−6°	7665	2129	2.52	490	65.3	110	80.6	850
		6918	1922	3.69		82.3		84.6	
		5949	1653	5.32		106.9		80.6	
	−4°	8578	2383	2.38		69.1	132	80.6	
		7748	2152	3.76		92.6		85.7	
		6420	1783	5.78		125.4		80.6	
	−2°	9325	2590	2.34		73.7	160	80.6	
		8440	2344	3.85		102.6		86.3	
		6918	1922	5.96		139.4		80.6	
	0°	9989	2775	2.40		81.1		80.6	
		9131	2536	3.86		110.9		86.6	
		7471	2075	6.10		154.0		80.6	
	+2°	10653	2959	2.66		95.8	185	80.6	
		9685	2690	4.06		123.1		87.1	
		8080	2244	6.12		167.3		80.6	
	+4°	11234	3121	2.93		111.4		80.6	
		10377	2883	4.08		132.9		86.8	
		8993	2498	5.82		177.0		80.6	

续表

型 号	叶片安装角度	流量 Q		扬程 H (m)	转速 n (r/min)	功率（kW）		效率 η (%)	叶轮直径 D (mm)
		(m³/h)	(L/s)			轴功率	配用功率		
ZL3612-5	−4°	6421	1784	1.73	590	40.5	90	74.7	750
		5790	1608	3.18		60.2		83.2	
		4249	1180	5.24		81.2		74.7	
	−2°	7985	2218	1.68		48.8	132	74.7	
		7168	1991	3.29		76.9		83.6	
		5370	1492	5.87		114.9		74.7	
	0°	9339	2594	1.99		67.8	160	74.7	
		8452	2348	3.59		98.0		84.2	
		6421	1784	6.08		142.3		74.7	
	+2°	10390	2886	2.25		85.4	185	74.7	
		9386	2607	3.75		114.7		83.6	
		7472	2076	6.08		165.6		74.7	
	+4°	11324	3146	2.94		121.2	200	74.7	
		10647	2958	4.40		154.9		82.4	
		9059	2516	5.92		195.6		74.4	
ZL3612C-6	−4°	7610	2114	1.51	490	41.7	90	75.1	850
		6862	1906	2.78		62.6		82.9	
		5036	1399	4.58		84.5		74.4	
	−2°	9463	2629	1.47		50.8	132	74.4	
		8495	2360	2.88		79.9		83.3	
		6364	1768	5.13		119.5		74.4	
	0°	11068	3074	1.74		70.5	160	74.4	
		10017	2783	3.14		101.1		84.6	
		7610	2114	5.32		148.0		74.4	
	+2°	12314	3421	1.97		88.8	185	74.4	
		11124	3090	3.28		119.3		83.3	
		8855	2460	5.32		172.3		74.4	
	+4°	13420	3728	2.57		126.0	220	74.4	
		12618	3505	3.85		161.1		82.1	
		10736	2982	5.18		203.5		74.4	

续表

型　号	叶片安装角度	流量 Q (m³/h)	流量 Q (L/s)	扬程 H (m)	转速 n (r/min)	功率（kW）轴功率	功率（kW）配用功率	效率 η（%）	叶轮直径 D (mm)
ZL3610C-5	-6°	9229	2564	3.66	590	114.0	200	80.6	850
		8330	2314	5.36		143.7		84.6	
		7163	1990	7.71		186.0		80.6	
	-4°	10329	2869	3.46		120.7	220	80.6	
		9329	2591	5.45		161.6		85.7	
		80.3	2240	7.97		217.4		80.6	
	-2°	11228	3119	3.39		128.7	250	80.6	
		10162	2823	5.58		179.1		86.3	
		8330	2314	8.64		243.3		80.6	
	0°	12028	3341	3.48		141.6	280	80.6	
		10995	3054	5.60		193.6		86.6	
		8996	2499	8.84		268.8		80.6	
	+2°	12827	3563	3.85		167.2	280	80.6	
		11661	3239	5.89		214.8		87.1	
		10395	2888	7.97		273.5		82.6	
	+4°	13527	3758	4.25		194.5	315	80.6	
		12494	3471	5.91		232.0		86.8	
		11162	3101	7.97		293.6		82.6	
ZL4050-6	-6°	10042	2789	4.80	490	185.3	280	70.8	900
		8475	2354	8.77		243.7		83.0	
		6709	1864	11.04		266.4		75.7	
	-4°	10905	3029	4.71		197.4	315	70.8	
		9213	2559	9.04		269.1		84.2	
		6923	1923	11.56		287.8		75.7	
	-2°	11773	3270	4.71		213.1		70.8	
		9490	2636	9.31		285.5		81.2	
		7265	2018	11.88		310.5		75.7	
	0°	12713	3531	4.93		241.1	355	70.8	
		10544	2929	9.35		318.0		84.4	
		8419	2338	11.72		340.7		78.8	
	+2°	13482	3745	5.04		261.5	400	70.8	
		11099	3083	9.59		344.0		81.2	
		9060	2517	12.11		378.9		78.8	
	+4°	13995	3888	5.47		294.4	450	70.8	
		11669	3241	9.85		371.8		84.2	
		9487	2635	12.33		404.2		78.8	

型 号	叶片安装角度	流量 Q		扬程 H	转速 n	功率（kW）		效率 η	叶轮直径 D
		(m³/h)	(L/s)	(m)	(r/min)	轴功率	配用功率	(％)	(mm)
ZL4070-6	−6°	11825	3285	3.85	490	152.9	280	81.2	900
		10511	2920	6.78		228.0		85.2	
		8704	2418	8.74		261.6		79.2	
	−4°	12646	3513	3.96		167.9	315	81.2	
		10774	2993	7.19		245.0		86.2	
		9033	2509	9.13		283.6		79.2	
	−2°	13303	3695	4.11		183.5		81.2	
		11332	3148	7.50		268.8		86.2	
		9230	2564	9.25		293.8		79.2	
	0°	13960	3878	4.42		207.0		81.2	
		11792	3276	7.83		288.7		87.2	
		9460	2628	9.56		311.1		79.2	
	+2°	14453	4015	4.62		224.3	355	81.2	
		12088	3358	7.91		297.2		87.7	
		9558	2655	9.66		317.7		79.2	
	+4°	15175	4215	5.04		256.5		81.2	
		12548	3486	8.43		330.5		87.2	
		10150	2819	9.87		344.6		79.2	
ZL4085-6	−6°	8899	2472	2.87	490	90.4	160	77.0	900
		8136	2260	4.36		112.4		86.0	
		5746	1596	7.35		149.5		77.0	
	−4°	10310	2864	2.77		101.1	185	77.0	
		8798	2444	5.34		147.2		87.0	
		6293	1748	7.80		173.7		77.0	
	−2°	11592	3220	2.87		117.7	220	77.0	
		10008	2780	5.24		164.3		87.0	
		6926	1924	8.17		200.3		77.0	
	0°	12470	3464	3.13		138.1	250	77.0	
		10973	3048	5.44		184.9		88.0	
		7618	2116	8.48		228.6		77.0	
	+2°	13334	3704	3.60		169.9	280	77.0	
		11722	3256	5.81		213.3		87.0	
		8309	2308	8.73		256.7		77.0	
	+4°	14184	3940	4.04		202.8	315	77.0	
		11981	3328	6.57		249.4		86.0	
		9072	2520	8.72		280.0		77.0	

续表

型　号	叶片安装角度	流量 Q		扬程 H	转速 n	功率（kW）		效率 η	叶轮直径 D
		(m³/h)	(L/s)	(m)	(r/min)	轴功率	配用功率	(%)	(mm)
ZL4010-6	−6°	9099	2528	2.83	490	86.6	160	80.8	900
		8212	2281	4.14		109.2		84.8	
		7062	1962	5.96		141.8		80.8	
	−4°	10183	2829	2.67		91.7	185	80.8	
		9197	2555	4.21		122.8		85.9	
		7620	2117	6.47		166.2		80.8	
	−2°	11069	3075	2.62		97.7		80.8	
		10018	2783	4.32		136.1		86.5	
		8212	2281	6.68		184.8		80.8	
	0°	11858	3294	2.69		107.6	220	80.8	
		10839	3011	4.33		147.2		86.8	
		8869	2464	6.83		204.2		80.8	
	+2°	12646	3513	2.98		127.0		80.8	
		11496	3193	4.55		163.2		87.3	
		9591	2664	6.87		221.9		80.8	
	+4°	13336	3704	3.29		147.8	250	80.8	
		12318	3422	4.57		176.3		87.0	
		10675	2965	6.53		234.7		80.8	
ZL4012-6	−4°	9033	2509	1.70	490	54.7	132	76.3	900
		8146	2263	3.11		83.0		83.2	
		5978	1661	5.14		112.0		74.7	
	−2°	11234	3121	1.64		67.3	160	74.7	
		10084	2801	3.23		106.0		83.6	
		7555	2099	5.76		158.5		74.7	
	0°	13139	3650	1.95		93.5	200	74.7	
		11891	3303	3.51		132.6		85.8	
		9033	2509	5.96		192.1		76.3	
	+2°	14617	4060	2.21		115.2	250	76.3	
		13204	3668	3.68		155.2		85.2	
		10511	2920	5.96		223.5		76.3	
	+4°	15931	4425	2.88		163.6		76.3	
		14978	4161	4.32		209.5		84.0	
		12745	3540	5.81		264.0		76.3	

型　号	叶片安装角度	流量 Q (m³/h)	流量 Q (L/s)	扬程 H (m)	转速 n (r/min)	功率（kW） 轴功率	功率（kW） 配用功率	效率 η (%)	叶轮直径 D (mm)
ZL4850-6	−6°	12573	3493	5.57	490	268.7	400	71.0	970
		10610	2947	10.18		353.5		83.2	
		8400	2333	12.83		386.4		75.9	
	−4°	13653	3793	5.47		286.3	450	71.0	
		11534	3204	10.50		390.5		84.4	
		8667	2408	13.43		417.4		75.9	
	−2°	14739	4094	5.47		309.1		71.0	
		11881	3300	10.81		414.2		84.4	
		9095	2526	13.80		150.3		75.9	
	0°	15917	4421	5.73		349.7	500	71.0	
		13200	3667	10.86		461.3		84.6	
		10540	2928	13.61		494.2		79.0	
	+2°	16878	4688	5.86		379.2	560	71.0	
		13896	3860	11.13		499.0		84.4	
		11342	3151	14.06		549.7		79.0	
	+4°	17522	4867	6.36		426.9	630	71.0	
		14608	4058	11.45		539.4		84.4	
		11877	3299	14.33		586.3		79.0	
ZL4870-6	−6°	14804	4112	4.48	490	222.2	400	81.3	970
		13159	3655	7.88		331.2		85.3	
		10898	3027	10.15		380.0		79.3	
	−4°	15832	4398	4.60		243.9	450	81.3	
		13488	3747	8.36		355.9		86.3	
		11309	3141	10.60		412.0		79.3	
	−2°	16655	4626	4.78		266.6		81.3	
		14187	3941	8.72		390.4		86.3	
		11555	3210	10.74		426.7		79.3	
	0°	17477	4855	5.13		300.7	500	81.3	
		14763	4101	9.10		419.2		87.3	
		11843	3290	11.10		451.9		79.3	
	+2°	18094	5026	5.37		325.8		81.3	
		15133	4204	9.19		431.8		87.8	
		11967	3324	11.22		461.5		79.3	
	+4°	18999	5278	5.85		372.5	560	81.3	
		15709	4364	9.79		480.0		87.3	
		12707	3530	11.46		500.5		79.3	

型 号	叶片安装角度	流量Q (m³/h)	流量Q (L/s)	扬程H (m)	转速n (r/min)	功率（kW）轴功率	功率（kW）配用功率	效率η (%)	叶轮直径D (mm)
ZL4885-6	−6°	11141	3095	3.33	490	133.0	250	76.1	970
		10186	2829	5.06		165.2		85.1	
		7193	1998	8.54		219.9		76.1	
	−4°	12908	3586	3.22		148.7	280	76.1	
		11015	3060	6.20		216.2		86.1	
		7878	2188	9.06		255.6		76.1	
	−2°	14513	4031	3.33		173.2	315	76.1	
		12530	3481	6.09		241.4		86.1	
		8672	2409	9.49		294.7		76.1	
	0°	15612	4337	3.64		203.3	355	76.1	
		13737	3816	6.32		271.5		87.1	
		9537	2649	9.85		336.4		76.1	
	+2°	16694	4637	4.18		250.0	400	76.1	
		14675	4076	6.75		313.5		86.1	
		10402	2889	10.14		377.7		76.1	
	+4°	17758	4933	4.69		298.4	450	76.1	
		14999	4166	7.63		366.6		85.1	
		11358	3155	10.13		412.0		76.5	
ZL4810-6	−6°	11391	3164	3.28	490	125.8	220	81.0	970
		10281	2856	4.81		158.6		85.0	
		8841	2456	6.92		206.0		81.0	
	−4°	12748	3541	3.10		133.1	250	81.0	
		11514	3198	4.89		178.4		86.0	
		9540	2650	7.52		241.4		81.0	
	−2°	13858	3849	3.04		141.9	280	81.0	
		12542	3484	5.01		197.7		86.7	
		10281	2856	7.76		268.4		81.0	
	0°	14845	4124	3.13		156.2	315	81.0	
		13571	3770	5.03		213.8		87.0	
		11103	3084	7.94		296.6		81.0	
	+2°	15832	4398	3.46		184.4	355	81.0	
		14393	3998	5.29		237.1		87.5	
		12008	3336	7.98		322.2		81.0	
	+4°	16696	4638	3.82		241.6		81.0	
		15421	4284	5.31		256.0		87.2	
		13365	3713	7.58		340.9		81.0	

续表

型　号	叶片安装角度	流量 Q		扬程 H	转速 n	功率（kW）		效率 η	叶轮直径 D
		（m³/h）	（L/s）	（m）	（r/min）	轴功率	配用功率	（%）	（mm）
ZL4812-6	−4°	11309	3141	1.97	490	80.3	185	75.5	970
		10198	2833	3.62		119.6		84.0	
		7484	2079	5.97		161.1		75.5	
	−2°	14064	3907	1.91		96.9	250	75.5	
		12625	3507	3.75		152.6		84.4	
		9458	2627	6.69		228.0		75.5	
	0°	16449	4569	2.27		134.5	315	75.5	
		14886	4135	4.08		194.7		85.0	
		11309	3141	6.92		282.3		75.5	
	+2°	18300	5083	2.57		169.4	355	75.5	
		16531	4592	4.27		227.9		84.4	
		13159	3655	6.92		328.5		75.5	
	+4°	19945	5540	3.34		240.4	400	75.5	
		18752	5209	5.01		307.6		83.2	
		15956	4432	6.75		388.1		75.5	
ZL5670-8	−6°	21165	5879	3.91	370	275.1	500	81.9	1200
		18813	5226	6.88		410.4		85.9	
		15580	4328	8.86		470.5		79.9	
	−4°	22635	6288	4.01		302.1		81.9	
		19284	5357	7.29		441.0		86.9	
		16168	4491	9.25		510.1		79.9	
	−2°	23811	6614	4.17		330.1	560	81.9	
		20283	5634	7.61		483.7		86.9	
		16520	4589	9.38		528.3		79.9	
	0°	24986	6941	4.48		372.4		81.9	
		21106	5863	7.94		519.6		87.9	
		16932	4703	9.69		559.5		79.9	
	+2°	25868	7186	4.69		403.5		81.9	
		21635	6010	8.02		535.0		88.4	
		17108	4752	9.79		571.4	630	79.9	
	+4°	27162	7545	5.10		461.3		81.9	
		22458	6238	8.54		594.8		87.9	
		18167	5046	10.00		619.7		79.9	

型 号	叶片安装角度	流量 Q		扬程 H	转速 n	功率（kW）		效率 η	叶轮直径 D
		(m³/h)	(L/s)	(m)	(r/min)	轴功率	配用功率	（%）	(mm)
ZL5685-8	−6°	15928	4424	2.91	370	162.7	315	77.6	1200
		14562	4045	4.42		202.5		86.6	
		10284	2857	7.45		269.1		77.6	
	−4°	18454	5126	2.81		182.0	355	77.6	
		15748	4374	5.41		265.2		87.6	
		11263	3129	7.91		312.7		77.6	
	−2°	20748	5763	2.91		212.0	400	77.6	
		17913	4976	5.31		296.0		87.6	
		12397	3444	8.28		360.5		77.6	
	0°	22320	6200	3.07		240.7	450	77.6	
		19640	5456	5.51		333.0		88.6	
		13635	3788	8.60		411.6		77.6	
	+2°	23867	6630	3.65		305.8	500	77.6	
		20980	5828	5.89		384.4		87.6	
		14872	4131	8.85		462.1		77.6	
	+4°	25388	7052	4.10		365.1	560	77.6	
		21444	5957	6.66		449.4		86.6	
		16238	4511	8.84		504.0		77.6	
ZL5610-8	−6°	16285	4524	2.86	370	155.8	280	81.5	1200
		14698	4083	4.20		196.5		85.5	
		12640	3511	6.04		255.1		81.5	
	−4°	18225	5063	2.71		164.9	315	81.5	
		16462	4573	4.27		221.0		86.6	
		13640	3789	6.56		299.0		81.5	
	−2°	19813	5504	2.66		175.8	355	81.5	
		17931	4981	4.38		244.9		87.2	
		14698	4083	6.77		332.4		81.5	
	0°	21224	5896	2.73		193.5	400	81.5	
		19401	5389	4.39		264.8		87.5	
		15874	4409	6.93		367.3		81.5	
	+2°	22635	6288	3.02		228.4		81.5	
		20577	5716	4.62		293.8		88.0	
		17167	4769	6.96		399.1		81.5	
	+4°	23869	6630	3.33		265.8	450	81.5	
		22047	6124	4.64		317.3		87.7	
		19107	5308	6.62		422.2		81.5	

型　号	叶片安装角度	流量 Q (m³/h)	(L/s)	扬程 H (m)	转速 n (r/min)	功率（kW）轴功率	配用功率	效率 η（%）	叶轮直径 D (mm)
ZL5612-8	−4°	16168	4491	1.61	370	93.4	200	76.1	1200
		14580	4050	3.16		148.1		84.6	
		10700	2972	5.21		199.4		76.1	
	−2°	20107	5585	1.67		119.9	280	76.1	
		18049	5014	3.27		189.1		85.0	
		13522	3756	5.83		282.2		76.1	
	0°	23517	6533	1.98		166.5	355	76.1	
		21283	5912	3.56		241.1		85.6	
		16168	4491	6.04		349.5		76.1	
	+2°	26162	7267	2.24		209.6	400	76.1	
		23634	6565	3.73		282.3		85.0	
		18813	5226	6.04		406.6		76.1	
	+4°	28514	7921	2.92		297.5	500	76.1	
		26809	7447	4.38		381.1		83.8	
		22635	6288	5.83		472.4		76.1	
ZL5650-8	−6°	17975	4993	4.86	370	331.9	500	71.7	1200
		15169	4214	8.89		442.7		82.9	
		12009	3336	11.19		484.0		75.6	
	−4°	19519	5422	4.77		358.7	560	70.7	
		16489	4580	9.16		488.9		84.1	
		12391	3442	11.72		522.8		75.6	
	−2°	21073	5854	4.77		387.3	630	70.7	
		16986	4718	9.43		518.6		84.1	
		13003	3612	12.05		564.0		75.6	
	0°	22755	6321	5.00		438.1		70.7	
		18872	5242	9.48		571.1		85.3	
		15068	4186	11.88		619.0		78.7	
	+2°	24131	6703	5.11		475.1	710	70.7	
		19866	5518	9.72		624.8		84.1	
		16216	4504	12.27		688.4		78.7	
	+4°	25050	6958	5.55		534.9	800	70.7	
		20885	5801	9.99		675.3		84.1	
		16980	4717	12.50		734.2		78.7	
ZL6450-10	−6°	25712	7142	4.67	300	452.6	710	72.2	1450
		21699	6028	8.53		597.0		84.4	
		17178	4772	10.74		651.7		77.1	
	−4°	27921	7756	4.58		482.3		72.2	
		23588	6552	8.79		659.5		85.6	
		17725	4924	11.25		703.8		77.1	
	−2°	30144	8373	4.58		520.7	800	72.2	
		24298	6749	9.05		699.6		85.6	
		18600	5167	11.56		759.4		77.1	
	0°	32551	9042	4.80		589.0	900	72.2	
		26996	7499	9.10		779.2		85.8	
		21555	5988	11.40		834.0		80.2	
	+2°	34518	9588	4.91		638.8	1000	72.2	
		28418	7894	9.33		842.9		85.6	
		23196	6443	11.78		927.5		80.2	
	+4°	35833	9954	5.32		719.2		72.2	
		29876	8299	9.59		911.0		85.6	
		24290	6747	12.00		989.3		80.2	

续表

型 号	叶片安装角度	流量 Q		扬程 H	转速 n	功率（kW）		效率 η	叶轮直径 D
		(m³/h)	(L/s)	(m)	(r/min)	轴功率	配用功率	(%)	(mm)
ZL6470-10	−6°	30276	8410	3.75	300	375.9	710	82.3	1450
		26912	7476	6.60		560.8		86.3	
		22287	6191	8.50		642.9		80.3	
	−4°	32379	8994	3.85		412.7		82.3	
		27585	7663	7.00		602.7		87.3	
		23128	6424	8.88		696.9		80.3	
	−2°	34061	9461	4.00		451.1	800	82.3	
		29015	8060	7.30		661.1		87.3	
		23632	6564	9.00		721.8		80.3	
	0°	35743	9929	4.30		508.9		82.3	
		30192	8387	7.62		709.8		88.3	
		24221	6728	9.30		764.4		80.3	
	+2°	37004	10279	4.50		551.4	900	82.3	
		30949	8597	7.70		731.3		88.8	
		24473	6798	9.40		780.7		80.3	
	+4°	38854	10793	4.90		630.4		82.3	
		32126	8924	8.20		813.0		88.3	
		25987	7219	9.60		846.6		80.3	
ZL6485-10	−6°	22785	6329	2.79	300	224.9	400	77.1	1450
		20831	5786	4.24		279.7		86.1	
		14711	4086	7.15		371.8		77.1	
	−4°	26398	7333	2.70		251.5	450	77.1	
		22527	6258	5.20		366.2		87.1	
		16112	4476	7.59		432.2		77.1	
	−2°	29680	8244	2.79		292.9	560	77.1	
		25624	7118	5.10		408.7		87.1	
		17734	4926	7.95		498.2		77.1	
	0°	31929	8869	3.05		343.7	630	77.1	
		28094	7804	5.29		459.8		88.1	
		19504	5418	8.25		568.8		77.1	
	+2°	34141	9484	3.50		422.7		77.1	
		30012	8337	5.65		530.8		87.1	
		21274	5909	8.49		638.7	710	77.1	
	+4°	36316	10088	3.93		504.5		77.1	
		30675	8521	6.39		620.6		86.1	
		23228	6452	8.48		696.5		77.1	

型　号	叶片安装角度	流量 Q (m³/h)	(L/s)	扬程 H (m)	转速 n (r/min)	功率（kW） 轴功率	配用功率	效率 η (%)	叶轮直径 D (mm)
ZL6410-10	−6°	23296	6471	2.75	300	212.9		82.0	1450
		21025	5840	4.03		268.5	400	86.0	
		18082	5023	5.80		348.5		82.0	
	−4°	26071	7242	2.60		225.3		82.0	
		23548	6541	4.10		302.1	450	87.1	
		19511	5420	6.30		408.5		82.0	
	−2°	28342	7873	2.55		240.2		82.0	
		25651	7125	4.20		334.7	500	87.7	
		21025	5840	6.50		454.2		82.0	
	0°	30360	8433	2.62		264.3		82.0	
		27753	7709	4.21		362.0	560	88.0	
		22707	6308	6.65		501.8		82.0	
	+2°	32379	8994	2.90		312.0		82.0	
		29435	8176	4.43		401.5		88.5	
		24557	6821	6.68		545.1	630	82.0	
	+4°	34145	9485	3.20		363.1		82.0	
		31538	8761	4.45		433.6		88.2	
		27333	7593	6.35		576.8		82.0	
ZL6412-10	−4°	23128	6424	1.65	300	135.6		76.6	1450
		20857	5794	3.03		202.2	280	85.1	
		15306	4252	5.00		272.0		76.6	
	−2°	28762	7989	1.60		163.5		76.6	
		25819	7172	3.14		258.1	400	85.5	
		19343	5373	5.60		385.0		76.6	
	0°	33640	9344	1.90		227.1		76.6	
		30444	8457	3.42		329.1	500	86.1	
		23128	6424	5.80		476.7		76.6	
	+2°	37425	10396	2.15		285.9		76.6	
		33808	9391	3.58		385.4	560	85.5	
		26912	7476	5.80		554.7		76.6	
	+4°	40789	11330	2.80		405.9		76.6	
		38350	10653	4.20		520.1	710	84.3	
		32631	9064	5.65		655.2		76.6	

注：ZL/C、ZL/1C 抽芯式轴流泵性能参数和性能曲线与相应的 ZL 轴流泵相同。

HL、HL/C、HL/1C 混流泵性能　　　　　　表 1-407

型号	叶片安装角度	流量 Q		扬程 H (m)	转速 n (r/min)	功率(kW)		效率 η (％)	叶轮直径 D(mm)
		(m³/h)	(L/s)			轴功率	配用功率		
HL1430-2		1507	419	15.51	1450	84.0	90	75.7	300
		1256	349	20.38		84.3		82.7	
		854	237	24.37		78.5		72.2	
HL1435-2	−4°	1296	360	10.80	1450	48.2	75	79.0	300
		1170	325	14.00		53.7		83.1	
		965	268	17.30		57.5		79.0	
	−2°	1415	393	12.20		58.0	90	81.0	
		1296	360	15.20		63.8		84.1	
		1044	290	18.70		67.3		79.0	
	0°	1548	430	13.20		68.7		81.0	
		1404	390	16.30		73.7		84.5	
		1116	310	19.70		75.8		79.0	
	+2°	1685	468	14.30		81.0		81.0	
		1512	420	17.70		85.6		85.1	
		1249	347	20.30		87.4	110	79.0	
	+4°	1807	502	15.80		96.0		81.0	
		1620	450	18.50		96.6		84.5	
		1350	375	21.50		100.0		79.0	
HL1450-2	−4°	1339	372	5.80	1450	26.8	45	79.0	300
		1152	320	9.80		36.6		84.0	
		1026	285	11.50		40.7		79.0	
	−2°	1494	415	6.50		33.5	55	79.0	
		1260	350	10.70		43.6		84.1	
		1109	308	12.30		47.0		79.0	
	0°	1624	451	7.30		40.8		79.0	
		1379	383	11.30		50.5		84.0	
		1213	337	13.10		54.8		79.0	
	+2°	1728	480	8.20		48.8	75	79.0	
		1476	410	12.00		57.4		84.0	
		1314	365	13.70		62.0		79.0	
	+4°	1811	503	9.00		56.2		79.0	
		1584	440	12.50		64.2		84.0	
		1404	390	14.00		67.7		79.0	
HL1450C-2	−4°	1782	495	7.02	1450	42.9	75	79.3	330
		1533	426	11.86		58.7		84.3	
		1366	379	13.92		65.2		79.3	

型号	叶片安装角度	流量 Q		扬程 H (m)	转速 n (r/min)	功率(kW)		效率 η (%)	叶轮直径 D(mm)
		(m³/h)	(L/s)			轴功率	配用功率		
HL1450C-2	−2°	1989	553	7.87	1450	53.7	90	79.3	330
		1677	466	12.95		70.0		84.4	
		1476	410	14.88		75.4		79.3	
	0°	2161	600	8.83		65.5		79.3	
		1835	510	13.67		81.0		84.3	
		1615	449	15.85		87.9		79.3	
	+2°	2300	639	9.92		78.3		79.3	
		1965	546	14.52		92.1	110	84.3	
		1749	486	16.58		99.5		79.3	
	+4°	2410	669	10.89		90.1		79.3	
		2108	586	15.13		103.0		84.3	
		1869	519	16.94		108.7		79.3	
HL1630-2		1884	523	18.00	1450	115.7	132	79.8	350
		1570	436	23.66		122.4		82.6	
		1068	297	28.29		107.8		76.3	
HL2430-3		4249	1180	18.36	980	266.1	315	79.8	520
		3541	984	24.13		275.9		84.3	
		2408	669	28.85		247.9		76.3	
HL2030-3		3480	967	16.07	980	196.7	220	77.4	450
		2900	806	21.12		197.6		84.4	
		1972	548	25.25		183.4		73.9	
HL2035-3	−4°	2217	616	6.24	980	47.0	160	80.2	450
		2669	741	14.39		124.0		84.3	
		2201	611	17.78		132.8		80.2	
	−2°	3227	896	12.54		134.0		82.2	
		2956	821	15.62		147.4		85.3	
		2381	661	19.22		155.4		80.2	
	0°	3531	981	13.57		158.6	185	82.2	
		3203	890	16.75		170.4		85.7	
		2546	707	20.25		174.9		80.2	
	+2°	3843	1068	14.70		187.1	220	82.2	
		3449	958	18.19		197.9		86.3	
		2849	791	20.86		201.8		80.2	
	+4°	4122	1145	16.24		221.7	250	82.2	
		3695	1026	19.01		223.2		85.7	
		3079	855	22.10		231.0		80.2	

型号	叶片安装角度	流量 Q		扬程 H (m)	转速 n (r/min)	功率(kW)		效率 η (%)	叶轮直径 D(mm)
		(m³/h)	(L/s)			轴功率	配用功率		
HL2050-3	−4°	3055	849	5.96	980	61.8	110	80.2	450
		2628	730	10.07		84.6		85.2	
		2340	650	11.82		93.9		80.2	
	−2°	3408	947	6.68		77.3		80.2	
		2874	798	11.00		100.9		85.3	
		2529	703	12.64		108.5		80.2	
	0°	3703	1029	7.50		94.3	132	80.2	
		3145	874	11.61		116.6		85.2	
		2767	769	13.46		126.5		80.2	
	+2°	3942	1095	8.43		112.8	160	80.2	
		3367	935	12.33		132.7		85.2	
		2997	833	14.08		143.3		80.2	
	+4°	4130	1147	9.25		129.7		80.2	
		3613	1004	12.85		148.3		85.2	
		3203	890	14.39		156.4		80.2	
HL2035-4	−4°	2217	616	6.24	735	47.2	75	79.8	450
		2002	556	8.09		52.6		83.9	
		1651	459	10.00		56.3		79.8	
	−2°	2420	672	7.05		56.8		81.8	
		2217	616	8.79		62.5		84.9	
		1786	496	10.81		65.9		79.8	
	0°	2648	736	7.63		67.3		81.8	
		2402	667	9.42		71.9	90	85.7	
		1909	530	11.39		74.2		79.8	
	+2°	2882	801	8.27		79.3		81.8	
		2587	719	10.23		83.9		85.9	
		2137	594	11.74		85.6		79.8	
	+4°	3092	859	9.13		94.0	110	81.8	
		2771	770	10.70		94.6		85.3	
		2310	642	12.43		97.9		79.8	
HL2830-4		6680	1856	16.76	730	387.8	400	78.6	600
		5567	1546	22.03		389.8		85.6	
		3785	1051	26.34		361.4		75.1	

续表

型号	叶片安装角度	流量 Q		扬程 H (m)	转速 n (r/min)	功率(kW)		效率 η (%)	叶轮直径 D(mm)
		(m³/h)	(L/s)			轴功率	配用功率		
HL2835-4	−4°	5256	1460	11.10	735	195.8	250	81.1	600
		4745	1318	14.39		218.1		85.2	
		3912	1087	17.78		233.5		81.1	
	−2°	5737	1594	12.54		235.7	380	83.1	
		5256	1460	15.62		259.3		86.2	
		4234	1176	19.22		273.1		81.1	
	0°	6277	1744	13.57		279.0	315	83.1	
		5693	1581	16.75		300.1		86.5	
		4526	1257	20.25		307.6		81.1	
	+2°	6832	1898	14.70		328.9	355	83.1	
		6131	1703	18.19		348.2		87.2	
		5066	1407	20.86		354.8		81.1	
	+4°	7329	2036	16.24		389.8	450	83.1	
		6569	1825	19.01		392.6		86.6	
		5474	1521	22.10		416.8		79.0	
HL2850-4	−4°	5431	1509	5.96	735	108.7	185	81.1	600
		4672	1298	10.07		148.8		86.1	
		4161	1156	11.82		165.1		81.1	
	−2°	6058	1683	6.68		135.9	200	81.1	
		5110	1419	11.00		177.5		86.2	
		4496	1249	12.64		190.8		81.1	
	0°	6584	1829	7.50		165.8	250	81.1	
		5591	1553	11.61		205.4		86.1	
		4920	1367	13.46		222.3		81.1	
	+2°	7007	1946	8.43		198.2	280	81.1	
		5985	1663	12.33		233.4		86.1	
		5328	1480	14.08		251.8		81.1	
	+4°	7343	2040	9.25		228.0		81.1	
		6423	1784	12.85		260.9		86.1	
		5693	1581	14.39		275.0		81.1	

型号	叶片安装角度	流量 Q		扬程 H (m)	转速 n (r/min)	功率(kW)		效率 η (%)	叶轮直径 D(mm)
		(m³/h)	(L/s)			轴功率	配用功率		
HL2835C-4	−4°	6636	1843	12.85	735	285.9	355	81.2	650
		5991	1664	16.66		318.5		85.3	
		4940	1372	20.58		340.9		81.2	
	−2°	7245	2013	14.52		344.1	400	83.2	
		6636	1843	18.09		378.6		86.3	
		5346	1485	22.25		398.8		81.2	
	0°	7927	2202	15.71		407.4	450	83.2	
		7189	1997	19.39		437.7		86.7	
		5715	1588	23.44		449.1		81.2	
	+2°	8627	2396	17.01		480.3	560	83.2	
		7743	2151	21.06		508.5		87.3	
		6397	1777	24.15		518.0		81.2	
	+4°	9254	2571	18.80		569.2	630	83.2	
		8296	2304	22.01		573.3		86.7	
		6913	1920	25.58		592.9		81.2	
HL2850C-4	−4°	6858	1905	6.90	735	158.5	250	81.3	650
		5899	1639	11.66		217.0		86.3	
		5254	1459	13.68		240.7		81.3	
	−2°	7650	2125	7.73		198.1	315	81.3	
		6452	1792	12.73		258.8		86.4	
		5678	1577	14.64		278.2		81.3	
	0°	8314	2309	8.69		241.8	355	81.3	
		7060	1961	13.45		299.5		86.3	
		6212	1726	15.59		324.2		81.3	
	+2°	8849	2458	9.76		289.1	400	81.3	
		7558	2099	14.28		340.4		86.3	
		6729	1869	16.30		367.3		81.3	
	+4°	9273	2576	10.71		332.5	450	81.3	
		8111	2253	14.87		380.5		86.3	
		7189	1997	16.66		401.0		81.3	

型号	叶片安装角度	流量 Q		扬程 H (m)	转速 n (r/min)	功率(kW)		效率 η (%)	叶轮直径 D(mm)
		(m³/h)	(L/s)			轴功率	配用功率		
HL3230C-4		7590	2108	18.25	730	477.9	500	78.9	680
		6325	1757	23.99		480.7		85.9	
		5301	1473	28.68		445.3		75.4	
HL3635C-6	−4°	9962	2767	9.90	490	327.8	400	81.9	850
		8993	2498	12.83		365.4		86.0	
		7416	2060	15.86		390.9		81.9	
	−2°	10875	3021	11.18		394.6	500	83.9	
		9962	2767	13.93		434.3		87.0	
		8025	2229	17.14		457.3		81.9	
	0°	11898	3305	12.10		467.2	560	83.9	
		10792	2998	14.94		502.2		87.4	
		8678	2411	18.06		514.9		81.9	
	+2°	12950	3597	13.11		550.8	630	83.9	
		11622	3228	16.23		583.4		88.0	
		9602	2667	18.61		593.9		81.9	
	+4°	13891	3859	14.48		652.8	710	83.9	
		12452	3459	16.96		657.8		87.4	
		10377	2883	19.71		679.8		81.9	
HL3650C-6	−4°	10294	2859	5.32	490	181.7	280	82.0	850
		8855	2460	8.98		248.9		87.0	
		7886	2191	10.54		276.0		82.0	
	−2°	11483	3190	5.96		227.2	355	82.0	
		9685	2690	9.81		296.9		87.1	
		8523	2368	11.28		319.0		82.0	
	0°	12480	3467	6.69		277.3	400	82.0	
		10598	2944	10.36		343.5		87.0	
		9325	2590	12.01		371.8		82.0	
	+2°	13282	3689	7.52		331.5	450	82.0	
		11345	3151	11.00		390.5		87.0	
		10100	2806	12.56		421.1		82.0	
	+4°	13918	3866	8.25		381.2	500	82.0	
		12175	3382	11.46		436.6		87.0	
		10792	2998	12.83		459.8		82.0	

型号	叶片安装角度	流量 Q		扬程 H (m)	转速 n (r/min)	功率(kW)		效率 η (%)	叶轮直径 D(mm)
		(m³/h)	(L/s)			轴功率	配用功率		
HL3635-5	−4°	8240	2289	11.18	590	307.2	400	81.6	750
		7439	2066	14.49		342.3		85.7	
		6134	1704	17.90		366.3		81.6	
	−2°	8995	2499	12.62		369.8	450	83.6	
		8240	2289	15.73		406.9		86.7	
		6638	1844	19.35		428.5		81.6	
	0°	9842	2734	13.66		437.7	500	83.6	
		8926	2479	16.87		470.6		87.1	
		7095	1971	20.39		482.5		81.6	
	+2°	10712	2976	14.80		516.1	560	83.6	
		9613	2670	18.32		546.5		87.7	
		7942	2206	21.01		556.6		81.6	
	+4°	11490	3192	16.35		611.7	630	83.6	
		10300	2861	19.14		616.2		87.1	
		8583	2384	22.25		637.0		81.6	
HL3650-5	−4°	8514	2365	6.00	590	170.3	285	81.7	750
		7324	2034	10.14		233.2		86.7	
		6523	1812	11.90		258.6		81.7	
	−2°	9498	2638	6.73		212.9	315	81.7	
		8011	2225	11.07		278.2		86.8	
		7049	1958	12.73		299.0		81.7	
	0°	10322	2867	7.55		259.8	355	81.7	
		8766	2435	11.69		321.9		86.7	
		7713	2143	13.56		348.4		81.7	
	+2°	10986	3052	8.49		310.6	400	81.7	
		9384	2607	12.42		365.9		86.7	
		8354	2321	14.18		394.6		81.7	
	+4°	11513	3198	9.31		357.2	450	81.7	
		10071	2798	12.93		409.0		86.7	
		8926	2479	14.49		430.9		81.7	
HL4030-5		11472	3187	18.10	590	709.9	800	79.6	900
		9560	2656	23.78		718.7		86.1	
		6501	1806	28.44		661.3		76.1	

型号	叶片安装角度	流量 Q		扬程 H (m)	转速 n (r/min)	功率(kW)		效率 η (%)	叶轮直径 D(mm)
		(m³/h)	(L/s)			轴功率	配用功率		
HL4035-6	−4°	11825	3285	11.10	490	435.2	560	82.1	900
		10675	2965	14.39		485.1		86.2	
		8803	2445	17.78		519.0		82.1	
	−2°	12909	3586	12.54		523.9	630	84.1	
		11825	3285	15.62		576.7		87.2	
		9526	2646	19.22		607.0		82.1	
	0°	14124	3923	13.57		620.2	710	84.1	
		12810	3558	16.75		667.2		87.6	
		10183	2829	20.25		683.6		82.1	
	+2°	15372	4270	14.70		731.3	800	84.1	
		13796	3832	18.19		774.6		88.2	
		11398	3166	20.86		788.5		82.1	
	+4°	16489	4580	16.24		866.7	900	84.1	
		14781	4106	19.01		873.4		87.6	
		12318	3422	22.20		902.5		82.1	
HL4050-6	−4°	12219	3394	5.96	490	241.2	400	82.2	900
		10511	2920	10.07		330.5		87.2	
		9361	2600	11.82		366.4		82.2	
	−2°	13631	3786	6.68		301.6	450	82.2	
		11496	3193	11.00		394.2		87.3	
		10117	2810	12.64		423.5		82.2	
	0°	14814	4115	7.50		368.1	500	82.2	
		12580	3494	11.61		456.3		87.2	
		11069	3075	13.46		493.6		82.2	
	+2°	15767	4380	8.43		440.0	560	82.2	
		13467	3741	12.33		518.5		87.2	
		11989	3330	14.08		559.1		82.2	
	+4°	16522	4589	9.25		506.1	630	82.2	
		14453	4015	12.85		579.6		87.2	
		12810	3558	14.39		610.4		82.2	

型号	叶片安装角度	流量 Q		扬程 H	转速 n	功率(kW)		效率 η	叶轮直径
		(m³/h)	(L/s)	(m)	(r/min)	轴功率	配用功率	(%)	D(mm)
HL4835-6	−4°	14804	4112	12.89	490	632.1	800	82.2	970
		13365	3713	16.71		704.6		86.3	
		11021	3061	20.65		753.8		82.2	
	−2°	16161	4489	14.57		761.0	900	84.2	
		14804	4112	18.15		837.7		87.3	
		11926	3313	22.33		881.7		82.2	
	0°	17683	4912	15.76		900.9	1000	84.2	
		16038	4455	19.46		968.3		87.7	
		12748	3541	23.52		992.9		82.2	
	+2°	19245	5346	17.07		1062.3	1250	84.2	
		17272	4798	21.13		1125.2		88.3	
		14270	3964	24.24		1145.3		82.2	
	+4°	20644	5734	18.86		1259.0	1400	84.2	
		18505	5140	22.09		1268.7		87.7	
		15421	4284	25.67		1310.9		82.2	
HL4850-6	−4°	15298	4249	6.92	490	350.4	560	82.3	970
		13159	3655	11.70		480.1		87.3	
		11720	3256	13.73		532.2		82.3	
	−2°	17066	4741	7.76		438.1	710	82.3	
		14393	3998	12.77		572.7		87.4	
		12666	3518	14.68		615.2		82.3	
	0°	18546	5152	8.72		534.6	800	82.3	
		15750	4375	13.49		662.2		87.3	
		13858	3849	15.64		716.9		82.3	
	+2°	19739	5483	9.79		639.2	900	82.3	
		16860	4683	14.33		753.2		87.3	
		15010	4169	16.36		812.0		82.3	
	+4°	20685	5746	10.74		735.1		82.3	
		18094	5026	14.92		842.0		87.3	
		16038	4455	16.71		886.7		82.3	
HL4830-6		16802	4667	18.22	590	1044.2	1100	79.8	1000
		14002	3889	23.94		1051.8		86.8	
		9521	2645	28.63		972.5		76.3	

型号	叶片安装角度	流量 Q (m³/h)	(L/s)	扬程 H (m)	转速 n (r/min)	功率(kW) 轴功率	配用功率	效率 η (%)	叶轮直径 D(mm)
HL4835-7	−4°	16172	4492	11.21		598.7		82.4	
		14599	4055	14.53		667.4	800	86.5	
		12039	3344	17.95		713.9		82.4	
	−2°	17654	4904	12.66		720.8		84.4	
		16172	4492	15.77		793.5	900	87.5	
		13027	3619	19.40		835.0		82.4	
	0°	19316	5366	13.70		853.3		84.4	
		17519	4866	16.91	422	917.3	1000	87.9	1050
		13926	3868	20.44		940.4		82.4	
	+2°	21023	5840	14.84		1006.1		84.4	
		18867	5241	18.37		1065.8	1250	88.5	
		15588	4330	21.06		1084.7		82.4	
	+4°	22550	6264	16.39		1192.4		84.4	
		20215	5615	19.20		1201.7	1400	87.9	
		16845	4679	22.31		1241.5		82.4	
HL4850-7	−4°	16972	4714	6.21		347.6		82.5	
		14600	4056	10.49		476.4	560	87.5	
		13003	3612	12.31		528.1		82.5	
	−2°	18934	5259	6.96		434.6		82.5	
		15968	4436	11.45		568.3	630	87.6	
		14052	3903	13.16		610.4		82.5	
	0°	20576	5716	7.81		530.5		82.5	
		17474	4854	12.09	422	657.1		87.5	1050
		15375	4271	14.02		711.3		82.5	
	+2°	21899	6083	8.78		634.2	800	82.5	
		18706	5196	12.84		747.4		87.5	
		16653	4626	14.66		805.7		82.5	
	+4°	22949	6375	9.63		729.4		82.5	
		20074	5576	13.38		835.6	900	87.5	
		17793	4943	14.98		879.7		82.5	
HL5630-7		22541	6261	18.22		1404.2		79.6	
		18784	5218	23.94	423	1403.1	1600	87.2	1200
		12773	3548	28.62		1307.9		76.1	

型号	叶片安装角度	流量 Q		扬程 H (m)	转速 n (r/min)	功率(kW)		效率 η (%)	叶轮直径 D(mm)
		(m³/h)	(L/s)			轴功率	配用功率		
HL5635-8	−4°	21451	5959	11.56	370	815.1	1000	82.8	1200
		19366	5379	14.98		908.9		86.9	
		15969	4436	18.51		972.0		82.8	
	−2°	23417	6505	13.06		981.5	1250	84.8	
		21451	5959	16.27		1080.6		87.9	
		17280	4800	20.01		1136.9		82.8	
	0°	25622	7117	14.13		1161.9	1400	84.8	
		23239	6455	17.44		1250.4		88.3	
		18472	5131	21.08		1280.3		82.8	
	+2°	27886	7746	15.30		1369.9	1600	84.8	
		25026	6952	18.94		1451.6		88.9	
		20676	5743	21.72		1476.8		82.8	
	+4°	29912	8309	16.91		1623.6	1800	84.8	
		26814	7448	19.80		1636.6		88.3	
		22345	6207	23.01		1690.3		82.8	
HL5650-8	−4°	22166	6157	6.21	370	451.8	710	82.9	1200
		19068	5297	10.49		619.3		87.9	
		16982	4717	12.31		686.3		82.9	
	−2°	24728	6869	6.96		564.8	800	82.9	
		20855	5793	11.45		738.7		88.0	
		18353	5098	13.16		793.3		82.9	
	0°	26873	7465	7.81		689.4	1000	82.9	
		22822	6339	12.09		854.9		87.9	
		20081	5578	14.02		924.4		82.9	
	+2°	28601	7945	8.78		824.2	1120	82.9	
		24430	6786	12.84		971.6		87.9	
		21749	6041	14.66		1047.1		82.9	
	+4°	29972	8326	9.63		947.9	1250	82.9	
		26218	7283	13.38		1086.1		87.9	
		23229	6453	14.98		1143.3		82.9	
HL6430-8		29083	8079	18.06	370	1773.9	2000	80.6	1400
		24236	6732	23.74		1786.7		87.6	
		16480	4578	28.38		1651.3		77.1	

型号	叶片安装角度	流量 Q		扬程 H (m)	转速 n (r/min)	功率(kW)		效率 η (%)	叶轮直径 D(mm)
		(m³/h)	(L/s)			轴功率	配用功率		
HL6435-10	−4°	30276	8410	10.80	300	1069.8	1400	83.2	1450
		27333	7593	14.00		1193.2		87.3	
		22539	6261	17.30		1275.8		83.2	
	−2°	33051	9181	12.20		1288.3	1600	85.2	
		30276	8410	15.20		1418.7		88.3	
		24389	6775	18.70		1492.2		83.2	
	0°	36163	10045	13.20		1525.2	1800	85.2	
		32799	9111	16.30		1641.0		88.7	
		26071	7242	19.70		1680.4		83.2	
	+2°	39359	10933	14.30		1798.3	2000	85.2	
		35322	9812	17.70		1905.9		89.3	
		29183	8106	20.30		1938.3		83.2	
	+4°	42218	11727	15.80		2131.3	2240	85.2	
		37845	10513	18.50		2148.7		88.7	
		31538	8761	21.50		2218.5		83.2	
HL6450-10	−4°	31285	8690	5.80	300	593	1000	83.3	1450
		26912	7476	9.80		813.1		88.3	
		23969	6658	11.50		900.8		83.3	
	−2°	34902	9695	6.50		741.4	1120	83.3	
		29435	8176	10.70		969.9		88.4	
		25903	7195	12.30		1041.2		83.3	
	0°	37929	10536	7.30		904.8	1250	83.3	
		32210	8947	11.30		1121.8		88.3	
		28342	7873	13.10		1213.3		83.3	
	+2°	40368	11213	8.20		1081.8	1400	83.3	
		34481	9578	12.00		1275.6		88.3	
		30697	8527	13.70		1374.3		83.3	
	+4°	42302	11751	9.00		1244.2	1600	83.3	
		37004	10279	12.50		1426.0		88.3	
		32799	9111	14.00		1500.6		83.3	

注：HL/C、HL/1C 抽芯式混流泵的性能参数和性能曲线与相应的 HL 混流泵相同。

（5）外形及安装尺寸：ZL、HL 立式轴流、混流泵外形及安装尺寸见图 1-425～图 1-427、表 1-408～表 1-411。

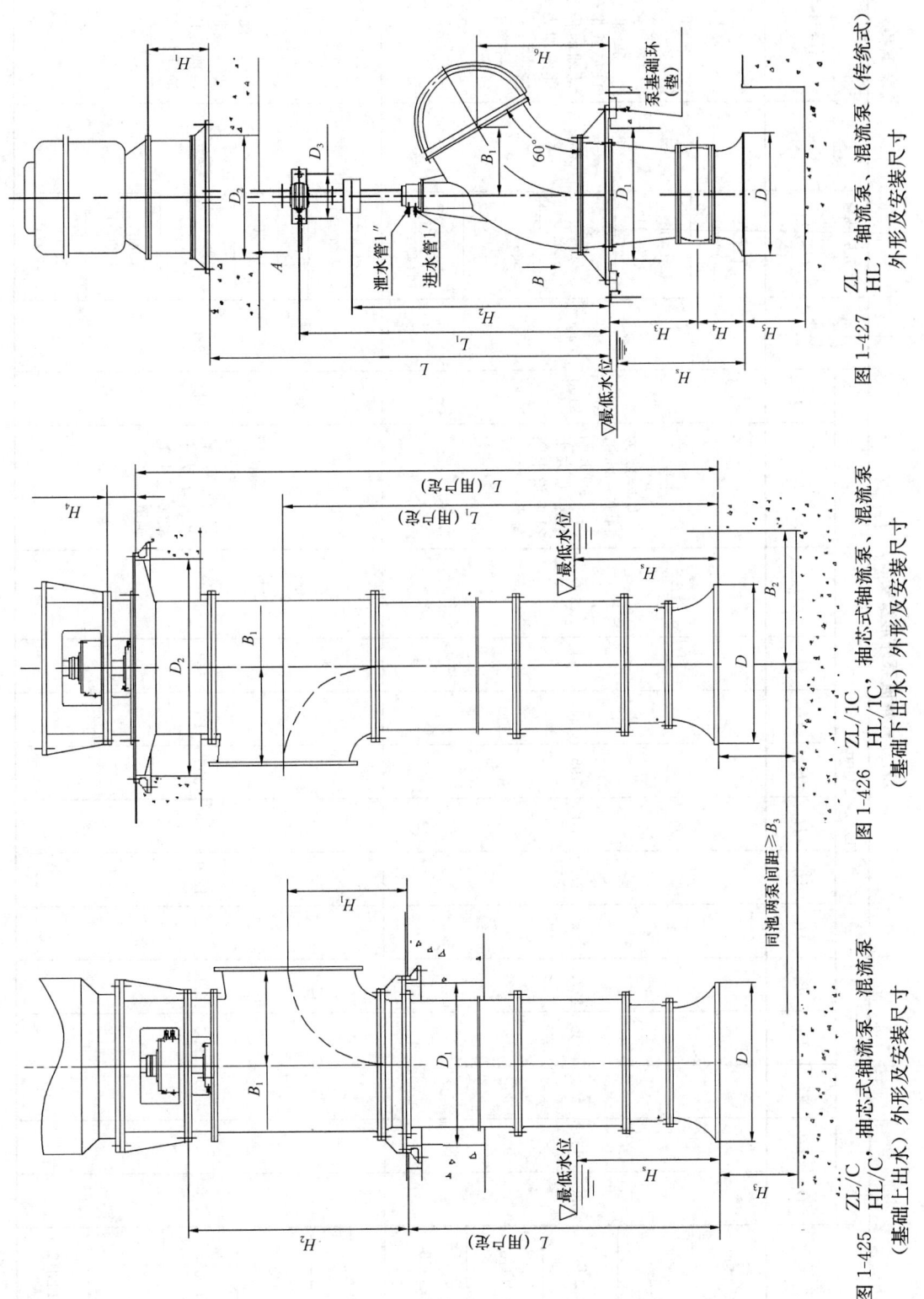

图 1-427　ZL、轴流泵、混流泵（传统式）HL，外形及安装尺寸

图 1-426　ZL/1C，抽芯式轴流泵、混流泵 HL/1C，（基础下出水）外形及安装尺寸

图 1-425　ZL/C，抽芯式轴流泵、混流泵 HL/C，（基础上出水）外形及安装尺寸

表 1-408

ZL 立式轴流泵外形及安装尺寸

外形尺寸(mm)

型号	D	D_1	D_2	D_3	B_1	H_1	H_2	H_3	H_4	H_5	H_6	H_S	L	L_1	泵层载重 (N)	电机层载重(含轴向水推力) (N)	泵最大件重 (N)	最长件长
ZL1450	520	550	250	230	227.5	400	885	410	195	300	394	650	L 一般为 1400~3600,每档间隔 200,L 大于 2100 设中间轴承	2100	4200	12200 (9000)	3000	泵部件 1490 或带传动轴的传动部件即为 L −485
ZL1470																10400 (7200)		
ZL1485																9400 (6200)		
ZL1410																8300 (5100)		
ZL1412																7500 (4300)		
ZL2050	740	770	400	290	325	490	1250	606	300	450	563	850	L 一般为 1800~5200,每档间隔 200,L 大于 3200 设中间轴承	2900	8800	26200 (20000)	6300	泵部件 1900 或带传动轴的传动部件即为 L −710
ZL2070(A)																22200 (16000)		
ZL2085																19800 (13600)		
ZL2010																17400 (11200)		
ZL2012																15800 (9600)		

续表

型号	外形尺寸 (mm)														泵层载重 (N)	电机层载重(含轴向水推力)(N)	泵最大件重 (N)	最长件长
	D	D_1	D_2	D_3	B_1	H_1	H_2	H_3	H_4	H_5	H_6	H_S	L	L_1				
ZL2850																53500 (42000)		
ZL2870(C)																51500 (40000)		泵部件或传动轴的传动部件即为 L −980
ZL2885(C)	950	1030	500	350	455	520	1580	880	400	600	788	1500 (C型), 1100	L 一般为 1800~6600, 每档间隔 200, L 大于 3800 设中间轴承	3200	16000	46500 (35000)	14000	2780
ZL2810(C)																40500 (29000)		
ZL2812(C)																35500 (24000)		
ZL3650(C)																89000 (62000)		
ZL3670(C)																77000 (50000)		泵部件或传动轴的传动部件即为 L −1250
ZL3685(C)	1220	1280 × 1280	800	350	585	750	2000	1005	510	610	1013	1370	L 一般为 2800~7000, 每档间隔 200, L 大于 5500 设中间轴承	4500	29000	70000 (43000)	24200	3515
ZL3610(C)																60000 (33000)		
ZL3612(C)																57000 (30000)		

续表

外形尺寸 (mm)

型号	D	D₁	D₂	D₃	B₁	H₁	H₂	H₃	H₄	H₅	H₆	H_S	L	L₁	泵层载重 (N)	电机层载重(含轴向水推力) (N)	泵最大件重 (N)	最长件长
ZL4050	1300	1350×1350	800	420	650	750	2170	1050	550	810	1126	2050	L一般为 3200~8000, 每档间隔 200, L 大于 6000 设中间轴承	4800	36000	116000 (86000)	30700	泵部件或传动轴件的传动部件即为 L —1420
ZL4070																98000 (68000)		
ZL4085																88000 (58000)		
ZL4010																78000 (48000)		
ZL4012																72000 (42000)		
ZL4850	1500	1580	1550×2100	470	780	700	3280	1000	580	960	1980	1650, 2300 (490r/min)	L一般为 4000~9000, 每档间隔 200, ZL4870/50L 大于 7000 设中间轴承, 4885/10/12L 大于 6000 设中间轴承	5800	60000	158000 (108000)	42000	泵部件带传动轴件的传动部件即为 L —2245
ZL4870																137000 (87000)		
ZL4885																122000 (74000)		
ZL4810																116000 (61000)		
ZL4812																102000 (52000)		

续表

型号	外形尺寸（mm）														泵层载重(N)	电机层载重(含轴向水推力)(N)	泵最大件重(N)	最长件长
	D	D_1	D_2 D_3	B_1	H_1	H_2	H_3	H_4	H_5	H_6	H_S	L	L_1				
ZL5650	1720	2000	1480 × 2400	910	680	4000	1105	750	1100	2176	2040	L 一般为 5100~8500		110000	206000	50000	6900（也可根据泵站情况确定）
ZL5670															172000		
ZL5685															158000		
ZL5610															142000		
ZL5612															130000		
ZL6450	1950	2500		1040	1280	4200	1290	1000	1290	2600	2360	半调节和电机上面调 L 最小 5480，中间调 L 最小 6430		180000	300000 (205000)	60000	8000（也可根据泵站情况确定）
ZL6470															260000 (165000)		
ZL6485															234000 (140000)		
ZL6410															211000 (120000)		
ZL6412															190000 (100000)		

注：电机层载重未含电机质量，电机质量有可能大于泵最大件重。泵层承载算至 60°弯管。水泵与电机分层安装水泵层分开式、闭式两种安装方式，开式为常规标准供货，闭式需在订货时提出。电机层分为有传动部件传动部件底板安装、无底板安装和无底板部件底板安装，无底板和无底板部件底板安装为常规标准供货，带传动部件底板时也需在订货时提出。

ZL/C、ZL/1C立式轴流泵外形及安装尺寸　　　　表1-409

型号	安装尺寸 (mm)													电泵质量 (N)	轴向水推力 (N)
	D	D_1	D_2	L	L_1	B_1	B_2	B_3	H_1	H_2	H_3	H_4	H_S		
ZL/C14XX	520	550	720	≥610		310	520	1040	450	880	320	190	650	13800+4×(L−1910)	参见同规格 ZL 型
ZL/1C14XX					≥1060										参见同规格 ZL 型
ZL/C20XX	740	770	940	≥910		400	740	1500	550	1075	380	210	850	32000+6×(L−2370)	参见同规格 ZL 型
ZL/1C20XX					≥1460										参见同规格 ZL 型
ZL/C28XX	1000	1030	1220	≥1280		560	1000	2000	670	1300	600	210	1500(C型)、1100	51000+8.5×(L−3150)	参见同规格 ZL 型
ZL/1C28XX					≥1950										参见同规格 ZL 型
ZL/C36XX	1250	1280	1500	≥1520		720	1250	2500	850	1590	750	210	1370	64500+10×(L−3570)	参见同规格 ZL 型
ZL/1C36XX					≥1370										参见同规格 ZL 型
ZL/C40XX	1350	1380	1680	≥1600		800	1350	2700	900	1690	810	210	1500	72500+12×(L−3690)	参见同规格 ZL 型
ZL/1C40XX					≥2490										参见同规格 ZL 型
ZL/C48XX	1600	1630	2000	≥1850		960	1600	3200	1050	1990	960	250	1760 (422r/min)、2300 (490r/min)	129000+20×(L−4200)	参见同规格 ZL 型
ZL/1C48XX					≥2900										参见同规格 ZL 型
ZL/C56XX	1850	1880	2230	≥2150		1020	1850	3700	1180	2210	1100	250	2040	155000+19×(L−4720)	参见同规格 ZL 型
ZL/1C56XX					≥3330										参见同规格 ZL 型
ZL/C64XX	2150	2180	2500	≥2690		1140	2150	4300	1300	2450	1290	250	2360	230000+27×(L−5490)	参见同规格 ZL 型
ZL/1C64XX					≥3990										参见同规格 ZL 型

HL 立式混流泵外形及安装尺寸

表 1-410

型号	外形尺寸（mm）														泵层载重（N）	电机层载重（含轴向水推力）（N）	泵最大件重（N）	最长件长
	D	D_1	D_2	D_3	B_1	H_1	H_2	H_3	H_4	H_5	H_6	H_S	L	L_1				
HL1430	520	590	250	230	227.5	500	885	380	260	320	394	1450（C型）、700	一般为 1400～3600，每档间隔 200，L 大于 2400 设中间轴承	2100	5200	28000（24000）	6000	泵部件或带传动轴的传动部件即为 L —485
HL1435																22000（18000）		
HL1450(C)																21000（15000）		
HL2030	740	790	400	290	325	550	1250	570	340	450	563	850	一般为 1800～5200，每档间隔 200，L 大于 3200 设中间轴承	2900	9300	62000（54000）	7300	泵部件或带传动轴的传动部件即为 L —485
HL2035(A)																46000（38000）		
HL2050																33000（25000）		
HL2830	1000	1080	800	450	455	680	1680	780	500	600	788	1500（C型）、1100	一般为 1800～6600，每档间隔 200，L 大于 3800 设中间轴承	3200	18000	120000（105000）	16000	泵部件或带传动轴的传动部件即为 L —980
HL2835(C)																95000（80000）		
HL2850(C)																68000（53000）		
HL3635(C)	1250	1370×1370	800	420	585	750	2300	1000	650	750	1013	1370	一般为 2800～7000，每档间隔 200，L 大于 5500 设中间轴承	4500	32000	147000（120000）	28000	泵部件或带传动轴的传动部件即为 L —1250
HL3650(C)																105000（78000）		

续表

型号	D	D₁	D₂	D₃	B₁	H₁	H₂	H₃	H₄	H₅	H₆	Hs	L	L₁	泵层载重(N)	电机层载重(含轴向水推力)(N)	泵最大件重(N)	最长件长
											外形尺寸(mm)							
HL4030	1350	1440×1440	800	450	650	750	2170	1160	740	810	1126	1500	一般为4000~8000，每档间隔200，L大于6000设中间轴承	4800	39000	208000(170000)	34000	泵部件或带传动轴的传动部件即为L-1250
HL4035																186000(148000)		
HL4050																130000(92000)		
HL4830	1600	1680	1680×2100	470	780	700	3000	1160	780	960	1700	2300(490r/min)1760(422r/min)	一般为4000~9000，每档间隔200，L大于7000设中间轴承	5800	60000	300000(240000)	50000	泵部件或带传动轴的传动部件即为L-2245
HL4835																245000(195000)		
HL4850																180000(130000)		
HL5630	2000	2030			910		4000	1440	980	1200	2176	2200	一般为4950~6500		100000	370000(320000)	50000	6900(也可根据泵站情况确定)
HL5635																320000(270000)		
HL5650																230000(180000)		
HL6430	2300	2500			1040		4200	1740	1100	1380	2600	2500	半调节和电机上面调L为5480~6500，中间调L为6430~7500		180000	470000(420000)	60000	6200(也可根据泵站情况确定)
HL6435																430000(380000)		
HL6450																310000(260000)		

注：电机层载重未含电机质量，电机质量有可能大于泵最大件重。泵层承载重自泵最大件重。水泵与电机分层安装水泵层分开式，闭式两种安装方式，开式为常规标准供货，闭式需在订货时提出。电机层分有传动部件底板和无底板，带传动部件底板安装，无底板部件安装为常规标准供货，带传动部件底板也需在订货时提出。

表1-411

HL/C、HL/1C 立式混流泵外形及安装尺寸

型号	安装尺寸(mm)													电泵质量 (N)	轴向水推力 (N)
	D	D_1	D_2	L	L_1	B_1	B_2	B_3	H_1	H_2	H_3	H_4	H_S		
HL/C1430-2	520	550	770	≥660	≥1100	360	520	1040	450	910	320	190	650	$15000+4\times(L-1940)$	参见同规格 HL外形安装图
HL/C1450-2	520	550	770	≥660	≥1100	360	520	1040	450	910	320	190	1450	$15000+4\times(L-1940)$	参见同规格 HL外形安装图
HL/C1450C-2	520	550	770	≥660	≥1100	360	520	1040	450	910	320	190	1450	$15000+4\times(L-1940)$	参见同规格 HL外形安装图
HL/1C1430-2	520	550	770	≥660	≥1100	360	520	1040	450	910	320	190	650	$15000+4\times(L-1940)$	参见同规格 HL外形安装图
HL/1C1450-2	520	550	770	≥660	≥1100	360	520	1040	450	910	320	190	1450	$15000+4\times(L-1940)$	参见同规格 HL外形安装图
HL/1C1450C-2	520	550	770	≥660	≥1100	360	520	1040	450	910	320	190	1450	$15000+4\times(L-1940)$	参见同规格 HL外形安装图
HL/C1435-2	520	570	980	≥720	≥1040	460	520	1040	380	810	320	190	650	$19000+7\times(L-1880)$	参见同规格 HL外形安装图
HL/1C1435-2	520	570	980	≥720	≥1040	460	520	1040	380	810	320	190	650	$19000+7\times(L-1880)$	参见同规格 HL外形安装图
HL/C1630-2	600	630	840	≥720	≥1040	420	630	840	490	940	360	190	800	$19000+5\times(L-1900)$	参见同规格 HL外形安装图
HL/1C1630-2	600	630	840	≥720	≥1040	420	630	840	490	940	360	190	800	$19000+5\times(L-1900)$	参见同规格 HL外形安装图
HL/C2030-3	740	770	1060	≥1000	≥1550	500	740	1500	550	1050	450	190	850	$35000+6\times(L-2460)$	参见同规格 HL外形安装图
HL/C2050-3	740	770	1060	≥1000	≥1550	500	740	1500	550	1050	450	190	850	$35000+6\times(L-2460)$	参见同规格 HL外形安装图
HL/1C2030-3	740	770	1060	≥1000	≥1550	500	740	1500	550	1050	450	190	850	$35000+6\times(L-2460)$	参见同规格 HL外形安装图
HL/1C2050-3	740	770	1060	≥1000	≥1550	500	740	1500	550	1050	450	190	850	$35000+6\times(L-2460)$	参见同规格 HL外形安装图
HL/C2035-3	740	780	1220	≥960	≥1440	560	740	1500	480	980	450	190	850	$39000+8\times(L-2350)$	参见同规格 HL外形安装图
HL/1C2035-3	740	780	1220	≥960	≥1440	560	740	1500	480	980	450	190	850	$39000+8\times(L-2350)$	参见同规格 HL外形安装图
HL/C2430-3	880	910	1140	≥1060	≥1450	520	880	1760	600	1180	530	210	1000	$45000+7\times(L-2420)$	参见同规格 HL外形安装图
HL/1C2430-3	880	910	1140	≥1060	≥1450	520	880	1760	600	1180	530	210	1000	$45000+7\times(L-2420)$	参见同规格 HL外形安装图
HL/C2830-4	1000	1030	1350	≥1320	≥1780	620	1000	2000	670	1290	600	210	1100	$55500+9\times(L-2830)$	参见同规格 HL外形安装图
HL/C2850-4	1000	1030	1350	≥1320	≥1780	620	1000	2000	670	1290	600	210	1100	$55500+9\times(L-2830)$	参见同规格 HL外形安装图
HL/1C2830-4	1000	1030	1350	≥1320	≥1780	620	1000	2000	670	1290	600	210	1100	$55500+9\times(L-2830)$	参见同规格 HL外形安装图
HL/1C2850-4	1000	1030	1350	≥1320	≥1780	620	1000	2000	670	1290	600	210	1100	$55500+9\times(L-2830)$	参见同规格 HL外形安装图

续表

型号	安装尺寸(mm)													电泵质量 (N)	轴向水推力 (N)
	D	D_1	D_2	L	L_1	B_1	B_2	B_3	H_1	H_2	H_3	H_4	H_S		
HL/C2835-4	1000	1050	1540	≥1350		710	1000	2000	590	1220	600	210	1100	61000+10× (L−2970)	参见同规格 HL外形安装图
HL/C2835C-4													1500		
HL/1C2835-4					≥1940								1100		
HL/1C2835C-4													1500		
HL/C3230-4	1100	1130	1420	≥1450		640	1120	2250	770	1470	680	210	1350	59000+10× (L−3080)	参见同规格 HL外形安装图
HL/C2850C-4													1500		
HL/1C3230-4					≥1980								1350		
HL/1C2850C-4													1500		
HL/C3650-5	1250	1280	1650	≥1600		750	1250	2500	850	1590	750	210	1370	70500+11× (L−3390)	参见同规格 HL外形安装图
HL/C3650C-6															
HL/1C3650-5					≥2250										
HL/1C3650C-6															
HL/C3635-5	1250	1350	1880	≥1690		870	1250	2500	720	1460	750	210	750	78000+11× (L−3570)	参见同规格 HL外形安装图
HL/C3635C-6															
HL/1C3635-5					≥2430										
HL/1C3635C-6															
HL/C4030-5	1350	1380	1740	≥1700		800	1350	2700	900	1690	810	210	1500	79000+12× (L−3590)	参见同规格 HL外形安装图
HL/C4050-6															
HL/1C4030-5					≥2390										
HL/1C4050-6															
HL/C4035-6	1350	1440	2000	≥1800		920	1350	2700	780	1670	810	210	1500	86500+12× (L−3780)	参见同规格 HL外形安装图
HL/1C4035-6					≥2580										

续表

型号	安装尺寸 (mm)													电泵质量 (N)	轴向水推力 (N)
	D	D_1	D_2	L	L_1	B_1	B_2	B_3	H_1	H_2	H_3	H_4	H_S		
HL/C4830-6	1600	1630	2050	≥2100	≥3150	920	1600	3200	1050	1990	960	250	2300	$140000+21\times$ $(L-4450)$	参见同规格 HL 外形安装图
HL/C4850-6															
HL/1C4830-6															
HL/C4850-6															
HL/C4835-6	1600	1630	2300	≥1990	≥2840	1000	1600	3200	900	1800	960	250	2300	$120000+18\times$ $(L-4140)$	参见同规格 HL 外形安装图
HL/1C4835-6															
HL/C4835-7	1700	1730	2400	≥2020	≥2920	1050	1550	3100	900	1860	1020	250	1870	$135000+23\times$ $(L-4220)$	参见同规格 HL 外形安装图
HL/1C4835-7															
HL/C5630-7	1750	1780	2400	≥2100	≥3100	1020	1750	3500	1180	2230	1050	250	1920	$170000+26\times$ $(L-4400)$	参见同规格 HL 外形安装图
HL/C4850-7															
HL/1C5630-7															
HL/1C4850-7															
HL/C5635	2000	2030	2680	≥2400	≥3420	1200	2000	4000	1020	2080	1200	250	2200	$195000+33\times$ $(L-4840)$	参见同规格 HL 外形安装图
HL/1C5635															
HL/C6430-8	2000	2030	2600	≥2790	≥3850	1140	2000	4000	1300	2460	1200	250	2200	$250000+30\times$ $(L-5370)$	参见同规格 HL 外形安装图
HL/C5650-8															
HL/1C6430-8															
HL/1C5650-8															
HL/C6450-10	2300	2330	2670	≥3000	≥4060	1180	2300	4600	1300	2460	1380	250	2500	$290000+44\times$ $(L-5580)$	参见同规格 HL 外形安装图
HL/1C6450-10															

2 动 力 设 备

2.1 交 流 电 动 机

2.1.1 Y系列 (IP44) 小型三相鼠笼式异步电动机

(1) 适用范围: Y系列 (IP44) 小型三相鼠笼式异步电动机,是一般用途的全封闭自扇冷鼠笼式三相异步电动机,也是我国最新设计的统一系列。具有高效、节能、噪声低、振动小、使用维修方便等优点。功率等级和安装尺寸符合 IEC 标准,外壳防护等级为 IP44。适用于一般场所和无特殊要求的各种机械设备。该型电动机使用地点的海拔高程不得超过 1000m; 环境空气温度最高不得超过 40℃,最低为 -15℃; 最湿月月平均最高相对湿度为 90%。

(2) 型号意义说明:

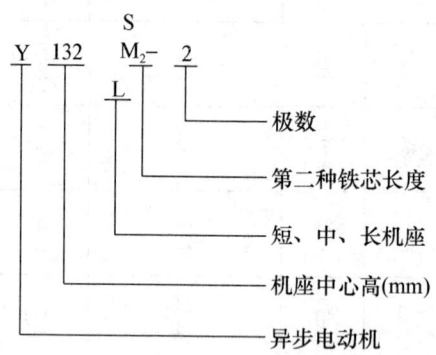

(3) 结构: Y系列 (IP44) 小型三相鼠笼式异步电动机由定子、转子、接线盒、风扇、风罩、轴承和轴承室等部件组成。电动机的绝缘等级为 B 级,重庆电机厂生产的 355mm 中心高电动机的绝缘等级为 F 级。根据《旋转电机结构型式、安装型式及接线盒位置的分类》GB/T 997—2008 规定,代号由"国际安装"(Internatiornal Mounting) 的缩写字母"IM"表示。代表卧式安装的大写字母为"B",代表"立式安装"的大写字母为"V",连同 1 位或 2 位数字组成。电动机的安装有三种基本结构形式: IMB3 及 IMB35 机座带底脚,盖端无凸缘安装基础构件见表 2-1。

电动机安装基本结构形式   表 2-1

基本结构式	IMB3					
安装结构	IMB3	IMB6	IMB7	IMB8	IMV5	IMV6
示意图						
制造范围	132~355	132~160				

续表

基本结构式	IMB35			IMB5		
安装结构	IMB35	IMV15	IMV35	IMB5	IMV1	IMV3
示意图						
制造范围	132～355	132～160		132～225	132～355	132～160

（4）技术数据：Y 系列（IP44）小型三相鼠笼式异步电动机额定电压为 380V，额定频率为 50Hz。功率 3kW 以下为 Y 形连接，4kW 以上为 △ 形连接。其技术数据见表 2-2。

Y 系列电动机性能（电压：380V，频率：50Hz）　　　表 2-2

型号	额定功率 (kW)	额定电流 (A)	额定转速 (r/min)	效率			功率因数			堵转电流／额定电流	堵转转矩／额定转矩	最大转矩／额定转矩	质量
				70%	85%	100%	70%	85%	100%				
Y-132S1-2	5.5	11.1	2900	85.37	85.57	85.7	0.853	0.867	0.88			2.3	57
Y-132S2-2	7.5	14.9		86.67	86.87	87.0	0.853	0.867	0.88				61
Y-160M1-2	11	21.5		88.06	88.27	88.4	0.853	0.867	0.88				108
Y-160M2-2	15	29.0	2930	89.06	89.27	89.4	0.853	0.867	0.88				113
Y-160L-2	18.5	35.1		89.66	89.87	90.0	0.863	0.876	0.89	7.5	2.0	2.2	129
Y-180M-2	22	41.5	2940	90.15	90.37	90.5	0.863	0.876	0.89				162
Y-200L1-2	30	56.0	2950	91.05	91.27	91.4	0.863	0.876	0.89				216
Y-200L2-2	37	68.7		91.65	91.87	92.0	0.863	0.876	0.89				237
Y-225M-2	45	83.0		92.15	92.36	92.5	0.863	0.876	0.89				280
Y-250M-2	55	101.0	2970	92.64	92.86	93.0	0.863	0.876	0.89				368
Y-280S-2	75	136.8		93.24	93.46	93.6	0.863	0.876	0.89				465
Y-280M-2	90	163.6		93.54	93.76	93.9	0.863	0.876	0.89				470
Y-315S-2	110	199.8		93.64	93.86	94.0	0.863	0.876	0.89				857
Y-315M-2	132	238.5		94.14	94.36	94.5	0.863	0.876	0.89				907
Y-315L1-2	160	288.7	2980	94.24	94.46	94.6	0.863	0.876	0.89		1.8		977
Y-315L2-2	200	360.2		94.44	94.66	94.8	0.863	0.876	0.89	7.1			1117
Y-355M-2	220	390.1		94.84	95.06	95.2	0.872	0.886	0.90				1500
Y-355M-2	250	443.3		94.84	95.06	95.2	0.872	0.886	0.90				1510
Y-355L-2	280	495.5	2985	95.04	95.26	95.4	0.872	0.886	0.90		1.2		1750
Y-355L-2	315	557.4		95.04	95.26	95.4	0.872	0.886	0.90				1775

续表

型号	额定功率 (kW)	额定电流 (A)	额定转速 (r/min)	效率			功率因数			堵转电流 额定电流	堵转转矩 额定转矩	最大转矩 额定转矩	质量
				70%	85%	100%	70%	85%	100%				
Y-132S-4	5.5	11.6	1440	85.37	85.57	85.7	0.814	0.827	0.84	7.0	2.2	2.3	59
Y-132M-4	7.5	15.4		86.67	86.87	87.0	0.824	0.837	0.85				71
Y-160M-4	11	22.5	1460	88.06	88.27	88.4	0.814	0.827	0.84				113
Y-160L-4	15	30.0		89.06	89.27	89.4	0.824	0.837	0.85	7.5			130
Y-180M-4	18.5	36.3	1470	89.66	89.87	90.0	0.834	0.847	0.86		2.0		157
Y-180L-4	22	42.9		90.15	90.37	90.5	0.834	0.847	0.86				173
Y-200L-4	30	57.3	1480	91.05	91.27	91.4	0.843	0.857	0.87	7.2			228
Y-225S-4	37	70.2		91.65	91.87	92.0	0.843	0.857	0.87		1.9		277
Y-225M-4	45	84.0		92.15	92.36	92.5	0.853	0.867	0.88				305
Y-250M-4	55	102.1		92.64	92.86	93.0	0.853	0.867	0.88		2.0		381
Y-280S-4	75	138.3		93.24	93.46	93.6	0.853	0.867	0.88		1.9		520
Y-280M-4	90	163.6		93.54	93.76	93.9	0.863	0.876	0.89			2.2	570
Y-315S-4	110	198.7	1485	94.14	94.36	94.5	0.863	0.876	0.89				857
Y-315M-4	132	237.7		94.44	94.66	94.8	0.863	0.876	0.89				937
Y-315L1-4	160	287.8		94.54	94.76	94.9	0.863	0.876	0.89		1.8		1047
Y-315L2-4	200	359.8		94.54	94.76	94.9	0.863	0.876	0.89	6.9			1167
Y-355M-4	220	403.6		94.84	95.06	95.2	0.843	0.857	0.87				1650
Y-355M-4	250	458.6	1490	94.84	95.06	95.2	0.843	0.857	0.87				1650
Y-355L-4	280	513.6		94.84	95.06	95.2	0.843	0.857	0.87		1.4		1700
Y-355L-4	315	577.8		94.84	95.06	95.2	0.843	0.857	0.87				1859
Y-132S-6	3	7.4		80.69	80.88	81.0	0.737	0.748	0.76			2.2	54
Y-132M1-6	4	9.6	960	81.69	81.88	82.0	0.746	0.758	0.77				64
Y-132M2-6	5.5	12.8		83.68	83.88	84.0	0.756	0.768	0.78	6.5			73
Y-160M-6	7.5	17.0		85.67	85.87	86.0	0.756	0.768	0.78		2.0		110
Y-160L-6	11	24.5		87.17	87.37	87.5	0.756	0.768	0.78				126
Y-180L-6	15	31.6	970	88.66	88.87	89.0	0.785	0.798	0.81				161
Y-200L1-6	18.5	37.6		89.66	89.87	90.0	0.804	0.817	0.83				214
Y-200L2-6	22	44.7		89.66	89.87	90.0	0.804	0.817	0.83			2.0	226
Y-225M-6	30	58.6		91.15	91.37	91.5	0.824	0.837	0.85		1.7		290
Y-250M-6	37	71.1		91.65	91.87	92.0	0.834	0.847	0.86	7.0			359
Y-280S-6	45	85.0	980	92.15	92.36	92.5	0.843	0.857	0.87		1.8		452
Y-280M-6	55	103.5		92.45	92.66	92.8	0.843	0.857	0.87				500
Y-315S-6	75	140.1		93.14	93.36	93.5	0.843	0.857	0.87		1.6		817

型号	额定功率 (kW)	额定电流 (A)	额定转速 (r/min)	效率 70%	85%	100%	功率因数 70%	85%	100%	堵转电流 额定电流	堵转转矩 额定转矩	最大转矩 额定转矩	质量
Y-315M-6	90	167.6	985	93.44	93.66	93.8	0.843	0.857	0.87	7.0			917
Y-315L1-6	110	204.4	985	93.64	93.86	94.0	0.843	0.857	0.87		1.6		1012
Y-315L2-6	132	244.7		93.84	94.06	94.2	0.843	0.857	0.87				1087
Y-355M1-6	160	299.1		94.14	94.36	94.5	0.834	0.847	0.86			2.0	1600
Y-355M-6	185	345.9		94.14	94.36	94.5	0.834	0.847	0.86	6.7			1700
Y-355M2-6	200	373.9	990	94.14	94.36	94.5	0.834	0.847	0.86		1.3		1720
Y-355L-6	220	411.3		94.14	94.36	94.5	0.834	0.847	0.86				1750
Y-355L-6	250	467.4		94.14	94.36	94.5	0.834	0.847	0.86				1990
Y-132S-8	2.2	5.8	710	80.19	80.38	80.5	0.688	0.699	0.71				52
Y-132M-8	3	7.7		81.69	81.88	82.0	0.698	0.709	0.72				62
Y-160M1-8	4	9.9		83.68	83.88	84.0	0.708	0.719	0.73	6.0	2.0		91
Y-160M2-8	5.5	13.3	720	84.68	84.88	85.0	0.717	0.729	0.74				104
Y-160L-8	7.5	17.7		85.67	85.87	86.0	0.727	0.739	0.75				126
Y-180L-8	11	24.8		87.17	87.37	87.5	0.746	0.758	0.77		1.7		161
Y-200L1-8	15	34.1		87.66	87.87	88.0	0.737	0.748	0.76		1.8		202
Y-225S-8	18.5	41.3		89.16	89.37	89.5	0.737	0.748	0.76		1.7		265
Y-225M-8	22	47.6	730	89.66	89.87	90.0	0.756	0.768	0.78				270
Y-250M-8	30	63.0		90.15	90.37	90.5	0.775	0.788	0.80	6.6	1.8	2.0	377
Y-280S-8	37	78.2		90.65	90.87	91.0	0.766	0.778	0.79				476
Y-280M-8	45	93.2		91.35	91.57	91.7	0.775	0.788	0.80				520
Y-315S-8	55	113.5		91.65	91.87	92.0	0.775	0.788	0.80				777
Y-315M-8	75	152.1	740	92.15	92.36	92.5	0.785	0.798	0.81		1.6		867
Y-315L1-8	90	179.3		92.64	92.86	93.0	0.795	0.808	0.82				987
Y-315L2-8	110	218.5		92.94	93.16	93.3	0.795	0.808	0.82				1057
Y-355M1-8	132	264.0		93.44	93.66	93.8	0.785	0.798	0.81				1535
Y-355M2-8	160	319.3	745	93.64	93.86	94.0	0.785	0.798	0.81	6.4	1.3		1750
Y-355L-8	185	367.2		94.14	94.36	94.5	0.785	0.798	0.81				1800
Y-355L-8	200	397.8		93.94	94.16	94.3	0.785	0.798	0.81				1960
Y-315S-10	45	101.0		91.15	91.37	91.5	0.717	0.729	0.74		1.4		810
Y-315M-10	55	122.7	590	91.65	91.87	92.0	0.717	0.729	0.74	6.2			890
Y-315L1-10	75	164.3		92.15	92.36	92.5	0.727	0.739	0.75			2.0	1015
Y-315L2-10	90	191.0		92.64	92.86	93.0	0.746	0.758	0.77				1200
Y-355M1-10	110	229.9		92.84	93.06	93.2	0.756	0.768	0.78		1.2		1530
Y-355M2-10	132	275.0	595	93.14	93.36	93.5	0.756	0.768	0.78	6.0			1700
Y-355L-10	160	333.3		93.14	93.36	93.5	0.756	0.768	0.78				1889

型号	额定功率 (kW)	额定电流 (A)	额定转速 (r/min)	效率			功率因数			堵转电流 额定电流	堵转转矩 额定转矩	最大转矩 额定转矩	质量
				70%	85%	100%	70%	85%	100%				
Y2-132S1-2	5.5	11.1	2900	85.37	85.57	85.7	0.853	0.867	0.88				57
Y2-132S2-2	7.5	14.9		86.67	86.87	87.0	0.853	0.867	0.88				61
Y2-160M1-2	11	21.2	2930	88.06	88.27	88.4	0.863	0.876	0.89		2.2		108
Y2-160M2-2	15	28.6		89.06	89.27	89.4	0.863	0.876	0.89				113
Y2-160L-2	18.5	34.7		89.66	89.87	90.0	0.872	0.886	0.90				129
Y2-180M-2	22	41.0	2940	90.15	90.37	90.5	0.872	0.886	0.90	7.5		2.3	162
Y2-200L1-2	30	55.4	2950	91.05	91.27	91.4	0.872	0.886	0.90				216
Y2-200L2-2	37	67.9		91.65	91.87	92.0	0.872	0.886	0.90				237
Y2-225M-2	45	82.1		92.15	92.36	92.5	0.872	0.886	0.90		2.0		280
Y2-250M-2	55	99.8	2970	92.64	92.86	93.0	0.872	0.886	0.90				368
Y2-280S-2	75	135.3		93.24	93.46	93.6	0.872	0.886	0.90				465
Y2-280M-2	90	160.0		93.54	93.76	93.9	0.882	0.896	0.91				470
Y2-315S-2	110	195.4		93.64	93.86	94.0	0.882	0.896	0.91				857
Y2-315M-2	132	233.2	2980	94.14	94.36	94.5	0.882	0.896	0.91				907
Y2-315L1-2	160	279.3		94.24	94.46	94.6	0.892	0.906	0.92		1.8		977
Y2-315L2-2	200	348.4		94.44	94.66	94.8	0.892	0.906	0.92	7.1		2.2	1117
Y2-355M-2	220	381.6		94.84	95.06	95.2	0.892	0.906	0.92				1500
Y2-355M-2	250	433.7	2985	94.84	95.06	95.2	0.892	0.906	0.92				1510
Y2-355L-2	280	484.7		95.04	95.26	95.4	0.892	0.906	0.92		1.6		1750
Y2-355L-2	315	545.3		95.04	95.26	95.4	0.892	0.906	0.92				1775
Y2-132S-4	5.5	11.7	1440	85.37	85.57	85.7	0.804	0.817	0.83	7.0	2.3		59
Y2-132M-4	7.5	15.6		86.67	86.87	87.0	0.814	0.827	0.84				71
Y2-160M-4	11	22.5	1460	88.06	88.27	88.4	0.814	0.827	0.84				113
Y2-160L-4	15	30.0		89.06	89.27	89.4	0.824	0.837	0.85				130
Y2-180M-4	18.5	36.3	1470	89.66	89.87	90.0	0.834	0.847	0.86	7.5			157
Y2-180L-4	22	42.9		90.15	90.37	90.5	0.834	0.847	0.86				173
Y2-200L-4	30	58.0		91.05	91.27	91.4	0.834	0.847	0.86		2.2	2.3	228
Y2-225S-4	37	70.2		91.65	91.87	92.0	0.843	0.857	0.87				277
Y2-225M-4	45	85.0	1480	92.15	92.36	92.5	0.843	0.857	0.87				305
Y2-250M-4	55	103.3		92.64	92.86	93.0	0.843	0.857	0.87	7.2			381
Y2-280S-4	75	139.9		93.24	93.46	93.6	0.843	0.857	0.87				520
Y2-280M-4	90	167.4		93.54	93.76	93.9	0.843	0.857	0.87				570
Y2-315S-4	110	201.0		94.14	94.36	94.5	0.853	0.867	0.88				857
Y2-315M-4	132	240.4	1485	94.44	94.66	94.8	0.853	0.867	0.88				937
Y2-315L1-4	160	287.8		94.54	94.76	94.9	0.863	0.876	0.89				1047
Y2-315L2-4	200	359.8		94.54	94.76	94.9	0.863	0.876	0.89				1167
Y2-355M-4	220	390.1	1490	94.84	95.06	95.2	0.872	0.886	0.90	6.9	2.1	2.2	1650
Y2-355M-4	250	443.3		94.84	95.06	95.2	0.872	0.886	0.90				1650
Y2-355L-4	280	496.5	1490	94.84	95.06	95.2	0.872	0.886	0.90				1700
Y2-355L-4	315	558.6		94.84	95.06	95.2	0.872	0.886	0.90				1859

型号	额定功率 (kW)	额定电流 (A)	额定转速 (r/min)	效率			功率因数			堵转电流 额定电流	堵转转矩 额定转矩	最大转矩 额定转矩	质量
				70%	85%	100%	70%	85%	100%				
Y2-132S-6	3	7.4		80.69	80.88	81.0	0.737	0.748	0.76				54
Y2-132M1-6	4	9.8	960	81.69	81.88	82.0	0.737	0.748	0.76		2.1		64
Y2-132M2-6	5.5	12.9		83.68	83.88	84.0	0.746	0.758	0.77	6.5			73
Y2-160M-6	7.5	17.2		85.67	85.87	86.0	0.746	0.758	0.77		2.0	2.1	110
Y2-160L-6	11	24.5		87.17	87.37	87.5	0.756	0.768	0.78				126
Y2-180L-6	15	31.6	970	88.66	88.87	89.0	0.785	0.798	0.81				161
Y2-200L1-6	18.5	38.6		89.66	89.87	90.0	0.785	0.798	0.81		2.1		214
Y2-200L2-6	22	44.7		89.66	89.87	90.0	0.804	0.817	0.83		2.0		226
Y2-225M-6	30	59.3		91.15	91.37	91.5	0.814	0.827	0.84		2.0		290
Y2-250M-6	37	71.1		91.65	91.87	92.0	0.834	0.847	0.86	7.0			359
Y2-280S-6	45	85.9	980	92.15	92.36	92.5	0.834	0.847	0.86		2.1		452
Y2-280M-6	55	104.7		92.45	92.66	92.8	0.834	0.847	0.86				500
Y2-315S-6	75	141.7		93.14	93.36	93.5	0.834	0.847	0.86				817
Y2-315M-6	90	169.5		93.44	93.66	93.8	0.834	0.847	0.86		2.0		917
Y2-315L1-6	110	206.7	985	93.64	93.86	94.0	0.834	0.847	0.86			2.0	1012
Y2-315L2-6	132	244.7		93.84	94.06	94.2	0.843	0.857	0.87				1087
Y2-355M1-6	160	292.3		94.14	94.36	94.5	0.853	0.867	0.88				1600
Y2-355M-6	185	338.0		94.14	94.36	94.5	0.853	0.867	0.88	6.7			1700
Y2-355M2-6	200	365.4	990	94.14	94.36	94.5	0.853	0.867	0.88		1.9		1720
Y2-355L-6	220	401.9		94.14	94.36	94.5	0.853	0.867	0.88				1750
Y2-355L-6	250	456.8		94.14	94.36	94.5	0.853	0.867	0.88				1990
Y2-132S-8	2.2	6.0	710	77.70	77.89	78.0	0.688	0.699	0.71		1.8		52
Y2-132M-8	3	7.9		78.70	78.88	79.0	0.708	0.719	0.73				62
Y2-160M1-8	4	10.3		80.69	80.88	81.0	0.708	0.719	0.73	6.0	1.9		91
Y2-160M2-8	5.5	13.6	720	82.68	82.88	83.0	0.717	0.729	0.74				104
Y2-160L-8	7.5	17.8		85.17	85.38	85.5	0.727	0.739	0.75		2.0		126
Y2-180L-8	11	25.1		87.17	87.37	87.5	0.737	0.748	0.76				161
Y2-200L1-8	15	34.1		87.66	87.87	88.0	0.737	0.748	0.76				202
Y2-225S-8	18.5	41.1	730	89.66	89.87	90.0	0.737	0.748	0.76				265
Y2-225M-8	22	47.4		90.15	90.37	90.5	0.756	0.768	0.78				270
Y2-250M-8	30	63.4		90.65	90.87	91.0	0.766	0.778	0.79	6.6	1.9	2.0	377
Y2-280S-8	37	77.8		91.15	91.37	91.5	0.766	0.778	0.79				476
Y2-280M-8	45	94.1		91.65	91.87	92.0	0.766	0.778	0.79				520
Y2-315S-8	55	111.2		92.45	92.66	92.8	0.785	0.798	0.81				777
Y2-315M-8	75	151.3	740	92.64	92.86	93.0	0.785	0.798	0.81				867
Y2-315L1-8	90	177.8		93.44	93.66	93.8	0.795	0.808	0.82				987
Y2-315L2-8	110	216.8		93.64	93.86	94.0	0.795	0.808	0.82		1.8		1057
Y2-355M1-8	132	261.0		93.34	93.56	93.7	0.795	0.808	0.82				1535
Y2-355M2-8	160	314.7	745	93.84	94.06	94.2	0.795	0.808	0.82	6.4			1750
Y2-355L-8	185	358.4		94.14	94.36	94.5	0.804	0.817	0.83				1800
Y2-355L-8	200	387.4		94.14	94.36	94.5	0.804	0.817	0.83				1960
Y2-315S-10	45	99.6		91.15	91.37	91.5	0.727	0.739	0.75		1.5		810
Y2-315M-10	55	121.1	590	91.65	91.87	92.0	0.727	0.739	0.75	6.2			890
Y2-315L1-10	75	162.1		92.15	92.36	92.5	0.737	0.748	0.76			2.0	1015
Y2-315L2-10	90	191.0		92.64	92.86	93.0	0.746	0.758	0.77				1200
Y2-355M1-10	110	229.9		92.84	93.06	93.2	0.756	0.768	0.78				1530
Y2-355M2-10	132	275.0	595	93.14	93.36	93.5	0.756	0.768	0.78	6.0	1.3		1700
Y2-355L-10	160	333.3		93.14	93.36	93.5	0.756	0.768	0.78				1889

续表

型号	额定功率 (kW)	额定电流 (A)	额定转速 (r/min)	效率			功率因数			堵转电流 额定电流	堵转转矩 额定转矩	最大转矩 额定转矩	质量
				70%	85%	100%	70%	85%	100%				
Y3-132S1-2	5.5	11.1	2900	85.37	85.57	85.7	0.853	0.867	0.88	7.5	2.2	2.3	57
Y3-132S2-2	7.5	14.9		86.67	86.87	87.0	0.853	0.867	0.88				61
Y3-160M1-2	11	21.2	2930	88.06	88.27	88.4	0.863	0.876	0.89				108
Y3-160M2-2	15	28.6		89.06	89.27	89.4	0.863	0.876	0.89				113
Y3-160L-2	18.5	34.7		89.66	89.87	90.0	0.872	0.886	0.90				129
Y3-180M-2	22	41.0	2940	90.15	90.37	90.5	0.872	0.886	0.90		2.3		162
Y3-200L1-2	30	55.4	2950	91.05	91.27	91.4	0.872	0.886	0.90				216
Y3-200L2-2	37	67.9		91.65	91.87	92.0	0.872	0.886	0.90				237
Y3-225M-2	45	82.1		92.15	92.36	92.5	0.872	0.886	0.90		2		280
Y3-250M-2	55	99.8	2970	92.64	92.86	93.0	0.872	0.886	0.90				368
Y3-280S-2	75	135.3		93.24	93.46	93.6	0.872	0.886	0.90	7.0			465
Y3-280M-2	90	160.0		93.54	93.76	93.9	0.882	0.896	0.91				470
Y3-315S-2	110	195.4		93.64	93.86	94.0	0.882	0.896	0.91				857
Y3-315M-2	132	233.2	2980	94.14	94.36	94.5	0.882	0.896	0.91		1.8		907
Y3-315L1-2	160	282.4		94.24	94.46	94.6	0.882	0.896	0.91	7.1		2.2	977
Y3-315L2-2	200	348.4		94.44	94.66	94.8	0.892	0.906	0.92				1117
Y3-355M-2	220	381.6		94.84	95.06	95.2	0.892	0.906	0.92				1500
Y3-355M-2	250	433.7	2985	94.84	95.06	95.2	0.892	0.906	0.92				1510
Y3-355L-2	280	484.7		95.04	95.26	95.4	0.892	0.906	0.92		1.6		1750
Y3-355L-2	315	545.3		95.04	95.26	95.4	0.892	0.906	0.92				1775
Y3-132S-4	5.5	11.7	1440	85.37	85.57	85.7	0.804	0.817	0.83	7.0	2.3		59
Y3-132M-4	7.5	15.6		86.67	86.87	87.0	0.814	0.827	0.84				71
Y3-160M-4	11	22.5	1460	88.06	88.27	88.4	0.814	0.827	0.84				113
Y3-160L-4	15	30.0		89.06	89.27	89.4	0.824	0.837	0.85				130
Y3-180M-4	18.5	36.3	1470	89.66	89.87	90.0	0.834	0.847	0.86	7.5		2.3	157
Y3-180L-4	22	42.9		90.15	90.37	90.5	0.834	0.847	0.86				173
Y3-200L-4	30	58.0		91.05	91.27	91.4	0.834	0.847	0.86		2.2		228
Y3-225S-4	37	70.2		91.65	91.87	92.0	0.843	0.857	0.87	7.2			277
Y3-225M-4	45	85.0	1480	92.15	92.36	92.5	0.843	0.857	0.87				305
Y3-250M-4	55	103.3		92.64	92.86	93.0	0.843	0.857	0.87				381
Y3-280S-4	75	138.3		93.24	93.46	93.6	0.853	0.867	0.88	6.8			520
Y3-280M-4	90	165.5		93.54	93.76	93.9	0.853	0.867	0.88				570
Y3-315S-4	110	201.0		94.14	94.36	94.5	0.853	0.867	0.88				857
Y3-315M-4	132	240.4	1485	94.44	94.66	94.8	0.853	0.867	0.88				937
Y3-315L1-4	160	287.8		94.54	94.76	94.9	0.863	0.876	0.89				1047
Y3-315L2-4	200	359.8		94.54	94.76	94.9	0.863	0.876	0.89	6.9	2.1	2.2	1167
Y3-355M-4	220	390.1		94.84	95.06	95.2	0.872	0.886	0.90				1650
Y3-355M-4	250	443.3	1490	94.84	95.06	95.2	0.872	0.886	0.90				1650
Y3-355L-4	280	496.5		94.84	95.06	95.2	0.872	0.886	0.90				1700
Y3-355L-4	315	558.6		94.84	95.06	95.2	0.872	0.886	0.90				1859

续表

型号	额定功率 (kW)	额定电流 (A)	额定转速 (r/min)	效率			功率因数			堵转电流 额定电流	堵转转矩 额定转矩	最大转矩 额定转矩	质量
				70%	85%	100%	70%	85%	100%				
Y3-132S-6	3	7.4		80.69	80.88	81.0	0.737	0.748	0.76				54
Y3-132M1-6	4	9.8	960	81.69	81.88	82.0	0.737	0.748	0.76		2.1		64
Y3-132M2-6	5.5	12.9		83.68	83.88	84.0	0.746	0.758	0.77	6.5			73
Y3-160M-6	7.5	17.2		85.67	85.87	86.0	0.746	0.758	0.77				110
Y3-160L-6	11	24.5		87.17	87.37	87.5	0.756	0.768	0.78		2.0	2.1	126
Y3-180L-6	15	31.6	970	88.66	88.87	89.0	0.785	0.798	0.81				161
Y3-200L1-6	18.5	38.6		89.66	89.87	90.0	0.785	0.798	0.81		2.1		214
Y3-200L2-6	22	44.7		89.66	89.87	90.0	0.804	0.817	0.83		2.0		226
Y3-225M-6	30	59.3		91.15	91.37	91.5	0.814	0.827	0.84	7.0			290
Y3-250M-6	37	71.1		91.65	91.87	92.0	0.834	0.847	0.86				359
Y3-280S-6	45	85.9	980	92.15	92.36	92.5	0.834	0.847	0.86		2.1		452
Y3-280M-6	55	104.7		92.45	92.66	92.8	0.834	0.847	0.86				500
Y3-315S-6	75	141.7		93.14	93.36	93.5	0.834	0.847	0.86			2.0	817
Y3-315M-6	90	169.5		93.44	93.66	93.8	0.834	0.847	0.86		2.0		917
Y3-315L1-6	110	206.7	985	93.64	93.86	94.0	0.834	0.847	0.86				1012
Y3-315L2-6	132	244.7		93.84	94.06	94.2	0.843	0.857	0.87				1087
Y3-355M1-6	160	292.3		94.14	94.36	94.5	0.853	0.867	0.88	6.7			1600
Y3-355M-6	185	338.0		94.14	94.36	94.5	0.853	0.867	0.88				1700
Y3-355M2-6	200	365.4	990	94.14	94.36	94.5	0.853	0.867	0.88		1.9		1720
Y3-355L-6	220	401.9		94.14	94.36	94.5	0.853	0.867	0.88				1750
Y3-355L-6	250	456.8		94.14	94.36	94.5	0.853	0.867	0.88				1990
Y3-132S-8	2.2	6.0	710	78.70	78.88	79.0	0.688	0.699	0.71				52
Y3-132M-8	3	7.8		79.69	79.88	80.0	0.708	0.719	0.73		1.8		62
Y3-160M1-8	4	10.3		80.69	80.88	81.0	0.708	0.719	0.73	6.0			91
Y3-160M2-8	5.5	13.6	720	82.68	82.88	83.0	0.717	0.729	0.74		1.9		104
Y3-160L-8	7.5	17.8		85.17	85.38	85.5	0.727	0.739	0.75				126
Y3-180L-8	11	25.5		87.17	87.37	87.5	0.727	0.739	0.75	6.5			161
Y3-200L1-8	15	34.1		87.66	87.87	88.0	0.737	0.748	0.76		2.0		202
Y3-225S-8	18.5	41.1	730	89.66	89.87	90.0	0.737	0.748	0.76	6.6		2.0	265
Y3-225M-8	22	47.4		90.15	90.37	90.5	0.756	0.768	0.78				270
Y3-250M-8	30	63.4		90.65	90.87	91.0	0.766	0.778	0.79	6.5	1.9		377
Y3-280S-8	37	77.8		91.15	91.37	91.5	0.766	0.778	0.79				476
Y3-280M-8	45	94.1		91.65	91.87	92.0	0.766	0.778	0.79	6.6			520
Y3-315S-8	55	111.2		92.45	92.66	92.8	0.785	0.798	0.81				777
Y3-315M-8	75	150.5	740	93.14	93.36	93.5	0.785	0.798	0.81	6.2			867
Y3-315L1-8	90	177.8		93.44	93.66	93.8	0.795	0.808	0.82				987
Y3-315L2-8	110	216.8		93.64	93.86	94.0	0.795	0.808	0.82		1.8		1057
Y3-355M1-8	132	261.0		93.34	93.56	93.7	0.795	0.808	0.82				1535
Y3-355M2-8	160	314.7	745	93.84	94.06	94.2	0.795	0.808	0.82	6.4			1750
Y3-355L-8	185	358.4		94.14	94.36	94.5	0.804	0.817	0.83				1800
Y3-355L-8	200	387.4		94.14	94.36	94.5	0.804	0.817	0.83				1960
Y3-315S-10	45	99.6		91.15	91.37	91.5	0.727	0.739	0.75	6.2			810
Y3-315M-10	55	121.1	590	91.65	91.87	92.0	0.727	0.739	0.75		1.5		890
Y3-315L1-10	75	162.1		92.15	92.36	92.5	0.737	0.748	0.76	5.8			1015
Y3-315L2-10	90	191.0		92.64	92.86	93.0	0.746	0.758	0.77	5.9		2.0	1200
Y3-355M1-10	110	229.9		92.84	93.06	93.2	0.756	0.768	0.78				1530
Y3-355M2-10	132	275.0	595	93.14	93.36	93.5	0.756	0.768	0.78	6.0	1.3		1700
Y3-355L-10	160	333.3		93.14	93.36	93.5	0.756	0.768	0.78				1889

（5）外形及安装尺寸：B3、B6、B7、B8、V5、V6 机座带底脚，端盖上无凸缘的电动机外形及安装尺寸见图 2-1 和表 2-3；B35、V15、V35 机座带底脚，端盖上有凸缘（带通孔）的电动机外形及安装尺寸见图 2-2 和表 2-4；B5、V3 机座不带底脚，端盖上有凸缘（带通孔）的电动机外形及安装尺寸见图 2-3 和表 2-5；V1 立式安装；机座不带底脚，端盖上有凸缘（带通孔）轴伸向下的电动机外形及安装尺寸见图 2-4 和表 2-6。

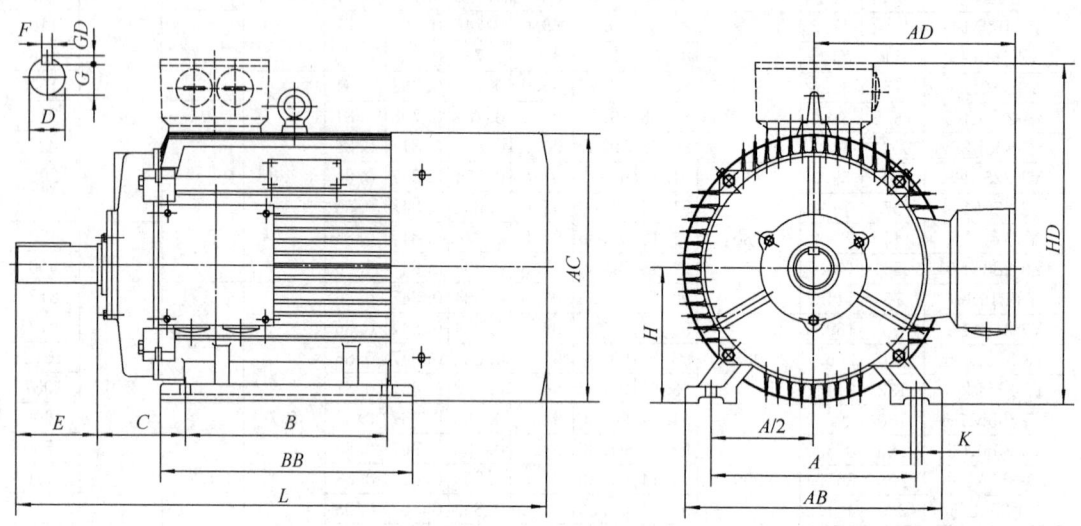

图 2-1　B3、B6、B7、B8、V5、V6 机座带底脚，
端盖上无凸缘的电动机外形及安装尺寸

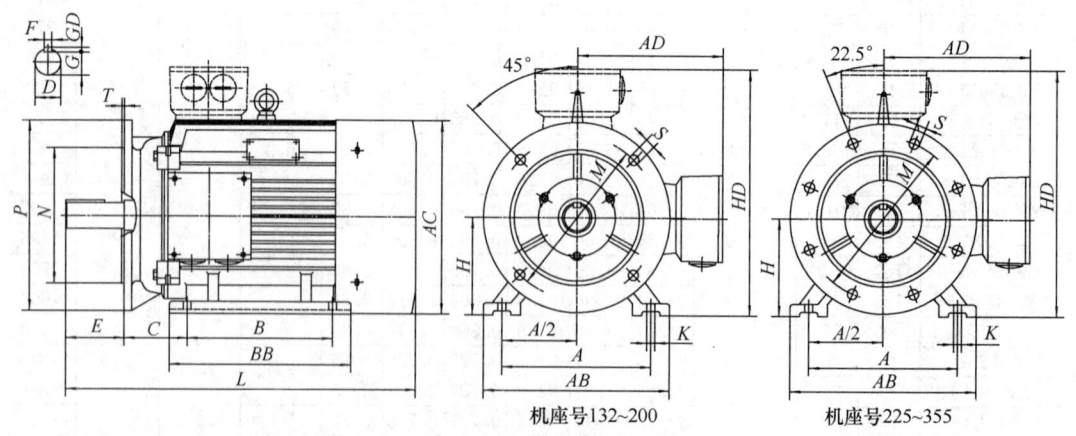

图 2-2　B35、V15、V35 机座带底脚，端盖上有凸缘
（带通孔）的电动机外形及安装尺寸

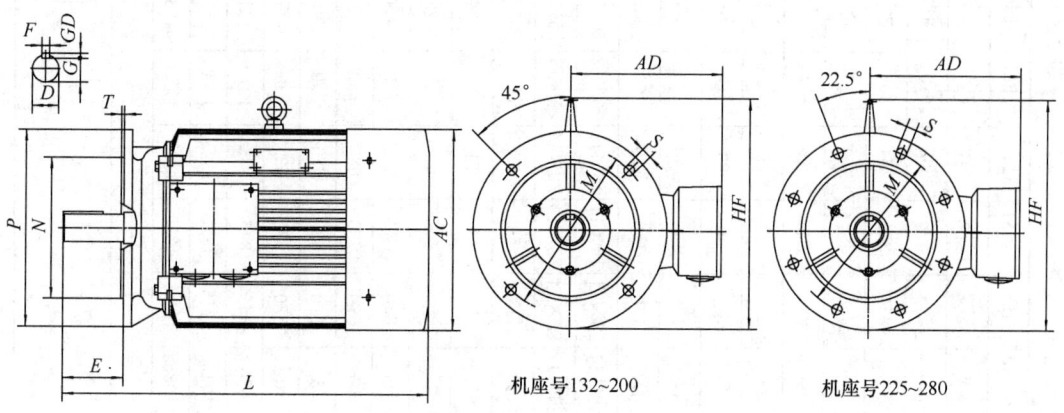

机座号132~200   机座号225~280

图 2-3　B5、V3 机座不带底脚，端盖上有凸缘
（带通孔）的电动机外形及安装尺寸

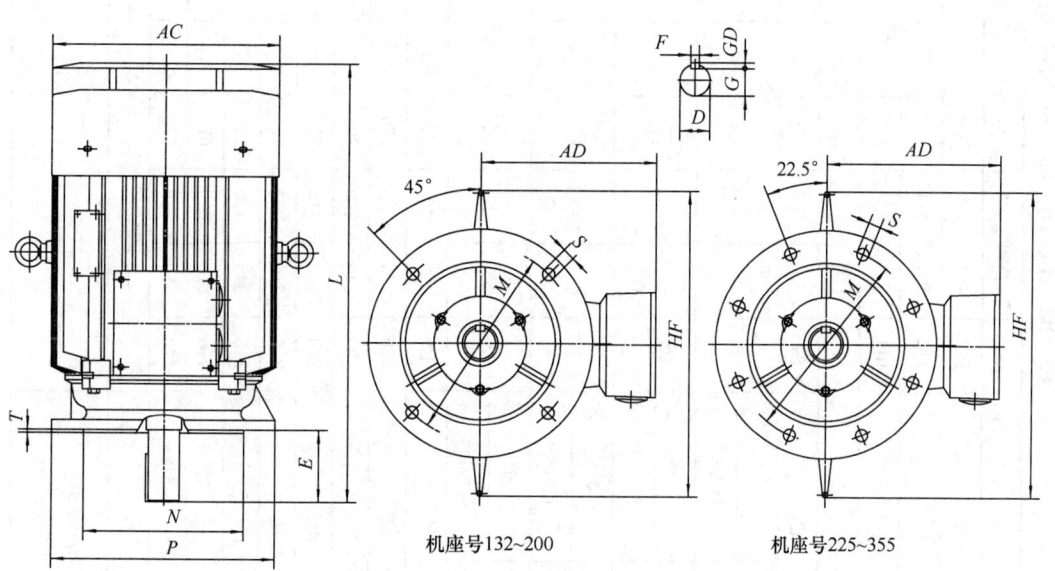

机座号132~200   机座号225~355

图 2-4　V1 立式安装，机座不带底脚，端盖上有凸缘（带通孔），
轴伸向下的电动机外形及安装尺寸

B3、B6、B7、B8、V5、V6 机座带底脚，端盖上无凸缘的电动机外形及安装尺寸（mm）　表 2-3

类别	符号	极数	132S	132M	160M	160L	180M	180L	200L	225S	225M	250M	280S	280M	315S	315M	315L	355M	355L
安装尺寸	H		132	132	160	160	180	180	200	225	225	250	280	280	315	315	315	355	355
	A		216	216	254	254	279	279	318	356	356	406	457	457	508	508	508	610	610
	A/2		108	108	127	127	139.5	139.5	159	178	178	203	228.5	228.5	254	254	254	305	305
	B		140	178	210	254	241	279	305	286	311	349	368	419	406	457	508	560	630
	C		89	89	108	108	121	121	133	149	149	168	190	190	216	216	216	254	254
	D	2P	38	38	42	42	48	48	55	—	55	60	65	65	65	65	65	75	75
		4/6/8P	38	38	42	42	48	48	55	60	60	65	75	75	80	80	80	95	95
	E	2P	80	80	110	110	110	110	110	—	110	140	140	140	170	170	170	170	170
		4/6/8P	80	80	110	110	110	110	110	140	140	140	140	140	170	170	170	170	170
	F×GD	2P	10×8	10×8	12×8	12×8	14×9	14×9	16×10	—	16×10	18×11	18×11	18×11	18×11	18×11	18×11	20×12	20×12
		4/6/8P	10×8	10×8	12×8	12×8	14×9	14×9	16×10	18×11	18×11	18×11	20×12	20×12	22×14	22×14	22×14	25×14	25×14
	G	2P	33	33	37	37	42.5	42.5	49	—	49	53	58	58	58	58	58	67.5	67.5
		4/6/8P	33	33	37	37	42.5	42.5	49	53	53	58	67.5	67.5	71	71	71	86	86
	K		12	12	15	15	15	15	19	19	19	24	24	24	28	28	28	28	28
外形尺寸	AB		270	270	320	320	355	355	395	435	435	490	550	550	630	630	630	730	730
	BB		190	230	260	305	311	349	370	375	400	445	485	536	570	680	680	750	750
	AC		260	260	315	315	355	355	395	445	445	490	550	550	620	620	620	700	700
	AD		215	215	260	260	275	275	345	335	335	365	400	400	530	530	530	—	—
	HD		345	345	420	420	455	455	545	555	555	615	680	680	845	845	845	1010	1010
	L	2P	470	510	615	670	700	740	770	820	815	920	965	1015	1215	1325	1325	1500	1500
		4/6/8P	470	510	615	670	700	740	770	845	845	920	985	1035	1215	1325	1325	1530	1530
制造范围	B3		←—————————————————————→																
	B6/B7/B8		←—————————————————————→																
	V5/V6		←—————————————————————→																

表 2-4

B35、V15、V35 机座带底脚，端盖上有凸缘（带通孔）的电动机外形及安装尺寸（mm）

项目	极数	132S	132M	160M	160L	180M	180L	200L	225S	225M	250M	280S	280M	315S	315M	315L	355S	355M	355L
H		132	132	160	160	180	180	200	225	225	250	280	280	315	315	315	355	355	355
A		216	216	254	254	279	279	318	356	356	406	457	457	508	508	508	610	610	610
A/2		108	108	127	127	139.5	139.5	159	178	178	203	228.5	228.5	254	254	254	305	305	305
B		140	178	210	254	241	279	305	286	311	349	368	419	406	457	508	560	560	630
C		89	89	108	108	121	121	133	149	149	168	190	190	216	216	216	254	254	254
D	2P	38	38	42	42	48	48	55	—	55	60	65	65	65	65	65	75	75	75
D	4/6/8P	38	38	42	42	48	48	55	60	60	65	75	75	80	80	80	95	95	95
E	2P	80	80	110	110	110	110	110	—	110	140	140	140	140	140	140	170	170	170
E	4/6/8P	80	80	110	110	110	110	110	140	140	140	140	140	140	140	140	170	170	170
F×GD	2P	10×8	10×8	12×8	12×8	14×9	14×9	16×10	—	16×10	18×11	18×11	18×11	18×11	18×11	18×11	20×12	20×12	20×12
F×GD	4/6/8P	10×8	10×8	12×8	12×8	14×9	14×9	16×10	18×11	18×11	18×11	20×12	20×12	22×14	22×14	22×14	25×14	25×14	25×14
G	2P	33	33	37	37	42.5	42.5	49	—	49	53	67.5	67.5	58	58	58	67.5	67.5	67.5
G	4/6/8P	33	33	37	37	42.5	42.5	49	53	53	58	58	58	71	71	71	86	86	86
K		12	12	15	15	15	15	19	19	19	24	24	24	28	28	28	28	28	28
M		265	265	300	300	300	300	350	400	400	500	500	500	600	600	600	740	740	740
N		230	230	250	250	250	250	300	350	350	450	450	450	550	550	550	680	680	680
P		300	300	350	350	350	350	400	450	450	550	550	550	660	660	660	800	800	800
R		0	0	0	0	0	0	0	0	0	0	0	0	0	0	0	0	0	0
S		4-φ15	4-φ15	4-φ19	4-φ19	4-φ19	4-φ19	4-φ19	8-φ19	8-φ19	8-φ19	8-φ19	8-φ19	8-φ24	8-φ24	8-φ24	8-φ24	8-φ24	8-φ24
T		4	4	5	5	5	5	5	5	5	5	5	5	6	6	6	6	6	6
AB		270	270	320	320	355	355	395	435	435	490	550	550	630	630	630	730	730	730
BB		190	230	260	305	311	349	370	375	400	445	485	536	570	680	680	750	750	680
AC		260	260	315	315	355	355	395	445	445	490	550	550	620	620	620	700	700	700
AD		215	215	260	260	275	275	345	335	335	365	400	400	530	530	530	560	560	560
HD		345	345	420	420	455	455	545	555	555	615	680	680	845	845	845	1010	1010	1010
L（B35）	2P	470	510	615	670	700	740	770	—	815	920	965	1015	1215	1325	1325	1500	1500	1530
L（B35）	4/6/8P	470	510	615	670	700	740	770	820	845	920	985	1035	1215	1325	1325	1530	1530	1530

注：安装尺寸为 H～T；外形尺寸为 AB～L。

制造范围：　B35 →　　V15/V35 →

备注：R 为凸缘安装平面至轴伸台阶平面的距离。

B5、V3 机座不带底脚，端盖上有凸缘(带通孔)的电动机外形及安装尺寸　表 2-5

型号		132S	132M	160M	160L	180M	180L	200L	225S	225M	250M	280S	280M
安装尺寸 D	2P	38	38	42	42	48	48	55	—	55	60	65	65
	4/6/8P	38	38	42	42	48	48	55	60	60	65	75	75
E	2P	80	80	110	110	110	110	110	—	110	140	140	140
	4/6/8P	80	80	110	110	110	110	110	140	140	140	140	140
F×GD	2P	10×8	10×8	12×8	12×8	14×9	14×9	16×10	—	16×10	18×11	18×11	18×11
	4/6/8P	10×8	10×8	12×8	12×8	14×9	14×9	16×10	18×11	18×11	18×11	20×12	20×12
G	2P	33	33	37	37	42.5	42.5	49		49	53	58	58
	4/6/8P	33	33	37	37	42.5	42.5	49	53	53	58	67.5	67.5
M		265	265	300	300	300	300	350	400	400	500	500	500
N		230	230	250	250	250	250	300	350	350	450	450	450
P		300	300	350	350	350	350	400	450	450	550	550	550
R		0	0	0	0	0	0	0	0	0	0	0	0
S		4−φ15	4−φ15	4−φ19	4−φ19	4−φ19	4−φ19	4−φ19	8−φ19	8−φ19	8−φ19	8−φ19	8−φ19
T		4	4	5	5	5	5	5	5	5	5	5	5
外形尺寸 AC		260	260	315	315	355	355	395	445	445	490	550	550
AD		215	215	260	260	275	275	345	335	335	365	400	400
HF		315	315	385	385	430	430	480	535	535	595	650	650
L	2P	470	510	615	670	700	740	—	—	815	920	965	1015
	4/6/8P	470	510	615	670	700	740	770	820	845	920	985	1035
备注	B5	→											
	V3	→											

注　R 为凸缘安装平面至轴伸台阶平面的距离。

表 2-6

V1 立式安装、机座不带底脚，端盖上有凸缘（带通孔），轴伸向下的电动机外形及安装尺寸

	型号	132S	132M	160M	160L	180M	180L	200L	225S	225M	250M	280S	280M	315S	315M	315L	355M	355L
安装尺寸	D 2P	38	38	42	42	48	48	55	—	55	60	65	65	65	65	65	75	75
	D 4/6/8P	38	38	42	42	48	48	55	60	60	65	75	75	80	80	80	95	95
	E 2P	80	80	110	110	110	110	110	—	110	140	140	140	140	140	140	140	140
	E 4/6/8P	80	80	110	110	110	110	110	140	140	140	140	140	170	170	170	170	170
	F×GD 2P	10×8	10×8	12×8	12×8	14×9	14×9	16×10	—	16×10	18×11	18×11	18×11	18×11	18×11	18×11	20×12	20×12
	F×GD 4/6/8P	10×8	10×8	12×8	12×8	14×9	14×9	16×10	18×11	18×11	18×11	20×12	20×12	22×14	22×14	22×14	25×14	25×14
	G 2P	33	33	37	37	42.5	42.5	49	—	49	53	58	58	58	58	58	67.5	67.5
	G 4/6/8P	33	33	37	37	42.5	42.5	49	53	53	58	67.5	67.5	71	71	71	86	86
	M	265	265	300	300	300	300	350	400	400	500	500	500	600	600	600	740	740
	N	230	230	250	250	250	250	300	350	350	450	450	450	550	550	550	680	680
	P	300	300	350	350	350	350	400	450	450	550	550	550	660	660	660	800	800
	R	0	0	0	0	0	0	0	0	0	0	0	0	0	0	0	0	0
	S	4-φ15	4-φ15	4-φ19	4-φ19	4-φ19	4-φ19	4-φ19	8-φ19	8-φ19	8-φ19	8-φ19	8-φ19	8-φ24	8-φ24	8-φ24	8-φ24	8-φ24
	T	4	4	5	5	5	5	5	5	5	5	5	5	6	6	6	6	6
外形尺寸	AC	260	260	315	315	355	355	395	445	445	490	550	550	620	620	620	700	700
	AD	215	215	260	260	275	275	345	335	335	365	400	400	530	530	530	655	655
	HF	315	315	420	420	500	500	550	575	575	650	725	725	860	860	860	960	960
	L 2P	520	560	615	670	760	800	—	—	910	1000	1065	1115	1315	1425	1425	1600	1600
	L 4/6/8P	520	560	615	670	760	800	840	935	935	1000	1085	1135	1315	1425	1425	1630	1630
制造范围	V1	→																

备注　R 为凸缘安装平面至轴伸台阶平面的距离。

2.1.2   Y355 低压中型交流三相异步电动机

（1）适用范围：Y355 低压中型交流三相异步电动机适用于水泵、风机、球磨机等通用设备；还可用在多尘等环境条件较差的场所。

（2）型号意义说明：

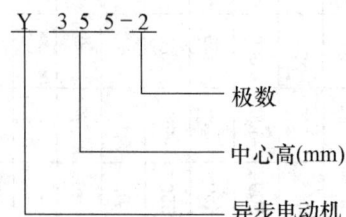

极数

中心高(mm)

异步电动机

（3）结构：Y355 低压中型交流三相异步电动机机座和端盖全部由钢板焊接而成。内蒙古电机厂生产的该系列电动机结构为封闭自扇冷式，防护等级为 IP44。重庆电机厂生产的该系列电机结构基本防护等级为 IP33。

（4）技术数据：Y355 低压中型交流三相异步电动机电源电压为 380V。其技术数据见表 2-7。

Y355 低压中型交流三相异步电动机技术数据   表 2-7

型 号	额定功率(kW)	定子电流(A)	同步转速(r/min)	效率(%)	功率因数	最大转矩/额定转矩	转子电压(V)	转子电流(A)	质量(kg)	生产厂
Y335M-2	280	513.7	3000	94.1	0.88	1.8	1	6.5		
Y355M-2	315	569.6	3000	94.4	0.89	1.8	1	6.5		
Y355M-2	355	640.6	3000	94.6	0.89	1.8	1	6.5		
Y355M-4	280	506.9	1500	94.3	0.89	1.8	1	6.5		
Y355M-4	315	563.9	1500	94.3	0.90	1.8	1	6.5		
Y355L-4	355	634.2	1500	94.5	0.90	1.8	1	6.5		
Y355M-6	185	343.7	1000	94.0	0.87	1.8	1	6		
Y355M-6	200	367.3	1000	94.0	0.88	1.8	1	6		
Y355M-6	220	403.7	1000	94.1	0.88	1.8	1	6		
Y355M-6	250	458.2	1000	94.2	0.88	1.8	1	6		
Y355L-6	280	512.6	1000	94.3	0.88	1.8	1	6		重庆电机厂
Y355M-8	160	320.3	750	93.7	0.81	1.8	1	5.5		
Y355M-8	185	370.3	750	93.7	0.81	1.8	1	5.5		
Y355M-8	200	399.5	750	93.9	0.81	1.8	1	5.5		
Y355M-8	220	439.0	750	94.0	0.81	1.8	1	5.5		
Y355L-8	250	511.5	750	94.0	0.79	1.8	1	5.5		
Y355M-10	110	225.1	600	92.8	0.80	1.8	1	5.5		
Y355M-10	132	266.8	600	92.8	0.81	1.8	1	5.5		
Y355M-10	160	323.4	600	92.8	0.81	1.8	1	5.5		
Y355L-10	185	373.1	600	93.0	0.81	1.8	1	5.5		

续表

型　号	额定功率 (kW)	定子电流 (A)	同步转速 (r/min)	效率 (%)	功率 因数	最大转矩 额定转矩	转子电压 (V)	转子电流 (A)	质量 (kg)	生产厂
Y355M2-2	220	396	2982	94.7	0.89	2.2				
Y355M3-2	250	445	2980	95.0	0.90	2.2				
Y355L1-2	280	493	2982	95.2	0.90	2.2				
Y355L2-2	315	556	2981	95.5	0.90	2.2				
Y355M2-4	220	406	1488	94.7	0.87	2.2				
Y355M3-4	250	459	1487	95.0	0.87	2.2				
Y355L1-4	280	513	1488	95.2	0.87	2.2				
Y355L2-4	315	576	1487	95.5	0.87	2.2				
Y355M1-6	160	298	991	94.3	0.86	2.0				内蒙古 电机厂
Y355M2-6	185	347	991	94.5	0.86	2.0				
Y355M3-6	200	374	992	94.5	0.86	2.0				
Y355L1-6	220	407	992	95.0	0.86	2.0				
Y355L2-6	250	465	991	95.0	0.86	2.0				
Y355M1-8	132	260	742	94.0	0.82	2.0				
Y355M2-8	160	314	742	94.2	0.82	2.0				
Y355-L1-8	185	362	742	94.4	0.82	2.0				
Y355L2-8	200	392	742	94.5	0.82	2.0				

　　(5) 外形及安装尺寸：Y355 (IP44) 低压中型交流三相异步电动机外形及安装尺寸见图 2-5 和表 2-8。

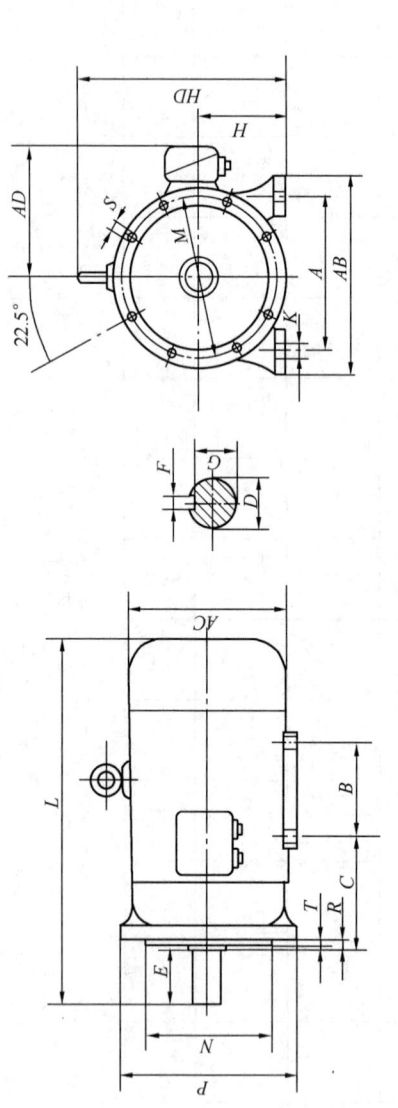

图 2-5 Y355 (IP44) 低压中型交流三相异步电动机外形及安装尺寸

表 2-8

Y355 (IP44) 低压中型交流三相异步电动机外形及安装尺寸

机座号	极数	轴伸尺寸(mm)				底足安装尺寸(mm)					凸缘安装尺寸(mm)						凸缘孔数(个)	外形尺寸(mm)				
		D	E	F	G	A	B	C	H	K	M	N	P	R	S	T		AB	AC	AD	BD	L
Y355M	2	75	140	20	67.5	610	560	254	355	28	740	680	800	0	24	6	8	730	750	630	985	1485
	4~10	95	170	25	86																	1515
Y355L	2	75	140	20	67.5	610	560	254	355	28	740	680	800	0	24	6	8	730	750	630	985	1485
	4~10	95	170	25	86																	1515

2.1.3 Y 系列 6kV 中型高压三相异步电动机

(1) 适用范围：Y 系列 6kV 电动机为中型高压鼠笼型电动机新产品，用于驱动各种通用机械，如通风机、压缩机、水泵等设备，不适用于卷扬机等频繁启动及经常逆转的场合。

(2) 型号意义说明：

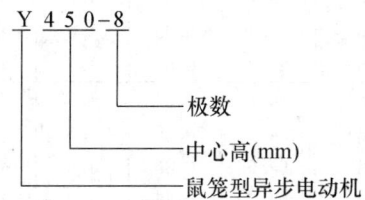

(3) 结构：Y 系列 6kV 中型高压三相异步电动机采用国际上较先进的箱式结构，机座和端盖全部由钢板焊接而成。电动机的防护等级为 IP23，只要在机座顶部安装不同顶罩就能派生出各种不同的防护等级，如 IPW23、IP44、IP54 等，以适应不同使用环境条件下的各种防护要求。电动机冷却方式分为自然通风冷却、水-空冷却、空-空冷却三种形式，其基本结构及安装形式为 IMB3。

(4) 技术数据：Y 系列 6kV 中型高压三相异步电动机，额定电压为 6000V，额定频率为 50Hz。其技术数据见表 2-9，表中数据除注明者外，其余均以《Y 系列中型高压三相异步电动机技术条件》JB/DQ 3134—85 为依据。

Y 系列 6kV 中型高压三相异步电动机技术数据 表 2-9

型号	额定功率 (kW)	满载时				最大转矩 额定转矩	堵转转矩 额定转矩	堵转电流 额定电流	质量 (kg)	生产厂
		定子电流 (A)	转速 (r/min)	效率 (%)	功率因数					
Y355-4	220	26.7	1485	93.3	0.85	1.6	0.8	6.5	2020	
Y355-4	250	30.3	1485	93.4	0.85	1.6	0.8	6.5	2065	
Y355-4	280	33.5	1485	93.5	0.86	1.6	0.8	6.5	—	
Y355-4	315	37.7	1485	93.6	0.86	1.6	0.8	6.5	—	
Y400-4	355	42.3	1485	93.8	0.86	1.6	0.8	6.5	—	
Y400-4	400	47.6	1485	94.0	0.86	1.6	0.8	6.5	—	
Y400-4	450	53.5	1485	94.2	0.86	1.6	0.8	6.5	—	湘潭、重庆、兰州、沈阳、西安、内蒙古电机厂、北京重型电机厂
Y400-4	500	58.6	1485	94.3	0.87	1.6	0.8	6.5	—	
Y400-4	560	65.5	1485	94.5	0.87	1.6	0.8	6.5	3420	
Y450-4	630	73.6	1485	94.7	0.87	1.6	0.8	6.5	—	
Y450-4	710	82.7	1485	94.9	0.87	1.6	0.8	6.5	—	
Y450-4	800	93.0	1485	95.1	0.87	1.6	0.8	6.5	—	
Y450-4	900	104.6	1485	95.2	0.87	1.6	0.8	6.5	—	
Y500-4	1000	116.1	1485	95.3	0.87	1.6	0.7	6.5	—	
Y500-4	1120	128.4	1485	95.4	0.88	1.6	0.7	6.5	—	
Y500-4	1250	143.1	1485	95.5	0.88	1.6	0.7	6.5	—	
Y500-4	1400	160.1	1485	95.6	0.88	1.6	0.7	6.5	—	

续表

型号	额定功率 (kW)	满载时				最大转矩 额定转矩	堵转转矩 额定转矩	堵转电流 额定电流	质量 (kg)	生产厂
		定子电流 (A)	转速 (r/min)	效率 (%)	功率因数					
Y355-6	220	27.8	985	93.0	0.82	1.6	0.8	6	2170	
Y355-6	250	31.4	985	93.3	0.82	1.6	0.8	6	2280	
Y400-6	280	34.7	985	93.5	0.83	1.6	0.8	6	—	
Y400-6	315	39.0	985	93.7	0.83	1.6	0.8	6	2880	
Y400-6	355	43.8	985	93.9	0.83	1.6	0.8	6	—	
Y400-6	400	49.3	985	94.0	0.83	1.6	0.8	6	2960	
Y450-6	450	54.7	985	94.3	0.84	1.6	0.8	6	3400	
Y450-6	500	59.9	985	94.5	0.85	1.6	0.8	6	3600	
Y450-6	560	67.0	985	94.6	0.85	1.6	0.8	6	3600	
Y450-6	630	75.3	985	94.7	0.85	1.6	0.8	6	3800	
Y500-6	710	84.6	985	95.0	0.85	1.6	0.7	6	4940	
Y500-6	800	95.2	985	95.1	0.85	1.6	0.7	6	—	
Y500-6	900	107.0	985	95.2	0.85	1.6	0.7	6	—	
Y500-6	1000	118.8	985	95.3	0.85	1.6	0.7	6	—	
Y400-8	220	29.2	740	92.9	0.78	1.6	0.8	5.5	—	
Y400-8	250	32.7	740	93.0	0.79	1.6	0.8	5.5	—	
Y400-8	280	36.6	740	93.2	0.79	1.6	0.8	5.5	—	
Y450-8	315	40.6	740	93.4	0.80	1.6	0.8	5.5	—	湘潭、重庆、兰州、沈阳、西安、内蒙古电机厂，北京重型电机厂
Y450-8	355	45.7	740	93.5	0.80	1.6	0.8	5.5	3600	
Y450-8	400	51.3	740	93.7	0.80	1.6	0.8	5.5	—	
Y450-8	450	57.0	740	93.8	0.81	1.6	0.8	5.5	—	
Y500-8	500	63.1	740	94.2	0.81	1.6	0.8	5.5	—	
Y500-8	560	69.6	740	94.4	0.82	1.6	0.8	5.5	—	
Y500-8	630	78.2	740	94.5	0.82	1.6	0.8	5.5	4815	
Y500-8	710	88.1	740	94.6	0.82	1.6	0.8	5.5	4950	
Y450-10	220	29.9	590	92.1	0.77	1.6	0.8	5.5	—	
Y450-10	250	33.4	590	92.3	0.78	1.6	0.8	5.5	3000	
Y450-10	280	37.3	590	92.5	0.78	1.6	0.8	5.5	—	
Y450-10	315	41.4	590	92.6	0.79	1.6	0.8	5.5	—	
Y450-10	355	46.6	590	92.8	0.79	1.6	0.8	5.5	—	
Y500-10	400	51.6	590	93.3	0.80	1.6	0.8	5.5	—	
Y500-10	450	58.0	590	93.4	0.80	1.6	0.8	5.5	—	
Y500-10	500	64.3	590	93.6	0.80	1.6	0.8	5.5	—	
Y500-10	560	71.9	590	93.7	0.80	1.6	0.8	5.5	—	
Y500-10	630	80.8	590	93.8	0.80	1.6	0.8	5.5	—	
Y450-12	220	31.7	490	91.4	0.73	1.6	0.8	5.5	—	
Y450-12	250	35.9	490	91.7	0.73	1.6	0.8	5.5	—	
Y500-12	280	39.3	490	92.7	0.74	1.6	0.8	5.5	—	
Y500-12	315	43.6	490	92.8	0.75	1.6	0.8	5.5	—	
Y500-12	355	49.0	490	93.0	0.75	1.6	0.8	5.5	—	
Y500-12	400	55.0	490	93.3	0.75	1.6	0.8	5.5	—	
Y500-12	450	61.8	490	93.4	0.75	1.6	0.8	5.5	—	

注：定子电流按重庆电机厂样本，转速按沈阳电机厂样本。

（5）外形及安装尺寸：Y系列6kV中型高压三相异步电动机安装尺寸见图2-6和表2-10。

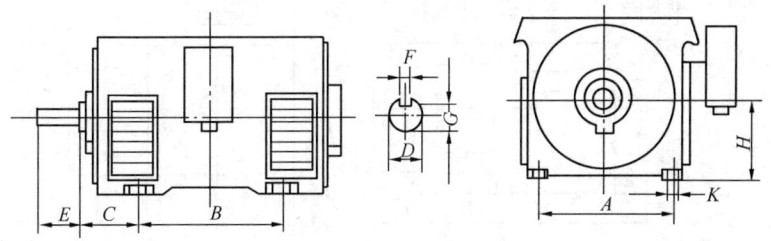

图2-6　Y系列6kV中型高压三相异步电动机安装尺寸

Y系列6kV中型高压三相异步电动机安装尺寸　　　　　表2-10

机座号	极　数	安装尺寸（mm）								
		A	B	C	D	E	F	G	H	K
355	4、6、8、10、12	630	900	315	100	210	28	90	355	28
400	4、6、8、10、12	710	1000	335	110	210	28	100	400	35
450	4	800	1120	355	120	210	32	109	450	35
450	6、8、10、12	800	1120	335	130	250	32	119	450	35
500	4	900	1250	475	130	250	32	119	500	42
500	6、8、10、12	900	1250	475	140	250	36	128	500	42

注：表中安装尺寸仅适用IP23外壳防护等级。

2.1.4　Y系列10kV中型高压三相异步电动机

（1）适用范围：Y系列10kV中型高压三相异步电动机可作为风机、压缩机、水泵、破碎机及其他设备的原动机。它可直接用在10kV电网上。

（2）型号意义说明：

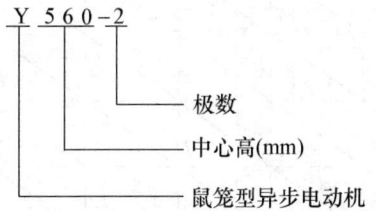

（3）结构：Y系列10kV中型高压三相异步电动机外壳防护形式主要为垂直防滴式，也可做成其他形式。根据用户要求，通风形式也可做成自由循环、管道进、出风和反管道出风（进风）。电动机为方形机座，卧式安装，带有可起消声作用的防护罩。重庆电机厂生产的该项产品电动机外壳防护等级为IP23。

（4）技术数据：Y系列10kV中型高压三相异步电动机额定电压为10kV，频率为50Hz。电动机允许全压启动。技术数据见表2-11。

（5）外形及安装尺寸：Y系列10kV中型高压三相异步电动机外形及安装尺寸见图2-7和表2-12。

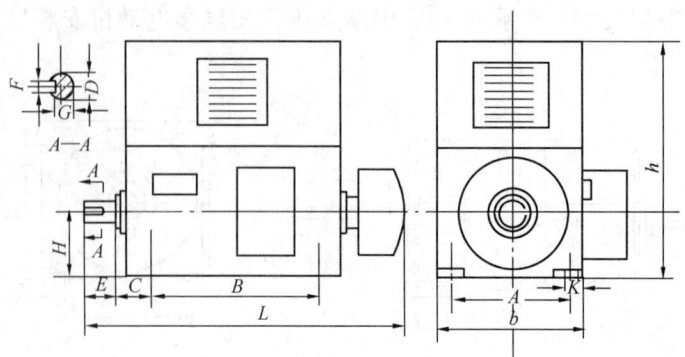

图 2-7   Y系列 10kV 中型高压三相异步电动机外形及安装尺寸

Y 系列 10kV 中型高压三相异步电动机技术数据   表 2-11

型号	额定值			效率(%)	功率因数	堵转电流/额定电流	堵转转矩/额定转矩	最大转矩/额定转矩	惯量矩(kgf·m²)	冷却风量(m³/s)	总重①(kg)	备注	生产厂
	功率(kW)	电流(A)	转速(r/min)										
Y560-2	315	21.9	2970	91.7 / 91.5	0.91 / 0.86	5.4 / 7	0.7 / 0.6	2 / 1.6	31.3	1.3	4000		重庆电机厂、兰州电机厂
Y560-2	355	24.5	2971	92.2 / 92	0.91 / 0.86	5.5 / 7	0.7 / 0.6	2 / 1.6	37.3	1.34	4050		
Y560-2	400	27.4	2971	92.5 / 92	0.91 / 0.86	5.6 / 7	0.75 / 0.6	2 / 1.6	40.9	1.46	4150		
Y560-2	450	30.4	2976	93.2 / 92.5	0.92 / 0.86	6.9 / 7	0.99 / 0.6	2.5 / 1.6	48.6	1.54	4250		
Y560-2	500	33.7	2976	93.2 / 92.5	0.92 / 0.86	6.7 / 7	0.97 / 0.6	2.4 / 1.6	51.3	1.65	4600		
Y560-2	560	37.4	2975	93.6 / 92.5	0.92 / 0.86	6.5 / 7	0.95 / 0.6	2.3 / 1.6	58.1	1.72	4750		
Y560-2	630	42	2978	93.7 / 93.5	0.93 / 0.86	7.3 / 7	1.1 / 0.6	2.6 / 1.6	59	2	4900		
Y560-4	220	15.7	1488	91.2 / 90.5	0.91 / 0.86	6.0 / 7	0.89 / 0.7	2.3 / 1.6	63	0.8	3300		
Y560-4	250	17.5	1485	92.3 / 91	0.91 / 0.86	5.3 / 7	0.78 / 0.7	2.1 / 1.6	63	0.94	3300		
Y560-4	280	20	1487	92.0 / 91	0.91 / 0.86	5.9 / 7	0.92 / 0.7	2.3 / 1.6	73	0.99	3400		
Y560-4	315	21.6	1485	93.7 / 91.5	0.90 / 0.86	5.5 / 7	0.88 / 0.7	2.1 / 1.6	71	0.96	3920		
Y560-4	355	24.5	1482	93.6 / 91.5	0.90 / 0.86	4.8 / 7	0.78 / 0.7	1.9 / 1.6	71	1.1	3500		
Y560-4	400	27.5	1484	93.9 / 92	0.90 / 0.86	4.9 / 7	0.81 / 0.7	1.9 / 1.6	78	1.17	3300		
Y560-4	450	30.7	1483	94.1 / 92.5	0.90 / 0.86	4.9 / 7	0.84 / 0.7	1.9 / 1.6	86	1.26	4200		
Y630-4	500	34	1484	94.4 / 92.5	0.91 / 0.86	5 / 7	0.83 / 0.7	1.9 / 1.6	96	1.34	3670		

续表

型号	额定值			效率(%)	功率因数	堵转电流/额定电流	堵转转矩/额定转矩	最大转矩/额定转矩	惯量矩(kgf·m²)	冷却风量(m³/s)	总重①(kg)	备注	生产厂
	功率(kW)	电流(A)	转速(r/min)										
Y630-4	560	38.3	1487	93.4 / 92.5	0.90 / 0.87	5.5 / 7	0.88 / 0.7	2.2 / 1.6	149	1.77	4700		
Y630-4	630	42.9	1490	93.6 / 93	0.91 / 0.87	6.9 / 7	1.2 / 0.7	2.8 / 1.6	180	1.93	5720	封闭式带水空冷却逆转	
Y560-6	280	20	991	92.7 / 91	0.90 / 0.85	7 / 7	1.1 / 0.7	2.9 / 1.6	130	0.98	4100		
Y560-6	315	21.8	991	92.9 / 91.5	0.90 / 0.85	7.2 / 7	1.2 / 0.7	2.9 / 1.6	145	1.08	4300		
Y560-6	355	24.9	989	93.0 / 91.5	0.90 / 0.85	6.4 / 7	1.0 / 0.7	2.6 / 1.6	150	1.4	3500		
Y630-6	400	27	988	93.3 / 92	0.92 / 0.86	5.8 / 7	0.93 / 0.7	2.3 / 1.6	232	1.29	4600		重庆电机厂、兰州电机厂
Y630-6	450	30.4	985	93.1 / 92	0.92 / 0.86	4.7 / 7	0.79 / 0.7	1.9 / 1.6	260	1.49	4140		
Y630-6	500	33.7	990	93.6 / 92.5	0.92 / 0.86	7 / 7	1.2 / 0.7	2.8 / 1.6	288	1.54	5400		
Y630-6	560	38.3	986	93.8 / 92.5	0.92 / 0.86	6.7 / 7	1.7 / 0.7	2.7 / 1.6	320	1.65	6000		
Y630-6	630	41.9	990	94.1 / 93	0.92 / 0.87	6.5 / 7	1.2 / 0.7	2.6 / 1.6	345	1.79	6400		
Y630-8	355	25.7	743	92.4 / 91	0.86 / 0.82	6.4 / 6.5	1.2 / 0.7	2.7 / 1.6	290	1.32	5350		
Y630-8	400	28.5	743	92.7 / 91.5	0.88 / 0.83	6.3 / 6.5	1.2 / 0.7	2.6 / 1.6	320	1.43	4750		
Y630-8	450	32.7	743	92.8 / 91.5	0.86 / 0.83	6.3 / 6.5	1.2 / 0.7	2.7 / 1.6	345	1.56	5850		
Y630-8	500	35.9	743	93.0 / 92	0.86 / 0.84	5.1 / 6.5	1.1 / 0.7	2.4 / 1.6	345	1.7	5850		
Y630-8	560	40	741	93.2 / 92	0.87 / 0.84	5.5 / 6.5	1.1 / 0.7	2.3 / 1.6	374	1.84	6300		
Y630-10	400	29.3	592	91.7 / 91	0.86 / 0.81	5.5 / 6.5	1.1 / 0.7	2.3 / 1.6	474	1.62	5900		
Y630-10	450	33	592	92.0 / 91	0.86 / 0.81	5.8 / 6.5	1.2 / 0.7	2.5 / 1.6	527	1.77	6400		

① 有10%的误差。

Y系列10kV中型高压三相异步电动机外形及安装尺寸　　　表 2-12

型号	功率(kW)	安装尺寸(mm)									外形尺寸①(mm)		
		A	B	C②	D②	E②	F②	G	H	K	L③	b	h③
Y560-2	315	950	900	560	80	170	22	71	560	42	2400	1450	1150
Y560-2	355	950	900	560	80	170	22	71	560	42	2400	1450	1150
Y560-2	400	950	900	560	80	170	22	71	560	42	2400	1450	1150
Y560-2	450	950	900	560	80	170	22	71	560	42	2400	1450	1150
Y560-2	500	950	1000	560	80	170	22	71	560	42	2500	1450	1150
Y560-2	560	950	1000	560	80	170	22	71	560	42	2500	1450	1150
Y560-2	630	950	1000	560	80	170	22	71	560	42	2500	1450	1150

型号	功率 (kW)	安装尺寸(mm)									外形尺寸① (mm)		
		A	B	C②	D②	E②	F②	G	H	K	L③	b	h③
Y560-4	220	950	1000	280	110	210	28	100	560	42	1800	1650	2000
Y560-4	250	950	1000	280	110	210	28	100	560	42	1800	1650	2000
Y560-4	280	950	1000	280	110	210	28	100	560	42	1800	1650	2000
Y560-4	315	950	1120	280	110	210	28	100	560	42	1900	1650	2000
Y560-4	355	950	1120	280	110	210	28	100	560	42	1900	1650	2000
Y560-4	400	950	1120	280	110	210	28	100	560	42	1900	1650	2000
Y560-4	450	950	1120	280	110	210	28	100	560	42	2000	1650	2000
Y630-4	500	1120	1120	280	110	210	28	100	560	42	2000	1650	2000
Y630-4	560	1120	1120	315	120	210	32	109	630	42	2100	1800	2150
Y630-4	630	1120	1120	315	120	210	32	109	630	42	2100	1800	2150
Y560-6	280	950	1120	315	110	210	28	100	560	42	1950	1650	2000
Y560-6	315	950	1120	315	110	210	28	100	560	42	1950	1650	2000
Y560-6	355	950	1120	315	110	210	28	100	560	42	1950	1650	2000
Y630-6	400	1120	1120	315	120	210	32	109	630	42	2000	1800	2150
Y630-6	450	1120	1120	315	120	210	32	109	630	42	2000	1800	2150
Y630-6	500	1120	1250	315	120	210	32	109	630	42	2100	1800	2150
Y630-6	560	1120	1250	315	120	210	32	109	630	42	2100	1800	2150
Y630-6	630	1120	1250	315	120	210	32	109	630	42	2100	1800	2150
Y630-8	355	1120	1120	315	120	210	32	109	630	42	1850	1800	2150
Y630-8	400	1120	1120	315	120	210	32	109	630	42	1850	1800	2150
Y630-8	450	1120	1120	315	120	210	32	109	630	42	1850	1800	2150
Y630-8	500	1120	1120	315	120	210	32	109	630	42	1850	1800	2150
Y630-8	560	1120	1250	315	120	210	32	109	630	42	2050	1800	2150
Y630-10	400	1120	1120	315	120	210	32	109	630	42	1850	1800	2150
Y630-10	450	1120	1120	315	120	210	32	109	630	42	1850	1800	2150

① 产品制成尺寸不大于此值。

② 2 极电机为双轴伸。

③ 2 极电机包括一轴伸护罩尺寸，无顶罩。

2.1.5　Y 系列 10kV 大型三相异步电动机

（1）适用范围：Y 系列 10kV 大型三相异步电动机可驱动水泵、风机、碾煤机等通用机械，并能组成电动发电机组。

（2）型号意义说明：

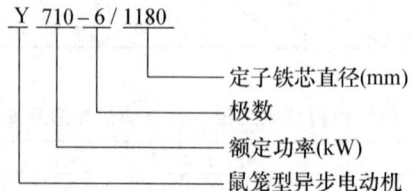

（3）结构：Y 系列 10kV 大型三相异步电动机卧式安装，单轴伸，采用带底板座式轴承，电动机采用 B 级绝缘。通风形式为开启式；根据用户需要，也可制造其他通风形式。电机防护等级为 IP23。

（4）技术数据：Y 系列 10kV 大型三相异步电动机可直接由 10kV 级电网供电。其技术数据见表 2-13。

Y 系列 10kV 大型三相异步电动机技术数据　　　　表 2-13

| 型　号 | 额定值 | | | 效率 (%) | 功率因数 | 堵转电流 / 额定电流 | 堵转转矩 / 额定转矩 | 最大转矩 / 额定转矩 | 惯量矩 (tf·m²) | 生产厂 |
	功率 (kW)	电流 (A)	转速 (r/min)							
Y710-6/1180	710	50	991	93.2	0.88	7.0	1.1	2.9	0.44	
Y800-6/1180	800	56	991	93.5	0.9	7.0	1.2	2.9	0.50	
Y900-6/1180	900	62	991	93.7	0.9	6.9	1.3	2.8	0.55	
Y1000-6/1180	1000	69	991	93.9	0.9	7.0	1.3	2.8	0.00	
Y1120-6/1180	1120	77	991	94	0.9	7.0	1.4	2.8	0.65	
Y1250-6/1430	1250	85	993	94.2	0.9	7.0	0.9	2.8	1.04	
Y1400-6/1430	1400	95	993	94.3	0.9	7.0	1.0	2.9	1.16	
Y1600-6/1430	1600	107	991	94.7	0.9	6.0	0.8	2.4	1.22	
Y1800-6/1430	1800	120	992	94.8	0.9	6.0	0.9	2.4	1.39	
Y2000-6/1430	2000	133	993	94.9	0.9	6.8	1.0	2.7	1.51	
Y2240-6/1730	2240	150	992	94.2	0.9	5.8	0.8	2.3	2.86	
Y2500-6/1730	2500	167	992	94.5	0.9	5.8	0.8	2.3	3.14	
Y630-8/1180	630	45	743	93.2	0.86	6.9	1.4	2.8	0.69	
Y710-8/1180	710	50	742	93.4	0.9	6.0	1.2	2.5	0.69	
Y800-8/1180	800	57	742	93.6	0.9	6.0	1.2	2.5	0.76	
Y900-8/1430	900	64	744	93.5	0.9	6.3	0.9	2.6	1.22	兰州电机厂、哈尔滨电机有限公司
Y1000-8/1430	1000	70	744	93.8	0.9	6.2	0.9	2.5	1.37	
Y1120-8/1430	1120	78	744	94	0.9	6.2	1.0	2.5	1.53	
Y1250-8/1430	1250	87	744	94.2	0.9	6.4	1.0	2.6	1.68	
Y1400-8/1430	1400	96	744	94.5	0.9	6.7	1.0	2.6	1.91	
Y1600-8/1730	1600	108	744	93.9	0.9	6.7	0.84	2.6	3.51	
Y1800-8/1730	1800	120	744	93.9	0.9	7.0	0.9	2.7	4.28	
Y2000-8/1730	2000	133	744	94.2	0.9	7.0	1.0	2.7	4.67	
Y2240-8/2150	2240	149	746	94	0.9	7.5	0.7	3.0	7.61	
Y2500-8/2150	2500	165	746	94.2	0.9	7.4	0.7	3.0	8.95	
Y500-10/1180	500	38	594	92.6	0.8	6.0	1.3	2.6	0.79	
Y560-10/1180	560	43	594	92.6	0.8	6.0	1.3	2.6	0.83	
Y630-10/1180	630	48	594	92.6	0.8	6.0	1.3	2.5	0.91	
Y710-10/1180	710	54	594	93	0.8	5.9	1.3	2.5	0.99	
Y800-10/1180	800	60	594	93.5	0.8	5.9	1.3	2.5	1.10	
Y900-10/1430	900	66	595	93.7	0.8	6.0	1.0	2.5	1.77	
Y1000-10/1430	1000	73	595	93.8	0.84	6.1	1.0	2.5	1.95	
Y1120-10/1430	1120	82	595	94	0.9	6.3	1.1	2.6	2.12	
Y1250-10/1430	1250	93	596	94	0.8	6.6	1.2	2.8	2.30	

型　号	额定值			效率 (%)	功率 因数	堵转电流 额定电流	堵转转矩 额定转矩	最大转矩 额定转矩	惯量矩 (tf·m²)	生产厂
	功率 (kW)	电流 (A)	转速 (r/min)							
Y1400-10/1730	1400	97	594	94	0.9	5.8	0.9	2.3	3.90	
Y1600-10/1730	1600	110	593	94.3	0.9	5.0	0.8	2.0	3.90	
Y1800-10/1730	1800	123	594	94.7	0.9	5.5	0.9	2.2	4.28	
Y2000-10/1730	2000	136	594	94.9	0.9	6.1	1.1	2.4	5.06	
Y2240-10/2150	2240	155	596	94.7	0.9	6.5	0.7	2.7	7.61	
Y2500-10/2150	2500	170	596	94.7	0.9	6.4	0.7	2.6	8.95	
Y450-12/1430	450	36	496	92.6	0.8	5.3	0.8	2.3	1.24	
Y500-12/1430	500	39	496	93	0.8	5.4	0.8	2.4	1.42	
Y560-12/1430	560	44	496	93	0.8	5.6	0.9	2.4	1.59	
Y630-12/1430	630	50	496	93	0.8	5.8	1.0	2.5	1.77	
Y710-12/1430	710	55	496	93.3	0.8	5.6	1.0	2.4	1.95	
Y800-12/1430	800	62	496	93.6	0.8	6.0	1.1	2.6	2.30	
Y900-12/1730	900	66	496	93.1	0.84	5.9	0.9	2.4	3.71	兰州电 机厂、 哈尔滨 电机有 限公司
Y1000-12/1730	1000	73	496	93.3	0.85	5.9	1.0	2.4	4.18	
Y1120-12/1730	1120	82	496	93.5	0.8	6.2	1.0	2.6	4.41	
Y1250-12/1730	1250	90	495	93.8	0.86	5.4	0.9	2.2	4.64	
Y1400-12/1730	1400	101	495	94	0.86	5.7	0.9	2.3	5.11	
Y1600-12/1730	1600	116	496	94.2	0.85	6.0	1.0	2.5	5.57	
Y1800-12/1730	1800	130	496	94.4	0.85	6.4	1.1	2.6	6.50	
Y2000-12/2150	2000	138	496	94	0.89	6.7	0.9	2.7	11.01	
Y2240-12/2150	2240	154	496	94.2	0.89	6.7	0.9	2.7	12.02	
Y450-16/1430	450	37	370	91.4	0.77	4.7	1.1	2.1	2.30	
Y500-16/1430	500	41	370	91.6	0.77	4.7	1.1	2.1	2.41	
Y560-16/1430	560	45	370	91.8	0.78	4.6	1.1	2.0	2.63	
Y630-16/1430	630	50	370	92.1	0.79	4.6	1.1	2.0	2.84	
Y710-16/1730	710	56	370	92.5	0.79	4.5	1.0	1.9	3.12	
Y800-16/1730	800	65	371	93.2	0.77	4.8	0.9	2.1	4.41	
Y900-16/1730	900	73	371	93.4	0.76	4.9	0.9	2.1	4.68	
Y1000-16/1730	1000	81	371	93.6	0.76	4.9	1.0	2.1	5.11	
Y1120-16/1730	1120	91	371	93.8	0.76	5.0	1.0	2.2	5.57	
Y1250-16/1730	1250	102	372	94	0.76	5.1	1.1	2.3	6.27	
Y1400-16/2150	1400	106	372	93.7	0.81	6.1	1.0	2.6	11.01	
Y1600-16/2150	1600	119	372	93.9	0.83	5.8	1.0	2.4	12.17	
Y1800-16/2150	1800	133	372	94.1	0.83	5.7	1.0	2.4	13.33	
Y2000-16/2150	2000	147	372	94.3	0.83	5.7	1.0	2.3	14.49	

（5）外形及安装尺寸：Y系列10kV大型三相异步电动机外形及安装尺寸见图2-8和表2-14。

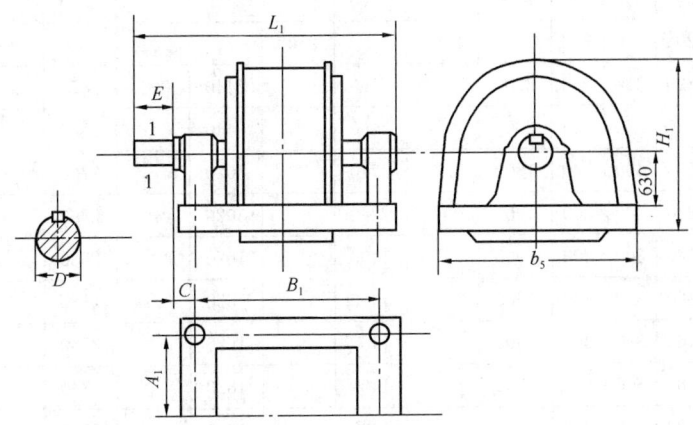

图 2-8　Y 系列 10kV 大型三相异步电动机外形及安装尺寸

Y 系列 10kV 大型三相异步电动机外形及安装尺寸（mm）　　表 2-14

型　　号	D	E	C	B_1		A_1		b_5		L_1		H_4	
				开启式	管道式	开启式	管道式	开启式	管道式	开启式	管道式	开启式	管道式
Y710-6/1180	160	300	200	1800		1400		1620		2480		1685	
Y800-6/1180	160	300	200	1800		1400		1620		2480		1685	
Y900-6/1180	160	300	200	1800		1400		1620		2480		1685	
Y1000-6/1180	180	300	230	1900		1400		1620		2640		1685	
Y1120-6/1180	180	300	230	1900		1400		1620		2640		1685	
Y1250-6/1430	180	300	230	1800		1750		1970		2540		1855	
Y1400-6/1430	200	350	230	2000		1750		1970		2820		1855	
Y1600-6/1430	200	350	230	2000		1750		1970		2820		1855	
Y1800-6/1430	200	350	230	2000		1750		1970		2820		1855	
Y2000-6/1430	220	350	260	1900		1750		1970		2750		1855	
Y2240-6/1730	220	350	260	1900		2160		2440		2750		2075	
Y2500-6/1730	220	350	260	2000		2160		2440		2850		2075	
Y630-8/1180	160	300	200	1900		1400		1620		2850		1685	
Y630-8/1180	160	300	200		1900		1400		1620		2580		1685
Y710-8/1180	160	300	200	1900		1400		1620		2580		1685	
Y800-8/1180	160	300	200	1900		1400		1620		2580		1685	
Y900-8/1430	180	300	230	1900		1750		1970		2640		1855	
Y1000-8/1430	180	300	230	1900		1750		1970		2640		1855	
Y1120-8/1430	200	350	230	2000		1750		1970		2820		1855	
Y1250-8/1430	200	350	230	2000		1750		1970		2820		1855	
Y1400-8/1430	200	350	230	2000		1750		1970		2820		1855	

续表

型 号	D	E	C	B_1		A_1		b_5		L_1		H_4	
				开启式	管道式	开启式	管道式	开启式	管道式	开启式	管道式	开启式	管道式
Y1600-8/1730	200	350	230	2000		2160		2440		2820		2075	
Y1600-8/1730	200	350	230		2400		2500		2720		3190		2150
Y1800-8/1730	220	350	260	2000		2160		2440		2850		2075	
Y2000-8/1730	220	350	260	2000		2160		2440		2850		2075	
Y2240-8/2150	250	400	300	1800		2740		3020		2700		2005	
Y2500-8/2150	250	400	300	1900		2740		3020		2800		2005	
Y500-10/1180	160	300	200	1900		1400		1620		2580		1685	
Y560-10/1180	160	300	200	1900		1400		1620		2580		1685	
Y630-10/1180	160	300	200	1900		1400		1620		2580		1685	
Y710-10/1180	180	300	230	2000		1400		1620		2740		1685	
Y800-10/1180	180	300	230	2000		1400		1620		2740		1685	
Y900-10/1430	180	300	230	1800		1750		1970		2540		1855	
Y1000-10/1430	180	300	230	1800		1750		1970		2540		1855	
Y1120-10/1430	200	350	230	1900		1750		1970		2720		1855	
Y1250-10/1430	200	350	230	1900		1750		1970		2720		1855	
Y1400-10/1730	200	350	230	1900		2160		2440		2720		2075	
Y1600-10/1730	200	350	230	1900		2160		2440		2720		2075	
Y1800-10/1730	220	350	260	2000		2160		2440		2850		2075	
Y2000-10/1730	220	350	260	2000		2160		2440		2850		2075	
Y2240-10/2150	250	400	300	1800		2740		3020		2700		2005	
Y2500-10/2150	250	400	300	1900		2740		3020		2800		2005	
Y450-12/1430	160	300	200	1700		1750		1970		2380		1855	
Y500-12/1430	160	300	200	1700		1750		1970		2380		1855	
Y560-12/1430	180	300	230	1800		1750		1970		2540		1855	
Y630-12/1430	180	300	230	1800		1750		1970		2540		1855	
Y710-12/1430	160	300	230	1900		1750		1970		2640		1855	
Y800-12/1430	160	300	230	1900		1750		1970		2640		1855	
Y900-12/1730	200	350	230	1800		2160		2440		2620		2075	
Y1000-12/1730	200	350	230	1800		2160		2440		2620		2075	
Y1120-12/1730	200	350	230	1800		2160		2440		2620		2075	
Y1250-12/1730	220	350	260	1900		2160		2440		2750		2075	
Y1400-12/1730	220	350	260	2000		2160		2440		2850		2075	
Y1600-12/1730	220	350	260	2000		2160		2440		2850		2075	
Y1800-12/1730	220	350	260	2100		2160		2440		2950		2075	
Y2000-12/2150	250	400	300	1900		2740		3020		2800		2005	

续表

型　号	D	E	C	B₁		A₁		b₅		L₁		H₄	
				开启式	管道式	开启式	管道式	开启式	管道式	开启式	管道式	开启式	管道式
Y2240-12/2150	250	400	300	1900		2740		3020		2800		2005	
Y450-16/1430	180	300	230	1900		1750		1970		2640		1855	
Y500-16/1430	180	300	230	1900		1750		1970		2640		1855	
Y560-16/1430	180	300	230	1900		1750		1970		2640		1855	
Y630-16/1430	200	350	230	2000		1750		1970		2820		1855	
Y710-16/1730	200	350	230	1900		2160		2440		2620		2075	
Y800-16/1730	200	350	230	1900		2160		2440		2620		2075	
Y900-16/1730	200	350	230	1900		2160		2440		2620		2075	
Y1000-16/1730	220	350	260	2000		2160		2440		2850		2075	
Y1120-16/1730	220	350	260	2000		2160		2440		2850		2075	
Y1250-16/1730	220	350	260	2100		2160		2440		2950		2075	
Y1400-16/2150	220	350	260	1800		2740		3020		2650		2005	
Y1600-16/2150	250	400	300	1900		2740		3020		2800		2075	
Y1800-16/2150	250	400	260	2000		2740		3020		2900		2005	
Y2000-16/2150	250	400	260	2000		2740		3020		2900		2005	

2.1.6　YB2 系列隔爆型三相鼠笼式异步电动机

（1）适用范围：YB2 系列是 Y 系列派生的隔爆型三相鼠笼式异步电动机，除具有 Y 系列高效、节能、温度低、噪声小、振动小等优点外，还具有隔爆结构先进、使用安全可靠等显著特点。适用于长期或暂时有爆炸性气体混合物存在的场所。

（2）型号意义说明：

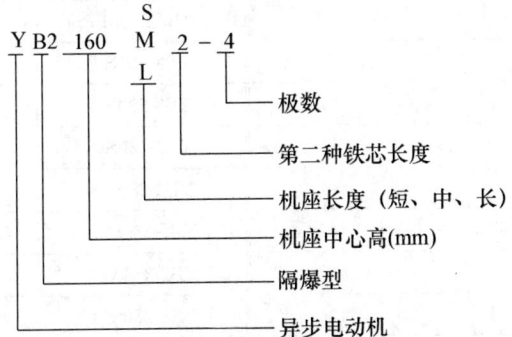

（3）结构：YB2 系列隔爆型三相鼠笼式异步电动机组成部分同 Y 系列电动机。电动机主体外壳防护等级为 IP44。若用户需要也可按 IP54 制造。接线盒空腔与机座主空腔之间采用螺纹隔爆结构。电动机的安装方式符合 IEC34-7 的规定。结构形式同 Y 系列电动机。

（4）技术数据：YB2 系列隔爆型三相鼠笼式异步电动机技术数据见表 2-15。

YB2 系列隔爆型三相鼠笼式异步电动机技术数据　　表 2-15

型号	功率（kW）	质量（kg）	型号	功率（kW）	质量（kg）
YB2-80M1-2	0.75	25.5	YB2-160L-4	15	152
YB2-80M1-4	0.55	25	YB2-160L-6	11	147
YB2-80M2-2	1.1	26.5	YB2-160L-8	7.5	145
YB2-80M2-4	0.75	25.7	YB2-180M-2	22	199
YB2-80M2-6	0.55	27.5	YB2-180M-4	18.5	194
YB2-90S-2	1.5	32	YB2-180L-4	22	205
YB2-90S-4	1.1	30	YB2-180L-6	15	195
YB2-90S-6	0.75	30.5	YB2-180L-8	11	195
YB2-90L-2	2.2	35	YB2-200L1-2	30	250
YB2-90L-4	1.5	34.5	YB2-200L2-2	37	255
YB2-90L-6	1.1	35	YB2-200L-4	30	250
YB2-100L-2	3	45	YB2-200L1-6	18.5	247
YB2-100L1-4	2.2	44	YB2-200L2-6	22	260
YB2-100L2-4	3	47	YB2-200L-8	15	255
YB2-100L-6	1.5	42	YB2-225S-4	37	355
YB2-112M-2	4	57.5	YB2-225S-8	18.5	350
YB2-112M-4	4	63	YB2-225M-2	45	352
YB2-112M-6	2.2	59	YB2-225M-4	45	395
YB2-112M-8	1.5	61.5	YB2-225M-6	30	360
YB2-132S1-2	5.5	81.5	YB2-225M-8	22	370
YB2-132S2-2	7.5	83	YB2-250M-2	55	455
YB2-132S-4	5.5	81	YB2-250M-4	55	465
YB2-132S-6	3	76	YB2-250M-6	37	440
YB2-132S-8	2.2	75.5	YB2-250M-8	30	450
YB2-132M-4	7.5	94	YB2-280S-2	75	554
YB2-132M1-6	4	86	YB2-280S-4	75	600
YB2-132M2-6	5.5	97	YB2-280S-6	45	540
YB2-132M-8	3	89	YB2-280S-8	37	560
YB2-160M1-2	11	125	YB2-280M-2	90	610
YB2-160M2-2	15	135	YB2-280M-4	90	674
YB2-160M-4	11	130	YB2-280M-6	55	600
YB2-160M-6	7.5	128	YB2-280M-8	45	620
YB2-160M1-8	4	112	YB2-315S-2	110	1160
YB2-160M2-8	5.5	123	YB2-315S-4	110	1052
YB2-160L-2	18.5	155	YB2-315S-6	75	1012

续表

型号	功率（kW）	质量（kg）	型号	功率（kW）	质量（kg）
YB2-315S-8	55	992	YB2-355L1-2	280	2040
YB2-315S-10	45	1050	YB2-355L2-2	315	2180
YB2-315M-2	132	1180	YB2-355M1-4	220	1870
YB2-315M-4	132	1200	YB2-355M2-4	250	1970
YB2-315M-6	90	1110	YB2-355L1-4	280	2140
YB2-315M-8	75	1100	YB2-355L2-4	315	2220
YB2-315M-10	55	1150	YB2-355S-6	160	1700
YB2-315L1-2	160	1280	YB2-355M1-6	185	1820
YB2-315L2-2	200	1330	YB2-355M2-6	200	1920
YB2-315L1-4	160	1365	YB2-355L1-6	220	2170
YB2-315L2-4	200	1440.	YB2-355L2-6	250	2270
YB2-315L1-6	110	1315	YB2-355S-8	132	1770
YB2-315L2-6	132	1420	YB2-355M-8	160	1910
YB2-315L1-8	90	1365	YB2-355L1-8	185	2110
YB2-315L2-8	110	1460	YB2-355L2-8	200	2260
YB2-315L1-10	75	1400	YB2-355S-10	90	1500
YB2-315L2-10	90	1480	YB2-355M1-10	110	1830
YB2-355M1-2	220	1860	YB2-355M2-10	132	2060
YB2-355M2-2	250	1940			

（5）外形及安装尺寸：YB2 系列隔爆型三相鼠笼式异步电动机外形及安装尺寸见图 2-9 和表 2-16。

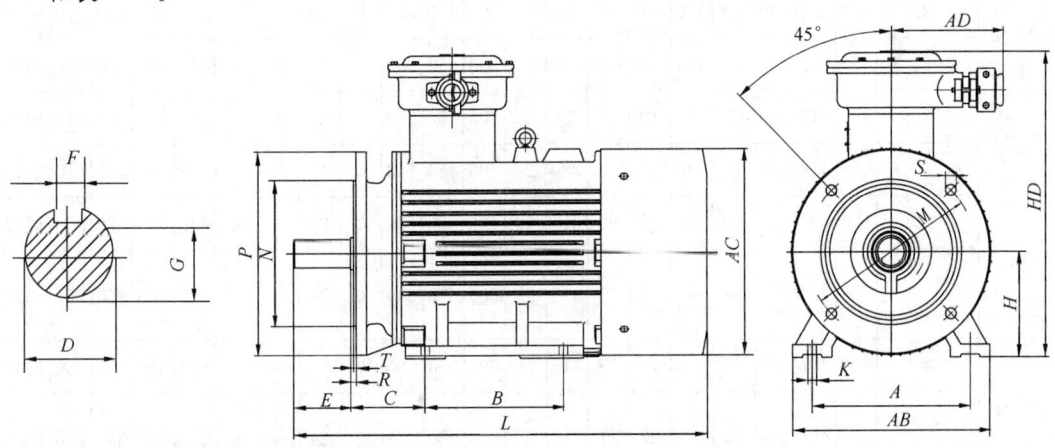

图 2-9　YB2 系列隔爆型三相鼠笼式异步电动机外形及安装尺寸

注：1. 图为 B35 型图样，机座带底脚，端盖上有凸缘；
　　2. B3 型机座带底脚，端盖上无凸缘，无尺寸 M、N、P、R、S、T；
　　3. B5 型机座无底脚，端盖上有凸缘，无尺寸 A、B、C、AB；
　　4. 机座号 225～355 电机凸缘安装孔 S 为 8 孔均布；
　　5. R 为凸缘配合面至轴伸肩的距离。

YB2 系列隔爆型三相鼠笼式异步电动机外形及安装尺寸 表 2-16

机座号	极数	安装尺寸（mm）															外形尺寸（mm）				
		A	B	C	D	E	F	G	H	K	M	N	P	R	S	T	凸缘孔数	AB	AC	AD	HD	L
80M		125	100	50	19	40	6	15.5	80	10	165	130	200	0	12	3.5	4	165	165	180	320	330
90S		140	100	56	24	50	8	20	90	10	165	130	200	0	12	3.5	4	180	180	180	350	360
90L		140	125	56	24	50	8	20	90	10	165	130	200	0	12	3.5	4	180	180	180	350	385
100L		160	140	63	28	60	8	24	100	12	215	180	250	0	15	4	4	200	205	180	400	440
112M		190	140	70	28	60	8	24	112	12	215	180	250	0	15	4	4	245	230	200	420	460
132S	2，4，6，8	216	140	89	38	80	10	33	132	12	265	230	300	0	15	4	4	280	270	200	450	510
132M		216	178	89	38	80	10	33	132	12	265	230	300	0	15	4	4	280	270	200	450	550
160M		254	210	108	42	110	12	37	160	15	300	250	350	0	19	5	4	330	325	220	520	670
160L		254	254	108	42	110	12	37	160	15	300	250	350	0	19	5	4	330	325	220	520	710
180M		279	241	121	48	110	14	42.5	180	15	300	250	350	0	19	5	4	355	360	220	550	730
180L		279	279	121	48	110	14	42.5	180	15	300	250	350	0	19	5	4	355	360	220	550	750
200L		318	305	133	55	110	16	49	200	19	350	300	400	0	19	5	4	390	400	250	645	805
225S	4，8	356	286	149	60	140	18	53	225	19	400	350	450	0	19	5	8	435	450	250	690	865
225M	2	356	311	149	55	110	16	49	225	19	400	350	450	0	19	5	8	435	450	250	690	860
	4，6，8	356	311	149	60	140	18	53	225	19	400	350	450	0	19	5	8	435	450	250	690	890
250M	2	406	349	168	60	140	18	53	250	24	500	450	550	0	19	5	8	490	500	300	730	945
	4，6，8	406	349	168	65	140	18	58	250	24	500	450	550	0	19	5	8	490	500	300	730	945
280S	2	457	368	190	65	140	18	58	280	24	500	450	550	0	19	5	8	545	565	300	810	1010
	4，6，8	457	368	190	75	140	20	67.5	280	24	500	450	550	0	19	5	8	545	565	300	810	1010
280M	2	457	419	190	65	140	18	58	280	24	500	450	550	0	19	5	8	545	565	300	810	1060
	4，6，8	457	419	190	75	140	20	67.5	280	24	500	450	550	0	19	5	8	545	565	300	810	1060
315S	2	508	406	216	65	140	18	58	315	28	600	550	660	0	24	6	8	640	630	350	960	1220
	4，6，8，10	508	406	216	80	170	22	71	315	28	600	550	660	0	24	6	8	640	630	350	960	1250
315M	2	508	457	216	65	140	18	58	315	28	600	550	660	0	24	6	8	640	630	350	960	1390
	4，6，8，10	508	457	216	80	170	22	71	315	28	600	550	660	0	24	6	8	640	630	350	960	1420
315L	2	508	508	216	65	140	18	58	315	28	600	550	660	0	24	6	8	640	630	350	960	1390
	4，6，8，10	508	508	216	80	170	22	71	315	28	600	550	660	0	24	6	8	640	630	350	960	1420

续表

| 机座号 | 极数 | 安装尺寸（mm） | | | | | | | | | | | | | | | 外形尺寸（mm） | | | | |
		A	B	C	D	E	F	G	H	K	M	N	P	R	S	T	凸缘孔数	AB	AC	AD	HD	L
355S	6、8、10	610	500	254	95	170	25	86	355	28	740	680	800	0	24	6	8	760	710	350	1060	1350
355M	2	610	560	254	75	140	20	67.5	355	28	740	680	800	0	24	6	8	760	710	350	1060	1500
	4、6、8、10	610	560	254	95	170	25	86	355	28	740	680	800	0	24	6	8	760	710	350	1060	1530
355L	2	610	630	254	75	140	20	67.5	355	28	740	680	800	0	24	6	8	760	710	350	1060	1500
	4、6、8、10	610	630	254	95	170	25	86	355	28	740	680	800	0	24	6	8	760	710	350	1060	1530

2.1.7　Y-W 型、Y-WF 防腐蚀型三相异步系列电动机

（1）适用范围：Y-W 型、Y-WF 防腐蚀型三相异步系列电动机是在 Y 系列电动机 IP44 的基础上，采取加强结构密封和材料工艺防腐蚀措施而派生的新系列电动机。该型电动机适用于石油、化工、冶金及其他行业的企业户外或户内环境中存在一定程度化学腐蚀介质的场所。使用环境条件见表 2-17。

户外、防腐蚀和户外防腐蚀型电动机使用环境条件　　　　表 2-17

| 腐蚀程度分级 | | 轻腐蚀 | 中等腐蚀 | | 强腐蚀 |
环境参数	电动机防护类型	Y-W	Y-F₁	Y-WF₁	Y-F₂
空气温度	最 高	+40℃	+40℃		+40℃
	最 低	−25℃①	—	−25℃①	—
空气相对湿度		90%（25℃）	90%（25℃）		95%（25℃）
最大降雨强度（10min）		50mm	50mm		—
太阳辐射最大强度[cal/（cm²·min）]		1.4	1.4		—
沙 尘		有	—	有	—
冰、雪、霜、露		有	有凝露		有凝露
化②学气体浓度（mg/m³）	氯气	<0.1	0.1~1.0		>1~3
	氯化氢	<0.1	0.1~1.0		>1~5
	二氧化硫	<0.1	0.1~1.0		>10~40
	氮的氧化物	<0.1	0.1~1.0		>10~30
	硫化氢	<0.01	0.01~10		>10~70
	氟化氢及氢氟酸盐	<0.003	0.003~2.0		>2~10
	氨气	<0.3	0.3~35		>35~175
雾	酸（硫、盐、硝酸）	—	有时存在		经常存在
	碱（氢氧化钠）				
液体	盐酸、硫酸	—	偶尔滴落		有时滴落
	硝酸				
	氢氧化钠				
	食盐水	偶尔滴落	有时滴落		经常滴落
腐蚀性粉尘		微量	少量		有

① 户外型电动机最低温度−40℃时，可在订货时补充提出。
② 环境条件中化学腐蚀介质（包括气体、雾、液体或粉尘）是指一种或一种以上经常或不定期存在。
注：表中气体浓度系从防腐蚀要求考虑的，有关防爆要求未加考虑。

（2）型号意义说明：

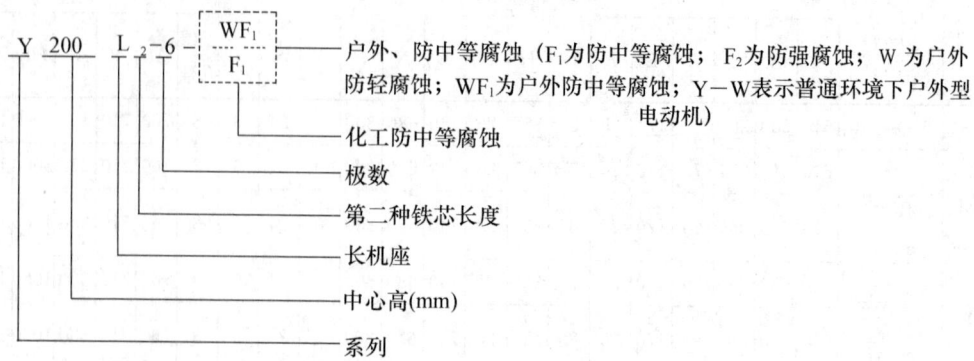

户外、防中等腐蚀（F₁为防中等腐蚀；F₂为防强腐蚀；W为户外
防轻腐蚀；WF₁为户外防中等腐蚀；Y－W表示普通环境下户外型
电动机）

化工防中等腐蚀

极数

第二种铁芯长度

长机座

中心高(mm)

系列

（3）技术数据：Y-W 型、Y-WF 防腐蚀型三相异步系列电动机采用 B 级绝缘，外壳
防护等级为 IP54。结构及安装形式为 IMB₃、IMB₅、IMB₃₅、IMV₁。其技术数据见
表 2-18～表 2-22。

Y-W 型、Y-WF 防腐蚀型三相异步系列电动机技术数据

（同步转速 3000r/min（2 极）、50Hz、380V）　　　　表 2-18

型　号	极数	功率 (kW)	电流 (A)	转速 (r/min)	效率 (%)	功率因数	堵转转矩 额定转矩	堵转电流 额定电流	最大转矩 额定转矩	生产厂
Y132S₁-2		5.5	11.1	2900	85.5	0.88	2.0	7.0	2.2	
Y132S₂-2		7.5	15.0	2900	86.2	0.88	2.0	7.0	2.2	
Y160M₁-2		11	21.8	2930	87.2	0.88	2.0	7.0	2.3	
Y160M₂-2		15	29.4	2930	88.2	0.88	2.0	7.0	2.3	
Y160L-2		18.5	35.5	2930	89	0.89	2.0	7.0	2.2	
Y180M-2		22	42.2	2940	89	0.89	2.0	7.0	2.2	
Y200L₁-2		30	56.9	2950	90	0.89	2.0	7.0	2.2	重庆电机厂、南阳防爆电机厂、山西省长丰工业公司特种电机厂
Y200L₂-2	2	37	69.8	2950	90.5	0.89	2.0	7.0	2.2	
Y225M-2		45	83.9	2970	91.5	0.89	2.0	7.0	2.2	
Y250M-2		55	102.6	2970	91.5	0.89	2.0	7.0	2.2	
Y280S-2		75	140.0	2970	92	0.89	2.0	7.0	2.2	
Y280M-2		90	166.0	2970	92.5	0.89	2.0	7.0	2.2	
Y315S-2		110	203.0	2980	92.5	0.89	1.8	6.8	2.2	
Y315M-2		132	242.0	2980	93	0.89	1.8	6.8	2.2	
Y315L₁-2		160	292.0	2980	93.5	0.89	1.8	6.8	2.2	
Y315L₂-2		200	365.0	2980	93.5	0.89	1.8	6.8	2.2	

Y-W 型、Y-WF 防腐蚀型三相异步系列电动机技术数据

（同步转速 1500r/min（4 极）、50Hz、380V）　　表 2-19

型　号	极数	功率(kW)	电流(A)	转速(r/min)	效率(%)	功率因数	堵转转矩额定转矩	堵转电流额定电流	最大转矩额定转矩	生产厂
Y132S-4		5.5	11.6	1440	85.5	0.84	2.2	7.0	2.2	
Y132M-4		7.5	15.4	1440	87	0.85	2.2	7.0	2.2	
Y160M-4		11	22.6	1460	88	0.84	2.2	7.0	2.3	
Y160L-4		15	30.3	1460	88.5	0.85	2.2	7.0	2.3	
Y180M-4		18.5	35.9	1470	91	0.86	2.0	7.0	2.2	
Y180L-4		22	42.5	1470	91.5	0.86	2.0	7.0	2.2	重庆电机厂、南阳防爆电机厂、山西省长丰工业公司特种电机厂
Y200L-4		30	56.8	1470	92.2	0.87	2.0	7.0	2.2	
Y225S-4		37	74.9	1480	91.8	0.87	1.9	7.0	2.2	
Y225M-4	4	45	84.2	1480	92.3	0.88	1.9	7.0	2.2	
Y250M-4		55	102.7	1480	92.6	0.88	2.0	7.0	2.2	
Y280S-4		75	139.7	1480	92.7	0.88	1.9	7.0	2.2	
Y280M-4		90	164.3	1480	93.5	0.89	1.9	7.0	2.2	
Y315S-4		110	201.0	1485	93.5	0.89	1.8	6.8	2.2	
Y315M-4		132	240.0	1485	94	0.89	1.8	6.8	2.2	
Y315L$_1$-4		160	289.0	1485	94.5	0.89	1.8	6.8	2.2	
Y315L$_2$-4		200	361.0	1485	94.5	0.89	1.8	6.8	2.2	

Y-W 型、Y-WF 防腐蚀型三相异步系列电动机技术数据

（同步转速 1000r/min（6 极）、50Hz、380V）　　表 2-20

型　号	极数	功率(kW)	电流(A)	转速(r/min)	效率(%)	功率因数	堵转转矩额定转矩	堵转电流额定电流	最大转矩额定转矩	生产厂
Y132S-6		3	7.2	960	83	0.76	2.0	6.5	2.0	
Y132M$_1$-6		4	9.4	960	84	0.77	2.0	6.5	2.0	
Y132M$_2$-6		5.5	12.6	960	85.3	0.78	2.0	6.5	2.0	
Y160M-6		7.5	17.0	970	86.0	0.78	2.0	6.5	2.0	
Y160L-6		11	24.6	970	87.0	0.78	2.0	6.5	2.0	
Y180L-6		15	31.5	970	89.5	0.81	1.8	6.5	2.0	重庆电机厂、南阳防爆电机厂、山西省长丰工业公司特种电机厂
Y200L$_1$-6		18.5	37.7	970	89.8	0.83	1.8	6.5	2.0	
Y200L$_2$-6		22	44.6	970	90.2	0.83	1.8	6.5	2.0	
Y225M-6	6	30	59.5	980	90.2	0.85	1.7	6.5	2.0	
Y250M-6		37	72.0	980	90.8	0.86	1.8	6.5	2.0	
Y280S-6		45	85.0	980	92.0	0.87	1.8	6.5	2.0	
Y280M-6		55	105.0	980	92.0	0.87	1.8	6.5	2.0	
Y315S-6		75	141.0	990	92.8	0.87	1.6	6.5	2.0	
Y315M-6		90	170.0	990	93.2	0.87	1.6	6.5	2.0	
Y315L$_1$-6		110	206.0	990	93.5	0.87	1.6	6.5	2.0	
Y315L$_2$-6		132	245.8	990	94	0.87	1.6	6.5	2.0	

Y-W 型、Y-WF 防腐蚀型三相异步系列电动机技术数据

（同步转速 750r/min（8 极）、50Hz、380V）   表 2-21

型 号	极数	功率 （kW）	电流 （A）	转速 （r/min）	效率 （%）	功率因数	堵转转矩 额定转矩	堵转电流 额定电流	最大转矩 额定转矩	生产厂
Y132S-8		2.2	5.8	710	81	0.71	2.0	5.5	2.0	
Y132M-8		3	7.7	710	82	0.72	2.0	5.5	2.0	
Y160M$_1$-8		4	9.9	720	84	0.73	2.0	6.0	2.0	
Y160M$_2$-8		5.5	13.3	720	85	0.74	2.0	6.0	2.0	
Y160L-8		7.5	17.7	720	86	0.75	2.0	5.5	2.0	
Y180L-8		11	25.0	730	87.5	0.77	1.7	6.0	2.0	重庆电机
Y200L-8		15	34.1	730	88	0.76	1.8	6.0	2.0	厂、南阳防
Y225S-8	8	18.5	41.3	730	89.5	0.76	1.7	6.0	2.0	爆电机厂、
Y225M-8		22	47.6	730	90	0.78	1.8	6.0	2.0	山西省长丰
Y250M-8		30	63.0	730	90.5	0.80	1.8	6.0	2.0	工业公司特
Y280S-8		37	78.0	740	91	0.79	1.8	6.0	2.0	种电机厂
Y280M-8		45	93.0	740	91.7	0.80	1.8	6.0	2.0	
Y315S-8		55	113.5	740	92	0.80	1.6	6.5	2.0	
Y315M0-8		75	152.0	740	92.5	0.81	1.6	6.5	2.0	
Y315L$_1$-8		90	179.0	740	93	0.82	1.6	6.5	2.0	
Y315L$_2$-8		110	219.0	740	93.3	0.82	1.6	6.3	2.0	

Y-W 型、Y-WF 防腐蚀型三相异步系列电动机技术数据

（同步转速 600r/min（10 极）、50Hz、380V）   表 2-22

型 号	极数	功率 （kW）	电流 （A）	转速 （r/min）	效率 （%）	功率因数	堵转转矩 额定转矩	堵转电流 额定电流	最大转矩 额定转矩	生产厂
Y315S-10		45	101.0	590	91.5	0.74	1.4	6.0	2.0	重庆电机 厂、南阳防
Y315M-10	10	55	122.7	590	92.0	0.74	1.4	6.0	2.0	爆电机厂、 山西省长丰
Y315L$_2$-10		75	164.0	590	92.5	0.75	1.4	6.0	2.0	工业公司特 种电机厂

（4）外形及安装尺寸：Y-W 型、Y-WF 防腐蚀型三相异步系列电动机外形及安装尺寸见图 2-10～图 2-12 和表 2-23～表 2-25。

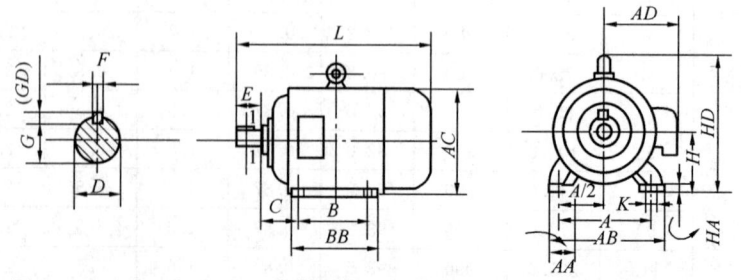

图 2-10   Y-W 型、Y-WF 防腐蚀型三相异步系列电动机外形及安装尺寸

（B$_3$、B$_6$、B$_7$、B$_8$、V$_5$、V$_6$ 机座带底脚、端盖无凸缘）

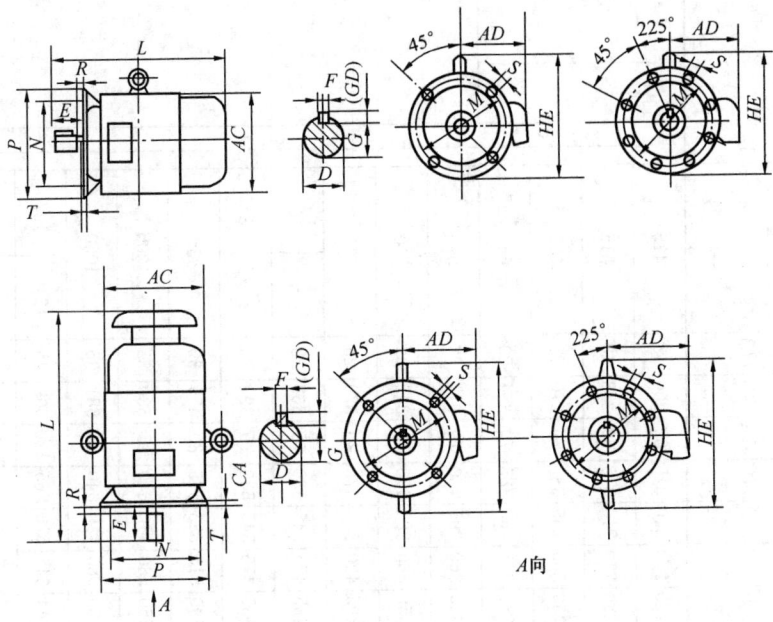

图 2-11　Y-W 型、Y-WF 防腐蚀型三相异步系列电动机外形及
安装尺寸（B_5、V_1、V_3 卧式机座）

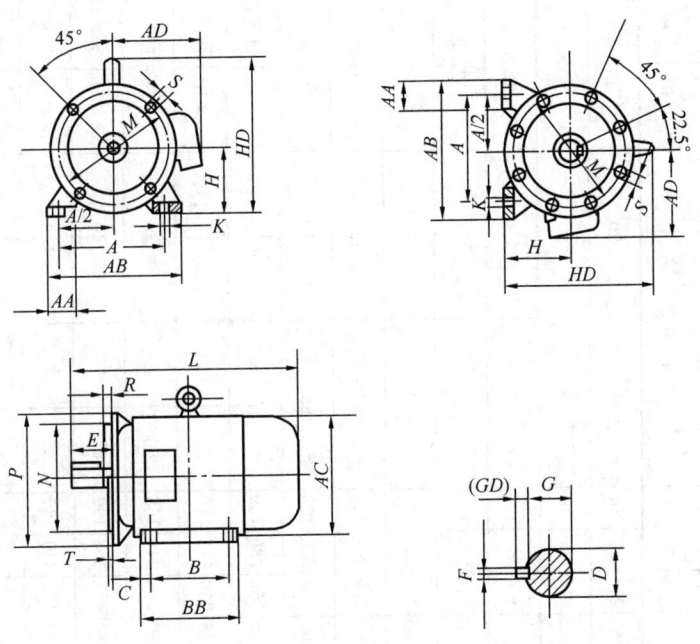

图 2-12　Y-W 型、Y-WF 防腐蚀型三相异步系列电动机外形及安装尺寸
（B_{35}、V_{15}、V_{36} 机座带底脚、端盖有凸缘）

Y-W 型、Y-VWF 防腐蚀型三相异步系列电动机外形及安装尺寸

表 2-23

（B_3、B_6、B_7、B_8、V_5、V_6 机座带底脚、端盖无凸缘）

外形尺寸（mm）

型号	H	A	B	C	D 2极	D 4、6、8极	E 2极	E 4、6、8极	F×GD 2极	F×GD 4、6、8极	G 2极	G 4、6、8极	K	AB	AC	AD	HD	AA	BB	HA	L 2极	L 4、6、8极	制造范围 B_3	制造范围 B_6、B_7、B_8、V_5、V_6
Y132S	132	216	140	89	38	38	80	80	10×8	10×8	33	33	12	280	270	210	315	60	200	18	475	475		
Y132M	132	216	178	89	38	38	80	80	10×8	10×8	33	33	12	280	270	210	315	60	238	18	515	515		
Y160M	160	254	210	108	42	42	110	110	12×8	12×8	37	37	15	330	335	265	385	70	270	20	605	605		
Y160L	160	254	254	108	42	42	110	110	12×8	12×8	37	37	15	330	335	265	385	70	270	20	650	650		
Y180M	180	279	241	121	48	48	110	110	14×9	14×9	42.5	42.5	15	355	360	285	430	70	314	22	670	670		
Y180L	180	279	279	121	48	48	110	110	14×9	14×9	42.5	42.5	15	355	360	285	430	70	311	22	710	710		
Y200L	200	318	305	133	55	55	110	110	16×10	16×10	49	49	19	395	395	315	475	70	349	25	775	775		
Y225S	225	356	286	149	—	60	—	140	—	18×11	—	53	19	435	475	345	530	75	368	28	—	820		
Y225M	225	356	311	149	55	60	110	140	16×10	18×11	49	53	19	435	475	345	530	75	393	28	815	845		
Y250M	250	406	349	168	60	65	140	140	18×11	18×11	53	58	24	490	515	385	575	80	455	30	930	930		
Y280S	280	457	368	190	65	75	140	140	18×11	20×12	58	67.5	24	550	580	410	640	85	530	35	1000	1000		
Y280M	280	457	419	190	65	75	140	140	18×11	20×12	58	67.5	24	550	580	410	640	85	581	35	1050	1050		
Y315S	315	508	406	216	65	80	140	170	18×11	22×14	58	71	28	744	645	576	865	120	609	45	1240	1270		
Y315M	315	508	457	216	65	80	140	170	18×11	22×14	58	71	28	744	645	576	865	120	720	45	1310	1340		
Y315L	315	508	457	216	65	80	140	170	18×11	22×14	58	71	28	744	645	576	865	120	720	45	1310	1340		

注: R 为凸缘安装台阶面至轴伸台阶平面的距离。

Y-W 型、Y-WF 防腐蚀型三相异步系列电动机外形及安装尺寸

表 2-24

(B₅、V₁、V₃ 卧式机座)

型号	外形尺寸 (mm)																			制造范围		
	D		E		$F\times GD$		G		T	M	P	R	S	AC	AD	HE	L		B_5	V_1	V_3
	2极	4、6、8级	2极	4、6、8级	2极	4、6、8级	2极	4、6、8级									2极	4、6、8级			
Y132S	38	38	80	80	10×8	10×8	33	33	4	265	300	0	4×φ15	270	210	315	475	475	→		→
Y132M	38	38	80	80	10×8	10×8	33	33	4	265	300	0	4×φ15	270	210	315	515	515	→	→	→
Y160M	42	42	110	110	12×8	12×8	37	37	5	300	350	0	4×φ19	335	265	385	605	605	→	→	→
Y160L	42	42	110	110	12×8	12×8	37	37	5	300	350	0	4×φ19	335	265	385	650	650	→	→	→
Y180M	48	48	110	110	14×9	14×9	42.5	42.5	5	300	350	0	4×φ19	360	285	430(500)	670(730)	670(730)	→	→	→
Y180L	48	48	110	110	14×9	14×9	42.5	42.5	5	300	350	0	4×φ19	360	285	430(500)	710(770)	710(770)	→	→	→
Y200L	55	55	110	110	16×10	16×10	49	49	5	350	400	0	4×φ19	420	315	480(500)	775(850)	775(850)	→	→	
Y225S	55	60	110	140	—	18×11	—	53	5	400	450	0	8×φ19	475	345	535(610)	—	820(910)	→	→	
Y225M	55	60	110	140	16×10	18×11	49	53	5	400	450	0	8×φ19	475	345	535(610)	815(905)	845(935)	→	→	
Y250M	60	65	140	140	18×11	18×11	53	58	5	500	550	0	8×φ19	515	385	(650)	(1035)	(1035)	→	→	
Y280S	65	75	140	170	18×11	20×12	58	67.5	6	500	550	0	8×φ19	580	410	(720)	(1120)	(1120)		→	
Y280M	65	75	140	170	18×11	20×12	58	67.5	6	500	550	0	8×φ19	580	410	(720)	(1170)	(1170)		→	
Y315S	65	80	140	170	18×11	22×14	58	71	6	600	660	0	8×φ24	645	576	900	1360	1390		→	
Y315M	65	80	140	170	18×11	22×14	58	71	6	660	660	0	8×φ24	645	576	900	1460	1490		→	
Y315L	65	80	140	170	18×11	22×14	56	71	6	600	660	0	8×φ24	645	576	900	1460	1490		→	

注：1. 括号内尺寸仅用于 V₁ 结构（H132~315）。
　　2. R 为凸缘安装平面至轴伸台阶平面的距离。

Y-W 型、Y-WF 防腐蚀型三相异步系列电动机外形及安装尺寸

（B_{35}、V_{15}、V_{36} 机座带底脚、端盖有凸缘）

表 2-25

外形尺寸（mm）

型号	H	A	B	C	D 2极	D 4,6,8极	E 2极	E 4,6,8极	F×GD 2极	F×GD 4,6,8极	G 2极	G 4,6,8极	K	T	M	N	P	R	S	AB	AC	AD	HD	AA	BB	L 2极	L 4,6,8极
Y132S	132	216	140	89	38	38	80	80	10×8	10×8	33	33	12	4	265	230	300	0	4×φ15	280	275	210	315	60	200	475	475
Y132M	132	216	178	89	38	38	80	80	10×8	10×8	33	33	12	4	265	230	300	0	4×φ15	280	275	210	315	60	238	515	515
Y160M	160	254	210	108	42	42	110	110	12×8	12×8	37	37	15	5	300	250	350	0	4×φ19	330	335	265	385	70	270	605	605
Y160L	160	254	254	108	42	42	110	110	12×8	12×8	37	37	15	5	300	250	350	0	4×φ19	330	335	265	385	70	314	650	650
Y180M	180	279	241	121	48	48	110	110	14×9	14×9	42.5	42.5	15	5	300	250	350	0	4×φ19	355	360	285	430	70	311	670	670
Y180L	180	279	279	121	48	48	110	110	14×9	14×9	42.5	42.5	15	5	300	250	350	0	4×φ19	355	360	285	430	70	349	710	710
Y200L	200	318	305	133	55	55	110	110	16×10	16×10	49	49	19	5	350	300	400	0	4×φ19	395	420	315	475	70	379	775	775
Y225S	225	356	286	149	—	60	—	140	16×10	18×11	49	53	19	5	400	350	450	0	8×φ19	435	475	345	530	75	368	—	820
Y225M	225	356	311	149	55	60	110	140	16×10	18×11	49	53	19	5	400	350	450	0	8×φ19	435	475	345	530	75	393	815	845
Y250M	250	406	349	168	60	65	140	140	18×11	18×11	53	58	24	5	500	450	550	0	8×φ19	490	515	385	575	80	455	930	930
Y280S	280	457	368	190	65	75	140	140	18×11	20×12	58	67.5	24	5	500	450	550	0	8×φ19	550	580	410	640	85	530	1000	1000
Y280M	280	457	419	190	65	75	140	140	18×11	20×12	58	67.5	24	5	500	450	550	0	8×φ19	550	580	410	640	85	581	1050	1050
Y315S	315	508	406	216	65	80	140	170	18×11	22×14	58	71	28	6	600	550	660	0	8×φ24	744	645	576	865	120	609	1240	1270
Y315M	315	508	457	216	65	80	140	170	18×11	22×14	58	71	28	6	600	550	660	0	8×φ24	744	645	576	865	120	720	1310	1340
Y315L	315	508	508	216	65	80	140	170	18×11	22×14	58	71	28	6	600	550	660	0	8×φ24	744	645	576	865	120	720	1310	1340

注：R 为凸缘安装平面至轴伸台阶平面的距离。

2.1.8　1215-6H1178 型井用潜水三相异步电动机

（1）适用范围：1215-6H1178 型井用潜水三相异步电动机可供农业灌溉及工业生产和生活用水使用。其特点是效率高，使用寿命长。

（2）结构：1215～1228 型为中小容量潜水三相异步电动机，为湿式充水、密封型结构。电动机由定子、转子、止推轴承、导轴承、调节囊、密封件等组成。1234 型电动机容量较大，为加强电动机壳表面散热能力，在机壳上设有水道，电动机内部水可以循环到水道内，由机壳外的井水带走热量增强散热能力。6H1157～6H1178 为高电压、大容量潜水电动机，其结构上及选用材料上与 1234 型相似，但要求更高。

（3）技术数据：1215-6H1178 型井用潜水三相异步电动机技术数据见表 2-26。

1215-6H1178 型井用潜水三相异步电动机技术数据　　表 2-26

型　号	额定功率 (kW)	额定电压 (V)	额定电流 (A)	效　率 (%)	功率因数	启动电流 额定电流	生产厂
1215a/2	1.2	380	3.8	65	0.74	5	天津市电机厂
	1.7		4.8	70	0.77		
	2.2		5.8	73	0.79		
	3		7.3	76	0.82		
	4		9.4	77.5	0.84		
	5.5		12.6	79			
	7.5		17				
	9.2		21	80			
	11		25				
	15		33.5	80.5	0.85		
1218a/2	9.2		20.5			4.8	
	11		24.2	81			
	15		32.6				
	18.5		39.8	82	0.86		
	22		46.8	83			
	25		52.6	84			
	30		63				
	37		77	85			
	44		91	86			
1222a/2	30		64	84	0.85		
	37		78	85			
	44		91	86			
	55		113	87	0.86		
	64		131				
	75		151				
	87		175	88			
	100		200		0.87		
1228/2	75		151	86	0.88	5	
	87		174	87			
	100		195	88	0.89		
	120		234				
	140		272	88.5			
	160		305	89	0.9		
	180		338	90			

续表

型　号	额定功率 (kW)	额定电压 (V)	额定电流 (A)	效　率 (%)	功率因数	启动电流 额定电流	生产厂
1228/4	33	380	73.5	87	0.78	6	
	42		90.5		0.8		
	52		112	87.5		5.5	
	70		149	88	0.81		
	87		182	88.5	0.82	5	
	100		208		0.83		
1234/2	160		315	88	0.88		
	180		352	88.5			
	220		421	89.5		5	
	260		497		0.89		
	300		570	90			
	350		660	90.5			
	410	500	585	91			
1234/4	87	380	182	87	0.84		
	100		206	88			
	120		243	88.5	0.85		
	140		283	89		6	
	160		319		0.86		
	185		365	90			
	220	380	431	90.5			
1142a/4	160		328	87.5	0.85		天津市电机厂
	185		375	88.5			
	220		442	89		5.5	
	260		517		0.86		
	300		593	89.5			
	350	500	523	90			
	410		609	90.5			
6H1157a/4	380		50	88.5	0.83	5.8	
	420		55	89			
	470		60	90	0.84		
	540		69	90.5		5.6	
	620		79				
	720		90	91	0.85		
	850		106				
6H1162a/4	720	6000	92	90	0.84		
	850		107	90.5	0.85		
	1000		125	91		5.5	
	1150		141	91.5			
	1300		159	92	0.86		
	1500		183				
6H1166a/4	1300		160	91	0.86		
	1500		184	91.5			
	1700		207	92		5.6	
	1900		228	92.5	0.87		
	2200		264				
6H1178/4	2400		283	93	0.88	5	

(4)外形及安装尺寸 1215-6H1178 型井用潜水三相异步电动机外形及安装尺寸见图 2-13～图 2-15 和表 2-27。

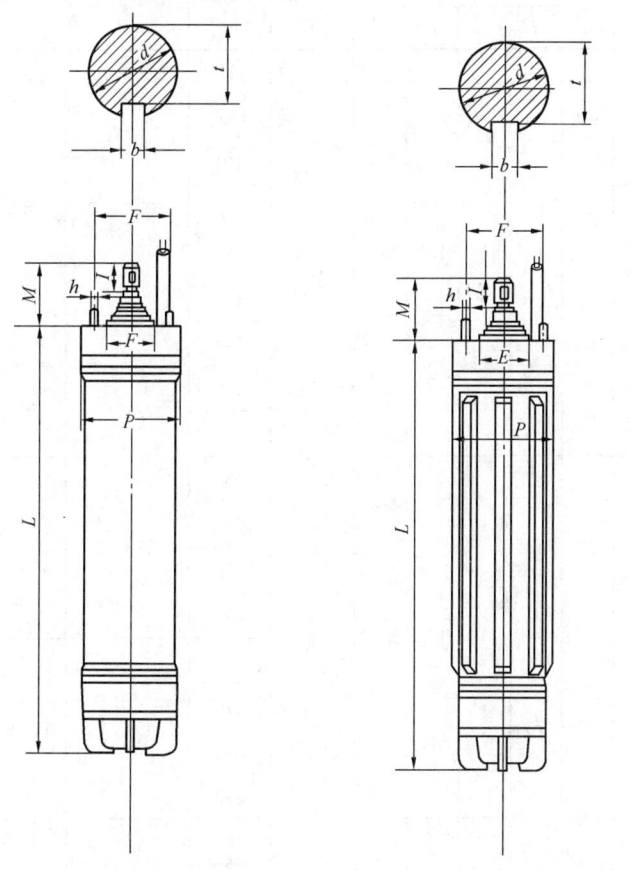 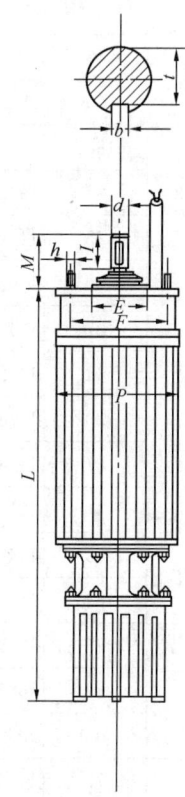

图 2-13 1215a/2、1218a/2、1222a/2、1228/2、1228/4 型电动机外形及安装尺寸

图 2-14 1142a/4、1234/2、1234/4 型电动机外形及安装尺寸

图 2-15 6H1157a/4、6H1162a/4、6H1166a/4、6H1178/4 型电动机外形及安装尺寸

1215-6H1178 型井用潜水三相异步电动机外形及安装尺寸 表 2-27

型号	额定功率（kW）	外形及安装尺寸(mm)								螺钉数（个）	质量（kg）	t	b
		L	M	P	d	I	E	F	h				
1215a/2	1.2	482	90	145	25	54	65	102	M8	6	27	21-0.2	8N9-0.036
	1.7	512									30		
	2.2	532									33		
	3	567									37		
	4	637									44		
	5.5	697									50		
	7.5	752									53		
	9.2	842									57		
	11	897									63		
	15	997									75		

型号	额定功率(kW)	外形及安装尺寸(mm)								螺钉数(个)	质量(kg)	t	b
		L	M	P	d	I	E	F	h				
1218a/2	9.2	792									82	20.9-0.2	8-0.036
	11	827									89		
	15	912									101		
	18.5	992			25	54					115		
	22	1042	98	183			100	150	M12	a	120		
	25	1112									132		
	30	1202									142		
	37	1342			32	63					160	27.3-0.2	10-0.036
	44	1432									172		
1222a/2	30	1078									183	27-0.2	10N9-0.036
	37	1148			32	63					202		
	44	1218									222		
	55	1348	110	229			110	170	M12	6	255		
	64	1448									273		
	75	1558			40	70					310	35-0.2	12N9-0.043
	87	1688									345		
	100	2088									393		
1228/2	75	1475									392	44.5-0.2	14N9-0.043
	87	1545									422		
	100	1625									458		
	120	2195	120	280	50	78	120	234	M20	6	537		
	140	2300									582		
	160	2385									618		
	180	2495									667		
1228/4	33	1465									385	35-0.2	12-0.043
	42	1550			40	70					420		
	52	1640									460		
	70	1775	120	280			120	234	M20	6	515		
	87	1915			50	78					570	44.5-0.2	14-0.043
	100	2020									615		
1142a/4	160	1695	160	430	60	90	210	290	M20	8	930	53-0.2	18-0.043
	185	1755			70	110					1000	62.5-0.2	20-0.052

型号	额定功率 (kW)	外形及安装尺寸(mm)								螺钉数 (个)	质量 (kg)	t	b
		L	M	P	d	I	E	F	h				
1142a/4	220	1850									1110		
	260	1960									1230		
	300	2080	160	460	70	110	210	290	M20	8	1365	62.5-0.2	20-0.052
	350	2205									1500		
	410	2395									1710		
1234/2	160	1690									685		
	180	1735			60	90					710	53-0.2	18N9-0.043
	220	1860									790		
	260	1935	160	360			160	300	M20	6	840		
	300	2040									900		
	350	2185			70	110					990	62.5-0.2	20N9-0.052
	410	2335									1080		
1234/4	87	1715									700		
	100	1785									745		
	120	1875			60	90					800	53-0.2	18N9-0.043
	140	1960	160	360			160	300	M20	6	850		
	160	2070									920		
	185	2205			70	110					1000	62.5-0.2	20N9-0.052
	220	2385									1110		
6H1157a/4	380	2385									2620		
	420	2465									2770		
	470	2515									2870		
	540	2620	170	615	85	120	305	430	M20	8	3070	76-0.2	22-0.052
	620	2750									3320		
	720	2830									3470		
	850	3020									3830		
6H1162a/4	720	2737									3470		
	850	2822									3670		
	1000	2922									3910		
	1150	3032	195	665	100	155	420	480	M20	8	4170	90-0.2	28N9-0.052
	1300	3172									4500		
	1500	3332									4870		

续表

型号	额定功率 (kW)	外形及安装尺寸(mm)								螺钉数 (个)	质量 (kg)	t	b
		L	M	P	d	I	E	F	h				
6H1166a/4	1300	2977									4340		
	1500	3097									4620		
	1700	3247	300	695	130	250	300	600	M30	8	4980	119-0.2	32N9-0.062
	1900	3422									5400		
	2200	3637									5930		
6H1178/4	2400	3220	350	835	160	300	350	750	M36	10	7400	147-0.3	40-0.062

2.1.9 YLB 系列深井水泵用三相异步电动机

(1) 适用范围：YLB 系列深井水泵用三相异步电动机是专供驱动长轴式深井水泵用的自扇冷式电动机。它与长轴式水泵配套用于工矿企业、城市、农村等抽取地下水。

(2) 型号意义说明：

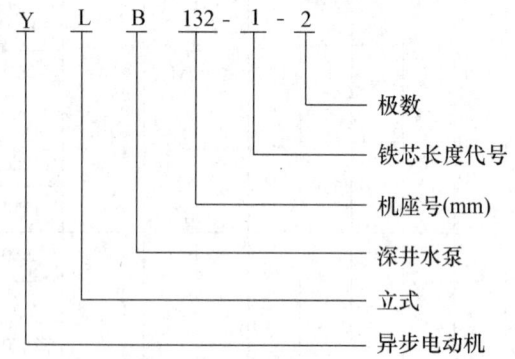

(3) 结构：YLB 系列深井水泵用三相异步电动机的外壳防护等级有 IP44 和 IP23 两种。机座号 132 为 IP44 封闭式结构，在 Y 系列（IP44）基础上派生；机座号 160 以上均为 IP23 防护式结构，在 Y 系列（IP23）基础上派生。二者接线盒结构均达到 IP54 要求，并且经过适当的绝缘和表面防护处理后，能达到气候防护式电动机的外壳防护等级标准，以满足户外型电动机的使用要求。其结构主要由定子、转子、底座、端盖及防止电动机逆转装置等组成。封闭式结构的冷却方式为外风扇轴向通风，罩和外罩组成一环形风道。防护式结构的通风形式采用转子风叶鼓风，端盖沿圆周方向安排进风口，底座沿圆周方向安排若干进风口和出风口。

(4) 技术数据：YLB 系列深井水泵用三相异步电动机技术数据见表 2-28。

(5) 外形及安装尺寸：YLB 系列深井水泵用三相异步电动机外形及安装尺寸见图 2-16 和表 2-29。

YLB系列深井水泵用三相异步电动机技术数据（380V、50Hz） 表2-28

型　号	额定功率 (kW)	额定电流 (A)	效率 (%)	功率因数	同步转速 (r/min)	轴向负荷 (N)	绝缘等级	防护等级	质量 (kg)	生产厂
YLB132-1-2	5.5	11.4	83	0.88	3000	7840	B	IP44	92	河北电机厂、赣州电机厂、大连金州电机厂、济南第一电机厂、上海人民电机厂、山西代县电机厂
YLB132-2-2	7.5	15.3	84.5			7840		IP44	96	
YLB160-1-2	11	22.3	85	0.88	3000				188	
YLB160-2-2	15	30.1	86			9800			194	
YLB160-1-4	11	22.7	86.5	0.85	1500				192	
YLB160-2-4	15	30.3	87.5	0.86		12740			204	
YLB180-1-2	18.5	36.7	87	0.88	3000				245	
YLB180-2-2	22	43.4	87.5						250	
YLB180-1-4	18.5	37	88	0.86	1500	15680			260	
YLB180-2-4	22	43.9	88.5						265	
YLB200-1-2	30	58.9	88	0.88	3000	16660	B	IP23	340	
YLB200-2-2	37	72.2	88.5						355	
YLB200-1-4	30	58.5	89.5						340	
YLB200-2-4	37	71.8	90	0.87		21560			360	
YLB200-3-4	45	86.8	90.5						380	
YLB250-1-4	55	104	91		1500				560	
YLB250-2-4	75	141	91.5			28420			600	
YLB250-3-4	90	169.8	91.5	0.88					630	
YLB280-1-4	110	206	92			39200			935	
YLB280-2-4	132	246.4	92.5						990	

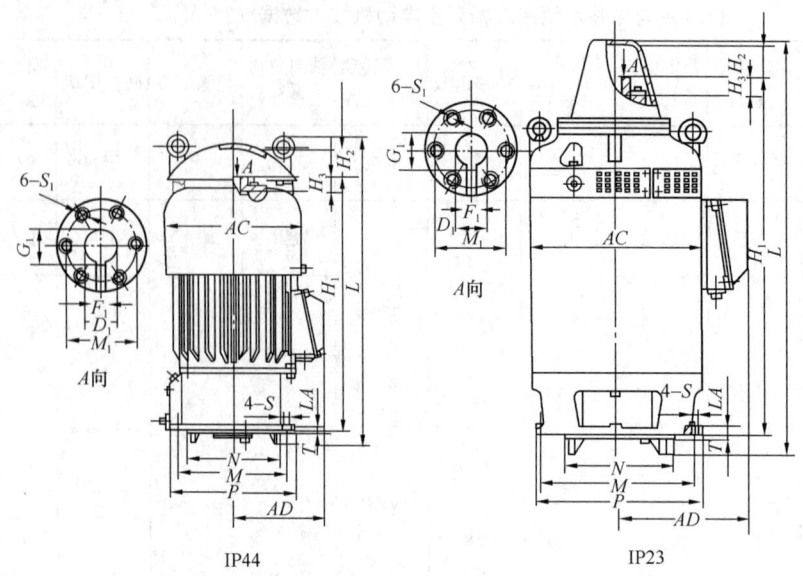

IP44   IP23

图 2-16 YLB 系列深井水泵用三相异步电动机外形及安装尺寸

YLB 系列深井水泵用三相异步电动机外形及安装尺寸   表 2-29

型 号	外形尺寸(mm)				安装尺寸(mm)												
	AC	AD	LA	L	D_1	F_1	G_1	H_1	H_2	H_3	M	M_1	N	P	S	S_1	T
YLB132-1-2 YLB132-2-2	270	205	12	625	20	6	22.8	483	>75	34	232	35	210	264	12	M5	5
YLB160-1-2 YLB160-2-2 YLB160-1-4 YLB160-2-4	350	265	16	850	28	8	31.3	717	>80	53	267	70	235	325	15	M8	5
YLB180-1-2 YLB180-2-2 YLB180-1-4 YLB180-2-4	395	290	17	885	28 32	8 10	31.3 35.3	750	>90	53	267 370	70	235 330	370	15 19	M8	5
YLB200-1-2 YLB200-2-2 YLB200-1-4 YLB200-2-4 YLB200-3-4	445	330	18	995	36	10	39.3	851	>95	70	370	80	330	420	19	M10	5
YLB250-1-4 YLB250-2-4 YLB250-3-4	540	395	20	1175	45	14	48.8	964	>105	90	440	104	380	510	19	M10	5
YLB280-1-4 YLB280-2-4	600	445	26	1225	50	14	53.8	1055	>120	92	480	110	420	570	24	M10	5

2.1.10 YL 系列中型立式 10kV 三相异步电动机

(1)适用范围：YL 系列中型立式 10kV 三相异步电动机用于驱动立式水泵。电动机可直接由 10kV 电网供电，可减少投资，简化设备，节约电能。本系列电动机可全压直接启动。

(2)型号意义说明：

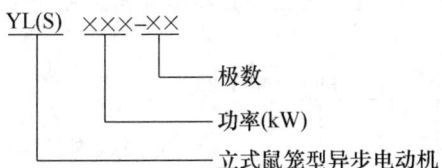

YL(S) ×××-××
- 极数
- 功率(kW)
- 立式鼠笼型异步电动机

(3)结构：YL 系列中型立式 10kV 三相异步电动机立式安装，外壳防护等级为 IP23。电动机采用径向自通风系统，冷空气自上、下端盖侧面窗口进入电机，热空气自机座侧面窗口逸出。

(4)技术数据：YL 系列中型立式 10kV 三相异步电动机技术数据见表 2-30。

YL 系列中型立式 10kV 三相异步电动机技术数据　　　表 2-30

型　号	额定值			效率 (%)	功率因数	堵转电流 额定电流	堵转转矩 额定转矩	最大转矩 额定转矩	惯量矩 (tf·m²)	生产厂
	功率 (kW)	电压 (kV)	转速 (r/min)							
YLS450-12	450	10	496	92.5 / 90.5	0.78 / 0.76	4.8 / 6	1.08 / 0.8	2.2 / 1.8	1.2	兰州电机厂
YL250-4	250	10	1485	90.5 / 90	0.86 / 0.8	5.3 / 6	0.86 / 0.7	2.1 / 1.8	0.06	

(5)外形及安装尺寸：YL 系列中型立式 10kV 三相异步电动机外形及安装尺寸见图 2-17 和表 2-31。

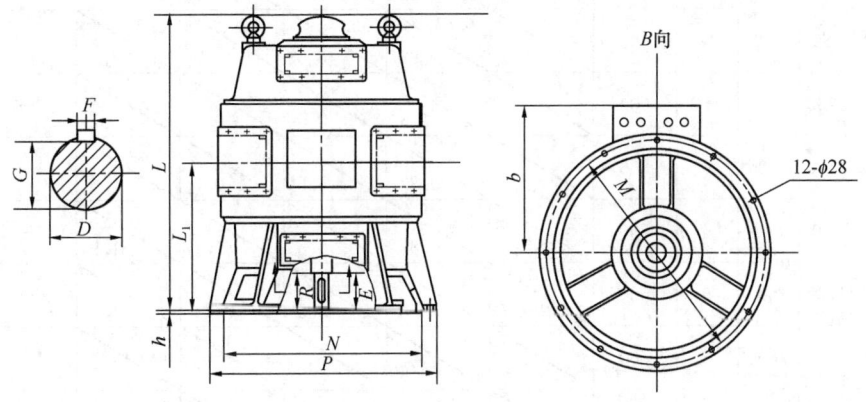

图 2-17　YL 系列中型立式 10kV 三相异步电动机外形及安装尺寸

YL 系列中型立式 10kV 三相异步电动机外形及安装尺寸（mm）　　　表 2-31

型号	D	E	F	G	M	N	P	R	h	b	L	L₁	质量（kg）
YLS450-12	160	300	400	146.5	1950	1850	2050	310	10	1329	2100	1050	8200
YL250-4	110	210	32	99.4	1150	1060	1250	220	12	1030	1855	968	3500

2.1.11   YL 系列大型立式三相异步电动机

（1）适用范围：YL 系列大型立式三相异步电动机适用于拖动立式水泵。

（2）型号意义说明：

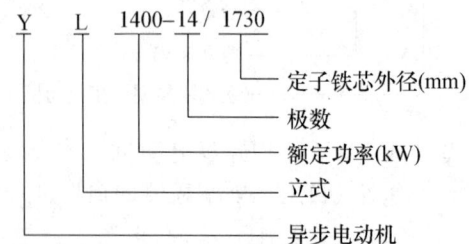

（3）结构：YL 系列大型立式三相异步电动机基本形式为鼠笼型，允许全压直接启动。它由定子、转子、上机架、下机架等组成，为悬垂型立式安装。电动机通风形式为开启式或管道通风式。

（4）技术数据：YL 系列大型立式三相异步电动机额定电压为 6kV，亦可制成 10kV，额定频率为 50Hz。其技术数据见表 2-32。

YL 系列大型立式三相异步电动机技术数据　　　　　表 2-32

| 型　号 | 额定值 | | | 效率（%） | 功率因数 | 堵转电流/额定电流 | 堵转转矩/额定转矩 | 最大转矩/额定转矩 | 惯量矩（tf·m²） | 生产厂 |
	功率（kW）	电压（kV）	同步转速（r/min）							
YL630-8/1180	630	—	750	93	0.85	6	1	1.8	—	
YL800-8/1180	800	6	750	94.1 / 92	0.88 / 0.82	5.7 / 6.5	1.1 / 0.7	2.4 / 1.8	0.6	
YL500-10/1180	500	10	600	92.6 / 91.5	0.84 / 0.82	6.2 / 6.5	1.2 / 0.9	2.6	0.8	
YL1000-10/1730	1000	6	600	88	0.8	6	0.7	2	—	
YL2000-10/2150	2000	6	600	90	0.82	6.5	0.7	1.6	—	
YL800-12/1430	800	6	500	92.3	0.81	5.5	1	1.9	—	兰州电机厂
YL1000-12/1730	1000	6	500	90.5	0.8	5.5	0.75	1.8	—	
YL1600-12/2150	1600	6	500	88	0.8	6	0.7	2	—	
YL2000-12/2150	2000	6	500	88	0.8	6.5	0.7	2	—	
YL2500-12/2150	2500	6	500	88	0.8	6.5	0.7	2	—	
YL1400-14/1730	1400	6	429	94.5 / 93	0.84 / 0.82	5 / 6.5	0.94 / 0.7	2 / 1.6	5.6	
YL2000-18/2600	2000	6	330	93.2 / 92.5	0.82 / 0.78	5.8 / 6.0	1.2 / 1.1	2.6 / 2.0	31	
YL1000-24/2600	1000	6	247.5	90.9 / 90	0.72 / 0.70	5.5 / 6.0	1.5 / 1.1	2.8 / 2.0	31	

（5）外形及安装尺寸：YL 系列大型立式三相异步电动机外形及安装尺寸见图 2-18 和表 2-33。

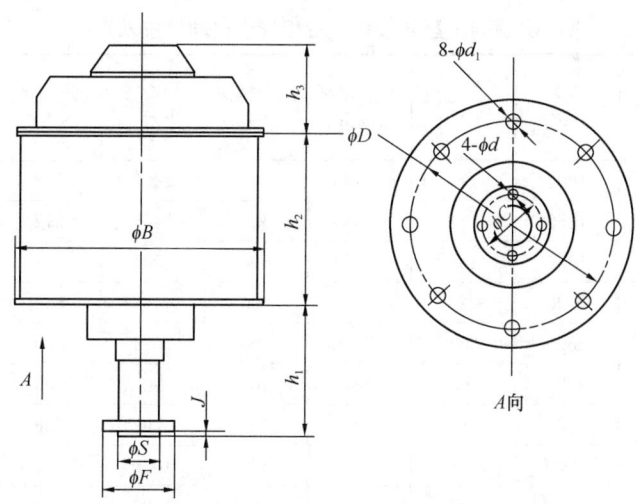

图 2-18　YL 系列大型立式三相异步电动机外形及安装尺寸

YL 系列大型立式三相异步电动机外形及安装尺寸（mm）　　表 2-33

型　号	D	ϕd_1	C	F	S	J	ϕd	B	h_3	h_2	h_1	质量（kg）
YL630-8/1180	1450	42	225	255	M145X3	6	14	1600	800	1450	500	9500
YL800-8/1180	1450	42	225	255	M145X3	6	14	1600	800	1550	500	10500
YL500-10/1180	1450	42	225	255	M145X3	6	14	1600	800	1530	500	10500
YL1000-10/1730	2200	48	225	255	M170X3	10	15	2340	850	1500	850	16500
YL2000-10/2150	2600	48	255	280	M200X3	10	15	2750	850	1600	950	20000
YL800-12/1430	1850	42	225	255	M170X3	10	15	2000	800	1450	500	14000
YL1000-12/1730	2200	48	225	255	M170X3	10	15	2340	850	1450	850	16000
YL1600-12/2150	2600	48	255	280	M200X3	10	15	2750	850	1450	950	19000
YL2000-12/2150	2600	48	255	280	M200X3	10	15	2750	850	1650	950	21000
YL2500-12/2150	2600	48	330	370	M255X3	10	15	2750	850	1900	950	25000
YL1400-14/1730	2200	48	225	255	M180X3	10	15	2340	850	1550	850	17000
YL2000-18/2600	3150	48	330	370	M255X3	10	15	3300	950	1450	1100	31000
YL1000-24/2600	3150	48	330	370	M255X3	10	15	3300	950	1350	1100	30000

2.1.12　YRBF 系列小型绕线转子三相异步电动机

（1）适用范围：YRBF 系列小型绕线转子三相异步电动机适用于启动转矩高、启动次数频繁、启动时间长、小范围调速等各种机械设备。

（2）结构：YRBF 系列小型绕线转子三相异步电动机定子绕组为三角接法。采用 B 级绝缘。电动机外壳防护等级为 IP23 及 IP44。IP23 的电动机结构及安装形式为 IMB_3；IP44 的电动机结构及安装形式为 IMB_3、IMB_{35}、IMV_1。

（3）技术数据：YRBF 系列小型绕线转子三相异步电动机额定电压为 380V，额定功率为 50Hz。其技术数据见表 2-34。

YRBF 系列小型绕线转子三相异步电动机技术数据　　表 2-34

型　号	功率（kW）	额定电流（A）	额定转速（r/min）	最低转速（r/min）	转子开路电压（V）	转子电流（A）	逆变绕组电压（V）	逆变绕组电流（A）
YRBF1000-6/1180	1000	115	988	600	1063	587	495	470
YRBF1250-6/1180	1250	142	991	600	1488	517	693	414
YRBF1600-6/1180	1600	184	989	600	1241	811	577	649
YRBF2000-6/1180	2000	229	990	600	1488	840	693	672
YRBF2500-6/1180	2500	284	991	600	1074	1446	577	1157
YRBF630-8/1180	630	77	741	460	743	535	385	428
YRBF800-8/1180	800	97	741	460	836	608	433	486
YRBF1000-8/1180	1000	119	742	460	1030	614	533	491
YRBF1250-8/1430	1250	144	742	460	1126	693	577	554
YRBF1600-8/1430	1600	182	742	460	1358	737	693	590
YRBF2000-8/1730	2000	227	741	460	1835	602	886	482
YRBF2500-8/1730	2500	279	743	490	1410	1092	577	874
YRBF630-10/1180	630	78	593	350	878	456	385	345
YRBF800-10/1180	800	98	594	350	1131	446	495	357
YRBF1000-10/1430	1000	120	592	350	1149	552	495	442
YRBF1250-10/1430	1250	152	592	350	1339	592	577	474
YRBF1600-10/1730	1600	183	593	350	916	1093	385	875
YRBF2000-10/1730	2000	233	593	350	1033	1215	433	972
YRBF2500-10/2150	2500	289	594	350	1209	1278	612	1022
YRBF400-12/1180	400	52	495	290	712	349	411	280
YRBF500-12/1180	500	63	495	290	858	361	496	289
YRBF630-12/1430	630	80	495	290	776	503	449	403
YRBF800-12/1430	800	100	495	290	951	517	550	414
YRBF1000-12/1430	1000	124	495	290	1229	497	710	398
YRBF1250-12/1730	1250	148	495	290	1312	570	758	456
YRBF1600-12/1730	1600	188	495	290	1575	607	910	486
YRBF2000-12/1730	2000	235	495	290	1947	640	1124	512
YRBF2500-12/2150	2500	290	495	290	1251	1240	722	992
YRBF3200-12/2150	3200	367	495	290	1502	1317	867	1708
YRBF500-16/1430	500	66	371	200	729	430	421	344
YRBF630-16/1430	630	83	371	200	917	428	529	343
YRBF800-16/1730	800	108	370	200	1085	463	626	37
YRBF1000-16/1730	1000	133	371	200	1268	494	732	396

型　号	功率 (kW)	额定电流 (A)	额定转速 (r/min)	最低转速 (r/min)	转子开 路电压 (V)	转子电流 (A)	逆变绕 组电压 (V)	逆变绕组 电流 (A)
YRBF1250-16/1730	1250	166	370	200	1519	514	877	412
YRBF1600-16/2150	1600	199	370	200	1925	516	1111	413
YRBF2000-16/2150	2000	245	371	200	2204	565	1272	452
YRBF2500-16/2150	2500	304	370	200	2571	604	1484	484
YRBF500-20/1730	500	71	296	160	813	389	469	312
YRBF630-20/1730	630	86	296	160	913	437	527	350
YRBF800-20/1730	800	108	295	160	1227	409	708	328
YRBF1000-20/1730	1000	135	297	160	1471	424	849	340
YRBF1250-20/2150	1250	161	296	160	1481	527	855	422
YRBF1600-20/2150	1600	204	296	160	1857	535	1072	428
YRBF2000-20/2150	2000	255	296	160	2119	585	1223	468
YRBF500-24/1730	500	75	247	130	939	340	542	272
YRBF630-24/1730	630	93	246	130	1215	328	701	263
YRBF800-24/1730	800	114	247	130	1063	480	613	384
YRBF1000-24/2150	1000	138	247	130	1435	438	828	351
YRBF1250-24/2150	1250	171	246	130	1720	457	993	366
YRBF400-4-220	220	26.3	1476	529	348	400	202	320
YRBF400-4-250	250	29.7	1476	531	375	423	218	339
YRBF400-4-280	280	33.3	1477	529	406	435	236	348
YRBF400-4-315	315	37.0	1490	598	437	451	254	361
YRBF450-4-355	355	41.8	1481	600	477	465	277	372
YRBF450-4-400	400	46.5	1478	601	498	528	289	423
YRBF450-4-450	450	52.1	1479	601	526	538	306	431
YRBF450-4-500	500	57.8	1477	600	477	642	334	514
YRBF500-4-560	560	65.2	1486	650	524	611	304	489
YRBF500-4-630	630	71.0	1481	650	899	429	660	344
YRBF500-4-710	710	82.2	1485	598	655	474	380	380
YRBF500-4-800	800	92.4	1487	600	750	660	435	528

型　号	功率 (kW)	额定电流 (A)	额定转速 (r/min)	最低转速 (r/min)	转子开 路电压 (V)	转子电流 (A)	逆变绕 组电压 (V)	逆变绕组 电流 (A)
YRBF560-4-900	900	103.4	1487	600	750	746	435	597
YRBF560-4-1000	1000	115.9	1489	600	874	704	507	564
YRBF560-4-1120	1120	127.4	1487	601	877	793	509	635
YRBF560-4-1250	1250	143.7	1489	600	1050	729	609	584
YRBF630-4-1400	1400	160.1	1488	834	1290	678	749	543
YRBF630-4-1600	1600	182.6	1488	835	1421	704	825	564
YRBF630-4-1800	1800	205.3	1489	834	1578	711	916	569
YRBF630-4-2000	2000	224.7	1485	834	1472	832.5	854	666
YRBF710-4-2240	2240	249.9	1485	834	1638	835	951	668
YRBF710-4-2500	2500	278.8	1486	834	1843	825.9	1069	661
YRBF710-4-2800	2800	320.0	1486	834	1242	1373	721	1099
YRBF710-4-3150	3150	355.0	1486	834	1350	1423	783	1139
YRBF800-4-3550	3550	394.0	1486	834	1477	1467	857	1174
YRBF800-4-4000	4000	441.0	1486	834	1628	1500	945	1200
YRBF800-4-4500	4500	504.0	1488	834	1623	1686	942	1349
YRBF900-4-5000	5000	560.0	1488	834	1803	1680	1046	1344
YRBF900-4-5600	5600	628.0	1488	834	2029	1667	1177	1334
YRBF400-6-220	220	28.1	985	528	318	438	185	351
YRBF400-6-250	250	31.4	985	529	343	461	199	369
YRBF450-6-280	280	35.3	985	528	371	476	216	381
YRBF450-6-315	315	39.5	986	529	405	490	235	392
YRBF450-6-355	355	44.4	986	529	446	500	259	400
YRBF500-6-400	400	49.1	987	529	447	564	260	452
YRBF500-6-450	450	53.0	979	531	596	465	557	372
YRBF500-6-500	500	60.5	988	531	560	559	325	448
YRBF500-6-560	560	67.9	990	531	640	544	372	436
YRBF560-6-630	630	76.3	990	531	639	613	371	491
YRBF560-6-710	710	85.9	991	532	747	588	434	471

续表

型　号	功率 (kW)	额定电流 （A）	额定转速 （r/min）	最低转速 （r/min）	转子开 路电压 (V)	转子电流 （A）	逆变绕 组电压 (V)	逆变绕组 电流 （A ）
YRBF560-6-800	800	96.2	990	532	747	667	434	534
YRBF560-6-900	900	105.6	990	435	1238	452	719	362
YRBF630-6-1000	1000	118.6	992	434	1484	414	861	332
YRBF630-6-1120	1120	131.7	991	434	1484	467	861	374
YRBF630-6-1250	1250	143.2	989	434	1506	508	874	407
YRBF630-6-1400	1400	160.1	990	434	870	979	505	784
YRBF710-6-1600	1600	182.6	990	434	966	1007	561	806
YRBF710-6-1800	1800	205.2	991	434	1088	1004	632	804
YRBF710-6-2000	2000	229.0	988	434	1496	824	868	660
YRBF710-6-2240	2240	256.0	988	434	1663	828	965	663
YRBF800-6-2500	2500	286.0	989	434	1872	817	1086	654
YRBF800-6-2800	2800	322.0	989	434	2138	979	1241	638
YRBF800-6-3150	3150	360.0	991	434	2141	897	1242	718
YRBF800-6-3550	3550	402.0	991	434	2506	858	1454	687
YRBF900-6-4000	4000	453.0	991	434	2502	977	1452	782
YRBF900-6-4500	4500	514.0	991	434	3001	908	1741	727
YRBF450-8-220	220	29.5	738	394	474	295	275	236
YRBF450-8-250	250	33.6	740	394	554	284	322	228
YRBF450-8-280	280	37.1	738	394	553	321	321	257
YRBF500-8-315	315	41.2	741	395	605	327	351	262
YRBF500-8-355	355	45.7	741	396	667	334	387	268
YRBF500-8-400	400	51.3	741	396	741	338	430	271
YRBF500-8-450	450	57.6	741	440	763	370	443	296
YRBF500-8-500	500	61.0	741	350	676	453	502	362
YRBF560-8-560	560	71.2	742	442	957	365	556	292
YRBF560-8-630	630	79.5	742	442	1095	358	636	287
YRBF560-8-710	710	88.7	742	443	1099	400	638	320
YRBF630-8-800	800	99.6	743	443	1284	384	745	308

续表

型 号	功率 (kW)	额定电流 (A)	额定转速 (r/min)	最低转速 (r/min)	转子开 路电压 (V)	转子电流 (A)	逆变绕 组电压 (V)	逆变绕组 电流 (A)
YRBF630-8-900	900	111.0	742	443	1284	436	745	349
YRBF630-8-1000	1000	118.6	738	443	1493	414.6	866	332
YRBF630-8-1120	1120	131.0	738	443	787	883.6	457	707
YRBF710-8-1250	1250	145.7	738	443	866	894.4	503	716
YRBF710-8-1400	1400	162.9	739	443	962	899.9	558	720
YRBF710-8-1600	1600	185.0	739	443	1084	912	629	730
YRBF800-8-1800	1800	215.0	741	443	1071	1036	622	829
YRBF800-8-2000	2000	238.0	741	443	1225	1000	711	800
YRBF800-8-2240	2240	263.0	741	443	1227	1133	712	907
YRBF900-8-2500	2500	287.0	742	443	1239	1239	719	992
YRBF900-8-2800	2800	320.0	742	443	1448	1180	840	944
YRBF900-8-3150	3150	360.0	742	443	1446	1341	839	1073
YRBF1000-8-3550	3550	407.0	744	443	1576	1376	915	1101
YRBF1000-8-4000	4000	457.0	744	443	1733	1409	1006	1128
YRBF1000-8-4500	4500	513.0	744	443	1928	1423	1119	1139
YRBF450-10-220	220	29.5	585	350	298	470.3	173	377
YRBF450-10-250	250	33.8	585	350	322	493.8	187	396
YRBF500-10-280	280	37.7	586	350	352	505.4	205	405
YRBF500-10-315	315	42.0	586	350	387	516.6	225	414
YRBF500-10-355	355	47.4	586	350	430	523.1	250	419
YRBF500-10-400	400	50.6	587	350	770	327.5	447	262
YRBF560-10-450	450	56.8	587	350	856	330.6	497	265
YRBF560-10-500	500	63.9	588	350	964	325.0	560	260
YRBF560-10-560	560	70.7	589	350	1102	316.8	640	254
YRBF630-10-630	630	78.1	590	350	639	610.1	371	489
YRBF630-10-710	710	88.2	591	350	746	586.8	433	470
YRBF630-10-800	800	97.6	591	350	816	605.4	474	485
YRBF630-10-900	900	109.3	592	350	814	682.5	473	546

续表

型　号	功率 (kW)	额定电流 (A)	额定转速 (r/min)	最低转速 (r/min)	转子开 路电压 (V)	转子电流 (A)	逆变绕 组电压 (V)	逆变绕组 电流 (A)
YRBF710-10-1000	1000	121.2	592	350	895	687.8	520	551
YRBF710-10-1120	1120	138.5	592	350	992	683.6	576	547
YRBF710-10-1250	1250	150.9	592	350	1120	684.8	650	548
YRBF800-10-1400	1400	172.0	593	350	989	874	574	700
YRBF800-10-1600	1600	196.0	593	350	1113	885	646	708
YRBF800-10-1800	1800	221.0	593	350	1273	868	739	695
YRBF900-10-2000	2000	240.0	594	350	1429	858	829	687
YRBF900-10-2240	2240	274.0	594	350	1712	797	993	638
YRBF900-10-2500	2500	302.0	594	350	1708	897	991	718
YRBF900-10-2800	2800	338.0	594	350	1721	987	999	790
YRBF1000-10-3150	3150	380.0	594	350	1914	998	1111	799
YRBF1000-10-3550	3550	428.0	594	350	2153	997	1249	798
YRBF1000-10-4000	4000	476.0	594	350	2149	1133	1247	907
YRBF500-12-220	220	31.2	486	290	347	406.2	202	325
YRBF500-12-250	250	35.4	486	290	383	418.9	223	336
YRBF500-12-280	280	38.3	487	290	398	447.9	231	359
YRBF500-12-315	315	42.8	487	290	438	456.8	255	366
YRBF560-12-355	355	48.1	488	290	486	462	282	370
YRBF560-12-400	400	53.8	488	290	549	461.1	319	369
YRBF560-12-450	450	60.3	488	290	627	452.1	364	362
YRBF560-12-500	500	64.5	490	290	634	491.5	368	394
YRBF630-12-560	560	71.8	490	290	682	513.1	396	411
YRBF630-12-630	630	80.2	490	290	739	532.8	429	427
YRBF630-12-710	710	90.7	492	290	806	544.9	468	436
YRBF630-12-800	800	101.8	492	290	886	558.3	514	447
YRBF710-12-900	900	114.0	492	290	986	563.7	572	451
YRBF710-12-1000	1000	125.9	492	290	1110	555.2	644	445
YRBF710-12-1120	1120	144.0	493	290	876	798	509	639

型　号	功率 （kW）	额定电流 （A）	额定转速 （r/min）	最低转速 （r/min）	转子开 路电压 （V）	转子电流 （A）	逆变绕 组电压 （V）	逆变绕组 电流 （A）
YRBF800-12-1250	1250	160.0	493	290	975	799	566	640
YRBF800-12-1400	1400	179.0	493	290	1098	791	637	633
YRBF800-12-1600	1600	201.0	494	290	1105	898	614	719
YRBF800-12-1800	1800	226.0	494	290	1264	881	734	705
YRBF900-12-2000	2000	250.0	494	290	1358	916	788	733
YRBF900-12-2240	2240	281.0	494	290	1471	948	854	759
YRBF900-12-2500	2500	314.0	495	290	1473	1045	855	836
YRBF1000-12-2800	2800	350.0	495	290	1607	1073	933	859
YRBF1000-12-3150	3150	393.0	495	290	1768	1097	1026	878
YRBF1000-12-3550	3550	442.0	496	290	1537	1419	892	1136
YRBF1000-12-4000	4000	497.0	496	290	1710	1437	992	1150
YRBF710-16-630	630	88.0	369	200	1075	368	624	295
YRBF710-16-710	710	99.0	369	200	1257	353	730	283
YRBF800-16-800	800	112.0	369	200	1518	327	881	262
YRBF800-16-900	900	123.0	369	200	1513	372	878	298
YRBF800-16-1000	1000	138.0	370	200	1087	569	631	456
YRBF800-16-1120	1120	155.0	370	200	1245	554	723	444
YRBF900-16-1250	1250	161.0	370	200	1256	625	729	500
YRBF900-16-1400	1400	193.0	370	200	1450	595	841	476
YRBF900-16-1600	1600	215.0	370	200	1336	741	775	593
YRBF1000-16-1800	1800	240.0	370	200	1447	771	840	617
YRBF1000-16-2000	2000	266.0	370	200	1580	785	917	628
YRBF1000-16-2240	2240	298.0	371	200	1590	864	923	692

2.1.13　YRBF 系列大型 10kV 三相绕线型异步电动机

（1）使用范围：YRBF 系列大型 10kV 三相绕线型异步电动机适用于驱动轧机、球磨机、卷扬机及其他通用机械。

（2）型号意义说明：

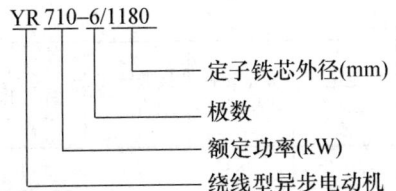

（3）结构：YRBF 系列大型 10kV 三相绕线型异步电动机卧式安装，单轴伸，带切向键，采用带底板座式轴承。电动机采用 B 级绝缘，定子线圈主绝缘为粉云母带。电动机定子、转子整体浸渍，并经可靠地防电晕处理。电动机基本通风形式为开启式。

（4）技术数据：YRBF 系列大型 10kV 三相绕线型异步电动机技术数据见表 2-35。

YRBF 系列大型 10kV 三相绕线型异步电动机技术数据　　　　表 2-35

型　号	功率 (kW)	额定电流 (A)	额定转速 (r/min)	最低转速 (r/min)	转子开路电压 (V)	转子电流 (A)	逆变绕组电压 (V)	逆变绕组电流 (A)
YRBF450-4-220	220	15.9	1476	890	497	279	262	224
YRBF450-4-250	250	17.9	1473	890	497	319	262	256
YRBF450-4-280	280	19.9	1473	890	533	333	279	267
YRBF450-4-315	315	22.2	1473	890	574	347	302	278
YRBF450-4-355	355	25.1	1478	890	681	325	359	260
YRBF450-4-400	400	28.6	1479	890	748	333	394	267
YRBF450-4-450	450	31.8	1476	890	748	376	394	301
YRBF450-4-500	500	35.2	1478	890	832	373	438	299
YRBF500-4-560	560	38.8	1478	890	751	467	395	374
YRBF500-4-630	630	43.9	1479	890	833	471	438	377
YRBF500-4-710	710	47.8	1480	890	945	467	497	374
YRBF500-4-800	800	54.2	1482	890	1077	460	567	368
YRBF560-4-900	900	61.0	1482	970	1073	523	441	419
YRBF560-4-1000	1000	67.4	1482	970	1173	530	482	424
YRBF560-4-1120	1120	75.6	1483	970	1289	538	529	431
YRBF560-4-1250	1250	83.8	1484	970	1434	537	589	430
YRBF630-4-1400	1400	93.8	1486	970	1431	601	588	481
YRBF630-4-1600	1600	106.8	1486	970	1612	608	662	487
YRBF450-6-220	220	17.3	988	655	537	254	217	204
YRBF450-4-250	250	19.2	987	655	537	290	217	232
YRBF450-6-280	280	21.2	985	655	537	327	217	262
YRBF450-6-315	315	23.7	986	655	587	336	237	269
YRBF450-6-355	355	26.7	984	655	585	382	237	306
YRBF450-6-400	400	30.1	985	655	643	390	260	312
YRBF500-5-450	450	33.0	988	655	720	387	291	310
YRBF500-6-500	500	36.3	987	655	720	432	291	346

型 号	功率 (kW)	额定电流 (A)	额定转速 (r/min)	最低转速 (r/min)	转子开 路电压 (V)	转子电流 (A)	逆变绕 组电压 (V)	逆变绕组 电流 (A)
YRBF500-6-560	560	40.5	988	655	811	428	327	343
YRBF560-6-630	630	44.7	987	640	957	411	403	329
YRBF560-6-710	710	50.2	987	640	1037	427	436	342
YRBF560-6-800	800	56.5	987	640	1133	440	477	352
YRBF560-6-900	900	63.0	987	640	1248	449	525	360
YRBF630-6-1000	1000	69.6	988	640	1134	551	477	441
YRBF630-6-1120	1120	78.0	988	640	1247	559	525	448
YRBF500-8-220	220	17.7	738	490	459	299	184	240
YRBF500-8-250	250	19.7	736	490	459	342	184	274
YRBF500-8-280	280	22.0	737	490	494	355	198	284
YRBF500-8-315	315	25.0	737	490	534	369	214	296
YRBF500-8-355	355	27.7	737	490	584	380	234	304
YRBF500-8-400	400	31.4	737	490	642	389	257	312
YRBF500-8-450	450	35.9	738	491	710	394	285	316
YRBF560-8-500	500	38.2	741	490	851	366	344	293
YRBF560-8-560	560	42.4	741	490	913	383	369	307
YRBF560-8-630	630	48.0	741	490	981	400	396	320
YRBF560-8-710	710	53.9	741	490	1063	416	429	333
YRBF630-8-800	800	61.1	741	490	1067	463	431	371
YRBF630-8-900	900	68.4	741	490	1165	477	470	382
YRBF500-10-220	220	18.7	590	330	478	289	276	232
YRBF500-10-250	250	21.1	590	330	511	307	296	246
YRBF500-10-280	280	23.8	590	330	550	320	318	256
YRBF500-10-315	315	26.3	590	330	597	331	345	265
YRBF500-10-355	355	29.2	590	330	653	342	377	274
YRBF500-10-400	400	32.67	590	330	717	350	414	280
YRBF560-10-450	450	37.02	591	330	797	353	461	283
YRBF560-10-500	500	39.22	592	330	922	341	533	273
YRBF560-10-560	560	43.64	592	330	1007	349	582	280
YRBF630-10-630	630	48.56	593	330	1108	357	640	286
YRBF630-10-710	710	53.58	592	330	1159	385	670	308
YRBF630-10-800	800	60.27	592	330	1275	393	737	315
YRBF500-12-220	220	19.17	490	290	517	255	299	204
YRBF500-12-250	250	21.70	490	290	591	268	342	215

续表

型号	功率 (kW)	额定电流 (A)	额定转速 (r/min)	最低转速 (r/min)	转子开 路电压 (V)	转子电流 (A)	逆变绕 组电压 (V)	逆变绕组 电流 (A)
YRBF560-12-280	280	23.54	490	290	648	274	375	220
YRBF560-12-315	315	26.39	491	290	713	280	412	224
YRBF560-12-355	355	29.28	494	290	786	283	454	227
YRBF560-12-400	400	33.07	494	290	841	299	486	240
YRBF630-12-450	450	36.93	494	290	906	312	524	250
YRBF630-12-500	500	41.71	494	290	938	333	542	267
YRBF630-12-560	560	46.70	494	290	1023	341	591	273

（5）外形及安装尺寸：YRBF 系列 10kV 异步电动机外形及安装尺寸见图 2-19。

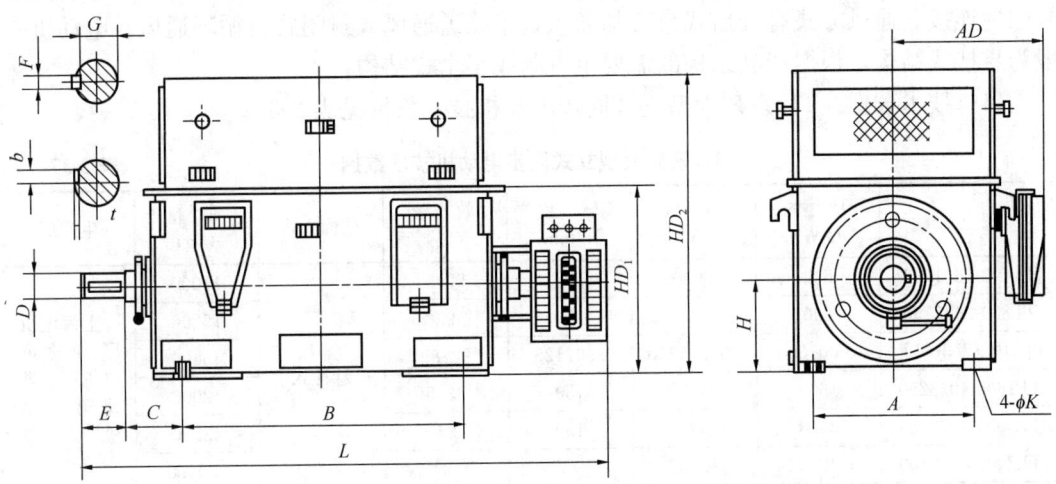

图 2-19　YRBF 系列 10kV 异步电动机外形及安装尺寸

YRBF 系列 10kV 异步电动机外形及安装尺寸　　表 2-36

机座号	极数	安装尺寸（mm）											外形尺寸（mm）			
		A	B	C	D	E	F	G	t	b	H	K	L	AD	HD1	HD2
450	4	800	1120	355	120	210	32	109	—	—	450	35	2780	890	965	1555
450	6-12	800	1120	355	130	250	32	119	—	—	450	35	2820	890	965	1555
500	4	900	1250	475	130	250	32	119	—	—	500	42	2950	890	1085	1655
500	6-12	900	1250	475	140	250	36	128	—	—	500	42	2848	890	1085	1655
560	4	1000	1400	500	150	250	36	138	11.4	39.7	560	42	3180	890	1190	1775
560	6-12	1000	1400	500	160	300	40	147	12.4	42.8	560	42	3230	890	1190	1775
630	4	1120	1600	530	170	300	40	157	12.4	44.2	630	48	3470	890	1330	1915
630	6-12	1120	1600	530	180	300	45	165	12.4	45.6	630	48	3470	890	1330	1915

2.1.14　TL 系列大型立式同步电动机

（1）适用范围：TL 系列大型立式同步电动机适用于传动立式轴流泵或离心式水泵等。

（2）型号意义说明：

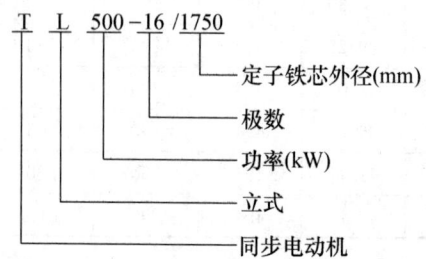

（3）结构：TL 系列大型立式同步电动机一般为一端轴伸，通常用法兰轴伸结构与水泵刚性连接。通风方式有开启式自冷却通风，半管道通风或封闭式自循环通风。电动机一般为悬挂式结构，根据产品结构的需要也可制成半伞式结构。

（4）技术数据：TL 系列大型立式同步电动机技术数据见表 2-37。

TL 系列大型立式同步电动机技术数据　　　　表 2-37

型　号	功率 (kW)	电压 (V)	转数 (r/min)	效率 (%)	结构方式	质量 (kg)	生产厂
TL500-16/1730	500	6000	375	90.5		11000	上海电机厂、哈尔滨电机厂、湖北第一电机厂
TL800-24/2150	800	6000	250	92		15200	
电动机/发电机[①]	1600/600	6000/6300	250/125	92/89	悬挂式	45000	
TL1600-40/3250	1600	6000	150	92.5		42000	
TL3000-40/3250	3000	6000	150	94		43500	
TL7000-80/7400	7000	10000	75	95		250000	

[①] 该电动机作立式同步运行时，出力可达 1600kW，250r/min，也可作发电机运行，出力为 600kW，125r/min，转向与电动机方向相反。

（5）外形及安装尺寸：TL 系列大型立式三相同步电动机外形及安装尺寸见图 2-20 和

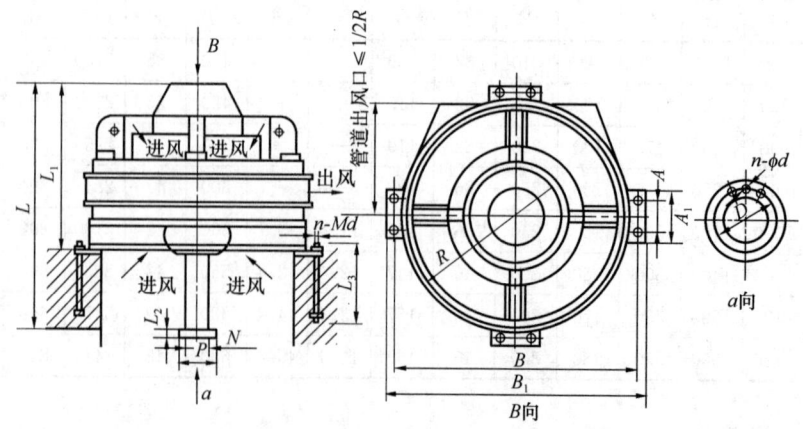

图 2-20　TL 系列大型立式三相同步电动机外形及安装尺寸

表 2-38。

TL 系列大型立式三相同步电动机外形尺寸　　　　　表 2-38

型　号	外形尺寸（mm）													
	A	R	A_1	B	B_1	L	L_1	L_3	D	N	P	L_2	$n\text{-}Md$	$n\text{-}\phi d$
TL500-16/1730	350	2300	550	2520	2680	3380	2100	1180	380	200	500	60	8-M42	12-32
TL800-24/2150	350	2700	550	2900	3100	3380	2100	1300	420	340	500	60	8-M42	8-15
电动机/发电机	450	4500	800	4140	4360	4360	2510	1400	500	400	620	95	8-M48	12-50
TL1600-40/3250	800	4100	1000	4300	4600	4890	2990	1800	510	360	635	90	8-M48	12-55
TL3000-40/3250	600	4500	1000	4700	5000	4920	3260	1500	600	450	740	110	8-M48	12-70
TL7000-80/7400	450	8600	760	8800	8960	6902	5557	1600	920	640	1180	200	—	16-85

2.1.15　TD 系列大型同步电动机

（1）适用范围：TD 系列为大型同步电动机，适用于传动通风机、水泵、电动发电机组及其他通用机械。本系列电动机的额定电压为 6000V，用户可根据需要自行改制成 3000V。2000kW 以上电动机亦可制成 1000V。额定频率为 50Hz，额定功率因数为 0.9（超前）。电动机允许全压直接启动，启动时转子回路应串接 10 倍于磁场绕组电阻的启动电阻。

（2）型号意义说明：

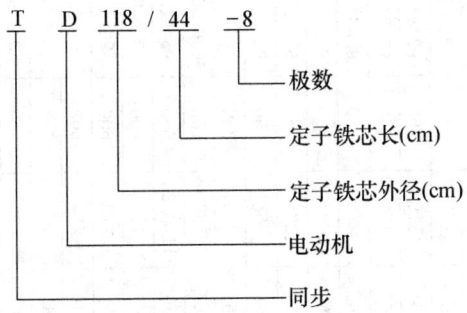

（3）结构：TD 系列大型同步电动机为卧式结构，开启自扇冷式、管道或半管道通风式，也可制成封闭自循环通风式。此外还可制成一端轴伸。旋转方向从集电环端看为逆时针方向。根据需要可改变电动机的旋转方向，但电动机的风叶应作相应的变动。机座用钢板焊成整体结构。机座与轴承座分别固定于钢板焊成的底板上。TD 系列大型同步电动机采用可控硅励磁装置。

（4）技术数据：TD 系列大型同步电动机技术数据见表 2-39。

表 2-39

TD 系列大型同步电动机主要技术数据

型号	额定值 功率(kW)	额定值 电压(kV)	额定值 电流(A)	转速(r/min)	效率(%)	堵转电流/额定电流	堵转转矩/额定转矩	牵入转矩/额定转矩	最大转矩/额定转矩	惯量矩(tf·m²)	励磁装置型号	额定负载时 励磁电压(V)	额定负载时 励磁电流(A)	生产厂
TD118/36-6	800	6	90	1000	95.2/94.5	6.4/7.0	1.92/1.0	1.13/1.0	2.11/1.8	0.5	KGLF11-300/50	33.5	243	
TD118/49-6	1000	6	112	1000	95/94.5	6.6/7.0	1.74/1.0	1.28/1.0	2.25/1.8	1	KGLF11-400/50	37.5	290	
TD118/49-6	1250	6	140	1000	95.8/95	5.6/7.0	1.58/1.0	1.1/0.9	1.97/1.8	0.68	KGLF11-400/50	35.0	320	
TD118/74-6	1600	6	178	1000	96/95.5	7.2/7.5	1.9/1.5	1.3/0.85	2.15/1.9	1.03	KGLF11-300/50	42.7	292	
TD173/44-6	1600	10	123	1000	94/93	5.7/6.5	1.2/0.9	1.3/1.1	2.7/2.5	3.3	KGLF11-400/75	68	349	
TD143/36-8	1250	6	141	750	95.5/94.5	5.2/6.0	1.3/1.1	1/0.9	2.1/1.8	1.7	KGLF12-400/50	46	349	
T1600-8/1430	1600	6	179	750	96/95	5.7/6.0	1.2/1.0	1.2/0.9	2.1/1.8	2.3	KGLF11-400/75	52.4	310	
TD143/49-8	1600	6	179	750	92.8/95	5.4/6.0	1.2/1.0	1/0.9	2.1/2	2.0	KGLF11-400/75	53.2	315	
TD143/54-8	1600	6	179	750	95.8/95	6/6.5	1.5/1.0	1.2/0.9	2.1/1.8	2.2	KGLF11-300/75	62	271	
TD143/54-8	1600	6	179	750	95.8/95	6/6.5	1.5/1.2	1.2/0.9	2.1/2	2.2	KGLF11-300/75	62	271	
TD143/59-8	2000	6	224	750	96.1/95.4	5.5/6.0	1.3/1.0	1.1/0.9	2.1/1.8	1.6	KGLF11-400/90	70.5	283	
TD143/59-8	2000	6	224	750	96.1/95.4	5.5/6.0	1.3/1.0	1.1/0.8	2.1/1.8	2.0	KGLF11-400/90	70.5	283	
TD173/59-8	2500	10	168	750	95.3/94	6.4/7.0	1.3/1.0	1.3/1.0	2.3/2.0	4.8	KGLF11-400/110	89	308	
TD173/64-8	3200	6	356	750	96/95	6.4/6.5	1.45/1.0	1.25/1.0	2.4/1.8	5.8	KGLF11-400/90	74.5	350	
TD215/120-8	8000	10.5	568	750	96.6/96.5	7.4/7.5	1.4/1.0	1.9/1.3	2.6/2.0	21.0	KGLF11-600/110	94.5	440	
TD143/40-10	1000	6/3	113/226	600	95/94.5	5.8/6.0	1.8/1.2	1.0/0.9	2.2/2.0	1.5	KGLF11-400/50	46.7	264	
TD143/63-10	1600	6	177	600	95.6/95	6.6/7.0	2/1.5	1.2/1.0	2.2/2.0	2.0	KGLF11-400/75	54.2	364	
TD173/66-10	2500	6	279	600	96/95	6.4/6.5	1/0.8	1.5/1.1	2.1/1.8	5.0	KGLF11-400/90	82	297	
T3200-10/1730	3200	10	214	600	96/95	5.5/6.5	0.7/0.6	1.3/1.0	2.1/1.8	5.0	KGLF11-450/90	71	370	
TD118/36-12	400	6	46	500	9493	6.1/6.5	1.4/1.0	1.2/1.0	2.4/1.8	0.53	KGLF11-300/75	53	158	
TD118/40-12	500	6	58	500	93.4/93	5.2/6.0	1/0.9	1.1/0.9	2.1/2.0	0.67	KGLF11-200/75	58	163	
TD143/49-12	1000	6	113	500	95/94.5	5.5/6.0	1/0.9	1.2/0.9	2.2/2.1	1.7	KGLF12-300/75	55.4	254	
TD173/39-12	1250	6	141	500	95.3/94.5	5.6/6.0	1.3/1.0	1.1/0.9	2.3/1.8	4.4	KGLF11-300/75	62.1	266	
T1600-12/1730	1600	6	179	500	95.6/95	5.3/6.0	1.2/1.0	1/0.9	2.1/1.8	4.4	KGLF11-300/75	69	245	
TD215/49-12	2500	6	282	500	95.2/95	6.8/7.0	1.6/1.0	1.3/1.0	2.3/2.0	11.5	KGLF11-400/90	86	349	
TD215/54-12	3200	6	360	500	96/95	6.4/7.0	1.5/1.0	1.2/1.0	2.1/2.0	12.0	KGLF11-400/110	94.5	364	
TD173/51-16	1250	6	142	375	95.5/95	6.1/6.5	1/0.9	1.35/1.1	2.35/1.2	4.46	KGLF11-300/90	79	226	
TD215/44-20	1600	6	182	300	95/94	4.8/5.0	0.85/0.75	1/0.9	2.1/2.0	9.0	KGLF11-300/110	89	236	
TD215/44-24	1250	6/3	143/286	250	94.7/94	5.2/6.0	1.1/0.9	1/0.9	2.2/2	9	KGLF11-300/90	78	260	

注: 本表格内有分数线者，分子均表示计算值，分母均表示保证值。

(5) 外形及安装尺寸：TD系列大型同步电动机外形及安装尺寸见图 2-21 和表 2-40。

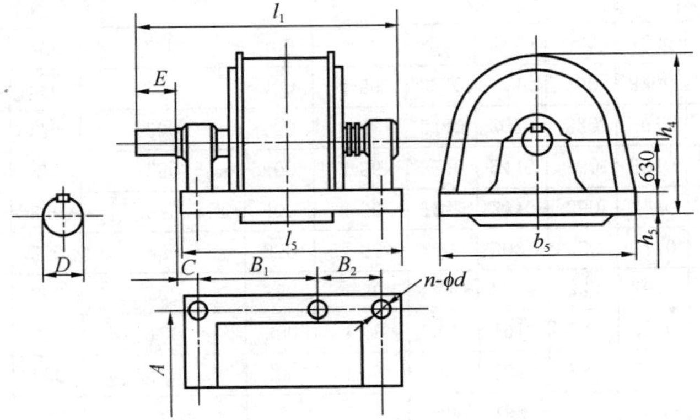

图 2-21 TD系列大型同步电动机外形及安装尺寸

TD系列大型同步电动机外形及安装尺寸（mm） **表 2-40**

型号	通风形式	A	B_1	B_2	C	D	E	n-ϕd	b_5	h_4	h_5	l_1	l_5	质量 (kg)	备注
TD118/36-6	K	1400	1800	—	200	160	300	4-48	1620	1685	280	2480	2100	6420	
TD118/49-6	G	1500	2240	—	200	160	300	4-48	1740	1730	250	2920	2560	8150	
TD118/49-6	BG	1500	2000	—	200	160	300	4-48	1740	1730	250	2680	2320	7780	
TD118/74-6	G	1500	2500	—	—	法兰 ϕ500	—	4-48	1740	1730	250	3222	2480	10350	
TD173/44-6	G	2500	1250	1550	250	200	350	6-48	2800	2150	320	3610	3160	17870	
T800-8/1180	K	1430	1690	—	200	150	250	4-42	1640	1655	250	2320	2010	6800	
T1000-8/1180	K	1400	1800	—	200	150	250	4-42	1640	1680	250	2430	2120	7800	
TD143/36-8	K	1750	1715	—	—	法兰 ϕ500	—	4-42	1970	1855	300	2445	2105	9730	
T1600-8/1430	K	1700	2000	—	230	180	300	4-48	1980	1835	280	2740	2360	11070	
TD143/49-8	G	2160	1700	1000	230	180	300	6-48	2380	1910	280	3440	3040	12580	长轴，定子可移
TD143/54-8	BG	2080	1870	—	220	180	300	4-48	2380	1910	280	2570	2210	11660	

续表

型号	通风形式	A	B_1	B_2	C	D	E	$n-\phi d$	b_5	h_4	h_5	l_1	l_5	质量(kg)	备注
TD143/54-8	G	2080	2190	—	220	180	300	4-48	2380	1910	280	2890	2530	12260	
TD143/59-8	BG	2080	1910	—	220	180	300	4-42	2320	1910	280	2640	2270	12000	
TD143/59-8	G	2100	2500	—	—	法兰ϕ500	—	4-48	2320	1910	280	3310	2890	14000	
TD173/59-8	K	2240	2240	—	—	法兰ϕ500	—	4-48	2460	2075	320	3010	2630	17060	
TD173/64-8	G	2500	2100	1400	—	双法兰ϕ500	—	6-48	2800	2150	320	4700	3920	22890	定子可移
TD215/120-8	G	—	—	—	300	300	500	10-56	3420	2490	360	4980	4220	50600	cosϕ0.8(超前)闭路循环空气冷却
TD18/40-8	K	1400	1600	—	200	140	500	4-48	1640	1655	250	2230	1920	6300	
T800-10/1180	K	1400	1800	—	200	160	300	4-48	1640	1655	250	2480	2120	7230	
TD143/40-10	K	1650	1550	—	220	160	300	4-42	1890	1805	280	2250	1875	8750	
TD143/63-10	K	1800	1800	—	230	180	300	4-48	2000	1875	320	2540	2160	11600	
TD173/66-10	K	2200	2240	—	250	220	350	4-48	2460	2075	320	3080	2640	18000	
T3200-10/1730	K	2240	1400	1100	—	法兰ϕ500	—	6-56	2460	2075	320	3340	2920	19800	
TD18/36-12	K	1400	1600	—	200	140	250	4-48	1640	1655	250	2230	1920	5600	
TD18/40-12	K	1400	1600	—	200	140	250	4-48	1640	1655	250	2230	1920	5730	
T630-12/1430	K	1800	1600	—	200	160	300	4-48	1990	1835	280	2280	1920	7560	
T800-12/1430	K	1800	1600	—	200	160	300	4-48	1990	1835	280	2280	1920	8500	
TD143/49-12	G	2160	2600	—	230	180	300	4-48	2380	1910	280	3340	2940	11836	长轴定子可移
TD173/39-12	K	2160	1800	—	250	200	350	4-56	2440	2075	320	2610	2140	11430	
T1600-12/1730	K	2160	1900	—	250	220	350	4-56	2460	2075	320	2740	2300	15400	
TD215/49-12	BG	3000	2000	—	270	250	400	4-56	3240	2440	360	2910	2400	23600	
TD215/54-12	BG	3000	2100	—	270	250	400	4-56	3240	2440	360	3010	2500	24880	
TD173/51-16	K	2160	1800	—	250	200	350	4-48	2440	2075	320	2610	2160	12150	
TD215/44-20	G	3000	2350	—	270	250	400	4-56	3240	2440	360	3260	2770	16340	
TD215/44-24	G	3000	2350	—	270	250	400	4-56	3240	2440	360	3260	2770	16440	

注：特殊尺寸：K，开启式；G，管道式；BG，半管道式。

2.1.16 YVF2系列变频调速三相异步电动机

（1）适用范围：YVF2系列变频调速三相异步电动机适用于中、大型水泵、风机、压缩机等设备的节能调速；也适用于恒转矩负载的拖动，具有明显的技能、改进工艺、提高经济效益等效果。适用环境条件：适用于海拔高程不超过1000m；最大相对湿度85%；环境温度不高于40℃，不低于-10℃；无易燃和爆炸性气体；无导电尘埃及腐蚀金属和破坏的气体的环境。

（2）型号意义说明：

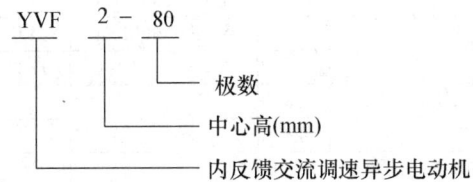

（3）原理及结构：YVF2系列变频调速三相异步电动机，是在绕线式异步电动机回路中串联接入一个同频率的附加电势，即可实现电机调速。它改变了普通晶管串级调速将转差功率回馈电网的惯例，而将其回馈到电动机内部，故称内反馈交流调速异步电动机。

（4）技术数据：YVF2系列变频调速三相异步电动机的技术数据见表2-41。

YVF2系列变频调速三相异步电动机技术数据　　表2-41

标称功率(kW)	型 号	额定转矩(N·m)	电流(A)	质量(kg)	型 号	额定转矩(N·m)	电流(A)	质量(kg)	匹配变频器容量(kW)
0.55					YVF2-80M1-4	3.5	1.6	17	1
0.75	YVF2-80M1-2	2.4	1.8	17	YVF2-80M2-4	4.7	2	18	1
1.1	YVF2-80M2-2	3.5	2.6	19	YVF2-90S-4	7	2.9	22	2
1.5	YVF2-90S-2	4.8	3.5	23	YVF2-90L-4	9.5	3.8	28	2
2.2	YVF2-90L-2	7	4.9	29	YVF2-100L1-4	14	5.2	35	3
3	YVF2-100L-2	9.6	6.4	37	YVF2-100L2-4	19	7	39	4
4	YVF2-112M-2	12.7	8.2	43	YVF2-112M-4	25.4	9.3	45	6
5.5	YVF2-132S1-2	17.5	11.1	80	YVF2-132S-4	35	12	68	10
7.5	YVF2-132S2-2	23.9	15	92	YVF2-132M-4	47.7	15.5	82	10
11	YVF2-160M1-2	35	21.4	120	YVF2-160M-4	70	22.5	125	15
15	YVF2-160M2-2	47.8	29	130	YVF2-160L-4	95.5	31	150	20
18.5	YVF2-160L-2	59	35	150	YVF2-180M-4	117.8	36.5	170	30
22	YVF2-180M-2	70	41.4	220	YVF2-180L-4	140	43.5	188	30
30	YVF2-200L1-2	95.5	56	245	YVF2-200L-4	191	58	257	40
37	YVF2-200L2-2	117.8	68.5	262	YVF2-225S-4	235.5	70	303	50
45	YVF2-225M-2	143.3	82.8	300	YVF2-225M-4	286.4	85	343	60
55	YVF2-250M-2	175	100.7	395	YVF2-250M-4	350.1	103	430	70
75	YVF2-280S-2	238.8	136.4	550	YVF2-280S-4	477.7	140	570	100
90	YVF2-280M-2	286.5	161.4	620	YVF2-280M-4	573	167	630	120

续表

标称功率 (kW)	型 号	额定转矩 (N·m)	电流 (A)	质量 (kg)	型 号	额定转矩 (N·m)	电流 (A)	质量 (kg)	匹配变频 器容量 (kW)
110	YVF2-315S-2	350.1	197	970	YVF2-315S-4	700.2	201	1000	150
132	YVF2-315M-2	420.2	235	1055	YVF2-315M-4	840.3	240	1100	180
160	YVF2-315L1-2	509.3	282	1060	YVF2-315L1-4	1018.5	287	1150	210
185					YVF2-315L-4	1177.7	332	—	220
200	YVF2-315L2-2	636.7	352	1100	YVF2-315L2-4	1273.2	359	1230	270
220					YVF2-355M1-4	1400.7	403	1800	280
250					YVF2-355M2-4	1591.7	462	1860	350
280					YVF2-355L1-4	1782.7	516	1940	400
0.55	YVF2-80M2-6	5.3	1.8	18					1
0.75	YVF2-90S-6	7.2	2.3	24					1
1.1	YVF2-90L-6	10.5	3.2	29					2
1.5	YVF2-100L-6	14.3	4	37					2
2.2	YVF2-112M-6	21	5.7	44	YVF2-132S-8	28	6.1	80	3
3	YVF2-132S-6	28.6	7	80	YVF2-132M-8	38.2	8	92	4
4	YVF2-132M1-6	38.2	9.1	92	YVF2-160M1-8	51	10.4	110	6
5.5	YVF2-132M2-6	52.5	12.5	97	YVF2-160M2-8	70	13.8	120	10
7.5	YVF2-160M-6	71.6	17	125	YVF2-160L-8	95.5	18	140	10
11	YVF2-160L-6	105	24	140	YVF2-180L-8	140	25.4	230	15
15	YVF2-180L-6	143.3	30	230	YVF2-200L-8	191	34.4	250	20
18.5	YVF2-200L1-6	176.7	37	275	YVF2-225S-8	235.6	41.5	340	30
22	YVF2-200L2-6	210	45	300	YVF2-225M-8	280	47.8	360	30
30	YVF2-225M-6	286.5	58	350	YVF2-250M-8	382	64	420	40
37	YVF2-250M-6	353.4	71	420	YVF2-280S-8	471	78.5	550	50
45	YVF2-280S-6	429.7	86	535	YVF2-280M-8	573	95	630	60
55	YVF2-280M-6	525.2	105	610	YVF2-315S-8	700.3	113	890	70
75	YVF2-315S-6	716	141	850	YVF2-315M-8	955	153	970	100
90	YVF2-315M-6	860	170	1110	YVF2-315L1-8	1146	180	1070	120
110	YVF2-315L1-6	1050	206	1150	YVF2-315L2-8	1400.7	219	1240	150
132	YVF2-315L2-6	1260	249	1200					180
160	YVF2-355M1-6	1528	301	1680					210
185	YVF2-355M2-6	1766.8	347	1750					220
200	YVF2-355M3-6	1910	375	1880					270
220	YVF2-355L1-6	2101	412	1980					280

（5）外形及安装尺寸：YVF2 系列变频调速三相异步电动机外形及安装尺寸见表 2-42。

YVF2 系列变频调速三相异步电动机外形及安装尺寸　　　　表 2-42

机座号	80M	90S	90L	100L	112M	132S	132M	160M	160L	180M
长度(mm)	370	380	410	465	480	530	570	660	715	775

机座号	180L	200L	225S	225M	250M	280S	280M	315S	315	355
长度(mm)	815	850	885	920	985	1095	1145	1300	1410	1615

2.1.17 YD 系列变极多速三相异步电动机

（1）适用范围：YD 系列变极多速三相异步电动机是风机、泵类负载的专用电动机，特别适合于负载精度要求不高，但随生产过程或温度变化而频繁调节流量的各类风机、水泵。它广泛用于冶金化工、医药、建筑、矿山及民用设施等部门。

（2）安装形式：YD 系列变极多速三相异步电动机的安装形式见表 2-43。

YD 系列变极多速三相异步电动机安装形式　　表 2-43

示意图												
安装形式 （IM）	B3	B5	B35	V1	V3	V5	V6	B6	B7	B8	V15	V36
机座号	80～ 280	80～ 225	80～ 280	80～ 280	80～160							

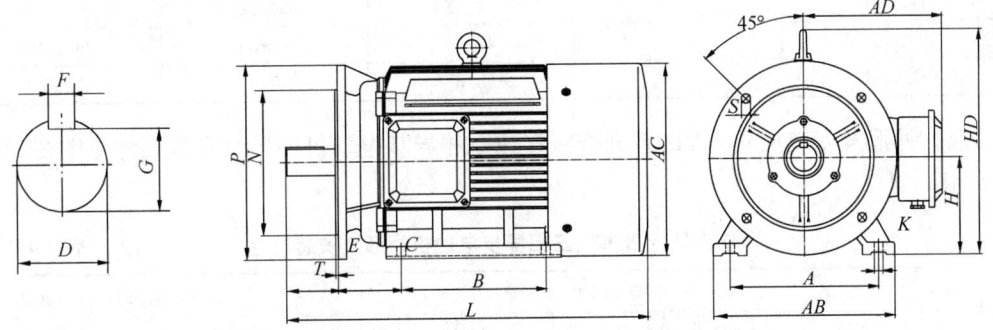

图 2-22　YD 系列变极多速三相异步电动机外形及安装尺寸

（3）技术数据：YD 系列变极多速三相异步电动机的技术数据见表 2-44。

YD 系列变极多速三相异步电动机技术数据　　表 2-44

型　号	同　步　转　速			
	1500/3000	1000/1500	750/1500	500/1000
	极　　数			
	4/2	6/4	8/4	12/6
	功率（kW）			
YD801	0.45/0.55			
YD802	0.55/0.75			
YD90S	0.85/1.1	0.65/0.85		
YD90L	1.3/1.8	0.85/1.1	0.45/0.75	
YD100L1	2/2.4	1.3/1.8	0.85/1.5	
YD100L2	2.4/3	1.5/2.2		
YD112M	3.3/4	2.2/2.8	1.5/2.4	
YD132S	4.5/5.5	3/4	2.2/3.3	

型　号	同 步 转 速			
	1500/3000	1000/1500	750/1500	500/1000
	极　数			
	4/2	6/4	8/4	12/6
	功率（kW）			
YD132M1	6.5/8	4/5.5	3/4.5	
YD132M2				
YD160M	9/11	6.5/8	5/7.5	2.6/5
YD160L	11/14	9/11	7/11	3.7/7
YD180M	15/18.5	11/14		
YD180L	18.5/22	13/16	11/17	5.5/10
YD200L1	26/30	18.5/22	14/22	7.5/13
YD200L2			17/26	9/15
YD225S	32/37	22/28		
YD225M	37/45	26/32	24/34	12/20
YD250M	45/52	32/42	30/42	15/24
YD280S		42/55	40/55	20/30
YD280M		55/67	47/67	24/37

（4）外形及安装尺寸：YD系列变极多速三相异步电动机外形及安装尺寸见图2-22和表2-45。

YD系列变极多速三相异步电动机外形及安装尺寸　　　　　表2-45

机座号	安装尺寸（mm）															外形尺寸（mm）				
	H	A	B	C	D	E	F	G	K	M	N	P	R	S	T	AB	AC	AD	HD	L
80	80	125	100	50	19	40	6	15.5	10	165	130	200	0	12	3.5	165	175	150	175	290
90S	90	140	100	56	24	50	8	20	10	165	130	200	0	12	3.5	180	195	160	195	315
90L	90	140	125	56	24	50	8	20	10	165	130	200	0	12	3.5	180	195	160	195	340
100L	100	160	140	63	28	60	8	24	12	215	180	250	0	15	4	205	215	180	245	380
112M	112	190	140	70	28	60	8	24	12	215	180	250	0	15	4	245	240	190	265	400
132S	132	216	140	89	38	80	10	33	12	265	230	300	0	15	4	280	275	210	315	475
132M	132	216	178	89	38	80	10	33	12	265	230	300	0	15	4	280	275	210	315	515
160M	160	254	210	108	42	110	12	37	15	300	250	350	0	19	5	330	335	265	385	610
160L	160	254	254	108	42	110	12	37	15	300	250	350	0	19	5	330	335	265	385	655
180M	180	279	241	121	48	110	14	42.5	15	300	250	350	0	19	5	355	380	285	430	670
180L	180	279	279	121	48	110	14	42.5	15	300	250	350	0	19	5	355	380	285	430	710
200L	200	318	305	133	55	110	16	49	19	350	300	400	0	19	5	395	420	315	475	775
225S	225	356	286	149	60	140	18	53	19	400	350	450	0	19	5	435	475	345	530	820
225M	225	356	311	149	60	140	18	53	19	400	350	450	0	19	5	435	475	345	530	845
250M	250	406	349	168	65	140	18	58	24	500	450	550	0	19	5	490	515	385	575	930
280S	280	457	368	190	75	140	20	67.5	24	500	450	550	0	19	5	550	585	410	640	1000
280M	280	457	419	190	75	140	20	67.5	24	500	450	550	0	19	5	550	585	410	640	1050

2.1.18　JZS₂、JZS₂G 系列交流换向器变速电动机

（1）适用范围：JZS₂、JZS₂G 系列交流换向器变速电动机具有恒转矩特性，能在规定的转速范围内作均匀的连续无级调速。JZS₂ 系列电动机调速范围通常为 3∶1，必要时可以制成 20∶1。JZS₂G 系列电动机为广调速变速电动机，调速范围为 100∶1。JZS₂ 系列电动机转速调节机构一般均为手轮操作。JZS₂G 系列电动机转速调节机构一般都为遥控和手轮操作。

（2）型号意义说明：

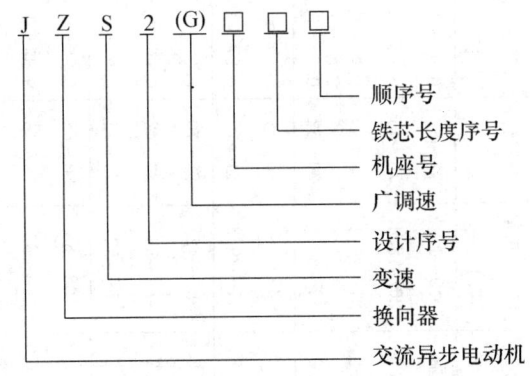

（3）结构：JZS₂、JZS₂G 系列交流换向器变速电动机由定子、转子、调节机构三部分组成。为防护式，机座带底脚，端盖上无凸缘的卧式结构，平卧安装。8 号机座以下的电动机在任一方向都可运转，但不宜作频繁的正反方向运转。9 号机座及以上的电动机只能按规定的旋转方向运转，即面对轴伸端为逆时针方向。JZS₂G 系列电动机可以在任何旋转方向下运行。

（4）技术数据：JZS₂、JZS₂G 系列交流换向器变速电动机额定电压为 380V、额定频率为 50Hz。技术数据见表 2-46、表 2-47。

JZS₂G 系列广调速变速电动机技术数据　　　　　　表 2-46

型　号	额定功率 (kW)	额定转速范围 (r/min)	启动电流 最大额定电流 (低速时不大于)	最高额定转速下满载时 额定电流 (A)	效率 (%)	功率因数	鼓风电机功率 (kW)	质量 (kg)	生产厂
ZS₂G-51-1	3～0.03	1760～18	1.5	8	63	0.90	0.18	270	
51-2	5～0.05	2600～26	1.5	11.7	70	0.92	0.18	280	
61	10～0.10	1760～18	1.5	21.5	75	0.94	0.18	400	
71	17～0.17	1760～18	1.5	34.8	78	0.95	0.18	450	
81	35～0.35	1700～17	1.5	70	79	0.96	0.37	840	上海先锋电机厂
91	50～0.50	1350～13	1.5	98.7	80	0.96	1.1	1300	
10	75～0.75	1200～12	1.5	146.2	81	0.96	1.1	1700	
11	100～1.0	1200～12	1.5	187	81	0.96	1.1	2000	

表 2-47

JZS₂ 系列变速电动机技术数据

型 号	额定功率 (kW)	额定转速范围 (r/min) 速比 3:1	额定转速范围 (r/min) 速比大于 3:1	启动电流 最大额定电流(低速时不大于)	启动转矩 额定转矩(低速时不小于)	最大转矩/额定转矩(不小于) 低速时	最大转矩/额定转矩(不小于) 高速时	满载时 额定电流(A)	满载时 效率(%)	满载时 功率因数	鼓风电机功率(kW)	质量(kg)	生产厂
JZS₂-51-1	*3/1	1410~470	2650~0	3	1.5	1.5	2.2	7.1~5.5	70~55	0.92~0.50	—	230	
51-2	4/0			1.5	—	—	2.2	9.9~—	65~—	0.94~—	0.18	275	
JZS₂-52-1	5/1.67	1410~470	2200~500	3	1.5	1.5	2.2	11.1~8	74~60	0.92~0.53	—	260	
52-2	*7/1.7			3	1.5	1.5	2.2	15.5~9.4	72~50	0.95~0.55	0.18	300	
52-3	7.5/0		2650~0	1.5	—	—	2.2	17.1~	70~—	0.95~—	0.18	300	
JZS₂-61-1	10/3.3	1410~470	2200~500	3	1.5	1.5	2.2	20.9~15.2	77~62	0.94~0.53	0.18	350	
61-2	*12/3			3	1.5	1.5	2.2	26~18.4	75~45	0.94~0.55	0.18	380	
61-3	15/5	1410~470	2400~400	3	1.5	1.5	2.2	31~23.1	78~63	0.95~0.52	0.18	400	
62-1	24/4			3	1.5	1.5	2.2	49~33.4	79~52	0.95~0.35	0.18	450	
JZS₂-71-1	17/0	1410~470	1800~0	1.5	—	—	2.2	35~	78~—	0.95~—	0.18	450	
71-2	22/7.3			3	1.5	1.5	2.2	41~29.8	84~70	0.97~0.53	0.18	500	上海先锋电机
JZS₂-8-1	30/10	1410~470	1600~160	3	1.5	1.5	2.2	57~42	83~70	0.97~0.52	0.37	750	
8-2	40/4			3	1.5	1.5	2.2	79~36	80~42	0.96~0.40	0.37	840	
8-3	40/13.3	1410~470		3	1.5	1.5	2.2	74~52	85~72	0.97~0.54	0.37	840	
JZS₂-9-1	55/18.3	1050~350	1200~120	3	1.3	1.3	2.0	108~65	80~65	0.96~0.66	1.1	1120	
9-2	60/6			3	1.3	1.3	2.0	119~56	78~36	0.98~0.45	1.1	1300	
9-3	75/25	1050~350	1200~200	3	1.3	1.3	2.0	142~81	81~70	0.99~0.66	1.1	1300	
JZS₂-10-1	100/33.3	1050~350		3	1.3	1.3	2.0	195~111	81~65	0.96~0.70	1.1	1650	
10-2	100/16.7	1050~350	1200~200	3	1.3	1.3	2.0	193~92	80~50	0.98~0.55	1.1	1700	
10-3	125/41.7	1050~350		3	1.3	1.3	2.0	238~126	82~70	0.97~0.72	1.1	1700	
JZS₂-11-1	160/53.3	1050~350	—	3	1.1	1.1	1.4	288~15	85~75	0.99~0.69	1.1	2000	

注: 有 * 记号的规格可接受带制动器订货。

(5) 变速电动机控制原理：变速电动机控制原理见图 2-23。电动机在最低速度的电刷位置下，限位开关 XC_1 接通。所以只有在鼓风机工作后，操作按钮 2QA 才能接通接触器 2C，以确保变速电动机在最低转速位置和有通风的情况下启动。操作按钮 3QA 或 4QA 控制遥控电动机来移动变速电动机换向器的电刷，使电动机加速或减速。当变速电动机达到最高转速时，限位开关 XC_2 打开，使遥控电动机自行停止。在接触器 2C 断开后，变速电动机停止，同时其辅助常闭触头 2C 闭合并接通遥控电机，使换向器上电刷回到最低速度位置，为下一次启动做好准备。当变速电动机容量较小时，图 2-80 中不带电流互感器和电流表，热继电器的双金属片直接接于主回路内，测速发电机及转速检测回路则根据需要而定。

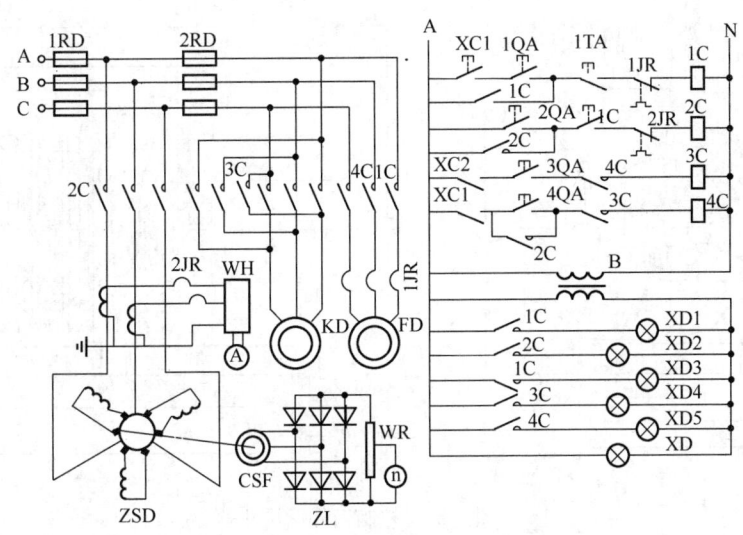

图 2-23　变速电动机控制原理

ZSD—变速电动机；KD—遥控电动机；FD—通风电动机；CSF—测速发电机；1C~4C—接触器；
1JR、2JR—热继电器；A—电流表；WH—电流换相开关；1RD、2RD—熔断器；ZL—整流器；
WR—电位器；XC1、XC2—限位开关；1QA~4QA、1TA—按钮；B—降压变压器；XD、XD1~
XD5—信号灯；n—转速表

控制设备安装在控制箱内，控制箱可以由电机厂配套供应。控制箱的型号见表 2-48。其他型号的变速电动机的控制箱可依此推出其型号。

控制箱型号　　　　　　　　　　　　　　　表 2-48

变速电动机型号	控制箱型号		
	无测速发电机无制动器	有测速发电机有制动器	无测速发电机有制动器
JZS$_2$-51-1	JZSK-51-1	JZSK-51-1C	JZSK-51-1Z
JZS$_2$G-61	JZSGK-61	JZSGK-61C	

(6) 外形及安装尺寸：JZS$_2$、JZS$_2$G 系列交流换向器变速电动机外形及安装尺寸见图 2-24 和表 2-49，控制箱外形尺寸见图 2-25。

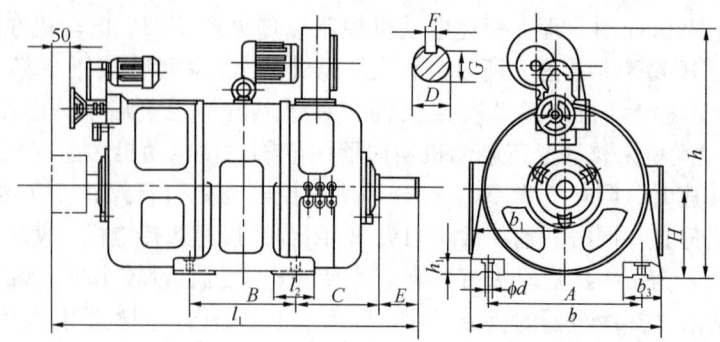

图 2-24 JZS$_2$、JZS$_2$G 系列交流换向器变速电动机外形尺寸

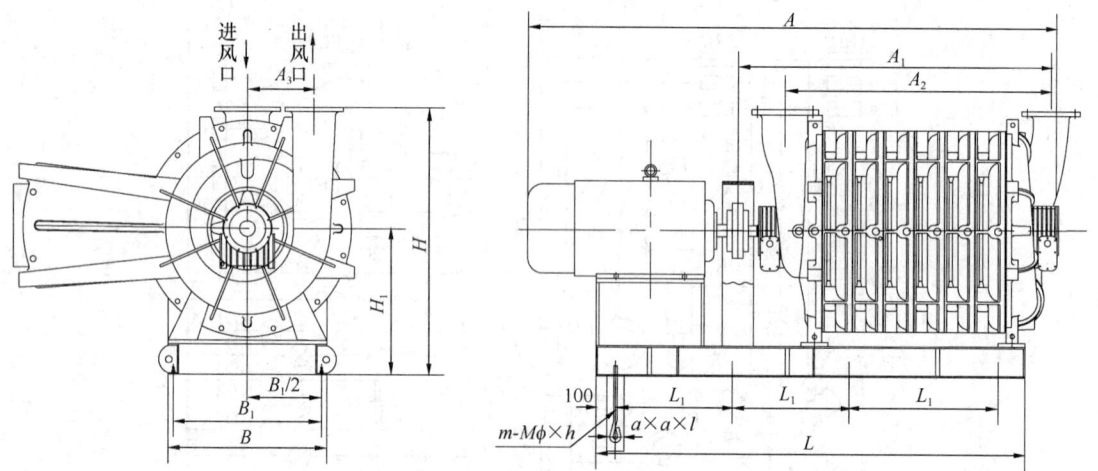

图 2-25 控制箱外形尺寸

JZS$_2$、JZS$_2$G 系列交流换向器变速电动机外形及安装尺寸 表 2-49

机座号	安装尺寸（mm）										外形尺寸（mm）					
	A	B	C	D	E	F	G	H	h_1	ϕd	b	b_1	b_3	h	l_1	l_2
JZS$_2$ 系列变速电动机																
51-1	370	220	200	32	80	10	26.8	225	30	20	450	340	80	615	860	100
51-2	370	220	240	32	80	10	26.8	225	30	20	450	340	80	640	970	100
52-1	370	270	280	32	80	10	26.8	225	30	20	450	340	80	615	1020	100
52-2，52-3	370	270	240	32	80	10	26.8	225	30	20	450	340	80	640	1020	100
61-1，61-2，61-3	400	330	235	42	110	12	36.8	250	45	25	500	360	100	740	1100	115
62-1	400	380	235	42	110	12	36.8	250	45	25	500	360	100	740	1100	115
71-1，71-2	425	350	210	55	110	16	48.5	280	45	25	530	380	105	790	1100	115
8-1，8-2，8-3	550	360	320	75	140	20	67.2	355	55	30	670	465	120	960	1300	150
9-1，9-2，9-3	550	430	330	80	170	24	71	355	55	30	680	485	130	1250	1450	150
10-1，10-2，10-3	710	400	340	90	170	24	81	425	65	36	850	565	140	1380	1450	185
11-1	765	400	305	90	170	24	81	475	70	36	915	580	150	1475	1410	185

续表

机座号	安装尺寸（mm）										外形尺寸（mm）					
	A	B	C	D	E	F	G	H	h_1	ϕd	b	b_1	b_3	h	l_1	l_2
JZS$_2$G 系列广调速变速电动机																
51-1	370	270	240	32	80	10	26.8	225	30	20	450	340	80	640	970	100
51-2	370	220	240	32	80	10	26.8	225	30	20	450	340	80	640	970	100
61	400	330	235	42	110	12	36.8	250	45	25	500	360	100	740	1090	115
71	425	350	210	55	110	16	48.5	280	45	25	530	380	105	790	1100	115
81	550	360	320	75	140	20	67.2	355	55	30	670	465	120	960	1300	150
91	550	430	330	80	170	24	71	355	55	30	680	485	130	1250	1450	150
10	710	400	340	90	170	24	81	425	65	36	850	565	140	1380	1450	185
11	765	400	305	90	170	24	81	475	70	36	915	580	150	1475	1410	185

2.1.19　NT 液黏调速器

（1）适用范围：NT 液黏调速器（又称奥美伽离合器），是根据牛顿内摩擦定律，利用液体黏性和油膜剪切作用原理发展而成的一种无级调速传动装置。适用于各行业中大功率风机、水泵等递减扭矩机械的调速。该调速器属于机械部、国家计委等七个部委推广的机械工业第十六批节能机电产品。

（2）型号意义说明：

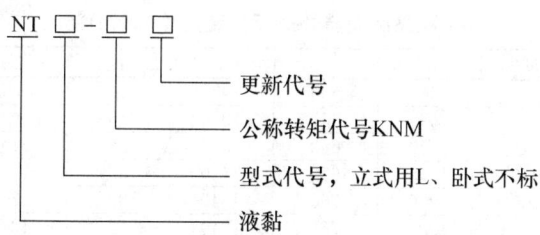

（3）技术数据：NT 液黏调速器技术数据见表 2-50。

NT 液黏调速器技术数据　　　表 2-50

型　号	输入转速 （r/min）	输出扭矩 （N·m）	功率范围 （kW）	调速范围 （%）	冷却水量 （L/min）	生产厂
NT-2B	700～1500	2000	100～300	30～100	50	
NT-4B	700～1500	4000	300～600	30～100	100	
NT-6B	600～1500	6000	360～900	30～100	135	
NT-8B	600～1500	8000	480～1200	30～100	200	
NT-10B	600～1500	10000	600～1500	30～100	200～250	南京耐特机电 （集团）公司
NT-12B	600～1500	12000	720～1800	30～100	200～300	
NT-14B	600～1500	14000	840～2100	30～100	200～400	
NT-16B	600～1500	16000	960～2400	30～100	200～400	
NT-18B	600～1500	18000	1080～2700	30～100	200～400	

注：1. 功率范围以拖动电动机的同步转速计算。

2. 拖动油泵电动机额定电压为 380V，控制器电压为 220V±10%。

（4）外形及安装尺寸：NT 液黏调速器外形及安装尺寸见图 2-26 和表 2-51。

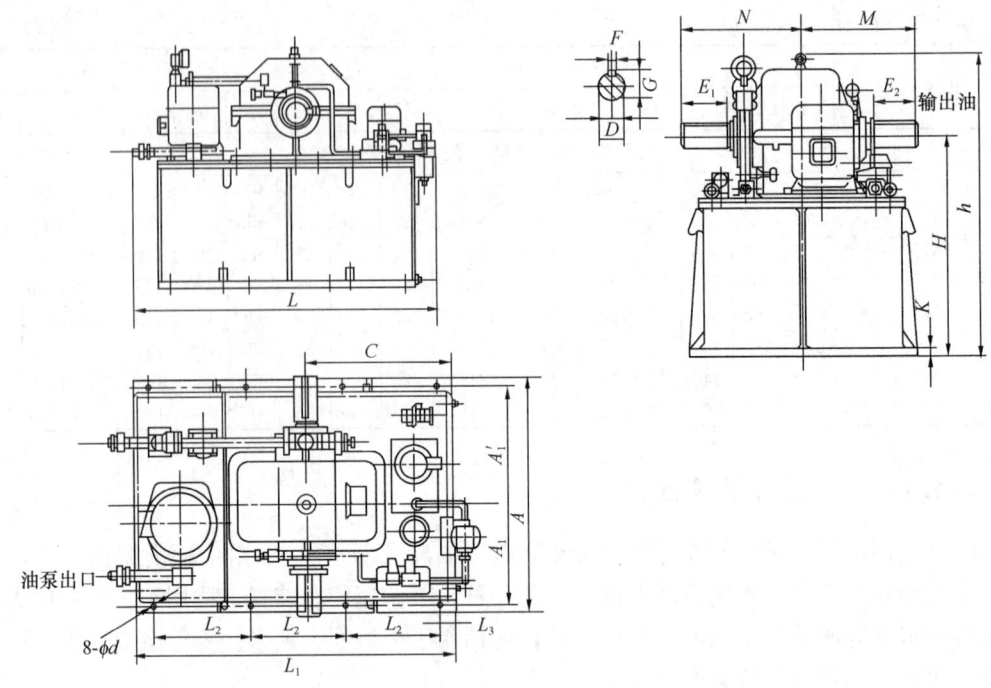

图 2-26 NT 液黏调速器外形及安装尺寸

NT 液黏调速器外形及安装尺寸（mm）   表 2-51

型 号	A	H	L	C	h	F	G	D	M
NT-2B	810	710	1560	635	1020	20	79.5	75	390
NT-4B	930	840	1595	640	1210	25	95	90	455
NT-6B	1010	940	1640	660	1305	28	110	104	500
NT-8B	1140	1040	1755	690	1410	32	122	115	560
NT-10B	1160	1100	1900	760	1540	32	127	120	575
NT-12B	1160	1100	1900	760	1540	32	137	130	705
NT-14B	1300	1150	1950	760	1585	36	153	145	720
NT-16B	1300	1150	1950	760	1585	36	158	150	725
NT-18B	1300	1150	1950	760	1585	40	164	155	735

型 号	N	K	ϕd	E_1	E_2	A_1	A_1'	L_1	L_2	L_3
NT-2B	426	30	24	150	125	357	393	1320	400	60
NT-4B	475	30	24	190	165	425	445	1360	410	65
NT-6B	532	30	24	210	185	460	490	1405	425	65
NT-8B	600	40	28	210	185	520	560	1505	455	70
NT-10B	615	40	28	210	190	530	570	1650	500	75
NT-12B	715	40	28	240	220	575	585	1650	500	75
NT-14B	730	40	28	240	220	615	625	1700	500	100
NT-16B	735	45	34	240	220	615	625	1700	500	100
NT-18B	745	45	34	240	220	615	625	1700	500	100

2.1.20 NTG 型控制装置

（1）适用范围：NTG 系列液体黏性调速控制装置与 NT 系列液体黏性调速器配套使用，组成调速系统，实现对大、中型风机、水泵的节能调速控制运行。该装置包括带速度反馈的调速控制器及调速器上的油温、油压监测保护装置等。

（2）型号意义说明：

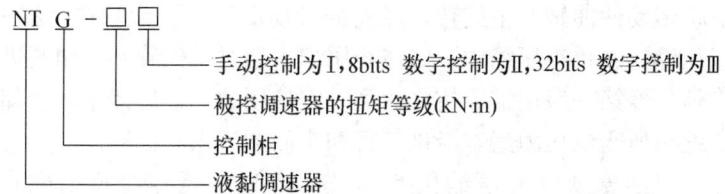

（3）技术数据：NTG 型控制装置技术数据见表 2-52。

NTG 型控制装置技术数据　　　　表 2-52

型号	容量 (kVA)	输出信号	输入信号	电源	转速变化率	备注	生产厂
NTG2-Ⅰ	8	0～800mA，DC 高压电机开停号 各种声光报警	转速脉冲信号 各种报警信号开关量			模拟量手动控制柜	
NTG8-Ⅰ	10						
NTG18-Ⅰ	15						
NTG2-Ⅱ	8	0～800mA，DC 高压电机开停号 各种声光报警 4～20mA，1～5V 转信号 油温、油压超限信号 油泵开信号	转速脉冲信号 各种报警信号开关量 各种报警、模拟量信号 4～2mA 1～5V 0～10V±10V 自动控制信号 4～20mA 1～5V 0～10V±10V 被控量信号（如压力、流量、位置、温度等）	三相四线 380V ±10%	<1.5%	8bits 数字控制柜	南京耐特机电（集团）公司
NTG8-Ⅱ	10						
NTG18-Ⅱ	15						
NTG2-Ⅲ	8					32bits 数字控制柜	
NTG8-Ⅲ	10						
NTG18-Ⅲ	15						

该装置主要技术参数如下：

1）电源：380V、AC、50Hz。

输出信号：0～800mA、DC。

2）控制油压力：0.2～2.0MPa。

3）润滑油压力：0.06～0.5MPa。

4）润滑油温：10～42℃。

5）调速范围：30%～100%（额定转速）。

6）调速精度：±10r/min。

（4）外形及安装尺寸：NTG 型控制装置外形及安装尺寸见图 2-27。

（5）使用要求：控制装置的使用要求：

图 2-27　NTG 型控制装置外形及安装尺寸

1）环境温度：-10～+40℃。

2）相对湿度：40℃时不大于 50%，20℃以下时 90%。

3）振动：振频为 10～150Hz，其最大振幅不大于 5m/s²。

4）空气中无导电尘埃、酸、盐、腐蚀性及爆炸性气体。

5）本控制装置防护等级为 IP1X。

2.2　往复活塞式空气压缩机

（1）工作原理：往复活塞式空气压缩机是空压机中使用最广泛的一种。其工作原理，是电动机通过皮带传动使曲轴产生旋转，经连杆带动活塞，当活塞在气缸中往复运动时，空气就被吸进或压缩。在单级压缩中，气体经压缩后通过排气管和止回阀进入贮气罐；在双级压缩中，气体先经第一级压缩，使之达到一定的压力；而后经中间冷却管进入二级气缸，再进一步压缩至所需的压力后，经排气管和止回阀进入贮气罐。

（2）类型：往复活塞式空气压缩机有 $2m^3/min$ 以下低压微型活塞式空气压缩机、$2m^3/min$ 以上低压中、小型活塞式空气压缩机和无油润滑活塞式空气压缩机。

（3）型号意义说明：

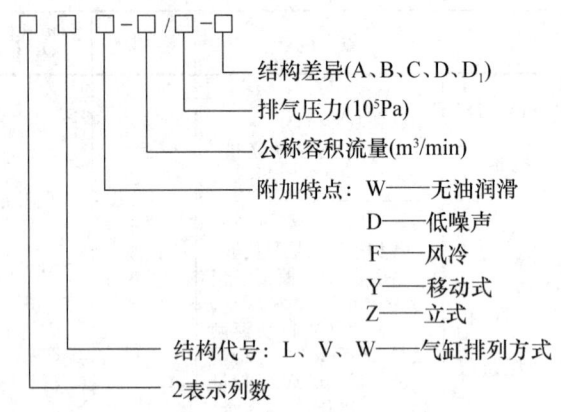

结构差异(A、B、C、D、D_1)
排气压力(10^5Pa)
公称容积流量(m^3/min)
附加特点：W——无油润滑
　　　　　D——低噪声
　　　　　F——风冷
　　　　　Y——移动式
　　　　　Z——立式
结构代号：L、V、W——气缸排列方式
2表示列数

2.2.1　$2m^3/min$ 以下低压微型活塞式空气压缩机

（1）适用范围：$2m^3/min$ 以下低压微型活塞式空气压缩机额定排气压力为 0.6～1.0MPa，排气量均较小，广泛应用于工业、农业、交通运输、建筑、科学实验等部门。

（2）结构与特点：$2m^3/min$ 以下低压微型活塞式空气压缩机均为风冷移动式，由主机、冷却系统、润滑系统、自控系统、贮气罐、电动机等组成，而整体固定安装在气罐车架上，下装车轮，手扶推动。

（3）性能规格：$2m^3/min$ 以下低压微型活塞式空气压缩机性能规格见表 2-53。

（4）外形尺寸：$2m^3/min$ 以下低压微型活塞式空气压缩机典型机组 V-0.6/7 型成套设备外形尺寸见图 2-28。

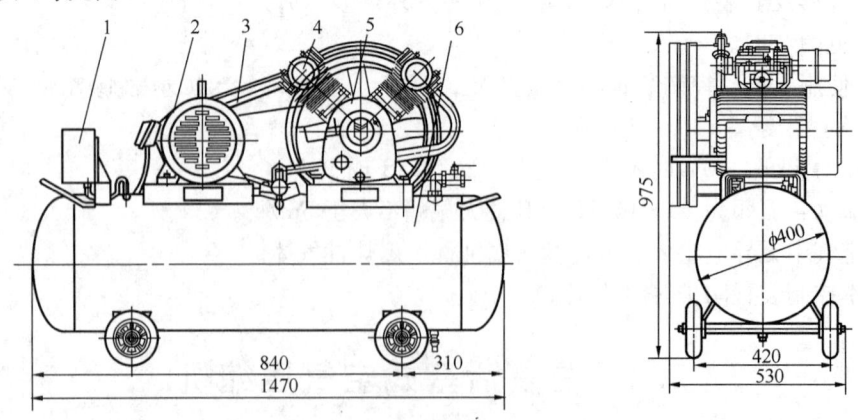

图 2-28　V-0.6/7 型空气压缩机外形尺寸

1—磁力启动器；2—电动机；3—皮带轮；4—气缸；5—主机；6—贮气罐

表 2-53

2m³/min 以下低压微型活塞式空气压缩机性能规格

型号	排气量 (m³/min)	排气压力 (MPa)	转速 (r/min)	轴功率 (kW)	贮气罐 容积 (m³)	贮气罐 质量 (kg)	外形尺寸 (mm) 长	宽	高	电动机 型号	电动机 功率 (kW)	生产厂
Z-0.036/7	0.036	0.7	850		0.03		780	330	630		0.37	4
Z-0.036/7-D$_1$	0.036	0.7	900		0.04	82	860	330	720	CO$_2$8012　AO$_2$7112	0.37	7
Z-0.056/7	0.056	0.7	1100		0.03		780	330	630		0.55	4
Z-0.056/7-D$_1$	0.056	0.7	1400		0.04	82	860	330	720	CO$_2$8022　AO$_2$7122	0.55	7
Z-0.08/7-D$_1$	0.08	0.7	885		0.04	85	860	330	720	CO$_2$90S$_2$　Y801-2	0.75	7
Z-0.12/7-D$_1$	0.12	0.7	1250		0.04	85	860	330	720	YC90S-2　Y802-2	1.1	7
V-0.17/7	0.17	0.7	965		0.064	96	965	380	720	YC90L-2　Y90S-2	1.5	7
Z-0.25/7	0.25	0.7	900		0.08		1240	420	880		2.2	4
W-0.25/7-D$_1$	0.25	0.7	965		0.064	105	965	380	720	YC100L-2　Y90L-2	2.2	7
Z-0.030/10-D$_1$	0.030	1.0	820		0.04	82	860	330	720	CO$_2$8D12　AO$_2$7112	0.37	7
Z-0.048/10-D$_1$	0.048	1.0	1315		0.04	82	860	330	720	CO$_2$8022　AO$_2$7122	0.55	7
Z-0.067/10-D$_1$	0.067	1.0	800		0.04	85	860	330	720	CO$_2$90S$_2$　Y801-2	0.75	7
Z-0.10/10-D$_1$	0.10	1.0	1180		0.04	85	860	330	720	YC90S-2　Y802-2	1.1	7
V-0.14/10	0.14	1.0	800		0.064	96	965	380	720	YC90K-2　Y90S-2	1.5	7
W-0.21/10-D$_1$	0.21	1.0	820		0.064	105	965	380	720	YC100L-2　Y90L-2	2.2	7
V-0.3/10-B	0.3	1.0	820		0.125		1300	480	900	Y100L$_2$-4	3.0	5
V-0.3/10	0.3	1.0	750		0.125	190	1400	490	920	Y100L-2	3.0	7
V-0.36/7	0.36	0.7	830		0.125	190	1400	490	920	Y100L-2	3.0	5, 7
V-0.4/7	0.4	0.7	880		0.125	190	1400	490	920	Y100L-2	3.0	7, 4
V-0.48/7	0.48	0.7	1100		0.125	195	1400	490	920	Y112M-2	4	7
V-0.6/7-D	0.6	0.7	880		0.125	195	1400	490	920	Y132S-2	5.5	7

续表

型　号	排气量 (m³/min)	排气压力 (MPa)	转速 (r/min)	轴功率 (kW)	贮气罐 容积(m³)	贮气罐 质量(kg)	外形尺寸(mm) 长	外形尺寸(mm) 宽	外形尺寸(mm) 高	电动机 型号	电动机 功率(kW)	生产厂
V-0.67/7	0.67	0.7	990		0.17	230	1470	530	975	Y132S$_1$-2	5.5	7, 4, 2
V-0.67/7-B	0.67	0.7					1420	560	1000	Y132S-4	5.5	5
V-0.67/7-C	0.67	0.7	1120	4.6			1410	500	850	Y132S$_1$-2	5.5	3
V-0.74/7	0.74	0.7			0.17	230	1470	530	975	Y132S$_1$-2	5.5	7
W-0.9/7	0.9	0.7	1000	6.7	0.15	100	1300	660	1050	Y132S$_1$-2	7.5	2, 3
W-0.9/7-B	0.9	0.7					1520	580	1100	Y132M-4	7.5	5, 7
W-1/7	1.0	0.7	1250		0.12		1460	500	1120		7.5	4, 7
W-1/7-A	1.0	0.7	990		0.17	250	1470	530	1000	Y132S$_2$-2	7.5	7
V-0.40/10	0.4	1.0	990		0.125	195	1400	490	920	Y112M-2	4	7
W-0.50/10	0.5	1.0	830		0.125	205	1400	490	945	Y112M-2	4	7
W-0.60/10-A	0.6	1.0	990		0.17	245	1470	530	1000	Y132S-4	5.5	7
W-0.60/10-B	0.6	1.0			0.12		1420	560	1000	Y132S-14	5.5	5
W-0.75/10	0.75	1.0	1100				1460	500	1120		7.5	4
W-0.80/8	0.80	0.8		5.8			1450	568	750	Y132S$_2$-2	7.5	3
W-0.80/10	0.80	1.0		6.8			1450	568	750	Y132S$_2$-2	7.5	3, 2
W-0.90/10	0.90	1.0	1140		0.17	255	1470	530	1000	Y132S$_2$-2	7.5	7
W-1.2/10	1.2	1.0		10			1450	830	1050	Y160L-6	11	3
W-1.6/10	1.6	1.0	1460	13	0.14	80	1758	812	930	Y180L-6	15	2.3

注：生产厂代号：1. 无锡压缩机股份有限公司；2. 自贡空压机总厂；3. 益阳空压机厂；4. 桂林空压机厂；5. 鞍山无油空压机厂；6. 西安压缩机厂；7. 上海东方压缩机厂。

D 系列活塞式空气压缩机技术参数见表 2-54。

D 系列活塞式空气压缩机技术参数　　　　　表 2-54

型号	电动机功率		排气量 (m³/min)	排气压力 (MPa)	转数 (r/min)	缸径和缸数 缸径×PCS		质量 (kg)	外形尺寸 (L×W×H) (mm)
	kW	hp							
AV1608	1.5	2.0	0.16	0.8	1250	φ51×2		85	980×400×770
AV2508	2.2	3.0	0.25	0.8	1170	φ65×2		109	1100×420×810
AV3608	3.0	4.0	0.36	0.8	1000	φ65×3		137	1200×450×860
AV4008	4.0	5.5	0.40	0.8	1000	φ80×2		179	1330×460×990
AW6708	5.5	7.5	0.67	0.8	1080	φ80×3		237	1480×540×1050
AW9008	7.5	10	0.90	0.8	1060	φ90×3		291	1600×560×1100
AW15008	11	15	1.50	0.8	900	φ100×3		420	1710×700×1230
AW19008	15	20	1.90	0.8	920	φ120×3		587	1800×720×1340
AW30012	3.0	4.0	0.30	1.2	1000	φ65×2	φ51×1	135	1200×450×860
AW60012	5.5	7.5	0.60	1.2	1000	φ80×2	φ65×1	232	1480×540×1050
AW80012	7.5	10	0.80	1.2	830	φ100×2	φ80×1	359	1640×560×1140
AW100012	11	15	1.00	1.2	900	φ100×2	φ80×1	415	1710×700×1230
AW20012	2.2	3.0	0.20	1.2	900	φ65×2	φ51×1	127	1200×450×860
AW40012	4.0	5.5	0.40	1.2	900	φ80×2	φ65×1	219	1480×540×1050

2.2.2　2m³/min 以上低压中、小型活塞式空气压缩机

（1）适用范围：2m³/min 以上低压中、小型活塞式空气压缩机有 V 型、W 型和 L 型结构。其排气量为 2～22m³/min，额定排气压力在 0.35～1.0MPa 之间，有移动式和固定式可供选择，主要用作低压压缩空气气源。

（2）型号意义说明：

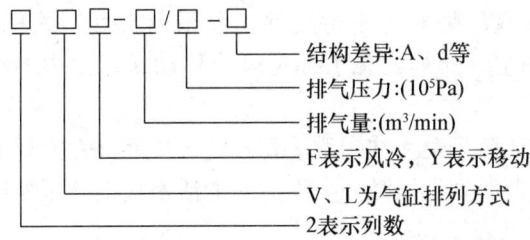

(3) 性能规格：2m³/min 以上低压中、小型活塞式空气压缩机性能规格见表 2-55。

2m³/min 以上低压中、小型活塞式空气压缩机性能规格　　　　表 2-55

型号	排气量 (m³/min)	排气压力 (MPa)	转速 (r/min)	轴功率 (kW)	冷却方式耗水 (m³/h)	贮气罐		外形尺寸(mm)			电动机		生产厂
						容积 (m³)	质量 (kg)	长	宽	高	型号	功率 (kW)	
Z-2.4/9	2.4	0.9		20	风冷						Y200M₂-6	20	益阳空压机厂
VF-2.8/7	2.8	0.7		17	风冷			1737	1200	1317	Y200L₁-6	18.5	
V-3/7	3	0.7(0.8)	970	17.5	0.45	0.15	85.4	1850	1330	1100	Y200L₁-6	18.5	自贡空压机厂
VF-3/7	3	0.7	970	18	风冷	0.15	85.4	2267	1330	1210	Y200L₁-6	18.5	
VY-3/7-d	3	0.7	970	18	风冷	0.135	85	2850	1700	1800	Y200L₁-6	18.5	
V-3/7-A	3	0.7		17	水冷			1470	1140	1270	Y200L₁-6	18.5	益阳空压机厂
Y-3/7-1	3	0.7	980	≤17.4	0.45	0.3	200	1460	1140	1220	Y200L₁-6	18.5	上海东方压缩机厂
V-3/8	3	0.8	980	19	风冷			1600	1185	1120	Y200M₂-6	20	
V-3/8-1	3	0.8	980	19	水冷			1500	1170	1210	Y200M₂-6	20	益阳空压机厂
YV-3/8	3	0.8	980	19	风冷			2700	1250	1900	Y200M₂-6	20	

(4) 外形及安装尺寸：2m³/min 以上低压中、小型活塞式空气压缩机典型机组 V-3/7 型成套设备安装尺寸见图 2-29。

2.2.3 无油润滑活塞式空气压缩机

(1) 适用范围：无油润滑活塞式空气压缩机主要用于要求压缩空气纯净不含油的场合，以及作为设备自动化控制的气源之用。

(2) 结构与特点：该系列空气压缩机分全无油润滑和半无油润滑两种。全无油润滑空气压缩机的气缸、曲轴箱均无润滑油，其活塞环、导向环、弹力环均采用填充聚四氟乙烯作为密封元件，曲轴上的轴承采用全密封型。半无油润滑空气压缩机的填料盒以上部分为全无油润滑部分；填料盒以下部分为有油润滑部分。活塞环、导向环、填料环均采用填充聚四氟乙烯作为密封元件。该系列空气压缩机产生的压缩空气非常纯净。低压微型全无油空气压缩机几乎都是风冷移动式，而中、小型无油空气压缩机，则为水冷固定式。

(3) 性能规格：低压微型全无油润滑活塞式空气压缩机性能规格见表 2-56。

(4) 外形尺寸：本节所列低压微型全无油润滑活塞式空气压缩机均为风冷移动式，外形见图 2-28，外形尺寸见表 2-56。

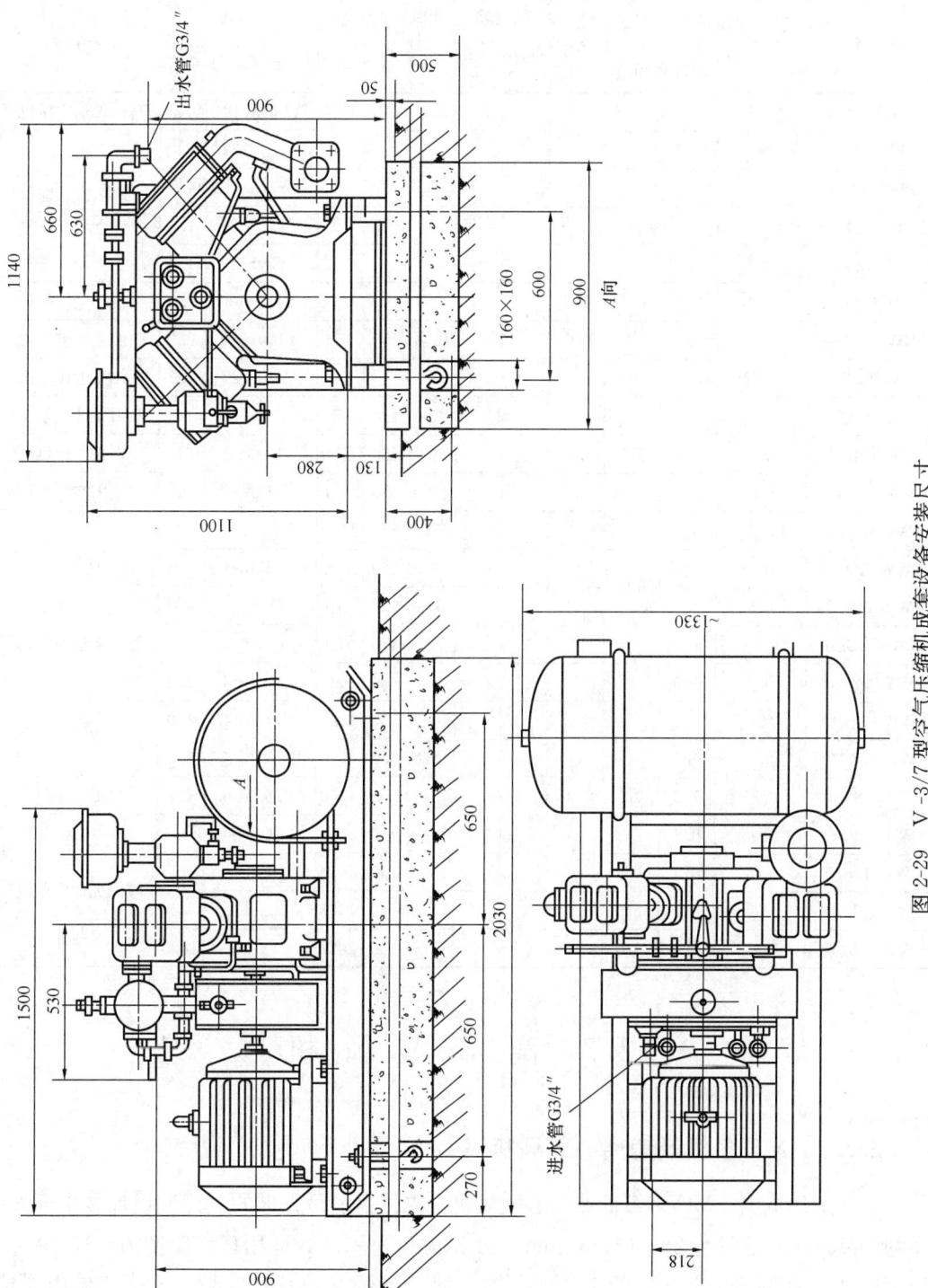

图 2-29 V-3/7 型空气压缩机成套设备安装尺寸

低压微型全无油润滑活塞式空气压缩机性能规格及外形尺寸   表 2-56

型 号	排气量 (m^3/min)	排气压力 (MPa)	转速 (r/min)	轴功率 (kW)	贮气罐		外形尺寸 (mm)			电动机		生产厂
					容积 (m^3)	质量 (kg)	长	宽	高	型 号	功率 (kW)	
ZW-0.03/7	0.03	0.7					375	315	515	CO_2-8012	0.37	鞍山无油空压机厂
ZW-0.05/7	0.05	0.7	700							AO_2-7122	0.55	
ZW-0.07/7	0.07	0.7	900							Y801-2	0.75	上海东方压缩机厂
VW-0.11/7	0.11	0.7					750	450	720	Y90S-4	1.1	鞍山无油空压机厂
VW-0.15/7	0.15	0.7	900							Y90S-2	1.5	
ZW-0.2/7	0.2	0.7		1.7						Y112M-6	2.2	益阳空压机厂
VW-0.22/7	0.22	0.7					1300	450	950	Y100L$_1$-4	2.2	鞍山无油空压机厂
WW-0.22/7	0.22	0.7	900							Y90L-2	2.2	上海东方压缩机厂
VW-0.3/7	0.3	0.7					1300	450	950			鞍山无油空压机厂
VW-0.42/7	0.42	0.7	870	3.36			1300	660	1050	Y112M-2	4	自贡空压机厂
VW-0.45/7	0.45	0.7		3.3			1410	550	900	Y112M-2	4	益阳空压机厂
WW-0.6/7	0.6	0.7					1520	580	1100	Y132S-4	5.5	
WW-0.9/7	0.9	0.7					1520	580	1100	Y132M-4	7.5	
ZW-0.055/10	0.055	1.0					650	430	670	Y802-4	0.75	鞍山无油空压机厂
VW-0.12/10	0.12	1.0					750	450	720	Y90L-4	1.5	
VW-0.2/10	0.2	1.0					1300	450	950	Y100L$_1$-4	2.2	
WW-0.4/10	0.4	1.0					1420	560	1020	Y112M-4	4.0	
WW-0.8/10	0.8	1.0					1520	680	1100	Y132M-4	7.5	
WW-0.85/10	0.85	1.0	970	7.45	0.16	45	1360	705	1150	Y160M-6	7.5	自贡空压机厂
WW-1.25/7	1.25	0.7					1640	750	1450	Y160M-4	11	
WW-1.6/7	1.6	0.7					1640	750	1450	Y160L-4	15	鞍山无油空压机厂
WW-3/7	3	0.7	770				1776	900	1022		22	
WW-2.5/10	2.5	1.0	670				1776	900	1022		18.5	

2.3 离 心 鼓 风 机

2.3.1 MC 多级低速离心鼓风机

(1) 适用范围：MC 多级低速离心鼓风机是采用目前最先进的三元流设计技术开发的系列产品之一。流量为 $20\sim600m^3/min$，压比为 $1.2\sim1.8$，适用环境温度为 $-35\sim40℃$，适用湿度为 $20\%\sim85\%$。广泛应用于污水处理、冶炼高炉及化铁炉、洗煤、矿山浮选、化工造气、煤气加压、脱硫、垃圾沼气等行业无毒无腐蚀性气体。

(2) 结构及特点：主机机壳采用垂直剖分式结构，用拉杆进行连接，且装有流线型级间导流环，以改善气体在流道内的气体流动状况。三元叶轮，流动损失小，效率高。

油润滑系统设计独特,不需水冷却。油润滑系统采用独特的双油室设计、甩油盘飞溅润滑,外置式铸铝油箱带有大面积散热筋片,可有效降低油温、改善轴承润滑,并且不会产生油沫。采用这种油室结构,轴承处可自动保持适合于最佳润滑的恒定油位,同时使得润滑油得到充分冷却。外油室的油位可以通过油标来加以控制。整机易损件少,使用简单、运行可靠、使用寿命长。鼓风机整体出厂(大机型除外),主机和电机安装在同一底座上,对安装水平找正要求不高。只需将风机整体放置于水平基础上,拧紧地脚螺栓即可。

该系列鼓风机由前、后两端轴承支撑,机壳和叶轮不易损坏,通常维修主要是更换轴承,且前、后两端轴承座相互独立,用螺栓连接在两端蜗壳上。维修时,无需对整机解体,只需取下轴承座更换轴承即可。

(3) 型号意义说明:

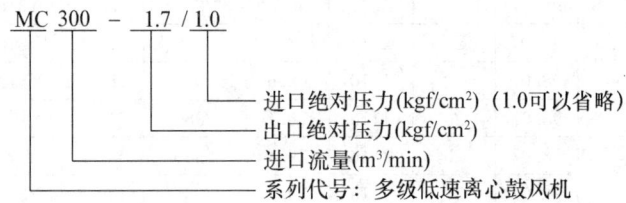

举例释义:

MC300-1.7/1.0

表示进口压力 1.0kgf/cm² (98.07kPa)、出口压力 1.7kgf/cm² (166.7kPa),吸入规定状态的空气,进口流量为 300m³/min。

(4) 性能:MC 多级低速离心鼓风机性能见表 2-57 和图 2-30。

MC 多级低速离心鼓风机性能　　　　　　　　　　　　　　　　表 2-57

| 型　号 | 进气状况 | | | | 升压 (kPa) | 转速 (r/min) | 轴功率 (kW) | 配套电机 | | |
	流量 (m³/min)	压力 (kPa)	温度 (℃)	密度 (kg/m³)				型　号	功率 (kW)	电压 (V)
MC60-1.4	60	98.07	20	1.16	39.2	2970	56.2	Y280S-2	75	380
MC60-1.5		98.07	20	1.16	49.0	2970	69.4	Y280M-2	90	
MC60-1.6		98.07	20	1.16	58.8	2970	82.4	Y315S-2	110	
MC60-1.65		98.07	20	1.16	63.7	2980	88.4	Y315S-2	110	
MC70-1.4	70	98.07	20	1.16	39.2	2970	64.5	Y280M-2	90	380
MC70-1.5		98.07	20	1.16	49.0	2980	79.6	Y315S-2	110	
MC70-1.6		98.07	20	1.16	58.8	2980	95.3	Y315M-2	132	
MC70-1.65		98.07	20	1.16	63.7	2980	103.2	Y315M-2	132	
MC80-1.4	80	98.07	20	1.16	39.2	2970	72.6	Y280M-2	90	380
MC80-1.5		98.07	20	1.16	49.0	2980	89.5	Y315S-2	110	
MC80-1.6		98.07	20	1.16	58.8	2980	107.1	Y315M-2	132	
MC80-1.7		98.07	20	1.16	68.6	2980	124.7	Y315L1-2	160	

| 型　号 | 进气状况 | | | | 升压 (kPa) | 转速 (r/min) | 轴功率 (kW) | 配套电机 | | |
	流量 (m³/min)	压力 (kPa)	温度 (℃)	密度 (kg/m³)				型　号	功率 (kW)	电压 (V)
MC100-1.3	100	98.07	20	1.16	29.4	2970	69.1	Y280M-2	90	380
MC100-1.4		98.07	20	1.16	39.2	2980	90.7	Y315S-2	110	
MC100-1.5		98.07	20	1.16	49.0	2980	111.9	Y315M-2	132	
MC100-1.6		98.07	20	1.16	58.8	2980	133.8	Y315L1-2	160	
MC100-1.7		98.07	20	1.16	68.6	2980	154.5	Y315L1-2	185	
MC100-1.8		98.07	20	1.16	78.4	2980	174.9	Y355M1-2	220	
MC125-1.3	125	98.07	20	1.16	29.4	2980	85.6	Y315S-2	110	380
MC125-1.4		98.07	20	1.16	39.2	2980	112.5	Y315M-2	132	
MC125-1.5		98.07	20	1.16	49.0	2980	138.7	Y315L1-2	160	
MC125-1.6		98.07	20	1.16	58.8	2980	164.5	Y315L2-2	200	
MC125-1.7		98.07	20	1.16	68.6	2980	189.8	Y355M1-2	220	
MC125-1.8		98.07	20	1.16	78.4	2980	216.8	Y355M2-2	250	
MC150-1.3	150	98.07	20	1.16	29.4	2980	98.2	Y315M-2	132	380
MC150-1.4		98.07	20	1.16	39.2	2980	129.8	Y315L1-2	160	
MC150-1.5		98.07	20	1.16	49.0	2980	161.2	Y315L2-2	200	
MC150-1.6		98.07	20	1.16	58.8	2980	192.5	Y355M2-2	250	
MC150-1.7		98.07	20	1.16	68.6	2980	222.1	Y355L1-2	280	
MC150-1.8		98.07	20	1.16	78.4	2980	251.3	Y355L2-2	315	
MC180-1.3	180	98.07	20	1.16	29.4	2980	117.3	Y315L1-2	160	380
MC180-1.4		98.07	20	1.16	39.2	2980	154.6	Y315L2-2	200	
MC180-1.5		98.07	20	1.16	49.0	2980	192	Y355M2-2	250	
MC180-1.6		98.07	20	1.16	58.8	2980	227.3	Y355L1-2	280	
MC180-1.7		98.07	20	1.16	68.6	2980	262.2	Y355L2-2	315	
MC180-1.8		98.07	20	1.16	78.4	2980	296.5	YKK4002-2	355	6000
MC200-1.3	200	98.07	20	1.16	29.4	2980	130	Y315L1-2	160	380
MC200-1.4		98.07	20	1.16	39.2	2980	171.7	Y315L2-2	200	
MC200-1.5		98.07	20	1.16	49.0	2980	213.2	Y355M2-2	250	
MC200-1.6		98.07	20	1.16	58.8	2980	252.6	Y355L2-2	315	
MC200-1.7		98.07	20	1.16	68.6	2980	291.3	YKK4002-2	355	6000
MC200-1.8		98.07	20	1.16	78.4	2980	329.4	YKK4003-2	400	
MC220-1.3	220	98.07	20	1.16	29.4	2980	140.8	Y315L1-2	185	380
MC220-1.4		98.07	20	1.16	39.2	2980	184.7	Y355M1-2	220	
MC220-1.5		98.07	20	1.16	49.0	2980	229.2	Y355L1-2	280	
MC220-1.6		98.07	20	1.16	58.8	2980	273.5	Y355L2-2	315	380
								YKK3554-2		6000
MC220-1.7		98.07	20	1.16	68.6	2980	315.3	YKK4003-2	400	6000
MC220-1.8		98.07	20	1.16	78.4	2980	356.4	YKK4004-2	450	

续表

| 型　号 | 进气状况 | | | | 升压 (kPa) | 转速 (r/min) | 轴功率 (kW) | 配套电机 | | 电压 (V) |
	流量 (m³/min)	压力 (kPa)	温度 (℃)	密度 (kg/m³)				型　号	功率 (kW)	
MC250-1.3	250	98.07	20	1.16	29.4	2980	159	Y315L2-2	200	380
MC250-1.4		98.07	20	1.16	39.2	2980	208	Y355M2-2	250	
MC250-1.5		98.07	20	1.16	49.0	2980	259	YKK3554-2	315	6000
MC250-1.6		98.07	20	1.16	58.8	2980	308	YKK4002-2	355	
MC250-1.7		98.07	20	1.16	68.6	2980	355	YKK4004-2	450	
MC250-1.8		98.07	20	1.16	78.4	2980	401	YKK4005-2	500	
MC300-1.3	300	98.07	20	1.16	29.4	2980	190	Y355M1-2	220	380
MC300-1.4		98.07	20	1.16	39.2	2980	250	Y355L2-2 / YKK4001-2	315	380
MC300-1.5		98.07	20	1.16	49.0	2980	310	YKK4003-2	400	6000
MC300-1.6		98.07	20	1.16	58.8	2980	367	YKK4004-2	450	
MC300-1.7		98.07	20	1.16	68.6	2980	423	YKK4005-2	500	
MC300-1.8		98.07	20	1.16	78.4	2980	478	YKK4502-2	560	
MC350-1.3	350	98.07	20	1.16	29.4	2980	219	Y355L1-2 / YKK3555-2	280	380
MC350-1.4		98.07	20	1.16	39.2	2980	287	YKK4002-2	355	6000
MC350-1.5		98.07	20	1.16	49.0	2980	353	YKK4004-2	450	
MC350-1.6		98.07	20	1.16	58.8	2980	421	YKK4005-2	500	
MC350-1.7		98.07	20	1.16	68.6	2982	485	YKK4502-2	560	
MC350-1.8		98.07	20	1.16	78.4	2982	548	YKK4504-2	710	
MC400-1.3	400	98.07	20	1.16	29.4	2980	248	YKK4001-2	315	
MC400-1.4		98.07	20	1.16	39.2	2980	326	YKK4003-2	400	
MC400-1.5		98.07	20	1.16	49.0	2980	402	YKK4005-2	500	6000
MC400-1.6		98.07	20	1.16	58.8	2982	478	YKK4501-2	560	
MC400 1.7		98.07	20	1.16	68.6	2982	551	YKK4504-2	710	
MC400-1.8		98.07	20	1.16	78.4	2982	622	YKK4505-2	800	
MC450-1.3	450	98.07	20	1.16	29.4	2980	277	YKK4002-2	355	
MC450-1.4		98.07	20	1.16	39.2	2980	364	YKK4004-2	450	
MC450-1.5		98.07	20	1.16	49.0	2982	451	YKK4501-2	560	6000
MC450-1.6		98.07	20	1.16	58.8	2982	534	YKK4502-2	630	
MC450-1.7		98.07	20	1.16	68.6	2982	615	YKK4504-2	710	
MC450-1.8		98.07	20	1.16	78.4	2982	694	YKK4505-2	800	
MC500-1.5	500	98.07	20	1.16	49.0	2982	465	YKK4502-2	630	
MC500-1.7		98.07	20	1.16	68.6	2982	620	YKK4505-2	800	

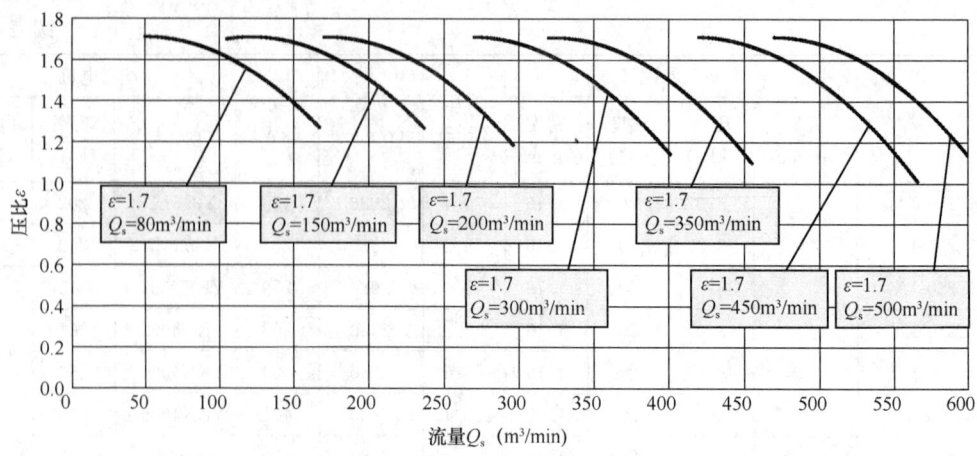

图 2-30 MC 多级低速离心鼓风机性能曲线

（5）外形及安装尺寸：MC 多级低速离心鼓风机外形及安装尺寸见表 2-58 及图 2-31。

MC 多级低速离心鼓风机外形及安装尺寸（mm）　　　　表 2-58

型号	外形及安装尺寸										地脚螺栓	预留孔	进口法兰	出口法兰
	A	A_1	A_2	A_3	B	B_1	H	H_1	L	L_1	m-$M\phi \times h$	$a \times a \times l$	DN	DN
MC60-1.4	2260	1250	845	425	810	750	1650	800	2450	750	8-M24×500	200×200×700	300	250
MC110-1.6	3440	2088	1560	450	1400	1330	1700	950	3000	935	8-M30×800	250×250×1000	350	300
MC150-1.7	4500	2225	1562	495	1500	1430	1900	1050	4100	1200	8-M30×800	250×250×1000	400	400
MC200-1.7	4600	2245	1580	540	1650	1590	2150	1080	4200	1200	8-M30×800	250×250×1000	400	400
MC250-1.7	4750	2100	1720	560	1750	1690	2150	1080	4250	1200	8-M30×800	250×250×1000	500	450
MC350-1.7	4855	2180	1750	600	1750	1690	2300	1150	4310	1300	8-M30×800	250×250×1000	600	550
MC450-1.7	4650	2090	1590	600	1900	1840	2300	1150	4400	1400	8-M30×800	250×250×1000	600	550
MC500-1.7	4680	2120	1610	650	1900	1840	2300	1150	4500	1400	8-M30×800	250×250×1000	700	600

2.3.2 SB 单级高速离心鼓风机

（1）适用范围：SB 单级高速离心鼓风机叶轮采用三元流动逆命题设计，即输入内部全部流体质点的"涡（速度环量）"分布，通过数值计算直接得到三元叶片型面坐标，从而实现对叶轮内部全部流体质点速度分布的有效控制。"全可控涡"设计不仅大大缩短了用于叶轮设计的计算时间，而且可以确保宽叶片或小轴向尺寸条件下设计计算的收敛。采

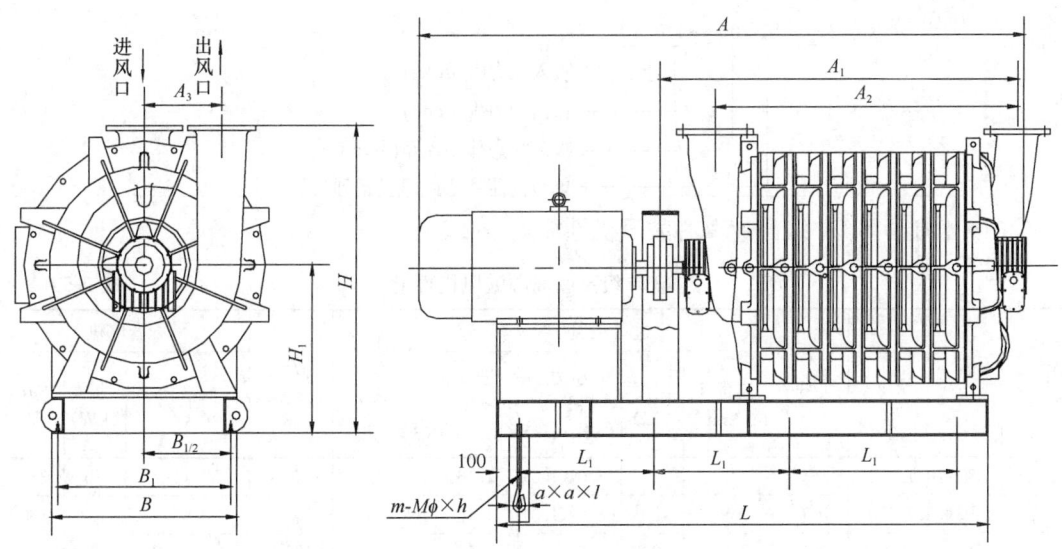

图 2-31 MC 多级低速离心鼓风机外形及安装尺寸

用"全可控涡"三元叶轮技术,产品压力高、效率高。

采用三元扭曲叶片半开式叶轮,鼓风机出口压力可达 0.147~0.196MPa,压缩机出口压力可达 0.247MPa。

具有可靠的气动性能,效率比国外直线元素三元叶轮提高 2%以上,较国内常规(二元)设计叶轮提高 8%~10%,整机效率可达 82%~87%,节能 2%~10%。

采用进口导叶调节,流量可调范围可达 40%~105%,机组效率曲线平坦,即使在偏离设计工况下运转也能取得良好的节能效果。

1)石油化工、炼铁装置:可用于原料空气源、燃烧处理、化学反应、转炉鼓风、硫磺回收装置、酞酸装置、顺丁烯二酸装置、丙烯酸装置等。

2)压送、抽吸各种气体:可用于二氧化碳、氨气、天然气、氯气、焦炉煤气、废气等流程气循环。

3)食品、医药行业:可用于反应、发酵、原料空气输送、废气和废水处理等。

4)公共事业:可用于城市污水曝气,城市气体输送,火力发电排烟、脱硫压送气体,沉箱压送气体,隧道工程送气、土沙输送等。

5)其他作业:可用于空气幕、气刀、干燥等。

(2)结构与特点:SB 单级高速离心鼓风机为单支撑结构,鼓风机本体由定子、转子、增速箱等部件组成。转子由主轴、叶轮、平衡盘、滑动轴承和半联轴器等组成,定子由蜗壳、扩压器等组成。大、中型本体与电机采用分置底座。小型本体与电机为整体组装结构机组:将电动机、联轴器及防护罩、本体(含增速箱)及调节机构组装在一个共用底座上。

转子直径比常规(二元)离心叶轮小 30%~40%,转子转动惯量小,易于启动。

采用单级组装整体结构,占地面积小、重量轻、安装方便。

转子重量轻,平衡精度高,振动小。并且产生的是高频噪声,易于消除。

采用滑动轴承,可长时间无需维修。即便维修,因结构简单、重量轻也易于操作。

(3)型号意义说明:

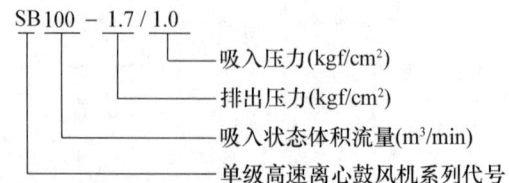

（4）性能：SB 单级高速离心鼓风机性能见表 2-59。

SB 单级高速离心鼓风机性能　　　　　　　　　表 2-59

序号	型　号	介质	进口工况				出口压力 (kPa) (kgf/cm²)	轴功率 (kW)	配套电机		
			流量 (m³/min)	温度 (℃)	压力 (kPa) (kgf/cm²)	进气密度 (kg/m³)			型号	功率 (kW)	电压 (V)
1	SB50-1.7/1.0	空气	50	20	98.07(1.0)	1.16	166.7(1.7)	63.4	Y280S-2	75	380
2	SB80-1.7/1.0	空气	80	20	98.07(1.0)	1.16	166.7(1.7)	101.5	Y315M-2	132	380
3	SB100-1.7/1.0	空气	100	20	98.07(1.0)	1.16	166.7(1.7)	126.9	Y315L1-2	160	380
4	SB125-1.7/1.0	空气	125	20	98.07(1.0)	1.16	166.7(1.7)	158.6	Y315L2-2	200	380
5	SB150-1.7/1.0	空气	150	20	98.07(1.0)	1.16	166.7(1.7)	187.7	Y355M1-2	220	380
6	SB200-1.7/1.0	空气	200	20	98.07(1.0)	1.16	166.7(1.7)	250.3	Y355L1-2	280	380
7	SB250-1.7/1.0	空气	250	20	98.07(1.0)	1.16	166.7(1.7)	312.9	YKK4002-2	355	6000
8	SB300-1.7/1.0	空气	300	20	98.07(1.0)	1.16	166.7(1.7)	366.5	YKK4004-2	450	6000
9	SB350-1.7/1.0	空气	350	20	98.07(1.0)	1.16	166.7(1.7)	427.6	YKK4005-2	500	6000
10	SB400-1.7/1.0	空气	400	20	98.07(1.0)	1.16	166.7(1.7)	488.7	YKK4501-2	560	6000
11	SB450-1.7/1.0	空气	450	20	98.07(1.0)	1.16	166.7(1.7)	542.6	YKK4502-2	630	6000
12	SB500-1.7/1.0	空气	500	20	98.07(1.0)	1.16	166.7(1.7)	602.9	YKK4503-2	710	6000
13	SB550-1.7/1.0	空气	550	20	98.07(1.0)	1.16	166.7(1.7)	663.1	YKK4504-2	800	6000
14	SB600-1.7/1.0	空气	600	20	98.07(1.0)	1.16	166.7(1.7)	723.4	YKK4504-2	800	6000
15	SB700-1.7/1.0	空气	700	20	98.07(1.0)	1.16	166.7(1.7)	844.0	YKK5002-2	1000	6000
16	SB800-1.7/1.0	空气	800	20	98.07(1.0)	1.16	166.7(1.7)	964.6	YKK5003-2	1120	6000
17	SB900-1.7/1.0	空气	900	20	98.07(1.0)	1.16	166.7(1.7)	1085.1	YKK5004-2	1250	6000
18	SB1000-1.7/1.0	空气	1000	20	98.07(1.0)	1.16	166.7(1.7)	1205.7	YKK5601-2	1400	6000
19	SB1200-1.7/1.0	空气	1200	20	98.07(1.0)	1.16	166.7(1.7)	1446.9	YKK5603-2	1800	6000
20	SB1400-1.7/1.0	空气	1400	20	98.07(1.0)	1.16	166.7(1.7)	1688.0	YKK6301-2	2000	6000

（5）外形及安装尺寸：SB 单级高速离心鼓风机外形及安装尺寸见表 2-60 及图 2-32。

SB 单级高速离心鼓风机外形及安装尺寸（mm）　　　　　　　　　表 2-60

序号	A	B*	C	DN₁	D₁	m-φd₁	E	F*	S₁	S₂	N*	L	h	h₁*	H*	M	DN₂	D₂	n-φd₂
SB-B	1330	2640	415	300	400	12-22	590	2420	50	40	1100	125	1470	1020	1765	350	250	350	12-22
SB-C	1485	3350	490	400	515	16-26	655	2620	50	40	1200	125	1545	1045	2000	425	300	400	12-22
SB-D	1625	3905	570	500	620	20-26	745	2560	50	40	1200	125	1870	1270	2400	555	400	515	16-26
SB-E	1770	4480	680	600	725	20-30	810	3020	50	40	1300	135	2230	1430	2650	685	500	620	20-26
SB-F	1795	4500	705	700	810	20-30	835	3050	50	40	1300	135	2230	1430	2650	805	600	725	20-30

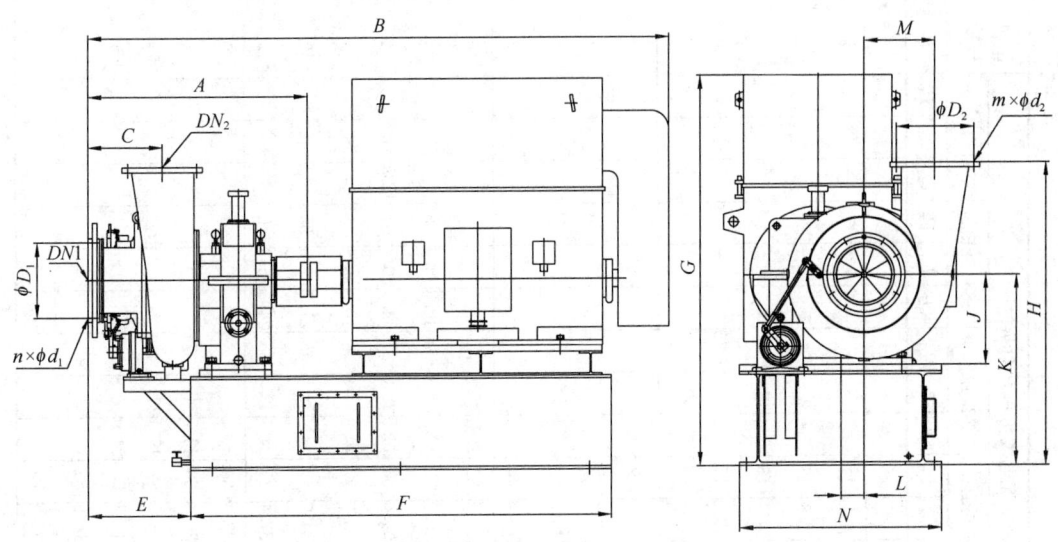

图 2-32　SB 单级高速离心鼓风机外形及安装尺寸

2.4　罗茨鼓风机

　　罗茨鼓风机是容积式气体压缩机的一种。其特点是在最高设计压力范围内，管网阻力变化时流量变化很小，故在风量要求稳定而阻力变化幅度较大的工作场合，工作适应性较强。

2.4.1　R 系列标准型罗茨鼓风机

　　(1) 适用范围：R 系列标准型罗茨鼓风机用于输送洁净空气。其进口流量 0.45～458.9m³/min，出口升压 9.8～98kPa。可广泛用在电力、石油、化工、港口、轻纺、水产养殖、污水处理、气力输送等部门。

　　(2) 型号意义说明：

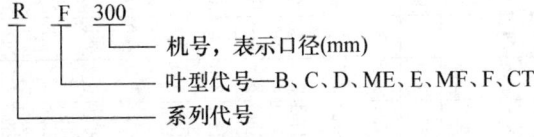

　　(3) 结构及特点：R 系列标准型罗茨鼓风机系引进日本先进技术设计制造而成。1993年以前采用国际标准通过了验收。其结构采用摆线叶型和最新气动设计理论，高效节能；转子平衡精度高、振动小；齿轮精度高、噪声低、寿命长；输送气体不受油污染。传动方式分直联和带联两种。带联传动选用强力窄 V 形皮带，传动平稳，单根传动功率大、所需根数少，传递空间小。

　　(4) 性能规格：R 系列标准型罗茨鼓风机性能规格见表 2-61、表 2-62。

R 系列标准型罗茨鼓风机性能规格（一）

表 2-61

各排气压力下的进口流量 Q_s（m³/min），所需制动功率 L_a（kW）及所配电机功率 P_o（kW）

型号	口径(mm)	转速 n(r/min)	9.8kPa Q_s	L_a	P_o	19.6kPa Q_s	L_a	P_o	29.4kPa Q_s	L_a	P_o	39.2kPa Q_s	L_a	P_o	49kPa Q_s	L_a	P_o	58.8kPa Q_s	L_a	P_o	68.6kPa Q_s	L_a	P_o	78.4kPa Q_s	L_a	P_o	88.2kPa Q_s	L_a	P_o	98kPa Q_s	L_a	P_o	电机极数 P
RB1	80	1200	3.71	1.4	2.2	3.4	2.3	3	3.0	2.9	4	2.68	3.7	5.5	2.4	4.6	7.5	2.2	5.5	7.5													
		1500	4.9	1.7	2.2	4.45	2.69	4	4.14	3.62	5.5	3.79	4.66	7.5	3.52	5.69	7.5	3.27	6.93	11	3.07	7.86	11										4
		1800	6.3	2.1	3	5.8	3.2	4	5.4	4.6	5.5	5.1	5.8	7.5	4.9	6.8	11	4.6	8.3	11	4.4	9.8	15										4
		2100	7.5	2.3	3	7.0	3.8	5.5	6.6	5.3	7.5	6.3	6.6	7.5	6.0	8.1	11	5.8	9.7	15	5.6	11.6	15	5.4	12.4	15							2
		2500	9.2	2.9	4	8.8	4.5	7.5	8.5	6.3	11	8.20	8.0	11	7.80	9.8	15	7.60	11.5	15	7.4	13.2	15	7.2	14.8	18.5							2
RB12	100	1200	5.6	2.0	3	5.2	3.1	4	4.8	4.3	5.5	4.60	5.3	7.5	4.20	6.4	7.5	3.90	7.6	11	3.65	8.7	11										
		1500	7.3	2.48	3	6.8	3.83	5.5	6.5	5.38	7.5	6.10	6.62	7.5	5.80	8.07	11	5.60	9.52	11	5.34	11	15										4
		1800	9.17	2.8	4	8.7	4.5	5.5	8.3	6.4	7.5	7.93	8.0	11	7.64	9.7	15	7.38	11.4	15	7.13	13.2	15										4
		2100	11.1	3.3	4	10.5	5.4	7.5	10.1	7.4	11	9.73	9.3	11	9.44	11.3	15	9.18	13.3	15	8.93	15.3	18.5										2
		2500	13.6	3.9	5.5	12.9	6.3	7.5	12.4	8.7	11	12.0	11.1	15	11.7	13.5	18.5	11.5	15.9	18.5	11.2	18.3	22										2
RB21	125	970	11.1	3.3	4	10.4	5.5	7.5	9.81	7.7	11	9.3	9.9	15	8.9	12.1	15	8.5	14.4	18.5	8.15	16.5	22	7.81	18.8	22							6
		1170	14.1	3.9	5.5	13.6	6.7	7.5	12.8	9.3	15	12.3	12.0	15	11.8	14.6	18.5	11.5	17.3	22	11	19.9	22	10.7	22.5	30	10.3	25.3	30				4
		1470	17.8	4.9	7.5	17.2	8.3	11	16.6	11.5	15	16.1	14.8	18.5	15.6	18.1	22	15.2	21.4	22	14.9	24.6	30	14.5	28.0	37	14.1	30.7	37	13.7	34.6	45	4
		1800	22.9	6.0	7.5	21.9	10.2	15	21.3	14.3	18.5	20.8	18.4	22	20.4	22.4	30	20.0	26.5	30	19.6	30.7	37	19.3	34.8	45	16.5	38.8	45				4
		2000	25.6	6.8	11	24.6	11.3	15	24	15.8	18.5	23.5	20.3	30	23.1	25.0	30	22.7	29.5	30	22.3	34.0	45	22	38.5	45	21.7	47.6	55				2
		2200	27.9	7.5	11	27.4	12.4	15	26.9	17.4	22	26.2	22.4	30	25.8	26.3	37	25.4	32.4	37	25	37.4	45	24.7	42.5	55	24.3	46.3	55				2
RB22	150	970	14.5	4.4	5.5	13.4	7.5	11	12.7	10.4	15	12.1	13.3	18.5	11.5	16.3	18.5	10.9	19.3	22	10.4	22.3	30										6
		1170	18.2	5.4	7.5	17.6	8.8	11	16.7	12.3	15	16.0	15.0	18.5	15.3	19.3	22	14.8	22.9	30	14.2	26.4	30	13.7	31.1	37							4
		1470	24.3	6.6	7.5	23.1	11.3	15	22.3	15.5	18.5	21.6	19.9	30	20.9	24.4	30	20.4	28.8	37	19.8	33.3	37	19.4	37.7	45							4
		1800	30.4	8.2	11	28.8	13.9	18.5	27.8	19.2	22	27.1	24.8	30	26.4	30.2	37	25.9	35.4	45	25.4	41.2	55	24.9	46.8	55							4
		2000	34	9.2	11	32.8	15.4	18.5	32.1	21.4	30	31.4	27.5	37	30.7	33.6	45	30.2	39.8	45	29.6	45.9	55										2
		2200	37.8	10.1	15	36.5	17	22	35.8	23.5	30	35.0	30.3	37	34.4	37.0	45	33.8	43.7	55	33.5	50.5	75										2

续表

各排气压力下的进口流量 Q_s（m³/min），所需轴功率 L_a（kW）及所配电机功率 P_o（kW）

型号	口径(mm)	转速 n (r/min)	9.8kPa Q_s	L_a	P_o	19.6kPa Q_s	L_a	P_o	29.4kPa Q_s	L_a	P_o	39.2kPa Q_s	L_a	P_o	49kPa Q_s	L_a	P_o	58.8kPa Q_s	L_a	P_o	68.6kPa Q_s	L_a	P_o	78.4kPa Q_s	L_a	P_o	88.2kPa Q_s	L_a	P_o	98kPa Q_s	L_a	P_o	电机极数 P
RB23	150	970	18.4	5.4	7.5	17	9	11	16	12.7	15	15.2	16.3	18.5	14.5	20.0	30	13.8	23.6	30	13.2	27.3	30										6
		1170	22.9	6.4	7.5	21.6	10.7	15	20.7	15.0	18.5	19.9	19.4	22	19.1	23.7	30	18.5	28.0	37	17.9	32.3	37										4
		1470	30.2	8.1	11	28.5	13.8	18.5	27.5	19.0	22	26.6	24.4	30	25.8	29.9	37	25.3	35.3	45	24.6	40.8	45	24.1	46.2	55							4
		1800	37.3	10.0	15	35.8	16.8	18.5	34.9	23.6	30	34	30.3	37	33.3	37.1	45	32.8	43.8	55	32	50.6	75										4
		2000	41.8	11.1	15	40.4	18.6	22	39.5	26.2	30	38.8	33.7	45	38.1	41.2	55	37.4	48.7	55	36.7	56.3	75										2
RB31	200	740	23.8	6.7	11	22.1	11.4	15	21	16.1	18.5	20	20.8	30	19.2	25.5	30	18.4	30.1	37	17.8	34.8	45	17.3	39.5	45	16.7	44.2	55				6
		980	33.5	8.9	11	31.9	15.1	18.5	30.8	21.4	30	29.8	27.6	37	28.9	33.8	45	28.1	40.1	45	27.5	46.3	55	26.8	52.5	75	26.1	58.7	75	25	65	75	6
		1180	41.6	10.7	15	40	18.2	22	38.8	25.8	30	37.9	33.3	45	37.1	40.8	45	36.4	48.3	55	35.5	55.8	75	34.8	63.3	75	34.2	70.9	90	33.6	78.4	90	4
		1280	45.1	11.8	15	43.5	20.0	30	42.4	28.2	37	41.4	36.4	45	40.5	44.6	55	39.7	52.8	75	39	61.0	75	38.3	69.3	90	37.6	77.5	90	37	85.7	110	4
		1380	48.8	12.7	15	47.3	21.5	30	46.1	30.4	37	45.1	39.3	45	44.2	48.1	55	43.4	56.9	75	42.7	65.8	75	42	74.7	90	41.1	83.6	110	40.8	92.4	110	4
		1470	51.9	13.3	18.5	50.5	22.2	30	49.4	31.9	37	48.5	41.2	45	47.6	50.6	75	46.8	59.9	75	46.1	69.2	90	45.4	78.5	90	44.4	87.8	110	44.1	97.1	110	4
RB32	200	740	30.3	8.3	11	28.6	14.7	18.5	27.2	20.0	30	26.1	25.9	30	25.1	31.7	37	24.2	37.6	45	23.4	43.4	55	22.7	49.3	55	21.9	55.2	75	21.2	61	75	6
		980	42.5	11.0	15	40.7	18.8	22	39.3	26.6	30	38.2	34.3	45	37.2	42.1	55	36.3	49.9	55	35.4	57.7	75	34.7	65.5	75	33.9	73.3	90	33.3	81.1	90	6
		1180	52.1	13.2	18.5	50.5	22.6	30	49	32.0	37	47.8	41.4	55	46.8	50.7	75	45.9	60.2	75	45.1	69.6	90	44.3	79	90	43.6	88.4	110	42.9	97.8	110	4
		1280	56.8	14.4	18.5	55	24.8	30	53.6	35.0	45	52.5	45.4	55	51.5	55.5	75	50.6	65.8	75	49.7	76.1	90	49	86.4	110	48.2	96.8	110	47.5	106	132	4
		1380	61.8	15.6	18.5	60	26.7	30	58.7	37.8	45	57.6	48.9	55	56.6	59.9	75	55.7	71.0	75	54.9	82.1	90	54.1	93.2	110	53.3	104	132	52.6	116	132	4
		1470	65.6	16.4	22	63.8	28.1	37	62.5	39.7	45	61.3	51.3	75	60.3	63.0	75	59.4	74.6	90	58.6	86.3	110	57.8	97.9	110	57.1	110	132	56.4	121	160	4
RB33	250	740	37.5	10.0	15	35.6	17.1	22	34.1	24.3	30	32.9	31.5	37	31.8	38.6	45	30.8	45.8	55	29.9	53	75	29	60.1	75	28.2	67.3	75				6
		980	52.4	13.2	18.5	50.4	22.8	30	48.9	32.3	37	47.7	41.8	55	46.6	51.3	75	45.6	60.0	75	44.6	70.4	90	43.8	79.9	90	43	89.4	110	42.2	98.9	110	6
		1180	64.2	16.0	18.5	62.2	27.5	37	60.7	38.9	45	59.5	50.4	75	58.3	61.9	75	57.3	73.4	90	56.4	84.9	110										4
		1280	69.1	17.5	22	67.5	30.0	37	66.2	42.6	45	65	55.2	75	64	67.7	75	63	80.3	90	62	91.0	110	61.3	103	132							4
		1380	74.8	18.8	22	73.2	32.4	37	71.9	45.9	55	70.7	59.5	75	69.7	73.0	90	68.8	86.6	110	67.8	97.1	110	67	110	132							4
		1470	80.7	19.8	30	78.7	34	45	77.2	48.3	75	75.9	62.5	75	74.8	76.7	90	73.8	91.0	110	72.9	105	132	72	119	132	71.2	134	160	70.5	148	160	4

各排气压力下的进口流量 Q_s(m³/min)，所需辅功率 L_a(kW)及所配电机功率 P_o(kW)

型号	口径(mm)	转速 n(r/min)	9.8kPa Q_s	L_a	P_o	19.6kPa Q_s	L_a	P_o	29.4kPa Q_s	L_a	P_o	39.2kPa Q_s	L_a	P_o	49kPa Q_s	L_a	P_o	58.8kPa Q_s	L_a	P_o	68.6kPa Q_s	L_a	P_o	78.4kPa Q_s	L_a	P_o	88.2kPa Q_s	L_a	P_o	98kPa Q_s	L_a	P_o	电机极数 P
RB34	300	740	48.3	12.1	15	45.8	21.2	30	44	30.4	37	42.4	39.5	45	41.0	48.6	55	39.9	57.7	75	38.6	66.8	75										6
		980	66.8	16.8	18.5	64.3	28.2	37	62.4	40.3	45	60.8	52.5	75	59.4	64.6	75	58.2	76.7	90													6
		1180	81.8	19.4	22	79.3	34	45	77.4	48.7	55	75.8	63.3	75	74.4	77.9	90	73.2	90.3	110													4
		1280	88.3	21.3	30	86.3	37.3	45	84.5	53.2	75	83	69.2	90	81.7	85.2	110	80.4	98.9	110													4
		1380	95.4	22	30	93.4	39	45	91.6	56	75	90.1	73	90	88.8	90	110	87.6	107	132													4
		1450	102	24.1	30	100	42.2	55	98.4	60.3	75	96.8	78.4	90	95.4	96.5	110	94.1	115	132	93	133	160										4
RB71	600	490	428	99	110	417	175	200	408	251	280	400	327	355	394	402	450	388	478	560	383	554	630	378	630	710							12
		590	521	119	132	509	210	250	501	302	355	493	393	450	487	485	560	481	576	630	476	667	710	471	759	800							10
RB72	700	490	536	122	160	522	217	250	511	312	355	510	406	450	494	501	560	487	596	630	480	691	800										12
		590	652	147	185	638	261	315	627	375	400	610	489	560	610	604	710	603	718	800	596	832	900										10
RB73	600	490	559	127	160	545	225	250	533	324	355	524	423	450	515	522	560	507	620	710	500	719	800	494	818	900	488	917	1000				12
		590	681	153	185	666	271	315	655	390	450	645	509	560	637	628	710	629	747	800	622	866	1000	615	985	1120	609	1104	1250				10
RB81	700	490	744	162	185	724	293	315	709	424	450	697	555	630	686	686	800	676	817	900	667	948	1000										12
		590	905	195	220	886	353	400	871	511	560	858	669	710	847	826	900	837	984	1120	828	1142	1250										10
RB82	800	490	869	187	220	847	341	400	831	494	560	817	647	710	804	800	900																12
		590	1057	225	250	1036	410	450	1019	594	630	1005	779	900	992	963	1120																10

表 2-62

R 系列标准型罗茨鼓风机性能规格（二）

各排气压力下的进口流量 Q_s(m³/min)，所需轴功率 L_a(kW) 及所配电机功率 P_o(kW)

型号	口径(mm)	转速 n(r/min)	9.8kPa Qs	La	Po	19.6kPa Qs	La	Po	29.4kPa Qs	La	Po	39.2kPa Qs	La	Po	49kPa Qs	La	Po	58.8kPa Qs	La	Po	68.6kPa Qs	La	Po	78.4kPa Qs	La	Po	88.2kPa Qs	La	Po	98kPa Qs	La	Po	电机极数 P
RB51	300	730	128	30.1	37	123	53	75	120	76.6	90	117	100	110	114	123	160	112	146	160	110	169	185	108	193	220	106	216	250	104	239	280	8
		980	176	40.2	45	171	71.5	90	167	103	132	164	134	160	162	165	185	159	196	220	157	227	250	155	258	280	153	290	315	153	321	355	6
RB52	350	730	160	36.4	45	154	65.3	75	150	94.2	110	146	123	160	143	152	185	140	181	200	138	210	250	135	239	280	133	268	315				8
		980	219	48.9	55	214	87.6	110	209	126	132	206	165	185	203	204	220	200	243	280	197	282	315	195	320	355	192	359	400				6
RB53	400	730	184	41.1	55	177	74.1	90	173	107	132	169	140	160	165	173	200	162	206	250	159	239	280	156	273	315							8
		980	252	55.1	75	246	99.5	110	241	144	160	237	188	220	233	233	250	230	277	315	227	321	355	224	366	400							6
RB54	400	730	204	41.6	55	198	74.6	90	193	108	132	188	141	185	184	174	220	181	207	250	178	240	280										8
		980	280	55.8	75	273	100	132	268	145	185	264	189	250	260	233	280	256	278	355	253	322	400										6
RB61	350	590	185	43.9	55	180	76.8	90	176	110	132	173	143	160	170	175	200	167	208	250	165	241	280	163	274	315	161	307	355				10
		740	235	55.1	75	230	96.3	110	226	138	160	223	179	200	220	220	250	217	261	280	215	303	355	213	344	400	211	385	450	209	426	450	8
RB62	400	590	232	53.3	75	226	94.7	110	221	136	185	217	177	200	213	219	250	210	260	280	207	301	315	204	343	400	201	384	450				10
		740	295	66.9	75	289	119	132	284	171	185	280	222	250	276	274	315	273	326	355	270	378	400	267	430	500	264	482	560				8
RB63	450	590	262	59.5	75	255	106	132	250	153	185	246	199	220	242	246	280	238	292	315	235	339	355	232	385	450							10
		740	333	74.6	90	326	133	160	321	191	220	317	250	280	313	308	355	309	366	400	306	425	450	303	483	560							8
RB64	450	590	263	65.2	75	285	117	132	280	169	185	275	220	250	271	272	315	267	324	355	264	375	400	261	427	450							10
		740	334	81.8	90	364	147	160	359	211	250	354	276	315	350	341	400	346	406	450	343	471	500	339	536	560							8
RB65	500	590	362	78.9	90	353	143	160	346	207	220	341	271	315	336	334	355	331	398	450	327	462	500										10
		740	459	98.9	110	451	179	200	444	259	280	438	339	355	433	420	450	428	500	560	424	580	630										8

各排气压力下的进口流量 Q_s(m³/min),所需轴功率 L_a(kW)及所需配电电机功率 P_o(kW)

型号	口径(mm)	转速(r/min)	9.8kPa			19.6kPa			29.4kPa			39.2kPa			49kPa			58.8kPa			68.6kPa			78.4kPa			88.2kPa			98kPa			电机极数 P
			Q_s	L_a	P_o	Q_s	L_a	P_o	Q_s	L_a	P_o	Q_s	L_a	P_o	Q_s	L_a	P_o	Q_s	L_a	P_o	Q_s	L_a	P_o	Q_s	L_a	P_o	Q_s	L_a	P_o	Q_s	L_a	P_o	
RS31	200	740	23.8	6.7	11	22.2	11.4	15	21	16.1	18.5	20.5	20.8	30	19.2	25.5	30	18.4	30.1	37	17.8	34.8	45	17.3	39.5	45	16.7	44.2	55				6
		980	33.5	8.9	11	31.9	15.1	18.5	30.5	21.4	30	29.8	27.6	37	28.9	33.8	45	28.1	40.1	45	27.5	46.3	55	26.8	52.5	55	26.1	58.7	75	25	65	75	6
		1180	41.6	10.7	15	40	18.2	22	38.9	25.8	30	37.9	33.3	45	37.1	40.8	45	36.2	48.3	55	35.5	55.8	75	34.8	63.3	75	34.2	70.9	90	33.6	78.4	90	4
		1280	45.1	11.8	15	43.5	20.0	30	42.4	28.2	37	41.4	36.4	45	40.5	44.6	55	39.7	52.8	75	39	61.0	75	38.3	69.3	90	37.6	77.5	90	37	85.7	110	4
		1380	48.8	12.7	15	47.3	21.5	30	46.1	30.4	37	45.1	39.3	45	44.2	48.1	55	43.4	56.9	75	42.7	65.8	75	42	74.7	90	41.4	83.6	110	40.8	92.4	110	4
		1470	51.9	13.3	18.5	50.2	22.6	30	49.4	31.9	37	48.5	41.2	45	47.6	50.6	75	46.8	59.9	75	46.1	69.2	90	45.4	78.5	90	44.7	87.8	110	44.1	97.1	110	4
RS32	200	740	30.3	8.3	11	28.6	14.7	18.5	27.2	20.0	30	26.1	25.9	30	25.1	31.7	37	24.2	37.6	45	23.4	43.4	55	22.6	49.3	55	21.9	55.2	75	21.2	61	75	6
		980	42.5	11.0	15	40.7	18.8	22	39.3	26.6	30	38.2	34.3	45	37.2	42.1	55	36.3	49.9	55	35.4	57.7	75	34.7	65.5	75	33.9	73.3	90	33	81.1	90	6
		1180	52.1	13.2	18.5	50.3	22.6	30	49	32.0	37	47.8	41.4	55	46.8	50.8	75	45.9	60.2	75	45.1	69.6	90	44.3	79	90	43.6	88.4	110	42.9	97.8	110	4
		1280	56.8	14.4	18.5	55	24.8	30	53.6	35.0	45	52.5	45.4	55	51.5	55.6	75	50.6	65.8	75	49.9	76.1	90	49	86.4	90	48.2	96.8	110	47.5	106	132	4
		1380	61.8	15.6	18.5	60	26.7	30	58.7	37.8	45	57.6	48.9	55	56.6	59.9	75	55.7	71.0	90	54.9	82.1	90	54.1	93.2	110	53.3	104	132	52.6	116	132	4
		1470	65.6	16.4	22	63.8	28.1	37	62.5	39.7	45	61.3	51.3	75	60.3	63.0	75	59.4	74.6	90	58.6	86.3	110	57.8	97.9	110	57.1	110	132	56.4	121	160	4
RS33	250	740	37.5	10.0	15	35.6	17.1	22	34.1	24.3	30	32.9	31.5	37	31.8	38.8	45	30.8	45.8	55	29.9	53	75	29	60.1	75	28.2	67.3	75				6
		980	52.4	13.2	18.5	50.4	22.8	30	48.9	32.3	37	47.7	41.8	55	46.6	51.3	75	45.6	60.8	75	44.6	70.4	75	43.8	79.9	90	43	89.4	110	42.2	98.9	110	6
		1180	64.2	16.0	18.5	62.2	27.5	37	60.7	38.9	45	59.5	50.4	75	58.3	61.9	75	57.3	73.4	90	56.4	84.9	110										4
		1280	69.1	17.5	22	67.5	30.0	37	66.2	42.6	45	65	55.2	75	64	67.7	75	63	80.3	75	62.1	91.0	110	61.3	103	132							4
		1380	74.8	18.8	22	73.2	32.4	37	71.9	45.9	55	70.7	59.5	75	69.7	73.0	90	68.7	86.6	110	67.8	97.1	110	67	110	132							4
		1470	80.7	19.8	30	78.7	34	45	77.2	48.3	75	75.9	62.5	75	74.8	76.7	90	73.8	91.0	110	72.9	105	132	72	119	132	71.2	134	160	70.5	148	160	4

续表

各排气压力下的进口流量 Q_s (m³/min)，所需轴功率 L_a (kW) 及所配电机功率 P_o (kW)

型号	口径(mm)	转速(r/min)	9.8kPa Q_s	L_a	P_o	19.6kPa Q_s	L_a	P_o	29.4kPa Q_s	L_a	P_o	39.2kPa Q_s	L_a	P_o	49kPa Q_s	L_a	P_o	58.8kPa Q_s	L_a	P_o	68.6kPa Q_s	L_a	P_o	78.4kPa Q_s	L_a	P_o	88.2kPa Q_s	L_a	P_o	98kPa Q_s	L_a	P_o	电机极数 P
RS41	300	740	72	17.8	22	70	31.0	37	66	44.2	55	65	57.1	75	63	70	75	61.0	83	90	59.8	96.4	110	58.6	110	132	57.1	123	132	56.0	136	160	8
		820	80	20.1	30	77	34.9	45	75	49.5	75	73	64.3	75	71	79.0	90	70	93.7	110	68.2	109	132	67.0	123	160	65.8	137	160	54.6	153	185	6
		900	89	22.1	30	86	38.3	45	84	54.4	75	82	70.6	90	80	86.7	110	79	103	132	77.8	119	160	76.5	135	160	75.3	151	185	74.2	168	185	6
		980	99	24.0	30	96	41.5	55	94	59.4	75	92	76.6	90	90	94	110	88	112	132	88.8	130	160	85.5	147	185	84.0	165	185	83.0	182	220	6
RS42	300	740	89.5	21.8	30	86.1	38.2	45	83.2	54.4	75	81	70.9	90	79	87	110	77	103	132	75	120	132	74	136	160	73	152	185				8
		820	101	25	30	98	43	55	95.0	61	75	92.7	80	90	90.6	98	110	88.8	116	132	87.1	134	160	85.5	153	185	84.0	171	200	82.6	190	220	6
		900	112	27.0	37	109	47.1	55	106	67.2	90	104	87.3	110	101	107	132	99	128	160	98	147	185	96	168	185	95	188	220	94	208	250	6
		980	123	29.4	37	119	51.3	75	117	73.2	90	114	95.0	110	112	117	132	110	139	160	109	161	185	107	183	200	106	205	250	104	226	250	6
RS43	300	740	112	26.2	37	108	46.6	55	105	67.0	75	102	87	110	100	108	132	97	128	160	95	148	185	94	169	185	92	189	220	90	210	250	8
		820	126	29	37	122	52	75	119	75	90	116	98	110	114	121	132	111	144	160	110	167	185	108	190	220	106	212	250	105	236	280	6
		900	140	32.3	45	136	57.4	75	133	82.5	110	130	107	132	128	133	160	125	158	185	123	183	220	121	209	250	119	233	280	118	259	280	6
		980	154	35.0	55	150	62.4	90	147	90.0	110	144	117	132	141	145	160	139	172	185	137	199	220	135	227	250	133	254	280	132	281	315	6
RS44	350	740	139	31.3	37	134	56.0	75	131	81.5	90	128	106	132	125	132	160	122	157	185	120	182	200	118	207	250	116	232	250				8
		820	157	35	45	153	63	75	149	91	110	146	120	160	143	148	185	141	176	200	139	204	250	137	232	280							6
		900	174	38.7	45	169	69.5	90	166	100	110	163	131	160	160	163	185	157	193	220	155	224	250	153	255	280							6
		980	191	42.0	55	186	76.0	90	182	109	132	179	143	160	146	177	200	174	210	250	172	244	280	169	277	315	167	311	355				6

续表

各排气压力下的进口流量 Q_s(m³/min)、所需轴功率 L_a(kW)及所配电机功率 P_o(kW)

型号	口径(mm)	转速(r/min)	9.8kPa Q_s	L_a	P_o	19.6kPa Q_s	L_a	P_o	29.4kPa Q_s	L_a	P_o	39.2kPa Q_s	L_a	P_o	49kPa Q_s	L_a	P_o	58.8kPa Q_s	L_a	P_o	68.6kPa Q_s	L_a	P_o	78.4kPa Q_s	L_a	P_o	88.2kPa Q_s	L_a	P_o	98kPa Q_s	L_a	P_o	电机极数 P
RSI1	80	1200	3.71	1.4	2.2	3.4	2.3	3	3.0	2.9	4	2.68	3.7	5.5	2.4	4.6	7.5	2.2	5.5	7.5													4
		1500	4.9	1.7	2.2	4.45	2.69	4	4.14	3.62	4	3.79	4.66	5.5	3.52	5.69	7.5	3.27	6.93	11	3.07	7.86	11										4
		1800	6.3	2.1	3	5.8	3.2	4	5.4	4.6	5.5	5.1	5.8	7.5	4.9	6.8	11	4.6	8.3	11	4.4	9.8	15										2
		2100	7.5	2.3	3	7.0	3.8	5.5	6.6	5.3	5.5	6.3	6.6	7.5	6.0	8.1	11	5.8	9.7	15	5.6	11.6	15	5.4	12.4	15							2
		2500	9.2	2.9	4	8.8	4.5	7.5	8.5	6.3	7.5	8.20	8.0	11	7.80	9.8	15	7.60	11.5	15	7.4	13.2	15	7.2	14.8	18.5							
RSI2	100	1200	7.0	2.0	3	5.2	3.1	4	4.8	4.3	5.5	4.60	5.3	7.5	4.20	6.4	7.5	3.90	7.6	11	3.65	8.7	11										4
		1500	7.3	2.48	4	6.8	3.83	5.5	6.5	5.38	7.5	6.10	6.62	7.5	5.80	8.07	11	5.60	9.52	15	5.34	11	15										4
		1800	9.17	2.8	4	8.7	4.5	5.5	8.3	6.4	7.5	7.93	8.0	11	7.64	9.7	15	7.38	11.4	15	7.1	13.2	15										2
		2100	11.1	3.3	5.5	10.5	5.4	7.5	10.1	7.4	11	9.73	9.3	11	9.44	11.3	15	9.18	13.3	15	8.93	15.3	18.5										2
		2500	13.6	3.9	5.5	12.9	6.3	7.5	12.4	8.7	7.5	12.0	11.1	11	11.7	13.5	18.5	11.5	15.9	18.5	11.2	18.3	22										
RS21	125	970	11.1	3.3	4	10.4	5.5	7.5	9.81	7.7	11	9.3	9.9	15	8.9	12.1	15	8.5	14.4	18.5	8.58	16.5	22	7.81	18.8	22							6
		1170	14.1	3.9	5.5	13.6	6.7	7.5	12.8	9.3	11	12.3	12.0	15	11.8	14.6	18.5	11.5	17.3	22	11.1	19.9	22	10.7	22.5	30	10.3	25.3	55				4
		1470	17.8	4.9	7.5	17.2	8.3	11	16.6	11.5	15	16.1	14.8	18.5	15.6	18.1	22	15.2	21.4	30	14.9	24.6	30	14.5	28.0	37	14.1	30.7	37				4
		1800	22.9	6.0	7.5	21.9	10.2	15	21.3	14.3	18.5	20.8	18.4	22	20.4	22.4	30	20.0	26.5	30	19.6	30.7	37	19.3	34.8	37	16.5	38.8	45				4
		2000	25.6	6.8	11	24.6	11.3	15	24	15.8	18.5	23.5	20.3	30	23.1	25.0	30	22.7	29.5	37	22.3	34.0	45	22	38.5	45	21.7	47.6	55	13.7	34.6	45	2
		2200	27.9	7.5	11	27.4	12.4	15	26.9	17.4	22	26.2	22.4	30	25.8	26.5	30	25.4	32.4	37	25	37.4	45	24.7	42.5	55	24.3	46.3	55				2

（5）外形及安装尺寸：R 系列标准型罗茨鼓风机外形及安装尺寸见图 2-33～图 2-37 及表 2-63～表 2-67。

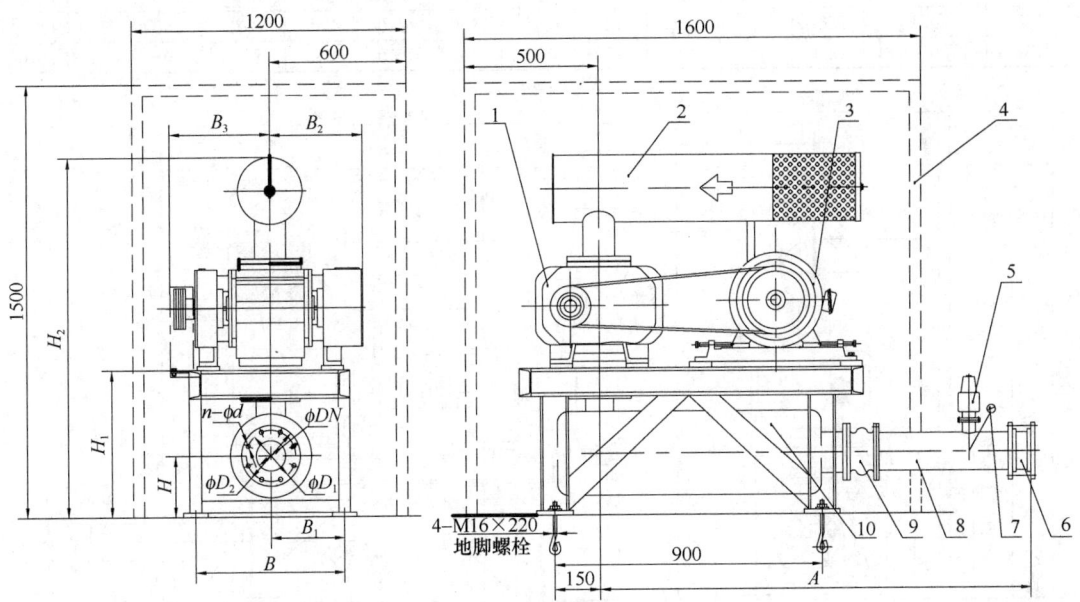

图 2-33 R 系列标准型罗茨鼓风机外形及安装尺寸（一）

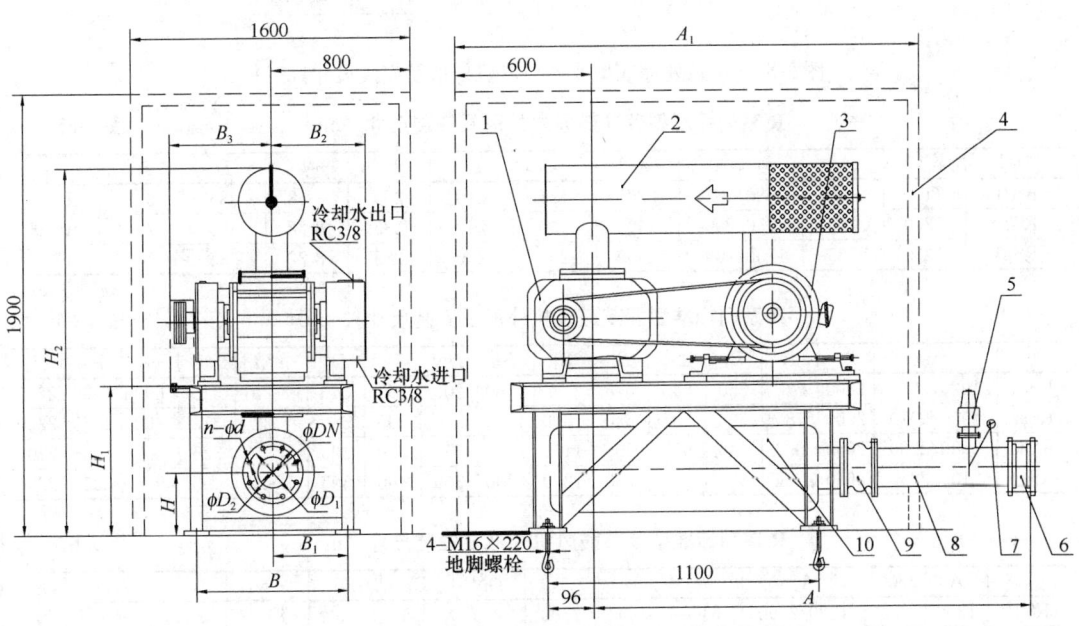

图 2-34 R 系列标准型罗茨鼓风机外形及安装尺寸（二）

R 系列标准型罗茨鼓风机外形及安装尺寸（mm） 表 2-63

型号	A	B	B_1	B_2	B_3	DN	D_1	D_2	n-ϕd	H	H_1	H_2
RS11	1215/1365	450	225	295	325	80	160	200	8-18	170	460	1200
RS12	1405/1520	480	240	335	365	100	180	220	8-18	200	480	1200

R 系列标准型罗茨鼓风机外形及安装尺寸（mm） 表 2-64

型号	A	A_1	B	B_1	B_2	B_3	DN	D_1	D_2	n-ϕd	H	H_1	H_2
RS21	1580/1730	2000	590	325	375	440	125	210	250	8-18	250	580	1490
RS22	1750/1890	2200	690	360	420	515	150	240	285	8-22	250	610	1550
RS23	1750/1890	2200	800	400	460	555	150	240	285	8-22	305	680	1670

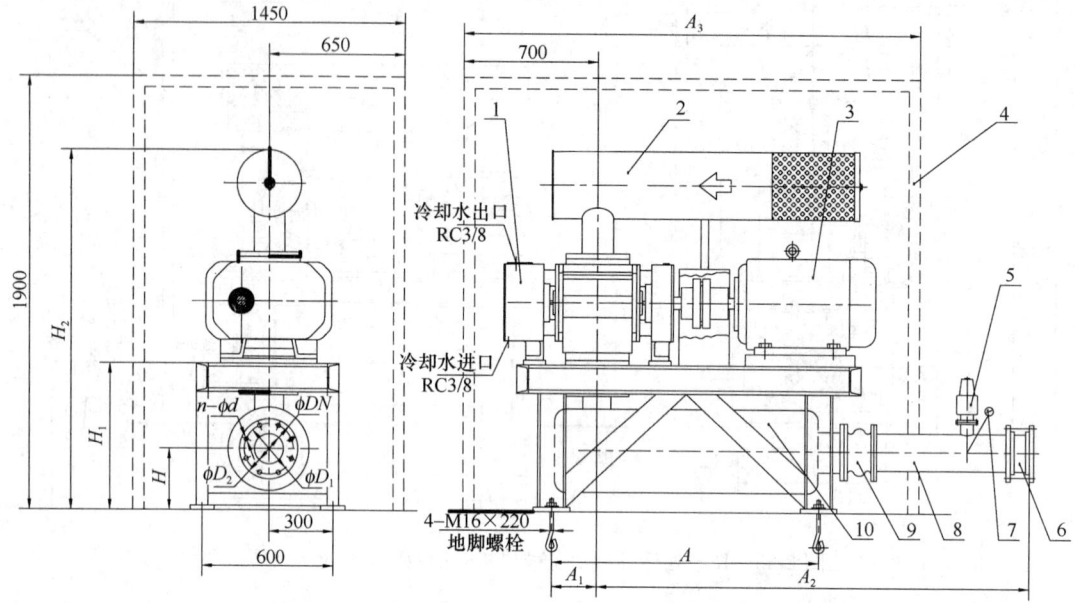

图 2-35 R 系列标准型罗茨鼓风机外形及安装尺寸（三）

R 系列标准型罗茨鼓风机外形及安装尺寸（mm） 表 2-65

型号	A	A_1	A_2	A_3	DN	D_1	D_2	n-ϕd	H	H_1	H_2
RS21	1100	155	1580/1850	2200	125	210	250	8-18	285	620	1500
RS22	1200	250	1750/2000	2400	150	240	285	8-22	300	750	1650
RS23	1300	285	1750/2000	2400	200	240	285	8-22	335	750	1700

R 系列标准型罗茨鼓风机外形及安装尺寸（mm） 表 2-66

型号	A_1	A_2	B	B_1	B_2	B_3	B_4	B_5	DN	D_1	D_2	n-ϕd	H	H_1	H_2	H_3
RS31	1920/2070	2500	720	360	540	575	900	1680	200	295	340	8-22	315	690	1850	2200
RS32	1920/2070	2500	780	390	585	620	1000	1850	200	295	340	8-22	315	690	1850	2200
RS33	2080/2230	2650	890	445	635	705	1100	2000	250	350	395	12-22	325	780	1965	2200
RS34	2105/2255	2650	1050	525	710	780	1200	2200	300	460	505	12-22	495	980	2250	2500

R 系列标准型罗茨鼓风机外形及安装尺寸（mm） 表 2-67

型号	A	A_1	A_2	A_3	A_4	A_5	DN	D_1	D_2	n-ϕd	H	H_1	H_2
RS31	1200	95	1920/2390	540	850	2900	200	295	340	8-22	380	960	2150
RS32	1300	160	1920/2390	585	1000	3200	200	295	340	8-22	380	960	2150
RS33	1350	90	2080/2650	635	1000	3400	250	350	395	12-22	400	1000	2250
RS34	1500	220	2250/2750	710	1000	3600	300	460	505	12-22	400	1000	2300

2.4.2 SSR 型罗茨鼓风机

（1）适用范围：SSR 型罗茨鼓风机主要用于水处理、气力输送、真空包装、水产养

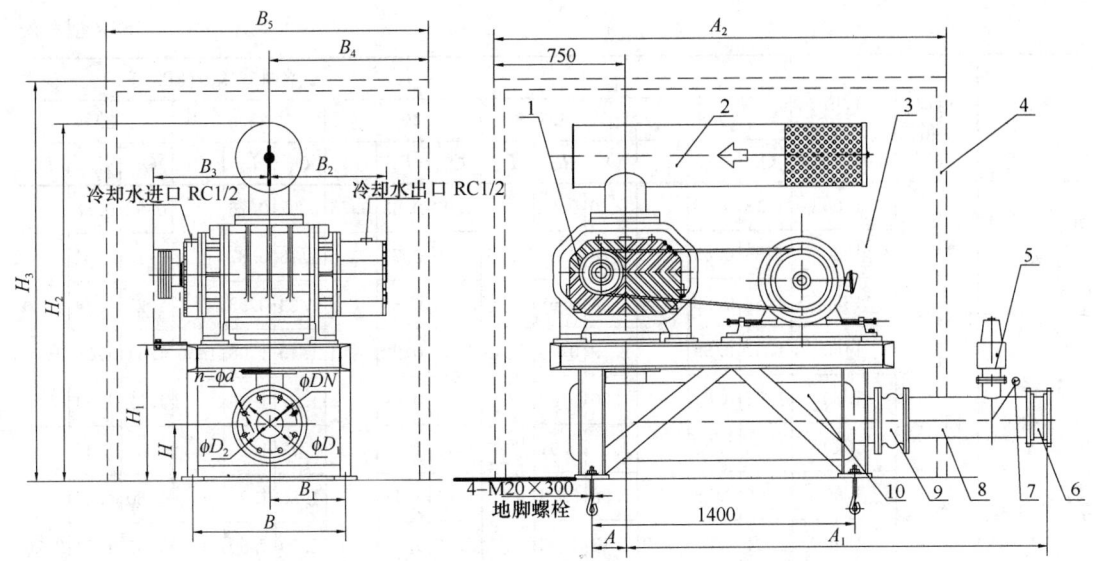

图 2-36　R 系列标准型罗茨鼓风机外形及安装尺寸（四）

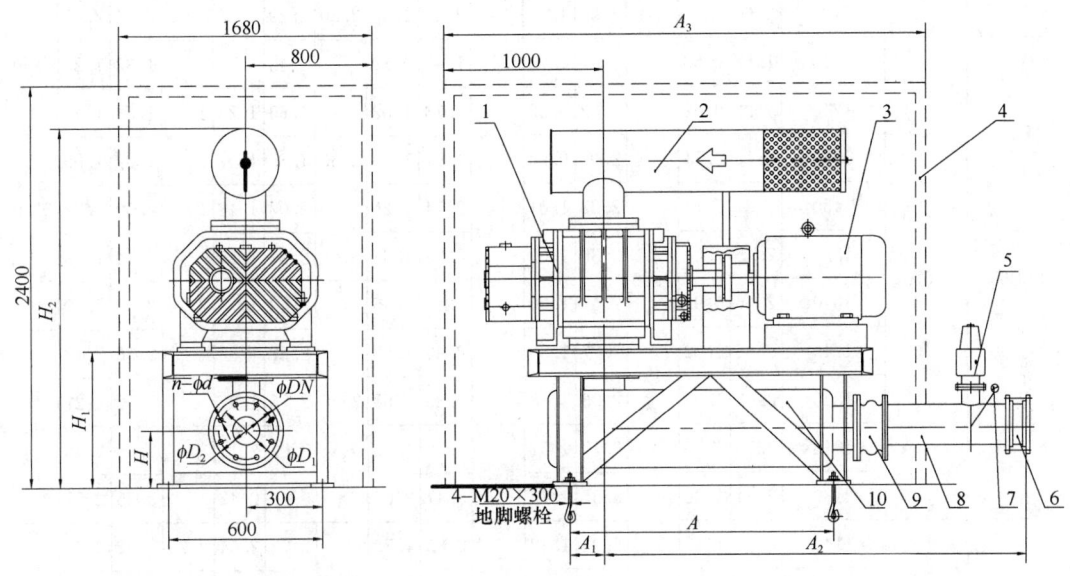

图 2-37　R 系列标准型罗茨鼓风机外形及安装尺寸（五）

殖等行业，以输送清洁不含油的空气。其进口风量 $1.18\sim26.5\text{m}^3/\text{min}$，出口升压 $9.8\sim58.8\text{kPa}$。

（2）结构与特点：SSR 型罗茨鼓风机系日本大晃机械工业株式会社新开发的三叶型罗茨鼓风机。叶轮采用三叶直线的新线型，使总绝热率和容积效率进一步提高。其机壳内部不须油类润滑，输出的空气清洁，不含任何油质灰尘。该机显著特点是体积小，重量轻，流量大，噪声低，运行平稳，风量和压力特性优良。

（3）性能规格：

1）SSR 型罗茨鼓风机性能规格见表 2-68。

SSR 型罗茨

型号	口径 (mm)	转速 (r/min)	各排气压力(kPa)下的进口流量														
			9.8			14.7			19.6			24.5			29.4		
			Q_s	L_a	P_o	Q_s	L_a	P_o	Q_s	L_a	P_o	Q_s	L_a	P_o	Q_s	L_a	P_o
SSR50	50A	1100	1.18	0.38		1.10	0.51		1.03	0.63	0.75	0.97	0.76		0.92	0.88	
		1230	1.36	0.45		1.28	0.59	0.75	1.22	0.73		1.16	0.87		1.10	1.01	
		1350	1.53	0.52	0.75	1.45	0.68		1.38	0.83		1.32	0.98		1.27	1.14	1.50
		1450	1.67	0.59		1.59	0.75		1.52	0.92		1.46	1.08	1.50	1.41	1.25	
		1530	1.78	0.64		1.70	0.82		1.63	0.99		1.57	1.16		1.52	1.34	
		1640	1.93	0.72		1.85	0.91		1.79	1.09	1.50	1.73	1.28		1.67	1.47	
		1730	2.06	0.78		1.98	0.98	1.50	1.91	1.18		1.85	1.37		1.80	1.57	
		1840	2.21	0.87	1.50	2.13	1.08		2.06	1.29		2.00	1.50		1.95	1.71	2.20
		1950	2.36	0.96		2.28	1.18		2.22	1.40		2.16	1.62	2.20	2.11	1.85	
		2120	2.60	1.1		2.52	1.34		2.45	1.59	2.20	2.39	1.83		2.34	2.07	
SSR65	65A	1110	1.67	0.53		1.57	0.71		1.48	0.89		1.40	1.07		1.32	1.25	1.50
		1240	1.92	0.62		1.82	0.82		1.73	1.02		1.65	1.22	1.50	1.58	1.42	
		1360	2.16	0.71		2.06	0.93		1.97	1.15	1.50	1.89	1.37		1.82	1.59	
		1450	2.31	0.77		2.22	1.01		2.14	1.25		2.07	1.48		2.00	1.72	2.20
		1530	2.45	0.84	1.50	2.36	1.09	1.50	2.28	1.34		2.21	1.58		2.14	1.83	
		1640	2.66	0.93		2.57	1.20		2.49	1.46		2.42	1.73	2.20	2.36	2.00	
		1740	2.86	1.02		2.77	1.30		2.69	1.58		2.62	1.86		2.56	2.12	
		1820	3.02	1.09		2.93	1.38		2.85	1.68	2.20	2.76	1.97		2.72	2.27	4.0
		1940	3.26	1.20		3.17	1.51		3.09	1.83		3.02	2.14		2.96	2.46	
		2130	3.64	1.38		3.55	1.73	2.20	3.47	2.08		3.40	2.42	4.0	3.33	2.77	
SSR80	80A	1140	3.05	1.12		2.94	1.42		2.83	1.73		2.72	2.04	2.20	2.62	2.34	
		1230	3.31	1.22		3.21	1.56		3.11	1.90	2.20	3.01	2.23		2.91	2.56	
		1300	3.52	1.31		3.41	1.67		3.31	2.03		3.22	2.38		3.13	2.72	
		1360	3.71	1.38		3.61	1.77	2.20	3.52	2.14		3.43	2.51		3.34	2.87	4.0
		1460	4.01	1.49	2.20	3.91	1.93		3.82	2.33		3.73	2.72		3.65	3.11	
		1560	4.30	1.61		4.22	2.09		4.14	2.51		4.06	2.94	4.0	3.98	3.35	
		1650	4.60	1.71		4.52	2.23		4.44	2.68	4.0	4.36	3.13		4.28	3.56	
		1730	4.87	1.81		4.79	2.36	4.0	4.71	2.83		4.63	3.30		4.55	3.76	
		1820	5.16	1.91		5.08	2.50		5.00	3.00		4.92	3.49		4.84	3.97	5.5
		1900	5.43	2.12	4.0	5.35	2.63		5.27	3.15		5.19	3.66	5.5	5.11	4.16	

鼓风机性能规格　　　　　　　　　　　　　　　　　　　　　　表 2-68

$Q_s(\mathrm{m^3/min})$，所需轴功率 L_a(kW) 及所配电动机功率 P_o(kW)

34.3 Q_s	L_a	P_o	39.2 Q_s	L_a	P_o	44.1 Q_s	L_a	P_o	49.0 Q_s	L_a	P_o	53.9 Q_s	L_a	P_o	58.8 Q_s	L_a	P_o	生产厂
0.87	1.01		0.83	1.13		0.79	1.26	1.50	0.75	1.38	1.50							
1.05	1.15		1.01	1.29	1.50	0.97	1.43		0.93	1.57		0.89	1.71					
1.22	1.29	1.50	1.17	1.45		1.13	1.60		1.09	1.75	2.20	1.05	1.91	2.20				
1.36	1.41		1.31	1.58		1.27	1.72	2.20	1.23	1.91		1.19	2.07		1.16	2.24		
1.47	1.51		1.42	1.69	2.20	1.38	1.86		1.34	2.03		1.30	2.21		1.27	2.38		
1.62	1.65		1.58	1.84		1.54	2.02		1.50	2.21		1.46	2.40	4.0	1.42	2.58	4.0	
1.75	1.77	2.20	1.70	1.96		1.66	2.16	4.0	1.62	2.36	4.0	1.58	2.56		1.55	2.75		
1.90	1.92		1.86	2.12		1.82	2.33		1.78	2.54		1.74	2.75		1.70	2.96		
2.06	2.07		2.01	2.29	4.0	1.97	2.51		1.93	2.73		1.89	2.95		1.85	3.18		
2.29	2.31	4.0	2.25	2.55		2.21	2.79		2.17	3.03		2.13	3.27		2.09	3.52		
1.25	1.43		1.18	1.61		1.12	1.79	2.20	1.07	1.97	2.20							
1.51	1.63	2.20	1.44	1.83	2.20	1.38	2.03		1.32	2.23		1.27	2.43					
1.75	1.81	2.20	1.68	2.03		1.62	2.25		1.56	2.47		1.51	2.69		1.63	3.13		章丘鼓风
1.93	1.96		1.86	2.19		1.80	2.42		1.74	2.66		1.69	2.89	4.0	1.79	3.32	4.0	机厂、中日
2.08	2.08		2.02	2.33		1.96	2.58		1.90	2.83	4.0	1.84	3.08		2.01	3.59		合资山东章
2.30	2.26		2.24	2.53		2.18	2.80	4.0	2.12	3.06		2.06	3.33		2.21	3.84		晃机械工业
2.50	2.43		2.44	2.71	4.0	2.38	3.00		2.32	3.28		2.26	3.56		2.37	4.04		有限公司
2.66	2.57	4.0	2.60	2.86		2.54	3.16		2.48	3.45		2.42	3.75	5.5	2.61	4.35	5.5	
2.90	2.78		2.83	3.09		2.77	3.41		2.71	3.72		2.66	4.04		2.99	4.85		
3.27	3.12		3.21	3.46		3.15	3.81		3.09	4.15		3.04	4.50					
2.52	2.64		2.44	2.94		2.36	3.24	4.0	2.28	3.54	4.0	2.21	3.84		2.14	4.13		
2.82	2.88	4.0	2.74	3.20	4.0	2.66	3.53		2.58	3.85		2.51	4.17	5.5	2.44	4.49	5.5	
3.05	3.07	4.0	2.97	3.41		2.89	3.75		2.81	4.09		2.74	4.43		2.67	4.76		
3.25	3.23		3.16	3.59		3.08	3.94		3.01	4.30	5.5	2.94	4.65		2.87	5.00		
3.57	3.49		3.49	3.88		3.41	4.26	5.5	3.34	4.64		3.27	5.02		3.20	5.40		
3.90	3.76		3.82	4.17		3.74	4.58		3.67	4.99		3.60	5.39		3.53	5.79		
4.20	4.00		4.12	4.44	5.5	4.04	4.87		3.96	5.30		3.89	5.73	7.5	3.82	6.15	7.5	
4.47	4.22	5.5	4.39	4.67		4.31	5.13		4.23	5.57	7.5	4.16	6.02		4.09	6.47		
4.76	4.46		4.68	4.94		4.60	5.41	7.5	4.52	5.88		4.45	6.35		4.38	6.82		
5.03	4.67		4.95	5.17		4.87	5.67		4.79	6.16		4.72	6.65		4.65	7.14		

型号	口径(mm)	转速(r/min)	各排气压力(kPa)下的进口流量														
			9.8			14.7			19.6			24.5			29.4		
			Q_s	L_a	P_o	Q_s	L_a	P_o	Q_s	L_a	P_o	Q_s	L_a	P_o	Q_s	L_a	P_o
SSR100	100A	1060	4.57	1.46		4.40	1.19		4.24	2.36		4.09	2.82		3.95	3.27	4.0
		1140	4.97	1.61		4.81	2.10		4.65	2.59		4.50	3.08	4.0	4.36	3.57	
		1220	5.34	1.78		5.18	2.30		5.03	2.83	4.0	4.89	3.35		4.76	3.87	
		1310	5.73	1.97		5.58	2.54	4.0	5.44	3.10		5.31	3.66		5.18	4.22	5.5
		1460	6.53	2.32	4.0	6.38	2.94		6.25	3.57		6.12	4.20		6.00	4.82	
		1540	6.91	2.51		6.77	3.17		6.64	3.83		6.52	4.49	5.5	6.40	5.15	
		1680	7.63	2.86		7.49	3.58		7.36	4.31	5.5	7.24	5.03		7.13	5.75	
		1780	8.09	3.13		7.96	3.89	5.5	7.84	4.66		7.73	5.42		7.62	6.18	7.5
		1880	8.57	3.40		8.45	4.21		8.36	5.02		8.25	5.82	7.5	8.15	6.63	
		1980	9.07	3.69	5.5	8.96	4.54		8.85	5.39	7.5	8.75	6.24		8.65	7.09	
SSR125	125A	980	6.23	1.95		7.00	2.56		5.95	3.18		5.81	3.81		5.67	4.45	5.5
		1050	6.78	2.20		6.65	2.85		6.51	3.51		6.38	4.18	5.5	6.25	4.86	
		1200	7.88	2.92		7.75	3.61		7.62	4.32	5.5	7.50	5.05		7.37	5.80	
		1310	8.71	3.30		8.58	4.07	5.5	8.45	4.86		8.13	5.67		8.20	6.50	7.5
		1390	9.21	3.60	5.5	9.08	4.43		8.96	5.28		8.83	6.15		8.71	7.04	
		1450	9.75	3.86		9.61	4.75		9.47	5.64		9.33	6.55	7.5	9.18	7.48	
		1530	10.35	4.10		10.23	5.02		10.13	5.96		9.98	6.93		9.86	7.90	
		1630	10.94	4.70		10.82	5.66		10.70	6.65	7.5	10.58	7.67		10.47	8.72	11
		1750	11.72	5.19		11.61	6.20	7.5	11.50	7.23		11.38	8.29	11	11.27	9.38	
		1850	12.35	5.70	7.5	12.23	6.76		12.11	7.85	11	11.99	8.97		11.87	10.12	
SSR150	150A	810	12.65	4.16		12.34	5.36		12.05	6.55	7.5	11.79	7.74	7.5	11.54	8.94	11.0
		860	13.95	4.68		13.66	5.95	7.5	13.39	7.22		13.14	8.49	11	12.90	9.76	
		970	15.20	5.58	7.5	14.96	7.02		14.71	8.46		14.47	9.90		14.23	11.34	
		1110	17.53	6.69		17.22	8.32		16.93	9.95	11	16.67	11.58		16.42	13.21	15
		1180	18.70	6.98		18.39	8.72	11	18.10	10.46		17.84	12.20	15	17.59	13.94	
		1240	20.13	7.57	11	19.82	9.40		19.53	11.23	15	19.27	13.06		19.02	14.89	18.5
		1400	22.20	10.34		21.99	12.40	15	21.79	14.48		21.59	16.52	18.5	21.39	18.58	
		1520	24.30	10.77	15	24.09	13.01		23.89	15.25	18.5	23.69	17.49		23.49	19.73	22
		1620	25.37	13.40		25.16	15.79	18.5	24.96	18.18		24.76	20.57	22	24.56	22.96	
		1730	26.51	14.87	18.5	26.31	17.42		26.11	19.97	22	25.91	22.52	30	25.71	25.07	30

续表

Q_s(m³/min)，所需轴功率 L_a(kW)及所配电动机功率 P_0(kW)

34.3			39.2			44.1			49.0			53.9			58.8			生产厂
Q_s	L_a	P_0	Q_s	L_a	P_0	Q_s	L_a	P_0	Q_s	L_a	P_0	Q_s	L_a	P_0	Q_s	L_a	P_0	
3.82	3.73	5.5	3.70	4.18	5.5	3.59	4.64	5.5	3.48	5.09	5.5	3.38	5.55	7.5	3.28	6.00	7.5	
4.23	4.06		4.12	4.55		4.01	5.04		3.90	5.53		3.80	6.02		3.71	6.51		
6.64	4.40		4.53	4.92		4.42	5.45		4.32	5.97	7.5	4.22	6.49		4.13	7.02		
5.06	4.79	7.5	4.95	5.34	7.5	4.84	5.91	7.5	4.74	6.47		4.64	7.03		4.55	7.60	11	
5.89	5.45		5.78	6.08		5.68	6.70		5.58	7.33		5.48	7.96	11	5.39	8.58		
6.29	5.81		6.19	6.48		6.09	7.14		5.99	7.80		5.90	8.46		5.81	9.12		
7.02	6.47		6.92	7.19		6.82	7.91		6.73	8.63	11	6.64	9.35		6.55	10.07		
7.52	6.95	11	7.42	7.71	11	7.32	8.48	11	7.23	9.24		7.14	10.00		7.06	10.78	15	
8.05	7.44		7.95	8.25		7.86	9.05		7.77	9.86		7.68	10.67		7.60	11.47		
8.55	7.94		8.46	8.79		8.37	9.64		8.28	10.49		8.20	11.34		8.12	12.19		
5.53	5.10	5.50	5.42	5.76	7.5	5.31	6.42	7.5	5.22	7.08	7.5	5.14	7.74	11	5.06	8.40	11	
6.11	5.55	7.5	5.98	6.24		5.85	6.93		5.74	7.62		5.65	8.31		5.60	9.00		
7.25	6.58		7.12	7.35		6.99	8.13	11	6.88	8.90	11	6.79	9.68		6.72	10.45		章丘鼓风机厂、中日合资山东章晃机械工业有限公司
8.08	7.35	11	7.95	8.20	11	7.82	9.05		7.71	9.90		7.62	10.75	15	7.55	11.60	15	
8.58	7.95		8.46	8.86		8.33	9.77		8.22	10.68		8.13	11.59		8.06	12.50		
9.04	8.42	11	8.90	9.36		8.78	10.31	15	8.68	11.25		8.59	12.19		8.51	13.14		
9.74	8.90		9.61	9.90		9.49	10.90		9.38	11.90	15	9.29	12.90		9.22	13.90		
10.35	9.80		10.23	10.88		10.11	11.96		10.01	13.04		9.90	14.12	18.5	9.79	15.20	18.5	
11.16	10.50	15	11.04	11.62	15	10.93	12.74		10.08	13.86		10.69	14.98		10.60	16.10		
11.76	11.30		11.64	12.48		11.52	13.66		11.40	14.84		11.30	16.02		11.21	17.20		
11.32	10.13	11	11.12	11.32	15	10.94	12.52	18.5	10.78	13.71	15	10.64	14.91	18.5	10.52	16.10	18.5	
12.68	11.03	15	12.47	12.30		12.28	13.57		12.11	14.84		11.95	16.11		11.81	17.38		
13.99	12.78		13.83	14.22		13.67	15.66		13.51	17.10	18.5	13.36	18.54	22	13.20	19.98	22	
16.20	14.84	18.5	16.00	16.47	18.5	15.82	18.10	22	15.66	19.73		15.52	21.36		15.40	22.99		
17.37	15.68		17.17	17.42		16.99	19.16		16.83	20.90	22	16.69	22.64	30	16.57	24.38	30	
18.80	16.72		18.60	18.55		18.42	20.38		18.26	22.21		18.12	24.04		18.00	25.87		
21.20	20.64	22	21.01	22.70	30	20.82	24.76	30	20.66	26.82	30	20.52	28.88	37	20.40	30.94	37	
23.30	21.97		23.11	24.21		22.92	26.45		22.76	28.69		22.62	30.93		22.50	33.17		
24.37	25.35	30	24.18	27.74		23.99	30.13	37	23.83	32.52	37	23.69	34.91	45	23.57	37.30	45	
25.51	27.62		25.32	30.17	37	25.14	32.72		24.98	35.27		24.84	37.82		24.72	40.37		

2）SSR 型罗茨鼓风机出口压力、转速与噪声值关系曲线见图 2-38。有些风机的型号其选定范围是重复的，从经济角度出发，应选用小型风机，从噪声角度考虑，应选用大型风机。

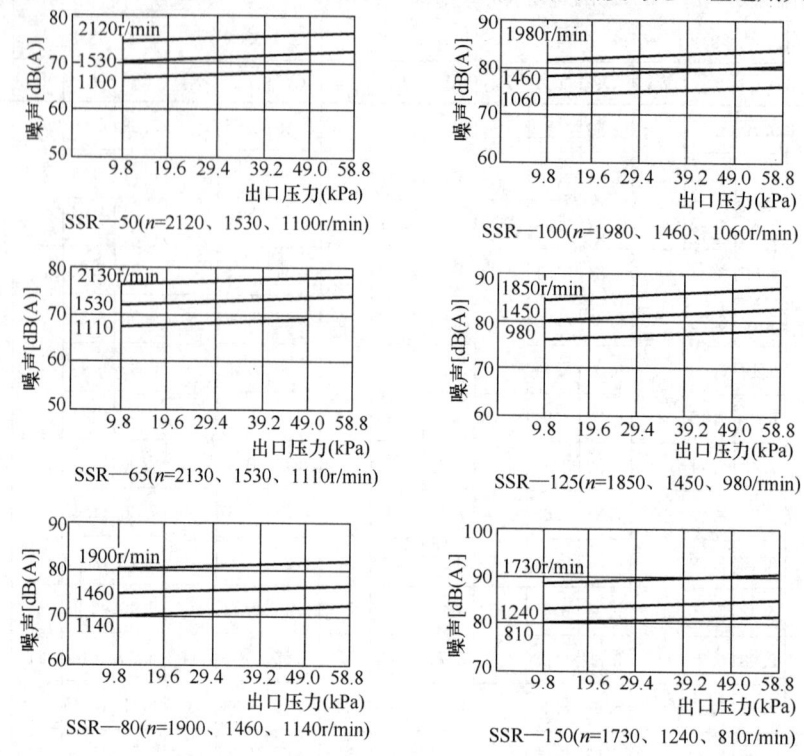

图 2-38　SSR 型罗茨鼓风机出口压力，转速与噪声值关系曲线

（4）外形及安装尺寸：SSR 型罗茨鼓风机外形及安装尺寸见图 2-39 和表 2-69。

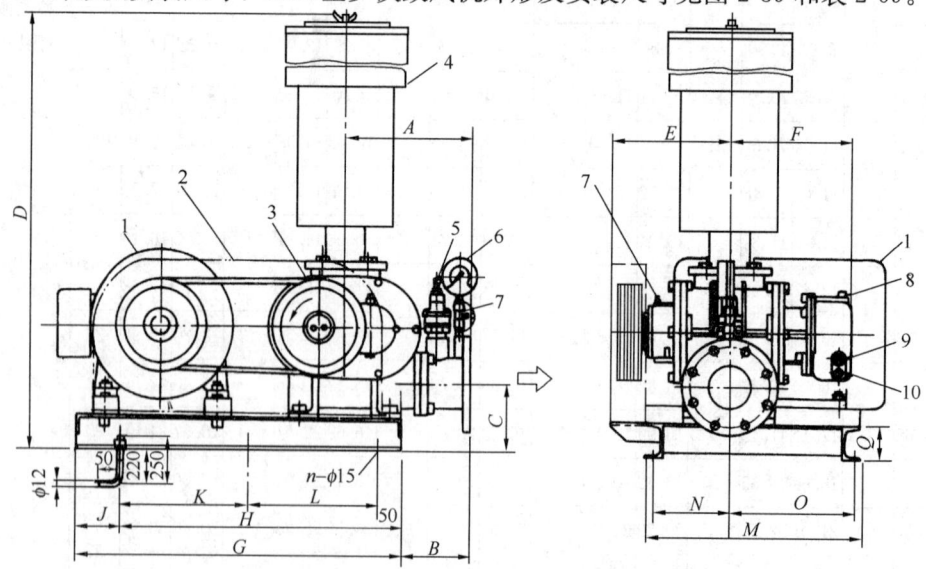

图 2-39　SSR 型罗茨鼓风机外形及安装尺寸

1—电动机；2—皮带罩；3—风机；4—进口消音器；5—安全阀；6—压力表；

7—压力表开关；8—排气嘴；9—油标；10—放油塞

SSR 型罗茨鼓风机外形及安装尺寸（mm）　　　　　　　　表 **2-69**

型　号	口径（mm）	A	B	C	D	E	F	G	H	J
SSR-50	50A	230	130	120	890	185	179	560	410	100
SSR-65	65A	230	130	130	965	205	202	600	450	100
SSR-80	80A	280	170	145	1125	220	225	650	500	100
SSR-100	100A	280	155	155	1250	260	265	730	580	100
SSR-125	125A	345	195	190	1510	295	294	860	700	110
SSR-150	150A	385	220	210	1730	375	377	960	750	160

型　号	口径（mm）	K	L	M	N	O	Q	n	质量（kg）
SSR-50	50A	—	—	300	115	155	75	4	74
SSR-65	65A	—	—	340	135	175	75	4	85
SSR-80	80A	—	—	360	130	200	75	4	125
SSR-100	100A	—	—	470	170	270	75	4	155
SSR-125	125A	350	350	470	185	255	100	6	260
SSR-150	150A	400	350	590	255	295	100	6	400

注：质量中不包括电动机质量。

2.4.3　L 系列罗茨鼓风机

（1）适用范围：L 系列罗茨鼓风机广泛用于水泥、化工、铸造、气力输送、水产养殖、食品、污水处理、环境保护等行业，以输送不含油的清洁空气、煤气、二氧化硫及其他气体。L 系列罗茨鼓风机规格品种多，流量分档密、覆盖面广。其进口流量 $0.8\sim711\text{m}^3/\text{min}$，出口升压 $9.8\sim98\text{kPa}$，本节只介绍风量为 $13.7\sim373\text{m}^3/\text{min}$ 的产品。

（2）型号意义说明：

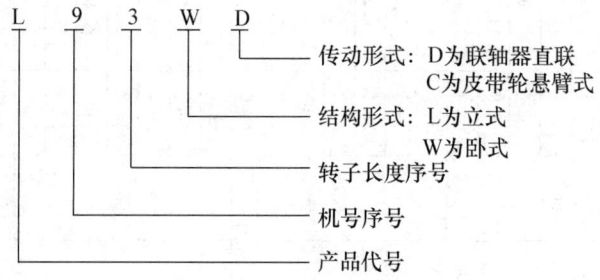

（3）性能规格：L 系列罗茨鼓风机性能规格见表 2-70。

表 2-70

L 系列罗茨鼓风机性能规格

L62LD / L63LD 系列

型号	转速 n (r/min)	升压 ΔP (kPa)	进口流量 Q (m³/min)	轴功率 (kW)	配套电动机 型号	配套电动机 功率 (kW)	主机质量 (kg)	生产厂
L62LD (62WDA)(62LDA)	730	9.8	29.1	6.39	Y160L-8	7.5	1910	章丘鼓风机厂、四川鼓风机厂
		19.6	26.8	12.8	Y200L-8	15	1910	
		29.4	25.0	19.2	Y225M-8	22	1910	
		39.2	23.4	25.6	Y250M-8	30	1910	
	980	9.8	41.5	8.58	Y160L-6	11	1910	
		19.6	39.3	17.2	Y200L₂-6	22	1910	
		29.4	37.5	25.7	Y225M-6	30	1910	
		39.2	35.9	34.3	Y280S-6	45	1910	
		49	34.4	42.9	Y280M-6	55	1910	
		58.8	33.0	51.5	JSI15-6	75	1910	
		68.6	31.7	60.1	JSI15-6	75	1910	
	1450	9.8	64.9	12.7	Y160L-4	15	1910	
		19.6	62.7	25.4	Y200L-4	30	1910	
		29.4	60.9	38.1	Y225M-4	45	1910	
		39.2	59.3	50.8	Y250M-4	55	1910	
		49	57.8	63.5	Y280S-4	75	1910	
		58.8	56.4	76.2	Y280M-4	90	1910	
L63LD (63WDA)(63LDA)	730	9.8	37.1	8.01	Y180L-8	11	2250	
		19.6	34.6	16.0	Y225S-8	18.5	2250	
		29.4	32.6	24.0	Y250M-8	30	2250	
		39.2	30.8	32.0	Y280S-8	37	2250	
		49	29.2	40.1	Y280M-8	45	2250	
		58.8	27.7	48.1	Y315S-8	55.0	2250	
		68.6	26.2	56.1	Y315M₁-8 / JSI16-8	75 / 70	2250	
	980	9.8	52.7	10.8	Y180L-6	15	2250	

L52LD / L53LD 系列

型号	转速 n (r/min)	升压 ΔP (kPa)	进口流量 Q (m³/min)	轴功率 (kW)	配套电动机 型号	功率 (kW)	主机质量 (kg)	生产厂
L52LD (L52WDA)	980	9.8	20.3	4.48	Y132M₂-6	5.5	1190	章丘鼓风机厂、四川鼓风机厂
		19.6	18.8	8.96	Y160L-6	11	1190	
		29.4	17.6	13.4	Y180L-6	15	1190	
		39.2	16.5	17.9	Y200L₂-6	22	1190	
		49	15.6	22.4	Y225M-6	30	1190	
		58.8	14.6	26.9	Y225M-6	30	1190	
		68.6	13.7	31.4	Y250M-6	37	1190	
	1450	9.8	32.6	6.63	Y132M-4	7.5	1190	
		19.6	31.0	13.3	Y160L-4	15	1190	
		29.4	29.8	19.9	Y180M-4	22	1190	
		39.2	28.7	26.5	Y200M-4	30	1190	
		49	27.7	33.2	Y225S-4	37	1190	
		58.8	26.8	39.8	Y225M-4	45	1190	
		68.6	25.9	46.4	Y250M-4	55	1190	
L53LD (L53WDA)	980	9.8	26.3	5.68	Y160M-6	7.5	1260	
		19.6	24.6	11.4	Y180L-6	15	1260	
		29.4	23.2	17.0	Y200L₂-6	22	1260	
		39.2	22.0	22.7	Y225M-6	30	1260	
		49	20.9	28.4	Y250M-6	37	1260	
		58.8	19.8	34.1	Y250M-6	37	1260	
		68.6	18.9	39.8	Y280M-6	55	1260	
	1450	9.8	41.8	8.40	Y160M-4	11	1260	
		19.6	40.1	16.8	Y180M-4	18.5	1260	
		29.4	38.7	25.2	Y200L-4	30	1260	
		39.2	37.5	33.6	Y225S-4	37	1260	
		49	36.4	42.0	Y250M-4	55	1260	
		58.8	35.4	50.4	Y250M-4	55	1260	
		68.6	34.4	58.8	Y280S-4	75	1260	

续表

型号	转速 n (r/min)	升压 ΔP (kPa)	进口流量 Q (m³/min)	轴功率 (kW)	配套电动机 型号	配套电动机 功率 (kW)	主机质量 (kg)	生产厂
L63LD (63WDA)(63LDA)	980	19.6	50.2	21.5	Y225M-6	30	2250	章丘鼓风机厂、四川鼓风机厂
		29.4	48.2	32.2	Y250M-6	37		
		39.2	46.2	43.0	Y280M-6	55		
		49	44.8	53.7	Y315S-6	75		
					JS115-6	75		
		58.8	43.3	64.5	Y315S-6	75		
					JS115-6	75		
		68.6	41.8	75.2	Y315M$_1$-6	95		
					JS116-6	90		
	1450	9.8	82.1	15.9	Y180M-4	18.5		
		19.6	79.6	31.8	Y225S-4	37		
		29.4	77.5	47.7	Y250M-4	55		
		39.2	75.8	63.6	Y280S-4	75		
		49	74.1	79.5	Y280M-4	90		
		58.8	72.6	95.4	Y315S-4	110		
					JS114-4	115		
L72WD	780	9.8	62.0	12.7	Y200L-8	15	3250	
		19.6	58.6	25.3	Y250M-8	30		
		29.4	55.9	38.0	Y280M-8	45		
		39.2	53.6	50.7	Y315S-8	55		
		49	51.4	63.3	Y315M$_1$-8	75		
					JS116-8	70		
		58.8	49.3	76.0	Y315M$_2$-8	90		
					JS125-8	95		
	980	9.8	86.7	17.0	Y200L$_2$-6	22		
		19.6	83.3	34.0	Y250M-6	37		
		29.4	80.6	51.0	Y280M-6	55		
		39.2	78.3	68.0	Y315S-6	75		
					JS115-6	75		
	980	49	76.1	85.0	Y315M$_1$-6	90	3250	
					JS116-6	95		
		58.8	74.0	102.0	Y315M$_2$-6	110		
					JS117-6	115		
L73WD (L73WDB)	730	9.8	74.7	15.1	Y225S-8	18.5	3420	
		19.6	71.1	30.2	Y280S-8	37		
		29.4	68.2	45.3	Y315S-8	55		
		39.2	65.6	60.4	Y315M$_1$-8	75		
					JS116-8	70		
		49	63.3	75.5	Y315M$_2$-8	90		
					JS125-8	95		
		58.8	61.0	90.6	Y315M$_3$-8	110		
					JS126-8	115		
	980	9.8	104	20.3	Y200L$_2$-6	22		
		19.6	101	40.6	Y280S-6	45		
		29.4	97.6	60.8	Y315S-6	75		
		39.2	95.1	81.1	Y315M$_1$-6	90		
					JS116-6	95		
		49	92.7	101	Y315M$_2$-6	110		
					JS117-6	115		
		58.8	90.5	122	Y315M$_3$-6	130		
					JS125-6	132		
L74WD (L74WDB)	730	9.8	89.9	18.0	Y225M-8	22	3630	
		19.6	85.9	36.0	Y280M-8	45		
		29.4	82.8	54.0	JS115-8	60		
					Y315M$_1$-8	75		
		39.2	80.0	72.0	Y315M$_2$-8	90		
					JS117-8	80		

续表

L81WD（L81WDA）、L82WD（L82WDA）型

型号	转速 n (r/min)	升压 ΔP (kPa)	进口流量 Q (m³/min)	轴功率 (kW)	配套电动机 型号	功率 (kW)	主机质量 (kg)	生产厂
L81WD（L81WDA）	730	49	79.0	94.0	Y315M₃-8	110	4100	章丘鼓风机厂、四川鼓风机厂
	730	58.8	76.2	113	JSI26-8	130	4100	
	980	9.8	130	25.2	JSI27-8	30	4100	
	980	19.6	126	50.5	Y225M-6	55	4100	
	980	29.4	122	75.7	Y280M-6	90	4100	
	980	39.2	119	101	Y315M₁-6 ／ JSI16-6	95 ／ 110	4100	
	980	49	116	125	Y315M₂-6 ／ JSI17-6	115 ／ 130	4100	
	980	58.8	113	151	JSI25-6 ／ Y315M₃-6 ／ JSI27-6	132 ／ 185	4100	
L82WD（L82WDA）	580	9.8	92.1	18.8	Y315S-10	45	4700	
	580	19.6	87	37.7	JSI15-10	45	4700	
	580	29.4	82.8	56.5	JSI15-10	65	4700	
	580	39.2	79.2	75.4	JSI17-10	95	4700	
	580	49	75.9	94.1	JSI26-10	115	4700	
	580	58.8	72.8	113	JSI27-10 ／ JSI28-10	130	4700	
	730	9.8	120	23.7	Y250M-8	30	4700	
	730	19.6	115	47.4	Y315S-8 ／ JSI15-8	55 ／ 60	4700	
	730	29.4	111	71.1	Y315M₂-8 ／ JSI17-8	90 ／ 80	4700	
	730	39.2	107	94.8	Y315M₃-8	110	4700	

L74WD（L74WDB）、L81WD（L81WDA）型

型号	转速 n (r/min)	升压 ΔP (kPa)	进口流量 Q (m³/min)	轴功率 (kW)	配套电动机 型号	功率 (kW)	主机质量 (kg)	生产厂
L74WD（L74WDB）	730	49	77.4	90.1	Y315M₃-8	110	3630	章丘鼓风机厂、四川鼓风机厂
	980	9.8	125	24.2	JSI26-8	30	3630	
	980	19.6	121	48.4	Y225M-6	55	3630	
	980	29.4	118	72.5	Y280M-6 ／ JSI16-6	95 ／ 90	3630	
	980	39.2	115	96.7	Y315M₁-6 ／ Y315M₂-6	110 ／ 115	3630	
	980	49	112	121	JSI17-6 ／ Y315M₃-6	132 ／ 130	3630	
L81WD（L81WDA）	580	9.8	71.8	14.9	Y315S-10	45	4100	
	580	19.6	67.1	29.9	JSI15-10	45	4100	
	580	29.4	63.4	44.8	Y315S-10 ／ JSI15-10	55 ／ 75	4100	
	580	39.2	60.1	59.8	Y315M₁-10 ／ JSI15-10	65 ／ 80	4100	
	580	49	57.1	74.7	Y315M₂-10 ／ JSI17-10	95	4100	
	580	58.8	54.2	89.6	JSI250-10 ／ JSI26-10	22 ／ 45	4100	
	730	9.8	93.8	18.8	Y225M-8	22	4100	
	730	19.6	89.1	37.6	Y280M-8	45	4100	
	730	29.4	85.4	54.4	Y315M₁-8 ／ JSI16-8	75 ／ 70	4100	
	730	39.2	82.1	75.2	Y315M₂-8 ／ JSI25-6	90 ／ 95	4100	

续表

型号	转速 n (r/min)	升压 ΔP (kPa)	进口流量 Q (m³/min)	轴功率 (kW)	配套电动机 型号	功率 (kW)	主机质量 (kg)	生产厂
L83WD (L83WDA)	980	19.6	207	80.8	Y315M-6	90	5300	章丘鼓风机厂、四川鼓风机厂
					JSI16-6	95	5300	
		29.4	202	121	Y315M₂-6	132	5300	
					JSI26-6	130	5300	
		39.2	198	162	JSI27-6	185	5300	
		49	194	202	JSI28-6	215	5300	
		58.8	191	242	JSI37-6	280	5300	
	580	9.8	150	30	Y315S-10	45	5800	
		19.6	143	60	JSI15-10	75	5800	
					Y315M₂-10	65	5800	
		29.4	138	90	JSI17-10	95	5800	
		39.2	134	120	JSI26-10	130	5800	
		49	128	149	JSI28-10	155	5800	
		58.8	126	179	JSI410-10*	200	5800	
L84WD L84WDD (L84WDA)	730	9.8	194	37.6	Y280M-8	45	5800	
		19.6	187	75.2	Y315M₂-8	90	5800	
		29.4	182	113	JSI25-8	95	5800	
		39.2	178	150	JSI27-8	130	5800	
		49	173	188	JSI36-8	180	5800	
		58.8	170	226	JSI37-8	210	5800	
					JSI38-8	245	5800	
	980	9.8	267	50.5	Y315S-6	75	5800	
		19.6	261	101	Y315M₂-6	110	5800	
					JSI17-6	115	5800	
		29.4	255	151	JSI26-6	155	5800	
		39.2	251	202	JSI28-6	215	5800	
		49	247	252	JSI37-6	280	5800	

型号	转速 n (r/min)	升压 ΔP (kPa)	进口流量 Q (m³/min)	轴功率 (kW)	配套电动机 型号	功率 (kW)	主机质量 (kg)	生产厂
L82WD (L82WDA)	730	39.2	107	94.8	JSI26-8	110	4700	章丘鼓风机厂、四川鼓风机厂
		49	104	118	JSI27-8	130	4700	
		58.8	100	142	JSI28-8	155	4700	
	980	9.8	166	31.8	Y250M-6	37	4700	
		19.6	161	63.6	Y315S-6	75	4700	
		29.4	157	95.4	JSI15-6	110	4700	
					Y315M₂-6	115	4700	
		39.2	153	127	JSI17-6	132	4700	
					Y315M₃-6	130	4700	
		49	150	159	JSI25-6	185	4700	
		58.8	147	191	JSI27-6	215	4700	
L83WD (L83WDA)	580	9.8	119	23.9	Y315S-10	45	5300	
		19.6	113	47.8	JSI15-10	55	5300	
		29.4	108	71.1	Y315M₁-10	80	5300	
		39.2	104	95.6	JSI16-10	115	5300	
		49	101	120	JSI25-10	130	5300	
		58.8	97.0	143	JSI27-10	155	5300	
	730	9.8	154	30.1	Y280S-8	37	5300	
		19.6	148	60.2	Y315M₁-8	75	5300	
		29.4	143	90.3	Y315M₂-8	110	5300	
		39.2	139	120	JSI16-8	130	5300	
		49	136	150	JSI26-8	155	5300	
		58.8	132	181	JSI27-8	210	5300	
	980	9.8	213	40.4	Y280S-6	45	5300	

续表

型号 L94WD（L94WDB）

转速 n (r/min)	升压 ΔP (kPa)	进口流量 Q (m³/min)	轴功率 (kW)	配套电动机型号	配套电动机功率 (kW)	主机质量 (kg)	生产厂
580	9.8	291	56.0	Y315M₂-10 / JSI117-10	75 / 65	11800	章丘鼓风机厂、四川鼓风机厂
	19.6	282	112.0	JSI128-10	130	11800	
	29.4	275	168	JSI138-10	180	11800	
	34.3	272	196	JSI410-10* / Y450-10*	200 / 220	11800	
	39.2	269	224	JSI175-10*	260	11800	
	490	263	280	JSI158-10*	310	11800	
730	9.8	373	70.5	Y315M₁-8 / JSI117-8	75 / 80	11800	
	19.6	365	141.0	JSI128-8	155	11800	
	29.4	357	212	JSI138-8	245	11800	
	34.3	354	247	JSI410-8*	280	10200	
	39.2	351	282	JSI157-8*	320	10200	
	49	346	353	JSI158-8*	380	10200	

型号 L93WD（L93WDB）

转速 n (r/min)	升压 ΔP (kPa)	进口流量 Q (m³/min)	轴功率 (kW)	配套电动机型号	配套电动机功率 (kW)	主机质量 (kg)	生产厂
980	58.8	243	303	JSI48-6*	310	5800	章丘鼓风机厂、四川鼓风机厂
580	9.8	256	49.5	Y315M₁-10 / JSI116-10	55	10200	
	19.6	248	99.0	JSI127-10	115	10200	
	29.4	241	148	JSI137-10	155	10200	
	34.3	238	173	JSI138-10	180	10200	
	39.2	235	198	JSI57-10* / Y450-10*	260 / 220	10200	
	49	230	247	JSI57-10*	260	10200	
	58.8	225	297	JSI58-10* / Y450-10*	310 / 315	10200	
730	9.8	329	62.3	Y315M₁-8 / JSI116-8	75 / 70	10200	
	19.6	321	125.0	JSI28-8	155	10200	
	29.4	314	187	JSI37-8	210	10200	
	34.3	311	218	JSI38-8	245	10200	
	39.2	308	249	JSI410-8*	280	10200	
	49	303	311	JSI57-8*	320	10200	
	58.8	298	374	JSI58-8* / Y450-8*	380 / 400	10200	

注：1. 带*者为6000V高压电动机；
　　2. 型号栏中带括弧者为四川鼓风机厂产品。

（4）外形及安装尺寸：

1）$L_{53}^{52} \sim L_{63}^{62}$ LD 型罗茨鼓风机外形及安装尺寸见图 2-40 和表 2-71。

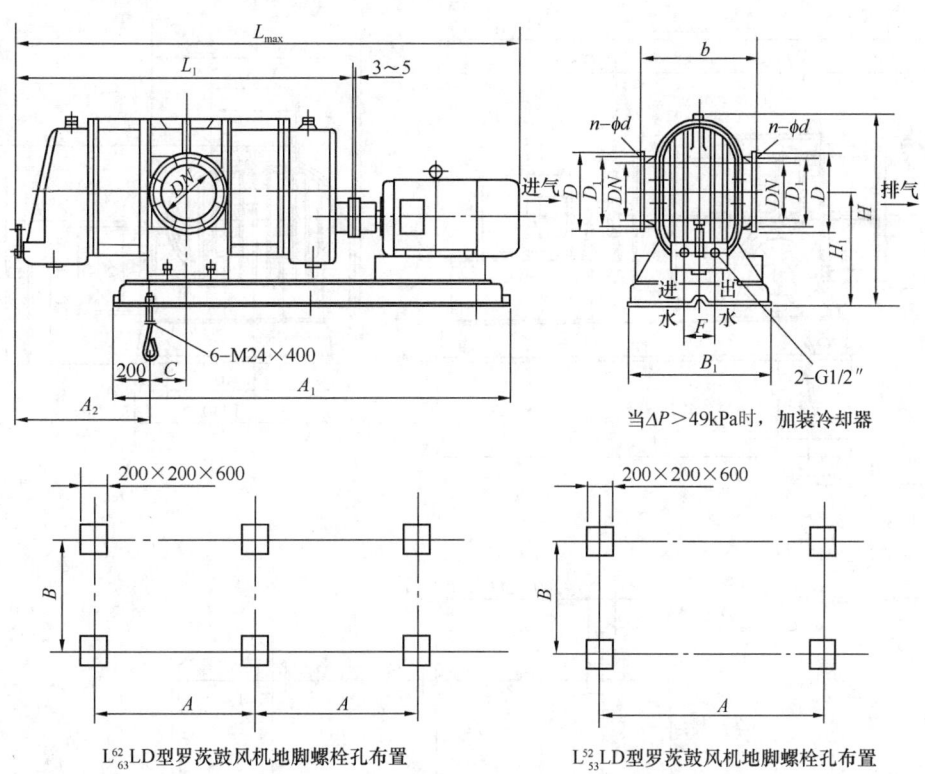

图 2-40 $L_{53}^{52} \sim L_{63}^{62}$ LD 型罗茨鼓风机外形及安装尺寸

$L_{53}^{52} \sim L_{63}^{62}$ LD 型罗茨鼓风机外形及安装尺寸（mm）　　　　表 2-71

型号	L_{max}	L_1	A_1	C	A_2	F	H	H_1	b	B_1	B	A	DN	D_1	D	$n-\phi d$	电动机型号
L52LD	2047	1330	1400	0	692.5	140	830	520	600	660	610	1000	200	280	320	8-17.5	Y132M、Y160L Y180L
	2267		1570	0						660	610	1170					Y200L、Y225S Y225M、Y250M
L53LD	2207	1425	1570	83	657	140	830	520	600	660	610	1170	250	335	375	12-17.5	Y160M、Y180M、Y180L、Y200L
	2482		1840	83						660	610	1440					Y225S、Y225M、Y250M、$Y280_M^S$
L62LD	2455	1518	1745	46	731.5	150	980	600	720	790	740	672	250	335	375	12-17.5	Y160L、Y200L、Y225M、Y250M
	2725		2090	46						790	740	845					Y280S、Y280M、Y315S、JS115-6
L63LD	2565	1628	1890	102	730.5	150	980	600	720	790	740	745	300	395	440	12-22	Y180L、Y180M、$Y225_M^S$、Y250M
	2930		2260	102						790	740	930					Y280S、Y280M、Y315S、Y315M、JS114-4、JS115-6、JS116-6、JS116-8

2) L72～74WD 型罗茨鼓风机外形及安装尺寸见图 2-41 和表 2-72。

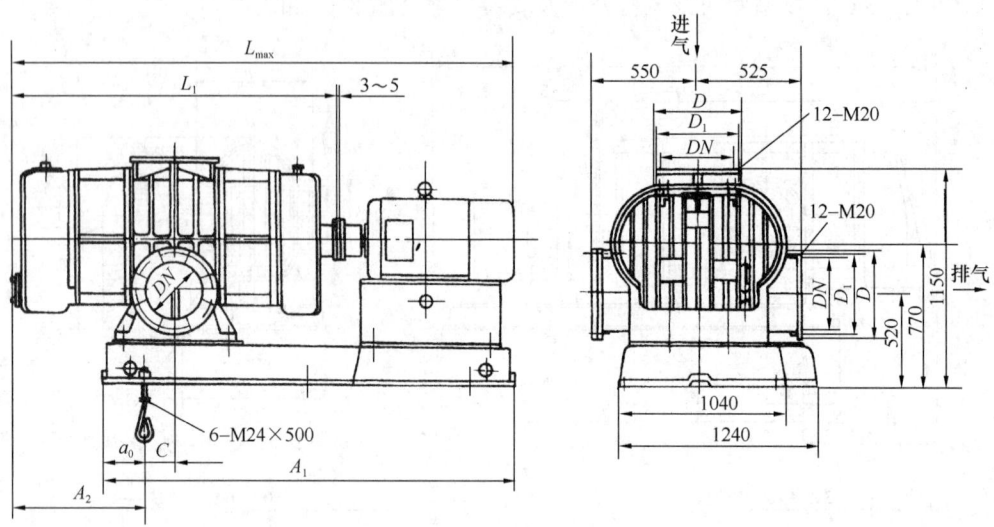

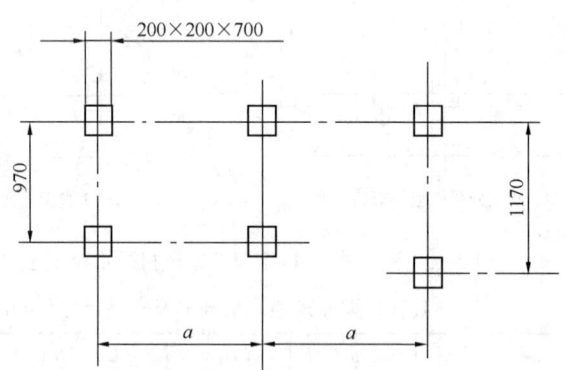

图 2-41   L72～74WD 型罗茨鼓风机外形及安装尺寸

L72～74WD 型罗茨鼓风机外形及安装尺寸（mm）   表 2-72

型　号	L_{max}	L_1	A_1	C	A_2	a_0	a	DN	D_1	D
L72WD	2972	1686	2320	45	772.5	350	810	300	395	440
L73WD	3136	1791	2600	65	825	450	850	350	445	490
L74WD	3261	1916	2600	65	881.5	450	850	350	445	490

3) L81～84WDG 型罗茨鼓风机外形及安装尺寸见图 2-42 和表 2-73、表 2-74。

L81～84WDG 型罗茨鼓风机外形及安装尺寸（mm）   表 2-73

型　号	L_{max}	L_1	I_1	I_3	I_4	A_1	A_2	DN	D_1	D	$n\text{-}Md$
L81WDG	3465	1994	970	440	1030	920	980	350	445	490	12-M20
L82WDG	3855	2124	1035	570	1160	920	960	400	495	540	16-M20
L83WDG	4125	2294	1120	740	1330	920	980	450	550	595	16-M20
L84WDG	4325	2494	1220	940	1530	920	980	500	600	645	20-M20

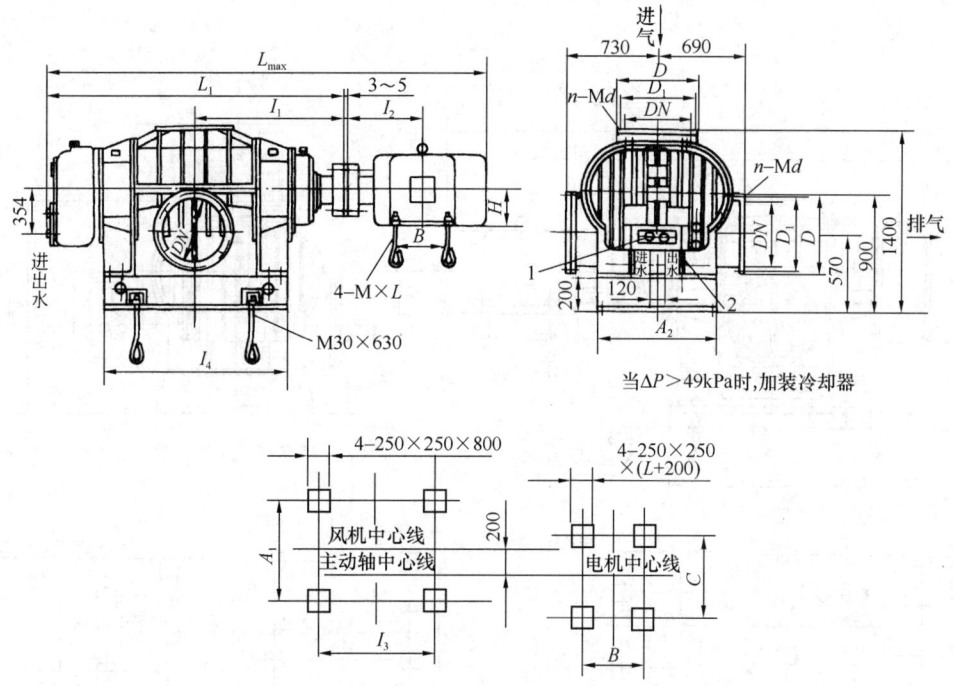

图 2-42　L81～84WDG 型罗茨鼓风机外形及安装尺寸

1—进水口；2—出水口（$DN15$、间距 120）

L81～84WDG 型罗茨鼓风机配套电动机尺寸（mm）　　表 2-74

电动机 型号 尺寸	Y225	Y250	Y280		Y315		JS		JS		JS		JS		JS	Y450
	M	M	S	M	S	M	115-8.10 116-8.10 117-8.10	116-6 117-6	125 127 126 128	136-8.6 137-8.10	137-6 130-8.10	148-6 1410-10	1410-8.6	157	Y450
C	356	406	457		508		620		710		790		940		110	800
B	311	349	368	419	457	508	490	590	590	550 650	660	760	870	970	820	1120
H	225	250	280		315		375		450		500		560		630	450
$M \times L$	M16× 300	M20×300		M24×400			M20×300			M24×400			M36×800			M30× 630
I_2	451.5	487.5	521	546.5	619.5	645	665	715	765	770 820	840	890	1005	1055	955	1170

4）L81～84～L_{94}^{93}WD 型罗茨鼓风机外形及安装尺寸见图 2-43 和表 2-75、表 2-76。

L81～84～L_{94}^{93}WD 型罗茨鼓风机外形及安装尺寸（mm）　　表 2-75

型号	A_1	A_2	A_3	A_4	H_1	H_2	H_3	H_4	L_{max}	L_1	I_1	I_3	I_4	DN	D_1	D	$n-Md$
L81WD	730	690	920	980	1400	900	570	200	3450	1994	970	440	1030	350	445	490	12-M20
L82WD	730	690	920	980	1400	900	570	200	3580	2124	1035	570	1160	400	495	540	16-M20
L83WD	730	690	920	980	1400	900	570	200	3860	2294	1120	740	1330	450	550	595	16-M20
L84WD	730	690	920	980	1400	900	570	200	4320	2494	1220	940	1530	500	600	645	20-M20
L93WD	850	820	1235	1335	1615	1015	610	200	4800	2726	1335	800	1720	550	655	705	20-M24
L94WD	850	820	1235	1335	1615	1015	610	200	4940	2866	1405	870	1860	600	705	755	20-M24

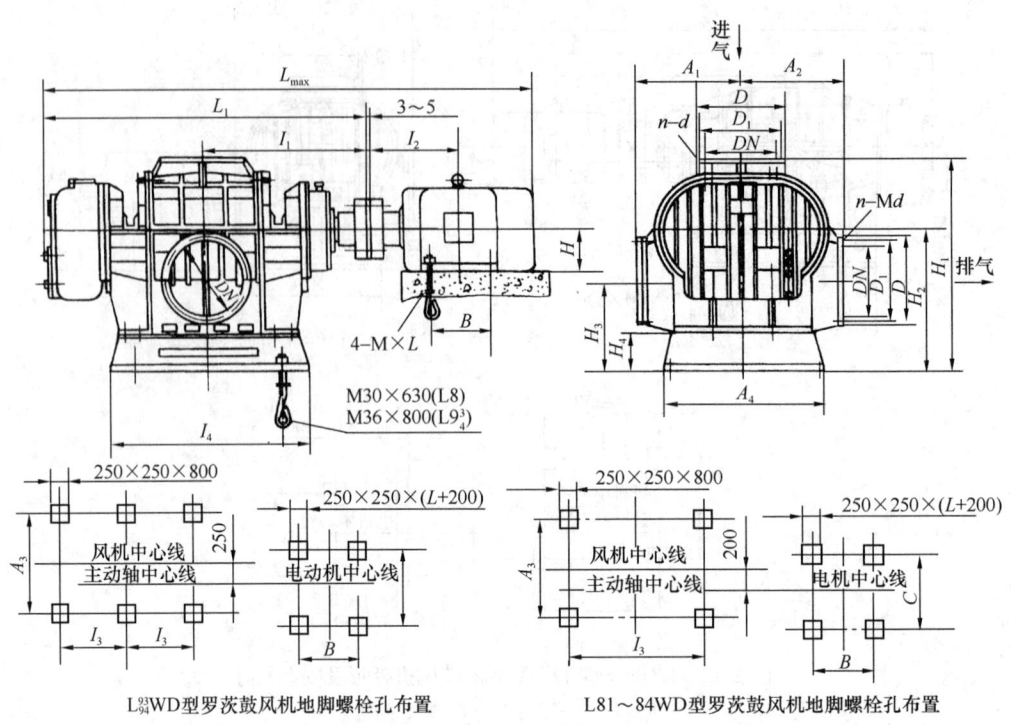

图 2-43 L81~84~L$_{94}^{93}$WD 型罗茨鼓风机外形及安装尺寸

L81~84~L$_{94}^{93}$WD 型罗茨鼓风机配套电动机尺寸（mm） 表 2-76

电动机型号 / 尺寸	Y225	Y250	Y280	Y315		JS	JS	JS	JS	JS	JS	JS	JS	JS	Y450
	M	M	M	S	M	S	1410-18 148-6	1410-8	125 126	127 128	136-8 137- 8.10	137-6 130-8.10	115-8.10	115-6 116-8.10 117-8.10	116-6 117-6	157 158	
C	356	406	457		508		940		710		790			620		1100	800
B	311	349	419	368	457	406	870	970	550	650	660	760	490	590	590	820	1120
H	225	250	280		315		560		450		500			375		630	450
M×L	M16× 300		M20×300		M24×400		M36×800				M24×400			M20×300		M36× 800	M30× 630
I$_2$	451.5	487.5	546.5	521	624.5	594	1005	1055	770	820	840	890	665	715	765	955	1170

2.5 通 风 机

2.5.1 4-72、B4-72 型中低压离心通风机

(1) 适用范围：4-72 型中低压离心通风机可作为一般工厂及大型建筑物的室内通风换气，用以输送空气和其他不自燃、对人体无害、对钢材无腐蚀性的气体。B4-72 型中低压离心通风机可作为易燃挥发性气体的通风换气用。气体内不许有黏性物质，所含尘土及硬质颗粒物不大于 150mg/m³，气体温度不得超过 80℃。

(2) 型号意义说明：

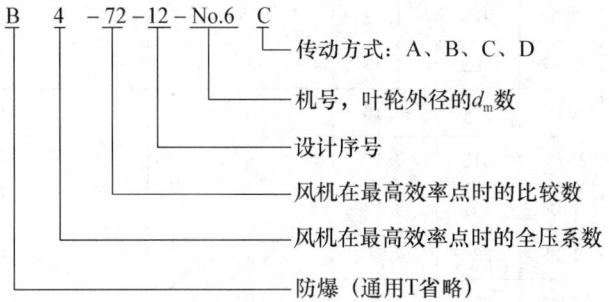

(3) 结构与特点：4-72 型风机中 No.2.8～6 主要由叶轮、机壳、进风口等部分配直联电机组成。No.8～12 除具有上述部分外，还有传动部分。

1) 叶轮由 10 个后倾的机翼形叶片、曲线形前盘和平板后盘组成，用钢板或铸铝合金制造，并经动、静平衡校正，空气性能良好，效率高，运转平稳。

2) 进风口制成整体，装于风机的侧面，与轴向平行的截面为曲线形状，能使气体顺利进入叶轮，且损失较小。

3) 传动部分由主轴、轴承箱、滚动轴承、皮带轮或联轴器组成。B4-72 型风机选用件以及地基尺寸与 4-72 型一致，结构亦基本相同。No.2.8～6A 采用 B35 型带法兰盘与底脚的电动机。No.6～12C、D 电动机选用该表中与 Y 系列对应的 YB 系列，安装形式为 B3。

(4) 性能规格：4-72 型中低压离心通风机性能规格见表 2-77。B4-72 型风机的性能规格与 4-72 型一致。

4-72 型中低压离心通风机性能规格   表 2-77

机号	转速 (r/min)	序号	流量 (m³/h)	全压 (Pa)	所需功率 (kW)	电 动 机		
						型 号	功率 (kW)	地脚螺栓 (4 套)
2.8A	2900	1	1131	994	0.67	Y90S-2 (B35)	1.5	M8×160
		2	1310	966	0.72			
		3	1480	933	0.71			
		4	1659	887	0.74			
		5	1828	835	0.77			
		6	2007	770	0.79			
		7	2177	702	0.81			
		8	2355	606	0.80			

机号	转速 (r/min)	序号	流量 (m³/h)	全压 (Pa)	所需功率 (kW)	电 动 机		
						型 号	功率（kW）	地脚螺栓（4套）
3.2A	2900	1	1688	1300	1.23	Y90L-2 (B35)	2.2	M8×160
		2	1955	1263	1.31			
		3	2209	1220	1.38			
		4	2476	1160	1.34			
		5	2729	1091	1.39			
		6	2996	1006	1.43			
		7	3250	918	1.47			
		8	3517	792	1.45			
	1450	1	844	324	0.16	Y90S-4 (B35)	1.1	M8×160
		2	978	315	0.17			
		3	1104	304	0.19			
		4	1238	289	0.19			
		5	1365	272	0.20			
		6	1498	251	0.21			
		7	1625	229	0.21			
		8	1758	198	0.21			
3.6A	2900	1	2664	1578	2.03	Y100L-2 (B35)	3	M10×220
		2	3045	1531	2.15			
		3	3405	1481	2.25			
		4	3786	1419	2.35			
		5	4146	1343	2.42			
		6	4527	1256	2.50			
		7	4887	1144	2.53			
		8	5268	989	2.52			
	1450	1	1332	393	0.29	Y90S-4 (B35)	1.1	M8×160
		2	1552	381	0.31			
		3	1703	369	0.33			
		4	1893	353	0.34			
		5	2073	335	0.35			
		6	2263	313	0.36			
		7	2444	285	0.36			
		8	2634	247	0.36			

机号	转速 (r/min)	序号	流量 (m³/h)	全压 (Pa)	所需功率 (kW)	电 动 机		
						型 号	功率 (kW)	地脚螺栓（4套）
4A	2900	1	4012	2014	3.47	Y132S₁-2 (B35)	5.5	M10×220
		2	4506	1969	3.66			
		3	4973	1915	3.82			
		4	5468	1830	3.94			
		5	5962	1723	4.02			
		6	6457	1606	4.11			
		7	6924	1459	4.12			
		8	7419	1320	4.19			
	1450	1	2006	501	0.54	Y90S-4 (B35)	1.1	M8×160
		2	2253	490	0.57			
		3	2487	476	0.60			
		4	2734	455	0.62			
		5	2981	429	0.63			
		6	3228	400	0.64			
		7	3462	363	0.64			
		8	3709	329	0.66			
4.5A	2900	1	5712	2554	6.00	Y132S₂-2 (B35)	7.5	M10×220
		2	6416	2497	6.32			
		3	7081	2428	6.60			
		4	7785	2320	6.81			
		5	8489	2184	6.95			
		6	9194	2036	7.09			
		7	9859	1849	7.10			
		8	10562	1673	7.42			
	1450	1	2856	634	0.91	Y90S-4 (B35)	1.1	M8×160
		2	3208	620	0.96			
		3	3540	603	1.00			
		4	3893	577	1.04			
		5	4245	543	1.06			
		6	4597	506	1.08			
		7	4929	460	1.08			
		8	5281	416	1.10			

机号	转速 （r/min）	序号	流量 （m³/h）	全压 （Pa）	所需功率 （kW）	电　动　机		
						型　号	功率（kW）	地脚螺栓（4套）
5A	2900	1	7728	3187	10.0	Y160M₂-2 （B35）	15	M12×300
		2	8855	3145	10.8			
		3	9928	3074	11.4			
		4	11054	2962	12.0			
		5	12128	2792	12.4			
		6	13255	2567	12.7			
		7	14328	2335	12.9			
		8	15455	2019	12.8			
	1450	1	3864	790	1.42	Y100L₁-4 （B35）	2.2	M10×220
		2	4427	780	1.52			
		3	4964	762	1.61			
		4	5527	735	1.70			
		5	6064	693	1.76			
		6	6628	637	1.80			
		7	7164	580	1.82			
		8	7728	502	1.80			
5.5A	1450	1	5143	956	2.11	Y100L₂-4 （B35）	3	M10×220
		2	5892	944	2.27			
		3	6608	922	2.40			
		4	7356	889	2.53			
		5	8071	839	2.62			
		6	8822	771	2.68			
		7	9535	702	2.71			
		8	10286	607	2.68			
	960	1	3405	419	0.71	Y90L-6 （B35）	1.1	M8×160
		2	3901	414	0.77			
		3	4374	404	0.81			
		4	4870	390	0.85			
		5	5344	368	0.88			
		6	5840	338	0.91			
		7	6313	308	0.92			
		8	6810	266	0.91			

续表

机号	转速 (r/min)	序号	流量 (m³/h)	全压 (Pa)	所需功率 (kW)	电 动 机			
						型 号	功率（kW）	地脚螺栓（4套）	
6A	1450	1	6677	1139	3.25	Y112M-4 (B35)	4	M10×220	
		2	7650	1124	3.49				
		3	8578	1099	3.70				
		4	9551	1059	3.91				
		5	10478	999	4.04				
		6	11452	919	4.13				
		7	12379	836	4.19				
		8	13353	724	4.14				
	960	1	4420	498	1.10	Y100L-6 (B35)	1.5	M10×220	
		2	5065	492	1.18				
		3	5679	481	1.25				
		4	6324	463	1.32				
		5	6938	437	1.37				
		6	7582	402	1.40				
		7	8196	366	1.42				
		8	8841	317	1.40				

机号	转速 (r/min)	序号	流量 (m³/h)	全压 (Pa)	所需功率 (kW)	电 动 机			联轴器 （1套）
						型 号	功率 (kW)	地脚螺栓 （4套）	
6D	1450	1	6677	1139	3.32	Y112M-4	4	M10×220	$Q_3Y\dfrac{28×60}{45×110}$
		2	7650	1124	3.56				
		3	8578	1099	3.77				
		4	9551	1059	3.99				
		5	10478	999	4.12				
		6	11452	919	4.21				
		7	12379	836	4.27				
		8	13353	724	4.22				
	960	1	4420	498	1.12	Y100L-6	1.5	M10×220	$Q_3Y\dfrac{28×60}{45×110}$
		2	5065	492	1.21				
		3	5679	481	1.28				
		4	6324	463	1.35				
		5	6938	437	1.39				
		6	7582	402	1.32				
		7	8196	366	1.34				
		8	8841	317	1.33				

机号	转速 (r/min)	序号	流量 (m³/h)	全压 (Pa)	所需功率 (kW)	电 动 机			联轴器 (1套)
						型 号	功率 (kW)	地脚螺栓 (4套)	
8D	1450	1	15826	2032	13.4	Y180M-4	18.5	M12×300	$Q_4 Y \frac{48 \times 110}{55 \times 110}$
		2	18134	2005	14.4				
		3	20332	1960	15.2				
		4	22640	1888	16.1				
		5	24838	1781	16.6				
		6	27146	1638	17.0				
		7	29344	1490	17.3				
	960	1	10478	887	4.06	Y132M$_2$-6	5.5	M10×220	$Q_4 Y \frac{38 \times 80}{55 \times 110}$
		2	12006	875	4.36				
		3	13461	856	4.61				
		4	14989	825	4.88				
		5	16444	778	5.04				
		6	17972	715	5.15				
		7	19428	651	5.23				
	730	1	7968	512	1.93	Y132M-8	3	M10×220	$Q_4 Y \frac{38 \times 80}{55 \times 110}$
		2	9130	506	2.08				
		3	10236	494	2.20				
		4	11398	476	2.32				
		5	12504	449	2.40				
		6	13666	413	2.45				
		7	14773	376	2.49				
10D	1450	1	40441	3202	48.1	Y250M-4	55	M20×500	$Q_5 Y \frac{65 \times 140}{55 \times 110}$
		2	44026	3159	50.5				
		3	47611	3032	52.3				
		4	50680	2884	53.5				
		5	53664	2722	54.5				
		6	56605	2532	55.0				
	960	1	26775	1395	14.0	Y200L$_1$-6	18.5	M16×400	$Q_4 Y \frac{55 \times 110}{55 \times 110}$
		2	29148	1376	14.7				
		3	31521	1321	15.2				
		4	33554	1257	15.5				
		5	35529	1187	15.8				
		6	37476	1104	16.0				

机号	转速(r/min)	序号	流量(m³/h)	全压(Pa)	所需功率(kW)	电动机 型号	电动机 功率(kW)	电动机 地脚螺栓(4套)	联轴器(1套)
10D	730	1	20360	805	6.14	Y160L-8	7.5	M12×300	$Q_4 Y \dfrac{42\times110}{55\times110}$
		2	22164	794	6.45				
		3	23969	762	6.68				
		4	25515	725	6.82				
		5	27017	685	6.95				
		6	28497	637	7.02				
12D	960	1	46267	2013	34.8	Y280S-6	45	M20×500	$Q_6 Y \dfrac{75\times140}{75\times140}$
		2	50368	1986	36.5				
		3	54469	1906	37.8				
		4	57981	1814	38.6				
		5	61395	1712	39.3				
		6	64759	1593	39.7				
	730	1	35182	1160	15.3	Y225S-8	18.5	M16×400	$Q_6 Y \dfrac{60\times140}{75\times140}$
		2	38301	1145	16.1				
		3	41419	1099	16.6				
		4	44090	1046	17.0				
		5	46685	987	17.3				
		6	49244	919	17.5				

机号	转速(r/min)	序号	流量(m³/h)	全压(Pa)	所需功率(kW)	电动机 型号	电动机 功率(kW)	电动机 导轨(2套)	皮带轮 主轴	皮带轮 电机	三角带
6C	2240	1	10314	2734	12.1	Y160L-4	15	01-580	45-B₅-236	42-B₅-375	B-2845 (5根)
		2	11818	2698	13.0						
		3	13251	2637	13.7						
		4	14755	2541	14.5						
		5	16187	2396	15.0						
		6	17692	2202	15.4						
		7	19124	2004	15.6						
		8	20628	1733	15.4						
	2000	1	9209	2176	8.6	Y160M-4	11	01-580	45-B₄-236	42-B₄-335	B-2667 (4根)
		2	10552	2147	9.2						
		3	11831	2099	9.8						
		4	13174	2022	10.3						
		5	14453	1907	10.7						
		6	15796	1753	10.9						
		7	17075	1595	11.1						
		8	18418	1380	11.0						

机号	转速 (r/min)	序号	流量 (m³/h)	全压 (Pa)	所需 功率 (kW)	电 动 机			皮带轮		三角带
						型 号	功率 (kW)	导轨 (2套)	主轴	电机	
6C	1800	1	8288	1760	6.28	Y132M-4	7.5	01-450	45-B_2-236	38-B_2-300	B-2286 (2根)
		2	9497	1736	6.74						
		3	10648	1697	7.13						
		4	11856	1635	7.54						
		5	13008	1542	7.79						
		6	14216	1418	7.97						
		7	15367	1291	8.08						
		8	16576	1116	7.98						
	1600	1	7367	1389	4.60	Y132S-4	5.5	01-450	45-B_2-236	38-B_2-265	B-2286 (2根)
		2	8442	1370	4.94						
		3	9465	1339	5.23						
		4	10539	1291	5.53						
		5	11562	1217	5.71						
		6	12637	1119	5.84						
		7	13660	1019	5.92						
		8	14734	881	5.85						
	1250	1	5756	846	2.38	Y100L_2-4	3	01-450	45-B_2-236	28-B_2-212	B-2286 (2根)
		2	6595	835	2.55						
		3	7395	816	2.49						
		4	8234	786	2.63						
		5	9033	742	2.72						
		6	9873	682	2.79						
		7	10672	621	2.92						
		8	11511	537	2.79						
	1120	1	5157	679	1.71	Y100L_1-4	2.2	01-460	45-A_2-236	28-A_2-200	A-2286 (2根)
		2	5909	670	1.83						
		3	6626	655	1.94						
		4	7378	631	2.05						
		5	8094	595	2.12						
		6	8846	547	2.17						
		7	9562	498	2.20						
		8	10314	431	2.17						
	1000	1	4605	541	1.31	Y90L-4	1.5	01-380	45-A_2-236	24-A_2-170	A-2286 (2根)
		2	5276	534	1.31						
		3	5916	522	1.38						
		4	6587	503	1.46						
		5	7227	474	1.51						
		6	7898	436	1.54						
		7	8538	397	1.57						
		8	9209	344	1.55						

续表

机号	转速 (r/min)	序号	流量 (m³/h)	全压 (Pa)	所需功率 (kW)	电动机 型号	电动机 功率 (kW)	电动机 导轨 (2套)	皮带轮 主轴	皮带轮 电机	三角带
6C	900	1	4144	438	0.96	Y90L-4	1.5	01-380	45-A$_2$-236	24-A$_2$-150	A-2286 (2根)
		2	4749	432	1.03						
		3	5324	422	1.09						
		4	5928	407	1.15						
		5	6504	384	1.19						
		6	7108	353	1.21						
		7	7684	322	1.23						
		8	8288	278	1.22						
	800	1	3684	346	0.72	Y90S-4	1.1	01-380	45-A$_2$-236	24-A$_2$-132	A-2286 (2根)
		2	4221	341	0.72						
		3	4733	334	0.76						
		4	5270	322	0.81						
		5	5781	303	0.83						
		6	6319	279	0.85						
		7	6830	254	0.86						
		8	7367	220	0.85						
8C	1800	1	19646	3143	26.5	Y200L$_1$-2	30	01-725	55-B$_6$-315	55-B$_6$-200	B-2667 (6根)
		2	22511	3101	28.4						
		3	25240	3032	30.1						
		4	28105	2920	31.8	Y200L$_2$-2	37		55-B$_7$-315	55-B$_7$-200	B-2667 (7根)
		5	30834	2754	32.8						
		6	33699	2531	33.6						
		7	36427	2302	34.1						
	1600	1	17463	2478	18.6	Y180M-2	22	01-580	55-B$_5$-315	48-B$_5$-180	B-2286 (5根)
		2	20010	2445	19.9						
		3	22435	2390	21.1						
		4	24982	2303	22.3	Y200L$_1$-2	30	01-725		55-B$_5$-180	
		5	27408	2171	23.1						
		6	29954	1996	23.6						
		7	32380	1816	23.9						
	1250	1	13643	1507	8.9	Y160M-4	11	01-580	55-B$_3$-315	42-B$_3$-280	B-2667 (3根)
		2	15633	1487	9.5						
		3	17527	1454	10.1						
		4	19517	1401	10.6						
		5	21412	1321	11.0						
		6	23402	1215	11.3						
		7	25297	1106	11.4						

机号	转速 (r/min)	序号	流量 (m³/h)	全压 (Pa)	所需功率 (kW)	电 动 机			皮带轮		三角带
						型 号	功率 (kW)	导轨 (2套)	主轴	电机	
8C	1120	1	12224	1209	6.37	Y132M-4	7.5	01-460	55-B₂-315	38-B₂-250	B-2667 (2根)
		2	14007	1193	6.84						
		3	15705	1166	7.24						
		4	17487	1124	7.65	Y160M-4	11	01-580		42-B₂-250	
		5	19185	1060	7.91						
		6	20968	975	8.09						
		7	22666	887	8.20						
	1000	1	10914	963	4.73	Y132S-4	5.5	01-460	55-B₂-315	38-B₂-224	B-2464 (2根)
		2	12506	950	5.08						
		3	14022	929	5.38						
		4	15614	895	5.68	Y132M-4	7.5				
		5	17130	844	5.87						
		6	18721	777	5.76						
		7	20237	707	5.84						
	900	1	9823	779	3.45	Y112M-4	4	01-460	55-B₂-315	28-B₂-200	B-2286 (2根)
		2	11255	769	3.70						
		3	12620	752	3.92						
		4	14052	725	4.14	Y132S-4	5.5			38-B₂-200	
		5	15417	683	4.28						
		6	16849	629	4.38						
		7	18213	572	4.44						
	800	1	8732	615	2.42	Y100L₂-4	3	01-460	55-B₂-315	28-B₂-180	B-2286 (2根)
		2	10005	607	2.60						
		3	11217	594	2.75						
		4	12491	572	2.91						
		5	13704	540	3.01						
		6	14977	496	3.08						
		7	16190	452	3.12						
	710	1	7749	485	1.84	Y100L₁-4	2.2	01-460	55-B₂-315	28-B₂-160	B-2159 (2根)
		2	8880	478	1.97						
		3	9956	468	2.08						
		4	11085	450	2.20						
		5	12162	425	2.28						
		6	13292	391	2.33	Y100L₂-4	3				
		7	14368	356	2.36						

机号	转速 (r/min)	序号	流量 (m³/h)	全压 (Pa)	所需 功率 (kW)	电 动 机			皮带轮		三角带
						型 号	功率 (kW)	导轨 (2套)	主轴	电机	
8C	630	1	6876	381	1.38	Y100L₁-4	2.2	01-460	55-B₂-315	28-B₂-140	B-2159 (2根)
		2	7879	376	1.38						
		3	8834	368	1.46						
		4	9837	355	1.54						
		5	10791	334	1.59						
		6	11794	308	1.63						
		7	12749	280	1.65						
10C	1250	1	34863	2373	31.8	Y225S-4	37	01-725	55-C₅-400	60-C₅-355	C-3558 (5根)
		2	37953	2341	33.4						
		3	41044	2247	34.8						
		4	43690	2138	35.4						
		5	46262	2018	36.0						
		6	48797	1877	36.3						
	1120	1	31237	1902	22.9	Y200L-4	30	01-725	55-B₆-400	55-B₆-315	B-3348 (6根)
		2	34006	1877	24.0						
		3	36775	1801	24.9						
		4	39146	1714	25.4						
		5	41451	1618	25.9						
		6	43722	1505	26.1						
	1000	1	27890	1514	16.3	Y180M-4	18.5	01-580	55-B₄-400	48-B₄-280	B-3048 (4根)
		2	30363	1494	17.1						
		3	32835	1434	17.7						
		4	34952	1364	18.1						
		5	37010	1288	18.4						
		6	39038	1199	18.6						
	900	1	25101	1225	11.9	Y160L-4	15	01-530	55-B₃-400	42-B₃-250	B-3048 (3根)
		2	27326	1209	12.5						
		3	29551	1161	12.9						
		4	31457	1104	13.1						
		5	33309	1042	13.4						
		6	35134	970	13.5						
	800	1	22312	967	8.3	Y160M-4	11	01-580	55-B₃-400	42-B₃-224	B-2845 (3根)
		2	24290	954	8.8						
		3	26268	916	9.1						
		4	27961	872	9.3						
		5	29608	823	9.4						
		6	31230	766	9.5						

续表

机号	转速(r/min)	序号	流量(m³/h)	全压(Pa)	所需功率(kW)	电 动 机			皮带轮		三角带
						型 号	功率(kW)	导轨(2套)	主轴	电机	
10C	710	1	19802	761	5.83	Y132M-4	7.5	01-460	55-B₂-400	38-B₂-200	B-2667(2根)
		2	21557	751	6.12						
		3	23313	721	6.34						
		4	24816	686	6.48						
		5	26277	648	6.59						
		6	27717	603	6.66						
	630	1	17571	599	4.25	Y132S-4	5.5	01-460	55-B₂-400	38-B₂-180	B-2667(2根)
		2	19128	591	4.46						
		3	20686	568	4.62						
		4	22019	540	4.72						
		5	23316	510	4.81						
		6	24594	475	4.85						
	560	1	15618	473	2.98	Y112M-4	4	01-460	55-B₂-400	28-B₂-160	B-2464(2根)
		2	17003	467	3.13						
		3	18387	448	3.24						
		4	19573	426	3.32						
		5	20725	403	3.38						
		6	21861	375	3.41						
	500	1	13945	377	2.30	Y100L₂-4	3	01-460	55-B₂-400	28-B₂-400	B-2464(2根)
		2	15181	372	2.42						
		3	16417	357	2.50						
		4	17476	340	2.56						
		5	18505	321	2.40						
		6	19519	299	2.43						
12C	1120	1	53978	2746	56.9	Y280S-4	75	01-950	75-C₈-475	75-C₅-375	C-4064(8根)
		2	58763	2710	59.8						
		3	63548	2601	61.9						
		4	67645	2474	63.3						
		5	71627	2335	64.4						
		6	75552	2172	65.0						
	1000	1	48195	2185	40.5	Y225M-4	45	01-725	75-C₅-475	60-C₅-335	C-3707(5根)
		2	52467	2156	42.6						
		3	56739	2070	44.1						
		4	60397	1969	45.0	Y250M-4	55	01-950	75-C₆-475	65-C₆-335	C-3707(6根)
		5	63953	1859	45.9						
		6	67457	1729	46.3						

机号	转速 (r/min)	序号	流量 (m³/h)	全压 (Pa)	所需 功率 (kW)	电动机 型 号	电动机 功率 (kW)	导轨 (2套)	皮带轮 主轴	皮带轮 电机	三角带
12C	900	1	43375	1767	29.53	Y250M-6	37	01-950	75-C₄-475	65-C₄-450	C-4064 (4根)
		2	47220	1744	31.02						
		3	51065	1674	32.12						
		4	54357	1593	32.83						
		5	57557	1504	33.42						
		6	60712	1399	33.75						
	800	1	38556	1395	20.74	Y200L₂-6	22	01-725	75-C₃-475	55-C₃-400	C-4064 (3根)
		2	41973	1376	21.79						
		3	45391	1321	22.56	Y225M-6	30			60-C₃-400	
		4	48317	1257	23.06						
		5	51162	1187	23.47						
		6	53966	1104	23.70						
	710	1	34218	1097	14.50	Y200L₁-6	18.5	01-725	75-C₂-475	55-C₂-355	C-3658 (2根)
		2	37251	1083	15.23						
		3	40284	1040	15.77						
		4	42882	989	16.12						
		5	45406	934	16.41						
		6	47895	869	16.57						
	630	1	30362	863	10.13	Y180L-6	15	01-580	75-C₂-475	48-C₂-315	C-3658 (2根)
		2	33054	852	10.64						
		3	35745	818	11.02						
		4	38050	778	11.26						
		5	40290	735	11.46						
		6	42498	684	11.58						
	560	1	26989	682	7.11	Y160M-6	7.5	01-580	75-C₂-475	42-C₂-280	C-3658 (2根)
		2	29381	673	7.47						
		3	31774	646	7.74	Y160L-6	11				
		4	33822	615	7.91						
		5	35813	580	8.05						
		6	37776	540	8.13						
	500	1	24097	543	5.28	Y160M-6	7.5	01-580	75-C₂-475	42-C₂-250	C-3658 (2根)
		2	25233	536	5.55						
		3	28369	515	5.75						
		4	30198	490	5.87						
		5	31976	462	5.98						
		6	33728	430	5.79						

机号	转速 (r/min)	序号	流量 (m³/h)	全压 (Pa)	所需功率 (kW)	电　动　机			皮带轮		三角带
						型　号	功率 (kW)	导轨 (2套)	主轴	电机	
12C	450	1	21687	440	3.85	Y132M$_1$-6	4	01-460	75-C$_2$-475	38-C$_2$-224	C-3658 (2根)
		2	23610	434	4.05						
		3	25532	417	4.19	Y132M$_2$-6	5.5	01-460			
		4	27178	397	4.28						
		5	28778	374	4.36						
		6	30356	348	4.40						
	400	1	19278	347	2.71	Y132S-6	3	01-460	75-C$_2$-475	38-C$_2$-200	C-3098 (2根)
		2	20986	343	2.84						
		3	22695	529	2.94						
		4	24158	313	3.01						
		5	25581	296	3.06						
		6	26983	275	3.09						
16B	900	1	102810	3157	124.4	Y315L$_2$-6	132	02-745	150-E$_6$-630	80-E$_6$-600	E-5334 (6根)
		2	111930	3115	130.7						
		3	121040	2990	135.3	Y355M$_1$-6	160	02-890		95-E$_6$-600	
		4	128840	2844	138.3						
		5	136430	2684	140.8						
		6	143910	2497	142.2						
	800	1	90392	2489	87.4	Y315L$_1$-6	110	02-745	150-E$_4$-630	80-E$_4$-530	E-5334 (4根)
		2	99493	2456	91.8						
		3	107590	2357	95.1						
		4	114530	2242	97.2						
		5	121270	2117	98.9						
		6	127920	1969	99.9						
	710	1	81110	1957	61.1	Y315S-6	75	02-745	150-D$_5$-630	80-D$_5$-475	D-5334 (5根)
		2	88300	1931	64.2						
		3	95490	1853	66.5						
		4	101640	1763	67.9						
		5	107630	1664	69.2						
		6	113520	1549	69.8						
	630	1	71971	1538	42.7	Y280S-6	45	01-950	150-D$_3$-630	75-D$_3$-425	D-5334 (3根)
		2	78351	1518	44.8						
		3	84730	1457	46.4	Y280M-6	55				
		4	90193	1386	47.5						
		5	95503	1309	48.3						
		6	100730	1218	48.8						

机号	转速 (r/min)	序号	流量 (m³/h)	全压 (Pa)	所需 功率 (kW)	电 动 机			皮带轮		三角带
						型 号	功率 (kW)	导轨 (2套)	主轴	电机	
16B	560	1	63974	1214	30.0	Y250M-6	37	01-950	150-C₅-630	65-C₅-375	C-4572 (5根)
		2	69645	1198	31.5						
		3	75316	1150	32.6						
		4	80172	1094	33.3						
		5	84892	1033	33.9						
		6	89544	961	34.3						
	500	1	57120	967	21.3	Y225M-6	30	01-725	150-C₄-630	60-C₄-335	C-4572 (4根)
		2	62183	954	22.4						
		3	67246	916	23.2						
		4	71582	872	23.7						
		5	75796	823	24.2						
		6	79950	766	24.4						
	450	1	51408	783	15.6	Y200L₁-6	18.5	01-725	150-B₅-630	55-B₅-300	B-4064 (5根)
		2	55965	773	16.3						
		3	60521	742	16.9						
		4	64423	706	17.3						
		5	68216	666	17.6						
		6	71955	620	17.8						
	400	1	45696	618	10.9	Y180L-6	15	01-580	150-B₄-630	48-B₄-265	B-4064 (4根)
		2	49746	610	11.5						
		3	53797	586	11.9						
		4	57265	557	12.2						
		5	60637	526	12.4						
		6	63960	490	12.5						
	355	1	40555	487	7.64	Y160L-6	11	01-580	150-B₃-630	42-B₃-236	B-4064 (3根)
		2	44150	480	8.02						
		3	47745	461	8.31						
		4	50823	439	8.49						
		5	53815	414	8.64						
		6	56764	386	8.73						
	315	1	35985	383	5.57	Y160M-6	7.5	01-580	150-B₃-630	42-B₃-212	B-4064 (3根)
		2	39175	378	5.85						
		3	42365	363	5.80						
		4	45096	345	5.93						
		5	47751	326	6.04						
		6	50368	303	6.10						

机号	转速 (r/min)	序号	流量 (m³/h)	全压 (Pa)	所需 功率 (kW)	电动机			皮带轮		三角带
						型 号	功率 (kW)	导轨 (2套)	主轴	电机	
20B	710	1	158410	3069	186.6	Y355L₁-8 (IP23)	220	02-890	150-E₇-800	100-E₇-780	E-6858 (7根)
		2	172460	3029	195.8						
		3	186500	2907	202.8						
		4	198520	2765	207.3						
		5	210210	2609	211.0						
		6	221730	2427	213.1						
	630	1	140560	2411	130.3	Y355M₃-8	160	02-890	150-E₆-800	95-E₆-710	E-6858 (6根)
		2	153020	2379	136.8						
		3	165480	2284	141.7						
		4	176150	2172	144.8						
		5	186530	2050	147.4						
		6	196750	1908	148.9						
	560	1	124950	1902	91.5	Y315L₂-8	110	02-745	150-D₆-800	80-D₆-630	D-6096 (6根)
		2	136020	1877	96.1						
		3	147100	1801	99.5						
		4	156580	1714	101.7						
		5	165800	1618	103.5						
		6	174890	1505	104.6						
	500	1	111560	1514	65.13	Y315M-8	75	02-745	150-D₄-800	80-D₄-560	D-6096 (4根)
		2	121450	1494	68.40						
		3	131340	1434	70.82						
		4	139800	1364	72.39						
		5	148040	1288	73.70						
		6	156150	1199	74.42						
	450	1	100040	1225	47.48	Y315S-8	55	02-745	150-C₇-800	80-C₇-500	C-5334 (7根)
		2	109300	1209	49.86						
		3	118200	1161	51.63						
		4	125820	1104	52.77						
		5	133230	1042	53.73						
		6	140530	970	54.25						
	400	1	89250	967	33.34	Y280S-8	37	01-950	150-C₅-800	75-C₅-560	C-5334 (5根)
		2	97161	954	35.02						
		3	105070	916	36.26						
		4	111840	872	37.06						
		5	118430	823	37.73						
		6	124920	766	38.10						

机号	转速 (r/min)	序号	流量 (m³/h)	全压 (Pa)	所需功率 (kW)	电动机 型号	功率 (kW)	导轨 (2套)	皮带轮 主轴	电机	三角带
20B	355	1	79209	761	23.31	Y250M-8	30	01-950	150-B_7-800	65-B_7-400	B-5334 (7根)
		2	86230	751	24.48						
		3	93252	721	25.35						
		4	99264	686	25.91						
		5	105100	648	26.38						
		6	110800	603	26.64						
	315	1	70284	599	16.23	Y225S-8	18.5	01-725	150-B_6-800	60-B_6-355	B-5334 (6根)
		2	76514	591	17.10						
		3	82744	568	17.71						
		4	88079	540	18.10						
		5	93265	510	18.43						
		6	98376	475	18.61						
	280	1	62475	473	11.44	Y200L-8	15	01-725	150-B_5-800	55-B_5-315	B-5334 (5根)
		2	68013	467	12.01						
		3	73551	448	12.44						
		4	78293	426	12.71						
		5	82902	403	12.94						
		6	87445	375	13.07						
	250	1	55781	377	8.14	Y180L-8	11	01-580	150-B_4-800	48-B_4-280	B_4-5334 (4根)
		2	60726	372	8.55						
		3	65670	357	8.85						
		4	69904	340	9.05						
		5	74020	321	9.21						
		6	78076	299	9.30						

（5）外形及安装尺寸：$\frac{4-72}{B4-72}$ 型中低压离心通风机外形及安装尺寸见图 2-44～图 2-47 及表 2-78～表 2-80。

1）$\frac{4-72-12}{B4-72-12}$ No.2.8～6A 型中低压离心通风机外形及安装尺寸见图 2-44 和表 2-78。

2）$\frac{4-72-12}{B4-72-12}$ No.6～12$\frac{C}{D}$ 型中低压离心通风机外形及安装尺寸见图 2-45 和表 2-78。其出口方向示意见图 2-46 和表 2-79。

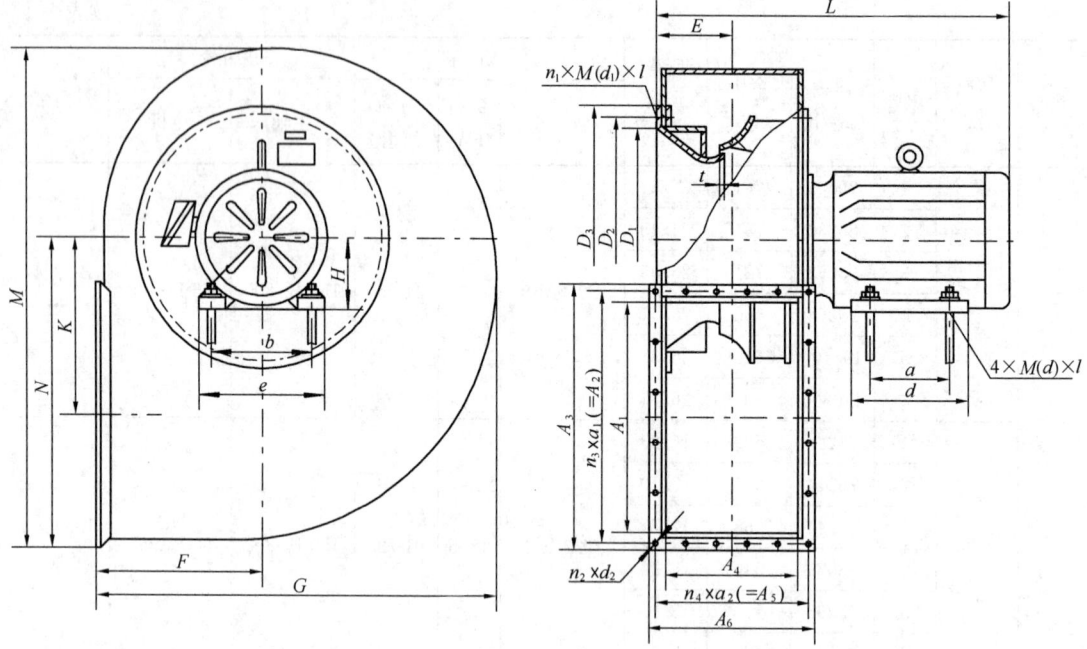

图 2-44 $\dfrac{4\text{-}72\text{-}12}{\text{B4-72-12}}$ No. 2.8～6A 型中低压离心通风机外形及安装尺寸

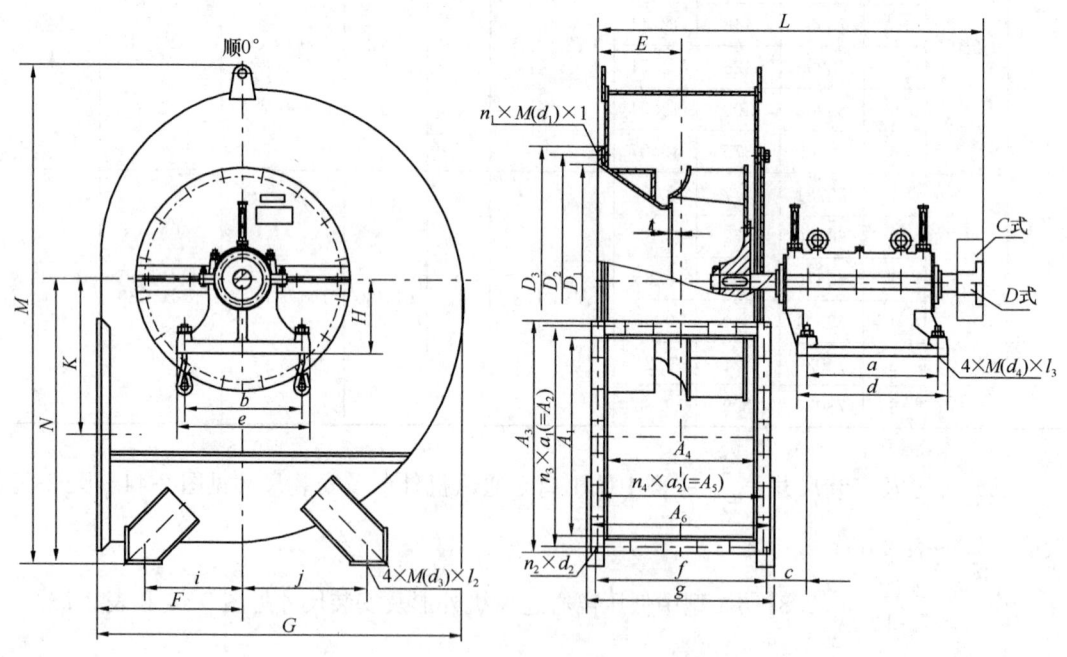

图 2-45 $\dfrac{4\text{-}72\text{-}12}{\text{B4-72-12}}$ No. 6～12 $\dfrac{\text{C}}{\text{D}}$ 型中低压离心通风机外形及安装尺寸

4-72-12 / **B4-72-12** No. 2.8～6A 及 No. 6～12 $\frac{C}{D}$ 型中低压离心通风机外形及安装尺寸（mm）表 2-78

机号	进口尺寸				出口尺寸						
	D_1	D_2	D_3	连接螺栓 $m_1 \times M(d_1) \times l_1$	A_1	$n_3 \times a_1 (=A_2)$	A_3	A_4	$n_4 \times b_2 (=A_e)$	A_6	$n_2 \times d_2$
2.8A	$\phi280$	$\phi306$	$\phi324$	$8 \times M8 \times 16$	224	$4 \times 64 (=256)$	277	196	$4 \times 57 (=228)$	249	$16 \times \phi7$
3.2A	$\phi320$	$\phi350$	$\phi370$	$16 \times M8 \times 16$	256	$4 \times 72 (=288)$	309	224	$4 \times 64 (=250)$	277	$16 \times \phi7$
3.6A	$\phi360$	$\phi394$	$\phi416$	$16 \times M8 \times 16$	288	$4 \times 80 (=320)$	341	252	$4 \times 71 (=284)$	305	$16 \times \phi7$
4A	$\phi400$	$\phi440$	$\phi450$	$16 \times M8 \times 16$	320	$5 \times 71 (=355)$	374	280	$5 \times 63 (=315)$	334	$20 \times \phi7$
4.5A	$\phi450$	$\phi490$	$\phi512$	$16 \times M8 \times 18$	360	$5 \times 79 (=395)$	414	315	$5 \times 70 (=350)$	370	$20 \times \phi7$
5A	$\phi500$	$\phi550$	$\phi572$	$16 \times M8 \times 18$	400	$5 \times 87 (=435)$	454	350	$5 \times 77 (=385)$	405	$20 \times \phi7$
5.5A	$\phi550$	$\phi600$	$\phi622$	$16 \times M8 \times 18$	440	$6 \times 79 (=474)$	494	385	$6 \times 70 (=420)$	441	$24 \times \phi7$
6A	$\phi600$	$\phi650$	$\phi676$	$16 \times M8 \times 18$	480	$6 \times 85 (=510)$	534	420	$6 \times 76 (=456)$	476	$24 \times \phi7$

机号	外 形 尺 寸									基 础 尺 寸							
	配用电动机	E	F	G	K	M	N	H	L	a	b	d	e	t	地脚螺栓（四套）$M(d) \times 1$	叶轮重（kg）	风机重（kg）（不包括电机）
2.8A	Y90S-2	100	192.5	466	196	566	334.5	90	486	100	140	130	180	2.8	$M8 \times 160$	5.8	22.4
3.2A	Y90S-4 / Y90S-2	114	218.5	530	224	642	378.5	90	514.5	100	140	130	180	3.2	$M8 \times 160$	6.8	25.2
3.6A	Y90S-4	128	244.5	594	252	718	422.5	90	542.5	100	140	130	180	3.6	$M8 \times 160$	9.3	30.6
	Y100L-2							100	602.5	140	160	176	205		$M10 \times 220$		
4A	Y90S-4	143	271	659	280	795	467	90	572	100	140	130	180	4	$M8 \times 160$	13.9	50
	Y132S$_1$-2							132	707	140	216	200	280		$M10 \times 220$		
4.5A	Y90S-4	160.5	303.5	739	315	890	522	90	605	100	140	130	180	4.5	$M8 \times 160$	19.1	64
	Y132S$_2$-2							132	740	140	216	200	280		$M10 \times 220$		
5A	Y100L$_1$-4	178	336	819	350	985	577	100	704	140	160	176	205	5	$M10 \times 220$	21.7	78.5
	Y160M$_2$-2							160	874	210	254	270	325		$M12 \times 300$		
5.5A	Y90L-6	195.5	368.5	899	385	1080	632	90	705	125	140	155	180	5.5	$M8 \times 160$	24.8	101
	Y100L$_2$-4							100	740	140	160	176	205		$M10 \times 220$		
6A	Y100L-6	213	401	979	420	1175	687	100	775	140	160	176	205	6	$M10 \times 220$	26.7	116
	Y112M-4							112	795	140	190	180	245				

机号	进口尺寸				出口尺寸						
	D_1	D_2	D_3	连接螺栓 $m_1 \times M(d_1) \times l_1$	A_1	$n_3 \times a_1 (=A_2)$	A_3	A_4	$n_4 \times b_2 (=A_e)$	A_6	$n_2 \times d_2$
6 $\frac{C}{D}$	$\phi600$	$\phi650$	$\phi676$	$16 \times M8 \times 20$	480	$6 \times 85 (=510)$	534	420	$6 \times 76 (=456)$	476	$24 \times \phi7$
8 $\frac{C}{D}$	$\phi800$	$\phi860$	$\phi904$	$16 \times M12 \times 25$	640	$7 \times 100 (=700)$	746	560	$6 \times 104 (=624)$	668	$26 \times \phi15$
10 $\frac{C}{D}$	$\phi1000$	$\phi1060$	$\phi1104$	$16 \times M12 \times 25$	800	$8 \times 108 (=864)$	906	700	$7 \times 109 (=763)$	808	$30 \times \phi15$
12 $\frac{C}{D}$	$\phi1200$	$\phi1270$	$\phi1320$	$24 \times M12 \times 25$	960	$8 \times 128 (=1024)$	1066	840	$8 \times 113 (=904)$	948	$32 \times \phi15$

机号	外形尺寸							基础尺寸								地脚螺栓(四套)$M(d_3)\times I_2$	地脚螺栓(四套)$M(d_3)\times I_3$	风机重(kg)(不包括电机)	滚动轴承
	E	F	G	K	L	M	H	a	b	c	d	e	f	g	t				
$6\frac{C}{D}$	222.5	401	979	420	1310	1308	250	460	410	163.5	530	480	490	552	6	M6×400	M24×630	313.28	22312C
$8\frac{C}{D}$	297	536	1307	560	1505.5	1726	280	520	440	167.5	590	510	640	694	8	M16×400	M24×630	584.9	22316C
$10\frac{C}{D}$	367	666	1627	700	1637.5	2101	280	520	440	159.5	590	510	780	834	10	M16×400	M24×630	732	22316C
$12\frac{C}{D}$	437	796	1947	840	2011.5	2486	375	700	620	201	780	700	920	974	12	M16×400	M30×800	1167.5	22320C

注：B4-72 型配用电动机为 YB 型。

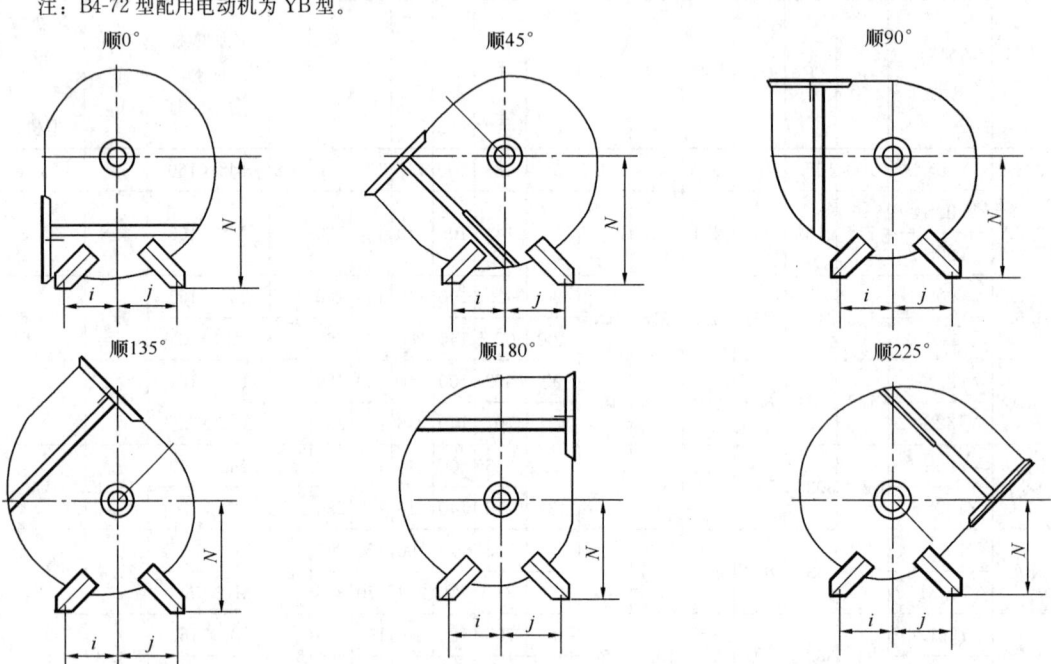

图 2-46　$\frac{\text{4-72-12}}{\text{B4-72-12}}$No. 6～12$\frac{C}{D}$型中低压离心通风机出口方向示意

$\frac{\text{4-72-12}}{\text{B4-72-12}}$No. 6～12$\frac{C}{D}$型中低压离心通风机外形及安装尺寸（mm）　　表 2-79

机号	0°			45°			90°			135°			180°			225°		
	N	i	j	N	i	j	N	i	j	N	i	j	N	i	j	N	i	j
No. 6	720	280	350	670	350	280	620	350	280	580	350	280	520	350	280	480	280	350
No. 8	980	400	450	890	450	400	810	450	400	750	450	400	700	450	400	700	450	400
No. 10	1200	500	550	1100	550	500	1000	550	500	950	550	500	850	550	500	800	550	500
No. 12	1420	600	650	1300	650	600	1200	650	600	1100	650	600	1050	650	600	1000	600	650

3) 4-72-12No.16、20B 型中低压离心通风机外形及安装尺寸见图 2-47 及表 2-80。

4-72-12No.16、20B 型中低压离心通风机外形及安装尺寸表　　表 2-80

机号 No.	进口尺寸					出口尺寸					
	D_1	D_2	D_3	连接螺栓		$n_3 \times a_1$ ($=A_2$)	A_3	A_4	$n_4 \times b_2$ ($=A_5$)	A_6	$a_2 \times d_2$
				$n_1 \times M(d_1 \times i_1)$	A_1						
16	$\phi1600$	$\phi1650$	$\phi1719$	$28 \times M12 \times 25$	1280	10×134 ($=1340$)	1386	1120	9×132 ($=1188$)	1232	$38 \times \phi15$
20	$\phi2000$	$\phi2060$	$\phi2116$	$32 \times M12 \times 30$	1600	11×152 ($=1671$)	1735	1400	9×164 ($=1476$)	1538	$40 \times \phi15$

机号 No.	外形尺寸															
	E_1	E_2	E_3	E_4	E_5	E_6	E_7	E_8	E_9	E_{10}	E_{11}	E_{12}	E_{13}	H	K	L
16	2666	1093	1573	1333	1900	3233	3146	2606.	3113	1300	1550	1813	1056	985	1120	2504
20	3335	1367.5	1967.5	1667.5	2350	4017.5	3935	3317.5	3917.5	1650	1950	2267.5	1367.5	905	1400	2790.5

机号 No.	外形尺寸		基础尺寸									地脚螺栓(四套)		轴承 型号	叶轮 重 (kg)	风机重(kg) (不包括 电机重量)
	L_1	L_2	a	b	c	d	e	f	g	f_1	g_1	t	$M(d_2) \times l_2$	$M(d_4) \times l_3$			
16	616	1287	950	950	812	1200	1070	1210	1282	1680	2112	16	M24× 630	M30× 800	22314C	552	2377
20	707	1420	950	950	945	1200	1070	1520	1012	2000	2627	20	M30× 800	M30× 800	22314C	830.6	4200

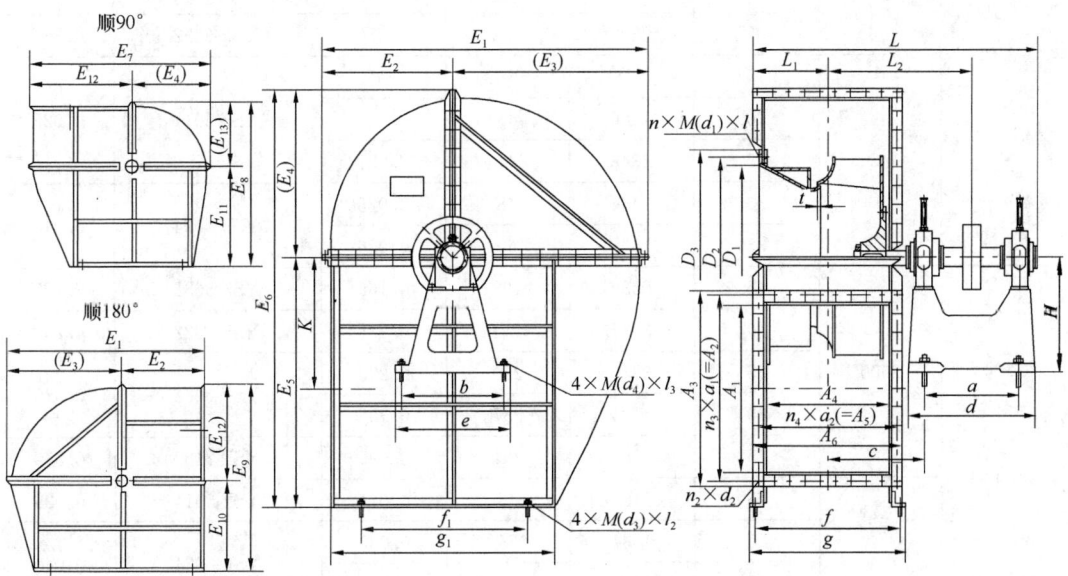

图 2-47　4-72-12No.16、20B 型中低压离心通风机外形及安装尺寸

2.5.2 轴流通风机

2.5.2.1 T35-Ⅱ型轴流通风机

（1）适用范围：T35-Ⅱ型轴流通风机可用作厂房、仓库、办公室、住宅通风换气，或作为加强暖气散热之用；也可在较长的排气管道内间隔串联安装，以提高管道中的全压。通过 T35-Ⅱ型轴流通风机的气体必须清洁、干燥，不得混有杂质和过多的水蒸气及腐蚀性气体；其温度不得超过 45℃。

（2）结构与特点：T35-Ⅱ型轴流通风机依叶轮直径的大小分为 2.8、3.15、3.55、4、4.5、5、5.6、6.3、7.1、8、9、10、11.2 共十三种机号。每一机号的叶片又可装成 15°、20°、25°、30°、35°等角度。因此，每一机号由于叶片安装角度的大小，主轴转速快慢的不同，风机的风压、风量及所需功率也相应改变。传动方式：在叶轮周速不超过 60m/s 的条件下，选用各级电动机，叶轮直接装在电机轴中端上，机体外壳制成圆筒形。面对进气口方向看叶轮，旋转方向都是逆时针方向。T35-Ⅱ型轴流通风机由叶轮、机壳、集风器三部分组成。

（3）性能规格：T35-Ⅱ型轴流通风机性能规格见表 2-81。

T35-Ⅱ型轴流通风机性能规格　　　　　表 2-81

机号	转速 (r/min)	叶片角度 (°)	流量 (m³/h)	全压 (Pa)	所需功率 (kW)	电动机 型 号	功率 (kW)
2.8	2900	15	1649	152	0.092	YSF-5622	0.120
		20	2167	169	0.133	YSF-5632	0.180
		25	2685	174	0.166		
		30	2921	186	0.197		
		35	3202	232	0.276	YSF-6322	0.250
	1450	15	826	38	0.012	YSF-5014	0.025
		20	1086	43	0.017		
		25	1346	44	0.021		
		30	1464	48	0.026	YSF-5024	0.040
		35	1605	60	0.036		
3.15	2900	15	2339	192	0.166	YSF-5632	0.180
		20	3074	214	0.238	YSF-6322	0.250
		25	3810	220	0.298	YSF-6332	0.370
		30	4141	237	0.355		
		35	4545	294	0.495	YSF-7122	0.550
	1450	15	1169	48	0.021	YSF-5014	0.025
		20	1537	53	0.030	YSF-5024	0.040
		25	1905	55	0.037		
		30	2072	59	0.045	YSF-5614	0.060
		35	2273	74	0.061	YSF-5624	0.090

机号	转速 (r/min)	叶片角度 (°)	流量 (m³/h)	全压 (Pa)	所需功率 (kW)	电 动 机	
						型 号	功率（kW）
3.55	2900	15	3367	241	0.300	YSF-6332	0.370
		20	4426	272	0.436	YSF-7122	0.550
		25	5484	279	0.544		
		30	5965	300	0.649	YSF-7132	0.750
		35	6542	373	0.905	YSF-8022	1.10
	1450	15	1680	61	0.038	YSF-5024	0.040
		20	2208	68	0.054	YSF-5614	0.060
		25	2737	70	0.068	YSF-5624	0.090
		30	2977	75	0.081		
		35	3265	93	0.113	YSF-6314	0.120
4	2900	15	4806	310	0.546	YSF-7122	0.550
		20	6316	345	0.719	YSF-8022	1.10
		25	7826	354	0.988		
		30	8513	381	1.175		
		35	9336	474	1.641	TY990S-2	1.5
	1450	15	2406	77	0.068	YSF-5624	0.090
		20	3163	86	0.099	YSF-6314	0.120
		25	3920	88	0.123		
		30	4263	95	0.147	YSF-6324	0.180
		35	4676	119	0.206	YSF-7114	0.250
4.5	1450	15	3427	98	0.123	YSF-6324	0.180
		20	4504	110	0.179		
		25	5581	113	0.224	YSF-7114	0.250
		30	6070	121	0.266	YSF-7124	0.370
		35	6658	150	0.370		
5	1450	15	4700	122	0.210	YSF-7114	0.250
		20	6178	135	0.303	YSF-7124	0.370
		25	7655	138	0.370		
		30	8327	149	0.450	YSF-8014	0.550
		35	9133	182	0.628	YSF-8024	0.750
	960	15	3142	53	0.061	YSF-8026	0.370
		20	4129	59	0.088		
		25	5117	61	0.111		
		30	5566	65	0.131		
		35	6104	81	0.184		

机号	转速 (r/min)	叶片角度 (°)	流量 (m³/h)	全压 (Pa)	所需功率 (kW)	电　动　机	
						型　号	功率（kW）
5.6	1450	15	6595	151	0.365	YSF-7124	0.370
		20	8667	169	0.530	YSF-8014	0.550
		25	10739	174	0.665	YSF-8024	0.750
		30	11682	186	0.790	TY90S-4	1.1
		35	12812	232	1.100		
	960	15	4360	67	0.106	YSF-8026	0.370
		20	5730	74	0.153		
		25	7101	76	0.191		
		30	7724	81	0.228		
		35	8471	101	0.318		
6.3	1450	15	9393	192	0.662	TY8024	0.75
		20	12345	214	0.958	TY90S-4	1.1
		25	15297	220	1.199	TY90L-4	1.5
		30	16639	236	1.427		
		35	18250	294	1.994	TY100L₁-4	2.2
	960	15	6219	84	0.192	YSF-8026	0.37
		20	8173	94	0.249		
		25	10128	96	0.347		
		30	11016	104	0.415	TY90S-6	0.75
		35	12082	128	0.576		
7.1	1450	15	13444	244	1.205	TY90L-4	1.5
		20	17670	272	1.742	TY100L₁-4	2.2
		25	21895	279	2.176		
		30	23815	300	2.593	TY100L₂-4	3
		35	26120	373	3.614	TY112M-4	4
	960	15	8902	108	0.353	TY90S-6	0.75
		20	11700	120	0.508		
		25	14498	123	0.633		
		30	15769	131	0.752		
		35	17296	164	1.052	TY90L-6	1.1
8	1450	15	19235	310	2.188	TY100L₁-4	2.2
		20	25280	345	3.167	TY112M-4	4
		25	31325	354	3.957		
		30	34073	381	4.705	TY132S-4	5.5
		35	37370	474	6.573	TY132M-4	7.5
	960	15	12733	136	0.637	TY90S-6	0.75
		20	16735	151	0.918	TY90L-6	1.1
		25	20737	155	1.149	TY100L-6	1.5
		30	22556	167	1.365		
		35	24739	208	1.910	TY112M-6	2.2

续表

机号	转速 (r/min)	叶片角度 (°)	流量 (m³/h)	全压 (Pa)	所需功率 (kW)	电 动 机 型 号	功率（kW）
9	960	15	18132	172	1.139	TY100L-6	1.5
		20	23830	191	1.654	TY112M-6	2.2
		25	29529	196	2.067	TY132S-6	3
		30	32119	211	2.458		
		35	35227	263	3.439	TY132M$_1$-6	4
10	960	15	24874	213	1.944	TY112M-6	2.2
		20	32691	236	2.804	TY132S-6	3
		25	40508	242	3.501	TY132M$_1$-6	4
		30	44062	261	4.171	TY132M$_2$-6	5.5
		35	48326	325	5.825	TY160M-6	7.5
11.2	960	15	34944	267	3.421	TY132M$_1$-6	4
		20	45927	297	4.953	TY132M$_2$-6	5.5
		25	56909	304	6.173	TY160M-6	7.5
		30	61901	337	7.557		
		35	67892	407	10.260	TY160L-6	11

（4）外形及安装尺寸：T35-11 型轴流通风机外形及安装尺寸见图 2-48 和表 2-82。

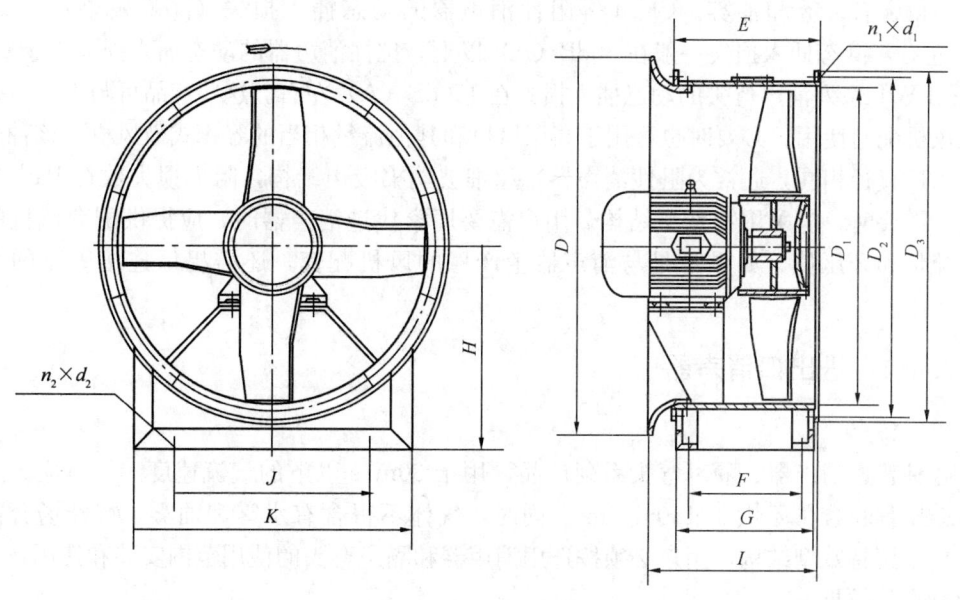

图 2-48　T35-11 型轴流通风机外形及安装尺寸

T35-11 型轴流通风机外形及安装尺寸（mm） 表 2-82

型号	机号	D_1	D_2	D_3	D	E	F	G	H	I	J	K	$n_1 \times d_1$	$n_1 \times d_2$
T35	2.8	$\phi281$	$\phi320$	$\phi344$	$\phi355$	220	175	212	210	258	180	260	$4\times\phi10$	$4\times\phi12$
	3.15	$\phi316$	$\phi355$	$\phi379$	$\phi400$	240	190	232	240	282	220	300	$8\times\phi10$	$4\times\phi12$
	3.55	$\phi356$	$\phi395$	$\phi420$	$\phi450$	280	230	272	260	327	240	330	$8\times\phi10$	$4\times\phi12$
	4	$\phi402$	$\phi450$	$\phi478$	$\phi500$	300	240	292	290	349	280	370	$8\times\phi12$	$4\times\phi12$
	4.5	$\phi452$	$\phi500$	$\phi528$	$\phi560$	260	205	252	330	314	320	420	$8\times\phi12$	$4\times\phi12$
	5	$\phi502$	$\phi560$	$\phi586$	$\phi630$	300	240	290	340	364	400	430	$12\times\phi12$	$4\times\phi12$
	5.6	$\phi562$	$\phi620$	$\phi647$	$\phi710$	330	260	318	390	404	440	490	$12\times\phi12$	$4\times\phi15$
	6.3	$\phi632$	$\phi690$	$\phi717$	$\phi800$	390	320	378	440	474	490	540	$12\times\phi12$	$4\times\phi15$
	7.1	$\phi713$	$\phi770$	$\phi798$	$\phi900$	400	330	388	490	494	660	700	$16\times\phi12$	$4\times\phi15$
	8	$\phi803$	$\phi860$	$\phi889$	$\phi1000$	480	380	468	550	579	730	770	$16\times\phi12$	$4\times\phi20$
	9	$\phi904$	$\phi970$	$\phi1000$	$\phi1120$	540	440	526	610	648	810	850	$16\times\phi15$	$4\times\phi20$
	10	$\phi1004$	$\phi1070$	$\phi1101$	$\phi1250$	630	505	616	670	753	890	956	$16\times\phi15$	$4\times\phi25$
	11.2	$\phi1124$	$\phi1190$	$\phi1221$	$\phi1400$	700	580	686	750	838	1080	1136	$20\times\phi15$	$4\times\phi25$

2.6 鼓风机用消声器

本节所列消声器是引进日本专有技术或应用现代噪声控制技术开发出来的系列产品。适用于 30m/s 以下流速的气体。气体应无腐蚀性；杂质微粒含量不大于 150mg/m³；同时气体不得含有水雾和油雾。CKM 等阻性消声器的动态插入损失（降噪效果）在 30dB（A）左右，静态插入损失一般在 30dB（A）以上；抗性消声器的动态插入损失大于 20dB（A）；LWT 系列消声弯头的动态插入损失在 150dB（A）左右。这些产品可与本章所列罗茨鼓风机配套使用。必要时也可用于高压风机和其他流量相当的容积式鼓风机。该种产品进、出口直径相同，通常为阻性消声器，超细玻璃棉吸声结构，阻力损失数百 Pa。当特殊场合需要时，应采用特殊型结构。用户需要厂家代选消声器时，应提供配套风机的型号、流量和升压值，如果不是与消声器生产厂的风机配套，还需提供连接管路的公称直径。

2.6.1 进出口消声器

（1）特点

各种普通消声器、隔声弯头系列产品，用于 30m/s 以下的气流速度。气体应无腐蚀性，杂质颗粒含量不大于 150mg/m³。同时，气体不得含有水雾和油雾。特殊场合需要时，应采用特殊型结构。用户必须按选用消声器和隔声弯头的使用范围安装和使用，才能获得满意的效果。

1）KM 系列消声器

KM 系列消声器特点是阻力损失和气流再生噪声小。能与 R 系列标准罗茨鼓风机和 TR 系列双级罗茨鼓风机配套使用，消除管道系统的进排气气动辐射噪声。这种消声器中频段的消声效果显著。

2）SKM 系列消声器

SKM 系列消声器为湿式立式安装的消声器，适用于 R-W 系列罗茨真空泵和 TR-W 系列双级湿式罗茨真空泵出口的管道系统。在输送湿度大或者饱和蒸汽的管道系统中，仍有良好的降噪效果。

3）VKM 系列消声器

VKM 系列消声器，由于具有良好的降噪效果和小气流再生噪声，是 TS 系列低噪声罗茨鼓风机理想的专用出口消声器。消声器最大通径为 200mm。

4）KSS 系列消声器

KSS 系列消声器，是专为 TS 系列低噪声罗茨鼓风机设计的进口消声器。直接立式安装于 TS 系列罗茨鼓风机的进口处，风机出口再设置 VKM 系列消声器，构成 TS 系列低噪声罗茨鼓风机。

5）CKM 系列消声器

CKM 系列消声器没有特别标注时为普通型，适用于一般用途的 R 系列标准型罗茨鼓风机、TR 系列双级型罗茨鼓风机的进出口管道系列中。属于干式阻性的综合性消声器，在食品工业和卫生条件要求较高的场所，应选用特殊型，以满足运行系统的特殊要求。特点是：静态和动态的降噪效果良好，阻力损失小。

6）CNS 系列消声器

CNS 是一种微孔消声器，由于不需要填充材料，所以，在输送一般空气或湿度大的气体，甚至在一些轻微的腐蚀性气体管道中都可使用。这种消声器特别适用于消除管道中的低频噪声。

7）LXZ 系列消声器

LXZ 系列消声器具有 CKM 系列消声器的各项声学性能和气动性能，连接法兰自成体系。

8）LKM 系列消声器

LKM 系列消声器，是一种卧式安装输送一般空气的罗茨鼓风机进口消声器，适用于主机安装场所较小的场合。直接卧式安装于风机顶部进口处，这种消声器本身配带过滤器。

9）FH-80 型消声器

FH-80 型消声器，是自 TSE-200VT 高压真空泵双预进气中专用消声器。此消声器带有过滤结构，以保证机组运行安全。FH-80 型消声器对中高频部分的降噪效果显著。

10）LGT 系列隔声弯头

LGT 系列隔声弯头，适用于高压气体管道中转弯部位的过渡连接。控制转弯部位管道本身的辐射噪声，以降低管道周围的噪声。

11）ZKS 系列消声器

ZKS 系列消声器为阻抗复合式消声器，并兼有过滤器功能，它主要用作三叶成组罗茨鼓风机及进口消声器。

（2）性能说明

KM、SKM、VKM、KSS、CKM、LXZ、ZKS 系列消声器和 FH-80 型消声器、LGT

系列隔声弯头，是罗茨鼓风机、罗茨真空泵和高压离心风机等气力输送机械配套的噪声控制设备。这些气力输送机械的噪声几乎都是高噪声，一般要求降噪幅度都比较大，气体是在几千毫米水柱的压力下运行。相对而言，阻力损失在几十毫米水柱甚至上百毫米水柱也无关大局。所以配套消声器追求的还是声学性能指标，主要包括插入损失值和气流再生噪声功率级值。对气动性能的要求不必严格苛求。

1) 插入损失

管道系统气流速度为30m/s及以下时，CKM、LXZ等阻性消声器系列产品的动态插入损失在30dB（A）左右，静态插入损失一般都在30dB（A）以上；抗性消声器的动态插入损失大于20dB（A）。

2) 气流再生噪声

消声器的气流再生噪声，是以声功率级值来衡量的，气流再生噪声的大小，除了与设备本身管壁面粗糙度有关以外，主要决定于流经管道的气流速度。一般而言，消声器的气流再生噪声声功率级，可用下列公式表示：

$$LWA = K + 60\log\frac{v}{v_0}$$

式中：LWA——气流再生噪声声功率级，dB（A）；

　　　K——消声器的气流再生噪声特征值，dB（A）；产品的 K 值在 8dB（A）以下。

　　　v——气流速度，m/s；

　　　v_0——参考气流速度，1m/s。

3) 阻力损失系数

罗茨鼓风机和罗茨真空泵配套消声器的阻力损失系数为4，用户可按下列公式计算阻力损失：

$$\Delta P = \xi m v^2/2g$$

式中：ΔP——消声器的阻力损失，mmH_2O；

　　　m——空气密度，kg/m^3；

　　　v——气流速度，m/s；

　　　g——重力加速度，m/s^2；

　　　ξ——阻力损失系数。

（3）外形及安装尺寸：各类型消声器、隔声弯头外形及安装尺寸见图 2-49～图 2-61 及表 2-83～表 2-91。

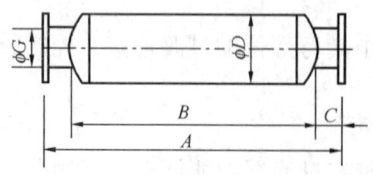

图 2-49　KM-50～250 消声器
外形及安装尺寸

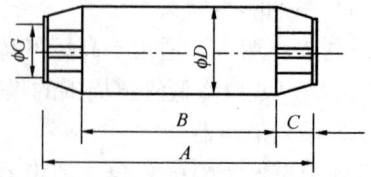

图 2-50　KM-300～500 消声器
外形及安装尺寸

KM 消声器外形及安装尺寸（mm） 表 2-83

型　　号	G（通径）	A	B	C	D	质量（kg）
KM-50	50	600	480	60	140	10
KM-65	65	700	560	70	165	14
KM-80	80	900	740	80	190	18
KM-100	100	1200	1040	80	217	37
KM-125	125	1400	1210	95	260	44
KM-150	150	1600	1410	95	281	67
KM-200	200	1800	1600	100	320	88
KM-250	250	2000	1800	100	407	122
KM-300	300	2200	1960	120	600	178
KM-350	350	2500	2260	120	700	203
KM-400	400	3000	2740	130	800	350
KM-450	450	3600	3320	140	900	437
KM-500	500	4200	3920	140	1000	730

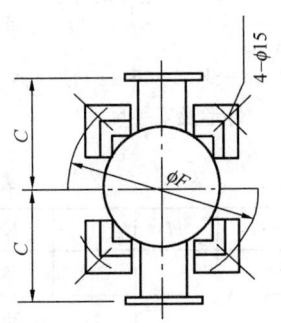 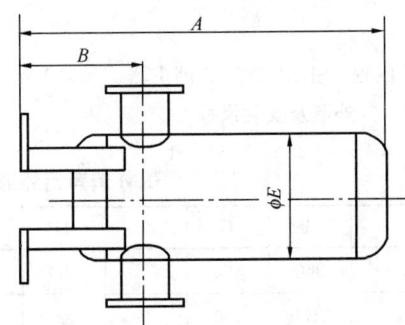

图 2-51　VKM 消声器外形及安装尺寸

VKM 消声器外形及安装尺寸（mm） 表 2-84

型　　号	A	B	C	E	F	质量（kg）
VKM-50	520	220	150	140	220	15
VKM-65	570	220	175	191	260	20
VKM-80	720	265	200	217	290	27
VKM-100	770	265	225	268	330	34
VKM-125	950	340	250	280	380	58
VKM-150	1050	340	300	357	450	80
VKM-200	1200	400	325	407	520	105

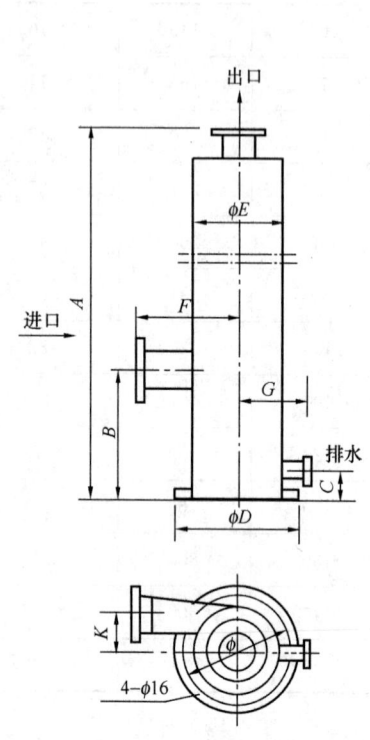

图 2-52 SKM-50、65 消声器
外形及安装尺寸

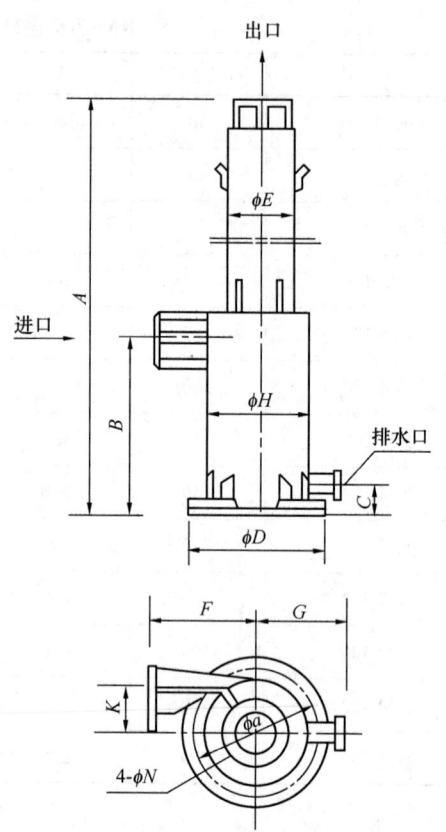

图 2-53 SKM-80~150 消声器
外形及安装尺寸

SKM 消声器外形及安装尺寸（mm） 表 2-85

型 号	A	B	C	D	E	F	G	H	J	K	N
SKM-50	960	360	75	280	180	200	200	—	230	53	15
SKM-65	1100	400	75	300	200	220	200	—	250	55	15
SKM-80	1350	450	75	350	191	250	220	280	330	80	15
SKM-100	1700	500	75	420	217	310	240	330	380	101.5	15
SKM-125	2040	640	65	500	400	380	260	—	450	126	15
SKM-150	2350	750	85	590	310	450	330	490	540	148	19
SKM-200	2625	825	85	650	350	500	380	550	600	160	19
SKM-250	3000	1600	95	770	450	600	460	670	720	195	19
SKM-300	3400	1200	95	950	500	750	550	800	900	235	19
SKM-350	3850	1350	105	1050	700	800	600	900	1000	265	23
SKM-400	4450	1450	105	1180	800	900	370	1030	1130	305	23
SKM-450	5200	1600	120	1300	900	950	740	1150	1250	340	27
SKM-500	6000	1800	120	1450	1000	1000	800	1300	1400	387	27

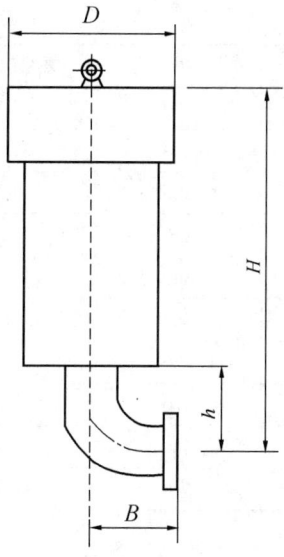

图 2-54　KSS 消声器外形及安装尺寸

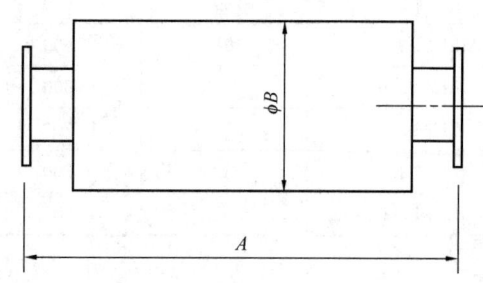

图 2-55　CKM、CNS、LXZ 消声器外形及安装尺寸

KSS 消声器外形及安装尺寸（mm）　　　　表 2-86

型　号	D	H	B	h	质量（kg）
KSS-50	211	557	100	70	15
KSS-65	237	704	105	80	18
KSS-80	263	877	120	90	20
KSS-100	306	999	135	110	31
KSS-125	405	1283	200	150	55
KSS-150	455	1573	250	200	78
KSS-200	555	1828	230	200	115

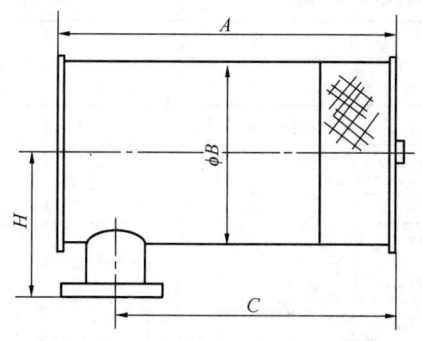

图 2-56　LKM 消声器外形及安装尺寸

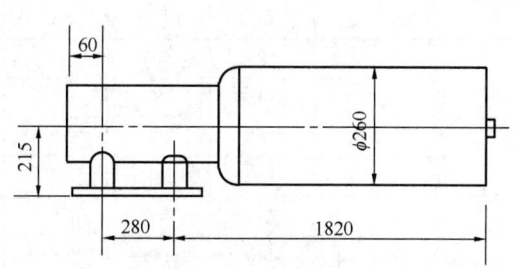

图 2-57　FH-80 型消声器外形及安装尺寸

LKM 消声器外形及安装尺寸（mm）　　　　表 2-87

型　号	A	B	C	H	质量（kg）
LKM-50	500	140	420	120	8.5
LKM-65	600	160	500	140	10.5
LKM-80	730	190	610	100	16.5

型　号	A	B	C	H	质量（kg）
LKM-100	1000	220	850	180	23.5
LKM-125	1200	260	1040	200	31.5
LKM-150	1400	280	1270	220	42
LKM-200	1600	320	1450	240	58
LKM-250	1800	400	1580	300	76.5
LKM-300	1970	500	1730	360	130.5
LKM-350	2250	600	1960	420	185
LKM-400	2750	700	2400	470	312
LKM-450	3320	800	2960	530	425
LKM-500	3820	900	3500	580	588

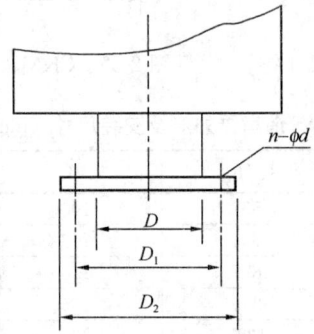

图 2-58　消声器、隔声弯头法兰安装尺寸

消声器、隔声弯头法兰安装尺寸（mm）　　　　　　表 2-88

通径 \ 分类	KM、SKM、VKM、CKM、CNS、LKM、LGT				LXZ、LGT			
	D_1	D_2	n	d		D_2	n	d
50	125	165	4	17.5	106	135	4	14
65	145	185	4	17.5	—	—	—	—
80	160	200	8	17.5	138	170	4	18
100	150	220	8	17.5	—	—	—	—
125	210	250	8	17.5	185	215	4	18
150	240	285	8	22	—	—	—	—
200	255	340	8	22	209	300	6	18
250	350	395	12	22	327	365	6	18
300	400	445	12	22	306	430	6	18
350	480	505	16	22	445	480	10	22
400	515	565	16	26	405	535	10	22
450	565	615	20	26	500	500	10	22
500	620	670	20	26	500	630	12	22
700	810	860	24	26	610	960	24	25

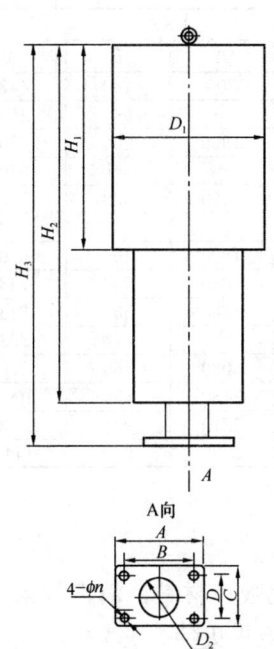 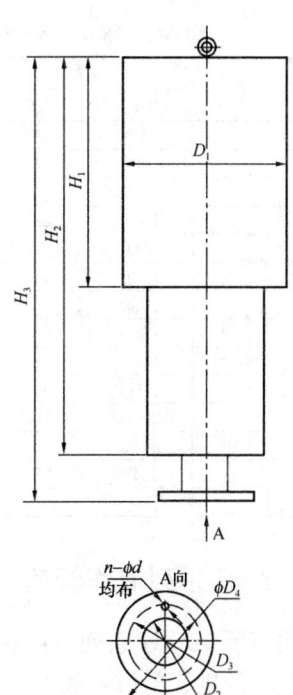

图 2-59 ZKS-50~100 消声器外形及安装尺寸   图 2-60 ZKS-125~250 消声器外形及安装尺寸

ZKS-50~100 消声器外形及安装尺寸（mm）   表 2-89

型 号	A	B	C	D	D_1	D_2	d	H_1	H_2	H_3	质量（kg）
ZKS-50	120	90	145	115	200	68	14	420	670	740	17.3
ZKS-65	180	150	145	115	200	65		420	670	740	18.1
ZKS-80	220	170	145	110	332	87	17.5	800	1025	1100	36.9
ZKS-100	260	210	145	110	330	87		600	1025	1100	37.2

ZKS1-125~250 消声器外形及安装尺寸（mm）   表 2-90

型 号	D_1	D_2	D_3	D_4	N-ϕd	H_1	H_2	H_3	质量（kg）
ZKS-125	400	132	210	250	8-17.5	700	1310	1380	60.5
ZKS-150	400	132	240	285	8-22	700	1310	1330	61.8
ZKS-200	480	188	295	340		700	1280	1360	81.2
ZKS-250	550	233	360	385	12-22	720	1310	1290	96

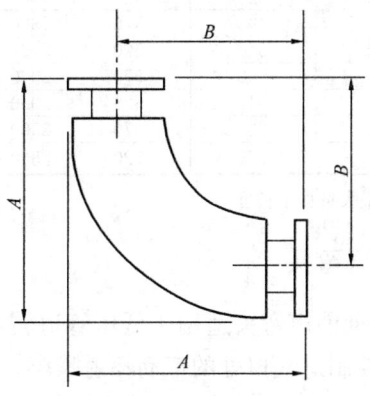

图 2-61 LGT 隔声弯头安装尺寸

CKM、CNS、LXZ 消声器及 LGT 隔声弯头安装尺寸（mm）   表 2-91

通径 \ 分类	CKM		CNS		LXZ		LGT	
	A	B	A	B	A	B	A	B
50	700	180	1100	255	700	180	443	360
65	1000	210	1200	275	—	—	463	370
80	1200	260	1250	305	1200	260	480	380
100	1300	280	1300	345	—	—	510	400
125	1450	320	1400	455	1450	320	555	430
150	1600	415	1600	500	—	—	603	460
200	1800	465	1800	580	1800	465	670	500
250	1850	530	2000	720	1850	530	748	550
300	1880	580	2100	810	1880	580	813	590
350	2000	570	2200	900	2000	670	893	640
400	2080	750	2320	960	2080	760	973	690
450	2180	850	2420	1040	2180	850	1058	750
500	2210	920	2520	1100	2210	920	1130	795
700	—	—	—	—	2395	990	1440	1010

2.6.2 ZXG 系列消声管道

（1）适用范围：ZXG 系列消声管道采用穿孔板填充吸声材料，消声效果良好。适合于安装在鼓风机的进、出口管线上。与消声器配合使用效果更佳。

（2）外形尺寸：ZXG 系列消声管道外形尺寸见图 2-62 和表 2-92。

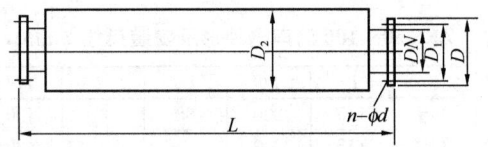

图 2-62 ZXG 系列消声管道外形尺寸

ZXG 系列消声管道外形尺寸（mm）   表 2-92

型　号	DN	D_1	D	D_2	L	n-φd	生产厂
ZXG-65	65	130	160	180	1000 (1500)	4-13.5	
ZXG-80	80	150	190	219	1000 (1500)	4-17.5	
ZXG-100	100	170	210	250	1000 (1500)	4-17.5	
ZXG-125	125	200	240	270	1000 (1500)	8-17.5	
ZXG-150	150	225	260	290	1000 (1500)	6-17.5	
ZXG-200	200	200	320	300	1000 (1500)	8-17.5	章丘鼓风机厂
ZXG-250	250	335	375	270	1000 (1500)	12-17.5	
ZXG-300	300	395	440	420	1500 (2000)	12-22	
ZXG-350	350	445	490	470	1500 (2000)	12-22	
ZXG-400	400	405	540	520	2000 (2500)	16-22	
ZXG-450	450	550	500	570	2000 (2500)	16-22	
ZXG-500	500	600	640	620	2000 (2500)	20-22	
ZXG-550	550	655	700	670	2500 (3000)	20-26	
ZXG-600	600	705	755	720	2500 (3000)	20-26	

注：L 尺寸栏中括号内数字表示最大可加工长度。

2.6.3 ZLW 系列消声弯头

（1）适用范围：ZLW 系列消声弯头适用于低压管道转弯部位的过渡连接，配合消声器及其他噪控部件，可有效控制进气口处的气动辐射噪声。

（2）外形尺寸：ZLW 系列消声弯头外形尺寸见图 2-63 和表 2-93。

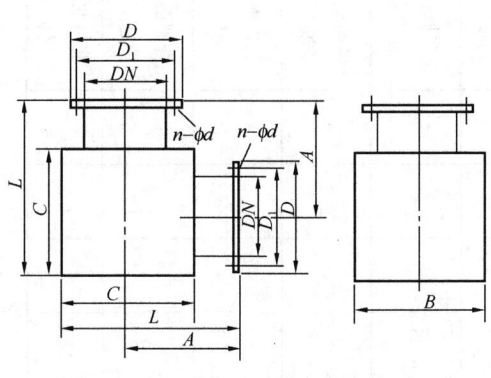

图 26-63 ZLW 系列消声弯头外形尺寸

ZLW 系列消声弯头外形尺寸（mm） 表 2-93

型号	DN	D_1	D	A	B	C	L	$n-\phi d$	生产厂
ZLW-65	65	130	160	140	140	140	220	4-13.5	
ZLW-80	80	150	190	160	180	180	260	4-17.5	
ZLW-100	100	170	210	180	220	220	300	4-17.5	
ZLW-125	125	200	240	245	260	260	380	8-17.5	
ZLW-150	150	225	265	270	280	310	430	6-17.5	
ZLW-200	200	280	320	320	350	390	510	8-17.5	章丘鼓风机厂
ZLW-250	250	335	375	400	430	460	610	12-17.5	
ZLW-300	300	395	440	450	480	530	680	12-22	
ZLW-350	350	445	490	500	530	610	760	12-22	
ZLW-400	400	495	540	580	600	690	870	16-22	
ZLW-450	450	550	595	630	650	760	940	16-22	
ZLW-500	500	600	645	680	700	840	1020	20-22	
ZLW-550	550	655	705	730	750	920	1100	20-26	
ZLW-600	600	705	755	780	850	1000	1180	20-26	

2.7 小 型 锅 炉

（1）适用范围：小型锅炉适用于为一般中、小型工业企业、浴室及食堂等供给蒸汽和热水。

（2）型号意义说明：

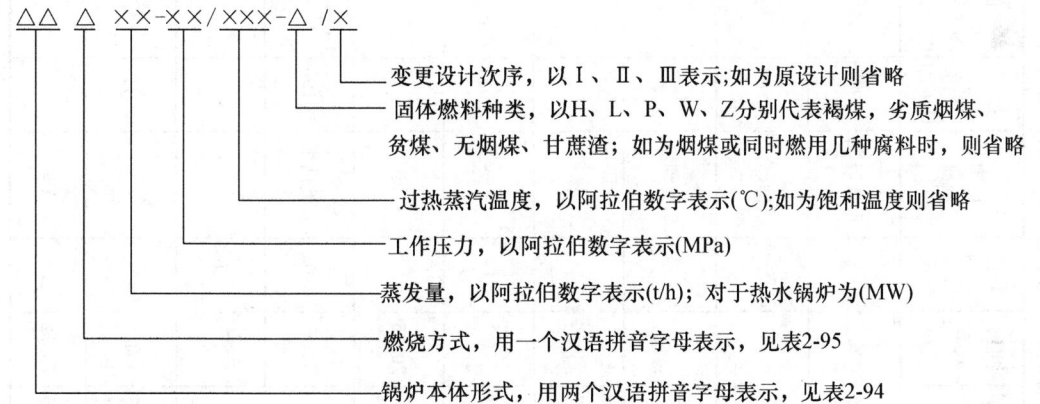

变更设计次序，以 I、II、III 表示；如为原设计则省略

固体燃料种类，以 H、L、P、W、Z 分别代表褐煤、劣质烟煤、贫煤、无烟煤、甘蔗渣；如为烟煤或同时燃用几种腐料时，则省略

过热蒸汽温度，以阿拉伯数字表示（℃）；如为饱和温度则省略

工作压力，以阿拉伯数字表示（MPa）

蒸发量，以阿拉伯数字表示（t/h）；对于热水锅炉为（MW）

燃烧方式，用一个汉语拼音字母表示，见表2-95

锅炉本体形式，用两个汉语拼音字母表示，见表2-94

锅炉本体形式代号 表 2-94

形 式	代 号	形 式	代 号
立式水管	LS（立、水）	分联箱横汽包	FH（分、横）
立式火管	LH（立、火）	热水锅炉	RS（热、水）
卧式外燃	WW（卧、外）	双汽包横置式	SH（双、横）
卧式内燃	WN（卧、内）	单汽包纵置式	DZ（单、纵）
卧式双火筒	WS（卧、双）	双汽包纵置式	SZ（双、纵）
卧式快装	KZ（快、纵）	废热锅炉	FR（废、热）
立式元管	LN（立、元）	强制循环热水锅炉	QX（热水）
方形八角立式水管多用热水锅炉	CL（热、水）		

燃 烧 方 式 代 号 表 2-95

燃烧方式	代 号	燃烧方式	代 号	燃烧方式	代 号
固定炉排	G（固）	振动炉排	Z（振）	半沸腾炉	B（半）
活动手摇排	H（活）	煤粉炉	F（粉）	沸腾炉	T（腾）
链条炉排	L（链）	旋风炉	X（旋）	燃气	Q（气）
抛煤机	P（抛）	下饲式	A（下）	燃油	Y（油）
倒转炉排加抛煤机	D（倒）	推饲式	S（饲）	往复炉排	W（往）
顶升炉排	D（顶）				

（3）性能规格及外形尺寸：

1）蒸发量 1t 以下燃煤锅炉性能规格及外形尺寸见表 2-96。

表 2-96

蒸发量 1t 以下燃煤锅炉的性能规格及外形尺寸

型号	形式	蒸发量(t/h)	蒸汽压力(MPa)	蒸汽温度(℃)	实测效率(%)	炉排面积(m²)	适用燃料	燃料耗量(kg/h)	燃料低位发热值(KJ)	外形尺寸(长×宽×高)(m)	总质量(t)	引风机功率(kW)	鼓风机功率(kW)	水(油)泵功率(kW)	生产厂
LSG0.2-0.4-AⅢ	立式水管双层炉排	0.2	0.4	151.6			Ⅲ类烟煤	34.08		φ17×41	3.1				
LHG0.2-0.4-AⅢ	立式横水管燃煤	0.2	0.4	151			烟煤	34.08			3.1				重庆锅炉总厂
LSG0.5-0.7-AⅢ	立式水管双层炉排	0.5	0.7	171			Ⅲ类烟煤	80		4.225×1.85×2.504	8				
LSG0.5-0.5-AⅡ	燃煤锅炉	0.5	0.5	158	70.7		煤			2.1×2.34×3.05	5		3	4	金牛股份有限公司
DZL0.5-0.78(8)-AⅡ	链条炉排	0.5	0.78	174.5	70	1				4.2×1.85×2.7	11				合肥锅炉总厂
LSG0.7-0.5-AⅡ	燃煤锅炉	0.7	0.5	158	70.95		煤			1.91×2.49×3.79	6.35		3	4	金牛股份有限公司
DZL1-0.7-AⅡ	三回程水火管混合式	1	0.7	170	72.6	2.05	Ⅱ类烟煤	~197		5.26×2.05×2.87	~15.5	5.5	2.2	3	常州锅炉总厂
KZL1-1-AⅡ	链条炉排	1	1	183	77.7	1.8		196		5.813×4.595×4.525	18		1.1		唐山锅炉厂
DZL1-078(8)-AⅢ	链条炉排	1	0.78	174.5	79	2				5.45×2.036×2.83	15		1.1		合肥锅炉总厂
DZL1-0.7-AⅡ	蒸汽锅炉	1	0.7	169.6	75.72	2.4	AⅡ			6.5×3.155×4.235	18	4	1.1		北京北方锅炉厂

2) 蒸发量1t以上燃煤锅炉性能规格及外形尺寸见表2-97。

蒸发量1t以上燃煤锅炉的性能规格及外形尺寸　　　表2-97

型号	形式	蒸发量(t/h)	蒸汽压力(MPa)	蒸汽温度(℃)	实测效率(%)	炉排面积(m²)	适用燃料	燃料耗量(kg/h)	燃料低位发热值(KJ)	外形尺寸(长×宽×高)(m)	总质量(t)	引风机功率(kW)	鼓风机功率(kW)	水(油)泵功率(kW)	生产厂
DZL2-1.25-AⅡ	三回程水火管混合式	2	1.25	194	73.1	3	Ⅱ类烟煤	~408		5.45×2.47×3.32	~19.2	11	2.2	7.5	
DZL2-1.0-AⅡ	三回程水火管混合式	2	1.0	184	73.1	3	Ⅱ类烟煤	~408		5.45×2.47×3.22	~19	11	2.2	3	常州锅炉厂
DZL2-0.7-AⅡ	三回程水火管混合式	2	0.7	170	73.1	3	Ⅱ类烟煤	~408		5.45×2.47×3.22	~18.8	11	2.2	3	
KZL2-0.7-AⅢ	链条炉排	2	0.7	174.5	79	3		395		5.451×2.463×4.508	17		1.1		唐山锅炉厂
DZL2-0.78(8)-AⅢ	链条炉排	2	0.78	174.5	79	3				5.45×2.394×3.4	18		1.1		合肥锅炉总厂
DZL2-1.25(13)-AⅢ	链条炉排	2	1.25	194.5	76	3.4				5.8×3.394×3.4	21		3		
SZL2-1.25-AⅡ₂	快装	2	1.25	194	78.0	3	Ⅲ类烟煤	383.4		5.5×2.7×3.52	18.3	11	3	7.5	兰州锅炉厂
DZW2-0.7-AⅡ	往复炉排	2	0.7	169.672(设)	72(设)	4.38	Ⅲ类烟煤			6.8×4.3×4.7	15.89	7.5	3	7.5	鞍山锅炉厂(集团)有限公司
SZL4-1.25-AⅡ	链条炉排	4	1.25	194	77.8	4.7	Ⅱ类烟煤	~810		7.45×2.8×3.56	~29	18.5	5.5	7.5	
SZL4-1.6-AⅡ	链条炉排	4	1.0	204	77.8	4.7	Ⅱ类烟煤	~810		7.45×2.8×3.56	~29	18.5	5.5	7.5	常州锅炉厂
SZL4-1.96-AⅡ	链条炉排	4	1.90	214	77.8	4.7	Ⅱ类烟煤	~810		7.45×2.8×3.56	~29	18.5	5.5	7.5	
DZL4-1.25-AⅢ	链条炉排	4	1.25	194	78	5.4		720		12.205×4.152×4.881	26	18.5	5.5	7.5	唐山锅炉厂
DZL4-1.25(13)-AⅢ	链条炉排	4	1.25	194.5	81.8	5.4				6.342×2.925×3.953	26				合肥锅炉总厂
SZL4-1.25(13)-AⅢ	双锅筒水管	4	1.25	194.5	83.27	4.76				6.2×3.15×3.477	30		5.5		
SZL4-1.25-AⅡ₂	快装	4	1.25	194	83.34	4.56	Ⅲ类烟煤	767.8		6.1×3.02×3.52	21.66	18.5	5.5	7.5	兰州锅炉厂
SZL4-1.25-AⅡ	链条炉排	4	1.25	194	72.8	5.1	低质燃料			7.5×3.8×4.5	18	22	5.5	11	鞍山锅炉厂(集团)有限公司
SZL6-1.25(13)-AⅡ	双锅筒水管	6	1.25	194.5	82.24	7.15	Ⅲ类烟煤		18841	7.624×3.27×3.462	36	22	7.5		合肥锅炉总厂
SZL6-1.25-AⅡ	组装	6	1.25	194	81	8.08	Ⅱ类烟煤	~1120	18841	7.88×3.2×5.2	~29.8	30	11	22	常州锅炉厂
SZL6-1.6-AⅡ	组装	6	1.0	204	81	8.08	Ⅱ类烟煤	~1120	18841	7.88×3.2×5.2	~30.6	30	11	22	唐山锅炉厂
SZL6-1.25-A	组装	6	1.25	194	77(设)	7.78	Ⅲ类烟煤	800		8×4.5×6	36				唐山锅炉厂
SZL6-1.25-AⅡ	快装	6	1.25	194	78	7.15	Ⅱ类烟煤	1053.2		6.3×2.74×3.53	19.355	37	7.5	15	兰州锅炉厂
SZL6-1.25-AⅡ₂	链条炉排	6	1.25	194	77.58	7.15	Ⅱ类烟煤	1048.6		7.1×3.3×3.52	28.30	37	7.5	15	兰州锅炉厂
SHl6.5-1.25-AⅢ	链条锅炉	6.5	1.25	193	79		Ⅲ类烟煤	947		9.132×2.95×6.49	8				
SHl6.5-1.25/350-A	链条锅炉	6.5	1.25	350	77		烟煤	970		10.082×6×7.6	5.9				重庆锅炉厂

3) 燃(油)气锅炉性能规格及外形尺寸

燃(油)气锅炉性能规格及外形尺寸见表2-98。

表 2-98

燃(油)气锅炉性能规格及外形尺寸

型号	形式	蒸发量 (t/h)	蒸汽压力 (MPa)	蒸汽温度 (℃)	实测效率 (%)	炉排面积 (m²)	适用燃料	燃料耗量 (kg/h)	燃料低位发热值 (kJ)	外形尺寸 (长×宽×高) (m)	总质量 (t)	引风机功率 (kW)	鼓风机功率 (kW)	水(油)泵功率 (kW)	生产厂
LHS0.2-0.4-QT	立式火管燃气	0.2	0.4	151			天然气	17.4		ϕ1.2×2.8	2.6				重庆锅炉厂
LHS0.2-0.35-Y	燃油(气)两用	0.2	0.35	145	89		轻油、重油	18.73	40612	1.42×1.0×2.08					长春锅炉厂
LHS0.3-0.7-Y	燃油(气)两用	0.3	0.7	170	99		轻油、重油	23.98	40612	1.68×1.26×2.14					重庆锅炉厂
LHS0.5-0.4-QT	立式火管燃气	0.5	0.4	151			天然气	43.6		ϕ1.6×3.73	3.5				长春锅炉厂
LHS0.5-0.7-QT	立式火管燃气	0.5	0.7	170			天然气	44.1		2.25×1.77×3.42	3.6				重庆锅炉厂
LHS0.5-0.7-Y	燃油燃气两用	0.5	0.7	170	88		轻油重油	45.95	40612	1.87×1.44×2.4	2.0				重庆锅炉厂
WNS0.5-0.7-Y	燃油(气)	0.5	0.7	170	84.5		油、气	37		2.87×1.56×1.5	3.6				广州市工业公司
WNS0.5-1.0-YQ	燃油(气)	0.5	1.0	183	84.5		油、气	37		2.37×1.2×1.38	2.0				广州市工业公司
WNS0.5-0.98-Q	燃气蒸汽	0.5	0.98	183.2	86.3		煤气、天然气、石油气			3.2×1.43×1.89	2.4				广州市工业公司
WNS0.5-1.0-Y	燃油蒸汽	0.5	1.0	184.4	87.92		轻油	32.19		2.9×1.59×1.86	2.34				陕西省工业锅炉厂
WNS0.5-1.6-Y	燃油蒸汽	0.5	1.6	204.1	85		轻油	32.24		2.9×1.59×1.86	2.5				陕西省工业锅炉厂
WNS0.5-0.7-Q	全自动燃气	0.5	0.7	饱和			天然气、液化气、焦炉气			3.25×1.7×1.63	2.35		0.75	1.1	长春锅炉厂
WNS0.5-0.7-Y	全自动燃油	0.5	0.7	饱和	86		轻油			3.07×1.7×1.63	2.36		0.75	1.1	长春锅炉厂
WNS0.7-0.7-95/70-Y	全自动燃油	0.7	0.7		87		轻油	65		3.88×1.81×1.77	3.8		1.5	3.0	长春锅炉厂
LHS1-0.7-Y	燃油(气)两用	1	0.7	170			轻油、重油	89.8	40612	2.43×1.87×2.6					长春锅炉厂
WNS1-1.0-Y	燃油	1	1.0	184	86.72		油气	70		4.405×1.9×2	5.5				重庆锅炉厂
WNS1-0.98-QT	天然气	1	0.98	184	86.72		天然气			4.405×1.9×2	5.5				重庆锅炉厂
WNS1-1.0-QJ	焦炉煤气	1	1.0	184	86.72		焦炉煤气			4.4×1.9×2	5.5				重庆锅炉厂
WNS1-1.0-QY	液化石油气	1	1.0	184			液化石油气			4.4×1.9×2	5.5				重庆锅炉厂
WNS1-0.98-Q	燃气蒸汽	1	0.98	183.2	87.5		煤气、燃气、石油气			4.06×1.583×2	4				广州市工业公司
WNS1-1.0-Y	燃油蒸汽	1	1.0	184.4	83.6		轻油、重油	70.76		4.2×1.78×2	3.69				陕西省工业锅炉厂
WNS1-1.0-Y	全自动燃油	1	1.0	183	85		轻油	65.8							陕西省工业锅炉厂
WNS3-1.25-YQ	燃油	3	1.25	饱和	86		20#重油			4.945×2.3×2.347	9				天山锅炉厂

4) 燃煤热水锅炉性能规格及外形尺寸见表 2-99。

燃煤热水锅炉性能规格及外形尺寸

型号	形式	热功率 (MW)	工作压力 (MPa)	出水温度 (℃)	实测效率 (%)	炉排面积 (m²)	适用燃料	燃料耗量 (kg/h)	燃料低位发热值 (kJ)	外形尺寸 (长×宽×高) (m)	总质量 (t)	引风机功率 (kW)	鼓风机功率 (kW)	水(油)泵功率 (kW)	生产厂
DZW0.7-0.7/95/70-AⅡ	热水	0.7	0.7	95	74.0	2				4.5×1.7×3					鞍山锅炉(集团)有限公司
DZL0.7-0.7/95/70-AⅡ	热水	0.7	0.7	95	65.7	2			22190	4.8×3.6×3.5					北京北方锅炉厂
DZL0.7-0.7/95/70-AⅢ	热水	0.7	0.7	95	77.64	3.213	AⅢ	157.94		6.018×4.888×3.974	17	4	1.1		天山锅炉厂
SZL0.7-0.7/95/70-AⅡ	快装热水	0.7	0.7	95	75.37 (设)	1.29	AⅡ、AⅢ烟煤	185		4.72×2.3×2.612	10	11	2.2	5.5	上海生活锅炉厂
QXL60	快装热水	0.7	7	95		1.8	Ⅱ类烟煤			4.7×2.02×2.9	17	5.5	2.2		沈阳锅炉总厂
DZL0.7-0.7/95/70-AⅡ	燃煤热水	0.7	0.7	95	79.17	2.06	Ⅱ类烟煤			4.6×2.2×3.9	12.8	7.5	2.2		鞍山锅炉(集团)有限公司
DZW1.4-0.7/95/70-AⅡ	热水	1.4	0.7	95	76.8	3.2	AⅡ			4.3×2.1×4.3					北京北方锅炉厂
QXL1.4-0.7/95/70-AⅢ	热水	1.4	0.7	95	77.64	3.213		298.37		6.9×3.75×5.5	24	7.5	3		
SZL1.4-0.7/95/70-AⅡ	快装热水	1.4	0.7	95	76.44 (设)	3.02	AⅡ、Ⅲ烟煤	371.5		5.504×2.72×3.462	18	11	3	11	唐山锅炉厂
SZL1.4-0.7/95/10-AⅡ₂	快装热水	1.4	0.7	95	76.44 (设)	3.02	AⅡ、AⅢ烟煤	371.5		5.504×2.72×3.462	18	11	3	11	
QXL120	快装热水	1.4	7	95	11.1	3	Ⅱ类烟煤			5.5×2.3×3.04	20	7.5	2.2		上海生活锅炉厂
DZL1.4-0.7/95/70-AⅢ	燃煤热水	1.4	0.7	95		3.1	Ⅱ类烟煤			4.4×4.1×4.0	16.5	18.5	3	7.5	上海生活锅炉厂
DZL1.4-0.7/95/70-AⅡ	燃煤热水	1.4	0.7	95	76.2	3.1	Ⅱ类烟煤			5.1×4.4×3.7	16	18.5	3	7.5	沈阳锅炉总厂

续表

型 号	形 式	热功率 (MW)	工作压力 (MPa)	出水温度 (℃)	实测效率 (%)	炉排面积 (m²)	适用燃料	燃料耗量 (kg/h)	燃料低位发热值 (kJ)	外形尺寸 (长×宽×高)(m)	总质量 (t)	引风机功率 (kW)	鼓风机功率 (kW)	水(油)泵功率 (kW)	生产厂
DZL2.8-1/95/70-AⅢ	热水	2.8	1	95	79.06	5.6	AⅢ	601.2		7.175×4.117×6.5	32	18.5	5.5		北京北方锅炉厂
QXL2.8-0.7/95/70-AⅡ	热水	2.8	0.7	95	76	4.6	AⅡ	763.11		7.88×3.973×4.23	24	18.5	5.5		北京北方锅炉厂
SZL2.8-0.7/95/70-AⅡ₂	快装热水	2.8	0.7	95	79.01 (设)	4.6	AⅡ、AⅢ烟煤	718.8		6.2×3.07×3.462	27	22	5.5	22	天山锅炉厂
QXL240	快装热水	2.8	7	95		4.6	Ⅱ类烟煤			6.88×2.55×3.1	26	18.5			上海生活锅炉厂
DZL2.8-1.0/95/70-AⅡ	燃煤热水	2.8	1.0	95	79.0	5.67	Ⅱ类烟煤			6.2×3.0×3.5	26.3	22	5.5	22	沈阳锅炉总厂
SZL2.8-1.0/115/70-AⅡ	热水	2.8	1.0	115	73.3	5.1		775		11.5×3.79×3.8					鞍山锅炉(集团)有限公司
DZL2.8-0.7/95/70-AⅡ	热水	2.8	0.7	95	81.2	5.1				6.3×2.6×3.6					
DZW2.8-0.7/95/70-AⅡ	热水	2.8	0.7	95	80.12	5.1				6.3×2.6×3.5					
SZL4.2-0.7(0.9)/95/70-AⅡ	热水	4.2	0.7 (0.9)	95	80.15	7.523	AⅡ	1065.3		8.645×6.962×6.2	80	45	18.5		北京北方锅炉厂
SZL4.2-0.7/95/70-AⅡ₂	快装热水	4.2	0.7	95	81.65	7.15	AⅡ、AⅢ烟煤	1082		7.624×3.27×3.462	37	30	7.5	55	天山锅炉厂
QXL360	快装热水	4.2	1.0	115		7.2	Ⅱ类烟煤			7.6×2.7×3.15	37				上海生活锅炉厂
DZL4.2-1.0/115/70-AⅡ	燃煤热水	4.2	1.0	115	82.6	7.6	Ⅱ类烟煤	4226		11×6.0×6.0					鞍山锅炉(集团)有限公司
DZL4.2-0.7/95/70-AⅡ	热水	4.2	0.7	95	80.14	7.3									

5) 燃油(气)热水锅炉性能规格及外形尺寸。

燃油(气)热水锅炉性能规格及外形尺寸见2-100。

表2-100

型号	形式	热功率 (MW)	工作压力 (MPa)	出水温度 (℃)	实测效率 (%)	炉排面积 (m²)	适用燃料	燃料耗量 (kg/h)(m³/h)	燃料低位发热值 (kJ)	外形尺寸 (长×宽×高)(m)	总质量 (t)	引风机功率 (kW)	鼓风机功率 (kW)	水(油)泵功率 (kW)	生产厂
LNS0.1-YQ(D)	无压热水	0.1			≥88		轻柴油、天然气	6.25(7.35) 2.84(13.6)			0.45				重庆渝威热工机械制造有限公司
LNS0.2-YQ(D)	无压热水	0.2			≥90		轻柴油、天然气	10.5(14.7) 5.7(32)			0.55				
WNS0.35-0.7/95/70-Y(Q)	燃油(气)热水	0.35	0.7	95	85(设)		油	31.8		2.5×1.8×1.5	2.3				兰州锅炉厂
LNS0.35-YQ	无压热水	0.35			≥90		轻柴油、液化气	25(29) 11.5(62.5)			0.75				重庆渝威热工机械制造有限公司
WNS0.35-0.7/95	全自动热水	0.35	0.7	95	90.3(设)		轻柴油、重油	33.12		2.9×1.59×1.86	2.34				广州市锅炉工业公司
WNS0.35-0.74/95(115)/70-Y(Q)	全自动热水	0.35	0.7	95(115)	92			32.6		3.07×1.7×1.63	2.2				金牛股份有限公司
WNS0.7-0.7/95/70-Y(Q)	燃油(气)热水	0.7	0.7	95	85(设)		油	63		3.5×1.79×1.95	3.68				兰州锅炉厂
WNS0.7-YQ	无压热水	0.7			≥88		轻柴油、天然气	70(88), 40(144)			3.5				重庆渝威热工机械制造有限公司
WNS0.7-0.7/95	全自动热水	0.7	0.7	95	90.4(设)		轻柴油、轻油	66.17		4.2×1.78×2.0	3.69				广州市锅炉工业公司
WNS0.7-0.7(1.0)/95(115)/70-Y(Q)	全自动热水	0.7	0.7	95(115)	93.5		重油、轻油	64.5		3.88×1.81×1.77	3.74				金牛股份有限公司
WNS1.4-1.0/95/70-Y(Q)	燃油(气)热水	1.4	1.0	95	85(设)		油	132		4.26×2.27×2.3	6.55				兰州锅炉厂
WNS1.4-YQ	无压热水	1.4			≥81		轻柴油、天然气	146(160) 75(290)			5.5				重庆渝威热工机械制造有限公司

续表

型号	形式	热功率 (MW)	工作压力 (MPa)	出水温度 (℃)	实测效率 (%)	炉排面积 (m²)	适用燃料	燃料耗量 (kg/h)(m³/h)	燃料低位发热值 (kJ)	外形尺寸 (长×宽×高)(m)	总质量 (t)	引风机功率 (kW)	鼓风机功率 (kW)	水(油)泵功率 (kW)	生产厂
WNS1.4-0.7/95	全自动热水	1.4	0.7	95	90.57(设)		轻柴油、重油	136.17		4.717×2.238×2.515	6.5				广州市锅炉工业公司
WNS1.4-0.74/95(115)/70-Y(Q)	全自动热水	1.4	0.7	95(115)	92		重油、轻油	130.4		4.8×2.19×2.21	5.71				金牛股份有限公司
WNS2.1-1.0/115	全自动热水	2.1	1.0	115	90.15(设)		轻柴油、重油	205.21		4.909×2.5×2.902	1.05				广州市锅炉工业公司
WNS2.1-0.7(1.0)/95(115)/70-Y(Q)	全自动热水	2.1	0.7	95(115)	91.8		重油、轻油	196.1		5.51×2.55×2.46	7.6				金牛股份有限公司
WNS2.8-1.0/95/70-Y(Q)	燃油(气)热水	2.8	1.0	95	87(设)		油	246		5.2×2.39×2.46	10.3				兰州锅炉厂
WNS2.8-1.0/115	全自动热水	2.8	1.0	115	90.1(设)		轻柴油、重油	273.76		5.92×2.83×3.2	1.16				广州市锅炉工业公司
WNS2.8-1.25/130	全自动热水	2.8	1.25	150	90.15(设)		轻柴油、重油	273.61		5.92×2.83×3.2	1.16				广州市锅炉工业公司
WNS2.8-0.740/95(115)/70-Y(Q)	全自动热水	2.8	0.7	95(115)	91.8		重油、轻油	201.4		0.0×2.55×2.446	8.87				天山锅炉厂
WNS3.5-0.7(1.0)/95(115)/70-Y(Q)	全自动热水	3.5	0.7	95(115)	91.4		重油、轻油	328.2		5.24×2.82×2.95	15.56				金牛股份有限公司
WNS4.2-1.25/130	全自动热水	4.2	1.25	130	90.14(设)		轻柴油、重油	410.46		0.9×2.96×3.31	1.49				广州市锅炉工业公司
WNS4.2-0.7(1.0)/95(115)/70-Y(Q)	全自动热水	4.2	0.7	75(115)	92.5		重油、轻油	389.2		5.99×2.82×2.95	15.86				金牛股份有限公司
WNS5.6-1.25/130	全自动热水	5.6	1.25	130	90.13(设)		轻柴油、重油	547.34		7.102×3×3.46	2.4				广州市锅炉工业公司
WNS5.6-0.7(1.0)/95(115)/70-Y(Q)	全自动热水	5.0	0.7	95(115)	92.48		重油、轻油	519		6.3×3.16×3.18	19.85				金牛股份有限公司
WNS7-1.25/130	全自动热水	7	1.25	130	90.14(设)		轻柴油、重油	684.10		7.306×3.131×3.28	2.6				广州市锅炉工业公司

3 水 处 理 设 备

3.1 拦 污 设 备

3.1.1 深水用中粗格栅除污机

3.1.1.1 GH型链条式回转格栅除污机

（1）适用范围：GH型链条式回转格栅除污机适用于各种泵站的前处理。给水排水提升泵站和污水处理厂的进水口处，均应设置格栅，用来拦截、清除漂浮物，如草木、垃圾、橡塑等物，从而保护水泵送水，亦减少后续设备的处理负荷。

（2）结构与特点：GH型链条式回转格栅除污机采用悬挂式双级蜗轮蜗杆减速机，使传动链轮与传动链条的啮合调整保持良好状态。整机水上部分采用铝合金型材、板材；水下部分为优质不锈钢。清污耙固定在两根牵引链条间，可随链条回转。每个齿耙都插入栅隙内一定深度。当耙齿转到栅体顶部牵引链条换向时齿耙也随之翻转，污物脱落。该机有紧急停车及电动机过载保护装置，带有气动缓冲卸料机构，有独特的框架结构和定距结构，易于安装和更新，尤其适用于老泵站的改造。

（3）性能：GH型链条式回转格栅除污机性能规格见表3-1。

（4）外形尺寸：GH型链条式回转格栅除污机外形尺寸见图3-1和表3-1。

GH型链条式回转格栅除污机性能规格及外形尺寸　　表3-1

公称栅宽 B（m）	槽深 H（mm）	安装角度 α（°）	栅条间隙（mm）	电动机功率（kW）	栅条截面积（mm）	整机质量（kg）	生产厂
1.0、1.1、1.2、1.3、1.4、1.5、1.6、1.7、1.8、1.9、2.0、2.1、2.2、2.3、2.4、2.5、2.6、2.7、2.8、2.9、3.0	自选	60、65、70、75、80	15～80	0.75～2.2	50×10	3500～5500	无锡通用机械厂有限公司、江苏亚太给排水成套设备公司

3.1.1.2 BLQ型格栅清污机

（1）适用范围：BLQ型格栅清污机是一种由钢丝绳牵引的截污设备，按不同栅槽宽需要分为固定式（BLQ-G型）和移动式（BLQ-Y型）两种形式，格栅清污机一般适用于水厂、污水处理厂、各类泵站、城市防洪排涝等设施的取水口，以截取进水中较大、较粗的杂物与垃圾，保护水泵叶轮不受损坏，保证后续处理工序的正常运转。当格栅槽宽大于3m，且有多组并列布置时，宜采用BLQ-Y型移动式格栅清污机，利用水上捞污的一套组合装置对下部格栅处进行清污处理，从而节约投资成本，便于运行管理与维修保养。

BLQ型格栅清污机的安装角度一般为60°～90°，格栅片的有效间隙按需要可在15～100mm范围内进行选择，格栅槽深一般为2～12m。

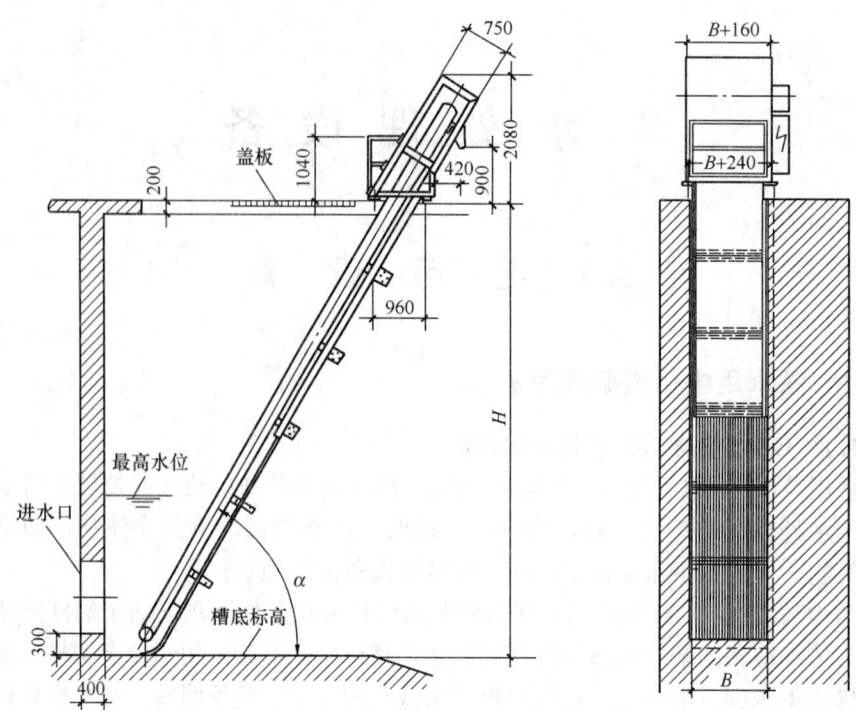

图 3-1 GH 型链条式回转格栅除污机外形尺寸

（2）型号意义说明：

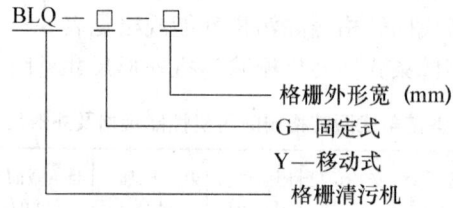

BLQ — □ — □

- 格栅外形宽 (mm)
- G—固定式
- Y—移动式
- 格栅清污机

（3）结构与特点：BLQ-G 型固定式格栅清污机主要由机架、栅条、耙斗、升降装置、集污小车及电气控制箱等组成。耙升降、闭合装置设置在门形机架上，工作时，电机减速装置带动卷扬机构通过钢丝绳将耙斗沿机架两侧导轨下行至格栅槽底，卷扬机构的高程限制器和松绳开关指令下行电机停止工作并进行合耙，耙齿插入栅条，卷扬机构带动耙斗上行将垃圾与污物沿栅条捞起，上行至脱离挡污板时，机架上部的刮污板自动将垃圾由耙斗刮向机下垃圾小车内。

BLQ-Y 型移动式格栅清污机耙斗升降及闭合装置与 BLQ-G 型固定式格栅清污机相同，水上部分机架采用钢轮设置在平行的钢轨上，通过行走机构将机架与传动部分进行水平移动。工作时，机架在格栅槽一端先行工作，驱动卷扬机构带动耙斗沿水下并列组合的栅条自动定位，并下行至槽底，当第一宽度完成捞污处理后，行走机构将机架移至第二工作点，进行捞污，直至完成整个槽宽。

BLQ 型格栅清污机的传动机构设有机械过载保护装置，当截留的污物超出耙斗的额定荷载时，过载保护装置，瞬间动作切断电源并报警，同时，清污机的整个系统中采用了断绳、松绳、防倾侧等装置，运行安全、可靠。

（4）性能：BLQ 型格栅清污机性能见表 3-2。

BLQ 型格栅清污机性能　　　　　　　　　　　　　表 3-2

型　号	格栅外形宽 B (mm)	栅条有效间隙 b (mm)	安装角 α (°)	齿耙额定荷载 (kg/m)	适用井深 H (m)	升降电机功率 (kW)	翻耙电机功率 (kW)	行走电机功率 (kW)	过栅流速 V (m/s)	生产厂
BLQ-1000	1000									
BLQ-1200	1200									
BLQ-1400	1400									
BLQ-1500	1500									
BLQ-1800	1800									
BLQ-2000	2000							用于 BLQ-Y 型 0.55～0.8		江苏一环集团有限公司
BLQ-2400	2400	15～100	60～90	100	2～12	0.75～3.0	0.75～2.2		≤1.0	
BLQ-2600	2600									
BLQ-3000	3000									
BLQ-3500	3500									
BLQ-4000	4000									
BLQ-4500	4500									
BLQ-5000	5000									

（5）外形尺寸：BLQ 型格栅清污机外形尺寸见图 3-2 和表 3-2。

3.1.1.3　LXG 链条旋转背耙式格栅除污机

（1）适用范围：LXG 链条旋转背耙式格栅除污机安装在水厂进水口处，用以清除粗大的悬浮物，如草木、垃圾和纤维状物质，为后续水处理工艺的正常运行及各类水道的卫生环境创造良好的条件。

（2）型号意义说明：

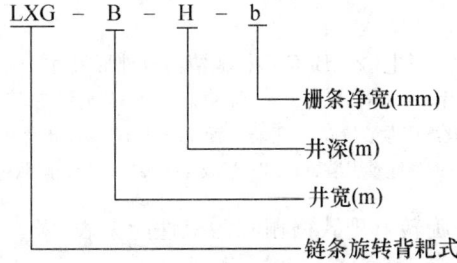

```
LXG - B - H - b
```
栅条净宽(mm)
井深(m)
井宽(m)
链条旋转背耙式

（3）结构与特点：LXG 链条旋转背耙式格栅除污机结构见图 3-3，运用齿合式多耙连续运行原理，由电动机直联摆线针轮减速机，通过一对链轮进一步减速，带动主轴及安装在主轴两侧的主动链轮使链条作旋转运动，主动链轮设有张紧装置，以消除连续工作中产生的间隙。该机具有以下特点：

1）传动链条为全密封式，可有效避免垃圾对链条的卡、夹及缠绕。

2）耙齿从格栅后向前伸出并向上提升，克服了其他同类设备遇到硬物或片状坚固物不能正常提升的缺点，不存在垃圾中途返回水中的可能，耙渣净，提升效率高。

3）提升重量大，单耙可达 200kg，效率高。

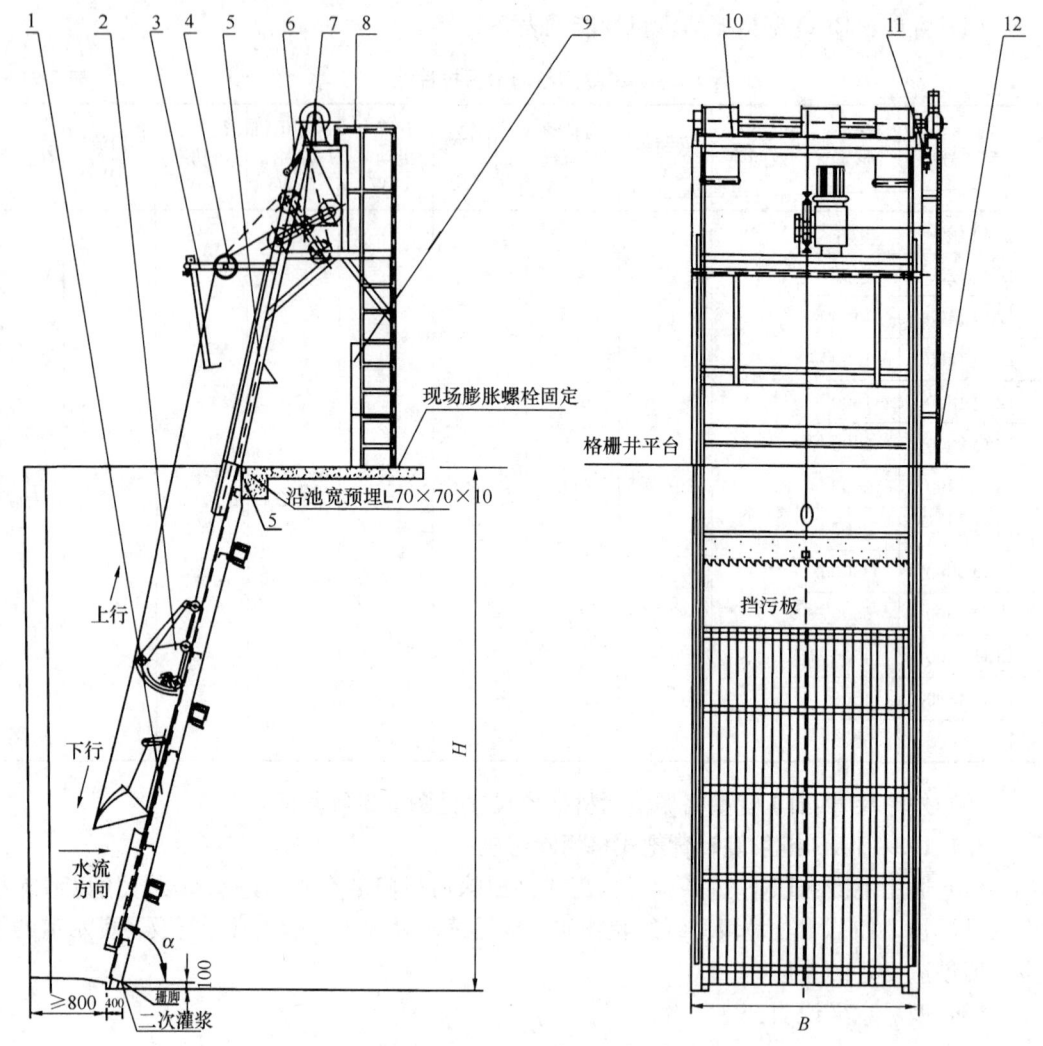

图 3-2　BLQ 型格栅清污机外形尺寸

1—格栅栅片；2—清污机构；3—刮污机构；4—导向滑轮；5—门形架；

6—钢丝绳张紧装置；7—开耙装置；8—栏杆；9—电器控制箱；

10—钢丝绳牵引装置；11—过载保护装置；12—膨胀螺栓

（4）性能：LXG 链条旋转背耙式格栅除污机性能见表 3-3。

LXG 链条旋转背耙式格栅除污机性能　　表 3-3

井深 H (mm)	井宽 B (mm)	导轨中心距 (mm)	设备宽 (mm)	设备倾角 α (°)	进水流速 (m/s)	水头损失 (kPa)	电动机功率（kW）			栅条净距 (mm)	生产厂
							B<1000	B<2200	B<2800		
<6000	<2800	B+90	B+450	60～85	1.2	<19.6	1.1	1.5	2.2	15～40	江都市亚太环保设备制造总厂

注：1. 井深、井宽及栅条净距根据用户需要确定；

2. 设备最大处理能力 10～20m³/h。

（5）外形尺寸：LXG链条旋转背耙式格栅除污机结构及外形尺寸见图3-3。

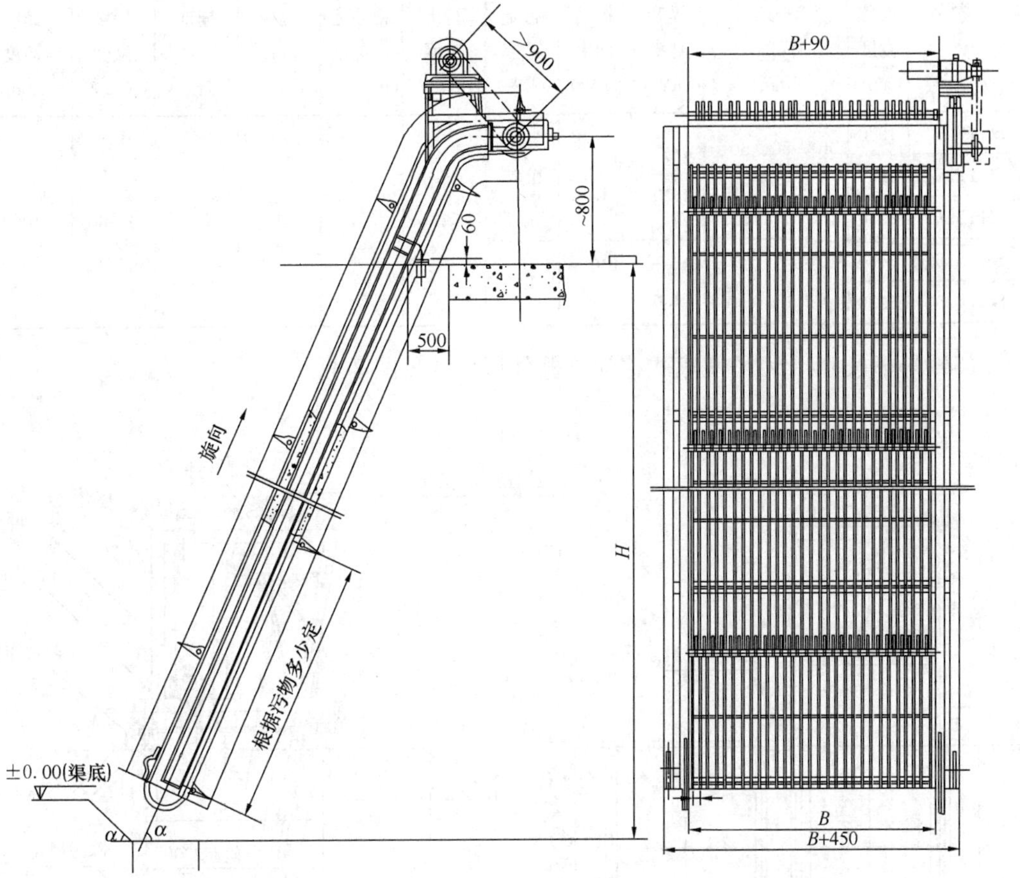

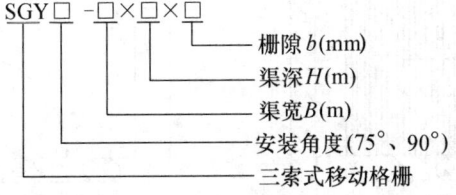

图3-3 LXG链条旋转背耙式格栅除污机结构及外形尺寸

3.1.1.4 SGY三索式移动格栅

（1）适用范围：SGY三索式移动格栅用于多台平面格栅或超宽平面格栅，一般作为中、粗格栅使用。

（2）型号意义说明：

$$\text{SGY}\square - \square \times \square \times \square$$

- 栅隙 b(mm)
- 渠深 H(m)
- 渠宽 B(m)
- 安装角度(75°、90°)
- 三索式移动格栅

（3）结构与特点：该格栅布置在同一直线上或移动的工作轨迹上，以一机代替多机，依次有序的逐一除污。格栅动作均通过PLC自动控制完成，格栅根据设定的时间间隔运行，也可根据格栅前后水位差自动控制运行。清污面积大，捞污彻底，降速后甚至可抓积泥或砂；移动及停位准确可靠，使用效率高，投资省；水下无传动件，整机使用寿命长；与输送机配套可实现全自动作业。

（4）性能：SGY三索式移动格栅性能见表3-4。

SGY 三索式移动格栅性能　　　　　　　　　　　　　　表 3-4

参数 型号	设备 宽度 (mm)	栅条 间隙 (mm)	提升 功率 (kW)	控制 功率 (kW)	行走 功率 (kW)	行走 速度 (m/min)	耙斗运 动速度 (m/min)	过栅 流速 (m/s)	栅前 水深 (m)	环境 温度 (℃)	卸料 高度 (mm)
SGY2.0	1930	40、50、60、 70、80、90、 100、110、 120、130、 140、150	2.2~ 3.0	1.1~ 1.5	0.75	≤1.5	≤6	1	≤2	0~60	1000
SGY2.5	2430										
SGY3.0	2930										
SGY3.5	3430		3.0~ 4.0	1.5~ 2.2	1.1						
SGY4.0	3930										

（5）外形尺寸：SGY 三索式移动格栅外形尺寸见图 3-4。

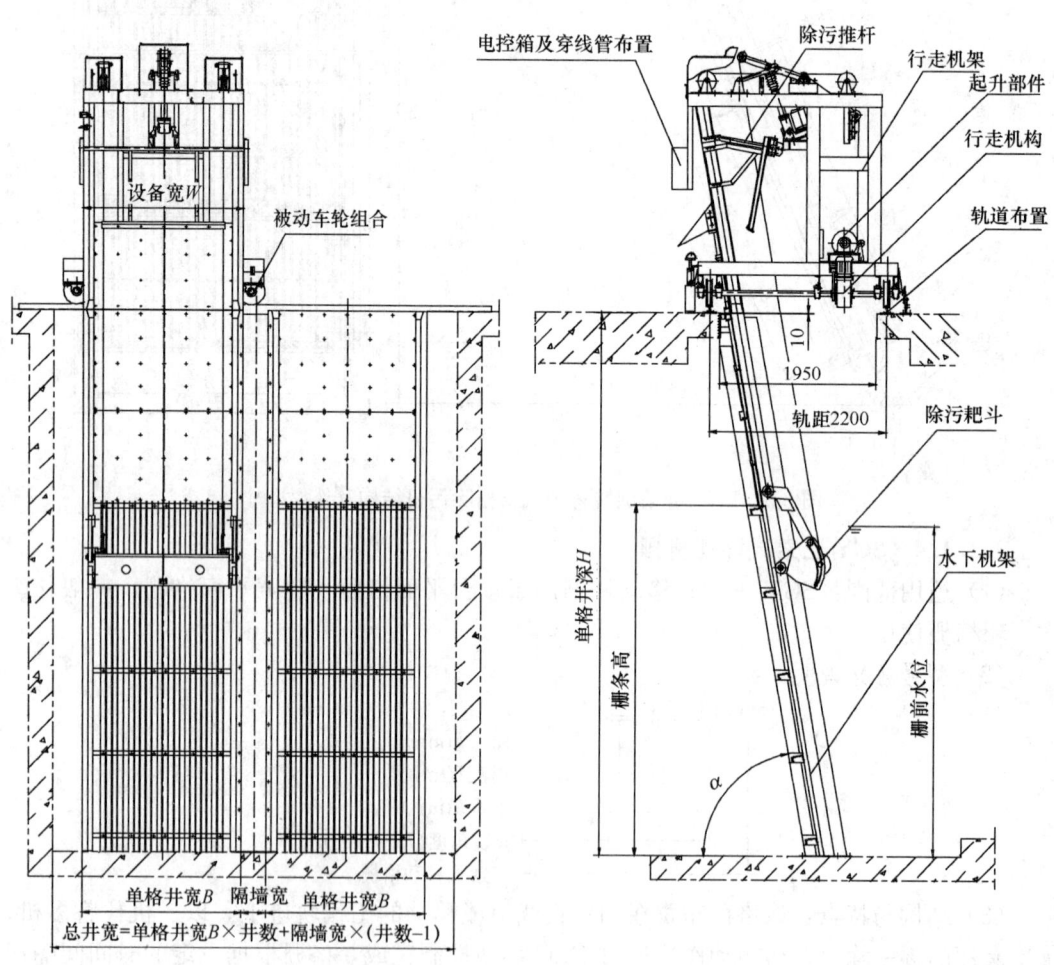

图 3-4　SGY 三索式移动格栅外形尺寸

3.1.1.5　SG 型钢丝绳牵引式格栅除污机

（1）适用范围：SG 型钢丝绳牵引式格栅除污机适用于深度较深的渠，特别适合含泥渣的污水。

（2）型号意义说明：

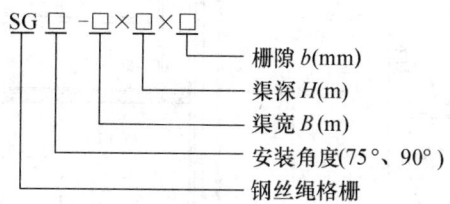

（3）结构与特点：耙斗处于张开位置并沿轨道下降至底部，在控制部件的作用下，完成合耙；耙齿插入栅隙上行将拦截的栅渣、杂物等捞入耙中，至出渣口处借助除污推杆卸渣，耙斗停止上行并张开，完成一个除污动作循环。该格栅适用范围广，宽度可达 4m，最大深度可达 30m；捞渣量大（可达 300kg 以上），甚至可捞取泥砂，用刮渣板卸渣效率高，效果好；易损件少，水下无运转部件，维护检修方便；设有过载保护，运行安全可靠。

（4）性能：SG 型钢丝绳牵引式格栅除污机性能见表 3-5。

SG 型钢丝绳牵引式格栅除污机性能　　　　　表 3-5

型号规格	栅条间隙 （mm）	提升功率 （kW）	控制功率 （kW）	过栅流速 （m/s）	栅前水深 （m）	卸料高度 （mm）	生产厂
SG1.5		1.5	0.4				
SG2.0		2.2	0.8				
SG2.5	15、20、25、 30、40、50、 60、70、80、 90、100	2.2	0.8	≤1	≤2	1000	江苏天雨环保集团有限公司
SG3.0		3.0	0.8				
SG3.5		4.0	1.1				
SG4.0		4.0	1.1				

注：表中功率为渠深小于 10m 时的功率，超过 10m 时，功率须加大一级。

（5）外形尺寸：SG 型钢丝绳牵引式格栅除污机外形尺寸见图 3-5。土建尺寸见图 3-6。

3.1.1.6　GSY 型移动式（抓斗）格栅除污机

（1）适用范围：GSY 型移动式（抓斗）格栅除污机主要用于拦截、清除水中粗大的漂浮物，如杂草、树枝、垃圾、纤维等。该型格栅除污机适用于大、中型取水构筑物的进水口处或并列多个取水口（井）处，如：污水和雨水提升泵站、污水处理厂、自来水厂、电厂等取（进）水口，去除杂物，保护水质及后续设备的安全运行。

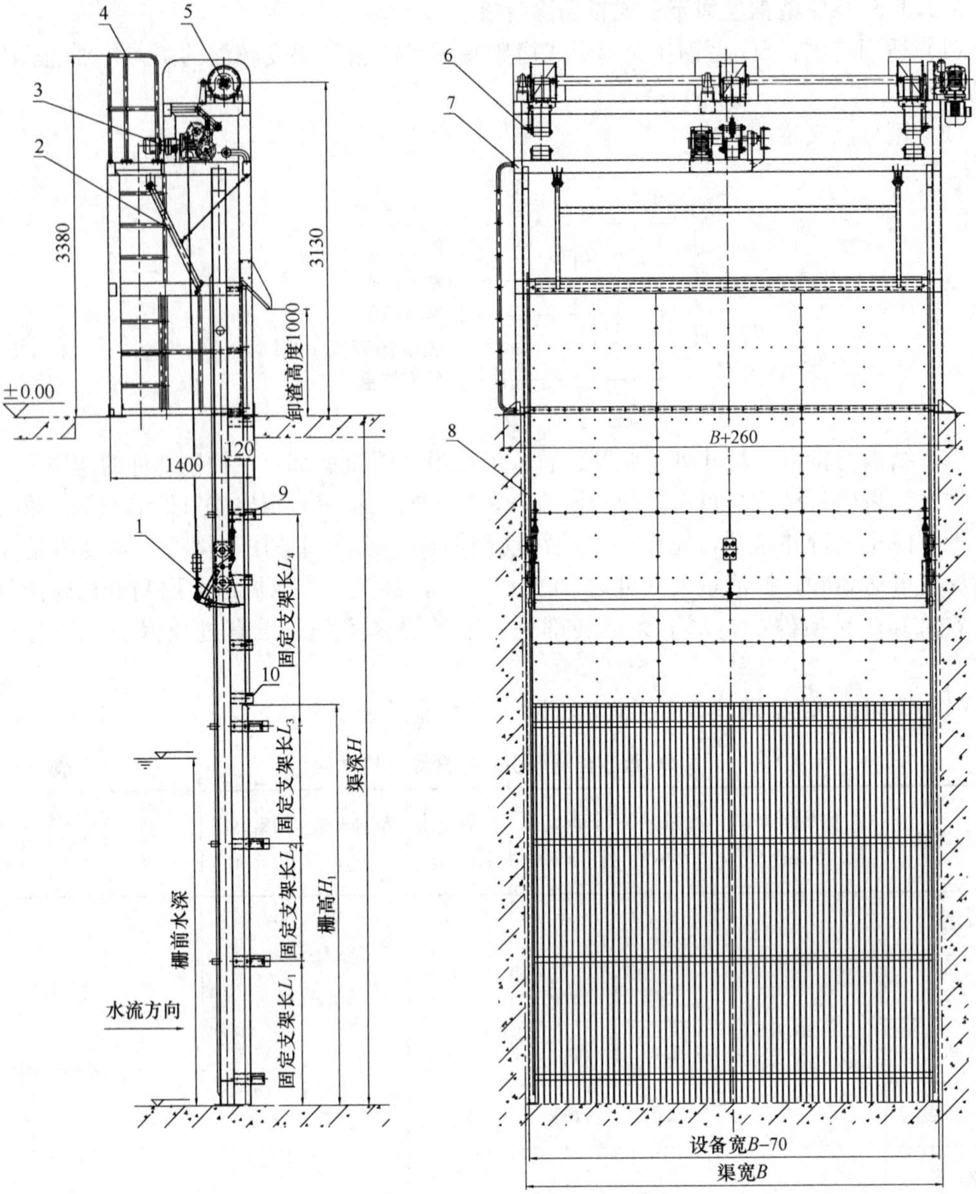

图中标注：

4　5　3　2　3380　3130　卸渣高度1000　±0.00　1400　120　9　1　栅前水深　水流方向　固定支架长 L_1　固定支架长 L_2　固定支架长 L_3　固定支架长 L_4　栅高 H_1　渠深 H　10

6　7　8　$B+260$　设备宽 $B-70$　渠宽 B

图 3-5　SG 型钢丝绳牵引式格栅除污机外形尺寸

1—除污耙斗；2—除污插杆；3—差动机构；4—栏杆及爬梯；5—起升部件；

6—电器管线；7—地面机架；8—机架；9—支架（一）；10—支架（二）

（2）型号意义说明：

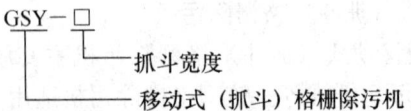

GSY—□

抓斗宽度

移动式（抓斗）格栅除污机

（3）结构与特点：GSY 型移动式（抓斗）格栅除污机主要由移动式抓斗体和固定拦污栅两大部分组成。移动式抓斗体主要包括支撑柱、轨道、移动车、抓斗及电控柜等部

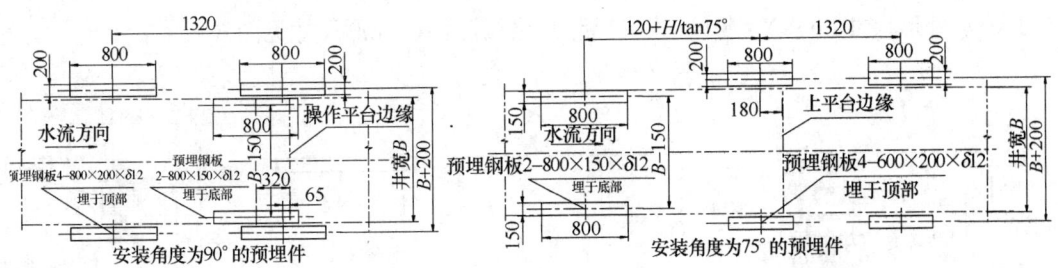

图 3-6 SG 型钢丝绳牵引式格栅除污机土建尺寸

件，移动车中含有行走机构、提升装置、液压站和油管收放装置等；拦污栅是固定在水中的用以拦截水中漂浮物的用栅条和横撑组成的结构件。

工作时，抓斗在移动车的带动下在导轨内移动，移至需要清除漂浮物的拦污栅处；抓斗在提升装置和液压系统的控制下完成下耙、下耙到位、闭耙、闭耙到位、提耙、提耙到位等一个组合过程；抓斗在移动车的带动下移至堆放漂浮物的栅箱处；抓斗进行开耙，卸栅到开耙到位后数秒完成一个全工作过程。下一步循环进行。移动车的移动速度和抓斗的升降速度都是变速可调的。一台清污小车能清除多组格栅井的垃圾；抓斗的设计制造充分考虑了大量污物处理情况以及各种水生植物的特点，抓斗处理量大，污物的去除率高；导轨的长度延伸至杂物排放区，抓斗直接将污物排放到收集处，无须二次处理；清污小车的移动和抓斗的升降采用快速移动、慢速定位，并采用制动电机，确保行程到位和定位精确；可实现液位差、计时器全自动控制，或人工启动，自动完成。

（4）性能：GSY 型移动式（抓斗）格栅除污机性能见表 3-6。

GSY 型移动式（抓斗）格栅除污机性能　　　　　　　　　　表 3-6

型　号	GSY1000～2000	GSY2100～3000	GSY3100～5000	生产厂
抓斗宽度（mm）	1000～2000	2100～3000	3100～5000	
抓斗工作负荷（kg）	500～1000	1000～1500	1500～2500	
格栅安装角度（°）	70～90	70～90	70～90	
格栅最大深度（m）	15		30	
栅条间隙（mm）	20～200	30～200	40～200	
提升电机功率（kW）	1.5～5.5	2.2～5.5	4～7.5	无锡市通用机械厂有限公司
提升速度（m/min）	5～20	5～20	5～20	
行走电机功率（kW）	0.37～1.1	0.55～1.5	0.75～1.5	
行走速度（m/min）	<25	<25	<25	
液压电机功率（kW）	1.1	1.1～1.5	1.5	
油缸压力（bars）	120	120	120	

（5）外形尺寸：GSY型移动式（抓斗）格栅除污机外形尺寸见图3-7。

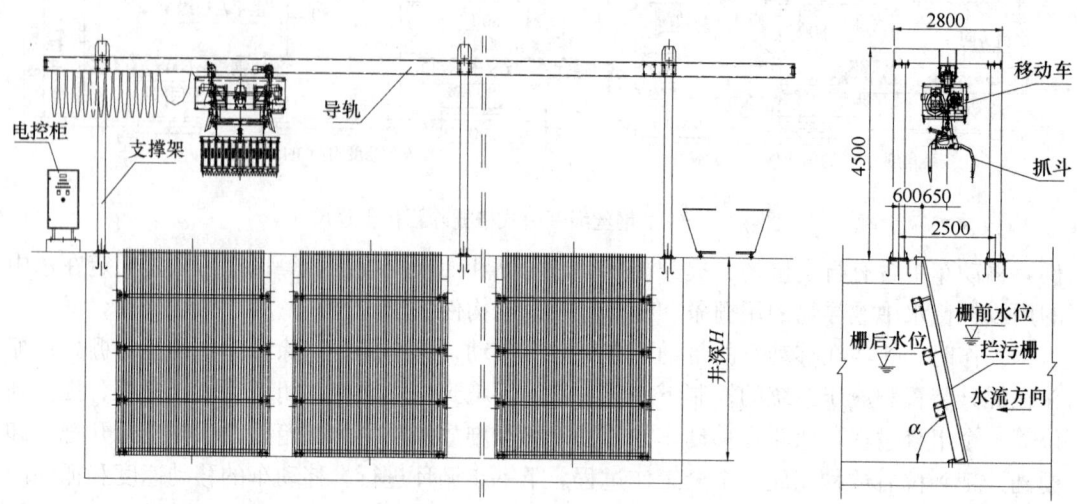

图 3-7　GSY 型移动式（抓斗）格栅除污机外形尺寸

3.1.1.7　PLS、PLW 型平板格栅、格网

（1）适用范围：PLS、PLW 型平板格栅、格网适用于以下工况：

1）人工采用 T 形耙水下清理；2）若前部加设渣斗配备吊具，则可进行水上清理；3）多台互用一个吊具应配备抓落机构，吊耳形状与所用吊具有关；4）配备电动式自动化控制系统，则可实现自动切换捞渣及冲刷功能；5）洞口使用与渠道使用的区别主要由承压水头确定；6）较深场合可考虑叠加式结合。

（2）型号意义说明：

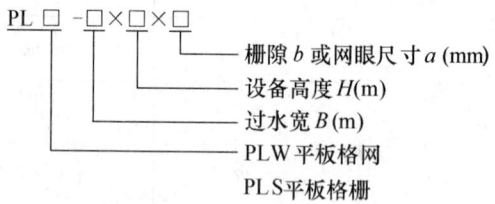

（3）性能：PLS、PLW 型平板格栅、格网性能见表3-7。

PLS、PLW 型平板格栅、格网性能　　　　　　　　　　　　表3-7

栅 隙	网 眼	耐压水头（m）	有效过水面积比（%）
15、20、25、30、40、50、100	5、6、8、10	1	格栅≥70 格网≥80

（4）外形尺寸：PLS、PLW 型平板格栅、格网外形尺寸、土建尺寸见表 3-8 和图 3-8。

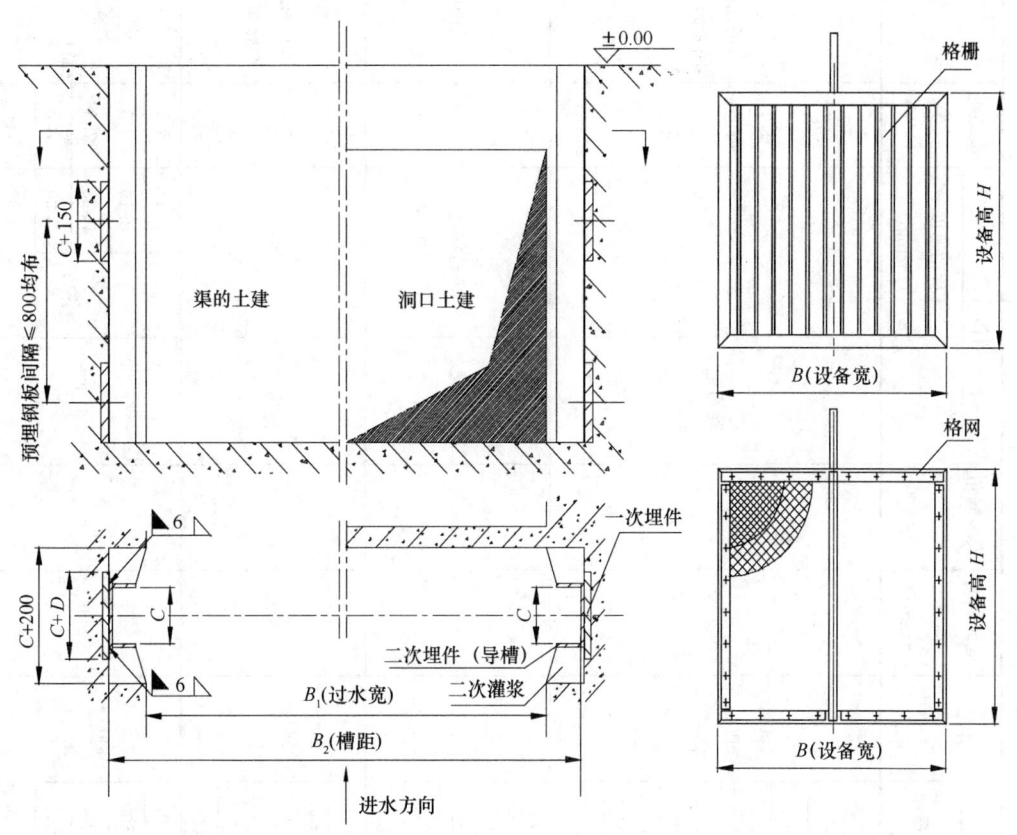

图 3-8　PLS、PLW 型平板格栅、格网土建尺寸

PLS、PLW 型平板格栅、格网外形尺寸　　　　　　表 3-8

型号	规　格	B_1	B	B_2	C	D	H
PLW PLS	每 100 一档（B_1 和 H 尺寸）	700～1200	B_1+100	B_1+130	100	50	不注明与 B_1 相同
		1300～1600		B_1+130	140		
		1700～2000		B_1+150	180	80	

3.1.1.8　其他型深水用中粗格栅除污机

其他型深水用中粗格栅除污机性能规格及外形尺寸见表 3-9。

表3-9

其他型深水用中粗格栅除污机性能规格及外形尺寸

产品名称	规格	栅隙 (mm)	水室宽	设备宽	格栅宽	井深 (mm)	地面以上高度 (mm)	安装倾角 α (°)	名称	移动速度 (m/min)	电动机功率 (kW)	生产厂
LHG 回转式格栅除污机	LHG-0.8	15、20、25、30、60、80	800	600	—	2500、5000、7500、10000	~2000	75	除污耙	—	1.1	扬州天雨环保集团有限公司
	LHG-1		1000	800	—							
	LHG-1.2		1200	1000	—						1.5	
	LHG-1.5		1500	1300	—							
	LHG-1.8		1800	1600	—						2.2	
	LHG-2		2000	1800	—						3.0	
	LHG-2.2		2200	2000	—							
	LHG-2.4		2400	2200	—							
	LHG-2.5		2500	2300	—							
ZPS 转耗式格栅清污机	ZPS-1500	20~70	1500	1360	1230	—	—	70~90	清污耙	6~8 齿合深度 10~30mm	2.2~5.5	云南电力修造厂
	ZPS-2000		2000	1860	1730							
	ZPS-2500		2500	2360	2220							
	ZPS-3000		3000	2860	2710							
	ZPS-3500		3500	3360	3210							
ZD 型自动格栅除污机	1000×5000	30~80	1100	—	1000	斜长 5000	3800	60~75	耙污车	—	1.1	河南禹王水工机械有限公司(原河南省商城县水利机械厂)
	1500×5000		1600	—	1500						1.5	
	2000×5000		2100	—	2000						2.2	
	2500×5000		2600	—	2000						3.0	
	3000×5000		3100	—	3000						4.0	
GGQ 固定式格栅清污机	GGQ-2000	25~150	—	—	2000	5000~30000	—	—	耙斗	容积 (m³) 0.15	5.5	沈阳电力机械总厂
	GGQ-2500		—	—	2500					0.19	5.5	
	GGQ-3000		—	—	3000					0.23	7.5	
	GGQ-3500		—	—	3500					0.26	7.5	
	GGQ-4000		—	—	4000					0.30	7.5	

3.1.2 深水用中细格栅除污机

3.1.2.1 ZSB 型转刷网篦式清污机

（1）适用范围：ZSB 型转刷网篦式清污机，安装在粗拦污栅后，能稳定的拦截并清除水中 $\phi 3.6mm$ 以上的杂草、鱼虾及悬浮物。适用于电厂及其他工业部门和市政工程中给水排水系统。

（2）型号意义说明：

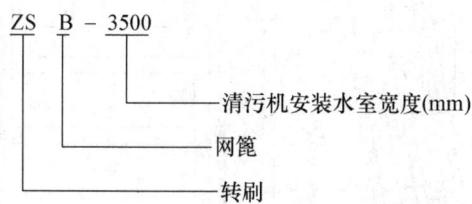

（3）结构与特点：ZSB 型转刷网篦式清污机主要由钢架本体、细滤网和传动系统三部分组成。钢架本体与水室中预埋导槽相配合，并通过角型支承翼板固定在水室两侧的支座上。细滤网网面平整，过水孔具有斜度，沿水流方向呈开放状态，过水通畅，除污容易。传动系统以行星摆线针轮减速机为动力，转刷曳引链条带动方毛刷由下而上移动，清扫网面并带走污物。污物输送至排污溜板时，大部分由于重力作用自行落至排污沟内；少量附着在方毛刷上的污物，由转动圆毛刷清扫，从而完成过滤和清污的过程。清污机的长度根据水室深度确定。钢架本体一般分为两段，较长机型视起吊高度分为多段，目前生产的最长机型为 22m。动力传动装置分为上架和分离两种形式，一般布置在清污机右侧（按顺水流方向定），特殊要求时应作说明。清污机一般按淡水材质制造，在海水及污水中使用时应根据实际情况选材。

（4）性能：ZSB 型转刷网篦式清污机性能见表 3-10。

ZSB 型转刷网篦式清污机性能 　　　　表 3-10

型　号	每米深过水流量 q （m³/s）	流速 v （m/s）	滤网矩形孔尺寸 （mm）	方毛刷移动速度 （m/min）	圆毛刷转速 （r/min）	行星摆线针轮减速机功率（kW）	安装倾角 α （°）	允许网前后水位差 （mm）	生产厂
ZSB-2000	0.448								
ZSB-2500	0.56					2.2～5.5			
ZSB-3000	0.67	0.8	3.5×56	6.88	17.9		70～80	300	江苏一环集团公司
ZSB-3500	0.78								
ZSB-4000	0.89					4～7.5			

（5）外形及安装尺寸：ZSB 型转刷网篦式清污机外形及安装尺寸见图 3-9～图 3-11 和表 3-11、表 3-12。

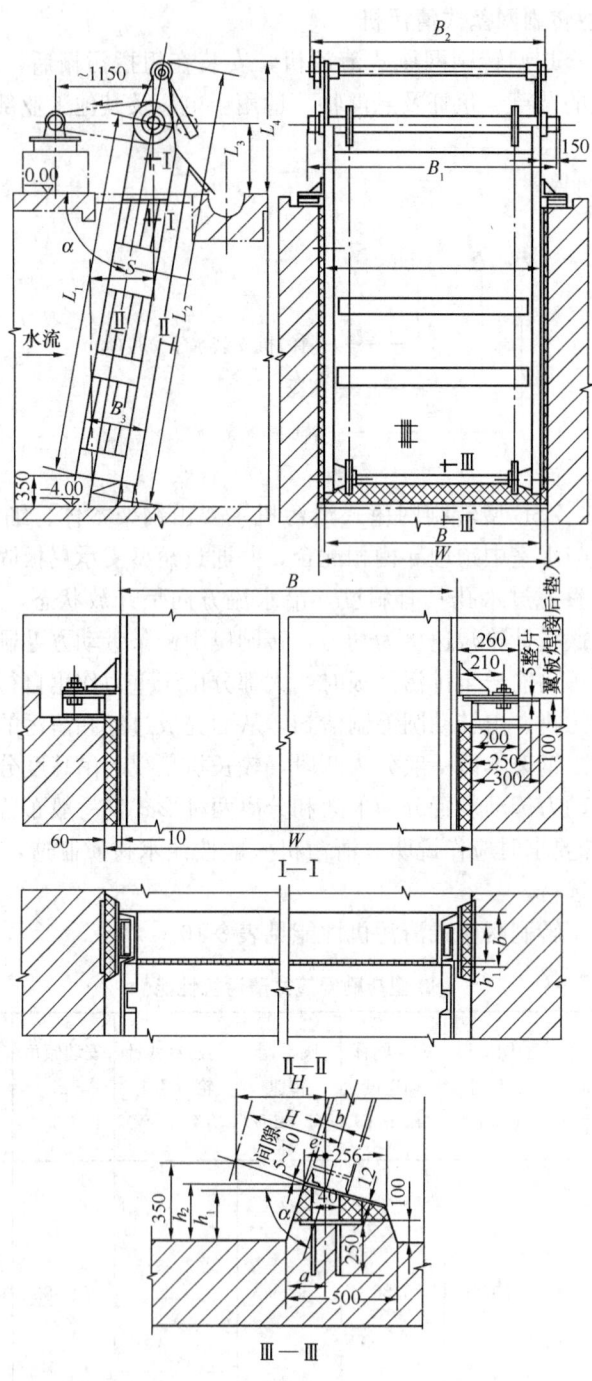

图 3-9 ZSB 型转刷网篦式清污机外形及安装尺寸

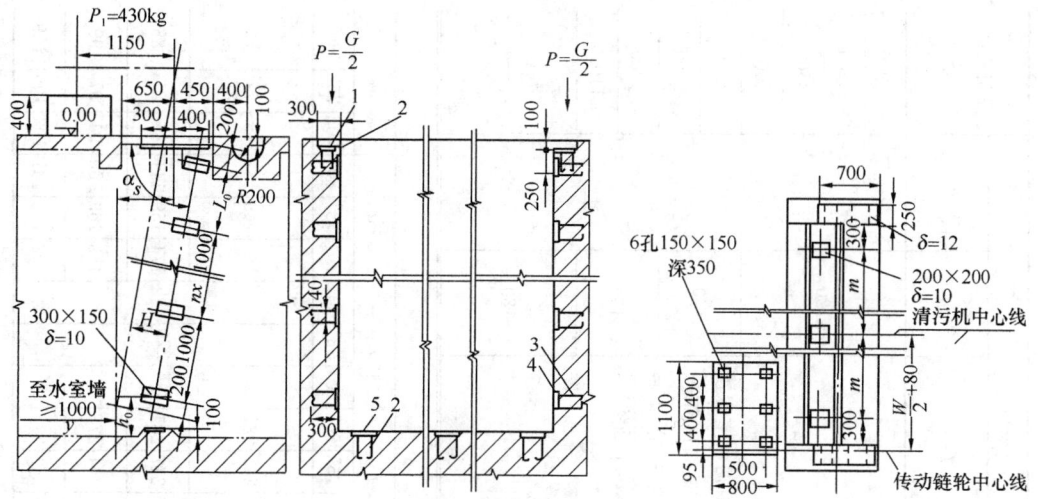

图 3-10　一次预埋件

1—支承—次预埋板；2，3—锚钩；4—导槽—次预埋板；5—垫枕—次预埋板

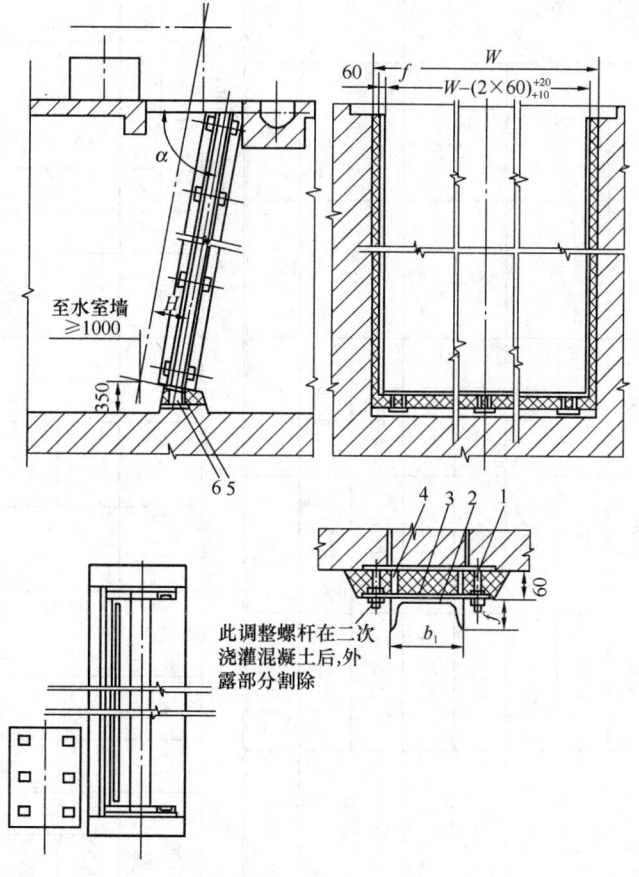

图 3-11　二次预埋件

1—调整螺杆；2—导槽；3—连接板；4—支撑板；5—垫枕；6—支承板

ZSB型转刷网篦式清污机外形及安装尺寸

表3-11

外形尺寸(mm)

型号	钢架本体座宽B	钢架本体总长	上下曳引链轮中心距	滤网网面长	滤网宽	B1	B2	L1	b1	S	整机质量(kg)
ZSB-2000	1860	4468	3600	2000	1730	2280	2138	根据水室深度及安装倾角确定,并按大链节距(120mm)圆整	120	$L_1 \times \cos\alpha$	2000
		16588	15720	3500							5500
ZSB-2500	2360	4968	4080	2500	2230	2780	2638				3500
		16588	15720	4200							8000
ZSB-3000	2860	4968	4080	2500	2720	3280	3138		140		4500
		16588	15720	4200							9500
ZSB-3500	3360	4968	4080	2500	3120	3780	3618		160		5000
		16588	15720	4200							11000
ZSB-4000	3860	—	—	—	3702	4280	4118		180		—

安装尺寸(mm)

型号	水室宽	B3	L0	L2	L3	L4	m	h0	n	f	H b	H 70°	H 75°	H 80°	H1 70°	H1 75°	H1 80°	h1 70°	h1 75°	h1 80°	h2 70°	h2 75°	h2 80°	a 70°	a 75°	a 80°	e 70°	e 75°	e 80°
ZSB-2000	2000	670	调整尺寸	L_1+994	$L_1\sin\alpha-(\lvert y\rvert-350)$	$L_3+768\sin\alpha$	6×567	$h_1+200\sin\alpha$	由水室深度决定	53	160	390			366	377	384	217	249	282	244	270	296	164	149	131	75	77	79
ZSB-2500	2500						5×580																						
ZSB-3000	3000	690					4×600			60	180	400			376	386	394	213	247	281				174	159	141	85	87	88
ZSB-3500	3500	710					3×633			65	200	410			385	396	404	210	244	279				183	169	150	94	97	99
ZSB-4000	4000	730					2×700			70	220	420			395	406	414	206	241	277				192	178	161	103	106	109

预埋件明细表　　　　　　　　　　　　　　表 3-12

一次预埋件				二次预埋件①				
序号	名　称	规　格	数　量	序号	名　称	规　格	数量	备　注
1	支承一次预埋板	700×250×12	2/台	1	调整螺杆	M16×100	2/组	
2	锚钩	ϕ12×250	8/台	2	导槽	见详图	2/台	长度由水室深定
3		ϕ16×300	2/块	3	连接板	300×150×10	—	
4	导槽一次预埋板	300×300×10	由机长定	4	支撑板	δ=10	2/组	安装时配做
5	垫枕一次预埋板	200×200×10	由水室宽定	5	垫枕	240×（W−140）×12	1/台	
				6	支承板	140×180	2/组	组数由机型定

①二次预埋件制造厂有详图。

3.1.2.2　回转式格栅（齿耙）除污机

（1）适用范围：回转式格栅（齿耙）除污机适用于市政污水处理厂预处理工艺。当栅隙合适时，也可用于纺织、水果、水产、造纸、皮革、酿酒等行业的生产工艺中，是目前国内先进的固液筛分设备。

（2）型号意义说明：

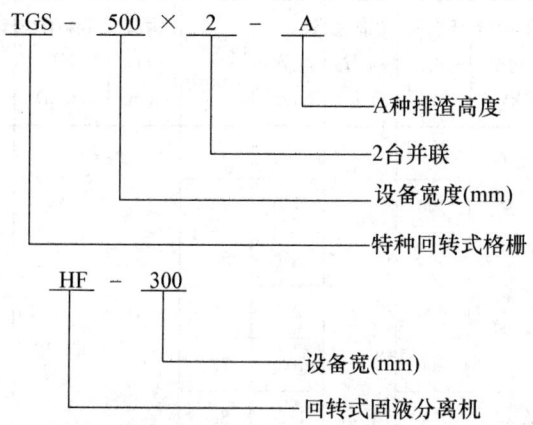

（3）结构与特点：回转式格栅除污机由动力装置、机架、耙齿链（网齿）、清污机构及电控箱等组成。动力装置采用悬挂式蜗轮蜗杆减速机。格栅系统由诸多小齿耙相互连接成一个硕大的旋转面，在减速机的驱动下旋转运动，捞渣彻底。当筛网运转到设备的上部时，由于链轮和弯轨的导向作用，使每组耙齿之间产生相对运动，大部分固体杂物靠自重下落，另一部分粘在耙齿上的杂物依靠清洗机构的橡胶刷的反向运动挑刷干净。该机安装角成 60°～80°，耙齿间隙有 5、10、15、20、30、40mm 六种，筛网运行速度约 2m/min。其最大优点是自动化程度高，耐腐蚀性能好，机壳分碳钢和不锈钢两种，零件材料均为不锈钢、ABS 工程塑料或尼龙。该机设有过载安全保护，自控装置可根据水中杂物多少连续或间隙运行，发生故障时自动切断电源并报警。

（4）性能：TGS 型回转式格栅（齿耙）除污机性能见表 3-13，HF 型回转式固液分离机性能见表 3-14。

TGS 型回转式格栅（齿耙）除污机性能　　　　表 3-13

型　号	电动机功率 (kW)	耙齿栅宽 (mm)	设备宽 (mm)	设备高 (mm)		设备总宽 (mm)	设备安装长 (mm)	水槽最小宽度 (mm)	排渣宽度 (mm)		生产厂
				A 型	B 型				A 型	B 型	
TGS-500	0.55~1.1	360	500			850		600			
TGS-600		460	600			950		700			
TGS-700		560	700	4035~11035（地面至设备顶 2820，地下部分可任意加长）	3335~11035（地面至设备顶 2120，地下部分可任意加长）	1050		800			浙江省乐清水泵厂、无锡通用机械厂
TGS-800	0.75~1.5	660	800			1150		900			
TGS-900		760	900			1250	2320~11153	1000			
TGS-1000		860	1000			1350		1100	1465	764	
TGS-1100	1.1~1.5	960	1100			1450		1200			
TGS-1200		1060	1200			1550		1300			
TGS-1300		1160	1300			1650		1400			
TGS-1400	1.1~2.2	1260	1400			1750		1500			
TGS-1500		1360	1500			1850		1600			

HF 型回转式固液分离机性能及外形尺寸　　　　表 3-14

型　号	安装角度 α (°)	电动机功率 (kW)	设备宽 W_0 (mm)	设备总高 H_2 (mm)	设备总宽 W_2 (mm)	沟宽 W (mm)	沟深 H (mm)	导流槽长度 L_1 (mm)	设备安装长度 L_2 (mm)	排渣高度 H_1 (mm)	生产厂
HF-300	60~80	0.4~0.75	300	3153~11153	650	380	1535（或根据需要确定）	1500~4770	2320~6940	1935~9935	宜兴泉溪环保有限公司（原宜兴市第二冷作机械厂）
HF-400			400		750	480					
HF-500		0.55~1.1	500		850	580					
HF-600			600		950	680					
HF-700			700		1050	780					
HF-800		0.75~1.5	800		1150	880					
HF-900			900		1250	980					
HF-1000		1.1~2.2	1000		1350	1080					
HF-1100			1100		1450	1180					
HF-1200			1200		1550	1280					
HF-1250		1.5~3	1250		1600	1330					
HF-1500			1500		1850	1580					

注：适用介质温度≤80℃。

(5) 外形及安装尺寸：

1) TGS 型回转式格栅除污机外形及安装尺寸见图 3-12 和表 3-15、表 3-16。

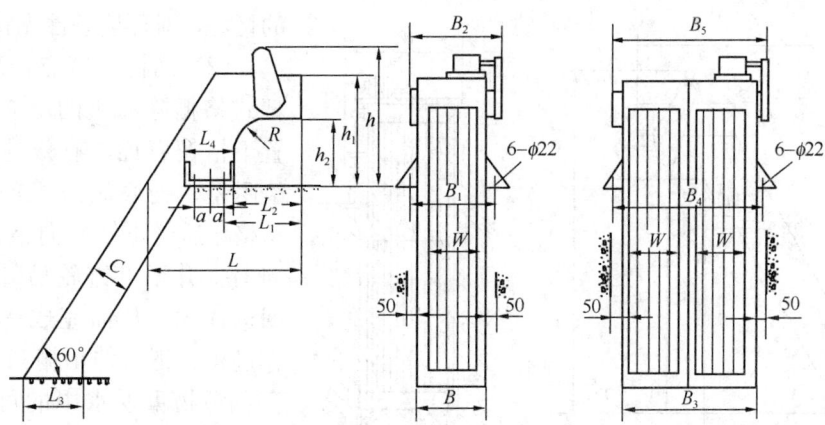

图 3-12 TGS 型回转式格栅除污机外形及安装尺寸

TGS 型回转式格栅除污机外形尺寸 表 3-15

型 号	B	B_1	B_2	W	型 号	B_3	B_4	B_5
TGS-500	500	736	760	360	TGS-500×2	1000	1236	1260
TGS-600	600	836	860	460	TGS-600×2	1200	1436	1460
TGS-700	700	936	960	560	TGS-700×2	1400	1636	1660
TGS-800	800	1036	1060	660	TGS-800×2	1600	1836	1860
TGS-900	900	1136	1160	760	TGS-900×2	1800	2036	2060
TGS-1000	1000	1236	1260	860	TGS-1000×2	2000	2236	2260
TGS-1100	1100	1336	1360	960	TGS-1100×2	2200	2436	2460
TGS-1200	1200	1436	1460	1060	TGS-1200×2	2400	2636	2660
TGS-1300	1300	1536	1560	1160	TGS-1300×2	2600	2836	2860
TGS-1400	1400	1636	1660	1260	TGS-1400×2	2800	3036	3060
TGS-1500	1500	1736	1760	1360	TGS-1500×2	3000	3236	3260

TGS 型回转式格栅除污机安装尺寸 表 3-16

格栅类型	h	h_1	h_2	L	L_1	L_2	L_3	L_4	a	R	C
A	2820	2390	1464	2590	1350	1275	937	420	150	640	640
B	2120	1690	764	2185	945	870	937	420	150	640	640

注：格栅两边预留间隙为 50mm。

2）HF 型回转式固液分离机外形尺寸见图 3-13 和表 3-14，地脚螺栓尺寸见表 3-17。

HF300～1500 回转式固液分离机地脚螺栓尺寸 表 3-17

地脚 螺栓 （mm）	跨距 W_1	500	600	700	800	900	1000	1100	1200	1300	1400	1450	1700
	间距 W_3	200	200	200	200	200	200	200	200	200	200	200	200
	直径 d	M16	M16	M16	M16	M16	M16	M16	M16	M16	M16	M16	M16

3.1.2.3 XWB 型背耙式格栅除污机

（1）适用范围：XWB 型背耙式格栅除污机用于自来水厂进口、各种污水泵站及河道

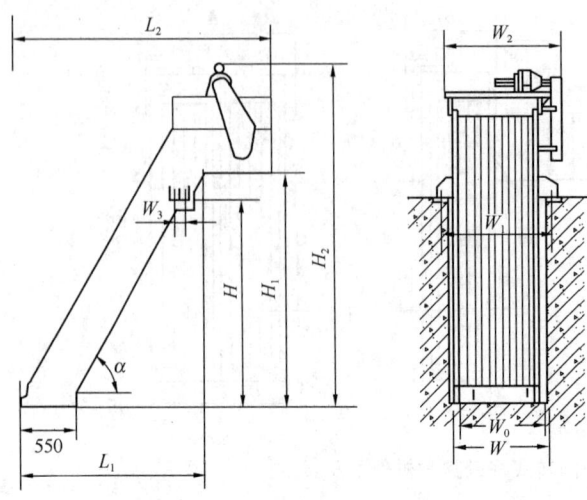

图 3-13　HF300～1500 型回转式固液分离机外形尺寸

的拦污，对环境条件无特殊要求。

（2）结构与特点：XWB 型背耙式格栅除污机的所有传动机构置于格栅背面，有效地解决了栅渣阻塞、栅底淤渣等问题。耙齿从格栅后经下链轮向格栅前伸出，向上提升至上链轮后卸污，并收回机体内，从而完成一个单耙工作过程。耙齿伸出栅条 25cm，不存在污物重返水中的可能性，避免了漏渣之弊病。采用了全过程导向装置，减少了整机占用空间及高度，节省了土建费用。该机有自动和手动两种方式，过力矩双重保险，同时可根据用户要求，另行增设水位差自动系统。

（3）性能及外形尺寸：XWB-Ⅱ型背耙式格栅除污机性能及外形尺寸见表 3-18 和图 3-14。XWB-Ⅲ型背耙式格栅除污机性能及外形尺寸见表 3-19 和图 3-15。

XWB-Ⅱ型背耙式格栅除污机性能及外形尺寸　　　　表 3-18

型　号	最大载荷(kg)	提升速度(m/min)	格栅间隙(mm)	耙齿有效长度(mm)	电动机功率(kW)	外形尺寸（mm）			过水尺寸（mm）			生产厂
						A	H	B	H_2	H_1	C	
XWB-Ⅱ-1-2	200	2.3	25	230	0.8	1000	2000	600	1100	900	800	
XWB-Ⅱ-1-2.5	200	2.3	25	230	0.8	1000	2500	600	1200	1000	800	
XWB-Ⅱ-1-3	200	2.3	25	230	0.8	1000	3000	600	1500	1200	800	
XWB-Ⅱ-1.5-3	200	2.3	25	230	1.1	1500	3000	622	1500	1200	1215	
XWB-Ⅱ-1.5-3.5	200	2.3	25	230	1.1	1500	3500	622	2000	1700	1215	
XWB-Ⅱ-1.5-4	200	2.3	25	230	1.1	1500	4000	622	2500	2200	1215	
XWB-Ⅱ-1.5-5	200	2.3	25	230	1.5	1500	5000	622	3500	3200	1215	江苏天雨环保集团有限公司
XWB-Ⅱ-2-3	200	2.3	25	230	1.5	2000	3000	622	1500	1200	1715	
XWB-Ⅱ-2-4	200	2.3	25	230	1.5	2000	4000	622	2500	2200	1715	
XWB-Ⅱ-2-5	200	2.3	25	230	2.0	2000	5000	622	3500	3200	1715	
XWB-Ⅱ-2-6～8	200	2.3	25	230	2.0	2000	6000以上	622	4500以上	4200以上	1715	
XWB-Ⅱ-2.5-3	200	2.3	25	230	2.0	2500	3000	622	1500	1200	2215	
XWB-Ⅱ-2.5-4	200	2.3	25	230	2.0	2500	4000	622	2500	2200	2215	
XWB-Ⅱ-2.5-5	200	2.3	25	230	2.0	2500	5000	622	3500	3200	2215	
XWB-Ⅱ-2.5-6以上	200	2.3	25	230	2.2	2500	6000以上	622	4500以上	4200以上	2215	
XWB-Ⅱ-3-4	200	2.3	25	230	2.2	3000	4000	622	2500	2200	2715	
XWB-Ⅱ-3-5	200	2.3	25	230	2.2	3000	5000	622	3500	3200	2715	
XWB-Ⅱ-3-6	200	2.3	25	230	2.2	3000	6000	622	4500	4200	2715	
XWB-Ⅱ-3-7以上	200	2.3	25	230	2.2	3000	7000以上	622	5500以上	5200以上	2715	

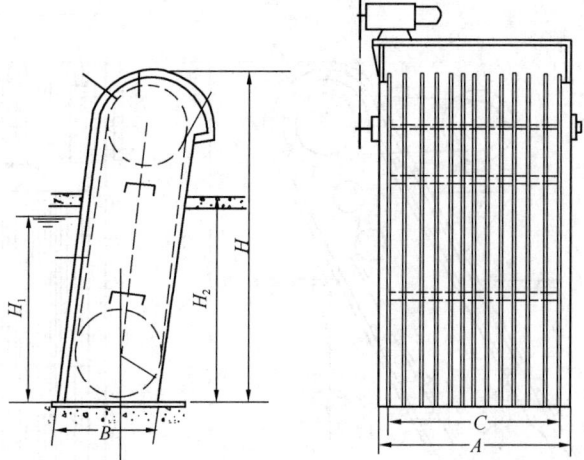

图 3-14　XWB-Ⅱ型背耙式格栅除污机外形尺寸

XWB-Ⅲ型背耙式格栅除污机性能及外形尺寸　　　　表 3-19

型　号	最大载荷 (kg)	提升速度 (m/min)	格栅间隙 (mm)	耙齿有效长度 (mm)	电动机功率 (kW)	外形尺寸（mm）			过水尺寸（mm）			生产厂
						A	H	B	H_2	H_1	C	
XWB-Ⅲ-0.8-1.5	50	4	7～15	120	0.75	800	1500	450	500	490	600	江苏天雨环保集团有限公司
XWB-Ⅲ-0.8-2	50	4	7～15	120	0.75	800	2000	450	1000	990	600	
XWB-Ⅲ-0.8-2.5	50	4	7～15	120	0.75	800	2500	450	1500	1490	600	
XWB-Ⅲ-1.0-1.5	50	4	7～15	120	0.75	1000	1500	450	500	490	800	
XWB-Ⅲ-1.0-2	50	4	7～15	120	0.75	1000	2000	450	1000	990	800	
XWB-Ⅲ-1.0-2.5	50	4	7～15	120	0.75	1000	2500	450	1500	1490	800	
XWB-Ⅲ-1.2-1.5	50	4	7～15	120	0.75	1200	1500	450	500	490	1000	
XWB-Ⅲ-1.2-2	50	4	7～15	120	0.75	1200	2000	450	1000	990	1000	
XWB-Ⅲ-1.2-2.5	50	4	7～15	120	0.75	1200	2500	450	1500	1490	1000	
XWB-Ⅲ-1.5-2	50	4	7～15	120	0.75	1500	2000	450	1000	990	1300	
XWB-Ⅲ-1.5-2.5	50	4	7～15	120	0.75	1500	2500	450	1500	1490	1300	
XWB-Ⅲ-2-2	50	4	7～15	120	0.75	2000	2000	450	1000	990	1800	
XWB-Ⅲ-2-2.5	50	4	7～15	120	0.75	2000	2500	450	1500	1490	1800	

3.1.2.4　XWC 型旋转滤网

（1）适用范围：XWC 型旋转滤网可安装于各种水厂的取水口，用于拦截格栅漏掉的漂浮物和水生物（鱼、虾）等，可捞取安装平面以下 30m 深处的杂物。

（2）型号意义说明：

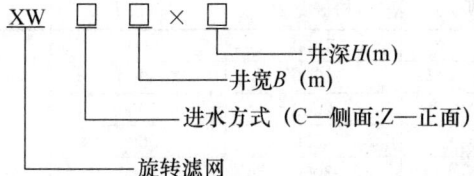

（3）结构与特点：XWC 型旋转滤网采用不锈钢链条及格网，双向进水方式。

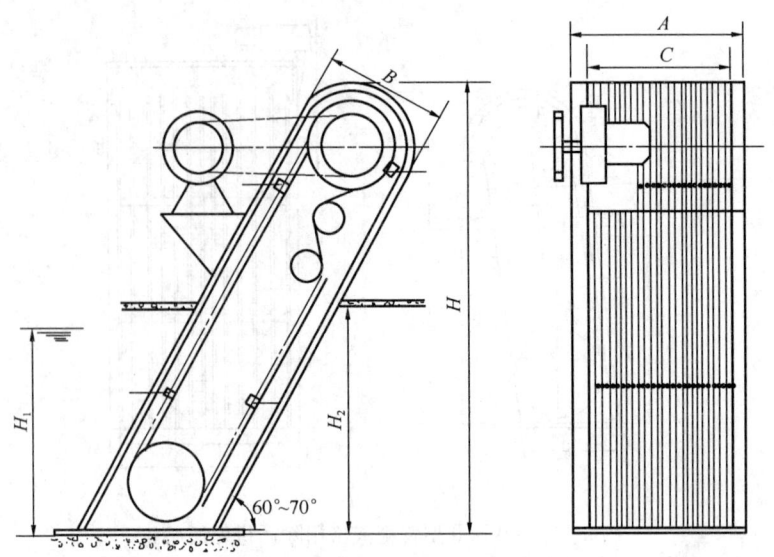

图 3-15　XWB-Ⅲ型背耙式格栅除污机外形尺寸

（4）性能：XWC 型旋转滤网性能见表 3-20。

XWC 型旋转滤网性能　　　　　　　　　　　　　　　表 3-20

井宽 B（m）	井深 H（m）	过网流速（m/s）	网板升降速度（m/min）	过网水头损失（m）
1.6、2、2.5、3	5～30	0.4～0.6 最大 0.8	3.6 最大 6	<0.2

电动机功率（kW）	推荐冲洗水压（MPa）	张紧装置调节高度（m）	冲洗水量（m³/h）	网室水深 H（m）	滤网孔径（mm）	孔口高 J	生产厂
4　5.5	0.2	0.7	70～130	每档 1m $H_{max}=30$	0.246～1.651	由出水量定	江苏天雨环保集团有限公司

（5）外形及安装尺寸：XWC 型旋转滤网外形及安装尺寸见图 3-16。

3.1.2.5　ZD-B 型垂直链条式除污机

（1）适用范围：ZD-B 型垂直链条式除污机用于电站进水口、污水处理厂二级细小污物处理。

（2）结构与特点：ZD-B 型垂直链条式除污机用带电机摆线针轮减速机驱动链轮，使链条运转；用间距小于 20mm 的格栅式滤网拦截污物；凭精细耙齿或钢刷旋转耙渣，借助卸渣机构卸渣；并附有过转矩保护装置，当有稍大污物卡堵时可实现自动反转运行耙渣。

（3）外形及安装尺寸：ZD-B 型垂直链条式除污机外形及安装尺寸见图 3-17 和表 3-21。

ZD-B 型垂直链条式除污机外形尺寸（mm）　　　　表 3-21

规格 $B×L$	池口宽度 B_0	格栅宽 B	斜长 L	格栅间距	生产厂
1000×5000	1100	1000	5000		
1500×5000	1600	1500	5000		
2000×5000	2100	2000	5000	<20	河南禹王水工机械有限公司
2500×5000	2600	2500	5000		
3000×5000	3100	3000	5000		

注：表中尺寸为该机型基本尺寸，用户可根据情况提供池口长、宽、深及格栅间距和安装倾角 α。

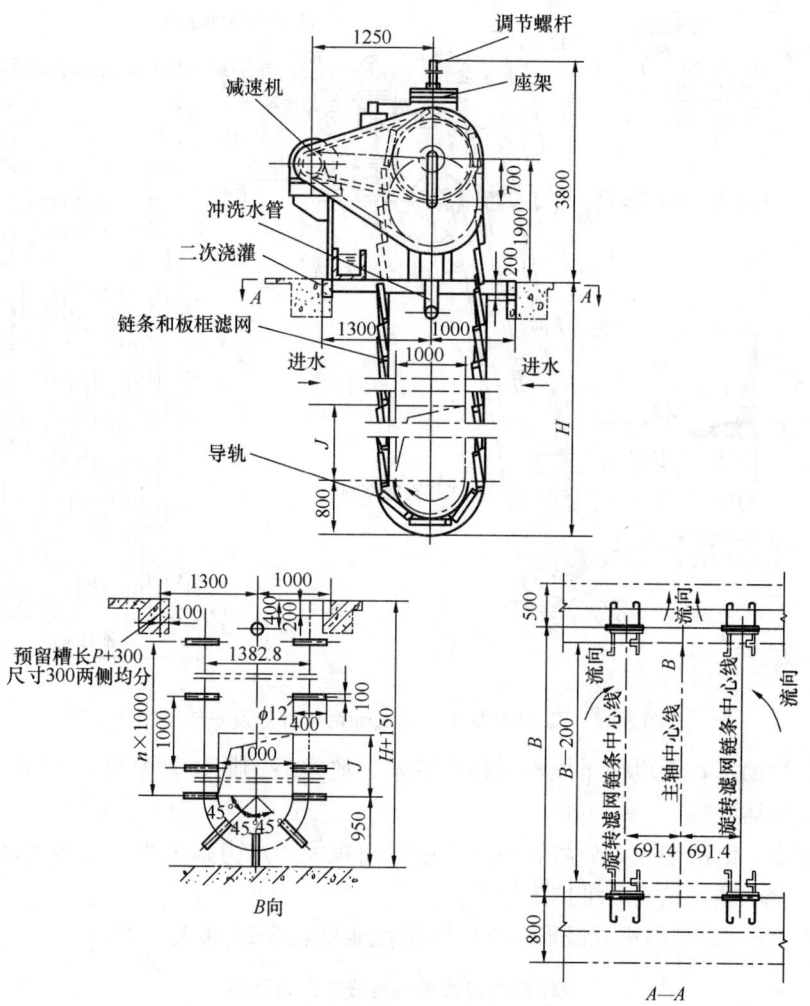

图 3-16 XWC 型旋转滤网外形及安装尺寸

3.1.2.6 ZG 型内进式鼓形格栅除污机

（1）适用范围：ZG 型内进式鼓形格栅除污机主要用于市政污水及工业废水处理工程中，去除水中的漂浮物，该机集截污、齿耙除渣、螺旋提升、压榨脱水四种功能于一体，是一种新型高效的格栅除污机。

（2）型号意义说明：

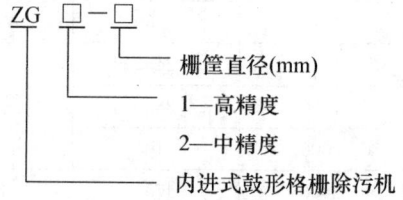

（3）工作原理：处理水中的漂浮物经栅筐过滤后截留于筐内、栅面上，随着截留污物量的增多，过滤面积逐渐减小，水头损失逐渐增大，当筐内外水位差达到设定值时，除污耙自动回转梳除栅渣，梳除的栅渣卸入栅筐中的集渣斗内，由斗底部的螺旋输送机提升，

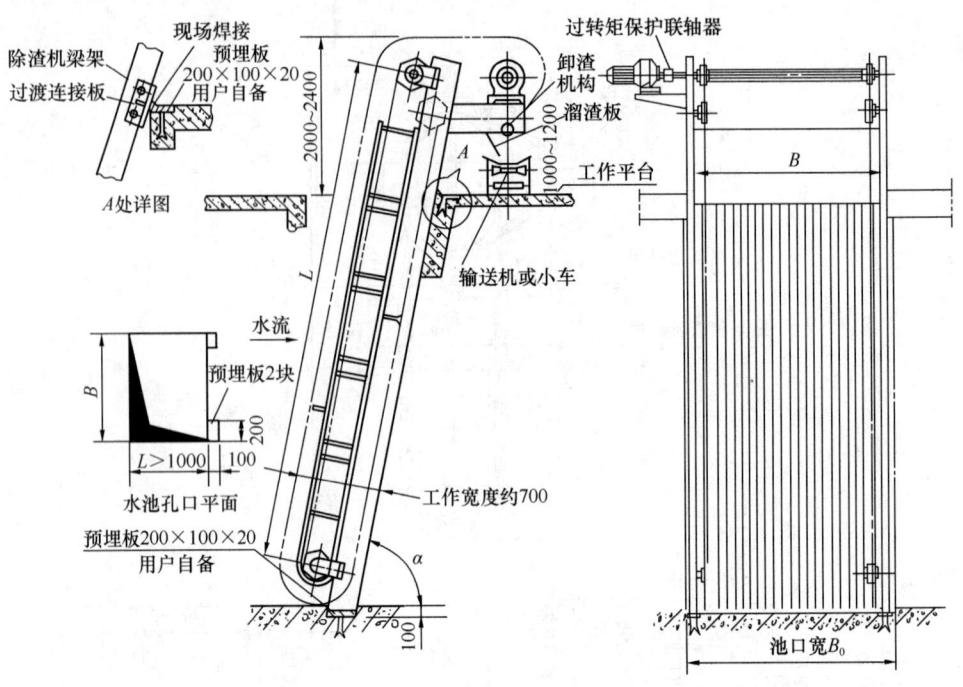

图 3-17   ZD-B 型垂直链条式除污机外形及安装尺寸

栅渣边上行边沥水，至顶端压榨段时挤压脱水，脱水后的固体含量可达 40% 左右，入贮渣容器中，外运处理。

（4）特点：清渣彻底，分离效率高。过滤面积大，水力损失小。集多种功能于一体，结构紧凑。全不锈钢结构，维护工作小。

（5）性能：ZG 型内进式鼓形格栅除污机性能见表 3-22 和表 3-23。

ZG₁型内进式鼓形格栅除污机性能   表 3-22

型　号	栅隙 （mm）	过水流量 （m³/h）	质量 （kg）	电机功率 （kW）	外形尺寸（mm）	
					L	D
ZG₁-600		125	680	1.1	6000	600
ZG₁-800		220	880			800
ZG₁-1000		370	980	1.5	7000	1000
ZG₁-1200		510	1080			1200
ZG₁-1400		730	1680		8000	1400
ZG₁-1600	0.2~5	1010	2150			1600
ZG₁-1800		1340	2450	2.2	9000	1800
ZG₁-2000		1600	3650			2000
ZG₁-2200		2000	4100		10000	2200
ZG₁-2400		2400	4750			2400
ZG₁-2600		3000	6250	3	11000	2600
ZG₁-3000		3700	9250			3000

注：过水流量为 2mm 栅隙时的过水量。表中质量为 5mm 栅隙时质量。

ZG₂型内进式鼓形格栅除污机性能　　　　表 3-23

型　号	栅隙 (mm)	过水流量 (m³/h)	质量 (kg)	电机功率 (kW)	外形尺寸（mm）			
					L	A	H	D
ZG₂-600	5	145	1125	1.5	3000～7000	2600～6100	2000～4200	600
	10	185						
ZG₂-800	5	290	1365		3500～7000	2600～6100	2000～4200	800
	10	380						
ZG₂-1000	5	500	1650		3500～7000	3200～6200	2700～4600	1000
	10	630						
ZG₂-1200	5	725	2000	2.2	3500～7000	3100～6200	2700～4600	1200
	10	930						
ZG₂-1400	5	1300	2630		4000～8000	4000～7200	3400～4900	1400
	10	1750						
ZG₂-1600	5	1830	2900	3	4500～8000	3900～7200	3400～4950	1600
	10	2200						
ZG₂-1800	5	2430	3150		4500～8000	4000～7200	3500～5250	1800
	10	2920						
ZG₂-2000	5	3400	4600	4	5000～9000	4400～8800	3800～6500	2000
	10	3850						
ZG₂-2200	5	4270	5100		5000～9000	4400～8800	3900～6600	2200
	10	4800						
ZG₂-2500	5	5350	5850	5.5	5500～9500	4800～9200	4400～6900	2500
	10	6030						

注：1. 并联机时过水流量按以上规格乘所并联的机数即可，"L"可根据需要加长；

　　2. 整机就位安装时用 M12 或 M16 的膨胀螺栓在沟渠侧面、上面固定即可，无需预埋件。

（6）外形尺寸：ZG 型内进式鼓形格栅除污机外形尺寸见图 3-18 和表 3-22、表 3-23。

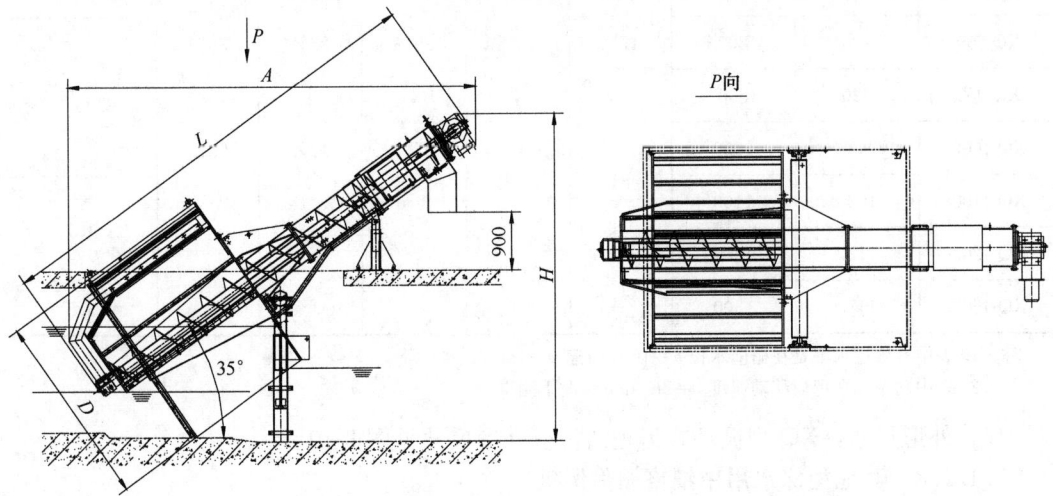

图 3-18　ZG 型内进式鼓形格栅除污机外形尺寸

3.1.2.7 XQ型循环式齿耙清污机

(1) 适用范围：XQ 型循环式齿耙清污机一般用在污水预处理的后续阶段，作细格栅用。

(2) 型号意义说明：

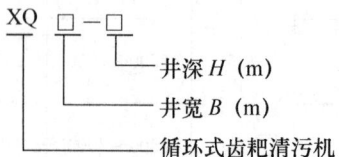

(3) 工作原理：利用一种特制的耙齿配成一组连续工作的旋转面，在电机驱动下耙齿转动，把液体中的固态物质清理出来，当耙齿转到设备的上部时，由于槽轮与弯轨的错向，使每次耙齿之内产生自净运动，大部分固体物质靠重力落下，另一部分依靠橡胶刷的反向运动，可以把粘在耙齿上的杂物洗刷干净，确保流体顺利通过。

(4) 特点：无栅条，诸多小齿耙互相联成一个硕大的旋转面，捞渣彻底；有过载保护装置，运行可靠；最小间隙可达 1mm，是典型的细格栅；齿耙强度高，有尼龙与不锈钢两种材质供选择。

(5) 性能：XQ 型循环式齿耙清污机性能见表 3-24。

XQ型循环式齿耙清污机性能　　　　　　　　表 3-24

参数 型号	设备净宽 B_1 (mm)	渠宽 B (mm)	有效过水率					功率（kW） 井深 1.5～7.5m
			栅隙					
			1mm	3mm	5mm	10mm	15mm	
XQ-400	350	400						0.37
XQ-500	450	500						
XQ-600	550	600	11%					0.55
XQ-700	620	700	↓					
XQ-800	720	800	17%	23%	29%	33%	35%	
XQ-900	820	900		↓	↓	↓	↓	0.76
XQ-1000	920	1000		34%	37%	42%	55%	
XQ-1100	1020	1100						1.1
XQ-1200	1120	1200						
XQ-1500	1420	1500						1.5

注：1. 表中有效过水率是在栅前水位 h=1m，流速 v=1m/s 的条件下；

　　2. 表中功率均在耙齿移动速度 v=2m/min 情况下测得。

(6) 外形尺寸：XQ 型循环式齿耙清污机外形尺寸见图 3-19。

3.1.2.8 其他型深水用中细格栅除污机

其他型深水用中细格栅除污机规格及外形尺寸见表 3-25。

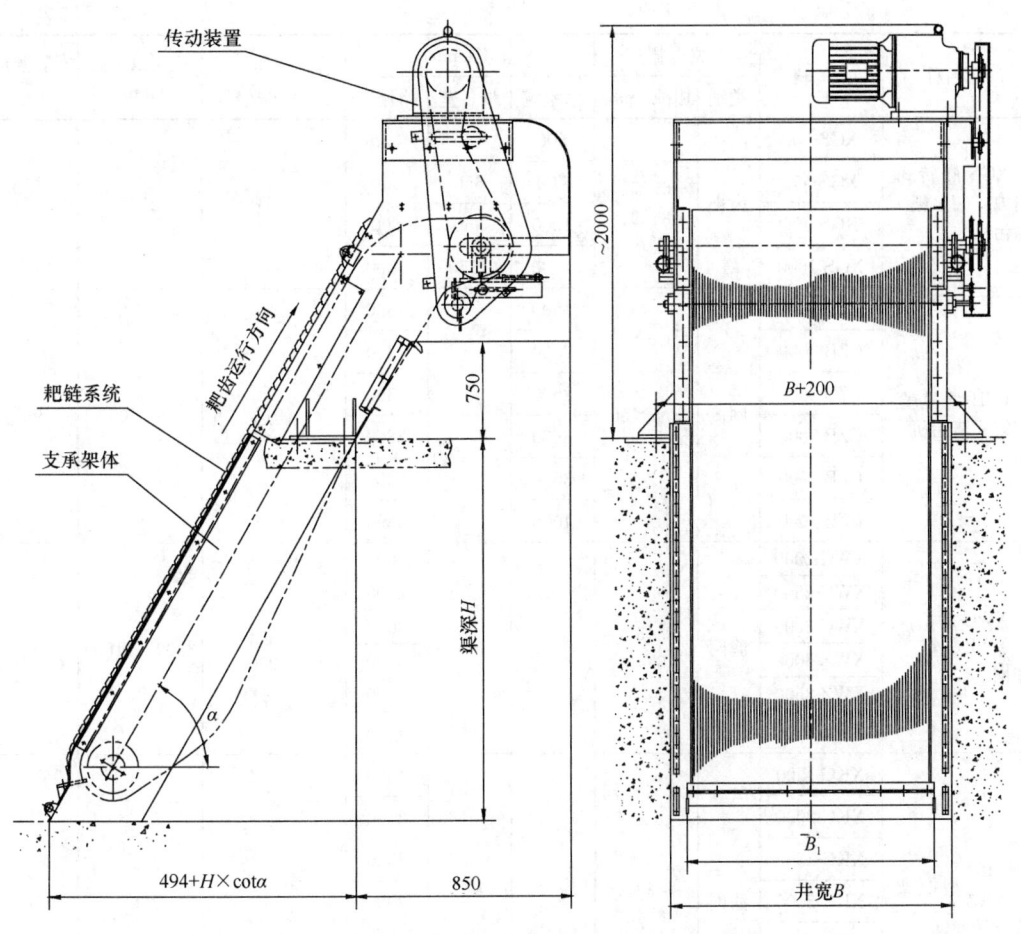

图 3-19 XQ 型循环式齿耙清污机外形尺寸

其他型深水用中细格栅除污机规格及外形尺寸　　　　表 3-25

产品名称	规　格	格　栅		宽度(mm)			井深 (mm)	地面以上高 (mm)	安装倾角 (°)
		类别	栅隙(mm)	水室宽	设备宽	格栅宽			
XQ 型循环式齿耙清污机	XQ-300	齿耙	1、3、5、10、15	335	300	—	2000、5000	1700	60
	XQ-400			435	400				
	XQ-500			535	500				
	XQ-600			635	600				
	XQ-700			735	700				
	XQ-800			835	800		2000、5000、7500		
	XQ-900			935	900				
	XQ-1000			1035	1000				
	XQ-1100			1135	1100				
	XQ-1200			1235	1200				
	XQ-1300			1740	1300				

产品名称	规 格	格 栅		宽度(mm)			井深 (mm)	地面以上高 (mm)	安装倾角 (°)
		类别	栅隙(mm)	水室宽	设备宽	格栅宽			
XGS 旋转式格栅（齿耙）除污机	XGS-300	齿耙	4、5、6、7、8、9、10	500	450	300	任选	2135	75
	XGS-500			700	650	500			
	XGS-800			1000	950	800			
	XGS-1000			1200	1150	1000			
CZB 型垂直网篦式清污机	CZB-1500	网篦	3.5×56	1500	—	1360	任选	~2700	90
	CZB-2000			2000		1860			
	CZB-2500			2500		2360			
	CZB-3000			3000		2860			
	CZB-3500			3500		3360			
	CZB-4000			4000		3860			
XWC 型旋转 XWZ 型旋转滤网	XWC-2000	滤网	6.43×6.43	—	—	2000	5000~30000	3800 (3100)	90
	XWC-2500					2500			
	XWC-3000					3000			
	XWZ-3000					3000			
	XWZ-3500					3500			
	XWZ-4000					4000			
XKC 型框架 XKZ 型框架式旋转滤网	XKC-1500	滤网	6.43×6.43	—	—	1500	5000~30000	3800	90
	XKC-2000					2000			
	XKC-2500					2500			
	XKC-3000					3000			
	XKZ-2000					2000			
	XKZ-2500					2500			
	XKZ-3000					3000			
XGC 型旋转格网	XGC-1600 ~3000	滤网	6.43×6.43	—	—	1600~3000	<30000	—	90

产品名称	规 格	清污装置	筛网运行速度 (m/min)	栅前后水位差 (mm)	电动机功率 (kW)	附加说明	生产厂
XQ 型循环式齿耙清污机	XQ-300	通过运行轨迹变化完成卸渣	—	—	0.37	有独特技术	江苏天雨环保集团有限公司
	XQ-400						
	XQ-500				0.55~1.5		
	XQ-600						
	XQ-700						
	XQ-800						
	XQ-900						
	XQ-1000						
	XQ-1100						
	XQ-1200						
	XQ-1300						

续表

产品名称	规 格	清污装置	筛网运行速度 (m/min)	栅前后水位差 (mm)	电动机功率 (kW)	附加说明	生产厂
XGS 旋转式格栅（齿耙）除污机	XGS-300	自动分离固液，正常运转时有自净力	2	—	0.4	有不锈钢网齿和非金属齿两种，其中不锈钢网齿可做成任何间隙	唐山清源环保机械（集团）公司
	XGS-500				0.75		
	XGS-800				0.75		
	XGS-1000				1.10		
CZB 垂直网篦式清污机	CZB-1500	弹性清污刷组、卸污刷组	—	不得大于 500	2.2	设备底部增加了弧形滤网及前置栏栅，便于底部积污的清除	云南电力修造厂
	CZB-2000						
	CZB-2500				5.5		
	CZB-3000						
	CZB-3500				7.5		
	CZB-4000						
XWC型旋转 XWZ 滤网	XWC-2000	喷嘴水力冲洗：水压0.3～0.4MPa 水量 70～230m³/h	3.75	启动允许最大 300 运行中最大 200	4.0	—	沈阳电力机械总厂
	XWC-2500				5.5		
	XWC-3000				5.5		
	XWZ-3000				4.0		
	XWZ-3500				4.0		
	XWZ-4000				5.5		
XKC型框架 XKZ型旋转滤网	XKC-1500	同上	3.75	设计水位差 600（轻型）、1000（中型）运行水位差小于 200（轻型）小于 300（中型）		—	
	XKC-2000						
	XKC-2500						
	XKC-3000						
	XKZ-2000						
	XKZ-2500						
	XKZ-3000						
XGC 型旋转格网	XGC-1600 ～3000	冲洗水压力 ＞0.2MPa	1～4	小于 200	4～4.5	—	江都市亚太环保设备制造总厂

3.1.3　浅水（或低水位）用格栅除污机

3.1.3.1　HGS型回转式弧形格栅除污机

（1）适用范围：HGS型回转式弧形格栅除污机适用于浅渠槽的拦污。属细格栅或中细格栅。

（2）结构与特点：HGS型回转式弧形格栅除污机由驱动装置、栅条组、传动轴、耙板、旋转耙臂、撇渣装置等组成。其耙齿可为金属型，也可制成尼龙刷。特点是转臂转动灵活，结构简单，安装维修方便，水下无传动件，使用寿命长。

（3）性能：HGS 型回转式弧形格栅除污机性能见表 3-26。

HGS 型回转式弧形格栅除污机性能　　　　　　　　表 3-26

型 号	格栅半径 （mm）	过栅流速 （m/s）	齿耙转速 （r/min）	栅条组宽 （mm）	电动机功率 （kW）	生 产 厂
HGS-1300	1300	0.9	2.14	1000	0.37	唐山清源环保设备厂、江苏亚太给排水成套设备公司、江苏天雨环保集团有限公司、南京制泵集团股份有限公司
HGS-1500	1500	1	2.14	1000	0.37	
HGS-1800	1800	1	2.14	1000	0.37	

（4）外形及安装尺寸：HGS-1300 型回转式弧形格栅除污机外形及安装尺寸见图 3-20 和图 3-21。

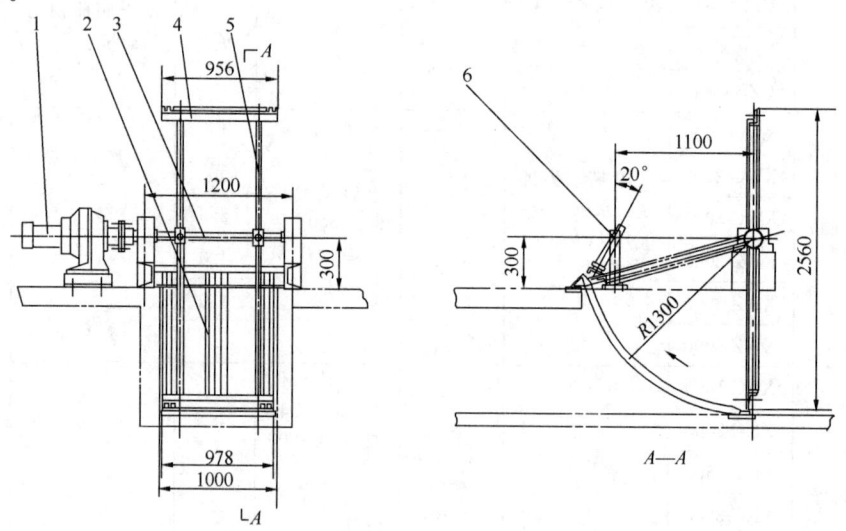

图 3-20　HGS-1300 型回转式弧形格栅除污机外形尺寸
1—驱动装置；2—栅条粗；3—传动轴；4—耙板；5—旋转耙臂；6—撇渣装置

3.1.3.2　HG 型转臂式弧形格栅除污机

（1）适用范围：HG 型转臂式弧形格栅除污机适用于浅渠槽中拦污。

（2）结构与特点：HG 型转臂式弧形格栅除污机结构见图 3-22。其特点与 HGS 型回转式弧形格栅除污机同。

（3）性能：HG 型转臂式弧形格栅除污机性能见表 3-27。

HG 型转臂式弧形格栅除污机性能　　　　　　　　表 3-27

渠宽 B（m）	1.0、1.2、1.35、1.5	1.75、2.0
电机功率（kW）	0.55	0.75
渠深 H（m）	1.45	1.60
栅条间距（mm）	25、35、45、50、60、75、100	
生产厂	江苏天雨环保集团有限公司、无锡通用机械厂	

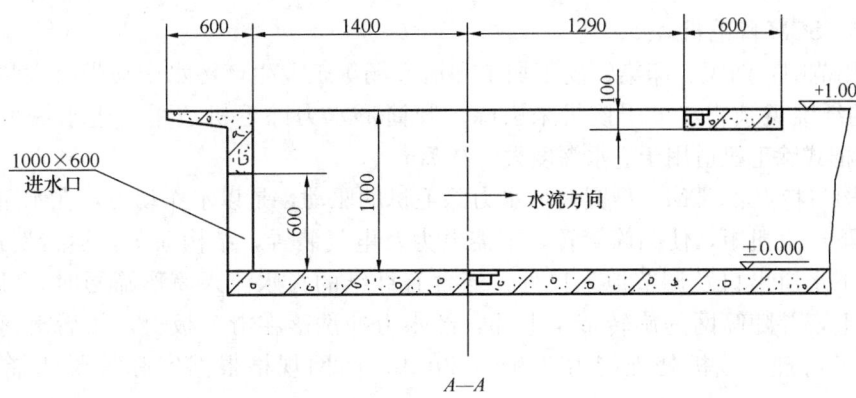

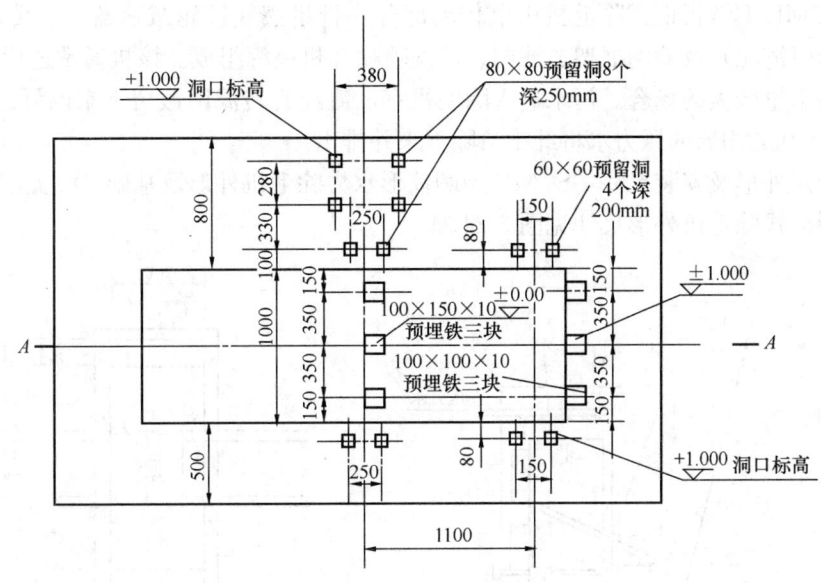

图 3-21 HGS-1300 型回转式弧形格栅除污机安装尺寸

（4）外形及安装尺寸：HG 型转臂式弧形格栅除污机外形及安装尺寸见图 3-22。

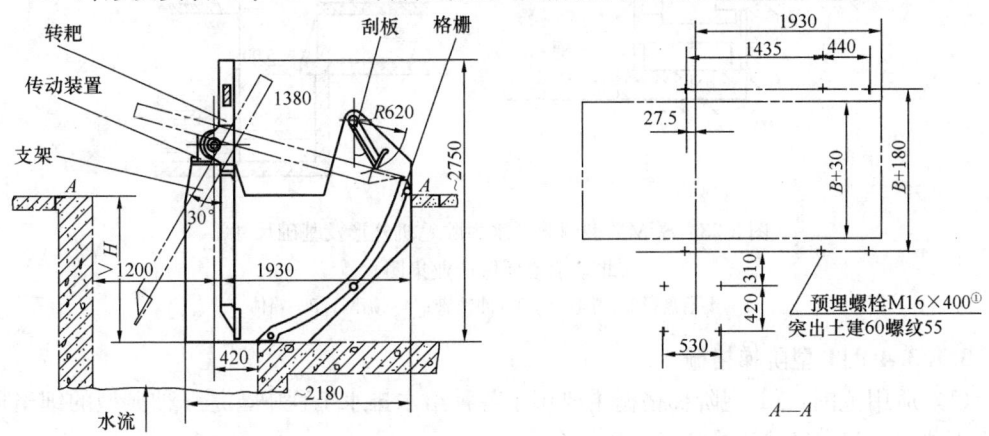

图 3-22 HG 型转臂式弧形格栅除污机外形及安装尺寸
①表示可用 150×150×12 预埋钢板或 100×100×150 预埋孔代替。

3.1.3.3　SCM 除毛机

(1) 适用范围：纺织、印染、皮革加工和屠宰场等工业生产污水中夹带有大量长约 4～200mm 的纤维类杂物，可用该机来去除。圆筒形水力除毛机适用于进水深度小于 0.7m，链板框式除毛机适用于进水深度大于 0.7m。

(2) 结构与特点：SCMY 型圆筒形水力除毛机的驱动，是以水作动力，在水重力和冲力的作用下产生扭矩，使圆筒旋转，不需电力及电气装置，结构简单，运行费用低。该机安装于下水道出口及调节池入口处，当含有纤维的污水流入筒形筛网时，纤维被截留在筛网上，并随筛网的旋转带至上部，经水力冲洗落在滑毛板上，然后滑落至集毛盘再由人工清理。该机处理能力 250～320t/h。筛网规格根据实际需要选择 15～80 目。

SCML 型链板框式除毛机由电传动部分（行星摆线针轮减速器、链传动副、板型链节、牵引链轮）及滤网框架、滤网、冲洗喷嘴和机座等组成。该机通常适用于污水管道较深、污水量较大的场合。污水进入除毛机室，流经旋转滤网截留下来的纤维被带至上部，用 0.1～0.2MPa 的压力水将纤维清除下来并排出。

(3) 外形及安装尺寸：SCMY 型圆筒形水力除毛机外形及基础尺寸见图 3-23，SCML 型链板框式除毛机外形尺寸见图 3-24。

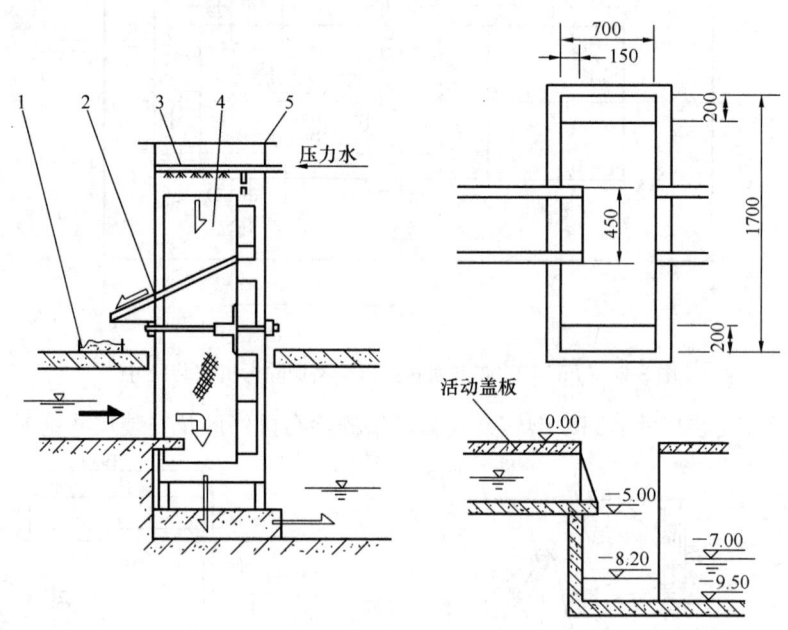

图 3-23　SCMY 型圆筒形水力除毛机外形及基础尺寸

(北京桑德环保产业集团)

1—集毛盘；2—滑毛板；3—冲洗管；4—筛网；5—箱体

3.1.3.4　JT 型阶梯格栅

(1) 适用范围：JT 型阶梯格栅主要用于各种给水排水工程中，是一种典型的细格栅，适用于井深较浅，宽度不大于 2m 的场合。

(2) 型号意义说明：

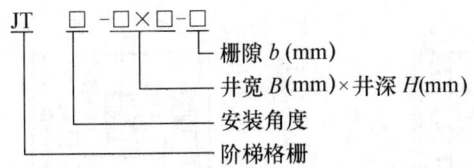

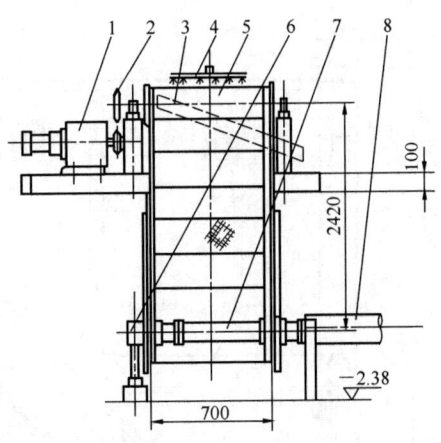

图 3-24　SCML 型链板框式除毛机外形尺寸
1—行星摆线针轮减速器；2—链传动副；3—垃圾斗；
4—潜污喷水管；5—旋转滤网装置；6—水下支
撑轴承；7—出水管；8—进水管

（3）结构与特点：JT 型阶梯格栅主要由减速机、动栅片、静栅片及偏心旋转机构等组成，偏心旋转机构在减速机的驱动下，使动栅片相对于静栅片作自动交替运动，从而使被拦截的漂浮物交替由动、静栅片承接，犹如上楼梯一般，逐步上移至卸料口，被清除出水中。该格栅采用独特的阶梯式清污原理，可避免杂物卡阻及缠绕；传动件均布于水面支架上，寿命长；采用液位或时间控制，实现自动工作；动、静栅片有多种材料可供选择，适用范围广。

（4）性能：JT 型阶梯格栅性能见表 3-28。

JT 型阶梯格栅性能　　　　　　　　　　　　　表 3-28

型号 参数	JT600	JT800	JT1000	JT1200	JT1400	JT1600	JT1800	JT2000	生产厂
井宽 B（mm）	600	800	1000	1200	1400	1600	1800	2000	江苏天雨环保集团有限公司
设备宽（mm）	540	740	940	1140	1340	1540	1740	1940	
电机功率（kW）	0.75		1.1		1.5		2.2		
栅条间隙（mm）	3、5、10、15、20								
安装角度 α	45°、50°、55°、60°								
井深（mm）	≤3000								
卸料高度（mm）	820								
导流槽长 L（mm）	$L \geqslant 800 + (H+850)\cot\alpha$								

（5）外形尺寸：JT 型阶梯格栅外形尺寸见图 3-25。

3.1.3.5　GLG 型高链式格栅除污机

（1）适用范围：GLG 型高链式格栅除污机一般作中、粗格栅使用。适用于栅前水深不超过 2m 的场合。

（2）型号意义说明：

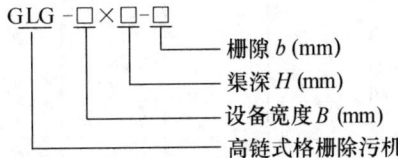

（3）结构与特点：GLG 型高链式格栅除污机主要由驱动装置、架体、除污耙及卸渣机构等组成。

齿耙上的三角形杆架结点与链条铰结，另一结点上的滚轮插入平行于栅条的槽钢导轨中，齿耙则固定在三角形杆架的底边上，当链条由顶部的驱动装置带动后（链轮顺时针转

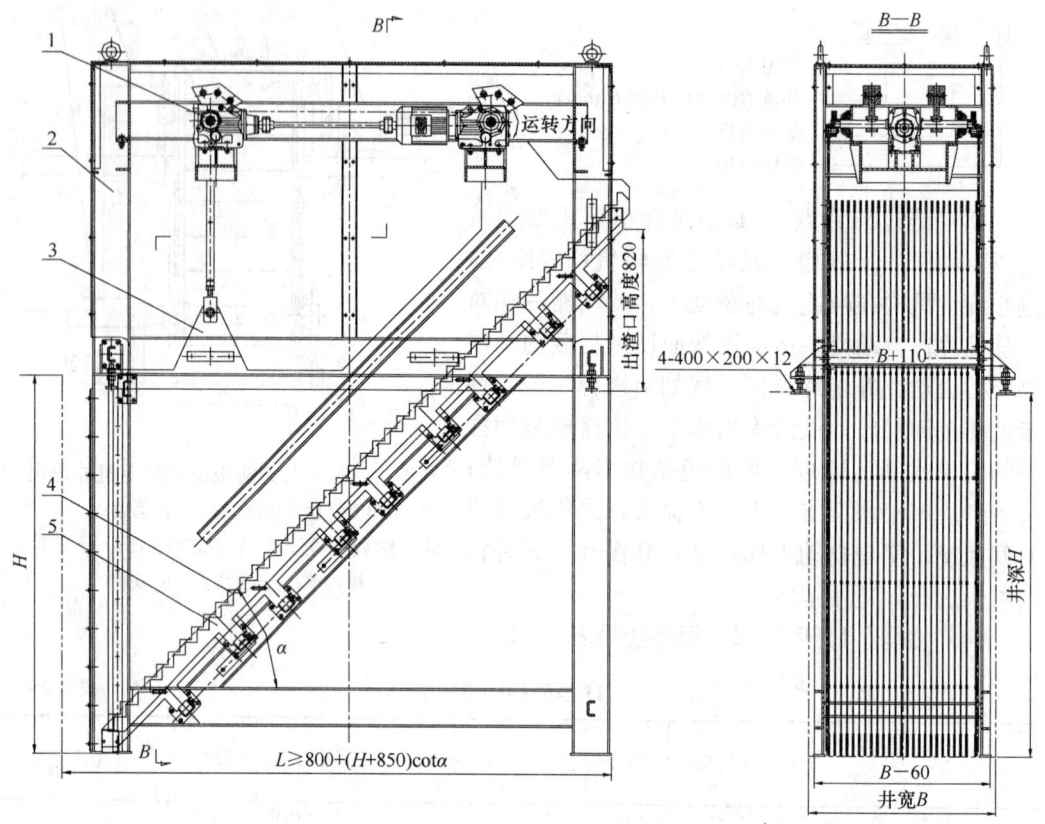

图 3-25　JT 型阶梯格栅外形尺寸

1—驱动装置；2—机架总成；3—连动板组合装置；4—动栅组；5—静栅组

动），齿耙架受链条和导轨的约束作平面运动，在链条运行一周内完成齿耙闭合取渣、输渣和张开换位循环动作；当齿耙上行，齿耙触及顶部的卸渣板时，在两者相对运动的作用下，将渣撒出经导渣板卸至渣桶内或输送机中。构造简单，工作可靠；水下无运转部件，使用寿命长，易于维护。

（4）性能：GLG 型高链式格栅除污机性能见表 3-29。

GLG 型高链式格栅除污机性能　　　　　　　表 3-29

型　号	设备宽度 B (mm)	渠深 H (mm)	栅隙 b (mm)	行走速度 (m/min)	安装角度 α	卸料高度 (mm)	功率 (kW)	生产厂
GLG980	980		20~50				0.75	
GLG1100	1100							
GLG1220	1220							
GLG1340	1340							
GLG1460	1460	700~2000		4.5	75°	800	1.1	江苏天雨环保集团有限公司
GLG1580	1580							
GLG1700	1700							
GLG1820	1820		20~60				1.5	
GLG1940	1940							
GLG2060	2060							
GLG2400	2400						2.2	

（5）外形尺寸：GLG 型高链式格栅除污机外形尺寸见图 3-26。

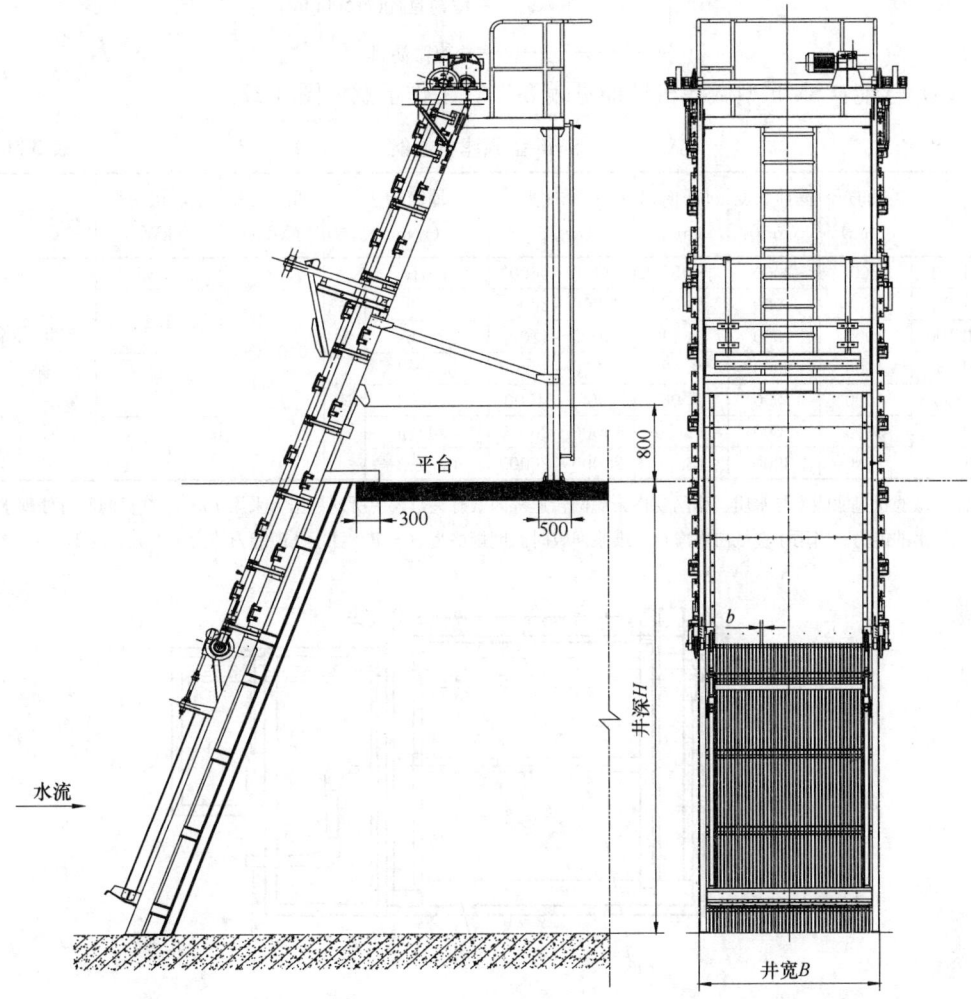

图 3-26　GLG 型高链式格栅除污机外形尺寸

3.1.4　格栅过滤机

3.1.4.1　SMF 型微滤机

（1）适用范围：SMF 型微滤机是一种简单的机械过滤设备。适用于把液体中存在的微小悬浮物（主要是浮游植物、动物、无机和有机物残渣等）最大限度地分离出去，达到液体净化或回收有用物质的目的。微滤采用的过滤材质为不锈钢丝网或化纤网，孔径小、薄、阻力低，流速高且截污能力强，是较好的水净化和回用设备。该机可用于自来水厂的原水过滤（如除藻）、发电厂、化工厂、肉联厂、纺织印染厂、造纸厂等各种工业用水过滤、循环冷却水过滤和废水净化、污水处理等。造纸厂利用微滤机回收白液中的纸浆（纤维）效果尤其显著。

（2）型号意义说明：

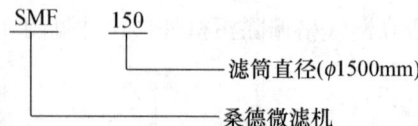

```
SMF    150
              ——— 滤筒直径(φ1500mm)
       ——————————— 桑德微滤机
```

（3）性能：SMF 型微滤机性能见表 3-30，工作示意见图 3-27。

SMF 型微滤机性能　　　　　　　　　　　　　　　　　　　　　表 3-30

型号	滤筒直径 (mm)	滤筒长度 (mm)	过滤面积 (m²)	过滤能力 (m³/d)	滤筒转速 (r/min)	冲洗压力 (MPa)	电动机功率 (kW)	生产厂
SMF50	500	1000	1.57	1400~1600	5~10			0.85	
SMF75	750	1000	2.36	2000~2600	2~6			1.1	
SMF100	1000	1000	3.14	4000~4200	2~6	无级调速	0.098~0.196		北京桑德环保产业集团
SMF150	1500	2000	9.42	12000~15000	0.4~4			2.2/3	
SMF150A	1500	1500	7.06	9000~11000	0.4~4				
SMF200	2000	2000	12.56	15000~20000	0.4~4			7.5	
SMF200A	2000	3000	18.85	20000~26000	0.3~3				

注：微滤机过滤能力与水质、滤网规格、滤网转速等因素有关，表中所列数据为采用 700×100 目滤网时处理水库原水的能力。当用于造纸白水净化、纸浆回收时滤网规格为 50~100 目，处理能力约为表中数据的 1/4~1/5。

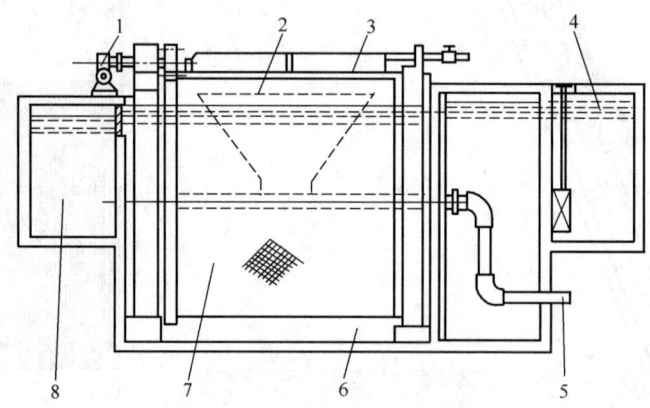

图 3-27　SMF 型微滤机工作示意
1—驱动装置；2—废水（回收）斗；3—冲洗装置；4—进水槽；
5—废水排放（回收）管；6—滤池；7—微滤机；8—出水槽

（4）订货须知：为了合理选用微滤机型号、滤网规格，确保微滤工程的设计质量和使用效果，请用户在订购微滤机时，尽可能提供下述情况：

给 水 处 理	废 水 处 理	白水净化与纸浆回收
1. 水源（江河、湖泊、水库等） 2. 流量（最大、最小、平均） 3. 原水水质： （1）悬浮物的种类、特征和含量 （2）浊度 （3）pH 值 （4）水质化学分析（可能的话） 4. 现场及水力条件	1. 污水水源（预处理情况） 2. 流量（最大、最小、平均） 3. 微滤前的污水水质： （1）悬浮物的种类、特征和含量 （2）BOD、COD （3）pH 值 （4）水质化学分析 4. 希望的微滤效果 5. 现场及配套工程	1. 白水排放量 2. 白水水质： （1）纸纤维的种类、特征和含量 （2）BOD、COD （3）pH 值 （4）水质化学分析 3. 希望的处理效果（水质要求、回收率等） 4. 工厂概况及现场情况

3.1.4.2　GL 型格栅过滤机

（1）适用范围：GL 型格栅过滤机适用于去除污水中细小纤维和固体颗粒以及其他液体中固体物的分离，去除粒径在 0.4mm 以上。

（2）结构与特点：GL 型格栅过滤机结构简单，安装使用方便，可根据不同使用要求，轻易更换不同间隙尺寸的格栅网。

（3）性能：GL 型格栅过滤机性能见表 3-31。

GL 型格栅过滤机性能及外形尺寸　　　　　表 3-31

型　号	最大处理水量 (m³/h)	有效过滤面积 (m²)	A (mm)	B (mm)	C (mm)	进水管根数×直径 (mm)	出水管直径 (mm)	贮物槽出水管直径 (mm)	外形尺寸 (长×宽×高) (mm)	质量 (kg)	生产厂
GL-50	50	2.8	1600	560	1600	150	200	100	2350×2000 ×2150	630	唐山清源环保机械（集团）公司
GL-75	75	3.6	1600	630	2100	2×125	2×125	100	2350×2550 ×2300	1400	
GL-90	90	4.4	1600	720	2790	3×125	3×250	150	2350×3100 ×2410	2115	

（4）外形及安装尺寸：GL 型格栅过滤机外形尺寸见图 3-28 和表 3-31，安装尺寸见图 3-29。

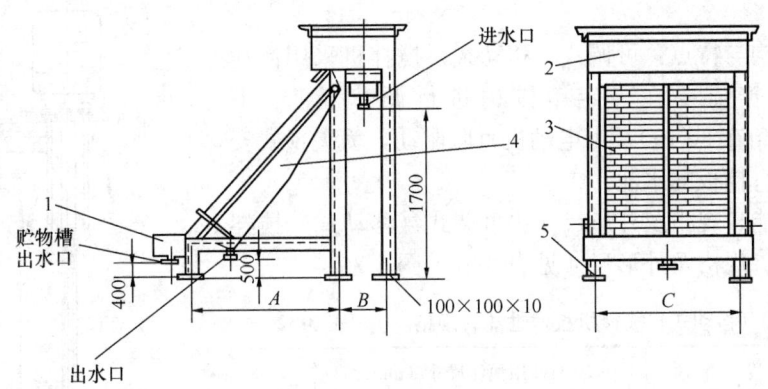

图 3-28　GL 型格栅过滤机外形尺寸

1—贮物槽；2—水箱；3—格栅网；4—水斗；5—支架

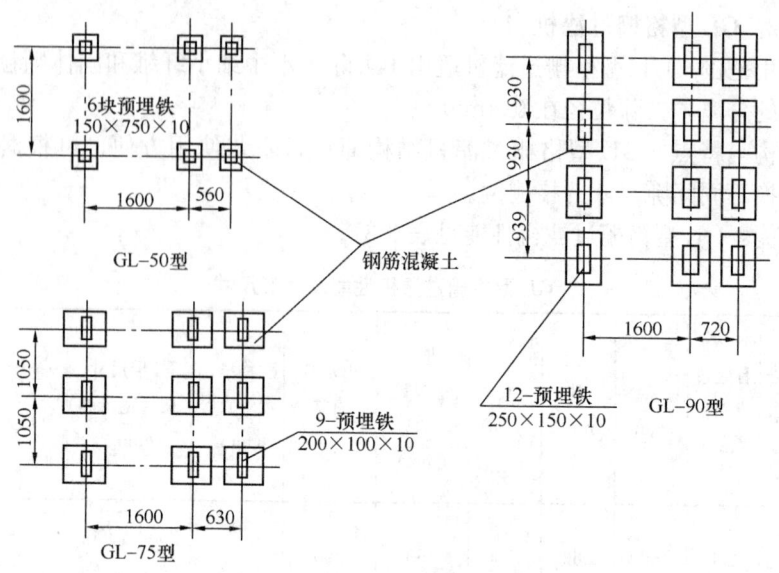

图 3-29 GL 型格栅过滤机安装尺寸

3.2 搅 拌 设 备

3.2.1 混合搅拌设备

3.2.1.1 可调式（移动式）搅拌机

（1）适用范围：可调式（移动式）搅拌机主要用于各种混凝剂、消毒剂的溶解、混合搅拌。

（2）结构与特点：可调式（移动式）搅拌机采用活动支架，可根据需要在一定范围内进行调节（上、下100mm，倾角在30°内），由电动机直联驱动，为夹壁式安装，适用于有挡板的水池。

（3）性能、规格及外形尺寸：可调式（移动式）搅拌机技术性能、规格及外形尺寸见表 3-32、图 3-30。

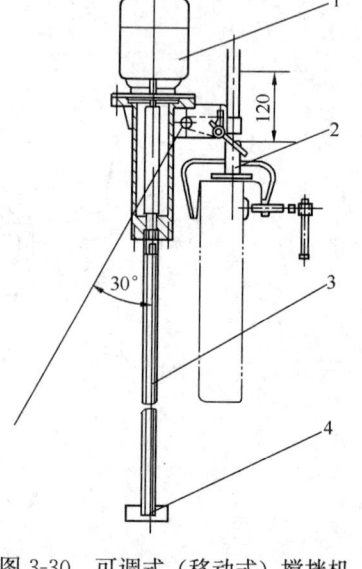

图 3-30 可调式（移动式）搅拌机
1—电动机；2—活动支架；
3—搅拌轴；4—桨叶

可调式（移动式）搅拌机技术性能、规格   表 3-32

型号	桨板长度 (mm)	转速 (r/min)	功率 (kW)	适用池体尺寸 (mm) （水深 1100）		生产厂
YJ-105	105	1420	0.55	方池	800×800	江苏天雨环保集团有限公司
				圆池	800	
TJB	—	910	0.75	方池	1200×1200	
				圆池	1200	

注：生产厂还有：唐山清源环保机械（集团）公司、唐山通用环保机械有限公司。

3.2.1.2 ZJ 型折桨式搅拌机

(1) 适用范围：ZJ 型折桨式搅拌机其功能同可调式（移动式）搅拌机，区别是桨叶形状不同，转速不一，主要用于较大型水池，适用于无挡板水池。

(2) 性能及外形尺寸：ZJ 型折桨式搅拌机技术性能及外形尺寸见表 3-33 和图 3-31。

ZJ 型折桨式搅拌机技术性能及外形尺寸 　　　　　表 3-33

型号	功率(kW)	池形尺寸（mm）		桨叶底距池底高 E（mm）	转速（r/min）	生产厂
		A×B	H			
ZJ-470	1.1	800×800	800	130	130	江苏天雨环保集团有限公司
		1000×1000	1100	180		
	2.2	1200×1200		180		
		1400×1400	1300	230		
ZJ-700	3	1500×1500	1500	250	85	
		1600×1600		300		
	4	2000×2000	2000	300		
	5.5	2400×2400	2500	300		

注：生产厂还有：唐山市通用环保机械有限公司。

3.2.1.3 涡流式聚丙烯酰胺搅拌罐

(1) 适用范围：涡流式聚丙烯酰胺搅拌罐适用于聚丙烯酰胺或与之相类似的黏度大的固体或液体药剂的搅拌。

(2) 结构与特点：涡流式聚丙烯酰胺搅拌罐由动力传动装置和罐体两部分组成。动力传动装置由电动机（或可调速电动机）、斜齿轮减速器、传动轴、叶轮等构成。罐体由盛药罐、导流板、导流筒、支脚、进出接口等构成。电动机通过斜齿轮减速器将动力传至传动轴，并带动叶轮旋转，在导流筒、导流板的配合下，使液体在罐内产生立体涡流（指轴向和径向的复合方向上的涡流），从而保证了药剂和水的充分混合，或使聚丙烯酰胺高分子长链变为絮凝效果最佳的分子链。

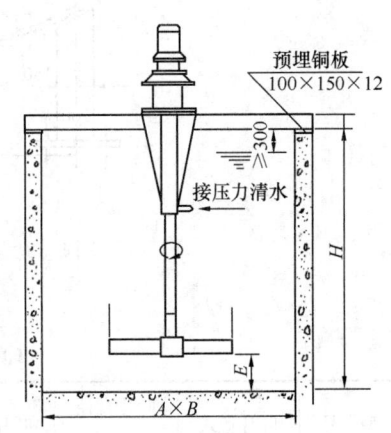

图 3-31 ZJ 型折桨式搅拌机外形尺寸

(3) 性能及外形尺寸：涡流式聚丙烯酰胺搅拌罐容积 5m³，直径 2000mm，电动机功率 17kW，转速 1450r/min；搅拌转速 400r/min。其外形尺寸见图 3-32。

3.2.1.4 LJB 型推进式搅拌机

(1) 适用范围：LJB 型推进式搅拌机适用于各种混合池和反应池的搅拌与混合，常用于深水搅拌。

(2) 性能及外形尺寸：LJB 型推进式搅拌机技术性能见表 3-34，外形尺寸见图 3-33。

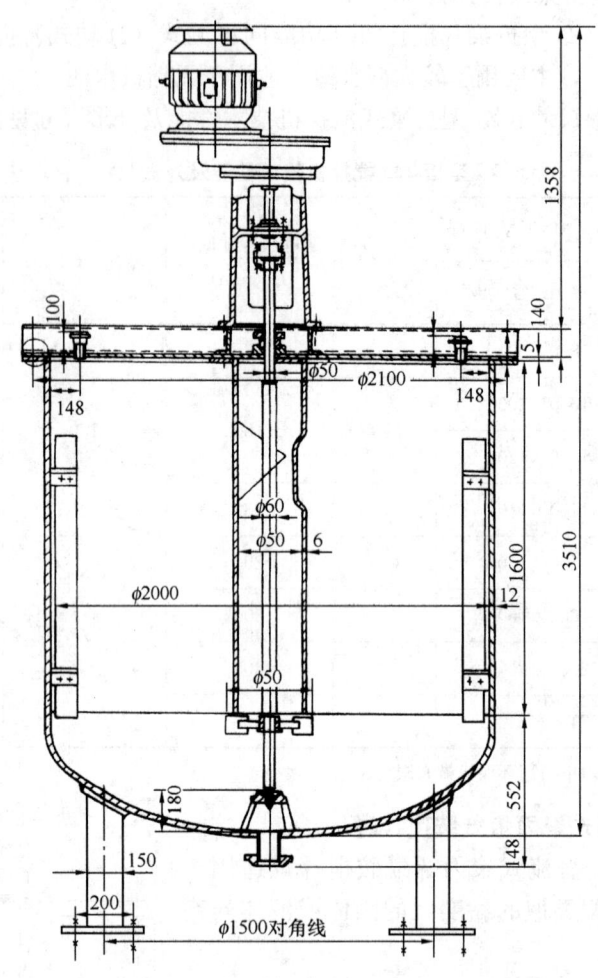

图 3-32 涡流式聚丙烯酰胺搅拌罐外形尺寸

（江都市亚太环保设备制造总厂）

LJB 型推进式搅拌机技术性能   表 3-34

型 号	叶片形式	叶片直径 （mm）	叶片片数	转速 （r/min）	功率 （kW）	生 产 厂
LJB	螺旋桨	1200	3	134	11	河南禹王水工机械有限公司（原河南省商城县水利机械厂）、唐山清源环保机械（集团）公司

3.2.1.5 JB 型搅拌机

（1）适用范围：主要用于大、中型水厂或污水处理厂中混凝剂等药剂的溶解，在池内或容器内各种相对密度的有机或无机液相的搅拌混合。

平直叶水流特性为径向流，一般适用于普通溶液混合，通常池内设置挡流板，且池深不深的场合。

折桨式既具有径向流，也具有环向流特性，一般用于水深较深的场合，通常也要设置挡流板。

推进式水流特性为轴流型，适用于池深很深的场合，并一般设置导流筒配套使用。

JB 型搅拌机也可用于污泥消化阶段。

(2) 型号意义说明：

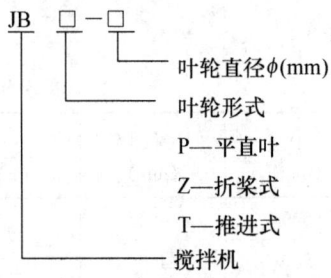

(3) 特点：桨叶形状适应水体所需流态，能适应水量的变化；搅拌机系列全，能适应各种药剂的溶解或混合；材质及防腐可针对水质选用。

(4) 性能：JB 型搅拌机性能见表 3-35。

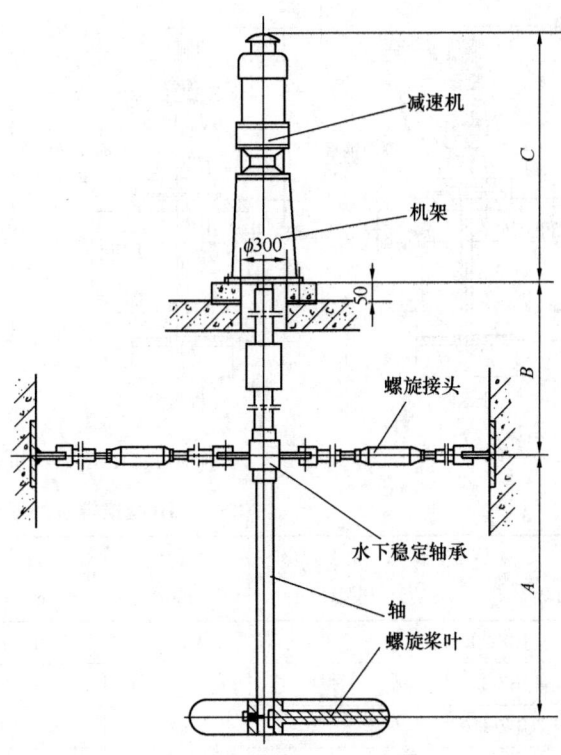

图 3-33 LJB 型推进式搅拌机外形尺寸

注：A、B 尺寸视池体深度而定；C 尺寸由电动机和减速机型号而定。

JB 型搅拌机性能 表 3-35

型号 \ 参数	搅拌器外缘线速度（m/s）	搅拌功率（kW）	转速（r/min）	混合时间（s）	适用容积（m³）
JBZ-200		0.75	125		～10
JBZ-350		0.75	125		
JBZ-470		1.5	125		
JBZ-700		3.0	84		～40
JBZ-800	1.0～5.0	3.0	84		
JBZ-1000		4.0	84		～60
JBZ-1200		4.0	84	10～30	
JBZ-1800		4.0	65		～100
JBZ-2600		7.5	17		
JBT-300		2.2	136		～10
JBT-500	3～15	3.0	136		～22
JBT-700		5.5	136		55

(5) 外形尺寸：JB 型搅拌机外形尺寸见图 3-34 和表 3-36。

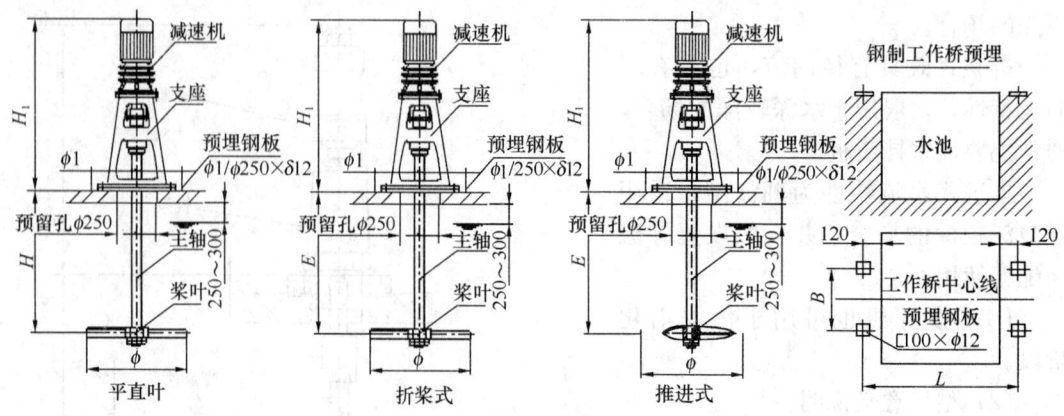

图 3-34   JB 型搅拌机外形尺寸

JB 型搅拌机外形尺寸   表 3-36

参数 型号	叶轮直径 ϕ（mm）	H （mm）	H_1 （mm）	B （mm）	Φ_1 （mm）	L （mm）
JBZ-200	200		～1017	500	460	
JBZ-350	350		～1032	500	460	
JBZ-470	470		～1119	500	460	
JBZ-700	700	1300～2400 （每 200 一档）	～1216	550	500	
JBZ-800	800		～1216	550	500	
JBZ-1000	1000		～1216	550	500	
JBZ-1200	1200		～1195	550	500	用户自定
JBZ-1800	1800		～1275	600	550	
JBZ-2600	2600	请联系厂家索要详细资料				
JBT-300	300	1800～3000 （每 200 一档）	～1166	500	560	
JBT-500	500		～1216	550	500	
JBT-700	700		～1216	550	550	

3.2.2   反应搅拌设备

3.2.2.1   SJB 型双桨搅拌机

（1）适用范围：SJB 型双桨搅拌机适用于较深罐体的药剂搅拌或絮凝反应搅拌。

（2）性能及外形尺寸：SJB 型双桨搅拌机性能及外形尺寸见表 3-37 和图 3-35。

SJB 型双桨搅拌机性能   表 3-37

型　　号	减速机型号	功率（kW）	搅拌桨转速 （r/min）	外形尺寸 （长×宽×高）（mm）	质量（kg）	生产厂
SJBⅠ	BLD0.75-2-71	0.75	20.2	1400×910×4940	544	唐山清源环 保机械（集 团）公司
SJBⅡ	XLED0.37-63	0.37	8	1400×910×5200	754	
SJBⅢ	XLED0.37-63	0.37	3.9	1400×910×5200	754	

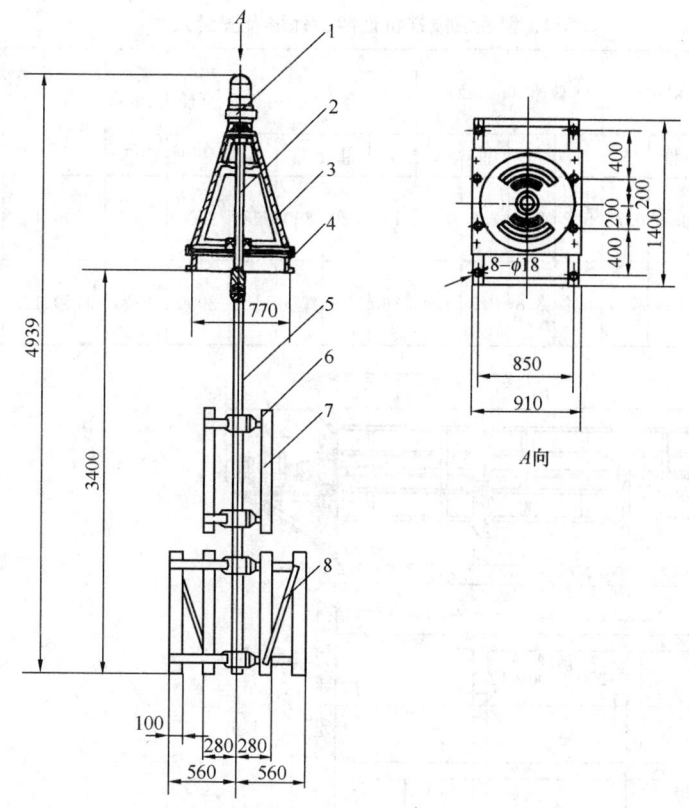

图 3-35 SJB 型双桨搅拌机外形尺寸

1—行星摆线针轮减速机；2—上端轴；3—机座；4—架子；

5—下端轴；6—架铁；7—桨板；8—撑铁

3.2.2.2 WFJ、LFJ 型反应搅拌机

（1）适用范围：WFJ、LFJ 型反应搅拌机适用于给水排水工艺混凝过程的反应阶段。

（2）型号意义说明：

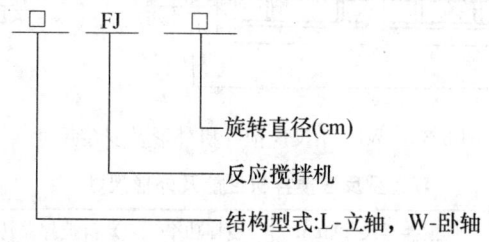

（3）结构与特点：WFJ（卧式）和 LFJ（立式）型反应搅拌机均采用多档转速，使反应过程中各阶段具有所需要的搅拌强度，以适应水质水量的变化。

（4）性能、外形及安装尺寸：

1）WFJ 型反应搅拌机性能、外形及安装尺寸见表 3-38 和图 3-36。

2）LFJ 型反应搅拌机性能、外形及安装尺寸见表 3-39 和图 3-37。

WFJ 型反应搅拌机性能、外形及安装尺寸　　　　表 3-38

参数 型号	功率（kW）				转速（r/min）				L_1				桨叶 直径 D (mm)	桨板 长度 L_2 (mm)	H_1 (mm)	反应池尺寸 (m)			生产厂
	I	II	III	IV	I	II	III	IV	I	II	III	IV				L	H	B	
WFJ-290	4	1.5	0.75	0.75	5.2	3.8	2.5	1.8	1130	930	890	890	2900	3500	1700	11.8	4.3	3	江苏天 雨环保集 团 有 限 公司
WFJ-300	7.5	3	1.5	1.5	5.2	3.8	2.5	1.8	1360	1100	1060	1150	3000	4000	1750	13.5	4.2	3.6	

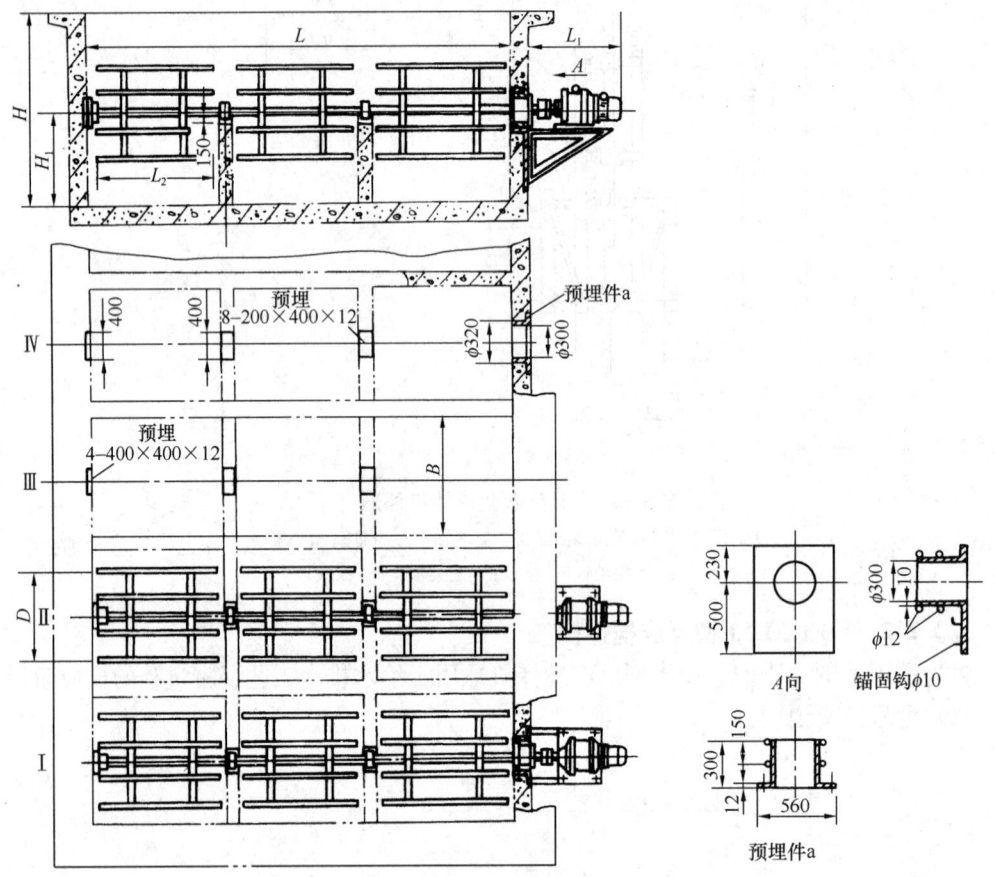

图 3-36　WFJ 型反应搅拌机外形及安装尺寸

LFJ 型反应搅拌机性能及外形尺寸　　　　表 3-39

参数 型号规格	池子尺寸(m) （长×宽） $A×B$	搅拌器尺寸(mm)				搅拌功率(kW)			搅拌器转速(r/min)			生产厂
		H	D	h_0	h_1	I	II	III	I	II	III	
LFJ-170	2.2×2.2	3.4	1700	2600	400	0.75	0.37	0.37	8	5.2	3.9	江苏天雨环保 集团有限公司
LFJ-280	3.25×3.25	4.0	2800	3500	350	0.75	0.37	0.37	5.2	3.9	3.2	
LJF-300	3.5×3.5	3.55	3000	2200	550	0.37	0.25	0.18	3.9	2.5	1.8	
LFJ-350	4.3×4.3	3.4	3500	1200	550	1.1	0.75	0.55	3.9	2.5	1.5	
	4.7×4.7	4	3500	1400	550	1.1	0.75	0.55	3.9	3.2	2.5	

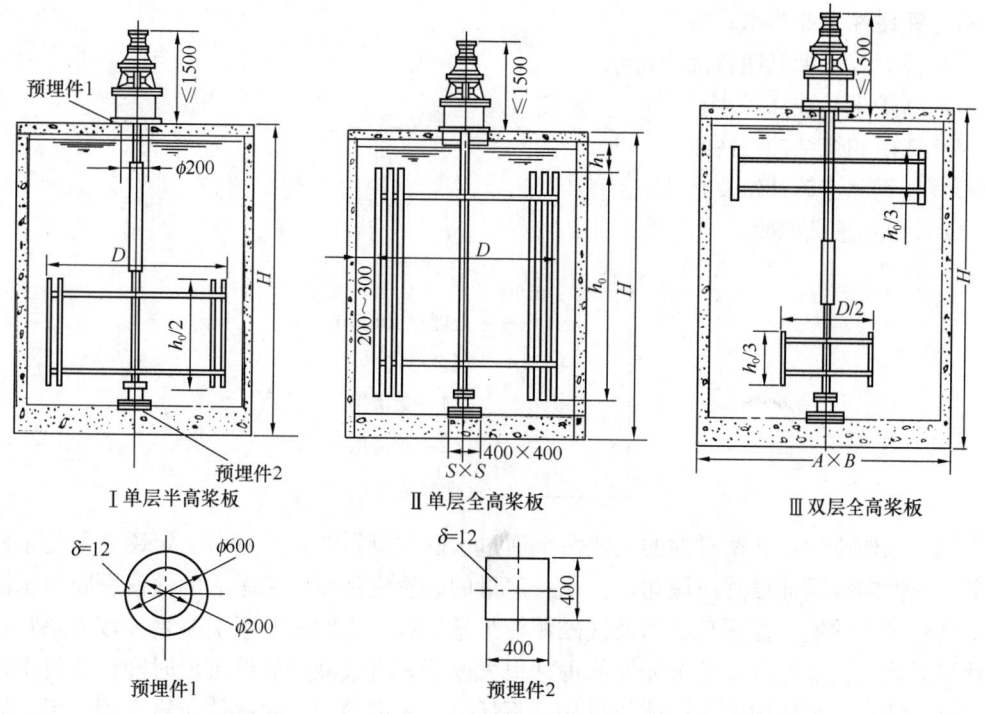

图 3-37　LFJ 型反应搅拌机外形及安装尺寸

3.2.2.3　JBRC 型溶药储药搅拌机

（1）适用范围：JBRC 型溶药储药搅拌机主要应用于各行业中药剂的稀释、溶解、混合与反应。该设备将搅拌及储存集于一体，更加有利方便，为较理想的污水处理设备。

（2）性能：JBRC 型溶药储药搅拌机性能见表 3-40。

（3）外形尺寸：JBRC 型溶药储药搅拌机外形示意见图 3-38。

JBRC 型溶药储药搅拌机性能　　　**表 3-40**

型号　　　参数	溶药体积 V_1（m^3）	储药体积 V_2（m^3）	电机功率（kW）
JBRC-0.4×1.0	0.4	1.0	0.37
JBRC-0.6×1.5	0.6	1.5	0.55
JBRC-0.8×1.8	0.8	1.8	0.55
JBRC-1.0×2.5	1.0	2.5	0.75
JBRC-1.5×3.5	1.5	3.5	0.75

注：该搅拌机其溶药、储药体积可根据用户要求设计。

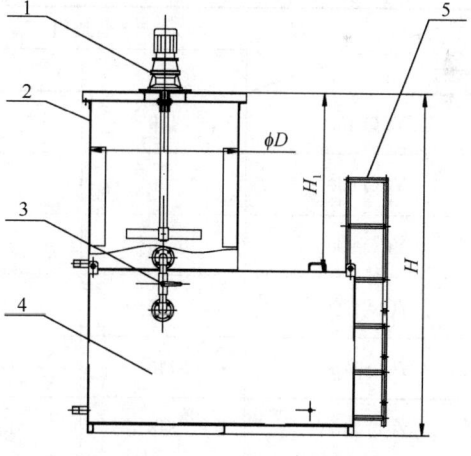

图 3-38　JBRC 型溶药储药搅拌机外形示意
1—搅拌装置；2—溶药罐体；3—联结管件；
4—储药装置；5—爬梯
江苏天雨环保集团有限公司

3.2.2.4　YCQ 型永磁絮凝器

（1）适用范围：永磁絮凝器是开发的新产品（专利号：ZL94－247896），适用于以下水的絮凝处理：

1) 铁磁性工业污水；

2) 转炉炼钢烟气净化除尘污水；

3) 高炉煤气洗涤污水；

4) 选矿和烧结冲洗污水；

5) 轧钢和连铸冲铁皮污水。

(2) 型号意义说明：

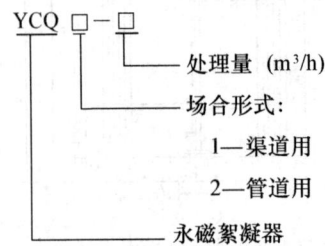

(3) 工作原理：含铁磁性的工业污水通过永磁絮凝器时，与具有一定磁通量的永磁场正交，磁性颗粒随即被感应磁化，蓄积一定量的磁感应强度，磁曝后的铁磁颗粒被水流带走，具有剩磁的铁磁性颗粒之间及铁磁颗粒与悬浮粒子之间相互吸引凝聚成较大颗粒，进入后续沉淀池会加速沉淀，沉淀性能得到很大改善，有效减少后续沉淀时间，节省费用。

(4) 特点：采用固定永磁体作材料，不耗电，无需冷却；永磁体布置合理，无附属设备；可直接安装于管道或渠道上，占地面积小，维护方便；有效节省后续加药沉淀的药剂（约 25%）；大大加速带磁性悬浮物的沉降速度。

(5) 外形尺寸：YCQ 型永磁絮凝器外形尺寸见表 3-41 和图 3-39。

YCQ 型永磁絮凝器外形尺寸   表 3-41

尺寸 型号	管道用		渠道用		
	Φ	L	L	B	H
YCQ-400	430	972	560	300	400
YCQ-600	470	972	740	380	400
YCQ-900	580	972	900	460	475
YCQ-1200	630	1572	900	540	625
YCQ-1700	740	1722	1060	640	720
YCQ-2100	810	1872	1150	640	800
YCQ-2400	850	1872	1180	640	870
YCQ-2700	900	2022	1340	740	890
YCQ-3000	940	2022	1430	820	890
YCQ-3400	990	2022	1600	900	890

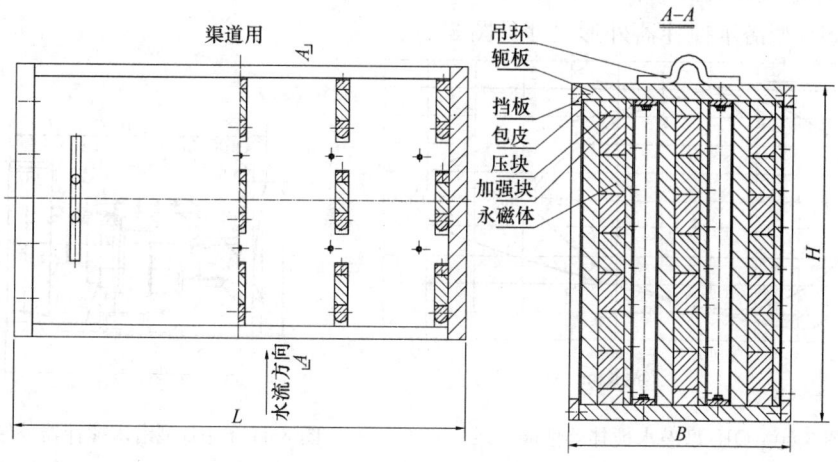

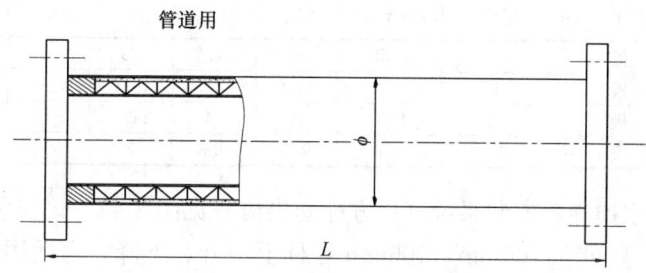

图 3-39 YCQ 型永磁絮凝器外形尺寸

3.2.3 潜水搅拌推流器

3.2.3.1 QJB 型潜水搅拌器

（1）适用范围：QJB 型潜水搅拌器适用于搅拌各种悬浮物的污水、稀泥浆、冰花、工业加工工艺过程中产生或排出的液体、粪肥液等；亦可用以在池中创建水流，开辟水道，养鱼和预防结冰。液体温度最高为 40℃，密度为 1150kg/m³，pH＝6～9，潜入深度最大为 10m。搅拌器必须始终完全浸在水中工作。

（2）型号意义说明：

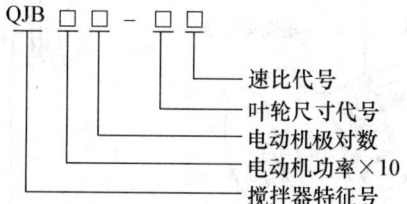

（3）结构与特点：QJB 型潜水搅拌器由电动机、齿轮变速机构、轴承、油室及叶轮等组成。其设计结构与潜水泵相同。

（4）性能：QJB 型潜水搅拌器的性能曲线见图 3-40，电动机性能见表 3-42。

(5) 外形及安装尺寸:

1) QJB型潜水搅拌器外形尺寸见图3-41。

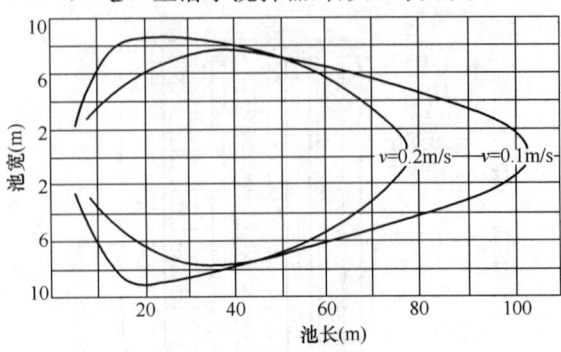

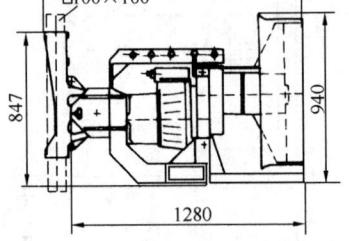

图 3-40 QJB型潜水搅拌器性能曲线   图 3-41 QJB型潜水搅拌器外形尺寸

QJB型潜水搅拌器电动机性能   表 3-42

型 号	50Hz 3相	额定功率 (kW)	转速 (r/min)	额定电流（A）			质量 (kg)	生产厂
				38V	415V	500V		
QJB150/4-F$_3$	4 极	15	1450	30	27.7	23	—	南京制泵集团股份有限公司、安徽中联环保设备有限公司
QJB110/6-F$_3$	6 极	11	950	24.6	22.5	18.7	—	
QJB75/4-F$_5$	4 极	7.5	1450	15	14	11.7	—	
QJB40/6-F$_5$	6 极	4	950	9.4	8.6	7	—	

2) QJB型潜水搅拌器安装系统（厂方配套供应）见图3-42，该安装方式可使搅拌器在水平方向转动，且可在100mm×100mm导杆上上升、下降。它适用于不太深的水池，如果水较深，则要在导杆的中间加装导杆支撑座。

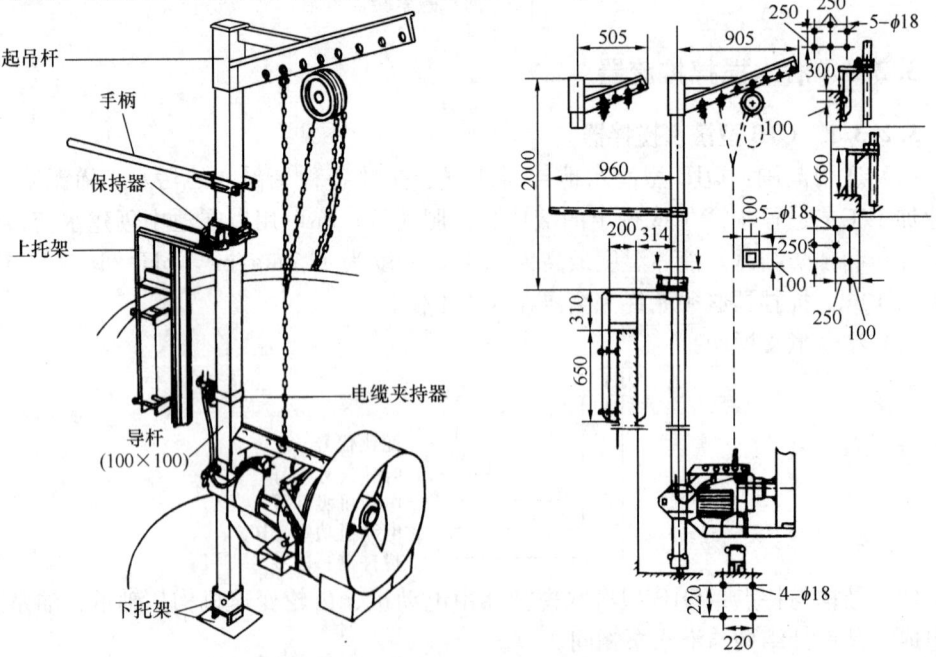

图 3-42 QJB型潜水搅拌器安装系统

3.2.3.2 DQT型低速潜水推流器

（1）适用范围：DQT型低速潜水推流器适用于给水排水工程中的各类水池及氧化沟。

（2）结构及特点：DQT型低速潜水推流器通过水下电机、减速机带动螺旋桨转动，产生大面积推流作用，以增加池底水体流动，防止污泥沉积。

（3）性能、外形及安装尺寸：DQT型低速潜水推流器性能曲线见图3-43，性能及外形尺寸见表3-43。该机外形及安装方式类似于QJB型潜水搅拌器，安装基础尺寸见图3-44。

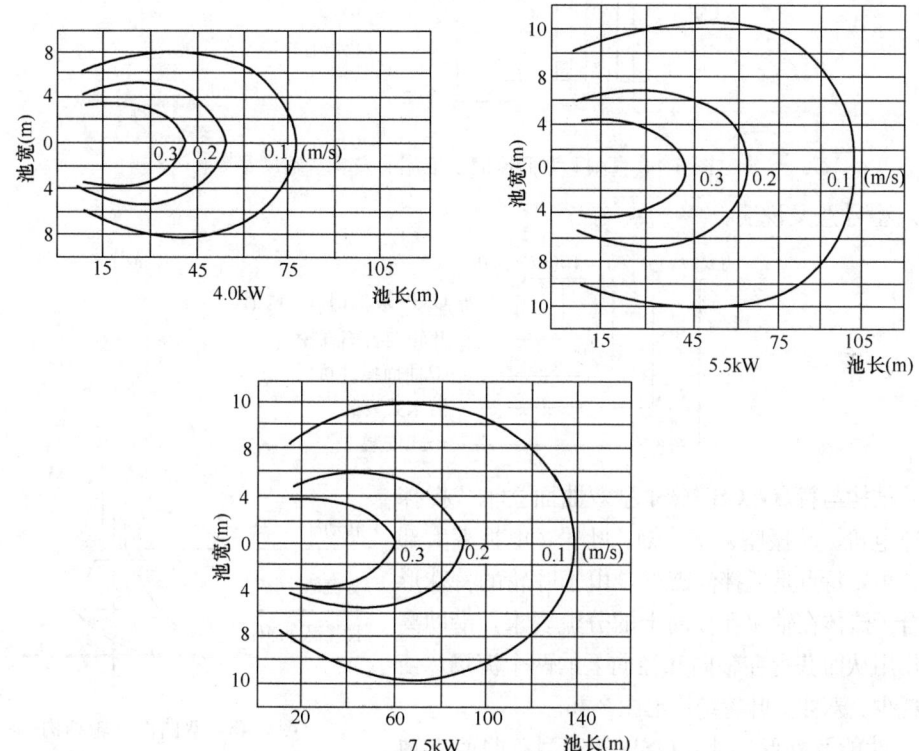

图3-43 DQT型低速潜水推流器性能曲线

DQT型低速潜水推流器性能及外形尺寸 表3-43

型 号	叶轮直径 （mm）	电动机功率 （kW）	转速 （r/min）	外形尺寸（长×宽×高） （mm）	质量 （kg）	生产厂
DQT040	1800	4.0	38	1300×1800×1800	300	安徽中联环保设备有限公司
DQT055	1800	5.5	42	1300×1800×1800	320	
DQT075	1800	7.5	47	1300×1800×1800	325	

3.2.3.3 GSJ/QSJ型双曲面搅拌机

（1）适用范围：GSJ/QSJ型双曲面搅拌机运用在环保、化工、能源、轻工等行业需要对液体进行固、液、气搅拌混合的场合，尤其适用在污水处理工艺中的混凝池、调节池、厌氧池、硝化和反硝化池。

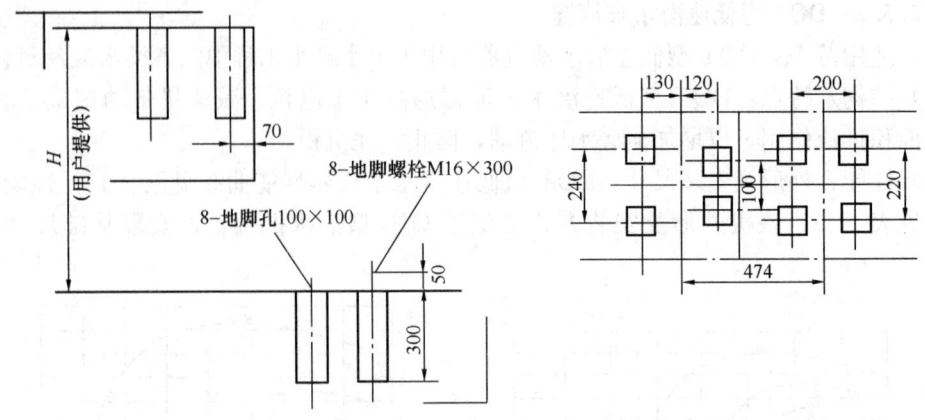

图 3-44　DQT 型低速潜水推流器安装基础尺寸

（2）型号意义说明：

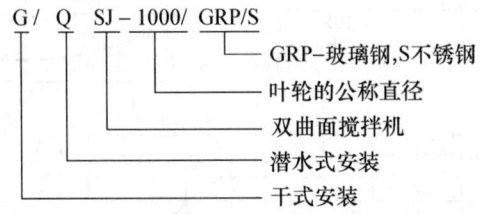

```
G/  Q  SJ – 1000/  GRP/S
                        └── GRP-玻璃钢，S不锈钢
                    └── 叶轮的公称直径
               └── 双曲面搅拌机
          └── 潜水式安装
      └── 干式安装
```

（3）结构与特点：GSJ/QSJ 型双曲面立轴式搅拌机由减速电机、减振座、搅拌轴、叶轮、电控五大部分组成；主要特点是搅拌流态好，由于叶轮的特殊形状，迎合了流体在轴向和径向上的分流要求，借助离心力的作用从而获得在轴向和径向上的两个流场，使功率消耗少。双曲面叶轮结构见图 3-45。

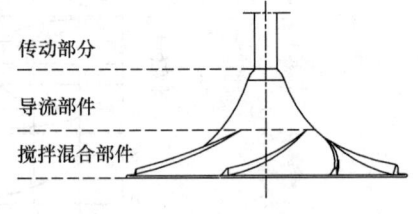

图 3-45　双曲面叶轮结构

（4）性能及外形尺寸：GSJ/QSJ 型双曲面立轴式搅拌机性能参数及外形尺寸见图 3-46～图 3-48 及表 3-44。

GSJ/QSJ 型双曲面立轴式搅拌机性能参数 表 3-44

型　号	叶轮直径（mm）	转速（r/min）	功率（kW）	服务范围（m）	质量（kg）
	500	80～200	0.75～1.5	1～3	320/300
	1000	50～70	1.1～2.2	2～5	480/710
	1500	30～50	1.5～3	3～6	510/850
GSJ/QSJ	2000	20～36	2.2～3	6～14	560/1050
	2500	20～32	3～5.5	10～18	640/1150
	2800	20～28	4～7.5	12～22	860/1180

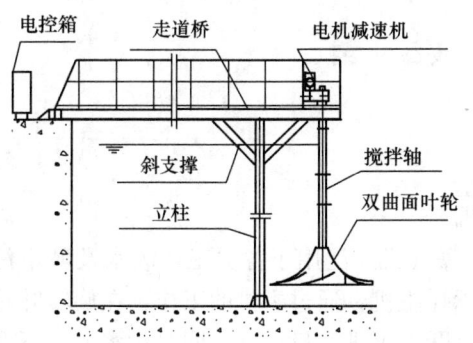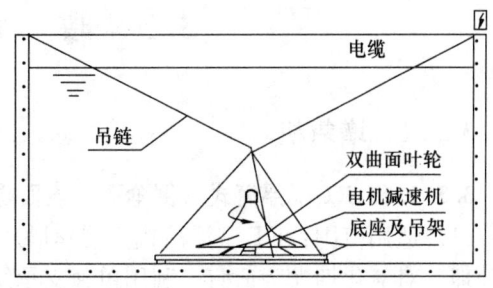

图 3-46　GSJ/QSJ 型双曲面立轴式搅拌机外形

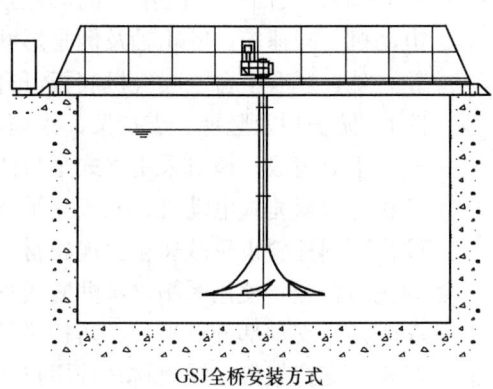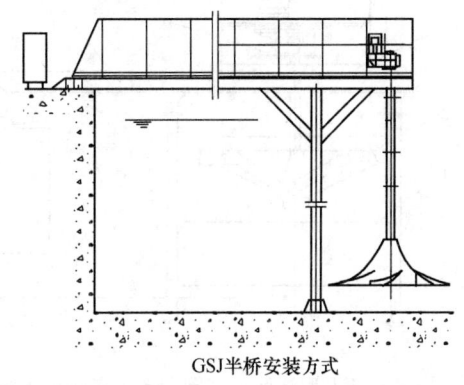

图 3-47　GSJ 型双曲面立轴式搅拌机安装方式

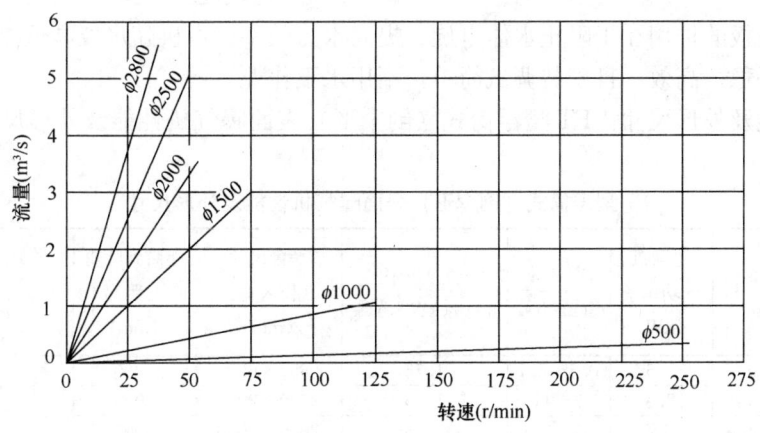

图 3-48　GSJ/QSJ 型双曲面立轴式搅拌机特性曲线

3.3 曝 气 设 备

3.3.1 增氧机

3.3.1.1 FT 型浮筒式（倒伞形）表面曝气机

（1）适用范围：FT 型浮筒式（倒伞形）表面曝气机广泛用于各类工业废水及城市污水处理，对氧化塘尤为适宜。利用单独支承结构承托主机，通过主机的工作，在旋转叶轮的强力搅动下，水呈幕状自叶轮边缘甩出，形成水跃，裹进大量空气，同时污水上、下循环，不断更新液面，使污水大面积与空气接触，进而有效吸氧，进行生化处理。

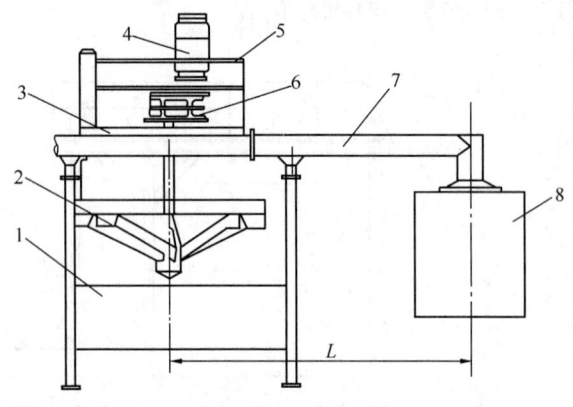

图 3-49   FT 型浮筒式（倒伞形）表面曝气机外形尺寸
1—挡流板；2—倒伞形叶轮；3—平台；4—电动机；
5—防护栏及竖梯；6—减速机；7—支持架；8—浮筒

（2）结构与特点：FT 型浮筒式（倒伞形）表面曝气机除主机（包括电动机、减速箱、叶轮轴及倒伞形叶轮）外，还有平台（曝气机底板可升降）、防护栏及竖梯、支持架、浮筒、挡流板等组成。该机采用立式全封闭三相异步鼠笼式电动机、三级立轴式硬齿面圆柱斜齿轮减速箱。齿轮材料为优质合金，使用系数 2，机械效率 ≥91%。支承部分有平台、防护栏及竖梯、支持架等。浮筒材料按用户要求选择，内部填充高密度聚氨酯泡沫，靠法兰与支架外伸臂连接，并有与锚索连接的环钩。浮筒能可靠地支持整机。挡流板的作用在于阻止水体自旋，提高水力效率。本机随水位高低浮动升降，保证主机运行平稳、高效，且安装调试简单，不用水下作业。

（3）性能及外形尺寸：FT 型浮筒式（倒伞形）表面曝气机性能及外形尺寸见图 3-49 和表 3-45。

FT 型浮筒式（倒伞形）表面曝气机性能及外形尺寸   表 3-45

型号	叶轮直径 （mm）	电动机功率 （kW）	充氧量 （kg/h）	动力效率 [kg/(kW·h)]	平台尺寸 （长×宽） （mm）	浮筒到叶轮中心距离 L （mm）	生产厂
FT060	600	1.5	0.5~2.7	1.75	650×650	1000	
FT120	1200	7.5	2~11	1.75	2000×2000	3000	
FT165	1650	15	4~21	1.75	2000×2000	3000	
FT225	2250	22	8.5~42.5	1.75	2000×2000	4000	安徽中联环保设备有限公司
FT255	2550	30	11~56	1.75	2000×2000	4000	
FT285	2850	37	14.5~72	1.75	2500×2500	5000	
FT300	3000	45	16~81	1.75	2500×2500	5000	
FT325	3250	55	21~107	1.75	2500×2500	5000	

注：充氧量允许偏差 5%，动力效率允许偏差 10%。

3.3.1.2 BBQ型高速表面曝气机

（1）适用范围：BBQ型高速表面曝气机主要用于采用生化处理工艺的工业废水及城市生活污水的曝气池中。曝气机对污水进行充氧、搅动，使好氧菌与氧气充分接触，达到快速高效处理污水的目的。

（2）结构与特点：BBQ型高速表面曝气机由电动机、曝气机机体、漂浮物、导流板、钢丝绳等部分组成，具有以下特点：

1）动力效率高[>3kgQ_2/(kW·h)]，比功率值低（<15W/m³）。

2）结构简单，采用电动机轴与曝气机叶轮直接连接，省去了联轴器、变速箱等传动装置。

3）安装简单，采用漂浮式结构，曝气机与水面相对位置无需调节，无须预制安装基础，只要用4根钢丝绳将机体与岸边地脚螺栓固定即可。

4）产品分单速型、双速型、变频调速型。

（3）性能及外形尺寸：BBQ型高速表面曝气机性能及外形尺寸见表3-46和图3-50，其中曝气池尺寸仅供参考，以圆形为佳。

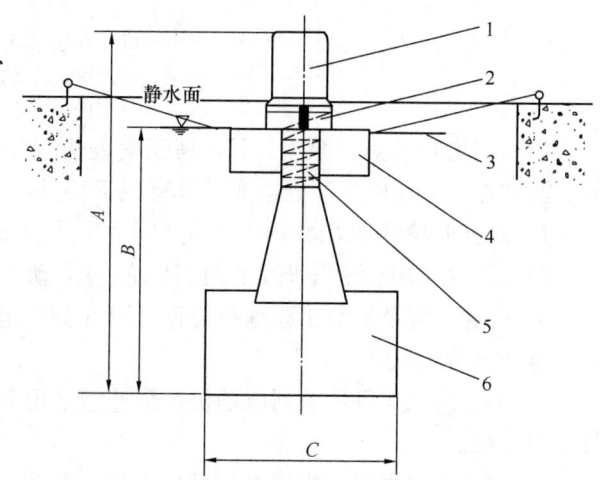

图 3-50　BBQ 型高速表面曝气机外形尺寸
1—电动机；2—出口；3—钢丝绳（4根）；4—漂浮物；
5—曝气机；6—导流板

BBQ型高速表面曝气机性能及外形尺寸　　　表 3-46

型号	叶轮最大直径（mm）	电动机功率（kW）	转速（r/min）	清水充氧量（kg/h）	质量（kg）	外形尺寸（mm）			曝气池			生产厂
						A	B	C	容积（m³）	宽度（m）	深度（m）	
BBQ₆	222	5.5	1440	15.4～17.6	230	3090	2404	1200	200～280	8～8.5	3.5～4	安徽中联环保设备有限公司
BBQ₈	240	7.5	1440	21～24	290	3120	2404	1200	300～450	8.5～10	4～4.5	
BBQ₁₅	270	15	1440	39.2～44.8	365	3405	2600	1400	550～650	11～12	4～4.5	

3.3.2 表面曝气机

3.3.2.1 泵型（E）高强度表面曝气机

（1）适用范围：泵型（E）高强度表面曝气机用于污水处理厂的曝气池，对污水污泥的混合液进行充氧及混合，对污水进行生化处理。

（2）型号意义说明：

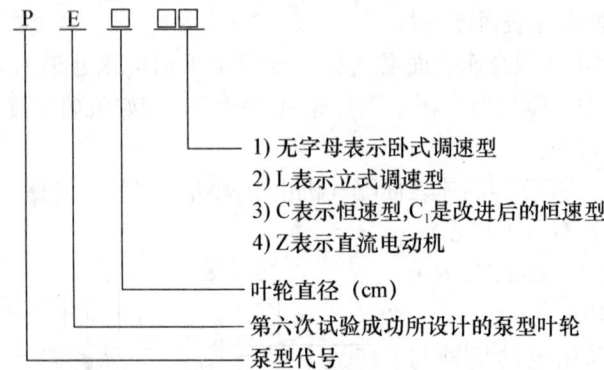

1) 无字母表示卧式调速型
2) L表示立式调速型
3) C表示恒速型,C_1是改进后的恒速型
4) Z表示直流电动机
叶轮直径（cm）
第六次试验成功所设计的泵型叶轮
泵型代号

（3）结构与特点：泵型（E）高强度表面曝气机由泵型叶轮、减速器、叶轮升降装置、联轴器、电动机等部分组成。具有以下特点：

1) 泵型叶轮的动力效率高于国外同类产品 $[>3kgO_2/(kW \cdot h)]$，且结构简单。

2) 减速器采用螺旋锥齿轮，圆柱斜齿轮二级传动，运转平稳，噪声低，使用寿命5000h以上。

3) 叶轮升降装置装于减速机侧面，可在额定范围内随意调节叶轮高度，改变浸没深度，从而调节充氧量。

4) 调速型采用 YR 系列电动机，恒速型采用 Y 系列电动机，均为户外型全封闭三相异步电动机。

5) 调速型采用触发模块可控硅串级调速装置，对电动机进行无级调速，在中、低速非满载运行时转差功率重新返回电网，从而节约电能。

（4）性能：泵型（E）高强度表面曝气机在标准条件下（水温20℃，大气压98kPa）的清水充氧量见图 3-51，不同叶轮线速下的轴功率见图 3-52。调速型泵型（E）高强度表面曝气机性能见表 3-47，恒速型泵型（E）高强度表面曝气机性能见表 3-48。

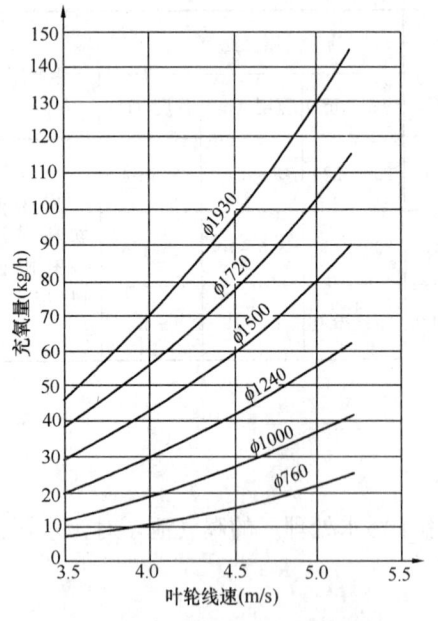

图 3-51　泵型（E）表面曝气机叶轮直径、
线速与清水充氧量关系曲线

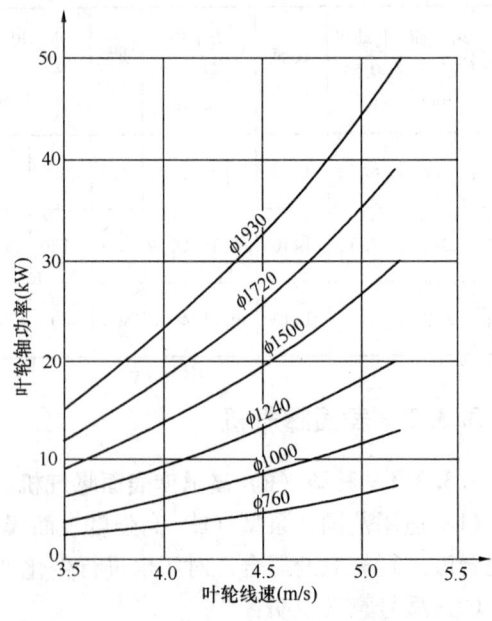

图 3-52　泵型（E）表面曝气机叶轮直径、
线速与轴功率关系曲线

调速型泵型 (E) 高强度表面曝气机性能　　表 3-47

型号	叶轮直径 (mm)	电动机功率 (kW)	转速 (r/min)	清水充氧量 (kg/h)	提升力 (kN)	叶轮升降 动程 (mm)	质量 (t)	生产厂
PE040L	400	2.2	167~252	2.5~8.0	0.41~1.39	+120 -80	0.6	
PE076	760	7.5	88~126	8.4~23	1.5~4.44	±140	2.0	
PE100	1000	15	67~97	14~39	2.63~8.09	±140	2.2	
PE124	1240	22	54~79.5	21~62.5	4.10~13.2	±140	2.4	安徽中联环保设 备有限公司
PE150	1500	30	44.5~63.9	30~82.5	6.06~17.9	±140	2.6	
PE172	1720	45	39~57.2	38~102	8.02~25.7	+180 -100	2.8	
PE193	1930	55	34.5~51.6	48~130	10.1~29.3	+180 -100	3.0	

　　注：生产厂还有：扬州天雨给排水设备（集团）有限公司：叶轮直径为 φ1200~1600（立式）。

　　江苏一环集团公司：BE 型泵式叶轮表曝机、叶轮直径为 φ850、φ1000、φ1200、φ1500、φ1800。

恒速型泵型 (E) 高强度表面曝气机性能　　表 3-48

型号	叶轮直径 (mm)	电动机功率 (kW)	转速 (r/min)	清水充氧量 (kg/h)	提升力 (kN)	叶轮升降 动程 (mm)	质量 (t)	生产厂
PE040C	400	1.5	216	5	0.67	—	0.6	
PE076C$_1$	760	5.5	110	15.5	2.95	±140	2.0	
PE100C$_1$	1000	11	84.8	27	5.40	±140	2.2	
PE124C$_1$	1240	18.5	70	43.5	8.98	±140	2.4	安徽中联环保设 备有限公司
PE150C$_1$	1500	22	55	54.5	11.44	±140	2.6	
PE172C$_1$	1720	30	49	71	15.93	+180 -100	2.8	
PE193C$_1$	1930	45	44.4	96	21.46	+180 -100	3.0	

　　(5) 外形及安装尺寸：

　　1) 泵型 (E) 高强度表面曝气机 PE040C 恒速型和 PE040L 调速型外形及安装基础尺寸见图 3-53。

　　2) 泵型 (E) 高强度表面曝气机 PE076C$_1$ 和 PE100C$_1$ 恒速型与 PE076 和 PE100 调速型外形及安装基础尺寸见图 3-54。

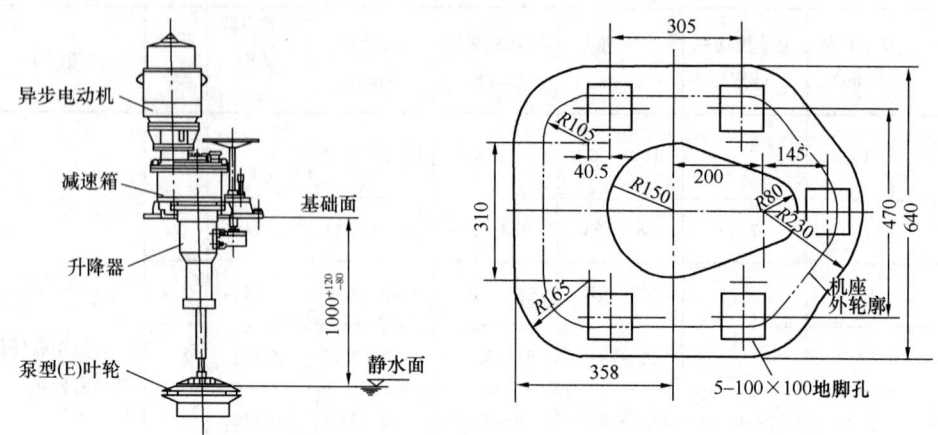

图 3-53 PE040C 恒速型/PE040L 调速型泵型 (E) 高强度表面曝气机外形及安装基础尺寸

注:地脚螺栓为 5-M16×25,地脚孔也可做成通孔,但须配用双头螺栓,垫板固定。

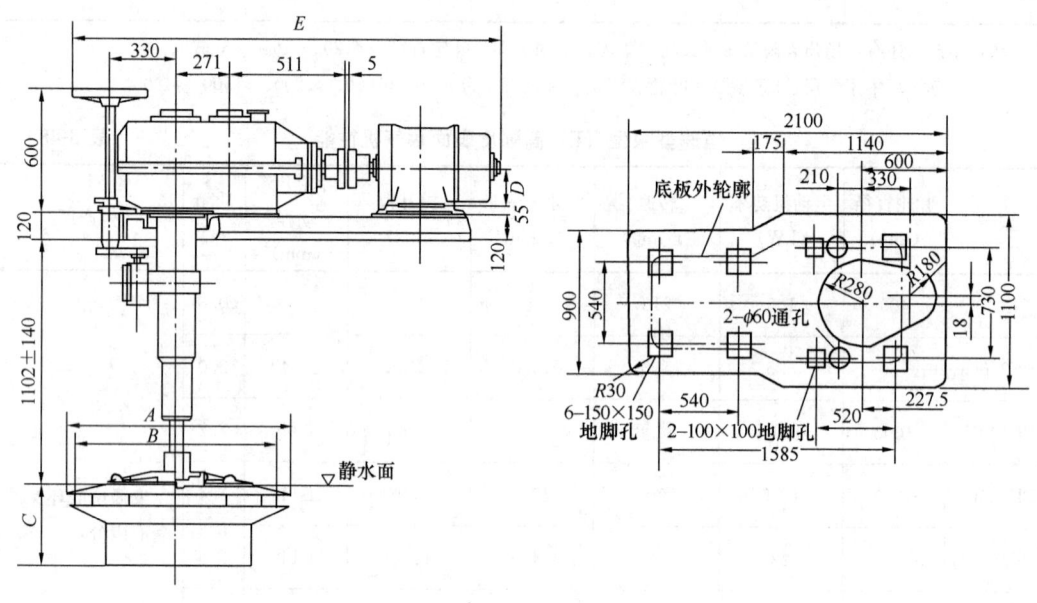

图 3-54 PE076C$_1$、PE100C$_1$ 恒速型/PE076、PE100 调速型泵型 (E)

高强度表面曝气机外形及安装基础尺寸

注:地脚螺栓为 8-M20,地脚孔也可做成通孔,但须配用双头螺栓,垫板固定。

3) 泵型 (E) 高强度表面曝气机 PE124C$_1$ 和 PE150C$_1$ 恒速型与 PE124 和 PE150 调速型外形及安装基础尺寸见图 3-55。

4) 泵型 (E) 高强度表面曝气机 PE172C$_1$ 和 PE193C$_1$ 恒速型与 PE172 和 PE193 调速型外形及安装基础尺寸见图 3-56。

5) 导流筒外形尺寸见图 3-57,曝气池设计参考尺寸见表 3-49。

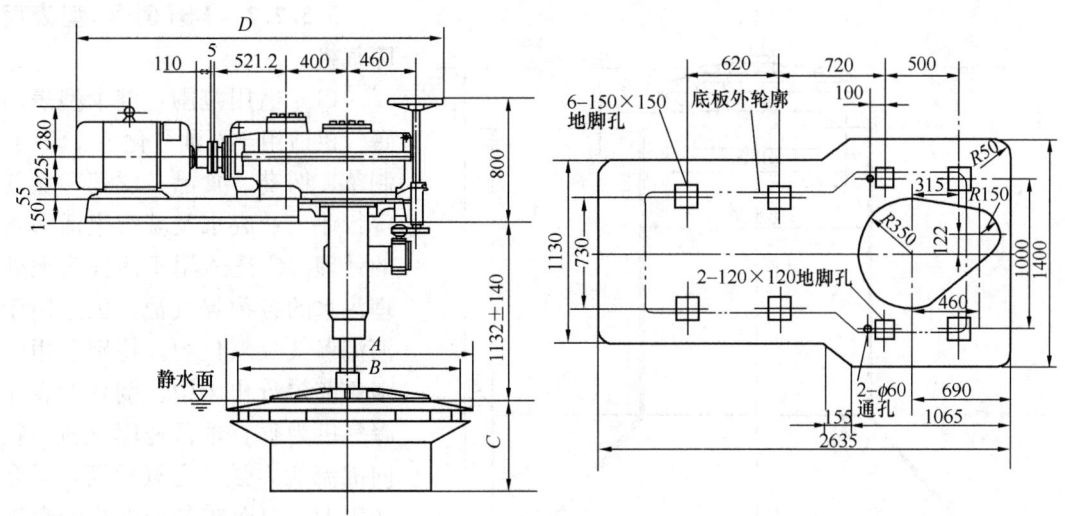

图 3-55　PE124C₁、PE150C₁ 恒速型/PE124、PE150 调速型泵型（E）
高强度表面曝气机外形及安装基础尺寸

注：地脚螺栓为 8-M24×300，地脚孔也可做成通孔，但须配用双头螺栓，垫板固定。

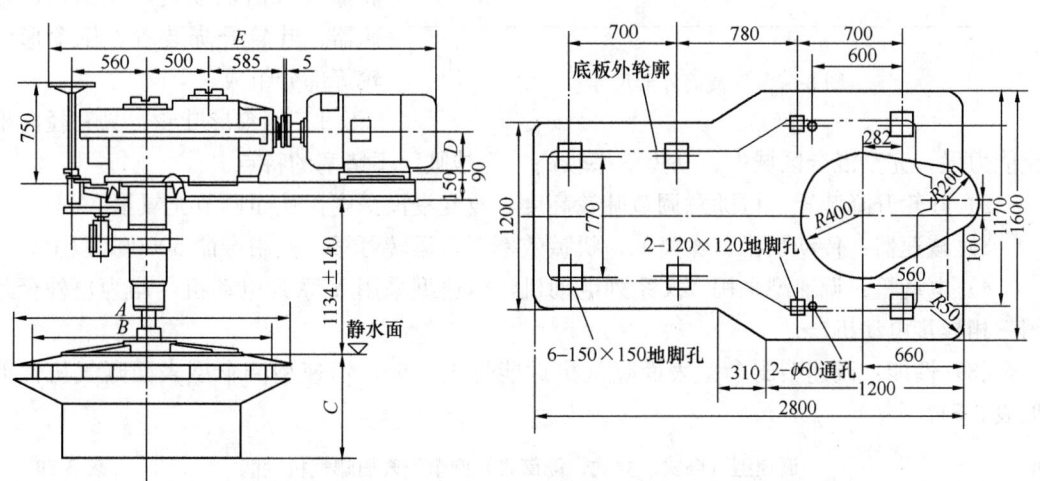

图 3-56　PE172C₁、PE193C₁ 恒速型/PE172、PE193 调速型泵型（E）
高强度表面曝气机外形及安装基础尺寸

注：地脚螺栓为 8-M24×300，地脚孔也可做成通孔，但须配用双头螺栓，垫板固定。

曝气池设计参考尺寸　　　　　　　　　　　　　　　　　　表 3-49

泵型叶轮直径（mm）	曝 气 池		
	容积（m³）	宽度（m）	深度（m）
400	13.5~28	2.6~4.0	0.8~1.8
760	49~102	4.5~6.0	1.1~3.0
1000	96~200	6.0~8.0	1.5~3.5
1240	135~278	7.5~10.0	1.9~4.0
1500	199~410	9.0~12.0	2.3~4.5
1720	264~543	10.5~14.0	2.6~5.0
1930	334~688	12.0~16.0	2.9~5.5

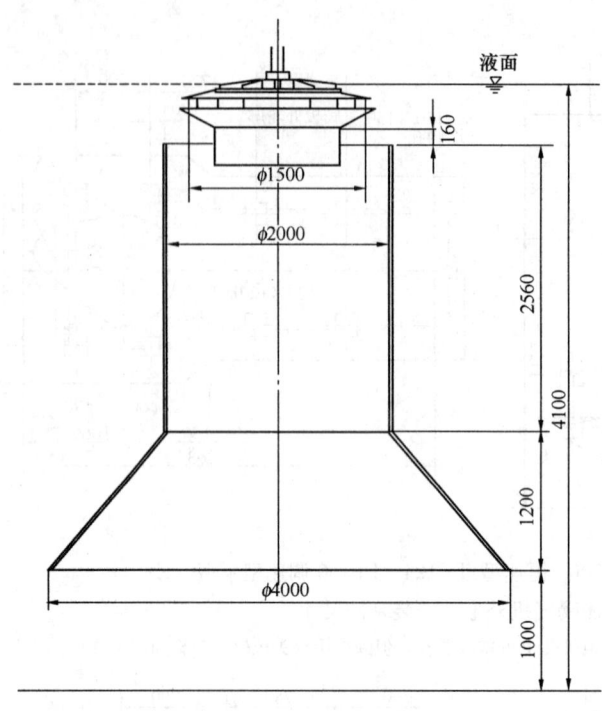

图 3-57　导流筒外形尺寸

3.3.2.2　DS（倒伞）型表面曝气机

（1）适用范围：倒伞型表面曝气机适用于石油、化工、印染、制革、医药、食品、农药、煤气等行业工业废水及城市生活污水的处理。广泛适用于活性污泥处理污水的各种曝气池，也适用于河流曝气及氧化塘。特别适用于卡鲁塞尔氧化沟中。倒伞型表面曝气机为垂直轴低速曝气机，径向推流能力强，充氧量高，混合作用大。因而在各种形式的曝气池中得到广泛应用。

（2）结构与特点：倒伞型表面曝气机由电动机、联轴器、减速器、叶轮升降装置、倒伞形叶轮等部分组成。

1）倒伞形叶轮：具有径向推流能力强，完全混合区域广，动力效率较高，不挂脏，不堵塞的特点。

2）叶轮升降装置：可随意调节叶轮高度，改变浸没深度，从而调节充氧量。

3）减速器：传动平稳、噪声低、机械效率高，运转可靠。使用寿命 50000h 以上。

4）电动机：调速型采用 YR 系列电动机，恒速型采用 Y 系列电动机，均为户外全封闭三相异步电动机。

（3）性能：调速型倒伞型表面曝气机性能见表 3-50，恒速型倒伞型表面曝气机性能见表 3-51。

调速型（卧式、立式、浮筒式）倒伞型表面曝气机性能　　　表 3-50

型　号	叶轮直径 (mm)	电动机功率 (kW)	充氧量 (kg/h)	叶轮升降动程 (mm)	质量 (t)	生产厂
DS060	600	1.5	0.5～2.7	±100	0.75	
DS120	1200	7.5	2～11	±140	1.52	
DS165	1650	15	4～21	±140	2.4	
DS225	2250	22	8.5～42.5	±140	2.68	
DS255	2550	30	11～56	±140	2.8	安徽中联环保设备有限公司
DS285	2850	37	14.5～72	+180 -100	3.95	
DS300	3000	45	16～81	+180 -100	4.02	
DS325	3250	55	21～107	+180 -100	4.4	

型　号	叶轮直径 (mm)	电动机功率 (kW)	充氧量 (kg/h)	叶轮升降动程 (mm)	质量 (t)	生产厂
DS060C	600	1.5	1.8～2.7	±100	0.75	
DS120C	1200	7.5	7～11	±140	1.5	
DS165C	1650	15	14～21	±140	2.38	
DS225C	2250	22	28～42.5	±140	2.65	
DS255C	2550	30	37～56	±140	2.74	安徽中联环保设备有限公司
DS285C	2850	37	48～72	+180 −100	3.9	
DS300C	3000	45	54～81	+180 −100	3.96	
DS325C	3250	55	71～107	+180 −100	4.34	

恒速型（卧式、立式、浮筒式）倒伞型表面曝气机性能　　表 3-51

注：1. 浮筒式曝气机，根据用户要求专做；

　　2. 生产厂还有：扬州天雨给排水设备（集团）有限公司：SBQ 倒伞型叶轮曝气机：叶轮直径 $\phi1400$、$\phi1900$、$\phi3000$（恒速）。江苏一环集团公司 DY 倒伞型叶轮曝气机：叶轮直径 $\phi850$、$\phi1000$、$\phi1400$、$\phi2000$、$\phi2600$、$\phi3000$。

（4）外形及安装基础尺寸：

1）DS（倒伞）型表面曝气机外形尺寸见图 3-58。

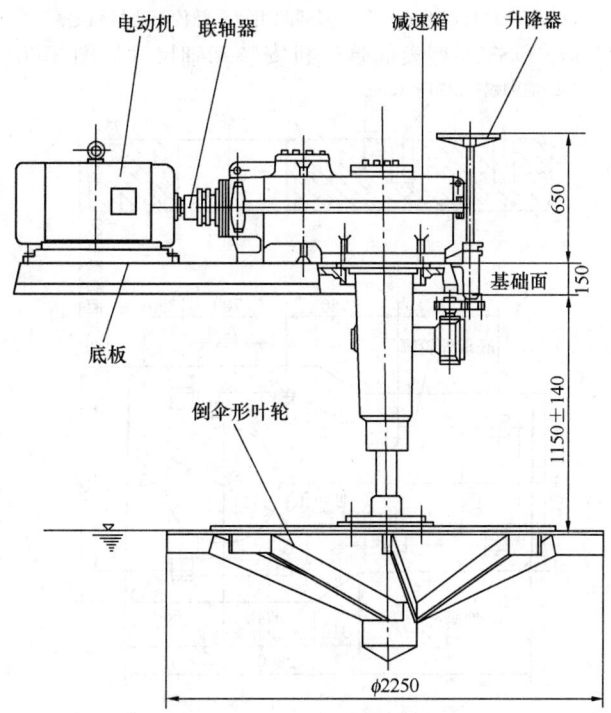

图 3-58　DS（倒伞）型表面曝气机外形尺寸

2）DS165、DS225、DS255 型表面曝气机安装基础尺寸见图 3-59。

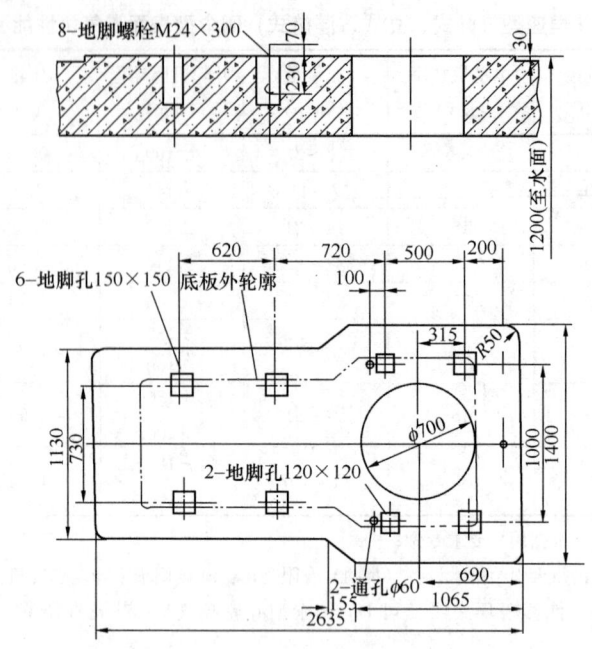

图 3-59   DS165、DS225、DS255 型表面曝气机安装基础尺寸

注：1. 地脚板厚度可根据设备重量及池子大小由土建决定；

　　2. 二通孔 $\phi60$ 为安装或检修时起吊叶轮用，安装底板时注意对准二通孔；

　　3. 地脚孔也可以做成通孔，但须配用双头螺栓，垫板固定。

3）DS285、DS300、DS325 型表面曝气机安装基础尺寸见图 3-60。

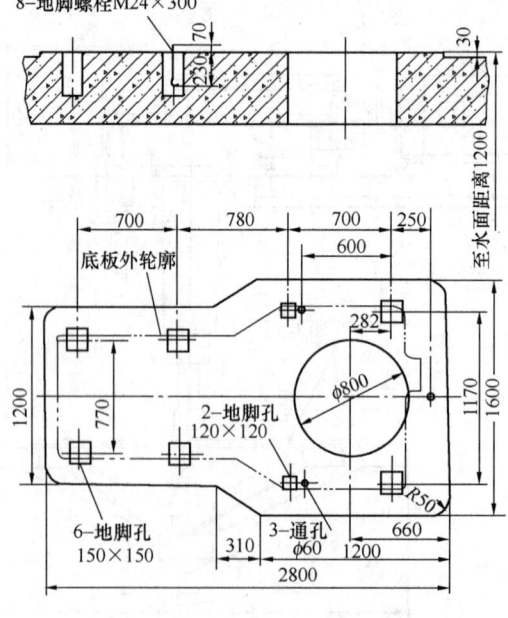

图 3-60   DS285、DS300、DS325 型表面曝气机安装基础尺寸

注：1. 地脚板厚度可根据设备重量及池子大小由土建决定；

　　2. 三通孔 $\phi60$ 为安装或检修时起吊叶轮用，安装底板时注意对准三通孔；

　　3. 地脚孔也可以做成通孔，但须配用双头螺栓，垫板固定。

(5) 曝气池设计参考尺寸：氧化沟设计尺寸建议值为：单沟宽度约是叶轮直径的 2.2
~2.4 倍（大直径取低值），沟深约是沟宽的 0.5 倍，氧化沟的容积按单位搅拌功率 15W/
m^3 计算，氧化沟中间隔墙至叶轮边缘间距以 0.1 倍叶轮直径为宜。

普通曝气池设计参考尺寸见表 3-52。

普通曝气池设计参考尺寸 表 3-52

型 号	最大圆池直径或方池边长（m）	最大池深（m）	基础上平面与静水面间距（m）
DS120	4.5	2.4	1.1
DS165	6.6	2.8	1.15
DS225	9.6	3.6	1.15
DS255	11.2	4.0	1.15
DS285	12.8	4.4	1.15
DS300	13.5	4.6	1.15
DS325	15.0	5.0	1.2

3.3.2.3 BYJ 型立式表面曝气机

(1) 适用范围：BYJ 型立式表面曝气机适用于活性污泥法处理污水的曝气池的曝气
充氧，采用直流电动机，可控调速。

(2) 性能、外形及安装尺寸：BYJ 型立式表面曝气机性能见表 3-53，充氧能力见表
3-54。BYJ（E）型立式表面曝气机外形及安装尺寸见图 3-61。

BYJ 型立式表面曝气机性能 表 3-53

型 号	叶轮直径（mm）	电动机			曝气区直径（mm）	叶轮型式	生产厂
		转速（r/min）	型号	功率（kW）			
BYJ(E)1200	1200	250~1000	Z2-82	22	φ3500	泵 E 型	唐山清源环保机械集团公司、中国兰深南京制泵集团股份有限公司
BYJ(E)1500	1500	250~1000	Z2-92	30	φ5000	泵 E 型	
BYJ(E)1800	1800	250~1000	Z2-92	30	φ6000	泵 E 型	

BYJ（E）型立式表面曝气机充氧能力 表 3-54

叶轮线速度（m/s）	电动机转速（r/min）	平均充氧量（kg/h）
3.5	712	13.83
4.0	814	24.05
4.7	956	41.24
5.0	1018	61.13

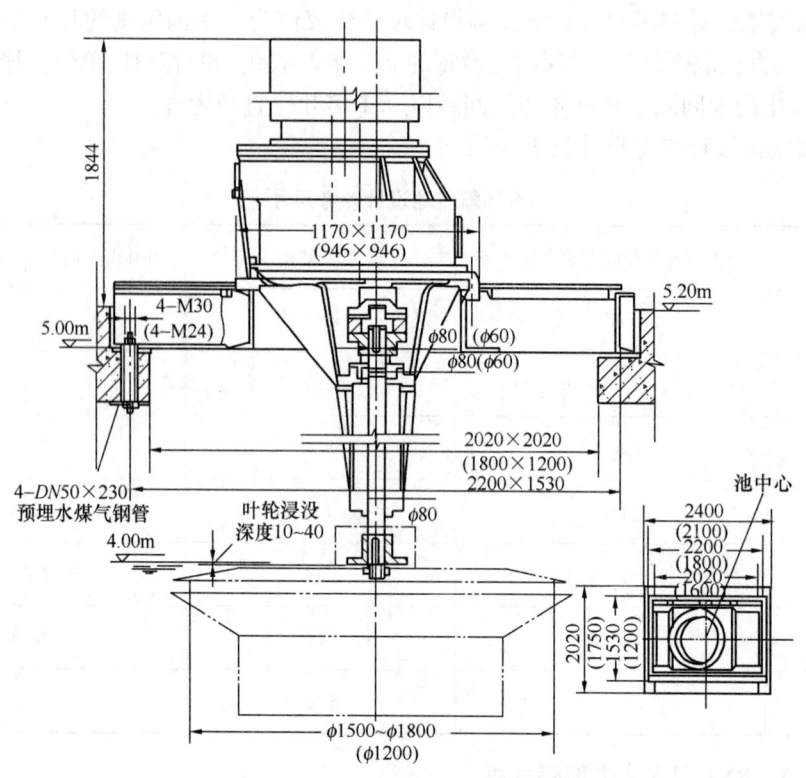

图 3-61   BYJ(E)1200/1500/1800 型立式表面曝气机外形及安装尺寸

注：括号内数字为 BYJ(E)1200 型号尺寸。

3.3.3   水平轴、刷（盘）式表面推流曝气机

3.3.3.1   转刷曝气机

（1）适用范围：转刷曝气机是氧化沟处理系统中最主要的机械设备，兼有充氧、混合、推进等功能。广泛用于城市生活污水和各种工业废水的氧化沟处理工艺中。BZS100转刷曝气机 1995 年被列为国家环保最佳实用技术推广计划。YHG 型水平轴转刷曝气机1995 年列为国家重点"星火计划项目"。

（2）结构与特点：转刷曝气机采用立式户外电动机，下端距液面近 1m，以减少转刷溅起的水雾对电动机的影响。其中为满足三沟式氧化沟的工艺需要，YHG 型配有双速和单速两种立式三相异步电动机可供选择。减速机为圆锥-圆柱齿轮二级传动，所有齿轮均为硬齿面，齿轮精度 6 级，承载能力大，结构紧凑。连接支承采用柔性联轴器直接将动力输入转刷，传递扭矩大，体积小，允许一定的径向和角度误差，安装简单。刷片为组合抱箍式，螺旋状排布，入水均匀，安装维修方便。尾部采用调心轴承及游动支座，可以克服安装误差，自动调心，能补偿刷轴因温差引起的伸缩，保证正常运行。负荷及充氧量可随调节浸没水位而改变。

（3）性能：转刷曝气机性能见表 3-55，转刷浸没深度与充氧量及单位输入功率的关系曲线见图 3-62。

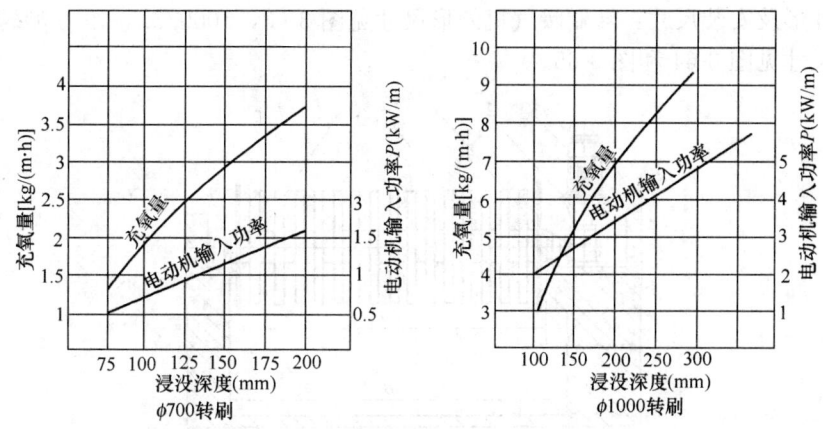

图 3-62 转刷浸没深度与充氧量及电动机输入功率的关系曲线

转刷曝气机性能 表 3-55

转刷曝气机		电动机		减速机型号	输出转速 (r/min)	叶片浸深 (cm)	充氧能力 [kg/(m·h)]	动力效率 [kgO₂/(kW·h)]	氧化沟设计有效深 (m)	氧化沟宽度 B (m)	生产厂
直径 φ (mm)	有效长度 L (mm)	型号	功率 (kW)								
700	1500	Y132S-4	5.5	XW5.5 -5	70	15~25	4.0~4.5		2.0~2.5	2.0	江苏一环集团公司
	2500	Y132M-4	7.5	XW7.5 -6	70					3.0	
	3000	JZT2-51-4			40~80					3.5	
1000	4500	Y180L-4	22	XW22 -9	72	25~30	6.5~8.5	2.0~3.0	3.0~3.5	5.0	
		JZT2-61-4	15	XW15 -8	40~80	15~20					
	6000	YD200-L2-6/4	17/26	WG30 -20	48/72					7.0	
		Y200L-4	30		72						
	7500	YD225M-6/4	24/34	WG37 -20	48/72	25~30				8.5	
		Y225S-4	37		72						
	9000	YD250M-6/4	32/40	WG45 -20	48/72					10.0	
		Y225M-4	45		72						

注：生产厂还有：安徽中联环保设备有限公司、扬州天雨给排水设备（集团）公司、浙江金山管道电气有限公司、无锡通用机械厂、北京桑德环保产业集团、南京制泵集团股份有限公司。

（4）外形及安装尺寸：转刷曝气机外形尺寸见图 3-63，1000/6.0～9.0 型转刷曝气机安装基础尺寸见图 3-64 和图 3-65。

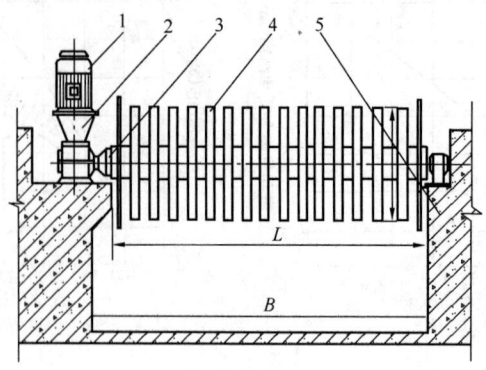

图 3-63　转刷曝气机外形尺寸

1—电动机；2—减速装置；3—柔性联轴器；4—转刷主体；5—氧化沟池壁

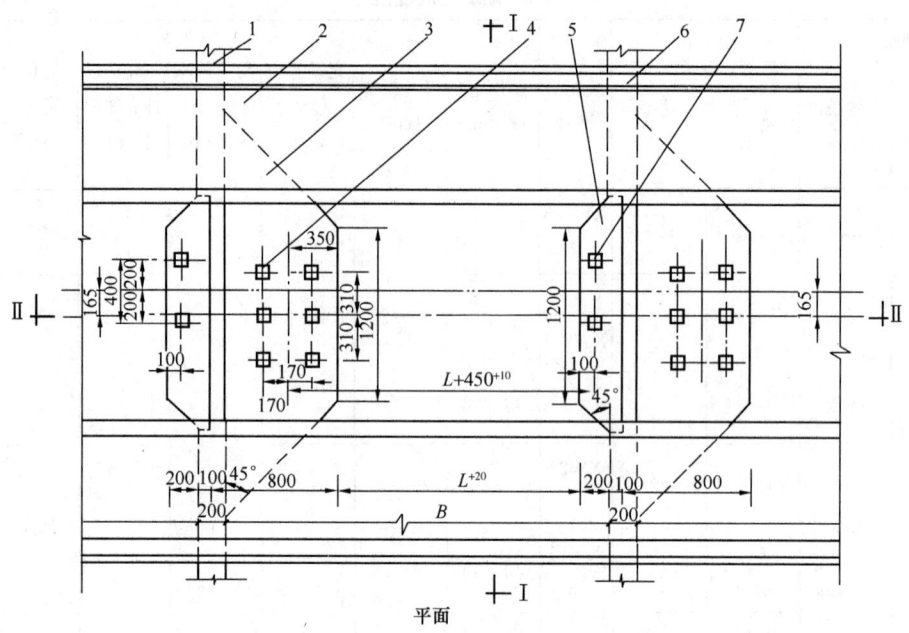

图 3-64　1000/6.0～9.0 型转刷曝气机安装基础尺寸（一）

3.3.3.2　YBP-1400A 型转盘曝气机

（1）适用范围：YBP-1400A 型转盘曝气机适用范围同转刷曝气机。

（2）结构与特点：YBP-1400A 型转盘曝气机由曝气转盘、水平轴及其两端的轴承、电动机及减速器等组成。核心部件是取得国家专利的产品（专利号为 922061556），采用轻质高强、耐腐蚀的玻璃钢压铸而成。转盘表面有梯形凸块，圆形凹坑，借此来增大带入混合液中的空气量，增强切割气泡、推动混合液的能力。转盘的安装密度可以调节，以便根据需氧量调整机组上转盘的安装数量。每个转盘可独立拆装，维修保养方便。水平轴采用厚壁无缝钢管制造，表面做特种玻璃钢防腐处理。目前生产的水平轴直径有两种规格：$\phi152\times(14-16)$ 和 $\phi254\times(14-16)$，可根据用户要求加工成各种长度。驱动机组选用

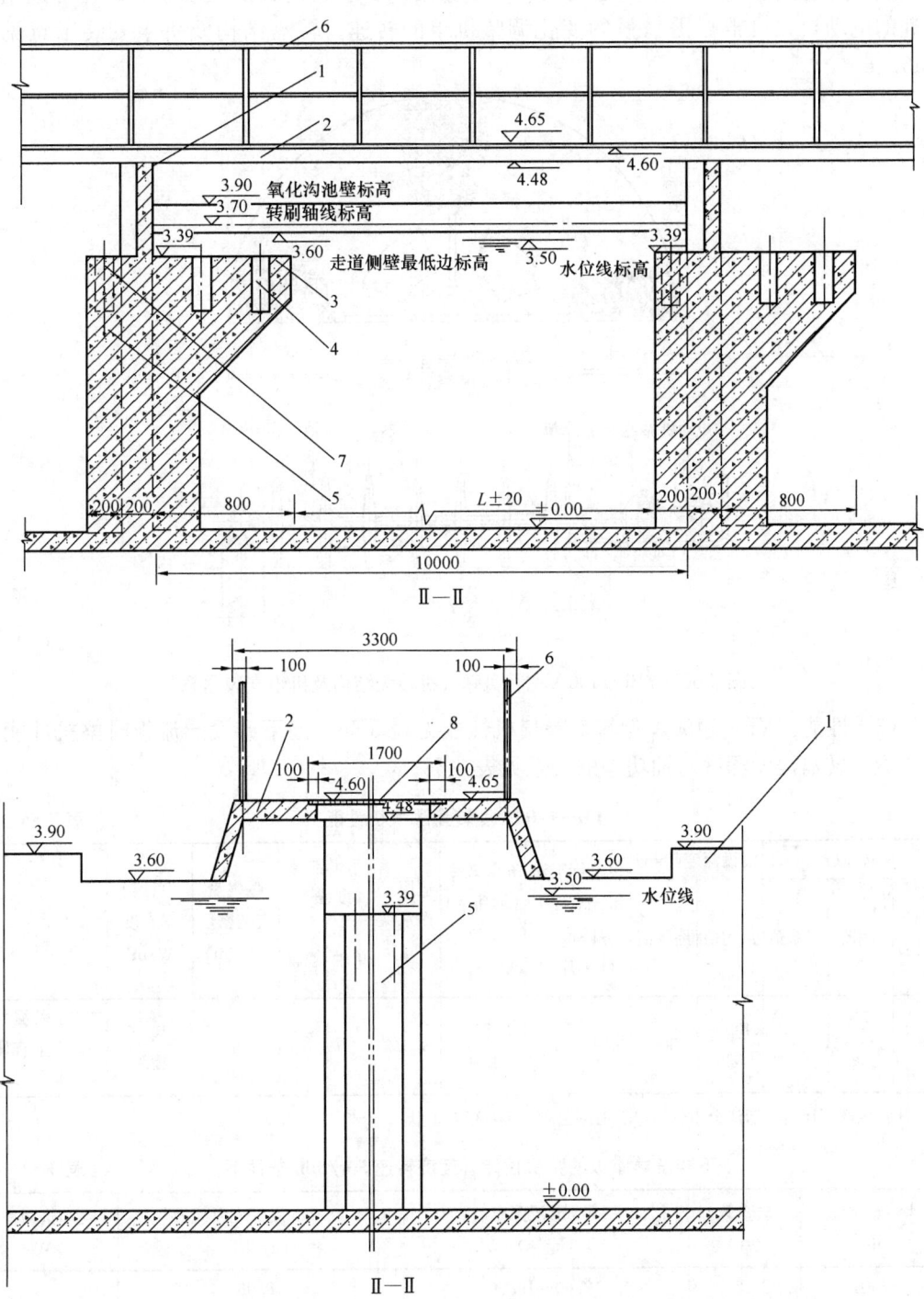

图 3-65　1000/6.0～9.0 型转刷曝气机安装基础尺寸（二）

1—氧化沟池壁；2—走道；3—大牛腿；4—减速箱底座预留孔（100mm×100mm×300mm）；5—小牛腿；

6—栏杆；7—轴承座预留孔（100mm×100mm×300mm）；8—走道盖板

单级摆线针轮减速机和 Y 系列电动机，可根据用户要求制造成卧式或立式；并可选用可调速的电动机，可根据需氧量的变化调整机组的转速。转盘结构及机组安装示意见图 3-66。

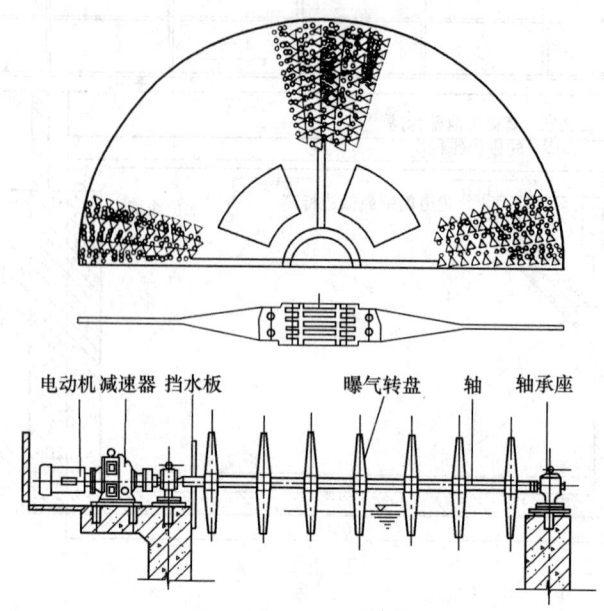

图 3-66　YBP-1400A 型转盘曝气机转盘结构及机组安装示意

（3）性能：YBP-1400A 型转盘曝气机性能见表 3-56。当下游设导流板时整机性能见表 3-57，转盘浸没深度与轴功率的关系见表 3-58。

YBP-1400A 型转盘曝气机性能　　　　表 3-56

转盘直径 (mm)	转速(r/min)		浸没深度(mm)		单盘标准清水充氧能力 [kg/(h·片)]	充氧效率(轴功率) [kgO₂/(kW·h)]	适用工作水深 (m)	水平轴跨度(m)		曝气盘安装密度 (片/m)	设计功率密度 (W/m³)	生产厂
	适用值	经济值	适用值	经济值				单轴	双轴			
1400	50～55	50	400～530	500	0.82～1.63	2.54～3.16	≤5.2	≤9	9～14	5	10～12.5	宜兴溢洋水工业有限公司

注：生产厂还有：浙江金山管道电气有限公司 JSBZD-1400 型。

下游设导流板的整机性能（经济转速 50r/min 条件下）　　　　表 3-57

水平轴跨度 (m)	转盘数 (片)	400～530mm 浸深充氧能力 (kg/h)	500mm 浸深充氧能力 (kg/h)	电动机功率 (kW)
3.0	12	12.60～19.56	18.96	7.5
4.0	17	17.85～27.71	26.86	11
5.0	21	22.05～34.23	33.18	15
6.0	25	26.25～40.75	39.50	18.5
7.0	33	34.65～53.79	52.14	22

经济转速 50r/min 下转盘浸没深度与轴功率的关系 表 3-58

转盘浸没深度（mm）	轴功率（kW/片）	输入功率（kW/片）	配用功率（kW/片）
350	0.365	0.507	0.530
400	0.414	0.575	0.590
460	0.467	0.648	0.678
500	0.500	0.694	0.733
530	0.518	0.719	0.763

注：本表为卧式驱动机组的输入功率和理论配用电动机功率。若采用立式机组，输入功率增加 5% 左右。

（4）配套设施：曝气机组的下游为长直渠道时，宜在下游一定距离（1.5～2.5m）处设置导流板，导流板倾斜安装，与水平面夹角为 60°，如图 3-67 所示，以便将经过曝气的混合液引向沟底，加大沟底流速，延长气泡在混合液中的停留时间。

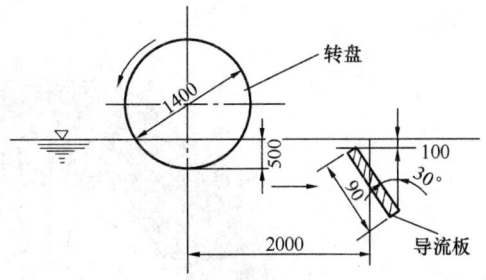

图 3-67　YBP-1400A 型转盘曝气机组下游导流板设置示意

3.3.3.3　YBP-1500-T 型转盘曝气机

（1）适用范围：YBP-1500-T 型转盘曝气机将普通转盘碟片原有两侧充氧、推流改进为三维充氧、推流、混合，这样可使推流能力和充氧能力大大提高，适用水深可从原来的 4.5m 提高到 5.5m，并适用于瞬间高密度供氧、长距离推流的缺氧段和好氧段的推流和充氧，节省水下推进器，减少能耗和投资。

（2）结构与特点：YBP-1500-T 型氧化沟转碟在 YBP-1400A 型曝气转碟的梯形凸块和圆形凹坑交错排布的基础上进行了优化，并在最大切线区设置垂直放射 T 形吸气、推流叶片，经过这样的改进增强了两大功能：

1）设置大切线区的 T 形叶片的碟片在旋转过程中产生很大的推流能力和混合能力，使底部流速大大提高，从而解决了在 5.5m 水深的情况下推流能力不够和混合不到位的问题。

2）T 形叶片在旋转推流的同时吸入了大量的空气，进入水中再经过 T 形叶片的切割和碟片上凸块和凹坑的再次切割，使气水混合加速，加上其流速的提高，延长了气泡在水中的停留时间，由于两者间的能量共聚，曝气机各项性能得到了极大的提高。

（3）性能：YBP-1500-T 型转盘曝气机性能见表 3-59 和表 3-60。

YBP-1500-T 型转盘曝气机性能 表 3-59

转盘直径（mm）	转速（r/min）		浸没深度（mm）		单盘标准清水充氧能力 [kg/(h·片)]	充氧效率（轴功率）[kgO$_2$/(kW·h)]	适用工作水深（m）	水平轴跨度（m）		曝气盘安装密度（片/m）	设计功率密度（W/m³）	生产厂
	适用值	经济值	适用值	经济值				单轴	双轴			
1500	50～55	50	400～600	550	2.36～2.84	3.26	4.5～5.5	11	12～16	4	9.35	宜兴溢洋水工业有限公司

下游设导流板的整机性能（经济转速 50r/min 条件下）　表 3-60

水平轴跨度（m）	碟片数（片）	550mm 浸没深度时充氧能力（kg/h）	标准配用电机功率（kW）
4	10	28.4	13.0
5	13	36.9	16.9
6	15	42.6	19.5
7	18	51.1	23.4
8	20	56.8	26.0
9	23	65.3	29.9
10	25	71.0	32.5
11	28	79.5	36.4

（4）曝气机安装示意：YBP-1500-T 型转盘曝气机安装示意和转盘结构及机组基础见图 3-68。

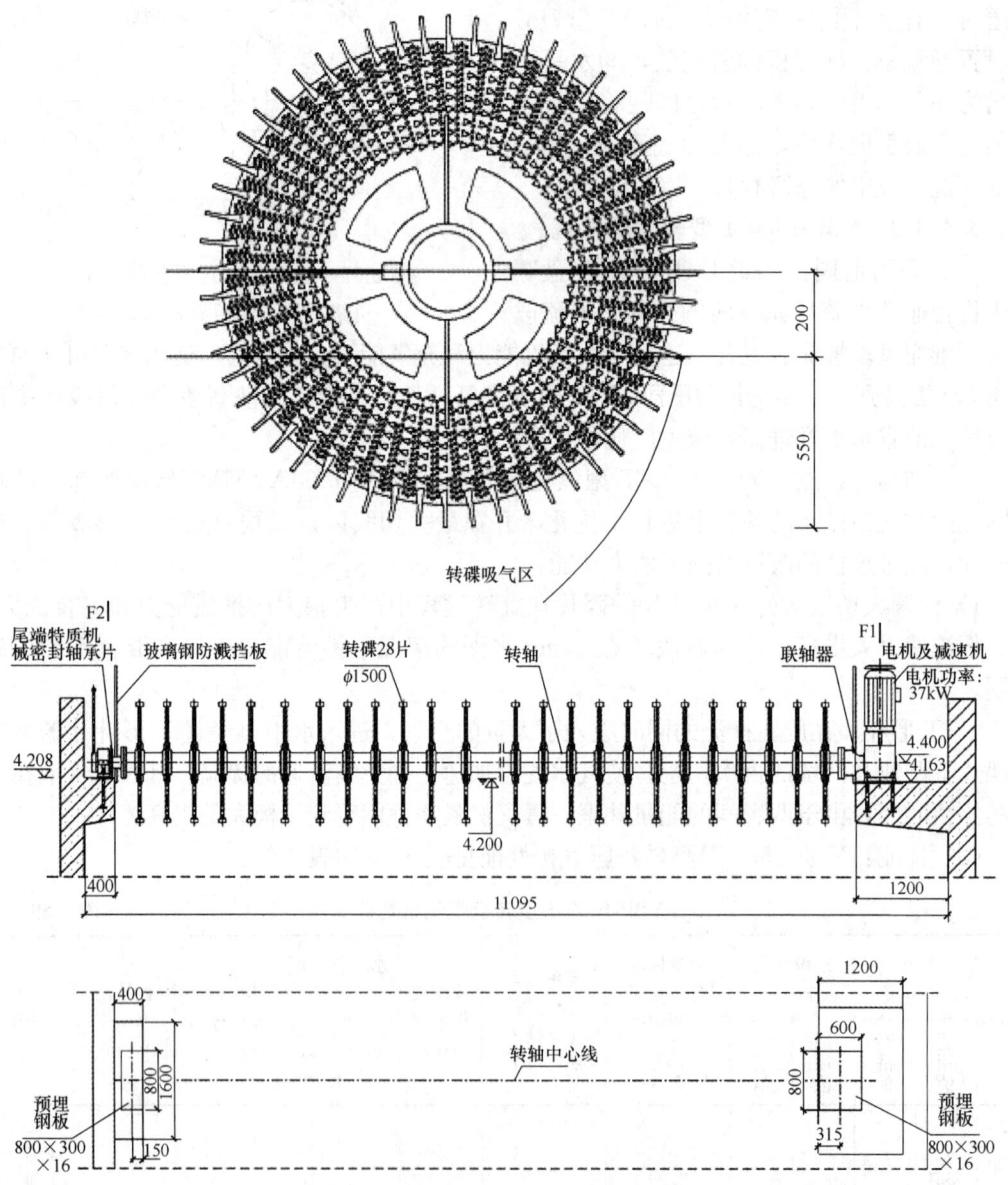

图 3-68　YBP-1500-T 型转盘曝气机转盘结构及机组基础

3.3.3.4 AD 型剪切式转盘曝气机

(1) 适用范围：AD 型剪切式转盘曝气机主要用于由多个同心沟渠组成的 Orbal 型氧化沟。

(2) 型号意义说明：

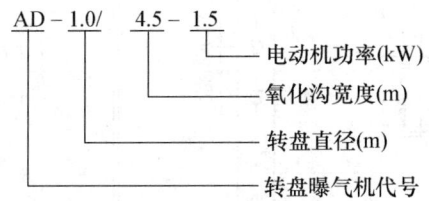

AD - 1.0/ 4.5 - 1.5
— 电动机功率(kW)
— 氧化沟宽度(m)
— 转盘直径(m)
— 转盘曝气机代号

(3) 结构与特点：AD 型剪切式转盘曝气机主要由电动机、减速装置、柔性联轴节、主轴、转盘、轴承和轴承座等部件组成。电动机为立式户外型。减速装置采用圆锥-圆柱齿轮减速。齿轮均为硬齿面，承载力大、结构紧凑、运行平稳。主轴由无缝钢管及端法兰组成，用螺栓和轴头或联轴器连接。钢管经调质处理，外表镀锌或沥青清漆防腐。连接支承采用柔性联轴器直接将动力输入转刷，允许一定的径向和角度误差，方便安装。剪切式曝气盘片见图 3-69，它由两个半圆形圆盘以半法兰与主轴相连接，盘片两侧开有不穿透的曝气孔，表面设有剪切式叶片。与传统盘片相比，提高了充氧能力和推动力。转盘采用轻质高强度、耐腐蚀玻璃钢压铸而成。轴承和轴承座采用调心式，提供带调整板的游动支座，保证轴承座在三维方向上的自由调节定位。

(4) 性能、外形及安装尺寸：AD 型剪切式转盘曝气机性能见表 3-61，其外形见图 3-70，其安装尺寸见图 3-71。

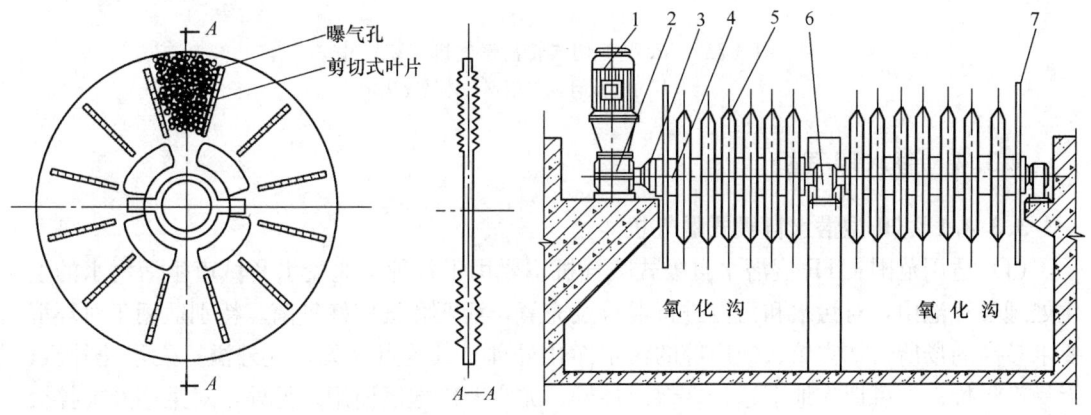

图 3-69 剪切式曝气盘片示意

图 3-70 AD 型剪切式转盘曝气机外形
1—电动机；2—减速装置；3—柔性联轴节；4—主轴；
5—转盘；6—轴承及轴承座；7—挡水盘

AD 型剪切式转盘曝气机性能 　　　　　　　　　　　　　　表 3-61

转　　盘				充氧能力 [kg/ (h·片)]	动力效率 [kgO₂/ (kW·h)]	电动机功率 (kW/片)	单轴长度 (m)	氧化沟设计 有效水深 (m)	生产厂
直径 (mm)	转速 (r/min)	浸没深度 (mm)	安装密度 (片/m)						
1000~ 1400	40~60	300~ 550	3~5	0.5~ 2.0	1.5~4.0	~1.0	≤6	2.5~5.0	江苏一环 集团公司

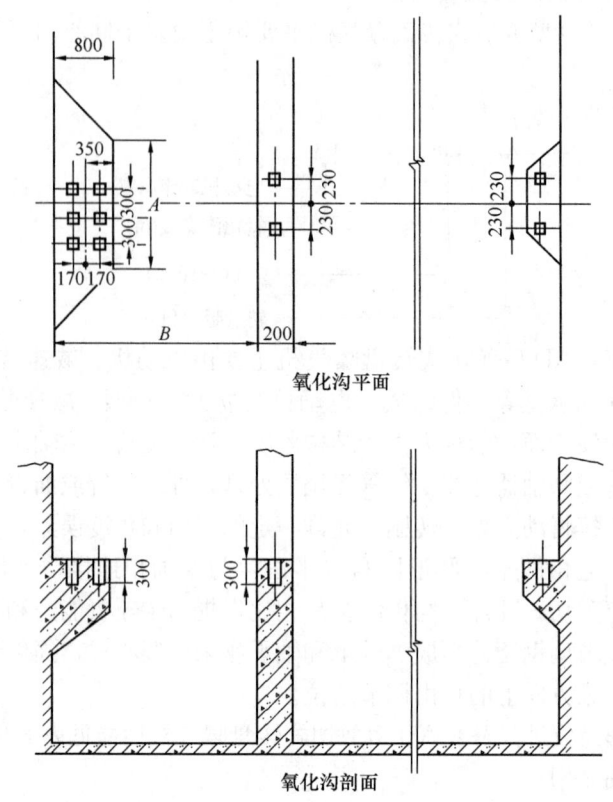

图 3-71　AD 型剪切式转盘曝气机安装尺寸

注：A、B 尺寸由设计人员根据具体情况决定。

3.3.4　潜水曝气机

3.3.4.1　TR 型潜水自吸式曝气机

（1）适用范围：TR 型潜水自吸式曝气机主要用于各种工业废水和城市生活污水的生化处理曝气池中，对污水和污泥进行混合及充氧，活跃和繁殖好氧菌。特别适用于对环境要求较高的场所，如宾馆、饭店等的污水净化处理。其特点是无臭气外溢；无水花外溅；无噪声干扰；并可埋入地下运行，保温性好，尤宜寒冷地区使用。另外，对某些经搅拌会产生大量泡沫以致无法进行表曝处理的污水，可采用本机进行生化处理。

（2）结构与特点：TR 型潜水自吸式曝气机由潜水电动机、叶轮、通气罩、导流槽、过滤座等组成一体；另有附件消声器、起吊链条、电气控制柜（吸气管和气阀为标准件，自备）。该机结构简单，无需鼓风机，整机浸没水中运行，电动机直接带动叶轮旋转，吸水吸气，通过气液冲撞，向污水中喷进超微小气泡。本机配有浸水、过载、过热等报警保护装置，安全可靠。

（3）性能：TR 型潜水自吸式曝气机供气性能曲线见图 3-72 和表 3-62。

（4）外形尺寸：

1）TR 型潜水自吸式曝气机外形尺寸见图 3-73 和表 3-62。

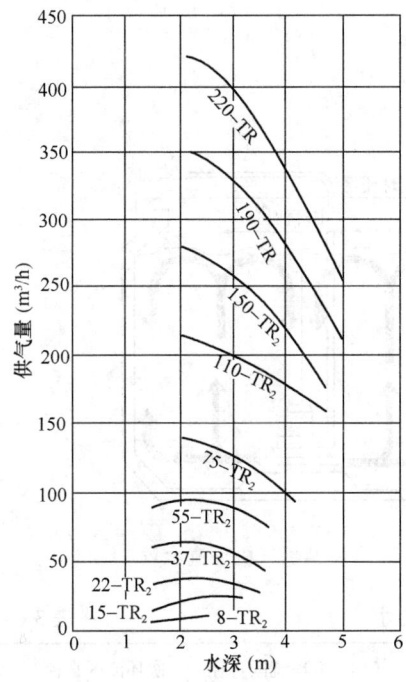

图 3-72　TR 型潜水自吸式曝气
机供气量—水深关系曲线

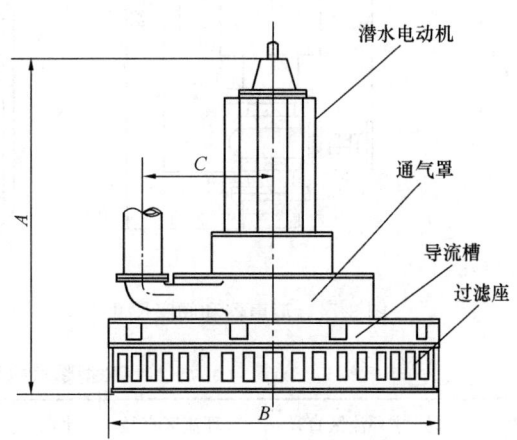

图 3-73　TR 型潜水自吸式
曝气机外形尺寸

TR 型潜水自吸式曝气机性能及外形尺寸　　　　　　表 3-62

型　号	空气管直径（mm）	电动机		供气量-水深（m³/h-m）	供氧量（kg/h）	质量（kg）	外形尺寸（mm）			生产厂
		转速（r/min）	功率（kW）				A	B	C	
8-TR₂	32	3000	0.75	11-3	0.35～0.6	60	470	420	184	
15-TR₂			1.5	25-3	1.0～1.4	70	480			
22-TR₂	50	1500	2.2	36-3	1.8～2.8	170	639	700	271	深圳晓清环境工程设备有限公司
37-TR₂			3.7	60-3	3.5～5.0	180	658			
55-TR₂			5.5	90-3	5.5~-5.7	220	807			
75-TR₂	80	1500	7.5	125-3	8.2～11.3	240	827			
110-TR₂			11	200-3	13～18	280	923			
150-TR₂			15	260-3	17～23	290	945			
190-TR	100	1500	19	330-3	20～27	520	1058	1000	385	
220-TR			22	400-3	24～36	530	1058			

注：生产厂还有：安徽中联环保设备有限公司 QBZ 型、江苏亚太泵业有限公司、南京制泵集团股份有限公司。

2）空气管管口消声器和阀座尺寸见图 3-74。

3）TR 型曝气机环流示意见图 3-75 和表 3-63。

$供气量（m^3/h）$
$水深（m）$
潜水电动机
通气罩
导流槽
过滤座

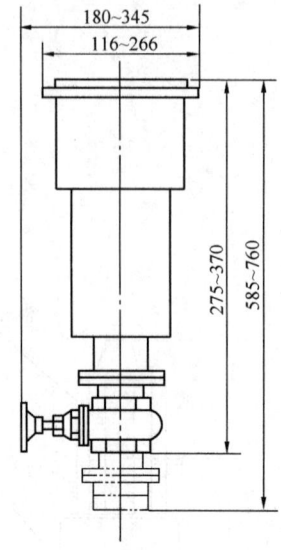

图 3-74　消声器和阀座尺寸

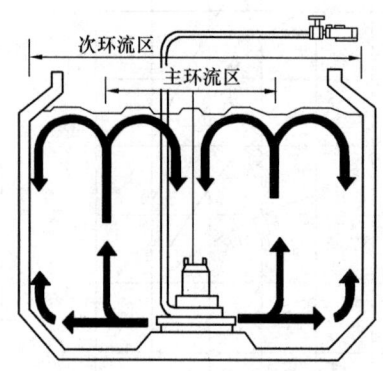

图 3-75　TR 型曝气机环流示意

TR 型曝气机环流尺寸　　　　　　　　　　　　　　　表 3-63

型　号	主环流区直径 (mm)	次环流区直径 (mm)	水深 (m)	型　号	主环流区直径 (mm)	次环流区直径 (mm)	水深 (m)
8-TR$_2$	1.2	2.0	3.2	75-TR$_2$	4.5	9.0	4.1
15-TR$_2$	1.5	2.5	3.2	110-TR$_2$	5.0	10.0	4.7
22-TR$_2$	2.5	5.0	3.6	150-TR$_2$	5.5	11.0	4.7
37-TR$_2$	3.0	6.0	3.6	190-TR	6.0	12.0	5.0
55-TR$_2$	3.5	7.0	3.6	220-TR	6.0	12.0	5.0

3.3.4.2　BER 型水下射流曝气机

（1）适用范围：BER 型水下射流曝气机适用范围同 TR 型潜水自吸式曝气机。

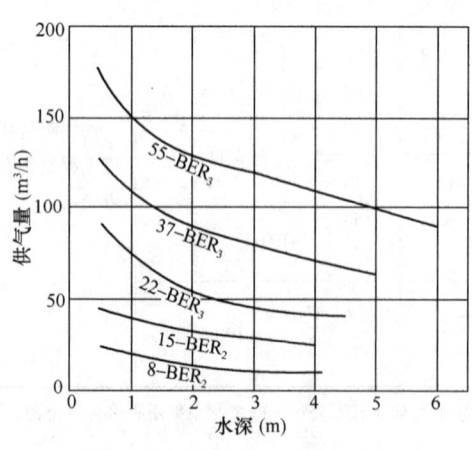

图 3-76　BER 型水下射流曝气机
供气量—水深关系曲线

（2）结构与特点：BER 型水下射流曝气机由潜水泵和射流器组成。潜水泵喷出的水流通过射流器的喷嘴产生吸力，把空气从水面上吸入，经进气管进入射流器，在扩散段与水混合，气、水混合液从射流器喷出，在池中形成强烈涡流，使大量氧溶入水中。该机有无滑轨和有滑轨两种形式。该机特点：充氧能力高，传氧耗能低，无需鼓风机房和输气管道，基建投资低。

（3）性能：BER 型水下射流曝气机供气量与水深的关系曲线见图 3-76，性能见表 3-64。

（4）外形及安装尺寸：BER 型水下射流

曝气机外形尺寸见图 3-77 和表 3-65，其应用示意见图 3-78。

BER 型水下射流曝气机性能   表 3-64

| 型　号 | 空气管直径 (mm) | 电动机 | | 供气量-水深 (m³/h-m) | 供氧量 (kg/h) | 循环水量 (m³/h) | 曝气池尺寸（长×宽×高）(m) | 有效水深 (m) | 质量 (kg) | 生产厂 |
		转速 (r/min)	功率 (kW)							
8-BER₂	25	3000	0.75	11-3	0.45~0.55	22	3×2×4	1~3	28	深圳晓清环境工程设备有限公司
15-BER₂	32	3000	1.5	28-3	1.3~1.5	41	4×3.5×4	1~3	45	
22-BER₃	50	1500	2.2	45-3	2.2~2.6	63	5×5×4.5	1.5~3.5	75	
37-BER₃	50	1500	3.7	80-3	3.6~4.3	94	6×6×5	2~4	91	
55-BER₃	50	1500	5.5	120-3	6.0~7.0	126	7×7×6	2~5	137	

注：生产厂还有：北京桑德环保产业集团、安徽中联环保设备有限公司、江苏亚太泵业有限公司。

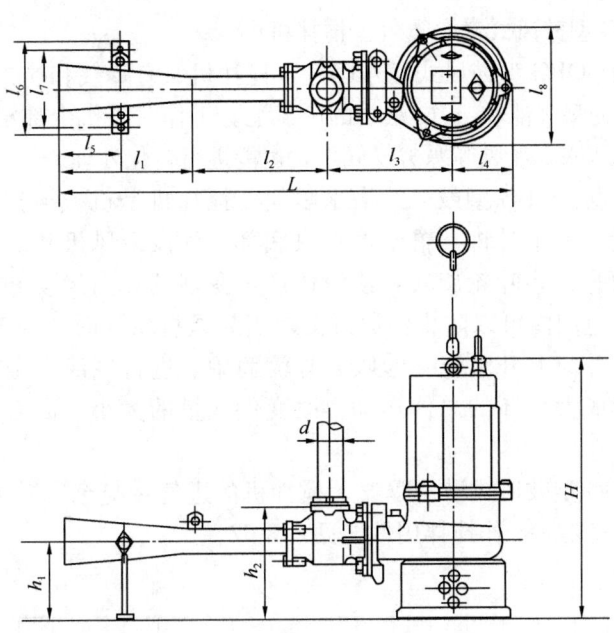

图 3-77　BER 型水下射流曝气机外形尺寸

BER 型水下射流曝气机外形尺寸（mm）   表 3-65

型　号	L	l_1	l_2	l_3	l_4	l_5	l_6	l_7	l_8	H	h_1	h_2	d
8-BER₂	674	208	169	200	97	58	180	150	194	461	150	195	25
15-BER₂	895	270	267	244	114	120	180	150	222	509	159	224	32
22-BER₃	1158	380	307	317	154	155	260	220	317	679	232	312	50
37-BER₃	1164	380	307	317	160	155	260	220	325	753	237	317	50
55-BER₃	1415	460	401	360	194	316	260	220	391	858	256	341	50

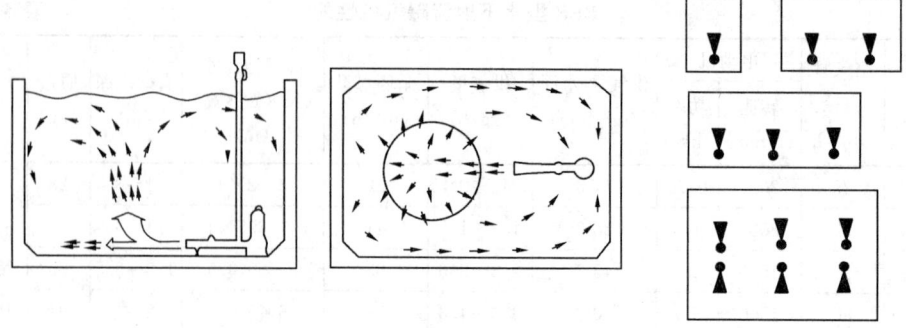

图 3-78   BER 型水下射流曝气机应用示意

3.3.4.3   QBG 型鼓风式潜水曝气·搅拌机

（1）适用范围：QBG 型鼓风式潜水曝气·搅拌机兼有曝气和搅拌两种功能，特别适用于活性污泥法中的曝气池和 A/Q 法中的厌氧池。工作时整机全部浸没于水中，池面可加盖，故在寒冷、结冰、强风等恶劣气候下，也能进行生化处理。

（2）结构与特点：QBG 型鼓风式潜水曝气·搅拌机是机械搅拌和气流搅拌组成的复合机械曝气装置，工作时将其置于池中央底部，外设鼓风机和配气管。潜水电动机经齿轮减速箱带动螺旋桨叶轮旋转，使液体产生激烈的径向运动和轴向运动，由于底边流速快，在很大范围内可以防止污泥沉淀。当鼓风机供气时，空气泡进入散气叶轮，被切碎成微气泡，并与上升水流一起吸入导流筒中，进行气液完全混合并由导流筒出口喷出，在池内形成大循环的总体运动。改变供气量的大小，混合能力不受影响，因而也能用于厌氧池。

（3）性能：QBG 型鼓风式潜水曝气·搅拌机的进气量与充氧量关系曲线见图 3-79；其作曝气用性能见表 3-66，作搅拌用性能见表 3-67。

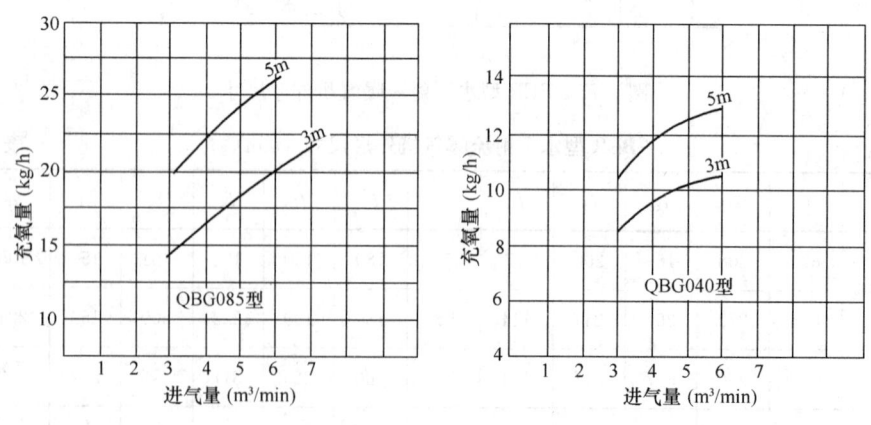

图 3-79   QBG 型鼓风式潜水曝气·搅拌机进气量与充氧量关系曲线

QBG 型鼓风式潜水曝气·搅拌机作曝气用性能   表 3-66

型号	电动机功率 (kW)	电压 (V)	频率 (Hz)	轴功率 (kW)	供气量 (m³/min)	充氧量 (kg/h)	动力效率 [kgO₂/(kW·h)]	搅拌功率 (kW)	备注	生产厂
QBG085	8.5	380	50	5.10	3.5	21.0	2.28	<8.5	有效水深 5m	安徽中联环保设备有限公司
				4.80	5.0	24.1	2.26			
				4.66	6.0	25.8	2.21			
				4.87	3.4	15.6	1.76	<8.5	有效水深 3m	
				4.52	5.0	18.7	1.80			
				4.35	6.0	20.0	1.76			

型 号	电动机功率 (kW)	电压 (V)	频率 (Hz)	扬水量 (m³/min)	供气量 (m³/min)	充氧量 (kg/h)	搅拌能力 V_0 (m³)				
							标准槽 $H=3m$		深槽 $H=5m$		
							充氧	不充氧	充氧	不充氧	
QBG040	4	380	50	33	3.5	11	650	740	780	820	

注：1. 测试用水池平面尺寸为 11.7m×8.7m；

    2. 充氧量为标准状态下清水充氧量；

    3. 动力效率中，风机功率是按理论计算的。风机效率降低，动力效率可能相应降低。

QBG 型鼓风式潜水曝气·搅拌机作搅拌用性能   表 3-67

型 号	池体底边流速 (m/s)	最 大		中 等		最 小		生产厂
		0.1		0.2		0.3		
QBG085	池形	方形	圆形	方形	圆形	方形	圆形	安徽中联环保设备有限公司
	尺寸 (m)	18×18	21	9.5×9.5	11	7.0×7.0	8	
QBG040	池形	方形	圆形	方形	圆形	方形	圆形	
	尺寸 (m)	13×13	15	7×7	8	4.8×4.8	5	

注：池内有效水深以 5m 为宜。

（4）外形及安装尺寸：QBG 型鼓风式潜水曝气·搅拌机外形尺寸见图 3-80 和表 3-68，安装基础尺寸见图 3-81。

QBG 型鼓风式潜水曝气·搅拌机外形尺寸（mm）   表 3-68

型 号	A	B	C	D	E	F	G	H	质量 (t)
QBG040	φ1150	1202	492	116	80	φ720	φ870	230	—
QBG085	φ1500	1852	680	160	80	φ1000	φ1160	320	1.3

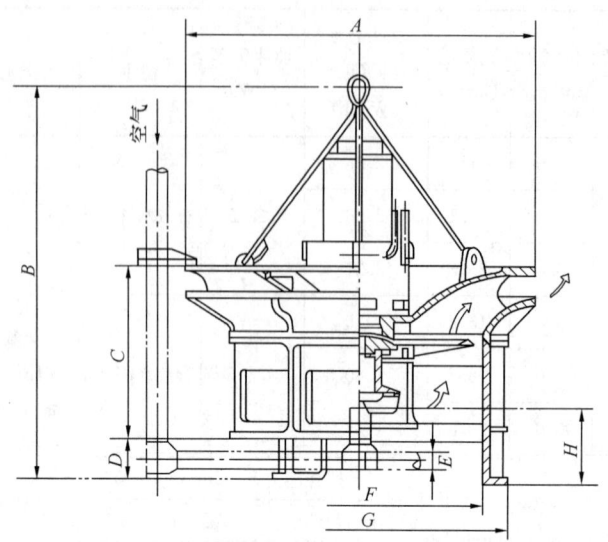

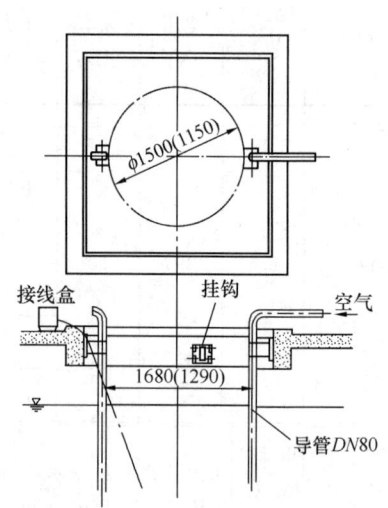

图 3-80　QBG 型鼓风式潜水
曝气·搅拌机外形尺寸

图 3-81　QBG040/085 型鼓风式
潜水曝气·搅拌机安装基础尺寸
注：括号内数字为 QBG040 型尺寸。

3.3.4.4　LEJ-C 复叶推流潜水曝气机

(1) 产品介绍：LEJ-C 复叶推流潜水曝气机，是综合运用螺旋桨技术、离心技术、射流技术于一体的曝气设备，充氧能力和动力效率较高。该产品适用于氧化沟、A^2/O、CASS 等好氧处理工艺及兼氧工艺中，亦可用于河道、湖泊、鱼塘等水质净化及养殖业的充氧。

(2) 工作原理：LEJ-C 复叶推流潜水曝气机配备了两种螺旋桨——混合螺旋桨和剪切螺旋桨（合称为复叶螺旋桨）。由潜水电机带动复叶螺旋桨高速旋转，使复叶螺旋桨周围产生超大负压，风机产生的大量空气在负压状态下被吸入水中，经剪切螺旋桨的剪切、乳化、粉碎后，形成极为细微的气泡，直径可达 1mm。同时，混合螺旋桨工作，在水体中形成强有力的推流，微小气泡随着水流以一定的角度喷射扩散，带动污泥缓缓翻动前行，微小气泡在水中的停留时间最高可达 20min 以上。混合螺旋桨推动这些微小气泡到更深更远的区域，使氧分子被水充分吸收。在好氧微生物的作用下完成硝化过程；关闭进气风机，空气就无法注入水中，它就能胜任厌氧反应中的推流搅拌作用。混合螺旋桨推动水流，在兼性微生物的作用下完成反硝化脱氮过程。

(3) 安装方式：LEJ/PQ-CⅡ型复叶推流潜水曝气机的安装方便灵活，根据工艺要求和现场实际情况可选择浮动式安装，无需构筑安装平台，直接将主机安装在浮筒上。浮筒的固定采用不锈钢缆绳固定，将四根缆绳的一端固定在浮筒上，另一端固定在曝气池池壁上。

(4) 性能：LEJ/PQ-C 复叶推流潜水曝气机技术参数见表 3-69。

(5) 外形尺寸：LEJ/PQ-C 复叶推流潜水曝气机外形尺寸见图 3-82 和图 3-83。

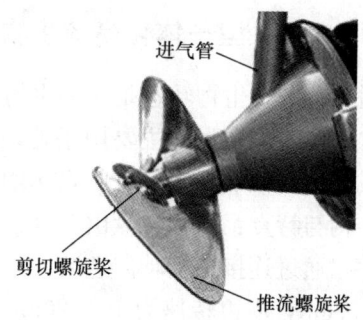

图 3-82 LEJ/PQ-C 复叶推流潜水曝气机外形

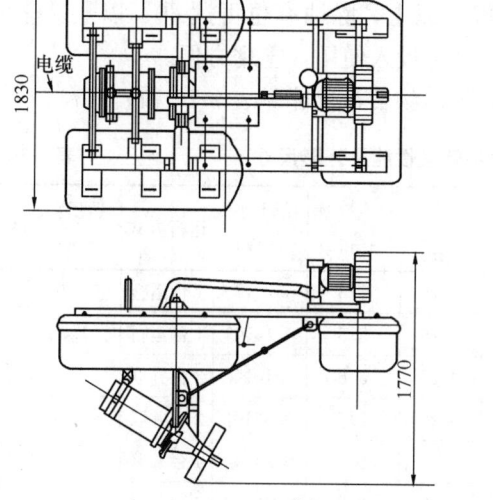
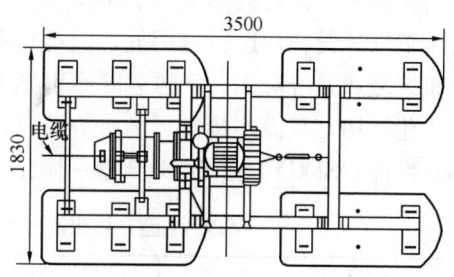
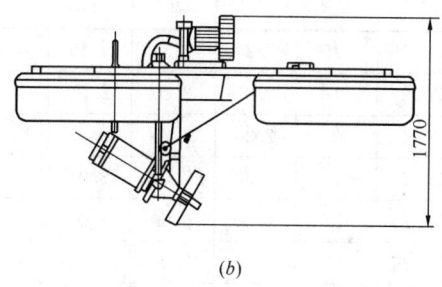

(a)　　　　　　　　　　　　　(b)

图 3-83 LEJ/PQ-C 复叶推流潜水曝气机外形尺寸

(a) 11kW 以下外形尺寸（含 11kW）；(b) 15kW 以上外形尺寸（含 15kW）

LEJ/PQ-C 复叶推流潜水曝气机技术参数　　　　　　表 3-69

型　号	配用电机 (kW)	风机 (kW)	最大单机服务范围 (m²)	清水充氧量 (kgO₂/h)	适用深度 (m)
LEJ/PQ-5.5C	5.5	0.75	1100	11.5	3.0～5.0
LEJ/PQ-7.5C	7.5	1.1	1200	15.5	3.0～6.0
LEJ/PQ-11C	11	2.2	1400	23.0	3.5～6.5
LEJ/PQ-15C	15	3.7	1650	35.5	3.5～7.0
LEJ/PQ-18.5C	18.5	4.0	1850	39.0	4.0～7.5
LEJ/PQ-22C	22	5.5	2100	48.0	4.5～8.0
LEJ/PQ-30C	30	7.5	2550	62.0	5.0～8.0
LEJ/PQ-37.5C	37.5	7.5	2850	80.0	5.0～8.0

注：风机功率在水深较深情况下需要提高一个等级。

3.3.5 SDCY 型一体化高效生物转盘

（1）适用范围：生物转盘是一种生物膜法处理污水的设备，运转时无噪声，动力费用低，对污水水质适应性强，主要用于处理小水量的生活污水和工业废水。SDCY1 型用于生活污水或与之类似的废水，SDCY2 型用于其他工业废水。

（2）结构与特点：生物转盘由转盘、传动装置及氧化槽三部分组成。转盘为生物转盘的主要部件，通过连接螺栓轴向迭装，并用定距套使各片间保持相等的轴向距离。转盘直径为 1.5～3.0m，周边转速为 10～20m/min。转盘转动速度很低，减速比大，采用 2～3 级传动。氧化槽用钢板拼焊，并进行防腐处理。SDCY 型一体化生物转盘集初沉池、二沉池和生物转盘于一体，既节省了占地，又大大减小了一次性投资。SDCY 系统无污泥回流、鼓风曝气等设施，运行费用低，而且基本上没有剩余污泥产生。由于转盘盘面存在厌氧和好氧区域，系统对 N、P 的去除率可达 85% 以上，除油率也可达 80% 以上。整个系统为一体化结构，只需连接进、出水等管口，就可投入使用，管理方便。

（3）性能：SDCY1 和 SDCY2 型一体化高效生物转盘性能见表 3-70 和表 3-71。

SDCY1 型一体化高效生物转盘性能及外形尺寸　　　　表 3-70

型 号	流量 (m^3/h)	A (m)	B (m)	H_1 (m)	H_2 (m)	H_3 (m)	转盘转速 (r/min)	耗用功率 (kW)	运行方式	转盘直径 (m)	生产厂
SDCY1-0.5	0.5	2.25	1.30	2.45	3.35	0.15	3.6	0.017	1 台运行	1.5	北京桑德环保产业集团
SDCY1-1	1	2.25	2.20	2.55	3.45	0.15	3.6	0.14×1	1 台运行		
SDCY1-2	2	2.25	2.20	2.55	3.45	0.15	3.6	0.14×2	2 台并联		
SDCY1-5	5	2.90	3.00	3.07	4.16	0.20	2.7	0.34×2	2 台并联	2.0	
SDCY1-10	10	2.90	3.00	3.07	4.17	0.20	2.7	0.34×4	4 台并联		
SDCY1-15	15	3.40	3.00	3.53	4.83	0.25	2.2	0.53×4	4 台并联	2.5	
SDCY1-20	20	3.40	4.00	3.53	4.83	0.25	2.2	0.74×4	4 台并联		

SDCY2 型一体化高效生物转盘性能及外形尺寸　　　　表 3-71

型 号	处理量 Q_1 ($kgBOD_5/d$)	A (m)	B (m)	H_1 (m)	H_2 (m)	H_3 (m)	组数	每组盘片	氧化槽净有效容积 (m^3)	转盘直径 (m)	生产厂
SDCY2-1	2	2.25	1.70	2.40	3.30	0.15	1	43	1.12	1.5	北京桑德环保产业集团
SDCY2-2	4	2.25	1.70	2.40	3.30	0.15	2	43	1.12		
SDCY2-3	8	2.90	1.90	3.10	4.20	0.20	2	48	2.02	2.0	
SDCY2-4	12	2.90	2.80	3.10	4.20	0.20	2	71	3.01		
SDCY2-5	18	2.90	2.10	3.10	4.20	0.20	4	54	2.29		
SDCY2-6	25	3.40	3.50	3.50	4.80	0.25	2	95	5.96	2.5	
SDCY2-7	35	3.40	2.60	3.50	4.80	0.25	4	67	4.18		
SDCY2-8	50	3.40	3.70	3.50	4.80	0.25	4	96	6.03		

注：处理流量≤500m^3/d。

（4）外形及安装尺寸：

1）SDCY 型一体化高效生物转盘外形尺寸见图 3-84 和表 3-70、表 3-71。

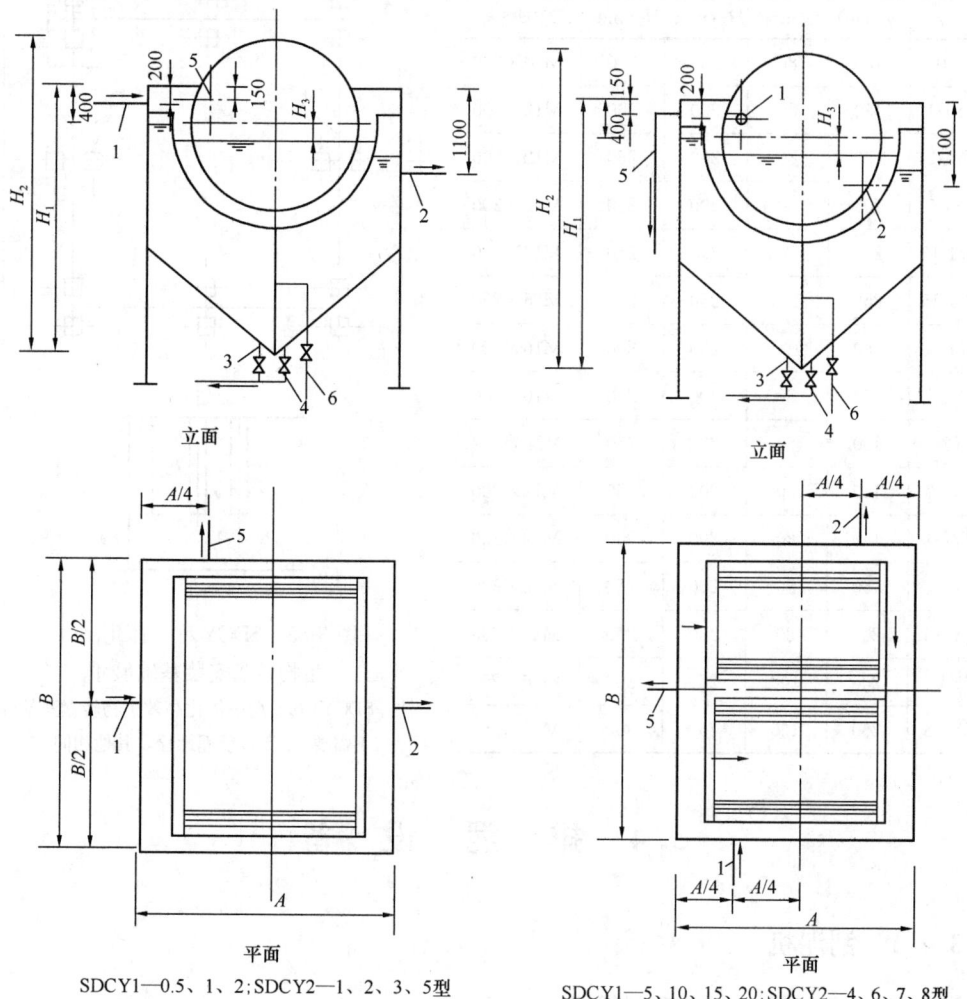

立面   立面

平面   平面

SDCY1—0.5、1、2；SDCY2—1、2、3、5型   SDCY1—5、10、15、20；SDCY2—4、6、7、8型

图 3-84 SDCY 型一体化高效生物转盘外形尺寸

1—进水管；2—出水管；3—排泥管；4—排泥管；5—溢流管；6—放空管

2）SDCY1 型一体化高效生物转盘主要管道尺寸见表 3-72，SDCY 型一体化高效生物转盘安装基础尺寸见图 3-85 和表 3-73。

SDCY1 型一体化高效生物转盘主要管道尺寸（mm）   表 3-72

型 号	进水管 1	出水管 2	排泥管 3	排泥管 4	溢流管 5	放空管 6
SDCY1-0.5	25	25	50	50	25	50
SDCY1-1	40	40	80	80	25	80
SDCY1-2	40	40	80	80	25	80
SDCY1-5	40	40	80	80	25	80
SDCY1-10	50	50	80	80	40	80
SDCY1-15	50	50	80	80	40	80
SDCY1-20	80	80	100	100	40	80

SDCY 型一体化高效生物转盘安装基础尺寸

表 3-73

型 号	D(mm)	C(mm)	H_1(mm)	H_2(mm)	地脚螺栓
SDCY1-0.5	100	80	200	250	M10×200
SDCY1-1	150	80	200	250	M12×200
SDCY1-2	150	80	200	250	M12×200
SDCY1-5	200	80	200	250	M12×200
SDCY1-10	200	80	200	250	M12×200
SDCY1-15	250	100	250	300	M16×250
SDCY1-20	250	100	250	300	M16×250
SDCY2-1	100	80	200	250	M10×200
SDCY2-2	150	80	200	250	M12×200
SDCY2-3	150	80	200	250	M12×200
SDCY2-4	150	80	200	250	M12×200
SDCY2-5	150	80	200	250	M12×200
SDCY2-6	200	80	200	250	M12×200
SDCY2-7	200	100	250	300	M16×250
SDCY2-8	250	100	250	300	M16×250

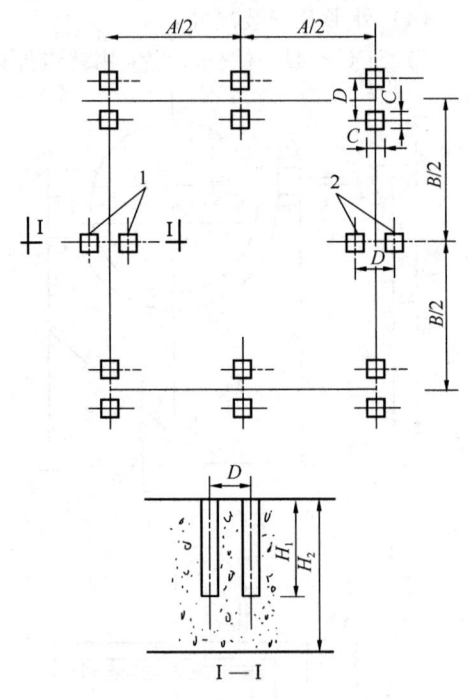

图 3-85 SDCY 型一体化高效
生物转盘安装基础尺寸

注：SDCY1-0.5 型一体化高效生物转盘其基础
不需要 1、2 号预埋螺栓，其他相同。

3.4 排 泥 设 备

3.4.1 刮泥机

3.4.1.1 ZXG 型中心传动刮泥机

（1）适用范围：ZXG 型中心传动刮泥机广泛用于池径较小的给水排水工程中辐流式沉淀池的刮、排泥。

（2）型号意义说明：

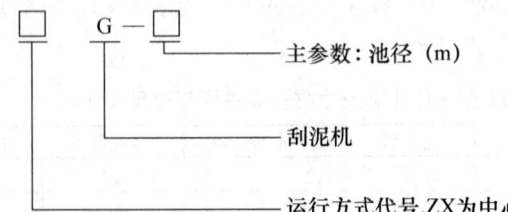

- 主参数：池径（m）
- 刮泥机
- 运行方式代号,ZX为中心传动

（3）结构与特点：ZXG 型中心传动刮泥机又称悬挂式中心传动刮泥机，其整机载荷都作用在工作桥中心。其结构由传动装置、工作桥、稳流筒、主轴、拉杆、刮臂、刮泥板、水下轴承等部件组成。

（4）性能：ZXG 型中心传动刮泥机性能见表 3-74，其他型号中心传动刮泥机性能见

表 3-76。

ZXG 型中心传动刮泥机性能　　　　　　表 3-74

型　号	池径 D （m）	刮泥板外缘线速度 （m/min）	电动机功率 （kW）	推荐池深 H （m）	工作桥高度 h （mm）	质量 （kg）	生产厂
ZXG-4	4	1.8	0.37		250		
ZXG-5	5	2.2			250		
ZXG-6	6	2.0		3.5	300		江苏天雨环保集团
ZXG-7	7	2.0	0.55		300		有限公司、江苏宜兴
ZXG-8	8	2.6			300	—	市新纪元环保有限公
ZXG-10	10	2.2			320		司、无锡通用机械厂
ZXG-12	12	2.6	0.75	4.0	400		
ZXG-14	14	2.5			400		
ZXG-16	16	2.9			450		

（5）外形及安装尺寸：ZXG 型中心传动刮泥机外形尺寸见图 3-86，安装尺寸见图 3-87 和表 3-75。

ZXG 型中心传动刮泥机安装尺寸（mm）　　　　表 3-75

型　号	A_1	A_2	A_3	B_1	B_2	B_3	B_4
ZXG4-8	570	395	425	365	160	150	736
ZXG10-12					155	275	
ZXG14-16	695	400	460	450	155	275	600

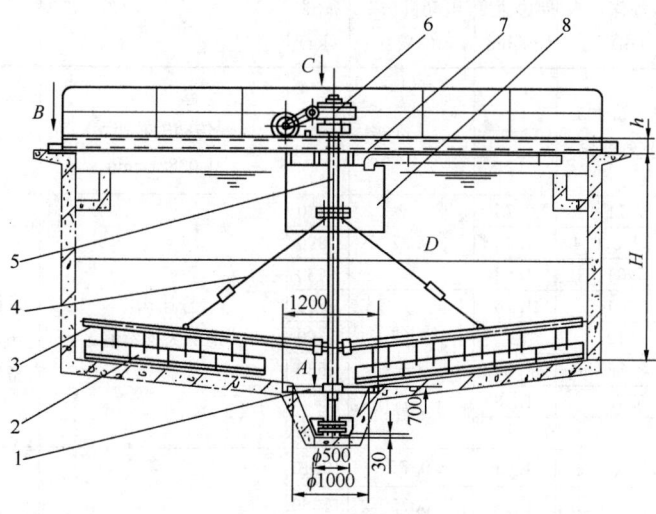

图 3-86　ZXG 型中心传动刮泥机外形尺寸
1—水下轴承；2—刮泥板；3—刮臂；4—拉杆；5—主轴；6—传动装置；7—工作桥；8—稳流筒

3.4.1.2　ZBG 型周边传动刮泥机

（1）适用范围：ZBG 型周边传动刮泥机广泛用于给水排水工程中较大直径的辐流式

沉淀池排泥。

（2）型号意义说明：

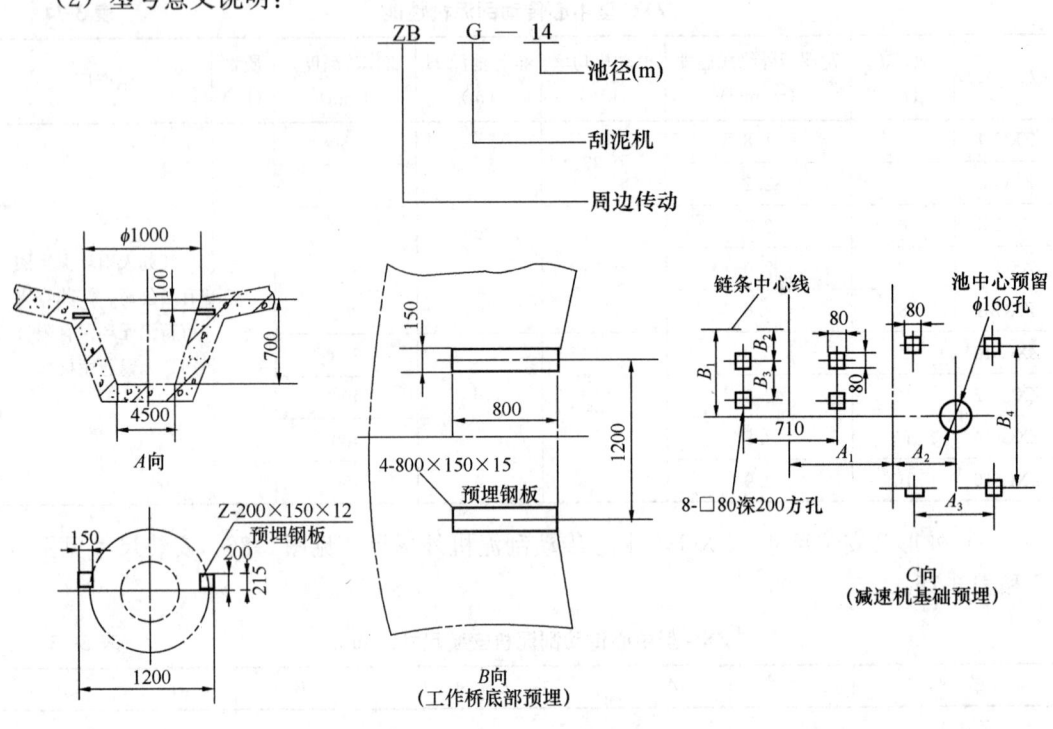

图 3-87 ZXG 型中心传动刮泥机安装尺寸

中心传动刮泥机其他主要型号及性能 表 3-76

型 号	池径 (m)	池深 (m)	周边速度 (m/min)	电动机功率 (kW)	质量 (kg)	备 注	生产厂
GNZ080	8	3.5～5.905（根据需要定）	—	1.5	—	悬挂式，传动轴转速 0.0382r/min	安徽中联环保设备厂
GNZ100	10						
GNZ120	12						
GNZ160	16						
ZG5.8	5.8	4.11	0.75	0.37	1300	悬挂式，池深为推荐值	无锡通用机械厂、南京制泵集团股份有限公司、江都市亚太环保设备制造总厂
ZG6	6	3、3.2、3.6、4	1.40		1390		
ZG7.4	7.4	5.04	1.63		1430		
ZG8	8	5.04	1.76	0.37	1500		
ZG10	10	5.19	2		1590		
ZG12	12	3.85	1.56		1680		
ZG14	14	5.15	1.98	0.60	1900		
ZG16	16	—	—		2500		
CGϕ8A	8	2.5、3、3.5	1.01	0.75	10610	固定支墩式，质量以池深3m计	沈阳水处理设备制造总厂、唐山清源环保机械（集团）公司、唐山市通用环保机械有限公司
CGϕ10A	10	2.5、3、3.5	1.13	0.75	11360		
CGϕ12A	12	2.5、3、3.5	1.22	0.75	12350		
CGϕ14A	14	2.5、3、3.5	1.32	1.5	14960		
CGϕ16A	16	2.5、3、3.5	1.40		15840		
CGϕ18A	18	2.5、3、3.5	1.45	1.5	16580		
CGϕ20A	20	2.5、3、3.5	1.60	2.2	18550		

（3）结构与特点：ZBG 型周边传动刮泥机由摆线针轮减速机直接带动车轮沿池周平台作圆周运动，池底污泥由刮板刮集到集泥坑后，通过池内水压将污泥排出池外。本机采用中心配水，中心排泥、液面可加设浮渣刮、集装置，起刮泥、撇渣两种作用。本机行走车轮分钢轮和胶轮两种，当采用钢轮时，池周需铺设钢轨，钢轨型号按刮泥机性能表中所列周边轮压值选取，并按有关规范铺设；当采用胶轮时，池周需制作成水磨石面。

（4）性能：ZBG 型周边传动刮泥机性能见表 3-77。

ZBG 型周边传动刮泥机性能 表 3-77

型 号	池径 ϕ (m)	功率 (kW)	周边线速 (m/min)	推荐池深 H (mm)	周边轮压 (kN)	周边轮中心 $ϕ_1$ (m)	生产厂
ZBG-14	14	1.1	2.14		18	14.36	
ZBG-16	16					16.36	
ZBG-18	18		2.2		20	18.36	
ZBG-20	20	1.5	2.34		25	20.36	
ZBG-24	24		3.0	3000~5000	35	24.36	江苏天雨环保集团公司、江苏宜兴市新纪元环保有限公司
ZBG-28	28				50	28.4	
ZBG-30	30	2.2	3.2		60	30.4	
ZBG-35	35				75	35.4	
ZBG-40	40		4.0		80	40.5	
ZBG-45	45	3.0	4.5		86	45.5	
ZBG-55	55				95	55.5	

注：生产厂还有：无锡通用机械厂生产 BG 型池径（m）：20、24、25、28、30、37、40、45、55。

（5）外形及安装尺寸：ZBG 型周边传动刮泥机外形及安装尺寸见图 3-88 和表 3-78。

ZBG 型周边传动刮泥机外形及安装尺寸（mm） 表 3-78

型 号	D_1	D_2	D_3	L_1	L_2	H_1	H_2	H_3	B
ZBG-14	ϕ3000	ϕ1500	ϕ800	500	800	300	915	400	7300
ZBG-16									8300
ZBG-18		ϕ1600							9300
ZBG-20									10400
ZBG-24	ϕ3500	ϕ1800			900			550	12400
ZBG-28									14400
ZBG-30	ϕ3700	ϕ2000	ϕ750	650	950			700	15400
ZBG-35							1015		18000
ZBG-40						400			20500
ZBG-45	ϕ5000	ϕ2400		750	1100			800	23100
ZBG-55									28100

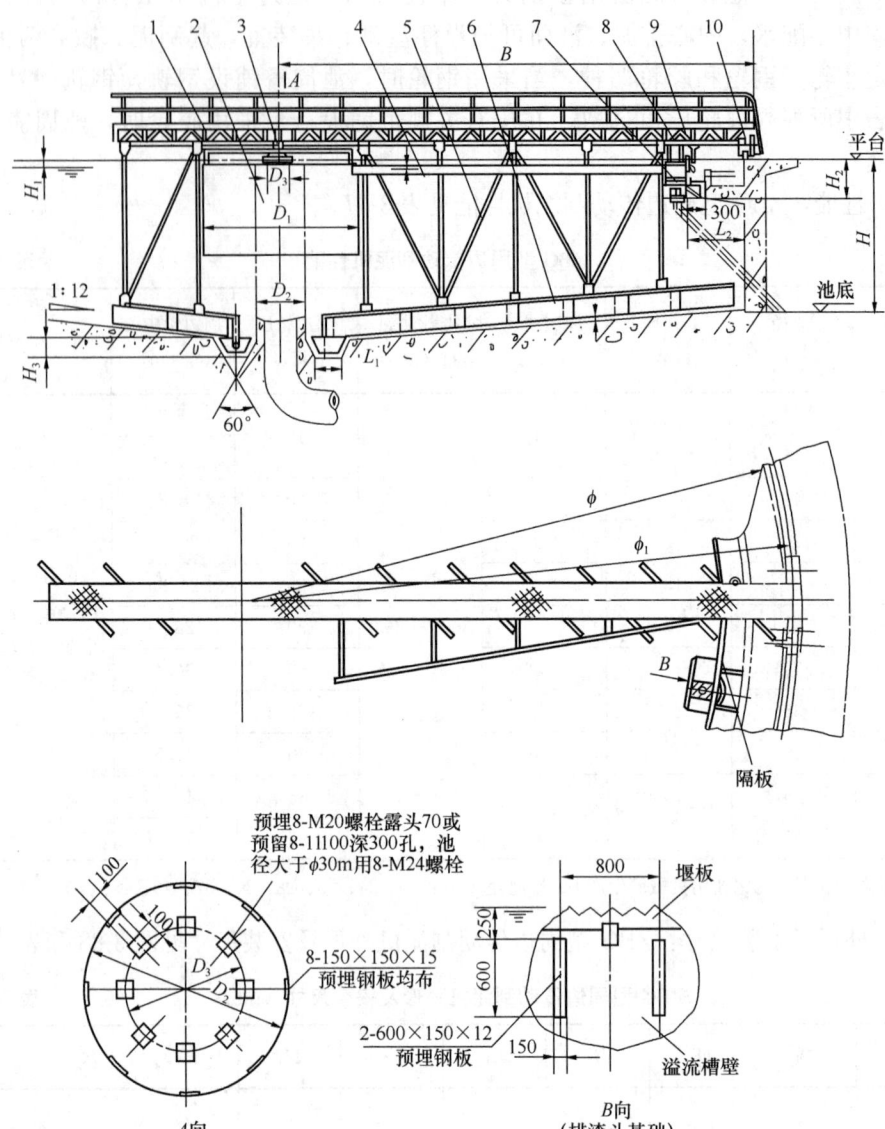

图 3-88 ZBG 型周边传动刮泥机外形及安装尺寸

1—工作桥；2—导流筒；3—中心支座；4—浮渣刮板；5—桁架；6—刮板；

7—渣斗；8—浮渣耙板；9—冲洗机构；10—驱动装置

注：ZBG 型周边传动刮泥机分单臂和双臂两种，图示为单臂结构，其结构较轻，适用于 30m 以下的中小池径，双臂刮泥机结构较重，排泥量大，适用于大型沉淀池。

3.4.1.3 其他型周边传动刮泥机

其他型周边传动刮泥机主要型号及性能见表 3-79。

其他型周边传动刮泥机主要型号及性能　　　表 3-79

型　号	池径 (m)	池深 (m)	周边速度 (m/min)	电动机功率 (kW)	质量 (kg)	说明	生产厂
CG8C	8	3	~2	0.75	8500	周边半桥单 驱动刮泥机	沈阳水处理 设备制造总 厂、唐山清源 环保机械（集 团）公司
CG10C	10	3	~2	1.5	9000		
CG12C	12	3.5	~2	1.5	10000		
CG14C	14	3.5	~2	1.5	10500		
CG16C	16	3.5	~2	1.5	11000		
CG18C	18	3.5	~2	1.5	12000		
CG20C	20	3.5	~2	2.2	13000		
CG25C	25	3.5	~3	2.2	15000		
CG30C	30	4.0	~3	2.2	16500		
CG35C	35	4.0	~3	2.2	18000		
CG40C	40	4.5	~4	2.2	19500		
CG50C	50	4.5	~4	2.2	22000		
CG20B	20	3.5	~2	0.75×2	—	周边全桥双 驱动刮泥机	
CG25B	25	3.5	~3	0.75×2			
CG30B	30	4.0	~3	0.75×2			
CG35B	35	4.0	~3	1.5×2			
CG40B	40	4.5	~4	1.5×2			
CG45B	45	4.5	~4	1.5×2			
CG50B	50	5.0	~4	1.5×2			
CG55B	55	5.0	~4.5	1.5×2			
CG60B	60	5.2	~4.5	2.2×2			

3.4.1.4　XJY 大型周边传动刮泥机

（1）适用范围：XJY 大型周边传动刮泥机适用于给水排水工程中大直径辐流式沉淀池的排泥。尤其适用于黄河高浊度水的预沉处理，其进水含砂量可达 100kg/m³，沉淀池积泥浓度为 400kg/m³，密度为 1250kg/m³。XJY-100 型是目前国内最大规格的刮泥机。

（2）型号意义说明：

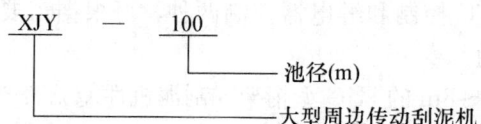

（3）结构与特点：XJY 大型周边传动刮泥机为中心固定支撑、与池壁轨道搭接的单

边驱动悬臂钢梁结构。该机主要由中心部分、桁架、刮板、格网式反应格栅、走道、周边驱动小车六部分构成。中心部分包括托架、中心导轨、中心支柱、承压滚轮、定心滚轮等部件，总重量 11676.5kg。托架连接桁架，并由桁架带动，通过承压滚轮在中心导轨上以中心支柱为中心作圆周运动。定心滚轮与托架组装为一体，用以固定运动的中心。中心导轨为空腹铸造钢件，在铸造后进行整体加工，并设置了雨水引流孔。中心支柱由导柱架、集电器、集电器柱、集电器箱等部件组成。桁架由型钢、板材等焊接而成，总重量 31000kg，其延长部分可使中心部分刮板负荷减少一倍。刮板部件是由槽钢、工字钢、角钢等构成的金属结构件，总重量 15110kg，连接在垂直桁架的下弦，其延长部分也装有刮板，刮板尺寸按阿基米德螺旋线设计。泥砂由刮板推入集泥坑后通过排泥管排出。刮泥板下缘距池底 100mm。周边驱动小车由电动机、减速机、中间传动机构、行走装置、打滑信号装置、框架等部件组成，总重量 13340kg。轨道由 QU120 型钢弯曲成型，总重量 50155.6kg，在连接中考虑了受温度变化而引起的伸缩和因小车滚轮摩擦而引起的水平应力。

（4）性能：XJY-100 型周边传动刮泥机技术数据见表 3-80。

XJY-100 型周边传动刮泥机技术数据　　　　　表 3-80

周边速度 （m/min）	最大排泥量 （m³/s）	进水量 （m³/s）	出水量 （m³/s）	进水含砂量 （kg/m³）	积泥浓度 （kg/m³）	生产厂
4.8～9.5	0.4	1～1.5	0.9～1.1	100	400	江苏宜兴市新纪元环保有限公司
安息角 （°）	电动机			减速机		
	型号	功率（kW）	转速（r/min）	型号（一级）	速比	
20	Y200L-8	15	730	MC3PESO7	112	

注：减速机为德国 SEW 公司产品。刮泥机图纸由中国市政工程西北设计研究院提供。

（5）外形及安装尺寸：XJY-100 型周边传动刮泥机外形及安装尺寸见图 3-89。

3.4.1.5　HJG 型桁架式刮泥机

（1）适用范围：HJG 型桁架式刮泥机适用于矩形平流沉淀池。

（2）型号意义说明：

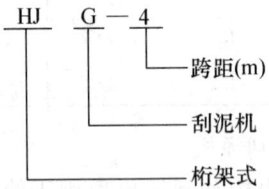

（3）结构与特点：HJG 型桁架式刮泥机跨距为 4～25m，全套动作可自动化控制。供电方式有三种：电缆卷筒、滑导线和悬挂钢丝绳。跨距为 4～8m 时，驱动采用集中控制；10～25m 时采用两端同步驱动。还可根据需要增设撇油、撇渣装置，其动作与刮泥机连动。该型刮泥机电控有 PC 控制和继电器控制两种，可根据需要选用，并可实现慢速刮泥、快速返回的变速驱动。

（4）性能：跨距为 4～8m 的 HJG 型桁架式刮泥机性能见表 3-81，跨距为 10～20m 的 HJG 型桁架式刮泥机性能见表 3-82。

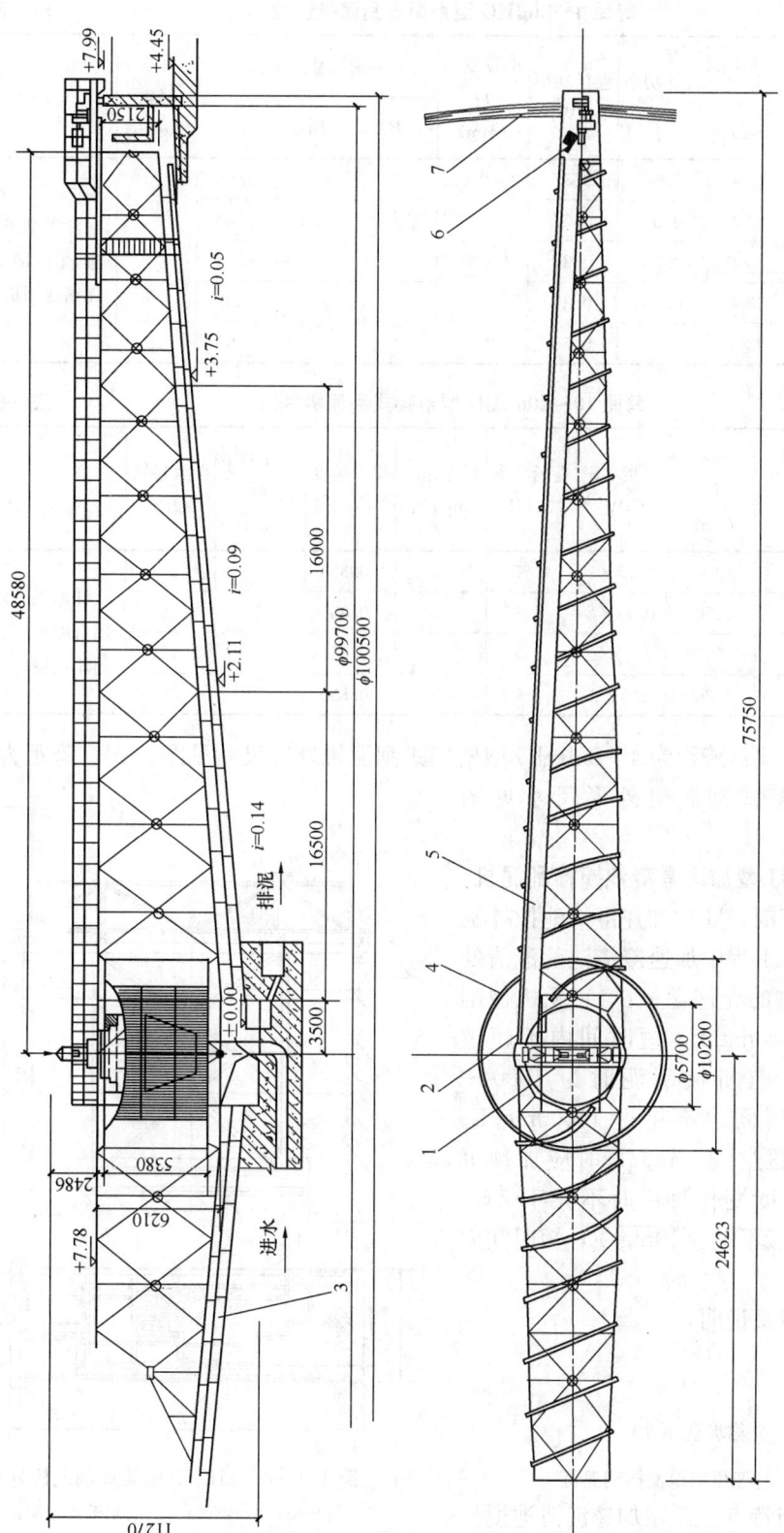

图 3-89 XJY-100 型周边传动刮泥机外形及安装尺寸

1—中心部分; 2—桁架; 3—刮板; 4—网格反应格栅; 5—走道; 6—传动小车; 7—轨道

注: 图中高程以米计, 其余尺寸单位均为毫米计。

跨距 4～8mHJG 型桁架式刮泥机性能　　　表 3-81

| 型号 | 跨距 L (m) | 轨距 L_k (mm) | 行走功率 (kW) | 卷扬功率 (kW) | 推荐池深 H (mm) | 外形尺寸（mm） | | | 配套轻轨 (kg/m) | 生产厂 |
						B	B_1	L_1		
HJG-4	4	4300	0.37	0.37	3500	2000	1400	4568	15	江苏天雨环保集团有限公司、无锡通用机械厂
HJG-5	5	5300	0.37	0.37		2000	1400	5568		
HJG-6	6	6300	0.75	0.37		2000	1400	6568		
HJG-7	7	7300	0.75	0.55		2400	1800	7500	18	
HJG-8	8	8300	0.75	0.55		2400	1800	8500		

跨距 10～20mHJG 型桁架式刮泥机性能　　　表 3-82

型　号	跨距 L (m)	轨距 L_k (mm)	行走功率 (kW)	卷扬功率 (kW)	行走速度 (m/min)	提升速度 (m/min)	推荐池深 H (mm)	配套轻轨 (kg/m)	生产厂
HJG10	10	10300	0.75×2	0.75	1	0.85	3500	18	江苏天雨环保集团有限公司、无锡通用机械厂
HJG12	12	12300	0.75×2	1.5	1	0.85		18	
HJG15	15	15300	0.75×2	1.5	1	0.85		18	
HJG20	20	20300	1.5×2	1.5×2	1	0.85		24	

（5）外形尺寸：跨距为 4～8mHJG 型桁架式刮泥机外形尺寸见图 3-90，跨距为 10～20mHJG 型桁架式刮泥机外形尺寸见图 3-91。

3.4.1.6　JJ 型加速澄清池搅拌刮泥机

（1）适用范围：JJ 型加速澄清池搅拌刮泥机适用于给水工程中加速澄清池的澄清处理。进水悬浮物的允许含量：1）无机械刮泥时不超过 1000mg/L，短时间内不超过 3000mg/L。2）有机械刮泥时为 1000～5000mg/L，短时间内不超过 10000mg/L。当悬浮物经常超过 5000mg/L 时应加预沉池。3）进水温度变化每小时不大于 2℃。4）出水浊度一般不大于 10mg/L，短时间内不大于 50mg/L。

（2）型号意义说明：

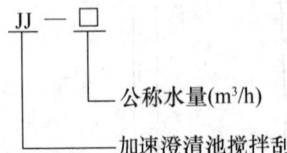

（3）结构与特点：JJ 型加速澄清池搅拌刮泥机由搅拌机和刮泥机两者组成。搅拌机

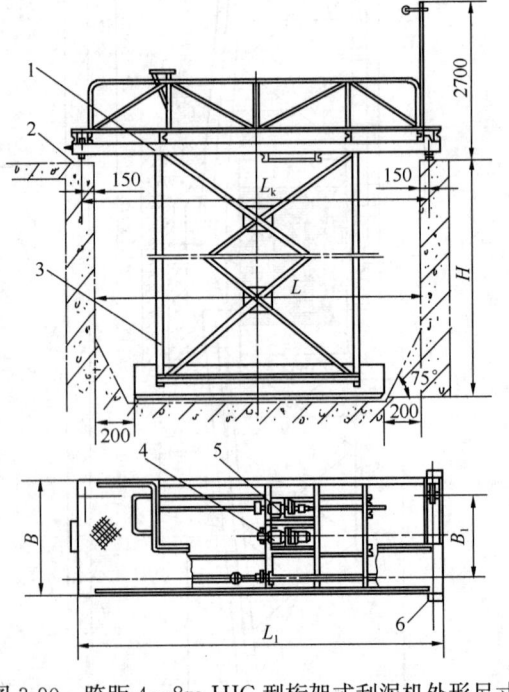

图 3-90　跨距 4～8m HJG 型桁架式刮泥机外形尺寸
1—行车架；2—轨道；3—刮泥板及导梁；
4—驱动机构；5—卷扬机构；6—行程开关

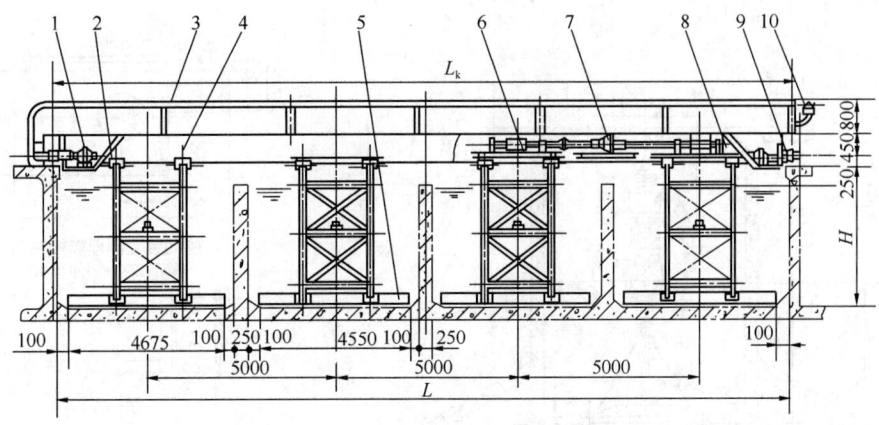

图 3-91 跨距 10～20m HJG 型桁架式刮泥机外形尺寸

1—驱动机构；2—刮板架；3—栏杆；4—桁架主梁；5—刮泥板；6—卷扬机构；

7—卷扬电机及减速器；8—卷扬限位装置；9—轨道；10—集电架

由变速驱动、提升叶轮、桨叶、调流装置等部分组成。电动机经三角皮带轮和蜗轮两级减速。蜗轮轴与搅拌轴采用刚性连接。搅拌机位于池子中央。刮泥机的设置有两种方式：套轴式中心传动与销齿轮传动。套轴式中心传动刮泥机在形式上与悬挂式中心传动刮泥机相似，仅用于水量小于 600m³/h 的池子。销齿轮传动用于水量大于 600m³/h 的池子，其结构主要由电动机、减速器、传动立轴、水下轴承座、小齿轮、销齿轮、中心枢轴、刮臂刮板等部件组成。

（4）性能：JJ 型加速澄清池搅拌刮泥机性能见表 3-83。

JJ 型加速澄清池搅拌刮泥机性能 表 3-83

型号	搅拌机					刮泥机					生产厂
	功率 (kW)	传动比	叶轮 (mm)			H_1 (mm)	功率 (kW)	传动比	ϕ_2 (m)	H (mm)	
			ϕ_1	Q	K						
JJ-200	3	82.8	2000	0～110	850	2750	0.75	11973.5	6.0	5500	江苏天雨环保集团有限公司、沈阳水处理设备制造总厂
JJ-320				110～170		2550			7.5	5650	
JJ-430	4	105.3	2500	0～175	1100	2750		14660	9.0	6200	
JJ-600				175～245		2850			10.5	6550	
JJ-800	5.5	140	3500	0～230	1200	3060	1.5	30975	12.0	7050	
JJ-1000				230～290		3350			13.5	7500	
JJ-1330	7.5	192.96	4500	0～300	1300	3550		33040	15.0	7850	
JJ-1800				300～410		4050			17.0	8450	
JJ-2200	11	206.5	4800	420		4950	2.2	33651.8	18.2	9350	

注：每种规格均可将搅拌机与刮泥机分开供质。

（5）外形及安装尺寸：

1）JJ200～600 型加速澄清池搅拌刮泥机外形及安装尺寸见图 3-92 和表 3-84。

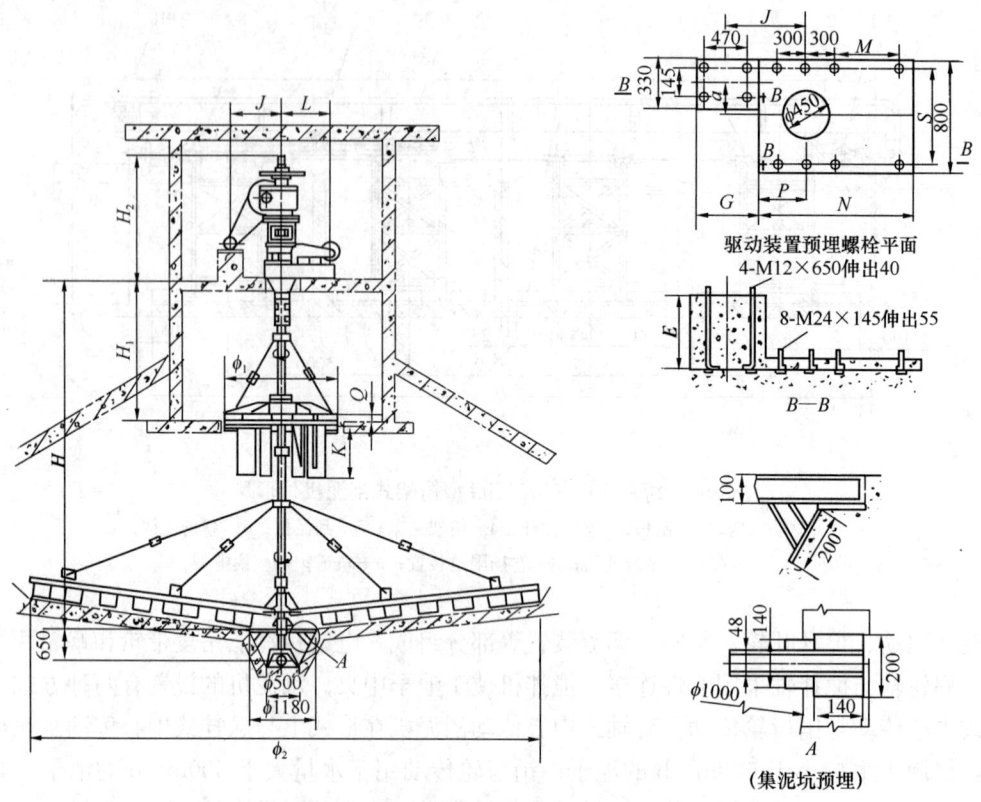

图 3-92　JJ200～600 型加速澄清池搅拌刮泥机外形及安装尺寸

　　2）JJ800～2200 型加速澄清池搅拌刮泥机外形及安装尺寸见图 3-93、图 3-94 和表 3-85。

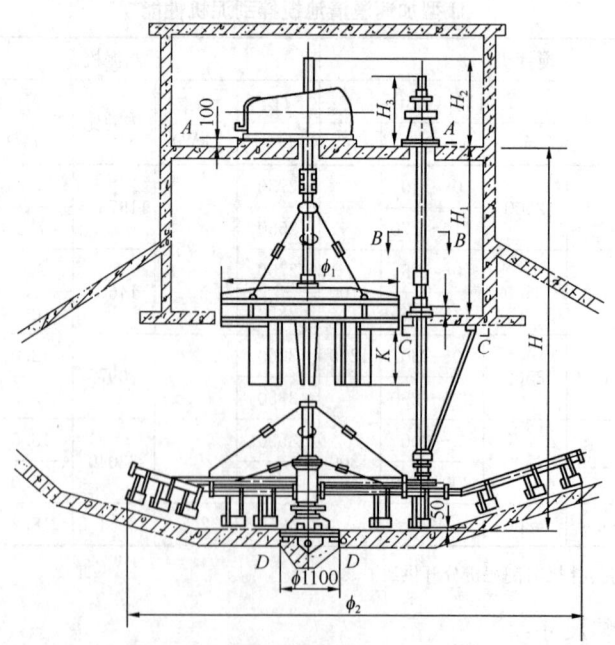

图 3-93　JJ800～2200 型加速澄清池搅拌刮泥机外形及安装尺寸（一）

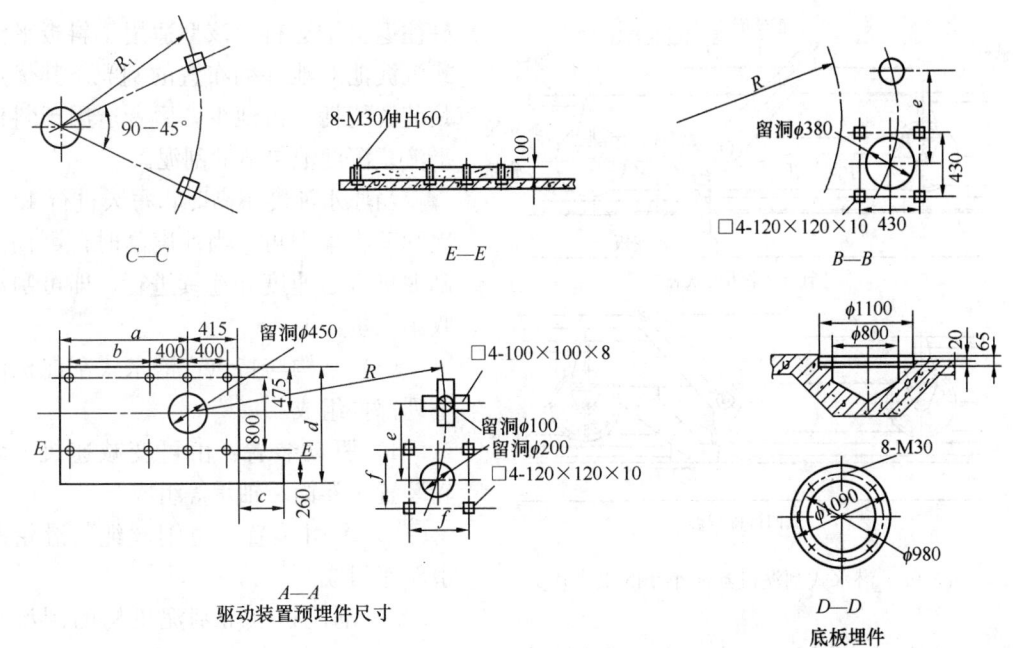

图 3-94 JJ800~2200 型加速澄清池搅拌刮泥机外形及安装尺寸（二）

JJ200~600 型加速澄清池搅拌刮泥机外形及安装尺寸（mm）　　　　表 3-84

型　号	H_2	E	G	J	L	M	P	N	a	S
JJ-200	1945	610	670	738	696	611	380	1400	184	600
JJ-320										
JJ-430	2370	600	600	800	810	805	500	1750	235	630
JJ-600										

JJ800~2200 型加速澄清池搅拌刮泥机外形及安装尺寸（mm）　　　　表 3-85

型　号	H_2	R	H_3	a	b	c	d	e	f	R_1
JJ-800	1480	2144	1160	1375	800	361	1150	504	380	1370
JJ-1000										
JJ-1330	1712	2563	1419	1425	850	494	1190	536	420	2100
JJ-1800										
JJ-2200	1762	2891	1495	1520	800	494	1190	640	300	2110

3.4.1.7　日本潜水式刮泥机

（1）适用范围：日本月岛机械株式会社开发的潜水式刮泥机适用于平流式沉淀池。尤其是斜板沉淀池底部污泥的刮除。

（2）工作原理：潜水式刮泥机是指附带刮泥板的刮泥小车。它在池底两侧铺设的轨道上行走而往返于水中，以刮动收集沉淀堆积的污泥，见图 3-95。刮泥小车由设置在地面的驱动装置并通过钢丝绳牵引拉动。根据沉淀池的构造和大小，有"一驱动两牵引"及"一驱动一牵引"两种驱动牵引方式。前者是用一台驱动装置同时牵引两台刮泥小车在池

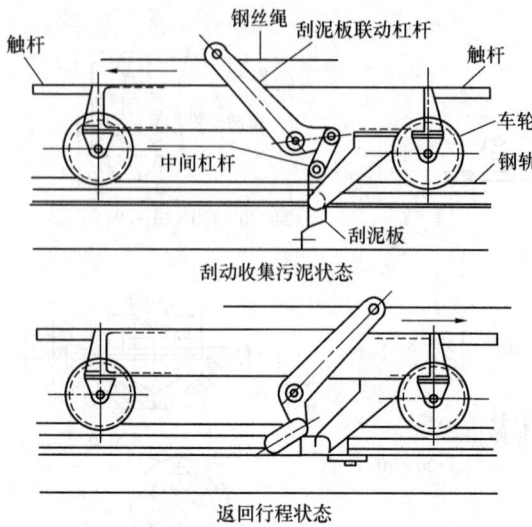

图 3-95　潜水式刮泥机刮泥小车的工作状况

底往返交错运行。该型适用于斜板平流式沉淀池双池并列布置的刮泥。其优点是节省能耗，占地少。后者适用于斜板平流式沉淀池单池的刮泥。

当原水浊度不高时，每天进行 1～2 次刮动收集即可；当浊度高时，可提高刮泥机行走速度并连续进行，即可刮动收集大量污泥。

（3）结构与特点：潜水式刮泥机由下列部件组成：

1）驱动装置：由可变减速机、齿轮装置、卷筒、轴承等组成。

2）牵引装置：由钢丝绳、滑轮及滑轮座组成。

3）刮泥机（带刮泥机构的刮泥小车）：有刮泥小车框架、车轮及轴、刮泥板等。

4）控制装置：行程终了检测机构，见图 3-96，其内装有两个限位开关和行程终了检测联杆。

5）轨道：钢轨及附件。

该机特点：

1）刮泥小车总高度约 700mm，很容易设置在斜板装置下部。

2）运行控制装置装有双重安全机构，可实现无人运行。

3）刮泥小车用钢丝绳牵引拉动，也可设置在双层沉淀池的污泥收集侧，设有排泥沟，基本上不必对现有构筑物进行改造，即可安装使用。

（4）性能及外形尺寸：潜水式刮泥机驱动功率在 0.75kW 以下，速度为无级调速型。单池宽度最大 8m，长度最大 8m。该机整体组合布置见图 3-97。

3.4.1.8　LTJ 型非金属链条式刮泥机

（1）适用范围：LTJ 型非金属链条式刮泥机配套用于矩形沉淀池排泥机械，广泛应用于自来水厂和污水处理厂沉淀池的排泥。矩形沉淀池包括平流式沉淀池和方形周进周出二沉池等多种工艺池形。

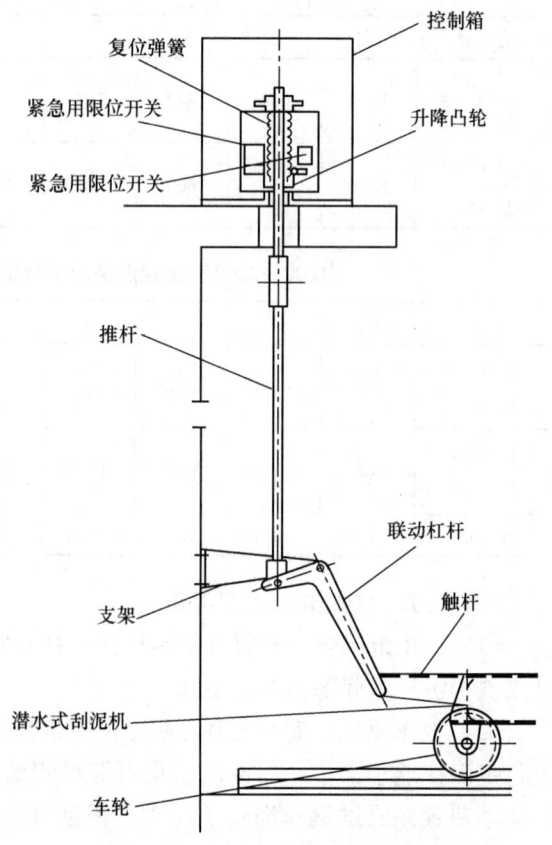

图 3-96　潜水式刮泥机控制装置示意

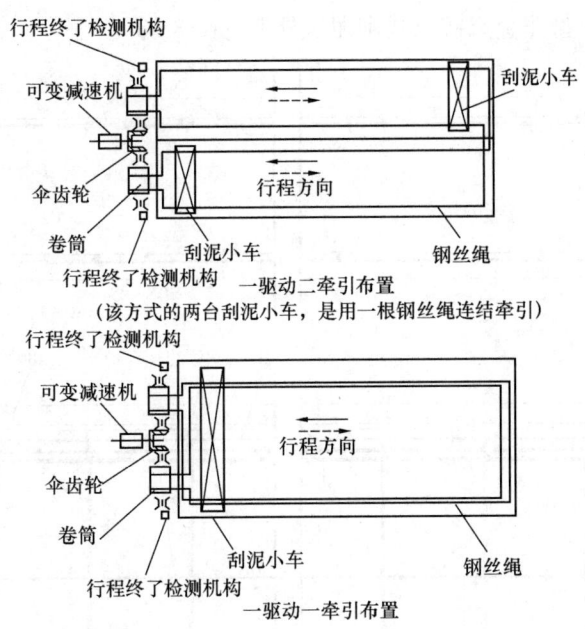

一驱动二牵引布置
(该方式的两台刮泥小车,是用一根钢丝绳连结牵引)

一驱动一牵引布置

图 3-97 潜水式刮泥机整体组合布置

(2) 型号意义说明:

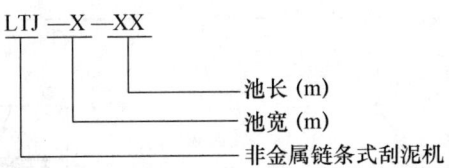

$$LTJ—X—XX$$

———— 池长 (m)
———— 池宽 (m)
———— 非金属链条式刮泥机

(3) 结构与特点:LTJ 型非金属链条式刮泥机,主要由驱动装置(包括电动机、减速机、扭矩限制器)、刮板总成、非金属牵引链条、主轴总成、导向链轮总成、池底耐磨条、池壁托架、同步检测装置、张紧装置及撒渣管等部件组成。

驱动装置带动非金属牵引链条,非金属牵引链条牵引刮泥板做循环转动,将整个池底的污泥刮至排泥管(或泥斗),污泥再通过排泥管排出池外。

(4) 性能:LTJ 型非金属链条式刮泥机性能见表 3-86。

LTJ 型非金属链条式刮泥机性能　　　　　　　　　　表 3-86

型　号	池体宽度 B (m)	池体长度 L (m)	运行速度 (m/min)	电机功率 (kW)	推荐水深 H (m)	生产厂
LTJ-1-80	1			0.25		
LTJ-2-80	2			0.25		
LTJ-3-80	3			0.37		广州市
LTJ-4-80	4	≤85	≤1.0	0.37	≤5.0	新之地环
LTJ-5-80	5			0.55		保产业有
LTJ-6-80	6			0.55		限公司
LTJ-7-80	7			0.55		
LTJ-8-80	8			0.75		

注:池体宽度、长度、水深及电机功率可根据需要进行适当调整;方形周进周出二沉池池体宽度 B 最大可设计为 11.0m,配套 LTJ 型非金属链条式刮泥机,刮泥板宽度最大可设计为 8.2m。

(5) 外形：LTJ 型非金属链条式刮泥机外形见图 3-98。

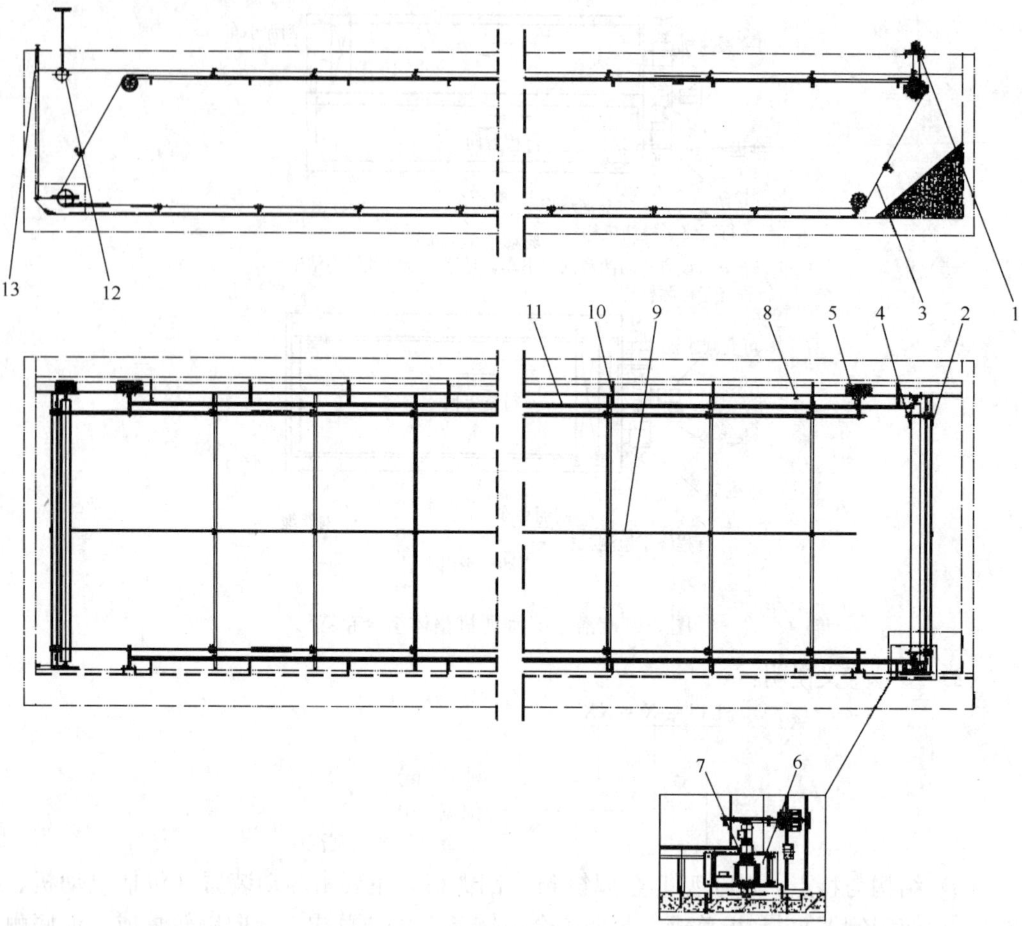

图 3-98　LTJ 型非金属链条式刮泥机外形

1—驱动装置；2—刮板总成；3—牵引链条；4—主轴总成；5—导向链轮总成；

6—电机座；7—扭矩限制器；8—同步检测装置；9—池底耐磨条；

10—池壁托架；11—池面耐磨条；12—撇渣管；13—张紧装置

3.4.2　吸泥机

3.4.2.1　ZBX 型周边传动吸泥机

(1) 适用范围：ZBX 型周边传动吸泥机主要用于污水生化处理工艺中辐流式二次沉淀池的排泥。该机可以克服活性污泥相对密度小、含水率高、难以刮集的困难，采用水位差自吸式排泥，可任意调节吸气量，分全跨式和半跨式两种。此处只介绍全跨式一种。

(2) 型号意义说明：

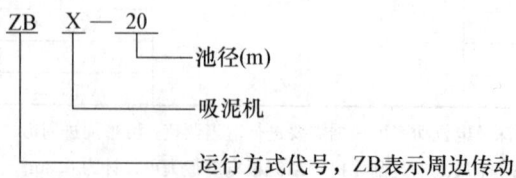

(3) 结构与特点：ZBX 型周边传动吸泥机的传动机构为摆线针轮减速机和开式链条二级减速。行走车轮采用铁芯橡胶轮沿池顶走道作圆周运动，池底污泥经刮板刮集由吸泥管吸出，通过排泥槽及排泥缸排出池外，它是中心配水中心排泥型虹吸式排泥，液面设有浮渣刮集装置，池臂四周设有溢流装置和浮渣排出装置。其电源及压缩空气均从池底中心输入。

(4) 性能：ZBX 型周边传动吸泥机性能见表 3-87，ZBJ-XX-Ⅰ（Ⅱ）—H（S）型周边传动多管吸泥机性能见表 3-90，其他型号周边传动吸泥机性能见表 3-89。

ZBX 型周边传动吸泥机性能　　　　　　　　　　　　　　　　　表 3-87

型　号	池径 D（m）	周边线速度（m/min）	功率（kW）	压缩空气压力（MPa）	生产厂
ZBX-20	20	1.61	0.37×2	0.1	
ZBX-25	25	1.61	0.37×2	0.1	
ZBX-30	30	1.57	1.5×2	0.1	江苏天雨环保集团公司、无锡通用机械厂
ZBX-37	37	1.60	1.5×2	0.1	
ZBX-45	45	2.20	2.2×2	0.1	
ZBX-55	55	2.40	2.2×2	0.1	

(5) 外形及安装尺寸：ZBX 型周边传动吸泥机外形及安装尺寸见图 3-99、图 3-100 和表 3-88。

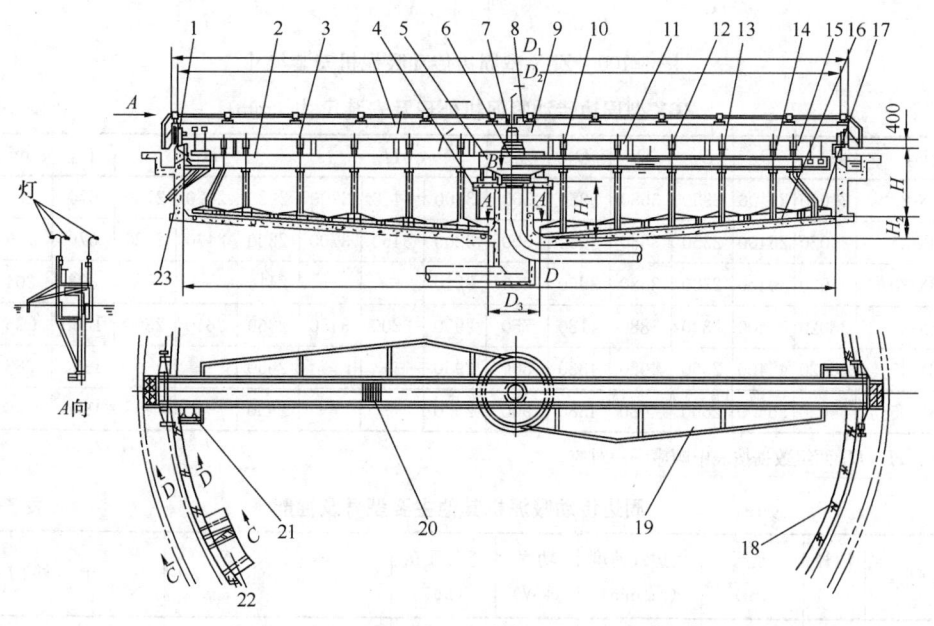

图 3-99　ZBX 型周边传动吸泥机外形尺寸

1—传动装置；2—排泥槽；3—锥阀；4—稳流筒；5—中心泥缸；6—中心筒；
7—中心支座；8—输电气管；9—钢梁；10～15—吸泥装置；16、17—刮板；
18—溢流堰；19—排渣装置；20—走道板；21—浮渣耙板；22—渣斗；
23—触阀

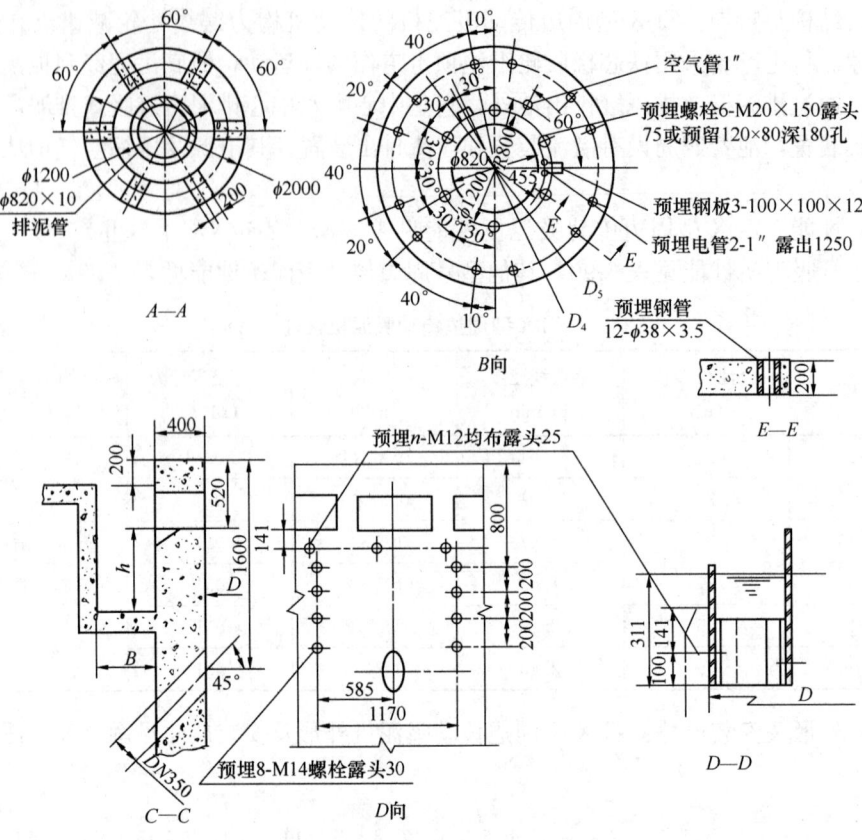

图 3-100　ZBX 型周边传动吸泥机安装尺寸

ZBX 型周边传动吸泥机外形及安装尺寸（mm）　　　　　表 3-88

型号	D_1	D_2	D_3	D_4	D_5	h	H			H_1			H_2	n（个）	B
ZBX-20	21020	20400	2350	3680	3950	550	3200	3450	3700	2220	2470	2720	670	126	400
ZBX-25	26020	25400	2350	3680	3950	600	3200	3450	3700	2220	2470	2720	670	149	400
ZBX-30	31020	30400	2300	3680	3950	650	3200	—	—	2418	—	—	833	204	450
ZBX-37	38020	37400	2300	3880	4180	750	2950	3200	3450	2360	2610	2860	1060	225	500
ZBX-45	46020	45400	2500	4080	4380	800	2950			2650	—		1350	283	550
ZBX-55	56020	55400	2500	4080	4380	900	2950			2950	—		1650	346	600

注：H、H_1 两组数据按表中顺序——对应。

周边传动吸泥机其他主要型号及性能　　　　　表 3-89

型号	池径（m）	池深（m）	周边线速度（m/min）	功率（kW）	近似质量（kg）	备　注	生　产　厂
XNB-200	20		2.4	1.5			
XNB-250	25		2.4	1.5		虹吸式排泥，配有浮渣收集及排出装置	安徽中联环保设备有限公司
XNB-300	30	2.5～3.5	2.4	2.2	—		
XNB-380	38		2.4	2.2			
XNB-450	45		2.4	2.2			

续表

型号	池径 (m)	池深 (m)	周边线速度 (m/min)	功率 (kW)	近似质量 (kg)	备 注	生 产 厂
CX20C	20	3.5	1.36	0.55			
CX25C	25	3.5	1.70	0.55			
CX30C	30	4.0	2.04	0.75	—	泵吸式排泥,周边 半桥式单驱动、配有 浮渣收集及排出装置	沈阳水处理设备制造 总厂
CX38C	38	4.0	2.58	0.75			
CX45C	45	4.5	3.05	1.50			
CX50C	50	4.5	3.38	1.50			
CX20B	20	3.5	~2	0.75×2	15000		
CX25B	25	3.5	~2	0.75×2	18000		
CX30B	30	4.0	~2	0.75×2	21000		
CX35B	35	4.0	~2	1.5×2	25000	根据液位差及空气 提升原理设计吸泥管 及排泥槽,周边全桥 式双驱动,配有浮渣 收集与排出装置	沈阳水处理设备制造 总厂、唐山清源环保机 械(集团)公司
CX40B	40	4.5	~2	1.5×2	29000		
CX45B	45	4.5	~2	1.5×2	33000		
CX50B	50	5.0	~2	1.5×2	40000		
CX55B	55	5.0	~2	1.5×2	45000		
CX60B	60	5.2	~2	2.2×2	51000		
CX80B	80	5.5	~2	2.2×2	67000		
CX100B	100	5.5	~2	4.0×2	88000		
SGX25	25	3.6	1.57	0.75×2	15000		
SGX30	30	4.0	1.80	1.1×2	17500		
SGX35	35	4.0	1.87	1.1×2	20000		
SGX40	40	4.4	2.0	1.5×2	23000	压差式排泥,除浮 渣装置及刮吸泥装置 均采用专利技术	北京桑德环保产业 集团
SGX45	45	4.4	2.0	1.5×2	28500		
SGX50	50	4.4	1.89	1.5×2	32000		
SGX55	55	4.55	1.922	1.5×2	37000		
SGX60	60	4.8	1.975	1.5×2	43000		

ZBJ-XX-I(II)—H(S)型周边传动多管吸泥机性能　　　　表 3-90

型 号	池径 D (m)	周边线速度 (m/min)	转速 (r/min)	电机功率 (kW)	推荐水深 H (m)	生产厂
ZBJ-20-I	20		0.03	0.25		
ZBJ-25-I	25		0.03	0.25		
ZBJ-30-I	30		0.03	0.37		
ZBJ-35-I	35	2.0~3.0	0.02	0.37	4~5	广州市新之地环保产业 有限公司
ZBJ-40-I	40		0.02	0.55		
ZBJ-45-II	45		0.02	0.37×2		
ZBJ-50-II	50		0.01	0.37×2		

3.4.2.2 HJX 型桁架式吸泥机

(1) 适用范围：HJX 型桁架式吸泥机用于污水处理中的平流式二次沉淀池的排泥。

(2) 型号意义说明：

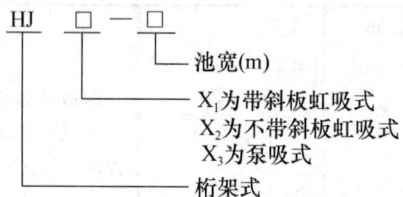

(3) 结构与特点：HJX 型桁架式吸泥机主要由驱动机构、行车梁、集泥装置、虹吸系统、虹吸排泥管、电气控制装置等部件组成。该机共有三种形式：带斜板（管）沉淀池虹吸式吸泥机（HJX₁型）；不带斜板（管）沉淀池虹吸式吸泥机（HJX₂型）；泵吸式吸泥机（HJX₃型）。虹吸式采用真空泵形成虹吸；泵吸式则直接采用液下泵抽吸。

(4) 性能：HJX 型桁架式吸泥机性能见表 3-91。

HJX 型桁架式吸泥机性能 表 3-91

沉淀池宽度(m)	吸泥车轮距(m)	工作桥宽度(m)	行走速度(m/min)	驱动方法	驱动功率(kW)	虹吸吸泥管(数量×直径)(根×in)	泵吸式排泥量(m³/h)	泵吸式吸泥泵功率(kW)	虹吸式真空泵功率(kW)	配用轻轨(kg/m)	生产厂
4	1.2	0.80	1.005	集中驱动	0.37	3×2″	20~35	3	1.5	15	江苏天雨环保集团有限公司
6	1.6	0.80			2×0.37	5×2″	2×(15~30)	2×1.5			
8	1.8	1.00				6×2″	2×(20~35)	2×3.0			
10	2.0	1.20				8×1¾″		2×3.0		18	
12	2.2	1.20				8×2″	2×(50~70)	2×3.0			
14	2.2	1.25		两边同步	2×0.55	10×2″					
16	2.4	1.50				10×2″		3×3.0			
18	2.4	1.50				10×2½″	3×(50~70)				
20	2.6	1.80			2×0.75	10×2½″		4×3.0		24	
22	2.6	2.00				12×2″	4×(50~70)	—			

注：生产厂还有：江苏一环集团公司、无锡通用机械厂。

(5) 外形尺寸：

1) HJX₁型带斜板（管）沉淀池虹吸式吸泥机外形尺寸见图 3-101 和表 3-92。

HJX₁型带斜板（管）沉淀池虹吸式吸泥机外形尺寸(mm) 表 3-92

型 号	L	L₁	Lₖ	L₂	H₁	H
HJX₁-4	4000	4600	4200	3200	650	推荐池深 4000
HJX₁-6	6000	6600	6200	5200	650	
HJX₁-8	8000	8700	8300	7100	800	
HJX₁-10	10000	10700	10300	9100	800	
HJX₁-12	12000	12700	12300	11000	900	
HJX₁-14	14000	14700	14300	13000	950	
HJX₁-16	16000	16700	16300	15000	1050	
HJX₁-18	18000	18700	18300	16800	1500	
HJX₁-20	20000	20700	20300	18600	1500	
HJX₁-22	22000	22700	22300	20600	1500	

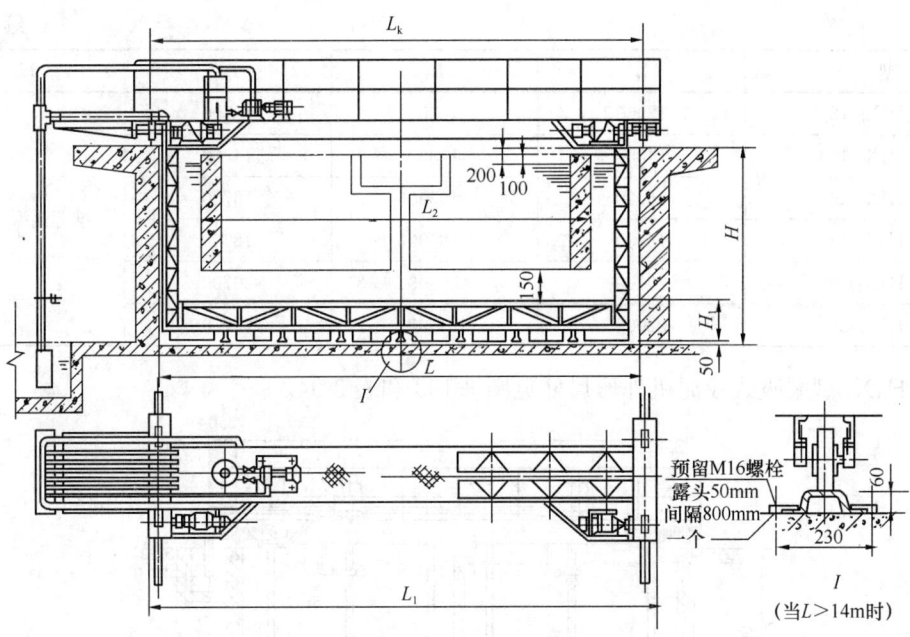

图 3-101 HJX₁型带斜板(管)沉淀池虹吸式吸泥机外形尺寸

2)HJX₂型不带斜板(管)沉淀池虹吸式吸泥机外形尺寸见图 3-102 和表 3-93。

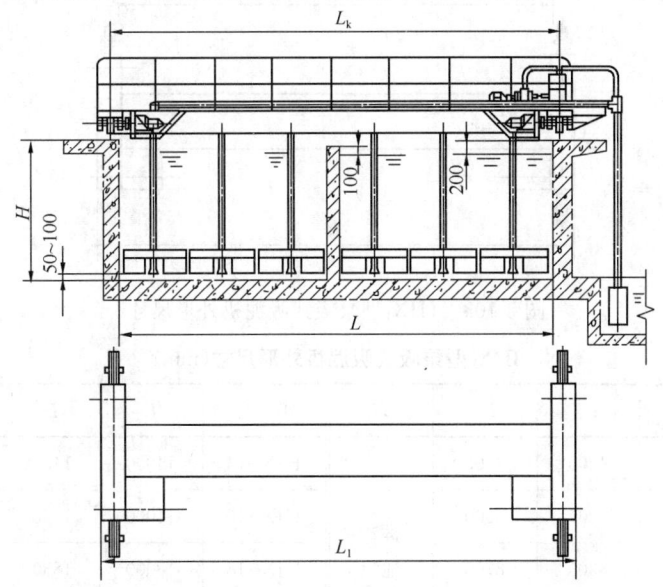

图 3-102 HJX₂型不带斜板(管)沉淀池虹吸式吸泥机外形尺寸

HJX₂型不带斜板(管)沉淀池虹吸式吸泥机外形尺寸(mm)　　　　　　表 3-93

型 号	L	L_k	L_1	H
HJX₂-4	4000	4200	4600	
HJX₂-6	6000	6200	6600	推荐池深 4000
HJX₂-8	8000	8300	8700	
HJX₂-10	10000	10300	10700	

型　号	L	L_k	L_1	H
HJX$_2$-12	12000	12300	12700	
HJX$_2$-14	14000	14300	14700	
HJX$_2$-16	16000	16300	16700	推荐池深 4000
HJX$_2$-18	18000	18300	18700	
HJX$_2$-20	20000	20300	20700	
HJX$_2$-22	22000	22300	22700	

3)HJX$_3$型泵吸式吸泥机外形尺寸见图 3-103 和表 3-94。

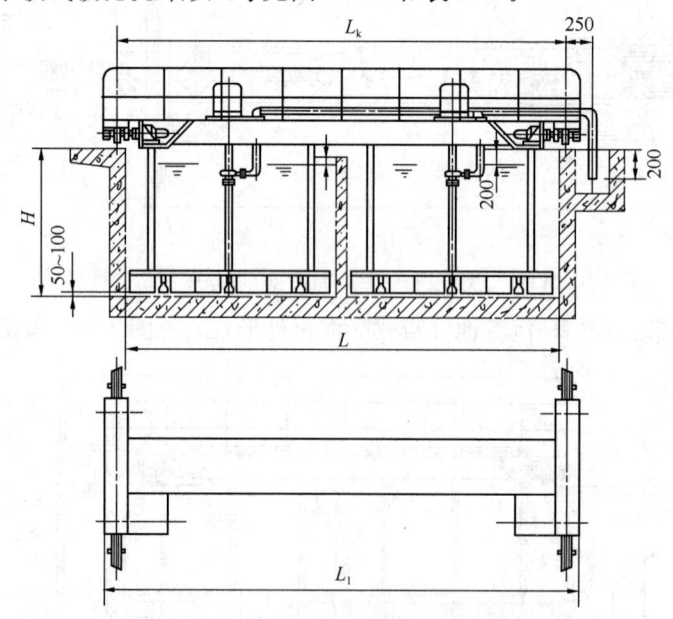

图 3-103　HJX$_3$型泵吸式吸泥机外形尺寸

HJX$_3$型泵吸式吸泥机外形尺寸（mm）　　　　　　　　表 3-94

型　号	L	L_k	L_1	H	型　号	L	L_k	L_1	H
HJX$_3$-4	4000	4200	4600		HJX$_3$-14	14000	14300	14700	
HJX$_3$-6	6000	6200	6600		HJX$_3$-16	16000	16300	16700	
HJX$_3$-8	8000	8300	8700	推荐池深 3500	HJX$_3$-18	18000	18300	18700	推荐池深 3500
HJX$_3$-10	10000	10300	10700		HJX$_3$-20	20000	20300	20700	
HJX$_3$-12	12000	12300	12700		HJX$_3$-22	22000	22300	22700	

3.4.2.3　ZXJ 型中心传动单管吸泥机

(1)适用范围：ZXJ-XX-Ⅰ(Ⅱ)型中心传动单管吸泥机广泛用于排水工程中污水处理活性污泥法的周进周出二沉池的吸、排泥。

(2)型号意义说明：

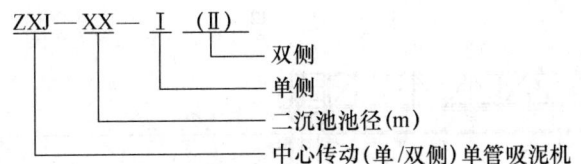

（3）结构与特点：ZXJ-XX-Ⅰ（Ⅱ）型中心传动单管吸泥机又称悬挂式中心传动单管吸泥机，主要由中心驱动装置（包括电机、减速机、扭矩限制器、齿轮轴及回转支承）、固定式工作桥、中立柱、转笼、桁架、集泥筒、吸泥管、撇渣机构、排渣斗等部件组成。

中心驱动装置带动吸泥管沿池底旋转，池底污泥由吸泥管上特殊设计的系列孔口以静压头为动力将整个池底的污泥通过管道和套筒排泥阀均匀地排出池外。池面的浮渣由吸泥机的撇渣系统收集并刮入浮渣斗经自动冲水机构将浮渣冲走。

（4）性能：ZXJ-XX-Ⅰ（Ⅱ）型中心传动单管吸泥机性能见表 3-95。

ZXJ-XX-Ⅰ（Ⅱ）型中心传动单管吸泥机性能 表 3-95

型 号	池径 D （m）	周边线速度 （m/min）	电机功率 （kW）	推荐水深 H （m）	生 产 厂
ZXJ-25-Ⅰ	25		0.25	≥3.5	
ZXJ-30-Ⅰ	30		0.37	≥4.0	
ZXJ-35-Ⅰ	35		0.37	≥4.0	
ZXJ-40-Ⅰ	40	2.0～3.0	0.37	≥4.0	广州市新之地环保产业有限公司
ZXJ-45-Ⅱ	45		0.55	≥4.5	
ZXJ-50-Ⅱ	50		0.55	≥4.5	
ZXJ-55-Ⅱ	55		0.75	≥4.5	

注：电机功率、水深可根据需要进行适当调整。当二沉池池径>42m时，一般采用双侧吸泥管结构。

（5）外形及安装尺寸：ZXJ-XX-Ⅰ（Ⅱ）型中心传动单管吸泥机外形及安装尺寸见表 3-96 和图 3-104、图 3-105。

ZXJ-XX-Ⅰ（Ⅱ）型中心传动单管吸泥机安装尺寸 表 3-96

型 号	A_1 （mm）	A_2 （mm）	A_3 （mm）	B （mm）
ZXJ-25-Ⅰ	600			
ZXJ-30-Ⅰ	700			
ZXJ-35-Ⅰ	830			1080
ZXJ-40-Ⅰ	830	根据流量而定	A_2+540	
ZXJ-45-Ⅱ	930			
ZXJ-50-Ⅱ	930			1180
ZXJ-55-Ⅱ	1080			

注：安装尺寸可根据需要进行适当调整。

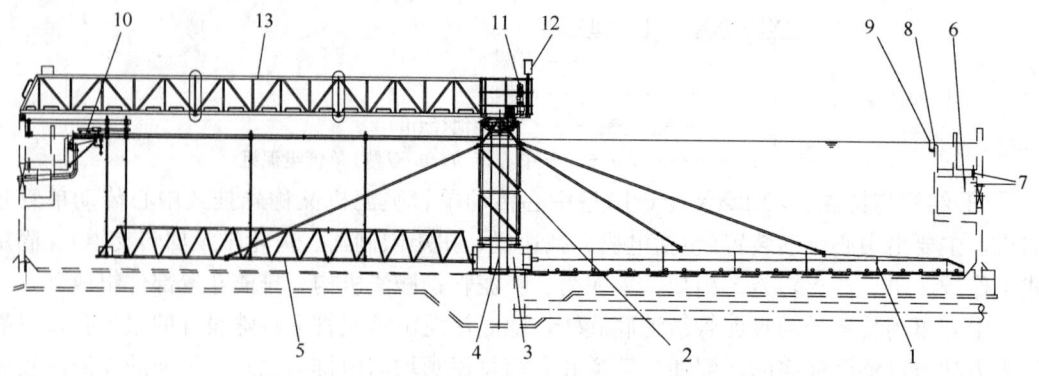

图 3-104 ZXJ-XX-Ⅰ型中心传动单管吸泥机外形

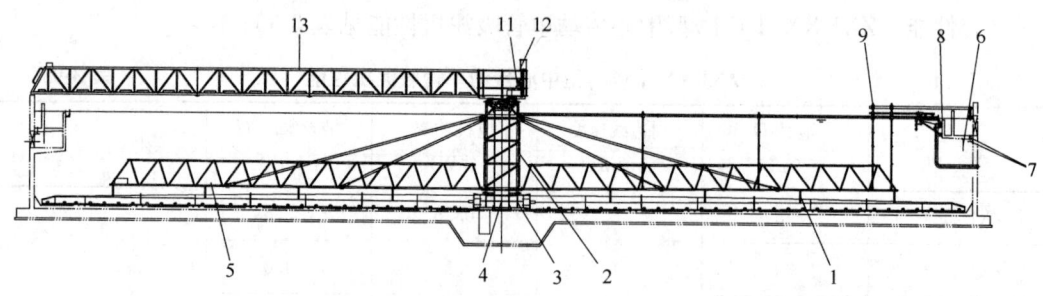

图 3-105 ZXJ-XX-Ⅱ型中心传动单管吸泥机外形

1—吸泥管；2—转笼；3—集泥筒；4—中立柱；5—桁架；6—挡水裙板；
7—配水孔管及挡板；8—出水三角堰板；9—浮渣挡板；10—撇渣撇沫机构；
11—中心驱动装置（包括电机、减速机、扭矩限制器、齿轮轴及回转支承）；
12—现场控制箱；13—工作桥

3.4.3 刮沫（油）机

3.4.3.1 GM型刮沫机

（1）适用范围：GM型刮沫机是为气浮池设计的专用配套设备，作用在于将池中表面气泡浮渣等杂物刮至下游（池端），以便集中处理，也可用于刮集平流沉淀池表面浮油、浮渣等。

（2）型号意义说明：

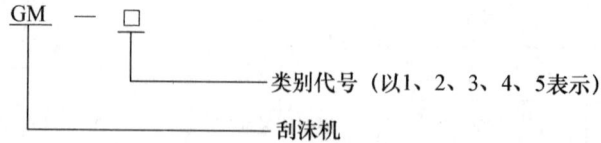

（3）结构与特点：GM型刮沫机由行走部分、刮沫耙、升降机构、操纵机构、安全机构等组成。刮沫耙的升降是由电动机、减速机和行程开关组成的电动推杆机构带动，升降位置可在允许范围内调整。操纵机构的主要控制元件均设置在配电柜内，有自动和手动两种操纵方式。为确保刮沫机的正常工作，在车架上和升降机构上均安装有行

程开关和极限开关，当出现任何一种超越行程的事故时，会发出警报声和信号，并使有关线路断开。

（4）性能及外形尺寸：GM 型刮沫机性能见表 3-97，外形尺寸见图 3-106 和图 3-107。

GM 型刮沫机性能 表 3-97

型 号	配气浮池宽度 (m)	轨道中心距 (m)	行走速度 (m/min)	电动机功率 (kW)	生产厂
GM-1	1.0 1.5	1.23 1.73			
GM-2	2.0 2.5	2.23 2.73			
GM-3	3.0 3.5	3.23 3.73	5.0 或 7.5	1.5	河南禹王机械有限公司（原河南省商城县水利机械厂）
GM-4	4.0 4.5	4.23 4.73			
GM-5	5.0 5.5	5.45 5.95			

注：生产厂还有：唐山清源环保机械集团公司 GM 型，轨距（m）：1.73、2.2、2.8、4.6，规格可根据用户要求设计制造。

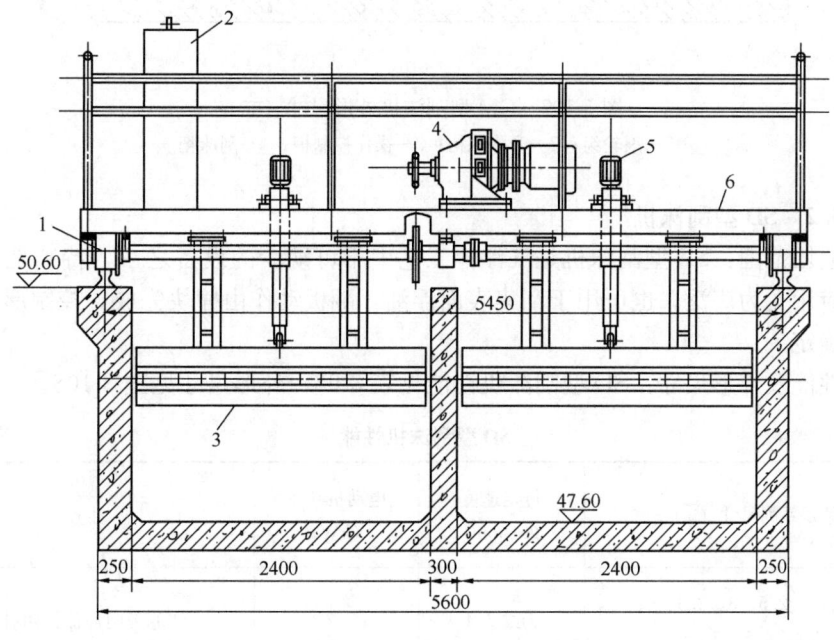

图 3-106 GM 型刮沫机外形尺寸（一）

1—滚轮组；2—操作控制柜；3—刮沫耙；4—电动机；5—传动装置；6—机架

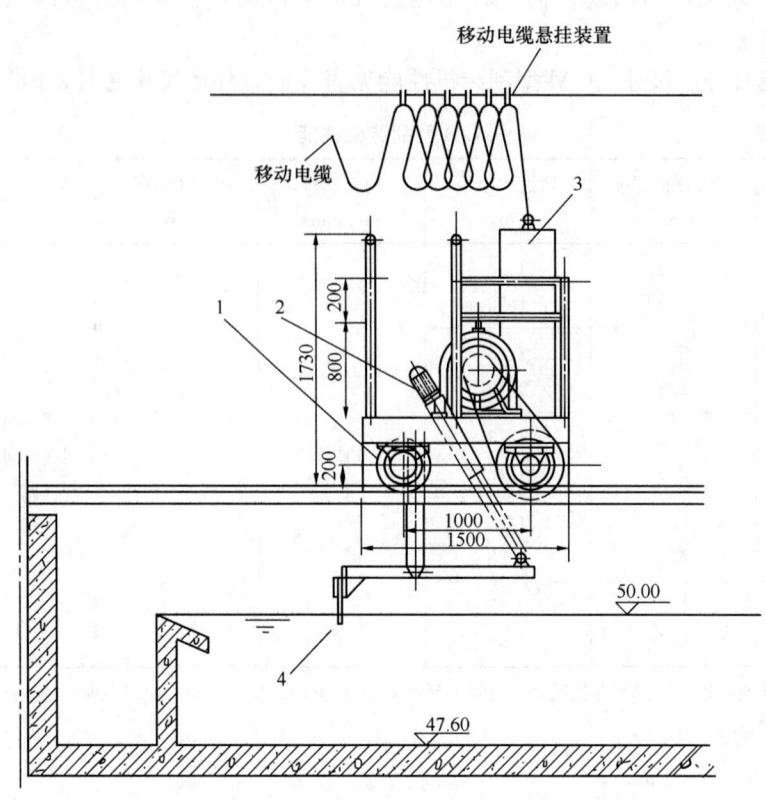

图 3-107　GM 型刮沫机外形尺寸（二）
1—滚轮组；2—升降机构；3—操作控制柜；4—刮沫耙

3.4.3.2　SD 型刮沫机

（1）适用范围：SD 型刮沫机是气浮池工艺中不可缺少的设备之一，特别是在造纸废水处理中应用尤为广泛。也可用于刮集表面浮油，翻板动作由撞块完成，控制形式可根据用户要求确定。

（2）性能及外形尺寸：SD 型刮沫机性能见表 3-98，外形尺寸见图 3-108。

SD 型刮沫机性能　　　　　　　　　　　　　　　表 3-98

池宽 B 系列尺寸（m）	行走速度 (m/min)	电动机功率 (kW)	生产厂
1、1.5、2、2.5、3、3.5、4、 4.2、4.4、4.5、5、5.5	5 或 7.4	0.75	江苏天雨环保集团有限公司

注：生产厂还有：唐山市通用环保机械有限公司。

3.4.3.3　链条式刮沫机

（1）适用范围：链条式刮沫机适用于油脂厂、石油化工厂等污水处理。该设备配有清扫器，把聚集的泡沫刮除后集于一端，然后由泡沫清扫器清扫出池或作其他处理。

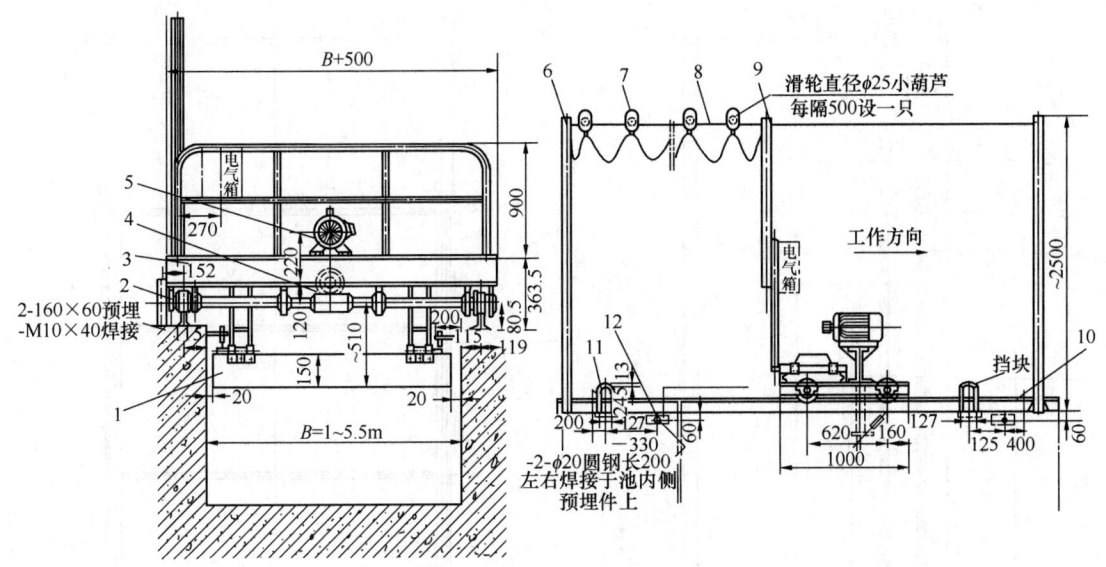

图 3-108　SD 型刮沫机外形尺寸

1—刮渣板；2—滚轮组；3—机架；4—传动装置；5—电动机；6—电缆支撑；

7—滑轮小车；8—钢丝绳；9—集电撑杆；10—车轮挡铁；

11—行程开关撞铁；12—刮板重锤挡铁

注：1. 轨道铺设参照刮油刮渣机样本；

2. 电缆支架，移动电缆，轨道（为 11kg/m 轻轨）均由用户自备。

　　（2）结构与特点：链条式刮沫机由电动机、行星摆线针轮减速器及链条传动机构组成。经链条传动后，将动力传给池内主动轴上的链轮，通过牵引链带动其他从动轴转动，在牵引链上安装的刮板也随之一起运动，且行程有自动导向系统，达到刮沫的目的。为避免腐蚀，该机特殊部分采用聚四氟乙烯材料，安装完毕，整体传动灵活，无卡阻现象，链条在轨道上运行平稳。

　　（3）性能及外形尺寸：链条式刮沫机性能见表 3-99，外形尺寸见图 3-109 和图 3-110。

链条式刮沫机性能　　　　　　　　　　　　　　　　　　表 3-99

传动部分					刮板部分				设备总重（kg）	生产厂
型号	速比	电动机		总速比	运行速度（m/min）	刮送长度（m）	刮板数量（块）	刮板浸深（mm）		
		功率（kW）	转速（r/min）							
XWED 0.75~63	1225	0.75	1390	2327.5	~1.1	~14.3	5	~43	~3025	北京市华福水处理设备厂

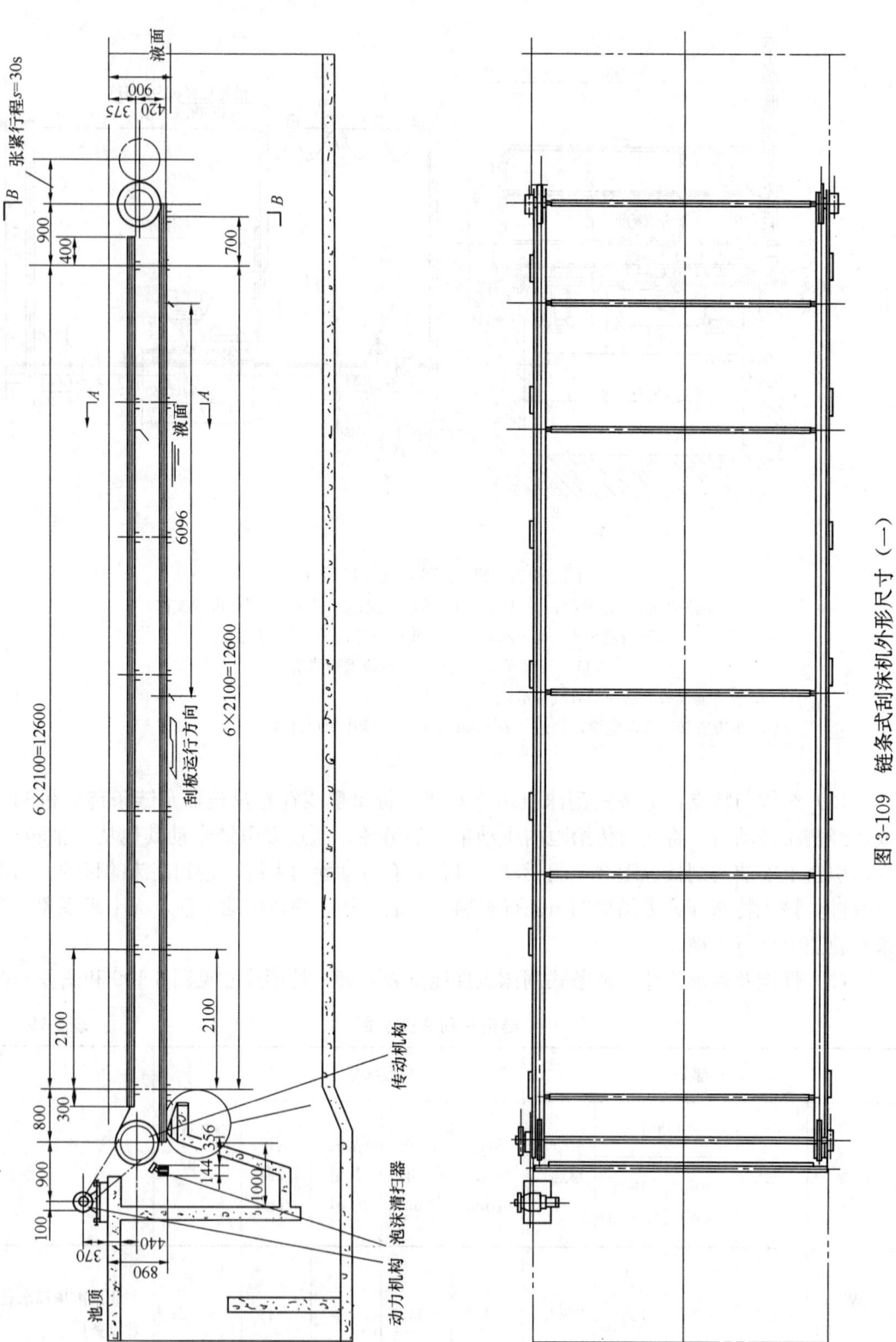

图 3-109　链条式刮沫机外形尺寸（一）

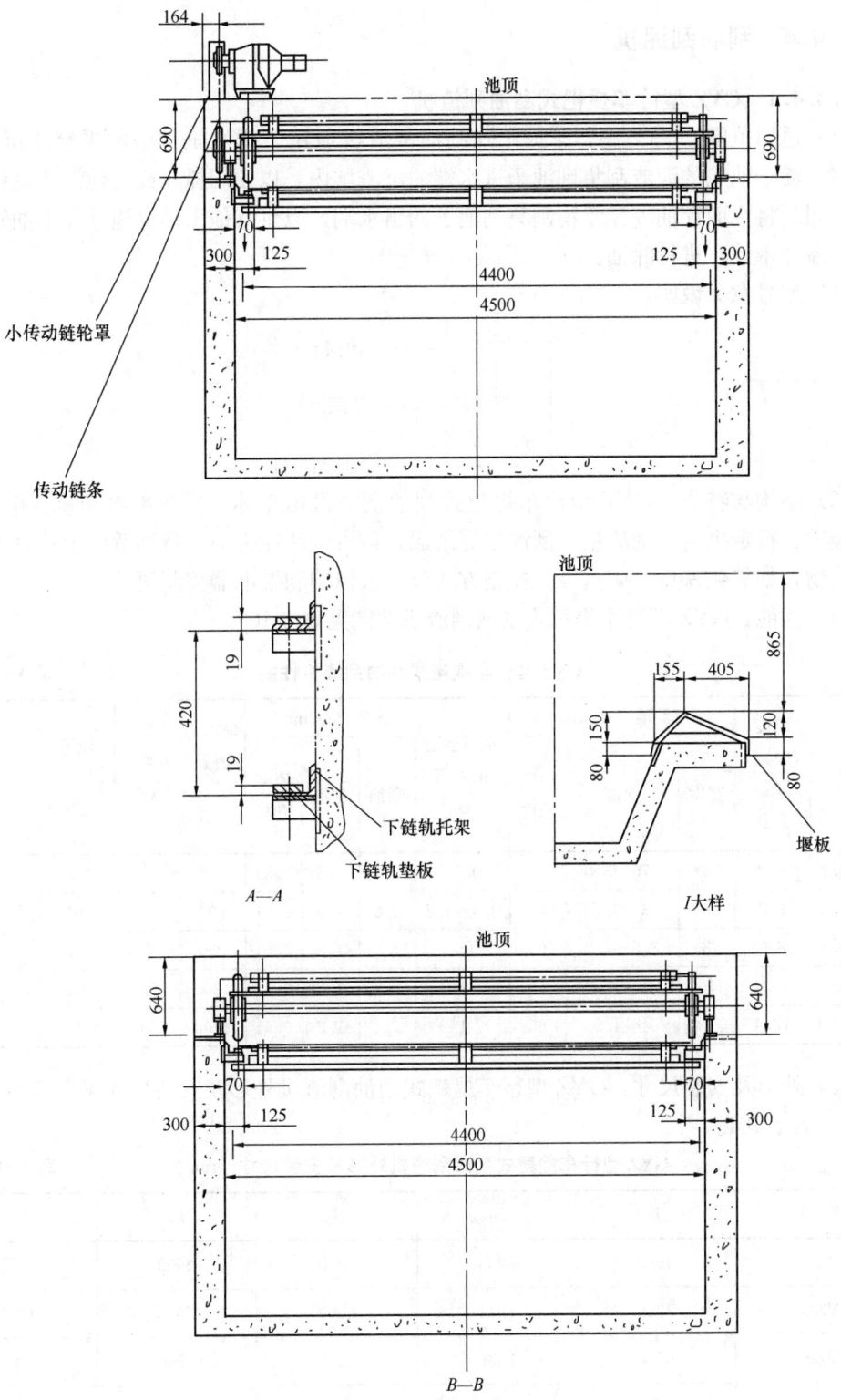

图 3-110 链条式刮沫机外形尺寸（二）

3.4.4　刮油刮泥机

3.4.4.1　GYZ 型行车提耙式刮油刮渣机

（1）适用范围：GYZ 型行车提耙式刮油刮渣机适用于排水工程中的平流式沉淀池。它可将沉淀于池底的泥渣刮集到池子进水端的沉渣坑内，以便用抓斗或其他清渣设备定期清除；同时将水面浮油等漂浮物刮集到池子的出水端，以供其他出油设施（如集油管、集油槽、撇油带等）进行除油。

（2）型号意义说明：

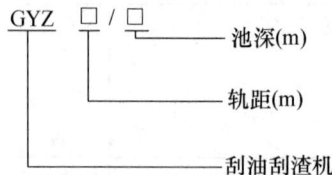

（3）结构与特点：GYZ 型行车提耙式刮油刮渣机由车体、提落耙电动机、电控柜、输电装置、行走机构、刮渣耙、刮油耙等组成。该机刮渣能力强，特别适用于相对密度大的沉淀物，如氧化铁皮、矿渣等。控制方式分微机控制和继电器控制两种。

（4）性能：GYZ 型行车提耙式刮油刮渣机性能见表 3-100。

GYZ 型行车提耙式刮油刮渣机性能　　　　表 3-100

型　号	跨度（轨距）L_k（m）	沉淀池尺寸（m）			水面至池顶距离（m）	速度（m/min）			最大刮渣量（kg/次）（干渣）	总功率（kW）	轨道型号（kg/m）	生产厂
		宽度	深度	有效长度		刮油	刮渣	渣耙升降				
GYZ-4.2	4.2	4	2.75～3.00	25	0.75	1.3	1.3	2.53	280	2	11	江苏天雨环保集团有限公司
GYZ-6.3	6.3	6	3～3.9	45	0.3～1.2	2.8	1.9	0.51	590	8	18	
GYZ-8.3	8.3	8	3.5～4.2	65	1	1.2	1.2	0.51	950	8	24	
GYZ-10.4	10.4	10	4～4.5	65	1	1.2	1.2	0.51	1200	11	24	
GYZ-12.4	12.4	12	4～4.5	65	1	1.2	1.2	0.51	1400	11	24	

（5）外形及安装尺寸：GYZ 型行车提耙式刮油刮渣机外形及安装尺寸见图 3-111、图 3-112 和表 3-101。

GYZ 型行车提耙式刮油刮渣机外形及安装尺寸（mm）　　　　表 3-101

型　号	B	B_1	B_2	B_3	B_4
GYZ-4.2	4960	3940	4000	2500	3500
GYZ-6.3	7260	5940	6000	2540	3700
GYZ-8.3	9260	7930	8000	2540	3700
GYZ-10.4	11600	9920	10000	2800	4500
GYZ-12.4	13600	11920	12000	2800	4500

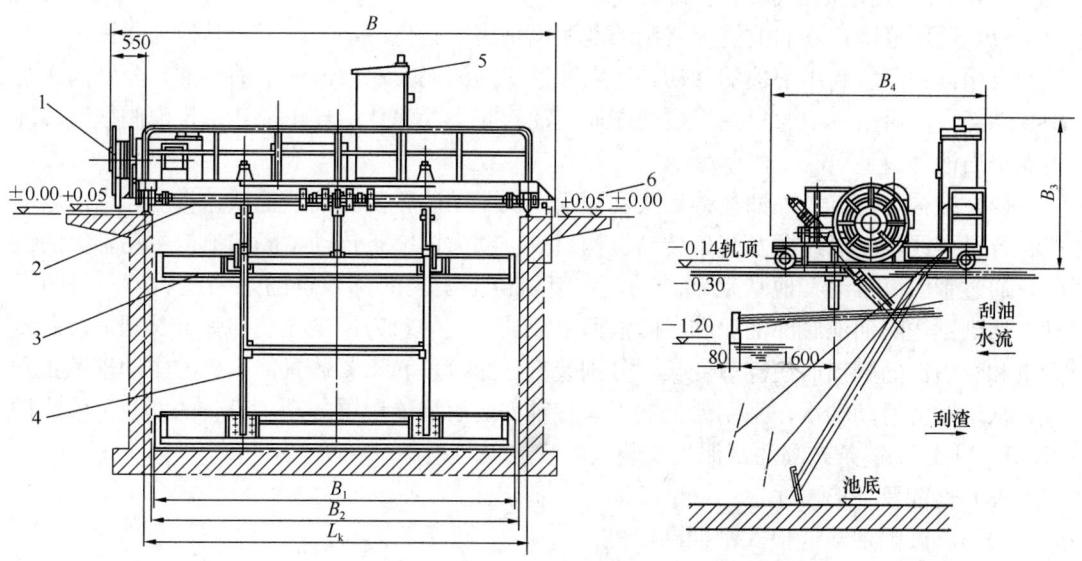

图 3-111 GYZ 型行车提耙式刮油刮渣机外形尺寸

1—输电装置；2—车体；3—刮油耙；4—刮渣耙；5—电控柜；6—行程开关

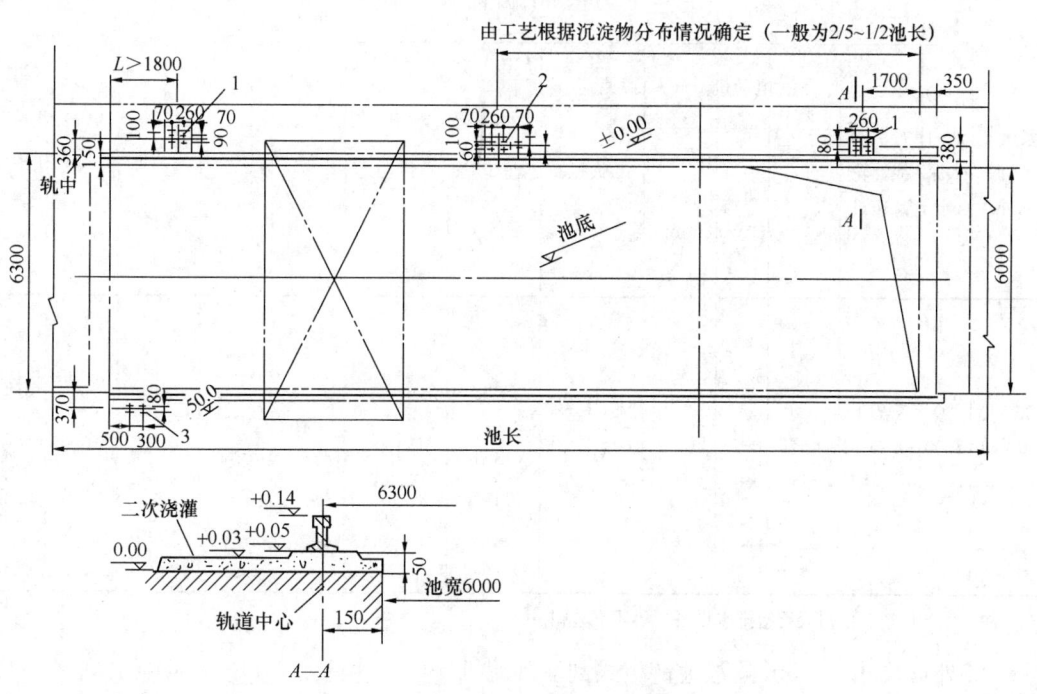

图 3-112 GYZ 型行车提耙式刮油刮渣机安装尺寸

1—M12 地脚螺栓高出基础面 35mm，螺纹长 30mm；

2—M12 地脚螺栓高出基础面 55mm，螺纹长 35mm；

3—M12 地脚螺栓高出地平 120mm，螺纹长 50mm

3.4.4.2 隔油池链板式刮油刮泥机

(1) 适用范围：隔油池链板式刮油刮泥机是用于石化污水处理厂及其他油脂污水处理厂的专用设备。它利用刮板的移动，将隔油池底的油泥及池内液面上的浮油，分别刮送集中到端部，然后由一端通集油管或两端通集油管收集浮油并引导出池，由排泥阀把池底部污泥排出池外。

(2) 结构与特点：隔油池链板式刮油刮泥机驱动装置装在隔油池顶盖板上，它由电动机、行星摆线针轮减速器及链条传动机构组成。动力由链条传动给隔油池内主动轴上的链轮，通过牵引链带动其他从动轴转动，在牵引链上安装的刮板也随之一起做环向封闭运动，达到刮送隔油池底部油泥和去除液面上浮油的目的。为便于安装和弥补长期运转后传动链和牵引链的磨损而使链节变长，分别装有张紧装置和拉紧装置。本机的主动轴及张紧轴，从动轴的滑动轴承，采用注油润滑，各轴安装后均能用手转动。设备的安装及验收按"BA10-14-1-91 链条式刮油刮泥机安装及验收规程"进行。

(3) 性能及外形尺寸：

1) 4.5m 隔油池链板式刮油刮泥机：

①性能：4.5m 隔油池链板式刮油刮泥机性能见表 3-102。

4.5m 隔油池链板式刮油刮泥机性能　　　表 3-102

隔油池			刮油刮泥机										设备总重(kg)	生产厂
			电动机						刮板					
长×宽×深(mm)	池内水深(mm)	行星摆线针轮减速机	型号	功率(kW)	转速(r/min)	传动链条	牵引链条	总传动比		长×宽×厚(mm)	块数×间距(mm)	移动速度(m/min)		
22500×4500×3000	2000	XWED-0.75-74 $i=1849$	d Ⅱ BT4	0.75	1500	24A-1×80 (GB/T 1243—2006)	3028 $p×d_1×b_1=200×44×44$	$i_总=i_机×i_链=1849×1.667=3082$		4300×156×45	7×6000	0.61	≈5003	北京市华福水处理设备厂

注：生产厂还有扬州天雨给排水设备（集团）公司。

②外形尺寸：4.5m 隔油池链板式刮油刮泥机外形尺寸见图 3-113。

③集油管及排泥阀：4.5m 隔油池链板式刮油刮泥机集油管及排泥阀性能见图 3-114 和图 3-115。

2) 其他型刮油刮泥机性能及外形尺寸见表 3-103。

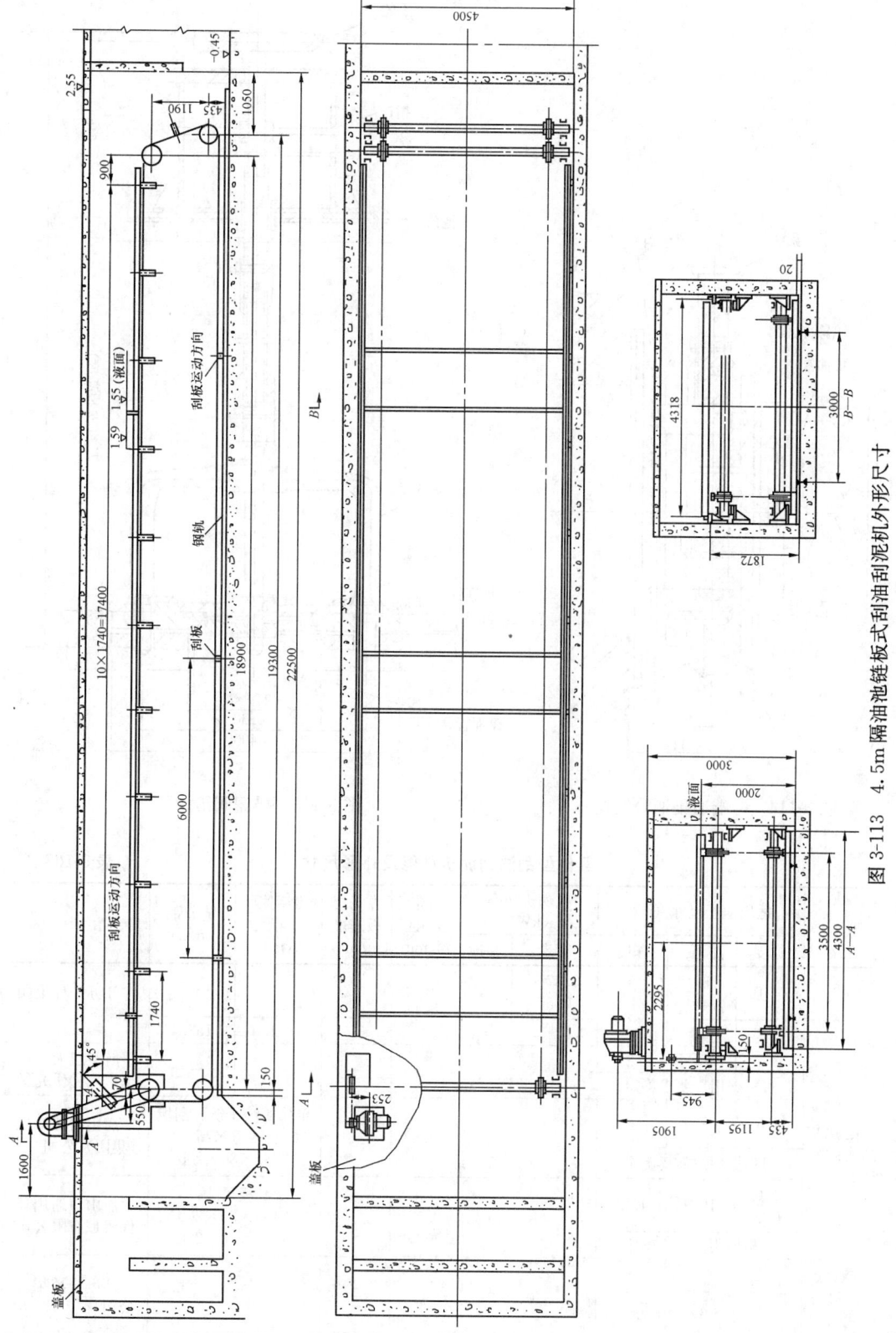

图 3-113 4.5m 隔油池池链板式刮油刮泥机外形尺寸

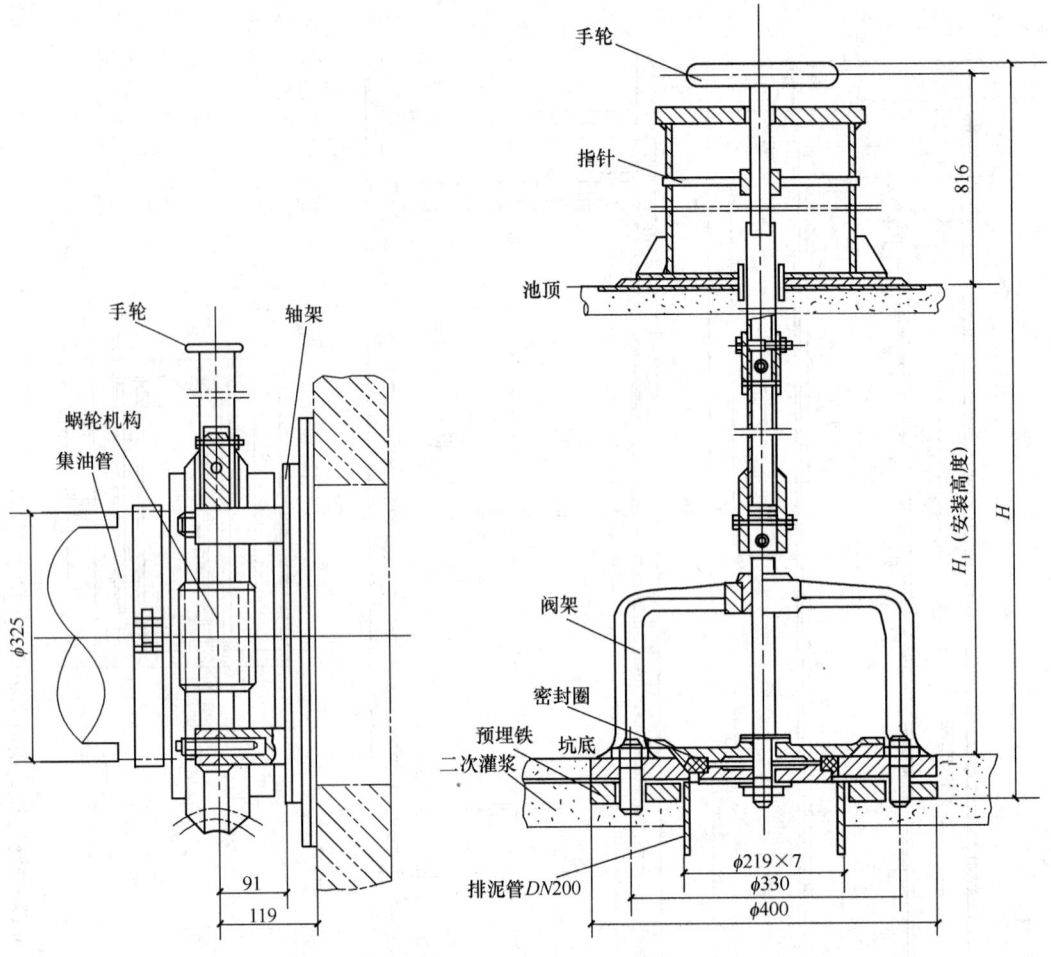

图 3-114　一端通集油管结构　　　　　图 3-115　排泥阀结构

其他型刮油刮泥机性能及外形尺寸　　　　　　　　表 3-103

型号	适用池子尺寸（m）			电动机功率（kW）		行走速度（m/min）	卷扬提板速度（m/min）	链刮板间距（m）	链节距（mm）	生产厂
	宽度	长度	深度	行走	卷扬					
PJ-T	3～10	35～40	2～4	0.37～0.55	0.75	≤1	≤2	—	—	江苏一环集团公司
PJ-L	4～6	25		0.5～1.5	—		—	1～1.5	152.4	
链板式刮油刮泥机	4.5	18.175	—	—		0.96				航空航天工业部六一〇研究所
	可根据用户要求确定									
	4.5	—	—	—		0.6		单排筒滚子链、刮板长×宽×高：3860×30×200		唐山清源环保（集团）公司
	可根据用户需要确定									
	4.0 5.0	19.3	4.25	1.5		0.32		刮板尺寸：3400×30×200 4400×30×200		唐山市通用环保机械有限公司
	可根据用户要求确定									
QG 型钢丝绳牵引式	最大10	最长40	2～4	<0.55		1	—	—	—	江苏一环集团公司

（图注）手轮　轴架　蜗轮机构　集油管　φ325　91　119

（图注）手轮　指针　池顶　816　H_1（安装高度）　H　阀架　密封圈　预埋铁　二次灌浆　坑底　排泥管 DN200　φ219×7　φ330　φ400

3.4.4.3 HSA（B）型旋流油水分离器

（1）适用范围：HS 型旋流油水分离器作为一种油水分离装置，适用于陆地及海洋油田、石化、冶金、港口、船舶及其他含油污水处理。

（2）型号意义说明：

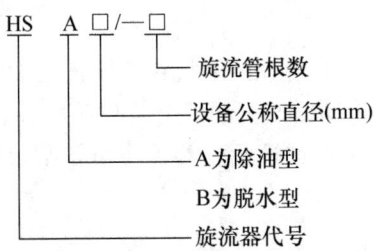

（3）特点：HSA 型除油效率高，具有 99％的除油效率及分离 10μm 油滴的能力；HSB 型脱水性好，能将含油 30％（体积）的含油污水浓缩为含油 80％（体积）的油水混合物，减少后期处理设备投资；设备体积小，重量轻，安装方式灵活，可水平安装也可垂直安装；设备内部无运动部件，免维护，对使用环境要求低，适用范围广。

（4）性能：HSA（B）型旋流油水分离器性能见表 3-104 和表 3-105。

（5）外形尺寸：HSA（B）型旋流油水分离器外形尺寸见图 3-116 及表 3-105。

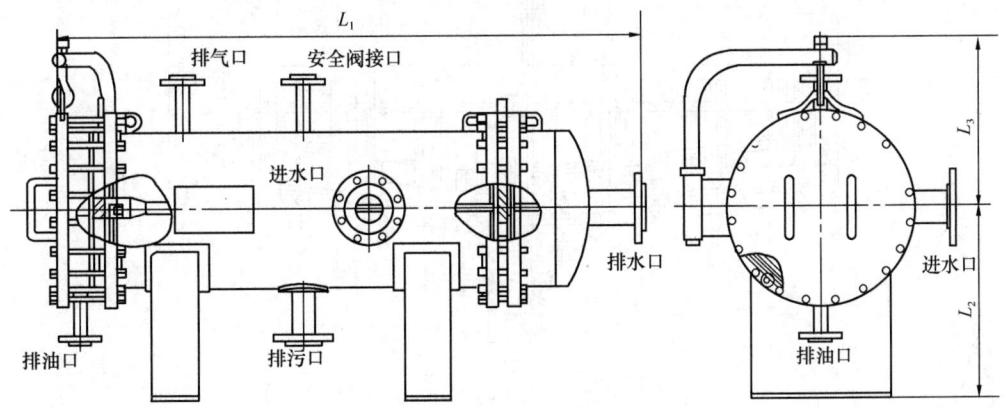

图 3-116　HSA（B）型旋流油水分离器外形尺寸

HS 型旋流油水分离器性能　　　　　　　　　　　　　表 3-104

处理量	设计温度	设计压力	处理精度	
			HSA	HSB
1.5～355m³/h	80℃	1.0MPa	进口含油≤300mg/L	进口含油 5％～30％（体积）
			出口含油≤80mg/L	出口含油约 80％（体积）

HSA（B）型旋流油水分离器技术参数　　　　　　　表 3-105

型　号	处理量（m³/h）	排油口（mm）	进水口（mm）	出水口（mm）	排气口（mm）	排污口（mm）	外形尺寸（mm）	运行质量（t）
HSA(B)300/10	1.5～20	DN25	DN65	DN65	DN15	DN50	1582×430×483	0.82
HSA(B)400/24	1.5～48	DN25	DN80	DN80	DN15	DN50	1605×455×508	1.20
HSA(B)500/38	1.5～76	DN40	DN100	DN100	DN15	DN50	1655×505×558	1.44
HSA(B)600/60	1.5～120	DN40	DN150	DN150	DN15	DN50	1706×555×608	1.75
HSA(B)800/110	1.5～220	DN50	DN200	DN200	DN15	DN50	1788×655×708	2.84
HSA(B)1000/177	1.5～355	DN60	DN250	DN250	DN15	DN50	1818×755×808	4.75

3.4.5 浓缩机

3.4.5.1 NZS 型中心传动浓缩机

（1）适用范围：NZS 型中心传动浓缩机广泛用于市政、轻工等行业污水处理的污泥浓缩池中。

（2）结构与特点：NZS 型中心传动浓缩机在池体直径 $D \leqslant 14m$ 时采用蜗轮蜗杆传动；$D \geqslant 14m$ 时采用中心回转齿轮传动。该机刮臂上装有垂直栅条，除满足刮泥外，还起到缓速搅拌的作用，可提高浓缩效果，加速活性污泥下沉，刮板外缘线速度 $\leqslant 3m/min$，整个刮泥机可以手动调节 $\pm 50mm$。

（3）外形及安装尺寸：

1）NZS 型中心传动浓缩机（$D \leqslant 14m$）外形及安装尺寸见图 3-117 和表 3-106。

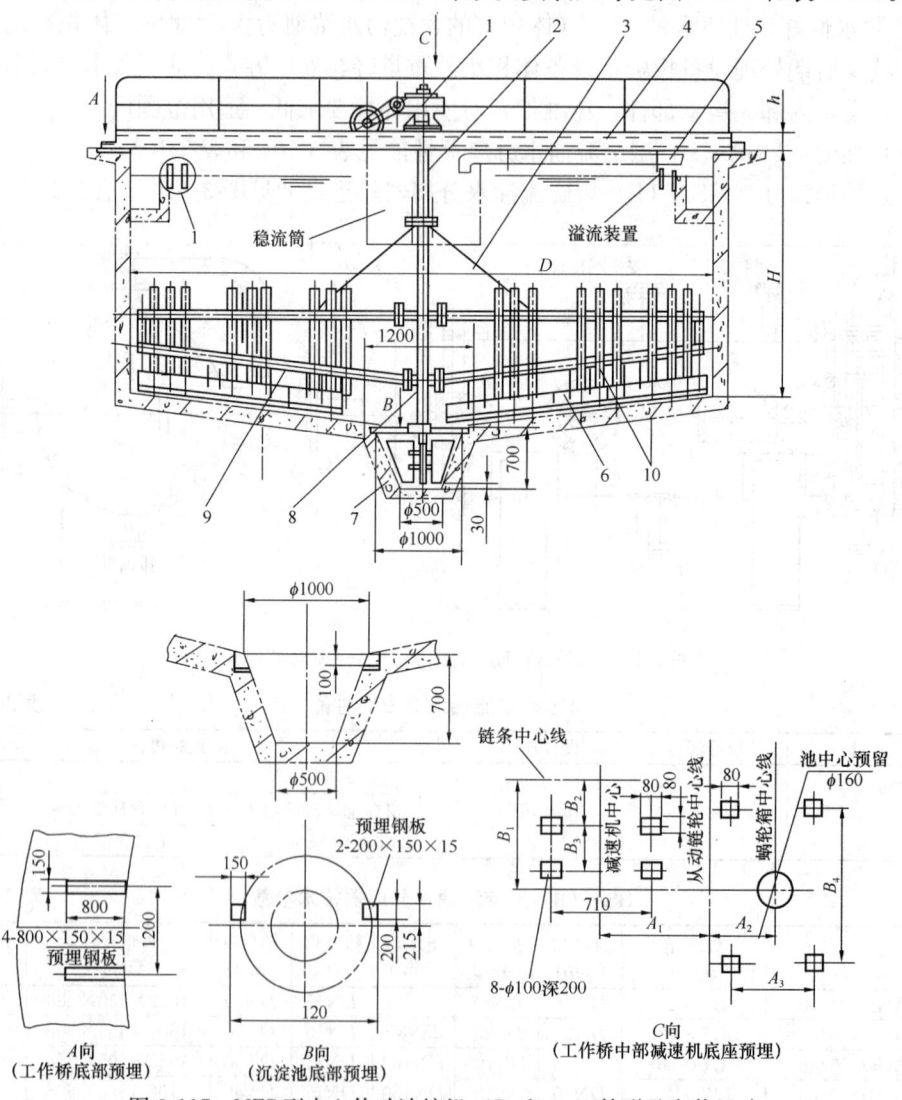

图 3-117 NZS 型中心传动浓缩机（$D \leqslant 14m$）外形及安装尺寸
1—驱动机构；2—传动轴；3—拉杆；4—工作桥；5—进水管；6—刮板组合；7—底轴承；
8—底轴承及刮板；9—刮臂；10—浓缩栅条

NZS型中心传动浓缩机（$D \leqslant 14m$）外形及安装尺寸 表 3-106

型 号	基本参数		基本尺寸（mm）													推荐池深 H（m）	池底坡度（i）	生产厂
	功率（kW）	外缘线速度（m/min）	D	D_3	D_4	A_1	A_2	A_3	B_1	B_2	B_3	B_4	h				
NZS₁-4	0.37	～0.85	4000	2900	3200	570	395	425	365	160	150	736	250	3.5	1:10	江苏天雨环保集团有限公司
NZS₁-6	0.55	～1.4	6000	4700	5100								250			
NZS₁-8		～1.76	8000	6700	7100								300			
NZS₁-10		～1.3	10000	8600	9000					155	275	736	300			
NZS₁-12	0.75	～1.56	12000	10600	11000	695	400	460	450	155	275	600	400		1:12	
NZS₁-14		～1.63	14000	12600	13000								450			

2）NZS型中心传动浓缩机（$D \geqslant 14m$）外形及安装尺寸见图 3-118 和表 3-107。

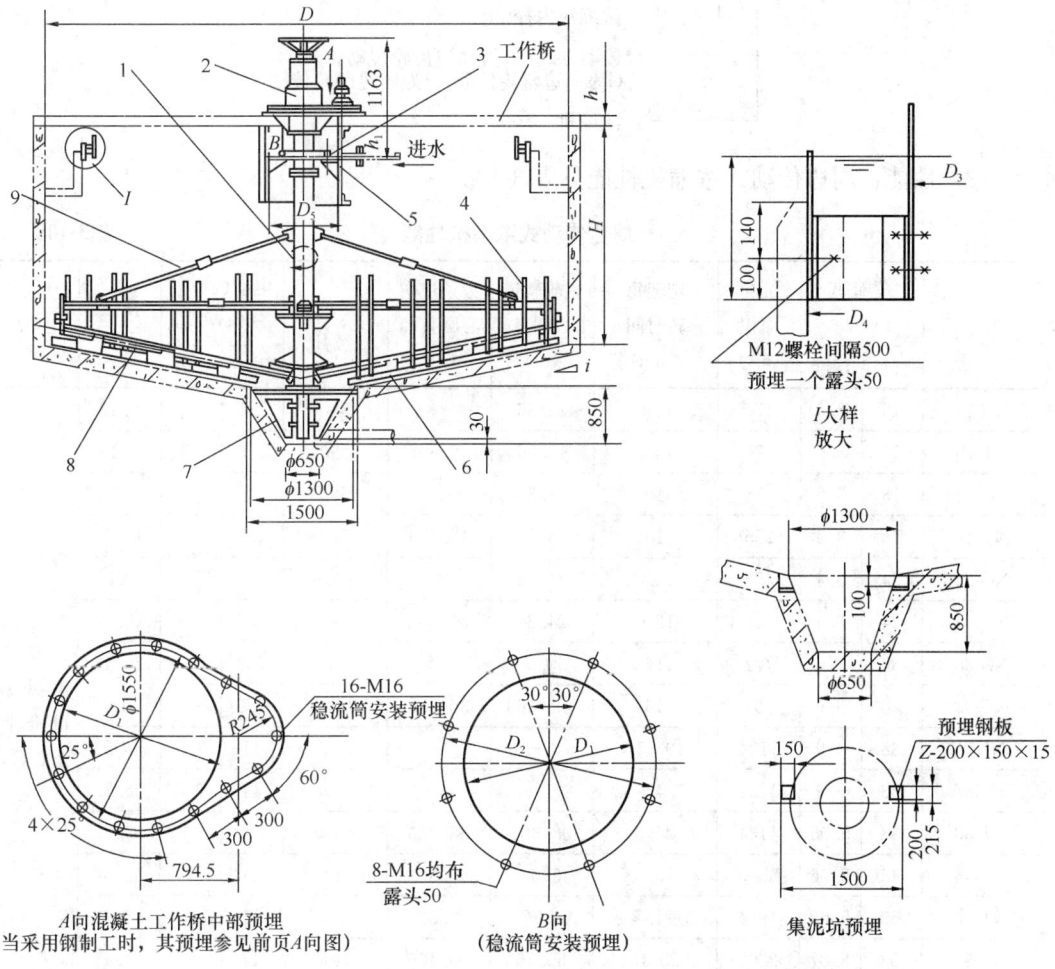

图 3-118 NZS型中心传动浓缩机（$D \geqslant 14m$）外形及安装尺寸

1—轴；2—驱动装置；3—布水管道；4—搅拌架；5—稳流筒；6—刮板；7—底轴承；8—刮臂；9—拉杆

NZS 型中心传动浓缩机（*D*≥14m）外形及安装尺寸   表 3-107

型号	基本参数		基本尺寸（mm）							池底坡度 *i*	推荐池深 *H*（mm）	生产厂
	功率（kW）	外缘线速度（m/min）	*D*	*D*₁	*D*₂	*D*₃	*D*₄	*D*₅	*h*			
NZS₁-15	1.5	～2.46	15000	1400	1620	13600	14000	1550	450			
NZS₁-16	1.5	～2.62	16000	1400	1670	14600	15000	1600	450	1：12	4：50	江苏天雨环保集团有限公司
NZS₁-18	1.5	～2.95	18000	1400	1770	16560	17000	1700	474			

3.4.5.2 周边传动式浓缩机

（1）型号意义说明：

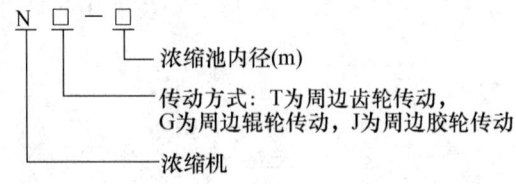

```
N □ — □
        └── 浓缩池内径(m)
    └────── 传动方式：T为周边齿轮传动，
            G为周边辊轮传动，J为周边胶轮传动
└────────── 浓缩机
```

（2）性能：周边传动式浓缩机性能见表 3-108。

周边传动式浓缩机性能   表 3-108

型号	浓缩池（m）		沉淀面积（m²）	耙架每转时间（min）	辊轮轨道中心圆直径（m）	齿条道中心圆直径（m）	生产能力（t/24h）	电动机功率（kW）		质量（t）	生产厂
	直径	深度						传动	提升		
NG-15	15	3.5	177	8.4	15.36	—	390	5.5	—	9.12	
NT-15	15	3.5	177	8.4	15.36	15.568	390	5.5	—	11	
NG-18	18	3.5	255	10	18.36	—	560	5.5	—	10	
NT-18	18	3.5	255	10	18.36	18.576	560	5.5	—	12.12	
NG-24	24	3.4	452	12.7	24.36	—	1000	7.5	—	24	
NT-24	24	3.4	452	12.7	24.36	24.882	1000	7.5	—	28.27	
NG-30	30	3.6	707	16	30.36	—	1570	7.5	—	26.42	沈阳水处理设备制造总厂
NT-30	30	3.6	707	16	30.36	30.888	1570	7.5	—	31.3	
NJ-38	38	4.9	1134	10～15	—	—	1600	11	7.5	55.26	
NJ-38A	38	4.9	1134	13.4～32	—	—	1600	11	7.5	55.72	
NT-38	38	5.06	1134	24.3	38.383	38.383	1600	7.5	—	59.82	
NT-45	45	5.06	1590	19.3	45.383	45.383	2400	11	—	58.64	
NT-50	50	5.05	1964	21.7	51.779	52.025	3000	11	—	65.92	
NT-53	53	5.07	2202	23.18	55.16	55.406	3400	11	—	69.41	
NT-100	100	5.65	7846	43	100.5	100.768	3030	15	—	198.08	

（3）外形尺寸：周边传动式浓缩机外形尺寸见图 3-119 和表 3-109。

NG/NT15～30 型浓缩机外形尺寸 （mm） 表 3-109

型 号	D	D_1	D_2	H	H_1	H_2	H_3	H_4
NG-15	15000	15360	—	3500	3693	1287	787	1430
NT-15	15000	15360	15568	3500	3679	1301	801	1430
NG-18	18000	18360	—	3500	3708	1187	787	1430
NT-18	18000	18360	18576	3500	3694	1201	801	1430
NG-24	24000	24360	—	3400	3742	1550	1183	1475
NT-24	24000	24360	24882	3400	3746	1550	1079	1475
NG-30	3000	30360	—	3600	3970	1827	1084	1475
NT-30	30000	30360	30888	3600	3975	1827	1080	1475

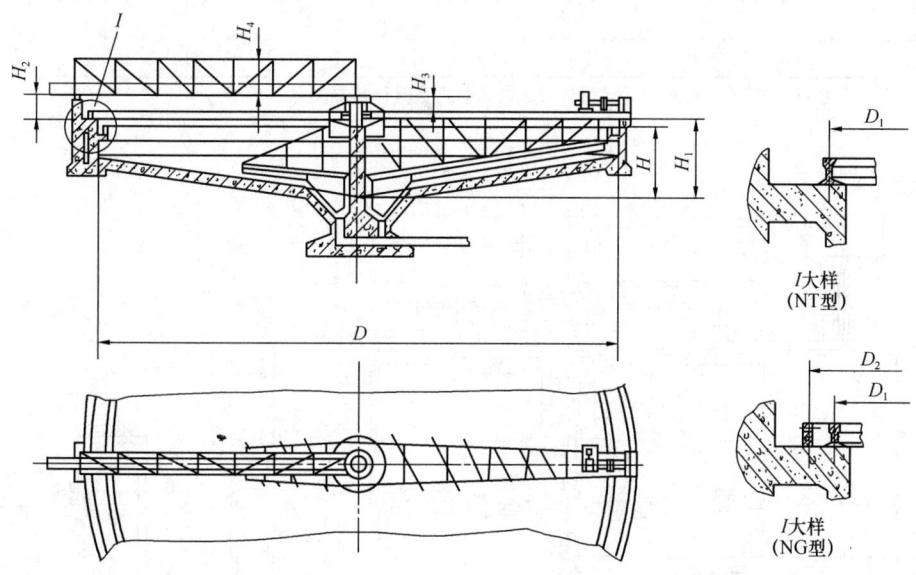

图 3-119 NG/NT15～30 型浓缩机外形尺寸

3.4.5.3 高效浓缩机

（1）适用范围：高效浓缩机通过投加絮凝剂来增加水中悬浮物的沉降速度，加上完善的自控系统，达到高效的目的。

（2）结构与特点：与普通浓缩机相比，该高效浓缩机中部增设了混合筒，可使絮凝剂与水中悬浮物充分接触，更易沉降，因而占地面积小，底流浓度高，池体深度大，沉淀层厚，能够起到压缩和过滤作用，可用于处理浓度低、不易沉淀的悬浮液，使其固相流失减少。

（3）型号意义说明：

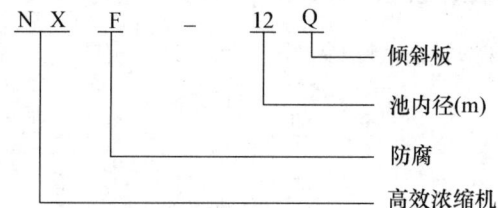

（4）性能及外形尺寸：高效浓缩机性能见表 3-110，NX-12 型高效浓缩机外形尺寸见图 3-120。

高效浓缩机性能   表 3-110

型号	浓缩池		刮泥机		提耙装置		搅拌器		质量(t)	生产厂
	直径(m)	深度(m)	转速(r/min)	功率(kW)	提耙高度(m)	功率(kW)	转速(r/min)	功率(kW)		
NX-3	3	2.28	0.5	2.2	0.25	0.8	8~40	2.2	7.98	
NX-6	6	2.74	0.5	2.2	0.25	0.8	8~40	2.2	15.8	
NX-9	9	3.23	0.33	4	0.35	0.8	8~40	2.2	13.7	
NX-12	12	3.84	0.33	4	0.35	0.8	8~40	2.2	34.3	沈阳水处理设备制造总厂
NX-15	15	4.46	0.12	5.5	0.35	1.1	8~40	3	16.8	
NX-18	18	6.50	0.09	7.5	0.4	1.1	8~40	3	19.0	
NX-20	20	7.31	0.09	7.5	0.4	1.1	8~40	3	21.5	
NX-24	24	7.85	0.073	7.5	0.4	1.1	8~40	3	23.3	

注：NX-12 池内有导流板、重量大。导流板安装与否，可视具体情况决定。

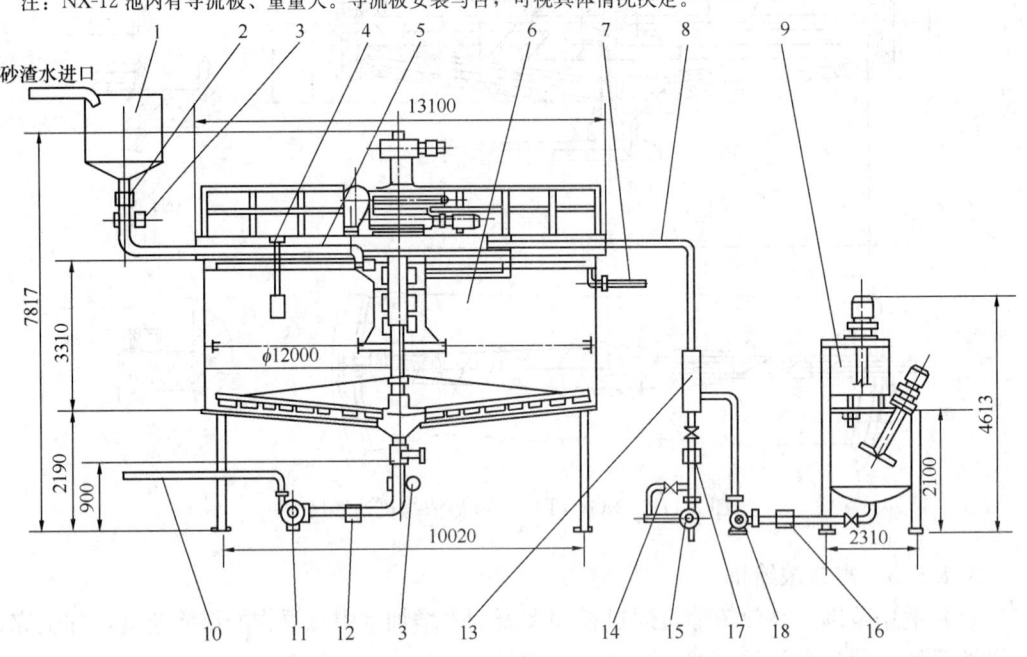

图 3-120   NX-12 型高效浓缩机外形尺寸

1—排气筒；2—流量计；3—密度计；4—界面计；5—进水管道系统；6—浓缩机；7—溢流水管道系统；8—加
药管道系统；9—药剂制备搅拌贮槽；10—排渣管道系统；11—矿砂泵（变频调速）；12—流量计；13—药水混
合器；14—补水回路阀门；15—补水泵；16—流量计；17—旋启式止回阀；18—加药泵（变频调速）

3.4.6 LCS 型链条式除砂机

（1）适用范围：LCS 型链条式除砂机用于水处理厂沉砂池或曝气沉砂池去除沉砂。

（2）型号意义说明：

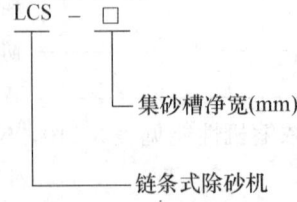

（3）结构与特点：LCS 型链条式除砂机由传动装置、传动支架、导砂槽、导砂筒、框架及导轨、链条及刮框、链轮、张紧装置、从动链轮等组成。结构简单，排出的砂接近于干砂。

（4）性能：LCS 型链条式除砂机性能见表 3-111。

LCS 型链条式除砂机性能 表 **3-111**

型　号	集砂槽净宽 (mm)	刮板线速 (m/min)	功率 (kW)	排砂能力 (m³/h)	质量 (kg)	生产厂
LCS-600	600	3	0.37	2.0	—	江苏天雨环保集团有限公司
LCS-1200	1200		0.75	4.5		

（5）外形及安装尺寸：LCS 型链条式除砂机外形及安装尺寸见图 3-121 和表 3-112、表3-113。

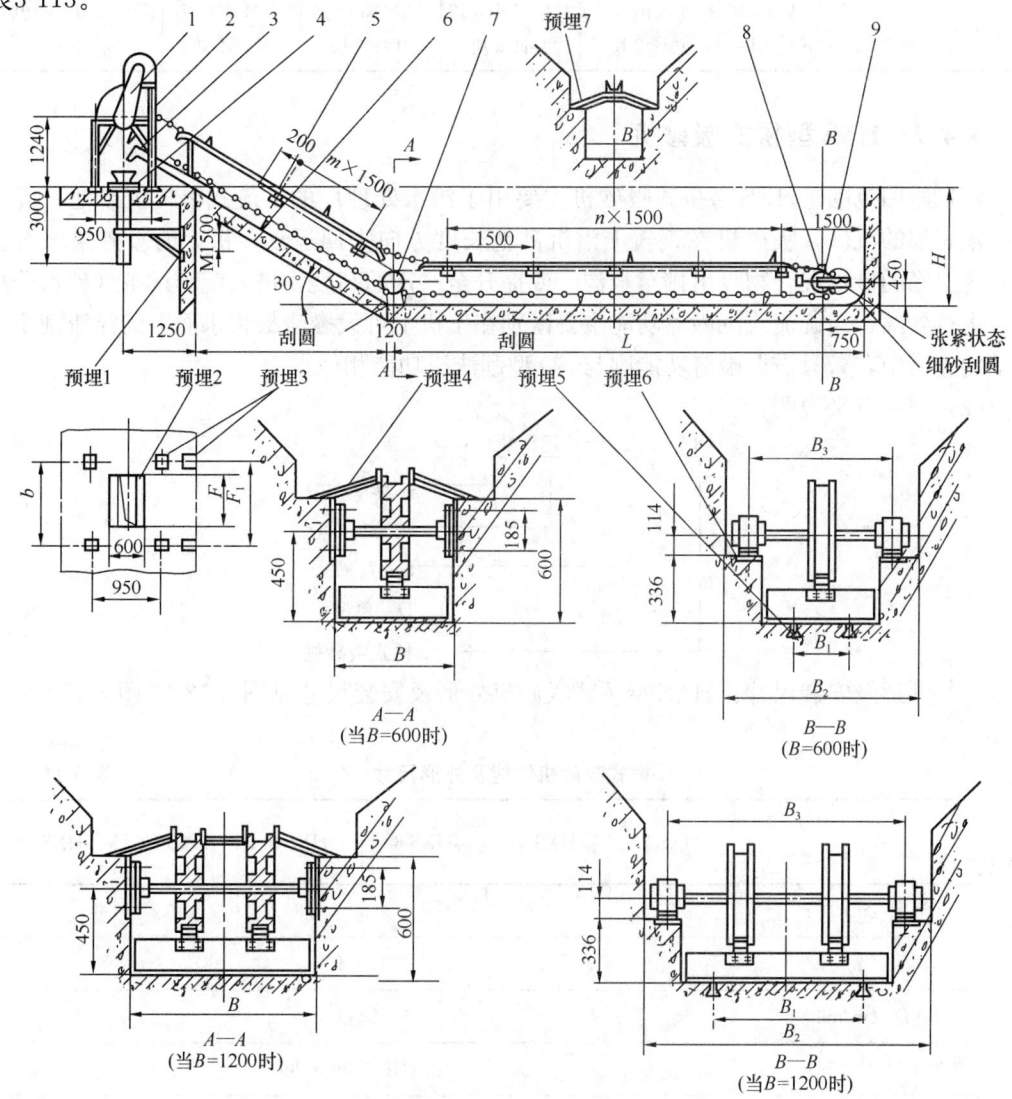

图 3-121　LCS 型链条式除砂机外形及安装尺寸

1—传动装置；2—传动支架；3—导砂槽；4—导砂筒；5—框架及导轨；6—链条及刮框；7—惰轮；8—张紧装置；9—从动链轮

LCS 型链条式除砂机外形及安装尺寸（mm） 表 3-112

型 号	B	F	H	b	L	M	B₁	B₂	B₃	F₁
LCS-600	600	700	≤5000	750	≤10000	315	300	1000	720	675
LCS-1200	1200	1400		1530	≤15000	600	900	1600	1320	1275

LCS 型链条式除砂机预埋件（mm） 表 3-113

预埋件号 型号	1	2	3	4	5	6
LCS-600	800×150×10 上下共 2 块	700×100×10 共计 2 块	150×150×12 共计 6 块	300×300×12 共计 2 块	970×150×12 共计 2 块	100×100×10 共计 2(m+n+2)块
LCS-1200	800×150×10 上下共 2 块	1300×100×10 共计 2 块	150×150×12 共计 6 块	350×350×12 共计 2 块	970×150×12 共计 2 块	150×150×10 共计 2(m+n+2)块

3.4.7 HXS 型桥式吸砂机

（1）适用范围：HXS 型桥式吸砂机主要用于污水处理厂的平流式曝气沉砂池，提取沉砂池底部的沉砂，吸砂机在钢轨上沿沉砂池长度方向来回运动，机上的吸砂泵（潜污泵）将池底的砂水混合物吸出排至水沟，或提升至一定的高度，进入配套设备（砂水分离器）进行分离，与旋流式沉砂器功能主要区别在于机上可设撇渣板将水面上的浮渣刮至池末端的渣槽中，若只需要撇渣功能则与 SD 型刮沫机功能相似。

（2）型号意义说明：

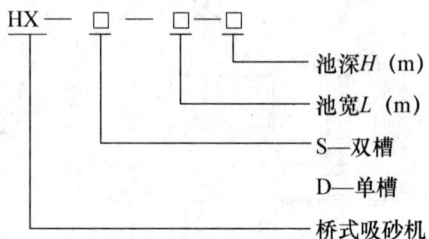

（3）外形及安装尺寸：HXS 型桥式吸砂机外形及安装尺寸见图 3-122～图 3-124 和表 3-114。

桥式吸砂机性能及外形尺寸 表 3-114

型号 参数	HXS-3	HXS-4	HXS-6	HXS-8	HXS-10	HXS-12
池宽（m）	3	4	6	8	10	12
池深（m）			1～4			
行驶速度（m/min）			2～5			
钢轨型号（kg/m）			15（GB 11264—89）			
L（mm）	3000	4000	6000	8000	10000	12000
L_K（mm）	3300	4300	6300	8300	10300	12300

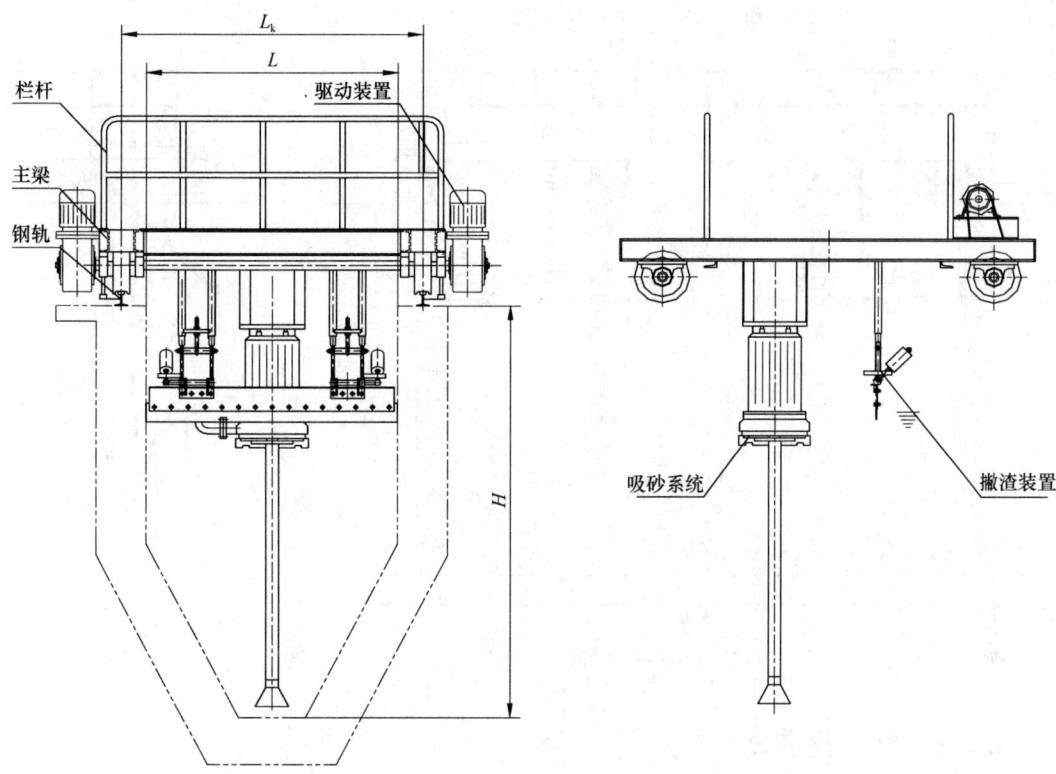

图 3-122　单槽桥式吸砂机外形尺寸

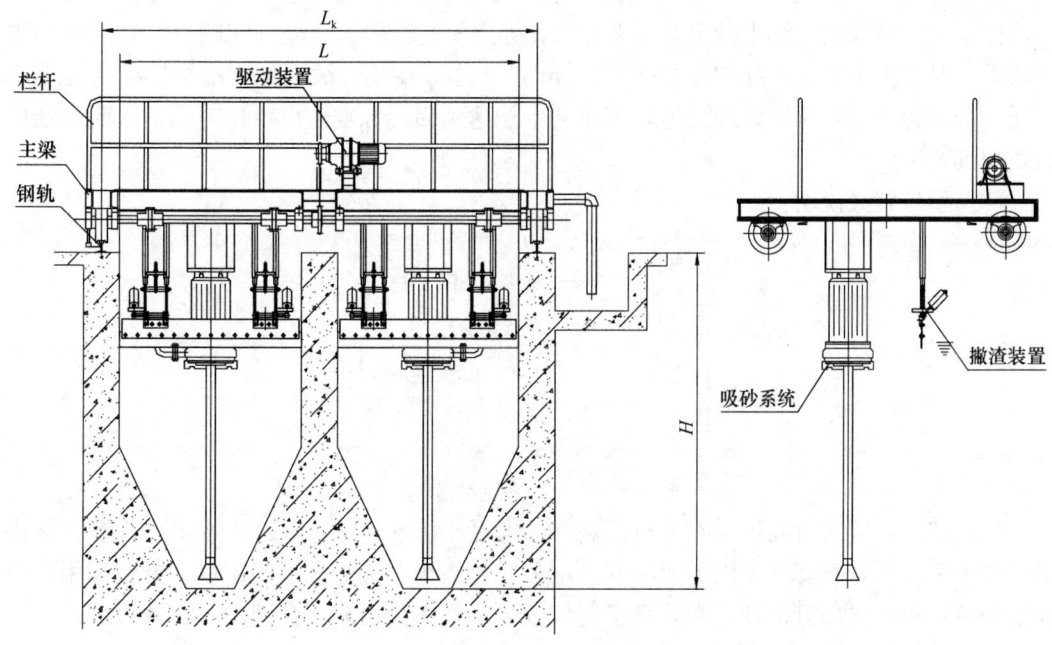

图 3-123　双槽桥式吸砂机（带撇渣）外形尺寸

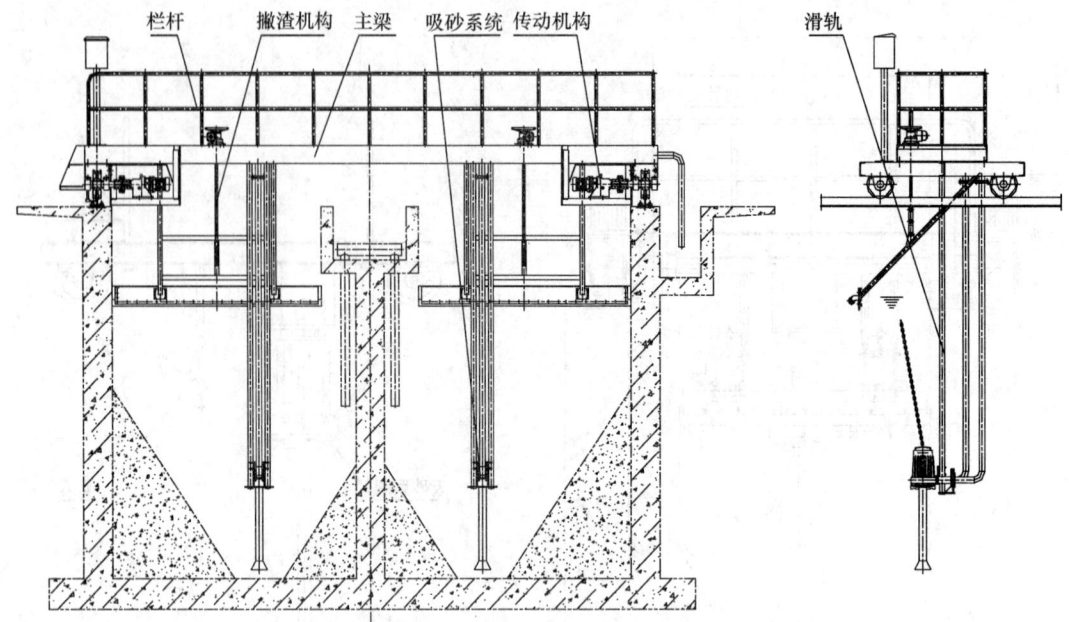

图 3-124 双槽桥式吸砂机（带撇渣、提升）外形尺寸

3.4.8 XCQ 型高效沉淀器

（1）适用范围：XCQ 型高效沉淀器通常适用于钢厂转炉烟气冷却除尘用水的循环利用。与普通沉淀器相比，吸收了国内外多层、多格、斜板沉淀先进技术，对悬浮物含量高，比重大，易板结的污水效果非常明显（出水 SS 一般在 150mg/L 以下），并能起到浓缩效果。对于中小型污水处理工程（＜500m³/h）亦可使用，故火电、冶金、矿山等类似工况，若配套过滤等深度处理设施，水质基本能达到回用标准，也可作为其他工业水处理高效初沉之用。

（2）型号意义说明：

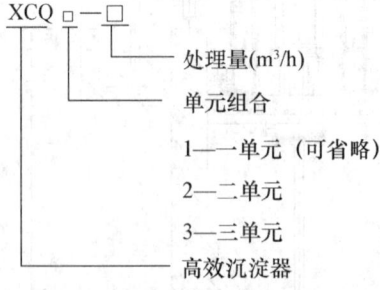

（3）特点：停留时间短，水力负荷高（参考最小沉速达 2mm/s），体积小；螺旋体排浆，含水率低，若配套气流输送无堵塞；可多元化组合布置适应不同流量，方便选用；吸收了分散颗粒的浅层沉淀理论和采用了斜板效果，效率高；流态合理，沉淀效果好。

（4）性能：XCQ 型高效沉淀器性能见表 3-115。

（5）外形尺寸：XCQ 型高效沉淀器外形尺寸见图 3-125、图 3-126 和表 3-116、表 3-117。

XCQ 型高效沉淀器性能　　　　　　　　　　　　表 3-115

参数 ＼ 型号	XCQ-90	XCQ-135	XCQ-250
进水 SS（mg/L）	<1000		
出水 SS（mg/L）	30～50		
几何容积（m³）	80	125	198
进水管（mm）	ϕ159	ϕ219	ϕ377
出水管（mm）	ϕ159	ϕ377	ϕ530
排泥功率（kW）	5.5	5.5	5.5
质量（t）	20	26	35
运行质量（t/池）	100	150	235

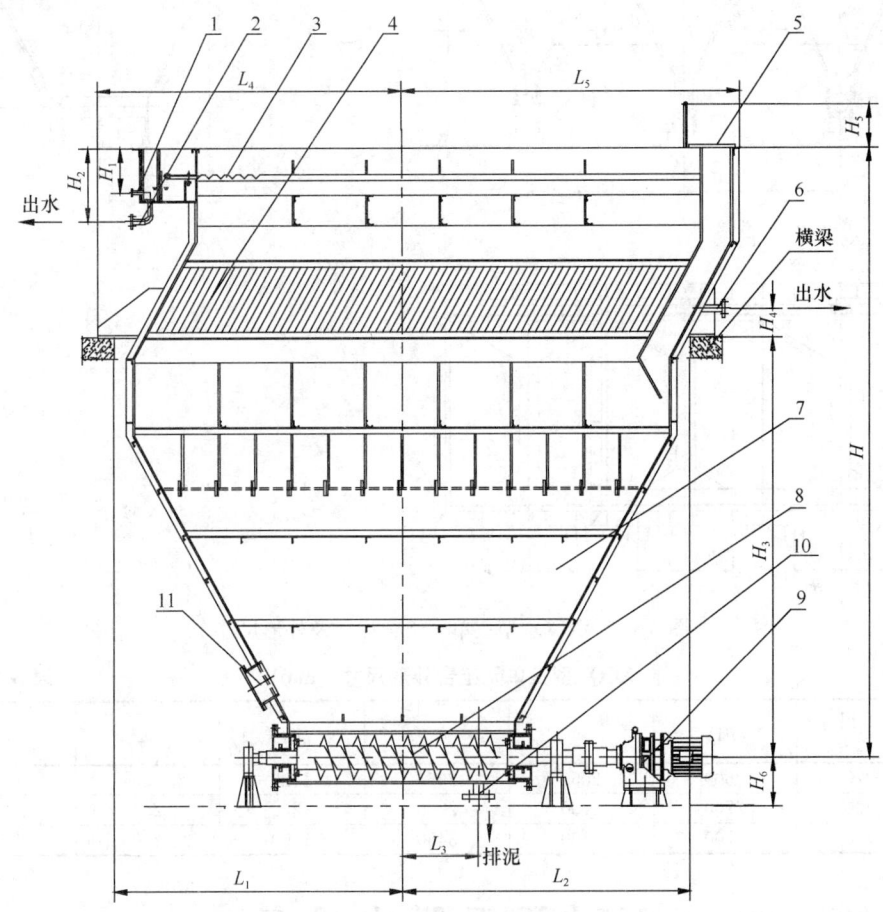

图 3-125　XCQ 型高效沉淀器外形尺寸

1—取样管；2—出水管；3—溢流堰；4—斜板；5—走道及栏杆；6—进水口；7—装置本体；
8—螺旋本体；9—传动装置；10—排泥口放空管；11—人孔

XCQ 型高效沉淀器外形尺寸（mm）　　　　　　　　　表 3-116

尺寸 ＼ 型号	H	H_1	H_2	H_3	H_4	H_5	H_6	L_1	L_2	L_3	L_4	L_5
XCQ-90	6905	400	1205	4650	200	1000	500	2670	2670	1345	3100	2970
XCQ-135	7250	500	1300	4550	300	1000	500	3180	3180	1345	3710	4020
XCQ-250	7850	600	1400	5150	400	1000	500	3680	3680	1345	4205	4502

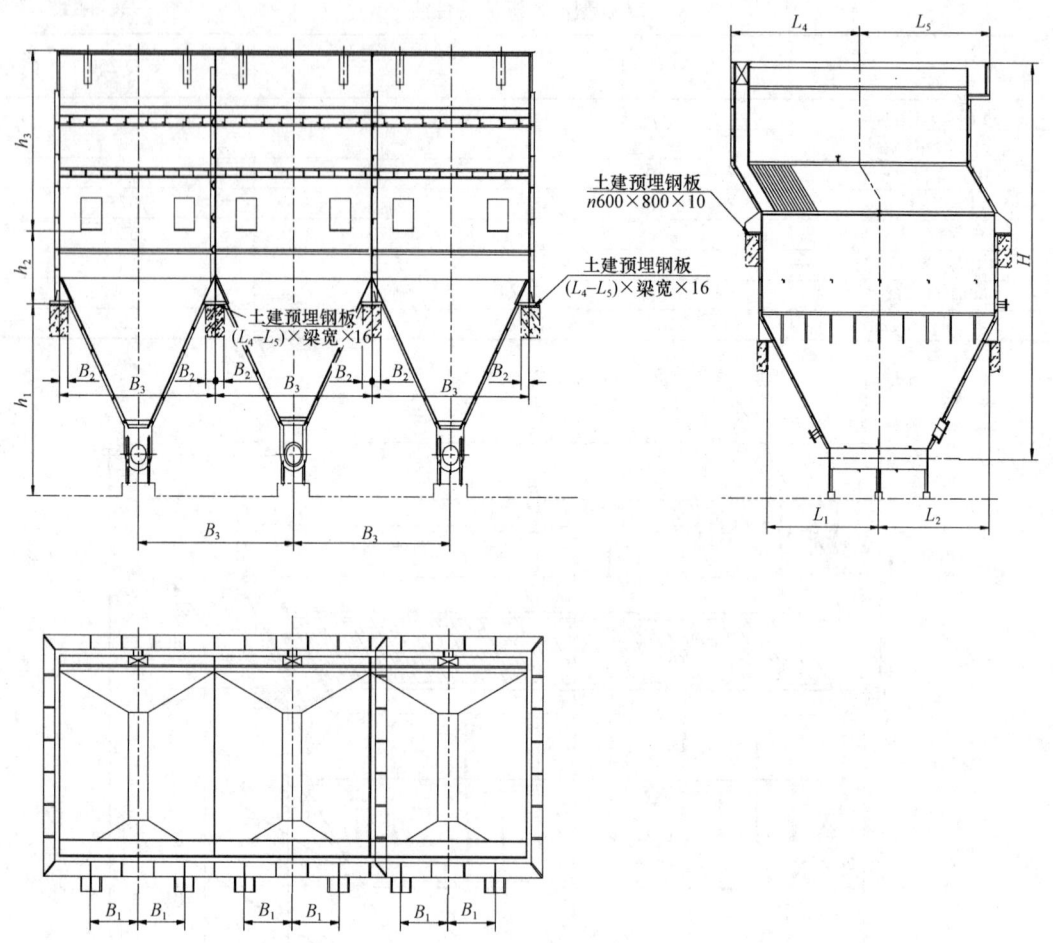

图 3-126 XCQ₃ 型三单元组合形式及外形尺寸

XCQ₃ 型三单元组合外形尺寸 （mm） 表 3-117

型号 \ 尺寸	h_1	h_2	h_3	B_1	B_2	B_3
XCQ₃-270	2600	2050	2255	1125	250	4000
XCQ₃-400	2700	1700	2700	1200	250	4000
XCQ₃-750	2700	1700	3450	1700	250	5000

3.5 污 泥 脱 水 设 备

3.5.1 离心脱水机

3.5.1.1 LWD430W 型卧螺离心式污泥脱水机组

（1）适用范围：LWD430W 型卧螺离心式污泥脱水机组是在消化吸收国外先进技术的基础上研制成功的新产品。用于城市污水处理厂中剩余污泥的脱水。经建设部给水排水设备产品质量监督检验中心检测，其主机各项性能指标在国内处于领先地位，并已接近和部分达到国外同类机型水平，可替代进口同类产品。

（2）型号意义说明：

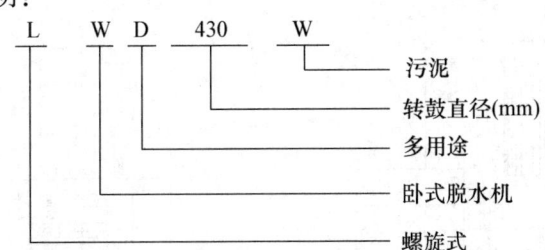

（3）结构与特点：LWD430W 型卧螺离心式污泥脱水机组是包括主机和辅助设备在内的一整套机组。主机为 LWD430W 型卧螺离心脱水机，机组为全封闭结构，无泄漏，可 24h 连续运行，生产现场整洁。主机结构特点为：

1）采用较大长径比，延长了物料的停留时间，提高了固形物的去除率。

2）采用独特的螺旋结构，增强了螺旋对泥饼的挤压力度，提高了泥饼的含固率。

3）采用先进的动平衡技术，使空载振动烈度仅为 2.8mm/s，负载振动烈度仅为 4.5mm/s，远低于 JB/T 502—2004 的 7.2mm/s 和 11.2mm/s 的标准。

4）采用独特的差转速调节技术，增大了螺旋卸料扭矩和负载能力。

5）螺旋叶片等易磨损部位采用硬质合金材料，确保设备经久耐用。

整套机组采用先进的自动化集成控制技术，转速和差转速无级可调，污泥进料泵和加药泵的流量变频控制无级可调，具有安全保护和自动报警装置，运行稳定可靠，操作方便。

（4）机组工艺流程：LWD430W 型卧螺离心式污泥脱水机组工艺流程见图 3-127。

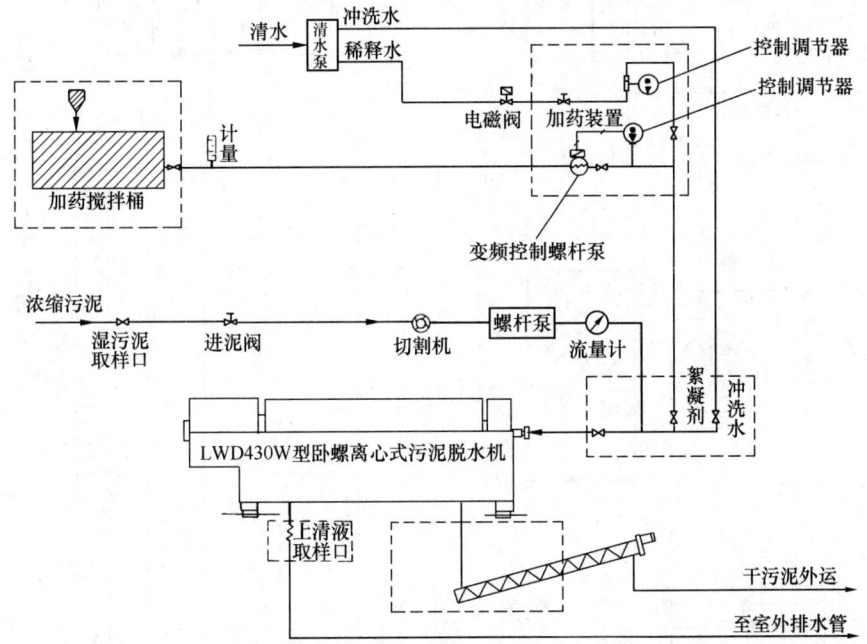

图 3-127　LWD430W 型卧螺离心式污泥脱水机组工艺流程

（5）性能：LWD430W 型卧螺离心式污泥脱水机组技术数据见表 3-118。

（6）外形及安装尺寸：

1）主机：LWD430W 型卧螺离心式污泥脱水机外形及安装尺寸见图 3-128。

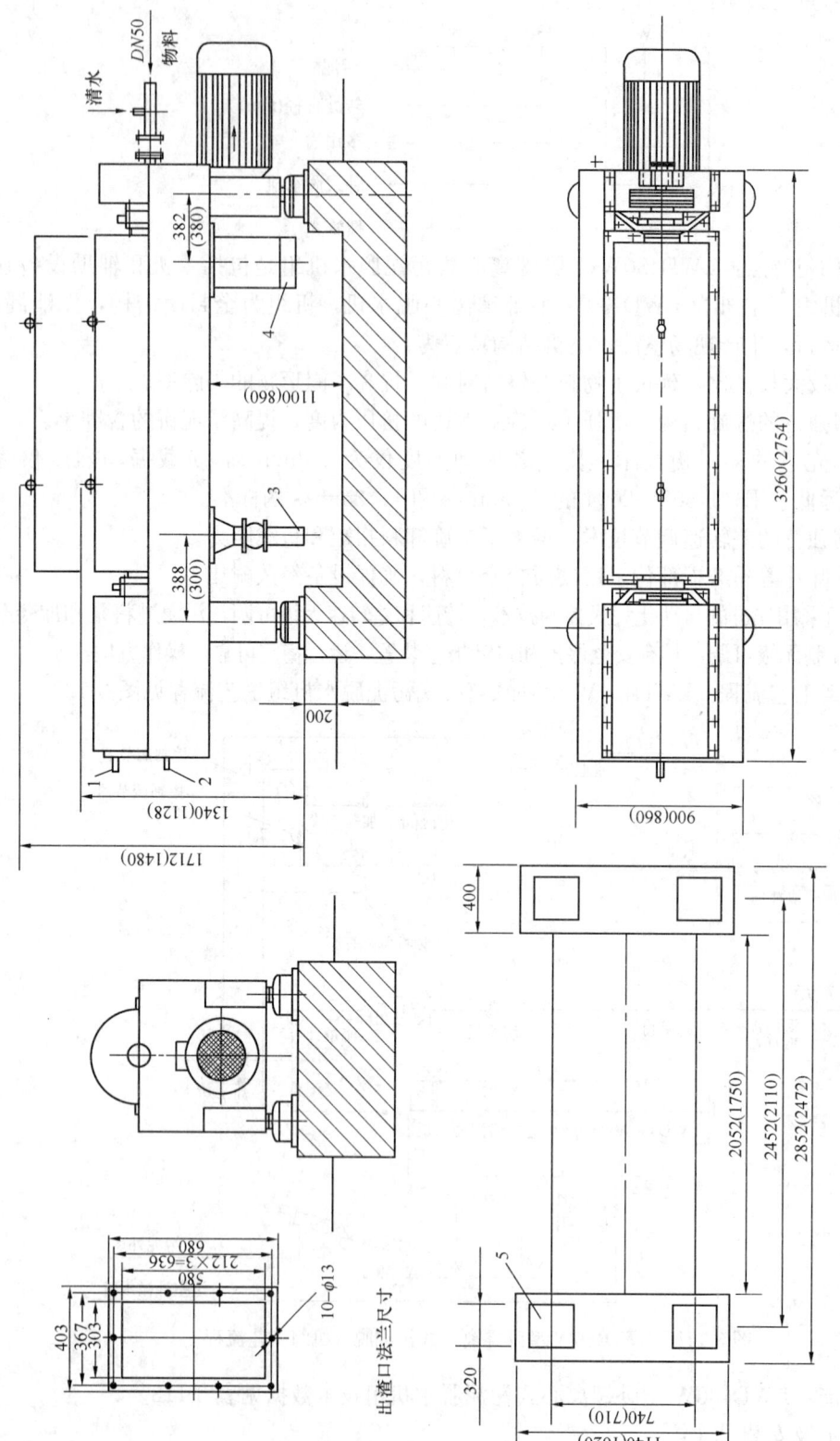

图 3-128 LWD430W 型卧式螺旋离心式污泥脱水机外形及安装尺寸

1—冷却水出口 (DN15); 2—冷却水进口 (DN15); 3—出液口 (DN125); 4—出渣口; 5—预埋件 (见机房平面基础尺寸图)

注: 括号内数据为 LWD350W 型尺寸。

出渣口法兰尺寸

LWD430W 型卧螺离心式污泥脱水机组技术数据　　　表 3-118

主　机		辅　机			机组运行效果		生产厂
项　目	参数	名称	规格 (m³/h)	功率 (kW)	项目	参数	
处理能力（m³/h）	10~18	污泥切割机	20	5.5	进泥量（m³/h）	10~12	
转鼓直径（mm）	430	污泥进料泵	0~18 (0.4MPa)	5.5	进泥含固率（%）	约 3.37	
长径比	4:1	污泥计量泵	0~20		泥饼含固率（%）	20~24	中国人民解放军第四八一九工厂（海申机电总厂）上海市离心机械研究所有限公司
转鼓转速（r/min）	0~3200	絮凝剂投配系统	0.2~2.4 (kg/h 干粉)		上清液含固率（%）	≤0.2	
分离因数（g）	2466 (max)	加药泵	0~0.6	0.5	固体回收率（%）	95~98	
差转速（r/min）	2~16	螺旋输送机	3.5	3.0	加药量（‰）	2.0~2.6	
螺旋扭矩（N·m）	10000				泥饼产量（m³/h）	约 1.3	
电动机 型号功率（kW）	Y200L-4 30				转速（r/min）	2040±20	

注：1. 污泥为初沉池和二沉池的混合污泥，有机物含量 65% 左右；

　　2. 加药量为干粉与干泥之比，絮凝剂品种为英联胶 zetag50。

2）辅机：污泥切割机外形及安装尺寸见图 3-129。

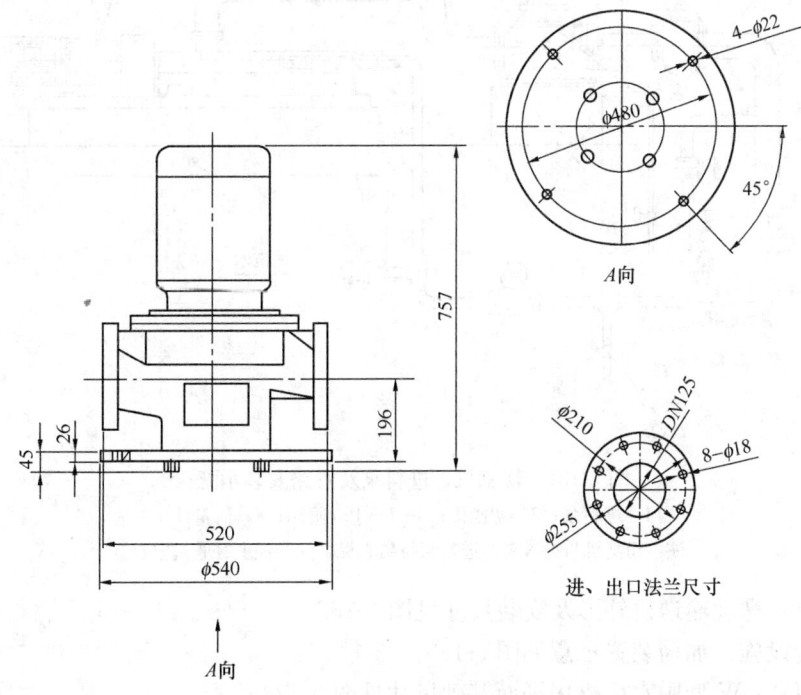

图 3-129　污泥切割机外形及安装尺寸

3）辅机：进料泵（螺杆泵）外形及安装尺寸见图 3-130。

4）切割机、进料泵及管路安装示意见图 3-131。

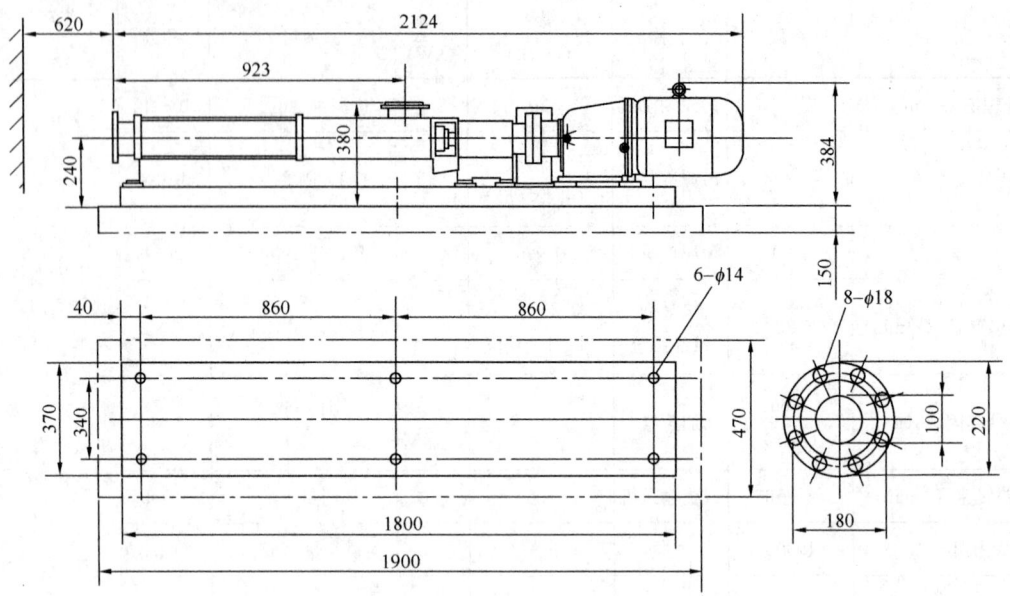

图 3-130　进料泵（螺杆泵）外形及安装尺寸

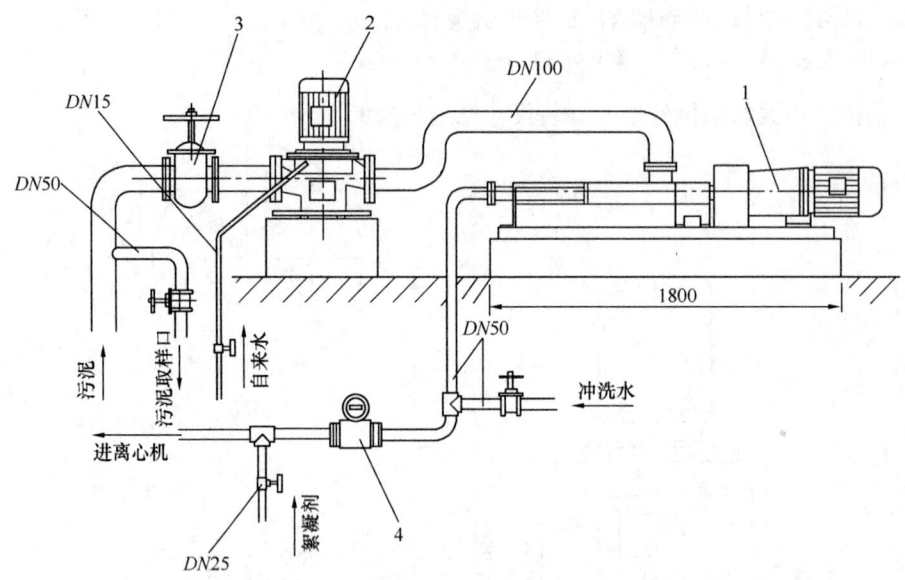

图 3-131　切割机、进料泵及管路安装示意

1—进料泵；2—切割机；3—DN125 闸阀；4—流量计

注：切割机与进料泵、进料泵与离心机之间均经变径管过渡。

5）辅机：螺旋输送机外形及安装尺寸见图 3-132。

6）配套设施：加药装置示意见图 3-133。

7）LWD430W 型脱水机机房平面基础尺寸见图 3-134。

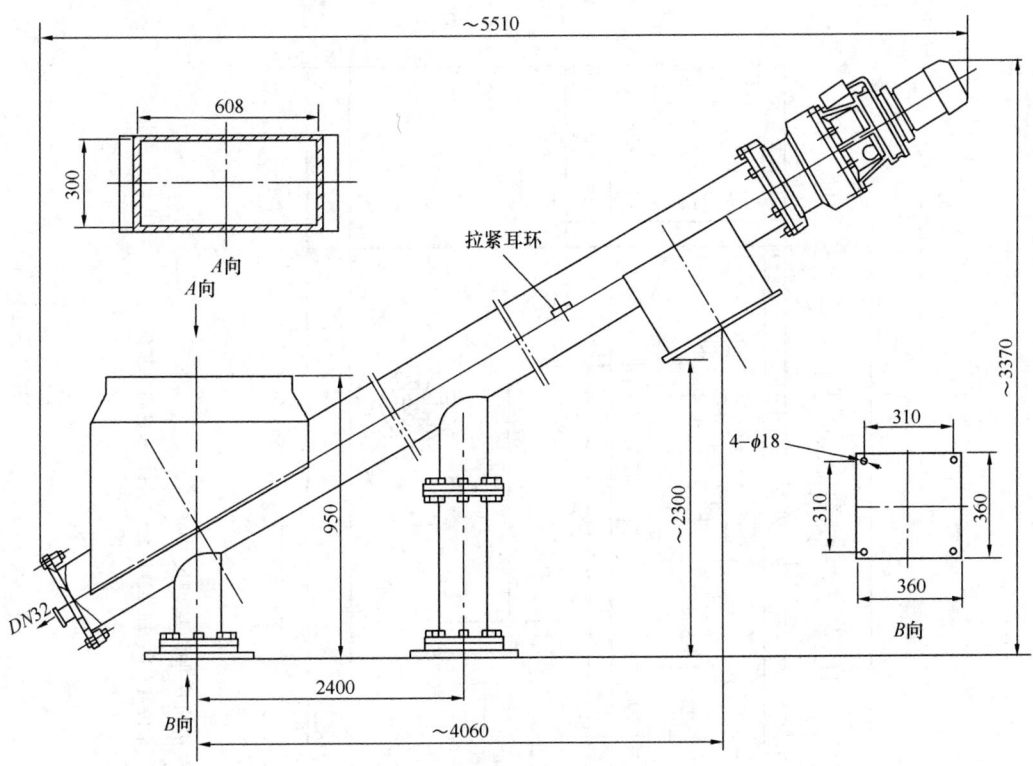

图 3-132 螺旋输送机外形及安装尺寸

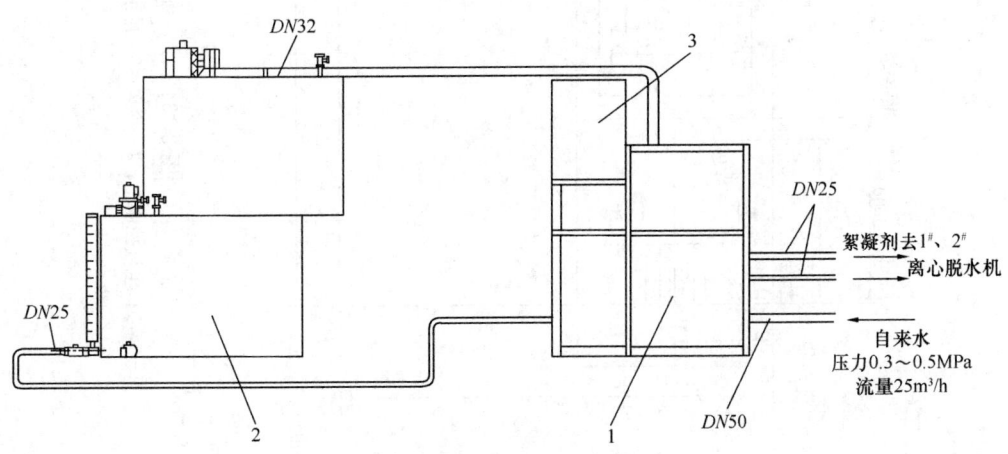

图 3-133 加药装置示意

1—加药装置；2—搅拌装置；3—电器控制柜

注：贮罐容积 2×1.5m³，可供 2 台脱水机使用。

3.5.1.2 高效率离心脱水机

（1）适用范围：高效率离心脱水机适用于城市污水处理厂及工业废水处理中剩余污泥的脱水工艺。若配合投加高分子絮凝剂，则脱水效果更佳。

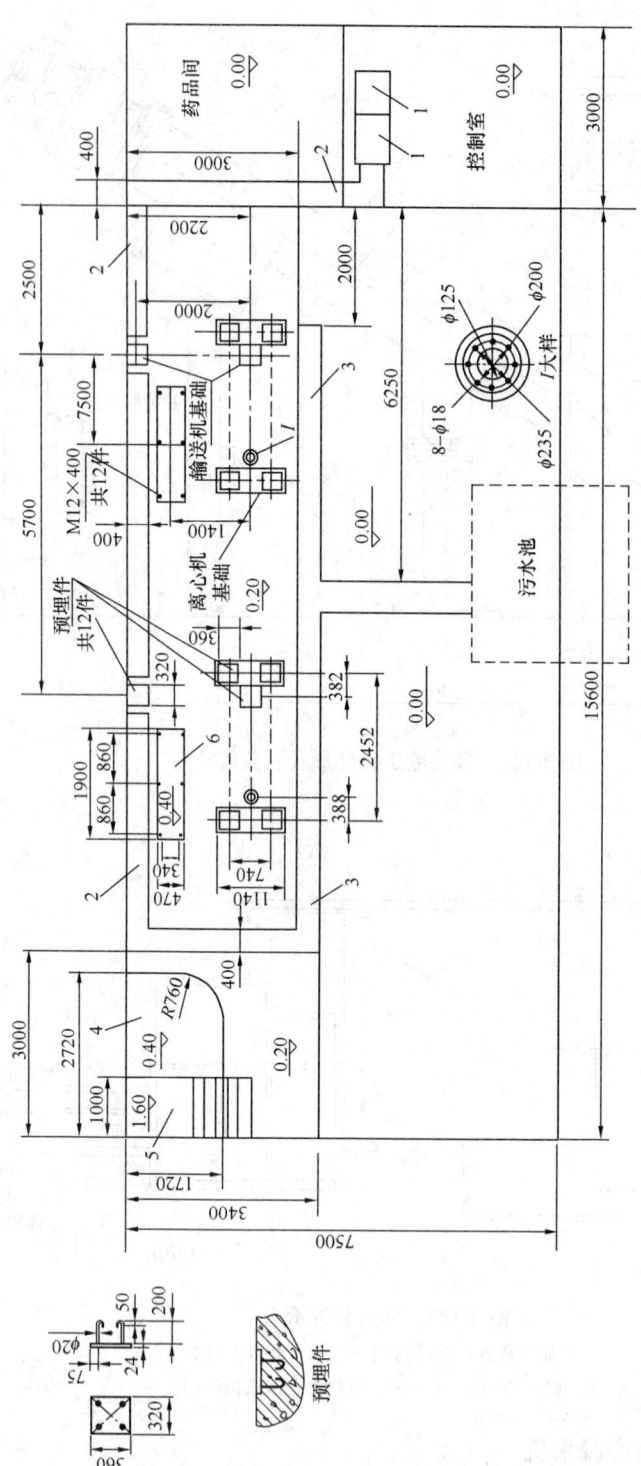

图 3-134 LWD430W 型脱水机机房平面基础尺寸

1—离心机电气控制柜；2—管沟；3—排水沟；4—加药柜位置；5—加药操纵台位置；6—进料泵基础

（2）工作原理：高效率离心脱水机工作原理示意见图 3-135。与通常的离心脱水机相比，该机增加了特殊的压紧装置，是当前脱水功能的最新技术。其离心压紧工作原理是以离心场的水头为基础产生压紧力。因此，污泥层越高，压紧力越大；越是下层的污泥，所含水分就越少。所以，应尽可能从下层移去污泥。根据以上原理，该机特别加强了促进压紧和从离心转筒壁面附近排出低水分污泥结构设计，示意见图 3-136。通过如图3-137所示的结构和功能来达到降低污泥中含水率的目的。

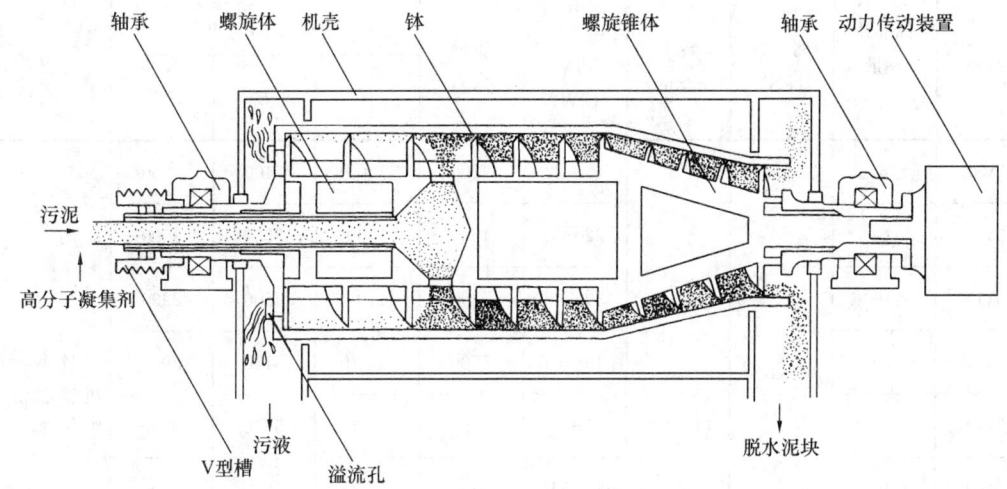

图 3-135 高效率离心脱水机工作原理示意

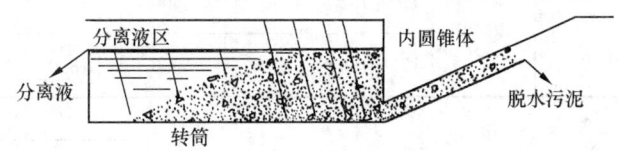

图 3-136 加强压紧低水分排泥结构设计示意

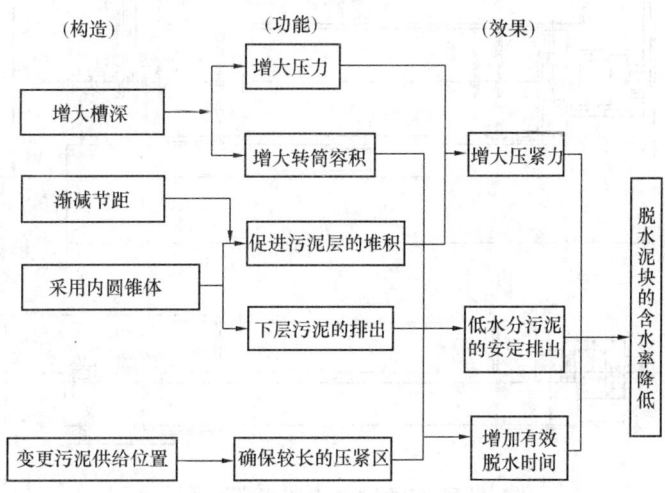

图 3-137 新采用构造的功能和效果的关系

（3）结构与特点：高效率离心脱水机主体是一个用两个轴承固定于机体上的旋转体（转筒、螺旋机）。附件有电动机、差速装置、减速机、驱动装置、架台、机壳、润滑装置、安全装置等。其中安全装置在检查出异常情况后，即可发出警报，以确保设备的安全运行。

（4）性能及外形尺寸：高效率离心脱水机性能及外形尺寸见表 3-119 和图 3-138。

高效率离心脱水机性能及外形尺寸 表 3-119

型号	标准处理量（m³/h）	离心力（kN）	转速（r/min）	电动机功率（kW）	质量（kg）	外形尺寸（mm）			生产厂
						A	B	C	
CA205	6			15~22	3200	1000	3400	2200	
CA206	10			22~30	4000	1000	3600	2500	
CA307	15			30~45	5300	1100	4500	2900	
CA309	20	15~25	3~20	45~55	6600	1100	5100	2900	日本月岛机械股份有限公司
CA409	30			75~90	8000	1400	5300	3000	
CA501	40			90~110	9500	1500	5800	3000	
CA601	50			110~132	16400	1600	7200	3600	
CA606	80			150~180	22000	1900	7800	3900	

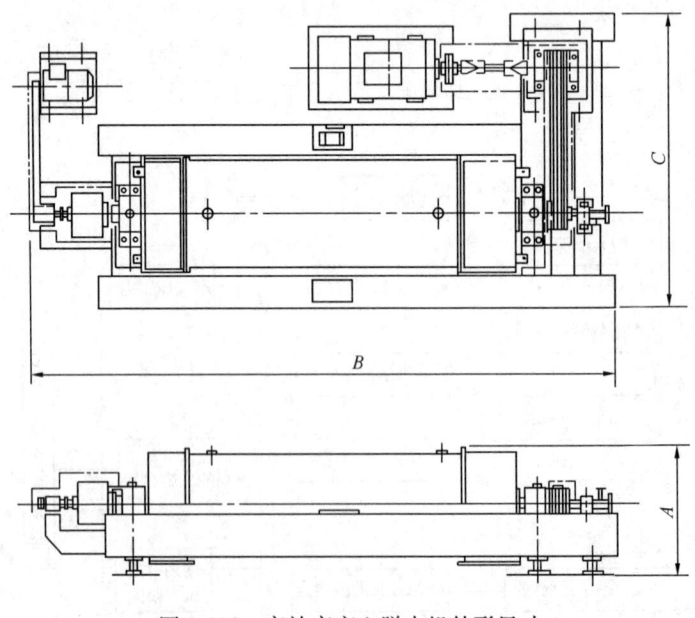

图 3-138 高效率离心脱水机外形尺寸

| 高效率离心脱水机处理效果 | | | | | | | | | 表 3-120 |

处理厂代号	污泥性状			离心力(kN)	脱水性能				脱水泥块含水率(%)
	浓度(%)	有机物(%)	pH		处理量(m³/h)	高分子凝集剂注入率(%)	挤压带状物含水率(%)	SS回收率(%)	
A	4.5	74	5.6	20	6	0.5	74.8	>95	—
B	3.4	66	5.4	20	6	0.7	75.9	>95	79.3
C	2.7	70	6.2	20	6	0.7	72.5	>95	76.3
D	1.4	80	4.9	20	6	0.4	79.5	>95	—
E	3.3	55	7.6	20	6	1.0	75.1	>95	—
F	2.0	50	7.7	20	6	1.1	76.6	>95	78.4

(5) 处理效果：根据 A、B、C、D、E、F 六个处理厂高效率离心脱水机运行情况汇总处理效果见表 3-120。

3.5.2 板框及厢式压滤机

3.5.2.1 板框压滤机

(1) 适用范围：板框压滤机是间歇操作的过滤设备，广泛用于制糖、制药、化工、染料、冶金、洗煤、食品和污水处理等工业部门，以过滤形式进行固体与液体的分离。它是对物料适应性较广的一种中、小型分离机械设备。

(2) 型号意义说明：

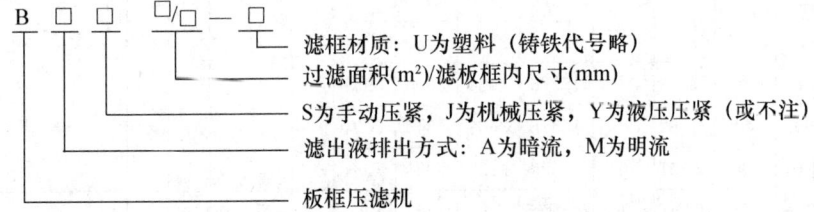

(3) 工作原理及特点：板框压滤机过滤室由滤板和滤框组成，在压力的推动下悬浮液进入过滤室并通过过滤板和滤框压紧面间的滤布纤维间隙，流到滤板花纹表面上，汇集后流出机外，固体留在滤框内形成滤饼。压滤机按其滤液排出机外方式分明流和暗流两种；按压紧方式分手动和机械两种；按滤机、滤框材质分铸铁和塑料两种。

(4) 性能、外形及安装尺寸：BAS 型板框压滤机性能规格见表 3-121，B_M^A Y□/870-$\frac{310}{650}$ U 和 B_M^A S□/420-U 型过滤机性能规格、外形及安装基础尺寸见表 3-122。

BAS 型板框压滤机性能规格   表 3-121

型 号	过滤面积 (m²)	板内尺寸 (mm)	板外尺寸 (mm)	滤饼厚度 (mm)	框数 (块)	板数 (块)	有效容积 (L)	工作压力 (MPa)	电动机功率 (kW)	质量 (kg)	外形尺寸 (mm) 长 宽 高	生产厂
BAS2/320	2	320×320	375×375	25	10	9	25	1		475	1495×650×600	吉林市第一机械厂、无锡通用机械厂
BAS2/320-U			370×370		10	10	25			400	1495×650×600	
BAS4/320	4		375×375		20	19	50			650	1495×650×600	
BAS4/320-U			370×370							500		
BAS6/320	6		375×375		30	29	75			825	1495×650×600	
BAS6/320-U			370×370							600		
BAS8/450	8	450×450	500×500		20	19	100			1555	1495×650×600	
BAS8/450-U										1355		
BAS8/450	12				30	29	150			1955	1495×650×600	
BAS12/450-U										1655		
BAS16/450	16				40	39	200			2355	1495×650×600	
BAS16/450-U										1955		

B_B^A Y□/870-U 和 B_M^AS□/420-U 型过滤机性能规格、外形及安装基础尺寸   表 3-122

$\frac{310}{650}$

型 号	滤饼厚度 (mm)	板框数(板/框)(块)	过滤面积 (m²)	滤室容积 (m³)	整机质量 (kg)	地基尺寸 A (mm)	整机长度 C (mm)	B	D	H	E	F	管口直径 (mm)	法兰配合尺寸	生产厂
B_M^AY10/870-U		8/9	10	0.151	1996	2280	2234								杭州兴源过滤机有限公司、无锡通用机械厂
B_M^AY15/870-U		13/14	15	0.235	2117	2520	2474								
B_M^AY20/870-U		17/18	20	0.302	2214	2760	2714								
B_M^AY30/870-U		26/27	30	0.454	2433	3300	3254								
B_M^AY40/870-U		35/36	40	0.605	2653	3840	3794								
B_M^AY50/870-U		44/45	50	0.756	2873	4380	4334	—	—	—	—	—			
B_M^AY60/870-U		54/55	60	0.924	3110	4920	4874								
B_M^AY70/870-U		63/64	70	1.075	3403	5460	5414								
B_M^AY80/870-U		72/73	80	1.226	3630	6000	5954								
B_M^AY90/870-U	30	81/82	90	1.378	3901	6540	6494								
B_M^AY100/870-U		90/91	100	1.529	4138	7080	7034								
B_M^AS1/310-U		9/10	1	0.0145	190	1365	1300	460	240	205	260	170	25	螺距 φ50 3-M8	杭州兴源过滤机有限公司、无锡通用机械厂
B_M^AS2/310-U		19/20	2	0.029	260	1715	2500								
B_M^AS3/420-U		15/16	3	0.049	440	1710	1860	650	430	420	360	180	25	螺距 φ60 4-M8	
B_M^AS4/420-U		19/20	4	0.061	600	2010	2100								
B_M^AS6/420-U		29/30	6	0.092	700	2610	2700								
B_M^AS10/650-U		19/20	10	0.161	1220	2060	2330	880	600	420	560	350	37	螺距 φ76 4-MB	
B_M^AS15/650-U		29/30	15	0.242	1400	2600	2780								
B_M^AS20/650-U		39/40	20	0.322	1600	3140	3380								

（5）外形及安装尺寸：

1）BAS $\frac{2}{4}$/320 型板框压滤机外形及安装基础尺寸见图 3-139 和图 3-140。
$\frac{}{6}$

2412[BAS6/320型]
1962[BAS4/320型]
1512(无滤布)[BAS2/320型]
1330[BAS6/320型]
880(无滤布)[BAS4/320型]
430(无滤布)
[BAS2/320型]
$152\times8\frac{N}{P}$
$\phi80\frac{D}{d}$
380
100 100
1103[BAS2/320型]
1583[BAS4/320型]
2063[BAS6/320型]

650
148
滤液洗液出口$\phi40$
8-$\phi18$
$\phi110$
悬浮液洗涤液压缩空气入口$\phi40$
232 528
90 300 90
1000

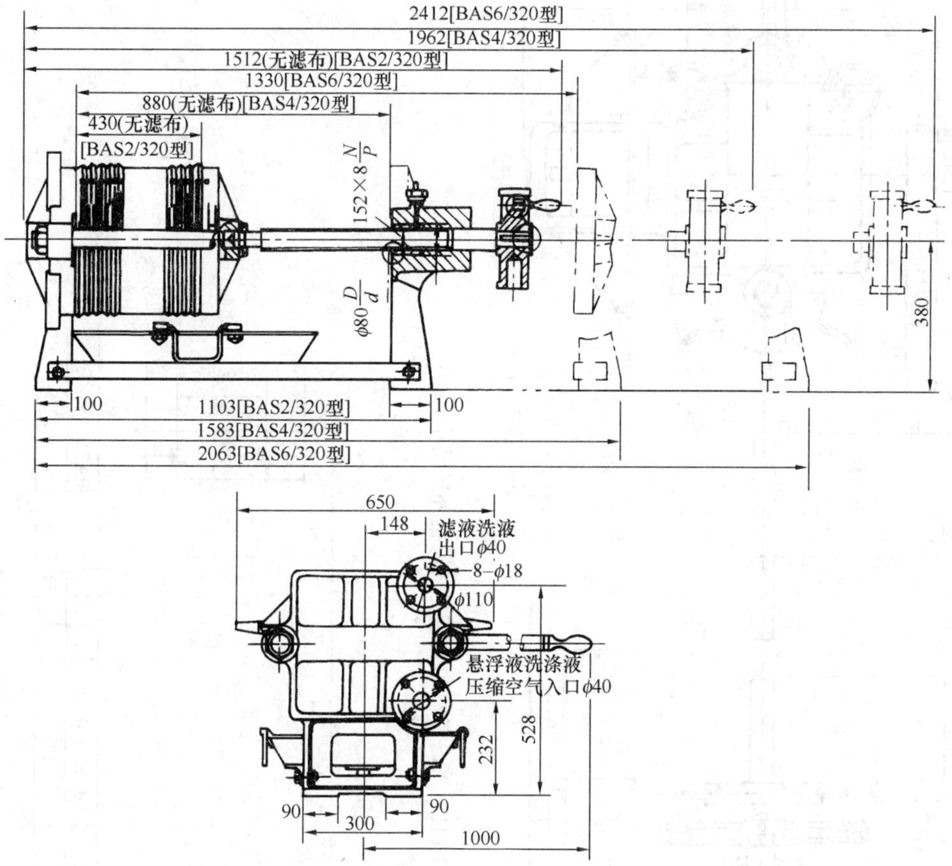

图 3-139 BAS $\frac{2}{4}$/320 型板框压滤机外形尺寸
$\frac{}{6}$

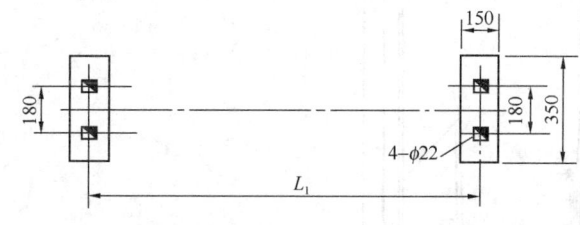

150
180 180 350
4-$\phi22$
L_1

型　号	BAS2/320-25	BAS4/320-25	BAS6/320-25
L_1(mm)	1020	1500	1980

图 3-140 BAS $\frac{2}{4}$/320 型板框压滤机安装基础尺寸
$\frac{}{6}$

2）BAS $\frac{8}{12}$/450 型板框压滤机外形尺寸见图 3-141，安装基础尺寸见图 3-142。
$\frac{}{16}$

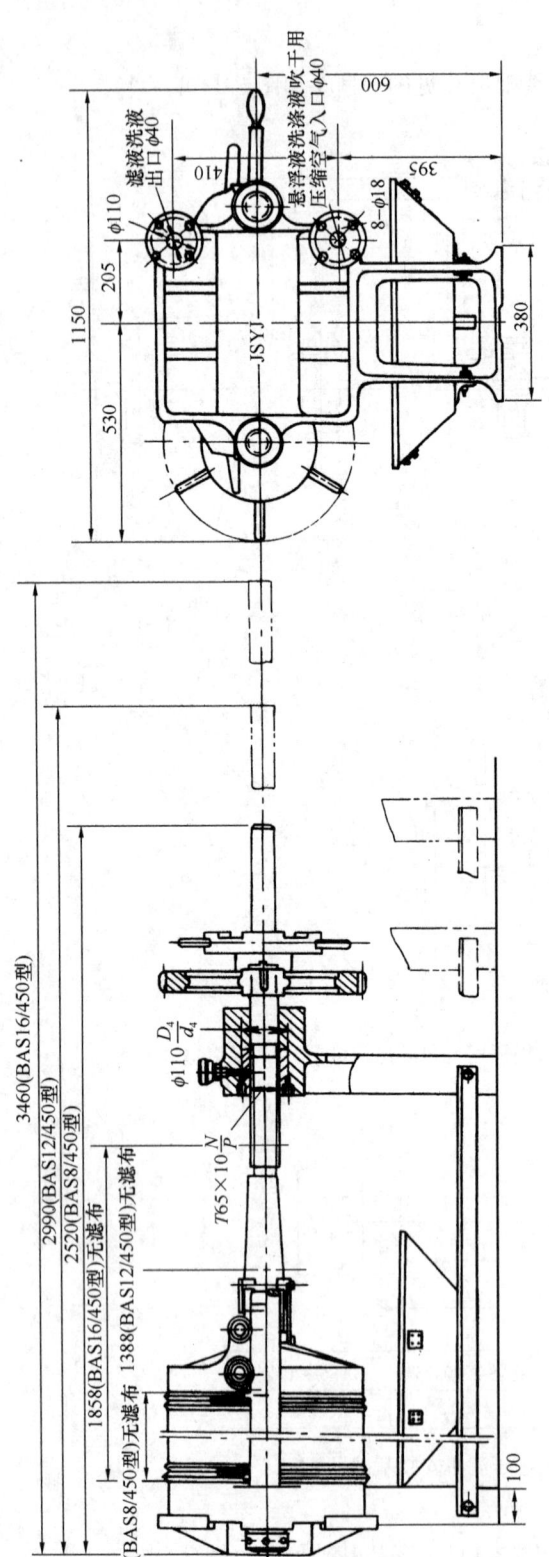

图 3-141   BAS 12/450 型板框压滤机外形尺寸

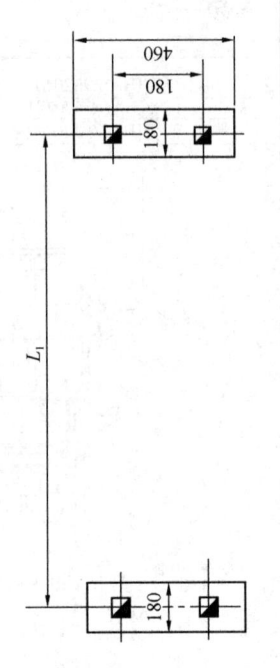

型　号	BAS8/450-25	BAS12/450-25	BAS16/450-25
L_1(mm)	1785	2255	2725

图 3-142   BAS 12/450 型板框压滤机安装基础尺寸

3）$B_M^A Y\square/870$-U 型过滤机外形及安装基础尺寸见图 3-143。

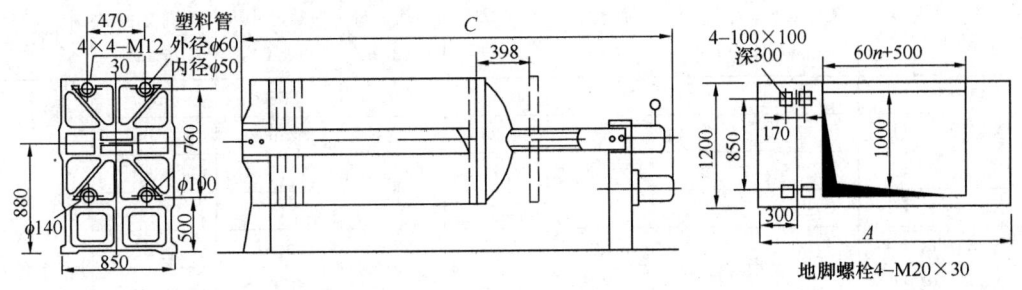

图 3-143 $B_M^A Y\square/870$-U 型过滤机外形及安装基础尺寸

4）$B_M^A S\square/420$-U 型过滤机外形及安装基础尺寸见图 3-144。

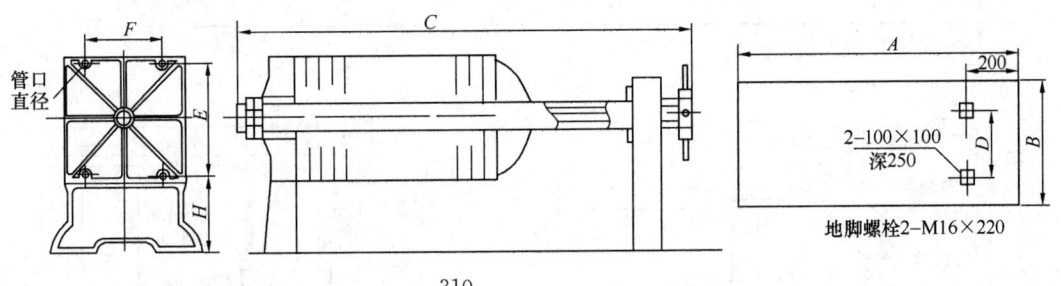

图 3-144 $B_M^A S\square/420$-U 型过滤机外形及安装基础尺寸

3.5.2.2 厢式压滤机

（1）适用范围：厢式压滤机适用于制糖、制药、化工、冶金、环保和污水处理等行业。以滤布为过滤介质进行固液分离。

（2）型号意义说明：

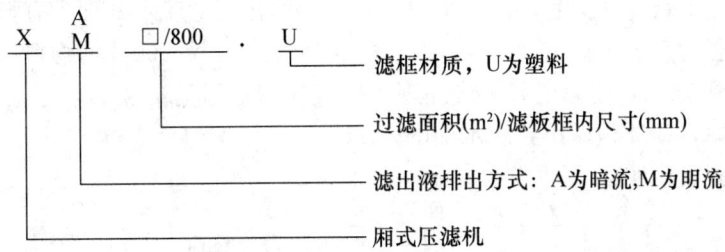

（3）结构与特点：滤板采用获得专利的增强聚丙烯模压而成，强度高、重量轻。机架为灰口铸铁，主梁为槽钢。采用液压装置作为压紧、松开滤板的动力机构，最大压紧力 24MPa，锁母机械保压，最大过滤压力 1MPa。

（4）性能、外形及安装尺寸：$X_M^A\square/800$-U 厢式压滤机性能、外形及安装基础尺寸见表 3-123 和图 3-145。

$X_M^A\square$/800-U 厢式压滤机性能、外形及安装基础尺寸

表 3-123

型 号	滤饼厚度 (mm)	滤板数 (块)	过滤面积 (m²)	滤室容积 (m³)	整机质量 (kg)	地基尺寸 A (mm)	整机长度 C (mm)	生产厂
X_M^A10/800-U	32	10	10	0.157	2100	2560	2260	
X_M^A15/800-U	32	15	15	0.235	2200	2860	2500	
X_M^A20/800-U	32	20	20	0.313	2400	3160	2860	
X_M^A25/800-U	32	25	25	0.391	2500	3460	3100	
X_M^A30/800-U	32	30	30	0.470	2700	3760	3460	杭州兴源过滤机有限公司、无锡通用机械厂
X_M^A40/800-U	32	40	40	0.626	3000	4360	4060	
X_M^A50/800-U	32	50	50	0.798	3300	4960	4660	
X_M^A60/800-U	32	60	60	0.955	3500	5560	5260	
X_M^A70/800-U	32	70	70	1.111	3900	6160	5860	
X_M^A80/800-U	32	80	80	1.268	4200	6760	6460	
X_M^A90/800-U	32	90	90	1.425	4400	7360	7060	
X_M^A100/800-U	32	100	100	1.597	4800	7960	7660	

注：该机为液压压紧，自动保压。

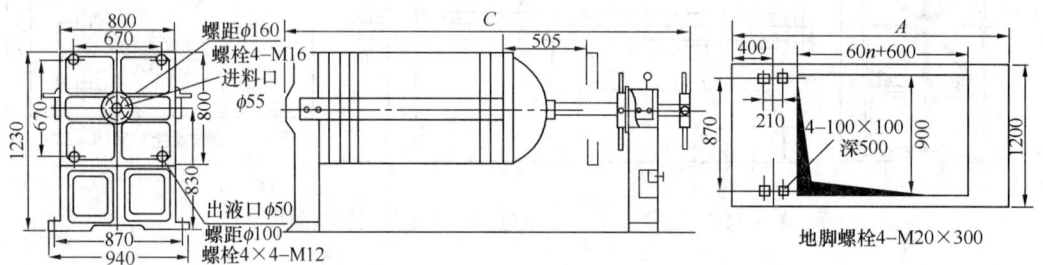

图 3-145 $X_M^A\square$/800-U 厢式压滤机外形及安装基础尺寸

注：n 为滤板数量。

3.5.2.3 自动板框压滤机

（1）适用范围：自动板框压滤机是间歇操作的加压过滤设备，用于给水排水、环境保护、化工、轻工等行业各类悬浮液分离。特别对污水污泥的脱水处理具有显著成效。它能够过滤固相粒径为 $5\mu m$ 以上的悬浮液，及固相浓度为 $0.1\%\sim60\%$ 的物料，可将含水率从 $97\%\sim98\%$ 降到 70%，而且还能过滤黏度大或成胶状难过滤的物料，经脱水后可压缩成块状固体—滤饼，使体积缩小到脱水前的 $1/15$。

（2）型号意义说明：

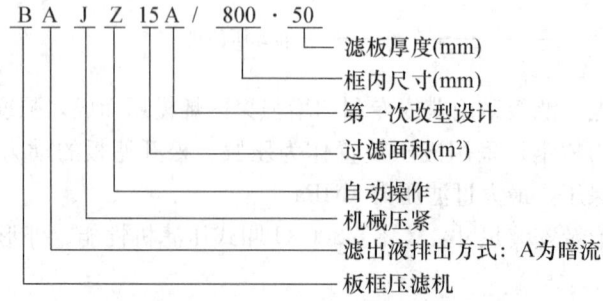

（3）性能、外形及安装尺寸：BAJZ 型自动板框压滤机性能见表 3-124，外形尺寸见图 3-146，安装基础尺寸见图 3-147。

BAJZ 型自动板框压滤机性能   表 3-124

型　号	过滤面积（m²）	滤室容积（L）	框内尺寸（mm）	滤框厚度（mm）	滤板数	滤框数	滤室厚度（mm）	滤布规格（m）	过滤压力（MPa）	电动机功率（kW）	质量（kg）	生产厂
BAJZ15A/800-50	15	300	800×800	50	13	12	20	36×0.93	≤0.6	7.5	7500	无锡通用机械厂
BAJZ20A/800-50	20	400	800×800	50	17	16	20	45×0.93	≤0.6	7.5	8900	
BAJZ30A/1000-60	30	750	1000×1000	60	16	15	25	51×1.13		11	1000	

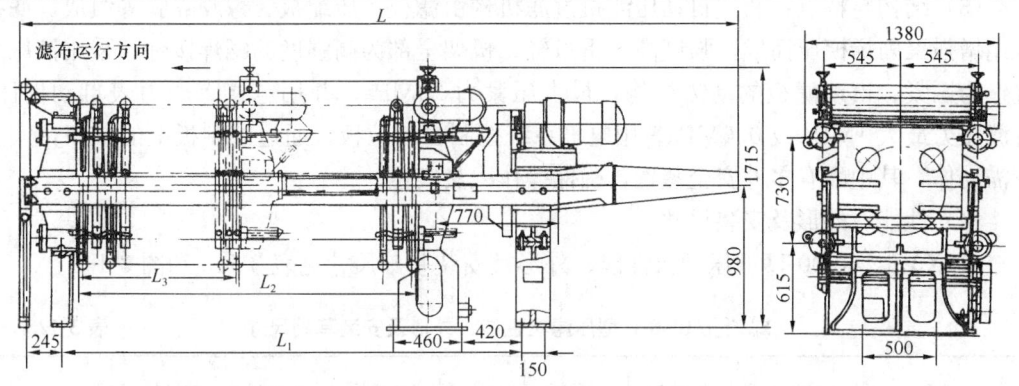

型　号	L(mm)	L_1(mm)	L_2(mm)	L_3(mm)
BAJZ15A/800-50	4945	3180	2352	1148
BAJZ20A/800-50	6055	3940	3112	1517

图 3-146　BAJZ 型自动板框压滤机外形尺寸

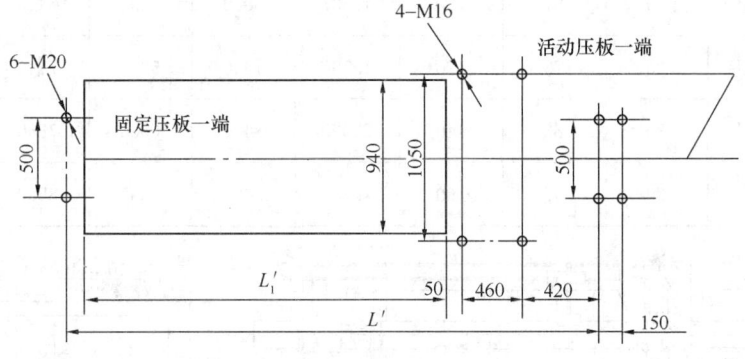

型　号	L'(mm)	L_1'(mm)
BAJZ15A/800-50	3180	2160
BAJZ20A/800-50	3940	2920

图 3-147　BAJZ 型自动板框压滤机安装基础尺寸

3.5.2.4　厢式自动压滤机

（1）适用范围：同厢式压滤机。

（2）型号意义说明：

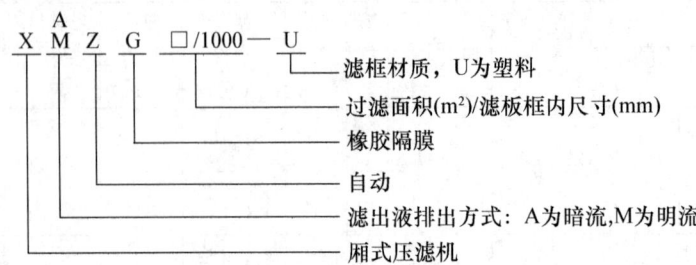

（3）结构与特点：厢式自动压滤机过滤机构由滤板、压缩板、橡胶隔膜等组成。滤板采用增强聚丙烯模压而成，强度高、重量轻。机架全部为高强度的钢焊接件，采用液压装置作为压紧、松动滤板的动力机构，最大压紧力 25MPa，并用电接点压力表自动保压。过滤压力最大 1MPa 或 0.6MPa。用电气系统控制自动拉板，通过控制板上的按钮，实现所需动作，其中配有多种安全装置，确保操作人员安全。

（4）性能、外形及安装尺寸：

1）$X_M^A Z\square/1000$-U 型压滤机性能、外形及安装基础尺寸见表 3-125 和图 3-148。

$X_M^A Z\square/1000$-U 型压滤机性能、外形及安装基础尺寸　　　　　表 3-125

型　号	滤饼厚度 （mm）	滤板数 （块）	过滤面积 （m²）	滤室容积 （m³）	整机质量 （kg）	地基尺寸 A（mm）	整机长度 C（mm）	生产厂
$X_M^A Z60/1000$-U	30	37	60	0.923	5360	3755	4980	
$X_M^A Z80/1000$-U	30	49	80	1.215	6180	4475	5700	杭州兴源 过滤机有限 公司 无锡通用 机械厂
$X_M^A Z100/1000$-U	30	61	100	1.507	6900	5195	6420	
$X_M^A Z120/1000$-U	30	73	120	1.798	7640	5915	7140	
$X_M^A Z140/1000$-U	30	85	140	2.090	8440	6635	7860	
$X_M^A Z160/1000$-U	30	97	160	2.381	9090	7355	8580	

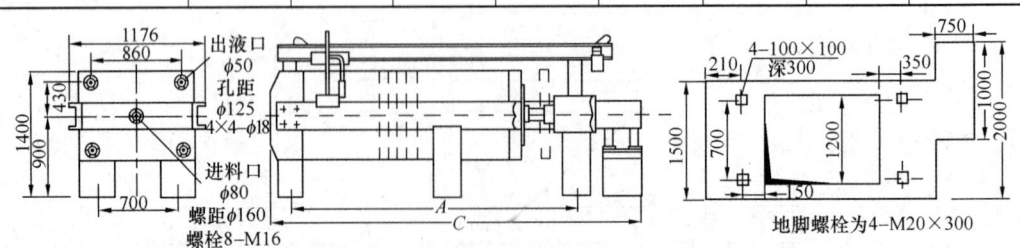

图 3-148　$X_M^A Z\square/1000$-U 型压滤机外形及安装基础尺寸

2) $X_M^A ZG\square/1000$-U 型压滤机性能、外形及安装基础尺寸见表 3-126 和图 3-149。

$X_M^A ZG\square/1000$-U 型压滤机性能、外形及安装基础尺寸　　　　表 3-126

型　号	滤饼厚度 （mm）	滤板数/ 压榨板数 （块）	过滤面积 （m²）	滤室容积 （m³）	整机质量 （kg）	地基尺寸 A（mm）	整机长度 C（mm）	生产厂
$X_M^A ZG60/1000$-U	30	18/19	60	0.932	5360	3827	5120	杭州兴源 过滤机有限 公司、无锡 通用机械厂
$X_M^A ZG80/1000$-U	30	24/25	80	1.215	6180	4547	5890	
$X_M^A ZG100/1000$-U	30	30/31	100	1.507	6900	5267	6660	
$X_M^A ZG120/1000$-U	30	36/37	120	1.798	7640	5987	7070	
$X_M^A ZG140/1000$-U	30	42/43	140	2.090	8440	6707	8190	
$X_M^A ZG160/1000$-U	30	48/49	160	2.381	9090	7427	8960	

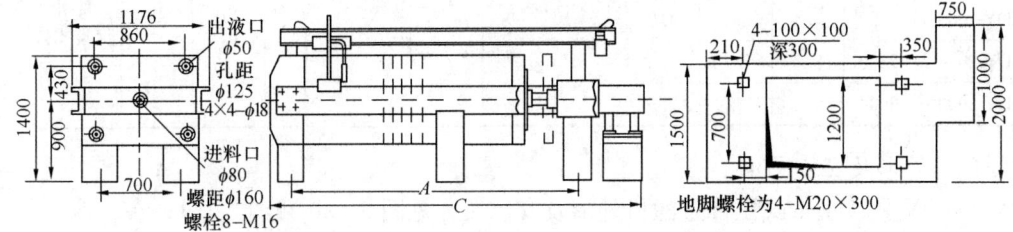

图 3-149　$X_M^A ZG\square/1000$-U 型压滤机外形及安装基础尺寸

3.5.3　带式压榨过滤机

(1) 适用范围：带式压榨过滤机是一种高效固液分离设备。经过絮凝的污泥通过重力脱水区脱去大量水分后，再进入低压、高压脱水区，通过辊系间的变向弯曲和滤带张力作用，污泥受到反复挤压并产生剪切力，使污泥颗粒产生相对位移，从而分离污泥中的游离水和毛细水。脱水后的污泥形成滤饼排出机外，滤液与洗涤液汇集于主机底部排出。该机适于煤炭、冶金、医药、轻纺、造纸和城市排水等各行业污水的处理。其特点是脱水效率高，处理能力大，连续过滤，性能稳定，操作简单，体积小，重量轻，节约能源，占地面积小。

(2) 型号意义说明：

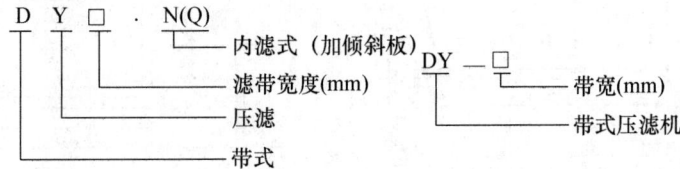

(3) 性能：DY□-N 型带式压榨过滤机性能见表 3-127，DY 型带式压榨过滤机性能见表 3-128，DYQ 型带式压榨过滤机性能见表 3-129，YDP 和 CPF 型带式压榨过滤机性能见表 3-130。

DY□-N 型带式压榨过滤机性能 表 3-127

型号	滤带宽度 (mm)	处理能力 (t/h)	重滤面积 (m²)	压滤面积 (m²)	电动机功率 (kW)	滤带速度 (m/min)	洗涤水压 (MPa)	质量 (kg)	外形尺寸 (mm)			生产厂
									长	宽	高	
DY500-N	500	—	1.95	2.5	1.1	0.7~5.0	70.5	—	2980	850	1980	无锡通用机械厂
DY1000-N	1000		3.9	5.0	1.1				2980	1392	1980	
DY2000-N	2000		7.8	10	2.2				2980	2490	1980	
DY3000-N	3000		10.7	15	3.0				2980	3326	1980	

DY 型带式压榨过滤机性能 表 3-128

型号	滤带宽度 B (mm)	压滤面积 (m²)	重滤面积 (m²)	电动机功率 (kW)	冲洗水压力 (MPa)	工作压力 (MPa)			污泥含水率 (%)	泥饼含水率 (%)	质量 (kg)	生产厂
						上张紧气缸	下张紧气缸	纠偏气缸				
DY-1000	1000	3.2	4	1.5	0.35~0.5	0.45~0.8	0.45~0.8	0.45~0.8	95~98	60~80	—	江苏天雨环保集团公司
DY-1500	1500	4.8	6	2.2								
DY-2000	2000	6.4	8	4.0								
DY-2500	2500	8.0	10	5.5								
DY-3000	3000	9.4	12	7.5								

(4) 外形及安装尺寸：

1) DY□-N 型带式压榨过滤机外形及安装尺寸见图 3-150 和图 3-151。

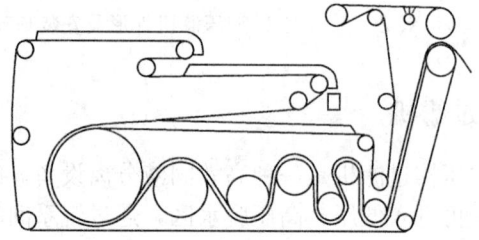

图 3-150   DY□-N 型带式压榨过滤机外形示意

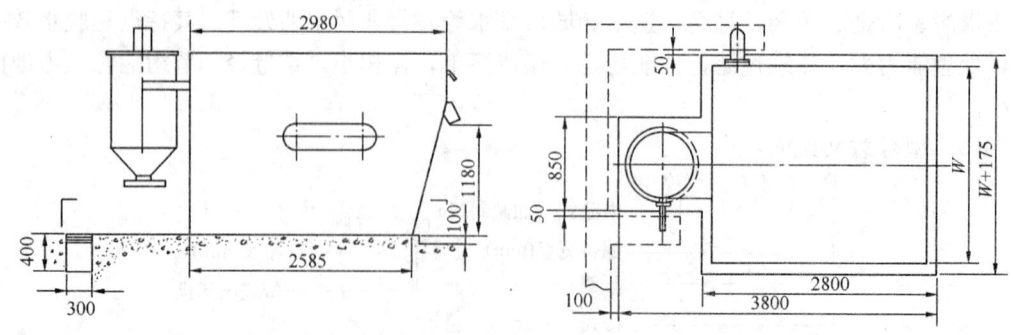

图 3-151   DY□-N 型带式压榨过滤机安装基础尺寸

注：W 为机体宽度。

DYQ 型带式压榨过滤机性能　　　表 3-129

型号	滤网		电动机		控制器型号	最大冲洗耗水量 (m³/h)	冲洗水压力 (MPa)	气动部分输入压力 (MPa)	气动部分分流量 (m³/h)	处理能力 [kg/(h·m²)]	泥饼含水率 (%)	外形尺寸 (长×宽×高) (mm)	质量 (kg)	生产厂
	有效宽 (mm)	速度 (m/min)	型号	功率 (kW)										
DYQ-500A	500	0.4~5	JJTY21-4	1.1	LP90-2-1.5	4	≥0.4	0.5~1	0.2~0.8	50~500	65~75	3000×1250×1650	3000	唐山清源环保机械（集团）公司
DYQ-1000A	1000	0.4~4	JZTY31-4	2.2	JDIA-40	6	≥0.4	0.5~1	0.8~2.5	50~500	65~75	5050×1890×2365	4500	
DYQ-2000A	2000	0.4~4	JZTY31-4	2.2	JDIA-40	6	≥0.4	0.5~1	46.8~118.8	50~500	70~80	4970×2725×1895	5600	

注：调速方式均为无级。

YDP 和 CPF 型带式压榨过滤机性能　　　表 3-130

型号	滤带宽度 (mm)	滤带速度 (m/min)	给料浓度 (%)	滤饼水分 (%)	生产能力 (t/h)	电动机功率 (kW)	外形尺寸 (长×宽×高) (mm)	质量 (t)	物料品种	生产厂
YDP1000B	1000	2~8	>2	65~80	0.15~0.4	2.2	5110×1750×2250	5.3	污泥	沈阳水处理设备制造总厂
CPF2000S5	2000	1.3~8.2	>20	≤30	3~5	5.5	4700×3500×2660	13.5	煤泥	
			1~2.5	82~86	0.15~0.35				生化污泥	
			1.5~6	58~87	0.15~1				城市污水	
CPF2000S3P	2000	0~9.32	1.5~3.5	75~82	0.3~0.8	7.5		13.64	生化污泥＋35%原生污泥	
CPF2000S4P	2000	0~9.32	2.5~5	68~75	0.6~1.3	7.5		13.97	生化污泥＋70%原生污泥	
CPF2000P3	2000	0~9.32	3~7	50~70	1~2	7.5		15.57	原生污泥	
CPF2000S3P3	2000	0~9.32	2~6	60~70	0.8~1.8	7.5		15.6	原生污泥＋15%生化污泥	

2）DY 型带式压榨过滤机外形及安装基础尺寸见图 3-152～图 3-154 和表 3-131。

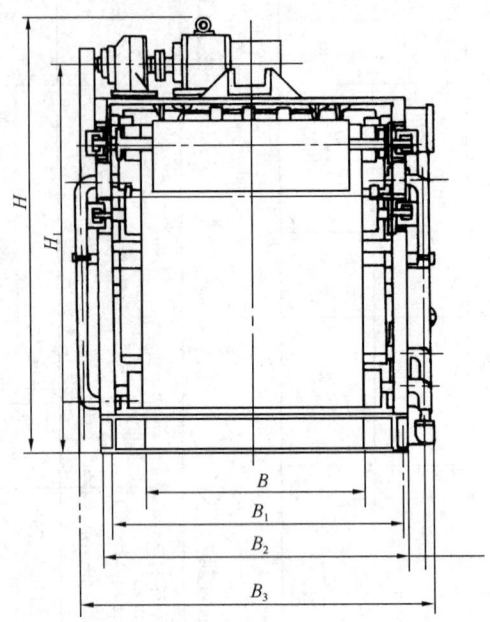

图 3-152 DY 型带式压榨过滤机外形尺寸（一）

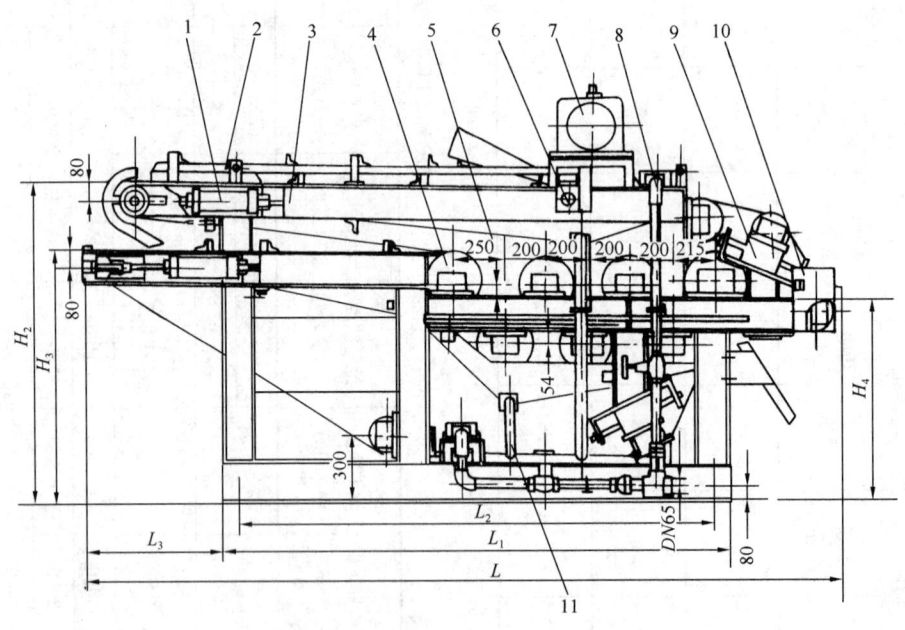

图 3-153 DY 型带式压榨过滤机外形尺寸（二）

1—张紧装置；2—挡板及刮泥系统；3—机架；4—辊轮组；5—滤带；6—控制器；7—传动装置；8—冲洗系统；9—纠偏装置；10—刮集装置；11—托架及接水装置

注：B 为滤带宽见表 3-127。

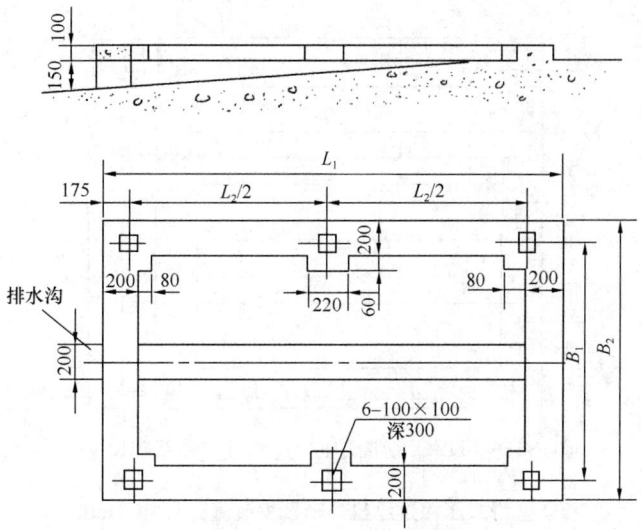

图 3-154 DY 型带式压榨过滤机安装基础尺寸

DY 型带式压榨过滤机安装基础尺寸（mm） 表 3-131

型　号	B_1	B_2	B_3	H	H_1	H_2	H_3	H_4	L	L_1	L_2	L_3
DY-1000	1340	1400	1620	1930	1730	1440	1130	940	3640	2450	2300	650
DY-1500	1840	1900	2120	2180	1980	1690	1380	1190	4100	2910	2760	650
DY-2000	2375	2450	2720	2230	2070	1740	1430	1240	4100	2910	2760	650
DY-2500	2875	2950	3220	2430	2247	2040	1730	1540	4500	3310	3160	700
DY-3000	3380	3440	3660	2450	2250	2040	1730	1540	4500	3310	3160	700

3）DYQ 型带式压榨过滤机外形及安装基础尺寸见图 3-155、图 3-156 和表 3-132。

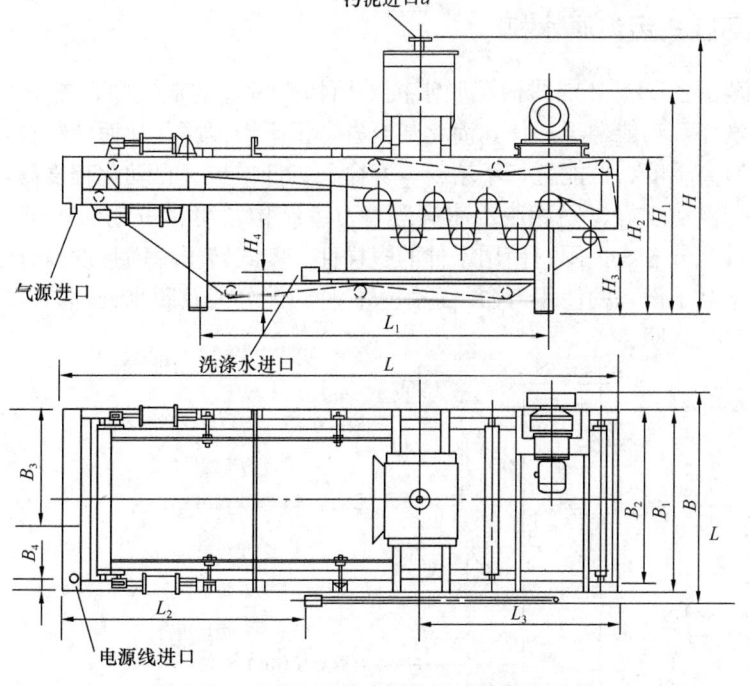

图 3-155 DYQ 型带式压榨过滤机外形尺寸

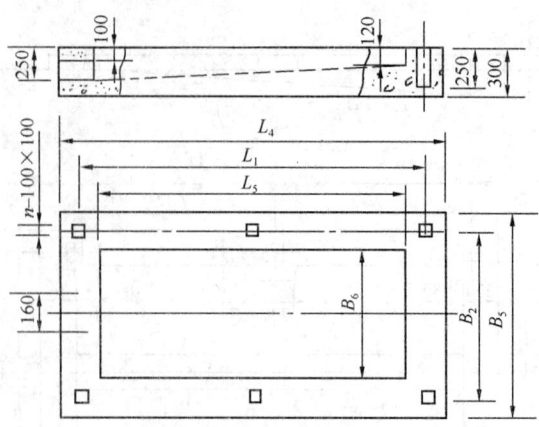

图 3-156   DYQ 型带式压榨过滤机安装基础尺寸

DYQ 型带式压榨过滤机外形及安装基础尺寸（mm）　　　　表 3-132

型　号	L	L_1	L_2	L_3	L_4	L_5	B	B_1	B_2	B_3
DYQ-500A	3000	1730	1635	—	2030	1630	1250	—	904	—
DYQ-1000A	5050	3100	2100	1690	3340	2860	1900	1500	1440	50
DYQ-2000A	5230	3030	3200	2140	3410	2870	2900	2500	2430	500

型　号	B_4	B_5	B_6	H	H_1	H_2	H_3	H_4	n	地脚螺栓
DYQ-500A	—	1080	880	2230	1536	1180	480	70	6	M16×250
DYQ-1000A	950	1720	1240	2365		1367	450	320	4	M16×300
DYQ-2000A		2700	2100	2380		1440	450	360	4	M16×300

4）YDP1000B 型带式压榨过滤机外形尺寸见图 3-157。

5）CPF 型带式压榨过滤机外形尺寸见图 3-158。

3.5.4　环牒式污泥脱水机

（1）适用范围：LTS 环牒式污泥脱水机采用特殊设计的双向挤压螺旋技术，设备将沉淀、过滤、洗涤等功能融于一体，简化甚至省却了干燥程序，从而使物料热干燥的能耗大大降低。具有高干度、低能耗、不堵料、寿命长、低维护、自动化程度高，具有连续运行、自动卸料、澄清度好、固相脱水率高等特点。结构紧凑、占地面积小，便于操作维修，产品的设计充分考虑了用户使用条件的多样性，牒式转子由高强度高分子复合材料制作而成，大大提高了设备的使用寿命，适用于各种污泥分离及脱水处理。

（2）型号意义说明：

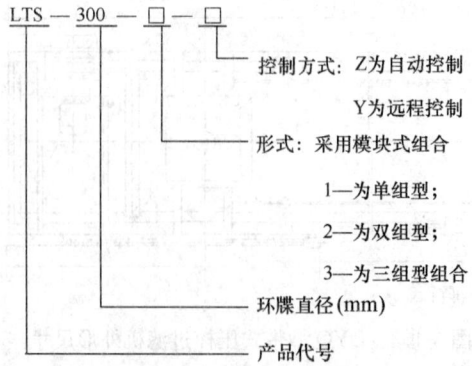

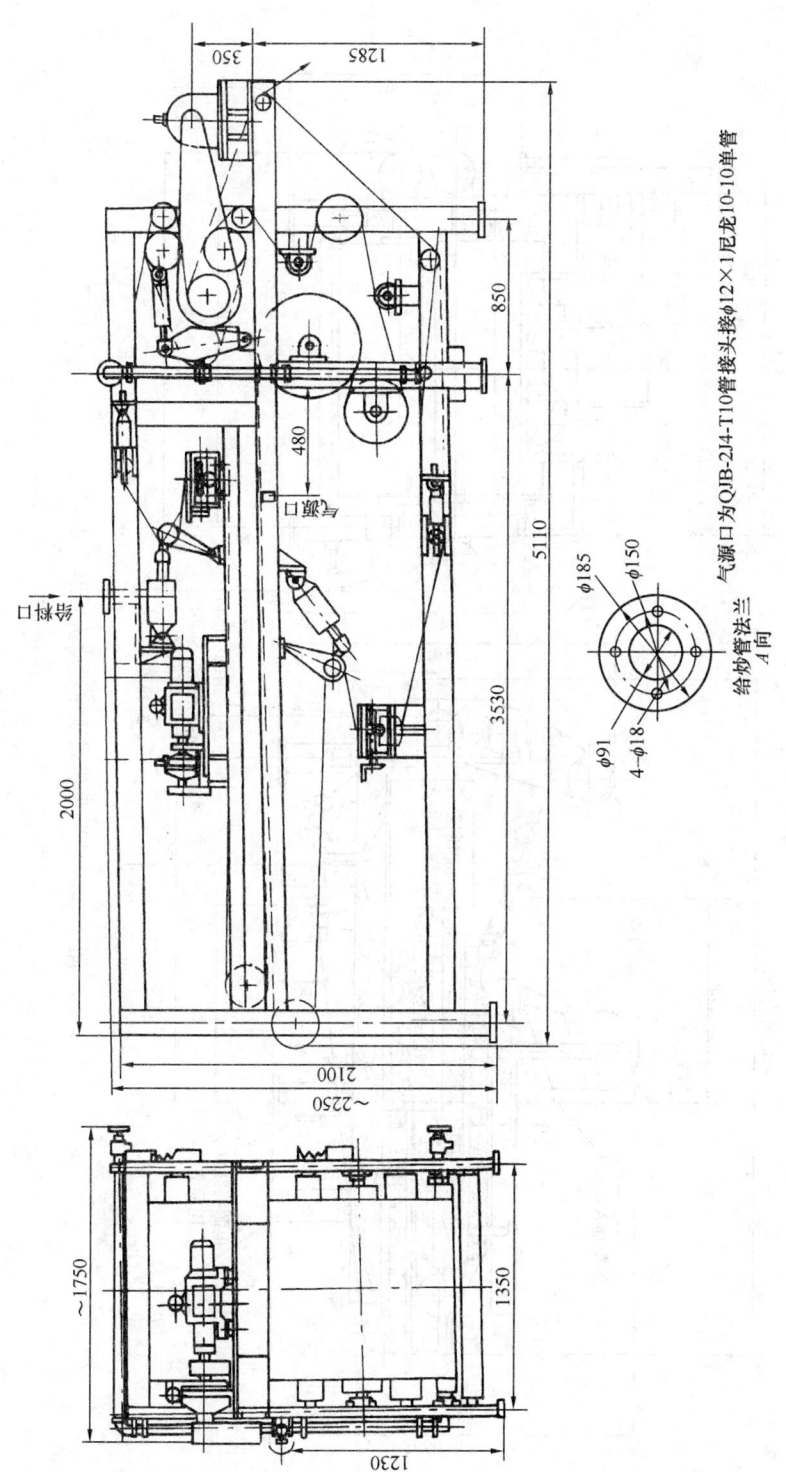

气源口为QJB-214-T10管接头接φ12×1尼龙10-10单管

给砂管法兰
A向

图 3-157　YDP1000B 型带式压榨过滤机外形尺寸

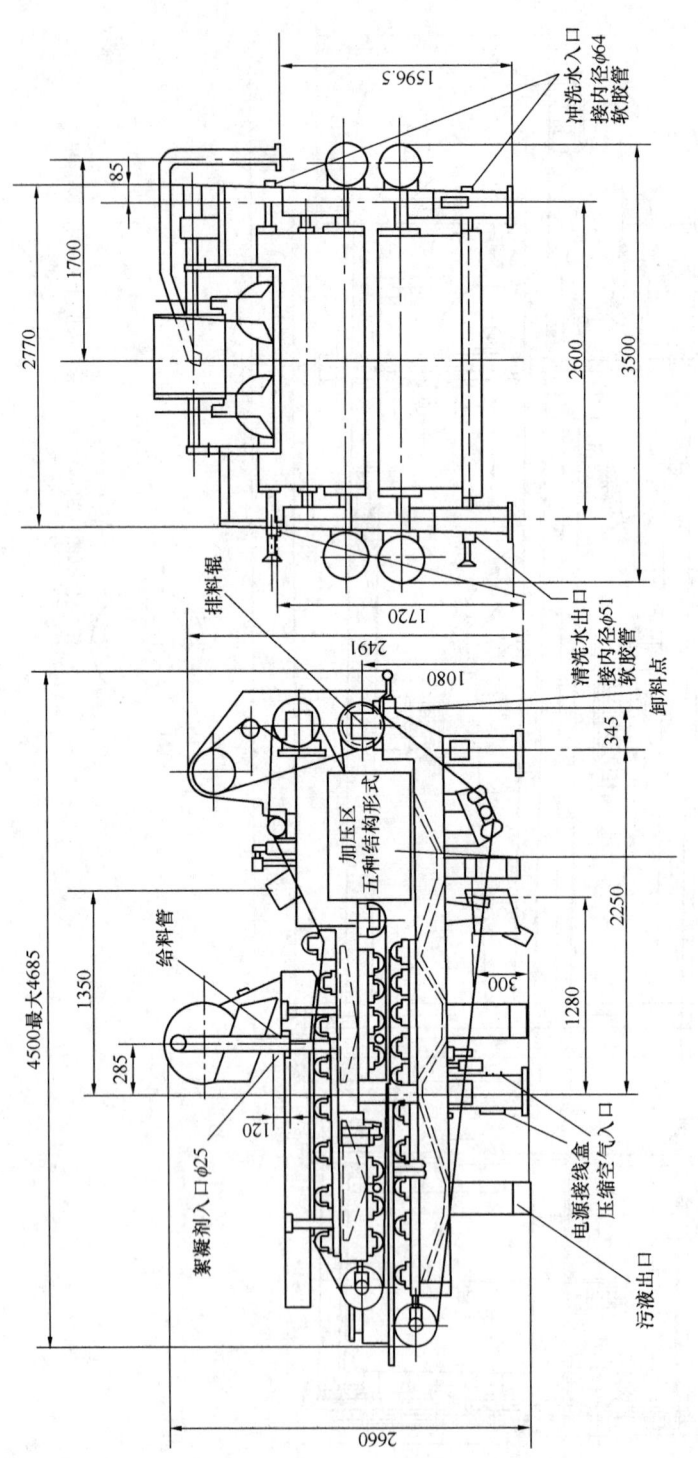

冲洗水入口
接内径φ64
软胶管

清洗水出口
接内径φ51
软胶管

排料辊

卸料点

加压区
五种结构形式

给料管

絮凝剂入口φ25

电源接线盒
压缩空气入口

污液出口

图 3-158 CPF 型带式压榨过滤机外形尺寸

(3) 工作原理：LTS 低速高效环牒式污泥脱水机滤体部分分为浓缩段和压榨段，将污泥浓缩和压榨脱水工作在筒内一步完成。采用螺旋挤压与动静环牒组成的过滤筒组合，形成一种全新的压滤方式。污泥在机械力的作用下向前缓慢推进，推进过程中由于受到调压片的压力控制，过滤筒体内的压强逐渐增大，污泥中的水分被迅速滤出筒体外，污泥的含水率逐步下降，但此时污泥仍含有大量的颗粒间隙水和少量的颗粒毛细管内的水以及颗粒的吸附水，有效降低污泥颗粒间的间隙水，可大大降低污泥的含水量，通过螺旋输水装置对污泥进行剪切，使颗粒间的间隙水得到分离，大大提高了泥饼的干化度。过滤筒上的动静环牒在螺旋叶轮的作用下作径向游动，保证了过滤间隙的畅通，达到过滤筒体的机械自动清洁，实现了过滤筒体永不堵塞的目的。同时动环牒式内部设计的 Ω 形槽所组成的回流水槽会很快地将辅助疏水装置剪切出的颗粒间隙水中所含的部分污泥回流至脱水段重新脱水分离，减少了滤筒表面的污泥累积，从而实现了少使用冲洗水的目的。

(4) 污泥脱水处理工艺流程说明：

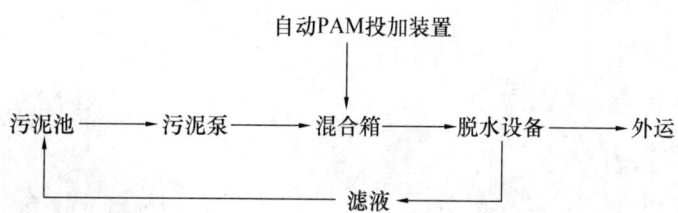

1) 将 PAM 干粉投加到自动 PAM 投加装置中并制备好浓度为 2‰~3‰ 的浓液。

2) 污泥池浓缩后的污泥通过污泥泵将污泥送入污泥混合箱，在混合箱加入 PAM 再次进行分离调质，同时对混合箱搅拌。

3) 混合箱溢出的混合液进入环牒式污泥脱水机进行脱水处理。

4) 滤下液经回流泵回流至 PAM 浓药管内对药进行稀释及对滤体进行冲洗。

5) 多余滤液回到污泥池，干泥通过螺旋输送机送至储泥斗，再外运进行处理。

(5) 性能：LTS 环牒式污泥脱水机性能见表 3-133~表 3-136。

(6) 外形尺寸：LTS 环牒式污泥脱水机外形尺寸见图 3-159、图 3-160 和表 3-133~表 3-135。环牒式污泥脱水机配套污泥混合箱外形尺寸见图 3-161 和表 3-136。

LTS-3001 环牒式污泥脱水机性能 表 3-133

标准处理量 (kgDS/h)	螺旋规格	外形尺寸（mm）			功率 (kW)	净重 (kg)
		L	H	D		
150~180	$\phi300\times1$	2350	870	2320	1.1	920

LTS-3002 环牒式污泥脱水机性能 表 3-134

标准处理量 (kgDS/h)	螺旋规格	外形尺寸（mm）			功率 (kW)	净重 (kg)
		L	H	D		
300~360	$\phi300\times2$	2350	1870	2320	2.2	1750

LTS-3003 环牒式污泥脱水机性能　　　　　表 3-135

标准处理量 (kgDS/h)	螺旋规格	外形尺寸（mm）			功率 (kW)	净重 (kg)	生产厂
		L	H	D			
450～540	$\phi300\times3$	2350	2500	2320	2.2	2550	无锡隆恩撮环境科技有限公司

注：DS/h 为每小时产生的绝对干泥。

环牒式污泥脱水机配套污泥混合箱规格尺寸　　　　　表 3-136

型号	脱水机型号	L（mm）	D（mm）	H（mm）	电机功率（kW）
LW-1	LTS-3001Z	800	680	1590	1.1
LW-2～3	LTS-3002Z LTS-3003Z	1000	1200	1950	1.1

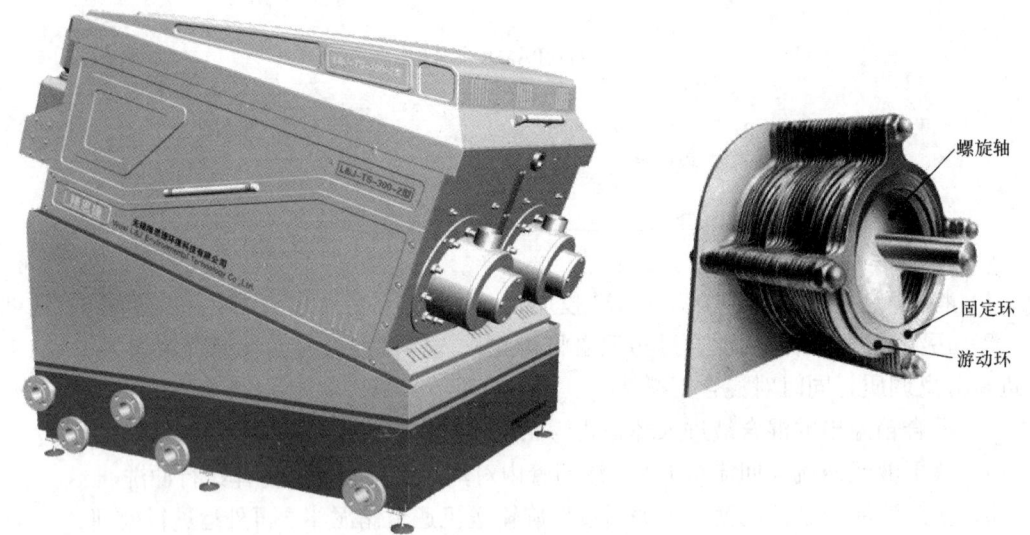

图 3-159　LTS 环牒式污泥脱水机外形

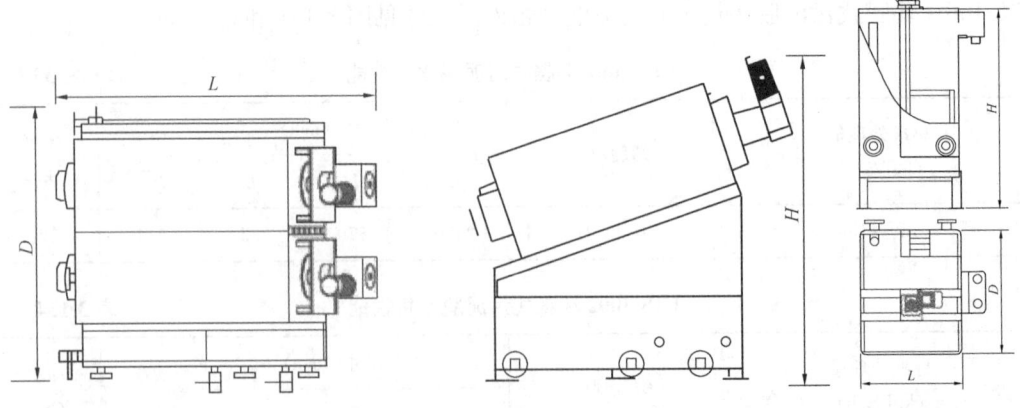

图 3-160　LTS 环牒式污泥脱水机外形尺寸　　　图 3-161　污泥混合箱外形尺寸

3.6 滗 水 器

3.6.1 BFR型浮动滗水器

（1）适用范围：BFR型浮动滗水器是SBR工艺中的关键设备，适用于各种工业废水处理及以脱氮除磷为目的的生活污水处理。

（2）型号意义说明：

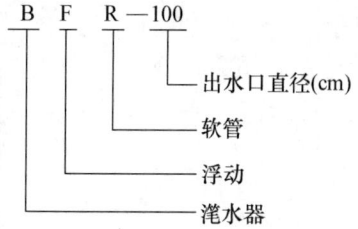

B F R—100
出水口直径(cm)
软管
浮动
滗水器

（3）结构与特点：BFR型浮动滗水器由浮箱、伸缩管、进出水管、气动阀、空气压缩机等组成。它采用浮筒结构，浮筒下方为进水口，该结构可保证进水口始终能取到上清液。进水口安装有气动蝶阀，通过空压机控制，气动蝶阀已做防油防腐处理并具有良好的密封性。该滗水器采用伸缩软管，随水位变化自由伸缩，伸缩动程大。

（4）性能：BFR型浮动滗水器性能见表3-137。

BFR型浮动滗水器性能及安装基础尺寸 表3-137

型号	出水口直径(cm)	排水量(m³/h)	基础尺寸（mm）						生产厂
			a	b	c	d	e	D	
BFR100	100	25	100	200	300~850	540	400	120	安徽中联环保设备有限公司、江苏天雨环保集团有限公司
BFR125	125	80	100	370		515	525	150	
BFR200	200	200	500	400		700	800	220	

注：订货时需注明池深及出水口距池底高度c的尺寸。

（5）外形及安装尺寸：BFR型浮动滗水器外形见图3-162，安装基础尺寸见图3-163

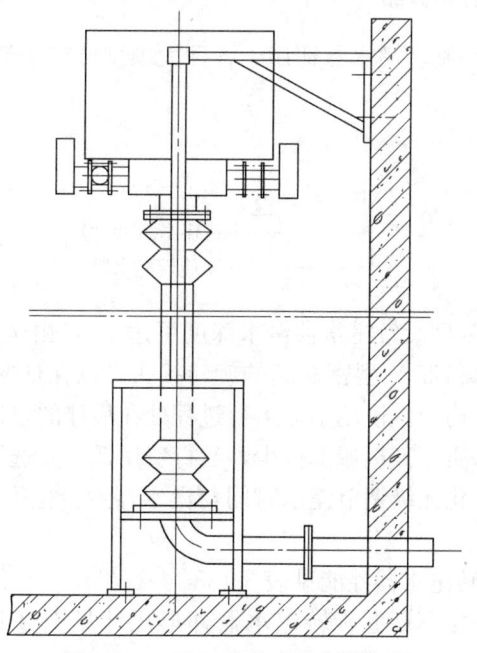

图3-162 BFR型浮动滗水器外形

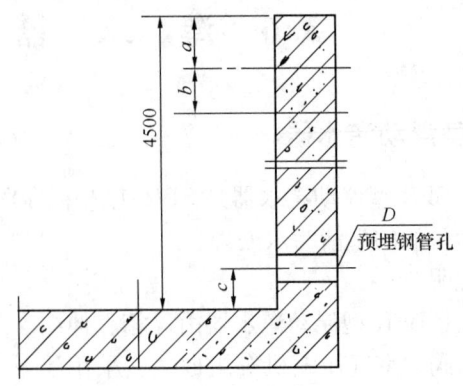

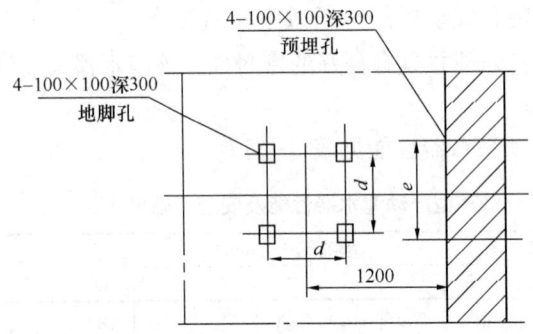

图 3-163　BFR 型浮动滗水器安装基础尺寸

和表 3-137。

3.6.2　XB 型旋转滗水器

（1）适用范围：XB 型旋转滗水器适用于各种大中型城市生活污水处理及各类工业废水处理。

（2）型号意义说明：

$$XB - 500$$

—— 排水量(m³/h)

—— 旋转滗水器

（3）结构与特点：XB 型旋转滗水器滗水深度可达 4m，由全不锈钢或铝镁合金制作，水下部分为复合润滑轴承和带 Y 型密封圈的旋转接头，以保证密封性；它采用四连杆驱动机构，使堰口下降速度均匀。该滗水器运行过程处在最佳的堰口负荷范围内，且堰口处设有挡渣板以确保出水水质。其机械部件少，运行费用低，并选用了先进的变频器和移动开关，可根据水质水量变化无级调节滗水时间与滗水器运行范围，可与中心控制室联网，实现全自动化运行管理。

（4）性能：XB 型旋转滗水器性能见表 3-138。

（5）外形及安装尺寸：XB 型旋转滗水器外形尺寸见图 3-164，安装基础尺寸见图 3-165 和表 3-139。

XB 型旋转滗水器性能 表 3-138

型　　号	出水能力 （m³/h）	堰口宽度 2L（m）	滗水可调深度 H（m）	生产厂
XB-500	500	5	2.0	
XB-600	600	6	2.3	
XB-700	700	8	2.5	湖北洪城通用机械股份有限公司、天津百阳环保设备股份合作公司、浙江金山管道电气有限公司
XB-800	800	10	2.7	
XB-1000	1000	12	3.0	
XB-1200	1200	14	3.3	
XB-1400	1400	16	3.5	
XB-1600	1600	18	3.8	
XB-1800	1800	20	4.0	

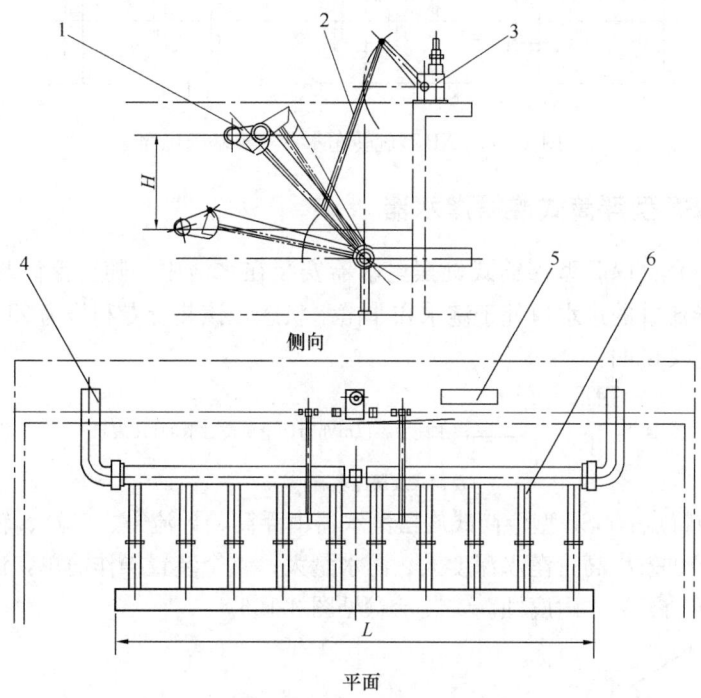

侧向

平面

图 3-164　XB 型旋转滗水器外形尺寸

1—滗水槽；2—四连杆；3—减速箱；4—出水管；5—电气柜；6—引水管

XB 型旋转滗水器安装基础尺寸（mm） 表 3-139

滗水器型号	D	A	B	C	E	H_1	H_2	Y_1（长×宽×厚）	Y_2（长×宽×厚）
XB500	500	5000	1800	6000	800	2800	3300	400×300×15	400×400×15
XB1800	800	16000	4500	18000	1200	4000	4500	800×500×25	700×700×25

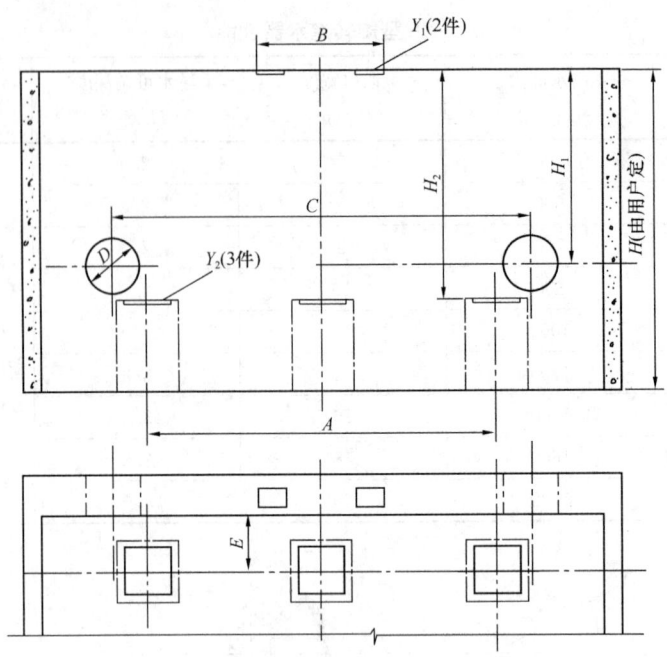

图 3-165　XB 型旋转滗水器安装基础尺寸

3.6.3　BSF 型浮筒式旋摆滗水器

（1）设备简介：BSF 型浮筒式旋摆滗水器安装在水池中，随着浮筒与导流管夹筒位置的变化，使导流管的进水口处于滗水和非滗水状态，该装置专利号为 ZL99230424.5。

（2）型号意义说明：

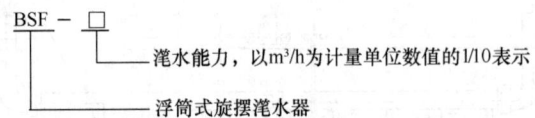

（3）结构与特点：BSF 型浮筒式旋摆滗水器由浮筒、导流管、气缸、轴承等组成。其体积小、重量轻、效率高；滗水深度大、滗水量大；整个装置操作简单，滗水稳定；采用非金属轴承，转动灵活，耐腐蚀。安装示意见图 3-166。

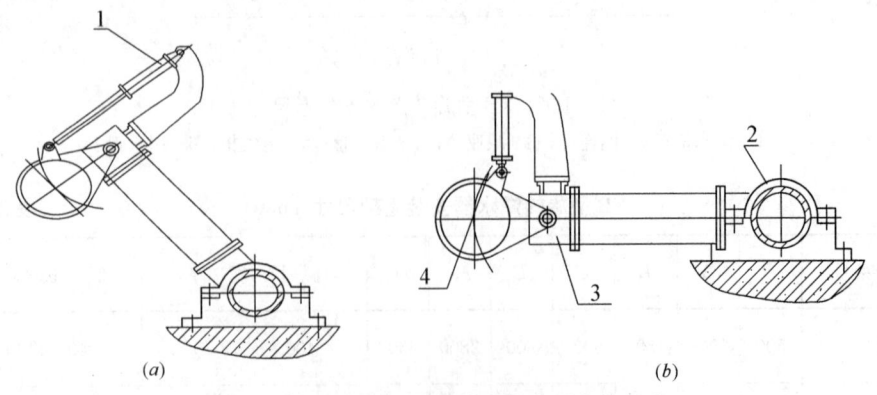

图 3-166　BSF 型浮筒式旋摆滗水器安装示意
（a）工作状态；（b）滗水状态
1—气缸；2—轴承；3—导流管；4—浮筒

（4）性能：BSF 型浮筒式旋摆滗水器性能见表 3-140。

BSF 型浮筒式旋摆滗水器性能 表 3-140

型号 / 参数	滗水能力 （m³/h）	出水管直径 （mm）	滗水高度 （m）
BSF-10	100	250	2～3
BSF-20	200	350	2～3
BSF-40	400	450	2～3
BSF-60	600	500	2～3
BSF-80	800	600	2～3
BSF-100	1000	600	2～3
BSF-150	1500	800	2～3
BSF-200	2000	800	2～3

3.6.4 BB 型无动力式滗水器

（1）设备简介：BB 型无动力式滗水器是应用在 SBR 工艺中反应池内的排水专用设备。滗水器在浮筒浮力的作用下始终浮于池内的液面上，滗水口处于池内的液面下，当进入排水程序时，设备在程序控制下打开电动控制阀门，池内的上清液通过滗水口进入滗水槽、滗水横管、支管从滗水出水总管排出池外，滗水器随水位下降同步下降。停止排水时，在程序控制下关闭电动控制阀门。在进水程序中，滗水器随水位上升恢复到原点停止工作。

（2）型号意义说明：

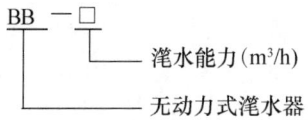

```
BB — □
       └── 滗水能力（m³/h）
  └────── 无动力式滗水器
```

（3）结构与特点：BB 型无动力式滗水器由滗水槽、浮箱、滗水横管、滗水支管、出水总管及支承等组成。其适用于各种大、中型城市生活污水处理及各类工业废水处理；滗水器在水位自然下降时，以匀速向下运行，具有追随水位连续排水的性能。不扰动沉淀的污泥，运行平稳、安全、可靠。该设备无动力损耗、设备投资少、运行费用低、操作管理方便、无机械传动装置。安装示意见图 3-167。

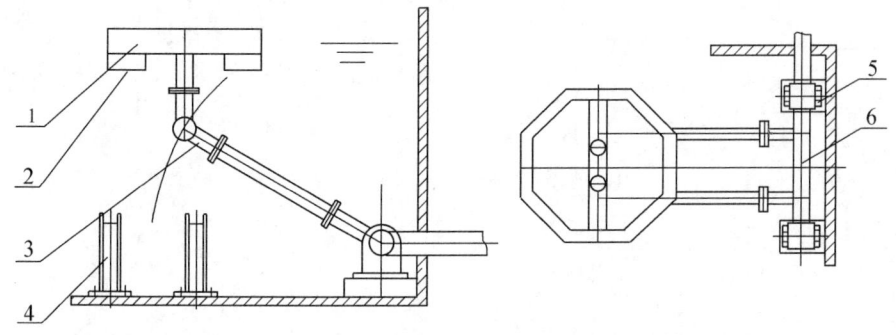

图 3-167　BB 型无动力式滗水器安装示意
1—滗水槽；2—浮箱；3—滗水管；4—支架；5—填料箱；6—出水总管

（4）性能：BB 型无动力式滗水器性能见表 3-141。

BB 型无动力式滗水器性能 表 3-141

产品规格	BB-200	BB-400	BB-800	BB-1000	BB-1200	BB-1400	BB-1600	BB-1800
滗水能力（m³/h）	200	400	800	1000	1200	1400	1600	1800
滗水高度（m）	2～3	2～3	2～4	2～4	3～5	3～5	3～5	3～5
出水管直径（mm）	250	400	550	600	650	700	750	800

4 起 重 设 备

4.1 WA、SC、SG 型手动单轨小车

（1）适用范围：WA、SC、SG 型手动单轨小车适用于起重量不大及使用率和速度不高的车间、仓库、水泵站等装配、检修或起重其他设备、药剂等场所，尤其适用于无电源地点。

（2）型号意义说明：

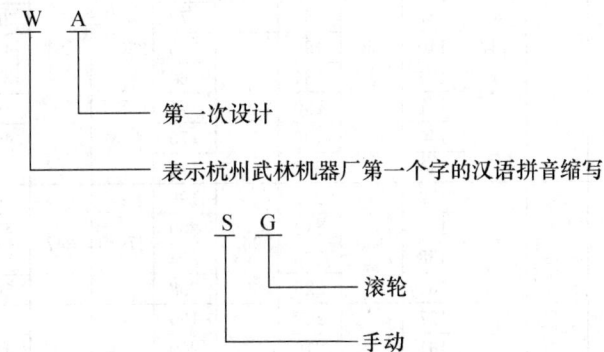

（3）性能：WA、SC、SG 型手动单轨小车性能规格见表 4-1～表 4-3。

WA 型手动单轨小车性能规格   表 4-1

型号	起重量 (t)	起升高度 (m)	运行速度 (m/min)	最弯小半转径 (m)	手拉力 (N)	主要尺寸（mm）					工字钢型号	总质量 (kg)	参考价格 (元/台)	生产厂
						B_1+B_2	B	H	K	L				
WA½	0.5	2.5	—	0.9	39.2	238	187	168	114	216	12.6～32a	15	—	杭州武林机器厂、重庆第二起重机厂、郑州起重设备厂
WA1	1	2.5	—	0.9	68.6	238	187	168	114	216	12.6～32a	15	170	
WA1½	1.5	2.5	—	1	68.6	260	207	200	134	254	18～40a	24	—	
WA2	2	2.5	—	1	88.2	260	207	200	134	254	18～40a	24	207.85	
WA3	3	3	—	1.2	117.6	279	226	231.5	152	295	20～45a	35	300	
WA5	5	3	—	1.35	147	308	250	263.5	166	323	32～56a	44	500	
WA7½	7.5	3	—	1.6	156.8	—	270	—	—	390	40～63a	74	—	
WA10	10	3	—	1.6	215.6	329	270	315	200	390	40～63a	75	780	

SC 型手动单轨小车性能规格 表 4-2

型号	起重量(t)	起升高度(m)	运行速度(m/min)	最弯小半转径(m)	手拉力(N)	B₂	K	B	H	B₁	H₁	L	工字钢型号	总质量(kg)	参考价格(元/台)	生产厂
SC	0.5	3~12	5.75	—	53.9	104	130	134	201.5	147	196.5	253	14a	20.4	—	长沙起重机厂
						108		142		151			16a			
						111		148		154			18a			
						113		154		156			20a			
	1					117		164		150			22a	20.6		
						120		170		153			25a			
						123		176		156			28a			
						127		184		160			32a			
	2		5.3	—	147	127	150	170	232.5	162	230.5	291	25a	—	—	
						130		176		165			28a			
						134		182		169			32a			
						137		190		172			36a			
						140		196		175			40a			
	3					134		184	240.5	169			32a	—		
						137		190		172			36a			
						140		196		175			40a			
						144		204		179			45a			
	5		4	—	156.8	150	180	202	296.5	196	279.4	347	40a	—	—	
						154		210		200			45a			
						158		218		204			50a			
						162		226		208			56a			
	10				215.6	157	218	202	368.4	196	343.4	419	40a	—	—	
						161		210		200			45a			
						165		218		204			50a			
						169		226		208			56a			

注：表中各规格的起升高度每增减 1m 时，应增减手拉力的数量为 8.82N。

SG 型手动单轨小车性能规格 表 4-3

型号	起重量(t)	起升高度(m)	运行速度(m/min)	最弯小半转径(m)	手拉力(N)	B₂	K	B	H	B₁	L	工字钢型号	总质量(kg)	参考价格(元/台)	生产厂
SG-5	0.5	3~10	2.5	—	29.4	112.5	155	162	228.3	175	281.6	14a	13.5	—	黄石市起重机械厂、重庆手拉葫芦有限公司
								170		179		16a			
								178		183		18a			
								182		185		20a			
								190		185		22a			
								198		193		25a			
SG-1 ~2	1~2		2.5	—	39.2	127	185	192	291.3	184	347.6	18a	23	—	
								196		186		20a			
					39.2~68.5	127~135		208	291.3 ~ 306.3	192		22a			
								212		194		25a			
								220		198		28a			
								224		200		32a			
					68.6	135		232	306.3	204		36a			
								240		208		40a			

型号	起重量(t)	起升高度(m)	运行速度(m/min)	最弯小半转径(m)	手拉力(N)	主要尺寸(mm)						工字钢型号	总质量(kg)	参考价格(元/台)	生产厂
						B_2	K	B	H	B_1	L				
SG-3~5	—		1.5	—	78.4	150	205	218	355.3	195	385.6	22a	45	—	黄石市起重机械厂、重庆手拉葫芦有限公司
	3~5	3~10						226		199		25a			
								230		201		28a			
								234		203		30a			
					78.4~117.6	150~160		238	355.3~373.3	205		32a			
								246		209		36a			
								250		211		40a			
								258		215		45a			
					117.6	160		266	373.3	219		50a			
								274		223		56a			
SG-10	10		1.5	—	196	175	228	270	443.4	225	428.6	40a	74	—	
								278		229		45a			
								286		233		50a			
								294		237		56a			
								304		242		63a			

（4）外形及安装尺寸：WA、SC、SG型手动单轨小车外形尺寸见图4-1～图4-3和表4-1～表4-3。

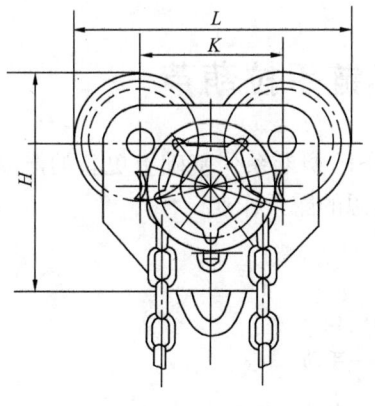
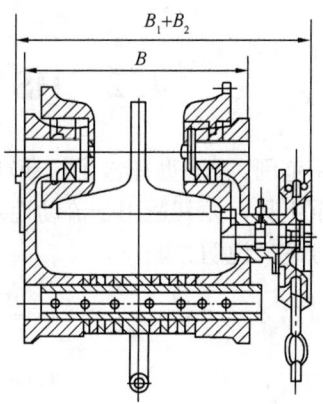

图4-1 WA型手动单轨小车外形尺寸

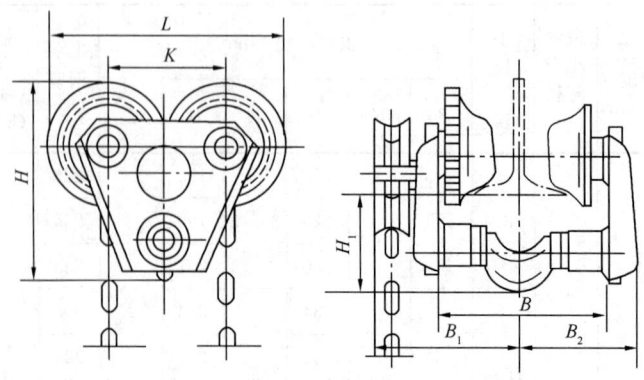

图 4-2   SC 型手动单轨小车外形尺寸

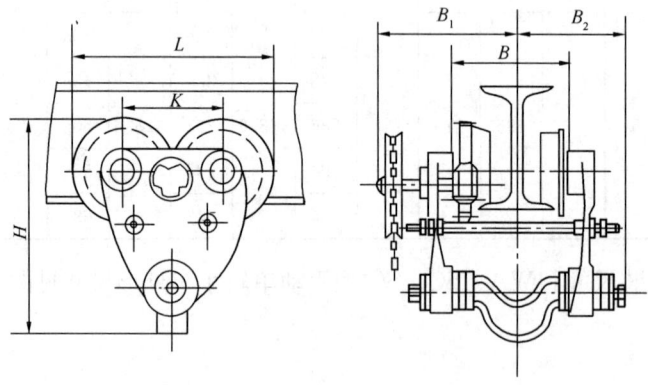

图 4-3   SG 型手动单轨小车外形尺寸

4.2   HS 型环链手拉葫芦

(1) 适用范围：HS 型环链手拉葫芦是在 SH 型老系列基础上更新的产品，是一种轻巧简便的起重工具，尤其适用于流动性及无电源的露天作业。

(2) 型号意义说明：

(3) 性能规格：HS 型环链手拉葫芦性能规格见表 4-4。

(4) 外形及安装尺寸：HS 型环链手拉葫芦外形尺寸见图 4-4 和表 4-4。

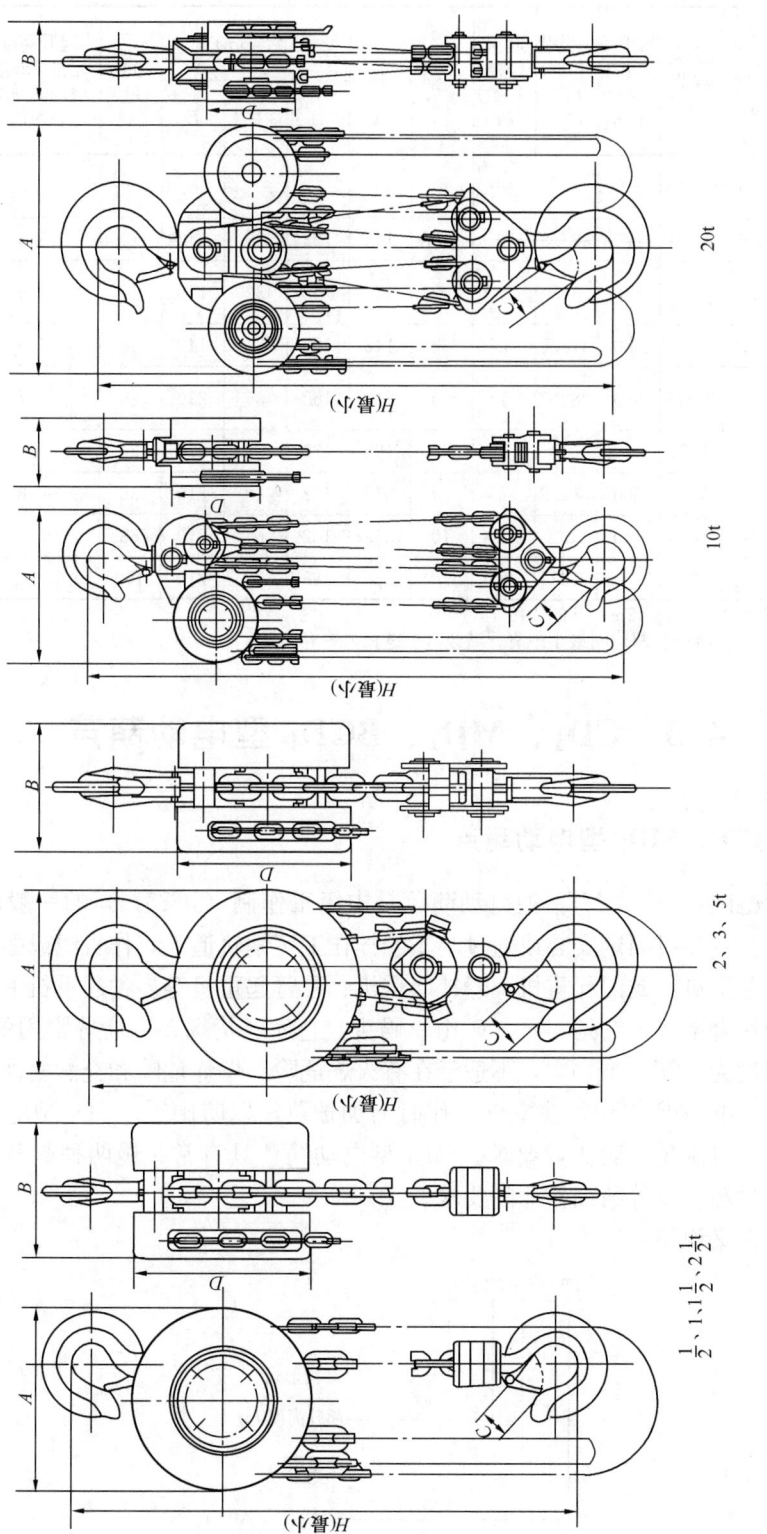

图 4-4　HS 型环链手拉葫芦外形尺寸

HS 型环链手拉葫芦性能规格　　　　　　　　表 4-4

型号	起重量 (t)	起升高度 (m)	试验载荷 (t)	两钩间最小距离 H (mm)	满链载拉时力手 (N)	起重链条行数 (行)	起重链条圆钢直径 (mm)	主要尺寸 (mm)				净重 (kg)	起升高度增加1m应增加的重力 (N)	生产厂
								A	B	C	D			
HS $\frac{1}{2}$	0.5	2.5	0.625	—	—	—	—	—	—	—	—	—	—	南京起重机械厂、郑州起重工具厂、广州起重设备厂
HS1	1	2.5	1.25	270	303.8	1	1.6	142	122	28	142	10	16.6	
HS1 $\frac{1}{2}$	1.5	2.5	1.875	335	343	1	8	178	139	32	178	15	22.5	
HS2	2	2.5	2.5	380	313.6	2	6	142	122	34	142	14	24.5	
HS2 $\frac{1}{2}$	2.5	2.5	3.125	370	382.2	1	10	210	162	36	210	25	30.4	
HS3	3	3	3.75	470	343	2	8	178	139	38	178	24	36.3	
HS5	5	3	6.25	600	382.2	2	10	210	162	48	210	36	56.8	
HS10	10	3	12.5	700	392	4	10	358	162	64	210	68	95.1	
HS20	20	3	25	1000	392	8	10	580	189	82	210	150	190.1	

注：1. 起升高度不得超过 12m，其间隔按 1m 选用。
　　2. 各厂的试验载荷、两钩间最小距离、满载时手链拉力均有差异。

4.3　CD₁、MD₁、BCD₁ 型电动葫芦

4.3.1　CD₁、MD₁ 型电动葫芦

（1）适用范围：CD₁、MD₁ 型电动葫芦是中级工作制（JC25％）的一般用途钢丝绳式电动葫芦。其主体可固定安装或通过小车悬挂在工字钢轨道上，作直线或曲线运行，还能配置在单梁起重机、龙门起重机、悬挂起重机、悬臂起重机等多种起重机上，使作业面积扩大，作业场合增多。它是工厂、矿山、码头、仓库、货场、商店等常用的起重设备。其工作环境温度为 −25～+40℃，不适于在有火焰危险、爆炸危险和充满腐蚀性气体及相对湿度大于 85％ 的场所工作，在室外工作时需加护罩，以防雨雪。CD₁ 型电动葫芦只有一种起升速度，可满足一般作业要求。MD₁ 型电动葫芦具有常、慢两种起升速度，可满足精密装卸、砂箱合模等精细作业的要求。

（2）型号意义说明：

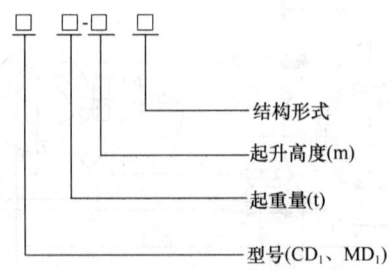

结构形式
起升高度(m)
起重量(t)
型号(CD₁、MD₁)

（3）性能规格：CD₁、MD₁ 型电动葫芦性能规格见表 4-5、表 4-6。

表 4-5

CD₁ 型电动葫芦性能规格

型号	起重量 (t)	起升高度 H (m)	起升速度 (m/min)	运行速度 (m/min)	主起升电动机 型号	功率 (kW)	转速 (r/min)	运行电动机 型号	功率 (kW)	转速 (r/min)	钢丝绳 绳径 (mm)	长度 (m)	轨道 最小曲率半径 (m)	工字钢型号	工作制度	最大轮压 (kN)	总质量 (kg)	生产厂
CD₁0.5-6D	0.5	6	8	20 (30)	ZD₁21-4	0.8	1380	ZDY₁11-4	0.2	1380	5.1	15.2	1	16~28b GB 706-65	JC 25%	2.01	115	上海起重设备厂,天津起重设备总厂,新乡市起重设备厂,郑州起重设备厂
CD₁0.5-9D		9										21.2	1			2.25	120	
CD₁0.5-12D		12										27.2	1			2.06	140	
CD₁1-6D	1	6			ZD₁22-4	1.5	1380				7.6	15.6	1	16~28b GB 706-65		4.12	146	
CD₁1-9D		9										21.7	1			4.80	155	
CD₁1-12D		12										27.8	1.5			4.02	175	
CD₁1-18D		18										40.0	1.8			3.82	190	
CD₁1-24D		24										52.2	2.5			3.58	205	
CD₁1-30D		30										64.4	3.2			3.82	210	
CD₁2-6D	2	6			ZD₁31-4	3	1380	ZDY₁12-4	0.4	1380	11	16	1.2	20a~45c GB 706-65		7.94	230	
CD₁2-9D		9										22	1.5			9.11	248	
CD₁2-12D		12										28	2.0			8.18	290	
CD₁2-18D		18										40	2.5			7.50	315	
CD₁2-24D		24										52	3.2			6.96	335	
CD₁2-30D		30										64	3.5			6.71	360	
CD₁3-6D	3	6			ZD₁32-4	4.5	1380					17	1.2	20a~45c GB 706-65		11.76	280	新乡起重设备厂,郑州起重设备总厂,长沙起重机厂
CD₁3-9D		9										23	1.5			13.72	300	
CD₁3-12D		12										29	2.0			11.76	350	
CD₁3-18D		18										41	3.0			10.98	380	
CD₁3-24D		24										53	3.5			10.39	405	
CD₁3-30D		30										65				9.80	435	
CD₁5-6D	5	6			ZD₁41-4	7.5	1400	ZDY₁21-4	0.8	1380	15	18.5	1.5	28a~63c GB 706-65		19.16	445	
CD₁5-9D		9										24	2.5			22.05	470	
CD₁5-12D		12										29.6	3.0			18.62	555	
CD₁5-18D		18										42	4.0			17.00	590	
CD₁5-24D		24										54				16.27	630	
CD₁5-30D		30										66.5				15.93	670	
CD₁10-9D	10	9	7		ZD₁51-4	13	1400		2×0.8		15	45	3.0	28a~63c GB 706-65		19.60	955	
CD₁10-12D		12										57	3.5			19.60	1005	
CD₁10-18D		18										81	4.5			19.60	1105	
CD₁10-24D		24										105	6.0			19.60	1200	
CD₁10-30D		30										129	7.2			19.60	1255	

注：电源：3 相、380 (220) V、50Hz。

表 4-6

MD₁ 型电动葫芦性能规格

型号	起重量 (t)	起升高度 H (m)	起升速度 (m/min)	运行速度 (m/min)	主起升电动机 型号	功率 (kW)	转速 (r/min)	副起升电动机 型号	功率 (kW)	转速 (r/min)	运行电动机 型号	功率 (kW)	转速 (r/min)	钢丝绳 绳径 (mm)	长度 (m)	轨道 最小曲率半径 (m)	工字钢型号	工作制度	最大轮压 (kN)	总质量 (kg)	生产厂
MD₁0.5-6D	0.5	6	0.8；8	20 (30)	ZD₁21-4	0.8	1380							5.1	15.2	1	16~28b GB706-65	JC25%	2.06	135	上海起重设备厂
MD₁0.5-9D	0.5	9													21.2					140	
MD₁0.5-12D	0.5	12													27.2					140	
MD₁1-6D	1	6			ZD₁22-4	1.5	1380	ZDM₁11-4	0.2	1380	ZDY₁11-4	0.2	1380	7.6	15.6	1	16~28c GB706-65		4.17	160	河南省新乡市起重设备厂
MD₁1-9D	1	9													21.7				4.86	170	
MD₁1-12D	1	12													27.8	1.2			4.07	200	
MD₁1-18D	1	18													40	1.8			3.87	210	
MD₁1-24D	1	24													52.5	2.5			3.58	220	
MD₁1-30D	1	30													64.4	3.5			3.87	230	
MD₁2-6D	2	6			ZD₁31-4	3	1380	ZDY₁12-4	0.4	1380	ZDY₁12-4	0.4	1380	11	16	1.2	20a~45c GB706-65		8.04	260	湖南长沙起重机厂
MD₁2-9D	2	9													22	1.5			9.21	278	
MD₁2-12D	2	12													28	2.0			8.28	326	
MD₁2-18D	2	18													40	2.5			7.60	350	
MD₁2-24D	2	24													52	3.5			7.06	370	
MD₁2-30D	2	30													64				6.81	395	
MD₁3-6D	3	6			ZD₁32-4	4.5	1380							13	17	1.2	20a~45c GB706-65		11.86	310	
MD₁3-9D	3	9													23	1.5			13.82	330	
MD₁3-12D	3	12													29	2.0			11.86	380	
MD₁3-18D	3	18													41	3.0			11.07	410	
MD₁3-24D	3	24													53	3.5			10.49	435	
MD₁3-30D	3	30													65				9.90	465	
MD₁5-6D	5	6			ZD₁41-4	7.5	1400	ZDM₁21-4	0.8	1380	ZDY₁21-4	—	—	15	18.5	1.5	28a~63c GB706-65		19.26	480	郑州起重设备厂
MD₁5-9D	5	9													24				22.15	505	
MD₁5-12D	5	12													29.6	2.5			18.72	595	
MD₁5-18D	5	18													42	3.0			17.10	630	
MD₁5-24D	5	24													54	4.0			16.37	660	
MD₁5-30D	5	30													66.5				16.02	705	

注：电源：3 相、380 (220) V、50Hz。

（4）外形及安装尺寸：CD$_1$、MD$_1$ 型电动葫芦外形尺寸见图 4-7～图 4-11 和表 4-7。

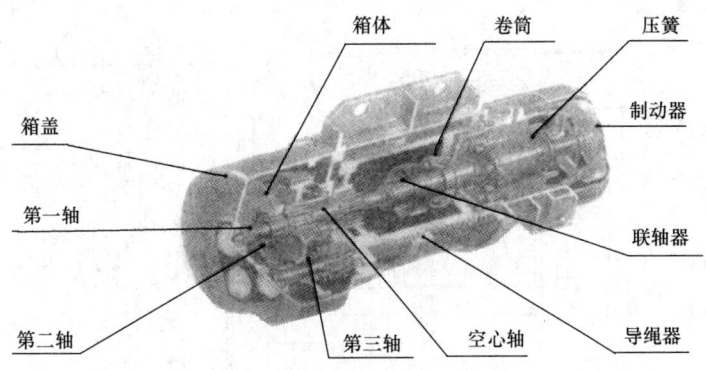

图 4-5　环链电动葫芦结构形式

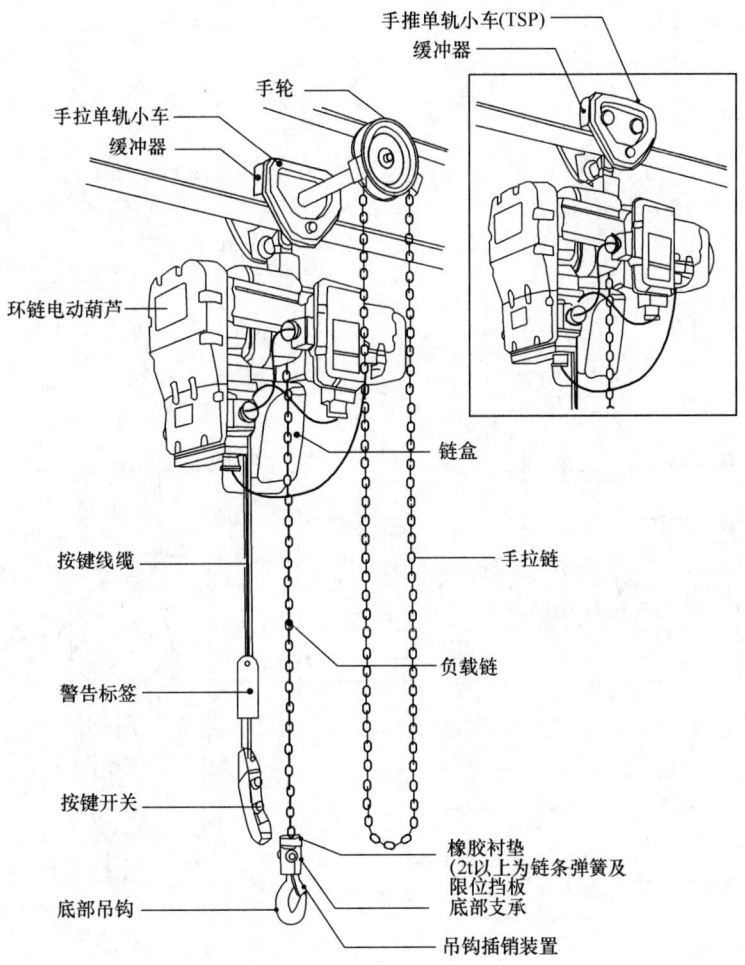

图 4-6　环链电动葫芦外形

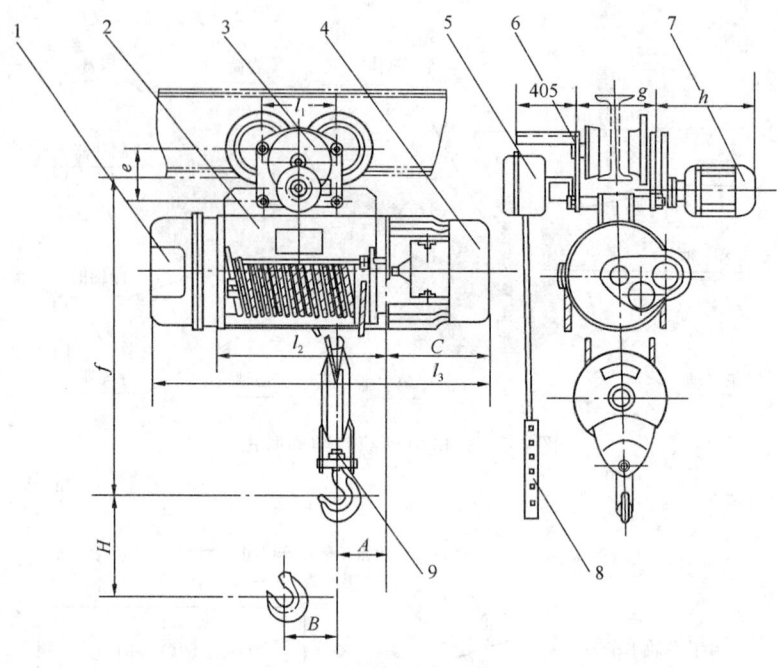

图 4-7　CD_1 型 0.5～5t 电动葫芦外形尺寸（$H=6$～9m）

1—减速器；2—卷筒装置；3—电动小车；4—起升电动机；5—开关箱；6—电缆引
入器；7—运行电机；8—按钮开关；9—吊钩装置

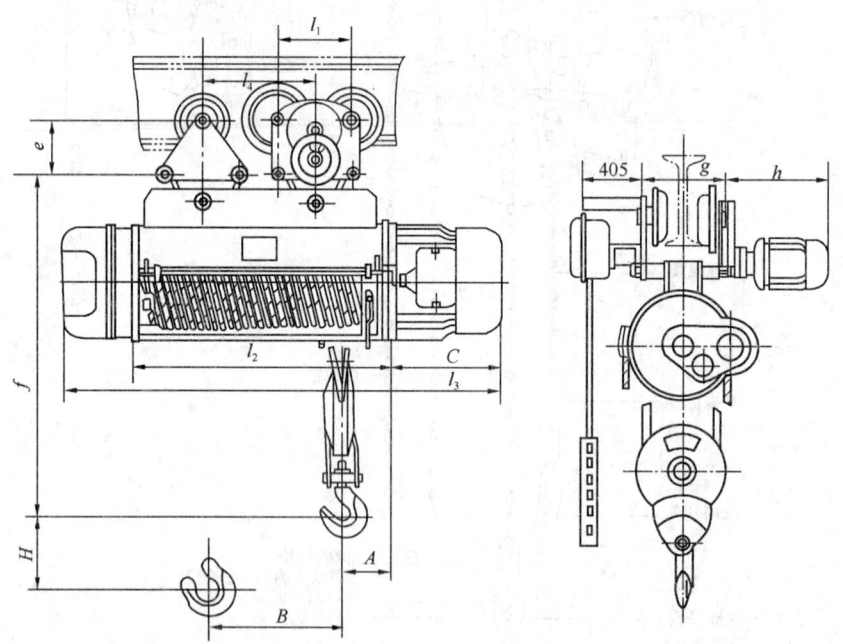

图 4-8　CD_1 型 0.5～5t 电动葫芦外形尺寸（$H=12$～30m）

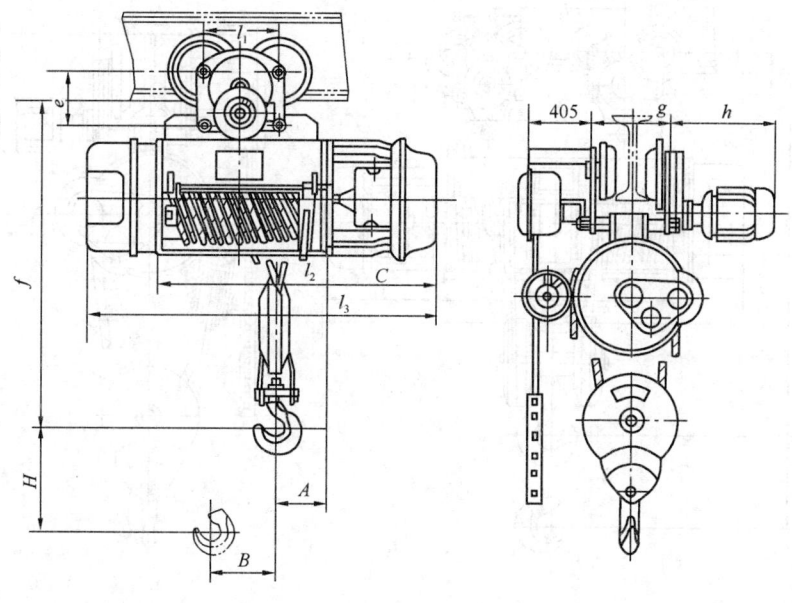

图 4-9　MD₁ 型 0.5～5t 电动葫芦外形尺寸（H=6～9m）

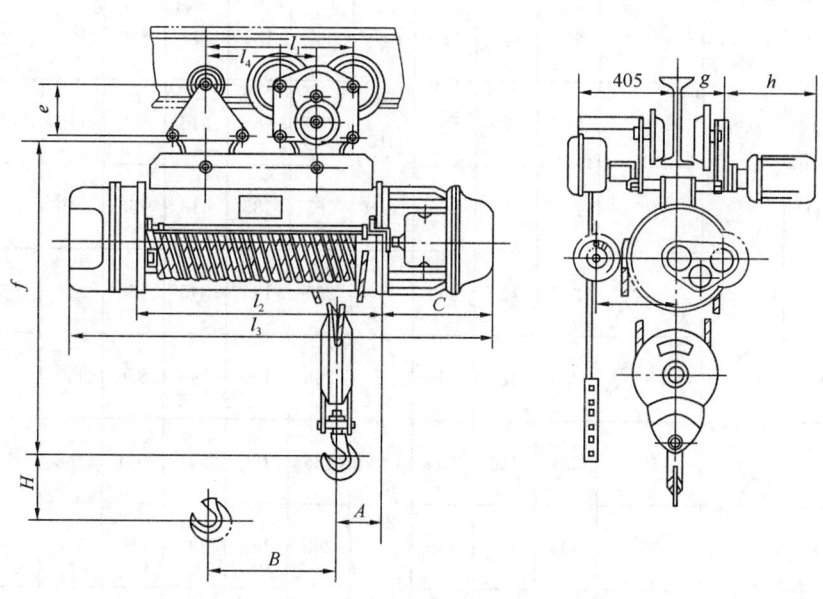

图 4-10　MD₁ 型 0.5～5t 电动葫芦外形尺寸（H=12～30m）

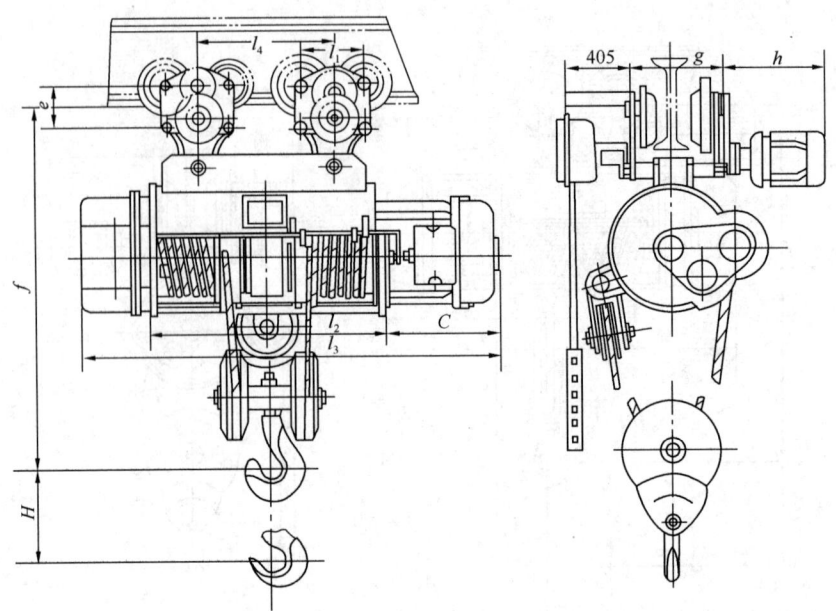

图 4-11　CD_1 型 10t 电动葫芦外形尺寸（$H=9\sim30m$）

CD_1 / MD_1 型电动葫芦外形尺寸　　　　　　表 4-7

型 号	起重量 (t)	起升高度 (m)	外形尺寸（mm）										
			C	e	f	g	h	l_1	l_2	l_3	A	B	l_4
CD_1 0.5-6D MD_1		6	217	120	560		265	185	274	616	101	72	—
CD_1 0.5-9D MD_1	0.5	9	217	120	560	180~216	265	185	346	688	119	108	—
CD_1 0.5-12D MD_1		12	217	120	650		265	185	418	760	119	144	280
CD_1 1-6D MD_1		6	255	120	660		265	185	345	758	124	98	—
CD_1 1-9D MD_1		9	255	120	660		265	185	443	856	148	147	—
CD_1 1-12D MD_1	1	12	255	120	750	180~216	265	185	541	954	148	195	316
CD_1 1-18D MD_1		18	255	120	750		265	185	737	1150	148	294	411
CD_1 1-24D MD_1		24	255	120	750		265	185	933	1346	148	390	607
CD_1 1-30D MD_1		30	255	120	750		265	185	1129	1542	148	488	803

续表

型 号	起重量 (t)	起升高度 (m)	外形尺寸（mm）										
			C	e	f	g	h	l_1	l_2	l_3	A	B	l_4
CD₁ MD₁ 2-6D	2	6	279	140	830	208~264	285	205	352	818	126	100	—
CD₁ MD₁ 2-9D		9	279	140	830		285	205	452	918	151	150	—
CD₁ MD₁ 2-12D		12	279	140	930		285	205	552	1018	151	200	290
CD₁ MD₁ 2-18D		18	279	140	930		285	205	752	1218	151	300	412
CD₁ MD₁ 2-24D		24	279	140	930		285	205	952	1418	151	400	612
CD₁ MD₁ 2-30D		30	279	140	930		285	205	1152	1618	115	500	812
CD₁ MD₁ 3-6D	3	6	305	140	930	208~264	285	205	390	924	144	103	—
CD₁ MD₁ 3-9D		9	305	140	930		285	205	493	1027	170	154	—
CD₁ MD₁ 3-12D		12	305	140	1030		285	205	596	1130	170	200	336
CD₁ MD₁ 3-18D		18	305	140	1030		285	205	801	1336	170	308	450
CD₁ MD₁ 3-24D		24	305	140	1030		285	205	1108	1542	170	412	655
CD₁ MD₁ 3-30D		30	305	140	1030		285	205	1214	1748	170	515	862
CD₁ MD₁ 5-6D	5	6	365	160	1090	250~308	345	228	415	1052	155	105	—
CD₁ MD₁ 5-9D		9	395	160	1090		345	228	520	1157	181	1575	—
CD₁ MD₁ 5-12D		12	365	160	1250		345	228	625	1262	181	210	402
CD₁ MD₁ 5-18D		18	365	160	1250		345	228	835	1472	181	315	612
CD₁ MD₁ 5-24D		24	365	160	1250		345	228	1045	1682	181	420	822
CD₁ MD₁ 5-30D		30	365	160	1250		345	228	1255	1892	181	425	1032
CD₁ 10-9D	10	9	429	160	1320	250~308	345	228	1075	1805	—	—	702
CD₁ 10-12D		12	429	160	1320		345	228	1256	1986	—	—	883
CD₁ 10-18D		18	429	160	1320		345	228	1618	2348	—	—	1245
CD₁ 10-24D		24	429	160	1320		345	228	1980	2710	—	—	1607
CD₁ 10-30D		30	429	160	1320		345	228	2342	3072	—	—	1969

注：基本尺寸为河南省新乡市起重设备厂样本，上海起重设备厂产品其尺寸略有差别。

4.3.2　环链电动葫芦

（1）适用范围：环链电动葫芦是一种轻小型起重设备。环链电动葫芦由电动机、传动机构和链轮组成。环链电动葫芦起重量一般为0.1～100t，起升高度为3～120m。环链电动葫芦的特点：性能结构先进，体积小，重量轻，性能可靠，操作方便，适用范围广，对起吊重物、装卸工作、维修设备、吊运货物非常方便，它还可以安装在悬空工字钢、曲线轨道、旋臂吊导轨及固定吊点上吊运重物。

（2）外形：环链电动葫芦外形见图4-5、图4-6。

4.3.3　BCD₁型防爆电动葫芦

（1）适用范围：BCD_1型防爆电动葫芦适用于厂房内有规定的可燃性气体、蒸汽与空气形成的爆炸性混合物的场合，本产品结构紧凑、自重轻、体积小、起重能力大。

（2）型号意义说明：型号意义说明见CD_1型电动葫芦。

（3）结构形式：BCD_1型防爆电动葫芦结构形式见图4-12。

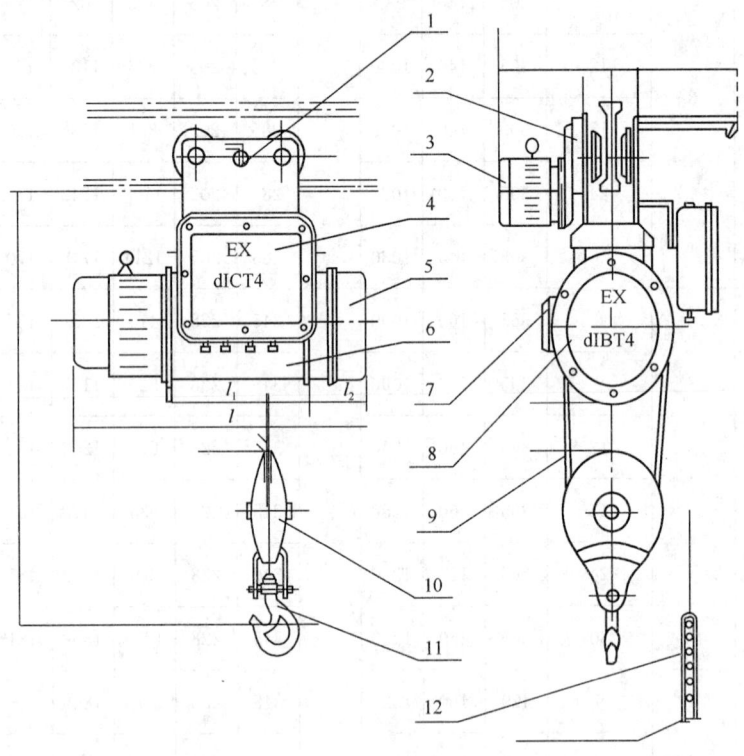

图4-12　BCD_1型防爆电动葫芦结构形式
1—电源引入器；2—驱动装置；3—运行电动机；4—电控箱；5—减速箱；6—
卷筒装置；7—断火限位器；8—起重用电动机；9—钢丝绳；10—滑轮装置；
11—吊钩；12—隔爆型按钮

（4）性能：BCD_1型防爆电动葫芦性能见表4-8。

表 4-8

0.5~10t 单制动防爆电动葫芦性能

型号	BCD3-6D	BCD3-9D	BCD3-12D	BCD3-18D	BCD3-24D	BCD3-30D	BCD5-6D	BCD5-9D	BCD5-12D	BCD5-18D	BCD5-24D	BCD5-30D	BCD10-6D	BCD10-9D	BCD10-12D	BCD10-18D	BCD10-24D	BCD10-30D	BCD0.5-6D	BCD0.5-9D	BCD0.5-12D	BCD1-6D	BCD1-9D	BCD1-12D	BCD1-18D	BCD1-24D	BCD1-30D	BCD2-6D	BCD2-9D	BCD2-12D	BCD2-18D	BCD2-24D	BCD2-30D
起重量(t)	3	3	3	3	3	3	5	5	5	5	5	5	10	10	10	10	10	10	0.5	0.5	0.5	1	1	1	1	1	1	2	2	2	2	2	2
起升高度(m)	6	9	12	18	24	30	6	9	12	18	24	30	6	9	12	18	24	30	6	9	12	6	9	12	18	24	30	6	9	12	18	24	30
起升速度(m/min)	8	8	8	8	8	8	8	8	8	8	8	8	4	4	4	4	4	4	8	8	8	8	8	8	8	8	8	8	8	8	8	8	8
运行速度(m/min)	20(30)	20(30)	20(30)	20(30)	20(30)	20(30)	20(30)	20(30)	20(30)	20(30)	20(30)	20(30)	20(30)	20(30)	20(30)	20(30)	20(30)	20(30)	20(30)	20(30)	20(30)	20(30)	20(30)	20(30)	20(30)	20(30)	20(30)	20(30)	20(30)	20(30)	20(30)	20(30)	20(30)
钢丝绳 绳直径(mm)	13	13	13	13	13	13	15.5	15.5	15.5	15.5	15.5	15.5	15.5	15.5	15.5	15.5	15.5	15.5	4.8	4.8	4.8	7.4	7.4	7.4	7.4	7.4	7.4	11	11	11	11	11	11
钢丝绳 丝直径(mm)	0.6	0.6	0.6	0.6	0.6	0.6	0.7	0.7	0.7	0.7	0.7	0.7	0.7	0.7	0.7	0.7	0.7	0.7	0.22	0.22	0.22	0.34	0.34	0.34	0.34	0.34	0.34	0.5	0.5	0.5	0.5	0.5	0.5
钢丝绳 结构形式	D-6×37+1	D-6×37+1	D-6×37+1	D-6×37+1	D-6×37+1	D-6×37+1	D-6×37+1	D-6×37+1	D-6×37+1	D-6×37+1	D-6×37+1	D-6×37+1	D-6×37+1	D-6×37+1	D-6×37+1	D-6×37+1	D-6×37+1	D-6×37+1	D-6×37+1	D-6×37+1	D-6×37+1	D-6×37+1	D-6×37+1	D-6×37+1	D-6×37+1	D-6×37+1	D-6×37+1	D-6×37+1	D-6×37+1	D-6×37+1	D-6×37+1	D-6×37+1	D-6×37+1
工字钢轨道型号(CB 706—65)	20a-32b	20a-32b	20a-32b	20a-32b	20a-32b	20a-32b	25a-63b	25a-63b	25a-63b	25a-63b	25a-63b	25a-63b	25a-63b	25a-63b	25a-63b	25a-63b	25a-63b	25a-63b	16-28b	16-28b	16-28b	16-28b	16-28b	16-28b	16-28b	16-28b	16-28b	20a-32b	20a-32b	20a-32b	20a-32b	20a-32b	20a-32b
环行轨道最小半径(m)	1.2	1.5	2.0	2.8		3.5	1.5		2.5	3.0		3.0	3.5	4.6	6.0	7.2			1			1.2	1.8	2.5		3.2		1.2	1.5	2.0	2.5		3.5
起升电动机 型号	BZD$_1$32-4	BZD$_1$32-4	BZD$_1$32-4	BZD$_1$32-4	BZD$_1$32-4	BZD$_1$32-4	BZD$_1$41-4	BZD$_1$41-4	BZD$_1$41-4	BZD$_1$41-4	BZD$_1$41-4	BZD$_1$41-4	BZD$_1$41-4	BZD$_1$41-4	BZD$_1$41-4	BZD$_1$41-4	BZD$_1$41-4	BZD$_1$41-4	BZD$_1$21-4	BZD$_1$21-4	BZD$_1$21-4	BZD$_1$22-4	BZD$_1$22-4	BZD$_1$22-4	BZD$_1$22-4	BZD$_1$22-4	BZD$_1$22-4	BZD$_1$31-4	BZD$_1$31-4	BZD$_1$31-4	BZD$_1$31-4	BZD$_1$31-4	BZD$_1$31-4
起升电动机 容量(kW)	4.5	4.5	4.5	4.5	4.5	4.5	7.5	7.5	7.5	7.5	7.5	7.5	7.5	7.5	7.5	7.5	7.5	7.5	0.8	0.8	0.8	1.5	1.5	1.5	1.5	1.5	1.5	3	3	3	3	3	3
起升电动机 转速(r/min)	1380	1380	1380	1380	1380	1380	1380	1380	1380	1380	1380	1380	1380	1380	1380	1380	1380	1380	1380	1380	1380	1380	1380	1380	1380	1380	1380	1380	1380	1380	1380	1380	1380
起升电动机 相数	3	3	3	3	3	3	3	3	3	3	3	3	3	3	3	3	3	3	3	3	3	3	3	3	3	3	3	3	3	3	3	3	3
起升电动机 电压(V)	380	380	380	380	380	380	380	380	380	380	380	380	380	380	380	380	380	380	380	380	380	380	380	380	380	380	380	380	380	380	380	380	380
起升电动机 电流(A)	11	11	11	11	11	11	18	18	18	18	18	18	18	18	18	18	18	18	2.4	2.4	2.4	4.8	4.8	4.8	4.8	4.8	4.8	7.5	7.5	7.5	7.5	7.5	7.5
起升电动机 频率(Hz)	50	50	50	50	50	50	50	50	50	50	50	50	50	50	50	50	50	50	50	50	50	50	50	50	50	50	50	50	50	50	50	50	50
运行电动机 型号	BZDY$_1$12-4	BZDY$_1$12-4	BZDY$_1$12-4	BZDY$_1$12-4	BZDY$_1$12-4	BZDY$_1$12-4	BZDY$_1$21-4	BZDY$_1$21-4	BZDY$_1$21-4	BZDY$_1$21-4	BZDY$_1$21-4	BZDY$_1$21-4	BZDY$_1$21-4	BZDY$_1$21-4	BZDY$_1$21-4	BZDY$_1$21-4	BZDY$_1$21-4	BZDY$_1$21-4	BZDY$_1$11-4	BZDY$_1$11-4	BZDY$_1$11-4	BZDY$_1$11-4	BZDY$_1$11-4	BZDY$_1$11-4	BZDY$_1$11-4	BZDY$_1$11-4	BZDY$_1$11-4	BZDY$_1$12-4	BZDY$_1$12-4	BZDY$_1$12-4	BZDY$_1$12-4	BZDY$_1$12-4	BZDY$_1$12-4
运行电动机 容量(kW)	0.4	0.4	0.4	0.4	0.4	0.4	0.8	0.8	0.8	0.8	0.8	0.8	0.8	0.8	0.8	0.8	0.8	0.8	0.2	0.2	0.2	0.2	0.2	0.2	0.2	0.2	0.2	0.4	0.4	0.4	0.4	0.4	0.4
运行电动机 转速(r/min)	1380	1380	1380	1380	1380	1380	1380	1380	1380	1380	1380	1380	1380	1380	1380	1380	1380	1380	1380	1380	1380	1380	1380	1380	1380	1380	1380	1380	1380	1380	1380	1380	1380
运行电动机 相数	3	3	3	3	3	3	3	3	3	3	3	3	3	3	3	3	3	3	3	3	3	3	3	3	3	3	3	3	3	3	3	3	3
运行电动机 电压(V)	380	380	380	380	380	380	380	380	380	380	380	380	380	380	380	380	380	380	380	380	380	380	380	380	380	380	380	380	380	380	380	380	380
运行电动机 电流(A)	1.25	1.25	1.25	1.25	1.25	1.25	2.4	2.4	2.4	2.4	2.4	2.4	2.4	2.4	2.4	2.4	2.4	2.4	0.72	0.72	0.72	0.72	0.72	0.72	0.72	0.72	0.72	1.25	1.25	1.25	1.25	1.25	1.25
运行电动机 频率(Hz)	50	50	50	50	50	50	50	50	50	50	50	50	50	50	50	50	50	50	50	50	50	50	50	50	50	50	50	50	50	50	50	50	50
接合次数(次/h)	120	120	120	120	120	120	120	120	120	120	120	120	120	120	120	120	120	120	120	120	120	120	120	120	120	120	120	120	120	120	120	120	120
工作制度(%)	25	25	25	25	25	25	25	25	25	25	25	25	25	25	25	25	25	25	25	25	25	25	25	25	25	25	25	25	25	25	25	25	25
基本尺寸 H(mm)	~985~1080	~985~1080	~985~1080	~985~1080	~985~1080	~985~1080	~1160~1310	~1160~1310	~1160~1310	~1160~1310	~1160~1310	~1160~1310	~1350	~1350	~1350	~1350	~1350	~1350	~630	~670	~780	~685~780	~685~780	~685~780	~685~780	~685~780	~685~780	~690~860	~690~860	~690~860	~690~860	~690~860	~690~860
基本尺寸 I_1(mm)	229	229	229	229	229	229	267	267	267	267	267	267	301	301	301	301	301	301	125	125	125	157.5	157.5	157.5	157.5	157.5	157.5	187	187	187	187	187	187
基本尺寸 I_2(mm)	924	1027	1130	1336	1542	1748	1047	1168	1257	1467	1667	1887	1056	1418	1780	2148	2510	2872	616	688	760	757.5	855.5	953.5	1149.5	1345.5	1541.5	818	918	1018	1218	1418	1618
基本尺寸 B(mm)	~930	~930	~930	~930	~930	~930	~1055	~1055	~1055	~1055	~1055	~1055	~1055	~1055	~1055	~1055	~1055	~1055	~884	~884	~884	~884	~884	~884	~884	~884	~884	~930	~930	~930	~930	~930	~930
总重(kg)	420	440	460	480	500	530	560	590	700	710	750	790	960	1000	1150	1300	1400		300	320	345	350	355	360	365	370	375	378	388	420	440	450	460

4.4 手动单梁起重机

4.4.1 SDQ 型手动单梁起重机

（1）适用范围：SDQ-3 型手动单梁起重机是一种大、小车行走及货物起升均用手拉链条驱动的简易起重设备，与 SC 型单轨小车和 HS 型手拉葫芦配套使用。其适用起重量为 1～10t，跨度为 5～14m，工作环境温度不得低于—20℃。本产品主要用于无电源或工作不繁忙的厂矿、码头、电站、仓库及车间，在固定跨间作装卸吊运货物及检修设备之用。

（2）型号意义说明：

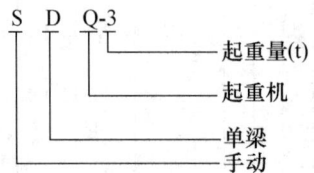

（3）性能：SDQ 型手动单梁起重机技术数据见表 4-9。

（4）外形及安装尺寸：SDQ 型手动单梁起重机外形尺寸见图 4-13 和表 4-9。

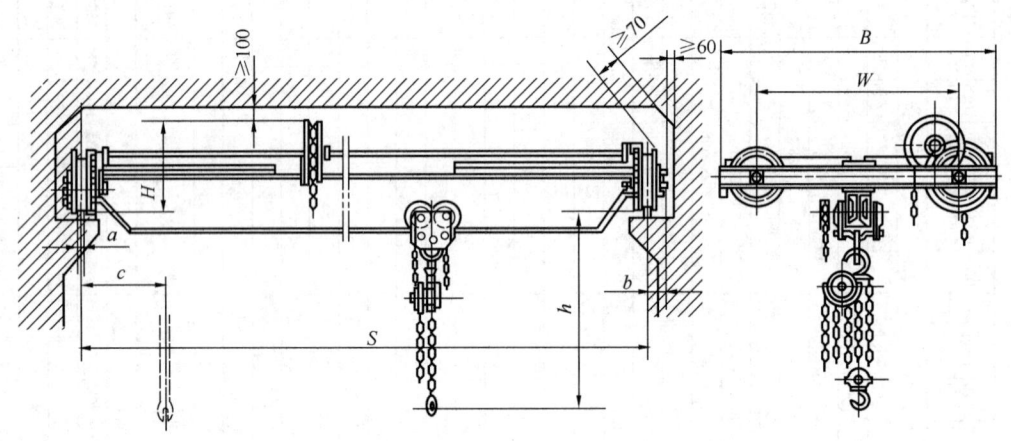

图 4-13　SDQ 型手动单梁起重机外形尺寸

（5）供货范围：不包括手拉葫芦。

4.4.2 SDL 型手动单梁起重机

（1）适用范围：同 SDQ 型。

（2）性能：SDL 型手动单梁起重机技术数据见表 4-10 及表 4-11。

（3）外形及安装尺寸：SDL 型手动单梁起重机外形及安装尺寸见图 4-14 和表 4-11。

SDQ 型手动单梁起重机技术数据及外形尺寸　　　　表 4-9

起重量 (t)	跨度 S (m)	起升高度 (m)	钢轨宽 (mm)	W	B	H	b	h	c	起重	小车	大车	大车轮压 (kN)	起重机总质量 (t)	生产厂
				外形尺寸 (mm)				吊钩极限尺寸 (mm) 不大于		曳引力 (N)					
1	5	3～10	40、50	1200	520	1800	145	550	360	210	60	100	6.5	0.65	长沙起重机厂、洛阳起重机厂、郑州起重机厂、银川起重机厂、重庆第二起重机厂
	6												6.9	0.69	
	8							580	380				7	0.76	
	7												7.2	0.81	
	9							610	395				7.3	0.85	
	10												7.6	0.94	
	11												7.9	1.04	
	12			1600		2200		650	420				8.1	1.09	
	13												8.5	1.25	
	14												8.6	1.31	
2	5			1200	520	1800	145	720	400	330	120	150	11	0.70	
	6												11.3	0.74	
	7							750	415				11.7	0.82	
	8												11.9	0.87	
	9							790	440				12.3	1.00	
	10												12.6	1.06	
	11												12.9	1.16	
	12			1600		2200		830	465				13.3	1.32	
	13							870	490				13.8	1.48	
	14												14	1.55	
3	5			1600		1800		900	460	350	140	200	16.1	0.81	
	6												16.4	0.87	
	7							940	485				17	0.98	
	8												17.3	1.00	
	9												17.6	1.13	
	10												17.9	1.20	
	11			1200		2200		980	510				18.4	1.39	
	12												18.7	1.46	
	13							1030	540				19.4	1.72	
	14												19.7	1.80	
5	5			1200	600	1800	150	1210	520	380	200	250	25	0.96	
	6												25.7	1.03	
	7							1250	560				26.5	1.19	
	8												27	1.28	
	9							1300	585				27.5	1.36	
	10												28	1.60	
	11												28.6	1.73	
	12			1600		2200		1360	625				29.5	1.98	
	13												29.8	2.09	
	14												30.1	2.21	
10	5		60、70	1800	720	2600	160	1390	555	380	250	300	48.9	1.42	
	6												50.1	1.49	
	7							1440	585				50.4	1.68	
	8												52.1	1.77	
	9												52.9	1.87	
	10							1490	615				53.8	2.09	
	11												54.4	2.25	
	12												55	2.38	
	13							1550	650				56	2.57	
	14												56.5	2.83	

SDL 型手动单梁起重机技术数据　　表 4-10

起重量 （t）	起升高度 （m）	工作制度	运行速度（m/min）		轨道面宽 （mm）	生产厂
			大　车	小　车		
1			5.2	5.3		
2			5.2	5.9		
3.2	3～10	M3	5.2	4.7	37～51	郑州起重机厂
5			4.3	4.7		
10			4.3	4.2		

SDL 型手动单梁起重机技术数据及外形尺寸　　表 4-11

起重量 （t）	跨度 L_k （m）	牵引力（N）			外形尺寸（mm）							轮压 （kN）	质量 （kg）	生产厂
		大车	小车	起升	K	H	B	L	I	h	H_{max}			
1	5	52	35	251	1250	394	1952	5262	395	569	150	59.9	632	
	6							6262				63.7	649	
	7							7262				70.9	674	
	8							8262				75.1	688	
	9	69	35	251	1600	542	2355	9292	435	619	175	84.1	715	
	10							10292				89.9	733	
	11							11292				104.7	772	
	12							12292				110.4	788	
	13							13292	459	580		125.5	828	
	14							14292				132	846	
2	5	92			1250	394	1952	5262	424	621	150	62.3	1097	郑州起重机厂
	6							6262				66.6	1124	
	7							7262				74.5	1155	
	8							8262	443	513		82.8	1185	
	9	99	72	346	1600	542	2355	9292	470	661	125	98.7	1229	
	10							10292				106.1	1253	
	11							11292				120.8	1294	
	12							12292	493	622		128	1316	
	13							13292	522	573		151.6	1379	
	14							14292				160.1	1403	
3.2	5	124			1250	394	1952	5262	443	513	150	64.9	1649	
	6							6262				69.7	1688	
	7							7262	482	713		80.8	1732	
	8							8262				90.5	1771	
	9	135	72	350	1600	542	2355	9292	510	782	175	105.4	1814	
	10							10292				113.5	1846	
	11							11292	539	733		134.6	1903	
	12							12292				143.1	1931	
	13							13292	568	885		168.5	2000	
	14							14292				178.3	2029	

续表

起重量(t)	跨度L_k(m)	牵引力(N)			外形尺寸(mm)							轮压(kN)	质量(kg)	生产厂
		大车	小车	起升	K	H	B	L	I	h	H_{max}			
5	5	142	110	375	1250	394	1952	5262	546	769	150	76.5	2467	郑州起重机机厂
	6							6262				83.7	2533	
	7							7262	575	721		99.6	2599	
	8							8262				100.1	2647	
	9	158	110	375				9292	557	868		116.6	2692	
	10							10292				126.1	2733	
	11							11292				148.9	2797	
	12							12292				158.7	2834	
	13							13292	586	820		205.1	2963	
	14							14292				217.8	3004	
10	5	156	240	402	1600	542	2355	5292	561	1142	175	111.3	4843	
	6							6292				120.3	4958	
	7							7292	590	1092		130	5054	
	8							8292				149.4	5133	
	9							9292	590	1093		184	5265	
	10							10292				198.2	5334	
	11	160	240	402				11292				229.9	5428	
	12							12292				244.8	5489	
	13							13292	619	1045		294.9	5634	
	14							14292				312.5	5687	

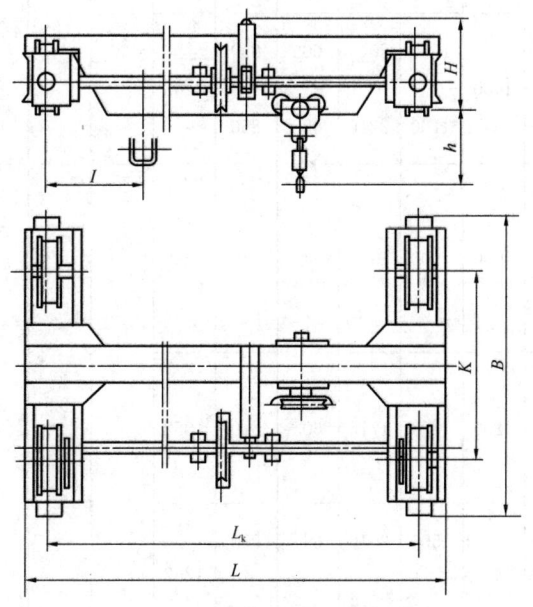

图 4-14　SDL 型手动单梁起重机外形尺寸

4.5　手动单梁悬挂起重机

4.5.1　LSX 型手动单梁悬挂起重机

（1）适用范围：LSX 型手动单梁悬挂起重机是一种大、小车运行及载荷起升均用手拉动链条驱动的简易设备，与 SC 型手动单轨小车和 HS 型手拉葫芦配套使用。运行轨道用的工字钢可不设支柱，将工字钢直接固定在屋架或屋盖板梁下面。其适用起重量为 0.5～3t，跨度为 3～12m，主要用于无电源或工作不繁忙的车间、仓库、码头、电站等场所，作装卸、吊运重物及安装、检修设备之用。

（2）性能：LSX 型手动单梁悬挂起重机技术数据见表 4-12。

LSX 型手动单梁悬挂起重机技术数据及外形尺寸　　　　表 4-12

起重量 (t)	跨度 S (m)	起升高度 (m)	外形尺寸 (mm)					吊钩极限尺寸 (mm)		曳引力 (N)			最大轮压 (N)	起重机总质量 (kg)	生产厂
			L	L₁	W	B	H	A	C	起重	大车	小车			
0.5	3	2.5 ~ 12	5000	1000	1000	1516	525	746	805	195	60	30	1980	451	长沙起重机厂
	3.5		5500										2000	466	
	4		6000										2010	478	
	4.5		6500										2020	490	
	5		7000										2040	501	
	5.5		7900	1200	1200	1716	585	800	1005				2200	602	
	6		8400										2210	642	
	7		9400										2260	678	
	8		10400										2320	714	
	9		11800	1400	1500	2016	605	820	1205				2540	812	
	10		12800										2590	913	
	11		13800		1700	2216	635	850					2760	1078	
	12		14800										2810	1121	
1	3		5000	1000	1000	1516	545	816	852	210	90	50	3460	474	
	3.5		5500										3500	500	
	4		6000										3520	514	
	4.5		6500										3540	527	
	5		7000										3550	541	
	5.5		7900	1200	1200	1716	605	870	1052				3730	677	
	6		8400										3750	698	
	7		9400										3850	740	
	8		10400										3860	780	
	9		11800	1400	1500	2016	665	930	1252				4030	1012	
	10		12800										4210	1063	
	11		13800		1700	2216	745	1000					4800	1393	
	12		14800										4900	1551	

续表

起重量 S (t)	跨度 S (m)	起升高度 (m)	外形尺寸(mm)							吊钩极限尺寸 (mm)		曳引力(N)			最大轮压 (N)	起重机总质量 (kg)	生产厂
			L	L_1	W	B	H	A	C	起重	大车	小车					
2	3	2.5 ~ 12	4600	800	1200	1726	585	1150	560	325	120	110	6410	567	长沙起重机厂
	3.5		5100										6440	586	
	4		5600										6460	605	
	4.5		6600										6480	622	
	5		7100										6500	639	
	5.5		7500	1000	1500	2026	665	1227	760				6760	824	
	6		8000										6800	860	
	7		9000										6850	902	
	8		10000										6900	864	
	9		11400	1200	1700	2226	745	1305	960				7210	1186	
	10		12400										7260	1250	
	11		13400		1500	2426	780	1345					3880	1605	
	12		14400										3900	1674	
3	3	3 ~ 12	4200	600	1200	2126	566	1284	340	345	150	130	4900	831	
	3.5		4700										4920	864	
	4		5200										4940	884	
	4.5		5700										4960	901	
	5		6200										4980	928	
	5.5		7100	800	1500	2426	706	1422	540				5580	1244	
	6		7600										5600	1279	
	7		8600										5640	1347	
	8		9600										5660	1416	
	9		11000	1000	1700	2626	746	1460	740				6230	1639	
	10		12000										6300	1712	
	11		13000				796	1508					6420	1966	
	12		14000										6500	2047	

（3）外形及安装尺寸：LSX 型手动单梁悬挂起重机外形尺寸见图 4-15 和表 4-12。

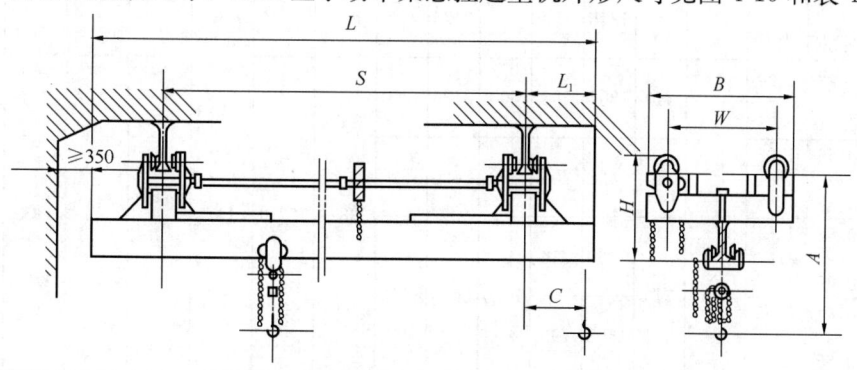

图 4-15　LSX 型手动单梁悬挂起重机外形尺寸

4.5.2　SDXQ型手动单梁悬挂起重机

（1）性能：SDXQ型手动单梁悬挂起重机技术数据见表4-13。

SDXQ型手动单梁悬挂起重机技术数据　　　　表 4-13

起重量 (t)	跨度 L_k (m)	最大轮压 (kN)	总重 (t)	车轮直径 (mm)	外形尺寸 (mm)						曳引力 (kN)			起升高度 (m)	轨道型号	配套葫芦型号	配套小车型号	生产厂
					B	A	H	L_1	M	K	起重	小车	大车					
0.5	3~5	0.195~0.21	0.45~0.51	120	805	746	525	1000	1516	1000	191.1	29.4	58.8	2.5~12	120a~130c	HS1/2	SDX-3.WA1/2	郑州起重设备厂、包头起重设备厂、沈阳起重机厂、长沙起重机厂
	5.5~8	0.22~0.24	0.60~0.72		1005	800	585	1200	1716	1200								
	9~10	0.26~0.27	0.924~0.96		1205	840	625	1400	2016	1500								
	11~12	0.275~0.29	1.07~1.12						2216	1700								
1	3~5	0.345~0.36	0.474~0.54	120	852	816	545	1000	1516	1000	205.8	49.0	88.2	2.5~12	120a~130c	HS1	SDX-3.WA1	
	5.5~8	0.38~0.39	0.712~0.83		1052	890	625	1200	1716	1200								
	9~10	0.41~0.43	1.06~1.12		1252	950	685	1400	2016	1500								
	11~12	0.48~0.49	1.39~1.55			1000	745		2216	1700								
2	3~5	0.64~0.65	0.58~0.64	150	560	1150	585	800	1726	1200	318.5	107.8	117.6	3~12	124a~136c	HS2	SDX-3.WA2	
	6~8	0.68~0.69	0.86~0.88		760	1247	685	1000	2026	1500								
	9~10	0.72~0.73	1.18~1.25		960	1305	745	1200	2226	1700								
	11~12	0.38~0.39	1.6~1.7			1345	780		2426									
3	3~5	0.49~0.51	0.85~0.95	150	340	1304	586	600	2126	1200	338.1	127.4	147	3~12	124a~136c	HS3	SDX-3.WA3	
	6~8	0.56~0.58	1.25~1.42		540	1422	706	800	2426	1500								
	9~10	0.62~0.63	1.64~1.72		740	1460	746	1000	2626	1700								
	11~12	0.64~0.65	1.96~2.1			1508	796											

（2）外形及安装尺寸：SDXQ型手动单梁悬挂起重机外形尺寸见表4-13及图4-16。

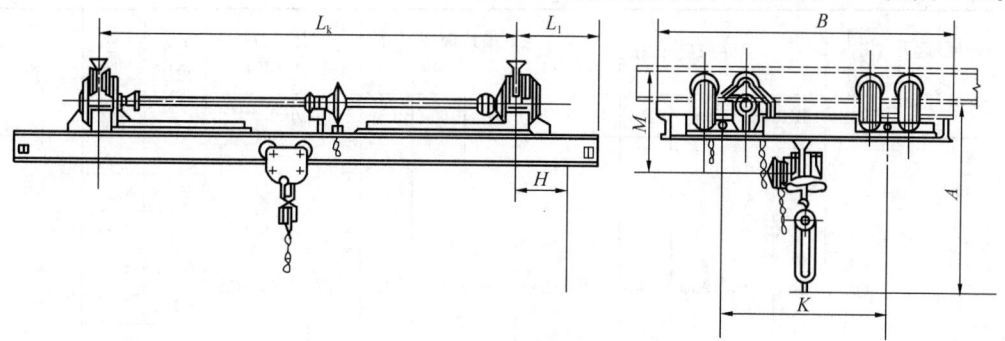

图 4-16　SDXQ 型手动单梁悬挂起重机外形尺寸

4.6　SSQ 型手动双梁桥式起重机

（1）适用范围：SSQ型手动双梁桥式起重机适用于运输量不大，无电源的仓库、车间，在固定跨距间作装卸、吊运重物或检修设备之用。

（2）型号意义说明：

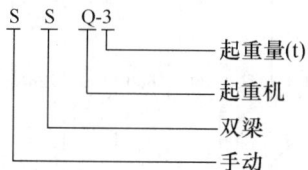

（3）性能：SSQ型手动双梁桥式起重机技术数据见表4-14。

SSQ 型手动双梁桥式起重机技术数据及外形尺寸　　　表 4-14

起重量 (t)	跨度 S (m)	起升高度 (m)	钢轨宽 (mm)	外形尺寸（mm）						吊钩极限尺寸 (mm)			曳引力 (N)			大车轮压 (kN)	总质量 (t)	生产厂
				W	B	H	A	W_c	K	H_1	C_1	C_2	起重	小车	大车			
5	10	10~16	40、50、60、70	2200	2800	950	160	1300	1300	630	980	1020	370	100	300	33.5	3.45	长沙起重机厂、洛阳起重机厂、郑州起重设备厂、重庆第二起重机厂
	11															34.2	3.64	
	12															35.2	4.04	
	13															36.3	4.25	
	14															38.3	4.78	
	15															38.6	5.00	
	16															40.1	5.64	
	17															41.0	5.89	

续表

起重量(t)	跨度S(m)	起升高度(m)	钢轨宽(mm)	W	B	H	A	W_c	K	H_1	C_1	C_2	起重	小车	大车	大车轮压(kN)	总质量(t)	生产厂
					外形尺寸(mm)					吊钩极限尺寸(mm)			曳引力(N)					
10	10															56.7	3.79	
	11															57.6	4.00	
	12															59.7	4.60	
	13		50、60、70	2200	2800	950	160	1300	1300	630	980	1020	530	160	350	60.7	4.85	
	14															62.3	5.30	
	15															63.1	5.57	
	16															65.0	6.25	
	17															65.9	6.54	
16	10	10~16	50、60、70										580	250	250	88.3	5.12	长沙起重机厂、洛阳起重机厂、郑州起重设备厂、重庆第二起重机厂
	11															89.7	5.40	
	12															92.2	5.98	
	13															93.4	6.28	
	14															96.2	7.21	
	15															97.6	7.56	
	16															99.6	8.21	
	17			2600	3200	1170	180	1500	1600	800	1000	1260				101.0	8.57	
20	10		60、70										640	290	300	109.3	5.45	
	11															111.3	5.75	
	12															113.4	6.20	
	13															115.2	6.63	
	14															117.8	7.47	
	15															119.4	7.85	
	16															122.6	8.74	
	17															124.6	9.55	

（4）外形及安装尺寸：SSQ 型手动双梁桥式起重机外形尺寸见表 4-14 和图 4-17。

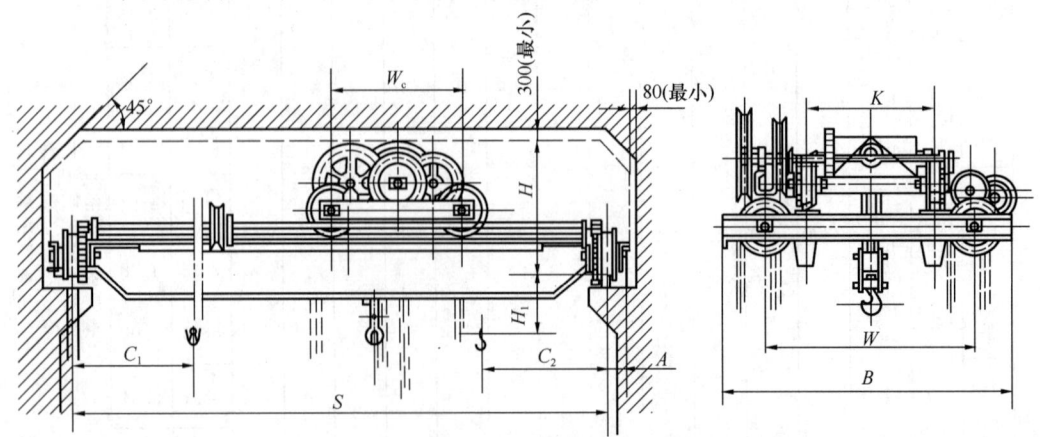

图 4-17　SSQ 型手动双梁桥式起重机外形尺寸

4.7 电动单梁起重机

4.7.1 LDT 型电动单梁起重机

（1）适用范围：LDT 型电动单梁起重机与 AS 型电动葫芦配套使用。它可三维全双速运转，即起升、下降、左右横行与前后纵行均可单、双速运转。电动葫芦可以采用低建筑高度型，地面操纵采用非跟随式扁电缆滑道手电门操纵。

（2）性能：LDT 型电动单梁起重机技术数据见表 4-15 及表 4-16。

LDT 型电动单梁起重机技术数据　　　　　　　　　　　　　　表 4-15

型号	起重量 (kg)	跨度 S (m)	主梁截面形式	W (mm)	E (mm)	最小轮压 (kN)	最大轮压 (kN)	质量 (kg)	H (mm)	标准速度 (m/min) 25	标准速度 (m/min) 40/10	电动葫芦型号	生产厂
LDT1-S	1000	7.5		2000		3.62	9.37	1448	467	功率(kW)		AS205-20 2/1	天津起重机设备总厂
		10.5		2000		4.50	10.26	1730					
		13.5		2500		6.37	12.13	2413	490				
		16.5		2500		8.70	14.46	3282					
		19.5		3000		10.12	15.88	3781	587				
		22.5		3000		11.43	17.19	4235					
LDT1.6-S	1600	7.5		2000		3.62	13.80	1548	467			AS204-20 4/1 AD308-16 2/1 AS308-24 2/1	
		10.5		2000		5.18	14.38	2140	490				
		13.5		2500		7.39	16.58	2920					
		16.5		2500		8.70	17.89	3382	587				
		19.5		3000	476	10.12	19.31	3885					
		22.5		3000		12.68	21.86	4845	467	0.36 ×2	0.60/ 0.15×2		
LDT2-S	2000	7.5		2000		4.12	15.26	1735	490			AS205-20 4/1 AS310-16 2/1 AS310-24 2/1	
		10.5		2000		5.97	17.12	2430					
		13.5		2500		7.39	18.54	2929	587				
		16.5		2500		8.70	19.85	3381					
		19.5		3000		11.20	22.35	4324	687				
		22.5		3000		12.68	23.82	4845					
LDT3.2-S	3200	7.5		2000		4.12	21.98	1923	490			AS308-16 4/1 AS308-24 4/1 AS416-16 2/1 AS416-24 2/1	
		10.5		2000		5.97	23.83	2600	587				
		13.5		2500		7.39	25.25	3099					
		16.5		2500		9.61	27.47	3925	687				
		19.5		3000	589	13.33	31.07	5840	740	0.50 ×2	0.88/ 0.21×2		
		22.5		3000		15.19	32.93	6600					
LDT4-S	4000	7.5		2000	476	4.66	26.20	2091	587	0.36 ×2	0.60/ 0.15×2	AS310-16 4/1 AS310-24 4/1	
		10.5		2000		5.97	27.48	2545					
		13.5		2500		8.13	29.65	3348	687				
		16.5		2500		9.61	31.12	3870					
		19.5		3000	589	13.33	34.99	5840	740	0.50 ×2	0.88/ 0.21×2		
		22.5		3000		15.19	36.85	6600					

续表

型号	起重量 (kg)	跨度 S (m)	主梁截面形式	W (mm)	E (mm)	最小轮压 (kN)	最大轮压 (kN)	质量 (kg)	H (mm)	标准速度 (m/min) 25	40/10	电动葫芦型号	生产厂
LDT5-S	5000	7.5	I	2000	476	5.07	33.08	2583	687	0.36×2	0.60/0.15×2	AS3412-13 4/1 AS3412-20 4/1 AZ412-20 4/1 AZ412-32 4/1 AS412-16 4/1 AS412-24 4/1	天津起重机设备总厂
		10.5				6.55	34.55	3105					
		13.5		2500		9.80	38.02	4733	640				
		16.5				11.76	40.08	5530	740				
		19.5		3000		13.23	41.45	6150	790				
		22.5				15.68	43.90	7140	840				
LDT6.3-S	6300	7.5		2000		6.66	41.26	3470	640	0.50×2	0.88/0.21×2	AS416-16 4/1 AS416-24 4/1	
		10.5				8.13	42.73	4080					
		13.5		2500		10.19	44.79	4900	740				
		16.5				11.76	46.35	5560	790				
		19.5		3000		14.01	48.61	6480	840				
		22.5				16.07	50.67	7300	890				
LDT8-S	8000	7.5	□	2000	589	7.06	50.76	3790				AS520-16 4/1 AS520-24 4/1	
		10.5				8.72	52.53	4470	650				
		13.5		2500		10.49	54.29	5200					
		16.5				13.52	57.33	6430	750				
		19.5		3000		16.56	60.37	7670	850				
		22.5				19.21	63.01	8770	950				
LDT10-S	10000	7.5		2000		7.06	60.66	3790				AS525-16 4/1 AS525-24 4/1	
		10.5				8.72	62.13	4470	650				
		13.5		2500		11.56	65.17	5630	750				
		16.5				14.70	68.31	6950	850				
		19.5		3000		16.76	70.36	7770	950				
		22.5				19.80	73.40	9020	1050				

注：⌐为组合型主梁；工为 H 型主梁；□为箱型主梁。

配用电动葫芦技术数据　　　　　表 4-16

起重量 (kg)	电动葫芦型号	起升高度 (m)	起升速度 (m/min)		功率 (kW)	b_1 (mm)	工字钢主梁 b_2 (mm)	箱形主梁 (mm)	配 UE 型小车 L_1 (mm)	L_2 (mm)	质量 (kg)	配 KE 型小车 L_1 (mm)	L_2 (mm)	质量 (kg)	运行速度 (m/min) 20	20/5	生产厂
1000	AS205-20 2/1	7;14	快	10	2	750	560	—	1010	1683	165	1000	1818	185			天津起重机设备总厂
			慢	1.6	0.33												
1600	AS204-20 4/1	3.5;6	快	5	1.55	725	570	650	1043	1667	180	1027	1791	230	0.13 kW	0.13/0.03 kW	
			慢	0.8	0.26												
	AS308-16 2/1	7;12	快	8	2.5	970	630	720	1013	1707	245	996	1822	285			
			慢	1.3	0.42												
	AS308-24 2/1	7;12	快	12	3.9	980	630	720			260			300			
			慢	2	0.65												
2000	AS205-20 4/1	3.5;6	快	5	2.0	725	570	650	1043	1677	180	1027	1791	230	360 c/h	180/240c/h	
			慢	0.8	0.33												

续表

起重量 (kg)	电动葫芦型号	起升高度 (m)	起升速度 (m/min)		功率 (kW)	b₁ (mm)	工字钢主梁 b₂ (mm)	箱形主梁 (mm)	配 UE 型小车			配 KE 型小车			运行速度 (m/min)		生产厂
									L_1 (mm)	L_2 (mm)	质量 (kg)	L_1 (mm)	L_2 (mm)	质量 (kg)	20	20/5	
2000	AS310-16 2/1	7;12	快	8	3.1	970	630	720	1013	1707	245	996	1822	285	0.13 kW 360 c/h	0.13/0.03kW 180/240 t/h	天津起重机设备总厂
			慢	1.3	0.52												
	AS310-24 2/1	7;12	快	12	5.0	980	630	720			260			300			
			慢	2	0.83												
3200	AS308-16 4/1	3.5;12	快	4	2.5	910	550	620	1087	1784	355	1128	1901	375	0.29 kW	0.30/0.08kW	
			慢	0.7	0.42												
	AS308-24 4/1	3.5;12	快	6	3.9	920	550	620			370			390			
			慢	1	0.65												
	AS416-16 2/1	7;12	快	8	5.0	1125	630	720	1131	1790	400	1152	1955	465			
			慢	1.3	0.83												
	AS416-24 2/1	7;12	快	12	7.8	1135	630	720			425			490			
			慢	2	1.3												
4000	AS310-16 4/1	3.5;6	快	4	3.1	910	550	620	1087	1784	355	1128	1901	375			
			慢	0.7	0.52												
	AS310-24 4/1	3.5;6	快	6	5.0	920	550	620			370			390			
			慢	1	0.83												
5000	AS3412-13 4/1	4.5;7.5	快	3.4	3.1	910	550	640	1100	1822	405	1187	1940	480	360 c/h	360/180c/h	
			慢	0.5	0.52												
	AS3412-20 4/1	4.5;7.5	快	5	5.0	920	530	620			420			505			
			慢	0.8	0.83												
	AZ412-20 4/1	4;7	快	5	5.0	945	550	640	1101	1820	440	1190	1937	515			
			慢	0.8	0.83												
	AZ412-32 4/1	4;7	快	8	7.8	950	550	640			465			540			
			慢	1.3	1.3												
	AS1412-16 4/1	3.5;6	快	4	3.9	1060	580	660	1146	1865	590	1250	1937	690			
			慢	0.7	0.65												
	AS412-24 4/1	3.5;6	快	6	6.2	1070	580	660			625			715			
			慢	1	1.03												
6300	AS416-16 4/1	3.5;6	快	4	5.0	1060	580	660	1146	1865	590	1250	1982	690	0.45 kW	0.44/0.11kW	
			慢	0.7	0.83												
	AS416-24 4/1	3.5;6	快	6	7.8	1070	580	660			625			715			
			慢	1	1.3												
8000	AS520-16 4/1	3.5;6	快	4	6.2	1245	630	670	1161	1860	780	1259	2001	880	360 c/h	360/180c/h	
			慢	0.7	1.0												
	AS520-24 4/1	3.5;6	快	6	9.7	1260	640	670			815			915			
			慢	1	1.6												
10000	AS525-16 4/1	3.5;6	快	4	7.8	1245	630	670			780			880			
			慢	0.7	1.3												
	AS525-24 4/1	3.5;6	快	6	12.0	1260	640	670			815			915			
			慢	1	2.0												

（3）外形及安装尺寸：LDT 型电动单梁起重机外形尺寸见图 4-18 和表 4-15、表 4-16。

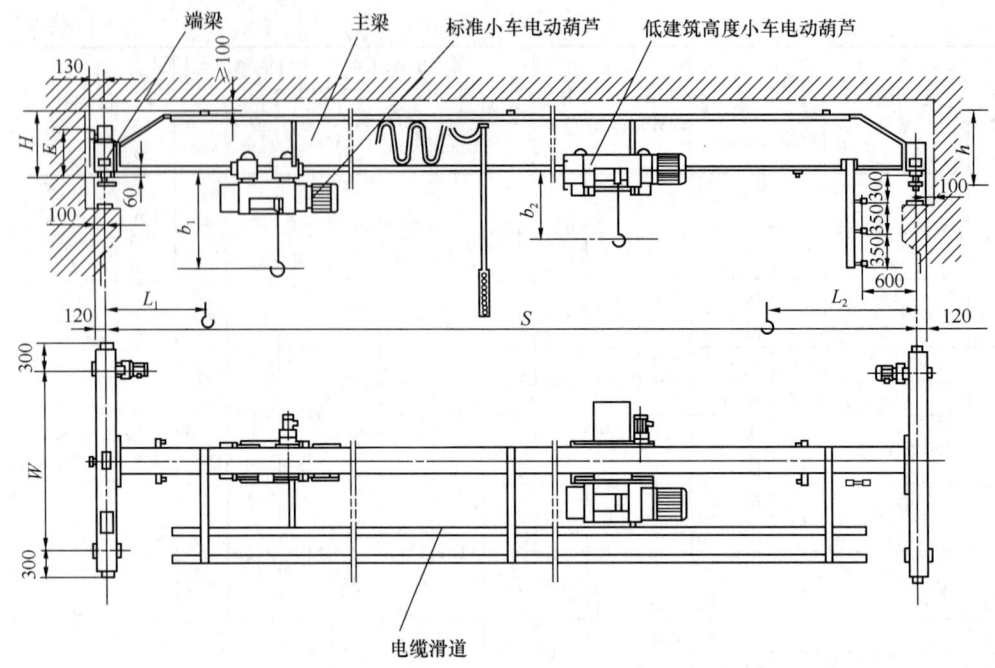

图 4-18 LDT 型电动单梁、LBT 防爆电动单梁起重机外形尺寸

4.7.2 LD-A 型电动单梁起重机

(1) 适用范围：LD-A 型电动单梁起重机与 CD_1、MD_1 型电动葫芦配套使用，成为一种有轨运行的轻小起重机，其适用起重量为 $1\sim5t$，适用跨度为 $7.5\sim22.5m$，工作级别 $A_3\sim A_5$，工作环境温度 $-25\sim+40℃$。它多用于机械制造、装配、结构和小型铸造车间、仓库等场所。该产品有地面操作和司机室操作两种形式。司机室又分端面开门和侧面开门两种形式；也可分为开式司机室和闭式司机室。

(2) 性能：LD-A 型电动单梁起重机技术数据见表 4-17 及表 4-18。

LD-A 型电动单梁起重机技术数据   表 4-17

参考价格					
轨道面宽		37—70			
车轮直径		$\phi270$			
电流		3 相　50Hz　380V			
工作制度		中级 Jc=25%			
起升机构 （电动葫芦） 及电动葫芦 运行机构	电动机	椎形鼠笼型			
	运行速度 v_1（m/min）	30　20			
	起升高度 H（m）	30　24　18　12　9　6			
	起升速度 v_1（m/min）	8		8/0.8	
	电动葫芦型式	CD_1 型		MD_1 型	
起重机 运行机构	电动机	转速（m/min）	1380		
		功率（kW）	2×0.8		2×1.5
		型号	锥形鼠笼		锥形绕线
		速比（i）	58.78　39.38　26.36		19.37　15.61
		运动速度 V（m/min）	（地）20　（地）30　（空地）45		（室）60　（室）75

注：表中注脚"地"或"室"为地控或室控起重机之参数，未注明者为共用参数。

起重量						$Q=1\text{t}$						
跨度 (m)	起重机总重 W (t)		最大轮压 $R\max$ (t)		最小轮压 $R\min$ (t)	基本尺寸（mm）						
						主梁高度	起重机宽度	大车轮距	吊钩至两轨道中心最小距离		吊钩至轨面距离	轨面至起重机顶距离
L_k	地	室	地	室		h_1	B	K	I_1	I_2	h	H_1
7.5	1.65	2.05	1.08	1.38	0.40							
8	1.69	2.09	1.09	1.39	0.41							
8.5	1.74	2.14	1.10	1.40	0.42							
9	1.79	2.19	1.12	1.42	0.44							
9.5	1.83	2.23	1.13	1.43	0.45		2500	2000				
10	1.88	2.28	1.14	1.44	0.46							
10.5	1.92	2.32	1.15	1.45	0.47	550					810	
11	1.97	2.37	1.16	1.46	0.48							
11.5	2.00	2.40	1.17	1.47	0.49							
12	2.06	2.46	1.18	1.48	0.50							490
12.5	2.15	2.55	1.21	1.51	0.53				796	1274		
13	2.20	2.60	1.23	1.53	0.55							
13.5	2.24	2.64	1.24	1.54	0.56							
14	2.29	2.69	1.25	1.55	0.57							
14.5	2.42	2.82	1.28	1.58	0.60		3000	2500				
15	2.47	2.87	1.30	1.60	0.62							
15.5	2.52	2.92	1.31	1.61	0.63	595					860	
16	2.57	2.97	1.32	1.62	0.64							
16.5	2.62	3.02	1.33	1.63	0.65							
17	2.67	3.07	1.35	1.65	0.67							
19.5	3.00	3.40	1.44	1.74	0.76	650	3500	3000			870	530
22.5	3.41	3.81	1.54	1.84	0.86	700						580

起重量						$Q=2\text{t}$						
跨度 (m)	起重机总重 W (t)		最大轮压 $R\max$ (t)		最小轮压 $R\min$ (t)	基本尺寸(mm)						
						主梁高度	起重机宽度	大车轮距	吊钩至两轨道中心最小距离		吊钩至轨面距离	轨面至起重机顶距离
L_k	地	室	地	室		h_1	B	K	I_1	I_2	h	H_1
7.5	1.78	2.18	1.64	1.94	0.40							
8	1.82	2.22	1.65	1.95	0.41							
8.5	1.86	2.26	1.66	1.96	0.42							
9	1.92	2.32	1.68	1.98	0.44	550	2500	2000			1000	
9.5	1.96	2.36	1.69	1.99	0.45							
10	2.00	2.40	1.70	2.00	0.46							490
10.5	2.05	2.45	1.71	2.01	0.47							
11	2.10	2.50	1.72	2.02	0.48							
11.5	2.21	2.61	1.75	2.05	0.51							
12	2.26	2.66	1.76	2.06	0.52							
12.5	2.35	2.75	1.79	2.09	0.55	595			871.5	1292.5	1050	
13	2.40	2.80	1.81	2.11	0.57							
13.5	2.45	2.85	1.82	2.12	0.58							
14	2.50	2.90	1.83	2.13	0.59							
14.5	2.63	3.03	1.87	2.17	0.63		3000	2500				
15	2.69	3.09	1.88	2.18	0.64							
15.5	2.74	3.14	1.89	2.19	0.65	700					1060	580
16	2.80	3.20	1.91	2.21	0.67							
16.5	2.85	3.25	1.92	2.22	0.68							
17	2.91	3.31	1.93	2.23	0.69							
19.5	3.85	4.25	2.18	2.48	0.94	800	3500	3000			1080	660
22.5	4.67	5.07	2.38	2.68	1.14	900					1120	745

续表

起重量	$Q=3t$											
跨度 (m)	起重机总重 W (t)		最大轮压 Rmax (t)		最小轮压 Rmin (t)	基本尺寸（mm）						
						主梁高度	起重机宽度	大车轮距	吊钩至两轨道中心最小距离		吊钩至轨面距离	轨面至起重机顶距离
L_k	地	室	地	室		h_1	B	K	I_1	I_2	h	H_1
7.5	1.88	2.28	2.15	2.45	0.41	650	2500	2000			1150	530
8	1.93	2.33	2.16	2.46	0.42							
8.5	1.98	2.38	2.18	2.48	0.44							
9	2.03	2.43	2.19	2.49	0.45							
9.5	2.08	2.48	2.20	2.50	0.46							
10	2.13	2.53	2.22	2.52	0.48							
10.5	2.18	2.58	2.23	2.53	0.49							
11	2.24	2.64	2.24	2.54	0.50							
11.5	2.32	2.72	2.26	2.56	0.52	700			818.5	1291		580
12	2.38	2.78	2.28	2.58	0.54							
12.5	2.47	2.87	2.31	2.61	0.57							
13	2.53	2.93	2.32	2.62	0.58							
13.5	2.59	2.99	2.34	2.64	0.60							
14	2.64	3.04	2.35	2.66	0.61							
14.5	3.17	3.57	2.48	2.78	0.74	800	3000	2500			1170	660
15	3.25	3.65	2.50	2.80	0.76							
15.5	3.31	3.71	2.52	2.82	0.78							
16	3.38	3.78	2.54	2.84	0.80							
16.5	3.45	3.85	2.55	2.85	0.81							
17	3.53	3.93	2.57	2.87	0.83							
19.5	4.28	4.68	2.80	3.10	1.06	900	3500	3000			1185	745
22.5	4.83	5.23	2.94	3.24	1.20	1000					1210	820

起重量	$Q=5t$											
跨度 (m)	起重机总重 W (t)		最大轮压 Rmax (t)		最小轮压 Rmin (t)	基本尺寸(mm)						
						主梁高度	起重机宽度	大车轮距	吊钩至两轨道中心最小距离		吊钩至轨面距离	轨面至起重机顶距离
L_k	地	室	地	室		h_1	B	K	I_1	I_2	h	H_1
7.5	2.14	2.54	3.28	3.58	0.42	700	2500	2000			1380	580
8	2.20	2.60	3.29	3.59	0.43							
8.5	2.25	2.65	3.30	3.60	0.44							
9	2.31	2.71	3.32	3.62	0.46							
9.5	2.37	2.77	3.33	3.63	0.47							
10	2.42	2.82	3.35	3.65	0.49							
10.5	2.48	2.88	3.36	3.66	0.50							
11	2.51	2.91	3.37	3.67	0.51							
11.5	2.95	3.35	3.48	3.78	0.62	800			841.5	1310	1400	660
12	3.02	3.42	3.50	3.80	0.64							
12.5	3.12	3.52	3.53	3.83	0.67							
13	3.21	3.61	3.55	3.85	0.69							
13.5	3.27	3.67	3.57	3.87	0.71							
14	3.34	3.74	3.59	3.89	0.73							
14.5	3.69	4.09	3.68	3.98	0.82	900	3000	2500			1415	785
15	3.79	4.19	3.70	4.00	0.84							
15.5	3.87	4.27	3.72	4.02	0.86							
16	3.94	4.34	3.74	4.04	0.88							
16.5	4.02	4.42	3.76	4.06	0.90							
17	4.12	4.52	3.78	4.08	0.92							
19.5	4.57	4.97	3.93	4.23	1.07	1000	3500	3000			1440	820
22.5	5.65	6.05	4.20	4.50	1.34	1100					1485	875

续表

起重量	Q=10t											
跨度 （m）	起重机总重 W （t）		最大轮压 Rmax （t）		最小轮压 Rmin （t）	基本尺寸（mm）						
						主梁高度	起重机宽度	大车轮距	吊钩至两轨道中心最小距离	吊钩至轨面距离	轨面至起重机顶距离	
L_k	地	室	地	室		h_1	B	K	I_1	I_2	h	H_1
7.5	3.5	3.9	6.4	6.7	—	1000	2500	2000	1235	1935	1470	820
8	3.6	4.0	6.5	6.7	—							
8.5	3.7	4.1	6.6	6.8	—							
9	3.8	4.2	6.6	6.9	—							
9.5	3.9	4.3	6.7	6.9	—							
10	4.0	4.4	6.7	7.0	—							
10.5	4.1	4.5	6.8	7.0	—							
11	4.3	4.6	6.8	7.1	—	1090					1505	
11.5	4.4	4.7	6.9	7.2	—							
12	4.5	4.8	6.9	7.3	—							
12.5	4.6	4.9	7.0	7.3	—							
13	4.7	5.0	7.0	7.3	—							
13.5	4.8	5.1	7.1	7.4	—							
14	4.9	5.2	7.1	7.4	—		3000	2500				875
14.5	5.0	5.3	7.1	7.5	—							
15	5.1	5.4	7.2	7.5	—							
15.5	5.2	5.5	7.2	7.5	—							
16	5.3	5.6	7.3	7.6	—	1100					1515	
16.5	5.4	5.7	7.3	7.6	—							
17	5.5	5.8	7.4	7.7	—							
19.5	6.7	7.1	7.7	8.0	—		3500	3000				
22.5	7.5	7.8	7.9	8.2	—							

（3）外形及安装尺寸：LD-A 型电动单梁起重机外形及安装尺寸见图 4-19 和表 4-18。

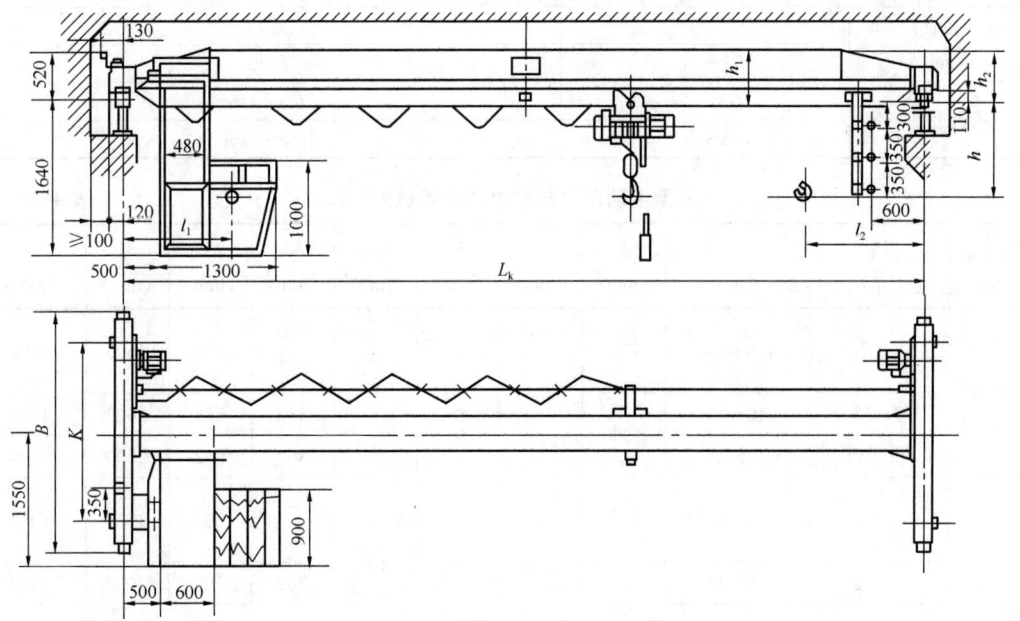

图 4-19　LD-A 型电动单梁起重机外形及安装尺寸

4.8 LX 型电动单梁悬挂桥式起重机

（1）适用范围：LX 型电动单梁悬挂桥式起重机与电动葫芦配套使用。可用于机械制造试验室、装配工场、车间、库房的固定跨间内作一般装卸搬运工作。本机工作级别为 A_5（中级），工作环境温度不得低于 $-20℃$，且不得高于 $40℃$，相对湿度不得大于 85%，不宜在易爆、易燃、充满酸和碱类气体或有很大湿度的场所工作。

（2）性能及外形尺寸：LX 型电动单梁悬挂桥式起重机技术数据及外形尺寸见表4-19、表 4-20。

LX 型电动单梁悬挂桥式起重机技术数据 表 4-19

起升重量 $Q(t)$			0.5；1；2；3；5		
跨度 $L_K(m)$			3～16		
起重机动行机构	运行速度 V(m/min)		20		30
	减速比 i	0.5～2t	3～5t	0.5～2t	3～5t
		28.2	30.5	20	23.65
	电动机	0.5～2t	ZDY12－4；$N=2\times0.4$kW；$n=1380$r/min		
		3～5t	ZDY21－4；$N=2\times0.8$kW；$n=1380$r/min		
起升机构	电动葫芦	形 式	CD_1 MD_1 0.5～5		
		起升速度(m/min)	8；8/0.8		
		起升高度(m)	6；9；12；18；24；30		
	运行机构	动行速度(m/min)	20；30		
		电动机	锥型转子电动机		
工作制度			中级 JC＝25%		
电 源			3 相；～380V，50Hz(60)		
手轮直径(mm)	0.5～2t		$\phi130$		
	3～5t		$\phi150$		
适用轨道工字钢	0.5～2t		I20a～I45c		
	3～5t		I25a～I45c		

LX 型电动单梁悬挂桥式起重机外形尺寸 表 4-20

起重量 $Q(t)$	L_k (m)	L (m)	t (mm)	I_1 (mm)	I_2 (mm)	h (mm)	h_0 (mm)	A (mm)	B (mm)	K (mm)
0.5	3～7	4.5～8.5	750	234	154	550	220 273	512	1500	1000
	8～12	10～14	1000				328	562	2000	1500
	13～16	15～18					362	592	2500	2000
1	3～7	4.5～8.5	760	256	154	660	250 328	562	1500	1000
	8～12	10～14	1000				362	592	2000	1500
	13～16	15～18					600	612	2500	2000

续表

起重量 $Q(t)$	L_k (m)	L (m)	t (mm)	I_1 (mm)	I_2 (mm)	h (mm)	h_0 (mm)	A (mm)	B (mm)	K (mm)
2	3~7	4~8	500	278	158	840	362	592	1500	1000
	8~12	10~14	1000				600	612	2000	1500
	13~16	15~18							2500	2000
3	3~7	4.5~8.5	750	279	151	930	395	610	1500	1000
	8~12	10~14	1000				630	590	2000	1500
	13~16	15~18							2500	2000
5	3~7	4.5~8.5	750	302	170	1185	395	620	1500	1000
	8~12	10~14	1000				640	600	2000	1500
	13~16	15~18					740		2500	2000

注：1K、3. 1、5、6、7、8、9、10、12、12、13、14、15、16m。

（3）外形及安装尺寸：LX型电动单梁悬挂桥式起重机外形尺寸见图4-20和表4-20。

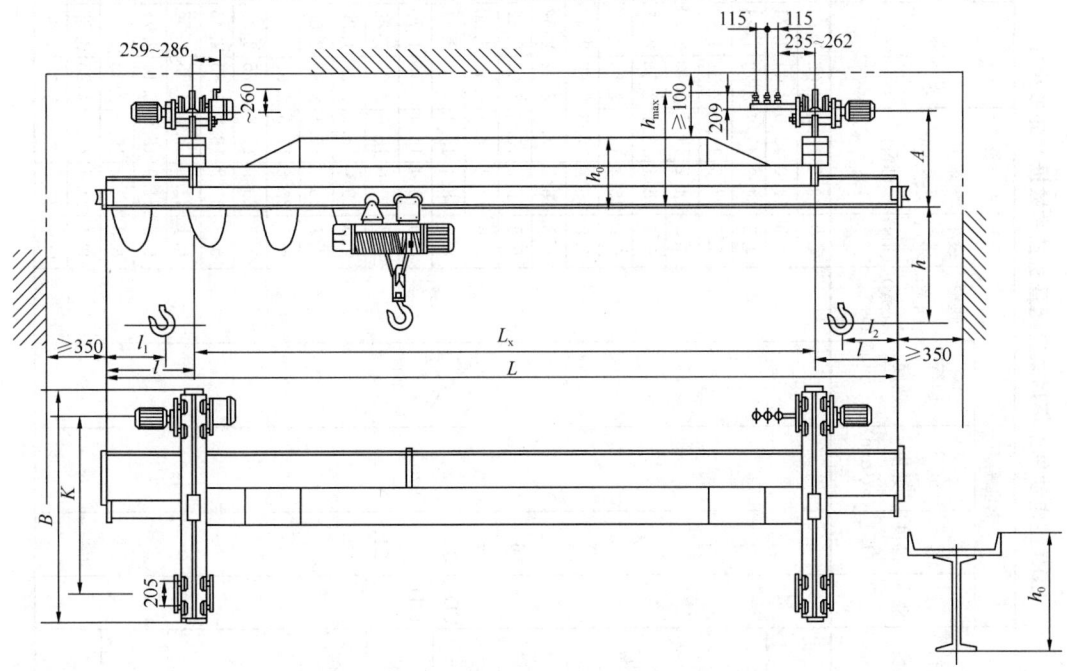

图 4-20 LX 型电动单梁悬挂桥式起重机外形及安装尺寸

4.9 LDH 型电动单梁环形轨道起重机

（1）适用范围：LDH型电动单梁环形轨道起重机与CD_1、MD_1等形式的电动葫芦配套使用，是一种在环形轨道上运行的一般起重机。其适用起重量为1、2、3、5、10t；跨度为7.5～22.5m；工作级别为A_3～A_5；工作环境温度为-25～$+40$℃。本起重机主要适用于圆形泵房、井场等场所。操作方式分为司机室操作和地面操作两种，根据用户需要，可进行非标准设计和制造。

（2）性能：LDH型电动单梁环形轨道起重机技术数据见表4-21。

（3）外形及安装尺寸：LDH型电动单梁环形轨道起重机外形尺寸见图4-21和表4-21。

表4-21

LDH型电动单梁环形轨道起重机技术数据及外形尺寸

注：轮压及总质量栏中，斜线前数值为司机室操作，斜线后数值为地面操作。

起重机(t)	跨度 S (m)	操作方式	电动机型号	功率(kW)	转速(r/min)	运行速度(m/min)	葫芦型号	起升高度(m)	起升速度(m/min)	运行速度(m/min)	轨道面宽(mm)	最小轮压(kN)	最大轮压(kN)	总质量(t)	H	H₁	H₂	C₁	C₂	W	B	生产厂
	7.5	地面操作／司机室操作	ZDY 21-4	0.8×2	1380	20	CD₁、MD₁	$6、9、12、18、24、30$	$8、8/0.8$	$20,30$	$37\sim70$	4.0	$13.8/10.8$	$2.05/1.65$	490	80	810	796	1324	~2000	~2500	长沙起重机厂
	8.5					30						4.2	$14.0/11.0$	$2.14/1.74$								
	9.5											4.5	$14.3/11.3$	$2.23/1.83$								
	10.5		ZDR 12-4	1.5×2	1380	45						4.7	$14.5/11.5$	$2.32/1.92$								
	11.5											4.9	$14.7/11.7$	$2.40/2.00$						~2500	~3000	
1	12.5											5.3	$15.1/12.1$	$2.55/2.15$								
	13.5					60						5.6	$15.4/12.4$	$2.64/2.24$								
	14.5											5.9	$15.8/12.8$	$2.82/2.42$								
	15.5											6.3	$16.1/13.1$	$2.92/2.52$	530	110	840			~3000	~3500	
	16.5					75						6.5	$16.3/13.3$	$3.02/2.62$	580	120	850					
	19.5											7.6	$17.4/14.4$	$3.40/3.00$								
	22.5											8.6	$18.4/15.4$	$3.81/3.41$								
	7.5	地面操作／司机室操作	ZDY 21-4	0.8×2	1380	20	CD₁、MD₁	$6、9、12、18、24、30$	$8、8/0.8$	$20,30$	$37\sim70$	4.0	$19.4/16.4$	$2.18/1.78$	490	80	1000	872	1343	~2000	~2500	长沙起重机厂
	8.5					30						4.2	$19.6/16.6$	$2.26/1.86$								
	9.5											4.5	$19.9/16.9$	$2.36/1.96$								
	10.5		ZDR 12-4	1.5×2	1380	45						4.7	$20.1/17.1$	$2.45/2.05$								
	11.5											5.1	$20.5/17.5$	$2.61/2.21$						~2500	~3000	
2	12.5											5.5	$20.9/17.9$	$2.75/2.35$								
	13.5					60						5.8	$21.2/18.2$	$2.85/2.45$								
	14.5											6.1	$21.5/18.5$	$2.95/2.55$								
	15.5											6.5	$21.9/18.9$	$3.14/2.74$	580	110	1030			~3000	~3500	
	16.5					75						6.8	$22.2/19.2$	$3.25/2.85$		120	1040					
	19.5											9.4	$24.8/21.8$	$4.25/3.85$	660	160	1060					
	22.5											11.4	$26.8/23.8$	$5.00/4.60$	760							

起重机运行机构电动机及电动葫芦通用参数（3 t 及 5 t）

操作方式	电动机型号	功率(kW)	转速(r/min)	运行速度(m/min)	电动葫芦型号	起升高度(m)	起升速度(m/min)	运行速度(m/min)	轨道面宽(mm)	生产厂
地面操作、司机室操作	ZDY 21-4	0.8×2	1380	20、30	CD_1、MD_1	6、9、12、18、24、30	8、8/0.8	20、30	37~70	长沙起重机厂
	ZDR 12-4	1.5×2	1380	45、60、75						

分规格数据（最大轮压、总质量按"地面操作/司机室操作"两值给出①）

起重机(t)	跨度 S(m)	最小轮压(kN)	最大轮压①(kN)	总质量①(t)	H	H_1	H_2	C_1	C_2	W	B
3	7.5	4.0	24.5/21.5	2.28/1.88	530	120	1150	819	1341	~2000	~2500
	8.5	4.4	24.8/21.8	2.38/1.98							
	9.5	4.6	25.0/22.0	2.48/2.08							
	10.5	4.9	25.3/22.3	2.58/2.18							
	11.5	5.2	25.6/22.6	2.72/2.32	580						
	12.5	5.7	26.1/23.1	2.87/2.47							
	13.5	6.0	26.4/23.4	2.99/2.59							
	14.5	6.3	26.7/23.7	3.10/2.70							
	15.5	7.8	28.2/25.2	3.71/3.31	660	140	1170			~2500	~3000
	16.5	8.1	28.5/25.5	3.85/3.45	745	155	1260				
	19.5	10.6	31.0/28.0	4.08/3.68	825	175	1280			~3000	~3500
	22.5	12.0	32.4/29.4	5.23/4.83							
5	7.5	4.2	35.8/32.8	2.54/2.14	580	140	1400	842	1360	~2000	~2500
	8.5	4.4	36.0/33.0	2.65/2.25							
	9.5	4.7	36.3/33.3	2.77/2.37							
	10.5	5.0	36.6/33.6	2.88/2.48							
	11.5	6.2	37.8/34.8	3.35/2.95	660						
	12.5	6.7	38.3/35.3	3.52/3.12							
	13.5	7.1	38.7/35.7	3.67/3.27							
	14.5	7.6	39.2/36.2	3.82/3.42							
	15.5	8.0	40.2/37.2	4.27/3.87	760		1480			~2500	~3000
	16.5	9.0	40.6/37.6	4.42/4.02							
	19.5	10.7	42.3/39.3	4.97/4.57	825	175	1485			~3000	~3500
	22.5	13.4	45.0/42.0	6.05/5.65	875	225	1500				

续表

起重机 (t)	跨度 S (m)	操作方式	电动机型号	功率 (kW)	转速 (r/min)	运行速度 (m/min)	电动葫芦型号	起升高度 (m)	起升速度 (m/min)	运行速度 (m/min)	轨道面宽 (mm)	最小轮压 (kN)	最大轮压① (kN)	总重量① (t)	H	H₁	H₂	C₁	C₂	W	B	生产厂
10	9.5	地面操作	ZDY 21-4	0.8×2	1380	20	CD₁	6、9、12、18、24、30	7	20、30	68~70	13.4	71.6	4.8	708	132	1325	1100 ~ 1600	1500 ~ 1600	~2500 ~3000	~3100	长沙起重机厂
	10.5											13.6	72.8	5.0								
	11.5					30						13.8	74.0	5.2	748	152						
	12.5											14.0	74.8	5.4								
	13.5											14.6	75.2	5.6								
	14.5	地面操作／司机室操作										15.3	75.9	5.8	945	155	1345					
	15.5											15.5	76.7	6.1								
	16.5											15.7	77.5	6.3								
	17.5	司机室操作	ZDR 12-4	1.5×2		45						16.3	79.8	6.88	1035	100	1450	1100 ~ 1600	1500 ~ 1600	~3000 ~3500	~3500	
	18.5											16.5	80.8	7.12								
	20.5											17.1	83.1	7.72	1080	120						
	22.5											17.6	85.0	8.18								

① 栏中左面数字为地面操作式，右面为司机室操作式。

注：电源：3 相，380V，50Hz；工作级别 A₃~A₅。

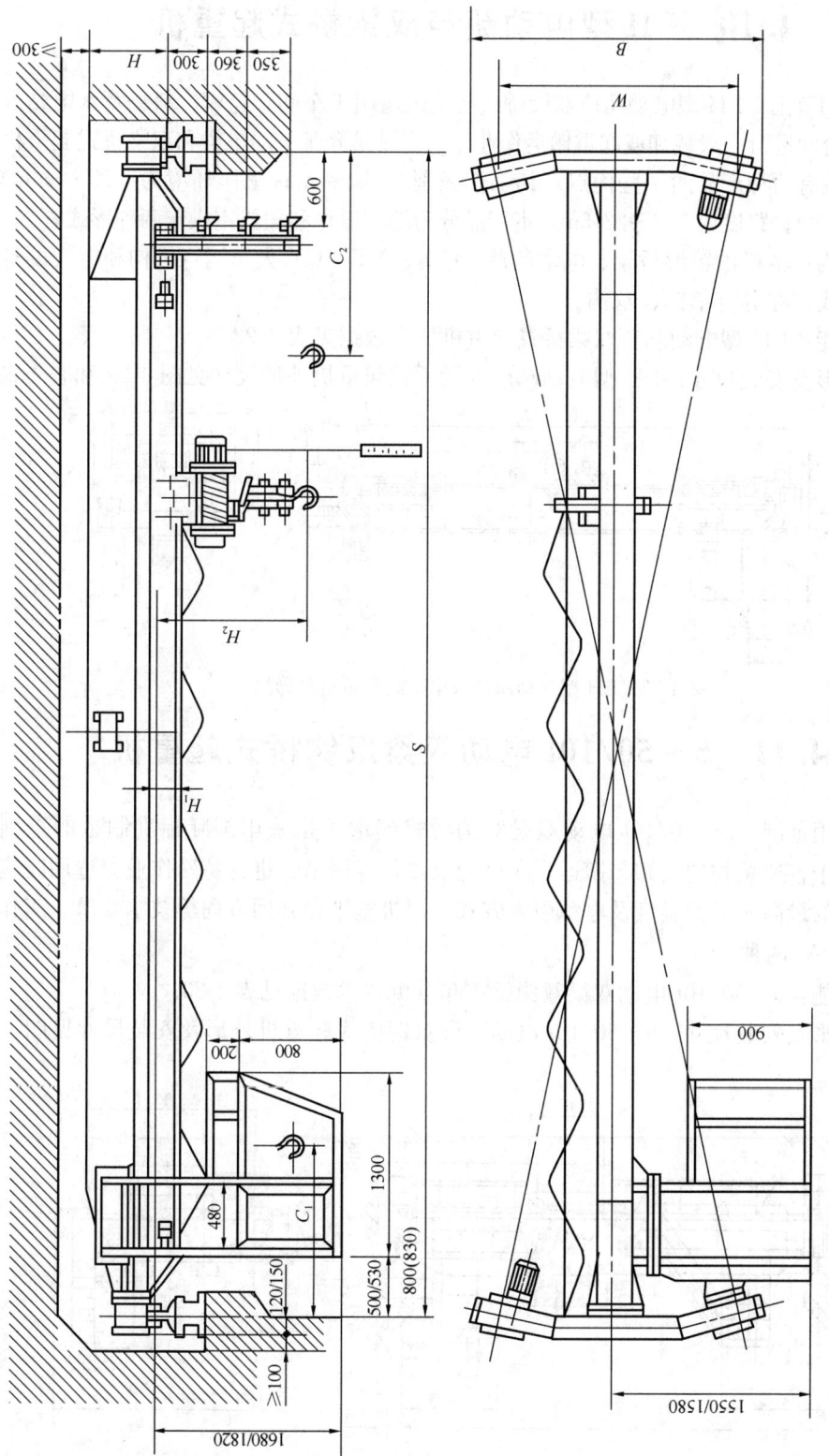

图 4-21 LDH 型电动单梁环形轨道起重机外形尺寸

注: 1. 分数线上的数字用于 1~5t, 分数线下的数字用于 10t。
    2. 括号内尺寸 (800/830) 为端面开门司机室用。

4.10　LH型电动葫芦双梁桥式起重机

(1) 适用范围：LH型电动葫芦双梁桥式起重机适用于车间、仓库、料场及水电站等场所，在固定跨间进行一般装卸或起重搬运作业。该产品是介于电动单梁和双梁桥式起重机的中间产品，兼有两种产品的一些优点。其工作级别为 $A_0 \sim A_5$；工作环境为 $-25 \sim +40℃$；起重量为 5～50t；跨度为 7.2～22.5m。本产品分为地面操作和司机室操作两种形式。

(2) 结构：本机由箱形桥架、电动葫芦（CD_1、MD_1 型）大车运行机构和电气设备等主要部分组成。并分有单钩、双钩。

(3) 性能：LH型电动葫芦双梁桥式起重机技术数据见表4-22。

(4) 外形及安装尺寸：LH型电动葫芦双梁桥式起重机外形尺寸见图4-22和表4-22。

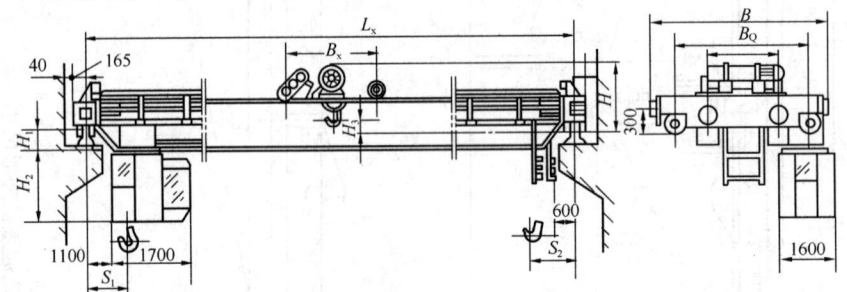

图 4-22　LH型电动葫芦双梁桥式起重机外形尺寸

4.11　5～50/10t 电动双梁双钩桥式起重机

(1) 适用范围：5～50/10t 电动双梁双钩桥式起重机是采用国际标准制造的系列产品。广泛用于普通重物的装卸与搬运；还可配以多种专用吊具进行特殊作业。选用时应注明工作环境的最高、最低温度及电源引入方式，司机室平台开门方向等技术要求。工作级别分为 A_5、A_6 两种。

(2) 性能：5～50/10t 电动双梁双钩桥式起重机技术数据见表4-23。

(3) 外形及安装尺寸：5～50/10t 电动双梁双钩桥式起重机外形及安装尺寸见图4-23和表4-24。

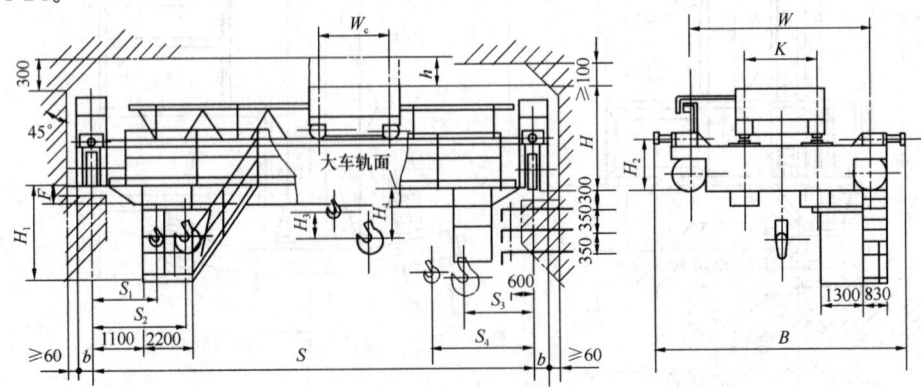

图 4-23　5～50/10t 电动双梁双钩桥式起重机外形及安装尺寸

表4-22

LH型电动葫芦双梁桥式起重机技术数据及外形尺寸

起重机(t)	操作形式	速度(m/min) 起升	小车运行	大车运行 司机室/地面	电动机 型号/kW 起升	小车运行	大车运行 地面	大车运行 操纵室	电动葫芦	起升高度(m)	应用大车钢轨	跨度 L_x(m)	最大轮压(kN)	自重(kg) 地面操作	开式操作室	闭式操作室	B	B_Q	B_x	H	H_1	H_2	H_3	S_1	S_2	生产厂
5	司机室操作 地面操作	8	20	30　45、75	ZD₁ 41-4/7.5	ZDY₁ 21-4/0.8	ZD₁ 22-4/1.5×2	ZD₁ 22-4/1.5×2　ZDR₁ 12-4/3×2	CD₁	6、9、12、18	38 kg/m	7.5	45.16	5654	6104	6154	3696	3000	1100	1200	114	2040	168	976	976	郑州起重设备厂
												10.5	46.98	6263	6713	6763					264					
												13.5	49.96	7596	8096	8156	4196	3500			414					
												16.5	54.08	8614	9114	9164					564					
												19.5	59.64	10690	11190	11240					714					
												22.5	64.36	12940	13490	13540										
10		7			ZD₁ 51-4/13	ZDX₁ 21-4/0.8	ZD₁ 22-4/1.5×2	ZDR 12-4/1.5×2　ZDR₁ 12-4/3×2				7.5	73.29	6314	6764	6814	4196	3500	1400	1250	114		183	1120	1120	
												10.5	75.16	7072	7525	7575					264					
												13.5	78.77	8495	8950	9000					414					
												16.5	82.63	10029	10500	10550					564					
												19.5	88.01	12165	12700	12750	4696	4000			714					
												22.5	93.98	14541	15400	15450										

注：电源：3 相，50Hz，380V。

表 4-23

5~50/10t 电动双梁双钩桥式起重机技术数据

工作级别 A5（中级）

起重量主钩(t)	副钩(t)	跨度S(m)	起升高度主钩(m)	副钩(m)	速度起升主钩	副钩	运行小车	运行大车(m/min)	自重小车(t)	起重机总重(t)	最大轮压(kN)	电机起升主钩	副钩	运行小车	运行大车	总容量(kW)
5	—	10.5	16	—	11.4	—	38.3		1.86	13	78.4	YZR160L-6Z/13	—	YZR112M-6/1.8	YZR132M2-6/2×4	22.8
		13.5						90.7		14	83.3					
		16.5								16	89.2					
		19.5								19	96.0					
		22.5						91.9		21	101.9				YZR160M1-6/2×6.3	27.4
		25.5								26	114.7					
		28.5								29	122.5					
		31.5						84.7		32	129.4					
10	—	10.5	16	—	7.6	—	43.8		3.46	15	106.8	YZR180L-8Z/13	—	YZR132M1-6/2.5	YZR132M2-6/2×4	23.5
		13.5						90.7		17	112.7					
		16.5								19	120.5					
		19.5								21	126.4					
		22.5						91.9		24	133.3				YZR160M1 6/2×6.3	28.1
		25.5								28	146.0					
		28.5								32	154.8					
		31.5						84.7		35	162.7					

工作级别 A6（重级）

速度起升主钩	副钩	运行小车	运行大车(m/min)	自重小车(t)	起重机总重(t)	最大轮压(kN)	电机起升主钩	副钩	运行小车	运行大车	总容量(kW)
15.4	—	38.3		2.33	14	83.3	YZR180L-6/15	—	YZR112M-6/1.8	YZR160M1-6/2×5.5	27.8
			115.6		15	89.2					
					17	90.2					
					20	101.9					
			116.8		22	108.8				YZR160M2-6/2×7.5	31.8
					27	122.5					
					31	130.3					
					34	135.2					
13.3	—	43.8		3.65	15	108.8	YZR200L-6/22	—	YZR132M1-6/2.5	YZR160M1-6/2×5.5	35.5
			115.6		17	115.6					
					20	123.5					
					22	128.4					
			116.8		25	135.2				YZR160M2-6/2×7.5	39.5
					30	150.9					
					33	159.7					
			112.5		36	167.6					

生产厂：天津起重设备总厂

续表

生产厂：天津起重设备总厂

起重量 主钩 (t)	起重量 副钩 (t)	跨度 S (m)	起升高度 主钩 (m)	起升高度 副钩 (m)	A5(中级) 起升 主钩	A5 起升 副钩	A5 运行 小车	A5 运行 大车 (m/min)	A5 最大轮压 (kN)	A5 起重机总重 (t)	A5 小车自重 (t)	A5 电机 起升主钩	A5 电机 起升副钩	A5 电机 运行小车	A5 电机 运行大车	A5 总容量 (kW)	A6(重级) 起升 主钩	A6 起升 副钩	A6 运行 小车	A6 运行 大车 (m/min)	A6 最大轮压 (kN)	A6 起重机总重 (t)	A6 小车自重 (t)	A6 电机 起升主钩	A6 电机 起升副钩	A6 电机 运行小车	A6 电机 运行大车	A6 总容量 (kW)
10	3.2	10.5	16	18	7.6	19.7	44.6	90.7	107.8	15.6	4.97	YZR180 L-8Z/13	YZR160 L-6Z/13	YZR132 M₂-6/4	YZR132 M₁-6/2×4	38	13.3	19.7	44.8	115.6	112.7	16.5	5.15	YZR200 L-6/22	YZR160 L-6Z/13	YZR132 M₂-6/4	YZR160 M₁-6/2×5.5	50
		13.5							113.7	17.2										117.6	117.6	18.5						
		16.5						91.9	121.5	19.9											127.4	21.5						
		19.5							128.4	21.8										116.8	132.3	23.5						
		22.5							135.2	24.4											137.2	26.5						
		25.5							149.0	29.2				YZR160 M₁-6/2×6.3	42.6					112.5	156.8	31.5					YZR160 M₁-6/2×7.5	54
		28.5						84.7	156.8	32.1										164.6	34.5						
		31.5							154.6	35.2										171.5	37.5						
16	3.2	10.5	16	18	7.9	19.7	44.6	87.6	143.1	19.2	6.33	YZR225 M-8Z/26	YZR160 L-6Z/13	YZR132 M₂-6/4	YZR160 M₁-6/2×6.3	55.6	13	19.7	44.6	101.4	151.9	21	6.59	YZR250 M₁-6/37	YZR160 L-6Z/13	YZR132 M₂-6/4	YZR160 M₂-6/2×7.5	69
		13.5							151.9	21.0										160.7	23						
		16.5							159.7	23.0										169.5	25						
		19.5							181.3	27.0										190.1	29						
		22.5						84.7	189.1	30.0				YZR160 M₂-6/2×8.5	60				209.7	198.9	32					YZR160 L-6/2×11	76
		25.5							200.9	34.0										209.7	36						
		28.5							209.7	38.0										218.5	40						
		31.5							2-8.5	41.0										227.4	44						

续表

起重量主钩(t)	副钩(t)	跨度S(m)	起升高度主钩(m)	副钩(m)	A5起升主钩	A5起升副钩	A5小车	A5大车	A5最大轮压(kN)	A5自重小车(t)	A5起重机总重(t)	A5电动机起升主钩	A5电动机起升副钩	A5电动机小车	A5电动机大车	A5总容量(kW)	A6起升主钩	A6起升副钩	A6小车	A6大车	A6最大轮压(kN)	A6自重小车(t)	A6起重机总重(t)	A6电动机起升主钩	A6电动机起升副钩	A6电动机小车	A6电动机大车	A6总容量(kW)	生产厂
20	5	10.5	12	14	7.2	19.7	44.6		161.7	6.98	20	YZR225M-8Z/26	YZR180L-6Z/17	YZR132M-6/4	YZR160M-6/2×6.3	59.6	12.3	19.5	44.6		173.5	7.28	22	YZR250M₂-6/45	YZR180L-6Z/17	YZR132M₂-6/4	YZR169M₂-6/2×7.5	81	天津起重设备总厂
		13.5						84.7	172.5		22									112.5	184.2		24						
		16.5							181.3		24										195.0		27						
		19.5							202.9		29										216.6		31						
		22.5							211.7		32										228.3		34						
		25.5						87.6	225.4		37									101.4	238.1		39						
		28.5							234.2		40										249.9		43						
		31.5						74.6	244.0		43										259.7		46						
32	5	10.5	16	18	7.51	19.5	42.4		243.0	10.9	27	YZR280S-10Z/42	YZR180L-6Z/17	YZR160M-6/6.3	YZR160L-6/2×13	91.3	9.5	19.5	42.4		258.7	11.3	28	YZR280M-8/55	YZR180L-6Z/17	YZR160M-6/6.3	YZR160L-6/2×11；YZR180L-8/2×11	100.3	
		13.5						87.6	258.7		30									101.4	276.4		31						
		16.5							272.4		33										290.1		35						
		19.5						74.2	295.0		38									101.8	303.8		40						
		22.5							306.7		41										317.5		43						
		25.5							324.4		46										333.2		48						
		28.5							337.1		50										343.0		52						
		31.5						74.6	346.9		54									86.8	356.7		56						

续表

工作级别 A5（中级）／A6（重级）主参数表

起重量(t) 主钩	副钩	跨度 S(m)	起升高度(m) 主钩	副钩	速度(m/min) 起升 主钩	副钩	运行 小车	A5最大轮压(kN)	A5自重(t) 小车	起重机总重	A5电动机 型号/kW 起升 主钩	副钩	运行 小车	大车	A5速度 大车	A5总容量(kW)	A6最大轮压(kN)	A6自重(t) 小车	起重机总重	A6电动机 起升 主钩	副钩	运行 小车	大车	A6速度 大车	A6总容量(kW)	生产厂
50	10	10.5	12	16	5.9	13.2	38.5	357.7	15.5	37	YZR280M-10Z/55	YZR200L-6Z/26	YZR160M2-6/8.5	YZR160L-6/2×13	74.6	115.5	371.4	18.5	40	YZR315S-8/75	YZR200L-6Z/26	YZR160M2-6/8.5	YZR180L-8/2×11	86.8	131.5	天津起重设备总厂
		13.5						391.0		40							394.9		43							
		16.5						411.6		44							416.5		48							
		19.5						421.4		49							435.1		52							
		22.5						446.9		53				YZR180L-8/2×15	85.9		450.8		56				YZR200L-8/2×15	87.3	139.5	
		25.5						464.5		58							468.4		62							
		28.5						477.3		62							482.2		67							
		31.5						488.0		68							497.8		72							

表 4-24　5～50/10t 电动双梁双钩桥式起重机外形及安装尺寸

主要尺寸 寸(mm)

起重量(t)	跨度 S(m)	H	H1	H2	H3	H4	h A5	A6	B A5	A6	W A5	A6	k	Wc	b	F	S1	S2	S3	S4	推荐用轨道
5	10.5	1764	2526	735	31	—	870		5190	5340	3400	3550	1400	1100	230	~24	—	800	1250	—	38kg/m
	13.5		2546													126					
	16.5		2596													226					
	19.5		2756													376					
	22.5		2906													526					

续表

起重量 (t)	跨度 S (m)	H	H₁	H₂	H₃	H₄	h A₅	h A₆	B A₅	B A₆	W A₅	W A₆	k	Wc	b	F	S₁	S₂	S₃	S₄	推荐用轨道
5	25.5	1764	3056	735	31	—	870	870	6100	6100	5000	5000	1400	1100	230	676	—	800	1250	—	38kg/m
	28.5	1764	3206	735	31	—	870	870	6100	6100	5000	5000	1400	1100	230	826	—	800	1250	—	
	31.5	1764	3356	735	31	—	870	870	6100	6100	5000	5000	1400	1100	230	976	—	800	1250	—	
10	10.5	1876	2526	735	561.5	—	870	870	5840	5840	4050	4050	2000	1400	230	~24	—	1050	1300	—	43kg/m
	13.5	1876	2546	735	561.5	—	870	870	5840	5840	4050	4050	2000	1400	230	126	—	1050	1300	—	
	16.5	1876	2596	735	561.5	—	870	870	5980	5980	5000	5000	2000	1400	230	226	—	1050	1300	—	
	19.5	1876	2756	735	561.5	—	870	870	5980	5980	5000	5000	2000	1400	230	376	—	1050	1300	—	
	22.5	1876	2906	790	511.5	—	870	870	5980	5980	5000	5000	2000	1400	230	526	—	1050	1300	—	
	25.5	1926	3008	790	511.5	—	870	870	6330	6330	5000	5000	2000	1400	230	628	—	1050	1300	—	
	28.5	1926	3158	790	511.5	—	870	870	6330	6330	5000	5000	2000	1400	230	778	—	1050	1300	—	
	31.5	1926	3308	790	511.5	—	870	870	6330	6330	5000	5000	2000	1400	230	928	—	1050	1300	—	
10/3.2	10.5	1876	2526	735	542	524	870	870	5840	5840	4050	4050	2000	2150	230	~24	1000	1750	1350	2100	43kg/m
	13.5	1876	2546	735	542	524	870	870	5840	5840	4050	4050	2000	2150	230	126	1000	1750	1350	2100	
	16.5	1876	2596	735	542	524	870	870	5980	5980	5000	5000	2000	2150	230	226	1000	1750	1350	2100	
	19.5	1876	2756	735	542	524	870	870	5980	5980	5000	5000	2000	2150	230	376	1000	1750	1350	2100	
	22.5	1876	2906	780	497	524	870	870	5980	5980	5000	5000	2000	2150	230	526	1000	1750	1350	2100	
	25.5	1926	3008	780	497	524	870	870	6330	6330	5000	5000	2000	2150	230	628	1000	1750	1350	2100	
	28.5	1926	3158	780	497	524	870	870	6330	6330	5000	5000	2000	2150	230	778	1000	1750	1350	2100	
	31.5	1926	3308	780	497	524	870	870	6330	6330	5000	5000	2000	2150	230	928	1000	1750	1350	2100	
16/3.2	10.5	2096	2570	790	654	725	728	820	5955	6235	4000	4400	2000	2400	230	80	1040	1850	1500	2310	43kg/m QU70
	13.5	2096	2550	790	654	725	728	820	5955	6235	4000	4400	2000	2400	230	180	1040	1850	1500	2310	
	16.5	2097	2620	790	652	725	728	820	6055	6235	4100	4400	2000	2400	230	240	1040	1850	1500	2310	
	19.5	2097	2970	790	652	725	728	820	6055	6235	4100	4400	2000	2400	230	390	1040	1850	1500	2310	
	22.5	2187	2920	880	562	725	728	820	6390	6835	5000	5000	2000	2400	260	540	1040	1850	1500	2310	
	25.5	2185	2920	880	564	725	728	820	6390	6835	5000	5000	2000	2400	260	690	1040	1850	1500	2310	
	28.5	2185	3070	880	564	725	728	820	6390	6835	5000	5000	2000	2400	260	840	1040	1850	1500	2310	
	31.5	2185	3220	880	564	725	728	820	6390	6835	5000	5000	2000	2400	260	840	1040	1850	1500	2310	

续表

起重量 (t)	跨度 S (m)	H	H_1	H_2	H_3	H_4	h A5	h A6	B A5	B A6	W A5	W A6	k	W_c	b	F	S_1	S_2	S_3	S_4	推荐用轨道
20/5	10.5	2097	2570	790	611	446	720	820	5955	6235	4000	4400	2000	2400	230	80	1030	1900	1450	2320	43kg/m QU70
	13.5	2099	2574	790	609	446	720	820	5955	6235	4000	4400	2000	2400	230	84					
	16.5	2099	2584	790	609	446	720	820	5955	6235	4000	4400	2000	2400	230	184					
	19.5	2189	2624	880	519	446	720	820	6055	6235	4100	5000	2000	2400	260	224					
	22.5	2189	2772	880	519	446	720	820	6055	6235	4100	5000	2000	2400	260	392					
	25.5	2189	2922	880	519	446	720	820	6390	6835	5000	5000	2000	2400	260	542					
	28.5	2189	3072	880	519	446	720	820	6390	6835	5000	5000	2000	2400	260	692					
	31.5	2189	3222	880	519	446	720	820	6390	6835	5000	5000	2000	2400	260	842					
32/5	10.5	2337	2580	880	603	730	820	820	6640	6640	4650	4650	2500	2800	260	90	1070	2050	1700	2680	QU70 □90×90
	13.5	2341	2586	880	599	730	820	820	6640	6640	4650	4650	2500	2800	260	96					
	16.5	2341	2616	880	599	730	820	820	6640	6640	4650	4650	2500	2800	260	246					
	19.5	2471	2646	1010	469	730	820	820	6690	6690	4700	4700	2500	2800	300	266					
	22.5	2471	2796	1010	469	730	820	820	6690	6690	4700	4700	2500	2800	300	416					
	25.5	2471	2946	1010	469	730	820	820	6990	6990	5000	5000	2500	2800	300	566					
	28.5	2471	3096	1010	469	730	820	820	6990	6990	5000	5000	2500	2800	300	716					
	31.5	2471	3196	1010	469	730	820	820	6990	6990	5000	5000	2500	2800	300	816					
50/10	10.5	2726	2521	1030	950	918.5	675	675	6775	6775	4800	4800	2500	3580	300	~79	1005	2200	2000	3195	QU80 □100×100
	13.5	2728	2528	1030	948	918.5	675	675	6775	6775	4800	4800	2500	3580	300	98					
	16.5	2728	2534	1030	948	918.5	675	675	6775	6775	4800	4800	2500	3580	300	104					
	19.5	2734	2634	1030	942	918.5	675	675	6975	6975	5000	5000	2500	3580	300	254					
	22.5	2734	2784	1030	942	918.5	675	675	6975	6975	5000	5000	2500	3580	300	404					
	25.5	2734	2934	1030	942	918.5	675	675	6975	6975	5000	5000	2500	3580	300	554					
	28.5	2734	3084	1030	942	918.5	675	675	6975	6975	5000	5000	2500	3580	300	704					
	31.5	2734	3184	1030	942	918.5	675	675	6975	6975	5000	5000	2500	3580	300	804					

主要尺寸 (mm)

4.12　LBT 防爆电动单梁起重机

（1）适用范围：LBT 防爆电动单梁起重机，符合隔爆型电气设备"d"中的 d Ⅱ BT4 及 d Ⅱ CT4 的有关规定；在工作环境中，其空气里存在易燃、易爆介质时，仍可保证工作安全可靠。本系列防爆产品使用环境温度为－20～＋40℃；相对湿度不大于 85％；海拔高程应不超过 1000m；超过 1000m 时，应按 GB/T 775—2006 有关规定执行。该产品与 HBT$_{ex}$ 型防爆钢丝绳式电动葫芦配用，可实现三维全双速运转，即起升、下降、左右横行与前后纵行均可单、双速运转。

（2）型号意义说明：

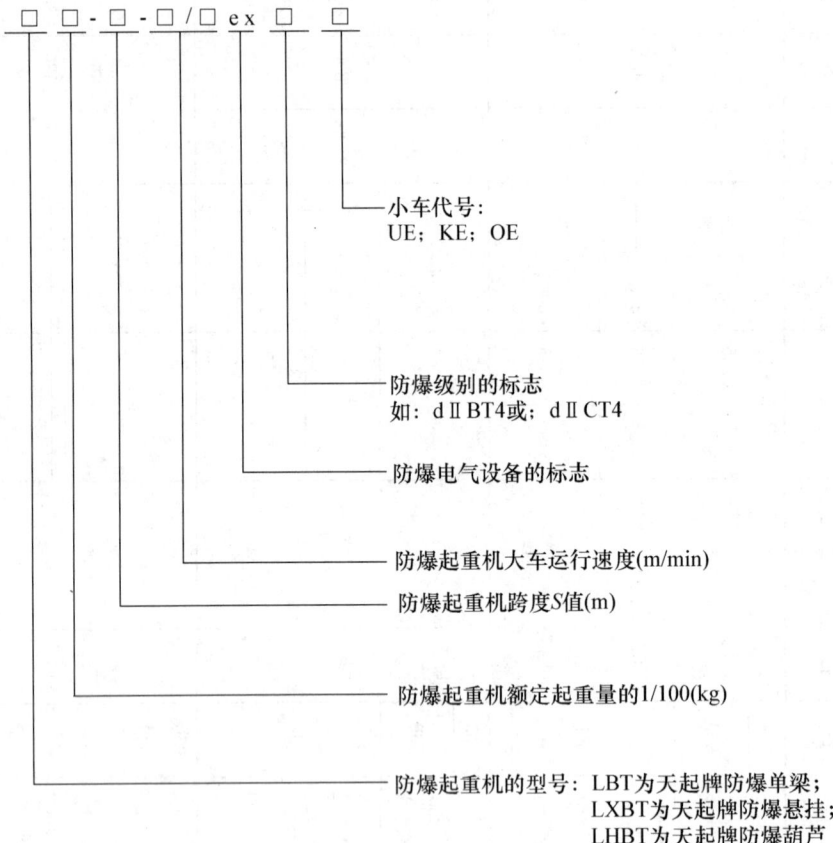

　　□□-□-□/□ ex □ □

- 小车代号：UE；KE；OE
- 防爆级别的标志 如：d Ⅱ BT4 或；d Ⅱ CT4
- 防爆电气设备的标志
- 防爆起重机大车运行速度(m/min)
- 防爆起重机跨度 S 值(m)
- 防爆起重机额定起重量的 1/100(kg)
- 防爆起重机的型号：LBT 为天起牌防爆单梁；LXBT 为天起牌防爆悬挂；LHBT 为天起牌防爆葫芦

（3）性能：LBT 防爆电动单梁起重机技术数据见表 4-25 和表 4-26。

（4）外形及安装尺寸：LBT 防爆电动单梁起重机外形及安装尺寸见图 4-18 和表4-25、表 4-26。

表 4-25

LBT 防爆电动单梁起重机技术数据及外形尺寸

型号	起重量(kg)	操作形式	起重机运行机构 "三合一"型号	运行速度 单速(m/min)	运行速度 双速(m/min)	车轮直径(mm)	轨道面宽(mm)	电动葫芦 型号	起升高度(m)	起升速度(m/min)	运行速度 单速(m/min)	运行速度 双速(m/min)	跨度(m)	最大轮压(kN)	最小轮压(kN)	总重(kg)	W	H	h	生产厂
LBT10-S	1000	地面操作	GL24ex	8、10、12.5、16、20	16/4、20/5	φ200	37~70	HBT	7、12、20	10、10/1.6	8、10、12.5、16、20	16/4、20/5	8	10.00	3.77	1596	2000	467	426	天津起重设备总厂、长沙起重设备厂
													11	10.88	4.66	1878	2000	467		
													14	12.84	6.57	2579	2500	491		
													17	15.19	8.92	3457	3000	587		
													19.5	16.37	10.09	3880	3000	587		
													22.5	17.74	11.47	4335	3000	587		
LBT16-S	1600	地面操作	GL24ex	8、10、12.5、16、20	16/4、20/5	φ200	37~70	HBT	7、12、20	5.5/0.8、12/2	8、10、12.5、16、20	16/4、20/5	8	13.43	3.77	1696	2000	467	426	
													11	15.04	5.39	2270	2000	491		
													14	17.30	7.64	3105	2500	587		
													17	18.62	8.92	3560	2500	587		
													19.5	19.80	10.14	3985	3000	687		
													22.5	22.34	12.74	4945	3000	687		
LBT20-S	2000	地面操作	GL24ex	8、10、12.5、16、20	16/4、20/5	φ200	37~70	HBT	7、12、20	5.5/0.9、12/2	8、10、12.5、16、20	16/4、20/5	8	15.93	4.31	1835	2000	491	426	
													11	17.84	6.17	2605	2000	587		
													14	19.26	7.64	3105	2500	587		
													17	20.58	8.92	3560	2500	687		
													19.5	22.83	11.17	3985	3000	687		
													22.5	24.30	12.74	4945	3000	687		

注：电源：3 相、380V、50Hz；工作级别 A5。

配用防爆电动葫芦技术数据及外形尺寸   表 4-26

起重量 (kg)	工作级别	电动葫芦型号	起升高度 (m)	b_1 (mm)	b_2 (mm)	配 UE 型小车			配 KE 型小车		
						L_1	L_2	质量 (kg)	L_1	L_2	质量 (kg)
100	M4	HBT205-20ex2/1	7	750	560	1110	1683	255	1100	1818	290
1600	M5	HBT204-20ex4/1	6	725	570	1110	1683	280	1100	1818	340
		HBT308-24ex4/1	7	980	630	1213	1760	365	1196	1872	540
2000	M4	HBT205-20ex4/1	6	725	570	1140	1670	280	1127	1791	340
		HBT310-24ex4/1	7	980	630	1213	1760	365	1196	1872	540

注：表中 L_1、L_2 尺寸仅作参考。

4.13 LXBT 防爆电动单梁悬挂起重机

（1）适用范围：LXBT 防爆电动单梁悬挂起重机的设计制造均符合隔爆型电气设备"d"中的 dⅡBT4 及 dⅡCT4 的有关规定；在工作环境中，其空气里存在易燃、易爆介质时，仍可保证工作安全可靠。LXBT 防爆单梁悬挂起重机需与配带防爆运行小车的防爆电动葫芦（HBT 型）配套使用。

（2）性能：LXBT 防爆电动单梁悬挂起重机技术数据见表 4-26。HBT 带防爆运行小车的防爆电动葫芦的技术数据见表 4-28。本产品采用低压（操作电压 42V）控制方式为非跟随式手电门控制。

（3）外形及安装尺寸：LXBT 防爆电动单梁悬挂起重机外形尺寸见图 4-24 和表 4-27、表 4-28。

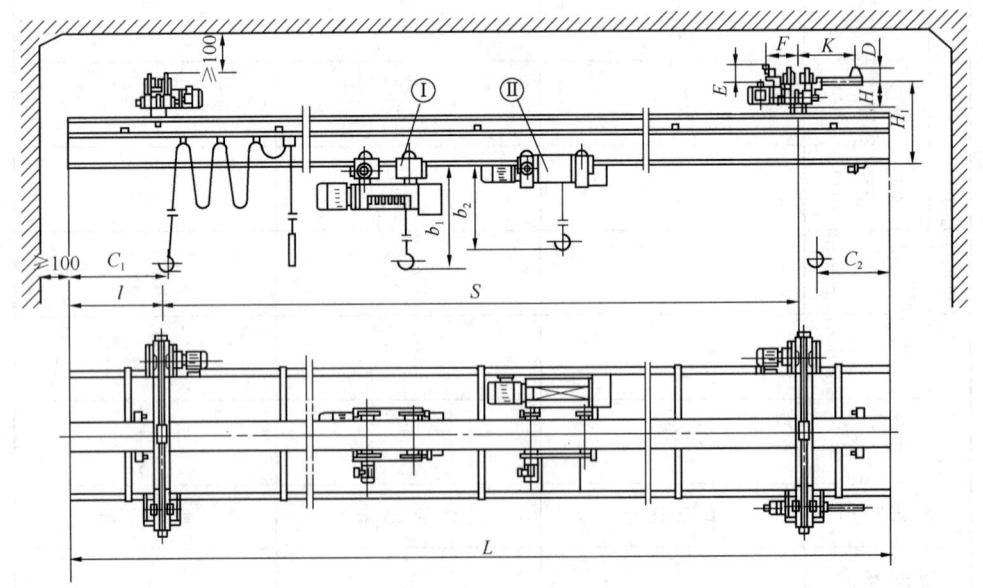

图 4-24 LXBT 防爆电动单梁悬挂起重机外形尺寸

注：Ⅰ型为标准建筑高度。

Ⅱ型为低建筑高度型。用户可根据需要取其一。

表 4-27

LXBT 防爆电动单梁悬挂起重机技术数据及外形尺寸

防爆标志	起重量 (kg)	跨度 S (m)	起重机 型号	起重机运行速度 双速 (m/min)	起重机运行速度 单速 (m/min)	电动葫芦 型号	起升高度 (m)	起升速度	运行速度 单速 (m/min)	运行速度 双速 (m/min)	工作级别	车轮直径 (mm)	轨道型号	最大轮压 (kN)	最小轮压 (kN)	总重 A (kg)	总重 B (kg)	L (m)	l	H	H₁①	E	F	K	D	生产厂
dⅡBT4、dⅡCT4	500	3	GW 21ex	16/4、20/5、25/6.3	8、10、12.5、16、20、25	HBT 2ex	14	20、20/3.3	8,10、12.5、16、20、25	16/4、20/5、25/6.3	A₃～A₆	140	120a～145c	5.83	1.72	930	930	4.5	750	180	520	~234	320+b/2	405+b/2	120	天津起重设备厂
		4												5.93	1.91	998	998	5.5								
		5												6.03	2.21	1180	1180	6.5								
		6												6.13	2.40	1170	1170	7.5								
		7												6.32	2.60	1240	1240	8.5								
		8												6.52	2.89	1360	1360	9.5								
		9												6.71	3.19	1470	1470	11	1000		540					
		10												7.11	3.28	1540	1540	12								
		11												7.50	3.48	1620	1620	13								
		12												7.99	4.56	2040	2040	14								
		13												8.38	4.85	2190	2190	15								
		14												8.67	5.15	2300	2300	16								
		15												8.87	5.34	2400	2400	17								
		16												9.07	5.64	2510	2510	18								
	1000	3	GW 21ex	16/4、20/5、25/6.3	8、10、12.5、16、20、25	HBT 2ex、HBT 3ex	7,14	10、24、10/1.6、24/4	8,10、12.5、16、20、25	16/4、20/5、25/6.3	A₃～A₅	140	120a～145c	8.28	1.62	930	930	4.5	750	180	520	~234	328+b/2	405+b/2	120	天津起重设备厂
		4												8.38	1.81	998	998	5.5								
		5												8.48	2.21	1180	1180	6.5								
		6												8.62	2.40	1170	1170	7.5								
		7												8.77	2.60	1240	1240	8.5								
		8												8.97	2.89	1360	1360	9.5								
		9												9.16	3.09	1470	1470	11	1000		540					
		10												9.36	3.28	1540	1540	12								
		11												9.56	3.48	1620	1620	13								
		12												10.54	4.56	2040	2040	14								
		13												10.83	4.85	2190	2190	15								
		14												11.12	5.15	2300	2300	16		220						
		15												13.08	7.20	3140	3120	17								
		16												13.38	7.50	3270	3260	18								

续表

防爆标志	起重量(kg)	跨度 S(m)	起重机型号	起重机运行速度 单速(m/min)	起重机运行速度 双速	电动葫芦型号	起升高度(m)	起升速度	葫芦运行速度 单速(m/min)	葫芦运行速度 双速	工作级别	车轮直径(mm)	轨道型号	最大轮压(kN)	最小轮压(kN)	总重 A(kg)	总重 B(kg)	L(m)	l	H	H₁①	E	F	K	D	生产厂
dⅡBT4	1600	3	GW 21ex	8,10, 12.5, 16, 20, 25	16/4, 20/5, 25/6.3	HBT 2ex	6,7	5,12/ 5/ 0.8, 12/2	8,10, 12.5, 16, 20, 25	16/4, 20/5, 25/6.3	A₃ ~ A₅	140	120a ~ 145c	11.91	1.32	930	930	4.5	750	180	520	~234	328+ b/2	405+ b/2	120	天津起重设备总厂
		4												12.01	1.72	998	998	5.5								
		5												12.10	2.01	1180	1180	6.5								
		6												12.20	2.21	1170	1170	7.5			540					
		7												12.30	2.50	1240	1240	8.5								
		8												12.50	2.79	1360	1360	9.5								
		9												12.69	3.68	1730	1730	11	1000	220	789/ 720					
		10												13.57	3.97	1840	1840	12								
		11												13.77	4.26	1940	1940	13								
		12												15.53	5.93	2690	2650	14								
		13												16.02	6.42	2860	2850	15								
		14												16.32	6.81	3000	2990	16								
		15												16.61	7.20	3140	3120	17								
		16												16.91	7.40	3270	3260	18								
dⅡCT4	2000	3				HBT 3ex	7							14.36	1.42	1030	1030	4.5	750	180	620					
		4												14.46	1.91	1130	1130	5.5								
		5												14.55	2.21	1240	1240	6.5								
		6												14.65	2.60	1350	1350	7.5			540					
		7												14.85	2.89	1450	1450	8.5								
		8												15.14	3.28	1590	1590	9.5								
		9												16.71	4.95	2260	2240	11	1000	220	789/ 720					
		10												17.00	5.24	2360	2330	12								
		11												17.20	5.64	2530	2510	13								
		12												17.49	5.93	2690	2650	14								
		13												18.18	6.42	2860	2850	15								
		14												18.28	6.71	3000	2990	16								
		15												18.57	7.11	3140	3120	17								
		16												18.87	7.40	3270	3260	18								

① 尺寸表示:采用 A 型主梁/采用 B 型主梁。

注:1. 电源:3 相,380V,50Hz。

　　2. b/2 为起重机运行轨道宽度。

HBT 带防爆运行小车的防爆电动葫芦技术数据　　　　　　　　表 4-28

起重量 (kg)	工作级别	防爆电动葫芦型号		起升高度 (m)	起升速度 (m/min)		起升电机 功率(kW)		配 UEcx 小车		配 KEcs 小车			
					主起升	慢速起升	主起升	慢速起升	C_1	C_2	C_1	C_2	b_1	b_2
500	M4	HBT205-20ex1/1	L1	14	20	3.3	2.0	0.33	1086	191	—	—	810	—
1000	M4	HBT205-20ex1/2	L1	7	10	1.6	2.0	0.33	926	863	1056	647	825	560
	M4	HBT310-24ex1/1	L1	14	24	4	5.0	0.83	1086	698	—	—	995	
1600	M5	HBT204-20ex4/1	L2	6	5	0.8	1.55	0.26	905	919	973	729	775	570
	M5	HBT308-24ex2/1	L1	7	12	2	3.9	0.65	909	695	1089	1217	975	630
2000	M4	HBT205-20ex4/1	L2	7	5	0.8	2.0	0.33	905	699	973	729	775	570
	M4	HBT310-24ex1/1	L1	7	12	2	5.0	0.83	889	895	1089	1217	975	630

4.14　LZ 型电动单梁抓斗起重机

（1）适用范围：LZ 型电动单梁抓斗起重机配备有 0.5、0.75、1.0、1.5m³ 轻型抓斗和起升、开闭运行装置，是一种轻型斗起重设备。可用来抓取物料密度小于 1t/m³ 的散粒或挖掘较松的土壤，适用起重量 3、5t，跨度 7.5～19.5m，工作级别 A₃～A₅，工作环境温度－25～＋40℃。本起重设备适用于港口、车站、煤场仓库、建筑工地和水中作业等场所。本起重机有地面操作和司机室操作两种操作形式，以供用户选择；也可根据用户要求，进行非标准产品的设计、制造，并安装电器部分防雨装置，以适合于露天作业。

（2）性能：LZ 型电动单梁抓斗起重机技术数据见表 4-29。

（3）外形及安装尺寸：LZ 型电动单梁抓斗起重机外形尺寸见图 4-25 和表 4-29。

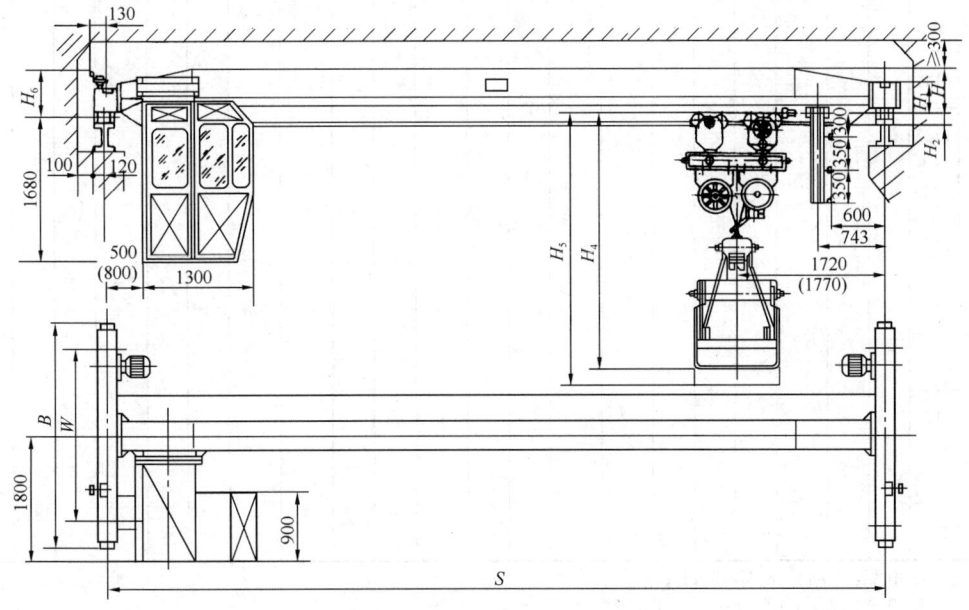

图 4-25　LZ 型电动单梁抓斗起重机外形尺寸
注：括号内数字为起重量 5t 的尺寸，无括号的数字为起重量 3t 的尺寸。

LZ 型电动单梁抓斗起重机

起重量	跨度 S	起升高度	工作级别	轨道面宽	大车运行				起升开闭							小车运行						
					速度	电动机			速度	电动机						速度	电动机					
										0.75m³ 抓斗			1.5m³ 抓斗				0.75m³ 抓斗			1.5m³ 抓斗		
					(m/min)	型号	功率 (kW)	转速 (r/min)	(m/min)	型号	功率 (kW)	转速 (r/min)	型号	功率 (kW)	转速 (r/min)	(m/min)	型号	功率 (kW)	转速 (r/min)	型号	功率 (kW)	转速 (r/min)
(t)	(m)	(m)		(mm)																		
3.5	6、9、12、18	7.5 8 8.5 9 9.5 10 10.5 11 11.5 12 12.5 13 13.5 14 14.5 15 15.5 16 16.5 17 19.5 22.5	A₃~A₅	37~70	30、45、75	ZDR21-4A	2×1.5	1380	16	ZD₁32-4	2×4.5	1380	ZD41-4	2×7.5	1400	20、30	ZDY₁12-4	2×0.4	1380	ZDY₁21-4	2×0.8	1380

注：1. 电源：3 相、380V、50Hz；
　　2. 开合次数：60 次/h；
　　3. 车轮直径 270mm；
　　4. H_2、H_4 和 H_5 的数字中，分子为 3t，分母为 5t 的数据。

技术数据及外形尺寸　　　　　　　　　　　　　　　　　　　　　　　　表4-29

外形尺寸（mm）									地面操作				司机室操作				生产厂
0.75 m³	1.5 m³	H₁	H₂ 3/5t	H₄	H₅	H₆	B	W	整机质量		最大轮压		整机质量		最大轮压		
H									0.75m³抓斗	1.5m³抓斗	0.75m³抓斗	1.5m³抓斗	0.75m³抓斗	1.5m³抓斗	0.75m³抓斗	1.5m³抓斗	
									(t/台)		(kN)		(t/台)		(kN)		
530	580	370	120						4.69	5.53	24.70	32.63	2.61	2.87	24.01	35.08	长沙起重机厂、郑州起重设备厂（生产3～5台抓斗起重机）
									4.75	5.59	24.99	33.03	2.66	2.93	24.11	35.18	
									4.80	5.64	25.28	33.32	2.71	2.98	24.30	35.28	
									4.86	5.70	25.58	33.71	2.76	3.04	24.40	35.48	
									4.92	5.76	25.87	34.01	2.81	3.10	24.50	35.57	
									4.97	5.81	26.17	34.30	2.88	3.15	24.70	35.77	
									5.03	5.87	26.46	34.69	2.91	3.21	24.79	35.87	
									5.06	5.90	26.95	34.83	2.97	3.34	24.89	35.97	
580	660			3475/3693	3925/4353		520	3000 2500	5.50	6.34	27.15	35.28	3.05	3.68	25.09	37.04	
									5.57	6.41	27.44	35.67	3.11	3.75	25.28	37.24	
									5.67	6.51	27.93	36.26	3.20	3.85	25.58	37.53	
									5.76	6.60	28.42	36.65	3.26	3.94	25.68	37.73	
		370	120/140						5.82	6.66	28.71	37.04	3.32	4.00	25.87	37.93	
									5.87	6.73	28.95	37.28	3.37	4.07	25.97	38.12	
									6.24	7.08	29.20	37.53	3.90	4.42	27.24	39.00	
									6.34	7.18	29.69	38.02	3.98	4.52	27.44	39.20	
									6.24	7.26	30.09	38.51	4.04	4.60	27.64	39.40	
									6.49	7.33	30.38	38.91	4.11	4.68	27.83	39.59	
660	760								6.57	7.41	30.77	39.30	4.18	4.75	27.93	39.79	
									6.67	7.51	31.26	39.79	4.26	4.85	28.13	39.98	
745	825	435	155/175				525	3500 3000	7.32	7.96	33.32	41.45	5.01	5.30	30.38	41.45	
825	875	435	175/225						7.98	9.06	35.28	44.10	5.56	6.38	31.75	44.88	

4.15　LL_1 型吊钩抓斗电动单梁两用起重机

(1) 适用范围：LL_1 型吊钩抓斗电动单梁两用起重机的起重量为 3t，适用跨度 7.5～22.5m。马达抓斗的斗容量为 $0.75m^3$，可用来抓取单容量在 $1.6t/m^3$ 以下的物品，也可用来挖掘较松的土壤。

(2) 结构：LL_1 型吊钩抓斗电动单梁两用起重机，由 LD 型电动单梁桥式起重机配备以马达抓斗而组成。马达抓斗作为 LD 型吊钩起重机的可更换装置，可以提高吊钩起重机装载散粒物品的生产率。为保证使用马达抓斗时供电可靠，特装有 F11-10 型发条式电缆卷筒。

(3) 性能：LL_1 型吊钩抓斗电动单梁两用起重机技术数据见表 4-30 和表 4-31。

LL_1 型吊钩抓斗电动单梁两用起重机技术数据　　　　表 4-30

起重量 (t)	操作形式	起重机运行机构				电动葫芦				工作级别	电源	车轮直径 (mm)	轨道面宽 (mm)	生产厂
		运行速度 (m/min)	电动机			型号	起升高度 (m)	起升速度 (m/min)	运行速度 (m/min)					
			型号	功率 (kW)	转速 (r/min)									
3	司机室操作	30	ZDR 21-4	2×0.8	1380	TV	6～10	8	20 (30)	A_3～A_5	3相 50Hz 220/380V	270	37～70	天津起重设备总厂、洛阳起重机厂、郑州起重设备厂、大连起重机厂、银川起重机厂
		45												
		75		2×1.5	1380									
	地面操作	30	ZDY 21-4	2×0.8	1380									
		45												

LL_1 型吊钩抓斗电动单梁两用起重机技术数据及外形尺寸　　　　表 4-31

跨度 S (m)	最小轮压 (kN)	最大轮压 (kN)	总重 (t)	外形尺寸 (mm)			抓斗容量 (m^3)
				H	B	K	
7.5	4.12	35.08	3.74	580	2500	2000	0.75、1.0
8	4.21	35.18	3.80				
8.5	4.31	35.28	3.85				
9	4.51	35.48	3.91				
9.5	4.61	35.57	3.97				
10	4.80	35.77	4.02				
10.5	4.90	35.87	4.08	660			
11	5.00	35.97	4.11				
11.5	6.08	36.55	4.55				

续表

跨度 S (m)	最小轮压 (kN)	最大轮压 (kN)	总重 (t)	外形尺寸(mm)			抓斗容量 (m³)
				H	B	K	
12	6.27	37.24	4.62	660	3000	2500	0.75、1.0
12.5	6.57	37.53	4.72				
13	6.76	37.73	4.81				
13.5	6.96	37.93	4.87				
14	7.15	38.12	4.94				
14.5	8.04	39.00	5.29				
15	8.23	39.20	5.39				
15.5	8.43	39.40	5.47	745			
16	8.62	39.59	5.54				
16.5	8.82	39.79	5.62				
17	9.02	39.98	5.72				
19.5	10.49	41.45	6.17	825			
22.5	13.13	44.10	7.15	875			

（4）外形及安装尺寸：LL₁ 型吊钩抓斗电动单梁两用起重机的外形尺寸见图 4-26 和表 4-30。

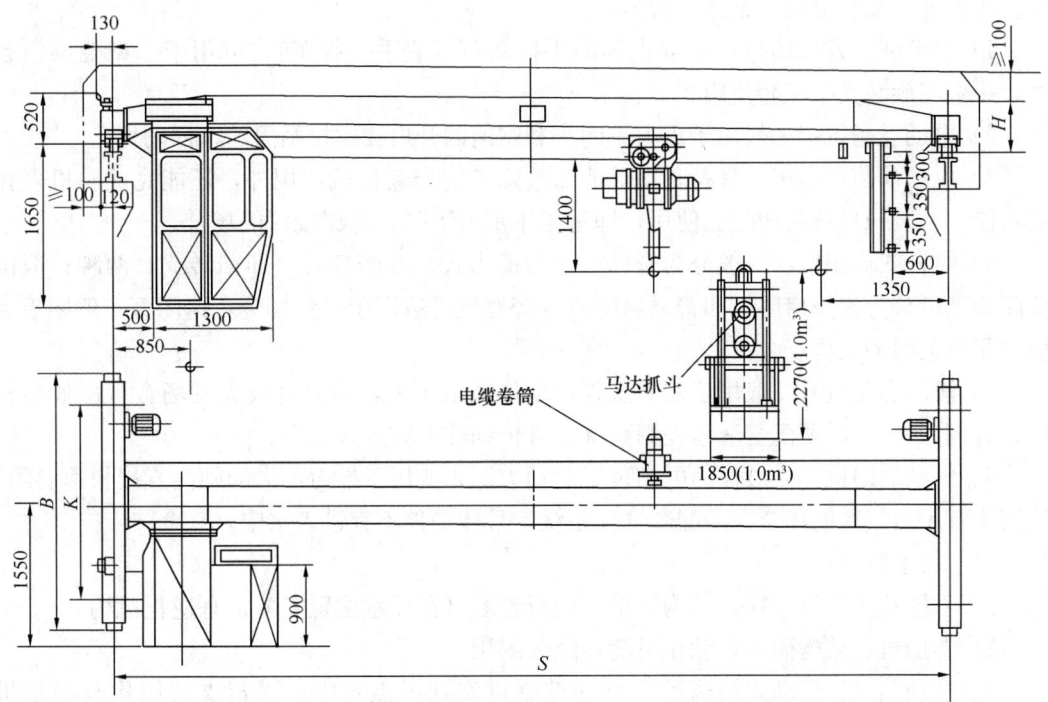

图 4-26　LL₁ 型吊钩抓斗电动单梁两用起重机外形尺寸

4.16 启 闭 机

（1）适用范围：启闭机主要作为铸铁闸门、平面钢闸门、堰门、平板格栅、阀门等产品的配套件，用来开启或关闭这些工作对象。

（2）型号意义说明：

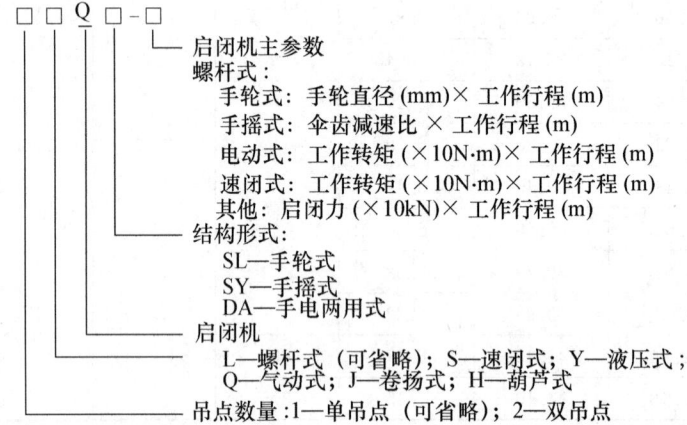

（3）类型：按吊点数量可分为单吊点和双吊点；按传输力的介质可分为液压启闭和气动启闭；按连接物分刚性启闭（例如螺杆）和柔性启闭（例如钢丝绳）；按动作方式及自动化程度分手动、电动、整体、智能。

1）手动绳索式启闭机：一般也称为手摇葫芦（或手摇绞车），可用于小型叠梁门起吊，一般与旋转支架配套使用。

2）电动卷扬机：一般用于重力关闭水利闸门的开启或横拉闸门的来回动作。

3）电动葫芦：由于其具备移动性能，故除了能当卷扬机使用外，还能完成一机多孔的功能。一般与抓落机构配套使用，即适用于重力下降、井深较深的场合。

4）螺杆式启闭机：一般分为升杆式（即推力式）和暗杆式（即回转式）两种；但按关闭速度可分为速闭启闭机和普通启闭机。普通型可适用于多数场合，速闭型一般用于事故性紧急关闭的工作场合。

5）液压启闭机：一般用于水利工程，动作范围不大，但力度较大的场合（例如推转门、卧倒门等），需要配套液压控制系统，且传动件不宜进入水中。

6）气动启闭机：一般作为电动装置的动力源，或用于推力不大的闸门直接快速启闭。适用于有压力气源的场合，需配套气控系统，且传动件不宜进入水中。

（4）技术特点：

1）手摇葫芦：重量轻，结构简单，配滑轮后可在任意位置安装，有逆止机构。

2）卷扬机：结构简单，动作灵活，经久耐用。

3）电动葫芦：移动式结构配合自动控制可实现吊点对中；固定支架结构与卷扬机等效。

4）螺杆启闭机：既产生开门力也可产生闭门力，螺杆、螺母有多种材料可供选择，有力矩、行程双重保护功能；开度显示直观，电动控制形式多样化；户内、户外、防爆等各种环境可选用不同形式。

5）速闭启闭机：可当普通启闭机使用，断电后迅速关闭（约10～40s）且速度可设定，体积小且外形美观，关闭时无能源消耗。

（5）性能、外形及安装尺寸：

1）QSL、QSY、QDA型螺杆式单吊点启闭机技术数据、外形及安装尺寸见图4-27和表4-32。

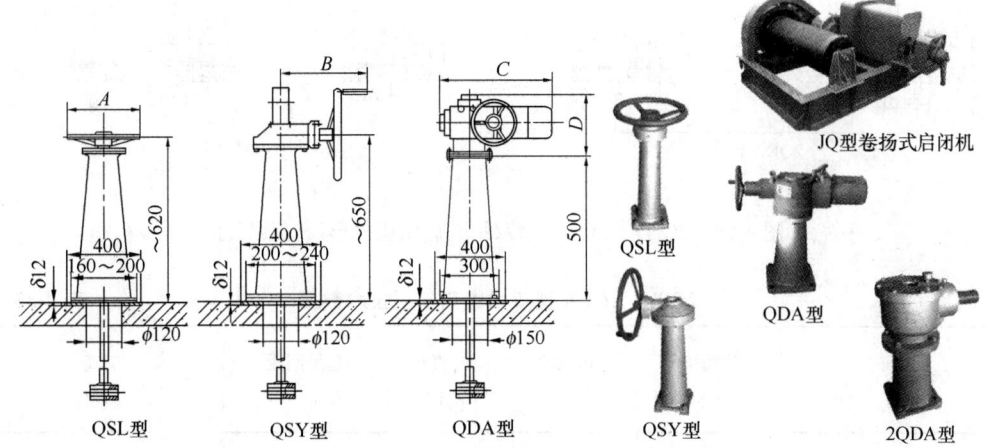

图 4-27　QSL、QSY、QDA 型螺杆式单吊点启闭机外形及安装尺寸

QSL、QSY、QDA 型螺杆式单吊点启闭机技术数据、外形及安装尺寸　　　表 4-32

型号	启闭力 (kN)	工作 转矩 (N·m)	丝杆 直径 (mm)	上海自动化 十一厂		天津市阀门 公司		常州电站 辅机总厂		C (A)	D (B)	质量 (kg)
				型号	功率 (kW)	型号	功率 (kW)	型号	功率 (kW)			
QDA20	≤20	～200	Tr32	16A	0.75	SMC-03	0.4	ZB20	0.37	～676	～381	～140
QDA30	20～30	～300	Tr32	16A	0.75	SMC-00	0.6	ZB30	0.55	～676	～381	～195
QDA45	30～40	～450	Tr44	30A	1.5	SMC-00	0.6	ZC45	0.75	～787	～412	～240
QDA60	40～60	～600	Tr44	30A	1.5	SMC-0	1.1	ZC60	1.1	～787	～412	～250
QDA90	60～80	～800	Tr55	40A	2.2	SMC-0	1.1	ZC90	1.5	～866	～440	～290
QDA120	80～100	～1200	Tr55	40A	2.2	SMC-1	1.5	ZC120	2.2	～866	～440	～310
QDA180	100～140	～1800	Tr60	70A	4.5	SMC-2	2.2	ZC180	3	～676	～557	～390
QDA250	140～250	～2500	Tr80	95A	5.5	SMC-2	3.0	ZC250	4	～676	～557	～430
QSL-320	～10	—	Tr32							(320)	—	～60
QSL-400	～15	—	Tr40							(400)	—	～90
QSL-600	～30	—	Tr40							(600)	—	～125
QSY-2	～20	—	Tr44								200 (～290)	～150
QSY-4	～40	—	Tr44							(450)		～170
QSY-8	～80	—	Tr55									～190

注：1. 表中质量不含丝杆质量；2. 括号内尺寸对应 A 和 B；3. 表中丝杆直径对应 ZB、ZC 型。

2）2QSY、2QDA 型双吊点启闭机技术数据、外形及安装尺寸见图 4-28 和表 4-33。

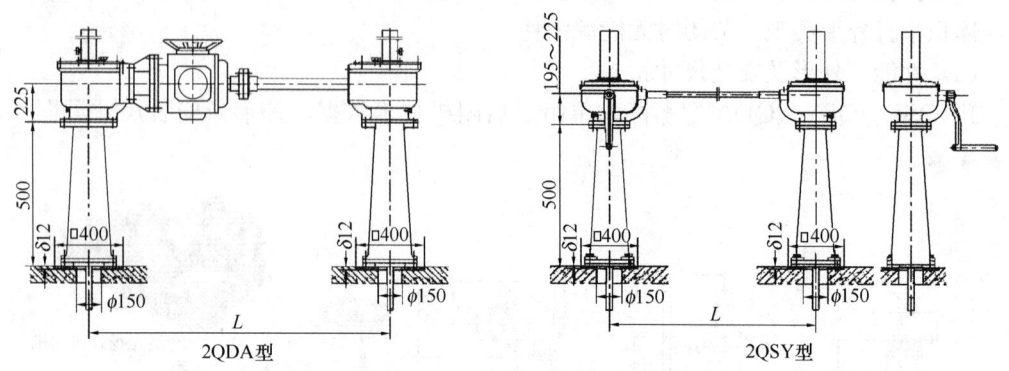

图 4-28 2QSY、2QDA 型双吊点启闭机外形及安装尺寸

2QSY、2QDA 型双吊点启闭机技术数据　　　　表 4-33

参数型号	启闭力 （kN）	电机功率 （kW）	丝杆直径 （mm）	起吊间距 L（mm）	质量 （kg）
2QSY-2、4、8	20、40、80		Tr44	750～3500	～240、290、460
2QDA-45	50	0.75	Tr44	1200～3000	～870
2QDA-90	100	1.5	Tr55		～920
2QDA-180	180	3	Tr80	1500～3500	～920
2QDA-250	250	4	Tr80		～1020

3）SQ 型速闭启闭机技术参数、外形及安装尺寸见图 4-29 和表 4-34。

SQ 型速闭启闭机技术数据　　　　表 4-34

参数 型号	最大提升力 （kN）	电动开关 闸门速度 （m/min）	电机功率 （kW）	速闭系统	速闭时间 （s）	配套闸门型号
SQDA45	50	～0.36	1.1	滚珠丝杆 （大导程滑 动丝杆） +限速机构 +缓冲机构	≤10	SYZ600-1100
SQDA90	100	～0.36	1.5		≤15	SYZ1200-1500
SQDA120	140	～0.288	2.2		≤20	SYZ1600-2000
SQDA180	200	～0.288	3.0		≤30	SYZ2200-2500
SQDA250	320	～0.288	4.0		≤35	SYZ2600-3000

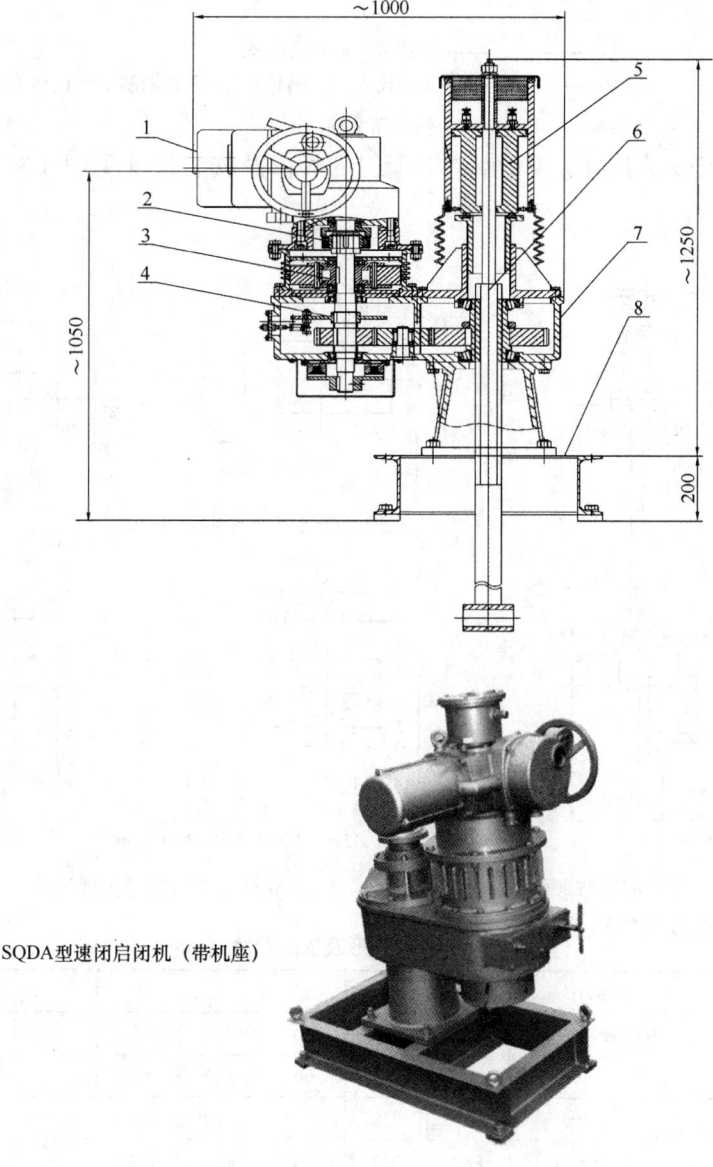

图 4-29 SQ 型速闭启闭机外形及安装尺寸
1—电动装置；2—单向离合机构；3—限速机构；4—手制动机构；5—缓冲机构；
6—丝杆总成；7—箱体总成；8—启闭机支架

4.17 调节堰门、可调出水堰

4.17.1 TY 型调节堰门

（1）适用范围：TY 型调节堰门用于沉淀池、沉砂池或配水井出口处，以调节沉淀构筑物内的流量和水位，与启闭机配套使用。

（2）型号意义说明：

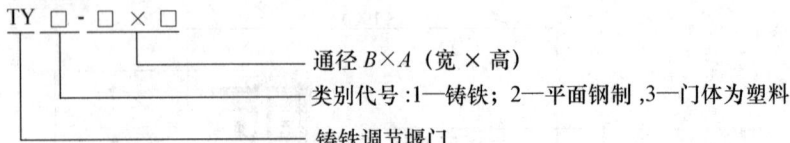

TY □－□×□

通径 $B×A$（宽×高）

类别代号：1—铸铁；2—平面钢制，3—门体为塑料

铸铁调节堰门

（3）外形及安装尺寸：TY 型调节堰门的外形及安装尺寸见图 4-30、图 4-31 和表 4-35。

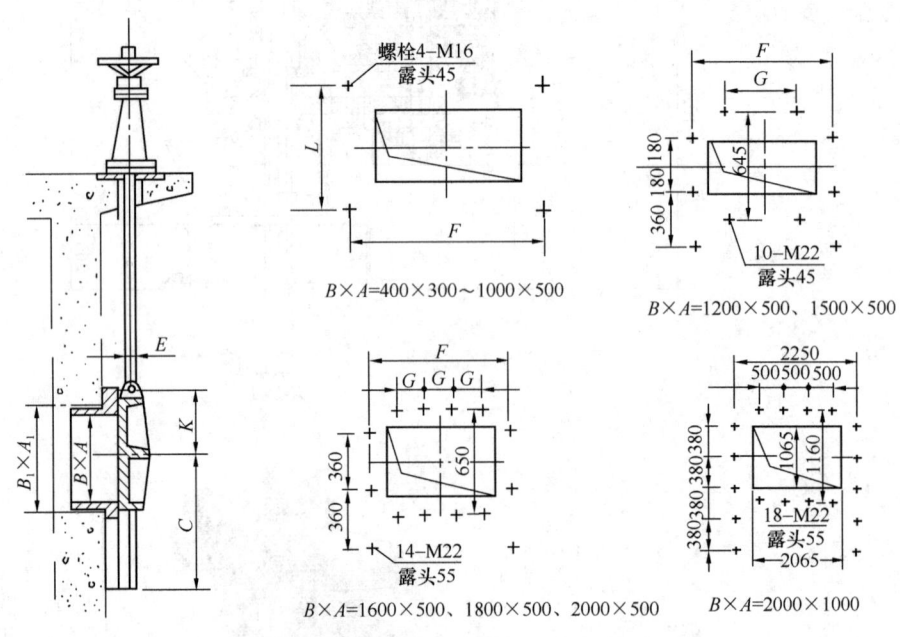

$B×A=400×300〜1000×500$

$B×A=1200×500$、$1500×500$

$B×A=1600×500$、$1800×500$、$2000×500$

$B×A=2000×1000$

图 4-30　TY 型调节堰门　　　　　图 4-31　不同堰门预埋尺寸
外形及安装尺寸

TY 型调节堰门外形及安装尺寸（mm）　　　　　　　　表 4-35

规格 $B×A$	$B_1×A_1$	C	K	E	L	F	G	生产厂
400×300	500×400	370	205	50	240	620	—	
600×300	700×400	370	205	50	240	840	—	
800×300	900×400	370	210	65	240	1040	—	
1000×500	1100×600	560	315	60	420	1240	—	
1200×500	1300×600	695	315	60	—	1400	500	江苏一环集团公司、江苏天雨环保集团有限公司
1500×500	1600×600	695	320	70	—	1700	650	
1600×500	1700×600	695	320	75	—	1820	400	
1800×500	1900×600	695	320	75	—	2040	400	
2000×500	2100×600	695	320	75	—	2250	500	
2000×1000	—	1240	605	85	—	—	—	

4.17.2　AEW 型可调节出水堰

（1）适用范围：AEW 型可调节出水堰适用于交替运行氧化沟污水处理的配水井和沉

淀池等调节水位；也可用于气浮池、隔油池及其他水利工程等构筑物中水位的调节控制。

（2）结构：AEW 型可调节出水堰主要由电机、减速装置及堰门组合件等组成。电机经减速装置驱动堰门上部丝杆，通过丝杆的上、下垂直位移，由铰链机构牵引堰门改变与液面的角度，从而达到改变水位、控制流量的目的。

（3）型号意义说明：

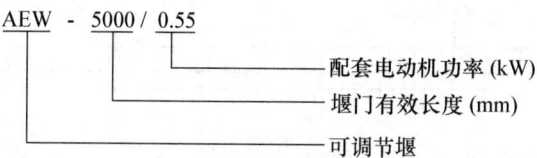

（4）性能：AEW 型可调节出水堰技术数据见表 4-36。

AEW 型可调节出水堰技术数据　　　　　　　　表 4-36

型号规格	AEW-5000/0.55	AEW-4000/0.55	AEW-3000/0.55	生产厂
堰门有效长度 B（mm）	5000	4000	3000	江苏一环集团有限公司
配套电动机型号功率	0.55kW 三相异步电动机			
减速机减速比	60：1			
出水堰上下可调最大高度（mm）	500			

（5）外形及安装尺寸：AEW 型可调节出水堰外形及安装尺寸见图 4-32 和图 4-33。

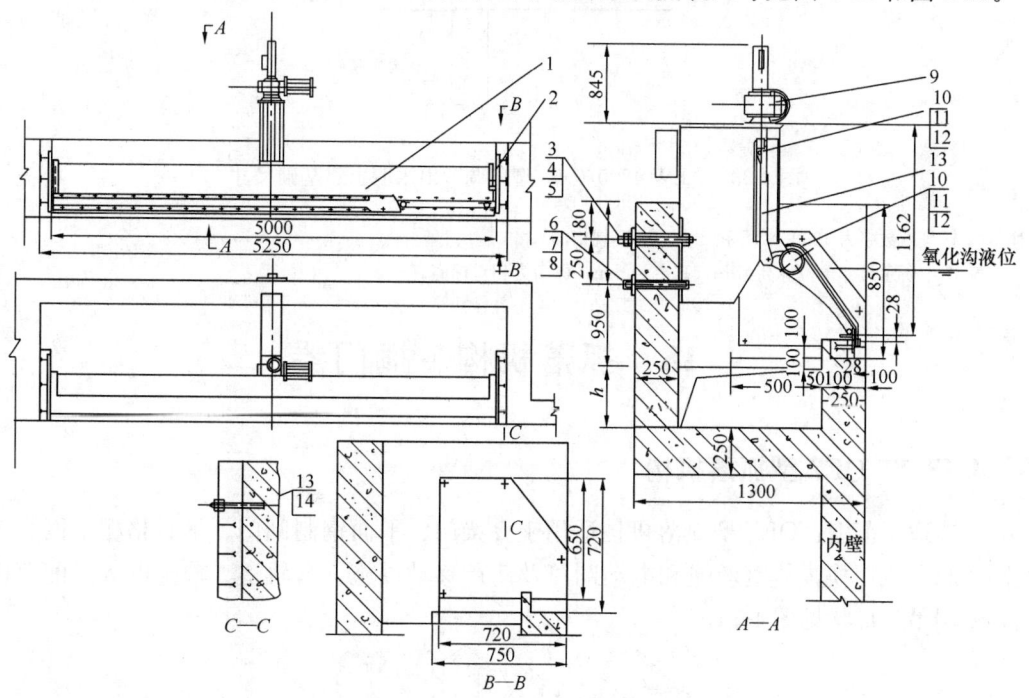

图 4-32　AEW 型可调节出水堰外形及安装尺寸

1—堰组件；2—左右侧板；3—引线管；4—螺母；5—垫板；6—螺母；7—螺栓；8—垫板；9—升降组件；
10—销轴；11—平垫圈；12—开口销；13—连杆组件；14—螺母

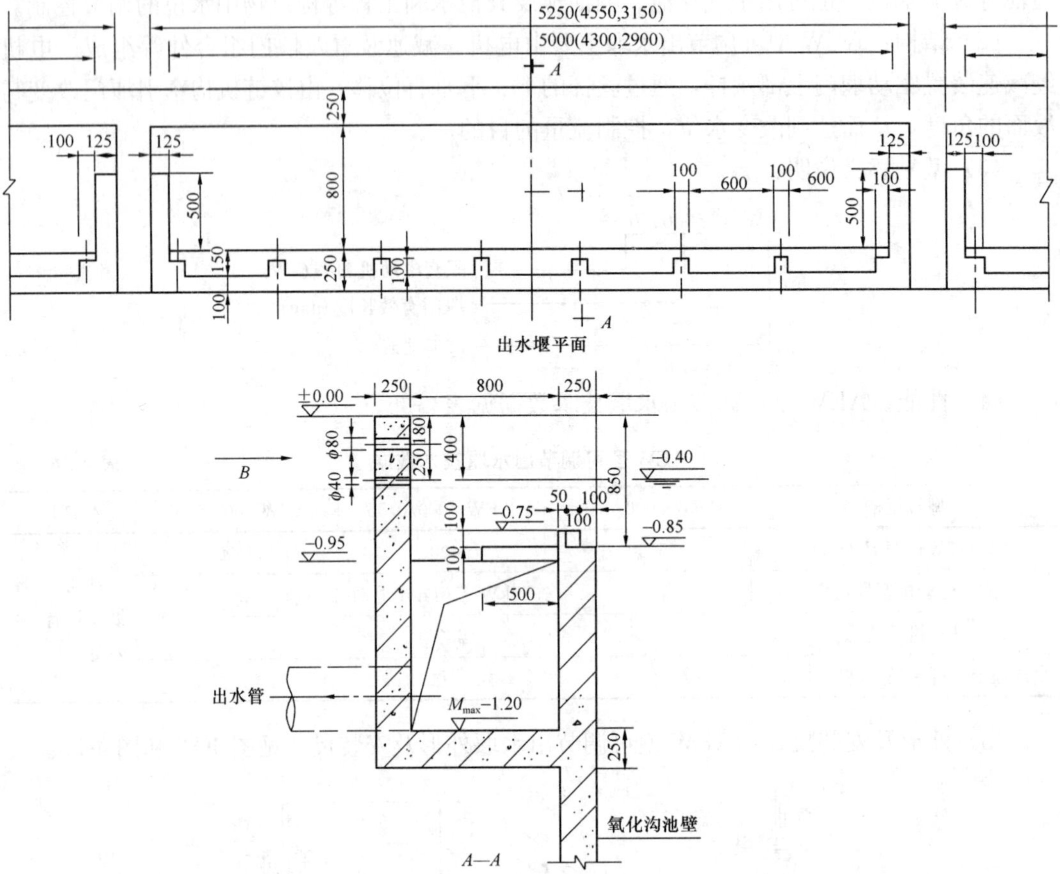

出水堰平面

$A\text{—}A$

氧化沟池壁

5000
图 4-33　AEW-4300/0.55 型可调节出水堰土建基础尺寸
2900

注：1. 括号内数字为 4300/0.55 和 2900/0.55 规格的尺寸。

　　2. 图中所示尺寸单位标高为 m，其余为 mm，标高为相对标高。

4.18　抓落机构、搁门器

4.18.1　QEZ 型抓落机构

（1）适用范围：QEZ 型抓落机构适用于叠梁门、平面钢制闸门、平板格栅（网）等产品的起吊或切换，与钢丝绳和电动葫芦及葫芦移动设施（含轨道、输配电等）配套使用，使用吊耳形状见图 4-34。

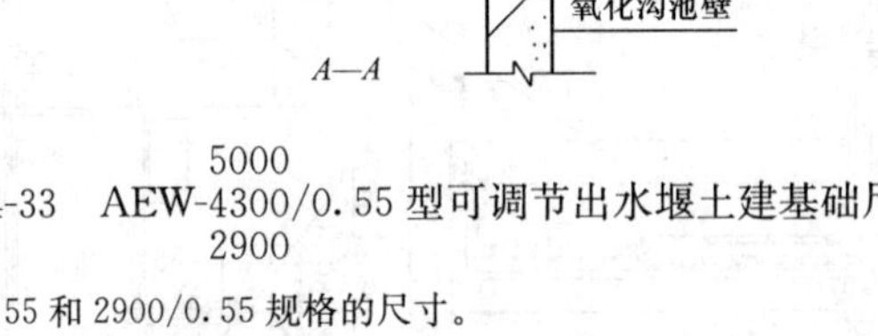

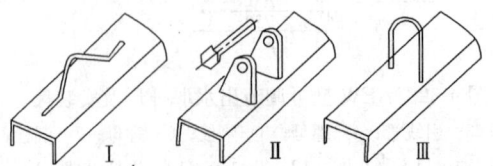

图 4-34　QEZ 型抓落机构使用吊耳形状

（2）型号意义说明：

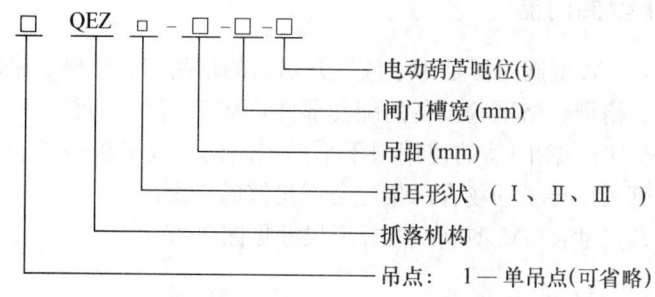

（3）特点：QEZ 型抓落机构可以实现前后、左右方向自动抓落闸门或平板格栅（网）等，适用性强。可以实现单吊点、双吊点自动抓落。可解决深井格栅（网）、闸门等设备的起吊脱钩问题；可在一机多孔和一孔多门等多种场合实现抓落。

（4）外形及安装尺寸：QEZ 型抓落机构外形尺寸见图 4-35 和图 4-36。

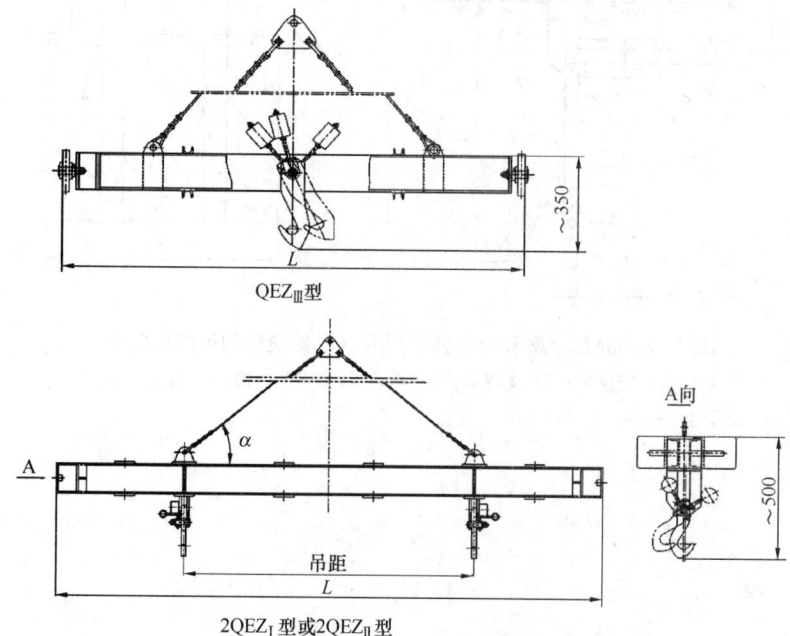

QEZ_Ⅲ型

2QEZ_Ⅰ型或2QEZ_Ⅱ型

图 4-35　QEZ 型抓落机构外形尺寸

图 4-36　QEZ 型抓落机构外形

4.18.2　GM 型搁门器

（1）适用范围：GM 型搁门器是为了放置开启后的钢闸门、格栅、格网等设备而设计的部件，是钢闸门、格栅、格网等设备的配套部件，从 5t 开始，每 5t 一种规格，图示为 10t 搁门器（即 GM-10），搁门器的使用限于平面钢闸门（或平板格栅、格网）不完全吊出导槽的场合，全部吊出导槽的场合吊架应考虑足够的高度。

（2）外形及安装尺寸：GM 型搁门器外形尺寸见图 4-37。

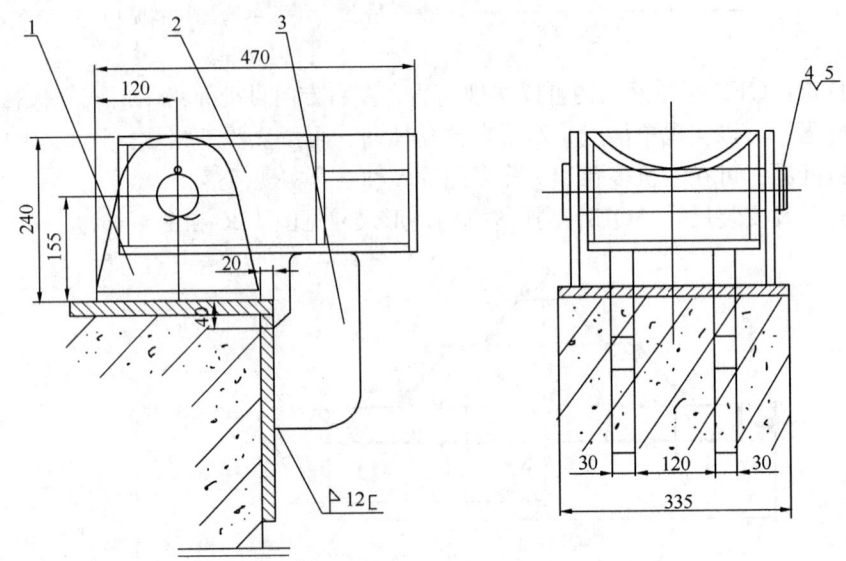

图 4-37　GM-10 型搁门器外形尺寸（以带滚轮的钢闸门为例）
1—定位架；2—支撑架；3—承载板；4—开口销；5—销轴

5 其 他 设 备

5.1 WYS型活性岩再生炉

(1) 适用范围：活性炭以其优异的吸附特性以及运转上的安全可靠，广泛应用于化工、电子、食品、黄金、医药等工业以及环保领域。WYS型活性炭再生炉以新颖、独特的强制放电技术，控制能量，使炭粒间强制形成电弧，对用过的炭进行放电再生。该产品1992年获北京国际发明展览会金奖，1995年获国家发明三等奖，目前已在黄金矿山、电力系统、石化企业、水处理部门得到广泛采用。

(2) 性能及特点：活性炭强制放电再生技术与传统的再生方法完全不同，可使干燥、焙烧、活化三个阶段一次完成，并对各项再生技术指标又有全面突破，节能极为显著、再生成本大幅度下降，具有体积小巧、炭损失少、再生速度快、热效率高、构造简单、操作维修方便等特点。主要技术指标如下：

1) 再生时间：5~12min。

2) 再生温度：850℃。

3) 再生损耗率：<2%。

4) 吸附恢复率：95%~100%（以碘值计）。

5) 能耗：干炭耗电量：0.18~0.4kWh/kg炭。

　　　　湿炭耗电量：0.4~1.0kWh/kg炭。

6) 再生操作实现全自动控制。

WYS型活性炭再生炉性能见表5-1。

WYS型活性炭再生炉性能　　　　　　　　　　表5-1

型　号	再生量（以干炭计）（kg/h）	配电总功率（kW）	整流变压器外形尺寸（长×宽×高）（mm）	整流器柜外形尺寸（长×宽×高）（mm）	再生炉外形尺寸（长×宽×高）（mm）	生产厂
WYS-25	25	42	800×400×600	700×670×2090	1450×1150×2050	江苏启东活性炭设备有限责任公司、中国市政工程西北设计研究院
WYS-50	50	75	900×400×700	700×670×2090	1550×1250×2150	
WYS-100	100	130	100×450×800	700×670×2090	1600×1350×2300	

(3) 外形尺寸：WYS型活性炭再生炉外形尺寸见图5-1和表5-2。

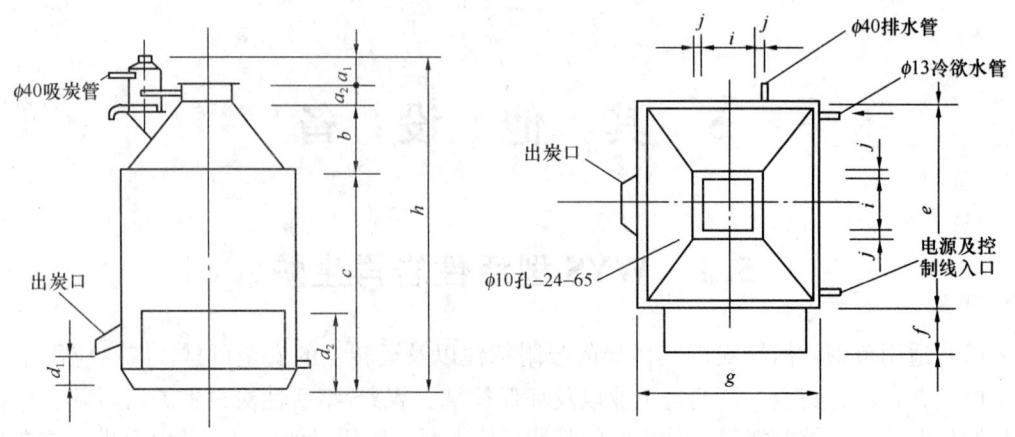

图 5-1 WYS 型活性炭再生炉外形尺寸

WYS 型活性炭再生炉外形尺寸 表 5-2

再生量 (kg/h)	外形尺寸（mm）											
	a_1	a_2	b	c	d_1	d_2	e	f	g	h	i	j
25	150	200	450	1400	80	520	1200	250	1050	2050	350	40
50	175	200	450	1500	150	520	1300	250	1150	2150	350	40
100	200	200	550	1550	150	520	1350	250	1250	2300	350	40

5.2 减 振 器 材

5.2.1 管道用减振橡胶接头

5.2.1.1 RFJD-Ⅱ 加固Ⅱ型单球体可曲挠橡胶接头

（1）适用范围：RFJD-Ⅱ加固Ⅱ型单球体可曲挠橡胶接头广泛应用于电力、采矿、冶金、石油、化工、纺织等工业生产和市政工程建设、建筑等的给水排水管道工程。它能吸收由于温度变化、管道装配误差及地面不均匀沉降等因素引起的集中应力，对管路进行位移补偿，平衡偏差；衰减机械振动产生的冲击力，降低噪声；防止地震发生时外力对设备、管道和建筑的破坏，减少损失。

（2）型号意义说明：

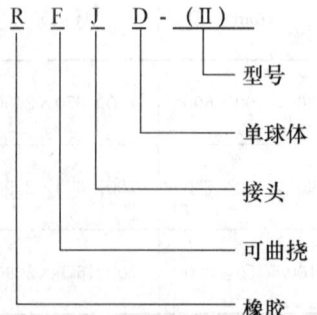

（3）结构与特点：接头密封端面凸缘内嵌入断面为长方形的整体钢质圆环作为加强

环。产品成型时好定位，硫化时不易被推移；接头的骨架层可以紧紧地层层包卷在钢环上，硫化时能够有效地限制织物的收缩变形；钢质圆环的外径大于配套法兰的内径，因而当橡胶接头因承受内压和外压而产生形变，对管路进行位移补偿时，绝对不会被拔脱；钢质圆环成型前经过严格的粘合处理，经硫化与周围的胶料牢固地结合成为一体，应用时传递管道应力均匀，密封可靠；配套法兰为分瓣式，法兰连接块的两个平行侧壁与法兰上的直槽或燕尾槽嵌合，锁紧强度高。

（4）性能：RFJD-Ⅱ加固Ⅱ型单球体可曲挠橡胶接头性能见表5-3。

RFJD-Ⅱ加固Ⅱ型单球体可曲挠橡胶接头性能　　　　表 5-3

公称内径 DN (mm)	工作压力（MPa）						试验压力（MPa）	
	4.0	2.5	1.6	1.0	0.6	0.25	静压试验	爆破试验
32～250	√	√	√	√	√			
300～350	√	√	√	√	√			
400～600			√	√	√		工作压力的1.5倍	工作压力的3倍
1000～1600				√	√	√		
1800～3000						√		
3200～4000						√		

注：RFJD-Ⅱ加固Ⅱ型可曲挠橡胶接头的耐真空度：公称内径300mm以下、工作压力1.6MPa以上的橡胶接头的耐真空度不小于100kPa，其他规格产品的耐真空度根据用户的需要，在100～40kPa之间选择。

（5）外形及安装尺寸：RFJD-Ⅱ加固Ⅱ型单球体可曲挠橡胶接头外形尺寸见图5-2及表5-4～表5-6。

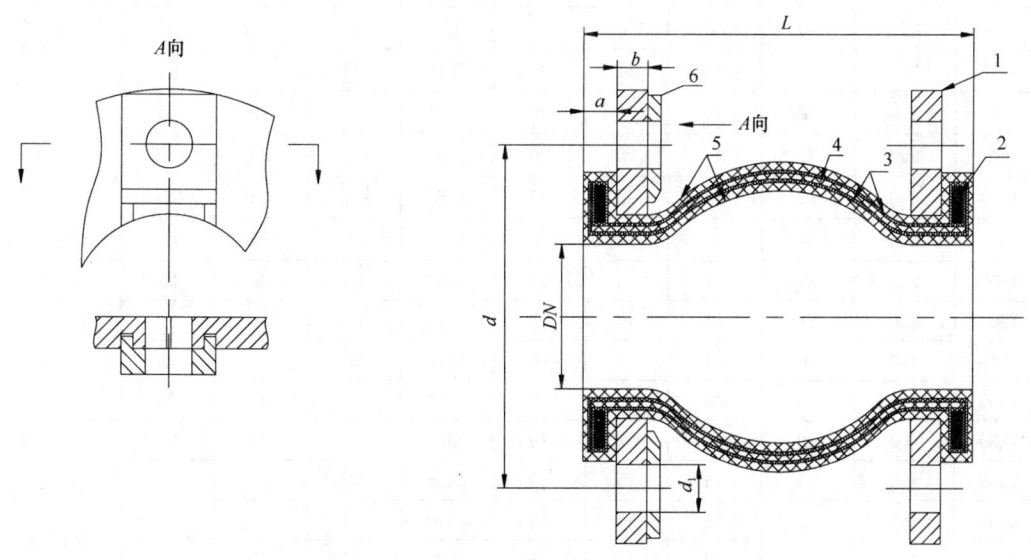

图 5-2　RFJD-Ⅱ加固Ⅱ型单球体可曲挠橡胶接头外形尺寸

1. 金属法兰——Q235钢，安装时与管道法兰间用螺栓连接，将橡胶接头紧固在管路中；
2. 加固环——Q235钢，分别镶嵌在两个密封端面内，提高橡胶接头与管道间的锁紧强度；
3. 增强层——聚酯帘布，为橡胶接头提供足够高的承压强度；
4. 中胶层——优质胶料，提高帘布层间附着强度；
5. 内、外胶层——优质胶料，保护橡胶接头整体，使之不受输送介质侵蚀及阳光、臭氧、油、酸、碱及各种化学物质的损害；
6. 法兰连接压块——Q235钢，嵌入法兰上的直槽或燕尾槽，连接分瓣的法兰

RFJD-Ⅱ加固Ⅱ型单球体可曲挠橡胶接头位移数据及外形尺寸　　　　表 5-4

公称内径 DN (mm)	接头长度 L (mm)	接头密封端厚度 a (mm)	法兰厚度 b (mm)	螺孔数 n	螺栓直径 d_1 (mm)	螺孔中心圆直径 d (mm)	轴向最大允许伸长 (mm)	轴向最大允许压缩 (mm)	径向最大允许位移 (mm)	角向最大允许位移 θ (°)
32	100	12	10	4	16	100	10	12	12	
40	100/150	16	10	4	16	110	10	12	12	
50	110/150	16	12	4	16	125	10	12	12	30～20
65	120/150	16	12	4	16	145	12	18	15	
80	150	20	16	8	16	160	12	18	15	
100	150	20	16	8	16	180	12	18	15	
125	150	20	16	8	16	210	15	20	20	17～10
150	200	22	16	8	20	240	15	20	20	
200	200	22	16	8	20	295	15	20	20	
250	200	25	20	12	20	350	20	25	20	
300	200	25	20	12	20	400	20	25	20	
350	200	25	20	16	20	460	20	25	20	
400	200	28	24	16	24	515	20	25	20	9～5
450	200	28	24	20	24	565	20	25	20	
500	250	30	28	20	24	620	25	25	25	
600	250	30	28	20	27	725	25	25	25	
700	250	30	28	24	27	840	25	25	25	
800	300	32	30	24	30	950	25	25	25	
900	300	32	30	28	30	1050	25	25	25	4～3
1000	300	32	30	28	33	1160	25	25	25	
1200	300	34	30	32	30	1340	25	25	25	
1400	350	38	34	36	33	1560	25	30	25	
1600	350	38	34	40	33	1760	25	30	25	
1800	400	40	34	44	36	1970	25	30	25	
2000	400	42	36	48	39	2180	25	30	25	
2200	400	42	36	52	39	2390	25	30	25	
2400	400	45	36	56	39	2600	25	30	25	
2600	450	45	38	60	45	2810	25	30	25	2以下
2800	450	45	38	64	45	3020	25	30	25	
3000	450	50	38	68	45	3220	25	30	25	
3200	450	50	40	72	33	3360	25	30	25	
3400	500	50	46	76	33	3560	25	30	25	
3600	500	50	46	80	33	3770	25	30	25	
3800	500	50	46	80	36	3970	25	30	25	
4000	500	50	46	84	36	4170	25	30	25	

RFJD-Ⅱ加固Ⅱ型耐高压单球体可曲挠橡胶接头位移数据及外形尺寸 表 5-5

公称内径 DN (mm)	接头长度 L (mm)	接头密封端厚度 a (mm)	法兰厚度 b (mm)	螺孔数 n	螺孔中心圆直径 (mm)	轴向最大允许伸长 (mm)	轴向最大允许压缩 (mm)	径向最大允许位移 (mm)	角向最大允许位移 θ (°)
200	200	26	20	12	310	15	20	20	17～10
250	200	30	24	12	370	20	25	20	
300	200	30	26	16	430	20	25	20	
350	200	30	26	16	490	20	25	20	
400	200	32	28	16	525	20	25	20	9～5
450	200	32	28	20	585	20	25	20	
500	250	34	30	20	650	25	25	25	
600	250	34	30	20	770	25	25	25	

注：1. DN200～350 工作压力一般为 2.5MPa，如用户有特殊需求，可特殊设计生产工作压力 4.0MPa 的产品，价格另计；

2. DN400～600 工作压力一般为 1.6MPa，如用户有特殊需求，可特殊设计生产工作压力 2.5MPa 的产品，价格另计；

3. 采用耐高压型产品时，建议用户最好加限位装置。

RFJD-Ⅱ加固Ⅱ型大伸缩量可曲挠橡胶接头位移数据及外形尺寸 表 5-6

公称内径 DN (mm)	接头长度 L (mm)			轴向最大允许伸长 (mm)			轴向最大允许压缩 (mm)			径向最大允许位移 (mm)		
	单球体	双球体	三球体	单球体	双球体	三球体	单球体	双球体	三球体	单球体	双球体	三球体
200	250	400	550	35	55	75	55	75	100	30	55	90
250	250	400	550	35	55	75	55	75	100	30	55	90
300	250	400	550	35	55	75	55	75	100	30	55	90
350	250	450	650	40	60	80	60	90	120	30	60	100
400	250	450	650	40	60	80	60	90	120	30	60	100
450	250	450	650	40	60	80	60	90	120	30	60	100
500	300	450	650	40	60	80	60	90	120	30	60	100
600	300	450	650	40	60	80	60	90	120	30	65	100
700	300	450	—	40	60	—	60	90	—	30	65	—
800	350	450	—	40	65	—	60	90	—	35	70	—
900	350	450	—	40	65	—	60	90	—	35	70	—
1000	350	450	—	40	65	—	60	90	—	35	70	—

5.2.1.2 RFJS-Ⅱ加固Ⅱ型双球体可曲挠橡胶接头

（1）适用范围：RFJS-Ⅱ加固Ⅱ型双球体可曲挠橡胶接头广泛应用于电力、采矿、冶金、石油、化工、纺织等工业生产和市政工程建设、建筑等的给水排水管道工程。它能吸收由于温度变化、管道装配误差及地面不均匀沉降等因素引起的集中应力，对管路进行位移补偿，平衡偏差；衰减机械振动产生的冲击力，降低噪声；防止地震发生时外力对设备、管道和建筑的破坏，减少损失。

（2）型号意义说明：

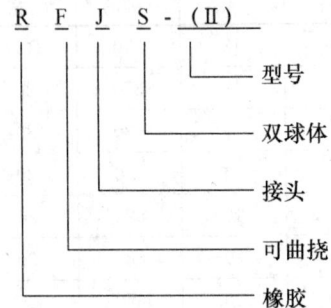

（3）性能：RFJS-Ⅱ加固Ⅱ型双球体可曲挠橡胶接头性能、位移数据及外形尺寸见表5-7及表5-8。

RFJS-Ⅱ加固Ⅱ型双球体可曲挠橡胶接头性能   表5-7

公称内径 DN (mm)	工作压力（MPa）						试验压力（MPa）	
	4.0	2.5	1.6	1.0	0.6	0.25	静压试验	爆破试验
32～65	√	√	√				工作压力的1.5倍	工作压力的3倍
80～300			√	√	√			
350～1000				√	√			

注：RFJS-Ⅱ加固Ⅱ型双球体可曲挠橡胶接头的耐真空度：公称内径300mm以下、工作压力1.6MPa以上的橡胶接头的耐真空度不小于100kPa，其他规格产品的耐真空度根据用户的需要，在100～40kPa之间选择。

RFJS-Ⅱ加固Ⅱ型双球体可曲挠橡胶接头位移数据及外形尺寸   表5-8

公称内径 DN (mm)	接头长度 L (mm)	接头密封端厚度 a (mm)	法兰厚度 b (mm)	螺孔数 n	螺栓直径 d_1 (mm)	螺孔中心圆直径 d (mm)	轴向最大允许伸长 (mm)	轴向最大允许压缩 (mm)	径向最大允许位移 (mm)	角向最大允许位移 θ（°）
32	285	—	—	—	—	——	6	22	25	45
50	250	16	12	4	16	125	30	45	45	
65	250	16	12	4	16	145	30	45	45	55～45
80	300	20	16	8	16	160	30	50	45	
100	300	20	16	8	16	180	35	50	40	
125	300	20	16	8	16	210	35	50	40	40～30
150	300	22	16	8	20	240	35	50	40	
200	300	22	16	8	20	295	35	50	35	
250	300	25	20	12	20	350	35	50	35	20～15
300	300	25	20	12	20	400	35	55	35	
350	350	25	20	16	20	460	35	55	35	

（4）外形及安装尺寸：RFJS-Ⅱ加固Ⅱ型双球体可曲挠橡胶接头外形尺寸见图 5-3。

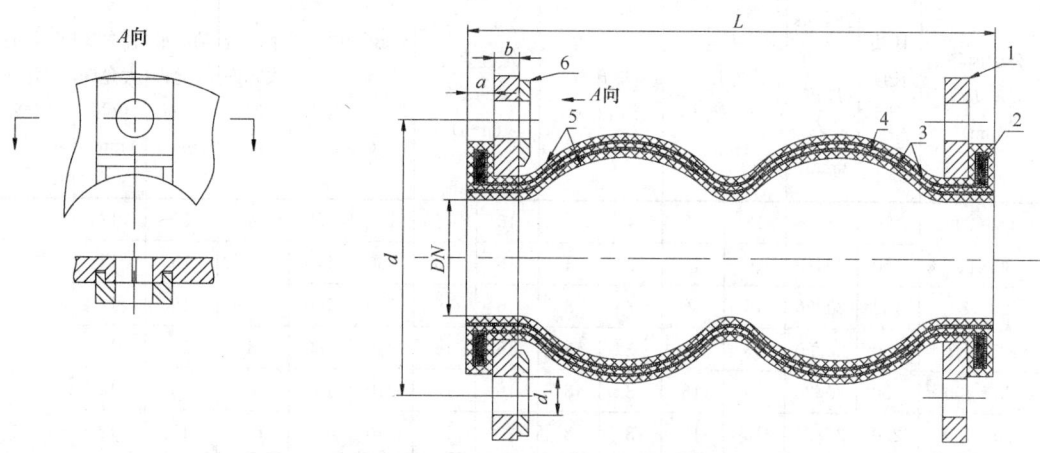

图 5-3　RFJS-Ⅱ加固Ⅱ型双球体可曲挠橡胶接头外形尺寸

1. 金属法兰——Q235 钢，安装时与管道法兰间用螺栓连接，将橡胶接头紧固在管路中；
2. 加固环——Q235 钢，分别镶嵌在两个密封端面内，提高橡胶接头与管道间的锁紧强度；
3. 增强层——聚酯帘布，为橡胶接头提供足够高的承压强度；
4. 中胶层——优质胶料，提高帘布层间附着强度；
5. 内、外胶层——优质胶料，保护橡胶接头整体，使之不受输送介质侵蚀及阳光、臭氧、油、酸、碱及各种化学物质的损害；
6. 法兰连接压块——Q235 钢，嵌入法兰上的直槽或燕尾槽，连接分瓣的法兰

5.2.1.3　RFJY-Ⅱ 加固Ⅱ型可曲挠同心异径橡胶接头

（1）适用范围：同单球体可曲挠橡胶接头。

（2）性能：RFJY-Ⅱ 加固Ⅱ型可曲挠同心异径橡胶接头性能、位移数据及外形尺寸见表 5-9 及表 5-10。

RFJY-Ⅱ 加固Ⅱ型可曲挠同心异径橡胶接头性能　　　　表 5-9

公称内径 DN (mm)	工作压力（MPa）						试验压力（MPa）	
	4.0	2.5	1.6	1.0	0.6	0.25	静压试验	爆破试验
65×50～ 400×350			√	√	√		工作压力 的 1.5 倍	工作压力 的 3 倍

注：RFJY-Ⅱ加固Ⅱ型可曲挠同心异径橡胶接头的耐真空度：公称内径 300mm 以下、工作压力 1.6MPa 以上的橡胶接头的耐真空度不小于 100kPa，其他规格产品的耐真空度根据用户的需要，在 100～40kPa 之间选择。

（3）外形及安装尺寸：RFJY-Ⅱ加固Ⅱ型可曲挠同心异径橡胶接头外形尺寸见图 5-4。

5.2.2　SD 型橡胶隔振垫

（1）适用范围：SD 型橡胶隔振垫是一种以剪切受力为主的隔振垫，可应用于各类机器的隔振减噪，如各种机床、风机、泵、空压机、冷冻机等。对于冲击机械的隔振，如冲床、锻床等，效果尤为显著。消极隔振（如精密仪器、光学仪器等）的隔音效果良好。

RFJY-Ⅱ 加固Ⅱ型可曲挠同心异径橡胶接头位移数据及外形尺寸　　表 5-10

公称内径 DN_1/DN_2 (mm)	接头长度 L (mm)	接头密封端厚度 a_1/a_2 (mm)	法兰厚度 b_1/b_2 (mm)		螺孔数 n_1/n_2		螺栓直径 d_{11}/d_{22} (mm)		螺孔中心圆直径 d_1/d_2 (mm)		轴向最大允许伸长 (mm)	轴向最大允许压缩 (mm)	径向最大允许位移 (mm)	角向最大允许位移 θ (°)
65×50	150	16/16	12	12	4	4	16	16	145	125	8	15	12	
80×65	150	20/16	16	12	8	4	16	16	160	145	8	15	12	
100×80	150	20/20	16	16	8	8	16	16	180	160	8	15	12	
125×80	150	20/20	16	16	8	8	16	16	210	160	8	15	12	
125×100	150	20/20	16	16	8	8	16	16	210	180	8	15	12	
150×100	200	22/20	16	16	8	8	20	16	240	180	10	19	12	
200×150	200	25/22	16	16	8	8	20	20	295	240	12	20	14	10
250×150	200	25/22	20	16	12	8	20	20	350	240	12	20	14	
250×200	200	25/25	20	16	12	8	20	20	350	295	16	25	22	
300×200	200	25/25	20	16	12	8	20	20	400	295	16	25	22	
300×250	200	25/25	20	20	12	12	20	20	400	350	16	25	22	
350×300	200	25/25	20	20	16	12	20	20	460	400	16	25	22	
400×300	200	28/25	24	20	16	16	24	20	515	460	16	25	22	
400×350	200	28/25	24	20	16	16	24	20	515	460	16	25	22	

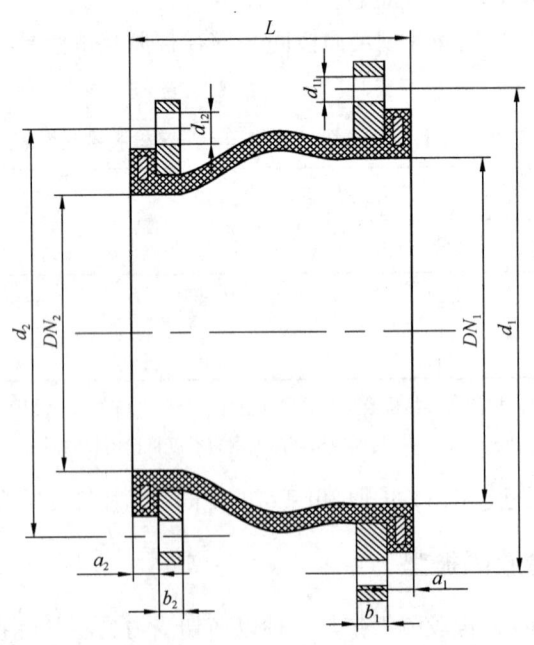

图 5-4　RFJY-Ⅱ 加固Ⅱ型可曲挠同心异径橡胶接头外形尺寸

（2）型号意义说明：

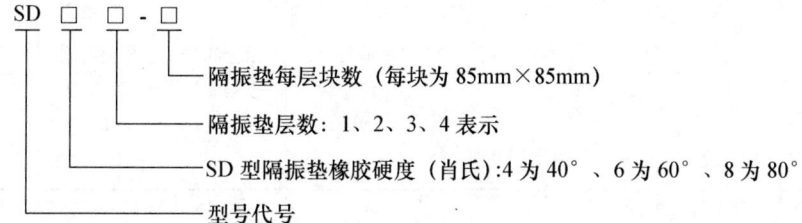

（3）性能；SD 型橡胶隔振垫性能见表 5-11。

SD 型橡胶隔振垫性能　　　　　　　　表 5-11

隔振垫型号	隔振垫尺寸				钢板（6mm 厚，放在多层隔振垫之间）			垂向设计荷载（kg）	相应的静态压缩量（mm）	相应的固有频率 f_n（Hz）	生产厂
	宽度（mm）	长度（mm）	面积（cm²）	隔振垫层（数）	宽度（mm）	长度（mm）	块（数）				
SD41-4				1	—	—	—	152～364	1.4～3.4	16.4～10.5	
SD42-4				2	194	194	1	152～364	2.8～6.8	11.5～7.5	
SD43-4				3	194	194	2	152～364	4.2～10.2	9.5～6.1	
SD44-4				4	194	194	3	152～364	5.6～13.6	8.2～5.3	
SD61-4				1	—	—	—	606～970	2.5～4.0	13.2～10.6	
SD62-4	174	174	303	2	194	194	1	606～970	5.0～8.0	9.3～7.5	
SD63-4				3	194	194	2	606～970	7.5～12.0	7.6～6.1	
SD64-4				4	194	194	3	606～970	10.0～16.0	6.6～5.3	
SD81-4				1	—	—	—	1212～2424	2.0～4.0	17.2～14.7	上海松江橡胶制品厂、郑州力威橡胶制品有限公司、长沙鼓风机厂
SD82-4				2	194	194	1	1212～2424	4.0～8.0	13.4～10.7	
SD83-4				3	194	194	2	1212～2424	6.0～12.0	9.9～8.5	
SD84-4				4	194	194	3	1212～2424	8.0～16.0	8.6～7.4	
SD41-6				1	—	—	—	208～498	1.4～3.4	16.4～10.5	
SD42-6				2	194	283	1	208～498	2.8～6.8	11.5～7.5	
SD43-6				3	194	283	2	208～498	4.2～10.2	9.5～6.1	
SD44-6				4	194	283	3	208～498	5.6～13.6	8.2～5.3	
SD61-6				1	—	—	—	830～1328	2.5～4.0	13.2～10.6	
SD62-6	174	263	458	2	194	283	1	830～1328	5.0～8.0	9.3～7.5	
SD63-6				3	194	283	2	830～1328	7.5～12.0	7.6～6.1	
SD64-6				4	194	283	3	830～1328	10.0～16.0	6.6～5.3	
SD81-6				1	—	—	—	1660～3320	2.0～4.0	17.2～14.7	
SD82-6				2	194	283	1	1660～3320	4.0～8.0	13.4～10.7	
SD83-6				3	194	283	2	1660～3320	6.0～12.0	9.9～8.5	
SD84-6				4	194	283	3	1660～3320	8.0～16.0	8.6～7.4	

续表

隔振垫 型号	隔振垫尺寸				钢板(6mm厚,放 在多层隔振垫之间)			垂向设 计荷载 (kg)	相应的静 态压缩量 (mm)	相应的固 有频率 f_n (Hz)	生产厂
	宽度 (mm)	长度 (mm)	面积 (cm²)	隔振 垫层 (数)	宽度 (mm)	长度 (mm)	块 (数)				
SD41-2.5				1	—	—	—	94~224	1.4~3.4	16.4~10.5	
SD42-2.5				2	105	240	1	94~224	2.8~6.8	11.5~7.5	
SD43-2.5				3	105	240	2	94~224	4.2~10.2	9.5~6.1	
SD44-2.5				4	105	240	3	94~224	5.6~13.6	8.2~5.3	
SD61-2.5				1	—	—	—	374~598	2.5~4.0	13.2~10.6	
SD62-2.5	85	220.5	187	2	105	240	1	374~598	5.0~8.0	9.3~7.5	
SD63-2.5				3	105	240	2	374~598	7.5~12.0	7.6~6.1	
SD64-2.5				4	105	240	3	374~598	10.0~16.0	6.6~5.3	
SD81-2.5				1	—	—	—	748~1496	2.0~4.0	17.2~14.7	
SD82-2.5				2	105	240	1	748~1496	4.0~8.0	13.4~10.7	
SD83-2.5				3	105	240	2	748~1496	6.0~12.0	9.9~8.5	
SD84-2.5				4	105	240	3	748~1496	8.0~16.0	8.6~7.4	
SD41-3				1	—	—	—	112~267	1.4~3.4	16.4~10.5	
SD42-3				2	105	283	1	112~267	2.8~6.8	11.5~7.5	
SD43-3				3	105	283	2	112~267	4.2~10.2	9.5~6.1	上海松江橡
SD44-3				4	105	283	3	112~267	5.6~13.6	8.2~5.3	胶制品厂、郑州
SD61-3				1	—	—	—	448~717	2.5~4.0	13.2~10.6	力威橡胶制品
SD62-3	85	263	224	2	105	283	1	448~717	5.0~8.0	9.3~7.5	有限公司、长沙
SD63-3				3	105	283	2	448~717	7.5~12.0	7.6~6.1	鼓风机厂
SD64-3				4	105	283	3	448~717	10.0~16.0	6.6~5.3	
SD81-3				1	—	—	—	896~1792	2.0~4.0	17.2~14.7	
SD82-3				2	105	283	1	896~1792	4.0~8.0	13.4~10.7	
SD83-3				3	105	283	2	896~1792	6.0~12.0	9.9~8.5	
SD84-3				4	105	283	3	896~1792	8.0~16.0	8.6~7.4	
SD41-1.5				1	—	—	—	56~134	1.4~3.4	16.4~10.5	
SD42-1.5				2	105	151	1	56~134	2.8~6.8	11.5~7.5	
SD43-1.5				3	105	151	2	56~134	4.2~10.2	9.5~6.1	
SD44-1.5				4	105	151	3	56~134	5.6~13.6	8.2~5.3	
SD61-1.5				1	—	—	—	224~358	2.5~4.0	13.2~10.6	
SD62-1.5	85	131.5	112	2	105	151	1	224~358	5.0~8.0	9.3~7.5	
SD63-1.5				3	105	151	2	224~358	7.5~12.0	7.6~6.1	
SD64-1.5				4	105	151	3	224~358	10.0~16.0	6.6~5.3	
SD81-1.5				1	—	—	—	448~896	2.0~4.0	17.2~14.7	
SD82-1.5				2	105	151	1	448~896	4.0~8.0	13.4~10.7	
SD83-1.5				3	105	151	2	448~896	6.0~12.0	9.9~8.5	
SD84-1.5				4	105	151	3	448~896	8.0~16.0	8.6~7.4	

续表

隔振垫型号	隔振垫尺寸				钢板(6mm厚,放在多层隔振垫之间)			垂向设计荷载(kg)	相应的静态压缩量(mm)	相应的固有频率 f_n(Hz)	生产厂
	宽度(mm)	长度(mm)	面积(cm²)	隔振垫层(数)	宽度(mm)	长度(mm)	块(数)				
SD41-2				1	—	—	—	74~178	1.4~3.4	16.4~10.5	
SD42-2				2	105	194	1	74~178	2.8~6.8	11.5~7.5	
SD43-2				3	105	194	2	74~178	4.2~10.2	9.5~6.1	
SD44-2				4	105	194	3	74~178	5.6~13.6	8.2~5.3	
SD61-2				1	—	—	—	296~474	2.5~4.0	13.2~10.6	
SD62-2	85	174	148	2	105	194	1	296~474	5.0~8.0	9.3~7.5	
SD63-2				3	105	194	2	296~474	7.5~12.0	7.6~6.1	
SD64-2				4	105	194	3	296~474	10.0~16.0	6.6~5.3	
SD81-2				1	—	—	—	592~1184	2.0~4.0	17.2~14.7	
SD82-2				2	105	194	1	592~1184	4.0~8.0	13.4~10.7	
SD83-2				3	105	194	2	592~1184	6.0~12.0	9.9~8.5	
SD84-2				4	105	194	3	592~1184	8.0~16.0	8.6~7.4	
SD41-0.5				1	—	—	—	18~43	1.4~3.4	16.4~10.5	
SD42-0.5				2	62	105	1	18~43	2.8~6.8	11.5~7.5	上海松江橡胶制品厂、郑州力威橡胶制品有限公司、长沙鼓风机厂
SD43-0.5				3	62	105	2	18~43	4.2~102	9.5~6.1	
SD44-0.5				4	62	105	3	18~43	5.6~13.6	8.2~5.3	
SD61-0.5				1	—	—	—	72~115	2.5~4.0	13.2~10.6	
SD62-0.5	42.5	85	36	2	62	105	1	72~115	5.0~8.0	9.3~7.5	
SD63-0.5				3	62	105	2	72~115	7.5~12.0	7.6~6.1	
SD64-0.5				4	62	105	3	72~115	10.0~16.0	6.6~5.3	
SD81-0.5				1	—	—	—	144~288	2.0~4.0	17.2~14.7	
SD82-0.5				2	62	105	1	144~288	4.0~8.0	13.4~10.7	
SD83-0.5				3	62	105	2	144~288	6.0~12.0	9.9~8.5	
SD84-0.5				4	62	105	3	144~288	8.0~16.0	8.6~7.4	
SD41-1				1	—	—	—	36~86	1.4~3.4	16.4~10.5	
SD42-1				2	105	105	1	36~86	2.8~6.8	11.5~7.5	
SD43-1				3	105	105	2	36~86	4.2~10.2	9.5~6.1	
SD44-1				4	105	105	3	36~86	5.6~13.6	8.2~5.3	
SD61-1				1	—	—	—	144~230	2.5~4.0	13.2~10.6	
SD62-1	85	85	72	2	105	105	1	144~230	5.0~8.0	9.3~7.5	
SD63-1				3	105	105	2	144~230	7.5~12.0	7.6~6.1	
SD64-1				4	105	105	3	144~230	10.0~16.0	6.6~5.3	
SD81-1				1	—	—	—	288~576	2.0~4.0	17.2~14.7	
SD82-1				2	105	105	1	288~576	4.0~8.0	13.4~10.7	
SD83-1				3	105	105	2	288~576	6.0~12.0	9.9~8.5	
SD84-1				4	105	105	3	288~576	8.0~16.0	8.6~7.4	

5.2.3 WH 型橡胶隔振器

（1）适用范围：WH 型橡胶隔振器在额定载荷下的固有频率较低，在较宽的干扰频率范围内隔振效果甚佳，且阻尼比适宜，对共振峰的抑制能力强。广泛用于各类风机、水泵、空压机、柴油机以及各种机械设备的基础隔振。

（2）型号意义说明：

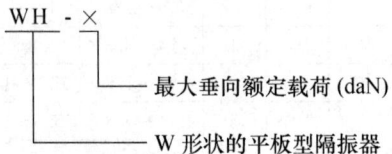

WH - ×

最大垂向额定载荷 (daN)

W 形状的平板型隔振器

（3）性能：WH 型橡胶隔振器性能见表 5-12。

表 5-12

WH 型橡胶隔振器性能

型 号	垂向额定载荷 （daN）	相应的静态变形 （mm）	相应的固有频率 （Hz）	阻尼比 （C/C_c）	质量 （kg）	生产厂
WH-150	150	12±2	6±1	>0.07	3.0	上海松江橡胶制品厂
WH-250	250	12±2	6±1	>0.07	3.3	
WH-400	400	12±2	6±1	>0.07	3.5	

注：1daN＝10N。

（4）外形及安装尺寸：WH 型橡胶隔振器外形及安装尺寸见图 5-5 和表 5-13。

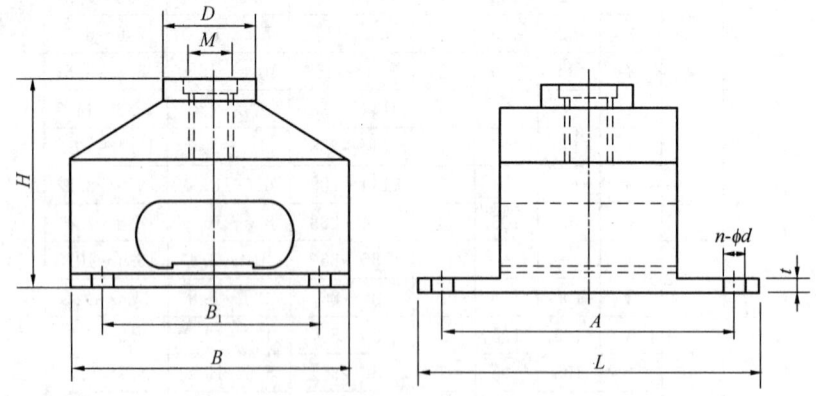

图 5-5 WH 型橡胶隔振器外形及安装尺寸

WH 型橡胶隔振器外形及安装尺寸（mm）

表 5-13

型 号	L	A	B	B_1	H	M	t	n-ϕd	D
WH-150	185	150	127	65	80	18	9	4-ϕ15	47
WH-250	185	150	127	65	80	22	9	4-ϕ17	47
WH-400	185	150	127	65	80	24	9	4-ϕ19	47

5.3 输 送 设 备

5.3.1 无轴螺旋输送机

5.3.1.1 用途简介

螺旋输送机是一种低转速设备,主要用来输送泥沙、栅渣、泥饼等,也可用来输送颗粒状固体,可直接装在拦渣或污泥脱水设备后,制造成密封结构,进行输送,起到汇集以及改善环境等作用。

5.3.1.2 工作原理与结构特征

螺旋输送机分为无轴及有轴两种,结构上主要由驱动装置、输送螺旋体、U型槽、衬板、盖板、进料口等组成,物料由进料口进入,经螺旋逐渐推移至出口,完成输送过程。从结构形式上分为水平输送机和倾斜输送机两种,通常最大倾角30°,特殊情况可至45°。输送槽可采用钢制也可采用土建代替。螺旋输送机结构形式见图5-6和图5-7。

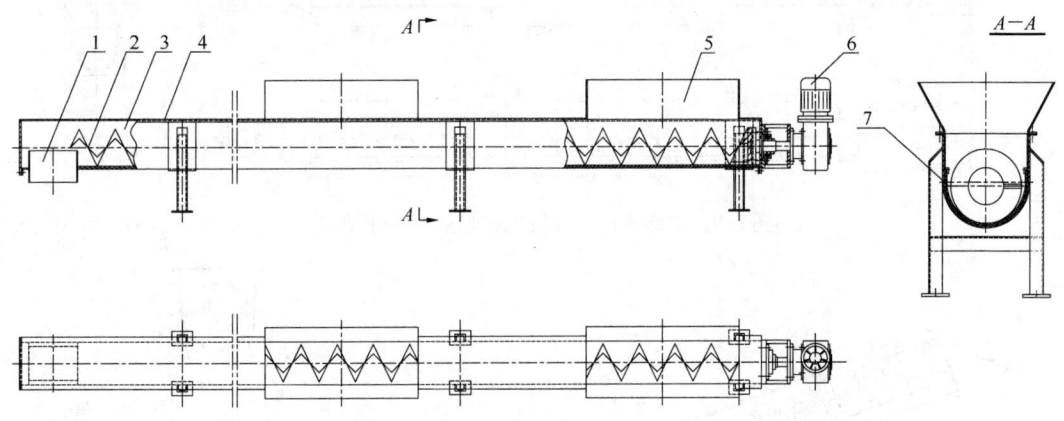

图 5-6 螺旋输送机结构形式—水平输送

1—出料口;2—无轴螺旋;3—U型槽;4—盖板;5—进料口;6—驱动机构;7—衬板

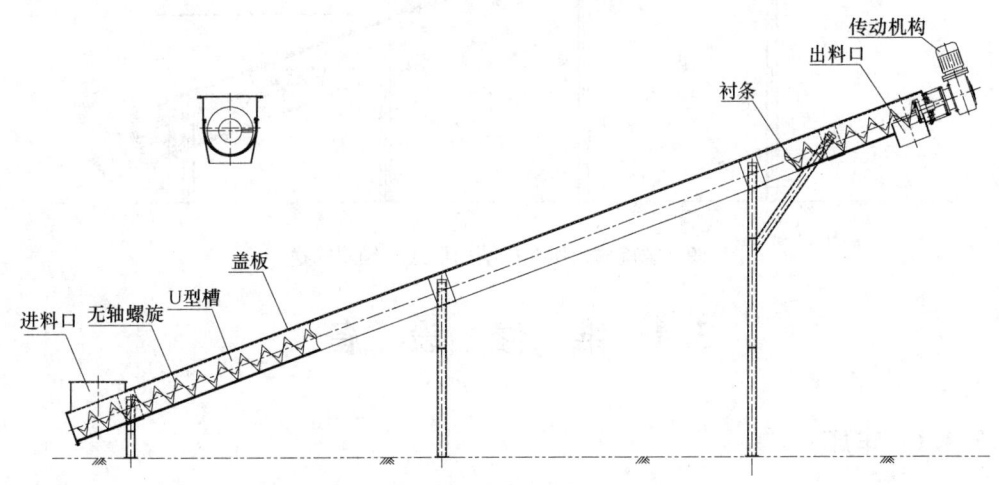

图 5-7 螺旋输送机结构形式—倾斜输送

5.3.2 螺旋输送压榨机

5.3.2.1 用途简介

螺旋输送压榨机是一种低转速设备，主要用来输送泥沙、栅渣、泥饼等，也可用来输送并压榨颗粒状固体。

5.3.2.2 工作原理与结构特征

螺旋输送压榨机结构上主要由驱动装置、输送螺旋体、U 型槽、衬板、盖板、进料口、压榨筒等组成，物料由进料口进入，经螺旋逐渐推移至出口，完成输送压榨过程。从结构形式上分为水平输送压榨机和倾斜输送压榨机两种，通常最大倾角 30°，特殊情况可至 45°。输送槽可采用钢制也可采用土建代替。螺旋输送压榨机结构形式见图 5-8 和图 5-9。

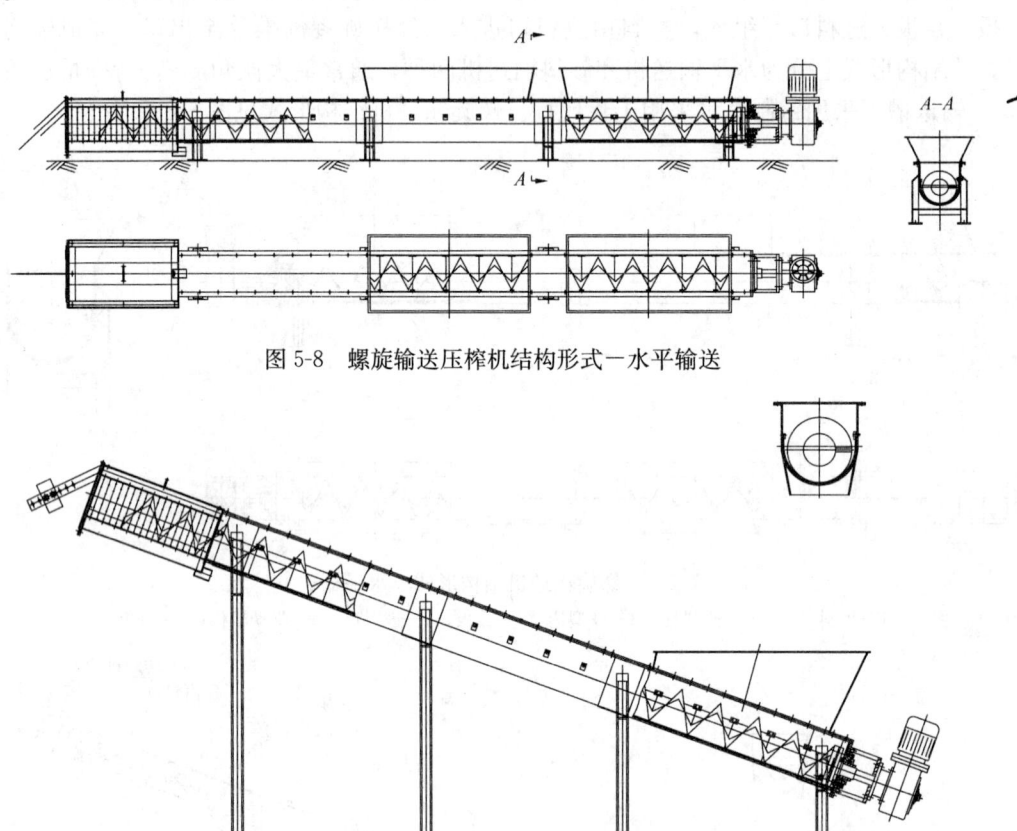

图 5-8 螺旋输送压榨机结构形式—水平输送

图 5-9 螺旋输送压榨机结构形式—倾斜输送

5.4 维 修 设 备

5.4.1 车床

车床主要型号、用途及性能见表 5-14。

车床主要型号、用途及性能 表 5-14

型号	床身上最大工件回转直径×最大工件长度（mm）	外形尺寸（长×宽×高）（mm）	主电动机功率（kW）	质量（kg）	主要用途	生产厂
CA6140 CA6240型 普通车床	φ400×750 ×1000 ×1500 ×2000	2418×1000×1267 2668×1000×1267 3168×1000×1267 3668×1000×1267		2040 2120 2270 2620	车削内外圆柱面、圆锥面、端面及其他旋转面，车削各种螺纹—公制、英制、模数和径节，并能进行钻孔、铰孔和拉油槽等工作	沈阳机床股份有限公司沈一车床厂
CA6150 CA6250型 普通车床	φ500×750 ×1000 ×1500 ×2000	2418×1037×1312 2668×1037×1312 3168×1037×1312 3668×1037×1312	7.5	2110 2190 2340 2690		
CA6161 CA6261型 普通车床	φ610×1000 ×1500 ×2000	2668×1130×1367 3168×1130×1367 3668×1130×1367		2250 2400 2750		
CW6163B/C CW6263B/C型 普通车床	φ630×750 ×1500 ×3000 ×4000 ×5000	2890×1380×1450 3690×1380×1450 5190×1380×1450 6120×1380×1450 7200×1380×1450	1.1	3400 3700 4700 5800 6800		
CAK1626 经济型数控车床	φ260×220	1780×1230×1760	4	1450	车削各种零件的内、外圆，柱表面、锥面、球面、曲面、切槽、公英制螺纹等	
CAK36系列经济型数控车床	φ360×240 ×580 ×650	1780×1230×1700 2190×1400×1610 2180×1230×1700	5.5	1555 1810		
CAK40系列经济型数控车床	φ400×750 ×850	2490×1360×1510	5.5	1990		
CAK50系列经济型数控车床	φ500×640 ×890 ×1390 ×1900	2535×1800×1650 2785×1800×1650 3285×1800×1650 3785×1800×1650	7.5	2100 2300 2600 2900	内外表面、锥面、圆弧、螺纹、镗孔、铰孔加工，也可以实现非圆曲线加工	
CAK61系列经济型数控车床	φ610×640 ×890 ×1390 ×1900	2535×1800×1650 2785×1800×1650 3285×1800×1650 3785×1800×1650	7.5	2100 2300 2600 2900		
CAK63系列经济型数控车床	φ630×750 ×1500 ×3000	3040×2070×2310 4100×1980×2370 5340×2080×2430	11	3900 4000 6000		
HT2550	φ550×40000	2830×1926×1730	15	4000		

5.4.2 钻床

钻床主要型号、用途及性能见表 5-15。

钻床主要型号、用途及性能　　表 5-15

类型	型号	最大钻孔直径 (mm)	主轴端面至工作台面距离 (mm)	主轴中心线至立柱母线距离 (mm)	外形尺寸 (长×宽×高)(mm)	主电动机功率 (kW)	质量 (kg)	主要用途	生产厂
摇臂钻床	Z3025×10	25	250~1000	300~1000	1735×800×2014	1.5(总功率2.51)	1600	可进行钻孔、扩孔、铰孔等工作、锪平面及攻螺纹工作,适用于中型和小型零件的加工	福州机床厂
	Z3035B×13	35	350~1250	350~1300	2290×900×2570	2.4/3	2520		南京第四机床厂
	Z3040×16	40	350~1250	350~1600	2490×1035×2625	3(总功率5.3)	3500		上海第五机床厂、中捷友谊
	Z3050×16	50	350~1220	350~1600	2490×1035×2625	4	3500		中捷友谊厂、上海第五机床厂
	Z3063×20	63	400~1600	450~2050	3090×1250×3195	5.5(总功率7.8)	6500		天津第四机床厂
	Z3080×25	80	550~2000	500~2500	3730×1400×3825	7.5(总功率11.39)	11000		中捷友谊厂、南京第四机床厂
万向摇臂钻床	Z3140A	40	250~1250	850~1600	3058×1240×2620	3(总功率7.98)	4200	适用于大型、重型零件的加工,可在空间一定范围内的任何方向上进行钻孔、扩孔、铰孔、锪平面、攻螺纹等	中捷友谊
	Z3140×16	40	250~2250	900~1600	3220×1290×2690	3	4300	采取不固定安装方式,可按施工要求,吊运至所需工作地点	沙市第一机床厂
移动式万向摇臂钻床	ZW3725	25	50~850	340~880	1850×720×2020	1.5	1100	适用于在中、大型箱体等零件上作钻孔、扩孔、锪平面、攻丝和铰孔之用。机床顶部有吊环,底部有滚轮,可移动至所需地点。适合一般机械修配和制造工厂使用	杭州钱江机床厂
	Z3732	32	50~850	340~880	1830×720×2050	2.2	1100		

续表

类型	型号	最大钻孔直径（mm）	主轴端面至工作台面距离（mm）	主轴中心线至立柱母线距离（mm）	外形尺寸（长×宽×高）（mm）	主电动机功率（kW）	质量（kg）	主要用途	生产厂
台式钻床	LT-13	13	工作台行程 359	182	800×500×300（包装尺寸）	0.375	65	适用于在金属材料上钻孔、扩孔、铰孔	鲁南机床厂
	LT-13J	13	工作台进程 2C3	103	425×340×220（包装尺寸）	0.19	19		
	LT-16J	16	工作台进程 359	182	800×500×300（包装尺寸）	0.375	65		
	LT-19G	19	工作台进程 406	200	1030×800×490（包装尺寸）	0.563	110		
	Z5125A	25	工作台行程 300 工作台面积 400×550	280	1100×800×2330	2.2	960		湖北第三机床厂
	Z5132A	32	工作台行程 300 工作台面积 400×550	280	1100×800×2330	(2.2)3	1000		
方柱立式钻床	Z5140B	40	工作台面积 560×480	—	—	主轴转速 31.5~1400	—	可进行钻孔、扩孔、铰孔，锪平面和攻螺纹等	大河机床厂
	Z5140A	40	工作台行程 300 工作台面积 560×480	335	1200×800×2550	3	1300		湖北第三机床厂
	Z5150A	50	工作台行程 300 工作台面积 560×480	335	1200×800×2550	3	1350		
圆柱立式钻床	Z5025	25	1100	230	810×560×1740	0.7/1.1	250		南京第四机床厂
	H5-3	25	330	240	485×640×1670	0.85/1.1	260		浙江海门机床厂
十字工作台立式钻床	Z5725A	25	565 工作台面积 750×300	跨距 280	1138×1010×2302	2.2	1000		大河机床厂
	Z5740	40	660 工作台面积 850×350	跨距 335	1295×1130×2530	3.0	2100		

5.4.3 牛头刨床

牛头刨床主要型号、规格、用途及性能见表 5-16。

牛头刨床主要型号、规格、用途及性能　　　　　表 5-16

型 号	主要规格 (最大刨 削长度) (mm)	外形尺寸 (长×宽×高) (mm)	主电动 机功率 (kW)	质量 (kg)	主要用途	生产厂
B6032	320	1208×725×1154	1.5	615	刨削各种平面和成型面	鄂州市机床厂
B635A	350	1390×860×1455	1.5	1000	刨削平面和成型面,对加工狭长零件的平面、T字槽、燕尾槽等生产率更高。如装上特殊虎钳或分度头,还可加工轴类和长方体零件的端面和等分槽等	上海沪东机床厂
B6050	500	1943×1173×1533	4.0	1800		
BT6050	500	2070×1080×1450	4.0 (总功率 4.75)	2500	用于各种中、小型零件的单面、槽面、斜面加工	天水机床厂
BT6050A	500	2035×1170×1450	3	2500		
B6063F	630	2585×1452×1750	3	2100	刨削平面和成型面,对加工狭长零件的平面、T形槽、燕尾槽等生产率更高	重庆五一机床厂
B665	650	—	3	1850		呼和浩特第二机床厂
B6066	660	2280×1520×1750	3	1850		桂林第三机床厂
B6066J	660	2280×1600×1750	3	1880		
BH6070	700	2550×1400×1760	4	2900		上海沪东机床厂
BY60100B (液压牛头刨床)	1000	3615×1574×1760	7.5(总功率8.25)	4200	刨削各种平面和成型面,液压传动,无级变速	天水机床厂

5.4.4 铣床

铣床主要型号、规格、用途及性能见表 5-17。

铣床主要型号、规格、用途及性能　　　　　表 5-17

类型	型号	主要规格 (工作台 面尺寸 (宽×长) (mm)	外形尺寸 (长×宽×高) (mm)	电动机 总功率 (kW)	质量 (kg)	主要用途	生产厂
万能铣床	X6120	200×900	1330×1418 ×1480	3.64	1360	适用于钢和铸铁及有色金属零件的各种铣削加工	长春第二机床厂
立式升降台铣床	X5020B	200×900	1700×1300 ×1650	3.79	1000	可用端铣刀、片铣刀、角度铣刀和各种专用铣刀切黑色和有色金属的各种零件的平面、阶梯面和沟槽以及钻、镗加工	桂林机床厂
立式升降台铣床	X5025	250×1100	1779×1669 ×1963	5.1	2100		

类型	型号	主要规格（工作台面尺寸（宽×长）（mm）	外形尺寸（长×宽×高）（mm）	电动机总功率（kW）	质量（kg）	主要用途	生产厂
万能升降台铣床	X6125	250×1100	1770×1670×1600	5.1	2025	配置相应附件可以扩大机床加工范围：铣削圆弧面、齿轮、齿条、花键、螺旋槽等，还可进行钻、镗、插加工	青海第一机床厂
	X6130	300×1100	1770×1670×1600	5.1	2025		
立式升降台铣床	X5030	300×1100	1779×1669×1963	5.1	2150	切黑色和有色金属的各种零件的平面、阶梯面和沟槽以及钻、镗加工	
卧式升降台铣床	XA6032	320×1250	2294×1770×1665	7.5	2600	适用于用圆柱铣刀、圆片铣刀、角度铣刀、成型铣刀及端面铣刀来铣切各种零件，进行平面、斜面、沟槽成型面及切断等加工，能用硬质合金刀具进行高速切削或重负荷切削，既可顺铣，也可逆铣	北京第一机床厂
	XA6032A	320×1320	2350×2150×1725	7.5	2900		
立式升降台铣床	XA5032	320×1250	2272×1770×2094	7.5	2800	适用于用各种棒状铣刀、圆柱铣刀、角度铣刀及端面铣刀来铣切平面、斜面、沟槽、齿轮等。装有分度头时，可铣切直齿轮和铰刀等零件，还可装上圆工作台，铣切凸轮及弧形槽	
	XA5032A	320×1320	2350×1950×2230	7.5	3400		
	XD5032A	320×1320	2310×1770×1960	8.69	3000		长春第二机床厂
万能工具铣床	X8140D	400×800	2050×1330×1825	3.52	1890	集立铣、卧铣、镗铣、插削于一身。工作台在三维空间可任意旋转±30°	青海第一机床厂
万能升降台铣床	B₁-400W	400×1600	2556×2159×1830	主传动11.0	3800	配备各种铣刀后，可加工各种平面、斜面、沟槽、齿轮等，如果使用适当铣床附件或利用工作台，可左右各回转45°，加工范围更广泛	北京第一机床厂
立式升降台铣床	B₁-400K	400×1600	2556×2159×2298	主传动11.0	4250	配备各种铣刀后，可加工各种平面、斜面、沟槽、齿轮等。若使用适当铣床附件，可加工凸轮、弧形槽及螺旋面等特殊形状的零件	
立式升降台铣床	XA5040A	400×1700	2570×2326×2695	主传动11.0	4800	机床纵、横、垂三个方向均采用滚珠丝杠副传动，有半自动的刀具安装和拆卸装置	
万能升降台铣床	XA6140A	400×1700	2579×2274×1935	主传动11.0	4350	可用各种圆柱铣刀、圆片铣刀、角度铣刀、成型铣刀和端面铣刀，加工各种平面、斜面、沟槽、齿轮等。如使用万能铣头、圆工作台、分度头等，可扩大加工范围	

5.4.5 切断机床

切断机床主要型号、规格、用途及性能见表 5-18。

切断机床主要型号、规格、用途及性能   表 5-18

类型	型号	主要规格 (mm)	外形尺寸 (长×宽×高) (mm)	电动机 总功率 (kW)	质量 (kg)	主要用途	生产厂
卧式 弓锯床	G7025	最大锯削能力：直切 ϕ250，45°斜切 ϕ120， 方料 200×200	1650×840 ×1120	3.2	820	适于切削各种金属 材料，亦可切削有色 金属	湖南机 床厂
圆锯床	G607	锯片直径 710	2350×1300 ×1800	7.125	3600	锯割各种黑色金属 材料及型材，能进行 与材料母线成 90°的 锯割	
卧式带 锯床	G4025-1	最大锯削直径 250	1866×750 ×1194	2.49	550	主要用于黑色金属 的锯削，如各种棒 料、型材和管材，亦 用于有色金属的锯削	
半自动卧 式带锯床	GB4025	最大锯削能力：圆料 ϕ250，方料：230×230	包装箱尺寸： 1900×1100 ×1350	1.68	750	适用于切断普通 钢、高速工具钢、轴 承钢、低合金钢、不 锈钢、铜、铝等各种 棒材和型材	上海沪南 带锯床厂
	GB4032	最大锯削能力： ϕ320，方料：300×300	包装箱尺寸： 2500×1300 ×1600	3.37	1300		
自动卧式 带锯床	GB4032	最大切削能力：圆料： ϕ320，方料：320×320	2370×3790 ×1325	5.625	1900	锯切各种黑色金 属，亦可锯切有色 金属	湖南机 床厂
	GZ4032-1	最大切削能力：圆料： ϕ320，方料：320×280	2370×3790 ×1325	5.625	1900		

5.4.6 砂轮机

砂轮机性能及外形尺寸见表 5-19～表 5-22。

□SIS 系列双重绝缘单相砂轮机性能及外形尺寸   表 5-19

型 号	砂轮尺寸 (外径×厚度 ×内径) (mm)	电动机					外形尺寸 (长×宽×高) (mm)	质量 (kg)	生产厂
		电压 (V)	额定 转矩 (N·m)	输入 功率 (W)	最高空 载转速 (r/min)	额定输 出功率 (W)			
□SIS-SF-100A	ϕ100×20×ϕ20	220	0.5	500	7500	250	519×120×120	2.8	上海锋利 电动工具厂
□SIS-100	ϕ100×20×ϕ20	220	0.65	580	8500	250	490×100×85	4.2	杭州建工 电动工具 总厂
□SIS-XD-100B	ϕ100×20×ϕ20	220	0.6	580	5600	350	500×95×150	4.3	湖南电动 工具厂
□SIS-QD-100B	ϕ100×20×ϕ20	220	0.95	600	9500	350	520×86×115	3.8	青海电动 工具厂
□SIS-QD-125A	ϕ125×20×ϕ20	220	1.25	600	7600	350	510×86×115	3.8	

续表

型号	砂轮尺寸（外径×厚度×内径）（mm）	电动机					外形尺寸（长×宽×高）（mm）	质量（kg）	生产厂
		电压（V）	额定转矩（N·m）	输入功率（W）	最高空载转速（r/min）	额定输出功率（W）			
□SIS-125	φ125×20×φ20	220	0.84	580	6600	350	490×140×90	4.5	杭州建工电动工具厂
□SIS-CD-125A	φ125×20×φ20	220	1.0	650	6000	350	520×144×135	3.4	成都电动工具厂
□SIS-150	φ150×20×φ32	220	0.84	580	6600	350	350×175×115	4.5	杭州建工电动工具厂

□S₃S 系列手提式三相砂轮机性能及外形尺寸　　　　　表 5-20

型号	砂轮尺寸（外径×厚度×内径）（mm）	电动机					外形尺寸（长×宽×高）（mm）	质量（kg）	生产厂
		额定电压（V）	额定转矩（N·m）	输入功率（W）	额定转速（r/min）	额定输出功率（W）			
□S₃S-JS-125B	φ125×20×φ20	380	1.35	500	2800	350	550×170×170	8.5	石家庄电动工具厂
□S₃S-QD-125B	φ125×20×φ20	380	1.25	500	3000	350	550×124×124	7.0	青海电动工具厂
□S₃S-LDⅡ-125A	φ125×20×φ20	380	0.8	450	3000	350	643×126×138	7.0	沈阳电动工具厂
□S₃S-JS-150A	φ150×20×φ32	380	1.35	500	2800	350	550×170×170	8.5	石家庄电动工具厂
□S₃S-LDⅡ-150B	φ150×20×φ32	380	1.6	730	3000	500	650×126×160	9.0	沈阳电动工具厂
□S₃S-LDⅡ-150Z	φ150×20×φ32	380	2.2	960	3000	700	680×126×160	10.0	
□S₃S-JD03-150	φ150×20×φ32	380	1.6	780	2800	500	543×157×172	7.5	长春电动工具股份有限公司
□S₃S-QD-150A	φ150×20×φ32	380	1.25	500	3000	350	550×124×124	7.0	青海电动工具厂

SIST 系列单相轻型台式砂轮机性能及外形尺寸　　　　　表 5-21

型号	砂轮尺寸（外径×厚度×内径）（mm）	电动机					外形尺寸（长×宽×高）（mm）	质量（kg）	生产厂
		额定电压（V）	额定转矩（N·m）	输入功率（W）	额定转速（r/min）	额定输出功率（W）			
MQ3213	φ125×16×φ12.7	220	—	—	3000	50	—	—	
MQ3213B	φ125×16×φ12.7	110	—	—	3600	50	—	—	
SIST-150	φ150×20×φ32	220	—	—	3000	150	—	—	
SIST5-150	φ150×20×φ32	220	—	—	3000	150	—	—	扬州电动工具厂
SIST6-150	φ150×20×φ32	110	—	—	3600	150	—	—	
SIST-200	φ200×20×φ32	220	—	—	3000	200	—	—	
SIST5-200	φ200×20×φ32	220	—	—	3000	200	—	—	
SIST6-200	φ200×20×φ32	110	—	—	3600	200	—	—	

S₃ST 系列三相台式砂轮机性能及外形尺寸 表 5-22

型　号	砂轮尺寸（外径）(mm)	电动机					外形尺寸（长×宽×高）(mm)	质量(kg)	生产厂
		额定电压(V)	额定转矩(N·m)	输入功率(W)	额定转速(r/min)	额定输出功率(W)			
S₃ST3-150	φ150	380	0.8	350	2700	250	408×164×246	14	沈阳电动工具厂
S₃ST3-200	φ200	380	1.2	730	2700	500	485×215×272	18	

5.4.7 电焊机

（1）可控硅直流焊机及直流弧焊机主要用途、性能见表 5-23 和表 5-24。

可控硅直流焊机主要用途、性能 表 5-23

技术性能 型号	电源	三相	负载100%初级电源(A)	空载电压(V)	电流调节范围(A/V)	负载持续率与焊接电流			焊条直径(mm)	质量(kg)	生产厂
	频率(Hz)	电压(V)				35%(A/V)	60%(A/V)	100%(A/V)			
LHF-250	50/60	220	22	75～87	8/20～250/30	250/30	200/28	160/26.4	1.2～5.0	140	成都电焊机厂
	50	380	12.5								
	50	415	11.5								
	60	440	11.5								
	50	500	9.5								
	60	550	9.5								
LHF-400 LHF-400-1	50/60	220	36	78～89	8/20～400/36	400/36	315/33	250/30	1.2～8.0	165	
	50	380	21								
	50	415	19								
	60	440	19								
	50	500	16								
	60	550	16								
LHF-630	50/60	220	70	65～72	8/20～630/44	630/44	500/40	400/36	1.2～8.0	235	
	50	380	40								
	50	415	37								
	60	440	37								
	50	500	31								
	60	550	31								
LHF-800	50/60	220	92	69～75	8/20～800/44	800/44	630/40	500/40	1.2～8.0	275	
	50	380	53								
	50	415	49								
	60	440	49								
	50	500	40								
	60	550	40								

注：电网电压波动±10%时，焊接电流变动±0.2%，国产化型号带电流电压指示表。

直流弧焊机主要用途、性能 表 5-24

类型	型号	额定输入容量(kVA)	初级电压(V)	工作电压(V)	额定焊接电流(A)	电流调节范围(A)	负载持续率(%)	外形尺寸(长×宽×高)(mm)	质量(kg)	主要用途	生产厂
晶闸管直流弧焊机	Z×5-250	14	380	21~30	250	25~250	60	780×400×440	150	适用于所有牌号焊条的直流手工电弧焊接	北京东升电焊机厂、唐山市电子设备厂
	Z×5-400	24	380	21~36	400	40~400	60	595×505×940	200		北京电焊机厂、太原电焊机厂
	Z×5-400B	30	380	36	400	40~400	60	550×500×950	200		新乡电焊机厂
	Z×5-630	48	380	44	630	130~630	60	670×535×970	260		北京东升电焊机厂、张家口市电焊机厂
	Z×5-630B	48	380	44	630	60~630	60	708×565×1130	270		新乡电焊机厂
逆变直流弧焊机	Z×7-250	9.2	380	30	250	50~250	60	470×276×490	35	用作手工焊电源或氩弧焊电源	南京电焊机厂、唐山市电子设备厂
	Z×7-400	14	380	30	400	50~400	60	630×315×480	70		

（2）交流弧焊机主要用途、性能见表 5-25。

交流弧焊机主要用途、性能 表 5-25

型号	额定输入容量(kVA)	初级电压(V)	工作电压(V)	空载电压(V)	额定焊接电流(A)	电流调节范围(A)	负载持续率(%)	外形尺寸(长×宽×高)(mm)	质量(kg)	主要用途	生产厂
BX1-160	13.5	380	22~28	80	160	40~192	60	587×325×665	93	作为手工弧焊电流	1、2、3、4
BX1-250	20.5	380	22.5~32	78	250	62.5~300	60	600×360×720	116		
BX1-300	22	380	32	72	300	55~360	40	615×470×730	145	作为单人手工焊接或切割用交流电流	5
BX1-400	30.4	380	36	76	400	75~480	40	615×500×780	165		
BX1-500	42	380	20~44	80	500	80~750	60	820×500×790	310	作为手工电弧焊电源	6
BX1-630	56	380	24~44	80	630	110~760	60	460×760×890	270	作大电流手工电弧焊电源和切割用	1、7
BX1C-300-1	24	380	23~35	76	300	55~300	40	550×410×680	105	适用于焊接黑色金属构件、低合金钢等。也可作电弧切割用	8
BX1C-400	31.2	380	24~40	76	400	75~400	40	580×420×710	125		
BX1C-500	42.5	380	24~40	80	500	85~500	60	750×500×850	190		

续表

型号	额定输入容量 (kVA)	初级电压 (V)	工作电压 (V)	空载电压 (V)	额定焊接电流 (A)	电流调节范围 (A)	负载持续率 (%)	外形尺寸 (长×宽×高) (mm)	质量 (kg)	主要用途	生产厂
BX3-120	7 或 9	220 380	25	70 或 75	120	20～160	60	485×470×680	100	焊薄板，使用 φ2～4mm焊条	9
BX3-300	22	380	32	70～78	300	35～360	40	630×482×810	150	作为单人手工焊接的交流焊接电源	1、5 4、7
BX3-400	29.1	380	36	75～70	400	50～510	60	695×530×905	200		
BX3-500	36.9	380	40	70～75	500	50～500	35	692×533×905	200		
BX6-120	8.5	220 380	24.5	50	120	30～160	20	—	—	小型、轻便式通用手工电弧焊电源。适用于中、小型焊件制作	10
BX6-160	—	220 380	—	52 62	160	50～180	40	460×295×430	45		5
BX6-200	—	220 380	—	52 62	200	50～220	25	460×295×430	50		
BX6-250	21	380	22～31	50～76	250	60～350	60	590×338×560	—	用于手工焊电源	10
BX6-315	24	380	23～36	50～79	315	72～400	60	585×343×626	—		

注：生产厂家编号：1. 天津市电焊机厂；2. 北京电焊机厂；3. 太原电焊机厂；4. 张家口电焊机厂；5. 新乡电焊机厂；6. 华东电焊机厂；7. 沈阳电焊机厂；8. 成都电焊机厂；9. 上海电焊机厂；10. 昆明电焊机厂。

生产厂家通信录

厂名	地址	电话	传真	电挂	邮编
上海					
上海凯泉泵业（集团）有限公司	上海市汶水路 857 号	021－56686666	021－56519932	—	—
上海东方泵业（集团）有限公司	上海市沪太路 5551 号	021－56025551	021－56025566	—	201907
上海熊猫机械（集团）有限公司	上海市沪青平公路 2599 号	021－59863888	021－59867777	—	201704
格兰富水泵（上海）有限公司	上海市西藏中路 268 号	021－61225222	021－61225333	—	200001
上海同臣环保科技有限公司	上海市中山北二路 1121 号同济科技园十楼西	021－65988709	021－65988179	—	200092
上海奥德水处理科技有限公司	上海市长宁区番禺路 390 号 19D	021－62964460	021－62828486	—	200052
上海市离心机械研究所有限公司	上海市龙吴路 1590 号	021－54354004	021－54613226	—	200231
北京					
贝得电机厂	北京市朝阳区望京中环南路 7 号	010－64768888	010－64768888	—	100102
德莱赛罗茨鼓风机厂	北京市朝阳区新源南路 6 号	010－84862445	010－84862445	—	100000
江苏					
南京蓝深制泵集团股份有限公司	江苏南京六合区雄州东路 305 号	025－57507999	025－57507918	—	—
江苏天雨德凯环保设备制造有限公司	江苏江都市真武镇（滨湖）	0514－86166438	0514－86161445	—	225268
百事德机械（江苏）有限公司	江苏省宜兴市环保科技工业园永安西路	0510－87061341	0510－87061340	—	214205
江苏一环集团有限公司	江苏省宜兴市环科园绿园路 518 号真武镇滨湖工业园	0510－87551111	0510－87551158	—	214206
江苏天雨环保集团有限公司	江苏省江都市真武镇滨湖工业园	0514－86166438	0514－86161445	—	225268
无锡市通用机械厂有限公司	江苏省无锡市南长街 706 号	0510－88588668	0510－88588600	—	214115

厂名	地址	电话	传真	电挂	邮编
江苏溢洋水工业有限公司	江苏省宜兴市宜城街道谈家干 155 号	0510－87117566	0510－87117959	—	214201
无锡隆恩捷环境科技有限公司	江苏省无锡市临江新城区镇澄路 3433 号	0510－88459798	0510－88459781	—	200233
扬州澄露环境工程有限公司	江苏省江都市富民集镇	0514－86651044	0514－86651600	—	225200
江苏亚太水处理工程有限公司	江苏泰兴城东工业园区亚太集团	0523－82569863	0523－82569863	—	225403
无锡杰尔压缩机有限公司	江苏省无锡市锡山经济开发区芙蓉三路 99 号瑞云六座	0510－88753653	0510－88753172	—	214192
扬州市中太环保设备有限公司	江都市真武镇建安路 20 号	0514－86277868	0514－86274168	—	225265
江苏金通灵风机股份有限公司	南通市钟秀中路百花科技大楼	0513－85198518	0513－85198518	—	226000
徐州市广通科技发展有限公司	徐州市彭园东门中组小区商办楼 2E-7 号	0516－83639999	0516－83648555	—	221009
宜兴华都琥珀环保机械制造有限公司	江苏省宜兴市高胜镇隔湖路 8 号	0510－87894476	0510－87894487	—	214214
南京贝特环保通用设备制造有限公司	南京市六合区经济开发区时代大道	025－57139086	025－57139096	—	211599
宜兴泵溪环保有限公司（原宜兴市第二冷作机械厂）	无锡市宜兴洋溪镇	0510－7571155	0510－7571155	—	214263
山东					
山东双轮集团股份有限公司	山东省威海市环翠省级旅游度假区东鑫路 6 号	0631－5786666	0631－5751299	3119	264203
华力电机集团股份有限公司	山东省荣成市明珠路	0631－7553744	0631－7553744	—	264300
广州					
广州市新之地环保产业有限公司	广州市荔湾区花地大道中 83 号金昊大厦 16 楼	020－81218898	020－81615586	—	510380
河北					
三河市瑞利橡胶制品有限公司	河北省三河市京哈西路 26 号	0316－3212516	0316－3213204	—	—
唐山国清环保有限公司	唐山市路南区吉祥路东侧	0315－2961718 0315－2961728	0315－2871315	—	063001

续表

厂名	地址	电话	传真	电挂	邮编
辽宁					
沈阳机床股份有限公司沈一车床厂	沈阳经济技术开发区开发大路17甲1号	024—25190646 024—25190630	024—25190652 024—25190653	—	110141
沈阳电力机械总厂	沈阳市铁西区肇工北街六号	024—25524098	024—25620641	—	110026
湖南					
长沙埃尔压缩机有限责任公司	长沙经济技术开发区南二路27号	0731—85252852	0731—85252852	—	410100
长沙鼓风机厂	湖南省长沙市树木岭路7号	0731—85593271	0731—85593271	—	410014
浙江					
宁波风机有限公司	中国宁波市江北区海川路136号	0574—87522306	0574—87522306	—	315032
浙江乐清市水泵厂	乐清市黄华镇岐头工业区	0577—62633852	—	—	325605
河南					
河南禹王水工机械有限公司（原商城县水利机械厂）	河南省信阳市工业城工十四路16号	0376—6685555	0376—6997111	—	465345
甘肃					
耐驰（兰州）泵业有限公司	兰州市高新技术产业开发区刘家滩506号	0931—8551377	0931—8555000	—	730010
云南					
云南电力修造厂	昆明市西郊马街	0871—8412736	—	—	650100